D1662322

Stahlbau Handbuch

Für Studium und Praxis

in zwei Bänden

Stahlbau-Verlags-GmbH · Köln 1982

Hinweis

Auf Seite 166, Tabelle 3.4–3, fehlt in Spalte 4 folgende Abbildung:

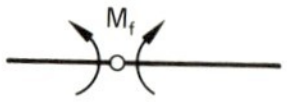

Stahlbau Handbuch

Für Studium und Praxis

BAND 1

zweite, neu bearbeitete Auflage

Herausgegeben vom
Deutschen Stahlbau-Verband · Köln

Grundlagen
Einführung · Methoden der Ingenieurmathematik · Baustatik ebener Stabwerke · Baustatik der Flächentragwerke · Zweiachsige Biegung und Torsion · Schwingungsberechnung im Stahlbau · Stähle und Stahlerzeugnisse · Regelwerke und Sicherheit · Verbindungstechnik · Tragsicherheitsnachweise der Konstruktion · Verbundkonstruktionen · Rohrkonstruktionen · Berechnungsgrundlagen für dünnwandige Bauteile · Bauphysik · Korrosionsschutz von Stahlbauten · Brandschutz im Stahlbau · Raumabschließende Bauelemente · Optimierte Verbundbauweise

Stahlbau-Verlags-GmbH · Köln 1982

ISBN 3-923726-00-7

Printed in Germany

Gesamtherstellung: Passavia Druckerei GmbH Passau

Vorwort

Nach mehr als 25 Jahren erscheint das Werk „Stahlbau – Ein Handbuch für Studium und Praxis" nunmehr in einer vollkommen neubearbeiteten 2. Ausgabe. Möge sie das gleiche Interesse sowohl der Lehrer und Studierenden an unseren Hoch- bzw. Fachhochschulen als auch der in der Praxis stehenden Ingenieure finden wie die 1. Ausgabe.
Im vergangenen Vierteljahrhundert hat sich die Stahlbautechnik entscheidend weiterentwickelt. An die Stelle vieler – sogar in Großbetrieben üblicher – handwerklicher Fertigungsmethoden ist eine vereinheitlichte „gesteuerte" industrielle Produktion getreten. Dieses wurde ermöglicht durch automatisierte Fertigungsverfahren, z.B. mittels computergesteuerter Bohr-, Säge- und Brennschneideanlagen und montagegeeigneter moderner Hebezeuge, aber auch durch verfeinerte und sehr leistungsfähige Berechnungs-, Konstruktions-, Lagerungs- und Vertriebsmethoden. Heute stehen somit Entwurfs-, Berechnungs-, Fertigungs- und Vertriebs-Organisation gleichrangig nebeneinander.
Die Konzeption dieses „Handbuches" beruht auf dem Prinzip, möglichst viele der sich abzeichnenden Entwicklungstendenzen, die den modernen Stahlbau kennzeichnen und den derzeitigen anerkannten Stand der Bautechnik umreißen, in knapper Form bekanntzugeben, wobei jeweils die z.Zt. gültigen Normen und Richtlinien genannt und in ihrem wesentlichen Kern dargelegt sind. – Wenn dieses Handbuch auch kein allumfassendes Taschenbuch (mit allen etwa notwendigen Tabellen und Hilfstabellen) für den „Mann der Praxis" sein kann – dies schon nicht wegen der sich stetig weiterentwickelnden „Normung" – so soll es dennoch alle wesentlichen Erkenntnisse der modernen Stahlbautechnik wiedergeben, die dem verantwortlichen Ingenieur Einsicht und Urteil beim Anwenden der Regeln der Technik ermöglichen.
Als Hilfe zur Vertiefung des dargebotenen Stoffes ist jeweils am Schluß der einzelnen Kapitel bzw. Abschnitte die heute noch maßgebende Literatur angegeben.
Dieses neukonzipierte Werk wird nur noch aus zwei Bänden (im Vergleich zu vorher drei) bestehen, nämlich einem *ersten* Band mit mehr theoretischen Grundlagen und einem *zweiten* Band mit Beispielen aus der Praxis.
Wissenschaftler und Praktiker haben mit ihren auf großen Erfahrungen beruhenden Beiträgen zum Gelingen dieses Werkes beigetragen. Der Deutsche Stahlbau-Verband DSTV als Herausgeber dankt an dieser Stelle allen, die im Dienste des Stahlbaus an diesem Werk mitgearbeitet haben. Dank gebührt hierbei auch der Stahlbau-Verlags GmbH und der Druckerei Passavia, Passau, für die vorbildliche Drucklegung und Ausstattung der beiden Bände.
Ganz besonderer Dank gilt jedoch Prof. Dr.-Ing. Dr. techn. h.c. Otto Steinhardt, Karlsruhe, der als Koordinator des Werkes die einzelnen Beiträge aufeinander abgestimmt und somit dazu beigetragen hat, daß das Werk „Stahlbau Handbuch für Studium und Praxis" trotz vieler Autoren mit oft eigenwilligen Vorstellungen ein Werk aus einem Guß geworden ist.
Wir wünschen dem Werk eine gute Aufnahme in der Fachwelt. Möge es eine Hilfe für jeden Stahlbauer sein.

Köln, im Oktober 1982 — Dipl.-Ing. Herbert Eller

Inhaltsverzeichnis

8 Regelwerk und Sicherheit

8.1 Regelwerk im Stahlbau
Bearbeitet von H. Eggert

8.2 Zur Sicherheitsphilosophie in der Bautechnik
Bearbeitet von Chr. Petersen

18 Optimierte Verbundbauteile
Bearbeitet von O. Jungbluth

1 Einführung

O. Steinhardt

Bei der erstmaligen Herausgabe des ersten der insgesamt 3 Bände des Werkes „Stahlbau – ein Handbuch für Studium und Praxis" (im Jahre 1956) stellte Walter Wolf als wesentlichen Anlaß heraus: „Die Strukturwandlung auf den 4 Sektoren, in die man das Entstehen eines Stahlbauwerkes einordnen kann, nämlich Theorie, Konstruktion, Fertigung und Montage, machte es notwendig, die bisherigen Erkenntnisse zu überprüfen, neue an ihre Stelle zu setzen und (dabei) den heutigen Entwicklungsstand zu berücksichtigen." – Heute, im Jahre 1981, scheint die Problematik der wirtschaftlich-technischen Situation erneut Lösungsvorschläge herauszufordern. Denn die Technik erfaßt in zunehmendem Maße auch den Bereich der in höherem Sinn menschlichen Aktivitäten: Neben die bisher üblichen Aufgaben wie Rohstoff- und Energiegewinnung, Energieumwandlung und Energieverbrauch, Produktion und Vertrieb von Gütern treten in steigendem Ausmaß begleitende und auch selbständige Prozesse der Regelungs-, Steuerungs- und Informationstechnik; wie sich auch zudem, mit dem Erreichen von „Grenzen des Wachstums", das technische Produktionsprinzip in ein optimales Verwertungsprinzip des Naturangebotes (einschließlich Restenutzung bei Beachtung des „Umweltschutzes") umzuwandeln scheint. – Man konnte daher in dem neu konzipierten „Handbuch" weniger der Geschichte, also z.B. der linear-fortschrittlichen Entwicklung des Stahlbaus aus handwerklichen Anfängen heraus, Raum geben, sondern man mußte stattdessen versuchen, die grundlegenden (mathematisierbaren) *Strukturen, Funktionen* und *Organisationen,* wie solche „Kausalgesetze" und Statistik mit der Kategorie „Zweckmäßigkeit" verknüpfen und wie sie auch in „vernetzten" Systemen, bei denen Überlagerungen und gegenseitige Beinflussungen vorliegen können, kybernetisch in den Griff zu bekommen oder zumindest sinnvolle Wege dahingehend ins Auge zu fassen und durch ein einschlägiges Stoffangebot vorzubereiten. – Beim *Stahlbau* insbesondere haben natürlich nach wie vor Handwerk und industrielle Technik als Grundlagen zu gelten, doch weiß heute der entwickelnde, entwerfende, konstruierende, herstellende und vertreibende Ingenieur, daß dieser spezielle Teil der Bautechnik eingebettet ist in die gesamte Wirtschaft, sich z.B. wechselseitig beeinflussend mit der eisenschaffenden Industrie, mit dem Bergbau, großen Bereichen des Maschinenbaus, der Elektro- und Chemieindustrie, dem Verkehrswesen, der Landwirtschaft, dem Innen- und Außenhandel, dem Geldwesen und der Finanzwirtschaft. Es gilt also, ein allgemein benötigtes geistiges Rüstzeug so darzustellen, daß es geeignet erscheint, nicht nur die engeren Tätigkeiten des Stahlbauingenieurs zu charakterisieren, sondern auch dem Nachwuchs, je nach Neigung und Veranlagung, im Rahmen der umfangreichen Stahlbaupraxis wesentliche Hilfen in weiteren Belangen anzubieten.

Engere anwendende Praxen und weiterreichende Theorien kennzeichnen seit je die Geschichte der Technik, die im ursprünglichen griechischen Wortsinn „Kunstfertigkeit" bedeutet; Architektur und (berechenbare) Struktur gingen von alters her Hand in Hand. Zunächst als „geschrieben im Sand", späterhin durch Schriften überkommen, nahm dabei die *Bautechnik* zunehmend eindeutige Wesenszüge an. Sie gründete sich auf die exakten Naturwissenschaften, welche das auszeichnendste Faktum unserer Kultur (im Vergleich zu anderen Kulturen) sind. Naturwissenschaften und Technik finden ihre feste Stütze in der *Mathematik;* ursprünglich mehr metaphysische Fragestellungen nach den Ursachen werden dabei auf solche nach Gesetzmäßigkeiten reduziert. Man erkennt gewisse Regelmäßigkeiten der Phänomene, und es liegt dann nahe, über abstrahierte Begriffs- und Relationsbildungen nach der mathematischen Logik vorzugehen. Arithmetik ist (als Lehre von den 4 Grundoperationen mit Zahlen) innerhalb der Algebra als allgemeiner Lehre von den Operationen mit beliebigen logischen Begriffen zu sehen; es werden weiterhin alle Zahlen der Zahlenreihe zu „Sonderwesen", sie erlangen dabei fallweise individuellen Charakter und können zur theoretischen Erfassung der Wirklichkeit verwendet werden. (Für die Geometrie mit ihren gleichmäßig verteilten Punkten im Raum trifft dies nicht zu; hier gilt nur der analytische Begriff „Gestalt", z.B. einer Konfiguration von Punkten.)

Was bedeutet das bisher Gesagte für eine zeitgemäße Auffassung der *Ingenieur-Mathematik?* Sehr viele Fragestellungen der Algebra können algorithmisch behandelt werden; gewisse Abgrenzungen sind dabei allerdings nötig. Schon G.W. Leibniz (1646–1716) fand, daß man für ein möglichst allgemeingültiges Rechenverfahren logische, informationsverarbeitende bzw. kybernetische Maschinen entwickeln könne, falls man geeignete Entscheidungs- und Axiomatisierungs-Verfahren definiere; doch erst mit der Vervollkommnung der mathematischen Logik sowie der Formulierungs- und Interpretationstechnik (um die Mitte des 19. Jahrhunderts) gelang es späterhin (seit G. Frege, A.W. Whitehead, B. Russel und D. Hilbert) nachzuweisen, daß sich große Teile der Logik und Mathematik in einem *Kalkül* (= Formalismus) darstellen lassen. Man entdeckte damit die Bedeutung des Algorithmus auch für die technischen Wissenschaften, d.h. für Findung, Berechnung, Produktion und Vertrieb, aber auch z.B. für die Biologie und die Soziologie, soweit jeweils Prozesse erfaßt und beschrieben werden können. Algorithmen gehören also zu den zentralen Begriffen der Kybernetik und auch allen Automationsverfahren bzw. der Computereinsätze. (Grundlegend bleibt dabei allerdings nur das logische Schließen, während das menschliche Denken, aus der empirischen Metaphysik heraus, zusätzlich intuitiv tätig werden kann.) Auf diese Weise können die verschiedensten Typen von Gleichungen automatisch berechnet werden, wenngleich auch z.Zt. noch eine exakte Algorithmentheorie aussteht. Es gilt jedoch zuverlässig: Ein Algorithmus liegt genau dann vor, wenn gegebene Größen, auch Eingabegrößen, Informationen oder Aufgaben genannt, aufgrund eines Systems von Regeln (Umformungsregeln) in andere Größen, auch Ausgabegrößen, Ausgabeinformationen oder Lösungen genannt, umgeformt oder umgearbeitet werden können. – Auf diese Möglichkeiten einer modernen mathematischen Behandlung stahlbautechnischer Probleme geht *Kapitel 2* in systematischer Weise ein, wobei beachtet wird, daß die Anwendung von mathematischen Methoden grundsätzlich nicht exakt vorgenommen werden kann, sondern daß vielmehr bei allen Algorithmen die Problematik der Verfahrens- und Rundungsfehler sorgfältig zu berücksichtigen ist.

Für die baustatische Methodik *(Kapitel 3)* steht natürlich die Frage der „Standsicherheit" einer Stahlkonstruktion im Mittelpunkt aller Berechnungen und Festigkeitsermittlungen, wobei diese allerdings nicht unmittelbar für die materiellen Bauteile selbst, wie solche mit ihren – quantitativ einsetzbaren – „tragenden Querschnitten" zu einem „Tragwerk" kontinuierlich verbunden erscheinen, durchzuführen sind. Sie erfolgen vielmehr rein gedanklich für ein abstrahiertes System (bzw. eine *Struktur*), welches alle wesentlichen Trageigenschaften der Konstruktion ausreichend wirklichkeitsnah widerspiegelt, also z.B. „geometrische Imperfektionen", „Schlupfe" und „Federwerte" der Knotenpunkte und der Verbindungen (Stöße und Anschlüsse), Nachgiebigkeiten des Fundaments u.a.m. mitbeachtet. – Diese herstellungs- und montagetechnisch bedingten „Kenngrößen" eines Tragwerks – das zudem auch noch (z.B. bei Dünnwandigkeit der Querschnitte seiner Tragwerksteile) rechnerische Reduktionen einzelner geometrischer Maße in Kauf zu nehmen hat – beeinflussen, insbesondere bei den Verformungs- und Stabilitätsnachweisen, die baustatischen Untersuchungen. Diese weisen dann oft nichtlineare Beziehungen zwischen „Lastkonstellationen" und Widerstand des Tragwerks nach; Kapitel 3 geht diesen Zusammenhängen – und zwar im wesentlichen für *„vorwiegend ruhende Lastfälle"* bei Balken- und Stabwerken – systematisch nach.

Eng an die Untersuchungen für Stabwerke schließen sich diejenigen für Flächentragwerke an *(Kapitel 4)*. Es werden hier Platten, Schalen und Membrane in den stahlbaugerechten Formen – wie Trägerroste, orthotrope Platten und räumliche, zentralsymmetrische Behälter und Großrohre – betrachtet und spezielle, zweckmäßige Berechnungsweisen dargestellt.

Da – insbesondere bei den Stabwerken – die über die einaxige Biegung und die Normalkraft-Beanspruchung hinausgehenden „Schnittgrößen", die mehraxigen Biegungs- und Torsions-Spanngrößen erzeugen, nicht so klar einer geschlossen darstellbaren baustatischen Methodik zugänglich sind wie die in Kapitel 3 abgehandelten „normalen" Fälle, so werden jetzt – im *Kapitel 5* – alle notwendigen Sonderuntersuchungen beschrieben, die dann (fallweise) Teil der „Statischen Berechnung" werden.

Kapitel 6 wendet sich – über den Fall „vorwiegend ruhender Belastung" hinausgehend – der Baudynamik, d.h. hier den Grundlagen der *technischen Schwingungslehre,* zu. Die für den Stahlbau wichtigsten vereinfachten „Gedankenmodelle", wie sie den tatsächlichen Schwingungsvorgang ausreichend zutreffend zu erfassen vermögen, werden auf der Grundlage der technischen Mechanik behandelt, wobei Gebrauchsformeln und Hilfswerte angeboten sind.

Neben der mathematisch-baustatischen Methodik ist für die Standsicherheitsuntersuchung einer Stahlkonstruktion die Werkstofffrage von maßgebender Bedeutung. *Kapitel 7* beschreibt den derzeitigen Stand der Baustahl-Herstellung und des Sorten- und Profil-Angebots durch die Hüttentechnik, ihrer normgerechten Eigenschaften sowie der speziellen Güteanforderungen für geschweißte Stahlbauteile.

Baurechtsfragen und die sich hieraus ergebenden Regelwerke im Bauwesen sind im *Kapitel 8* umrissen. Die wesentliche Problematik der *„Sicherheit"* (hier Standsicherheit von Tragwerken) wird gesondert durchleuchtet.

Über den Tragwerks-Begriff hinausgehend gelangt man zur verwirklichten Stahlkonstruktion erst nach dem Einsatz der Verbindungen *(Kapitel 9)* zwischen den einzelnen Bauteilen; sie sind i.d.R. der kritische Anteil der Erstellung, weil sie sowohl fertigungstechnisch kostenträchtig als auch festigkeitstheoretisch wesentlich sind; insbesondere werden sie maßgebend bei „nicht vorwiegend ruhenden" Beanspruchungen (vgl. Kapitel 10.8). Sowohl die Herstellungsverfahren als auch die Eigenschaften aller genieteten, geschraubten oder geschweißten Verbindungen des Stahlbaus (neben einigen Sonderformen der Fügetechnik) werden beschrieben.

Nachdem – in den Kapiteln 3–9 – die wesentlichsten Voraussetzungen und Anforderungen für qualitativ einwandfreie Tragwerke aus Stahl behandelt wurden, sind im *Kapitel 10* alle Gesichtspunkte für die, dem Baurecht entsprechenden, Sicherheits-Nachweise der Konstruktionen dargelegt. Dabei werden neben den Anweisungen gemäß Kapitel 8 jeweils für spezielle Stahlkonstruktionen (Bauformen) besondere Standsicherheitsuntersuchungen entwickelt, die sowohl den baurechtlichen Anforderungen entsprechen als auch einigen Entwicklungstendenzen zu besonders wirtschaftlichen Konstruktionsformen hin gerecht werden.

Über die „klassischen" Tragwerksformen der Balken und Stabwerke aus Hohlprofilen bzw. geschweißten offenen und Kasten-Querschnitten hinaus führen zunächst (im *Kapitel 11*) die Stahl-Beton-Verbundträger in Decken und Fahrbahntafeln bzw. als Verbundstützen. – Aber auch neuartige Rohrkonstruktionen *(Kapitel 12)* für Fachwerke ohne Knotenbleche sowie für rahmenartige biegesteife Knoten – und zwar für „statische" oder „dynamische" Beanspruchungsfälle – eröffnen neue Möglichkeiten für den entwerfenden Stahlbauingenieur. Ergänzt werden diese Entwicklungstendenzen durch eine grundsätzliche Betrachtung der Möglichkeiten für den „leichten Stahlbau" mittels dünnwandiger Leichtprofile und Stahlprofilbleche *(Kapitel 13)*, deren spezielle Anwendungsmöglichkeiten im Kapitel 17 weiter erörtert sind.

Es hat sich in den letzten Jahren immer deutlicher herausgestellt, daß die qualitativen Anforderungen an Bauwerke – sei es, daß diese industriell oder im Wohn- bzw. Versammlungsbereich genutzt werden – ganz wesentlich durch bauphysikalische Gesichtspunkte gegeben sind: Wärmeschutz, Feuchtigkeitsschutz und Schallschutz, wie diese Phänomene in *Kapitel 14* abgehandelt werden, dienen der Energiewirtschaft, der Bauwerkserhaltung und der Nutzungsqualität. – Ergänzt werden diese wichtigen Betrachtungen durch einen stahlbaugerechten Korrosionsschutz *(Kapitel 15)* und durch den, auch volkswirtschaftlich bedeutungsvollen, Brandschutz *(Kapitel 16)*.

Die beiden abschließenden Kapitel des ersten Bandes wenden sich dem *ganzheitlichen Entwerfen* bei geschlossenen Bauwerken des allgemeinen Stahlbaus zu. Raumabschließende Bauelemente aus „trapezförmigen" ein- oder mehrschaligen Stahlblechen für Dächer, Decken und Wände, die auch allen vorher genannten Anforderungen (Kapitel 14–16) gerecht werden, sind in *Kapitel 17* behandelt, während das abschließende *Kapitel 18* optimale Verbundbauteile, in weitgehend werkstattmäßiger (und montagegerechter) Vorbereitung, anbietet.

Es mag abschließend zu dieser „Einführung" darauf hingewiesen werden, daß *im zweiten Band* des „Handbuches" in den ersten drei Kapiteln über „Bauausführung", „Kalkulation" und „Rechnergestütztes Entwickeln, Konstruieren und Fertigen" gerade die eingangs gebrachten Darlegungen über die „weitere" Basis der Stahlbaupraxis und über die moderne Begründung und Anwendung der Ingenieurmathematik ihre Rechtfertigung finden. – Es folgen sodann (in den *Kapiteln 22–38*) wertvolle zeitgemäße Mitteilungen über Bauerfahrungen mit Stahlbauprodukten auf der weitreichenden Palette der Anwendungsfelder; gerade dieses Angebot an zahlreichen „Kenngrößen" und „Leitwerten" kann den Stahlbauingenieur zu erfolgreicher, produktiver Tätigkeit beflügeln.

2 Methoden der Ingenieurmathematik

F. G. Herschel

Einleitung

Es entspricht allgemeiner und sicher guter Gepflogenheit, Ingenieurhandbücher mit einem Kapitel „Mathematik“ zu eröffnen. Der Leser der technischen Beiträge kann so den gelegentlich offenbar werdenden Fehlbestand mathematischer Vorkenntnisse an Ort und Stelle ausgleichen. Der Umfang der hierfür bereitzustellenden Themenkreise ist heute so groß, daß er nur in eigenen Handbüchern dargeboten werden kann. So kann es nicht Ziel dieses Kapitels sein, Grundlagen zum Verständnis mathematischer Bezüge in den Fachbeiträgen der anderen Kapitel aufzureihen. Ebenso wird auf die Wiedergabe von Funktionstafeln, Zahlentabellen und Nomogrammen verzichtet; der Leser sei hierzu auf die einschlägige Literatur, z. B. [7], verwiesen. Stattdessen liegt das Hauptaugenmerk auf der Darstellung mathematischer Verfahren zur Lösung von Aufgaben der hier interessierenden Teilgebiete der Mathematik. Dem in der Praxis tätigen Ingenieur sollen damit die Mittel an die Hand gegeben werden, Ergebnisse mathematisch-technischer Problemstellungen numerisch nachzuvollziehen. Außerdem soll der Benutzer dieses Handbuches angeregt werden, sachverwandte Fragestellungen angehen zu können und die grundlegenden Verfahren auf neue Probleme anzuwenden.
Ein Teil der behandelten Verfahren wird in Form von Programmablaufplänen in Unterprogrammtechnik und gelegentlich in den Programmiersprachen FORTRAN oder BASIC mitgeteilt. Für Leser, bei denen Vorkenntnisse in der Datenverarbeitung noch fehlen, wird eine kurze Einführung in die hier benutzte Darstellungsart gegeben; den anderen Lesern wird dies hinsichtlich einer besseren Lesbarkeit von Nutzen sein.
Auf ausführlichere Darstellungen in der Literatur wird hingewiesen. Das Literaturverzeichnis ist exemplarisch. Zusammen mit den dort aufzufindenden Angaben, die oft auch Originalarbeiten einbeziehen, ist es jedoch weitgehend repräsentativ für das bei dem heutigen Stahlbauingenieur erwartete mathematische Rüstzeug.

2.1 Zahlen, Fehler, Verfahren, Kondition

Zahlen, Maschinenzahlen

Mathematische Problemstellungen der Ingenieurpraxis laufen stets auf eine *numerische Behandlung* hinaus. Dies gilt gleichermaßen für „geschlossene“ Lösungen wie für eigentliche, durch numerische Prozesse gewonnene Lösungen. In beiden Fällen müssen Zahlenwerte als *Daten* eingebracht, verarbeitet und als *Resultat* ausgegeben werden.
Taschenrechner, Mikrokomputer und DV-Anlagen können diese Zahlenwerte als ganze Zahlen (Typ INTEGER) oder als endliche Dezimalbrüche (Typ REAL) mit vorgegebener größter Stellenzahl lesen, manipulieren und anzeigen bzw. drucken. In den meisten Fällen müssen somit die auftretenden unendlichen Dezimalbrüche und solche, die zwar endlich sind, deren Stellenzahl aber die vorgegebene übertrifft, entsprechend verkürzt werden. Die Informatik bezeichnet solche Zahlen als *Maschinenzahlen.* Sie haben als Gleitpunktzahlen die halblogarithmische Form

$$Z = M \cdot B^E \qquad (2.1\text{–}1)$$

M ist hierbei eine je nach Ausstattung des Rechners 6- bis 30stellige *Mantisse, B* die *Basis* des Systems, das mit dem der Mantisse nicht identisch sein muß (meist ist aber $B = 10$) und E der ganzzahlige, 2- oder 3stellige Exponent. Mantisse und Exponent können mit Vorzeichen stehen.
Genügt die Mantisse einer dezimalen Gleitpunktzahl der Bedingung

$$0{,}1 \leq |M| < 1 \qquad (2.1\text{–}2)$$

so heißt sie *normalisiert.* Damit wird die Zahldarstellung eindeutig. Eine reelle Zahl a wird durch eine identische oder nächstgelegene Maschinenzahl ersetzt. Letztere wird durch Abschneiden oder Runden nach DIN 1333, Teil 2, erzeugt. Eine komplexe Zahl $c = a + b \cdot i$ wird durch ein Maschinenzahlenpaar a, b realisiert. Die stetige Zahlengerade ist nunmehr durch eine endliche Anzahl diskreter Maschinenzahlenpunkte ersetzt. Wegen dieser Beschränkung gibt es sowohl eine größte und kleinste positive wie negative Maschinenzahl, die zusammen mit der Null folgendermaßen angeordnet sind:

$$\min Z < \max Z^- < 0 < \min Z^+ < \max Z \qquad (2.1\text{–}3)$$

In einem Rechner, der mit 8stelliger Mantisse und zweistelligem Exponenten arbeitet, liegt eine Maschinenzahl wegen der Byte-Struktur der internen Darstellung beispielsweise nur in den Intervallen $(-16^{57}\cdot(16^6-1),\ -16^{-65})$ und $(16^{-65},\ 16^{57}\cdot(16^6-1))$, d.h. etwa $(-0{,}72370051\cdot 10^{76},\ -0{,}53976053\cdot 10^{-78})$ und dem entsprechenden positiven Pendant, es sei denn, die Maschinenzahl ist null.
Ergibt sich beim Verarbeiten im Rechner eine Zahl a mit der Eigenschaft $a < \min Z$ oder $a > \max Z$, so entsteht ein *Überlauf* und üblicherweise ein Abbruch der Verarbeitung. Ergibt sich dagegen eine Zahl a mit der Eigenschaft $a > \max Z^-$ und $a < \min Z^+$ mit $a \neq 0$, so entsteht ein *Unterlauf,* wobei meistens $a = 0$ genommen und die Verarbeitung fortgesetzt wird.
Maschinengenauigkeit heißt die kleinste Maschinenzahl $Z_m > 0$, für die in Maschinenzahlen

$$1 + Z_m > 1 \tag{2.1–4}$$

ist. Für das Rechnen mit Computern ist beachtlich, daß benachbarte Maschinenzahlenpunkte Z_i und Z_{i+1} nicht etwa überall gleiche Abstände voneinander haben, was aus ihrer Definition hervorgeht. Jedoch ist ihr relativer Abstand

$$\varrho = \frac{Z_{i+1} - Z_i}{Z_i} \tag{2.1–5}$$

ungefähr konstant. Die meisten Rechner unterscheiden Maschinenzahlen einfacher (4 Bytes) und doppelter (8 Bytes), gelegentlich auch mehrfacher Genauigkeit.

Fehlergrößen
Die Lösung eines numerischen Problems besteht grundsätzlich im Auffinden einer oder mehrerer reellen Zahlen. Sei die Zahl x die gesuchte Lösung und die Zahl a der berechnete Wert, so heißt eine Zahl x numerisch berechnen, ein Zahlenpaar a, ε_a festlegen, für das die folgenden Definitionen gelten [12] S. 10:

$\Delta_a = x - a$	wahrer Fehler des Näherungswertes a für die Lösung x,	(2.1–6)
$\lvert\Delta_a\rvert = \lvert x - a\rvert$	absoluter Fehler von a,	(2.1–7)
$\varepsilon_a \geq \lvert\Delta_a\rvert$	absoluter Höchstfehler oder Fehlerschranke von a,	(2.1–8)
$\delta_a = \frac{x-a}{a}$	relativer Fehler von a,	(2.1–9)
$\varrho_a = \frac{\varepsilon_a}{a}$	relativer Höchstfehler von a,	(2.1–10)
$\sigma_a = 100 \cdot \delta_a\,\%$	prozentualer Fehler von a.	(2.1–11)

Der *Näherungswert a* ist auf mindestens m Dezimalstellen (siehe (2.1–14)) genau, wenn für den absoluten Höchstfehler gilt:

$$\varepsilon_a \leq 0{,}5 \cdot 10^{-m}. \tag{2.1–12}$$

Ohne die Festlegung der *Fehlerschranke* ε ist das Resultat a ohne Belang. Aus (2.1–6) bis (2.1–8) folgt somit die Angabe der Lösung einer numerischen Aufgabe streng mit

$$x \in (a - \varepsilon_a,\ a + \varepsilon_a). \tag{2.1–13}$$

Zur Vermeidung dieser Schreibweise verwendet man den Begriff der tragenden und sicheren Stellen. *Tragende Stellen* einer Dezimalzahl a mit der Ziffernfolge z_j in der Anordnung

$$a = \pm\, z_n z_{n-1} \cdots z_1 z_0,\ z_{-1} \cdots z_{-m+1} z_{-m} \tag{2.1–14}$$

sind alle Stellen, beginnend mit der ersten von Null verschiedenen Stelle. Stellen mit $j < 0$ heißen Dezimalstellen. Die Stelle z_{-m} braucht nicht von Null verschieden zu sein.
Die j-te Stelle eines Resultates a ist dann eine *sichere Stelle,* wenn gilt:

$$\varepsilon_a \leq \tau\, 10^j, \qquad 0{,}5 \leq \tau \leq 1. \tag{2.1–15}$$

Das Resultat a ist dann so anzugeben, daß die letzte tragende Stelle eine sichere Stelle ist.
Nach [7] ergeben sich zur ungefähren Bestimmung der sicheren Stellen eines Resultats bei der arithmetischen Verknüpfung von Näherungszahlen einfache *Regeln,* von denen einige genannt seien.
Addition und Subtraktion: Das Resultat behält höchstens soviele sichere Stellen, wie der Operand mit der kleinsten Anzahl von sicheren Stellen besitzt.

Multiplikation und Division: Es gilt die vorige Regel. Man beachte jedoch, daß das Resultat wenigstens 2 sichere Stellen weniger als der Operand mit der kleinsten Anzahl sicherer Stellen und höchstens gleich viele wie diese Anzahl besitzt.
Potenzierung: Das Resultat hat höchstens so viele sichere Stellen wie die Basis. Entsprechendes gilt für das Radizieren. Zwischenergebnisse berechnet man mit einer oder mehreren „Schutzstellen". Im Resultat werden diese Stellen dann weggelassen. Will man das Resultat mit j sicheren Stellen bestimmen, so müssen die Operanden mit so vielen sicheren Stellen genommen werden, als sie nach den obigen Regeln ein Resultat mit $j+1$ sicheren Stellen ergeben.

Fehlerquellen und Fehlerfortpflanzung
Das Resultat einer numerischen Berechnung wird durch Fehler unterschiedlicher Herkunft verfälscht. Hierzu gehören Eingangsfehler, verursacht durch Fehler in den Eingabedaten, Abbruchfehler bzw. Verfahrensfehler und Rundungsfehler, in ihrer Summierung auch Rechnungsfehler genannt. Die Einflüsse von Verfahrensfehler und Rechnungsfehler kumulieren schließlich zum Gesamtfehler.

Eingangsfehler
Eingabe- oder Anfangsdaten sind grundsätzlich mit Fehlern behaftet, wenn sie gerundet, durch Messungen bestimmt oder selbst als Ergebnis eines numerischen Prozesses ermittelt wurden. Ihr Einfluß auf das mögliche Ergebnis heißt Eingangsfehler. Für den Rechnenden ist es von wesentlichem Interesse, von der gegebenen Fehlerschranke $\Delta_x = x - \bar{x}$ einer Anfangsdate $\bar{x}$ auf die Eingangsfehlerschranke $\Delta_y = y - \bar{y}$ des möglichen Ergebnisses y schließen zu können. Ist die Lösung des mathematischen Problems $y = f(x)$ und das Ergebnis $Y = f(\bar{x})$ durch eine reellwertige, ggfs. mehrfach zusammengesetzte Funktion zu beschreiben, die im Intervall (a, b) mindestens zweimal differenzierbar ist, und sind $x, \bar{x} \in (a, b)$ so gilt [16] S. 17:

$$\Delta_y = \Delta_x \cdot f'(\bar{x}) + \frac{1}{2}(\Delta_x)^2 \cdot f''(\xi) \quad \text{mit} \quad a \leq \xi \leq b \tag{2.1–16}$$

und nach Umformen

$$\delta_y = \delta_x \cdot \frac{\bar{x}}{f(\bar{x})} \cdot f'(X) + \frac{1}{2} \cdot \delta_x^2 \cdot \frac{\bar{x}^2}{f(\bar{x})} \cdot f''(\xi); \qquad \xi \in (a, b) \tag{2.1–17}$$

Ist der Einfluß der Fehlerschranken $\Delta_{x_i} = x_i - \bar{x}_i$ mehrerer Anfangsdaten $\bar{x}_i$, $i = 1(1)n$, auf die Eingangsfehlerschranke

$$\Delta_y = y - \bar{y} \quad \text{mit} \quad \begin{aligned} y &= f(x_1, x_2, \ldots, x_n) = f(x) \quad \text{und} \\ \bar{y} &= f(\bar{x}_1, \bar{x}_2, \ldots, \bar{x}_n) = f(\bar{x}) \end{aligned}$$

zu bestimmen, so vernachlässigt man in der Taylorreihe die höheren Glieder und erhält den absoluten Eingangsfehler [3] S. 16, [12] S. 20:

$$\Delta_y \approx \sum_{i=1}^{n} \Delta_{x_i} \cdot \frac{f(x)}{x_i} \tag{2.1–18}$$

und nach Umformen den relativen Eingangsfehler

$$\delta_y \approx \sum_{i=1}^{n} \delta_{x_i} \cdot \frac{x_i}{f(x)} \cdot \frac{\partial f(x)}{\partial x_i} \tag{2.1–19}$$

Sicher gilt für den Betrag des relativen Eingangsfehlers:

$$|\delta_y| \leq \sum_{i=1}^{n} |\delta_{x_i}| \cdot \left| \frac{x_i}{f(x)} \cdot \frac{\partial f(x)}{\partial x_i} \right| \tag{2.1–20}$$

Verfahrensfehler
Die eindeutige Verarbeitungsvorschrift, die zur Lösung eines mathematischen Problems formuliert wird und aus Anfangsdaten in einer endlichen Folge von Rechenschritten die Resultate erzeugt, heißt Algorithmus oder numerisches Verfahren [5], [9].
Verfahrensfehler entstehen zum einen wegen der Notwendigkeit, infinitesimale Prozesse durch finite zu ersetzen, beispielsweise durch Beenden einer Iteration, und zum andern deshalb, weil das vorgelegte mathematische Problem erst mit Hilfe eines Ersatzproblems numerisch gelöst werden kann, dessen Ergebnis von der Lösung der ursprünglichen Aufgabe hinreichend wenig abweichen soll. Ersatzprobleme dieser Art sind in der numerischen Mathematik die Regel. Hierher gehören vor allem die Diskretisierungsverfahren, z.B. Ersatz von Differentialgleichungen durch Differenzengleichungen oder von bestimmten Integralen durch Rechtecksummen, Trapezsummen, und weitere Verfeinerungen.

Der Verfahrensfehler ist die Differenz

$$\Delta_v = r(x) - f(x) \qquad (2.1\text{–}21)$$

zwischen dem Resultat $r(x)$ des numerischen Verfahrens und der Lösung $f(x)$ des mathematischen Problems bei gleichen Anfangsdaten.

Kondition

Wenn ein geringer relativer Fehler der Anfangsdaten eines mathematischen Problems eine geringe relative Änderung der Lösung zur Folge hat, dann heißt das mathematische Problem gut konditioniert, andernfalls heißt es schlecht konditioniert.
Die Konditionszahlen

$$K_i = \left| \frac{x_i}{f(x)} \cdot \frac{\partial f(x)}{\partial x_i} \right| \qquad (2.1\text{–}22)$$

sind in (1.20) Faktoren der relativen Fehler δ_{x_i} der Eingangswerte x_i und geben somit an, auf welche Weise diese zum relativen Fehler δ_y des Ergebnisses beitragen; d.h.: sind die Konditionszahlen klein gegen Eins, so ist das mathematische Problem gut konditioniert.

Rundungsfehler

Beim numerischen Rechnen müssen irrationale Zahlen und periodische Dezimalbrüche durch endliche Dezimalbrüche ersetzt werden. Außerdem ist bei der Verarbeitung von Maschinenzahlen durch arithmetische Operationen das Resultat gewöhnlich keine Maschinenzahl, das Ergebnis muß vielmehr auf die nächstliegende Maschinenzahl gerundet werden. Die durch solche Computer- oder Gleitpunktarithmetik unvermeidlich auftretenden Rundungsfehler beeinflussen das zugrundeliegende numerische Verfahren und können bei verschiedenen, jedoch mathematisch gleichwertigen Algorithmen zu wesentlich unterschiedlichen Resultaten führen. Der Grund hierfür liegt in der Verletzung der Gesetze der Assoziativität (Zusammenfassung von Teiloperationen) und der Distributivität (Verknüpfung von Addition und Multiplikation) durch die Computerarithmetik. Die Situation sei am numerischen Beispiel gezeigt:
Das assoziative Gesetz besagt bei der Addition

$$\mathrm{a + b + c = a + (b + c) = (a + b) + c = s} \qquad (2.1\text{–}23)$$

Mit $a = 0{,}989792 \cdot 10^0$, $b = 0{,}123321 \cdot 10^{-1}$ und $c = -0{,}595867 \cdot 10^{-2}$ und bei Beschränkung auf 6 normalisierte Mantissenstellen ergibt sich die Summe in der ersten Assoziation zu $s_1 = 0{,}996165 \cdot 10^0$ und in der zweiten zu $s_2 = 0{,}996160 \cdot 10^0$, während sich bei Mitnahme von Schutzstellen $s = 0{,}996165 \cdot 10^0 = s_1$ ergibt.
Das distributive Gesetz besagt

$$\mathrm{a \cdot (b + c) = a \cdot b + a \cdot c = p} \qquad (2.1\text{–}24)$$

Mit denselben Voraussetzungen wie oben ergibt die erste Formel $p_1 = 0{,}630834 \cdot 10^{-2}$ und die zweite $p_2 = 0{,}630840 \cdot 10^{-2}$, während $p = 0{,}630837 \cdot 10^{-2}$ beträgt.
In der Literatur werden gewöhnlich drastischere Beispiele angeboten [3], [13], die ihren erhöhten Effekt aus der stellenauslöschenden Differenz zweier fast gleichgroßer Zahlen beziehen.
Der absolute Rundungsfehler, der bei der Rundung der Zahl z auf die Zahl Z entsteht, beträgt

$$|\Delta_Z| = |z - Z| \qquad (2.1\text{–}25)$$

Die lokalen Rundungsfehler der einzelnen Rechenschritte akkumulieren im Verlauf der Abarbeitung des Algorithmus zum globalen Rundungsfehler bzw. Rechnungsfehler. Ist die Anzahl der aufeinanderfolgenden Operationen groß, so kann das Resultat stark verfälscht werden.

Stabilität

Von einem numerischen Verfahren muß man erwarten, daß der Rechnungsfehler wenigstens in derselben Größenordnung liegt wie das durch die Konditionszahlen des zugrundeliegenden Problems bestimmte Niveau der Eingangsfehler. Ein wesentliches Unterschreiten dieser Erwartung wäre ein Mangel des Algorithmus.
Man nennt nun einen Algorithmus zur Lösung eines numerischen Problems *stabil* (instabil), wenn bei Verkleinerung der lokalen Rundungsfehler auch der globale Rundungsfehler verkleinert (vergrößert) wird. Instabile Algorithmen sind für die Praxis unbrauchbar. Es gibt allerdings, wie bei der Kondition, keine scharfe Abgrenzung zwischen stabilem und instabilem Algorithmus. Typisch für instabile Algorithmen ist das Auftreten von Auslöschungen sicherer Stellen durch Differenzen fast gleichgroßer Zahlen.

Gesamtfehler

Eine Übersicht über Fehlerquellen und Fehlerfortpflanzung gibt Bild 2.1–1. Damit das Resultat, das eine ADVA liefert, die nach einem Algorithmus programmiert ist, einwandfrei beurteilt werden kann, muß der Anwender für alle vorkommenden Fehler zumindest grobe Fehlerschranken abschätzen.

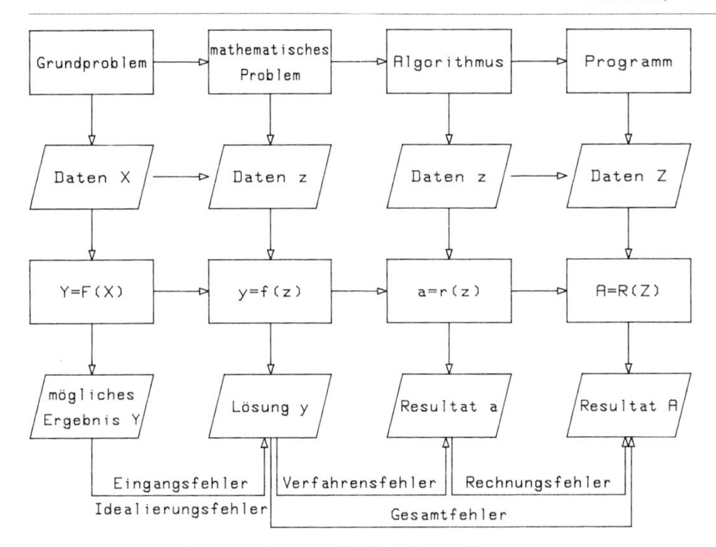

Bild 2.1–1 Fehlerquellen und Fehlerfortpflanzung

Während Verfahrens- und Rechenfehler die Qualität eines Algorithmus aufzeigen, beziehen sich Eingangsfehler auf mögliche Anfangsdatensätze des mathematischen Problems. Sieht man also von Eingangsfehlern ab, so läßt sich für den Gesamtfehler prinzipiell dadurch eine Fehlerschranke abschätzen, indem man versucht, eine Fehlerschranke für den Verfahrensfehler und eine solche für den Rechnungsfehler je für sich zu ermitteln. Die Summe dieser Einzelfehlerschranken ergibt dann die gesuchte *Gesamtfehlerschranke.* Sie hat ihr *Minimum* etwa dort, wo Verfahrensfehler und Rechnungsfehler von gleicher Größenordnung sind [12] S. 295, [16] S. 18.

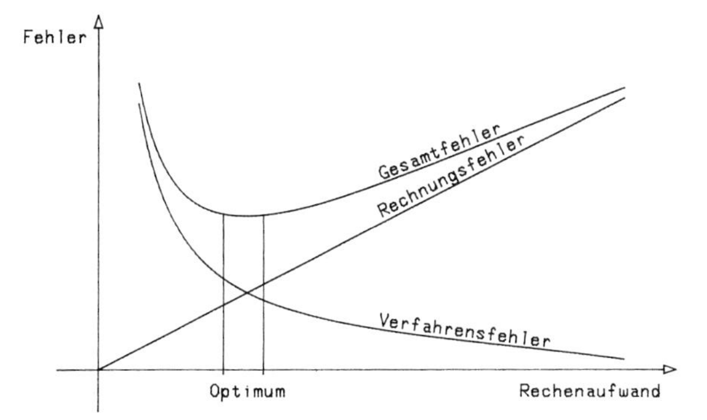

Bild 2.1–2 Verfahrensfehler und Rechnungsfehler in Abhängigkeit vom Rechenaufwand

Es bietet sich noch an, die Genauigkeit numerischer Verfahren *experimentell* zu testen oder die während der Rechnung auftretenden Rundungsfehler als *Zufallsgrößen* aufzufassen und mit Hilfe statistischer Methoden die *Wahrscheinlichkeit* für bestimmte Fehlerschranken zu ermitteln. Die 95%-Wahrscheinlichkeit für eine bestimmte Fehlerschranke liegt wesentlich unter der durch Abschätzung gewonnenen echten Fehlerschranke, weil beim statistischen Kalkül sich etwa gegenseitig (beinahe) aufhebende Rundungsfehler berücksichtigt werden. Derartige experimentelle und statistische Fehlerbetrachtungen sind nur mit Vorsicht zu beurteilen. Außerdem sind letztere auch beim einfachen Ansatz – „beim Runden wird im Mittel ebensooft auf- wie abgerundet" – im Vergleich zum zu erwartenden Nutzen recht aufwendig.

Intervallarithmetik

Der durch den Rechnungsfehler entstehende Genauigkeitsverlust wird vom Computer selbst laufend kontrolliert. Dabei kann deswegen auf das Runden verzichtet werden, weil man Paare von Maschinenzahlen Z_u, Z_0 ein Intervall bilden läßt, welches die zu rundende Zahl einschließt:

$$a \in [Z_u, Z_0] \qquad (2.1\text{–}26)$$

Die Operationen werden dann auf diese Intervallgrenzen bezogen – gegebenenfalls müssen bei nicht-monotonen Funktionen Extrema im Intervall bestimmt werden – und ein Intervall berechnet, das die genaue Lösung enthält. Bei naiver Anwendung führt dies zu einer nicht vertretbaren Aufblähung der Resultatintervalle. Der Einsatz der Intervallrechnung bleibt deshalb sinnvoller Weise auf besonders hierfür konzipierte Algorithmen beschränkt.

2.2 Rechnen mit elektronischen Hilfsmitteln

Dem mit mathematischen Problemstellungen numerischer Art konfrontierten Ingenieur stehen heute eine Reihe von Hilfsmitteln zur Verfügung, die wesentliche funktionelle Elementareigenschaften des Rechnenden unterstützen oder weitgehend übernehmen. Diese Elemente sind:
Gedächtnis zum Merken, „Speichern" von Anfangswerten, Eingangsdaten und Zwischenergebnissen,
Rechenfähigkeit zum Ausführen einer Kette von Operationen,
Intelligenz zum Fällen logischer Entscheidungen und zur Wertung der erzielten Resultate.
Hinsichtlich der Hilfsmittel ist zu unterscheiden zwischen den Geräten (hardware) und den System- und Dienstprogrammen, die zur technischen Gerätegrundausstattung gehören, zusammen mit den Anwenderprogrammen (software). Gemeinsam bilden sie erst eine funktionsfähige Einheit. „Elektronisch" ist dabei nur ein vergleichsweiser kleiner Teilbereich der Geräte, der in der Hauptsache aus Familien und Systemen von Halbleiterelementen besteht.
Vereinfachend sehen wir drei Gruppen elektronischer Werkzeuge, die der Rechnende heute benutzt: *programmierbare Tisch- und Taschenrechner, Mikrocomputer und Großanlagen.* Die ersten beiden Gruppen lassen neben automatischer Datenverarbeitung (ADV) auch Handrechnung zu. Die Programmierung erfolgt bei Tisch- und Taschenrechnern über eine Tastatur mit überwiegend festliegender operativer Bedeutung, wobei Präfixtasten doppelte und dreifache Belegung einer Operations- oder Funktionstaste ermöglichen. Will man hierbei von einer Programmiersprache reden, so kann man diese als Pseudomaschinensprache einordnen. Kennzeichnend für die Programmierarbeit dieser Art ist u.a. die Notwendigkeit, individuelle Speicherpläne zu erstellen.
Computer werden mit Hilfe besonders konstruierter, maschinenunabhängiger Sprachen programmiert. Primär- oder *Quellenprogramme,* die in einer solchen problemorientierten Programmiersprache auf erweiterter Schreibmaschinentastatur geschrieben werden können, werden durch Übersetzerprogramme (Compiler) in die Maschinensprache des Systems übersetzt, wobei ein *Objektprogramm* erzeugt und gespeichert wird. Der Übersetzungsvorgang schließt eine syntaktische Prüfung des Quellenprogramms mit ein. Mikrocomputer und an Großanlagen anschließbare Datenstationen (Terminals) lassen das Programmieren unmittelbar am System (online) und im *Dialogbetrieb* mit ihm zu. Programmieren im „Monolog" spielt sich an besonderen Geräten, z.B. Kartenlocher, getrennt vom System (offline) ab und führt an der Großanlage zum *Stapelbetrieb.*
In allen Fällen lassen sich die erstellten Programme auf geeigneten *Datenträgern* archivieren und mit denselben wieder einsetzen.
Wesentlich erleichtert wird die Aufbereitung eines numerischen Problems durch eine klare *Problemdefinition,* wobei alle problemeingrenzenden Start-, Rand-, Zwischen- und Zielbedingungen mit erfaßt sein müssen. Dem weniger routinierten Anwender und dem Fortgeschrittenen, der sich mit umfangreichen Problemen befaßt, steht für diese Arbeit mit dem Aufstellen eines *Programmablaufplans* (PAP) eine effiziente Methode zur Verfügung. Dieser Plan stellt bereits in mehr oder weniger ausgeprägter Detaillierung das Programm zur Lösung der gestellten Aufgabe dar [4], [22]. Die Symbole sind in DIN 66100 genormt und mit Einsatzbeispielen in Bild 2.2–1 wiedergegeben.
Die durch Programmablaufpläne festgelegten Programmschritte können dann oft ohne weiteres in die Tasten eines Tisch- oder Taschenrechners eingegeben oder in einer problemorientierten Programmiersprache formuliert werden.

Die bekanntesten Programmiersprachen für wissenschaftlich-technische Anwender sind:
ALGOL (algorithmic language),
in internationaler Zusammenarbeit mehrerer Universitäten zunächst als ALGOL 60 entstanden und in DIN 66026 genormt, steht diese elegante und komfortable Sprache auch als ALGOL 68, ALGOL-W und – modifiziert – als PASCAL zur Verfügung [2], [22].
APL (a programming language),
kompakte, speicherplatzintensive und nicht leicht lesbare Sprache, die besonders für Dialog- und Teilnehmerbetrieb entwickelt wurde.
BASIC (beginners all purpose symbolic information code),
einfache dialogorientierte Sprache, die auch zur Textverarbeitung und für graphische DV ausgebaut wurde und gegenwärtig in Mikrocomputern weite Verbreitung findet [18].
FORTRAN (formula translator),

ausgewogene und am stärksten verbreitete Sprache, in der heutigen Form als FORTRAN IV in DIN 66027 genormt, vorzugsweise im Stapelbetrieb [11], [22] und als FORTRAN 80 im Dialogbetrieb einsetzbar.
PL/1 (programming language number one),
Mischsprache aus Elementen von ALGOL, COBOL (common business orientated language) und FORTRAN mit deren Vorteilen, daher umfassend, jedoch mit dem Preis großen Speicherplatzbedarfs.

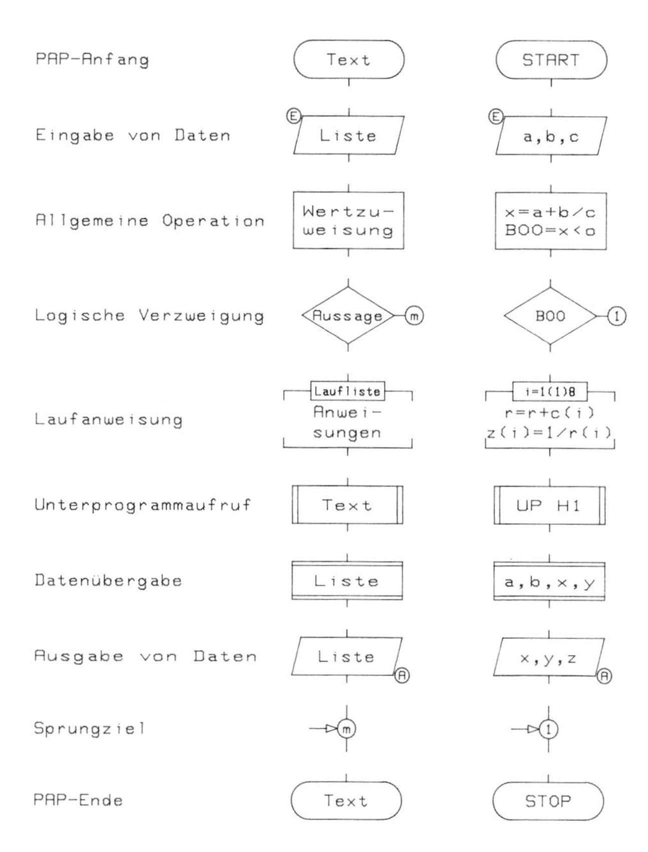

Bild 2.2–1 Elemente für Programmablaufpläne

Quellenprogramme in diesen Sprachen können – allenfalls mit kleinen Anpassungen – auf jeder Großanlage eingesetzt werden; d.h. sie sind grundsätzlich portabel. Bild 2.2–2 demonstriert in einem einfachen Anwendungsbeispiel die Verwendung eines PAP's mit den Programmiersprachen ALGOL 60, BASIC und FORTRAN IV.
Für verschiedenste Anwendergebiete sind von wissenschaftlichen Instituten, Service-Rechenzentren, Softwarehäusern und von der Industrie vorwiegend auf der Basis obiger Sprachen käufliche *Programm- und Programmiersysteme* entwickelt worden, die wie problemorientierte Sprachen verwendet werden. Einige für den Anwender im Konstruktiven Ingenieurbau interessierende Systeme seien genannt:
GRAFIK, räumliche Grafik für den Stahlbau,
DETKON, Detaillieren von Stahlgeschoßbaukonstruktionen,
PAS, Programmiersprache für die Anwendung in der Stabstatik, in drei Versionen auf der Grundlage von ALGOL, PL/1 und FORTRAN,
STRESS, Ermittlung der Schnittgrößen, Verformungen und Auflagerreaktionen räumlicher und ebener Stabsysteme,
STRUDL (structural design language), universelles Programmsystem zur Ermittlung allgemeiner Schnittgrößen an räumlichen und ebenen Stabsystemen, Schalen, Scheiben und Platten,
SINA, Sicherheits- und Traglastnachweise, Systeme mit veränderlicher Gliederung, Nachlaufprogramm nach Schnittgrößenermittlung.
[25] Nr. 82, 83 (9/'78) und Nr. 139 (6/'79).

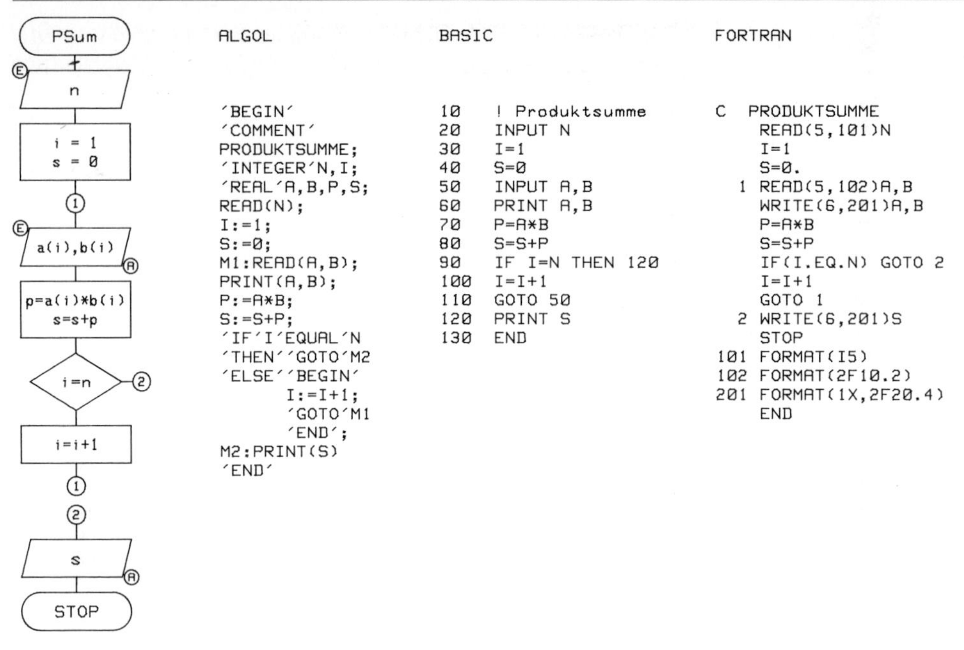

ALGOL

```
'BEGIN'
'COMMENT'
PRODUKTSUMME;
'INTEGER'N,I;
'REAL'A,B,P,S;
READ(N);
I:=1;
S:=0;
M1:READ(A,B);
PRINT(A,B);
P:=A*B;
S:=S+P;
'IF'I'EQUAL'N
'THEN''GOTO'M2
'ELSE''BEGIN'
      I:=I+1;
      'GOTO'M1
      'END';
M2:PRINT(S)
'END'
```

BASIC

```
10   ! Produktsumme
20   INPUT N
30   I=1
40   S=0
50   INPUT A,B
60   PRINT A,B
70   P=A*B
80   S=S+P
90   IF I=N THEN 120
100  I=I+1
110  GOTO 50
120  PRINT S
130  END
```

FORTRAN

```
C   PRODUKTSUMME
    READ(5,101)N
    I=1
    S=0.
  1 READ(5,102)A,B
    WRITE(6,201)A,B
    P=A*B
    S=S+P
    IF(I.EQ.N) GOTO 2
    I=I+1
    GOTO 1
  2 WRITE(6,201)S
    STOP
101 FORMAT(I5)
102 FORMAT(2F10.2)
201 FORMAT(1X,2F20.4)
    END
```

Bild 2.2–2 Produktsumme; PAP, Programme in ALGOL 60, BASIC und FORTRAN IV

2.3 Algebraische und transzendente Gleichungen

Gleichungen lassen sich allgemein als Nullstellenprobleme entsprechender Funktionen auffassen. So ist die reelle Lösung $\mathbf{x}_0 = (x_{0_1}, x_{0_2}, \ldots, x_{0_n})$ der Gleichung

$$f(x) = 0 \tag{2.3–1}$$

identisch mit den *Nullstellen* oder den Schnitt- bzw. Berührungsstellen der Funktion $y = f(x)$ mit der x-Achse (Bild 2.3–1). Ihre Bedeutung haben Nullstellen von Funktionen bei der Extremwertbestimmung. Das Aufzeichnen des Graphen der Funktion ist eine einfache Methode, über Vorhandensein und ungefähre Lage von reellen Nullstellen eine für die Praxis oft ausreichende Aussage zu erhalten.

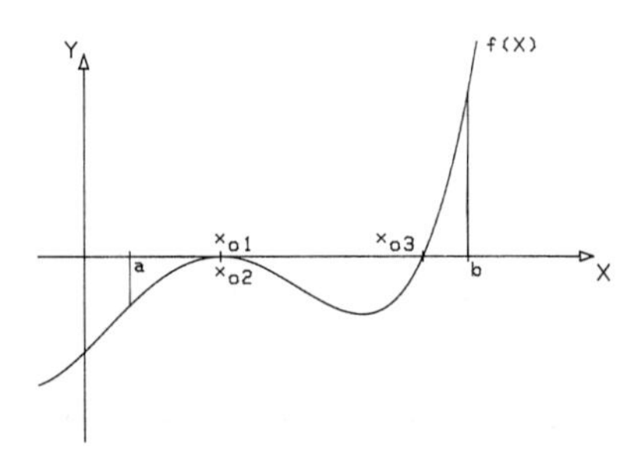

Bild 2.3–1 Nullstellen einer Funktion $f(x)$

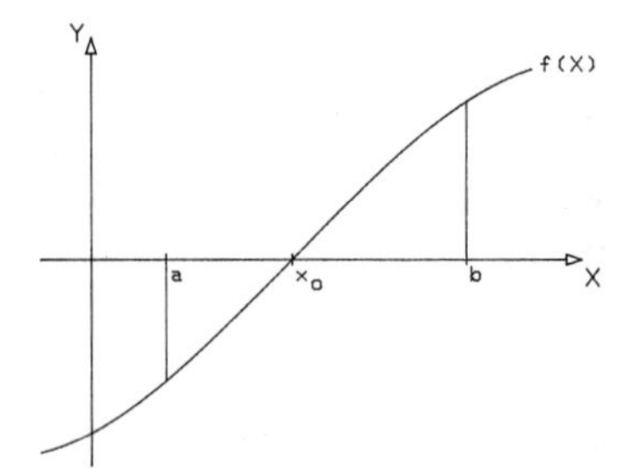

Bild 2.3–2 Einfache Nullstelle einer Funktion $f(x)$

Eine stetige Funktion $y = f(x)$, für die gilt

$$f(a) \cdot f(b) < 0, \tag{2.3–2}$$

hat im Intervall $[a, b]$ mindestens eine Nullstelle (Bild 2.3–1 und 2.3–2). Eine Nullstelle der Funktion $y = f(x)$ heißt eine einfache Nullstelle, wenn sie die Bedingung $f'(x_0) \neq 0$ erfüllt.
Allgemein gilt: Eine Nullstelle der Funktion $y = f(x)$ ist l-fach, wenn diese die Bedingung

$$f^{(k)}(x_0) = 0 \wedge f^{(l)}(x_0) \neq 0, \qquad k < l \tag{2.3–3}$$

erfüllt.

2.3.1 Verfahren zur Lösung algebraischer Gleichungen

Wir betrachten von nun an algebraische Gleichungen der Form

$$f(x) = P_n(x) = \sum_{i=0}^{n} a_i x^i = 0, \qquad a_i \in R, \qquad a_n \neq 0 \tag{2.3–4}$$

sie heißen *Polynome* vom Grade n, für $a_n = 1$ heißen sie normiert und sie besitzen genau n Nullstellen, wobei hiervon nur die reellen Nullstellen interessieren sollen.

Horner-Schema
Durch wiederholtes Ausklammern der Variablen x läßt sich ein Polynom in die Form

$$P_n(x) = (\ldots((a_n x + a_{n-1})\, x + a_{n-2})\, x + \ldots + a_1)\, x + a_0 \tag{2.3–5}$$

bringen. Sie ergibt zur Berechnung des Polynomwertes $P_n(x_k)$ für ein bestimmtes $x = x_k$ einen einfachen Algorithmus, das *Horner-Schema,* wenn man die Klammerinhalte von innen nach außen berechnet (Bild 2.3–3). Mit $\boldsymbol{a} = (a_0, a_1, \ldots, a_n)$ sei stets auch n gegeben.

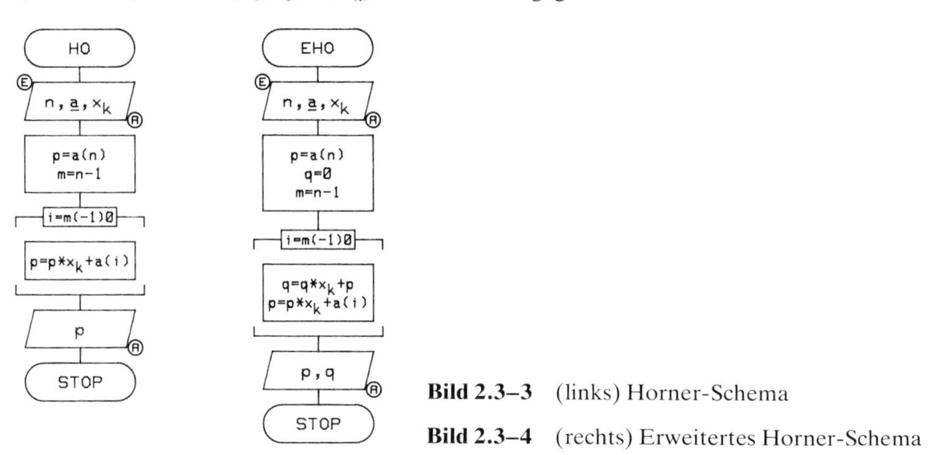

Bild 2.3–3 (links) Horner-Schema

Bild 2.3–4 (rechts) Erweitertes Horner-Schema

Dividieren wir $P_n(x)$ durch $(x - x_k)$, so erhalten wir

$$\frac{P_n(x)}{(x - x_k)} = P_{n-1}(x) + P_n(x_k), \tag{2.3–6}$$

wobei das Polynom $P_{n-1}(x)$ durch die $n-1$ Koeffizienten $\boldsymbol{a}^{(1)}$ bestimmt ist, die sich in den Zwischenwerten p des Algorithmus HO ergeben. Ist x_i eine bekannte Nullstelle des $P_n(x)$, so erhält man nach (2.3–6)

$$P_{n-1}(x) = \frac{P_n(x)}{(x - x_i)} \tag{2.3–7}$$

und die Suche nach weiteren Nullstellen kann sich auf dieses reduzierte Polynom beziehen.

Erweitertes Horner-Schema
Der erste *Differentialquotient* des Polynoms $P_n(x)$ beträgt

$$P_n'(x) = Q(x) = n a_n x^{n-1} + (n-1)\, a_{n-1} x^{n-2} + \ldots + a_1 \tag{2.3–8}$$

Wendet man das Horner-Schema auf die Werte in den Klammern von (2.3–5) als neue Koeffizienten nochmals an, so läßt sich mit dieser Erweiterung des Horner-Schemas zugleich auch der Differentialquotient an der Stelle x_k berechnen (Bild 2.3–4).

Vollständiges Horner-Schema
Setzt man das Horner-Schema mit den Koeffizienten $\boldsymbol{a}^{(1)}$ in analoger Weise fort, so erhält man die $n-2$ Koeffizienten $\boldsymbol{a}^{(2)}$ des $P_{n-2}(x)$ und den Wert $P_{n-1}(x_k)$. Nach wiederholter Fortsetzung ergibt sich schließlich mit $\boldsymbol{a}^{(n)} = a_n$ eine Konstante für das formale Polynom $P_0(x)$ und für den Wert $P_0(x_k)$. Die Werte $P_{n-j}(x_k)$ sind die Koeffizienten der *Taylor-Entwicklung* des Polynoms $P_n(x)$ an der Stelle x_k

$$P_n(x) = \sum_{j=0}^{n} P_{n-j}(x_k) \cdot (x - x_k)^j \tag{2.3–9}$$

Ist $x^{(0)}$ eine geeignete Näherung für eine einfache Nullstelle x_0 eines Polynoms $P_n(x)$, so läßt sich nach *Newton* mit der Vorschrift

$$x^{(k+1)} = x^{(k)} - \frac{P_n(x^{(k)})}{Q_{n-1}(x^{(k)})} \tag{2.3–10}$$

eine Folge $\{x^{(k)}\}$, $k = 0\,(1)\,m$, bestimmen, die gegen die Lösung x_0 konvergiert. Mit $\varepsilon > 0$ als Schranke des Funktionswertes für die Näherung und $m \in N$ als Begrenzung der Anzahl der Iterationsschritte ergibt sich der Algorithmus in Bild 2.3–5.

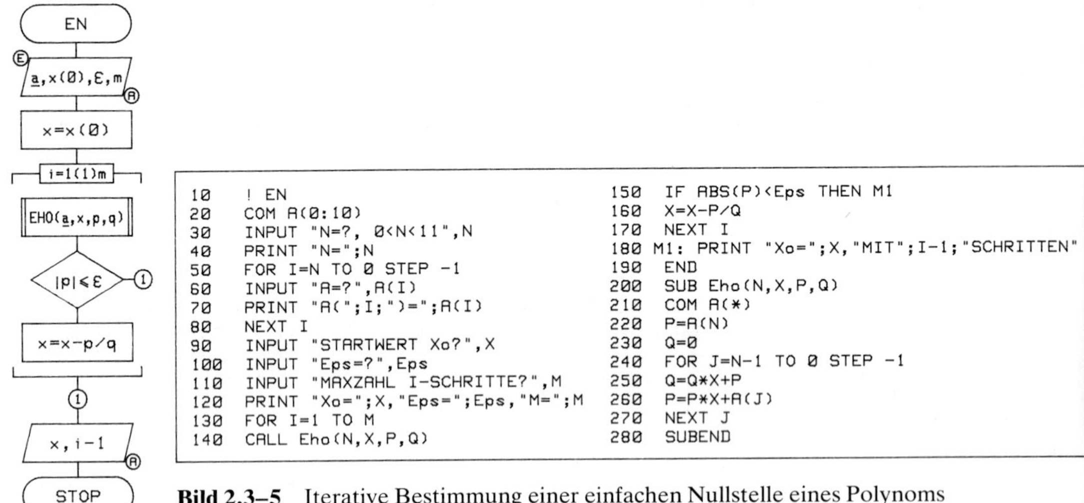


```
10    ! EN
20    COM A(0:10)
30    INPUT "N=?, 0<N<11",N
40    PRINT "N=";N
50    FOR I=N TO 0 STEP -1
60    INPUT "A=?",A(I)
70    PRINT "A(";I;")=";A(I)
80    NEXT I
90    INPUT "STARTWERT Xo?",X
100   INPUT "Eps=?",Eps
110   INPUT "MAXZAHL I-SCHRITTE?",M
120   PRINT "Xo=";X,"Eps=";Eps,"M=";M
130   FOR I=1 TO M
140   CALL Eho(N,X,P,Q)
150   IF ABS(P)<Eps THEN M1
160   X=X-P/Q
170   NEXT I
180 M1: PRINT "Xo=";X,"MIT";I-1;"SCHRITTEN"
190   END
200   SUB Eho(N,X,P,Q)
210   COM A(*)
220   P=A(N)
230   Q=0
240   FOR J=N-1 TO 0 STEP -1
250   Q=Q*X+P
260   P=P*X+A(J)
270   NEXT J
280   SUBEND
```

Bild 2.3–5 Iterative Bestimmung einer einfachen Nullstelle eines Polynoms

Der QD-Algorithmus

Der Quotienten-Differenzen-Algorithmus ist ein *direktes Verfahren* zur Lösung von Polynomgleichungen. Er wurde von *Rutishauser* angegeben und gründet sich auf Verfahren von Bernoulli und v. Mises. Die mäßige Konvergenzgeschwindigkeit des Verfahrens empfiehlt baldigen Abbruch und die Verwendung der bis dahin gewonnenen Näherungen als Startwerte für ein Iterationsverfahren [5]. Zugelassen sind nur Polynome, bei denen alle Komponenten a_i des Koeffizientenvektors $\boldsymbol{a}$ von Null verschieden sind. Andernfalls bildet man mit Hilfe des Horner-Schemas die Taylor-Entwicklung (2.3–9) des $P_n(x)$ an einer geeigneten Stelle x_k und bestimmt die Nullstellen des Ersatzpolynoms. Ferner wird vorerst $|x_1| > |x_2| > \ldots > |x_n|$ vorausgesetzt, d. h. $P_n(x)$ hat keine betragsgleichen Nullstellen.
Der Algorithmus (Bild 2.3–6) verlangt die Bildung zweier Gruppen von Zahlenfolgen $\{q_j\}$, $j = 1\,(1)\,n$ und $\{e_j\}$, $j = 2\,(1)\,n-1$, $e_0 = e_n = 0$, von denen die Gruppe $\{q_j\}$ gegen die Nullstellen x_j und die Gruppe $\{e_j\}$ gegen Null strebt. Beide Gruppen sind durch die Vorschriften

$$\text{nächstes } q_j = q_j + e_j - e_{j-1} \tag{2.3–11}$$

$$\text{nächstes } e_j = e_j \cdot \frac{q_{j+1}}{q_j} \tag{2.3–12}$$

miteinander verknüpft, welche die nächsten Elemente der Folgen berechnen. Anfangswerte sind

$$q_1 = -\frac{a_{n-1}}{a_n}, \qquad q_2 = q_3 = \cdots = q_n = 0 \tag{2.3–13}$$

$$e_j = \frac{a_{n-j-1}}{a_{n-j}}, \qquad j = 1\,(1)\,n-1 \tag{2.3–14}$$

Konvergieren die Folgen benachbarter q-Werte $\{q_j\}$ und $\{q_{j+1}\}$ sowie die zugehörige Folge $\{e_j\}$ nicht, dann liegt ein Polynom mit betragsgleichen Nullstellen vor. In diesem Falle konvergieren die Ausdrücke $p = q_j + q_{j+1}$ und $q = q_{j+1} \cdot q_j^{(\text{alt})}$, wobei $q_j^{(\text{alt})}$ das Element der Folge $\{q_j\}$ ist, welches dem Element q_j unmittelbar vorangeht. Im Falle reellwertiger Nullstellen konvergiert p gegen Null, und die Werte $\pm\sqrt{q}$ streben gegen die Lösungskomponenten x_j, x_{j+1}. Konvergiert p gegen einen von Null verschiedenen Wert, so streben die Lösungen der quadratischen Gleichung

$$x^2 - px + q = 0 \tag{2.3–15}$$

gegen die konjugiert komplexen Lösungskomponenten [12] S. 72.

```
10   ! QD-Algorithmus
20   INPUT 'N=?, 0<N<11',N
30   DIM A(10),E(11),Q(11)
40   FOR I=N TO 0 STEP -1
50   INPUT 'A=?',A(I)
60   NEXT I
70   INPUT 'Ee=?',Ee
80   INPUT 'Eq=?',Eq
90   INPUT 'M=?',M
100  E(0)=E(N)=0
110  Q(1)=-A(N-1)/A(N)
120  FOR J=2 TO N
130  Q(J)=0
140  E(J-1)=A(N-J)/A(N-J+1)
150  NEXT J
160  FOR I=1 TO M
170  Bq=1
180  Be=1
190  FOR J=1 TO N
200  Qa=Q(J)
210  Q(J)=Q(J)+E(J)-E(J-1)
220  Bq=Bq AND (ABS(Q(J)-Qa<Eq)
230  NEXT J
240  FOR J=1 TO N
250  E(J)=E(J)*Q(J+1)/Q(J)
260  Be=Be AND (ABS(E(J))<Ee)
270  NEXT J
280  IF Bq*Be THEN 310
290  NEXT I
300  PRINT 'keine Konvergenz'
310  FOR I=1 TO N
320  PRINT 'Q(';J;')=';Q(J)
330  NEXT J
340  PRINT 'mit';I;'Schritten'
350  STOP
360  END
```

```
mit N=3, A(3)=1, A(2)=-6, A(1)=11, A(0)=-6, Ee=Eq=.001 und M=20 ergibt sich:

Q(1)=3.001  Q(2)=1.998  Q(3)=.999   mit 16 Schritten
```

Bild 2.3–6 Quotienten-Differenzen-Algorithmus zur Bestimmung der reellen, nicht betragsgleichen Nullstellen eines Polynoms

Das Graeffe-Verfahren
Das Verfahren der quadrierten Wurzeln nach Graeffe ist ein weiteres direktes Verfahren zur Berechnung aller Lösungen einer Polynomgleichung. Es ist besonders geeignet, schnell grobe Näherungen mit handgesteuertem Rechner aufzuspüren. Da es für die ADV wenig geeignet ist, sei lediglich auf die Literatur [24] § 3 verwiesen.

2.3.2 Iterationsverfahren

Iterative Berechnung von Problemlösungen ist stets gekennzeichnet durch wiederholtes Einsetzen von Resultaten in denselben Funktionsausdruck, um eine fortschreitende Verbesserung der Resultate in bezug auf die Lösung zu erhalten. Zu Beginn benötigt man einen geschätzten oder vorberechneten *Startwert.*

Allgemeine Schrittfunktion
Die Gleichung (2.3–1) kann stets auf die Form

$$x = \varphi(x) \tag{2.3–16}$$

gebracht werden, die ebenso wie (2.3–1) durch die Lösung x_0 erfüllt wird. Mit Hilfe eines Startwertes $x^{(0)}$ wird nach der Vorschrift oder *Picard-Iteration* [9] S. 116

$$x^{(i)} = \varphi(x^{i-1}), \qquad i = 1\,(1)\,m \tag{2.3–17}$$

eine Iterationsfolge $\{x\}$ erzeugt, von der erwartet wird, daß sie konvergiert. Ist dies der Fall, dann gilt

$$\lim_{m \to \infty} \{x\} = x_0 \tag{2.3–18}$$

Die Lösung x_0 wird somit durch die Elemente der Folge schrittweise angenähert. Die Funktion $\varphi(x)$ heißt *Schrittfunktion* des Iterationsverfahrens (2.3–17). Die Eigenschaften der Schrittfunktion und die Lage des Startwertes in der Umgebung der Nullstelle bestimmen die Konvergenz des Verfahrens. Aus den Bildern 2.3–7 bis 2.3–10 ersieht man leicht, daß sich Konvergenz nur für $-1 < \varphi'(x) < 1$ ergibt. Es sei $\varphi(x)$ im Intervall (a, b)[1]) reellwertig, stetig und mindestens einmal stetig differenzierbar, ferner sei $\varphi(x) \in (a, b)$. Die Bedingung für Konvergenz läßt sich dann mit der Lipschitzkonstanten $L \in (0,1)$ enger fassen:

$$|\varphi'(x)| \leq L < 1, \tag{2.3–19}$$

woraus sich L bestimmen läßt:

$$L = \max(|\varphi'(x)|), \qquad x \in (a, b). \tag{2.3–20}$$

Die Bilder 2.3–11 und 2.3–12 zeigen, daß die Folge $\{x\}$ um so rascher konvergiert, je näher L bei Null liegt.
Entsprechendes gilt für den Differenzenquotienten mit zwei beliebigen Werten $x^{(0)}, x^{(1)} \in (a, b)$, und es ergibt sich

$$\varphi(x^{(1)}) - \varphi(x^{(0)})| \leq L \cdot |x^{(1)} - x^{(0)}|. \tag{2.3–21}$$

---

[1]) Intervallbezeichnungen s. z. B. [7] S. 294

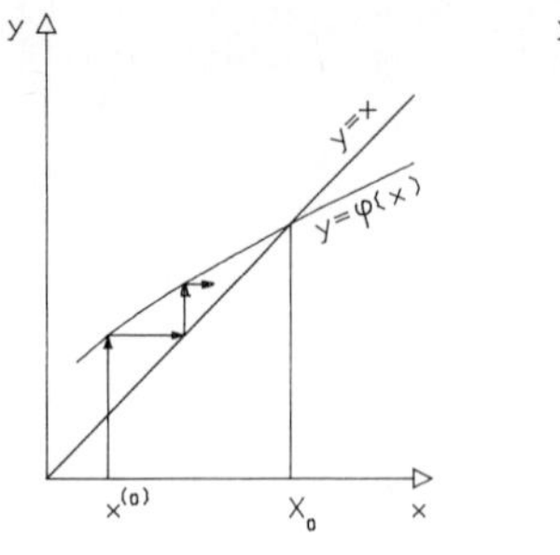

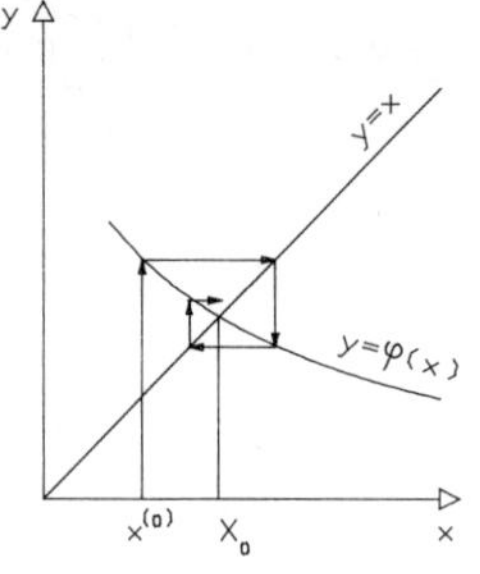

Bild 2.3–7 (links)
Konvergente Picard-Iteration: $0 \leq \varphi'(x) < 1$

Bild 2.3–8 (rechts)
Konvergente Picard-Iteration: $-1 < \varphi'(x) \leq 0$

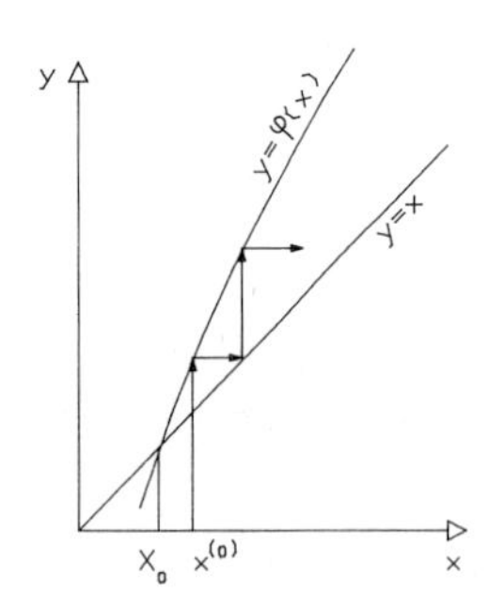

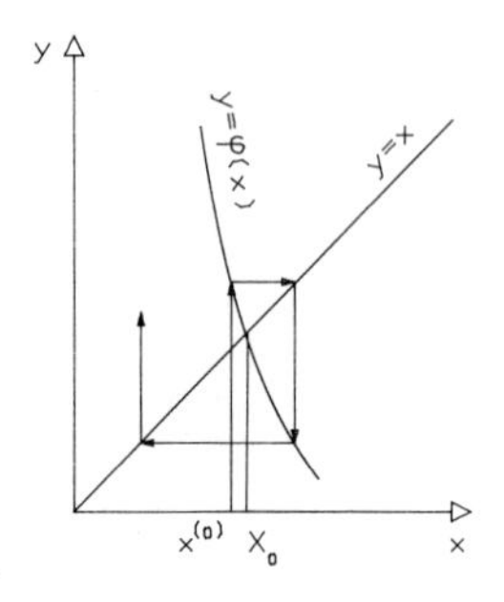

Bild 2.3–9 (links)
Divergente Picard-Iteration: $\varphi'(x) \geq 1$

Bild 2.3–10 (rechts)
Divergente Picard-Iteration: $\varphi'(x) \leq -1$

In dieser Form heißt die Konvergenzbedingung – wie auch (2.3–20) – Lipschitzbedingung. Ist sie erfüllt, so gibt es genau eine Lösung $x_0 \in (a, b)$, für die unter Ausschluß von Rechnungsfehlern folgende Abschätzungen für den Fehler nach i Iterationsschritten gelten:

Fehlerabschätzung a priori, nach dem ersten Schritt möglich,

$$|\Delta_v^{(i)}|_a = |x^{(i)} - x_0| \leq \frac{L^i}{1-L} \cdot |x^{(1)} - x^{(0)}| \tag{2.3–22}$$

Fehlerabschätzung a posteriori, nach i Schritten durchführbar,

$$|\Delta_v^{(i)}|_\omega = |x^{(i)} - x_0| \leq \frac{L}{1-L} \cdot |x^{(i)} - x^{(i-1)}| \tag{2.3–23}$$

Selbstverständlich ist

$$|\Delta_v^{(i)}|_\omega \leq |\Delta_v^{(i)}|_\alpha \tag{2.3–24}$$

Mit ε_r als Fehlerschranke für den lokalen Rundungsfehler aller i Iterationsschritte ist der akkumulierte Rechnungsfehler des i-ten Iterationsschrittes

$$|\Delta_r^{(i)}| \leq \frac{\varepsilon_r}{1-L} \tag{2.3–25}$$

und somit unabhängig von der Zahl der Iterationsschritte; d.h. der Algorithmus (2.3–17) ist stabil. Konvergente Iterationsverfahren sind hinsichtlich der Rechnungsfehler selbstkorrigierend. Bei jedem Iterationsschritt kann nämlich $x^{(i-1)}$ als neuer Startwert gelten. Fehler beeinflussen allenfalls die Geschwindigkeit der Konvergenz. Die Höchstzahl m der für eine vorgegebene Genauigkeitsschranke $\varepsilon = |\Delta_v^{(i)}|_\alpha$ des Resultats erforderlichen Iterationsschritte kann aus (2.3–22) mit $i \to m$ grob angegeben werden:

$$m \geq \log\left(\frac{\varepsilon \cdot (1-L)}{|x^{(1)} - x^{(0)}|}\right) \cdot (\log L)^{-1} \tag{2.3–26}$$

Die tatsächliche Anzahl m der Iterationsschritte zur Bestimmung von x_0 mit einer Toleranz ε hängt wesentlich von der Konvergenzgeschwindigkeit ab. Hinsichtlich weiterer Konvergenzuntersuchungen sei jedoch auf die Literatur verwiesen [5], [9], [12], [16].
Ein Algorithmus zur Picard-Iteration ist in Bild 2.3–11 angegeben. Die Schrittfunktion $\varphi(x)$ muß fallweise eingesetzt werden.

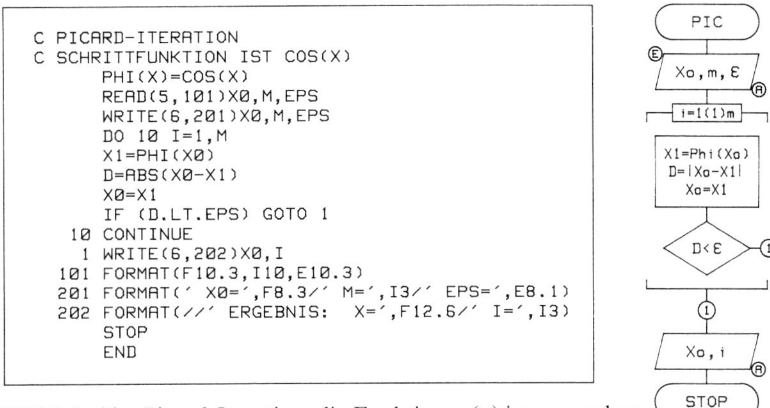

```
C PICARD-ITERATION
C SCHRITTFUNKTION IST COS(X)
      PHI(X)=COS(X)
      READ(5,101)X0,M,EPS
      WRITE(6,201)X0,M,EPS
      DO 10 I=1,M
      X1=PHI(X0)
      D=ABS(X0-X1)
      X0=X1
      IF (D.LT.EPS) GOTO 1
   10 CONTINUE
    1 WRITE(6,202)X0,I
  101 FORMAT(F10.3,I10,E10.3)
  201 FORMAT(' X0=',F8.3/' M=',I3/' EPS=',E8.1)
  202 FORMAT(//' ERGEBNIS:  X=',F12.6/' I=',I3)
      STOP
      END
```

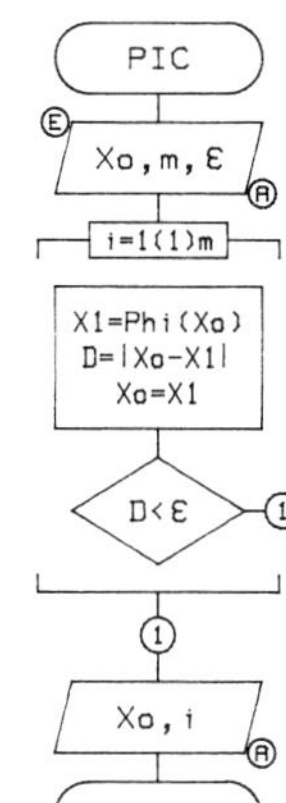

Bild 2.3–11 Picard-Iteration, die Funktion $\varphi(x)$ ist anzugeben

Spezielle Schrittfunktionen
Die numerische Mathematik bietet dem Rechnenden zur Bewältigung der Auflösung nichtlinearer Gleichungen (2.3–1) mit Hilfe einer Iterationsvorschrift der Art (2.3–17) eine Reihe spezieller Schrittfunktionen an, die je nach Interessenlage des Anwenders Vorteile bringen sollen. Diese Vorzüge können z.B. in der einfachen Handhabung oder in der schnellen Konvergenz der Verfahren liegen. Betrachtet werden stets Intervalle (a, b), in denen $f(x)$ stetig ist und genau eine Nullstelle besitzt.

Die Intervallhalbierungsmethode
Das wohl naheliegendste und einfachste, aber langsam konvergierende Verfahren arbeitet mit zwei Startwerten

$$x_a^{(0)}, x_b^{(0)} \in (a, b) \quad \text{mit} \quad |x_a^{(0)}| < |x_b^{(0)}| \tag{2.3–27}$$

und der Bedingung

$$f(x_a^{(0)}) \cdot f(x_b^{(0)}) < 0 \quad \text{und} \quad f(x_a^{(0)}) < 0, \quad f(x_b^{(0)}) > 0. \tag{2.3–28}$$

Die Iterationsvorschrift

$$x^{(i)} = \frac{1}{2} \cdot (x_a^{(i-1)} + x_b^{(i-1)}), \qquad i = 1\,(1)\,m \tag{2.3–28}$$

mit der Zuordnung

$$(x_a^{(i-1)}, x_b^{(i-1)}) = \left\{ \begin{matrix} (x^{(i-1)}, x_b^{(i-2)}) & \text{für} & f(x^{(i-1)}) < 0 \\ (x_a^{(i-2)}, x^{(i-1)}) & \text{für} & f(x^{(i-1)}) > 0 \end{matrix} \right\} i = 2\,(1)\,m \tag{2.3–29}$$

setzt voraus, daß $f'(x_0 \pm \Delta x) > 0$, $\Delta x \rightarrow 0$. Im anderen Falle setzt man $g(x) = -f(x)$ und bestimmt die Nullstelle von $g(x)$. Das Verfahren erzeugt eine Folge von Intervallen (2.3–29), welche die Nullstelle enthalten und deren Länge mit jedem Iterationsschritt halbiert wird (Bild 2.3–12). Der Algorithmus wird in Bild 2.3–13 formuliert.

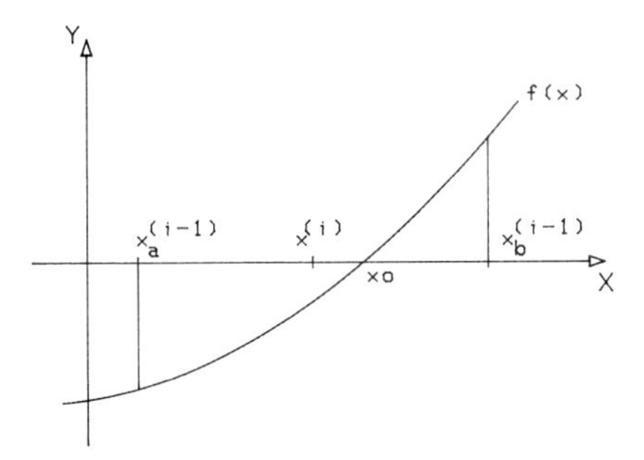

Bild 2.3–12 Intervallhalbierung

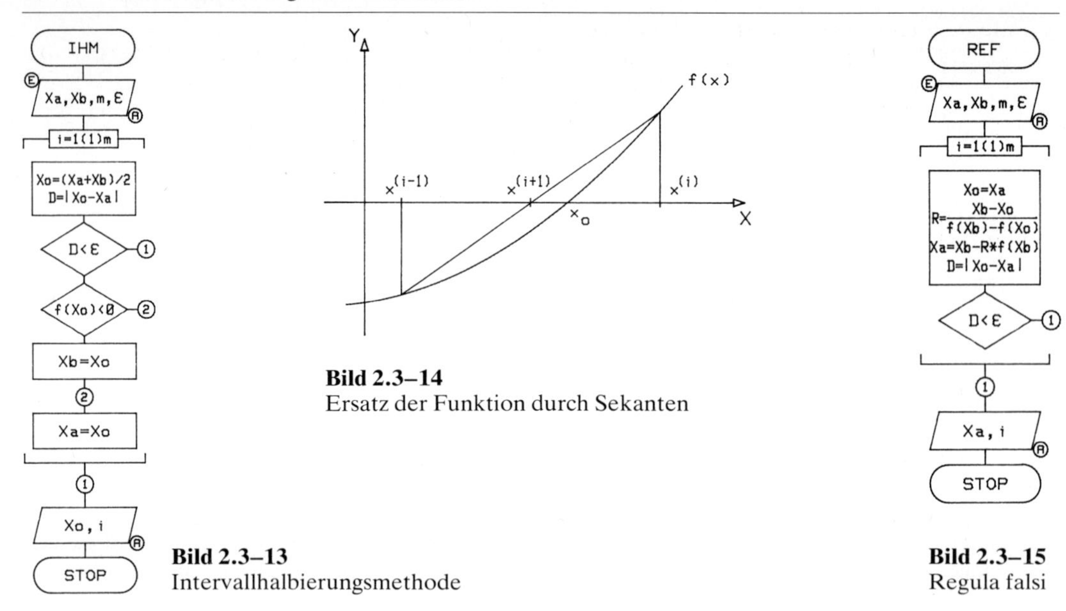

Bild 2.3–13
Intervallhalbierungsmethode

Bild 2.3–14
Ersatz der Funktion durch Sekanten

Bild 2.3–15
Regula falsi

Regula falsi
Auch dieses Verfahren, das die Funktion $f(x)$ in der Nähe der zu bestimmenden Nullstelle durch eine Folge von Sekanten ersetzt (Bild 2.3–14), benötigt zwei Startwerte $x^{(0)}, x^{(1)} \in (a, b)$. Die Iterationsvorschrift für die Schnittpunkte dieser Ersatzgeraden mit der x-Achse lautet:

$$x^{(i+1)} = x^{(i)} - \frac{x^{(i)} - x^{(i-1)}}{f(x^{(i)}) - f(x^{(i-1)})} \cdot f(x^{(i)}), \qquad i = 1(1)\,m \tag{2.3–30}$$

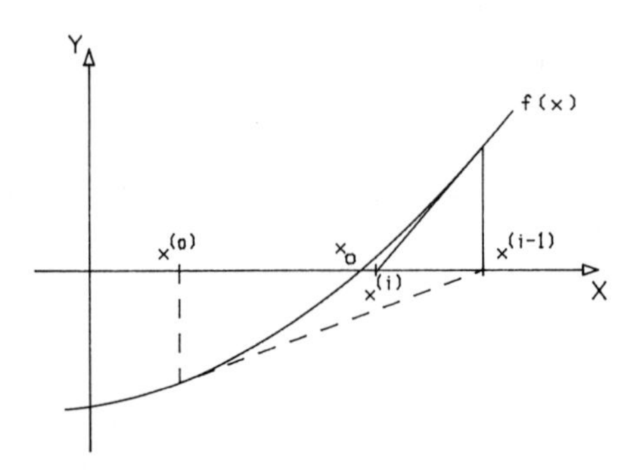

Bild 2.3–16
Ersatz der Funktion durch Tangenten

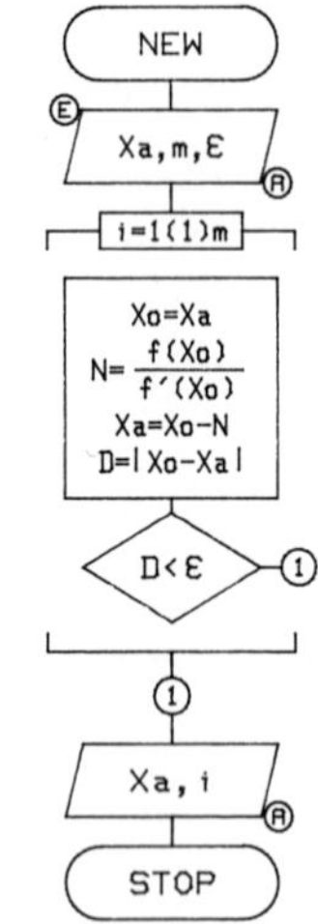

Bild 2.3–17
Newton-Verfahren

Newton'sches Verfahren – einfache Nullstellen
Im Intervall (a, b) sei $f(x)$ mindestens einmal stetig differenzierbar; dann läßt sich die Funktion $f(x)$ in der Nähe der Nullstelle durch eine Folge von Tangenten ersetzen (Bild 2.3–16). Die Schnittpunkte derselben mit der x-Achse ergeben mit der Iterationsvorschrift

$$x^{(i)} = x^{(i-1)} - \frac{f(x^{(i-1)})}{f'(x^{(i-1)})}, \qquad i = 1(1)\,m \tag{2.3–31}$$

Näherungen für die gesuchte Nullstelle.

Newton'sches Verfahren – mehrfache Nullstellen

Hat die Funktion an der Stelle x_0 eine Nullstelle der Vielfachheit $l \geq 2$, so kann auch ohne Kenntnis von l ein modifiziertes Newton-Verfahren angegeben werden, das von ähnlich guter Konvergenz ist. Die Iterationsvorschrift (2.3–31) wird dabei auf den Quotienten $f(x)/f'(x)$ angewendet. Damit lautet die Vorschrift:

$$x^{(i)} = x^{(i-1)} - l^{(i-1)} \cdot \frac{f(x^{(i-1)})}{f'(x^{(i-1)})} \qquad (2.3\text{–}32)$$

mit

$$l^{(i-1)} = \left(1 - \frac{f(x^{(i-1)}) \cdot f''(x^{(i-1)})}{(f'(x^{(i-1)}))^2}\right)^{-1}, \qquad i = 1\,(1)\,m$$

und man erhält mit

$$l = \lim_{m \to \infty} (l^{(m)}) \qquad (2.3\text{–}33)$$

die Vielfachheit der Nullstellen.

Steffensen-Verfahren

Mit einer beliebigen Gleichung $x = \varphi(x)$, die im betrachteten Intervall (a, b) von einer Nullstelle x_0 der Funktion $f(x)$ erfüllt wird und deren Folge $\{x\}$ aus einem Startwert $x^{(0)} \in (a, b)$ nicht konvergent zu sein braucht, wird das Verfahren beschrieben mit

$$x^{(i)} = x^{(i-1)} - \frac{(\varphi(x^{(i-1)}) - x^{(i-1)})^2}{\varphi(\varphi(x^{(i-1)})) - 2\,\varphi(x^{(i-1)}) + x^{(i-1)}}, \qquad i = 1\,(1)\,m. \qquad (2.3\text{–}34)$$

```
10   ! STEFFENSEN-Verfahren
20   ! f(x)=5*sin(x)-3*(cos(x)+1)
30   ! phi(x)=arcsin(3*(cos(x)+1)/5)
40   DEF FNF(X)=5*SIN(X)-3*(COS(X)+1)
50   DEF FNPhi(X)=ASN(3*(COS(X)+1)/5)
60   INPUT 'Xa=?',Xa,'M=?',M,'Eps=?',Eps
70   PRINT 'Xa=';Xa,'M=';M,'Eps=';Eps
80   FOR I=1 TO M
90   Xo=Xa
100  Stz=(FNPhi(Xo)-Xo)^2
110  Stn=FNPhi(FNPhi(Xo))-2*FNPhi(Xo)+Xo
120  St=Stz/Stn
130  Xa=Xo-St
140  D=ABS(Xo-Xa)
150  IF D<Eps THEN GOTO 560
160  NEXT I
170  PRINT 'X=';Xa,'I=';I
180  END
```

```
Xa=1.0      M=10      Eps=.001          X=1.080839      I=3
```

Bild 2.3–18 BASIC-Programm zum Steffensen-Verfahren zur Bestimmung einer Nullstelle von $f(x) = 5\sin x - 3(\cos x + 1)$ in der Umgebung von $x_a = 1.0$ mit Ein- und Ausgabedaten

Diskussion der Verfahren

Die Konvergenzeigenschaften der genannten Verfahren können der angegebenen Literatur entnommen werden. Ihre Kenntnis ist aber von nur geringem praktischen Nutzen, weil sie auf Eigenschaften des Funktionsverlaufs in (a, b) gründen, die nicht gegeben und allgemein nur schwierig zu bestimmen sind. Andererseits muß beim Verzicht auf sichere Konvergenz mit einem Abwandern der Iterationsfolge vom Startwert bzw. von der Nullstelle gerechnet werden.

Die Newton-Verfahren und das Verfahren von Steffensen konvergieren mit der Konvergenzordnung $k = 2$ schneller als die Regula falsi mit $k = 1{,}62$. Bei jedem Iterationsschritt benötigt die Regula falsi die Neuberechnung von nur einem Wert, das Newton-Verfahren und das Steffensen-Verfahren von zwei Werten, und das modifizierte Newton-Verfahren von drei Werten. Zieht man dies in Betracht, so ist die Regula falsi hinsichtlich des Rechenaufwandes am rationellsten. Sie benötigt, wie auch die Intervallhalbierungsmethode und das Steffensen-Verfahren, keine Ableitungen, die oft gar nicht oder nur umständlich ermittelt werden können. Für die meisten praktischen Anwendungen ist die Intervallmethode mit $k = 1$ ausreichend. Man benötigt 3 oder 4 Schritte, zur Verbesserung einer Dezimalziffer, was bei der Schnelligkeit der heutigen Hilfsmittel, mit Ausnahme der Taschenrechner, kaum ins Gewicht fallen dürfte.

2.4 Matrizen

Die elegante, quasi stenografische Darstellung vieler Probleme und die Notwendigkeit, große Datenmengen zu bewältigen, hat der Matrizenrechnung zu einer außerordentlich schnellen und weiten Verbreitung verholfen. Die ADV hat dabei sicher den entscheidenden Anteil, weil sie die Beschränkung auf Trivialbeispiele überwinden half. So werden z.B. an den Hochschulen die Rechenverfahren der Baustatik mit Gewinn und zunehmend in Matrizenschreibweise gelehrt, und viele numerische Methoden bedienen sich der Matrizenrechnung [2], [8], [17], [20], [23].

Grundbegriffe und Bezeichnungen

Eine Matrix **A** ist die Anordnung von $m \cdot n$ Elementen in Rechteckform, d.h. in m Zeilen und n Spalten. Die Elemente a_{ik} tragen zu ihrer Identifizierung einen *Zeilenindex* $i = 1\,(1)\,m$ und einen *Spaltenindex* $k = 1\,(1)\,n$. Ein bestimmtes Element a_{ik} befindet sich somit im Schnitt der i-ten Zeile mit der k-ten Spalte. Besonders anschaulich ist die Darstellung einer Matrix in einem *Blockschema:*

$$\mathbf{A} = \begin{bmatrix} a_{11} & a_{12} & \dots & a_{1n} \\ a_{21} & a_{22} & \dots & a_{2n} \\ \vdots & \vdots & & \vdots \\ a_{m1} & a_{m2} & \dots & a_{mn} \end{bmatrix} = [a_{ik}] = \quad \begin{array}{c|ccc|} & & k & n \\ \hline & & \vdots & \\ i & \cdots\cdots & a_{ik} & \cdots \\ m & & \vdots & \\ \hline \end{array} \qquad (2.4\text{–}1)$$

Der *Typ* einer Matrix **A**, $\text{typ}(\mathbf{A}) = (m, n)$, wird mit dem natürlichen Zahlenpaar angegeben, das Zeilen- und Spaltenzahl der Matrix **A** angibt. Bestimmte Anordnungen und Werte der Elemente einer Matrix führen zu besonderen Formen, zu denen als einzeilige oder einspaltige Matrizen auch die Vektoren zählen.

Zeilenvektor,

$$\mathbf{a}_z = [a_1\ a_2 \dots a_n] = [a_k],\ k = 1\,(1)\,n, \qquad m = 1$$

Spaltenvektor,

$$\mathbf{a}_s = \begin{bmatrix} a_1 \\ a_2 \\ \cdot \\ \cdot \\ \cdot \\ a_m \end{bmatrix} = [a_i],\ i = 1\,(1)\,m, \qquad n = 1$$

Quadratische Matrix. Mit $m = n$ ist $\text{typ}(\mathbf{A}) = (n, n)$; Spalten und Zeilen haben dieselbe Anzahl von Elementen. Der Wert

$$\det(\mathbf{A}) = \begin{vmatrix} a_{11} & a_{12} & \dots & a_{1n} \\ a_{21} & a_{22} & \dots & a_{2n} \\ \vdots & \vdots & & \vdots \\ a_{n1} & a_{n2} & & a_{nn} \end{vmatrix} \qquad (2.4\text{–}2)$$

einer quadratischen Matrix **A** heißt *Determinante* von **A**. Er wird zweckmäßig mit dem Gauß'schen Algorithmus berechnet. Ist $\det(\mathbf{A}) \neq 0$, so heißt die Matrix A *regulär,* sonst *singulär.* In einer regulären Matrix sind alle Zeilen bzw. Spalten voneinander linear unabhängig, während in einer singulären Matrix wenigstens ein Zeilenpaar bzw. ein Spaltenpaar voneinander linear abhängig sind. Die Größtzahl linear unabhängiger Zeilen bzw. Spalten einer Matrix **A** bezeichnet man als *Rang* von **A**, $\text{r}(\mathbf{A})$. Es gilt

$$\det(\mathbf{A}) \neq 0 \iff \text{r}(\mathbf{A}) = n \qquad (2.4\text{–}3)$$

Die Elemente mit gleichen Indizes, $i = k$, bestimmen die Hauptdiagonale einer quadratischen Matrix. Die Summe der Hauptdiagonalelemente heißt *Spur* der Matrix.

$$\text{sp}(\mathbf{A}) = a_{11} + a_{22} + \dots + a_{nn} \qquad (2.4\text{–}4)$$

Transponierte Matrix $\mathbf{A}^T$. Durch Vertauschen der Zeilen mit den Spalten einer Matrix **A** entsteht die Transponierte $\mathbf{A}^T = \mathbf{B}$ mit $b_{ik} = a_{ki}$, $i = 1\,(1)\,m$, $\qquad k = 1\,(1)\,n$.

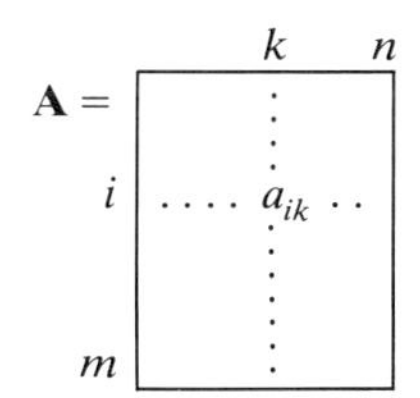

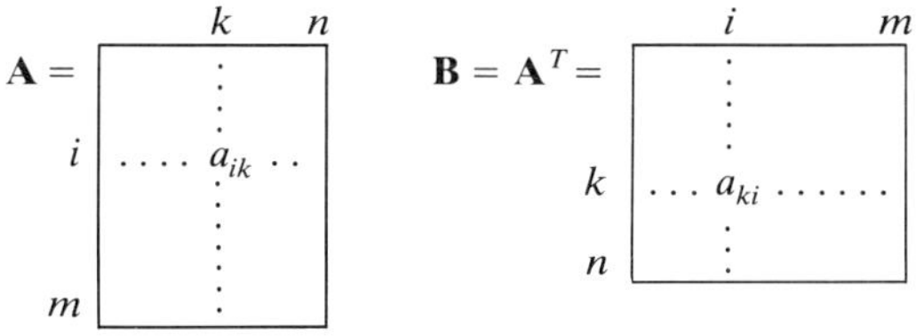

$\mathbf{B} = \mathbf{A}^T =$ (Schema mit Element a_{ki} in Zeile k; Spalten bis m, Zeilen bis n)

Quadratische Matrizen weisen einige besondere Formen auf:
Symmetrische Matrix. Die Symmetrie bezieht sich auf die Hauptdiagonale, so daß $a_{ik} = a_{ki}$ und $\mathbf{A} = \mathbf{A}^T$ gilt.
Positiv definite Matrix. Eine symmetrische Matrix $\mathbf{A}$ nennt man positiv definit, wenn ihre quadratische Form $Q(x)$ positiv ist

$$Q(x) = \mathbf{x}^T \cdot \mathbf{A} \cdot \mathbf{x} > 0 \quad \text{für alle} \quad \mathbf{x} \neq \mathbf{o} \tag{2.4–5}$$

Die Matrix $\mathbf{A}$ ist damit auch stets regulär. In der Statik finden solche Ausdrücke Anwendung mit $2 \cdot Q(x)$ als Formänderungsarbeit, $\mathbf{A}$ als Federungsmatrix und $\mathbf{x}$ als Vektor der Stabkräfte oder Spannungen.
Bandmatrix. Nur die Elemente der Hauptdiagonalen und in der Nähe der Hauptdiagonalen sind ungleich null, so daß ein diagonales Band von Elementen entsteht. Bestehen die Zeilen einer Matrix nur aus den Elementen $a_{i\,i-1}$, $a_{i\,i}$ und $a_{i\,i+1}$, so heißt sie *tridiagonal.*
Diagonalmatrix $\mathbf{D}$. Für sie gilt $a_{ii} \neq 0 \wedge a_{ik} = 0$, $i, k = 1\,(1)\,n$ mit $i \neq k$.

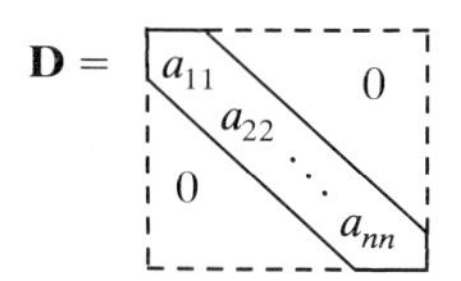

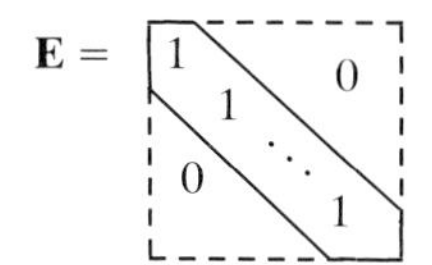

Einheitsmatrix $\mathbf{E}$. Es ist $a_{ii} = 1 \wedge a_{ik} = 0$, $\quad i, k = 1\,(1)\,n$ mit $i \neq k$.
Nullmatrix $\mathbf{O}$. Alle Elemente sind Null, $a_{ik} = 0$, $\quad i, k = 1\,(1)\,n$.
Rechte (obere) Dreiecksmatrix $\mathbf{R}$. Es gilt $a_{ik} = 0$ für $i > k$, $\quad i, k = 1\,(1)\,n$.

$$\mathbf{R} = \begin{bmatrix} a_{11} & a_{12} & \cdots & a_{1n} \\ & a_{22} & \cdots & a_{2n} \\ & & \ddots & \vdots \\ 0 & & & a_{nn} \end{bmatrix}$$

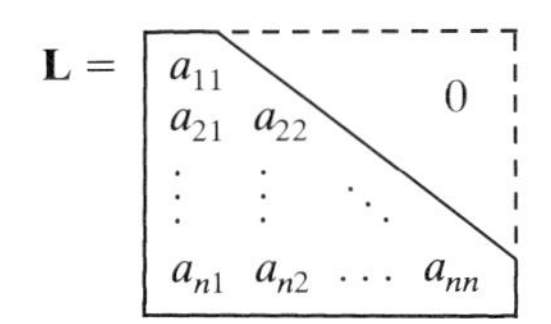

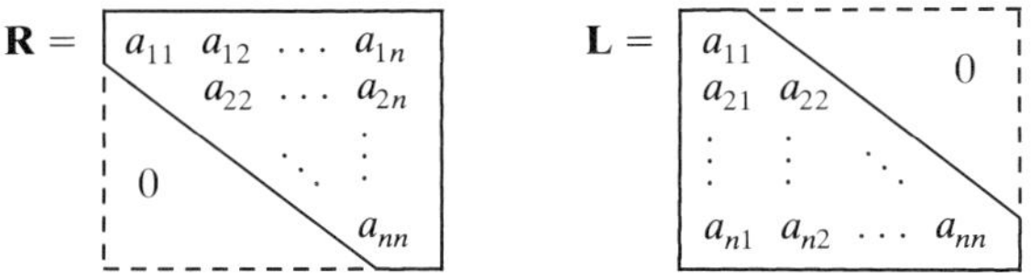

Linke (untere) Dreiecksmatrix $\mathbf{L}$. Es gilt $a_{ik} = 0$ für $i < k$, $i, k = 1\,(1)\,n$. Die Determinante einer Dreiecksmatrix ist gleich dem Produkt aller Hauptdiagonalelemente. Bezeichnet man die Elemente von $\mathbf{R}$ mit r_{ik} und diejenigen von $\mathbf{L}$ mit l_{ik}, so ist

$$\det(\mathbf{R}) = r_{11} \cdot r_{22} \cdot \ldots \cdot r_{nn} \qquad \det(\mathbf{L}) = l_{11} \cdot l_{22} \cdot \ldots \cdot l_{nn}$$

Summen, Produkte und Inverse von Dreiecksmatrizen sind wieder Dreiecksmatrizen von gleicher Anordnung.

2.4.1 Matrizenalgebra

Gleichheit
Zwei Matrizen $\mathbf{A}$ und $\mathbf{B}$ sind einander gleich, wenn gilt:

$$\mathbf{A} = \mathbf{B} \Leftrightarrow \text{typ}(\mathbf{A}) = \text{typ}(\mathbf{B}) \wedge a_{ik} = b_{ik}, \qquad i, k = 1\,(1)\,m, n. \tag{2.4–7}$$

Matrizenaddition
Addition und Subtraktion sind nur für Matrizen von gleichem Typ definiert. Sie heißen dann additiv verknüpfbar. Die Verknüpfung erfolgt elementweise, und es gilt das kommutative und assoziative Gesetz.

$\mathbf{A} + \mathbf{B} = \mathbf{C}$ mit $c_{ik} = a_{ik} + b_{ik}$, $\operatorname{typ}(\mathbf{A}) = \operatorname{typ}(\mathbf{B}) = \operatorname{typ}(\mathbf{C})$, $\quad i, k = 1\,(1)\,m, n.$ (2.4–8)

Hieraus folgt unmittelbar die Multiplikation einer Matrix mit einem Skalar:

$c \cdot \mathbf{A} = \mathbf{B}$ mit $b_{ik} = c \cdot a_{ik}$, $\quad i, k = 1\,(1)\,m, n$ (2.4–9)

zusätzlich gilt das distributive Gesetz.

Matrizenmultiplikation

Zwei Matrizen sind multiplikativ in der Reihenfolge $\mathbf{A} \cdot \mathbf{B}$ verknüpfbar, wenn die Bedingung

$$\operatorname{typ}(\mathbf{A}) = (m, p) \wedge \operatorname{typ}(\mathbf{B}) = (p, n) \qquad (2.4\text{–}10)$$

erfüllt ist. Es ist dann $\operatorname{typ}(\mathbf{A} \cdot \mathbf{B}) = (m, n)$. Die Bedingung (2.4–10) bedeutet, daß die Spaltenzahl von **A** gleich der Zeilenzahl von **B** sein muß.

Die Multiplikationsvorschrift (Bild 2.4–1) lautet:

$$\mathbf{A} \cdot \mathbf{B} = \mathbf{C} \quad \text{mit} \quad c_{ik} = \sum_{j=1}^{p} a_{ij} \cdot b_{jk}, \qquad i, k = 1\,(1)\,m, n\,. \qquad (2.4\text{–}11)$$

Jedes Element c_{ik} der Produktmatrix **C** ist somit das skalare Produkt des Zeilenvektors der i-ten Zeile von **A** mit dem Spaltenvektor der k-ten Spalte von **B**. Ist die Bedingung (2.4–10) erfüllt, so ist die notwendige Gleichheit der Anzahl der Komponenten beider Vektoren gewährleistet. Es gilt das assoziative und das distributive Gesetz, jedoch nicht das kommutative. Auch wenn **A** und **B** quadratisch sind, ist allgemein

$$\mathbf{A} \cdot \mathbf{B} \neq \mathbf{B} \cdot \mathbf{A}. \qquad (2.4\text{–}12)$$

Für den Ausnahmefall nennt man die betreffenden Matrizen zueinander kommutativ. Sind **A**, **B** und **C** symmetrische Matrizen und ist $\mathbf{A} \cdot \mathbf{B} = \mathbf{C}$, so gilt $\mathbf{A} \cdot \mathbf{B} = \mathbf{B} \cdot \mathbf{A}$.

Einprägsam und für die Handrechnung nützlich ist das Falksche Schema, das besonders bei fortgesetzter Multiplikation die Übersicht unterstützt.

Schema von Falk:

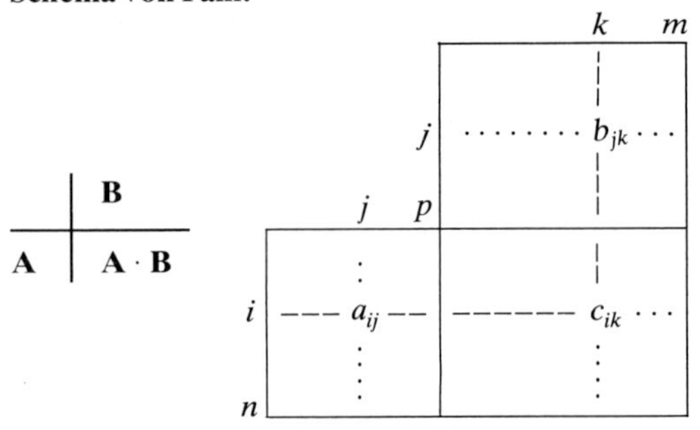

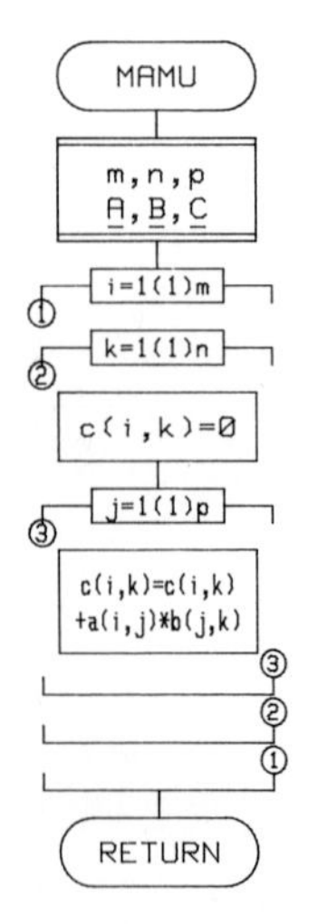


```
C  MATRIX-MULTIPLIKATION
     SUBROUTINE MAMU(A,B,C,M,N,P)
     DIMENSION A(M,P),B(P,N),C(M,N)
     DO 1 I=1,M
     DO 2 K=1,N
     C(I,K)=0.
     DO 3 J=1,P
     C(I,K)=C(I,K)+A(I,J)*B(J,K)
   3 CONTINUE
   2 CONTINUE
   1 CONTINUE
     RETURN
     END
```

Bild 2.4–1

Unterprogramm zur Matrizenmultiplikation mit einer FORTRAN-Subroutine

Orthogonalmatrix
Eine reelle quadratische Matrix, deren Produkt mit der Transponierten die Einheitsmatrix ergibt, heißt orthogonal.

$$\mathbf{A} \cdot \mathbf{A}^T = \mathbf{E} \qquad (2.4\text{–}13)$$

Es gilt stets

$$\det(\mathbf{A}) = \pm 1 \qquad (2.4\text{–}14)$$

Ähnlichkeitstransformation
Zwei Matrizen $\mathbf{A}$ und $\overline{\mathbf{A}}$, die mit einer Transformationsmatrix $\mathbf{T}$ den Ausdruck

$$\overline{\mathbf{A}} = \mathbf{T}^{-1} \cdot \mathbf{A} \cdot \mathbf{T} \qquad (2.4\text{–}15)$$

bilden, nennt man ähnliche Matrizen. Ihre Determinanten sind gleich.

Inverse Matrix
Der Quotient zweier Matrizen ist nicht definiert, da das Produkt zweier Matrizen gleich der Nullmatrix sein kann, auch wenn beide Faktoren von der Nullmatrix verschieden sind. Es kann gelten:

$$\mathbf{A} \cdot \mathbf{B} = \mathbf{O} \quad \text{für} \quad \mathbf{A} \neq \mathbf{O} \wedge \mathbf{B} \neq \mathbf{O}. \qquad (2.4\text{–}16)$$

Anstelle eines Matrizenquotienten benutzt man den Begriff der Kehrmatrix, auch inverse Matrix oder kurz Inverse genannt. Zu jeder regulären Matrix $\mathbf{A}$ gibt es genau eine reguläre Matrix $\mathbf{A}^{-1}$, die Inverse von $\mathbf{A}$, mit der Eigenschaft

$$\mathbf{A}^{-1} \cdot \mathbf{A} = \mathbf{A} \cdot \mathbf{A}^{-1} = \mathbf{E}, \qquad \mathrm{r}(\mathbf{A}) = n. \qquad (2.4\text{–}17)$$

Zur Berechnung der Inversen geht man von der Definitionsgleichung (2.4–17) aus, bringt sie in die Form einer Matrizengleichung

$$\mathbf{A} \cdot \mathbf{X} = \mathbf{E} \quad \text{mit} \quad \mathbf{X} = \mathbf{A}^{-1} \qquad (2.4\text{–}18)$$

und bestimmt $\mathbf{X}$ spaltenweise mit Hilfe von n linearen Gleichungssystemen, bei denen sich nur die rechten Seiten voneinander unterscheiden. Als Verfahren bieten sich die Lösungsmethoden für lineare Gleichungssysteme an, die in Abschnitt 2.5 besprochen werden.

2.4.2 Norm, Kondition

Unter der Norm einer Matrix $\mathbf{A}$, $\mathrm{typ}(\mathbf{A}) = (m, n)$, versteht man eine dieser Matrix zugeordnete reelle Zahl $\|\mathbf{A}\|$, welche bestimmte axiomatische Forderungen ([6], [9], [23]) erfüllt und ein Maß für die „Größe“ einer Matrix ergibt. Die Norm eines Vektors $\boldsymbol{a}$ ist entsprechend definiert. Die Normaxiome lassen viele mögliche Normen zu, doch in der Praxis sind nur einige wenige gebräuchlich. Verwendung finden diese bei der quantitativen Betrachtung von Genauigkeitsproblemen, besonders bei der Abschätzung relativer Fehler bei Matrixoperationen.

Vektornormen
Die zumeist verwendeten Vektornormen entstammen einer Gruppe, die mit den Ausdruck

$$\|\boldsymbol{a}\|_p = \left(\sum_{i=1}^{m} |a_i|^p\right)^{\frac{1}{p}} \quad \text{für} \quad 1 \leq p < \infty \qquad (2.4\text{–}19)$$

charakterisiert ist. Für spezielle Werte von p und für $p \to \infty$ erhalten wir folgende Normen:

$$\|\boldsymbol{a}\|_1 = \sum_{i=1}^{m} |a_i| \qquad \text{Summennorm} \qquad (2.4\text{–}20)$$

$$\|\boldsymbol{a}\|_2 = \sqrt{\boldsymbol{a}^T \cdot \boldsymbol{a}} = |\boldsymbol{a}| \qquad \text{Euklidische Norm} \qquad (2.4\text{–}21)$$

$$\|\boldsymbol{a}\|_\infty = \max |a_i|, \quad i = 1\,(1)\,m \qquad \text{Maximumnorm} \qquad (2.4\text{–}22)$$

Matrixnormen
Eine Matrixnorm ist mit einer Vektornorm verträglich, wenn die Ungleichung

$$\|\mathbf{A} \cdot \mathbf{a}\| \leq \|\mathbf{A}\| \cdot \|\mathbf{a}\| \qquad (2.4\text{–}23)$$

für jede Matrix $\mathbf{A}$ und für jeden Vektor $\boldsymbol{a}$ erfüllt wird. Die mit den Vektornormen verträglichen Matrixnormen tragen den entsprechenden Index p:

$$\|\mathbf{A}\|_1 = \max \sum_{i=1}^{m} |a_{ik}|, \quad k = 1\,(1)\,n \qquad \text{Spaltensummennorm} \tag{2.4–24}$$

$$\|\mathbf{A}\|_2 = \sqrt{\operatorname{sp}(\mathbf{A}^T \cdot \mathbf{A})} \qquad \text{Euklidische Norm} \tag{2.4–25}$$

$$\|\mathbf{A}\|_\infty = \max \sum_{k=1}^{n} |a_{ik}|, \quad i = 1\,(1)\,m \qquad \text{Zeilensummennorm} \tag{2.4–26}$$

Konditionsmaß
Die numerische Behandlung von Problemen mit Hilfe von Matrizen wirft regelmäßig die Frage nach der Stabilität des anstehenden Verfahrens auf. Bei der Suche nach einem Maß zur Beurteilung der Qualität des Resultats einer Matrizenoperation spielt die Kondition der beteiligten Matrix eine wesentliche Rolle. Die Größe der Determinante reicht als Merkmal hierfür nicht aus. Unter Verwendung beliebiger Matrixnormen wird eine Konditionszahl angegeben mit

$$\operatorname{cond}(\mathbf{A})_p = \|\mathbf{A}\|_p \cdot \|\mathbf{A}^{-1}\|_p \tag{2.4–27}$$

wobei der Index p auf eine spezielle Matrixnorm verweist. Die Matrix $\mathbf{A}$ muß quadratisch und regulär sein. Mit derselben Einschränkung ist daneben die von Zurmühl in die Praxis eingeführte Hadamardsche Konditionszahl

$$\operatorname{cond}(\mathbf{A})_H = \prod_{i=1}^{m} \left(\sum_{k=1}^{n} a_{ik}^2 \right)^{\frac{1}{2}} \Big/ |\det(\mathbf{A})| \tag{2.4–28}$$

gebräuchlich. Schließlich wird mit weiterer Einschränkung auf symmetrische, positiv definite Matrizen häufig die Konditionszahl

$$\operatorname{cond}(\mathbf{A})_0 = \frac{\max \lambda}{\min \lambda} \tag{2.4–29}$$

benutzt, zu deren Berechnung zuvor der größte und kleinste Eigenwert von $\mathbf{A}$ ermittelt werden muß. Eine Matrix $\mathbf{A}$ muß als schlecht konditioniert betrachtet werden, wenn $\operatorname{cond}(\mathbf{A}) \ll 1$ ist.

2.4.3 Eigenwerte und Eigenvektoren

Definitionen
Die Eigenwerte λ_i, $i = 1\,(1)\,n$, einer Matrix $\mathbf{A}$, $\operatorname{typ}(\mathbf{A}) = (n, n)$, sind bestimmt durch die Matrizengleichung

$$\mathbf{A} \cdot \boldsymbol{x} = \boldsymbol{x} \cdot \lambda, \tag{2.4–30}$$

d.h. es werden Vektoren $\boldsymbol{x}$ gesucht, die dem Vektor $\mathbf{A} \cdot \boldsymbol{x}$ mit dem Parameter λ proportional sind. Multipliziert man (2.4–30) mit der Einheitsmatrix, so entsteht nach einfacher Umformung das lineare, homogene Gleichungssystem

$$(\mathbf{A} - \lambda \cdot \mathbf{E}) \cdot \boldsymbol{x} = \boldsymbol{o} \tag{2.4–31}$$

Mit der Kenntnis von wenigstens einem Eigenwert λ_i läßt sich aus (2.4–31) der diesem Eigenwert entsprechende nichttriviale Lösungsvektor $\boldsymbol{x}_i \neq \boldsymbol{o}$ berechnen. $\boldsymbol{x}_i$ heißt Eigenvektor der Matrix $\mathbf{A}$ zum Eigenwert λ_i.
Unter dem speziellen Eigenwertproblem oder Eigenwertaufgabe versteht man die vollständige oder auch nur teilweise Ermittlung der Eigenwerte und der zugehörigen Eigenvektoren. Das allgemeine Eigenwertproblem ergibt sich, wenn in (2.4–31) die Einheitsmatrix durch eine beliebige Matrix $\mathbf{B}$, $\operatorname{typ}(\mathbf{B}) = (n, n)$, ersetzt wird [23].

Charakteristisches Polynom
Das Gleichungssystem (2.4–31) hat nur dann nichttriviale Lösungen $\boldsymbol{x} \neq \boldsymbol{o}$, wenn die Determinante der Differenzmatrix verschwindet:

$$\det(\mathbf{A} - \lambda \cdot \mathbf{E}) = 0 \tag{2.4–32}$$

Diese Determinante ist ein Polynom $P_n(\lambda)$ und wird charakteristisches Polynom der Matrix $\mathbf{A}$ genannt. Seine Nullstellen λ_i, $i = 1\,(1)\,n$ sind die Eigenwerte der Matrix $\mathbf{A}$ im Sinne der vollständigen Eigenwertaufgabe. Ist die Matrix $\mathbf{A}$ symmetrisch, so sind sämtliche Eigenwerte reell, ist sie darüber hinaus auch positiv definit, so sind alle Eigenwerte positiv.
Die Koeffizienten des $P_n(\lambda)$ lassen sich prinzipiell durch Entwickeln von (2.4–32) bestimmen. Mit Hilfe der Vietaschen Wurzelsätze ergibt sich dann für die Koeffizienten a_j, $j = n\,(-1)\,0$:

$$a_{n-1} = \mathrm{sp}\,(\mathbf{A}) = \sum_{i=1}^{n} \lambda_i \qquad (2.4\text{–}33)$$

$$a_0 \;= (-1)^n \cdot \det(\mathbf{A}) = \prod_{i=1}^{n} \lambda_i \qquad (2.4\text{–}34)$$

Die Beziehungen zwischen der Matrix **A** und den Eigenwerten λ_i können zu Rechenkontrollen und Genauigkeitsbetrachtungen benutzt werden.

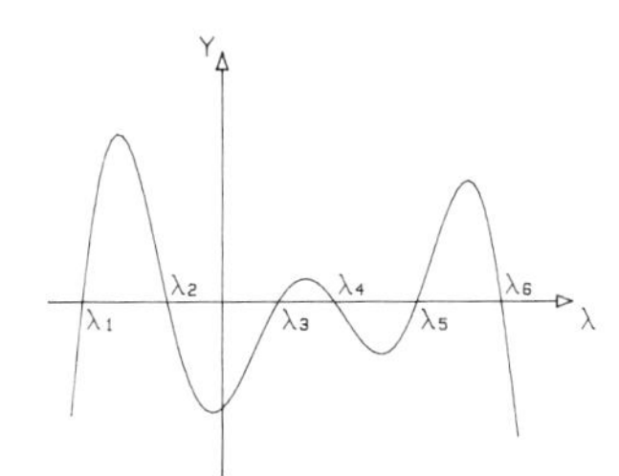

Bild 2.4–2
Charakteristisches Polynom zur numerischen Eigenwertbestimmung

Modalmatrix
Es wird der Fall betrachtet, bei dem die Matrix **A** entsprechend ihrer Eigenwerte λ_i, $i = 1\,(1)\,n$, genau n linear unabhängige Eigenvektoren $\mathbf{x}_i$ besitzt. Diese lassen sich dann spaltenweise zu der regulären Modalmatrix **X** zusammenfassen. Dazu muß die Matrix $\mathbf{A} - \lambda \cdot \mathbf{E}$ beim Vorhandensein mehrfacher Nullstellen des $P_n(\lambda)$ einen Rangabfall $n - \mathrm{r}\,(\mathbf{A} - \lambda \cdot \mathbf{E})$ aufweisen, welcher der Vielfachheit der mehrfachen Eigenwerte entspricht. Die Matrix **A**, welche diese Forderung erfüllt, heißt *diagonalähnliche Matrix,* da sie sich durch eine Ähnlichkeitstransformation nach (2.4–15) in eine Diagonalmatrix überführen läßt. Mit der Modalmatrix kann man die Eigenwertgleichungen (2.4–30) schreiben als

$$\mathbf{A} \cdot \mathbf{X} = \mathbf{X} \cdot \mathbf{\Lambda} \qquad (2.4\text{–}35)$$

wobei **Λ** die Diagonalmatrix der Eigenwerte ist:

$$\mathbf{\Lambda} = \begin{bmatrix} \lambda_1 & & & 0 \\ & \lambda_2 & & \\ & & \ddots & \\ 0 & & & \lambda_n \end{bmatrix} \qquad (2.4\text{–}36)$$

Nach Linksmultiplikation von (2.4–35) mit der Inversen der Modalmatrix sind die Eigenwerte der Matrix **A**

$$\mathbf{\Lambda} = \mathbf{X}^{-1} \cdot \mathbf{A} \cdot \mathbf{X} \qquad (2.4\text{–}37)$$

als Ähnlichkeitstransformation von **A** mit der Modalmatrix **X** dargestellt.
Die Klasse der diagonalähnlichen Matrizen enthält die reellen symmetrischen Matrizen, auf die wir uns wegen ihrer umfassenden Bedeutung in der Mechanik im folgenden beschränken wollen. Die Ähnlichkeitstransformation (2.4–37) erfolgt dann mit einer orthogonalen Modalmatrix **X**, so daß jetzt gilt

$$\mathbf{\Lambda} = \mathbf{X}^T \cdot \mathbf{A} \cdot \mathbf{X} \qquad (2.4\text{–}38)$$

Diese Beziehung bezeichnet man als *Hauptachsentheorem.*

Berechnung der Eigenwerte und Eigenvektoren
Die numerischen Verfahren zur Lösung der vollständigen oder teilweisen Eigenwertaufgabe werden in zwei Gruppen, den direkten und den iterativen Verfahren, eingeteilt. Die direkten Verfahren stellen das charakteristische Polynom $P_n(\lambda)$ auf, bestimmen die Eigenwerte λ_i nach einer geeigneten Methode als dessen Nullstellen und berechnen die Eigenvektoren $\mathbf{x}_i$ als Lösung der homogenen Gleichungssysteme (2.4–31).
Die iterativen Verfahren vermeiden das Aufstellen des charakteristischen Polynoms, da die Eigenwerte oft wesentlich empfindlicher von dessen Koeffizienten als von den Elementen der Ausgangsmatrix abhängen. Sie finden deshalb in der Praxis weit größere Anwendung als die direkten Verfahren, wobei sich eine Vielzahl von Methoden herausgebildet hat, die den Besonderheiten der konkreten Aufgabenstellung angepaßt sind [3].

Direkte Verfahren

Der *Stiefel-Algorithmus* ist ein endliches Verfahren zur Lösung des vollständigen Eigenwertproblems für beliebige Matrizen. Der Algorithmus liefert das charakteristische Polynom $P_n(\lambda)$ und die Berechnung der Eigenvektoren. Die Nullstellen des $P_n(\lambda)$ sind dabei nach einem frei zu wählenden Verfahren zu bestimmen. [3] enthält eine ausführliche Darstellung dieser Methode.

Das *Krylow-Verfahren* löst das vollständige Eigenwertproblem für diagonalähnliche Matrizen. Die Koeffizienten $\boldsymbol{a}$ des charakteristischen Polynoms werden dabei aus einem linearen inhomogenen Gleichungssystem

$$\mathbf{Z} \cdot \boldsymbol{a} = -\, \boldsymbol{z}^{(n)} \tag{2.4–39}$$

berechnet, dessen Koeffizientenmatrix $\mathbf{Z}$ aus den sogenannten iterierten Vektoren $\boldsymbol{z}^{(i)}$, $i = 0\,(1)\,n-1$, und dessen rechte Seiten aus dem iterierten Vektor $-\boldsymbol{z}^{(n)}$ besteht:

$$\boldsymbol{z}^{(i)} = \mathbf{A} \cdot \boldsymbol{z}^{(i-1)}, \quad i = 1\,(1)\,n \tag{2.4–40}$$

Die iterierten Vektoren werden somit aus einem Startvektor $\boldsymbol{z}^{(0)}$ durch n-maliges Multiplizieren mit der Ausgangsmatrix $\mathbf{A}$ gewonnen [12] Fs, S. 186ff. und [23] § 14.2.

Iterative Verfahren

Die iterativen Verfahren unterscheiden sich vordergründig in ihrer Zielsetzung, die Lösung des vollständigen oder nur des teilweisen Eigenwertproblems herbeizuführen.

Grundlage für die erste Kategorie von Verfahren, die sämtliche Eigenwerte und Eigenvektoren einer Ausgangsmatrix $\mathbf{A}$ berechnen, ist das Hauptachsentheorem (2.4–38). Beim *Jakobi-Verfahren* wird eine Iterationsfolge

$$\mathbf{A}^{(i+1)} = \mathbf{R}^{(i)^T} \cdot \mathbf{A} \cdot \mathbf{R}^{(i)}, \qquad i = 1\,(1)\,m \tag{2.4–41}$$

mit $\mathbf{A}^{(0)} = \mathbf{A}$ und den Orthogonalmatrizen $\mathbf{R}^{(i)}$ erzeugt, die bei geeigneter Wahl der $\mathbf{R}^{(i)}$ für $m \to \infty$ gegen die Diagonalmatrix $\mathbf{\Lambda}$ der Eigenwerte konvergiert. Zugleich konvergiert das Produkt der $\mathbf{R}^{(i)}$ gegen die Modalmatrix $\mathbf{X}$. Wesentlich für das Verfahren ist die Auswahlstrategie der $\mathbf{R}^{(i)}$ und ein geeignet formuliertes Abbruchkriterium. Hierzu sei wieder auf die Literatur, z.B. [8] mit FORTRAN-Programm und [14] mit ALGOL-Programm, verwiesen.

Vektoriteration nach R. v. Mises

Eigenwertprobleme des Bauingenieurs bedürfen meist nur der teilweisen Berechnung ihrer Lösung. Es interessiert praktisch, je nach Definition, nur der größte oder kleinste Eigenwert, die Knicklast, Beullast oder Eigenfrequenz eines Systems. Gelegentlich ist auch der dem Betrage nach zweitgrößte bzw. zweitkleinste Eigenwert von Belang.

Die klassische Vektoriteration liefert den *dominanten Eigenwert* und dessen Eigenvektor. Das Verfahren arbeitet nach der Iterationsvorschrift

$$\boldsymbol{x}^{(i)} = \mathbf{A} \cdot \boldsymbol{x}^{(i-1)}, \qquad i = 1\,(1)\,m \tag{2.4–42}$$

mit dem Startvektor $\boldsymbol{x}^{(0)} \neq 0$ und konvergiert gegen einen Eigenvektor x_1, wenn $\mathbf{A}$ genau einen einfachen betragsgrößten Eigenwert λ_1 (d.h. $|\lambda_1| > |\lambda_j|$, $j = 2\,(1)\,n$) besitzt und wenn – theoretisch oder in trivialen Fällen – $\boldsymbol{x}^{(0)}$ nicht orthogonal zu $\boldsymbol{x}_1$ ist. Es müßte also gelten

$$\boldsymbol{x}^{(0)^T} \cdot \boldsymbol{x}_1 \neq 0 \tag{2.4–43}$$

Praktisch bewirken jedoch schon unvermeidliche Eingangsfehler in $\boldsymbol{x}^{(0)}$ bzw. Rundungsfehler in $\boldsymbol{x}^{(i-1)}$ trotzdem Konvergenz des Verfahrens. Zur numerischen Stabilität ist es i.a. erforderlich, ständig eine Normierung des iterierten Vektors vorzunehmen, weil sonst seine Komponenten wegen der fortgesetzten Potenzierung der Matrix $\mathbf{A}$ übermäßig anwachsen oder schrumpfen können. Mit der Maximumnorm nach (2.4–22) lautet dann die Iterationsvorschrift

$$\left.\begin{aligned} \boldsymbol{x}^{(i)} &= \mathbf{A} \cdot \boldsymbol{y}^{(i-1)} \\ \boldsymbol{y}^{(i)} &= \frac{\boldsymbol{x}^{(i)}}{\|\boldsymbol{x}^{(i)}\|_\infty} \end{aligned}\right\} \quad \boldsymbol{y}^{(0)} \neq \mathbf{o}, \qquad i = 1\,(1)\,m \tag{2.4–44}$$

Die Folge $\{\boldsymbol{y}^{(i)}\}$ konvergiert dann gegen den normierten Eigenvektor $\boldsymbol{x}_1$, und der zugehörige Eigenwert λ_1 ergibt sich aus

$$\lambda_1 = \lim_{m \to \infty} \frac{\boldsymbol{y}^{(m)^T} \cdot \boldsymbol{y}^{(m)}}{\boldsymbol{y}^{(m)^T} \cdot \boldsymbol{y}^{(m-1)}} \tag{2.4–45}$$

für endliche m als Näherung.

```
C  R.V.MISES: DOMINANTER EIGENWERT
      DIMENSION A(10,10),AT(10,10)
      DIMENSION X(10),Y(10),Z(10),W(10)
      DATA X/1.,9*0./,Y/1.,9*0./
      READ(5,101)N,M,EPS
      READ(5,102)((A(I,K),I=1,N),K=1,N)
      WRITE(6,102)((A(I,K),I=1,N),K=1,N)
      DO 1 I=1,N
      DO 1 K=1,N
    1 AT(I,K)=A(K,I)
      EWK=0.
      DO 2 J=1,M
      CALL QUMVMU(N,A,X,Z)
      CALL QUMVMU(N,AT,Y,W)
      EWL=SKALP(N,Z,W,)/SKALP(N,Z,Y)
      SK=SQRT(ABS(SKALP(N,Z,W)))
      CALL SKALMV(N,W,1./SK,X)
      CALL SKALMV(N,W,1./SK,Y)
      VG=ABS((EWL-EWK)/EWL)
      IF(VG.LT.EPS) GOTO 3
    2 EWK=EWL
    3 WRITE(6,103)EWL,J
      WRITE(6,104)(X(I),I=1,N)
      STOP
  101 FORMAT(2I5,E10.2)
  102 FORMAT(1X,4F10.5)
  103 FORMAT(1X,F10.7,I10///)
  104 FORMAT(1X,F10.7)
      END
      FUNKTION SKALP(N,A,B)
      DIMENSION A(N),B(N)
      SKALP=0.
      DO 1 I=1,N
    1 SKALP=SKALP+A(I)*B(I)
      RETURN
      END
      SUBROUTINE QUMVMU(N,A,X,Y)
      DIMENSION A(N,N),X(N),Y(N)
      DO 1 I=1,N
      Y(I)=0.
      DO 1 K=1,N
    1 Y(I)=Y(I)+A(I,K)*X(K)
      RETURN
      END
      SUBROUTINE SKALMV(N,A,C,B)
      DIMENSION A(N),B(N)
      DO 1 I=1,N
    1 B(I)=C*A(I)
      RETURN
      END
```

```
16.159   2.268   0.244   -0.369      16.624960      0.989538
 5.061   0.855   0.080   -0.133       5             0.141379
 9.072   1.344   0.147   -0.231                     0.015089
11.928   1.428   0.168   -0.273                    -0.024508
```

Bild 2.4–3 FORTRAN-Programm zur Vektoriteration, Daten nach [23], S. 281

Die Vektoriteration läßt sich auch zur Bestimmung des meistens gesuchten betragskleinsten Eigenwertes verwenden, wenn man mit diesem Verfahren unter entsprechenden Voraussetzungen den betragsgrößten Eigenwert der zu $\mathbf{A}$ inversen Matrix $\mathbf{A}^{-1}$ ermittelt. Die beiden Matrizen besitzen die gleichen Eigenvektoren, jedoch reziproke Eigenwerte. Für diese *inverse Vektoriteration* lautet die Iterationsvorschrift

$$\left.\begin{aligned} \boldsymbol{x}^{(i)} &= \mathbf{A}^{-1}\cdot\boldsymbol{y}^{(i-1)} \\ \boldsymbol{y}^{(i)} &= \frac{\boldsymbol{x}^{(i)}}{\|\boldsymbol{x}^{(i)}\|_\infty} \end{aligned}\right\} \quad \text{mit} \quad \boldsymbol{y}^{(0)} \neq \mathbf{o}, \qquad i = 1\,(1)\,m \tag{2.4–46}$$

wobei nun die Folge $\{\boldsymbol{y}^{(i)}\}$ gegen den normierten Eigenvektor $\boldsymbol{x}_n$ konvergiert und der zugehörige Eigenwert λ_n sich aus

$$\lambda_n = \lim_{m\to\infty} \frac{\boldsymbol{y}^{(m)^T}\cdot\boldsymbol{y}^{(m-1)}}{\boldsymbol{y}^{(m)^T}\cdot\boldsymbol{y}^{(m)}} \tag{2.4–47}$$

für endliche m als Näherung ergibt.
Verwendet man nach der Bestimmung von $\boldsymbol{x}_1$ und λ_1 einen Startvektor $\boldsymbol{x}^{(0)}$, der zu $\boldsymbol{x}_1$ orthogonal ist und orthogonalisiert jeden iterierten Vektor $\boldsymbol{x}^{(i)}$ bezüglich $\boldsymbol{x}_1$ durch Beseitigen der Störkomponenten, so konvergiert bei der solcherart *modifizierten Vektoriteration* die Folge $\{\boldsymbol{y}^{(i)}\}$ gegen den normierten Eigenvektor $\boldsymbol{x}_2$. Der zugehörige Eigenwert λ_2 – es gelte wieder $|\lambda_2| > |\lambda_j|$, $j = 3\,(1)\,n$ – analog (2.4–41) berechnet.
Ein Startvektor $\boldsymbol{x}^{(0)}$, der die Orthogonalitätsbedingung $\boldsymbol{x}^{(0)^T}\cdot\boldsymbol{x}_1 = 0$ erfüllt, kann leicht gefunden werden, wenn z.B. nur zwei Komponenten von null verschieden sind. Die Beseitigung der Störkomponenten in $\boldsymbol{x}^{(i)}$ bezüglich $\boldsymbol{x}_1$ erfolgt durch

$$\boldsymbol{x}^{(i)} \leftarrow \boldsymbol{x}^{(i)} - \boldsymbol{x}_1^T\cdot\boldsymbol{x}^{(i)}\cdot\boldsymbol{x}_1 \tag{2.4–48}$$

Entsprechendes gilt für die Berechnung von λ_{n-1} mit der *modifizierten inversen Vektoriteration.* Die Modifikation läßt sich beliebig schrittweise ausdehnen, wenn der Startvektor $\boldsymbol{x}^{(0)}$ zur Iteration eines Eigenvektors $\boldsymbol{x}_k$ bezüglich aller zuvor iterierten Vektoren $\boldsymbol{x}_j$, $j = 1\,(1)\,k$, orthogonal ist und während der Iteration von Störkomponenten befreit wird.

2.4.4 Differenzieren und Integrieren von Matrizen

Matrizen werden entsprechend der Additionsregel differenziert oder integriert; d. h. der Differentialquotient oder das Integral wird von jedem Element einzeln gebildet:

$$\frac{\mathrm{d}\mathbf{A}}{\mathrm{d}x} = \mathbf{B} \quad \text{mit} \quad b_{ik} = \frac{\mathrm{d}a_{ik}}{\mathrm{d}x}, \quad i = 1\,(1)\,m \quad k = 1\,(1)\,n \tag{2.4–49}$$

oder:

$$\int \mathbf{A}\,\mathrm{d}x = \mathbf{B} \quad \text{mit} \quad b_{ik} = \int a_{ik}\,\mathrm{d}x, \quad i = 1\,(1)\,m \quad k = 1\,(1)\,n \tag{2.4–50}$$

Die Ableitung eines Funktionsausdrucks nach einem Vektor ist ein Vektor, der die partiellen Ableitungen des Funktionsausdrucks nach den Komponenten des Vektors als Elemente hat:

$$\frac{\partial \mathbf{F}}{\partial \boldsymbol{x}} = \left(\frac{\partial \mathbf{F}}{\partial x_1}, \frac{\partial \mathbf{F}}{\partial x_2}, \ldots, \frac{\partial \mathbf{F}}{\partial x_n}\right) \tag{2.4–51}$$

Die Ableitung eines skalaren Produkts $\boldsymbol{a}^T \boldsymbol{x}$ ist somit

$$\frac{\partial (\boldsymbol{a}^T \boldsymbol{x})}{\partial \boldsymbol{x}} = \boldsymbol{a} \tag{2.4–52}$$

und die Ableitung der Quadratischen Form $\boldsymbol{x}^T \mathbf{A} \boldsymbol{x}$ beträgt

$$\frac{\partial (\boldsymbol{x}^T \mathbf{A} \boldsymbol{x})}{\mathrm{d}\boldsymbol{x}} = 2\mathbf{A}\boldsymbol{x} \tag{2.4–53}$$

In (2.4–52, 2.4–53) sind die Elemente von $\boldsymbol{a}$ und $\mathbf{A}$ keine Funktionen der x_i.

2.5 Lineare Gleichungssysteme

Ein System linearer Gleichungen besteht aus n Gleichungen mit den Unbekannten x_k, $k = 1\,(1)\,n$, die sämtlich in der ersten Potenz vorkommen. Es hat die Form

$$\begin{aligned} a_{11}x_1 + a_{12}x_2 + \cdots + a_{1n}x_n &= a_1 \\ a_{21}x_1 + a_{22}x_2 + \cdots + a_{2n}x_n &= a_2 \\ \vdots \qquad\qquad & \quad \vdots \\ a_{n1}x_1 + a_{n2}x_2 + \cdots + a_{nn}x_n &= a_n \end{aligned} \tag{2.5–1}$$

In Matrizenschreibweise lautet (5.1)

$$\mathbf{A} \cdot \boldsymbol{x} = \boldsymbol{a} \tag{2.5–2}$$

mit

$$\mathbf{A} = \begin{bmatrix} a_{11}\, a_{12} \ldots a_{1n} \\ a_{21}\, a_{22} \ldots a_{2n} \\ \vdots \qquad\quad \vdots \\ a_{n1}\, a_{n2} \ldots a_{nn} \end{bmatrix} \qquad \boldsymbol{x} = \begin{bmatrix} x_1 \\ x_2 \\ \vdots \\ x_n \end{bmatrix} \qquad \boldsymbol{a} = \begin{bmatrix} a_1 \\ a_2 \\ \vdots \\ a_n \end{bmatrix}$$

Die Matrix $\mathbf{A}$ heißt *Koeffizientenmatrix,* der Vektor $\boldsymbol{x}$ heißt *Lösungsvektor* des Gleichungssystems, wenn seine Komponenten alle Gleichungen des Systems erfüllen. Der Vektor $\boldsymbol{a}$ der rechten Seiten des Gleichungssystems wird bei mechanischen Problemstellungen auch *Belastungsvektor* genannt. Ist $\boldsymbol{a} = \boldsymbol{o}$, so heißt das Gleichungssystem homogen, sonst inhomogen.
Das *homogene Gleichungssystem*

$$\mathbf{A} \cdot \boldsymbol{x} = \boldsymbol{o} \tag{2.5–3}$$

hat die triviale Lösung $\boldsymbol{x} = \boldsymbol{o}$, wenn $\det(\mathbf{A}) \neq 0$, d. h. wenn die Koeffizientenmatrix regulär ist. Eine allgemeine Lösung $\boldsymbol{x} \neq \boldsymbol{o}$ kann nur existieren, wenn $\mathbf{A}$ singulär ist.
Das *inhomogene Gleichungssystem* (2.5–2) mit $\boldsymbol{a} \neq \boldsymbol{o}$ hat genau eine Lösung, wenn $\det(\mathbf{A}) \neq 0$ ist. Diese Lösung lautet

$$\boldsymbol{x} = \mathbf{A}^{-1} \cdot \boldsymbol{a} \tag{2.5–4}$$

Die Berechnung der Kehrmatrix $\mathbf{A}^{-1}$ ist jedoch i.a. zur Lösung von (2.5–2) nicht erforderlich. Ersetzt man in $\mathbf{A}$ die k-te Spalte durch den Vektor $\boldsymbol{a}$ und bezeichnet die so gewonnene Matrix mit $\mathbf{A}_k$, dann ergeben sich nach der *Cramerschen Regel* die Elemente des Lösungsvektors $\boldsymbol{x}$ mit

$$x_k = \frac{\det(\mathbf{A}_k)}{\det(\mathbf{A})}; \qquad k = 1\,(1)\,n\,, \qquad \det(\mathbf{A}) \neq 0 \tag{2.5–5}$$

Die Cramersche Regel ist eigentlich keine numerische Methode zur Lösung eines linearen Gleichungssystems, da sie die Berechnung von $n+1$ Determinanten verlangt und damit für $n > 3$ sehr unpraktisch wird.

Bei der Ermittlung von $\boldsymbol{x}$ unterscheidet man direkte und indirekte Methoden. Von Rundungsfehlern abgesehen, liefern die direkten Methoden die genauen Lösungen, während die iterativen Methoden eine beliebige Steigerung der Lösungsgenauigkeit erlauben. Gelegentlich werden beide Methoden eingesetzt, um ein nach Anwendung einer direkten Methode gewonnenes Ergebnis durch eine Nachiteration besonderer Art zu verbessern.

2.5.1 Gaußscher Algorithmus

Der Gaußsche Algorithmus gehört zu den direkten Verfahren; er wird auch *Eliminationsverfahren* genannt, weil von Gleichung zu Gleichung eine Unbekannte nach der anderen entfernt, d.h. eliminiert wird. Das gegebene System (2.5–1, 2.5–2) wird durch geeignete Linearkombinationen der Gleichungen untereinander in ein gestaffeltes System transformiert:

$$\begin{aligned} b_{11}x_1 + b_{12}x_2 + \cdots + b_{1n}x_n &= b_1 \\ b_{22}x_2 + \cdots + b_{2n}x_n &= b_2 \\ \vdots \quad &\quad \vdots \\ b_{nn}x_n &= b_n \end{aligned} \tag{2.5–6}$$

In Matrizenschreibweise ist dies

$$\mathbf{B} \cdot \boldsymbol{x} = \boldsymbol{b} \tag{2.5–7}$$

mit $\mathbf{B}$ als rechte Dreiecksmatrix.

Aus diesem System können dann die Unbekannten nacheinander berechnet werden.

$$x_k = b_{kk}^{-1} \cdot \left(b_k - \sum_{j=k+1}^{n} b_{kj} \cdot x_j\right); \qquad k = n\,(-1)\,1 \tag{2.5–8}$$

Ferner läßt sich aus der Dreiecksmatrix $\mathbf{B}$ die Determinante der Matrix $\mathbf{A}$ berechnen. Es gilt nämlich mit (2.4–6)

$$\det(\mathbf{A}) = (-1)^l \cdot \det(\mathbf{B}) = (-1)^l \cdot \prod_{k=1}^{n} b_{kk} \tag{2.5–9}$$

wobei l die Gesamtzahl der Zeilen- und Spaltenvertauschungen bei der Überführung von $\mathbf{A}$ nach $\mathbf{B}$ ist.

Für den Algorithmus ist es wesentlich, daß die Komponenten des Lösungsvektors sich nicht ändern, wenn die folgenden Elementarumformungen zur Transformation des Gleichungssystems vorgenommen werden:

- vertauschen von Gleichungen (Zeilentausch),
- umnumerieren von Unbekannten (Spaltentausch), in $\boldsymbol{x}$ ändert sich dabei die Reihenfolge der Komponenten x_k,
- multiplizieren einer Gleichung mit von null verschiedenem Faktor (Normierung, wenn z.B. dadurch $a_{ii} = 1$ wird),
- addieren einer Gleichung zu einer anderen Gleichung.

Die ersten beiden Elementarumformungen setzt man dazu ein, etwa vorhandene Elemente $a_{ii} = 0$ der Koeffizientenmatrix aus der Hauptdiagonalen zu entfernen, da sonst der Gaußsche Algorithmus nicht durchgeführt werden kann. Darüber hinaus wird der Rundungsfehler minimalisiert, wenn das betragsgrößte Element von $\mathbf{A}$ nach a_{11} gebracht und bei jedem einzelnen Eliminationsschritt mit den restlichen Elementen analog verfahren wird. Dieses Vorgehen bezeichnet man als *Pivotstrategie,* und das Element $\bar{a}_{ii}$ beim i-ten Eliminationsschritt als *Pivotelement.* Die Kombination der beiden letzten Elementarumformungen heißt *Linearkombination* zweier Gleichungen. Geeignet im Sinne der Überführung des Systems (2.5–1) in das System (2.5–6) sind solche Linearkombinationen, welche die Koeffizienten $\bar{a}_{ik}$, $i > k$, verschwinden lassen (siehe Bild 2.5–1).

In der Praxis haben sich eine Reihe von Varianten herausgebildet, welche hauptsächlich die Notation des Algorithmus betreffen. Sie sind unter den Bezeichnungen verketteter, verkürzter, modernisierter Algorithmus bekannt [6] S. 132, [24] S. 112.

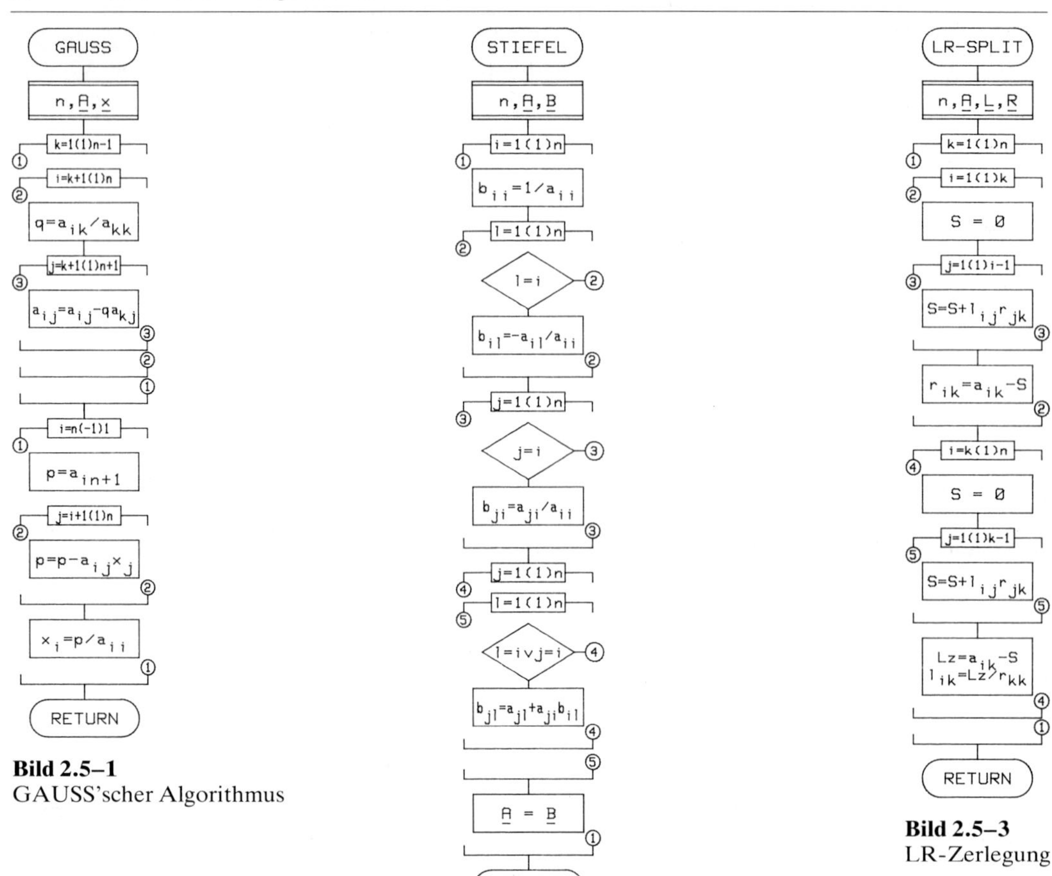

Bild 2.5–1
GAUSS'scher Algorithmus

Bild 2.5–2
Matrixinversion mit Austauschverfahren

Bild 2.5–3
LR-Zerlegung

Inverse Matrix

Eine weitergehende Variante des Gaußschen Algorithmus, das *Verfahren von Gauß/Jordan,* setzt den Eliminationsprozeß in der Weise fort, daß auch die oberhalb der Hauptdiagonale der Koeffizientenmatrix stehenden Elemente verschwinden. Somit ergibt die Transformation des Gleichungssystems eine Diagonalmatrix **C** als Koeffizientenmatrix:

$$\begin{array}{llll} c_{11}x_1 & = c_1 & & \\ \quad c_{22}x_2 & = c_2 & & \\ \qquad \cdot & \cdot & \text{oder} & \mathbf{C}\cdot\mathbf{x}=\boldsymbol{c} \\ \qquad\quad \cdot & \cdot & & \\ \qquad\qquad \cdot & \cdot & & \\ \qquad\qquad c_{nn}x_n & = c_n & & \end{array} \tag{2.5–10}$$

Dividiert man noch jede Gleichung durch ihr Diagonalelement, so ist die Lösung im Sinne der Gleichung (2.5–4) erreicht:

$$\mathbf{x}=\mathbf{E}\cdot\mathbf{x}=\bar{\boldsymbol{c}}=\mathbf{A}^{-1}\cdot\boldsymbol{a} \quad \text{mit} \quad \bar{c}_i=c_i/c_{ii}; \qquad i=1\,(1)\,n \tag{2.5–11}$$

Faßt man die zu invertierende Matrix **A**, typ(**A**) = (n, n), als Koeffizientenmatrix eines linearen Gleichungssystems auf, das mit n verschiedenen rechten Seiten aus den n Spalten der typgleichen Einheitsmatrix mit nur einer Eliminationsfolge n-mal aufgelöst wird, dann verläuft die Gesamttransformation nach Gauß/Jordan einschließlich Division durch die verbliebenen Pivotelemente c_{ii} nach folgendem Schema:

$$\mathbf{A}, \mathbf{E} \;\rightarrow\; \mathbf{E}, \mathbf{A}^{-1} \tag{2.5–12}$$

oder ausführlich:

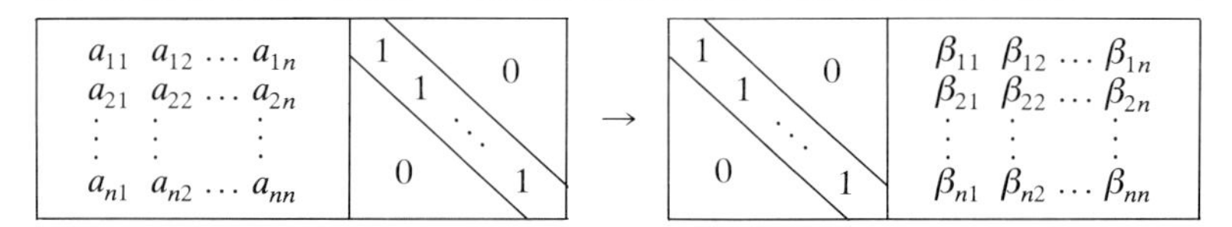

Dabei haben wir zur besseren Unterscheidung die Elemente der inversen Matrix β_{ik} genannt. Für die *Handrechnung* im Schema sind auch hier besondere Notationsformen entwickelt worden, die, wie auch bei der Gleichungsauflösung, zusätzlich Kontrollen für den zeilenweisen Rechnungsablauf enthalten [12] S. 96, [23] S. 75f.

2.5.2 Austauschverfahren

In der einfachsten Form bewirkt das Austauschverfahren die Elimination einer Unbekannten x_k durch einen Variablentausch mit einer Komponente des Vektors der rechten Gleichungsseiten. Im linearen Gleichungssystem (2.5–1, 2.5–2) sei $a_{ik} \neq 0$, dann läßt sich die i-te Gleichung nach x_k auflösen:

$$x_k = \frac{1}{a_{ik}} \cdot \left(a_i - \sum_{\substack{j=1 \\ j \neq k}}^{n} a_{ij} \cdot x_j \right) \qquad (2.5\text{–}13)$$

Wird dieser Ausdruck in den übrigen Gleichungen für x_k eingesetzt, ergibt sich das gleichwertige System

$$\bar{\mathbf{A}} \cdot \bar{\mathbf{x}} = \bar{\mathbf{a}} \qquad (2.5\text{–}14)$$

Das Element a_{ik} ist in diesem Verfahren der *Pivot*, welcher nicht der Hauptdiagonale angehören muß. Die Zeile und Spalte, welcher der Pivot angehört, heißen *Pivotzeile* und *Pivotspalte*. Unter Beachtung von (2.5–13) sind die Elemente der beteiligten Vektoren und der Matrix $\bar{\mathbf{A}}$

$$\bar{\mathbf{x}}^T = [x_1\ x_2 \ldots x_{k-1}\ a_i\ x_{k+1} \ldots x_n]$$

$$\bar{\mathbf{a}}^T = [a_1\ a_2 \ldots a_{i-1}\ x_k\ a_{i+1} \ldots a_n]$$

in der Pivotzeile:	$\bar{a}_{il} = -a_{il}/a_{ik};$	$l = 1\,(1)\,n,\ l \neq k$	
in der Pivotspalte:	$\bar{a}_{jk} = a_{jk}/a_{ik};$	$j = 1\,(1)\,n,\ j \neq i$	(2.5–15)
im Pivotkreuz:	$\bar{a}_{ik} = 1/a_{ik}$	$j = 1\,(1)\,n,\ j \neq i$	
übrige Elemente:	$\bar{a}_{jl} = a_{jl} + a_{jk} \cdot \bar{a}_{kl};$	$l = 1\,(1)\,n,\ l = k$	

Werden durch geeignete Wahl weiterer Pivots alle Komponenten von $\mathbf{x}$ auf die rechte Seite getauscht, so ergibt sich die Lösung des Problems gemäß (2.5–4) und damit auch die *inverse Matrix* von $\mathbf{A}$, wenn alle Pivots der Hauptdiagonalen angehören (siehe Bild 2.5–2).
Die *Handrechnung* in einem geeigneten Schema und die Einzelschritte des Variablentauschs sowie die Verfahrensweise für Koeffizientenmatrizen $\mathbf{A}$, $\text{typ}(\mathbf{A}) = (n, m)$, bei verwandten Problemstellungen linearer Systeme sind in [3] S. 82 angegeben.

2.5.3 Cholesky-Zerlegung

Der Gaußsche Algorithmus transformiert die Koeffizientenmatrix $\mathbf{A}$ in eine rechte Dreiecksmatrix $\mathbf{B}$, die wir von nun an mit $\mathbf{R}$ bezeichnen. Es gibt hierzu eine linke Dreiecksmatrix $\mathbf{L}$, so daß gilt

$$\mathbf{L} \cdot \mathbf{R} = \mathbf{A} \qquad (2.5\text{–}16)$$

Diese sogenannte *LR-Zerlegung* einer quadratischen Matrix $\mathbf{A}$ ist nicht eindeutig. $\mathbf{L}$ und $\mathbf{R}$ besitzen zusammen $n^2 + n$-Elemente l_{ik} und r_{ik}, die den n^2-Gleichungen

$$a_{ik} = \sum_{j=1}^{p} l_{ij} \cdot r_{jk} \qquad \text{mit} \qquad p = \min(i, k), \quad i, k = 1\,(1)\,n \qquad (2.5\text{–}17)$$

entsprechend (2.5–16) genügen. Danach sind n-Elemente in $\mathbf{L}$ und $\mathbf{R}$ frei bestimmbar, und man setzt die Hauptdiagonalelemente einer der beiden Dreiecksmatrizen gleich 1. Sei also $l_{ii} = 1$, $i = 1\,(1)\,n$, so ergibt sich aus (2.5–17) der Algorithmus in Bild 2.5–3.
In vielen Anwendungen ist die Koeffizientenmatrix $\mathbf{A}$ symmetrisch. Der Rechenaufwand bei der LR-Zerlegung wird dadurch reduziert. Das Verfahren von Cholesky erfordert weniger als halb so viele Punktoperationen wie der Gaußsche Algorithmus; hinzu kommt jedoch das Ziehen von *n-Quadratwurzeln*. Eine Pivotstrategie kann entfallen, da die Cholesky-Zerlegung unempfindlich gegen eine Rundungsfehlerfortpflanzung und somit gut konditioniert ist.

Das Verfahren setzt eigentlich eine positiv definite Ausgangsmatrix $\mathbf{A}$ voraus; d. h. es muß gelten

$$\boldsymbol{x}^T \cdot \mathbf{A} \cdot \boldsymbol{x} > 0 \quad \text{für alle} \quad \boldsymbol{x} \neq \boldsymbol{o}, \tag{2.5–18}$$

was bei praktischen Anwendungen in der Mechanik der Fall ist. In der LR-Zerlegung (2.5–16) ist dann wegen der Symmetrie und wegen der freien Wahl der Hauptdiagonalglieder in $\mathbf{L}$ oder $\mathbf{R}$ die Beziehung

$$\mathbf{L} = \mathbf{R}^T \tag{2.5–19}$$

möglich und grundlegend für den Cholesky-Algorithmus. Er ergibt sich direkt aus den Regeln für die Matrixmultiplikation entsprechend (2.5–17).

```
10   ! CHOLESKY-Zerlegung        110  FOR J=1 TO I-1            210  R(K,K)=SQR(A(K,K)-D)
20   OPTION BASE 1               120  C=C+R(J,I)*R(J,K)         220  FOR I=K+1 TO N
30   DIM A(4,4),R(4,4)           130  NEXT J                    230  R(I,K)=0
40   N=4                         140  R(I,K)=(A(I,K)-C)/R(I,I)  240  NEXT I
50   INPUT A(*)                  150  NEXT I                    250  NEXT K
60   FIXED 3                     160  D=0                       260  PRINT R(*);
70   PRINT A(*);                 170  FOR J=1 TO K-1            270  GOTO 300
80   FOR K=1 TO N                180  D=D+R(J,K)^2              280  PRINT 'Matrix ist nicht'
90   FOR I=1 TO K-1              190  NEXT J                    290  PRINT 'positiv definit.'
100  C=0                         200  IF D>=A(K,K) THEN 280     300  END
```

```
A =   4.000  2.000  1.000  -2.000        R =  2.000  1.000   .500  -1.000
      2.000  5.000  2.000   1.000             0      2.000   .750   1.000
      1.000  2.000  3.000   3.000             0      0      1.479   1.859
     -2.000  1.000  3.000   6.000             0      0      0        .737
```

Bild 2.5–4 BASIC-Programm zur Cholesky-Zerlegung einer symmetrischen, positiv-definiten Matrix

Ist die Bedingung (2.5–18) nicht erfüllt, so entstehen in den Hauptdiagonalen der LR-Zerlegung imaginäre Elemente, die jedoch die Zerlegung nicht grundsätzlich scheitern lassen. Bei der Berechnung mit Hilfe der ADV müssen lediglich Maßnahmen zur Tolerierung imaginärer Zahlen, und zwar ihrer Existenz und Verarbeitung, in einem Programm ergriffen werden.

Inverse Matrix

Da die Berechnung der Inversen einer Dreiecksmatrix recht einfach ist, liegt es nahe, symmetrische (und positiv definite) Matrizen mit Hilfe der Cholesky-Zerlegung zu invertieren. Die Inverse zu $\mathbf{A}$ errechnet sich aus

$$\mathbf{A}^{-1} = (\mathbf{L} \cdot \mathbf{R})^{-1} = (\mathbf{R}^T \cdot \mathbf{R})^{-1} = \mathbf{R}^{-1} \cdot (\mathbf{R}^T)^{-1} = \mathbf{R}^{-1} \cdot (\mathbf{R}^{-1})^T \tag{2.5–20}$$

Man benötigt hierzu die Inverse der Dreiecksmatrix $\mathbf{R}$. Die Rechenvorschrift hierfür leitet man wieder aus der Voraussetzung $\mathbf{R} \cdot \mathbf{R}^{-1} = \mathbf{E}$ und den Regeln für die Matrixmultiplikation ab. Die Elemente β von $\mathbf{R}^{-1}$ sind damit

$$\left.\begin{array}{l} \beta_{ii} = (r_{ii})^{-1} \\ \beta_{ik} = -\beta_{ii} \cdot \sum\limits_{j=i+1}^{k} \beta_{jk} \cdot r_{ij}; \qquad k > i \end{array}\right\} \; i = 1\,(1)\,n, \qquad k = 2\,(1)\,n-1 \tag{2.5–21}$$

Ein FORTRAN-Programm zur Berechnung der Inversen einer Dreiecksmatrix kann [8] S. 52 entnommen werden.

2.5.4 Iterationsverfahren

Das lineare Gleichungssystem (2.5–1, 2.5–2) läßt sich ohne weiteres in die Form

$$\boldsymbol{x} = \boldsymbol{s} - \mathbf{S} \cdot \boldsymbol{x} \tag{2.5–22}$$

bringen, die beispielsweise in der Gestalt

$$x_i = a_i / a_{ii} - \sum_{\substack{k=1 \\ k \neq i}}^{n} a_{ik} \cdot x_k; \qquad i = 1\,(1)\,m \tag{2.5–23}$$

als Iterationsvorschrift benutzt werden kann. Diese lautet allgemein

$$\boldsymbol{x}^{(j)} = \boldsymbol{s} - \mathbf{S} \cdot \boldsymbol{x}^{(j-1)}; \quad j = 1\,(1)\,m \tag{2.5–24}$$

mit m als obere Schranke für die Zahl der Iterationsschritte. Die mit einem geeigneten Startvektor $\boldsymbol{x}^{(0)}$ erzeugte Vektorfolge $\{\boldsymbol{x}^{(j)}\}$ konvergiert, wenn für die Elemente der Koeffizientenmatrix $\mathbf{A}$ die *Diagonaldominanz*

$$|a_{ii}| > \sum_{\substack{k=1 \\ k \neq i}}^{n} |a_{ik}|; \qquad i = 1\,(1)\,n \tag{2.5–25}$$

erfüllt ist. Eventuell muß versucht werden (2.5–25), mit Zeilen- und Spaltentausch zu genügen.
Mit dem Startvektor $\boldsymbol{x}^{(0)} = \boldsymbol{o}$ und formaler Verwendung von (2.5–24) ergibt sich das *Gesamtschrittverfahren* von Jakobi:

$$x_i^{(j)} = a_i / a_{ii} - \sum_{\substack{k=1 \\ k \neq i}}^{n} a_{ik} \cdot x_k^{(j-1)}; \qquad i = 1\,(1)\,n, \quad j = 1\,(1)\,m, \tag{2.5–26}$$

bei dem der im gesamten, d.h. nach Durchlauf aller Gleichungszeilen, verbesserte Vektor $\boldsymbol{x}$ eingesetzt wird.
Gewöhnlich kann man bessere Konvergenz erwarten, wenn man die zuvor verbesserten Lösungskomponenten von $\boldsymbol{x}$ bereits in der nächsten Zeile einsetzt. Man gelangt so zum *Einschrittverfahren* nach Gauß/Seidel:

$$x_i^{(j)} = a_i / a_{ii} - \sum_{k=1}^{i-1} a_{ik} \cdot x_k^{(j)} - \sum_{k=i+1}^{n} a_{ik} \cdot x_k^{(j-1)}; \qquad i = 1\,(1)\,n, \quad j = 1\,(1)\,m \tag{2.5–27}$$

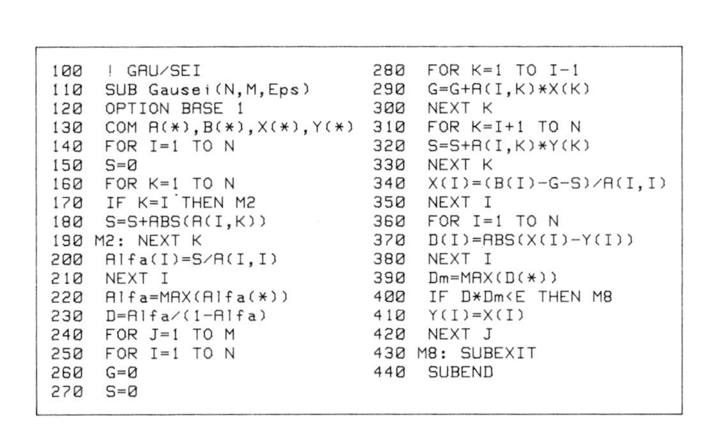

```
100  ! GAU/SEI
110  SUB Gausei(N,M,Eps)
120  OPTION BASE 1
130  COM A(*),B(*),X(*),Y(*)
140  FOR I=1 TO N
150  S=0
160  FOR K=1 TO N
170  IF K=I THEN M2
180  S=S+ABS(A(I,K))
190 M2: NEXT K
200  Alfa(I)=S/A(I,I)
210  NEXT I
220  Alfa=MAX(Alfa(*))
230  D=Alfa/(1-Alfa)
240  FOR J=1 TO M
250  FOR I=1 TO N
260  G=0
270  S=0
280  FOR K=1 TO I-1
290  G=G+A(I,K)*X(K)
300  NEXT K
310  FOR K=I+1 TO N
320  S=S+A(I,K)*Y(K)
330  NEXT K
340  X(I)=(B(I)-G-S)/A(I,I)
350  NEXT I
360  FOR I=1 TO N
370  D(I)=ABS(X(I)-Y(I))
380  NEXT I
390  Dm=MAX(D(*))
400  IF D*Dm<E THEN M8
410  Y(I)=X(I)
420  NEXT J
430 M8: SUBEXIT
440  SUBEND
```

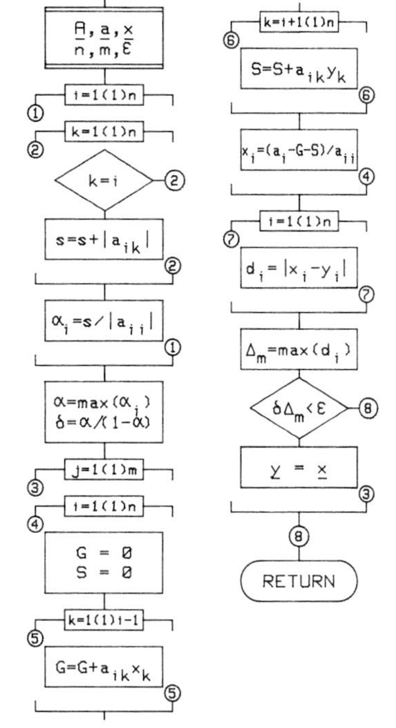

Bild 2.5–5 Iteration nach Gauß/Seidel mit Abbruchkriterium

Iterative Verfahren zur Auflösung linearer Gleichungssysteme wird man bei deutlich diagonaldominanten oder dünn besetzten Koeffizientenmatrizen vorziehen, da der Speicherbedarf geringer und bei mäßiger Genauigkeitsanforderung die Rechenzeit wesentlich kürzer ist. Meist läßt sich auch in der Praxis ein gut geschätzter Startvektor verwenden, der die Konvergenz so sehr verbessern kann, daß die Diagonaldominanz (2.5–25) nicht erfüllt zu sein braucht. Zur *Fehlerabschätzung* des Ergebnisses nach m-Iterationsschritten schreibt man (2.5–25) in der Form

$$\alpha_i = \frac{1}{|a_{ii}|} \cdot \sum_{\substack{k=1 \\ k \neq i}}^{n} |a_{ik}| < 1; \qquad i = 1\,(1)\,n \tag{2.5–28}$$

und betrachtet die maximale Änderung der Komponenten des Lösungsvektors $\boldsymbol{x}$ vom vorletzten zum letzten Iterationsschritt

$$\Delta_m = \max_{(i)}(|x_i^{(m)} - x_i^{(m-1)}|) \tag{2.5–29}$$

Die *Fehlerschranke* für alle Komponenten des Ergebnisvektors beträgt damit

$$\varepsilon_m \leq \frac{\alpha}{1-\alpha} \cdot \Delta_m \quad \text{mit} \quad \alpha = \max_{(i)}(\alpha_i) \tag{2.5–30}$$

Selbstverständlich kann die Fehlerschranke auch in jedem Stadium der Iteration, d.h. beim j-ten Iterationsschritt bestimmt werden.

Nachiteration
Die direkten Methoden zur Lösung eines linearen Gleichungssystems erzeugen keine Verfahrensfehler; doch führt der notwendige Umgang mit Maschinenzahlen unausweichlich zu Rundungsfehlern. Während die genaue Lösung $\boldsymbol{x}$ in der Form

$$\mathbf{A} \cdot \boldsymbol{x} - \boldsymbol{a} = \boldsymbol{o} \tag{2.5–31}$$

den Nullvektor ergibt, verbleibt beim Einsetzen des nach einer beliebigen Methode gewonnenen Ergebnisses $\bar{\boldsymbol{x}}$ ein Restvektor, der als *Residuum* bezeichnet wird:

$$\mathbf{A} \cdot \bar{\boldsymbol{x}} - \boldsymbol{a} = \boldsymbol{r} \tag{2.5–32}$$

Die unbekannte Differenz von Lösung und Ergebnis sei $\Delta_x = \boldsymbol{x} - \bar{\boldsymbol{x}}$, dann ergibt sich aus der Differenz von (2.5–31) und (2.5–32)

$$\mathbf{A} \cdot \boldsymbol{x} - \mathbf{A} \cdot \bar{\boldsymbol{x}} = \mathbf{A} \cdot \Delta_x = -\boldsymbol{r} \tag{2.5–33}$$

Die Korrektur Δ_x kann also, gegebenenfalls wiederholt, mit relativ geringem zusätzlichen Aufwand nach demselben Verfahren berechnet werden. Dazu ist es jedoch erforderlich, daß das Residuum $\boldsymbol{r}$ mit wesentlich höherer Genauigkeit (in der ADVA: „double precision") ermittelt wird. Die Größe der Residuumskomponenten sagt über die Güte des Ergebnisses $\bar{\boldsymbol{x}}$ nichts Sicheres aus; hierzu macht die *Konditionszahl* (2.4–27) die entscheidendere Aussage. Wird nämlich die Berechnung mit bestimmter Anzahl tragender Stellen durchgeführt, dann ist eine Ergebnisabweichung bis zu cond (**A**) Einheiten der letzten Stelle möglich.
Hinsichtlich der Kriterien für die Auswahl der Verfahren [12] S. 127 u. [16] S. 107, Fehleranalyse [13] S. 121 u. [16] S. 106, Relaxation [5] S. 32 u. [12] S. 122, Überrelaxation (SOR) [20] I, S. 179 Behandlung großer, dünn besetzter Matrizen [6] S. 130 u. [8] S. 84 sowie Anwendungen auf die Lineare Optimierung und auf mechanische Probleme [5] S. 45 u. [23] S. 368 sei auf die Literatur verwiesen. FORTRAN-Programme in [12] Fs, S. 250 und [20] I, S. 207.

2.6 Nichtlineare Gleichungssysteme

Die klassische Strategie praktischer Problembehandlung, nichtlineare Aufgabenstellungen prinzipiell zu linearisieren, läßt sich bei größerer Annäherung an die tatsächlichen Verhältnisse meist nicht mehr durchhalten. Seit geraumer Zeit nehmen mit den rechentechnischen Möglichkeiten nichtlineare Aufgaben in der Ingenieurpraxis stark an Bedeutung zu. Ein nichtlineares Gleichungssystem schreibt man vereinfacht:

$$\begin{matrix} f_1(x_1, x_2, \ldots, x_n) = 0 \\ f_2(x_1, x_2, \ldots, x_n) = 0 \\ \vdots \\ f_n(x_1, x_2, \ldots, x_n) = 0 \end{matrix} \qquad \text{oder} \qquad \boldsymbol{f}(x) = \boldsymbol{o} \tag{2.6–1}$$

Die $f_i(\boldsymbol{x})$ sind dabei stetige und reellwertige Funktionen von n unabhängigen Variablen x_k, und $\boldsymbol{o}$ ist der Nullvektor. Die Berechnung des Lösungsvektors $\boldsymbol{x}$ des Systems (2.6–1), der alle $f_i(\boldsymbol{x})$ verschwinden läßt, ist eine gemeinsame Verallgemeinerung nichtlinearer Gleichungen und linearer Gleichungssysteme. Die Methoden zur Lösung dieser Aufgabe leiten sich deshalb unmittelbar aus den Algorithmen jener Grundproblemstellungen ab.

Newton-Verfahren
Sind die $f_i(\boldsymbol{x})$ im gemeinsamen Definitionsbereich, dem der Lösungsvektor $\boldsymbol{x}$ angehört, wenigstens einmal stetig differenzierbar, so lassen sie sich an einer Stelle $\boldsymbol{x}^{(j)}$ durch die Taylorentwicklung linearisieren:

$$f_i(\boldsymbol{x}) \approx f_i(\boldsymbol{x}^{(j)}) + \sum_{k=1}^{n} \frac{f_i(\boldsymbol{x}^{(j)})}{x_k} \cdot (x_k - x_k^{(j)}); \qquad i = 1(1)\,n \tag{2.6–2}$$

In Matrizenschreibweise ist dies:

$$\boldsymbol{f}(\boldsymbol{x}) \approx \boldsymbol{f}(\boldsymbol{x}^{(j)}) + \mathbf{F}(\boldsymbol{x}^{(j)}) \cdot (\boldsymbol{x} - \boldsymbol{x}^{(j)}) \tag{2.6–3}$$

mit der *Funktionalmatrix*

$$\mathbf{F}\,\mathbf{X}^{(i)}) = \begin{bmatrix} \dfrac{\partial f_1(\boldsymbol{x}^{(i)})}{x_1} & \dfrac{\partial f_1(\boldsymbol{x}^{(i)})}{x_2} & \dots & \dfrac{\partial f_1(\boldsymbol{x}^{(i)})}{x_n} \\ \dfrac{\partial f_2(\boldsymbol{x}^{(i)})}{x_1} & \dfrac{\partial f_2(\boldsymbol{x}^{(i)})}{x_2} & \dots & \dfrac{\partial f_2(\boldsymbol{x}^{(i)})}{x_3} \\ \vdots & & & \vdots \\ \dfrac{\partial f_n(\boldsymbol{x}^{(i)})}{x_1} & \dfrac{\partial f_n(\boldsymbol{x}^{(i)})}{x_2} & \dots & \dfrac{\partial f_n(\boldsymbol{x}^{(i)})}{x_n} \end{bmatrix} \tag{2.6–4}$$

Wenn wir noch voraussetzen, daß $\mathbf{F}(\boldsymbol{x}^{(i)})$ regulär ist, so ergibt sich nach Linksmultiplikation von (6.3) mit $(\mathbf{F}(\boldsymbol{x}^{(i)}))^{-1}$, Auflösung nach $\boldsymbol{x}$ und Kennzeichnung dieses Vektors als Verbesserung von $\boldsymbol{x}^{(i)}$ die *Iterationsvorschrift* des Verfahrens:

$$\boldsymbol{x}^{(i+1)} = \boldsymbol{x}^{(i)} - (\mathbf{F}(\boldsymbol{x}^{(i)}))^{-1} \cdot \boldsymbol{f}(\boldsymbol{x}^{(i)}); \quad i = 0(1)\,m \tag{2.6–5}$$

mit m als obere Grenze für die Anzahl der Iterationsschritte.
Die Analogie zum *Newton-Verfahren* für algebraische und transzendente Gleichungen mit einer Unbekannten (2.3–1) und zum *Iterationsverfahren* für lineare Gleichungssysteme *nach Jakobi* ist offensichtlich.
Die Konvergenz des Verfahrens, eine Fehleranalyse und die Auswahl geeigneter Startvektoren werden in [12] S. 132 erörtert.
Oft ist die Berechnung der partiellen Differentialquotienten für (2.6–4) zu umständlich oder gar nicht möglich. Man kann dann die Elemente der Funktionalmatrix durch *Differenzenquotienten* annähern, wenn man jeweils einen zusätzlichen Funktionswert berechnet. Ein solches Verfahren entspricht dann der *Regula falsi* [8] S. 305 und [9] S. 155.
Das *SOR-Newton-Verfahren* wird vorzugsweise nach der Diskretisierung nichtlinearer Randwertprobleme bei gewöhnlichen und partiellen Differentialgleichungen zur Lösung der Gleichungsansätze angewendet. Es ist in [20] I, Kap. 8, ausführlich behandelt und mit einem FORTRAN-Programm belegt.

2.7 Interpolation und Approximation

Es ist eine beschränkte Zahl von geordneten Wertepaaren oder *Stützpunkten*

$$(x_i, f(x_i)); \quad i = 0(1)\,n, \quad |x_0| < |x_1| < \cdots < |x_n| \tag{2.7–1}$$

eines mathematischen Funktionsausdrucks $f(x)$ oder einer empirischen Funktion, z. B. Meßwertepaare, gegeben. Hierzu ist eine Funktion $F(x)$ gesucht, die eine einfachere mathematische Handhabung zuläßt als mit der vorgegebenen Funktion $f(x)$ oder die es ermöglicht, weitere beliebige Wertepaare in einem festzulegenden Intervall zu berechnen. Wird hierbei $F(x)$ so bestimmt, daß sie an den *Stützstellen* x_i die *Stützwerte* $f(x_i)$ exakt annimmt, so heißt das Verfahren *Interpolation*. Wird dagegen $F(x)$ in der Weise festgelegt, daß sie den Stützpunkten nach einem sinnvollen Ausgleichsprinzip möglichst nahekommt, so heißt das Verfahren *Approximation*.

2.7.1 Interpolation durch Polynome

Grundlage für den Ansatz eines Interpolationspolynoms ist der naheliegende Satz: Zu $n+1$ verschiedenen Stützstellen mit ihren Stützwerten (2.7–1) gibt es genau ein Polynom $P_n(x)$, höchstens vom Grade n, das an den Stützstellen genau die Stützwerte annimmt.

$$P_n(x) = a_0 + a_1 x + a_2 x^2 + \cdots + a_n x^n \tag{2.7–2}$$

Setzt man nämlich alle $n+1$ Wertepaare in (2.7–2) ein, so ergibt sich ein *lineares Gleichungssystem* zur Berechnung der Polynomkoeffizienten a_k, $k = 0(1)\,n$,

$$\mathbf{V} \cdot \boldsymbol{a} = \boldsymbol{f} \tag{2.7–3}$$

mit der *Vandermondeschen Matrix*

$$\mathbf{V} = \begin{bmatrix} 1 & x_0 & x_0^2 & \dots & x_0^n \\ 1 & x_1 & x_1^2 & \dots & x_1^n \\ \vdots & & & & \vdots \\ 1 & x_n & x_n^2 & \dots & x_n^n \end{bmatrix} \qquad (2.7\text{–}4)$$

und $\boldsymbol{f}$ als Vektor der rechten Seiten mit den Stützwerten $f(x_i)$, $i = 0\,(1)\,n$, als Komponenten. Das System kamn mit einem der Verfahren aus 2.2–5 aufgelöst werden.
Für die praktische Berechnung der Koeffizienten des Interpolationspolynoms benutzt man jedoch Verfahren mit geringerem Aufwand, die Aufstellung und Auflösung des linearen Gleichungssystems vermeiden. Die Form der Darstellung desselben Polynoms variiert mit dem Verfahren.

Interpolationspolynom nach Lagrange
Der Ansatz lautet mit den Stützwerten $y_i = f(x_i)$

$$P_n(x) = L_0(x) \cdot y_0 + L_1(x) \cdot y_1 + \cdots + l_n(x) \cdot y_n \qquad (2.7\text{–}5)$$

Die Funktionen $L_j(x)$ sind selbst Polynome n-ten Grades in x und werden nur aus den Stützstellen x_i berechnet:

$$L_j(x) = \frac{(x - x_0)(x - x_1) \dots (x - x_n)}{(x_j - x_0)(x_j - x_1) \dots (x_j - x_n)}; \qquad j = 0\,(1)\,n, \quad j \neq i \qquad (2.7\text{–}6)$$

Der Zähler ist die Produktdarstellung eines Polynoms n-ten Grades, da einer der Faktoren $(x - x_i)$, $i = 0\,(1)\,n$, und zwar der für $i = j$, weggelassen wird. Entsprechend entfällt im Nenner notwendigerweise der Faktor $(x_j - x_i)$ für $i = j$.

Interpolationspolynom nach Newton
In der Praxis kommt es gelegentlich vor, daß man nach Berechnung eines Interpolationspolynoms durch Hinzunahme einer *weiteren Stützstelle* x_{n+1} ein Interpolationpolynom vom Grade $n+1$ benötigt. Beim direkten Polynomansatz und beim Ansatz nach Lagrange muß die Berechnung von vorn begonnen werden. Nach Newton ist in einem solchen Falle lediglich ein *Zusatzglied* zu berechnen. Der Ansatz hat folgende Form:

$$P_n(x) = b_0 + b_1(x - x_0) + b_2(x - x_0)(x - x_1) + \cdots b_n(x - x_0)(x - x_1) \dots (x - x_{n-1}) \qquad (2.7\text{–}7)$$

Setzt man in (2.7–7) nacheinander alle Stützstellen x_i ein, dann ergibt sich mit den Stützwerten $y_i = f(x_i)$ das gestaffelte Gleichungssystem

$$\begin{aligned} y_0 &= b_0 \\ y_1 &= b_0 + b_1(x_1 - x_0) \\ y_2 &= b_0 + b_1(x_2 - x_0) + b_2(x_2 - x_0)(x_2 - x_1) \\ &\vdots \\ y_n &= b_0 + b_1(x_n - x_0) + b_2(x_n - x_0)(x_n - x_1) + \cdots b_n(x_n - x_0)(x_n - x_1) \dots (x_n - x_{n-1}) \end{aligned} \qquad (2.7\text{–}8)$$

das sich schrittweise nach den b_j, $j = 0\,(1)\,n$ auflösen läßt. Diese Auflösung läßt sich mit Hilfe der *dividierten Differenzen* oder Steigungen erster und höherer Ordnung in ein einfaches Schema bringen. Zu diesem Zweck definieren wir dividierte Differenzen erster bis q-ter Ordnung allgemein:

$$\begin{aligned} [x_{p+1} x_p] &= (y_{p+1} - y_p) / (x_{p+1} - x_p) \\ [x_{p+2} x_{p+1} x_p] &= ([x_{p+2} x_{p+1}] - [x_{p+1} x_p]) / (x_{p+2} - x_p) \\ &\vdots \\ [x_{p+q} x_{p+q-1} \dots x_{p+1} x_p] &= ([x_{p+q} \dots x_{p+1}] - [x_{p+q-1} \dots x_p]) / (x_{p+q} - x_p) \end{aligned} \qquad (2.7\text{–}9)$$

womit sich die Koeffizienten b_j des Polynomansatzes (2.7–7) direkt berechnen lassen:

$$\begin{aligned} b_0 &= y_0 \\ b_1 &= [x_1 x_0] = (y_1 - y_0) / (x_1 - x_0) \\ b_2 &= [x_2 x_1 x_0] = ([x_2 x_1] - [x_1 x_0]) / (x_2 - x_0) \\ &\vdots \\ b_n &= [x_n x_{n-1} \dots x_1 x_0] = ([x_n x_{n-1} \dots x_1] - [x_{n-1} \dots x_0]) / (x_n - x_0) \end{aligned} \qquad (2.7\text{–}10)$$

Für die Handrechnung geschieht dies vorteilhaft in einem Rechenschema, dessen Anfangszeilen dargestellt sind.

x_i	y_i			
x_0	$y_0 = b_0$			
		$[x_1 x_0] = b_1$		
x_1	y_1		$[x_2 x_1 x_0] = b_2$	
		$[x_2 x_1]$		$[x_3 x_2 x_1 x_0] = b_3$
x_2	y_2		$[x_3 x_2 x_1]$	
		$[x_3 x_2]$		
x_3	y_3			

Ein hinzukommender Stützpunkt kann ohne weiteres an das Zahlenschema angefügt werden. Da die dividierten Differenzen unabhängig von der Reihenfolge ihrer Argumentpaare x_i, y_i sind, kann die neue Stützstelle bezüglich der verarbeiteten Stützstellen eine *beliebige Lage* einnehmen.
Die Berechnung des Interpolationspolynoms vereinfacht sich entsprechend, wenn die Stützstellen untereinander gleiche Abstände aufweisen (äquidistante Stützstellen).

Verfahrensfehler
Wird mit Hilfe von (2.7–2) oder (2.7–7) eine im Interpolationsintervall $n+1$-mal stetig differenzierbare Funktion $f(x)$ ersetzt, so läßt sich der absolute Verfahrensfehler gemäß (2.1–21) abschätzen:

$$|\Delta_v| \leq \left| \frac{f^{(n+1)}(\xi)}{(n+1)!} \cdot (x - x_0)(x - x_1) \ldots (x - x_n) \right|, \qquad (2.7\text{–}11)$$

mit $\min(x, x_0, x_1, \ldots, x_n) \leq \xi \leq \max(x, x_0, x_1, \ldots, x_n)$, wenn außer der Einmischung von x die Ungleichungen in (2.7–1) nicht gelten müssen. Dabei handelt es sich um reine Interpolation, für $x_0 < x < x_n$, und um Extrapolation, wenn $x < x_0$ oder $x_n < x$ gilt.

2.7.2 Interpolation durch kubische Splines

Die Anzahl der Stützpunkte hat einen direkten Einfluß auf den Grad des Interpolationspolynoms (2.7–2). Die Absicht, durch Hinzunahme möglichst vieler Stützpunkte die Genauigkeit des Verfahrens zu erhöhen, wird meist durch eine unangenehme starke Welligkeit der Polynome höheren Grades durchkreuzt. Dies gilt besonders für gleichabständige Stützstellen. Dieser Nachteil läßt sich nach dem Vorbild der im Bootsbau seit langem verwendeten *elastischen Kurvenlineale* (splines) vermeiden. Diese werden an den Stützpunkten befestigt und rufen dort Einzelkräfte hervor, die entsprechend der linearisierten Differentialgleichung der Biegelinie einen knickfreien und mit sehr guter Näherung kubischen Verlauf der so gewonnenen Interpolationskurve erzeugen. Da bereits die zweite Ableitung (Funktion der Biegemomente) an den Stützpunkten Knicke aufweist, läßt sich die Biegelinie und damit die kubische Splinefunktion nur in Einzelsegmenten zwischen den Stützpunkten geschlossen darstellen.
Wir gelangen so zu den drei Eigenschaften der Splinefunktion $S(x)$

Interpolationseigenschaft:

$$S(x_i) = y_i; \quad i = 0(1)\,n \qquad (2.7\text{–}12)$$

Erzeugereigenschaft: $S(x)$ ist im Gesamtintervall (x_0, x_n) überall zweimal stetig differenzierbar. Die dritte Ableitung (Funktion der Querkräfte) ist i. a. an den inneren Stützpunkten unstetig.
Biegelinieneigenschaft für den vorliegenden Belastungsfall: $S(x)$ wird segmentweise in jedem Teilintervall (x_i, x_{i+1}) durch ein $P_{3(j)}(x)$ dargestellt; $i = j = 0(1)\,n-1$, $n \geq 2$.
Diese Darstellung konkretisieren wir mit $x_i \leq x \leq x_{i+1}$

$$P_{3(j)}(x) = a_j + b_j(x - x_i) + c_j(x - x_i)^2 + d_j(x - x_i)^3 \qquad (2.7\text{–}13)$$

Aus der Interpolationseigenschaft folgt damit

$$P_{3(j)}(x_i) = y_i; \qquad i = j = 0(1)\,n-1$$

$$P_{3(n-1)}(x_n) = y_n \qquad (2.7\text{–}14)$$

und

$$P_{3(j-1)}(x_i) = P_{3(j)}(x_i); \quad i = j = 1(1)\,n-1 \qquad (2.7\text{–}15)$$

Die Erzeugereigenschaft fordert

$$P_{3(j-1)}{}'(x_i) = P_{3(j)}{}'(x_i) \tag{2.7–16}$$

und

$$P_{3(j-1)}{}''(x_i) = P_{3(j)}{}''(x_i); \qquad i = j = 1\,(1)\,n-1 \tag{2.7–17}$$

schließlich ergibt die Biegelinieneigenschaft für die Randpolynome

$$P_{3(0)}{}''(x_0) = P_{3(n-1)}{}''(x_n) = 0 \tag{2.7–18}$$

Die Koeffizienten a_j, b_j, c_j und d_j der $P_{3(j)}(x)$ lassen sich aus den vorstehenden Bedingungen berechnen. Unmittelbar aus (2.7–13) und (2.7–14) ist

$$a_j = y_i; \qquad i = j = 0\,(1)\,n-1 \tag{2.7–19}$$

und ebenso aus (2.7–18)

$$c_0 = 0 \tag{2.7–20}$$

aus (2.7–14) bis (2.7–17) folgt

$$(x_i - x_{i-1})\,c_{j-1} + 2\,(x_{i+1} - x_{i-1})\,c_j + (x_{i+1} - x_i)\,c_{j+1} = 3\left(\frac{a_{j+1} - a_j}{x_{i+1} - x_i} - \frac{a_j - a_{j-1}}{x_i - x_{i-1}}\right); \quad i = j = 1\,(1)\,n-1 \tag{2.7–21}$$

ein tridiagonales lineares Gleichungssystem für die $n-1$ Unbekannten c_j, das stets gut konditioniert ist. Ferner:

$$b_j = \frac{a_{j+1} - a_j}{x_{i+1} - x_i} - \frac{1}{3}\,(x_{i+1} - x_i)\,(c_{j+1} + 2\,c_j); \qquad i = j = 0\,(1)\,n-1 \tag{2.7–22}$$

und endlich

$$d_j = \frac{1}{3} \cdot \frac{c_{j+1} - c_j}{x_{i+1} - x_i}; \qquad i = j = 0\,(1)\,n-1 \tag{2.7–23}$$

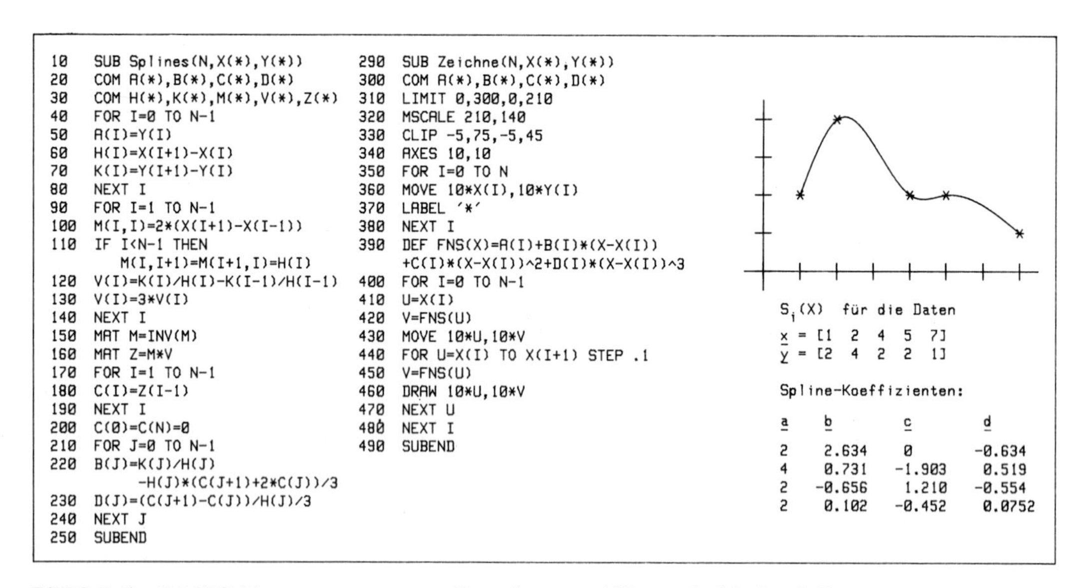

```
10   SUB Splines(N,X(*),Y(*))
20   COM A(*),B(*),C(*),D(*)
30   COM H(*),K(*),M(*),V(*),Z(*)
40   FOR I=0 TO N-1
50   A(I)=Y(I)
60   H(I)=X(I+1)-X(I)
70   K(I)=Y(I+1)-Y(I)
80   NEXT I
90   FOR I=1 TO N-1
100  M(I,I)=2*(X(I+1)-X(I-1))
110  IF I<N-1 THEN
        M(I,I+1)=M(I+1,I)=H(I)
120  V(I)=K(I)/H(I)-K(I-1)/H(I-1)
130  V(I)=3*V(I)
140  NEXT I
150  MAT M=INV(M)
160  MAT Z=M*V
170  FOR I=1 TO N-1
180  C(I)=Z(I-1)
190  NEXT I
200  C(0)=C(N)=0
210  FOR J=0 TO N-1
220  B(J)=K(J)/H(J)
          -H(J)*(C(J+1)+2*C(J))/3
230  D(J)=(C(J+1)-C(J))/H(J)/3
240  NEXT J
250  SUBEND
```

```
290  SUB Zeichne(N,X(*),Y(*))
300  COM A(*),B(*),C(*),D(*)
310  LIMIT 0,300,0,210
320  MSCALE 210,140
330  CLIP -5,75,-5,45
340  AXES 10,10
350  FOR I=0 TO N
360  MOVE 10*X(I),10*Y(I)
370  LABEL '*'
380  NEXT I
390  DEF FNS(X)=A(I)+B(I)*(X-X(I))
     +C(I)*(X-X(I))^2+D(I)*(X-X(I))^3
400  FOR I=0 TO N-1
410  U=X(I)
420  V=FNS(U)
430  MOVE 10*U,10*V
440  FOR U=X(I) TO X(I+1) STEP .1
450  V=FNS(U)
460  DRAW 10*U,10*V
470  NEXT U
480  NEXT I
490  SUBEND
```


a	b	c	d
2	2.634	0	-0.634
4	0.731	-1.903	0.519
2	-0.656	1.210	-0.554
2	0.102	-0.452	0.0752

Bild 2.7–1 BASIC-Unterprogramm zum Berechnen und Plotten kubischer Splines

Glatte Splinefunktionen mit geringer Welligkeit durch die vorgegebenen Stützpunkte lassen sich selbstverständlich auch durch mannigfache andere Belastungsarten erzeugen. Beispielsweise durch Verdrehungen (Momentensprünge) an den Stützstellen. Selbstverständlich ist dann bereits die zweite Ableitung der kubischen Splinefunktion unstetig, und man nennt diese Subspline.

2.7.3 Approximation nach der Gaußschen Fehlerquadratmethode

Wir betrachten das Approximationspolynom

$$\text{app}(x) = P_n(x) \tag{2.7–24}$$

einer *diskreten Approximation* als Verallgemeinerung des Interpolationspolynoms, indem wir bei vorgegebenem Polynomgrad n die Zahl der Wertepaare auf $m+1$ erhöhen; $m > n$. Setzen wir diese in (2.7–2) ein, dann ergibt sich für die Polynomkoeffizienten a_i, $i = 0(1)n$, analog zu (2.7–3) ein i.a. überbestimmtes lineares Gleichungssystem der Form

$$\mathbf{F} \cdot \boldsymbol{a} = \boldsymbol{f} \tag{2.7–25}$$

mit

$$\mathbf{F} = \begin{bmatrix} 1 & x_0 & x_0^2 & \dots & x_0^n \\ 1 & x_1 & x_1^2 & \dots & x_1^n \\ \cdot & & & & \cdot \\ \cdot & & & & \cdot \\ 1 & x_m & x_m^2 & \dots & x_m^n \end{bmatrix} \tag{2.7–26}$$

Da sich bei überbestimmten Gleichungssystemen die Gleichungen widersprechen können, lassen sich diese i.a. nur annähernd lösen. Eine solche Annäherung verlangt, daß die Länge bzw. das Quadrat der Länge des Fehler- oder Residuenvektors $\boldsymbol{r}$

$$\boldsymbol{r}^T \cdot \boldsymbol{r} = \|\boldsymbol{r}\|_2^2 \qquad \text{(vgl.: (2.4–18))} \tag{2.7–27}$$

mit

$$\boldsymbol{r} = \mathbf{F} \cdot \boldsymbol{a} - \boldsymbol{f} \tag{2.7–28}$$

möglichst klein wird. Dies ist der Fall, d.h. die Fehlernorm (2.7–27) wird zum Minimum, wenn der Residuenvektor $\boldsymbol{r}$ zu allen Spaltenvektoren von $\mathbf{F}$ orthogonal ist. Es gilt also

$$\mathbf{F}^T \cdot \boldsymbol{r} = \boldsymbol{o} \tag{2.7–29}$$

Mit (2.7–28) erhalten wir nach umordnen

$$\mathbf{F}^T \cdot \mathbf{F} \cdot \boldsymbol{a} = \mathbf{F}^T \cdot \boldsymbol{f} \tag{2.7–30}$$

Nach ausmultiplizieren erhält man mit dem Kürzel

$$[x^j] = \sum_{i=0}^{m} x_i^j \qquad \text{bzw.} \qquad [f x^j] = \sum_{i=0}^{m} f(x_i)\, x_i^j; \qquad j = 0(1)n \tag{2.7–31}$$

das Gleichungssystem

$$\begin{bmatrix} [x^0] & [x^1] & [x^2] & \dots & [x^n] \\ [x^1] & [x^2] & [x^3] & \dots & [x^{n+1}] \\ \cdot & & & & \cdot \\ \cdot & & & & \cdot \\ [x^n] & [x^{n+1}] & [x^{n+2}] & \dots & [x^{2n}] \end{bmatrix} \begin{bmatrix} a_0 \\ a_1 \\ \cdot \\ \cdot \\ a_n \end{bmatrix} = \begin{bmatrix} [fx^0] \\ [fx^1] \\ \cdot \\ \cdot \\ [fx^n] \end{bmatrix} \tag{2.7–32}$$

Die $n+1$ Gleichungen dieses Systems heißen *Gaußsche Normalgleichungen.* Die Koeffizientenmatrix ist symmetrisch und positiv definit, wenn $\text{r}(\mathbf{F}) = n+1$ ist. I.a. ist sie jedoch schlecht konditioniert. Den Lösungsvektor $\boldsymbol{a}$ bestimmt man deshalb vorteilhaft über die Cholesky-Zerlegung.
Auf dieselben Normalgleichungen stößt man auch über die Bedingungen, welche die *Fehlerquadratsumme*

$$S = \sum_{i=0}^{m} (f(x_i) - \text{app}(x_i))^2 \tag{2.7–33}$$

zum Minimum machen. Das sind die verschiedenen partiellen Ableitungen derselben nach den $n+1$ Koeffizienten des Approximationspolynoms.
Sollen die zu approximierenden Wertepaare gewichtet werden, so braucht man nur die entsprechenden Normalgleichungen mit den Gewichten $w_i > 0$ zu multiplizieren. Oft normiert man die Gewichte w_i in der Weise, daß gilt:

$$\sum_{i=0}^{m} w_i = 1 \tag{2.7–34}$$

Sie können dann als Wahrscheinlichkeiten für das Vorhandensein eines Wertepaares $(x_i; y_i)$ gelten.

Kontinuierliche Approximation
Bei der kontinuierlichen Approximation an eine Funktion $f(x)$ in einem Intervall (a, b) gelangt man durch eine ähnliche Betrachtung wie in (2.7–27) zum Gleichungssystem

$$\mathbf{G} \cdot \boldsymbol{a} = \boldsymbol{g} \tag{2.7–35}$$

Die Fehlernorm lautet nun

$$\|f(x) - \text{app}(x)\|^2 = \int_a^b (f(x) - \text{app}(x))^2 \, dx \tag{2.7–36}$$

Wird sie zum Minimum, so knüpft man daran die Erwartung, daß die Beträge der größten Abweichungen gering bleiben, was jedoch nicht immer der Fall ist.
Das Gleichungssystem (2.7–35) hat die Eigenschaften des Systems (2.7–32) und **G** heißt Gramsche Matrix. Es gilt formal dasselbe mit der folgenden Umdeutung der Kürzel

$$[x^j] = \int_a^b x^j \, dx \qquad \text{bzw.} \qquad [fx^j] = \int_a^b f(x) \cdot x^j \, dx \tag{2.7–37}$$

Eine Gewichtung ist durch eine in (a, b) integrierbare Gewichtsfunktion $w(x) > 0$ möglich, mit der alle Integranden multipliziert werden.

Approximation durch beliebige Funktionen
Eine beliebige Approximationsfunktion konstruieren wir im Intervall (a, b) mit der Form

$$\text{app}(x) = \sum_{j=0}^{n} a_j \cdot \varphi_j(x); \qquad a \leq x \leq b \tag{2.7–38}$$

Das Funktionssystem $\varphi_j(x)$, $j = 0(1)\,n$, sei linear unabhängig. Wir erhalten Approximationspolynome im obigen Sinne als Sonderfall von (2.7–38) mit

$$\varphi_j(x) = x^j \tag{2.7–39}$$

Daneben werden gelegentlich trigonometrische Polynome mit Winkelfunktionen (Fourier-Analyse)

$$\varphi_0 = 1, \quad \varphi_1 = \cos x, \quad \varphi_2 = \sin x, \quad \varphi_3 = \cos 2x, \quad \varphi_4 = \sin 2x, \quad \ldots \tag{2.7–40}$$

konstruiert. Auch die Verwendung von Exponentialfunktionen ist üblich.
Der Ansatz (2.7–38) führt auf ein Gleichungssystem der Form (2.7–35) mit den Matrixelementen

$$g_{jk} = \int_a^b \varphi_j(x) \cdot \varphi_k(x) \, dx; \qquad j, k = 0(1)\,n \tag{2.7–41}$$

und den Elementen des Vektors der rechten Seite

$$g_j = \int_a^b f(x) \cdot \varphi_j(x) \, dx; \qquad j = 0(1)\,n \tag{2.7–42}$$

2.7.4 Tschebyscheff-Approximation

Die Tschebyscheff-Approximation, kurz *T*-Approximation, hat für die Darstellung transzendenter Funktionen und für den Ersatz von Tabellen in Computern größte Bedeutung erlangt. Das hier verwendete Ausgleichsprinzip zielt direkt auf den mit der Strategie (2.7–36) zu erwartenden Effekt kleiner maximaler Abweichungsbeträge von der zu ersetzenden Funktion $f(x)$. Die *Fehlernorm* (vgl. (2.4–19)) lautet somit

$$\|f(x) - \text{app}(x)\|_\infty = \max |f(x) - \text{app}(x)|; \quad a \leq x \leq b \tag{2.7–43}$$

Sie wird durch Variation der Parameter a in (2.7–38) minimalisiert; d.h. es wird unter den Polynomen mit vorgegebenem Polynomgrad n jenes gesucht, das (2.7–43) so klein wie möglich macht.
Im Falle *diskreter* Approximation an $m + 1$ Wertepaare $(x_i; y_i)$, $i = 0(1)\,m$ wählt man $n + 2$ Wertepaare aus, so daß dort die Abweichungsbeträge gleichgroß und für die restlichen Wertepaare kleiner sind. Eine solche Auswahl heißt *Referenz*.

Tschebyschew-Polynome
Durch Nullpunktsverschiebung und Maßstabsänderung läßt sich jedes Intervall (a, b), in dem die Funktion $f(X)$ approximiert werden soll, auf das Intervall $(-1, +1)$ der Variablen x transformieren. Es ist

$$X = (a + b + (b - a)\,x)/2 \tag{2.7–44}$$

Eine weitere Transformation

$$x = \cos \vartheta \tag{2.7–45}$$

projiziert das Intervall $(-1, +1)$ auf den Einheitskreisumfang. Die Tschebyscheff-Polynome definieren wir durch eine bekannte Beziehung, nach welcher der Cosinus des j-fachen Arguments ein Polynom j-ten Grades vom Cosinus des einfachen Arguments ist (vgl. z. B. [7] S. 233):

$$\cos j\vartheta = P_j(\cos \vartheta) = T_j(x) \tag{2.7–46}$$

Über die Beziehung

$$\cos(j-1)\vartheta + \cos(j+1)\vartheta = 2 \cdot \cos\vartheta \cdot \cos j\vartheta \tag{2.7–47}$$

gelangen wir schließlich zur Rekursionsformel

$$T_{j+1}(x) = 2 \cdot T_j(x) - T_{j-1}(x); \quad j = 1(1)n \tag{2.7–48}$$

mit den Startpolynomen $T_0(x) = 1$ und $T_1(x) = x$ unmittelbar aus (2.7–46). Die ersten sieben T-Polynome lauten

$$\begin{aligned}
T_0(x) &= 1 \\
T_1(x) &= x \\
T_2(x) &= -1 + 2x^2 \\
T_3(x) &= -3x + 4x^3 \\
T_4(x) &= 1 - 8x^2 + 8x^4 \\
T_5(x) &= 5x - 20x^3 - 16x^5 \\
T_6(x) &= -1 + 18x^2 - 48x^4 + 32x^6
\end{aligned} \tag{2.7–49}$$

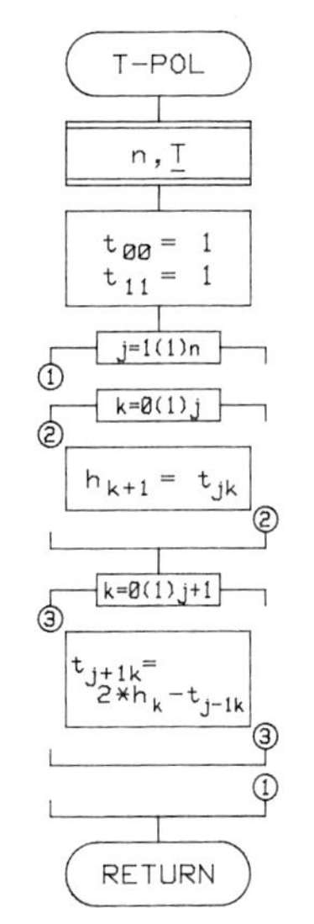

Bild 2.7–2
Gewinnung von
Tschebyscheff-Polynomen

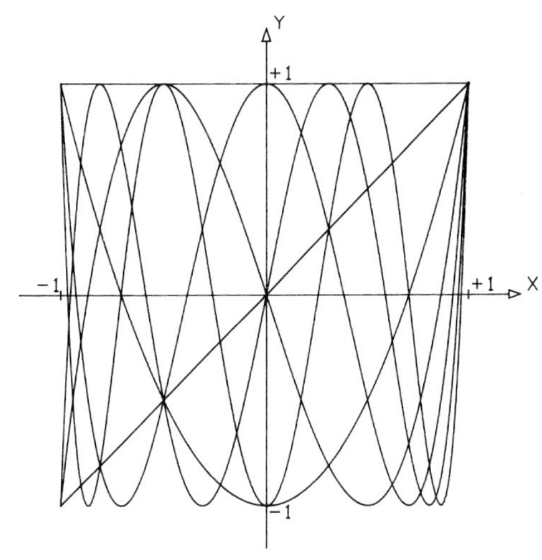

Bild 2.7–3 Tschebyscheff-Polynome T_0 bis T_6

Aus der Definition ergeben sich die wesentlichsten Eigenschaften der $T_j(x)$, die auch augenfällig aus Bild 2.3–7 hervorgehen. Für $-1 \leq x \leq 1$ und für alle j gelten:

$$T_j(x)| \leq 1 \tag{2.7–50}$$

$$T_j(1) = 1 \quad \text{und} \quad T_j(-1) = (-1)^j \tag{2.7–51}$$

$$T_j(-x) = (-1)^j T_j(x) \tag{2.7–52}$$

Alle Nullstellen der $T_j(x)$ sind reell und liegen in $(-1,1)$. Sie betragen

$$(x_0)_k = \cos((k + 1/2)\pi/j); \quad k = 0(1)j-1 \tag{2.7–53}$$

Sämtliche Extremwerte sind vom Betrag 1 und liegen in $(-1,1)$ bei

$$(x_e)_k = \cos(j\pi/k); \quad k = 0(1)j \tag{2.7–54}$$

Der Leitkoeffizient a_j, d.h. der Koeffizient von x^j, ist stets

$$c_j = 2^{j-1} \tag{2.7–55}$$

Grundlegend für die Verwendung der $T_j(x)$ als Bestandteile einer Approximationsfunktion ist ihre Minimaleigenschaft (2.7–50) (siehe Bild 2.7–2).

Tschebyscheff-Entwicklung für P-Polynome

Jedes vorgegebene Polynom $P_n(x)$ kann durch eine Linearkombination von T-Polynomen in eindeutiger Weise dargestellt werden:

$$P_n(x) = \sum_{j=0}^{n} b_j T_j(x) \tag{2.7–56}$$

Die Koeffizienten b werden nacheinander aus dem Vergleich der Koeffizienten beider Polynomdarstellungen (2.7–2) und (2.7–56) ermittelt. Zunächst ist wegen (2.7–56)

$$b_n = 2^{1-n} \cdot a_n \tag{2.7–57}$$

Die Differenz $P_n(x) - b_n T_n(x)$ liefert b_{n-1} aus dem Vergleich mit dem Koeffizienten von x^{n-1}, und so kann man fortfahren. Bei der Handrechnung ist eine Summenkontrolle der Koeffizienten

$$\sum_{i=0}^{n} a_i = \sum_{j=0}^{n} b_j \tag{2.7–58}$$

von Nutzen. Sie beruht auf (2.7–51, links).

Man approximiert ein Polynom $P_n(x)$ im Tschebyscheffschen Sinne in $(-1,1)$, indem man die Teilsumme von (2.7–56)

$$\mathrm{app}(x) = \sum_{j=0}^{n-1} b_j T_j(x) \tag{2.7–59}$$

bildet. Hierfür gilt wegen $\|T_n\|_\infty = 1$ die von x unabhängige Abschätzung über die Fehlernorm

$$\|P_n(x) - \mathrm{app}(x)\|_\infty = \max|P_n(x) - \mathrm{app}(x)| \leq |b_n| \tag{2.7–60}$$

Diese erhöht sich, wenn ein weiterer Term fortgelassen wird, um $|b_{n-1}|$ usf. Man kann deshalb mit einer Fehlerschranke $\varepsilon_1 > 0$ für die Entwicklung die Teilsumme auf k-Glieder begrenzen, wenn

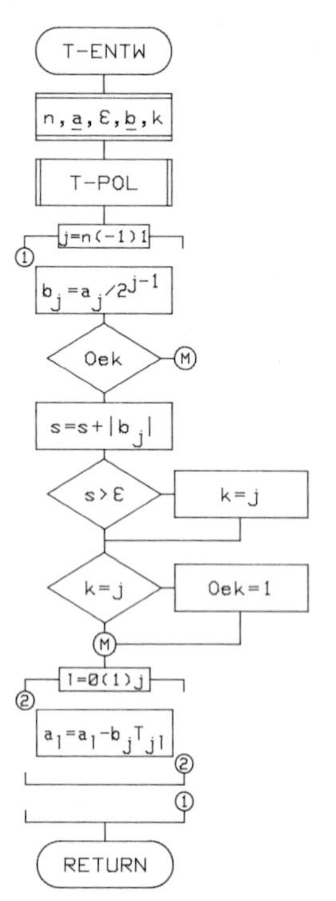


```
210  SUB T_entw(N,Eps,K)
220  ! Tschebyschew-Entwicklung
230  COM A(*),B(*),T(*)
240  CALL T_pol(N,T(*))
250  FOR J=N TO 1 STEP -1
260  B(J)=A(J)/2^(J-1)
270  IF Oek THEN GOTO M
280  S=S+ABS(B(J))
290  IF S>Eps THEN K=J
300  IF K=J THEN Oek=1
310 M: FOR L=0 TO J
320  A(L)=A(L)-B(J)*T(J,L)
330  NEXT L
340  NEXT J
350  SUBEND
360  SUB Tpol(N,T(*))
370  ! Tschebyschew-Polynome
380  DIM H(11)
390  T(0,0)=T(1,1)=1
400  FOR J=1 TO N
410  FOR K=0 TO J
420  H(K+1)=T(J,K)
430  NEXT K
440  FOR K=0 TO J+1
450  T(J+1,K)=2*H(K)-T(J-1,K)
460  NEXT K
470  NEXT J
480  SUBEND
```

Bild 2.7–4 Tschebyscheff-Entwicklung eines Polynoms mit Ökonomisierung des Grades

$$\sum_{j=k+1}^{n} |b_j| < \varepsilon_1 \tag{2.7–61}$$

erfüllt ist; in diesem Falle ergibt sich bereits

$$\operatorname{app}(x) = \sum_{j=0}^{k} b_j T_j(x) \quad \text{(siehe Bild 2.7–4)} \tag{2.7–62}$$

Tschebyscheff-Approximation über die Taylorentwicklung
Eine auf $(-1, +1)$ transformierte Funktion $f(x)$ sei $n+1$-mal stetig differenzierbar. Sie kann dann durch ihre *Taylorentwicklung* an der Stelle $x = 0$ durch ein Polynom $P_n(x)$ approximiert werden:

$$P_n(x) = f(0) + \frac{x}{1!} f'(0) + \cdots + \frac{x^n}{n!} f^{(n)}(0) \tag{2.7–63}$$

Der *Abbruchfehler* beträgt

$$R_{n+1}(x) = \frac{x^{n+1}}{(n+1)!} f^{(n+1)}(\xi); \qquad -1 \leq \xi \leq +1 \tag{2.7–64}$$

und es sei

$$|R_{n+1}(x)| \leq \varepsilon_2 \tag{2.7–65}$$

Entwickeln wir $P_n(x)$ nach T-Polynomen mit dem Verfahrensfehler ε_1 gemäß (2.7–61) und (2.7–62), so ist bei vorgegebener Fehlerschranke mit der Gültigkeit von

$$\varepsilon \geq \varepsilon_1 + \varepsilon_2 \tag{2.7–66}$$

die auf $(-1, +1)$ transformierte Funktion $f(x)$ durch $\operatorname{app}(x)$ im Tschebyscheffschen Sinne approximiert.

2.7.5 Numerische Differentiation

Der Differentialquotient selbst kompliziert zusammengesetzter Funktionsausdrücke läßt sich stets exakt analytisch bestimmen, wenn diese aus differenzierbaren Funktionen bestehen. Numerische Differentiation kommt deshalb, anders als numerische Integration, in erster Linie für empirische, durch Wertepaare gegebene Funktionen und für solche Fälle in Frage, bei denen die exakte Ableitung zu unpraktischen Ausdrücken führt.

Differentiation des Interpolationspolynoms
Falls die abzuleitende Funktion $f(x)$ selbst kein Polynom ist oder ein Polynom vom Grade $m > n$ ist, setzen wir die k-te Ableitung.

$$f^{(k)}(x_i) \approx P_n^{(k)}(x_i) \tag{2.7–67}$$

Zweckmäßigerweise wählt man für das Interpolationspolynom $P_n(x)$ $n+1$ gleichabständige Stützstellen mit dem Abstand

$$h = x_{i+1} - x_i; \quad i = 0\,(1)\,n-1 \tag{2.7–68}$$

Die Differentialquotienten sind, wenn wir vereinfachend $f_i = \mathrm{f}\,(x_i)$ setzen:

$$\begin{aligned}
P_1'(x) &= (-f_0 + f_1)/h; \quad x_0 \leq x \leq x_1 \\
P_2'(x_0) &= (-3f_0 + 4f_1 - f_2)/2h \\
P_2'(x_1) &= (-f_0 + f_2)/2h \\
P_2'(x_2) &= (f_0 - 4f_1 + 3f_2)/2h \\
P_2''(x) &= (f_0 - 2f_1 + f_2)/h^2; \quad x_0 \leq x \leq x_2 \\
P_3'(x_0) &= (-11f_0 + 18f_1 - 9f_2 + 2f_3)/6h \\
P_3'(x_m) &= (f_0 - 27f_1 + 27f_2 - f_3)/24h; \quad x_m = x_1 + h/2 \\
P_3'(x_3) &= (-2f_0 + 9f_1 - 18f_2 + 11f_3)/6h \\
P_3''(x_0) &= (2f_0 - 5f_1 + 4f_2 - f_3)/h^2 \\
P_3''(x_m) &= (f_0 - f_1 - f_2 + f_3)/2h^2; \quad x_m = x_1 + h/2 \\
P_3''(x_3) &= (-f_0 + 4f_1 - 5f_2 + 2f_3)/h^2 \\
P_3'''(x) &= (-f_0 + 3f_1 - 3f_2 + f_3)/h^3; \quad x_0 \leq x \leq x_3
\end{aligned} \tag{2.7–69}$$

$$P_4'(x_0) = (-25f_0 + 48f_1 - 36f_2 + 16f_3 - 3f_4)/12h$$
$$P_4'(x_2) = (f_0 - 8f_1 + 8f_3 - f_4)/12h \qquad (2.7\text{–}69)$$
$$P_4'(x_4) = (3f_0 - 16f_1 + 36f_2 - 48f_3 + 25f_4)/12h$$
usf.

Der *absolute Fehler* der ersten Ableitung läßt sich ggf. abschätzen mit

$$|f'(x_i) - P_n'(x_i)| \leq h^n |f^{(n+1)}(\xi)|/(n+1); \quad x_0 \leq \xi \leq x_n \qquad (2.7\text{–}70)$$

wozu der Betrag der $n+1$-ten Ableitung an einer unbekannten Stelle des Interpolationsintervalls abgeschätzt werden müßte. Das Aufzeigen dieser Schranke weist daraufhin, daß der Verfahrensfehler mit kleinerer Schrittweite h stark verringert werden kann. Leider erhöht die Verwendung sehr kleiner Stützstellenabstände neben dem Aufwand erheblich den Rechnungsfehler; siehe die Hinweise zu Bild 2.1–2.

Differentiation kubischer Splines

Besonders bei der Vorgabe nicht gleichabständiger Stützstellen ist es sinnvoll, $f(x)$ durch kubische Splines zu interpolieren und sodann diese abzuleiten. Mit den Bezeichnungen in (2.7–13) ist die erste Ableitung

$$P_{3(j)}'(x) = b_j + 2c_j(x - x_j) + 3d_j(x - x_i)^2; \qquad i = j = 0(1)\,n-1 \qquad (2.7\text{–}71)$$

und die zweite Ableitung

$$P_{3(j)}''(x) = 2c_j + 6d_j(x - x_i); \qquad i = j = 0(1)\,n-1 \qquad (2.7\text{–}72)$$

Letztere kann mit höherer Genauigkeit gewonnen werden, wenn man für die erste Ableitung (2.7–71) eine weitere Spline-Interpolation durchführt und dann diese ableitet („spline-on-spline").
Der Weg über die kubischen Splines verspricht bei größerem Aufwand auch beim numerischen Differenzieren allgemein höhere Genauigkeit als die Verwendung gewöhnlicher Interpolationspolynome, die auf (2.7–69) führen.

2.7.6 Numerische Integration

Im Gegensatz zum Differentialquotienten ist die Stammfunktion $F(x)$ einer in (a, b) stetigen Funktion $f(x)$ nicht immer oder nur unter Schwierigkeiten analytisch bestimmbar. Sie wird jedoch zur Berechnung des *Riemannschen Integrals*

$$I = \int_a^b f(x)\,dx = F(b) - F(a) \qquad (2.7\text{–}73)$$

benötigt. Die numerische Integration bestimmt einen Näherungswert für dieses Integral. Sie ist darüber hinaus in der Lage, auch empirische, durch Wertepaare $(x_i; y_i)$, $i = 0(1)\,n$, gegebene Funktionen im Sinne von (2.7–73) zu integrieren. Sind die Stützwerte x_i gleichabständig, so können die nachfolgenden Quadraturformeln verwendet werden; andernfalls stellt man eine geeignete Interpolationsfunktion auf und integriert diese.

Quadraturformeln

Die in der Praxis gebräuchlichste numerische Integrationsmethode folgt einem Prinzip, welches das Integral (2.7–73) durch geeignete Linearkombinationen der Funktionswerte bzw. der Stützwerte an $n+1$ gleichabständigen, das Integrationsintervall (a, b) abdeckenden Stützstellen approximiert. Man erhält die Quadraturformeln von *Newton/Cotes:*

$$I = \int_a^b f(x)\,dx = (b - a)\sum_{i=0}^{n} a_i f(x_i) + R(h, \xi); \qquad a \leq \xi \leq b \qquad (2.7\text{–}74)$$

$R(h, \xi)$ ist dabei das Restglied, zugleich absoluter Fehler der Approximation. Die Summe der „Gewichte" a_i beträgt 1. Die Integration des Interpolationspolynoms $P_n(x)$ auf denselben $n+1$ Stützstellen liefert ebenfalls Quadraturformeln der Art (2.7–74).
Mit

$$I(n) = \int_a^b P_n(x)\,dx \qquad (2.7\text{–}75)$$

und den in 2.7.5 gewählten Bezeichnungen ergeben sich die Näherungen

$$I(1) = h(f_0 + f_1)/2 \qquad \text{Trapezregel} \qquad (2.7\text{–}76)$$
$$I(2) = 2h(f_0 + 4f_1 + f_2)/6 \qquad \text{Simpsonregel}$$

$I(3) = 3h(f_0 + 3f_1 + 3f_2 + f_3)/8$ 3/8-Formel

$I(4) = 4h(7f_0 + 32f_1 + 12f_2 + 32f_3 + 7f_4)/90$ 4/90-Formel

usf.

Für längere Intervalle bzw. für kleinere Stützstellenabstände ist es zweckmäßig, die Formeln (2.7–76) zu summieren; d.h. das Integrationsintervall in Teilintervalle zu unterteilen. So lautet z.B. die *summierte Simpsonregel:*

$$I = \frac{b-a}{6n}\left(f_0 + 4\sum_{i=1}^{\frac{n}{2}} f_{2i-1} + 2\sum_{i=1}^{\frac{n}{2}-1} f_{2i} + f_n\right) + R(h,\xi)\,; \qquad a \le \xi \le b \tag{2.7–77}$$

$$R(h,\xi) = -\frac{h^5}{90}\cdot f^{(4)}(\xi)\,; \qquad a \le \xi \le b \tag{2.7–78}$$

Die 3/8-Regel hat das Restglied

$$R(h,\xi) = -\frac{3}{80}\cdot h^5 f^{(4)}(\xi)\,; \qquad a \le \xi \le b \tag{2.7–79}$$

und für die summierte Simpsonregel gilt

$$R(h,\xi) = -\frac{n}{180}\cdot h^5 f^{(4)}(\xi)\,; \qquad a \le \xi \le b \tag{2.7–80}$$

Die numerische Integration nach Simpson erfordert stets eine ungerade Anzahl von Stützstellen. Man kombiniert deshalb (2.7–77) mit der 3/8-Formel, wenn die Anzahl der Stützstellen gerade ist. Die *Restglieder* $R(h,\xi)$ können abgeschätzt werden, wenn der größte Betrag einer höheren Ableitung von $f(x)$ in (a, b) angegeben werden kann. Für die Simpsonregel ist

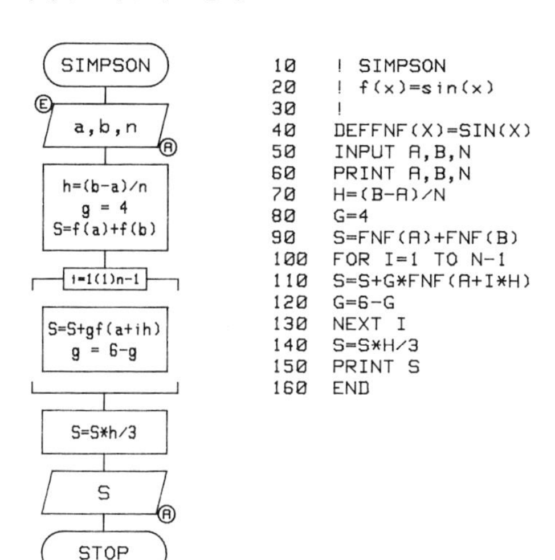
SIMPSON
E
a,b,n
A
h=(b-a)/n
g = 4
S=f(a)+f(b)
i=1(1)n-1
S=S+gf(a+ih)
g = 6-g
S=S*h/3
S
A
STOP
10 ! SIMPSON
20 ! f(x)=sin(x)
30 !
40 DEFFNF(X)=SIN(X)
50 INPUT A,B,N
60 PRINT A,B,N
70 H=(B-A)/N
80 G=4
90 S=FNF(A)+FNF(B)
100 FOR I=1 TO N-1
110 S=S+G*FNF(A+I*H)
120 G=6-G
130 NEXT I
140 S=S*H/3
150 PRINT S
160 END

Bild 2.7–5 Summierte Simpson-Regel mit BASIC-Programm; die zu integrierende Funktion ist hier mit $f(x) = \sin x$ eingesetzt

Weitere numerische Integrationsverfahren, insbesondere das in der Praxis häufig eingesetzte *Romberg-Verfahren,* können der Literatur entnommen werden; z.B. [3] S. 213ff. und [12] S. 281ff.

2.8 Differentialgleichungen

Benennungen

Eine Differentialgleichung (DGl) ist eine funktionale Beziehung zwischen einer zu bestimmenden Funktion $y(x)$ und ihren Ableitungen. Ist die unbekannte Funktion nur von einer Variablen abhängig, heißt die DGl *gewöhnlich,* sonst *partiell.* Die *Ordnung* einer DGl ist gleich der Ordnungszahl der höchsten in ihr vorkommenden Ableitung. So lautet die allgemeine Form einer gewöhnlichen DGl n-ter Ordnung

$$F(x, y(x), y'(x), y''(x), \ldots, y^{(n)}(x)) = 0 \tag{2.8–1}$$

Der *Grad* einer DGl wird durch die höchste Potenz der unbekannten Funktion oder ihrer Ableitungen bestimmt. Ist der Grad gleich 1, so heißt die DGl *linear*. Die DGl heißt *explizit*, wenn sie nach der Ableitung der höchsten Ordnung aufgelöst ist

$$y^{(n)}(x) = f(x, y(x), y'(x), y''(x), \ldots, y^{(n-1)}(x)) \tag{2.8–2}$$

andernfalls heißt sie *implizit* (2.8–1).
Die *Lösung* oder das *Integral* einer DGl ist die Funktion $y(x)$, die mit ihren Ableitungen die DGl für alle definierten Werte der Variablen x erfüllt. Die *allgemeine Lösung* hat die Form

$$y(x) = g(x, C_1, C_2, \ldots, C_n) \tag{2.8–3}$$

mit den Parametern C_i, $i = 1(1)n$, als Integrationskonstanten, die voneinander unabhängig sind. (2.8–3) ist somit geometrisch als n-parametige Kurvenschar darzustellen. Ein *Anfangswertproblem* liegt vor, wenn eine *spezielle Lösung* die n Anfangsbedingungen

$$y^{(k)}(x_0) = y_k; \qquad k = 0(1)n-1 \tag{2.8–4}$$

erfüllt. Die Bedingung (2.8–4) führt auf ein Gleichungssystem, aus dem die C_i berechnet werden können. Durch die Anfangswerte wird eine Kurve der n-parametrigen Schar als spezielle Lösung festgelegt. Beim *Randwertproblem* wird eine spezielle Lösung gesucht, die n Randbedingungen ähnlich (2.8–4) in den Randpunkten $x = a$ und $x = b$ eines Intervalls (a, b) genügt.
Ein *System* von DGlen liegt vor, wenn in m DGlen n unbekannte Funktionen $y_i(x)$, $i = 1(1)n$, vorkommen; in vielen Fällen ist $m = n$. Ein System gewöhnlicher DGlen erster Ordnung ist

$$\mathbf{y}'(x) = \mathbf{f}(x, y_1(x), y_2(x), \ldots, y_n(x)) \tag{2.8–5}$$

in vektorieller Schreibweise.

2.8.1 Anfangswertprobleme

Es sollen hier im wesentlichen nur gewöhnliche DGlen 1. Ordnung behandelt werden. DGlen höherer Ordnung können stets durch Einführen neuer Variablen in Systeme von DGlen der 1. Ordnung transformiert werden; die Lösungsmethoden hierfür folgen denen für Einzelgleichungen in analoger Weise [2] S. 120f., [6] S. 243f. Die allgemeine explizite Form einer DGl 1. Ordnung ist

$$y'(x) - f(x, y(x)) = 0 \tag{2.8–6}$$

Die Aufgabe, ihre Lösung im Intervall (a, b) mit dem gegebenen Anfangswert $x_0 = a$, $y_0 = y(a)$ zu finden, heißt Anfangswertproblem. Für bestimmte Voraussetzungen (s. z.B. [12] S. 289) existiert genau eine Lösung $y(x)$, die gelegentlich in geschlossener Form, meist jedoch nur als Näherung durch *Diskretisierung* in einer Wertetabelle darstellbar ist. Über Stabilität, Konvergenz und Aufwand der Verfahren orientiere man sich in [1] S. 31ff.
Das Intervall (a, b) wird in Teilintervalle mit der Schrittweite

$$h = (b-a)/m = x_{i+1} - x_i; \qquad i = 0(1)m-1 \tag{2.8–7}$$

unterteilt, und der Graph der Lösungsfunktion $y(x)$ wird durch einen *Polygonzug* angenähert, dessen Eckkoordinaten allgemein mit $(x; v)$ bezeichnet seien. Für den Anfangswert gilt also

$$(x_0; y_0) = (x_0; v_0) \tag{2.8–8}$$

Die naheliegende Konstruktion einer Differenzengleichung, *Verfahren von Euler*, ergibt mit (2.8–6) für die ersten und weiteren Polygonzugordinaten

$$v_{i+1} = v_i + h \cdot f(x_i, v_i); \qquad i = 0(1)m-1, \tag{2.8–9}$$

wobei $f(x_i, v_i)$ die Fortschreitungsrichtung ist.
Der Verfahrensfehler in (2.8–9) beträgt bei jedem Schritt

$$\varepsilon_{l,i+1} = \frac{1}{2} \cdot h^2 \cdot y''(\xi_i); \qquad x_i \le \xi_i \le x_{i+1}, \qquad i = 0(1)m-1; \tag{2.8–10}$$

er heißt *lokaler Diskretisierungsfehler*. Die Abweichung der Polygonzugordinate v_{i+1} vom genauen Wert y_{i+1} sei

$$\varepsilon_{g,i+1} = y_{i+1} - v_{i+1}; \qquad i = 0(1)m-1; \tag{2.8–11}$$

er heißt *globaler Diskretisierungsfehler* und kann a priori abgeschätzt werden [12] S. 295. Der Informationsgehalt ist jedoch meist gering. Integriert man (2.8–6) formal über (x_i, x_{i+1}), so ergibt sich

$$\int_{x_i}^{x_{i+1}} y'(x)\,\mathrm{d}x - \int_{x_i}^{x_{i+1}} f(x, y(x))\,\mathrm{d}x = 0 \tag{2.8–12}$$

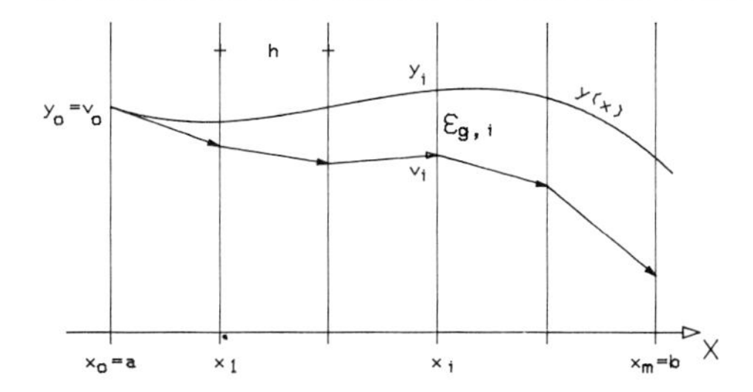

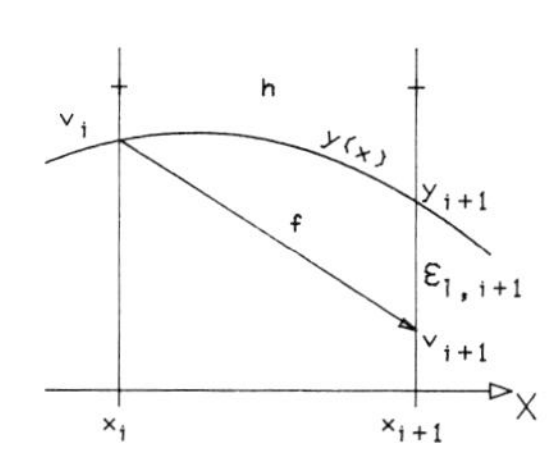

Bild 2.8-1 Verfahren von Heun, globaler und lokaler Diskretisierungsfehler

und nach Auswerten des ersten Integrals sowie neu ordnen:

$$y(x_{i+1}) = y(x_i) + \int_{x_i}^{x_{i+1}} f(x, y(x))\,dx\,. \tag{2.8–13}$$

Die verschiedenen Verfahren approximieren das Integral in (2.8–13) mit unterschiedlichen Methoden, woraus sich entsprechende Konsequenzen hinsichtlich Aufwand und erzielbarer Genauigkeit ergeben. Das Verfahren von Euler erhält man hieraus, wenn mit (2.8–7) und nach Ersetzen von y durch v die Näherung

$$\int_{x_i}^{x_{i+1}} f(x, y(x))\,dx \approx h \cdot f(x_i, v_i)\,, \tag{2.8–14}$$

das ist ein Rechteck, verwendet wird.
Da zur Berechnung eines Polygonzugpunktes nur die Werte des vorigen Punktes benötigt werden, heißt diese Vorgehensweise *Einschrittverfahren.* Mit (2.8–8) ist die Anfangsbedingung bekannt, und die diskrete Berechnung der gesuchten Funktion kann ohne Umschweife beginnen. Das Verfahren heißt deshalb *selbststartend.*
Die Verkleinerung der Verfahrensfehler erreicht man allgemein, neben dem Verkleinern der Schrittweite h, durch verbessern der Fortschreitungsrichtung in der Form

$$v_{i+1} = v_i + h \cdot F(x_i, v_i); \qquad i = 0(1)\,m-1\,, \tag{2.8–15}$$

oder durch aufwendigere Quadraturformeln für das Integral in (2.8–13) sowie durch die Wahl einer angepaßten, variablen Schrittweite h, die im Hinblick auf die Rundungsfehler nicht bedenkenlos verkleinert werden kann.
So ist z. B. beim *Verfahren von Heun*

$$F(x_i, v_i) = \frac{1}{2}\left(f(x_i, v_i) + f(x_{i+1}, v_{i+1})\right); \qquad i = 0(1)\,m-1\,, \tag{2.8–16}$$

d. h. die Quadratur erfolgt durch ein Sehnentrapez. Da der zu bestimmende Wert v_{i+1} auf der rechten Seite als Argument enthalten ist, kann dieser nur iterativ ermittelt werden. Als Startwert kann die Näherung nach (2.8–9) dienen. Wir erhalten in ihm den sogenannten *Prädiktor*

$$v_{i+1}^{(0)} = v_i + h \cdot f(x_i, v_i); \qquad i = 0(1)\,m-1\,, \tag{2.8–17}$$

und den *Korrektor* mit der Iterationsvorschrift

$$v_{i+1}^{(j)} = v_i + \frac{1}{2}\left(f(x_i, v_i) + f(x_{i+1}, v_{i+1}^{(j-1)})\right); \qquad i = 0(1)\,m-1, \quad j = 1(1)\,M \tag{2.8–18}$$

mit M als maximale Schrittzahl für die Iteration.
Eine a priori-Abschätzung für den globalen Fehler findet man z. B. in [12] S. 299.
Auf weitere naheliegende Prädiktor-Korrektor-Verfahren aufgrund höherer Quadraturformeln (2.7–75) sei hingewiesen, z. B. in [8] S. 260 f. und [14] I, S. 173 mit Angabe der lokalen Verfahrensfehler.

```
10    ! Verfahren von HEUN                       120  FOR I=1 TO M
20    ! Der Index i wird weggelassen,            130  Xh=X+H
30    ! i+1 wird mit dem Zusatz h zur            140  Vh=V+H*FNF(X,V)
40    ! Variablen X oder V realisiert.           150  FOR J=1 TO Max
50    !                                          160  Vh=V+H*(FNF(X,V)+FNF(Xh,Vh))/2
60    DEF FNF(X,Y)=X*Y^(1/3)                     170  NEXT J
70    INPUT A,B,V0,M,Max                         180  PRINT 'I=';I,'Xh=';Xh,'Vh=';Vh
80    X=A                                        190  X=Xh
90    V=V0                                       200  V=Vh
100   H=(B-A)/M                                  210  NEXT I
110   PRINT 'X=';X,'V=';V,'H=';H                 220  END
```

```
X=1.000    V=1.000    H=0.250          I=1      Xh=1.250    Vh=1.295
                                       I=2      Xh=1.500    Vh=1.689
                                       I=3      Xh=1.750    Vh=2.196
                                       I=4      Xh=2.000    Vh=2.834
```

Bild 2.8–2 BASIC-Programm zum PK-Verfahren von Heun; die Differentialgleichung ist hier mit $y' = xy^{1/3}$ eingesetzt

Runge/Kutta-Verfahren

Die Fortschreitungsrichtung $F(x_i, v_i)$ in (2.8–15) wird in Verallgemeinerung von (2.8–16) als Linearkombination von p Funktionswerten f_j in der Form

$$F(x_i, v_i) = \sum_{j=1}^{p} C_j f_j\,; \qquad i = 0\,(1)\,m-1 \tag{2.8–19}$$

angesetzt. Damit werden Runge/Kutta-Verfahren (RK-Verfahren) erzeugt, wenn für die Funktionswerte der allgemeine Ansatz

$$f_j = f(x_i + A_j h,\; v_i + B_j h); \qquad i = 0\,(1)\,m-1,\; j = 1\,(1)\,p \tag{2.8–20}$$

vorgenommen wird. Die Parameter sind

$$A_j = \sum_{k=1}^{j-1} \beta_{jk} \qquad \text{und} \qquad B_j = \sum_{k=1}^{j-1} \beta_{jk} f_k\,; \qquad k, j = 1\,(1)\,p \tag{2.8–21}$$

mit $A_1 = B_1 = 0$. Die Faktoren C_j und die Hilfsparameter β_{jk} werden bei gegebenem p so bestimmt, daß die Taylorentwicklung von v_{i+1} an der Stelle x_i mit der Entwicklung des Funktionswertes

$$y(x_{i+1}) = y(x_i) + \frac{h}{1!}\,y'(x_i) + \frac{h^2}{2!}\,y''(x_i) + \frac{h^3}{3!}\,y'''(x_i) + \cdots \tag{2.8–22}$$

in möglichst vielen, z.B. p Gliedern übereinstimmt. Der Abbruchfehler, und damit der lokale Diskretisierungsfehler, des Verfahrens ist dann von der Größenordnung h^{p+1}. Der Taylor-Abgleich führt für die Größen A_j, β_{jk} und C_j auf ein nichtlineares Gleichungssystem, das i.a. mehrere Freiheitsgrade aufweist. Das damit vorliegende p-stufige RK-Verfahren (RK-Verfahren p-ter Ordnung) wird zweckmäßig durch das Butcher-Schema angegeben:

$$\begin{array}{c|cccc}
0 & & & & \\
A_2 & \beta_{21} & & & \\
A_3 & \beta_{31} & \beta_{32} & & \\
\vdots & \vdots & & \ddots & \\
A_p & \beta_{p1} & \beta_{p2} & \cdots\ \beta_{p\ p-1} & \\
\hline
 & C_1 & C_2 & \cdots\ C_{p-1} & C_p
\end{array} \tag{2.8–23}$$

Vierstufige RK-Verfahren
Mit $p=4$, der Wahl $A_2 = A_3 = \frac{1}{2}$ und der C_k-Symmetrie $C_1 = C_4$, $C_2 = C_3$ ergibt sich das *klassische RK-Verfahren.* Sein Butcher-Schema ist

$$\begin{array}{c|cccc} 0 & & & & \\ \frac{1}{2} & \frac{1}{2} & & & \\ \frac{1}{2} & 0 & \frac{1}{2} & & \\ 1 & 0 & 0 & 1 & \\ \hline & \frac{1}{6} & \frac{1}{3} & \frac{1}{3} & \frac{1}{6} \end{array} \tag{2.8–24}$$

Damit wird mit (2.8–19) und (2.8–23)

$$v_{i+1} = v_i + \frac{1}{6} \cdot h \cdot (f_1 + 2f_2 + 2f_3 + f_4); \qquad i = 0\,(1)\,m-1 \tag{2.8–25}$$

und an jeder Stützstelle x_i, $i = 0\,(1)\,m-1$, sind die vier Funktionswerte

$$\begin{aligned} f_1 &= f(x_i, v_i) \\ f_2 &= f\left(x_i + \frac{1}{2}h, v_i + \frac{1}{2}f_1 h\right) \\ f_3 &= f\left(x_i + \frac{1}{2}h, v_i + \frac{1}{2}f_2 h\right) \\ f_4 &= f(x_i + h, v_i + f_3 h) \end{aligned} \tag{2.8–26}$$

zu berechnen.
Ebenfalls mit $p=4$ hat Gill 1951 durch geeignete Wahl der Parameter ein RK-Verfahren konstruiert, das hinsichtlich Programmieraufwand, Speicherplatzbedarf und Kontrolle des Rechnungsfehlers besonders computerfreundlich ist. Außerdem ist das Verfahren ohne weiteres auf Systeme von DGlen anzuwenden. Aus dem Butcher-Schema des *Verfahrens von Gill*

$$\begin{array}{c|cccc} 0 & & & & \\ \frac{1}{2} & \frac{1}{2} & & & \\ \frac{1}{2} & \frac{1}{2}(\sqrt{2}-1) & \frac{1}{2}(2-\sqrt{2}) & & \\ 1 & 0 & -\frac{1}{2}\sqrt{2} & \frac{1}{2}(2+\sqrt{2}) & \\ \hline & \frac{1}{6} & \frac{1}{6}(2-\sqrt{2}) & \frac{1}{6}(2+\sqrt{2}) & \frac{1}{6} \end{array} \tag{2.8–27}$$

können die Verfahrensformeln zusammengestellt werden. Man erhöht die Übersichtlichkeit, wenn folgende Hilfsgrößen berechnet werden:

$$q_0 = \begin{cases} 0 & \text{für den ersten Schritt} \\ q_4 & \text{für alle weiteren Schritte} \end{cases} \tag{2.8–28}$$

$$q_j = q_{j-1} + 3a_j(f_j h - b_j q_{j-1}) - c_j f_j h; \qquad j = 1\,(1)\,4$$

mit den Koeffizienten a_j, b_j und c_j in vektorieller Darstellung:

$$\begin{aligned} \boldsymbol{a} &= \left(\frac{1}{2} \quad 1-\frac{1}{2}\sqrt{2} \quad 1+\frac{1}{2}\sqrt{2} \quad \frac{1}{6}\right) \\ \boldsymbol{b} &= (2 \quad 1 \quad 1 \quad 2) \\ \boldsymbol{c} &= \left(\frac{1}{2} \quad 1-\frac{1}{2}\sqrt{2} \quad 1+\frac{1}{2}\sqrt{2} \quad \frac{1}{2}\right) \end{aligned}$$

und den Funktionswerten

$$\begin{aligned} f_1 &= f(x_i, v_{i1}) \\ f_2 &= f(x_i + h/2, v_{i2}) \\ f_3 &= f(x_i + h/2, v_{i3}) \\ f_4 &= f(x_i + h, v_{i4}) \end{aligned} \tag{2.8–29}$$

mit den Argumenten

$$\begin{aligned} v_{i1} &= v_i \\ v_{i2} &= v_{i1} + \frac{1}{2}(f_1 h - 2q_0) \\ v_{i3} &= v_{i2} + \left(1 - \frac{1}{2}\sqrt{2}\right)(f_2 h - q_1) \\ v_{i4} &= v_{i3} + \left(1 + \frac{1}{2}\sqrt{2}\right)(f_3 h - q_2) \end{aligned} \tag{2.8–30}$$

Schließlich ist der Näherungswert

$$v_{i+1} = v_{i4} + \frac{1}{6}(f_4 h - 2q_3) \tag{2.8–31}$$

Der Hilfswert q_4 aus (2.8–28) ist exakt null. Beim numerischen Rechnen ist q_4 etwa das Dreifache des Rechnungsfehlers und wird, um diesen teilweise zu kompensieren, als q_0 für den nächsten Schritt übernommen.
Eine ausführliche Darstellung der Zusammenhänge kann [14] I, S. 203ff. entnommen werden. Weitere RK-Verfahren mit höherer Fehlerordnung sind z. B. in [1] S. 91ff. und in [12] Fs, S. 168f. angegeben. Programme in ALGOL oder FORTRAN sind in [8] S. 272, [12] Fs, S. 288, [14] I, S. 214 und [20] II, S. 183 wiedergegeben.

Steuerung der Schrittweite

Die Effizienz eines RK-Verfahrens läßt sich vor allem durch eine geeignete Wahl der Schrittweite h in Abhängigkeit von der von Schritt zu Schritt erzielten Genauigkeit steigern. Dabei muß in Kauf genommen werden, daß die Resultate nicht mehr an gleichabständigen Stützstellen vorliegen.
Der globale Diskretisierungsfehler (2.8–11) wird zum entscheidenden Teil durch die Fehlerfortpflanzung lokaler Diskretisierungsfehler voraufgegangener Schritte hervorgerufen. Hierfür ist die Schrittkennzahl

$$K = h \cdot L \tag{2.8–32}$$

ein Maß. L ist die Lipschitzkonstante

$$L = \max|f_y(x, y(x))| \tag{2.8–33}$$

im Integrationsgebiet. Der partielle Differentialquotient f_y wird beim *klassischen RK-Verfahren* durch einen einfach anzugebenden Differenzenquotienten angenähert:

$$\frac{\Delta f}{\Delta y} = 2 \cdot \frac{f_3 - f_2}{f_2 - f_1} \tag{2.8–34}$$

Nach [24] S. 424f. verwendet man deshalb die *Kennzahl*

$$\varkappa = h \cdot \left|\frac{f_3 - f_2}{f_2 - f_1}\right| \tag{2.8–35}$$

zur automatischen Steuerung der Schrittweite und unterscheidet die 3 Fälle

$\varkappa \leq 0{,}05$: beim nächsten Schritt wird h verdoppelt,
$0{,}05 < \varkappa < 0{,}15$: die bisherige Schrittweite wird beibehalten,
$0{,}15 \leq \varkappa$: der letzte Schritt wird gelöscht und mit der halben Schrittweite ausgeführt.

Bei anderen RK-Verfahren, z. B. beim besprochenen *Verfahren von Gill,* wird man Genauigkeitsänderungen beobachten, wenn man zunächst einen Schritt mit ganzer Schrittweite $v_{i+1}(h)$ und dann denselben Schritt zweimal mit halber Schrittweite $v_{i+1}(h/2)$ berechnet. Der globale Verfahrensfehler ist für 4stufige RK-Verfahren

$$\varepsilon_{g,i+1} \approx \frac{1}{15} \cdot (v_{i+1}(h/2) - v_{i+1}(h)) \tag{2.8–36}$$

Empirisch gefundene Kriterien für die Schrittweitenänderung sind dann [24] S. 425

$\varepsilon_{g,i+1} \leq 0{,}15\, \varepsilon |v_{i+1}(h/2)|$: Schrittweite verdoppeln,

$\varepsilon_{g,i+1} \geq 10\, \varepsilon |v_{i+1}(h/2)|$: wiederholen mit halber Schrittweite,

mit ε gleich Einheit der vorletzten Stelle der verwendeten Maximalmantisse.
Implizite RK-Verfahren [1] S. 103 ff., [12] S. 309, Mehrschrittverfahren [5] S. 141 ff., [16] S. 254, mit den darauf gründenden Prädiktor-Correktor-Verfahren [14] I, S. 174 ff. und die dem Romberg-Verfahren eng verwandte Richardson-Extrapolation [3] S. 248 entnehme man der angegebenen Literatur.

2.8.2 Randwertprobleme

Wir beschränken uns auf lineare DGlen von höchstens 4. Ordnung in der Form

$$y^{(4)}(x) + \sum_{k=1}^{4} f_{4-k}(x) \cdot y^{(4-k)}(x) = g(x); \qquad a \leq x \leq b \tag{2.8–37}$$

mit den in (a, b) definierten und stetigen Funktionen $g(x)$ und $f_{4-k}(x)$, $k = 1\,(1)\,4$. Ist $g(x) = 0$, so heißt die DGl homogen, sonst inhomogen. Ihre vier Integrationskonstanten C_j, $j = 1\,(1)\,4$, gemäß (2.8–3) werden aufgrund von vier Bedingungen an den Randpunkten $x = a$ und $x = b$ des Integrationsintervalls bestimmt. Diese Randbedingungen lauten allgemein

$$\sum_{k=1}^{4} \alpha_{ik} \cdot y^{(k-1)}(a) + \sum_{k=1}^{4} \beta_{ik} \cdot y^{(k-1)}(b) = \gamma_i; \qquad i = 1\,(1)\,4 \tag{2.8–38}$$

mit vorgegebenen Konstanten $\boldsymbol{\alpha}, \boldsymbol{\beta}$ und $\boldsymbol{\gamma}$.
Randwertprobleme der Praxis sind meist einfachere Sonderfälle von (2.8–37) und besonders (2.8–38), bei denen die Gleichungen bezüglich der Werte $y^{(k-1)}(a)$ und $y^{(k-1)}(b)$ entkoppelt sind. Die Diskretisierung zur numerischen Behandlung solcher Probleme erfolgt durch Bildung von Teilintervallen mit den Teilungspunkten

$$x_i = x_0 + i \cdot h; \qquad h = (b-a)/m, \qquad i = 1\,(1)\,m-1 \tag{2.8–39}$$

und Approximieren der Differentialquotienten in (2.8–37) und (2.8–38) an den Teilungspunkten durch finite Differenzenquotienten der Art (2.7–39). Dieses Verfahren heißt deshalb *Differenzenverfahren;* es liefert Näherungswerte v_i für die Lösungen $y(x_i)$ des Randwertproblems.

Gewöhnliches Differenzenverfahren
Wir verwenden für die im Innern des Intervalls liegenden Teilungspunkte x_i die zentralen Differenzenformeln

$$\begin{aligned} y'(x_i) &= (-v_{i-1} + v_{i+1})/2h + O(h^2) \\ y''(x_i) &= (v_{i-1} - 2v_i + v_{i+1})/h^2 + O(h^2) \\ y'''(x_i) &= (-v_{i-2} + 2v_{i-1} - 2v_{i+1} + v_{i+2})/2h^3 + O(h^2) \\ y^{(4)}(x_i) &= (v_{i-2} - 4v_{i-1} + 6v_i - 4v_{i+1} + v_{i+2})/h^4 + O(h^2) \end{aligned} \tag{2.8–40}$$

Für den Randpunkt $x_0 = a$ wählen wir die rückwärts genommenen Differenzenformeln

$$\begin{aligned} y'(x_0) &= (-3v_0 + 4v_1 - v_2)/2h + O(h^2) \\ y''(x_0) &= (2v_0 - 5v_1 + 4v_2 - v_3)/h^2 + O(h^2) \\ y'''(x_0) &= (-3v_{-1} + 10v_0 - 12v_1 + 6v_2 - v_3)/2h^3 + O(h^2) \\ y^{(4)}(x_0) &= (2v_{-1} - 9v_0 + 16v_1 - 14v_2 + 6v_3 - v_4)/h^4 + O(h^2) \end{aligned} \tag{2.8–41}$$

Für den Randpunkt $x_m = b$ gelten die zum Randpunkt $x_0 = a$ symmetrisch angeordneten vorwärts genommenen Differenzenformeln $y^{(k)}(x_m)$, $k = 1\,(1)\,4$, die aus den $y^{(k)}(x_0)$ in (2.8–41) durch Tauschen der Indizes i mit $m-i$ hervorgehen. Die Näherungen (2.8–40) und (2.8–41) konnten mit Hilfe des Landau-Symbols $O(h^2)$ als Gleichungen geschrieben werden. Damit wird eine asymptotische Aussage gemacht, und zwar der Art, daß in diesem Falle der Verfahrensfehler zu h^2 proportional ist. Halbieren der Schrittweite senkt den Verfahrensfehler auf ein Viertel. Starkes Verkleinern der Schrittweite führt allerdings wieder auf das in Bild 2.1–2 dargestellte Dilemma.

Ein *lineares Randwertproblem 2. Ordnung* sei gegeben mit

$$y''(x) + f_1(x) \cdot y'(x) + f_0(x) \cdot y(x) = g(x); \qquad a \leq x \leq b \tag{2.8–42}$$

und den entkoppelten Randbedingungen

$$\begin{aligned} \alpha_1 \cdot y(a) + \alpha_2 \cdot y'(a) &= \gamma_1 \\ \beta_1 \cdot y(b) + \beta_2 \cdot y'(b) &= \gamma_2 \end{aligned} \tag{2.8–43}$$

Die numerische Lösung gewinnt man durch Berechnen der Werte v_i, $i=0(1)m$, an den Stellen x_i (2.8–39). Die Ableitungen $y'(x_i)$ und $y''(x_i)$ werden für $i=1(1)m-1$ mit ihren Näherungen aus (2.8–40) in (2.8–42) eingesetzt, ebenso die Ableitungen $y'(a)$ und $y'(b)$ aus (2.8–41) mit der zugehörigen Bemerkung für $y'(b)$ in (2.8–43). Damit ergibt sich ein lineares Gleichungssystem für die $m+1$ Unbekannten v_i. Die Koeffizientenmatrix ist tridiagonal.
Das *lineare Randwertproblem 4. Ordnung* (2.8–37) wird auf analoge Weise numerisch gelöst. Beim Einsetzen der Näherungen für $y'''(x_1)$, $y^{(4)}(x_1)$, $y'''(x_{m-1})$ und $y^{(4)}(x_{m-1})$ in (2.8–37) und beim Einsetzen derjenigen für $y'''(x_0)$ und $y'''(x_m)$ in die Gleichungen für die Randbedingungen treten im linearen Gleichungssystem zusätzlich die Unbekannten v_{-1} und v_{m+1} auf, die außerhalb des betrachteten Intervalls (a,b) liegen. Sie können vor der Auflösung des Gleichungssystems eliminiert werden, wodurch dieses wiederum höchstens $m+1$ Unbekannte enthält. Die Koeffizientenmatrix ist nun fünfdiagonal, d.h. die einzelnen Gleichungen bestehen aus maximal fünf Gliedern mit Unbekannten v_i.

Verbesserte Differenzenverfahren
Der Diskretisierungsfehler kann drastisch verkleinert werden, wenn man die Näherungen für die Differentialquotienten $y_i^{(k)}$ durch *Differenzenformeln mit höheren Fehlerordnungen* $O(h^3)$ bis $O(h^6)$ ausdrückt. Der Verfahrensfehler fällt auf $^1/_8$ bis $^1/_{64}$, wenn die Schrittweite halbiert wird. Andererseits ist zu beachten, daß er um das 8fache bis 64fache anwächst, wenn sie verdoppelt wird. Beispielsweise ist die zentrale Differenzenformel für die erste Ableitung

$$y'(x_i) = (-v_{i-3} + 9v_{i-2} - 45v_{i-1} + 45v_{i+1} - 9v_{i+2} + v_{i+3})/60h + O(h^2) \qquad (2.8\text{–}44)$$

Solche Formeln finden sich z.B. in [12] Fs, S. 216 oder [16] S. 298f. und ausführlich in [15] II, S. 587ff.
Die Gleichungen des auf diese Weise aus der numerischen Behandlung des Randwertproblems hervorgehenden Gleichungssystems enthalten um so mehr Unbekannte v_i, je höher die Fehlerordnung der verwendeten Differenzenformeln und je höher die Ordnung der zugrunde liegenden DGl ist. So entsteht z.B. aus einem Randwertproblem 4. Ordnung unter Einsatz von Differenzenformeln der Fehlerordnung $O(h^4)$ eine siebendiagonale Koeffizientenmatrix. Auch Randwertprobleme von DGlen höherer Ordnung können durch geeignete Substitution (s. z.B. [20] II, S. 194) auf Randwertprobleme eines Systems von DGlen 1. Ordnung transformiert werden, wodurch der numerische Gesamtaufwand zwar kaum reduziert, aber gelegentlich mit Vorteil verlagert wird.
Eine andere Art der Verbesserung des Differenzenverfahrens stellen Näherungsformeln für die Ableitungen dar, die außer den gesuchten Näherungen v_i auch die Ableitungen $y^{(k)}(x_i)$ in Differenzenform, also an mehreren Stellen enthalten. Die mit so konstruierten Mehrstellenformeln angesetzten Differenzenverfahren heißen darum *Mehrstellenverfahren.* Eine Mehrstellenformel für die erste Ableitung lautet

$$y'(x_{i-1}) + 4y'(x_i) + y'(x_{i+1}) = 3(-v_{i-1} + v_{i+1}) + O(h^4) \qquad (2.8\text{–}45)$$

Zur Herleitung von Mehrstellenformeln s. [3] S. 258 oder [24] S. 468f.
Verbesserte Differenzenverfahren sind gegenüber den gewöhnlichen umständlicher zu handhaben. Sie können aber zu deutlich geringeren Gesamtfehlern führen, wenn beim gewöhnlichen Differenzenverfahren die Verkleinerung der Schrittweite wegen der daraus resultierenden größeren Gleichungssysteme den Gesamtfehler nicht mehr verringert. Die hierfür kritische Größe der Schrittweite hängt von den Verhältnissen des Einzelfalles ab.
Nichtlineare Differentialgleichungen werden grundsätzlich ebenso behandelt wie lineare DGlen. Sie führen auf nichtlineare Gleichungssysteme, deren Behandlung in 2.2–6 erörtert ist. Noch höhere Genauigkeit – falls diese überhaupt in Anspruch genommen werden muß – bei vergleichbarem Aufwand verspricht bei linearen und besonders bei nichtlinearen Randwertproblemen die auf dem einfachen *Schießverfahren* aufbauende *Mehrzielmethode.* Diese Algorithmen kommen ohne den Weg über ein Gleichungssystem aus. Man löst, etwa mit Hilfe eines RK-Verfahrens, das im Randwertproblem enthaltene Anfangswertproblem und paßt die Anfangswerte $y^{(k)}(a) = s_k$, soweit sie nicht vorgegeben sind, so an, daß die Randbedingungen $y^{(k)}(b) = k$ erfüllt werden. Dies führt auf die iterative Nullstellenbestimmung von k Funktionen der Argumente $s_k^{(i)}$, welche die Differenz zwischen den Zielwerten am Rand $x=b$ und den mit den Einstellungen $s_k^{(i)}$ getroffenen Werten angeben. Für jeden Iterationsschritt muß also ein neues Anfangswertproblem mit geändertem s_k gelöst werden. Einzelheiten entnehme man [19] S. 167ff., wo auch Literaturstellen mit ALGOL- und FORTRAN-Programmen angegeben sind.

2.8.3 Eigenwertprobleme

Ein homogenes lineares Randwertproblem hat, wenn wir uns auf DGlen von 2. Ordnung beschränken, die Form

$$y''(x) + f_1(x)\cdot y'(x) + f_0(x)\cdot y(x) = 0; \qquad a \le x \le b \qquad (2.8\text{–}46)$$

mit den Randbedingungen

$$\begin{aligned} \alpha_1 \cdot y(a) + \alpha_2 \cdot y'(a) &= 0 \\ \beta_1 \cdot y(b) + \beta_2 \cdot y'(b) &= 0 \end{aligned} \qquad (2.8\text{–}47)$$

Ihre allgemeine Lösung ergibt sich als Linearkombination

$$y(x) = c_1 \cdot y_1(x) + c_2 \cdot y_2(x) \qquad (2.8\text{–}48)$$

zweier linear unabhängiger Sonderlösungen mit den Integrationskonstanten $\boldsymbol{c}$. Die Integrationskonstanten liefert ein homogenes lineares Gleichungssystem, das aus den Randbedingungen hervorgeht. Dieses hat nur dann nichttriviale, bis auf einen Faktor bestimmbare, Lösungen $\boldsymbol{c} \neq \boldsymbol{o}$, wenn seine Koeffizientendeterminante verschwindet. Dieser Ausnahmefall kann systematisch herbeigeführt werden, wenn in die DGl oder auch in die Randbedingungen ein Parameter λ aufgenommen wird:

$$y''(x) + f_1(x) \cdot y'(x) + (f_0(x) - \lambda) \cdot y(x) = 0; \quad a \leq x \leq b \qquad (2.8\text{–}49)$$

Dieser Parameter wird so bestimmt, daß die vorgenannte Determinante der Koeffizientenmatrix verschwindet. Damit wird das Eigenwertproblem auf die Eigenwertaufgabe für Matrizen zurückgeführt, und es bleibt, dieses Ersatzproblem zu lösen. Die Parameterwerte λ heißen somit *Eigenwerte,* und die zugehörigen Lösungen $y(x)$ des Randwertproblems heißen *Eigenfunktionen.* Numerisch können Eigenwertprobleme mit Differenzenverfahren gelöst werden. Für die Näherungen v_i, $i = 1\,(1)\,m-1$, ergibt sich ein homogenes lineares Gleichungssystem der Form

$$\mathbf{A} \cdot \boldsymbol{v} - \lambda \cdot \boldsymbol{v} = \boldsymbol{o} \qquad (2.8\text{–}50)$$

Dieses entspricht dem System (4.30). $\mathbf{A}$ ist im vorliegenden Fall tridiagonal und für $f_1(x) = 0$ überdies symmetrisch. Die in 2.4.3 angegebenen Verfahren können zur Berechnung der Eigenwerte und, falls erforderlich, der sich als Eigenvektoren darstellenden diskreten Näherungen der zugehörigen Eigenfunktionen verwendet werden. In allen Fällen ist $v_0 = v_m = 0$. Weitere Einzelheiten entnehme man [3] S. 247ff., [15] III, S. 416ff. und [20] II, S. 232ff.

2.8.4 Ersatzbalkenverfahren

Die Verwandtschaft der Differentialbeziehungen zwischen Formänderungsgrößen, Schnittgrößen und Belastungen eines Balkens zu den linearen gewöhnlichen DGlen 1. bis 4. Ordnung legen den Gedanken nahe, diese Beziehungen als *baustatisches Verfahren* zur numerischen Integration solcher DGlen auszunutzen. P. Stein hat in [17] das von ihm entwickelte Ersatzbalkenverfahren dargestellt. Es führt die numerische Behandlung von Anfangs-, Rand- und Eigenwertproblemen für lineare DGlen und Systeme linearer DGlen auf die Anwendung der Grundoperationen der elementaren Statik an einem mit Rücksicht auf die Randbedingungen geeignet gewählten Ersatztragwerk zurück. Dabei sind zwei Grundaufgaben, die Berechnung von ideellen ursächlichen Schnittlasten als Zuweisung zur vorgelegten DGl und die Ermittlung von ideellen Formänderungen am Ersatzsystem, zu lösen. Die Verfahrensweise soll vereinfacht an einem Beispiel, [17] S. 125f., aufgezeigt werden.

Die DGl eines Druckstabes ohne Querbelastung mit der konstanten Biegesteifigkeit EI, der konstanten Längskraft P und der Stablänge l ist

$$EIy^{(4)}(x) + Py''(x) = 0; \quad 0 \leq x \leq l \qquad (2.8\text{–}51)$$

Die Randbedingungen seien mit $x_0 = 0$ und $x_m = l$

$$\begin{aligned} y'(0) &= 0; \quad EIy'''(0) = 0 \\ y'(l) &= 0; \quad EIy'''(l) = 0 \end{aligned} \qquad (2.8\text{–}52)$$

Es handelt sich somit um einen symmetrischen, beiderseits eingespannten und verschieblich gelagerten Knickstab, dessen kleinste Knicklast als Eigenwert von (2.8–51) mit (2.8–52) zu bestimmen ist. Die dazugehörige elastische Linie $y(x)$ ist im Ergebnis ohne Interesse. Sie wird zur Einleitung des Verfahrens qualitativ angesetzt und mit der Linie der zugehörigen ideellen ursächlichen Momente ergänzt. Die Diskretisierung braucht nicht an gleichabständigen Punkten zu erfolgen; es ist jedoch sinnvoll, die gegebene Symmetrie mit $v_i = -v_{m-i}$ auszunutzen. Mit $m = 8$ und den bisher benutzten Bezeichnungen ist

$$M(x) = M(x_i) = Pv_i; \quad i = 1\,(1)\,8 \qquad (2.8\text{–}53)$$

Zur Ermittlung der Näherungswerte v_i werden an einem statisch bestimmten Hauptsystem des gewählten Ersatzsystems die entsprechenden virtuellen Belastungen $\bar{P}_i = 1$, $i = 0\,(1)\,8$, angebracht. Im vorliegenden Falle wird diese als virtuelle Gleichgewichtsgruppe $\bar{P}_i = -\bar{P}_{m-i}$ gewählt. Wenn wir die sich daraus ergebenden Linien der virtuellen Momente mit $\bar{M}_j(x) = \bar{M}_j(x_i)$ bezeichnen, dann ergeben sich die Gleichungen für die Näherungen zu

$$v_j = \int_0^l M(x) \cdot \overline{M}_j(x) \cdot \frac{dx}{EI}; \quad \text{wegen Symmetrie: } j = 0(1)3 \tag{2.8–54}$$

Setzen wir noch zur Abkürzung

$$\lambda = 24 \cdot \frac{EI}{Ph^2} = 1176 \cdot \frac{EI}{Pl^2} \tag{2.8–55}$$

so erhalten wir nach Auswerten der Integrale (2.8–54) mittels der Trapezregel über das halbe Integrationsintervall das Gleichungssystem

$$\begin{aligned} (20-\lambda)\,v_0 + 51\,v_1 + 48\,v_2 + 24\,v_3 &= 0 \\ 18\,v_0 + (50-\lambda)\,v_1 + 48\,v_2 + 24\,v_3 &= 0 \\ 12\,v_0 + 36\,v_1 + (44-\lambda)\,v_2 + 24\,v_3 &= 0 \\ 6\,v_0 + 18\,v_1 + 24\,v_2 + (20-\lambda)\,v_3 &= 0 \end{aligned} \tag{2.8–56}$$

Die Bedingung für das Verschwinden der Koeffizientenmatrix liefert den betragsgrößten Eigenwert $\lambda_1 = 117{,}6$ nach einem der Verfahren in 2.4.3. Hieraus resultiert die kleinste Knicklast, die mit diesem Verfahren bestimmt wurde

$$P_{K,Et8} = 10{,}0\,\frac{EI}{l^2} \qquad \text{gegenüber} \qquad P_{K,\text{streng}} \approx 9{,}87\,\frac{EI}{l^2}$$

Der Vergleich mit der bekannten strengen Lösung des Eigenwertproblems ergibt einen relativen Fehler von 1,32%.
Einzelheiten des Ersatzträgerverfahrens entnehme man der oben genannten Literaturstelle.

2.8.5 Partielle Differentialgleichungen

Benennungen

Eine partielle DGl stellt zwischen der unbekannten Funktion $w(\boldsymbol{x})$ und ihren partiellen Ableitungen nach den Komponenten von $\boldsymbol{x}$ eine funktionale Beziehung her. Ordnung und Grad einer partiellen DGl sind ähnlich wie bei gewöhnlichen DGlen definiert. Ebene und räumliche Probleme der Strukturmechanik lassen sich mathematisch als Rand- oder Eigenwertproblem partieller DGlen mit zwei und drei Veränderlichen formulieren. Ist im einfachsten Fall die zu bestimmende Funktion

$$w = w(x, y), \tag{2.8–57}$$

so bezeichnen wir die partiellen Ableitungen 1. Ordnung mit w_x und w_y und diejenigen 2. Ordnung mit $w_{xx}, w_{xy}, w_{yx}, w_{yy}$. *Nach dem Satz von Schwarz* gilt für die gemischten partiellen Ableitungen

$$w_{xy} = w_{yx}, \tag{2.8–58}$$

wenn sie im Punkt $P(x, y)$ stetig sind. Eine verkürzte Schreibweise gestattet der *Laplace-Operator* Δ; für die Funktion (2.8–57) ist

$$\Delta w = w_{xx} + w_{yy} \tag{2.8–59}$$

In den technischen Anwendungen kommen meist nur *Linearformen* der Gestalt

$$L w \equiv a_1 w_{xx} + a_2 w_{xy} + a_3 w_{yy} = f; \qquad x, y \in G \tag{2.8–60}$$

vor. Hierbei ist $a_i = a_i(x, y, w, w_x, w_y)$, $f = f(x, y, w, w_x, w_y)$ und G das Gebiet der xy-Ebene, für das $w(x, y)$ definiert ist. Diese Linearformen lassen sich stufenweise weiter einschränken und heißen

- *quasilinear,* wenn wenigstens ein Koeffizient a_i, $i = 1(1)3$, eine Funktion mit wenigstens einem Argument aus w, w_x, w_y ist,
- *semilinear,* wenn die a_i keine Argumente aus w, w_x, w_y haben, jedoch f wenigstens ein Argument dieser Gruppe in nichtlinearer Form besitzt,
- *linear,* wenn die a_i keine Argumente aus w, w_x, w_y haben, und f die Argumente dieser Gruppe allenfalls in linearer Form,
- *mit konstanten Koeffizienten,* wenn die a_i Konstanten sind, und f sich in der Form $f = g(x, y) - b_1 w_x - b_2 w_y - c w$ angeben läßt, mit b_1, b_2 und c als weitere Konstanten.

Die Klassifizierung der partiellen DGlen in den geometrischen Kategorien des *elliptischen, parabolischen* und *hyperbolischen Typus* soll hier nicht begründet werden; s. z.B. [9] II, S. 112f. und [20] II, S. 242ff. Wesentlich ist, daß bestimmte physikalische Problemstellungen bestimmten Typen partieller DGlen zugeordnet sind. So führen Randwertprobleme, die mechanische Gleichgewichtszustände beschreiben, auf elliptische DGlen. Ihre Lösungen können in fast allen praktisch interessierenden Fällen nur mit numerischen Methoden gesucht werden. Die dabei angewandten computerfreundlichen Diskretisierungsverfahren führen, wie bei gewöhnlichen DGlen, auf numerische Ersatzprobleme der Algebra.

Differenzenverfahren

Partielle DGlen für ebene und räumliche Rand- und Eigenwertprobleme werden wie gewöhnliche DGlen durch finite Differenzenquotienten approximiert. Bei ebenen Problemen geschieht dies durch ein zweidimensionales Rechteckgitter auf einem einfach zusammenhängenden, beschränkten, i.a. krummlinig berandeten Gebiet G mit den Teilungspunkten

$$\begin{aligned} x_{i+1} &= x_1 + i \cdot h; \quad & i &= 0\,(1)\,m-1 \\ y_{j+1} &= y_1 + j \cdot k; \quad & j &= 0\,(1)\,n-1 \end{aligned} \tag{2.8–61}$$

und den Schrittweiten h und k als Maschenweiten des Gitters. Die Teilungspunkte brauchen nicht sämtlich im Innern von G zu liegen. Die zentralen (2.8–40) oder rückwärts genommenen (2.8–41) Differenzenformeln werden auf das ebene Problem übertragen. Mit den Näherungswerten $z_{i,j}$ für die Lösungen $w(x,y)$ wird z.b.

$$\begin{aligned} w_x(x_i, y_j) &= (-z_{i-1,j} + z_{i+1,j})/2h + O(h^2) \\ w_x(x_i, y_j) &= (-z_{i,j-1} + z_{i,j+1})/2k + O(k^2) \\ w_{xx}(x_i, y_j) &= (z_{i-1,j} - 2z_{i,j} + z_{i+1,j})/h^2 + O(h^2) \\ w_{xy}(x_i, y_j) &= (z_{i-1,j-1} - z_{i-1,j+1} - z_{i+1,j-1} + z_{i+1,j+1})/4hk + O(hk) \\ w_{yy}(x_i, y_j) &= (z_{i,j-1} - 2z_{i,j} + z_{i,j+1})/k^2 + O(k^2) \end{aligned} \tag{2.8–62}$$

Verbesserte Differenzenformeln mit höheren Fehlerordnungen oder das Mehrstellenverfahren können eingesetzt werden, um den Verfahrensfehler zu verkleinern. Die nach Ersetzen der partiellen Ableitungen in den DGlen entstehenden linearen Differenzengleichungen können bei einfachen Problemen anschaulich durch *Differenzenoperatoren* mit den Koeffizienten der Gleichungen dargestellt werden, die auf jeden Gitterpunkt innerhalb von G anzuwenden sind. Für den *Laplace-Operator* (2.8–59) erhalten wir mit $k = h$, also quadratischem Gitter, den *Fünfpunkteoperator*

$$\Delta_5 z_{i,j} = (z_{i-1,j} - 2z_{i,j} + z_{i+1,j})/h^2 + (z_{i,j-1} - 2z_{i,j} + z_{i,j+1})/h^2 \tag{2.8–63}$$

in der Gestalt eines Sternschemas:

$$h^2 \Delta_5 z_{i,j} = \begin{array}{ccccc} & & (1) & & \\ & & | & & \\ (1) & — & (-4) & — & (1) \\ & & | & & \\ & & (1) & & \end{array} \tag{2.8–64}$$

Derartige Differenzenoperatoren können zur Diskretisierung mannigfaltiger Problemstellungen verwendet werden; s. z.B. [3] S. 283f., [8] S. 107ff. und [15] II, S. 575ff. Bei den angegebenen Literaturstellen finden sich auch anschauliche Anwendungsbeispiele auf Rand- und Eigenwertprobleme der Elastostatik. Die Randbedingungen schreiben für w und w_n oder für eine Linearkombination dieser beiden Größen bestimmte Werte vor. w_n ist dabei die Richtungsableitung auf der Normalen zum Rand des Gebietes G. Ist G ein Vieleck mit achsparallelen Seiten, $s \geq 4$, so ergibt sich hierfür w_x oder w_y. Die Maschenweiten h und k können dann so gewählt werden, daß die Vieleckseiten ganzzahlige Vielfache von h und k sind. Krummlinig berandeten Gebieten kann man solche Vielecke ein- und umbeschreiben, wodurch sich Stufenränder ergeben. Die Randbedingungen können somit unter Einbeziehung von Außenpunkten wenigstens approximativ erfüllt werden. Ist z.B. im Punkt $R(x_r, y_r)$ des Randes der

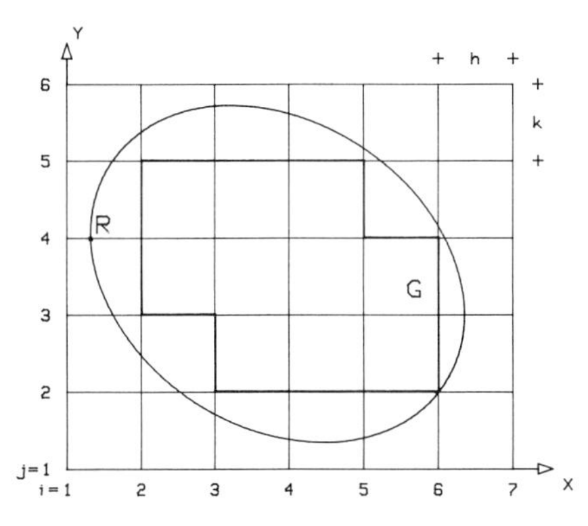

Bild 2.8–3 Ebenes Gitter für Differenzenverfahren

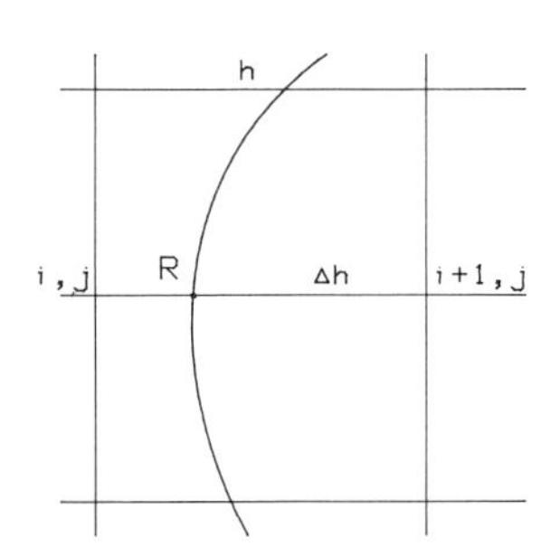

Bild 2.8–4 Behandlung der Randpunkte

Funktionswert $w(x_r, y_r) = 0$ gefordert, so ergibt lineare Interpolation entlang einer horizontalen Gittergeraden

$$z_{i,j} = -z_{i-1,j}(h - \Delta h)/\Delta h \qquad (2.8\text{–}65)$$

die Rückführung dieses Außenpunktes auf einen Innenpunkt. Die Behandlung einer Randbedingung der Art $w_n(x_r, y_r) = 0$ für nicht achsparallele Richtungen der Randnormalen durch R ist in [20] II, S. 324 angegeben.
Das lineare Gleichungssystem für die Näherungswerte $z_{i,j}$ umfaßt maximal $m \cdot n$ Gleichungen, wenn die Außenpunkte bereits über alle Randbedingungen eliminiert sind. Seine Koeffizientenmatrix ist bandförmig und erfüllt häufig das Zeilensummenkriterium, was die Anwendung von Iterationsverfahren gestattet. Zur praktischen Durchführung des Differenzenverfahrens sei auf die Anmerkungen in [15] II, S. 581 ff. hingewiesen.

2.8.6 Variationsmethoden

Beim Aufstellen von Gleichungen der Elastostatik unterscheidet man zwischen der *Gleichgewichtsmethode* und der *Energiemethode.* Sie führen i.a. auf DGlen oder Systeme von DGlen, die zusammen mit den Randbedingungen das Problem beschreiben. Die Energiemethode gründet auf dem *Hamiltonschen Prinzip,* wonach die Bewegung von Massenpunkten unter dem Einfluß von Potentialkräften so erfolgt, daß der Wert

$$J = \int_{t_a}^{t_e} (T - U)\,\mathrm{d}t \qquad (2.8\text{–}66)$$

ein Extremwert oder ein stationärer Wert ist. Dabei ist T die kinetische Energie, U das Potential der Massenpunkte mit t_a als Anfangs- und t_e als Endzeitpunkt der Bewegung. Damit existiert als Beschreibung vieler Problemstellungen neben der DGl ein *Variationsproblem.* Ist dieses eindimensional mit

$$\begin{aligned} J, z &= \int_a^b F(x, z(x), z'(x), \ldots, z^{(n)}(x))\,\mathrm{d}x + \\ &\quad + G(z(a), z'(a), \ldots, z^{(n-1)}(a), z(b), z'(b), \ldots, z^{(n-1)}(b)) \to \text{Minimum} \end{aligned} \qquad (2.8\text{–}67)$$

gegeben, so führt das Fundamentallemma der Variationsrechnung, s. z.B. [15] II, S. 460, auf die gewöhnliche *Eulersche DGl*

$$\sum_{i=0}^{n} (-1)^i \frac{d}{\mathrm{d}x^i} (F_i(x, z(x), z'(x), \ldots, z^{(n)}(x)) = 0, \qquad (2.8\text{–}68)$$

die zusammen mit den Randbedingungen das Variationsproblem beschreibt. Eine bereits gegebene DGl kann umgekehrt in ein zugeordnetes Variationsproblem überführt werden, und in der Mechanik lassen sich Variationsprobleme aus dem Prinzip vom Minimum des elastischen Potentials direkt herleiten:

$$\Pi = W_i - W_a \to \text{Minimum} \qquad (2.8\text{–}69)$$

Dabei bezeichnen W_i und W_a die Potentiale der inneren und äußeren Kräfte des gegebenen mechanischen Systems. Für den geraden Biegeträger mit den Lasten $q(x)$, P_i und M_i in der xz-Ebene und der Biegesteifigkeit $EI_y(x)$ gilt beispielsweise

$$\Pi = \int_0^l \left(\frac{1}{2} EI_y(x)(z''(x))^2 - q(x)\,z(x)\right) \mathrm{d}x - \sum_{i=1}^{n} P_i z_i(x) - \sum_{i=1}^{m} M_i z_i'(x) \to \text{Minimum} \qquad (2.8\text{–}70)$$

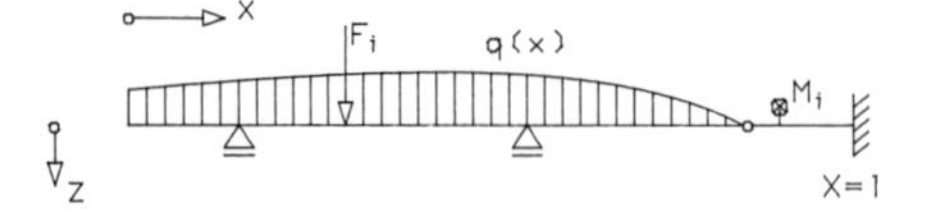

Bild 2.8–5 Gerader elastischer Träger

Dieser Forderung äquivalent ist das auf die Elastostatik bezogene *Prinzip der virtuellen Arbeit,* das – je nach Aufgabenstellung – durch die Prinzipien der *virtuellen Kräfte* oder der *virtuellen Verrückungen* zur Anwendung kommt. Ist das System im Gleichgewicht, so gilt

$$\delta\Pi = \delta W_i - \delta W_a = 0 \qquad (2.8\text{–}71)$$

mit δ als Symbol für die virtuelle Änderung oder die Variation einer Funktion. Die auf den Minimalitätseigenschaften der Lösungen $z(x)$ so formulierter Randwertprobleme beruhenden Verfahren sind mit den Namen Galerkin, Rayleigh und Ritz verbunden, s. z.B. [15] II, S. 487 ff. und [24] S. 482 ff.

Das Verfahren von Ritz

Das Variationsproblem wird in seiner ursprünglichen Form wie (2.8–67) durch einen Näherungsansatz angegangen. Man setzt eine Linearkombination von m geeigneten, d.h. die geometrischen Randbedingungen erfüllenden, linear unabhängigen *Basisfunktionen* $\varphi_j(x)$, $j = 1\,(1)\,m$, in J, z ein und bestimmt die Linearfaktoren so, daß der Näherungsausdruck J, w zum Minimum wird. Der Ansatz lautet

$$z(x) \approx w(x) = \sum_{j=1}^{m} c_j \varphi_j(x) = \boldsymbol{\varphi}^T \boldsymbol{c}\,, \qquad (2.8\text{–}72)$$

wobei im rechten Ausdruck die vektorielle Schreibweise benutzt ist. Statt der strengen Forderung $(J, z) = 0$ sind nun die Bedingungen

$$\frac{\partial(J,w)}{\partial \boldsymbol{c}_j} = 0\,; \quad j = 1\,(1)\,m\,, \qquad \text{bzw.} \qquad \frac{\partial(J,w)}{\partial \boldsymbol{c}} = \boldsymbol{o} \qquad (2.8\text{–}73)$$

zu erfüllen.

Setzen wir (2.8–72) in (2.8–70) ein, so ergibt sich

$$\Pi = \int_0^l \left(\frac{1}{2} EI_y(x) \left(\sum_{j=1}^{m} c_j \varphi''_j(x)\right)^2 - q(x) \sum_{j=1}^{m} c_j \varphi_j(x)\right) \mathrm{d}x - \sum_{i=1}^{n} P_i \sum_{j=1}^{m} c_j \varphi_j(x)\,, \qquad (2.8\text{–}74)$$

wobei die Lastmomente M_i sämtlich null seien. Vektoriell geschrieben ist

$$\begin{aligned} \Pi &= \frac{1}{2} \int_0^l EI_y \boldsymbol{c}^T \boldsymbol{\varphi}'' \boldsymbol{\varphi}''^T \boldsymbol{c}\, \mathrm{d}x - \int_0^l q\, \boldsymbol{\varphi}^T \boldsymbol{c}\, \mathrm{d}x - \sum_{i=1}^{n} P_i \boldsymbol{\varphi}^T \boldsymbol{c} \\ &= \frac{1}{2} \boldsymbol{c}^T \int_0^l EI_y \boldsymbol{\varphi}'' \boldsymbol{\varphi}''^T \mathrm{d}x\, \boldsymbol{c} - \left(\int_0^l q\, \boldsymbol{\varphi}^T \mathrm{d}x + \sum_{i=1}^{n} P_i \boldsymbol{\varphi}^T\right) \boldsymbol{c} \end{aligned} \qquad (2.8\text{–}75)$$

Bei einfachen Problemen wird man die Integrale direkt berechnen können. Andernfalls wird dies ein numerisches Integrationsverfahren leisten, wodurch der Verfahrensfehler größer wird. Danach folgt aus (2.8–75)

$$\Pi = \frac{1}{2} \boldsymbol{c}^T \mathbf{A}\, \boldsymbol{c} - \boldsymbol{b}^T \boldsymbol{c} \qquad (2.8\text{–}76)$$

Die Bedingung (2.8–73) ergibt mit den Regeln für die partiellen Ableitungen der quadratischen Form $\boldsymbol{c}^T \mathbf{A}\, \boldsymbol{c}$ und des skalaren Produkts $\boldsymbol{b}^T \boldsymbol{c}$ das lineare Gleichungssystem

$$\mathbf{A}\, \boldsymbol{c} - \boldsymbol{b} = \boldsymbol{o} \qquad (2.8\text{–}77)$$

mit der i.a. vollbesetzten, symmetrischen und positiv definiten Matrix $\mathbf{A}$. Ist ein Randwertproblem gegeben, so ist das Gleichungssystem inhomogen, und die $\boldsymbol{c}$ lassen sich mit Hilfe der Cholesky-Zerlegung berechnen. Beim Eigenwertproblem liefert die Matrix $\mathbf{A}$ des homogenen Gleichungssystems die gesuchten Eigenwerte.

Der zur Demonstration des Ersatzbalkenverfahrens benutzte Druckstab (2.8–51), (2.8–52) wird nun auch mit einem Ritz-Ansatz behandelt. Das Variationsproblem lautet

$$\Pi, z = \frac{1}{2} \int_0^l EI_y(x) (z''(x))^2 \mathrm{d}x - \frac{P}{2} \int_0^l (z'(x))^2 \mathrm{d}x \to \text{Minimum} \qquad (2.8\text{–}78)$$

Mit konstanter Biegesteifigkeit, der Koordinatentransformation $\xi = x/l$ und der Näherung $w(\xi)$ gemäß (2.8–72) ist

$$\Pi, w = \frac{EI_y}{2l^2} \int_0^l (w''(\xi))^2 \mathrm{d}\xi - \frac{P}{2} \int_0^l (w'(\xi))^2 \mathrm{d}\xi \to \text{Minimum} \qquad (2.8\text{–}79)$$

Der einfache Ansatz mit $m = 1$ ist ein $P_3(\xi)$:

$$w(\xi) = c_1 \left(\frac{1}{3}\xi^3 - \frac{1}{2}\xi^2\right); \quad w'(\xi) = c_1(\xi^2 - \xi); \quad w''(\xi) = c_1(2\xi - 1) \qquad (2.8\text{–}80)$$

und erfüllt die geometrischen Randbedingungen $w'(0) = w'(1) = 0$. Es ist nicht erforderlich, daß die Basisfunktionen auch die restlichen Randbedingungen erfüllen, was sicher ein Vorteil des Verfahrens ist. Nach der Integration ergibt die Bedingung (2.8–73)

$$\frac{\partial\, \Pi, w}{\partial c_1} = 2c_1 \left(\frac{EI_y}{2l^2} \cdot \frac{1}{3} - \frac{P}{2} \cdot \frac{1}{30}\right) = 0$$

die gleiche Knicklast wie beim Ersatzbalkenverfahren

$$P_{K,R(P_3)} = 10{,}0\,\frac{EI_y}{l^2}.$$

Ein einfacher Ansatz mit einem $P_5(\xi)$ erfüllt alle Randbedingungen

$$\begin{aligned} w(\xi) &= \frac{1}{5}\xi^5 - \frac{1}{2}\xi^4 + \frac{1}{2}\xi^2 \\ w'(\xi) &= \xi^4 - 2\xi^3 + \xi \quad \rightarrow \quad w'(0) = w'(1) = 0 \\ w''(\xi) &= 4\xi^3 - 6\xi^2 + 1 \\ w'''(\xi) &= 12\xi^2 - 12\xi \quad \rightarrow \quad w'''(0) = w'''(1) = 0 \end{aligned} \qquad (2.8\text{–}81)$$

und liefert über

$$\frac{\partial \Pi, w}{\partial c_1} = 2c\left(\frac{EI_y}{l^2}\,\frac{17}{35} - \frac{P}{2}\,\frac{31}{630}\right) = 0 \quad \text{die Knicklast } P_{K,R(P_5)} = 9{,}87\,\frac{EI_y}{l^2}$$

mit einem relativen Fehler von nur 0,014% gegen die strenge Lösung.
Die Wahl geeigneter Basisfunktionen erfordert einige Erfahrung und hängt sehr von der Problemstellung ab. Nicht immer sind die Verhältnisse so günstig wie bei der obigen Bestimmung von $P_{K,R(P_5)}$ des beiderseits querverschieblich-eingespannten Druckstabes. Beispielsweise führen Polynome mit ansteigendem Grad $j = 1\,(1)\,m$ als Basisfunktionen mit großem m auf sehr schlecht konditionierte Gleichungssysteme. Doch läßt sich das Verfahren von Ritz oft problemlos auf andere Rand- und Eigenwertprobleme anwenden, so besonders auf partielle DGlen, s. z. B. [20] II, S. 330ff.

2.8.7 Methode der finiten Elemente

Das Verfahren von Ritz führt unmittelbar zu einer Methode, die unter dem Namen *finite-element-method (FEM)* durch eine große Anzahl wissenschaftlicher Arbeiten von Ingenieuren in den letzten zwanzig Jahren eine Sonderstellung bei der Lösung von Problemen der Kontinuumsmechanik erlangt hat. Die Basisfunktionen φ_j in (2.8–72) werden dabei so gewählt, daß $\mathbf{A}$ in (2.8–77) zu einer *Bandmatrix* wird. Zugleich wird das gegebene System in Elemente unterteilt und der Ansatz (2.8–72) für jedes Element vorgenommen. Bei einer eindimensionalen Aufgabe unterteilt man das Intervall $(0, l)$ in n gleichlange Elemente der Länge $h = l/n$ mit den Grenzpunkten $x_j = jh$, $j = 0\,(1)\,n$. Die einfachsten Basisfunktionen sind die sogenannten *Dachfunktionen*

$$\begin{aligned} \varphi_0(x) &= 1 - x/h, \qquad x_0 \le x \le x_1 \\ \varphi_j(x) &= \left\{\begin{array}{ll} 1 + (x - x_j)/h, & x_{j-1} \le x \le x_j \\ 1 - (x - x_j)/h, & x_j \le x \le x_{j+1} \\ 0, & \text{sonst} \end{array}\right\} \quad j = 1\,(1)\,n-1 \\ \varphi_n(x) &= 1 + (x - x_{n-1})/h, \qquad x_{n-1} \le x \le x_n \end{aligned} \qquad (2.8\text{–}82)$$

Dies sind stückweise lineare Funktionen, die an den Grenzpunkten nicht stetig differenzierbar sind und *lineare finite Elemente* heißen. Sie eignen sich für Variationsausdrücke, welche die unbekannte Funktion bis zur 1. Ableitung enthalten. Da dann die Elemente der Matrix $\mathbf{A}$ vom dyadischen Produkt $\boldsymbol{\varphi}'\,\boldsymbol{\varphi}'^T$ der 1. Ableitungen der Basisfunktionen abhängen, ist $\mathbf{A}$ tridiagonal. Die Fehlerordnung des Verfahrens ist $O(h^2)$.
Die Fehlerordnung kann man bis $O(h^6)$ verkleinern, wenn auf analoge Weise über den Elementen *kubische Splines* als Basisfunktionen verwebt werden; sie heißen in diesem Zusammenhang *kubische finite Elemente,* s. z. B. [9] II, S. 103ff. und [20] II, S. 224ff. Die Bandweite der Matrix A beträgt unter ähnlichen Voraussetzungen wie oben 5 bis 7 Elemente.
Grundsätzlich können als Basisfunktionen auch transzendente Funktionen benutzt werden. Wegen der einfacheren Handhabung beim Aufstellen großer Matrizen erhalten Polynome den Vorzug. Bei ebenen und räumlichen Problemen, für deren Behandlung die FEM eigentlich konzipiert wurde, werden Basisfunktionen $\varphi_j(x)$, $\varphi_k(y)$, $\varphi_l(x)$ auf Gittergeraden parallel zu den Koordinatenachsen definiert und nach den gleichen Grundsätzen wie beim eindimensionalen Problem verwendet. Neben den dadurch entstehenden Netzen aus quadratischen oder rechteckigen bzw. kubischen oder quaderförmigen Elementen werden bei der Zerlegung ebener bzw. räumlicher Kontinua meist Dreieck- oder Viereckelemente bzw. Tetraeder- oder Hexaederelemente mit geraden oder gekrümmten Kanten benutzt. Die Elemente sind in den Ecken, oft auch in Zwischenpunkten, allesamt Knoten genannt, miteinander verbunden und können der Aufgabe beliebig angepaßt werden. Programmketten, die der Berechnung umfangreicher Probleme des Konstruktiven Ingenieurbaus mit der FEM dienen, enthalten Programme zum Generie-

ren von Knotennetzen, deren Kontrolle durch graphische Datenausgabe und zum Minimieren der Matrixbandweiten, damit die sehr großen Gleichungssysteme mit vertretbarem Aufwand gelöst werden können [25] Nr. 173 ('80).
Eine elementare Einführung in die FEM gibt [3] Kap. 4, ausführlich [27], eine knapp gefaßte Darstellung der FEM [8] Kap. 4, die mathematischen Grundlagen [20] II, S. 220ff. und S. 330ff., in gedrängter Form [19] II, Kap. 7.7; FORTRAN-Programme zur FEM finden sich in [28].

2.9 Ingenieurstatistik

Viele Erscheinungen beruhen auch in der Technik auf zufälligen Ereignissen, so daß im Einzelfall keine Voraussage zum Ergebnis eines bestimmten Vorgangs möglich ist. Die Statistik befaßt sich deshalb mit gesetzmäßigen Zusammenhängen bei Massenerscheinungen, um dennoch Aussagen über Vorgänge zu ermöglichen, die von vielen, im einzelnen nicht quantifizierbaren Ursachen abhängen. Eine statistische Voraussage enthält einen *Erwartungswert* und einen zugehörigen *Streubereich.* Grundlage für viele Methoden der mathematischen Statistik ist die Wahrscheinlichkeitsrechnung.

2.9.1 Wahrscheinlichkeit, Zufallsgrößen

Ein unter gleichen Bedingungen beliebig wiederholbarer Vorgang, dessen Ergebnis auch bei kausaler Bestimmung zufällig ist, heißt *stochastischer Prozeß.* Der Wurf mit dem Würfel ist ein klassisches Beispiel hierfür. Aber auch experimentelle Vorgänge, wie der Zerreißversuch an stählernen Prüfstäben, oder beobachtete Vorgänge, wie die Lastspiele eines Hüttenwerkkrans, gehören hierher. Die möglichen Ergebnisse oder Realisierungen eines stochastischen Prozesses heißen *Elementarereignisse;* sie bilden die Menge Ω. *Ereignisse* sind Teilmengen von Ω. Ist A ein solches Ereignis, dann kann man die *Wahrscheinlichkeit* $P(A)$ für sein Eintreten definieren als den Grenzwert der *relativen Häufigkeit* $h_A = n_A/n$

$$P(A) = \lim_{n\to\infty} h_A, \qquad \text{mit} \qquad 0 \le h_A \le 1, \tag{2.9–1}$$

wenn das Ereignis A bei einer großen Anzahl n von Beobachtungen n_A-mal eintritt. Daraus ergibt sich mit $P(O) = 0$ das *unmögliche Ereignis* O und mit $P(S) = 1$ das *sichere Ereignis* S.
Tritt ein Ereignis nicht ein, so ist dies ein Ereignis, das zu A komplementär ist; es heißt Nicht-A, und man schreibt $\bar{A}$. Beide bilden gemeinsam das sichere Ereignis

$$S = A + \bar{A} \qquad (\text{gelesen: } S \text{ ist } A \textit{ oder } \text{Nicht-}A)\,. \tag{2.9–2}$$

Sind A und B zwei miteinander *unvereinbare Ereignisse,* d.h. ist die Menge C der Elementarereignisse $C = A \cap B$ leer, so wird die Wahrscheinlichkeit für das Eintreten von A oder B durch den

Summensatz

$$P(A + B) = P(A) + P(B) \tag{2.9–3}$$

angegeben. Sind dagegen A und B miteinander vereinbar, also $C = A \cap B \neq \emptyset$, dann ist

$$P(A + B) = P(A) + P(b) - P(AB)\,, \tag{2.9–4}$$

wobei das Ereignis AB die Elementarereignisse der Menge C umfaßt. Zwei Ereignisse A und B heißen voneinander *unabhängig,* wenn der

Multiplikationssatz

$$P(AB) = P(A) \cdot P(B) \tag{2.9–5}$$

erfüllt ist. Sind dagegen A und B voneinander abhängig, so gilt

$$P(AB) = P(A) \cdot P(B|A)\,, \tag{2.9–6}$$

und man nennt $P(B|A)$ die *bedingte Wahrscheinlichkeit* von B unter der Voraussetzung, daß A bereits eingetroffen ist. Damit gilt auch für die Unabhängigkeit von A und B

$$P(A|B) = P(A) \qquad \text{bzw.} \qquad P(B|A) = P(B)\,. \tag{2.9–7}$$

In Worten, A und B sind unabhängig, wenn die Tatsache, daß A eingetroffen ist, die Wahrscheinlichkeit für B nicht verändert. Hat ein stochastischer Prozeß genau die sich ausschließenden Ereignisse B_i, $i = 1\,(1)\,n$, zum Ergebnis, so ist die Wahrscheinlichkeit für das Eintreten eines beliebigen zufälligen Ereignisses A bei diesem Prozeß

$$P(A) = \sum_{i=1}^{n} P(B_i) \cdot P(A|B_i)\,. \tag{2.9–8}$$

Man bezeichnet diese Beziehung als Satz von der *totalen Wahrscheinlichkeit.* Sind die B_i darüber hinaus noch von gleicher Wahrscheinlichkeit, dann läßt sich der Quotient n_A/n in (2.9–1) interpretieren als Verhältnis der Anzahl n_A der für A günstigen Ergebnisse zur Anzahl n aller möglichen Ergebnisse. Diese Definition ist Ausgangspunkt für die Betrachtung vieler klassischer kombinatorischer Spielprobleme.

Einem beliebigen Ergebnis eines stochastischen Prozesses, dem Ereignis A, lassen sich immer eine oder mehrere reelle Zahlen, als Charakteristikum für A zuordnen. Eine solche Zahl X heißt *Zufallsgröße* (Zufallsvariable oder stochastische Veränderliche). Hat ein Ereignis quantitative Merkmale, so wird man diese direkt als Werte der Zufallsgröße verwenden. Qualitative Merkmale können ebenfalls durch geeignete Definitionen Zahlenwerten entsprechen. Dabei sind *diskrete Zufallsgrößen,* wenn X nur endlich viele (höchstens abzählbar viele) diskrete Werte x_i annimmt, und *stetige Zufallsgrößen,* wenn X alle reellen Zahlen eines Intervalls (a, b) durchläuft, zu unterscheiden. So kann man für bestimmte Werte x_i oder für Bereiche $x \in (a, b)$ der Zufallsgröße X Wahrscheinlichkeiten formulieren, die einen funktionalen Zusammenhang mit ihr ergeben, der *Wahrscheinlichkeitsverteilung* heißt. Im Falle diskreter Zufallsgrößen sind es die Wahrscheinlichkeiten

$$p_i = P(X = x_i) \qquad \text{mit} \qquad \sum_{i=1}^{n} p_i = 1, \tag{2.9–9}$$

deren Graph diskrete Ordinaten p_i über den x_i ergibt.

Bei stetigen Zufallsgrößen ist stets $P(X=x) = 0$, $-\infty \leq x \leq +\infty$, so daß das Analogon zu (2.9–9) nur durch den Grenzwert

$$f(x) = \lim_{x \to \infty} \frac{P(X = x)}{x}, \qquad \text{mit} \qquad \int_{-\infty}^{+\infty} f(x)\,\mathrm{d}x = 1 \tag{2.9–10}$$

definiert werden kann, der Wahrscheinlichkeitsdichte genannt wird.

Wichtige Parameter einer Verteilung sind *Erwartungswert,* auch Mittelwert, und die *höheren Momente* der Verteilung, zu denen die *Varianz* σ^2, das Quadrat der Standardabweichung, gehört. Diese Kennwerte ermöglichen eine kurze Charakterisierung der Zufallsgröße. An die Stelle der Verteilung der Zufallsgröße x kann auch die Verteilung einer Funktion $g(X)$ der Zufallsgröße treten, die ihrerseits Zufallsgröße ist.

Es ist im einzelnen:

diskrete Zufallsgröße	stetige Zufallsgröße	
Erwartungswert von X		
$\mu = E(X) = \sum_{i=1}^{n} x_i \cdot P(X = x_i)$	$\mu = E(X) = \int_{-\infty}^{+\infty} x f(x)\,\mathrm{d}x$	(2.9–11)
Erwartungswert von $g(X)$		
$E(g(X)) = \sum_{i=1}^{n} g(x_i) P(X = x_i)$	$E(g(X)) = \int_{-\infty}^{+\infty} g(x) f(x)\,\mathrm{d}x$	(2.9–12)
Varianz von X		
$\sigma^2 = D^2(X) = E((X-\mu)^2) = \sum_{i=1}^{n} (x_i - \mu)^2 P(X = x_i)$	$\sigma^2 = D^2(X) = E((X-\mu)^2) = \int_{-\infty}^{+\infty} (x-\mu)^2 f(x)\,\mathrm{d}x$	(2.9–13)

Die Gleichungen (2.9–11) entsprechen formal einem Moment 1. Grades. Der Erwartungswert μ kann deshalb als Schwerpunktsabszisse der Fläche unter dem Graphen der Wahrscheinlichkeitsverteilung aufgefaßt werden. Die Gleichungen (2.9–13) haben die Form eines Trägheitsmomentes, also eines Momentes 2. Grades um den Erwartungswert. Das Moment 3. Grades um μ bezeichnet man als *Schiefe.* Der dimensionsfreie Parameter

$$\gamma = \frac{E((X-\mu)^3)}{\sigma^3} \begin{cases} < 0 \text{ links schief,} \\ = 0 \text{ nicht schief, symmetrisch,} \\ > 0 \text{ rechts schief} \end{cases} \tag{2.9–14}$$

ist mit seinen Eigenschaften ein Maß für die Schiefe der Wahrscheinlichkeitsverteilung.

Die Varianz der Verteilung der Funktion $g(X)$ ist allgemein

$$D^2(g(X)) = E((g(X) - E(g(X))^2)\,. \tag{2.9–15}$$

Für $g(X) = aX + b$ ist allgemein

$$D^2(aX+b) = a^2 \cdot D^2(X) = a^2 \cdot \sigma^2; \qquad (2.9\text{–}16)$$

d.h. eine Mittelpunktsverschiebung b hat auf die Varianz der Zufallsgröße X keinen Einfluß, während ein Maßstabsfaktor a quadratisch eingeht.
Die Transformation

$$U = (X - \mu)/\sigma \quad \text{mit} \quad \mu = E(X) \quad \text{und} \quad \sigma = \sqrt{D^2(X)} \qquad (2.9\text{–}17)$$

leitet X auf eine *normierte Zufallsgröße* U über, für die gilt

$$E(U) = 0 \quad \text{und} \quad D^2(U) = 1. \qquad (2.9\text{–}18)$$

Die Verallgemeinerung auf zweidimensionale Zufallsgrößen X, Y (s. z.B. [10] S. 66ff.) und auf *Zufallsvektoren* mit n-dimensionaler Verteilungsfunktion (s. z.B. [7] S. 706ff.) bringt analoge Definitionen für die Kenngrößen. Von besonderem Interesse ist hier das *Moment 2. Grades* der Zufallsgrößen X, Y

$$\sigma_{xy} = D^2(X, Y) = E((X - \mu_x)(Y - \mu_y))$$
$$= \sum_{i=1}^{n} \sum_{j=1}^{n} (x_i - \mu_x)(y_i - \mu_y) P(X = x_I \wedge Y = y_j) \qquad (2.9\text{–}19)$$

bzw. $$\sigma_{xy} = \int_{-\infty}^{+\infty} \int_{-\infty}^{+\infty} (x - \mu_x)(y - \mu_y) f(x,y)\, dx\, dy;$$

es heißt *Kovarianz*. Normiert man diese in der Form

$$\varrho_{xy} = \frac{D^2(X,Y)}{\sqrt{D^2(X) \cdot D^2(Y)}} = \frac{\sigma_{xy}}{\sigma_x \sigma_y}, \quad -1 \le \varrho_{xy} \le +1, \qquad (2.9\text{–}20)$$

so nennt man den dimensionsfreien Wert *Korrelationskoeffizient*. Er ist ein Maß für die lineare Abhängigkeit zwischen X und Y. Ist $|\varrho_{xy}| = 1$, dann besteht zwischen X und Y eine strenge lineare Beziehung. Sind X und Y voneinander unabhängig, so folgt $\varrho_{xy} = 0$.

2.9.2 Verteilungsfunktion, Testverteilungen

Die Wahrscheinlichkeit $P(X < x)$, $-\infty \le x \le +\infty$, ist eine reellwertige Funktion und heißt Verteilungsfunktion von X:

$$P(X < x) = F(x) = \int_{-\infty}^{x} f(t)\, dt \quad \text{mit} \quad F'(x) = f(x). \qquad (2.9\text{–}21)$$

Binomialverteilung
Diese Verteilungsfunktion einer diskreten Zufallsgröße kommt bei der statistischen Qualitätskontrolle zur Anwendung. Ein stochastischer Prozeß ist nach (2.9–2) zerlegt mit $P(A) = p$ und $P(\bar{A}) = 1 - p$, und es wird nach der Wahrscheinlichkeitsverteilung von

$$X = \sum_{i=1}^{n} x_i \quad \text{mit } x_i = 1 \text{ für } A \text{ und } x_i = 0 \text{ für } \bar{A} \qquad (2.9\text{–}22)$$

gefragt. Die Ereignisse seien unabhängig. Mit (2.9–5) ist dann die Wahrscheinlichkeit $P(A_k)$ dafür, daß A k-mal und $\bar{A}$ $(n\text{-}k)$-mal eintritt $p^k(1-p)^{n-k}$. Dies ist auf $\binom{n}{k} = n!/(k!(n-k)!)$ verschiedene Weisen möglich. Damit ist die Wahrscheinlichkeitsverteilung

$$P(A_k) = \binom{n}{k} p^k (1-p)^{n-k} \qquad (2.9\text{–}23)$$

und die Verteilungsfunktion

$$F(x_i) = \sum_{k=0}^{i} \binom{n}{k} p^k (1-p)^{n-k}. \qquad (2.9\text{–}24)$$

Die Kenngrößen sind

$$\mu = np \quad \text{und} \quad \sigma^2 = np(1-p). \qquad (2.9\text{–}25)$$

Gleichverteilung
Die einfachste Verteilung einer stetigen Zufallsgröße ist eine Verteilung konstanter Wahrscheinlichkeitsdichte $f(x) = c$ in einem Intervall (a,b). Bei dieser Gleichverteilung gilt $f(x) = 0$ für $x < a \wedge x \ge b$.

Die Wahrscheinlichkeitsdichte ist

$$f(x) = 1/(b-a), \qquad a \leq x < b, \tag{2.9–26}$$

und die Verteilungsfunktion

$$F(x) = (x-a)/(b-a), \qquad a \leq x < b. \tag{2.9–27}$$

Die Kenngrößen sind

$$\mu = (b+a)/2 \qquad \text{und} \qquad \sigma^2 = (b-a)^2/12. \tag{2.9–28}$$

Normalverteilung
Die wichtigste Verteilung einer stetigen Zufallsgröße in der Statistik für naturwissenschaftliche und technische Anwendungen ist die Gaußsche Normalverteilung

$$f(x) = \varphi(x) = \frac{1}{b\sqrt{2\pi}} \cdot \exp\left(-\frac{1}{2}\left(\frac{x-a}{b}\right)^2\right) \tag{2.9–29}$$

$$F(x) = \Phi(x) = \frac{1}{b\sqrt{2\pi}} \int_{-\infty}^{x} \exp\left(-\frac{1}{2}\left(\frac{x-a}{b}\right)^2\right) \mathrm{d}x \tag{2.9–30}$$

$$\mu = a \qquad \text{und} \qquad \sigma^2 = b^2 \tag{2.9–31}$$

Die Realisierungen x entstehen durch die Einwirkung vieler, etwa gleichwahrscheinlicher Ursachen, deren Wirkungen sich durch Superposition im Mittel neutralisieren. Mit $n \to \infty$ leitet sich die Normalverteilung aus der Binominalverteilung ab [10] S. 193. Aus (2.9–17) ergibt sich die *normierte Gauß-Verteilung* oder $N(0;1)$-Verteilung

$$\varphi(u) = (2\pi)^{-0,5} \exp\left(-\frac{1}{2}u^2\right) \tag{2.9–32}$$

$$\Phi(u) = (2\pi)^{-0,5} \int_{-\infty}^{u} \exp\left(-\frac{1}{2}u^2\right) \mathrm{d}u \tag{2.9–33}$$

$$\mu = 0 \qquad \text{und} \qquad \sigma^2 = 1 \tag{2.9–34}$$

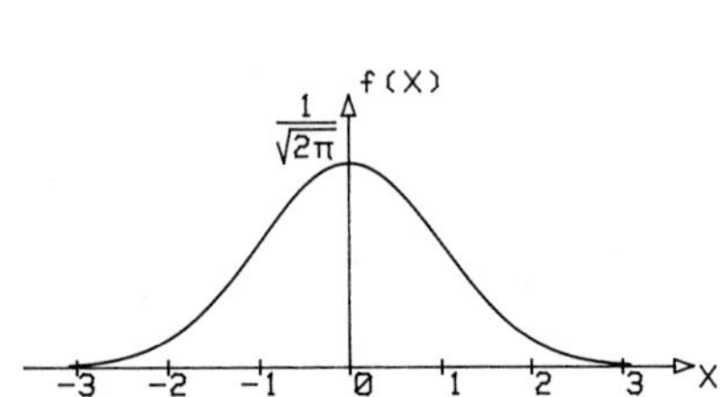

Bild 2.9–1 Normierte Gauß-Verteilung

Aus der Fülle weiterer spezieller Verteilungen seien lediglich zwei häufig benutzte Testverteilungen angegeben. Eine Zusammenschau gibt z.B. [15] IV, § 8.

Chi-Quadrat-Verteilung
Aus n unabhängigen Zufallsgrößen X_i, $i = 1(1)n$, die denselben Erwartungswert $E(X_i) = \mu$ und dieselbe Varianz $D^2(x_i) = \sigma^2$ besitzen, also $N(\mu; \sigma)$-verteilt sind, wird die Testgröße

$$\chi^2 = \frac{1}{\sigma^2} \sum_{i=1}^{n} (X_i - \mu)^2 \tag{2.9–35}$$

gewonnen. Sind die X_i $N(0; 1)$-verteilt, dann ist

$$\chi^2 = \sum_{i=1}^{n} X_i. \tag{2.9–36}$$

Wahrscheinlichkeitsdichte, Verteilungsfunktion und Kenngrößen dieser Testgröße sind

$$\left.\begin{aligned} f_n(x) &= (x^{-1+n/2}\exp(-x/2))/(2^{n/2}\Gamma(n/2)) \\ F_n(x) &= \frac{1}{2^{n/2}\Gamma(n/2)}\int_0^x u^{-1+n/2}\exp(-u/2)\,\mathrm{d}u \end{aligned}\right\} 0 \le x \le \infty; \quad \left.\begin{aligned} f_n(x) &= 0 \\ F_n(x) &= 0 \end{aligned}\right\} x < 0, \quad \begin{aligned} &(2.9\text{–}37) \\ &(2.9\text{–}38) \end{aligned}$$

$$\mu = n \quad \text{und} \quad \sigma^2 = 2n \qquad (2.9\text{–}39)$$

Der Parameter n heißt Zahl der Freiheitsgrade. Zur Γ-Funktion s. z. B. [7] S. 63, 155.

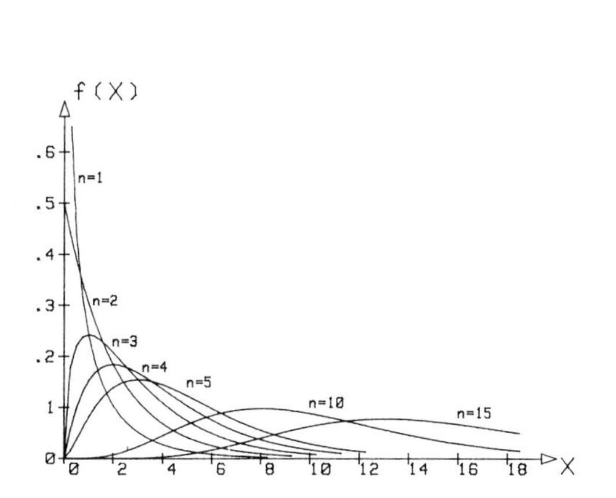

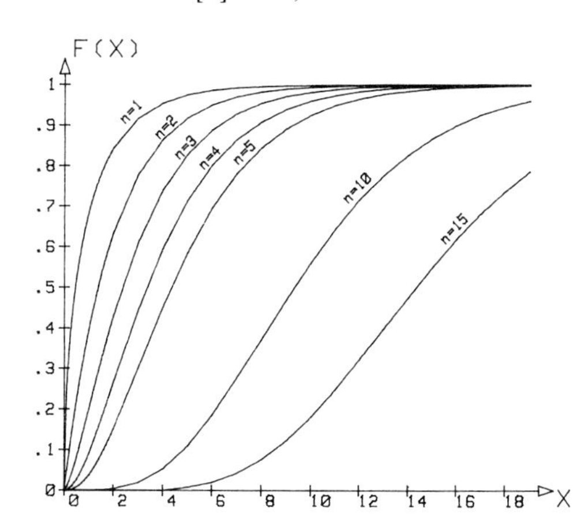

Bild 2.9–2 Chi-Quadrat-Verteilung

Student-Verteilung

Die Zufallsgröße T dieser, auch als *t-Verteilung* bezeichneten Testverteilung wird aus einer $N(0;1)$-verteilten Zufallsgröße X und aus einer davon unabhängigen χ^2-verteilten Zufallsgröße Y mit dem Freiheitsgrad n gebildet:

$$T = X/\sqrt{Y/n}. \qquad (2.9\text{–}40)$$

Wahrscheinlichkeitsdichte, Verteilungsfunktion und Kenngrößen sind

$$f_n(t) = \frac{\Gamma((n+1)/2)}{\sqrt{n\pi}\,\Gamma(n/2)}\left(1+\frac{t^2}{n}\right)^{-(n+1)/2} \qquad -\infty \le t \le +\infty \qquad (2.9\text{–}41)$$

$$F_n(t) = \frac{\Gamma((n+1)/2)}{\sqrt{n\pi}\,\Gamma(n/2)}\int_{-\infty}^{t}\left(1+\frac{u^2}{n}\right)^{-(n+1)/2}\mathrm{d}u \qquad -\infty \le t \le +\infty \qquad (2.9\text{–}42)$$

$$\mu = 0 \quad \text{und} \quad \sigma^2 = \frac{n}{n-2}, \quad n > 2. \qquad (2.9\text{–}43)$$

Der Fall $n = 1$ wird auch *Cauchy-Verteilung* genannt. Für $n \to \infty$ ergibt sich die $N(0;1)$-Verteilung. Tabellen von Wahrscheinlichkeitsdichten und Verteilungsfunktionen finden sich z. B. in [7] S. 69 ff.

2.9.3 Stichproben, Datenanalyse

Wichtigste Grundoperation der Statistik ist die Stichprobenentnahme aus einer *Grundgesamtheit*. Aus den Eigenschaften einer *Zufallsstichprobe* mit den Elementen oder *Beobachtungswerten* x_i, $i = 1(1)\,n$, werden mit Hilfe berechneter Kennwerte oder *Stichprobenfunktionen* Schlüsse auf die Eigenschaften der Grundgesamtheit gezogen, deren Elemente durch eine diskrete oder stetige Zufallsgröße X beschrieben werden.

Die Beobachtungswerte einer Stichprobe werden in einer *Urliste* zusammengefaßt. Die gesamte Beobachtungsbreite, das Beobachtungsintervall heißt Spannweite; sie ist $R = \max(x_i) - \min(x_i)$. Umfangreiche Stichproben werden gruppiert, indem man k Teilintervalle bildet, deren Werte eine *Klasse* darstellen. Die Anzahl m_j der in eine Klasse fallenden Beobachtungswerte x_i heißt Klassenhäufigkeit. Die Werte $h_j = m_j/n$, die *relativen Klassenhäufigkeiten* werden über Δx_j, $j = 1(1)\,k$, aufgetragen. Der sich ergebende stufenförmige Graph heißt *Histogramm.* Die zugehörige empirische Verteilungsfunktion hat Treppencharakter. Die Länge eines Teilintervalls heißt *Klassenbreite* $x = R/k$. Sie ist oft variabel und wird dann mit den Klassenmitten $\bar{x}_j$ ermittelt:

$$\Delta x_j = \bar{x}_{j+1} - \bar{x}_j. \tag{2.9–44}$$

Häufig benutzte Stichprobenfunktionen sind *Mittelwert* $\bar{x}$ und die *Standardabweichung* s. Sie entsprechen dem Erwartungswert und der Wurzel aus der Varianz einer Zufallsgröße X mit $P(X = x_i) = \frac{1}{n}$ für alle i (vgl. (2.9–11) und (2.9–13)).

$$\bar{x} = \frac{1}{n}\sum_{i=1}^{n} x_i \quad \text{und} \quad s^2 = \frac{1}{n-1}\sum_{i=1}^{n}(x_i - \bar{x})^2 = \frac{1}{n-1}\left(\sum_{i=1}^{n} x_i^2 - n\bar{x}^2\right) \tag{2.9–45}$$

Ist a ein geschätzter oder ein angenommener Mittelwert $a \approx \bar{x}$, so rechnet man einfacher

$$\bar{x} = a + \frac{1}{n}\sum_{i=1}^{n} z_i \quad \text{und} \quad s^2 = \frac{1}{n(n-1)}\left(n\sum_{i=1}^{n} z_i^2 - \left(\sum_{i=1}^{n} z_i\right)^2\right), \tag{2.9–46}$$

wobei $z_i = x_i - a$ gesetzt ist.
Verwendet man statt der Urliste ein Histogramm bzw. eine Häufigkeitsliste, so lassen sich $\bar{x}$ und s^2 näherungsweise auch mit den Klassenmitten berechnen:

$$\bar{x} \approx \frac{1}{n}\sum_{j=1}^{k} m_j\bar{x}_j \quad \text{und} \quad s^2 \approx \frac{1}{n-1}\sum_{j=1}^{k} m_j(x_j - \bar{x}) \tag{2.9–47}$$

bzw.

$$\bar{x} \approx a + \frac{1}{n}\sum_{j=1}^{k} m_j\bar{z}_j \quad \text{und} \quad s^2 \approx \frac{1}{n^2}\left(n\sum_{j=1}^{k} m_j\bar{z}_j^2 - \left(\sum_{j=1}^{k} m_j\bar{z}_j\right)^2\right), \tag{2.9–48}$$

wobei nun $\bar{z}_j = \bar{x}_j - a$ zu nehmen ist.
Besteht die Zufallsstichprobe aus Wertepaaren (x_i, y_i), $i = 1\,(1)\,n$, einer Grundgesamtheit, die durch eine zweidimensionale Zufallsgröße (X, Y) beschrieben wird, so ist entsprechend (2.9–19) die *empirische Kovarianz*

$$s_{xy} = \frac{1}{n-1}\sum_{i=1}^{n}(x_i - \bar{x})(y_i - \bar{y}) = \frac{1}{n-1}\left(\sum_{i=1}^{n} x_i y_i - n\bar{x}\bar{y}\right) \tag{2.9–49}$$

und entsprechend (2.9–20) der *empirische Korrelationskoeffizient*

$$r_{xy} = \frac{s_{xy}}{s_x s_y}, \qquad -1 \leq r_{xy} \leq +1 \tag{2.9–50}$$

Punktschätzungen
Jede Stichprobenfunktion, (2.9–45) ... (2.9–50), heißt *Schätzwert* des entsprechenden Parameters der Grundgesamtheit. Ein Schätzwert λ_n des unbekannten Parameters λ einer Grundgesamtheit heißt *konsistent,* wenn nach Wahrscheinlichkeit λ_n gegen λ konvergiert; d.h. für jedes $\varepsilon > 0$ gilt

$$\lim_{n\to\infty} P(|\lambda_n - \lambda| < \varepsilon) = 1. \tag{2.9–51}$$

Der Schätzwert λ_n heißt *erwartungstreu,* wenn sein Erwartungswert gleich dem zu schätzenden Parameter ist:

$$E(\lambda_n) = \lambda. \tag{2.9–52}$$

Intervallschätzungen
Der unbekannte Wert des Parameters λ der Grundgesamtheit wird durch ein Intervall, dem *Vertrauensbereich,* (p_n^u, p_n^0) angenähert, dessen Grenzen, die Vertrauensgrenzen, mit zwei Stichprobenfunktionen festgelegt werden. Diese werden aus der Stichprobe so bestimmt, daß gilt:

$$P(p_n^u \leq \lambda \leq p_n^0) = 1 - \alpha, \qquad 0 < \alpha \ll 1; \tag{2.9–53}$$

d.h. die Wahrscheinlichkeit dafür, daß λ im Intervall (p_n^u, p_n^0) liegt, beträgt $1 - \alpha$. Die Schranke α heißt Irrtumswahrscheinlichkeit oder *Signifikanzniveau,* der Ausdruck $S = 1 - \alpha$ *statistische Sicherheit.*
Die Zufallsgröße einer Grundgesamtheit sei $N(\mu;\sigma)$-verteilt mit der bekannten Varianz σ^2. Für die Intervallschätzung des Erwartungswertes μ mit Hilfe der Stichprobenfunktion $\bar{x}$ ist

$$P\left(\bar{x} - u_\alpha\frac{\sigma}{\sqrt{n}} \leq \mu \leq \bar{x} + u_\alpha\frac{\sigma}{\sqrt{n}}\right) = 1 - \alpha \tag{2.9–54}$$

Dabei heißt u_α der *Schwellenwert* der $N(0;1)$-Verteilung, der mit

$$\Phi(u_\alpha) = (1-\alpha)/2 \qquad \text{(vgl. (2.9–33))}, \tag{2.9–55}$$

definiert und in Tafeln tabelliert ist (s. z. B. [24] S. 258). Bei unbekannter Varianz der Grundgesamtheit läßt sich der Vertrauensbereich für den Parameter μ festlegen mit

$$P\left(\bar{x} - t_{\alpha,n-1}\frac{s}{\sqrt{n}} \leq \mu \leq \bar{x} + t_{\alpha,n-1}\frac{s}{\sqrt{n}}\right) = 1-\alpha. \tag{2.9–56}$$

Die aus der Student-Verteilung bestimmten Schwellenwerte für $t_{\alpha,n-1}$ sind z. B. in [24] S. 291 tabelliert. Die Intervallschätzung für die unbekannte Varianz liefert

$$P((n-1)\,s^2/c_2 \leq \sigma^2 \leq (n-1)\,s^2/c_1) = 1-\alpha. \tag{2.9–57}$$

Die Schwellenwerte $c_1 = \chi^2_{1-\frac{\alpha}{2}}$ und $c_2 = \chi^2_{\frac{\alpha}{2}}$ folgen der unsymmetrischen Chi-Quadrat-Verteilung und können z. B. [7] S. 73 entnommen werden.

Parametertests

Eine wesentliche Aufgabe der Statistik besteht in der Durchführung von Tests, die es gestatten, eine zuvor aufgestelle Hypothese über die Parameter oder über die Verteilung einer Grundgesamtheit zu erhärten oder zu verwerfen. Eine Hypothese $H_0\colon(\lambda-\lambda_0=0)$ über die Gleichheit von Verteilungsparametern heißt *Nullhypothese,* und $H_1\colon(\lambda-\lambda_0\neq 0)$ heißt Alternativhypothese. Für den Test einer Hypothese verwendet man als *Testgröße* T eine Stichprobenfunktion und ein Signifikanzniveau α, die beide dem Problem genügen. Man definiert in der Form

$$P(T\in B\,|\,H_0) = \alpha \tag{2.9–58}$$

einen *kritischen Bereich* B mit der Wahrscheinlichkeit gleich α dafür, daß T diesem Bereich angehört, wenn die Bedingung „H_0 ist wahr" erfüllt ist. H_0 wird mit der Sicherheit $S=1-\alpha$ verworfen, wenn $T\in B$ gilt: die Abweichung der Verteilungsparameter ist wesentlich oder *signifikant.* Die Zurückweisung von H_0, obgleich H_0 wahr ist, heißt Fehler 1. Art. Die Wahrscheinlichkeit dafür ist α. Die Annahme von H_0, obgleich H_1 wahr ist, heißt Fehler 2. Art. Die Wahrscheinlichkeit dafür ist $P(T\notin B\,|\,H_1)=\beta$; sie kann selbstverständlich ohne die Kenntnis von λ nicht berechnet werden.
Das Merkmal einer Grundgesamtheit sei $N(\mu;\sigma)$-verteilt. Die Hypothese $H_0\colon(\mu-\mu_0=0)$ ist anhand einer Stichprobe zu prüfen.
Bei bekannter Standardabweichung σ ist die Testgröße

$$T = \frac{1}{\sigma}(\bar{x}-\mu_0)\sqrt{n} \tag{2.9–59}$$

$N(0;1)$-verteilt. Als Bereichsgrenzen für B kommen somit die Schwellenwerte u_α in Betracht.
Bei unbekannter Standardabweichung σ ist die Testgröße

$$T = \frac{1}{s}(\bar{x}-\mu_0)\sqrt{n} \tag{2.9–60}$$

t-verteilt. Die Bereichsgrenzen sind Schwellenwerte $t_{\alpha,n-1}$. Für weitere Parametertests sei auf [10] §§ 19 bis 23 verwiesen.

Verteilungstests

Es sei die Nullhypothese zu prüfen, ob die Häufigkeitsverteilung einer Stichprobe mit einer bestimmten Wahrscheinlichkeitsverteilung einer Grundgesamtheit übereinstimmt. Der χ^2-*Test* untersucht die Signifikanz der Abweichungen der Häufigkeitsfunktion der Stichprobe von der Wahrscheinlichkeitsfunktion der Grundgesamtheit. Dabei werden die empirischen Klassenhäufigkeiten m_j mit den Klassenhäufigkeiten np_j, $j=1\,(1)\,k$, einer vermuteten Verteilungsfunktion $F(x)$ verglichen. Die Testgröße

$$T = \sum_{j=1}^{k}(m_j - np_j)^2/np_j \tag{2.9–61}$$

ist für $n\to\infty$ χ^2-verteilt; es genügt aber $np_j\geq 5$ zu fordern. Die Wahrscheinlichkeiten p_j dafür, daß die das Merkmal repräsentierende Zufallsgröße in die j-te Klasse fällt, läßt sich aus der angenommenen Verteilung $F(x)$ berechnen:

$$p_j = F(x_j) - F(x_{j-1}). \tag{2.9–62}$$

Die Nullhypothese wird verworfen, sobald $T > \chi^2_{1-\alpha,k-1}$ bei vorgegebenem Signifikanzniveau α.
Einzelheiten zur Testtheorie und ihrer Anwendungen entnehme man [15] IV, M § 11.

Literatur

1. Albrecht, P.: Die numerische Behandlung gewöhnlicher Differentialgleichungen. Hanser, München, Wien 1979.
2. Baumann, W.: Numerische Mathematik. Handwerk und Technik, Hamburg 1973.
3. Becker, J., u. a.: Numerische Mathematik für Ingenieure. Teubner, Stuttgart 1977.
4. Bohl, M.: Flußdiagramme. SRA, Stuttgart, Chikago u. a. 1977.
5. Böhm, W., und Gose, G.: Einführung in die Methoden der Numerischen Mathematik. Vieweg, Braunschweig 1977.
6. Björk, A., und Dahlquist, G.: Numerische Methoden. Oldenbourg, München 1979.
7. Bronstein, I., und Semendjajew, K.: Taschenbuch der Mathematik. Deutsch, Thun, Frankfurt 1980.
8. Dankert, J.: Numerische Methoden der Mechanik. Springer, Wien, New York 1977.
9. Finkenstein, F. v.: Einführung in die Numerische Mathematik, 2 Bände. Hanser, München, Wien 1977/78.
10. Heinhold, J., und Gaede, K.-W.: Ingenieurstatistik. Oldenbourg, München, Wien 1979.
11. Herschel, R.: FORTRAN. Oldenbourg, München 1978.
12. Jordan-Engeln, G., und Reutter, F.: Numerische Mathematik. Bibliographisches Institut, Mannheim 1972/74.
13. Nicolet, F. L., u. a.: Informatik für Ingenieure. Springer, Berlin, Heidelberg, New York 1980.
14. Ralston, A., und Wilf, H. S.: Mathematische Methoden für Digitalrechner, 2 Bände. Oldenbourg, München, Wien 1972/79.
15. Sauer, R., und Szabó, I.: Mathematische Hilfsmittel des Ingenieurs, 4 Bände. Springer, Berlin, Heidelberg, New York 1967–1970.
16. Schmeisser, G., und Schirmeier, H.: Praktische Mathematik. De Gruyter, Berlin, New York 1976.
17. Stein, P.: Die Lösung der linearen gewöhnlichen Differentialgleichungen mit Hilfe der Stabstatik. Springer, Wien 1969.
18. Stief, S.: BASIC. Oldenbourg, München, Wien 1980.
19. Stoer, J., und Bulirsch, R.: Einführung in die Numerische Mathematik, 2 Bände. Springer, Berlin, Heidelberg, New York 1978/79.
20. Törnig, W.: Numerische Mathematik für Ingenieure und Physiker, 2 Bände. Springer, Berlin, Heidelberg, New York 1979.
21. Waller, H., und Krings, W.: Matrizenmethoden in der Maschinen- und Bauwerksdynamik. Bibliographisches Institut, Mannheim 1975.
22. Wetzell, O. W., u. a.: EDV-Handbuch für Bauingenieure, 5 Bände. Werner, Düsseldorf 1979/80.
23. Zurmühl, R.: Matrizen. Springer, Berlin, Göttingen, Heidelberg 1964.
24. Zurmühl, R.: Praktische Mathematik für Ingenieure und Physiker. Springer, Berlin, Göttingen, Heidelberg 1965.
25. – CAD Berichte. Gesellschaft für Kernforschung, Karlsruhe 1978–1981.
26. – EDV-Berichtsheft Nr. 4. DSTV, Köln 1979.
27. Schwarz, H. R.: Methode der finiten Elemente. Teubner, Stuttgart 1980.
28. Schwarz, H. R.: FORTRAN-Programme zur Methode der finiten Elemente. Teubner, Stuttgart 1981.

3 Baustatik ebener Stabwerke

H. Rubin/U. Vogel

3.1 Grundlagen zur Theorie der Stabwerke aus planmäßig geraden Stäben

3.1.1 Allgemeines

3.1.1.1 Vorbemerkungen

Eine auf die Bedürfnisse des Stahlbaues ausgerichtete Baustatik, welche insbesondere auch das Tragverhalten schlanker Konstruktionen zutreffend beschreibt und darüber hinaus der neueren nationalen und internationalen Normung Rechnung trägt, muß die drei Grundelemente *„Imperfektionen"*, *„Stabilität"* und *„Plastizität"* einschließen.

Die Imperfektionen, welche in der Regel ausschließlich als Vorverformungen Berücksichtigung finden, und die Stabilität, welche in der Regel durch eine Rechnung nach Theorie II. Ordnung erfaßt wird, stellen Einflüsse dar, welche sich auf die Schnittgrößen ungünstig auswirken und deshalb gegebenenfalls aus Sicherheitsgründen berücksichtigt werden *müssen.* Demgegenüber bedeutet die Einbeziehung der Plastizität einen Tragfähigkeitsgewinn durch Ausnutzung der plastischen Reserve von Querschnitt und System, d.h. die Plastizitätstheorie muß nicht, sie *darf* angewendet werden und erlaubt dann im allgemeinen eine wirtschaftlichere Bemessung.

Nun ist allerdings der Zwang zu einer Berechnung nach Theorie II. Ordnung unter Ansatz von Vorverformungen auch nur bei verhältnismäßig schlanken Tragwerken gegeben, bei denen druckbeanspruchte Stäbe – meist Stiele unter Vertikallast – zu einer Stabilitätsgefährdung führen. So wird in der Mehrzahl der praktischen Anwendungsfälle (des Träger-, Skelettbaus und insbesondere des Fachwerkbaus) die Theorie I. Ordnung ohne Ansatz von Vorverformungen, d.h. die übliche lineare Baustatik das Tragverhalten ausreichend genau beschreiben. Diese lineare Theorie ist in zahlreichen Hand- und Lehrbüchern, z.B. in [1], [2], [3] dargestellt.

Nach Ansicht der Verfasser dieses Kapitels soll und muß eine auf die zukünftigen Bedürfnisse des Stahlbaues ausgerichtete Baustatik aber über diese lineare Theorie hinausgehen und den oben erwähnten drei Grundelementen Rechnung tragen.

Während sich die *Vorverformungen* verhältnismäßig einfach – z.B. mit Hilfe einer Ersatzbelastung – bei einer baustatischen Berechnung berücksichtigen lassen, erfordert die *Theorie II. Ordnung* grundsätzlich eine Neuformulierung der anzuwendenden Berechnungsverfahren. Daß es sich dabei aber nicht um eine völlig neue Theorie handeln kann, wird unmittelbar aus der Anschauung heraus verständlich, wenn man sich bewußt wird, daß sich die Theorie II. Ordnung („Gleichgewicht am *verformten* System") von der I. Ordnung („Gleichgewicht am *unverformten* System") nur dadurch unterscheidet, daß die Stabdruckkräfte eine Abminderung der Stabsteifigkeit – bei verschieblichen Systemen auch der Systemsteifigkeit – bewirken, wobei der Begriff Steifigkeit vorerst nur qualitativ zu verstehen ist. Selbstverständlich bewirken Stabzugkräfte umgekehrt eine Steifigkeitserhöhung, welche jedoch bei Systemen aus geraden Stäben meist vernachlässigt wird.

Aus der Erkenntnis heraus, daß sich bei Theorie I. und II. Ordnung die Aufgabenstellung nur durch verschiedene Stab- bzw. Systemsteifigkeiten unterscheidet, folgt fast zwangsläufig die Forderung nach einer einheitlichen Darstellung der einzelnen Berechnungsverfahren für beide Theorien. Dies hat nicht nur den Vorteil einer kürzeren Form der Darstellung, sondern erleichtert besonders für denjenigen Leser, der mit der linearen Baustatik schon vertraut ist, das Verständnis für die „neue" Theorie II. Ordnung, weil er bekannte Prinzipien in (für diese Theorie II. Ordnung) modifizierter Form wiederfindet. Die diesen beiden Theorien gemeinsamen Grundlagen schließen allerdings nicht aus, daß bei der allgemeineren Theorie II. Ordnung neue Phänomene, wie z.B. die Verzweigungslasten auftreten, oder daß weitere begriffliche Differenzierungen notwendig werden, wie z.B. zwischen der *Querkraft* als Schnittkraftkomponente senkrecht zur *verformten* und der *Transversalkraft* als Schnittkraftkomponente senkrecht zur *unverformten* Stabachse.

Eine weitere Hilfe zum Verständnis der Theorie II. Ordnung wird durch die *Schubfeldanalogie* gegeben. Hier wird direkt gezeigt, daß die Wirkung der Längsdruckkräfte nach Theorie II. Ordnung – theoretisch exakt – durch dem Stab angehängte Schubfelder mit negativer Steifigkeit ersetzt werden können, wobei

das so erhaltene neue System dann nach Theorie I. Ordnung zu behandeln ist. Diese im Unterabschnitt 3.1.1.2 näher angegebene Analogie macht den steifigkeitsmindernden Einfluß von Stabdruckkräften nicht nur qualitativ, sondern nun auch quantitativ deutlich.
Neben der Einbeziehung der oben genannten drei Grundelemente soll eine Erweiterung der Theorie dadurch vorgenommen werden, daß außer den Momenten- auch die *Querkraftverformungen* berücksichtigt werden. Dies gibt – in Übereinstimmung mit DIN 18 800, Teil 2 – die Möglichkeit, mehrteilige Stäbe (Gitterstäbe, Rahmenstäbe) näherungsweise als eindimensionales Kontinuum, nämlich als biege- und schubelastischen Ersatzstab zu berechnen.
Zur Berechnung des Schnittkraft- und Verformungszustandes sind grundsätzlich folgende 3 Beziehungen zu formulieren:
1. die *Gleichgewichtsbeziehung,*
2. die *kinematische Beziehung,*
3. die *Schnittkraft-Verformungs-Beziehung* am Stabelement.
Die *Gleichgewichtsbeziehung* wird selbstverständlich durch Anwendung der Theorie II. Ordnung wesentlich beeinflußt, da diese Theorie ja fordert, daß für das Gleichgewicht die Geometrie des *verformten* Systems zugrunde zu legen ist. Wie bei Theorie I. Ordnung kann aber auch hier die Gleichgewichtsaussage unmittelbar oder mit Hilfe des Prinzips der virtuellen Verrückungen formuliert werden.
Die *kinematische Beziehung* zwischen den Verformungen des Stabelements und den Verschiebungsgrößen des Systems wird durch die Theorie II. Ordnung nicht beeinflußt, da sie genau wie die Theorie I. Ordnung eine Theorie *kleiner* Verformungen darstellt. (Die Theorie II. Ordnung kann als Theorie *großer* Längskräfte, nicht aber als Theorie endlicher oder gar großer Verformungen bezeichnet werden.) In gewohnter Weise kann die kinematische Beziehung entweder unmittelbar oder mit Hilfe des Prinzips der virtuellen Kräfte angeschrieben werden.
Die *Schnittkraft-Verformungs-Beziehung* am Stabelement schließlich ist gleichfalls unabhängig davon, ob Theorie I. oder II. Ordnung angewendet wird.

3.1.1.2 Theorie I. Ordnung – Theorie II. Ordnung

Damit in der Praxis die Theorie II. Ordnung ohne Schwierigkeit angewendet werden kann, müssen nicht nur aufbereitete Verfahren verfügbar sein, sondern es muß vor allem auch das richtige Verständnis für diese Theorie vorhanden sein. Eine ganz wesentliche Rolle spielt in diesem Zusammenhang die Frage nach bestehenden Nichtlinearitäten und nach der Superponierbarkeit von Lastfällen.
Gekennzeichnet ist die Theorie II. Ordnung dadurch, daß die Stablängskräfte N groß sind gegenüber den Stabquerkräften Q und daß somit bei der Berechnung der Biegemomente M der Stäbe zusätzliche Anteile aus Längskraft × elastischem Hebelarm (Gleichgewicht am verformten System) berücksichtigt werden müssen. Diese Anteile entfallen bei Theorie I. Ordnung, weil N nicht vorhanden oder nur von gleicher Größenordnung wie Q ist.
Mit Hilfe der nachfolgend erläuterten *Schubfeldanalogie* läßt sich der genannte Einfluß der Längskräfte besonders anschaulich verdeutlichen. Darüber hinaus können damit Modelle für Näherungsrechnungen gewonnen werden.
Bild 3.1–1 gibt zunächst die Definition eines Schubfeldes als Rechteckelement, das nur eine Gleitung aufweisen kann und eine linearelastische Federcharakteristik besitzt. Seine Steifigkeit S^* ist gleich der Schubkraft, die den Gleitwinkel 1 erzeugt.

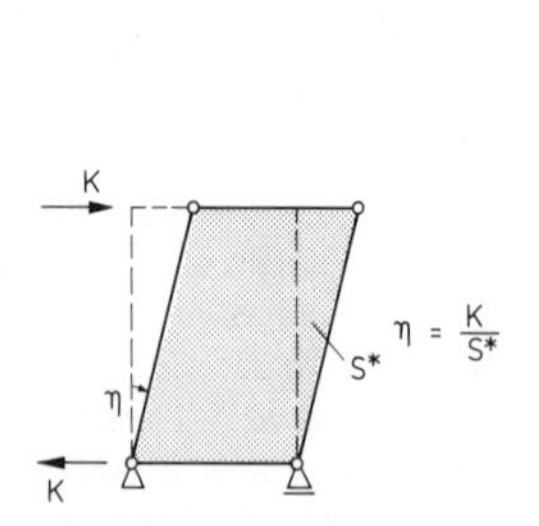

Bild 3.1–1
Definition eines Schubfeldes

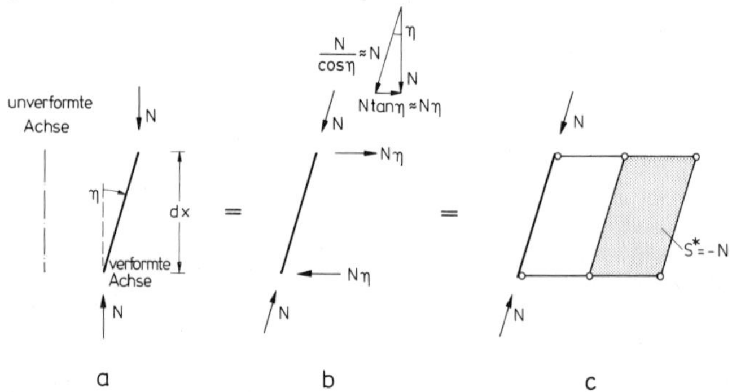

Bild 3.1–2 Schubfeldanalogie am Stabelement

In Bild 3.1–2a wird ein Stabelement der Länge dx in der verformten Lage betrachtet, welches die Längskraft N (Druck positiv) überträgt. Die übrigen Schnittgrößen bleiben außer Betracht. Die Längskraft N wird an beiden Schnittufern in Komponenten parallel zur verformten und senkrecht zur unverformten Stabachse zerlegt, wobei – wegen vorausgesetzter kleiner Verformungen – für den Drehwinkel

η des Elements $\cos\eta = 1$ und $\tan\eta = \eta$ gesetzt werden darf (Bild 3.1–2b). Die beiden auf der verformten Stabachse liegenden Kräfte N sind hinsichtlich des Stabilitätsverhaltens und damit auch hinsichtlich der Theorie II. Ordnung ohne Einfluß (vgl. Spannbetonstab mit zentrisch liegendem Spannglied). Die übrigen beiden Komponenten $N\eta$ bilden ein Kräftepaar, das in der gleichen Größe auch durch ein angehängtes Schubfeld mit der Steifigkeit $S^* = -N$ entstehen würde (Bild 3.1–2c). Im Fall einer Druckkraft ist diese Steifigkeit negativ, im Fall einer Zugkraft positiv.

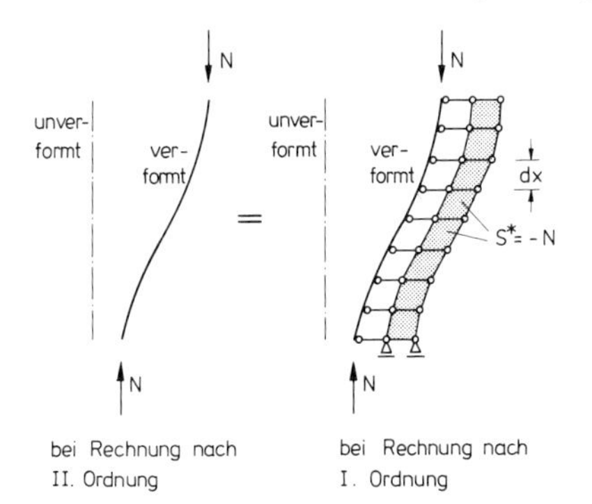

Bild 3.1–3
Schubfeldanalogie am Stab

Überträgt man diesen Gedanken vom Element auf den Stab, so ergibt sich der in Bild 3.1–3 dargestellte Sachverhalt: Die hinsichtlich der Theorie II. Ordnung vorhandene Wirkung einer Längskraft N ist identisch mit der Wirkung eines angehängten, mit dem Stab kontinuierlich verbundenen Schubfeldes der Steifigkeit $S^* = -N$. Mit anderen Worten: Die Berechnung nach Theorie II. Ordnung darf durch eine Berechnung nach Theorie I. Ordnung ersetzt werden, wenn alle Stäbe mit einem Schubfeld der Steifigkeit $S^* = -N$ versehen werden. Diese Aussage gilt auch dann, wenn N längs des Stabes veränderlich ist. Hinsichtlich des Stabes selbst sind keinerlei einschränkende Voraussetzungen notwendig.
Mit Hilfe der Schubfeldanalogie lassen sich bereits alle für die Theorie II. Ordnung wesentlichen Aussagen erkennen:
1. Die Normalkräfte haben „Systemcharakter“; Längsdruckkräfte vermindern, Längszugkräfte erhöhen die Steifigkeit des Systems.
2. Sind die Längskräfte aller Stäbe bekannt, so ist die gesamte statische Berechnung – genau wie bei Theorie I. Ordnung – linear, dies gilt insbesondere für alle auftretenden Gleichungssysteme.
3. Da bei Theorie I. Ordnung Lastfälle selbstverständlich nur superponiert werden dürfen, wenn dasselbe System vorliegt, ist bei Theorie II. Ordnung die Superposition nur zulässig, wenn in allen Einzel- und Überlagerungslastfällen dieselben Längskräfte (Schubfelder) vorliegen.
Die Forderung der letzten Aussage ist in sich widersprüchlich; demnach ist streng genommen eine Superposition bei Theorie II. Ordnung überhaupt nicht mehr möglich.
Wenn man allerdings mit einer – stets auf der sicheren Seite liegenden – Näherungsrechnung zufrieden ist, so besteht praktisch dennoch die Möglichkeit, genau wie bei Theorie I. Ordnung, beliebige Lastfälle zu superponieren. Bei diesem Vorgehen muß dann jedoch unterschieden werden zwischen den für die Theorie II. Ordnung benötigten Längskräften N^{II} und den Längskräften N^{σ} als Schnittgrößen, die im Querschnitt Spannungen und Dehnungen hervorrufen.
Die Regeln für die Näherungsrechnung lauten dann
1. Für die Längskräfte N^{II} sind die Maximalwerte der Längsdruckkräfte aller möglichen Lastfallkombinationen einzusetzen. Mit diesen Werten N^{II} ist in allen Teillastfällen gemäß der o.g. 3. Aussage zu rechnen.
2. Für die Längskräfte N^{σ} sind in jedem Teillastfall die aktuellen, d.h. die sich aus den vorhandenen Lasten wirklich ergebenden Werte einzusetzen.
3. Für einen Überlagerungslastfall sind dann die Längskräfte N^{σ}, ebenso wie die Momente M und Querkräfte Q zu superponieren, während die Längskräfte N^{II} nicht mehr in Erscheinung treten.
Der etwas unbefriedigende Sachverhalt, wonach in einem Lastfall je nach Einfluß zwei verschiedene Längskräfte gleichzeitig zu verwenden sind, kann dadurch beseitigt werden, daß man – zumindest gedanklich – mit der Schubfeldanalogie arbeitet, es wären danach die Schubfelder mit den Steifigkeiten $S^* = -N^{II}$ einzuführen, im übrigen würden dann nur noch die Längskräfte N^{σ} auftreten.
Der Übergang zu Theorie I. Ordnung wird mit $N^{II} = 0$ und $N = N^{\sigma}$ erhalten.
Sind nun die Längskräfte – wie in den meisten praktischen Fällen – statisch unbestimmt, so besteht ein Unterschied zwischen N^{II} und N^{σ} auch dann noch, wenn keine Superposition stattfindet. Hier müssen nämlich zu Beginn der Rechnung die Längskräfte N^{II} abgeschätzt werden, während am Ende der Rechnung die genaueren Längskräfte N^{σ} erhalten werden. Eine Wiederholung des Rechenganges mit verbesserten Längskräften ist nicht erforderlich, wenn die Schätzung der N^{II} auf der sicheren Seite lag,

d.h. wenn sich für alle Stäbe $N^{\text{II}} \geq N^{\sigma}$ ergibt. Es sei noch erwähnt, daß die N^{II} nicht im Gleichgewicht mit den Lasten stehen müssen.
Der Einfachheit halber wird im weiteren nicht nach N^{II} und N^{σ} unterschieden, sondern wie üblich nur N geschrieben.
Wie bereits erwähnt, besteht ein weiterer Vorteil der Schubfeldanalogie in der Möglichkeit, Näherungsmodelle zur Erfassung der Theorie II. Ordnung zu finden. Diese werden dadurch erhalten, daß die Verbindungen von Stab und Schubfeld nicht mehr in differentiellen, sondern in endlichen Abständen Δx_i, Δx_j... angeordnet werden. Die durch die Theorie II. Ordnung bedingten zusätzlichen Einflüsse bestehen dann aus Kräftepaaren der Größe $N_i \psi_i$, $N_j \psi_j$..., welche auf die Endpunkte der Stababschnitte i, j ... wirken (Bild 3.1–4). Die Zusammenfassung der beiden an einer Stelle vorhandenen Kräfte führt zur sogenannten „Abtriebskraft".

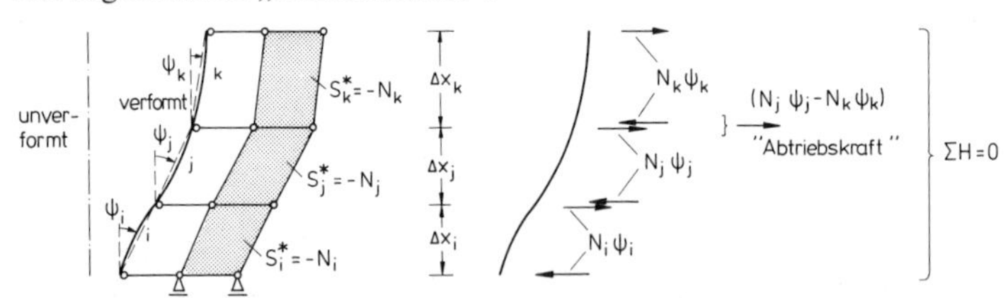

Bild 3.1–4 Näherungsmodell nach der Schubfeldanalogie

Das beschriebene Vorgehen erlaubt es, mit Formeln, Verfahren oder Rechenprogrammen der Theorie I. Ordnung eine näherungsweise Berechnung nach Theorie II. Ordnung vorzunehmen. Selbstverständlich kann durch Verkleinerung der Abschnittslängen Δx jede beliebige Genauigkeit erreicht werden.
Die Zusatzmomente aus den Kräftepaaren $N\psi$ können implizit in die statische Berechnung eingearbeitet oder – beginnend mit einer Rechnung nach Theorie I. Ordnung – iterativ berücksichtigt werden. Der letztere Fall entspricht im Prinzip dem Vorgehen nach dem bekannten Verfahren von Engesser-Vianello.
Es sei noch bemerkt, daß bei verschieblichen Systemen bereits mit *einem* Schubfeld pro Stab ($\Delta x = l$) eine Näherungslösung erhalten wird, die in vielen praktischen Fällen ausreichend genau ist. Auch dieses Näherungsvorgehen ist allgemein bekannt, bei Stockwerkrahmen werden die zusätzlichen Kräftepaare $N\psi$ dann vielfach als P-Δ-Effekt bezeichnet.

3.1.1.3 Vorverformungen

Wie bereits erwähnt, wird in den neueren Normen gefordert, bei der statischen Berechnung stabilitätsgefährdeter Systeme Imperfektionen zu berücksichtigen, und zwar in der Regel geometrische Ersatzimperfektionen, welche anstelle der wirklichen geometrischen und strukturellen Imperfektionen angenommen werden dürfen.
Folgende, für eine praktische Rechnung stets ausreichende Vorverformungen werden berücksichtigt:
1. eine Vorkrümmung des Stabes in Form einer quadratischen Parabel mit dem Stich w^0, d.h. mit konstanter Krümmung $\varkappa^0 = 8\,w^0/l^2$ (Bild 3.1–5a),
2. eine geradlinige Vorverdrehung ψ^0 des Stabes, welche nur bei verschieblichen Systemen anzusetzen ist (Bild 3.1–5b).

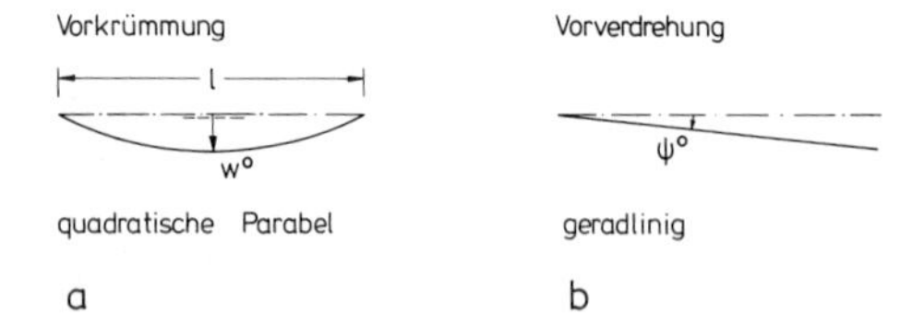

Bild 3.1–5 Berücksichtigte Vorverformungen

Die Größe der anzusetzenden Vorverformungen wird in den Normen festgelegt; hinsichtlich der Form gilt allgemein, daß die Grundformen des Einzelstabes nach Bild 3.1–5 am System so zu kombinieren sind, daß Vorverformungsfigur und Knickfigur des Verzweigungsfalls *qualitativ* übereinstimmen.
Der Ansatz von Vorverformungen ermöglicht nicht nur eine wirklichkeitsnähere Berechnung des Systems, sondern man erhält damit auch eine einheitliche Berechnungsweise für die planmäßigen Fälle „mittiger Druck" und „Druck + Biegung", da Verzweigungsprobleme dann nicht mehr auftreten.
Folgende, allgemeine Aussagen gelten für die Vorverformungen:
1. Die Vorverformungen sind (wie die Lastverformungen) *klein* im Verhältnis zu den Systemabmessungen.
2. Vorverformungen haben nur bei *gleichzeitig vorhandener Längskraft* eine Auswirkung auf den Schnittkraft- und Verformungszustand; praktisch genügt daher der Ansatz von Vorverformungen bei Stäben, die nach Theorie II. Ordnung zu berechnen sind.

3. Vorverformungen müssen *nicht verträglich* sein. Demnach sind alle Verträglichkeitsbeziehungen der Baustatik nur für die Lastverformungen zu formulieren. So kann z.B. das vorverformte System einen Drehwinkel an einer Einspannung aufweisen, oder es „paßt" nicht mehr in die Auflager.
4. Bei Ansatz von Vorverformungen bedeutet Theorie II. Ordnung die Formulierung des Gleichgewichts am *„gesamtverformten"* System, wobei Gesamtverformung = Vorverformung + Lastverformung ist.
5. Anstelle der Vorverformungen kann stets eine *Ersatzbelastung* angenommen werden. Diese ist gleich der durch die Umlenkung der Längskräfte am vorverformten System entstehenden Belastung; sie ist als *wirklich vorhandene* Last anzusehen und somit den gegebenen Lasten zu überlagern. Die daraus erhaltenen Verformungen sind nur die Lastverformungen (ohne Vorverformungen). Für die Ersatzbelastung muß stets $\Sigma H = 0$ und $\Sigma V = 0$ erfüllt sein, ihre Resultierende ist damit ein reines Moment. Bei Verwendung der Ersatzbelastung ist allen weiteren Betrachtungen nur noch das System ohne Vorverformungen zugrunde zu legen.
6. Zur Bestimmung der Ersatzbelastung kann auch die Schubfeldanalogie benutzt werden; danach ergibt sich die Ersatzbelastung als die von den Schubfeldern (mit negativer Steifigkeit) erzeugten, auf den Stab wirkenden Kräfte infolge der den Schubfeldern aufgezwungenen Vorverformungen.
7. Bei Anwendung der Superposition gemäß Unterabschnitt 3.1.1.2 kann der Lastfall Vorverformung genauso wie die anderen Teillastfälle für sich behandelt und dann überlagert werden.
Bild 3.1–6 zeigt die Ermittlung der Ersatzbelastung für Einzelstäbe, unverschiebliche und verschiebliche Systeme. Alle auftretenden Längskräfte sind als N^{II}-Kräfte im Sinne des Unterabschnittes 3.1.1.2 zu verstehen; dies ist insbesondere bei Anwendung der Superposition wichtig.

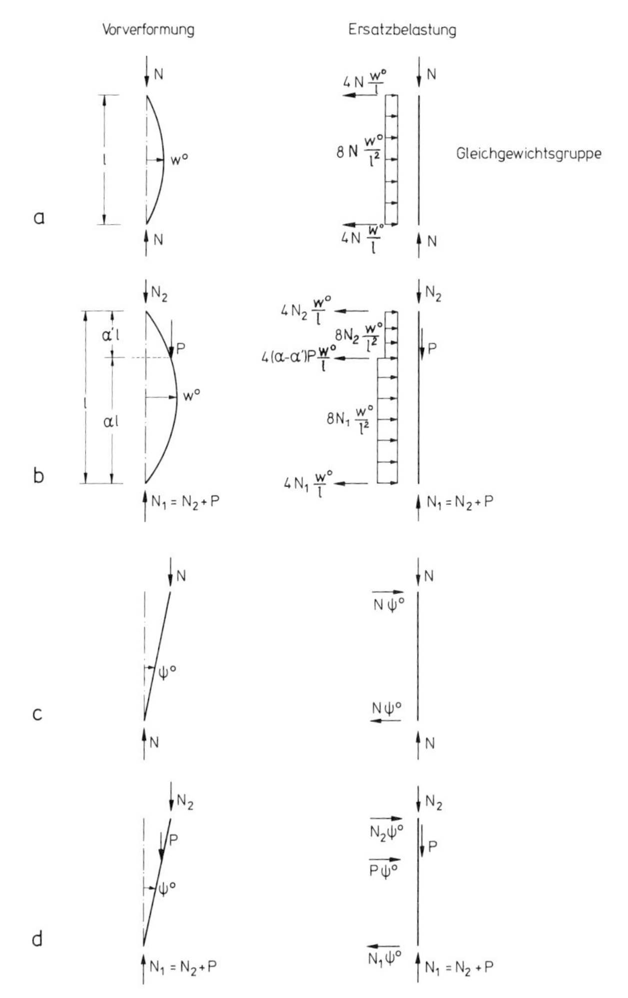

Bild 3.1–6 a bis d

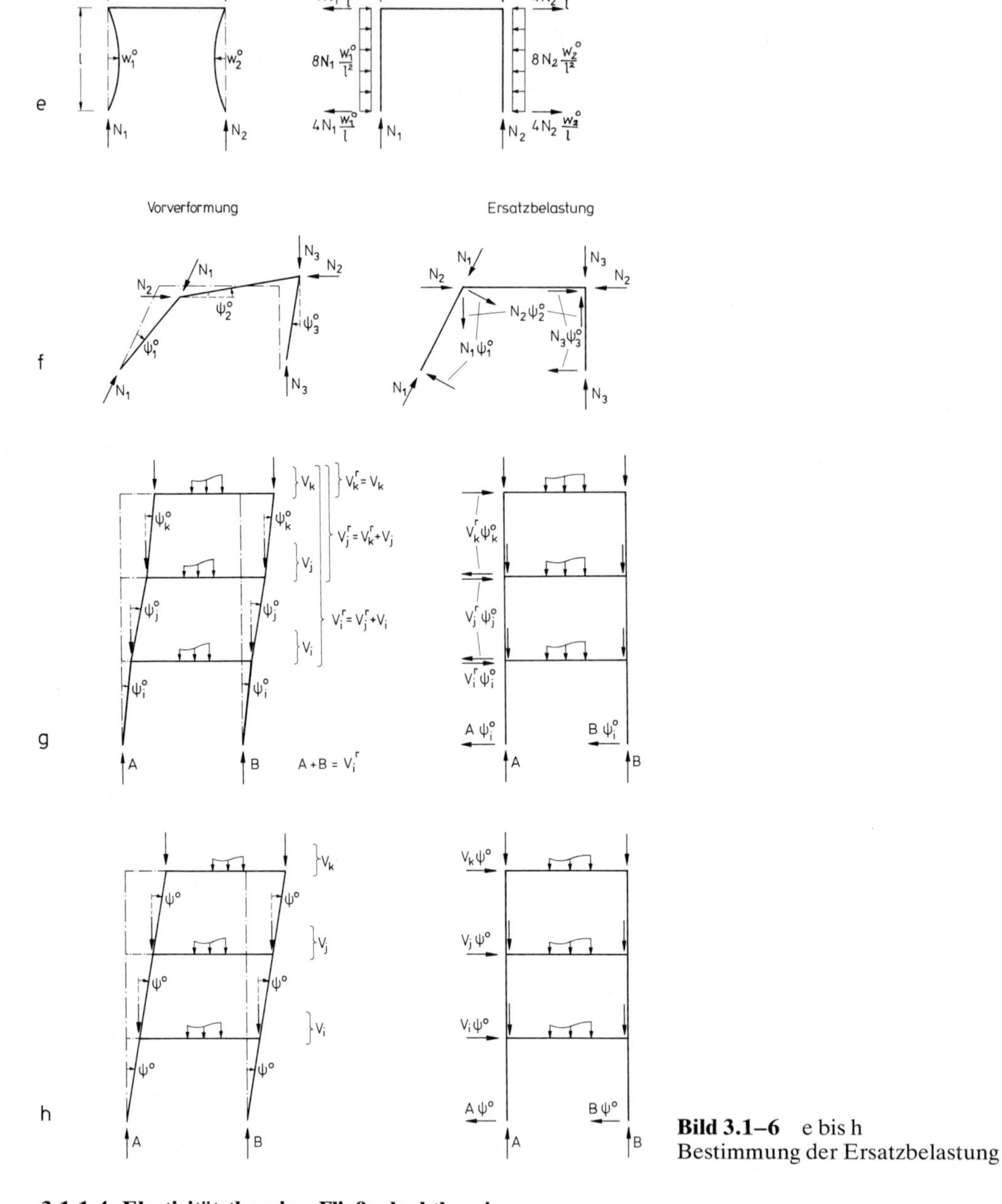

Bild 3.1–6 e bis h
Bestimmung der Ersatzbelastung

3.1.1.4 Elastizitätstheorie – Fließgelenktheorie

Bei Anwendung der *Elastizitätstheorie* wird wie üblich ein linearelastisches Werkstoffgesetz zugrunde gelegt, welches zusammen mit der Bernoulli-Hypothese vom Ebenbleiben der Querschnitte zur linearen Verteilung der Normalspannungen σ über die Querschnittshöhe führt (Navier). Mit bekannten Normalspannungen können dann die Schubspannungen τ allein aus dem Gleichgewicht ermittelt werden. Die durch sie hervorgerufenen Gleitungen widersprechen dann allerdings der Bernoulli-Hypothese. Damit ist bei der üblichen Balkenbiegetheorie nur das Gleichgewicht nicht aber die Verträglichkeit erfüllt. Wie allgemein bekannt, ist diese Theorie jedoch für schlanke Stäbe (Höhe << Länge) stets ausreichend genau. Bild 3.1–7 zeigt den Normal- und Schubspannungszustand für einen I-Querschnitt.
Bei der üblichen Vernachlässigung der Längs- und Querkraftverformungen von Biegestäben interessiert hinsichtlich des Verformungsverhaltens dann nur noch die Momenten-Verkrümmungs-Beziehung $M = EI \cdot \varkappa$ mit dem Gültigkeitsbereich $|\sigma| \leq \beta_S$ = Streckgrenze.

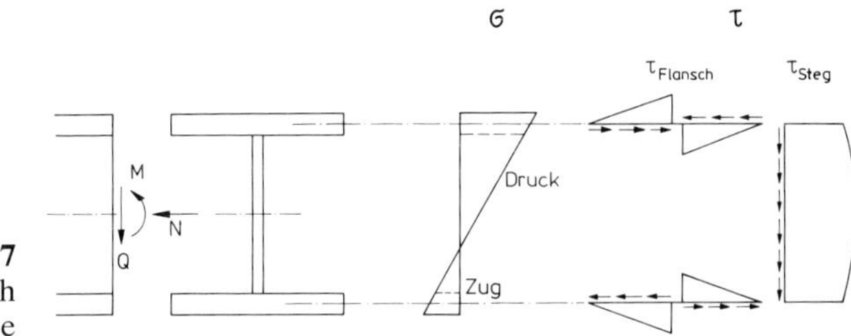

Bild 3.1–7
Spannungszustand im I-Querschnitt nach Elastizitätstheorie

Bei Anwendung der *Fließgelenktheorie* wird vereinfachend von einem linearelastischen-idealplastischen Werkstoffgesetz ausgegangen. Während bei der Elastizitätstheorie die Tragfähigkeitsgrenze des Querschnitts schon erreicht ist, wenn in einer Faser die Fließspannung auftritt, ist dies bei der Fließgelenktheorie erst nach Plastizierung aller Querschnittsfasern der Fall. Verträglichkeitsbedingungen sind in diesem Zustand nicht mehr zu beachten, dagegen müssen die Gleichgewichtsbedingungen an jedem Element des Querschnitts erfüllt sein. Eine in diesem Sinne zulässige Spannungsverteilung eines „vollplastizierten" I-Querschnitts ist in Bild 3.1–8 dargestellt, wobei die Fließhypothese von Mises zugrunde gelegt wird.
Alle Schnittgrößenkombinationen *N, M, Q,* die zur vollen Plastizierung des Querschnitts führen, werden durch die sogenannte *Interaktionsbeziehung* beschrieben. Sie kann durch eine Raumfläche im Koordinatensystem *N, M, Q* veranschaulicht werden (Bild 3.1–9).

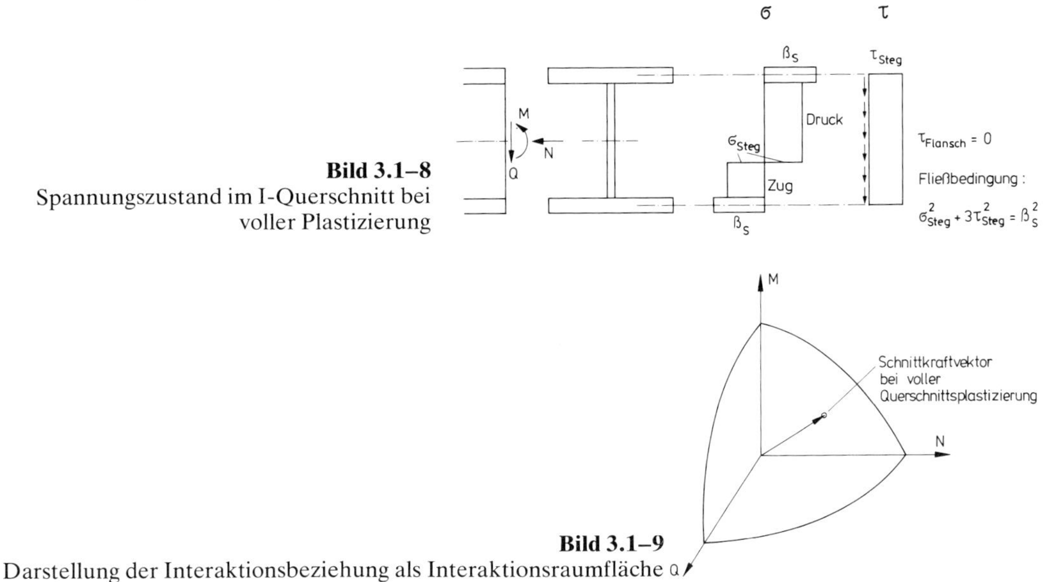

Bild 3.1–8
Spannungszustand im I-Querschnitt bei voller Plastizierung

Bild 3.1–9
Darstellung der Interaktionsbeziehung als Interaktionsraumfläche

Die Fließgelenktheorie läßt sich durch folgende Regeln kennzeichnen:
1. *Im Fließgelenk* liegt die volle Plastizierung des Querschnitts vor, die Schnittgrößen gehorchen der Interaktionsbeziehung, der Endpunkt des Schnittkraftvektors liegt auf der Interaktionsraumfläche.
Ferner tritt im Fließgelenk ein Knickwinkel Φ auf, der so gerichtet sein muß, daß das Moment am Fließgelenk eine positive Arbeit verrichtet (Bild 3.1–10).

Bild 3.1–10
Mögliche Richtungen von M und ϕ im Fließgelenk

2. In den Stabbereichen *außerhalb der Fließgelenke* müssen die Schnittkraftvektoren innerhalb der Interaktionsraumfläche liegen. Das Formänderungsverhalten wird dort nach den Regeln der Elastizitätstheorie bestimmt, insbesondere gilt unverändert die Momenten-Verkrümmungs-Beziehung $M = EI \cdot \varkappa$. Die letztgenannte Annahme bedeutet die Unterstellung einer zu großen Biegesteifigkeit in den Stabbereichen mit Plastizierungen, die Systemverschiebungen werden deshalb zu klein erhalten, und die Ergebnisse nach Theorie II. Ordnung liegen etwas auf der unsicheren Seite. Dennoch beschreibt die

Fließgelenktheorie das wirkliche Tragverhalten mechanisch grundsätzlich richtig, sie ist darüber hinaus für die praktische Rechnung im allgemeinen ausreichend genau.
Verglichen mit der Elastizitätstheorie erlaubt die Fließgelenktheorie in der Regel eine wirtschaftlichere Bemessung der Konstruktion, da zum einen die Tragfähigkeit der Querschnitte und zum anderen durch Ausbildung von Fließgelenken die plastische Reserve des Systems voll ausgenutzt werden kann, wobei eine „Systemreserve“ selbstverständlich nur bei statisch unbestimmten Systemen auftreten kann.

3.1.1.5 Tragsicherheitsnachweis

Bild 3.1.–11 zeigt den prinzipiellen Verlauf der Last-Verformungs-Kurven nach Theorie I. und II. Ordnung unter Annahme einer *proportionalen* Laststeigerung. Dabei werden folgende Begriffe verwendet:
1. *Elastische Grenzlast* = Laststufe, bei der in der meistbeanspruchten Faser gerade Fließen erreicht wird,
2. *Traglast* = Maximum der Last-Verformungs-Kurve,
3. *Plastische Grenzlast* = Laststufe bei Erreichen der kinematischen Kette (Fließgelenkmechanismus).

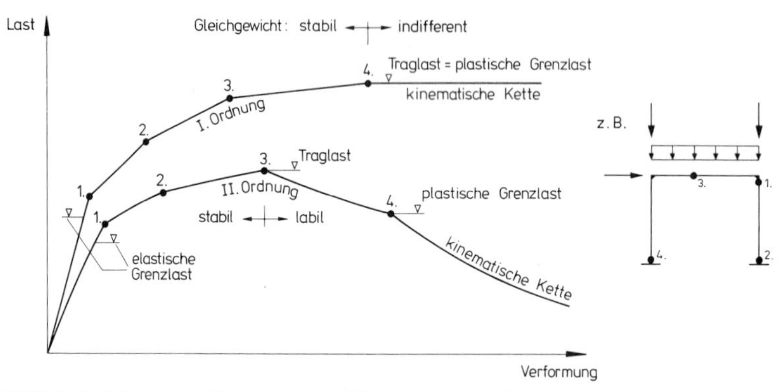

Bild 3.1–11 Last-Verformungs-Kurven nach Theorie I. und II. Ordnung

Bei einer Rechnung nach Theorie I. Ordnung werden Traglast und kinematische Kette immer gleichzeitig erreicht, d.h., das Tragwerk versagt durch Ausbildung eines Fließgelenkmechanismus. Wenn eine Stabilitätsgefährdung des Systems vorliegt und demzufolge eine Rechnung nach Theorie II. Ordnung durchgeführt wird, so kann die Traglast bei einer beliebigen Fließgelenkkonstellation – also beim Erreichen des 1., 2. ... oder auch letzten Fließgelenks – auftreten. Das Tragwerk versagt durch Instabilwerden des Gleichgewichts, vielfach vor Ausbildung eines Mechanismus.
Der Tragsicherheitsnachweis lautet nun

Bemessungslast $\leq$ Traglast,

wobei die Bemessungslast als die mit den erforderlichen Sicherheiten multiplizierte Gebrauchslast definiert wird.
Beschränkt man sich auf die Anwendung der Elastizitätstheorie – was stets zulässig ist –, so wird in oben genanntem Nachweis die Traglast durch die kleinere elastische Grenzlast ersetzt. In diesem Fall lautet der Nachweis

Bemessungslast $\leq$ elastische Grenzlast.

Eine weitere Möglichkeit, einen „auf der sicheren Seite liegenden“ Tragsicherheitsnachweis zu führen, besteht darin, die Traglast durch die plastische Grenzlast zu ersetzen, was hier jedoch nicht weiter verfolgt werden soll.
Würde man die beiden erstgenannten Nachweise in der (naheliegend erscheinenden) Form führen, daß die Traglast bzw. elastische Grenzlast bestimmt und der Bemessungslast gegenübergestellt wird, so wären alle Lasten und damit auch Längskräfte mit einem unbekannten Lastfaktor versehen (proportionale Laststeigerung). Da aber gerade diese Längskräfte nichtlinear in die Rechnung nach Theorie II. Ordnung eingehen, würde diese Vorgehensweise unabhängig vom angewandten Berechnungsverfahren zwangsläufig zu einem nichtlinearen Gleichungssystem führen, dessen Auflösung mit erheblichen Schwierigkeiten verbunden sein kann.
Aus diesem Grund wird ein anderer Berechnungsweg gewählt, bei dem die beiden Nachweise ohne Kenntnis der Traglast bzw. elastischen Grenzlast geführt werden: Es wird der Zustand unter der bekannten Bemessungslast berechnet; dabei lassen sich die Längskräfte verhältnismäßig leicht über vereinfachte Gleichgewichtsbedingungen abschätzen und dann als bekannte Größen in die Rechnung einführen. Die Theorie II. Ordnung wird dann ebenso wie die Theorie I. Ordnung *linear* (s. Unterabschnitt 3.1.1.2).

Im Fall des ersten Nachweises muß dann gezeigt werden, daß man im Last-Verformungs-Diagramm unter der Bemessungslastordinate einen Schnitt mit dem ansteigenden Kurventeil erhält.
Im Fall des zweiten Nachweises ist zu zeigen, daß in keiner Faser des Tragwerks die Fließgrenze β_S überschritten wird. Dieses Vorgehen ist identisch mit der sogenannten Spannungstheorie II. Ordnung nach DIN 4114, Ri 10.2.
Bei allen Berechnungsverfahren der Theorie II. Ordnung wird im weiteren stets davon ausgegangen, daß der Zustand unter der Bemessungslast berechnet wird und die Längskräfte N^{II} im Sinne des Unterabschnittes 3.1.1.2 bekannt sind.

3.1.2 Grundlegende Beziehungen des Einzelstabes nach Theorie I. und II. Ordnung unter Berücksichtigung von Momenten- und Querkraftverformungen

Bei Vollwandträgern sind *Querkraftverformungen* in der Regel nur bei gedrungenen Stäben, d. h. Stäben mit relativ kleinem Längen-Höhen-Verhältnis ($\approx < 5$), zu berücksichtigen. In allen anderen Fällen dagegen sind sie gegenüber den Biegemomentverformungen vernachlässigbar.
Besondere Bedeutung erlangen die Querkraftverformungen allerdings dann, wenn bei mehrteiligen Stäben – das sind Rahmen- und Gitterstäbe – anstelle der wirklichen gegliederten Struktur der Stab als eindimensionales Kontinuum angesehen wird. Für diesen Ersatzstab sind dann stets die Momenten- und Querkraftverformungen zu berücksichtigen. Mit Hilfe dieses Ersatzstabmodells läßt sich auch ganz allgemein das Tragverhalten von parallelgurtigen Fachwerkträgern, sofern ihre Länge ein Vielfaches der Höhe beträgt, verhältnismäßig genau erfassen.

3.1.2.1 Bezeichnungen, Definitionen

Die positiven Richtungen der nachfolgend angegebenen Bezeichnungen gehen aus Bild 3.1–12 hervor.

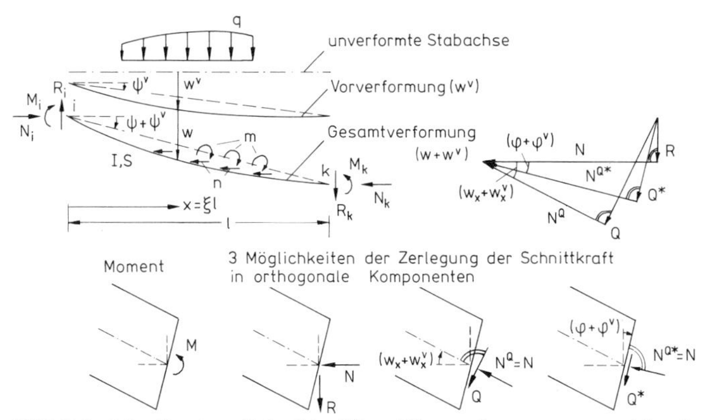

Bild 3.1–12 Lasten, Schnittgrößen, Vorverformungen und Lastverformungen am Einzelstab

Ableitungen
$f_x = \mathrm{d}f/\mathrm{d}x$ Ableitung der Funktion f nach der Stabkoordinate x
$f_\xi = \mathrm{d}f/\mathrm{d}\xi$ Ableitung der Funktion f nach der bezogenen Stabkoordinate ξ
Entsprechend: $f_{xx} = \mathrm{d}^2 f/\mathrm{d}x^2$, $f_{\xi\xi} = \mathrm{d}^2 f/\mathrm{d}\xi^2$

Lastgrößen
q senkrecht zur unverformten Stabachse wirkende Streckenlast
n parallel zur unverformten Stabachse wirkende Längsstreckenlast (richtungstreu)
m Momentenstreckenlast (z. B. aus exzentrischer Längsstreckenlast)

Schnittgrößen
M Biegemoment
Q Querkraft = Schnittkraftkomponente senkrecht zur *verformten* Stabachse (einschließlich Verformung)
R Transversalkraft = Schnittkraftkomponente senkrecht zur *unverformten* Stabachse
Q^* Schnittkraftkomponente parallel zum Querschnitt in der *verformten* Lage
N^Q Schnittkraftkomponente parallel zur *verformten* Stabachse ($\perp Q$)
N Schnittkraftkomponente parallel zur *unverformten* Stabachse ($\perp R$)
N^{Q^*} Schnittkraftkomponente senkrecht zum Querschnitt in der *verformten* Lage ($\perp Q^*$)
Wie im nächsten Unterabschnitt gezeigt wird, gilt bei Theorie II. Ordnung $N = N^Q = N^{Q^*}$, wobei dann alle diese Komponenten als Längskraft N bezeichnet werden.

Lastverformungen (= Verformungen *ohne* Vorverformungsanteile)

w	Ordinate der Biegelinie
w_x	Drehwinkel der Stabachse
φ	Drehwinkel des Querschnitts
ψ	Stabdrehwinkel = Drehwinkel der Stabsehne
$\Delta w, \Delta w_x, \Delta \varphi$	Verformungsgrößen, gemessen von der Sehne des verformten Stabes

Vorverformungen

w^V	Ordinate der Vorverformungslinie
$w_x^V = \varphi^V$	Drehwinkel von Stabachse und Querschnitt im vorverformten Zustand
ψ^V	Stabdrehwinkel im vorverformten Zustand (später als ψ^0 bezeichnet)
$\Delta w^V, \Delta w_x^V, \Delta \varphi^V$	Vorverformungsgrößen gemessen von der Sehne des vorverformten Stabes

Steifigkeiten

S Schubsteifigkeit für Querkraftverformungen
EI Biegesteifigkeit für Momentenverformungen

3.1.2.2 Gleichgewicht

Bei Theorie II. Ordnung sind die Schnittkraftkomponenten in Querrichtung klein gegenüber denen in Längsrichtung: $R, Q, Q^* \ll N, N^Q, N^{Q^*}$. Ist dies nicht der Fall, so ist Theorie I. Ordnung ausreichend. Mit dem in Bild 3.1–12 dargestellten Krafteck und unter Berücksichtigung der Kleinheit der Drehwinkel von Stabachse und Querschnitt erhält man dann folgende Beziehungen zwischen den Schnittkraftkomponenten:

$$Q = R\cos(w_x + w_x^V) + N\sin(w_x + w_x^V) \approx R + N(w_x + w_x^V)$$

$$N^Q = -R\sin(w_x + w_x^V) + N\cos(w_x + w_x^V) \approx N$$

$$Q^* = R\cos(\varphi + \varphi^V) + N\sin(\varphi + \varphi^V) \approx R + N(\varphi + \varphi^V)$$

$$N^{Q^*} = -R\sin(\varphi + \varphi^V) + N\cos(\varphi + \varphi^V) \approx N$$

Wie bereits in Bild 3.1–12 eingetragen, wird im weiteren die in Längsrichtung weisende Schnittkraftkomponente in allen drei Fällen der Komponentenzerlegung als Größe N angesetzt und als Längskraft bezeichnet. Die in Querrichtung zeigenden Komponenten haben dagegen in allen drei Zerlegungsfällen unterschiedliche Werte. Zusammenfassend lauten die Umrechnungsformeln

$$Q = R + N(w_x + w_x^V) \tag{3.1–1}$$

$$Q^* = R + N(\varphi + \varphi^V) \tag{3.1–2}$$

Bei Theorie I. Ordnung sind R und N von gleicher Größenordnung und es gilt

$$Q = Q^* = R \tag{3.1–3}$$

Die Schnittkraftkomponenten R, Q, Q^* haben für die praktische Rechnung folgende Bedeutung:

R wird als Transversalkraft bezeichnet, sie ist in der Regel für die Formulierung der Gleichgewichtsbeziehungen und zur Berechnung der Auflagerkräfte die zweckmäßigste Größe.

Q ist die Querkraft, diese Größe *muß* überall dort verwendet werden, wo die Beanspruchung des Querschnitts interessiert, also z.B. bei der Berechnung von Querkraftschubspannungen; ebenso ist Q die für die Berechnung der Querkraftgleitung des Stabelements maßgebende Größe.

Q^* kann in speziellen Fällen als zweckmäßige Rechengröße dienen.

Werden die Querkraftverformungen vernachlässigt, so steht im verformten Zustand der Querschnitt normal zur Stabachse, und es gilt $w_x = \varphi$, $Q = Q^*$. In allen Fällen soll für die Vorverformungen $w_x^V = \varphi^V$ gelten, d.h. in der vorverformten Lage stehen Stabachse und Querschnitt senkrecht zueinander.

Zur Aufstellung der Gleichgewichtsbedingungen gemäß Theorie II. Ordnung muß das Stabelement in der Lage betrachtet werden, die sich aus *Vorverformung* + *Lastverformung* ergibt. Wie Bild 3.1–13 zeigt, werden die ersten beiden der drei in Bild 3.1–12 dargestellten Möglichkeiten der Komponentenzerlegung gewählt.

Die Gleichgewichtsbedingungen am Stabelement lauten

$$\left.\begin{aligned} \Sigma H = 0{:}\quad & \mathrm{d}N + n\,\mathrm{d}x = 0 \\ \Sigma V = 0{:}\quad & \mathrm{d}R + q\,\mathrm{d}x = 0 \end{aligned}\right\} \quad \text{(Bild 3.1–13 a)}$$

$$\Sigma M = 0{:}\quad \mathrm{d}M - Q\,\mathrm{d}x - m\,\mathrm{d}x = 0 \qquad \text{(Bild 3.1–13 b)}$$

oder

$$N_x = -n \tag{3.1–4}$$

$$R_x = -q \tag{3.1–5}$$

$$M_x = Q + m \tag{3.1–6}$$

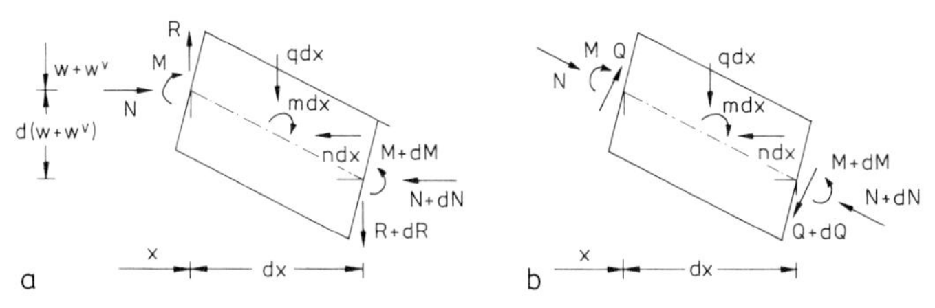

Bild 3.1–13 Lasten und Schnittgrößen am Stabelement in der verformten Lage (Vorverformung + Lastverformung)

3.1.2.3 Querschnittsbeziehungen

Definiert man die für die Querkraftverformung maßgebende Schubsteifigkeit S als die den Gleitwinkel 1 erzeugende Querkraft (gleiche Definition wie für die Steifigkeit S^* des Schubfeldes gemäß Bild 3.1–1), so erzeugt die vorhandene Querkraft Q den Gleitwinkel Q/S. Mit Bild 3.1–14 ergibt sich der Gleitwinkel η als Differenz aus dem Drehwinkel w_x der Stabachse und dem Drehwinkel φ des Querschnitts. Die Querkraftverformungsbeziehung lautet demnach

$$\eta = w_x - \varphi = \frac{Q}{S} \tag{3.1–7}$$

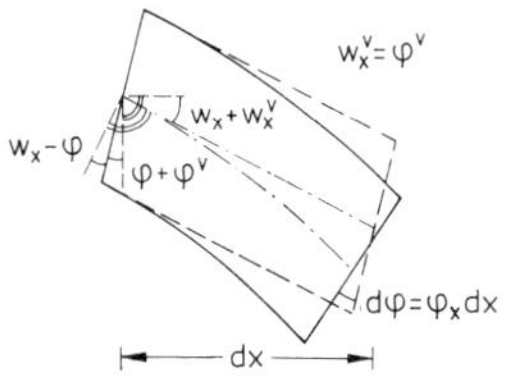

Bild 3.1–14 Verformung des Stabelements aus Querkraft und Biegemoment

Bei der Querkraftverformung allein bleiben alle Querschnitte parallel, so daß eine Änderung des Querschnittsdrehwinkels φ nur durch das Biegemoment und eine gegebenenfalls vorhandene eingeprägte Verkrümmung $\varkappa^e$ (z. B. aus Temperaturänderung) erzeugt wird und deshalb auch bei Berücksichtigung der Querkraftverformung unverändert gilt

$$\varphi_x = -\varkappa = -\left(\frac{M}{EI} + \varkappa^e\right) \tag{3.1–8}$$

jedoch ist $\varkappa$ hier nicht mehr die Verkrümmung der Stabachse, sondern die auf die Stablängeneinheit bezogene Änderung des Querschnittsdrehwinkels.

3.1.2.4 Differentialgleichung für *M*

Es wird die Differenz von (3.1–1) und (3.1–2) gebildet und dann (3.1–7) eingesetzt

$$Q - Q^* = N(w_x - \varphi) = Q\frac{N}{S} \tag{3.1–9}$$

Mit der Abkürzung

$$\gamma = \frac{1}{1 - \dfrac{N}{S}} \tag{3.1–10}$$

erhält man daraus

$$Q^* = \frac{Q}{\gamma} \tag{3.1–11}$$

Q^* wird nach (3.1–2) und Q gemäß (3.1–6) ersetzt

$$R + N(\varphi + \varphi^v) = \frac{1}{\gamma}(M_x - m)$$

Löst man diese Beziehung nach φ auf, bildet die Ableitung nach x und eliminiert φ_x mit (3.1–8), so erhält man unter Beachtung von $w_x^V = \varphi^V$ folgende Differentialgleichung für M:

$$\frac{M}{EI} + \left(\frac{M_x}{\gamma N}\right)_x = \left(\frac{R + \frac{m}{\gamma}}{N}\right)_x + w_{xx}^V - \varkappa^e \tag{3.1–12}$$

R läßt sich durch Integration von (3.1–5) bestimmen, wobei eine unbekannte Konstante – in der nachfolgend dargestellten Form z. B. R_i (vgl. Bild 3.1–12) – auftritt.

$$R = R_i - \int_0^x q\,dx \tag{3.1–13}$$

Bei Vernachlässigung von Querkraftverformungen ist $S = \infty$ und wegen (3.1–10) $\gamma = 1$.
Im weiteren wird als Vorverformung – wie bereits in Abschnitt 3.1.1.3 – ausschließlich die Vorverdrehung $\psi^V = \psi^0$ und die Vorkrümmung mit dem Stich w^0 verwendet (Bild 3.1–15). Die durch w_i^V beschriebene Parallelverschiebung ist für die Schnittkraftermittlung ohne Bedeutung.

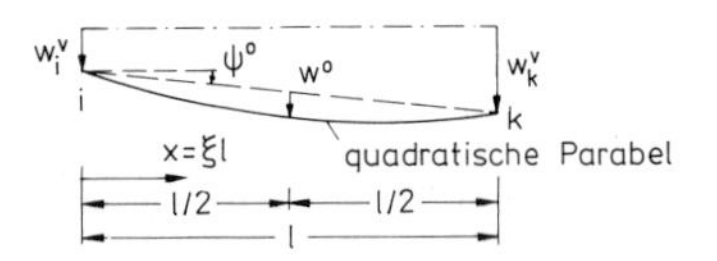

Bild 3.1–15 Zugrunde gelegte Vorverformung

Für w^V, w_x^V, w_{xx}^V gilt

$$\left.\begin{aligned} w^V &= w_i^V + \xi\psi^0 l + 4(\xi - \xi^2)\, w^0 \\ w_x^V &= \varphi^V = \psi^0 + 4(1 - 2\xi)\frac{w^0}{l} \\ w_{xx}^V &= -8\frac{w^0}{l^2} \end{aligned}\right\} \tag{3.1–14}$$

Weiterhin werden die Beziehungen mit folgenden Annahmen vereinfacht:

$N = \text{const}$, $S = \text{const}$, $n = 0$, $m = 0$

Damit vereinfacht sich die Differentialgleichung (3.1–12) (nach Multiplikation mit γN) zu

$$M_{xx} + \frac{\gamma N}{EI} M = -\gamma q - \gamma N\left(8\frac{w^0}{l^2} + \varkappa^e\right) \tag{3.1–15}$$

wobei gemäß (3.1–5) $R_x = -q$ eingesetzt wurde.
Statt x wird nun die dimensionslose Koordinate $\xi = x/l$ verwendet

$$M_{\xi\xi} + \frac{\gamma N l^2}{EI} M = -\gamma(q l^2 + 8 N w^0 + N l^2 \varkappa^e) \tag{3.1–16}$$

In einem weiteren Schritt wird

$EI = \text{const}$

angenommen und die Stabkennzahl

$$\varepsilon = l\sqrt{\frac{\gamma N}{EI}} \tag{3.1–17}$$

eingeführt, womit die Differentialgleichung (3.1–16) die Form annimmt

$$M_{\xi\xi} + \varepsilon^2 M = -\gamma(q l^2 + 8 N w^0 + N l^2 \varkappa^e) \tag{3.1–18}$$

Das Zusatzglied $8Nw^0$ in der Klammer tritt in gleicher Weise auf, wenn die Vorkrümmung gemäß Bild 3.1–6a als Ersatzlast in die Rechnung eingeführt wird.
Im Gegensatz zur Differentialgleichung (3.1–12), welche wegen des Auftretens von R eine unbekannte Konstante enthält, sind in den Differentialgleichungen (3.1–15), (3.1–16) und (3.1–18) alle Koeffizienten und Lastglieder bekannt, und die Lösung M liegt eindeutig fest, wenn als Randbedingungen die beiden Stabendmomente M_i und M_k gegeben sind. Über die Gleichgewichtsbeziehung (3.1–6) können dann aus den Momenten M die Querkräfte Q berechnet werden. Für den angenommenen Sonderfall $m = 0$ gilt

$$Q = M_x = \frac{1}{l} M_\xi \tag{3.1–19}$$

Damit ist der vollständige Schnittkraftzustand M, Q, N (= const) bestimmbar.
Bei Anwendung der Theorie I. Ordnung ist $\varepsilon = 0$ und $\gamma = 1$ zu setzen.

3.1.2.5 Lastverformungen relativ zur Stabsehne

Nachfolgende Ausführungen gelten für den Fall $N=$ const, $S=$ const, $n=0$, $m=0$.
Zerlegt man, wie in Bild 3.1–16 gezeigt, die Lastverformung in einen Starrkörperanteil, der die Bewegung bis zur Sehne des verformten Stabes beinhaltet, und einen echten Verformungsanteil, der die Deformation von dieser Sehne bis zur verformten Lage beschreibt, so ist der letzte Anteil aus dem Schnittkraftzustand eindeutig bestimmbar, während der erste Anteil überhaupt nicht mit Schnittgrößen verbunden und deshalb aus diesen auch nicht berechenbar ist.

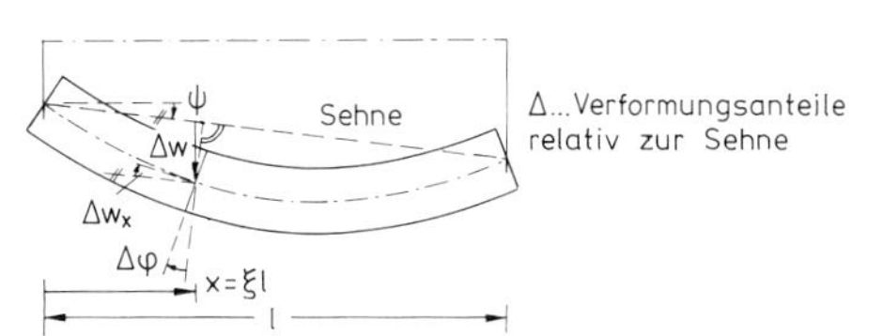

Bild 3.1–16
Zerlegung der Lastverformung in einen Starrkörperanteil und einen Verformungsanteil relativ zur Sehne

Die Verformungsanteile relativ zur Sehne werden gemäß den Definitionen des Abschnittes 3.1.2.1 mit $\Delta \ldots$ bezeichnet.
Da bei der Starrkörperbewegung keine Deformationen auftreten, gelten die Querschnittsbeziehungen (3.1–7) und (3.1–8) in gleicher Weise auch für die Verformungen relativ zur Sehne

$$\Delta w_x - \Delta \varphi = \frac{Q}{S} \tag{3.1–20}$$

$$\Delta \varphi_x = -\left(\frac{M}{EI} + \varkappa^e\right) \tag{3.1–21}$$

Aus dem gleichen Grunde ist

$$\Delta w_{xx} = w_{xx} \tag{3.1–22}$$

Gesucht seien nun die Relativverformungsgrößen Δw, Δw_x, $\Delta \varphi$.
Die Ableitung von (3.1–1) nach x liefert unter Berücksichtigung von (3.1–19), (3.1–5) und (3.1–22)

$$M_{xx} = -q + N(\Delta w_{xx} + w^V_{xx}) \tag{3.1–23}$$

Nach Einsetzen von w^V_{xx} gemäß (3.1–14) und Auflösen nach Δw_{xx} erhält man

$$\Delta w_{xx} = \frac{1}{N}(M_{xx} + q) + 8\,\frac{w^0}{l^2} \tag{3.1–24}$$

Es gelten die Randbedingungen

$$\left.\begin{aligned} \xi = 0:\quad \Delta w = 0,\quad M = M_i \\ \xi = 1:\quad \Delta w = 0,\quad M = M_k \end{aligned}\right\} \tag{3.1–25}$$

Die zweifache Integration von (3.1–24) unter Berücksichtigung dieser Randbedingungen ergibt

$$\Delta w = \frac{1}{N}[M - M^q - (1-\xi)M_i - \xi M_k] - 4(\xi - \xi^2)\,w^0 \tag{3.1–26}$$

wobei M^q die Momentenlinie (nach Theorie I. Ordnung) am Balken auf zwei Stützen, hervorgerufen *nur* durch die Querlast q ist.
Die Ableitung von (3.1–26) nach x liefert

$$\Delta w_x = \frac{1}{N}\left[Q - Q^q - \frac{1}{l}(M_k - M_i)\right] - 4(1-2\xi)\,\frac{w^0}{l} \tag{3.1–27}$$

wobei analog Q^q die Querkraftlinie (nach Theorie I. Ordnung) am Balken auf zwei Stützen hervorgerufen *nur* durch die Querlast q ist.
Mit Hilfe von (3.1–20) läßt sich die Relativverdrehung $\Delta \varphi$ des Querschnitts aus (3.1–27) leicht ermitteln. Unter Berücksichtigung von (3.1–10) erhält man

$$\Delta \varphi = \frac{1}{N}\left[\frac{1}{\gamma}\,Q - Q^q - \frac{1}{l}(M_k - M_i)\right] - 4(1-2\xi)\,\frac{w^0}{l} \tag{3.1–28}$$

Bei Vernachlässigung der Querkraftverformungen gilt $\gamma = 1$ und $\Delta w_x = \Delta \varphi$.

Die Formeln (3.1–26) bis (3.1–28) erlauben bei bekanntem Momenten- und Querkraftzustand die unmittelbare Berechnung aller interessierenden Relativverformungsgrößen ohne Ausführung zusätzlicher Integrationen.

Theorie I. Ordnung
Im Sonderfall der Theorie I. Ordnung führen diese Formeln mit $N = 0$ jeweils auf einen unbestimmten Ausdruck der Form 0/0. Dieser könnte zwar durch Grenzübergang aus den für Theorie II. Ordnung gültigen Formeln berechnet werden, jedoch lassen sich die gesuchten Relativverformungen einfacher durch Integration gewinnen. Aus (3.1–20) und (3.1–21) ergibt sich zunächst

$$\Delta w_{xx} = -\frac{M}{EI} - \varkappa^e + \frac{Q_x}{S} = -\frac{M}{EI} - \varkappa^e + \frac{M_{xx}}{S} \qquad (3.1\text{–}29)$$

Die zweifache Integration unter Berücksichtigung der Randbedingungen (3.1–25) liefert

$$\Delta w = \Delta w^M + \frac{M^q}{S} + \Delta w^e \qquad (3.1\text{–}30)$$

worin Δw^M bzw. Δw^e die übliche Durchbiegung nach Theorie I. Ordnung am Balken auf zwei Stützen hervorgerufen *nur* durch das Biegemoment M bzw. die eingeprägte Verkrümmung $\varkappa^e$ ist.

Die Ableitung nach x ergibt

$$\Delta w_x = \Delta w_x^M + \frac{Q^q}{S} + \Delta w_x^e \qquad (3.1\text{–}31)$$

Dabei ist Δw_x^M bzw. Δw_x^e die Neigung der Biegelinie Δw^M bzw. Δw^e.
Aus (3.1–20) erhält man mit (3.1–31)

$$\Delta \varphi = \Delta w_x^M + \frac{Q^q - Q}{S} + \Delta w_x^e$$

und mit $Q = Q^q - \frac{1}{l}(M_i - M_k)$

$$\Delta \varphi = \Delta w_x^M + \frac{M_i - M_k}{Sl} + \Delta w_x^e \qquad (3.1\text{–}32)$$

Aus vorstehenden Formeln läßt sich ablesen, daß die durch die Querkraftverformungen hervorgerufenen Biegeordinaten nur durch die Querlast, nicht aber durch die Endmomente, dagegen die durch die Querkraftverformungen hervorgerufenen Querschnittsdrehwinkel nur durch die Endmomente, nicht aber durch die Querlast beeinflußt werden.
Die absoluten Verdrehungen schließlich werden – sowohl für Theorie I. als auch II. Ordnung – durch Addition des Stabdrehwinkels ψ zu Δw_x bzw. $\Delta\varphi$ erhalten (Bild 3.1–16)

$$w_x = \Delta w_x + \psi \qquad (3.1\text{–}33)$$

$$\varphi = \Delta \varphi + \psi \qquad (3.1\text{–}34)$$

In der Regel interessieren in erster Linie die Querschnittsdrehwinkel φ, da hiermit alle Verträglichkeitsbeziehungen zu formulieren sind, während die Drehwinkel w_x der Stabachse weniger von Bedeutung sind. An einer starren Einspannung beispielsweise ist $\varphi = 0$, nicht aber $w_x = 0$ (wenn Querkraftverformungen berücksichtigt werden).

3.1.2.6 Transversalkräfte R_i und R_k an den Stabenden

Die Stabendschnittkräfte R_i und R_k gemäß Bild 3.1–12 werden zur Berechnung von Auflagerkräften oder zur Formulierung von Gleichgewichtsbedingungen der an den Stabenden vorhandenen Knoten benötigt.
Das Momentengleichgewicht für den in Bild 3.1–12 dargestellten Stab bezüglich des Endpunktes i ergibt

$$\int_0^l qx\,dx + \int_0^l m\,dx + M_i - M_k + R_k l + \int_0^l n\,(w + w^V - w_i - w_i^V)\,dx + N_k(w_k + w_k^V - w_i - w_i^V) = 0$$

Vereinbart man

$$A_k = \frac{1}{l}\int_0^l qx\,dx \qquad (3.1\text{–}35)$$

so ist A_k die am rechten Ende k des Balkens auf 2 Stützen vorhandene Auflagerkraft, wenn *nur* die Querlast q wirkt. Entsprechend ist die unten in (3.1–37) verwendete Größe A_i die Auflagerkraft am linken Ende i des Balkens auf 2 Stützen. (Es gilt $A_i = Q_i^q$, $A_k = -Q_k^q$, wobei Q^q im Unterabschnitt 3.1.2.5 definiert ist.)
Nach Anwendung der partiellen Integration auf das 3. Integral der Gleichgewichtsbedingung und unter Berücksichtigung von $N_x = -n$ gemäß (3.1–4) erhält man

$$R_k = -A_k + \frac{1}{l}\left[M_k - M_i - \int_0^l m\,dx - \int_0^l N(w_x + w_x^V)\,dx\right] \qquad (3.1\text{–}36)$$

Entsprechend lauten die Formeln zur Bestimmung von R_i

$$A_i = \frac{1}{l}\int_0^l q\,(l-x)\,dx \qquad (3.1\text{–}37)$$

$$R_i = A_i + \frac{1}{l}\left[M_k - M_i - \int_0^l m\,dx - \int_0^l N(w_x - w_x^V)\,dx\right] \qquad (3.1\text{–}38)$$

Im Fall $m = 0$, $N = \text{const}$ vereinfachen sich (3.1–36) und (3.1–38) zu

$$R_i = A_i + \frac{1}{l}(M_k - M_i) - N(\psi + \psi^0) \qquad (3.1\text{–}39)$$

$$R_k = -A_k + \frac{1}{l}(M_k - M_i) - N(\psi + \psi^0) \qquad (3.1\text{–}40)$$

Im Sonderfall der Theorie I. Ordnung gilt mit $N = 0$

$$R_i = Q_i = A_i + \frac{1}{l}(M_k - M_i) \qquad (3.1\text{–}41)$$

$$R_k = Q_k = -A_k + \frac{1}{l}(M_k - M_i) \qquad (3.1\text{–}42)$$

Für Theorie I. und II. Ordnung gilt die aus vorstehenden Gleichungen unmittelbar ersichtliche Kontrollbeziehung

$$R_i - R_k = A_i + A_k = \int_0^l q\,dx \qquad (3.1\text{–}43)$$

Sie kann auch durch Integration von (3.1–5) über die Stablänge l gewonnen werden.

3.1.2.7 Gebrauchsformeln für den Stab oder Stababschnitt mit $EI = \text{const}$, $S = \text{const}$, $N = \text{const}$, $m = 0$

In den Tabellen 3.1–1 bis 3.1–6 sind für die wichtigsten Fälle von Querlasten und eingeprägten Deformationsgrößen Formeln für die Schnitt- und Verschiebungsgrößen, jeweils nach Theorie I. und II. Ordnung, angegeben. Als Vorverformungen sind die quadratische Parabel mit dem Stich w^0 und – sofern überhaupt von Einfluß – die geradlinige Vorverdrehung ψ^0 berücksichtigt. Die dargestellten Formeln sind Grundlage sowohl für die Kraft- als auch Verschiebungsgrößenverfahren der Baustatik.
Zu beachten ist, daß bei der Auswertung von trigonometrischen Funktionen die Argumente stets im *Bogenmaß* gemessen werden. Wenn diese Argumente aus Produkten bestehen, so sind der Einfachheit halber die Klammern weggelassen; z. B. bedeuten

$$\sin\varepsilon\xi = \sin(\varepsilon\xi), \qquad \cos\varepsilon(0{,}5-\xi) = \cos[\varepsilon(0{,}5-\xi)]$$

Numerische Schwierigkeiten bei der Auswertung der Formeln nach Theorie II. Ordnung können für kleine Stabkennzahlen (etwa für $\varepsilon < 0{,}1$) auftreten. In diesen Fällen kann die entsprechende Formel nach Theorie I. Ordnung stets als ausreichend genaue Näherung verwendet werden (wichtig insbesondere bei Programmierung).

Tabelle 3.1–1 Biegemomente $M(\xi)$, Querkräfte $Q(\xi)$ und Stabendquerkräfte Q_i, Q_k in Abhängigkeit der Querlast und der Stabendmomente M_i, M_k für beliebig gelagerten Stab oder Stababschnitt mit Biegesteifigkeit $EI=$ const, Schubsteifigkeit $S=$ const und Längskraft $N=$ const

i, k; ξl, $\xi' l$, l	Bereich	Theorie I. Ordnung	Theorie II. Ordnung	Theorie I. Ordnung
		$M(\xi)=$		$Q(\xi)=$
M_i		$\xi' M_i$	$\frac{\sin \varepsilon \xi'}{\sin \varepsilon} M_i$	$-\frac{M_i}{l}$
M_k		ξM_k	$\frac{\sin \varepsilon \xi}{\sin \varepsilon} M_k$	$\frac{M_k}{l}$
q, w^0; Vorverformung quadrat. Parabel		$\frac{1}{2} \xi\xi' q l^2$	$\frac{\gamma}{\varepsilon^2} \left(\frac{\cos \varepsilon (0{,}5-\xi)}{\cos \varepsilon/2} - 1\right)(q l^2 + 8 N w^0)$	$\left(\frac{1}{2} - \xi\right) q l$
① ② ③; q; αl, $\alpha' l$, $\beta' l$, βl	①	$\frac{\xi}{2}(\alpha'^2 - \beta^2) q l^2$	$\frac{\gamma \sin \varepsilon \xi}{\varepsilon^2 \sin \varepsilon}(\cos \varepsilon \beta - \cos \varepsilon \alpha') q l^2$	$\frac{\alpha'^2 - \beta^2}{2} q l$
	②	$\frac{1}{2}(\xi\xi' - \xi\beta^2 - \xi'\alpha^2) q l^2$	$\frac{\gamma}{\varepsilon^2}\left(\frac{\cos \varepsilon \beta \sin \varepsilon \xi + \cos \varepsilon \alpha \sin \varepsilon \xi'}{\sin \varepsilon} - 1\right) q l^2$	$\left(\frac{1 + \alpha^2 - \beta^2}{2} - \xi\right) q l$
	③	$\frac{\xi'}{2}(\beta'^2 - \alpha^2) q l^2$	$\frac{\gamma \sin \varepsilon \xi'}{\varepsilon^2 \sin \varepsilon}(\cos \varepsilon \alpha - \cos \varepsilon \beta') q l^2$	$-\frac{\beta'^2 - \alpha^2}{2} q l$
q_i		$\frac{1}{6}(\xi' - \xi'^3) q_i l^2$	$\frac{\gamma}{\varepsilon^2}\left(\frac{\sin \varepsilon \xi'}{\sin \varepsilon} - \xi'\right) q_i l^2$	$\frac{3\xi'^2 - 1}{6} q_i l$
q_k		$\frac{1}{6}(\xi - \xi^3) q_k l^2$	$\frac{\gamma}{\varepsilon^2}\left(\frac{\sin \varepsilon \xi}{\sin \varepsilon} - \xi\right) q_k l^2$	$\frac{1 - 3\xi^2}{6} q_k l$
q; quadrat. Parabel		$\frac{1}{3} \xi\xi'(1 + \xi\xi') q l^2$	$\frac{4\gamma}{\varepsilon^2}\left[\frac{2}{\varepsilon^2}\left(\frac{\cos \varepsilon (0{,}5 - \xi)}{\cos \varepsilon/2} - 1\right) - \xi\xi'\right] q l^2$	$\frac{1}{3}(\xi' - \xi)(1 + 2\xi\xi') q l$
① P ②; αl, $\alpha' l$	①	$\alpha' \xi P l$	$\frac{\gamma \sin \varepsilon \alpha' \sin \varepsilon \xi}{\varepsilon \sin \varepsilon} P l$	$\alpha' P$
	②	$\alpha \xi' P l$	$\frac{\gamma \sin \varepsilon \alpha \sin \varepsilon \xi'}{\varepsilon \sin \varepsilon} P l$	$-\alpha P$
① M^e ②; αl, $\alpha' l$	①	$-\xi M^e$	$-\frac{\cos \varepsilon \alpha' \sin \varepsilon \xi}{\sin \varepsilon} M^e$	$-\frac{M^e}{l}$
	②	$\xi' M^e$	$\frac{\cos \varepsilon \alpha \sin \varepsilon \xi'}{\sin \varepsilon} M^e$	
Temperatur; d; ΔT		0	$\frac{\gamma}{\varepsilon^2}\left(\frac{\cos \varepsilon (0{,}5 - \xi)}{\cos \varepsilon/2} - 1\right) N l^2 \frac{\Delta T}{d} \alpha_T$	0
① ②; Φ; αl, $\alpha' l$	①	0	$\frac{\gamma \sin \varepsilon \alpha' \sin \varepsilon \xi}{\varepsilon \sin \varepsilon} N l \phi$	0
	②		$\frac{\gamma \sin \varepsilon \alpha \sin \varepsilon \xi'}{\varepsilon \sin \varepsilon} N l \phi$	
① ②; W; αl, $\alpha' l$	①	0	$-\frac{\cos \varepsilon \alpha' \sin \varepsilon \xi}{\sin \varepsilon} N W$	0
	②		$\frac{\cos \varepsilon \alpha \sin \varepsilon \xi'}{\sin \varepsilon} N W$	

$\gamma = \dfrac{1}{1-\dfrac{N}{S}}$ $\qquad \varepsilon = l\sqrt{\dfrac{\gamma N}{EI}}$ $\qquad$ Vernachlässigung von Q-Verformungen: $\gamma = 1$

Theorie II. Ordnung	Th.I.Ordn.	Theorie II. Ordnung	Th. I.Ordn.	Theorie II. Ordnung
$Q(\xi) =$	$Q_i =$		$Q_k =$	
$-\frac{\varepsilon\cos\varepsilon\xi'}{\sin\varepsilon}\frac{M_i}{l}$	$-\frac{M_i}{l}$	$-\frac{\varepsilon}{\tan\varepsilon}\frac{M_i}{l}$	$-\frac{M_i}{l}$	$-\frac{\varepsilon}{\sin\varepsilon}\frac{M_i}{l}$
$\frac{\varepsilon\cos\varepsilon\xi}{\sin\varepsilon}\frac{M_k}{l}$	$\frac{M_k}{l}$	$\frac{\varepsilon}{\sin\varepsilon}\frac{M_k}{l}$	$\frac{M_k}{l}$	$\frac{\varepsilon}{\tan\varepsilon}\frac{M_k}{l}$
$\frac{\gamma\sin\varepsilon(0{,}5-\xi)}{\varepsilon\cos\varepsilon/2}\left(ql+8N\frac{w^0}{l}\right)$	$\frac{1}{2}ql$	$\frac{\gamma\tan\varepsilon/2}{\varepsilon}\left(ql+8N\frac{w^0}{l}\right)$	$-\frac{1}{2}ql$	$-\frac{\gamma\tan\varepsilon/2}{\varepsilon}\left(ql+8N\frac{w^0}{l}\right)$
$\frac{\gamma\cos\varepsilon\xi}{\varepsilon\sin\varepsilon}(\cos\varepsilon\beta-\cos\varepsilon\alpha')ql$ $\gamma\frac{\cos\varepsilon\beta\cos\varepsilon\xi-\cos\varepsilon\alpha\cos\varepsilon\xi'}{\varepsilon\sin\varepsilon}ql$ $-\frac{\gamma\cos\varepsilon\xi'}{\varepsilon\sin\varepsilon}(\cos\varepsilon\alpha-\cos\varepsilon\beta')ql$	$\frac{\alpha'^2-\beta^2}{2}ql$	$\gamma\frac{\cos\varepsilon\beta-\cos\varepsilon\alpha'}{\varepsilon\sin\varepsilon}ql$	$-\frac{\beta'^2-\alpha^2}{2}ql$	$-\gamma\frac{\cos\varepsilon\alpha-\cos\varepsilon\beta'}{\varepsilon\sin\varepsilon}ql$
$\frac{\gamma}{\varepsilon^2}\left(1-\frac{\varepsilon\cos\varepsilon\xi'}{\sin\varepsilon}\right)q_il$	$\frac{1}{3}q_il$	$\frac{\gamma}{\varepsilon^2}\left(1-\frac{\varepsilon}{\tan\varepsilon}\right)q_il$	$-\frac{1}{6}q_il$	$-\frac{\gamma}{\varepsilon^2}\left(\frac{\varepsilon}{\sin\varepsilon}-1\right)q_il$
$\frac{\gamma}{\varepsilon^2}\left(\frac{\varepsilon\cos\varepsilon\xi}{\sin\varepsilon}-1\right)q_kl$	$\frac{1}{6}q_kl$	$\frac{\gamma}{\varepsilon^2}\left(\frac{\varepsilon}{\sin\varepsilon}-1\right)q_kl$	$-\frac{1}{3}q_kl$	$-\frac{\gamma}{\varepsilon^2}\left(1-\frac{\varepsilon}{\tan\varepsilon}\right)q_kl$
$\frac{4\gamma}{\varepsilon^2}\left(\frac{2\sin\varepsilon(0{,}5-\xi)}{\varepsilon\cos\varepsilon/2}+\xi-\xi'\right)ql$	$\frac{1}{3}ql$	$\frac{4\gamma}{\varepsilon^2}\left(\frac{\tan\varepsilon/2}{\varepsilon/2}-1\right)ql$	$-\frac{1}{3}ql$	$-\frac{4\gamma}{\varepsilon^2}\left(\frac{\tan\varepsilon/2}{\varepsilon/2}-1\right)ql$
$\frac{\gamma\sin\varepsilon\alpha'\cos\varepsilon\xi}{\sin\varepsilon}P$ $-\frac{\gamma\sin\varepsilon\alpha\cos\varepsilon\xi'}{\sin\varepsilon}P$	$\alpha' P$	$\frac{\gamma\sin\varepsilon\alpha'}{\sin\varepsilon}P$	$-\alpha P$	$-\frac{\gamma\sin\varepsilon\alpha}{\sin\varepsilon}P$
$-\frac{\varepsilon\cos\varepsilon\alpha'\cos\varepsilon\xi}{\sin\varepsilon}\frac{M^e}{l}$ $-\frac{\varepsilon\cos\varepsilon\alpha\cos\varepsilon\xi'}{\sin\varepsilon}\frac{M^e}{l}$	$-\frac{M^e}{l}$	$-\frac{\varepsilon\cos\varepsilon\alpha'}{\sin\varepsilon}\frac{M^e}{l}$	$-\frac{M^e}{l}$	$-\frac{\varepsilon\cos\varepsilon\alpha}{\sin\varepsilon}\frac{M^e}{l}$
$\frac{\gamma\sin\varepsilon(0{,}5-\xi)}{\varepsilon\cos\varepsilon/2}Nl\frac{\Delta T}{d}\alpha_T$	0	$\frac{\gamma\tan\varepsilon/2}{\varepsilon}Nl\frac{\Delta T}{d}\alpha_T$	0	$-\frac{\gamma\tan\varepsilon/2}{\varepsilon}Nl\frac{\Delta T}{d}\alpha_T$
$\frac{\gamma\sin\varepsilon\alpha'\cos\varepsilon\xi}{\sin\varepsilon}N\phi$ $-\frac{\gamma\sin\varepsilon\alpha\cos\varepsilon\xi'}{\sin\varepsilon}N\phi$	0	$\frac{\gamma\sin\varepsilon\alpha'}{\sin\varepsilon}N\phi$	0	$-\frac{\gamma\sin\varepsilon\alpha}{\sin\varepsilon}N\phi$
$-\frac{\varepsilon\cos\varepsilon\alpha'\cos\varepsilon\xi}{\sin\varepsilon}N\frac{W}{l}$ $-\frac{\varepsilon\cos\varepsilon\alpha\cos\varepsilon\xi'}{\sin\varepsilon}N\frac{W}{l}$	0	$-\frac{\varepsilon\cos\varepsilon\alpha'}{\sin\varepsilon}N\frac{W}{l}$	0	$-\frac{\varepsilon\cos\varepsilon\alpha}{\sin\varepsilon}N\frac{W}{l}$

Tabelle 3.1–2 Biegeordinaten $\Delta w(\xi)$, Querschnittsdrehwinkel $\Delta\varphi(\xi)$ und Stabenddrehwinkel ϕ_i, ϕ_k relativ zur Sehne in Abhängigkeit der Querlast und der Stabendmomente M_i, M_k für beliebig gelagerten Stab oder Stababschnitt mit Biegesteifigkeit $EI=$ const, Schubsteifigkeit $S=$ const und Längskraft $N=$ const

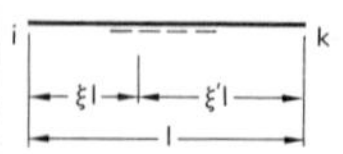 i — k; ξl, $\xi' l$, l	Bereich	Theorie I. Ordnung
		$\Delta w(\xi) =$
 M_i		$\frac{1}{6}(\xi' - \xi'^3)\frac{M_i l^2}{EI}$
M_k		$\frac{1}{6}(\xi - \xi^3)\frac{M_k l^2}{EI}$
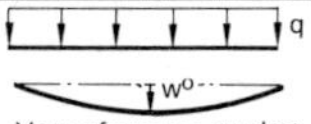 q, w^0; Vorverformung quadrat. Parabel		$\frac{\xi\xi'}{24}(1 + \xi\xi' + 12\varrho)\frac{ql^4}{EI}$
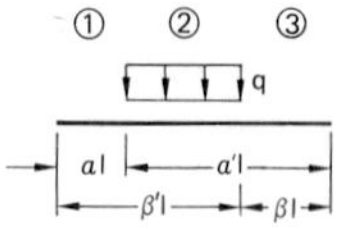 ① ② ③; q; al, $\alpha' l$, $\beta' l$, βl	①	$\frac{1}{24}(\alpha'^2 - \beta^2)\xi(2 - \alpha'^2 - \beta^2 - 2\xi^2 + 12\varrho)\frac{ql^4}{EI}$
	②	$\frac{1}{24}[(\alpha'^2 - \beta^2)\xi(2 - \alpha'^2 - \beta^2 - 2\xi^2 + 12\varrho) + (\xi - \alpha)^4 - 12(\xi - \alpha)^2\varrho]\frac{ql^4}{EI}$
	③	$\frac{1}{24}(\beta'^2 - \alpha^2)\xi'(2 - \beta'^2 - \alpha^2 - 2\xi'^2 + 12\varrho)\frac{ql^4}{EI}$
 q_i		$\frac{\xi' - \xi'^3}{360}(7 - 3\xi'^2 + 60\varrho)\frac{q_i l^4}{EI}$
 q_k		$\frac{\xi - \xi^3}{360}(7 - 3\xi^2 + 60\varrho)\frac{q_k l^4}{EI}$
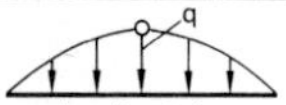 q; quadrat. Parabel		$\frac{1}{90}[(1 + \xi\xi')^3 - 1 + 30\xi\xi'(1 + \xi\xi')\varrho]\frac{ql^4}{EI}$
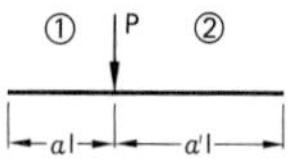 ① P ②; al, $\alpha' l$	①	$\frac{\alpha'\xi}{6}(1 - \alpha'^2 - \xi^2 + 6\varrho)\frac{Pl^3}{EI}$
	②	$\frac{\alpha\xi'}{6}(1 - \alpha^2 - \xi'^2 + 6\varrho)\frac{Pl^3}{EI}$
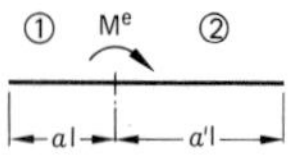 ① M^e ②; al, $\alpha' l$	①	$-\frac{\xi}{6}(1 - 3\alpha'^2 - \xi^2)\frac{M^e l^2}{EI}$
	②	$\frac{\xi'}{6}(1 - 3\alpha^2 - \xi'^2)\frac{M^e l^2}{EI}$
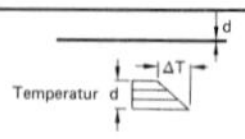 Temperatur; d; ΔT		$\frac{1}{2}\xi\xi' l^2\frac{\Delta T}{d}\alpha_T$
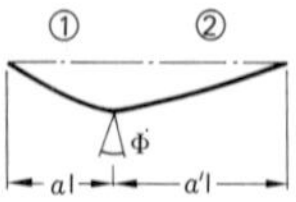 ① ②; ϕ; al, $\alpha' l$	①	$\alpha'\xi l\phi$
	②	$\alpha\xi' l\phi$
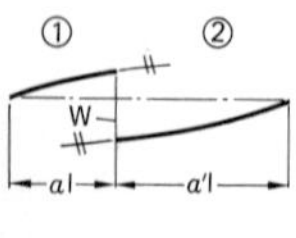 ① ②; W; al, $\alpha' l$	①	$-\xi W$
	②	$\xi' W$

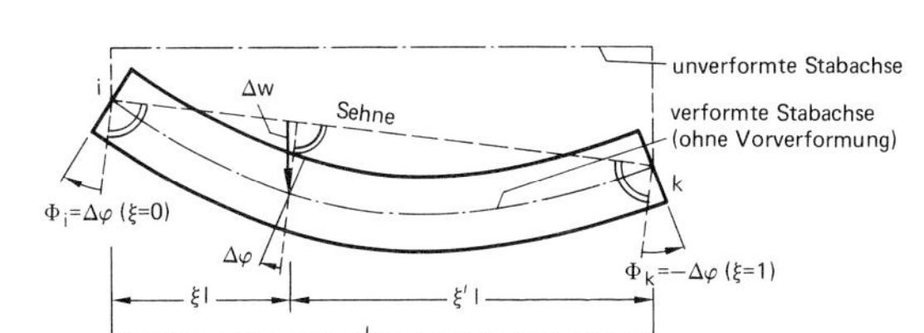

$$\varrho = \frac{EI}{Sl^2} \qquad \gamma = \frac{1}{1 - \frac{N}{S}} \qquad \varepsilon = l\sqrt{\frac{\gamma N}{EI}}$$

Vernachlässigung von Q-Verformungen: $\varrho = 0$, $\gamma = 1$

Theorie II. Ordnung	Theorie I. Ordnung
$\Delta w(\xi) =$	$\Delta \varphi(\xi) =$
$\left(\frac{\sin \varepsilon \xi'}{\sin \varepsilon} - \xi'\right) \frac{M_i}{N}$	$\left(\frac{3\,\xi'^2 - 1}{6} + \varrho\right) \frac{M_i l}{EI}$
$\left(\frac{\sin \varepsilon \xi}{\sin \varepsilon} - \xi\right) \frac{M_k}{N}$	$\left(\frac{1 - 3\,\xi^2}{6} - \varrho\right) \frac{M_k l}{EI}$
$\left[\frac{\gamma}{\varepsilon^2}\left(\frac{\cos \varepsilon\,(0{,}5 - \xi)}{\cos \varepsilon/2} - 1\right) - \frac{\xi\xi'}{2}\right] \frac{q\,l^2 + 8\,N w^0}{N}$	$\frac{1}{24}\,(1 - 6\,\xi^2 + 4\,\xi^3)\,\frac{q\,l^3}{EI}$
$\left[\frac{\gamma \sin \varepsilon \xi}{\varepsilon^2 \sin \varepsilon}\,(\cos \varepsilon \beta - \cos \varepsilon \alpha') - \frac{\xi}{2}\,(\alpha'^2 - \beta^2)\right] \frac{q\,l^2}{N}$	$\frac{1}{24}\,(\alpha'^2 - \beta^2)(2 - \alpha'^2 - \beta^2 - 6\,\xi^2)\,\frac{q\,l^3}{EI}$
$\left[\frac{\gamma}{\varepsilon^2}\left(\frac{\cos \varepsilon \beta \sin \varepsilon \xi + \cos \varepsilon \alpha \sin \varepsilon \xi'}{\sin \varepsilon} - 1\right) - \frac{1}{2}\,(\xi\xi' - \xi\beta^2 - \xi'\,\alpha^2)\right] \frac{q\,l^2}{N}$	$\frac{1}{24}\,[(\alpha'^2 - \beta^2)(2 - \alpha'^2 - \beta^2 - 6\,\xi^2) + 4\,(\xi - \alpha)^3]\,\frac{q\,l^3}{EI}$
$\left[\frac{\gamma \sin \varepsilon \xi'}{\varepsilon^2 \sin \varepsilon}\,(\cos \varepsilon \alpha - \cos \varepsilon \beta') - \frac{\xi'}{2}\,(\beta'^2 - \alpha^2)\right] \frac{q\,l^2}{N}$	$-\frac{1}{24}\,(\beta'^2 - \alpha^2)(2 - \beta'^2 - \alpha^2 - 6\,\xi'^2)\,\frac{q\,l^3}{EI}$
$\left[\frac{\gamma}{\varepsilon^2}\left(\frac{\sin \varepsilon \xi'}{\sin \varepsilon} - \xi'\right) - \frac{\xi' - \xi'^3}{6}\right] \frac{q_i l^2}{N}$	$-\frac{1}{360}\,(7 - 30\,\xi'^2 + 15\,\xi'^4)\,\frac{q_i l^3}{EI}$
$\left[\frac{\gamma}{\varepsilon^2}\left(\frac{\sin \varepsilon \xi}{\sin \varepsilon} - \xi\right) - \frac{\xi - \xi^3}{6}\right] \frac{q_k l^2}{N}$	$\frac{1}{360}\,(7 - 30\,\xi^2 + 15\,\xi^4)\,\frac{q_k l^3}{EI}$
$\left\{\frac{4\gamma}{\varepsilon^2}\left[\frac{2}{\varepsilon^2}\left(\frac{\cos \varepsilon\,(0{,}5 - \xi)}{\cos \varepsilon/2} - 1\right) - \xi\xi'\right] - \frac{1}{3}\,\xi\xi'\,(1 + \xi\xi')\right\} \frac{q\,l^2}{N}$	$\frac{1}{30}\,(\xi' - \xi)(1 + \xi\xi')^2\,\frac{q\,l^3}{EI}$
$\left(\frac{\gamma \sin \varepsilon \alpha' \sin \varepsilon \xi}{\varepsilon \sin \varepsilon} - \alpha'\xi\right) \frac{Pl}{N}$	$\frac{\alpha'}{6}\,(1 - \alpha'^2 - 3\,\xi^2)\,\frac{Pl^2}{EI}$
$\left(\frac{\gamma \sin \varepsilon \alpha \sin \varepsilon \xi'}{\varepsilon \sin \varepsilon} - \alpha\,\xi'\right) \frac{Pl}{N}$	$-\frac{\alpha}{6}\,(1 - \alpha^2 - 3\,\xi'^2)\,\frac{Pl^2}{EI}$
$\left(\xi - \frac{\cos \varepsilon \alpha' \sin \varepsilon \xi}{\sin \varepsilon}\right) \frac{M^e}{N}$	$\left(\frac{3\,(\alpha'^2 + \xi^2) - 1}{6} + \varrho\right) \frac{M^e l}{EI}$
$\left(\frac{\cos \varepsilon \alpha \sin \varepsilon \xi'}{\sin \varepsilon} - \xi'\right) \frac{M^e}{N}$	$\left(\frac{3\,(\alpha^2 + \xi'^2) - 1}{6} + \varrho\right) \frac{M^e l}{EI}$
$\frac{\gamma}{\varepsilon^2}\left(\frac{\cos \varepsilon\,(0{,}5 - \xi)}{\cos \varepsilon/2} - 1\right) l^2\,\frac{\Delta T}{d}\,\alpha_T$	$\left(\frac{1}{2} - \xi\right) l\,\frac{\Delta T}{d}\,\alpha_T$
$\frac{\gamma \sin \varepsilon \alpha' \sin \varepsilon \xi}{\varepsilon \sin \varepsilon}\,l\phi$	$\alpha'\,\phi$
$\frac{\gamma \sin \varepsilon \alpha \sin \varepsilon \xi'}{\varepsilon \sin \varepsilon}\,l\phi$	$-\alpha\,\phi$
$-\frac{\cos \varepsilon \alpha' \sin \varepsilon \xi}{\sin \varepsilon}\,W$	$-\frac{W}{l}$
$\frac{\cos \varepsilon \alpha \sin \varepsilon \xi'}{\sin \varepsilon}\,W$	

Tabelle 3.1–2 (Fortsetzung)

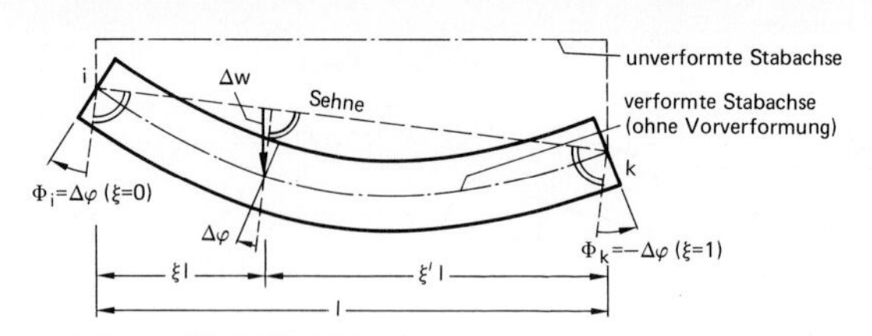

i — k; ξl, ξ'l, l	Bereich	Theorie II. Ordnung $\Delta\varphi(\xi) =$
M_i		$\left(1-\frac{\varepsilon\cos\varepsilon\xi'}{\gamma\sin\varepsilon}\right)\frac{M_i}{Nl}$
M_k		$\left(\frac{\varepsilon\cos\varepsilon\xi}{\gamma\sin\varepsilon}-1\right)\frac{M_k}{Nl}$
q, w^0; Vorverformung quadrat. Parabel		$\left(\frac{\sin\varepsilon(0{,}5-\xi)}{\varepsilon\cos\varepsilon/2}-\frac{1}{2}+\xi\right)\frac{ql^2+8Nw^0}{Nl}$
① ② ③ q; αl, α'l, β'l, βl	①	$\left[\frac{\cos\varepsilon\xi}{\varepsilon\sin\varepsilon}(\cos\varepsilon\beta-\cos\varepsilon\alpha')-\frac{\alpha'^2-\beta^2}{2}\right]\frac{ql}{N}$
	②	$\left(\frac{\cos\varepsilon\beta\cos\varepsilon\xi-\cos\varepsilon\alpha\cos\varepsilon\xi'}{\varepsilon\sin\varepsilon}-\frac{1+\alpha^2-\beta^2}{2}+\xi\right)\frac{ql}{N}$
	③	$-\left[\frac{\cos\varepsilon\xi'}{\varepsilon\sin\varepsilon}(\cos\varepsilon\alpha-\cos\varepsilon\beta')-\frac{\beta'^2-\alpha^2}{2}\right]\frac{ql}{N}$
q_i		$\left(\frac{1-\frac{\varepsilon\cos\varepsilon\xi'}{\sin\varepsilon}}{\varepsilon^2}+\frac{1}{6}-\frac{\xi'^2}{2}\right)\frac{q_i l}{N}$
q_k		$\left(\frac{\frac{\varepsilon\cos\varepsilon\xi}{\sin\varepsilon}-1}{\varepsilon^2}-\frac{1}{6}+\frac{\xi^2}{2}\right)\frac{q_k l}{N}$
q; quadrat. Parabel		$\left[\frac{4}{\varepsilon^2}\left(\frac{2\sin\varepsilon(0{,}5-\xi)}{\varepsilon\cos\varepsilon/2}+\xi-\xi'\right)-\frac{1}{3}(\xi'-\xi)(1+2\xi\xi')\right]\frac{ql}{N}$
① P ②; αl, α'l	①	$\left(\frac{\sin\varepsilon\alpha'\cos\varepsilon\xi}{\sin\varepsilon}-\alpha'\right)\frac{P}{N}$
	②	$\left(\alpha-\frac{\sin\varepsilon\alpha\cos\varepsilon\xi'}{\sin\varepsilon}\right)\frac{P}{N}$
① M^e ②; αl, α'l	①	$\left(1-\frac{\varepsilon\cos\varepsilon\alpha'\cos\varepsilon\xi}{\gamma\sin\varepsilon}\right)\frac{M^e}{Nl}$
	②	$\left(1-\frac{\varepsilon\cos\varepsilon\alpha\cos\varepsilon\xi'}{\gamma\sin\varepsilon}\right)\frac{M^e}{Nl}$
Temperatur; d, ΔT		$\frac{\sin\varepsilon(0{,}5-\xi)}{\varepsilon\cos\varepsilon/2}\,l\,\frac{\Delta T}{d}\,\alpha_T$
① ②; Φ; αl, α'l	①	$\frac{\sin\varepsilon\alpha'\cos\varepsilon\xi}{\sin\varepsilon}\,\phi$
	②	$-\frac{\sin\varepsilon\alpha\cos\varepsilon\xi'}{\sin\varepsilon}\,\phi$
① ②; W; αl, α'l	①	$-\frac{\varepsilon\cos\varepsilon\alpha'\cos\varepsilon\xi}{\gamma\sin\varepsilon}\frac{W}{l}$
	②	$-\frac{\varepsilon\cos\varepsilon\alpha\cos\varepsilon\xi'}{\gamma\sin\varepsilon}\frac{W}{l}$

$\varrho = \frac{EI}{Sl^2}$ $\gamma = \frac{1}{1-\frac{N}{S}}$ $\varepsilon = l\sqrt{\frac{\gamma N}{EI}}$ Vernachlässigung von Q-Verformungen: $\varrho = 0,\ \gamma = 1$

Th. I. Ordnung	Th. II. Ordnung	Th. I. Ordnung	Th. II. Ordnung
$\phi_i =$		$\phi_k =$	
$\left(\frac{1}{3}+\varrho\right)\frac{M_i l}{EI}$	$\left(1-\frac{\varepsilon}{\gamma\tan\varepsilon}\right)\frac{M_i}{Nl}$	$\left(\frac{1}{6}-\varrho\right)\frac{M_i l}{EI}$	$\left(\frac{\varepsilon}{\gamma\sin\varepsilon}-1\right)\frac{M_i}{Nl}$
$\left(\frac{1}{6}-\varrho\right)\frac{M_k l}{EI}$	$\left(\frac{\varepsilon}{\gamma\sin\varepsilon}-1\right)\frac{M_k}{Nl}$	$\left(\frac{1}{3}+\varrho\right)\frac{M_k l}{EI}$	$\left(1-\frac{\varepsilon}{\gamma\tan\varepsilon}\right)\frac{M_k}{Nl}$
$\frac{1}{24}\frac{ql^3}{EI}$	$\left(\frac{\tan\varepsilon/2}{\varepsilon}-\frac{1}{2}\right)\frac{ql^2+8Nw^0}{Nl}$	$\frac{1}{24}\frac{ql^3}{EI}$	$\left(\frac{\tan\varepsilon/2}{\varepsilon}-\frac{1}{2}\right)\frac{ql^2+8Nw^0}{Nl}$
$\frac{(1-\beta^2)^2-(1-\alpha'^2)^2}{24}\frac{ql^3}{EI}$	$\left(\frac{\cos\varepsilon\beta-\cos\varepsilon\alpha'}{\varepsilon\sin\varepsilon}-\frac{\alpha'^2-\beta^2}{2}\right)\frac{ql}{N}$	$\frac{(1-\alpha^2)^2-(1-\beta'^2)^2}{24}\frac{ql^3}{EI}$	$\left(\frac{\cos\varepsilon\alpha-\cos\varepsilon\beta'}{\varepsilon\sin\varepsilon}-\frac{\beta'^2-\alpha^2}{2}\right)\frac{ql}{N}$
$\frac{1}{45}\frac{q_i l^3}{EI}$	$\left(\frac{1-\frac{\varepsilon}{\tan\varepsilon}}{\varepsilon^2}-\frac{1}{3}\right)\frac{q_i l}{N}$	$\frac{7}{360}\frac{q_i l^3}{EI}$	$\left(\frac{\frac{\varepsilon}{\sin\varepsilon}-1}{\varepsilon^2}-\frac{1}{6}\right)\frac{q_i l}{N}$
$\frac{7}{360}\frac{q_k l^3}{EI}$	$\left(\frac{\frac{\varepsilon}{\sin\varepsilon}-1}{\varepsilon^2}-\frac{1}{6}\right)\frac{q_k l}{N}$	$\frac{1}{45}\frac{q_k l^3}{EI}$	$\left(\frac{1-\frac{\varepsilon}{\tan\varepsilon}}{\varepsilon^2}-\frac{1}{3}\right)\frac{q_k l}{N}$
$\frac{1}{30}\frac{ql^3}{EI}$	$\left(\frac{\frac{\tan\varepsilon/2}{\varepsilon/2}-1}{(\varepsilon/2)^2}-\frac{1}{3}\right)\frac{ql}{N}$	$\frac{1}{30}\frac{ql^3}{EI}$	$\left(\frac{\frac{\tan\varepsilon/2}{\varepsilon/2}-1}{(\varepsilon/2)^2}-\frac{1}{3}\right)\frac{ql}{N}$
$\frac{1}{6}(\alpha'-\alpha'^3)\frac{Pl^2}{EI}$	$\left(\frac{\sin\varepsilon\alpha'}{\sin\varepsilon}-\alpha'\right)\frac{P}{N}$	$\frac{1}{6}(\alpha-\alpha^3)\frac{Pl^2}{EI}$	$\left(\frac{\sin\varepsilon\alpha}{\sin\varepsilon}-\alpha\right)\frac{P}{N}$
$\left(\frac{3\alpha'^2-1}{6}+\varrho\right)\frac{M^e l}{EI}$	$\left(1-\frac{\varepsilon\cos\varepsilon\alpha'}{\gamma\sin\varepsilon}\right)\frac{M^e}{Nl}$	$\left(\frac{1-3\alpha^2}{6}-\varrho\right)\frac{M^e l}{EI}$	$\left(\frac{\varepsilon\cos\varepsilon\alpha}{\gamma\sin\varepsilon}-1\right)\frac{M^e}{Nl}$
$\frac{1}{2}l\frac{\Delta T}{d}\alpha_T$	$\frac{\tan\varepsilon/2}{\varepsilon}l\frac{\Delta T}{d}\alpha_T$	$\frac{1}{2}l\frac{\Delta T}{d}\alpha_T$	$\frac{\tan\varepsilon/2}{\varepsilon}l\frac{\Delta T}{d}\alpha_T$
$\alpha'\phi$	$\frac{\sin\varepsilon\alpha'}{\sin\varepsilon}\phi$	$\alpha\phi$	$\frac{\sin\varepsilon\alpha}{\sin\varepsilon}\phi$
$-\frac{W}{l}$	$-\frac{\varepsilon\cos\varepsilon\alpha'}{\gamma\sin\varepsilon}\frac{W}{l}$	$\frac{W}{l}$	$\frac{\varepsilon\cos\varepsilon\alpha}{\gamma\sin\varepsilon}\frac{W}{l}$

Tabelle 3.1–3 Stabendmomente M_i, M_k für verschiedene Querlast- und Verformungsfälle am beidseitig starr eingespannten Stab mit Biegesteifigkeit $EI = \text{const}$, Schubsteifigkeit $S = \text{const}$ und Längskraft $N = \text{const}$

M_i M_k i k l	Theorie I. Ordnung	Theorie II. Ordnung
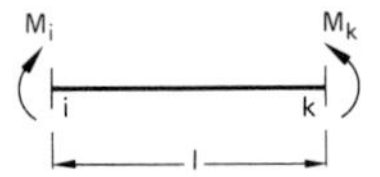	$M_i =$	
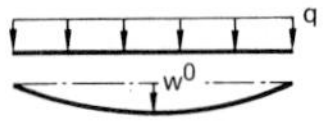 q, w^0; Vorverformung, quadrat. Parabel	$-\frac{1}{12}ql^2$	$-\gamma \frac{1-\frac{\varepsilon/2}{\tan\varepsilon/2}}{\varepsilon^2}(ql^2+8Nw^0)$
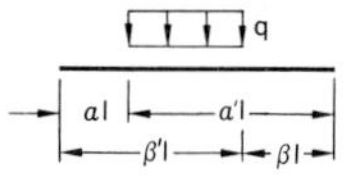 q; αl, $\alpha' l$, $\beta' l$, βl	$-\frac{1}{2+24\varrho}\left\{\left(\frac{1}{3}+\varrho\right)[(1-\beta^2)^2-(1-\alpha'^2)^2]-\left(\frac{1}{6}-\varrho\right)[(1-\alpha^2)^2-(1-\beta'^2)^2]\right\}ql^2$	$-\frac{\gamma/\varepsilon^2}{\gamma\frac{\tan\varepsilon/2}{\varepsilon/2}-1}\left[\left(\gamma-\frac{\varepsilon}{\tan\varepsilon}\right)\left(\frac{\cos\varepsilon\beta-\cos\varepsilon\alpha'}{\varepsilon\sin\varepsilon}-\frac{\alpha'^2-\beta^2}{2}\right)-\left(\frac{\varepsilon}{\sin\varepsilon}-\gamma\right)\left(\frac{\cos\varepsilon\alpha-\cos\varepsilon\beta'}{\varepsilon\sin\varepsilon}-\frac{\beta'^2-\alpha^2}{2}\right)\right]ql^2$
 q_i	$-\frac{1}{20}\frac{1+10\varrho}{1+12\varrho}q_i l^2$	$-\frac{\gamma}{2\varepsilon^2}\left(2-\frac{\varepsilon/2}{\tan\varepsilon/2}-\frac{\gamma-1+\varepsilon^2/12}{\gamma-\frac{\varepsilon/2}{\tan\varepsilon/2}}\right)q_i l^2$
 q_k	$-\frac{1}{30}\frac{1+15\varrho}{1+12\varrho}q_k l^2$	$-\frac{\gamma}{2\varepsilon^2}\left(-\frac{\varepsilon/2}{\tan\varepsilon/2}+\frac{\gamma-1+\varepsilon^2/12}{\gamma-\frac{\varepsilon/2}{\tan\varepsilon/2}}\right)q_k l^2$
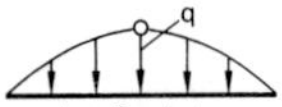 q; quadrat. Parabel	$-\frac{1}{15}ql^2$	$-\gamma\frac{\frac{\frac{\tan\varepsilon/2}{\varepsilon/2}-1}{(\varepsilon/2)^2}-\frac{1}{3}}{\varepsilon\tan\varepsilon/2}ql^2$
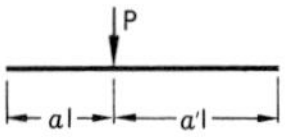 P; αl, $\alpha' l$	$-\alpha\alpha'\frac{\alpha'+6\varrho}{1+12\varrho}Pl$	$-\gamma\frac{\frac{\gamma}{\varepsilon}(\sin\varepsilon\alpha+\sin\varepsilon\alpha'-\sin\varepsilon)+\alpha+\alpha'\cos\varepsilon-\cos\varepsilon\alpha'}{2\gamma(1-\cos\varepsilon)-\varepsilon\sin\varepsilon}Pl$
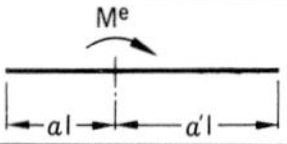 M^e; αl, $\alpha' l$	$\alpha'\left(\frac{3\alpha}{1+12\varrho}-1\right)M^e$	$\frac{\varepsilon\sin\varepsilon\alpha'-\gamma(1-\cos\varepsilon+\cos\varepsilon\alpha-\cos\varepsilon\alpha')}{2\gamma(1-\cos\varepsilon)-\varepsilon\sin\varepsilon}M^e$
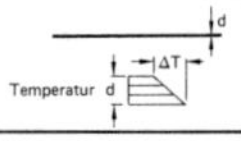 Temperatur; d, ΔT	$-EI\frac{\Delta T}{d}\alpha_T$	$-EI\frac{\Delta T}{d}\alpha_T$
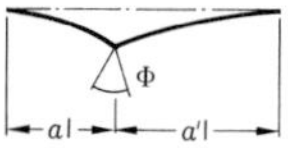 Φ; αl, $\alpha' l$	$-\left(1+\frac{3-6\alpha}{1+12\varrho}\right)\frac{EI}{l}\phi$	$-\varepsilon\frac{\gamma(\sin\varepsilon\alpha+\sin\varepsilon\alpha')-\varepsilon\cos\varepsilon\alpha'}{2\gamma(1-\cos\varepsilon)-\varepsilon\sin\varepsilon}\frac{EI}{l}\phi$
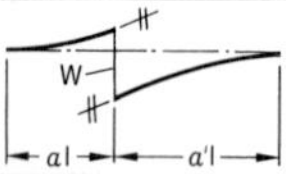 W; αl, $\alpha' l$	$\frac{6}{1+12\varrho}\frac{EI}{l^2}W$	$\varepsilon^2\frac{\cos\varepsilon\alpha'-\cos\varepsilon\alpha+\frac{\varepsilon}{\gamma}\sin\varepsilon\alpha'}{2\gamma(1-\cos\varepsilon)-\varepsilon\sin\varepsilon}\frac{EI}{l^2}W$
 φ_i	$\left(1+\frac{3}{1+12\varrho}\right)\frac{EI}{l}\varphi_i$	$\frac{\gamma-\frac{\varepsilon}{\tan\varepsilon}}{\gamma\frac{\tan\varepsilon/2}{\varepsilon/2}-1}\frac{EI}{l}\varphi_i$
 φ, φ	$2\frac{EI}{l}\varphi$	$\frac{\varepsilon}{\tan\varepsilon/2}\frac{EI}{l}\varphi$
 ψ	$-\frac{6}{1+12\varrho}\frac{EI}{l}\psi$	$-\frac{\varepsilon^2/2}{\gamma-\frac{\varepsilon/2}{\tan\varepsilon/2}}\frac{EI}{l}\psi$

$\varrho = \dfrac{EI}{Sl^2}$ $\quad \gamma = \dfrac{1}{1 - \dfrac{N}{S}}$ $\quad \varepsilon = l\sqrt{\dfrac{\gamma N}{EI}}$ Vernachlässigung von Q-Verformungen: $\varrho = 0,\ \gamma = 1$

Theorie I. Ordnung	Theorie II. Ordnung
$M_k =$	
$-\dfrac{1}{12}\,ql^2$	$-\gamma\,\dfrac{1-\dfrac{\varepsilon/2}{\tan\varepsilon/2}}{\varepsilon^2}\,(ql^2 + 8Nw^0)$
$-\dfrac{1}{2+24\varrho}\left\{\left(\dfrac{1}{3}+\varrho\right)[(1-\alpha^2)^2-(1-\beta'^2)^2] - \left(\dfrac{1}{6}-\varrho\right)[(1-\beta^2)^2-(1-\alpha'^2)^2]\right\}ql^2$	$-\dfrac{\gamma/\varepsilon^2}{\gamma\,\dfrac{\tan\varepsilon/2}{\varepsilon/2}-1}\left[\left(\gamma-\dfrac{\varepsilon}{\tan\varepsilon}\right)\left(\dfrac{\cos\varepsilon\alpha-\cos\varepsilon\beta'}{\varepsilon\sin\varepsilon}-\dfrac{\beta'^2-\alpha^2}{2}\right) - \left(\dfrac{\varepsilon}{\sin\varepsilon}-\gamma\right)\left(\dfrac{\cos\varepsilon\beta-\cos\varepsilon\alpha'}{\varepsilon\sin\varepsilon}-\dfrac{\alpha'^2-\beta^2}{2}\right)\right]ql^2$
$-\dfrac{1}{30}\,\dfrac{1+15\varrho}{1+12\varrho}\,q_i l^2$	$-\dfrac{\gamma}{2\varepsilon^2}\left(-\dfrac{\varepsilon/2}{\tan\varepsilon/2}+\dfrac{\gamma-1+\varepsilon^2/12}{\gamma-\dfrac{\varepsilon/2}{\tan\varepsilon/2}}\right)q_i l^2$
$-\dfrac{1}{20}\,\dfrac{1+10\varrho}{1+12\varrho}\,q_k l^2$	$-\dfrac{\gamma}{2\varepsilon^2}\left(2-\dfrac{\varepsilon/2}{\tan\varepsilon/2}-\dfrac{\gamma-1+\varepsilon^2/12}{\gamma-\dfrac{\varepsilon/2}{\tan\varepsilon/2}}\right)q_k l^2$
$-\dfrac{1}{15}\,ql^2$	$-\gamma\,\dfrac{\dfrac{\dfrac{\tan\varepsilon/2}{\varepsilon/2}-1}{(\varepsilon/2)^2}-\dfrac{1}{3}}{\varepsilon\tan\varepsilon/2}\,ql^2$
$-\alpha\alpha'\,\dfrac{\alpha+6\varrho}{1+12\varrho}\,Pl$	$-\gamma\,\dfrac{\dfrac{\gamma}{\varepsilon}(\sin\varepsilon\alpha+\sin\varepsilon\alpha'-\sin\varepsilon)+\alpha'+\alpha\cos\varepsilon-\cos\varepsilon\alpha}{2\gamma(1-\cos\varepsilon)-\varepsilon\sin\varepsilon}\,Pl$
$-\alpha\left(\dfrac{3\alpha'}{1+12\varrho}-1\right)M^e$	$-\dfrac{\varepsilon\sin\varepsilon\alpha-\gamma(1-\cos\varepsilon+\cos\varepsilon\alpha'-\cos\varepsilon\alpha)}{2\gamma(1-\cos\varepsilon)-\varepsilon\sin\varepsilon}\,M^e$
$-EI\,\dfrac{\Delta T}{d}\,\alpha_T$	$-EI\,\dfrac{\Delta T}{d}\,\alpha_T$
$-\left(1+\dfrac{3-6\alpha'}{1+12\varrho}\right)\dfrac{EI}{l}\,\phi$	$-\varepsilon\,\dfrac{\gamma(\sin\varepsilon\alpha+\sin\varepsilon\alpha')-\varepsilon\cos\varepsilon\alpha}{2\gamma(1-\cos\varepsilon)-\varepsilon\sin\varepsilon}\,\dfrac{EI}{l}\,\phi$
$-\dfrac{6}{1+12\varrho}\,\dfrac{EI}{l^2}\,W$	$-\varepsilon^2\,\dfrac{\cos\varepsilon\alpha-\cos\varepsilon\alpha'+\dfrac{\varepsilon}{\gamma}\sin\varepsilon\alpha}{2\gamma(1-\cos\varepsilon)-\varepsilon\sin\varepsilon}\,\dfrac{EI}{l^2}\,W$
$\left(1-\dfrac{3}{1+12\varrho}\right)\dfrac{EI}{l}\,\varphi_i$	$-\dfrac{\dfrac{\varepsilon}{\sin\varepsilon}-\gamma}{\gamma\,\dfrac{\tan\varepsilon/2}{\varepsilon/2}-1}\,\dfrac{EI}{l}\,\varphi_i$
$2\,\dfrac{EI}{l}\,\varphi$	$\dfrac{\varepsilon}{\tan\varepsilon/2}\,\dfrac{EI}{l}\,\varphi$
$\dfrac{6}{1+12\varrho}\,\dfrac{EI}{l}\,\psi$	$\dfrac{\varepsilon^2/2}{\gamma-\dfrac{\varepsilon/2}{\tan\varepsilon/2}}\,\dfrac{EI}{l}\,\psi$

Tabelle 3.1–4 Stabendmoment M_i, Stabenddrehwinkel φ_k für verschiedene Querlast- und Verformungsfälle am Stab mit starrer Einspannung in i und gelenkiger Lagerung in k, mit Biegesteifigkeit $EI=$ const, Schubsteifigkeit $S=$ const und Längskraft $N=$ const

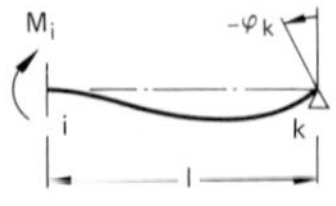 M_i, $-\varphi_k$, i, k, l	Theorie I. Ordnung	Theorie II. Ordnung
	$M_i =$	
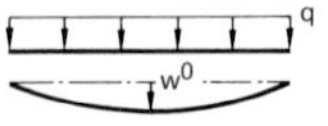 q, w^0, Vorverformung, quadrat. Parabel	$-\frac{1}{8+24\varrho}\,q l^2$	$-\gamma\frac{\frac{\tan\varepsilon/2}{\varepsilon}-\frac{1}{2}}{\gamma-\frac{\varepsilon}{\tan\varepsilon}}\,(q l^2+8Nw^0)$
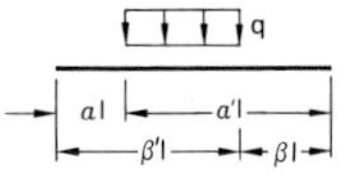 q, al, a'l, β'l, βl	$-\frac{(1-\beta^2)^2-(1-\alpha'^2)^2}{8+24\varrho}\,q l^2$	$-\gamma\frac{\frac{\cos\varepsilon\beta-\cos\varepsilon\alpha'}{\varepsilon\sin\varepsilon}-\frac{\alpha'^2-\beta^2}{2}}{\gamma-\frac{\varepsilon}{\tan\varepsilon}}\,q l^2$
 q_i	$-\frac{1}{15+45\varrho}\,q_i l^2$	$-\gamma\frac{\frac{1}{\varepsilon^2}\left(1-\frac{\varepsilon}{\tan\varepsilon}\right)-\frac{1}{3}}{\gamma-\frac{\varepsilon}{\tan\varepsilon}}\,q_i l^2$
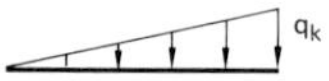 q_k	$-\frac{7}{120+360\varrho}\,q_k l^2$	$-\gamma\frac{\frac{1}{\varepsilon^2}\left(\frac{\varepsilon}{\sin\varepsilon}-1\right)-\frac{1}{6}}{\gamma-\frac{\varepsilon}{\tan\varepsilon}}\,q_k l^2$
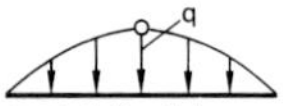 q, quadrat. Parabel	$-\frac{1}{10+30\varrho}\,q l^2$	$-\gamma\frac{\frac{4}{\varepsilon^2}\left(\frac{\tan\varepsilon/2}{\varepsilon/2}-1\right)-\frac{1}{3}}{\gamma-\frac{\varepsilon}{\tan\varepsilon}}\,q l^2$
P, al, a'l	$-\frac{\alpha'-\alpha'^3}{2+6\varrho}\,Pl$	$-\gamma\frac{\frac{\sin\varepsilon\alpha'}{\sin\varepsilon}-\alpha'}{\gamma-\frac{\varepsilon}{\tan\varepsilon}}\,Pl$
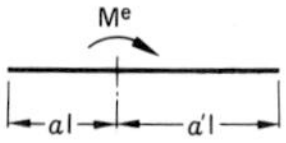 M^e, al, a'l	$\left(1{,}5\,\frac{1-\alpha'^2}{1+3\varrho}-1\right)M^e$	$-\frac{\gamma-\frac{\varepsilon\cos\varepsilon\alpha'}{\sin\varepsilon}}{\gamma-\frac{\varepsilon}{\tan\varepsilon}}\,M^e$
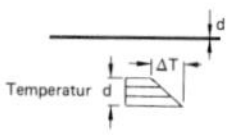 d, ΔT, Temperatur	$-\frac{1{,}5}{1+3\varrho}\,EI\,\frac{\Delta T}{d}\,\alpha_T$	$-\frac{\varepsilon\tan\varepsilon/2}{\gamma-\frac{\varepsilon}{\tan\varepsilon}}\,EI\,\frac{\Delta T}{d}\,\alpha_T$
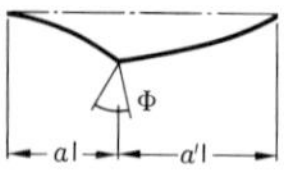 Φ, al, a'l	$-\frac{3\alpha'}{1+3\varrho}\,\frac{EI}{l}\,\Phi$	$-\frac{\varepsilon^2\frac{\sin\varepsilon\alpha'}{\sin\varepsilon}}{\gamma-\frac{\varepsilon}{\tan\varepsilon}}\,\frac{EI}{l}\,\Phi$
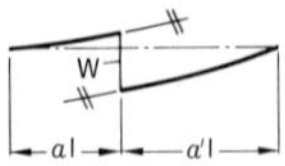 W, al, a'l	$\frac{3}{1+3\varrho}\,\frac{EI}{l^2}\,W$	$\frac{\frac{\varepsilon^3\cos\varepsilon\alpha'}{\gamma\sin\varepsilon}}{\gamma-\frac{\varepsilon}{\tan\varepsilon}}\,\frac{EI}{l^2}\,W$
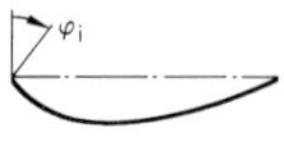 φ_i	$\frac{3}{1+3\varrho}\,\frac{EI}{l}\,\varphi_i$	$\frac{\varepsilon^2}{\gamma-\frac{\varepsilon}{\tan\varepsilon}}\,\frac{EI}{l}\,\varphi_i$
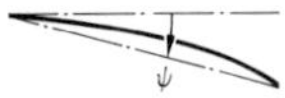 ψ	$-\frac{3}{1+3\varrho}\,\frac{EI}{l}\,\psi$	$-\frac{\varepsilon^2}{\gamma-\frac{\varepsilon}{\tan\varepsilon}}\,\frac{EI}{l}\,\psi$

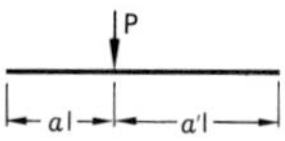

$\varrho = \frac{EI}{Sl^2}$ $\quad \gamma = \frac{1}{1 - \frac{N}{S}}$ $\quad \varepsilon = l\sqrt{\frac{\gamma N}{EI}}$ Vernachlässigung von Q-Verformungen: $\varrho = 0,\ \gamma = 1$

Theorie I. Ordnung	Theorie II. Ordnung
	$-\varphi_k =$
$\frac{1}{12}\left(1 - \frac{0{,}75}{1+3\varrho}\right)\frac{ql^3}{EI}$	$\left[\frac{\left(\gamma + \frac{\varepsilon^2}{4}\right)\frac{\tan\varepsilon/2}{\varepsilon/2} - 1}{\gamma - \frac{\varepsilon}{\tan\varepsilon}} - 1\right]\frac{ql^2 + 8Nw^0}{Nl}$
$\frac{1}{24}\left\{(1-\alpha^2)^2 - (1-\beta'^2)^2 - \frac{1-6\varrho}{2+6\varrho}\cdot\right.$ $\left.\cdot\left[(1-\beta^2)^2 - (1-\alpha'^2)^2\right]\right\}\frac{ql^3}{EI}$	$\left[\frac{\cos\varepsilon\alpha - \cos\varepsilon\beta'}{\varepsilon\sin\varepsilon} - \frac{\beta'^2 - \alpha^2}{2} - \frac{\frac{\varepsilon}{\sin\varepsilon} - \gamma}{\gamma - \frac{\varepsilon}{\tan\varepsilon}}\left(\frac{\cos\varepsilon\beta - \cos\varepsilon\alpha'}{\varepsilon\sin\varepsilon} - \frac{\alpha'^2 - \beta^2}{2}\right)\right]\frac{ql}{N}$
$\frac{1}{24}\left(1 - \frac{0{,}8}{1+3\varrho}\right)\frac{q_i l^3}{EI}$	$\frac{1}{2}\left[\frac{\left(\gamma - 1 + \frac{\varepsilon^2}{3}\right)\frac{\tan\varepsilon/2}{\varepsilon/2}}{\gamma - \frac{\varepsilon}{\tan\varepsilon}} - 1\right]\frac{q_i l}{N}$
$\frac{1}{24}\left(1 - \frac{0{,}7}{1+3\varrho}\right)\frac{q_k l^3}{EI}$	$\frac{1}{2}\left[\frac{\left(\gamma + 1 + \frac{\varepsilon^2}{6}\right)\frac{\tan\varepsilon/2}{\varepsilon/2} - 2}{\gamma - \frac{\varepsilon}{\tan\varepsilon}} - 1\right]\frac{q_k l}{N}$
$\frac{1}{15}\left(1 - \frac{0{,}75}{1+3\varrho}\right)\frac{ql^3}{EI}$	$2\frac{\gamma - \frac{\varepsilon/2}{\tan\varepsilon/2}}{\gamma - \frac{\varepsilon}{\tan\varepsilon}}\left[\frac{\frac{\tan\varepsilon/2}{\varepsilon/2} - 1}{(\varepsilon/2)^2} - \frac{1}{3}\right]\frac{ql}{N}$
$\frac{\alpha\alpha'}{4}\left(2 - \frac{1+\alpha'}{1+3\varrho}\right)\frac{Pl^2}{EI}$	$\left\{\frac{\gamma(\sin\varepsilon\alpha + \sin\varepsilon\alpha') + \varepsilon[\alpha'(1-\cos\varepsilon) - \cos\varepsilon\alpha]}{\gamma\sin\varepsilon - \varepsilon\cos\varepsilon} - 1\right\}\frac{P}{N}$
$\alpha\left(0{,}75\frac{1+\alpha'}{1+3\varrho} - 1\right)\frac{M^e l}{EI}$	$\varepsilon\frac{\frac{\varepsilon}{\gamma}\sin\varepsilon\alpha - 1 + \cos\varepsilon + \cos\varepsilon\alpha - \cos\varepsilon\alpha'}{\gamma\sin\varepsilon - \varepsilon\cos\varepsilon}\frac{M^e}{Nl}$
$\left(1 - \frac{0{,}75}{1+3\varrho}\right)l\frac{\Delta T}{d}\alpha_T$	$\frac{\gamma\frac{\tan\varepsilon/2}{\varepsilon/2} - 1}{\gamma - \frac{\varepsilon}{\tan\varepsilon}}l\frac{\Delta T}{d}\alpha_T$
$\left(1 - \frac{1{,}5\alpha'}{1+3\varrho}\right)\phi$	$\frac{\gamma(\sin\varepsilon\alpha + \sin\varepsilon\alpha') - \varepsilon\cos\varepsilon\alpha}{\gamma\sin\varepsilon - \varepsilon\cos\varepsilon}\phi$
$\frac{1{,}5}{1+3\varrho}\frac{W}{l}$	$\varepsilon\frac{\frac{\varepsilon}{\gamma}\sin\varepsilon\alpha + \cos\varepsilon\alpha - \cos\varepsilon\alpha'}{\gamma\sin\varepsilon - \varepsilon\cos\varepsilon}\frac{W}{l}$
$\left(\frac{1{,}5}{1+3\varrho} - 1\right)\varphi_i$	$\frac{\frac{\varepsilon}{\sin\varepsilon} - \gamma}{\gamma - \frac{\varepsilon}{\tan\varepsilon}}\varphi_i$
$-\frac{1{,}5}{1+3\varrho}\psi$	$-\frac{\varepsilon\tan\varepsilon/2}{\gamma - \frac{\varepsilon}{\tan\varepsilon}}\psi$

Tabelle 3.1–5 Stabendmoment M_i, Stabdrehwinkel ψ, Stabenddrehwinkel φ_k für verschiedene Querlast- und Verformungsfälle am Stab mit starrer Einspannung in i und freiem Ende in k, mit Biegesteifigkeit $EI=$ const, Schubsteifigkeit $S=$ const und Längskraft $N=$ const

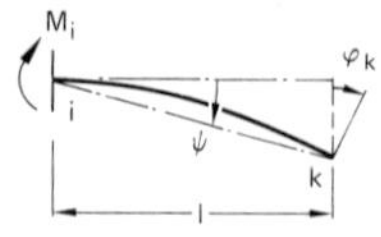 M_i, φ_k, i, ψ, k, l	Theorie I. Ordn.	Theorie II. Ordnung	Theorie I. Ordnung
	$M_i =$		$\psi =$
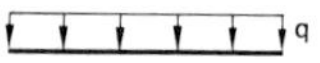 q	$-\frac{1}{2} q l^2$	$-\gamma \frac{\tan\varepsilon}{\varepsilon} \left(1 - \frac{\tan\varepsilon/2}{\varepsilon}\right) q l^2$	$\left(\frac{1}{8} + \frac{\varrho}{2}\right) \frac{q l^3}{EI}$
 w^0 Vorverformung, quadrat. Parabel	–	$\gamma \frac{\tan\varepsilon}{\varepsilon} \left(\frac{\tan\varepsilon/2}{\varepsilon} - \frac{1}{2}\right) 8 N w^0$	–
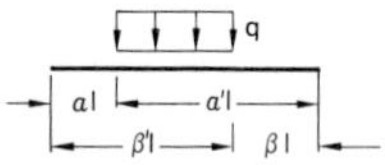 q, αl, $\alpha' l$, $\beta' l$, βl	$-\frac{\beta'^2 - \alpha^2}{2} q l^2$	$-\gamma \frac{\tan\varepsilon}{\varepsilon} \left(\alpha' - \beta - \frac{\cos\varepsilon\beta - \cos\varepsilon\alpha'}{\varepsilon \sin\varepsilon}\right) q l^2$	$\left[\left(\frac{1}{3} + \varrho\right) \frac{\beta'^2 - \alpha^2}{2} - \frac{(1-\beta^2)^2 - (1-\alpha'^2)^2}{24}\right] \frac{q l^3}{EI}$
 q_i	$-\frac{1}{6} q_i l^2$	$-\gamma \frac{\tan\varepsilon}{\varepsilon} \left(\frac{1}{2} - \frac{1 - \frac{\varepsilon}{\tan\varepsilon}}{\varepsilon^2}\right) q_i l^2$	$\left(\frac{1}{30} + \frac{\varrho}{6}\right) \frac{q_i l^3}{EI}$
 q_k	$-\frac{1}{3} q_k l^2$	$-\gamma \frac{\tan\varepsilon}{\varepsilon} \left(\frac{1}{2} - \frac{\frac{\varepsilon}{\sin\varepsilon} - 1}{\varepsilon^2}\right) q_k l^2$	$\left(\frac{11}{120} + \frac{\varrho}{3}\right) \frac{q_k l^3}{EI}$
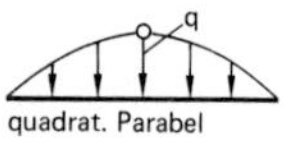 q, quadrat. Parabel	$-\frac{1}{3} q l^2$	$-\gamma \frac{\tan\varepsilon}{\varepsilon} \left(\frac{2}{3} - \frac{\frac{\tan\varepsilon/2}{\varepsilon/2} - 1}{(\varepsilon/2)^2}\right) q l^2$	$\left(\frac{7}{90} + \frac{\varrho}{3}\right) \frac{q l^3}{EI}$
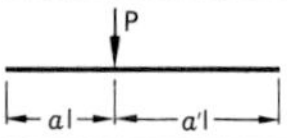 P, αl, $\alpha' l$	$-\alpha P l$	$-\gamma \frac{\sin\varepsilon - \sin\varepsilon\alpha'}{\varepsilon \cos\varepsilon} P l$	$\alpha \left(\alpha \frac{3-\alpha}{6} + \varrho\right) \frac{P l^2}{EI}$
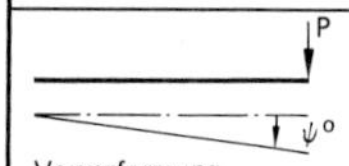 P, ψ^0 Vorverformung, geradlinig	$-P l$	$-\gamma \frac{\tan\varepsilon}{\varepsilon} (P + N\psi^0) l$	$\left(\frac{1}{3} + \varrho\right) \frac{P l^2}{EI}$
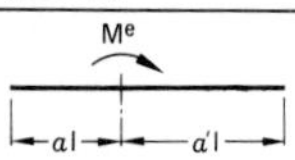 M^e, αl, $\alpha' l$	$-M^e$	$-\frac{\cos\varepsilon\alpha'}{\cos\varepsilon} M^e$	$\frac{1-\alpha'^2}{2} \frac{M^e l}{EI}$
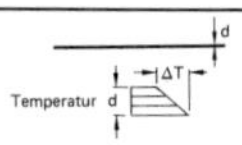 d, ΔT, Temperatur d	0	$\left(\frac{1}{\cos\varepsilon} - 1\right) EI \frac{\Delta T}{d} \alpha_T$	$-\frac{1}{2} l \frac{\Delta T}{d} \alpha_T$
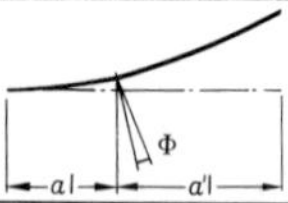 Φ, αl, $\alpha' l$	0	$\frac{\varepsilon \sin\varepsilon\alpha'}{\cos\varepsilon} \frac{EI}{l} \Phi$	$-\alpha' \Phi$
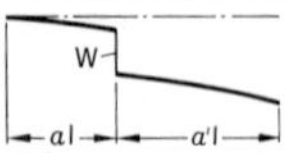 W, αl, $\alpha' l$	0	$-\frac{\varepsilon^2 \cos\varepsilon\alpha'}{\gamma \cos\varepsilon} \frac{EI}{l^2} W$	$\frac{W}{l}$
 φ_i	0	$-\varepsilon \tan\varepsilon \frac{EI}{l} \varphi_i$	φ_i

$\varrho = \frac{EI}{Sl^2}$ $\gamma = \frac{1}{1 - \frac{N}{S}}$ $\varepsilon = l\sqrt{\frac{\gamma N}{EI}}$ Vernachlässigung von Q-Verformungen: $\varrho = 0$, $\gamma = 1$

Theorie II. Ordnung	Theorie I. Ordnung	Theorie II. Ordnung
$\psi =$		$\varphi_k =$
$\left[\gamma \frac{\tan\varepsilon}{\varepsilon}\left(1 - \frac{\tan\varepsilon/2}{\varepsilon}\right) - \frac{1}{2}\right]\frac{ql}{N}$	$\frac{1}{6}\frac{ql^3}{EI}$	$\frac{1 - \frac{\sin\varepsilon}{\varepsilon}}{\cos\varepsilon}\frac{ql}{N}$
$-\gamma \frac{\tan\varepsilon}{\varepsilon}\left(\frac{\tan\varepsilon/2}{\varepsilon} - \frac{1}{2}\right) 8 \frac{w^0}{l}$	–	$-\frac{\tan\varepsilon}{\varepsilon}\left(1 - \frac{\varepsilon/2}{\tan\varepsilon/2}\right) 8 \frac{w^0}{l}$
$\left[\gamma \frac{\tan\varepsilon}{\varepsilon}\left(\alpha' - \beta - \frac{\cos\varepsilon\beta - \cos\varepsilon\alpha'}{\varepsilon\sin\varepsilon}\right) - \frac{\beta'^2 - \alpha^2}{2}\right]\frac{ql}{N}$	$\frac{\beta'^3 - \alpha^3}{6}\frac{ql^3}{EI}$	$\frac{\beta' - \alpha - \frac{\sin\varepsilon\beta' - \sin\varepsilon\alpha}{\varepsilon}}{\cos\varepsilon}\frac{ql}{N}$
$\left[\gamma \frac{\tan\varepsilon}{\varepsilon}\left(\frac{1}{2} - \frac{1 - \frac{\varepsilon}{\tan\varepsilon}}{\varepsilon^2}\right) - \frac{1}{6}\right]\frac{q_i l}{N}$	$\frac{1}{24}\frac{q_i l^3}{EI}$	$\frac{\frac{1}{2} - \frac{1 - \cos\varepsilon}{\varepsilon^2}}{\cos\varepsilon}\frac{q_i l}{N}$
$\left[\gamma \frac{\tan\varepsilon}{\varepsilon}\left(\frac{1}{2} - \frac{\frac{\varepsilon}{\sin\varepsilon} - 1}{\varepsilon^2}\right) - \frac{1}{3}\right]\frac{q_k l}{N}$	$\frac{1}{8}\frac{q_k l^3}{EI}$	$\frac{\frac{1}{2} + \frac{1 - \cos\varepsilon}{\varepsilon^2} - \frac{\sin\varepsilon}{\varepsilon}}{\cos\varepsilon}\frac{q_k l}{N}$
$\left[\gamma \frac{\tan\varepsilon}{\varepsilon}\left(\frac{2}{3} - \frac{\frac{\tan\varepsilon/2}{\varepsilon/2} - 1}{(\varepsilon/2)^2}\right) - \frac{1}{3}\right]\frac{ql}{N}$	$\frac{1}{10}\frac{ql^3}{EI}$	$\frac{\frac{2}{3} - \frac{\sin\varepsilon}{(\varepsilon/2)^3}\left(1 - \frac{\varepsilon/2}{\tan\varepsilon/2}\right)}{\cos\varepsilon}\frac{ql}{N}$
$\left(\gamma \frac{\sin\varepsilon - \sin\varepsilon\alpha'}{\varepsilon\cos\varepsilon} - \alpha\right)\frac{P}{N}$	$\frac{\alpha^2}{2}\frac{Pl^2}{EI}$	$\frac{1 - \cos\varepsilon\alpha}{\cos\varepsilon}\frac{P}{N}$
$\left(\gamma \frac{\tan\varepsilon}{\varepsilon} - 1\right)\left(\frac{P}{N} + \psi^0\right)$	$\frac{1}{2}\frac{Pl^2}{EI}$	$\left(\frac{1}{\cos\varepsilon} - 1\right)\left(\frac{P}{N} + \psi^0\right)$
$\left(\frac{\cos\varepsilon\alpha'}{\cos\varepsilon} - 1\right)\frac{M^e}{Nl}$	$\alpha \frac{M^e l}{EI}$	$\frac{\varepsilon\sin\varepsilon\alpha}{\gamma\cos\varepsilon}\frac{M^e}{Nl}$
$-\frac{\gamma}{\varepsilon^2}\left(\frac{1}{\cos\varepsilon} - 1\right) l \frac{\Delta T}{d}\alpha_T$	$-l\frac{\Delta T}{d}\alpha_T$	$-\frac{\tan\varepsilon}{\varepsilon} l \frac{\Delta T}{d}\alpha_T$
$-\gamma \frac{\sin\varepsilon\alpha'}{\varepsilon\cos\varepsilon}\phi$	$-\phi$	$-\frac{\cos\varepsilon\alpha}{\cos\varepsilon}\phi$
$\frac{\cos\varepsilon\alpha'}{\cos\varepsilon}\frac{W}{l}$	0	$\frac{\varepsilon\sin\varepsilon\alpha}{\gamma\cos\varepsilon}\frac{W}{l}$
$\gamma \frac{\tan\varepsilon}{\varepsilon}\varphi_i$	φ_i	$\frac{1}{\cos\varepsilon}\varphi_i$

Tabelle 3.1–6 Stabendquerkräfte Q_i, Q_k, Ort und Größe des maximalen Feldmomentes für einen beliebig gelagerten Stab oder Stababschnitt mit bekannten Endmomenten M_i, M_k, mit konstanter oder linearer Streckenlast sowie mit $EI = \text{const}$, $S = \text{const}$, $N = \text{const}$

$$\gamma = \frac{1}{1-\dfrac{N}{S}} \qquad \varepsilon = l\sqrt{\frac{\gamma N}{EI}}$$

Vernachlässigung von Q-Verformungen: $\gamma = 1$

i, max M, k, $\xi_M l$, l		Theorie I. Ordnung	Theorie II. Ordnung
q, i, k, w^0, $M_i=0$, $M_k=0$; Vorverformung, quadrat. Parabel	$Q_i = -Q_k =$	$\frac{1}{2} q l$	$\gamma \frac{\tan \varepsilon/2}{\varepsilon}\left(q l + 8 N \frac{w^0}{l}\right)$
	$\xi_M =$	$\frac{1}{2}$	$\frac{1}{2}$
	$\max M =$	$\frac{1}{8} q l^2$	$\frac{\gamma}{\varepsilon^2}\left(\frac{1}{\cos \varepsilon/2} - 1\right)(q l^2 + 8 N w^0)$
q, w^0, M_i, M_k; Vorverformung, quadrat. Parabel	Vorwert		$M_0 = \frac{\gamma}{\varepsilon^2}(q l^2 + 8 N w^0)$
	$Q_i =$	$\frac{1}{l}(M_k - M_i) + \frac{1}{2} q l$	$\frac{\varepsilon}{l}\left(\frac{M_k + M_0}{\sin \varepsilon} - \frac{M_i + M_0}{\tan \varepsilon}\right)$
	$Q_k =$	$\frac{1}{l}(M_k - M_i) - \frac{1}{2} q l$	$\frac{\varepsilon}{l}\left(\frac{M_k + M_0}{\tan \varepsilon} - \frac{M_i + M_0}{\sin \varepsilon}\right)$
	$\max M$ tritt auf, wenn Q_i und Q_k verschiedene Vorzeichen		
	$\xi_M =$	$\frac{Q_i}{q l}$	$\frac{1}{\varepsilon} \arctan \frac{Q_i l}{\varepsilon (M_i + M_0)}$
	$\max M =$	$\frac{1}{2} q (\xi_M l)^2 + M_i$	$\frac{M_i + M_0}{\cos \varepsilon \xi_M} - M_0$
q_i, q_k, w^0, M_i, M_k; Vorverformung, quadrat. Parabel	Vorwerte		$M_{i0} = \frac{\gamma}{\varepsilon^2}(q_i l^2 + 8 N w^0)$
			$M_{k0} = \frac{\gamma}{\varepsilon^2}(q_k l^2 + 8 N w^0)$
	$Q_i =$	$\frac{1}{l}(M_k - M_i) + \left(\frac{q_i}{3} + \frac{q_k}{6}\right) l$	$\frac{1}{l}\left[\varepsilon\left(\frac{M_k + M_{k0}}{\sin \varepsilon} - \frac{M_i + M_{i0}}{\tan \varepsilon}\right) + M_{i0} - M_{k0}\right]$
	$Q_k =$	$\frac{1}{l}(M_k - M_i) - \left(\frac{q_i}{6} + \frac{q_k}{3}\right) l$	$\frac{1}{l}\left[\varepsilon\left(\frac{M_k + M_{k0}}{\tan \varepsilon} - \frac{M_i + M_{i0}}{\sin \varepsilon}\right) + M_{i0} - M_{k0}\right]$
	$\max M$ tritt auf, wenn Q_i und Q_k verschiedene Vorzeichen		
	Vorwert		$\beta = \arctan \frac{Q_i l + M_{k0} - M_{i0}}{\varepsilon (M_i + M_{i0})}$
	$\xi_M =$	$\frac{2 Q_i}{q_i l \pm \sqrt{(q_i l)^2 + 2 Q_i (q_k - q_i) l}}$	$\frac{1}{\varepsilon}\left[\beta - \arcsin \frac{(M_{k0} - M_{i0}) \cos \beta}{\varepsilon (M_i + M_{i0})}\right]$
	$\max M =$	$\left[\frac{1}{2} q_i + \frac{1}{3} \xi_M (q_k - q_i)\right](\xi_M l)^2 + M_i$	$\frac{M_i + M_{i0}}{\cos \varepsilon \xi_M} - M_{i0} + \left(\frac{\tan \varepsilon \xi_M}{\varepsilon} - \xi_M\right)(M_{k0} - M_{i0})$

Tabelle 3.1–1

In Abhängigkeit der Stabendmomente M_i, M_k, der Querbelastung sowie eingeprägter Deformationsgrößen (z. B. Temperaturverkrümmung) werden die Funktionen von Moment $M(\xi)$ und Querkraft $Q(\xi)$ sowie die Stabendquerkräfte $Q_i = Q(\xi = 0)$ und $Q_k = Q(\xi = 1)$ angegeben. $M(\xi)$ ist die Lösung der Differentialgleichung (3.1–18) bei gegebenen Endmomenten M_i, M_k, während $Q(\xi)$ aus (3.1–19) erhalten wird.
Wesentlich ist, daß die Formeln unabhängig von der Lagerung der Stabenden sind. Von den beiden möglichen Vorverformungen geht nur die Vorkrümmung mit dem Stich w^0, nicht jedoch die Vorverdrehung ψ^0 in die Formeln ein.
Besondere Bedeutung hat die Tabelle 3.1–1, wenn nach Abschluß der statischen Berechnung des Systems die Stabendmomente bekannt sind und danach der M- und Q-Verlauf für die einzelnen Stäbe zu bestimmen sind. Dabei sind insbesondere die Stabendquerkräfte Q_i, Q_k von Interesse, da sie in der Regel die maximalen Querkräfte darstellen und für die Schubbeanspruchung des Querschnitts maßgebend sind, aber auch, weil sie Auskunft darüber geben, ob ein maximales Moment im Feld des betrachteten Stabes auftritt (s. Tabelle 3.1–6).

Tabelle 3.1–2

In Abhängigkeit der Stabendmomente M_i, M_k, der Querbelastung sowie eingeprägter Deformationsgrößen werden die Funktionen der Biegeordinaten $\Delta w(\xi)$ und der Querschnittsdrehwinkel $\Delta\varphi(\xi)$ sowie die Stabenddrehwinkel $\phi_i = \Delta\varphi(\xi = 0)$ und $\phi_k = -\Delta\varphi(\xi = 1)$, jeweils *gemessen von der Stabsehne,* angegeben. Gemäß den Definitionen des Unterabschnittes 3.1.2.1 handelt es sich dabei nur um die Verformungen aus Last und gegebenenfalls aus eingeprägten Deformationsgrößen *ohne* Vorverformungen.
Die Formeln für Theorie II. Ordnung ergeben sich aus (3.1–26) bzw. (3.1–28), für Theorie I. Ordnung aus (3.1–30) bzw. (3.1–32), wobei zusätzlich die Abkürzung $\varrho = EI/(Sl^2)$ verwendet wurde.
Hinsichtlich der Gültigkeit der Formeln und deren Unabhängigkeit von der Stablagerung sowie von der Vorverdrehung ψ^0 gilt das gleiche wie für die Formeln der Tabelle 3.1–1.
Im Gegensatz zu den hier angegebenen relativen Verschiebungsgrößen Δw, $\Delta\varphi$ können die absoluten Verschiebungsgrößen w, φ nicht allein in Abhängigkeit von M_i, M_k, der Querlast und der eingeprägten Deformationsgrößen bestimmt werden.
Mit den Formeln der Tabellen 3.1–1 und 3.1–2 ist das Schnittkraft-Verformungs-Verhalten des Einzelstabes bzw. Stababschnittes bereits vollständig beschrieben. Die Form der angegebenen Beziehungen entspricht im Prinzip der Aufgabenstellung beim Kraftgrößenverfahren, während die Formeln der beiden folgenden Tabellen 3.1–3 und 3.1–4 im Prinzip die für das Verschiebungsgrößenverfahren (speziell das Drehwinkelverfahren) benötigten Grundgleichungen darstellen.

Tabelle 3.1–3

Gemäß der hier vorliegenden Aufgabenstellung des beidseitig starr eingespannten Stabes sind die Stabendmomente M_i, M_k in Abhängigkeit der Querbelastung, eingeprägter Deformationsgrößen, der Stabenddrehwinkel φ_i, φ_k und des Stabdrehwinkels ψ zu formulieren. Unter einer starren Einspannung wird dabei eine Lagerung verstanden, die nicht den Drehwinkel Null haben muß, sondern einen eingeprägten Drehwinkel φ_i bzw. φ_k aufweisen kann. Ebenso kann eine Verschiebung der beiden Stabenden senkrecht zur Stabachse und damit ein eingeprägter Stabdrehwinkel ψ auftreten.
Mit Hilfe der Tabelle 3.1–2 werden zunächst folgende Formeln für die Stabenddrehwinkel $\phi_i = \Delta\varphi_i$ und $\phi_k = -\Delta\varphi_k$ relativ zur Sehne angeschrieben:

$$\phi_i = \Delta\varphi_i = a M_i + b M_k + \phi_i^q \tag{3.1–44}$$

$$\phi_k = -\Delta\varphi_k = a M_k + b M_i + \phi_k^q \tag{3.1–45}$$

wobei nach Theorie I. Ordnung gilt

$$\left.\begin{aligned} a &= \left(\frac{1}{3} + \varrho\right)\frac{l}{EI} \\ b &= \left(\frac{1}{6} - \varrho\right)\frac{l}{EI} \end{aligned}\right\} \tag{3.1–46}$$

und nach Theorie II. Ordnung

$$\left.\begin{aligned} a &= \left(1 - \frac{\varepsilon}{\gamma\tan\varepsilon}\right)\frac{1}{Nl} \\ b &= \left(\frac{\varepsilon}{\gamma\sin\varepsilon} - 1\right)\frac{1}{Nl} \end{aligned}\right\} \tag{3.1–47}$$

ϕ_i^q und ϕ_k^q sind die aus Tabelle 3.1–2 zu entnehmenden Anteile der Relativdrehwinkel aus Querbelastung und eingeprägten Deformationsgrößen *allein*.
Unter Berücksichtigung von $\varphi_i = \Delta\varphi_i + \psi$ und $\varphi_k = \Delta\varphi_k + \psi$ nach (3.1–34) erhält man aus (3.1–44) und (3.1–45) für die absoluten Stabenddrehwinkel

$$\varphi_i = aM_i + bM_k + \phi_i^q + \psi \tag{3.1–48}$$

$$\varphi_k = -aM_k - bM_i - \phi_k^q + \psi \tag{3.1–49}$$

Zur Bestimmung der hier gesuchten Stabendmomente M_i, M_k sind die beiden vorstehenden Gleichungen nach M_i und M_k aufzulösen. Dies ergibt

$$M_i = -(A\phi_i^q - B\phi_k^q) + A\varphi_i + B\varphi_k - (A+B)\psi \tag{3.1–50}$$

$$M_k = -(A\phi_k^q - B\phi_i^q) - A\varphi_k - B\varphi_i + (A+B)\psi \tag{3.1–51}$$

Mit $A = a/(a^2 - b^2)$ und $B = b/(a^2 - b^2)$ erhält man nach Theorie I. Ordnung

$$\left.\begin{aligned} A &= \left(\frac{3}{1+12\varrho} + 1\right)\frac{EI}{l} \\ B &= \left(\frac{3}{1+12\varrho} - 1\right)\frac{EI}{l} \end{aligned}\right\} \tag{3.1–52}$$

und nach Theorie II. Ordnung

$$\left.\begin{aligned} A &= \frac{\gamma}{\varepsilon^2}\,\frac{\gamma - \dfrac{\varepsilon}{\tan\varepsilon}}{\gamma\dfrac{\tan\varepsilon/2}{\varepsilon/2} - 1}\,Nl \\ B &= \frac{\gamma}{\varepsilon^2}\,\frac{\dfrac{\varepsilon}{\sin\varepsilon} - \gamma}{\gamma\dfrac{\tan\varepsilon/2}{\varepsilon/2} - 1}\,Nl \end{aligned}\right\} \tag{3.1–53}$$

Die in Tabelle 3.1–3 angegebenen Stabendmomente werden durch Auswertung der Formeln (3.1–50), (3.1–51) unter Berücksichtigung von (3.1–52) bzw. (3.1–53) erhalten. Vermerkt sei auch hier, daß eine Vorverdrehung ψ^0 nicht in die Formeln eingeht.

Tabelle 3.1–4

Für den in i starr eingespannten und in k gelenkig gelagerten Stab sind das Stabendmoment M_i und der Enddrehwinkel φ_k unbekannt. Für M_i erhält man durch Auflösung von (3.1–48)

$$M_i = -\frac{1}{a}\phi_i^q - \frac{b}{a}M_k + \frac{1}{a}\varphi_i - \frac{1}{a}\psi \tag{3.1–54}$$

während die Formel für φ_k aus (3.1–49) nach Einsetzen von M_i gemäß (3.1–54) hervorgeht

$$\varphi_k = -\left(\phi_k^q - \frac{b}{a}\phi_i^q\right) - \left(a - \frac{b^2}{a}\right)M_k - \frac{b}{a}\varphi_i + \left(1 + \frac{b}{a}\right)\psi \tag{3.1–55}$$

a und b sind durch (3.1–46) bzw. (3.1–47) definiert; für $a - b^2/a$ kann einfacher $1/A$ geschrieben werden.
Aus den Gleichungen (3.1–54) und (3.1–55) ergeben sich die Formeln der Tabelle 3.1–4. Wie in den Tabellen zuvor, sind auch hier wieder die Formeln unabhängig von einer Vorverdrehung ψ^0.

Tabelle 3.1–5

Bei dem Stab mit starrer Einspannung in i und freiem Ende in k sind unbekannt: das Stabendmoment M_i, der Stabdrehwinkel ψ und der Endrehwinkel φ_k. Zur Bestimmung dieser 3 Unbekannten wird neben den beiden Gleichungen (3.1–48), (3.1–49) die Bedingung benötigt, daß die Transversalkraft R_k (nicht die Endquerkraft Q_k!) Null oder gegebenenfalls gleich einer in k wirkenden Einzellast (senkrecht zur Stabachse) sein muß, also bekannt ist. Nach (3.1–40) gilt für R_k

$$R_k = -A_k + \frac{1}{l}(M_k - M_i) - N(\psi + \psi^0) \tag{3.1–56}$$

wobei A_k gemäß (3.1–35) die rechte Auflagerkraft am Balken auf zwei Stützen nur aus Querlast ist. Bei Theorie I. Ordnung ist $N = 0$ zu setzen.

Mit (3.1–48), (3.1–49), (3.1–56) liegen 3 Gleichungen für die 3 Unbekannten M_i, ψ, φ_k vor. Die Auflösungen von (3.1–48) nach ψ lautet

$$\psi = \varphi_i - aM_i - bM_k - \phi_i^q \tag{3.1–57}$$

Nach Einsetzen in (3.1–56) und Auflösen nach M_i erhält man

$$M_i = \frac{-[R_k + A_k + N(-\phi_i^q + \psi^0 + \varphi_i)]\,l + (1 + Nlb)\,M_k}{1 - Nla} \tag{3.1–58}$$

Mit $N = 0$ ergibt sich für Theorie I. Ordnung

$$M_i = -(R_k + A_k)\,l + M_k \tag{3.1–59}$$

und unter Berücksichtigung von (3.1–47) für Theorie II. Ordnung

$$M_i = -\gamma\,\frac{\tan\varepsilon}{\varepsilon}\,[R_k + A_k + N(-\phi_i^q + \psi^0 + \varphi_i)]\,l + \frac{1}{\cos\varepsilon}\,M_k \tag{3.1–60}$$

Mit bekanntem Moment M_i kann aus (3.1–57) der Stabdrehwinkel ψ und dann aus (3.1–49) der Stabenddrehwinkel φ_k berechnet werden. Dies soll hier jedoch nicht mehr explizit ausgeführt werden.
Alle Endformeln für M_i, ψ, φ_k sind in Tabelle 3.1–5 zusammengestellt. Zu beachten ist, daß im vorliegenden Lagerungsfall die Vorkrümmung mit dem Stich w^0 nicht mehr einfach in Form eines Zuschlages zur Gleichlast q berücksichtigt werden kann und daß hier eine Vorverdrehung ψ^0 von Einfluß auf die angegebenen Formeln ist. Weiterhin ist bemerkenswert, daß der nur einseitig eingespannte Stab nach Theorie II. Ordnung nicht wie nach Theorie I. Ordnung die Drehsteifigkeit Null, sondern eine negative Drehsteifigkeit der Größe $M_i/\varphi_i = -\varepsilon\tan\varepsilon \cdot EI/l$ besitzt.

Tabelle 3.1–6

Für einen beliebig gelagerten Stab oder Stababschnitt ik mit den Endmomenten M_i, M_k und einer linearen Streckenlast sowie unter Berücksichtigung einer Vorkrümmung in Form einer quadratischen Parabel mit dem Stich w^0 sind Formeln für die Endquerkräfte Q_i, Q_k sowie für den Ort und die Größe eines gegebenenfalls vorhandenen maximalen Feldmoments max M angegeben.

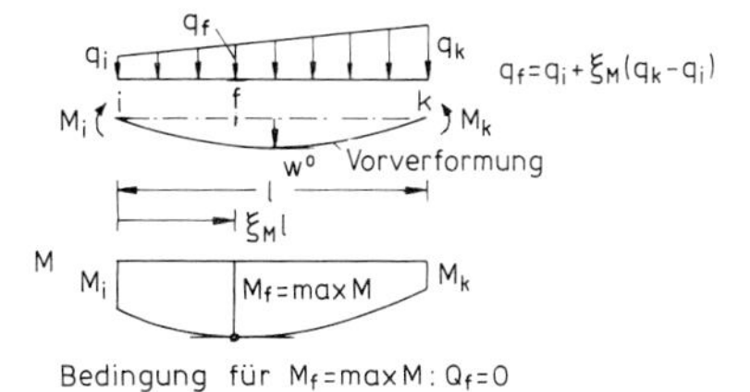

Bild 3.1–17
Ort und Größe des maximalen Feldmoments bei linearer Streckenlast

Die Querkräfte Q_i, Q_k werden zunächst durch Superposition der Einflüsse M_i, M_k, q_i, q_k, w^0 aus Tabelle 3.1–1 erhalten, was im einzelnen hier nicht ausgeführt werden soll. Werden die angegebenen Formeln nicht auf den Stab mit der Länge l, sondern auf einen Teilabschnitt mit der Länge ξl angewendet, so ist l durch ξl und ε durch $\xi\varepsilon$ zu ersetzen; dies gilt jedoch nicht für die Formeln der Hilfsgrößen M_{i0}, M_{k0} bzw. M_0, welche unverändert mit l und ε zu berechnen sind, weil speziell der Vorverformungsstich w^0 stets auf die Länge l bezogen ist. Verständlich werden diese Überlegungen durch folgende Umformung z.B. für M_{i0}:

$$M_{i0} = \frac{\gamma}{\varepsilon^2}\,(q_i l^2 + 8Nw^0) = \frac{EI}{Nl^2}\,(q_i l^2 + 8Nw^0) = \frac{EI}{N}\,(q_i + \varkappa^0 N)$$

darin ist $\varkappa^0 = 8\,w^0/l^2$ die Krümmung der Vorverformungslinie. Diese ändert sich nicht – genau wie alle übrigen Größen der Formel –, wenn nur ein Teilabschnitt des Stabes betrachtet wird. Selbstverständlich sind für q_i und q_k in diesem Fall die Streckenlastordinaten an den Abschnittsenden einzusetzen.
Nun folgt aus der (für Theorie I. und II. Ordnung gültigen) Beziehung $\mathrm{d}M/\mathrm{d}x = Q$, daß an der Stelle eines maximalen Feldmoments die Querkraft Q eine Nullstelle haben muß, was wiederum bedingt, daß die Stabendquerkräfte Q_i, Q_k unterschiedliche Vorzeichen aufweisen müssen.
Im Fall der Theorie I. Ordnung führt die Bedingung $Q = 0$ bei linearer Streckenlast auf eine quadratische Bestimmungsgleichung für ξ_M, die leicht gelöst und womit dann max M leicht berechnet werden kann. Dies braucht hier nicht wiedergegeben zu werden. Dagegen soll die Herleitung der Formeln für ξ_M und max M bei Theorie II. Ordnung nachfolgend gezeigt werden. Die Stabendquerkräfte Q_i, Q_k seien bereits bestimmt.
Es wird der linke Stababschnitt if gemäß Bild 3.1–17 betrachtet.

Die Anwendung der Formeln aus Tabelle 3.1–6 für die Endquerkräfte dieses Abschnittes *if* ergibt

$$Q_i = \frac{1}{\xi_M l}\left[\xi_M \varepsilon\left(\frac{M_f + M_{f0}}{\sin \xi_M \varepsilon} - \frac{M_i + M_{i0}}{\tan \xi_M \varepsilon}\right) + M_{i0} - M_{f0}\right] \qquad (3.1\text{–}61)$$

$$Q_f = \frac{1}{\xi_M l}\left[\xi_M \varepsilon\left(\frac{M_f + M_{f0}}{\tan \xi_M \varepsilon} - \frac{M_i + M_{i0}}{\sin \xi_M \varepsilon}\right) + M_{i0} - M_{f0}\right] \qquad (3.1\text{–}62)$$

mit

$$M_{f0} = \frac{\gamma}{\varepsilon^2}(q_f l^2 + 8 N w^0) = M_{i0} + \xi_M (M_{k0} - M_{i0}) \qquad (3.1\text{–}63)$$

(3.1–61) und (3.1–62) lassen sich damit wie folgt umformen:

$$Q_i l = \varepsilon\left(\frac{M_f + M_{f0}}{\sin \xi_M \varepsilon} - \frac{M_i + M_{i0}}{\tan \xi_M \varepsilon}\right) + M_{i0} - M_{k0} \qquad (3.1\text{–}64)$$

$$Q_f l = \varepsilon\left(\frac{M_f + M_{f0}}{\tan \xi_M \varepsilon} - \frac{M_i + M_{i0}}{\sin \xi_M \varepsilon}\right) + M_{i0} - M_{k0} \qquad (3.1\text{–}65)$$

In der vorliegenden Aufgabenstellung sind M_i und Q_i bekannt und $Q_f = 0$. Mit (3.1–64) und (3.1–65) liegen dann 2 Gleichungen mit den beiden Unbekannten ξ_M und $M_f = \max M$ vor. Nach Elimination von M_f erhält man zunächst

$$\varepsilon(M_i + M_{i0}) \sin \xi_M \varepsilon - (Q_i l + M_{k0} - M_{i0}) \cos \xi_M \varepsilon + M_{k0} - M_{i0} = 0 \qquad (3.1\text{–}66)$$

und nach Zusammenfassung der sin- und cos-Funktionen

$$\varepsilon(M_i + M_{i0}) \frac{\sin(\xi_M \varepsilon - \beta)}{\cos \beta} + M_{k0} - M_{i0} = 0 \qquad (3.1\text{–}67)$$

mit

$$\beta = \arctan \frac{Q_i l + M_{k0} - M_{i0}}{\varepsilon(M_i + M_{i0})} \qquad (3.1\text{–}68)$$

(3.1–67) kann nun nach ξ_M aufgelöst werden

$$\xi_M = \frac{1}{\varepsilon}\left[\beta - \arcsin \frac{(M_{k0} - M_{i0}) \cos \beta}{\varepsilon(M_i + M_{i0})}\right] \qquad (3.1\text{–}69)$$

Aus (3.1–65) erhält man mit $Q_f = 0$ und $M_f = \max M$ schließlich

$$\max M = \frac{M_i + M_{i0}}{\cos \varepsilon \xi_M} - M_{i0} + \left(\frac{\tan \varepsilon \xi_M}{\varepsilon} - \xi_M\right)(M_{k0} - M_{i0}) \qquad (3.1\text{–}70)$$

Erwähnt sei noch, daß bei unterschiedlichen Vorzeichen von q_i und q_k der Fall auftreten kann, daß die Vorzeichen von Q_i und Q_k gleich sind, dabei aber 2 Nullstellen der Querkraft und somit 2 Extremwerte für M auftreten. Es können auch dann beide Wertepaare ξ_M, $\max M$ mit vorstehenden Formeln erhalten werden, wenn zunächst der vorliegende Stab und danach der (senkrecht zur Stabachse) gespiegelte Fall den Formeln zugrunde gelegt wird.
Die für den Sonderfall einer Gleichlast q gültigen Formeln erhält man unmittelbar mit $M_{i0} = M_{k0} = M_0$. Die Ergebnisse sind ebenfalls in Tabelle 3.1–6 enthalten. Wird ξ_M nicht benötigt und ist durch unterschiedliche Vorzeichen von Q_i und Q_k sichergestellt, daß ein $\max M$ auftritt, so kann hierfür folgende geschlossene Formel verwendet werden:

$$\max M = \pm \sqrt{(M_i + M_0)^2 + \left(\frac{l}{\varepsilon} Q_i\right)^2} - M_0 \qquad (3.1\text{–}71)$$

dabei ist das Wurzelzeichen so zu wählen, daß es mit dem Vorzeichen von $(M_i + M_0)$ übereinstimmt. Die Formel (3.1–71) ist in der Tabelle 3.1–6 nicht enthalten.

3.1.3 Gleichgewichtsbedingungen des Systems

Das Gleichgewicht eines Stabwerks ist vollständig beschrieben, wenn für jeden Stab und jeden Knoten die Gleichgewichtsbedingungen formuliert sind. Für den Einzelstab ist dies bereits erfolgt, nämlich für das Stabelement durch (3.1–4), (3.1–5), (3.1–6) oder für den Gesamtstab durch (3.1–36), (3.1–38) bzw. (3.1–39), (3.1–40), wobei dann jedoch das Gleichgewicht der Kräfte in Stablängsrichtung noch zu ergänzen bzw. im Sonderfall $n = 0$ mit $N =$ const identisch erfüllt ist. Somit verbleibt die Formulierung des Knotengleichgewichts, was im folgenden Unterabschnitt 3.1.3.1 ausgeführt wird.
Das *Prinzip der virtuellen Verrückung* als alternative Formulierung des Gleichgewichts wird im Unterabschnitt 3.1.3.2 behandelt. Seine Anwendung für die Aufstellung spezieller Systemgleichgewichtsbedingungen, wie sie zum Beispiel beim Drehwinkelverfahren für verschiebliche Systeme benötigt werden, zeigt der Unterabschnitt 3.1.3.3.

3.1.3.1 Knotengleichgewichtsbedingungen

Für jeden Knoten, wozu hier auch die Auflagerpunkte zu zählen sind, existieren im allgemeinen folgende 3 Gleichgewichtsbedingungen:

$$\Sigma M = 0$$
$$\Sigma H = 0$$
$$\Sigma V = 0$$

In das Momentengleichgewicht $\Sigma M = 0$ gehen die Stabendmomente der biegesteif angeschlossenen Stäbe und gegebenenfalls ein eingeprägtes Knotenmoment ein. Die beiden Bedingungen $\Sigma H = 0$ und $\Sigma V = 0$ für das Kräftegleichgewicht werden mit den Stabendschnittkraftkomponenten R und N (nicht Q und N^Q) formuliert (vgl. Bild 3.1–12). Dieses Vorgehen hat den wesentlichen Vorteil, daß auch die Kräftegleichgewichtsbedingungen des Knotens formelmäßig für Theorie I. und II. Ordnung identisch sind, weil definitionsgemäß R und N – im Gegensatz zu Q und N^Q – ihre Richtung beibehalten, wenn der Knoten in die verformte Lage übergeht. Dies bedeutet praktisch, daß die Forderung, wonach bei Theorie II. Ordnung das Gleichgewicht am verformten System aufzustellen ist, auf alle 3 Knotengleichgewichtsbedingungen ohne Auswirkung bleibt, d.h. es kann wie bei Theorie I. Ordnung vorgegangen werden.
Zum Beispiel lauten die 3 Gleichgewichtsbedingungen für den in Bild 3.1–18 dargestellten Knoten a, wobei die unverformte Lage betrachtet werden darf

$$\Sigma M = 0: \quad M_{ab} - M_{ac} + M_a^e = 0$$
$$\Sigma H = 0: \quad N_{ab} - R_{ad} + R_{ac} \sin\alpha - N_{ac} \cos\alpha + H_a = 0$$
$$\Sigma V = 0: \quad -R_{ab} - N_{ad} + R_{ac} \cos\alpha + N_{ac} \sin\alpha + V_a = 0$$

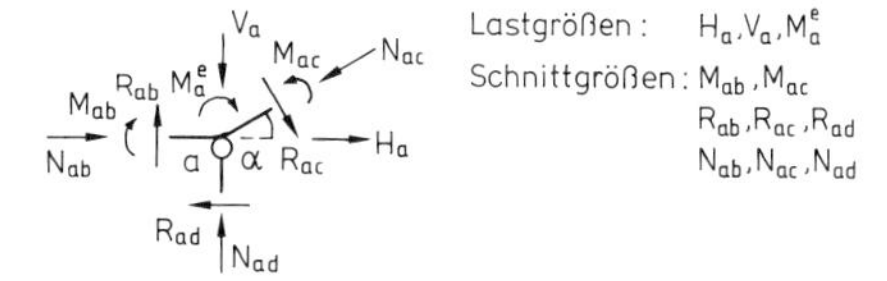

Bild 3.1–18
Knoten a mit den angreifenden Last- und Schnittgrößen, dargestellt in der unverformten Lage

3.1.3.2 Prinzip der virtuellen Verrückung

Das Prinzip der virtuellen Verrückung lautet:

Für ein im *Gleichgewicht* befindliches System ist die virtuelle Arbeit, die die *wirklichen* Last- und Schnittgrößen längs beliebiger *virtueller* Verschiebungswege verrichten, gleich Null.

Bei Theorie II. Ordnung gilt das Prinzip unverändert, jedoch sind dort die virtuellen Verschiebungen von der *verformten* Lage aus anzubringen, sie sind außerdem gegenüber den wirklichen Verschiebungen als vernachlässigbar klein anzusehen.
Im folgenden soll eine Formulierung dieses Prinzips so vorgenommen werden, daß genau wie bei Theorie I. Ordnung die virtuellen Verschiebungen wieder am *unverformten* System angebracht werden dürfen, dabei jedoch – ähnlich wie bei der Berücksichtigung der Vorverformungen durch Ersatzlasten – eine Zusatzbelastung in Ansatz gebracht werden muß. Das Prinzip der virtuellen Verrückung bei Theorie II. Ordnung unterscheidet sich dann von dem bei Theorie I. Ordnung nur noch durch diese Zusatzbelastung.
Betrachtet wird der in Bild 3.1–19a dargestellte Stab (oder Stababschnitt) mit $N =$ const und den eingetragenen Last- und Schnittgrößen. Die virtuelle Verschiebung soll aus einer *Starrkörperbewegung* bestehen, so daß die inneren Schnittgrößen keine virtuelle Arbeit leisten. Die beiden Endschnittkräfte N werden in Komponenten senkrecht zur unverformten Stabachse und parallel zur Sehne des verform-

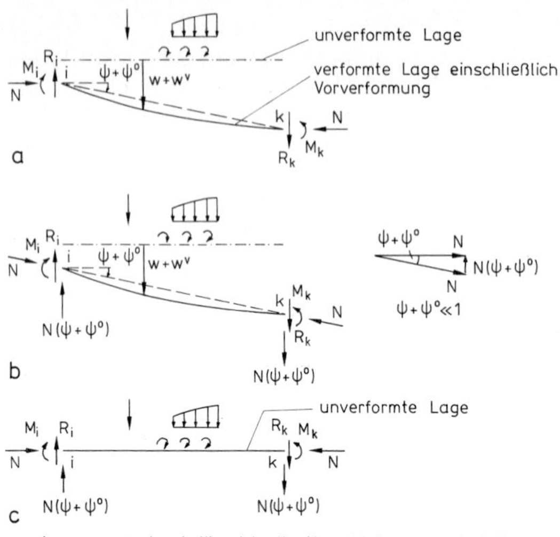

Bild 3.1–19
Vereinfachte Formulierung des Prinzips der virtuellen Verrückung für einen Stab oder Stababschnitt mit $N =$ const

ten Stabes zerlegt, womit sich der in Bild 3.1–19b gezeigte (mechanisch völlig gleichwertige) Zustand ergibt. Hier leisten nun die beiden Schnittkräfte N keine virtuelle Arbeit mehr, da sie miteinander im Gleichgewicht stehen und da vereinbarungsgemäß die virtuelle Verschiebung eine Starrkörperbewegung ist. Ohne das Prinzip der virtuellen Verrückungen formelmäßig anschreiben zu müssen, läßt sich erkennen, daß man zum gleichen Ergebnis gelangt, wenn man den Zustand nach Bild 3.1–19c zugrunde legt, d.h. (unter Beibehaltung der Schnittkräfte R, N an den Stabenden) die virtuellen Verschiebungen an der *unverformten* Lage anbringt, dafür aber das Kräftepaar $N(\psi + \psi^0)$ an den Stabenden in Ansatz bringt.
Somit gilt folgende Regel:

Beim Prinzip der virtuellen Verrückungen dürfen wie bei Theorie I. Ordnung die virtuellen Verschiebungen am *unverformten* System angebracht werden, wenn für alle Stäbe bzw. Stababschnitte mit $N =$ const und einer virtuellen Starrkörperbewegung
1. als Endschnittkräfte die Komponenten R, N verwendet werden und
2. jeweils ein Kräftepaar der Größe $N(\psi + \psi^0)$ in positiver Richtung von ψ angesetzt wird, wobei ψ der wirkliche Drehwinkel des Stabes bzw. Stababschnittes und ψ^0 der Vorverformungsanteil ist.

Die Anwendung dieser vereinfachten Formulierung des Prinzips der virtuellen Verrückung wird am Beispiel des Bildes 3.1–20a gezeigt. Aufgrund der angegebenen Belastung sind die Längskräfte in den Bereichen *ab, bc, cd, de, ef* konstant. Die nach der aufgestellten Regel zu berücksichtigende Zusatzbelastung zeigt Bild 3.1–20b.

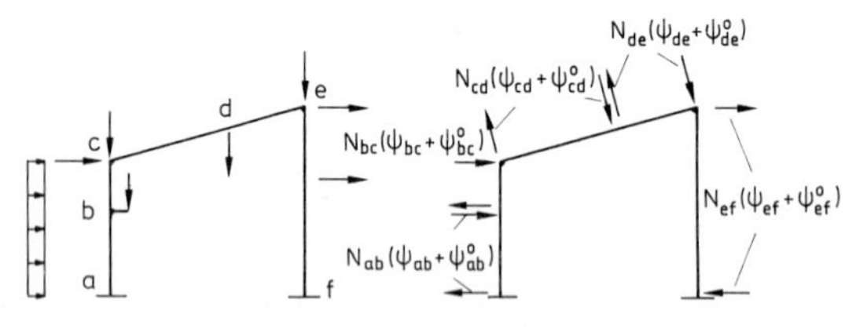

Bild 3.1–20
Beispiel zur vereinfachten Formulierung des Prinzips der virtuellen Verrückung

Liegt der allgemeinere Fall nicht abschnittsweise linearer, sondern beliebiger virtueller Verrückungen vor oder ist die Längskraft N veränderlich, so gelten obige Überlegungen analog für das Stabelement, und die Zusatzbelastung zur Berücksichtigung der Theorie II. Ordnung besteht dann (in Übereinstimmung mit der Aussage der Schubfeldanalogie gemäß Unterabschnitt 3.1.1.2) aus einem Streckenmoment der Größe $N(w_x + w_x^V)$.

3.1.3.3 Systemgleichgewichtsbedingungen bei verschieblichen Systemen

Unter einem *verschieblichen* System wird ein Stabwerk verstanden, von dem mindestens 1 Knoten (Auflagerpunkte einbegriffen) eine *unbekannte* Verschiebung hat, also z. B. nicht eine Verschiebung, die durch gegebene Auflagerbewegungen oder Temperaturdehnungen unmittelbar festliegt.

Während *unverschiebliche* Systeme die Eigenschaft haben, daß für die Berechnung des Momentenzustandes an Gleichgewichtsbedingungen allein $\Sigma M = 0$, formuliert für alle Knoten, benötigt wird, sind bei *verschieblichen* Systemen zur Bestimmung des Momentenzustandes weitere spezielle Gleichgewichtsbedingungen – im folgenden als *Systemgleichgewichtsbedingungen* bezeichnet – erforderlich. Für den in der Regel vorliegenden Fall vernachlässigter Längskraftverformungen existieren so viele linear unabhängige Systemgleichgewichtsbedingungen wie das Gelenksystem (= System mit Gelenken an allen Stabenden) kinematische Freiheitsgrade hat. Genau wie die Bedingungen $\Sigma M = 0$ für die Knoten enthalten diese Systemgleichgewichtsbedingungen nur Stabendmomente als Unbekannte, wenn man im Fall der Theorie II. Ordnung von der Zusatzbelastung gemäß vorstehendem Unterabschnitt 3.1.3.2 absieht.

Grundsätzlich könnten die Systemgleichgewichtsbedingungen aus den Kräftegleichgewichtsbedingungen $\Sigma H = 0$, $\Sigma V = 0$ der Knoten dadurch gewonnen werden, daß z. B. die Querkomponenten R durch (3.1–39) bzw. (3.1–40) ersetzt und die Längskomponenten N vollständig eliminiert würden. Wesentlich einfacher ist in diesem Fall die Anwendung des Prinzips der virtuellen Verrückung, welches die gesuchte Systemgleichgewichtsbedingung unmittelbar liefert.

Wenn nun das zugehörige Gelenksystem n kinematische Freiheitsgrade besitzt, so sind n Systemgleichgewichtsbedingungen aufzustellen und hierfür als virtuelle Verrückungen n linear unabhängige Verschiebungszustände des Gelenksystems anzusetzen. Hierfür gilt:

1. der einzelne Stab stellt eine starre Scheibe dar,

2. die Knoten werden unverdrehbar gehalten, so daß nur die auf den Stab, nicht aber die auf den Knoten wirkenden Stabendmomente virtuelle Arbeit leisten,

3. ein in einem Knoten eingespannter Kragarm wird als Teil dieses Knotens betrachtet, hat also ebenfalls den virtuellen Drehwinkel Null.

Verwendet man die beschriebene vereinfachte Formulierung des Prinzips, so leisten virtuelle Arbeit neben den äußeren Lasten nur die Stabendmomente und die als Zusatzbelastung an jedem Stab auftretenden Kräftepaare. Das Prinzip der virtuellen Verrückung liefert dann folgende Formel:

$$\delta A^L + \sum_s \left[M_{ik} - M_{ki} + N_s (\psi_s + \psi_s^0)\, l_s \right] \vartheta_s = 0 \qquad (3.1\text{–}72)$$

Darin bedeuten:

δA^L	virtuelle Arbeit aller Lastgrößen
$\sum_s$	Summe über alle Stäbe s des Systems
M_{ik}, M_{ki}	linkes bzw. rechtes Stabendmoment bei untenliegender Definitionsfaser
N_s	Längskraft des Stabes s (mit N_s = const)
ψ_s, ψ_s^0	im Uhrzeigersinn positiv definierter, wirklicher Drehwinkel des Stabes s bzw. Vorverdrehungswinkel
l_s	Länge des Stabes s
ϑ_s	virtueller Drehwinkel des Stabes s am Gelenksystem

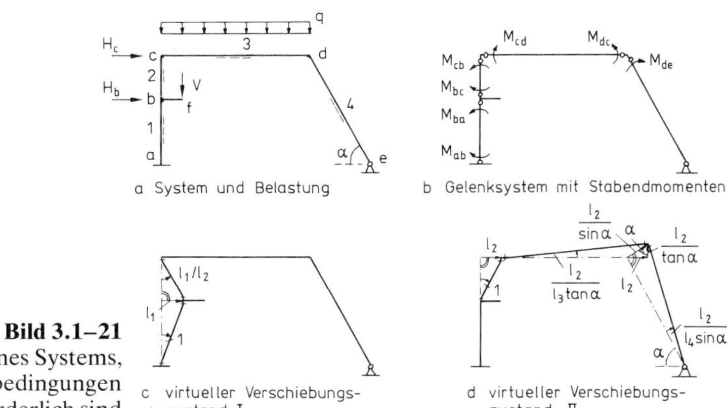

Bild 3.1–21
Beispiel eines Systems, für das 2 Systemgleichgewichtsbedingungen erforderlich sind

Die Formel (3.1–72) wird anhand des in Bild 3.1–21 a dargestellten Beispiels näher erläutert. Es liegen 4 Stäbe mit N = const vor. Die Anwendung von (3.1–72) liefert

$$\begin{aligned} &H_b\delta_{bh} + H_c\delta_{ch} + V\delta_{fv} + q l_3 \frac{1}{2}(\delta_{cv} + \delta_{dv}) + \qquad \text{(Anteil } \delta A^L\text{)} \\ &\quad + [M_{ab} - M_{ba} + N_1(\psi_1 + \psi_1^0) l_1]\vartheta_1 + \\ &\quad + [M_{bc} - M_{cb} + N_2(\psi_2 + \psi_2^0) l_2]\vartheta_2 + \\ &\quad + [M_{cd} - M_{dc} + N_3(\psi_3 + \psi_3^0) l_3]\vartheta_3 + \\ &\quad + [M_{de} + N_4(\psi_4 + \psi_4^0) l_4]\vartheta_4 = 0 \end{aligned} \tag{3.1–73}$$

Darin sind δ_{ih}, δ_{iv} die nach rechts bzw. unten positiv gezählten virtuellen Verschiebungen eines Punktes i. δ_{fv} und δ_{cv} sind in allen Fällen Null, diese Größen wurden lediglich angeschrieben, um das Vorgehen grundsätzlich zu zeigen.
Bild 3.1–21 b zeigt das zugehörige Gelenksystem und die jeweils auf den Stab wirkenden Stabendmomente. Aufgrund der 2 kinematischen Freiheitsgrade des Gelenksystems sind 2 Systemgleichgewichtsbedingungen anzuschreiben und demgemäß 2 virtuelle Verschiebungszustände zu wählen, was in Bild 3.1–21 c und d geschehen ist. (Selbstverständlich wäre auch jeder andere Zustand zulässig, der sich durch Linearkombination aus den beiden dargestellten Zuständen ergibt.) Mit den nachfolgend angegebenen, aus den Bildern 3.1–21 c bzw. d ablesbaren virtuellen Verschiebungsgrößen der Zustände I und II erhält man aus (3.1–73) die beiden gesuchten Systemgleichgewichtsbedingungen.

Zustand	δ_{bh}	δ_{ch}	δ_{dv}	ϑ_1	ϑ_2	ϑ_3	ϑ_4
I	l_1	0	0	1	$-\frac{l_1}{l_2}$	0	0
II	0	l_2	$-\frac{l_2}{\tan\alpha}$	0	1	$-\frac{l_2}{l_3\tan\alpha}$	$\frac{l_2}{l_4\sin\alpha}$

Abschließend sei nochmals darauf hingewiesen, daß sich die Theorie II. Ordnung bei den Systemgleichgewichtsbedingungen nur durch die Zusatzglieder $N_s(\psi_s + \psi_s^0)\, l_s$ in (3.1–72) ausdrückt, daß aber alle anderen Überlegungen, insbesondere alle kinematischen, unabhängig davon sind, ob Theorie I. oder II. Ordnung angewendet wird.

3.1.4 Berechnung von Verschiebungsgrößen eines Systems

Die hier vorliegende Aufgabenstellung ist im Prinzip rein kinematischer Natur: es sind Verschiebungen δ von Systempunkten und Drehwinkel φ von Querschnitten in Abhängigkeit der Verformungen des Stabelements zu formulieren. Darüber hinaus werden zur Berechnung dieser Verformungen die sog. Querschnittsbeziehungen benötigt, wie sie zum Teil bereits im Unterabschnitt 3.1.2.3 angegeben wurden:

$$\text{Verkrümmung:}\quad \varkappa = \frac{M}{EI} + \varkappa^e \tag{3.1–74}$$

$$\text{Gleitung:}\quad \eta = \frac{Q}{S} \tag{3.1–75}$$

$$\text{Längsdehnung:}\quad \varepsilon = -\frac{N}{EA} + \varepsilon^e \tag{3.1–76}$$

Darin sind EI die Biege-, S die Schub- und EA die Dehnsteifigkeit des Querschnitts; $\varkappa^e$ und ε^e sind eingeprägte, meist durch Temperaturdehnungen hervorgerufene Verformungen, wobei in diesem Fall gilt

$$\varkappa^e = \frac{\Delta T}{d}\,\alpha_T \tag{3.1–77}$$

$$\varepsilon^e = T\alpha_T \tag{3.1–78}$$

mit ΔT als Temperaturdifferenz über die Querschnittsdicke d, T als Temperaturänderung im Schwerpunkt und α_T als Temperaturdehnkoeffizient. (Zu beachten ist, daß die Längsdehnung ε nicht mit der Stabkennzahl ε der Theorie II. Ordnung verwechselt wird.)
Neben den genannten Verformungen des Stabelements können auch Auflagerbewegungen oder eingeprägte Sprünge und Knicke in der Biegelinie Ursache für die zu berechnenden Verschiebungsgrößen sein.
Wesentlich ist nun folgendes:
1. die kinematischen Beziehungen sind stets *linear* und außerdem völlig unabhängig davon, ob Theorie I. oder II. Ordnung angewendet wird,

2. die *Vorverformungen* gehen *nicht* in die kinematischen Beziehungen ein; die errechneten Verschiebungsgrößen sind damit nur die zusätzlich zu den Vorverformungen auftretenden Größen.
Die praktisch wichtigsten Verfahren zur Berechnung von Verschiebungsgrößen sind die Mohrschen Verfahren und das Prinzip der virtuellen Kräfte, welche nachfolgend behandelt werden. Da sich alle diese Verfahren sehr vorteilhaft auch mit Hilfe der Winkelgewichte formulieren lassen, werden diese vorweg in einem eigenen Unterabschnitt dargestellt. Der Williotplan zur Bestimmung der Knotenverschiebungen von Fachwerken wird erst später im Unterabschnitt 3.2.2.1 beschrieben.

3.1.4.1 Definition und Berechnung der Winkelgewichte

Im allgemeinsten Fall ist das (stets auf einen Knoten bezogene) Winkelgewicht nicht nur vom Formänderungszustand des betrachteten Stabzuges abhängig, sondern auch von der Richtung der gesuchten Verschiebungskomponenten. Definiert sind die Winkelgewichte als Knickwinkel des zur betrachteten Verschiebungslinie gehörigen Sehnenpolygons. Wie Bild 3.1–22 zeigt, hat der Knoten j des Stabzuges ijk bei Betrachtung der Linie der *Vertikal*verschiebungskomponenten das Winkelgewicht ϕ_{jv}. Definiert man – wie ebenfalls in Bild 3.1–22 eingetragen – ϕ_{jiv} als den Drehwinkel des Querschnitts am Ende j des Stabes ij relativ zur Sehne dieses Stabes und analog den Querschnittsdrehwinkel ϕ_{jkv} am Ende j des Stabes jk, so lautet bei einer biegesteifen Verbindung in j die Kontinuitätsbedingung

$$\phi_{jv} = \phi_{jiv} + \phi_{jkv} \tag{3.1–79}$$

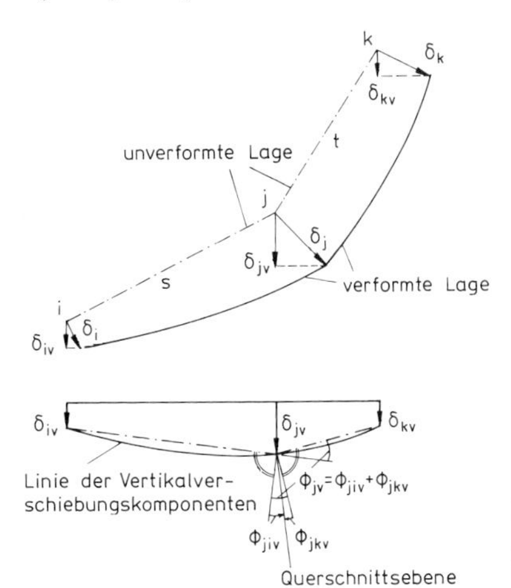

Bild 3.1–22
Zur Definition des Winkelgewichts im Knoten j für die Linie der Vertikalverschiebungskomponenten

Da nun ϕ_{jiv} allein aus den Verformungen $\varkappa$, η, ε des Stabes ij und ϕ_{jkv} allein aus denen des Stabes jk berechnet werden kann, ist das gesuchte Winkelgewicht ϕ_{jv} nur von den Verformungen des Stabzuges ijk abhängig. Mit dieser Feststellung wird bereits die wesentliche Bedeutung der Winkelgewichte erkennbar: Für einen bestimmten Lastfall, aber mehrere gesuchte Verschiebungsgrößen sind die Winkelgewichte nur einmal zu bestimmen, da sie nicht davon abhängen, welche Verschiebungsgrößen gesucht sind.
Für die Berechnung der Winkelgewichte ist nun eine Unterteilung in die Fälle „nur $\varkappa$- und η-Verformungen" und „nur ε-Verformungen" aus 2 Gründen sinnvoll:
1. bei biegebeanspruchten Systemen werden die Längsdehnungen ε meistens vernachlässigt,
2. bei den $\varkappa$- und η-Verformungen sind die Winkelgewichte unabhängig von der Richtung der gesuchten Verschiebungskomponenten, was bei den ε-Verformungen nicht der Fall ist.
Erforderlichenfalls können selbstverständlich die beiden getrennt ermittelten Einflüsse superponiert werden.

Berechnung des Winkelgewichts aus $\varkappa$- und η-Verformungen

Bei der hier vorliegenden Verkrümmung $\varkappa$ und Gleitung η ändert das Stabelement seine Länge nicht. Daraus folgt, daß die Sehnendrehwinkel (wie auch die Drehwinkel der Achsen der Stabelemente) in allen Verschiebungslinien gleich und darüber hinaus gleich den Sehnendrehwinkeln in der wirklich verformten Lage sind. Das gleiche gilt für die Relativdrehwinkel der Stabendquerschnitte. In der Formel (3.1–79) können deshalb die Indizes v entfallen, da das Winkelgewicht jetzt unabhängig davon ist, ob die Linie der vertikalen oder horizontalen oder einer anderen Richtung der Verschiebungskomponenten gesucht ist. Für jede Verschiebungslinie gilt damit

$$\phi_j = \phi_{ji} + \phi_{jk} \tag{3.1–80}$$

Die Drehwinkel ϕ_{ji}, ϕ_{jk} sind identisch mit den in Tabelle 3.1–2 angegebenen Größen ϕ_i und ϕ_k (es sind jetzt genau wie bei den Stabendmomenten 2 Indizes erforderlich). Damit gelten auch hier die Formeln (3.1–44) bis (3.1–47), sie lauten nun

$$\phi_{ji} = b_s M_{ij} + a_s M_{ji} + \phi_{ji}^q \tag{3.1–81}$$

wobei nach Theorie I. Ordnung gilt

$$\left.\begin{aligned} a_s &= \left(\frac{1}{3} + \varrho_s\right)\frac{l_s}{EI_s} \\ b_s &= \left(\frac{1}{6} - \varrho_s\right)\frac{l_s}{EI_s} \end{aligned}\right\} \tag{3.1–82}$$

und nach Theorie II. Ordnung

$$\left.\begin{aligned} a_s &= \left(1 - \frac{\varepsilon_s}{\gamma_s \tan\varepsilon_s}\right)\frac{1}{N_s l_s} \\ b_s &= \left(\frac{\varepsilon_s}{\gamma_s \sin\varepsilon_s} - 1\right)\frac{1}{N_s l_s} \end{aligned}\right\} \tag{3.1–83}$$

Analog erhält man

$$\phi_{jk} = a_t M_{jk} + b_t M_{kj} + \phi_{jk}^q \tag{3.1–84}$$

wobei für a_t und b_t die Formeln (3.1–82), (3.1–83) entsprechend gelten. ϕ_{ji}^q und ϕ_{jk}^q sind die aus Querbelastung und eingeprägten Deformationsgrößen *allein* hervorgehenden Anteile, sie sind der Tabelle 3.1–2 zu entnehmen.

Für das gesuchte Winkelgewicht ϕ_j gilt mit (3.1–80) schließlich

$$\phi_j = b_s M_{ij} + a_s M_{ji} + a_t M_{jk} + b_t M_{kj} + \phi_{ji}^q + \phi_{jk}^q \tag{3.1–85}$$

Ist im Knoten j kein weiterer Stab eingespannt und kein eingeprägtes, äußeres Moment vorhanden, so gilt zusätzlich $M_{ji} = M_{jk} = M_j$.

Berechnung des Winkelgewichts aus ε-Verformungen

Zur Berechnung dieser Winkelgewichte werden nur die Stablängenänderungen benötigt. Für λ_s z. B. gilt die Formel

$$\lambda_s = \int_0^{l_s} \left(-\frac{N_s}{EA_s} + \varepsilon_s^e\right) dx \tag{3.1–86}$$

und bei konstanten Größen N_s, A_s, ε_s^e

$$\lambda_s = -\frac{N_s l_s}{EA_s} + \varepsilon_s^e l_s \tag{3.1–87}$$

Diese Formel kann auch bei linearem Verlauf von N_s, aber konstantem A_s verwendet werden, wenn für N_s der Wert in Stabmitte eingesetzt wird. Es sei noch vermerkt, daß bei konstanten Dehnungen die Verschiebungslinien stabweise linear sind, d. h. mit den Sehnen zusammenfallen.

Wie bereits erwähnt, sind die Winkelgewichte hier abhängig von der Richtung der gesuchten Verschiebungskomponenten und deshalb mit einem zusätzlichen Index zu versehen (v bei vertikalen, h bei horizontalen Komponenten). Wie aus Bild 3.1–23 hervorgeht, wird zur Bestimmung der Winkelgewichte des Knotens j für den Stabzug ijk in j eine starre Einspannung angenommen. Eine nach Lösen dieser Einspannung zusätzlich mögliche Starrkörperbewegung des Stabzuges ändert den Sehnenknickwinkel und damit das Winkelgewicht nicht mehr.

Mit den in Bild 3.1–23 eingetragenen Bezeichnungen und Formeln erhält man als Winkelgewicht für die Vertikalverschiebungslinie

$$\phi_{jv} = \frac{\lambda_t}{l_t}\tan\alpha_t - \frac{\lambda_s}{l_s}\tan\alpha_s \tag{3.1–88}$$

und für die Horizontalverschiebungslinie

$$\phi_{jh} = \frac{\lambda_s}{l_s}\frac{1}{\tan\alpha_s} - \frac{\lambda_t}{l_t}\frac{1}{\tan\alpha_t} \tag{3.1–89}$$

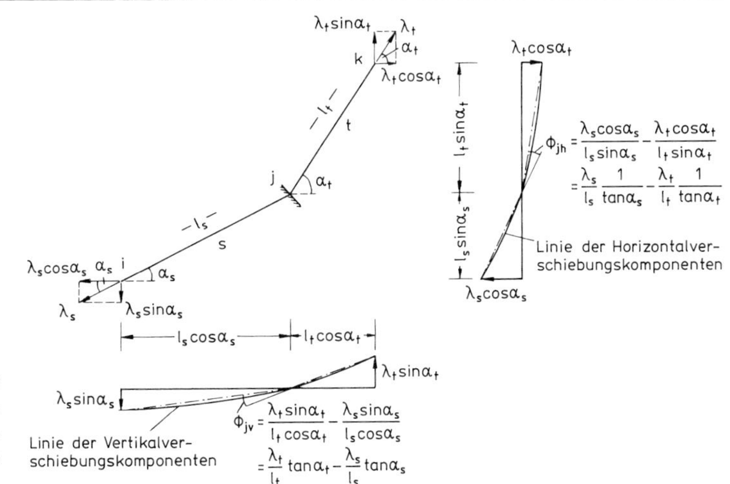

Bild 3.1–23
Zur Bestimmung der Winkelgewichte ϕ_{jv}, ϕ_{jh} aus den Längsdehnungen ε

3.1.4.2 Die Analogie von Mohr

Nachfolgend wird zunächst für einen geradlinigen Stabzug die Analogie von Mohr behandelt, und zwar in einer erweiterten Form, in der

1. neben den Verkrümmungen $\varkappa$ auch die Gleitungen η berücksichtigt werden,
2. zusätzlich auch eine Formulierung mit Hilfe der Winkelgewichte vorgenommen wird.

Anschließend wird die Mohrsche Analogie für den geknickten Stabzug, ebenfalls unter Verwendung der Winkelgewichte, dargestellt.

Die Mohrsche Analogie besteht zwischen den nach *Theorie I. Ordnung* formulierten Gleichgewichtsbeziehungen und den (von Theorie I. und II. Ordnung unabhängigen) Verformungsbeziehungen des Stabelements:

Gleichgewichtsbziehungen nach Theorie I. Ordnung ($R = Q$) gemäß (3.1–5) und (3.1–6)	Verformungsbeziehungen gemäß (3.1–7) und (3.1–8)
$Q_x = -q$	$\varphi_x = -\varkappa$
$M_x = Q + m$	$w_x = \varphi + \eta$

wobei die Formeln (3.1–74) für die Verkrümmung $\varkappa$ und (3.1–75) für die Gleitung η nochmals wiederholt seien

$$\varkappa = \frac{M}{EI} + \varkappa^e$$

$$\eta = \frac{Q}{S}$$

Definiert man nun als ideelle Größen

$$q^* = \varkappa \tag{3.1–90}$$

$$m^* = \eta \tag{3.1–91}$$

$$Q^* = \varphi \tag{3.1–92}$$

$$M^* = w \tag{3.1–93}$$

so dürfen aufgrund der bestehenden Analogie diese ideellen Größen wie die wirklichen behandelt werden. Die *kinematische* Aufgabe, aus den Verkrümmungen $\varkappa$ und Gleitungen η die Querschnittsdrehwinkel φ und Biegeordinaten w zu bestimmen, geht damit über in die *statische* Aufgabe, aus der Streckenlast q^* und dem Streckenmoment m^* die Querkräfte Q^* und Biegemomente M^* zu bestimmen. Zur Erfüllung der Rand- und Übergangsbedingungen ist dabei statt des wirklichen Trägers ein Ersatzträger nach folgenden Regeln zu bilden und zugrunde zu legen:

wirklicher Träger	Ersatzträger
Ersatzträger	wirklicher Träger

Für den Ersatzträger ergibt sich daraus folgendes:

1. Ist der wirkliche Träger statisch bestimmt, ist auch der Ersatzträger statisch bestimmt.

2. Ist der wirkliche Träger n-fach statisch unbestimmt, ist der Ersatzträger ein kinematisches System mit n Freiheitsgraden. Die ideelle Belastung muß dann so beschaffen sein, daß der Ersatzträger im Gleichgewicht ist (≙ Kontrolle der Verträglichkeitsbedingungen am wirklichen Träger).

3. Ist der wirkliche Träger kinematisch, ist der Ersatzträger statisch unbestimmt und sein ideeller Schnittkraftzustand unbestimmbar, was auch sinnvoll ist, da die Biegelinie eines kinematischen Systems nicht angegeben werden kann. Verträglichkeitsbedingungen am Ersatzträger existieren nicht, da hierfür nur Kraftgrößen, aber keine Verschiebungsgrößen definiert sind. Für die praktische Rechnung ist es oft vorteilhaft, statt der Größen $\varkappa$, η, φ, w die mit einer gewählten Bezugssteifigkeit EI_c multiplizierten Werte zu verwenden. Für die ideellen Größen gilt dann

$$q^* = EI_c \varkappa \tag{3.1–90 a}$$

$$m^* = EI_c \eta \tag{3.1–91 a}$$

$$Q^* = EI_c \varphi \tag{3.1–92 a}$$

$$M^* = EI_c w \tag{3.1–93 a}$$

Der damit verbundene rechentechnische Vorteil besteht insbesondere bei Vernachlässigung der Querkraftverformungen, d.h. im Fall $\eta = 0$, $m^* = 0$.

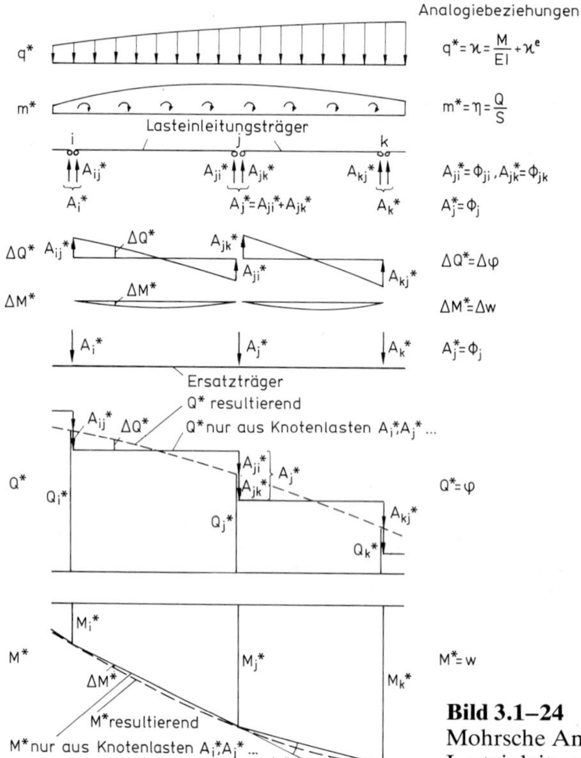

Bild 3.1–24
Mohrsche Analogie bei indirekter Belastung über Lasteinleitungsträger zum Verständnis der Winkelgewichte

Zur praktischen Berechnung von Q^* und M^* müssen die Flächen sowie Schwerpunkte der q^*- und m^*-Funktionen im Bereich der einzelnen Stäbe bzw. Stababschnitte bekannt sein. Dies ist bei Theorie I. Ordnung in der Regel noch erfüllt, nicht mehr aber ohne besondere Hilfsmittel bei Theorie II. Ordnung. Die Einführung der *Winkelgewichte* führt nun bei Theorie I. Ordnung zu einer erheblichen Rechenerleichterung und macht darüber hinaus auch die Anwendung der Theorie II. Ordnung in der prinzipiell gleichen Weise möglich.
Zum Verständnis der Winkelgewichte bei der Mohrschen Analogie seien die in Bild 3.1–24 dargestellten Zusammenhänge erläutert. Die Belastung q^* und m^* soll indirekt über Lasteinleitungsträger (Balken auf 2 Stützen) auf den Ersatzträger aufgebracht werden. Die Überlagerung der Schnittgrößen von Lasteinleitungsträger und Ersatzträger liefert dann die gesuchten Schnittgrößen (= Schnittgrößen des direkt belasteten Ersatzträgers). Die Schnittgrößen der Lasteinleitungsträger seien ΔQ^* und ΔM^*. Die Summe der beiden Auflagerkräfte A^*_{ji} und A^*_{jk} der Lasteinleitungsträger ergibt die auf den Ersatzträger wirkende Knotenlast A^*_j. Diese Knotenlasten ergeben die abschnittsweise konstante bzw. lineare Q^*- und M^*-Linie (ausgezogene Linie). Die M^*-Linie weist an den Knotenpunkten i, j, k genaue Ordinaten auf, während in den Zwischenbereichen noch die ΔM^*-Linie des Lasteinleitungsträgers zu überlagern ist, um die genaue M^*-Linie (gestrichelte Linie) zu erhalten. Für Q^* gelten analoge Überlegungen, jedoch ist – wie Bild 3.1–24 zeigt – hier zur Angabe genauer Werte in den Knotenpunkten nicht nur die Kenntnis der Knotenlast A^*_j, sondern auch deren Anteile A^*_{ji} und A^*_{jk} erforderlich.

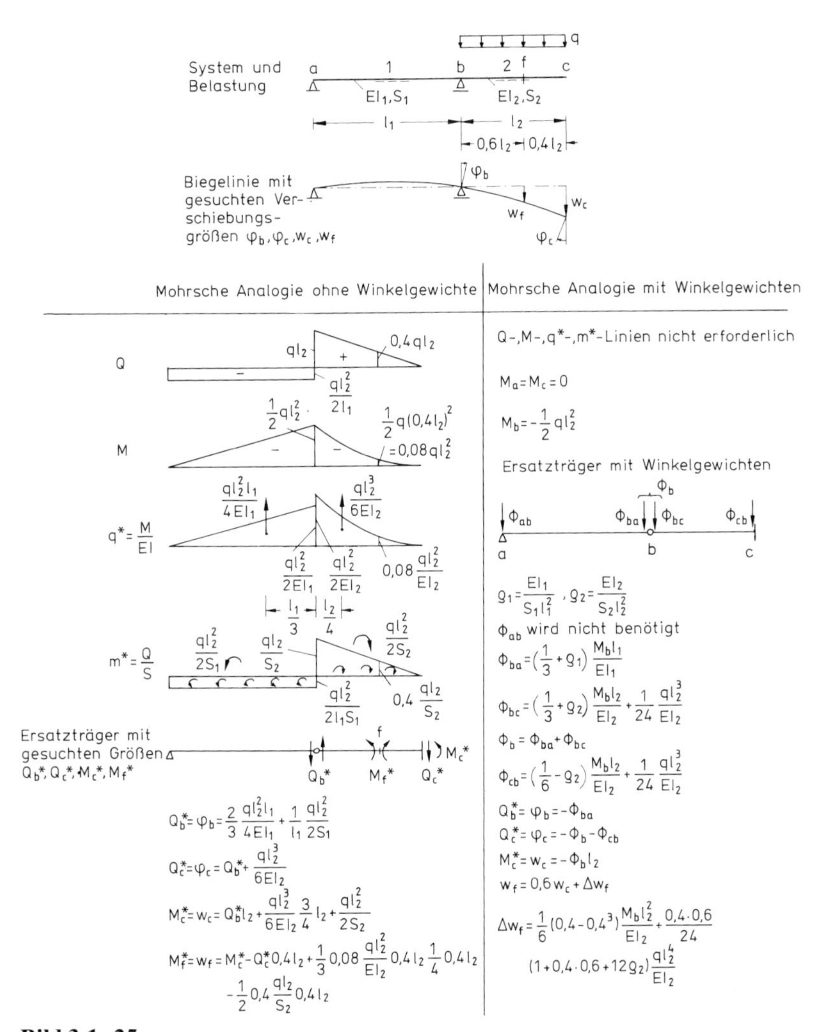

Bild 3.1–25
Behandlung eines Beispiels nach der Mohrschen Analogie ohne und mit Verwendung der Winkelgewichte

Da nun A_j^* als Knickwinkel des Sehnenpolygons der M^*-Linie = Biegelinie w auftritt und da gleichzeitig dieser Knickwinkel als Winkelgewicht definiert wurde, muß gelten

$$A_j^* = \Phi_j \tag{3.1–94}$$

und entsprechend auch

$$A_{ji}^* = \Phi_{ji} \tag{3.1–95}$$

$$A_{jk}^* = \Phi_{jk} \tag{3.1–96}$$

Somit können wieder die für Theorie I. und II. Ordnung verfügbaren Formeln (3.1–81) bis (3.1–85), welche aus der Tabelle 3.1–2 hervorgehen, zur Berechnung der Winkelgewichte (= ideelle Knotenlasten) herangezogen werden. Da andererseits Δw in Tabelle 3.1–2 als Biegeordinate relativ zur Sehne definiert wurde, ΔM^* wegen $M^* = w$ aber genau mit dieser Definition übereinstimmt, muß weiterhin gelten

$$\Delta M^* = \Delta w \tag{3.1–97}$$

und in gleicher Weise

$$\Delta Q^* = \Delta \varphi \tag{3.1–98}$$

Insgesamt kann also festgestellt werden, daß mit Hilfe der für jeden Stababschnitt bestimmbaren Größen Φ_{ij}, Φ_{ji}, Δw, $\Delta\varphi$ die Biegeordinate w und der Querschnittsdrehwinkel φ an jeder beliebigen Stelle genau bestimmt werden können. Sind nur Verschiebungsgrößen an den Knotenpunkten gesucht, werden Δw und $\Delta\varphi$ nicht benötigt.

Bei Verwendung der Winkelgewichte treten die ideellen Belastungen q^*, m^* nicht mehr auf, und die M- und Q-Linien werden nicht benötigt, sondern nur noch die Stabendmomente.

Anhand des in Bild 3.1–25 dargestellten Beispiels sollen die unterschiedlichen Berechnungsweisen des Mohrschen Verfahrens ohne und mit Verwendung der Winkelgewichte gezeigt werden; dabei seien M- und Q-Verformungen zu berücksichtigen. Die Stabsteifigkeiten EI und S sind stabweise konstant, Längskräfte treten nicht auf, so daß Theorie I. Ordnung anzuwenden ist. Die einzelnen Rechenschritte sind in Bild 3.1–25 vollständig angegeben. Zu beachten ist bei Verwendung der Winkelgewichte, daß die Querkraft Q_b^* – wie in allgemeiner Form auch aus Bild 3.1–24 erkennbar – die Schnittkraft zwischen den Winkelgewichten Φ_{ba} und Φ_{bc} ist, wofür die Kenntnis nur des resultierenden Winkelgewichts Φ_b nicht ausreichend ist.

Ein Vergleich der beiden Berechnungsmöglichkeiten zeigt deutliche Vorteile zugunsten der Anwendung der Winkelgewichte: die Berechnung ist kürzer, sie ist insbesondere aber sicherer, da für die Winkelgewichte fertige Formeln zur Verfügung stehen, während im anderen Fall für die Schnittkraftermittlung zahlreiche Gleichgewichtsüberlegungen erforderlich sind.

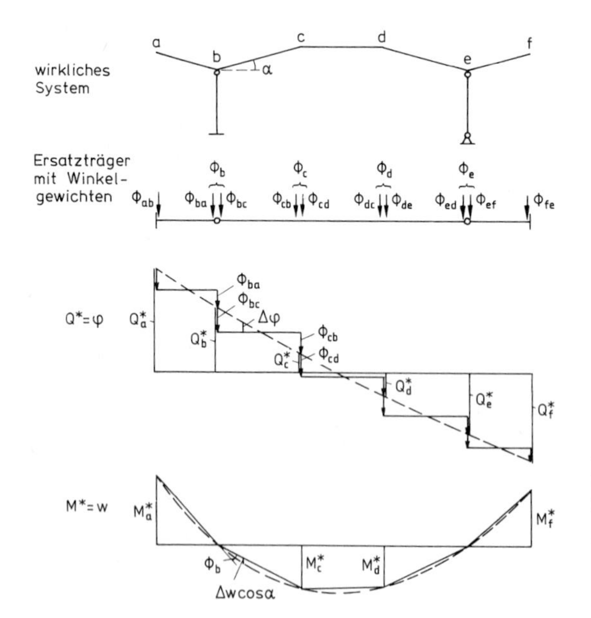

Bild 3.1–26
Mohrsche Analogie unter Verwendung von Winkelgewichten zur Ermittlung der Linie der Vertikalverschiebungen eines abgeknickten Stabzuges bei Berücksichtigung von $\varkappa$- und η-Verformungen

Die mit Hilfe der Winkelgewichte formulierte Mohrsche Analogie kann auch für einen abgeknickten Stabzug angewendet werden, sofern die geometrischen Auflagerbedingungen zur Bestimmung eines

statisch bestimmten Ersatzträgers ausreichen. Der Ersatzträger ist *geradlinig* und *senkrecht* zur Richtung der Verschiebungskomponenten anzunehmen. Bei gesuchter Vertikalverschiebungslinie liefert ein vertikal unverschiebliches Lager $M^* = 0$ und eine starre Einspannung $Q^* = 0$ für die Bestimmung des Ersatzträgers. Ein Beispiel hierzu zeigt Bild 3.1–26.
Im allgemeinsten Fall der Berücksichtigung von $\varkappa$-, η- und ε-Verformungen sind die Winkelgewichte, wie allgemein gezeigt, von der Richtung der Verschiebungskomponenten abhängig und liefern nur das Sehnenpolygon der Verschiebungslinie. Sind dagegen nur $\varkappa$- und η-Verformungen zu berücksichtigen, sind die Winkelgewichte unabhängig von der Richtung der Verschiebungskomponenten. In diesem Fall können mit Q^* auch die Querschnittsdrehwinkel und darüber hinaus auch genaue Werte zwischen den Knoten erhalten werden, wenn $\Delta\varphi$ und die Komponente von Δw in Richtung der gesuchten Verschiebungen zusätzlich überlagert werden; $\Delta\varphi$ und Δw sind dabei wieder nach Tabelle 3.1–2 zu berechnen.
Das prinzipielle Vorgehen für ein einfaches Beispiel bei Berücksichtigung von $\varkappa$- und η-Verformungen zeigt Bild 3.1–26.

3.1.4.3 Mohrsches Verfahren für rahmenartige Systeme unter Verwendung der Winkelgewichte

Es wird zunächst ein allgemeiner biegesteifer Stabzug betrachtet, der auch ein beliebiger Teil eines Systems sein kann, der aber nicht durch ein Gelenk unterbrochen sein darf. Hierfür werden möglichst allgemeine Formeln aufgestellt, aus denen die praktisch wichtigen Fälle dann als Sonderfälle erhalten werden können. Da auch hier die Verwendung der Winkelgewichte große rechnerische Vorteile ergibt, soll das Verfahren ausschließlich in der mit Winkelgewichten formulierten Form dargestellt werden; es ist dann auch im Fall der Theorie II. Ordnung anwendbar.
Für den in Bild 3.1–27 dargestellten Stabzug wird folgende Aufgabenstellung angenommen:
bekannt: Belastung, Stabendmomente, Verschiebungskomponenten δ_{ah}, δ_{av}, Querschnittsdrehwinkel φ_a
gesucht: Verschiebungs*komponente* δ_k des Punktes k in Richtung der eingetragenen Achse, Querschnittsdrehwinkel φ_k
δ_k steht insbesondere stellvertretend für eine gesuchte Horizontal- ($\alpha = 0°$) oder Vertikalverschiebungskomponente ($\alpha = 90°$).
Mit den Bezeichnungen des Bildes 3.1–27 und unter Berücksichtigung von $\varkappa$- und η-Verformungen ($\varepsilon = 0$) gelten folgende Formeln:

$$\varphi_k = \varphi_a - (\phi_a + \phi_b + \cdots + \phi_j + \phi_k) \tag{3.1–99}$$

$$\delta_k = \delta_{ah}\cos\alpha + \delta_{av}\sin\alpha + \varphi_a r_a - (\phi_a r_a + \phi_b r_b + \cdots + \phi_j r_j) \tag{3.1–100}$$

Die Winkelgewichte sind wie bisher in Abhängigkeit der Stabendmomente und der Stabquerlast gemäß Tabelle 3.1–2 zu bestimmen.
Auf den Beweis der Formeln soll hier verzichtet werden; erwähnt sei aber, daß die jeweils vor der Klammer stehende Terme aus der durch die Verschiebung und Verdrehung im Fußpunkt a erzeugten Starrkörperbewegung des Stabzuges hervorgehen, während die in der Klammer stehende Terme die Verformung des Stabzuges selbst beinhalten.
Für den Fall, daß zusätzlich ε-Verformungen zu berücksichtigen sind, ändert sich Formel (3.1–99) nicht, während in (3.1–100) folgendes Zusatzglied auftritt:

$$\delta_k^\varepsilon = -\sum_s \lambda_s \cos(\alpha_s - \alpha) \tag{3.1–101}$$

mit
$\sum_s$ Summe über alle Stäbe s des Stabzuges ak
λ_s Verlängerung des Stabes s
α_s Neigungswinkel des Stabes s
Nachfolgend werden 2 praktisch wichtige Sonderfälle betrachtet (jeweils mit $\varepsilon = 0$).

1. Sonderfall:
In a liegt eine starre Einspannung mit $\delta_{ah} = \delta_{av} = \varphi_a = 0$ vor, gesucht sind der Drehwinkel φ_k und die Verschiebungskomponenten δ_{kh} und δ_{kv}. Mit den Bezeichnungen des Bildes 3.1–28 erhält man aus (3.1–99) bzw. (3.1–100) hier

$$\varphi_k = -(\phi_a + \phi_b + \cdots + \phi_j + \phi_k) \tag{3.1–102}$$

$$\delta_{kh} = -(\phi_a r_{av} + \phi_b r_{bv} + \cdots + \phi_j r_{jv}) \tag{3.1–103}$$

$$\delta_{kv} = -(\phi_a r_{ah} + \phi_b r_{bh} + \cdots + \phi_j r_{jh}) \tag{3.1–104}$$

2. Sonderfall:
In a liegt eine unverschiebliche, gelenkige Lagerung mit $\delta_{ah} = \delta_{av} = 0$ und mit *unbekanntem* φ_a vor, gesucht ist die Verschiebungskomponente δ_{ka} gemäß Bild 3.1–29. δ_{ka} ist die einzige Verschiebungskom-

ponente des Punktes k, die vom unbekannten Drehwinkel φ_a unabhängig ist (wegen $r_a = 0$), d.h. bestimmt werden kann. Mit den Bezeichnungen des Bildes 3.1–29 erhält man aus (3.1–100) hier

$$\delta_{ka} = -(\phi_b r_b + \phi_c r_c + \cdots + \phi_j r_j) \qquad (3.1\text{–}105)$$

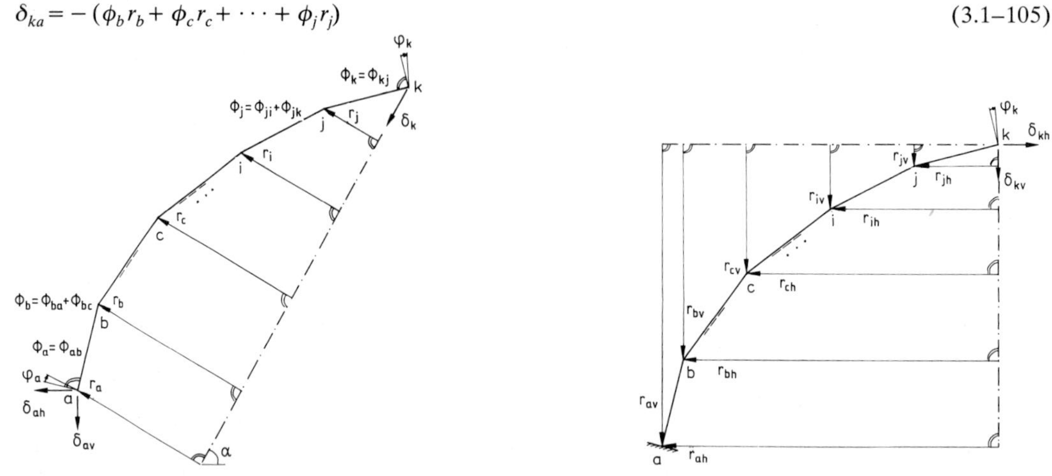

Bild 3.1–27 (links) Allgemeiner Stabzug zur Definition der maßgebenden Größen für die Formeln (3.1–99) und (3.1–100) bei Berücksichtigung von $\varkappa$- und η-Verformungen

Bild 3.1–28 (rechts) 1. Sonderfall: Stabzug mit starrer Einspannung in a

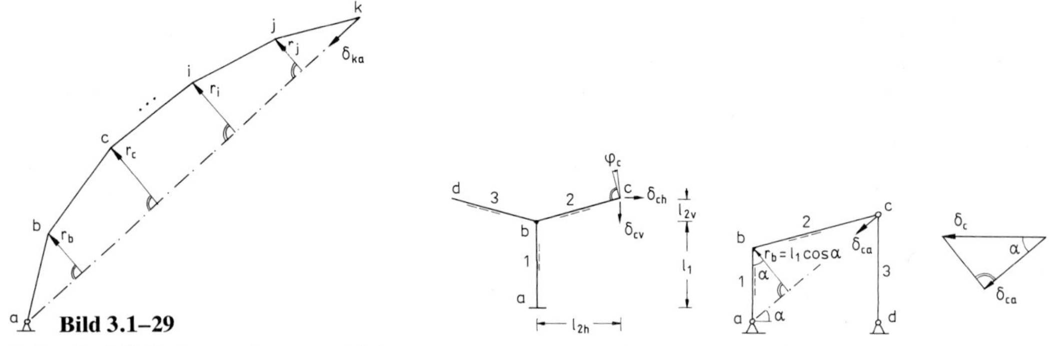

Bild 3.1–29

2. Sonderfall: Stabzug mit unverschieblicher, gelenkiger Lagerung in a

Bild 3.1–30 Beispiel 1

Bild 3.1–31 Beispiel 2

Anhand zweier Beispiele mit stabweise konstanten Querschnitten und vernachlässigbaren ε-Verformungen seien die Mohrschen Formeln näher erläutert; dabei wird nur der grundsätzliche Lösungsweg ohne Zahlenrechnung aufgezeigt.

1. Beispiel

Für das in Bild 3.1–30 gezeigte System sind die Verschiebungen δ_{ch}, δ_{cv} und die Verdrehung φ_c gesucht.

Lösungsweg:

1. Berechnung der Stabmomente M_a, M_{ba}, M_{bc}, M_c

2. Berechnung der Winkelgewichte an den Stabenden nach Tabelle 3.1–2:

ϕ_{ab}, ϕ_{ba}, ϕ_{bc}, ϕ_{cb}

und der Winkelgewichte an den Knoten:

$\phi_a = \phi_{ab}$, $\phi_b = \phi_{ba} + \phi_{bc}$, $\phi_c = \phi_{cb}$

3. Mohrsche Formeln:

(3.1–102): $\varphi_c = -\phi_a - \phi_b - \phi_c$

(3.1–103): $\delta_{ch} = -\phi_a(l_1 + l_{2v}) - \phi_b l_{2v}$

(3.1–104): $\delta_{cv} = -(\phi_a + \phi_b)\, l_{2h}$

2. Beispiel
Für das System nach Bild 3.1–31 ist die horizontale Verschiebung δ_c des Punktes c zu bestimmen.
Lösungsweg:
1. Berechnung des Moments $M_b = M_{ba} = M_{bc}$
2. Berechnung der Winkelgewichte ϕ_{ba}, ϕ_{bc} nach Tabelle 3.1–2 und des resultierenden Winkelgewichts

$\phi_b = \phi_{ba} + \phi_{bc}$

3. Mohrsche Formel:
(3.1–105): $\delta_{ca} = -\phi_b l_1 \cos\alpha$
4. gesuchte Verschiebung

$$\delta_c = \frac{\delta_{ca}}{\cos\alpha} = -\phi_b l_1$$

3.1.4.4 Prinzip der virtuellen Kräfte

Das Prinzip der virtuellen Kräfte ist das in der Praxis wichtigste und meistbenutzte Hilfsmittel zur Berechnung von Verschiebungsgrößen. Alle Stabelementverformungen $\varkappa$, η, ε lassen sich damit einheitlich erfassen; kinematische Überlegungen treten nicht mehr auf, sie werden durch Gleichgewichtsüberlegungen, die für den virtuellen Kraftzustand anzustellen sind, ersetzt.
Voraussetzung für das Prinzip der virtuellen Kräfte in der hier angegebenen Form ist die Linearität zwischen den Elementverformungen und den Verschiebungsgrößen des Systems. Diese Voraussetzung ist sowohl bei Theorie I. als auch II. Ordnung erfüllt, da es sich in beiden Fällen um eine Theorie kleiner Verschiebungen handelt.
Das Prinzip der virtuellen Kräfte lautet:
Für einen Verformungsvorgang ist die Summe der äußeren und inneren virtuellen Arbeit, die ein beliebiger, aber im *Gleichgewicht* befindlicher *virtueller* Kraftzustand längs der *wirklichen* Verformungswege leistet, gleich Null.
Um das Prinzip der virtuellen Kräfte in seiner vollen Allgemeinheit zu erkennen, ist die Feststellung wichtig, daß die insgesamt am System angreifende virtuelle Belastung *nur* im Gleichgewicht stehen muß, im übrigen aber völlig beliebig sein kann. Insbesondere gilt bei statisch unbestimmten Systemen, daß für den virtuellen Kraftzustand keinerlei Verträglichkeitsbedingungen zu erfüllen sind. Ganz allgemein kann gesagt werden, daß nur ein virtueller Kraftzustand definiert ist, daß aber ein zugehöriger virtueller Formänderungszustand nicht existiert. Mit diesen Feststellungen wird die Aussage des *Reduktionssatzes* der Baustatik selbstverständlich, wonach bei statisch unbestimmten Systemen für den virtuellen Schnittkraftzustand ein beliebiges statisch bestimmtes Grund- oder Teilsystem angenommen werden darf.
Wird Theorie II. Ordnung angewendet, so ist dies für den virtuellen Schnittkraftzustand ohne Bedeutung, d.h. praktisch, daß bei der Ermittlung des virtuellen Schnittkraftzustandes nach den Regeln der Theorie I. Ordnung vorzugehen ist.
Für die praktische Anwendung des Prinzips wird in der Regel eine *spezielle virtuelle Belastung* so gewählt, daß nur die gesuchte Verschiebungsgröße v virtuelle äußere Arbeit leistet, und zwar von der Größe $1 \cdot v$, d.h. es ist die zu v gehörige virtuelle Lastgröße 1 anzusetzen, und die virtuellen Auflagerreaktionen dürfen keine *unbekannten* Verschiebungswege vorfinden. Die gesuchte Verschiebungsgröße v läßt sich dann unmittelbar aus folgender Formel bestimmen:

$$v = \sum_s \int_0^l (\varkappa\overline{M} + \eta\overline{Q} - \varepsilon\overline{N})\,\mathrm{d}x - \delta A^e \qquad (3.1\text{–}106)$$

Darin bedeuten:

$\sum_s$	Summe über alle Stäbe s des Systems
$\varkappa, \eta, \varepsilon$	die wirklichen Stabelementverformungen, die sich aus (3.1–74), (3.1–75), (3.1–76) berechnen.
$\overline{M}, \overline{Q}, \overline{N}$	die virtuellen Schnittgrößen, hervorgerufen durch die zu v gehörige Lastgröße 1, Vorzeichenregelung wie für M, Q, N ($\overline{N}$ als Druck positiv),
δA^e	die aus eingeprägten Verschiebungsgrößen hervorgehende virtuelle Arbeit, wofür in Bild 3.1–32 zwei Beispiele gezeigt sind. (Eingeprägte Verformungsgrößen, wie z.B. Temperaturverkrümmungen oder -dehnungen treten hier nicht auf, diese sind in $\varkappa$ bzw. ε enthalten.)

Auswertung des Integrals $\int_0^l (\varkappa\overline{M} + \eta\overline{Q})\,\mathrm{d}x$

Ziel der folgenden Ausführungen ist es, die Auswertung dieses Integrals mit Hilfe der in Tabelle 3.1–2 angegebenen Formeln für Δw, $\Delta\varphi$, ϕ_i, ϕ_k vornehmen zu können. Hierzu werden zunächst 4 virtuelle Kraftzustände betrachtet, welche sich jeweils nur auf einen Stab erstrecken.

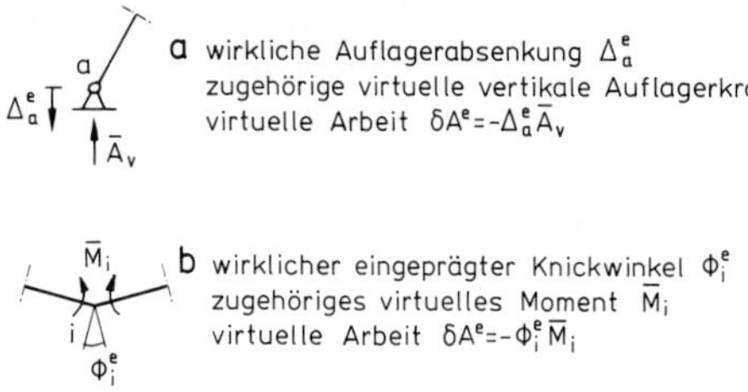

a wirkliche Auflagerabsenkung Δ_a^e
zugehörige virtuelle vertikale Auflagerkraft $\bar{A}_v$
virtuelle Arbeit $\delta A^e = -\Delta_a^e \bar{A}_v$

b wirklicher eingeprägter Knickwinkel Φ_i^e
zugehöriges virtuelles Moment $\bar{M}_i$
virtuelle Arbeit $\delta A^e = -\Phi_i^e \bar{M}_i$

Bild 3.1–32
2 Beispiele zur Berechnung von δA^e in (3.1–106)

1. Der zu Δw gehörige virtuelle Kraftzustand
Gewählt wird der in Bild 3.1–33 angegebene virtuelle Kraftzustand, bestehend aus den Kräften 1, ξ' und ξ, welche jeweils senkrecht zur Stabachse wirken und miteinander im Gleichgewicht stehen. Der virtuelle Schnittkraftzustand ist somit auf den Stab *ik* beschränkt. Das Prinzip der virtuellen Kräfte ergibt mit den Bezeichnungen des Bildes 3.1–33 hier

$$w \cdot 1 - w_i \xi' - w_k \xi = \int_0^l (\varkappa \overline{M}_{\Delta w} + \eta \overline{Q}_{\Delta w})\, dx$$

Wie sich aus der Biegelinie des Bildes 3.1–33 ablesen läßt, ist der auf der linken Seite stehende Ausdruck gerade gleich Δw, so daß gilt

$$\Delta w = \int_0^l (\varkappa \overline{M}_{\Delta w} + \eta \overline{Q}_{\Delta w})\, dx \tag{3.1–107}$$

2. Der zu $\Delta\varphi$ gehörige virtuelle Kraftzustand
Die in Bild 3.1–34 angegebene virtuelle Belastung besteht aus dem Moment 1 und einem Kräftepaar mit den Kräften $1/l$ an den Stabenden; damit liegt wieder eine Gleichgewichtgruppe vor, so daß sich der virtuelle Schnittkraftzustand $\overline{M}_{\Delta\varphi}$, $\overline{Q}_{\Delta\varphi}$ nur auf den Stab *ik* erstreckt. Das Prinzip der virtuellen Kräfte liefert hier

$$\varphi \cdot 1 + w_i \frac{1}{l} - w_k \frac{1}{l} = \int_0^l (\varkappa \overline{M}_{\Delta\varphi} + \eta \overline{Q}_{\Delta\varphi})\, dx$$

Wegen $\psi = (w_k - w_i)/l$ und $\Delta\varphi = \varphi - \psi$ kann geschrieben werden

$$\Delta\varphi = \int_0^l (\varkappa \overline{M}_{\Delta\varphi} + \eta \overline{Q}_{\Delta\varphi})\, dx \tag{3.1–108}$$

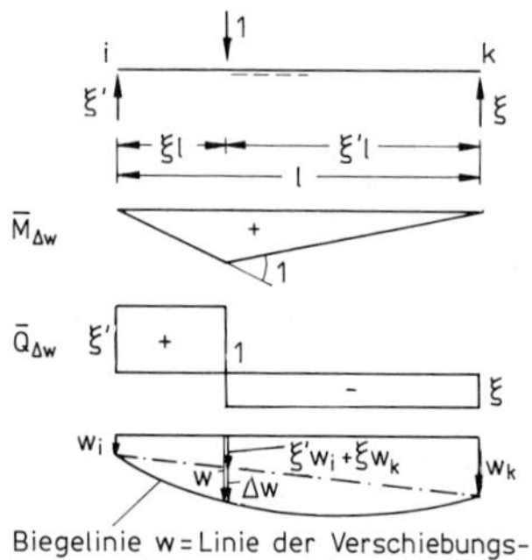

Bild 3.1–33
Der zu Δw gehörige virtuelle Kraftzustand

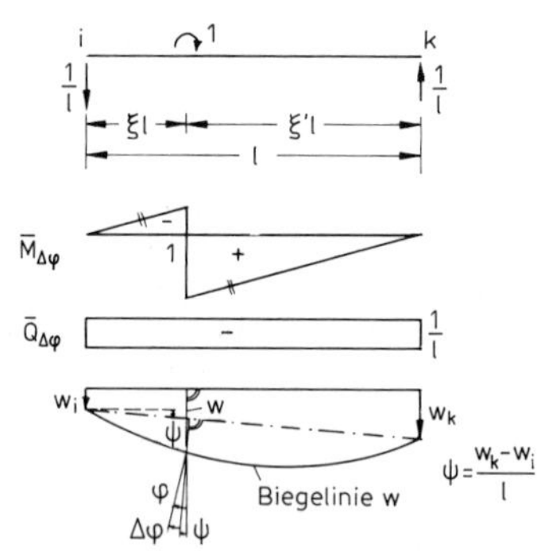

Bild 3.1–34
Der zu $\Delta\varphi$ gehörige virtuelle Kraftzustand

3. Der zu ϕ_i gehörige virtuelle Kraftzustand
Die hier vorliegenden Verhältnisse ergeben sich als Sonderfall des 2. Falls, wobei $\xi = 0$ und $\phi_i = \Delta\varphi$ zu setzen ist. Mit den in Bild 3.1–35 gezeichneten virtuellen Schnittgrößen $\overline{M}_{\phi_i}$, $\overline{Q}_{\phi_i}$ gilt

$$\phi_i = \int_0^l (\varkappa \overline{M}_{\phi_i} + \eta \overline{Q}_{\phi_i})\, dx \tag{3.1–109}$$

4. Der zu ϕ_k gehörige virtuelle Kraftzustand
Als Sonderfall des 2. Falls erhält man hier mit $\xi = 1$ und $\phi_k = -\Delta\varphi$

$$\phi_k = \int_0^l (\varkappa \overline{M}_{\phi_k} + \eta \overline{Q}_{\phi_k})\, dx \tag{3.1–110}$$

wobei die virtuellen Schnittgrößen $\overline{M}_{\phi_k}$, $\overline{Q}_{\phi_k}$ aus Bild 3.1–36 hervorgehen.

Bild 3.1–35 Der zu ϕ_i gehörige virtuelle Kraftzustand

Bild 3.1–36 Der zu ϕ_k gehörige virtuelle Kraftzustand

Nun kann festgestellt werden, daß alle an einem Stab eines Systems denkbaren virtuellen Schnittgrößen $\bar{M}$, $\bar{Q}$, welche für eine gesuchte Verschiebung oder Verdrehung auftreten können, aus einer Linearkombination der dargestellten 4 Grundfälle erhalten werden können. Da in Tabelle 3.1–2 Formeln zur Berechnung der Größen Δw, $\Delta\varphi$, ϕ_i, ϕ_k zur Verfügung stehen, liegt damit ein Hilfsmittel für die allgemeine Berechnung der Integrale des Prinzips der virtuellen Kräfte vor.

Tabelle 3.1–7 Formeln zur Berechnung von $\int_0^{l_s} (\varkappa \bar{M} + \eta \bar{Q})\,dx$ mit Hilfe der Größen ϕ_{ik}, ϕ_{ki}, $\Delta w(\xi)$, $\Delta\varphi(\xi)$ nach Tabelle 3.1–2

virtueller Lastfall am Einzelstab	$\int_0^{l_s} (\varkappa \bar{M} + \eta \bar{Q})\,dx =$
Stab ohne virtuelle Lastgröße 1 im Feld, virtuelle Stabendmomente $\bar{M}_{ik}$, $\bar{M}_{ki}$	$\phi_{ik}\bar{M}_{ik} + \phi_{ki}\bar{M}_{ki}$
Stab mit virtueller Einzellast 1 im Feld, virtuelle Stabendmomente $\bar{M}_{ik}$, $\bar{M}_{ki}$	$\phi_{ik}\bar{M}_{ik} + \phi_{ki}\bar{M}_{ki} + \Delta w(\xi)\sin\beta$
Stab mit virtuellem Einzelmoment 1 im Feld, virtuelle Stabendmomente $\bar{M}_{ik}$, $\bar{M}_{ki}$	$\phi_{ik}\bar{M}_{ik} + \phi_{ki}\bar{M}_{ki} + \Delta\varphi(\xi)$

In der Tabelle 3.1–7 ist für die 3 praktisch möglichen Fälle eines virtuellen Schnittkraftzustandes jeweils die Formel für den gesuchten Integralausdruck des einzelnen Stabes angegeben. Mit Rücksicht darauf, daß im allgemeinen ein System mit mehreren Stäben vorliegt, wird für Größen, die auf ein Stabende bezogen sind, die doppelte Indizierung *ik* bzw. *ki* und für Größen, die auf den Stab bezogen sind, zusätzlich der Stabindex *s* verwendet. Wichtig ist noch der Hinweis, daß für die Auswertung der dargestellten Formeln weder die wirklichen *M*- und *Q*-Linien noch die virtuellen $\bar{M}$- und $\bar{Q}$-Linien, sondern nur die wirklichen Stabendmomente M_{ik}, M_{ki} (zur Berechnung der Größen Δw, $\Delta\varphi$, ϕ_{ik}, ϕ_{ki}) und die virtuellen Stabendmomente $\bar{M}_{ik}$, $\bar{M}_{ki}$ bekannt sein müssen. Ergänzend sei noch erwähnt, daß Tabelle 3.1–7 unabhängig davon gilt, ob Theorie I. oder II. Ordnung angewendet wird. Dieser Einfluß ist in den wirklichen Stabendmomenten M_{ik}, M_{ki} und den Größen Δw, $\Delta\varphi$, ϕ_{ik}, ϕ_{ki} gemäß Tabelle 3.1–2 enthalten.

Gegenüber den sonst beim Prinzip der virtuellen Kräfte gebräuchlichen Integraltafeln hat das hier beschriebene Vorgehen folgende Vorteile:

1. neben den *M*-Verformungen lassen sich auch *Q*-Verformungen leicht erfassen,

2. die Gültigkeit wird auf Theorie II. Ordnung erweitert,

3. die *M*-, *Q*- sowie $\bar{M}$-, $\bar{Q}$-Linien werden nicht benötigt, sondern nur die wirklichen und virtuellen Stabendmomente,

4. bei mehreren gesuchten Verschiebungsgrößen desselben Lastfalls sind die Größen ϕ_{ik}, ϕ_{ki} nur einmal zu berechnen.

Es wäre selbstverständlich möglich, mit Hilfe der Formeln der Tabelle 3.1–7 erweiterte Integraltafeln zu entwickeln, die sowohl die *M*- und *Q*-Verformungen als auch die Theorie I. und II. Ordnung umfassen. Diese Integraltafeln sind aber entbehrlich, da sie gegenüber dem beschriebenen Vorgehen keine rechentechnischen Vorteile ergeben.

Die praktische Anwendung des Prinzips der virtuellen Kräfte soll nun anhand der bereits behandelten Beispiele gezeigt werden.

Beispiel aus Bild 3.1–25

Die Winkelgewichte ϕ_{ba}, ϕ_{bc}, ϕ_{cb} an den Stabenden und der Wert Δw_f sind in Bild 3.1–25 bereits ermittelt. Die Berechnung der unbekannten Verschiebungsgrößen φ_b, φ_c, w_c, w_f nach dem Prinzip der virtuellen Kräfte ist in Bild 3.1–37 durchgeführt. Bei den virtuellen Schnittgrößen wird auf die Darstellung der $\overline{M}$- und $\overline{Q}$-Linien bewußt verzichtet und nur die Bestimmung der für die Formeln notwendigen virtuellen Stabendmomente angegeben.

gesuchte Verschiebungsgröße	virtuelle Belastung	virtuelle Stabendmomente $\overline{M}_a$	$\overline{M}_{ba}$	$\overline{M}_{bc}$	$\overline{M}_c$	Formel für Verschiebungsgröße
φ_b	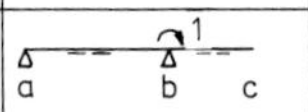 1; a b c	0	-1	0	0	$\varphi_b=\Phi_{ba}(-1)$
φ_c	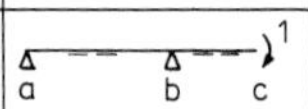 1; a b c	0	-1	-1	-1	$\varphi_c=(\Phi_{ba}+\Phi_{bc}+\Phi_{cb})(-1)$
w_c	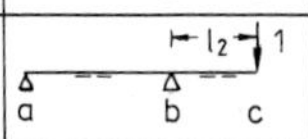 l_2, 1; a b c	0	$-l_2$	$-l_2$	0	$w_c=(\Phi_{ba}+\Phi_{bc})(-l_2)$
w_f	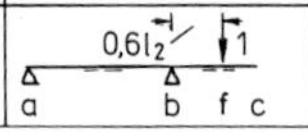 $0{,}6 l_2$, 1; a b f c	0	$-0{,}6\,l_2$	$-0{,}6\,l_2$	0	$w_f=(\Phi_{ba}+\Phi_{bc})(-0{,}6 l_2)+\Delta w_f$

Bild 3.1–37 Lösung der Aufgabe aus Bild 3.1–25 mit dem Prinzip der virtuellen Kräfte

Für die Summe der Winkelgewichte ϕ_{ba} und ϕ_{bc} an den Stabenden kann wie bisher wieder das Winkelgewicht ϕ_b des Knotens eingeführt werden. (Dieses Vorgehen ist immer dann sinnvoll, wenn am betreffenden Knoten zwei vorhandene virtuelle Stabendmomente gleich sind.) Die Identität der Ergebnisse nach Bild 3.1–25 und Bild 3.1–37 ist direkt ersichtlich.

Beispiel aus Bild 3.1–30

Die Berechnung der gesuchten Verschiebungsgrößen δ_{ch}, δ_{cv} und φ_c ist in Bild 3.1–38 zusammengestellt.

gesuchte Verschiebungsgröße	virtuelle Belastung	virtuelle Stabendmomente $\overline{M}_a$	$\overline{M}_{ba}=\overline{M}_{bc}=\overline{M}_b$	$\overline{M}_c$	Formel für Verschiebungsgröße mit $\Phi_b=\Phi_{ba}+\Phi_{bc}$
δ_{ch}	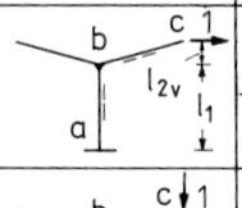 b, c, 1, l_{2v}, l_1, a	$-(l_1+l_{2v})$	$-l_{2v}$	0	$\delta_{ch}=-\Phi_{ab}(l_1+l_{2v})-\Phi_b l_{2v}$
δ_{cv}	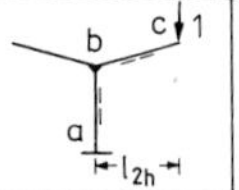 b, c, 1, a, l_{2h}	$-l_{2h}$	$-l_{2h}$	0	$\delta_{cv}=-(\Phi_{ab}+\Phi_b)\,l_{2h}$
φ_c	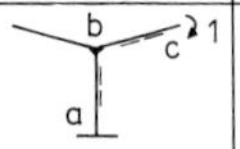 b, c, 1, a	-1	-1	-1	$\varphi_c=-\Phi_{ab}-\Phi_b-\Phi_{cb}$

Bild 3.1–38 Lösung der Aufgabe aus Bild 3.1–30 mit dem Prinzip der virtuellen Kräfte

Beispiel aus Bild 3.1–31

Zur Bestimmung der gesuchten Verschiebung δ_c ist in c die virtuelle Last 1 nach links anzusetzen. Diese liefert das virtuelle Moment $\overline{M}_b=\overline{M}_{ba}=\overline{M}_{bc}=-l_1$. Mit $\phi_b=\phi_{ba}+\phi_{bc}$ erhält man $\delta_c=-\phi_b l_1$, d.h. das gleiche Ergebnis wie nach dem Mohrschen Verfahren.

Auswertung des Integrals $\int_0^l \varepsilon\overline{N}\,dx$

$\overline{N}$ ist in der Regel stabweise konstant oder, wenn die virtuelle Last 1 im Feld eines Stabes angreift und nicht senkrecht zur Stabachse steht, zumindest abschnittsweise konstant. Integriert man jeweils nur über diese Bereiche mit $\overline{N}=\text{const}$, so ergibt sich

$$\int_0^l \varepsilon\overline{N}\,dx=\lambda\overline{N} \qquad (3.1\text{–}111)$$

worin $\lambda = \int_0^l \varepsilon \, dx$ die wirkliche Verlängerung des betrachteten Stabes bzw. Stababschnittes mit $\overline{N} = \text{const}$ ist. Für ε und λ gelten die Formeln (3.1–76), (3.1–86), (3.1–87). Die maßgebende Formel zur Berechnung einer Verschiebungsgröße v, hervorgerufen nur durch Stablängenänderungen λ_s, lautet dann

$$v = -\sum_s \lambda_s \overline{N}_s \qquad (3.1\text{–}112)$$

Für Stäbe, die ausschließlich eine Längskraft aufweisen, ist es üblich, diese Längskraft mit S zu bezeichnen und als Zug positiv zu definieren ($S = -N$), dies ist insbesondere bei Fachwerken der Fall. Statt (3.1–112) gilt dann

$$v = \sum_s \lambda_s \overline{S}_s \qquad (3.1\text{–}113)$$

Die Formeln der Tabelle 3.1–7 zusammen mit (3.1–112) bzw. (3.1–113) erlauben nun eine Anwendung des Prinzips der virtuellen Kräfte gemäß Formel (3.1–106), ohne daß Integrationen am Einzelstab auszuführen sind. Dabei müssen selbstverständlich die für die angewendeten Tabellen und Formeln genannten Voraussetzungen erfüllt sein, d.h. der Stabquerschnitt muß gleichbleibend über die Länge sein, und bei Theorie II. Ordnung muß außerdem $N = \text{const}$ gelten. Sind diese Bedingungen nicht erfüllt, so wird es meist vorteilhaft sein, die Integrationen in der Formel (3.1–106) auf numerischem Wege auszuführen.

Beispiel für die Berücksichtigung von $\varkappa$- und ε-Verformungen

Das in Bild 3.1–39 dargestellte symmetrische System wird durch die Streckenlast q belastet, der Stab 1 erfährt eine Temperaturerhöhung um T. Unter der Bedingung, daß für die biegebeanspruchten Stäbe nur Momentenverkrümmungen und für den Stab 1 neben den Temperatur- auch die Längskraftdehnungen zu berücksichtigen sind, werden die in Bild 3.1–39 eingetragenen Verschiebungen δ_{cv} und δ_e gesucht. Die Berechnung ist nach Theorie I. Ordnung durchzuführen.

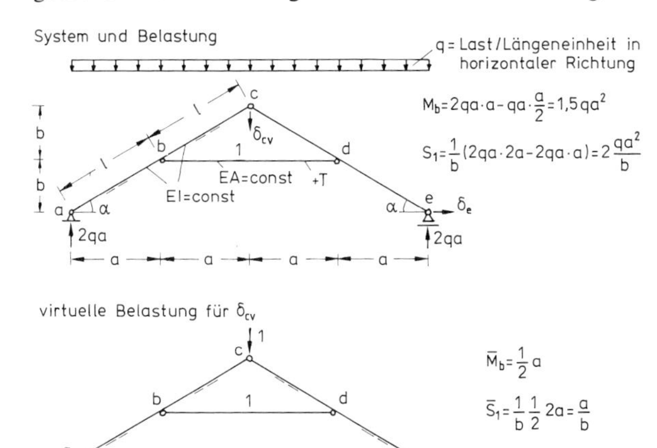

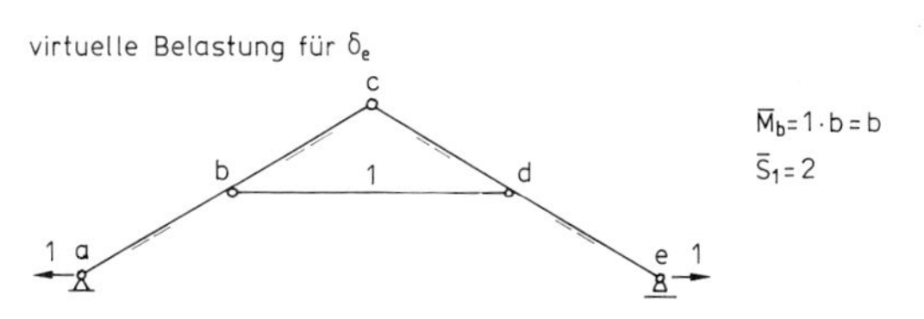

Bild 3.1–39
System, Belastung und virtuelle Belastungen für ein Beispiel bei Berücksichtigung von $\varkappa$- und ε-Verformungen

Nach dem Prinzip der virtuellen Kräfte und unter Berücksichtigung der Symmetrie von System sowie wirklicher und virtueller Belastung erhält man die für δ_{cv} und δ_e gültige Formel

$$\delta = 2\,\phi_b \overline{M}_b + \lambda_1 \overline{S}_1$$

Die maßgebenden wirklichen und virtuellen Schnittgrößen sind in Bild 3.1–39 bereits angegeben. Tabelle 3.1–2 liefert mit $\varrho = 0$ (keine Q-Verformungen)

$$\phi_{ba} = \frac{1}{3}\frac{M_b l}{EI} + \frac{1}{24}\frac{(q\cos^2\alpha)\,l^3}{EI} = \frac{13}{24}\cdot\frac{qa^2 l}{EI} = \phi_{bc}$$

$$\phi_b = \phi_{ba} + \phi_{bc} = \frac{13}{12}\frac{qa^2 l}{EI}$$

Die Verlängerung des Stabes 1 ist nach (3.1–87) mit $N_1 = -S_1$

$$\lambda_1 = \frac{S_1 2a}{EA} + \alpha_T T 2a = 4\,\frac{qa^3}{bEA} + 2\alpha_T Ta$$

Die Auswertung der oben angeschriebenen Formel für δ unter Berücksichtigung der virtuellen Schnittgrößen nach Bild 3.1–39 liefert

$$\delta_{cv} = 2\,\phi_b\,\frac{1}{2}\,a + \lambda_1\,\frac{a}{b} = \frac{13}{12}\,\frac{qa^3 l}{EI} + 4\,\frac{qa^4}{b^2 EA} + 2\alpha_T T\,\frac{a^2}{b}$$

$$\delta_e = 2\,\phi_b b + \lambda_1 2 = \frac{13}{6}\,\frac{qa^2 bl}{EI} + 8\,\frac{qa^3}{bEA} + 4\alpha_T Ta$$

Berechnung des Winkelgewichts für einen biegesteifen Stabzug nach dem Prinzip der virtuellen Kräfte

Die im Unterabschnitt 3.1.4.1 enthaltene Berechnung des Winkelgewichts für den Stabzug ijk gemäß Bild 3.1–22 soll hier mit Hilfe des Prinzips der virtuellen Kräfte wiederholt werden. Die Berechnung wird für die Linie der Vertikalverschiebungskomponenten unter Berücksichtigung von $\varkappa$-, η- und ε-Verformungen durchgeführt.

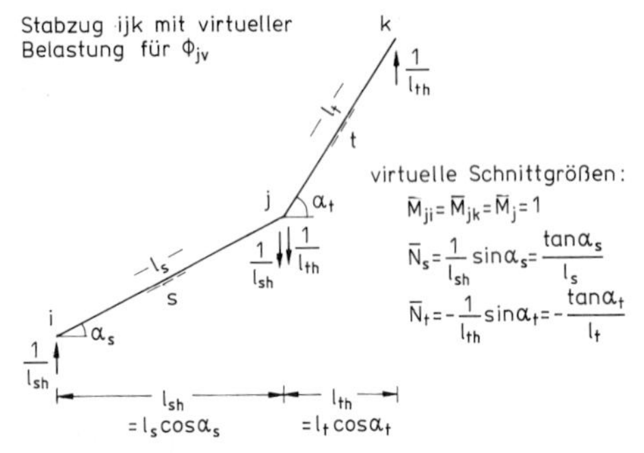

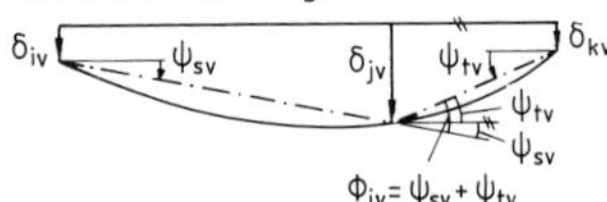

$$\psi_{sv} = \frac{\delta_{jv} - \delta_{iv}}{l_{sh}} \qquad \psi_{tv} = \frac{\delta_{jv} - \delta_{kv}}{l_{th}}$$

Bild 3.1–40
Zur Berechnung des Winkelgewichts ϕ_{jv} mit dem Prinzip der virtuellen Kräfte

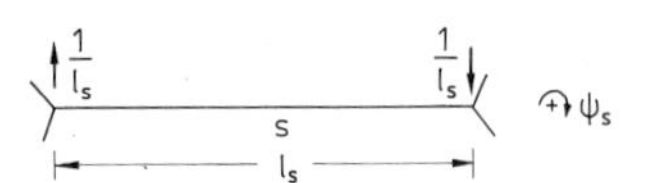

Bild 3.1–41
Virtuelle Belastung zur Berechnung eines Stabdrehwinkels ψ_s

Für die in Bild 3.1–40 angegebene virtuelle Belastung, welche eine Gleichgewichtsgruppe darstellt und welche deshalb nur virtuelle Schnittgrößen im Stabzug ijk erzeugt, lautet das Prinzip der virtuellen Kräfte

$$(\delta_{jv} - \delta_{iv})\,\frac{1}{l_{sh}} + (\delta_{jv} - \delta_{kv})\,\frac{1}{l_{th}} = (\phi_{ji} + \phi_{jk})\,\overline{M}_j - \lambda_s \overline{N}_s - \lambda_t \overline{N}_t$$

wobei ϕ_{ji} und ϕ_{jk} aus Tabelle 3.1–2 zu bestimmen sind und – wie bisher – den $\varkappa$- und η-Verformungsanteil beinhalten.
Wie aus den in Bild 3.1–40 angeschriebenen Beziehungen ersichtlich, kann die linke Seite der Gleichung durch $\psi_{sv} + \psi_{tv}$ und damit durch ϕ_{jv} ersetzt werden. Nach Einführung der in Bild 3.1–40 eingetragenen virtuellen Schnittgrößen $\overline{M}_j$, $\overline{N}_s$, $\overline{N}_t$ lautet die Gleichung

$$\phi_{jv} = \phi_{ji} + \phi_{ik} - \frac{\lambda_s}{l_s}\tan\alpha_s + \frac{\lambda_t}{l_t}\tan\alpha_t \qquad (3.1\text{–}114)$$

Diese Formel stimmt mit dem überein, was man durch Überlagerung der Ergebnisse aus den Gleichungen (3.1–80) und (3.1–88) erhält. Es zeigt sich, daß der hier erforderliche Überlegungsaufwand wesentlich geringer ist.

Virtuelle Lasten zur Berechnung eines Stabdrehwinkels ψ_s

Wie in Unterabschnitt 3.1.3.2 beschrieben, spielen die Stabdrehwinkel ψ_s von verschieblichen Systemen im Fall der Theorie II. Ordnung eine wichtige Rolle. Die hierfür maßgebende virtuelle Belastung besteht – wie in Bild 3.1–41 gezeigt – aus einem an den Enden des Stabes s angreifenden Kräftepaar mit den Kräften $1/l_s$. In diesem Fall ist für alle Stäbe die 1. der drei in Tabelle 3.1–7 angegebenen Formeln ausreichend.

3.2 Berechnung von Fachwerken

Fachwerke sind Systeme, die so aufgebaut sind, daß Stablängskräfte als Schnittgrößen allein ausreichen, um das Gleichgewicht mit einer nur aus Knotenlasten bestehenden Belastung herzustellen. Unter der üblichen *Fachwerktheorie* versteht man die Berechnung des *idealen* Fachwerks, welches an allen Knoten Vollgelenke aufweist und dessen Stabachsen sich an jedem Knoten in einem Punkt schneiden. Für die Abweichung des Schnittkraftzustandes des *realen* Fachwerks (mit meist biegesteifen Knoten und evtl. exzentrischen Anschlüssen) von dem des *idealen* Fachwerks mit Gelenkknoten gilt folgendes:
1. Der Längskraftzustand des realen Fachwerks wird in der Regel durch den (wesentlich einfacher zu berechnenden) Längskraftzustand des idealen Fachwerks ausreichend genau beschrieben.
2. Die beim realen Fachwerk durch eingespannte Stabanschlüsse zusätzlich auftretenden Momente sind nicht aus Gleichgewichts-, sondern nur aus Verträglichkeitsgründen erforderlich. Daraus folgt, daß bei Vernachlässigung dieser Momente die Berechnung auf der sicheren Seite liegt, wenn keine Stabilitätsgefährdung vorliegt und keine Dauerfestigkeitsprobleme auftreten. Erforderlichenfalls können diese zusätzlichen Momente und die daraus hervorgehenden sogenannten *Nebenspannungen* nach Unterabschnitt 3.2.4 bestimmt werden.
Ist die Bedingung, daß ausschließlich Knotenlasten vorhanden sind, nicht erfüllt, so ist die Belastung aufzuteilen in
1. eine Gleichgewichtsgruppe für jeden Stab bestehend aus der Stabquerlast und den lastparallelen Gleichgewichtskräften an den Stabenden und
2. die Knotenkräfte bestehend aus den tatsächlich vorhandenen Knotenlasten und den umgekehrten Gleichgewichtskräften an den Stabenden gemäß Punkt 1.
Ein Beispiel einer solchen Lastzerlegung zeigt Bild 3.2–1. Die auf den Einzelstab wirkende Gleichgewichtsgruppe hat die Eigenschaft, daß sie nur im betrachteten Stab selbst Längskräfte erzeugt und daß die bei eingespannten Stabenden auftretenden Biegemomente rasch abklingen, sich also nur auf die im benachbarten Bereich vorhandenen Stäbe auswirken. Zur Berechnung dieser Momente kann ein für unverschiebliche Systeme gültiges Verfahren gemäß Abschnitt 3.3 angewendet werden.

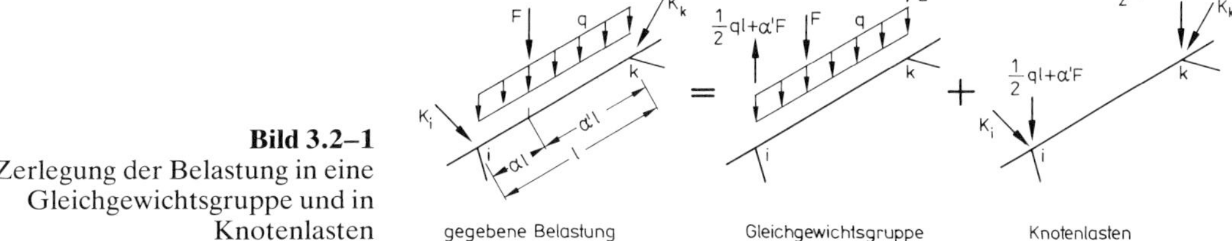

Bild 3.2–1
Zerlegung der Belastung in eine Gleichgewichtsgruppe und in Knotenlasten

Der resultierende Schnittkraftzustand ergibt sich durch Überlagerung der Schnittgrößen aus den Gleichgewichtsgruppen an den Stäben und der aus den Knotenlasten hervorgehenden Stablängskräfte unter Zugrundelegung des idealen Fachwerks.
Fachwerke stellen Tragsysteme mit einer verhältnismäßig hohen Steifigkeit – insbesondere im Vergleich zu gleichartigen biegebeanspruchten Tragwerken – dar. Aus diesem Grund ist die Theorie I. Ordnung in der Regel zur Berechnung von Fachwerken ausreichend genau. Dies bedeutet, daß für die Ermittlung der Stabkräfte die Geometrie des unverformten Systems zugrunde zu legen ist, womit selbstverständlich nicht ausgeschlossen wird, daß der auf Druck beanspruchte Einzelstab nach Theorie II. Ordnung nachgewiesen wird.
Eine Ausnahme bilden Fachwerke mit einem kleinen Höhen-Längen-Verhältnis, welches etwa mit dem von Vollwandstäben vergleichbar ist. Bei Vorliegen solcher Fachwerke handelt es sich meist um sogenannte „Gitterstäbe", womit bereits ausgedrückt ist, daß diese Konstruktionsformen als Ganzes ein stabartiges Tragverhalten aufweisen. Demgemäß tritt auch bei Längsdruckbeanspruchung eine Stabilitätsgefährdung auf, so daß dann die Theorie II. Ordnung anzuwenden ist. Statt der verhältnismäßig komplizierten Berechnung der diskreten Struktur kann in diesem Fall – wie bereits im Unterabschnitt 3.1.2 dargelegt – die wesentlich einfachere Berechnung des kontinuierlichen *Ersatzstabes* erfolgen, für den dann allerdings neben den Momenten- auch die Querkraftverformungen berücksichtigt werden müssen. Formeln zur Ermittlung der Ersatzbiege- und Ersatzschubsteifigkeit werden in Tabelle 3.2–3, Unterabschnitt 3.2.2.5 angegeben.
Schließlich wird die strenge Berechnung eines Fachwerks nach Theorie II. Ordnung unter Berücksichtigung von Vorverformungen in Unterabschnitt 3.2.5 gezeigt und eine Berechnungsweise zur iterativen Erfassung der Einflüsse der Theorie II. Ordnung vorgeschlagen.

3.2.1 Ermittlung der Stabkräfte statisch bestimmter Fachwerke nach Theorie I. Ordnung

Nachfolgend wird das *ideale* Gelenkfachwerk zugrunde gelegt und eine ausschließlich aus Knotenkräften bestehende Belastung angenommen. Vereinbart man folgende Größen:
a = Summe der Auflagerwertigkeiten,
s = Anzahl der Stäbe,
k = Anzahl der Knoten einschließlich Auflagerknoten,
so liegen a unbekannte Auflagerkraftkomponenten und s unbekannte Stabkräfte vor. Da an jedem Knoten 2 Kräftegleichgewichtsbedingungen existieren und diese allein das Gleichgewicht hinreichend beschreiben, stehen $2k$ Bestimmungsgleichungen zur Verfügung. Die Bedingung für das Vorliegen eines *statisch bestimmten* Fachwerks lautet demnach

$$a + s = 2k \qquad (3.2\text{–}1)$$

Ein Beispiel zeigt Bild 3.2–2.

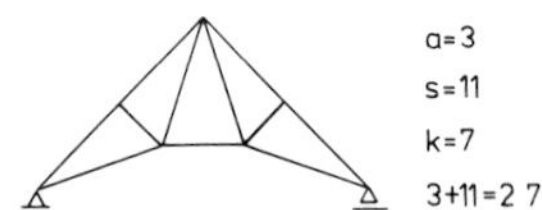

Bild 3.2–2 Beispiel eines statisch bestimmten Fachwerks

Für ein *statisch unbestimmtes* Fachwerk beträgt der Grad der statischen Unbestimmtheit

$$n = a + s - 2k \qquad (3.2\text{–}2)$$

3.2.1.1 Rechnerische Stabkraftermittlung mit Hilfe des Knotengleichgewichts

Wie bereits erwähnt, wird das Gleichgewicht eines Fachwerks durch $2k$ Knotengleichgewichtsbedingungen vollständig beschrieben. Werden die a unbekannten Auflagerkraftkomponenten vorweg bestimmt, so sind von den $2k$ Gleichgewichtsbedingungen der Knoten a Gleichungen überzählig, d.h. als Kontrollen verwendbar.
Für die praktische Berechnung der Stabkräfte wird nach Bestimmung der Auflagerkräfte das Gleichgewicht von Knoten zu Knoten fortschreitend so formuliert, daß jeweils nur zwei unbekannte Stabkräfte vorhanden sind und diese damit direkt bestimmt werden können. Ist dies nicht möglich, so kann zur Berechnung einer Stabkraft das Ritterschnitt-Verfahren gemäß Unterabschnitt 3.2.1.3 zusätzlich angewendet werden.
In Bild 3.2–3 sind zunächst einige Fälle dargestellt, bei denen sogenannte Nullstäbe vorliegen, d.h. Stäbe mit der Kraft $S = 0$. Darüber hinaus wird der Fall eines Knotens mit 3 Stäben betrachtet, von denen zwei auf einer Linie liegen. Die Kraft des dritten Stabes kann hier direkt aus dem Gleichgewicht der Komponenten senkrecht zu den beiden geradlinig durchlaufenden Stäben erhalten werden. Die Stabkräfte sind als Zugkräfte positiv definiert.
In Bild 3.2–4 wird der Lösungsweg für ein einfaches Beispiel eines Fachwerks gezeigt. Aufgrund der vorweg bestimmten 3 Auflagerkraftkomponenten ergeben sich bei den Knotengleichgewichtsbedingungen 3 Kontrollen. Für den Knoten b sind die Gleichgewichtsbedingungen ausführlich angeschrieben.

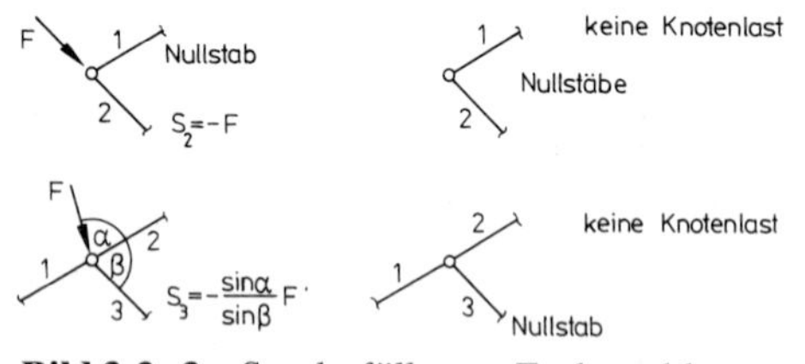

Bild 3.2–3 Sonderfälle von Fachwerkknoten, Nullstäbe

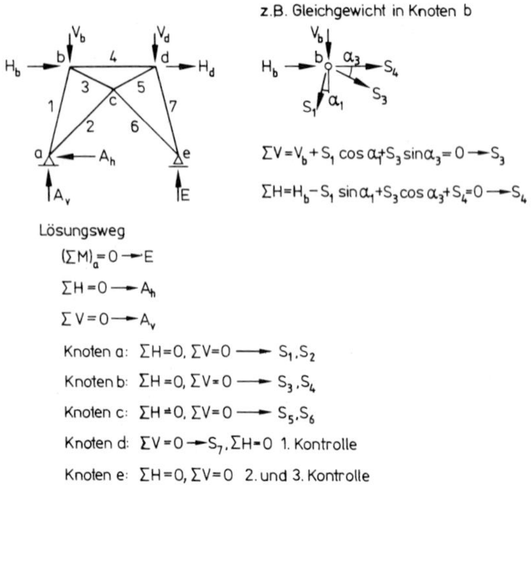

z.B. Gleichgewicht in Knoten b

$\Sigma V = V_b + S_1 \cos\alpha_1 + S_3 \sin\alpha_3 = 0 \rightarrow S_3$

$\Sigma H = H_b - S_1 \sin\alpha_1 + S_3 \cos\alpha_3 + S_4 = 0 \rightarrow S_4$

Lösungsweg

$(\Sigma M)_a = 0 \rightarrow E$

$\Sigma H = 0 \rightarrow A_h$

$\Sigma V = 0 \rightarrow A_v$

Knoten a: $\Sigma H = 0, \Sigma V = 0 \rightarrow S_1, S_2$

Knoten b: $\Sigma H = 0, \Sigma V = 0 \rightarrow S_3, S_4$

Knoten c: $\Sigma H = 0, \Sigma V = 0 \rightarrow S_5, S_6$

Knoten d: $\Sigma V = 0 \rightarrow S_7, \Sigma H = 0$ 1. Kontrolle

Knoten e: $\Sigma H = 0, \Sigma V = 0$ 2. und 3. Kontrolle

Bild 3.2–4
Beispiel zur Ermittlung der Stabkräfte mit Hilfe des Knotengleichgewichts

3.2.1.2 Zeichnerische Stabkraftermittlung mit Hilfe des Cremonaplanes

Es gelten prinzipiell die gleichen Aussagen wie bei der rechnerischen Stabkraftermittlung mit Hilfe des Knotengleichgewichts, insbesondere hinsichtlich der Bedingung, daß pro Knoten nur je zwei unbekannte Stabkräfte vorhanden sein dürfen. Zug- und Druckkräfte werden hier nicht durch das Vorzeichen, sondern durch folgende Symbole unterschieden:

Zugstab o→——←o

Druckstab o——←→——o

Anstelle der Gleichungen $\Sigma H = 0$, $\Sigma V = 0$ tritt die Bedingung, daß die an einem Knoten angreifenden Kräfte das Krafteck schließen müssen.
Zunächst ist ein Umlaufsinn zu wählen. Im Kraftplan werden dann die äußeren Kräfte (Knotenlasten und Auflagerkräfte) in der durch den gewählten Umlaufsinn festgelegten Reihenfolge abgetragen. Diese äußeren Kräfte erhalten einen Richtungspfeil. Von Knoten zu Knoten so fortschreitend, daß jeweils nicht mehr als zwei unbekannte Stabkräfte auftreten, werden in demselben Kraftplan die Stabkräfte ebenfalls in der Reihenfolge abgetragen, die sich aus dem gewählten Umlaufsinn am betrachteten Knoten ergibt. Die Stabkräfte erhalten im Kraftplan keine Richtungspfeile, vielmehr werden die für Zug- und Druckstäbe vereinbarten Symbole in das System eingetragen. Hinsichtlich der sich ergebenden Kontrollen gelten die Aussagen des Unterabschnittes 3.2.1.1.
Der Cremonaplan hat folgende praktisch wichtige Eigenschaften:
1. Jede Stabkraft tritt nur einmal auf,
2. Es kann nicht nur das Kräftegleichgewicht jedes Knotens, sondern auch des ganzen Systems oder jedes beliebigen Teilsystems überprüft werden.
In Bild 3.2–5 ist der Cremonaplan für das Beispiel aus Bild 3.2–4 gezeichnet. Als Umlaufsinn wird der Uhrzeigersinn gewählt. Nach Berechnung der Auflagerkräfte werden bei der Konstruktion des Cremonaplans die Knoten in der gleichen Reihenfolge wie bei der rechnerischen Lösung behandelt, nämlich in der Reihenfolge a, b, c, d, e.

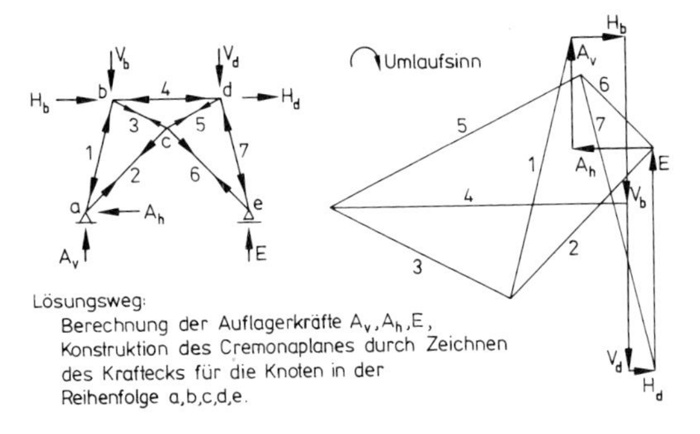

Bild 3.2–5
Beispiel zur Ermittlung der Stabkräfte mit Hilfe des Cremonaplanes

3.2.1.3 Rechnerische Stabkraftermittlung mit Hilfe des Ritterschnittes

Nach Berechnung der Auflagerkräfte liefert das Ritterschnitt-Verfahren für die einzelnen Stabkräfte jeweils *direkte* Bestimmungsgleichungen, d.h. Gleichungen, in denen nur die gesuchte Stabkraft als Unbekannte auftritt. Der Ritterschnitt ist als Schnitt durch das Fachwerk definiert, bei dem 3 unbekannte Stabkräfte frei werden, deren Wirkungslinien sich nicht in einem Punkt schneiden. Bild 3.2–6 zeigt das grundsätzliche Vorgehen beim Ritterschnitt. Zur Formulierung der Gleichgewichtsbedingungen kann der linke oder rechte Fachwerkteil betrachtet werden. Die Bestimmungsgleichungen für die Stabkräfte S_1, S_2, S_3 erhält man, wie in Bild 3.2–6 eingetragen, aus den Momentengleichgewichtsbedingungen bezüglich der Punkte O_1, O_2, O_3. Sind zwei Stabkräfte parallel, so liegt der Schnittpunkt ihrer Wirkungslinien im Unendlichen, und die entsprechende Momentengleichgewichtsbedingung geht über in die Kräftegleichgewichtsbedingung, wobei die Komponenten senkrecht zu den beiden parallelen Stabkräften betrachtet werden. Sind z.B. S_1 und S_3 horizontal, so wird S_2 aus der Bedingung $\Sigma V = 0$ gewonnen.
Für die praktische Rechnung empfiehlt sich meist die Zerlegung der Stabkräfte in Horizontal- und Vertikalkomponenten. Die Anzahl der Unbekannten erhöht sich damit nicht, da sich diese Komponenten durch die Stabkraft und den (bekannten) Stabneigungswinkel ausdrücken lassen.
In Bild 3.2–7 sind für zwei Beispiele die möglichen Ritterschnitte eingezeichnet, und es ist bei jedem Beispiel ein Ritterschnitt ausgeführt.

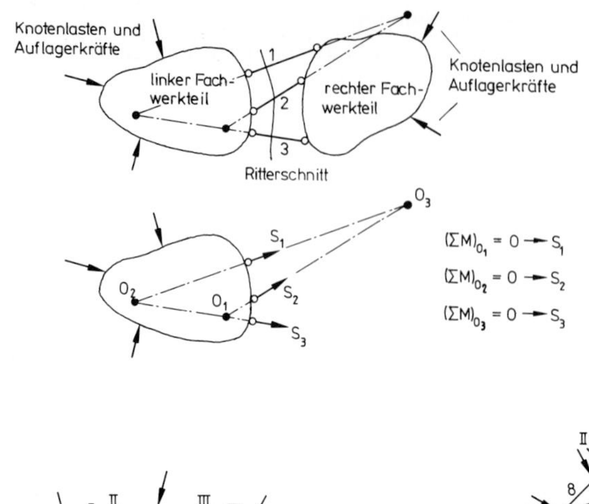

Bild 3.2–6
Ritterschnitt und zugehörige Gleichgewichtsbedingungen

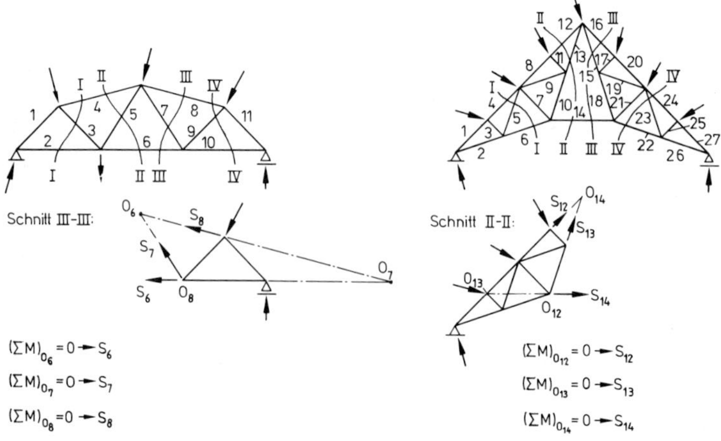

Bild 3.2–7
Mögliche Ritterschnitte für 2 Beispiele

Neben den angegebenen Ritterschnitten können weitere Schnitte derart geführt werden, daß z.B. 4 Stäbe geschnitten werden, von denen eine Stabkraft bereits bekannt ist. Im rechten Beispiel des Bildes 3.2–7 könnte ein Schnitt durch die Stäbe 8, 9, 10, 14 geführt werden, nachdem die Stabkraft S_{14} mit Hilfe des angegebenen Schnittes II-II ermittelt ist.
Für einige parallelgurtige Fachwerke mit ausschließlich vertikalen Lasten und Auflagerkräften lassen sich die Stabkräfte mit Hilfe von Ritterschnitten aus der M- und Q-Linie berechnen, indem statt der Summe der Momente der äußeren Kräfte M und statt der Summe der äußeren Vertikalkräfte Q gesetzt wird. Die so erhaltenen Formeln sind in Tabelle 3.2–1 eingetragen. Speziell die Kräfte der Vertikalstäbe wurden aus $\Sigma V = 0$ für einen Knoten erhalten, und im Fall des K-Fachwerks wurde die Bedingung $D_i^u = -D_i^o$ aus $\Sigma H = 0$ für den zugehörigen Knoten in halber Höhe des Fachwerks erhalten.

3.2.2 Knotenverschiebungen und spezielle Verformungsgrößen von Fachwerken

In diesem Unterabschnitt wird von der Aufgabenstellung bekannter Stabverlängerungen λ_s und gesuchter Knotenverschiebungen δ_i bzw. spezieller Verformungsgrößen (Winkelgewichte, Stabdrehwinkel usw.) ausgegangen. Die gestellte Aufgabe ist damit rein *kinematischer* Natur und in dieser Form unabhängig davon, ob Theorie I. oder II. Ordnung angewendet wird und ob ein statisch bestimmtes oder unbestimmtes Fachwerk vorliegt. Da in allen Fällen die Theorie kleiner Verformungen Gültigkeit haben soll, sind die gesuchten kinematischen Beziehungen stets *linear*.
Die Formel (3.1–87) zur Berechnung der Stabverlängerung (bei Annahme eines ideal geraden, also nicht vorgekrümmten Stabes) sei hier nochmals wiedergegeben, wobei $-N_s$ durch S_s ersetzt wird

$$\lambda_s = \frac{S_s l_s}{EA_s} + \varepsilon_s^e l_s \qquad (3.2\text{–}3)$$

Die eingeprägte Dehnung ε_s^e muß dabei konstant sein. Sie beträgt z.B. bei Erwärmung des Stabes s um T_s

$$\varepsilon_s^e = \alpha_T T_s \qquad (3.2\text{–}4)$$

Tabelle 3.2–1 Formeln zur Berechnung der Stabkräfte (Zug positiv) parallelgurtiger Fachwerke aus der M- und Q-Linie bei ausschließlich vertikalen Lasten und Auflagerkräften

M_i, M_j Ordinate der M-Linie an der Stelle i bzw. j

Q_{ij}, Q_{jk} Ordinate der Q-Linie im Bereich ij bzw. jk

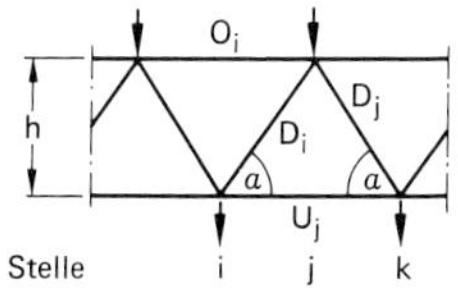	$O_i = -\dfrac{M_i}{h}, \quad U_j = \dfrac{M_j}{h}, \quad D_i = -\dfrac{Q_{ij}}{\sin\alpha}, \quad D_j = \dfrac{Q_{jk}}{\sin\alpha}$
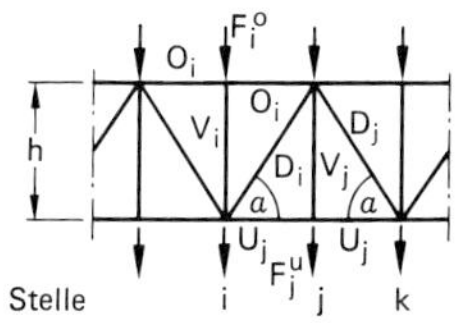	$O_i = -\dfrac{M_i}{h}, \quad U_j = \dfrac{M_j}{h}, \quad D_i = -\dfrac{Q_{ij}}{\sin\alpha}, \quad D_j = \dfrac{Q_{jk}}{\sin\alpha}, \quad V_i = -F_i^o, \ V_j = F_j^u$
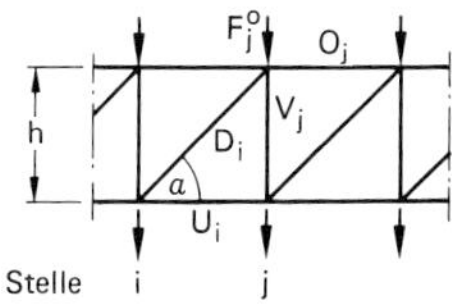	$U_i = -O_j = \dfrac{M_j}{h}, \quad D_i = -\dfrac{Q_{ij}}{\sin\alpha}, \quad V_j = Q_{ij} - F_j^o$
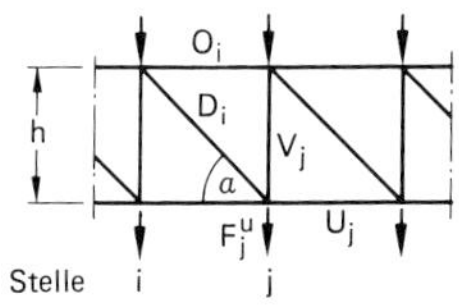	$U_j = -O_i = \dfrac{M_j}{h}, \quad D_i = \dfrac{Q_{ij}}{\sin\alpha}, \quad V_j = -Q_{ij} + F_j^u$
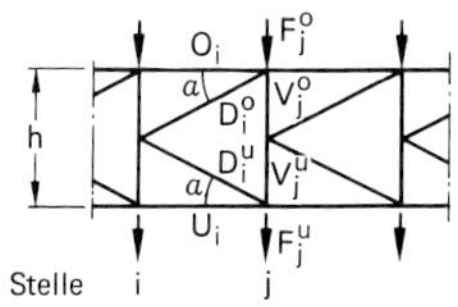	$U_i = -O_i = \dfrac{M_i}{h}, \quad D_i^u = -D_i^o = \dfrac{Q_{ij}}{2\sin\alpha}, \quad V_j^o = \dfrac{1}{2}Q_{ij} - F_j^o, \quad V_j^u = -\dfrac{1}{2}Q_{ij} + F_j^u$
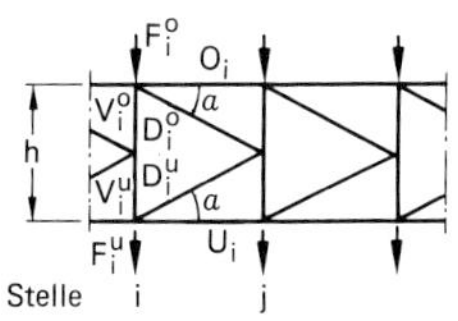	$U_i = -O_i = \dfrac{M_j}{h}, \quad D_i^o = -D_i^u = \dfrac{Q_{ij}}{2\sin\alpha}, \quad V_i^o = -\dfrac{1}{2}Q_{ij} - F_i^o, \quad V_i^u = \dfrac{1}{2}Q_{ij} + F_i^u$

Folgende Verfahren zur Bestimmung der Knotenverschiebungen kommen in Betracht:
1. Williot-Plan,
2. Prinzip der virtuellen Kräfte,
3. Verfahren der Winkelgewichte,
wobei im letzten Fall – genau wie bei den Verschiebungen biegesteifer Stabwerke – selbst wieder das Mohrsche Verfahren oder das Prinzip der virtuellen Kräfte angewendet werden kann, um aus den Winkelgewichten die Knotenverschiebungen zu erhalten.
Schließlich werden Formeln für die Ersatzbiegesteifigkeit und -schubsteifigkeit angegeben, die für eine vereinfachte Berechnung eines „Gitterstabes" als biege- und schubelastischer Ersatzstab benötigt werden.

3.2.2.1 Williot-Plan

Mit Hilfe des Williot-Plans können für einen bestimmten Lastfall die Verschiebungen δ_i aller Knoten aus den Stabverlängerungen λ_s grafisch ermittelt werden. Die Konstruktion des Williot-Plans besteht in der wiederholten Lösung einer Grundaufgabe, die nachfolgend zunächst beschrieben werden soll:

gegeben: δ_i, δ_j, λ_s, λ_t
gesucht: δ_k,

wobei die Bedeutung der genannten Größen aus Bild 3.2–8 hervorgeht.

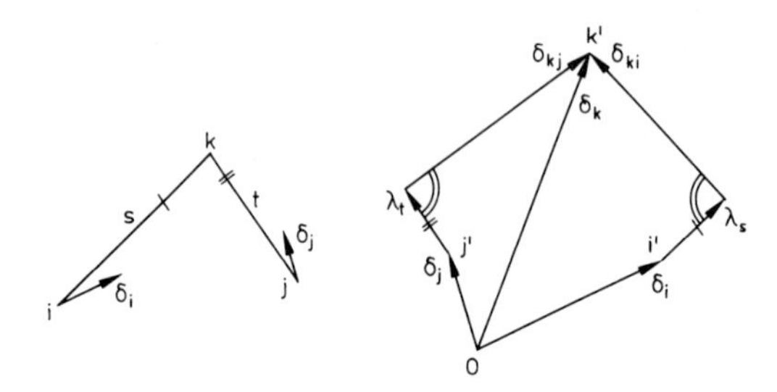

Bild 3.2–8 Grundaufgabe für Williot-Plan

Zur Konstruktion von δ_k werden 2 Ortslinien benötigt, welche durch getrennte Betrachtung der Kinematik des Stabes s und des Stabes t erhalten werden. In beiden Fällen wird δ_k aus folgenden drei Anteilen zusammengesetzt:
1. *Translation* des Stabes s bzw. t um δ_i bzw. δ_j,
2. *Stabverlängerung* um λ_s bzw. λ_t, parallel zur Stabachse,
3. *Rotation* δ_{ki} bzw. δ_{kj} von k bezüglich der Fußpunkte i bzw. j, senkrecht zur Stabachse, Betrag unbekannt.
In Formeln ausgedrückt lautet dies

$$\left.\begin{aligned}\vec{\delta}_k &= \vec{\delta}_i + \vec{\lambda}_s + \vec{\delta}_{ki}\\ \vec{\delta}_k &= \vec{\delta}_j + \vec{\lambda}_t + \vec{\delta}_{kj}\end{aligned}\right\} \qquad (3.2\text{–}5)$$

Wie in Bild 3.2–8 gezeigt, werden alle Knotenverschiebungen vom Punkt O abgetragen und ihre Endpunkte mit dem betreffenden gestrichenen Punkt (i', j', k') versehen. Somit gilt z.B. für den Knoten i

$$\vec{\delta}_i = \overrightarrow{Oi'}$$

Die Konstruktion des Williot-Planes besteht in der wiederholten Lösung der genannten Grundaufgabe, wobei von zwei Knoten mit bekannten Verschiebungen zu einem weiteren Knoten mit unbekannter Verschiebung fortgeschritten wird.
Ist die Konstruktion des Williot-Planes in der beschriebenen Form nicht möglich, weil zu Beginn der Lösung nicht zwei Knoten mit bekannten Verschiebungen gefunden werden können – was z.B. bei den Fachwerken nach Bild 3.2–2 und 3.2–4 der Fall ist –, so kann wie folgt vorgegangen werden:
1. Versetzen eines einwertigen Auflagers so, daß die Konstruktion des Williot-Planes möglich wird,
2. Konstruktion des Williot-Plans mit der geänderten Lagerbedingung,
3. Überlagerung einer *Starrkörperbewegung* des Fachwerkes so, daß auch die geometrische Bedingung des wieder zurückversetzten Lagers erfüllt ist.
Die Verschiebungsanteile gemäß Punkt 2 werden mit einem Strich versehen, so daß man aus (3.2–5) hier erhält

$$\left.\begin{aligned}\vec{\delta}'_k &= \vec{\delta}'_i + \vec{\lambda}_s + \vec{\delta}'_{ki}\\ \vec{\delta}'_k &= \vec{\delta}'_j + \vec{\lambda}_t + \vec{\delta}'_{kj}\end{aligned}\right\} \qquad (3.2\text{–}6)$$

Die Verschiebungsanteile gemäß Punkt 3 werden mit zwei Strichen versehen, wegen der entfallenden Stablängenänderung ergibt sich aus (3.2–5) in diesem Fall

$$\left.\begin{aligned}\vec{\delta}_k'' &= \vec{\delta}_i'' + \vec{\delta}_{ki}''\\ \vec{\delta}_k'' &= \vec{\delta}_j'' + \vec{\delta}_{kj}''\end{aligned}\right\} \qquad (3.2\text{–}7)$$

Im Williot-Plan verläuft $\vec{\delta}_i'$ von O nach i', die neu hinzukommende Verschiebung $\vec{\delta}_i''$ wird so eingetragen, daß sie von i'' nach O verläuft. Für die resultierende Knotenverschiebung gilt dann (s. Bild 3.2–9)

$$\vec{\delta}_i = \vec{\delta}_i'' + \vec{\delta}_i' = \overrightarrow{i''O} + \overrightarrow{Oi'} = \overrightarrow{i''i'} \qquad (3.2\text{–}8)$$

resultierende Verschiebung
Verschiebungsanteil aus Starrkörperbewegung
Veschiebungsanteil bei versetztem Auflager

Bild 3.2–9
Überlagerung der Verschiebungsanteile bei notwendiger Auflagerversetzung

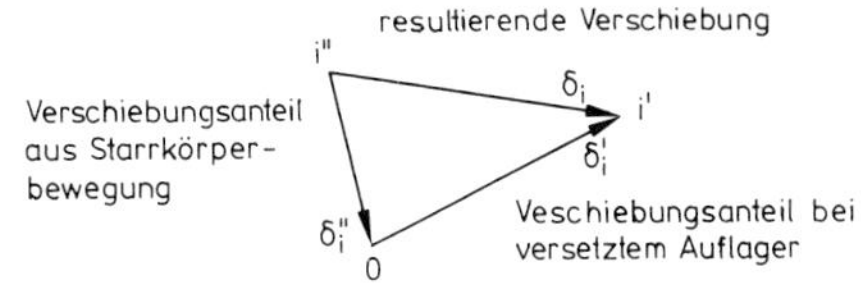

Da $\overrightarrow{\delta_{ki}''}$ senkrecht zur Stabachse ik steht, ist die Figur der zweigestrichenen Punkte ähnlich der wirklichen Figur, jedoch um 90° gedreht.
Für das Fachwerk des Bildes 3.2–4 und für die in Bild 3.2–5 angegebenen Stabkraftrichtungen wird der Williot-Plan konstruiert, wobei das Auflager in e an den Knoten b so versetzt wird, daß der Stab 1 keinen Drehwinkel aufweist. Die zu überlagernde Starrkörperbewegung ist eine Drehung um den Punkt a. Für die Konstruktion der zweigestrichenen Figur gilt dann $\overline{a''O} = 0$ und $e''e' =$ horizontal. Der vollständige Williot-Plan einschließlich der erforderlichen Auflagerversetzung ist in Bild 3.2–10 dargestellt. Die Rotationsanteile sind als gestrichelte Linien ohne Bezeichnung dargestellt, und die Knotenverschiebungen δ_i', δ_i'', δ_i sind nicht eingetragen.

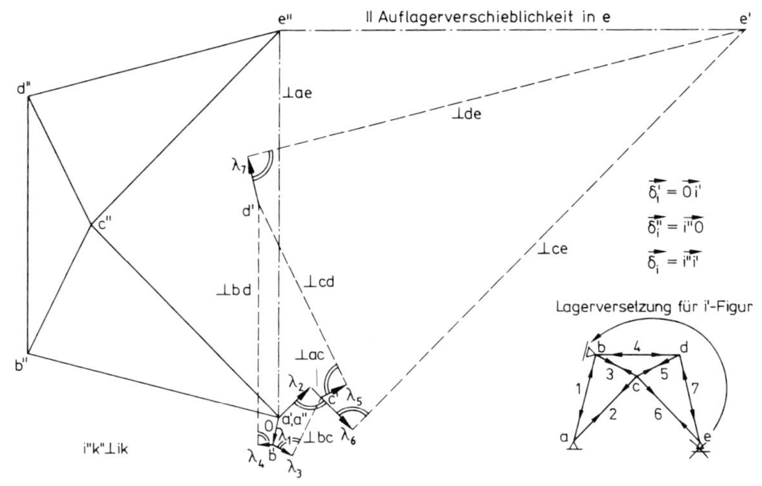

Bild 3.2–10 Williot-Plan für Fachwerk mit notwendiger Auflagerversetzung

Bestimmung der Stabdrehwinkel ψ_s

Die Stabdrehwinkel ψ_s erlangen Bedeutung bei der Ermittlung von Nebenspannungen (s. Unterabschnitt 3.2.4) und bei der Berechnung eines Fachwerks nach Theorie II. Ordnung (s. Unterabschnitt 3.2.5.2).
Besteht der Williot-Plan nur aus der eingestrichenen Figur, so beträgt für die beiden allgemeinen Stäbe des Bildes 3.2–8 der Drehwinkel

$$\left.\begin{aligned}\psi_s &= \frac{\delta_{ki}}{l_s} \quad \text{im Gegenuhrzeigersinn}\\ \psi_t &= \frac{\delta_{kj}}{l_t} \quad \text{im Uhrzeigersinn}\end{aligned}\right\} \qquad (3.2\text{–}9)$$

wenn δ_{ki} und δ_{kj} die im Bild angegebenen Richtungen haben.
Tritt zusätzlich eine zweigestrichene Figur auf, so ist bei der damit beschriebenen Starrkörperbewegung

der Drehwinkel aller Stäbe gleich und kann aus zwei beliebigen gestrichenen Punkten i'', k'' aus der Formel

$$\psi'' = \frac{\overline{k''i''}}{l_{ik}} \tag{3.2–10}$$

bestimmt werden, wobei $\overrightarrow{k''i''}$ die Drehung des Punktes k bezüglich des Punktes i und l_{ik} die Länge der Strecke ik am System ist. Für das Beispiel des Bildes 3.2–10 ist dieser Drehwinkel z. B. $\psi'' = \overline{e''a''}/l_{ae}$ und wegen der nach unten gerichteten Verschiebung $\overrightarrow{\delta_e''} = \overrightarrow{e''O}$ im Uhrzeigersinn gerichtet.

3.2.2.2 Prinzip der virtuellen Kräfte

Gemäß Unterabschnitt 3.1.4.4, Formel (3.1–113), lautet das Prinzip der virtuellen Kräfte zur Berechnung einer Knotenverschiebungskomponente

$$\delta = \sum_s \lambda_s \overline{S}_s \tag{3.2–11}$$

wobei λ_s unverändert nach (3.2–3) bestimmt wird und $\overline{S}_s$ die virtuelle Kraft (Zug positiv) im Stab s ist, hervorgerufen durch die Last 1 am Ort und in Richtung der gesuchten Verschiebungskomponente δ. Sind eingeprägte Verschiebungsgrößen vorhanden, so ist die rechte Seite der Formel (3.2–11) um $-\delta A^e$ gemäß den Ausführungen des Unterabschnittes 3.1.4.4 zu erweitern.
Das Prinzip der virtuellen Kräfte wird mit Vorteil angewendet, wenn nur eine oder nur wenige Knotenverschiebungen gesucht sind und insbesondere dann, wenn diese für mehrere Lastfälle zu bestimmen sind. In diesem Fall nämlich ist der virtuelle Kraftplan nur einmal zu bestimmen, da er nur von der gesuchten Verschiebung, nicht aber vom wirklichen Lastfall abhängt.
Bild 3.2–11 zeigt für das bereits in Bild 3.2–10 behandelte Beispiel den virtuellen Kraftplan zur Bestimmung der Verschiebung δ_e des Auflagers e und die Auswertung der Formel (3.2–11).
Die für die Berechnung eines Stabdrehwinkels ψ_s maßgebende virtuelle Belastung wurde bereits in Bild 3.1–41 gezeigt.

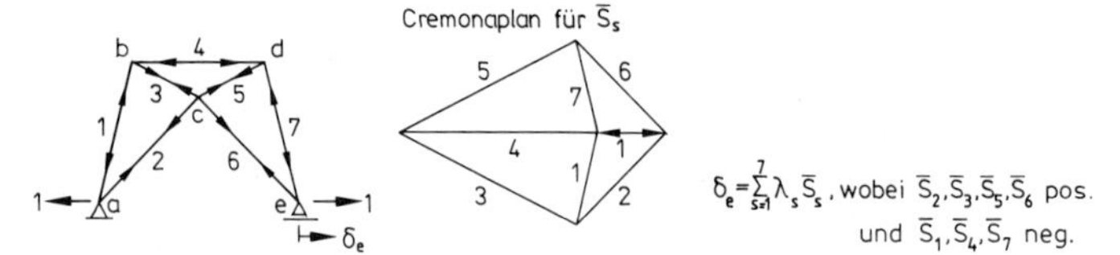

Bild 3.2–11 Virtueller Kraftplan zur Ermittlung von δ_e nach dem Prinzip der virtuellen Kräfte

3.2.2.3 Das Verfahren der Winkelgewichte

Wie bereits allgemein im Unterabschnitt 3.1.4.1 ausgeführt, sind bei Stablängenänderungen die Winkelgewichte auch abhängig von der Richtung der Verschiebungskomponenten, für welche die Verschiebungslinie gesucht wird, und deshalb zusätzlich mit dem entsprechenden Richtungsindex zu versehen. Da sich jedoch nachfolgende Betrachtungen ausschließlich auf die Vertikalkomponenten beziehen sollen (was auch der praktisch meist vorliegenden Aufgabenstellung entspricht), wird der Einfachheit halber der zusätzliche Index v weggelassen. Dieses Vorgehen ist keine Einschränkung der Allgemeinheit, da durch Drehung des Systems der betrachtete Zustand stets hergestellt werden kann.
Wie sich bereits bei den Winkelgewichten des biegesteifen Stabzuges gezeigt hat, erfolgt deren Berechnung am einfachsten mit Hilfe des Prinzips der virtuellen Kräfte durch Ansatz der bereits in Bild 3.1–40 angegebenen virtuellen Belastung. Diese wird hier in Bild 3.2–12 noch einmal gezeigt. Selbstverständlich haben die in den Unterabschnitten 3.1.4.1 und 3.1.4.4 hergeleiteten Formeln (3.1–88) bzw. (3.1–114) wegen der fehlenden biegesteifen Verbindung der Stäbe hier keine Gültigkeit mehr.

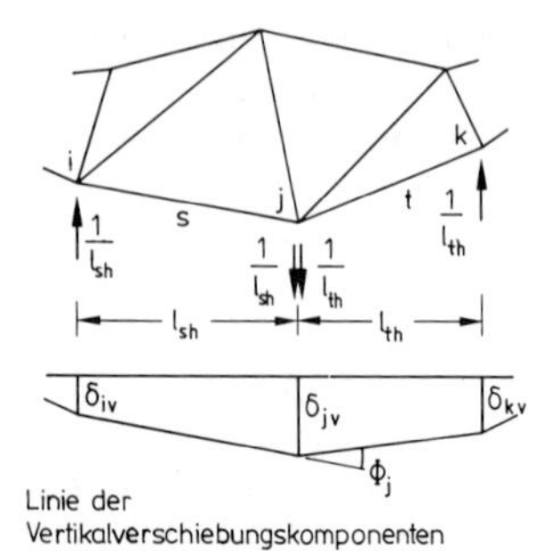

Bild 3.2–12
Virtuelle Belastung für das Winkelgewicht ϕ_j der Verschiebungslinie der Vertikalkomponenten des Stabzuges ijk

Die in Bild 3.2–12 gezeigten virtuellen Lasten bilden eine Gleichgewichtsgruppe, welche bei Angriff an einer Fachwerkscheibe nur „lokal“ virtuelle Stabkräfte erzeugt, und zwar nur in jenen Stäben, deren Längenänderung das Winkelgewicht beeinflußt. Das Winkelgewicht berechnet sich aus der Formel

$$\phi_j = \sum_s \lambda_s \overline{S}_s \tag{3.2–12}$$

worin λ_s die wirkliche Verlängerung des Stabes s und $\overline{S}_s$ die virtuelle Kraft des Stabes s ist, hervorgerufen durch den dem Winkelgewicht ϕ_j zugeordneten virtuellen Lastzustand gemäß Bild 3.2–12.
Speziell im Fall parallelgurtiger Fachwerke können die virtuellen Stabkräfte (genau wie die wirklichen) nach Tabelle 3.2–1 des Unterabschnittes 3.2.1.3 ermittelt werden, wobei für den virtuellen Schnittkraftzustand mit den Bezeichnungen des Bildes 3.2–12 gilt

$$\overline{M}_i = 0, \quad \overline{M}_j = 1, \quad \overline{M}_k = 0, \qquad \text{Verlauf jeweils linear}$$

$$\overline{Q}_{ij} = \overline{Q}_{ji} = \frac{1}{l_{sh}}, \quad \overline{Q}_{jk} = \overline{Q}_{kj} = -\frac{1}{l_{th}}, \qquad \text{Verlauf jeweils konstant}$$

Die anschließende Auswertung der Formel (3.2–12) liefert das Winkelgewicht ϕ_j für die Biegelinie des Unter- bzw. Obergurts des Fachwerks. Diese Rechnung ist für die Fachwerkstypen der Tabelle 3.2–1 durchgeführt worden. Die Ergebnisse sind in Tabelle 3.2–2 angegeben. Die in den Systemskizzen ausgezogenen Stäbe weisen jeweils eine virtuelle Stabkraft auf, ihre Stablängenänderung hat damit einen Einfluß auf das Winkelgewicht. Hinsichtlich der übrigen, gestrichelten Stäbe sei vermerkt, daß diese nicht vorhanden sein müssen (z. B. bei Betrachtung des Endbereichs eines Fachwerks).
Nach Bestimmung der Winkelgewichte ϕ_j ist der weitere Berechnungsweg unabhängig davon, ob ein Fachwerk oder ein biegebeanspruchtes Stabwerk vorliegt, d. h., es kann entweder die Mohrsche Analogie verwendet werden, wobei die Winkelgewichte als ideelle Lasten auf den Ersatzträger wirken und die ideelle Momentenlinie die wirkliche Biegelinie darstellt, oder es kann das Prinzip der virtuellen Kräfte mit der Formel

$$\delta_{iv} = \sum_j \phi_j \overline{M}_j \tag{3.2–13}$$

benutzt werden, worin $\overline{M}_j$ das virtuelle Moment des Fachwerkträgers an der Stelle j, hervorgerufen durch die vertikale Einzellast an der Stelle i der gesuchten Verschiebung δ_{iv} ist. Die Mohrsche Analogie wird mit Vorteil dann angewendet, wenn die gesamte Biegelinie zu bestimmen ist, während das Prinzip der virtuellen Kräfte vorzuziehen ist, wenn nur eine Durchbiegung – gegebenenfalls für mehrere Lastfälle – gesucht ist.
Ein Beispiel, bei dem die Mohrsche Analogie zur Anwendung gelangt, ist in Bild 3.2–13 angegeben. Es wird angenommen, daß die Stabkräfte und die daraus hervorgehenden Stabverlängerungen λ_s bereits ermittelt seien. Gesucht ist die Biegelinie des Untergurts.

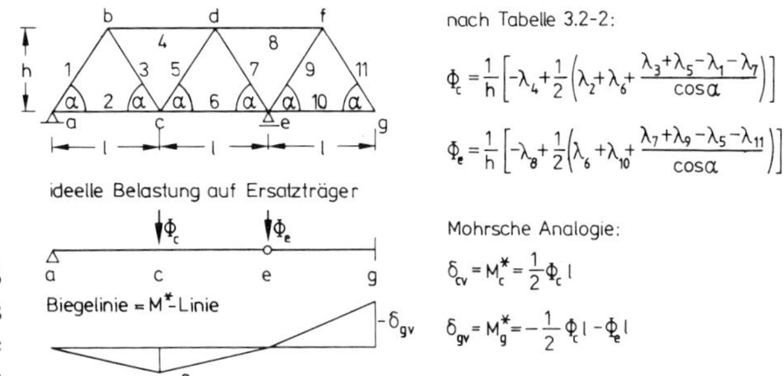

Bild 3.2–13
Bestimmung der Untergurtbiegelinie eines Fachwerks mit Hilfe der Winkelgewichte und der Mohrschen Analogie

3.2.2.4 Berechnung des Differenzdrehwinkels zweier Stäbe eines Fachwerkdreiecks

Der Differenzdrehwinkel zweier Stäbe eines Fachwerkdreiecks hat primär Bedeutung für die Ermittlung der Nebenspannungen von Fachwerken. Er stellt aber auch ein sehr effektives Hilfsmittel zur Bestimmung der Stabdrehwinkel selbst dar, welche z. B. für eine Berechnung nach Theorie II. Ordnung benötigt werden. Darüber hinaus ist es stets möglich, mit Hilfe der Gleichungen (3.2–5) auch die Knotenverschiebungen aus den Stabdrehwinkeln zu bestimmen, da ja für die Rotationsanteile nach (3.2–9) $\delta_{ki} = \psi_s l_s$ bzw. $\delta_{kj} = \psi_t l_t$ gilt.

Für das in Bild 3.2–14 dargestellte Fachwerkdreieck sei der Differenzdrehwinkel $\psi_r - \psi_t$ gesucht, wobei ψ wie bisher im Uhrzeigersinn positiv gezählt wird. Die Berechnung soll mit dem Prinzip der virtuellen Kräfte erfolgen, was zu der eingetragenen virtuellen Belastung führt. Da diese eine Gleichgewichtsgruppe bildet, ist der Differenzdrehwinkel nur von den Stablängenänderungen der drei Stäbe abhängig.

Tabelle 3.2–2 Formeln zur Berechnung der Winkelgewichte ϕ_j parallelgurtiger Fachwerke für die Bestimmung der Biegelinien von Ober- und Untergurt

s Stabnummer

λ_s Verlängerung des Stabes s, $\lambda_s = \dfrac{S_s l_s}{EA_s} + \alpha_T T_s l_s$

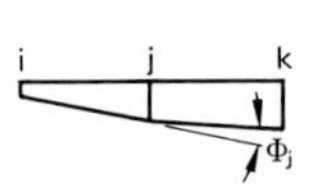

Winkelgewicht ϕ_j ist definiert als Knickwinkel der (vertikalen) Biegelinie im Knoten j (zwischen i und k).
Es haben nur die λ_s der ausgezogenen, numerierten Stäbe einen Einfluß auf ϕ_j. Die gestrichelten Stäbe müssen nicht vorhanden sein.

maßgebende Stabnumerierung, wenn Biegelinie gesucht für: Untergurt	Obergurt	$\phi_j =$ oberes Vorzeichen (−), wenn Obergurtbiegelinie gesucht; unteres Vorzeichen (+), wenn Untergurtbiegelinie gesucht
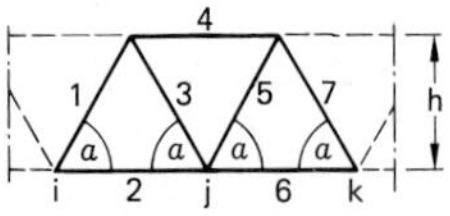	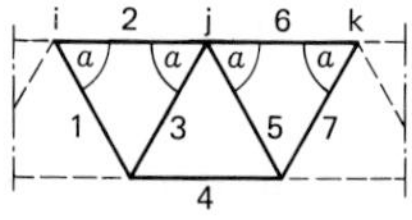	$\mp \frac{1}{h}\left[-\lambda_4 + \frac{1}{2}\left(\lambda_2 + \lambda_6 + \frac{\lambda_3 + \lambda_5 - \lambda_1 - \lambda_7}{\cos\alpha}\right)\right]$
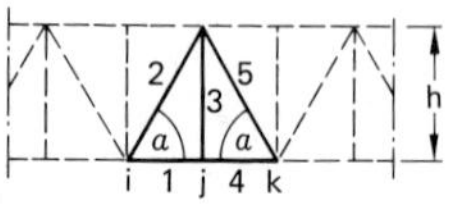	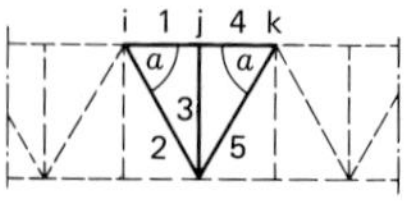	$\mp \frac{1}{h}\left(\lambda_1 + \lambda_4 + 2\tan\alpha\ \lambda_3 - \frac{\lambda_2 + \lambda_5}{\cos\alpha}\right)$
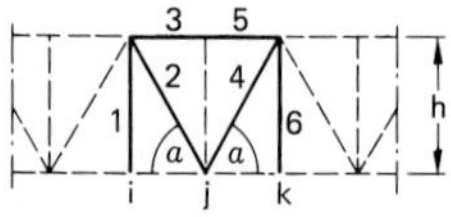	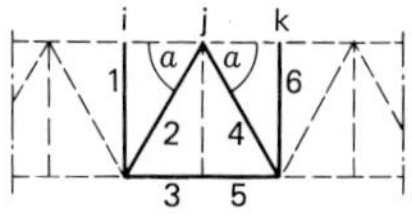	$\mp \frac{1}{h}\left[-\lambda_3 - \lambda_5 - \tan\alpha\ (\lambda_1 + \lambda_6) + \frac{\lambda_2 + \lambda_4}{\cos\alpha}\right]$
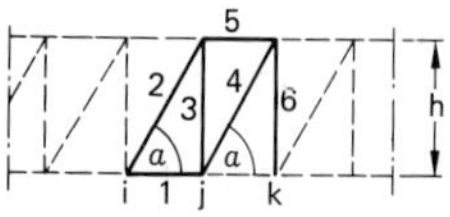	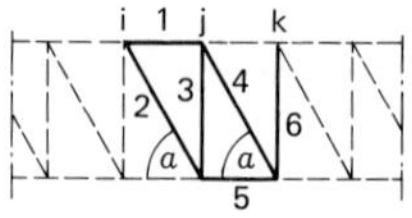	$\mp \frac{1}{h}\left[\lambda_1 - \lambda_5 + \tan\alpha\ (\lambda_3 - \lambda_6) + \frac{\lambda_4 - \lambda_2}{\cos\alpha}\right]$
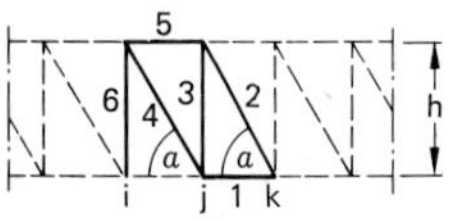	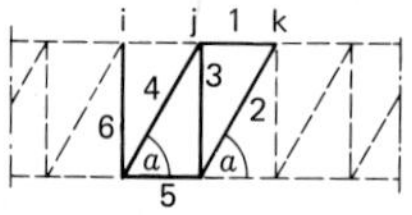	
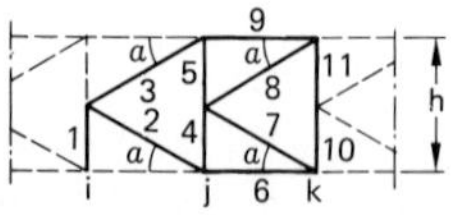	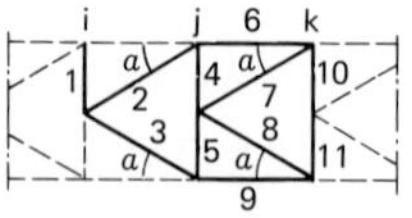	$\mp \frac{1}{h}\left[\lambda_6 - \lambda_9 + \tan\alpha\ (\lambda_5 - 2\lambda_1 + 3\lambda_4 - \lambda_{10} - \lambda_{11}) + \frac{\lambda_2 - \lambda_3 - \lambda_7 + \lambda_8}{\cos\alpha}\right]$
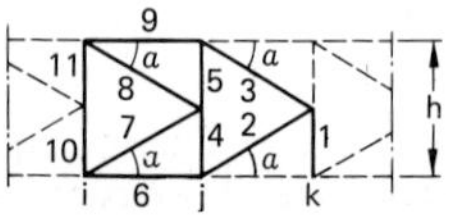	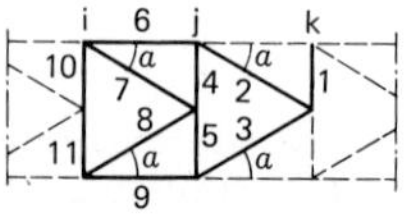	

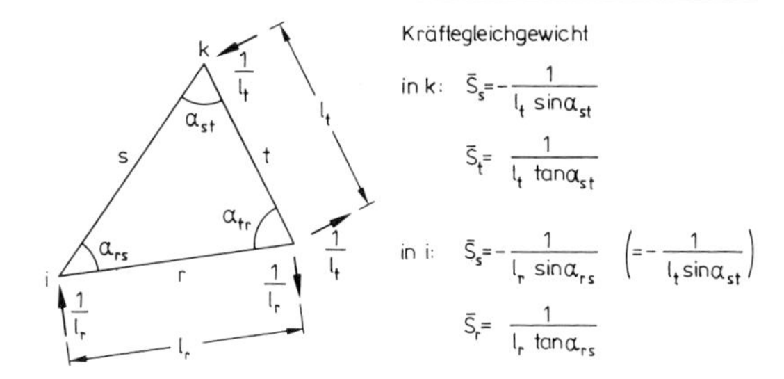

Bild 3.2–14
Virtuelle Lasten und Stabkräfte zur Berechnung des Differenzdrehwinkels $\psi_r - \psi_t$

Das Prinzip der virtuellen Kräfte liefert

$$\psi_r - \psi_t = \lambda_r \bar{S}_r + \lambda_s \bar{S}_s + \lambda_t \bar{S}_t$$

In dieser Gleichung werden die Stabverlängerungen durch die Dehnungen nach den Formeln

$$\left.\begin{aligned} \varepsilon_r &= \frac{\lambda_r}{l_r} \\ \varepsilon_s &= \frac{\lambda_s}{l_s} \\ \varepsilon_t &= \frac{\lambda_t}{l_t} \end{aligned}\right\} \quad (3.2\text{–}14)$$

ersetzt, wobei im Fall veränderlicher Dehnungen über die Stablänge ε_r, ε_s, ε_t die mittleren Dehnungen darstellen. Weiterhin werden für die virtuellen Stabkräfte die in Bild 3.2–14 eingetragenen Werte eingesetzt. Nach Umformung und unter Berücksichtigung von $l_s = l_r \cos\alpha_{rs} + l_t \cos\alpha_{st}$ ergibt sich

$$\psi_r - \psi_t = \frac{\varepsilon_r - \varepsilon_s}{\tan\alpha_{rs}} - \frac{\varepsilon_s - \varepsilon_t}{\tan\alpha_{st}} \quad (3.2\text{–}15)$$

und durch zyklisches Vertauschen

$$\psi_s - \psi_r = \frac{\varepsilon_s - \varepsilon_t}{\tan\alpha_{st}} - \frac{\varepsilon_t - \varepsilon_r}{\tan\alpha_{tr}} \quad (3.2\text{–}15)$$

$$\psi_t - \psi_s = \frac{\varepsilon_t - \varepsilon_r}{\tan\alpha_{tr}} - \frac{\varepsilon_r - \varepsilon_s}{\tan\alpha_{rs}} \quad (3.2\text{–}15)$$

Pro Fachwerkdreieck ist Formel (3.2–15) nur zweimal anzuwenden, eine 3. Anwendung würde keine neue Aussage enthalten.
Zur Bestimmung der Stabdrehwinkel eines Fachwerks muß zunächst pro Fachwerkscheibe ein Stabdrehwinkel bekannt sein. Dieser kann erforderlichenfalls mit dem Prinzip der virtuellen Kräfte bestimmt werden. Alle weiteren Stabdrehwinkel ergeben sich danach durch wiederholte Anwendung der Formel (3.2–15). Ein einfaches Beispiel mit Rechengang zeigt Bild 3.2–15.

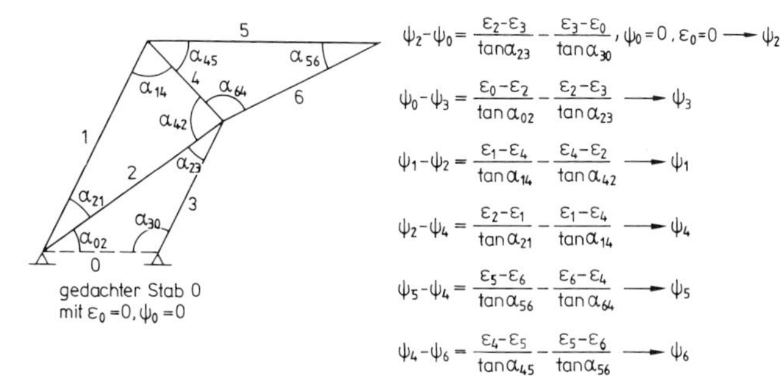

Bild 3.2–15
Beispiel zur Berechnung der Stabdrehwinkel nach (3.2–15)

3.2.2.5 Ersatzbiege- und Ersatzschubsteifigkeit regelmäßiger parallelgurtiger Fachwerke

Regelmäßige, parallelgurtige Fachwerke, deren Länge ein Vielfaches der Höhe beträgt, können näherungsweise als biege- und schubelastische Stäbe behandelt werden, d.h. als Stäbe, für die *M*- und *Q*-Verformungen berücksichtigt werden. Dieses Vorgehen führt zu einer wesentlichen Rechenerleichterung, es ist sowohl bei Theorie I. als auch II. Ordnung zulässig.
Zur Beschreibung des Formänderungsverhaltens des Ersatzstabes müssen dessen Ersatzbiegesteifigkeit

EI^* und Ersatzschubsteifigkeit S^* bekannt sein. Diese sollen wieder genau für jene Fachwerkstypen ermittelt werden, die auch in Tabelle 3.2–1 enthalten sind. Hierzu wird jeweils ein Fachwerkfeld mit der Länge Δl betrachtet und angenommen, daß dieses nur durch ein Biegemoment M und eine Querkraft Q beansprucht sei. Nach den Formeln der Tabelle 3.2–1 liegen dann alle Stabkräfte S_s und damit auch alle Stabverlängerungen λ_s fest.

Zur Ermittlung des Relativdrehwinkels $\Delta\varphi$ der „Endquerschnitte" des Fachwerkfeldes wird das virtuelle, konstante Moment $\overline{M} = 1$ angesetzt, woraus sich – wieder mit oben genannten Formeln – die virtuellen Stabkräfte $\overline{S}_s^M$ ergeben. Das Prinzip der virtuellen Kräfte liefert nun

$$\Delta\varphi = \sum_s \lambda_s \overline{S}_s^M = \sum_s \frac{S_s l_s}{EA_s} \overline{S}_s^M$$

Da hier $\overline{S}_s^M$ nur in den Gurtstäben vorhanden ist, erstreckt sich $\sum_s$ ebenfalls nur über diese. Definitionsgemäß ist die Verkrümmung dann $\varkappa = \Delta\varphi/\Delta l$, und die Ersatzbiegesteifigkeit wird aus $EI^* = M/\varkappa$ erhalten, wobei sich M in allen Fällen herauskürzt, so daß sich $EI^* = \text{const}$ ergibt.

Durch Ansatz der virtuellen, konstanten Querkraft $\overline{Q} = 1$ am Fachwerkfeld wird die Relativverschiebung Δw seiner Endquerschnitte erhalten. Die dabei auftretenden virtuellen Stabkräfte seien $\overline{S}_s^Q$, sie können ebenfalls wieder mit den Formeln der Tabelle 3.2–1 berechnet werden. Das Prinzip der virtuellen Kräfte lautet dann

$$\Delta w = \sum_s \lambda_s \overline{S}_s^Q = \sum_s \frac{S_s l_s}{EA_s} \overline{S}_s^Q$$

$\sum_s$ erstreckt sich hier nur über die Diagonal- und gegebenenfalls Vertikalstäbe, da nur dort $\overline{S}_s^Q$ auftritt. Die Querkraftgleitung ist $\eta = \Delta w/\Delta l$ und die gesuchte Ersatzschubsteifigkeit kann aus $S^* = Q/\eta$ erhalten werden, wobei sich jetzt jeweils Q herauskürzt und S^* als Konstante erhalten wird.

Nach Ausführung der beschriebenen Rechnung erhält man die in Tabelle 3.2–3 angegebenen Formeln.

Tabelle 3.2–3 Formeln zur Berechnung der Ersatzschubsteifigkeit S^* und der Ersatzbiegesteifigkeit EI^* für regelmäßige parallelgurtige Fachwerke

	$S^* =$	$EI^* =$
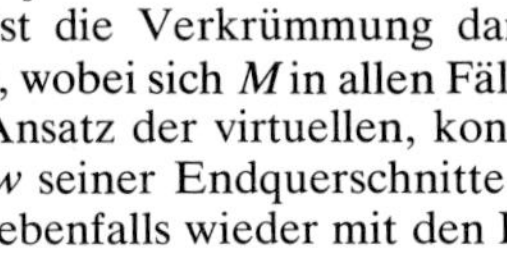 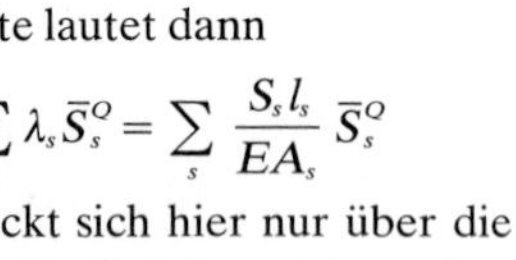 A_O, A_D, A_D, h, α, α, A_U; A_O, A_D, A_D, h, α, α, A_U	$EA_D \sin^2\alpha \cos\alpha$	$\dfrac{h^2}{\dfrac{1}{EA_U} + \dfrac{1}{EA_O}}$
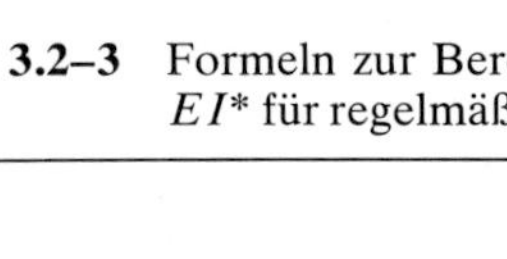 A_O, A_D, A_V, h, α, A_U	$\dfrac{1}{\dfrac{1}{EA_D}\dfrac{1}{\sin^2\alpha\cos\alpha} + \dfrac{1}{EA_V}\tan\alpha}$	
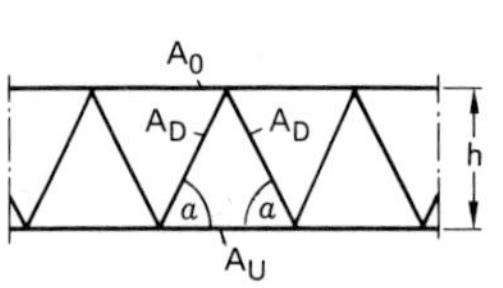 A_O, α, A_V, A_D, h, α, A_U	$\dfrac{2}{\dfrac{1}{EA_D}\dfrac{1}{\sin^2\alpha\cos\alpha} + \dfrac{1}{EA_V}\tan\alpha}$	

3.2.3 Berechnung statisch unbestimmter Fachwerke nach Theorie I. Ordnung

Da das Verschiebungsgrößenverfahren zur Berechnung statisch unbestimmter Fachwerke wegen der verhältnismäßig großen Anzahl von Unbekannten praktisch kaum Anwendung findet, soll im folgenden ausschließlich das Kraftgrößenverfahren behandelt werden. Wie bisher wird wieder das ideale Gelenkfachwerk der Rechnung zugrunde gelegt.
Mit den Festlegungen des Unterabschnitts 3.2.1 gilt hier für den Grad der statischen Unbestimmtheit

$$n = a + s - 2k \tag{3.2–16}$$

d. h. zusätzlich zu den $2k$ Gleichgewichtsbedingungen müssen n Verträglichkeitsbedingungen formuliert werden, um die $a + s$ Unbekannten bestimmen zu können.
Beim Kraftgrößenverfahren ist zunächst ein statisch bestimmtes Grundsystem durch Freischneiden von n statisch unbestimmten Kraftgrößen $X_1, X_2 \ldots X_n$ zu wählen. Der wirkliche Zustand wird in folgende Teilzustände zerlegt, wobei jeweils dieses statisch bestimmte Grundsystem betrachtet wird:
⓪-Zustand mit allen äußeren Einwirkungen (Lasten, eingeprägte Dehnungen, eingeprägte Verschiebungen), Stabkraft des Stabes s: S_{s0}
①-Zustand mit $X_1 = 1$, Stabkraft des Stabes s: S_{s1}
⋮
ⓝ-Zustand mit $X_n = 1$, Stabkraft des Stabes s: S_{sn}
Für den wirklichen, resultierenden Zustand ⓦ gilt allgemein das Überlagerungsgesetz

$$ⓦ = ⓪ + ① \cdot X_1 + \cdots + ⓝ \cdot X_n \tag{3.2–17}$$

Nach diesem Überlagerungsgesetz lautet die zur Schnittstelle von X_i gehörige Verträglichkeitsbedingung

$$\delta_i = \delta_{i0} + \delta_{i1} X_1 + \cdots + \delta_{in} X_n = 0 \tag{3.2–18}$$

Diese ist für alle n Schnittstellen zu formulieren, womit das maßgebende Gleichungssystem zur Bestimmung der n Unbekannten $X_1 \ldots X_n$ erhalten wird. Die Relativverschiebungsgrößen $\delta_{i0}, \delta_{i1} \ldots \delta_{in}$ werden am einfachsten mit dem Prinzip der virtuellen Kräfte berechnet, da der erforderliche virtuelle Lastfall bereits durch den ⓘ-Zustand vorliegt. Somit gilt

$$\delta_{i0} = \sum_s \lambda_{s0} S_{si} \tag{3.2–19}$$

mit
λ_{s0} Verlängerung des Stabes s im ⓪-Zustand; unter Berücksichtigung von Stabkraft- und Temperaturdehnungen gilt

$$\lambda_{s0} = \frac{S_{s0} l_s}{EA_s} + \alpha_T T_s l_s \tag{3.2–20}$$

S_{si} Kraft des Stabes s im ⓘ-Zustand ($i = 1 \ldots n$)

Wenn eingeprägte Auflagerverschiebungen auftreten, so ist auf der rechten Seite von (3.2–19) die damit verbundene virtuelle Arbeit zusätzlich abzuziehen (vgl. (3.1–106) in Unterabschnitt 3.1.4.4).
Weiterhin liefert das Prinzip der virtuellen Kräfte

$$\begin{aligned} \delta_{i1} &= \sum_s \lambda_{s1} S_{si} = \sum_s \frac{S_{s1} S_{si} l_s}{EA_s} \\ &\vdots \\ \delta_{in} &= \sum_s \lambda_{sn} S_{si} = \sum_s \frac{S_{sn} S_{si} l_s}{EA_s} \end{aligned} \tag{3.2–21}$$

Die Auflösung des durch (3.2–18) gegebenen Gleichungssystems liefert die Unbekannten X_i. Mit ihrer Kenntnis können die Stabkräfte aus

$$S_s = S_{s0} + S_{s1} X_1 + \cdots + S_{sn} X_n \tag{3.2–22}$$

oder durch erneute Formulierung des Gleichgewichts gewonnen werden. Die Stabverlängerungen werden durch Überlagerung aus

$$\lambda_s = \lambda_{s0} + \lambda_{s1} X_1 + \cdots + \lambda_{sn} X_n \tag{3.2–23}$$

oder (einfacher) direkt aus den Stabkräften S_s berechnet.
Zur Kontrolle der Verträglichkeit kann (3.2–18) jetzt in der Form

$$\delta_i = \sum_s \lambda_s S_{si} \overset{!}{=} 0 \tag{3.2–24}$$

für $i = 1 \ldots n$ angeschrieben werden. Eingeprägte Auflagerverschiebungen sind gegebenenfalls wie oben beschrieben durch einen Zusatzterm zu berücksichtigen.
Zur Bestimmung der Knotenverschiebungen können unverändert die für statisch bestimmte Fachwerke

angegebenen Methoden angewendet werden, wobei sich hier zusätzlich n Kontrollen ergeben. Bezüglich der Anwendung des Prinzips der virtuellen Kräfte sei daran erinnert, daß der virtuelle Kraftzustand nur im Gleichgewicht stehen, nicht aber irgendwelche Verträglichkeitsbedingungen erfüllen muß (vgl. Unterabschnitt 3.1.4.4 und Aussage des Reduktionssatzes).
Bild 3.2–16 zeigt den Rechengang für ein einfach statisch unbestimmtes Fachwerk mit der Einzellast V und den angegebenen Staberwärmungen um T.

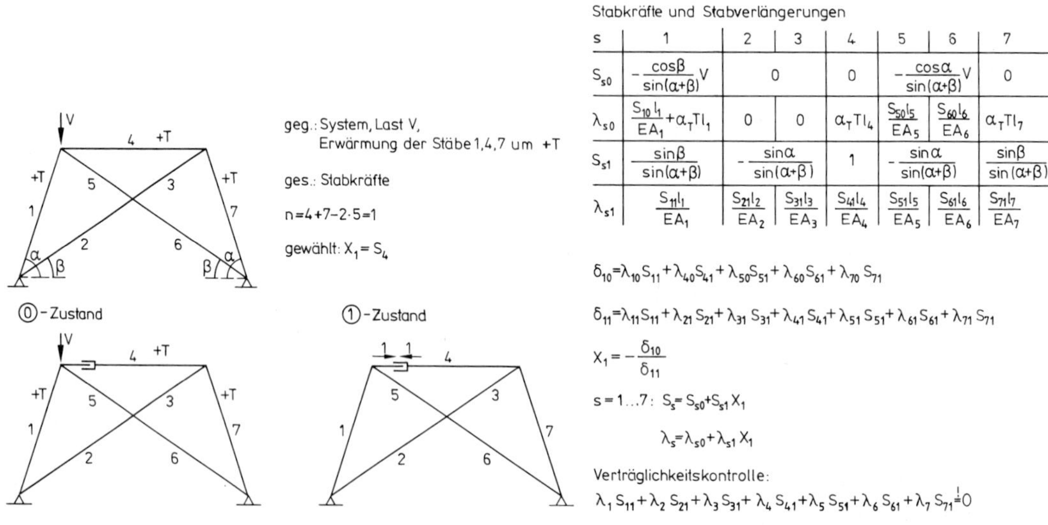

s	1	2	3	4	5	6	7
S_{s0}	$-\frac{\cos\beta}{\sin(\alpha+\beta)}V$	0		0	$-\frac{\cos\alpha}{\sin(\alpha+\beta)}V$		0
λ_{s0}	$\frac{S_{10}l_1}{EA_1}+\alpha_T T l_1$	0	0	$\alpha_T T l_4$	$\frac{S_{50}l_5}{EA_5}$	$\frac{S_{60}l_6}{EA_6}$	$\alpha_T T l_7$
S_{s1}	$\frac{\sin\beta}{\sin(\alpha+\beta)}$	$-\frac{\sin\alpha}{\sin(\alpha+\beta)}$		1	$-\frac{\sin\alpha}{\sin(\alpha+\beta)}$		$\frac{\sin\beta}{\sin(\alpha+\beta)}$
λ_{s1}	$\frac{S_{11}l_1}{EA_1}$	$\frac{S_{21}l_2}{EA_2}$	$\frac{S_{31}l_3}{EA_3}$	$\frac{S_{41}l_4}{EA_4}$	$\frac{S_{51}l_5}{EA_5}$	$\frac{S_{61}l_6}{EA_6}$	$\frac{S_{71}l_7}{EA_7}$

$$\delta_{10}=\lambda_{10}S_{11}+\lambda_{40}S_{41}+\lambda_{50}S_{51}+\lambda_{60}S_{61}+\lambda_{70}S_{71}$$

$$\delta_{11}=\lambda_{11}S_{11}+\lambda_{21}S_{21}+\lambda_{31}S_{31}+\lambda_{41}S_{41}+\lambda_{51}S_{51}+\lambda_{61}S_{61}+\lambda_{71}S_{71}$$

$$X_1=-\frac{\delta_{10}}{\delta_{11}}$$

$$s=1\ldots7:\quad S_s=S_{s0}+S_{s1}X_1$$

$$\lambda_s=\lambda_{s0}+\lambda_{s1}X_1$$

Verträglichkeitskontrolle:

$$\lambda_1S_{11}+\lambda_2S_{21}+\lambda_3S_{31}+\lambda_4S_{41}+\lambda_5S_{51}+\lambda_6S_{61}+\lambda_7S_{71}\overset{!}{=}0$$

Bild 3.2–16 Berechnung eines einfach statisch unbestimmten Fachwerks nach dem Kraftgrößenverfahren

3.2.4 Nebenspannungen von Fachwerken

Nebenspannungen entstehen durch die Abweichung des realen vom idealen Fachwerk. Nachfolgend sollen speziell diejenigen Nebenspannungen berechnet werden, die entstehen aus

1. den biegesteifen Verbindungen der Stäbe in den Knoten,
2. den nicht zentrischen Anschlüssen einzelner Stäbe in den Knoten.

Beide Einflüsse bewirken zusätzlich Biegung in den Stäben, unterscheiden sich jedoch grundsätzlich dadurch, daß der erstgenannte nur aus Verträglichkeits-, nicht aber aus Gleichgewichtsgründen erforderlich ist, und demnach durch Plastizieren abgebaut werden kann, während der zweitgenannte auch aus Gleichgewichtsgründen vorhanden sein muß.
Ausgehend von der Überlegung, daß die Längskräfte nur in geringem Maße von dem Biegezustand beeinflußt werden, erfolgt zunächst die Längskraftermittlung unverändert am *idealen* Fachwerk und danach die Momenten- und Querkraftermittlung unter Annahme dieser nun bekannten Längskräfte, wobei dann das Fachwerk als *Rahmen mit unverschieblichen Knoten* anzusehen ist. Besonders geeignet zur Berechnung dieses Systems ist das Drehwinkelverfahren, welches in Unterabschnitt 3.3.2.1 behandelt wird. Danach erhält man als Unbekannte einen Drehwinkel pro Knoten. Wegen der Unverschieblichkeit des Systems empfiehlt sich die iterative Bestimmung dieser Knotendrehwinkel, es liegt hier stets gute Konvergenz vor; zwei bis drei Iterationszyklen führen in der Regel zu einer praktisch ausreichenden Genauigkeit.
Der Einfluß der *biegesteifen Stabverbindungen* in den Knoten wird durch Ansatz *eingeprägter Stabdrehwinkel* ψ_s berücksichtigt; diese rufen an den eingespannten Stabenden Volleinspannmomente M_{ik}^0 hervor, welche dann nach dem Drehwinkelverfahren in die Lastglieder eingehen. Die Volleinspannmomente gehen aus Tabelle 3.1–3 oder Formel (3.1–50) hervor. Die Stabdrehwinkel ψ_s selbst werden am einfachsten nach Formel (3.2–15) aus den Stabdehnungen berechnet, welche durch die Stablängskräfte festliegen. Da der Momentenzustand durch eine Starrkörperbewegung des Fachwerks nicht beeinflußt wird, darf ein beliebiger Stabdrehwinkel Null gesetzt werden, wonach gemäß Formel (3.2–15) alle weiteren Stabdrehwinkel dann leicht ermittelt werden können.
Der Einfluß *nicht zentrischer Stabanschlüsse* in den Knoten wird beim Drehwinkelverfahren durch Annahme eines *eingeprägten Knotenmoments* M_i^e für das Lastglied berücksichtigt. M_i^e ist dabei das durch die auf den Knoten wirkenden Stabkräfte erzeugte Moment, es ist unabhängig vom gewählten Bezugspunkt, da die Stabkräfte ja das Kräftegleichgewicht erfüllen. Ein Beispiel für die Berechnung von M_i^e zeigt Bild 3.2–17.

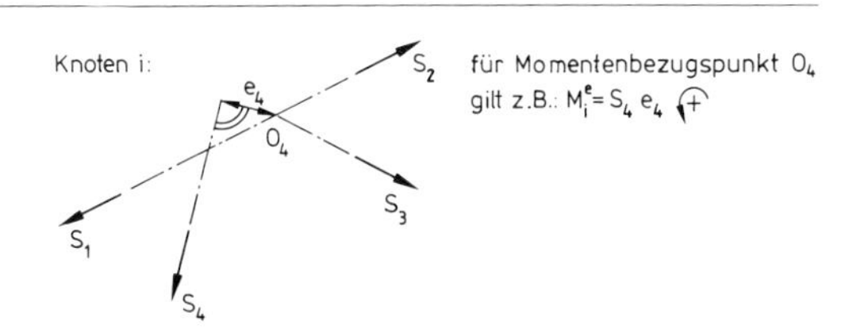

Bild 3.2–17
Beispiel zur Berechnung von M_i^e eines Knotens bei nicht zentrischen Stabanschlüssen

Sind einzelne Stäbe des Fachwerks querbelastet (s. Bild 3.2–1), so kann die Momentenverteilung im Fall biegesteif ausgebildeter Knoten in gleicher Weise nach dem Drehwinkelverfahren für unverschiebliche Systeme bestimmt werden. Die Lastglieder werden in diesem Fall durch die Volleinspannmomente M_{ik}^0 gebildet, welche aus Tabelle 3.1–3 entnommen werden können.
Bezüglich der ausführlichen Darstellung des Drehwinkelverfahrens für unverschiebliche Systeme wird auf Unterabschnitt 3.3.2.1 verwiesen.
Wie bereits erwähnt, ist praktisch der Einfluß der Biegemomente und der damit verbundenen Querkräfte auf die Stablängskräfte vernachlässigbar. Grundsätzlich besteht aber die Möglichkeit, einen wiederholten Rechengang zu führen, wobei als zusätzliche Knotenlasten die errechneten Stabendquerkräfte (bei Theorie II. Ordnung wären es die Transversalkräfte R an den Stabenden) bei der Bestimmung der Stablängskräfte anzusetzen wären.

3.2.5 Berechnung von Fachwerken nach Theorie II. Ordnung

Die Berechnung eines Fachwerks nach Theorie II. Ordnung wird entscheidend davon beeinflußt, ob als Vorverformungen nur Drehwinkel mit gerade bleibender Stabachse oder zusätzlich auch Vorkrümmungen des Einzelstabes angenommen werden. Während die geradlinige Vorverdrehung ψ_s^0 verhältnismäßig einfach durch ein Kräftepaar der Größe $N_s \psi_s^0$ an den Enden des Stabes s (vgl. Bild 3.1–6) iterativ berücksichtigt werden kann, führt die Vorkrümmung dazu, daß durch zusätzliche Ausbiegungen die Längssteifigkeit des Stabes abgemindert wird, wobei eine nichtlineare Abhängigkeit von der Längskraft vorhanden ist. Die Bestimmung dieser Längssteifigkeit ist im folgenden Unterabschnitt 3.2.5.1 angegeben.
Der eigentliche Effekt der Theorie II. Ordnung, d. h. der Unterschied der dadurch zustande kommt, daß das Gleichgewicht am verformten statt am unverformten System formuliert wird, kann genau wie der Einfluß der Vorverdrehung ψ_s^0 iterativ durch Ansatz eines Kräftepaars der Größe $N_s \psi_s$ an den Enden des Stabes s erfaßt werden, wobei ψ_s den Stabdrehwinkel darstellt. Dies wird im Unterabschnitt 3.2.5.2 ausgeführt.
Der Unterabschnitt 3.2.5.3 schließlich beschreibt das Vorgehen bei Ersatz eines Fachwerks durch den biege- und schubelastischen Ersatzstab.

3.2.5.1 Längssteifigkeit des vorgekrümmten Stabes nach Theorie II. Ordnung

In diesem Unterabschnitt wird ausschließlich der beidseitig gelenkig gelagerte Fachwerkstab betrachtet. Die Vorkrümmung wird aus rechentechnischen Gründen sin-förmig angenommen. Die Stablängenänderung, definiert als axiale Relativverschiebung der beiden Stabenden, entsteht hier aus der Stabdehnung und zusätzlich aus der Änderung der Vorverformungslinie durch Biegung. Die Herleitung erfolgt für den in Bild 3.2–18 gezeigten Stab mit der Druckkraft N und der gesuchten Stabverkürzung u. Die Formeln gelten uneingeschränkt auch für Zugkräfte $S = -N$.

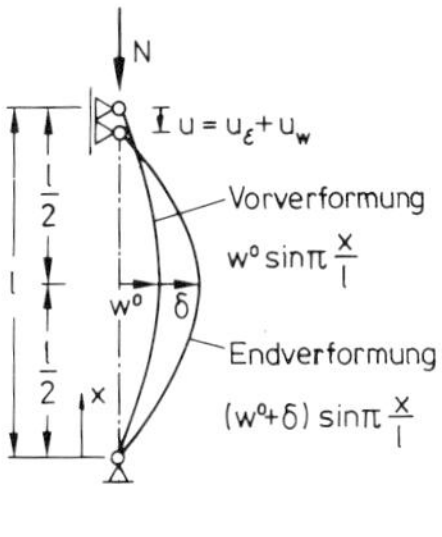

Bild 3.2–18 Stabverkürzung u für den vorgekrümmten, gedrückten Stab

Für den Dehnungsanteil u_ε der Stabverkürzung u gilt

$$u_\varepsilon = \frac{Nl}{EA} \qquad (3.2\text{–}25)$$

Die Formel für die Verkürzung durch die Ausbiegung $w = w(x)$ von der geraden Lage aus lautet allgemein

$$\frac{1}{2}\int_0^l \left(\frac{dw}{dx}\right)^2 dx$$

Die angenommene sin-förmige Vorverformungslinie führt zu einer wieder sin-förmigen Biegelinie für die Endverformung; die Funktionen sind in Bild 3.2–18 eingetragen. Damit ergibt sich hier für den Anteil u_w, der durch Ausbiegung von der vorverformten Lage bis zur Lage der Endverformung zustande kommt,

$$u_w = \frac{1}{2}\int_0^l \left[(w^0 + \delta)\frac{\pi}{l}\cos\pi\frac{x}{l}\right]^2 dx - \frac{1}{2}\int_0^l \left(w^0\frac{\pi}{l}\cos\pi\frac{x}{l}\right)^2 dx$$

Nach Ausführung der Integration und geeigneter Umformung erhält man

$$u_w = \frac{\pi^2}{4l}\left[(w^0 + \delta)^2 - (w^0)^2\right] \tag{3.2–26}$$

Wegen Ähnlichkeit der Biegelinien von Vorverformung und Endverformung kann das Biegemoment nach Theorie II. Ordnung aus dem nach Theorie I. Ordnung durch Multiplikation mit dem sogenannten Vergrößerungsfaktor $1/(1 - N/N_{Ki})$ erhalten werden

$$N(w^0 + \delta) = \frac{1}{1 - \dfrac{N}{N_{Ki}}} N w^0$$

wobei für die Knicklast gilt

$$N_{Ki} = \left(\frac{\pi}{l}\right)^2 EI \tag{3.2–27}$$

Nach Kürzen von N erhält man

$$w^0 + \delta = \frac{1}{1 - \dfrac{N}{N_{Ki}}} w^0$$

und nach Einsetzen in (3.2–26)

$$u_w = \frac{\pi^2}{4l}\left[\frac{1}{\left(1 - \dfrac{N}{N_{Ki}}\right)^2} - 1\right](w^0)^2 \tag{3.2–28}$$

Die resultierende Verkürzung ist damit

$$u = u_\varepsilon + u_w = \frac{Nl}{EA} + \left[\frac{1}{\left(1 - \dfrac{N}{N_{Ki}}\right)^2} - 1\right]\frac{\pi^2 (w^0)^2}{4l}$$

Nach Einführung des Trägheitsradius $i = \sqrt{I/A}$ und geeigneter Umformung ergibt sich die Endformel

$$u = \left[1 + \frac{2 - \dfrac{N}{N_{Ki}}}{\left(1 - \dfrac{N}{N_{Ki}}\right)^2}\left(\frac{w^0}{2i}\right)^2\right]\frac{Nl}{EA} \tag{3.2–29}$$

Mit der bisher bei den Fachwerken verwendeten Stabkraft S (als Zug positiv, d.h. $S = -N$) und der Stablängenänderung λ (als Verlängerung positiv, d.h. $\lambda = -u$) lautet die Formel (3.2–29)

$$\lambda = \left[1 + \frac{2 + \dfrac{S}{N_{Ki}}}{\left(1 + \dfrac{S}{N_{Ki}}\right)^2}\left(\frac{w^0}{2i}\right)^2\right]\frac{Sl}{EA} \tag{3.2–29 a}$$

Der in der eckigen Klammer stehende Term ist der Vergrößerungsfaktor, mit dem die Längenänderung des geraden Stabes multipliziert werden muß, um die Längenänderung des sin-förmig vorgekrümmten Stabes mit dem Stich w^0 zu erhalten. Der Vergrößerungsfaktor ist für Zug- und Druckkräfte größer 1, er wächst mit abnehmender Stabkraft S (d.h. zunehmender Druckkraft).
Eine Temperaturdehnung des Stabes ist gegebenenfalls in den Formeln (3.2–29) bzw. (3.2–29 a) in der üblichen Form durch das Zusatzglied $\alpha_T T l$ zu berücksichtigen.

3.2.5.2 Iterative Berücksichtigung des Einflusses der Theorie II. Ordnung am System

Neben dem im vorigen Unterabschnitt beschriebenen Effekt der abnehmenden Längssteifigkeit des Einzelstabes durch Ansatz einer Vorkrümmung sind gemäß Theorie II. Ordnung noch die Abtriebskräfte zu berücksichtigen, die durch die Stablängskräfte und die Drehwinkel der Stäbe erzeugt werden, wobei Vorverdrehungswinkel ψ_s^0 und Lastdrehwinkel ψ_s einheitlich zu behandeln sind. Diese Abtriebskräfte bilden an jedem Stab ein Kräftepaar; ihr Ansatz führt dazu, daß statt der Betrachtung des Gleichgewichts am verformten System wieder wie bei Theorie I. Ordnung das Gleichgewicht am unverformten System formuliert werden darf. Diese Überlegungen wurden in Unterabschnitt 3.1.3.2 bereits ausführlich dargestellt (vgl. auch Bild 3.1–19).
Mit der Vereinbarung, daß die Stabdrehwinkel ψ_s^0 und ψ_s im Uhrzeigersinn positiv gezählt werden, gilt für die positive Richtung des Kräftepaars $S_s(\psi_s + \psi_s^0)$ der Gegenuhrzeigersinn. Dies bedeutet, daß bei einer Zugkraft das Kräftepaar entgegen und bei einer Druckkraft in der Richtung des Stabdrehwinkels dreht. Da zu Beginn der Rechnung die Stabdrehwinkel und Längskräfte noch unbekannt sind, empfiehlt sich die iterative Berücksichtigung dieser zusätzlichen Kräftepaare. Für ein statisch bestimmtes Fachwerk ergibt sich bei Zugrundelegung des idealen Gelenkfachwerks somit folgender Rechengang:
1. Berechnung der Stabkräfte S_s aus der Belastung mit Hilfe der Gleichgewichtsbedingungen (Theorie I. Ordnung),
2. Berechnung der Stabverlängerungen λ_s, gegebenenfalls nach Formel (3.2–29a) unter Berücksichtigung der Vorkrümmung,
3. Berechnung der Stabdrehwinkel ψ_s, z.B. nach Formel (3.2–15), wobei für einen Stab der Drehwinkel bekannt sein oder vorweg ermittelt werden muß,
4. Wiederholung des Rechengangs ab Schritt 1 unter zusätzlicher Berücksichtigung der Kräftepaare $S_s(\psi_s + \psi_s^0)$, solange bis die gewünschte Genauigkeit der Ergebnisse erreicht ist.
Bild 3.2–19 zeigt die bei Theorie II. Ordnung zusätzlich zu berücksichtigenden Kräftepaare für das bereits in Bild 3.2–15 behandelte Beispiel.

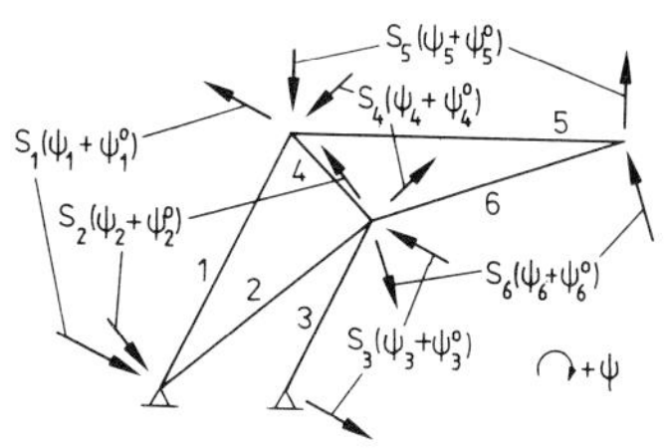

Bild 3.2–19
Zusätzlich zu berücksichtigende Kräftepaare, wenn bei Theorie II. Ordnung das Gleichgewicht am unverformten System formuliert wird

3.2.5.3 Näherungsweise Berechnung eines Fachwerks als biege- und schubelastischer Ersatzstab

Regelmäßige Fachwerke – insbesondere parallelgurtige – deren Länge ein Vielfaches der Höhe beträgt, können näherungsweise als biege- und schubelastische, kontinuierliche Ersatzstäbe berechnet werden. Die hierzu erforderliche Ersatzbiegesteifigkeit EI^* und Ersatzschubsteifigkeit S^* können für die wichtigsten parallelgurtigen Fachwerkstypen der Tabelle 3.2–3 in Unterabschnitt 3.2.2.5 entnommen werden.
Die Annahme eines Ersatzstabes ist grundsätzlich unabhängig davon zulässig, ob Theorie I. oder II. Ordnung angewendet wird, die damit verbundene Rechenerleichterung ist jedoch im Fall der Theorie II. Ordnung besonders groß. Bei Berechnung von EI^* und S^* nach Tabelle 3.2–3 wird unterstellt, daß der Einzelstab keine Vorkrümmung aufweist. Soll jedoch eine Vorkrümmung berücksichtigt werden, so ist in den Formeln der Tabelle 3.2–3 die Dehnsteifigkeit EA jedes Stabes mit Vorkrümmung durch den Wert $\frac{1}{k} EA$ zu ersetzen, wobei k gleich dem Faktor in eckiger Klammer in Formel (3.2–29a) ist. Vorverdrehungen der einzelnen Fachwerkstäbe können bei Verwendung des Ersatzstabes nicht mehr berücksichtigt werden, vielmehr können dann nur noch die für den Biegestab festgelegten Vorverformungen für den Ersatzstab angewendet werden. Dies ist praktisch stets ausreichend und sinnvoll.
Für den Ersatzstab gilt dann selbstverständlich die Theorie der biegebeanspruchten Stäbe unter Berücksichtigung von Momenten- und Querkraftverformungen. Nach Ermittlung der Schnittgrößen M, Q, N sind die Stabkräfte des wirklich vorhandenen Fachwerks zu bestimmen. Bei parallelgurtigen Fachwerken kann dies für die Anteile aus M und Q nach Tabelle 3.2–1 erfolgen, während die Anteile aus N nur in den Gurten auftreten und somit leicht berechnet werden können.

3.3 Berechnung biegesteifer Stabwerke aus planmäßig geraden Stäben nach Elastizitätstheorie I. und II. Ordnung

In diesem Abschnitt werden ausschließlich Systeme mit stabweise *gleichbleibendem Querschnitt* und bei Theorie II. Ordnung auch mit stabweise *konstanter Längskraft* behandelt. Im Rahmen der Elastizitätstheorie liegen dann auch stabweise konstante Biegesteifigkeiten EI und – bei Berücksichtigung von Querkraftverformungen – konstante Schubsteifigkeiten S vor.
Sofern *Längskraftverformungen* überhaupt einen Einfluß auf den Schnittkraftzustand haben, wird dieser Einfluß *vernachlässigt* – eine Näherung, die bei biegebeanspruchten Stäben in der Regel ausreichend genau ist. Demgegenüber sollen Stablängenänderungen aus Temperaturdehnungen in allen Fällen berücksichtigt werden können.
Ist bei Anwendung der Theorie II. Ordnung die *Längskraft* längs eines Stabes *veränderlich,* so kann eine auf der sicheren Seite liegende Berechnung so durchgeführt werden, daß der Maximalwert der Längskraft als über die Stablänge konstant verteilt angenommen wird.
Um den Unterschied einer Berechnung nach Theorie I. und II. Ordnung aufzeigen zu können, erscheint zunächst eine Unterteilung der Systeme in *unverschiebliche* und *verschiebliche* Stabwerke sinnvoll, wobei das unverschiebliche Stabwerk dadurch gekennzeichnet ist, daß alle Knotenverschiebungen Null oder – z.B. bei Temperaturdehnungen einzelner Stäbe – unmittelbar bestimmbar und damit bekannt sind. Gelenkpunkte sind dabei stets als Knoten zu zählen.
Bei diesen *unverschieblichen* Systemen besteht der Effekt der Theorie II. Ordnung ausschließlich darin, daß gemäß den Tabellen 3.1–1 bis 3.1–6 die Formeln der „Theorie II. Ordnung – Spalte" anzuwenden sind, welche – im Gegensatz zu den Formeln der Theorie I. Ordnung – den durch die vorhandene Längsdruckkraft „aufgeweichten" Stab beschreiben, somit im allgemeinen zu größeren Biegeordinaten, Momenten und Querkräften führen. Die Auswirkung der Theorie II. Ordnung drückt sich bei unverschieblichen Systemen allein durch die Stabkennzahlen ε aus; dabei hat die Kennzahl ε_s des einzelnen Stabes s im wesentlichen nur Einfluß auf den Stab s selbst, während dieser Einfluß mit zunehmender Entfernung vom Stab s rasch abklingt. Da für den beidseitig gelenkig gelagerten Stab (2. Eulerfall) im Verzweigungsfall (Index *Ki*) $\varepsilon_{Ki} = \pi$ gilt, folgt für ein unverschiebliches System, daß die (erste) Verzweigungslast noch nicht erreicht ist und damit stabiles Gleichgewicht vorliegt, wenn für alle Stäbe $\varepsilon < \pi$ ist. Am wirklich vorliegenden System wird ja wegen der zumindest teilweise vorhandenen biegesteifen Knoten im Verzweigungsfall für die das Knicken auslösenden Stäbe stets $\varepsilon_{Ki} > \pi$ sein. Mit der (sicheren) Abschätzung $\varepsilon_{Ki} = \pi$ und der Annahme der Gültigkeit des sogenannten Vergrößerungsfaktors $K = 1/(1 - N/N_{Ki}) = 1/(1 - \varepsilon^2/\pi^2)$ für die Biegemomente nach Theorie II. Ordnung kann folgende praktisch wichtige Aussage gemacht werden: Für den Einzelstab dürfen die Formeln nach Theorie I. Ordnung angewendet werden, wenn bei Inkaufnahme eines Fehlers für die Biegemomente von etwa

10%	$\varepsilon \leq 1{,}0$	und von
5%	$\varepsilon \leq 0{,}7$	ist.

Dabei liegen die Momente nach Theorie I. Ordnung selbstverständlich auf der unsicheren Seite. Nicht einbezogen in den Fehlerangaben ist die Erhöhung der Momente durch die bei der Theorie II. Ordnung in der Regel anzusetzenden Vorverformungen. Die Entscheidung der Verwendung der Formeln nach Theorie I. oder II. Ordnung kann stabweise getroffen werden, d.h., es kann gegebenenfalls ein Teil der Stäbe des Systems nach Theorie I. Ordnung und ein anderer Teil nach Theorie II. Ordnung berechnet werden. Es sei nochmals darauf hingewiesen, daß vorstehende Aussagen nur Gültigkeit haben, wenn *Elastizitätstheorie* betrieben wird, alle *Knoten* des Systems *unverschieblich* sind und *im Feld* der Stäbe *kein Gelenk* vorhanden ist.
Bei *verschieblichen* Systemen tritt neben dem oben genannten Effekt der Steifigkeitsminderung des Einzelstabes *(„Einzelstabeffekt")* noch der Effekt der Steifigkeitsminderung des Systems *(„Systemeffekt")* hinzu. Letzterer überwiegt in den meisten Fällen den erstgenannten, er kann durch das bereits in Bild 3.1–19 gezeigte Kräftepaar $N(\psi + \psi^0)$ erfaßt werden, welches an den Enden jedes Stabes anzusetzen ist und in dieser Form bereits auch den Einfluß der Vorverdrehung ψ^0 des Stabes beinhaltet. Dieser hier neu auftretende Systemeffekt zeigt im allgemeinen nicht wie der Einzelstabeffekt stark abklingendes Verhalten, und seine Vernachlässigbarkeit kann nicht mehr anhand der Stabkennzahl ε beurteilt werden.
Für verschiebliche Systeme kann eine *Näherungstheorie II. Ordnung* so definiert werden, daß der *Einzelstabeffekt* ganz *vernachlässigt* und nur der *Systemeffekt berücksichtigt* wird. Bei dieser Näherungstheorie wird für die Gleichgewichtsbetrachtung der verformte Stab durch die Sehne ersetzt, womit unmittelbar deutlich wird, daß die Näherungstheorie um so genauer ist, je weniger die Biegelinien der (druckbeanspruchten) Stäbe von der Sehne abweichen. Die Anwendung dieser Näherungstheorie wird speziell im Rahmen des Drehwinkelverfahrens für verschiebliche Systeme noch ausführlicher dargestellt (s. Unterabschnitt 3.3.2.2), sie hat insbesondere bei verschieblichen Stockwerkrahmen praktische Bedeutung (s. Unterabschnitt 3.3.2.3). Ein Beispiel, für das die genannte Näherungstheorie II. Ordnung genau ist, d.h. bei dem nur der Systemeffekt auftritt, zeigt Bild 3.3–1.

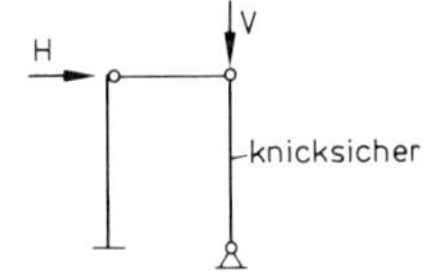

Bild 3.3–1
Beispiel, bei dem sich die Theorie II. Ordnung nur durch den „Systemeffekt", nicht aber durch den „Einzelstabeffekt" auswirkt (Näherungstheorie II. Ordnung genau)

Bezüglich der Schnittkraftermittlung nach Theorie II. Ordnung soll nun generell festgelegt werden, daß als *rechnerische Lasten* die mit dem geforderten Sicherheitsbeiwert multiplizierten Gebrauchslasten (= „*Bemessungslasten*") angesetzt werden. Sofern nicht selbst statisch bestimmt, sollen die Längskräfte N stets – z. B. über vereinfachte Gleichgewichtsbedingungen – zu Beginn der Berechnung abgeschätzt werden und damit als *bekannte Größen* eingehen. Dies führt dazu, daß unabhängig vom angewandten Verfahren sich in allen Fällen *lineare* Bestimmungsgleichungen für die gewählten Unbekannten ergeben. Im Zweifelsfall empfiehlt es sich, die Stabdruckkräfte eher etwas größer anzunehmen, so daß die Rechnung eher auf der sicheren Seite liegt. Selbstverständlich sind für die Spannungsberechnung in den Stabquerschnitten die sich am Ende der statischen Berechnung aus dem Knotengleichgewicht ergebenden verbesserten Längskräfte zu verwenden. Im übrigen sei hier nochmals auf die allgemeinen Ausführungen des Unterabschnittes 3.1.1.2 verwiesen.
Grundsätzlich kann nun bei den Berechnungsverfahren unterschieden werden in solche, die sich für Theorie I. und II. Ordnung einheitlich darstellen lassen, und solche, die wesentliche Unterschiede für beide Theorien aufweisen oder die überhaupt nur für Theorie II. Ordnung existieren und benötigt werden. Eine einheitliche Darstellung ist stets beim Drehwinkelverfahren möglich, und zwar unabhängig davon, ob ein verschiebliches oder unverschiebliches System vorliegt und ob das System statisch bestimmt oder statisch unbestimmt ist – wobei der Begriff „statisch bestimmt" im üblichen Sinn der Theorie I. Ordnung zu verstehen ist. Ebenfalls eine einheitliche Darstellung beider Theorien ist bei Anwendung eines Kraftgrößenverfahrens – z. B. der Dreimomentengleichung 2. Art – auf unverschiebliche Systeme (hier sind praktisch nur die statisch unbestimmten von Interesse) möglich. Wird ein Kraftgrößenverfahren dagegen auf verschiebliche Systeme angewendet, so treten bei Theorie II. Ordnung wegen der genannten Kräftepaare $N(\psi + \psi^0)$ im allgemeinen die Stabdrehwinkel ψ der druckbeanspruchten Stäbe zusätzlich als Unbekannte auf. Speziell die Dreimomentengleichung 1. Art für einen an einem Ende eingespannten Stabzug stellt ein nur für Theorie II. Ordnung gültiges Verfahren dar. Ein entsprechendes Verfahren der Theorie I. Ordnung erübrigt sich, da die Schnittgrößen hier statisch bestimmt sind.
In allen Fällen muß bei Berechnungen nach Theorie II. Ordnung sichergestellt sein, daß *stabiles Gleichgewicht* vorliegt, d. h., daß die Längskräfte unterhalb der Werte des 1. Verzweigungsfalls liegen. Diese Bedingung ist erfüllt, wenn der allen Längskräften gemeinsame Faktor, für den die Determinante des jeweils vorliegenden Gleichungssystems zum ersten Mal Null wird, größer als 1 ist.
Bei allen nachfolgend dargestellten Verfahren besteht die Möglichkeit, *Drehfedern* an Auflagereinspannungen oder Knoten zu berücksichtigen, wie sie praktisch z. B. bei eingespannten Fundamenten auf nachgiebigem Baugrund oder aber bei HV-Kopfplattenstößen auftreten können.

3.3.1 Kraftgrößenverfahren

Für die nachfolgend behandelten Kraftgrößenverfahren soll vereinbart werden, daß als statisch unbestimmte Größen ausschließlich Momente an den Knotenpunkten gewählt werden. Bei *unverschieblichen* Systemen ist – wie bereits erwähnt – eine *einheitliche* Berechnung nach Theorie I. und II. Ordnung möglich, während bei *verschieblichen* Systemen im allgemeinen die *Drehwinkel* ψ der druckbeanspruchten Stäbe als *zusätzliche Unbekannte* auftreten. Eine Ausnahme bildet die nachfolgend dargestellte Dreimomentengleichung 1. Art, bei der nur die Knotenmomente, nicht aber die Stabdrehwinkel als Unbekannte auftreten.

3.3.1.1 Dreimomentengleichung 1. Art für Theorie II. Ordnung

Die nachfolgend hergeleitete Dreimomentengleichung 1. Art hat allgemein Gültigkeit, sie enthält jedoch nur dann ausschließlich die Momente als Unbekannte, wenn die *Transversalkräfte* R an den Stabenden von vornherein bestimmbar, d. h. auch bei Betrachtung des Gleichgewichts am verformten System *statisch bestimmt* sind. Dies ist bei einem Stabzug der Fall, der an einem Ende starr oder auch elastisch eingespannt ist. Hier können nämlich die Transversalkräfte R an allen Stabenden aus dem Kräftegleichgewicht des abgeschnittenen, freien Teils erhalten werden, welches nur die äußeren Kräfte enthält und unabhängig davon ist, ob Theorie I. oder II. Ordnung angewendet wird.
Bild 3.3–2 zeigt den allgemeinen Fall eines eingespannten Stabzuges und zusätzlich einen aus 2 Stäben bestehenden Systemausschnitt, für welchen die Herleitung der Dreimomentengleichung erfolgt. Wie ebenfalls in Bild 3.3–2 eingetragen, wird – um ein eingeprägtes Knotenmoment M_j^e berücksichtigen zu

können – das Stabendmoment oberhalb des Knotens j mit M_j und unterhalb des Knotens j mit M_j^u bezeichnet, wobei gilt

$$M_j^u = M_j - M_j^e \tag{3.3–1}$$

Damit ist am Knoten j das Momentengleichgewicht identisch erfüllt, und es tritt als unbekanntes Moment dort nur M_j auf.

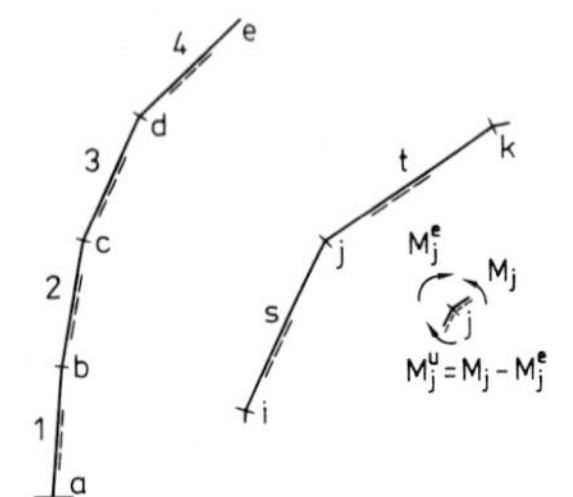

Bild 3.3–2
Allgemeiner, nach der Dreimomentengleichung 1. Art berechenbarer Stabzug, Systemausschnitt mit den Stäben s, t, Bezeichnung der Momente am Knoten j

Aus den Gleichungen (3.1–2) und (3.1–11) folgt hier für die beiden Stabenden am Knoten j

$$Q_{ji}^* = R_{ji} + N_s(\varphi_{ji} + \varphi_{ji}^V) = \frac{1}{\gamma_s} Q_{ji} \tag{3.3–2}$$

$$Q_{jk}^* = R_{jk} + N_t(\varphi_{jk} + \varphi_{jk}^V) = \frac{1}{\gamma_t} Q_{jk} \tag{3.3–3}$$

Drückt man die Stabendquerkräfte jeweils durch die (unbekannten) Stabendmomente und die (bekannte) Querbelastung des Stabes aus, so erhält man aus Tabelle 3.1–1 die Formeln

$$Q_{ji} = \frac{1}{l_s}\left(-\frac{\varepsilon_s}{\sin\varepsilon_s} M_i + \frac{\varepsilon_s}{\tan\varepsilon_s} M_j^u\right) + Q_{ji}^q \tag{3.3–4}$$

$$Q_{jk} = \frac{1}{l_t}\left(-\frac{\varepsilon_t}{\tan\varepsilon_t} M_j + \frac{\varepsilon_t}{\sin\varepsilon_t} M_k^u\right) + Q_{jk}^q \tag{3.3–5}$$

wobei Q_{ji}^q und Q_{jk}^q die Stabendquerkräfte *nur* aus *Querlast* (einschließlich evtl. vorhandener Temperaturverkrümmungen) gemäß Tabelle 3.1–1 sind. Löst man die Beziehungen (3.3–2), (3.3–3) nach φ_{ji} bzw. φ_{jk} auf und ersetzt die Querkräfte Q_{ji}, Q_{jk} durch (3.3–4) bzw. (3.3–5), so ergibt sich

$$\varphi_{ji} = \frac{1}{\gamma_s N_s l_s}\left(-\frac{\varepsilon_s}{\sin\varepsilon_s} M_i + \frac{\varepsilon_s}{\tan\varepsilon_s} M_j^u\right) + \frac{1}{N_s}\left(\frac{1}{\gamma_s} Q_{ji}^q - R_{ji}\right) - \varphi_{ji}^V \tag{3.3–6}$$

$$\varphi_{jk} = \frac{1}{\gamma_t N_t l_t}\left(-\frac{\varepsilon_t}{\tan\varepsilon_t} M_j + \frac{\varepsilon_t}{\sin\varepsilon_t} M_k^u\right) + \frac{1}{N_t}\left(\frac{1}{\gamma_t} Q_{jk}^q - R_{jk}\right) - \varphi_{jk}^V \tag{3.3–7}$$

Aus rechnerischen Gründen werden die Formeln (3.3–6), (3.3–7) mit dem Faktor

$$C = \frac{EI_c}{l_c} \tag{3.3–8}$$

multipliziert, wobei die Bezugsgrößen I_c, l_c beliebig wählbar sind. Damit wird erreicht, daß die Momentenvorzahlen dimensionslos werden und eine Größenordnung haben, die nicht mehr klein gegenüber 1 ist. Führt man noch die Abkürzungen

$$f_s = \frac{l_s I_c}{l_c I_s} \tag{3.3–9}$$

und

$$s_s = \frac{f_s}{\varepsilon_s \sin\varepsilon_s} \tag{3.3–10}$$

$$t_s = s_s \cos\varepsilon_s \tag{3.3–11}$$

ein, so erhält man unter Berücksichtigung von (3.3–1)

$$C\varphi_{ji} = -s_s M_i + t_s(M_j - M_j^e) - \frac{C}{N_s}\left(R_{ji} - \frac{1}{\gamma_s} Q_{ji}^q\right) - C\varphi_{ji}^V \tag{3.3–12}$$

$$C\varphi_{jk} = -t_t M_j + s_t(M_k - M_k^e) - \frac{C}{N_t}\left(R_{jk} - \frac{1}{\gamma_t} Q_{jk}^q\right) - C\varphi_{jk}^V \tag{3.3–13}$$

Um möglichst allgemeine Formeln zu erhalten, werden in allen Knotenpunkten j einschließlich dem Auflager Drehfedern mit der Drehfederkonstanten c_j vorgesehen. Das Drehfedergesetz lautet

$$\phi_j = \frac{1}{c_j} M_j \tag{3.3–14}$$

wobei für den Drehfederwinkel ϕ_j gilt

$$\phi_j = \varphi_{ji} - \varphi_{jk} \tag{3.3–15}$$

Bei *biegestarrer* Verbindung in j gilt $1/c_j = 0$ und $\phi_j = 0$.
Die Dreimomentengleichung für den allgemeinen Knoten j, welche dort die Verträglichkeit der Stabenddrehwinkel φ_{ji} und φ_{jk} ausdrückt, wird erhalten, indem (3.3–15) in (3.3–14) eingesetzt, diese Beziehung mit C erweitert wird und dann die Gleichungen (3.3–12), (3.3–13) eingeführt werden.
Die Dreimomentengleichung 1. Art für den Knoten j kann dann endgültig in der Form geschrieben werden

$$-s_s M_i + r_j M_j - s_t M_k = L_j \tag{3.3–16}$$

mit den weiteren Abkürzungen

$$r_j = t_s + t_t - \frac{C}{c_j} \tag{3.3–17}$$

$$L_j = \frac{C}{N_s}\left(R_{ji} - \frac{1}{\gamma_s} Q^q_{ji}\right) - \frac{C}{N_t}\left(R_{jk} - \frac{1}{\gamma_t} Q^q_{jk}\right) + t_s M^e_j - s_t M^e_k + C\left(\varphi^V_{ji} - \varphi^V_{jk}\right) \tag{3.3–18}$$

Im Lastglied L_j entfällt der letzte Term, wenn als Vorverformung für beide Stäbe s und t die gleiche Vorverdrehung ψ^0 (und nur diese) angesetzt wird, da dann $\varphi^V_{ji} = \varphi^V_{jk} = \psi^0$ ist.
Bei Anwendung der Dreimomentengleichung (3.3–16) auf den obersten Knoten ist $M_k = 0$ zu setzen, auch wenn in k ein eingeprägtes Moment M^e_k vorhanden ist, da dieses ja bereits in L_j berücksichtigt ist. Für das in Bild 3.3–2 dargestellte System wäre (3.3–16) auf die Knoten b, c, d anzuwenden und $M_e = 0$ zu setzen.
Ist j der *Fußpunkt* (mit starrer oder elastischer Einspannung), so gilt anstelle von (3.3–15)

$$\phi_j = -\varphi_{jk} \tag{3.3–19}$$

und man erhält analog hier die Gleichung

$$r_j M_j - s_t M_k = L_j \tag{3.3–20}$$

mit

$$r_j = t_t - \frac{C}{c_j} \tag{3.3–21}$$

$$L_j = -\frac{C}{N_t}\left(R_{jk} - \frac{1}{\gamma_t} Q^q_{jk}\right) - s_t M^e_k - C\varphi^V_{jk} \tag{3.3–22}$$

Hat der Stab t die Vorverdrehung ψ^0, so gilt $\varphi^V_{jk} = \psi^0$, d.h. das Vorverformungsglied entfällt hier nicht. Im Beispiel des Bildes 3.3–2 wäre für die Indizes $j = a$, $k = b$, $t = 1$ zu setzen.
Die Formulierung der Gleichung (3.3–16) für alle Knoten und der Gleichung (3.3–20) für den Fußpunkt führt zu einem *dreigliedrigen, symmetrischen* Gleichungssystem für die unbekannten Momente M_j. Nach deren Bestimmung können die Momente M^u_j unterhalb der Knoten aus (3.3–1) und die Stabendquerkräfte aus (3.3–4) bzw. (3.3–5) berechnet werden. Die Knotenverschiebungen lassen sich, nachdem die Stabendmomente bekannt sind, mit Hilfe der Winkelgewichte z.B. nach dem Prinzip der virtuellen Kräfte dann ebenfalls bestimmen.
Sind Stäbe im oberen Bereich nach Theorie I. Ordnung zu berechnen, so sind diese abzutrennen und die frei werdenden Schnittgrößen auf das Restsystem anzusetzen, worauf dieses wie beschrieben nach Theorie II. Ordnung berechnet werden kann.
Von besonderer praktischer Bedeutung ist die Dreimomentengleichung 1. Art für die *mehrfeldrige, eingespannte Stütze*, wie sie in Bild 3.3–3 gezeigt ist. Drehfedern können am Fußpunkt a und an allen Knoten b bis p berücksichtigt werden. Als Vorverformung ist eine Schrägstellung mit dem für alle Stäbe konstanten Drehwinkel ψ^0 vorgesehen. Bei der Belastung ist zwischen der *Knoten-* und *Feldbelastung* zu unterscheiden. Die Knotenbelastung geht wie folgt in die Rechnung ein: die Vertikallasten V_j über die Stablängskräfte N_s, die Horizontallasten H_j über die Transversalkräfte R_{ji}, R_{jk} und die eingeprägten Momente M^e_j in die Formel für das Lastglied L_j. R_{ji} und R_{jk} werden aus dem Gleichgewicht der Horizontalkräfte oberhalb der Stelle ji bzw. jk erhalten. Nach rechts gerichtete Horizontallasten erzeugen positive Schnittgrößen R, am Knoten j gilt $R_{ji} = R_{jk} + H_j$. Die Feldbelastung der Stäbe geht über die Stabendquerkräfte Q^q_{ji} und Q^q_{jk}, welche aus Tabelle 3.1–1 bestimmt werden, in die Lastglieder L_j ein.

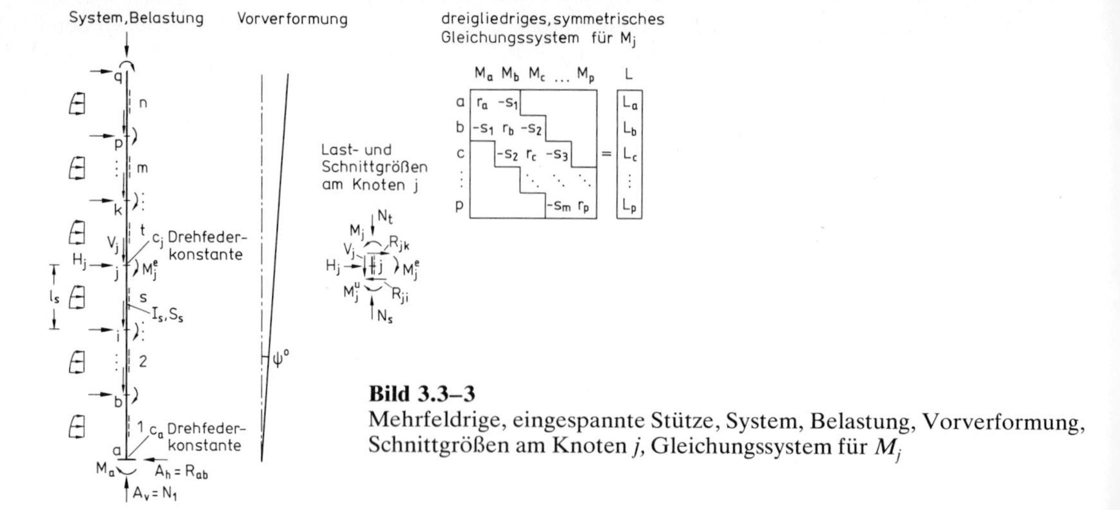

Bild 3.3–3
Mehrfeldrige, eingespannte Stütze, System, Belastung, Vorverformung, Schnittgrößen am Knoten *j*, Gleichungssystem für M_j

Rechengang und Formelzusammenstellung für die mehrfeldrige Stütze gemäß Bild 3.3–3
Schnittkräfte N_s aus $\Sigma V = 0$ und R_{ji}, R_{jk} aus $\Sigma H = 0$ am Systemteil oberhalb vom Schnitt C nach (3.3–8)
für alle Stäbe $s = 1 \dots n$

$$\gamma_s = \frac{1}{1 - N_s/S_s}, \quad \text{ohne } Q\text{-Verformungen } \gamma_s = 1$$

$$\varepsilon_s = l_s \sqrt{\frac{\gamma_s N_s}{EI_s}}$$

f_s nach (3.3–9)
s_s nach (3.3–10)
t_s nach (3.3–11)
bei Querlast im Feld des Stabes s Q^q_{ij} und Q^q_{ji} nach Tabelle 3.1–1, sonst $Q^q_{ij} = Q^q_{ji} = 0$
für Fußpunkt a
r_a nach (3.3–21), bei starrer Einspannung $1/c_a = 0$
L_a nach (3.3–22) mit $\varphi^V_{jk} = \psi^0$ und den Indizes $j = a$, $k = b$, $t = 1$
für alle Knoten $j = b \dots p$
r_j nach (3.3–17), bei biegestarrer Verbindung $1/c_j = 0$
L_j nach (3.3–18) mit $C(\varphi^V_{ji} - \varphi^V_{jk}) = 0$
Auflösung des Gleichungssystems gemäß Bild 3.3–3 $\rightarrow M_j$
M^u_j nach (3.3–1) für $j = b \dots p$, $M^u_q = -M^e_q$
Stabendquerkräfte nach (3.3–4) bzw. (3.3–5)

Ein Beispiel einer zweifeldrigen Stütze ist in Bild 3.3–4 angegeben. Es seien nur M-Verformungen, nicht aber Q-Verformungen zu berücksichtigen ($\gamma_1 = \gamma_2 = 1$). Die Schrägstellung der Stütze sei ψ^0, die Einspannung in a und die Verbindung in b seien biegestarr ($1/c_a = 1/c_b = 0$).

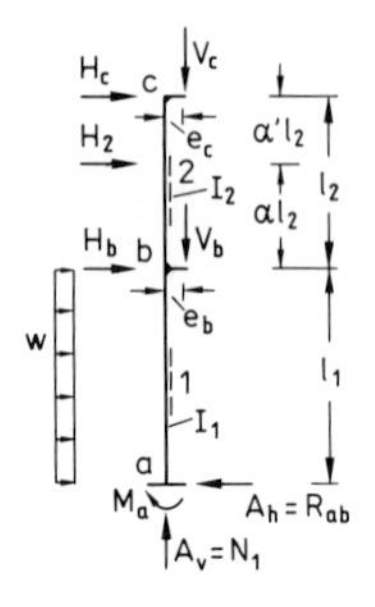

Bild 3.3–4 Beispiel einer zweifeldrigen Stütze

Der Rechengang wird nachfolgend in allgemeiner Form (ohne Zahlenrechnung) angegeben.

$$N_1 = V_b + V_c, \qquad N_2 = V_c$$

$$R_{bc} = H_2 + H_c, \qquad R_{ba} = R_{bc} + H_b, \qquad R_{ab} = R_{ba} + wl_1$$

$$M_c^e = V_c e_c, \qquad M_b^e = V_b e_b$$

$$C = \frac{EI_1}{l_1} \quad \text{(gewählt } I_c = I_1,\ l_c = l_1\text{)}$$

$$\varepsilon_1 = l_1\sqrt{\frac{N_1}{EI_1}}, \qquad \varepsilon_2 = l_2\sqrt{\frac{N_2}{EI_2}}, \qquad f_1 = 1, \qquad f_2 = \frac{l_2 I_1}{l_1 I_2}$$

$$s_1 = \frac{1}{\varepsilon_1 \sin\varepsilon_1}, \qquad t_1 = s_1\cos\varepsilon_1, \qquad s_2 = \frac{f_2}{\varepsilon_2\sin\varepsilon_2}, \qquad t_2 = s_2\cos\varepsilon_2$$

$$Q_{ab}^q = -Q_{ba}^q = \frac{\tan\varepsilon_1/2}{\varepsilon_1}\, wl_1, \qquad Q_{bc}^q = \frac{\sin\varepsilon_2\alpha'}{\sin\varepsilon_2} H_2, \qquad Q_{cb}^q = -\frac{\sin\varepsilon_2\alpha}{\sin\varepsilon_2} H_2$$

$$r_a = t_1, \qquad r_b = t_1 + t_2$$

$$L_a = -\frac{C}{N_1}(R_{ab} - Q_{ab}^q) - s_1 M_b^e - C\psi^0, \qquad L_b = \frac{C}{N_1}(R_{ba} - Q_{ba}^q) - \frac{C}{N_2}(R_{bc} - Q_{bc}^q) + t_1 M_b^e - s_2 M_c^e$$

$$M_a = \frac{r_b L_a + s_1 L_b}{r_a r_b - s_1^2}, \qquad M_b = \frac{r_a L_b + s_1 L_a}{r_a r_b - s_1^2}, \qquad M_b^u = M_b - M_b^e, \qquad M_c^u = -M_c^e$$

$$Q_{ab} = \frac{1}{l_1}\left(-\frac{\varepsilon_1}{\tan\varepsilon_1} M_a + \frac{\varepsilon_1}{\sin\varepsilon_1} M_b^u\right) + Q_{ab}^q, \qquad Q_{ba} = \frac{1}{l_1}\left(-\frac{\varepsilon_1}{\sin\varepsilon_1} M_a + \frac{\varepsilon_1}{\tan\varepsilon_1} M_b^u\right) + Q_{ba}^q$$

$$Q_{bc} = \frac{1}{l_2}\left(-\frac{\varepsilon_2}{\tan\varepsilon_2} M_b + \frac{\varepsilon_2}{\sin\varepsilon_2} M_c^u\right) + Q_{bc}^q, \qquad Q_{cb} = \frac{1}{l_2}\left(-\frac{\varepsilon_2}{\sin\varepsilon_2} M_b + \frac{\varepsilon_2}{\tan\varepsilon_2} M_c^u\right) + Q_{cb}^q$$

3.3.1.2 Dreimomentengleichung 2. Art für Theorie I. und II. Ordnung

Während die Dreimomentengleichung 1. Art neben den Stabendmomenten noch die Transversalkräfte R an den Stabenden enthält, treten bei der Dreimomentengleichung 2. Art zusätzlich zu den Stabendmomenten die Stabdrehwinkel ψ auf. Speziell bei *Stabzügen* mit *unverschieblichen Knoten* sind diese ψ Null oder – z. B. bei Stablängenänderungen durch Temperatur oder Auflagerabsenkungen – bekannt, so daß die Dreimomentengleichung dann zu einem dreigliedrigen Gleichungssystem nur für die Momente führt. Im übrigen entspricht die Dreimomentengleichung 2. Art der üblichen Dreimomentengleichung der Theorie I. Ordnung, jedoch mit der Einschränkung, daß ein Kragstab am Ende des Stabzuges, der eine Längsdruckkraft aufweist und nach Theorie II. Ordnung zu berechnen ist, ein statisch unbestimmtes Einspannmoment aufweist und demnach eine zusätzliche Unbekannte für das Gleichungssystem liefert.

Für die nachfolgende Formelherleitung wird wieder der aus den beiden Stäben s, t bestehende Stabzug ijk gemäß Bild 3.3–2 betrachtet. Mit den Gleichungen (3.1–48), (3.1–49) von Unterabschnitt 3.1.2.7 erhält man hier nach Erweiterung mit dem Faktor C

$$C\varphi_{ji} = -b_s M_i - a_s(M_j - M_j^e) - C\phi_{ji}^q + C\psi_s \tag{3.3–23}$$

$$C\varphi_{jk} = a_t M_j + b_t(M_k - M_k^e) + C\phi_{jk}^q + C\psi_t \tag{3.3–24}$$

wobei ϕ_{ji}^q und ϕ_{jk}^q *nur* in Abhängigkeit der *Querlast* einschließlich einer gegebenenfalls vorhandenen Vorkrümmung sowie einer Temperaturverkrümmung aus Tabelle 3.1–2 zu bestimmen sind.

Für die mit C multiplizierten Vorzahlen gilt hier (vgl. (3.1–46) bzw. (3.1–47))

bei Theorie I. Ordnung

$$a_s = \left(\frac{1}{3} + \varrho_s\right) f_s \tag{3.3–25}$$

$$b_s = \left(\frac{1}{6} - \varrho_s\right) f_s \tag{3.3–26}$$

bei Theorie II. Ordnung

$$a_s = \frac{1}{\varepsilon_s^2}\left(\gamma_s - \frac{\varepsilon_s}{\tan\varepsilon_s}\right) f_s \tag{3.3–27}$$

$$b_s = \frac{1}{\varepsilon_s^2}\left(\frac{\varepsilon_s}{\sin\varepsilon_s} - \gamma_s\right) f_s \tag{3.3–28}$$

worin f_s nach (3.3–9) definiert ist.

Am Knoten j wird wieder ein Drehfedergelenk mit der Federkonstanten c_j angenommen, so daß (3.3–14) und (3.3–15) auch hier gelten. Nach Einführung von (3.3–23) und (3.3–24) in diese Beziehungen, erhält man die Dreimomentengleichung 2. Art für den Knoten j, welche ebenfalls wieder eine Verträglichkeitsbedingung für die Stabenddrehwinkel beinhaltet. Sie lautet

$$b_s M_i + d_j M_j + b_t M_k = C\psi_s - C\psi_t - C\phi^q_{ji} - C\phi^q_{jk} + a_s M^e_j + b_t M^e_k \tag{3.3–29}$$

mit der Abkürzung

$$d_j = a_s + a_t + \frac{C}{c_j} \tag{3.3–30}$$

Bei biegestarrer Verbindung in j gilt wieder $1/c_j = 0$.
Wie bereits erwähnt, sind bei Stabzügen mit *unverschieblichen* Knoten die Stabdrehwinkel ψ_s, ψ_t Null oder bekannt. Die rechte Seite von (3.3–29) stellt dann das Lastglied der Dreimomentengleichung dar, so daß mit

$$L_j = -C\phi^q_{ji} - C\phi^q_{jk} + a_s M^e_j + b_t M^e_k + C\psi_s - C\psi_t \tag{3.3–31}$$

die Dreimomentengleichung schließlich lautet

$$b_s M_i + d_j M_j + b_t M_k = L_j \tag{3.3–32}$$

Ist im *Punkt* i des Stabzuges ijk (vgl. Bild 3.3–2) ein *gelenkiges Auflager,* so gilt $M_i = 0$, so daß in (3.3–32) der 1. Term entfällt. Für den Punkt i existiert dann keine Verträglichkeitsbedingung und damit auch keine Dreimomentengleichung.
Ist dagegen im *Punkt* i des Stabzuges ijk eine *Auflagereinspannung* (starr oder drehelastisch), so lautet dort die Verträglichkeitsbedingung

$$\phi_i = -\varphi_{ij} \tag{3.3–33}$$

woraus sich mit gleichem Vorgehen wie oben ergibt

$$d_i M_i + b_s M_j = L_i \tag{3.3–34}$$

mit

$$d_i = a_s + \frac{C}{c_i} \tag{3.3–35}$$

$$L_i = -C\phi^q_{ij} + b_s M^e_j - C\psi_s \tag{3.3–36}$$

Bei starrer Auflagereinspannung ist $1/c_i = 0$.
Liegt im *Punkt* k des Stabzuges ijk eine *Auflagereinspannung* vor, so gilt analog

$$b_t M_j + d_k M_k = L_k \tag{3.3–37}$$

mit

$$d_k = a_t + \frac{C}{c_k} \tag{3.3–38}$$

$$L_k = -C\phi^q_{kj} + C\psi_t \tag{3.3–39}$$

Liegt im *Punkt* i des Stabzuges ijk gemäß Bild 3.3–2 ein *freies Ende* vor, so ist, wenn der Kragstab s keine Längsdruckkraft hat und demgemäß nach Theorie I. Ordnung zu berechnen ist, sein Schnittkraftzustand statisch bestimmt. Der Stab s wird dann abgetrennt und das Schnittmoment als eingeprägtes Moment im Knoten j angebracht. Für diesen Knoten j existiert dann keine Verträglichkeitsbedingung und somit keine Dreimomentengleichung.
Ist der Kragstab s druckbeansprucht und deshalb nach Theorie II. Ordnung zu berechnen, so ist das Einspannmoment M^u_j unbekannt, und es ist für den Knoten j als Verträglichkeitsbedingung die Dreimomentengleichung zu formulieren. Hierzu wird Gleichung (3.3–12) des vorstehenden Unterabschnitts verwendet, wobei $M_i = M^e_i$ ist

$$C\varphi_{ji} = -s_s M^e_i + t_s(M_j - M^e_j) - \frac{C}{N_s}\left(R_{ji} - \frac{1}{\gamma_s} Q^q_{ji}\right) - C\varphi^V_{ji} \tag{3.3–40}$$

Schreibt man die Dreimomentengleichung wieder in der Form

$$d_j M_j + b_t M_k = L_j \tag{3.3–41}$$

so gilt unverändert für b_t (3.3–26) bzw. (3.3–28), während d_j und L_j zu berechnen sind aus

$$d_j = -t_s + a_t + \frac{C}{c_j} \tag{3.3–42}$$

$$L_j = -\frac{C}{N_s}\left(R_{ji} - \frac{1}{\gamma_s} Q^q_{ji}\right) - s_s M^e_i - t_s M^e_j - C\varphi^V_{ji} - C\phi^q_{jk} + b_t M^e_k - C\psi_t \tag{3.3–43}$$

In gleicher Weise erhält man, wenn im *Punkt k* des Stabzuges ijk ein *freies Ende* vorliegt, also der Stab t ein Kragstab ist, folgende Verträglichkeitsbedingung für den Knoten j:

$$b_s M_i + d_j M_j = L_j \tag{3.3–44}$$

mit

$$d_j = a_s - t_t + \frac{C}{c_j} \tag{3.3–45}$$

$$L_j = -C\phi_{ji}^q + a_s M_j^e + C\psi_s + \frac{C}{N_t}\left(R_{jk} - \frac{1}{\gamma_t} Q_{jk}^q\right) + s_t M_k^e + C\varphi_{jk}^V \tag{3.3–46}$$

In allen Fällen erhält man für die unbekannten Knotenmomente M_j ein *dreigliedriges, symmetrisches* Gleichungssystem. Ist kein Kragarm, der nach Theorie II. Ordnung berechnet werden soll, vorhanden, ist der Aufbau des Gleichungssystems nach Theorie I. und II. Ordnung gleich, andernfalls tritt bei Theorie II. Ordnung mit dem Einspannmoment des Kragarms eine Unbekannte mehr auf als bei Theorie I. Ordnung. Nach Bestimmung der Momente M_j sind die Momente M_j^u und die Stabendquerkräfte wie im vorstehenden Unterabschnitt 3.3.1.1 beschrieben zu bestimmen. Maximale Feldmomente max M können gegebenenfalls nach Tabelle 3.1–6 berechnet werden. Mit bekannten Stabendmomenten können die Transversalkräfte R_{ij}, R_{ji} an den Stabenden gemäß (3.1–39), (3.1–40) und daraus mit Hilfe des Knotengleichgewichts die (verbesserten) Stablängskräfte und die Auflagerkräfte ermittelt werden.

Bild 3.3–5 zeigt den Aufbau des Gleichungssystems für ein Beispiel mit 4 unbekannten Momenten. Die Knoten sind unverschieblich, können aber – z. B. bei Stablängenänderungen durch Temperaturdehnungen – Verschiebungen, die dann bekannt sind, aufweisen. In diesem Fall treten in den Lastgliedern auch die Stabdrehwinkel ψ_s, ψ_t auf, welche aus den Knotenverschiebungen zu bestimmen sind.

Ein wichtiger Anwendungsfall der Dreimomentengleichung 2. Art ist die *Durchlaufstütze*. Hier sind die Längskräfte aus dem Gleichgewicht der Vertikalkräfte unmittelbar bekannt.

Ein einfaches Beispiel mit 2 unbekannten Momenten sowie die wichtigsten Berechnungsschritte zeigt Bild 3.3–6.

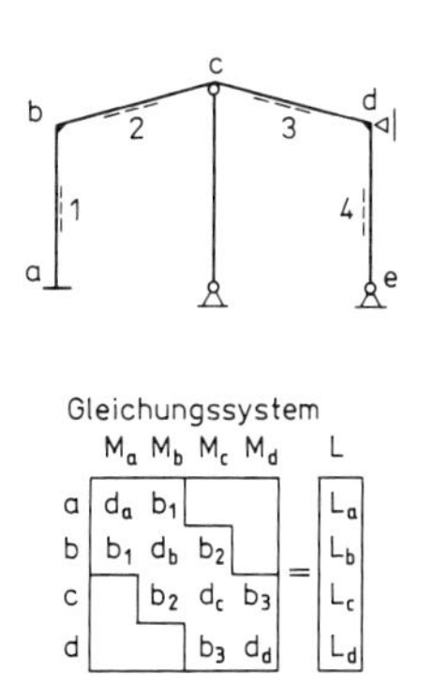

Bild 3.3–5
Unverschiebliches System mit 4 unbekannten Momenten, Gleichungssystem

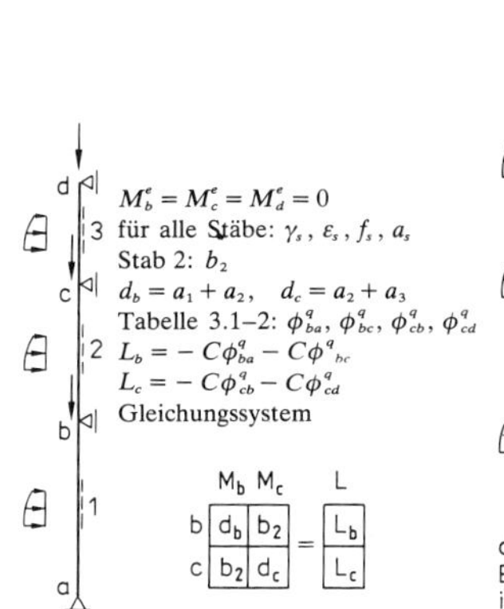

Bild 3.3–6
Durchlaufstütze mit 2 Unbekannten, Rechnungsgang

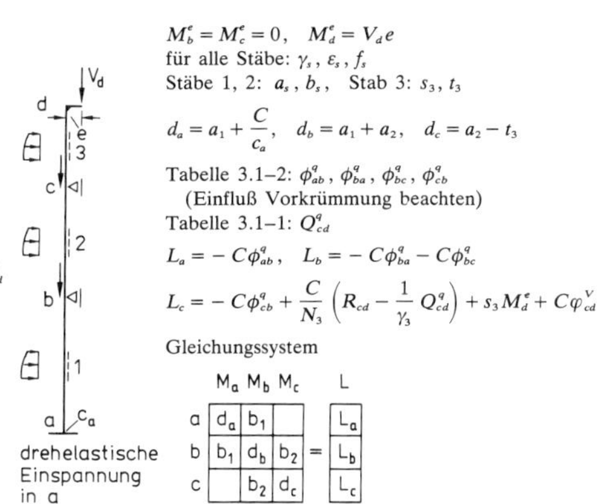

Bild 3.3–7
Durchlaufstütze mit elastischer Fußeinspannung und Kragstab, 3 Unbekannte, Rechnungsgang

Ein weiteres Beispiel mit einer drehelastischen Fußeinspannung und einem druckbeanspruchten Kragstab ist in Bild 3.3–7 dargestellt. Es sind 3 unbekannte Momente vorhanden; auch hier ist der Rechengang in kurzer Form wiedergegeben. Für $V_d = 0$ wäre M_c unmittelbar aus dem M-Gleichgewicht des Stabes 3 zu bestimmen (Theorie I. Ordnung), und die auf den Knoten c bezogene 3. Gleichung würde entfallen.

Anwendung der Dreimomentengleichung 2. Art auf den Rechteckrahmen

Nachfolgend sollen Formeln zur Berechnung des *verschieblichen* und *unverschieblichen* Rechteckrahmens mit *eingespannten* und mit *gelenkig gelagerten* Fußpunkten hergeleitet werden.

Da das Gleichungssystem für die Unbekannten in allen Fällen aus dem des verschieblichen Rahmens mit eingespannten Fußpunkten durch Streichung einzelner Gleichungen erhalten werden kann, wird zunächst dieser Fall behandelt.

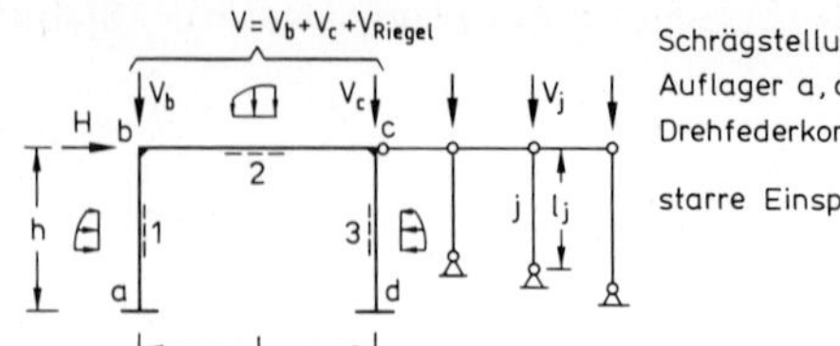

Bild 3.3–8
System und Belastung des verschieblichen Rechteckrahmens mit eingespannten Fußpunkten sowie angehängten Pendelstielen

Bild 3.3–8 zeigt das betrachtete System und die auf die Knoten wirkenden Lasten; die Feldbelastung der Rahmenstäbe bleibt offen. Die angehängten Pendelstäbe lassen sich berücksichtigen, ohne daß sich die Anzahl der Unbekannten erhöht. Als Vorverformungen werden Schrägstellungen aller Stiele von der gleichen Größe ψ^0 angenommen; für die beiden Rahmenstiele können zusätzlich Vorkrümmungen berücksichtigt werden. Der Riegel wird in der Regel nach Theorie I. Ordnung berechnet. Führt man für die beiden Stiele 1 und 3 den Drehwinkel ψ ein, so hat der Pendelstab j den Drehwinkel $\psi_j = \psi \cdot h/l_j$. Neben den Knotenmomenten tritt noch die weitere Unbekannte ψ auf. Die hierfür erforderliche Gleichung liefert die Systemgleichgewichtsbedingung.
Die *Dreimomentengleichung* ist für die Punkte *a, b, c, d* zu formulieren, dabei ist der jeweils auftretende Stabdrehwinkel ψ aus dem Lastglied herauszulösen, da er hier eine Unbekannte darstellt. Es wird vereinbart

$$\overline{\psi} = C\psi \qquad (3.3\text{–}47)$$

Mit $\psi_1 = \psi_3 = \psi$ und $\psi_2 = 0$ erhält man für den Punkt

$$a{:}\;\; d_a M_a + b_1 M_b + \overline{\psi} = L_a \qquad (3.3\text{–}48)$$

$$b{:}\;\; b_1 M_a + d_b M_b + b_2 M_c - \overline{\psi} = L_b \qquad (3.3\text{–}49)$$

$$c{:}\;\; b_2 M_b + d_c M_c + b_3 M_d + \overline{\psi} = L_c \qquad (3.3\text{–}50)$$

$$d{:}\;\; b_3 M_c + d_d M_d - \overline{\psi} = L_d \qquad (3.3\text{–}51)$$

mit

$$d_a = a_1 + \frac{C}{c_a}, \qquad d_b = a_1 + a_2\,, \qquad d_c = a_2 + a_3\,, \qquad d_d = a_3 + \frac{C}{c_d} \qquad (3.3\text{–}52 \text{ bis } 55)$$

und

$$L_a = -\,C\phi^q_{ab}\,, \qquad L_b = -\,C\phi^q_{ba} - C\phi^q_{bc}\,, \qquad L_c = -\,C\phi^q_{cb} - C\phi^q_{cd}\,, \qquad L_d = -\,C\phi^q_{dc} \qquad (3.3\text{–}56 \text{ bis } 59)$$

wobei für a_s (3.3–25) bzw. (3.3–27) und für b_s (3.3–26) bzw. (3.3–28) gilt, während ϕ^q_{ij}, ϕ^q_{ji} wieder aus Tabelle 3.1–2 zu bestimmen sind.
Die fünfte Gleichung ist die *Systemgleichgewichtsbedingung,* formuliert mit Hilfe des Prinzips der virtuellen Verrückung gemäß (3.1–72) aus Unterabschnitt 3.1.3.3. Als virtuelle Größe wird $\delta\psi_1 = \delta\psi_3 = 1$ und damit $\delta\psi_j = h/l_j$ gewählt. Wie in Bild 3.3–8 eingetragen, werden die Vertikallasten des Riegels zu V zusammengefaßt, womit $N_1 + N_3 = V$ gilt. Die Systemgleichgewichtsbedingung – gekennzeichnet mit G – lautet dann

$$G{:}\;\; M_a - M_b + M_c - M_d + \left(V + \sum_j \frac{h}{l_j} V_j\right) h\psi + \left[H + A_{ba} - A_{cd} + \left(V + \sum_j V_j\right) \psi^0\right] h = 0 \qquad (3.3\text{–}60)$$

A_{ba}, A_{cd} sind die Auflagerkräfte am Balken auf 2 Stützen nur aus *Querlast* im Feld der Stiele 1 bzw. 3 (vgl. Unterabschnitt 3.1.2.6).

Mit den weiteren Abkürzungen

$$v \;= \frac{1}{C}\left(V + \sum_j \frac{h}{l_j} V_j\right) h \qquad (3.3\text{–}61)$$

$$L_G = -\left[H + A_{ba} - A_{cd} + \left(V + \sum_j V_j\right) \psi^0\right] h \qquad (3.3\text{–}62)$$

läßt sich (3.3–60) in der Form schreiben

$$G{:}\;\; M_a - M_b + M_c - M_d + v\overline{\psi} = L_G \qquad (3.3\text{–}63)$$

Die Gleichungen *a, b, c, d, G* bilden ein *symmetrisches* Gleichungssystem für die 5 Unbekannten M_a, M_b, M_c, M_d, $\overline{\psi}$.
Da hier neben den Momenten auch ein Drehwinkel als Unbekannte auftritt und da neben den Verträg-

lichkeitsbedingungen auch eine Gleichgewichtsbedingung im Gleichungssystem enthalten ist, liegt ein gemischtes Kraft-Verschiebungsgrößen-Verfahren vor.
Die sogenannte *Näherungstheorie II. Ordnung* wird dadurch erhalten, daß die Größen a_s, b_s, ϕ^q_{ij}, ϕ^q_{ji} nach Theorie I. Ordnung bestimmt werden. Die Theorie II. Ordnung drückt sich dann nur noch durch den Term $v\overline{\psi}$ in der Gleichung G aus („Systemeffekt"). Eine nennenswerte Rechenerleichterung wird damit jedoch nicht erreicht.
Wenn im Punkt $i\,(i = a, b, c, d)$ keine biegesteife Verbindung, sondern ein *Gelenk* vorhanden ist, entfällt die zugehörige Verträglichkeitsbedingung, d.h. es ist die Gleichung i aus (3.3–48) bis (3.3–51) zu streichen, und es ist $M_i = 0$.
Liegt ein *unverschieblicher* Rahmen vor, so entfällt die Gleichung G als Bestimmungsgleichung (sie würde zusätzlich eine unbekannte Auflagerkraft enthalten), und es wird $\psi = 0$. Die angehängten Pendelstäbe sind dann ohne Einfluß auf den Rechteckrahmen.
Für verschiedene Systemfälle sind in Bild 3.3–9 die nach diesen Überlegungen erhaltenen Gleichungssysteme angegeben. Die Formeln zur Berechnung der auftretenden Matrix- und Lastglieder sind in allen Fällen die gleichen.

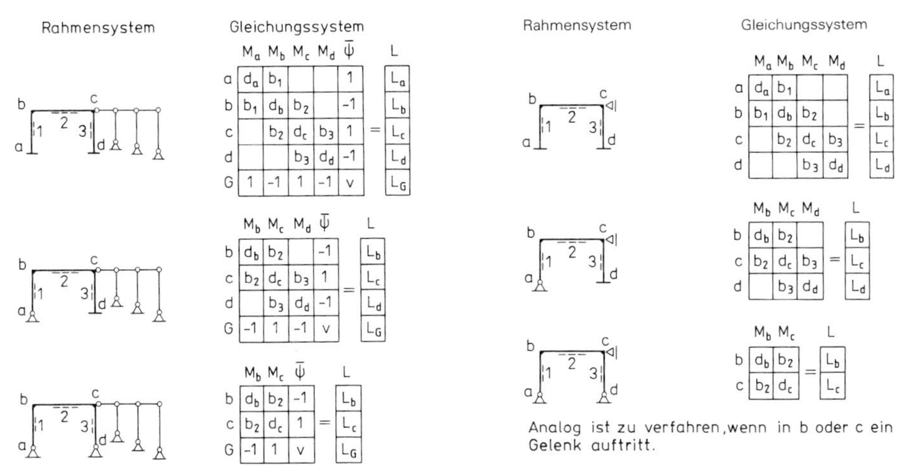

Bild 3.3–9 Gleichungssysteme für verschiebliche und unverschiebliche Rechteckrahmen mit verschiedenen Lagerungen

3.3.1.3 Allgemeines Kraftgrößenverfahren für unverschiebliche Systeme

Die Berechnung erfolgt hier einheitlich für Theorie I. und II. Ordnung. Es wird vereinbart, daß als statisch Unbestimmte ausschließlich Stabendmomente gewählt werden. Damit treten folgende statisch Unbestimmte auf:

1. je eine pro Auflagereinspannung,
2. je eine pro Knoten mit zwei biegesteif verbundenen Stäben,
3. je zwei pro Knoten mit drei biegesteif verbundenen Stäben,
4. je drei pro Knoten mit vier biegesteif verbundenen Stäben usw.

Jedem statisch unbestimmten Moment ist eine Verträglichkeitsbedingung zugeordnet, welche die Gleichheit der Querschnittsdrehwinkel φ an den beiden Schnittufern der Momentenschnittstelle beinhaltet. Schreibt man die Gleichungen (3.3–23), (3.3–24) für die Endquerschnitte des Stabes s mit dem linken Ende i, dem rechten Ende j und mit untenliegender Definitionsfaser an, so erhält man

$$\overline{\varphi}_{ij} = a_s M_{ij} + b_s M_{ji} + \overline{\phi}^q_{ij} + \overline{\psi}_s \tag{3.3–64}$$

$$\overline{\varphi}_{ji} = -\,a_s M_{ji} - b_s M_{ij} - \overline{\phi}^q_{ji} + \overline{\psi}_s \tag{3.3–65}$$

wobei alle Größen wie im vorstehenden Unterabschnitt 3.3.1.2 definiert sind, hier jedoch zusätzlich der kürzeren Schreibweise wegen die C-fachen Winkelgewichte und Drehwinkel mit einem Querstrich versehen werden:

$$\overline{\phi}_{\dots} = C\phi_{\dots}, \quad \overline{\varphi}_{\dots} = C\varphi_{\dots}, \quad \overline{\psi}_{\dots} = C\psi_{\dots} \tag{3.3–66}$$

In Bild 3.3–10 sind für die obengenannten vier Fälle jeweils so viele Verträglichkeitsbedingungen angeschrieben, wie statisch Unbestimmte vorhanden sind. Die Beziehungen der ersten beiden Fälle sind inhaltlich identisch mit den bereits bei der Dreimomentengleichung 2. Art formulierten Gleichungen. In allen Fällen dürfen bekannte Stabdrehwinkel ψ – z. B. aus Temperaturdehnungen oder Auflagerabsenkungen – auftreten. Drehfedern werden nur an Auflagereinspannungen berücksichtigt, eingeprägte Knotenmomente M_j^e dürfen an allen Knoten j vorhanden sein. Das an jedem Knoten vorhandene Stabendmoment, welches nicht als statisch Unbestimmte gewählt worden ist, muß durch die übrigen statisch unbestimmten Momente am Knoten ausgedrückt werden; die entsprechende Formel ist ebenfalls in Bild 3.3–10 angeschrieben.

	gewählte statisch Unbestimmte	zugehörige Verträglichkeitsbedingung	zu ersetzendes Moment
Auflagereinspannung drehelastisch oder starr	M_{ij}	$\left(a_s + \frac{C}{c_i}\right) M_{ij} + b_s M_{ji} + \bar{\Phi}^q_{ij} + \bar{\psi}_s = 0$	
Knoten mit 2 eingespannten Stäben	M_{ji}	$b_s M_{ij} + a_s M_{ji} + a_t M_{jk} + b_t M_{kj} + \bar{\Phi}^q_{ji} + \bar{\Phi}^q_{jk} - \bar{\psi}_s + \bar{\psi}_t = 0$	$M_{jk} = M_{ji} + M_j^e$
Knoten mit 3 eingespannten Stäben	M_{ji} M_{jl}	$b_s M_{ij} + a_s M_{ji} + a_t M_{jk} + b_t M_{kj} + \bar{\Phi}^q_{ji} + \bar{\Phi}^q_{jk} - \bar{\psi}_s + \bar{\psi}_t = 0$ $b_u M_{lj} + a_u M_{jl} + a_t M_{jk} + b_t M_{kj} + \bar{\Phi}^q_{jl} + \bar{\Phi}^q_{jk} - \bar{\psi}_u + \bar{\psi}_t = 0$	$M_{jk} = M_{ji} + M_{jl} + M_j^e$
Knoten mit 4 eingespannten Stäben	M_{ji} M_{jl} M_{jm}	$b_s M_{ij} + a_s M_{ji} + a_t M_{jk} + b_t M_{kj} + \bar{\Phi}^q_{ji} + \bar{\Phi}^q_{jk} - \bar{\psi}_s + \bar{\psi}_t = 0$ $b_u M_{lj} + a_u M_{jl} + a_t M_{jk} + b_t M_{kj} + \bar{\Phi}^q_{jl} + \bar{\Phi}^q_{jk} - \bar{\psi}_u + \bar{\psi}_t = 0$ $b_v M_{mj} + a_v M_{jm} + a_t M_{jk} + b_t M_{kj} + \bar{\Phi}^q_{jm} + \bar{\Phi}^q_{jk} - \bar{\psi}_v + \bar{\psi}_t = 0$	$M_{jk} = M_{ji} + M_{jl} + M_{jm} + M_j^e$

Bild 3.3–10 Statisch Unbestimmte und zugehörige Verträglichkeitsbedingungen bei einer Auflagereinspannung und bei Knoten mit 2, 3 und 4 eingespannten Stäben

Nach Formulierung aller Verträglichkeitsbedingungen und Ersetzen der genannten Momente liegt ein *symmetrisches* Gleichungssystem für die statisch Unbestimmten vor. Nach dessen Auflösung werden die weiteren Schnittgrößen Q_{ij}, Q_{ji} nach (3.3–4), (3.3–5) und R_{ij}, R_{ji} nach (3.1–39), (3.1–40) erhalten. Die Kräftegleichgewichtsbedingungen der Knoten- und Auflagerpunkte reichen dann gerade aus, um die Stablängskräfte und Auflagerkräfte zu bestimmen.

Sind *Kragarme* vorhanden, die eine Längsdruckkraft aufweisen und deshalb nach Theorie II. Ordnung zu berechnen sind, so liefert im Gegensatz zur Theorie I. Ordnung das Einspannmoment des Kragarms wieder eine weitere statisch Unbestimmte. Die zusätzlich erforderliche Verträglichkeitsbedingung ist dann – genau wie bei der Dreimomentengleichung 2. Art – mit Hilfe der Gleichung (3.3–40) zu formulieren.

Abschließend sei darauf hingewiesen, daß bei den hier vorliegenden unverschieblichen Systemen mit Knoten, in denen mehr als zwei Stäbe biegesteif verbunden sind, das Drehwinkelverfahren mit nur einer Unbekannten pro Knoten (dem Knotendrehwinkel) meist weniger aufwendig ist als das Kraftgrößenverfahren.

3.3.1.4 Allgemeines Kraftgrößenverfahren für verschiebliche Systeme

Bei *verschieblichen* Systemen unterscheidet sich die Berechnung nach Theorie I. und II. Ordnung grundsätzlich, da im Fall der Theorie II. Ordnung zusätzlich an jedem Stab das Kräftepaar der Größe $N(\psi + \psi^0)$ (vgl. Bild 3.1–19) anzusetzen ist, d. h. zusätzlich die *Stabdrehwinkel* ψ als *Unbekannte* auftreten.

Um die möglichen Vorgehensweisen diskutieren zu können, seien zunächst folgende Größen definiert:

p = Anzahl der nach Formulierung des Momentengleichgewichts an den Knoten noch verbleibenden unbekannten Stabendmomente (1 pro Auflagereinspannung und $k-1$ pro Knoten mit k biegesteif verbundenen Stäben),

n = Anzahl der kinematischen Freiheitsgrade des Gelenksystems, welches aus dem wirklichen System durch Einführung von Gelenken an allen Auflagereinspannungen und Knoten hervorgeht.

Mit diesen Festlegungen ergibt sich der *Grad der statischen Unbestimmtheit* (im Sinne der Theorie I. Ordnung) zu $p-n$.
Bei verschieblichen Systemen sind im allgemeinen nicht alle Stabdrehwinkel ψ kinematisch unabhängig, vielmehr genügt die Kenntnis von nur n Stabdrehwinkel, womit dann alle weiteren Stabdrehwinkel über kinematische Beziehungen festliegen. Die n Stäbe, deren Drehwinkel $\psi_r (r = \mathrm{I}, \mathrm{II} \ldots n)$ als Unbekannte gewählt werden, sollen als *Grundstäbe* bezeichnet werden. Für die Berechnung des Drehwinkels ψ_s eines beliebigen Stabes s wird der Ansatz gemacht

$$\psi_s = \sum_r \vartheta_{sr} \psi_r \tag{3.3–67}$$

worin ϑ_{sr} der Drehwinkel des Stabes s ist, wenn nur der Grundstab r um 1 verdreht wird, alle anderen Grundstäbe aber unverdrehbar gehalten bzw. geführt werden. Die ϑ_{sr} hängen nur von der Systemgeometrie ab und können ausschließlich mit *kinematischen* Überlegungen bestimmt werden. $\sum_r$ bedeutet Summe über $r = \mathrm{I}, \mathrm{II} \ldots n$.
Bild 3.3–11 zeigt die Ermittlung der Matrix ϑ_{sr} für einen Rahmen, dessen Gelenksystem $n = 2$ kinematische Freiheitsgrade hat. Als Grundstäbe werden Stab 1 und 2 gewählt.

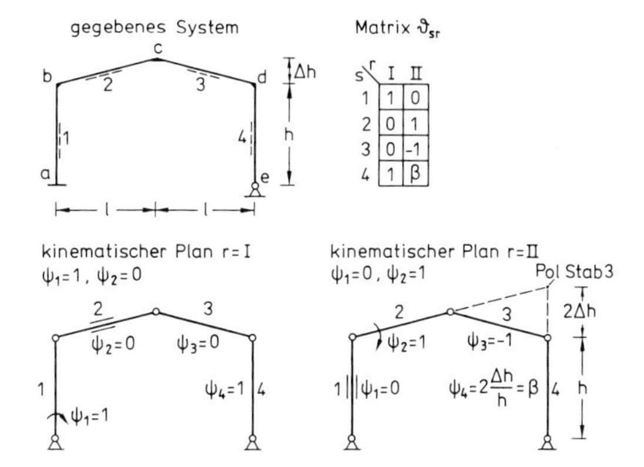

Bild 3.3–11
Bestimmung der Matrix ϑ_{sr} mit Hilfe kinematischer Pläne für einen verschieblichen Rahmen mit $n = 2$

Zwei grundsätzlich verschiedene Verfahren seien nachfolgend erläutert:

1. Verfahren

Hier werden zunächst alle nach Bild 3.3–10 möglichen *Verträglichkeitsbedingungen* formuliert, ihre Anzahl beträgt p und ist gleich der Anzahl der unbekannten Stabendmomente. Wegen der Verschieblichkeit des Systems treten jedoch zusätzlich die Stabdrehwinkel ψ_s auf; diese werden mit Hilfe von (3.3–67) durch die Drehwinkel ψ_r nur der Grundstäbe ersetzt. Für diese weiteren n Unbekannten werden n *Systemgleichgewichtsbedingungen* nach dem Prinzip der virtuellen Verrückung (s. Unterabschnitt 3.1.3.3) formuliert, indem die Verschiebungen der n kinematischen Pläne als virtuelle Verrükkungen angesetzt werden. Insgesamt liegen dann $p+n$ Unbekannte (p Momente, n Grundstabdrehwinkel) vor, für die $p+n$ Gleichungen (p Verträglichkeitsbedingungen, n Systemgleichgewichtsbedingungen) zur Verfügung stehen. Dieses Verfahren stellt ein gemischtes *Kraft-Verschiebungsgrößen-Verfahren* dar. Ein Beispiel, bei dem dieses Verfahren bereits angewandt worden ist, stellt der verschiebliche Rechteckrahmen dar, dessen Berechnung im Unterabschnitt 3.3.1.2, insbesondere in Bild 3.3–9 beschrieben ist.
Für ein System, das nur aus *einem Stabzug* besteht, also an jedem Knoten j nur ein unbekanntes Moment M_j aufweist, seien nachfolgend die Verträglichkeitsbedingungen und Systemgleichgewichtsbedingungen allgemein angeschrieben. Der Einfachheit halber werden eingeprägte Knotenmomente M_j^e weggelassen (sie können stets auch als Grenzfall einer Feldbelastung angesehen und über die Winkelgewichte ϕ_{ji}^q, ϕ_{jk}^q berücksichtigt werden). In allen Knoten und Auflagereinspannungen dürfen aber Drehfedern vorhanden sein.
Für den Stabzug ijk mit den Stäben s, t gemäß Bild 3.3–2 lautet dann die Verträglichkeitsbedingung für den Knoten j nach (3.3–29)

$$b_s M_i + d_j M_j + b_t M_k - \overline{\psi}_s + \overline{\psi}_t = L_j \tag{3.3–68}$$

mit den Abkürzungen (vgl. auch (3.3–30))

$$d_j = a_s + a_t + \frac{C}{c_j} \quad \text{(biegestarre Verbindung: } \frac{1}{c_j} = 0) \tag{3.3–69}$$

$$\overline{\psi}_s = C\psi_s \tag{3.3–70}$$

$$L_j = -C\phi^q_{ji} - C\phi^q_{jk} \quad (\phi^q_{ji}, \phi^q_{jk} \text{ nach Tabelle 3.1–2}) \tag{3.3–71}$$

a_s, b_s nach (3.3–25), (3.3–26) bzw. (3.3–27), (3.3–28), C nach (3.3–8)

(3.3–68) ist formelmäßig identisch mit der Dreimomentengleichung 2. Art, jedoch stellen hier die Stabdrehwinkel Unbekannte dar. Nach Einführung von (3.3–67) in (3.3–68) erhält man

$$b_s M_i + d_j M_j + b_t M_k + \sum_r (\vartheta_{tr} - \vartheta_{sr}) \overline{\psi}_r = L_j \tag{3.3–72}$$

In dieser Beziehung treten nur noch die Unbekannten des Gleichungssystems auf.
Die Systemgleichgewichtsbedingung gemäß (3.1–72) lautet mit den als virtuelle Verrückungen verwendeten Verschiebungen des kinematischen Planes r

$$\sum_s [M_i - M_j + N_s l_s(\psi_s + \psi^0_s)] \vartheta_{sr} + \delta A^L_r = 0 \tag{3.3–73}$$

Darin bedeuten (vgl. (3.1–72))
$\sum_s$ Summe über alle Stäbe s
δA^L_r virtuelle Arbeit aller Lasten unter Ansatz der virtuellen Verrückungen des Planes r
ψ^0_s Vorverdrehungswinkel des Stabes s

Mit den Abkürzungen

$$n_s = \frac{N_s l_s}{C} \tag{3.3–74}$$

$$L_r = -\delta A^L_r - \sum_s N_s l_s \psi^0_s \vartheta_{sr} \tag{3.3–75}$$

und nach Zusammenfassen gleicher Momente im 1. Term sowie nach Einführung von (3.3–67) ergibt sich aus (3.3–73)

$$\sum_j (\vartheta_{tr} - \vartheta_{sr}) M_j + \sum_q \alpha_{rq} \overline{\psi}_q = L_r \tag{3.3–76}$$

worin $\sum_j$ die Summe über alle Punkte j mit unbekanntem Moment M_j bedeutet und

$$\alpha_{rq} = \sum_s n_s \vartheta_{sr} \vartheta_{sq} \tag{3.3–77}$$

das Matrixglied des Gleichungssystems in der Zeile r und der Spalte q ist ($r, q = \text{I, II} \ldots n$).
Mit (3.3–72) und (3.3–76) ist das Gleichungssystem vollständig gegeben; es ist, wie aus den Formeln direkt ersichtlich, vollständig *symmetrisch*.
Für eine Auflagereinspannung j, in der nur der Stab t vorhanden ist (Einspannung am „linken" Stabende), entfallen alle auf den (nicht vorhandenen) Stab s bezogenen Anteile; entsprechendes gilt, wenn in der Auflagereinspannung j nur der Stab s vorhanden ist (Einspannung am „rechten" Stabende).
Für den in Bild 3.3–11 dargestellten Rahmen soll nachfolgend das Gleichungssystem angegeben werden. Als Unbekannte sind vorhanden
$p = 4$ Momente: M_a, M_b, M_c, M_d,
$n = 2$ Grundstabdrehwinkel: $\overline{\psi}_\text{I}$, $\overline{\psi}_\text{II}$.
In allen Punkten a, b, c, d können Drehfedern vorhanden sein.
Aus (3.3–72) und (3.3–76) erhält man unter Berücksichtigung der Matrix ϑ_{sr} gemäß Bild 3.3–11 folgendes Gleichungssystem:

	M_a	M_b	M_c	M_d	$\overline{\psi}_\text{I}$	$\overline{\psi}_\text{II}$		L
a	$a_1 + \frac{C}{c_a}$	b_1	0	0	1	0		$-C\phi^q_{ab}$
b		$a_1 + a_2 + \frac{C}{c_b}$	b_2	0	-1	1		$-C\phi^q_{ba} - C\phi^q_{bc}$
c			$a_2 + a_3 + \frac{C}{c_c}$	b_3	0	-2	=	$-C\phi^q_{cb} - C\phi^q_{cd}$
d				$a_3 + a_4 + \frac{C}{c_d}$	1	$1 + \beta$		$-C\phi^q_{dc} - C\phi^q_{de}$
I	symmetrisch				$n_1 + n_4$	βn_4		$-\delta A^L_\text{I} - N_1 l_1 \psi^0_1 - N_4 l_4 \psi^0_4$
II						$n_2 + n_3 + \beta^2 n_4$		$-\delta A^L_\text{II} - N_2 l_2 \psi^0_2 + N_3 l_3 \psi^0_3 - \beta N_4 l_4 \psi^0_4$

Bei biegestarren Verbindungen in a, b, c, d gilt $1/c_a = 0$, $1/c_b = 0$, $1/c_c = 0$ bzw. $1/c_d = 0$. Bei gelenkiger Auflagerung in a sind im Gleichungssystem die 1. Zeile und die 1. Spalte zu streichen. Umgekehrt würde sich bei einer Auflagereinspannung in e das Gleichungssystem um eine Zeile und Spalte erweitern, d.h. (3.3–72) wäre auch für e zu formulieren und M_e wäre zusätzliche Unbekannte.
Das hier beschriebene 1. Verfahren hat zwei wesentliche Vorteile:
1. Nach Ermittlung der Matrix ϑ_{sr} kann das Gleichungssystem direkt angegeben werden, d.h. es sind keine weiteren Pläne (wie nach dem üblichen Kraftgrößenverfahren) zu zeichnen und zu berechnen.
2. Die Matrix des Gleichungssystems ist symmetrisch.
Der Nachteil des Verfahrens liegt in der verhältnismäßig hohen Anzahl von $p + n$ Unbekannten. Im Sonderfall der Theorie I. Ordnung reduziert sich die Anzahl der Unbekannten nicht, und das Verfahren geht nicht über in das übliche Vorgehen nach dem Kraftgrößenverfahren. In diesem Fall werden lediglich wegen $n_s = 0$ die Glieder α_{rq} nach (3.3–77) Null.
Im Sonderfall eines unverschieblichen Systems ($n = 0$) geht das Verfahren in die in den Unterabschnitten 3.3.1.2 und 3.3.1.3 beschriebenen Verfahren über.

2. Verfahren

Dieses Verfahren entspricht im Grunde dem für *Theorie I. Ordnung* üblichen Vorgehen beim Kraftgrößenverfahren, wonach der wirkliche Zustand ⓦ zerlegt wird in folgende Teilzustände, bei denen jeweils das *statisch bestimmte Grundsystem* betrachtet wird:
⓪-Zustand: nur äußere Einwirkungen,
①-Zustand: nur statisch Unbestimmte $X_1 = 1$ wirksam,
②-Zustand: nur statisch Unbestimmte $X_2 = 1$ wirksam, usw.

Das Gleichungssystem ergibt sich dann aus den zu den statisch Unbestimmten X_u gehörigen *Verträglichkeitsbedingungen.* Gemäß dem Grad der statischen Unbestimmtheit sind dann $p - n$ Gleichungen mit $p - n$ Unbekannten vorhanden. Dieses Verfahren wurde bereits im Unterabschnitt 3.2.3 für statisch unbestimmte Fachwerke ausführlich dargestellt.
Bei *Theorie II. Ordnung* treten nun aufgrund der zu berücksichtigenden Kräftepaare $N_s(\psi_s + \psi_s^0)$ an jedem Stab s zusätzlich die Stabdrehwinkel ψ_s auf. Drückt man diese wieder durch die Grundstabdrehwinkel ψ_r nach (3.3–67) aus, so treten zu den $p - n$ statisch Unbestimmten X_u bei Theorie II. Ordnung die n geometrisch Unbestimmten ψ_r hinzu, so daß insgesamt p Unbekannte vorhanden sind, also n weniger als beim 1. Verfahren.
Die n zusätzlich erforderlichen Gleichungen werden hier nicht aus den Systemgleichgewichtsbedingungen erhalten, da in allen Teilzuständen das Gleichgewicht ja bereits erfüllt ist, sondern dadurch, daß die Drehwinkel ψ_r mit Hilfe des Prinzips der virtuellen Kräfte über die Winkelgewichte (vgl. Unterabschnitt 3.1.4.4, Tabelle 3.1–7) berechnet werden.
Zusätzlich zu den ⓪-, ①-, ②-... Zuständen werden nun n ⓡ-Zustände wie folgt definiert:
Ⓘ-Zustand: nur Kräftepaare $N_s\vartheta_{sI}$, d.h. Kräftepaare nur aus $\psi_I = 1$
ⒾⒾ-Zustand: nur Kräftepaare $N_s\vartheta_{sII}$, d.h. Kräftepaare nur aus $\psi_{II} = 1$ usw.
Da aus rechentechnischen Gründen wieder die C-fachen Drehwinkel $\overline{\psi}_r = C\psi_r$ verwendet werden, sind auf die Stäbe die Kräftepaare $\frac{1}{C}N_s\vartheta_{sr}$ anzusetzen, d.h. die Momente $\frac{1}{C}N_s l_s \vartheta_{sr} = n_s\vartheta_{sr}$, wenn die Abkürzung (3.3–74) auch hier benutzt wird.
Für beliebige Kraft- und Verformungsgrößen gilt nun folgendes Überlagerungsgesetz:

$$ⓦ = ⓪ + ① \cdot X_1 + ② \cdot X_2 + \cdots + Ⓘ \cdot \overline{\psi}_I + ⒾⒾ \cdot \overline{\psi}_{II} + \cdots \tag{3.3–78}$$

oder

$$ⓦ = ⓪ + \sum_u ⓤ \cdot X_u + \sum_r ⓡ \cdot \overline{\psi}_r \tag{3.3–78}$$

wobei $\sum_u$ die Summe über die $p - n$ Schnittstellen der statisch Unbestimmten und $\sum_r$ wie bisher die Summe über die n kinematischen Zustände bedeutet. Zu beachten ist, daß die (bekannten) Kräftepaare $N_s\psi_s^0$ mit den Momenten $N_s l_s \psi_s^0$ zusätzlich im ⓪-Zustand zu berücksichtigen sind.
Alle Bestimmungsgleichungen, d.h. die $p - n$ Verträglichkeitsbeziehungen und die n Berechnungen der Drehwinkel $\overline{\psi}_r$, werden mit dem Prinzip der virtuellen Kräfte unter Verwendung der Winkelgewichte gewonnen. Dies bedeutet, daß in allen Teilzuständen die Stabendmomente und die Winkelgewichte an den Stabenden bestimmt werden müssen. Der Einfachheit halber wird wieder – wie beim 1. Verfahren – für die formelmäßige Darstellung des Verfahrens davon ausgegangen, daß nur Knoten j mit je 2 eingespannten Stäben, d.h. je einem unbekannten Moment M_j vorliegen und daß $M_j^e = 0$ ist, daß aber an allen Knoten Drehfedern vorhanden sein können.
Für den Stabzug ijk mit den Stäben s, t gemäß Bild 3.3–2 kann dann das Winkelgewicht ϕ_j als Summe der Winkelgewichte ϕ_{ji} und ϕ_{jk} verwendet werden. Die Formel lautet hier für den C-fachen Wert $\overline{\phi}_j$

$$\overline{\phi}_j = b_s M_i + d_j M_j + b_t M_k + C\phi_{ji}^q + C\phi_{jk}^q \tag{3.3–79}$$

Sie kann am einfachsten aus (3.3–68) mit $\phi_j = \psi_s - \psi_t$ (Definition des Winkelgewichts) gewonnen werden.
In allen Teilzuständen ⓪, ⓤ, ⓡ sind die auf die Knoten j bezogenen Momente M_{j0}, M_{ju}, M_{jr} und Winkelgewichte $\overline{\Phi}_{j0}$, $\overline{\Phi}_{ju}$, $\overline{\Phi}_{jr}$ nach (3.3–79) zu bestimmen, wobei jeweils der *1. Index* auf den *Ort*, der *2. Index* auf den *Zustand* hinweist. Die Glieder ϕ^q_{ji}, ϕ^q_{jk} in (3.3–79) können nur im ⓪-Zustand, d.h. bei $\overline{\Phi}_{j0}$ auftreten, da in allen anderen Zuständen keine Feldbelastung vorhanden ist.
Bezeichnet man das *virtuelle* Moment im Knoten j mit $\overline{M}_j$ so lautet ganz allgemein das *Prinzip der virtuellen Kräfte* zur Bestimmung einer beliebigen Verschiebungsgröße v

$$v = \sum_j \phi_j \overline{M}_j \tag{3.3–80}$$

oder für die C-fache Verschiebungsgröße $\overline{v}$

$$\overline{v} = \sum_j \overline{\Phi}_j \overline{M}_j \tag{3.3–81}$$

wobei $\overline{M}_j$ in allen Fällen nach den Regeln der Theorie I. Ordnung zu bestimmen ist. Die zum statisch unbestimmten Moment X_u gehörige Verträglichkeitsbedingung lautet $v_u = 0$ oder $\overline{v}_u = 0$, wobei v_u die Relativverdrehung der Querschnitte an den beiden Schnittufern bei X_u ist. Die hierfür erforderlichen virtuellen Momente $\overline{M}_{ju}$ liegen genau wie bei Theorie I. Ordnung durch den ⓤ-Zustand bereits vor, da die Belastung durch $X_u = 1$ identisch ist mit der für v_u erforderlichen virtuellen Belastung. Demnach gilt $\overline{M}_{ju} = M_{ju}$, und die genannte Verträglichkeitsbedingung lautet

$$\overline{v}_u = \sum_j \overline{\Phi}_j M_{ju} = 0 \tag{3.3–82}$$

Für $\overline{\Phi}_j$ gilt nach dem Überlagerungsgesetz (3.3–78) (Summationsindex u durch v und r durch q ersetzt)

$$\overline{\Phi}_j = \overline{\Phi}_{j0} + \sum_v \overline{\Phi}_{jv} X_v + \sum_q \overline{\Phi}_{jq} \overline{\psi}_q \tag{3.3–83}$$

(3.3–83) wird in (3.3–82) eingesetzt, womit die erste Gruppe der Gleichungen des Gleichungssystems erhalten wird:

$$\sum_v \alpha_{uv} X_v + \sum_q \alpha_{uq} \overline{\psi}_q = L_u \tag{3.3–84}$$

mit den Abkürzungen

$$\alpha_{uv} = \sum_j M_{ju} \overline{\Phi}_{jv}, \qquad \alpha_{uq} = \sum_j M_{ju} \overline{\Phi}_{jq}, \qquad L_u = -\sum_j M_{ju} \overline{\Phi}_{j0} \tag{3.3–85 bis 87}$$

Der Index v bezieht sich wie u auf die Zustände ①, ② … und der Index q wie r auf die Zustände Ⓘ, Ⓘⓘ …; α_{uv}, α_{uq} sind bereits die Matrixglieder des Gleichungssystems, wobei der 1. Index die Zeile, der 2. Index die Spalte anzeigt.
Die zweite Gruppe der Gleichungen beinhaltet die Berechnung der $\overline{\psi}_r$ nach dem Prinzip der virtuellen Kräfte. Der für ψ_r erforderliche virtuelle Kraftzustand $\overline{ⓡ}$ entsteht durch das auf die Enden des Grundstabes r aufgebrachte, im Uhrzeigersinn wirkende Kräftepaar der Größe $1/l_r$ (vgl. Bild 3.1–41 in Unterabschnitt 3.1.4.4). Dieser virtuelle Zustand ist nicht durch den ⓡ-Zustand gegeben, sondern muß zusätzlich ermittelt werden. Nach dem Reduktionssatz der Baustatik darf auch hier das statisch bestimmte Grundsystem verwendet werden. Bezeichnet man das virtuelle Moment in j im $\overline{ⓡ}$-Zustand mit $\overline{M}_{jr}$, so erhält man aus der allgemeinen Formel (3.3–81) hier für $\overline{\psi}_r$

$$\overline{\psi}_r = \sum_j \overline{\Phi}_j \overline{M}_{jr} \tag{3.3–88}$$

Ersetzt man wieder $\overline{\Phi}_j$ durch (3.3–83), so wird die zweite Gruppe der Gleichungen des Gleichungssystems erhalten. Diese Gleichungen lauten

$$\sum_v \alpha_{rv} X_v + \sum_q \alpha_{rq} \overline{\psi}_q = L_r \tag{3.3–89}$$

mit den Abkürzungen

$$\alpha_{rv} = \sum_j \overline{M}_{jr} \overline{\Phi}_{jv}, \quad \alpha_{rq} = \sum_j \overline{M}_{jr} \overline{\Phi}_{jq} \text{ für } r \neq q, \quad \alpha_{rr} = \sum_j \overline{M}_{jr} \overline{\Phi}_{jr} - 1, \quad L_r = -\sum_j \overline{M}_{jr} \overline{\Phi}_{j0} \tag{3.3–90 bis 93}$$

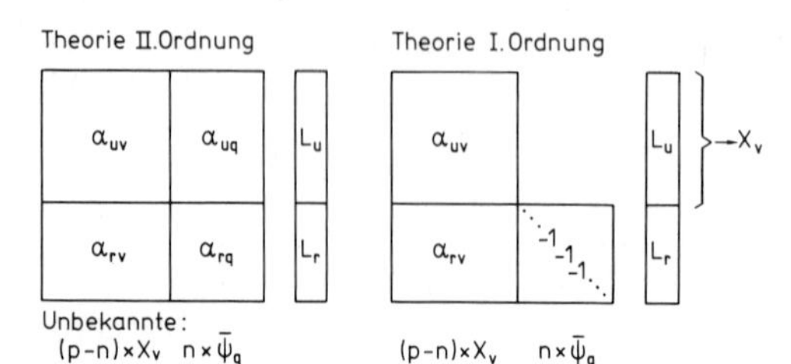

Bild 3.3–12
Aufbau des Gleichungssystems im allgemeinen Fall der Theorie II. Ordnung und im Sonderfall der Theorie I. Ordnung

Bild 3.3–12 zeigt den Aufbau des Gleichungssystems für den hier behandelten allgemeinen Fall der Theorie II. Ordnung. Die Matrix des Gleichungssystems ist *nicht symmetrisch,* die Teilmatrix α_{uv} ist jedoch symmetrisch. Darüber hinaus wird in Bild 3.3–12 der Aufbau des Gleichungssystems für den Sonderfall der Theorie I. Ordnung dargestellt. Wegen $n_s = 0$ und $\overline{\varphi}_{jq} = 0$ gilt hier $\alpha_{uq} = 0$, während α_{rq} in die negative Einheitsmatrix übergeht. Die statisch Unbestimmten lassen sich in diesem Fall allein aus der 1. Gruppe der Gleichungen bestimmen, womit dann auch die übliche Vorgehensweise nach dem Kraftgrößenverfahren der Theorie I. Ordnung vorliegt. Die 2. Gruppe der Gleichungen könnte danach zur Berechnung der Unbekannten $\overline{\psi}_r$ herangezogen werden.
Schließlich sei erwähnt, daß die *Abtriebsmomente* $n_s \overline{\psi}_s$ gemäß Theorie II. Ordnung auch *iterativ* erfaßt werden können, indem man ausgehend von der Berechnung nach Theorie I. Ordnung die resultierenden Winkelgewichte $\overline{\varphi}_j$ nach (3.3–79) und daraus die Drehwinkel $\overline{\psi}_r$ nach (3.3–88) sowie alle $\overline{\psi}_s$ nach (3.3–67) bestimmt und schließlich die Berechnung unter zusätzlicher Berücksichtigung der Abtriebsmomente $n_s \overline{\psi}_s$ im ⓪-Zustand solange wiederholt, bis sich die Ergebnisse im Rahmen der gewünschten Genauigkeit nicht mehr ändern. Die Werte a_s, b_s sowie ϕ^q_{ji}, ϕ^q_{jk} können entweder von vornherein nach Theorie II. Ordnung bestimmt werden, oder sie werden zunächst nach Theorie I. Ordnung berechnet und dann fortlaufend mit den jeweils neu erhaltenen Längskräften verbessert.
Die Anwendung des Verfahrens wird wieder anhand des Beispiels von Bild 3.3–11 gezeigt. Für das 2fach statisch unbestimmte System werden als statisch Unbestimmte $X_1 = M_a$ und $X_2 = M_b$ gewählt. Um die zeichnerische Darstellung zu vereinfachen, werden die auf die Stabenden wirkenden Kräftepaare $N_s \psi_s^0$ und $N_s \psi_s$ als Momente in den Stabfeldern angegeben, wobei diese Momente dann die Größe $N_s l_s \psi_s^0$ bzw. $N_s l_s \psi_s = n_s \overline{\psi}_s$ haben.
In Bild 3.3–13 sind die für das Überlagerungsgesetz (3.3–78) erforderlichen Zustände ⓪, ①, ②, (I), (II) und die beiden virtuellen Zustände (Ī), (ĪĪ) für $\overline{\psi}_{\mathrm{I}}$ bzw. $\overline{\psi}_{\mathrm{II}}$ dargestellt.

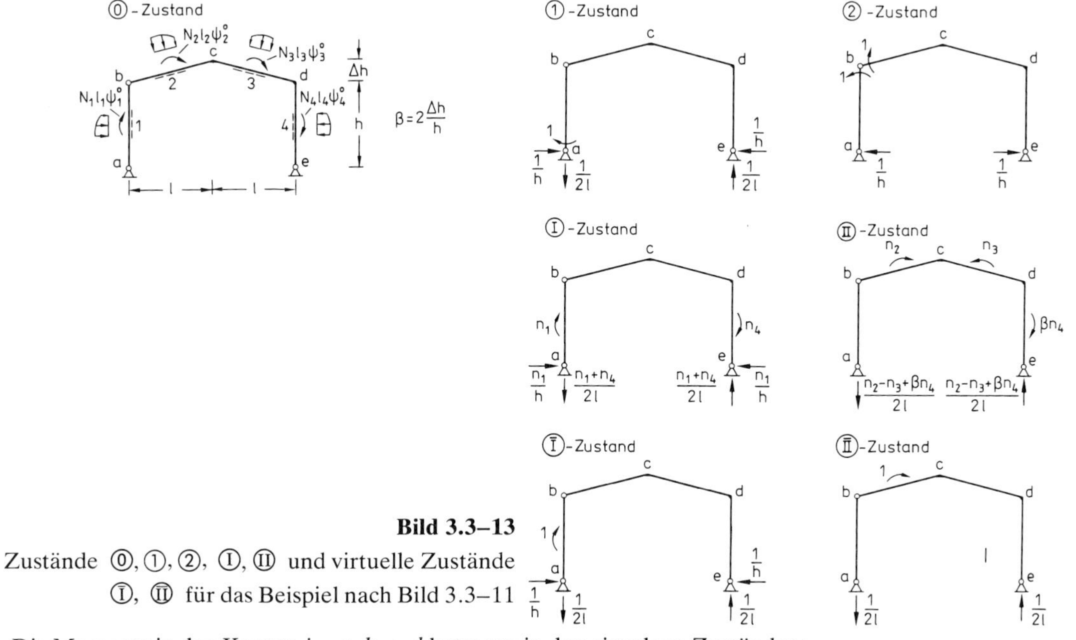

Bild 3.3–13
Zustände ⓪, ①, ②, (I), (II) und virtuelle Zustände (Ī), (ĪĪ) für das Beispiel nach Bild 3.3–11

Die Momente in den Knoten $j = a, b, c, d$ betragen in den einzelnen Zuständen:

Zustand	⓪	①	②	(I)	(II)	(Ī)	(ĪĪ)
Knoten j	M_{j0}	M_{j1}	M_{j2}	$M_{j\mathrm{I}}$	$M_{j\mathrm{II}}$	$\overline{M}_{j\mathrm{I}}$	$\overline{M}_{j\mathrm{II}}$
a	0	1	0	0	0	0	0
b	0	0	1	0	0	0	0
c	M_{c0}	$-\frac{1+\beta}{2}$	$1+\frac{\beta}{2}$	$-\frac{(1+\beta)\,n_1+n_4}{2}$	$\frac{n_2+n_3-\beta n_4}{2}$	$-\frac{1+\beta}{2}$	$\frac{1}{2}$
d	M_{d0}	-1	1	$-(n_1+n_4)$	$-\beta n_4$	-1	0

Die Winkelgewichte in den Knoten $j = a, b, c, d$ berechnen sich wie folgt:
für den Zustand ⓪:

$$\overline{\Phi}_{a0} = C\phi^q_{ab}$$
$$\overline{\Phi}_{b0} = b_2 M_{c0} + C\phi^q_{ba} + C\phi^q_{bc}$$
$$\overline{\Phi}_{c0} = d_c M_{c0} + b_3 M_{d0} + C\phi^q_{cb} + C\phi^q_{cd}$$
$$\overline{\Phi}_{d0} = b_3 M_{c0} + d_d M_{d0} + C\phi^q_{dc} + C\phi^q_{de}$$

für die Zustände $z =$ ①, ②, Ⓘ, (II):

$$\overline{\Phi}_{az} = d_a M_{az} + b_1 M_{bz}$$
$$\overline{\Phi}_{bz} = b_1 M_{az} + d_b M_{bz} + b_2 M_{cz}$$
$$\overline{\Phi}_{cz} = b_2 M_{bz} + d_c M_{cz} + b_3 M_{dz}$$
$$\overline{\Phi}_{dz} = b_3 M_{cz} + d_d M_{dz}$$

mit $d_a = a_1 + \frac{C}{c_a}$, $\quad d_b = a_1 + a_2 + \frac{C}{c_b}$, $\quad d_c = a_2 + a_3 + \frac{C}{c_c}$, $\quad d_d = a_3 + a_4 + \frac{C}{c_d}$

Bei biegestarren Verbindungen gilt: $1/c_a = 0$, $1/c_b = 0$, $1/c_c = 0$ bzw. $1/c_d = 0$.
Mit den Formeln (3.3–85) bis (3.3–87) und (3.3–90) bis (3.3–93) ergibt sich folgendes Gleichungssystem:

	X_1	X_2	$\overline{\psi}_{\mathrm{I}}$	$\overline{\psi}_{\mathrm{II}}$		L
1	$\overline{\Phi}_{a1} - \frac{1+\beta}{2}\overline{\Phi}_{c1} - \overline{\Phi}_{d1}$	$\overline{\Phi}_{a2} - \frac{1+\beta}{2}\overline{\Phi}_{c2} - \overline{\Phi}_{d2}$	$\overline{\Phi}_{a\mathrm{I}} - \frac{1+\beta}{2}\overline{\Phi}_{c\mathrm{I}} - \overline{\Phi}_{d\mathrm{I}}$	$\overline{\Phi}_{a\mathrm{II}} - \frac{1+\beta}{2}\overline{\Phi}_{c\mathrm{II}} - \overline{\Phi}_{d\mathrm{II}}$		$-\overline{\Phi}_{a0} + \frac{1+\beta}{2}\overline{\Phi}_{c0} + \overline{\Phi}_{d0}$
2	$\overline{\Phi}_{b1} + \left(1+\frac{\beta}{2}\right)\overline{\Phi}_{c1} + \overline{\Phi}_{d1}$	$\overline{\Phi}_{b2} + \left(1+\frac{\beta}{2}\right)\overline{\Phi}_{c2} + \overline{\Phi}_{d2}$	$\overline{\Phi}_{b\mathrm{I}} + \left(1+\frac{\beta}{2}\right)\overline{\Phi}_{c\mathrm{I}} + \overline{\Phi}_{d\mathrm{I}}$	$\overline{\Phi}_{b\mathrm{II}} + \left(1+\frac{\beta}{2}\right)\overline{\Phi}_{c\mathrm{II}} + \overline{\Phi}_{d\mathrm{II}}$	=	$-\overline{\Phi}_{b0} - \left(1+\frac{\beta}{2}\right)\overline{\Phi}_{c0} - \overline{\Phi}_{d0}$
I	$-\frac{1+\beta}{2}\overline{\Phi}_{c1} - \overline{\Phi}_{d1}$	$-\frac{1+\beta}{2}\overline{\Phi}_{c2} - \overline{\Phi}_{d2}$	$-\frac{1+\beta}{2}\overline{\Phi}_{c\mathrm{I}} - \overline{\Phi}_{d\mathrm{I}} - 1$	$-\frac{1+\beta}{2}\overline{\Phi}_{c\mathrm{II}} - \overline{\Phi}_{d\mathrm{II}}$		$\frac{1+\beta}{2}\overline{\Phi}_{c0} + \overline{\Phi}_{d0}$
II	$\frac{1}{2}\overline{\Phi}_{c1}$	$\frac{1}{2}\overline{\Phi}_{c2}$	$\frac{1}{2}\overline{\Phi}_{c\mathrm{I}}$	$\frac{1}{2}\overline{\Phi}_{c\mathrm{II}} - 1$		$-\frac{1}{2}\overline{\Phi}_{c0}$

Im Sonderfall der Theorie I. Ordnung würde man hier mit entfallender Matrix α_{uq} nur die beiden Gleichungen 1 und 2 für die Unbekannten X_1 und X_2 erhalten.
Das beschriebene 2. Verfahren hat den Vorteil einer geringeren Anzahl von Unbekannten als das 1. Verfahren, und es bietet die Möglichkeit, den „Einzelstabeffekt" und den „Systemeffekt" der Theorie II. Ordnung iterativ zu erfassen, indem von einer Berechnung nach Theorie I. Ordnung ausgegangen wird. Der Aufwand zur Bestimmung des Gleichungssystems ist allerdings beim 2. Verfahren wesentlich größer als beim 1. Verfahren, außerdem sind wegen der entfallenden Symmetrie die Matrixglieder vollständig zu berechnen.

3.3.2 Drehwinkelverfahren

Das Drehwinkelverfahren hat den wesentlichen Vorteil, daß sowohl für verschiebliche als auch unverschiebliche Systeme eine *einheitliche Berechnung* nach Theorie I. und II. Ordnung möglich ist, was insbesondere bedeutet, daß für beide Theorien die Anzahl der Unbekannten des Gleichungssystems dieselbe ist. Dies ist darin begründet, daß die bei Theorie II. Ordnung aufgrund der Abtriebsmomente $n_s\overline{\psi}_s$ auftretenden Stabdrehwinkel $\overline{\psi}_s$ beim Drehwinkelverfahren ohnehin vorkommen und durch die unbekannten Grundstabdrehwinkel $\overline{\psi}_r$ ersetzt werden können.

3.3.2.1 Drehwinkelverfahren für unverschiebliche Systeme

Bei der Anwendung des Drehwinkelverfahrens auf unverschiebliche Systeme treten als Unbekannte *nur die Drehwinkel* $\overline{\varphi}_j$ (C-fach) der Knoten j auf. Bezeichnet man die Anzahl der frei drehbaren Knoten mit m, so liegen entsprechend m Unbekannte vor. Nicht als frei drehbare Knoten zählen Auflagereinspannungen und Knoten mit einem Vollgelenk.
Bei Systemen, die nur aus einem Stabzug bestehen und gelenkige Lagerung an den Enden aufweisen, ist die Anzahl der Unbekannten nach dem Drehwinkelverfahren und der Dreimomentengleichung 2. Art gleich. In diesem Fall wäre das letztere Verfahren vorzuziehen, da es die Stabendmomente direkt liefert. Sind aber die Endpunkte des Stabzuges eingespannt, so erhöht sich die Anzahl der Unbekannten

beim Drehwinkelverfahren nicht, während sie bei der Dreimomentengleichung 2. Art je um eins zunimmt. Bei Systemen mit Knoten, in denen mehr als 2 Stäbe eingespannt sind, ist das Drehwinkelverfahren in der Regel günstiger, da hier stets nur je eine Unbekannte pro Knoten auftritt, während sich bei einem Kraftgrößenverfahren die Anzahl der Unbekannten mit jedem zusätzlich im Knoten eingespannten Stab um eins erhöht.
Beim Drehwinkelverfahren sind die Stabendmomente durch die Stabquerlast sowie die Drehwinkel der Stabendquerschnitte und durch den Stabdrehwinkel auszudrücken. Damit diese Beziehung unabhängig von der Faserdefinition ist und für die *beiden Endmomente* eines Stabes *gleich* lautet, wird vereinbart, daß Stabendmomente positiv sind, wenn sie auf den Stab wirkend im Uhrzeigersinn und auf den Knoten wirkend im Gegenuhrzeigersinn drehen (vgl. Bild 3.3–14).

Bild 3.3–14
Definition des Vorzeichens der Stabendmomente M_{ik}, M_{ki}

+M_{ik} i k +M_{ki}

Wie beim Kraftgrößenverfahren soll auch hier mit den C-fachen Drehwinkeln gerechnet werden, so daß wieder gilt

$$\overline{\varphi}_{\dots} = C\varphi_{\dots}, \qquad \overline{\psi}_{\dots} = C\psi_{\dots} \tag{3.3–94}$$

mit

$$C = \frac{EI_c}{l_c} \qquad (I_c,\ l_c \text{ beliebig wählbar}) \tag{3.3–95}$$

Alle Querschnitts- und Stabdrehwinkel werden wie bisher im Uhrzeigersinn positiv gezählt.
Für die oben genannte Formel zur Berechnung der Stabendmomente wird zunächst folgender Ansatz gemacht

$$M_{ik} = M_{ik}^0 + \varkappa_s \overline{\varphi}_i + \lambda_s \overline{\varphi}_k - \eta_s \overline{\psi}_s \tag{3.3–96}$$

Diese Formel soll für *alle Lagerungsfälle* des Stabes s gelten, bei denen das Stabende i eingespannt ist und das Stabende k entweder eine Einspannung oder ein Gelenk aufweist oder aber frei ist. Dies wird dadurch erreicht, daß das durch die Stabquerlast hervorgerufene Volleinspannmoment M_{ik}^0 am Stabende i je nach Lagerungsfall aus Tabelle 3.1–3, 3.1–4 oder 3.1–5 bestimmt wird (Vorzeichen am „rechten" Stabende umkehren) und daß für die Vorzahlen $\varkappa_s$, λ_s, η_s die in Tabelle 3.3–1 angegebenen Formeln definiert werden. Diese können in gleicher Weise wie die Formeln für M_{ik}^0 aus den genannten Tabellen 3.1–3 bis 3.1–5 erhalten werden, wobei hier zusätzlich die Abkürzung

$$k_s = \frac{l_c I_s}{l_s I_c} \tag{3.3–97}$$

verwendet wird. In Tabelle 3.3–1 wurde der Einfachheit halber der Stabindex s weggelassen.

Tabelle 3.3–1 Vorzahlen $\varkappa$, λ, η

							Symmetriefall		
	Th. I. O.	Th. II. O.	Th. I. O.	Th. II. O.	Th. I. O.	Th. II. O.	Th. I. O.	Th. II. O.	Th. I., II. O.
$\varkappa =$	$\left(\frac{3}{1+12\varrho}+1\right)k$	$\frac{\gamma - \frac{\varepsilon}{\tan\varepsilon}}{\gamma\frac{\tan\varepsilon/2}{\varepsilon/2}-1}\,k$	$\frac{3}{1+3\varrho}\,k$	$\frac{\varepsilon^2}{\gamma - \frac{\varepsilon}{\tan\varepsilon}}\,k$	0	$-\varepsilon\tan\varepsilon\, k$	$2k$	$\frac{\varepsilon}{\tan\varepsilon/2}\,k$	0
$\lambda =$	$\left(\frac{3}{1+12\varrho}-1\right)k$	$\frac{\frac{\varepsilon}{\sin\varepsilon}-\gamma}{\gamma\frac{\tan\varepsilon/2}{\varepsilon/2}-1}\,k$	0		0		0		0
$\eta =$	$\varkappa + \lambda$		$\varkappa$		0		0		0

Bei unverschieblichen Systemen sind die Stabdrehwinkel $\overline{\psi}_s$ Null oder – z. B. im Fall von Auflagerabsenkungen oder Temperaturdehnungen direkt bestimmbar und somit für die Berechnung bekannt.
Es wird jetzt vereinbart, daß diese dann eingeprägten Stabdrehwinkel über die Volleinspannmomente

M_{ik}^0 berücksichtigt werden, so daß mit $\overline{\psi}_s = 0$ (3.3–96) für unverschiebliche Systeme dann lautet

$$M_{ik} = M_{ik}^0 + \varkappa_s \overline{\varphi}_i + \lambda_s \overline{\varphi}_k \tag{3.3–98}$$

Zur Bestimmung der unbekannten Knotendrehwinkel und der Stabendmomente wird von den Gleichgewichtsbedingungen nur das Momentengleichgewicht an den Knoten benötigt. Es lautet für den Knoten i, wenn dort noch ein im Gegenuhrzeigersinn positiv drehendes eingeprägtes Moment M_i^e berücksichtigt wird

$$\sum_K M_{ik}^0 + M_i^e + \overline{\varphi}_i \sum_K \varkappa_s + \sum_K \lambda_s \overline{\varphi}_k = 0 \tag{3.3–99}$$

worin $\sum_K$ die Summe über die am Knoten i eingespannten Stäbe bedeutet.

Wird die Gleichung für alle m Knoten i formuliert, so liegt bereits das Gleichungssystem für die m unbekannten Knotendrehwinkel $\overline{\varphi}_i$ vor. Schreibt man dieses in der Form

$$\sum_j \alpha_{ij} \overline{\varphi}_j = L_i \tag{3.3–100}$$

wobei $\sum_j$ die Summe über alle Knoten j bedeutet, so gilt

$$L_i = -\sum_K M_{ik}^0 - M_i^e \tag{3.3–101}$$

$$\alpha_{ii} = \sum_K \varkappa_s \tag{3.3–102}$$

und

$$\alpha_{ij} = \lambda_s \tag{3.3–103}$$

wenn i und j Endpunkte *eines* Stabes sind, sonst $\alpha_{ij} = 0$.

Wie aus (3.3–103) ersichtlich, gilt $\alpha_{ij} = \alpha_{ji}$, d.h. die Matrix des Gleichungssystems ist *symmetrisch*. Wenn speziell das System nur aus einem Stabzug besteht, erhält man genau wie bei der Dreimomentengleichung 2. Art ein dreigliedriges Gleichungssystem.

In allen Fällen besteht auch die Möglichkeit, das Gleichungssystem *iterativ* zu lösen, indem jede Gleichung nach der Unbekannten der Hauptdiagonalen aufgelöst wird und die rechts stehenden Unbekannten fortlaufend verbessert werden. Insbesondere bei den hier vorliegenden unverschieblichen Systemen ist die Konvergenz in der Regel sehr gut, so daß 3 bis 4 Iterationszyklen meist schon zu einer etwa dreistelligen Genauigkeit führen. Grundsätzlich ist die *Konvergenz* beim Drehwinkelverfahren *für stabile Gleichgewichtszustände* immer *sichergestellt.*

Bild 3.3–15 zeigt ein Beispiel eines unverschieblichen Rahmens mit 5 unbekannten Knotendrehwinkeln $\overline{\varphi}_i$.

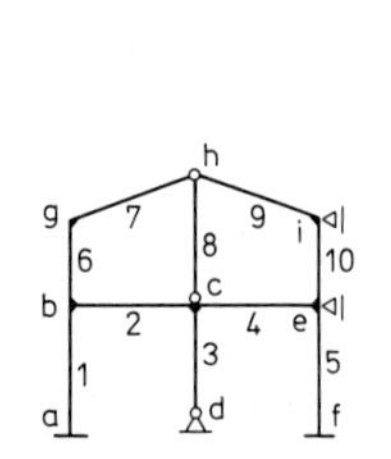

Gleichungssystem für die 5 unbekannten Drehwinkel

	$\overline{\varphi}_b$	$\overline{\varphi}_c$	$\overline{\varphi}_e$	$\overline{\varphi}_g$	$\overline{\varphi}_i$		L
b	$\varkappa_1+\varkappa_2+\varkappa_6$	λ_2	0	λ_6	0		$-M_{ba}^0 - M_{bc}^0 - M_{bg}^0 - M_b^e$
c		$\varkappa_2+\varkappa_3+\varkappa_4$	λ_4	0	0		$-M_{cb}^0 - M_{cd}^0 - M_{ce}^0 - M_c^e$
e			$\varkappa_4+\varkappa_5+\varkappa_{10}$	0	λ_{10}	=	$-M_{ec}^0 - M_{ef}^0 - M_{ei}^0 - M_e^e$
g	symmetrisch			$\varkappa_6+\varkappa_7$	0		$-M_{gb}^0 - M_{gh}^0 - M_g^e$
i					$\varkappa_9+\varkappa_{10}$		$-M_{ih}^0 - M_{ie}^0 - M_i^e$

Bild 3.3–15 Beispiel eines unverschieblichen Rahmens mit 5 Unbekannten, Gleichungssystem

Nach Berechnung dieser Knotendrehwinkel werden die Stabendmomente M_{ik} nach (3.3–98) berechnet. Danach kann das Momentengleichgewicht am Knoten i mit

$$\sum_K M_{ik} + M_i^e = 0 \tag{3.3–104}$$

kontrolliert werden. Der weitere Rechengang – Bestimmung der Stabendquerkräfte Q_{ik}, der Transversalkräfte R_{ik}, der Längskräfte N_s und der Auflagerkräfte – erfolgt wie beim Kraftgrößenverfahren beschrieben. Es sei nochmals erwähnt, daß bei unverschieblichen Systemen die Kräftegleichgewichtsbedingungen aller Knotenpunkte (einschließlich der Auflagerpunkte) gerade ausreichen, um aus den Transversalkräften R_{ik} alle Längs- und Auflagerkräfte zu berechnen.

Einbeziehung einer Drehfeder

Ist der Stab s am *Ende i* über eine Drehfeder mit der Drehfederkonstanten c_{ik} in den Knoten i eingespannt (s. Bild 3.3–16), so kann dieser Einfluß durch eine Modifikation der Gleichung (3.3–96) berücksichtigt werden, ohne daß sich die Anzahl der Unbekannten erhöht. Ist φ_i der Drehwinkel des

Knotens i (im Bild links der Feder) und φ_{ik} der Drehwinkel des Stabendquerschnitts ik (im Bild rechts der Feder), so gilt

$$\overline{\varphi}_{ik} = \overline{\varphi}_i - \frac{C}{c_{ik}} M_{ik} \tag{3.3–105}$$

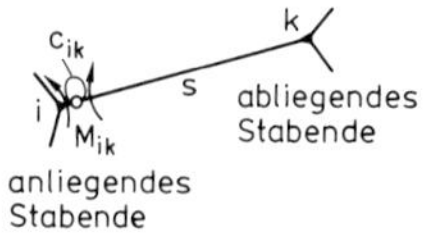

Bild 3.3–16
Drehfeder am Ende eines Stabes

Wendet man (3.3–96) auf die Stabenden i und k an, so muß in beiden Gleichungen statt $\overline{\varphi}_i$ jeweils $\overline{\varphi}_{ik}$ geschrieben werden. Nach Ersetzen von $\overline{\varphi}_{ik}$ durch (3.3–105) ergibt sich für das *anliegende* Stabende

$$M_{ik} = M_{ik}^0 + \varkappa_s \overline{\varphi}_i - \varkappa_s \frac{C}{c_{ik}} M_{ik} + \lambda_s \overline{\varphi}_k - \eta_s \overline{\psi}_s \tag{3.3–106}$$

und für das *abliegende* Stabende

$$M_{ki} = M_{ki}^0 + \varkappa_s \overline{\varphi}_k + \lambda_s \overline{\varphi}_i - \lambda_s \frac{C}{c_{ik}} M_{ik} - \eta_s \overline{\psi}_s \tag{3.3–107}$$

wobei (3.3–107) selbstverständlich nur bei eingespanntem Stabende k gilt. Löst man (3.3–106) nach M_{ik} auf und führt dies in (3.3–107) ein, so können die erhaltenen Formeln in folgender Form geschrieben werden:
anliegendes Moment

$$M_{ik} = M_{ik}^{0*} + \varkappa_{ik}^* \overline{\varphi}_i + \lambda_s^* \overline{\varphi}_k - \eta_{ik}^* \overline{\psi}_s \tag{3.3–108}$$

abliegendes Moment

$$M_{ki} = M_{ki}^{0*} + \varkappa_{ki}^* \overline{\varphi}_k + \lambda_s^* \overline{\varphi}_i - \eta_{ki}^* \overline{\psi}_s \tag{3.3–109}$$

mit

$$M_{ik}^{0*} = \beta M_{ik}^0 \tag{3.3–110}$$
$$\varkappa_{ik}^* = \beta \varkappa_s \tag{3.3–111}$$
$$\lambda_s^* = \beta \lambda_s \tag{3.3–112}$$
$$\eta_{ik}^* = \beta \eta_s \tag{3.3–113}$$
$$M_{ki}^{0*} = M_{ki}^0 - \beta' M_{ik}^0 \tag{3.3–114}$$
$$\varkappa_{ki}^* = \varkappa_s - \beta' \lambda_s \tag{3.3–115}$$
$$\eta_{ki}^* = (1 - \beta') \eta_s \tag{3.3–116}$$

worin für die Abkürzungen β und β' gilt

$$\beta = \frac{1}{1 + \varkappa_s \dfrac{C}{c_{ik}}} \tag{3.3–117}$$

$$\beta' = \lambda_s \frac{C}{c_{ik}} \beta \tag{3.3–118}$$

Die Formeln (3.3–108), (3.3–109) haben den gleichen Aufbau wie die des Stabes ohne Drehfeder, allerdings ist zu beachten, daß $\varkappa_{ik}^* \neq \varkappa_{ki}^*$ und $\eta_{ik}^* \neq \eta_{ki}^*$ ist. Da aber in beiden Formeln der gleiche Vorwert λ_s^* auftritt, bleibt die Symmetrie des Gleichungssystems erhalten. Somit kann eine Drehfeder einfach dadurch berücksichtigt werden, daß die entsprechenden Größen durch die *-Größen ersetzt werden. Im einzelnen sind zu ersetzen:

$\varkappa_s$ in α_{ii} durch $\varkappa_{ik}^*$,

$\varkappa_s$ in α_{kk} durch $\varkappa_{ki}^*$,

λ_s in α_{ik} durch λ_s^*,

M_{ik}^0, M_{ki}^0 in den Lastgliedern durch M_{ik}^{0*}, M_{ki}^{0*}.

Bei den hier vorliegenden unverschieblichen Systemen sind die Werte η_{ik}^*, η_{ki}^* wegen $\overline{\psi}_s = 0$ noch ohne Bedeutung.
Wenn z.B. im System des Bildes 3.3–15 am rechten Ende von Stab 2 eine Drehfeder vorhanden wäre ($i = c$, $k = b$), so müßte $\varkappa_2$ in α_{bb} durch $\varkappa_{bc}^*$, $\varkappa_2$ in α_{cc} durch $\varkappa_{cb}^*$, λ_2 in α_{bc} $(= \alpha_{cb})$ durch λ_2^*, M_{bc}^0 in L_b durch M_{bc}^{0*} und M_{cb}^0 in L_c durch M_{cb}^{0*} ersetzt werden.

Wäre dagegen im Auflager a eine drehelastische Einspannung vorhanden ($i = a$, $k = b$), so wären nur $\varkappa_1$ in α_{bb} durch $\varkappa^*_{ba}$ und M^0_{ba} in L_b durch M^{0*}_{ba} zu ersetzen.
Nach Auflösung des Gleichungssystems sind die Momente des Stabes s mit Drehfeder aus (3.3–108), (3.3–109) zu berechnen. Die Ermittlung aller weiteren Schnittgrößen wird dann durch das Vorhandensein einer Drehfeder nicht mehr beeinflußt.

3.3.2.2 Drehwinkelverfahren für allgemein verschiebliche Systeme

Neben den m unbekannten *Knotendrehwinkeln* $\overline{\varphi}_i$ treten bei verschieblichen Systemen n unbekannte *Grundstabdrehwinkel* $\overline{\psi}_r$ auf, wobei n die Anzahl der kinematischen Freiheitsgrade des zugehörigen Gelenksystems ist. Wiederholt sei nachfolgend aus Unterabschnitt 3.3.1.4 die kinematische Beziehung zur Berechnung des Drehwinkels $\overline{\psi}_s$ eines beliebigen Stabes s aus den Grundstabdrehwinkeln $\overline{\psi}_r$ (alle Winkel C-fach):

$$\overline{\psi}_s = \sum_r \vartheta_{sr} \overline{\psi}_r \tag{3.3–119}$$

Zu den m *Momentengleichgewichtsbedingungen der Knoten* sind hier zusätzlich n *Systemgleichgewichtsbedingungen* gemäß Unterabschnitt 3.1.3.3, Gleichung (3.1–72) zu formulieren, so daß dann insgesamt $m + n$ Gleichungen für $m + n$ Unbekannte vorliegen. Für das Gleichungssystem wird folgender Ansatz gemacht:

$$\sum_j \alpha_{ij} \overline{\varphi}_j + \sum_q \alpha_{iq} \overline{\psi}_q = L_i \tag{3.3–120}$$

$$\sum_j \alpha_{rj} \overline{\varphi}_j + \sum_q \alpha_{rq} \overline{\psi}_q = L_r \tag{3.3–121}$$

wobei (3.3–120) das Momentengleichgewicht am Knoten i ausdrückt und (3.3–121) das mit den virtuellen Verrückungen des kinematischen Planes r formulierte Systemgleichgewicht beinhaltet, wie es bereits auch beim 1. Verfahren in Unterabschnitt 3.3.1.4 verwendet wurde. Bild 3.3–17 zeigt den durch (3.3–120), (3.3–121) gegebenen Aufbau des Gleichungssystems.

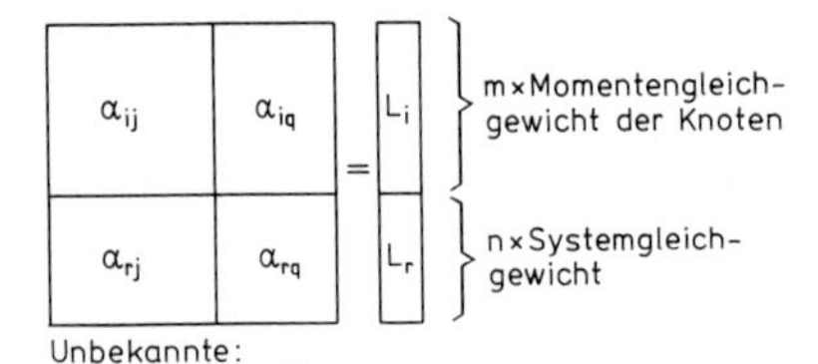

Bild 3.3–17
Aufbau des Gleichungssystems bei verschieblichen Systemen

Für die Stabendmomente gilt hier die vollständige Gleichung (3.3–96)

$$M_{ik} = M^0_{ik} + \varkappa_s \overline{\varphi}_i + \lambda_s \overline{\varphi}_k - \eta_s \overline{\psi}_s \tag{3.3–122}$$

Das Momentengleichgewicht am Knoten i lautet unter Berücksichtigung eines eingeprägten Moments M^e_i und nach Einsetzen von (3.3–119)

$$\sum_K M^0_{ik} + M^e_i + \overline{\varphi}_i \sum_K \varkappa_s + \sum_K \lambda_s \overline{\varphi}_k - \sum_K \left(\eta_s \sum_q \vartheta_{sq} \overline{\psi}_q\right) = 0 \tag{3.3–123}$$

wobei $\sum_K$ wieder die Summe über die am Knoten i eingespannten Stäbe bedeutet. Der Vergleich mit (3.3–120) ergibt für L_i und α_{ij} wieder die Formeln (3.3–101) bis (3.3–103), während man für die zusätzlichen Matrixglieder α_{iq} erhält

$$\alpha_{iq} = -\sum_K \eta_s \vartheta_{sq} \tag{3.3–124}$$

Das Systemgleichgewicht mit den virtuellen Verrückungen des kinematischen Planes r wurde bereits in (3.3–73) formuliert, es lautet hier (vgl. auch (3.1–72))

$$\sum_s (M_{ik} + M_{ki} + n_s \overline{\psi}_s + N_s l_s \psi^0_s)\, \vartheta_{sr} + \delta A^L_r = 0 \tag{3.3–125}$$

mit

$$n_s = \frac{N_s l_s}{C} \tag{3.3–126}$$

Wie in Unterabschnitt 3.1.3.3 vereinbart, gilt speziell für einen in einem Knoten eingespannten Kragstab $\vartheta_{sr} = 0$.
In (3.3–125) werden nun die Stabendmomente durch (3.3–122) ersetzt, für $\overline{\psi}_s$ wird wieder (3.3–119) eingeführt und für $\varkappa_s + \lambda_s$ wird η_s geschrieben. Nach einigen Umformungen, die hier nicht ausgeführt werden sollen, erhält man durch Vergleich mit (3.3–121)

$$\alpha_{rj} = -\sum_K \eta_s \vartheta_{sr} \tag{3.3–127}$$

$$\alpha_{rq} = \sum_s \omega_s \vartheta_{sr} \vartheta_{sq} \qquad (3.3\text{–}128)$$

$$L_r = \delta A_r^L + \sum_s (M_{ik}^0 + M_{ki}^0 + N_s l_s \psi_s^0)\, \vartheta_{sr} \qquad (3.3\text{–}129)$$

mit der weiteren Abkürzung

$$\omega_s = \zeta\, \eta_s - n_s \qquad (3.3\text{–}130)$$

wobei $\zeta = 2$ für beidseitig eingespannte und $\zeta = 1$ für nur einseitig eingespannte Stäbe einzusetzen ist. Bei beidseitig gelenkig angeschlossenen Stäben ist $\eta_s = 0$ und damit $\omega_s = -n_s$. In Formel (3.3–127) bedeutet $\sum_K$ die Summe über die am Knoten j eingespannten Stäbe, der Vergleich dieser Formel mit (3.3–124) zeigt die Symmetrie dieser Matrixglieder. Die Symmetrie der Glieder α_{ij} wurde bereits gezeigt, und die Symmetrie der Glieder α_{rq} ist aus Formel (3.3–128) direkt ersichtlich. Somit ist auch bei verschieblichen Systemen die Matrix des Gleichungssystems vollständig *symmetrisch*.

Das Gleichungssystem kann auch hier wieder *iterativ* gelöst werden, wobei unverändert die *Konvergenz bei stabilem Gleichgewicht sichergestellt* ist. Allerdings kann bei verschieblichen Systemen die Konvergenz wesentlich schlechter als bei unverschieblichen sein.

Nach Auflösung des Gleichungssystems werden zunächst die Stabdrehwinkel nach (3.3–119) und danach die Stabendmomente nach (3.3–122) berechnet. Das Knotengleichgewicht kann dann mit (3.3–104) und das Systemgleichgewicht mit (3.3–125) kontrolliert werden.

Die weiteren Schnittkräfte werden wie bei den unverschieblichen Systemen beschrieben berechnet. Allerdings ergeben sich hier bei der Berechnung der Längs- und Auflagerkräfte aus dem Kräftegleichgewicht aller Knotenpunkte genau n überzählige Gleichungen, d. h. Kontrollen.

Die *Näherungstheorie II. Ordnung,* bei der nur der „Systemeffekt", nicht aber der „Einzelstabeffekt" erfaßt wird, erhält man, wenn nur n_s in (3.3–130) und $N_s l_s \psi_s^0$ in (3.3–129) als Zusatzterme berücksichtigt werden, die Volleinspannmomente M_{ik}^0 und die Vorzahlen $\varkappa_s$, λ_s aber nach Theorie I. Ordnung bestimmt werden.

Für den in Bild 3.3–11 dargestellten Rahmen mit den 3 unbekannten Knotendrehwinkeln $\overline{\varphi}_b$, $\overline{\varphi}_c$, $\overline{\varphi}_d$ und den 2 unbekannten Grundstabdrehwinkeln $\overline{\psi}_{\mathrm{I}}$, $\overline{\psi}_{\mathrm{II}}$ ist nachfolgend das Gleichungssystem dargestellt. Die Matrix ϑ_{sr} wird dem Bild 3.3–11 entnommen.

	$\overline{\varphi}_b$	$\overline{\varphi}_c$	$\overline{\varphi}_d$	$\overline{\psi}_{\mathrm{I}}$	$\overline{\psi}_{\mathrm{II}}$		L
b	$\varkappa_1 + \varkappa_2$	λ_2	0	$-\eta_1$	$-\eta_2$		$-M_{ba}^0 - M_{bc}^0 - M_b^e$
c		$\varkappa_2 + \varkappa_3$	λ_3	0	$-\eta_2 + \eta_3$		$-M_{cb}^0 - M_{cd}^0 - M_c^e$
d			$\varkappa_3 + \varkappa_4$	$-\eta_4$	$\eta_3 - \beta\eta_4$	=	$-M_{dc}^0 - M_{de}^0 - M_d^e$
I		symmetrisch		$\omega_1 + \omega_4$	$\beta\omega_4$		$\delta A_{\mathrm{I}}^L + (M_{ab}^0 + M_{ba}^0 + N_1 l_1 \psi_1^0) + (M_{de}^0 + N_4 l_4 \psi_4^0)$
II					$\omega_2 + \omega_3 + \beta^2\omega_4$		$\delta A_{\mathrm{II}}^L + (M_{bc}^0 + M_{cb}^0 + N_2 l_2 \psi_2^0) - (M_{cd}^0 + M_{dc}^0 + N_3 l_3 \psi_3^0) + \beta(M_{de}^0 + N_4 l_4 \psi_4^0)$

mit

$\eta_1 = \varkappa_1 + \lambda_1$, $\quad \eta_2 = \varkappa_2 + \lambda_2$, $\quad \eta_3 = \varkappa_3 + \lambda_3$, $\quad \eta_4 = \varkappa_4$

$\omega_1 = 2\eta_1 - n_1$, $\quad \omega_2 = 2\eta_2 - n_2$, $\quad \omega_3 = 2\eta_3 - n_3$, $\quad \omega_4 = \eta_4 - n_4$

Einbeziehung einer Drehfeder

Abschließend sei wieder die Modifikation der Formeln für den Fall einer zusätzlichen Drehfeder gemäß Bild 3.3–16 angegeben. Es gelten unverändert die Formeln (3.3–108), (3.3–109). Folgende Größen sind zu ersetzen:

$\varkappa_s$ in α_{ii} durch $\varkappa_{ik}^*$,
$\varkappa_s$ in α_{kk} durch $\varkappa_{ki}^*$,
λ_s in α_{ik} durch λ_s^*,
η_s in α_{iq} durch η_{ik}^*,
η_s in α_{kq} durch η_{ki}^*,
$\zeta\eta_s$ in ω_s durch $\eta_{ik}^* + \eta_{ki}^*$ (bei Gelenk in k: $\eta_{ki}^* = 0$),
M_{ik}^0, M_{ki}^0 in allen Lastgliedern durch M_{ik}^{0*}, M_{ki}^{0*}.

Somit kann auch bei verschieblichen Systemen eine Drehfeder an einem Stabende berücksichtigt werden, ohne daß sich Aufbau und Zahl der Unbekannten des Gleichungssystems ändern.

3.3.2.3 Drehwinkelverfahren für Stockwerkrahmen mit ausschließlich horizontal verschieblichen Knoten

In diesem Unterabschnitt werden Stockwerkrahmen behandelt, deren Knoten nur *horizontale* Verschiebungen aufweisen, das sind in der Regel Rahmen, bei denen alle Knoten durch vertikale Stiele gehalten sind. Ein Beispiel zeigt Bild 3.3–18. Bei diesen Systemen weisen die Riegel keine Drehwinkel auf, und bei den Stielen treten Drehwinkel nur im kinematischen Plan des betreffenden Stockwerks auf. Für ϑ_{sr} kann deshalb einfach ϑ_s geschrieben werden. Die Zahl der kinematischen Freiheitsgrade n ist gleich der Anzahl der Stockwerke. Wählt man jeweils den linken Stiel des Stockwerks r als Grundstab, so ergibt sich der in Bild 3.3–18 eingetragene kinematische Plan r. Alle Drehwinkel und Verschiebungen können unmittelbar abgelesen und formelmäßig angegeben werden, so daß die Konstruktion von kinematischen Plänen bei der Anwendung entfallen kann.

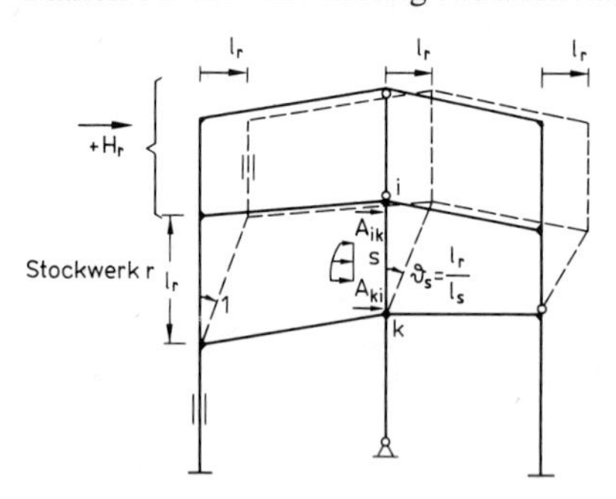

Bild 3.3–18
Stockwerkrahmen mit ausschließlich horizontal verschieblichen Knoten, kinematischer Plan des Stockwerks r

Virtuelle äußere Arbeit leisten nur die oberhalb des Stockwerks r vorhandenen Horizontalkomponenten der Lasten – ihre Summe wird mit H_r bezeichnet – und die Querlasten der Stiele des Stockwerks r selbst; ihre Arbeit wird mit Hilfe der A_{ik} (= obere Auflagerkraft aus der Querlast am Balken auf 2 Stützen) formuliert. Damit gilt

$$\delta A_r^L = \left(H_r + \sum_s A_{ik}\right) l_r \qquad (3.3\text{–}131)$$

$\sum_s$ bedeutet hier und im folgenden die Summe über alle Stiele s des Stockwerks r.
Gegenüber dem allgemeinen Fall nach Unterabschnitt 3.3.2.2 vereinfachen sich folgende Formeln:

$$\text{Stiele:} \quad \vartheta_{sr} = \vartheta_s = \frac{l_r}{l_s} \qquad (3.3\text{–}132)$$

$$\text{Riegel:} \quad \vartheta_{sr} = \vartheta_s = 0 \qquad (3.3\text{–}133)$$

Wenn i ein Knoten unmittelbar unter- oder oberhalb des Stockwerks r ist und der Stiel s dieses Stockwerks r in i eingespannt ist, gilt

$$\alpha_{ir} = -\eta_s \vartheta_s \qquad (3.3\text{–}134)$$

sonst $\alpha_{ir} = 0$

$$\alpha_{rr} = \sum_s \omega_s \vartheta_s^2 \qquad (3.3\text{–}135)$$

$$\alpha_{rq} = 0 \quad \text{für} \quad r \neq q \qquad (3.3\text{–}136)$$

$$L_r = \left(H_r + \sum_s A_{ik}\right) l_r + \sum_s \left(M_{ik}^0 + M_{ki}^0 + N_s l_s \psi_s^0\right) \vartheta_s \qquad (3.3\text{–}137)$$

Stabdrehwinkel nach Auflösung des Gleichungssystems

$$\text{Stiele:} \quad \overline{\psi}_s = \vartheta_s \overline{\psi}_r \qquad (3.3\text{–}138)$$

$$\text{Riegel:} \quad \overline{\psi}_s = 0 \qquad (3.3\text{–}139)$$

Alle weiteren Formeln bleiben unverändert.
In Bild 3.3–19 sind der verschiebliche Stockwerkrahmen, wie er aus dem System nach Bild 3.3–15 durch Wegnahme der Auflager in e und i hervorgeht, und das zugehörige Gleichungssystem mit $m = 5$ unbekannten Knotendrehwinkeln und $n = 2$ unbekannten Grundstabdrehwinkeln dargestellt.

Sonderfall: gleiche Stiellängen innerhalb eines Stockwerks

Dieser Sonderfall ist in Bild 3.3–20 dargestellt. Wegen $l_s = l_r$ gilt hier für alle Stiele

$$\vartheta_s = 1 \qquad (3.3\text{–}140)$$

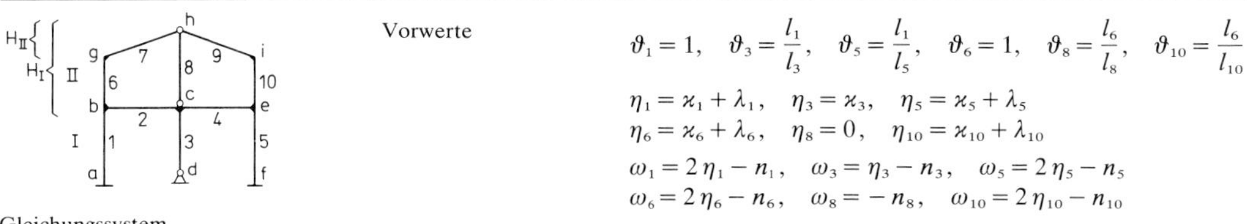

Vorwerte

$$\vartheta_1 = 1,\quad \vartheta_3 = \frac{l_1}{l_3},\quad \vartheta_5 = \frac{l_1}{l_5},\quad \vartheta_6 = 1,\quad \vartheta_8 = \frac{l_6}{l_8},\quad \vartheta_{10} = \frac{l_6}{l_{10}}$$

$$\eta_1 = \varkappa_1 + \lambda_1,\quad \eta_3 = \varkappa_3,\quad \eta_5 = \varkappa_5 + \lambda_5$$

$$\eta_6 = \varkappa_6 + \lambda_6,\quad \eta_8 = 0,\quad \eta_{10} = \varkappa_{10} + \lambda_{10}$$

$$\omega_1 = 2\eta_1 - n_1,\quad \omega_3 = \eta_3 - n_3,\quad \omega_5 = 2\eta_5 - n_5$$

$$\omega_6 = 2\eta_6 - n_6,\quad \omega_8 = -n_8,\quad \omega_{10} = 2\eta_{10} - n_{10}$$

Gleichungssystem

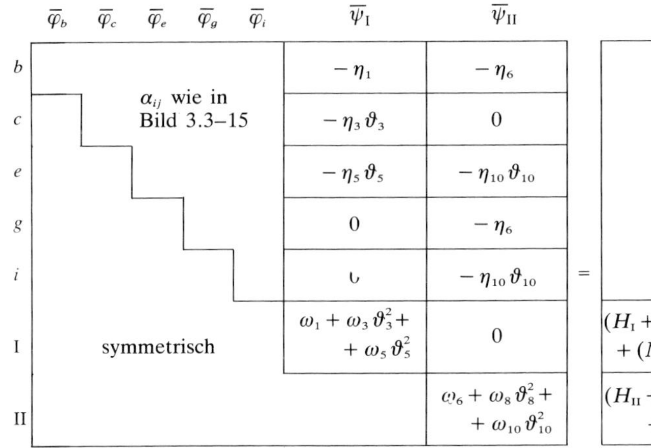

	$\overline{\varphi}_b$ $\overline{\varphi}_c$ $\overline{\varphi}_e$ $\overline{\varphi}_g$ $\overline{\varphi}_i$	$\overline{\psi}_{\mathrm{I}}$	$\overline{\psi}_{\mathrm{II}}$		L
b	α_{ij} wie in Bild 3.3–15	$-\eta_1$	$-\eta_6$		L_i wie in Bild 3.3–15
c		$-\eta_3\vartheta_3$	0		
e		$-\eta_5\vartheta_5$	$-\eta_{10}\vartheta_{10}$		
g		0	$-\eta_6$		
i		0	$-\eta_{10}\vartheta_{10}$	=	
I	symmetrisch	$\omega_1 + \omega_3\vartheta_3^2 + \omega_5\vartheta_5^2$	0		$(H_{\mathrm{I}} + A_{ba} + A_{cd} + A_{ef})\, l_1 + (M_{ab}^0 + M_{ba}^0 + N_1 l_1 \psi_1^0) + (M_{cd}^0 + N_3 l_3 \psi_3^0)\,\vartheta_3 + (M_{ef}^0 + M_{fe}^0 + N_5 l_5 \psi_5^0)\,\vartheta_5$
II			$\omega_6 + \omega_8\vartheta_8^2 + \omega_{10}\vartheta_{10}^2$		$(H_{\mathrm{II}} + A_{gb} + A_{hc} + A_{ie})\, l_6 + (M_{gb}^0 + M_{bg}^0 + N_6 l_6 \psi_6^0) + N_8 l_8 \psi_8^0 \vartheta_8 + (M_{ie}^0 + M_{ei}^0 + N_{10} l_{10} \psi_{10}^0)\,\vartheta_{10}$

Bild 3.3–19 Verschieblicher Stockwerkrahmen, Gleichungssystem

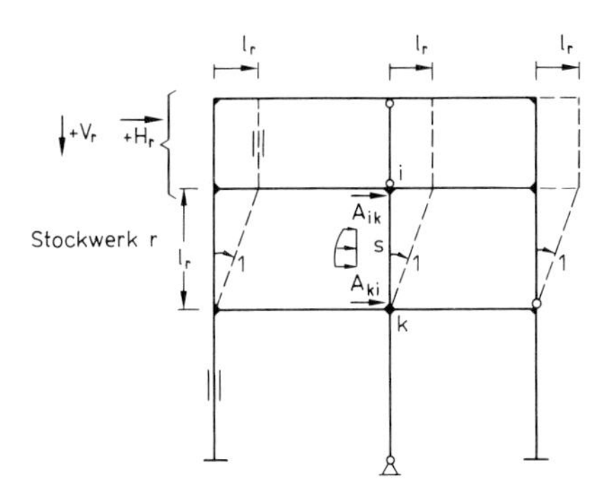

Bild 3.3–20
Verschieblicher Stockwerkrahmen mit gleichen Stiellängen innerhalb eines Stockwerks, kinematischer Plan des Stockwerks r

Speziell für die Hauptdiagonalglieder der Matrix α_{rq} erhält man aus (3.3–135) unter Berücksichtigung von (3.3–130)

$$\alpha_{rr} = \sum_s \omega_s = \sum_s \zeta\eta_s - \sum_s n_s$$

Mit (3.3–126) gilt für $\sum_s n_s$

$$\sum_s n_s = \frac{1}{C}\sum_s N_s l_s = \frac{V_r l_r}{C}$$

wobei V_r die Summe aller Vertikallasten oberhalb des Stockwerks r ist (vgl. Bild 3.3–20).
Mit der Abkürzung

$$v_r = \frac{V_r l_r}{C} \tag{3.3–141}$$

gilt dann

$$\alpha_{rr} = \sum_s \zeta\eta_s - v_r \tag{3.3–142}$$

In gleicher Weise können im Lastglied L_r bei gleichen $\psi_s^0 \,(= \psi_r^0)$ innerhalb eines Stockwerks die N_s der Stiele zu V_r zusammengefaßt werden, womit dann gilt

$$L_r = (H_r + \sum_s A_{ik} + V_r\psi_r^0)\, l_r + \sum_s (M_{ik}^0 + M_{ki}^0) \tag{3.3–143}$$

Für das Beispiel des Bildes 3.3–19 würde man bei stockwerksweise gleichen Stiellängen, d.h. für $l_1 = l_3 = l_5 = l_{\mathrm{I}}$ und $l_6 = l_8 = l_{10} = l_{\mathrm{II}}$ folgende Matrixglieder α_{rr} und Lastglieder L_r erhalten:

$$\alpha_{\mathrm{I\,I}} = 2\,\eta_1 + \eta_3 + 2\,\eta_5 - \nu_{\mathrm{I}}$$

$$\alpha_{\mathrm{II\,II}} = 2\,\eta_6 + 2\,\eta_{10} - \nu_{\mathrm{II}}$$

$$L_{\mathrm{I}} = (H_{\mathrm{I}} + A_{ba} + A_{cd} + A_{ef} + V_{\mathrm{I}}\,\psi_{\mathrm{I}}^0)\,l_{\mathrm{I}} + M_{ba}^0 + M_{ab}^0 + M_{cd}^0 + M_{ef}^0 + M_{fe}^0$$

$$L_{\mathrm{II}} = (H_{\mathrm{II}} + A_{gb} + A_{hc} + A_{ie} + V_{\mathrm{II}}\,\psi_{\mathrm{II}}^0)\,l_{\mathrm{II}} + M_{gb}^0 + M_{bg}^0 + M_{ie}^0 + M_{ei}^0$$

mit $\nu_{\mathrm{I}} = V_{\mathrm{I}} l_{\mathrm{I}}/C$ und $\nu_{\mathrm{II}} = V_{\mathrm{II}} l_{\mathrm{II}}/C$ gemäß (3.3–141).
Der „Systemeffekt“ der Theorie II. Ordnung – bei Stockwerkrahmen vielfach auch als P-Δ-Effekt bezeichnet – wird ausschließlich durch die Glieder ν_r beschrieben. Die *Näherungstheorie II. Ordnung* liegt vor, wenn diese ν_r in α_{rr} berücksichtigt, alle anderen Matrixglieder aber nach Theorie I. Ordnung ermittelt werden. Im Gegensatz zu den Stiellängskräften N_s ist die resultierende *Stockwerksvertikallast V_r statisch bestimmt* und deshalb sofort angebbar. Die Berücksichtigung der ν_r in (3.3–142) erfordert so gut wie keinen Rechenmehraufwand, die damit verbundene Näherungstheorie II. Ordnung liefert aber in den meisten praktischen Fällen bereits ausreichend genaue Ergebnisse. Auf keinen Fall ist eine iterative Erfassung des „Systemeffektes“ oder „P-Δ-Effektes“ erforderlich.

3.4 Berechnung biegesteifer Stabwerke aus planmäßig geraden Stäben nach Fließgelenktheorie I. und II. Ordnung

Bezüglich einiger grundsätzlicher Ausführungen zur Vorgehensweise nach der Fließgelenktheorie sei auf die Unterabschnitte 3.1.1.4 und 3.1.1.5 verwiesen. Wie bei Anwendung der Elastizitätstheorie soll auch hier ein *planmäßiger* Rechengang – d.h. ein Rechengang ohne Probierschritte – geführt werden können, und die auftretenden Gleichungssysteme sollen *linear* sein. Diese Forderungen sind erfüllt, wenn

1. der Zustand unter der (bekannten) *Bemessungslast* der Rechnung zugrunde gelegt wird,
2. die *Längskräfte* vorweg – z.B. über vereinfachte Gleichgewichtsbedingungen – abgeschätzt werden und dann als *bekannte Größen* in die Rechnung eingehen; das gleiche gilt auch für Querkräfte, sofern diese (in seltenen Fällen) bei der Berechnung des Fließgelenkmoments aus der Interaktionsbeziehung zu berücksichtigen sind,
3. die *Fließgelenke planmäßig* dort eingeführt werden, wo die Querschnittsinteraktionsbedingungen verletzt, d.h. die Schnittgrößen des vollplastizierten Querschnitts überschritten sind.

3.4.1 Idealisierende Annahmen der Fließgelenktheorie

Es wird die in Bild 3.4–1 dargestellte idealelastisch-idealplastische Spannungs-Dehnungs-Beziehung zugrunde gelegt. Wesentlich ist hier der Hinweis, daß eine Begrenzung der plastischen Dehnung nicht erfolgt; dies bedeutet praktisch, daß die Fließgelenktheorie nur angewendet werden darf, wenn der verwendete Werkstoff *ausreichendes Plastizierungsvermögen* besitzt. Im übrigen sei darauf hingewiesen, daß die Fließgelenktheorie die Berechnung von plastischen Dehnungen nicht erlaubt, da ja das Modell des Fließgelenkes mit dem dabei auftretenden Knickwinkel rechnerisch zu unendlich großen Verkrümmungen und somit auch Dehnungen führen würde.
Die für die Fließgelenktheorie kennzeichnende Annahme ist jedoch nicht die genannte σ-ε-Beziehung, sondern die *idealisierte Momenten-Verkrümmungs-Beziehung,* wie sie in Bild 3.4–2 dargestellt ist. Danach wird der lineare, elastische Ast, der durch $M \leq M_{el}$ begrenzt ist, verlängert bis $M = M_{pl}$, d.h. bis zu dem Moment, bei dem die volle Querschnittsplastizierung erreicht ist. Das elastische Grenzmoment M_{el} ist dadurch definiert, daß die maximale Querschnittsspannung (betragsmäßig) gerade die Fließgrenze β_S erreicht, während M_{pl} das nach Plastizieren aller Querschnittsfasern auftretende, maximal aufnehmbare Moment ist.
Für die Formänderungsberechnung bedeutet diese idealisierte Annahme, daß sich in den Fließgelenken (bei voller Querschnittsplastizierung) Knickwinkel ausbilden, während außerhalb der Fließgelenke mit elastischer oder teilplastizierter Spannungsverteilung weiterhin die linearelastische Momenten-Verkrümmungs-Beziehung $\varkappa = M/EI$ gilt.

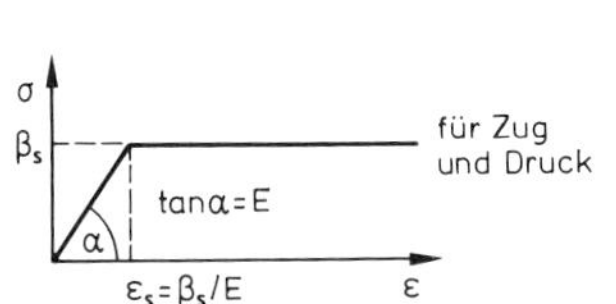

Bild 3.4–1
Idealelastisch-idealplastisches Stoffgesetz

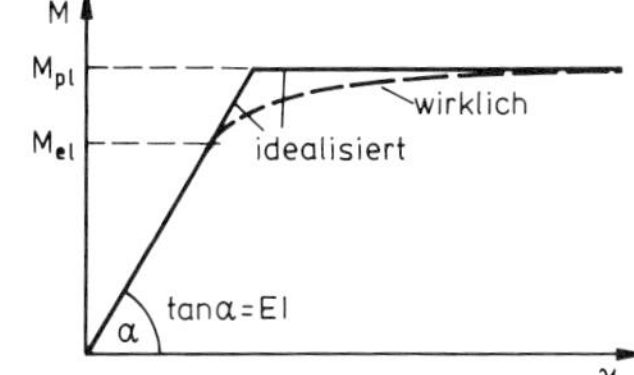

Bild 3.4–2
Idealisierte Momenten-Verkrümmungs-Beziehung

3.4.2 Interaktionsbedingungen

Grundlage für die Anwendung der Fließgelenktheorie sind die Interaktionsbeziehungen. In dem hier ausschließlich behandelten Fall ebener Stabwerke mit Belastung nur in Stabwerksebene beschreiben die Interaktionsbeziehungen diejenigen Kombinationen der Schnittgrößen Biegemoment M, Querkraft Q und Längskraft N, welche zur vollen Plastizierung des Querschnitts führen, d.h. dessen Tragfähigkeit gerade voll ausschöpfen. Diese Interaktionsbeziehungen sind ausschließlich *querschnittsbezogen,* sie sind insbesondere unabhängig davon, ob Theorie I. oder II. Ordnung angewendet wird.
Werden die *Interaktionsbeziehungen* statt mit =Zeichen mit ≤Zeichen geschrieben, so soll von den *Interaktionsbedingungen* gesprochen werden, welche dann alle Kombinationen der vom Querschnitt aufnehmbaren Schnittgrößen beschreiben.
Tabelle 3.4–1 gibt zunächst vereinfachte (empirische) Interaktionsbedingungen an, die speziell für doppeltsymmetrische I-Querschnitte bei Biegung um die „starke" Achse gelten. Nach dieser Tabelle

darf eine Längskraft für $N \leq N_{pl}/11$ und eine Querkraft für $Q \leq Q_{pl}/3$ unberücksichtigt bleiben. Sind beide Bedingungen erfüllt, gilt einfach $M \leq M_{pl}$. M_{pl}, Q_{pl}, N_{pl} stellen jeweils diejenigen Schnittgrößen dar, die bei alleiniger Wirkung zur vollen Querschnittsplastizierung führen.

Tabelle 3.4–1 Vereinfachte Interaktionsbedingungen für doppeltsymmetrische I-Querschnitte bei einachsiger Biegung um die starke Achse und Längskraft

Festlegungen	A Querschnittsfläche $A_S = hs$ Stegfläche h Abstand der Gurtschwerpunkte s Stegblechdicke		
Vorwerte	$N_{pl} = A\beta_S$ $M_{pl} = W_{pl}\beta_S$ $Q_{pl} = A_S\beta_S/\sqrt{3}$		
Schnittgrößen	M, N, Q Beträge von Biegemoment, Längs- und Querkraft		
Interaktions-bedingungen	Gültigkeitsbereich → ↓	$\frac{Q}{Q_{pl}} \leqq \frac{1}{3}$	$\frac{1}{3} \leqq \frac{Q}{Q_{pl}} \leqq 0{,}9$
	$\frac{N}{N_{pl}} \leqq \frac{1}{11}$	$\frac{M}{M_{pl}} \leqq 1$	$\frac{M}{M_{pl}} + 0{,}45\frac{Q}{Q_{pl}} \leqq 1{,}15$
	$\frac{1}{11} \leqq \frac{N}{N_{pl}} \leqq 1$	$\frac{M}{1{,}1\,M_{pl}} + \frac{N}{N_{pl}} \leqq 1$	$\frac{M}{M_{pl}} + 1{,}1\frac{N}{N_{pl}} + 0{,}45\frac{Q}{Q_{pl}} \leqq 1{,}25$

Für zahlreiche weitere Fälle sind in Tabelle 3.4–2 hergeleitete Interaktionsbedingungen angegeben. Allen Herleitungen – sie können aus [16] entnommen werden – liegt die vereinfachende und auf der sicheren Seite liegende Annahme zugrunde, daß die Steg-, Flansch- bzw. Wanddicken gegenüber den Querschnittshöhen oder -breiten vernachlässigbar sind. In dem den beiden Tabellen gemeinsamen Anwendungsbereich liefern die Interaktionsbedingungen der Tabelle 3.4–2 in der Regel etwas günstigere Werte, sie sind aber wegen des auftretenden Querschnittsparameters δ auch rechenaufwendiger.
Die praktische Anwendung der beiden Tabellen erfolgt in der Form, daß zunächst für die maßgebenden Querschnitte die Einhaltung der Interaktionsbedingungen überprüft wird und bei deren Verletzung an den entsprechenden Stellen Fließgelenke eingeführt werden, deren Momente dann – gegebenenfalls in Abhängigkeit der gleichzeitig vorhandenen Längs- und Querkraft – aus den Interaktionsbeziehungen (mit =Zeichen) berechnet werden.

3.4.3 Möglichkeiten der baustatischen Berücksichtigung eines Fließgelenks

In baustatischer Hinsicht stellt ein *Fließgelenk* eine Querschnittsstelle dar, an der das *Biegemoment bekannt* ist und an der ein *Knickwinkel unbekannter Größe* auftritt, mit der Nebenbedingung, daß (vgl. Bild 3.1–10) die Momentenzugseite an der Außenseite des Knickwinkels liegen muß.
Für die Erfassung eines Fließgelenks bei der baustatischen Berechnung liegen zwei grundsätzlich verschiedene Möglichkeiten vor:
1. Möglichkeit
Das Fließgelenk wird als *Gelenk* mit einem eingeprägten Doppelmoment von bekannter Größe angesehen. Die Ausbildung eines Fließgelenks führt in diesem Fall zu einer *Systemänderung.*
2. Möglichkeit
Das Fließgelenk wird als Querschnitt angesehen, in dem ein *eingeprägter Knickwinkel* von unbekannter Größe vorhanden ist. Die Ausbildung eines Fließgelenks führt in diesem Fall *nicht* zu einer *Systemänderung;* allerdings tritt pro Fließgelenk eine zusätzliche Unbekannte – nämlich der Knickwinkel – auf. Die weitere hierfür erforderliche Bestimmungsgleichung wird dadurch erhalten, daß das Moment an der Fließgelenkstelle in Abhängigkeit der Unbekannten des betreffenden Verfahrens formuliert und dem aus der Interaktionsbeziehung errechneten Moment gleichgesetzt wird.

3.4.4 Grundformeln für den Einzelstab mit Fließgelenk

3.4.4.1 Stab mit Gelenk im Feld (1. Möglichkeit)

Es wird der Stab *ik* mit dem Gelenk an der beliebigen Stelle f und dem dort vorhandenen eingeprägten Doppelmoment M_f betrachtet; die Lagerung der Stabenden bleibt noch offen. Wie bisher wird angenommen, daß die Biegesteifigkeit EI, die Schubsteifigkeit S und die Längskraft N konstant sind.
Die folgenden Ausführungen sind nur für den Fall eines *im Feld* auftretenden Fließgelenks von Bedeutung, da Gelenke am Stabende einschließlich dort eingeprägter Momente bereits mit den für Elastizitätstheorie aufgestellten Formeln berücksichtigt werden können.

Zur Formulierung der *Gleichgewichtsbedingung* zwischen den Momenten M_i, M_f, M_k und der Stabquerlast wird das Prinzip der virtuellen Verrückung verwendet. Bild 3.4–3 zeigt den hierfür maßgebenden Kraftzustand einschließlich der nach Theorie II. Ordnung anzusetzenden Kräftepaare $N(\psi_{if} + \psi_{if}^0)$ und $N(\psi_{fk} + \psi_{fk}^0)$ und den gewählten virtuellen Verschiebungszustand. Die Kräfte A_{if}, A_{fi}, A_{fk}, A_{kf} sind die aus der Querbelastung hervorgehenden Knotenkräfte, welche zur Berechnung der äußeren virtuellen Arbeit benötigt werden (A_{if}, A_{fi} Auflagerkräfte des Balkens *if* und A_{fk}, A_{kf} des Balkens *fk* auf 2 Stützen aus Querbelastung).
Das Prinzip der virtuellen Verrückung gemäß Gl. (3.1–72) liefert

$$M_i \alpha' - M_f + M_k \alpha + [A_f + N(\psi_{if} + \psi_{if}^0) - N(\psi_{fk} + \psi_{fk}^0)]\, \alpha\alpha' l = 0 \tag{3.4–1}$$

Aus kinematischen Gründen gilt

$$[(\psi_{if} + \psi_{if}^0) - (\psi_{fk} + \psi_{fk}^0)]\, \alpha\alpha' l = \Delta w_f + \Delta w_f^V \tag{3.4–2}$$

wobei $\Delta w_f + \Delta w_f^V$ die Biegeordinate einschließlich Vorverformungsanteil relativ zur Stabsehne im Punkt *f* ist. Wegen der parabolischen Vorverformungslinie gilt $\Delta w_f^V = 4\,\alpha\alpha' w^0$. Nach Einsetzen dieser Beziehungen lautet die Gleichgewichtsbedingung

$$\alpha' M_i + \alpha M_k - M_f + \alpha\alpha' A_f^* l + N \Delta w_f = 0 \tag{3.4–3}$$

mit

$$A_f^* = A_f + 4N \frac{w^0}{l} \tag{3.4–4}$$

Für A_f^* wird die gleiche Formel erhalten, wenn die Vorkrümmung über die Ersatzgleichlast der Größe $8\,Nw^0/l^2$ erfaßt wird (vgl. Bild 3.1–6a).
Zur Formulierung der *kinematischen Beziehungen* sind in Bild 3.4–4 die Verschiebungen relativ zur Stabsehne (ohne Vorverformungsanteile) und die dabei auftretenden Relativdrehwinkel aufgetragen. Im einzelnen treten auf: der Drehwinkel

ϕ_i des Querschnitts in *i* relativ zur Sehne *ik*,
ϕ_{if} des Querschnitts in *i* relativ zur Sehne *if*,
ϕ_{fi} des Querschnitts in *f* relativ zur Sehne *if*,
ϕ_{fk} des Querschnitts in *f* relativ zur Sehne *fk*,
ϕ_{kf} des Querschnitts in *k* relativ zur Sehne *fk*,
ϕ_k des Querschnitts in *k* relativ zur Sehne *ik*,
ϕ_f = Relativdrehwinkel der beiden Querschnitte im Gelenk *f*.

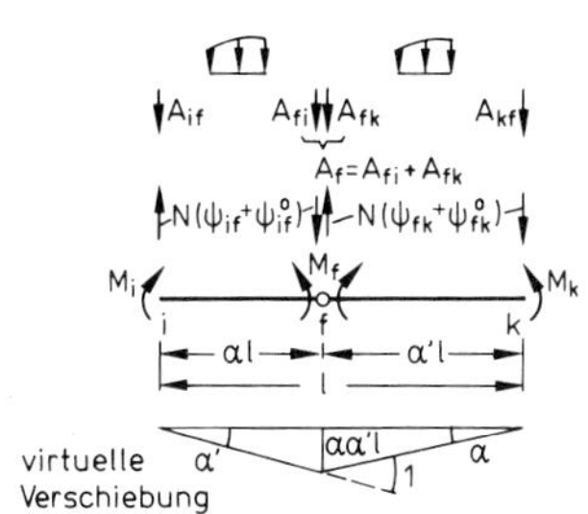

Bild 3.4–3
Kraftzustand und virtueller Verschiebungszustand für die Formulierung des Gleichgewichts nach dem Prinzip der virtuellen Verrückung

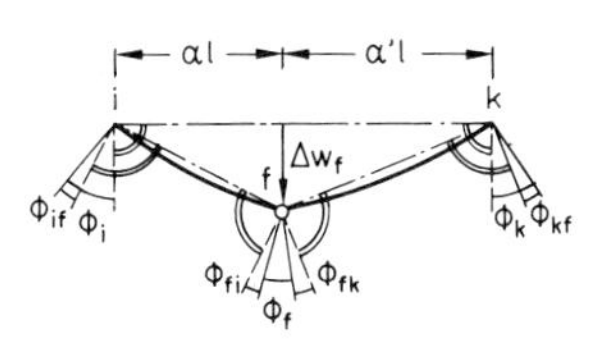

Bild 3.4–4
Verschiebungen und Drehwinkel relativ zur Stabsehne (ohne Vorverformungsanteil)

Aus Bild 3.4–4 können folgende kinematische Beziehungen abgelesen werden:

$$\phi_i = \phi_{if} + \frac{\Delta w_f}{\alpha l} \tag{3.4–5}$$

$$\phi_k = \phi_{kf} + \frac{\Delta w_f}{\alpha' l} \tag{3.4–6}$$

Nach dem Prinzip der virtuellen Kräfte kann der Knickwinkel ϕ_f im Gelenk berechnet werden aus

$$\phi_f = \frac{1}{\alpha'}(\phi_i - \phi_{if}) - \phi_{fi} - \phi_{fk} \tag{3.4–7}$$

oder

$$\phi_f = \frac{1}{\alpha}(\phi_k - \phi_{kf}) - \phi_{fi} - \phi_{fk} \tag{3.4–8}$$

Tabelle 3.4–2 Interaktionsbedingungen für T-, I-, Π- und ⊔̄-Querschnitte bei einachsiger Biegung und Längskraft sowie für ◎-Querschnitte bei zweiachsiger Biegung und Längskraft

	Biegung um *y*-Achse	
	einfachsymmetrisch	doppeltsymmetrisch
Querschnittsform	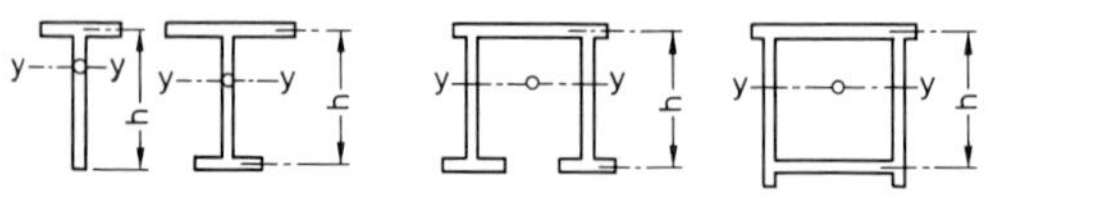 y—y, h (T-, I-, Π- und Kasten-Querschnitte)	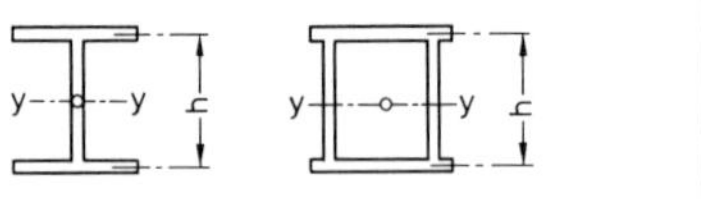 y—y, h (I- und Kasten-Querschnitte)
Festlegungen	h Abstand der Gurtschwerpunkte A_3 Fläche des Steges bzw. beider Stege zusammen, wobei als Steghöhe h anzusetzen ist A_1 Gurtfläche auf Momentendruckseite A_2 Gurtfläche auf Momentenzugseite M Betrag des Biegemoments N Längskraft, Druck pos., Zug neg. Q Betrag der Querkraft	h Abstand der Gurtschwerpunkte A Querschnittsfläche A_S Fläche des Steges bzw. beider Stege zusammen, wobei als Steghöhe h anzusetzen ist M, N, Q Beträge von Biegemoment, Längs- und Querkraft
Vorwerte	$Q_{pl} = A_3 \beta_S/\sqrt{3}$ $Q/Q_{pl} \leq \frac{1}{3}: \ \eta = 1$ $Q/Q_{pl} > \frac{1}{3}: \ \eta = \sqrt{1-(Q/Q_{pl})^2}$ $A_r = A_1 + A_2 + \eta A_3$ $\delta_1 = A_1/A_r, \quad \delta_2 = A_2/A_r, \quad \delta_3 = \eta A_3/A_r$ $N_{pl,Q} = A_r \beta_S$	$Q_{pl} = A_S \beta_S/\sqrt{3}$ $Q/Q_{pl} \leq \frac{1}{3}: \ \eta = 1$ $Q/Q_{pl} > \frac{1}{3}: \ \eta = \sqrt{1-(Q/Q_{pl})^2}$ $A_r = A - (1-\eta) A_S$ $\delta = \eta A_S/A_r$ $N_{pl,Q} = A_r \beta_S$ $M_{pl,Q} = \frac{2-\delta}{4} h N_{pl,Q}$
Gültigkeitsbereich und Interaktionsbedingungen	I: $1 - 2\delta_2 \leq \frac{N}{N_{pl,Q}} \leq 1$: $\frac{M}{hN_{pl,Q}} \leq \left(\delta_1 + \frac{1}{2}\delta_3\right)\left(1 - \frac{N}{N_{pl,Q}}\right)$ II: $2\delta_1 - 1 \leq \frac{N}{N_{pl,Q}} \leq 1 - 2\delta_2$: $\frac{M}{hN_{pl,Q}} \leq \left(\delta_1 + \frac{1}{2}\delta_3\right)\left(1 - \frac{N}{N_{pl,Q}}\right) - \frac{1}{4\delta_3}\left(1 - 2\delta_2 - \frac{N}{N_{pl,Q}}\right)^2$ III: $-1 \leq \frac{N}{N_{pl,Q}} \leq 2\delta_1 - 1$: $\frac{M}{hN_{pl,Q}} \leq \left(\delta_2 + \frac{1}{2}\delta_3\right)\left(1 + \frac{N}{N_{pl,Q}}\right)$	I: $0 \leq \frac{N}{N_{pl,Q}} \leq \delta$: $\frac{M}{M_{pl,Q}} + \frac{1}{1-(1-\delta)^2} \cdot \left(\frac{N}{N_{pl,Q}}\right)^2 \leq 1$ II: $\delta \leq \frac{N}{N_{pl,Q}} \leq 1$: $\frac{M}{M_{pl,Q}}\left(1 - \frac{\delta}{2}\right) + \frac{N}{N_{pl,Q}} \leq 1$
Beispiel eines Kurvenverlaufs	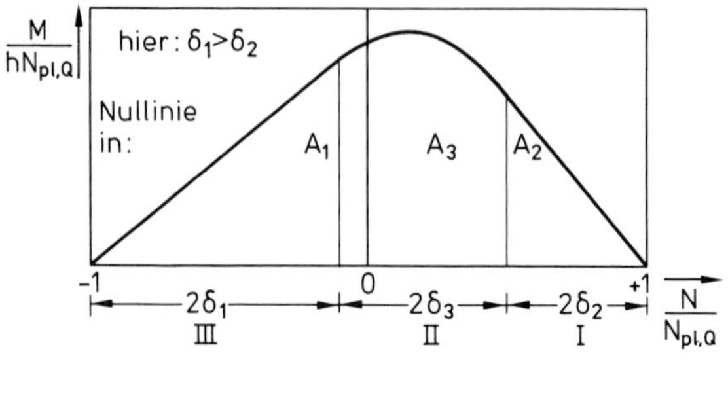 $\frac{M}{hN_{pl,Q}}$; hier: $\delta_1 > \delta_2$; Nullinie in: A_1, A_3, A_2; −1, 0, +1, $\frac{N}{N_{pl,Q}}$; $2\delta_1$ (III), $2\delta_3$ (II), $2\delta_2$ (I)	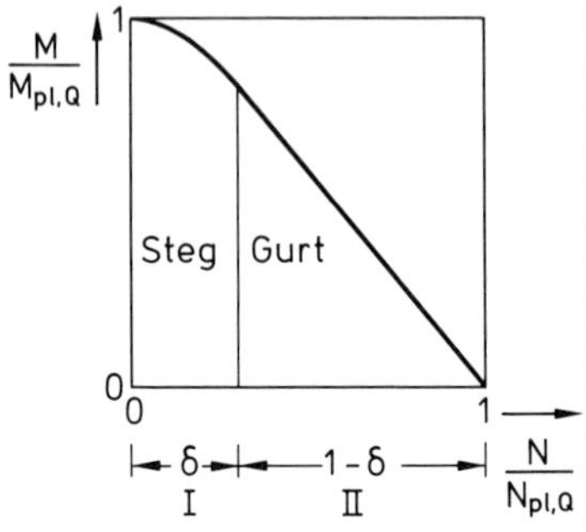 $\frac{M}{M_{pl,Q}}$; 1; Steg, Gurt; 0, 0, 1, $\frac{N}{N_{pl,Q}}$; δ (I), $1-\delta$ (II)

<table>
<tr><td colspan="3">Biegung um z-Achse</td><td rowspan="2">Biegung um y- und z-Achse</td></tr>
<tr><td colspan="3">doppeltsymmetrisch</td></tr>
<tr><td colspan="3"></td><td></td></tr>
<tr><td colspan="3">b Gurtbreite
A_G Fläche eines Gurts ($A_G = b\,t$)
A_S Fläche des Steges ($A_S = A - 2\,A_G$)

M, N, Q Beträge von Biegemoment, Längs- und Querkraft</td><td>d Durchmesser bezogen auf Blechmittelachse
t Wanddicke

M_y, Q_z Schnittkräfte aus Biegung um y-Achse
M_z, Q_y Schnittkräfte aus Biegung um z-Achse
N Betrag der Längskraft</td></tr>
<tr><td colspan="3">$Q_{pl} = 2\,A_G \beta_S/\sqrt{3}$
$Q/Q_{pl} \leq \frac{1}{4}$: $\eta = 1$
$Q/Q_{pl} > \frac{1}{4}$: $\eta = \sqrt{1-(Q/Q_{pl})^2}$
$A_r = 2\,\eta A_G + A_S$
$\delta = A_S/A_r$
$N_{pl,Q} = A_r \beta_S$
$M_{pl,Q} = \frac{1-\delta}{4}\, b\, N_{pl,Q}$</td><td>$Q = \sqrt{Q_y^2 + Q_z^2}$, $M = \sqrt{M_y^2 + M_z^2}$
$Q_{pl} = 2\,d t \beta_S/\sqrt{3}$
$Q/Q_{pl} \leq \frac{1}{4}$: $\eta = 1$
$Q/Q_{pl} > \frac{1}{4}$: $\eta = \sqrt{1-(Q/Q_{pl})^2}$
$A_r = \eta \pi d t$
$N_{pl,Q} = A_r \beta_S$
$M_{pl,Q} = \frac{d}{\pi} N_{pl,Q}$</td></tr>
<tr><td>I</td><td>$0 \leq \frac{N}{N_{pl,Q}} \leq \delta$</td><td>$\frac{M}{M_{pl,Q}} \leq 1$</td><td rowspan="2">$\frac{M}{M_{pl,Q}} \leq \cos\left(\frac{N}{N_{pl,Q}} \frac{\pi}{2}\right)$</td></tr>
<tr><td>II</td><td>$\delta \leq \frac{N}{N_{pl,Q}} \leq 1$</td><td>$\frac{M}{M_{pl,Q}} + \left(1 - \frac{1 - N/N_{pl,Q}}{1-\delta}\right)^2 \leq 1$</td></tr>
<tr><td colspan="3">$\frac{M}{M_{pl,Q}}$ 1, 0
Steg | außerhalb Steg
0, 1 $\frac{N}{N_{pl,Q}}$
δ I | 1-δ II</td><td>$\frac{M}{M_{pl,Q}}$ 1, 0
0, 1 $\frac{N}{N_{pl,Q}}$</td></tr>
</table>

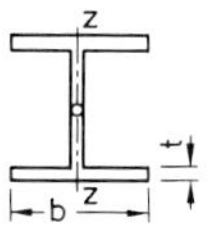

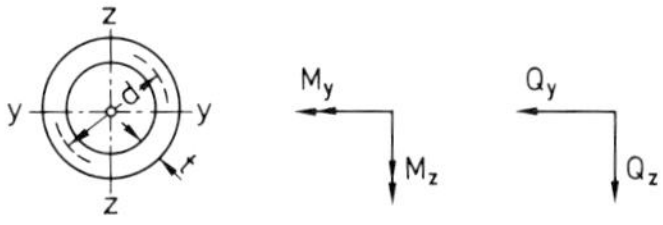

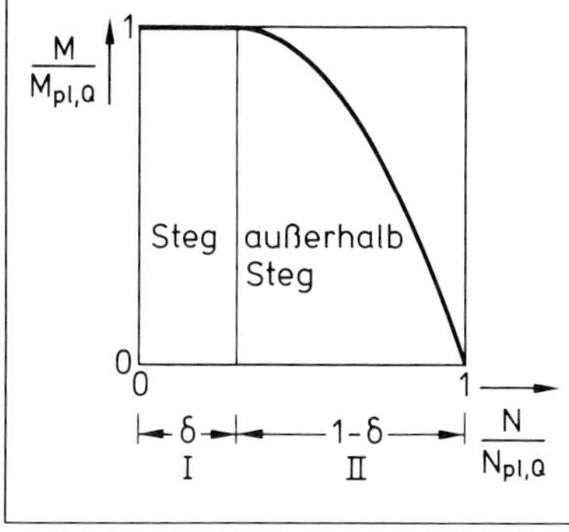

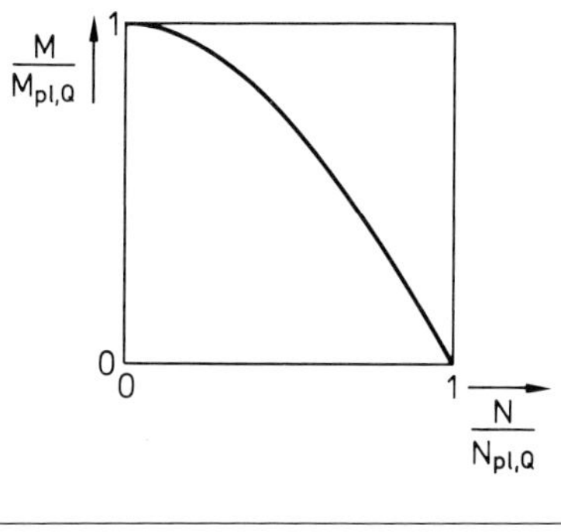

wobei im 1. Fall die virtuellen Momente $\overline{M}_f = 1$, $\overline{M}_k = 0$, $\overline{M}_i = 1/\alpha'$ und im 2. Fall $\overline{M}_f = 1$, $\overline{M}_i = 0$, $\overline{M}_k = 1/\alpha$ verwendet wurden.

Wie bisher gelten für ϕ_i und ϕ_k die Beziehungen

$$\phi_i = \varphi_i - \psi \tag{3.4–9}$$

$$\phi_k = -\varphi_k + \psi \tag{3.4–10}$$

Die maßgebenden Gleichungen für den Einzelstab werden nun dadurch erhalten, daß die Relativdrehwinkel ϕ_{if}, ϕ_{fi} in Abhängigkeit von M_i, M_f und der Querlast im Bereich *if* und ϕ_{fk}, ϕ_{kf} in Abhängigkeit von M_f, M_k und der Querlast im Bereich *fk* nach Tabelle 3.1–2 angeschrieben und in die vorstehenden Beziehungen eingeführt werden. Im einzelnen erhält man unter Berücksichtigung von $l_{if} = \alpha l$, $\varepsilon_{if} = \alpha\varepsilon$, $\varrho_{if} = \varrho/\alpha^2$ bzw. $l_{fk} = \alpha' l$, $\varepsilon_{fk} = \alpha'\varepsilon$, $\varrho_{fk} = \varrho/\alpha'^2$ aus Tabelle 3.1–2
für Theorie II. Ordnung

$$\phi_{if} = \frac{1}{Nl}\left(\frac{1}{\alpha} - \frac{\varepsilon}{\gamma \tan \varepsilon\alpha}\right) M_i + \frac{1}{Nl}\left(\frac{\varepsilon}{\gamma \sin \varepsilon\alpha} - \frac{1}{\alpha}\right) M_f + \phi_{if}^q \tag{3.4–11}$$

$$\phi_{fi} = \frac{1}{Nl}\left(\frac{\varepsilon}{\gamma \sin \varepsilon\alpha} - \frac{1}{\alpha}\right) M_i + \frac{1}{Nl}\left(\frac{1}{\alpha} - \frac{\varepsilon}{\gamma \tan \varepsilon\alpha}\right) M_f + \phi_{fi}^q \tag{3.4–12}$$

$$\phi_{fk} = \frac{1}{Nl}\left(\frac{1}{\alpha'} - \frac{\varepsilon}{\gamma \tan \varepsilon\alpha'}\right) M_f + \frac{1}{Nl}\left(\frac{\varepsilon}{\gamma \sin \varepsilon\alpha'} - \frac{1}{\alpha'}\right) M_k + \phi_{fk}^q \tag{3.4–13}$$

$$\phi_{kf} = \frac{1}{Nl}\left(\frac{\varepsilon}{\gamma \sin \varepsilon\alpha'} - \frac{1}{\alpha'}\right) M_f + \frac{1}{Nl}\left(\frac{1}{\alpha'} - \frac{\varepsilon}{\gamma \tan \varepsilon\alpha'}\right) M_k + \phi_{kf}^q \tag{3.4–14}$$

für Theorie I. Ordnung

$$\phi_{if} = \left(\frac{\alpha}{3} + \frac{\varrho}{\alpha}\right) \frac{l}{EI} M_i + \left(\frac{\alpha}{6} - \frac{\varrho}{\alpha}\right) \frac{l}{EI} M_f + \phi_{if}^q \tag{3.4–15}$$

$$\phi_{fi} = \left(\frac{\alpha}{6} - \frac{\varrho}{\alpha}\right) \frac{l}{EI} M_i + \left(\frac{\alpha}{3} + \frac{\varrho}{\alpha}\right) \frac{l}{EI} M_f + \phi_{fi}^q \tag{3.4–16}$$

$$\phi_{fk} = \left(\frac{\alpha'}{3} + \frac{\varrho}{\alpha'}\right) \frac{l}{EI} M_f + \left(\frac{\alpha'}{6} - \frac{\varrho}{\alpha'}\right) \frac{l}{EI} M_k + \phi_{fk}^q \tag{3.4–17}$$

$$\phi_{kf} = \left(\frac{\alpha'}{6} - \frac{\varrho}{\alpha'}\right) \frac{l}{EI} M_f + \left(\frac{\alpha'}{3} + \frac{\varrho}{\alpha'}\right) \frac{l}{EI} M_k + \phi_{kf}^q \tag{3.4–18}$$

Der obere Index q weist darauf hin, daß es sich um die Anteile nur aus Querlast handelt, welche ebenfalls aus Tabelle 3.1–2 bestimmt werden. Die Größen ϕ_{fi}, ϕ_{fk} werden nur benötigt, wenn (nach Abschluß der Rechnung) auch der Knickwinkel ϕ_f im Gelenk berechnet werden soll.

Für das weitere Vorgehen ist zwischen Theorie I. und II. Ordnung zu unterscheiden, da für beide Theorien grundsätzliche Unterschiede sowohl in der mathematischen Formulierung als auch im mechanischen Verhalten bestehen.

Für *Theorie II. Ordnung* kann Δw_f aus (3.4–3) bestimmt und in (3.4–5), (3.4–6) eingeführt werden. Es liegen dann nur noch zwei kinematische Beziehungen vor, für die das Gleichgewicht identisch erfüllt ist. Genau wie beim Stab ohne Gelenk ist es dann möglich, ϕ_i und ϕ_k in Abhängigkeit der Stabendmomente M_i, M_k und der Stabquerlast anzugeben, d.h. für die Berechnung von ϕ_i und ϕ_k kann eine zu Tabelle 3.1–2 analoge Tabelle aufgestellt werden.

Für *Theorie I. Ordnung* ist diese Vorgehensweise wegen des entfallenden Terms $N\Delta w_f$ in (3.4–3) nicht möglich. Hier ist Δw_f aus den beiden Gleichungen (3.4–5), (3.4–6) zu eliminieren; die sich ergebende Gleichung ist dann eine reine Verträglichkeitsbedingung, während (3.4–3) eine reine Gleichgewichtsbedingung darstellt. Eine zu Tabelle 3.1–2 analoge Tabelle läßt sich für den Gelenkstab hier nicht angeben.

Mechanisch besteht der genannte Unterschied darin, daß für den an beiden Enden *i, k* gelenkig gelagerten Stab mit dem Gelenk *f* im Feld bei vorgegebenen Momenten M_i, M_k, M_f und vorgegebener Querlast *nur* im Fall der Theorie II. Ordnung eine Gleichgewichtslage existiert, während dies bei Theorie I. Ordnung wegen des vorliegenden kinematischen Systems nicht der Fall ist. Das bei Theorie

II. Ordnung vorliegende instabile Gleichgewicht des hier betrachteten Einzelstabes ist ohne Bedeutung, vielmehr ist stets nur die Stabilität des Gleichgewichts des wirklich vorhandenen Systems von Interesse.

Theorie II. Ordnung

Die Auflösung von (3.4–3) nach Δw_f liefert zunächst

$$\Delta w_f = \frac{1}{N}\left(-\alpha' M_i - \alpha M_k + M_f - \alpha\alpha' A_f^* l\right) \tag{3.4–19}$$

Diese Beziehung sowie (3.4–11) werden in (3.4–5) eingeführt, womit ϕ_i in Abhängigkeit der Momente M_i, M_k, M_f und der Querlast formuliert ist

$$\phi_i = -\left(\frac{\varepsilon}{\gamma \tan \varepsilon\alpha} - 1\right)\frac{M_i}{Nl} - \frac{M_k}{Nl} + \frac{\varepsilon}{\gamma \sin \varepsilon\alpha}\frac{M_f}{Nl} - \alpha' \frac{A_f^*}{N} + \phi_{if}^q \tag{3.4–20}$$

Analog erhält man durch Einführung von (3.4–19) und (3.4–14) in (3.4–6)

$$\phi_k = -\frac{M_i}{Nl} - \left(\frac{\varepsilon}{\gamma \tan \varepsilon\alpha'} - 1\right)\frac{M_k}{Nl} + \frac{\varepsilon}{\gamma \sin \varepsilon\alpha'}\frac{M_f}{Nl} - \alpha \frac{A_f^*}{N} + \phi_{kf}^q \tag{3.4–21}$$

Tabelle 3.4–3 enthält die Relativdrehwinkel ϕ_i, ϕ_k der Stabenden, getrennt für die Einflüsse aus M_i, M_k, M_f sowie aus den wichtigsten Querlastfällen. Diese für den Stab mit Gelenk gültige Tabelle entspricht der Tabelle 3.1–2 (Spalten ϕ_i, ϕ_k) für den Stab ohne Gelenk. Ihre Anwendung kann in gleicher Weise vorgenommen werden; dies gilt insbesondere für folgende mit den Winkelgewichten formulierte Verfahren: Mohrsche Analogie, Mohrsches Verfahren für rahmenartige Systeme und Prinzip der virtuellen Kräfte sowie auch für die Dreimomentengleichung 2. Art und die beschriebenen Kraftgrößenverfahren, wobei gegebenenfalls zusätzlich $\phi_i = \varphi_i - \psi$ und $\phi_k = -\varphi_k + \psi$ zu berücksichtigen ist. Somit können die genannten Verfahren in der prinzipiell gleichen Weise auch dann angewendet werden, wenn Stäbe mit einem Fließgelenk oder auch einem wirklichen Gelenk vorhanden sind. Dies gilt jedoch nur für Theorie II. Ordnung.
Speziell für das Drehwinkelverfahren, bei dem die Stabendmomente M_i, M_k in Abhängigkeit der Stabenddrehwinkel φ_i, φ_k und des Stabdrehwinkels ψ sowie der Querlast zu formulieren sind, werden für den Einzelstab mit Gelenk weitere Formeln benötigt; diese lassen sich aus den beiden Formeln (3.4–20), (3.4–21) wieder in der gleichen Weise herleiten wie dies für den Stab ohne Gelenk durchgeführt worden ist.

Die Formeln (3.4–20), (3.4–21) werden zunächst in der Form

$$Nl\phi_i = Nl(\varphi_i - \psi) = -g_i M_i - M_k + Nl\phi_i^q \tag{3.4–22}$$

$$Nl\phi_k = Nl(-\varphi_k + \psi) = -M_i - g_k M_k + Nl\phi_k^q \tag{3.4–23}$$

geschrieben, wobei ϕ_i^q und ϕ_k^q die (bekannten) Anteile nur aus M_f und der Querlast des Stabes darstellen und aus Tabelle 3.4–3 zu bestimmen sind. Für die Vorzahlen gilt

$$g_i = \frac{\varepsilon}{\gamma \tan \varepsilon\alpha} - 1 \tag{3.4–24}$$

$$g_k = \frac{\varepsilon}{\gamma \tan \varepsilon\alpha'} - 1 \tag{3.4–25}$$

Grundformeln des beidseitig eingespannten Stabes für das Drehwinkelverfahren

Diese Formeln werden durch Auflösen der beiden Gleichungen (3.4–22), (3.4–23) nach M_i und M_k erhalten. In Anpassung an die Vorzeichenregelung des Drehwinkelverfahrens (s. Bild 3.3–14) ist hier das *Vorzeichen* von M_k *umzukehren*. Somit ergibt sich

$$M_i = \frac{Nl}{1 - g_i g_k}\left[g_k(\varphi_i - \psi - \phi_i^q) + \varphi_k - \psi + \phi_k^q\right] \tag{3.4–26}$$

$$M_k = \frac{Nl}{1 - g_i g_k}\left[g_i(\varphi_k - \psi + \phi_k^q) + \varphi_i - \psi - \phi_i^q\right] \tag{3.4–27}$$

Verwendet man wieder wie im Unterabschnitt 3.3.2.1 die C-fachen quergestrichenen Drehwinkel $\overline{\varphi}$, $\overline{\psi}$ ($C = EI_c/l_c$), so können die Beziehungen in der Form geschrieben werden

$$M_i = M_i^0 + \varkappa_i \overline{\varphi}_i + \lambda \overline{\varphi}_k - \eta_i \overline{\psi} \tag{3.4–28}$$

$$M_k = M_k^0 + \varkappa_k \overline{\varphi}_k + \lambda \overline{\varphi}_i - \eta_k \overline{\psi} \tag{3.4–29}$$

Tabelle 3.4–3 Stabenddrehwinkel ϕ_i, ϕ_k relativ zur Sehne ik in Abhängigkeit der Stabendmomente M_i, M_k, des eingeprägten Gelenkmomentes M_f und der Querlast für beliebig gelagerten Stab mit Gelenk im Feld sowie mit der Biegesteifigkeit $EI=$ const, der Schubsteifigkeit $S=$ const, der Längskraft $N=$ const nach Theorie II. Ordnung

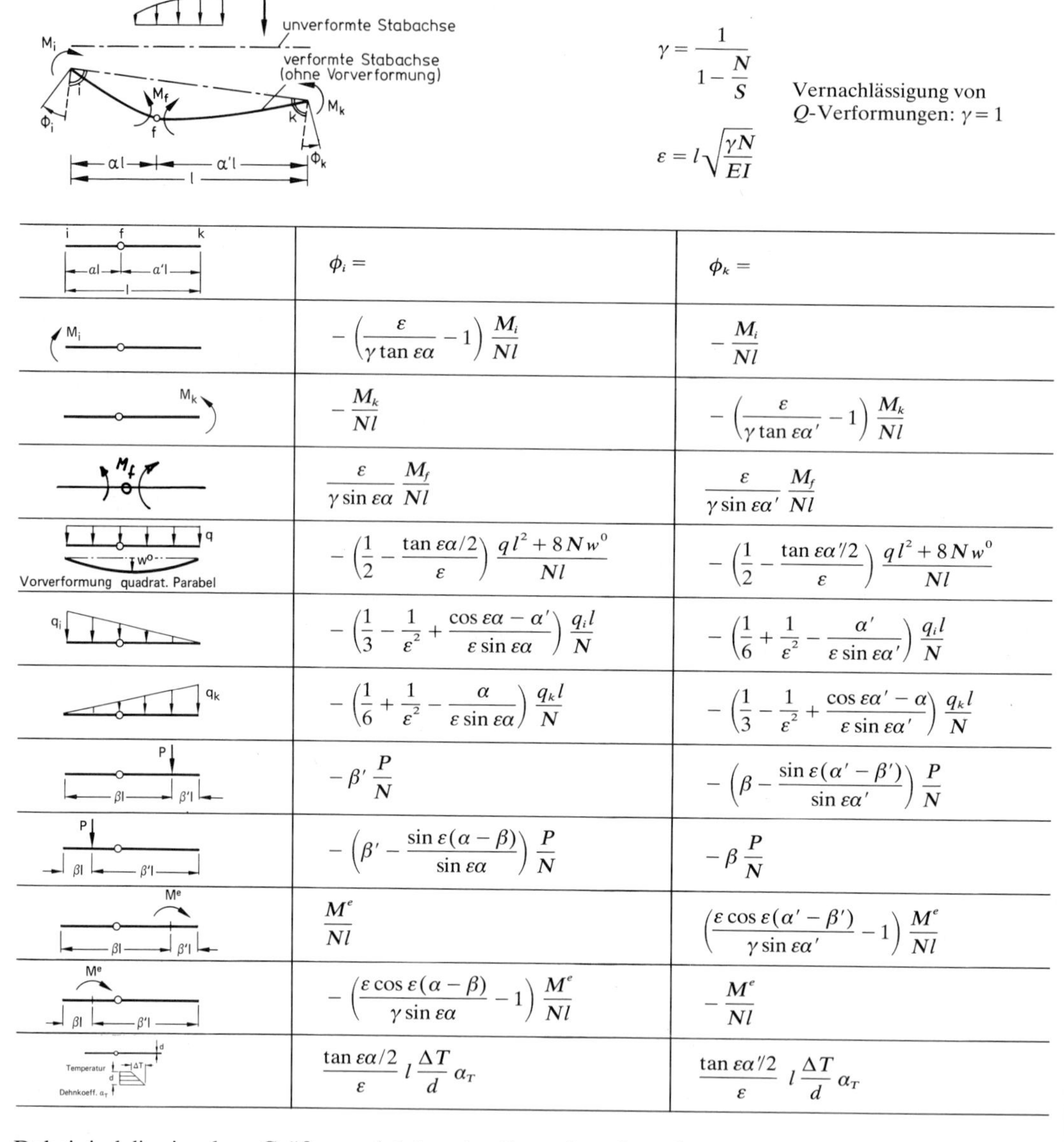

$$\gamma = \frac{1}{1-\dfrac{N}{S}}$$

Vernachlässigung von Q-Verformungen: $\gamma = 1$

$$\varepsilon = l\sqrt{\frac{\gamma N}{EI}}$$

i — f — k (αl, $\alpha' l$, l)	$\phi_i =$	$\phi_k =$
M_i	$-\left(\dfrac{\varepsilon}{\gamma \tan \varepsilon\alpha}-1\right)\dfrac{M_i}{Nl}$	$-\dfrac{M_i}{Nl}$
M_k	$-\dfrac{M_k}{Nl}$	$-\left(\dfrac{\varepsilon}{\gamma \tan \varepsilon\alpha'}-1\right)\dfrac{M_k}{Nl}$
M_f	$\dfrac{\varepsilon}{\gamma \sin \varepsilon\alpha}\,\dfrac{M_f}{Nl}$	$\dfrac{\varepsilon}{\gamma \sin \varepsilon\alpha'}\,\dfrac{M_f}{Nl}$
q, w^0 — Vorverformung quadrat. Parabel	$-\left(\dfrac{1}{2}-\dfrac{\tan \varepsilon\alpha/2}{\varepsilon}\right)\dfrac{ql^2+8Nw^0}{Nl}$	$-\left(\dfrac{1}{2}-\dfrac{\tan \varepsilon\alpha'/2}{\varepsilon}\right)\dfrac{ql^2+8Nw^0}{Nl}$
q_i	$-\left(\dfrac{1}{3}-\dfrac{1}{\varepsilon^2}+\dfrac{\cos\varepsilon\alpha-\alpha'}{\varepsilon\sin\varepsilon\alpha}\right)\dfrac{q_i l}{N}$	$-\left(\dfrac{1}{6}+\dfrac{1}{\varepsilon^2}-\dfrac{\alpha'}{\varepsilon\sin\varepsilon\alpha'}\right)\dfrac{q_i l}{N}$
q_k	$-\left(\dfrac{1}{6}+\dfrac{1}{\varepsilon^2}-\dfrac{\alpha}{\varepsilon\sin\varepsilon\alpha}\right)\dfrac{q_k l}{N}$	$-\left(\dfrac{1}{3}-\dfrac{1}{\varepsilon^2}+\dfrac{\cos\varepsilon\alpha'-\alpha}{\varepsilon\sin\varepsilon\alpha'}\right)\dfrac{q_k l}{N}$
P (βl, $\beta' l$), P rechts vom Gelenk	$-\beta'\dfrac{P}{N}$	$-\left(\beta-\dfrac{\sin\varepsilon(\alpha'-\beta')}{\sin\varepsilon\alpha'}\right)\dfrac{P}{N}$
P (βl, $\beta' l$), P links vom Gelenk	$-\left(\beta'-\dfrac{\sin\varepsilon(\alpha-\beta)}{\sin\varepsilon\alpha}\right)\dfrac{P}{N}$	$-\beta\dfrac{P}{N}$
M^e (βl, $\beta' l$), rechts vom Gelenk	$\dfrac{M^e}{Nl}$	$\left(\dfrac{\varepsilon\cos\varepsilon(\alpha'-\beta')}{\gamma\sin\varepsilon\alpha'}-1\right)\dfrac{M^e}{Nl}$
M^e (βl, $\beta' l$), links vom Gelenk	$-\left(\dfrac{\varepsilon\cos\varepsilon(\alpha-\beta)}{\gamma\sin\varepsilon\alpha}-1\right)\dfrac{M^e}{Nl}$	$-\dfrac{M^e}{Nl}$
Temperatur ΔT, d, Dehnkoeff. α_T	$\dfrac{\tan\varepsilon\alpha/2}{\varepsilon}\,l\,\dfrac{\Delta T}{d}\,\alpha_T$	$\dfrac{\tan\varepsilon\alpha'/2}{\varepsilon}\,l\,\dfrac{\Delta T}{d}\,\alpha_T$

Dabei sind die einzelnen Größen nach folgenden Formeln zu berechnen:

$$\chi = \frac{1}{1-g_i g_k} \quad \text{(Hilfswert)} \tag{3.4–30}$$

$$M_i^0 = \chi(-g_k N l \phi_i^q + N l \phi_k^q) \tag{3.4–31}$$

$$M_k^0 = \chi(g_i N l \phi_k^q - N l \phi_i^q) \tag{3.4–32}$$

$$\lambda = \chi\frac{\varepsilon^2}{\gamma}k \tag{3.4–33}$$

$$\varkappa_i = g_k \lambda \tag{3.4–34}$$

$$\varkappa_k = g_i \lambda \tag{3.4–35}$$

$$\eta_i = \varkappa_i + \lambda \tag{3.4–36}$$

$$\eta_k = \varkappa_k + \lambda \tag{3.4–37}$$

Für die bezogene Steifigkeit k des Stabes gilt wieder (vgl. (3.3–97))

$$k = \frac{l_c I}{l I_c} \tag{3.4–38}$$

wobei I_c und l_c beliebige Bezugswerte sind.
Eine tabellarische Darstellung der Formeln für die Volleinspannmomente M_i^0, M_k^0 erübrigt sich, da diese mit den Größen ϕ_i^q und ϕ_k^q nach Tabelle 3.4–3 gemäß den Formeln (3.4–31) bzw. (3.4–32) leicht berechnet werden können, d.h. die zu Tabelle 3.1–3 analoge Tabelle für den hier betrachteten Stab mit Gelenk entfällt.

Grundformel für den am Ende i eingespannten und am Ende k gelenkig gelagerten Stab

In diesem Fall ist lediglich Formel (3.4–22) nach M_i aufzulösen, während Formel (3.4–23) in der Regel nicht benötigt wird, es sei denn, am Stabende k ist nach Abschluß der Berechnung der Querschnittsdrehwinkel φ_k zu bestimmen.
Bei entsprechendem Vorgehen wie für den beidseitig eingespannten Stab und nach *Umkehrung des Vorzeichens* von M_k erhält man hier

$$M_i = M_i^0 + \varkappa_i \overline{\varphi}_i - \varkappa_i \overline{\psi} \tag{3.4–39}$$

mit

$$M_i^0 = \frac{1}{g_i}\,(N l \phi_i^q + M_k) \tag{3.4–40}$$

$$\varkappa_i = -\frac{1}{g_i}\frac{\varepsilon^2}{\gamma}\,k \tag{3.4–41}$$

Definiert man für den vorliegenden Lagerungsfall $\lambda = 0$ und $\eta_i = \varkappa_i$, so gilt Formel (3.4–28) für beide und damit alle möglichen Lagerungsfälle eines Stabes mit Gelenk (ein Stab mit freiem Ende und einem Gelenk oder Fließgelenk ist ausgeschlossen).
Die Darstellung der Volleinspannmomente M_i^0 in einer Tabelle (welche dann der Tabelle 3.1–4 entsprechen würde) kann wegen der Einfachheit der Formel (3.4–40) auch hier entfallen.
Ist das Ende k eingespannt und das Ende i gelenkig gelagert, so sind in den Formeln (3.4–39) bis (3.4–41) die Indizes i und k zu vertauschen, und es ist zusätzlich das Vorzeichen von ϕ_i^q umzukehren.

Theorie I. Ordnung

Die *Gleichgewichtsbedingung* (3.4–3) wird hier unabhängig vom Formänderungszustand und lautet

$$\alpha' M_i + \alpha M_k = M_f - \alpha\alpha' A_f l \tag{3.4–42}$$

Wegen der entfallenden Vorverformung ist $A_f = A_f^*$.
Nach Elimination von Δw_f in (3.4–5) und (3.4–6) erhält man als *Verträglichkeitsbedingung*

$$\alpha(\phi_i - \phi_{if}) - \alpha'(\phi_k - \phi_{kf}) = 0 \tag{3.4–43}$$

Führt man weiterhin $\phi_i = \varphi_i - \psi$ und $\phi_k = -\varphi_k + \psi$ ein und ersetzt ϕ_{if}, ϕ_{kf} gemäß (3.4–15) bzw. (3.4–18), so lautet die Verträglichkeitsbedingung

$$\alpha\varphi_i + \alpha'\varphi_k - \psi - \left(\frac{\alpha^2}{3} + \varrho\right)\frac{l}{EI}M_i + \left(\frac{\alpha'^2}{3} + \varrho\right)\frac{l}{EI}M_k + \frac{\alpha' - \alpha}{6}\frac{l}{EI}M_f - \alpha\phi_{if}^q + \alpha'\phi_{kf}^q = 0 \tag{3.4–44}$$

Werden die C-fachen, quergestrichenen Drehwinkel verwendet, so kann diese Beziehung in der Form geschrieben werden

$$\alpha\overline{\varphi}_i + \alpha'\overline{\varphi}_k - \overline{\psi} - \left(\frac{\alpha^2}{3} + \varrho\right)fM_i + \left(\frac{\alpha'^2}{3} + \varrho\right)fM_k + \frac{\alpha' - \alpha}{6}fM_f - \alpha C\phi_{if}^q + \alpha' C\phi_{kf}^q = 0 \tag{3.4–45}$$

wobei wie in Unterabschnitt 3.3.1.2 wieder gilt

$$f = \frac{l I_c}{l_c I} \tag{3.4–46}$$

ϕ_{if}^q, ϕ_{kf}^q sind in Abhängigkeit der vorhandenen Querlast der Tabelle 3.1–2 zu entnehmen, wobei if bzw. fk jeweils als Stab anzusehen ist (vgl. Formeln (3.4–15) bis (3.4–18)).

Die Gleichgewichtsbedingung (3.4–42) und die Verträglichkeitsbedingung (3.4–45) stellen die beiden maßgebenden Gleichungen zur Beschreibung des Stabes mit Gelenk dar.

Grundformeln des beidseitig eingespannten Stabes für das Drehwinkelverfahren

Die Auflösung der beiden Gleichungen (3.4–42), (3.4–45) nach M_i bzw. M_k liefert die für das Drehwinkelverfahren erforderlichen Formeln für den Stab mit Gelenk. Diese können genau wie bei Theorie II. Ordnung in folgender Form geschrieben werden:

$$M_i = M_i^0 + \varkappa_i \overline{\varphi}_i + \lambda \overline{\varphi}_k - \eta_i \overline{\psi} \qquad (3.4\text{–}47)$$

$$M_k = M_k^0 + \varkappa_k \overline{\varphi}_k + \lambda \overline{\varphi}_i - \eta_k \overline{\psi} \qquad (3.4\text{–}48)$$

wobei für M_k wieder das *Vorzeichen umgekehrt* wurde. Die Volleinspannmomente M_i^0, M_k^0 können für die wichtigsten Querlastfälle der Tabelle 3.4–4 entnommen werden. Die Vorzahlen der beiden Formeln gehen ebenfalls aus Tabelle 3.4–4 hervor.

Tabelle 3.4–4 Stabendmomente M_i, M_k für verschiedene Querlast- und Verformungsfälle am beidseitig eingespannten Stab mit einem Gelenk im Feld, mit der Biegesteifigkeit EI = const und der Schubsteifigkeit S = const nach Theorie I. Ordnung

$$\varrho = \frac{EI}{Sl^2}, \qquad \zeta = \frac{1}{\frac{1}{3} - \alpha\alpha' + \varrho},$$ Vernachlässigung von Q-Verformungen: $\varrho = 0$

Vorzeichenfestlegung von M_i, M_k nach Drehwinkelverfahren

M_i, i, f, k, M_k; αl, $\alpha' l$, l	$M_i =$	$M_k =$
M_f	$\zeta\left(\frac{3\alpha'-1}{6}+\varrho\right)M_f$	$-\frac{1}{\alpha}(M_f-\alpha' M_i)$
q	$-\zeta\alpha\left[\frac{\alpha'}{2}\left(\frac{\alpha'^2}{3}+\varrho\right)+\frac{\alpha^4-\alpha'^4}{24}\right]ql^2$	$\alpha'\left(\frac{1}{\alpha}M_i+\frac{1}{2}ql^2\right)$
q_i	$-\zeta\alpha\left[\frac{\alpha'}{6}(1+\alpha')\left(\frac{\alpha'^2}{3}+\varrho\right)+\frac{\alpha^4}{45}+\frac{7\alpha'}{360}(\alpha^4-\alpha'^4)\right]q_i l^2$	$\alpha'\left(\frac{1}{\alpha}M_i+\frac{1+\alpha'}{6}q_i l^2\right)$
q_k	$-\zeta\alpha\left[\frac{\alpha'}{6}(1+\alpha)\left(\frac{\alpha'^2}{3}+\varrho\right)-\frac{\alpha'^4}{45}+\frac{7\alpha}{360}(\alpha^4-\alpha'^4)\right]q_k l^2$	$\alpha'\left(\frac{1}{\alpha}M_i+\frac{1+\alpha}{6}q_k l^2\right)$
P; βl, $\beta' l$	$-\zeta\alpha\beta'\left(\beta'\frac{3\alpha'-\beta'}{6}+\varrho\right)Pl$	$\frac{\alpha'}{\alpha}M_i+\beta' Pl$
P; βl, $\beta' l$	$\frac{\alpha}{\alpha'}M_k-\beta Pl$	$\zeta\alpha'\beta\left(\beta\frac{3\alpha-\beta}{6}+\varrho\right)Pl$
M^e; βl, $\beta' l$	$\zeta\alpha\beta'\left(\alpha'-\frac{\beta'}{2}\right)M^e$	$\frac{\alpha'}{\alpha}M_i-M^e$
M^e; βl, $\beta' l$	$\frac{\alpha}{\alpha'}M_k-M^e$	$\zeta\alpha'\beta\left(\alpha-\frac{\beta}{2}\right)M^e$
Temperatur ΔT, d; Dehnkoeff. α_T	$-\zeta\frac{\alpha}{2}(\alpha-\alpha')\frac{\Delta T}{d}\alpha_T EI$	$\frac{\alpha'}{\alpha}M_i$
φ_i	$\zeta\alpha^2\frac{EI}{l}\varphi_i$	$\zeta\alpha\alpha'\frac{EI}{l}\varphi_i$
φ_k	$\zeta\alpha\alpha'\frac{EI}{l}\varphi_k$	$\zeta\alpha'^2\frac{EI}{l}\varphi_k$
ψ	$-\zeta\alpha\frac{EI}{l}\psi$	$-\zeta\alpha'\frac{EI}{l}\psi$

Unter Berücksichtigung von

$$\frac{1}{C}\frac{EI}{l} = \frac{l_c I}{l I_c} = k \qquad (3.4\text{–}49)$$

erhält man

$$\chi = \frac{k}{\frac{1}{3} - \alpha\alpha' + \varrho} \quad \text{(Hilfswert)} \qquad (3.4\text{–}50)$$

$$\varkappa_i = \alpha^2 \chi \qquad (3.4\text{–}51)$$

$$\lambda = \alpha\alpha' \chi \qquad (3.4\text{–}52)$$

$$\eta_i = \alpha\chi \qquad (3.4\text{–}53)$$

$$\varkappa_k = \alpha'^2 \chi \qquad (3.4\text{–}54)$$

$$\eta_k = \alpha' \chi \qquad (3.4\text{–}55)$$

Wesentlich ist hier die Feststellung, daß der beidseitig eingespannte Stab mit Gelenk für Theorie I. und II. Ordnung nach dem Drehwinkelverfahren einheitlich behandelt werden kann.
Die Grundformel für den am *Ende i eingespannten* und *am Ende k gelenkig gelagerten* Stab (mit Gelenk) wird beim Drehwinkelverfahren der Theorie I. Ordnung nicht benötigt. Der Momentenzustand ist statisch bestimmt; demnach kann der betreffende Stab aus dem System herausgeschnitten und das statisch bestimmte Moment als eingeprägtes Moment auf den Knoten angesetzt werden. Diese Vorgehensweise ist stets zu empfehlen, sie ist aber nur bei Theorie I. Ordnung möglich.

3.4.4.2 Stab mit eingeprägtem Knickwinkel im Feld (2. Möglichkeit)

In diesem Fall wird das Fließgelenk durch einen *eingeprägten, unbekannten Knickwinkel* ϕ_f erfaßt. Die zusätzlich erforderliche Gleichung wird durch die Bedingung erhalten, daß das Moment M_f im Fließgelenk gleich dem sich aus der Interaktionsbeziehung ergebenden Wert sein muß. Die für den Einzelstab erforderlichen Grundformeln nach Theorie I. und II. Ordnung sind durch die Tabellen 3.1–2 bis 3.1–4 bereits vollständig gegeben, da in allen Tabellen ein eingeprägter Knickwinkel als Lastfall berücksichtigt ist. Somit unterscheiden sich hier die Formeln von denen des Stabes ohne Fließgelenk nur durch den Zusatzterm mit dem Knickwinkel ϕ_f.

3.4.4.3 Lage des Fließgelenks im Feld

Die Lage des Fließgelenks ist durch die Bedingung festgelegt, daß das Moment M_f im Fließgelenk Maximalwert der M-Linie im Feld sein muß. Wegen $\mathrm{d}M/\mathrm{d}x = Q$ (eine Momentenstreckenlast sei nicht vorhanden) ist dieses Maximum dann vorhanden, wenn an der betreffenden Stelle die Q-Linie einen *Nulldurchgang* aufweist. Bei positivem max M und einer fallenden Q-Linie muß deshalb für den Stab ik mit der Fließgelenkstelle f gelten

$$Q_{fi} \geq 0 \qquad (3.4\text{–}56)$$

und gleichzeitig

$$Q_{fk} \leq 0 \qquad (3.4\text{–}57)$$

Wenn nicht an der Stelle des Fließgelenkes noch eine Einzellast vorhanden ist, so hat im Fall der *Theorie I. Ordnung* die Querkraft dort einen *stetigen* Nulldurchgang, so daß dann $Q_{fi} = Q_{fk} = Q_f = 0$ gilt, während im Fall der *Theorie II. Ordnung* am Fließgelenk die Q-Linie einen *Sprung* um $Q_{fi} - Q_{fk} = \gamma N \phi_f$ aufweist, was sich mit $R_{fi} = R_{fk}$ und mit Hilfe der Beziehungen (3.1–2) und (3.1–11) zeigen läßt. Dieser für die Theorien grundsätzlich unterschiedliche Sachverhalt ist in Bild 3.4–5 dargestellt.

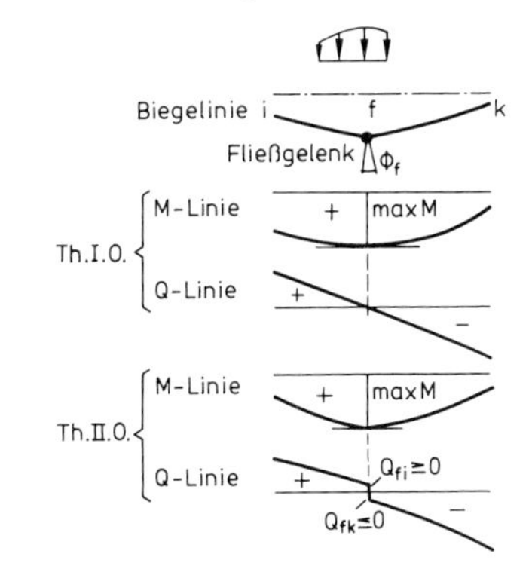

Bild 3.4–5
M- und Q-Verlauf an der Fließgelenkstelle f im Feld nach Theorie I. und II. Ordnung

Aus diesen Überlegungen folgt, daß für einen vorgegebenen Lastzustand die Stelle f des Fließgelenks im Feld nach *Theorie I. Ordnung eindeutig,* nach *Theorie II. Ordnung* aber *nicht eindeutig* festliegt, d. h., daß im letzteren Fall ein ganzer Bereich mechanisch richtiger Lösungen angegeben werden kann. In Wirklichkeit liegt i. a. ein im Verlauf der Laststeigerung wanderndes Fließgelenk vor, und der Endzustand hängt darüber hinaus von der Art der Laststeigerung bzw. der Reihenfolge der Lastaufbringung ab. Beide Effekte können durch die Fließgelenktheorie nicht erfaßt werden, vielmehr begnügt man sich im Rahmen dieser Theorie, *eine* mechanisch richtige Lösung für den *Endzustand* zu finden.
Um praktisch verwertbare Formeln für die Lage des Fließgelenks herleiten zu können, wird der Stab betrachtet, der eine durchgehende Gleichlast q, eine Einzellast P an der Fließgelenkstelle f und eine parabolische Vorkrümmung mit dem Stich w^0 aufweisen kann (Bild 3.4–6). Eine gegebenenfalls vorhandene Vorverdrehung ψ^0 ist für die nachfolgenden Formeln ohne Belang. Ebenfalls ohne Belang hierfür ist ein gegebenenfalls vorhandenes weiteres Fließgelenk am Stabende i oder k.

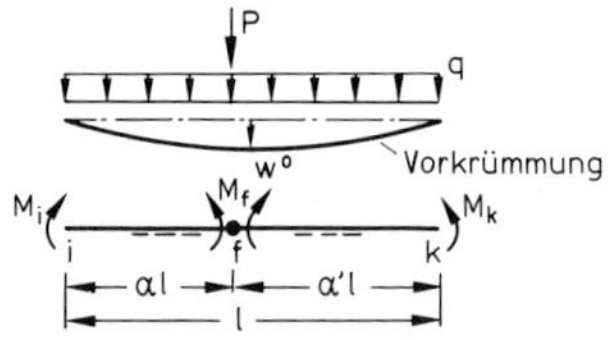

Bild 3.4–6
Betrachteter Querlastfall zur Herleitung der Formeln für die Lage des Fließgelenks im Feld

Theorie II. Ordnung

Nach Tabelle 3.1–6 wird zunächst die Querkraft Q_{fi} berechnet, indem der Stababschnitt if mit der Gleichlast q für die Tabellenformeln zugrunde gelegt wird. Der Vorwert M_0 ist *längenunabhängig,* was mit folgender Umformung unmittelbar einsichtig wird:

$$M_0 = \frac{\gamma}{\varepsilon^2}(ql^2 + 8Nw^0) = \frac{EI}{N}(q + N\varkappa^0) \qquad (3.4\text{–}58)$$

Die Vorkrümmung $\varkappa^0 = 8\,w^0/l^2$ ändert sich genau wie EI, N und q nicht, wenn nur ein Teilabschnitt des Stabes betrachtet wird. Im übrigen gilt $l_{if} = \alpha l$ und $\varepsilon_{if} = \alpha\varepsilon$. Für Q_{fi} erhält man (mit $\varepsilon_{if}/l_{if} = \varepsilon/l$) dann

$$Q_{fi} = \frac{\varepsilon}{l}\left(\frac{M_f + M_0}{\tan\varepsilon\alpha} - \frac{M_i + M_0}{\sin\varepsilon\alpha}\right) \qquad (3.4\text{–}59)$$

Aus (3.4–56) ergibt sich schließlich die *1. Bedingung* für die Lage des Fließgelenks

$$\alpha \leq \frac{1}{\varepsilon}\arccos\frac{M_i + M_0}{M_f + M_0} = \alpha_i \qquad (3.4\text{–}60)$$

In gleicher Weise erhält man mit Hilfe der Querkraft Q_{fk} am linken Ende des Abschnitts fk, wofür die Formel

$$Q_{fk} = \frac{\varepsilon}{l}\left(\frac{M_k + M_0}{\sin\varepsilon\alpha'} - \frac{M_f + M_0}{\tan\varepsilon\alpha'}\right) \qquad (3.4\text{–}61)$$

gilt, und mit (3.4–57) die *2. Bedingung* für die Lage des Fließgelenks

$$\alpha' \leq \frac{1}{\varepsilon}\arccos\frac{M_k + M_0}{M_f + M_0} = \alpha'_k \qquad (3.4\text{–}62)$$

Wenn eine mechanisch richtige Lösung mit $\phi_f > 0$ vorliegt, so ist durch $\alpha \leq \alpha_i$ und $\alpha' \leq \alpha'_k$ stets ein ganzer Bereich zulässiger Lösungen gegeben, d. h., es muß $\alpha_i + \alpha'_k > 1$ sein.
Praktisch wird man so vorgehen, daß, wenn M_i bekannt ist, $\alpha = \alpha_i$ gemäß (3.4–60) und wenn M_k bekannt ist, $\alpha' = \alpha'_k$ gemäß (3.4–62) gesetzt wird. M_i bzw. M_k ist bekannt, wenn z. B. in i bzw. k ein weiteres Fließgelenk oder ein wirkliches Gelenk – evtl. mit einem eingeprägten Moment – vorhanden ist. Wird $\alpha = \alpha_i$ gesetzt, so ist automatisch $\alpha' \leq \alpha'_k$ erfüllt und umgekehrt (sofern eine richtige Lösung mit $\phi_f > 0$ vorliegt).
Ist weder M_i noch M_k bekannt, so ist die Lage des Fließgelenks zu wählen und nach erfolgter statischer Berechnung mit (3.4–60) und (3.4–62) zu überprüfen. Anhaltspunkt für diese Wahl kann die Stelle des maximalen Feldmoments sein, welches vor Einführung des Fließgelenks auftritt.
Der Knickwinkel ϕ_f kann schließlich einfach aus

$$\phi_f = \frac{1}{\gamma N}(Q_{fi} - Q_{fk}) \qquad (3.4\text{–}63)$$

erhalten werden, wobei die beiden Querkräfte aus (3.4–59) und (3.4–61) zu bestimmen sind. Darüber hinaus ist für $\alpha = \alpha_i$ die Querkraft $Q_{fi} = 0$ und für $\alpha' = \alpha'_k$ die Querkraft $Q_{fk} = 0$.

Theorie I. Ordnung

Zur Herleitung der Bedingungen für die Stelle des Fließgelenks wird analog vorgegangen wie bei Theorie II. Ordnung. Aus Tabelle 3.1–6 erhält man hier

$$Q_{fi} = \frac{1}{\alpha l}(M_f - M_i) - \frac{1}{2} q \alpha l \tag{3.4–64}$$

und

$$Q_{fk} = \frac{1}{\alpha' l}(M_k - M_f) + \frac{1}{2} q \alpha' l \tag{3.4–65}$$

Die Bedingung $Q_{fi} \geq 0$ liefert

$$\alpha \leq \sqrt{2 \frac{M_f - M_i}{q l^2}} = \alpha_i \tag{3.4–66}$$

und die Bedingung $Q_{fk} \leq 0$

$$\alpha' \leq \sqrt{2 \frac{M_f - M_k}{q l^2}} = \alpha'_k \tag{3.4–67}$$

Wenn $P = 0$ ist, muß $\alpha_i + \alpha'_k = 1$ sein, d.h. es muß $\alpha = \alpha_i$ und $\alpha' = \alpha'_k$ gelten, und die Lösung ist *eindeutig*. Ist M_i bekannt, wird (3.4–66), ist M_k bekannt, wird (3.4–67) verwendet. Ist weder M_i noch M_k bekannt, muß die Fließgelenkstelle durch Probieren gefunden werden.

3.4.5 Kraftgrößenverfahren bei Berücksichtigung eines Fließgelenks als Gelenk

Die nachfolgenden Ausführungen werden *nur* benötigt, wenn ein *Fließgelenk im Feld* auftritt. Zur Berücksichtigung eines Fließgelenks an einem Stabende können die im Rahmen der Elastizitätstheorie angegebenen Verfahren und Formeln verwendet werden, da dort der Fall eines Gelenks mit eingeprägtem Moment stets enthalten ist.

3.4.5.1 Theorie II. Ordnung

Wegen des grundsätzlich gleichartigen Aufbaus der Formeln für die Stabenddrehwinkel relativ zur Stabsehne beim Stab mit und ohne Fließgelenk im Feld ist hier eine Anwendung aller Kraftgrößenverfahren in der prinzipiell gleichen Weise wie bei Elastizitätstheorie möglich. Für die in den Grundformeln des Einzelstabes auftretenden Koeffizienten gelten modifizierte Formeln, und die Querlastanteile sind aus einer anderen Tabelle zu entnehmen.

Bild 3.4–7
Bezeichnungen am Einzelstab als Teil eines Systems

Zunächst werden die Formeln (3.4–22), (3.4–23) für den in Bild 3.4–7 dargestellten Stab s, der Teil eines Systems sei, formuliert, dabei werden wieder die C-fachen Drehwinkel betrachtet

$$C\varphi_{ij} = a^*_{ij} M_{ij} + b^*_s M_{ji} + C\phi^q_{ij} + C\psi_s \tag{3.4–68}$$

$$C\varphi_{ji} = -a^*_{ji} M_{ji} - b^*_s M_{ij} - C\phi^q_{ji} + C\psi_s \tag{3.4–69}$$

mit

$$a^*_{ij} = \frac{1}{\varepsilon_s^2}\left(\gamma_s - \frac{\varepsilon_s}{\tan \varepsilon_s \alpha_s}\right) f_s \tag{3.4–70}$$

$$a^*_{ji} = \frac{1}{\varepsilon_s^2}\left(\gamma_s - \frac{\varepsilon_s}{\tan \varepsilon_s \alpha'_s}\right) f_s \tag{3.4–71}$$

$$b^*_s = -\frac{\gamma_s}{\varepsilon_s^2} f_s \tag{3.4–72}$$

$$f_s = \frac{l_s I_c}{l_c I_s} \tag{3.4–73}$$

Die Änderung der Formeln durch Vorhandensein eines Gelenks im Feld besteht somit darin, daß a_s durch a^*_{ij} bzw. a^*_{ji}, b_s durch b^*_s ersetzt wird und daß ϕ^q_{ij} und ϕ^q_{ji} aus Tabelle 3.4–3 statt aus Tabelle 3.1–2 ermittelt werden. Mit diesen Änderungen behalten alle im Rahmen des Kraftgrößenverfahrens angegebenen speziellen und allgemeinen Verfahren, die im Unterabschnitt 3.3.1 mitgeteilt sind, ihre Gültigkeit. Für die Dreimomentengleichung 1. Art entfällt die für die Fließgelenktheorie modifizierte Form, da die dort betrachteten Systeme statisch bestimmt sind.

Für den in Bild 3.4–8 dargestellten Stabzug werden nachfolgend für die *Dreimomentengleichung 2. Art* die aufgrund eines Fließgelenks im Feld des Stabes s sich ändernden Gleichungen und Formeln angeschrieben. Es gelten die gleichen Annahmen und Bezeichnungen wie im Unterabschnitt 3.3.1.2. Die Dreimomentengleichungen für die Knoten i und j lauten hier (vgl. (3.3–30) bis (3.3–32))

$$b_r M_h + d_i M_i + b^*_s M_j = L_i \tag{3.4–74}$$

$$b^*_s M_i + d_j M_j + b_t M_k = L_j \tag{3.4–75}$$

mit

$$d_i = a_r + a^*_{ij} + \frac{C}{c_i} \tag{3.4–76}$$

$$d_j = a^*_{ji} + a_t + \frac{C}{c_j} \tag{3.4–77}$$

$$L_i = -C\phi^q_{ih} - C\phi^q_{ij} + a_r M^e_i + b^*_s M^e_j + C\psi_r - C\psi_s \tag{3.4–78}$$

$$L_j = -C\phi^q_{ji} - C\phi^q_{jk} + a^*_{ji} M^e_j + b_t M^e_k + C\psi_s - C\psi_t \tag{3.4–79}$$

ϕ^q_{ij}, ϕ^q_{ji} sind aus Tabelle 3.4–3 zu bestimmen, wobei insbesondere der Einfluß von M_f zu berücksichtigen ist.
Liegt in i oder j ein weiteres Fließgelenk vor, so entfällt Gleichung (3.4–78) bzw. (3.4–79), und M_i bzw. M_j ist bekannt. Die weiteren Formeln (3.3–34) bis (3.3–46) sind gegebenenfalls in gleicher Weise wie die oben angeschriebenen Gleichungen zu modifizieren. Entsprechendes gilt für alle übrigen Verfahren des Unterabschnitts 3.3.1.

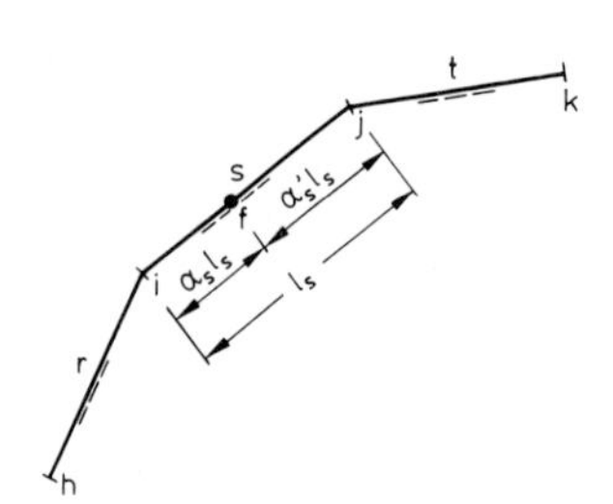

Bild 3.4–8 Stabzug $hijk$ mit Fließgelenk im Feld des Stabes s

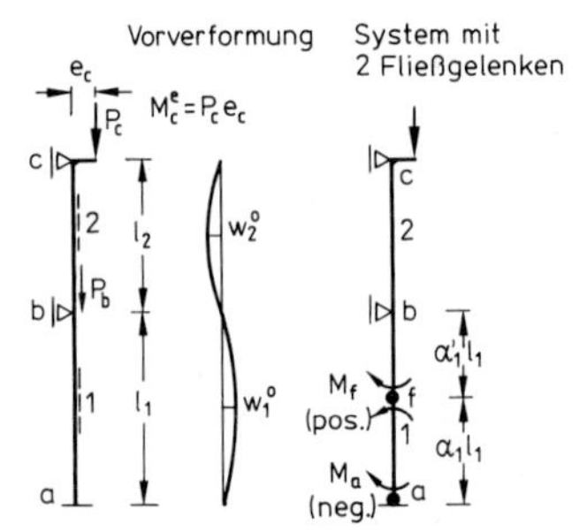

Bild 3.4–9 Beispiel mit 2 Fließgelenken

Die Anwendung der Dreimomentengleichung 2. Art sei anhand des in Bild 3.4–9 dargestellten Beispiels gezeigt. Es wird angenommen, daß die Berechnung nach Elastizitätstheorie eine M-Linie ergibt, die im Auflager a und im Feld des Stabes 1 zu einer Verletzung der Interaktionsbedingungen führt. Das Moment M_a sei dabei negativ, das maximale Feldmoment des Stabes 1 positiv. Die Beträge der beiden Momente im endgültigen Fließgelenkzustand werden aus den Interaktionsbeziehungen erhalten, d.h. M_a und M_f sind bekannt. Die Lage des Fließgelenks kann aus der Bedingung (3.4–60) mit = Zeichen erhalten werden

$$\alpha_1 = \frac{1}{\varepsilon_1} \arccos \frac{M_a + M_{0,1}}{M_f + M_{0,1}}$$

mit

$$M_{0,1} = \frac{\gamma_1}{\varepsilon_1^2} 8 N_1 w^0_1$$

Die Dreimomentengleichung ist nur für den Knoten b zu formulieren, sie lautet gemäß (3.4–75)

$$b^*_1 M_a + d_b M_b = L_b \rightarrow M_b$$

mit

$$b^*_1 = -\frac{\gamma_1}{\varepsilon_1^2} f_1$$

$$d_b = a^*_{ba} + a_2 = \frac{1}{\varepsilon_1^2}\left(\gamma_1 - \frac{\varepsilon_1}{\tan\varepsilon_1\alpha'_1}\right) f_1 + \frac{1}{\varepsilon_2^2}\left(\gamma_2 - \frac{\varepsilon_2}{\tan\varepsilon_2}\right) f_2$$

$$L_b = - C\phi^q_{ba} - C\phi^q_{bc} + b_2 M^e_c$$

$$b_2 = \frac{1}{\varepsilon_2^2}\left(\frac{\varepsilon_2}{\sin\varepsilon_2} - \gamma_2\right) f_2$$

$$\phi^q_{ba} = \frac{\varepsilon_1}{\gamma_1 \sin\varepsilon_1\alpha'_1}\,\frac{M_f}{N_1 l_1} - \left(\frac{1}{2} - \frac{\tan\varepsilon_1\alpha'_1/2}{\varepsilon_1}\right) 8\,\frac{w^0_1}{l_1}$$

$$\phi^q_{bc} = \left(\frac{\tan\varepsilon_2/2}{\varepsilon_2} - \frac{1}{2}\right) 8\,\frac{-w^0_2}{l_2}$$

Die Querkräfte Q_{af}, Q_{fa}, Q_{fb}, Q_{bf} sind nach Tabelle 3.1–1 zu bestimmen, wobei die Abschnitte af bzw. fb als Stäbe anzusehen sind. Für Q_{fa}, Q_{fb} sind die Formeln durch (3.4–59) bzw. (3.4–61) bereits gegeben; Q_{fa} muß Null und Q_{fb} negativ sein. Der Knickwinkel in f kann aus (3.4–63) berechnet werden; diese Formel lautet hier

$$\phi_f = - \frac{1}{\gamma_1 N_1} Q_{fb}$$

Der Knickwinkel ϕ_a kann mit $\phi_a = - \varphi_{ab}$ aus (3.4–68) bestimmt werden, dieser muß genau wie das zugehörige Moment M_a negativ sein.

3.4.5.2 Theorie I. Ordnung

Für den Stab s gemäß Bild 3.4–7 stehen hier mit (3.4–42) und (3.4–45) folgende beide Gleichungen zur Verfügung:

$$\alpha'_s M_{ij} + \alpha_s M_{ji} = M_f - \alpha_s \alpha'_s A_f l_s \tag{3.4–80}$$

$$\alpha_s C\varphi_{ij} + \alpha'_s C\varphi_{ji} = \tilde{a}_{ij} M_{ij} - \tilde{a}_{ji} M_{ji} + \frac{\alpha_s - \alpha'_s}{6} f_s M_f + \alpha_s C\phi^q_{if} - \alpha'_s C\phi^q_{jf} + C\psi_s \tag{3.4–81}$$

mit

$$\tilde{a}_{ij} = \left(\frac{\alpha_s^2}{3} + \varrho_s\right) f_s \tag{3.4–82}$$

$$\tilde{a}_{ji} = \left(\frac{\alpha'^2_s}{3} + \varrho_s\right) f_s \tag{3.4–83}$$

Die Gleichgewichtsbedingung (3.4–80) wird stets, die Verträglichkeitsbedingung (3.4–81) nur bei statisch unbestimmtem M-Verlauf des Stabes s benötigt. Letzteres wäre z. B. beim System des Bildes 3.4–9 nicht der Fall.

Bei Anwendung der *Dreimomentengleichung 2. Art* erhält man für den in Bild 3.4–8 dargestellten Stabzug $hijk$ mit dem Fließgelenk im Feld des Stabes s aus (3.4–80) die Gleichgewichtsbedingung

$$\alpha'_s M_i + \alpha_s M_j = M_f - \alpha_s \alpha'_s A_f l_s + \alpha_s M^e_j \tag{3.4–84}$$

und aus (3.4–81) nach Ersatz der Drehwinkel φ_{ij} und φ_{ji} gemäß (3.3–23) und (3.3–24) die Verträglichkeitsbedingung

$$- \alpha_s b_r M_h - \left[\alpha_s\left(a_r + \frac{C}{c_i}\right) + \tilde{a}_{ij}\right] M_i + \left[\alpha'_s\left(a_t + \frac{C}{c_j}\right) + \tilde{a}_{ji}\right] M_j + \alpha'_s b_t M_k =$$

$$\alpha_s (C\phi^q_{ih} + C\phi^q_{if} - a_r M^e_i) + \frac{\alpha_s - \alpha'_s}{6} f_s M_f + \tilde{a}_{ji} M^e_j - \alpha'_s (C\phi^q_{jf} + C\phi^q_{jk} - b_t M^e_k) - \alpha_s C\psi_r + C\psi_s - \alpha'_s C\psi_t \tag{3.4–85}$$

Die Gleichungen (3.4–84) und (3.4–85) ersetzen die beiden Dreimomentengleichungen für die Knoten i und j des Stabzuges ohne Gelenk. Das erhaltene Gleichungssystem ist dann nicht mehr dreigliedrig und nicht mehr symmetrisch.

Wenn im Punkt i oder j ein weiteres Fließgelenk auftritt, ist der M-Verlauf des Stabes s statisch bestimmt, und die Verträglichkeitsbedingung (3.4–85) entfällt ganz. Die Dreimomentengleichungen aller übrigen Knoten werden durch das Fließgelenk f nicht beeinflußt.

3.4.6 Kraftgrößenverfahren bei Berücksichtigung eines Fließgelenks durch einen eingeprägten Knickwinkel

Die Berücksichtigung von Fließgelenken durch einen eingeprägten Knickwinkel ist im Rahmen des Kraftgrößenverfahrens nur für Fließgelenke, die im Feld eines Stabes auftreten, zweckmäßig. Fließgelenke an Stabenden werden dagegen auch hier als Gelenke mit eingeprägtem Moment berücksichtigt, was stets zu einer Vereinfachung der Berechnung führt, da sich die Anzahl der Unbekannten ermäßigt. Dies bedeutet, daß für jedes Fließgelenk im Feld ein Knickwinkel als zusätzliche Unbekannte auftritt. Dabei wird das Gleichungssystem nur erweitert, in seinem bereits bestehenden Aufbau aber nicht verändert.

Für den in Bild 3.4–7 dargestellten Stab erhält man aus Tabelle 3.1–2 folgende erweiterte Grundformeln, wobei die Unbekannte $\overline{\Phi}_f$ den C-fachen Knickwinkel in f darstellt:

$$C\varphi_{ij} = a_s M_{ij} + b_s M_{ji} + e_{if}\overline{\Phi}_f + C\phi^q_{ij} + C\psi_s \tag{3.4–86}$$

$$C\varphi_{ji} = -a_s M_{ji} - b_s M_{ij} - e_{jf}\overline{\Phi}_f - C\phi^q_{ji} + C\psi_s \tag{3.4–87}$$

Für die zusätzlichen Vorzahlen gilt
nach Theorie II. Ordnung

$$e_{if} = \frac{\sin \varepsilon_s \alpha'_s}{\sin \varepsilon_s} \tag{3.4–88}$$

$$e_{jf} = \frac{\sin \varepsilon_s \alpha_s}{\sin \varepsilon_s} \tag{3.4–89}$$

und nach Theorie I. Ordnung

$$e_{if} = \alpha'_s \tag{3.4–90}$$

$$e_{jf} = \alpha_s \tag{3.4–91}$$

Die zusätzlich erforderliche Bestimmungsgleichung erhält man durch Formulierung des Moments in Abhängigkeit von M_{ij}, M_{ji}, $\overline{\Phi}_f$ und der Stabquerlast nach Tabelle 3.1–1

$$M_f = e_{if} M_{ij} + e_{jf} M_{jk} + e_s \overline{\Phi}_f + M^q_f \tag{3.4–92}$$

M^q_f ist das nach Tabelle 3.1–1 zu bestimmende Moment in f nur aus Querlast (einschließlich Vorkrümmung, Temperaturverkrümmung usw.). Für Theorie II. Ordnung gilt

$$e_s = \frac{\varepsilon_s}{\sin \varepsilon_s} \sin \varepsilon_s \alpha_s \sin \varepsilon_s \alpha'_s \, k_s \tag{3.4–93}$$

mit

$$k_s = \frac{l_c I_s}{l_s I_c} \tag{3.4–94}$$

während für Theorie I. Ordnung $e_s = 0$ ist.

Für den in Bild 3.4–8 angegebenen Stabzug würden sich die Dreimomentengleichungen 2. Art wie folgt erweitern:

$$b_r M_h + d_i M_i + b_s M_j + e_{if}\overline{\Phi}_f = L_i \tag{3.4–95}$$

$$b_s M_i + d_j M_j + b_t M_k + e_{jf}\overline{\Phi}_f = L_j \tag{3.4–96}$$

Gegenüber dem Fall ohne Fließgelenk in f treten nur die zusätzlichen Terme $e_{if}\overline{\Phi}_f$, $e_{jf}\overline{\Phi}_f$ auf, während alle übrigen Anteile unverändert bleiben. Aus (3.4–92) erhält man hier die zusätzliche Gleichung

$$e_{if} M_i + e_{jf} M_j + e_s \overline{\Phi}_f = M_f - M^q_f + e_{jf} M^e_j \tag{3.4–97}$$

Für das System mit 2 Fließgelenken in Bild 3.4–9 würde man für die beiden Unbekannten M_b und $\overline{\Phi}_f$ folgende Gleichungen erhalten:

$$b_1 M_a + d_b M_b + e_{bf}\overline{\Phi}_f = L_b$$

$$e_{af} M_a + e_{bf} M_b + e_1 \overline{\Phi}_f = M_f - M^q_f$$

worin M_a und M_f bekannt sind.

Für die vom Fließgelenk f nicht beeinflußten Größen gelten die Formeln

$$d_b = a_1 + a_2$$

$$L_b = -C\phi^q_{ba} - C\phi^q_{bc} + b_2 M^e_c$$

$$\phi^q_{ba} = \left(\frac{\tan \varepsilon_1/2}{\varepsilon_1} - \frac{1}{2}\right) 8\,\frac{w^0_1}{l_1}, \qquad \phi^q_{bc} = \left(\frac{\tan \varepsilon_2/2}{\varepsilon_2} - \frac{1}{2}\right) 8\,\frac{-w^0_2}{l_2}$$

während für die vom Fließgelenk beeinflußten Größen die Formeln lauten

$$e_{bf} = \frac{\sin \varepsilon_1 \alpha_1}{\sin \varepsilon_1}, \qquad e_{af} = \frac{\sin \varepsilon_1 \alpha'_1}{\sin \varepsilon_1}$$

$$e_1 = \frac{\varepsilon_1}{\sin \varepsilon_1} \sin \varepsilon_1 \alpha_1 \sin \varepsilon_1 \alpha'_1\, k_1$$

$$M^q_f = \frac{\gamma_1}{\varepsilon^2_1}\left[\frac{\cos \varepsilon_1(0{,}5 - \alpha_1)}{\cos \varepsilon_1/2} - 1\right] 8\,N_1 w^0_1$$

3.4.7 Drehwinkelverfahren bei Berücksichtigung eines Fließgelenks als Gelenk

Sieht man von dem Fall ab, daß bei Theorie I. Ordnung durch Fließgelenkbildung statisch bestimmte M-Linien einzelner Stäbe entstehen, welche dann zur Vereinfachung der Rechnung aus dem System herausgeschnitten werden können, so ist beim Drehwinkelverfahren und der hier vorgenommenen rechnerischen Erfassung eines Fließgelenks eine *einheitliche* Behandlung nach Theorie I. und II. Ordnung sowohl bei *verschieblichen* als auch *unverschieblichen* Systemen möglich.
Für den Stab s zwischen den beiden Knoten i und k mit einem Fließgelenk im Feld tritt an die Stelle der Gleichung (3.3–96) folgende modifizierte Form:

$$M_{ik} = M^0_{ik} + \varkappa_{ik}\overline{\varphi}_i + \lambda_s \overline{\varphi}_k - \eta_{ik}\overline{\psi}_s \tag{3.4–98}$$

Im Fall der Theorie II. Ordnung ist diese Formel für den beidseitig eingespannten Stab identisch mit (3.4–28) und nach Vertauschen von i und k, d.h. bei Formulierung für das Stabendmoment M_{ki}, identisch mit (3.4–29), wobei hier zusätzlich der Stabindex s eingeführt und der Index i durch ik und k durch ki ersetzt wurde. Für die Berechnung von M^0_{ik}, M^0_{ki} gelten die Formeln (3.4–31) bzw. (3.4–32), für λ_s gilt (3.4–33), für $\varkappa_{ik}$ (3.4–34), für $\varkappa_{ki}$ (3.4–35), für η_{ik} (3.4–36) und für η_{ki} (3.4–37) – ebenfalls mit den genannten Indexänderungen. Für den Stab mit Einspannung in i und Gelenk in k gelten die Formeln (3.4–40) und (3.4–41) mit $\lambda_s = 0$ und $\eta_{ik} = \varkappa_{ik}$.
Entsprechendes gilt für Theorie I. Ordnung, wobei dann die Gleichungen (3.4–47) bis (3.4–55) maßgebend sind; in diesem Fall können die Volleinspannmomente M^0_{ik}, M^0_{ki} direkt der Tabelle 3.4–4 entnommen werden. Aus oben genannten Gründen tritt nur der Fall des beidseitig eingespannten Stabes auf.
Bei den Formeln zur Berechnung der Matrixglieder des Gleichungssystems ergeben sich für ein Fließgelenk im Feld des Stabes s folgende Änderungen:

in (3.3–102) ist $\varkappa_s$ durch $\varkappa_{ik}$,
in (3.3–124) ist η_s durch η_{ik} und
in (3.3–130) ist $\zeta\eta_s$ durch $\eta_{ik} + \eta_{ki}$

zu ersetzen. Alle übrigen Formeln bleiben erhalten.
Für das Fließgelenksystem in Bild 3.4–9 wird der Rechengang in den wichtigsten Schritten nachfolgend wiedergegeben. Es tritt nur der Drehwinkel $\overline{\varphi}_b$ als Unbekannte auf, so daß lediglich α_{bb} und L_b zu bestimmen sind. Der Stab 1 ist in a wegen des dort vorhandenen Fließgelenks als gelenkig gelagert anzusehen.

$$g_{ba} = \frac{\varepsilon_1}{\gamma_1 \tan \varepsilon_1 \alpha'_1} - 1 \qquad \text{nach (3.4–25)}$$

$$\varkappa_{ba} = -\frac{1}{g_{ba}}\frac{\varepsilon^2_1}{\gamma_1} k_1 \qquad \text{nach (3.4–41)}$$

$$N_1 l_1 \phi^q_{ba} = \frac{\varepsilon_1}{\gamma_1 \sin \varepsilon_1 \alpha'_1} M_f - \left(\frac{1}{2} - \frac{\tan \varepsilon_1 \alpha'_1/2}{\varepsilon_1}\right) 8\,N_1 w^0_1 \qquad \text{nach Tab. 3.4–3}$$

$$M^0_{ba} = \frac{1}{g_{ba}}\left(-N_1 l_1 \phi^q_{ba} + M_a\right) \qquad \text{nach (3.4–40)}$$

$$\varkappa_2 = \frac{\varepsilon^2_2}{\gamma_2 - \dfrac{\varepsilon_2}{\tan \varepsilon_2}} k_2 \qquad \text{nach Tab. 3.3–1}$$

$$M^0_{bc} = -\gamma_2 \frac{\dfrac{\tan \varepsilon_2/2}{\varepsilon_2} - \dfrac{1}{2}}{\gamma_2 - \dfrac{\varepsilon_2}{\tan \varepsilon_2}} 8N_2(-w^0_2) - \frac{\gamma_2 - \dfrac{\varepsilon_2}{\sin \varepsilon_2}}{\gamma_2 - \dfrac{\varepsilon_2}{\tan \varepsilon_2}} M^e_c \qquad \text{nach Tab. 3.1–4}$$

$$\alpha_{bb} = \varkappa_{ba} + \varkappa_2 \qquad \text{nach (3.3–102)}$$

$$L_b = -M^0_{ba} - M^0_{bc} \qquad \text{nach (3.3–101)}$$

3.4.8 Drehwinkelverfahren bei Berücksichtigung eines Fließgelenks durch einen eingeprägten Knickwinkel

Im Rahmen dieses Verfahrens werden alle Fließgelenke – also auch die an den Stabenden – über eingeprägte Knickwinkel erfaßt. Dies bedeutet für die praktische Rechnung, daß das Gleichungssystem, welches zunächst nach Elastizitätstheorie erhalten wird, *nicht geändert,* sondern pro Fließgelenk um jeweils eine Dimension *erweitert* wird. Dieses Vorgehen hat den Vorteil, daß die Knickwinkel der Fließgelenke als Unbekannte des Gleichungssystems miterhalten werden, so daß eine Überprüfung der Übereinstimmung der Vorzeichen von Fließgelenkmoment und Knickwinkel direkt möglich ist. Gegenüber der im vorherigen Unterabschnitt genannten Methode hat das hier beschriebene Verfahren selbstverständlich den Nachteil einer größeren Anzahl von Unbekannten. Das in dieser Form für die Fließgelenktheorie erweiterte Drehwinkelverfahren läßt sich genau wie jenes der Elastizitätstheorie *einheitlich* für Theorie I. und II. Ordnung darstellen.
Ebenso wie beim Kraftgrößenverfahren sind die Grundformeln des Einzelstabes um den Einfluß der eingeprägten Knickwinkel zu erweitern. Obwohl an einem Stab mit beidseitiger Einspannung nur höchstens 2 Fließgelenke (mit Knickwinkel) auftreten können (am Stab mit einer Einspannung und einem Gelenk nur 1 Fließgelenk), werden, um alle möglichen Fälle zu erfassen, Fließgelenke an beiden Stabenden und im Feld angenommen. Dabei gelten die in Bild 3.4–10 angegebenen Vorzeichenregelungen für Momente und Knickwinkel; sie wurden so gewählt, daß in jedem Fließgelenk das Vorzeichen von Moment und Knickwinkel übereinstimmen muß. Tritt im Feld ein Fließgelenk auf, so ist die Festlegung einer Definitionsfaser erforderlich.

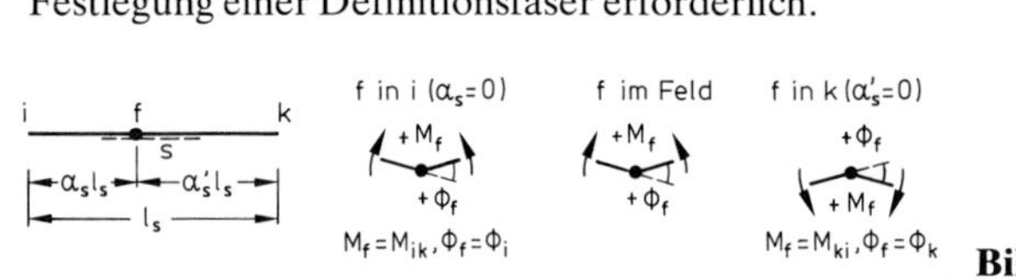

Bild 3.4–10
Vorzeichenregelungen für Moment und Knickwinkel der möglichen Fließgelenke am Einzelstab

Für den in Bild 3.4–10 dargestellten Stab mit den angegebenen Bezeichnungen gelten jetzt folgende erweiterte Grundformeln für die Stabendmomente (alle quergestrichenen Winkel haben den *C*-fachen Wert):

$$M_{ik} = M^0_{ik} + \varkappa_s\overline{\varphi}_i + \lambda_s\overline{\varphi}_k - \eta_s\overline{\psi}_s - \varkappa_s\overline{\Phi}_i - \mu_{if}\overline{\Phi}_f - \lambda_s\overline{\Phi}_k \qquad (3.4\text{–}99)$$

$$M_{ki} = M^0_{ki} + \lambda_s\overline{\varphi}_i + \varkappa_s\overline{\varphi}_k - \eta_s\overline{\psi}_s - \lambda_s\overline{\Phi}_i - \mu_{kf}\overline{\Phi}_f - \varkappa_s\overline{\Phi}_k \qquad (3.4\text{–}100)$$

Für das (bekannte) Moment des Fließgelenks f im Feld gilt

$$M_f = M^0_f + \mu_{if}\overline{\varphi}_i + \mu_{kf}\overline{\varphi}_k - \nu_f\overline{\psi}_s - \mu_{if}\overline{\Phi}_i - \mu_{ff}\overline{\Phi}_f - \mu_{kf}\overline{\Phi}_k \qquad (3.4\text{–}101)$$

Während die Formeln (3.4–99), (3.4–100) sich durch Überlagerung der Einzeleinflüsse je nach Lagerungsfall aus Tabelle 3.1–3 bzw. 3.1–4 ergeben, wird die Formel (3.4–101) aus Tabelle 3.1–1 erhalten, indem die Einflüsse M_{ik} gemäß (3.4–99), M_{ki} gemäß (3.4–100), ϕ_f und die vorhandene Querlast superponiert werden. Speziell für M^0_f erhält man mit dieser Überlegung

$$M^0_f = \tilde{\alpha}'_s M^0_{ik} - \tilde{\alpha}_s M^0_{ki} + M^q_f \qquad (3.4\text{–}102)$$

Darin gilt für Theorie II. Ordnung

$$\tilde{\alpha}_s = \frac{\sin \varepsilon_s \alpha_s}{\sin \varepsilon_s} \qquad (3.4\text{–}103)$$

$$\tilde{\alpha}'_s = \frac{\sin \varepsilon_s \alpha'_s}{\sin \varepsilon_s} \qquad (3.4\text{–}104)$$

und für Theorie I. Ordnung

$$\tilde{\alpha}_s = \alpha_s \qquad (3.4\text{–}105)$$

$$\tilde{\alpha}'_s = \alpha'_s \qquad (3.4\text{–}106)$$

Das Moment M_f^q in f ist nur in Abhängigkeit der Querlast (einschließlich Vorkrümmung, Temperaturverkrümmung usw.) aus Tabelle 3.1–1 zu bestimmen. Die in den Formeln neu auftretenden Vorzahlen μ_{if}, μ_{kf}, μ_{ff} sind in Abhängigkeit des Lagerungsfalls in Tabelle 3.4–5 angegeben (k_s nach (3.3–97)). Für ν_f gilt

$$\nu_f = \mu_{if} + \mu_{kf} \qquad (3.4\text{–}107)$$

Tabelle 3.4–5 Vorzahlen μ_{if}, μ_{kf}, μ_{ff}

	i f k; αl, α'l, l		i f k; αl, α'l, l		i f k; αl, α'l, l	
	Theorie II. Ordnung	I. Ordnung	Theorie II. Ordnung	I. Ordnung	Theorie II. Ordnung	I. Ordnung
$\mu_{if}=$	$\tilde{\alpha}'\varkappa - \tilde{\alpha}\lambda$	$\alpha'\varkappa - \alpha\lambda$	$\tilde{\alpha}'\varkappa$	$\alpha'\varkappa$	0	
$\mu_{kf}=$	$-\tilde{\alpha}\varkappa + \tilde{\alpha}'\lambda$	$-\alpha\varkappa + \alpha'\lambda$	0		$-\tilde{\alpha}\varkappa$	$-\alpha\varkappa$
$\mu_{ff}=$	$\tilde{\alpha}'\mu_{if} - \tilde{\alpha}\mu_{kf} - \tilde{\alpha}\tilde{\alpha}'\,\varepsilon\sin\varepsilon\; k$	$\alpha'\mu_{if} - \alpha\mu_{kf}$	$\tilde{\alpha}'(\mu_{if} - \tilde{\alpha}\,\varepsilon\sin\varepsilon\; k)$	$\alpha'\mu_{if}$	$-\tilde{\alpha}(\mu_{kf} + \tilde{\alpha}'\,\varepsilon\sin\varepsilon\; k)$	$-\alpha\mu_{kf}$

Mit den erweiterten Grundformeln (3.4–99), (3.4–100) wird das Momentengleichgewicht der Knoten und das Systemgleichgewicht wie beim Drehwinkelverfahren ohne Fließgelenke formuliert. Die hier zusätzlich erforderlichen Gleichungen werden aus (3.4–101) erhalten, indem dort noch die Drehwinkel $\overline{\psi}_s$ der Stäbe durch die Drehwinkel $\overline{\psi}_r$ nur der Grundstäbe ersetzt werden. Das damit erhaltene Gleichungssystem ist in Bild 3.4–11 dargestellt.

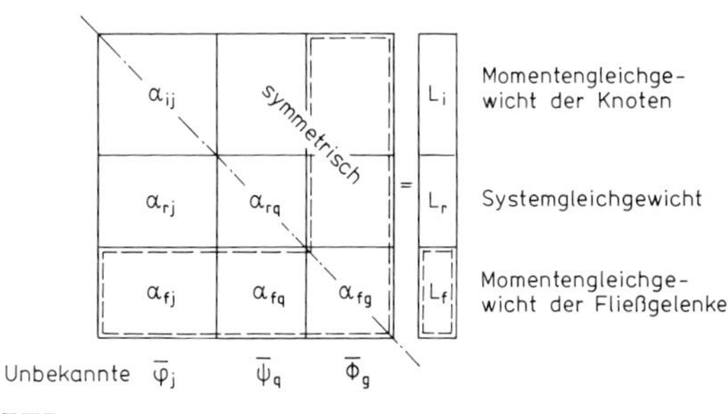

Bild 3.4–11
Erweiterung des Gleichungssystems durch das Auftreten von Fließgelenken

Unberührt bleiben die Matrixglieder α_{ij}, α_{rj}, α_{rq} und die Lastglieder L_i, L_r, während die Matrixglieder α_{fj}, α_{fq}, α_{fg} und die Lastglieder L_f *neu* zu berechnen sind.
Die Matrixglieder $\alpha_{fj} = \alpha_{jf}$ berechnen sich aus Tabelle 3.4–6 ($j = i$ „linkes“, $j = k$ „rechtes“ Stabende bei untenliegender Definitionsfaser), wenn der Knoten j und das Fließgelenk f am selben Stab auftreten, andernfalls ist $\alpha_{fj} = 0$.
Für die Matrixglieder $\alpha_{fq} = \alpha_{qf}$ gilt folgende Formel:
wenn das Fließgelenk f an einem Ende des Stabes s liegt

$$\alpha_{fq} = \eta_s \vartheta_{sq} \qquad (3.4\text{–}108)$$

wenn das Fließgelenk f im Feld des Stabes s liegt

$$\alpha_{fq} = \nu_f \vartheta_{sq} \qquad (3.4\text{–}109)$$

wobei unverändert ϑ_{sq} der Drehwinkel des Stabes s im kinematischen Plan q ist.
Die Matrixglieder $\alpha_{fg} = \alpha_{gf}$ sind ebenfalls wieder aus Tabelle 3.4–6 zu bestimmen, sofern die beiden Fließgelenke f und g am selben Stab auftreten, andernfalls ist $\alpha_{fg} = 0$.

Tabelle 3.4–6 Matrixglieder α_{jf}, α_{fg}

i —f— k	$\alpha_{jf} =$		$\alpha_{fg} =$		
	j in i	j in k	g in i	g im Feld	g in k
f in i	$-\varkappa$	$-\lambda$	$\varkappa$	μ_{if}	λ
f im Feld	$-\mu_{if}$	$-\mu_{kf}$	μ_{if}	μ_{ff}	μ_{kf}
f in k	$-\lambda$	$-\varkappa$	λ	μ_{kf}	$\varkappa$

Für die Lastglieder L_f gilt schließlich

$$L_f = M_f^0 - M_f \tag{3.4–110}$$

worin M_f das aus der Interaktionsbeziehung zu berechnende und mit dem entsprechenden Vorzeichen zu versehende Moment im Fließgelenk f ist. Liegt f im Feld, ist M_f^0 nach (3.4–102) zu bestimmen, liegt f in i, gilt $M_f^0 = M_{ik}^0$, liegt f in k, gilt $M_f^0 = M_{ki}^0$.

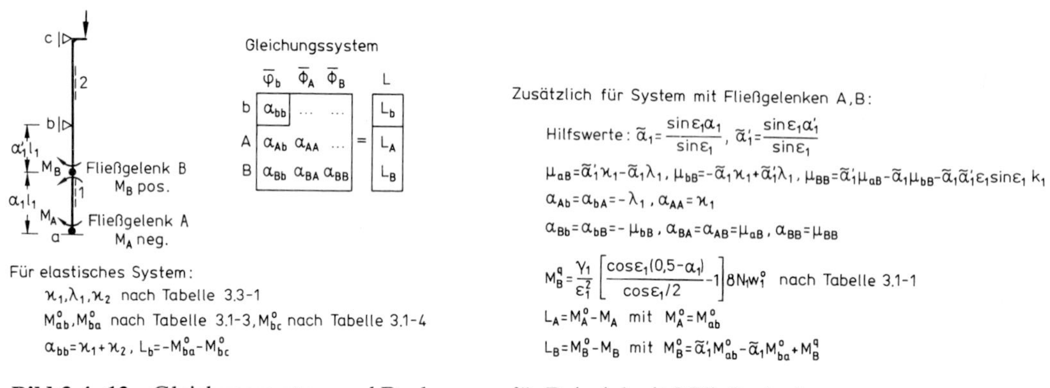

Bild 3.4–12 Gleichungssystem und Rechengang für Beispiel mit 2 Fließgelenken

Der Rechengang für das Beispiel des Bildes 3.4–9 ist in Bild 3.4–12 in den wichtigsten Schritten dargestellt. Wegen der Unverschieblichkeit des Systems treten nur die Matrixglieder α_{ij}, α_{fj}, α_{fg} und die Lastglieder L_i, L_f auf.
Eine ausführliche Beschreibung des hier behandelten Drehwinkelverfahrens und mehrere Zahlenbeispiele können der Literatur [17] und [18] entnommen werden.

Literatur zu 3.1 bis 3.4

Zur linearen, klassischen Baustatik:

1. Duddeck, H., Ahrens, H.: Statik der Stabtragwerke, Kapitel K in Betonkalender 1982, Teil I. Berlin, München: Wilhelm Ernst u. Sohn 1982, 581–824.
2. Pflüger, A.: Statik der Stabtragwerke. Berlin, Heidelberg, New York: Springer 1978.
3. Hirschfeld, K.: Baustatik: Theorie und Beispiele. 3. Aufl. Berlin, Heidelberg, New York: Springer 1969.
4. Sattler, K.: Lehrbuch der Statik. 1. Band, Teil A und B. Berlin, Heidelberg, New York: Springer 1969.

Zur Elastizitätstheorie II. Ordnung:

5. Andelfinger, J.: Das erweiterte Kraftgrößenverfahren zur Berechnung von Stabilitätsproblemen ebener Tragsysteme. Der Stahlbau 33 (1964) 138–147.
6. Hess, G.: Systematische Darstellung des Kraftgrößenverfahrens bei der Berechnung von Tragwerken mit unbekannten Stabdrehwinkeln nach Theorie II. Ordnung. Die Bautechnik 52 (1975) 258–262.
7. Klöppel, K., Friemann, H.: Übersicht über Berechnungsverfahren für Theorie II. Ordnung. Der Stahlbau 33 (1964) 270–277.
8. Petersen, Ch.: Statik und Stabilität der Baukonstruktionen. Braunschweig, Wiesbaden: Vieweg 1980.
9. Rubin, H.: Merkblatt 502, Berechnungsbeispiele zu DIN 18800, Teil 2, Vorlage Juli 1979 zum Gelbdruck-Entwurf (Beispiele und Berechnungsformeln). Düsseldorf: Beratungsstelle für Stahlverwendung.
10. Sattler, K.: Lehrbuch der Statik. 2. Band, Teil A und B. Berlin, Heidelberg, New York: Springer 1974 bzw. 1975.
11. Schaber, E.: Stabilität ebener Stabwerke nach Theorie II. Ordnung, Wölbkrafttorsion, 1. und 2. Teil. Wien, New York: Springer 1974.
12. Schuller, R.: Spannungs- und Stabilitätsberechnung von Rahmentragwerken. Berlin, München, Düsseldorf: W. Ernst u. Sohn 1974.
13. Vogel, U.: Praktische Berücksichtigung von Imperfektionen beim Tragsicherheitsnachweis nach DIN 18800, Teil 2 (Knicken von Stäben und Stabwerken). Der Stahlbau 50 (1981) 201–205.

Zur Fließgelenktheorie I. und II. Ordnung:

14. Osterrieder, P., Ramm, E.: Berechnung von ebenen Stabtragwerken nach der Fließgelenktheorie I. und II. Ordnung unter Verwendung des Weggrößenverfahrens mit Systemveränderung. Der Stahlbau 50 (1981) 97–104.
15. Oxford, J.: Anwendung des gemischten Kraft- und Weggrößenverfahrens (M-ϑ-Verfahren) der Theorie II. Ordnung zur vollständigen Berechnung beliebiger, biegesteifer Stahlstabwerke bis zur Traglast und plastischen Grenzlast. Der Stahlbau 47 (1978) 139–145.
16. Rubin, H.: Interaktionsbeziehungen zwischen Biegemoment, Querkraft und Normalkraft für einfachsymmetrische I- und Kasten-Querschnitte bei Biegung um die starke und für doppeltsymmetrische I-Querschnitte bei Biegung um die schwache Achse. Der Stahlbau 47 (1978) 76–85.
17. Rubin, H.: Das Drehwinkelverfahren zur Berechnung biegesteifer Stabwerke nach Elastizitäts- oder Fließgelenktheorie I. und II. Ordnung unter Berücksichtigung von Vorverformungen. Bauingenieur 55 (1980) 81–92.
18. Rubin, H.: Beispiele für die Berechnung biegesteifer Stabwerke nach der Fließgelenktheorie II. Ordnung auf der Grundlage des Drehwinkelverfahrens. Bauingenieur 55 (1980) 147–155.
19. Uhlmann, W.: Ausgewählte Rahmenformeln für das Traglastverfahren. Berlin, München, Düsseldorf: W. Ernst u. Sohn 1979.
20. Vogel, U., Heil, W.: Traglast-Tabellen, Tabellen für die Bemessung durchlaufender I-Träger mit und ohne Längskraft nach dem Traglastverfahren (DIN 18800, Teil 2), 2. Aufl., Düsseldorf: Stahleisen 1981.

3.5 Berechnung von Bogentragwerken nach der Elastizitätstheorie II. Ordnung

3.5.1 Vorbemerkungen

Bogentragwerke werden auf Längsdruck und Biegung beansprucht. Die Berücksichtigung der Verformungen bei den Gleichgewichtsbedingungen – d. h. die Anwendung der Theorie II. Ordnung – ist daher bei weitgespannten Systemen aus Gründen der *Tragsicherheit* erforderlich. Insbesondere die Biegemomente können um 20% bis 70% *größer* sein als die nach Theorie I. Ordnung ermittelten Werte. Der Horizontalschub ändert sich bei Anwendung der Theorie II. Ordnung nur unwesentlich gegenüber den Ergebnissen der Theorie I. Ordnung. Da der Einfluß der Horizontalverschiebungen der Bogenachse auf die Biegemomente bei steileren Bogen und unsymmetrischer Belastung von gleicher Größenordnung sein kann wie der Einfluß der Vertikalverschiebungen, müssen beide Verschiebungskomponenten berücksichtigt werden. Dies führt zu der Tatsache, daß die Anwendung des auch hier beschränkt gültigen linearen Superpositionsgesetzes für Teillastfälle, in denen der N^{II}-Verlauf gleich dem des Überlagerungslastfalles ist, auf große praktische Schwierigkeiten stößt (s. a. Unterabschnitt 3.5.5).
Die genaue Berechnung von weitgespannten Bogentragwerken ist heute mit Hilfe von elektronischen Großrechenanlagen unter Verwendung allgemeiner Stabwerksprogramme nach Theorie II. Ordnung möglich. Die Anwendung dieser Rechenprogramme wird jedoch wegen der i. a. sehr langen Rechenzeiten und der damit verbundenen hohen Kosten auf die endgültigen Tragsicherheitsnachweise von bereits vordimensionierten Bogen beschränkt sein. Sie sollte außerdem Ingenieuren vorbehalten sein, die mit den theoretischen Grundlagen des Tragverhaltens dieser Konstruktionen ausreichend vertraut sind, um schwerwiegende Fehler in der Anwendung solcher („black-box"-)Programme und bei der Interpretation der Rechenergebnisse zu vermeiden.
Es ist daher auch heute noch notwendig, daß der mit dem Entwurf weitgespannter Bogentragwerke befaßte Ingenieur leistungsfähige Verfahren kennt, mit deren Hilfe „von Hand" – i. d. R. unter Benutzung kleiner elektronischer Tisch- oder gar Taschenrechner – relativ schnell eine ausreichend genaue statische Berechnung durchgeführt werden kann, um

- das wirklichkeitsgetreue Tragverhalten eines Bogentragwerkes mit großer Spannweite richtig erkennen und beurteilen,
- überschlägliche Dimensionierungen für Entwurf oder Angebot durchführen und
- die unabhängige Prüfung von Computerergebnissen vornehmen zu können.

Diesem Ziel dienen die folgenden Abschnitte, in welchen die maßgebenden Grundgleichungen hergeleitet und diskutiert sowie numerische Lösungsmöglichkeiten aufgezeigt werden. Ein abschließendes – stark vereinfachtes – Zahlenbeispiel dient der näheren Erläuterung der praktischen Anwendung des gezeigten Rechenverfahrens und weist deutlich auf die nicht vernachlässigbaren Einflüsse II. Ordnung hin.

3.5.2 Voraussetzungen und Annahmen

1. Es werden die üblichen Annahmen der technischen Biegetheorie getroffen, d. h. mit der Gültigkeit des Hookeschen Gesetzes und der Bernoulli-Hypothese kann bei Voraussetzung eines schlanken Bogens (Querschnittshöhe $\ll$ Systemabmessungen) auch von einer Navierschen Spannungsverteilung über die Querschnittshöhe ausgegangen werden.
2. Die Verformungen sind – wie bei der Theorie II. Ordnung für gerade Stäbe – klein gegenüber den Systemabmessungen.
3. Weitere Näherungsannahmen, die ohne wesentlichen Einfluß auf das Endergebnis sind, jedoch Theorie und Berechnung vereinfachen, werden bei den folgenden Ableitungen an Ort und Stelle erörtert.
4. Es werden keine Beschränkungen hinsichtlich der Lagerungsbedingungen und der Höhenlage der Kämpferpunkte getroffen.
5. Es werden allgemeine (vertikale und horizontale) – jedoch richtungstreue – Lasten in der Bogenebene berücksichtigt.
Im übrigen werden die Dehnungen der Bogenachse infolge der Längskräfte und Temperaturveränderungen berücksichtigt.

3.5.3 Die Grundgleichungen des Bogens für allgemeine Belastung

3.5.3.1 Definition der Schnittkraftkomponenten

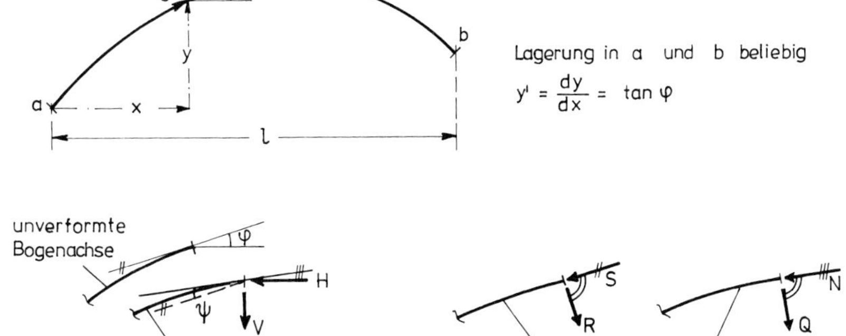

Bild 3.5–1 System und Schnittkraftkomponenten

Mit den Definitionen aus Bild 3.5–1 ergeben sich folgende Umrechnungs-Beziehungen zwischen den Schnittkraftkomponenten:

$$S = H\cos\varphi + V\sin\varphi \qquad H = S\cos\varphi - R\sin\varphi$$
$$R = -H\sin\varphi + V\cos\varphi \quad \text{bzw.} \quad V = S\sin\varphi + R\cos\varphi \qquad (3.5\text{–}1)$$

und mit $\psi \ll 1$ (d.h. $\cos\psi \cong 1$ und $\sin\psi \cong \psi$) und $Q \ll N$:

$$Q = R + S\psi \qquad R = Q - N\psi$$
$$N = S \quad \text{bzw.} \quad S = N \qquad (3.5\text{–}2)$$

3.5.3.2 Gleichgewicht am verformten Element

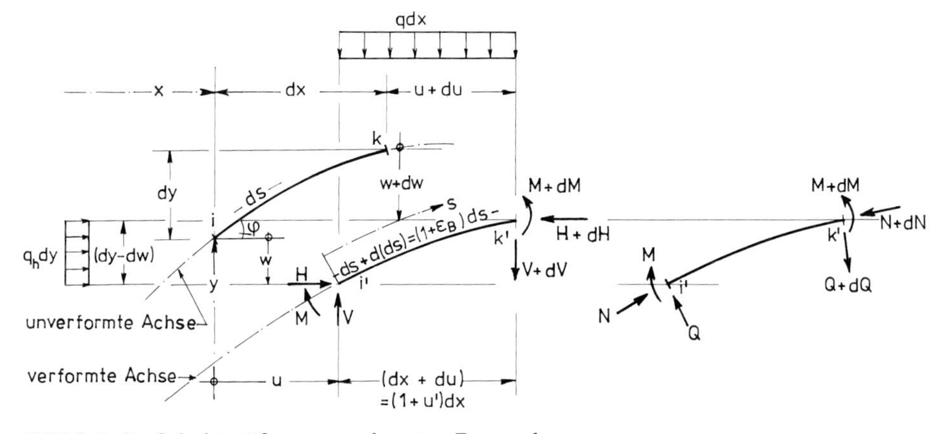

Bild 3.5–2 Schnittgrößen am verformten Bogenelement

Aus Bild 3.5–2 folgen die Gleichgewichtsbedingungen am *verformten* Bogenelement bei Vernachlässigung der Glieder, die von höherer Ordnung klein sind (z.B. $q_h\,dy\,(dy - dw)/2$):

$$1.\ \Sigma V = 0\colon\ dV = -q\,dx \Rightarrow V' = -q \qquad (3.5\text{–}3)$$

$$2.\ \Sigma H = 0\colon\ dH = q_h\,dy \Rightarrow H' = q_h \cdot |y'| \qquad (3.5\text{–}4)$$

Die Betragsstriche bei $y' = \mathrm{d}y/\mathrm{d}x$ sind notwendig, damit q_h auch dann nach rechts gerichtet positiv definiert bleiben kann, wenn rechts vom Bogenscheitel y' negativ wird.

3. $\Sigma M_{(k')} = 0$:

$$\mathrm{d}M = Q\,(1+\varepsilon_B)\,\mathrm{d}s \Rightarrow \frac{\mathrm{d}M}{\mathrm{d}s} = (1+\varepsilon_B)\,Q$$

$$\text{oder} \quad M' = \frac{\mathrm{d}M}{\mathrm{d}x} = (1+\varepsilon_B)\,Q\,\frac{\mathrm{d}s}{\mathrm{d}x} = (1+\varepsilon_B)\,\frac{Q}{\cos\varphi}$$

Mit $\varepsilon_B \ll 1$ wird daraus:

$$M' = \frac{Q}{\cos\varphi} \tag{3.5–5}$$

Setzt man in (3.5–5) Q nach (3.5–2) und R nach (3.5–1) ein, so erhält man die Gleichgewichtsbedingung für M zu:

$$M' = V - Hy' + \frac{N}{\cos\varphi}\cdot\psi \tag{3.5–6}$$

3.5.3.3 Kinematische Beziehungen zwischen Verschiebungen und Verzerrungen

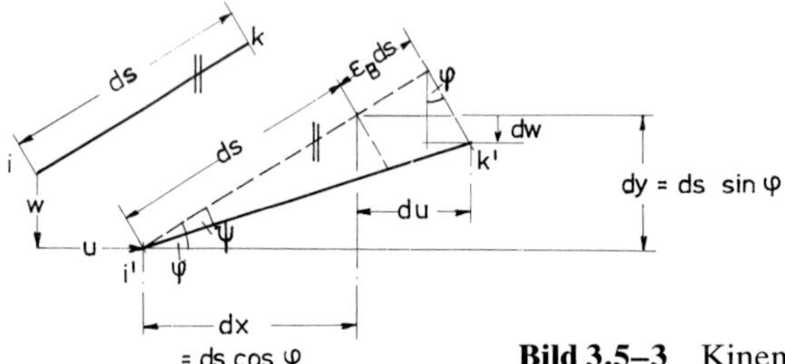

Bild 3.5–3 Kinematische Beziehungen

Aus Bild 3.5–3 liest man ab:

$$\mathrm{d}u = \varepsilon_B\,\mathrm{d}s\cos\varphi + (1+\varepsilon_B)\,\mathrm{d}s\,\psi\sin\varphi \cong \varepsilon_B\,\mathrm{d}x + \psi\cdot\mathrm{d}y \;(\text{mit } \varepsilon_B \ll 1)$$

$$u' = \varepsilon_B + \psi\cdot y' \tag{3.5–7}$$

$$\mathrm{d}w = (1+\varepsilon_B)\,\mathrm{d}s\,\psi\cos\varphi - \varepsilon_B\,\mathrm{d}s\sin\varphi \cong \psi\,\mathrm{d}x - \varepsilon_B\,\mathrm{d}y$$

$$w' = \psi - \varepsilon_B\cdot y' \tag{3.5–8}$$

3.5.3.4 Verzerrungen des Stabelements

Mit der Voraussetzung 1 von Unterabschnitt 3.5.2 gilt:

$$\varepsilon_B = \frac{\mathrm{d}(\mathrm{d}s)}{\mathrm{d}s} = -\frac{N}{EA} + \varepsilon^e \tag{3.5–9}$$

$$\varkappa = \frac{\mathrm{d}\psi}{\mathrm{d}s} = -\frac{M}{EI} + \varkappa^e \tag{3.5–10}$$

Darin sind ε^e bzw. $\varkappa^e$ eingeprägte Dehnungen bzw. Krümmungen, z. B. infolge Temperatur, Schwinden, Kriechen.

3.5.3.5 Die Gleichgewichtsbedingung für den Bogen nach der Theorie II. Ordnung (1. Grundgleichung)

Zunächst wird (3.5–10) nach M aufgelöst und einmal nach x differenziert:

$$M = -EI\left(\frac{\mathrm{d}\psi}{\mathrm{d}s} - \varkappa^e\right) = -EI\cos\varphi\cdot\psi' + EI\varkappa^e$$

$$M' = -(EI\cos\varphi\cdot\psi')' + (EI\varkappa^e)'$$

Diese Beziehung wird in die Momentengleichgewichtsbedingung (3.5–6) eingesetzt:

$$-(EI\cos\varphi\cdot\psi')' = V - Hy' + \frac{N}{\cos\varphi}\cdot\psi - (EI\varkappa^e)'$$

Nach Umordnen und nochmaligem Differenzieren nach x wird daraus:

$$(EI\cos\varphi\cdot\psi')'' + \left(\frac{N}{\cos\varphi}\,\psi\right)' = -V' + H'y' + Hy'' + (EI\varkappa^e)'',$$

und unter Beachtung der Gleichgewichtsbedingungen (3.5–3) und (3.5–4):

$$(EI\cos\varphi\cdot\psi')'' + \left(\frac{N}{\cos\varphi}\,\psi\right)' = q + q_h|y'|y' + Hy'' + (EI\varkappa^e)'' \qquad (3.5\text{–}11)$$

Im Hinblick auf den später im Unterabschnitt 3.5.4.1 zur Entwicklung eines geeigneten Lösungsverfahrens eingeführten Ersatzbalken wird nun ψ nach Gleichung (3.5–8) durch die Ableitung nach x einer „Ersatz-Biegefunktion" $\overline{w}$ ersetzt:

$$\psi = w' = \overline{w}' + \varepsilon_B y' \qquad (3.5\text{–}12)$$

Daraus folgt für $\overline{w}$ durch Integration:

$$\overline{w} = w + \int_0^x \varepsilon_B y'\,\mathrm{d}x - w(o), \qquad (3.5\text{–}13)$$

wobei die Integrationskonstante $-\,w(0)$ so festgesetzt wird, daß $\overline{w}$ an der Stelle $x = 0$ verschwindet. Für die Ersatzfunktion $\overline{w}$ gelten damit die in Bild 3.5–4 dargestellten Randbedingungen (s. Bild 3.5–4).

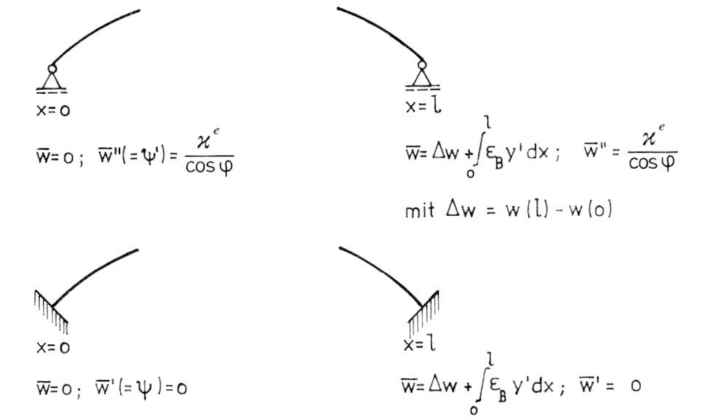

Bild 3.5–4 Randbedingungen für Ersatz-Biegefunktion $\overline{w}$

Nach Einsetzen von 3.5–12 in 3.5–11 erhält man die 1. Grundgleichung für den Bogen nach Elastizitätstheorie II. Ordnung zu:

$$\boxed{(K_B\cdot\overline{w}'')'' + \left(\frac{N}{\cos\varphi}\cdot\overline{w}'\right)' = q + q_{E(h)} + Hy'' + q_{E(e)}} \qquad (3.5\text{–}14)$$

Hierin bedeuten:

$K_B = EI\cos\varphi$	die Bogensteifigkeit
$q_{E(h)} = q_h\lvert y'\rvert y'$	eine – weil additiv zu q auftretend – vertikal wirkend gedachte Ersatzlast, welche horizontale Streckenlasten berücksichtigt,
$q_{E(e)} = (EI\varkappa^e)''$	eine vertikal wirkend gedachte Ersatzlast, welche eingeprägte Krümmungen berücksichtigt (positiv, wenn unten liegende „gestrichelte" Faser gedehnt wird, s. Gl. (3.5–10)),
$y = y_0 + w^v$	die Funktion für den Verlauf der Bogenachse, einschließlich geometrischer Ersatzimperfektionen w^v. (Auf Ersatzimperfektionen u^v kann verzichtet werden, da Abweichungen der Bogenachse von der planmäßigen Form in vertikaler Richtung stets auch als Abweichungen in horizontaler Richtung angesehen werden können.)

Da in (3.5–14) der Horizontalschub H (und damit auch $N/\cos\varphi = H + V\tan\varphi$, s. (3.5–1) mit (3.5–2)) unbekannt ist, läßt sich (3.5–14) nicht lösen. Es muß eine zweite Beziehung gefunden werden, die H mit

$\overline{w}$ verknüpft. Dies ist die (für die hier behandelten statisch unbestimmt gelagerten Bogen) im Unterabschnitt 3.5.3.6 hergeleitete „Verträglichkeitsbedingung".

3.5.3.6 Die Verträglichkeitsbedingung zwischen Bogendehnung und Widerlagerverschiebung (2. Grundgleichung)

Diese Beziehung erhält man durch Einsetzen von (3.5–12) in die kinematische Beziehung (3.5–7) und Integration zu:

$$u' = \varepsilon_B + \overline{w}'\, y'$$

$$u = u(o) + \int_0^x u'\,\mathrm{d}x = u(o) + \int_0^x \varepsilon_B\,\mathrm{d}x + \int_0^x \overline{w}'\,y'\,\mathrm{d}x \tag{3.5–15}$$

$$u(l) = u(o) + \int_0^l \varepsilon_B\,\mathrm{d}x + \left|\overline{w}y'\right|_0^l - \int_0^l \overline{w}y''\,\mathrm{d}x$$

$$\boxed{\int_0^l \overline{w}y''\,\mathrm{d}x = \int_0^l \varepsilon_B\,\mathrm{d}x + \overline{w}(l)\cdot y'(l) - \Delta u} \tag{3.5–16}$$

mit

$$\Delta u = u(l) - u(o)$$

$$\Delta w = w(l) - w(o)$$

$$\overline{w}(l) = \Delta w + \int_0^l \varepsilon_B y'\,\mathrm{d}x$$

$$\varepsilon_B = -\frac{N}{EA} + \varepsilon^e$$

1. Sonderfall:
Symmetrischer Bogen, symmetrische Belastung, keine Widerlagerverschiebung:

($\Delta u = O$, $\Delta w = o$): Da ε_B einen symmetrischen und y' einen antimetrischen Verlauf haben, ist auch das $\int_0^l \varepsilon_B y'\,\mathrm{d}x = 0$.

Aus (3.5–16) wird:

$$\int_0^l \overline{w}y''\,\mathrm{d}x = -\int_0^l \frac{N}{EA}\,\mathrm{d}x + \int_0^l \varepsilon^e\,\mathrm{d}x \tag{3.5–16 a}$$

2. Sonderfall:
Wie 1. Sonderfall,
außerdem: nur vertikale Stützlinienbelastung (d.h. $H = N\cos\varphi =$ konst.),

$$A = A_0/\cos\varphi,$$

$$\varepsilon^e = \alpha_T\,T \text{ (konstante Erwärmung)}$$

$$\int_0^l \overline{w}\,y''\,\mathrm{d}x = -\frac{H}{EA_0}\,l + \alpha_T T l \tag{3.5–16 b}$$

3. Sonderfall
Wie 2. Sonderfall,

außerdem: $y = \dfrac{4f}{l^2}\,x\,(l-x)$ (quadratische Parabel),

dann gilt $y'' = -\dfrac{8f}{l^2} =$ konst., und somit:

$$H = \frac{8f}{l^2}\cdot\frac{EA_0}{l}\int_0^l \overline{w}\,\mathrm{d}x + \alpha_T T E A_0 \tag{3.5–16 c}$$

3.5.4 Lösungsverfahren für die Grundgleichungen (3.5.14) und (3.5.16)

3.5.4.1 Einführung eines Ersatzbalkens

Vergleicht man die 1. Grundgleichung (3.5–14) mit der Differentialgleichung $(EIw'')'' = -M'' = -(Nw')' + q$ des längsgedrückten und querbelasteten geraden Balkenabschnitts, so kann man folgenden Analogieschluß ziehen:

Die Grundgleichung (3.5–14) ist identisch mit der Differentialgleichung für die Biegelinie $\overline{w}$ eines geraden Balkenabschnittes mit der Biegesteifigkeit K_B, der Längsdruckkraft $\overline{N} = N/\cos\varphi = H + V \cdot y'$ und einer Querbelastung, die sich aus folgenden Anteilen zusammensetzt:
a) wirkliche Querbelastung q (einschließlich Einzellasten P_i und Einzelmomenten ΔM_i),
b) aus der wirklichen Horizontalbelastung stammende gedachte vertikale Ersatzlast $q_{E(h)} = q_h|y'|y'$ (einschließlich Einzellasten $P_{Ei} = P_{hi}y'(i)$), nach unten wirkend, wenn die Horizontallasten nach rechts gerichtet, jedoch unter Beachtung des Vorzeichens von $y'(i)$,
c) gedachte Querbelastung $q^* = Hy''$ (da y'' bei der Achsendefinition von Bild 3.5–1 negativ ist, handelt es sich um die nach oben gerichteten Umlenkkräfte des Horizontalschubs)
d) ggf. eine aus eingeprägten Krümmungen $\varkappa^e$ stammende gedachte vertikale Ersatzlast $q_{E(e)} = (EI\varkappa^e)''$
Für die Randbedingungen des Ersatzbalkens bezüglich $\overline{w}$ (und Ableitungen von $\overline{w}$) gilt Bild 3.5–4. Außerdem ist die 2. Grundgleichung (3.5–16) als „Nebenbedingung" zu erfüllen.
In Bild 3.5–5 ist für einen parabelförmigen Bogen

mit $y = \frac{4f}{l_1^2}x(l_1 - x)$ (quadratische Parabel)

$y' = \frac{4f}{l_1} - \frac{8f}{l_1^2}x$ (linear)

$y'' = -\frac{8f}{l_1^2}$ (konstant)

der *Ersatzbalken* für die Berechnung nach Theorie II. Ordnung (ohne Querlastanteil d infolge eingeprägter Krümmungen) ausführlich erläutert.

3.5.4.2 Iterative Lösung für bestimmte Lastfälle

Sind System und Belastung gegeben, so läßt sich die Berechnung der Schnittgrößen und Verformungen des Bogens nach Theorie II. Ordnung z.B. mit Hilfe des Ersatzbalkens iterativ in folgenden Berechnungsschritten durchführen:
1. Festlegung des Ersatzbalkens mit Querlasten entsprechend Bild 3.5–5, wobei jedoch $H(o)$ und $V(o)$ zunächst noch unbekannt sind,
2. Annahme eines 1. Schätzwertes $H(o)^{(1)}$ (z.B. als $H(o)$ nach Theorie I. Ordnung) und Berechnung der H-Linie, einschließlich der nunmehr möglichen numerischen Festlegung des Querlastanteils c und der Größen $H(o) \cdot y'(o)$ und $H(l) \cdot y'(l)$ im Querlastanteil b,
3. Annahme eines 1. Schätzwertes für $V(o)$ und Berechnung der V-Linie. (Bei einfach statisch unbestimmten Bogen sowie bei allen symmetrischen Bogen mit symmetrischer Belastung läßt sich $V(o)$ entweder endgültig aus Gleichgewichts- oder Symmetriebedingungen oder in Abhängigkeit von $H(o)^{(1)}$ als $V(o)^{(1)}$ *berechnen.* Nur bei mehrfach statisch unbestimmten Systemen ohne Symmetrie ist es notwendig $V(o)^{(1)}$ zu *schätzen,* so daß eine „innere" Iterationsschleife entsteht – s. Pkt. 6.2),
4. Berechnung der Längsbelastung ($\overline{N}^{(1)} = N^{(1)}/\cos\varphi$-Linie)
5. Berechnung $\overline{w}(l)^{(1)}$. Wenn System, Belastung, Widerlagerabsenkung und Temperaturänderung symmetrisch zur Achse $x = l/2$ sind, gilt für $\overline{w}(l)$ aus Bild 3.5–4 mit (3.5–9) $\overline{w}(l) = o$. Anderenfalls ist zunächst die N-Linie zu ermitteln (entweder aus der $\overline{N}$-Linie mit $N = \overline{N}\cos\varphi$ oder aus den H- und V-Linien mit $N = H\cos\varphi + V\sin\varphi$) und anschließend

$$\overline{w}(l) = \Delta w - \int_0^l \frac{N}{EA} y' \,\mathrm{d}x + \int_0^l \varepsilon^e y' \,\mathrm{d}x \tag{3.5–17}$$

zu berechnen. Die Integrale in (3.5–17) können bei bestimmten einfachen Funktionsverläufen direkt gelöst werden, wobei als Hilfsmittel u.a. auch die bekannten Integraltafeln $\int M_i M_k \mathrm{d}s$ verwendet werden können. In schwierigen Fällen ist eine numerische Integration durchzuführen.
6. Berechnung der Momentenlinie $M^{(1)}$ und der Biegelinie $\overline{w}^{(1)}$ des Ersatzbalkens nach Theorie II. Ordnung – z.B. mit Hilfe des Verfahrens von Engesser–Vianello unter Beachtung der Randbedingungen:
6.1 Annahme einer Biegelinie $[\overline{w}^{(1)}]^{(1)}$,
6.2 Berechnung der Biegemomente $[M^{(1)}]^{(1)}$ (ggf. ist hier eine statisch unbestimmte Rechnung und damit auch eine Korrektur von $V(o)$ erforderlich),
6.3 Aus $[M^{(1)}]^{(1)}$ Berechnung einer neuen Biegelinie $[\overline{w}^{(1)}]^{(2)}$ – z.B. mit Hilfe der Mohrschen Analogie,
6.4 Wiederholung von 6.1 bis 6.3 bis mit ausreichender Genauigkeit $[\overline{w}^{(1)}]^{(n-1)} \cong [\overline{w}^{(1)}]^n = \overline{w}^{(1)}$ erreicht ist, d.h. die angenommene Biegelinie mit der errechneten übereinstimmt,
7. Einsetzen von $\overline{w}^{(1)}$, $N^{(1)}$ und $\overline{w}(l)^{(1)}$ in die Verträglichkeitsbedingung (3.5–16) und Prüfung der Übereinstimmung von linker und rechter Seite,
8. Verträglichkeitsbedingung erfüllt: Ende der Iteration. Verträglichkeitsbedingung nicht erfüllt: Wie-

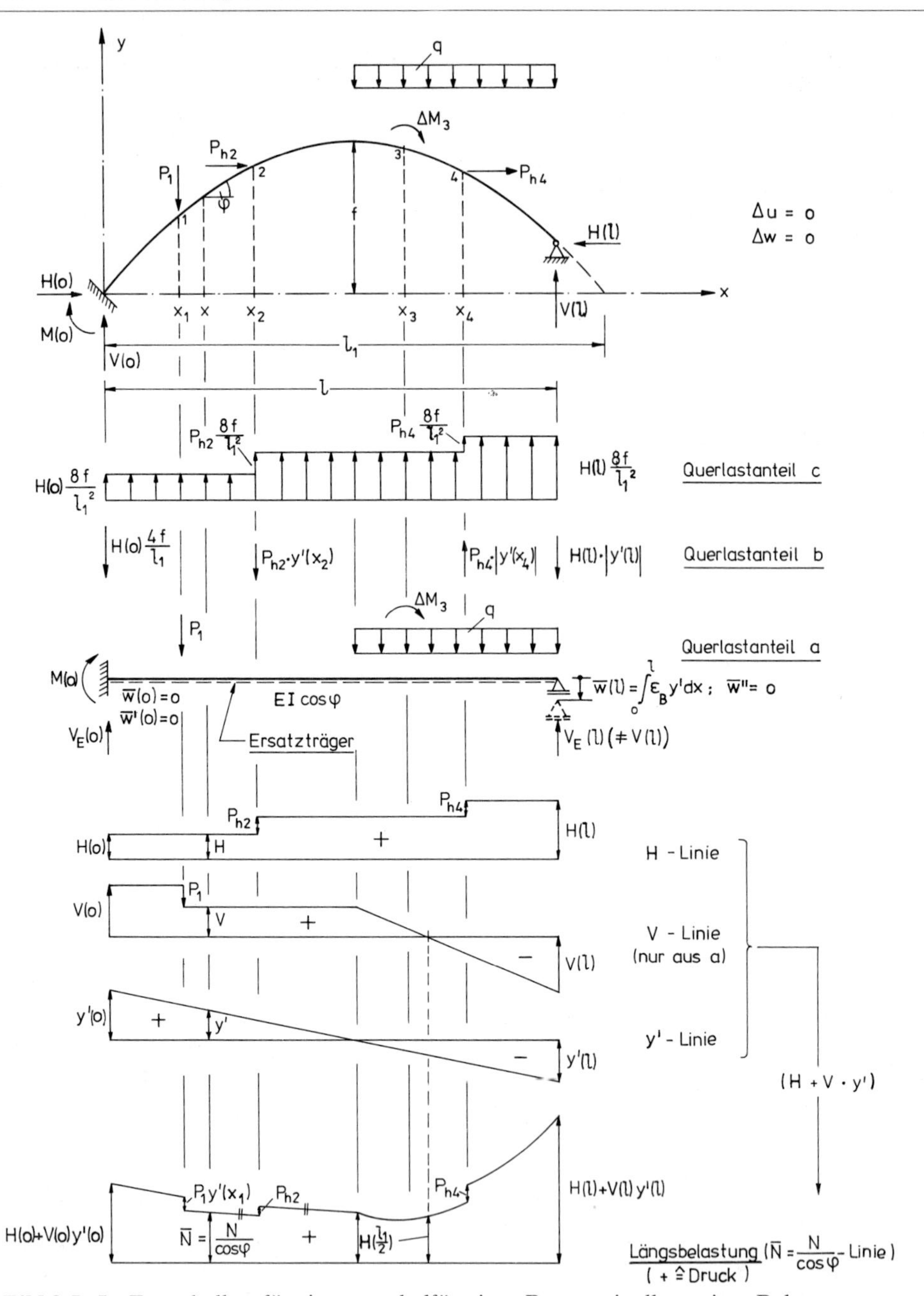

Bild 3.5–5 Ersatzbalken für einen parabelförmigen Bogen mit allgemeiner Belastung

derholung der Rechenschritte 2 bis 8 mit $H(o)^{(2)}$, $H(o)^{(3)}$ …, bis Übereinstimmung vorhanden.
Als Ergebnis der Berechnung erhält man:

die Biegemomente: $M = M^{(n)}$

die Vertikalkräfte: $V = V^{(n)}$

die Horizontalkräfte: $H = H^{(n)}$

die Längskräfte: $N = N^{(n)}$ (3.5–18)

die Querkräfte: $Q = -H\sin\varphi + V\cos\varphi + N\overline{w}'$

die Durchbiegungen: $w = w_{(0)} + \overline{w} - \int_0^x \varepsilon_B y'\,\mathrm{d}x$

die Horizontalverschiebungen: u aus Gl. (3.5–15)

Hinweis:
Die gezeigte Iteration kann wegen des Rechenschrittes 6 (Engesser–Vianello) – insbesondere bei mehrfach statisch unbestimmten Bogen – für die Handrechnung recht mühsam werden, so daß es sich empfiehlt, die Berechnung des Ersatzbalkens (Rechenschritt 6) mit Hilfe eines Kleincomputer-Programms für den auf Druck und Biegung beanspruchten Stab nach Theorie II. Ordnung durchzuführen. Verwendet man hierfür beispielsweise das Reduktionsverfahren (Verfahren der Übertragungsmatrizen), so ist der Ersatzbalken in endliche Abschnitte der Länge l_{ik} zu unterteilen, in welchen jeweils die Querschnittswerte, Neigungswinkel und Längskräfte konstanten Verlauf haben, und die Streckenlasten durch an den Feldgrenzen angreifende Einzellasten ersetzt werden.
Mit den Definitionen

$$\bar{y}_{ik} = \begin{bmatrix} \bar{w}_{ik} \\ \bar{w}'_{ik} \\ M_{ik} \\ V_{ik} \\ 1 \end{bmatrix} = \text{Zustandsvektor am Ende } i \text{ des Feldes } ik$$

$$\varepsilon_{ik} = l_{iK} \sqrt{\bar{N}_{ik}/EI_{ik} \cdot \cos\varphi_{ik}} = \text{Stabkennzahl}$$

lautet die für die Anwendung der Matrizenmultiplikation

$$\bar{y}_{ik} = \mathbf{F}_{ik} \cdot \bar{y}_{ik}$$

erforderliche Feldmatrix:

$$\begin{bmatrix} 1 & \dfrac{\sin\varepsilon_{ik}}{\varepsilon_{ik}} \cdot l_{ik} & -\dfrac{1-\cos\varepsilon_{ik}}{\varepsilon_{ik}^2} \cdot \dfrac{l_{ik}^2}{EI_{ik}\cos\varphi_{ik}} & -\dfrac{\varepsilon_{ik}-\sin\varepsilon_{ik}}{\varepsilon_{ik}^3} \cdot \dfrac{l_{ik}^3}{EI_{ik}\cos\varphi_{ik}} & 0 \\ 0 & \cos\varepsilon_{ik} & -\dfrac{\sin\varepsilon_{ik}}{\varepsilon_{ik}} \cdot \dfrac{l_{ik}}{EI_{ik}\cos\varphi_{ik}} & -\dfrac{1-\cos\varepsilon_{ik}}{\varepsilon_{ik}^2} \cdot \dfrac{l_{ik}^2}{EI_{ik}\cos\varphi_{ik}} & 0 \\ 0 & \bar{N}_{ik} \cdot l_{ik} \dfrac{\sin\varepsilon_{ik}}{\varepsilon_{ik}} & \cos\varepsilon_{ik} & \dfrac{\sin\varepsilon_{ik}}{\varepsilon_{ik}} l_{ik} & 0 \\ 0 & 0 & 0 & 1 & 0 \\ 0 & 0 & 0 & 0 & 1 \end{bmatrix}$$

Im übrigen kann das Reduktionsverfahren wie bei Theorie I. Ordnung durchgeführt werden.

3.5.5 Zur Frage der Superposition von Lastfällen

In den vorangegangenen Abschnitten über die Berechnung von geraden Stäben, bzw. Stabwerken mit geraden Stäben, wurde gezeigt, daß das lineare Superpositionsgesetz der Baustatik auch bei Theorie II. Ordnung gültig ist, wenn die Längskräfte N^{II} der Teillastfälle gleich denen des Überlagerungslastfalles sind. Dies gilt selbstverständlich auch bei gekrümmten Stäben – und damit bei Bogen – wie man anschaulich sofort einsieht, wenn man sich den Bogen näherungsweise durch einen Polygonzug aus vielen kurzen geraden Stäben ersetzt denkt.
Bild 3.5–5 zeigt nun jedoch deutlich, daß die praktische Anwendung dieses „beschränkt gültigen" Superpositionsgesetzes beim Bogen auf große Schwierigkeiten stößt, da der N-Verlauf (bzw. die $\bar{N} = N/\cos\varphi$-Linie) nicht mehr so genau und auf einfache Weise geschätzt (z. T. sogar genau berechnet) werden kann wie bei geraden Einzelstäben oder Rahmentragwerken. Dies liegt insbesondere an dem Glied Vy' in der $N/\cos\varphi$-Linie.
Während die Überlagerung zweier Teillastfälle in Sonderfällen praktisch noch durchführbar und vom Rechenaufwand her lohnend sein könnte, scheitert jedoch die Anwendung von auf dem linearen Superpositionsgesetz beruhenden Einflußlinien, da mit jeder Laststellung (z. B. einer vertikalen Wanderlast $P = 1$) eine andere V-Linie und damit andere $\bar{N}$-Linie vorliegt.
Um die Extremwerte von Schnittgrößen auch bei wandernden Verkehrslasten mit ausreichender Genauigkeit zu bestimmen, könnte man – falls sich die maßgebenden Laststellungen und Verteilungslängen von Streckenlasten nicht anders schätzen oder erkennen lassen – wie folgt vorgehen:
Es werden zunächst unter Vernachlässigung des Gliedes Vy', d. h. unter der Annahme $\bar{N} = N/\cos\varphi \cong H$ „beschränkt gültige" Einflußlinien berechnet, die lediglich zur Ermittlung der maßgebenden Laststellungen, bzw. Belastungsscheiden dienen. Mit diesen Laststellungen wird dann eine Berechnung nach Unterabschnitt 3.5.4 unter gleichzeitiger Berücksichtigung von Eigengewicht sowie ggf. Temperaturänderungen und Stützensenkungen durchgeführt.

Die Ermittlung von „beschränkt gültigen" Einflußlinien kann prinzipiell wie bei Hängebrücken (s. Unterabschnitt 3.6.4.3) – jedoch mit H als Druckkraft – erfolgen und wird daher hier nicht näher erläutert.

3.5.6 Bogen mit aufgeständerter (oder abgehängter) Fahrbahn

Es werden folgende Annahmen getroffen (s. Bild 3.5–6):
1. Die Abstände der – gelenkig angeschlossenen – Ständer (Hänger) sind relativ eng, so daß Fahrbahn und Bogen näherungsweise den gleichen (vertikalen) Biegelinienverlauf aufweisen,
2. Die Stauchung der Ständer (Verlängerung der Hänger) wird vernachlässigt.
3. Die Horizontalverschiebungen der Fahrbahn sind $=0$; d.h. das feste Lager liegt auf einem vom Bogen unabhängigen Widerlager.

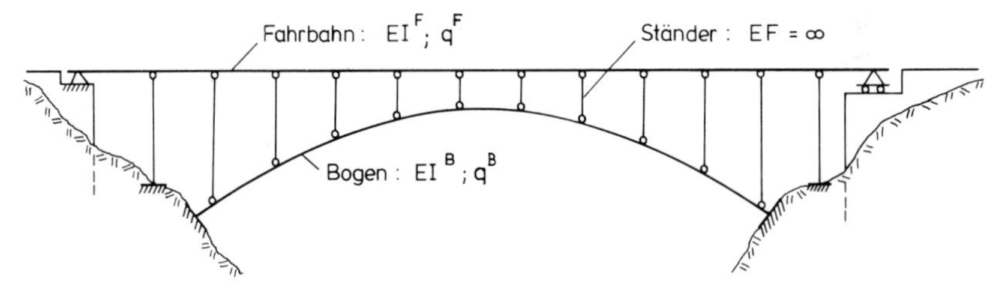

Bild 3.5–6 Beispiel für Bogen mit aufgeständerter Fahrbahn

Die Differentialgleichung für den Bogen allein lautet (s. Gl. 3.5–14)

$$(EI^B \cos\varphi \cdot \overline{w}'')'' + \left(\frac{N}{\cos\varphi}\,\overline{w}'\right)' = q^B + q^B_{E(h)} + Hy'' + q^B_{E(e)} \qquad (3.5\text{–}14\,\text{a})$$

Die Differentialgleichung für die Fahrbahn allein lautet:

$$(EI^F w'')'' = q^F + q^F_{E(e)} \qquad (3.5\text{–}19)$$

mit $q^F_{E(e)} = (EI^F \varkappa^{e,F})''$

Die Addition von (3.5–14 a) und (3.5–19) liefert mit $q = q^B + q^F$ und $q_{E(e)} = q^B_{E(e)} + q^F_{E(e)}$

die Differentialgleichung für die Biegelinie des Bogens mit aufgeständerter Fahrbahn zunächst in folgender Form:

$$(EI^B \cos\varphi\, \overline{w}'' + EI^F w'')'' + \left(\frac{N}{\cos\varphi}\,\overline{w}'\right)' = q + q_{E(h)} + Hy'' + q_{E(e)} \qquad (3.5\text{–}20)$$

In dieser Gleichung wird nun w'' mit Hilfe von (Gl. 3.5–12) durch $\overline{w}''$ ersetzt:

$$w' = \overline{w}' - \varepsilon_B y' \qquad (3.5\text{–}12\,\text{a})$$

$$w'' = \overline{w}'' - \varepsilon'_B y' - \varepsilon_B y'' \qquad (3.5\text{–}21)$$

Setzt man (3.5–21) in (3.5–20) ein, so erhält man:

$$(EI^B \cos\varphi\, \overline{w}'' + EI^F \overline{w}'')'' + \left(\frac{N}{\cos\varphi}\,\overline{w}'\right)' = q + q_{E(h)} + Hy'' + q_{E(e)} + [EI^F(\varepsilon'_B y' + \varepsilon_B y'')]''$$

bzw.

$$\boxed{(K_{BF} \cdot \overline{w}'')'' + \left(\frac{N}{\cos\varphi}\,\overline{w}'\right)' = q + q_{E(h)} + Hy'' + q_{E(e)} + q_{EF}} \qquad (3.5\text{–}22)$$

mit

$K_{BF} = EI^B \cos\varphi + EI^F$

$q = q^B + q^F$ (Querlastanteil a)

$q_{E(h)} = q^B_h\,|y'|\,y$ (Querlastanteil b)

$q_{E(e)} = (EI^B \varkappa^{e,B})'' + (EI^F \varkappa^{e,F})''$ (Querlastanteil d)

$q_{EF} = [EI^F(\varepsilon'_B y' + \varepsilon_B y'')]''$ (Querlastanteil e)

Auch hier kann man also wie im Unterabschnitt 3.5.4.1 einen geraden Ersatzbalken mit der Biegesteifigkeit K_{BF}, den Randbedingungen nach Bild 3.5–4 und der Nebenbedingung (3.5–16) einführen, der jedoch den zusätzlichen Querlastanteil e aufweist. Dieser läßt sich prinzipiell in gleicher Weise wie in Unterabschnitt 3.5.4.2 behandeln. Es kommt jedoch noch folgende Schwierigkeit hinzu: Infolge der Horizontalverschiebung u des Bogens entstehen *Schiefstellungen der Ständer,* so daß zusätzliche *horizontale Abtriebskräfte* S_{hi} erzeugt werden, die als vertikale Ersatzlasten $S_{Ei} = S_{hi} \cdot y'_{(i)}$ bei der Berechnung des Ersatzbalkens berücksichtigt werden müssen (s. Bild 3.5–7).

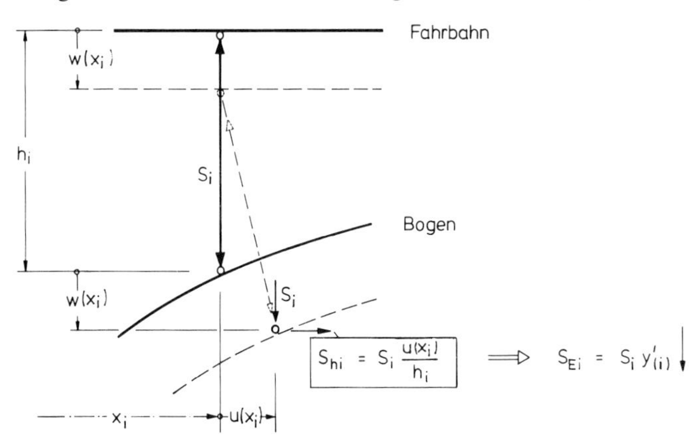

Bild 3.5–7 Abtriebskräfte infolge Schiefstellung der Ständer

Bei Bogen mit *abgehängter Fahrbahn* entstehen durch die Schrägstellung der Hänger *Rückhaltekräfte,* so daß sich das Vorzeichen von S_{hi} ändert.
Man erkennt, daß diese zusätzlich auf den Bogen wirkenden äußeren Horizontalkräfte zunächst unbekannt sind, da sie von $u(x_i)$ abhängen. Sie können daher genau nur iterativ berücksichtigt werden, wobei i.a. ein bis zwei Iterationsschritte ausreichen. Selbstverständlich darf man $u(x_i)$ vor Beginn der Festlegung der Belastung des Ersatzbalkens schätzen und kann auf eine Iteration verzichten, wenn am Schluß der Rechnung mit Hilfe von (3.5–15) gezeigt wird, daß die Schätzwerte ausreichend genau (oder zu groß) waren. Bei abgehängter Fahrbahn kann man ganz auf die Berücksichtigung der Hängerschiefstellung verzichten, da eine Vernachlässigung von Rückhaltekräften auf der sicheren Seite liegt.

3.5.7 Zahlenbeispiel

Mit dem folgenden, bezüglich der Voraussetzungen und der einzelnen Rechenschritte stark vereinfachten, Zahlenbeispiel werden zwei Ziele verfolgt:
- Es sollen die praktische Durchführung des Rechenverfahrens von Unterabschnitt 3.5.4 und weitere Näherungsmöglichkeiten gezeigt werden,
- Es sollen die Einflüsse der Theorie II. Ordnung auf die Schnittgrößen auch numerisch aufgezeigt werden, um hieraus Schlüsse auf das Tragverhalten weitgespannter Bogen ziehen zu können.

Es wird der in Bild 3.5–8 dargestellte (geometrisch imperfekte) Zweigelenkbogen mit den dort angegebenen Abmessungen, Querschnittskenngrößen und Belastungen untersucht. Anstelle der antimetrischen geometrischen Ersatzimperfektion w^v wird dabei eine statisch gleichwertige antimetrische Ersatzlast q_E^v angesetzt, so daß die Untersuchung am symmetrischen Parabelbogen erfolgen kann. Die Belastung ist als Bemessungslast (γ-fache Gebrauchslast) anzusehen.
Eine übertriebene Genauigkeit ist bei der Festlegung der geometrischen Ersatzimperfektion, bzw. der Ersatzbelastung nicht erforderlich. Deshalb wird in den Formeln für q_E^v und Q_E^v der Horizontalschub H^I nach Theorie I. Ordnung eingesetzt, da sich dieser – wie die folgende Zahlenrechnung noch zeigen wird – durch die Einflüsse der Theorie II. Ordnung praktisch nicht ändert. (Zu beachten ist, daß nur der symmetrische Lastanteil einen Horizontalschub ergibt.)

Mit $$H^I = \frac{q l^2}{8 f} = \frac{(121{,}27 + 35{,}46/2)\, 330^2}{8 \cdot 43} = 44\,003 \text{ kN}$$

wird $$q_E^v = \frac{8 \cdot 44\,003 \cdot 0{,}33}{165^2} = 4{,}27 \text{ kN/m}$$

$$Q_E^v = \frac{1}{2} \cdot 4{,}27 \cdot 165 = 352{,}3 \text{ kN}$$

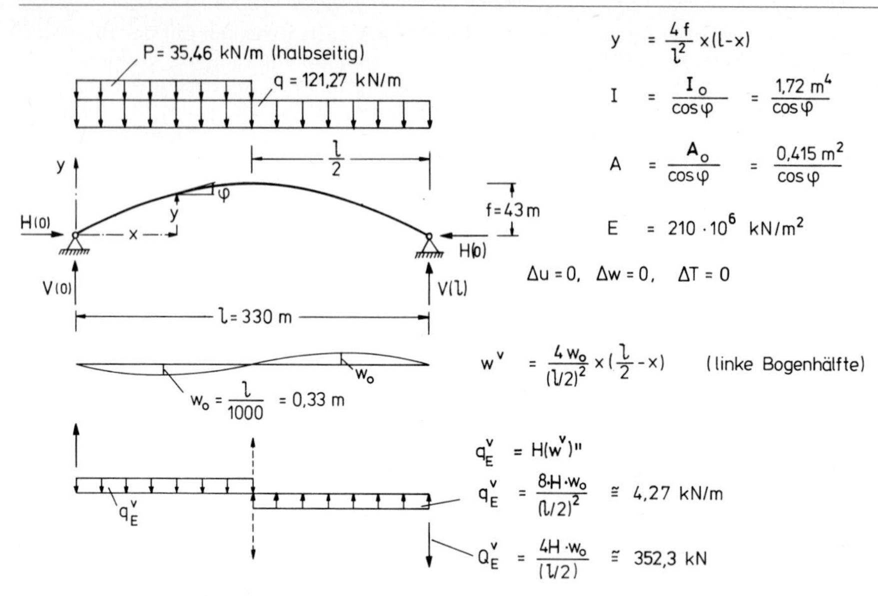

Bild 3.5–8 Zweigelenkbogen: Abmessungen und Belastung für Zahlenbeispiel

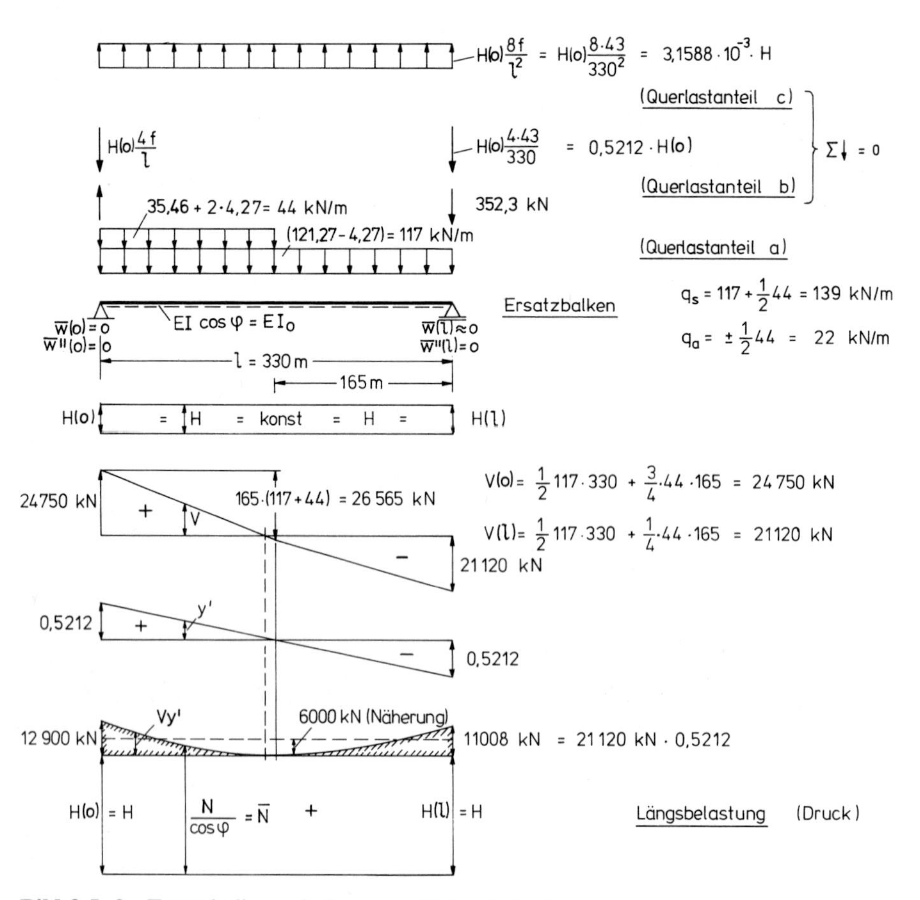

Bild 3.5–9 Ersatzbalken mit Quer- und Längsbelastung

Damit kann der Ersatzbalken wie in Bild 3.5–9 dargestellt, festgelegt werden (vergleiche auch Bild 3.5–5).
Da der Horizontalschub des Bogens in der Größenordnung von $H^I = 44\,003$ kN liegt, ist der schraffierte Anteil der Längsbelastung $\bar{N}$ relativ klein gegenüber dem nicht schraffierten Anteil. Zur Vereinfachung der folgenden Zahlenrechnung wird daher der schraffierte parabolische Anteil näherungsweise durch einen konstanten (flächenmäßig rund 50% größeren, und damit wohl auf der sicheren Seite liegenden) Anteil mit der Ordinate $\Delta\bar{N} = 1/4\ (12\,900 + 11\,008) \cong 6000$ kN ersetzt (= halber Mittelwert der Randordinaten = gestrichelte Linie) d.h. mit $\bar{N} \cong H + \Delta\bar{N} =$ konst. gerechnet.

Damit wird auch $\bar{w}\,(l) = -\int\limits_0^l \frac{N}{EA} \cdot y'\,\mathrm{d}x \cong -\frac{\bar{N}}{EA_0}\int\limits_0^l \cos^2\varphi \cdot y'\,\mathrm{d}x = 0,$

da unter dem Integralzeichen das Produkt einer symmetrischen mit einer antimetrischen Funktion steht. (Aus einer genaueren Untersuchung ergab sich für das vorliegende Zahlenbeispiel: $\bar{w}(l) \cong 0{,}4$ mm, ein Wert, der bei 330 m Stützweite ohne Bedenken vernachlässigt werden kann.)
Da im folgenden stets mit der konstanten Längskraft $\bar{N} \cong H + 6000$ kN gerechnet wird und für den Ersatzträger laut Aufgabenstellung $EI \cdot \cos\varphi = \mathrm{EI}_0 =$ konst. ist, kann der Berechnungsschritt 6 des Unterabschnittes 3.5.4.2 mit Hilfe der folgenden Formeln nach Theorie II. Ordnung durchgeführt werden:

(Stabkennzahl: $\varepsilon = l\sqrt{\bar{N}/EI_0}$)

symmetrischer Lastanteil: $$M_s = \frac{q_s l^2}{\varepsilon^2}\left[\frac{\cos\varepsilon\left(\frac{x}{l} - \frac{1}{2}\right)}{\cos\frac{\varepsilon}{2}} - 1\right] \quad (3.5\text{–}23)$$

antimetrischer Lastanteil: (linke Stabhälfte) $$M_a = \frac{q_a l^2}{\varepsilon^2}\left[\frac{\cos\frac{\varepsilon}{2}\left(\frac{x}{l/2} - \frac{1}{2}\right)}{\cos\frac{\varepsilon}{4}} - 1\right] \quad (3.5\text{–}24)$$

Für $\bar{w}$ erhält man aus $M = M^I + \bar{N} \cdot \bar{w}$ (gültig nur für $\bar{N} =$ konst.!)

$$\bar{w} = \frac{M - M^I}{\bar{N}} \quad (3.5\text{–}25)$$

Für die Iteration werden zur Überprüfung der Verträglichkeitsbedingung (3.5–16), die mit

$y'' = -\frac{8f}{l^2},\ \bar{w}\,(l) = 0,\ \Delta u = 0$ und $\varepsilon^e = 0$

lautet

$$-\frac{8f}{l^2}\int\limits_0^l \bar{w}\,\mathrm{d}x = -\int\limits_0^l \frac{N}{EA}\,\mathrm{d}x = -\frac{\bar{N}}{EA_0}\int\limits_0^l \cos^2\varphi\,\mathrm{d}x, \quad \text{bzw.}$$

$$\bar{N} = \frac{8fEA_0}{l^2\int\limits_0^l \cos^2\varphi\,\mathrm{d}x}\int\limits_0^l \bar{w}\,\mathrm{d}x, \quad (3.5\text{–}26)$$

noch die beiden Integrale $\int_0^l \bar{w}\,\mathrm{d}x$ und $\int_0^l \cos^2\varphi\,\mathrm{d}x$ benötigt.

Aus der Integration von Gl. (3.5–25) ergibt sich mit $q = q_s^E$ (der antimetrische Durchbiegungsanteil entfällt, da sich positive und negative Flächen aufheben):

$$\int\limits_0^l \bar{w}\,\mathrm{d}x = \frac{q_s^E l^3}{\bar{N}}\left(\frac{\tan\frac{\varepsilon}{2} - \frac{\varepsilon}{2}}{\varepsilon^3/2} - \frac{1}{12}\right) \quad (3.5\text{–}27)$$

Das Integral $\int_0^l \cos^2\varphi\,\mathrm{d}x$ ergibt sich mit $\cos^2\varphi = \frac{1}{1 + \tan^2\varphi}$ und

$$\tan\varphi = y' = \frac{4f}{l} - \frac{8f}{l^2}x \qquad \text{zu:}$$

$$\int_0^l \cos^2\varphi \, dx = l \, \frac{\arctan \dfrac{4f}{l}}{\dfrac{4f}{l}} \tag{3.5–28}$$

Aus (3.5–26) wird damit für das Zahlenbeispiel:

$$\overline{N} = \frac{8 \cdot 43 \cdot 210 \cdot 10^6 \cdot 0{,}415}{330^3 \, \dfrac{\arctan(4 \cdot 43/330)}{4 \cdot 43/330}} \cdot \int_0^l \overline{w} \, dx = 904{,}9604185 \int_0^l \overline{w} \, dx$$

Die iterative Berechnung des Ersatzbalkens, d.h. die Rechenschritte 2, 6, 7 und 8 (s. Unterabschnitt 3.5.4.2) ist in Tabelle 3.5–1 gezeigt. Die Rechenschritte 1, 3 und 4 sind bereits in Bild 3.5–9 erfolgt. Rechenschritt 5 entfällt (s.o.).

Tabelle 3.5–1 Iterative Berechnung des Ersatzbalkens von Bild 3.5–9

Iterationsschritt Nr.	1	2	3	4	5
H geschätzt ($>H^I$) [kN]	44100	44110	44108	44106,4	44106,45
$q_s^E = 139 - 3{,}1588 \cdot 10^{-3}\, H_{gesch.}$	−0,3058	−0,3374	−0,3311	−0,3260	−0,3262
$\overline{N} = H_{gesch.} + 6000$ kN	50100	50110	50108	50106,4	50106,45
$\varepsilon = 330\sqrt{\overline{N}/EI_0}$	3,8865	3,8869	3,8868	3,8868	3,8868
$\int_0^l \overline{w}\,dx$ nach Gl. (3.5–27)	51,9264	57,2576	56,1918	55,3391	55,3657
$\overline{N}_{ger.} = 904{,}9604185 \int_0^l \overline{w}\,dx$	46991	51816	50851	50079,7	50103,77
$H_{ger.} = \overline{N}_{ger.} - 6000$ kN	40991 $<H^I$ (nicht möglich)	45816 >44110	44851 >44108	44079,7 $<44106{,}4$ $\Delta = -0{,}06\%$	44103,77 $<44106{,}45$ $\Delta = 0{,}006\%$
				Ergebnis:	$H \cong 44106{,}45$ kN

Mit dem Ergebnis für H werden nun weitere interessierende Schnitt- und Verformungsgrößen berechnet:

Gl. (3.5–23):

$$M\left(\frac{l}{2}\right)_s = \frac{-0{,}3262 \cdot 330^2}{3{,}8868^2}\left[\frac{1}{\cos\dfrac{3{,}8868}{2}} - 1\right] = 8810 \text{ kNm}$$

$$M\left(\frac{l}{4}\right)_s = \frac{-0{,}3262 \cdot 330^2}{3{,}8868^2}\left[\frac{\cos\dfrac{3{,}8868}{4}}{\cos\dfrac{3{,}8868}{2}} - 1\right] = 5933 \text{ kNm}$$

Gl. (3.5–24):

$$M\left(\frac{l}{4}\right)_a = \frac{22 \cdot 330^2}{3{,}8868^2}\left[\frac{1}{\cos\dfrac{3{,}8868}{4}} - 1\right] = 122645 \text{ kNm}$$

Theorie I. Ordnung: Ersatzbalken:

$$M\left(\frac{l}{2}\right)^I = -0{,}3262 \cdot 330^2/8 = -4440 \text{ kNm}$$

Ersatzbalken:

$$M\left(\frac{l}{4}\right)_s^I = 0{,}75 \cdot (-4420) = -3330 \text{ kNm}$$

Ersatzbalken = Bogen:

$$M\left(\frac{l}{4}\right)_a^I = 22 \cdot 165^2/8 = 74869 \text{ kNm}$$

Gl. (3.5–25):

$$\overline{w}\left(\frac{l}{2}\right) = \frac{8810 + 4440}{50106{,}45} = 0{,}264 \text{ m}$$

$$\overline{w}\left(\frac{l}{4}\right)_s = \frac{5933 + 3330}{50106{,}45} = 0{,}186 \text{ m}$$

$$\overline{w}\left(\frac{l}{4}\right)_a = \frac{122645 - 74869}{50106{,}45} = 0{,}953 \text{ m}$$

$$\overline{w}\left(\frac{l}{4}\right) = 0{,}186 + 0{,}953 = 1{,}139 \text{ m}$$

Die wahren Durchbiegungen des Bogens erhält man aus (3.5–13):

$$w = \overline{w} - \int_0^x \varepsilon_B \cdot y' \, \mathrm{d}x = \overline{w} + \frac{\overline{N}}{EA_0} \int_0^x \cos^2\varphi \cdot y' \, \mathrm{d}x \qquad (3.5\text{–}29)$$

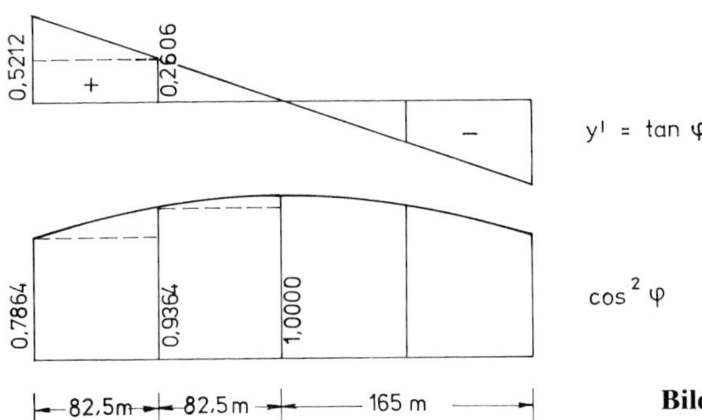

Bild 3.5–10 Verlauf der Funktionen y' und $\cos^2\varphi$

Das Integral $\int_0^x \cos^2\varphi \cdot y' \, \mathrm{d}x$ ergibt sich aus Bild 3.5–10 mit ausreichender Genauigkeit zu:

$$\int_0^{l/4} \cos^2\varphi \cdot y' \, \mathrm{d}x = 82{,}5 \cdot 0{,}2606 \left[\frac{3}{2}\, 0{,}7864 + \sim \left(\frac{2}{3} + \frac{1}{4}\right) \cdot (0{,}9364 - 0{,}7864)\right] = 28{,}3170 \text{ m}$$

$$\int_0^{l/2} \cos^2\varphi \cdot y' \, \mathrm{d}x = 28{,}3170 + 82{,}5 \cdot 0{,}2606 \left[\frac{1}{2} \cdot 0{,}9364 + \sim \frac{1}{4} \cdot (1 - 0{,}9364)\right] = 38{,}7249 \text{ m}$$

Damit ergeben sich die Durchbiegungen des Bogens unter Berücksichtigung der Anteile aus der Bogenstauchung zu:

$$w\left(\frac{l}{2}\right) = 0{,}264 + \frac{50106{,}45}{210 \cdot 10^6 \cdot 0{,}415} \cdot 38{,}7249 = 0{,}264 + 0{,}022 = 0{,}286 \text{ m}$$

$$w\left(\frac{l}{4}\right) = 1{,}139 + \frac{50106{,}45}{210 \cdot 10^6 \cdot 0{,}415} \cdot 28{,}3170 = 1{,}139 + 0{,}016 = 1{,}155 \text{ m} \left(\approx \frac{l}{300}\right)$$

$$w\left(\frac{3l}{4}\right) = 0{,}186 - 0{,}953 + 0{,}016 = -0{,}751 \text{ m}$$

Die Berechnung der Querkräfte kann mit Hilfe der Gleichungen (3.5–1), (3.5–2) und (3.5–12) erfolgen:

$$Q = -H\sin\varphi + V\cos\varphi + N \cdot \psi = -H\sin\varphi + V\cos\varphi + \overline{N}\cos\varphi \cdot \overline{w}' \qquad (3.5\text{–}30)$$

Die Neigung $\overline{w}'$ der Ersatzbiegefunktion des Ersatzbalkens erhält man aus:

Symmetrischer Lastanteil:

$$\overline{w}_s' = \frac{q_s \cdot l}{\overline{N}} \left[\frac{\sin\varepsilon\left(\frac{1}{2} - \frac{x}{l}\right)}{\varepsilon\cos\frac{\varepsilon}{2}} - \left(\frac{1}{2} - \frac{x}{l}\right)\right] \qquad (3.5\text{–}31)$$

antimetrischer Lastanteil:
(linke Stabhälfte)

$$\overline{w}_a' = \frac{q_a \cdot l}{2\overline{N}} \left[\frac{\sin\frac{\varepsilon}{2}\left(\frac{1}{2} - \frac{x}{l/2}\right)}{\frac{\varepsilon}{2}\cos\frac{\varepsilon}{4}} - \left(\frac{1}{2} - \frac{x}{l/2}\right)\right] \qquad (3.5\text{–}32)$$

Es wird die Querkraft am linken Kämpfer ($x = 0$) berechnet:

$$\overline{w}'(0) = \overline{w}'(0)_s + \overline{w}'(0)_a = \frac{-0{,}3262 \cdot 330}{50\,106{,}45}\left[\frac{\tan\frac{3{,}8868}{2}}{3{,}8868} - \frac{1}{2}\right]$$

$$+ \frac{22 \cdot 330}{2 \cdot 50\,106{,}45}\left[\frac{\tan\frac{3{,}8868}{4}}{\frac{3{,}8868}{2}} - \frac{1}{2}\right] = 0{,}002488 + 0{,}018372 = 0{,}020860$$

$$Q(0) = -44\,106{,}45 \cdot 0{,}4622 + 24\,750 \cdot 0{,}8868 + 50\,106{,}45 \cdot 0{,}8868 \cdot 0{,}020860$$

$$Q(0) = -20\,386 + 21\,947 + 927 = 2488 \text{ kN } (\ll N!)$$

Diskussion der Ergebnisse und der Schlußfolgerungen

Man erkennt aus der Iteration in Tabelle 3.5–1, daß zur Erzielung ausreichender Konvergenz für H zwar mehrere Interationsschritte erforderlich sind, jedoch die Ausgangsgröße für H nur unwesentlich von Schritt zu Schritt verändert werden muß. Es empfiehlt sich, für die Rechnung einen elektronischen Taschenrechner mit mehreren Speicherplätzen zu verwenden (hier wurde ein HP45 benutzt), um mindestens die Werte für q_s^E und ε mit allen errechneten Stellen – d.h. mehr als den in Tabelle 3.5–1 niedergeschriebenen – zu speichern und mit ihnen weiter rechnen zu können. Andererseits ist die Rechnung in bezug auf die für die Bemessung maßgebenden Größen H, $M\left(\frac{l}{4}\right)$ und $\overline{w}\left(\frac{l}{4}\right)$ numerisch relativ unempfindlich.

In Bild 3.5–11 sind Biegemomenten- und Durchbiegungsverlauf mit charakteristischen Ordinaten skizziert:

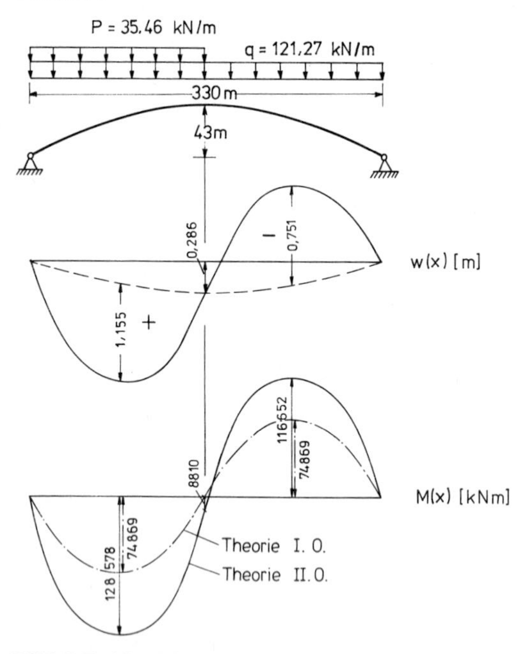

Bild 3.5–11 Biegemomente und Durchbiegungen für Zahlenbeispiel Bild 3.5–8

Folgende *allgemeine Schlußfolgerungen* sind für weitgespannte schlanke Bogentragwerke aus dem hinsichtlich der Ausgangsdaten und der Durchführung der Zahlenrechnung stark vereinfachten Beispiel zu ziehen:

1. Der Horizontalschub ändert sich infolge der Bogenverformungen nur unwesentlich gegenüber dem nach Theorie I. Ordnung errechneten Wert;

im Beispiel: $\left.\begin{aligned} H^I &= 44\,003 \text{ kN} \\ H^{II} = H &\cong 44\,106 \text{ kN}\end{aligned}\right\}\ \Delta H = +0{,}23\%$

Damit ändert sich die Beanspruchung des Bogens infolge der Längskräfte $N = \bar{N}\cos\varphi = H\cos\varphi + V\sin\varphi$ ebenfalls nur unbedeutend.

2. Die Änderung der Querkräfte – die allerdings bei der Bogenbemessung nur eine untergeordnete Rolle spielen – infolge der Bogenverformungen ist nicht vernachlässigbar; im Beispiel:

$$\left.\begin{aligned} Q^{I}(o) &= -44003 \cdot 0{,}4622 + 24750 \cdot 0{,}8868 = 1610\ \text{kN} \\ Q^{II}(o) &= \quad Q(o) \qquad\qquad\qquad\qquad\quad = 2488\ \text{kN} \end{aligned}\right\} \Delta Q(o) = 55\%$$

3. Auch infolge des symmetrischen Lastanteils treten beim Stützlinienbogen bei Berücksichtigung der Verformungen Biegemomente auf;

im Beispiel: $M^{I}\left(\frac{l}{2}\right) = 0$

$$M^{II}\left(\frac{l}{2}\right) = M\left(\frac{l}{2}\right)_{s} = 8810\ \text{kN m}$$

4. Infolge des antimetrischen Lastanteils ist der Zuwachs der Biegemomente im Bereich der Viertelspunkte infolge der Verformungen nicht vernachlässigbar;

im Beispiel:

$$\left.\begin{aligned} M^{I}\left(\frac{l}{4}\right)_{a} &= 74869\ \text{kN m} \\ M^{II}\left(\frac{l}{4}\right)_{a} = M\left(\frac{l}{4}\right)_{a} &= 122645\ \text{kN m} \end{aligned}\right\} \Delta M\left(\frac{l}{4}\right)_{a} = 64\%$$

5. Damit sind die Fehler der Theorie I. Ordnung bei den für die Bemessung maßgebenden Biegemomenten aus Gründen der *Sicherheit* auf keinen Fall vernachlässigbar!

im Beispiel:

$$\left.\begin{aligned} M^{I}\left(\frac{l}{4}\right) &= \quad 0 \quad + 74869 = \ 74869\ \text{kN m} \\ M^{II}\left(\frac{l}{4}\right) = M\left(\frac{l}{4}\right) &= 5933 + 122645 = 128578\ \text{kN m} \end{aligned}\right\} \Delta M\left(\frac{l}{4}\right) = 72\%,$$

bzw. der Fehler der Theorie I. Ordnung beträgt:

$$F^{I} = \frac{74869 - 128578}{128578} \cdot 100\% \cong -42\% \text{ (auf der \textit{unsicheren} Seite!)}$$

Literatur

1. Fritz, B.: Theorie und Berechnung vollwandiger Bogenträger bei Berücksichtigung des Einflusses der Systemverformungen, Berlin 1934, Springer-Verlag.
2. Dischinger, F.: Untersuchungen über die Knicksicherheit, die elastische Verformung und das Kriechen des Betons bei Bogenbrükken, DER BAUINGENIEUR 18 (1937), S. 487 ff.
3. Faltus, F.: Beitrag zur Berechnung von Zweigelenkbögen nach Theorie II. Ordnung, DER STAHLBAU 28 (1959), S. 10–13, weitere Schrifttumshinweise dort.
4. Roos, E.: Die Anwendung einer Reduktionsmethode auf die Berechnung von Bogentragwerken nach der Spannungstheorie II. Ordnung, DER STAHLBAU 34 (1965), S. 1–6.

3.6 Berechnung von Hängebrücken nach der Theorie II. Ordnung

3.6.1 Vorbemerkungen

In den vorhergehenden Abschnitten wurden Stäbe, Stabwerke und Bogentragwerke behandelt, die neben Biegemomenten i.d.R. Längsdruckkräfte aufweisen. Bei solchen Tragsystemen ist häufig die Anwendung der Theorie II. Ordnung – d.h. die Berücksichtigung der Verformungen – aus Gründen der *Sicherheit* erforderlich.
Bei echten („erdverankerten") Hängebrücken handelt es sich um Systeme, bei denen die Tragglieder – abgesehen von den Pylonen – auf Biegung (Versteifungsträger) und Längszug (Kabel, Hänger) beansprucht werden. Hier ist, da die Spannweiten und damit die Verformungen moderner Hängebrücken stets groß sind, die Anwendung der Theorie II. Ordnung aus Gründen der *Wirtschaftlichkeit* notwendig. So können z.B. die für die Bemessung des Versteifungsträgers maßgebenden Biegemomente um 30–50% kleiner sein, als sich aus einer Berechnung nach Theorie I. Ordnung ergeben würde.
Bezüglich des heute möglichen Einsatzes von Computern bei der Berechnung von Hängebrücken und der Notwendigkeit dennoch (relativ) einfache Verfahren zur Berechnung „von Hand" zu kennen, gelten die gleichen Überlegungen wie in Unterabschnitt 3.5.1 bei weitgespannten Bogen. Die folgenden Abschnitte beschränken sich daher auf ein solches „Ingenieur-Verfahren".

3.6.2 Voraussetzungen und Annahmen

1. Die ständige Last g wird über die Hänger in das Kabel geleitet und allein von diesem getragen. Dies ist i.a. für den größten Teil des Versteifungsträgers durch das Montageverfahren gewährleistet. Anteile des Eigengewichts, für die dies nicht zutrifft (z.B. Fahrbahnbelag, nachträglich montierte Konsolen usw.), sind bei der Verkehrslast zu berücksichtigen.
2. Das Kabel hat unter ständiger Last die Form einer quadratischen Parabel. Dies gilt streng nur, wenn g in Längsrichtung konstant ist, was für Hängebrücken nicht genau zutrifft. Die Abweichungen der Ordinaten der tatsächlichen Kabelform von der Parabel betragen jedoch i.d.R. nicht mehr als 0,5% und sind daher – unter Berücksichtigung des Ziels des behandelten Berechnungsverfahrens – vernachlässigbar.
3. Längenänderungen und Schrägstellungen der Hänger werden vernachlässigt. Die dadurch entstehenden Fehler in den Schnittgrößen liegen in der Größenordnung von 1% und sind somit ebenfalls vernachlässigbar. Die Berechnung wird jedoch durch diese Annahme wesentlich vereinfacht.
4. Verschiebungen der Pylonspitzen werden vernachlässigt. An den Pylonspitzen werden nur Vertikalreaktionen auf das Kabel abgegeben. Da Windkräfte auf das Kabel in Brückenlängsrichtung unbedeutend sind, ist damit die Horizontalkomponente H (Horizontalzug) der Kabelzugkraft bei einem bestimmten Lastzustand an jeder Stelle und in allen Feldern einer mehrfeldrigen Brücke gleich groß.

3.6.3 Die Grundgleichungen für einfeldrige Hängebrücken mit Versteifungsträger

3.6.3.1 Lastfall Eigengewicht (g)

Mit den Voraussetzungen 1 und 2 aus Unterabschnitt 3.6.2 und den Bezeichnungen von Bild 3.6–1 gelten folgende Beziehungen für den Horizontalzug H_g und die Kabelkurve $y(x)$:

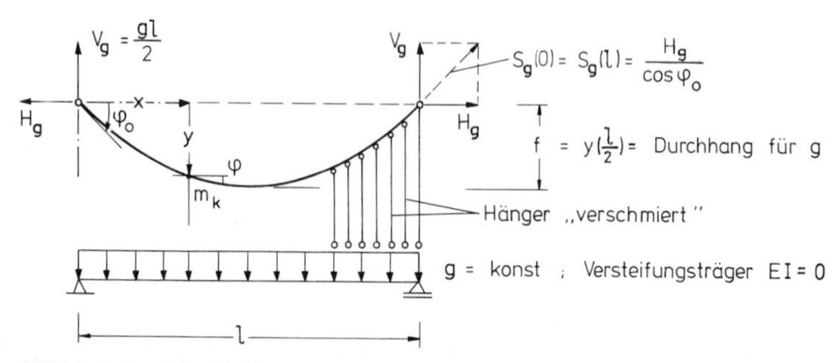

Bild 3.6–1 Einfeldrige Hängebrücke, Lastfall g

Da das Kabel keine Biegesteifigkeit besitzt, gilt mit $M_{mk} = 0$:

$$M_{mk} = \underbrace{\frac{gl}{2}\,x - gx\,\frac{x}{2}} - H_g \cdot y = 0 \qquad (3.6\text{–}1)$$

M_g^0 = Biegemoment des einfachen Balkens für g = konst. (Th.I.O.)

An der Stelle $x = \frac{l}{2}$ erhält man aus $\frac{gl^2}{8} - H_g \cdot f = 0$:

$$H_g = \frac{gl^2}{8f} \qquad (3.6\text{–}2)$$

Durch Einsetzen von (3.6–2) in (3.6–1) und Umformen ergibt sich die Gleichung der Kabelkurve $y_{(x)}$:

$$y = \frac{4f}{l^2}\,x\,(l - x) \qquad (3.6\text{–}3)$$

3.6.3.2 Lastfall Eigengewicht + Verkehr + Temperatur (*g* + *p* + *T*)

3.6.3.2.1 Gleichgewichtsbedingung (1. Grundgleichung)

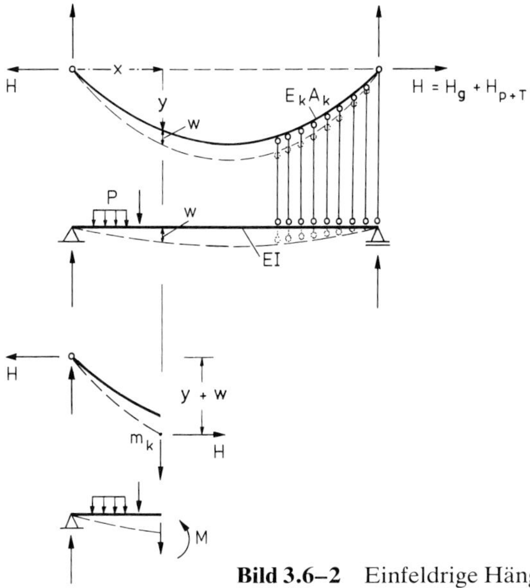

Bild 3.6–2 Einfeldrige Hängebrücke, Lastfall $g + p + T$

Die Gleichgewichtsbeziehungen müssen hier am *verformten* System formuliert werden. Wegen der Voraussetzung 3 aus Unterabschnitt 3.6.2 weisen Kabel und Versteifungsträger die gleiche Senkungslinie w auf. Mit den Bezeichnungen von Bild 3.6–2 und der Gleichgewichtsbedingung $\Sigma M_{(m_k)} = 0$ erhält man:

$$M_g^0 + M_p^0 - (H_g + H_{p+T})\,(y + w) - M = 0 \qquad (3.6\text{–}4)$$

M^0 = Biegemoment des einfachen Balkens infolge $g + p$ (Th. I. O.)

Mit $M_g^0 - H_g \cdot y = 0$ (3.6–1) wird aus (3.6–4):

$$-M - (H_g + H_{p+T})\,w = H_{p+T} \cdot y - M_p^0,$$

und mit der bekannten Beziehung für die Verkrümmung des biegesteifen Trägers $w'' = -M/EI$ erhält man hieraus die 1. Grundgleichung der (einfeldrigen) Hängebrücke nach Theorie II. Ordnung:

$$\boxed{EI \cdot w'' - H \cdot w = H_{p+T} \cdot y - M_p^0} \qquad (3.6\text{–}5)$$

Wie beim Bogen die Gleichung (3.5–4) ist auch die Differentialgleichung für die Biegelinie w bei der Hängebrücke nicht lösbar, da der Horizontalzug H_{p+T} (und damit auch $H = H_g + H_{p+T}$) nicht bekannt ist. Es muß also auch hier eine zweite Beziehung gefunden werden, welche w und H_{p+T} miteinander verknüpft. Dies ist die im folgenden Unterabschnitt hergeleitete Verträglichkeitsbedingung (3.6–6).

3.6.3.2.2 Verträglichkeitsbedingung (2. Grundgleichung)
Diese Beziehung ergibt sich aus der Forderung, daß laut Voraussetzung 4 aus Unterabschnitt 3.6.2 das Integral der Horizontalprojektion der Längenänderung $\mathrm{d}u$ des Kabels von Pylonspitze zu Pylonspitze (bzw. Aufhängepunkt zu Aufhängepunkt) verschwinden muß. Hierzu muß zunächst die Gleichung für $\mathrm{d}u = u'\,\mathrm{d}x$ aus den kinematischen Beziehungen hergeleitet werden:

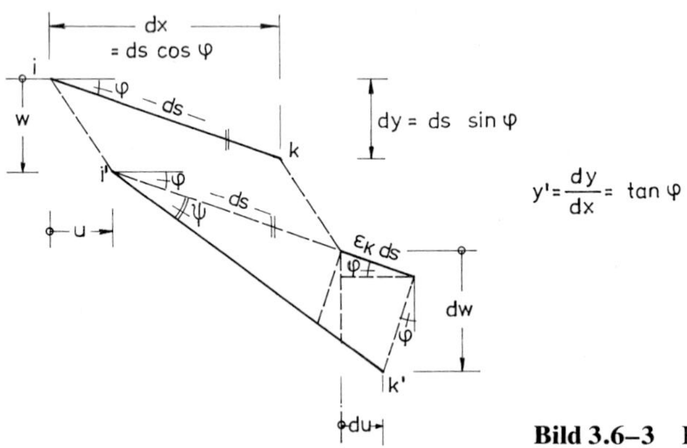

Bild 3.6–3 Kinematische Beziehungen

Aus Bild 3.6–3 liest man ab:

$$\mathrm{d}u = \varepsilon_k \mathrm{d}s \cdot \cos\varphi - (1+\varepsilon_k)\,\mathrm{d}s \cdot \psi \cdot \sin\varphi \cong \varepsilon_k \mathrm{d}x - \psi \mathrm{d}y \qquad (\text{mit } \varepsilon_k \ll 1)$$

$$\mathrm{d}w = \varepsilon_k \mathrm{d}s \cdot \sin\varphi + (1+\varepsilon_k)\mathrm{d}s \cdot \psi \cdot \cos\varphi \cong \varepsilon_k \mathrm{d}y + \psi \mathrm{d}x$$

bzw. $u' = \varepsilon_k - \psi y'$

$$w' = \varepsilon_k y' + \psi$$

Durch Elimination von ψ wird daraus:

$$u' = \varepsilon_k(1 + y'^2) - y' w',$$

und mit $\varepsilon_k = \dfrac{S}{E_k A_k} + \alpha_T T, \quad S = \dfrac{H_{p+T}}{\cos\varphi}, \quad \cos\varphi = (1 + y'^2)^{-\frac{1}{2}}$

$$u' = \frac{H_{p+T}}{E_k A_k}(1 + y'^2)^{\frac{3}{2}} + \alpha_T T(1 + y'^2) - y' w'$$

Mit der Forderung $u(l) = \int_0^l \mathrm{d}u = \int_0^l u'\,\mathrm{d}x = 0$ ergibt sich schließlich nach Durchführung der Integration die gesuchte Verträglichkeitsbedingung:

$$\boxed{H_{p+T} = \frac{8f}{l^2} \cdot \frac{E_k A_k}{L} \int_0^l w\,\mathrm{d}x - \alpha_T T E_k A_k \frac{L_T}{L}} \qquad (3.6\text{–}6)$$

mit den Integralen:

$$L = \int_0^l (1 + y'^2)^{\frac{3}{2}} \mathrm{d}x = l \left\{ \frac{1}{4}\left(\frac{5}{2} + \frac{16f^2}{l^2}\right)\left(1 + \frac{16f^2}{l^2}\right)^{\frac{1}{2}} + \frac{3l}{32f} \cdot \ln\left[\frac{4f}{l} + \left(1 + \frac{16f^2}{l^2}\right)^{\frac{1}{2}}\right]\right\}, \qquad (3.6\text{–}7\text{a})$$

wofür bei flach gespannten Kabeln ($f/l \sim < 1/5$) mit ausreichender Genauigkeit

$$L \cong l \cdot \left[1 + 8\left(\frac{f}{l}\right)^2\right]$$

geschrieben werden kann, und

$$L_T = \int_0^l (1 + y'^2)\,dx = l\left[1 + \frac{16}{3}\left(\frac{f}{l}\right)^2\right] \tag{3.6–8a}$$

Liegen die Aufhängepunkte des Kabels nicht auf gleicher Höhe, so gelten mit Bild 3.6–4 und

$$y = x \cdot \tan\gamma + \frac{4f}{l^2}\,x\,(l - x) \tag{3.6–3a}$$

(diese Gleichung ist ggf. auch in (3.6–5) einzusetzen!)
die folgenden Beziehungen für L und L_T:

$$L \cong l \cdot \left[1 + 8\left(\frac{f}{l}\right)^2 + \frac{3}{2}\tan^2\gamma\right] \tag{3.6–7b}$$

$$L_T = l \cdot \left[1 + \frac{16}{3}\left(\frac{f}{l}\right)^2 + \tan^2\gamma\right] \tag{3.6–8b}$$

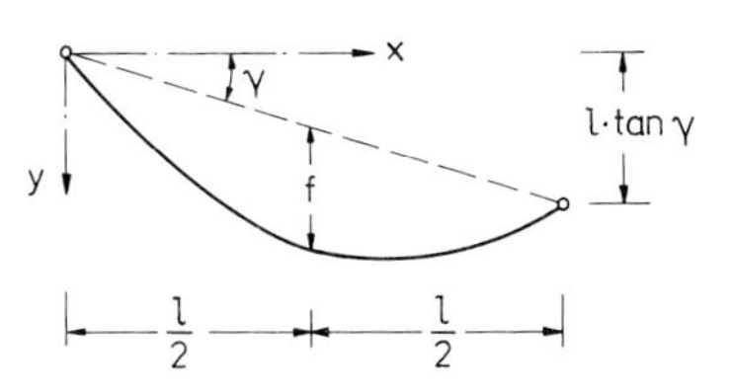

Bild 3.6–4 Kabel mit unterschiedlicher Höhenlage der Endpunkte

3.6.4 Lösungsverfahren für die Grundgleichungen (3.6–5) und (3.6–6)

3.6.4.1 Einführung eines Ersatzbalkens

Vergleicht man die 1. Grundgleichung (3.6–5) mit der Differentialgleichung nach Theorie II. Ordnung $EIw'' = -M = -M^I + H \cdot w$ des querbelasteten und längs *gezogenen* Balkens, so kann man folgenden Analogieschluß ziehen (vgl. auch Unterabschnitt 3.5.4.1 beim Bogen):
Die Grundgleichung (3.6–5) ist identisch mit der Differentialgleichung für die Biegelinie w eines geraden Balkens mit der Biegesteifigkeit EI, der *Längszugkraft* $H = H_g + H_{p+T}$ und einer Querbelastung, die sich aus folgenden Anteilen zusammensetzt (s. Bild 3.6–5):

a) wirkliche Querbelastung aus Verkehr, M_p^0 erzeugend

b) gedachte Querbelastung $q^* = H_{p+T} \cdot y'' = -\frac{8f}{l^2} \cdot H_{p+T} = -\frac{g}{H_g} \cdot H_{p+T}$, das Moment $-H_{p+T} \cdot y$ erzeugend.

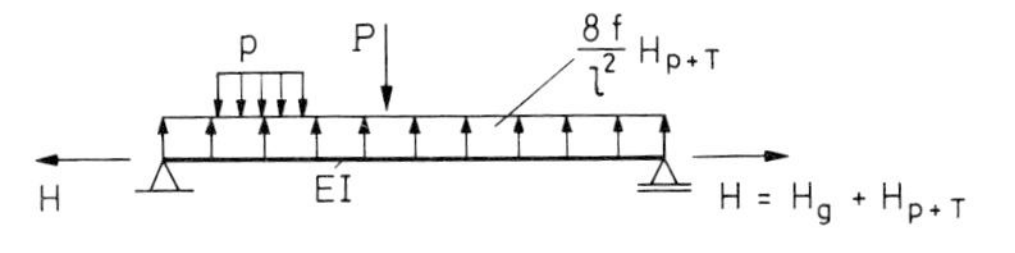

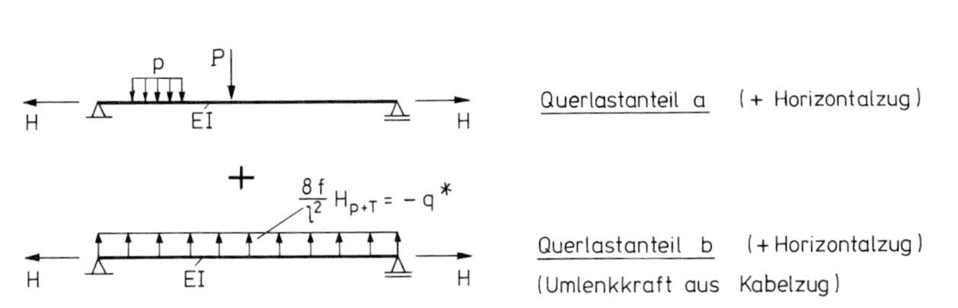

Bild 3.6–5 Ersatzbalken für einfeldrige Hängebrücke

Da bei konstanter Längskraft H das lineare Superpositionsgesetz für Durchbiegungen w und Biegemomente M auch bei Theorie II. Ordnung gültig ist, kann stets eine getrennte Untersuchung der in Bild 3.6–5 skizzierten Teillastfälle mit anschließender Überlagerung durchgeführt werden.
Außerdem ist die 2. Grundgleichung (3.6–6) als „Nebenbedingung" zu erfüllen.

3.6.4.2 Iterative Lösung für bestimmte Lastfälle

Sind System und Belastung gegeben, so läßt sich die Berechnung der Schnittgrößen und Verformungen der Hängebrücke nach Theorie II. Ordnung am Ersatzbalken iterativ in folgenden Berechnungsschritten durchführen:

1. Annahme eines 1. Schätzwertes für H_{p+T} (z. B. für eine auf der Strecke c gleichmäßig verteilte Last p:

$$H_{p+T}^{(1)} \leqq \frac{pc}{gl} \cdot H_g; \quad \text{oder für eine Einzellast} \quad P: H_{p+T}^{(1)} \leqq \frac{P}{gl} \cdot H_g),$$

2. Lösung von Gleichung (3.6–5), bzw. der beiden in Bild 3.6–5 skizzierten Teillastfälle und Überlagerung:
a) für den Fall EI = konst. = EI_c durch geschlossene Lösung der Differentialgleichung (3.6–5) oder Einsetzen in vorhandene Lösungen (z. B. Tabelle 3.6–1)
b) für den Fall EI veränderlich:
durch Anwendung des Verfahrens von Engesser–Vianello („Innere Iterationsschleife"):
2.1 Annahme einer Biegelinie $w^{(1)}$
2.2 Berechnung von $M^{(1)} = M^0 - H \cdot w^{(1)}$,
2.3 Berechnung einer neuen Biegelinie $w^{(2)}$ (z. B. mit Hilfe der Mohrschen Analogie als Momentenlinie infolge der $M^{(1)}/EI$-Belastung oder mit Hilfe des W-Gewichtsverfahrens),
2.4 Wiederholung der Rechenschritte 2.2 und 2.3 mit $w^{(2)}$ als Ausgangsbiegelinie so oft, bis $w^{(n)} \cong w^{(n-1)}$.
(Diese innere Iterationsschleife kann umgangen werden, indem man die Berechnung geschlossen nach a) durchführt, wobei man ein konstantes Vergleichsträgheitsmoment I^* benutzt, welches man z. B. aus der Bedingung berechnet, daß für p = konst. die Mittendurchbiegung des wirklichen Ersatzträgers mit EI gleich der eines Trägers gleicher Spannweite mit EI^* = konst. ist. Der Fehler für den Kabelzug ist dabei i. a. vernachlässigbar klein, für die Biegemomente im Versteifungsträger in der Größenordnung von 3%.)
3. Berechnung des Integrals $F_w = \int_0^l w\,\mathrm{d}x$ und Einsetzen in (3.6–6), ergibt den neuen Wert $H_{p+T}^{(2)}$.
4. Wiederholung der Rechenschritte 2 und 3 mit $H_{p+T}^{(2)}$ als Ausgangswert so oft bis $H_p^{(n)} \cong H_p^{(n-1)}$.

Als Ergebnis der Berechnung erhält man:

die Biegemomente im Versteifungsträger:	$M = M^{(n)}$
die Biegelinie des Versteifungsträgers und des Kabels:	$w = w^{(n)}$
den Horizontalzug des Kabels:	$H = H_g + H_{p+T}^{(n)}$
die maximale Zugkraft im Kabel:	$\max S = H/\min\cos\varphi$
die Querkräfte im Versteifungsträger aus:	$Q = \mathrm{d}M/\mathrm{d}x$ oder Tabelle 3.6–1

3.6.4.3 Beschränkt gültige Einflußlinien

3.6.4.3.1 Allgemeines

Notwendige Voraussetzung der Anwendung von Einflußlinien ist die volle Gültigkeit des linearen Superpositionsgesetzes der Baustatik. Da dieses jedoch bei Theorie II. Ordnung nur beschränkt gültig ist – nämlich nur dann, wenn in allen Teillastfällen die gleiche Längskraft wie im Überlagerungsfall vorhanden ist – sind Einflußlinien bei Hängebrücken ebenfalls nur beschränkt gültig. Auswertungsergebnisse (z. B. Extremwerte von Schnittgrößen und Verformungen, positive und negative Einflußbereiche, Belastungsscheiden) haben damit nur dann strenge Gültigkeit, wenn der sich bei der Auswertung ergebende Horizontalzug H gleich dem bei der Berechnung der Einflußlinie zugrunde gelegten Wert für H ist.
Nun zeigt es sich, daß die Lage der Belastungsscheiden (Stellen des Vorzeichenwechsels der Einflußfunktionen) nur wenig, die Schnittgrößen jedoch stark von kleinen Änderungen von H abhängen.
Zwei Möglichkeiten bieten sich daher an, mit beschränkt gültigen Einflußlinien zu arbeiten:
1. Für einen mittleren Wert des Horizontalzugs (z. B. $H \cong H_g\ (1 + 0{,}5\ p/g)$) werden Einflußlinien bestimmt, aus diesen jedoch nur die ungünstigsten Lastverteilungen ermittelt. Für die so erhaltenen bestimmten Lastfälle wird dann das in Unterabschnitt 3.6.4.2 gezeigte Iterationsverfahren angewendet. Mit kleinen Veränderungen der Lastverteilungslängen lassen sich ggf. die maßgebenden Schnittgrößen sehr genau ermitteln.

Tabelle 3.6–1 Schnitt- und Verformungsgrößen des querbelasteten biegesteifen Zugstabes nach Theorie II. Ordnung

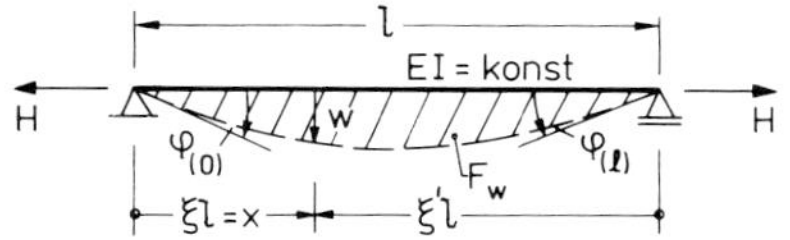

$$\varepsilon = l\sqrt{\frac{H}{EI}}\;;\qquad k = \frac{\frac{\varepsilon}{2} - \tanh\frac{\varepsilon}{2}}{\frac{\varepsilon}{2}}\;;\qquad w = \frac{M^{\circ} - M}{H}\;;$$

M° = Biegemoment am Balken ohne H (Theorie I. Ordnung)

(Skizze: Balken mit EI = konst, Länge l, Zugkraft H, Durchbiegung w, $\varphi_{(0)}$, $\varphi_{(l)}$, F_w, $\xi l = x$, $\xi' l$)

1		2	3	4	5	6
1	Bereich	Lastfall	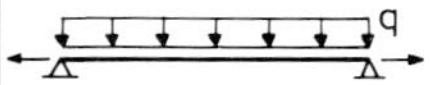 Gleichlast q	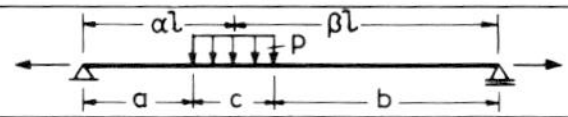 Teilstreckenlast p über c (αl, βl, a, c, b); ① = Lastbereich	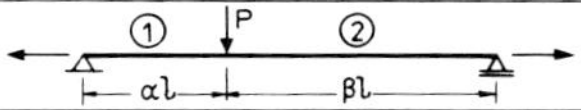 Einzellast P (αl, βl; Bereiche ①, ②)	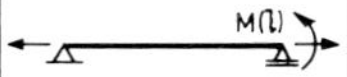 Randmoment $M(l)$
		Faktor	$q l^2$	$p \cdot c \cdot l$	$P l$	$M(l)$
2	①	$Hw =$	$\frac{\xi\xi'}{2} - \frac{1}{\varepsilon^2}\left(1 - \frac{\cosh\varepsilon(0{,}5-\xi)}{\cosh\frac{\varepsilon}{2}}\right)$	$\beta\xi - \frac{1}{2}\frac{l}{c}\left(\xi - \frac{a}{l}\right)^2 - \frac{1}{\varepsilon^2}\frac{l}{c}\left(1 - \frac{\cosh\varepsilon\frac{a}{l}\cdot\sinh\varepsilon(1-\xi) + \cosh\varepsilon\frac{b}{l}\cdot\sinh\varepsilon\xi}{\sinh\varepsilon}\right)$	$\beta\xi - \frac{\sinh\varepsilon\beta\cdot\sinh\varepsilon\xi}{\varepsilon\sinh\varepsilon}$	$\xi - \frac{\sinh\varepsilon\xi}{\sinh\varepsilon}$
	②				$\alpha\xi' - \frac{\sinh\varepsilon\alpha\cdot\sinh\varepsilon\xi'}{\varepsilon\sinh\varepsilon}$	
3		$H F_w =$	$\frac{l}{12} - \frac{l}{\varepsilon^2} k$	$\frac{l}{24}\left[12\alpha\beta - \left(\frac{c}{l}\right)^2\right] - \frac{2l}{\varepsilon^2}\left(\frac{1}{2} - \frac{l}{c}\cdot\frac{\sinh\frac{\varepsilon}{2}\frac{c}{l}\cdot\cosh\frac{\varepsilon}{2}(\alpha-\beta)}{\varepsilon\cosh\frac{\varepsilon}{2}}\right)$	$\frac{l}{2}\alpha\beta - \frac{l}{\varepsilon^2}\left(1 - \frac{\cosh\frac{\varepsilon}{2}(1-2\alpha)}{\cosh\frac{\varepsilon}{2}}\right)$	$\frac{l}{2}\cdot k$
4		$Hl\varphi(0)$	$\frac{k}{2}$	$\beta - \frac{2}{\varepsilon}\cdot\frac{l}{c}\cdot\frac{\sinh\varepsilon\beta\cdot\sinh\frac{\varepsilon}{2}\frac{c}{l}}{\sinh\varepsilon}$	$\beta - \frac{\sinh\varepsilon\beta}{\sinh\varepsilon}$	$1 - \frac{\varepsilon}{\sinh\varepsilon}$
5		$Hl\varphi(l)$	$\frac{k}{2}$	$\alpha - \frac{2}{\varepsilon}\cdot\frac{l}{c}\cdot\frac{\sinh\varepsilon\alpha\cdot\sinh\frac{\varepsilon}{2}\frac{c}{l}}{\sinh\varepsilon}$	$\alpha - \frac{\sinh\varepsilon\alpha}{\sinh\varepsilon}$	$\frac{\varepsilon}{\tanh\varepsilon} - 1$
6	①	$M =$	$\frac{1}{\varepsilon^2}\left(1 - \frac{\cosh\varepsilon(0{,}5-\xi)}{\cosh\frac{\varepsilon}{2}}\right)$	$\frac{1}{\varepsilon^2}\cdot\frac{l}{c}\left(1 - \frac{\cosh\varepsilon\frac{a}{l}\cdot\sinh\varepsilon(1-\xi) + \cosh\varepsilon\frac{b}{l}\cdot\sinh\varepsilon\xi}{\sinh\varepsilon}\right)$	$\frac{\sinh\varepsilon\beta\cdot\sinh\varepsilon\xi}{\varepsilon\sinh\varepsilon}$	$\frac{\sinh\varepsilon\xi}{\sinh\varepsilon}$
	②				$\frac{\sinh\varepsilon\alpha\cdot\sinh\varepsilon\xi'}{\varepsilon\sinh\varepsilon}$	
7	①	$Q\cdot l =$	$\frac{1}{\varepsilon}\cdot\frac{\sinh\varepsilon(0{,}5-\xi)}{\cosh\frac{\varepsilon}{2}}$	$\frac{1}{\varepsilon}\cdot\frac{l}{c}\cdot\frac{\cosh\varepsilon\frac{a}{l}\cdot\cosh\varepsilon(1-\xi) - \cosh\varepsilon\frac{b}{l}\cdot\cosh\varepsilon\xi}{\sinh\varepsilon}$	$\frac{\sinh\varepsilon\beta\cdot\cosh\varepsilon\xi}{\sinh\varepsilon}$	$\frac{\varepsilon\cosh\varepsilon\xi}{\sinh\varepsilon}$
	②				$-\frac{\sinh\varepsilon\alpha\cdot\cosh\varepsilon\xi'}{\sinh\varepsilon}$	

Hinweis: Bei der Hängebrücke ist stets der Querlastanteil b den vorliegenden Lastfällen des querbelasteten Zugstabs zu überlagern! Dieser Anteil ergibt sich aus Spalte 3, wobei der Faktor $q l^2$ durch $-8 f H_{p+T}$ zu ersetzen ist.

2. Es werden für H_p (ohne Temperatur) und die gesuchte Schnittgröße S je drei beschränkt gültige Einflußlinien berechnet, und zwar für $H_1 = H_g$, $H_2 = H_g\,(1 + 0{,}5\;p/g)$ und $H_3 = H_g\,(1 + p/g) \cong \max H$, diese ausgewertet und das richtige Ergebnis für H_{p+T} und S durch graphische Interpolation nach Bild 3.6–6 erhalten.

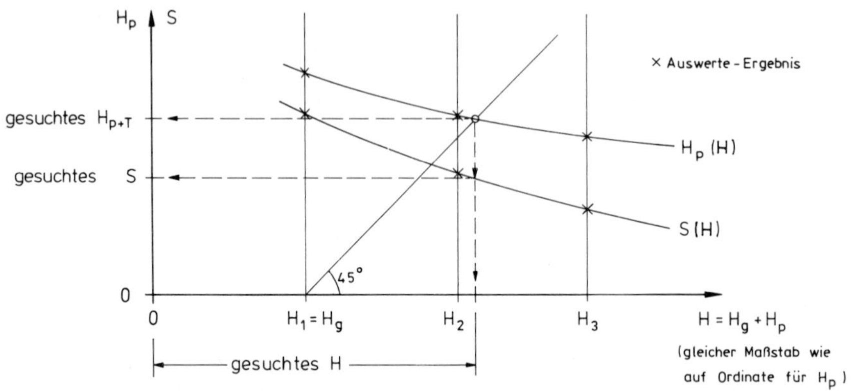

Bild 3.6–6 Graphische Interpolation zur Ermittlung von H_p und Schnittgröße S aus der Auswertung von je drei Einflußlinien

Da die Kurven $H_p(H)$ und $S(H)$ im Untersuchungsbereich i.a. nur wenig von einer Geraden abweichen, ist für Überschlagsrechnungen – z.B. bei Vordimensionierung oder Prüfung von Computerergebnissen – auch eine lineare Interpolation aus zwei Werten ausreichend:

$$H_p \cong \frac{[H_3 - H_g] \cdot H_p\,(H_g)}{[H_3 - H_g] + [H_p\,(H_g) - H_p\,(H_3)]}$$

$$S \cong S\,(H_g) - \frac{[S\,(H_g) - S\,(H_3)] \cdot H_p\,(H_g)}{[H_3 - H_g] + [H_p\,(H_g) - H_p\,(H_3)]}$$

In den Unterabschnitten 3.6.4.3.1 bis 3.6.4.3.4 wird die Ermittlung der wichtigsten Einflußlinien gezeigt, die in Bild 3.6–7 mit ihrem qualitativen Verlauf zusammengestellt sind.
Es wird dabei vom Ersatzbalken EI = konst. = EI_c ausgegangen.
Folgende Berechnungsschritte sind grundsätzlich erforderlich:
1. Ermittlung des 1. Anteils einer Schnittgrößen-Einflußlinie für vertikale Wanderlast $P = 1$ am Ersatzbalken mit Längszugkraft H. Dies entspricht dem Querlastanteil a von Bild 3.6–5.
2. Aufstellen einer Beziehung für die betreffende Schnittgröße infolge des Querlastanteils b, welcher lt. Bild 3.6–5 gleich $q^* = -\frac{8f}{l^2} \cdot H_p$ ist. Da H_p jedoch ebenfalls eine Funktion der Stellung der Wanderlast $P = 1$ ist, ergibt sich somit ein 2. Einflußlinienanteil, der gleich der Einflußlinie für H_p multipliziert mit einer Konstanten K_S ist.
3. Addition beider Einflußlinienanteile zur gesuchten beschränkt gültigen Schnittgrößen-Einflußlinie. (Diese ist nur noch mit der Verkehrslast auszuwerten, jedoch nicht mehr mit $q^* = -\frac{8f}{l^2}$, da dieser Anteil bereits unter 2. berücksichtigt ist.)
Wegen der besseren Übersichtlichkeit werden im folgenden Einflußlinien (oder Anteile davon) für eine Größe S durch das Symbol (S) gekennzeichnet.
Da entsprechend dem o.a. 2. Berechnungsschritt (H_p) für jede andere Einflußlinie – auch für die Interpolation nach Bild 3.6–6 – benötigt wird, ist diese Einflußlinie stets als erste zu bestimmen.

3.6.4.3.2 Einflußlinie für den Horizontalzug H_p
Ausgangspunkt ist die Gleichung (3.6–6), die hier ohne Temperaturglied zu verwenden ist:

$$H_p = \frac{8f}{l^2} \cdot \frac{E_k A_k}{L} \int_0^l w\, dx \tag{3.6–6a}$$

Die Biegefläche $F_w = \int_0^l w\,dx$ setzt sich entsprechend der Ersatzbalken-Analogie aus zwei Anteilen zusammen (s. Bild 3.6–5):

$$F_w = F_w\,(p) + F_w\left(-\frac{8f}{l^2} H_p\right) \tag{3.6–9}$$

mit

$F_w(p)$ = Biegefläche infolge Verkehrslast (hier Wanderlast $P = 1$),

$F_w\left(-\frac{8f}{l^2}H_p\right)$ = Biegefläche infolge $q^* = -\frac{8f}{l^2}\cdot H_p$.

Aus Tabelle 3.6–1, Zeile 3, Spalte 5 kann mit $P = 1$, $\alpha = \xi = x/l$ und $\beta = (1-\xi) = 1/l\,(l-x)$ der 1. Anteil

$$F_w(p) = \frac{1}{H}\left[\frac{x(l-x)}{2} - \frac{l^2}{\varepsilon^2}\left(1 - \frac{\cosh\varepsilon\left(\frac{1}{2}-\frac{x}{l}\right)}{\cosh\frac{\varepsilon}{2}}\right)\right] \tag{3.6–10}$$

und aus Zeile 3, Spalte 3 mit $q = q^* = -\frac{8f}{l^2}H_p$ der 2. Anteil zu

$$F_w\left(-\frac{8f}{l^2}H_p\right) = -\frac{8f}{H}\left(\frac{l}{12} - \frac{l}{\varepsilon^2}k\right)\cdot H_p \tag{3.6–11}$$

entnommen werden.
Setzt man (3.6–9) unter Beachtung von (3.6–10) und (3.6–11) in (3.6–6a) ein und löst die entstehende Gleichung nach H_p auf, so erhält man nach kurzer algebraischer Umformung die Gleichung der Einflußlinie für H_p zu:

$$\textcircled{H_p} = \frac{\frac{x(l-x)}{2} - \frac{l^2}{\varepsilon^2}\left(1 - \frac{\cosh\varepsilon\left(\frac{1}{2}-\frac{x}{l}\right)}{\cosh\varepsilon/2}\right)}{\frac{l^2}{8f}\frac{L\cdot H}{E_k A_k} - 8fl\frac{k}{\varepsilon^2} + \frac{2}{3}fl} = \frac{Z(x)}{N} \tag{3.6–12}$$

Für einen gewählten Festwert von H ist der Nenner in (3.6–12) eine Konstante. Man erkennt, daß die Einflußfunktion aus einem quadratischen und einem hyperbolischen Anteil zusammengesetzt ist. Der qualitative Verlauf von H_p ist in Bild 3.6–7a skizziert.

3.6.4.3.3 Einflußlinie für das Biegemoment M_m an der Stelle x_m
Nach den Erläuterungen in Unterabschnitt 3.6.4.3.1 ist die Einflußlinie für M_m an der festen Stelle x_m gleich der Funktion $M_m = M(x = x_m)$ für $P = 1$ an der veränderlichen Stelle $x = \alpha l = \xi l$, bzw. $x' = (l-x) = \beta l = \xi' l$ und der gleichzeitigen Wirkung der Last $q = q^* = -\frac{8f}{l^2}H_p$.

Mit Hilfe von Tabelle 3.6–1, Zeile 6, Spalten 5 und 3 kann man daher direkt schreiben:
im Bereich $x \leq x_m$ (d.h. x_m im Bereich 2, da $P = 1$ in x links von x_m):

$$\textcircled{M_m} = \frac{l\cdot\sinh\varepsilon\left(1-\frac{x_m}{l}\right)}{\varepsilon\sinh\varepsilon}\cdot\sinh\varepsilon\frac{x}{l} - K_{Mm}\cdot\textcircled{H_p} \tag{3.6–13a}$$

im Bereich $x \geqslant x_m$:

$$\textcircled{M_m} = \frac{l\cdot\sinh\varepsilon\frac{x_m}{l}}{\varepsilon\sinh\varepsilon}\cdot\sinh\varepsilon\left(1-\frac{x}{l}\right) - K_{Mm}\cdot\textcircled{H_p} \tag{3.6–13b}$$

mit $K_{Mm} = \frac{8f}{\varepsilon^2}\left[1 - \frac{\cosh\varepsilon\left(0{,}5-\frac{x_m}{l}\right)}{\cosh\frac{\varepsilon}{2}}\right]$

Der prinzipielle Verlauf ist in Bild 3.6–7b skizziert.

3.6.4.3.4 Einflußlinie für die Querkraft Q_m an der Stelle x_m:
Analog zu M_m kann auch Q_m direkt mit Hilfe der Formeln in Tabelle 3.6–1, Zeile 7, Spalten 5 und 3 angeschrieben werden:

im Bereich $x \leqslant x_m$:

$$\textcircled{Q_m} = -\frac{\cosh \varepsilon \left(1 - \frac{x_m}{l}\right)}{\sinh \varepsilon} \cdot \sinh \varepsilon \frac{x}{l} - K_{Qm} \cdot \textcircled{H_p} \qquad (3.6\text{–}14\,\text{a})$$

im Bereich $x \geqslant x_m$:

$$\textcircled{Q_m} = \frac{\cosh \varepsilon \frac{x_m}{l}}{\sinh \varepsilon} \cdot \sinh \varepsilon \left(1 - \frac{x}{l}\right) - K_{Qm} \cdot \textcircled{H_p} \qquad (3.6\text{–}14\,\text{b})$$

$$\text{mit} \quad K_{Qm} = \frac{8f}{l\varepsilon} \cdot \frac{\sinh \varepsilon \left(0{,}5 - \frac{x_m}{l}\right)}{\cosh \frac{\varepsilon}{2}}$$

Der prinzipielle Verlauf ist wieder in Bild 3.6–7c skizziert.

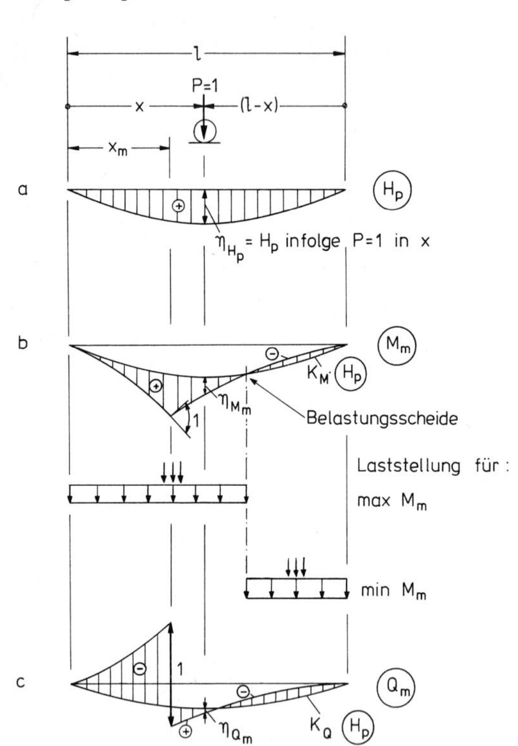

Bild 3.6–7 Prinzipieller Verlauf der Einflußlinien für H_p, M_m und Q_m

3.6.4.3.5 Einflußlinie für die Durchbiegung w_m an der Stelle $x = x_m$

Diese Einflußlinie läßt sich in analoger Weise direkt mit Hilfe der Formeln aus Tabelle 3.6–1 bestimmen. Man kann sie jedoch auch aus der Beziehung $M = M^I - H \cdot w$ in folgender Form anschreiben:

$$\textcircled{w_m} = \frac{1}{H}\left[\textcircled{M_m^I} - \textcircled{M_m}\right], \qquad (3.6\text{–}15)$$

wobei $\textcircled{M_m^I}$ die Einflußlinie für die Hängebrücke (nicht Ersatzbalken!) nach Theorie I. Ordnung ist:

$$\textcircled{M_m^I} = \textcircled{M_m^0} - y_m \cdot \textcircled{H_p}, \qquad (3.6\text{–}15)$$

mit $\textcircled{M_m^0}$ = Einflußlinie für M_m nach Theorie I. Ordnung am Balken ohne H.

3.6.5 Mehrfeldrige Hängebrücken mit Versteifungsträger

3.6.5.1 Versteifungsträger nicht durchlaufend (Bild 3.6–8)

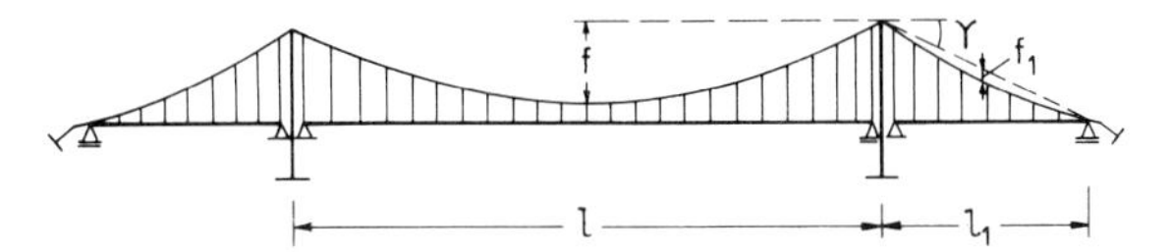

Bild 3.6–8 Mehrfeldrige Hängebrücke, Versteifungsträger nicht durchlaufend

Die 1. Grundgleichung (3.6–5) gilt hier feldweise, wobei in den Außenfeldern die Gleichung (3.6–3a) mit $f = f_1$ und $l = l_1$ für die Kabelfunktion y einzusetzen ist. Der Querlastanteil b von Bild 3.6–5 beim Ersatzbalken lautet in den Seitenfeldern:

$$q_1^* = -\frac{8f_1}{l_1^2} \cdot H_{p+T}.$$

Auch die 2. Grundgleichung (3.6–6) ist hier prinzipiell gültig. Dabei sind jedoch anstelle der Integrale L und L_T die Summen über *alle* Öffnungen i und für $\frac{8f}{l^2}\int_0^l w\,\mathrm{d}x$ nur die Summen über diejenigen Öffnungen j, in denen der Versteifungsträger am Kabel hängt, einzusetzen. Die Verträglichkeitsbedingung lautet damit:

$$H_{p+T} = \frac{E_k A_k}{\sum\limits_i L_i} \cdot \sum_j \left(\frac{8f_j}{l_j^2}\int_0^{l_j} w\,\mathrm{d}x\right) - \alpha_T T E_k A_k \frac{\Sigma L_{T_i}}{\Sigma L_i} \tag{3.6–6a}$$

Für bestimmte Lastfälle ist die Ermittlung der Schnittgrößen ebenfalls am Ersatzbalken, wie im Unterabschnitt 3.6.4.2 gezeigt, möglich. Unabhängig vom Verkehrslastbereich ist dabei stets der Querlastanteil b mit $q_i^* = -\frac{8f_i}{l_i^2} H_{P+T}$ über alle am Kabel hängenden Versteifungsträger zu erstrecken.
Auch die Verwendung von beschränkt gültigen Einflußlinien, wie in Unterabschnitt 3.6.4.3 gezeigt, ist möglich. Dabei tritt jedoch der 1. Anteil der Einflußlinien (s. z.B. Gl. (3.6–13a)) nur im Feld mit der Stelle m auf, während der 2. Anteil $K_S \cdot \textcircled{H_p}$ über alle Felder zu erstrecken ist, da ein Horizontalzug H_p auch dann entsteht, wenn $P = 1$ in den übrigen Feldern angreift; s. Bild 3.6–9.

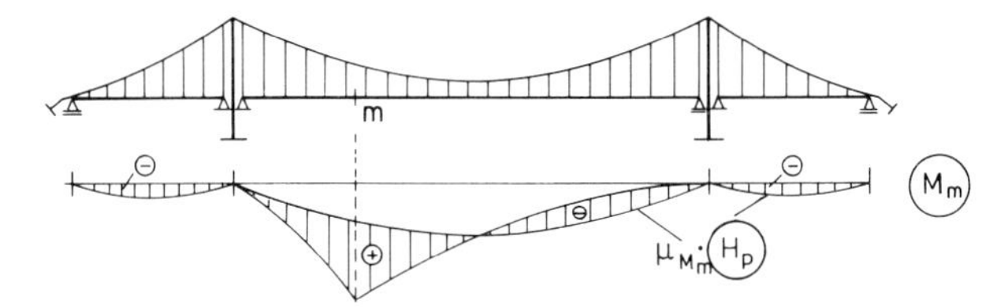

Bild 3.6–9 Einflußlinie für M_m bei mehrfeldriger Hängebrücke, Versteifungsträger nicht durchlaufend

In Bild 3.6–9 gilt für $\textcircled{H_p}$ Gleichung (3.6–12) feldweise mit dem Nenner

$$N_i = \frac{l_i^2}{8f_i} \cdot \frac{H\Sigma L_i}{E_k A_k} - 8\sum_i f_i l_i \frac{k_i}{\varepsilon_i^2} + \frac{2}{3}\sum_i f_i l_i .$$

3.6.5.2 Versteifungsträger durchlaufend

Prinzipiell ändert sich an dem erläuterten Berechnungsverfahren der Unterabschnitte 3.6.4.1 und 3.6.4.2 nichts. Es sind jedoch zusätzlich die statisch unbestimmten Stützmomente beim Ersatzbalken zu berücksichtigen. Da wegen der Annahme H = konstant in einem bestimmten Lastfall in jedem Berechnungsschritt das lineare Superpositionsgesetz gilt, können zur Berechnung des durchlaufenden Ersatzbalkens für die beiden Teillastzustände nach Bild 3.6–5 die üblichen Methoden der Baustatik angewendet werden. So sind für das Kraftgrößenverfahren auch die δ_{ik}-Werte nach Theorie II. Ordnung zu berechnen. Da diese sich aus den Auflagerdrehwinkeln des Balkens auf zwei Stützen zusammensetzen, können sie mit Hilfe der Tabelle 3.6–1, Zeilen 4 und 5, ermittelt werden.

Da bei durchlaufenden Versteifungsträgern der Trägheitsmomentenverlauf i.d.R. nicht mehr durch eine feldweise konstante Funktion ersetzt werden kann, ist die Angabe von geschlossenen Formeln zur Ermittlung von Einflußlinien für die Handrechnung nicht mehr sinnvoll. Hier empfiehlt es sich, einzelne Einflußordinaten – gleichzeitig für alle interessierenden Schnittgrößen – durch punktweises Aufstellen der Wanderlast $P=1$ nach Unterabschnitt 3.6.4.2 zu bestimmen, wobei allerdings die „innere Iteration" (Fall b) nicht zu umgehen ist. Da in jedem Iterationsschritt auch neue statisch unbestimmte Stützmomente zu berechnen sind, kann die Rechnung allerdings sehr mühsam werden, so daß man die Anzahl der Laststellungen auf ein unbedingt für den jeweiligen Zweck notwendiges Minimum beschränken wird.

Literatur

1. Lie, K.-H.: Praktische Berechnung von Hängebrücken nach der Theorie II. Ordnung, Dissertation D 87, TH Darmstadt, 1940.
2. Klöppel, K. und Lie, K.-H.: Berechnung von Hängebrücken nach der Theorie II. Ordnung unter Berücksichtigung der Nachgiebigkeit der Hänger, DER STAHLBAU 14 (1941), S. 85–88.
3. Timoshenko, S.: Suspension Bridges, Journal of the Franklin Inst. Vol. 235, no. 3 + 4, 1943.
4. Klöppel, K. und Lie, K.-H.: Nebeneinflüsse bei der Berechnung von Hängebrücken nach der Theorie II. Ordnung, Forschungshefte aus dem Gebiet des Stahlbaus, H. 5, 1942.

4 Baustatik der Flächentragwerke

4.1 Allgemeines zu Platten, Schalen und Membranen Theoretische Grundlagen, baupraktische Näherungen

D. Bamm

4.1.1 Definition

Unter Flächentragwerken versteht man dünnwandige, nach Flächen geformte Gebilde. Das bedeutet, daß bei Flächentragwerken stets zwei der die Abmessungen beschreibenden Koordinaten groß gegenüber der dritten sind. (Balken weisen nur eine große Abmessung [die Balkenlänge] auf.)
Die Mittelfläche eines Flächentragwerks, das ist die Fläche, die die Dicke halbiert, kann eben, einfach- oder doppelt-gekrümmt sein.
Je nach Wirkung der angreifenden Kräfte unterscheidet man bei den Flächentragwerken Scheiben, Platten oder Schalen.
So versteht man unter Scheiben ebene Flächentragwerke, bei denen die belastenden Kräfte nur in der Ebene wirken; greifen dagegen Kräfte quer zur Mittelebene an, spricht man von Platten.
Schalen sind Tragwerke, bei denen die Mittelfläche gekrümmt ist.

4.1.2 Platten

Unter einer Platte versteht man ein Tragwerk, dessen Mittelfläche (x, y) eben ist und das nur durch äußere Kräfte senkrecht zur Mittelfläche belastet ist (Bild 4.1–1).

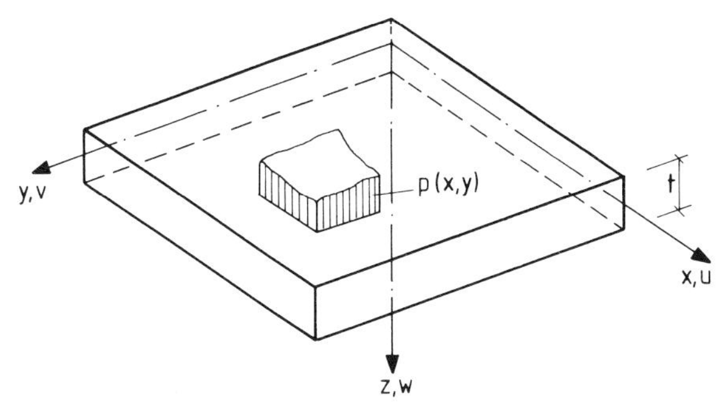

Bild 4.1–1 (Isotrope) Platte

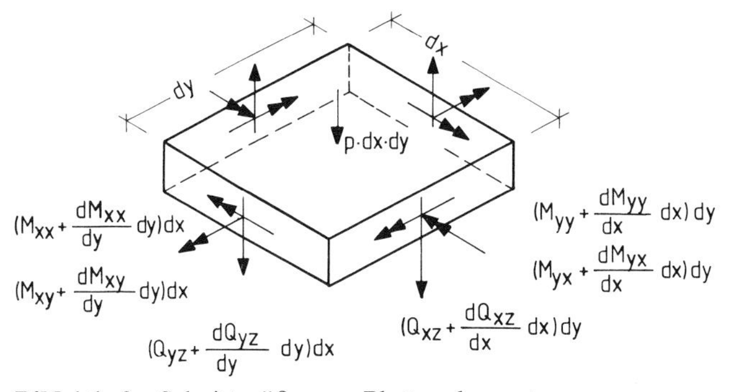

Bild 4.1–2 Schnittgrößen am Plattenelement

Wenn die Durchbiegung $w(x, y)$ von der Größenordnung der Plattendicke t ist – also eine Analogie zur üblichen Berechnung der Balkenbiegung besteht – stellt man die Gleichgewichtsbedingungen am unverformten System auf. Die auftretenden möglichen Schnittgrößen der Platte sind aus Bild 4.1–2 zu ersehen.
Unter Beachtung der Verformungsbeziehungen und mit Berücksichtigung der Querkontraktion bei der Anwendung des Hookeschen Gesetzes erhält man die Differentialgleichung der isotropen Platte

$$\frac{\partial^4 w}{\partial x^4} + 2\,\frac{\partial^4 w}{\partial x^2 \partial y^2} + \frac{\partial^4 w}{\partial y^4} = p/N \qquad (4.1\text{–}1)$$

oder abgekürzt

$$\Delta\Delta\, w = p/N \qquad (4.1\text{–}2)$$

wobei

$w(x, y)$	[m]	die Durchbiegung,
$p(x, y)$	[kN/m²]	die Flächenbelastung,
$N = \dfrac{E \cdot t^3}{12(1-\mu^2)}$	[kNm]	die Plattensteifigkeit und darin (4.1–3)
E	[kN/m²]	der Elastizitätsmodul,
t	[m]	die Plattendicke,
μ	[·/·]	die Querdehnzahl (= 0,3 bei Stahl)

bedeuten.

Die Schnittgrößen ergeben sich dabei zu

$$M_{yy} = -N\left(\frac{\partial^2 w}{\partial x^2} + \mu\,\frac{\partial^2 w}{\partial y^2}\right), \qquad (4.1\text{–}4)$$

$$M_{xx} = -N\left(\frac{\partial^2 w}{\partial y^2} + \mu\,\frac{\partial^2 w}{\partial x^2}\right) \qquad (4.1\text{–}5)$$

und

$$M_{xy} = M_{yx} = -N(1-\mu)\,\frac{\partial^2 w}{\partial x\,\partial y} \qquad (4.1\text{–}6)$$

Für sinusförmige Belastungen ist die Lösung leicht möglich, da Sinusfunktionen schon die Eigenlösungen der Differentialgleichung sind. Andere Belastungen kann man mit Hilfe der Fourier-Analyse in Sinusfunktionen darstellen und gewinnt damit ebenfalls Lösungen, die allerdings unter Umständen schlecht konvergieren. Modernere Verfahren für die Lösung der Differentialgleichungen sind numerische Methoden, wie z. B. Differenzenverfahren und Mehrstellenverfahren, die insbesondere dann zur Anwendung gelangen, wenn Abmessungen und Lasten sich nicht durch einfache stetige Funktionen beschreiben lassen.
Beispiel: gegeben sei eine allseitig frei gelagerte Platte (Bild 4.1–3) der Abmessungen a, b und der Belastung

$$p(x,y) = p_0 \sin\frac{\pi x}{a} \cdot \sin\frac{\pi y}{b} \qquad (4.1\text{–}7)$$

Mit dem Ansatz $w(x,y) = w_0 \cdot \sin\dfrac{\pi x}{a} \cdot \sin\dfrac{\pi y}{b}$ erhält man

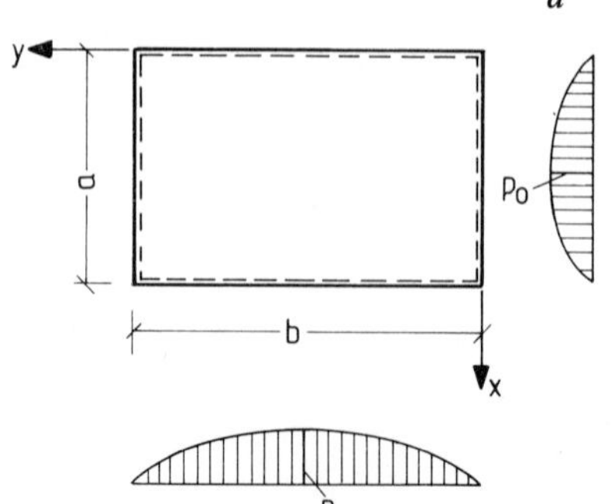

Bild 4.1–3 Beispiel einer rechteckigen Platte

$$w_0 = w\left(\frac{a}{2}, \frac{b}{2}\right) = w_{\max} = \frac{p_0 a^4}{N\pi^4} \cdot \frac{1}{\left(1 + \frac{a^2}{b^2}\right)^2} \tag{4.1–8}$$

und den Verlauf der Schnittgrößen zu

$$M_{yy} = N\left[\left(\frac{\pi}{a}\right)^2 + \mu\left(\frac{\pi}{b}\right)^2\right] w_0 \cdot \sin\frac{\pi x}{a} \cdot \sin\frac{\pi y}{b} \tag{4.1–9}$$

$$= \frac{p_0 a^2}{\pi^2} \frac{1 + \mu \frac{a^2}{b^2}}{\left(1 + \frac{a^2}{b^2}\right)^2} \cdot \sin\frac{\pi x}{a} \cdot \sin\frac{\pi y}{b} \quad \text{und} \tag{4.1–10}$$

$$M_{xx} = \frac{p_0 a^2}{\pi^2} \frac{\mu + \frac{a^2}{b^2}}{\left(1 + \frac{a^2}{b^2}\right)^2} \cdot \sin\frac{\pi x}{a} \cdot \sin\frac{\pi y}{b} \quad \text{sowie} \tag{4.1–11}$$

$$M_{xy} = M_{yx} = \frac{p_0 a^2}{\pi^2} \frac{-(1-\mu)\frac{a}{b}}{\left(1 + \frac{a^2}{b^2}\right)^2} \cdot \cos\frac{\pi x}{a} \cdot \cos\frac{\pi y}{b} \tag{4.1–12}$$

Der Verlauf des Torsionsmomentes M_{yx} längs des Randes $x = 0$ ergibt sich zu

$$M_{yx}(0, y) = \frac{p_0 a^2}{\pi^2} \frac{-(1-\mu)\frac{a}{b}}{\left(1 + \frac{a^2}{b^2}\right)^2} \cdot \cos\frac{\pi y}{b}, \tag{4.1–13}$$

der des Torsionsmomentes M_{xy} längs des Randes $y = 0$ zu

$$M_{xy}(x, 0) = \frac{p_0 a^2}{\pi^2} \frac{-(1-\mu)\frac{a}{b}}{\left(1 + \frac{a^2}{b^2}\right)^2} \cdot \cos\frac{\pi x}{a} \tag{4.1–14}$$

Dabei wird deutlich, daß sich in der Ecke, also für $x = 0$ und $y = 0$, die Torsionsmomente überlagern und eine abhebende Eckkraft erzeugen, eine Erscheinung, die sich – allgemein bekannt – durch das „Abheben" der Ecken nur druckgelagerter Rechteckplatten zeigt.
Weitere und umfassendere Beispiele werden in [1] und im dort angegebenen Schrifttum gezeigt.
Bei Kreisplatten, die sich besser durch Zylinderkoordinaten r und ϑ darstellen lassen, ist es üblich, die entsprechenden Gleichungen für Verformung und Schnittgrößen ebenfalls in Zylinderkoordinaten zu beschreiben. Beispiele hierfür sind z. B. in [2] angegeben.
Platten, bei denen die Biegesteifigkeit N abhängig von der Richtung unterschiedliche Werte annimmt, nennt man anisotrop. Verläuft die Anisotropie rechtwinklig, wird diese orthogonal anisotrope Platte – zusammengefaßt – orthotrope Platte genannt (Bild 4.1–4).
Die maßgebende Differentialgleichung wurde von Huber [3] im Jahre 1923 vorgestellt:

$$B_x \frac{\partial^4 w}{\partial x^4} + 2H \frac{\partial^4 w}{\partial x^2 \partial y^2} + B_y \frac{\partial^4 w}{\partial y^4} = p(x, y) \tag{4.1–15}$$

Hierin bedeuten:

p [kN/m²] die Belastung (4.1–16)

$$B_x = \frac{1}{b_x}\int E_x(i)\, z_x^2\, \mathrm{d}A_x$$

$$= \frac{E_x \cdot t^3}{12(1 - \mu_x \cdot \mu_y)} \quad \text{[kNm] die Plattensteifigkeit in } x\text{-Richtung} \tag{4.1–17}$$

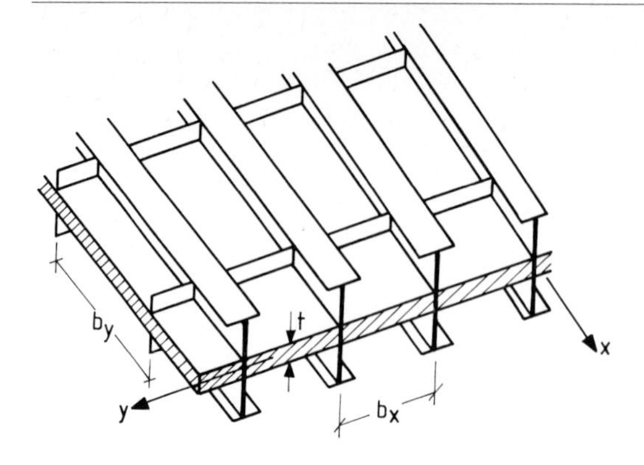

Bild 4.1–4 Orthotrope Platte

$$B_y = \frac{1}{b_y} \int E_y(i)\, z_y^2 \, \mathrm{d}A_y$$

$$= \frac{E_y \cdot t^3}{12(1 - \mu_x \cdot \mu_y)}$$ [kNm] die Plattensteifigkeit in y-Richtung (4.1–18)

$$2H = G\frac{t^3}{3} + \frac{1}{b_x} \sum G_x T_x + \frac{1}{b_x} \sum G_y T_y$$

$$= \mu_y \cdot B_x + \mu_x B_y + 4C$$ [kNm] die effektive Drillsteifigkeit (4.1–19)

mit

E_x, G_x, E_y, G_y [kN/m²] Elastizitätsmodul, Schubmodul in den jeweiligen Richtungen

b_x, b_y [m] den entsprechenden Abständen der diskreten Konstruktionselemente

T_x, T_y [kNm²] den Torsionsträgheitsmomenten der diskreten Konstruktionselemente

$$C = \frac{1}{2} \frac{\sqrt{\mu_x \mu_y} - 1}{\sqrt{\mu_x \mu_y}} B_x B_y$$ [kNm] der Drillsteifigkeit des Deckbleches

Die allgemeine Lösung ist wie bei den isotropen Platten z.B. durch Entwicklung in Eigenfunktionen möglich. Folgt man der Annahme

$$H = \sqrt{B_x \cdot B_y} \tag{4.1–20}$$

ist durch Substitution

$$x = x^* \sqrt[4]{\frac{B_x}{B_y}} \tag{4.1–21}$$

$$B_y \cdot \frac{\partial^4 w}{\partial x^{*4}} + 2B_y \frac{\partial^4 w}{\partial x^{*2} \partial y^2} + B_y \frac{\partial^4 w}{\partial y^4} = p(x,y) \tag{4.1–22}$$

aus der Lösung der isotropen Platte diejenige der orthotropen Platte sofort ableitbar. Die Annahme für H ist allerdings in den seltensten Fällen gerechtfertigt, so daß die hier beschriebene Lösung nur als erste Näherung betrachtet werden kann.

Weitere praxisorientierte und bereits aufbereitete Lösungen werden im Abschnitt 4.2 vorgestellt.

4.1.3 Schalen und Membrane

4.1.3.1 Allgemeines

Schalen sind gekrümmte Flächentragwerke. Dabei kann zunächst die Geometrie der Schale – das ist die die Schalendicke überall halbierende Mittelfläche – durch völlig beliebig verlaufende Flächenfunktionen beschrieben werden. Schalen sind jedoch nicht nur geometrisch sondern auch statisch räumliche Konstruktionen. Ihr Spannungszustand ist i.a. dreiachsig. Unter Belastung verzerrt und verbiegt sich

die Schale gleichzeitig, beide Verformungen sind miteinander verknüpft und lassen sich nicht wie bei Platten und Scheiben – den ebenen Flächentragwerken – trennen. Für die Festigkeitsberechnung – die Ermittlung der Spannungen – ist es bei kleiner Schalendicke üblich, am unverformten System die Gleichgewichtsbedingungen aufzustellen. Dies gilt jedoch nicht für Stabilitätsuntersuchungen; hier ist der Gleichgewichtszustand der deformierten Schale zu prüfen (siehe Abschnitt 10.4).
Die äußere Form der Gleichgewichtsbedingungen und der geometrischen Bedingungen für die Formänderungen sind abhängig von der Wahl des Koordinatensystems. Im folgenden sollen als Beispiele die im rechtwinkligen Koordinatensystem x, y, z dargestellten Beziehungen vorgestellt werden (Bild 4.1–5).

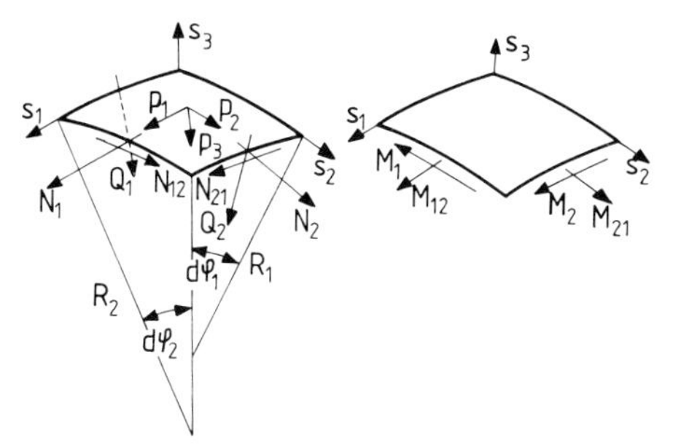

Bild 4.1–5
Allgemeine Schalengrößen in Gaußschen Oberflächenkoordinaten

$$z = z(x, y) \tag{4.1–23}$$

sei die Formfunktion der Mittelfläche im Gaußschen Oberflächenkoordinatensystem,

$$s_1 = s_1(x, y) \quad \text{und} \tag{4.1–24 a}$$

$$s_2 = s_2(x, y) \tag{4.1–24 b}$$

sind die Funktionen der Hauptkrümmungslinien.
Das von den Koordinatenlinien s_1 und s_2 sowie den mit ds_1 und ds_2 bezeichneten Seiten begrenzte Schalenelement weist in der allgemeinen Form 4 Membrankräfte (N_1, N_2, N_{12} und N_{21}) sowie 2 Biegemomente (M_1 und M_2), 2 Drillmomente (M_{12} und M_{21}) und schließlich 2 Querkräfte (Q_1 und Q_2), also insgesamt 10 Schnittgrößen auf.
Die aus den Gleichgewichtsbedingungen und den Formänderungsbeziehungen abgeleiteten Grundgleichungen sind auch bei vereinfachenden Annahmen noch sehr komplizierte, partielle Differentialgleichungen. Eine umfassende Darstellung des Problems ist in [4] gegeben.

4.1.3.2 Membrantheorie

Für die Stahlbaupraxis erweist sich die Membrantheorie als eine gute Hilfe bei der Lösung der mit der Schalentheorie verbundenen Probleme. Wie bei einem Fachwerkträger, bei dem nur gelenkig angeordnete Zug- und Druckstäbe zur Herstellung des Gleichgewichts erforderlich sind und bei dem daher i. a. die „Nebenspannungen" von biegesteif ausgebildeten Knotenpunkten vernachlässigt werden, geht die Membrantheorie von vereinfachenden Annahmen aus. Es wirken nur Membrankräfte, damit werden die Momente

$$M_1 = M_2 = M_{12} = M_{21} = 0, \tag{4.1–25}$$

ferner gilt

$$N_{12} = N_{21} \tag{4.1–26}$$

Damit ergeben sich die nachstehend formulierten Membrangleichungen

$$N_1' + \dot{N}_{12} + p_1 = 0, \tag{4.1–27 a}$$

$$\dot{N}_2 + N_{12}' + p_2 = 0, \tag{4.1–27 b}$$

$$\frac{N_1}{R_1} + \frac{N_2}{R_2} + p_3 = 0, \tag{4.1–27 c}$$

mit
R_1 [m] Hauptkrümmungsradius in Richtung s_1
R_2 [m] Hauptkrümmungsradius in Richtung s_2

Unter ′ soll dabei die Differenzierung nach ds_1, unter diejenige nach ds_2 verstanden sein.
Aber auch bei einem Fachwerkträger gelten Einschränkungen: Wenn zur Herstellung des Gleichge-

wichts Rahmenstäbe mit biegesteifen Verbindungen erforderlich werden, dürfen Biegemomente nicht mehr vernachlässigt werden, dies gilt gleichermaßen für die Randbedingungen der Schalenunterstützung, die durch Membrankräfte nicht befriedigt werden können.

Dies bedeutet für die Anwendbarkeit der Membrantheorie:

- Randbedingungen hinsichtlich der Formänderungen und Schnittgrößen müssen durch stetige Funktionen längs des Randes beschreibbar sein.
- Schalenfläche und Belastung müssen stetige Funktionsverläufe aufweisen. Die Wirkung konzentrierter Belastung kann durch Membrankräfte allein nicht beschrieben werden.

Werden diese Bedingungen eingehalten, sind die aus den Gleichungen (4.1–27 a bis 4.1–27 c) mit Hilfe der vorgeschriebenen statischen Randbedingungen ermittelten Membrankräfte die wesentlichen Schnittgrößen. Die in der Membrantheorie vernachlässigten Momente haben i. a. nur einen geringen störenden Einfluß. Sie sind mit Sicherheit kleiner als die von einer Platte gleicher Dicke aufnehmbaren und klingen gegen das Schaleninnere rasch ab. Als weiteres Argument muß erwähnt werden, daß der Baustoff Stahl ein elastisch-plastisches Verhalten aufweist und somit die Momente, die aus den zwischen Schale und Rand nicht erfüllten Verträglichkeitsbedingungen theoretisch herrühren, sich durch Plastizieren abbauen.

4.1.3.3 Rotationsschalen

Rotationsschalen sind drehsymmetrische Konstruktionen. Sie entstehen durch Drehen einer ebenen Kurve – Meridiankurve genannt – um eine in ihrer Ebene liegende Dreh- oder Rotationsachse. Ebene, zur Drehachse senkrecht verlaufende Schnitte sind Kreise, Breitenkreise genannt. Die Koordinaten der Schalenmittelfläche sind demnach die Meridiane (ϑ = const) und die Breitenkreise (φ = const). Unter den Voraussetzungen für die Anwendbarkeit der Membrantheorie (s. 4.1.3.2) ergeben sich die Membrankräfte (Bild 4.1–6).

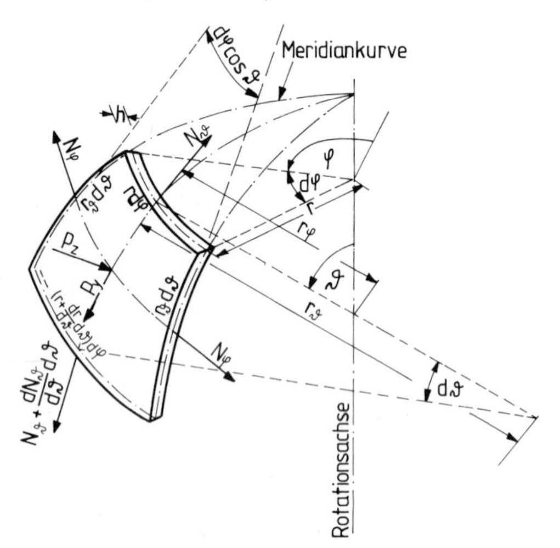

Bild 4.1–6 Membrankräfte bei Rotationsschalen

Wenn die Rotationsschale drehsymmetrisch belastet ist, verschwindet die Belastungskomponente p_x ($\triangleq p_2$ in Gl. (4.1–27 a) bis (4.1–27 c) in Richtung der Ringtangente). Die Schubkraft N_{12} wird ebenfalls Null – die Schale verdreht sich nicht. Die allgemeinen Gleichungen der Membrantheorie Gl. (4.1–27 a) bis (4.1–27 c) vereinfachen sich dann zu

$$N'_\vartheta + p_\vartheta = 0 \qquad (4.1\text{–}28\,a)$$

$$\dot{N}_\varphi = 0 \qquad (4.1\text{–}28\,b)$$

$$\frac{N_\vartheta}{r_\vartheta} + \frac{N_\varphi}{r_\varphi} + p_z = 0 \qquad (4.1\text{–}28\,c)$$

Die Auflösung der Gleichungen führt zu

$$N_\vartheta = -\frac{1}{r_\varphi \sin^2\vartheta}\left[\int r_\vartheta \cdot r_\varphi \left(p_\vartheta \cdot \sin\vartheta + p_z \cdot \cos\vartheta\right)\sin\vartheta \,\mathrm{d}\vartheta + c\right], \qquad (4.1\text{–}29)$$

wobei die Integrationskonstante c aus den Randbedingungen der Schale bestimmt wird. Ist die Meridiankraft N_ϑ bestimmt, ergibt sich die Ringkraft N_φ zu

$$N_\varphi = -r_\varphi\left(p_z + \frac{N_\vartheta}{r_\vartheta}\right) \qquad (4.1\text{–}30)$$

Im Stahlbau finden sehr häufig Kegelschalen (Bild 4.1–7) und auch Zylinderschalen Anwendung. Diese sind eine Sonderform der Rotationsschalen mit den Nebenbedingungen

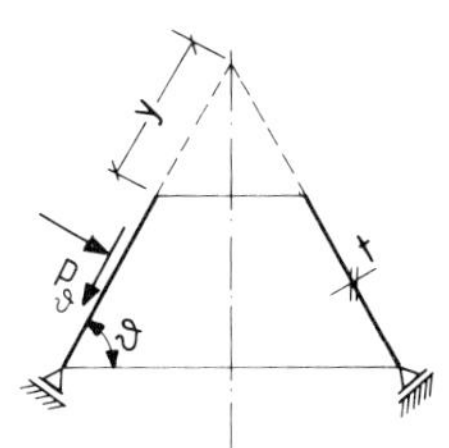

Bild 4.1–7
Kegelschale als Sonderform der Rotationsschale

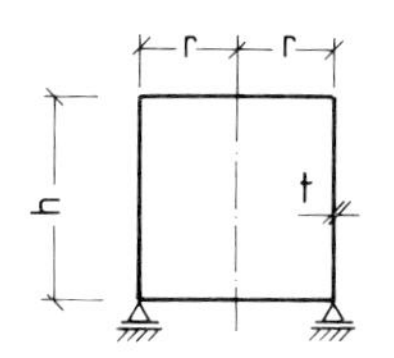

Bild 4.1–8 Zylinderschale

$$\frac{1}{r_\vartheta} = 0 \tag{4.1–31}$$

$$\vartheta = \text{const} \tag{4.1–32}$$

Mit der dann für die Meridianrichtung y geltenden Beziehung

$$r_\vartheta \, \mathrm{d}\vartheta = \mathrm{d}y \tag{4.1–33}$$

$$r = r_\varphi \cdot \sin\vartheta = y \cdot \cos\vartheta \tag{4.1–34}$$

wird

$$N_\vartheta = -\frac{1}{y} \int\limits_{y_0}^{y} \left(p_\vartheta + \frac{p_z}{\tan\vartheta}\right) y \, \mathrm{d}y \tag{4.1–35}$$

$$N_\varphi = -r_y \cdot p_z \tag{4.1–36}$$

Für eine Zylinderschale mit konstanter Wanddicke t (Bild 4.1–8) ergeben sich die vergleichbaren Beziehungen zu

$$\frac{1}{r_\vartheta} = 0 \tag{4.1–37 a}$$

$$\vartheta = 90° \tag{4.1–37 b}$$

$$r_\varphi = \text{const} = r \tag{4.1–37 c}$$

$$N_\vartheta = -\int\limits_{y_0}^{y} p_y \, \mathrm{d}y \tag{4.1–38}$$

$$N_\varphi = -r\,p_z \tag{4.1–39}$$

Wie bereits im Abschnitt 4.1.3.2 ausführlich erläutert, führt die Anwendung der Membrantheorie nur dann zu einer befriedigenden Beschreibung des Schnittgrößen- und Verformungszustandes, wenn gewisse Randbedingungen erfüllt sind.
Im folgenden soll anhand eines Beispiels qualitativ erläutert werden, wie sich bei einer Zylinderschale (Bild 4.1–9) die Einspannung der Wand z. B. in eine „starre" Bodenplatte auswirkt.
Ohne weitere Ableitung der Biegetheorie der Rotationsschale werden nachfolgend die hier geltenden Differentialgleichungen vorgestellt.

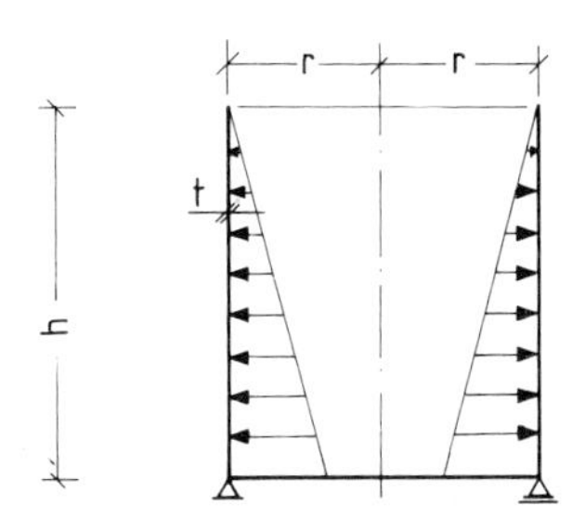

Bild 4.1–9 Zylinderschale unter Silodruck

Mit

$$D = \frac{E \cdot t}{1-\mu^2} \quad [\text{kN/m}] \quad \text{Dehnsteifigkeit} \tag{4.1–40}$$

$$K = \frac{E \cdot t^3}{12(1-\mu^2)} \quad [\text{kNm}^2/\text{m}] \quad \text{Biegesteifigkeit} \tag{4.1–41}$$

v [m] Verformung der Schale in ϑ-Richtung
w [m] Verformung der Schale in φ-Richtung
t [m] Wanddicke der Schale

wird

$$N_\vartheta = D\left[\frac{\mathrm{d}v}{\mathrm{d}y} + \mu\frac{w}{r}\right], \tag{4.1–42 a}$$

$$N_\varphi = D\left[\frac{w}{r} + \mu\frac{\mathrm{d}v}{\mathrm{d}y}\right], \tag{4.1–42 b}$$

$$M_\vartheta = K\left[\frac{\mathrm{d}^2 w}{\mathrm{d}y^2}\right], \tag{4.1–42 c}$$

$$M_\varphi = K\left[\mu\frac{\mathrm{d}^2 w}{\mathrm{d}y^2}\right].$$

Mit der Abklingzahl k der Zylinderschale

$$k = \sqrt{\frac{\sqrt{3(1-\mu)^2}}{rt}} \quad [1/\text{m}] \tag{4.1–43}$$

und einigen hier nicht beschriebenen Zwischenschritten ergibt sich die allgemeine Lösung zu

$$w = W + e^{-ky}(A\cos ky + B\sin ky) + e^{ky}(C\cos ky + D\sin ky) \tag{4.1–44}$$

Dabei steht W für die partikuläre Lösung der Differentialgleichung. In vielen Fällen ist W identisch gleich der Lösung des Membranspannungszustandes.
Die beiden letzten Terme liefern die Deformation der nur durch Randkräfte belasteten Schale; die Faktoren e^{-ky} bzw. e^{ky} berücksichtigen dabei den Einfluß der Störkräfte am oberen bzw. unteren Schalenrand, bei langen Schalen verschwindet der Einfluß der Belastung des einen Randes auf die Schnittgrößen des anderen Randes.
Es ist leicht einsichtig, daß je nach Lagerung der Schalenränder die Integrationskonstanten A–D aus unterschiedlichen Bestimmungsgleichungen ermittelt werden. Markus [5] hat für den Baustoff Stahlbeton ($\mu = 1/6$) für viele Belastungsarten und Randbedingungen bereits weitgehend aufbereitete Lösungen vorgestellt. Fischer [6] liefert einfach anzuwendende Funktionswerte für die wichtigsten Schnittgrößenverläufe, allerdings unter Vernachlässigung der Querkontraktion.
Für das im Bild 4.1–9 dargestellte Beispiel sind im Bild 4.1–10 die Schnittgrößenverläufe qualitativ dargestellt.

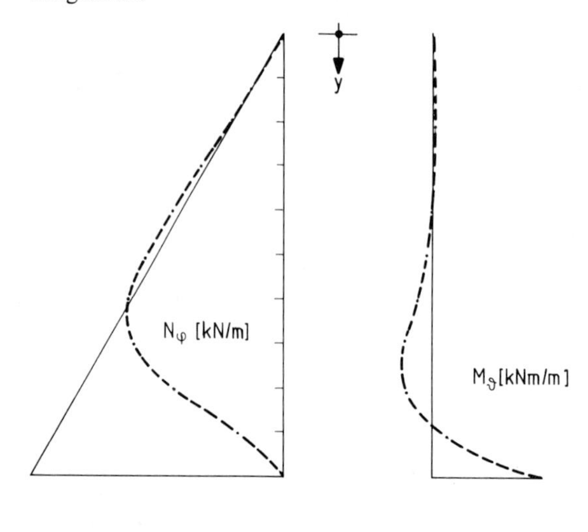

Bild 4.1–10
Schnittgrößenverlauf (qualitativ) der unten eingespannten und oben freien Zylinderschale.
Der Membranspannungszustand für N_φ ist dabei ausgezogen dargestellt.

Wie zu erwarten war, wird durch die starre Lagerung der Zylinderschale am Boden die Ringkraft N_φ stark abgebaut. Stattdessen entstehen Querkräfte Q_z, die den dargestellten Biegemomentenverlauf M_ϑ aufbauen.
In der Praxis des Stahlbaus erfolgt die Bemessung der Schalen für die Schnittgrößen des Membranspannungszustandes, wenn dieser allein die Gleichgewichtsbedingungen erfüllen kann. Die durch die Randstörungen entstehenden Biegemomente werden nicht berücksichtigt; man nimmt damit bewußt eine gewisse Plastizierung in Kauf.
Lediglich diskrete Störungen, wie sie z. B. bei Einzellasteinleitung entstehen, müssen gesondert berücksichtigt werden. Die in diesen Fällen entstehenden Schnittgrößen werden für die Bemessung denjenigen des Membranspannungszustandes überlagert.
Für viele Anwendungen geben die *AD*-Merkblätter [7] eine Hilfe. Störungen des Membranspannungszustandes durch Löcher, Rohrverschneidungen u.ä. werden dort durch konstruktive Regeln z.T. in Verbindung mit einfachen überschläglichen Rechnungen berücksichtigt.

Literatur

1. Dimitrov, N.; Herberg, W.: Festigkeitslehre II, Sammlung Göschen, Walter de Gruyter, Berlin–New York, 1972.
2. Worch, G.: Elastische Platten. Beitrag im Betonkalender 1964, Teil II, S. 203.
3. Huber, M. T.: Die Theorie der kreuzweise bewehrten Eisenbetonplatten. Der Bauingenieur 4 (1923), S. 354–360.
4. Szmodits, K.: Statik der modernen Schalenkonstruktionen, Werner Verlag Düsseldorf, 1966.
5. Markus, G.: Theorie und Berechnung rotationssymmetrischer Bauwerke, Werner Verlag Düsseldorf, 1967.
6. Fischer, L.: Theorie und Praxis der Schalenkonstruktionen. Verlag von W. Ernst & Sohn, Berlin–München, 1967.
7. *AD*-Merkblätter. Taschenbuch-Ausgabe 1980. Carl Heymanns Verlag KG/Beuth Verlag GmbH.
8. Flügge, W.: Statik und Dynamik der Schalen. Springer-Verlag Berlin/Göttingen/Heidelberg, 1962.
9. Born, J.: Praktische Schalenstatik. Verlag von W. Ernst & Sohn, Berlin 1960.
10. Hampe, E.: Flüssigkeitsbehälter. Band 1 Grundlagen. Verlag von W. Ernst & Sohn, Berlin 1980.
11. Bittner, E.: Platten und Behälter. Springer-Verlag Berlin 1965.

4.2 Berechnung von orthotropen Platten und Trägerrosten

J. Lindner, D. Bamm

4.2.1 Allgemeines

Im Abschnitt 4.1 wurden mit den Platten, Schalen und Membranen Elemente vorgestellt, deren Tragverhalten im wesentlichen durch die Kontinuumsmechanik beschrieben wird. Neben diesen Elementen zählen auch Trägerroste zu den Flächentragwerken. Trägerroste werden aus sich kreuzenden Stäben gebildet, die biegesteif und i. a. torsionssteif miteinander verbunden sind (siehe auch Abschnitt 4.2.3). Flächenartige Konstruktionen des Stahlbaus bestehen selten aus reinen Platten, Schalen, Membranen oder Trägerrosten. Sie sind in der Regel aus mehreren solchen Elementen zusammengesetzt.
Ein typisches Beispiel hierfür ist die Stahlfahrbahn einer Straßenbrücke, siehe Bild 4.2–1.
Im folgenden soll anhand des Beispiels einer solchen Stahlfahrbahn die Berechnung und Konstruktion von Flächentragwerken des Stahlbaus beschrieben werden.
Entsprechend ihrer Tragwirkung unterscheidet man hierbei die folgenden Tragwerksteile:
- Deckblech
- Längsrippen
- Längsträger
- Querträger
- Hauptträger

Diese Tragwerksteile können aus rechnerischen Gründen teilweise zu einzelnen Tragsystemen zusammengesetzt werden, die der Systematik wegen mit System I bis IV bezeichnet werden, siehe Bild 4.2–2.

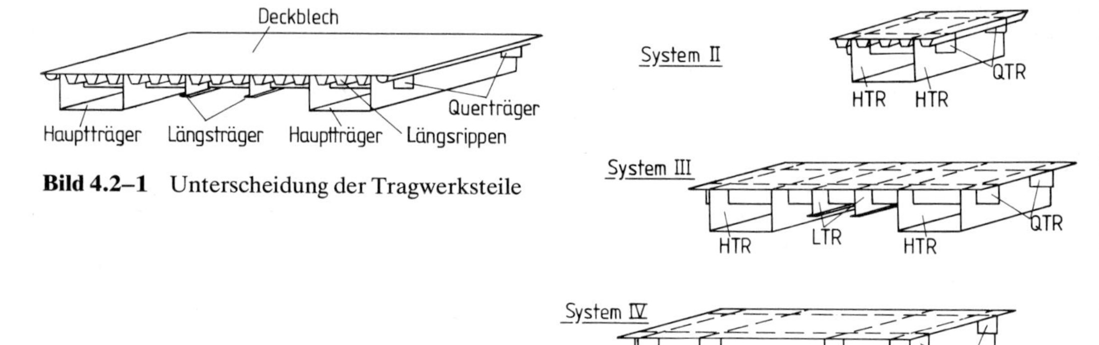

Bild 4.2–1 Unterscheidung der Tragwerksteile

Bild 4.2–2 Unterscheidung der Tragsysteme

System I

Isotrope Platte (Deckblech), auf den Längsrippen bzw. den Längs- und Querträgern starr gestützt.

System II

Orthotrope Platte, bestehend aus dem Deckblech und den Längsrippen. Sind die Rippen querorientiert, so treten an die Stelle der Längsrippen die Querrippen.

System III

Trägerrost, bestehend aus den Längsrippen und ggf. Längsträgern sowie den Querträgern. Als Belastung sind die Auflagerkräfte aus dem System II anzusetzen.

System IV

Haupttragsystem, bestehend aus den Querträgern und den Hauptträgern. Als Belastung können die Auflagerkräfte aus dem System III angesetzt werden.

Die Gesamt-Beanspruchungen der einzelnen Tragwerksteile setzen sich aus denjenigen der Teilsysteme zusammen. Damit ergeben sich Spannungen (Längsspannungen σ und Schubspannungen τ) für
- das Deckblech aus den Systemen (I), II, III, IV
- die Längsrippen bzw. Längsträger aus den Systemen II, III, IV
- die Querträger aus dem System III
- die Hauptträger aus dem System IV

4.2.2 Isotrope Platten

Das Deckblech der Fahrbahntafel – im Beispiel des Abschnitts 4.2.1 als System I bezeichnet – ist eine isotrope Rechteckplatte, die längs der Rippenstege und der Querträger gelagert ist. Die Berechnung erfolgt – soweit erforderlich – mit Hilfe der Differentialgleichung der isotropen Platte

$$\frac{\partial^4 w}{\partial x^4} + 2\frac{\partial^4 w}{\partial x^2 \partial y^2} + \frac{\partial^4 w}{\partial y^4} = \frac{p}{N} \qquad (4.2\text{–}1)$$

Erläuterungen dazu vgl. Abschnitt 4.1.2.
Die Lösung kann für einfache Fälle z.B. mit Hilfe der Fourier'schen Analyse erfolgen (siehe Abschnitt 4.1.2), für komplizierte Belastungen, Geometrien oder Randbedingungen bieten sich numerische Rechenverfahren (z.B. Mehrstellenverfahren) an.
Im Straßenbrückenbau ist gem. [3], Abs. 6.3, die Berechnung des Deckblechs und damit der auf Längsrippen und Querträgern gestützten isotropen Platte nicht erforderlich, weil bei einer Ausbildung der Platte entsprechend den in Tabelle 4.2–1 gezeigten konstruktiven Anforderungen gem. [1], Abs. 7.1, aufgrund von Erfahrungen und Traglastversuchen eine ausreichende Tragfähigkeit gewährleistet ist [9]. Zusätzliche Begrenzungen der Deformationen können u.U. aus Gründen der Gebrauchsfähigkeit (Haltbarkeit des Belages) erwünscht sein, mit Schwingungsuntersuchungen können ähnliche Ziele angestrebt werden.
Im Stahlwasserbau sind ebene Bleche, die durch verteilte Flächenlasten belastet werden, nach der Plattentheorie zu bemessen. Die Biegespannung in den äußeren Fasern des Bleches ergibt sich dabei zu

$$\sigma = \frac{k}{100} \cdot \frac{p \cdot a^2}{s^2} \qquad (4.2\text{–}2)$$

Hierin bedeuten:

p	[kN/m²]	Flächenlast, z.B. Wasserdruck
a, b	[m]	Stützweiten der Platte
s	[m]	Blechdicke
k	[·/·]	dimensionsloser Beiwert, der in Abhängigkeit von der Lagerung und der Spannungsrichtung (frei, gelenkig, eingespannt) gewählt wird (siehe Tabelle 4.2–2)

Tabelle 4.2–1 Konstruktive Anforderungen an Flachblechplatten nach [1]

	Bei Fahrbahnen	Geh- und Radwegen
Deckblechdicke	$t \geq 12$ mm	$t \geq 10$ mm
Rippenabstand	$e \leq 25 \cdot s$ $e \leq 300$ mm	$e \leq 40 \cdot s$ $e \leq 400$ mm

Tabelle 4.2–2 k-Werte nach [2]

	Einspannungsfreie Lagerung der vier Ränder		Starre Einspannung der vier Ränder				Starre Einspannung von drei Rändern und einspannungsfreie Lagerung des vierten Randes								
	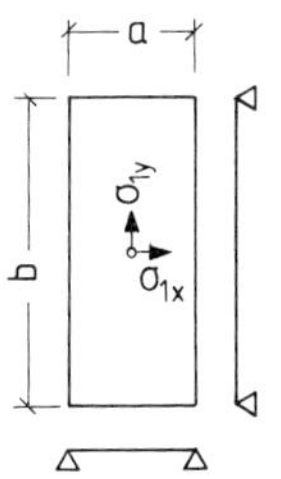 Bild 3		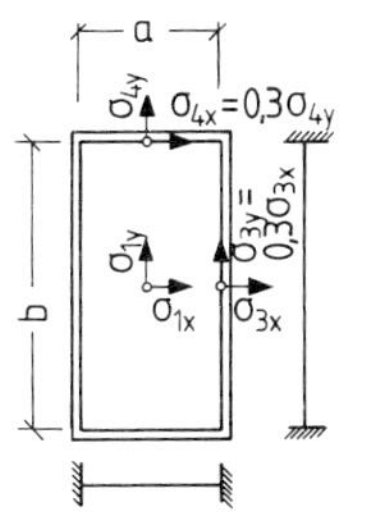 Bild 4				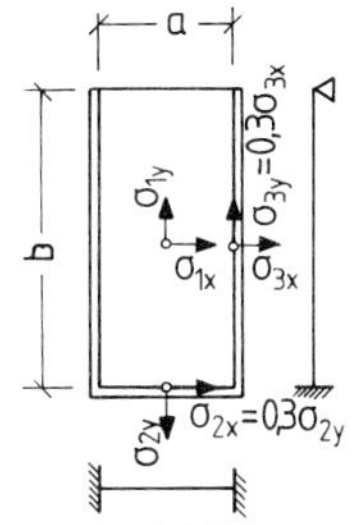 Bild 5				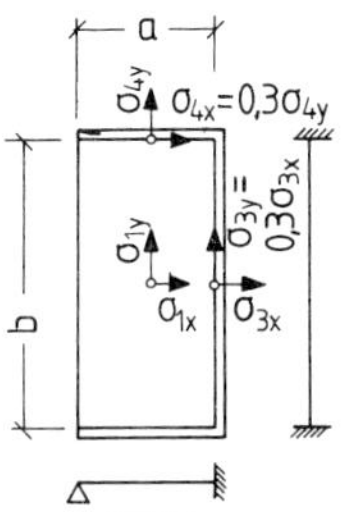 Bild 6				
b/a	$\mp\sigma_{1x}$	$\mp\sigma_{1y}$	$\mp\sigma_{1x}$	$\mp\sigma_{1y}$	$\pm\sigma_{4y}$	$\pm\sigma_{3x}$	$\mp\sigma_{1x}$	$\mp\sigma_{1y}$	$\pm\sigma_{4y}$	$\pm\sigma_{3x}$	$\mp\sigma_{1x}$	$\mp\sigma_{1y}$	$\pm\sigma_{2y}$	$\pm\sigma_{3x}$
∞	75	22,5	25	7,5	34,2	50	37,5	11,3	47,2	75	25	7,5	34,2	50
3	71,3	24,4	25	7,5	34,3	50	37,4	12,0	47,1	74,0	25	7,6	34,3	50
2,5	67,7	25,8	25	8,0	34,3	50	36,6	13,3	47,0	73,2	25	8,0	34,2	50
2	61,0	27,8	24,7	9,5	34,3	49,9	33,8	15,5	47,0	68,3	25	9,0	34,2	50
1,75	55,8	28,9	23,9	10,8	34,3	48,4	30,8	16,5	46,5	63,2	24,6	10,1	34,1	48,9
1,5	48,7	29,9	22,1	12,2	34,3	45,5	27,1	18,1	45,5	56,5	23,2	11,4	34,1	47,3
1,25	39,6	30,1	18,8	13,5	33,9	40,3	21,4	18,4	42,5	47,2	20,8	12,9	34,1	44,8
1	28,7	28,7	13,7	13,7	30,9	30,9	14,2	16,6	36,0	32,8	16,6	14,2	32,8	36,0

4.2.3 Orthotrope Platten

4.2.3.1 Überblick

Das Deckblech der Fahrbahntafel ist auf den Rippen gelagert. Das nunmehr entstandene Tragelement, das aus Deckblech und der quer oder längs verlaufenden Stützung durch die Rippen gebildet wird, ist ebenfalls als ein Flächentragwerk aufzufassen. Die Lastabtragung erfolgt im wesentlichen in Richtung der Rippen, wobei diese als versteifendes Element mitwirken; der Lastabtrag quer dazu erfolgt nur über das Deckblech. Hier liegt demnach eine Platte vor, die in zwei Richtungen unterschiedliche Steifigkeit aufweist; sie ist orthogonal anisotrop, kurz orthotrop, und wird orthotrope Platte genannt.
Die *Konstruktion der orthotropen Platte* beeinflußt im entscheidenden Maße die Berechnung, daher wird auch an dieser Stelle auf konstruktive Details eingegangen.
Man unterscheidet hinsichtlich der Orientierung längsorientierte und querorientierte Ausführungen. Bei Brücken verlaufen im ersten Fall die Rippen in Brückenlängsrichtung. Das hat den Vorteil, daß auch die Rippen – als Teil des Obergurts – im Hauptträgerquerschnitt mitwirken.
Die Spannungsnullinie liegt daher relativ weit oben, was dazu führt, daß die Deckblechspannungen gering sind. Bei der querorientierten Ausführung verlaufen die Rippen in Brückenquerrichtung. Das hat den Vorteil leichterer Montage, da die Querstöße nur im Deckblech vorgenommen werden. Allerdings nehmen hier die Spannungen im Deckblech größere Werte an, es kann daher auch zum Beulversagen des Deckblechs kommen. Querorientierte Platten werden daher i.a. nur bei Brücken ohne große Lasten, wie z.B. Fußgängerbrücken, Behelfsbrücken u.ä. angewendet.
Hinsichtlich der Rippenform kann man offene (d.h. torsionsweiche) und geschlossene (d.h. torsionssteife) Rippen unterscheiden. Ein Beispiel für mögliche Formen zeigt Bild 4.2–3.
Trapezprofile eignen sich wegen ihrer einfachen Herstellung auf Abkantanlagen besonders zur Standardisierung. Beispiele für 2 mögliche Bauformen sind im Bild 4.2–4 angegeben.

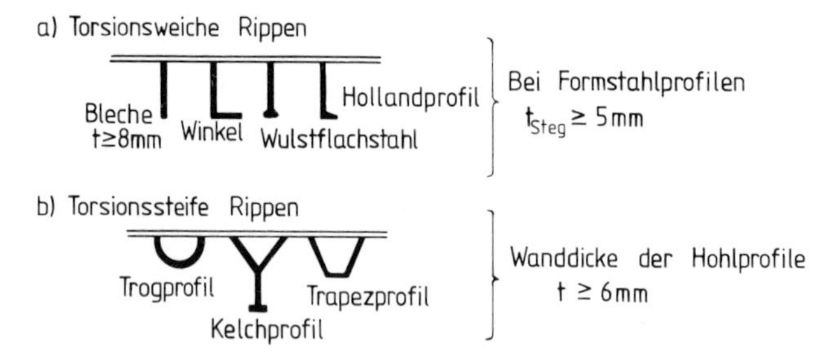

Bild 4.2–3 Rippenformen der orthotropen Platte

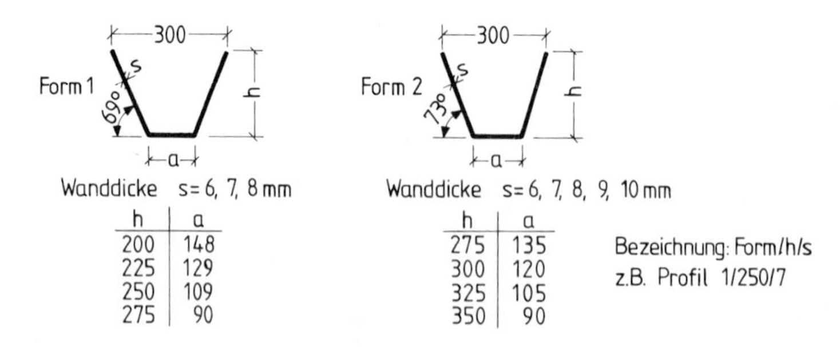

h	a
200	148
225	129
250	109
275	90

h	a
275	135
300	120
325	105
350	90

Bild 4.2–4 Beispiele für mögliche Abmessungen von Trapezrippen

Die unterschiedlichen Rippenformen sind bei vielen Brückenbauten angewendet worden. Bei neueren Ausführungen werden allerdings arbeitsintensive Formen (wie Kelchprofile) weitgehend vermieden; als torsionssteife Rippen werden fast ausschließlich Trapezprofile angewendet. Einen Überblick vermittelt Bild 4.2–5.
In den Bildern 4.2–6 und 4.2–7 sind einige konstruktive Ausführungen von Rippenstößen und Rippenanschlüssen dargestellt.

Typ	Brücke	Qtr.-Abstand [m]
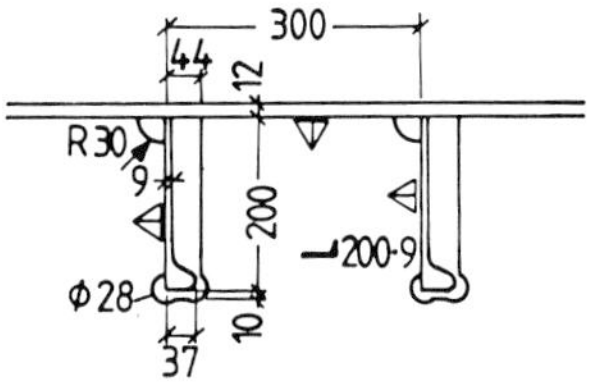 *)	Rheinbrücke Mainz-Weisenau	1,54
	Kaiserleibrücke Frankfurt	1,425
	Innbrücke Kiefersfelden*)	1,555
	Talbrücke Grenzwald	2,50
	Rheinkniebrücke Düsseldorf	2,32
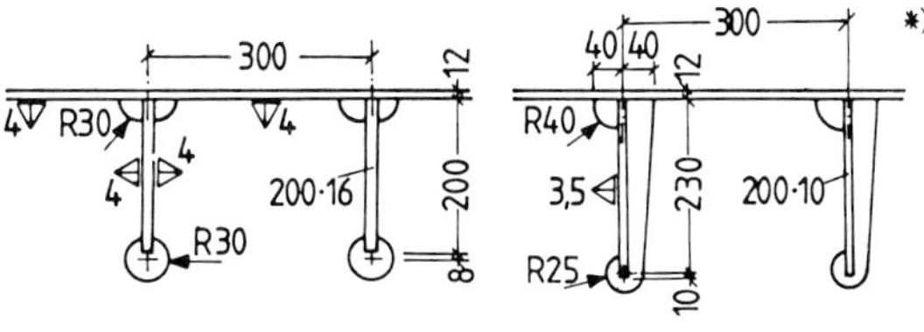 *)	Rheinbrücke Kehl-Straßburg	2,56
	Europabrücke Innsbruck	1,50
	Rheinbrücke Maxau*)	1,947
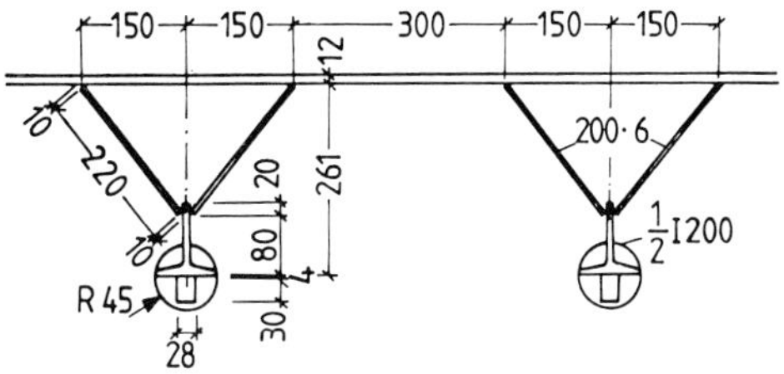 *)	Sinnbrücke Rhönautobahn	3,20
	Talbrücke Schleswig	3,57
	Fuldatalbrücke Bergshausen	2,753
	Rheinbrücke Leverkusen	2,53
	Stabbogenbrücke Rhein-Herne-Kanal*)	2,50
	Rheinbrücke Duisburg-Neuenkamp	2,50
	Franklinbrücke Düsseldorf	3,58
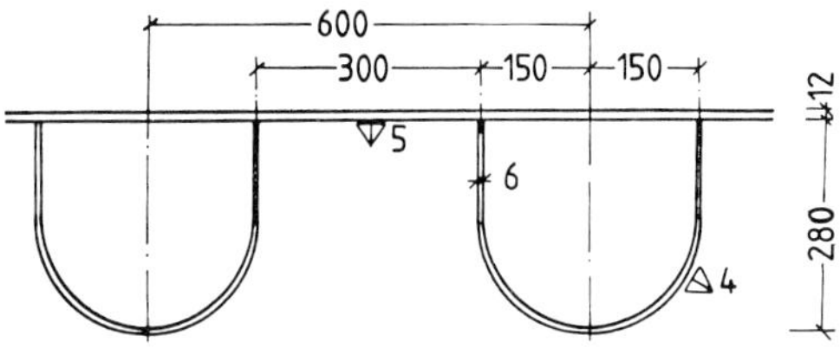 *)	Weserbrücke Porta	2,36
	Moseltalbrücke Winningen*)	3,00
	Mülbachbrücke Schwaiganger	2,50
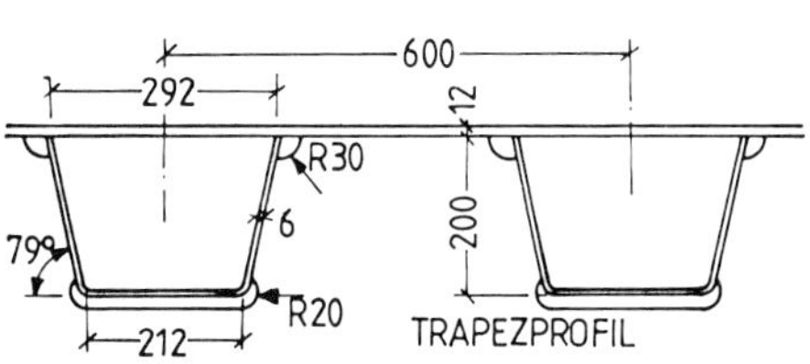 *)	Berliner Brücke Duisburg	2,03
	Rheinbrücke Germersheim	2,20
	Donaubrücke Bratislava	3,00
	Straßenbrücke bei Martigues	4,05
	Stabbogenbrücke Salzgitter-Kanal*)	3,127
	Rheinbrücke Mannheim–Ludwigshafen	2,03
	Jagsttalbrücke	5,00
	Hochbrücke Rader Insel	4,00
	Mathilde Brücke Rouen (F)	4,00
	Mittelpylonbrücke Meules (F)	3,00
	Straßenbrücke der B10 Stuttgart	3,685
	Rheinbrücke BAB bei Speyer	2,546
	Rheinbrücke bei Neuwied	3,20
	Straßenbrücke Rio Paraná (Argentin.)	3,143
	König-Karl-Brücke Stuttgart	2,82
	Rio de Janeiro-Niteroi-Brücke (Bras.)	5,00
	Balkenbrücke ü.d. Waal, Ewikek (NL)	5,00
	Grunewald-Brücke Duisburg	5,00
	Loire-Mündungsbrücke, Saint-Nazaire	4,00
	Balkenbrücke bei Limburg, Belgien	4,00
	Moselbrücke Niederfell	2,95
	Humber Brücke, Humberside, England	4,525
	Donaubrücke Schwabelweis Regensburg	4,00

Bild 4.2–5 Zusammenstellung ausgeführter Rippenformen von orthotropen Platten

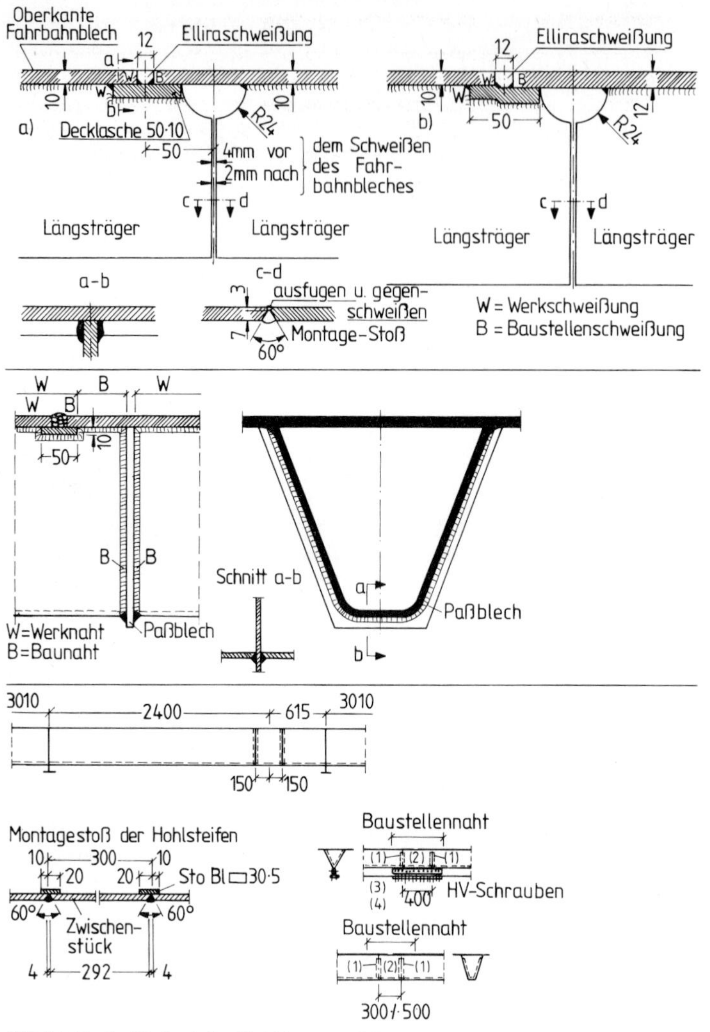

Bild 4.2–6 Beispiele für Rippenstöße

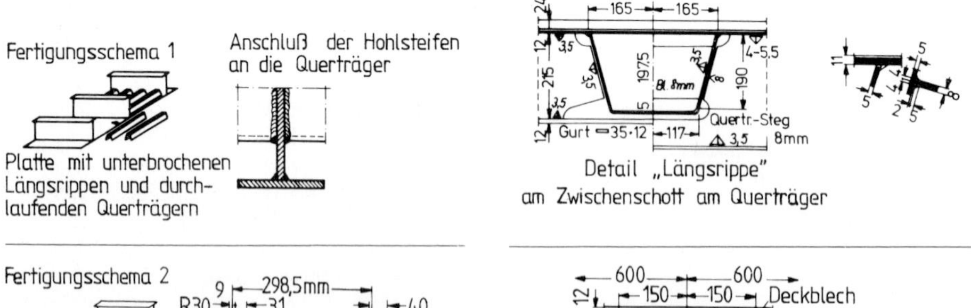

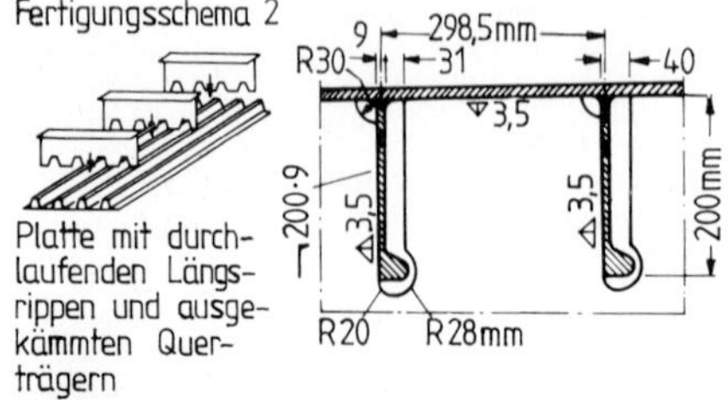

Bild 4.2–7 Beispiele für Rippenanschlüsse

4.2.3.2 Zur Berechnung der orthotropen Platte

Die Berechnung der orthotropen Platte erfolgt unter der Annahme starrer Lagerung. Damit sind für die Ermittlung der Schnittgrößen nur die Stützweiten und die Plattensteifigkeiten maßgebend.
Die Plattensteifigkeit in Rippenrichtung ist bei der üblichen Annahme der Elastizitätstheorie von der mitwirkenden Plattenbreite abhängig. Diese kann im Prinzip zwar für jeden Einzelfall unter Beachtung aller geometrischen Abmessungen und der tatsächlichen Belastungsverhältnisse ermittelt werden [4], jedoch werden i. d. R. aus Vereinfachungsgründen die Werte aus den Normen zugrundegelegt (siehe Bilder 4.2–8 und 4.2–9).

	b_m b_m / a a	b_m b_m / e a e
Für die Ermittlung der Schnittgrößen	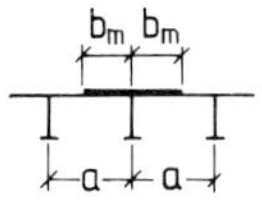 $b_m = 0{,}5\,a$	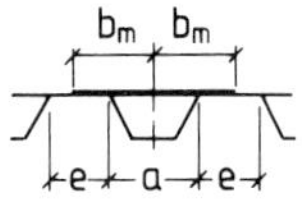 $b_m = 0{,}5(a + e)$
Für den Spannungsnachweis aus Schnittgrößen infolge orthotroper Plattenwirkung und örtlicher Lastwirkung	$b_m = \delta \cdot 30 \dfrac{a}{21 + 0{,}3\,a}$	$b_m = \delta \cdot 30 \left(\dfrac{a}{21 + 0{,}3\,a} + \dfrac{e}{21 + 0{,}3e} \right)$
	δ nach Bild 7	
	a und e sind in cm einzusetzen, b_m ergibt sich in cm	

Bild 4.2–8 Mitwirkende Plattenbreiten b_m für Längsrippen von orthotropen Platten (Bild 6 aus [3])

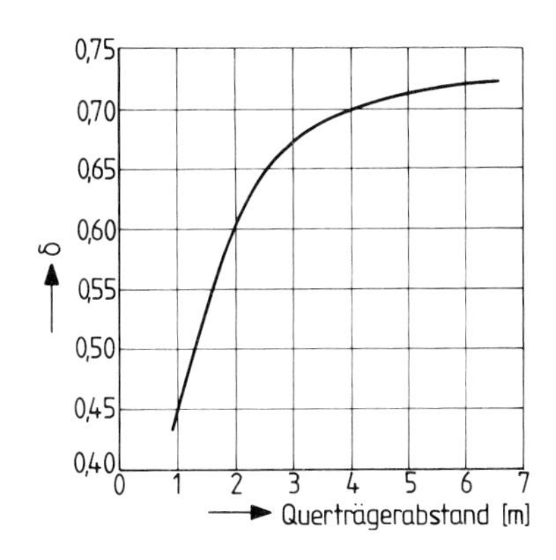

Bild 4.2–9
Mitwirkende Plattenbreiten b_m für Längsrippen von orthotropen Platten, Beiwert δ (Bild 7 aus [3])

Die Berücksichtigung der mitwirkenden Breite unter Beachtung der Plastizitätstheorie ist im Prinzip möglich, allerdings sind dann zusätzliche Überlegungen bezüglich der Gebrauchsfähigkeit, der Dauerfestigkeit und möglicher Beulerscheinungen notwendig [5].
Die Berechnung der orthotropen Platte erfolgt i. a. als Kontinuum. Grundlage hierfür ist die Huber'sche Differentialgleichung der orthogonal-anisotropen Platte [6]

$$B_x \cdot \frac{\partial^4 w}{\partial x^4} + 2H \cdot \frac{\partial^4 w}{\partial x^2 \partial y^2} + B_y \cdot \frac{\partial^4 w}{\partial y^4} = p \qquad (4.2\text{–}3)$$

in ihrer allgemeinsten Form, siehe Abschnitt 4.1.2.
Bei Gl. (4.2–3) ist vorausgesetzt, daß die Schwerachsen in x- und y-Richtung in der gleichen Ebene liegen, siehe Bild 4.2–10. Diese Voraussetzung ist i. d. R. bei den konstruktiven Ausführungen nicht erfüllt. Die Abweichungen gegenüber einer genaueren Lösung (siehe Abschnitt 4.2.3.4) sind jedoch gering und werden meistens vernachlässigt.

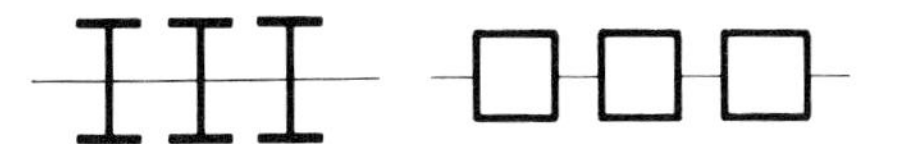

Bild 4.2–10
Lage der Schwerachsen (Hubersche Differentialgleichung)

4.2.3.3 Lösung von Pelikan/Eßlinger

Für die Berechnung von stählernen Fahrbahnen von Straßenbrücken liegen aufbereitete Lösungen der Gl. (4.2–3) von Pelikan/Eßlinger [7] vor. Hierin werden folgende Bezeichnungen verwendet (Bild 4.2–11), wobei besonders zu beachten ist, daß gegenüber der sonstigen Bezeichnungsweise die x- und y-Richtung vertauscht sind:

Längen:

- a Längsrippenabstand bei offenen Rippen (Bild 4.2–11)
- $a+e$ Längsrippenabstand bei Hohlrippen
- a^* ideeller Längsrippenabstand (abhängig von der Belastung), Bild 4.2–12
- b Hauptträgerabstand
- t Querträgerabstand
- t^* ideeller Querträgerabstand (abhängig von der Belastung), Bild 4.2–13
- t_0 mitwirkende Breite des Fahrbahnblechs für Querträger
- t_1 ideelle Stützweite der Längsrippen (Bereich des positiven Momentes) für die Berechnung der mittragenden Breite a_0 des Fahrbahnblechs
- t_2 ideelle Stützweite der Längsrippen (Stützweite des frei aufliegenden Trägers, der bei gleicher Belastung die gleiche Durchbiegung wie das tatsächlich vorliegende statische System erfährt) für die Berechnung der reduzierten Torsionssteifigkeit.

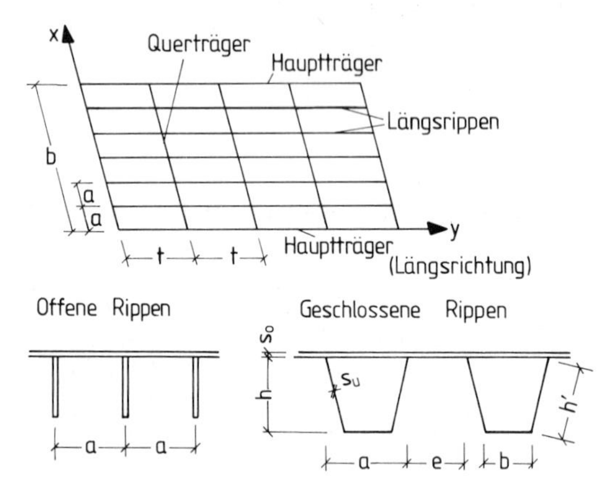

Bild 4.2–11
Bezeichnungen für die orthotrope Fahrbahnplatte nach Pelikan/Eßlinger

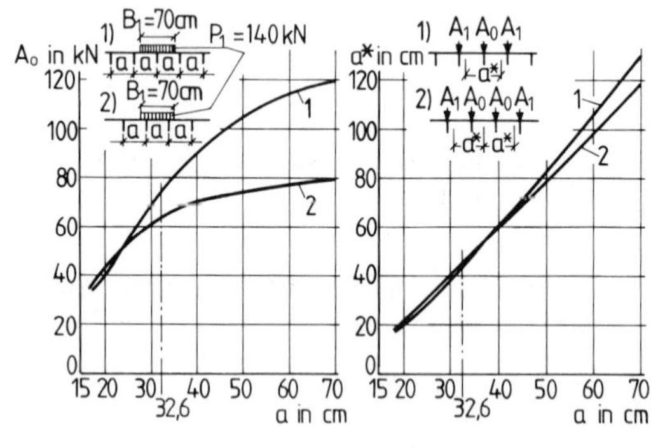

Bild 4.2–12
Belastung und ideeller Abstand der torsionsweichen Längsrippen (Brückenklasse 60, Schwingbeiwert $\varphi = 1{,}4$; Kurventafel 164.04 aus [7])

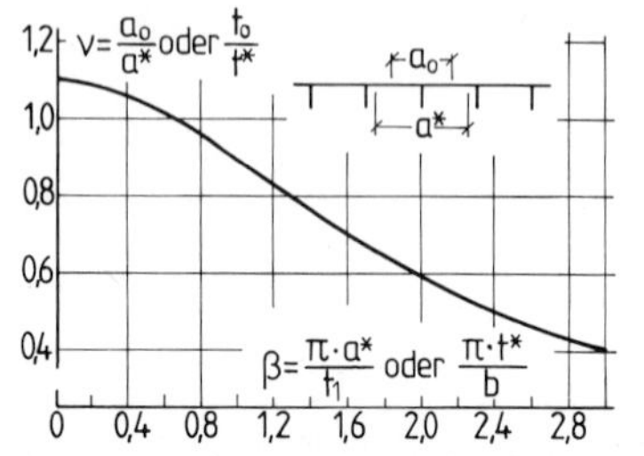

a_0 bzw. t_0 = mittragende Breite des Fahrbahnbleches

a^* bzw. t^* = ideeller Abstand der Längsrippen bzw. Querträger

t_1 = ideelle Stützweite der Längsrippen (Bereich des positiven Moments)

Bild 4.2–13 Mittragende Breite des Fahrbahnblechs (Kurventafel 164.01 aus [7])

Querschnittswerte:

H Torsionssteifigkeit der orthotropen Platte [kNcm²/cm]

K_y Biegesteifigkeit der orthotropen Platte in y-Richtung [kNcm²/cm] (entspricht B_x in Gl. (4.2–3))

In [7], Kapitel 16 sind die nachfolgend angegebenen Formeln näher erläutert.
Zur Ermittlung der Biegesteifigkeit benötigt man die mittragende Breite des Fahrbahnbleches. Diese ist abhängig von der ideellen Stützweite t_1 und dem ideellen Abstand a^* der Längsrippen. Der ideelle Abstand a^* wird aus der Bedingung ermittelt, daß der wirkliche Abstand a durch das Verhältnis der aus den Radlasten herrührenden unterschiedlichen Längsrippenbelastungen verzerrt wird.

$$a^* = \frac{2\,A_0}{A_0 + A_1} \cdot a \qquad (4.2\text{–}4)$$

A_0, A_1 sind dabei die Auflagerkräfte der auf den Längsrippen starr gelagerten Platte, zur Auswertung siehe Bild 4.2–12. Diese Auflagerkräfte sind bei offenen, torsionsweichen Rippen nur von der Belastungsbreite B_1 der Radlast und dem Rippenabstand a abhängig. Die wirksame Stützweite t_1 entspricht etwa dem Bereich des positiven Biegemoments eines Durchlaufträgers und wird zu

$$t_1 = 0{,}7\;t \qquad (4.2\text{–}5)$$

angenommen. Mit a^* und t_1 ist es möglich, die mittragende Breite a_0 des Fahrbahnbleches zu bestimmen, eine Auswertung zeigt Bild 4.2–13. Für torsionssteife Rippen ist die gleiche Beziehung gültig. Lediglich der ideelle Längsrippenabstand a^* wird wegen der guten Querverteilung torsionssteifer Rippen dem geometrischen Abstand gleich gesetzt:

$$a^* = a \quad \text{bzw.} \quad e^* = e \qquad (4.2\text{–}6)$$

Die Plattensteifigkeit K_y in Längsrichtung ergibt sich schließlich zu

$$K_y = \frac{EI_{\text{Längsrippe}}}{a} \quad \text{bzw.} \quad K_y = \frac{EI_{\text{Längsrippe}}}{a + e} \qquad (4.2\text{–}7)$$

wobei $EI_{\text{Längsrippe}}$ unter Beachtung der mitwirkenden Plattenbreite zu bestimmen ist.
Je nach der vorliegenden Torsionssteifigkeit ergeben sich mögliche Vereinfachungen bei der Lösung und damit unterschiedliche Verfahren.
Im Falle torsionsweicher, offener Längsrippen bleibt die Torsionssteifigkeit H vernachlässigbar gering. Das Blech ist in Querrichtung lastverteilendes Element. Die Auflagerlast aus dem Blech ist die Belastung der Längsrippe. Eine Auswertung (siehe Bild 4.2–14) für das Lastbild der Brückenklasse 60 gem. [8] benötigt daher nur den Längsrippenabstand für die Längsrippenbelastung und den Querträgerabstand für die (dimensionslose) Darstellung der maßgebenden Feld- und Stützenmomente. Die Plattensteifigkeit in Längsrichtung braucht hierfür nicht bekannt zu sein.

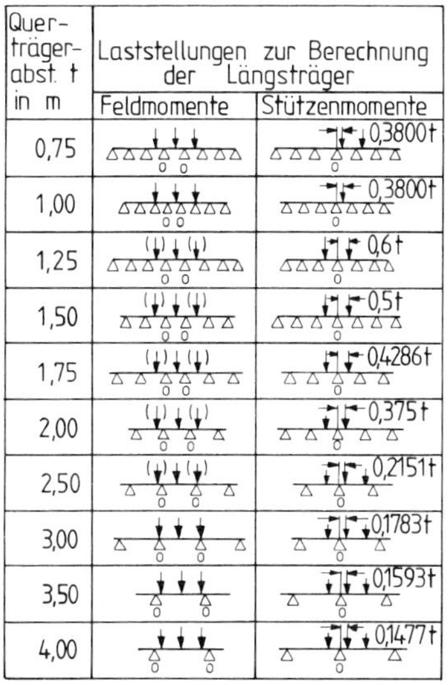

Querträgerabst. t in m	Laststellungen zur Berechnung der Längsträger	
	Feldmomente	Stützenmomente
0,75		0,3800t
1,00		0,3800t
1,25		0,6t
1,50		0,5t
1,75		0,4286t
2,00		0,375t
2,50		0,2151t
3,00		0,1783t
3,50		0,1593t
4,00		0,1477t

Bild 4.2–14
Laststellung zur Berechnung der Längsträger (Bild 16.16 aus [7])

Im Falle torsionssteifer, geschlossener Längsrippen ist der Querabtrag eine Funktion der Plattenkennzahl H/K_y. Auswertungen zeigen die Bilder 4.2–15a bis 4.2–15c.
Die Torsionssteifigkeit H wird aus einer reduzierten Drillsteifigkeit ermittelt, die den Einfluß der Blechbiegung mit erfaßt:

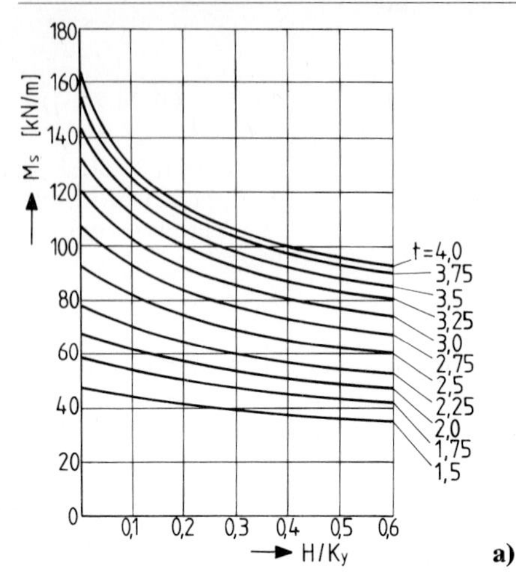

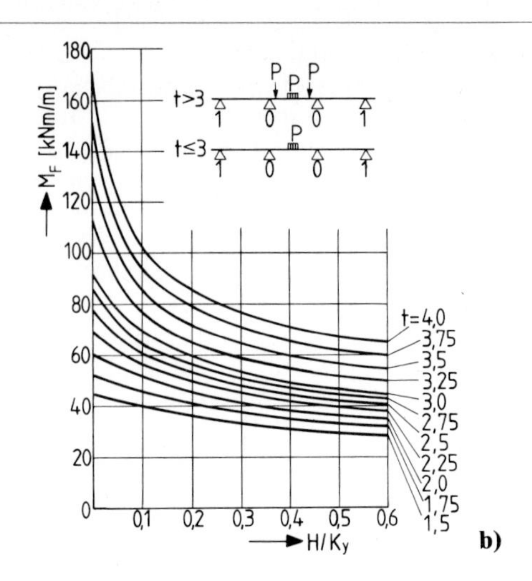

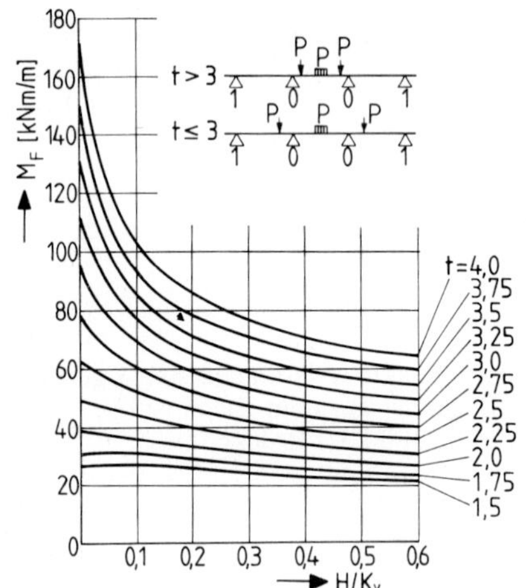

c)

a) Stützmomente

b) Feldmomente, die eingeklammerten Werte von Bild 4.2–14 sind nicht berücksichtigt

c) Feldmomente, die eingeklammerten Werte von Bild 4.2–14 sind nicht berücksichtigt

Bild 4.2–15
Biegemomente in torsionssteifen Längsrippen unter Annahme starrer Querträger, nach deutschen Normen, Brückenklasse 60 und für die Laststellungen Bild 4.2–14 (Kurventafel 164.06 aus [7])

$$GT_{\text{red}} = \mu \cdot G \cdot T \qquad \text{reduzierte Drillsteifigkeit,} \tag{4.2–8}$$

wobei

$$GT = G \, \frac{4 F_m^2}{\sum \frac{u}{s}} \tag{4.2–9}$$

ist.

Das Maß der Reduktion wird dabei z. B. für trapezförmige Längsrippen wie folgt ermittelt:

$$\frac{1}{\mu} = 1 + \frac{GT}{EI_0} \cdot \frac{a^3}{12\,(a+e)^2} \left(\frac{\pi}{t_2}\right)^2 \left[\left(\frac{e}{a}\right)^3 + \left(\frac{e-b}{a+b} + \lambda\right)^2 + \right.$$
$$\left. + \frac{\lambda^2}{\varkappa} \cdot \left(\frac{b}{a}\right)^3 + \frac{24}{\varkappa} \cdot \frac{h'}{a} \left(c_1^2 + c_1 \cdot c_2 + \frac{c_2^2}{3}\right) \right] \tag{4.2–10}$$

$$EI_0 = \frac{E \cdot s_0^3}{10{,}92}$$

$$\varkappa = \frac{EI_u}{EI_0} = \left(\frac{s_u}{s_0}\right)^3$$

$t_2 \quad = 0{,}81\, t =$ ideelle Längsrippenstützweite

$$\lambda = \frac{(2a+b)(a+e)\,b \cdot h' - \varkappa \cdot a^3(e-b)}{(a+b)\,[2h'(a^2+ab+b^2)+b^3+\varkappa \cdot a^3]}$$

$$c_1 = \frac{\lambda}{2} \cdot \frac{b}{a} \tag{4.2–11}$$

$$c_2 = \frac{\lambda}{2} \cdot \frac{a-b}{a} - \frac{a+e}{a+b} \cdot \frac{b}{2a}$$

$$H = \frac{GT_{\text{red}}}{2(a+e)} = \frac{\mu \cdot GT}{2(a+e)} \tag{4.2–12}$$

Eine entsprechend aufbereitete Lösung für die torsionssteife Platte hat neben dem Querträgerabstand die Plattenkennzahl als Parameter zu berücksichtigen.

4.2.3.4 Berücksichtigung des Schwerachsensprunges

Von Giencke [10], [11] wurde die Hubersche Differentialgleichung ergänzt. Durch Berücksichtigung des Schwerachsensprunges wurde ein gekoppeltes Platten-Scheibenproblem beschrieben (Bild 4.2–16). Die reduzierte Torsionssteifigkeit wird wieder unter Berücksichtigung der Blechbiegung in Querrichtung und der Verformung der Rippen bestimmt. Die Exzentrizität der Längsrippen führt bei Berücksichtigung der Schubsteifigkeit des Deckbleches über die Hebelarme zu einer zusätzlichen fiktiven Drillsteifigkeit. Die Plattenwirkung wird damit vergrößert, die Durchbiegungen der Platte kleiner. Dies führt in der praktischen Anwendung zu geringeren Deckblechbeanspruchungen, die Rippenuntergurtspannungen ändern sich praktisch nicht.
Die Lösung erfolgt durch Entwicklung der Lasten und Verformungen in Längsrichtung als sin- und cos-Reihen, in Querrichtung als e-Funktion.

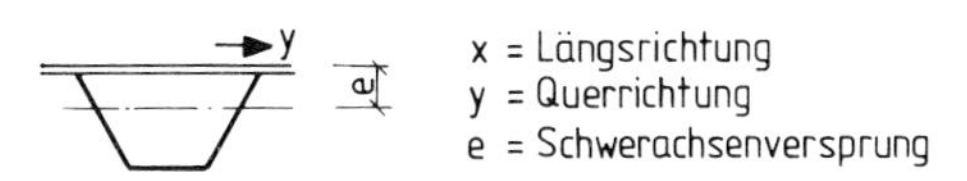

Bild 4.2–16
Bezeichnungen für die orthotrope Platte nach Giencke

Das Verfahren ist wegen schneller Konvergenz sehr gut für elektronische Berechnungen geeignet. Da die Ergebnisse nicht so weit aufbereitet sind wie bei Pelikan/Eßlinger, ist dieses Verfahren für die praktische Anwendung nicht so weit verbreitet. Für ein Beispiel sind die Ergebnisse eines entsprechenden EDV-Programms [12] aus Tabelle 4.2–3 zu ersehen.

4.2.3.5 Behandlung als diskretes System

Eine weitere Berechnungsmöglichkeit für die orthotrope Platte besteht in der Behandlung als *diskretes System*. Der Grundgedanke hierbei ist, am System mit Einzelrippen die Querverteilung zu ermitteln. mit der sich daraus ergebenden reduzierten Belastung werden die Schnittgrößen der Längsrippe nach der Balkentheorie ermittelt.
Die Berechnung der Querverteilung erfolgt am einfachsten durch Aufteilung der unbekannten Querkraft in symmetrische und antimetrische Anteile. Die symmetrischen Anteile erzeugen reine Balkenbiegung, der sich Verformungen aus Deckblech- und Rippenbiegung überlagern: das Ergebnis ist eine durch Einfluß der Querschnittsverformung reduzierte Biegesteifigkeit. Die antimetrischen Anteile erzeugen reine Verdrehung, der sich ebenfalls Verformungen aus Deckblech- und Rippenbiegung überlagern: das Ergebnis ist eine reduzierte Torsionssteifigkeit der Längsrippe. Als Lösungsansatz wird auch hier eine Funktion gewählt, die für Belastung und Verformung gleichen Verlauf erzeugt, d.h. Aufteilung in Schwingungsfunktionen. Auch für die Berechnung des diskreten Systems liegen keine aufbereiteten Lösungen vor, sind jedoch an anderer Stelle in Vorbereitung.

4.2.3.6 Auswertungen

Die Bemessung der orthotropen Platten wird erleichtert, wenn für bestimmte Plattentypen aufbereitete Auswertungen für die Schnittgrößen vorliegen. Diese können aber auch in anderen, nicht direkt erfaßten Fällen als Anhalt für die auftretenden Schnittgrößen dienen, da es für die Vorbemessung einer orthotropen Platte in den meisten Fällen ausreichend ist, eine Abschätzung über den Einfluß der Plattenwirkung auf die Schnittgrößen zu gewinnen.
Eine noch weitergehende Auswertung liefert für einen Plattentyp bereits die maximalen Spannungen infolge der Verkehrslast.
Für beide Auswertungen sind im folgenden graphische Darstellungen angegeben (Bilder 4.2–17 und 4.2–18), wobei die Rechnungen nach [12] durchgeführt wurden.

Tabelle 4.2–3 Beispiel für die Schnittgrößen und Spannungen einer orthotropen Fahrbahnplatte

Trapezsteife 2/275/6 mit $e = a = 300$ mm   Deckblech $t = 12$ mm   Belagdicke 7 cm

Orthotrope Fahrbahnplatte
Querschnittsbeschreibung (Dimension in cm)
Hohlrippenplatte

b_F	t_F	h_R	t_R	a_0	a_u
60,0	1,2	27,5	0,6	30,0	12,0

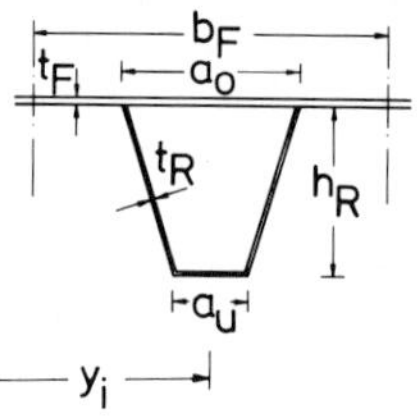

Systembeschreibung (Dimension in cm)
Feldlänge: 4,000 m
Aufstandslänge: 35,2 cm
Aufstandsbreite: 75,2 cm
Achsabstand: 150,0 cm
Radstand: 200,0 cm

Bild 4.2–16 b Bezeichnung für Tabelle 4.2–3

Querschnittswerte

F (cm²)	I (cm⁴)	e_x (cm)	W_0 (cm³)	W_u (cm³)
142,369	11300,594	4,835	−2337,225	485,735

Stellen der Spannungsermittlung ($y(i)$ in cm, gemessen in Querrichtung vom Hauptträgersteg)
45,0   105,0   345,0

Feld ($y_1 - y_n$)

	Feldmoment (kNm)	Sigma oben (N/mm²)	Sigma unten (N/mm²)
45	69,08	−29,6	142,2
105	74,26	−31,8	152,9
345	74,29	−31,8	152,9

Stütze ($y_1 - y_n$)

	Stützmoment (kNm)	Sigma oben (N/mm²)	Sigma unten (N/mm²)
45	−83,75	35,8	−172,4
105	−84,78	36,3	−174,5
345	−84,78	36,3	−174,5

Erweiterte Ausgabe
Grundquerschnittswerte:

F (cm²)	I (cm⁴)	e_x (cm)
113,580	10453,543	6,061

Mitwirkende Plattenbreite: $b_m = 83{,}990$ cm
Schwingbeiwert: = 1,368

Laststellung für Stützmoment, gemessen vom Querträger:

e_1 (cm)	e_2 (cm)	e_3 (cm)
59,1	209,1	(−) 90,9

Balkenfeldmoment: $M_F = 86{,}41$ kNm
Balkenstützmoment: $M_{St} = -82{,}12$ kNm

wirksames Feldmoment:
73,2%   78,7%   78,8%

wirksames Stützmoment:
93,4%   94,6%   94,6%

4.2.3.7 Beispiel zur Bemessung einer orthotropen Fahrbahnplatte

Es liegen folgende Verhältnisse vor:

Querträgerabstand	4,0 m
Belagdicke	5 cm
Deckblechdicke	12 mm
Rippenbreite (Achsabstand)	60 cm
Fahrzeug SLW 60 nach DIN 1072	

Ständige Last: Flächenlast $\bar{g} = 3$ kN/m²
Für eine 0,60 m breite Rippe ergibt sich damit eine Streckenlast von

$$g = b \cdot \bar{g} = 0{,}6 \cdot 3 \quad = \quad 1{,}8 \text{ kN/m}$$

In Feldmitte:

$$M_F = g \cdot l^2/24 = 1{,}8 \cdot 4{,}0^2/24 \quad = \quad 1{,}2 \text{ kNm}$$

Über den Querträgern:

$$M_{St} = -g \cdot l^2/12 = -1{,}8 \cdot 4{,}0^2/12 \quad = -2{,}4 \text{ kNm}$$

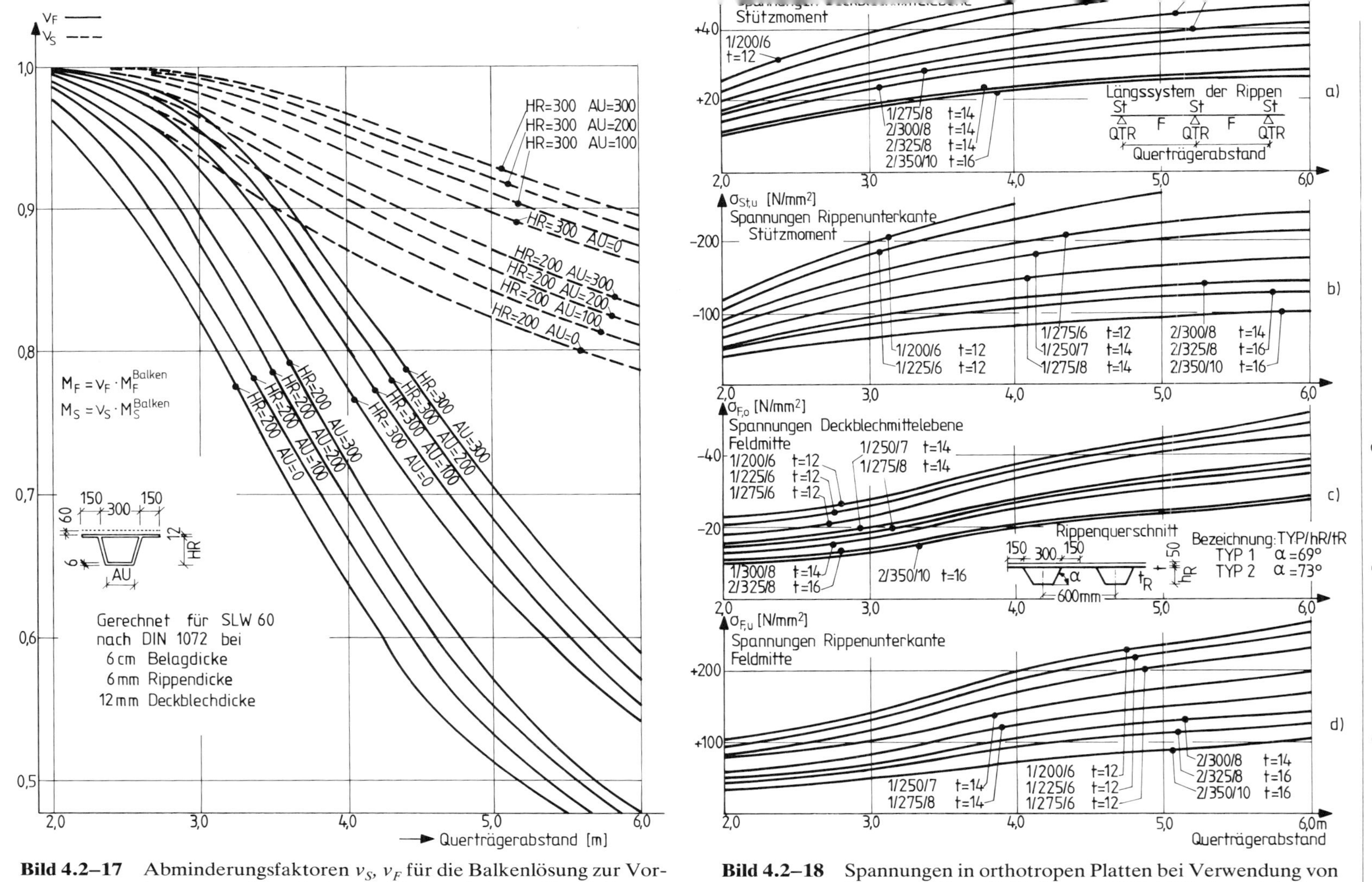

Bild 4.2–17 Abminderungsfaktoren v_S, v_F für die Balkenlösung zur Vorbemessung der orthotropen Platte auf starren Querträgern

Bild 4.2–18 Spannungen in orthotropen Platten bei Verwendung von Trapezstreifen (SLW 60 nach DIN 1072, 5 cm Belag)

Verkehrslast: SLW 60 nach Bild 4.2–19,

$p_1 = 5$ kN/m² (Last außerhalb des SLW)

$l_\varphi = 4{,}0$ m

$\varphi = 1{,}4 - 0{,}008 \cdot l_\varphi = 1{,}4 - 0{,}008 \cdot 4{,}0 = 1{,}368$

Aufstandsfläche eines Rades $0{,}20 \times 0{,}60$ m²; $b_1 = 0{,}60$ m

$b_i = 0{,}60 + 2 \cdot (0{,}05 + 0{,}012/2) = 0{,}712$ m

$a_i = 0{,}20 + 2 \cdot (0{,}05 + 0{,}012/2) = 0{,}312$ m

Belastung einer Rippe

$\bar{P} = \varphi \cdot p \cdot b_1 / b_i = 1{,}368 \cdot 100 \cdot 0{,}6/0{,}712 = 115{,}3$ kN

$q = \varphi \cdot P_1 \cdot b_1 = 1{,}368 \cdot 5{,}0 \cdot 0{,}6 = 4{,}1$ kN/m

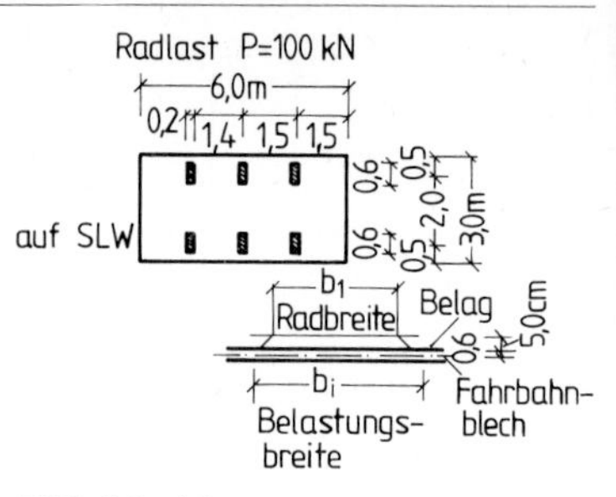

Bild 4.2–19
Geometrische Verhältnisse der Radlasteinleitung

Balkenlösung:

Laststellung siehe Bild 4.2–14, letzte Zeile, die Auswertung erfolgt nach Bild 4.2–20:

$$M_{15} = \left(\frac{0{,}1768 + 0{,}1525}{2} + 2 \cdot 0{,}03\right) \bar{P} \cdot t + (0{,}0833 - 0{,}0722) \cdot q \cdot t^2 = 0{,}222 \cdot \bar{P} \cdot t + 0{,}011 \cdot q \cdot t^2$$

$$-M_{20} = (0{,}078 + 0{,}058 + 0{,}074) \cdot \bar{P} \cdot t + \frac{1}{2}\left[0{,}015 \cdot \frac{0{,}41}{4{,}0} + 0{,}0673 \cdot \frac{1{,}59}{4{,}0}\right] \cdot q \cdot t^2 + (0{,}1138 - 2 \cdot 0{,}0528) \cdot q \cdot t^2$$

$$M_{20} = -0{,}210 \cdot \bar{P} \cdot t - 0{,}022 \cdot q \cdot t^2$$

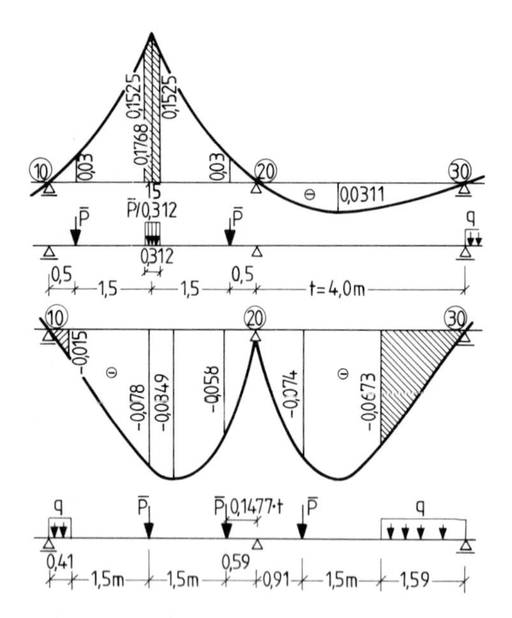

Bild 4.2–20
Einflußlinien und Laststellungen für Feld- und Stützmomente

$M_F^{\text{Balk}} = 0{,}22 \cdot \bar{P} \cdot t + 0{,}011 \cdot q \cdot t^2 = 0{,}222 \cdot 115{,}3 \cdot 4{,}0 + 0{,}011 \cdot 4{,}1 \cdot 4{,}0^2 = 102{,}4 + 0{,}7 = 103{,}1$ kNm

$M_{St}^{\text{Balk}} = -0{,}210 \cdot \bar{P} \cdot t - 0{,}022 \cdot q \cdot t^2 = -0{,}211 \cdot 115{,}3 \cdot 4{,}0 - 0{,}022 \cdot 4{,}1 \cdot 4{,}0^2 = -96{,}8 - 1{,}4$
$= -98{,}2$ kNm

Momente der orthotropen Platte (1. Näherung, vgl. Bild 4.2–16)

Annahme $\nu_F = 0{,}7$ $\nu_{St} = 0{,}9$

$M_F^{\text{Orth}} = \nu_F \cdot M_F^{\text{Balk}} = 0{,}7 \cdot 103{,}1 = 72{,}1$ kNm

$M_{St}^{\text{Orth}} = \nu_{St} \cdot M_{St}^{\text{Balk}} = 0{,}90\,(-98{,}2) = -88{,}4$ kNm

Schnittgrößen, 1. Näherung

$M_F = M_F^g + M_F^{\text{Orth}} = 1{,}2 + 72{,}1 = \quad 73{,}3 \text{ kNm}$

$M_{St} = M_{St}^g + M_{St}^{\text{Orth}} = -2{,}4 - 88{,}4 = -90{,}8 \text{ kNm}$

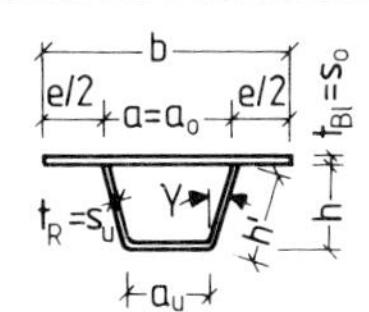

Bild 4.2–21
Rippenquerschnitt

Rippenvorbemessung (Bild 4.2–21)

Aus Optimierungsüberlegungen [27] ergeben sich

$$h = \sqrt{\frac{3M}{4\sigma_u} \cdot \frac{\cos\gamma}{t_R}} \qquad (4.2\text{–}22)$$

$$u = \frac{2h \cdot t}{F_0 \cdot \cos\gamma} \qquad (4.2\text{–}23)$$

$$a_u = \frac{M}{\sigma_u \cdot h \cdot t} \cdot \frac{6 + 3u}{6 + 2u} - \frac{h}{\cos\gamma} \cdot \frac{4 + u}{6 + 2u} \qquad (4.2\text{–}24)$$

gew.: St 52, LF HZ, zul $\sigma_u = -240$ N/mm² (Druck) für die Aufnahme des Stützmomentes.
Hiervon werden überschläglich nur 75% in Anspruch genommen, der Rest ist für das Haupttragsystem vorgeshen.

$|\sigma_u| = 180 \text{ N/mm}^2 = 18 \text{ kN/cm}^2 \qquad t_R = 0{,}6$ cm (Mindestdicke nach [3])

$$h = \sqrt{\frac{3}{4} \cdot \frac{9080}{18} \cdot \frac{0{,}94}{0{,}6}} = 24{,}3 \text{ cm}$$

gew. 25,0 cm $\quad F_0 = 84 \cdot 1{,}2 = 100{,}8 \text{ cm}^2 \quad$ mit $b_m = 84$ cm, s. u.

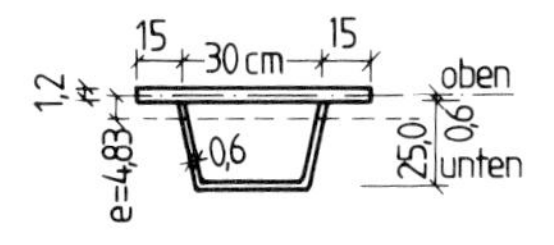

Bild 4.2–22
Gewählter Rippenquerschnitt

$$u = \frac{2 \cdot 25{,}0 \cdot 0{,}6}{100{,}8 \cdot 0{,}94} = 0{,}32$$

$$a_u = \frac{9030}{18 \cdot 25 \cdot 0.6} \cdot \frac{6 + 3 \cdot 0{,}32}{6 + 2 \cdot 0{,}32} - \frac{25}{0{,}94} \cdot \frac{4 + 0{,}32}{6 + 2 \cdot 0{,}32} = 17{,}8 \text{ cm}$$

gewählt: $h = 0{,}25$ m; $\quad a_u = 0{,}20$; $\quad a_0 = e = 0{,}30$ m; $\quad t_{Bl} = s_0 = 12$ mm; $\quad t_R = s_u = 6$ mm

(Bild 4.2–22)

Schnittgrößen mit verbesserten v_F, v_{St}-Werten

Die verbesserten v-Werte ergeben sich für den gewählten Querschnitt aus Bild 4.2–17. Dabei wird zwischen den Werten von $HR = 200$ und 300 linear interpoliert.

$v_F = 0{,}76$

$M_F = M_F^g + v_F \cdot M_F^{\text{Balk}} = 1{,}2 + 0{,}76 \cdot 103{,}1 = 1{,}2 + 78{,}4 = \quad 79{,}6 \text{ kNm}$

$v_{St} = 0{,}93$

$M_{St} = M_{St}^g + v_{St} \cdot M_{St}^{\text{Balk}} = -2{,}4 - 0{,}93 \cdot 98{,}2 = -2{,}4 - 91{,}3 = -93{,}7 \text{ kNm}$

Der Querschnitt wird aber belassen, da sich das für die Bemessung maßgebende Stützmoment nur wenig geändert hat.

Querschnittswerte

Mitwirkende Breite → [3], Bild 6.7, Abschnitt 2.1.7.2

$$b_m^{\text{DIN}} = \frac{1}{2} \cdot b_m = \delta \cdot 30 \cdot \left(\frac{a}{21 + 0{,}3a} + \frac{e}{21 + 0{,}3e}\right) = 0{,}7 \cdot 30\,(1 + 1) = 42 \text{ cm}$$

$b_m = 84$ cm

$I = 10716 \text{ cm}^4 \quad F = 142{,}8 \text{ cm}^2 \quad e = 4{,}83 \text{ cm} \quad W_u = 5{,}16 \text{ cm}^2 \text{ m} \quad W_0 = 22{,}2 \text{ cm}^2\text{m}$ (in Deckblechmittelebene)

Spannungen aus der örtlichen Wirkung allein (ohne Haupttragsystem)

$\sigma_F^0 = -79{,}6/22{,}2 = -3{,}6\ \text{kN/cm}^2 = -36\ \text{N/mm}^2$

$\sigma_F^u = 79{,}6/5{,}16 = 14{,}7\ \text{kN/cm}^2 = 147\ \text{N/mm}^2 < 270\ \text{N/mm}^2$ St 52, LF HZ

$\sigma_{St}^0 = 93{,}7/22{,}2 = 4{,}2\ \text{kN/cm}^2 = 42\ \text{N/mm}^2$

$\sigma_{St}^u = -93{,}7/5{,}16 = -18{,}2\ \text{kN/cm}^2 = -182\ \text{N/mm}^2 < 240\ \text{N/mm}^2$ St 52, LF HZ

Aus Bild 4.2–18 sind diese Spannungen nicht abzulesen, da die dort untersuchten Querschnitte geringere Untergurtbreiten haben, siehe Bild 4.2–4.
Als Ergänzung und zum Vergleich erfolgt zusätzlich die Untersuchung des gew. Querschnitts nach Pelikan/Eßlinger (siehe Bild 4.2–23). (Vgl. Gleichungen (4.2–7)–(4.2–12).)

$a = e = 30$ cm $\quad s_0 = 1{,}2$ cm $\quad h = 25$ cm $\quad t = 400$ cm $\quad b = 20$ cm $\quad s_u = 0{,}6$ cm

$$h' = \sqrt{\left(\frac{a-b}{2}\right)^2 + h^2} = 25{,}5 \text{ cm}$$

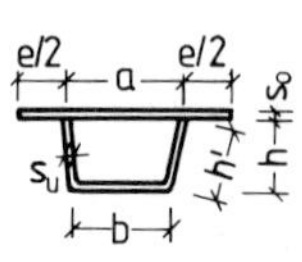

Bild 4.2–23
Rippenquerschnitt nach [7]

Ideelle Stützweite t_1

$t_1 = 0{,}7 \cdot t = 0{,}7 \cdot 400 = 280$ cm

$\beta = \pi \cdot a/t_1 = 3{,}14 \cdot 30/280 = 0{,}337$

Mitwirkende Breite zur Ermittlung der Schnittgrößen

[7]: $a_0 = \nu_1 \cdot a + \nu_2 \cdot e = 1{,}08 \cdot 30 + 1{,}08 \cdot 30 = 64{,}8$ cm (Bild 4.2–24)

[3]: a_0 = geometr. Breite = 60,0 cm

Querschnittswerte je Rippe

$I = 1048\ \text{cm}^4 \quad F = 119{,}8\ \text{cm}^2 \quad e = 5{,}85\ \text{cm} \quad W_0 = 1627\ \text{cm}^3 \quad W_u = 523\ \text{cm}^3$

Plattenbiegesteifigkeit je cm Plattenbreite

$E = 210\ \text{kN/mm}^2 = 210 \cdot 10^2 \cdot \text{kN/cm}^2$

$G = 81\ \text{kN/mm}^2 = 81 \cdot 10^2 \cdot \text{kN/cm}^2$

$$K_y = \frac{EI_{LR}}{a_0} = 210 \cdot 10^2 \cdot 1049/60 = 3{,}67 \cdot 10^6\ \text{kN cm}^2/\text{cm}$$

Bild 4.2–24
Gewählter Rippenquerschnitt nach [7]

Berechnung der Torsionssteifigkeit

Stützweite für Torsion

$t_2 = 0{,}81 \cdot t = 0{,}81 \cdot 400 = 324\ \text{cm} = 3{,}24\ \text{m}$

$EI_0 = Es_0^3/10{,}92 = 210 \cdot 10^5 \cdot 1{,}2^3/10{,}92 = 3{,}32 \cdot 10^6$ kNcm

$\varkappa = EI_u/(EI_0) = (s_u/s_0)^3 = (0{,}6/1{,}2)^3 = 0{,}125$

$$GT = G\frac{4F_m^2}{\sum \frac{u}{s}} = 81 \cdot 10^2 \cdot 4(25 \cdot 25{,}3)^2/(30/1{,}2 + (20 + 2 \cdot 25{,}5)/0{,}6) = 9{,}04 \cdot 10^7\ \text{kNcm}^2$$

$$\lambda = \frac{(2a+b)(a+e)b \cdot h' - \kappa \cdot a^3(e-b)}{(a+b)[2h'(a^2+ab+b^2) + b^3 + \kappa \cdot a^3]} =$$

$$= \frac{80 \cdot 60 \cdot 20 \cdot 25{,}5 - 0{,}125 \cdot 30 \cdot 10}{50[51(900+600+400) + 20^3 + 0{,}125 \cdot 30^3]} = 0{,}45$$

$$c_1 = \frac{\lambda b}{2a} = \frac{0{,}45}{2} \cdot \frac{20}{30} = 0{,}15$$

$$c_2 = \frac{\lambda}{2} \cdot \frac{a-b}{a} - \frac{a+e}{a+b} \cdot \frac{b}{2a} = \frac{0{,}45}{2} \cdot \frac{10}{30} - \frac{60}{50} \cdot \frac{20}{60} = 0{,}08 - 0{,}40 = -0{,}32$$

$$\frac{1}{\mu} = 1 + \frac{GT}{EI_0} \cdot \frac{a^3}{12(a+e)^2} \cdot \left(\frac{\pi}{t_2}\right)^2 \left[\left(\frac{e}{a}\right)^3 + \left(\frac{e-b}{a+b} + \lambda\right)^2 + \frac{\lambda^2}{\kappa}\left(\frac{b}{a}\right)^3 + \frac{24}{\kappa} \cdot \frac{h'}{a}\left(c_1^2 + c_1 \cdot c_2 + \frac{c_2^2}{3}\right)\right]$$

$$\frac{1}{\mu} = 1 + \frac{9{,}04 \cdot 10^{10} \cdot 30^3 \cdot \pi^2}{3{,}32 \cdot 10^6 \cdot 12 \cdot 60^2 \cdot 324^2} \left[1 + \left(\frac{10}{50} + 0{,}45\right)^2 + \frac{0{,}45^2}{0{,}125}\left(\frac{20}{30}\right)^3 + \right.$$

$$\left. + \frac{24}{0{,}125} \cdot \frac{25{,}5}{30} \cdot \left(0{,}15^2 - 0{,}15 \cdot 0{,}32 + \frac{0{,}32^2}{3}\right)\right]$$

$$\frac{1}{\mu} = 1 + 1{,}6\,[1 + 0{,}42 + 0{,}48 + 1{,}41] = 6{,}29 \qquad \mu = 0{,}159$$

Torsionssteifigkeit je cm Plattenbreite

$H = \mu GT/(2\,(a + e)) = 0{,}159 \cdot 9{,}04 \cdot 10^7/(2 \cdot 60) = 1{,}2 \cdot 10^5$ kNcm²/cm

Verhältnis H/K_y

$H/K_y = 1{,}2 \cdot 10^5/(3{,}67 \cdot 10^6) = 0{,}033$

Schnittgrößen des 0,6 m breiten Plattenstreifens aus SLW mit $\varphi = 1{,}368$

→ für $t = 4{,}0$ m aus Bild 4.2–15 b abgelesen $M_F = 131$ kNcm/cm
$M_{St} = 151$ kNcm/cm bei $\varphi = 1{,}4$

$$M_F^{SLW} = \frac{1{,}368}{1{,}4} \cdot 0{,}6 \cdot 131{,}0 = \quad 76{,}8 \text{ kNm} \cong 78{,}4 \text{ kNm (wie vor)}$$

$$M_{St}^{SLW} = -\frac{1{,}368}{1{,}4} \cdot 0{,}6 \cdot 151{,}0 = -88{,}5 \text{ kNm} \cong 91{,}3 \text{ kNm (wie vor)}$$

4.2.4 Trägerroste

4.2.4.1 Allgemeines

Im allgemeinen versteht man unter einem Trägerrost eine Schar sich kreuzender Träger, die in den Kreuzungspunkten untereinander biegesteif verbunden sind.
Die an den Trägern angreifende Belastung wirkt stets senkrecht zur Trägerrostebene. Damit kann ein Trägerrost auch als eine diskrete orthotrope Platte aufgefaßt werden. Neben der Biegesteifigkeit hat auch die Torsionssteifigkeit der Träger einen bedeutenden Einfluß auf das Tragverhalten.
Auch beim Trägerrost können, ähnlich wie bei der orthotropen Platte (vgl. 4.2.3.5), neben der Ermittlung der Spannungen aus Gründen der Haltbarkeit von Belägen ggf. zusätzliche Steifigkeitsanforderungen zu beachten sein.
Da die vollständige Berechnung eines Trägerrostes ohne Mühe nur mit Hilfe elektronischer Berechnungen erfolgen kann, benötigt man für Abschätzungen, Vorbemessungen etc. einfache Verfahren. Diese einfachen Verfahren bestehen im wesentlichen darin, die Querverteilung zu bestimmen.

Querverteilung

Wird in einem Trägerrost mit mehreren Haupt- und Längsträgern einer der Hauptträger belastet, erfährt dieser Hauptträger eine Durchbiegung. Sofern er mit den übrigen Haupt- und Querträgern nicht oder nur gelenkig verbunden ist, erfolgt diese Durchbiegung ohne Zwängung. Sobald jedoch eine Verbindung zwischen den Trägern besteht, beteiligt der belastete Hauptträger die anderen mit an der Durchbiegung. Dies hat zur Folge, daß seine eigene Durchbiegung kleiner wird, zum anderen jedoch, daß die übrigen Träger ebenfalls durchgebogen werden, also einen Teil der Last übernehmen. Dieser Effekt ist übersichtlich mit der Querverteilung zu beschreiben, siehe Bild 4.2–25.

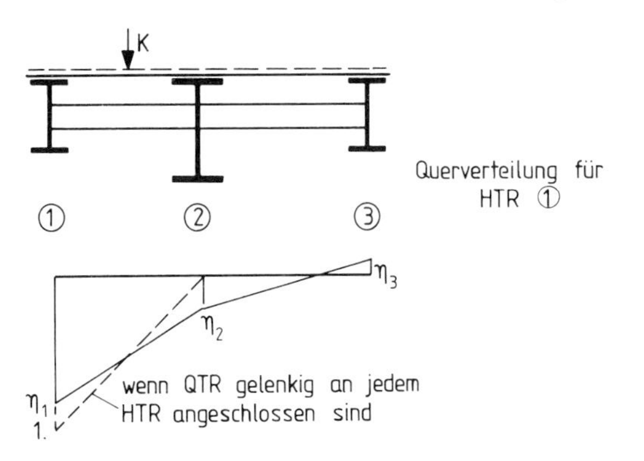

Bild 4.2–25 Querverteilung

Die Querverteilungslinie sagt dabei aus, wie groß der Lastanteil für den betrachteten Träger i ist, wenn die Last an der Stelle k steht. Die Querverteilung ist prinzipiell für jeden Punkt des Hauptträgers, in Längsrichtung gesehen, unterschiedlich. Üblicherweise begnügt man sich jedoch damit, die Querverteilung nur an einer ausgezeichneten Stelle, z.B. der Mitte, des Hauptträgers zu bestimmen und diese Querverteilung als maßgebend für den gesamten Rost annehmen.
Aus Bild 4.2–25 ist auch sofort zu ersehen, daß eine Lastverteilung nur bei ungleicher Durchbiegung der HTR, im Straßenbrückenbau also für Einzellasten, möglich ist.
Im folgenden werden einige Verfahren zur Bestimmung der Querverteilung vorgestellt.

4.2.4.2 Querverteilung nach Engeßer [13]

Unter der Voraussetzung, daß
- die Querträger unendlich steif sind
- die Längsträger entweder torsionsweich oder drehgelenkig an die Querträger angeschlossen sind
- und die Verläufe der Trägheitsmomente aller Längsträger ähnlich sind,

ergeben sich (Bild 4.2–26)

mit

$$u_s = \frac{\sum_{j=1}^{n} I_j u_j}{\sum_{j=1}^{n} I_j} \tag{4.2–13}$$

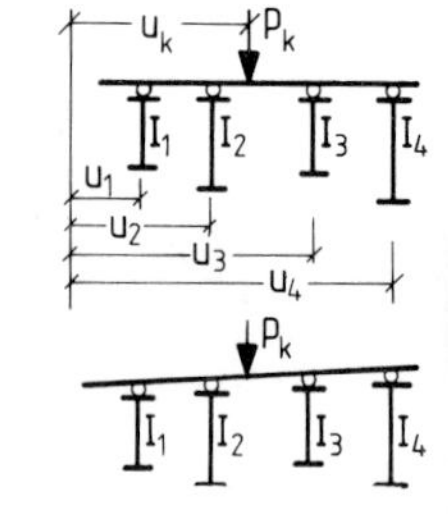

Bild 4.2–26
Querverteilung nach Engeßer [12]

der Koordinate des Schwerpunkts und

$$x_k = u_k - u_s \tag{4.2–14 a}$$

$$x_j = u_j - u_s \qquad \text{für } j = 1, n \tag{4.2–14 b}$$

die Werte η der Querverteilungslinie zu

$$\eta_{ik} = \frac{I_i}{\sum_{j=1}^{n} I_j} + \frac{x_i \cdot I_i}{\sum_{j=1}^{n} (x_j^2 \cdot I_j)} \cdot x_k \tag{4.2–15}$$

Der Index i deutet dabei auf den betrachteten, der Index k auf den belasteten Längsträger hin.
Greift die Last im Abstand $u_k = u_s$ an, so verdreht sich der gesamte Querschnitt nicht.

4.2.4.3 Querverteilung nach Cornelius [14]

Hierbei wird nur noch vorausgesetzt, daß
- die Querträger unendlich steif sind und
- die Verläufe der Trägheitsmomente aller Längsträger ähnlich sind.

Es ergibt sich dann die Beziehung (Bild 4.2–27)

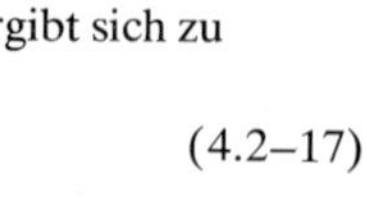

$$\eta_{ik} = \frac{I_i}{\sum_{j=1}^{n} I_j} + \frac{x_i \cdot I_i}{\sum_{j=1}^{n} (x_j^2 \cdot I_j)} \cdot \frac{\alpha}{\varphi} \cdot x_k \tag{4.2–16}$$

Bild 4.2–27
Querverteilung nach Cornelius [13]

Das Verhältnis α/φ berücksichtigt dabei die erhöhte Torsionssteifigkeit des Querschnitts.
φ ist die Querschnittsverdrehung nur aus dem Gelenksystem (wie bei Engeßer) und ergibt sich zu

$$\varphi = \frac{l^3}{48\, E F_{ww}^0} \tag{4.2–17}$$

mit

$$F_{ww}^0 = \sum_{j=1}^{n} (x_j^2 \cdot I_j) \tag{4.2–18}$$

α ist die Querschnittsverdrehung mit Berücksichtigung der Fahrbahnplatte und ergibt sich zu

$$\alpha = \frac{l}{4\, G I_T}\left(1 - \frac{\tan h \dfrac{\lambda l}{2}}{\lambda l/2}\right) = \frac{l}{4\, E F_{ww} \lambda^2}\left(1 - \frac{\tan h \dfrac{\lambda l}{2}}{\lambda l/2}\right) \tag{4.2–19}$$

mit $\lambda = \sqrt{\frac{GI_T}{EF_{ww}}}$ (4.2–20)

Für $GI_T = 0$ wird $\alpha = \frac{l^3}{48\,EF_{ww}}$

4.2.4.4 Querverteilung nach Guyon/Massonnet [13], [15]

Für eine zweiseitig gelagerte orthotrope Platte mit zwei freien Rändern und einer sinusförmigen Streckenlast in Spannrichtung wurden Querverteilungszahlen durch Lösung der Huberschen Differentialgleichung bei Vernachlässigung der Querdehnzahl ($\mu = 0$) für $H = 0$ von Guyon und für $H = \sqrt{B_x \cdot B_y}$ von Massonnet ermittelt.

$$B_x = E \cdot \frac{I_p}{p} \qquad (4.2\text{–}21)$$

$$B_y = E \cdot \frac{I_q}{q} \qquad (4.2\text{–}22)$$

$$2H = G\left(\frac{I_{d,p}}{p} + \frac{I_{d,q}}{q}\right) \qquad (4.2\text{–}23)$$

Die Bezeichnungen sind aus Bild 4.2–28 zu ersehen. Es werden weiterhin der Roststeifigkeitsfaktor ϑ und der Torsionssteifigkeitsfaktor α ermittelt:

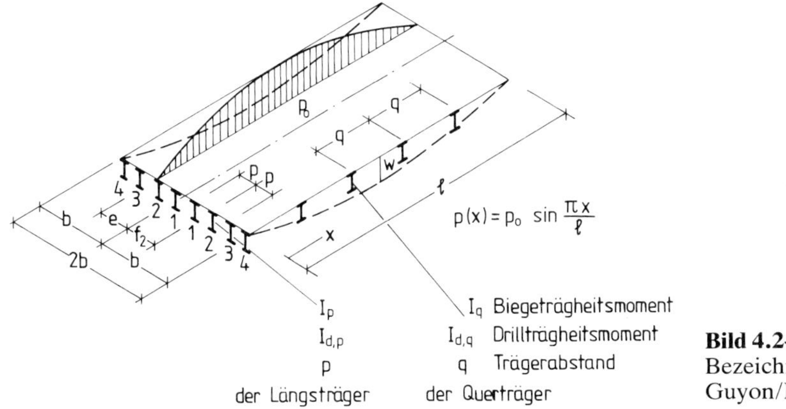

Bild 4.2–28
Bezeichnungsweise nach Guyon/Massonnet

Roststeifigkeitsfaktor:

$$\vartheta = \frac{b}{l}\sqrt[4]{\frac{I_p}{p} \cdot \frac{q}{I_q}} \qquad (4.2\text{–}24)$$

Torsionssteifigkeitsfaktor:

$$\alpha = \frac{G}{2E} \cdot \frac{\frac{I_{d,p}}{p} + \frac{I_{d,q}}{q}}{\sqrt{\frac{I_p}{p} \cdot \frac{I_q}{q}}} \qquad (4.2\text{–}25)$$

Für $\alpha = 0$ (Guyon) liegen Lösungen K_0 in Abhängigkeit von ϑ, für $\alpha = 1$ (Massonnet) liegen Lösungen K_1 in Abhängigkeit von ϑ vor.
Die wirklichen Lösungen K für den tatsächlich vorhandenen Torsionssteifigkeitsfaktor $0 \leq \alpha \leq 1$ werden entsprechend einer Interpolationsformel zu

$$K = K_0 + (K_1 - K_0) \cdot \alpha^h \qquad (4.2\text{–}26)$$

bestimmt. wobei

für $0 < \vartheta \leq 0{,}1$ $\quad h = 0{,}05$ und (4.2–27)

für $0{,}1 < \vartheta \leq 1{,}0$ $\quad h = 1 - e^{(0{,}065 - \vartheta)/0{,}663}$ zu setzen ist. (4.2–28)

Die Zahl K ist dann der Faktor, mit dem der Quotient Gesamtlast durch Trägeranzahl zu multiplizieren ist, um die Lastanteile der einzelnen Träger zu erhalten.

4.2.4.5 Vereinfachte Trägerrostberechnung Leonhardt/Andrä [16]

Dieses Verfahren gilt für Träger ohne Drillsteifigkeit.
In Tafeln sind die Ordinaten der Querverteilungs-Einflußlinien (Querverteilungszahlen) bzw. die Knotenkräfte X für freiaufliegende Roste mit einem Querträger in Hauptträger-Mitte angegeben, und zwar in Abhängigkeit von der Roststeifigkeit z (dimensionslose Zahl):

$$z = \frac{\bar{I}}{I} \cdot \left(\frac{l}{2a}\right)^3 = \frac{I_Q}{I} \cdot \left(\frac{l}{2a}\right)^3 \qquad (4.2\text{–}29)$$

Dabei ist vorausgesetzt (Bild 4.2–29), daß
a) alle HTR-Trägheitsmomente konstant und gleichgroß sind (HTR-Trägheitsmoment = I), oder nur die Größe des Trägheitsmoments der beiden äußeren HTR (Randträger) von der der übrigen HTR (Innenträger) verschieden ist (Innenträger-Trägheitsmoment = I, Randträger-Trägheitsmoment = $j \cdot I$),
b) alle HTR-Abstände einander gleich sind (HTR-Abstand = a),
c) das QTR-Trägheitsmoment konstant ist (QTR-Trägheitsmoment = $\bar{I}$),
d) alle HTR die gleiche Spannweite haben und zueinander parallel sind (HTR-Spannweite = l).
Bei Rosten, welche diesen Voraussetzungen entsprechen, ist also nur die Roststeifigkeit z aus den gegebenen Abmessungsverhältnissen zu bestimmen. Durch Einsetzen des Wertes z in die Ausdrücke von Tafeln ergeben sich die Querverteilungszahlen q_{ik} bzw. die Knotenkräfte X_{ik} infolge einer Einzellast $P = 1$.

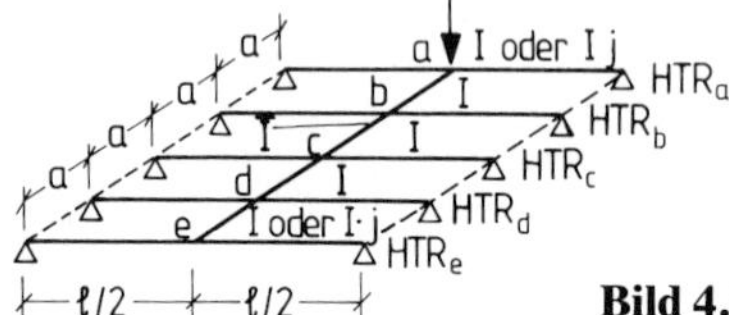

Bild 4.2–29 System für das Beispiel 1

Berechnungsbeispiel 1

Trägerrost aus 5 Längsträgern mit 1 Querträger. Last in Feldmitte auf Randträger a (Bild 4.2–30)

$l = 40{,}0$ m; $a = 4{,}0$ m; $I_j = 1{,}5\,I$; $\bar{I} = 0{,}5\,I$

Roststeifigkeit:

$$z = \frac{\bar{I}}{I} \cdot \left(\frac{l}{2a}\right)^3 = \frac{0{,}5 \cdot I}{I}\left(\frac{40{,}0}{2 \cdot 4{,}0}\right)^3 = 62{,}5 \qquad j = 1{,}5$$

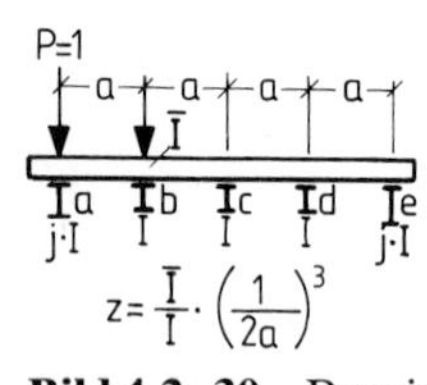

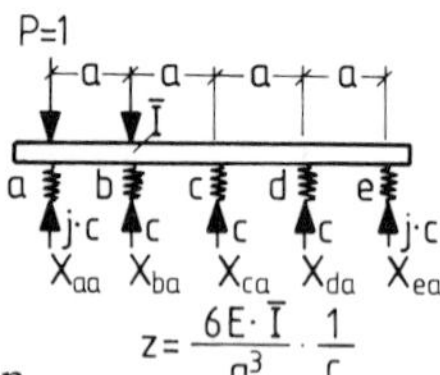

Bild 4.2–30 Bezeichnungen

Die Querverteilungszahlen ergeben sich nach Bild 4.2–29 und Tabelle 4.2–4:

Vorwerte:

$N_1 = 14 \cdot 1{,}5/62{,}5 + (64 \cdot 1{,}5 + 4) + (4 \cdot 1{,}5 + 6)\,62{,}5 = 850{,}3$

$N_2 = 8 \cdot 1{,}5/62{,}5 + 8 \cdot 1{,}5 + 2 = 14{,}19$

Querverteilungszahlen:

$q_{aa} = (-2 - 3 \cdot 62{,}5)/850{,}3 + (-1)/14{,}19 + 1 = 0{,}707$

$q_{ea} = (-2 - 3 \cdot 62{,}5)/850{,}3 - (-1)/14{,}19 = -0{,}152$

$q_{ba} = [(5 + 2 \cdot 62{,}5)\,1{,}5/850{,}3 + 2 \cdot 1{,}5/14{,}19]/1{,}5 = 0{,}294$

$q_{da} = [(5 + 2 \cdot 62{,}5)\,1{,}5/850{,}3 - 3 \cdot 1{,}5/14{,}19]/1{,}5 = 0{,}012$

$q_{ca} = [(-6 + 2 \cdot 62{,}5)\,1{,}5/850{,}3]/1{,}5 = 0{,}140$

$\Sigma = 1{,}001 \sim 1{,}000$

Tabelle 4.2–4 Querverteilungszahlen (Tafel 1,5 j nach [16])

Spalte	1	2	Spalte
obere Vorzeichen	Nenner der Klammern in Spalte 1 und 2 $N_1 = 14j/z + (64j + 4) + (4j + 6) \cdot z$	$N_2 = 8j/z + (8j + 2)$	untere Vorzeichen
$(X_{aa} - 1) = (q_{aa} - 1)$	$= [-\ 2 - 3 \cdot z]$	$\pm [-1]$	$= X_{ae} = q_{ae}$
$X_{ab} \quad = \quad q_{ab}$	$= [+\ 5 + 2 \cdot z] \cdot j$	$\pm [+2j]$	$= X_{ad} = q_{ad}$
$X_{ac} \quad = \quad q_{ac}$	$= [-\ 6 + 2 \cdot z] \cdot j$	± 0	
$(X_{bb} - 1) = (q_{bb} - 1)$	$= [-16j - (2j + 1) \cdot z]$	$\pm [-4j]$	$= X_{bd} = q_{bd}$
$X_{bc} \quad = \quad q_{bc}$	$= [+22j + 2 \cdot z]$	± 0	
$(X_{cc} - 1) = (q_{cc} - 1)$	$= [-32j - (4j + 4) \cdot z]$	± 0	

$X_{ba} = X_{ab}/j$ bzw. $q_{ba} = q_{ab}/j$

$X_{be} = X_{ad}/j$ bzw. $q_{be} = q_{ad}/j$

$X_{ca} = X_{ac}/j$ bzw. $q_{ca} = q_{ac}/j$
$X_{cb} = X_{bc}$ bzw. $q_{cb} = q_{bc}$

$X_{cd} = X_{cb}$ bzw. $q_{cd} = q_{cb}$
$X_{ce} = C_{ca}$ bzw. $q_{ce} = q_{ca}$

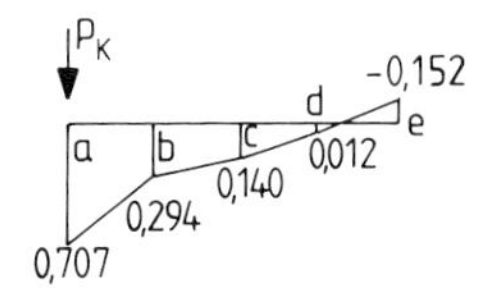

Bild 4.2–31 Querverteilungslinie

Die Querverteilungslinie ist aus Bild 4.2–31 zu ersehen.

Berechnungsbeispiel 2

Hierbei wird das Querträgerfeldmoment im mittleren Bereich einer 200 m langen Straßenbrücke berechnet. Als Belastung wird nur der SLW betrachtet. Das System mit der benutzten Bezeichnungsweise ist aus Bild 4.2–32 zu ersehen.

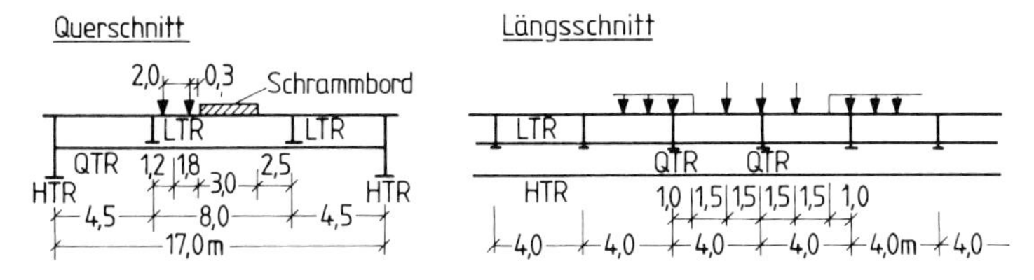

Betrachteter Trägerrost

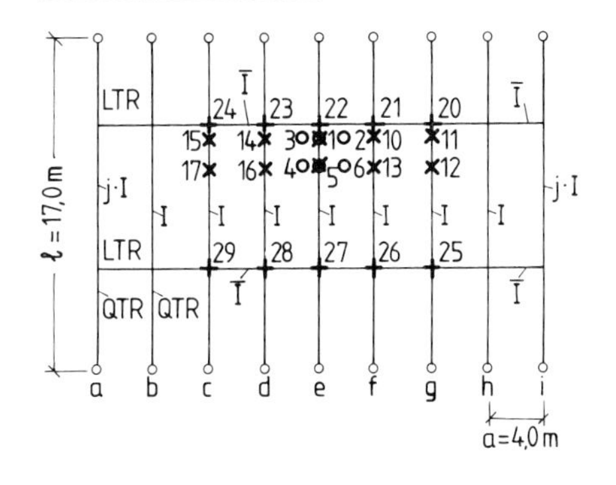

Lasten
Einzelradlasten ∘ 1, 2, 3, 4, 5, 6
Querträgerbelastungen × 1, 5, 10, 11, 12, 13, 14, 15, 16, 17
Trägerrostknotenlasten + 20 bis 29

Bild 4.2–32 Beispiel 2 nach [56]

Berechnung der Querverteilungslinie erfolgt für den mittleren Querträger *e*
Roststeifigkeit:

$$z = \frac{\bar{I}}{I} \cdot \left(\frac{l}{2a}\right)^3 \qquad \begin{aligned} I_{\text{LTR}} &= 86 \text{ cm}^2\text{m}^2 \\ \bar{I}_{\text{QTR}} &= 62 \text{ cm}^2\text{m}^2 \\ l &= 17{,}0 \text{ m} \\ a &= 4{,}0 \text{ m} \\ j &= 1 \quad \text{(Randträger wie Innenträger)} \end{aligned}$$

$$z = \frac{86}{62} \cdot \left(\frac{17{,}0}{2 \cdot 4{,}0}\right)^3 = 13{,}3$$

Die Auswertung erfolgt mit Hilfe der Tabelle 4.2–5, Bezeichnung nach Bild 4.2–33.

Tabelle 4.2–5 Querverteilungen (Tafel 1,9 j nach [16] für 1 QTR, 9 HTR, Randträger $I_R = I \cdot j$)

$$z = \frac{\bar{I}}{I} \cdot \left(\frac{l}{2a}\right)^3 \qquad z = \frac{6E \cdot \bar{I}}{a^3} \cdot \frac{1}{c}$$

Spalte	1	2	Spalte
obere Vorzeichen	Nenner der Klammern in Spalte 1 und 2 $N_1 = 2[97/z + (928j + 26) + (1868j + 193) \cdot z + (512j + 196) \cdot z^2 + (2j + 7) \cdot z^3]$	$N_2 = 2[56/z + (312j + 15) + (272j + 52) \cdot z + (16j + 14) \cdot z^2]$	untere Vorzeichen
$(X_{aa} - 1) = (q_{aa} - 1)$	$= [-26 - 193 \cdot z - 196 \cdot z^2 - 7 \cdot z^3]$	$\pm [- 15 - 52 \cdot z - 14 \cdot z^2]$	$= X_{ai} = q_{ai}$
$X_{ab} = q_{ab}$	$= [+59 + 390 \cdot z + 267 \cdot z^2 + 2 \cdot z^3] j$	$\pm [+34 + 92 \cdot z + 12 \cdot z^2] j$	$= X_{ah} = q_{ah}$
$X_{ac} = q_{ac}$	$= [-42 - 179 \cdot z + 62 \cdot z^2 + 2 \cdot z^3] j$	$\pm [-24 - 16 \cdot z + 8 \cdot z^2] j$	$= X_{ag} = q_{ag}$
$X_{ad} = q_{ad}$	$= [+12 - 60 \cdot z - 73 \cdot z^2 + 2 \cdot z^3] j$	$\pm [+ 6 - 36 \cdot z + 4 \cdot z^2] j$	$= X_{af} = q_{af}$
$X_{ae} = q_{ae}$	$= [- 6 + 84 \cdot z - 120 \cdot z^2 + 2 \cdot z^3] j$	± 0	
$(X_{bb} - 1) = (q_{bb} - 1)$	$= [-160j - (959j + 7) z - (472j + 34) \cdot z^2 - (2j + 5) \cdot z^3]$	$\pm [- 92j - (200j + 4) \cdot z - (16j + 5) \cdot z^2]$	$= X_{bh} = q_{bh}$
$X_{bc} = q_{bc}$	$= [+155j + (688j + 16) z + (70j + 62) \cdot z^2 + 2 \cdot z^3]$	$\pm [+ 88j + (88j + 9) \cdot z + 6 \cdot z^2]$	$= X_{bg} = q_{bg}$
$X_{bd} = q_{bd}$	$= [- 72j + (25j - 12) z + (88j - 10) \cdot z^2 + 2 \cdot z^3]$	$\pm [- 36j + (56j - 6) \cdot z + 3 \cdot z^2]$	$= X_{bf} = q_{bf}$
$X_{be} = q_{be}$	$= [+ 36j - (288j - 6) z + (94j - 36) \cdot z^2 + 2 \cdot z^3]$	± 0	
$(X_{cc} - 1) = (q_{cc} - 1)$	$= [-232j - (934j + 44) z - (384j + 136) \cdot z^2 - (2j + 5) \cdot z^3]$	$\pm [-128j - (144j + 24) \cdot z - (16j + 10) \cdot z^2]$	$= X_{cg} = q_{cg}$
$X_{cd} = q_{cd}$	$= [+191j + (400j + 46) z + (164j + 51) \cdot z^2 + 2 \cdot z^3]$	$\pm [+ 88j + (88j + 21) \cdot z + 2 \cdot z^2]$	$= X_{cf} = q_{cf}$
$X_{ce} = q_{ce}$	$= [-144j + (50j - 36) z + (176j + 46) \cdot z^2 + 2 \cdot z^3]$	± 0	
$(X_{dd} - 1) = (q_{dd} - 1)$	$= [-304j - (909j + 80) z - (296j + 98) \cdot z^2 - (2j + 5) \cdot z^3]$	$\pm [- 92j - (200j + 24) \cdot z - (16j + 13) \cdot z^2]$	$= X_{df} = q_{df}$
$X_{de} = q_{de}$	$= [+346j + (1088j + 92) z + (234j + 114) \cdot z^2 + 2 \cdot z^3]$	± 0	
$(X_{ee} - 1) = (q_{ee} - 1)$	$= [-464j - (1868j + 124) z - (768j + 248) \cdot z^2 - (4j + 12) \cdot z^3]$	± 0	

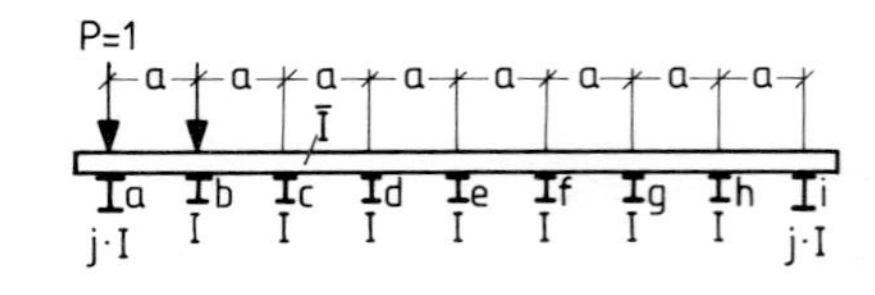

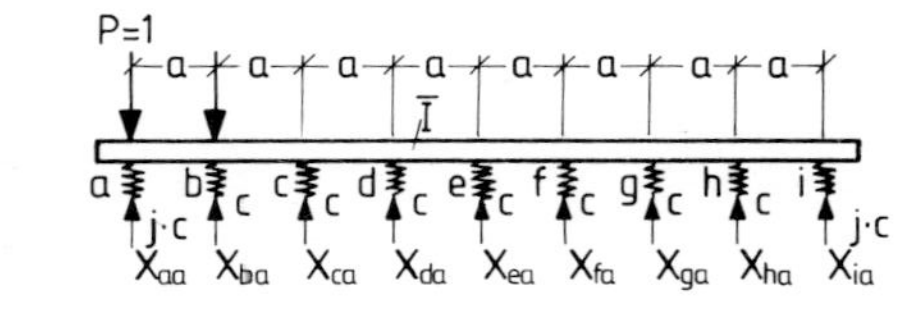

Bild 4.2–33 Bezeichnungen

$X_{ba} = X_{ab}/j$ bzw. $q_{ba} = q_{ab}/j$

$X_{bi} = X_{ah}/j$ bzw. $q_{bi} = q_{ah}/j$
$X_{ca} = X_{ac}/j$ bzw. $q_{ca} = q_{ac}/j$
$X_{cb} = X_{bc}$ bzw. $q_{cb} = q_{bc}$

$X_{ch} = X_{ba}$ bzw. $q_{ch} = q_{ba}$
$X_{ci} = X_{ag}/j$ bzw. $q_{ci} = q_{ag}/j$
$X_{da} = X_{ad}/j$ bzw. $q_{da} = q_{ad}/j$
$X_{db} = X_{bd}$ bzw. $q_{db} = q_{bd}$
$X_{dc} = X_{cd}$ bzw. $q_{dc} = q_{cd}$

$X_{dg} = X_{cf}$ bzw. $q_{dg} = q_{cf}$
$X_{dh} = X_{bf}$ bzw. $q_{dh} = q_{bf}$
$X_{di} = X_{af}/j$ bzw. $q_{di} = q_{af}/j$
$X_{ea} = X_{ae}/j$ bzw. $q_{ea} = q_{ae}/j$
$X_{eb} = X_{be}$ bzw. $q_{eb} = q_{be}$
$X_{ec} = X_{ce}$ bzw. $q_{ec} = q_{ce}$
$X_{ed} = X_{de}$ bzw. $q_{ed} = q_{de}$

$X_{ef} = X_{ed}$ bzw. $q_{ef} = q_{ed}$
$X_{eg} = X_{ec}$ bzw. $q_{eg} = q_{ec}$
$X_{eh} = X_{eb}$ bzw. $q_{eh} = q_{eb}$
$X_{ei} = X_{ea}$ bzw. $q_{ei} = q_{ea}$

Vorzahl:

$$N_1 = 2\left[\frac{97}{z} + (928j + 26) + (1868j + 193)\cdot z + (512j + 196)\,z^2 + (2j + 7)\,z^3\right]$$

$$= 2\left[\frac{97}{13{,}3} + 954 + 2061\cdot 13{,}3 + 708\cdot 13{,}3^2 + 9\cdot 13{,}3^3\right] = 3{,}5\cdot 10^5$$

N_2 wird nicht benötigt.

$X_{ee} - 1 = [-464j - (1868j + 124)\cdot z - (768j + 248)\cdot z^2 - (4j + 12)\cdot z^3]/N_1 \pm 0/N_2$

$$X_{ee} = 1 + [-464 - 1992\cdot 13{,}3 - 1016\cdot 13{,}3^2 - 16\cdot 13{,}3^3]\cdot\frac{1}{3{,}5\cdot 10^5} = 1 - 0{,}698 = 0{,}302$$

$$X_{ed} = X_{ef} = X_{de} = [346 + 1180\cdot 13{,}3 + 348\cdot 13{,}3^2 + 2\cdot 13{,}3^3]\cdot\frac{10^5}{3{,}5} = 0{,}235$$

$$X_{eg} = X_{ec} = X_{ce} = [-144 + 14\cdot 13{,}3 + 222\cdot 13{,}3^2 + 2\cdot 13{,}3^3]\cdot\frac{10^5}{3{,}5} = 0{,}126$$

$$X_{eh} = X_{eb} = X_{be} = [+36 - 282\cdot 13{,}3 + 58\cdot 13{,}3^2 + 2\cdot 13{,}3^3]\cdot\frac{10^5}{3{,}5} = 0{,}032$$

$$X_{ei} = X_{ea} = X_{ae} = [-6 + 84\cdot 13{,}3 - 120\cdot 13{,}3^2 + 2\cdot 13{,}3^3]\cdot\frac{10^5}{3{,}5} = -0{,}044$$

Als Kontrolle gilt $\Sigma X_{ij} = 0$

Die Querverteilungslinie ist in Bild 4.2–34 dargestellt.

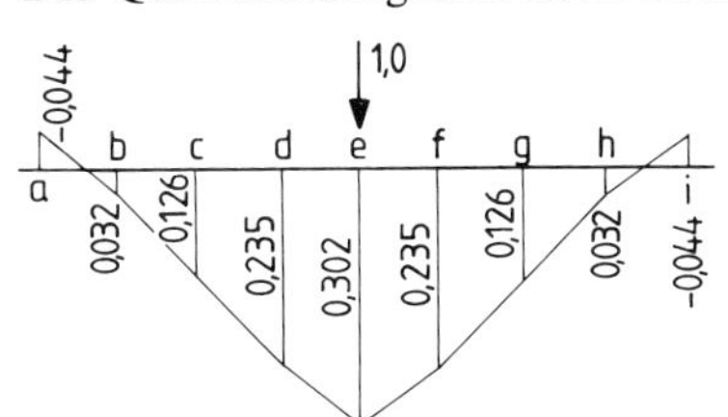

Bild 4.2–34 Querverteilungslinie für Querträger *e*

Auswertung der Querverteilungslinie

Die Starrauflagerkräfte aus dem SLW ergeben sich nach Bild 4.2–35 und der zugehörigen Auflagerkraft-Einflußlinie am unendlich langen Durchlaufträger.

$A_0 = 1{,}0 + 2(3\cdot 0{,}7253 + 0{,}8346)/4 \quad = \quad 2{,}51$ kN

$2\cdot A_1 = 2(3\cdot 0{,}4677 + 0{,}3342 - 3\cdot 0{,}1364 - 0{,}1317)/4 = \quad 0{,}60$ kN

$2\cdot A_2 = P - A_0 - 2A_1 = 3{,}0 - 2{,}51 - 0{,}60 \quad = -0{,}11$ kN

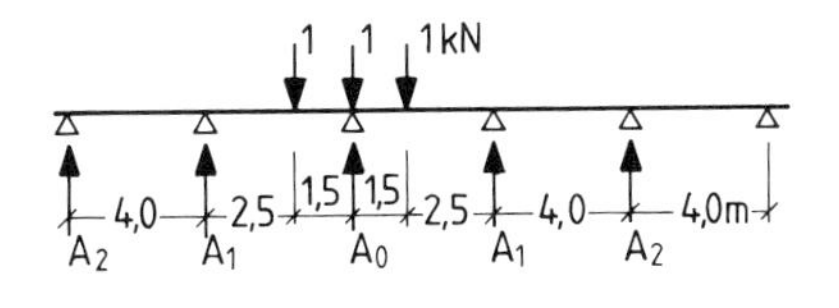

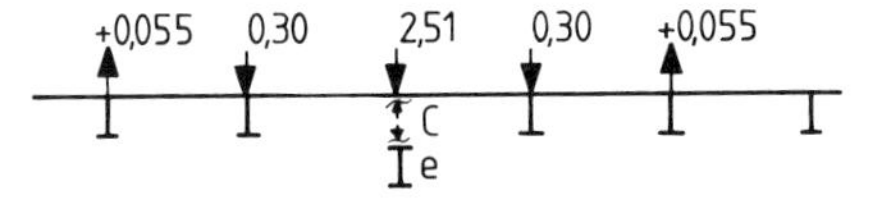

Bild 4.2–35 Starrauflagerkräfte aus SLW

Verteilung der Last auf einem Querträger zu den Trägerrostknoten (Bild 4.2–36)

$$B_1 = 2\cdot\frac{6{,}8}{8{,}0} = 1{,}7 \qquad B_2 = 2\cdot\frac{1{,}2}{8{,}0} = 0{,}3$$

$M^0_{45} = 0{,}3\cdot 5{,}5 = 1{,}65$ m

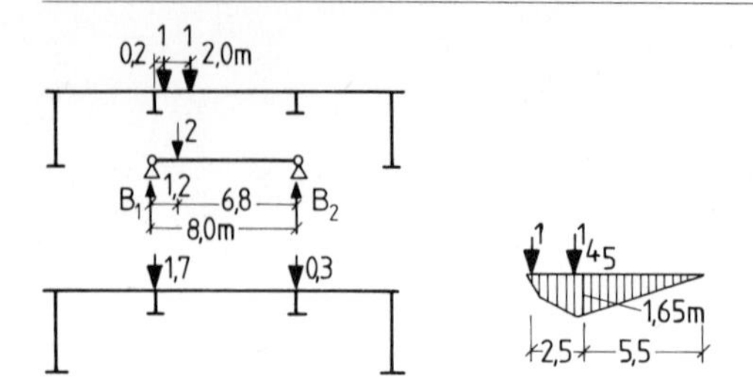

Bild 4.2–36 Auflagerkräfte am Querträger

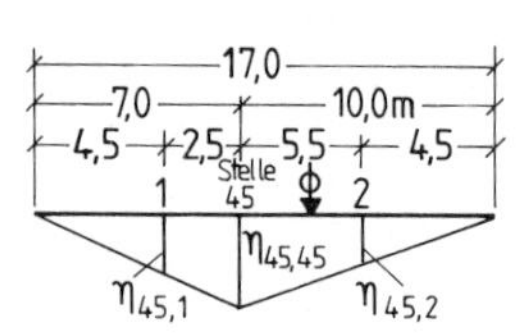

Bild 4.2–37 Einflußlinie für die maßgebende Stelle des Querträgers

Momenteinflußlinie für die Stelle 45 (Bild 4.2–37)

$\eta_{45,45} = 7{,}0 \cdot 10{,}0/17{,}0 \quad = 4{,}1176\,\text{m}$
$\eta_{45,1} \;= 4{,}5 \cdot 10{,}0/17{,}0 \quad = 2{,}6471\,\text{m}$
$\eta_{45,2} \;= 4{,}5 \cdot \;\, 7{,}0/17{,}0 \quad = 1{,}8529\,\text{m}$

Belastung des Querträgers *e* aus einer Spur mit Einheitslasten
$C = 2{,}51 \cdot 0{,}302 + 0{,}60 \cdot 0{,}235 - 0{,}11 \cdot 0{,}126 = 0{,}885$

Knotenkräfte hieraus
$B_1 = 1{,}7 \cdot C = 1{,}7 \cdot 0{,}885 = 1{,}50$
$B_2 = 0{,}3 \cdot C = 0{,}3 \cdot 0{,}885 = 0{,}266$

Radlast, Schwingbeiwert
$P = 100\,\text{kN} \qquad l_\varphi = 17{,}0\,\text{m}$
$\varphi = 1{,}4 - 0{,}008 \cdot l_\varphi = 1{,}4 - 0{,}008 \cdot 17{,}0 = 1{,}264$

Moment des Querträgers *e* an der Stelle 45 aus *SLW*

$$M_{e,45}^{SLW} = \varphi \cdot P\,[M_{45}^0 + \eta_{45,1} \cdot B_1 + \eta_{45,2} \cdot B_2]$$

$$M_{e,45}^{SLW} = 1{,}264 \cdot 100\,[1{,}65 + 2{,}6470 \cdot 1{,}50 + 1{,}8529 \cdot 0{,}266] = 773\,\text{kNm}$$

Aus einer genaueren elektronischen Berechnung ergab sich ein Wert von 790 kNm.

4.2.4.6 Parameter-Untersuchungen

Die Auswirkung der Veränderung einzelner Parameter auf die Trägerrostwirkung kann an den Bildern 4.2–38 bis 4.2–40 ersehen werden. Daraus ist u.a. zu erkennen, daß nennenswerte Trägerrostwirkungen erst für Roststeifigkeiten $z \geq 2$ auftreten.

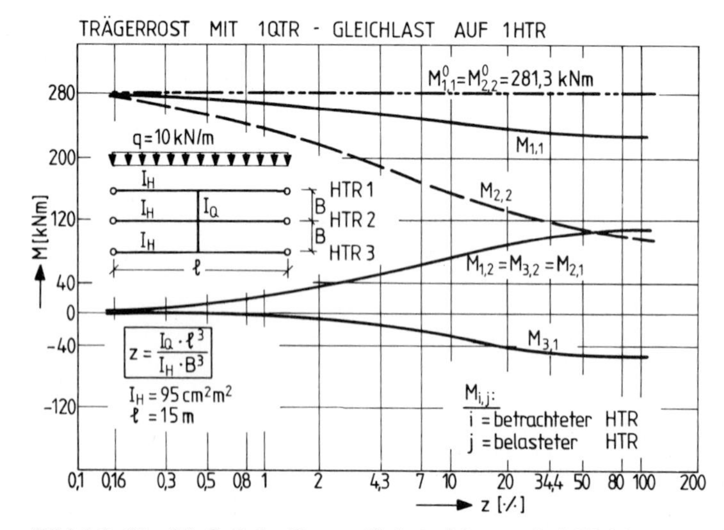

Bild 4.2–38 Einfluß des Roststeifigkeitsfaktors *z* bei Gleichstreckenbelastung des mittleren Hauptträgers

4.2.4.7 Berechnung von Trägerrosten als diskretes System

Die genaue Berechnung von Trägerrosten erfolgt im Prinzip nach den Regeln der Baustatik für hochgradig statisch unbestimmte Konstruktionen.
Die besondere Eigenart der Trägerroste, die durch regelmäßige Abstände von Querträgern und Längsträgern sowie durch ähnliche Steifigkeitsverläufe gekennzeichnet ist, gestattet eine für Trägerroste spezifische Aufbereitung der Lösung. So ist es möglich, mehrere statisch unbestimmte Größen zu einer gleich großen Anzahl linear unabhängiger Gruppen zusammenzufassen, um auf diese Art die Ausdehnung der zugehörigen Schnittgrößenverläufe auf einen geringen Bereich zu begrenzen.
Damit ist es durchaus möglich, Gleichungssysteme zu gewinnen, die auch noch per Hand lösbar sind. In den meisten Fällen wird man aber auf bestehende EDV-Programme zurückgreifen, insbesondere dann, wenn die Vorbemessung mit Hilfe guter Näherungen – siehe Bestimmung der Querverteilung – durchgeführt wurde.
Im Normalfall reicht es auch bei elektronischen Berechnungen aus, einen in Längsrichtung begrenzten Ausschnitt des Trägerrostes zu untersuchen, da die Trägerrostwirkung, d.h. die Abtragung ungleicher oder konzentrierter Lasten, in Brückenlängsrichtung schnell abklingt.

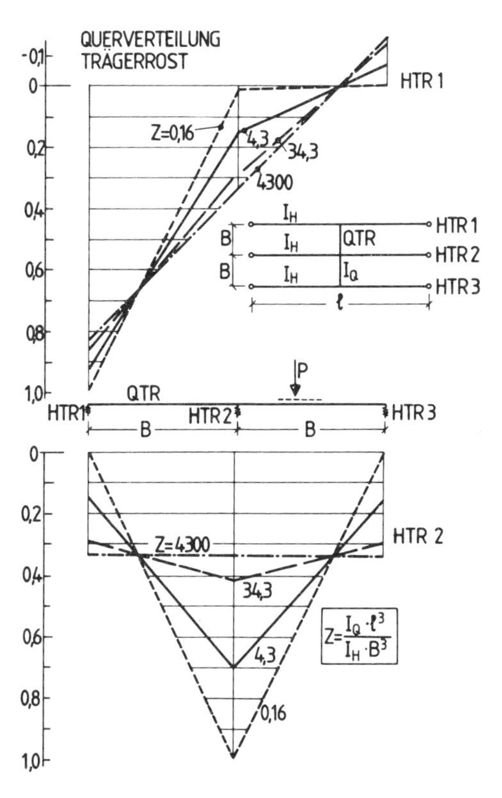

Bild 4.2–39
Einfluß des Roststeifigkeitsfaktors z bei Querträgerbelastung (Querverteilung)

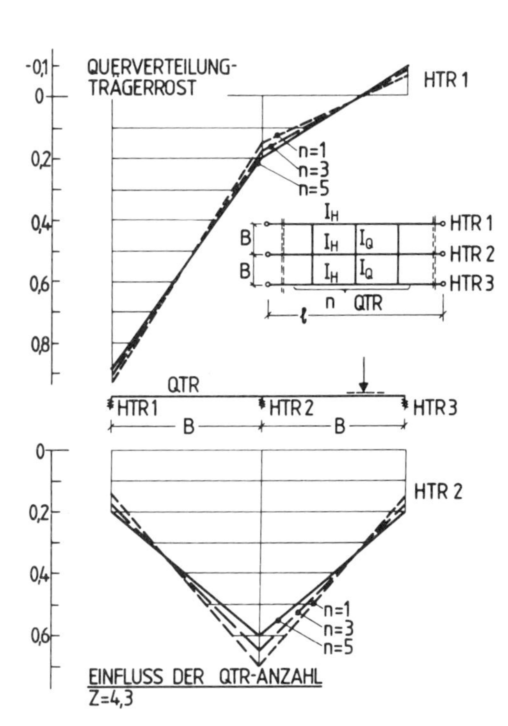

Bild 4.2–40
Einfluß der Querträgeranzahl auf die Querverteilung für $z = 4{,}3$

Literatur

1. DIN 1079, Ausgabe 9.70 – Stählerne Straßenbrücken. Grundsätze für die bauliche Durchbildung.
2. DIN 19704, Ausgabe 9.76 – Stahlwasserbauten; Berechnungsgrundlagen.
3. DIN 1073, Ausgabe 7.74 – Stählerne Straßenbrücken; Berechnungsgrundlagen.
4. Schmidt, H.; Peil, U.: Berechnung von Balken mit breiten Gurten. Springer Verlag, Berlin–Heidelberg–New York, 1976.
5. Schmidt, H.; Peil, U.: Scheibenwirkung breiter Straßenbrückengurte – Verbesserungsvorschlag für Berechnungsvorschriften (mitwirkende Gurtbreite). Der Bauingenieur 54 (1979) 131–138.
6. Huber, M.T.: Die Theorie der kreuzweise bewehrten Eisenbetonplatten nebst Anwendung auf mehrere bautechnisch wichtige Aufgaben über rechteckige Platten. Der Bauingenieur 4 (1923) 354–360, 392–395, 5 (1924) 259–263, 305–311.

7. Pelikan, W.; Eßlinger, M.: Die Stahlfahrbahn. Berechnung und Konstruktion. MAN-Forschungsheft Nr. 7 (1957).
8. DIN 1072, Ausgabe 11.67 – Straßen- und Wegebrücken. Lastannahmen.
9. Klöppel, K.; Roos, E.: Statische Versuche und Dauerversuche zur Frage der Bemessung von Flachblechen in orthotropen Platten. Der Stahlbau 29 (1960) 361–373.
10. Giencke, E.: Die Grundgleichungen für die orthotrope Platte mit exzentrischen Steifen. Der Stahlbau (1955) 128–129.
11. Giencke, E.; Petersen, J.: Ein finites Verfahren zur Berechnung schubweicher orthotroper Platten. Der Stahlbau (1970) 161–166, 202–207.
12. Bamm, D.: „ORTHOP"; EDV-Programm zur Berechnung stählerner Fahrbahnplatten, 1970, TU Berlin (nicht veröffentlicht).
13. Sattler, K.: Lehrbuch der Statik, Band II/A (Kapitel IX).
14. Cornelius, W.: Über den Einfluß der Torsionssteifigkeit auf die Verdrehung von Tragwerken. MAN-Forschungsheft (1951).
15. Sattler, K.: Betrachtungen zum Berechnungsverfahren von Guyon-Massonnet für freiaufliegende Trägerroste und Erweiterung dieses Verfahrens auf beliebige Systeme. Der Bauingenieur 30 (1955) 77–89, 34 (1959) 1–9, 53–59.
16. Leonhardt, F.; Andrä, W.: Die vereinfachte Trägerrostberechnung. Verlag Julius Hoffman, Stuttgart 1950.
17. Worch, G.: Berechnung des Durchlaufträgers auf elastisch senkbaren Stützen. Der Bauingenieur 30 (1955) 388–392.
18. Thoms, A.: Die Berechnung mehrfach symmetrischer Trägerroste mit Hilfe von Sinusgewichten. Der Stahlbau 9 (1936) 138–143, 147–150.
19. Melan, E.; Schindler, R.: Die genaue Berechnung von Trägerrosten. Springer-Verlag, Wien 1942.
20. Geiger, F.: Die vereinfachte Trägerrostberechnung mit Berücksichtigung verdrehungssteifer Trägerquerschnitte. Verlag August Lutzeyer, Leipzig 1943.
21. Hoeland, G.: Stützmomenteneinflußfelder durchlaufender Platten. Springer-Verlag, Wien 1951.
22. Fischer, G.: Die Berechnung der Stahlfahrbahntafel der Bürgermeister-Smidt-Brücke in Bremen. Der Stahlbau 21 (1952) 213–219, 237–244.
23. Fischer, G.: Beitrag zur Berechnung kreuzweise gespannter Fahrbahnplatten im Stahlbrückenbau. Deutscher Stahlbau-Verband GmbH, Köln 1952.
24. Pflüger, A.: Die orthotrope Platte mit Hohlsteifen. Österr. Ingenieur-Archiv (1955).
25. Giencke, E.: Die Berechnung der durchlaufenden Fahrbahnplatten. Der Stahlbau 27 (1958) 229–237, 291–298, 326–336.
26. Giencke, E.: Die Berechnung von Hohlrippenplatten. Der Stahlbau 29 (1960) 1–11, 47–59.
27. Giencke, E.: Zur optimalen Auslegung von Fahrbahnplatten. Der Stahlbau 29 (1960) 179–185.
28. Cornelius, W.: Die Berechnung der ebenen Flächentragwerke mit Hilfe der Theorie der orthogonal-anisotropen Platten. Der Stahlbau 21 (1952) 21–24, 43–48, 60–64.
29. Homberg, H.; Weinmeister, J.: Einflußflächen für Trägerroste. 1. Teil. Selbstverlag (1949).
30. Homberg, H.: Kreuzwerke, Statik der Trägerroste und Platten. Forschungshefte aus dem Gebiet des Stahlbaus, H. 8 (1951).
31. Trenks, K.: Beitrag zur Berechnung orthogonal-anisotroper Rechteckplatten. Der Bauingenieur 29 (1954) 372–377, 440.
32. Trenks, K.: Der unendlich lange Balken auf elastisch senk- und drehbaren Stützen. Der Bauingenieur 31 (1956) 237–245.
33. Homberg, H.; Weinmeister, J.: Einflußflächen für Kreuzwerke. 2. Auflage. Springer-Verlag (1956).
34. Homberg, H.; Trenks, K.: Drehsteife Kreuzwerke. Springer-Verlag (1962).
35. Homberg, H.: Lastverteilungszahlen für Brücken. 1. Band. Springer-Verlag (1967).
36. Trost, H.: Lastverteilung bei Plattenbalkenbrücken. Band 1. Werner-Verlag (1961).
37. Timoshenko, S.; Woinowsky-Krieger: Theory of Plates and Shells. Engineering Societies Monographs. McGraw-Hill-Book C.
38. Bittner, E.: Platten und Behälter. Springer-Verlag, Wien (1965).
39. Pucher, A.: Einflußfelder elastischer Platten. Springer-Verlag Wien (1964).
40. Stein, P.: Die Anwendung der Singularitätenmethode zur Berechnung orthogonal-anisotroper Rechteckplatten, einschließlich Trägerrosten. Stahlbau-Verlag GmbH, Köln (1959).
41. Krug, S.; Stein, P.: Einflußfelder orthogonaler-anisotroper Platten. Springer-Verlag (1961).
42. Hoyden, A.: Beitrag zur Berechnung „orthotroper Platten" unter Berücksichtigung der Theorie II. Ordnung mittels der Energiemethode. Stahlbau-Verlag GmbH, Köln (1961).
43. Weitz, F.R.: Die Komplexität von Konstruktionssystemen und Fertigungstechnik am Beispiel der Stahlbrückenmontage. Der Bauingenieur 54 (1979) 355–364.
44. Schäfer, W.: Berechnung von Einflußflächen für die statischen Größen mehrfeldriger orthotroper Fahrbahnplatten mit Hilfe von Eigenfunktionen. Der Stahlbau 33 (1964) 177–190.
45. Klöppel, K.; Obenauer, P.W.: Zur Berechnung von Trägerrosten für orthotrope Stahlfahrbahnen unter besonderer Berücksichtigung unregelmäßiger Raster, allgemeiner Lagerung, veränderlicher Steifigkeiten und des Querkrafteinflusses. Veröffentl. d. Inst. für Statik und Stahlbau der TH Darmstadt (1967).
46. Knothe, K.: Plattenberechnung nach den Kraftgrößenverfahren. Der Stahlbau 36 (1967) 202–214, 245–254.
47. King-Yuen Chu: Interationsverfahren zur näherungsweisen Berechnung mehrfeldriger, orthotroper Fahrbahnplatten mit torsionsweichen Profilen. Der Stahlbau 37 (1968) 9–16.
48. Kunert, K.; Wagner, P.: Querrippen orthotroper Platten mit an den Durchdringungspunkten der Längsrippen geschlitzten Stegen. Der Bauingenieur 43 (1968) 244–249.
49. Sedlacek, H.; Sedlacek, G.: Zur Anwendung von Hohlplatten für Fahrbahnkonstruktionen. Der Bauingenieur 45 (1970) 347–352.
50. Tesàr, Arpád: Die Querverteilung bei Plattenkreuzwerken. Acta Technica Csav. No. 1 (1967), Prag.
51. Anger, E.: Zehnteilige Einflußlinien für durchlaufende Träger.
52. Zellerer, E.: Durchlaufträger, Einflußlinien und Momentenlinien. 1. Auflage. Verlag Wilhelm Ernst & Sohn (1967).
53. Design Manual for Orthotropic Steel Plate Deck Bridges. American Institute for Steel Construction. New York (1962).
54. Stählerne Straßenbrücken – Merkblatt 380 der Beratungsstelle für Stahlverwendung. Düsseldorf (1952).
55. Hawranek, A.; Steinhardt, O.: Theorie und Berechnung der Stahlbrücken. Springer-Verlag (1958).
56. Kahmann, R.; Schröter, H.-J.: Die Stahlkonstruktion der Hochbrücke Rader Insel über den Nord-Ostsee-Kanal. Der Stahlbau 44 (1975) 280–282.
57. Herzog, M.: Stahlgewichte moderner Eisenbahn- und Straßenbrücken. Der Stahlbau 46 (1977) 225–233, 287–293.
58. Steinhardt, O.: Zur vollständigen Berechnung von „orthotropen Platten" im Stahlbau. In „Stahlbau und Baustatik", Wien, New York, Springer Verlag, 1965.
59. Weitz, F.R.: Neuzeitliche Gesichtspunkte im schweißenden Brückenbau. Der Stahlbau 43 (1974) 73–81.

5 Zweiachsige Biegung und Torsion

G. Sedlacek

5.1 Grundbeziehungen der Biegung ohne Torsion

5.1.1 Verwölbungen

Verschiebt man eine Stab S mit der Stabachse x gemäß Bild 5.1–1 in die Lage S', so registriert man die Verformung ζ in Richtung der z-Achse, die senkrecht auf der Stabachse x steht, und als ζ' den Winkel der Stabverschwenkung, die auch eine gleichgroße Verschwenkung der Stirnfläche des Stabes zur Folge hat.

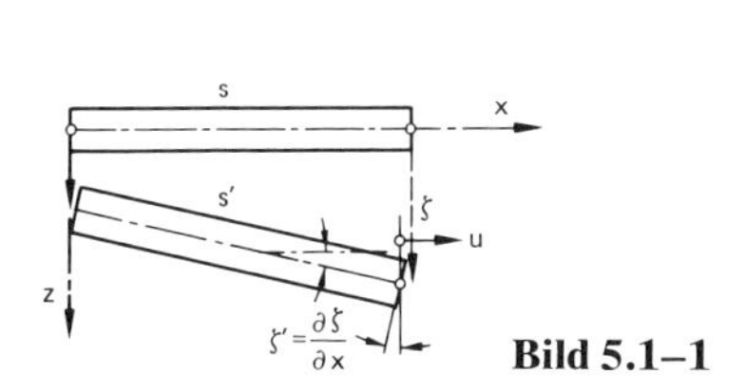

Bild 5.1–1

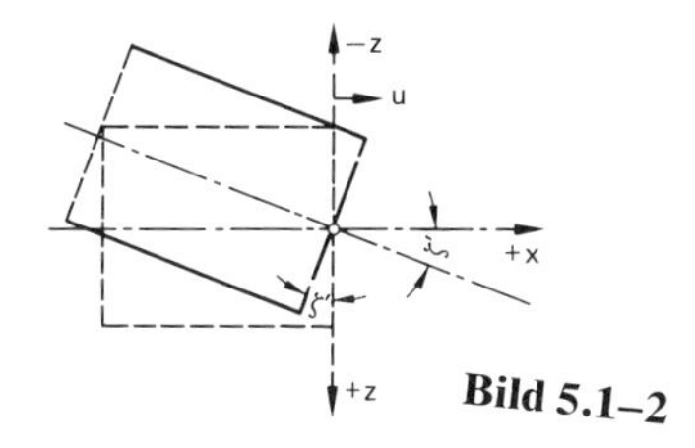

Bild 5.1–2

Als Folge der Stirnflächenverschwenkung ζ' treten Querschnittsteile in Richtung der Stabachse x um den Betrag u hervor, andere treten zurück (Verschränkung); die Verformung

$$u = -z\zeta' \tag{5.1–1}$$

wird als Verwölbung bezeichnet, Bild 5.1–2.
Für die Verformung $\zeta' = 1$ ist die Verwölbung
$u_1 = -w = -z$
weswegen man die Querschnittsgröße

$$w = z \tag{5.1–1a}$$

Einheitsverwölbung nennt.

5.1.2 Verwölbungen bei Verformungen in mehreren Achsenrichtungen

Die Verwölbung kann über die Definition (5.1–1) hinaus zusätzlich als Auswirkung der Stabverschiebung ξ' in der x-Achse und der Verschwenkung η' in Richtung der y-Achse angegeben werden, Bild 5.1–3

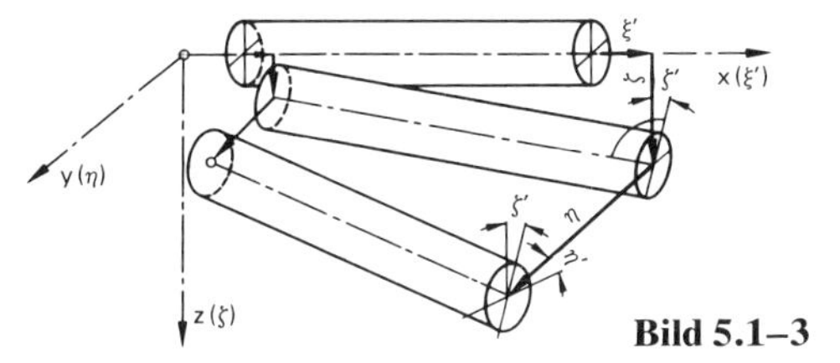

Bild 5.1–3

$$u = -(1\,\xi' + y\eta' + z\zeta'). \tag{5.1–2}$$

5.1.3 Verformungen und Dehnungen

Als Dehnung ε wird die Änderung der Verwölbung nach der Länge bezeichnet

$$\varepsilon = \frac{\mathrm{d}u}{\mathrm{d}x} = u' \tag{5.1–3}$$

Setzt man in Gleichung (5.1–3) die Beziehung für die Verwölbung (5.1–2) ein, so erhält man eine Beziehung zwischen Dehnung und Verformungen

$$\varepsilon = -(1\,\xi'' + y\,\eta'' + z\,\zeta'') \tag{5.1–4}$$

5.1.4 Grundgleichungen für die Dehnung und Biegung

Ist der Zusammenhang zwischen den Spannungen σ und Dehnungen ε aus dem Zugversuch bekannt, Bild 5.1–4, und überträgt man diesen Zusammenhang auf jede Faser des Stabes, so erhält man aus der Dehnungsverteilung die Spannungsverteilung,

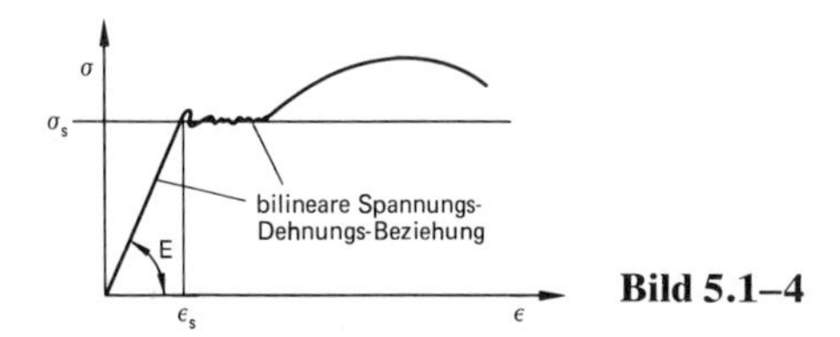

Bild 5.1–4

im einfachsten Fall der linearen Abhängigkeit

$$\sigma = E\varepsilon \tag{5.1–5}$$

und mit (5.1–4)

$$\sigma = -E(1\,\xi'' + y\,\eta'' + z\,\zeta'') \tag{5.1–6}$$

In der praktischen Rechnung erfolgt die Ermittlung von Spannungen über Schnittgrößen

$$N,\ M_y,\ M_z \tag{5.1–7}$$

die aus dem äußeren Gleichgewicht mit den Lasten in x-, y- und z-Richtung ermittelt werden können. Diese Schnittgrößen stehen mit den Spannungen σ im Gleichgewicht und werden deshalb auch als Resultierende der Spannung nach den Einheitsverwölbungen oder als Spannungsresultanten bezeichnet

$$N = \int \sigma \cdot 1\,\mathrm{d}A \tag{5.1–8a}$$

$$M_y = \int \sigma \cdot y\,\mathrm{d}A \tag{5.1–8b}$$

$$M_z = \int \sigma \cdot z\,\mathrm{d}A. \tag{5.1–8c}$$

Liegen die Spannungen über dem ganzen Querschnitt im elastischen Bereich, so sind durch Einsetzen der Gleichung (5.1–6) in (5.1–8) die Schnittgrößen auch durch die Verformungen ausdrückbar.

$$N = -E\left\{\underbrace{\int 1^2\,\mathrm{d}A}_{A_{11}}\,\xi'' + \underbrace{\int y \cdot 1\,\mathrm{d}A}_{A_{y1}} \cdot \eta'' + \underbrace{\int z \cdot 1\,\mathrm{d}A}_{A_{z1}}\,\zeta''\right\} \tag{5.1–9a}$$

$$M_y = -E\left\{\underbrace{\int 1\,y\,\mathrm{d}A}_{A_{1y}}\,\xi'' + \underbrace{\int y^2\,\mathrm{d}A}_{A_{yy}}\,\eta'' + \underbrace{\int yz\,\mathrm{d}A}_{A_{yz}}\,\zeta''\right\} \tag{5.1–9b}$$

$$M_z = -E\left\{\underbrace{\int 1\,z\,\mathrm{d}A}_{A_{1z}}\,\xi'' + \underbrace{\int yz\,\mathrm{d}A}_{A_{yz}}\,\eta'' + \underbrace{\int z^2\,\mathrm{d}A}_{A_{zz}}\,\zeta''\right\} \tag{5.1–9c}$$

Diese Gleichungen werden einfach, wenn die gemischten Querschnitte A_{y1}, A_{z1} und A_{zy} durch die Wahl unabhängiger Hauptachsen Null werden, da dann nur die Diagonalglieder stehen bleiben:

$$N = -EA_{11}\,\xi'' = -EA\,\xi'' \tag{5.1–9d}$$

$$M_y = -EA_{yy}\,\eta'' = -EJ_y\,\eta'' \tag{5.1–9e}$$

$$M_z = -EA_{zz}\,\zeta'' = -EJ_z\,\zeta'' \tag{5.1–9f}$$

Die Prozeduren zur Ermittlung unabhängiger Hauptachsen werden in Abschnitt 5.1.5 behandelt. Durch Einsetzen in Gleichung (5.1–6) erhält man die Formel

$$\sigma = \frac{N}{A_{11}} \cdot 1 + \frac{M_y}{A_{yy}}\,y + \frac{M_z}{A_{zz}} \cdot z \tag{5.1–10}$$

Liegen die Spannungen in Querschnittsteilen außerhalb des elastischen Bereichs ($\varepsilon > \varepsilon_s$), dann ist

$\beta_s = \sigma_s < E\varepsilon$

und die Gleichungen (5.1–8) und (5.1–9) sind nicht identisch, siehe Bild 5.1–5.
Die Schnittgrößen M^σ in (5.1–8) müssen dann als Spannungsresultanten und die Schnittgröße M^ε in (5.1–9) als Dehnungsresultanten bezeichnet werden, die je nach Plastizierungsgrad des Querschnitts voreinander abweichen.

5.1.5 Ermittlung der Hauptachsen

Bei der Ermittlung der Hauptachsen, die zum Verschwinden der gemischten Querschnittswerte A_{1y}, A_{1z} und A_{zy} führen, geht es darum, den elastischen Schwerpunkt als Kreuzungspunkt der Hauptachsen und deren Richtung festzustellen.
Einige Beispiele für die Querschnittswerte sind in Tabelle 5.1–1 enthalten.
Bei Querschnitten ohne Symmetrie muß ausgehend von einem zunächst frei gewählten Achsenkreuz $y - z$, das eine übersichtliche Rechnung ermöglichen soll, die Hauptachsenermittlung erfolgen.
In der Regel sind Stahlbauprofile dünnwandig, so daß die Wanddicke t gegenüber der Breite b von Querschnittsteilen vernachlässigt und die Flächen in der Mittellinie der Bleche konzentriert gedacht werden können, Bild 5.1–6. Dadurch wird es möglich, die Querschnittswerte durch Integrationen längs der Profilmittellinie $\mathrm{d}A = t \cdot \mathrm{d}s$ zu ermitteln. Dies bedeutet, daß für ein Blech $t \cdot b$ das Trägheitsmoment $\frac{b \cdot t^3}{12}$ gegenüber $\frac{t \cdot b^3}{12}$ vernachlässigt wird.

Bild 5.1–5 **Bild 5.1–6**

Für die Ermittlung der Querschnittswerte A_{ij} der Gleichungen (5.1–9a–c) ist es zweckmäßig, die zu integrierenden Einheitsverwölbungen $(w) = (1, y, z)$, die sich für das frei gewählte Achsenkreuz $y - z$ ergeben, als Funktionen über der Profilmittellinie aufzutragen und ähnlich wie Momentenflächen als 1-Fläche, y-Fläche und z-Fläche zu bezeichnen. Der Querschnittswert A_{11} ergibt sich dann als Integration der 1-Fläche mit sich selbst

$A_{11} = \int 1^2 \cdot t\,\mathrm{d}s$

die gemischten Querschnittswerte A_{ij} sinngemäß durch Integration der i-Fläche mit der j-Fläche, siehe Bild 5.1–7.

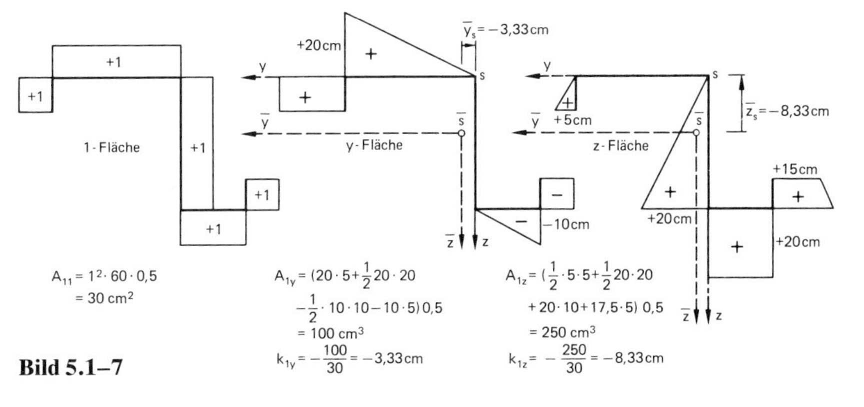

Bild 5.1–7

Für das in den Schwerpunkt $\bar{S}$ verschobene Achsenkreuz $\bar{y}-\bar{z}$ mit der

$$\bar{y}\text{-Fläche} = y\text{-Fläche} + k_{1y} \cdot 1\text{-Fläche} \tag{5.1–11 a}$$

$$\bar{z}\text{-Fläche} = z\text{-Fläche} + k_{1z} \cdot 1\text{-Fläche} \tag{5.1–11 b}$$

wird gefordert (Reinigung der Biegung von Normalkraft):

$$A_{1\bar{y}} = A_{1y} + k_{1y} A_{11} = 0 \tag{5.1–11 c}$$

$$A_{1\bar{z}} = A_{1z} + k_{1z} \cdot A_{11} = 0 \tag{5.1–11 d}$$

was die Kombinationswerte

$$k_{1y} = -\frac{A_{1y}}{A_{11}} = \bar{y}_s \tag{5.1–11 e}$$

$$k_{1z} = -\frac{A_{1z}}{A_{11}} = \bar{z}_s \tag{5.1–11 f}$$

liefert, die gleichzeitig die Koordinaten des Schwerpunkts $\bar{S}$ sind, Bild 5.1–7.
In Bild 5.1–8 sind die 1-, $\bar{y}$- und $\bar{z}$-Flächen eingetragen.

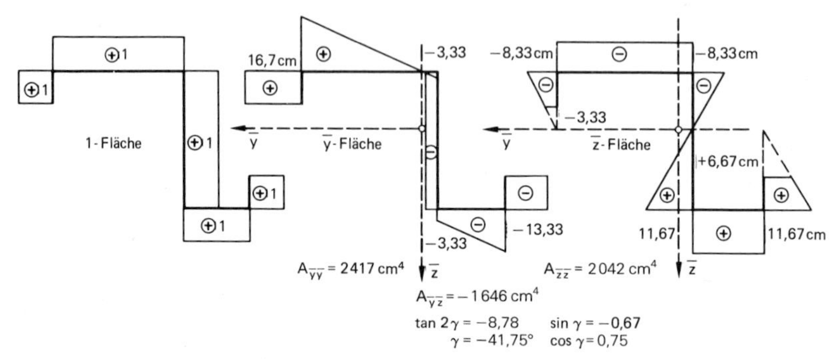

Bild 5.1–8

Die Drehung der Hauptachsen um die Winkel γ liefert die unabhängigen Hauptachsen $\tilde{y}-\tilde{z}$ mit der

$$\tilde{y}\text{-Fläche} = \bar{y}\text{-Fläche} \cos\gamma + \bar{z}\text{-Fläche} \sin\gamma \tag{5.1–12 a}$$

$$\tilde{z}\text{-Fläche} = -\bar{y}\text{-Fläche} \sin\gamma + \bar{z}\text{-Fläche} \cos\gamma \tag{5.1–12 b}$$

wofür die Bedingungen $A_{\tilde{z}\tilde{y}} = 0$ (Reinigung der Biegung untereinander) die Bestimmungsgleichung für γ

$$\tan 2\gamma = \frac{2A_{\bar{y}\bar{z}}}{A_{\bar{y}\bar{y}} - A_{\bar{z}\bar{z}}} \tag{5.1–12 c}$$

liefert, Bild 5.1–9. Mit den $\tilde{y}$- und $\tilde{z}$-Flächen oder über

$$\frac{A_{\tilde{y}\tilde{y}}}{A_{\tilde{z}\tilde{z}}} = \frac{1}{2}(A_{\bar{y}\bar{y}} + A_{\bar{z}\bar{z}}) \pm \frac{1}{2}\sqrt{(A_{\bar{y}\bar{y}} - A_{\bar{z}\bar{z}})^2 + 4A_{\bar{y}\bar{z}}^2} \tag{5.1–12 d}$$

können die Hauptträgheitsmomente bestimmt werden.

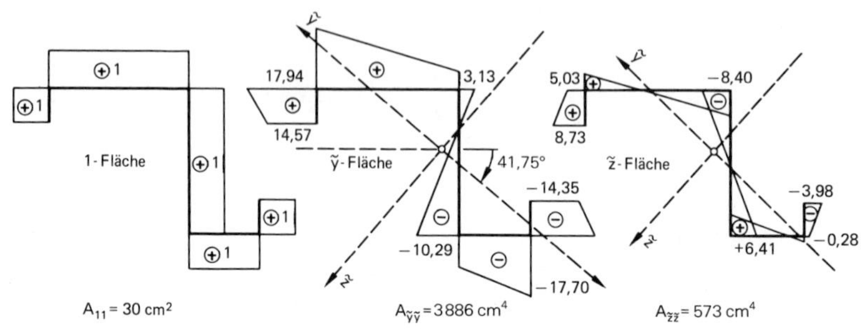

Bild 5.1–9

5.1.6 Vereinfachte Vorgehensweise bei der Ermittlung der Querschnittswerte

In den meisten Fällen ist die Ermittlung der Querschnittswerte ohne Drehung des Achsenkreuzes möglich, da entweder der Biegequerschnitt eine Symmetrieachse hat, oder die Richtung der Zwangsbiegeachse y und Verformungsrichtung z durch die Behinderung von Verformungen in Richtung der y-Achse vorgegeben ist. Eine solche Behinderung, siehe Bild 5.1–10, liegt bei der seitlichen kontinuierlichen Stützung des Biegeprofils durch Scheiben oder Verbände vor, z. B. Stützung von Brückenrandträgern durch das Obergurtblech oder von Pfetten durch schubsteife Dachscheibe oder von Steifen durch das auszusteifende Blech.
Auch ein unbehindert verformbarer Träger ohne kontinuierliche Stützung verformt sich mit Zwangsachsen, wenn an den Lasteinleitungsstellen, z. B. durch Anschluß von Querträgern, die Richtung der Verformungen festgelegt ist.

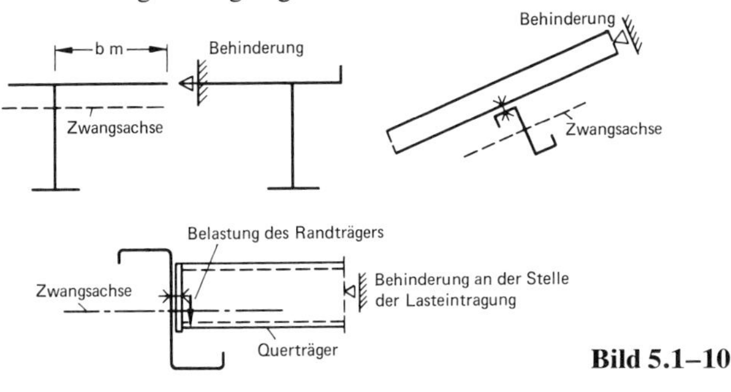

Bild 5.1–10

Ausgehend von den Achsen $y-z$ erhält man unter Beachtung von (5.1–11 b, f) das Trägheitsmoment

$$A_{\bar z\bar z} = A_{zz} + 2k_{1z}A_{1z} + k_{1z}^2 A_{11} = A_{zz} + k_{1z}A_{1z} \quad (5.1\text{–}12\,e)$$

das nach der Tabelle in Bild 5.1–11 gerechnet werden kann.

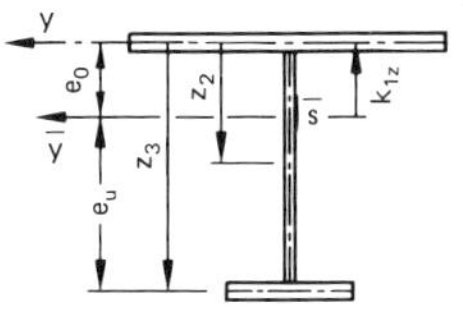

Bild 5.1–11

Nr.	Teil	A_{11} [cm²]	z [cm]	A_{1z} [cm² m]	A_{zz} [cm² m²]	W_z [cm² m]
1		A_1	0	0	0	$-A_{zz}/e_0$
2		$+A_2$	z_2	$A_2 \cdot z_2$	$A_2 \cdot h^2/12$ $+A_2 \cdot z_2^2$	
3		$+A_3$	z_3	$A_3 \cdot z_3$	$+A_3 \cdot z_3^2$	$+A_{zz}/e_u$
4		$\Sigma A_i =$	$k_{1z} =$	$\Sigma A_{iz} =$	ΣA_{zz}	
5		A_{11}	$-\frac{A_{1z}}{A_{11}}$	A_{1z}	$+k_{1z} \cdot A_{1z}$ $= A_{\bar z\bar z}$	

5.1.7 Ermittlung von Schubspannungen

Die bisher allein berücksichtigten Verzerrungen sind die Dehnung ε der Stablängsfasern gemäß Gleichung (5.1–3/4), Schubverzerrungen γ sind bisher vernachlässigt worden. Demzufolge ist es nur möglich, Schubspannungen τ rückwärts (sekundär) aus den Verläufen der Längsspannungen σ zu ermitteln und nicht über Schubverzerrungen.
Das Gleichgewicht am Element $dx \cdot ds$ des Stabes liefert gemäß Bild 5.1–12 in Stablängsrichtung

$$\sigma' t + \tau_s^{\cdot} t = 0 \quad (5.1\text{–}13)$$

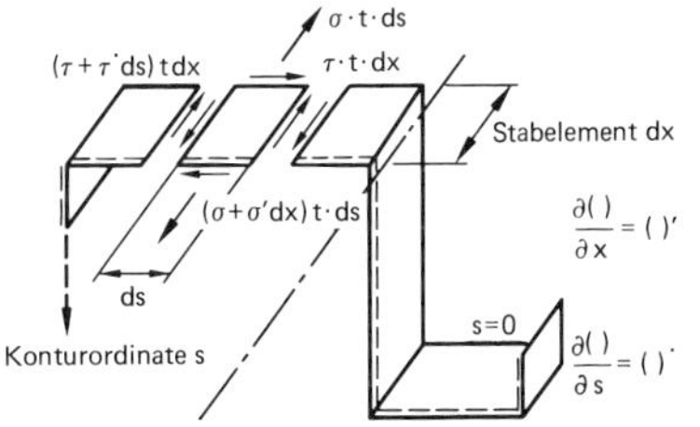

Bild 5.1–12

woraus

$$\tau_s t = T = -\int_0^s \sigma' t \, ds = -\int_0^s \sigma' \, dA \quad (5.1\text{–}13\,a)$$

oder

$$\tau_s = -\frac{1}{t}\int_0^s \sigma' \mathrm{d}A \tag{5.1–13b}$$

folgt. Setzt man Gleichung (5.1–10) ein und beachtet Gleichung (5.1–8a), so folgt

$$\tau = -\frac{Q_y}{A_{yy}}\frac{\int_0^s y\,\mathrm{d}A}{t} - \frac{Q_z}{A_{zz}}\frac{\int_0^s z\,\mathrm{d}A}{t} =$$

$$= -\frac{Q_y}{A_{yy}}\frac{A_{1y}(s)}{t} - \frac{Q_z}{A_{zz}}\frac{A_{1z}(s)}{t} \tag{5.1–14}$$

Die Gleichung (5.1–14) lautet analog der Gleichung (5.1–10); anstelle der Einheitsverwölbungen als Einheitsverteilung der Längsspannungen erscheinen die Funktionen

$$\frac{A_{1y}(s)}{t} \quad \text{und} \quad \frac{A_{1z}(s)}{t}$$

als Einheitsverteilungen der Schubspannungen.

5.1.8 Berechnung der Einheitsverteilungen der sekundären Schubspannungen

Die Anwendung der Integrationsvorschrift (5.1–14) für die Ermittlung der Einheitsverteilungen der sekundären Schubspannungen geht für einen *I*-Querschnitt und einen [-Querschnitt aus Bild 5.1–13 hervor.

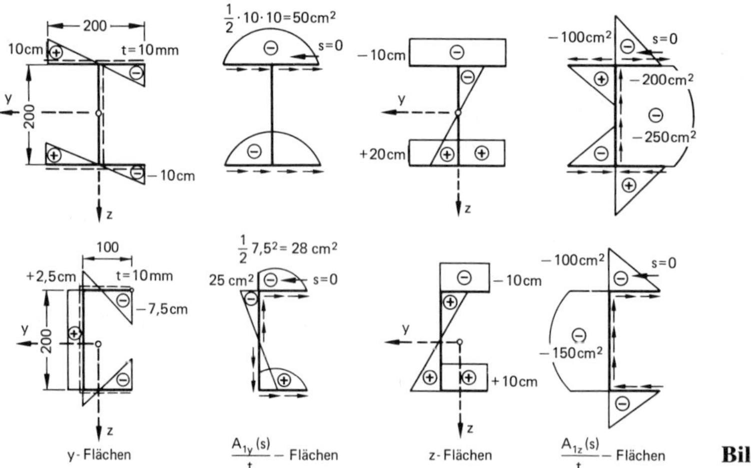

Bild 5.1–13

Zunächst werden willkürlich an freien Profilenden, an denen die Schubspannung null sein muß, die Anfangspunkte $s = 0$ der Integration und die positive Integrationsrichtung längs der Kontur festgelegt. Diese Richtung gibt dann auch die Richtung der Schubspannungen an, für die das Vorzeichen der $\frac{A_{1y}(s)}{t}$-Verteilung und $\frac{A_{1z}(s)}{t}$-Verteilung positiv ist. Daß nach Durchführung der Integration an den freien Profilenden $s \neq 0$ ebenfalls die Schubspannungen null werden, ist eine Probe dafür, daß die A_{1y}- und A_{1z}-Querschnittswerte null sind. Für das Auffinden der $\frac{A_{1y}(s)}{t}$ und $\frac{A_{1z}(s)}{t}$-Flächen kann die Analogie der „Momenten-Flächen" verwendet werden, die aus den *y*- und *z*-Flächen als „Querkraftflächen" entwickelt werden, z.B. mit „$M_{\max}$" bei „$Q = 0$".
An Kreuzungsstellen gilt, daß die Summe aller Schubspannungen null sein muß (Zufluß = Abfluß).
Indem die Koordinaten *s* für die Ermittlung aller Einheitsverteilungen an einem Querschnitt beibehalten werden, können bei der Überlagerung keine Fehler gemacht werden.

5.1.9 Einheitsverteilungen der sekundären Schubspannungen bei geschlossenen Profilen

Liegen geschlossene Profile, z.B. Kastenträger, vor, so ist im allgemeinen Fall die Bestimmung der $\frac{A_{1y}(s)}{t}$- und $\frac{A_{1z}(s)}{t}$-Flächen nicht ohne weiteres möglich, da der Anfangspunkt der Integration $s = 0$ mit $\tau = 0$ am Kastenumfang nicht ohne Hilfsrechnung angegeben werden kann. Ausnahmen bestehen bei Symmetrieachsen, z.B. gemäß Bild 5.1–14. an deren Schnittstellen mit der Profilwandung für Querkräfte in der Symmetrie die Schubspannung null wird.

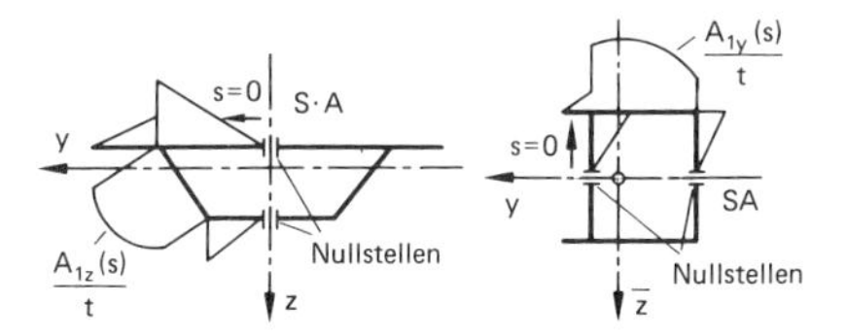

Bild 5.1–14

Im allgemeinen Fall wird zunächst der $s = 0$-Punkt geschätzt und dazu gemäß Bild 5.1–15 an dieser Stelle der Kasten längsgeschlitzt, also zu einem „statisch bestimmten" Grundsystem geöffnet.

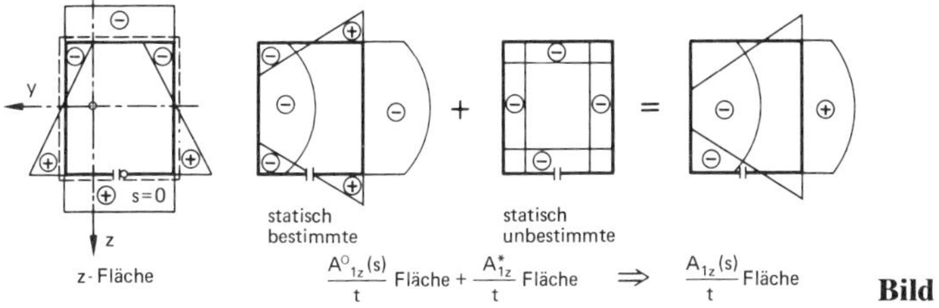

Bild 5.1–15

Daran kann die „statisch bestimmte" $\frac{A^0_{1z}(s)}{t}$-Fläche ermittelt werden. Die Bedingung für die richtige $\frac{A_{1z}}{t}$-Fläche lautet, daß die Schnittkanten durch sekundäre Schubverformungen

$$\gamma_s = \frac{\tau_s}{G} = \frac{Q_z}{GA_{zz}} \frac{A_{1z}(s)}{t}$$

nicht verschoben sein dürfen.

$$\oint_{\text{Kasten}} \gamma_s \equiv \oint_{\text{Kasten}} \frac{A_{1z}(s)}{t} \, ds = 0. \tag{5.1–15}$$

Denkt man die $\frac{A_{1z}(s)}{t}$-Fläche aus dem statisch bestimmten $\frac{A^0_{1z}(s)}{t}$ und einem statisch unbestimmten Anteil $\frac{A^*_{1z}(s)}{t}$ zusammengesetzt

$$\frac{A_{1z}(s)}{t} = \frac{A^0_{1z}(s)}{t} + \frac{A^*_{1z}(s)}{t} \tag{5.1–15 a}$$

so lautet die Bestimmungsgleichung für den einzelligen Kasten, Bild 5.1–15

$$A^*_{1z} \oint \frac{ds}{t} = \oint \frac{A^0_{1z}(s)}{t} \, ds \tag{5.1–15 b}$$

oder für mehrzelligen Kastenträger, Bild 5.1–16 für jede Kastenzelle, z.B. die Zelle p:

Bild 5.1–16

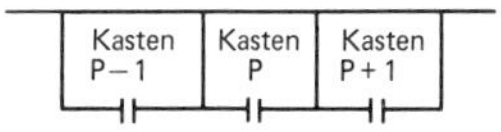

Kasten P−1 | Kasten P | Kasten P+1

$$-A^{*,p-1}_{1z} \int_{\text{Wand } p-1,\, p} \frac{ds}{t} + A^{*,p}_{1z} \oint_{p} \frac{ds}{t} - A^{*,p+1}_{1z} \int_{\text{Wand } p,\, p+1} \frac{ds}{t} = \oint_{p} \frac{A^0_{1z}(s)}{t} \, ds \tag{5.1–15 c}$$

Die Gleichungen (5.1–15 a–c) können natürlich auch auf die y-Verwölbung angewendet werden.

5.1.10 Schubspannungsresultanten

Bei aus Scheiben zusammengesetzten Querschnitten ist es möglich, durch abschnittsweise Integration der Schubspannungen nach Gleichung (5.1–14) die Querkraftanteile zu berechnen, die bei Biegung in y- und z-Richtung den einzelnen Scheiben zufallen.
Im Falle des I-Trägers nach Bild 5.1–13 teilt sich die Querkraft Q_y auf die beiden Flansche zur Hälfte auf; die Resultante der Schubspannungen geht also durch den Schwerpunkt und setzt für die äußeren Kräfte P_y voraus, daß auch deren Resultante durch den Schwerpunkt geht.
Die Resultante der Schubspannungen infolge der Querkraft Q_z am I-Träger, Bild 5.1–13, geht durch den Steg, da sich die Schubkräfte in den Flanschen gegenseitig aufheben. Auf diese Weise ist durch die beiden Resultanten der Schubspannungen die Schubmittelpunktachse des Querschnittes festgelegt, durch den alle Querlasten gehen müssen, damit eine Aufteilung nach Biegung in y- und z-Richtung möglich ist, ohne daß Torsion entsteht, Bild 5.1–17.

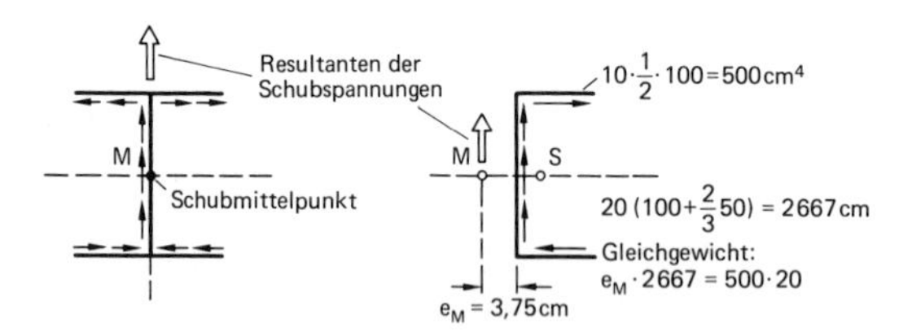

Bild 5.1–17

Bei dem [-Profil liegt die Resultante der Schubspannungen infolge Q_y ähnlich wie beim I-Profil in der y-Achse, die Schubkräfte im Steg heben sich auf.
Bei den Schubspannungen aus Q_z erzeugen dagegen die Schubkräfte in den Flanschen ein Drehmoment, das eine Verlagerung der Resultanten aus dem Steg heraus bewirkt. Das Momentengleichgewicht kann wieder hergestellt werden, wenn die Schubspannungsresultante um das Maß e_M vom Steg abgerückt wird. Damit liegt die Schubmittelpunktachse außerhalb des Profils und nicht im Schwerpunkt.
Die Methode der Ermittlung der Schubmittelpunktachse mit Hilfe der Schubspannungsresultanten ist für die praktische Anwendung bei allgemeinen Profilen umständlich. Einfacher ist die Ermittlung über die Einheitsverwölbung der Torsion.

5.1.11 Einfluß von Schubverformungen

Will man die der Biegetheorie für Stäbe zugrundeliegende Annahme vom Ebenbleiben der Querschnitte nicht aufgeben, kann man den Schubverformungseinfluß nur näherungsweise berücksichtigen. Eine näherungsweise Berücksichtigung der Schubverzerrung bei der Ermittlung der Gesamtverformung ζ' kann dadurch erfolgen, daß man gemäß Bild 5.1–18 Ebenbleiben des Querschnitts beibehält, aber den Winkel der Abweichung der Stirnfläche des Trägers von der Senkrechten auf die verformte Stabachse als mittlere Auswirkung der Schubverzerrung annimmt, die somit einen ebenfalls der Einheitsverwölbung proportionalen Verwölbungsanteil zur Folge hat. Die Grundgleichung lautet dann

$$\zeta' = \zeta'_\varepsilon + \zeta'_\gamma \qquad (5.1\text{–}16\,a)$$

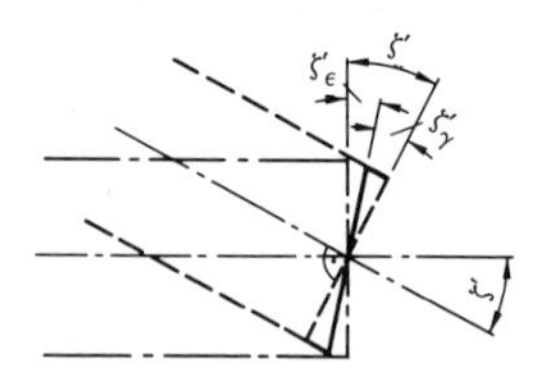

Bild 5.1–18

und in y-Richtung

$$\eta' = \eta'_\varepsilon + \eta'_\gamma \qquad (5.1\text{–}16\,b)$$

Die Werte ζ'_γ und η'_γ müssen dann mit den mittleren Schubwinkeln in folgender Beziehung stehen

$$\gamma_{\text{mittel}\,y} = w^{\cdot} \cdot \eta'_\gamma = y^{\cdot} \cdot \eta'_\gamma \qquad (5.1\text{–}16\,c)$$

$$\gamma_{\text{mittel}\,z} = w^{\cdot} \cdot \zeta'_\gamma = z^{\cdot} \cdot \zeta'_\gamma \qquad (5.1\text{–}16\,d)$$

Um eine Beziehung zwischen den Querkräften und den Verformungsgrößen η'_γ und ζ'_γ zu erhalten, wird die Arbeit der sekundären Schubspannungen mit den mittleren Schubwinkeln mit der Arbeit der sekundären Schubspannungen mit dem zugehörigen sekundären Schubwinkel verglichen

$$\int\limits_A \tau_s \gamma_{\text{mittel}} = \int\limits_A \tau_s \gamma_s = \frac{\int \tau_s^2}{G} \tag{5.1–17a}$$

Mit der Gleichung (5.1–14) folgt daraus

$$\frac{Q_y}{A_{yy}} \underbrace{\int\limits_A \frac{A_{1y}(s)}{t}\, y\, \mathrm{d}A}_{A_{yy}}\, \eta'_\gamma = Q_y \eta'_\gamma = \frac{Q_y^2}{G A_{zz}^2} \int \left(\frac{A_{1y}(s)}{t}\right)^2 \mathrm{d}A \tag{5.1–17b}$$

und

$$Q_y = G \frac{A_{yy}^2}{\int \left(\frac{A_{1y}}{t}\right)^2 \mathrm{d}A} \cdot \eta'_\gamma \tag{5.1–17c}$$

oder für die z-Achse:

$$Q_z = G \frac{A_{zz}^2}{\int \left(\frac{A_{1z}}{t}\right)^2 \mathrm{d}A} \zeta'_\gamma\,. \tag{5.1–17d}$$

Eine gröbere, da sie das Gleichgewicht verletzt, aber für die praktische Rechnung wesentlich einfachere Beziehung ergibt sich aus der Arbeitsgleichung

$$\int\limits_A \tau_s \gamma_{\text{mittel}} = \int\limits_A \tau_{\text{mittel}} \cdot \gamma_{\text{mittel}} = \int\limits_A G \gamma_{\text{mittel}}^2 \tag{5.1–18a}$$

Daraus wird

$$Q_y \eta'_\gamma = G \int y^{\cdot 2} \mathrm{d}A\, \eta'^2_\gamma \tag{5.1–18b}$$

woraus

$$Q_y = G \int y^{\cdot 2} \mathrm{d}A \cdot \eta'_\gamma \tag{5.1–18c}$$

und für die z-Achse

$$Q_z = G \int z^{\cdot 2} \mathrm{d}A\, \zeta'_\gamma \tag{5.1–18d}$$

folgt.
Für ein I-Profil entsteht daraus z. B.

$$\zeta'_\gamma = \frac{Q_z}{G \int z^{\cdot 2} \mathrm{d}A} = \frac{Q_z}{G \cdot A_{\text{steg}}} \tag{5.1–18e}$$

Die Ermittlung der Verformungen η und ζ erfolgt durch Überlagerung der beiden Verformungsanteile aus der Dehnung ε und der Schiebung γ. Der Schubverformungseinfluß ist um so größer, je kleiner die Spannweite ist (gedrungener Träger). Die Auswirkung bei der Ermittlung von statisch Unbestimmten ist mit kleinerer Spannweite größer und äußert sich in kleineren Zwängungen, im Falle Durchlaufträgers also größeren Feld- und kleineren Stützmomenten.
Ein größerer Einfluß als bei Vollwandkonstruktionen entsteht bei den schubweicheren Fachwerkkonstruktionen. Fachwerkverbände können über einen Verformungsvergleich, Bild 5.1–19, durch „Verschmieren" auf Vollwandbleche mit der ideellen Blechdicke t_i zurückgeführt werden.
Beispiele dafür befinden sich in Tabelle 5.1–2. Mit Hilfe von t_i ist die Scheibenfläche $A = t_i \cdot h$ bekannt, so daß die Gleichungen (5.1–18c, d) angewendet werden können.

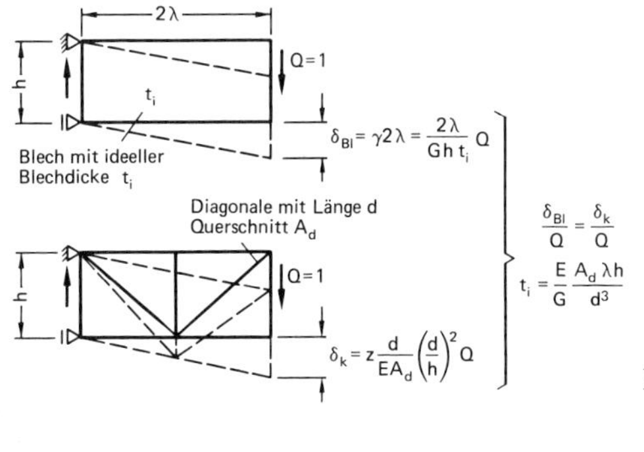

Bild 5.1–19

Tabelle 5.1–1 Querschnittswerte für Biegung und Torsion (aus [13])

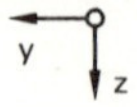 y, z	A	A_{zz}	W_Z	I_D	W_D
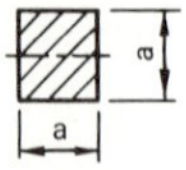 a	a^2	$\frac{a^4}{12} = A\,\frac{a^2}{12}$	$\frac{a^3}{6} = A\,\frac{a}{6}$	$\frac{a^4}{7{,}11}$	$\frac{a^3}{4{,}81}$
b < h 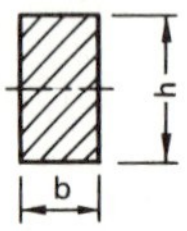	bh	$\frac{bh^3}{12} = A\,\frac{h^2}{12}$	$\frac{bh^2}{6} = A\,\frac{h}{6}$	$\frac{b^3h}{3}\left[1 - 0{,}63\,\frac{b}{h} + 0{,}052\left(\frac{b}{h}\right)^5 + \cdots\right]$	$\frac{b^2h}{3}\left[1 - 0{,}63\,\frac{b}{h} + 0{,}25\left(\frac{b}{h}\right)^2 + \cdots\right]$
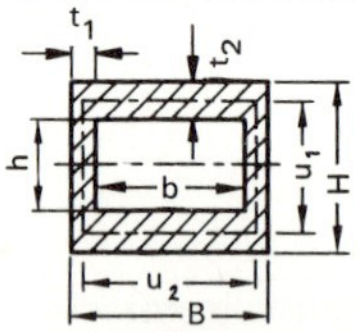 t_1, t_2, u_1, u_2, b, h, B, H	$BH - bh$	$\frac{1}{12}(BH^3 - bh^3)$	$\frac{2\,A_{zz}}{H}$	$4\,\frac{A_m^2}{\Sigma u_i/t_i} = 2\,\frac{t_1 u_1^2 t_2 u_2^2}{u_1 t_2 + u_2 t_1}$	$2\,A_m t_{\min} = 2\,u_1 u_2 t_{\min}$
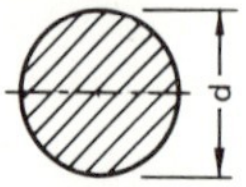 d	$\frac{\pi}{4}\,d^2$	$\frac{\pi}{64}\,d^4 = A\,\frac{d^2}{16}$	$\frac{\pi}{32}\,d^3 = A\,\frac{d}{8}$	$2\,A_{zz} = \frac{\pi}{32}\,d^4 = A\,\frac{d^2}{8}$	$\frac{\pi}{16}\,d^3 = A\,\frac{d}{4}$
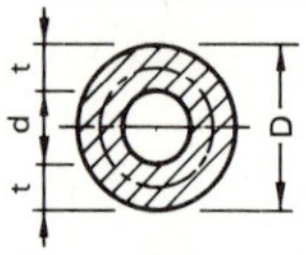 t, d, D	$\pi d_m t = \frac{\pi}{4}(D^2 - d^2)$	$\frac{\pi}{64}(D^4 - d^4)$	$2\,\frac{A_{zz}}{D} = \frac{\pi}{32}\,\frac{D^4 - d^4}{D}$	$2\,A_{zz} = \frac{\pi}{32}(D^4 - d^4)$	$4\,\frac{A_{zz}}{D} = \frac{\pi}{16}\,\frac{D^4 - d^4}{D}$
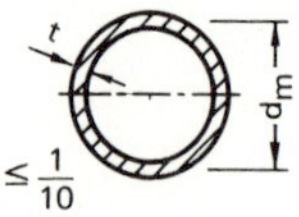 $\frac{t}{d_m} \leq \frac{1}{10}$	$\pi d_m t$	$\approx \pi\left(\frac{d_m}{2}\right)^3 t = A\,\frac{d_m^2}{8}$	$A\,\frac{d_m}{4} = \frac{\pi d_m^2 t}{4}$	$2\,A_{zz} = \frac{\pi d_m^3 t}{4}$	$\frac{\pi d_m^2 t}{2} = A\,\frac{d_m}{2}$
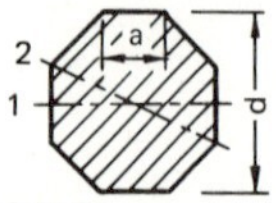 d = 2,414 a	$0{,}828\,d^2 = 4{,}83\,a^2$	$\frac{A a^2}{2{,}60} = 0{,}05474\,d^4$	$W_1 = 0{,}1095\,d^3$, $W_2 = 0{,}1012\,d^3$	$0{,}130\,d^2 \cdot A$	$0{,}223\,d \cdot A$
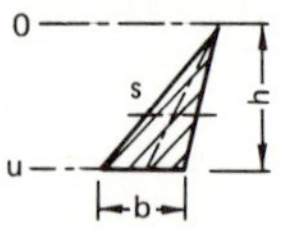 0, s, u, h, b	$\frac{bh}{2}$	$\frac{bh^3}{36} = A\,\frac{h^2}{18}$	$W_0 = \frac{bh^2}{24}$, $W_u = \frac{bh^2}{12}$		
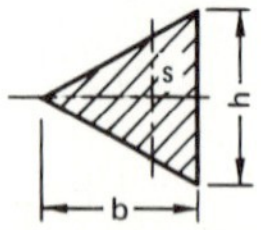 s, h, b	$\frac{bh}{2}$	$\frac{bh^3}{48} = A\,\frac{h^2}{24}$	$\frac{bh^2}{24} = A\,\frac{h}{12}$		
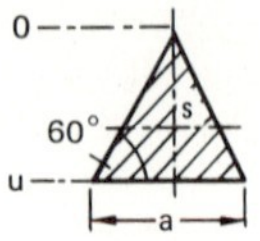 0, 60°, s, u, a	$\frac{a^2}{4}\sqrt{3}$	$\frac{\sqrt{3}}{96}\,a^4 = A\,\frac{a^2}{24}$	$W_0 = \frac{a^3}{32}$, $W_u = \frac{a^3}{16}$	$\frac{a^4}{46{,}2}$	$\frac{a^3}{20}$
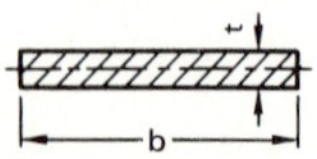 t, b	bt	$\frac{bt^3}{12} = A\,\frac{t^2}{12}$	$\frac{bt^2}{6} = A\,\frac{t}{6}$	$\frac{bt^3}{3}$, $t \ll b$	$\frac{bt^2}{3}$, $t \ll b$

Tabelle 5.1–2 Ideelle Blechdicken t_i für verschiedene Verbände (aus [7])

Verband	Ideelle Blechdicke
a) λ, λ, D, V, F_0, F_D, F_u, d, h	$D = Td$ $V = 0$ $t_i^* = \dfrac{E}{G}\dfrac{\lambda h}{\dfrac{d^3}{F_D}}$
b) λ, λ, F_0, F_D, F_v, F_u, d, h	$D = Td$ $V = T\dfrac{h}{2}$ $t_i^* = \dfrac{E}{G}\dfrac{\lambda h}{\dfrac{2d^3}{F_D} + \dfrac{h^3}{4F_v}}$
c) λ, F_0, F_D, F_u, d, h	$D = T\dfrac{d}{2}$ $t_i^* = \dfrac{E}{G}\dfrac{\lambda h}{\dfrac{d^3}{2F_D}}$
d) λ, λ, F_0, F_D, F_v, F_u, d, h	$D = td$ $V = Th$ $t_i^* = \dfrac{E}{G}\dfrac{\lambda h}{\dfrac{d^3}{F_D} + \dfrac{h^3}{F_v}}$
e) λ, λ, J_G, Q, J_B, J_G, h, H	$Q = T\lambda$ $t_i^* = \dfrac{E}{G}\dfrac{24 I_G}{h\lambda^2\left(1 + 2\dfrac{h}{\lambda}\dfrac{I_G}{I_B}\right)}\dfrac{h}{H}$

5.2 Grundbeziehungen der Schubtorsion ohne Wölbbehinderung

5.2.1 Verdrehung eines einzelligen Hohlprofils, Bredtsche Formeln

Hohlkörper sind in der Lage, Torsionsmomente über Schubspannungen, die umlaufen, abzutragen, Bild 5.2–1.

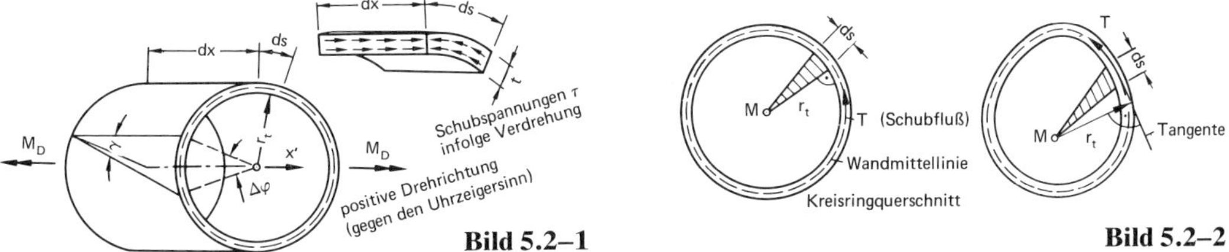

Bild 5.2–1 **Bild 5.2–2**

Ist die Wanddicke t klein gegenüber dem Radius r, dann kann von einer mittleren über die Wanddicke konstanten Schubspannung ausgegangen und die Berechnung mit der Wandmittellinie durchgeführt werden. Faßt man die Schubspannungen über die Wanddicke t zusammen, so erhält man den Schubfluß

$$T = \tau \cdot t \,[\text{kN/cm}] \tag{5.2–1}$$

der längs der Wandmittellinie umläuft und aus Kontinuitätsgründen an jeder Stelle den gleichen Wert haben muß. Damit ergibt sich die Möglichkeit, gemäß Bild 5.2–2, das Torsionsmoment als Schubspannungsresultante darstellen

$$M_D = \int r_t T \mathrm{d}s = T \cdot \int r_t \mathrm{d}s = T \cdot 2\,A_m \tag{5.2–2a}$$

oder

$$T = \frac{M_D}{2A_m} \quad \text{(1. Bredtsche Formel)} \tag{5.2–2b}$$

oder

$$\tau = \frac{M_D}{2A_m t} \tag{5.2–2c}$$

Die Schubspannungen rufen eine Schubverzerrung γ hervor, die gemäß Bild 5.2–1 die Mantellinien schraubenförmig verformt und zu einer Verdrehung φ der Stirnflächen des Trägers führt. Sie werden auch als primäre Schubspannungen bezeichnet.
Die Energiebilanz zwischen innerer und äußerer Arbeit an einem Rohrelement der Länge $\mathrm{d}x$ führt dann zu

$$\underbrace{\oint \overbrace{T\,\mathrm{d}s}^{\text{Schubkraft}} \cdot \overbrace{\gamma \cdot \mathrm{d}x}^{\text{Weg}}}_{\text{innere Arbeit}} = \underline{T^2 \oint \frac{\mathrm{d}s}{t}\frac{1}{G}\,\mathrm{d}x} = \underbrace{\underline{M_D \cdot \mathrm{d}\varphi}}_{\text{äußere Arbeit}} = \underline{T\,2A_m\,\mathrm{d}\varphi} \tag{5.2–3a}$$

Daraus folgt

$$T = G\frac{2A_m}{\oint \frac{\mathrm{d}s}{t}}\varphi' \tag{5.2–3b}$$

oder mit ((5.2–2)

$$M_D = G\frac{4A_m^2}{\oint \frac{\mathrm{d}s}{t}}\varphi' = G \cdot J_D \cdot \varphi' \tag{5.2–3c}$$

mit der Torsionssteifigkeit

$$J_D = \frac{4A_m^2}{\oint \frac{\mathrm{d}s}{t}} \quad \text{(2. Bredtsche Formel)} \tag{5.2–3d}$$

Die Gleichung (5.2–3c) ist kennzeichnend für die St. Venantsche Torsionstheorie.
Gebrauchsformeln gehen aus Tabelle 5.1–1 hervor.

5.2.2 Verallgemeinerung der Bredtschen Formeln

Die 1. Bredtsche Formel läßt sich so verallgemeinern, daß die Schubspannung τ aus der Schnittgröße M_D mit der Querschnittssteifigkeit und einer Einheitsverteilung ähnlich wie die Längsspannung σ und die sekundäre Schubspannung τ_s bei der Biegung ermittelt werden kann:

$$\tau = \frac{M_D}{J_D}\frac{2A_m}{\oint \frac{\mathrm{d}s}{t} \cdot t} = \frac{M_D}{J_D} \cdot \frac{\psi}{t} \tag{5.2–4a}$$

mit

$$\frac{\psi}{t} = \frac{2A_m}{\oint \frac{\mathrm{d}s}{t}} \cdot \frac{1}{t} \tag{5.2–4b}$$

als Einheitsverteilung der Schubspannung. Damit folgt aus Gleichung (5.2–3b)

$$\tau = G\frac{\psi}{t}\varphi' \tag{5.2–4c}$$

und in sinngemäßer Anwendung der Beziehungen (5.1–8) inform

$$M_D = \int \tau \frac{\psi}{t}\,\mathrm{d}A = GJ_D\varphi' \tag{5.2–4d}$$

die allgemeine Darstellung der Torsionssteifigkeit

$$J_D = \int \left(\frac{\psi}{t}\right)^2 \mathrm{d}A \qquad \text{(erweiterte 2. Bredtsche Formel).} \tag{5.2–4e}$$

Die Formel (5.2–4c) für die Torsionsschubspannung ist analog der Formel (5.1–6) für die Biegespannung, wobei die Einheitsverteilung $\frac{\psi}{t}$ der Einheitsverwölbung w entspricht.

Die Formel (5.2–4e) für die Torsionssteifigkeit entspricht dem Bildungsgesetz für die Trägheitsmomente A_{yy} und A_{zz}.
Die Formel (5.2–4a) entspricht der Längsspannungsformel (5.1–10) bei der Biegung, bzw. der Formel (5.1–14) für die sekundäre Schubspannung.
Der Vorteil dieser Darstellung ist vor allem die einfache Anwendung bei mehrzelligen Kastenträgern.

5.2.3 Verdrehung von mehrzelligen Kastenträgern

Für jede Einzelzelle i eines mehrzelligen Kastenträgers, Bild 5.2–3, gilt für den auf sie fallenden Torsionsmomentenanteil M_{Di} die Arbeitsgleichung (5.2–3a), die

$$\oint_i \frac{T}{G\varphi'} \cdot \frac{\mathrm{d}s}{t} = 2\,A_{mi} \tag{5.2–5a}$$

geschrieben werden kann. Der Schubfluß T erscheint hier unter dem Integral, da er wie Bild 5.2–3 zeigt, über den ganzen Umfang der Kastenzelle i nicht konstant ist, sondern an den mit den Nachbarzellen gemeinsamen Wänden sich aus der Differenz der beteiligten Schubflüsse zusammensetzt. Also kann

$$-\frac{T_{i-1}}{G\varphi'}\int \frac{\mathrm{d}s}{t} + \frac{T_i}{G\varphi'}\oint \frac{\mathrm{d}s}{t} - \frac{T_{i+1}}{G\varphi'}\int \frac{\mathrm{d}s}{t} = 2\,A_{mi} \tag{5.2–5b}$$

und mit der Definition der Einheitsschubverteilung (5.2–4)

$$-\psi_{i-1}\int \frac{\mathrm{d}s}{t} + \psi_i \oint_i \frac{\mathrm{d}s}{t} - \psi_{i+1}\int \frac{\mathrm{d}s}{t} = 2\,A_{mi} \tag{5.2–5c}$$

als eine der Bestimmungsgleichungen für die Einheitsschubverteilung geschrieben werden.

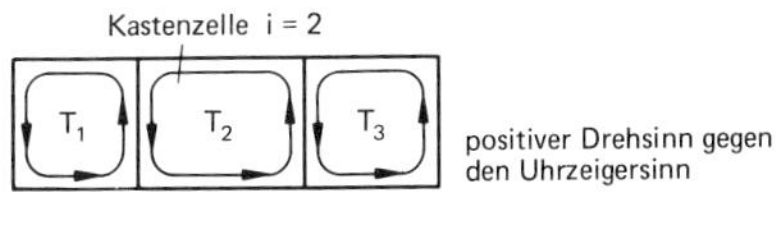

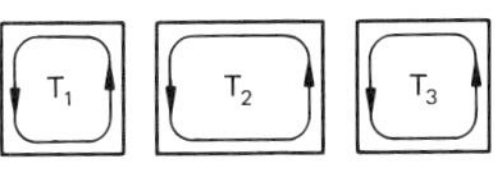

Bild 5.2–3

Die Gleichung (5.2–5c) ist analog zur Gleichung (5.1–15c) für die Ermittlung der Einheitsverteilung für die sekundären Schubspannungen. Für den Sonderfall des einzelligen Kastenträgers ergibt sich die Lösung Gleichung (5.2–4b).

Ist der Verlauf der Schubeinheitsverteilung $\frac{\psi}{t}$ über das Kastenprofil bekannt, so kann mit der erweiterten 2. Bredtschen Formel (5.2–4e) die Torsionssteifigkeit J_D und damit und der Grundgleichung (5.2–3c) die Verformung φ und mit der erweiterten 1. Bredtschen Formel (5.2–4a) die Schubspannung ermittelt werden.

5.2.4 Berechnungsbeispiele

Für den Querschnitt in Bild 5.2–4 werden die Gleichungen (5.2–5c) aufgestellt

ψ_1	ψ_2	R		ψ_1	ψ_2	R
$\oint_1 \frac{\mathrm{d}s}{t}$	$-\int_{1,2} \frac{\mathrm{d}s}{t}$	$2\,A_{m1}$	=	341,7	−100	20000 cm²
$-\int_{1,2} \frac{\mathrm{d}s}{t}$	$\oint_2 \frac{\mathrm{d}s}{t}$	$2\,A_{m2}$		−100	416,7	40000 cm²

die die Lösungen $\psi_1 = 95\ \mathrm{cm}^2$ und $\psi_2 = 118{,}8\ \mathrm{cm}^2$ haben. Die $\frac{\psi}{t}$-Fläche ist ebenfalls in Bild 5.2–4 angegeben. Daraus kann

$$J_D = \int \left(\frac{\psi}{t}\right)^2 \mathrm{d}A = 66{,}7 \cdot 10^5 \text{ cm}^4$$

ermittelt werden.

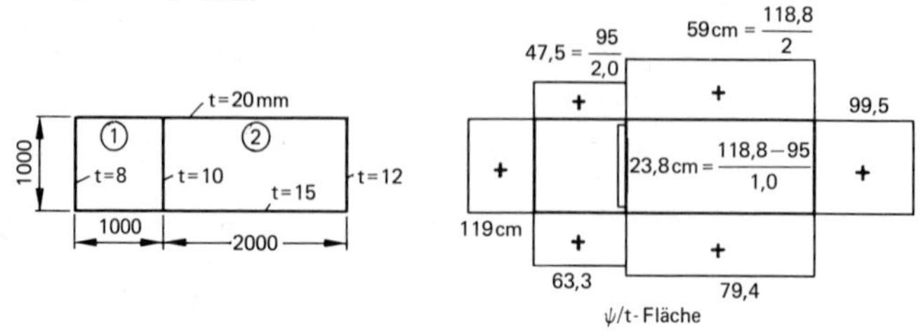

Bild 5.2–4

Als Belastungssituation wird gemäß Bild 5.2–5 ein Träger der Länge l mit Verdrehungsbehinderung an den Enden (Gabellagerung) und einer angreifenden Torsionskraft D_M [kNm] in der Mitte angenommen. Die gewählte Lagerung ist einfach statisch überbestimmt. Die Berechnung der statisch Unbestimmten an dem Grundsystem mit nur einer Gabel am linken Trägerende zeigt, daß sich bei über der Trägerlänge konstanter Torsionssteifigkeit die Torsionskraft wie die Querkraft am Biegeträger unter Querlast aufteilt *(Querkraftanalogie)*.

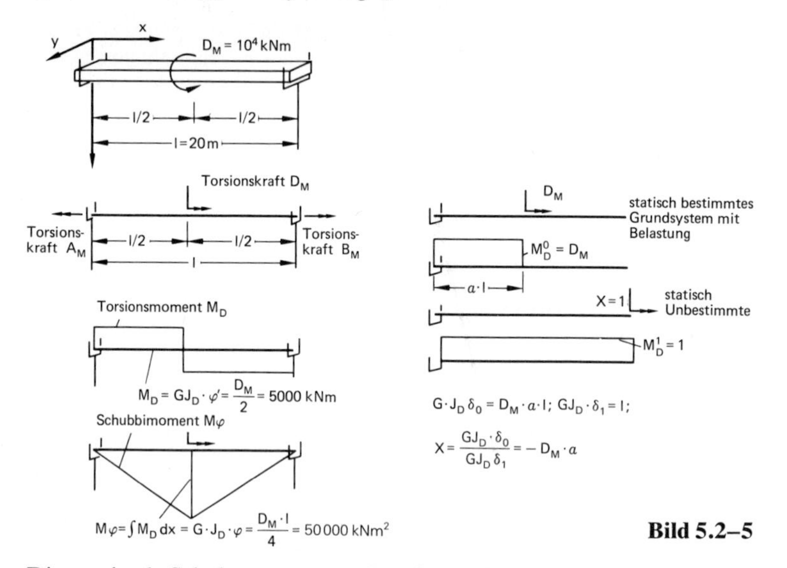

Bild 5.2–5

Die maximale Schubspannung aus Torsion ergibt sich nach Bild 5.2–4 an der linken Kastenwand zu

$$\tau = \frac{M_D}{J_D}\,\frac{\psi}{t} = \frac{5000 \cdot 10^2}{667 \cdot 10^4} \cdot 119 = 9{,}0 \text{ kN/cm}^2$$

Für die Ermittlung der Verformungen gibt der Verlauf der Torsionsmomente gleichzeitig die $G \cdot J_D$-fache Neigung der Verdrehungslinie φ wieder, siehe Bild 5.2–5. Das hochintegrierte Torsionsmoment

$$M_\varphi = \int M_D \mathrm{d}x = G \cdot J_D \cdot \varphi \qquad (5.2\text{–}6)$$

das man auch als Schubbimoment bezeichnet und das dem Biegemoment des Biegeträgers in der Querkraftanalogie entspricht, stellt somit die $G \cdot J_D$-fache Verdrehung dar.
Für das gewählte Beispiel wird die Verdrehung in der Mitte

$$\varphi = \frac{M\varphi}{G \cdot J_D} = \frac{50\,000 \cdot 10^4}{8100 \cdot 667 \cdot 10^4} = 0{,}92 \cdot 10^{-2} = 0{,}92\,\% .$$

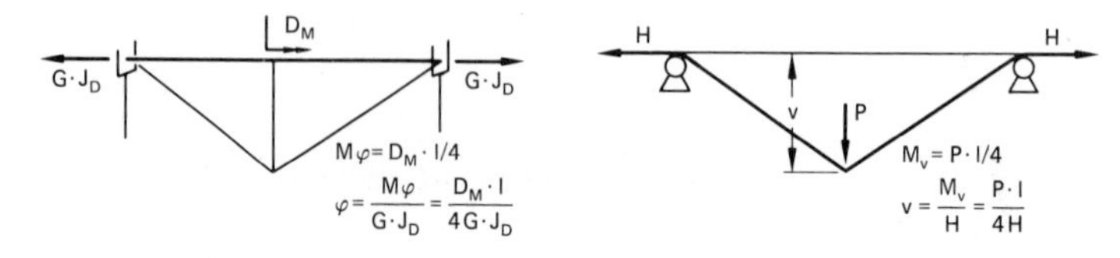

Bild 5.2–6

Die Gleichung (5.2–6) entspricht der Gleichung für die Ermittlung der Durchbiegung v eines schlaffen Seiles mit der Horizontalkraft H, so daß auch die *Seilanalogie,* Bild 5.2–6, vorteilhaft verwendet werden kann.

5.2.5 Einleitung der Torsionsbelastung

Die Torsionsmomente M_D werden als Resultante der Schubspannungen angesehen, die gemäß der $\frac{\psi}{t}$-Verteilung, z. B. gemäß Bild 5.2–4, über den Querschnitt verteilt sind.
Bei der Aufteilung von äußeren Torsionskräften D_M in die Schnittgrößen M_D z. B. gemäß Bild 5.2–5 wird also unterstellt, daß auch diese Torsionskräfte über den Querschnitt ähnlich verteilt sind, wie die Schubkräfte aufgrund der $\frac{\psi}{t}$-Verteilung. Da in der Regel die äußere Belastung aber anders angreift, muß durch geeignete Einbauten, z. B. Verbände oder Schotten oder auch nur durch die Biegesteifigkeit der Profilwände, an den Lasteinleitungsstellen erreicht werden, daß die äußeren Torsionskräfte in Schubkräfte entsprechend der $\frac{\psi}{t}$-Verteilung umgesetzt werden.
Im anderen Fall kommt die volle Wirksamkeit der Torsionssteifigkeit nicht zustande, da sich der Torsionsquerschnitt verformt und nicht über Torsion, sondern z. T. über Biegung abträgt. Indem dieser Fall ausgeschlossen und starre Querverbände an den Lasteinleitungsstellen vorgesehen werden, ergibt sich z. B. aufgrund der $\frac{\psi}{t}$-Verteilung für eine Einzelscheibe i des Querschnitts die einzuleitende Schubkraft

$$S_i = T_i b_i = \frac{D_M}{J_D} \frac{\psi}{t} \cdot t \cdot b_i \qquad (5.2\text{–}7)$$

womit für das Beispiel nach Bild 5.2–4/5 die in Bild 5.2–7 gezeigte Verteilung ermittelt werden kann. Wird die Torsionskraft durch ein Kräftepaar $D_M = P \cdot 3{,}0$ auf den Randstegen eingeleitet, so bildet die Differenz zwischen diesem eingeleiteten Kräftepaar und den einzuleitenden Schubkräften die Belastung auf den Querverband, die an den Knoten angesetzt die Berechnung der Stabkräfte ermöglicht.
Werden Querverbände nachgiebig ausgebildet, sollten die Belastungen auf die Querverbände unter Berücksichtigung der Profilverformungen berechnet werden.

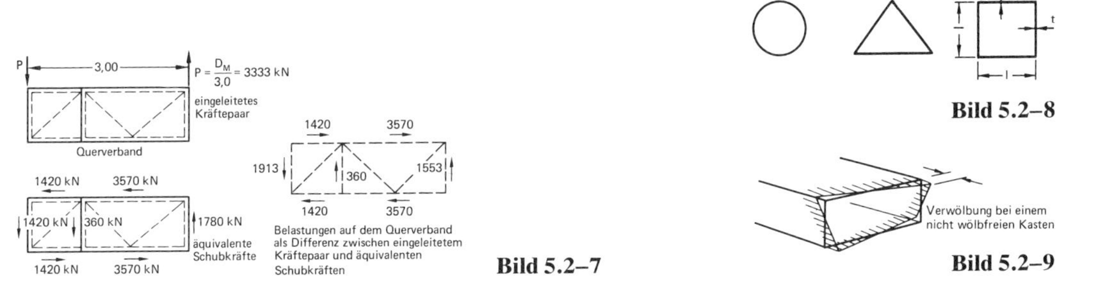

Bild 5.2–7

Bild 5.2–8

Bild 5.2–9

5.2.6 Beachtung von Verwölbungsmöglichkeiten

Die Berechnung von Hohlprofilen mit Hilfe der Bredtschen Formeln geht davon aus, daß sich die Profile bei der Verdrehung nicht verwölben. Dies ist z. B. bei dem kreisrunden Rohr mit konstanter Wanddicke t nach Bild 5.2–1 der Fall.
Ähnliche Sonderfälle bestehen bei Hohlprofilen nach Bild 5.2–8, z. B. bei dreieckigem Umriß oder quadratischem Umriß mit gleichen Wanddicken aller Wände, oder weiteren Sonderprofilen, bei denen die Ermittlung der Querschnittswerte der Wölbkrafttorsionstheorie Wölbfreiheit feststellt.
Wenn die Hohlprofile wölbfrei sind, trifft insbesondere das Ergebnis, daß an den Einleitungsstellen von Torsionskräften Knicke in den Verdrehlinien auftreten, siehe Bild 5.2–5/6, zu. Ist der Querschnitt im allgemeinen Fall nicht wölbfrei, dann führen die Verwölbungen der Stirnflächen, Bild 5.2–9, die an den Knickstellen der Verdrehlinie nicht zusammenpassen, zu örtlichen Zwängen mit Längsspannungen, die nach rechts und links schnell abklingen. Im Sinne der Seilanalogie verhält sich dann der Kastenträger wie ein Seil mit geringer Biegesteifigkeit. Die Störungseinflüsse können über die Wölbkrafttorsionstheorie näherungsweise erfaßt werden; sie verändern aber praktisch nichts an der Größe der Verformungen, die mit den Bredtschen Formeln berechnet werden können.

5.2.7 Hohlprofile mit Fachwerkwänden

Besteht das Hohlprofil oder Teile von diesen aus Fachwerkwänden, so können diese Wände auf Vollwandbleche mit der Wanddicke t_i durch Verformungsvergleich, siehe Bild 5.1–19 und Tabelle 5.1–2, zurückgeführt werden.
Mit den „verschmierten" Fachwerkwänden können dann die Bredtschen Formeln angewendet werden und mit Hilfe der Scheibenkräfte in den Wänden

$$S_i = T_i \cdot b_i = \frac{M_D}{J_D} \frac{\psi}{t} t \cdot b_i \tag{5.2–8}$$

die Kräfte in den Fachwerkstäben wieder zurückgerechnet werden.

5.2.8 Verdrehung offener dünnwandiger Profile

Die Berechnung offener dünnwandiger Profile kann auf die Berechnung einzelliger Hohlprofile zurückgeführt werden, wenn man sich diese Profile in der Mittellinie geschlitzt vorstellt, Bild 5.2–10. Für einen geschlossenen Materialstreifen mit der Wanddicke da, der von der Mittellinie den Abstand a hat, gilt dann die Gleichung (5.2–4c) mit ψ nach (5.2–4b) also

$$\tau(a) = G \frac{\psi}{\mathrm{d}a} \varphi' = G \frac{2(b \cdot 2a)}{\mathrm{d}a \dfrac{2b}{\mathrm{d}a}} \varphi' = G\, 2a\varphi' \tag{5.2–9a}$$

Die größte Schubspannung entsteht dann am Rande mit $a = t/2$:

$$\tau_{\max} = G \cdot t \cdot \varphi' \tag{5.2–9b}$$

Die Torsionssteifigkeit lautet nach Gleichung (5.2–4e)

wegen $\dfrac{\psi}{t} = 2a$

$$J_D = \int_{-t/2}^{+t/2} (2a)^2 \mathrm{d}a \cdot b = \frac{1}{3} b \cdot t^3 \tag{5.2–9c}$$

Für wölbfreie dünnwandige Profile, wie in Bild 5.2–11, können die Torsionssteifigkeiten aus der Summe der Scheibensteifigkeiten zusammengerechnet werden

$$J_D = \eta \sum \frac{1}{3} b t^3 \tag{5.2–9d}$$

wobei der Korrekturfaktor $\eta = 1{,}0 \div 1{,}10$ bei Walzprofilen Ausrundungsradien u. a. erfaßt.

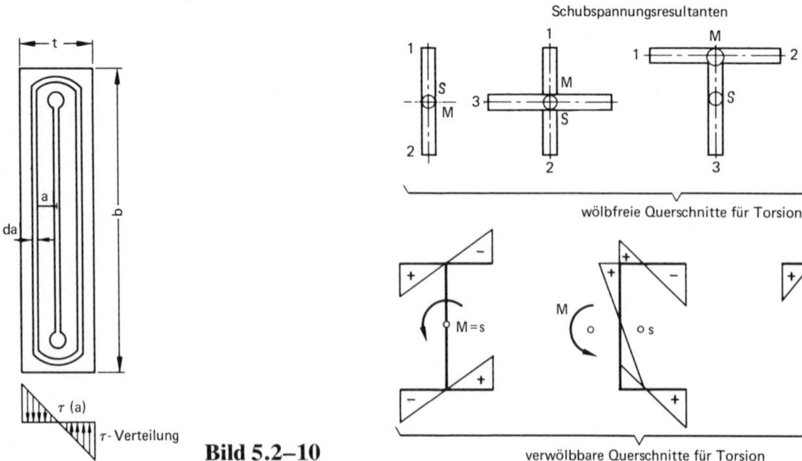

Bild 5.2–10

Bild 5.2–11

Bei nicht wölbfreien offenen Querschnitten gilt die Formel (5.2–9d) ebenfalls für die St. Venantsche Torsionssteifigkeit J_D; doch muß hierbei beachtet werden, daß die St. Venantsche Torsion nur einen Teil des Torsionswiderstandes dieser Querschnitte ausmacht und ein großer Teil durch Biegetorsion mit Längsspannungen (Wölbkrafttorsion) abgetragen wird. Mit der Kenntnis der Torsionssteifigkeit J_D und der Grundgleichung der St. Venantschen Torsion $M_D = G \cdot J_D \cdot \varphi'$ (5.2–3c) kann man die Bestimmungsgleichung für τ_{max} (5.2–9b) schließlich in die Form der verallgemeinerte 1. Bredtschen Formel bringen

$$\tau_{max} = \frac{M_D}{J_D} \cdot t \qquad (5.2\text{–}9e)$$

5.3 Biegetorsion und gemischte Torsion für mehrteilige Querschnitte

5.3.1 Abtragung exzentrischer Lasten durch Doppelbiegung

Die Torsionsbelastung einer Brücke mit offenem Querschnitt und zwei Hauptträgern kann durch Doppelbiegung dieser Hauptträger aufgenommen werden, Bild 5.3–1.

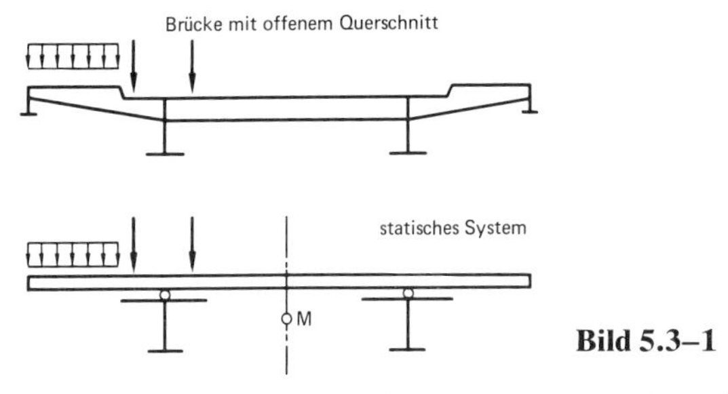

Bild 5.3–1

Bei gleicher Biegesteifigkeit der Einzelträger liegt die Schubkraftresultante und damit der Schubmittelpunkt in der Mitte; die angreifende Torsionskraft ist

$D_M = P \cdot e$ [kNm], Bild 5.3–2. (5.3–1a)

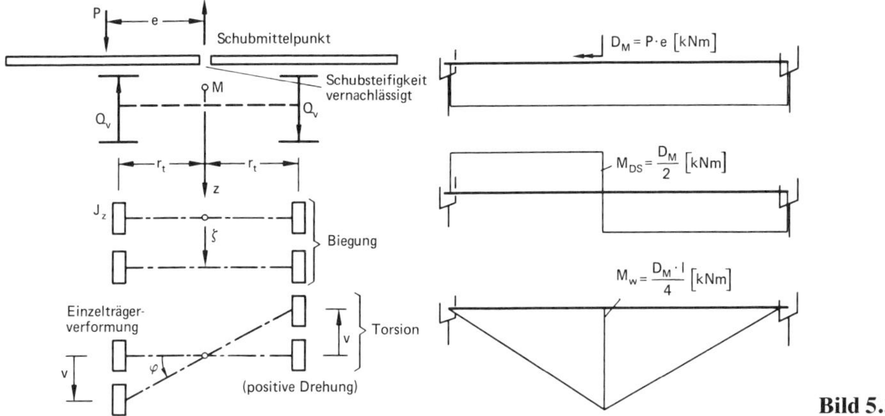

Bild 5.3–2

Das Torsionsmoment M_{DS} ist die Resultierende der Querkräfte Q_v in den Einzelträgern

$$M_{DS} = Q_v \cdot 2 \cdot r_t = \frac{D_M}{2}, \qquad (5.3\text{–}1b)$$

das Bimoment M_w die Resultierende der Biegemomente M_v der Einzelträger

$$M_w = M_v \, 2 \, r_t = \frac{D_M \cdot l}{4} \qquad (5.3\text{–}1c)$$

Mit der Verformungsbeziehung für die Einzelträger

$M_v = - E \cdot I_z \cdot v''$ (5.3–1d)

und

$v = \varphi \cdot r_t$ (5.3–1e)

folgt für die Biegetorsion eines Doppelträgers die Grundgleichung

$M_w = - E A_{ww} \cdot \varphi''$ (5.3–2a)

mit der Wölbsteifigkeit $A_{ww} = 2 \, r_t^2 \, I_z$. (5.3–2b)

Die Ermittlung der Spannungen σ in einem Einzelträger erfolgt mit

$$\sigma = -E z v'' = -E z \cdot r_t \varphi'' = -E w \varphi'' \qquad (5.3\text{–}2c)$$

wodurch die Einheitsverwölbung für die Biegetorsion definiert ist:

$$w = r_t \cdot z \qquad (5.3\text{–}2d)$$

Damit ist es möglich, die Spannungen direkt aus dem Bimoment über

$$\sigma = \frac{M_W}{A_{WW}} \cdot w \qquad (5.3\text{–}2e)$$

und die Wölbsteifigkeit A_{ww} direkt aus der Einheitsverwölbung zu berechnen:

$$A_{ww} = \int w^2 \, dA = \Sigma \int r_t^2 \cdot z^2 \, dA = \Sigma \, r_t^2 \cdot I_z = 2 \, r_t^2 \, I_z \qquad (5.3\text{–}2f)$$

5.3.2 Ermittlung des Schubmittelpunktes bei verschiedener Steifigkeit der Einzelträger

Sind die Trägheitsmomente der Einzelträger des Doppelträgerprofils verschieden, so verschiebt sich der Schubmittelpunkt zwischen den Trägern so, daß bei Belastung im Schubmittelpunkt keine Verdrehung φ auftritt. Also muß bei Belastung im Schubmittelpunkt die Biegeverformung v_1 und v_2 der beiden Einzelträger gleich groß sein.
Damit folgt für die Lage des Schubmittelpunktes nach Bild 5.3–3

$$\frac{1-\alpha}{J_1} = \frac{\alpha}{J_2}$$

oder

Bild 5.3–3

$$\alpha = \frac{J_2}{J_1 + J_2} \qquad (5.3\text{–}3)$$

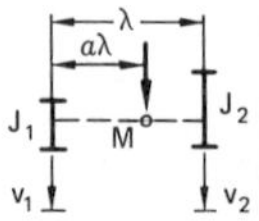

Der Schubmittelpunkt M ist also analog zum Flächenschwerpunkt S der Schwerpunkt der Einzelträgheitsmomente.

5.3.3 Biegetorsion bei mehrteiligen Querschnitten

Die Grundbeziehungen für die Biegetorsion können auch bei Querschnitten mit mehr als zwei Trägern, deren Verwölbungen nicht durch Schub gekoppelt sind, verwendet werden, wenn die Verformungen der Träger mit der Biegeverschiebung ζ und Verdrehung φ des Gesamtquerschnitts genügend genau beschrieben sind. Das ist bei steifen Querträgern ($J_Q \Rightarrow \infty$) und größeren Spannweiten zu Breitenverhältnissen ($l/b > 2$) der Fall, da dann die Querträgerverformungen nur örtliche Störungen bewirken. Vorausgesetzt wird weiter, daß äußere Lasten nur an den Anschlüssen zu den Querträgern angreifen.

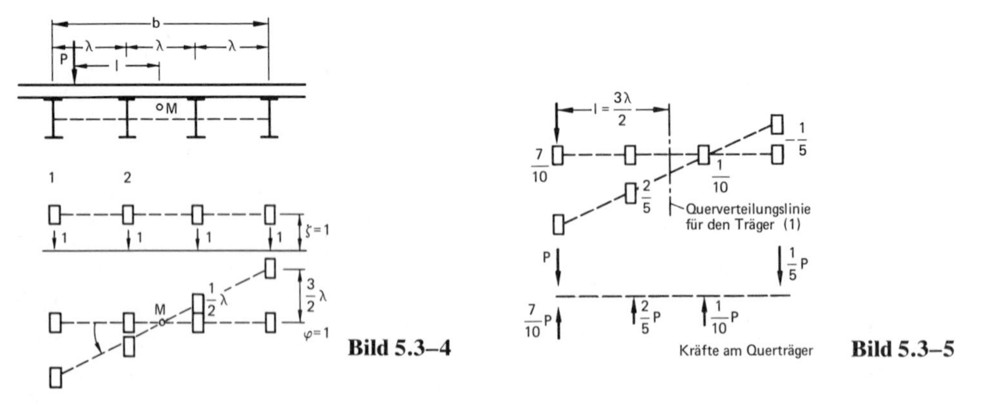

Bild 5.3–4 **Bild 5.3–5**

Dann ergeben sich bei sinngemäßer Anwendung der Formeln (5.3–2), z.B. für den Träger nach Bild 5.3–4.

$$A_{zz} = \Sigma J_z = 4 J_z \qquad (5.3\text{–}4)$$

$$A_{WW} = \sum J_z \cdot r_t^2 = 2 J_z \left(\frac{\lambda^2}{4} + \frac{9\lambda^2}{4}\right) = 5 \lambda^2 J_z \qquad (5.3\text{–}5)$$

Die Querträgerbeanspruchung läßt sich bei diesem Modell, das von ∞-steifen Querträgern ausgeht, ähnlich wie die Beanspruchung von Querverbänden bei der Hohlkörpertorsion berechnen, nämlich aus der Differenz der Kräfte, die von außen einwirken, und den Kräften, die auf die Einzelträger einwirken müßten, wenn bei einer querträgerlosen Konstruktion die gleichen Verschiebungen ζ und φ wie mit steifem Querträger auftreten sollen, Bild 5.3–5.
Eine genauere Erfassung der Einflüsse der Querträgerweichheit ist mittels der Torsionstheorie mit Berücksichtigung der Querschnittsverformungen möglich.

5.3.4 Gemischte Torsion (Wölbkrafttorsion)

Bei Voraussetzung starrer Querträger oder ausreichender Gedrungenheit des Gesamtprofils mit praktisch starrer Kontur kann neben der Steifigkeit der Biegetorsion auch die St. Venantsche Torsion berücksichtigt werden, Bild 5.3–6.

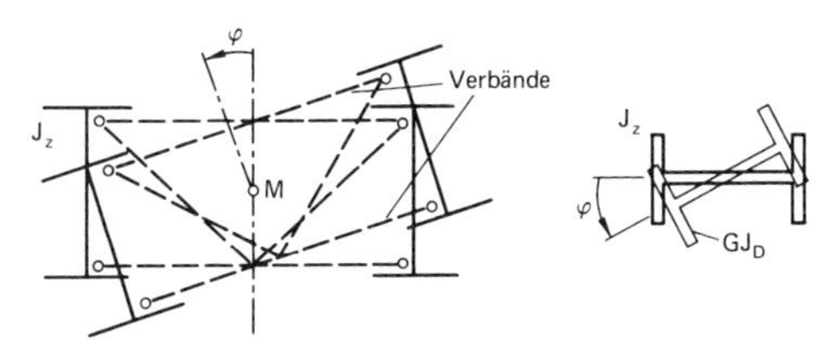

Bild 5.3–6

Das äußere Bimoment M_M, das man mit den angreifenden Torsionskräften D_M berechnen kann, teilt sich dann auf in das Schubbimoment nach Gleichung 5.2–6

$$M_\varphi = G \cdot J_D \varphi \tag{5.3–6a}$$

und das Wölbbimoment nach Gleichung (5.3–2a)

$$M_w = -EA_{ww}\varphi'' \tag{5.3–6b}$$

also

$$M_M = M_w + M_\varphi = -EA_{ww}\varphi'' + GJ_D\varphi \tag{5.3–6c}$$

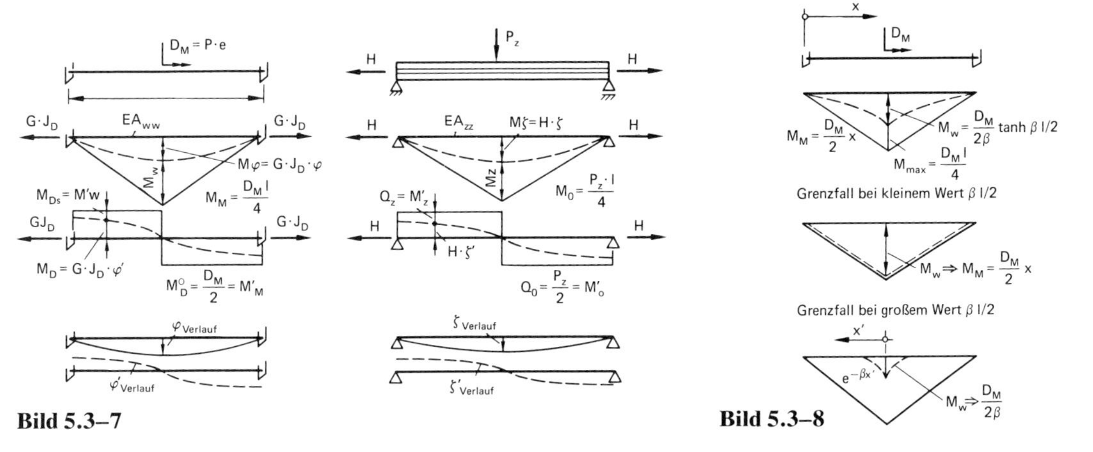

Bild 5.3–7 **Bild 5.3–8**

siehe Bild 5.3–8. Die Aufteilung in der Gleichung (5.3–6c) ist also verformungsabhängig (innerlich statisch unbestimmt) und kann durch Auffinden der Verdrehungslinie, die von Belastung und Randbedingungen abhängig ist, bestimmt werden. Hier bietet sich die Analogie zum Biegeträger mit Horizontalkraft H gemäß Bild 5.3–7 an, die von der Seilanalogie bei der wölbfreien St. Venantschen Torsion und der Biegeanalogie bei der reinen Biegetorsion her entsteht und zur gleichen Differentialgleichung

$$-EA_{zz}\zeta'' + H\zeta = M_0 \tag{5.3–6d}$$

führt. Das Wölbbimoment der gemischten Torsion M_W entspricht hierbei dem Biegemoment M_z im gezogenen Biegeträger, das sekundäre Torsionsmoment M_{DS} entspricht der Querkraft Q_z, das St. Venantsche Torsionsmoment M_D entspricht dem Querkraftanteil, der durch die Zugkraftkomponente $H \cdot \zeta'$ (durch das Seil) abgetragen wird. Der grundsätzliche Verlauf der Schnittgrößen ist in Bild 5.3–8 dargestellt.

5.3.5 Lösung der Grundgleichung für die gemischte Torsion

Die allgemeine Lösung der Gleichung (5.3–6c) lautet

$$\varphi = A_1 \sinh \beta x + A_2 \cosh \beta x + \frac{M_M}{GJ_D} - \frac{d_M}{\beta^2 GJ_D} \qquad (5.3\text{–}7\,a)$$

mit

$$\beta^2 = \frac{GJ_D}{EA_{WW}} \qquad (5.3\text{–}7\,b)$$

Für die Situation nach Bild 5.3–8 lauten die Lösungen

$$A_1 = -\frac{D_M}{2GJ_D}\,\frac{1}{\beta \cosh \beta l/2}$$

$$EA_{WW}\varphi = \frac{D_M}{2\beta^3}(\beta x - \tanh \beta x)$$

$$M_W = -EA_{WW}\varphi'' = \frac{D_M}{2\beta}\tanh \beta x$$

mit dem maximalen Wölbbimoment

$$M_W(l/2) = \frac{D_M}{2\beta}\tanh \beta l/2\,. \qquad (5.3\text{–}7\,c)$$

In der Grenzbetrachtung $GJ_D \to 0$ oder $l \to 0$ geht

$$M_W(l/2) = \frac{D_M}{2\beta}\,\frac{\beta l/2 + \cdots}{1 + \frac{1}{2}(\beta l/2)^2 + \cdots} \Rightarrow \frac{D_M l}{4}$$

also gegen den Grenzwert der reinen Biegetorsion, Bild 5.3–8.
In der Grenzbetrachtung $E \cdot A_{ww} \Rightarrow 0$ oder großer l wird

$$M_W(l/2) = \frac{D_M}{2\beta} \qquad (5.3\text{–}7\,d)$$

also eine von den Randbedingungen unabhängige Störung, die in der Umgebung der Lasteinleitungsstelle mit

$$\frac{\sinh \beta(l/2 - x)}{\cosh \beta l/2} \approx e^{-\beta x'} \qquad (5.3\text{–}7\,e)$$

abklingt, Bild 5.3–8. Entsteht die St. Venantsche Torsionssteifigkeit aus der Wirkung von geschlossenen Torsionskästen, z.B. bei Vorhandensein eines oberen und unteren Torsionsverbandes am Doppelträger nach Bild 5.3–6, dann liegt wegen der großen $G \cdot J_D$-Werte der Grenzfall nach Gleichung (5.3–7d) und (5.3–7e) vor. Wegen des schnellen Abklingens der Störung ist wegen der „kleinen Spannweite“ für M_W (siehe Abschnitt 5.1–11) die Berücksichtigung der sekundären Schubverformung angezeigt, da Gleichung (5.3–7d) zu große Werte für das Wölbkraftbimoment liefert.
In Tabelle 5.3–1 sind vollständige Lösungen für weitere Lastfälle angegeben.

5.3.6 Anwendungsbeispiel

Als Beispiel sei ein durchlaufender Träger nach Bild 5.3–9 zu berechnen.
Die Ermittlung der Wölbbimomente erfolgt mittels statisch unbestimmter Rechnung unter Verwendung der Lösungsformeln in Tabelle 5.3–1. Als statisch Unbestimmte wird das Wölbbimoment an der Zwischenstütze angesetzt, das an dieser Stelle identisch mit dem äußeren Bimoment M_M ist. Dadurch wird erklärlich, daß bei durchlaufenden Torsionsträgern mit Verdrehbehinderung an den Lagern ($\varphi = 0$) nur bei Vorhandensein von Biegetorsion infolge der Verwölbungen eine Durchlaufwirkung entsteht, während bei reiner St. Venantscher Torsion ohne Verwölbungen die Torsionskräfte im belasteten Feld ohne Beeinflussung der Nachbarfelder abgetragen werden.

5.3.7 Verformungsempfindlichkeit der Berechnungsergebnisse

Üblicherweise wird die Zerlegung von äußeren Lasten in Richtung der Querschnittshauptachsen und der Torsionskräfte am unverformten System vorgenommen. Bei torsionsweichen Trägern können aber

$\beta^2 l^2 = 5{,}7 \qquad \beta = 0{,}4\,\frac{1}{\mathrm{m}}$

$$M_{w0} = \frac{D_M}{2\beta}\tanh\beta\,\frac{l}{2} = 10{,}2\ \mathrm{kNm}^2$$

$$\beta^2 EA_{ww}\varphi_0' = \frac{D_M}{2}\left(1 - \frac{2\sinh\beta\,\frac{l}{2}}{\sinh\beta l}\right)$$

$$\beta^2 EA_{ww}\varphi_1' = 2\beta\left(\frac{\cosh\beta l}{\sinh\beta l} - \frac{1}{\beta l}\right)$$

$$M_{w\,\mathrm{st}} = -\frac{\varphi_0'}{\varphi_1} = -4{,}7\ \mathrm{kNm}^2$$

$$M_{wF} = M_{w0} - M_{w\,\mathrm{st}}\,\frac{\sinh\beta\,\frac{l}{2}}{\sinh\beta l} = 8{,}9\ \mathrm{kNm}^2$$

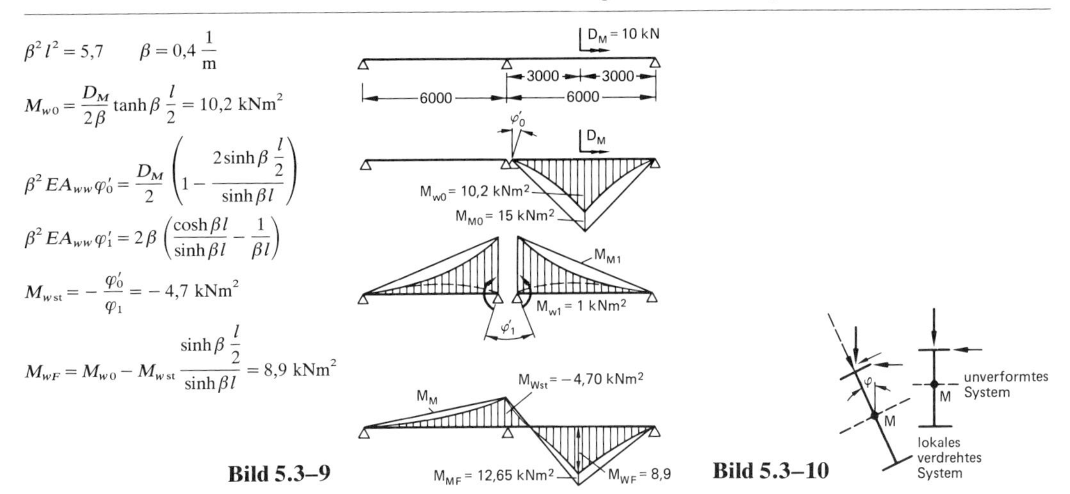

Bild 5.3–9

Bild 5.3–10

an den Lasteinleitungsstellen die Trägerquerschnitte um beträchtliche Werte von φ verdreht sein, so daß Änderungen der Belastung erwartet werden müssen.
Empfindlich sind vor allem Träger mit unterschiedlichen Tragfähigkeiten in den Hauptachsen, die in der stärkeren Hauptachse besonders belastet sind, Bild 5.3–10.
Der Nachweis kann iterativ durchgeführt werden.

Tabelle 5.3–1 (aus [7])

D_M, GJ_D, EA_{ww}; a, b, l; x, x'; I, II	Lastfall 1	Bereich	
+	$EA_{ww}\tilde{\varphi} =$	I II	$\frac{D_M}{\beta^3}\left(\frac{b}{l}\beta x - \frac{\sinh\beta b}{\sinh\beta l}\sinh\beta x\right)$ $\frac{D_M}{\beta^3}\left(\frac{a}{l}\beta x' - \frac{\sinh\beta a}{\sinh\beta l}\sinh\beta x'\right)$
+ −	$M_{Dp} = \beta^2 EA_{ww}\tilde{\varphi}' =$	I II	$D_M\left(\frac{b}{l} - \frac{\sinh\beta b}{\sinh\beta l}\sinh\beta x\right)$ $D_M\left(-\frac{a}{l} + \frac{\sinh\beta a}{\sinh\beta l}\cosh\beta x'\right)$
+	$M_w = -EA_{ww}\tilde{\varphi}'' =$	I II	$\frac{D_M}{\beta}\frac{\sinh\beta b}{\sinh\beta l}\sinh\beta x$ $\frac{D_M}{\beta}\frac{\sinh\beta a}{\sinh\beta l}\sinh\beta x'$
− +	$M_{Ds} = -EA_{ww}\tilde{\varphi}''' =$	I II	$D_M\frac{\sinh\beta b}{\sinh\beta l}\cosh\beta x$ $-D_M\frac{\sinh\beta a}{\sinh\beta l}\cosh\beta x'$

Tabelle 5.3–1 (Fortsetzung)

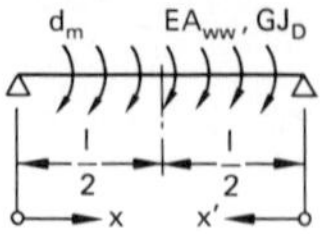 d_m EA_{ww}, GJ_D	Lastfall 2	Bereich	
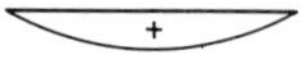	$EA_{ww}\tilde{\varphi} =$	ganzer Bereich	$\frac{d_m}{\beta^4}\left[\beta^2\left(\frac{l}{2}x-\frac{x^2}{2}\right)-+\frac{\sinh\beta x+\sinh\beta x'}{\sinh\beta l}\right]$
	$M_{\widetilde{Dp}} = \beta^2 EA_{ww}\tilde{\varphi}' =$	ganzer Bereich	$\frac{d_m}{\beta}\left[\beta\left(\frac{l}{2}-x\right)+\frac{\cosh\beta x-\cosh\beta x'}{\sinh\beta l}\right]$
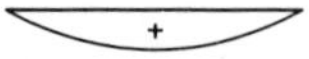	$M_w = -EA_{ww}\tilde{\varphi}'' =$	ganzer Bereich	$\frac{d_m}{\beta^2}\left(1-\frac{\sinh\beta x+\sinh\beta x'}{\sinh\beta l}\right)$
	$M_{\widetilde{Ds}} = -EA_{ww}\tilde{\varphi}''' =$	ganzer Bereich	$\frac{d_m}{\beta}\left(-\frac{\cosh\beta x+\cosh\beta x'}{\sinh\beta l}\right)$
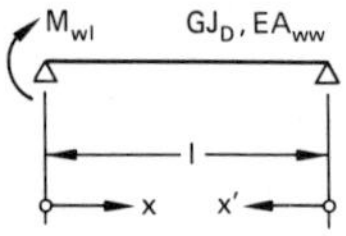 M_{wl} GJ_D, EA_{ww}	Lastfall 3	Bereich	
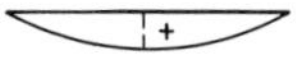	$EA_{ww}\tilde{\varphi} =$	ganzer Bereich	$\frac{M_{w1}}{\beta^2}\left(\frac{x'}{l}-\frac{\sinh\beta x'}{\sinh\beta l}\right)$
	$M_{\widetilde{Dp}} = \beta^2 EA_{ww}\tilde{\varphi}' =$	ganzer Bereich	$M_{w1}\beta\left(-\frac{1}{\beta l}+\frac{\cosh\beta x'}{\sinh\beta l}\right)$
	$M_{\tilde{w}} = -EA_{ww}\tilde{\varphi}'' =$	ganzer Bereich	$M_{w1}\frac{\sinh\beta x'}{\sinh\beta l}$
	$M_{\widetilde{Ds}} = -EA_{ww}\tilde{\varphi}''' =$	ganzer Bereich	$M_{w1}\beta\left(-\frac{\cosh\beta x'}{\sinh\beta l}\right)$

5.4 Wölbkrafttorsion für allgemeine, offene Profile

5.4.1 Grundgleichung für die Ermittlung der Einheitsverwölbungen

Das Prinzip der Biegetorsion von Einzelträgern besteht darin, daß Biegesteifigkeiten J_z am Hebelarm r_t um den Schubmittelpunkt M gegen Torsionskräfte eingesetzt werden, siehe auch Abschnitt 5.3.
Hängen die Einzelträger über Scheiben zusammen und sind z.B. selbst Gurte im Querschnitt, so ist es notwendig, eine über den Profilumfang kontinuierliche, also mit dem Zusammenhang der Querschnittsteile verträgliche Verwölbung zu suchen.
Dazu wird gemäß Bild 5.4–1 eine Umfangskoordinate s eingeführt, über der die Verwölbung $w(s)$ aufgetragen wird. Ein Konturelement ds, das aus dem Profil herausgenommen wird, kann wie ein Stück dz des Steges eines Einzelträgers angesehen werden, Bild 5.4–2.

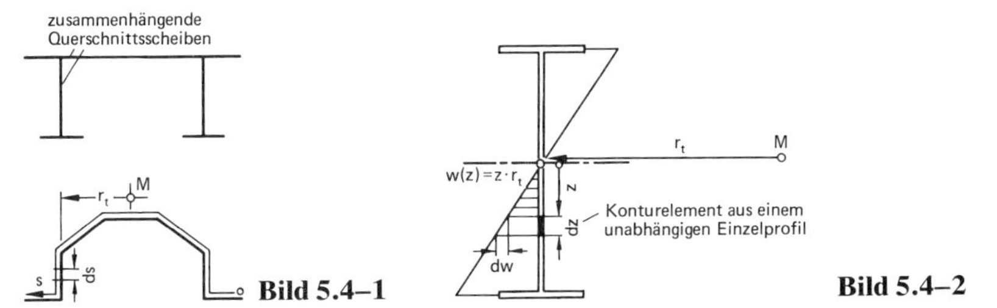

Bild 5.4–1 **Bild 5.4–2**

Anstelle der Grundbeziehung für die Verwölbung des Einzelträgers

$$w = r_t \cdot z \tag{5.4–1a}$$

tritt das Bildungsgesetz für die Verwölbung

$$\mathrm{d}w = r_t \cdot \mathrm{d}s \tag{5.4–1b}$$

woraus

$$w = \int r_t \mathrm{d}s \tag{5.4–1c}$$

folgt. In Bild 5.4–3 sind für ein [-Profil neben den bereits auf die Hauptachsen bezogenen 1-, y- und z-Flächen drei mit der Formel (5.4–1c) ermittelte Grundverwölbungen w für die Torsion angegeben, die je nach Schätzung der Lage des Schubmittelpunktes und den Ausgangspunkten der Integration verschiedenen Verlauf haben. Ein Vergleich der drei Verläufe mit den 1-, y- und z-Flächen zeigt, daß kein Verlauf eine „reinrassige", d.h. unabhängige Torsionsverwölbung sein kann, da Anteile der 1-Fläche, der y-Fläche und der z-Fläche noch enthalten sind. Erst bei richtiger Wahl des Schubmittelpunktes und des Integrationsnullpunktes ist die Torsionsverwölbung unabhängig.

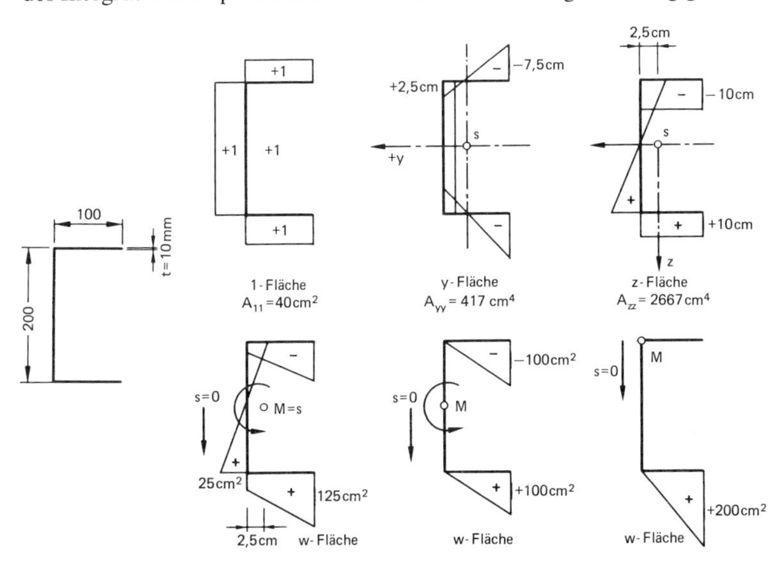

Bild 5.4–3
Drei Grundverwölbungen für die Torsion mit geschätzten Schubmittelpunkten

5.4.2 Reinigung der Grundverwölbung und Querschnittswerte

Für die Reinigung wird zunächst die Verwölbung aus der Torsion in der Verwölbungsgleichung für die Biegung (5.1–2) mit berücksichtigt:

$$u = -(1\xi' + y \cdot \eta' + z \cdot \zeta' + w\varphi') \tag{5.4–2}$$

und damit die erweiterte Spannungsbeziehung gewonnen:

$$\sigma = -E(1 \cdot \xi'' + y\eta'' + z\zeta'' + w\varphi'') \tag{5.4–3}$$

Definiert man nun in Erweiterung der Biegegleichungen (5.1–8/9) das Wölbbimoment als Spannungsresultante

$$M_w = \int \sigma w \, dA =$$
$$= -E\left\{\underbrace{\int 1 w \, dA}_{A_{1w}}\xi'' + \underbrace{\int y w \, dA}_{A_{yw}}\eta'' + \underbrace{\int z w \, dA}_{A_{zw}}\zeta'' + \underbrace{\int w^2 dA}_{A_{ww}}\varphi''\right\} \tag{5.4–4}$$

so wird die Kopplung mit den Biegeverformungen entfallen, wenn die gemischten Glieder A_{1w}, A_{yw} und A_{zw} null werden.
Dann läßt sich die Biegegleichung (5.1–10) um die Spannungen aus der Torsion

$$\sigma = \frac{N}{A_{11}} 1 + \frac{M_y}{A_{yy}} y + \frac{M_z}{A_{zz}} z + \frac{M_w}{A_{ww}} w \tag{5.4–5}$$

erweitern.
Die Reinigung führt zu der neuen Einheitsverwölbung für die Torsion $\tilde{w}$:

$$\tilde{w}\text{-Fläche} = w\text{-Fläche} + k_{1w} \cdot 1\text{-Fläche} + k_{yw} \cdot y\text{-Fläche} + k_{zw} \cdot z\text{-Fläche} \tag{5.4–6}$$

Indem angenommen wird, daß die y- und z-Achse bereits Hauptachsen sind, lauten die Bedingungen für das Verschwinden der gemischten Glieder

$$A_{1\tilde{w}} = A_{1w} + k_{1w}A_{11} = 0 \tag{5.4–7a}$$

$$A_{z\tilde{w}} = A_{zw} + k_{zw} \cdot A_{zz} = 0 \tag{5.4–7b}$$

$$A_{y\tilde{w}} = A_{yw} + k_{yw}A_{yy} = 0 \tag{5.4–7c}$$

woraus die Faktoren

$$k_{1w} = -\frac{A_{1w}}{A_{11}} \tag{5.4–8a}$$

$$k_{zw} = -\frac{A_{zw}}{A_{zz}} \tag{5.4–8b}$$

$$k_{yw} = -\frac{A_{yw}}{A_{yy}} \tag{5.4–8c}$$

unmittelbar erhalten werden können.
Legt man bei dem Beispiel in Bild 5.4–3 die mittlere Grundverwölbung zugrunde, so lautet $A_{zw} = 10\,000\ \text{cm}^5$ und $k_{zw} = -\frac{10\,000}{2667} = 3{,}74$ cm, woraus die Lage des Schubmittelpunktes und die Einheitsverwölbung gemäß Bild 5.4–4 entnommen werden kann.

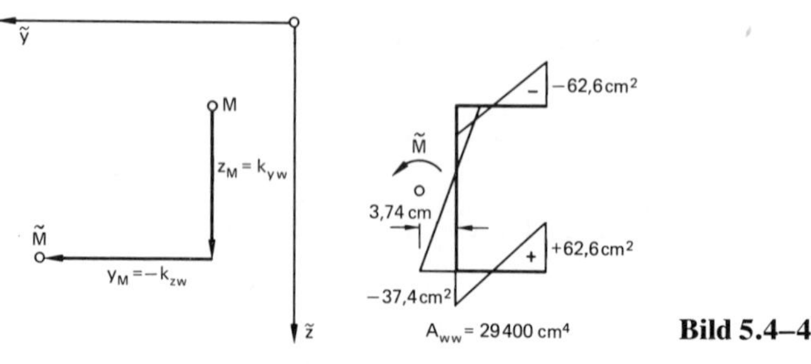

Bild 5.4–4

Sollen die Torsionskräfte D_M nicht neu auf den richtigen Schubmittelpunkt bezogen werden, ergeben sie sich durch die Transformation zu

$$D_{\tilde{M}} = p \cdot \tilde{r}_t = p \cdot r_t + k_{zw}p_z + k_{yw}p_y \tag{5.4–8d}$$

Die Wölbsteifigkeit ist

$$A_{\tilde{w}\tilde{w}} = \int \tilde{w}^2 \mathrm{d}A. \tag{5.4–8e}$$

Für die Ermittlung der Schnittgrößen gelten die Grundlagen der gemischten Torsion nach Abschnitt 5.3.

Für das [-Profil nach Bild 5.4–3/4, das nach Bild 5.4–5 gelagert und belastet ist, läßt sich z. B. mit den Lösungen der Grundgleichung der gemischten Torsion (Wölbkrafttorsion) nach Tabelle 5.3–1 der Spannungszustand angeben.

Die Spannung an der Stegunterkante beträgt maximal 17,50 kN/cm², Bild 5.4–5, was gegenüber der Biegespannung eine Erhöhung um den Faktor $\alpha = 1{,}86$ ausmacht. Trägt man den Erhöhungsfaktor für das gewählte Beispiel über der Spannweite l auf, so erhält man die Abhängigkeit gemäß Bild 5.4–6. Es ist dabei zu beachten, daß bei diesem Beispiel freie Verdrehmöglichkeit des [-Profils unter der Last vorausgesetzt wurde, die nur bei gelenkiger Lasteintragung vorhanden wäre.

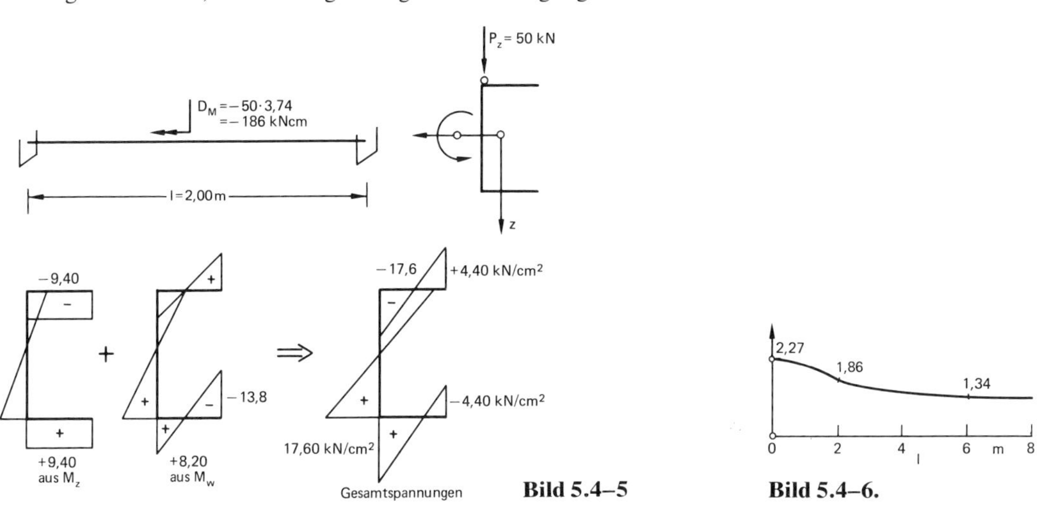

Bild 5.4–5 **Bild 5.4–6.**

5.4.3 Ermittlung von Schubspannungen

Die Schubspannungen sind wie bei der gemischten Torsion (Abschnitt 5.3–4) einmal die primären Schubspannungen infolge des primären Torsionsmomentes $M_D = GJ_P \cdot \varphi'$. Das sekundäre Torsionsmoment

$$M_{DS} = M_w' = -EA_{ww}\varphi''' \tag{5.4–9a}$$

entsprechend der Gleichung (5.3–1b) liefert die sekundären Schubspannungen gemäß Gleichung (5.1–14)

$$\tau_s = \frac{M_{DS}}{A_{ww}} \cdot \frac{A_{1w}(s)}{t} \tag{5.4–9b}$$

wobei die Einheitsverwölbung $\frac{A_{1w}(s)}{t}$ der sekundären Schubspannungen analog zu den Einheitsverteilungen $\frac{A_{1y}(s)}{t}$ und $\frac{A_{1z}(s)}{t}$ bei der Biegung ermittelt wird:

$$\frac{A_{1w}(s)}{t} = \frac{\int_0^s w \,\mathrm{d}A}{t} \tag{5.4–9c}$$

In Bild 5.4–7 ist für das Beispiel des [-Profils die Einheitsverwölbung $\frac{A_{1w}(s)}{t}$ angegeben.

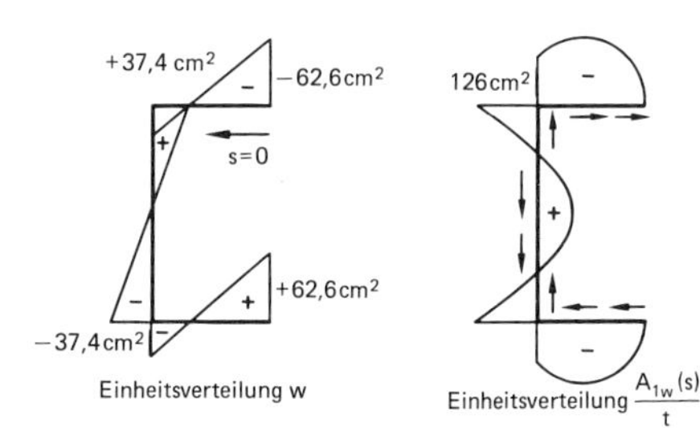

Bild 5.4–7

5.5 Wölbkrafttorsion für allgemeine, geschlossene Profile

5.5.1 Ermittlung der Einheitsverwölbungen und Querschnittswerte

Wendet man das Bildungsgesetz für die Einheitsverwölbung infolge Torsion $w = \int r_t \, ds$ auf geschlossene Profile an, so erreicht man bei Umfahren einer Zelle nicht die Ausgangsverwölbung, sondern erhält einen Verwölbungssprung (Bild 5.5–1).

$$\Delta w_0 = \oint r_t ds = 2 A_{mi} \qquad (5.5\text{–}1a)$$

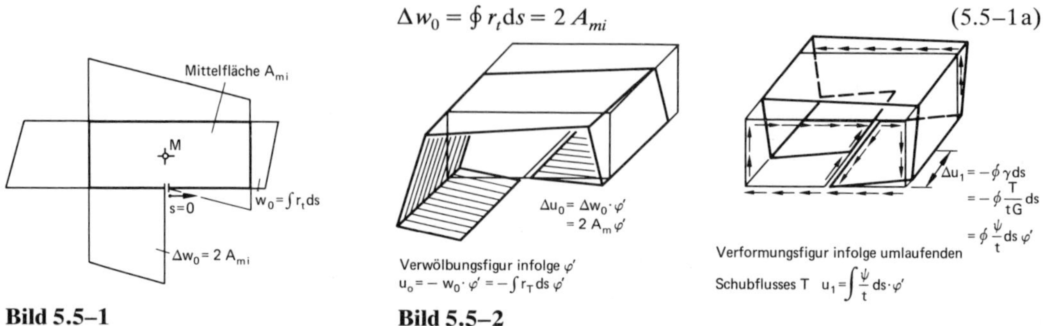

Bild 5.5–1 **Bild 5.5–2**

Denkt man sich an der Sprungstelle den Hohlkasten geschlitzt, so würde beim Einprägen einer Verdrillung φ' eine Verwölbungsfigur nach Bild 5.5–2 mit dem Sprung

$$\Delta u_0 = 2 A_{m_i} \varphi' \qquad (5.5\text{–}1b)$$

entstehen. Damit die Verträglichkeit wieder hergestellt wird, muß als statisch Unbestimmte ein umlaufender Schubfluß $T = \tau \cdot t$ eingeleitet werden, der über die Schubverformung γ gemäß Bild 5.5–2 den Sprung wieder rückgängig macht.

$$\Delta u_1 = - \oint \gamma \, ds = - \oint \frac{\tau}{G} \, ds = \oint \frac{\psi}{t} \, ds \, \varphi' \qquad (5.5\text{–}1c)$$

Hierbei kann die umlaufende Bredtsche Schubspannung gemäß Gleichung (5.2–4c) durch die Einheitsverteilung $\frac{\psi}{t}$ und die Winkel φ' ausgedrückt werden

$$\tau = G \frac{\psi}{t} \varphi' \qquad (5.5\text{–}1d)$$

Indem man nun die Gleichungen (5.5–1b) und (5.5–1c) gleichsetzt, erhält man beim einzelligen Kastenträger die Gleichung für die statisch Unbestimmte

$$\psi \oint \frac{ds}{t} = 2 A_{mi} \qquad (5.5\text{–}1e)$$

und bei mehrzelligen Kastenträgern, das entsprechende Gleichungssystem:

$$- \psi_{i-1} \int \frac{ds}{t} + \psi_i \oint \frac{ds}{t} - \psi_{i+1} \int \frac{ds}{t} = 2 A_{mi} \qquad (5.5\text{–}1f)$$

Die Gleichungen (5.5–1e) und (5.5–1b) sind mit den Gleichungen (5.2–4f) und (5.2–5c) identisch. Gemäß Bild 5.5–2 setzt sich also die verträgliche Einheitsgrundverwölbung w von Kastenträgern aus zwei Anteilen zusammen, nämlich

$$w = \int r_t \, ds - \int \frac{\psi}{t} \, ds = \int \left(r_t - \frac{\psi}{t} \right) ds \qquad (5.5\text{–}2)$$

Die Reinigung dieser Verwölbung von den Anteilen der 1-, y- und z-Fläche erfolgt dann wie bei offenen Profilen entsprechend Gleichung (5.4–6). Nach der Reinigung kann mit der unabhängigen Verwölbung $\tilde{w}$ die Verwölbungssteifigkeit $A_{\tilde{w}\tilde{w}}$ nach Gleichung (5.4–8e) sowie die Einheitsverteilung der sekundären Schubspannungen $\frac{A_{1w}(s)}{t}$ nach Gleichung (5.4–9c) ermittelt werden. Die für Hohlzellen erforderliche Berechnung der $\frac{A_{1w}(s)}{t}$-Fläche über die statisch Unbestimmte $\frac{A^*_{1w}(s)}{t}$ am geschlitzten System erfolgt genauso wie bei der Biegung, Gleichung (5.1–15c).

Als Beispiel für die Ermittlung der Einheitsverwölbung w wird ein dreizelliger Kastenträger nach Bild 5.5–3 verwendet. Für die Ermittlung der $\frac{\psi}{t}$-Verteilung wird zunächst das Gleichungssystem (5.5–1f) gelöst

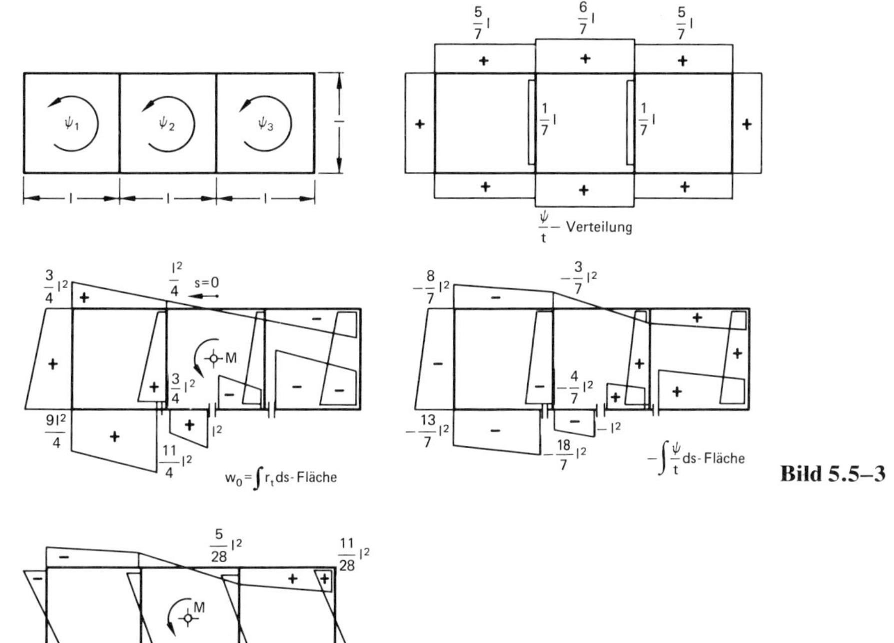

Bild 5.5–3

Bild 5.5–4

ψ_1	ψ_2	ψ_3	$2\,A_{mi}$
$\frac{4\,l}{t}$	$-\frac{l}{t}$	0	$2\,l^2$
$-\frac{l}{t}$	$\frac{4\,l}{t}$	$-\frac{l}{t}$	$2\,l^2$
0	$-\frac{l}{t}$	$\frac{4\,l}{t}$	$2\,l^2$

Die Lösungen sind $\psi_1 = \psi_3 = \frac{5}{7}\,lt$ und $\psi_2 = \frac{6}{7}\,lt$, die zu der $\frac{\psi}{t}$-Verteilung nach Bild 5.5–3 führen. Mit dem Schubmittelpunkt M in Querschnittsmitte erhält man die $w_0 = \int r_t \mathrm{d}s$-Fläche mit den Sprüngen $2\,l^2$ an den Schlitzen und an demselben Grundsystem die $-\int \frac{\psi}{t}$-Fläche. Die Summe aus beiden ist die gesuchte $\tilde{w}$-Fläche für die Kastenträger, die nicht mehr gereinigt werden muß, da keine gemischten Querschnittswerte weiter auftreten, Bild 5.5–4.

5.5.2 Besonderheit der Wölbkrafttorsion bei Hohlprofilen gegenüber offenen Profilen

Gegenüber offenen Profilen ist die St. Venantsche Torsionssteifigkeit um einige Größenordnungen größer; für das Beispiel nach Bild 5.5–3 beträgt z. B. die Torsionssteifigkeit des geschlitzten offenen Profils

$$J_D = \Sigma \frac{1}{3}\,l t^3 = 3{,}33\,l t^3$$

und die des geschlossenen Kastens

$$J_D = \int \left(\frac{\psi}{t}\right)^2 \mathrm{d}A = 4{,}57\,l^3 t$$

Dieser Umstand kann z. B. genutzt werden, um in einem Kasten eine Verdrillung bleibend einzuprägen. Der geschlitzte (noch nicht vollständig geschweißte) Kasten wird mit geringer Gegenfederung verdrillt; nach dem Schließen des Schlitzes (Verschweißen) ist die Verdrillung in den Kasten wegen der größeren Steifigkeit des geschlossenen Profils „eingefroren“.

Die wesentlich größere Torsionssteifigkeit GJ_D der Hohlprofile führt zu einem größeren $\beta^2 = \frac{GJ_D}{EA_{ww}}$ -Wert für die Berechnung der Schnittgrößenverläufe, was ein sehr schnelles Abklingen der Schnittgröße M_w nach rechts und links von der Einwirkungsstelle der Torsionskraft (z.B. am Lager) zur Folge hat, so daß die Randbedingungen in größerer Entfernung von der Einwirkungsstelle praktisch keinen Einfluß mehr haben, siehe Gleichungen (5.3–7d) und (5.3–7e) und Bild 5.3–8.
Damit ist es zweckmäßig, die Grundgleichung nur noch an der Einwirkungsstelle zu lösen: Dies geschieht, indem von der Hohlkörpertorsion ohne Berücksichtigung der Verwölbungen (reine St. Venantsche Torsion) als statisch bestimmtes Grundsystem ausgehend, die Verdrehlinie φ_0 und aus der Verdrehlinie die Knickwinkel $\Delta\varphi_0'$ festgestellt werden. Die Knickwinkel erzeugen Verwölbungen an den Stirnflächen der Querschnitte, die nicht zusammenpassen, Bild 5.5–5.

$$\Delta u_0 = -w\Delta\varphi_0' \tag{5.5–3a}$$

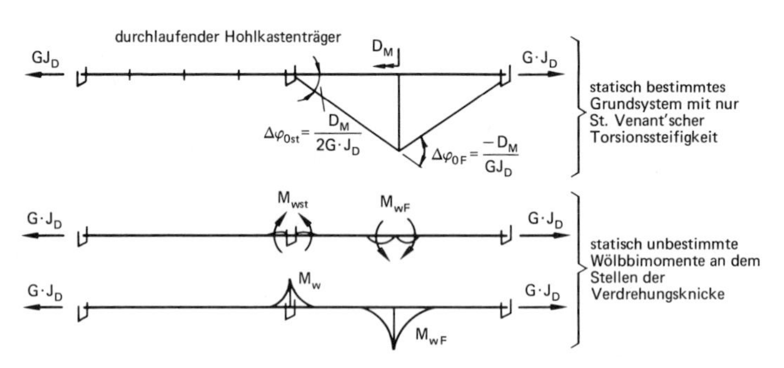

Bild 5.5–5

Die statisch unbestimmten Wölbmomente M_w wirken ohne gegenseitige Beeinflussung an der Knickstelle örtlich und erzeugen Gegenverwölbungen

$$\Delta u_1 = -w \cdot M_w \cdot f_{(M_w=1)} \tag{5.5–3b}$$

die die Kontinuität wiederherstellen. So ergibt sich örtlich

$$M_w = -\frac{\Delta\varphi_0'}{f(M_w = 1)} \tag{5.5–3c}$$

Bei Anwendung der Lösungen der Grundgleichung für gemischte Torsion würde sich für $f(M_w = 1)$ nach Bild 5.5–6

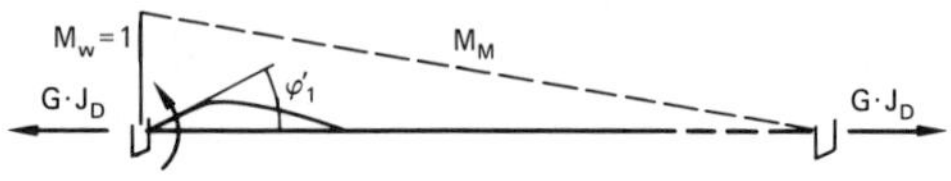

Bild 5.5–6

$$f_{(M_w=1)} = 2\varphi_1' = \lim_{\beta \Rightarrow \infty} \frac{2\beta}{G \cdot J_D}\left(\frac{1}{\tanh \beta l} - \frac{1}{\beta l}\right) = \frac{2\beta}{G \cdot J_D} \tag{5.5–3d}$$

ergeben, so daß z.B. für das Beispiel nach Bild 5.5–5

$$M_{w_{st}} = \frac{D_M}{4\beta} \quad \text{und} \quad M_{w_F} = \frac{D_M}{2\beta} \tag{5.5–3e}$$

herauskommt. Diese Werte sind aber zu ungünstig, da das rasche Abklingen der Wölbbimomente nach rechts und links auch einen erheblichen Einfluß der Verformungen aus den sekundären Schubspannungen zur Folge hat, der zu einer Verringerung der Zwängung führt und berücksichtigt werden sollte, wie dies bei der Biegung in Abschnitt 5.1–11 begründet ist.

5.5.3 Grundgleichungen der Torsion unter Berücksichtigung sekundärer Schubverformungen [4]

Berücksichtigt man die sekundären Schubverformungen bei der Biegetorsion mit der gleichen Voraussetzung wie bei der Biegung (siehe Abschnitt 5.1–11), nämlich unter Beibehaltung der ermittelten Einheitsverwölbung w, so lautet die der Biegeverformung (Gl. 5.1–16b) analoge Grundgleichung

$$\varphi' = \varphi_\varepsilon' + \varphi_\gamma' \tag{5.5–4a}$$

wobei der Winkel φ'_γ entsprechend Gleichung (5.1–16c, d) mit dem mittleren Schubwinkel

$$\gamma_{\text{mittel}\,w} = w^{\cdot} \cdot \varphi'_\gamma \tag{5.5–4b}$$

in Beziehung steht. In Analogie zur Biegung erhält man entweder nach Gl. (5.1–17):

$$M_{DS} = G \frac{A_{ww}^2}{\int \left(\frac{A_{1w}}{t}\right)^2 \mathrm{d}A} \cdot \varphi'_\gamma \tag{5.5–4c}$$

oder nach Gl. (5.1–18):

$$M_{DS} = G \int w^{\cdot 2} \mathrm{d}A\, \varphi'_\gamma \tag{5.5–4d}$$

Beide Gleichungen liefern eine Beziehung zwischen φ_ε und φ_γ, wenn man berücksichtigt, daß das Wölbbimoment und das sekundäre Torsionsmoment nur von dem Verformungsanteil φ_ε abhängen, der Verwölbungen erzeugt:

$$M_w = -EA_{ww}\varphi_\varepsilon'' \tag{5.5–5a}$$

$$M_{DS} = -EA_{ww}\varphi_\varepsilon''' \tag{5.5–5b}$$

Damit folgt nach (5.5–4c):

$$\varphi'_\gamma = -\frac{E}{G} \frac{\int \left(\frac{A_{1w}}{t}\right)^2 \mathrm{d}A}{A_{ww}} \varphi_\varepsilon''' = -\frac{E}{G}\frac{1}{S_\tau}\varphi_\varepsilon''' \tag{5.5–6a}$$

oder nach (5.5–4d):

$$\varphi'_\gamma = -\frac{E}{G} \frac{A_{ww}}{\int w^{\cdot 2} \mathrm{d}A} \varphi_\varepsilon''' = -\frac{E}{G} \cdot \frac{1}{S_\gamma}\varphi_\varepsilon''' \tag{5.5–6b}$$

Das Schubbimoment M_φ und das primäre Torsionsmoment hängen von der Gesamtverformung φ ab

$$M_\varphi = G \cdot J_D \varphi \tag{5.5–7a}$$

$$M_D = G \cdot J_D \cdot \varphi' \tag{5.5–7b}$$

Aus Gleichung (5.5–5a) und (5.5–7a) lautet demnach die Grundgleichung der gemischten Torsion entsprechend Gl. (5.3–6c):

$$M_M = -EA_{ww}\varphi_\varepsilon'' + G \cdot J_D \varphi \tag{5.5–8a}$$

Aus den Gleichungen (5.5–4a), (5.5–6a, b) und (5.5–8a) kann man φ_ε und φ_γ eliminieren und erhält als Grundgleichung der gemischten Torsion unter Berücksichtigung der sekundären Schubverformungen für die Gesamtverformung φ:

$$-EA_{ww}\left(1 + \frac{J_D}{SA_{ww}}\right)\varphi'' + GJ_D\varphi = M_M - \frac{E}{G}\frac{1}{S}M_M'' \tag{5.5–8b}$$

Für $S \Rightarrow \infty$ (unendlich große Schubsteifigkeit) geht diese Gleichung in die Gleichung (5.3–6c) über. Da der Einfluß der sekundären Schubverformungen sich nur in dem Faktor

$$\varkappa = 1 + \frac{J_D}{S \cdot A_{ww}} \tag{5.5–9a}$$

für die Wölbsteifigkeit

$$A_{ww} \cdot \varkappa = A^*_{ww} \tag{5.5–9b}$$

bemerkbar macht, kann die allgemeine Lösung der Grundgleichung der gemischten Torsion mit

$$\beta^{*2} = \frac{G \cdot J_D}{EA^*_{ww}} = \frac{\beta^2}{\varkappa} \tag{5.5–9c}$$

und dem zusätzlichen Belastungsglied $\frac{E}{G}\frac{1}{S}M_M''$ weiter verwendet werden. Verwendet man direkt die Lösungen nach Tabelle 5.3–1, so besteht zwischen den Lösungsformeln in Tabelle 5.3–1, gerechnet mit der modifizierten Wölbsteifigkeit A^*_{ww} und den Lösungen der Gleichung (5.5–8b) der Zusammenhang nach Tabelle 5.5–1.

5.5.4 Ermittlung der Wölbspannungen bei Hohlkörpertorsion unter Berücksichtigung sekundärer Schubverformungen

Mit der Kenntnis des Einflusses der sekundären Schubverformungen läßt sich unter Verwendung der für Hohlkörpertorsion allgemeingültigen Gleichung (5.5–3c) das örtliche Wölbbimoment genauer ermitteln. Anstelle Gleichung (5.5–3d) erscheint nach Tabelle 5.5–1 für die Belastung nach Bild 5.5–6:

$$f_{(M_w=1)} = 2\varphi'_{\varepsilon 1} = 2\varkappa\varphi_1^{*\prime} + \frac{2M_{D0}}{G\cdot J_D}(1-\varkappa) =$$

$$= 2\varkappa\frac{\beta^*}{G\cdot J_D} + \frac{2}{lGJ_D}(1-\varkappa) =$$

$$\approx 2\varkappa\frac{\beta^*}{G\cdot J_D} \qquad (5.5\text{–}10)$$

und damit für die Wölbbimomente an den Knickstellen nach Bild 5.5–5

$$M_{w\,\mathrm{st}} = \frac{D_M}{4\beta^*\varkappa} = \frac{D_M}{4\beta}\cdot\frac{1}{\sqrt{\varkappa}}; \qquad M_{wF} = \frac{D_M}{2\beta}\frac{1}{\sqrt{\varkappa}}$$

Der Einfluß der sekundären Schubverformungen macht sich demnach näherungsweise in einer Reduktion der ohne $\varkappa$ gerechneten Wölbbimomente um den Faktor $\frac{1}{\sqrt{\varkappa}}$ bemerkbar.

5.5.5 Einflußlinien für Wölbbimomente bei Hohlkörpertorsion

Für das Wölbbimoment M_w im Feld eines Torsionsträgers ergibt sich gemäß Bild 5.5–7 als Grenzwert für $l \Rightarrow \infty$

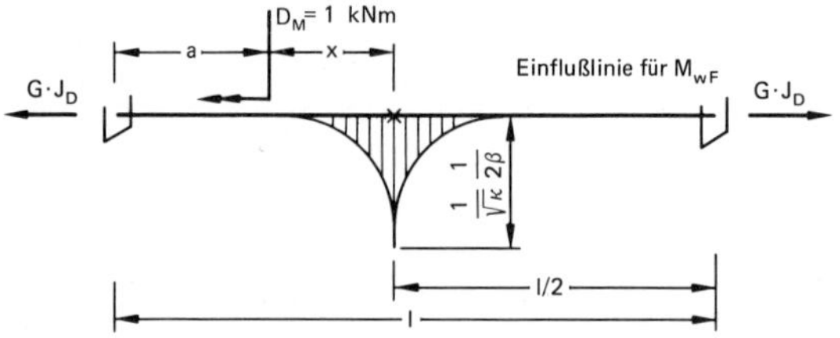

Bild 5.5–7

$$„M_w“ = \frac{1}{\varkappa}\frac{1}{\beta^*}\frac{\sinh\beta^* a}{\sinh\beta^* l}\cdot\sinh\beta^* l/2 =$$

$$\approx \frac{1}{\varkappa}\frac{1}{2\beta^*}\frac{e^{\beta^* a}}{e^{\beta^* l/2}} = \frac{1}{\varkappa 2\beta^*}e^{-\beta^*(l/2-a)} =$$

$$= \frac{1}{\sqrt{\varkappa}}\frac{1}{2\beta}e^{-\beta^* x} \qquad (5.5\text{–}11\,\mathrm{a})$$

Für das Wölbbimoment an der Zwischenstütze eines Durchlaufträgers gemäß Bild 5.5–8 ergibt sich

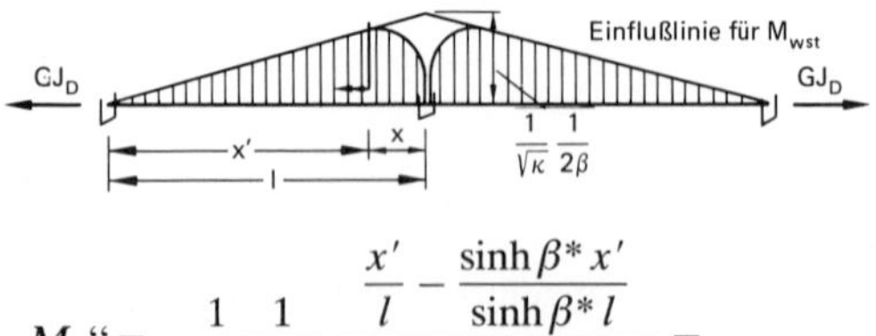

Bild 5.5–8

$$„M_w“ = -\frac{1}{\varkappa}\frac{1}{2\beta^*}\frac{\frac{x'}{l} - \frac{\sinh\beta^* x'}{\sinh\beta^* l}}{-\frac{1}{\beta^* l} + \tanh\beta^* l} =$$

$$\approx -\frac{1}{\varkappa}\frac{1}{2\beta^*}\left(\frac{x'}{l} - e^{-\beta^* x}\right) =$$

$$= \frac{1}{\sqrt{\varkappa}}\frac{1}{2\beta}\left(\frac{x'}{l} - e^{-\beta^* x}\right) \qquad (5.5\text{–}11\,\mathrm{b})$$

5.5.6 Ermittlung des Reduktionsbeiwertes $\frac{1}{\sqrt{\varkappa}}$

Anhand der $\frac{A_{1w}(s)}{t}$-Verteilung wird die Schubsteifigkeit S_τ nach Gleichung (5.5–6a) berechnet. Die Integration $\int\left(\frac{A_{1w}(s)}{t}\right)^2$ erfolgt abschnittsweise mit Hilfe der Integrationsformel nach Bild 5.5–9.

$$\int\left(\frac{A_{1w}}{t}\right)^2 \mathrm{d}A = \sum \frac{2s \cdot t}{15}\left[\left[\left(\frac{A_{1w}}{t}\right)_l + \left(\frac{A_{1w}}{t}\right)_r\right]^2 + \left[\left(\frac{A_{1w}}{t}\right)_l \right.\right.$$

$$\left.\left. + 4\left(\frac{A_{1w}}{t}\right)_m + \left(\frac{A_{1w}}{t}\right)_r\right] \cdot \left(\frac{A_{1w}}{t}\right)_m - 2{,}5\left(\frac{A_{1w}}{t}\right)_l \cdot \left(\frac{A_{1w}}{t}\right)_r\right]$$

Bild 5.5–9

5.5.7 Zusammenstellung der Grundbeziehungen für Biegung und Torsion

Die Vorgehensweise für die Ermittlung der Querschnittswerte geht aus Tabelle 5.5–2, die Grundbeziehungen für Schnittgrößen und Spannungen aus Tabelle 5.5–3 hervor.

Tabelle 5.5–1 Für die genauen Lösungen werden die Lösungen der Tabelle 5.3–1)* gerechnet mit der modifizierten Wölbsteifigkeit $A^*_{ww} = \varkappa \cdot A_{ww}$ verwendet [4].

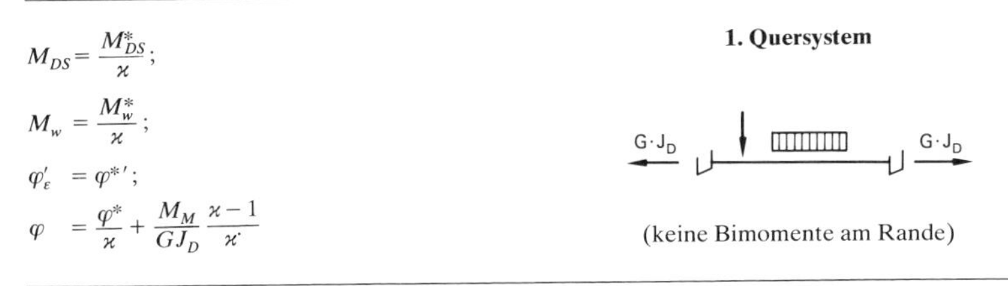

$M_{DS} = \frac{M^*_{DS}}{\varkappa}$;

$M_w = \frac{M^*_w}{\varkappa}$;

$\varphi'_\varepsilon = \varphi^{*\prime}$;

$\varphi = \frac{\varphi^*}{\varkappa} + \frac{M_M}{GJ_D}\frac{\varkappa - 1}{\varkappa}$

$M_{DS} = M^*_{DS}$;

$M_w = M^*_w$;

$\varphi'_\varepsilon = \varkappa\varphi^{*\prime} + \frac{M_{D0}}{GJ_D}(1 - \varkappa)$;

$\varphi = \varphi^*$.

Tabelle 5.5–2

	Ermittlung der Einheitsverwölbung $\tilde{w}$			Ermittlung der Einheitsverteilung		Ermittlung der Einheitsverteilung bei Kastenträgern ψ/t
	1. Schritt	2. Schritt	3. Schritt Hauptachsenkreuz	1. Schritt offene Profile	2. Schritt Korrektur bei Kastenträgern	1. Schritt
Verschiebung ξ' in Richtung der x-Achse	1-Fläche	1-Fläche	1-Fläche	–	–	–
Verschiebungen η und ζ in Richtung der y- und z-Achsen	y-Fläche	$\bar{y}$-Fläche aus $\bar{y} = y + k_{1y}\cdot 1$ mit $k_{1y} = -\frac{A_{1y}}{A_{11}}$	$\tilde{y}$-Fläche aus $\tilde{y} = \bar{y}\cdot\cos\gamma + \bar{z}\cdot\sin\gamma$ mit $\tan 2\gamma = \frac{2A_{\bar{y}\bar{z}}}{A_{\bar{y}\bar{y}} - A_{\bar{z}\bar{z}}}$	$\frac{A_{1y}(s)}{t}$-Fläche aus $A_{1y}(s) = \int_0^s y\,dA$	$\frac{\bar{A}_{1y}(s)}{t}$-Fläche aus $\frac{\bar{A}_y(s)}{t} = \frac{A_y^0}{t} + \frac{A_y^*}{t}$ mit $-A^*_{y\,i-1}\int\frac{ds}{t} + A^*_{y\,i}\oint\frac{ds}{t} - A^*_{z\,i+1}\int\frac{ds}{t} = -\oint\frac{A_y^0}{t}\,ds$	–
	z-Fläche	$\bar{z}$-Fläche aus $\bar{z} = z + k_{1z}\cdot 1$ mit $k_{1z} = -\frac{A_{1z}}{A_{11}}$	$\tilde{z}$-Fläche aus $\tilde{z} = -\bar{y}\sin\gamma + \bar{z}\cdot\cos\gamma$	$\frac{A_{1z}(s)}{t}$-Fläche aus $A_{1z}(s) = \int_0^s z\,dA$	$\frac{\bar{A}_{1z}(s)}{t}$-Fläche aus $\frac{\bar{A}_z}{t} = \frac{A_z^0}{t} + \frac{A_z^*}{t}$ mit $-A^*_{z\,i-1}\int\frac{ds}{t} + A^*_z\oint\frac{ds}{t} - A^*_{z\,i+1}\int\frac{ds}{t} = -\oint\frac{A_z^0}{t}\,ds$	–
Verdrehung φ	w-Fläche aus $w = \int r_t\,ds$ Bei Kastenträgern Sprünge $\Delta w_i = \oint r_t\,ds = 2A_{mi}$	$\bar{w}$-Fläche mit Korrektur bei Kastenträgern aus $\bar{w} = w - \int\frac{\psi}{t}\,ds$ mit $-\psi_{i-1}\int\frac{ds}{t} + \psi_1\oint\frac{ds}{t} - \psi_{i+1}\int\frac{ds}{t} = 2A_{mi}$	$\tilde{w}$-Fläche aus $\tilde{w} = \bar{w} + k_{1w}\cdot 1 + k_{1y}\cdot y + k_{1z}\cdot z$ mit $k_{1w} = -\frac{A_{1w}}{A_{11}}$ $k_{yw} = -\frac{A_{yw}}{A_{yy}}$ $k_{zw} = -\frac{A_{zw}}{A_{zz}}$	$\frac{A_{1w}(s)}{t}$-Fläche aus $A_{1w}(s) = \int_0^s w\,dA$	$\frac{\bar{A}_{1w}(s)}{t}$-Fläche aus $\frac{\bar{A}_w}{t} = \frac{A_w^0}{t} + \frac{A_w^*}{t}$ mit $-A^*_{w\,i-1}\int\frac{ds}{t} + A^*_w\oint\frac{ds}{t} - A^*_{w\,i+1}\int\frac{ds}{t} = -\oint\frac{A_w^0}{t}\,ds$	$\frac{\psi}{t}$-Fläche aus Gleichungen des 2. Schrittes für Ermittlung der Einheitsverwölbung

Tabelle 5.5–3

Achsenkreuz

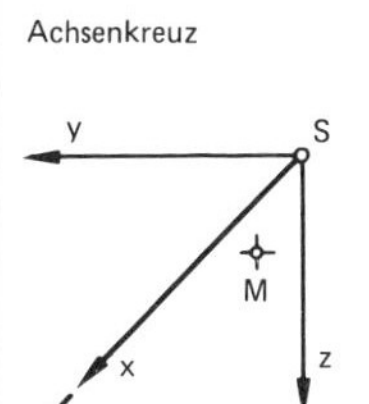

Verformungen

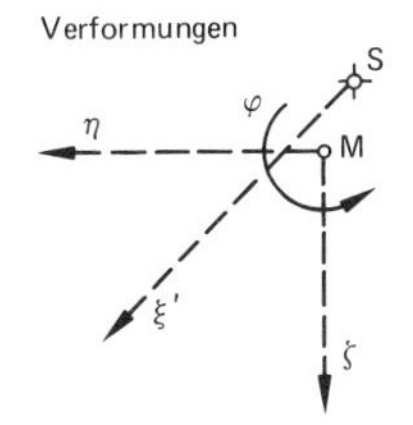

Belastungen

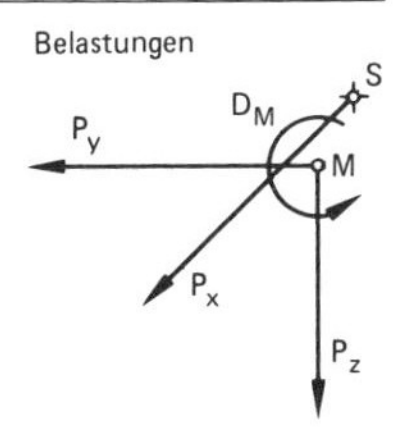

Verformung v_i	Verschiebung ξ'	Verschiebung η	Verschiebung ζ	Drehung φ	Bemerkung
in Hauptachsen-Richtung	in x-Achse	in y-Achse	in z-Achse	um Schubmittelpunkt M gegen Uhrzeiger	Hauptachsen durch Reinigung der Verwölbungen
Querbelastung Längsbelastung	– $N_x = P_x \cdot 1$	P_y durch M $M_y = P_z \cdot y$	P_z durch M $M_z = P_z \cdot z$	D_M um M $M_w = P_x \cdot w$	–
Grundgleichungen für Verformungen	$-EA_{11} \cdot \xi'' + N$	$-EA_{yy}\eta'' = M_y$	$-EA_{zz} \cdot \zeta'' = M_z$	$-EA_{ww} \cdot \varphi'' + GJ_D \cdot \varphi$ $= M_w + M_\varphi = M_M$	bei Hohlkörper Abminderung nung von M_w wegen τ_s-Verformung
Schnittgröße für σ	N_x	M_y	M_z	M_w	siehe Tabelle 5.3–1, bei Hohlkästen M_w örtlich
Einheitsverteilung für Längsdehnung	1-Fläche	y-Fläche	z-Fläche	w-Fläche $w = \int r_t \mathrm{d}s$	bei Hohlkästen $w = w_0 - \int \frac{\psi}{t} \mathrm{d}s$
Dehnsteifigkeit	$A_{11} = \int 1^3 \mathrm{d}A$	$A_{yy} = \int y^2 \mathrm{d}A$	$A_{zz} = \int z^2 \mathrm{d}A$	$A_{ww} = \int w^2 \mathrm{d}A$	Hauptachsen: $A_{ik} = 0$ für $i \neq k$
Längsspannungen	$\sigma = \frac{N}{A_{11}} \cdot 1$	$\sigma = \frac{M_y}{A_{yy}} \cdot y$	$\sigma = \frac{M_z}{A_{zz}} \cdot z$	$\sigma = \frac{M_w}{A_{ww}} \cdot w$	–
Schnittgröße für τ_p	–	–	–	$M_D = M'_\varphi$	siehe Tabelle 5.3–1
Einheitsverteilung	–	–	–	$\left(\frac{\psi}{t} + t\right)$-Fläche	
Schubsteifigkeit	–	–	–	$J_D = \int \left(\frac{\psi}{t}\right)^2 \mathrm{d}A +$ $+ \sum \frac{1}{3} bt^3$	–
primäre Schub-spannungen	–	–	–	$\tau_p = \frac{M_D}{J_D} \left(\frac{\psi}{t} + t\right)$	–
Schnittgröße für τ_s	–	$Q_y = M'_y$	$Q_z = M'_z$	$M_{DS} = M'_w$	siehe Tabelle 5.3–1
Einheitsverteilung	–	$\frac{A_{1y}(s)}{t} = \frac{\int y \, \mathrm{d}s}{t}$	$\frac{A_{1z}(s)}{t} = \frac{\int z \, \mathrm{d}s}{t}$	$\frac{A_{1w}(s)}{t} = \frac{\int w \, \mathrm{d}s}{t}$	Bei Hohlkästen statisch unbest. Ermittlung
Steifigkeit	–	A_{yy}	A_{zz}	A_{ww}	–
sekundäre Schub-spannung τ_s	–	$\tau_s = \frac{Q_y}{A_{yy}} \cdot \frac{A_y(s)}{t}$	$\tau_s = \frac{Q_z}{A_{zz}} \cdot \frac{A_z(s)}{t}$	$\tau_s = \frac{M_{DS}}{A_{ww}} \cdot \frac{A_w(s)}{t}$	–

5.6 Geführte Verdrehungen

5.6.1 Ermittlung der Zwangsachsen

Durch Verformungsführungen längs der Stabachse, z.B. nach Bild 5.6–1 und Bild 5.6–2, die durch Verbände, Scheiben o.ä. erzeugt werden, wird die freie Verformbarkeit eingeschränkt, wodurch die Hauptachsen und die Schubmittelpunktachse in Zwangsachsen übergeführt werden. Indem man die Verformungen so festlegt, daß die Führungsbedingungen, z.B. Verhinderung einer Verformung in einer Richtung, erfüllt werden und durch Reinigung die verbleibenden Verformungen unabhängig macht, entstehen Zwangsachsen für die Biegung und Torsion, für die die Schnittgrößen und Beanspruchungen mit den gleichen Beziehungen ermittelt werden können wie für freie Achsen.

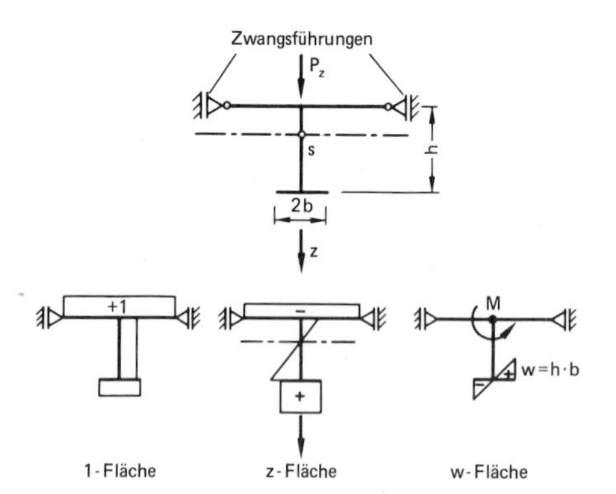

Bild 5.6–1

Für den I-Querschnitt nach Bild 5.6–1 bedeutet dies, daß durch die Behinderung der Verformungen in y-Richtungen die 1-Fläche und die z-Fläche weiter mit der z-Achse parallel zur Führungsrichtung weiter bestehen. Für die Torsion kann der Schubmittelpunkt M nur auf der Verbindungslinie der beiden Führungspunkte (auf dem Obergurt) liegen, da sonst bei Drehung φ doch Bewegungen quer zur Führung möglich wären.

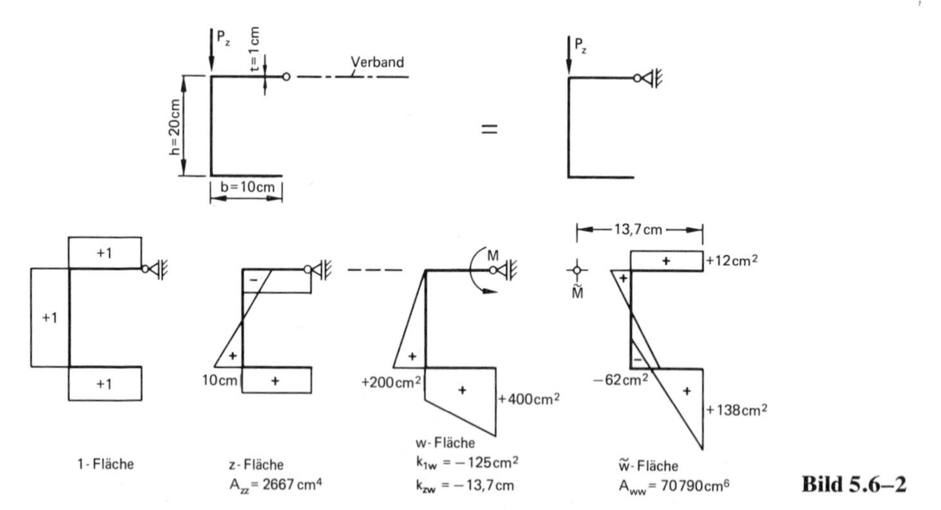

Bild 5.6–2

Für das Beispiel nach Bild 5.6–2 sind die 1- und z-Fläche leicht zu bestimmen. Der Schubmittelpunkt für die Torsion muß wieder auf einer Achse senkrecht zur Führung liegen. Nimmt man in erster Schätzung den Schubmittelpunkt an der Führung an, erhält man die Grundverwölbung w und durch Reinigung mit der 1- und z-Fläche schließlich die Einheitsverwölbung $\tilde{w}$.

5.6.2 Geführte Verformungen mit kontinuierlicher, elastischer Bettung

Sind die Anschlüsse des Stabprofils an die Führungen für die verbleibenden Verformungen nicht gelenkig, sondern elastisch, z.B. für das Beispiel nach Bild 5.6–2, so können bei unabhängigen Federn

$$C_\eta = \frac{p_y}{\eta} \qquad [\text{kN/m} \cdot \text{cm}] \tag{5.6–1a}$$

$$C_\zeta = \frac{p_z}{\zeta} \qquad [\text{kN/m} \cdot \text{cm}] \tag{5.6–1b}$$

$$C_\varphi = \frac{d_M}{\varphi} \qquad [\text{kNm/m}] \tag{5.6–1c}$$

die Grundgleichungen der Biegung und Torsion um den Federeinfluß ergänzt werden:

$$-M_y'' = p_y = EA_{yy}\eta^{\text{IV}} + C_\eta \cdot \eta \tag{5.6–2a}$$

$$-M_z = p_z = EA_{zz}\zeta^{\text{IV}} + C_\zeta \zeta \tag{5.6–2b}$$

$$-M_M'' = d_M = EA_{ww}\varphi^{\text{IV}} - G \cdot J_D\varphi'' + C_\varphi \cdot \varphi \tag{5.6–2c}$$

Die erweiterte Gleichung für die Torsion entspricht in der Biegeanalogie dem Träger mit Horizontalzug GJ_D und elastischer Bettung C_φ.
Die Bettungssteifigkeit C_φ wird berechnet, in dem aus dem Träger mit dem anschließenden Quersystem, das die Drehbettung bewirkt, ein Einheitsstreifen, z.B. von 1 m Länge geschnitten und darauf gemäß Bild 5.6–3 die Verdrehung $\varphi = 1$ eingeprägt wird.
Im Quersystem entsteht dann aufgrund der Quersteifigkeit EJ_Q die Querbiegemomentenverteilung m_Q, die man als Einheitsverteilung für die sich mit der Verdrehung φ einstellenden Querbiegemomente M_Q auffassen kann:

$$M_Q = m_Q \cdot \varphi \quad [\text{kNm/m}] \tag{5.6–3a}$$

Als Bettungssteifigkeit C_φ erscheint dann der Wert der m_Q-Verteilung am Schubmittelpunkt M_{Q1}, sie kann aber auch in analoger Weise wie die Wölbsteifigkeit und Torsionssteifigkeit aus der Einheitsverteilung m_Q berechnet werden:

$$C_\varphi = \frac{1}{EJ_Q}\int m_Q^2 \, \mathrm{d}s \qquad [\text{kNm/m}] \tag{5.6–3b}$$

Definiert man noch die Schnittgröße „Bettungskraft“

$$B_\varphi = C_\varphi \cdot \varphi \quad [\text{kNm/m}] \tag{5.6–3c}$$

dann lautet die Gleichung für die Ermittlung der Beanspruchungen im Quersystem

$$M_Q = \frac{B_\varphi}{C_\varphi} m_Q \tag{5.6–3d}$$

Diese am speziellen Beispiel entwickelte Darstellungsform für die Beanspruchung aus drehelastischer Bettung ist allgemeingültig, wenn unter der Einheitsverteilung m_Q alle Reaktionen aus der Einheitsverdrehung $\varphi = 1$ verstanden werden, die bei der Integration für die Bettungssteifigkeit nach (5.6–3b) berücksichtigt werden. Die Reaktionen brauchen dabei nicht nur außerhalb des Trägerprofils liegen, sondern sie können auch die Wandung des Trägerprofils miteinschließen, siehe Bild 5.6–4.

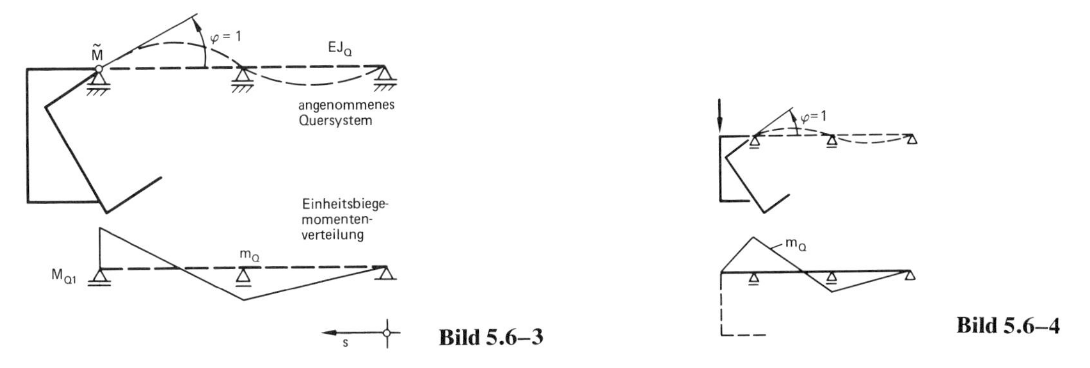

Bild 5.6–3

Bild 5.6–4

5.6.3 Lösung der Grundgleichung der Torsion mit drehelastischer Bettung

Für die Lösung der Grundgleichung der Torsion mit drehelastischer Bettung kann man sich wegen der Analogie zum Biegeträger mit Horizontalzug nach Theorie II. Ordnung und elastischer Bettung der dafür vorhandenen Lösungen bedienen. Einige Lösungen sind für das besonders interessierende Wölbbimoment M_w und die Verformung v für wichtige Lagerungs- und Belastungsfälle mit den Parametern

$$i = \beta^2 \cdot l^2 = \frac{GJ_D l^2}{EA_{ww}} \quad \text{und} \quad b = \sqrt[4]{\frac{C_\varphi l^4}{EA_{ww}}} \tag{5.6–4}$$

in den Tabellen 5.6–1 angegeben [5].

5.6.4 Anwendungsbeispiel [9]

Für einen durchlaufenden Querträger einer Stahlfahrbahnplatte, der in der Mitte eines Feldes mit einer Einzellast von $P = 140$ kN belastet wird, Bild 5.6–5, soll ein Spannungsnachweis für den Untergurt geführt werden.

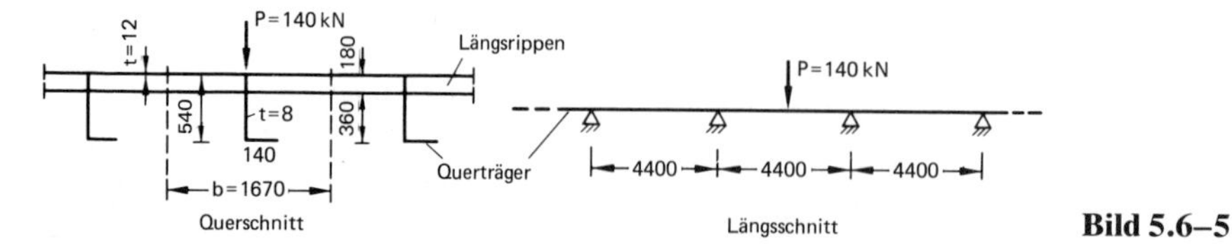

Bild 5.6–5

Aufgrund der Zwangsführung des Querträgers durch das zusammenhängende Obergurtblech ergibt sich die 1-Fläche und z-Fläche nach Bild 5.6–6 und die Grundverwölbung w für Torsion um einen Drehpunkt, der im Obergurtblech liegen muß. Die Reinigung liefert die Einheitsverwölbung $\tilde{w}$ und den Schubmittelpunkt 3,25 cm neben dem Steg gegenüber dem abgekanteten Untergurtblech.

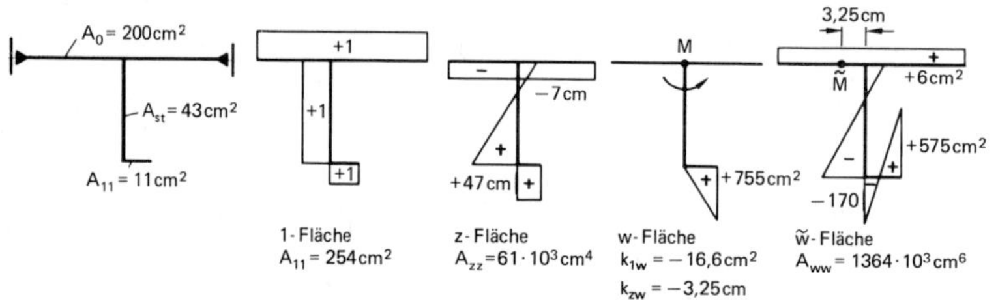

Bild 5.6–6

In Bild 5.6–5/8 wird die Torsionsverformung $\varphi = 1$ des Querträgers gezeigt, die wegen der Aussteifung des Fahrbahnblechs mit Längsrippen praktisch nur in der Verdrehung des Steges und Untergurtes besteht.

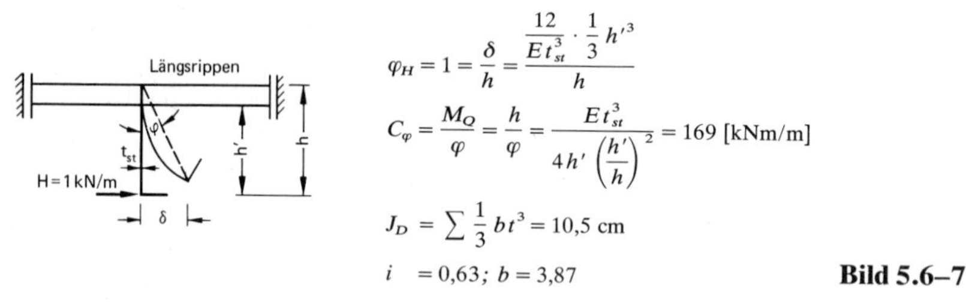

$$\varphi_H = 1 = \frac{\delta}{h} = \frac{\frac{12}{E t_{st}^3} \cdot \frac{1}{3} h'^3}{h}$$

$$C_\varphi = \frac{M_Q}{\varphi} = \frac{h}{\varphi} = \frac{E t_{st}^3}{4h' \left(\frac{h'}{h}\right)^2} = 169 \text{ [kNm/m]}$$

$$J_D = \sum \frac{1}{3} b t^3 = 10{,}5 \text{ cm}$$

$$i = 0{,}63; \; b = 3{,}87$$

Bild 5.6–7

Anhand der statischen Systeme in Bild 5.6–7 ergibt sich das Biegemoment im Feld $M_z = 106$ kNm und das Wölbbimoment $M_w = -2{,}08$ kNm^2, aus denen die Spannungsverteilung nach Bild 5.6–8 folgt, in dem zum Vergleich auch die Spannung aus M_z alleine eingetragen ist. Die Exzentrizität des Gurtes macht sich also in einer Erhöhung der Untergurtspannung am Steg um 20% bemerkbar.

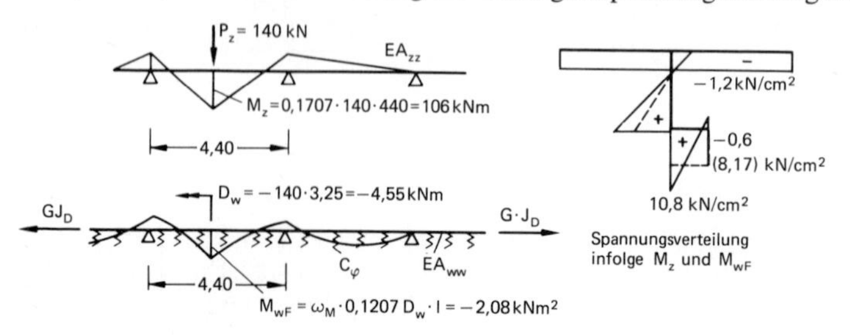

Bild 5.6–8

5.6.5 Träger, die an Einzelstellen elastisch gegen Verdrehen behindert werden

Tritt anstelle der kontinuierlichen elastischen Bettung C_φ (kNm/m) eine elastische Behinderung durch Einzelfedern mit C_φ (kNm), z.B. durch angeschlossene Träger, dann liegt als Analogie der Biegeträger mit Horizontalzug $G \cdot J_D$ auf Einzelfedern vor. Ist die St. Venantsche Torsionssteifigkeit $G \cdot J_D$ relativ klein, so können die Beanspruchungen und Verformungen mit dem Modell des Biegeträgers auf elastischen Stützen einfach ermittelt werden. Für regelmäßige Stützung durch Federn (gleicher Abstand und gleiche Federsteifigkeit) können zweckmäßigerweise die Tabellen 5.6–2/3/4 verwendet werden.

Tabelle 5.6–1 (aus [5])

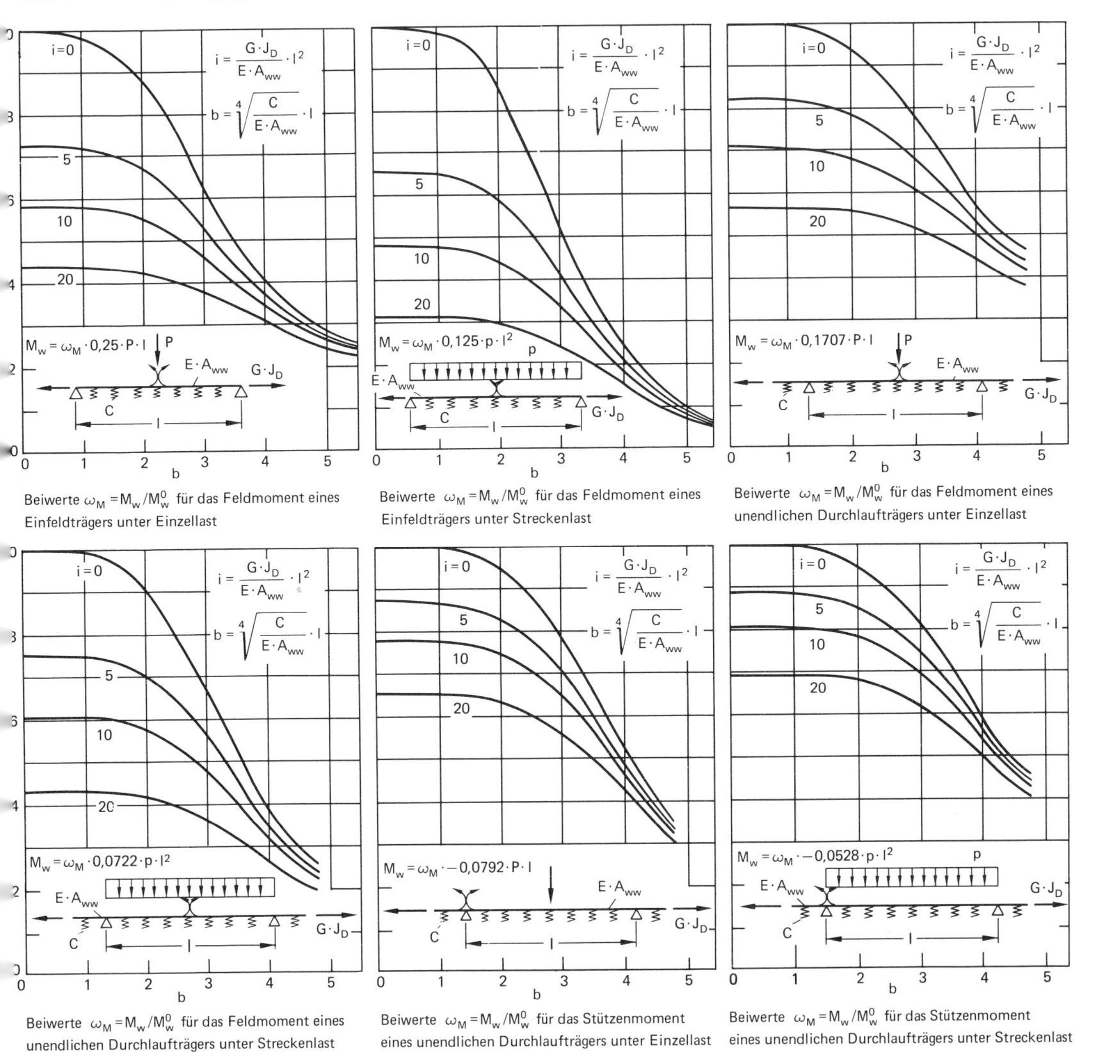

Beiwerte $\omega_M = M_w/M_w^0$ für das Feldmoment eines Einfeldträgers unter Einzellast

Beiwerte $\omega_M = M_w/M_w^0$ für das Feldmoment eines Einfeldträgers unter Streckenlast

Beiwerte $\omega_M = M_w/M_w^0$ für das Feldmoment eines unendlichen Durchlaufträgers unter Einzellast

Beiwerte $\omega_M = M_w/M_w^0$ für das Feldmoment eines unendlichen Durchlaufträgers unter Streckenlast

Beiwerte $\omega_M = M_w/M_w^0$ für das Stützenmoment eines unendlichen Durchlaufträgers unter Einzellast

Beiwerte $\omega_M = M_w/M_w^0$ für das Stützenmoment eines unendlichen Durchlaufträgers unter Streckenlast

Tabelle 5.6–2 Federkräfte A_{0i} mit $\gamma = \dfrac{EA_{ww}}{Cl^3}$ [10]

γ	$A_{00}-1$	A_{01}	A_{02}	A_{03}	A_{04}	A_{05}	A_{06}	A_{07}
0,001	−0,01389	0,01031	−0,00422	0,00107	−0,00027	0,00007	−0,00002	0,00000
0,002	−0,02693	0,01988	−0,00796	0,00191	−0,00045	0,00010	−0,00002	0,00001
0,003	−0,03920	0,02879	−0,01129	0,00255	−0,00055	0,00012	−0,00003	0,00001
0,004	−0,05078	0,03712	−0,01425	0,00302	−0,00060	0,00012	−0,00002	0,00000
0,005	−0,06173	0,04491	−0,01689	0,00336	−0,00061	0,00011	−0,00002	0,00000
0,006	−0,07211	0,05223	−0,01925	0,00358	−0,00058	0,00009	−0,00001	0,00000
0,007	−0,08198	0,05911	−0,02135	0,00370	−0,00053	0,00007	−0,00001	0,00000
0,008	−0,09136	0,06559	−0,02323	0,00373	−0,00045	0,00004	−0,00000	0,00000
0,009	−0,10031	0,07172	−0,02490	0,00368	−0,00036	0,00002	0,00000	−0,00000
0,010	−0,10886	0,07751	−0,02639	0,00358	−0,00026	−0,00000	0,00000	−0,00000
0,015	−0,14654	0,10234	−0,03169	0,00240	0,00030	−0,00009	0,00001	0,00000
0,020	−0,17766	0,12195	−0,03443	0,00061	0,00082	−0,00010	−0,00001	0,00000
0,025	−0,20400	0,13783	−0,03554	−0,00142	0,00121	−0,00005	−0,00003	0,00000
0,030	−0,22672	0,15096	−0,03558	−0,00347	0,00145	0,00005	−0,00005	0,00000
0,035	−0,24661	0,16201	−0,03490	−0,00546	0,00156	0,00017	−0,00007	−0,00000
0,040	−0,26425	0,17142	−0,03373	−0,00734	0,00154	0,00031	−0,00007	−0,00001
0,045	−0,28005	0,17954	−0,03223	−0,00909	0,00143	0,00046	−0,00006	−0,00002
0,050	−0,29432	0,18660	−0,03050	−0,01069	0,00123	0,00060	−0,00004	−0,00003
0,055	−0,30731	0,19279	−0,02861	−0,01216	0,00097	0,00072	−0,00002	−0,00004
0,060	−0,31921	0,19826	−0,02663	−0,01349	0,00065	0,00084	0,00002	−0,00005
0,065	−0,33018	0,20313	−0,02458	−0,01470	0,00029	0,00094	0,00006	−0,00005
0,070	−0,34033	0,20748	−0,02250	−0,01579	−0,00010	0,00102	0,00011	−0,00006
0,075	−0,34976	0,21139	−0,02040	−0,01677	−0,00051	0,00109	0,00016	−0,00006
0,080	−0,35857	0,21491	−0,01831	−0,01765	−0,00095	0,00114	0,00021	−0,00005
0,085	−0,36683	0,21810	−0,01623	−0,01843	−0,00139	0,00117	0,00027	−0,00005
0,090	−0,37458	0,22100	−0,01417	−0,01914	−0,00184	0,00119	0,00032	−0,00004
0,095	−0,38189	0,22364	−0,01214	−0,01976	−0,00230	0,00119	0,00038	−0,00003
0,100	−0,38880	0,22606	−0,01013	−0,02031	−0,00276	0,00118	0,00043	−0,00002
0,150	−0,44216	0,24188	0,00781	−0,02300	−0,00706	0,00047	0,00086	0,00019
0,200	−0,47830	0,24952	0,02219	−0,02266	−0,01045	−0,00083	0,00098	0,00044
0,250	−0,50517	0,25342	0,03381	−0,02095	−0,01295	−0,00232	0,00084	0,00065
0,300	−0,52632	0,25537	0,04337	−0,01859	−0,01471	−0,00379	0,00050	0,00078
0,350	−0,54362	0,25620	0,05138	−0,01595	−0,01592	−0,00517	0,00003	0,00084
0,400	−0,55817	0,25634	0,05819	−0,01321	−0,01670	−0,00643	−0,00051	0,00082
0,450	−0,57066	0,25605	0,06405	−0,01046	−0,01716	−0,00755	−0,00109	0,00075
0,500	−0,58157	0,25547	0,06916	−0,00777	−0,01736	−0,00855	−0,00169	0,00062
0,550	−0,59123	0,25471	0,07365	−0,00516	−0,01737	−0,00943	−0,00229	0,00045
0,600	−0,59986	0,25382	0,07763	−0,00265	−0,01723	−0,01019	−0,00288	0,00025
0,650	−0,60766	0,25285	0,08118	−0,00023	−0,01697	−0,01086	−0,00346	0,00003
0,700	−0,61475	0,25183	0,08437	0,00208	−0,01662	−0,01143	−0,00402	−0,00022
0,750	−0,62125	0,25078	0,08725	0,00430	−0,01619	−0,01193	−0,00455	−0,00048
0,800	−0,62723	0,24971	0,08987	0,00641	−0,01570	−0,01235	−0,00506	−0,00074
0,850	−0,63277	0,24863	0,09225	0,00844	−0,01517	−0,01271	−0,00554	−0,00102
0,900	−0,63792	0,24756	0,09443	0,01038	−0,01461	−0,01301	−0,00600	−0,00129
0,950	−0,64273	0,24649	0,09643	0,01223	−0,01402	−0,01326	−0,00643	−0,00157
1,000	−0,64724	0,24543	0,09827	0,01400	−0,01340	−0,01346	−0,00683	−0,00185
1,500	−0,68099	0,23569	0,11087	0,02829	−0,00692	−0,01375	−0,00973	−0,00441
2,000	−0,70301	0,22761	0,11766	0,03827	−0,00084	−0,01243	−0,01110	−0,00637
2,500	−0,71906	0,22085	0,12172	0,04565	0,00449	−0,01050	−0,01158	−0,00776
3,000	−0,73154	0,21508	0,12429	0,05135	0,00912	−0,00838	−0,01153	−0,00871
3,500	−0,74166	0,21008	0,12596	0,05589	0,01315	−0,00624	−0,01115	−0,00934
4,000	−0,75013	0,20588	0,12704	0,05958	0,01669	−0,00415	−0,01056	−0,00972
4,500	−0,75736	0,20176	0,12774	0,06265	0,01982	−0,00215	−0,00985	−0,00991
5,000	−0,76366	0,19822	0,12817	0,06523	0,02261	−0,00025	−0,00906	−0,00996
5,500	−0,76921	0,19501	0,12840	0,06744	0,02511	0,00155	−0,00823	−0,00990
6,000	−0,77417	0,19207	0,12849	0,06934	0,02736	0,00324	−0,00737	−0,00976
7,000	−0,78270	0,18688	0,12838	0,07244	0,03127	0,00639	−0,00564	−0,00929
8,000	−0,78983	0,18236	0,12801	0,07485	0,03454	0,00913	−0,00395	−0,00867
9,000	−0,79592	0,17839	0,12751	0,07676	0,03732	0,01162	−0,00232	−0,00796
10,000	−0,80122	0,17486	0,12691	0,07830	0,03971	0,01385	−0,00078	−0,00720
20,000	−0,83283	0,15230	0,12031	0,08466	0,05284	0,02808	0,01090	0,00036
30,000	−0,84894	0,13984	0,11483	0,08567	0,05817	0,03529	0,01803	0,00616
40,000	−0,85942	0,13140	0,11049	0,08538	0,06088	0,03966	0,02283	0,01051
50,000	−0,86705	0,12511	0,10694	0,08467	0,06241	0,04256	0,02629	0,01388
60,000	−0,87297	0,12013	0,10395	0,08381	0,06330	0,04462	0,02891	0,01657
70,000	−0,87777	0,11604	0,10139	0,08291	0,06381	0,04613	0,03097	0,01877
80,000	−0,88178	0,11259	0,09914	0,08201	0,06410	0,04728	0,03262	0,02061
90,000	−0,88521	0,10961	0,09715	0,08114	0,06423	0,04816	0,03397	0,02216
100,000	−0,88820	0,10700	0,09537	0,08031	0,06426	0,04886	0,03510	0,02350

Tabelle 5.6–3 Balkenstützmomente $M_{L0i}^{\text{Stütze}}/l$ mit $\gamma = \dfrac{EA_{ww}}{Cl^3}$ [10]

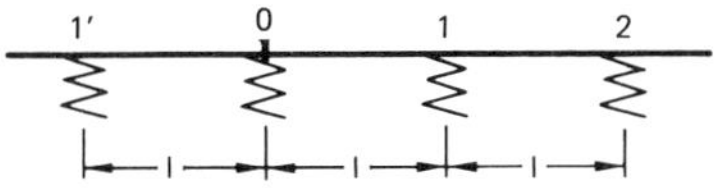

γ	$M_{L00}^{\text{Stütze}}$	M_{L01}^{St}	M_{L02}^{St}	M_{L03}^{St}	M_{L04}^{St}	M_{L05}^{St}	M_{L06}^{St}	M_{L07}^{St}
0,001	0,00427	−0,00268	0,00068	−0,00017	0,00004	−0,00001	0,00000	−0,00000
0,002	0,00830	−0,00516	0,00125	−0,00029	0,00007	−0,00002	0,00000	−0,00000
0,003	0,01213	−0,00747	0,00172	−0,00037	0,00008	−0,00002	0,00000	−0,00000
0,004	0,01576	−0,00963	0,00210	−0,00042	0,00008	−0,00002	0,00000	−0,00000
0,005	0,01922	−0,01164	0,00241	−0,00044	0,00008	−0,00001	0,00000	−0,00000
0,006	0,02253	−0,01353	0,00264	−0,00043	0,00007	−0,00001	0,00000	−0,00000
0,007	0,02569	−0,01530	0,00282	−0,00041	0,00005	−0,00001	0,00000	−0,00000
0,008	0,02872	−0,01697	0,00295	−0,00037	0,00004	−0,00000	0,00000	0,00000
0,009	0,03162	−0,01853	0,00302	−0,00032	0,00002	0,00000	−0,00000	0,00000
0,010	0,03442	−0,02002	0,00306	−0,00026	0,00000	0,00000	−0,00000	0,00000
0,015	0,04696	−0,02631	0,00278	0,00014	−0,00008	0,00001	0,00000	−0,00000
0,020	0,05763	−0,03120	0,00191	0,00060	−0,00011	−0,00000	0,00000	−0,00000
0,025	0,06691	−0,03509	0,00074	0,00102	−0,00010	−0,00002	0,00001	0,00000
0,030	0,07513	−0,03823	−0,00063	0,00139	−0,00005	−0,00005	0,00000	0,00000
0,035	0,08250	−0,04081	−0,00211	0,00169	0,00003	−0,00007	0,00000	0,00000
0,040	0,08919	−0,04294	−0,00364	0,00192	0,00015	−0,00009	−0,00001	0,00000
0,045	0,09531	−0,04471	−0,00520	0,00208	0,00028	−0,00010	−0,00001	0,00000
0,050	0,10096	−0,04620	−0,00676	0,00218	0,00042	−0,00010	−0,00003	0,00000
0,055	0,10621	−0,04745	−0,00831	0,00221	0,00057	−0,00009	−0,00004	0,00000
0,060	0,11110	−0,04850	−0,00984	0,00219	0,00073	−0,00008	−0,00005	0,00000
0,065	0,11570	−0,04939	−0,01135	0,00212	0,00088	−0,00006	−0,00006	−0,00000
0,070	0,12003	−0,05014	−0,01282	0,00200	0,00104	−0,00003	−0,00007	−0,00001
0,075	0,12412	−0,05076	−0,01426	0,00185	0,00118	0,00001	−0,00008	−0,00001
0,080	0,12800	−0,05128	−0,01566	0,00166	0,00133	0,00005	−0,00009	−0,00001
0,085	0,13170	−0,05171	−0,01703	0,00144	0,00146	0,00010	−0,00009	−0,00002
0,090	0,13523	−0,05207	−0,01836	0,00119	0,00159	0,00015	−0,00010	−0,00003
0,095	0,13660	−0,05235	−0,01965	0,00091	0,00171	0,00021	−0,00010	−0,00003
0,100	0,14183	−0,05257	−0,02091	0,00061	0,00182	0,00027	−0,00010	−0,00004
0,150	0,16848	−0,05260	−0,03179	−0,00318	0,00244	0,00099	0,00002	−0,00010
0,200	0,18859	−0,05056	−0,04019	−0,00764	0,00226	0,00170	0,00031	−0,00010
0,250	0,20490	−0,04769	−0,04685	−0,01220	0,00150	0,00226	0,00070	−0,00003
0,300	0,21870	−0,04445	−0,05224	−0,01665	0,00034	0,00262	0,00112	0,00011
0,350	0,23073	−0,04108	−0,05660	−0,02092	−0,00110	0,00280	0,00153	0,00030
0,400	0,24142	−0,03766	−0,06040	−0,02496	−0,00272	0,00281	0,00192	0,00052
0,450	0,25107	−0,03426	−0,06334	−0,02878	−0,00447	0,00267	0,00226	0,00077
0,500	0,25989	−0,03090	−0,06622	−0,03238	−0,00631	0,00240	0,00256	0,00103
0,550	0,26801	−0,02760	−0,06851	−0,03577	−0,00819	0,00202	0,00280	0,00129
0,600	0,27556	−0,02438	−0,07049	−0,03897	−0,01010	0,00154	0,00298	0,00155
0,650	0,28261	−0,02122	−0,07220	−0,04200	−0,01203	0,00097	0,00312	0,00180
0,700	0,28924	−0,01814	−0,07368	−0,04486	−0,01395	0,00034	0,00320	0,00204
0,750	0,29550	−0,01513	−0,07497	−0,04757	−0,01586	−0,00035	0,00324	0,00227
0,800	0,30143	−0,01219	−0,07609	−0,05013	−0,01776	−0,00109	0,00323	0,00249
0,850	0,30707	−0,00931	−0,07707	−0,05257	−0,01964	−0,00188	0,00317	0,00268
0,900	0,31245	−0,00651	−0,07791	−0,05489	−0,02149	−0,00270	0,00308	0,00286
0,950	0,31760	−0,00376	−0,07864	−0,05709	−0,02332	−0,00356	0,00295	0,00302
1,000	0,32254	−0,00108	−0,07927	−0,05919	−0,02511	−0,00444	0,00278	0,00317
1,500	0,36346	0,02297	−0,08184	−0,07577	−0,04142	−0,01399	−0,00031	0,00363
2,000	0,39470	0,04319	−0,08071	−0,08695	−0,05492	−0,02373	−0,00498	0,00268
2,500	0,42030	0,06077	−0,07791	−0,09488	−0,06619	−0,03301	−0,01034	0,00075
3,000	0,44218	0,07641	−0,07428	−0,10068	−0,07572	−0,04165	−0,01597	−0,00181
3,500	0,46138	0,09055	−0,07020	−0,10499	−0,08390	−0,04965	−0,02164	−0,00479
4,000	0,47856	0,10350	−0,06588	−0,10822	−0,09097	−0,05704	−0,02726	−0,00803
4,500	0,49416	0,11548	−0,06145	−0,11063	−0,09716	−0,06387	−0,03273	−0,01144
5,000	0,50847	0,12664	−0,05697	−0,11241	−0,10261	−0,07021	−0,03805	−0,01496
5,500	0,52171	0,13711	−0,05249	−0,11368	−0,10744	−0,07609	−0,04319	−0,01852
6,000	0,53406	0,14698	−0,04804	−0,11456	−0,11174	−0,08156	−0,04814	−0,02209
7,000	0,55656	0,16521	−0,03927	−0,11538	−0,11905	−0,09146	−0,05751	−0,02920
8,000	0,57672	0,18180	−0,03075	−0,11530	−0,12499	−0,10015	−0,06618	−0,03616
9,000	0,59502	0,19707	−0,02250	−0,11456	−0,12986	−0,10785	−0,07422	−0,04291
10,000	0,61184	0,21123	−0,01452	−0,11335	−0,13389	−0,11471	−0,08168	−0,04941
20,000	0,73355	0,31714	0,05302	−0,09078	−0,14994	−0,15624	−0,13447	−0,10179
30,000	0,81471	0,39024	0,10561	−0,06419	−0,14832	−0,17427	−0,16493	−0,13757
40,000	0,87731	0,44760	0,14929	−0,03853	−0,14096	−0,18251	−0,18440	−0,16347
50,000	0,92898	0,49545	0,18704	−0,01444	−0,13125	−0,16565	−0,19749	−0,18304
60,000	0,97332	0,53684	0,22049	0,00808	−0,12051	−0,18581	−0,20649	−0,19825
70,000	1,01240	0,57351	0,25066	0,02920	−0,10935	−0,18408	−0,21269	−0,21032
80,000	1,04745	0,60656	0,27825	0,04909	−0,09806	−0,18111	−0,21688	−0,22003
90,000	1,07934	0,63673	0,30374	0,06789	−0,08681	−0,17728	−0,21959	−0,22792
100,000	1,10866	0,66456	0,32746	0,08573	−0,07569	−0,17285	−0,22115	−0,23436

Tabelle 5.6–4 Balkenfeldmomente M_{Lmi}^{Feld}/l mit $\gamma = \dfrac{EA_{ww}}{Cl^3}$ [10]

γ	M_{Lm0}^{Feld}	M_{Lm1}^{F}	M_{Lm2}^{F}	M_{Lm3}^{F}	M_{Lm4}^{F}	M_{Lm5}^{F}	M_{Lm6}^{F}	M_{Lm7}^{F}
0,001	0,00079	−0,00100	0,00026	−0,00006	0,00002	−0,00000	0,00000	−0,00000
0,002	0,00157	−0,00196	0,00048	−0,00011	0,00003	−0,00001	0,00000	−0,00000
0,003	0,00233	−0,00288	0,00067	−0,00015	0,00003	−0,00001	0,00000	−0,00000
0,004	0,00307	−0,00376	0,00084	−0,00017	0,00003	−0,00001	0,00000	−0,00000
0,005	0,00379	−0,00462	0,00098	−0,00018	0,00003	−0,00001	0,00000	−0,00000
0,006	0,00450	−0,00544	0,00110	−0,00018	0,00003	−0,00000	0,00000	−0,00000
0,007	0,00519	−0,00624	0,00120	−0,00018	0,00002	−0,00000	0,00000	−0,00000
0,008	0,00588	−0,00701	0,00129	−0,00017	0,00002	−0,00000	0,00000	0,00000
0,009	0,00654	−0,00776	0,00135	−0,00015	0,00001	0,00000	−0,00000	0,00000
0,010	0,00720	−0,00848	0,00140	−0,00013	0,00000	0,00000	−0,00000	0,00000
0,015	0,01032	−0,01178	0,00145	0,00003	−0,00003	0,00000	0,00000	−0,00000
0,020	0,01321	−0,01465	0,00125	0,00024	−0,00006	0,00000	0,00000	−0,00000
0,025	0,01591	−0,01718	0,00088	0,00046	−0,00006	−0,00001	0,00000	0,00000
0,030	0,01845	−0,01943	0,00038	0,00067	−0,00005	−0,00002	0,00000	0,00000
0,035	0,02085	−0,02146	−0,00021	0,00086	−0,00002	−0,00003	0,00000	0,00000
0,040	0,02313	−0,02329	−0,00086	0,00104	0,00003	−0,00005	−0,00000	0,00000
0,045	0,02530	−0,02496	−0,00156	0,00118	0,00009	−0,00006	−0,00001	0,00000
0,050	0,02738	−0,02648	−0,00229	0,00130	0,00016	−0,00006	−0,00001	0,00000
0,055	0,02938	−0,07288	−0,00305	0,00139	0,00024	−0,00006	−0,00002	0,00000
0,060	0,03130	−0,02917	−0,00383	0,00146	0,00032	−0,00006	−0,00002	0,00000
0,065	0,03316	−0,03037	−0,00461	0,00150	0,00041	−0,00006	−0,00003	0,00000
0,070	0,03495	−0,03148	−0,00541	0,00152	0,00050	−0,00005	−0,00004	−0,00000
0,075	0,03668	−0,03251	−0,00620	0,00152	0,00060	−0,00004	−0,00004	−0,00000
0,080	0,03836	−0,03347	−0,00700	0,00149	0,00069	−0,00002	−0,00005	−0,00001
0,085	0,03999	−0,03437	−0,00779	0,00145	0,00076	0,00000	−0,00006	−0,00001
0,090	0,04158	−0,03521	−0,00859	0,00139	0,00087	0,00003	−0,00006	−0,00001
0,095	0,04312	−0,03600	−0,00937	0,00131	0,00095	0,00005	−0,00007	−0,00002
0,100	0,04463	−0,03674	−0,01015	0,00122	0,00105	0,00009	−0,00007	−0,00002
0,150	0,05794	−0,04219	−0,01749	−0,00037	0,00172	0,00050	−0,00004	−0,00006
0,200	0,06902	−0,04538	−0,02391	−0,00269	0,00198	0,00100	0,00010	−0,00009
0,250	0,07861	−0,04727	−0,02952	−0,00535	0,00188	0,00148	0,00033	−0,00007
0,300	0,08713	−0,04835	−0,03445	−0,00816	0,00148	0,00187	0,00061	−0,00000
0,350	0,09483	−0,04888	−0,03880	−0,01101	0,00085	0,00217	0,00091	0,00010
0,400	0,10188	−0,04903	−0,04268	−0,01384	0,00004	0,00237	0,00122	0,00023
0,450	0,10841	−0,04890	−0,04616	−0,01662	−0,00090	0,00247	0,00152	0,00039
0,500	0,11449	−0,04856	−0,04930	−0,01934	−0,00195	0,00248	0,00179	0,00057
0,550	0,12020	−0,04806	−0,05214	−0,02198	−0,00309	0,00241	0,00204	0,00076
0,600	0,12559	−0,04743	−0,05473	−0,02454	−0,00428	0,00226	0,00227	0,00096
0,650	0,13069	−0,04671	−0,05710	−0,02701	−0,00553	0,00205	0,00246	0,00116
0,700	0,13555	−0,04591	−0,05927	−0,02940	−0,00680	0,00177	0,00262	0,00136
0,750	0,14018	−0,04505	−0,06127	−0,03171	−0,00811	0,00144	0,00275	0,00155
0,800	0,14462	−0,04414	−0,06311	−0,03395	−0,00943	0,00107	0,00286	0,00174
0,850	0,14888	−0,04319	−0,06482	−0,03611	−0,01076	0,00065	0,00293	0,00193
0,900	0,15297	−0,04221	−0,06640	−0,03819	−0,01210	0,00019	0,00297	0,00211
0,950	0,15692	−0,04120	−0,06787	−0,04021	−0,01344	−0,00030	0,00298	0,00227
1,000	0,16073	−0,04018	−0,06923	−0,04215	−0,01478	−0,00083	0,00297	0,00243
1,500	0,19321	−0,02943	−0,07880	−0,05859	−0,02770	−0,00715	0,00166	0,00340
2,000	0,21894	−0,01876	−0,08383	−0,07093	−0,03933	−0,01436	−0,00115	0,00332
2,500	0,24054	−0,00857	−0,08640	−0,08053	−0,04960	−0,02167	−0,00479	0,00242
3,000	0,25929	0,00106	−0,08748	−0,08820	−0,05869	−0,02881	−0,00889	0,00092
3,500	0,27597	0,01018	−0,08759	−0,09444	−0,06677	−0,03565	−0,01322	−0,00102
4,000	0,29103	0,01881	−0,08705	−0,09960	−0,07401	−0,04215	−0,01764	−0,00328
4,500	0,30482	0,02702	−0,08604	−0,10389	−0,08052	−0,04830	−0,02209	−0,00575
5,000	0,31755	0,03484	−0,08469	−0,10751	−0,08641	−0,05413	−0,02650	−0,00839
5,500	0,32941	0,04231	−0,08309	−0,11056	−0,09176	−0,05964	−0,03085	−0,01113
6,000	0,34052	0,04947	−0,08130	−0,11315	−0,09665	−0,06485	−0,03512	−0,01395
7,000	0,36089	0,06297	−0,07733	−0,11722	−0,10526	−0,07448	−0,04336	−0,01970
8,000	0,37926	0,07553	−0,07302	−0,12014	−0,11257	−0,08317	−0,05117	−0,02549
9,000	0,39605	0,08728	−0,06653	−0,12221	−0,11886	−0,09103	−0,05856	−0,03123
10,000	0,41153	0,09835	−0,06394	−0,12362	−0,12430	−0,09819	−0,06555	−0,03688
20,000	0,52535	0,18508	−0,01888	−0,12036	−0,15509	−0,14556	−0,11813	−0,06527
30,000	0,60247	0,24792	0,02071	−0,10625	−0,16129	−0,16960	−0,15125	−0,12081
40,000	0,66246	0,29845	0,05538	−0,08974	−0,16173	−0,18346	−0,17394	−0,14775
50,000	0,71221	0,34124	0,06630	−0,07285	−0,15845	−0,19157	−0,19026	−0,16887
60,000	0,75508	0,37866	0,11428	−0,05622	−0,15316	−0,19615	−0,20237	−0,18585
70,000	0,79295	0,41209	0,13993	−0,04007	−0,14672	−0,19839	−0,21151	−0,19976
80,000	0,82701	0,44241	0,16367	−0,02448	−0,13958	−0,19900	−0,21846	−0,21131
90,000	0,85804	0,47023	0,18581	−0,00946	−0,13204	−0,19843	−0,22375	−0,22100
100,000	0,88661	0,49601	0,20659	0,00502	−0,12427	−0,19700	−0,22775	−0,22921

5.7 Ermittlung der Einflüsse von Querschnittsverformungen

5.7.1 Querschnittsverformungen bei Trägern mit offenen Profilen [6]

Querschnittsverformungen können bei Trägern mit offenen Profilen als elastisch behinderte Zwangsverdrehung von Querschnittsteilen angesehen werden. Die elastische Behinderung kommt nicht durch ein am Trägerprofil angeschlossenes „externes" Quersystem, sondern durch die Steifigkeit der Profilwandung, also das „interne" Quersystem zustande. Für den abgekanteten Querschnitt in Bild 5.7–1 besteht z.B. die mögliche Querschnittsverformung v in der Verdrehung einer Profilhälfte gegen die andere. Ist der Verdrehungswinkel $\varphi_v = 1$, dann können auf das verdrehte Teil alle Beziehungen der Zwangstorsion angewendet werden, insbesondere ist die Grundwölbung

$$w_v = \int r_t \mathrm{d}s = 100\ \mathrm{cm}^2, \qquad (5.7\text{–}1\,\mathrm{a})$$

wobei r_t vom Zwangsdrehpunkt gerechnet wird und m_Q die Einheitsverteilung der Querbiegemomente im Quersystem (Profilwandung) ist, die an der abgewickelten Kontur für einen Profilabschnitt von 1 m Breite bei Einprägen der Lagerverschiebung für $\varphi_V = 1$ entsteht, Bild 5.7–1. Mit dieser Einheitsverteilung ist die Bettungssteifigkeit

$$C_v = \frac{1}{EJ_Q} \int m_{Qv}^2 \mathrm{d}s = \frac{28{,}4}{1750} \cdot \frac{1}{3}\, 185^2 = 185 \left[\frac{\mathrm{kNcm}}{\mathrm{cm}}\right] \qquad (5.7\text{–}1\,\mathrm{b})$$

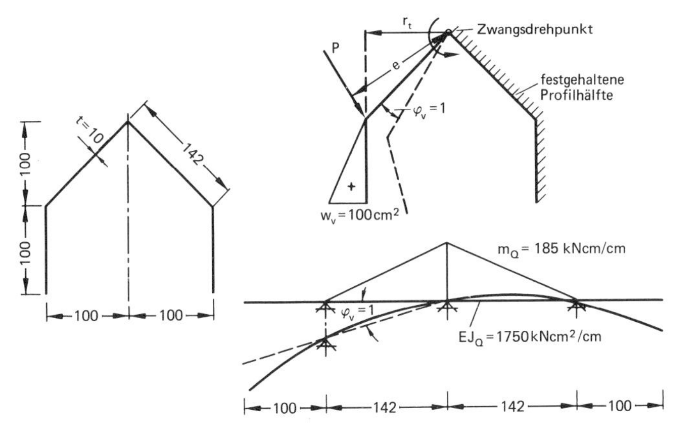

Bild 5.7–1

Das als Beispiel gewählte Profil hat nur eine mögliche Querschnittsverformung v_1, da das Verdrehen der Randscheiben keine Verwölbungen erzeugt und deshalb als Querschnittsverformung nicht mitgerechnet wird. Die Reinigung der Grundwölbung erfolgt anhand der Einheitsverwölbung für die Starrkörperverformungen, also der 1-, y-, z- und w-Flächen nach Bild 5.7–2 anhand der Gleichung

$$\tilde{w}_v = w_v + k_{1v} \cdot 1 + k_{yv} \cdot y + k_{zv} \cdot z + k_{wv} \cdot w \qquad (5.7\text{–}2\,\mathrm{a})$$

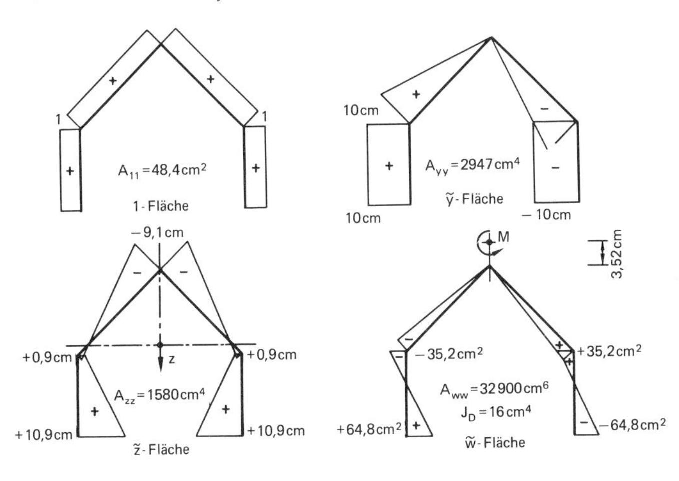

Bild 5.7–2

mit

$$k_{1v} = -\frac{A_{1v}}{A_{11}} = -\frac{500}{48{,}4} = -10{,}35\ \text{cm}^2 \tag{5.7–2b}$$

$$k_{yv} = -\frac{A_{yv}}{A_{yy}} = -\frac{5000}{2947} = -1{,}70\ \text{cm} \tag{5.7–2c}$$

$$k_{zv} = -\frac{A_{zv}}{A_{zz}} = -2{,}4\ \text{cm} \tag{5.7–2d}$$

$$k_{wv} = -\frac{A_{wv}}{A_{ww}} = -0{,}50. \tag{5.7–2e}$$

Auch die zugehörigen Verformungen $\tilde{v}$ setzen sich mit den gleichen Faktoren wie in Gleichung 5.7–2 aus der Grundverformung und den Starrkörperverformungen zusammen.
Die Torsionssteifigkeit $J_{D\tilde{v}}$ kann bei Kenntnis der Verformungsfigur $\tilde{v}$ aus den Steifigkeiten der Einzelscheiben gewichtet mit dem Quadrat der Verdrehungen berechnet werden:

$$J_{D\tilde{v}} = \sum_i \varphi_i^2 b_i t^3 \cdot \frac{1}{3} = 0{,}5 \cdot 16{,}0 = 4{,}0\ \text{cm}^4 \tag{5.7–2f}$$

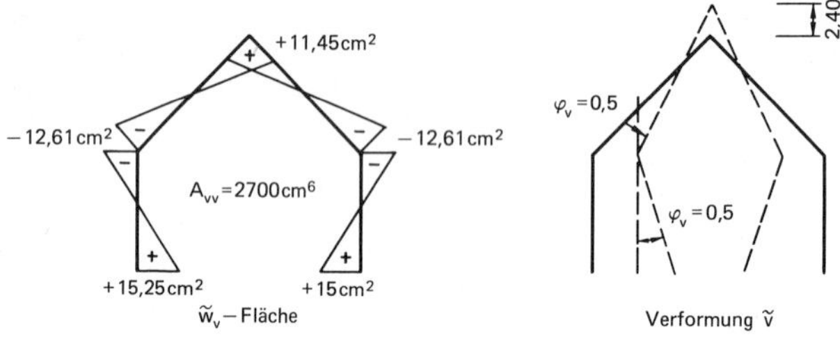

Bild 5.7–3

Die äußere Belastung $D_{\tilde{v}}$ setzt sich aus der Grundbelastung $D_v = P \cdot e$ mit der Last P in einem der Knoten, siehe Bild 5.7–2, und den durch die Reinigung hinzugekommenen Anteilen zusammen

$$D_{\tilde{v}} = D_v + k_{yv} \cdot P_y + k_{zv} \cdot P_z + k_{wv} \cdot D_w \tag{5.7–2g}$$

Als Beispiel wird für einen Träger nach Bild 5.7–4 der Spannungszustand in Feldmitte berechnet, Bild 5.7–5. Die Schnittgrößen zur Ermittlung der Längsspannungen sind das Biegemoment infolge $P_z = 20$ kN

$$M_z = \frac{P_z \cdot l}{4} = \frac{20 \cdot 100}{4} = 500\ \text{kN cm},$$

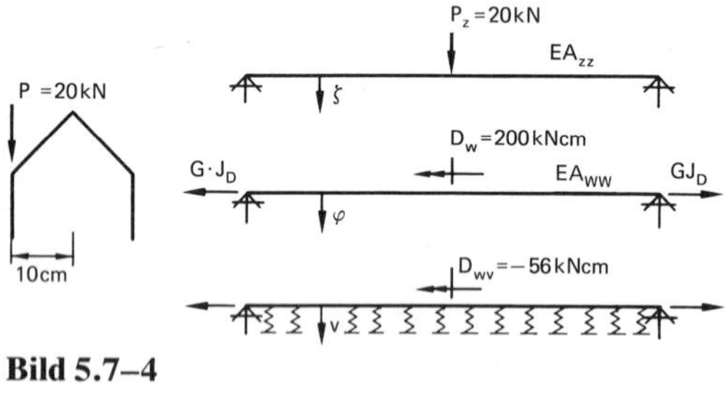

Bild 5.7–4

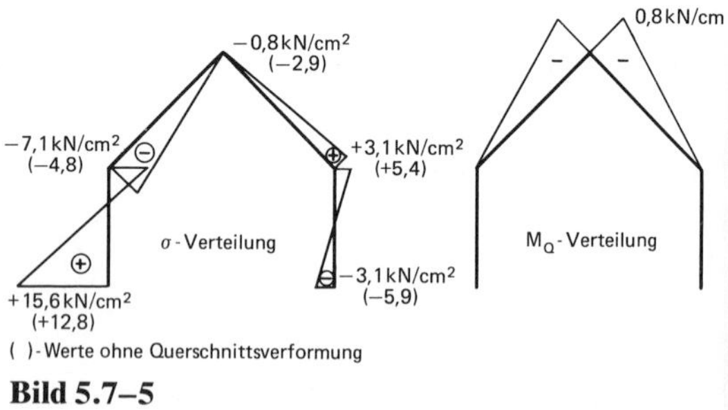

( )-Werte ohne Querschnittsverformung

Bild 5.7–5

das Wölbbimoment für Torsion infolge der Torsionskraft $D_w = 20 \cdot 10 = 200$ kNcm und mit $\omega_M = 0{,}95$

$$M_w = 0{,}95\,\frac{200 \cdot 100}{4} = 4750\ \text{kN cm}^2$$

und das Wölbbimoment für die Querschnittsverformung $\tilde{v}$ infolge der Belastung $D_v = 20 \cdot 10 - 2{,}4 \cdot 20 - 0{,}5 \cdot 200 = -56$ kNcm und mit $\omega_M = 0{,}35$

$$M_v = -0{,}35\,\frac{56 \cdot 100}{4} = -490\ \text{kN cm}^2.$$

Mit der maximalen Querschnittsverformung

$$v_{\max} = \omega_v \frac{P \cdot l^3}{48 E A_{ww}} = -0{,}21 \frac{56 \cdot 100^3}{48 \cdot 2100 \cdot 2700} = -4{,}35 \cdot 10^3$$

wird die Stützkraft

$$B_{v\,\max} = C_v \cdot v = -185 \cdot 4{,}35 \cdot 10^{-3} = -0{,}8 \text{ kN cm/cm}$$

und das Querbiegemoment

$$M_{Q\max} = \frac{B_v}{C_v} m_Q = \frac{-0{,}8}{185} \cdot 185 = -0{,}8 \text{ kN cm/cm}.$$

Auch bei Profilen mit zwei Querschnittsverformungen, die symmetrisch und antimetrisch sind, können in gleicher Weise die Starrkörperverformungen und unabhängige zusätzliche Profilverformungen gefunden werden.
Bei mehr Profilverformungen ist die Reinigung über Eigenfunktionszerlegung möglich [6].

5.7.2 Querschnittsverformungen bei Kastenprofilen [11]

Für das Beispiel eines einzelligen Kastenträgers, Bild 5.7–6, sind die Einheitsverwölbungen und Einheitsverteilungen für Starrkörperbiegung und Starrkörpertorsion in Bild 5.7–7 zusammengefaßt. Indem man eine Kastenseite nach Bild 5.7–8 festhält, prägt man die Querschnittsverformung in Form der Zwangstorsion $\varphi = 1$ einer Scheibe ein und erhält die Bewegungsfigur der Kinematischen Kette. Indem die gleiche Figur in das Quersystem, nämlich den Rahmen aus Fahrbahnquerträger und Quersteifen der Steg- und Bodenbleche mit gleichen Wegen eingeprägt wird, erhält man die Einheitsverteilung der Querbiegemomente m_{Qv}, Bild 5.7–9, aus der sofort die Bettungssteifigkeit

$$C_v = \frac{1}{EJ_Q} \int m_Q^2 \, ds = 1{,}303 \, EJ_Q = 16{,}28 \cdot 10^4 \text{ [kNm)}$$

eines Querrahmens ermittelt werden kann.

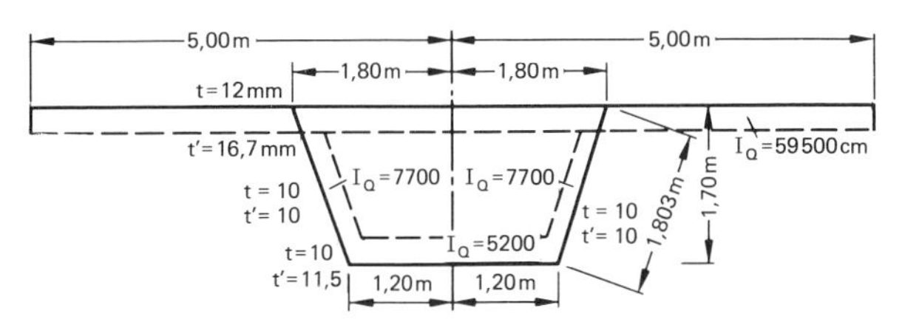

Bild 5.7–6

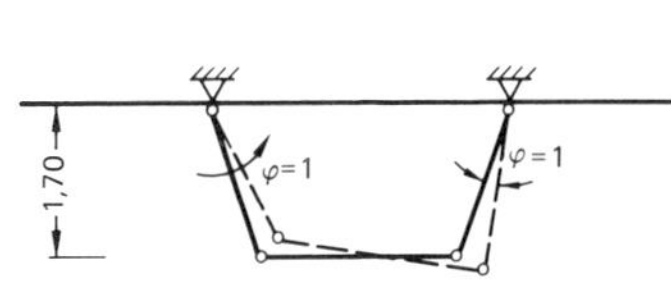

Bild 5.7–8

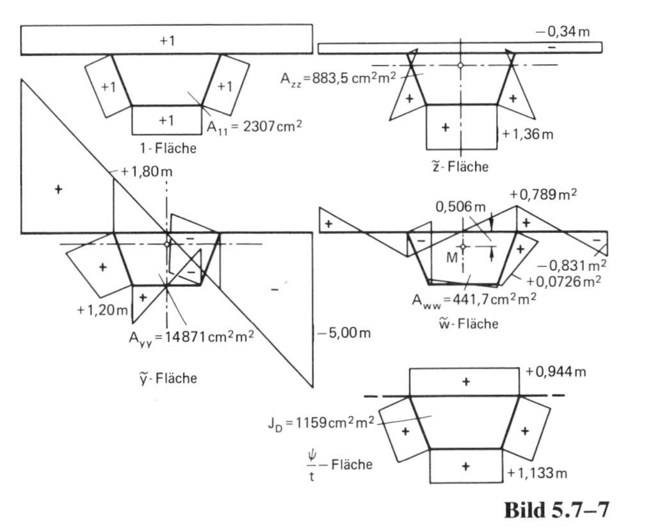

Bild 5.7–7

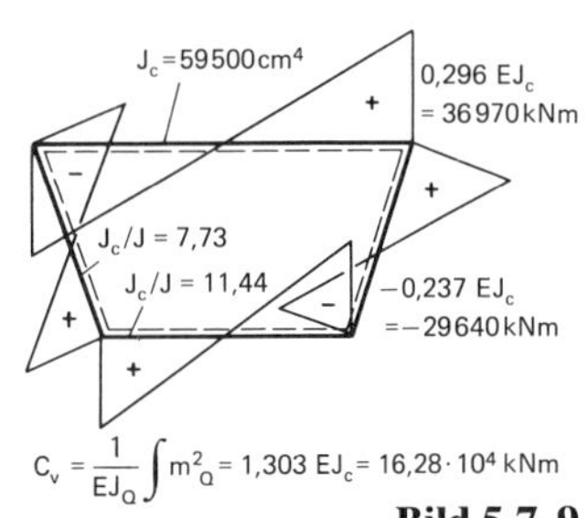

Bild 5.7-9

Bei der Ermittlung der zugehörigen Grundverwölbung muß ähnlich wie bei der Starrkörpertorsion in zwei Schritten vorgegangen werden. Indem der Kasten geschlitzt wird, erhält man nach Bild 5.7–10 den offenen Anteil

$$w_v^0 = \int r_t \,\mathrm{d}s \tag{5.7–3a}$$

mit dem Verwölbungssprung Δw_v^0 an der Schnittstelle, der einen Schubfluß mit der Einheitsverteilung aus der Gleichung

$$\psi_v \oint \frac{\mathrm{d}s}{t} = \Delta w_v^0 \tag{5.7–3b}$$

weckt. Bei mehrzelligen Kastenträgern steht anstelle der Gleichung (5.7–3b) für jede Kastenzelle i

$$-\psi_{v_{i-1}} \int \frac{\mathrm{d}s}{t} + \psi_{v_i} \oint \frac{\mathrm{d}s}{t} - \psi_{v_{i+1}} \int \frac{\mathrm{d}s}{t} = \Delta w_{v_i}^0 \tag{5.7–3c}$$

Damit läßt sich die $\frac{\psi_v}{t}$-Verteilung für die Querschnittsgrundverformung angeben, Bild 5.7–10.
Mit der $\frac{\psi}{t}$-Verteilung kann auch die verträgliche Grundverwölbung

$$w_v = w_v^0 - \int \frac{\psi_v}{t} \,\mathrm{d}s \tag{5.7–3d}$$

ermittelt werden, Bild 5.7–11.

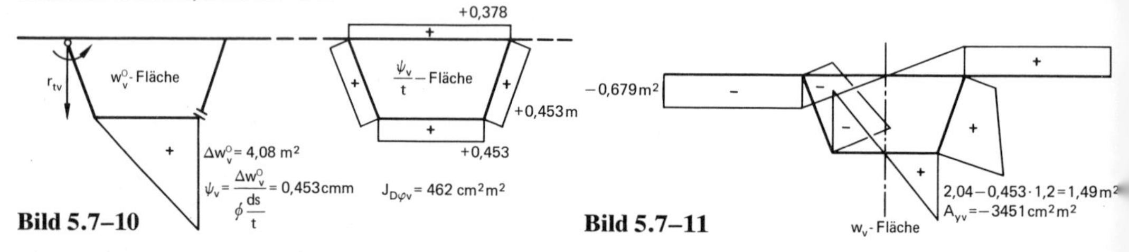

Bild 5.7–10 **Bild 5.7–11**

Für die Reinigung der Querschnittsgrundverformung wird nun wieder der Ansatz

$$\tilde{w}_v = w_v + k_{1v} \cdot 1 + k_{yv} \cdot y + k_{zv} \cdot z + k_{wv} \cdot w \tag{5.7–4a}$$

gemacht, aber im Unterschied zum Vorgehen bei offenen Profilen nur von der 1-, y- und z-Fläche gereinigt. Das führt zu den Faktoren:

$$k_{1v} = -\frac{A_{1v}}{A_{11}} \tag{5.7–4b}$$

$$k_{yv} = -\frac{A_{yv}}{A_{yy}} \tag{5.7–4c}$$

$$k_{zv} = -\frac{A_{zv}}{A_{zz}}. \tag{5.7–4d}$$

Bei der Reinigung von der Torsion wird weniger die Längsspannungsverteilung als die Bredtsche Schubverteilung kennzeichnend für die Starrkörpertorsion angesehen, d.h. man geht vom Grenzfall des wölbfreien Torsionsquerschnittes aus. Demzufolge wird nicht von der Einheitsverwölbung w, sondern über die Einheitsverteilung der Schubspannung $\frac{\psi}{t}$ gereinigt, so daß mit dem Ansatz

$$\frac{\psi_{\tilde{v}}}{t} = \frac{\psi_v}{t} + k_{wv} \cdot \frac{\psi}{t} \tag{5.7–4e}$$

und der Bedingung

$$J_{Dv\varphi} = \int \frac{\psi_{\tilde{v}}}{t} \frac{\psi}{t} \,\mathrm{d}A = 0 \tag{5.7–4f}$$

der Reinigungsfaktor

$$k_{wv} = -\frac{J_{Dv\varphi}}{J_D} \tag{5.7–4g}$$

lautet.

Damit lauten die Reinigungsfaktoren mit den Querschnittswerten nach Bild 5.7–7/10/11

$$k_{yv} = -\frac{-3451}{14871} = +0{,}232 \text{ m}$$

$$k_{wv} = -\frac{462}{1159} = -0{,}40,$$

woraus die Einheitsverwölbung $\tilde{w}_v$ nach Bild 5.7–12 folgt. Die Einheitsschubspannungsverteilung für die gereinigte Querschnittsverformung wird null, so daß also für die Verformung $\tilde{v}$ keine Torsionssteifigkeit zustandekommt.
Die Belastung für die Verformung $\tilde{v}$ setzt sich wieder gemäß Gleichung (5.7–4a)

$$D_{\tilde{v}} = D_v + k_{yv} P_y + k_{zv} P_z + k_{wv} D_w \qquad (5.7\text{–}4\text{h})$$

zusammen, wobei diese Formel für Belastungen in den Knoten gilt. Wirkt die Last zwischen den Knoten, so muß sie über das Quersystem (Querrahmen) in die Knoten verteilt werden, um dann als Knotenlasten berücksichtigt zu werden. Um diese Prozedur vereinfachen zu können, kann auch eine Quereinflußlinie für die Belastung $D_{\tilde{v}}$, z.B. für Vertikalbelastung P_z auf der Brückenfahrbahn ermittelt werden, indem die Gleichung (5.7–4i) zunächst nach P_z aufgelöst wird

$$D_{\tilde{v}} = k_{wv} \cdot D_w = (-0{,}40\, e)\, P_z \qquad (5.7\text{–}4\text{i})$$

Der Klammerausdruck gibt dann als gestrichelte Linie in Bild 5.7–13 die Grundlinie für die Querverteilungslinie wieder, die für Knotenbelastung gilt.

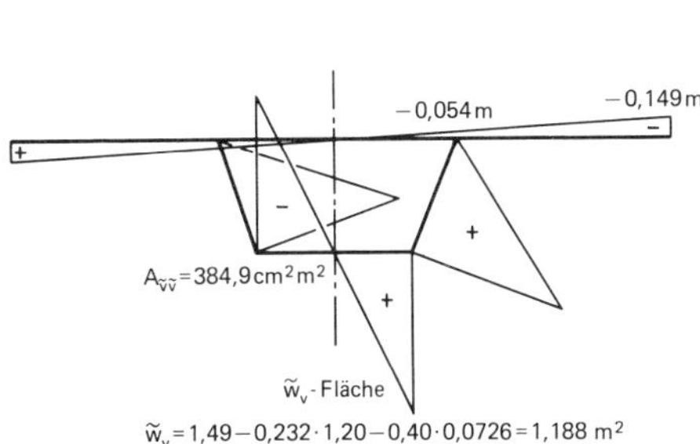

Bild 5.7–12

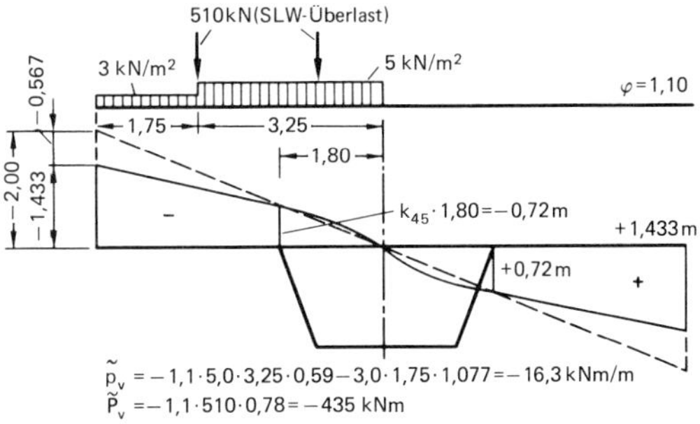

510 kN (SLW-Überlast)
3 kN/m²
5 kN/m²
φ = 1,10
−0,567
1,75
3,25
1,80
−2,00
−1,433
k_{45} · 1,80 = −0,72 m
+1,433 m
+0,72 m
$\tilde{p}_v$ = −1,1 · 5,0 · 3,25 · 0,59 − 3,0 · 1,75 · 1,077 = −16,3 kNm/m
$\tilde{P}_v$ = −1,1 · 510 · 0,78 = −435 kNm

Bild 5.7–13

Indem die Definition der Querverteilungslinie für die Belastung $D_{\tilde{v}}$ als Verschiebungslinie unter der Querschnittsverformung $\tilde{v} = 1$ angewendet wird, kann man an die Grundlinie noch die Verschiebungswerte antragen, die sich aus der Einheitsverteilung m_Q der Biegemomente am Querrahmen, Bild 5.7–9, ergeben. Die so erhaltene Quereinflußlinie gilt dann auch für Belastung zwischen den Knoten, Bild 5.7–13.
Im gleichen Bild ist auch die Quereinflußlinie für Brückenverkehrslasten ausgewertet. Für die Querschnittsverformung soll der Ersatzträger nach Bild 5.7–14 mit Querrahmen alle 3,94 m und starren Querverbänden alle 35,50 m gelten.

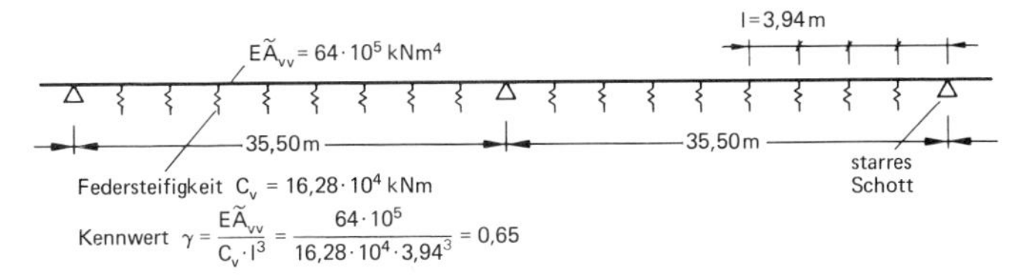

Bild 5.7–14

Mit den Werten der Tabelle 5.6–2 für $\gamma = 0{,}65$ ergeben sich die Einflußlinie für die größte Bettungskraft eines Querrahmens nach Bild 5.7–15, die zu den Biegemomenten im Querrahmen aus Querschnittsverformung gemäß Bild 5.7–16 führt.
In Bild 5.7–17 ist die Einflußlinie für das Bimoment M_v ausgewertet, das zu einer Zusatzspannung aus Querschnittsverformung gemäß Bild 5.7–18 führt.
Man erkennt auch an der Erstreckung der Einflußlinie für den federnd gelagerten Träger, daß für die Einleitung von Verkehrslasten in den Kastenträger keine starren Torsionsverbände erforderlich sind.

Dieses für den einzelligen Kasten gezeigte Berechnungsverfahren kann auch für den symmetrischen zweizelligen Kasten angewendet werden, da auch hier durch symmetrisch und antimetrischen Querschnittsverformungen Unabhängigkeit dieser Verformungen erreicht werden kann.

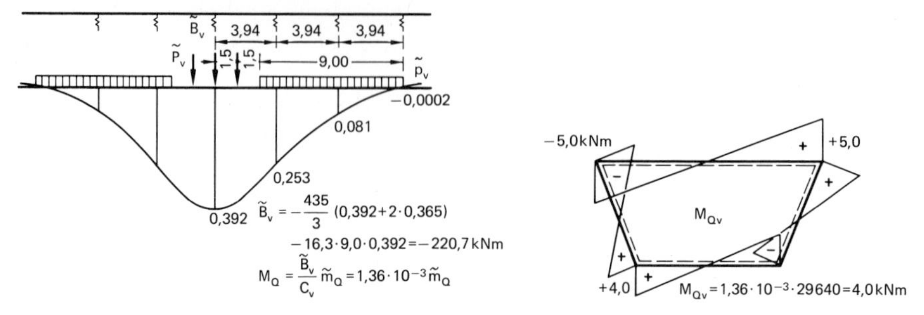

Bild 5.7–15

Bild 5.7–16

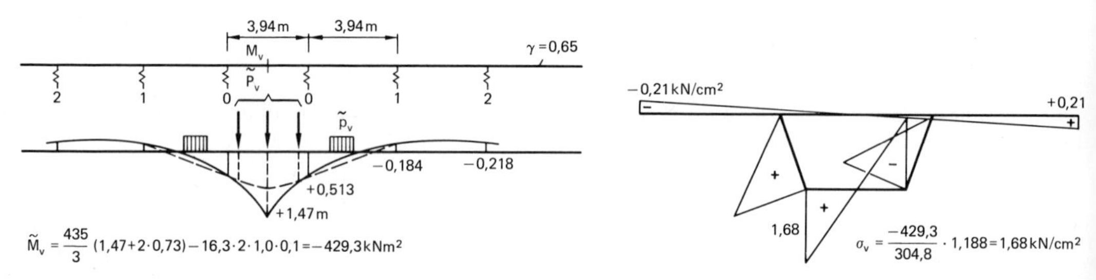

Bild 5.7–17

Bild 5.7–18

Für den drei- und vierzelligen Kastenträger sind Entkopplungen der Querschnittsverformungen über Eigenfunktionszerlegung möglich [6], [11].
In Tabelle 5.7–1 sind für die Beispiele eines einzelligen und eines zweizelligen Querschnittes die unabhängigen Starrkörper- und Profilverformungen zusammengestellt. Die Übersicht zeigt die gleichartige Vorgehensweise bei der Ermittlung der Verformungen und Spannungen bei allen Verformungsarten.

Verformung	Einheits-verteilung	Steifigkeits-wert	Schnittgröße	Beanspruchung	Ersatzsystem und Quereinfluß für die skizzierte Last P
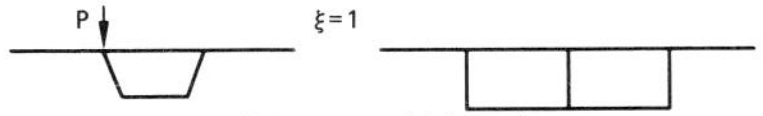 P $\xi = 1$ (Längsverschiebung)	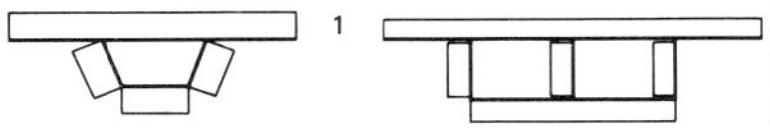 1	$\tilde{A}_{11} = \int 1^2 \, dA$ (cm^2) (Fläche)	$-\xi'' E\tilde{A}_{11} = N$ (kN) (Normalkraft)	$\sigma_1 = \frac{N}{\tilde{A}_{11}} A_1$ (kN/cm^2) (Längsspannung)	$P_x = 0$
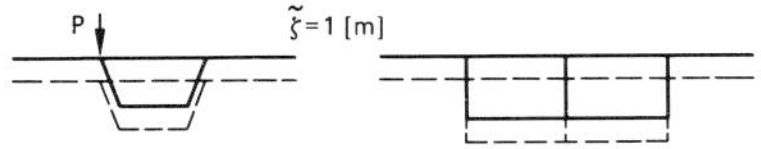 P $\tilde{\zeta} = 1$ [m] Verschiebung in z-Richtung	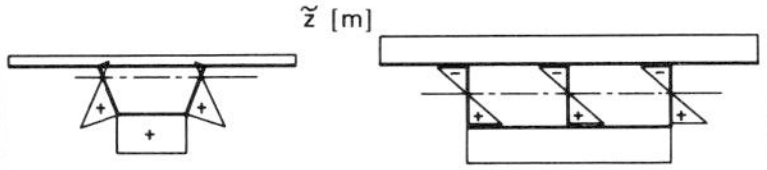 $\tilde{z}$ [m]	$\tilde{A}_{zz} = \int \tilde{z}^2 \, dA$ $(cm^2\, m^2)$ (Trägheitsmoment)	$-\xi'' E\tilde{A}_{zz} = \tilde{M}_z$ (kNm) (Biegemoment)	$\sigma_z = \frac{\tilde{M}_z}{\tilde{A}_{zz}} \cdot \tilde{z}$ (kN/cm^2)	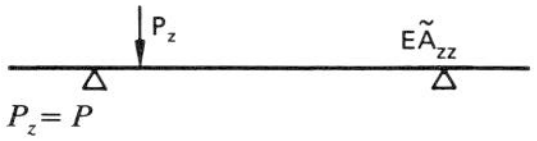 P_z, $E\tilde{A}_{zz}$ $P_z = P$
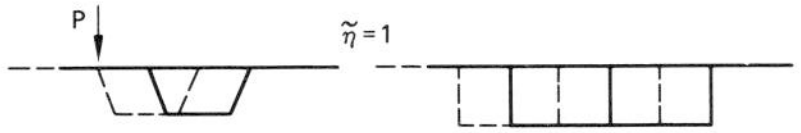 P $\tilde{\eta} = 1$ Verschiebung in y-Richtung	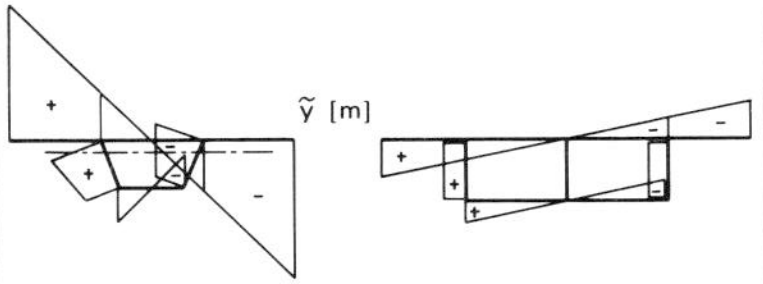 $\tilde{y}$ [m]	$\tilde{A}_{yy} = \int \tilde{y}^2 \, dA$ $(cm^2\, m^2)$ (Trägheitsmoment)	$-\tilde{\eta}'' \tilde{E} A_{yy} = \tilde{M}_y$ (kNm) (Biegemoment)	$\sigma_y = \frac{\tilde{M}_y}{\tilde{A}_{yy}} \cdot \tilde{y}$ (kN/cm^2)	$E\tilde{A}_{yy}$ $P_y = 0$
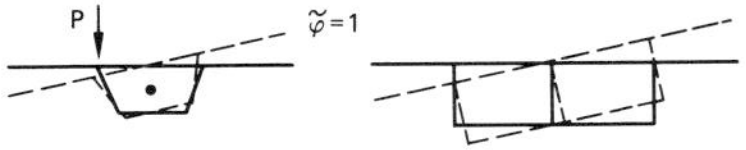 P $\tilde{\varphi} = 1$ Torsion um Schubmittelpunkt	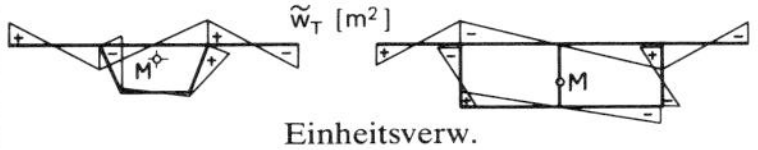 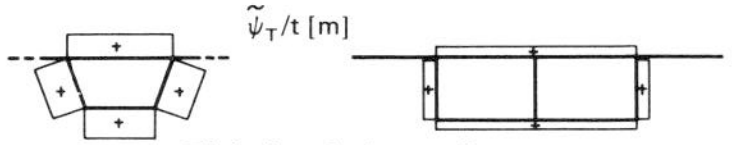 $\tilde{w}_T$ [m²] M Einheitsverw. $\tilde{\psi}_T/t$ [m] Einheitsschubverteilung	$\tilde{A}_{ww} = \int \tilde{w}_T^2 \, dA$ $(cm^2\, m^4)$ Wölbsteifigkeit $I_D = \int \left(\frac{\tilde{\psi}_T}{t}\right)^2 dA$ $(cm^2\, m^2)$ Bredtsche Torsions-steifigkeit	$-\tilde{\varphi}'' E\tilde{A}_{ww} = \tilde{M}_w$ (kNm^2) Wölbbimoment $\tilde{\varphi}' G I_D = M_D$ (kNm) Torsionsmoment	$\sigma_w = \frac{\tilde{M}_w}{\tilde{A}_{ww}} \cdot \tilde{w}$ (kN/cm^2) $\tau_D = \frac{\tilde{M}_D}{\tilde{I}_D} \cdot \frac{\tilde{\psi}}{t}$ (kN/cm^2)	 GI_D, P_φ, $E\tilde{A}_{ww}$, GI_D $P_y = P \cdot \bar{r}_t$
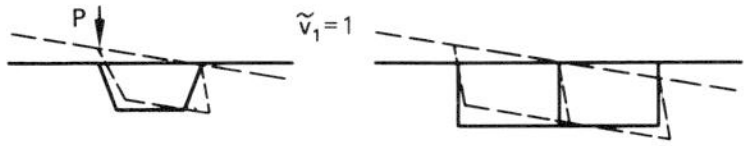 P $\tilde{v}_1 = 1$ antimetrische Konturverformung	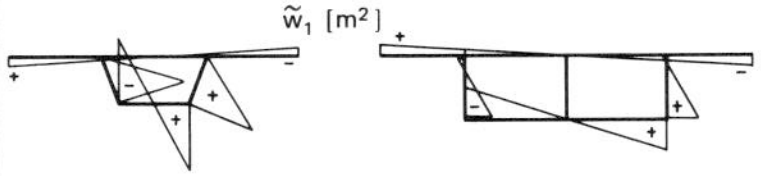 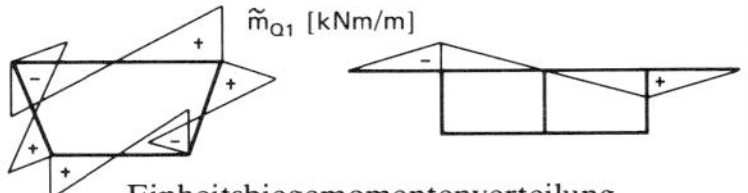 $\tilde{w}_1$ [m²] $\tilde{m}_{Q1}$ [kNm/m] Einheitsbiegemomentenverteilung	$\tilde{A}_{vv1} = \int \tilde{w}_1^2 \, dA$ $(cm^2\, m^2)$ $\tilde{C}_{v1} = \frac{1}{EI} \int_Q (\tilde{m}_{Q1})^2 \, ds$ (kNm/m)	$-\tilde{v}_1'' E\tilde{A}_{vv1} = \tilde{M}_{V1}$ (kNm^2) Verformungs-moment $\tilde{v}_1 \tilde{C}_{v1} = \tilde{B}_{v1}$ (kN/m) Bettungskraft	$\sigma_{v1} = \frac{\tilde{M}_{v1}}{\tilde{A}_{vv1}} \cdot \tilde{w}_1$ (kN/cm^2) $M_{Q1} = \frac{\tilde{B}_{v1}}{\tilde{C}_{v1}} \cdot \tilde{m}_{Q1}$ (kNm) Rahmenbiege-moment	 P_{v1}, C_{v1}, $E\tilde{A}_{vv1}$ $P_{v1} = P \cdot \bar{r}_1$
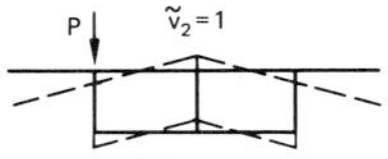 P $\tilde{v}_2 = 1$ symmetrische Konturverformung	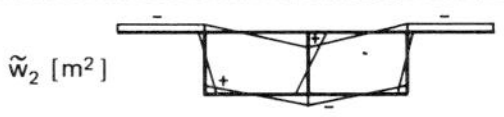 $\tilde{w}_2$ [m²] Einheitsverwölbung 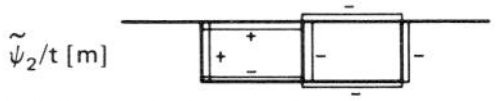 $\tilde{\psi}_2/t$ [m] Einheitsschubverteilung 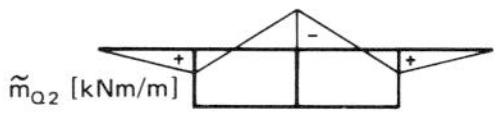 $\tilde{m}_{Q2}$ [kNm/m] Einheitsbiegemomente im Querrahmen	$\tilde{A}_{vv2} = \int \tilde{w}_2^2 \, dA$ $(cm^2\, m^4)$ $\tilde{I}_{D2} = \int \left(\frac{\tilde{\psi}}{t}\right)^2 dA$ $(cm^2\, m^2)$ $\tilde{C}_{v2} = \frac{1}{EI} \int_Q (\tilde{m}_{Q2})^2 \, ds$	$-\tilde{v}_2'' E\tilde{A}_{vv2} = \tilde{M}_{v2}$ (kNm^2) Verformungs-moment $\tilde{v}_2' G\tilde{I}_{D2} = M_{D2}$ (kNm) Torsionsmoment $\tilde{v}_2 \tilde{C}_{v2} = \tilde{B}_2$ Bettungskraft	$\sigma_{v2} = \frac{\tilde{M}_{v2}}{\tilde{A}_{vv2}} \cdot \tilde{w}_2$ (kN/cm^2) $\tau_{v2} = \frac{\tilde{M}_{D2}}{\tilde{I}_{D2}} \frac{\tilde{\psi}}{t}$ (kN/cm^2) $M_{Q2} = \frac{\tilde{B}_2}{\tilde{C}_{v2}} \cdot \tilde{m}_{Q2}$ (kNm/m) Rahmenbiege-moment	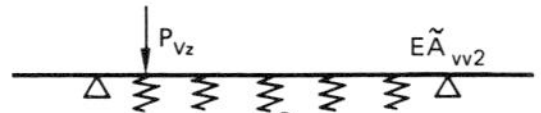 P_{vz}, C_{v2}, $E\tilde{A}_{vv2}$ $P_{vz} = P \cdot \bar{r}_2$

5.8 Auswirkung einer begrenzten, mittragenden Breite

5.8.1 Genauere Berücksichtigung der Schubverformungen

Besteht ein Trägerquerschnitt aus Scheiben, deren Breiten b im Verhältnis zur Spannweite l groß sind (gedrungene Scheiben, wandartige Träger), so kann nicht mehr von Ebenbleiben dieser Scheiben bei der Verwölbung ausgegangen werden, da der Schubeinfluß zu einer nichtlinearen Scheibenverwölbung u führt, die auch einen nichtlinearen Spannungsverlauf zur Folge hat, Bild 5.8–1. Im Ergebnis entstehen Spannungsspitzen über den Stegen, deren Größen in der Regel dadurch angenähert bestimmt werden, daß die Scheibe durch einen mittragenden Streifen ersetzt wird, für den wieder Ebenbleiben der Querschnitte angesetzt werden darf.
Eine genauere Methode, die insbesondere den veränderlichen Verlauf der mittragenden Breite über die Stablänge und die große Abhängigkeit von der Art des Lastfalls besser wiedergibt, ist das Verfahren mit zusätzlichen nichtlinearen Einheitsverwölbungen aus der Schubverformung.

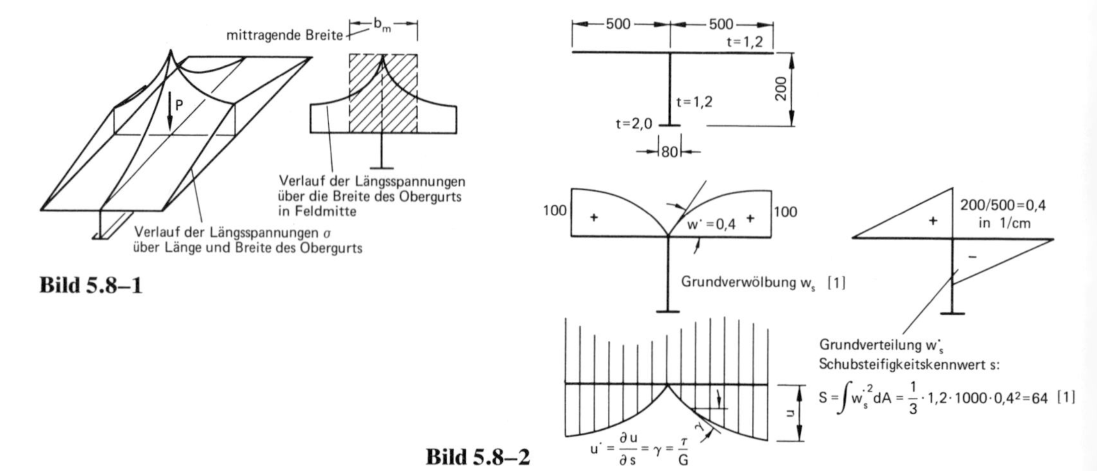

Bild 5.8–1

Bild 5.8–2

Dazu wird die zu erwartende Abweichung des Spannungsverlaufes gegenüber der Berechnung mit Ebenbleiben der Querschnitte als Einheitsverteilung angenommen, z. B. als Parabelnäherung für die Grundverwölbung w_s für einen Biegequerschnitt nach Bild 5.8–2. Im gleichen Bild ist die Verwölbung u, die sich mit der Einheitsverteilung w_s ergibt, in Aufsicht auf die Obergurtscheibe eingezeichnet. Geht man von streifenartigem Verhalten der Obergurtscheibe aus (Querdehnsteifigkeit gegen unendlich, Querverformungen gegen null) dann kann aus der Änderung der Verwölbung

$$u^{\cdot} = \frac{\partial u}{\partial s} = \gamma = \frac{\tau}{G} \tag{5.8–1}$$

unmittelbar die Schubverformung abgelesen werden. Die Neigung der Grundverwölbung w_s, ist also die Einheitsverteilung $w_s^{\cdot}$ der Schubspannungen, die zweckmäßigerweise so gewählt werden sollte, daß sie der $\frac{A_{iz}(s)}{t}$ Verteilung entspricht.

$$\sigma = E\,\varepsilon = E\,u' = -\,E\,w_s\,v_s'' \tag{5.8–2a}$$

$$\tau = G\,\gamma = G\cdot u^{\cdot} = -\,G\,w_s^{\cdot}\,v_s' \tag{5.8–2b}$$

Die Verformung v_s ist dabei die zu der Grundverwölbung w_s gehörende neue Zusatzverformung, mit der der Effekt der mittragenden Breite ermittelt werden soll. Die Grundverwölbung w_s muß nun so von den übrigen Einheitsverwölbungen, nämlich der 1-, y-, z- und w-Fläche gereinigt werden, daß die Verformung $\tilde{v}$ unabhängig wird.
Die Reinigung der Grundverwölbung w_s erfolgt wie bei Profilverformungen:

$$\tilde{w}_s\text{-Fläche} = w_s\text{-Fläche} + k_{1s}\cdot 1\text{-Fläche} + k_{zs}\cdot z\text{-Fläche}\,, \tag{5.8–3a}$$

mit den Koeffizienten

$$k_{1s} = -\,\frac{A_{1s}}{A_{11}} = -\,\frac{0{,}8\cdot 10^5}{1600} = -\,50 \tag{5.8–3b}$$

$$k_{zs} = -\,\frac{A_{zs}}{A_{zz}} = -\,\frac{-\,28\cdot 10^5}{76{,}4\cdot 10^5} = +\,0{,}367\text{ cm} \tag{5.8–3c}$$

In Bild 5.8–3 ist die Einheitsverwölbung $\tilde{w}_s$ und die zugehörige Wölbsteifigkeit

$$A_{ss} = \int \tilde{w}_s^2 \, dA \qquad (5.8\text{–}4)$$

angegeben.

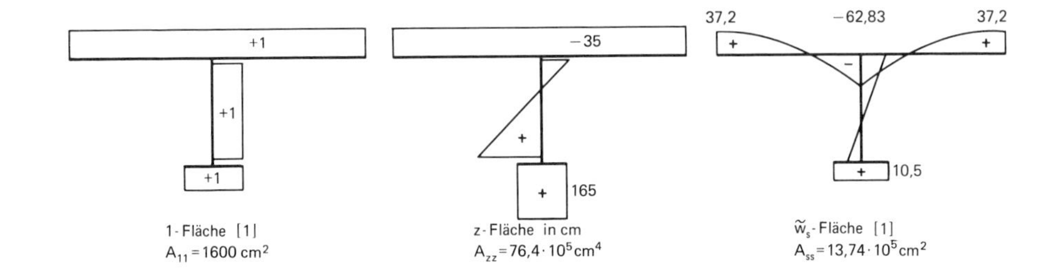

Bild 5.8–3

Die Schubspannung τ nach Gleichung (5.8–2b) macht sich als eine Art Torsionssteifigkeit bemerkbar, deren Größe S wieder unmittelbar aus den Einheitsverteilungen ermittelt werden kann, Bild 5.8–2.

$$S = \int w'^2 dA = \frac{1}{3}\, 1{,}2 \cdot 1000 \cdot 0{,}4^2 = 64 \qquad (5.8\text{–}5)$$

Das Ersatzsystem für die Verformung $\tilde{v}_s$ ist demnach ein Biegeträger mit der Biegesteifigkeit EA_{ss} und dem Horizontalzug $G \cdot S$ nach Bild 5.8–4 an dem mit der Schnittgröße

$$M_{vs} = -\, EA_{ss}\, v_s'' \qquad (5.8\text{–}6a)$$

ermittelt aus der Gleichung

$$-\, EA_{ss}\, v_s'' + GS\, v_s = M_{vs}^0 \qquad (5.8\text{–}6b)$$

der Effekt der „mittragenden Breite" als Zusatzspannung

$$\sigma = \frac{M_{vs}}{A_{ss}}\, w_s \qquad (5.8\text{–}6c)$$

ermittelt werden kann.

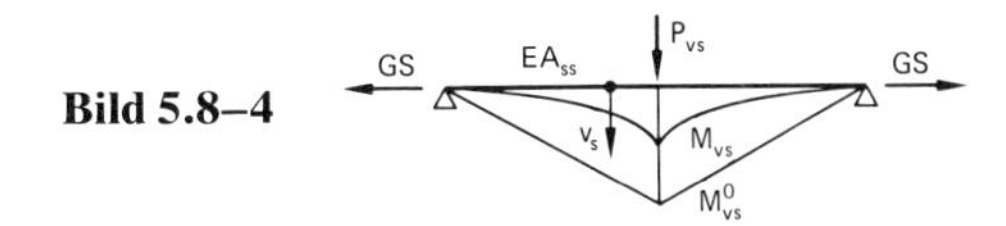

Bild 5.8–4

5.8.2 Anwendungsbeispiel [12]

Ein Durchlaufträger über drei Felder mit Querschnitt nach Bild 5.8–3 wird gemäß Bild 5.8–5 in z-Richtung belastet. Der Verlauf des Biegemomentes M_z aus $P_z = 10$ kN/m und des Schubverformungsmomentes M_{vs} aus der Last

$$p_{\tilde{v}s} = p_{vs} + k_{zs} \cdot p_z = 0{,}367 \cdot 10 = 3{,}67 \text{ [kNcm/cm]} \qquad (5.8\text{–}7)$$

gehen aus Bild 5.8–6 hervor. Die Einzelspannungen und Gesamtspannungen sind in Bild 5.8–7 gegenübergestellt.

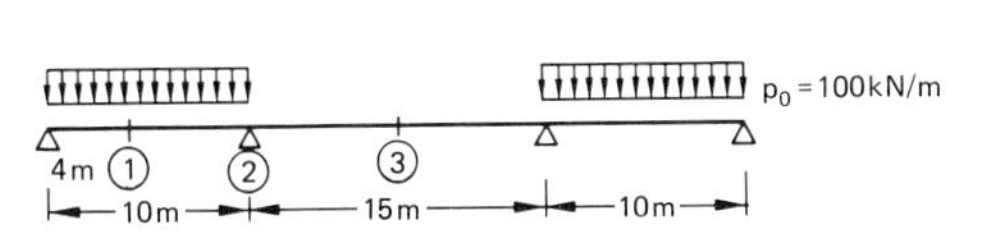

Bild 5.8–5

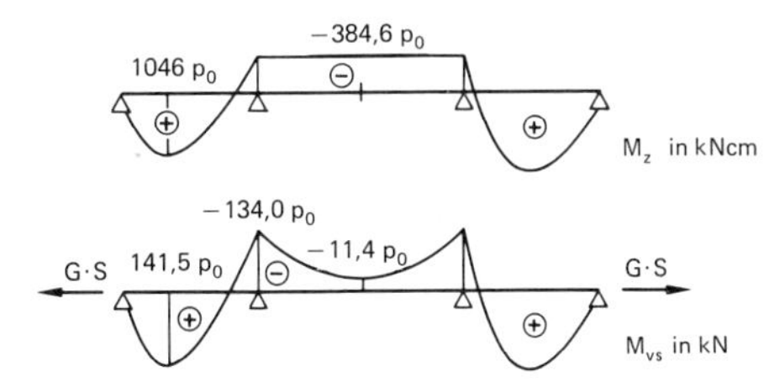

Bild 5.8–6

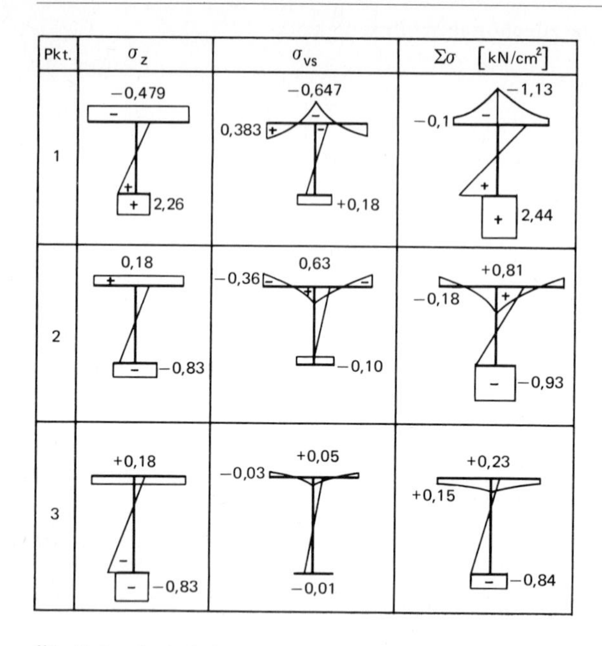

Bild 5.8–7

Ähnlich wie bei den Profilverformungen können auch bei den Schubverformungen mehrere Verformungsansätze gemacht werden, die durch Reinigung unabhängig gemacht werden können [12].

5.8.3 Schubverformungen in Fugen

Anstelle von Einheitsverwölbungen mit stetig gekrümmtem Verlauf zur Erfassung „flächiger" Schubverformungen können auch Einheitsverwölbungen mit Sprüngen zur Erfassung der Schubverformungen in Fugen, z.B. für Träger mit elastischem Verbund, angesetzt werden. Die Fugenelastizität wirkt sich bei diesem Verfahren ebenfalls in Form von Zusatzverformungen und Zusatzspannungen aus [12].

Literatur

1. F.W. Bornschener: Systematische Darstellung des Biege- und Verdrehvorganges unter besonderer Berücksichtigung der Wölbkrafttorsion. Der Stahlbau 21 (1952) Heft 1, Seite 1.
2. R. Heilig: Der Schubverformungseinfluß auf die Wölbkrafttorsion von Stäben mit offenem Profil. Der Stahlbau 30 (1961) Heft 4, Seite 97.
3. W.S. Wlassow: Dünnwandige elastische Stäbe Bd. 1. VEB Verlag für Bauwesen Berlin (1964).
4. K. Roik, G. Sedlacek: Theorie der Wölbkrafttorsion unter Berücksichtigung der sekundären Schubverformungen. Der Stahlbau (1966) Heft 2, Seite 43.
5. R. Schardt: Eine Erweiterung der technischen Biegelehre für die Berechnung biegesteifer prismatischer Faltwerke. Der Stahlbau 35 (1966) Heft 6, Seite 161.
6. G. Sedlacek: Systematische Darstellung des Biege- und Verdrehvorgangs für prismatische Stäbe mit dünnwandigem Querschnitt unter Berücksichtigung der Profilverformung. Fortschrittberichte VDI-Zeitschrift 1968, Reihe 4, Nr. 8.
7. K. Roik, J. Carl, J. Lindner: Biegetorsionsprobleme gerader dünnwandiger Stäbe. Verlag von Wilhelm Ernst & Sohn 1972.
8. K. Roik: Stahlbau-Grundlagen. Verlag von Wilhelm Ernst & Sohn.
9. G. Sedlacek, D. Feder: Zur Berechnung von I-Trägern mit exzentrischen Gurten. Der Stahlbau (1971) Heft 7, Seite 209.
10. W. Pelikan, M. Eßlinger: Die Stahlfahrbahn – Berechnung und Konstruktion. MAN-Forschungsheft Nr. 7 (1957).
11. G. Sedlacek: Die Anwendung der erweiterten Biege- und Verdrehtheorie auf die Berechnung von Kastenträgern mit verformbarem Querschnitt. Straße – Brücke – Tunnel 1971, Seite 241 und Seite 239.
12. K. Roik, G. Sedlacek: Erweiterung der technischen Biege- und Verdrehtheorie unter Berücksichtigung der Schubverformungen. Die Bautechnik 1970, Heft 1, Seite 20.
13. J. Kammenhuber: Arbeitshilfen zur Vorlesung Baustatik RWTH Aachen 1982.
Weitere Literatur vor allem in [7].

6 Schwingungsberechnungen im Stahlbau

Nach K. Marguerre zusammengestellt von G. Valtinat

Wie von allen Abschnitten dieses Handbuches wird der Benutzer auch vom Schwingungs-Abriß (der sich natürlich auf die im Bauwesen heute vorherrschenden linearen Probleme beschränkt) in erster Linie Gebrauchsformeln erwarten. Diese Erwartung läßt sich für den Einmassenschwinger und – bis zu einem gewissen Grade – für den Zweimassenschwinger erfüllen; aber nicht mehr für den n-Massenschwinger. Einmal, weil der Bauingenieur, auch wenn er Schwingungslehre *„gelernt"* hat, für den n-Massenschwinger nicht die Erfahrung mitbringen kann, ohne die die Rezepte mehr Unheil stiften (die Erfahrung des Statikers kann in der Kinetik sehr in die Irre führen), dann aber auch, weil es solche Rezepte einfach nicht gibt, wenn das schwingende Gebilde hinreichend komplex ist. Sicher werden sich im Laufe der Zeit z. B. für die Berechnung von Maschinenfundamenten Standard-Methoden herausbilden; solange sie nicht bestehen, bleibt dem Handbuch nichts übrig, als in gedrängter Zusammenfassung die alle Schwingungsüberlegungen kennzeichnenden Grundgedanken herauszuarbeiten, die allein den Rechner sicher leiten können. Auch durch die Hintertür der Zahlenbeispiele Rezepte einschleusen zu wollen, hat keinen Sinn. Wenn ihrer nicht sehr viele zusammengetragen werden, sind Zahlenbeispiele, wie man mit Recht gesagt hat, nur eine Quelle für den Aberglauben: für den mit einem Gebiet nicht langjährig Vertrauten ist die Verführung zu groß, die *„Erfahrung"* von Zahlenergebnissen unrechtmäßig zu verallgemeinern. Das Programm dieses Abrisses lautet daher: Für den Einmassenschwinger Zusammenstellung von Ergebnissen, für den Mehrmassenschwinger Darstellung der Methoden.

6.1 Kinematische Vorbemerkungen

Kinematisch ist jeder mechanische Vorgang, bei dem gewisse Bewegungsmerkmale ständig wiederkehren, eine Schwingung. Kehren die Merkmale regelmäßig und genau identisch wieder, so nennt man die Schwingung periodisch. Ein Sonderfall der periodischen ist die harmonische (sin- oder cos-)Schwingung.
Bezeichnet x den Ausschlag, t die Zeit, T die Periode, so nennt man

$$x_0 = \frac{1}{T} \int_t^{t+T} x(t)\, \mathrm{d}t$$

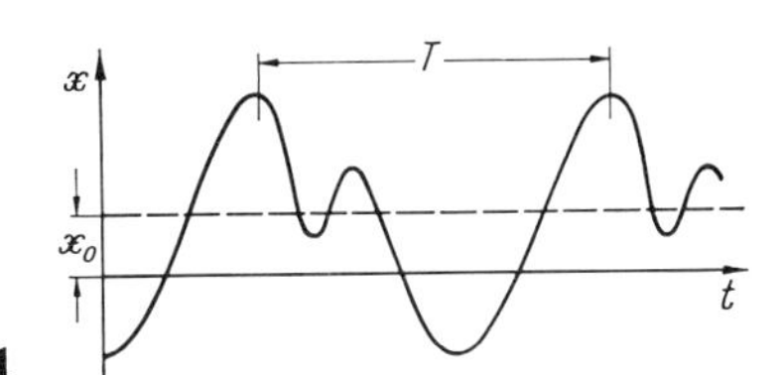

Bild 6.1–1

den Gleichwert der periodischen Schwingung (Bild 6.1–1). Größter und kleinster Wert von x heißen Gipfel- und Talwert; die Unterschiede dieser Werte gegen x_0 oberer und unterer Scheitelwert. Die Differenz zwischen Gipfel- und Talwert ist die Schwingungsbreite.
Nach dem Fourierschen Lehrsatz kann eine allgemeine, mit T periodische Schwingung (auch wenn sie nur stückweise stetig ist) zerlegt werden in eine Reihe von harmonischen Schwingungen $\left[\omega = \frac{2\pi}{T}\right]$:

$$x(t) = \frac{a_0}{2} + \sum_{k=1}^{n} a_k \cos k\omega t + \sum_{k=1}^{n} b_k \sin k\omega t \tag{6.1–1}$$

mit

$$a_k = \frac{\omega}{\pi} \int_0^T x(t) \cos k\omega t\, \mathrm{d}t, \qquad b_k = \frac{\omega}{\pi} \int_0^T x(t) \sin k\omega t\, \mathrm{d}t. \tag{6.1–1'}$$

Bei der harmonischen Schwingung selbst, z. B.

$$x = A \sin(\omega t + \alpha), \tag{6.1–2}$$

ist

A die Amplitude (= Gipfel- = oberer Scheitelwert. Der Gleichwert ist Null, die Schwingungsbreite gleich der Doppelamplitude $2A$; „Amplitude“ ist der Definition nach eine positive Zahl).

ω die Kreisfrequenz:

$$\omega = 2\pi f, \qquad f = 1/T \tag{6.1–2'}$$

(unter der Frequenz f versteht man gewöhnlich die Häufigkeit, mit der ein charakteristischer Wert, z. B. der Gipfelwert, in der Sekunde wiederkehrt; f wird dann in Hz [Hertz] angegeben, ω in $\sec^{-1}$),

α der Phasenverschiebungswinkel, kurz Phasenwinkel. (Wenn zwei Schwingungen gleicher Frequenz auch dasselbe α haben, heißen sie „in Phase“; $\sin \omega t$ und $\cos \omega t$ sind gegeneinander um $\pi/2$ [90°] phasenverschoben.)

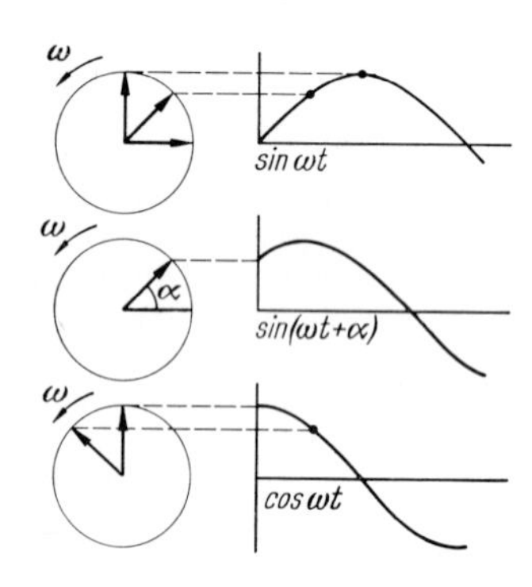

Bild 6.1–2

Der Name „Kreis“-Frequenz rührt her von der „erzeugenden Kreisbewegung“: Jede periodische Schwingung von einem Freiheitsgrad läßt sich deuten als die Projektion einer umlaufenden Pfeilspitze auf eine Gerade (Auf und Ab eines Leuchtpunktes). Hat der Pfeil konstante Länge, und ist die Winkelgeschwindigkeit ω konstant (Bild 6.1–2), so entsteht eine harmonische Schwingung – je nach der Anfangslage des Pfeils $\sin \omega t$, $\sin(\omega t + \alpha)$, $\cos \omega t = \sin(\omega t + \pi/2)$, usw.

Die Ableitung von $x = A \sin \omega t$ (6.1–3)

ist $\dot{x} = \omega A \cos \omega t.$ (6.1–3')

Der Geschwindigkeitspfeil ist also gegen den Ausschlagspfeil (um den Faktor ω geändert und) um 90° im positiven Sinne gedreht: die Geschwindigkeit läuft dem Ausschlag um 90° voraus. Ebenso läuft die Beschleunigung

$$\ddot{x} = -\omega^2 A \sin \omega t \tag{6.1–3''}$$

der Geschwindigkeit um 90° voraus (der Pfeil ist um weitere 90° gedreht).

Zwei harmonische Schwingungen gleicher Frequenz können zu einer zusammengezogen werden, z. B. (Bild 6.1–3)

$$\left.\begin{array}{l} A_1 \cos \omega t + A_2 \cos(\omega t - \varphi) = A \cos(\omega t - \gamma) \\ \text{mit } A = \sqrt{A_1^2 + A_2^2 + 2A_1 A_2 \cos\varphi}, \quad \operatorname{tg}\gamma = A_2 \sin\varphi / (A_1 + A_2 \cos\varphi). \end{array}\right\} \tag{6.1–4}$$

Haben die beiden Anteile nicht genau dieselbe Frequenz, z. B.

$$x(t) = A_1 \cos \omega_1 t + A_2 \sin \omega_2 t, \text{ mit } \overline{\omega} \equiv \frac{\omega_1 + \omega_2}{2} \gg \frac{\omega_1 - \omega_2}{2} \equiv \tilde{\omega},$$

so entsteht eine sog. Schwebung.

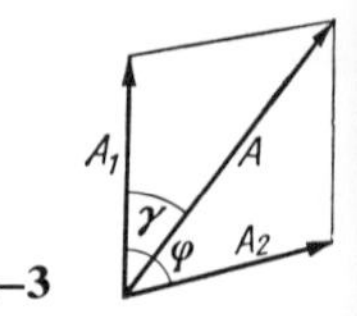

Bild 6.1–3

A. Der Schwinger mit einem Freiheitsgrad

„Ein System hat n Freiheitsgrade" bedeutet: zur Beschreibung seiner Lage brauchen wir n unabhängige Koordinaten oder Bestimmungsstücke.

6.2 Ungedämpfte freie Schwingungen

Eine Schwingungsbewegung kann frei, erzwungen oder geführt sein. Die Unterscheidung, unwesentlich für die Kinematik (da dort nicht nach den Kräften gefragt wird), ist wesentlich in der Kinetik. Frei nennen wir die Schwingung, wenn an ihr nur Massen-, Dämpfungs- und Feder-Kräfte beteiligt sind; die nicht-freien Schwingungen nennen wir erzwungen, wenn (periodische) äußere Kräfte sie hervorrufen, geführt, wenn die Bewegung selbst von außen vorgeschrieben wird. In diesem Abriß der Schwingungslehre werden wir uns auf freie und erzwungene Schwingungen beschränken.
Nennen wir die Koordinate (Ausschlag, Winkel) allgemein q, so lautet die einfachste Bewegungsgleichung:

$$a\ddot{q} + c\,q = 0; \tag{6.2–1}$$

darin ist $a\ddot{q}$ die Trägheitskraft, $c\,q$ die (in diesem Fall speziell lineare) Rückstellkraft. (6.2–1) ist die Gleichung der harmonischen Schwingung, denn ihre Lösung lautet:

$$q = A_1 \cos\omega t + A_2 \sin\omega t, \text{ mit } \omega^2 = c/a. \tag{6.2–2}$$

A_1, A_2 sind die Integrationskonstanten; im Gegensatz zu ω, das dem Schwinger „eigen" ist, da es nur von den Systemkonstanten a und c abhängt, bestimmen sich A_1 und A_2 aus den Anfangsbedingungen der individuellen Schwingung; und zwar ist

$$A_1 = q_0, \quad A_2 = \dot{q}_0/\omega, \tag{6.2–2'}$$

wenn q_0, $\dot{q}_0$ die Anfangswerte von Ausschlag und Geschwindigkeit sind.
Zieht man (6.2–2) im Sinne von (6.1–4) zusammen, so ergibt sich als Amplitude der Schwingung

$$A = \sqrt{q_0^2 + (\dot{q}_0/\omega)^2}, \tag{6.2–3}$$

und der Nacheilwinkel γ ist gegeben durch

$$\operatorname{tg}\gamma = \frac{\dot{q}_0}{\omega q_0}. \tag{6.2–3'}$$

Die Gl. (6.2–1) gilt sowohl für elastische Schwinger, als auch für Pendel. Bei den ersten bedeutet, wenn q eine Längen- oder Winkel-Koordinate ist, a die Masse m oder Drehmasse Θ, c die Federsteifigkeit (kp/cm) oder Drehfedersteifigkeit (kp cm/$\widehat{1}$). Bei den Pendeln gilt bezüglich a dasselbe; aber die Rückstellkraft wird dort nicht durch die Verformung einer Feder hervorgerufen, sondern durch das „Feld", z. B. die Schwere.

In den Tabellen 6.2–1 und 6.2–2 sind die Federnachgiebigkeiten $h = \frac{1}{c}$ elastischer Schwinger zusammengestellt.
Man erhält sie aus der Statik (Verformungs-Statik) der Traggebilde. h ist das Verhältnis zwischen der Verrückung (= Verschiebung oder Drehung) und der sie hervorrufenden Kraft (oder Drehkraft).
Benutzt man in dieser statischen Rechnung als Kraft das Gewicht $G = mg$ der auf dem elastischen Gebilde sitzenden Masse m, so ist

$$h = \frac{\delta}{G}, \text{ d. h. } \omega^2 = \frac{1}{h\,m} = \frac{g}{\delta}. \tag{6.2–4}$$

Mißt man die Auslenkung ϑ in cm, so folgt daraus für die Frequenz je Minute $n = 60\,\omega/2\pi$, die bekannte Formel

$$n = \frac{300}{\sqrt{\delta}}, \ \delta \text{ in cm}. \tag{6.2–4'}$$

Es ist also z. B. $n = 3000$ ($f = 50$ Hz), wenn die elastische Konstruktion unter dem Gewicht der Masse um 0,1 mm nachgibt.

Tabelle 6.2–1 Federnachgiebigkeiten für elastische Schwinger. Translationsschwingungen

Nr.	Feder	Bild	Federnachgiebigkeit $1/c = h\,[^{\text{cm}}/_{\text{kp}}]$	Bemerkungen
1	Seil	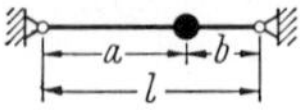	$\frac{1}{S}\,\frac{ab}{l}$	S = Spannkraft
2	Stab	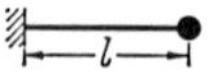	$\frac{l}{EF}$	F = Querschnittsfläche
3	Stab	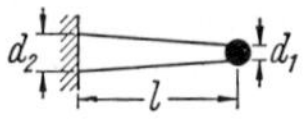	$\frac{l}{E}\,\frac{4}{\pi d_1 d_2}$	d = Durchmesser
4	Balken	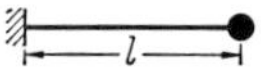	$\frac{l^3}{3EI}$	I = Trägheitsmoment
5	Balken	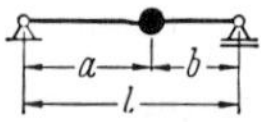	$\frac{a^2 b^2}{3EIl}$	
6	Balken	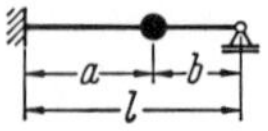	$\frac{a^3 b^2 (3l + b)}{12 EIl^3}$	
7	Balken	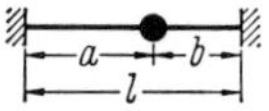	$\frac{a^3 b^3}{3EIl^3}$	
8	Balken	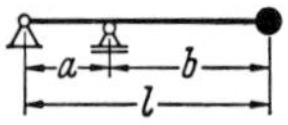	$\frac{b^2 l}{3EI}$	
9	Balken	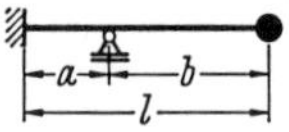	$\frac{b^2 l\left(1 - \frac{a}{4l}\right)}{3EI}$	
10	Kreisplatte		$\frac{R^2}{16\pi N}\,\frac{3+\nu}{1+\nu}$	$N = \frac{Et^3}{12(1-\nu^2)}$
11	Kreisplatte		$\frac{R^2}{16\pi N}$	ν = Poissonsche Zahl t = Plattendicke
12	Schraubenfeder		$\frac{64 R^3 n}{G\delta^4}$	δ = Drahtdicke R = Windungsradius n = Windungszahl

Parallel- und Hintereinander-Schaltung von Federn. Ist eine Masse, wie in Bild 6.2–1, durch mehrere „parallel“ wirkende Federn mit „fest“ verbunden, so ist die resultierende Federsteifigkeit

$$\bar{c} = c_1 + c_2, \text{ allgemein bei } n \text{ Federn, } \bar{c} = \sum_{\nu=1}^{n} c_\nu . \qquad (6.2\text{–}5)$$

Sind, wie in Bild 6.2–2, zwei Federn hintereinander („in Reihe“) geschaltet, so addieren sich die Federnachgiebigkeiten h_i:

$$\bar{h} = h_1 + h_2, \text{ allgemein } \bar{h} = \sum_{\nu=1}^{n} h_\nu . \qquad (6.2\text{–}6)$$

Tabelle 6.2–2 Federnachgiebigkeiten für elastische Schwinger. Torsionsschwingungen

Nr.	Querschnitt	Bild	Drehfedernachgiebigkeit $\hat{h}$ [1/cm kp]	Bemerkungen
1	 d	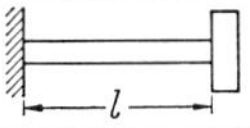 l	$\dfrac{l}{GI_T} = \dfrac{l}{G}\dfrac{32}{\pi d^4}$	
2	 d_1 oder d_2	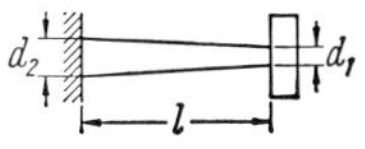 d_2, d_1, l	$\dfrac{l}{G}\dfrac{32(d_2^3 - d_1^3)}{3\pi(d_2 - d_1)\, d_1^3 \cdot d_2^3}$	
3	 d_a, d_i	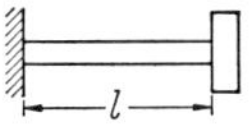 l	$\dfrac{l}{G}\dfrac{32}{\pi(d_a^4 - d_i^4)}$	
4	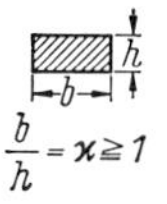 h, b; $\dfrac{b}{h} = \varkappa \geq 1$	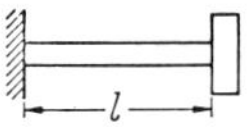 l	$\dfrac{l}{G}\dfrac{1}{\eta b h^3}$	$\varkappa$ / η: 1 / 0,140; 1,5 / 0,196; 2 / 0,226; 3 / 0,263; 6 / 0,299; 10 / 0,313; ∞ / 0,333
5	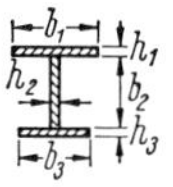 b_1, h_1, h_2, b_2, b_3, h_3	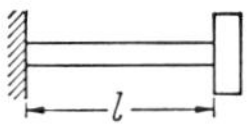 l	$\sim \dfrac{l}{G}\dfrac{3}{\sum_i b_i h_i^3}$	
6	Schraubenfeder		$\dfrac{128\,R\,n}{E\,\delta^4}$	δ = Drahtdicke R = Windungsradius n = Windungszahl

Haben parallel geschaltete Federn verschiedene Hebelarme, wie in Bild 6.2–3, so ist die resultierende Drehfedersteifigkeit

$$\bar{c} = \sum_{1}^{n} l_\nu^2 c_\nu \,. \tag{6.2–7}$$

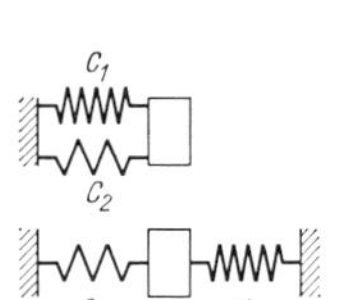

Bild 6.2–1

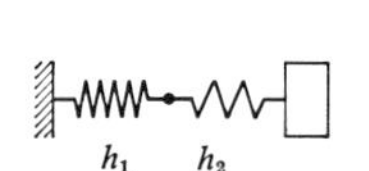

Bild 6.2–2

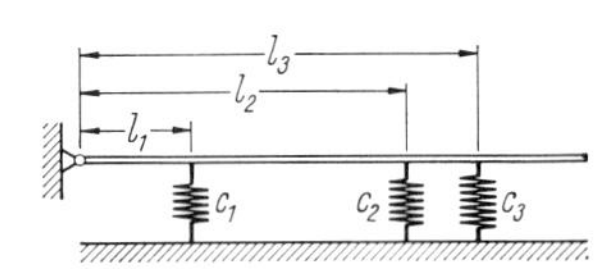

Bild 6.2–3

Massenzuschlag. Für das Bauwesen am wichtigsten sind die elastischen Translationsschwingungen. Der Fehler, der in der idealisierten Trennung von (starrer) Punkt-Masse m und masselosem Traggebilde steckt, läßt sich oft wesentlich vermindern, wenn man die Masse $\overline{m}$ des Trägers durch einen Zuschlag zu m berücksichtigt (das gilt auch für Mehrmassenschwingungen). Die Größe dieses Zuschlags hängt allerdings von der *Form* der Auslenkung ab. Für die drei Ausschlagformen (Bild 6.2–4) (zwischen denen man in gegebenem Fall dann interpolieren kann) ist die Korrektur besonders einfach ($\overline{m}$ = Gesamtmasse des Trägers):
Schreiben wir:

$$\omega^2 = \frac{c}{m^*}, \text{ mit der „effektiven" Masse } m^* = m + \zeta \overline{m}\,, \tag{6.2–8}$$

so ist

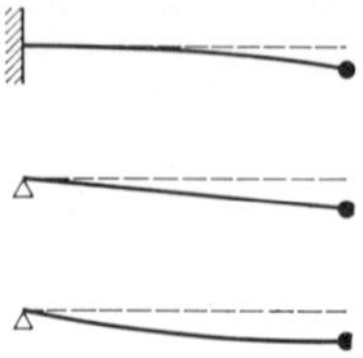

$\zeta = {}^1/_4$ für den Kragbalken,

$\zeta = {}^1/_3$ für das Seil (und den Dehnstab) (6.2–8′)

$\zeta = {}^1/_2$ für den gelenkig gelagerten Balken.

Bild 6.2–4

Beispiel: Träger auf zwei Stützen mit gleichmäßig verteilter Last q (Bild 6.2–5). Nach den bekannten Gesetzen der Statik habe der Träger unter der ruhenden Belastung eine Durchbiegung y_1 erfahren. Das Längenelement $\mathrm{d}x$ des Trägers sei einschließlich des Eigengewichts mit der Masse $m \cdot \mathrm{d}x$ belegt ($m = q/g$). Bei einer erzwungenen Auslenkung y greifen nach dem D'Alembertschen Prinzip die Trägheitskräfte am Träger als ruhende Kräfte an. Unter Berücksichtigung des Vorzeichens wirkt auf ein Trägerelement die Kraft

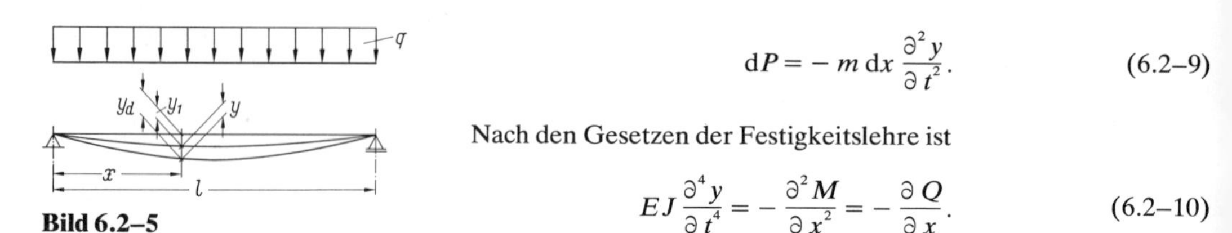

Bild 6.2–5

$$\mathrm{d}P = -\,m\,\mathrm{d}x\,\frac{\partial^2 y}{\partial t^2}. \tag{6.2–9}$$

Nach den Gesetzen der Festigkeitslehre ist

$$EJ\,\frac{\partial^4 y}{\partial t^4} = -\,\frac{\partial^2 M}{\partial x^2} = -\,\frac{\partial Q}{\partial x}. \tag{6.2–10}$$

Bezogen auf die Länge $\mathrm{d}x$ beträgt die Änderung der Querkraft

$$\mathrm{d}Q = +\,m\,\mathrm{d}x\,\frac{\partial^2 y}{\partial t^2},$$

nach Einsetzen in (6.2–10) ergibt sich

$$EJ\,\frac{\partial^4 y}{\partial x^4} = -\,m\,\frac{\partial^2 y}{\partial t^2}. \tag{6.2–11}$$

Eine Lösung dieser partiellen Differentialgleichung ist die Gleichung

$$y = A \sin \nu x \sin \omega t. \tag{6.2–12}$$

Auf Grund der Randbedingungen kann sofort bestimmt werden

$$\nu = \frac{n\pi}{l}, \qquad n = 1, 2, 3, \ldots$$

Für $n = 1$ ergibt sich die Grundschwingung

$$y = A\,\sin\frac{\pi}{l}x\,\sin\omega t. \tag{6.2–13}$$

Nach viermaliger Differentiation dieses Lösungsansatzes nach x und zweimaliger Differentiation nach t erhält man aus (6.2–11)

$$EJ\left(\frac{\pi}{l}\right)^4 = m\,\omega^2, \tag{6.2–14}$$

$$\omega = \frac{\pi^2}{l^2}\sqrt{\frac{EJ}{m}}$$ als Kreisfrequenz und

$$\tau = \frac{2\,l^2}{\pi}\sqrt{\frac{m}{EJ}}$$ als Schwingungsdauer der Grundschwingung.

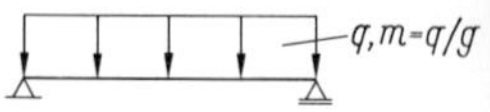

$q, m = q/g$

Bild 6.2–6

Die Oberschwingungen, ihre Form und ihre Schwingungsdauer erhält man, wenn in (6.2–12) $n = 2, 3, \ldots$ eingesetzt wird.
Für einen Träger auf 2 Stützen mit einer Einzellast in der Mitte ergibt sich als Schwingungsdauer

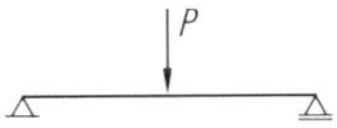

Bild 6.2–7

$$\tau = 2\pi \sqrt{\frac{ml^3}{48\,EJ}}, \qquad (6.2\text{–}15)$$

wenn unter m die Masse der Einzellast verstanden wird und die Masse des Trägers selbst vernachlässigt wird.
Eine Zusammenfassung aller einfachen elastischen Systeme, die idealisiert nur mit einer Einzellast belastet sind, ist wie folgt möglich.
Als Einflußzahl δ_{11} sei die Formänderung (Verschiebung oder Verdrehung) definiert, welche durch die Einheitsbelastung (Einheitslast oder Einheitsmoment) am Aufpunkt der Last an dem elastischen Gebilde hervorgerufen wird. Das Quadrat der Kreisfrequenz ergibt sich daraus zu

$$\omega^2 = \frac{1}{\delta_{11}\,m}, \qquad \text{bzw. } f = \frac{\omega}{2\pi} = \frac{1}{2\pi}\sqrt{\frac{1}{m \cdot \delta_u}}, \qquad (6.2\text{–}16)$$

wenn wie bisher mit m die Masse der Einzellast bezeichnet wird. Handelt es sich um eine Torsionsschwingung, so ist statt m das Massenträgheitsmoment der schwingenden Masse zu setzen.

Beispiel: Kragarm, $l = 2{,}00$ m, HE 240 B, $J = 11\,260\ \text{cm}^4$, Einzellast am Ende $P = 15\,000$ N (Bild 6.2–8).

$$\delta_{11} = \frac{l^3}{3\,EJ} = \frac{8\,000\,000}{3 \cdot 2{,}1 \cdot 10^7 \cdot 11\,260} = 0{,}1128 \cdot 10^{-4}\ \text{cm/N},$$

$$m = \frac{1500}{981} = 1{,}53\ \text{kgsec}^2/\text{cm},$$

$$\omega^2 = \frac{1}{1{,}128 \cdot 10^{-4} \cdot 1{,}53} = 5796\ \text{sec}^{-2},$$

$$\omega = 76{,}13\ \text{sec}^{-1},\ \tau = \frac{2\pi}{\omega} = 0{,}083\ \text{sec},\ f = \frac{\omega}{2\pi},$$

$$f = 12{,}12\ \text{Hz}.$$

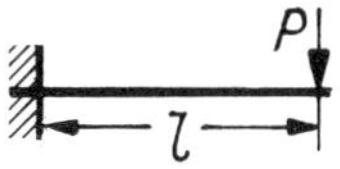

Bild 6.2–8

Gleichung (6.2–16) läßt noch eine weitere Vereinfachung zu. Bezeichnet δ_{1m} die Formänderung infolge G, also $\delta_1 m = G^{\delta}_{11}$, so wird mit $m = G/g$

$$\omega = \sqrt{\frac{1}{\frac{\delta_{1m}}{G}\,\frac{G}{g}}} = \sqrt{\frac{g}{\delta_{1m}}},$$

$$\tau = \frac{2\pi}{\omega} = \frac{2\pi}{\sqrt{g}}\sqrt{\delta_{1m}},$$

$$\tau \approx \frac{1}{5}\sqrt{\delta_{1m}}\ (\text{in sec, wenn } \delta_{1m} \text{ in cm}), \qquad (6.2\text{–}17)$$

$$\text{somit } f = \frac{5}{\sqrt{\delta_{1m}}}\ [\text{sec}^{-1}]. \qquad (6.2\text{–}18)$$

6.3 Dämpfung

Jede freie Schwingung hört nach einiger Zeit auf; die Schwingungsenergie wird von der Dämpfung aufgezehrt. Das Kraftgesetz der Dämpfung kann im Einzelfall sehr kompliziert sein – irgendwie bringt es jedenfalls die Geschwindigkeit ins Spiel[1]). Man hilft sich (und die Erfahrung zeigt, daß man auf diese Weise in den meisten Fällen das Wesentliche des Vorgangs erfaßt), indem man für die Dämpfung das mathematisch einfachste Gesetz annimmt und anstelle von (6.2–1) ansetzt:

$$a\ddot{q} + b\dot{q} + cq = 0. \qquad (6.3\text{–}1)$$

[1]) Die Coulombsche Reibungskraft hängt bekanntlich vom Vorzeichen der Geschwindigkeit ab. Der durch sie hervorgerufene Abklingvorgang sieht dem im Text diskutierten durchaus ähnlich, und dasselbe gilt für das in $\dot{q}$ quadratische Widerstandsgesetz (Luftwiderstand o. ä.).

Die Lösung dieser Gleichung lautet

$$q = e^{-\delta t}\,(A_1 \cos\omega' t + A_2 \sin\omega' t) \text{ mit } \delta = \frac{b}{2a},\ \omega' = \sqrt{\omega^2 - \delta^2},\ \omega^2 = \frac{c}{a}. \tag{6.3–2}$$

Für $\delta < \omega$ beschreibt dieser Ausdruck eine gedämpfte Schwingung, für $\delta > \omega$ einen Kriechvorgang. In Bild 6.3–1 ist $A_1 = 1$, $A_2 = 0$, $\delta = \omega'/5$. Man nennt

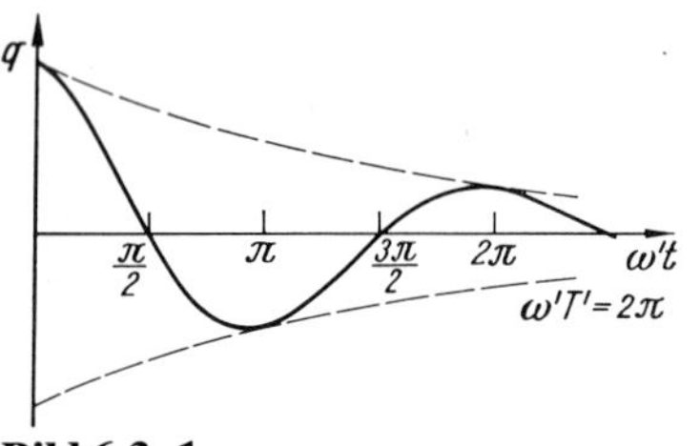

Bild 6.3–1

$$D = \frac{\delta}{\omega} = \frac{b}{2\sqrt{ac}} \tag{6.3–3}$$

das (dimensionslose) Dämpfungsmaß. Für kleine D ist

$$\frac{2\pi}{T'} \equiv \omega' = \omega\sqrt{1 - D^2} \approx \omega \equiv \frac{2\pi}{T}; \tag{6.3–4}$$

d.h. die Schwingungsdauer wird durch die Dämpfung in erster Näherung nicht geändert ($T' \approx T$). Wohl aber die Amplitude; man nennt den Logarithmus des Verhältnisses zweier aufeinanderfolgender Ausschläge gleichen Vorzeichens das logarithmische Dekrement:

$$\vartheta = ln\,\frac{q(t)}{q(t+T')} = T'\,\delta = \frac{2\pi D}{\sqrt{1 - D^2}} \approx 2\pi D. \tag{6.3–5}$$

Wenn die Dämpfung negativ ist, entstehen angefachte Schwingungen. Wechselt die Dämpfung mit zunehmender Geschwindigkeit das Vorzeichen [z.B. $b(-\dot{q} + \alpha^2 \dot{q}^3)$ statt $-b \cdot \dot{q}$ in (6.3–1), so wird bei kleinen Ausschlägen Energie aufgenommen, bei großen abgegeben; die Schwingung strebt dann (von oben oder unten) einer Grenzschwingung zu [5], S. 584.

6.4 Erzwungene Schwingungen

Die Gleichung für die erzwungenen Schwingungen nach Bild 6.4–1 hat die Form

$$a\ddot{q} + b\dot{q} + cq = p(t). \tag{6.4–1}$$

Ihre Lösung setzt sich zusammen aus dem vollständigen Integral der homogenen (oder „verkürzten") Gl. (6.3–1) und einem Partikularintegral:

$$q = q_h + q_p.$$

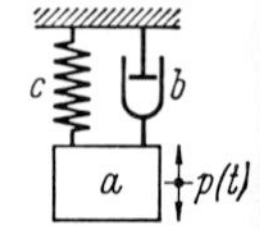

Bild 6.4–1

q_h enthält die Integrationskonstanten. Für den „eingeschwungenen Zustand" ist q_h belanglos, da es mit der Zeit abklingt. Wenn daher der Einschwingvorgang, d.h. die Anpassung der Lösung an bestimmte Anfangsbedingungen, ohne Bedeutung ist, genügt es, das Partikularintegral allein zu betrachten, das sich bei einer harmonischen Erregung[1])

$$p(t) = P\sin\Omega t \tag{6.4–1'}$$

leicht erraten läßt. Es hat die Form

$$q(t) = Q\sin(\Omega t - \varepsilon), \tag{6.4–2}$$

worin die Amplitude Q und der Nacheilwinkel ε noch offen sind. Man erhält Q und ε durch Einsetzen in (6.4–1). Mit Hilfe der in 1 eingeführten Diagrammvektoren kann man sich die mit dem Einsetzen verbundene Rechnung ersparen: Für (6.4–1) mit (6.4–2), d.h. für

$$-\Omega^2 aQ\sin(\Omega t - \varepsilon) + \Omega bQ\cos(\Omega t - \varepsilon) + cQ\sin(\Omega t - \varepsilon) = P\sin\Omega t$$

schreiben wir kurz $\mathfrak{A} + \mathfrak{B} + \mathfrak{C} = \mathfrak{P}$,

und zeichnen diese Gleichung als „Vektordiagramm" (Bild 6.4–2):

[1]) Der allgemeine Fall einer beliebig periodischen Erregung läßt sich, da man sie durch eine Fourier-Summe darstellen kann, durch Superposition erledigen.

Mit $|\mathfrak{C}| = cQ$, $|\mathfrak{B}| = \Omega\, b\, Q$, $|\mathfrak{A}| = \Omega^2 a\, Q$, $|\mathfrak{P}| = P$ liest man ab:

$$Q^2\left[(c-\Omega^2 a)^2 + (\Omega\, b)^2\right] = P^2, \text{ und } \tan\varepsilon = \frac{\Omega\, b\, Q}{(c-\Omega^2 a)\, Q}.$$

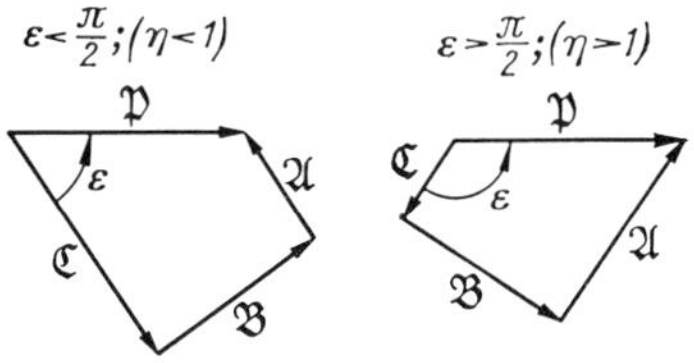

Setzen wir

$$\frac{\Omega}{\omega} = \eta \text{ und (wieder) } 2D = \frac{b}{\sqrt{a c}}, \qquad (6.4\text{–}3)$$

so folgt daraus

$$Q = \frac{P}{c}\, V \quad \text{mit } V = \frac{1}{\sqrt{(1-\eta^2)^2 + (2D\eta)^2}}, \qquad (6.4\text{–}4\text{a})$$

und

$$\tan\varepsilon = \frac{2D\eta}{1-\eta^2}. \qquad (6.4\text{–}4\text{b})$$

Bild 6.4–2

V ist die Vergrößerungsfunktion; sie gibt an, um wieviel der kinetische Ausschlag Q größer ist als der statische P/c. In Bild 6.4–3 sind V und ε als Funktionen von η mit D als Parameter dargestellt. Dabei ist von einer Auftragung der Abszisse Gebrauch gemacht, die sich aus zwei Gründen (nicht nur hier, sondern prinzipiell) empfiehlt. Wenn man für $\eta > 1$ nicht η selbst, sondern von rechts kommend $\xi = 1/\eta$ aufträgt, so (bleiben die Kurven mit ihren ersten Ableitungen an der „Stoßstelle" $\eta = 1$ stetig, und es) wird das unendliche Intervall $1 \ldots \infty$ auf dieselbe Strecke zusammengedrängt, wie der Bereich $0 \ldots \eta \ldots 1$. Man kann also V und ε für alle η-Werte ablesen. Zugleich befreit diese Auftragung von der Willkür, die in der Definition (6.4–3) der „Abstimmung" η liegt: da es ebenso sinnvoll sein kann, $\xi = \frac{\omega}{\Omega}$ als Parameter zu benutzen wie $\eta = \frac{\Omega}{\omega}$ (es kommt darauf an, welche der beiden Frequenzen als fest, welche als veränderbar anzusehen ist), ist dasjenige Diagramm das brauchbarste, das beide Deutungen ohne Mühe zuläßt.

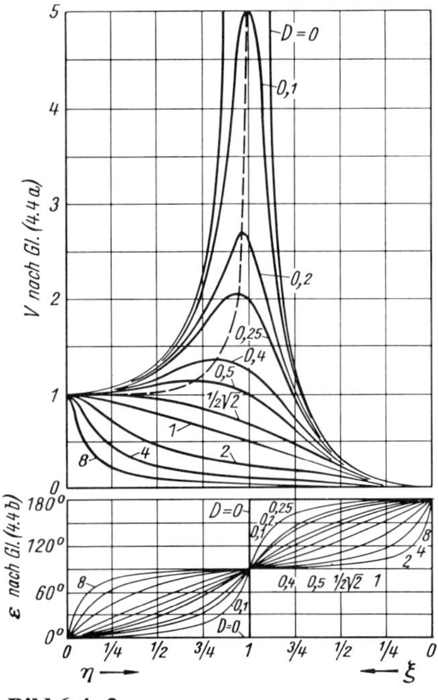

Bild 6.4–3

Die in Bild 6.4–3 dargestellte ist nicht die einzige für die Anwendungen wichtige Vergrößerungsfunktion. In [5] sind 9 Erregungsarten zusammengestellt.

B. Der Schwinger mit zwei Freiheitsgraden

6.5 Freie ungedämpfte Schwingungen

Wir beginnen mit dem Schulbeispiel (Bild 6.5–1), der aus zwei Federn und zwei Massen bestehenden Kette, und nennen die zeitabhängigen Längsverschiebungen $\tilde{u}_1$ $\tilde{u}_2$. Die Bewegungsgleichungen

$$\begin{aligned} m_1 \ddot{\tilde{u}}_1 + c_1 \tilde{u}_1 + c_v(\tilde{u}_1 - \tilde{u}_2) &= 0, \\ m_2 \ddot{\tilde{u}}_2 + c_v(\tilde{u}_2 - \tilde{u}_1) \qquad &= 0 \end{aligned} \tag{6.5–1}$$

ergeben sich unmittelbar aus dem Newtonschen Grundgesetz, wenn man beachtet, daß die wirksamen Federkräfte durch $c_1 \tilde{u}_1$ und $\pm c_v(\tilde{u}_1 - \tilde{u}_2)$ gegeben sind. (Wie man solche Gleichungen systematisch gewinnt, wird in [7] gezeigt werden.) Machen wir, wie beim Schwinger mit einem Freiheitsgrad, den Ansatz

$$\tilde{u} = u \sin \omega t \,(\text{oder } u \cos \omega t),$$

so wird aus (6.5–1) ein System linearer homogener algebraischer Gleichungen für die Amplituden u_1, u_2:

$$\begin{aligned} [(c_1 + c_v) - m_1 \omega^2]\, u_1 - c_v u_2 &= 0, \\ - c_v u_1 + (c_v - m_2 \omega^2)\, u_2 &= 0. \end{aligned} \tag{6.5–2}$$

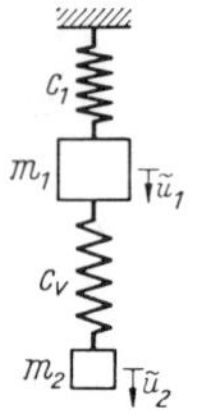

Etwas allgemeingültiger geschrieben lautet dieses Gleichungssystem

$$\begin{aligned} (c_{11} - m_1 \omega^2)\, u_1 + c_{12} u_2 &= 0, \\ c_{21} u_1 + (c_{22} - m_2 \omega^2)\, u_2 &= 0, \end{aligned} \quad [c_{21} = c_{12}]. \tag{6.5–2'}$$

Bild 6.5–1

Es hat eine Lösung u_1, $u_2 \neq 0$ nur, wenn die Determinante der Koeffizienten verschwindet, und das gibt eine Gleichung für ω^2:

$$\omega^4 - \omega^2 \left(\frac{c_{11}}{m_1} + \frac{c_{22}}{m_2}\right) + \frac{c_{11} c_{22} - c_{12}^2}{m_1 m_2} = 0\,; \tag{6.5–3}$$

ω^2 hängt also, wie beim einfachen Schwinger, nur von den Feder- und Massengrößen ab. Die Gl. (6.5–3) ist von zweitem Grade in ω^2, und hat stets zwei reelle positive Wurzeln, wie man aus den beiden Formen

$$\begin{aligned} \omega_{\mathrm{I,II}}^2 &= \frac{1}{2}\left(\frac{c_{11}}{m_1} + \frac{c_{22}}{m_2}\right) \mp \frac{1}{2}\sqrt{\left(\frac{c_{11}}{m_1} + \frac{c_{22}}{m_2}\right)^2 - 4\,\frac{c_{11} c_{22} - c_{12}^2}{m_1 m_2}} \\ &= \frac{1}{2}\left(\frac{c_{11}}{m_1} + \frac{c_{22}}{m_2}\right) \mp \frac{1}{2}\sqrt{\left(\frac{c_{11}}{m_1} - \frac{c_{22}}{m_2}\right)^2 + 4\,\frac{c_{12}^2}{m_1 m_2}}, \end{aligned} \tag{6.5–3'}$$

die man den Lösungen geben kann, erkennt. Da zu jedem ω eine sinus- und eine cosinus-Lösung gehört, gibt es für jede Unbekannte also 4 Lösungen. Die $2 \times 4 = 8$ Funktionen sind aber nicht unabhängig voneinander, sondern durch (6.5–2') aneinander gebunden: die zu $\cos \omega_{\mathrm{I}} t$, $\sin \omega_{\mathrm{I}} t$ gehörigen Konstanten hängen über

$$K_{\mathrm{I}} \equiv \left(\frac{u_1}{u_2}\right)_{\mathrm{I}} = \frac{-c_{12}}{c_{11} - m_1 \omega_{\mathrm{I}}^2} \text{ oder} = \frac{c_{22} - m_2 \omega_{\mathrm{I}}^2}{-c_{21}} \tag{6.5–4}$$

miteinander zusammen, und die entsprechende Beziehung gilt für ω_{II}; d.h. es sind nur 4 Konstanten offen: die (aus den 4 Anfangsbedingungen zu bestimmenden) Integrationskonstanten. Die Ausschlagsverhältnisse κ_{I}, κ_{II} heißen die Formzahlen der betreffenden Schwingung. Bei der einfachen Kette (6.5–1) ist

$$K_{\mathrm{I}} K_{\mathrm{II}} = -\frac{c_1}{m_1}\frac{m_2}{c_v}, \tag{6.5–4'}$$

d.h. die κ haben immer entgegengesetzte Zeichen; und zwar ist das zum kleineren ω-Wert, ω_{I}, gehörige $\kappa = \kappa_{\mathrm{I}}$ positiv ($c_{12} = -c_v$!), das andere negativ.
Mit Hilfe des Klotterschen Frequenzkreises (einer Erweiterung des Mohrschen Kreises) kann man die algebraische Auflösung der Gl. (6.5–3), und auch die Bestimmung der κ durch eine anschauliche geometrische Konstruktion ersetzen [5], [6].

Die Um-Schreibung (6.5–2′) der Gl. (6.5–2) ist mehr als ein mathematischer Formalismus. Die Koeffizienten c_{ik} haben mechanische Bedeutung: es sind die an der Stelle i durch eine Einheitsverschiebung $u_k = 1$ hervorgerufenen Kräfte, d.h. die Kraft-Einflußzahlen (die Zwangskräfte der dem Bau-Ingenieur geläufigen „Formänderungsgrößen"-Methode). In der Tat weckt eine Verschiebung $u_1 = 1$, $u_2 = 0$ an der Stelle 1 eine (für die Masse) negative Kraft $c_1 + c_v = c_{11}$, an der Stelle 2 eine positive Kraft $c_v (\equiv - c_{21})$; $u_1 = 0$, $u_2 = 1$ bewirkt $c_v (\equiv - c_{12})$ und $- c_v (\equiv - c_{22})$.
Die Bewegungsgleichungen lauten daher

$$\begin{aligned} m_1 \ddot{\tilde{u}}_1 + c_{11} \tilde{u}_1 + c_{12} \tilde{u}_2 = 0, \\ m_2 \ddot{\tilde{u}}_2 + c_{21} \tilde{u}_1 + c_{22} \tilde{u}_2 = 0, \end{aligned} \qquad (6.5\text{–}1')$$

woraus für die Amplituden (6.5–2′) folgt.

Eine andere Form der Amplituden-Gleichungen für den Schwinger von 2 Freiheitsgraden ergibt sich mit Hilfe der (aus der „Kraftgrößen"-Methode geläufigen) Verschiebungseinflußzahlen. Kräfte $X_1 = 1$, $X_2 = 0$ an den Stellen 1 und 2 bewirken Verrückungen $\frac{1}{c_1} \equiv h_1$, an beiden Stellen; $X_1 = 0$, $X_2 = 1$ rufen h_1 und $h_1 + h_2$ hervor. Für die durch die Massenkräfte $(- m \ddot{\tilde{u}}_1 =) \, \omega^2 m_1 \tilde{u}_1$ und $\omega^2 m_2 \tilde{u}_2$ erzeugten Verschiebungsamplituden u_i gilt also

$$\begin{aligned} u_1 &= \omega^2 m_1 u_1 h_1 + \omega^2 m_2 u_2 h_1, \\ u_2 &= \omega^2 m_1 u_1 h_1 + \omega^2 m_2 u_2 (h_1 + h_2). \end{aligned} \qquad (6.5\text{–}5)$$

Allgemeiner und mit $\frac{1}{\omega^2} = \lambda$ zugleich übersichtlicher geschrieben:

$$\begin{aligned} (m_1 h_{11} - \lambda) u_1 + m_2 h_{12} u_2 &= 0, \\ (m_1 h_{21}) u_1 + (m_2 h_{22} - \lambda) u_2 &= 0. \end{aligned} \qquad [h_{12} = h_{21}] \qquad (6.5\text{–}5')$$

In Tabelle 6.5–1 sind für eine Anzahl von Schwingern mit zwei Freiheitsgraden Kraft- und Verschiebungseinflußzahlen zusammengestellt. Die Matrizen (Koeffizienten-Schemata)

$$\mathfrak{C} = \begin{bmatrix} c_{11} \, c_{12} \\ c_{21} \, c_{22} \end{bmatrix} \quad \text{und} \quad \mathfrak{H} = \begin{bmatrix} h_{11} \, h_{12} \\ h_{21} \, h_{22} \end{bmatrix} \qquad (6.5\text{–}6)$$

sind reziprok zueinander; d.h. es ist, sofern die Determinanten $|\mathfrak{C}|$ und $|\mathfrak{H}|$ nicht verschwinden:

$$h_{11} = \frac{c_{22}}{|\mathfrak{C}|}, \quad h_{12} = h_{21} = - \frac{c_{12}}{|\mathfrak{C}|}, \quad h_{22} = \frac{c_{11}}{|\mathfrak{C}|}, \text{ und umgekehrt.} \qquad (6.5\text{–}6')$$

Dem Statiker sind die Verschiebungseinflußzahlen im allgemeinen geläufiger. Es ist daher wichtig hervorzuheben, daß wohl c_{ik}, nicht aber h_{ik}, immer existieren: Beim „geometrisch unbestimmten" Schwinger (man denke an einen auf weichen Federn gebetteten – „schwimmenden" – Balken, oder an die umlaufende Torsionsschwingerkette, die $n+1$ träge, aber nur n elastische Glieder hat) gibt es keine h_{ik}. Mathematisch äußert sich das darin, daß in (6.5–6′) die Determinante $|\mathfrak{C}|$ der c_{ik} verschwindet. Daraus folgt zugleich, daß $\omega^2 = 0$ eine Lösung der c_{ik}-Gln. ist (die ω^2-Gl. hat kein Absolutglied): das Gebilde hat als Schwinger einen Freiheitsgrad (im Falle des Balkens sogar zwei Freiheitsgrade) weniger, als man nach der Zahl der Massen, d.h. der „Trägheits"-Koordinaten u erwarten sollte.
Näherungsformeln. Beim System von zwei Freiheitsgraden bestimmen sich ω_{I}^2, ω_{II}^2 noch sehr einfach: aus einer quadratischen Gleichung. Trotzdem kann es hier schon (erst recht bei $n > 2$) angenehm sein, Überschlags-Formeln zu haben. Wenn wir so numerieren, daß $\frac{c_{11}}{m_1} \geq \frac{c_{22}}{m_2}$ ist, so gilt (wie man mathematisch in elementarer Weise zeigen kann):

$$\left.\begin{aligned} \frac{c_{11}}{m_1} + \frac{c_{22}}{m_2} > \omega_{\mathrm{II}}^2 > \frac{c_{11}}{m_1} \geq \frac{c_{22}}{m_2} > \omega_{\mathrm{I}}^2 \\ \omega_{\mathrm{II}}^2 > \frac{1}{h_{11} m_1} \geq \frac{1}{h_{22} m_2} > \omega_{\mathrm{I}}^2 > \frac{1}{h_{11} m_1 + h_{22} m_2}; \end{aligned}\right\} \qquad (6.5\text{–}7)$$

z.B. für die Kette (Bild 6.5–1) mit $c_1 = c_v = 1$, $m_1 = m_2 = 1$:

$$\underline{3 > 2{,}62 > 2} > 1 > 0{,}38$$
$$2{,}62 > 1 > \underline{0{,}5 > 0{,}38 > 0{,}33}.$$

Man sieht an den unterstrichenen Zahlen, daß man für die Bestimmung der kleinen Wurzel zweckmäßig die h-Formeln, für die der großen Wurzel die c-Formeln benutzt; das ist ganz allgemein so.

Tabelle 6.5–1 Einflußzahlen für elastische Schwinger mit zwei Freiheitsgraden

Nr.		Bild	Verformungseinflußzahlen	Krafteinflußzahlen	Bemerkungen
1	Seil	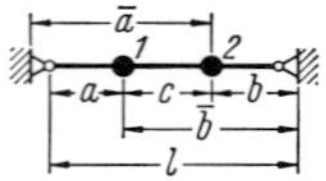	$h_{11} = \frac{1}{S} \frac{a\bar{b}}{l}$ $h_{12} = \frac{1}{S} \frac{ab}{l}$	$c_{11} = Sl \frac{\bar{a}b}{(a\bar{b}\bar{a}b - a^2 b^2)}$ $c_{12} = Sl \frac{ab}{(a\bar{b}\bar{a}b - a^2 b^2)}$	S = Spannkraft h_{22} erhält man durch Vertauschen von $\bar{a}$ mit a und b mit b.
2	Schwingerkette	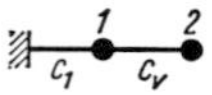	$h_{11} = h_1$ $h_{12} = h_1$ $h_{22} = h_1 + h_v$	$c_{11} = c_1 + c_v$ $c_{12} = -c_v$ $c_{22} = c_v$	
3	Schwingerkette	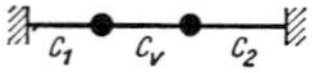	$h_{11} = \frac{h_1(h_2 + h_v)}{h_0}$ $h_{12} = \frac{h_1 h_2}{h_0}$ $\quad h_0 = h_1 + h_v + h_2$ $h_{22} = \frac{h_2(h_1 + h_v)}{h_0}$	$c_{11} = c_1 + c_v$ $c_{12} = -c_v$ $c_{22} = c_2 + c_v$	
4	Schwingerkette	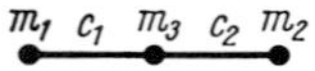	h_{ik} existieren nicht	$c_{11} = c_1$ $\quad c_{13} = -c_1$ $\quad c_{12} = 0$ $c_{31} = -c_1$ $\quad c_{33} = c_1 + c_2$ $\quad c_{32} = -c_2$ $c_{21} = 0$ $\quad c_{23} = -c_2$ $\quad c_{22} = c_2$	s. auch Gl. (6.5–7)
5	Balken mit zwei Punktmassen	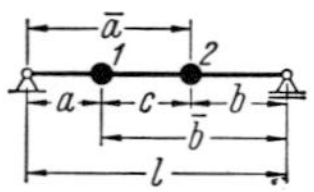	$EI h_{11} = \frac{a^2 \bar{b}^2}{3l}$ $EI h_{12} = \frac{ab}{6l} \cdot (l^2 - a^2 - b^2)$	c_{ik} kompliziert	EI = Biegesteifigkeit, h_{22} aus h_{11}, s. oben
6	Balken mit zwei Punktmassen	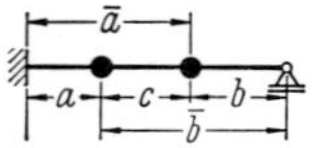	$EI h_{11} = \frac{a^3 \bar{b}^2}{12 l^3} (3l + \bar{b})$ $EI h_{12} = \frac{a^2 b}{12 l^3} (3l^3 - 3l^2 a - 3lb^2 + ab^2)$	c_{ik} kompliziert	EI = Biegesteifigkeit, h_{22} aus h_{11}, s. oben
7	Balken mit zwei Punktmassen	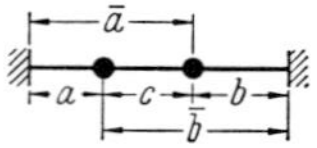	$EI h_{11} = \frac{a^3 \bar{b}^3}{3l^3}$ $EI h_{12} = \frac{a^2 b^2}{6l^3} (3l^2 - 3l(a+b) + 2ab)$	c_{ik} kompliziert	EI = Biegesteifigkeit, h_{22} aus h_{11}, s. oben
8	Balken mit zwei Punktmassen	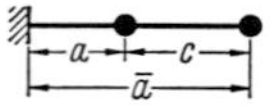	$EI h_{11} = \frac{a^3}{3}$ $\quad EI h_{22} = \frac{\bar{a}^3}{3}$ $EI h_{12} = \frac{a^2}{6} (2a + c)$	c_{ik} kompliziert	EI = Biegesteifigkeit

Tabelle 6.5–1 (Fortsetzung)

Nr.		Bild	Verformungseinflußzahlen	Krafteinflußzahlen	Bemerkungen
9	Balken mit drehträger Masse	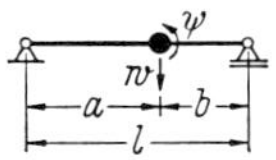	$EI\,h_{12} = \frac{ab}{3l}\,(a-b)$ $EI\,h_{22} = \frac{1}{3l^2}\,(a^3+b^3)$	$c_{11} = 3\,EI\,\frac{a^3+b^3}{a^3b^3}$ $c_{12} = -3\,EI\,\frac{a^2-b^2}{a^2b^2}$ $c_{22} = 3\,EI\,\frac{l}{ab}$	EI = Biegesteifigkeit h_{11} siehe Tafel 6.2–1, Nr. 5
10		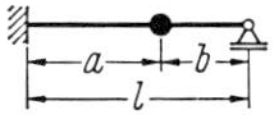	$EI\,h_{12} = \frac{a^2b}{2l^3}\left(\frac{a^2}{2}-b^2\right)$ $EI\,h_{22} = \frac{a}{4l^3}\,(a^3+4b^3)$	$c_{11} = 3\,EI\,\frac{a^3+4b^3}{a^3b^3}$ $c_{12} = -3\,EI\,\frac{a^2-2b^2}{a^2b^2}$ $c_{22} = EI\,\frac{3a+4b}{ab}$	h_{11} siehe Tafel 6.2–1, Nr. 6
11		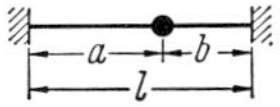	$EI\,h_{12} = \frac{a^2b^2}{2l^3}\,(a-b)$ $EI\,h_{22} = \frac{ab}{l^4}\,(a^3+b^3)$	$c_{11} = 12\,EI\,\frac{a^3+b^3}{a^3b^3}$ $c_{12} = -6\,EI\,\frac{a^2-b^2}{a^2b^2}$ $c_{22} = 4\,EI\,\frac{l}{ab}$	h_{11} siehe Tafel 6.2–1, Nr. 7
12		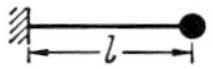	$EI\,h_{12} = -\frac{l^2}{2}$ $EI\,h_{22} = +l$	$c_{11} = 12\,EI\,\frac{1}{l^3}$ $c_{12} = -6\,EI\,\frac{1}{l^2}$ $c_{22} = 4\,EI\,\frac{1}{l}$	h_{11} siehe Tafel 6.2–1, Nr. 4
13	Federn an einem Punktkörper angreifend	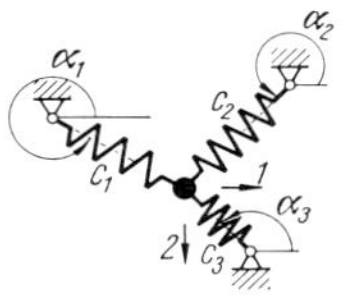	Für c_1 u. c_2 allein: $h_{11} = \frac{h_1\cos^2\alpha_2 + h_2\cos^2\alpha_1}{\sin^2(\alpha_1-\alpha_2)}$ $h_{12} = \frac{h_1\sin\alpha_2\cos\alpha_2 + h_2\sin\alpha_1\cos\alpha_1}{\sin^2(\alpha_1-\alpha_2)}$ $h_{22} = \frac{h_1\sin^2\alpha_2 + h_2\sin^2\alpha_1}{\sin^2(\alpha_1-\alpha_2)}$	$c_{11} = \sum_i c_i\cos^2\alpha_i$ $c_{12} = \sum_i c_i\sin\alpha_i\cos\alpha_i$ $c_{22} = \sum_i c_i\sin^2\alpha_i$	α_i = Winkel der Federachse mit der Horizontalen h_{ik} für $n>2$ kompliziert

6.6 Erzwungene Schwingungen

Beim Schwinger von zwei Freiheitsgraden ist es nicht schwierig, auch die erzwungenen Schwingungen explizit zu untersuchen, vor allem, wenn Dämpfung fehlt, was wir zunächst voraussetzen wollen. Als Beispiel betrachten wir Bild 6.6–1. Die Differentialgleichungen lauten:

$$\begin{aligned} m_1 \ddot{\tilde{u}}_1 + (c_1 + c_v)\,\tilde{u}_1 - c_v \tilde{u}_2 &= P_1 \sin \Omega t, \\ m_2 \ddot{\tilde{u}}_2 - c_v \tilde{u}_1 + c_v \tilde{u}_2 &= 0. \end{aligned} \tag{6.6–1}$$

Partikularintegral ist $\tilde{u}_1 = U_1 \sin \Omega t$, $\tilde{u}_2 = U_2 \sin \Omega t$, und für die Amplituden U_i ergibt sich, wenn wir gleich die dimensionslose Schreibweise von Bild 6.4–3 benutzen,

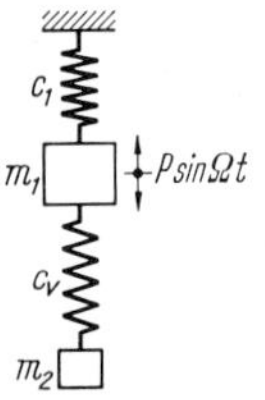

$$U_1 = U_{st}\,\frac{\nu^2 - \eta^2}{\Delta(\eta^2)}, \qquad U_2 = U_{st}\,\frac{\nu^2}{\Delta(\eta^2)}; \tag{6.6–2}$$

darin bedeutet

$$U_{st} = \frac{P_1}{c_1}, \qquad \nu^2 = \frac{c_v}{m_2}\,\frac{m_1}{c_1}; \tag{6.6–2'}$$

der Nenner

$$\Delta(\eta^2) \equiv \eta^4 - \eta^2(1 + \nu^2 + \mu\nu^2) + \nu^2, \text{ mit } \mu = \frac{m_2}{m_1},\ \eta^2 = \frac{\Omega^2 m_1}{c_1}, \tag{6.6–3}$$

Bild 6.6–1

ist die (dimensionslose) charakteristische Determinante des Systems [vgl. Gl. (6.5–3)]. Die U_i werden ∞, wo $\Delta = 0$ ist, d.h. für $\Omega = \omega_{\mathrm{I,II}}$: Resonanz. In Bild 6.6–2 ist der Verlauf der Funktionen $U_{1,2}(\eta)$ für $\nu = 1$, $\mu = 0{,}2$ aufgetragen. Man erkennt, daß U_1 zwischen den Resonanzen eine Nullstelle hat: dort wird die Bewegung der Masse 1, an der die äußere Kraft angreift, durch das Vorhandensein des Systems c_v, m_2 getilgt. Dieser Tilgereffekt, den man durch Hinzufügen der zweiten Masse absichtlich herbeiführen kann, ist ein hervorragendes Mittel, Schwingungen zu beruhigen. Es ist bemerkenswert, daß der auf $c_v/m_2 = \Omega^2$ abgestimmte Tilger selbst nicht etwa „Resonanz"-Ausschläge macht – an der Stelle $\Omega^2 = c_v/m_2$ liegt sogar fast genau das Minimum von U_2. Das Bild 6.6–2 zeigt, daß ein „kleiner" Tilger gerade dann besonders wirkungsvoll ist, wenn das System ursprünglich in Resonanz war ($\nu = 1$). Die Resonanz spaltet sich auf, und die neuen Resonanzstellen liegen um $\pm \frac{1}{2}\sqrt{\mu}$ von $\nu = 1$ entfernt. Eine Zusatzmasse von $\frac{1}{10}$ der ursprünglichen treibt die Resonanzen also um 15% nach oben und unten auseinander. Natürlich macht der „kleine" Tilger selber ziemlich große Ausschläge; da die Tilger-Feder die Kräfte $P \sin \Omega t$ aufnehmen muß, ist $U_2 = P_1/c_v = \frac{c_1}{c_v} U_{st}$.

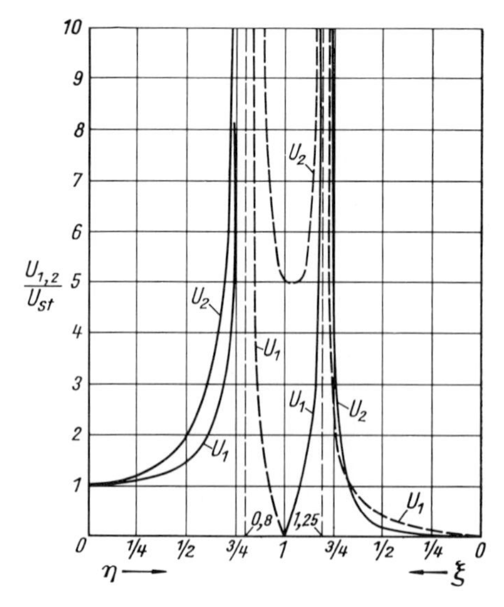

Bild 6.6–2

Der Tilgereffekt ist nicht auf das Beispiel Bild 6.6–1 beschränkt. Er tritt immer auf, wenn sich an die erregte Masse ein schwingender Teil anschließt, der eine mit Ω übereinstimmende Eigenfrequenz hat. Wenn z.B. m_2 die erregte Masse ist, so kommt sie zur Ruhe, sofern man

$$\frac{c_1 + c_v}{m_1} = \Omega^2$$

wählt; macht man $\frac{c_1}{m_1} = \Omega^2$, so wird $U_1 = U_2$, d.h. es verschwindet die von c_v übertragene Kraft usw. [6].

Dämpfung. Die Schwingungsberuhigung durch den Tilger hat einen entscheidenden Nachteil. Wenn Ω nicht konstant ist (und man den Tilger nicht regulieren kann – Fliehkraftpendel o.ä.), ist der Tilger wirkungslos; ja, schon geringe Drehzahlschwankungen zerstören den Effekt, weil die U_1-Kurve neben der Tilgungsstelle steil in die Höhe geht (Bild 6.6–2). Da kann Dämpfung ausgleichend wirken. Man erhält zwar keine eigentliche Tilgung mehr (U_1 kann nirgends Null werden, da der Zusatzschwinger gegen die Erregung phasenverschoben schwingt), aber auch keine Unendlichstellen, und durch geschickte Auswahl der Dämpfungskonstanten kann man ein breites Ω-Band ungefährlich machen. Über die optimale Abstimmung solcher Tilger s. [3], Kap. 3.

Ergebnis: $\nu_{opt} = \frac{1}{1+\mu}$; $\quad D_{opt}^{(v)} = \sqrt{\frac{3}{8}\frac{\mu}{1+\mu}}$, $\quad$ Höchstausschlag $\frac{U_1}{U_{st}} = \sqrt{\frac{2+\mu}{\mu}}$.

Über die „Gefährlichkeit", Fundament $\frac{c_1}{m_1}$ und Maschine $\frac{c_v}{m_2}$ gleich abzustimmen, s. [17] und [18].

C. Der Schwinger mit *n* Freiheitsgraden

6.7 Allgemeine Ausführungen

Die eigentliche Aufgabe der Schwingungsrechnung wäre es, das Verhalten schwingungsfähiger Gebilde bei Anwesenheit einer „Erregung" (und unter Berücksichtigung der Dämpfung) zu untersuchen. Nun zeigt die Erfahrung, daß sich die Ausschläge des Schwingers in der Größenordnung der statischen Ausschläge halten – außer in Resonanznähe: wenn die Erregerfrequenz Ω mit einer der Eigenfrequenzen ω_K des Schwingers übereinstimmt, treten (und im allgemeinen ganz unabhängig von Art und Ort der Erregung) große Ausschläge auf. Diese nun wirklich zu berechnen ist nur in Ausnahmefällen möglich; denn gewöhnlich kennt man die Dämpfungskräfte nicht, und von den Erregerkräften nur die Frequenz Ω. Man muß sich daher darauf beschränken, Resonanzen zu vermeiden, d.h. die ω_K bestimmen und den Schwinger (z.B. ein Maschinenfundament) gegebenenfalls so ändern, daß $\Omega \neq \omega_K$ ist ($K = I \dots N$). Damit wird die Bestimmung der Eigenfrequenzen $\omega_I \dots \omega_N$ eines Systems von n Freiheitsgraden zur Hauptaufgabe der Schwingungslehre. Die ω_K sind als Eigenfrequenzen unabhängig von den Erregerkräften und so gut wie unabhängig von den – kleinen – Dämpfungskräften (s. [3, 4]). Es genügt daher, die freien Schwingungen zu untersuchen und dabei nur Trägheits- und (elastische) Rückstellkräfte zu berücksichtigen.

D. Freie ungedämpfte Schwingungen in kontinuierlichen Gebilden

6.8 Seil und Stab

Querschwingungen des Seils, Längs- und Drehschwingungen des Stabes führen auf dieselbe „Wellengleichung"

$$\ddot{\tilde{q}} = c_w^2 \tilde{q}''. \tag{6.8–1}$$

Darin ist c_w die Fortpflanzungsgeschwindigkeit der elastischen Welle und bestimmt sich aus den Eigenschaften des Gebildes, wie Tabelle 6.8–1 angibt (ϱ = Masse je Volumeneinheit).

Tabelle 6.8–1

Seil, querschwingend	$c_\omega^2 = \frac{S}{\varrho F}$	S F	Seilkraft Querschnittsfläche
Stab (oder Seil) längsschwingend	$\frac{E}{\varrho}$		
Stab, drehschwingend	$\frac{G I_T}{\varrho I_p}$	I_T I_p	Torsionswiderstand polares Trägheitsmoment
Stab mit Kreisquerschnitt, drehschwingend	$\frac{G}{\varrho}$	E, G	Moduln

Spaltet man in (6.8–1) den Zeitfaktor $\sin \omega t$ ab, so entsteht mit

$$\left(\frac{\lambda}{l}\right)_K^2 = \frac{\omega_K^2}{c_\omega^2}$$

die Gleichung für die Eigenfunktionen

$$q'' + (\lambda/l)_K^2 q = 0 .$$

Ihre Lösung für die verschiedenen Randbedingungen zeigt Tabelle 6.8–2:

Tabelle 6.8–2

Randbedingungen	Eigenfunktionen	Eigenwerte
fest-fest	$q_K = \sin \lambda_K \frac{x}{l}$	$\lambda_K = K\pi$
fest-frei	$= \sin \lambda_K \frac{x}{l}$	$= \frac{2K-1}{2}\pi$ (K = ganze Zahl)
frei-frei	$= \cos \lambda_K \frac{x}{l}$	$= K\pi$

Die Längsschwingungen einer zylindrischen Schraubenfeder können als die eines dehnweichen Stabes behandelt werden. An die Stelle von EF tritt $c \cdot l$, d.h. mit $m = \varrho F l$ wird

$$\omega_K^2 = \frac{c}{m} \lambda_K^2 .$$

Hat der Dehnungs- oder Torsionsschwingungen ausführende Stab mehrere Felder (sprunghaft veränderliche Steifigkeit, Anwesenheit von Einzelmassen), so verwendet man zur Bestimmung von ω^2 am zweckmäßigsten die Methode der Übertragungsmatrizen. Für den Dehnstab gilt

$$\begin{bmatrix} u \\ \bar{N} \end{bmatrix}_{i+1} = \begin{bmatrix} \cos\lambda & \dfrac{\sin\lambda}{\lambda\alpha} \\ -\lambda\alpha\sin\lambda & \cos\lambda \end{bmatrix}_{i+1} \begin{bmatrix} u \\ \bar{N} \end{bmatrix}_i$$

wobei $\bar{N}$ die durch eine Bezugsnachgiebigkeit $(l/EF)_0$ auf die Dimension von u gebrachte Längskraft ist, und

$$\alpha_i = \left(\frac{l}{EF}\right)_i \Big/ \left(\frac{l}{EF}\right)_0 \text{ bedeutet.}$$

6.9 Balken

Der gerade Balken konstanten Querschnitts

Nennen wir die Amplitude der Querschwingung w, so lautet die Eigenwertgleichung

$$\omega^{\text{IV}} - \left(\frac{\lambda}{l}\right)^4 \omega = 0 , \tag{6.9–1}$$

$$\text{mit } \lambda^4 = \frac{\mu\,\omega^2 l^4}{EI} \quad (\mu = \varrho F = \text{Masse/Längeneinheit}). \tag{6.9–1'}$$

Sie hat die allgemeine Lösung

$$\omega = A \operatorname{Cosh}\lambda \frac{x}{l} + B \operatorname{Sinh}\lambda \frac{x}{l} + C \cos\lambda \frac{x}{l} + D \sin\lambda \frac{x}{l} . \tag{6.9–2}$$

Die 4 Konstanten ergeben sich aus den Randbedingungen. Sind diese homogen, so existiert ein von Null verschiedenes System $A \dots D$ nur, wenn die Koeffizienten-Determinante verschwindet. Das liefert eine transzendente Gleichung für $\lambda = \lambda_K$, womit nach (6.9–1') auch $\omega = \omega_K$ bekannt ist. In Tabelle 6.9–1 ist das Ergebnis für die 10 möglichen Randbedingungskombinationen zusammengestellt.

Tabelle 6.9–1 Frequenzengleichungen und Eigenwerte für den Balken konstanten Querschnitts

	Frequenzengleichung	1. Eigenwert	2. Eigenwert	Asymptotisch gegen:
	$\cos\lambda = 0$	$\frac{1}{2}\pi$	$\frac{3}{2}\pi$	$\left(n - \frac{1}{2}\right)\pi$
	$1 + \cos\lambda \operatorname{Cosh}\lambda = 0$	$\frac{1}{2}\pi + 0{,}304 = 1{,}875$	$\frac{3}{2}\pi - 0{,}018 = 4{,}694$	$\left(n - \frac{1}{2}\right)\pi$
	$\operatorname{Tanh}\lambda + \tan\lambda = 0$	$\frac{3}{4}\pi + 0{,}0008 = 2{,}364$	$\frac{7}{4}\pi + \ldots = 2{,}498$	$\left(n - \frac{1}{4}\right)\pi$
	$\sin\lambda = 0$	π	2π	$n\pi$
	$\operatorname{Tanh}\lambda - \tan\lambda = 0$	$\frac{5}{4}\pi - \ldots = 3{,}926$	$\frac{9}{4}\pi - \ldots = 7{,}068$	$\left(n + \frac{1}{4}\right)\pi$
	$1 - \cos\lambda \operatorname{Cosh}\lambda = 0$	$\frac{3}{2}\pi + 0{,}017 = 4{,}730$	$\frac{5}{2}\pi - \ldots = 7{,}853$	$\left(n + \frac{1}{2}\right)\pi$

6.10 Flächenhafte Gebilde

a) Die Membran

Die Eigenwertgleichung (Bewegungsgleichung nach Abspaltung des Zeitfaktors $\sin\omega t$) für die Querschwingungen w lautet

$$\Delta w + \delta^2 w = 0\,. \tag{6.10–1}$$

$$\text{Darin ist} \quad \lambda^2 = \frac{\varrho}{S}\,\omega^2 \quad \text{mit} \quad \begin{cases} S = \text{Spannkraft/Längeneinheit,} \\ \varrho = \text{Masse/Flächeneinheit.} \end{cases} \tag{6.10–1'}$$

und

$$\left.\begin{aligned} \Delta &= \frac{\partial^2}{\partial x^2} + \frac{\partial^2}{\partial y^2} && \text{in cartesischen} \\ \Delta &= \frac{\partial^2}{\partial r^2} + \frac{1}{r}\frac{\partial}{\partial r} + \frac{1}{r^2}\frac{\partial^2}{\partial \varphi^2} && \text{in Polar-} \end{aligned}\right\} \text{Koordinaten.} \tag{6.10–1''}$$

Für die Rechteckmembran $b \cdot a$ sind

$$\omega_{m,n} = \sin\frac{\pi m x}{a}\sin\frac{\pi n y}{b} \tag{6.10–2}$$

die Eigenfunktionen (m, n ganze Zahlen),

$$\lambda_{m,n}^2 = \pi^2\left(\frac{m^2}{a^2} + \frac{n^2}{b^2}\right) \tag{6.10–2'}$$

die Eigenwerte, woraus $\omega_{m,n}^2$ nach (6.10–1′) folgt.

Für die Kreismembran (Radius a) erhält man die Eigenfunktionen aus dem Ansatz

$$w_n = R_n(r)\cos n\varphi, \tag{6.10–3}$$

worin R_n der Besselschen Differentialgleichung für die Ordnung n gehorcht:

$$R_n'' + \frac{1}{r}R_n' + \left[\lambda_n^2 - \left(\frac{n}{r}\right)^2\right]R_n = 0\,. \tag{6.10–3'}$$

In Tabelle 6.10–1 sind die Eigenwerte dieser Differentialgleichung, die Nullstellen der Besselschen Funktion n-ter Ordnung

$$J_n(\lambda_n a) = 0 \qquad (6.19\text{–}3'')$$

Tabelle 6.10–1

n \ m	0	1	2	3
0	2,4048	5,5201	8,6537	11,7915
1	3,8317	7,0156	10,1735	13,3237

$= \lambda_{n,m} a$.

zusammengestellt.

m ist die Anzahl der Knotenkreise, n die der Knotendurchmesser. $\omega^2_{n,m}$ folgt wieder aus (6.10–1′).
Auch die Eigenfrequenzen der Kreisring-Membran, die bei $r = b$ (Innenradius) und $r = a$ (Außenradius) gehalten ist, ergeben sich aus der Differentialgleichung (6.10–3′); man muß allerdings neben J_n, den Besselschen Funktionen erster Art, die zweiter Art mit heranziehen, um die zweite Randbedingung erfüllen zu können.
Wir geben die Grundfrequenz ω_0 an, relativ zur Grundfrequenz ω_{00} der Vollmembran:

Tabelle 6.10–2

b/a	0	0,05	0,1	0,2	0,5	0,66
ω_0/ω_{00}	1	1,27	1,38	1,59	2,60	3,92

b) Die Platte
Die Eigenwertgleichung für die Querschwingungen w lautet

$$\Delta\Delta w = \lambda^4 w. \qquad (6.10\text{–}4)$$

Darin ist

$$\lambda^4 = \omega^2 \varrho \frac{12(1-\nu^2)}{Et^2} \quad \text{mit} \qquad (6.10\text{–}4')$$

E Elastizitätsmodul,
ν Querzahl,
t Plattenstärke
ϱ Dichte (= Masse je Volumeneinheit).

Bei der Kreisplatte erhält man die Eigenwertgleichung wie bei der Membran durch den Ansatz (6.10–3), der (6.10–4) in eine totale Differentialgleichung für R_n verwandelt:

$$R_n'' + \frac{1}{r} R_n' + \left[\pm \lambda_n^2 - \left(\frac{n}{r}\right)^2\right] R_n = 0\,.$$

Hat die Platte keinen Innenrand (Vollplatte), so lautet die Lösung

$$R_n = A_n J_n(\lambda r) + B_n I_n(\lambda r)$$

Darin ist I_n die modifizierte Besselsche Funktion (Bessel-Funktion mit imaginärem Argument, so wie Cosh $x = \cos ix$ ist). Ist der Außenrand z. B. eingespannt, so lautet die Frequenzengleichung

$$I_n(\lambda_n a)\, J_{n+1}(\lambda_n a) - I_{n+1}(\lambda_n a)\, J_n(\lambda_n a) = 0\,,$$

Tabelle 6.10–3 Eigenwerte $\lambda_n a$ für Kreisplatte

m \ n	0	1	2	3
0	3,1961	4,6110	5,9056	7,1433
1	6,3064	7,7993	9,1967	10,537
2	9,4395	10,958	12,402	13,795
3	12,577	14,108	15,579	
4	15,716			

wenn n die Anzahl der Knotendurchmesser ist. Die Wurzeln dieser Gleichung sind in Tabelle 6.10–3 zusammengestellt (m = Anzahl der Knotenkreise). Tabelle 6.10–4 enthält einige Eigenwerte für die innen (Radius b) eingespannte, außen (Radius a) freie Kreisringplatte.

Die Schwingungen der Rechteckplatte lassen sich nur näherungsweise bestimmen. Am fruchtbarsten hat sich für diese Untersuchungen das Energieverfahren (Ritz) erwiesen [39]. Einige Ergebnisse enthält die Tabelle 6.10–5. Als Bezugsfrequenz ist $\omega_0 = \frac{t}{a^2}\sqrt{E/[12\,\varrho\,(1-\nu^2)]}$ gewählt.

Tabelle 6.10–4 Eigenwerte $\lambda_n a$ für Kreisplatte

$n=0$		$n=1$		$n=2$		$n=3$	
b/a	$\lambda_0 a$	b/a	$\lambda_1 a$	b/a	$\lambda_2 a$	b/a	$\lambda_3 a$
0,276	2,50	0,060	1,68	0,186	2,50	0,43	4,0
0,642	5,00	0,397	3,00	0,349	3,00	0,59	5,0
0,840	9,00	0,603	4,60	0,522	4,00	0,71	7,0
		0,634	5,00	0,769	8,00	0,82	10,0
		0,771	8,00	0,810	10,00		
		0,827	11,00				

In [35] sind auch ein paar Zahlenwerte für Parallelogrammplatten berechnet worden. Sie sind in Tabelle 6.10–6, wieder bezogen auf ω_0, zusammengestellt.

Tabelle 6.10–5 (Reduzierte) Eigenfrequenzen ω/ω_0 eingespannter rechteckiger Platten

Bezugsfrequenz $\omega_0 = \dfrac{t}{a^2}\sqrt{\dfrac{E}{12\,\varrho\,(1-\nu^2)}}$, $\nu = 0{,}3$

a) Eine Kante eingespannt

Knotenbild	$a/b = 1/2$	$a/b = 1$	$a/b = 2$	$a/b = 5$
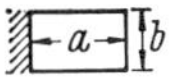	3,508	3,494	3,472	3,450
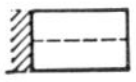	5,372	8,547	14,93	34,73
	21,960	21,44	21,61	21,52
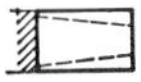	10,26	27,46	94,49	563,9
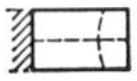	24,85	31,17	48,71	105,9

b) Zwei Kanten eingespannt   Platte quadratisch, $a/b = 1$

ω/ω_0	6,958	24,08	26,80	48,05	63,14
Knotenbild	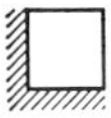				

c) Vier Kanten eingespannt   Platte quadratisch, $a/b = 1$

ω/ω_0	35,99	73,41	108,27	131,64	132,25	165,15
Knotenbild		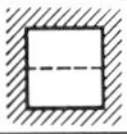	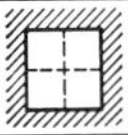		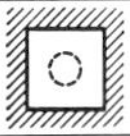	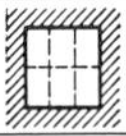

Tabelle 6.10–6 (Reduzierte) Eigenfrequenzen ω/ω_0 einseitig (links) eingespannter Parallelogrammplatten

Bezugsfrequenz $\omega_0 = \sqrt{Et^2/[12\,(1-\nu^2)\,\varrho\,a^4]}$, $\nu = 0{,}3$

	Grundschwingung	1. Oberschwingung
$\alpha = 15°$	3,601	8,872
$\alpha = 30°$	3,961	10,190
$\alpha = 45°$	4,824	13,75
Knotenbild	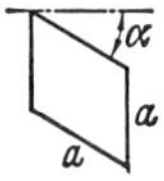	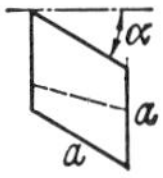

Literatur

Bücher:

1. C.B. Biezeno u. R. Grammel: Technische Dynamik. Berlin–Göttingen–Heidelberg 1953 (2. Auflage). (Elastizitätstheorie und Maschinendynamik – zwischen Lehrbuch und Handbuch, umfangreich) ~ 1100 S.
2. L. Collatz: Eigenwertaufgaben, Leipzig 1949 (2. Auflage) (das beste und gründlichste Buch über dieses wichtige Gebiet) ~ 500 S.
3. I.P. den Hartog: Mechanical Vibrations, New York 1956 (4. Auflage) (mehr physikalisch als formal orientiert, gute Einführung in das Schwingungsdenken) ~ 500 S. Deutsch von G. Mesmer 1952.
4. K. Hohenemser: ... Eigenwertprobleme in der Elastokinetik, Ergebnisse der Mathematik, Berlin 1932.
5. K. Klotter in: Hütte, das Ingenieur-Taschenbuch 1955 (28. Auflage), 4. Abschnitt (konzentrierte Zusammenfassung der wichtigsten Formeln, ergänzt in vielem die vorliegende Darstellung) ~ 40 S.
6. K. Klotter: Technische Schwingungslehre I, Berlin–Göttingen–Heidelberg 1951 (2. Auflage), II. 1960 (sehr gründliche und systematische Darstellung des gesamten Gebietes) ~ 400 + 500 S.
7. F. Pfeifer: Elastokinetik, im Handbuch der Physik. Bd. VI, Berlin 1928 (systemische und übersichtliche Zusammenfassung) ~ 100 S.
8. E. Rausch: Maschinenfundamente ..., Düsseldorf 1959 (3. Auflage) (Schwerpunkt liegt in den Beispielen; viel Erfahrungsmaterial, wenig systematisch) ~ 850 S.
9. W.T. Thomsen: Mechanical Vibrations, New York 1953 (2. Auflage) (handliche, nicht sehr weitgehende, gute Einführung) ~ 250 S.
10. G. Temple u. W.G. Bickley: Rayleighs Principle (leicht zugänglich als Doverpublication; zugleich mathematisch und praktisch orientiert) ~ 150 S.
11. A. Weigand: Einführung in die Berechnung mechanischer Schwinger I, II, Berlin 1955 und 1958. ~ 300 S. (s. [9], enthält auch nicht-lineare Probleme und Einschaltvorgänge).
12. R. Zurmühl: Praktische Mathematik für Ingenieure, Berlin–Göttingen–Heidelberg 1957 (2. Auflage) (gute Zusammenfassung) ~ 500 S.
13. R. Zurmühl: Matrizen, Berlin–Göttingen–Heidelberg 1958 (2. Auflage) (für Ingenieure wohl die beste Einführung in das neuerdings immer wichtiger werdende Gebiet) ~ 500 S.
14. S. Timoshenko: Vibration Problems in Engineering, New York 1937 (2. Auflage). Deutsch von I. Malkin (1931). (Enthält ~ 150 S. über continuierliche Schwinger)
15. E. Hübner: Technische Schwingungslehre, Berlin–Göttingen–Heidelberg 1957 ~ 300 S.
16. I.I. Holba: Berechnungsverfahren ... kritische Drehzahlen, Berlin 1936 (Monographie) ~ 200 S.

Aufsätze

17. H. Dietz: Stahltisch für Turbomaschinen. Stahlbau 26 (1957), S. 65.
18. K. Marguerre: ... Fundamentabstimmung ... BBC-Nachrichten 1957, S. 112.
19. S. Falk: ... Schwingungssystem und Schwingerkette ... Ingenieur-Archiv 23 (1955), S. 314.
20. S. Falk: ... Kurbelwellen ... VDI-Berichte 30 (1958), S. 65.
21. S. Falk: ... Reduktionsverfahren, Ingenieur-Archiv 26 (1958), S. 61, 96.
22. K. Federn: Elektro-mechanische Analogien ... VDI-Berichte 35 (1959), S. 33.
23. H. Fuhrke: ... Balkenschwingungen ..., Ingenieur-Archiv 23 (1955), S. 329 (auch 24, S. 27).
24. H. Fuhrke: Abgeleitete Übertragungsmatrizen, VDI-Berichte 30 (1958), S. 34.
25. K. Marguerre: Vibration Problems ..., J. Math. Phys. 15 (1956), S. 28.
26. K. Marguerre: Matrices of Transmission, Progress in Solid Mechanics I, Amsterdam (1960), S. 59.
27. E. Pestel u. G. Schumpich: ... gekoppelte Stabzüge ... Schiffstechnik, 4 (1957), S. 55, auch VDI-Bericht 30 (1958), S. 41.
28. E. Pestel u. O. Mahrenholtz: Zum numerischen Problem ... Ingenieur-Archiv 29 (1959), S. 255.
29. E. Pestel u. a.: Katalog von Übertragungsmatrizen ... VDI-Berichte 25 (1959), S. 11.
30. E. Pestel: Transfer Matrices, Techn. Report No. 1 AF 61 (052) -33 (1959).
31. G. Schumpich: ... gekrümmte Stäbe ..., Österreichisches Ingenieur-Archiv 11 (1957), S. 194.
32. H.Th. Woernle: ... Matrizenmethode ..., Stahlbau 25 (1956), S. 140.
33. H.Th. Woernle: ... Gewinnung der Schwingungsgleichungen, Darmstädter Diss., Ing. Arch. (1961).
34. R. Zurmühl: ... Wellen mit Zwischenbedingungen ..., Ingenieur-Archiv 26 (1958), S. 398.
35. M.V. Barton: ... Cantilever Plates, J. Appl. Mech. 18 (1951), S. 129.
36. S. Falk: ... Ersatzwertverfahren ..., Abhandlung der Braunschw. Wiss. Ges. VIII (1956), S. 99.
37. H. Fuhrke: Massenreduktion ..., Stahlbau 23 (1954), S. 181.
38. W. Hort: ... Eigentöne ... verjüngter Stäbe, Z. Techn. Phys. 6 (1925), S. 181.
39. D. Young: ... Rect. Plates by the Ritz Method, J. Appl. Mech. 17 (1950), S. 448.

7 Stähle und Stahlerzeugnisse

7.1 bis 7.5 J. Degenkolbe, M. Haneke, W. Schlüter
7.6 W. Schönherr

7.1 Stahlherstellung [1]

7.1.1 Stahlerschmelzung

Das im Hochofen aus Erz erschmolzene Roheisen hat wegen der metallurgischen Gegebenheiten hohe Kohlenstoff-, Phosphor- und Siliziumgehalte und ist in dieser Zusammensetzung weder walz- noch schmiedbar. Um ein Weiterverarbeiten zu ermöglichen, müssen zunächst die Gehalte an den genannten Elementen, besonders an Kohlenstoff, wie auch die Gehalte an anderen Begleitstoffen erniedrigt werden. Dies geschieht durch das sogenannte Frischen und durch das Abbinden der in Betracht kommenden Stoffe in einer durch Zusatz von Kalk gebildeten basischen Schlacke bei der Stahlerzeugung. Die Ziele des Frischens sind:

- Senken des Kohlenstoffgehaltes möglichst auf die Werte der gewünschten Stahlsorte
- möglichst weitgehendes Entfernen von Phosphor, wobei allerdings auch Silizium und Mangan oxidiert werden.

Die wichtigste Reaktion beim Frischen ist die Entkohlung: $C + O \leftrightarrows CO$,
wobei das Kohlenmonoxid größtenteils gasförmig entweicht.
Der Sauerstoff für das Frischen wird als Luft oder – wie beim Sauerstoffblasverfahren – in reiner Form unmittelbar zugeführt oder aber gebunden als Erz und in geringem Umfang als Schrott angeboten.
Das Frischen kann nach verschiedenen Verfahren erfolgen.
Beim *Siemens-Martin-Verfahren* wird in einem Herdofen vorwiegend Roheisen und Schrott eingeschmolzen. Das Roheisen kann sowohl fest als auch flüssig zugesetzt werden. Aus Gründen der Wärmebilanz und Kosten ist ein flüssiger Roheiseneinsatz jedoch wirtschaftlicher. Die für das Verfahren erforderliche Schmelzwärme wird durch das Verbrennen von Gas erzeugt. Die Leistung kann durch Zusatz von Sauerstoff oder Öl erhöht werden. Es liegt also ein endothermer Schmelzprozeß vor. Der hohe Schrottanteil beim Siemens-Martin-Verfahren hat den Nachteil, daß über den Schrott neben Eisen auch Phosphor, Schwefel, Kupfer, Chrom oder andere Begleitelemente wie Arsen oder Zinn eingebracht werden können, die gegebenenfalls die Eigenschaften des Stahls teilweise ungünstig beeinflussen. Je nach Stahlgüte ist daher in Sonderfällen der Roheisenanteil zu erhöhen oder es muß ausgesuchter Schrott eingesetzt werden.
Das *Elektrolichtbogen-Verfahren* ist wie das Siemens-Martin-Verfahren ein Einschmelzverfahren. Als Einsatzstoffe kommen vor allem Schrott oder auch Pellets (stückig gemachtes Feinerz), Eisenschwamm (aus Erz direkt reduziertes Eisen) oder Roheisen in Frage. Die für das Schmelzen und Frischen benötigte Wärme wird durch elektrischen Strom (Lichtbogen) erzeugt. Auch hier wird der Gehalt an unerwünschten Verunreinigungen und Spurenelementen, sofern diese nicht durch das Frischen beseitigt oder in die Schlacken überführt werden können, durch die Qualität des Schrotts bestimmt.
Im Gegensatz zu den beiden genannten Verfahren ist das *Sauerstoffblas-Verfahren* exotherm. Es hat inzwischen die größte Bedeutung gewonnen. Bei diesem Verfahren wird Roheisen in einem kippbaren Konverter durch Aufblasen oder Durchblasen (vom Konverterboden aus) von reinem Sauerstoff gefrischt. Dabei wird soviel Wärme frei, daß die Badtemperatur ohne Kühlen der Schmelze oberhalb der erforderlichen Prozeß- und Abstichtemperatur liegen würde. Zur Kühlung werden Schrott und Erz verwendet. Da der hauptsächliche Einsatzstoff Roheisen, aber auch das Erz und – bei entsprechender Auswahl – auch der Schrott niedrige Gehalte an unerwünschten Stahlbegleitern (u. a. Phosphor, Schwefel, Arsen und Zinn) aufweisen, hat der erschmolzene Stahl einen guten chemischen Reinheitsgrad.
Die Stickstoffgehalte beim Sauerstoffblas- und Siemens-Martin-Verfahren liegen etwa im Bereich von 0,003%. Bei beruhigtem Stahl erhöht sich dieser Gehalt durch Luftaufnahme beim Abstich auf etwa 0,007%. Beim Elektrolichtbogen-Verfahren beträgt der Stickstoffgehalt bereits beim Abstich schon etwa 0,012%.

Durch das hohe Sauerstoffangebot beim Frischen (also bei Herabsetzung des Kohlenstoffgehaltes) entstehen nicht nur gasförmige Reaktionsprodukte (s.o.), sondern auch feste oder zunächst flüssige Sauerstoffverbindungen, die sich nur wenig abscheiden; sie beeinträchtigen den metallurgischen Reinheitsgrad des Stahles. Um ihn zu verbessern, wird der Stahl entsprechenden Behandlungen unterzogen. Diese dienen also vor allem dazu, die Gehalte an Oxiden und Sulfiden, aber auch an Wasserstoff herabzusetzen, um so die Werkstoffeigenschaften günstig zu beeinflussen.

7.1.2 Desoxidation

Bei der Desoxidation wird der unzulässig hohe Gehalt der Stahlschmelze an Sauerstoff oder Sauerstoffverbindungen durch ein auf das jeweilige Erschmelzungsverfahren abgestimmtes Vorgehen erniedrigt. Im Grundsatz handelt es sich darum, der Schmelze Elemente – wie z.B. Silizium oder Aluminium – zuzugeben, die eine hohe Sauerstoffaffinität haben, den Sauerstoff also aus der vom Frischen her vorliegenden Bindung lösen und Verbindungen mit ihm oder auch mit dem überschüssigen, freien Sauerstoff bilden, die aus der Schmelze gut abscheidbar sind. Die Desoxidation erfolgt im allgemeinen in der Pfanne; beim Elektrolichtbogen-Verfahren kann der Stahl auch im Schmelzgefäß selbst desoxidiert werden.

Nicht in jedem Falle muß desoxidiert werden. Werden dem Stahl in der Pfanne vor dem Vergießen zum Abbinden des Sauerstoffs keine sauerstoffaffinen Elemente zugegeben, so steigt das beim Frischen gebildete gasförmige Kohlenmonoxid im flüssigen Stahl auf und verursacht je nach Intensität der Bildung eine starke Badbewegung, die Schmelze wirkt kochend, die Badoberfläche ist dementsprechend „unruhig“, man spricht von unberuhigtem Stahl. Bei der schnellen Erstarrung eines solchen Stahles nach dem Vergießen in der Kokille bildet sich zunächst eine metallurgisch sehr reine äußere Randzone mit einem niedrigen Kohlenstoffgehalt. Diese entspricht in ihrer chemischen Zusammensetzung derjenigen von Weicheisen und wird in der Regel als „Speckschicht“ bezeichnet. Der Vorteil dieser Randzone bei unberuhigtem Stahl liegt darin, daß sie gut kaltumformbar und auf Grund des hohen Reinheitsgrades der Erzeugnisoberfläche für ein Beschichten, wie Verzinken, Emaillieren usw. besonders geeignet ist. Der Erstarrungsvorgang verläuft jedoch so schnell, daß das Kohlenmonoxid nicht vollständig entweichen kann, sondern unterhalb der zunächst erstarrten reinen Randzone im festen Stahl einen Gasblasenkranz bildet (mit dem Vorteil, daß dadurch die Erstarrungsschwindung ausgeglichen, das Ausbringen also erhöht wird). Der nicht durch Kohlenstoff abgebundene Sauerstoff bildet FeO-MnO-Mischkristalle.

Durch das Ausscheiden sehr reiner Kristalle reichert sich die Restschmelze immer stärker an Begleitstoffen und Verunreinigungen an. Diese „Seigerung“ führt im Blockkern zu teilweise erheblich erhöhten Gehalten an z.B. Phosphor und Schwefel. Bild 7.1–1 zeigt einen Längsschnitt durch einen Block aus unberuhigt erstarrtem Stahl. Die ausgeschiedenen FeO-MnO-Mischkristalle beeinflussen die Werkstoffeigenschaften. Sie führen zu Rotbruch und Ermüdung bzw. verschlechtern die Zähigkeit. Die Kernseigerung beeinflußt die Verarbeitung, insbesondere das Schweißen, ungünstig.

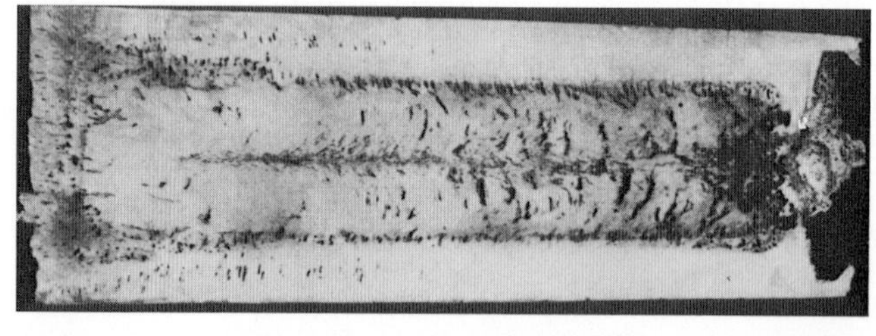

Bild 7.1–1
Längsschnitt durch einen 5-t-Block aus unberuhigtem Stahl

Stahl kann in Abhängigkeit vom Kohlenstoff- und Mangangehalt nur in bestimmtem Umfang unberuhigt vergossen werden. Bereits bei Kohlenstoffgehalten über etwa 0,15% und Mangangehalten über 0,50% ist die Kohlenmonoxidbildung und damit das Kochen des Stahles nur noch wenig ausgeprägt, da kein ausreichender freier Sauerstoff für die CO-Bildung mehr vorhanden ist.

Beim halbberuhigten Stahl wird der Sauerstoff soweit abgebunden, daß nur ein geringer Rest im Stahl gelöst bleibt, es kommt also zunächst nicht zu einer Gasentwicklung in der Schmelze. Erst nach Einsetzen der Erstarrung beginnt durch Anreicherung der Schmelze an Kohlenstoff und Sauerstoff eine Bildung von Kohlenmonoxid. Das entwickelte Gas setzt sich im Blockkopf als Blasensaum ab. So wird der Lunker vermieden und auch hier ein gutes Ausbringen erzielt, wobei die Seigerung gegenüber dem unberuhigten Stahl geringer ist.

In vielen Fällen der Stahlverarbeitung und -anwendung können die angedeuteten Nachteile des unberuhigten Stahles nicht in Kauf genommen werden, der Stahl muß desoxidiert, also beruhigt werden. Wie schon kurz beschrieben, werden dazu dem Stahl sauerstoffaffine Elemente zugegeben, die den Sauerstoff teilweise oder auch vollständig abbinden. Die bekanntesten Desoxidationselemente sind Silizium und Aluminium. Weitere sauerstoffaffine Elemente sind Mangan, Chrom, Titan oder Zirkon, die aber im allgemeinen als Legierungselemente zugesetzt werden. Daher ist es vor Zugabe dieser Elemente erforderlich, den Sauerstoff möglichst vollständig über Silizium und/oder Aluminium abzubinden, um eine Oxidation und damit Verluste der betreffenden Zusätze zu vermeiden. Die entstehenden Oxide bilden feste oder auch flüssige Teilchen, die koagulieren, in der Schmelze hochsteigen und in der Schlacke abgeschieden werden.

Die Zugabe der Desoxidationselemente erfolgt üblicherweise in die Pfanne während des Abstichs, so daß durch die durch den Gießstrahl auftretende starke Badbewegung eine gute Durchmischung und Desoxidation erfolgen. Ist der Sauerstoff über z. B. Silizium nahezu vollständig abgebunden, wird der Stahl als beruhigt oder vollberuhigt bezeichnet. Erfolgt das Abbinden mit Silizium und Aluminium wird er als besonders beruhigt eingestuft. Eine wesentliche Verbesserung des oxidischen Reinheitsgrades wird durch eine Spülbehandlung des Stahls in der Pfanne erzielt. Gespült wird mit Argon. Der Gesamtsauerstoffgehalt wird wesentlich erniedrigt.

Als weitere Möglichkeit, durch erhöhte Badbewegung den oxidischen Reinheitsgrad zu verbessern, ist die Vakuumbehandlung zu nennen. Der Sauerstoffgehalt und damit auch der Einschlußgehalt, aber auch der Gehalt an Wasserstoff werden wirksam verringert. Die Werkstoffkennwerte, vor allem Brucheinschnürung und Kerbschlagarbeit, werden verbessert.

Eine Vakuumbehandlung wird aber auch vorteilhaft für die Einstellung der für die jeweilige Stahlsorte vorgeschriebenen Legierungsgehalte eingesetzt. Dies gilt besonders für Elemente wie Kohlenstoff, Silizium, Mangan, Aluminium, Chrom, Titan und Zirkon. Wegen ihrer hohen Sauerstoffaffinität erfolgt die Zugabe dieser Elemente erst nach der Desoxidation; ihr Ausbringen wie auch die Treffsicherheit der vorgesehenen Gehalte werden dadurch erhöht. Der Streubereich der Eigenschaftswerte des Werkstoffes wird durch diese Homogenisierung des Stahls eingeengt. Voraussetzung ist ein möglichst schlackenfreier Abstich, um eine erneute Oxidbildung durch das hohe Sauerstoffpotential der Schlacke zu verhindern.

7.1.3 Entschwefelung und Sulfideinformung

Je nach Stahlerzeugungsverfahren betragen die Schwefelgehalte 0,02 bis 0,05%, was auch in Normvorschriften Berücksichtigung findet. Bei solchen Gehalten kann der Schwefel Mangansulfid bilden, das beim Warmwalzen je nach dem Verformungsgrad unterschiedlich stark verformt, im wesentlichen also gestreckt (aber auch verflacht) wird. Dadurch sind die Mangansulfide Ursache der Anisotropie der Stahleigenschaften, insbesondere der Zähigkeitseigenschaften. In der Ebene parallel zur Erzeugnisoberfläche – z. B. in der Blechebene – ist die Streckung der Mangansulfide von der Höhe des Verformungsgrades in Längs- und Querrichtung abhängig, was sich entsprechend auf die Anisotropie der Eigenschaften auswirkt; Bild 7.1–2 zeigt das Beispiel der Kerbschlagarbeit [2]. Eine solche Anisotropie ist je nach der Beanspruchung unerwünscht. Hinzukommt, daß in vielen Bauteilen die Stahlerzeugnisse nicht nur längs und quer, sondern auch senkrecht zur Walzrichtung, also in Dickenrichtung beansprucht werden. Infolge dieser Beanspruchung kann es vor allem bei dickerem Grobblech zum Aufreißen des Bleches im Kern kommen.

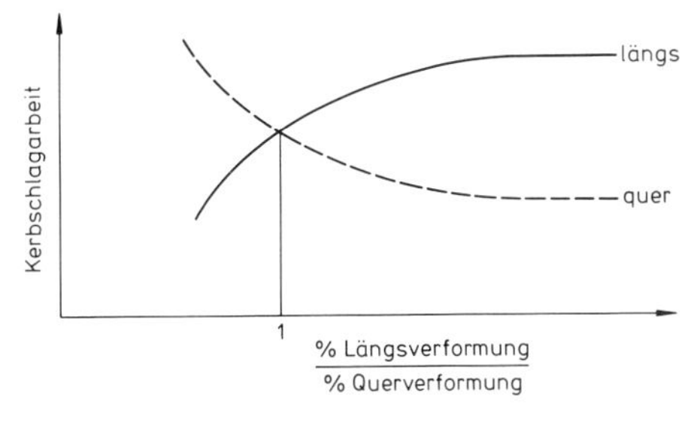

Bild 7.1–2
Einfluß des Verformungsverhältnisses auf die Kerbschlagarbeit in Längs- und Querrichtung

Diese Trennungen verlaufen terrassenförmig und werden als Terrassenbruch bezeichnet. Ursache dieser Erscheinungen sind vor allem die erwähnten, durch das Walzen langgestreckten Mangansulfide, an deren Grenzfläche zur Stahlmatrix das Gefüge aufreißt. Aber auch Oxide (Silikate und Tonerde) sind in diesem Zusammenhang bedeutsam. Die Einschlüsse beeinflussen in entscheidendem Maße auch die Kaltumformbarkeit (z. B. die Abkantbarkeit) des Stahls. Es sind daher geeignete Maßnahmen zu ergreifen, um durch geringe Gehalte an sulfidischen und oxidischen Verunreinigungen die Eigenschaften des Stahls zu verbessern.

Niedrige Schwefelgehalte können durch eine Roheisen- und/oder Stahlentschwefelung [3] eingestellt werden. Bei der Roheisenentschwefelung werden vorwiegend Soda, Magnesium oder Kalziumkarbid in das Roheisen eingebracht. Endschwefelgehalte des Stahls von 0,005% können bei Einsatz schwefelarmen Schrotts erzielt werden.

Sehr niedrige Schwefelgehalte werden durch ein Entschwefeln des Stahls in der Pfanne erzielt. Dabei werden metallisches Kalzium, Kalziumkarbid, Kalziumsilizium oder Magnesium in den Stahl geblasen. Ein anderes Verfahren arbeitet mit Kalk-Flußspat-Gemischen. Eine derartige Behandlung ist sehr wirkungsvoll, aber auch sehr aufwendig. Schwefelgehalte von 0,001% lassen sich einstellen.
Neben den aufgezeigten Verfahren zur Erniedrigung des Schwefelgehaltes und Verbesserung der Isotropie besteht die Möglichkeit, den Schwefel durch schwefelaffine Elemente wie Titan, Zirkon, Seltenerdmetalle oder Kalzium zu unverformbaren Sulfiden abzubinden, die also beim Umformen des Stahles nicht gestreckt, sondern höchstens in kleinere Partikel aufgeteilt werden. Bei diesem Vorgehen wird z.B. Titan in die Pfanne gegeben, es bilden sich Titancarbosulfide. Die Wirkung kann durch den Baumannabdruck (siehe Abschnitt 7.4.10) sichtbar gemacht werden: Bei Zugabe von in der Regel 0,12 bis 0,20% Titan bei üblichen Schwefelgehalten des Stahles von 0,015 bis 0,025% bleibt der Baumannabdruck weiß. Zirkon bildet Mangan-Zirkon-Mischsulfide. Eine Schwefelabbindung über Seltenerdmetalle setzt niedrige Ausgangsschwefelgehalte des Roheisens sowie niedrige Sauerstoffgehalte im Stahl, d.h. vollständige Desoxidation voraus, da die sonst entstehenden Cer-Oxisulfide wieder zu einer Verunreinigung der Matrix und damit Verschlechterung der Werkstoffkennwerte führen.
Im Hinblick auf den erwähnten Terrassenbruch gilt die Brucheinschnürung an Proben senkrecht zur Erzeugnisoberfläche als Kennzeichen für das Werkstoffverhalten. Der Einfluß erniedrigter Schwefelgehalte auf die Brucheinschnürung in Dickenrichtung und die Kerbschlagarbeit parallel und senkrecht zur Hauptwalzrichtung wird in den Bildern 7.1–3 und 7.1–4 [4] dargestellt (Ca = Kalzium).

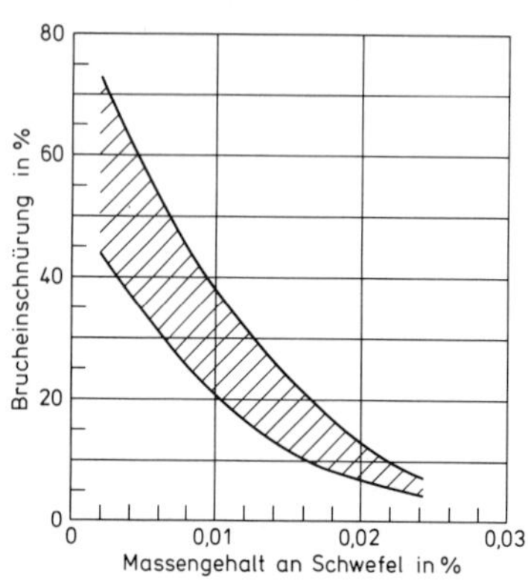

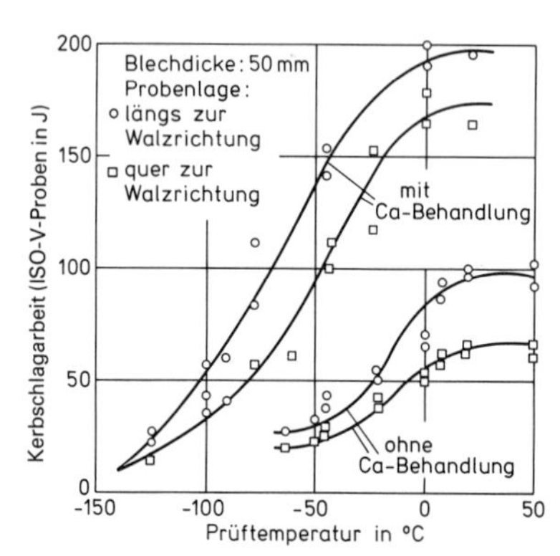

Bild 7.1–3 (links) Streubereich der Brucheinschnürung von Senkrechtproben aus Grobblechen in Abhängigkeit vom Schwefelgehalt

Bild 7.1–4 (rechts) Einfluß einer Sonderbehandlung zur Verbesserung des metallurgischen Reinheitsgrades auf die Lage von Kerbschlagarbeit-Temperatur-Kurven (nach H. Pircher u. W. Klapdar [4])

Naturgemäß werden auch die Ergebnisse bruchmechanischer Prüfungen durch die Höhe des Schwefelgehaltes und durch die Sulfidform beeinflußt, wie durch entsprechende Untersuchungen nachgewiesen werden konnte [5]. Weiter wurde festgestellt, daß die Dauerfestigkeit ebenfalls vom Schwefelgehalt abhängig ist, d.h. mit abnehmendem Schwefelgehalt verbessert wird [6].

7.1.4 Gießen und Erstarren

Man unterscheidet zwei Gießverfahren, das Gießen im Standguß und das Stranggießen.
Beim *Standguß* wird der Stahl in Formen, den sogenannten Kokillen, entweder von oben – fallend – oder von unten – steigend – vergossen. Rechteckige Kokillenformen werden als Brammen-, quadratische als Blockkokillen bezeichnet. Während beim Oberguß jede Kokille einzeln vollgegossen wird, können beim steigenden Guß mehrere Brammen oder Blöcke gleichzeitig „im Gespann" gegossen werden.
Das *Stranggießen* ist ein kontinuierliches Verfahren. Der Stahl wird in eine gekühlte Kupferkokille gegossen, erstarrt sehr schnell in der äußeren Schale und wird während des weiteren Gießens kontinuierlich senkrecht oder in Kreisbogenform in einem Rollenführungssystem unter weiterem Abkühlen abgesenkt. Nach dem Auslaufen aus der Strangführung und vollständigem Erstarren wird der Strang entsprechend der Verplanung in Bestellängen, z.B. für die Grobblechwalzung, unterteilt.
Bei der Erstarrung des flüssigen Stahles laufen physikalische und chemische Vorgänge nebeneinander ab. Physikalische Vorgänge sind die Wärmeabfuhr durch die Kokillenwände nach außen und das Schwinden des Volumens beim Übergang vom flüssigen in den festen Zustand.

Zur Verminderung der Sauerstoffaufnahme während des Gießens wird der Stahl vorwiegend verdeckt vergossen. Die Oberfläche des flüssigen Stahles wird durch besonders entwickelte Gießpulver abgedeckt. Diese verringern den Wärmeverlust und verbessern den oxidischen Reinheitsgrad des Stahles selbst und vor allem auch in der Oberfläche. Das schnelle Abkühlen der Strangbramme in der Anlage bewirkt eine ausgeprägte dendritische Kristallisation. Wie bei allen Erstarrungsvorgängen tritt auch beim Strangguß eine allerdings gegenüber Blockguß deutlich verringerte Seigerung auf. Diese kann durch metallurgische Maßnahmen, u.a. durch das elektromagnetische Rühren verringert werden. Das gegenüber Blockguß schnellere Abkühlen bewirkt die Bildung kleinerer sulfidischer und oxidischer Einschlüsse, die über die Querschnitte der Strangbrammen gleichmäßiger verteilt sind. Außerdem ist der Verformungsgrad Strangbramme/Blech im Vergleich zum Verformungsgrad Rohbramme/Vorbramme/Blech bei gleicher Blechdicke geringer, so daß die Sulfide von im Strang vergossenen Brammen weniger verformt, d.h. gestreckt werden. Infolgedessen wird die Isotropie der Zähigkeitseigenschaften verbessert. Bei gleichem Schwefelgehalt ergeben sich also bei Strangguß gegenüber Standguß wesentlich bessere Werkstoffeigenschaften in Dickenrichtung. So wurden an Blechen mit einer Dicke von 30 bis 60 mm aus Stählen mit einem Schwefelgehalt von 0,004% Werte für die Brucheinschnürung an Senkrechtproben bei Standguß von 32 bis 48%, bei Strangguß von 60 bis 75% gefunden [6]. Infolge der verminderten Sulfidstreckung werden auch die Kerbschlagarbeitswerte quer zur Hauptwalzrichtung erhöht.

Wie beim Standguß treten auch beim Strangguß Kernseigerungen auf. Bild 7.1–5 gibt ein Beispiel einer derartigen Seigerung eines aus einer Strangbramme gewalzten Grobblechs aus St 52–3. Grundsätzlich soll die Seigerung eine bestimmte Intensität nicht überschreiten. Dies wird durch eine sachgerechte Überprüfung des Vorwerkstoffs im Rahmen der Qualitätskontrolle durch den Stahlhersteller erreicht. Die in Bild 7.1–5 wiedergebene Seigerung beeinflußt die Werkstoff- und Verarbeitungseigenschaften des Stahles nicht. Dies gilt auch für die Schweißeignung.

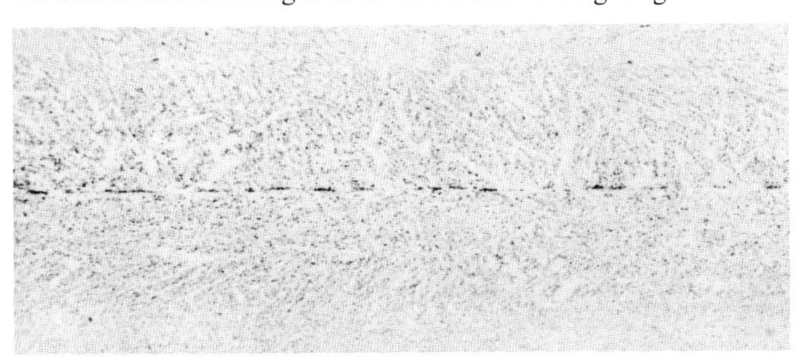

Bild 7.1–5
Schwefelabdruck nach Baumann von Grobblech aus Strangguß der Stahlsorte St 52–3

Die Erfahrung hat gezeigt, daß die im Stahlbau üblicherweise verwendeten Stahlsorten St 37–2, St 52–3, St E 460 und St E 690 sicher im Strang vergossen werden können.

Beim Vorwalzen der Standgußbrammen zu Vorbrammen wird die Gußstruktur völlig beseitigt; die hierfür notwendige Mindestverformung ist bei der üblichen Verfahrensweise immer gegeben. In Kenntnis der Zusammenhänge waren auch für aus Strangbrammen gewalzte Erzeugnisse Mindestverformungsgrade zu ermitteln. Diese betragen in der Regel das zwei- bis vierfache der Enddicke. Untersuchungen am Beispiel des St 42–3 haben gezeigt, daß ein zweifaches Verformen ausreichend ist und somit auch dickere Bleche von z.B. 150 mm aus Strangbrammen gewalzt werden können. Zum Nachweis wurde die Kerbschlagarbeit an der Blechoberfläche und im Kern ermittelt (Bild 7.1–6).

Die günstigen Erstarrungsbedingungen der im Strang vergossenen Erzeugnisse bewirken auch eine gegenüber Blockguß verringerte Streubreite in der chemischen Zusammensetzung. Demzufolge wird der Streubereich der Werkstoffkennwerte kleiner (Bild 7.1–7) [7].

7.1.5 Warmwalzen

Das Warmformgeben, also auch das Warmwalzen, wird wie folgt beschrieben [8]:

„Unter Warmformgeben oder Warmverarbeiten von Stählen versteht man das bildsame Formgeben bei vorwiegend oberhalb der Rekristallisationstemperatur gelegenen Temperaturen, um so das Werkstück im Zustand größter Formbarkeit und unter einem möglichst geringen Aufwand an Formänderungsarbeit in seine neue Gestalt zu bringen und gleichzeitig z.B. bei der Umformung aus dem Gußzustand die Werkstoffeigenschaften zu verbessern.“

Beim Warmwalzen erfolgt das Formgeben durch unmittelbaren Druck. Die Umformkraft wird direkt über die Walze in das Walzgut eingeleitet. Das Walzen geschieht in der Regel im Temperaturbereich von 1200 bis 800°C. Vorher wird das Halbzeug in Öfen auf etwa 1250°C erwärmt. Die Haltedauer ist so bemessen, daß der gesamte Querschnitt eine gleichmäßige Temperatur aufweist. Nach dem Walzen kühlt das Walzgut an Luft ab. Warmbreitband erfährt in der Regel ein kontrolliertes Abkühlen in einer

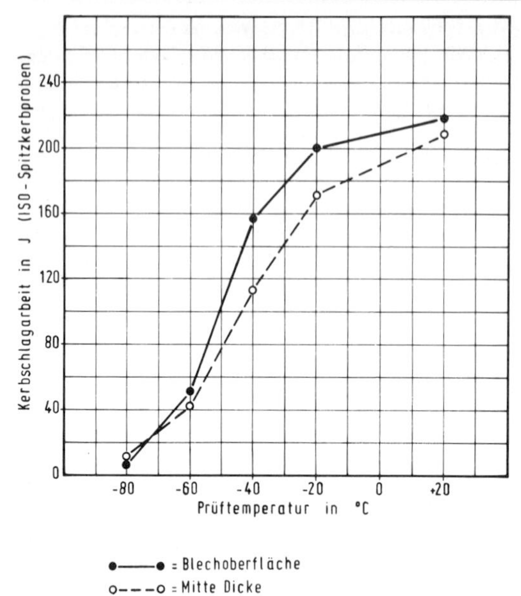

Bild 7.1–6
Kerbschlagarbeit-Temperatur-Kurven aus Oberfläche und Kern von einem 150 mm dicken Grobblech der Stahlsorte St 42–3 aus einer 320 mm dicken Strangbramme (Verformung 2,1 : 1)

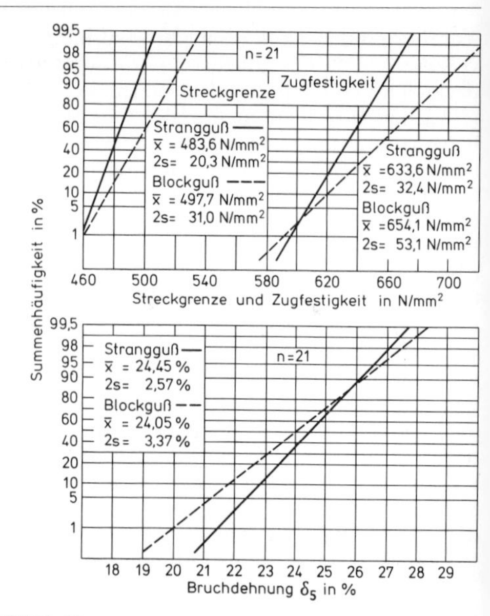

Bild 7.1–7
Vergleich der mechanischen Eigenschaften von Blechen aus Blockguß und Strangguß an sieben Schmelzen, je zur Hälfte Block- und Strangguß, am Beispiel eines mikrolegierten Stahles mit einer Streckgrenze von mind. 415 N/mm² (X60 nach den API-Vorschriften)

besonderen Kühlstrecke. Die Walzendtemperatur ist abhängig von der Enddicke des Erzeugnisses und liegt bei dicken Erzeugnissen an der oberen Grenze des angegebenen Bereiches und beeinflußt somit über den Gefügezustand – grob- bis feinkörnig – die Werkstoffeigenschaften, sofern nicht ein Normalglühen nachgeschaltet wird.

7.2 Warmgewalzte Stahlerzeugnisse

Nach Euronorm 79 – Benennung und Einteilung von Stahlerzeugnissen nach Formen und Abmessungen – werden die Walzwerkerzeugnisse in Halbzeug und Fertigerzeugnisse unterteilt. Dabei unterscheidet sich das Halbzeug vom Roherzeugnis (Rohblock, Rohbramme, Strangbramme) durch ein erstes Umformen. Das Halbzeug ist somit kein Fertigprodukt, sondern für die weitere Verarbeitung durch Walzen, Schmieden, Pressen usw. bestimmt. Walzgut mit quadratischem Querschnitt und einer Kantenlänge von 50 bis 120 mm wird als Knüppel, mit Kantenlängen über 120 mm als Vorblock bezeichnet. Daneben werden auch rechteckige Querschnitte gewalzt, deren Breiten geringer sind als die der Vorbrammen, die als Halbzeug für Grobblech und Warmbreitband auf schweren Zweiwalzen – Block-Brammenstraßen – gewalzt werden.
Besonders günstige Werkstoffeigenschaften werden erzielt, wenn die Walzendtemperatur im unteren Austenitgebiet liegt. Dieses Walzen wird als Walzen mit geregelter Temperaturführung bezeichnet und ist dem Normalglühen gleichwertig.
Die schmaleren Brammen werden zu Schmalband und Mittelband weitergewalzt.
Grobblech wird üblicherweise auf Vierwalzgerüsten reversierend gewalzt. Dabei ist es möglich, zwei Gerüste hintereinander anzuordnen und im sogenannten Tandemverfahren zu walzen. Das erste Gerüst wird dann in der Regel als Vorwalzgerüst und das zweite Gerüst als Fertigwalzgerüst benutzt.
Beim Walzen von Warmbreitband wird die Vorbramme und/oder Strangbramme auf Vor- und Zwischenstraßen vorgewalzt. Das Fertigwalzen erfolgt auf kontinuierlichen Fertigstraßen, bestehend aus mehreren (5 bis 7) hintereinander stehenden Vierwalzengerüsten.
Profile, Spundbohlen und Draht werden auf entsprechenden Profilwalzwerken oder Drahtstraßen gewalzt.
Rohre werden nahtlos gewalzt, stranggepreßt oder geschweißt hergestellt. Für längsnahtgeschweißte Rohre kleineren Durchmessers dient Band als Ausgangsprodukt. Das gleiche ist für spiralgeschweißte

Großrohre der Fall. Für längsnahtgeschweißte Großrohre wird Grobblech eingesetzt. Hohlprofile mit quadratischem oder rechteckigem Querschnitt können aus Rohren mit kreisförmigem Querschnitt gefertigt werden.

7.3 Wärmebehandlung der Stähle

Neben dem Legieren ist die Wärmebehandlung der wichtigste Faktor zur Beeinflussung des Gefüges und damit der mechanischen Eigenschaften. Durch geeignete Bedingungen bei der Wärmebehandlung lassen sich einerseits günstige Festigkeits- und Zähigkeitseigenschaften erreichen, andererseits die Gleichmäßigkeit der Eigenschaften über das Walzerzeugnis verbessern. Für Stähle des Stahlbaus wichtige Wärmebehandlungsverfahren sind das Normalglühen und das Vergüten. Die Begriffe sind festgelegt in DIN 17014.

7.3.1 Normalglühen

Normalglühen ist ein Erwärmen auf Temperaturen wenig oberhalb des Umwandlungspunktes Ac_3 mit anschließendem Abkühlen an ruhender Luft.
Die Vorgänge beim Normalglühen beschreibt das Eisen-Kohlenstoff-Diagramm [9]. Beim Erwärmen bildet sich im Temperaturbereich um 900 °C Austenit. Das ist die kubisch-flächenzentrierte Modifikation des Eisens (γ-Eisen), die Kohlenstoff in Konzentrationen, wie sie in Baustählen auftreten, vollständig löst. Beim Abkühlen scheidet sich aus dem Austenit zunächst die kubisch-raumzentrierte Modifikation des Eisens, die man als Ferrit (α-Eisen) bezeichnet, aus, bis der Kohlenstoff soweit angereichert worden ist, daß ein als Perlit bezeichnetes Gemisch aus Ferrit und Zementit in lamellarer Ausbildung entsteht. Unlegierte Baustähle werden deshalb als ferritisch-perlitische Stähle bezeichnet. Je höher der Gehalt an Kohlenstoff, desto größer der Anteil des Perlits im Gefüge.
Mit dem Normalglühen verfolgt man das Ziel, durch die beschriebene Phasenumwandlung im Stahl ein gegenüber dem Zustand nach der Warmformgebung gleichmäßigeres und zugleich auch feinkörnigeres Gefüge zu erzeugen. Sowohl Streckgrenze als auch Zähigkeit der ferritisch-perlitischen Baustähle steigen mit abnehmender Korngröße. Begrenzt wird die Verbesserung der Feinkörnigkeit durch die Tendenz des Kornwachstum beim Austenitisieren. Um ein besonders feines Korn zu erhalten, ergreift man metallurgische Maßnahmen, die zu einer Verzögerung des Kornwachstums führen. Es werden dem Stahl Elemente wie Aluminium oder Vanadin zugesetzt, die sich in Form feinverteilter Nitride ausscheiden. Diese Ausscheidungen wirken beim Glühen als Hindernisse für das Kornwachstum und beim Abkühlen als Kristallisationskeime für die Ferritbildung im Zuge der Austenitumwandlung.
Das Gefüge von Baustählen und damit ihre mechanischen Eigenschaften können durch besondere Umstände bei der Verarbeitung ungünstig beeinflußt werden. So kann nach starker Kaltumformung das Formänderungsvermögen teilweise erschöpft sein. Durch hohe Glühtemperaturen und lange Haltezeiten beim Warmumformen kann Kornvergrößerung eintreten. Normalglühen ermöglicht es, den ursprünglichen Gefügezustand wieder herzustellen.

7.3.2 Vergüten

Beim Abkühlen aus dem Temperaturbereich des Austenits hat die Abkühlgeschwindigkeit entscheidenden Einfluß auf den Verlauf der Austenit-Ferrit-Umwandlung. Bei schnellem Abkühlen entstehen nicht mehr wie beim Normalglühen Ferrit und Perlit, sondern andere Gefügearten, die als Martensit und Bainit bezeichnet werden [9]. Beide Gefüge sind wesentlich härter als das Ausgangsgefüge. Man bezeichnet deshalb den Vorgang des Austenitisierens mit einer sich anschließenden beschleunigten Abkühlung als Härten.
Der beim Härten entstehende Martensit ist ein thermodynamisch instabiles Gefüge, da der Kohlenstoff im Kristallgitter durch das Abschrecken in Lösung geblieben ist. Außerdem sind Martensit und Bainit durch hohe Versetzungsdichten gekennzeichnet. Deshalb sind mit den hohen Festigkeitseigenschaften des gehärteten Zustandes nur mittlere Zähigkeitswerte verbunden. Um einen Ausgleich zwischen beiden Eigenschaftsgruppen herzustellen, werden Werkstoffe nach dem Härten im allgemeinen angelassen. Anlassen ist das Erwärmen eines Werkstoffes auf eine Temperatur unterhalb des unteren Umwandlungspunktes Ac_1 und Halten bei dieser Temperatur. Beim Anlassen wird der im Eisengitter in Zwangslösung befindliche Kohlenstoff in Form von feinverteilten Karbiden ausgeschieden, auch wird die hohe Versetzungsdichte des gehärteten Zustandes partiell abgebaut. Streckgrenze und Zugfestigkeit werden um bestimmte Beträge herabgesetzt. Bruchdehnung, Brucheinschnürung, Kerbschlagarbeit und andere Zähigkeitseigenschaften steigen. Das Ausmaß der Eigenschaftsbeeinflussung hängt von Anlaßtemperatur und Anlaßdauer ab.
Die Kombination der beiden Vorgänge Härten und Anlassen heißt *Vergüten.* In Bild 7.3–1 ist die

Temperatur-Zeit-Folge beim Vergüten schematisch dargestellt. Abhängig von der Art des Abschreckens beim Härten in Wasser oder Öl spricht man von Wasser- oder Ölvergütung.
Von den im Stahlbau eingesetzten Stählen werden einige Stahlsorten für Schrauben und Muttern einer Vergütung unterzogen, und zwar vorwiegend einer Ölvergütung; außerdem wird der hochfeste Feinkornbaustahl St E 690 wasservergütet geliefert.

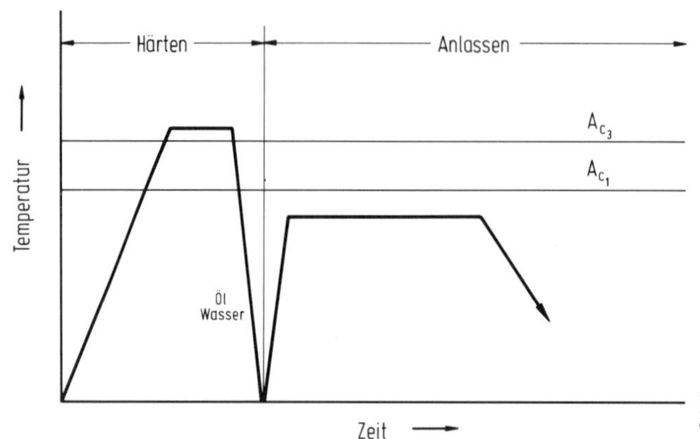

Bild 7.3–1
Temperatur-Zeit-Folge beim Vergüten

7.4 Grundsätzliches über die kennzeichnenden Eigenschaften der Stähle für den Stahlbau und ihre Prüfung

Bauwerke des Stahlhoch- und Brückenbaus unterliegen bestimmten Beanspruchungsbedingungen hinsichtlich Kräften (Lasten), Temperatur und Korrosion [10]. Außerdem sind die Beanspruchungen während der Verarbeitung zu berücksichtigen. In Laborversuchen werden Eigenschaften ermittelt, die Aussagen über das Verhalten der Stähle bei der Verarbeitung und im Bauwerk gestatten. Die wichtigsten Verarbeitungs- und Verwendungseigenschaften sind Festigkeit, Zähigkeit, Schweißeignung, Umformbarkeit und Korrosionswiderstand. Außer von der chemischen Zusammensetzung und dem Gefüge sind diese Eigenschaften vom Zustand der Oberfläche und von der Innenbeschaffenheit abhängig.

7.4.1 Festigkeitseigenschaften bei statischer Beanspruchung

Um die Stähle für den Einsatz im Bauwesen hinsichtlich ihrer Festigkeit bei statischer bzw. zügiger Beanspruchung zu kennzeichnen, werden die Werkstoffeigenschaften Streckgrenze, Zugfestigkeit und Härte verwendet.
Die Eigenschaften Streckgrenze und Zugfestigkeit werden im Zugversuch ermittelt. Beim Zugversuch wird eine stabförmige Probe einer langsam und stetig zunehmenden Kraft F unterworfen und die dadurch bewirkte Längenänderung ΔL gemessen. Die Aufzeichnung der Kraft über der zugehörigen Gesamtverlängerung einer Meßstrecke L_0 ergibt das Kraft-Verlängerung-Schaubild, aus dem sich das Spannung-Dehnung-Schaubild ermitteln läßt. Der Kraft-Verlängerungs-Verlauf kann stetig oder unstetig sein (Bild 7.4–1). Der lineare Teil des Kraft-Verlängerung-Schaubildes wird als Hookesche Gerade bezeichnet. Da das Ergebnis des Zugversuches von den Probenabmessungen abhängen kann, werden genormte Zugproben verwendet. Typische Spannung-Dehnung-Schaubilder von vier wichtigen Baustählen unterschiedlicher Streckgrenze sind in Bild 7.4–2 wiedergegeben.

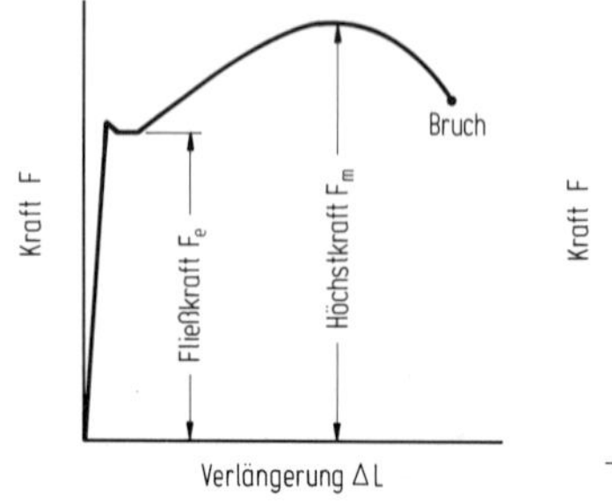

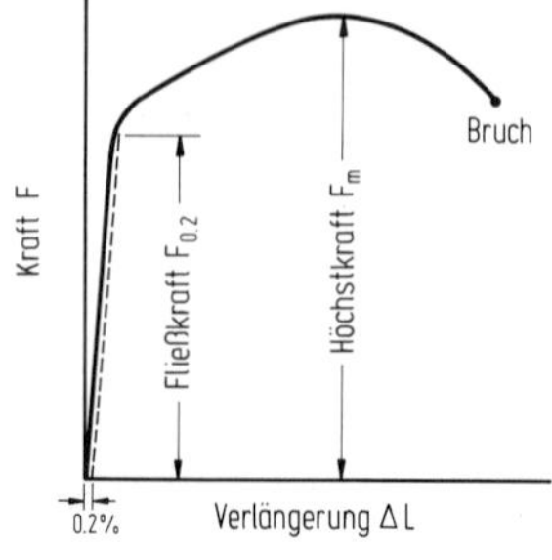

Bild 7.4–1
Kraft-Verlängerung-Kurve mit ausgeprägter und nicht ausgeprägter Fließgrenze

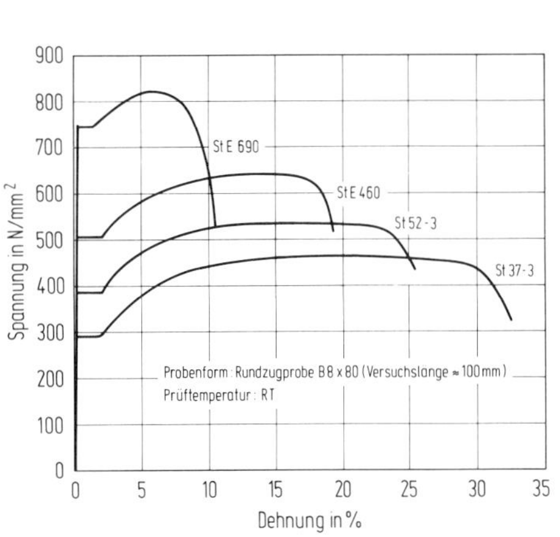

Bild 7.4–2
Spannung-Dehnung-Kurven von Stählen unterschiedlicher Festigkeit

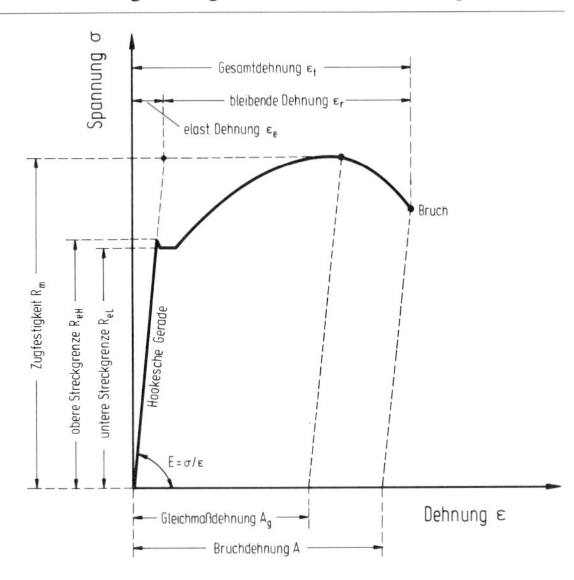

Bild 7.4–3 Spannung-Dehnung-Kurve

Beim Zugversuch werden in der Regel Streckgrenze und Zugfestigkeit als Festigkeitskennwerte ermittelt. Zusätzlich gestattet der Zugversuch die Bestimmung von drei wichtigen Verformungskennwerten, nämlich Bruchdehnung, Brucheinschnürung und Gleichmaßdehnung. Aus der Neigung der Hookeschen Geraden läßt sich außerdem der Elastizitätsmodul errechnen (Bild 7.4–3).
Die Streckgrenze ist eine Funktion der im Zugversuch angewendeten Dehngeschwindigkeit. Beim Anhalten des Versuches im Fließbereich ($\varepsilon = 0$) kann die Spannung abfallen, entsprechend einer Streckgrenze bei extrem niedriger Dehngeschwindigkeit. Dieser Wert wird als statische Streckgrenze bezeichnet. Die Notwendigkeit, sich mit der statischen Streckgrenze zu befassen, ergibt sich bei Anwendung der Traglasttheorie.
Die Streckgrenze eines Stahles hängt vom Verformungszustand ab. Deshalb kann eine Vorverformung des Werkstoffes den Wert maßgeblich verändern. Ausmaß und Vorzeichen der Streckgrenzenänderung sind davon abhängig, in welcher Richtung die Probe im Zugversuch – bezogen auf die vorausgegangene Verformung – beansprucht wird. Bei gegensinniger Beanspruchung führt eine Vorverformung geringen Ausmaßes zu einem deutlichen Abfall der Streckgrenze (Bauschinger-Effekt).
Bruchdehnung und Brucheinschnürung sind Maßstäbe für die Zähigkeit. Sie haben Bedeutung für das Sprödbruchverhalten und für die Umformbarkeit.
Maßgebend für die elastische Verformbarkeit eines Werkstoffes ist der Elastizitätsmodul. Unter dem Elastizitätsmodul versteht man den Quotienten aus der auf den Anfangsquerschnitt bezogenen Kraft, der Spannung σ, und der auf die Meßlänge bezogenen Längenänderung im Gebiet rein elastischer Verformung, also der elastischen Dehnung ε: $E = \sigma/\varepsilon$. Der Kehrwert heißt elastische Dehnzahl $\alpha = 1/E$.

7.4.2 Festigkeitseigenschaften bei schwingender Beanspruchung

In vielen Bauwerken überlagern sich den statischen Kräften schwingende Kräfte unterschiedlicher Größe. Unter schwingender Beanspruchung versteht man Beanspruchungen, deren Größe und/oder Richtung sich zeitlich wiederholt vielfach ändern. Derartige Belastungen können zum Bruch führen, auch wenn sie viel kleiner als die Zugfestigkeit und sogar kleiner als die Streckgrenze sind. Dauerschwingbrüche oder Ermüdungsbrüche zeigen ein glattes ebenes Aussehen mit Rastlinien.
Zur Ermittlung von Kennwerten für das Werkstoffverhalten bei schwingender Beanspruchung werden Schwingversuche durchgeführt [11]. Der bekannteste Schwingversuch ist der Wöhler-Versuch. Dabei werden Probestäbe mit zeitlich veränderlicher Kraft beansprucht. Die Extremwerte der Kraft und damit die Spannungsamplituden werden konstant gehalten. Gemessen wird die Schwingspielzahl bis zum Bruch. Die Wöhler-Kurve, die den Zusammenhang zwischen Spannung und Schwingspielzahl beschreibt, ist im allgemeinen durch zwei Bereiche unterschiedlichen Verhaltens gekennzeichnet (Bild 7.4–4). Bei hohen Spannungen nimmt die Schwingspielzahl mit der Spannungsamplitude ab. Mit ab-

nehmender Spannung erreicht man einen Grenzwert für die Spannungsamplitude, den die Probe nahezu unendlich oft ohne Bruch aushält. Dieser Spannungswert wird als Dauerschwingfestigkeit bezeichnet. Da die Wöhler-Kurve in diesem Bereich asymptotisch verläuft, lassen sich die Versuche nur bis zu einer bestimmten Schwingspielzahl durchführen. Definitionsgemäß bezeichnet man bei Stahl die Schwingfestigkeit bei einer Schwingspielzahl von $2 \cdot 10^6$ als Dauerschwingfestigkeit.

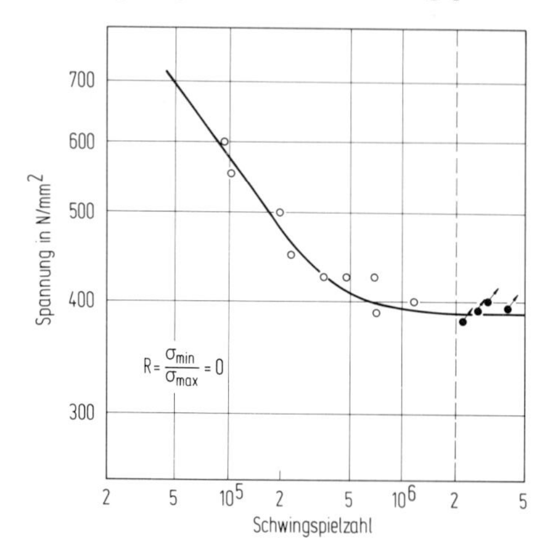

Bild 7.4–4
Bruchspannung in Abhängigkeit von der Schwingspielzahl beim Wöhler-Versuch

Maßgebende Einflußgrößen für die Schwingfestigkeit sind das Grenzspannungsverhältnis, die Kerbzahl und das Belastungskollektiv [12]. Unter Grenzspannungsverhältnis R versteht man das Verhältnis von Unterspannung zu Oberspannung des Spannungszyklus. Wichtige Grenzspannungsverhältnisse sind die Schwellbeanspruchung ($R = 0$) und die Wechselbeanspruchung ($R = -1$). Die Abhängigkeit der Schwingfestigkeit vom Grenzspannungsverhältnis wird besonders deutlich in den Darstellungen nach Smith und Moore–Kommers–Jasper (Bild 7.4–5 und 7.4–6).

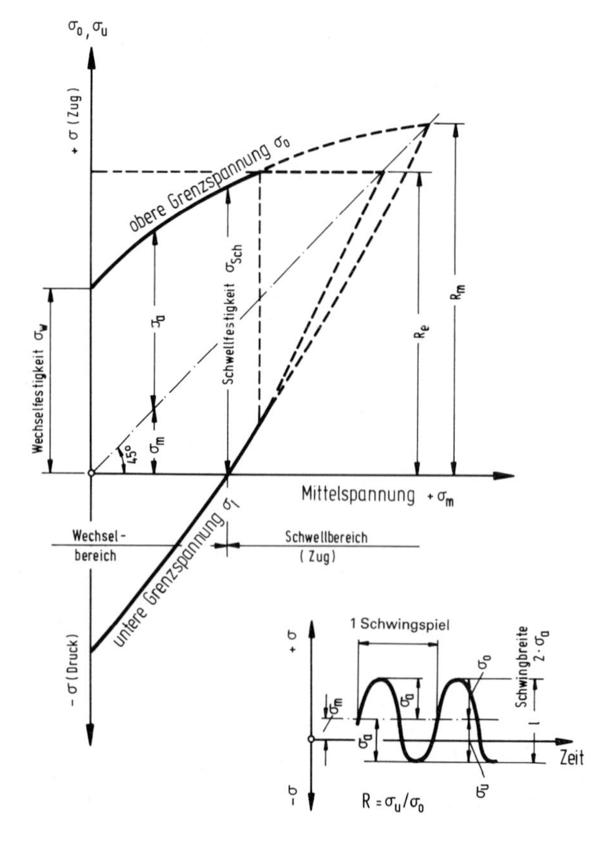

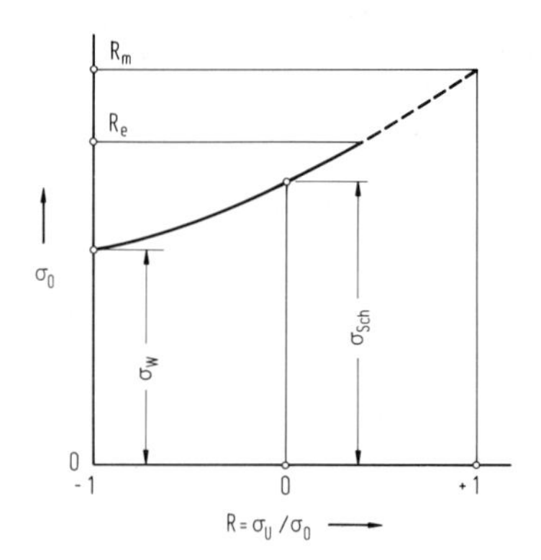

Bild 7.4–6
Dauerfestigkeits-Schaubild nach Moore–Kommers–Jasper $\sigma_o = f(\sigma_u/\sigma_o)$

Bild 7.4–5
Dauerfestigkeits-Schaubild für Zug-Druck-Beanspruchung nach Smith
(σ_o = Oberspannung, σ_u = Unterspannung, σ_a = Spannungsamplitude)

Von besonderer Bedeutung ist der Einfluß von Kerben auf die Schwingfestigkeit. Das Schweißen hat die Zahl der gekerbten Konstruktionen wesentlich erweitert. Ein umfassende Darstellung der auftretenden Kerbfälle gibt die Krannorm DIN 15018 Blatt 1. Maßgebend sind dabei Lage der Schweißnaht zur Kraftrichtung und Nahtgüte (Oberflächenbeschaffenheit). Im Schwingversuch müssen unterschiedliche Nahttypen und unterschiedliche Ausführungsformen (Oberfläche) untersucht werden. Die Kerbwirkung überdeckt weitgehend die Auswirkungen der Werkstoffestigkeit auf die Schwingfestigkeit.
Eine weitere die Schwingfestigkeit beeinflussende Größe ist das Belastungskollektiv. Es ist gegeben durch die in Höhe und Zeit wechselnden Schwingungsamplituden in einem Bauwerk. Zur Darstellung werden die relativen Häufigkeiten benutzt. Einheitliche Amplituden (wie beim Wöhler-Versuch) bilden ein Belastungskollektiv $p = 1$, extrem ungleichmäßige Amplituden nähern sich dem Wert $p = 0$. Den Einfluß des Kollektivs auf die Schwingfestigkeit zeigt Bild 7.4–7 [13]. Die Berücksichtigung der genannten Einflußgrößen beim Betriebsfestigkeitsnachweis ist in der DAST-Richtlinie 011 erläutert (Hochfeste schweißgeeignete Feinkornbaustähle St E 460 und St E 690. Anwendung für Stahlbauten).

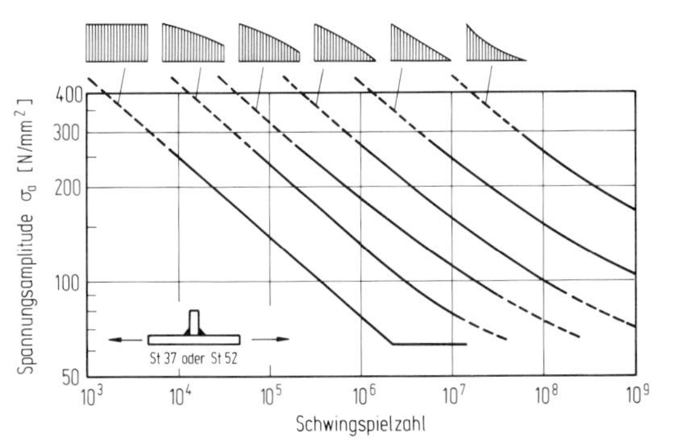

Bild 7.4–7
Einfluß des Lastkollektivs auf die Schwingfestigkeit von Schweißverbindungen (nach E. Haibach [13])

7.4.3 Zähigkeitseigenschaften

Drei wichtige Kennwerte für die Zähigkeit und das Formänderungsvermögen lassen sich dem Zugversuch entnehmen, und zwar die Bruchdehnung, Brucheinschnürung und Gleichmaßdehnung (Bild 7.4–3). Bruchdehnung A ist die bleibende Längenänderung ΔL einer vorgegebenen Meßlänge L_0 bis zum Bruch der Probe, bezogen auf die Meßlänge $A = \Delta L / L_0$. Brucheinschnürung Z ist die auf den Ausgangsquerschnitt S_0 bezogene bleibende Querschnittsänderung ΔS bis zum Bruch der Probe. $Z = \Delta S / S_0$. Unter Gleichmaßdehnung A_g versteht man die bleibende Dehnung bis zum Beginn der Einschnürung.
Ein wichtiger Zähigkeitskennwert ist die Kerbschlagarbeit. Unter Kerbschlagarbeit versteht man die Arbeit, die beim schlagartigen Durchbiegen einer gekerbten Probe bis zum Bruch verbraucht wird. Man bestimmt sie im Kerbschlagbiegeversuch. Ein prismatischer Probestab wird mittig gekerbt und im Dreipunktbiegeversuch durch den Schlag eines Pendelschlagwerkes durchgebrochen. Wird die verbrauchte Schlagarbeit (in J) auf den Bruchquerschnitt bezogen, so spricht man von Kerbschlagzähigkeit (in J/cm^2). Neben der Schlagarbeit können im Kerbschlagbiegeversuch das Bruchaussehen (Anteil an Mattbruch/Anteil an kristallinem Bruch), seitliche Einschnürung und Durchbiegung bis zum Bruch als Verformungskennwerte ermittelt werden.
Wichtige versuchstechnische Einflußgrößen für die Kerbschlagarbeit sind Temperatur, Beanspruchungsgeschwindigkeit, Probenabmessung und Kerbgeometrie (Bild 7.4–8). Um die gemessenen Werte vergleichen zu können, wird mit genormten Proben und definierter Schlaggeschwindigkeit gearbeitet. Als Probenform hat sich die ISO-V-Probe in den Abmessungen $55 \times 10 \times 10$ mm^3 mit einem 2 mm tiefen Kerb von 0,25 mm Radius im Kerbgrund durchgesetzt. Für grundsätzliche Untersuchungen bestimmt man die Kerbschlagarbeit nicht nur bei einer Versuchstemperatur, sondern nimmt die Kerbschlagarbeit-Temperatur-Kurve auf. Sie ermöglicht die Angabe einer Übergangstemperatur. Das ist die Temperatur, bei der die Kerbschlagarbeit einen definierten Wert, z.B. 27 J, erreicht. Dabei ist zu bemerken, daß es auch andere Möglichkeiten gibt, Übergangstemperaturen zu definieren, z.B. anhand des Bruchflächenaussehens (Anteil an Mattbruch/Anteil an kristallinem Bruch).
Die Kennwerte des Kerbschlagbiegeversuches sind ein Maß für die Sprödbruchempfindlichkeit eines Stahles und ein Anhalt für seine Schweißeignung. Der Versuch liefert jedoch keine Unterlagen für die Festigkeitsrechnung bei schlagartiger Beanspruchung. Entsprechend darf die Übergangstemperatur nicht mit der tiefsten Anwendungstemperatur identifiziert werden, die ohne Sprödbruchgefahr zugelassen werden kann. Die Kennwerte des Kerbschlagbiegeversuches gestatten es, die Homogenität der Eigenschaften innerhalb eines Walzerzeugnisses oder einer Lieferung zu überprüfen und eine Rangord-

nung von Stählen hinsichtlich ihrer Zähigkeit aufzustellen. Die Übertragung der Versuchsergebnisse auf das Verhalten von Bauteilen erfolgt empirisch auf Grund der Erfahrung mit Stählen ähnlicher Zähigkeit in Bauwerken mit vergleichbaren Beanspruchungsbedingungen.

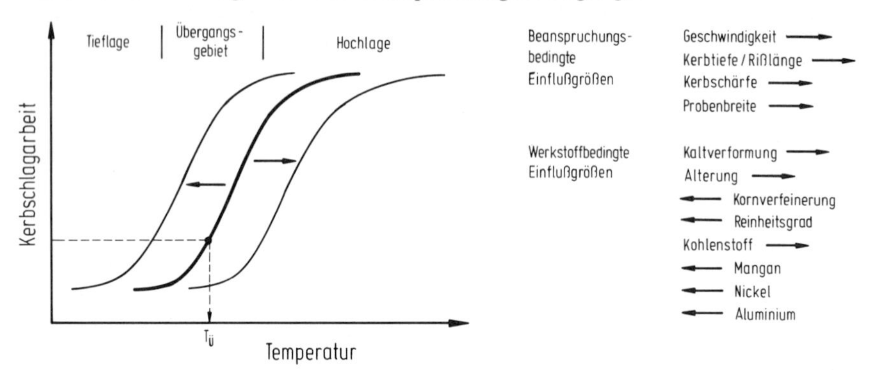

Bild 7.4–8 Beeinflussung des Verlaufs der Kerbschlagarbeit-Temperatur-Kurve

Für den Stahlbau erfolgt die Stahlauswahl hinsichtlich der Zähigkeit nach DASt-Richtlinie 009 – Empfehlungen für die Wahl der Stahlgütegruppen für geschweißte Stahlbauten –. Sie berücksichtigt fünf Einflußgrößen: Mehrachsigkeit des Spannungszustandes, Bedeutung des Bauteils für die Sicherheit des Gesamtbauwerks, tiefste Betriebstemperatur, Werkstoffdicke und Kaltverformung. Spannungszustand, Schadensrisiko und Temperatur führen zur sogenannten Klassifizierungsstufe, aus der sich unter Berücksichtigung der Erzeugnisdicke die Stahlgütegruppe ermitteln läßt. Anschließend wird überprüft, ob die gewählte Gruppe auch das Schweißen im Bereich kaltverformter Zonen gestattet. Man legt somit eine bestimmte Mindestkerbschlagarbeit für das Bauteil fest. Je ungünstiger die Beanspruchung, um so höher muß die Zähigkeit des ausgewählten Werkstoffes sein.
In Schweißkonstruktionen läßt es sich nicht vermeiden, daß Walzerzeugnisse in Richtung senkrecht zur Oberfläche beansprucht werden. In dieser Richtung ist die Verformbarkeit von Stahl üblicherweise geringer als parallel zur Oberfläche. Unzureichende Zähigkeit kann dann zu Terrassenbruch führen. Ursachen und Möglichkeiten zur Vermeidung dieser Erscheinung sind in Abschnitt 7.1.3 beschrieben worden. Es ist heute technisch möglich, die Zähigkeitseigenschaften senkrecht zur Blechoberfläche den Werten parallel zur Oberfläche anzunähern. Aus Gründen der Wirtschaftlichkeit wird man hiervon nur in besonderen Fällen Gebrauch machen. Jedenfalls können Blech, Band und Breitflachstahl aus Feinkornbaustählen nach Stahl-Eisen-Lieferbedingung 096 mit verbesserten Eigenschaften senkrecht zur Oberfläche geliefert werden (Einzelheiten siehe Abschnitt 7.5.1).

7.4.4 Härte

Härte ist der Widerstand, den ein Körper dem Eindringen eines anderen Körpers entgegensetzt. Die Härtemessung gestattet die schnelle und billige Prüfung auf Gleichmäßigkeit eines Werkstoffes, die Härte läßt sich weitgehend zerstörungsfrei ermitteln und ermöglicht Rückschlüsse auf andere Eigenschaften wie Zugfestigkeit und unter bestimmten Voraussetzungen auf den Verschleißwiderstand. Die Verfahren für die Härteprüfung sind in DIN 50351 (Brinell-Härte) und DIN 50133 (Vickershärte) genormt. Die nach den verschiedenen Härteprüfverfahren ermittelten Werte können nach Tabellen umgerechnet werden. Ein derartiger Vergleich ist mit Unsicherheiten behaftet und kann nur als Anhalt dienen. Auch die Beziehung zwischen Zugfestigkeit und Brinell-Härte gilt nur angenähert.

7.4.5 Umformbarkeit

Baustähle lassen sich durch Umformen in eine Form bringen, die ihrer Aufgabe im Bauteil entspricht. Dabei sollen die Eigenschaften möglichst wenig verändert werden. Andernfalls muß eine erneute Wärmebehandlung erfolgen.
Beim Kaltumformen (Umformen unterhalb der Rekristallisationstemperatur) bleiben die durch das Verformen bedingten Gefügeänderungen (Kornstreckung verbunden mit Verfestigung) bestehen. Infolgedessen entsprechen die Eigenschaften nicht mehr dem Lieferzustand. Die Kerbschlagarbeit und die Schweißeignung können beeinträchtigt werden. Das Ausmaß der Beeinträchtigung hängt vom Verformungsgrad ab. Zusätzlich unterliegt die kaltverformte Zone einer zeitlichen Veränderung der Eigenschaften, die man als Alterung bezeichnet. Sie führt zu einer zusätzlichen Versprödung. Im Druckbehälterbau hat man deshalb den zulässigen Kaltverformungsgrad begrenzt. Die Eigenschaftsveränderungen können im allgemeinen durch Spannungsarmglühen ausgeglichen werden. In ungünstigen Fällen muß das verformte Bauteil normalgeglüht oder vergütet werden.

Bei einzelnen Fertigungsverfahren werden die Auswirkungen des Kaltumformens auf die mechanischen Eigenschaften bewußt genutzt. So dient das Kaltziehen zur Festigkeitssteigerung von Profilen und Drähten.
Kaltprofile lassen sich auch durch Walzen von Bandstahl oder durch Abkanten von Blechen herstellen. Hierfür eingesetzte Stähle müssen ein gutes Abkantvermögen aufweisen.
Zur Messung der Verformbarkeit sind Prüfverfahren entwickelt worden, die den Vorgängen bei der Verarbeitung weitgehend angepaßt sind.
Beim technologischen Biegeversuch (Faltversuch) wird eine Biegeprobe zwischen drehbaren Auflagerrollen oder in einer V-förmigen Matrize durch einen Druckstempel zügig gebogen, bis entweder ein bestimmter Biegewinkel erreicht ist oder bis das Umformvermögen erschöpft ist und Risse auftreten oder die Probe bricht. Versuchsergebnis ist der erreichte Biegewinkel. Da das Versuchsergebnis in starkem Maße von der Probenbreite abhängt, ist eine Übertragung auf das Abkantverhalten nur bedingt möglich.
Zur Prüfung des Umformverhaltens von Stabstahl und Draht für mechanische Verbindungselemente dient der Stauchversuch. Dabei wird eine Probe gleichförmigen Querschnitts einer langsam und stetig zunehmenden Stauchung unterworfen und die relative Längenänderung und die Ausbauchung bis zum ersten Anriß gemessen. Der Stauchversuch wird auch bei erhöhten Temperaturen durchgeführt. Für das Prüfen der Stähle für Schrauben, Muttern und Nieten werden dabei Proben mit einer Ausgangshöhe von 1,5 × Probendurchmesser verwendet.
Stahldrähte für die Herstellung hochwertiger Seile erfordern einen Gütenachweis am einzelnen Draht. Nach DIN 51201 – Prüfung von Drahtseilen – sind zur Kennzeichnung der mechanischen Merkmale Zugversuch, Verwindeversuch und Hin- und Herbiegeversuch vorgeschrieben. Der Verwindeversuch dient zur Beurteilung der Verformbarkeit bei Verwinden in einer Richtung. Er dient auch zur Überprüfung der Gleichmäßigkeit eines Drahtes. Der Hin- und Herbiegeversuch beschreibt die Verformbarkeit von Draht bei wiederholtem Biegen in einer Ebene.

7.4.6 Sprödbruchwiderstand

Um verformungslose Brüche, sogenannte Sprödbrüche zu vermeiden, sind möglichst zähe Werkstoffe einzusetzen.
Die Werkstoffprüfung muß den Zähigkeitszustand der Stähle kennzeichnen. Entsprechende Eigenschaften, wie Bruchdehnung, Brucheinschnürung und Kerbschlagarbeit wurden bereits erwähnt. Ihre Aussagefähigkeit beschränkt sich jedoch darauf, eine Rangordnung der Stähle hinsichtlich der Zähigkeit aufzustellen. Sie sind nicht geeignet, die Grenzen der Belastbarkeit oder das Verhalten des Werkstoffs im Bauwerk zu kennzeichnen. Trotzdem haben sie große Bedeutung bei der Stahlauswahl, da die Erfahrungen mit bewährten Bauwerken Rückschlüsse gestatten. Die Schwierigkeit, das Bauteilverhalten zu beschreiben, ist darin begründet, daß die zugrunde liegenden Prüfverfahren den Werkstoff nicht mit den gleichen Beanspruchungsbedingungen beaufschlagen wie im Bauwerk. Aussagen über das Bauteilverhalten [10] sind nur möglich, wenn in das Prüfverfahren experimentell oder rechnerisch die Beanspruchungsbedingungen eingehen, die im Bauwerk auftreten können. Diese Beanspruchungsbedingungen sind Temperatur, Verformungsgeschwindigkeit, Spannungszustand und Abmessungen. Der Spannungszustand wird durch scharfe Kerben oder natürliche Risse in den Proben erfaßt. Der Temperatureinfluß wird berücksichtigt, indem man in Abhängigkeit von der Temperatur oder bei der tiefsten Betriebstemperatur prüft. Entsprechend den unterschiedlichen Beanspruchungsgeschwindigkeiten, die in Bauwerken auftreten können, haben sich drei Gruppen von Prüfverfahren herausgebildet: Verfahren mit quasistatischer (zügiger) Beanspruchung, Verfahren mit dynamischer (schlagartiger) Beanspruchung und Verfahren, in denen laufende Risse aufgefangen werden. Die beiden zuerst genannten Verfahrenstypen untersuchen das Rißauslösungsverhalten. Man ermittelt die kritischen Bedingungen hinsichtlich Spannung, Temperatur usw., unter denen ein bereits vorliegender Anriß instabil wird, d.h. aus der Phase des langsamen Rißwachstums in einen sich schlagartig ausbreitenden Riß übergeht. Demgegenüber beschreibt die dritte Gruppe von Prüfverfahren das Verhalten eines Werkstoffes gegenüber mit hoher Geschwindigkeit laufenden Rissen. In jeder der drei Gruppen kann der Abmessungseinfluß auf unterschiedlichen Wegen berücksichtigt werden. Man kann die Probengröße an die Bauteilabmessungen anpassen (Type-Tests oder Versuche mit bauteilähnlichen Proben) oder man berücksichtigt sie rechnerisch mit Hilfe einer Theorie über den Zusammenhang zwischen Spannung, Rißgeometrie, Probengeometrie und Werkstoffeigenschaften (Bruchmechanik). Die wichtigsten Versuche mit bauteilähnlichen Proben sind in Bild 7.4–9 dargestellt. Hier prüft man im allgemeinen die gesamte Werkstoffdicke, indem Probendicke gleich Blechdicke gewählt wird. Die theoretischen Konzepte zur Erfassung des Abmessungseinflusses sind die linear-elastische Bruchmechanik für Werkstoffe mit geringem Verformungsvermögen und für dickwandige Bauteile und die erst in der Entwicklung begriffene Fließbruchmechanik für zähe Werkstoffe (COD, J-Integral).
Aussagen über quasistatisch beanspruchte Bauwerke gestattet die Prüfung mit Kerbzug- und Kerbbiegeproben. Man ermittelt den Widerstand eines Werkstoffes gegen den Vorgang der Rißauslösung,

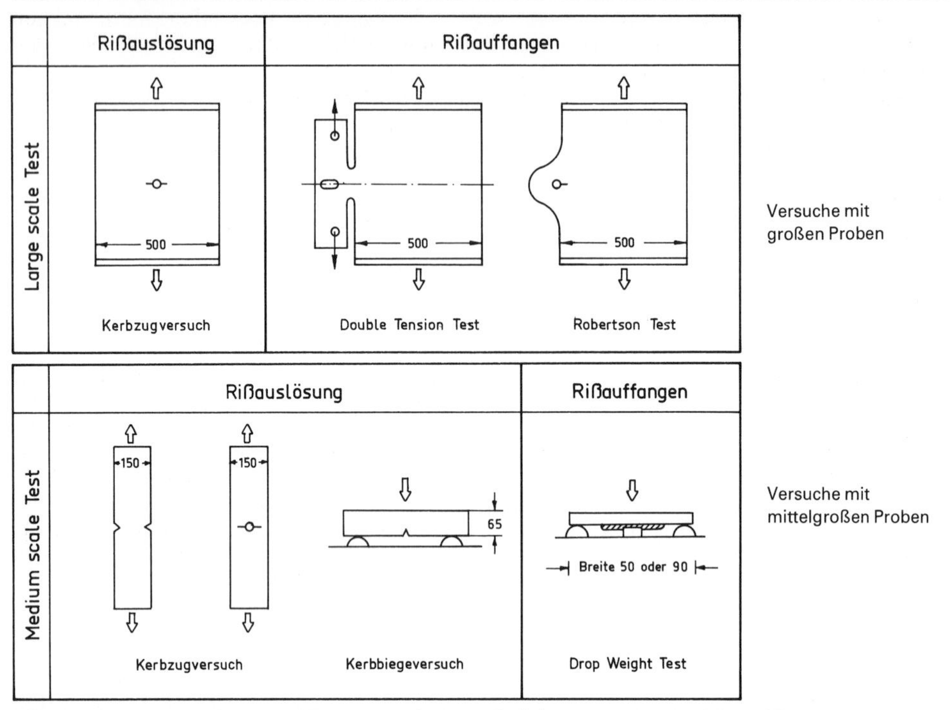

Bild 7.4–9 Probenform und Beanspruchungen bei den sogenannten Type-Tests (Probendicke = Blechdicke)

indem man die Beanspruchungsbedingungen untersucht, bei denen ein quasistatischer Anriß instabil wird. Besonders interessant ist der sogenannte Großzugversuch (Wide Plate-Test), ein Zugversuch, bei dem man Probeplatten großer Abmessungen, die mit Kerben oder Rissen versehen sind, zügig bis zum Bruch beansprucht. Wegen ihrer Abmessungen von 350 bis 1000 mm Breite bei voller Blechdicke ist die Analogie zum Bauteilverhalten evident. Prüftemperatur ist die tiefste Betriebstemperatur. Gemessen werden Bruchspannung, Bruchdehnung und Rißaufweitung. Ein wichtiges zusätzliches Beurteilungskriterium ist das Bruchaussehen, besonders im Kerbbereich. Durch Einbeziehung von Schweißnähten in die Probe kann zusätzlich das Verhalten der Schweißverbindung geprüft werden. Je nach Kerb- oder Rißlage in der Wärmeeinflußzone oder im Schweißgut lassen sich deren Zähigkeitseigenschaften bestimmen. Gleichzeitig erfaßt man den Einfluß der Schweißeigenspannungen auf das Rißauslösungsverhalten, da die Breite von Großzugproben ausreicht, um beim Schweißen den Eigenspannungszustand auszubilden und bei der Probenentnahme zu erhalten. Der Großzugsversuch macht es möglich, den Werkstoff bzw. das Bauteil durch ein Bruchspannung-Temperatur-Schaubild zu kennzeichnen und die Grenztemperatur zu ermitteln, unterhalb der ein Bruch als instabiler Spaltbruch und bei niedrigen Spannungen entsteht, ohne daß eine Phase des quasistatischen Rißwachstums in Form eines Gleitbruchs vorausgeht. Diese kritische Temperatur heißt Rißauslösungstemperatur. Aus wirtschaftlichen Überlegungen werden systematische Untersuchungen zur Erfassung von Einflußgrößen (Parameterstudien) an Proben mittlerer Abmessungen, die aber auch die volle Blechdicke erfassen, durchgeführt. Kerbzug- und Kerbbiegeversuch dieser Art können ebenfalls wichtige Teilaussagen über das Bauteilverhalten und damit für die Werkstoffauswahl liefern.

Ein im Stahlbau angewandter Sprödbruchversuch ist der Aufschweißbiegeversuch. Eine Blechplatte von der Dicke des Erzeugnisses wird auf der Walzoberfläche mit einer spröden Schweißraupe versehen und langsam im Dreipunktbiegeversuch gebogen, wobei die Schweißraupe in der Zugzone liegt. In der spröden Schweißraupe wird ein Riß erzwungen, der sich in den Grundwerkstoff hinein ausbreitet. Abhängig vom Zähigkeitszustand wird der Riß aufgefangen oder er führt zum Bruch. Bruchaussehen (Mattbruch/kristalliner Bruch) und Biegewinkel sind Kriterien für die Zähigkeit des Grundwerkstoffes.

Als weitere Versuche zur Ermittlung des Rißauffangvermögens sind der Rißauffangversuch nach Robertson und der Fallgewichtsversuch nach Pellini zu nennen. Beim Rißauffangversuch nach Robertson wird eine auf Prüftemperatur befindliche Probeplatte in einer Zugprüfmaschine mit einer definierten Nennspannung belastet. In einem extrem tief gekühlten und gekerbten Probenansatz wird durch einen Schlag ein Riß erzeugt, der sich senkrecht zur äußeren Spannung in den Werkstoff ausbreitet. Der Zähigkeitszustand des Werkstoffes bestimmt, ob der Riß die Probe durchläuft oder aufgefangen wird.

Der Versuch erfolgt bei unterschiedlichen Temperaturen. Die tiefste Prüftemperatur, bei der ein laufender Riß aufgefangen wird, bezeichnet man als Rißauffangtemperatur. Sie ist abhängig von der angelegten Spannung, der Blechdicke und der Elastizität der Prüfmaschine.
Beim Fallgewichtsversuch nach Pellini (Drop Weight Test in Bild 7.4–9) werden Blechproben auf der Oberfläche mit einer spröden Schweißraupe versehen, gekerbt und bei verschiedenen Temperaturen schlagartig im Zugbereich um einen vorgegebenen Betrag gebogen. In der in der Zugzone liegenden Schweißraupe wird ein Riß erzwungen, der in den Grundwerkstoff übertritt und hier je nach Zähigkeitszustand arretiert wird oder durchläuft. Als Kriterium für die Sprödbruchempfindlichkeit eines Werkstoffes gilt die Temperatur, unterhalb der ein Anriß vom Grundwerkstoff nicht mehr aufgefangen wird. Die Temperatur heißt Nil-Ductility-Transition (NDT)-Temperatur. Versuchsdurchführung und Probenabmessungen sind durch Stahl-Eisen-Prüfblatt 1325 festgelegt.

7.4.7 Schweißeignung

Die im Stahlbau eingesetzten allgemeinen Baustähle, wetterfesten Baustähle und hochfesten Baustähle sind schweißbar. Nach internationaler Festlegung bedeutet Schweißbarkeit eines Stahles die Möglichkeit, durch ein angemessenes Schweißverfahren eine metallische Bindung herzustellen, die sowohl hinsichtlich ihrer örtlichen Eigenschaften als auch bezüglich ihres Einflusses auf die Konstruktion, deren Teil die Verbindung ist, den spezifischen Anforderungen genügt. In Deutschland wird der überwiegend vom Werkstoff abhängige Teilaspekt des komplexen Begriffes „Schweißbarkeit“ als „Schweißeignung“ bezeichnet (DIN 852, Blatt 1). Die von der Fertigung und Konstruktion herrührenden Einflüsse sind durch die Begriffe „Schweißmöglichkeit“ und „Schweißsicherheit“ gesondert erfaßt. Eignung eines Werkstoffes zum Schweißen bedeutet, daß es möglich ist, in wirtschaftlicher Weise Schweißverbindungen zu erstellen, die zwei Bedingungen genügen: sie dürfen erstens keine das Tragvermögen beeinträchtigenden Fehler (Risse) enthalten und müssen zweitens dem Grundwerkstoff vergleichbare mechanische Eigenschaften aufweisen. Um dies sicherzustellen, werden die chemische Zusammensetzung des Grundwerkstoffes und die Schweißbedingungen so gewählt, daß durch den thermischen Einfluß beim Schweißen weder ein Festigkeitsverlust noch eine Versprödung der Wärmeeinflußzone eintritt. Außerdem müssen die Schweißbedingungen der Rißempfindlichkeit des Werkstoffes angepaßt werden.
Aus diesen Anforderungen ergeben sich bestimmte schweißtechnische Maßnahmen. Im Hinblick auf Nahtfehler ist auf einwandfreie Nahtvorbereitung, Sauberkeit der Nahtflanken, ausreichendes Aufschmelzen der Nahtflanken und sorgfältiges Entfernen der Schlacke zu achten. Die Rißempfindlichkeit der Schweißnaht wird durch vier Faktoren des Schweißprozesses beeinflußt, durch Streckenenergie, Arbeitstemperatur, Wasserstoffgehalt und Eigenspannungen. Von diesen Einflußgrößen sind beim Schweißen zwei steuerbar, nämlich Streckenenergie und Arbeitstemperatur. Diese beiden Größen müssen der Rißempfindlichkeit des Stahles angepaßt werden, wobei der Wasserstoffgehalt, der durch die Zusatzwerkstoffe bestimmt ist, und das Eigenspannungsniveau, das durch Konstruktion, Abmessungen und Wanddicke gegeben ist, zu berücksichtigen sind.
Ähnliche Überlegungen hinsichtlich der Auswahl von Schweißbedingungen gelten für die mechanischen Eigenschaften. In der Wärmeeinflußzone geht das normalgeglühte oder vergütete Gefüge des Grundwerkstoffes mit seinen günstigen Eigenschaften verloren. Trotzdem darf in dieser Zone weder ein Festigkeitsverlust noch eine Versprödung eintreten. Bestimmend für die Eigenschaften der Wärmeeinflußzone ist das Umwandlungsgefüge beim Abkühlen von der Schweißtemperatur, das von der chemischen Zusammensetzung und der Abkühlgeschwindigkeit abhängt. Um die gewünschten Eigenschaften sicherzustellen, muß der Grundwerkstoff eine Zusammensetzung aufweisen, die ein Umwandlungsgefüge mit entsprechend günstigen Eigenschaften möglich macht, und zwar unter der Temperatur-Zeit-Folge des Schweißprozesses. Es ist verständlich, daß man das gewünschte Gefüge nicht bei jeder beliebigen Temperatur-Zeit-Folge erreicht.
Die erforderliche Sorgfalt bei der Auswahl und Kontrolle der Schweißbedingungen nimmt mit dem Gehalt an Legierungselementen und der Streckgrenze des Grundwerkstoffes und des Schweißgutes zu. Die Maßnahmen, die beim Schweißen hochfester Stähle zusätzlich im Vergleich zu normalfesten Stählen zu beachten sind, lassen sich unter drei Gesichtspunkten zusammenfassen: Es werden legierte Schweißzusatzwerkstoffe verwendet, Wasserstoff wird möglichst weitgehend aus dem Schweißprozeß eleminiert und die Geschwindigkeit, mit der die Verbindung nach dem Schweißen abkühlt, darf nicht zu gering sein. Wie wichtig diese Maßnahmen im Einzelfall sind, hängt von den Anforderungen ab, die man an das Bauwerk stellt.
Für die Prüfung der Rißempfindlichkeit von Stählen steht eine Vielzahl von Versuchen zur Verfügung [14]. Die wichtigsten, den Beanspruchungen der Praxis angepaßten Prüfungen sind der Tekken-Test und der CTS-Test (Bild 7.4–10). Der Tekken-Test simuliert die Wurzelschweißung, der CTS-Test die Kehlnaht. Beide arbeiten mit Eigenspannungen, die beim Schweißen infolge des Schrumpfvorganges aufgebaut werden (selbstverspannende Proben).

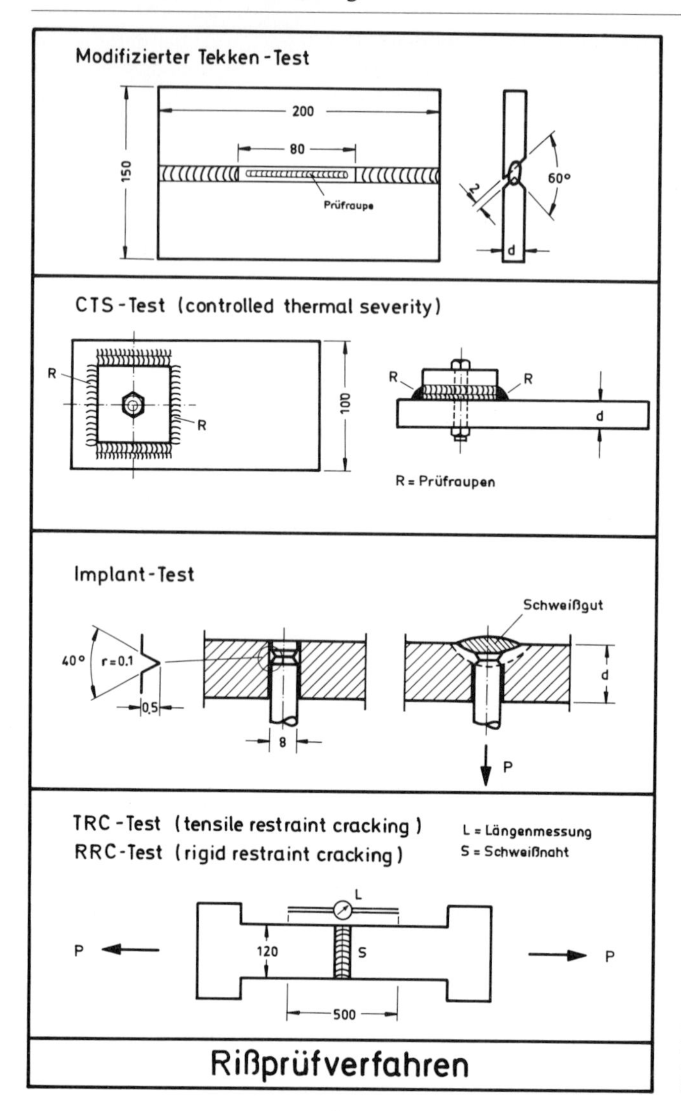

Bild 7.4–10
Rißprüfverfahren bei der Schweißeignungsprüfung

Demgegenüber bietet der Implant-Test, bei dem ein in ein Blech eingeführter Stift aus dem zu prüfenden Werkstoff überschweißt und während des Abkühlens durch eine Zugkraft belastet wird, die Möglichkeit, definierte Spannungen aufzubringen. Der Implant-Test eignet sich deshalb vorwiegend für Untersuchungen grundsätzlicher Art. Bisher ist ungeklärt, wie sich aus den Ergebnissen des Implant-Tests, nämlich der Bruchspannung-Standzeit-Kurve oder der Abhängigkeit der kritischen Rißspannung von der Vorwärmetemperatur, auf die Parameter für das Schweißen schließen läßt. Ungeachtet aller Erfahrungen läßt sich nicht mehr als eine Rangordnung der Stähle ableiten. Die Übertragbarkeit der Versuchsergebnisse auf reale Schweißverbindungen ist erst partiell gelöst.
Wegen ihres Aufwandes nur begrenzt einsetzbar sind der Tensile-Restraint-Cracking (TRC)-Test und der Rigid-Restraint-Cracking (RRC)-Test.
Die Prüfung von Schweißverbindungen auf Risse erfolgt durch zerstörungsfreie Prüfverfahren [15]. Bis zur Oberfläche durchgehende Risse lassen sich durch Farbeindringverfahren und mittels Magnetpulverprüfung erkennen. Auf verborgene Risse wird mittels Ultraschall- oder Röntgendurchstrahlung und mit Wirbelstromverfahren geprüft.
Die Prüfung von Schweißverbindungen auf mechanische Eigenschaften erfolgt im allgemeinen mittels Zugversuch, technologischem Biegeversuch und Kerbschlagbiegeversuch. Um das Zähigkeitsverhalten im Bauteil zu beurteilen, werden die unter Sprödbruch beschriebenen Verfahren angewendet.

7.4.8 Korrosionswiderstand gegenüber atmosphärischer Korrosion

Nach DIN 50900, Teil 1 – Korrosion der Metalle, Begriffe – versteht man unter Korrosion die Reaktion eines metallischen Werkstoffes mit seiner Umgebung, die eine meßbare Veränderung des Werkstoffes bewirkt und zu einem Korrosionsschaden führen kann.
Diese Reaktion ist in den meisten Fällen elektrochemischer Art. Es kann sich aber auch um chemische oder um metallphysikalische Vorgänge handeln.
Wird Stahl ungeschützt einer klimatischen Beanspruchung ausgesetzt, so kommt es zu Veränderungen der Oberfläche. Dieser Vorgang wird als Rosten bezeichnet. Es bilden sich vorwiegend oxidische und hydroxidische Korrosionsprodukte, die die Oberfläche mehr oder weniger gleichmäßig bedecken. Klima im Sinne von DIN 50010 ist der physikalische und chemische Zustand der Atmosphäre im Freien oder in Räumen – z.B. in einem Kastenträger – einschließlich der tages- und jahreszeitlichen Veränderungen. In diese Begriffsbestimmung sind allerdings auch andere Umwelteinflüsse chemischer oder biologischer Art einzubeziehen.
Die Atmosphäre enthält Schadstoffe, die in Verbindung mit Wasser (Regen) Säuren bilden, die das Eisen an den ungeschützten Stellen angreifen. Ein Oberflächenschutz durch Farbanstriche oder durch Beschichtungen (z.B. Verzinken) ist daher erforderlich. Ist dies nicht der Fall, rostet Eisen vor allem bei dauernder Befeuchtung sehr schnell.
Der Sauerstoffgehalt des Wassers oder der das Eisen angreifenden Medien hat zwei entgegengesetzte Wirkungen: einerseits bewirkt eine verstärkte Sauerstoffzufuhr die Ausbildung größerer und dichterer Oxidhäute, andererseits erhöht sie die Auflösungsgeschwindigkeit der restlichen anodisch wirkenden Stellen. Die Neigung zu lokalen Oberflächenbeschädigungen nimmt mit der Intensität der Sauerstoffzufuhr zu. Bei sehr starker Sauerstoffzufuhr oder aber bei alkalischen Reaktionen, bei denen die gebildeten Eisenoxide schwer löslich sind, entsteht eine geschlossene Oxidhaut als Deckschicht, so daß die chemische Reaktion verzögert und die Oberfläche geschützt wird. Damit ist eine Deckschicht nur dann eine Schutzschicht, wenn sie gleichmäßig ausgebildet ist und die Korrosion wesentlich verlangsamt. Hierbei kann der Stoffumsatz nach einer Anlaufperiode auch zeitlich konstant sein (DIN 50900, Teil 1). Entsteht keine homogene Deckschicht, kann es zu Lokalelementbildungen kommen, die einen verstärkten örtlichen Angriff bewirken. Eine derartige Erscheinung wird als Lochkorrosion bezeichnet.
Die Bildung von Schutzschichten kann durch geringe Zusätze an Phosphor, Chrom, und vor allem Kupfer verstärkt werden. Es wird angenommen, daß die genannten Elemente Oxide und/oder Hydroxide bilden, die in Verbindung mit dem Rost, der hauptsächlich aus FeO, Fe_3O_4 und gegebenenfalls $Fe_2O_3 \cdot H_2O$ besteht, eine schützende Schicht bilden. Die für derartige Reaktionen notwendigen Gehalte betragen für Phosphor etwa 0,1%, für Chrom 0,4% und für Kupfer 0,6%.
Die so legierten Stähle bilden bei atmosphärischer Bewitterung die beschriebenen Schutzschichten und werden als wetterfest bezeichnet. Der Bildungsmechanismus zeigt aber auch, daß die Schichten nicht absolut homogen sind und somit keinen vollständigen und dauernden Schutz gegen weitere Korrosion bewirken, diese aber merklich verlangsamen. Entstehung, Bildungsdauer und Schutzwirkung der Deckschicht hängen von den jeweiligen örtlichen klimatischen und umweltbedingten Gegebenheiten ab. Daher ist bei Anwendung derartiger Stähle darauf zu achten, ob der Bildungsmechanismus durch überlagerte anders geartete chemische Reaktionen beeinflußt oder gar verhindert wird. Es hat sich herausgestellt, daß sich die schützenden Deckschichten nur bei einem steten Wechsel von Befeuchten und Trocknen bilden können, da bei steter Befeuchtung die chemische Reaktion von Sauerstoff und Wasserstoff nicht zum Stillstand kommt. So ist es auch notwendig, die Möglichkeit von Spaltkorrosion, wie sie bei Überlappungen auftreten kann, zu verhindern.
Um das Verhalten dieser Stähle bei unterschiedlicher atmosphärischer Beaufschlagung zu prüfen, wur-

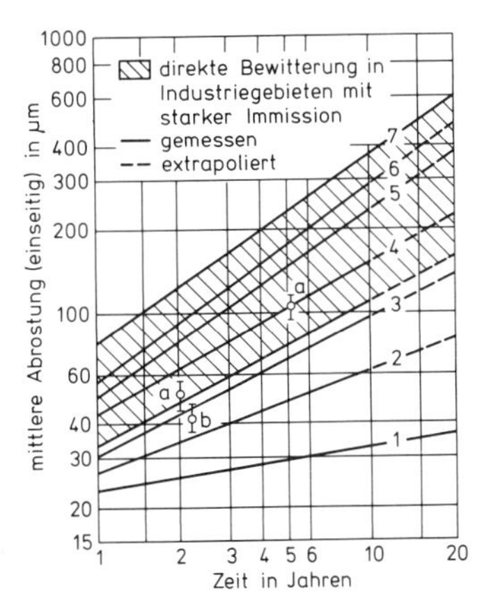

1 South Bend (USA), Landatmosphäre, Auslage gegen Süden 30 Grad geneigt
2 Olpe, Landatmosphäre, Auslage gegen Süden 45 Grad geneigt
3 Cuxhaven, Stadt-/Landatmosphäre, Auslage gegen Süden 45 Grad geneigt
4 Mülheim/Ruhr, Industrieatmosphäre, Auslage gegen Süden 45 Grad geneigt
5, 6 Oberhausen, Industrieatmosphäre, Auslage gegen Norden senkrecht
7 Aus Versuchsergebnissen abgeleitete Hüllkurve
a Oberhausen, Auslage waagerecht unter Eisenbahnbrücke über Bundesstraßen
b Dorsten, Auslage waagerecht unter Straßenbrücke über Weser-Datteln-Kanal

Bild 7.4–11
Abrostungsverhalten von wetterfesten Baustählen (Langzeitversuche auf Naturrost-Versuchsständen)

den und werden zur Zeit umfangreiche Versuche mit ausgelagerten Proben durchgeführt. Die bisher vorliegenden Ergebnisse lassen erkennen, daß die Abrostungsgeschwindigkeit im Vergleich zu Stählen gleicher Grundzusammensetzung ohne die betreffenden geringen Zusätze an Kupfer, Chrom und Phosphor mit der Dauer der Bewitterung deutlich verlangsamt wird, aber auch abhängig ist von der Ausrichtung gegenüber der Schlagseite und von örtlichen Temperaturunterschieden. Gleichzeitig werden dadurch Farbunterschiede hervorgerufen. Verdeckte, vom Wetter nicht direkt beeinflußte Teile eines Bauwerks sind nach Farbe und Ausbildung der Deckschicht weniger gleichmäßig als frei bewitterte Teile.
Die bisher vorliegenden Ergebnisse der Bewitterungsversuche sind unter Berücksichtigung der jeweiligen Bewitterungsbedingungen Bild 7.4–11 zu entnehmen.

7.4.9 Oberflächenbeschaffenheit

Die Oberfläche eines gegossenen oder gewalzten Stahlerzeugnisses ist nicht immer frei von Fehlern. Diese haben entweder einen metallurgischen Ursprung oder sind mechanisch verursacht worden.
Zu den metallurgisch bedingten Fehlern zählen u.a. oxidische Einschlüsse wie Silikate und/oder Tonerde (Al_2O_3) in und dicht unter der Oberfläche. Diese Einschlüsse sind entweder schon an der Bramme sichtbar oder treten durch das Verformen zum Halbzeug oder Fertigerzeugnis an die Oberfläche. Hier sind auch Randblasen zu nennen, die bei der Erstarrung des unberuhigten Stahls entstehen, wenn der äußere Blasenkranz des Gußblocks zu nahe an der Oberfläche liegt, so daß die Blasen durch das Verzundern des Blocks im Tief- oder Stoßofen oder beim Verformen an die Oberfläche treten können. Randblasen können aber auch beim halbberuhigten oder beim beruhigten Stahl auftreten, wenn der Stahl nicht ausreichend beruhigt wurde. Auch die sogenannten Aufbrüche zählen zu den metallurgisch bedingten Fehlern. Sie haben unterschiedliche Ursachen, wie zu schnelles Gießen, so daß es zu Überwallungen an der Block- oder Brammenoberfläche kommen kann.
Schalen können durch dicht unter der Stahloberfläche liegende starke oxidische Einschlüsse entstehen. Schließlich ist hier noch der Rotbruch zu erwähnen, der als ein netzartiger Fehler an der Stahloberfläche erkennbar ist und durch starke Kupfer-Zinn-Anreicherungen unter der Zunderschicht beim Aufwärmen der Blöcke oder Brammen auf Walzhitze im Tiefofen verursacht wird.
Als mechanisch verursachte Oberflächenfehler sind u.a. Überwalzungen, die schalenartig sichtbar werden können, sowie Riefen und/oder Kratzer, die mechanisch im Materialfluß verursacht werden, zu nennen.
Zur Beseitigung derartiger Fehler wird das Vormaterial in der Regel nach dem Walzen noch in der Walzhitze heiß oder aber nach dem Abkühlen auf automatisch arbeitenden Maschinen kaltgeflämmt. Dabei wird die Stahloberfläche mittels Autogenbrenner abgeschmolzen.
Nicht am Halbzeug erkennbare Fehler können sich am Fertigerzeugnis zeigen. Ebenso kann dieses im Fertigungsablauf noch mechanisch beschädigt werden. Solche Fehler werden üblicherweise durch sorgfältiges Schleifen beseitigt. Dabei darf die vorgegebene Dickentoleranz nicht unterschritten werden. Zum Auffinden derartiger Fehler wird eine Oberflächen-Sichtkontrolle der Fertigerzeugnisse durchgeführt. Das Auffinden der Fehler wird naturgemäß durch den Walzzunder oder durch den Glühzunder bei wärmebehandelten Stahlerzeugnissen erschwert. Durch ein Entzundern kann die Fehlererkennbarkeit wesentlich verbessert werden. Im übrigen ist nach Fehlern zu unterscheiden, die die Verarbeitung oder Verwendung ungünstig beeinflussen oder aber noch zulässig sind. Festlegungen darüber finden sich für warmgewalztes Grob- und Mittelblech sowie Breitflachstahl in den Stahl-Eisen-Lieferbedingungen 071 – Oberflächenbeschaffenheit von warmgewalztem Grob- und Mittelblech sowie Breitflachstahl –.
Neben der Oberflächen-Sichtkontrolle werden auch elektromagnetische Verfahren oder Farbeindringverfahren eingesetzt [15].

7.4.10 Innere Beschaffenheit

Bestimmte Erstarrungsbedingungen – vor allem bei Standguß – können im Kopfteil der Brammen zu Hohlräumen, den Lunkern, führen. Durch sie kann es im Fertigerzeugnis zu den sogenannten Dopplungen kommen. Ähnliche Erscheinungen können durch Überwalzen des Werkstoffs an den Enden oder Längsseiten verursacht werden. Ebenso führen starke Verunreinigungen an Desoxidationsprodukten, z.B. an Silikaten und/oder an Tonerde, die bei der Erstarrung des Stahls in der Kokille nicht mehr in den Blockkopf aufsteigen konnten, zu dopplungsartigen Erscheinungen. Auf Grund des Entstehungsprozesses sind diese Fehler vorwiegend im Inneren der Erzeugnisse angeordnet und werden beim Verarbeiten, so beim Schneiden oder thermischen Trennen von Grobblech, an den Schnittkanten sichtbar.
Um unnötige Ausfälle bei der Weiterverarbeitung des Stahles zu vermeiden, wird erfolgreich das Ultraschallverfahren [15] zum Auffinden derartiger Innenfehler eingesetzt. Die Prüfung wird in der Regel nach Maßgabe des Bestellers schon beim Stahlhersteller durchgeführt.

Zur Prüfung der inneren Beschaffenheit können neben den Durchstrahlungsverfahren [15], die aber in diesem Zusammenhang keine nennenswerte Bedeutung haben, auch metallographische Verfahren eingesetzt werden, mit denen man allerdings i.a. nicht zerstörungsfrei arbeiten kann. Zu den metallographischen Verfahren zählen Schwefelabdrucke (nach Baumann) sowie Makro- und Mikro-Gefügeaufnahmen. Mit ihnen lassen sich Seigerungen, Verunreinigungen und Gefügeaussehen bestimmen. Bild 7.4–12 gibt ein Beispiel für einen Baumannabdruck, mit dem sich Seigerungen von Schwefel gut erkennen lassen. Durch Makroätzungen können ebenfalls Seigerungen sichtbar gemacht werden, aber auch der dendritische Aufbau des Gußgefüges wird dadurch deutlich (Bild 7.4–13). Mikroaufnahmen geben Aufschluß über den Gefügeaufbau, die Korngröße sowie über etwaige Verunreinigungen (z.B. an Oxiden und Sulfiden). Bild 7.4–14 zeigt ein ferritisch-perlitisches Gefüge eines normalgeglühten feinkörnigen St 52-3 nach DIN 17100.

Bild 7.4–12
Schwefelabdruck nach Baumann von einem Grobblech der Stahlsorte St 52–3

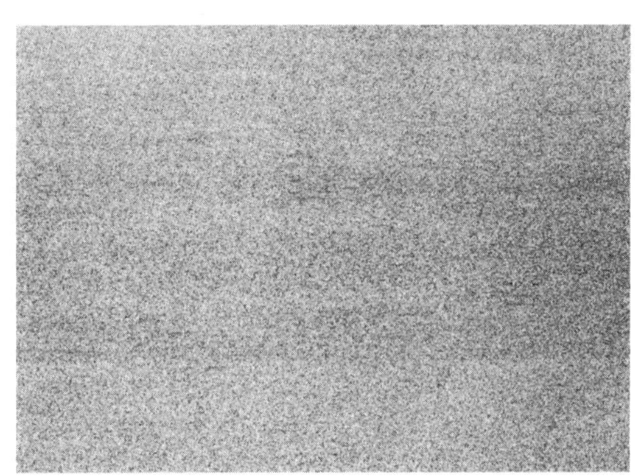

Bild 7.4–13
Makroätzung von einem Grobblech der Stahlsorte St 52–3

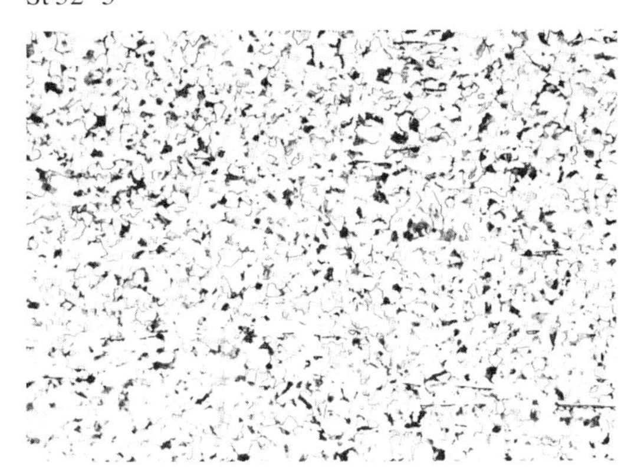

Bild 7.4–14 Mikrogefüge eines Grobbleches der Stahlsorte St 52–3 (100 : 1)

Reicht die mit den üblichen Mikroskopen zu erzielende Vergrößerung zur Erkennung bestimmter Einzelheiten im Gefüge nicht aus, lassen elektronenoptische Untersuchungen mit mehr als 1000facher Vergrößerung weitere Rückschlüsse zu.

7.5 Stähle für den Stahlbau und ihre Eigenschaften

Die kennzeichnenden Eigenschaften der Stähle für den Stahlbau sind im vorhergehenden Abschnitt mehr grundsätzlich ohne Behandlung konkreter Stahlsorten beschrieben worden. In diesem Abschnitt werden die für den Stahlbau wichtigsten Stahlsorten mit ihren in Normen oder vergleichbaren Papieren festgelegten Eigenschaften behandelt.

7.5.1 Allgemeine Baustähle

Nach wie vor sind die wichtigsten Stahlsorten für den Stahlbau die allgemeinen Baustähle nach DIN 17100. Es sind unter Berücksichtigung der Begriffsbestimmungen in Euronorm 20 unlegierte Stähle, so daß im Hinblick auf die wichtige Zugfestigkeit und Streckgrenze dem Kohlenstoffgehalt der Stähle eine besondere Bedeutung zukommt. Die Norm gilt für alle für den Stahlbau interessanten *Erzeugnisformen,*

Tabelle 7.5–1 Chemische Zusammensetzung (nach der Schmelzenanalyse) von für den Stahlbau in Betracht kommenden allgemeinen Baustählen nach DIN 17 100

Stahlsorte Kurzname	Stahlsorte Werkstoffnummer	Desoxydationsart[1])	C für Erzeugnisdicken in mm von ≦16	C >16 bis ≦40	C >40 bis ≦100	C >100	P	S	N[2])	Zusatz an stickstoffabbindenden Elementen[3])
			höchstens							
St 37-2	1.0037	–[4])	0,17	0,20	0,20	nach Vereinbarung	0,050	0,050	0,009	–
USt 37-2	1.0036	U	0,17	0,20	0,20		0,050	0,050	0,007	–
RSt 37-2	1.0038	R	0,17	0,17	0,20		0,050	0,050	0,009	–
St 37-3	1.0116	RR	0,17	0,17	0,17		0,040	0,040	–	ja
St 44-2	1.0044	R	0,21	0,21	0,22		0,050	0,050	0,009	–
St 44-3	1.0144	RR	0,20	0,20	0,20		0,040	0,040	–	ja
St 52-3[5])	1.0570	RR	0,20	0,22[6])	0,22		0,040	0,040	–	ja

[1]) U = unberuhigt, R = beruhigt (einschl. halbberuhigt), RR = besonders beruhigt.
[2]) Eine Überschreitung des angegebenen Höchstwertes ist zulässig, wenn je 0,001% N ein um 0,005% P unter dem angegebenen Höchstwert liegender Phosphorgehalt eingehalten wird. Der Stickstoffgehalt darf jedoch einen Wert von 0,012% nicht übersteigen.
[3]) Z.B. mindestens 0,020% Al_{gesamt}.
[4]) Freigestellt.
[5]) Der Gehalt an Silizium darf 0,55% und an Mangan 1,60% nicht übersteigen.
[6]) Höchstens 0,20% C für Dicken > 16 bis ≦ 30 mm.

Tabelle 7.5–2 Mechanische und technologische Eigenschaften[1]) der Stähle nach Tabelle 1

Stahlsorte nach Tabelle 1	Zugfestigkeit ≧3[3]) ≦100 N/mm²	Zugfestigkeit >100 N/mm²	obere Streckgrenze ≦16	>16 ≦40	>40 ≦63	>63 ≦80	>80 ≦100	>100 (N/mm² mind.)	Bruchdehnung ($L_0 = 5\,d_0$) Probenlage	≧3[3]) ≦40	>40 ≦63	>63 ≦100	>100 (% mind.)	Faltversuch (180°) Probenlage	≧3[3]) ≦63	>63 ≦100	>100 (Dorndurchmesser[5]))	Kerbschlagarbeit[2]) an ISO-Spitzkerb-Längsproben Behandlungszustand[4])	Prüftemperatur	≧10 ≦16	>16 ≦63	>63 ≦100	>100 (J mind.)
St 37-2	340 bis 470	nach Vereinbarung	235	225	215	205	195	nach Vereinbarung	längs	26	25	24	nach Vereinbarung	längs	1 a	1,5 a	nach Vereinbarung	U, N	+ 20	27	–	–	nach Vereinbarung
USt 37-2														quer	2 a	2,5 a		U, N	+ 20	27	–	–	
RSt 37-2			235	225	215	215	215		quer	24	23	22						U, N	+ 20	27	27	–	
St 37-3														längs	1 a	1,5 a		U	± 0	27	27	23	
														quer	1,5 a	2 a		N	− 20	27	27	23	
St 44-2	410 bis 540		275	265	255	245	235		längs	22	21	20		längs	2,5 a	3 a		U, N	+ 20	27	27	–	
																		U	± 0	27	27	23	
St 44-3									quer	20	19	18		quer	3 a	3,5 a		N	− 20	27	27	23	
St 52-3	490 bis 630		355	345	335	325	315		längs	22	21	20		längs	2,5 a	3 a		U	± 0	27	27	23	
									quer	20	19	18		quer	3 a	3,5 a		N	− 20	27	27	23	

[1]) Die Werte des Zugversuchs und des Faltversuchs gelten für Längsproben außer bei Flachzeug ≧600 mm Breite, aus dem Querproben zu entnehmen sind.
[2]) Als Prüfergebnis gilt der Mittelwert aus drei Versuchen. Der Mindest-Mittelwert von 23 oder 27 J darf dabei nur von einem Einzelwert, und zwar höchstens um 30%, unterschritten werden.
[3]) Für Dicken < 3 mm siehe DIN 17 100, Tabelle 2
[4]) U = warmgeformt, unbehandelt, N = normalgeglüht.
[5]) a = Probendicke.

also u.a. für Formstahl, Blech, Breitflachstahl sowie nahtlose und geschweißte quadratische und rechteckige Hohlprofile. Die Erzeugnisse werden für die Fertigung von geschweißten, genieteten oder geschraubten Bauten verwendet.
Die in Betracht kommenden *Stahlsorten* sind mit ihrer chemischen Zusammensetzung sowie ihren mechanischen und technologischen Eigenschaften in den Tabellen 7.5–1 und 7.5–2 zusammengestellt. Von den aufgeführten Stählen sind allerdings nur die Stähle St 37 und St 52 bauaufsichtlich zugelassen. Die Zulassung für den Stahl St 44 steht noch aus.

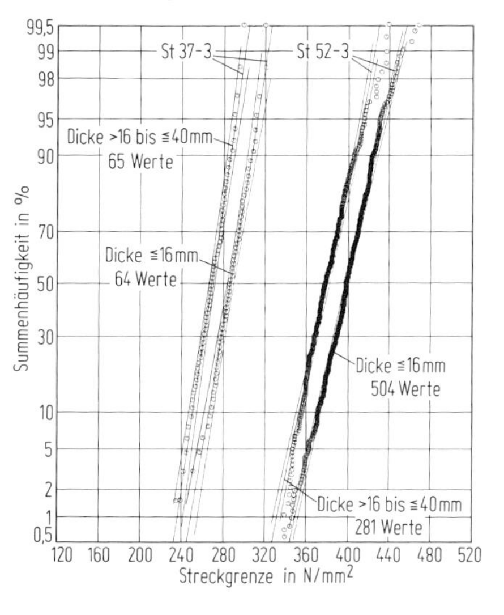

Bild 7.5–1
Summenhäufigkeits-Kurven für die Streckgrenze bei Raumtemperatur von Blechen aus St 37–3 und St 52–3

Die Stähle unterscheiden sich im wesentlichen in der Gütegruppe und in der Höhe der Streckgrenze. Über die Bedeutung der *Streckgrenze* für den Stahlbau braucht an dieser Stelle nichts gesagt zu werden, verwiesen sei nur auf Bild 7.5–1, in dem Summenhäufigkeitskurven für die Streckgrenze angegeben sind; sie sollen einen Eindruck von der Streuung dieser wichtigen Berechnungsgrundlage geben. Dabei ist darauf hinzuweisen, daß die Kurven aus den Werten verschiedener Stahlwerke zusammengestellt sind. Die bei gleicher Streckgrenze unterschiedlichen *Gütegruppen,* im Kurznamen der Stähle durch die Anhängezahl -2 oder -3 gekennzeichnet, sind für den Stahlbau im Hinblick auf die Verarbeitung der Stähle durch Schweißen besonders wichtig, da die durch sie gegebenen Eigenschaften eine wesentliche Grundlage für die Vermeidung von Sprödbruch in geschweißten Stahlbauten sind. Tatsächlich unterscheiden sich die beiden Gütegruppen 2 und 3 nach DIN 17100 in ihrer Sprödbruchunempfindlichkeit und damit auch in ihrer Schweißeignung. Der Unterschied in der Sprödbruchunempfindlichkeit wird deutlich durch den Unterschied in der Prüftemperatur für die Kerbschlagarbeit in Tabelle 7.5–2, sie liegt für die Stähle der Gütegruppe 3 tiefer und damit besser als für die Stähle der Gütegruppe 2. Aus Tabelle 7.5–2 ist innerhalb derselben Gütegruppe zusätzlich ein Einfluß des Behandlungszustandes auf die Sprödbruchunempfindlichkeit zu ersehen, auf den noch eingegangen wird.
Der Unterschied zwischen den Stählen der Gütegruppe 2 und 3 drückt sich auch in der chemischen Zusammensetzung aus, dazu sei auf die Gehalte an Phosphor, Schwefel und Stickstoff sowie z.T. an Kohlenstoff in Tabelle 7.5–1 hingewiesen.
Die Unterschiede in den kennzeichnenden Eigenschaften der beiden Gütegruppen werden durch bestimmte metallurgische Maßnahmen, u.a. durch unterschiedliche Desoxidation, auf die in Abschnitt 7.1.2 grundsätzlich eingegangen ist, erreicht. Im Hinblick auf die gute Sprödbruchunempfindlichkeit der Gütegruppe 3 ist hier auf die besondere Beruhigung der Stähle hinzuweisen, die durch den Zusatz an stickstoffabbindenden Elementen gekennzeichnet ist. Durch sie wird ein feinkörniges Gefüge erreicht, und dieses ist eine wichtige Voraussetzung für eine gute Sprödbruchunempfindlichkeit und damit Schweißeignung.
Sicherlich wird auffallen, daß es in DIN 17100 eine Gütegruppe 1 nicht mehr gibt. Der Grund liegt darin, daß die Sprödbruchunempfindlichkeit der Stähle der Gütegruppe 1 in etwa der der Stähle entspricht, die nach dem Thomasverfahren hergestellt werden. Diese Erschmelzungsart gibt es aber in der Stahlindustrie der Bundesrepublik Deutschland nicht mehr, entsprechende Stähle werden daher in DIN 17100 nicht mehr erfaßt.
Aus Tabelle 7.5–2 ist zu entnehmen, daß die Stähle in einem unterschiedlichen *Wärmebehandlungszustand* geliefert werden können. Etwas vereinfacht kann dazu gesagt werden, daß Breitflachstahl und Blech aus Stählen der Gütegruppe 3 normalgeglüht, der Gütegruppe 2 in Dicken über 25 mm ebenfalls

normalgeglüht, die anderen in Betracht kommenden Erzeugnisformen aber im Walzzustand geliefert werden. Wie oben schon angedeutet, wirkt sich der Behandlungszustand auf die Sprödbruchunempfindlichkeit aus, und zwar derart, daß diese Eigenschaft durch Normalglühen verbessert wird. Der Grund dafür liegt darin, daß die kornfeinende Wirkung der stickstoffabbindenden Elemente (s.o.) durch Normalglühen besonders gut zum Tragen kommt.
Im Zusammenhang mit der Gütegruppenbeschreibung ist schon die *Schweißeignung* erwähnt worden. In Ergänzung dazu kann über diese für geschweißte Stahlbauten wichtige Eigenschaft gesagt werden, daß die Stähle nach Tabelle 7.5–1 für das im Stahlbau vorwiegend angewendete Lichtbogen- und Gasschmelzschweißen im allgemeinen geeignet sind, wenn auch eine uneingeschränkte Eignung nicht zugesagt werden kann, da das Verhalten eines Stahles beim und nach dem Schweißen nicht nur vom Werkstoff, sondern auch von den Abmessungen und der Form sowie den Fertigungs- und Betriebsbedingungen des Bauteils abhängt. Wie aus den obigen Erläuterungen zu den Gütegruppen deutlich wird, sind hinsichtlich der Schweißeignung bei gleicher Streckgrenze die Stähle der Gütegruppe 3 denen der Gütegruppe 2 vorzuziehen. Innerhalb der Gütegruppe 2 sind die beruhigten Stähle gegenüber den unberuhigten zu bevorzugen, besonders wenn beim Schweißen Seigerungszonen mit ihren erhöhten Gehalten an die Schweißeignung verschlechternden Elementen angeschnitten werden können. Diese Zusammenhänge wirken sich naturgemäß auf die Wahl der Stähle für geschweißte Bauten aus.
Das Verhalten beim Faltversuch (neuerdings: technologischer Biegeversuch), dessen Bedingungen in Tabelle 7.5–2 angegeben sind, gibt einen gewissen Anhalt für die *Umformbarkeit* der Stähle, die zum Warm- und Kaltumformen geeignet sind, also weder kalt- noch rotbrüchig sein dürfen.
Im Zusammenhang mit den in Tabelle 7.5–2 angegebenen mechanischen Eigenschaften muß noch auf eine andere, hier nicht erscheinende Kenngröße, die *Brucheinschnürung*, hingewiesen werden. Sie ist im Hinblick auf *Terrassenbrüche* zu nennen, die vorkommen können, wenn – wie in geschweißten Bauten – Beanspruchungen senkrecht zur Erzeugnisoberfläche auftreten. Blech, Band- und Breitflachstahl üblicher Herstellung weisen in Dickenrichtung weniger gute Verformungseigenschaften auf als in Längs- oder Querrichtung. Durch besondere metallurgische Maßnahmen bei der Herstellung (siehe Abschnitt 7.1.3) ist es möglich, eine Verbesserung dieser Verformungseigenschaften und damit eine Verringerung der Gefahr des Auftretens von Terrassenbrüchen zu erreichen. Nach dem bisherigen Stand der Kenntnisse lassen sich die Verformungseigenschaften in Dickenrichtung am ehesten durch die Brucheinschnürung an Zugproben kennzeichnen, die senkrecht zur Erzeugnisoberfläche entnommen werden. In Abhängigkeit von der Brucheinschnürung an Senkrechtproben wurden drei Güteklassen geschaffen, für die folgende Werte gelten:

Güteklasse[1])	Brucheinschnürung	
	Mittelwert aus drei Einzelversuchen % mind.	kleinster zulässiger Einzelwert %
1	15	10
2	25	15
3	35	25

[1]) Nach den Stahl-Eisen-Lieferbedingungen 096

Außerdem muß für die Stähle aller drei Güteklassen ein Schwefelgehalt $\leqq 0{,}020\%$ eingehalten werden. Es darf nicht unerwähnt bleiben, daß neuerdings eine Güteklasse 4 hinzukommt, für die der Mittelwert der Brucheinschnürung mind. 45% (bei einem kleinsten Einzelwert von 35%) beträgt, sie ist im wesentlichen für die Kerntechnik vorgesehen.
Im übrigen ist darauf aufmerksam zu machen, daß die Gefahr des Terrassenbruchs auch dadurch gemindert werden kann, daß die Beanspruchungen in Dickenrichtungen durch konstruktive und schweißtechnische Maßnahmen herabgesetzt werden.
Wenn auch zur Zeit die Erfahrungen noch nicht ausreichen, um einen eindeutigen Zusammenhang zwischen der Brucheinschnürung und der betrieblichen Bewährung gegenüber Terrassenbruch herstellen zu können, wurden diese Güteklassen geschaffen, um weitere Erfahrungen sammeln zu können. Dann wird es möglich sein, die in Ergänzung zu der Unterlage über die Wahl der Stahlgütegruppen für geschweißte Stahlbauten geschaffene Regel über die Wahl der Stahlgüteklassen für geschweißte Stahlbauten (DASt-Richtlinie 014) [16] noch weiter zu untermauern.
Es muß ausdrücklich darauf aufmerksam gemacht werden, daß nach den Stahl-Eisen-Lieferbedingungen 096, in denen alle Einzelheiten über Flacherzeugnisse mit verbesserten Eigenschaften für Beanspruchungen senkrecht zur Erzeugnisoberfläche festgelegt sind, eine solche ergänzende Vorschrift für unberuhigte oder einfach beruhigte unlegierte Stähle nicht in Betracht kommt. Im Zusammenhang mit den hier in Rede stehenden allgemeinen Baustählen nach DIN 17 100 ist also eine ergänzende Anforderung an die Brucheinschnürung entsprechend einer der Güteklassen nach den Stahl-Eisen-Lieferbedingungen 096 nur für die besonders beruhigten Stähle der Gütegruppe 3 möglich.

Um Wiederholungen zu vermeiden, sei darauf hingewiesen, daß die Ausführungen über mögliche Ergänzungsvorschriften im Hinblick auf Senkrechtbeanspruchung auch für die wetterfesten Stähle und für die hochfesten Feinkornbaustähle gelten (siehe die Abschnitte 7.5.2 und 7.5.3).
Über die *Oberflächenbeschaffenheit* der allgemeinen Baustähle wird in DIN 17100 nur gesagt, daß die Walzerzeugnisse eine dem angewendeten Formgebungsverfahren entsprechende glatte Oberfläche haben sollen. Da es vielfach – auch im Stahlbau – auf genauere Festlegungen ankommt, sind die Stahl-Eisen-Lieferbedingungen 071 geschaffen worden, die in Ergänzung zu DIN 17100 Anforderungen an die Oberflächenbeschaffenheit von warmgewalzten Flacherzeugnissen festlegen. Im wesentlichen handelt es sich um Einzelheiten über die Zulässigkeit von Vertiefungen, Eindrücken und Riefen in Abhängigkeit von ihrer Tiefe und ihrem Flächenanteil.
Die Anwendung der Stahl-Eisen-Lieferbedingungen 071 kommt auch für die wetterfesten Stähle und für die hochfesten Feinkornbaustähle in Betracht, sofern es sich um Flacherzeugnisse aus diesen Stählen handelt.
Hohlprofile mit kreisrundem Querschnitt, also nahtlose und geschweißte *Rohre aus allgemeinen Baustählen,* die im Stahlbau in erheblichem Umfang verwendet werden, gehören nicht zum Geltungsbereich von DIN 17100, wie aus der obigen Aufzählung der Erzeugnisformen, die diese Norm erfaßt, hervorgeht. Um die bestehende Lücke zu schließen, sind entsprechende Normen in Vorbereitung, und zwar DIN 17121 – Nahtlose Rohre aus allgemeinen Baustählen für den Stahlbau – und DIN 17120 – Geschweißte Rohre aus allgemeinen Baustählen. Gegenüber den bisher verwendeten DIN 1629 – Nahtlose Rohre aus unlegierten Stählen für Leitungen, Apparate und Behälter – und DIN 1626 – Geschweißte Stahlrohre aus unlegierten und niedriglegierten Stählen für Leitungen, Apparate und Behälter – werden in den in Vorbereitung befindlichen Normen die Anforderungen an die Rohre speziell auf die Bedürfnisse des Stahlbaues abgestellt, und die Stahlsorten sind weitgehend an die nach DIN 17100 angeglichen.

Tabelle 7.5–3 Mechanische Eigenschaften der nahtlosen und geschweißten Rohre für den Stahlbau nach Entwurf Mai 1982 für DIN 17121 und DIN 17120

Stahlsorte		Zugfestigkeit bei Raumtemperatur	Obere Streckgrenze bei Raumtemperatur für Wanddicken in mm			Bruchdehnung bei Raumtemperatur ($L_0 = 5\,d_0$)		Kerbschlagarbeit[1]) (ISO-V-Längsproben)	
Kurzname	Werkstoffnummer		≦16	>16≦40	>40≦65[2])	längs	quer	Prüftemperatur	
		N/mm²	N/mm² mind.			% mind.		°C	J mind.
USt 37-2[3])	1.0036	340 bis 470	235	–	–	26	24	+20	27
RSt 37-2	1.0038	340 bis 470	235	225	215	26	24	+20	27
St 37-3	1.0116	340 bis 470	235	225	215	26	24	−20	27
St 44-2	1.0044	410 bis 540	275	265	255	22	20	+20	27
St 44-3	1.0144	410 bis 540	275	265	255	22	20	−20	27
St 52-3	1.0570	490 bis 630	355	345	335	22	20	−20	27

[1]) Mittelwert aus drei Proben, wobei nur ein Einzelwert den angegebenen Mindestwert um höchstens 30% unterschreiten darf.
[2]) Dieser Dickenbereich kommt nur für nahtlose Rohre in Betracht.
[3]) Nur für geschweißte Rohre mit einer Wanddicke ≦16 mm.

Als *Stahlsorten* sind für beide Rohrarten die Stähle R St 37-2, St 37-3, St 44-2, St 44-3 und St 52-3, für die geschweißten Rohre zusätzlich U St 37-2 vorgesehen. Die chemische Zusammensetzung ist die gleiche, wie sie für die entsprechenden Stahlsorten in Tabelle 7.5–1 angegeben ist. Auch die mechanischen Eigenschaften stimmen weitgehend mit denen nach DIN 17100 überein. Unterschiede werden durch Vergleich der Werte in Tabelle 7.5–3 mit denen in Tabelle 7.5–2 deutlich. Da noch nicht alle Einzelheiten festgelegt sind, ist es nicht zweckmäßig, auf weitere Angaben in den geplanten Normen einzugehen. Ähnliches gilt auch für die ebenfalls in Vorbereitung befindliche DIN 17119 – Kaltgefertigte geschweißte quadratische und rechteckige Stahlrohre (Hohlprofile) für den Stahlbau –, die bezüglich der Stahlsorten ebenfalls an DIN 17100 anschließt. Zur Vervollständigung sollte noch erwähnt werden, daß die in den genannten Normen erfaßten Rohre nicht für Arbeitsgerüste gedacht sind, diese werden in DIN EN 39 behandelt.

7.5.2 Wetterfeste Stähle

Einige der allgemeinen Baustähle sind in den letzten Jahren legierungstechnisch so weiterentwickelt worden, daß sich auf der Stahloberfläche unter dem Einfluß der Bewitterung eine oxidische Deckschicht bildet, die den Widerstand gegen atmosphärische Korrosion erhöht. Die Deckschicht erneuert sich durch Bewitterung stetig, der übliche Rostvorgang wird jedoch verlangsamt, so daß ein gewisser Oberflächenschutz entsteht. Dadurch kann es möglich werden, wetterfeste Stähle ohne zusätzlichen Schutz, z.B. durch Anstriche, zu verwenden. Eine solche Verwendung der wetterfesten Stähle im ungeschützten Zustand bedarf zur Zeit allerdings der Zustimmung im Einzelfall, sofern sie nicht in einer Anwendungsnorm im einzelnen geregelt ist.
Einzelheiten über die wetterfesten Stähle sind im Stahl-Eisen-Werkstoffblatt 087 festgelegt. Die *Er-*

zeugnisformen sind die gleichen wie bei den allgemeinen Baustählen nach DIN 17100, hinzu kommen Rohre. Zu beachten ist, daß die wetterfesten Baustähle für eine Verwendung im ungeschützten Zustand nur mit einer Wanddicke von mind. 3 mm in Betracht kommen, da die Deckschichtbildung erst mit der Zeit eine Verlangsamung des Rostungsvorganges bewirkt, anfänglich aber zu einer normalen Abtragung der metallischen Oberfläche führt, die bei zu geringen Ausgangsdicken zu Schäden führen kann.

Tabelle 7.5–4 Chemische Zusammensetzung (nach der Schmelzanalyse) der wetterfesten Baustähle

Stahlsorte										
Kurzname	Werkstoff-Nummer	% C höchstens	% Si	% Mn	% P höchstens	% S höchstens	% N[1])	% Cr	% Cu	% V
WTSt 37-2	1.8960	0,13	0,10 bis 0,40	0,20 bis 0,50	0,050	0,035	0,007	0,50 bis 0,80	0,30 bis 0,50	–
WTSt 37-3[2])	1.8961	0,13	0,10 bis 0,40	0,20 bis 0,50	0,045	0,035	0,009	0,50 bis 0,80	0,30 bis 0,50	–
WTSt 52-3[2])	1.8963	0,15	0,10 bis 0,50	0,90 bis 1,30	0,045	0,035	0,009	0,50 bis 0,80	0,30 bis 0,50	0,02 bis 0,10

[1]) Bei Elektrostahl beträgt der Stickstoffgehalt in der Schmelzanalyse bis 0,012%.
[2]) Der Stahl enthält einen zur Erzielung von Feinkörnigkeit ausreichenden Gehalt an Stickstoff abbindenden Elementen.

Die wetterfesten Stähle werden in drei *Stahlsorten* geliefert. Wie aus der Tabelle 7.5–4 hervorgeht, sind es Weiterentwicklungen der Stähle St 37 und St 52 nach DIN 17100. Zu den *Streckgrenzen* und den sonstigen mechanischen und technologischen Eigenschaften sowie zu den *Gütegruppen* kann das gleiche gesagt werden wie bei den allgemeinen Baustählen, eine Tafel mit derartigen Angaben erübrigt sich daher. Auch für den *Lieferzustand,* die *Umformbarkeit* und die *Schweißeignung* ergeben sich keine Besonderheiten, d.h. trotz der Zusätze von Chrom, Kupfer und zum Teil Vanadin gelten die gleichen Aussagen wie bei den allgemeinen Baustählen. Zu beachten ist allerdings, daß beim Schweißen der wetterfesten Baustähle für ungeschützte Bauten auch das Schweißgut wetterfest sein muß.
Die *Wetterfestigkeit* ist in der Einleitung zu diesem Abschnitt nur andeutungsweise gekennzeichnet worden. Ergänzend muß herausgestellt werden, daß es für die betriebliche Bewährung nicht nur auf den Stahl als solchen mit seiner, den Widerstand gegen atmosphärische Korrosion erhöhenden chemischen Zusammensetzung, sondern in starkem Maße auf die witterungs- und umgebungsbedingten Beanspruchungen ankommt, da diese, wie aus Bild 7.4–11 hervorgeht, das Abrostungsverhalten stark beeinflussen. Einzelheiten zu dem gesamten Fragenbereich finden sich in dem schon erwähnten Stahl-Eisen-Werkstoffblatt 087 und in der entsprechenden DASt-Richtlinie 007 – Lieferung, Verarbeitung und Anwendung wetterfester Baustähle –.

7.5.3 Hochfeste Feinkornbaustähle

Das stetige Streben nach Verringerung des Gewichtes von Stahlbauten hat zur Entwicklung von Stählen geführt, deren Streckgrenze gegenüber der der allgemeinen Baustähle wesentlich erhöht ist. Dabei wurden die Erkenntnisse der Werkstoffkunde benutzt, daß eine Verringerung der Korngröße die Streckgrenze des Stahles im normalgeglühten Zustand erhöht und daß – wie aus anderen Stahlgebieten grundsätzlich seit langem bekannt – ein Abschrecken und Anlassen, also ein Vergüten auch bei Stählen mit einem im Hinblick auf die Schweißeignung niedrigem Kohlenstoffgehalt eine Erhöhung der Streckgrenze bewirkt. Aus der Vielzahl der möglichen Stähle (siehe hierzu auch das Stahl-Eisen-Werkstoffblatt 089, aus dem in absehbarer Zeit verschiedene Normen, z.B. DIN 17102, hervorgehen werden) hat sich der Stahlbau für die Anwendung von je einer normalgeglühten und einer vergüteten *Stahlsorte* mit einer Mindeststreckgrenze bei Raumtemperatur von 460 N/mm^2: St E460 bzw. von 690 N/mm^2: St E690 entschieden. Beide Stähle sind bauaufsichtlich zugelassen. Ihre chemische Zusammensetzung sowie ihre mechanischen und technologischen Eigenschaften sind in den Tabellen 7.5–5 und 7.5–6 zusammengestellt, die keiner weiteren Erläuterung bedürfen. Auch hier werden zur Kennzeichnung der Streuungen in Bild 7.5–2 zwei Summenhäufigkeitskurven für die Streckgrenze angegeben.
Beide Stahlsorten werden in den für den Stahlbau wichtigen *Erzeugnisformen,* also in Form von Profilen, Blech, Breitflachstahl sowie nahtlosen und geschweißten Hohlprofilen (Rohren) geliefert. Zu beachten ist, daß Erzeugnisse aus dem Stahl St E 690 nur in Dicken $\leqq$ 50 mm zugelassen sind.
Die *Schweißeignung* der hochfesten Feinkornbaustähle ist für die im Stahlbau üblicherweise angewendeten Schweißverfahren bei Beachtung der allgemeinen Regeln der Schweißtechnik gegeben. Es muß aber herausgestellt werden, daß es hochentwickelte Stähle sind, die bei der Weiterverarbeitung mit entsprechender Sorgfalt behandelt werden müssen. Die entsprechenden Einzelheiten, auf die hier nicht eingegangen werden kann, sind im Stahl-Eisen-Werkstoffblatt 088 und in der DASt-Richtlinie 011 festgelegt. Hier sei nur darauf hingewiesen, daß abweichend von den für Stähle üblichen Festlegungen

Tabelle 7.5–5 Chemische Zusammensetzung der Stähle St E 460 und StE 690 nach der Schmelzenanalyse[1])

Stahlsorte	Stahlart	% C	% Si	% Mn	% P	% S	% N	% Cr	% Cu	% Nb	% Ni	% Ti	% V	% Mo	% Zr	% B
StE 460	Ni-V	≦0,20	0,10/0,50	1,1/1,7	≦0,035	≦0,030	≦0,020	–	–	–	0,15/0,80	–	0,10/0,20	–	–	–
	Cu-Ni-V	≦0,18	0,10/0,55	1,1/1,5			≦0,020	–	0,30/0,70	≦0,03	0,40/0,70	–	0,08/0,20	–	–	–
	Ni-Ti	≦0,20	0,10/0,60	1,1/1,6			≦0,007	–	–	–	0,50/0,80	0,10/0,20	–	–	–	–
StE 690	Ni-Cr-Mo-B	≦0,20	0,15/0,35	0,60/1,0	≦0,025	≦0,025	≦0,015	0,40/0,65	0,15/0,50	–	0,70/1,0	–	0,03/0,08	0,40/0,60	–	0,002/0,006
	Cr-Mo-Zr		0,50/0,90	0,70/1,1				0,60/1,0	–	–	–	–	–	0,20/0,60	0,06/0,12	–

[1]) Alle Stähle müssen feinkörnig erschmolzen sein und können zusätzlich zu den Angaben in der Tabelle Gehalte an Aluminium aufweisen.

Tabelle 7.5–6 Mechanische Eigenschaften der Stähle StE 460 und StE 690

Stahlsorte	Erzeugnisform	Behandlungszustand[1])	Mechanische Eigenschaften: Streckgrenze für Dicken in mm[2]) N/mm² mindestens ≦12	>12 ≦16	>16 ≦35	>35 ≦50	>50 ≦60	Zugfestigkeit für Dicken in mm[2]) N/mm² mindestens ≦50	>50 ≦60	Bruchdehnung ($L_0 = 5\,d_0$) % mindestens	Probenform	Probenlage	Kerbschlagarbeit[3]) bei J mindestens −60°C	−40°C	−20°C	0°C	+20°C	Dorndurchmesser beim Faltversuch[4])[5])[6])[7]) längs	quer
StE 460	Blech Profil, geschweißt. Hohlprofil (Rohr)	N	460	460	450	440	430	560 bis 730		17	ISO-V	längs quer			39	43 31	51 31	3 a	4 a
	nahtloses Hohlprofil (Rohr)		460	450	440	420	–	530 bis 730											
StE 690	Blech Profil, geschweißt. Hohlprofil (Rohr)	V	690	690	690	690	–	790 bis 940	–	16	ISO-V	längs quer	30 27	40 31	50 35	60 40		3 a	4 a

[1]) N = normalgeglüht. V = vergütet (wasservergütet).
[2]) Für dickere Erzeugnisse sind die entsprechenden Werte zu vereinbaren.
[3]) Maßgebend ist der Mittelwert aus 3 Proben, wobei nur ein Einzelwert den geforderten Mindestwert um höchstens 30% unterschreiten darf.
[4]) Geforderter Biegewinkel jeweils 180°.
[5]) a = Probendicke.
[6]) Bei der Bestellung ist zu vereinbaren, ob Längs- oder Querproben zu prüfen sind.
[7]) Nicht für Hohlprofile (Rohre).

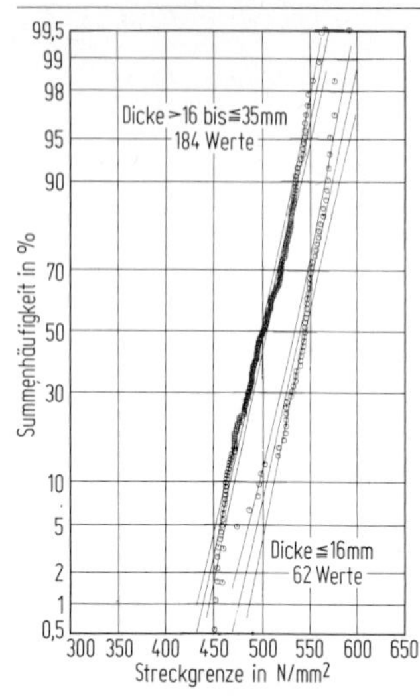

Bild 7.5–2 Summenhäufigkeitskurven für die Streckgrenze bei Raumtemperatur von Blechen aus St E 460

bei gleicher Mindeststreckgrenze eine unterschiedliche chemische Zusammensetzung vorliegen kann (siehe Tabelle 7.5–5). Werden solche Stähle miteinander verschweißt, können besondere Maßnahmen erforderlich werden, die gegebenenfalls beim Stahlhersteller zu erfragen sind.
Zur *Umformbarkeit* ergeben sich gegenüber den allgemeinen Baustählen keine Besonderheiten; verwiesen sei auf die Bedingungen des Faltversuchs in Tabelle 7.5–6, deren Erfüllung einen gewissen Anhalt für die Umformbarkeit gibt (Neuerdings: Faltversuch = technologischer Biegeversuch).
Nach der jüngsten Entwicklung ist bei den hochfesten Feinkornbaustählen auch der Stahl 15 MnNi 6 3 zu nennen, der sich durch eine besonders gute Schweißeignung auszeichnet, was in gewisser Weise auch aus den untenstehenden Werten für die Kerbschlagarbeit (Sprödbruchunempfindlichkeit) zu ersehen ist. Er ist für den allgemeinen Stahlbau allerdings kaum eingesetzt worden, verwendet wird er bisher im wesentlichen für Reaktorsicherheitsbehälter, die einen Sonderfall des Stahlbaues darstellen. Da der Stahl 15 MnNi 6 3 bauaufsichtlich noch nicht zugelassen ist, soll er hier nur unter Angabe der chemischen Zusammensetzung und der mechanischen Eigenschaften, die für den normalgeglühten Zustand gelten, kurz erwähnt werden, und zwar für Blech aus dem Stahl. Chemische Zusammensetzung: 0,12 bis 0,18% C, 0,15 bis 0,35% Si, 1,20 bis 1,65% Mn, ≦0,012% P, ≦0,004% S, 0,50 bis 0,85% Ni und 0,020 bis 0,050% Al. Zugfestigkeit: 510 bis 630 N/mm², Streckgrenze: ≧370 N/mm², Bruchdehnung ($L_0 = 5\,d_0$): ≧22%, Kerbschlagarbeit (Mittelwert aus drei ISO-V-Proben): ≧130 J bei 5 °C (≧80 J bei −20 °C, ≧35 J bei −60 °C). (Die Werte aus dem Zugversuch gelten für Dicken ≦38 mm. Für größere Dicken bis 80 mm liegen sie entsprechend niedriger.)

7.5.4 Stähle für Schrauben, Muttern und Niete

Verbindungselemente sind für den Stahlbauer im wesentlichen nur in Form der Fertigerzeugnisse interessant, die z.B. in den verschiedenen Blättern von DIN 267 – Schrauben, Muttern und ähnliche Gewinde- und Formteile – beschrieben sind. Jedoch findet sich in der für den Stahlbau wichtigen DIN 267 Blatt 3 – Festigkeitsklassen und Prüfverfahren für Schrauben aus unlegierten oder niedrig legierten Stählen –, die im übrigen durch die ISO-Norm 898/I – Mechanische Eigenschaften von Befestigungselementen, Teil I: Bolzen, Schrauben und Stähle – ersetzt ist, ebensowenig wie in DIN 267 Blatt 4 – Festigkeitsklassen und Prüfverfahren für Muttern aus unlegierten oder niedrig legierten Stählen – eine eindeutige Zuordnung von definierten *Stahlsorten* zu Schrauben und Muttern mit bestimmten Eigenschaften, da die den festgelegten Klassen entsprechenden mechanischen Eigenschaften je nach dem angewendeten Verfahren zur Herstellung der Schrauben und Muttern durch unterschiedliche Ausgangswerkstoffe erreicht werden können. Was Schrauben angeht, sind jedoch in der ISO-Norm 898/I (ähnlich wie bisher auch in DIN 267, Teil 3) einige Grenzwerte für die chemische Zusammensetzung der in Betracht kommenden Stähle festgelegt, nach denen eine gewisse Zuordnung von Stahlsorten zu den Eigenschaftsklassen der Schrauben möglich ist. In Tabelle 7.5–7 sind diese Festlegungen nach ISO 898/I angegeben, wobei zunächst zu den Kennzahlen für die Eigenschaftsklassen folgende Erläuterung zu geben ist: Die erste Zahl gibt $^1/_{100}$ der Mindestzugfestigkeit in N/mm², die zweite Zahl das 10fache des Verhältnisses aus Mindeststreckgrenze und Mindestzugfestigkeit (Streckgrenzenverhältnis) an; je niedriger die zweite Zahl liegt, desto umformfähiger ist der Stahl (gute Werte der Bruchdehnung). Die Multiplikation beider Zahlen ergibt $^1/_{10}$ des Wertes für die Mindeststreckgrenze in N/mm². Betrachtet man danach Tabelle 7.5–7, so ergibt sich, daß für die verschiedenen Schrauben Stähle nach den unter dieser Tabelle genannten Normen in Betracht kommen.

Tabelle 7.5–7 Chemische Zusammensetzung der für Schrauben in Betracht kommenden Stähle (entsprechend Tabelle 2 – Stähle – von ISO 898/I)

Eigen-schafts-klasse	Stahlart und Wärmebehandlung	Chemische Zusammensetzung[1]) % C min.	% C max.	% P max.	% S max.
3.6[2])	Unlegierter Stahl mit niedrigem Kohlenstoffgehalt	–	0,20	0,05	0,06
4.6[2]) 4.8[2])	Unlegierter Stahl mit niedrigem und mittlerem Kohlenstoffgehalt	–	0,55	0,05	0,06
5.6 6.8[2])	Unlegierter Stahl mit niedrigem und mittlerem Kohlenstoffgehalt	–	0,55	0,05	0,06
8.8[6])	Stahl mit niedrigem Kohlenstoffgehalt und Zusätzen (z. B. an B oder Mn oder Cr), gehärtet und angelassen	0,15	0,35	0,04	0,05
8.8[3])	Unlegierter Stahl mit mittlerem Kohlenstoffgehalt, gehärtet und angelassen	0,25	0,55	0,04	0,05
9.8[6])	Stahl mit niedrigem Kohlenstoffgehalt und Zusätzen (z. B. an B oder Mn oder Cr), gehärtet und angelassen	0,15	0,35	0,04	0,05
9.8	Unlegierter Stahl mit mittlerem Kohlenstoffgehalt, gehärtet und angelassen	0,25	0,55	0,04	0,05
10.9[6])	Stahl mit niedrigem Kohlenstoffgehalt und Zusätzen (z. B. an B oder Mn oder Cr), gehärtet und angelassen	0,15	0,35	0,04	0,05
10.9[5])	Unlegierter Stahl mit mittlerem Kohlenstoffgehalt, gehärtet und angelassen	0,25	0,55	0,04	0,05
	oder Unlegierter Stahl mit mittlerem Kohlenstoffgehalt und Zusätzen (z. B. an B oder Mn oder Cr), gehärtet und angelassen	0,20[7])	0,55		
	oder Legierter Stahl[4])	0,20	0,55	0,035	0,035
12.9[5])	Legierter Stahl[4])	0,20	0,50	0,035	0,035

[1]) Nach der Stückanalyse.
[2]) Automatenstahl ist für diese Klassen zulässig, falls folgende Höchstgehalte nicht überschritten werden: 0,34% S, 0,11% P und 0,35% Pb.
[3]) Für Abmessungen über M 20 werden möglicherweise die Stähle für Klasse 10.9 notwendig, um ausreichende Härtbarkeit zu haben.
[4]) Legierter Stahl muß eines oder mehrere der Legierungselemente Chrom, Nickel, Molybdän oder Vanadin enthalten.
[5]) Für die Stähle dieser Klassen ist eine Härtbarkeit anzustreben, die sicherstellt, daß das Gefüge im Kern des Gewindeteiles im gehärteten Zustand, also vor dem Anlassen, zu etwa 90% aus Martensit besteht.
[6]) Schrauben aus Stahl mit kohlenstoffarmem Martensit sind zusätzlich durch Unterstreichung der Zahl für die Eigenschaftsklasse zu kennzeichnen.
[7]) In einigen Ländern wird Stahl mit diesem Kohlenstoffgehalt als Stahl mit niedrigem Kohlenstoffgehalt bezeichnet.

Schrauben der Eigenschaftsklasse	Stähle nach DIN*)
3.6	DIN 17100, DIN 17111, DIN 1651, DIN 1652, DIN 1654
4.6 und 4.8 5.6, 5.8 und 6.8	DIN 17100, DIN 17111, DIN 1651 (nicht für 5.6), DIN 1652, DIN 1654, DIN 17200 (unlegierte Stähle)
8.8, 9.8 und 10.9	DIN 1652, DIN 1654, DIN 17200
12.9	DIN 1654, DIN 17200

*) DIN 1651 – Automatenstähle. DIN 1652 – Blanker unlegierter Stahl. DIN 1654 – Gezogene Stähle für kalt zu formende Schrauben. DIN 17100 – Allgemeine Baustähle. DIN 17111 – Kohlenstoffarme unlegierte Stähle für Schrauben, Muttern und Niete. DIN 17200 – Vergütungsstähle.

Es hat wenig Sinn, einzelne Stahlsorten zu nennen und auf ihre Eigenschaften einzugehen, da in DIN 267 Blatt 3 ausdrücklich gesagt wurde (was wohl auch nach Vorliegen von ISO 898/I noch gilt): „Die den Festigkeitsklassen zugeordneten mechanischen Eigenschaften gelten für fertige Schrauben. Bei diesen werden zum Teil höhere Festigkeitswerte und zusätzliche Eigenschaften erzielt, als in den Werkstoffnormen für die Stähle der Stahlgruppen nach Tabelle 3 (hier Tabelle 7.5–7, s. o.) angegeben sind.“ Wegen der Einzelheiten zu den in Betracht kommenden Stahlsorten sei daher nur auf die oben genannten Normen hingewiesen.
Zu den Stählen für Muttern müssen ähnliche Einschränkungen gemacht werden, da in DIN 267 Blatt 4 ebenfalls keine Stahlsorten angegeben werden; für die Festigkeitsklassen werden nur Grenzwerte für die chemische Zusammensetzung festgelegt. Danach kommen für Muttern aus Automatenstahl, die eine besondere Kennzeichnung (AU) haben, Stähle nach DIN 1651, im übrigen Stähle nach DIN 17100, DIN 17111, DIN 1652 und DIN 17200 in Betracht.

Wegen der Einzelheiten sei wieder auf die genannten Normen verwiesen.
Für Niete kommen im wesentlichen Stähle nach DIN 17111 in Betracht, aus den Angaben in verschiedenen Nietnormen ist zu schließen, daß hauptsächlich die beiden Stähle U St 36-2 und U Q St 36-2 nach DIN 17111 verwendet werden.

7.5.5 Stähle für Seildrähte

Ausgangswerkstoffe für Seildrähte, die mit unterschiedlichen Querschnitten zu Drahtseilen verarbeitet werden, sind Walzdrähte nach DIN 17140. Aus der Vielzahl der in dieser Norm behandelten Stähle werden für Walzdrähte *Stahlsorten* mit einem Kohlenstoffgehalt zwischen etwa 0,35 und 0,90% verwendet; die Sorten mit den höheren Kohlenstoffgehalten kommen für größere Walzdrahtdicken und hohe Festigkeiten in Betracht. Die den angegebenen Kohlenstoffgehalten entsprechenden Qualitätsstähle D 35-2 bis D 88-2 haben 0,10% bis 0,30% Si, 0,30 bis 0,70% Mn, ≦0,040% P und ≦0,040% S. Für höhere Anforderungen werden Edelstähle eingesetzt, und zwar etwa die Sorten D 53-3 bis D 88-3, die den gleichen Silizium- und Mangangehalt wie die Qualitätsstähle, aber einen höheren Reinheitsgrad, in etwa gekennzeichnet durch ≦0,30% P und ≦0,030% S, aufweisen. (Zwar dienen auch hier die Anhängezahlen -2 und -3 zur Kennzeichnung von Gütegruppen, die Zahlen haben aber einen anderen Sinn als bei den allgemeinen Baustählen; in DIN 17140 bedeutet -2 Qualitätsstahl und -3 Edelstahl; die beiden Gütegruppen unterscheiden sich nicht nur in den zulässigen Höchstgehalten an Phosphor und Schwefel [s.o.], sondern auch in den Anforderungen an die zulässige Tiefe von Oberflächenfehlern und Randentkohlung. Die Angaben beziehen sich auf den Entwurf Juni 1980 für die Neuausgabe von DIN 17140 – Walzdraht aus Grundstahl sowie aus unlegierten Qualitäts- und Edelstählen.) Die Walzdrähte werden in der Hauptsache durch ihre *chemische Zusammensetzung* gekennzeichnet, in DIN 17140 finden sich keine Festlegungen über die *mechanischen Eigenschaften*. Das ist verständlich, da Walzdrähte im allgemeinen durch Kaltziehen oder Kaltwalzen weiterverarbeitet werden und erst dabei ihre Endeigenschaften erhalten. Das gilt auch für Seildrähte, die aus den Walzdrähten durch Kaltziehen (mit erheblichen Querschnittsverminderungen von etwa 70%) im patentierten Zustand hergestellt werden und nach dem Ziehen sehr hohe Zugfestigkeiten im Bereich von 1400 bis 2000 N/mm^2 und auch höher bei gleichzeitig guter Biegbarkeit aufweisen. (Zum Patentieren wird der Stahl austenitisiert und anschließend schnell auf Temperaturen von 480 bis 550°C abgekühlt; in diesem Temperaturbereich wandelt der Stahl zu sehr feinstreifigem Perlit um, zu einem Gefüge, das für das Kaltziehen besonders gut geeignet ist und beste Werte für die Endeigenschaften ergibt. Neuerdings wird das Warmwalzverfahren einschließlich der zugehörigen Abkühlung so gesteuert, daß schon der Walzdraht mit einem Gefüge anfällt, das dem patentierten Zustand vergleichbar ist.)
Während die üblichen Seildrähte, die vielfach auch vergütet werden, im allgemeinen einen kreisförmigen Querschnitt haben (siehe DIN 2078 – Stahldrähte für Drahtseile –), werden zum Verschließen der Drahtseile auch Keildrähte, Form-, Z- und S-Drähte gezogen und gewalzt. Die Seildrähte sind im wesentlichen für die Tragfähigkeit der Drahtseile maßgebend, jedoch hat auch der Aufbau der Seile und die Verseilung einen Einfluß. Dazu sei auf DIN 3051 – Drahtseile aus Stahldrähten – verwiesen.

Literatur zu 7.1 bis 7.5

1. Gemeinfaßliche Darstellung des Eisenhüttenwesens, 17. Aufl., Düsseldorf, Verlag Stahleisen 1971.
2. Haneke, M.: Einfluß der Verformung und der thermischen Faktoren auf Streckgrenze, Festigkeit, Dehnung, Kerbschlagzähigkeit und Ausbildung des kristallinen Flecks von warmgewalzten Grobblechen. Arch. Eisenhüttenwes. 33 (1962) S. 233/239.
3. Liestmann, W.D., Gruner, H., Wiemer, H.E.: Einordnung einer Stahlentschwefelungsanlage in ein LD-Stahlwerk. Stahl u. Eisen 98 (1978) Nr. 11, S. 538/547.
4. Pircher, H., u. Klapdar, W.: Controlling inclusions in steel by injecting calcium into the ladle. Microalloying 75, Proceedings, ad. Union Carbide Corp. 1977, S. 232/250.
5. Kobayashi, K., Narumoto, A., Funakosh, T., Hirai, Y.: Through-thickness Brittle Fracture and Fatigue Properties in High Strength Structural Steels with Varying Sulphur Content. Transactions ISIJ, 18 (1978) S. 106/113.
6. Adrian, H., Haneke, M., Straßburger, Chr.: Stähle für Bohrinseln und Förderplattformen, 3 R international 16 (1977) Nr. 11/12, S. 686/695.
7. Bauer, G., u.a.: Herstellung von stranggegossenen Brammen und Eigenschaften des daraus gefertigten warm- und kaltgewalzten Bleches. Stahl u. Eisen 98 (1978) Nr. 6, S. 235/243.
8. Werkstoff-Handbuch Stahl u. Eisen (Blatt T 21) 4. Aufl., Düsseldorf, Verlag Stahleisen 1965.
9. Das Zustandsschaubild Eisen-Kohlenstoff, 4. Aufl., Düsseldorf, Verlag Stahleisen 1961.
10. Degenkolbe, J.: Verfahren zur Prüfung der Zähigkeit von Baustählen. VDI-Ber. Nr. 318: Sprödes Versagen von Bauteilen aus Stählen. 1978.
11. Dahl, W.: Verhalten von Stahl bei schwingender Beanspruchung. Düsseldorf, Verlag Stahleisen 1978.
12. Nowak, B., Saal, H., Seeger, T.: Ein Vorschlag zur Schwingfestigkeitsbemessung von Bauteilen aus hochfesten Baustählen. Der Stahlbau 44 (1975) Nr. 9, S. 257.
13. Nach Haibach, E., in Schiffbau u. Meerestechnik, Düsseldorf, VDI-Verlag 1976.
14. Prüfverfahren zur Beurteilung der Kaltrißanfälligkeit von Stählen. DVS-Ber. 64 (1980).
15. Müller, E.A.W.: Handbuch der zerstörungsfreien Materialprüfung. München 1975, P. 1
16. DASt-Richtlinie 014 – Empfehlungen zum Vermeiden von Terrassenbrüchen in geschweißten Konstruktionen aus Baustahl –.

7.6 Güteanforderungen an Baustähle für geschweißte Stahlbauteile

W. Schönherr

7.6.1 Einführung

In diesem Abschnitt werden primär die Stähle behandelt, deren Verwendung für geschweißte Stahlbauteile bauaufsichtlich geregelt ist. Das sind die allgemeinen Baustähle St 37 und St 52-3, die hochfesten schweißgeeigneten Stähle StE 460 und StE 690 [1] sowie die nichtrostenden hochlegierten Stähle X 5 CrNi 18 9, X 10 CrNiTi 18 9, X 10 CrNiMo 18 10 und X 10 CrNiMoTi 18 10. Wenn für StE 460 zwischen normalisierter (N) und vergüteter (V) Stahlsorte unterschieden werden soll, werden die Kennbuchstaben an die Stahlsorte angefügt. Die Ausführungen sind auch anwendbar auf die wetterfesten Baustähle WT St 37 und WT St 52-3, auf andere allgemeine Baustähle nach DIN 17 100 und auf weitere hochfeste normalisierte sowie vergütete schweißgeeignete Feinkornbaustähle. Die Ausführungen gelten für Beanspruchungsbedingungen des Stahlbaus.
Damit ein geschweißtes Bauteil bestimmungsgemäß beansprucht werden kann, muß seine „Schweißbarkeit" gegeben sein. DIN 8528, Blatt 1 „Schweißbarkeit – Metallische Werkstoffe, Begriffe", definiert in Übereinstimmung mit der ISO-Empfehlung DIN EN 45: „Die Schweißbarkeit eines Bauteils aus metallischem Werkstoff ist vorhanden, wenn der Stoffschluß durch Schweißen mit einem gegebenen Schweißverfahren bei Beachtung eines geeigneten Fertigungsablaufs erreicht werden kann. Dabei müssen die Schweißungen hinsichtlich ihrer örtlichen Eigenschaften und ihres Einflusses auf die Konstruktion, deren Teil sie sind, die gestellten Anforderungen erfüllen." Die Definition enthält alle beim Schweißen wichtigen Einflußgrößen:

das Bauteil,
den Werkstoff (mit der Einschränkung metallisch),
die Art der Bindung zwischen den vorher einzelnen Teilen, nämlich die stoffschlüssige Bindung,
das Schweißen mit einem vorgegebenen Verfahren,
den zweckentsprechenden Fertigungsablauf,
die konstruktionsbedingten Anforderungen an die Schweißung [2].

Diese Einflußgrößen werden üblicherweise den Bereichen Werkstoff, Fertigung und Konstruktion zugeordnet. Die folgenden Ausführungen beziehen sich auf den Bereich Werkstoff.
Um für geschweißte Stahlbauteile verwendet werden zu können, muß ein Werkstoff die für ihn genormten oder in technischen Regeln festgelegten Anforderungen erfüllen und zum Schweißen geeignet sein. Anforderungen sind zahlenmäßig festgelegt für

- die chemische Zusammensetzung und
- die mechanischen und technologischen Eigenschaften Zugfestigkeit, obere Streckgrenze, Bruchdehnung, Biegewinkel und Kerbschlagarbeit.

Ein Wert für die Brucheinschnürung bei Beanspruchung in Dickenrichtung kann vereinbart werden.
Diese Werte kennzeichnen Eigenschaften des Werkstoffs, die offengelegt sind. Dagegen ist die Schweißeignung eine verdeckte Eigenschaft. Sie hängt ab von

- der chemischen Zusammensetzung und dabei auch von solchen Elementen, deren Gehalt nicht spezifiziert ist;
- der Korngröße, für die für St 37 und St 52-3 kein und für StE 460 und StE 690 mit der Ferritkorngröße 6 [1] eine mäßige Feinkörnigkeit als Grenzwert festgelegt ist;
- dem Reinheitsgrad und den Einschlüssen, für die es nur allgemeingehaltene Gütezusicherungen gibt;
- dem Gefügezustand.

7.6.2 Schweißeignung

Obgleich bekannt ist, daß die Schweißeignung von den vorstehend genannten Daten abhängt, ist es bisher nicht gelungen, eine Berechnungsformel für sie aufzustellen, die alle Einflüsse berücksichtigt. In der Praxis hat sich deshalb eine andere Vorgehensweise durchgesetzt:
Die Schweißeignung eines Werkstoffs wird nach seiner Neigung zur Rißbildung beurteilt [3].
Beim Schweißen von Stahl sind folgende Rißarten zu beachten:

a) Versprödungs- und Rißarten, die nur dann entstehen, wenn schweißtechnische Fertigungsverfahren eingesetzt werden. Ihnen ist gemeinsam, daß sie im wesentlichen durch Fertigungsmaßnahmen wie Vorwärmen, Begrenzung der Abkühlzeit nach unten und oben, Spannungsarmglühen, Aufbringen von Vorspannungen, Verhindern von Kaltverformungen und Anlaßeffekten zu vermeiden sind:
   - Heißriß,
   - Kaltriß einschließlich Aufhärtung und Rissen, die durch Aufhärtung und/oder Eigenspannungen (Schrumpfung) entstehen,
   - Wiedererwärmungsriß (Reheat oder Stress-Relief-Riß) einschließlich der Grobkornzonenversprödung,

- Verformungsalterung,

b) Risse und Brüche, die durch (primär) konstruktive Maßnahmen vermieden werden können:
- Terrassenbruch,
- Dauerbruch,

c) Die letzte Gruppe bilden
- Sprödbrüche, deren Entstehung nicht auszuschließen ist, wenn
  - Anrisse und Versprödungen vorliegen, wie sie in a) und b) beschrieben sind;
  - andere geometrische Kerben vorhanden sind und/oder
  - Rißeinleitungs- und Rißauffangverhalten von Grundwerkstoff und/oder Schweißgut ungünstig sind. Sprödbrüche hängen also vom Werkstoffverhalten unter den jeweiligen Beanspruchungsbedingungen ab.

Schon die vorstehende Einteilung der Rißarten bietet Ansätze zu ihrer Vermeidung. Durch eine Aufstellung der Einflüsse, die die einzelnen Bruchneigungen bewirken, wird zusätzlich deutlich, daß die Anfälligkeit der Stähle gegen bestimmte Risse unterschiedlich ist (Tabelle 7.6–1).

Tabelle 7.6–1 Zuordnung von Rißarten zu Einflüssen, die die Rißneigung bewirken, und Stählen, die zu den Rißarten neigen.

Gruppe	Rißart	Einflüsse, die die Rißneigung bewirken	Stähle, die zur nebenstehenden Rißart neigen
a) fertigungsabhängige Rißarten	Heißriß	großer Bereich zwischen Erstarrungsbeginn und Erstarrungsende des Zustandsdiagramms und niedrig schmelzende Begleitelemente (z. B. Schwefel), die sich auf den Korngrenzen sammeln.	(Schienenstähle, austenitische Stähle)[1] Die für Stahlbauten verwendbaren austenitischen Stähle X 5 CrNi 18 9, X 10 CrNiTi 18 9, X 5 CrNiMo 18 10 und X 10 CrNiMoTi 18 10 sind kaum heißrißanfällig
	Kaltriß	Zusammenwirken von Spannungen mit diffusiblem Wasserstoff und/oder Härtegefüge	zunehmend in der Reihenfolge St 52-3 (StE 460 V)[1]), StE 690 V, StE 460 N
	Wiedererwärmungsriß (Reheat oder Stress Relief Riß) und Grobkornzonenversprödung	Ausscheidung von Sonderkarbiden im aufgehärteten Grobkornbereich der WEZ beim Wiedererwärmen (z. B. Spannungsarmglühen). Legierungselemente V, Nb, Ti, Mo, Cu, Cr. Kritisch ist besonders das Zusammenwirken von V mit anderen Elementen.	StE 460 N StE 690 V
	Versprödung durch Verformungsalterung	Ausscheidung von N- und C-Atomen an Gitterfehlstellen nach Kaltverformung. Stickstoffeinfluß ist größer als Kohlenstoffeinfluß	USt 37-2 St 37-2 RSt 37-2 ohne Al-Zusatz
b) primär konstruktionsabhängige Rißarten	Terrassenbruch (Lamellenbruch)	Schichtweise Anordnung von nichtmetallischen Einschlüssen, die plättchenförmig ausgewalzt (Sulfide, Silikate) oder in Ebenen konzentriert (Oxide) sein können.	St 37 alle Sorten, St 52-3, StE 460 N, StE 690 V } Wenn nicht nach SEL 096 geliefert
	Dauerbruch	Konstruktions- und fertigungsbedingte Kerben, Anrisse gemäß a). (Weil nach Schadensfallauswertungen konstruktionsbedingte Kerben überwiegen, wird der Dauerbruch unter b) aufgeführt.)	Die Neigung zum Dauerbruch besteht bei allen hier behandelten ferritischen Stählen, wenn die zulässige periodische Beanspruchung überschritten wird.
c) primär werkstoffabhängige Rißarten	Sprödbruch (Spaltbruch)	zunehmende Gehalte an Begleitelementen (Phosphor, Schwefel, Stickstoff); grobes Korn in ferritischen Stählen	abnehmend in der Reihenfolge USt 37-2, St 37-2, RSt 37-2. Bei St 37-3, St 52-3, StE 460 und StE 690 ist bei den für Stahlbauten üblichen Beanspruchungen die Sprödbruchneigung gering.

[1]) in Klammer gesetzt, weil Verwendung als Stahlbauwerkstoff nicht vorgesehen

Bei den für den Stahlbau zugelassenen Stählen sind also besonders die Rißneigungen in Tabelle 7.6–2 zu beachten.

Heißrißanfällig sind die ferritischen Stähle St 37, St 52-3, StE 460, StE 690 und ihnen ähnliche Stähle nicht. Jedoch können beim UP-schweißen unter nicht fachgerechten Bedingungen Heißrisse in Schweißgutmitte entstehen. Auch die austenitischen Stähle X 5 CrNi 18 9, X 10 CrNiTi 18 9, X 5 CrNiMo 18 10 und X 10 CrNiTi 18 10 neigen noch nicht zu Heißrissen; bei ihnen sollten aber die im Abschnitt 7.6.3.1 genannten Hinweise zur Vermeidung von Heißrissen nicht vollkommen mißachtet werden.

Tabelle 7.6–2 Stähle und ihre Rißneigungen.

Stahl	Neigung zu
USt 37-2 St 37-2 RSt 37-2 ohne Al-Zusatz	Versprödung durch Verformungsalterung Terrassenbruch Sprödbruch (Spaltbruch)
St 37-3	Terrassenbruch
St 52-3	Kaltriß Terrassenbruch
StE 460 StE 690	Kaltriß Wiedererwärmungsriß mit Grobkornbereichversprödung Terrassenbruch

Die Neigung zum Dauerbruch besteht bei allen hier behandelten ferritischen Stählen, wenn die zulässige periodische Beanspruchung überschritten wird. Sie ist im Dauerfestigkeitsbereich für geschweißte Verbindungen gleich groß; im Zeitfestigkeitsbereich hängt sie von der Höhe der Streckgrenze ab [4]. Die austenitischen Stähle sind im Stahlbau nur für Bauteile mit vorwiegend ruhender Beanspruchung vorgesehen. Auf ihre Dauerfestigkeitseigenschaften wird deshalb hier nicht eingegangen.

7.6.3 Rißarten: Beschreibung, Prüfverfahren, Gegenmaßnahmen

7.6.3.1 Heißriß

Heißrisse können an geschweißten Bauteilen in der Wärmeeinflußzone und im Schweißgut auftreten. Nach [5] liegt der Temperaturbereich, in dem sie entstehen, zwischen Schmelztemperatur T_s und 0,5 T_s°C. In allen Fällen ist Voraussetzung für die Bildung eines solchen Risses das Vorliegen einer flüssigen Phase neben schon erstarrtem Werkstoff. Zum Riß kommt es, wenn die flüssige Phase nicht mehr in der Lage ist, das Volumen zwischen den umgebenden Kristallen vollständig zu füllen. Heißrisse sind deshalb stets interkristalline Risse [6]. Dabei werden Aufschmelzungs- und Erstarrungsrisse unterschieden. Aufschmelzungsrisse entstehen, nachdem das Bauteil aus dem festen Zustand bis zu Temperaturen unterhalb der (Nenn-)Solidus-Temperatur erwärmt und dann abgekühlt wurde. Erstarrungsrisse entstehen unterhalb derselben Temperatur beim Abkühlen aus dem schmelzflüssigen Gebiet.
Der Ursprung der flüssigen Phasen kann verschieden sein. Bei Auftreten von Heißrissen im Schweißgut kann die flüssige Phase aus Schweißgut bestehen, das aufgrund des Seigerungsvorganges beim Erstarren einen tieferen Schmelzpunkt als die umgebenden Kristalle hat (Erstarrungsrisse). Heißrisse in der Wärmeeinflußzone werden durch niedrigschmelzende Korngrenzensubstanzen verursacht (Aufschmelzungsrisse).
Ein besonders universelles Verfahren zur Klassifizierung der Heißrisse von Stählen ist der modifizierte Varestraint-Transvarestraint-Test (MVT-Test) [7], bei dem auf eine Probe mit den Abmessungen 100 × 40 × 10 mm eine Auftragsraupe geschweißt und während des Schweißens hydraulisch über einen Radiusblock gebogen wird (Bild 7.6–1). Die Radien sind in mehreren Stufen wählbar.

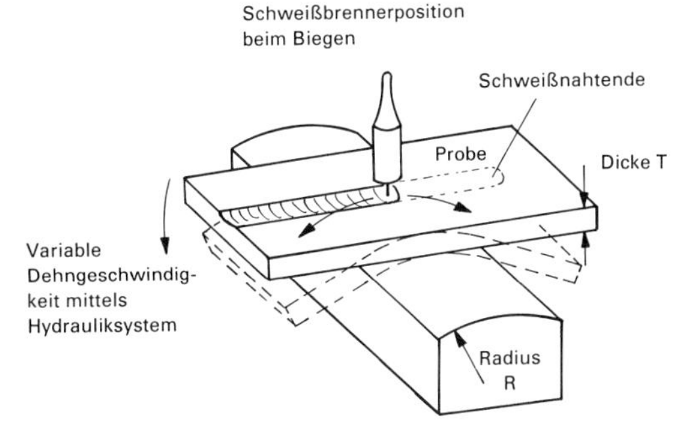

Bild 7.6–1
MVT-Test (Modifizierter Varestraint-Transvarestraint-Test); Varestraint-Variante, schematisch [7]

Bild 7.6.2 zeigt die Klassifizierung von Stählen bei Anwendung der Varestraint-Variante des MVT-Tests. Für die Stähle St 37, St 52-3 und StE 690 braucht nicht mit ungünstigeren Werten als für StE 460 N gerechnet zu werden. An solchen Werkstoffen sind Heißrisse bei Stahlbaukonstruktionen nicht zu erwarten.
Bei heißrißempfindlichen Werkstoffen, wie sie aus Bild 7.6–2 [8] zu ersehen sind, lassen sich Heißrisse durch Fertigungsmaßnahmen weitgehend vermeiden:
Durch möglichst dünne Lagen soll die Wärmeeinbringung und der Verzug des das Schweißgut und die Wärmeeinflußzone umgebenden Grundwerkstoffes so gering gehalten werden, daß eine Verzerrung des

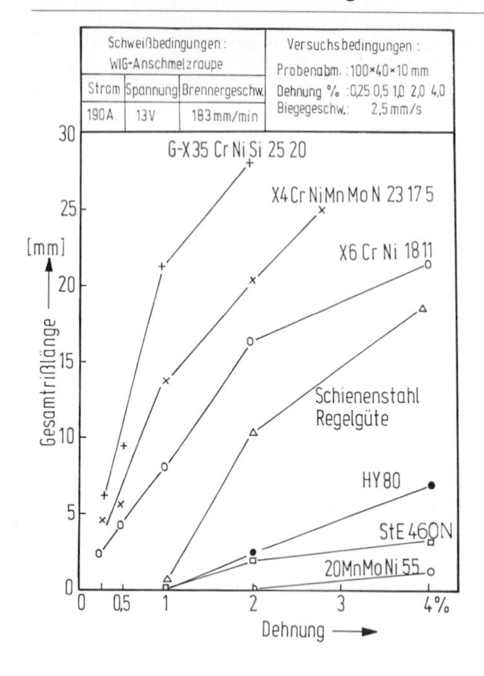

Bild 7.6–2
Klassifizierung von unterschiedlichen Werkstoffen (nach Heißrißanfälligkeit) mit dem MVT-Test (Varestraint-Variante) [8]

gerade gebildeten Kristallnetzwerks nicht möglich ist. Das Volumen der Wurzellagen darf nur so groß sein, daß eine gleichmäßige Erstarrung über den gesamten Wurzelquerschnitt erfolgen kann.
Endkraterrisse an extrem heißrißanfälligen Werkstoffen können nur dadurch vermieden werden, daß Auslaufbleche verwendet werden. Ist dies nicht möglich, muß der Endkrater ausgeschliffen werden.
Zur Bindung von Sulfiden hat sich die Verwendung kalkbasischer Elektroden und basischer Schweißpulver gut bewährt. Auf diese Weise kann die Bildung flüssiger Phasen aus Schwefelverbindungen im Bereich des Schweißgutes vermieden werden [9].

7.6.3.2 Kaltriß

Für das Entstehen von Kaltrissen in der Wärmeeinflußzone und dem Schweißgut sind drei Einflüsse verantwortlich:
1. Wasserstoff im Gefüge,
2. Bildung von Martensit oder Zwischenstufengefüge,
3. Belastung dieses Gefüges durch Spannungen.
Einfluß 3 wirkt dabei mit mindestens einem der beiden anderen Einflüsse zusammen.
Der Wasserstoff gelangt aus der Atmosphäre, aus feuchten oder wasserstoffhaltigen Umhüllungen, Schweißpulvern oder Schutzgasen in das Schweißgut und diffundiert von dort in die Wärmeeinflußzone.
In aufgehärteten Gefügebereichen, die unter Spannung stehen, bewirkt der Wasserstoff eine Verminderung des Formänderungsvermögens. Risse, die hierdurch bedingt sind, werden als Kaltrisse bezeichnet. Sie weisen verformungsarme Bruchflächen auf, die bei StE 460 N vorwiegend interkristallin, bei StE 690 V transkristallin und bei St 52-3 inter- und transkristallin verlaufen [10]. Die Kaltrißempfindlichkeit von Stählen steigt mit wachsendem Wasserstoffgehalt im Schweißgut, zunehmender Härteneigung und steigender Spannung im durch Wasserstoff und/oder Härtegefüge spröden Werkstoffbereich. Die Kaltrißempfindlichkeit steigt zusätzlich mit der Korngröße des Härtegefüges.
Der weltweit am meisten verbreitete Versuch zur Bestimmung der Kaltrißneigung von Stählen ist der Implantversuch [11, 12, 13]. Er ist eine Art Zeitstandversuch, bei dem sich die zylindrische, gekerbte Probe aus dem zu prüfenden Werkstoff in der Bohrung einer Einschweißplatte befindet und mit einer Auftragsraupe mit der Platte verschweißt wird (Bild 7.6–3). Nach Abkühlen auf in der Regel 150 °C wird eine konstante Kraft über eine bestimmte Zeitdauer von mindestens 48 h aufgebracht.
Bild 7.6–4 zeigt Ergebnisse aus Implantversuchen [10, 13, 15, 16] für St 52-3, StE 460 und StE 690 in der Auftragungsart Vorwärmtemperatur in Abhängigkeit von der Streckenenergie. Aus dieser Darstellung können also die wichtigsten Schweißdaten für kaltrißfreies Schweißen direkt entnommen werden. Sie gelten für eine kritische Spannung von 1,05 × Streckgrenze R_{eH} des zu prüfenden Werkstoffs beim Schweißen einer Auftragsraupe mit scharfem Kerbfall (siehe Bild 7.6–3). Aus [13, 16] geht hervor, daß diese im Implantversuch ermittelten Werte mit solchen übereinstimmen, die an Proben mit einem Nahtquerschnitt von 100 × 4 mm gewonnen wurden. Da die an solchen Proben bestätigten Implant-

Schweißdaten Schweißbedingungen gut entsprechen, die sich an realen Bauteilen bewährt haben, können aus Bild 7.6–4 Vorwärmtemperatur und Streckenenergie für Einlagenschweißungen oder die letzte Raupe einer Mehrlagennaht bei dreidimensionalem Wärmeübergang (Dicke ≥25 mm) entnommen werden. Für Füllagen von Mehrlagennähten ohne Zwischenabkühlung können etwas niedrigere Vorwärmtemperaturen gewählt werden, wenn durch das Schweißen der nachfolgenden Raupe die WEZ der vorher geschweißten wenigstens angelassen wird.

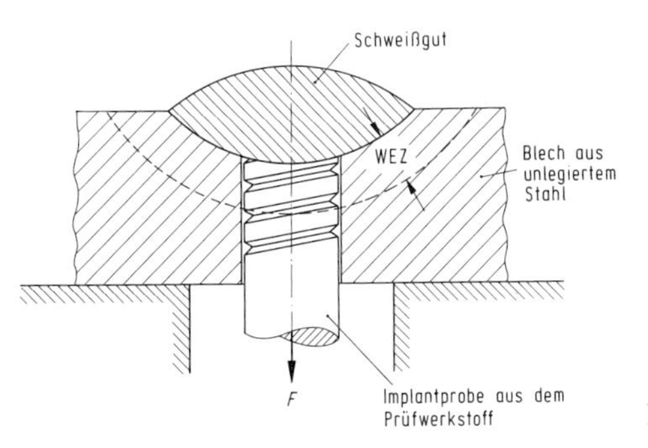

Bild 7.6–3 Implantversuch, schematisch

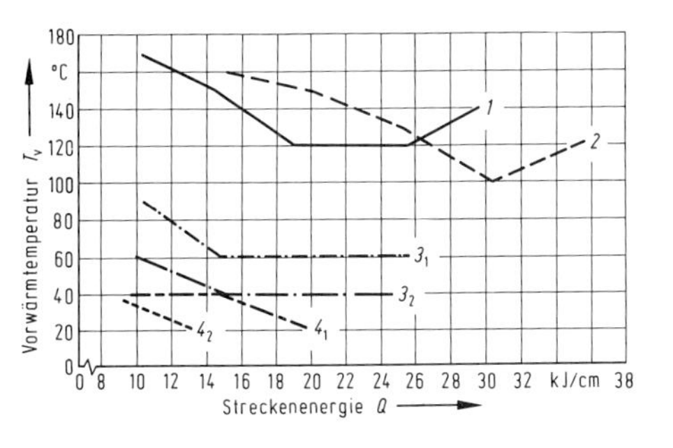

Bild 7.6–4
Im Implantversuch ermittelter Einfluß von Vorwärmtemperatur und Streckenenergie auf die Kaltrißneigung von 4 Stählen. Die Kurven geben die Grenzbedingungen für kaltrißfreies Schweißen an [10, 13, 15, 16]

	Werkstoff	chemische Zusammensetzung[2]) C %	Si %	Mn %	P %	S %	Cu %	Cr %	Ni %	Mo %	Ti %	V %	Al %	Zr %	P_{CM}
1	StE 460 N	0,16	0,40	1,78	0,021	0,004	0,05	0,01	0,34	0,005	0,005	0,18	0,03	n.b.	0,289
2	StE 690 V	0,16	0,68	0,99	0,017	0,018	0,08	0,96	0,07	0,52	0,03	0,009	0,06	0,07	0,321
3	StE 460 V[1])	0,12	0,31	1,45	0,014	0,007	0,11	0,07	0,46	0,26	0,04	0,005	0,09	n.b	0,237
4	St 52-3[1])	0,17	0,36	1,45	0,013	0,012	n.b.	n.b.	n.b.	n.b.	n.b.	n.b.	0,04	n.b.	0,254

	Werkstoff	mechanische Gütewerte[2]) R_{eL} N/mm²	R_{eH} N/mm²	R_m N/mm²	A_5 %	Z %	Daten der Implantversuche: Schweiß-verfahren[3])	Trocknung der Elektroden und UP-Pulver	Wasserstoff-gehalt[4]) ml/100 g a. Z.	kritische Implant-spannung
1	StE 460 N	469	504	639	n.b.	69	E, basisch, 4 mm ∅	350 °C, 2 h	3,2	$1{,}05 \times R_{eH}$[5])
2	StE 690 V	n.b.	746	817	17,6	56	UP, basisch, 4 mm ∅	300 °C, 4 h	5,3	
3.1	StE 460 V	558	583	664	n.b.	74	E, basisch, 4 mm ∅	200 °C, 2 h	6,7	
3.2								350 °C, 2 h	2,5	
4.1	St 52-3	351	392	525	34,9	75	E, basisch, 4 mm ∅	100 °C, 2 h	>8,6	
4.2								250 °C, 2 h	5,4	

[1]) Analyse nach Herstellerangabe
[2]) n.b.: nicht bestimmt
[3]) E: Metallichtbogenschweißen mit umhüllter Elektrode; UP: Unter-Pulver-Schweißen
[4]) Wasserstoffgehalt bestimmt nach ISO 3690
[5]) R_{eH}: obere Streckgrenze des Versuchswerkstoffs.

Wenn das Kohlenstoffäquivalent P_{CM} nach [14]

$$P_{CM} = C + \frac{Si}{30} + \frac{Mn}{20} + \frac{Cu}{20} + \frac{Ni}{60} + \frac{Cr}{20} + \frac{Mo}{15} + \frac{V}{10} + 5\,B$$

für den zu schweißenden Stahl gleicher Sorte gegenüber den in Bild 7.6–4 genannten Werten abweichende Werte ergibt, ist die Vorwärmtemperatur zu korrigieren. Für StE 460 und StE 690 kann für ein $\Delta P_{CM} = \pm 0{,}03$ die Vorwärmtemperatur um $\Delta t_v = \pm 20$ K berichtigt werden.

Tabelle 7.6–3 Zuordnung von Stahlsorten und Blechdicken zu Schweißbedingungen der Zulassungsversuche

Stahlsorte	Legierungsart	Blechdicke mm	Nahtart[1]) (Nahtflankenwinkel)	Vorwärmtemperatur °C	Zwischen- und Decklagentemperatur °C	Wärmeeinbringen je Lage[2])[3]) bei E kJ/cm	MAG kJ/cm	UP kJ/cm	Raupenzahl[3]) E	MAG	UP
St E 47	Nickel-Vanadin	14	Y-Naht (60°)	40–70	80–170	7,1–14,2	13,4–18,2	15,4–18,0	11	7	7
	Kupfer-Nickel-Vanadin			40	100–175	5,1–10,3	14,2–16,0	18,0	10	7	7
	Nickel-Titan			60	100–150	6,9–10,0	18,7	18,0	11	9	6
St E 70	Nickel-Chrom-Molybdän-Bor			40–60	40–150	6,9–16,8	13,3–16,8	14,8	10	7	6
	Chrom-Molybdän-Zirkon		X-Naht (60°)	80–140	80–160	7,1–12,6	7,7–8,8	11,1	10	9	10
St E 47	Nickel-Vanadin	30	X-Naht (60°C)	100–150	100–180	6,9–13,8	11,3–16,5	18,0	25	21	15
	Kupfer-Nickel-Vanadin			100	80–160	7,9–15,5	14,8–16,0	18,0–22,5	21	17	12
	Nickel-Titan			80–100	100–140	6,9–13,6	12,1	18,0–22,5	22	18	12
St E 70	Nickel-Chrom-Molybdän-Bor			70–100	80–200	7,7–17,3	13,1–21,6	10,1–27,0	20	14	12
	Chrom-Molybdän-Zirkon			120–150	120–175	5,9–12,3	9,0–10,9[4])	13,3–18,7[4])	32	18	16
St E 47	Nickel-Vanadin	50		150	130–175	10,7–21,3	13,6–17,0	18,0–22,5	50	41	29
	Kupfer-Nickel-Vanadin	46		120–150	120–200	10,3–20,7	14,8–16,0	18,0–22,5	43	39	24
	Nickel-Titan	50		100–150	100–150	9,1–15,8	13,6	18,0–22,5	47	39	32
St E 70	Nickel-Chrom-Molybdän-Bor			100–150	100–200	16,1–26,4	11,4–20,7	16,8–27,0	50	43	25
	Chrom-Molybdän-Zirkon			150	140–175	5,1–17,2	9,0–10,8[4])	13,0–18,7[4])	57	29	30

[1]) Schweißnahtvorbereitung: StE 47: brenngeschnitten, Schnittflächen geschliffen, Walzhaut neben den Fugenlängskanten geschliffen; StE 70: brenngeschnitten, Schnittflächen mehr als 3 mm mechanisch abgearbeitet, Walzhaut neben den Fugenlängskanten abgeschliffen, Wurzel ausgeschliffen; bei *Y*-Nähten Kapplage gegengeschweißt.
[2]) Wärmeeinbringen durch Wurzellagen (Mittelwerte): E = 8,4 bis 19,1 kJ/cm (12,3 kJ/cm); MAG = 5,1 bis 16,6 kJ/cm) (12,5 kJ/cm); UP = 10,1 bis 19,6 kJ/cm (14,5 kJ/cm).
[3]) E bedeutet Lichtbogenhandschweißung; MAG bedeutet Metallaktivgas-Schweißung; UP bedeutet Unterpulver-Schweißung.
[4]) Wasserstoffglühung aus der Schweißwärme.
[5]) Für Kaltrißfreiheit sind die Vorwärmtemperaturen des CrMoZr-Stahls erforderlich.

Tabelle 7.6–3 enthält Schweißbedingungen, die für die Zulassungsversuche von StE 460 und StE 690 verwendet werden [17], ohne daß Kaltrisse auftraten. Weitere Hinweise für das Vermeiden von Kaltrissen beim Schweißen von StE 460 und StE 690 enthält die DASt-Richtlinie 011 [1]. Besonders wird auf Abschn. 3.4.3.4 der Richtlinie verwiesen, der ausführliche Hinweise für die Trocknung von umhüllten Stabelektroden und Schweißpulvern enthält.
Für St 52-3 sind in Bild 7.6–5 Vorwärmtemperaturen angegeben, die nach einem in [18] genannten Verfahren bestimmt wurden.

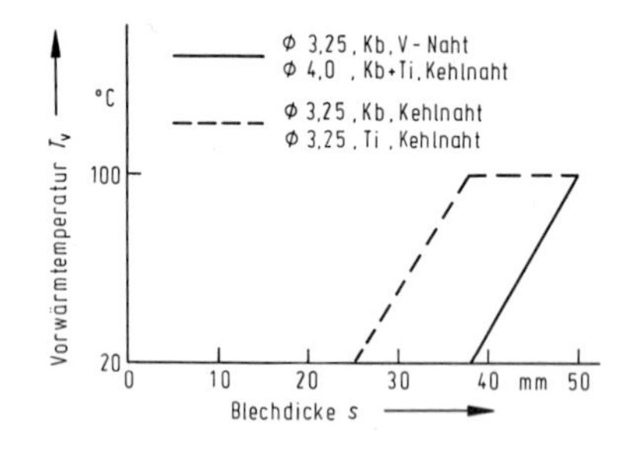

Bild 7.6–5
Vorwärmtemperaturen für St 52-3 bestimmt nach [18] für Jominy-Abstand = 4 mm; das entspricht HV = 385 für einen Stahl mit C = 0,16; Si = 0,28; Mn = 1,69; P = 0,01; S = 0,031 und HV = 320 für einen Stahl mit C = 0,15; Si = 0,18; Mn = 1,47; P = 0,019 und S = 0,027

7.6.3.3 Wiedererwärmungsriß (Reheat- oder Stress-Relief-Riß)

Zu dieser Rißart gehören Risse beim Spannungsarmglühen, Unterplattierungs- und Nebennahtrisse in hochfesten schweißgeeigneten Stählen, besonders solchen, die V, Cr und Mo enthalten [19]. Nach Ito [20] besteht Wiedererwärmungsrißneigung bei Stählen, für die die folgende Formel für den Kennwert der Stress-Relief-Cracking-Neigung P_{SR} einen positiven Wert ergibt:

$$P_{SR} = Cr + Cu + 2\,Mo + 10\,V + 7\,Nb + Ti - 2$$

Die Wiedererwärmungsrißbildung ist durch eine gefügebedingte Dehnungsbehinderung gekennzeichnet, die bei der Temperatur des Spannungsarmglühens entsteht [21].

Allgemein bildet sich beim Schweißen von Stahl in der Nähe der Schmelzlinie ein grobkörniges Überhitzungsgefüge im Grundwerkstoff. Bei der Bildung dieses Gefüges gehen die bei manchen hochfesten schweißgeeigneten Stählen (z. B. StE 460 N) vorhandenen Sonderkarbide in Lösung. Sie bleiben gelöst, wenn das Überhitzungsgefüge nach dem Schweißen rasch abgekühlt wird, sich also ein nicht angelassenes Härtegefüge gebildet hat. Beim Wiedererwärmen dieses Gefügebereichs auf Temperaturen um 600 °C nimmt hier die Zähigkeit stark ab, weil es durch die Wiedererwärmung zur erneuten, sehr fein verteilten Ausscheidung der Sonderkarbide in einer kritischen Größe im Korninnern (nicht auf den Korngrenzen) kommt, wodurch das Formänderungsvermögen des Korns besonders stark vermindert wird [21, 22]. Bei Beanspruchung des Gefüges kommt es an den ehemaligen Austenitkorngrößen zu plastischen Formänderungen und schließlich zum Bruch. Die Formänderung konzentriert sich auf die Korngrenzen, weil sich an ihnen ein sonderkarbidausscheidungs-freier oder -armer Saum bildet, in dem sich Begleit- und Spurenelemente angereichert haben können. Die größte Verminderung des plastischen Formänderungsvermögens ergibt sich, wenn die Beanspruchung noch während des Spannungsarmglühens wirksam wird.
Die beschriebene Stress-Relief-Versprödung kann auf *einfache* Weise mit Kerbschlagbiegeproben bestimmt werden, die aus geschweißten Probestücken mit Kerb in der Grobkornzone der Wärmeeinflußzone entnommen wurden. Das Spannungsarmglühen bewirkt bei solchen Proben einen deutlichen Zähigkeitsabfall. Bild 7.6–6 enthält Ergebnisse solcher Versuche und zeigt die Lage der verwendeten Proben. Für einen StE 500 N (NiV) ist die Kerbschlagarbeit in Abhängigkeit von der Temperatur dargestellt für den Grundwerkstoff im Anlieferungszustand (Kurve 1), eine Mehrlagenschweißung (Kurven 2 und 3) und eine Einlagenschweißung (Kurven 4 und 5).

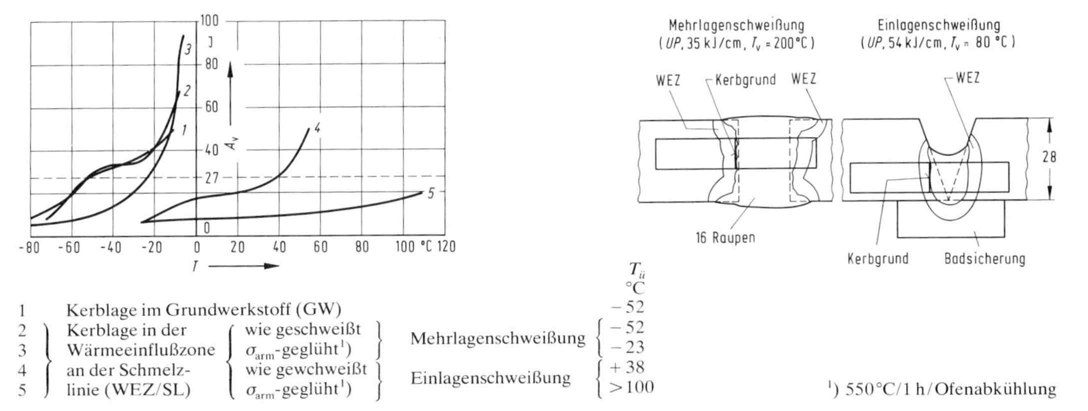

Bild 7.6–6 Kerbschlagarbeit – Temperaturkurven für StE 500 N (NiV) (untere Grenzkurven) ISO-V-Querproben; Kerb senkrecht zur Walzebene; Probenlage gemäß Skizze

Bei der Mehrlagenschweißung sind bereits die empfohlenen Werte für die Wärmeeinbringung (20 kJ/cm, T_V = 150 °C) überschritten; trotzdem erreicht sie im Zustand „wie geschweißt" (Kurve 2) noch die Übergangstemperatur des Grundwerkstoffs (Kurve 1), die nach dem Spannungsarmglühen um etwa 20 K ansteigt (Kurve 3). Sehr viel ungünstiger sind die Ergebnisse für die Einlagenschweißung, die mit der nicht mehr fachgerechten Wärmeeinbringung von 54 kJ/cm geschweißt worden ist. Ihre Übergangstemperatur liegt nach dem Schweißen bei + 38 °C. Nach dem Spannungsarmglühen ist sie auf Werte über 100 °C angestiegen.
Reheat-Versprödung oder Reheat-Risse bilden sich beim Spannungsarmglühen oder ihm entsprechenden Wärmebehandlungen. Geschweißte Bauteile erfahren beim Spannungsarmglühen eine Beanspruchung, die zwischen dem des Relaxationsversuchs (Temperatur konstant, Spannung veränderlich) und dem des Zeitstandversuchs (Temperatur konstant, Spannung konstant) liegt. Es sind deshalb Prüfungen entwickelt worden [23], die die Gegebenheiten beim Schweißen unter ungünstigen Bedingungen und beim nachfolgenden Spannungsarmglühen simulieren. Als Kennwert wird die im isothermischen Zeitstandversuch bestimmte bleibende Dehnung beim Bruch nach einstündiger Belastung (ε_{ZDB-1}) vorgeschlagen. Werden ε_{ZDB-1}-Werte größer 1,5 % ermittelt, so besteht für geschweißte Bauteile beim Spannungsarmglühen keine Reheat-Riß-Gefahr. Der Grenzwert ist unter Aspekten des Kernkraftwerkbaus festgelegt und liegt auf der sicheren Seite. Man kann nicht davon ausgehen, daß die für den Stahlbau zugelassenen hochfesten schweißgeeigneten Baustähle StE 460 N und StE 690 V diese sehr strenge Prüfung bestehen, auch wenn für sie die o. g. Ito-Formel einen negativen Wert ergibt.
Werden Walzerzeugnisse nach DASt-Richtlinie 011 für geschweißte Konstruktionen eingesetzt, so genügt die Beurteilung der Reheat-Rißneigung nach Ergebnissen, die an fachgerecht hergestellten

Mehrlagenschweißungen gewonnen wurden. Die Kurven 2 und 3 in Bild 7.6–6 geben dafür ein Beispiel an, mit welcher Zähigkeit auch dann noch gerechnet werden kann, wenn die Wärmeeinbringung an der Obergrenze des Zulässigen lag. Diese Aussage gilt um so mehr, wenn Konstruktionen aus Walzerzeugnissen gemäß DASt-Richtlinie 011 nicht spannungsarmgeglüht werden. Obleich das Spannungsarmglühen dieser Werkstoffe nach DASt-Richtlinie 011 für StE 690 möglich ist und für StE 460 nur vermieden werden soll, wird von seiner Anwendung abgeraten.
Reheat-Versprödung oder -Risse können in dafür anfälligen Werkstoffen durch folgende Maßnahmen unterbunden werden:

- Schweißen in Mehrlagentechnik, so daß keine oder nur kleine isolierte Grobkorninseln entstehen.
- Eine Nahtgeometrie wählen, die für ein Nachglühen der Grobkornzonen durch Neben- oder Folgeraupen sorgt (Temperatur >500 °C). Bei Steilflanken- und I-Nähten ist diese Bedingung leichter als bei V- und X-Nähten zu erfüllen.
- Das Spannungsarmglühen oder ihm entsprechende Wärmebehandlungen vermeiden.

7.6.3.4 Versprödung durch Kaltverformung und anschließendes Auslagern (Verformungsalterung)

Kaltverformung von Stahl bewirkt eine große Erhöhung der Versetzungsdichte, wodurch die Bewegung der Versetzungen bei Beanspruchung behindert wird. Die Folge ist ein Ansteigen der Festigkeits- und ein Absinken der Zähigkeitskennwerte. Wenn sich an die Kaltverformung eine Auslagerung von einigen Wochen bei Raumtemperatur, einigen Stunden bei etwa 100 °C oder von max. 30 min. bei 250 °C anschließt, steigen die Festigkeitskennwerte weiter an und die Zähigkeitskennwerte vermindern sich noch. Dieser als Verformungsalterung bezeichnete Vorgang beruht darauf, daß die durch Kaltverformung gestiegene Versetzungsdichte den Abstand der Versetzungen sehr verkürzt hat, wodurch im Kristallgitter des Stahls gelöste N- und C-Atome in die Versetzungen (Gitterstörstellen) wandern und deren Bewegungsmöglichkeiten behindern [24].
Stickstoff (N) ist mehr als Kohlenstoff (C) Ursache der Verformungsalterung, weil er bei Raumtemperatur die höhere Löslichkeit und größere Diffusionsgeschwindigkeit im Gitter aufweist. Maßnahmen gegen die Alterung richten sich deshalb gegen gelösten Stickstoff. Durch Aluminiumberuhigung wird N gebunden und die Alterungsanfälligkeit stark vermindert. Unverändert bleibt jedoch auch bei Al-behandelten Stählen die Verminderung der Zähigkeitskennwerte nach Kaltverformung [25].

Tabelle 7.6–4 Anstieg der Übergangstemperatur $T_{ü\,ISO\text{-}V\,27}$ durch Kaltverformung und künstliche Alterung (10% gestaucht; 0,5 h 250 °C)

Stahl	Übergangstemperatur $T_{ü\,ISO\text{-}V\,27}$ ungealtert °C	10% gestaucht °C	gealtert °C	$\Delta T_ü$ 10% gestaucht ungealtert K	gealtert/ungealtert K
USt 37[1])	8	–	100	–	92
RSt 37[1])	−19	–	25	–	44
St 52-3[1])	−56	–	7	–	63
St 52-3[2])	−100	−67	−48	33	52

[1]) nach [26] [2]) nach [25]

Tabelle 7.6–4 enthält Beispiele für den Anstieg der mit ISO-V-Kerbschlagproben bestimmten Übergangstemperaturen nach 10%iger Kaltverformung durch Stauchen und nach künstlicher Alterung. In [25] wird als Ergebnis einer Literaturauswertung mitgeteilt, daß bei Al-beruhigten Stählen nach künstlicher Alterungsbehandlung mit einem Anstieg der Übergangstemperatur um 40 bis 50 K zu rechnen sei. Bei Al-freien Stählen erhöht sich dieser Wert linear um 25 bis 30 K je 0,010% N. Diese an DVM-Proben gefundenen Ergebnisse gelten nach [25] auch für ISO-V-Proben.
Natürliche Alterung führt gegenüber künstlicher Alterung zu etwa 20% geringerem Anstieg der mit Kerbschlagproben bei 27 J bestimmten Übergangstemperatur [27]. Die als Folge des Schweißens in kaltverformten Bereichen entstehenden Wärmewirkungen entsprechen mehr den Bedingungen der künstlichen Alterung als der Auslagerung bei Raumtemperatur, weshalb im Nahtbereich mit Alterungseffekten zu rechnen ist, wie sie bei künstlicher Alterung auftreten.
Wenn Kaltverformung vermieden wird, werden beide in diesem Abschnitt beschriebenen Versprödungsarten unterbunden.

7.6.3.5 Terrassenbruch (Lamellenbruch) [28]

Als Terrassen- oder Lamellenbrüche werden Brüche bezeichnet, die nach Beanspruchung in Dickenrichtung parallel zur Oberfläche der Walzerzeugnisse verlaufen und ein typisch terrassen- oder lamellenförmiges Aussehen haben (Bild 7.6–7). Terrassenbrüche entstehen, weil bei Walzerzeugnissen in Dickenrichtung häufig das Formänderungsvermögen gegenüber dem in Längs- und Querrichtung vermindert ist. Die Brucheinschnürung Z, ermittelt im Zugversuch bei Raumtemperatur, ist ein Kennwert des Formänderungsvermögens. Sie kann in Dickenrichtung (Index D) auf Werte unter $Z_D = 10\%$ absinken. Ursache hierfür ist die beim Walzen entstehende schichtweise Anordnung von nichtmetallischen Einschlüssen (Sulfiden, Silikaten, Oxiden) parallel zu Oberfläche. Besonders Sulfide werden plättchenförmig gestreckt ausgewalzt und sind in gleichen Ebenen angeordnet [29]. Oxide können nach dem Walzen bei hohen Al-Gehalten (> 0,06%) in dichter Packung flächig vorliegen [29].

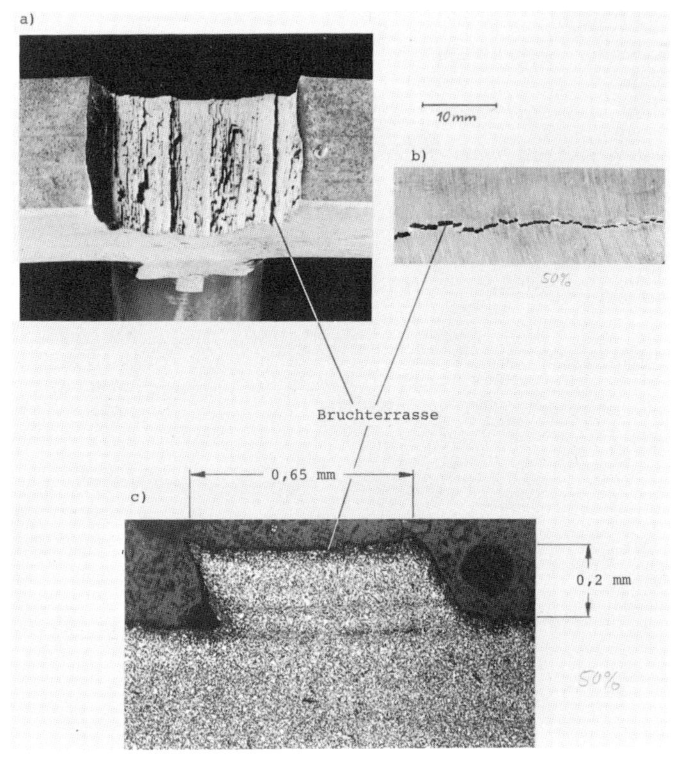

Bild 7.6–7
Aussehen von Terrassenbrüchen
a) Ansicht einer Terrassenbruchfläche, entstanden bei Zugversuch an einer Kreuzprobe
b) Verlauf eines Terrassenbruchs
c) Ausgeprägte Bruchterrasse

Die Größe eines Einschlusses ist je nach Betrachtungsrichtung unterschiedlich. Die größte Fläche ergibt sich bei Projektion in Dickenrichtung (Bild 7.6–8). Die Einschlüsse nehmen bei Beanspruchung an der Formänderung nicht im gleichen Maß wie die metallische Matrix teil und setzen je nach Größe ihrer senkrecht zur Beanspruchungsrichtung liegenden Fläche sowie nach ihrer Kerbwirkung das Formänderungsvermögen des Werkstoffs herab.

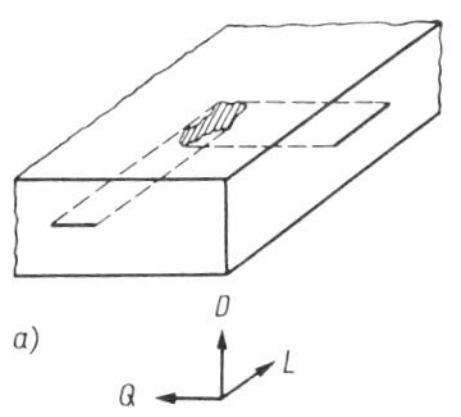

Bild 7.6–8
Projektionen eines ausgewalzten Einschlusses in die drei Zeichnungsebenen [28]

Werkstoffbezogene Maßnahmen zum Vermeiden von Terrassenbrüchen beruhen darauf, bei der Stahlherstellung dafür zu sorgen, daß plättchenförmige Einschlüsse (Bild 7.6–8) wesentlich vermindert oder durch feinverteilte, nicht ausgewalzte, runde Einschlüsse ersetzt werden. Hierdurch wird das Formänderungsvermögen bei Beanspruchung in Dickenrichtung verbessert.
Erzeugnisse, bei deren Herstellung solche Maßnahmen angewandt wurden, werden nach Stahl-Eisen-Lieferbedingungen 096 (SEL 096) geliefert. Dabei werden 3 Güteklassen mit unterschiedlichen Brucheinschnürungen bei Beanspruchung in Dickenrichtung angeboten.
Konstruktive und fertigungstechnische Maßnahmen zur Beseitigung der Terrassenbruchneigung sollen bewirken, daß Walzerzeugnisse senkrecht zur Oberfläche nur geringe plastische Formänderungen erfahren. Dies gilt besonders für solche Formänderungen, die durch Schweißen entstehen:

- Schweißnähte an der Walzoberfläche von Teilen sind möglichst großflächig auszubilden.

- Die Schrumpfwege in Dickenrichtung des durch die Naht angeschlossenen Walzerzeugnisses sind klein zu halten (z.B. Nahtvolumen klein halten, symmetrische Nahtform mit gleicher Raupenfolge wählen).
- Nach Möglichkeit soll so konstruiert werden, daß die Schweißnaht alle Schichten des Walzerzeugnisses (seine volle Dicke) anschließt.
- Werden in einer Konstruktion Teile in Dickenrichtung angeschlossen, so sollen sie beim Schweißen so wenig wie nur möglich am freien Schrumpfen gehindert werden.
- Puffern
- Vorwärmen. Es bewirkt eine Verminderung der Abkühlgeschwindigkeit, womit die Schrumpfung auf einen größeren Bereich ausgedehnt wird.

Tabelle 7.6–5 Zuordnung der Einflüsse A bis E zu Anteilen der erforderlichen Brucheinschnürungen bei Beanspruchung in Dickenrichtung erf Z_{Dn} [28]

		Einfluß		erf Z_{Dn}
A	Wirksame Nahtdicke a_D[1])	Für $a_D \leq 50$ mm gilt: erf $Z_{DA} = 0{,}3\ a_D = \sqrt{2}\,a$. Daraus ergibt sich z.B. für	$a_D = 10$ mm	3 [2])
			$a_D = 20$ mm	6 [2])
			$a_D = 30$ mm	9 [2])
			$a_D = 40$ mm	12 [2])
			$a_D = 50$ mm	15 [2])
B	Nahtform und Lage der Naht	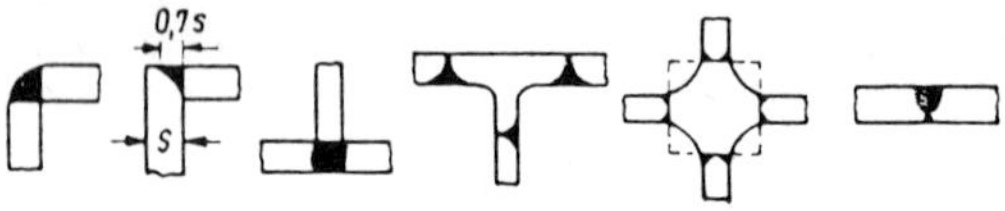 (Skizzen; Maß 0,7 s)		−25
		(Skizze; Maß 0,5 s)		−10
		(Skizzen)		−5
		(Skizzen)		0
		(Skizzen) [3]) [4]) [4])		3
		(Skizzen)		5
		(Skizzen)		8
C	Steifigkeit im Nahtbereich, bedingt durch die Blechdicke	Für Blechdicken $s \leq 60$ mm gilt: erf $Z_{DC} = 0{,}2\ s$[2]). Daraus ergibt sich z.B. für	$s = 20$ mm	4 [2])
			$s = 40$ mm	8 [2])
			$s = 60$ mm	12 [2])
D	Steifigkeit der Konstruktion	wenig steif: freies Schrumpfen möglich, z.B. T-Stoß;		0
		steif: Schrumpfen bedingt möglich, z.B. Querschott im Kastenträger;		3
		sehr steif: hohe Schrumpfbehinderung, z.B. durchgesteckte, ringsum eingeschweißte Träger (Orthotr. Platte)		5
E	Fertigung	Ohne Vorwärmen		0
		Vorwärmen über 100 °C		−8

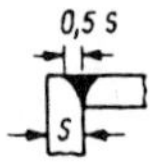

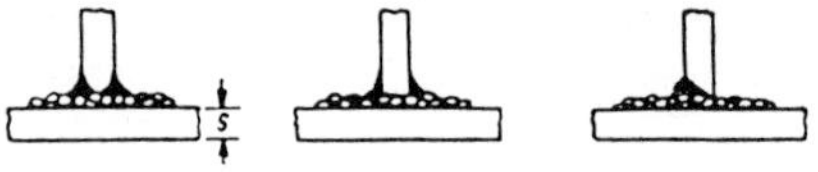

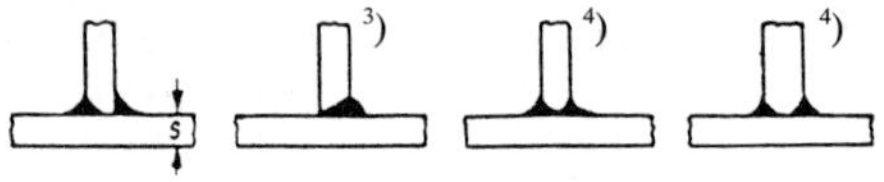

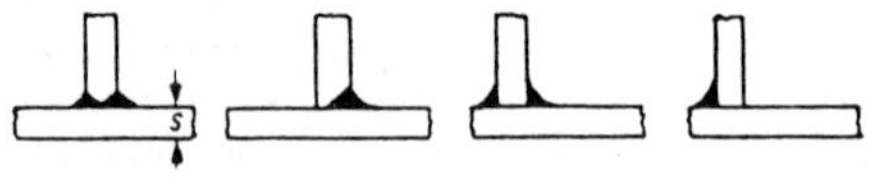

Fußnoten zu Tabelle 7.6–5

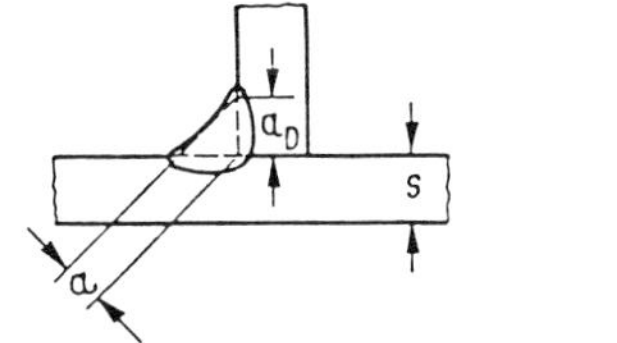

[1]) a = Nahtdicke; a_D = in Dickenrichtung (durch Schrumpfung) wirksame Nahtdicke; s = Erzeugnisdicke
[2]) Wird das Walzerzeugnis im Bauwerk in Dickenrichtung ausschließlich auf Druck und vorwiegend ruhend beansprucht (z.B. Fußplatten von Stützen), so sind die Werte zu halbieren.
[3]) Raupenfolge, die örtliches Puffern bewirkt (s. [28] Bild 9)
[4]) symmetrische Raupenfolge (s. [28] Bild 10)

Alle diese Maßnahmen sind in [28] durch Bilder erläutert. In Tabelle 7.6–5 sind Einflüsse aufgeführt, die das Verhalten eines Bauteils bei Beanspruchung in Dickenrichtung bestimmen. Sie sind denjenigen Anteilen der erforderlichen Brucheinschnürung erf Z_{Dn} (n = Einflüsse A bis E) zugeordnet, die nötig sind, damit die Einflüsse keinen Terrassenbruch bewirken. Die Summe der erf Z_{Dn}-Werte ergibt den Wert der Brucheinschnürung erf Z_D. Negative erf Z_{Dn}-Werte zeigen an, daß der Einfluß die terrassenbruchfördernde Wirkung anderer Einflüsse in bestimmten Grenzen auszugleichen vermag.

Tabelle 7.6–6 Zuordnung der nach Tabelle 7.6–5 bestimmten erforderlichen Brucheinschnürungen bei Beanspruchung in Dickenrichtung erf Z_D zu Güteklassen nach SEL 096 für Konstruktionen aus Blech, Band und Breitflachstahl [28]

	SEL 096	
erf Z_D %	Güte-klasse	Brucheinschnürung bei Beanspruchung in Dickenrichtung Mittelwert % mind.
bis 10	–	–
11 bis 20	1	15
21 bis 30	2	25
über 30	3	35

Als Empfehlung werden die in Tabelle 7.6–6 angegebenen Bereiche für erf Z_D den Güteklassen 1 bis 3 der Stahl-Eisen-Lieferbedingungen 096 zugeordnet.
Wenn die nach Tabelle 7.6–5 ermittelten erf Z_D-Werte unterschritten werden, besteht Terrassenbruchgefahr.

7.6.3.6 Dauerbruch

Dauerbrüche gehen in der Regel von konstruktions- aber auch von fertigungs- oder betriebsbedingten Kerben aus. Der Nachweis für die Betriebsfestigkeit geschweißter Stahlbauteile wird in den Abschnitten 10.1 und 10.8 behandelt. Deshalb wird hier nicht darauf eingegangen.
Voraussetzung für die Gültigkeit des Betriebsfestigkeitsnachweises ist, daß keine anderen Kerbfälle in geschweißten Konstruktionen als diejenigen vorliegen, die dem Betriebsfestigkeitsnachweis zugrunde liegen. Bei periodischer Beanspruchung geschweißter Bauteile ist deshalb besonders darauf zu achten, daß die Fertigung und der Betrieb keine zusätzlichen Kerben ergeben, die ungünstiger sind als die in der Berechnung der Konstruktion berücksichtigten. Vor allem sind solche Anrisse zu vermeiden, die auf die in den Abschnitten 7.6.3.1 bis 7.6.3.5 beschriebenen Riß- und Versprödungsarten zurückgehen.

7.6.3.7 Sprödbruch (Spaltbruch)

Verformungsarme Brüche werden in der Werkstoffkunde als Sprödbruch bezeichnet. In der Regel haben ihre Bruchflächen kristallines Aussehen. Solche Brüche werden in der Kristallographie nach den Spaltebenen, auf denen sie verlaufen, Spaltbrüche genannt [30].
Sprödbruchempfindliche Stähle sind Werkstoffe mit kubisch-raumzentriertem Metallgitter, bei denen es in Abhängigkeit von Spannungszustand, Beanspruchungsgeschwindigkeit und -temperatur zum Steilabfall des Formänderungsvermögens kommt. Sind Spannungszustand und Beanspruchungsgeschwindigkeit vorgegeben, so hängt die Lage des Steilabfalls von der Temperatur ab. Bild 7.6–9 zeigt als Beispiel den Abfall der Kerbschlagarbeit mit der Temperatur für einen St 52-3. Die Kurve gilt für den Grundwerkstoff im Anlieferungszustand. Im Bereich der Hochlage sind die Brüche duktil, im Bereich der Tieflage spröde. Zur Festlegung der Übergangstemperatur zwischen duktilem und sprödem Bruch können verschiedene Werte der Kerbschlagarbeit herangezogen werden. Am häufigsten wird die Temperatur als Übergangstemperatur bezeichnet, bei der die Kerbschlagarbeit noch 27 J beträgt ($T_{ü\,ISO\text{-}V\,27}$).

Je niedriger diese Temperatur liegt, desto geringer ist die Sprödbruchneigung des Werkstoffs. Bild 7.6–10 gibt für die im Stahlbau zugelassenen Stähle für jeweils mehrere Bleche die Übergangstemperaturen an [31]. Die dargestellten Bereiche geben einen Eindruck von der Streuung der Übergangstemperatur. Die Anzahl der Bleche ist aber zu klein, um die Streuung für die Gesamtheit der Walzerzeugnisse jeder Stahlsorte zu belegen. Versprödungen als Folge der Verarbeitung, z.B. durch Grobkornbildung beim Schweißen (siehe Abschnitt 7.6.3.3) oder durch Alterung (siehe Abschnitt 7.6.3.4), lassen die Übergangstemperatur ansteigen.

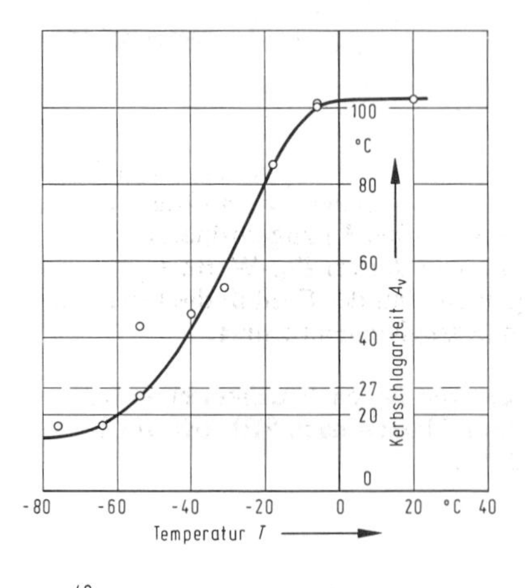

Bild 7.6–9
Kerbschlagarbeit A_v in Abhängigkeit von der Temperatur T bestimmt mit ISO-V-Proben für ein 30 mm dickes Blech aus St 52-3 (C 0,21; Si 0,43; Mn 1,36; P 0,016; S 0,025; Al 0,027)

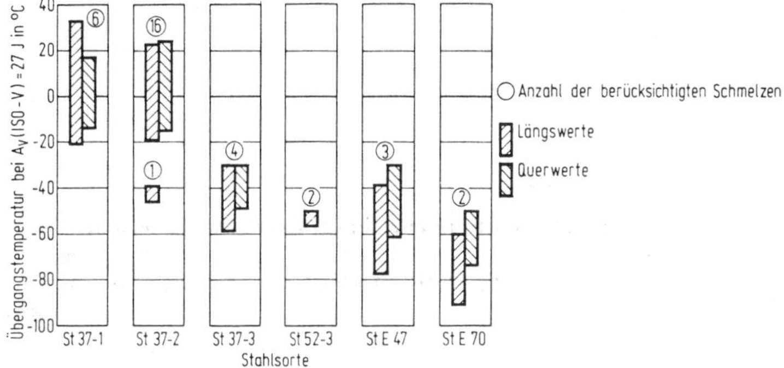

Bild 7.6–10 Übergangstemperatur bei einer Kerbschlagarbeit von 27 J ($T_{\ddot{u}\,\mathrm{ISO\text{-}V}\,27}$) für mehrere Bleche im Dickenbereich 12 bis 16 mm aus den im Stahlbau zugelassenen Stählen gemäß [31]

Es gibt zahlreiche Prüfverfahren, mit denen die Sprödbruchneigung von Werkstoffen gekennzeichnet werden kann. Auch die Bruchmechanik hat unterschiedliche Bestimmungsmethoden entwickelt, die sich aber für die laufende Qualitätskontrolle und für Abnahmeprüfungen weniger gut eignen. Deshalb ist noch immer der Kerbschlagbiegeversuch das vorherrschende Prüfverfahren zur Bestimmung der Sprödbruchneigung [24]. Dabei wird zwischen Rißeinleitung und Rißfortpflanzung unterschieden. Der Kerbschlagbiegeversuch nach DIN 50115 ist ein Verfahren zur Bestimmung der Neigung zur Einleitung eines spröden Risses. Die Neigung eines Werkstoffs zur schnellen Rißfortpflanzung wird häufig mit dem Fallgewichtsversuch nach Stahl-Eisen-Prüfblatt 1325 geprüft. Sie kennzeichnet, ob ein laufender Riß im Werkstoff unter den Prüfbedingungen gestoppt wird oder nicht.

Die Prüfergebnisse gestatten eine Klassifizierung der Werkstoffe nach ihrer Sprödbruchneigung. Schwieriger ist zu beurteilen, ob eine geschweißte Stahlkonstruktion sprödbruchgefährdet ist oder nicht. Je mehr die Probenart den Bauteilbedingungen entspricht, desto aussagefähiger ist die Prüfung für die Vorhersage des Bauteilverhaltens; sie ist aber auch desto aufwendiger. Zunehmend werden bruchmechanische Methoden angewendet, um das Bauteilverhalten vorauszusagen. Ein allgemein anerkanntes Bruchmechanikkonzept gibt es hierfür gegenwärtig aber noch nicht. Deshalb werden nachfolgend Methoden genannt, die sich auf Ergebnisse stützen, die an Kerbschlagbiege-, Fallgewichts- und Großzugproben mit konstruktiven Störstellen gegründet sind.

Als sehr einfaches Bewertungskriterium wird noch immer die Übergangstemperatur $T_{\ddot{u}\,\mathrm{ISO\text{-}V}\,27}$ in der Weise benutzt, daß

$$T_{\mathrm{zul\,Bauteil}} \geq T_{\ddot{u}\,\mathrm{ISO\text{-}V}\,27}$$

sein soll. Eine Schadensfallauswertung [32] hat ergeben, daß dieses Kriterium zur Bewertung der Sprödbruchneigung von geschweißten Bauteilen für weiche unlegierte Baustähle in Dicken < 50 mm mit Gehalten an C < 0,2% und Mn < 0,8% als erste Näherung durchaus brauchbar zu sein scheint. Das Kriterium ist aber doch recht ungenau, weil es Einflüsse der Fertigung, Konstruktion und der Bauteilbeanspruchung nicht berücksichtigt. Die empirisch begründete DASt-Richtlinie 009 [33] berücksichtigt neben werkstofflichen auch konstruktive Aspekte und solche der Beanspruchung. Noch vollständigere Aussagen liefern Temperaturdifferenzenverfahren [3, 34, 35]. Bestimmt werden dabei für ein und dasselbe Walzerzeugnis (Blech, Profil, Rohr) aus einer bestimmten Stahlsorte die Übergangstemperaturen mit einer kleinen Probe, z.B. der ISO-V-Kerbschlagprobe ($T_{ü\,\mathrm{ISO\text{-}V}\,27}$) und mit einem Bauteil oder einer bauteilähnlichen Probe ($T_{ü\,\mathrm{baut.\,Probe}}$). Angenommen wird, daß die Differenz dieser Übergangstemperaturen ΔT_1 auf andere Walzerzeugnisse der gleichen Stahlsorte übertragen werden kann. Die Übergangstemperatur des Bauteils aus einem anderen Walzerzeugnis kann nun leicht dadurch bestimmt werden, daß die Übergangstemperatur-Differenz zur Übergangstemperatur $T_{ü\,\mathrm{ISO\text{-}V}\,27}$ des neuen Blechs oder Profils addiert wird:

$$T_{ü\,\mathrm{baut.\,Probe}} = T_{ü\,\mathrm{ISO\text{-}V}\,27} + \Delta T_1.$$

Wenn angenommen wird, daß das Verhalten der bauteilähnlichen Probe dem Bauteil an der jeweiligen Störstelle entspricht, kann gesetzt werden

$$T_{ü\,\mathrm{baut.\,Probe}} = T_{ü\,\mathrm{Bauteil}}.$$

ΔT_1: $T_{ü\,\mathrm{baut.\,Probe\,1}} - T_{ü\,\mathrm{ISO\text{-}V}\,27}$

$T_{ü\,\mathrm{baut.\,Probe\,1}}$: Übergangstemperatur der bauteilähnlichen Probe für die jeweilige Störstelle bei $\varepsilon_{bl} = 5\%$ örtlicher plastischer Formänderung an dem potentiellen Punkt des Sprödbruchausgangs, Meßlänge 20 mm

$T_{ü\,\mathrm{ISO\text{-}V}\,27}$: ISO-V-Übergangstemperatur 27 J

Werkstoff: St 37-3

Kleinprobe: ISO-V-Längsprobe

bauteilähnliche Proben: Längs- und Quergroßzugproben, Länge rd. 3000 mm, Prüfquerschnitt 250 × Blechdicke ohne Störstelle, statische Beanspruchung

Störstellen: LF = aufgeschweißte Lasche mit Flankenkehlnaht ohne Stirnkehlnaht (Kehlnahtdicke $a = 1/2$ Blechdicke s), $\Delta T_{1\,LF} - 5\,\mathrm{K} = \Delta T_1$ eines halbelliptischen Anrisses

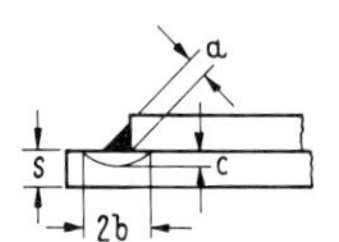

s	a	$\overline{2b}$ [2]	$\overline{c}$ [2]
30	15	38,1 ± 4,5	12,5 ± 2
40	20	45,4 ± 4,5	15,3 ± 2,6

[2]) Mittelwert ± Standardabweichung

Kn = Knotenblech mit K-Naht (voll durchgeschweißt)
$S\|$ = Längsnaht, Beanspruchungsrichtung gleich Nahtrichtung (von den beiden Abschätzungen wird die ungünstigere empfohlen)
LSt = aufgeschweißte Lasche mit Stirnkehlnaht,
N = Quersteife mit Kehlnähten
S = Stumpfstoß quer zur Beanspruchungsrichtung

[1]) Versuchspunkte in ( ) und nicht durchgezogene Linien sind extrapoliert.

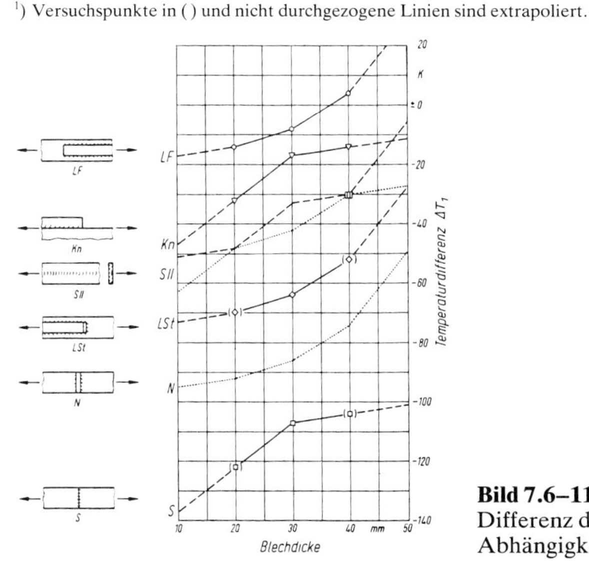

Bild 7.6–11
Differenz der Übergangstemperaturen ΔT_1 in Abhängigkeit von der Blechdicke [3, 34, 35][1])

Bild 7.6–11 zeigt die Art der in [34, 35] untersuchten Störstellen zusammen mit den Prüfergebnissen. Die Störstellen *LF* und *Kn* sind am gefährlichsten und wurden deshalb vollständiger als die anderen Störstellen untersucht. Die Störstelle *LF* sollte für Bauteile nicht zugelassen werden. Sie deckt jedoch stellvertretend nach der sicheren Seite hin diejenigen Bereiche einer Konstruktion ab, in denen durch Anschweißen steifer Teile mit schroffen Querschnittsübergängen große, örtlich begrenzte Verformungsbehinderungen und damit potentielle Sprödbruchausgangsstellen entstehen [35]. An zahlreichen *LF*-Proben haben sich vor dem Bruch halbelliptische Anrisse gebildet (siehe Bild 7.6–11), durch die der *LF*-bedingte Spannungszustand entschärft wurde. Die Kurve für den halbelliptischen Anriß der im Bild 7.6–11 angegebenen Größe verläuft mit einem Abstand von 5 K unterhalb der *LF*-Kurve. Mit dem Temperaturdifferenzen-Verfahren läßt sich also auch die Wirkung bestimmter Risse beurteilen. Bild 7.6–11 gilt für St 37. Die Bestimmung von $T_{ü\,\mathrm{Bauteil}}$ für andere Stähle unter Verwendung der ΔT_1-Werte aus Bild 7.6–11 ist möglich für die im wärmeunbeeinflußten Grundwerkstoff liegende Störstelle halbelliptischer Anriß und für fachgerecht geschweißte Störstellen *LF* bis *S*, weil angenommen werden kann, daß bei ihnen das Rißeinleitungsverhalten an der potentiellen Bruchausgangsstelle nicht nennenswert von dem des St 37 abweicht. Die so für andere Baustähle als St 37 bestimmten Werte für $T_{ü\,\mathrm{Bauteil}}$ liegen auf der sicheren Seite.
Die Übertragung der ΔT_1-Werte auf andere Stähle ist jedoch nicht möglich, wenn durch die Fertigung an der potentiellen Bruchausgangsstelle Versprödungen entstanden sind, die über das Maß hinausgehen, was bei den geprüften Störstellen aus St 37 vorlag.
$T_{ü\,\mathrm{Bauteil}}$ gemäß Bild 7.6–11 gilt für statische Beanspruchung des Bauteils. Bei dynamischer Beanspruchung ist die zulässige Bauteilübergangstemperatur anzuheben, wie eine Schadensfallauswertung [3] gezeigt hat.
Die im oben erwähnten Fallgewichtsversuch bestimmte Nil-Ductility-Transition-Temperatur T_{NDT} kann nach [36] für ein weiteres Kriterium herangezogen werden:

$$T_{\mathrm{zul\,Bauteil}} \geq T_{NDT} + 33\,°\mathrm{C}.$$

Bei Einhaltung dieser Bedingungen sind keine instabilen Trennbrüche möglich, wenn die Beanspruchung des Bauteils an einem Fehler oder Riß kleiner oder gleich der Streckgrenze des Grundwerkstoffs ist.
Die Schadensfallauswertung [3, 32] hat auch ergeben, daß Sprödbrüche stets mehrere Ursachen haben. Ungünstige Werkstoffeigenschaften allein führen in aller Regel nicht zum Sprödbruch. Kerben, die nicht primär werkstoffbedingt sind, müssen zusätzlich vorhanden sein und zwar in der Regel solche, die besonders ungünstig sind. Als praxisnaher Hinweis zum Vermeiden von Sprödbrüchen kann deshalb gelten: Bauteile, die keine Störstellen *LF, Kn,* Anrisse oder fertigungsbedingte Versprödungen aufweisen, sind sprödbruchsicher, solange weder Überlastung noch verschleißbedingte Minderungen des tragenden Querschnitts vorliegen.

Literatur

1. DASt-Richtlinie 011: Hochfeste schweißgeeignete Feinkornbaustähle StE 460 und StE 690, Anwendung für Stahlbauten, Köln: Deutscher Ausschuß für Stahlbau, Febr. 1979.
2. Schönherr, W.: Abhängigkeit der Schweißbarkeit von Werkstoff, Fertigung und Konstruktion. Aufstellung eines Systems zu ihrer Beurteilung. Het Ingenieursblad 39 (1979) 669–673.
3. Schönherr, W., Wilken, K.: Folgerungen für die Bauteilsicherheit aus Schadensfallauswertungen. Schweißen und Schneiden 31 (1979) 461–465.
4. Seeger, T., Minner, H. H.: Schwingfestigkeit – Betriebsfestigkeit. Berichte aus Forschung und Entwicklung des DASt, 7 (1979), 21–28.
5. Gärtner, A., Schmidtmann, E.: Prüfung der Heißrißneigung von hochfesten Baustählen in der wärmebeeinflußten Zone beim Schweißen und ihre Ursachen. DVS-Berichte 15 (1970) 99–102.
6. Wilken, K.: Aussagefähigkeit von Warmrißprüfverfahren für die Warmriß-Sicherheit von geschweißten Bauteilen. Chemie–Ingenieur–Technik 12 (1972), 777–783.
7. Wilken, K.: Universelle Heißrißprüfung mit dem modifizierten Varestraint-Transvarestrainttest. DVS-Berichte 52 (1978), 224–228.
8. Wilken, K.: Maßnahmen zum Vermeiden von Heißrissen in höherlegierten Stählen und Sonderwerkstoffen. Forschung in der Kraftwerkstechnik (1980), 63–70.
9. Technischer Ausschuß des Deutschen Verbands für Schweißtechnik e.V., Düsseldorf, Arbeitsgruppe 9: Fehler im Schweißgut – ihr Entstehen und Vermeiden beim Lichtbogenschweißen. DVS-Band 24 (1962).
10. Neumann, V., Florian, W., Schönherr, W.: Untersuchungen zur wasserstoffbeeinflußten Kaltrißneigung höherfester niedriglegierter Feinkornbaustähle. Forschung in der Kraftwerkstechnik (1980), 54–62.
11. Neumann, V.: Erfahrungen mit dem Implantversuch zum Bewerten der Kaltrißneigung von Baustählen. Schweißen und Schneiden 28 (1976), 467–469.
12. Neumann, V., Florian, W., Schönherr, W.: Die Bewertung der wasserstoffbeeinflußten Kaltrißneigung mit der Implant-, TRC- und Lehigh-Probe. DVS-Berichte 64 (1980), 56–62.
13. Schönherr, W., Neumann, V.: Zur Aussagefähigkeit des Implantversuchs. Oerlikon Schweißmitteilungen 89 (1979), 10–16.
14. Matsui, S., Inagaki, M.: Recent trend of research on cold cracking with the implant test in Japan. IIW Doc. IX-970-76.
15. Neumann, V., Florian, W.: Beitrag zur Durchführung und Auswertung von Implantversuchen. Schweißen und Schneiden 9 (1980), 383–387.

16. Neumann, V.: Ein Beitrag zur Untersuchung der wasserstoffbeeinflußten Kaltrißneigung höherfester niedriglegierter Feinkornbaustähle mit dem Implantversuch. Dissertation TU Braunschweig, Fakultät Maschinenbau und Elektrotechnik, (1981).
17. Schönherr, W., Wildenhayn, E.: Beurteilung der Schweißeignung hochfester Feinkornbaustähle. Stahl und Eisen 96, Nr. 21 (1976), 1032–1038.
18. Norén, T.: Werkstoffkunde für die Lichtbogen-Schweißung von Eisen und Stahl. Göteborg: Elektriska Svetsningsaktiebolaget 1955.
19. Vougioukas, P., Forch, K., Piehl, K.-H.: Beitrag zur Deutung der Rißempfindlichkeit unterschiedlich legierter Feinkornbaustähle beim Spannungsarmglühen nach dem Schweißen. Stahl und Eisen 94 (1974), 805–813.
20. Vinckier, A.: The assement of the susceptibility to reheat cracking of pressure vessel steels, Revue de la Soudure/Lastijdschrift 29 (1973), 1–6.
21. Tenckhoff, E.: Neuere Untersuchungen zum Ausscheidungsverhalten in niedriglegierten Feinkornbaustählen im Hinblick auf Stress Relief Cracking. Berichtsband des 4. MPA-Seminars, Hrsg. Staatliche Materialprüfungsanstalt – Universität Stuttgart (1978), Beitrag Nr. 14.
22. Herz, K., Pham, H.M., Dietrich, W.: Diskussionsbeitrag zum Vortrag „Neuere Untersuchungen zum Ausscheidungsverhalten in niedriglegierten Feinkornbaustählen im Hinblick auf Stress Relief Cracking". Berichtsband des 4. MPA-Seminars, Hrsg. Staatliche Materialprüfungsanstalt – Universität Stuttgart (1978), Beitrag 15.
23. Kußmaul, K., Ewald, J., Maier, G.: Einbeziehung der Aufheizphase in die Wärmeeinflußzonensimulationstechnik zum Beurteilen spannungsarmgeglühter Schweißverbindungen. Schweißen und Schneiden 30 (1978), 257–262.
24. Laska, R., Felsch, Ch.: Werkstoffkunde für Ingenieure. Braunschweig/Wiesbaden: Friedr. Vieweg u. Sohn 1981.
25. Heller, W., Stolte, E.: Stand der Kenntnisse über die Alterung von Stählen. Stahl und Eisen 90 (1970), 909–916.
26. Rädecker, W.: Einfluß der Probenbreite auf die Ergebnisse der Kerbschlagprüfung. Materialprüfung 5 (1963), 377–384.
27. Altmeyer, G., Fariwar-Mohseni, H.: Einfluß der Kaltverformungsart und der natürlichen und künstlichen Alterung auf die Verschiebung der Übergangstemperatur der Kerbschlagzähigkeit allgemeiner Baustähle. Archiv für das Eisenhüttenwesen 39 (1968), 929–934.
28. DASt-Richtlinie 014: Empfehlungen zum Vermeiden von Terrassenbrüchen in geschweißten Konstruktionen aus Baustahl. Köln: Deutscher Ausschuß für Stahlbau, Januar 1981.
29. Schönherr, W.: Beurteilung der Schweißeignung von Stahl bei Beanspruchung des Bauteils in Dickenrichtung. Schweißen und Schneiden 27 (1975), 491–496.
30. Aurich, D.: Bruchvorgänge in metallischen Werkstoffen. Karlsruhe: Werkstofftechnische Verlagsges. 1978.
31. Helms, R., Kühn, H.-D.: Untersuchung der mechanischen Eigenschaften hochfester schweißgeeigneter Feinkornbaustähle, Stahl und Eisen 96 (1976), 724–732.
32. Schönherr, W., Wilken, K.: Beurteilung der Aussagefähigkeit von Rißeinleitungs- und Rißauffangkriterien. DVS-Berichte 52 (1978), 198–202. Düsseldorf: Deutscher Verlag für Schweißtechnik 1978.
33. DASt-Richtlinie 009: Empfehlungen zur Wahl der Stahlgütegruppen für geschweißte Stahlbauten. Köln: Deutscher Ausschuß für Stahlbau, April 1973.
34. Struck, W.: Das Sprödbruchverhalten des Baustahls RSt 37-2N in geschweißten Konstruktionen, dargestellt mit Hilfe der Methode des Temperaturvergleiches. BAM-Bericht 18, Berlin 1973.
35. Struck, W.: Das Sprödbruchverhalten geschweißter Bauteile aus Stahl mit zähsprödem Übergang im Bruchverhalten, dargestellt mit Hilfe der Methode des Temperaturvergleiches. BAM-Bericht 43, Berlin 1976.
36. Pellini, W.S.: Principles of Fracture-Safe Design, Part I, Weldg. Res. Suppl. March 1971, 91–109.

8. Regelwerke und Sicherheit

8.1 Regelwerke im Stahlbau

H. Eggert

8.1.1 Geschichtliches, Abgrenzungen

Zunächst stellt sich die Frage: Was ist ein Regelwerk?
Das Wort Regel entstammt dem Lateinischen „regula". Im Brockhaus von 1827 steht unter dem Stichwort folgendes: „Regel, ein Satz, unter dem eine Erkenntnis oder Handlungsweise steht. Es gibt sonach theoretische und praktische Regeln. Dann bezeichnet die Regel auch das Allgemeine und Gewöhnliche."
Setzt man für die letzten beiden Begriffe „das Normale", so drängt sich die Ableitung „Norm" auf.
Der Begriff DIN wurde in der Vergangenheit stets mit **D**eutsche **I**ndustrie **N**orm (oder auch **D**as **I**st **N**orm) interpretiert. Erst seit kurzem heißt DIN = **D**eutsches **I**nstitut für **N**ormung.
Unter Regel*werken* wollen wir die *geschriebenen* Regeln verstehen.
Die beherrschende Stellung des Menschen in der Natur ist vielleicht darauf zurückzuführen, daß ihm die Sprache eine im Vergleich zu anderen Arten ungeheure Überlegenheit in der Übertragungs- und Anpassungsgeschwindigkeit von *Regeln* lieferte. Erfahrungen konnten auch bereits der nächsten Generation unmittelbar zugänglich gemacht werden.
Die vorausgegangene mündliche Überlieferung hatte zwei Nachteile: sie war auf einen kleinen Kreis beschränkt, und die Gefahr des Vergessens war groß.
Einen Vorteil hatte die Methode der mündlichen Übertragung allerdings, die uns bei der heutigen Flut von Gesetzen, Verordnungen, Normen etc. etc. schmerzlich bewußt wird: Es wurde nicht *mehr* übertragen, als erstens benötigt wurde und zweitens für den Empfänger aufnehmbar war. Der Regelumfang blieb leichter überschaubar. Es dauerte Jahrtausende, bis die schriftliche Regel – ein Regelwerk – unentbehrlich wurde. Ausnahmen, wie z.B. der Codex Hammurabi, der sich auch zum Bauen äußert (Bild 8.1–1), sind dort zu finden, wo die Bevölkerungsdichte zur Straffung der Organisation, zur *planmäßigen* Verwaltung zwang.

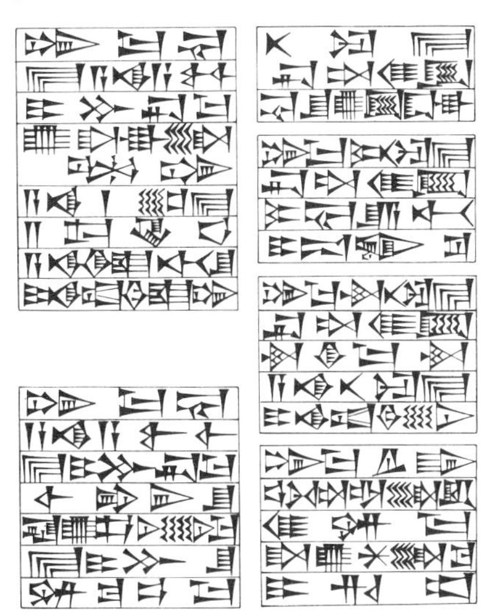

Wenn ein Baumeister ein Haus baut für einen Mann und es für ihn vollendet, so soll dieser ihm als Lohn zwei Shekel Silber geben für je einen Sar (1 Shekel = 360 Weizenkörner = 9,1 g, 1 Sar = 14,88 m²).

Wenn ein Baumeister ein Haus baut für einen Mann und macht seine Konstruktion nicht stark, so daß es einstürzt und verursacht den Tod des Bauherrn: dieser Baumeister soll getötet werden.

Wenn der Einsturz den Tod eines Sohnes des Bauherrn verursacht, so sollen sie einen Sohn des Baumeisters töten.

Kommt ein Sklave des Bauherrn dabei um, so gebe der Baumeister einen Sklaven von gleichem Wert.

Wird beim Einsturz Eigentum zerstört, so stelle der Baumeister wieder her, was immer zerstört wurde; weil er das Haus nicht fest genug baute, baue er es auf eigene Kosten wieder auf.

Wenn ein Baumeister ein Haus baut und macht die Konstruktion nicht stark genug, so daß eine Wand einstürzt, dann soll er sie auf eigene Kosten verstärkt wieder aufbauen.

Bild 8.1–1 Aus dem Codex Hammurabi

Es darf also einleuchten, daß gerade das Bedürfnis nach technischen Regelwerken erst aufkam, als auch im rein technischen Bereich Verwaltungs- und Organisationsmerkmale in größerem Umfang vorhanden waren, also als die *Industrialisierung* begann. (Für das Handwerk genügt zum Teil heute noch die ungeschriebene Regel, die in der Lehrzeit vermittelt wird.)

Außer den DIN-Normen gibt es noch andere technische Regelwerke, und selbst die Beschränkung auf den *Stahlbau* macht die Aufgabe, eine komplette Übersicht zu geben, schwer lösbar. Es sind somit weitere Einschränkungen nützlich:
Unter Regelwerken sollen nur die dem Konstrukteur zugänglichen „geregelten" Arbeitsunterlagen verstanden werden, soweit sie von – oder mit Hilfe von – Fachgruppen erstellt wurden. (Nahezu unübersehbar ist die Fülle von Einzelveröffentlichungen, die von ähnlichem Nutzen sind [Tabellen, Diagramme], die jedoch häufig nur zeitlich begrenzten Wert haben und nur selten aktualisiert werden.)
Zu den hier zu behandelnden Regelwerken gehören also insbesondere die *Normen* des Deutschen Instituts für Normung, die *Richtlinien, Merkblätter* u.ä. der technisch-wissenschaftlichen Vereinigungen, z.B. des Deutschen Ausschusses für Stahlbau und der Verbände sowie die allgemeinen bauaufsichtlichen *Zulassungen* des Instituts für Bautechnik.
Diese Ausführungen beschränken sich auf die für Stahlbauten unmittelbar interessanten Regeln. Es wird der Stand Frühjahr *1981* dargestellt ohne Anspruch auf Vollständigkeit.
Es kann hier auch nur der Bereich „Bundesrepublik Deutschland" erfaßt werden. Umfangreiche *deutschsprachige* Regelwerke gibt es bekanntlich auch in der DDR (TGL), in Österreich (Ö-Normen) und in der Schweiz (SIA-Normen).
Auf die sich zudem anbahnenden internationalen Regelungen (CEN-Normen, ISO-Normen, EKS-Empfehlungen, Model-Code, UEAtC) soll hier ebenfalls aus Platzgründen nicht näher eingegangen werden. Es wird vielmehr auf die einschlägige Literatur verwiesen [2], [20]. – Dem Leser, der dies bedauert, sei zum Trost gesagt, daß international
1. in diesem Bereich noch vieles im Fluß ist, so daß definitive Äußerungen und temporär stabile Bestandsaufnahmen kaum möglich sind,
2. für den *Stahlbau* praktisch unmittelbar verwendbare Arbeitsunterlagen nur als EKS-*Empfehlungen* vorhanden sind, sie können also nur dort verwendet werden, wo entweder beaufsichtliche Vorschriften nicht gelten, oder wo der gleiche Sachverhalt nicht auf andere Weise geregelt ist (z.B. durch Normen) bzw. regelbar ist (z.B. neuartige rechnerische Nachweise bei steifenlosen Verbindungen, für die Zulassungen nicht möglich sind).
Auch mit dieser Beschränkung ist es noch nicht möglich, einen erschöpfenden Überblick über die für den Benutzer dieses Handbuches wichtigen Regelwerke zu geben. Die kritische Situation, in der sich unsere Industriegesellschaft im Hinbick auf die Regelungen befindet, wurde in [3] „treffend – pessimistisch" wie folgt charakterisiert:
„Es gibt für die Anzahl der Regelungen keine aufweisbare Grenze; jede getroffene läßt zwangsläufig mehr Fragen offen, als beantwortet werden. Es ist ein Prozeß mit positiver Rückkopplung in Gang gesetzt, der mit exponentiellem Anwachsen der Zahl der Regelungen einhergeht. Es ist nur eine Frage der Zeit, wann der Erstickungstod an der eigenen Produktivität eintritt."
Man kann nur hoffen, daß dieser „Erstickungstod" durch rechtzeitiges Gegensteuern, durch derzeit noch nicht erkennbare negative Rückkopplungseffekte vermieden wird. – Es sind dafür Einflüsse zu überwinden, die außerordentlich hartnäckig sind; nur zwei Faktoren seien genannt:
1. Es herrscht die allgemeine Ansicht, daß alles „einheitlich" sein muß. Diese Einheitlichkeit als Endzustand in allen Details ist aber weder vorstellbar, noch würde sie dem Bedürfnis des Individuums wirklich entsprechen. Daß es vereinheitlichte Halbzeuge gibt, ist eine der Voraussetzungen für einen wirtschaftlichen Stahlbau. Daß jedoch das Nachweisschema für die „ausreichende Sicherheit" einer Konstruktion vereinheitlicht werden muß, daß somit die ganze „technische Welt" einheitliche SI-Einheiten benötigt (trotz unterschiedlicher Sprachen, Währungen, Landschaften, Mentalitäten etc. etc.), ist weniger einzusehen. Es ist also in den kommenden Generationen stärker darauf zu achten, daß die Vereinheitlichung auf das Notwendige beschränkt wird. Daß einheitliche Grundsätze beachtet werden, dürfte in vielen Fällen bereits genügen. Das setzt allerdings voraus, daß
2. das Mißtrauen in die Verantwortlichkeit der maßgeblich Beteiligten als ausgeräumt angesehen werden darf. Hier muß gewissen Schutzmaßnahmen Verständnis entgegengebracht werden.
Die nachfolgende Übersicht, Tabelle 8.1–1 sowie die sachlichen und fachlichen „Verknüpfungen", Tabelle 8.1–2, zeigen die notwendigerweise komplexen gegenseitigen Beziehungen auf.

Tabelle 8.1–1 Übersicht über die den Stahlbau betreffenden Regelwerke

	Art	Regelerstellendes Gremium	Bezugsquelle	Inhalt
1	Stahlbau-Normen	NA Bau im DIN	Beuth-Verlag, Burggrafenstr. 4–7, 1000 Berlin 30	Bemessung, Konstruktion und Ausführung von Stahlkonstruktionen
2	Stahl-Normen	NA Eisen und Stahl im DIN (FES)	Beuth-Verlag	Gütenorm für den Baustoff Stahl
3	Profilnormen	NA Blechwaren	Beuth-Verlag	Maßnormen für Halbzeug
4	Schweißnormen	NA Schweißtechnik im DIN	Beuth-Verlag	Schweißverfahren, Prüfung, Zusatzwerkstoffe etc.
5	Zulassungen	Institut für Bautechnik in Berlin	Informationszentrum Raum und Bau der Fraunhofer Gesellschaft, Stuttgart, Silberburgstr. 119 a	Bestimmungen für neue Baustoffe, Bauteile und Bauarten
6	DASt-Richtlinien	Deutscher Ausschuß für Stahlbau	Stahlbau-Verlags-GmbH 5 Köln 1, Ebertplatz 1	Richtlinien für spezielle, nicht genormte Fragen des Stahlbaus
7	KTA-Regeln	Kerntechnischer Ausschuß	Carl Heymanns Verlag KG, Gereonstr. 18–32 5000 Köln 1	Regeln für den Bau von Kernreaktor-Sicherheitshüllen
8	AD-Merkblätter	Arbeitsgemeinschaft Druckbehälter (7 Verbände)	Carl Heymanns Verlag KG, Gereonstr. 18–32 5000 Köln 1 und auch Beuth-Verlag	für Druckbehälter: Ausrüstung, Berechnung, Betrieb und Prüfung, Herstellung, Werkstoffe
9	Stahl-Eisen-Blätter	Verein deutscher Eisenhüttenleute VdEh	Verlag Stahleisen m. b. H. Postfach 8229 4000 Düsseldorf 1	Werkstoffblätter (W), Lieferbedingungen (L) und Prüfblätter (P)
10	DVS-Merkblätter und -Richtlinien	Deutscher Verband für Schweißtechnik	DVS Postfach 2725 4000 Düsseldorf 1	Schweißverfahren, Prüfung, Zusatzwerkstoffe etc.
11	Freileitungsmaste	VDE 0210	Beuth-Verlag, Burggrafenstr. 4–7, 1000 Berlin 30	Berechnung und bauliche Durchbildung für den Bau von Starkstrom-Freileitungen
12 a	VdTÜV-Merkblätter	VdTÜV	Maximilian-Verlag Postfach 371 4900 Herford	Regeln für Aufzüge, Druckbehälter, Tankanlagen, Rohrleitungen, Schweißtechnik
12 b	VdTÜV-Werkstoffblätter	VdTÜV	Maximilian-Verlag	Baustahl
13	Bestimmungen über brennbare Flüssigkeiten (TRbF)	Deutscher Ausschuß für brennbare Flüssigkeiten	Carl Heymanns Verlag KG Gereonstr. 18–32 5000 Köln 1	Sicherheitsanforderungen an Tanks, Rohrleitungen und sonstige Einrichtungen für Lagerung, Abfüllung und Beförderung brennbarer Flüssigkeiten
14	TRD Technische Regeln für Dampfkessel	Deutscher Dampfkesselausschuß	Carl Heymanns Verlag KG und auch Beuth-Verlag	für Dampfkessel: sicherheitstechnische Anforderungen
15 a	TRB Technische Regeln Druckbehälter	Fachausschuß Druckbehälter FAD	wie AD-Merkblätter	Ausrüstung, Aufstellung, Betrieb, Werkstoffe, Herstellung und Berechnung
15 b	TRG Technische Regeln Druckgasbehälter	Fachausschuß Druckgasbehälter	wie AD-Merkblätter	wie 15 a
16	Vorschriften für stählerne Schiffe	Germanischer Lloyd	Selbstverlag des Germanischen Lloyd, Neuer Wall 86, 2000 Hamburg 36	vollständiges Regelwerk für den Bau von Schiffen aus Stahl
17	VDI-Richtlinien	VDI-Fachgruppe Konstruktion	VDI-Verlag Düsseldorf oder Beuth-Verlag	Festigkeitsberechnung in VDI-Richtlinie 2226, 2227 und 2230
18	Bundesbahn-Vorschrift DS 804	Bundesbahnzentralamt	Drucksachenlager der DB in Minden, Schwarzer Weg	Regelungen für DB-Stahlbrücken

Tabelle 8.1–2 Verknüpfungen

Sachgebiet	Regel-Bereich bzw. Regel-Gremium

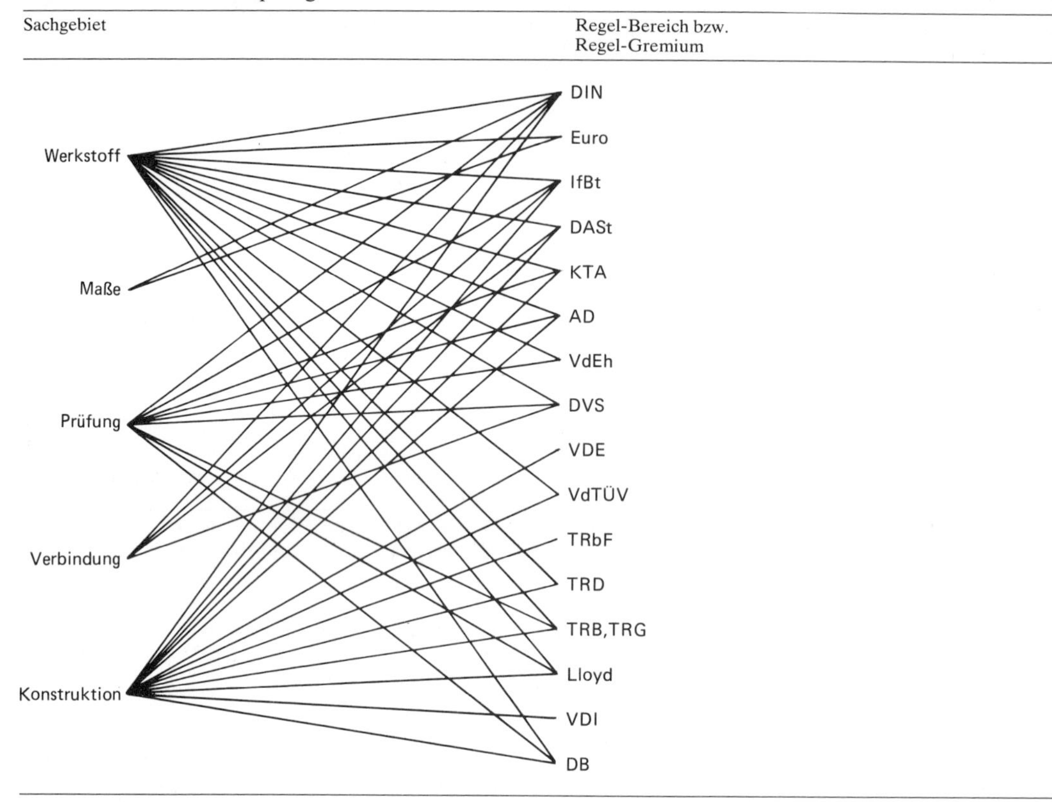

8.1.2 Die Rechtsbedeutung der Regelwerke

8.1.2.1 Grundsätzliches, Thesen

In [20] haben H. Bub und W.-R. Bub die Beziehung zwischen den verschiedenen Rechtsbereichen (Strafrecht, Bauaufsichtsrecht, Bundesrecht, Privatrecht) analysiert, so daß auf eine vertiefte Darstellung hier verzichtet werden kann.

Für den eiligen Leser werden diesem Abschnitt 20 Thesen vorangestellt, die dem Inhalt von [20] entsprechen:

1. Die Bautechnik bedarf seit jeher einer gesetzlichen Regelung.
2. Seit fast 100 Jahren enthält in Deutschland das Gesetz (Bauordnung) Generalklauseln mit „allgemeiner Präzision", während auf die anerkannten Regeln der Technik administrativ verwiesen wird.
3. Eine Baugenehmigung ist notfalls erstreitbar.
4. Die anerkannten Regeln der Technik sind in allen Rechtsbereichen Beweismittel.
5. Die in der Bautechnik verantwortlich Tätigen regeln – unter Beachtung der Rechtsvorschriften – ihren Bereich selbst.
6. Die Begriffe „Stand der Technik", „Stand von Wissenschaft und Technik" und ähnliches entstammen dem nicht rechtsnormativen Bereich.
7. Der Verstoß gegen allgemein anerkannte Regeln der Bautechnik ist ein Straftatbestand.
8. Bei Anwendung neuer Erkenntnisse liegt nur dann ein Verstoß vor, wenn vorhandene, gesicherte Erkenntnisse nicht beachtet wurden.
9. Jede technische Regel ist im Einzelfall in bezug auf ihre Eigenschaft „allgemein anerkannt" nachprüfbar.
10. Die Regeln der Bautechnik haben im Bauaufsichtsrecht der Länder (in der Bauordnung) seit langem eine Sonderstellung. Vgl. § 3 und 16–30 der Musterbauordnung (MBO).
11. Statt von der Möglichkeit, Rechtsverordnungen zu erlassen (§ 111 MBO), ist es eine Gepflogenheit der obersten Baubehörden, durch die administrative Einführung der technischen Baubestimmungen diese als allgemein anerkannte Regeln der Technik zu konkretisieren.
12. Die Einführung der technischen Baubestimmung ist gleichzeitig eine staatliche Kontrolle der Regel und eine Verdichtung der Vermutung einer allgemein anerkannten Regel (= Beweisregel). Nur im Ausnahmefall enthält der Erlaß abweichende Bestimmungen (Alternative: Rückgabe an den Ersteller der Regel mit der Aufforderung, diese zu ändern).
13. Eigene Bestimmungen als Richtlinien werden von den obersten Baubehörden in seltenen Fällen dann herausgegeben, wenn Lücken im Regelwerk zu füllen sind und die Erstellung der notwendigen technischen Regel aus bauaufsichtlichen Gründen nicht abgewartet werden kann.
14. Neue Erkenntnisse, die sich in neuen Baustoffen, Bauteilen oder Bauarten niederschlagen, können durch Allgemeinverfügung oder – in Einzelfällen – durch spezielle Zustimmung zugelassen werden.

15. Die bauenden Verwaltungen wenden, soweit möglich, die allgemein anerkannten Regeln der Technik an.
16. Jeder Auftraggeber ist nach den Grundsätzen von Treu und Glauben verpflichtet, die allgemein anerkannten Regeln der Technik anzuwenden, andernfalls ist die Leistung grundsätzlich mangelhaft, es sei denn, es wird nachgewiesen, daß triftige Gründe für die Abweichung zur *Vermeidung* einer mangelhaften Leistung vorlagen.
17. Weil es neben den technischen Baubestimmungen noch viele andere, zum Teil ungeschriebene anerkannte Regeln der Technik gibt, bleibt dem Gutachter bei der Auslegung „Frei von Mängeln" ein großer Ermessensspielraum.
18. Häufig werden erst durch Schäden und Unfälle Lücken und Mängel im technischen Regelwerk erkannt.
19. Wer neue Erkenntnisse (Zulassungen) verwendet, hat eine Aufklärungspflicht bezüglich des höheren Risikos in Planung und Ausführung (BGH NJW 71,92).
20. DIN-Normen mit sicherheitstechnischem Inhalt dürfen keine Formulierungen enthalten, nach denen sicherheitstechnische Maßnahmen noch zu vereinbaren sind.

8.1.2.2 Hinweise

Eine Norm des DIN ist eine „allgemein anerkannte Regel der Technik". Sie ist nach DIN 820 unter Mitwirkung der Fachöffentlichkeit entstanden, denn die Norm wurde erst nach Anhörung der Einsprüche zur Entwurfsveröffentlichung (Gelbdruck) endgültig verabschiedet. Für den Juristen handelt es sich deshalb hier um eine „tatsächliche Vermutung einer allgemein anerkannten Beweisregel" (These 4).
Es ist üblich, *solche* Normen für die Bautechnik, die unmittelbare Relevanz für die in der Bauordnung geforderten Eigenschaften – insbesondere also für die Sicherheit – haben, in den Amtsblättern bekanntzugeben, sie also „bauaufsichtlich einzuführen" (These 11). Es handelt sich dabei in erster Linie um eine Anweisung an die untere Instanz der Baubehörde, diese Norm zu benutzen. Weil in den „Bauordnungen der Länder" ausdrücklich darauf hingewiesen wird, daß zu den allgemein anerkannten Regeln insbesondere die bauaufsichtlich „eingeführten Normen" gehören, wird aus der tatsächlichen eine „gesetzliche" Vermutung, die Norm erhält den Rang einer „Beweisregel" (These 12).
Der Mustererlaß wird in den Mitteilungen des Instituts für Bautechnik veröffentlicht, bevor die einzelnen Länder den (in der Sache gleichlautenden) Erlaß bekanntgeben.
Für den Bauingenieur nicht unmittelbar benötigte Normen – also insbesondere die Stoffnormen, z.B. DIN 17100 – werden heute nicht mehr einzeln bauaufsichtlich eingeführt. Ihre Verbindlichkeit ergibt sich daher zwar nur indirekt, aber dennoch unzweideutig daraus, daß in eingeführten Normen für Bemessung und Ausführung auf die Stoffnormen oder auf Teile davon verwiesen wird.
Die Annahme, die bauaufsichtlich eingeführten Normen seien zwingend vorgeschrieben, wären also Vorschriften, ist unzutreffend. Der Nachweis der bauordnungsgemäßen Ausführung läßt sich mit Hilfe der „Normen" lediglich einfacher führen als auf andere Weise. Für *neue Baustoffe, Bauteile und Bauarten* kann der Brauchbarkeitsnachweis durch „Zustimmung im Einzelfall" oder durch „allgemeine bauaufsichtliche Zulassung" geführt werden (These 14). Handelt es sich bei einer möglichen Abweichung von den Normen nur um eine Abweichung im Nachweisverfahren, so hat der Prüfingenieur innerhalb seines Ermessensspielraumes die Möglichkeit, diesen Nachweis anzuerkennen. Dies kann u.U. auch der Ersatz eines rechnerischen Nachweises durch Versuche sein. Hier fehlen jedoch noch ausreichende Regelungen, so daß eine fallweise Billigung durch die Baubehörden notwendig werden kann.
Hin und wieder ist es erforderlich, auch *andere Regelwerke,* z.B. Richtlinien der technisch-wissenschaftlichen Vereinigungen (DAST-Ri), bauaufsichtlich einzuführen. Diese Fälle sollen auf begründete Ausnahmen beschränkt bleiben, weil eine wichtige Voraussetzung für eine allgemein anerkannte Regel – nämlich die Möglichkeit der Mitwirkung der Fachöffentlichkeit – bei diesen Richtlinien nicht in gleicher Weise wie bei den DIN-Normen gegeben ist. Mit ihnen soll, ähnlich wie mit Vornormen, Erfahrung gesammelt werden. Richtlinien werden immer dann verfaßt und auch bauaufsichtlich eingeführt, wenn eine Regelung vorübergehend nötig ist, um Gefahren abzuwehren, denn das Normenverfahren ist eine zeitraubende Angelegenheit (These 13). Die „bauaufsichtliche Einführung" ist also nur erforderlich bei Normen und ggf. Richtlinien. *Zulassungen* dagegen werden vom Institut für Bautechnik in Berlin erstellt und in den „Mitteilungen" (Verlag Ernst & Sohn, Berlin) listenmäßig bekanntgemacht, nachdem der Antragsteller den Zulassungsbescheid erhalten hat und die Einspruchsfrist abgelaufen ist. Die Zulassungen sind als allgemein bauaufsichtliche Zulassungen gültig in allen Bundesländern. Die rechtliche Basis hierfür ist das Abkommen über die Errichtung des *Instituts für Bautechnik* (IfBt), dem Bund und Länder als sogenannte „Vertragsbeteiligte" beigetreten sind, und die von den einzelnen Ländern verfügte Übertragung der Zuständigkeit. Diese Zulassungen sind sogenannte „Allgemeinverfügungen", d.h., sie richten sich an die Allgemeinheit, an jeden, der mit dem Zulassungsgegenstand befaßt ist, also nicht nur an den Hersteller, sondern auch an alle am Bau Beteiligten, und schließlich sogar an den Bauherrn für die gesamte Zeit der Verwendung. Die in den „Allgemeinen Bestimmungen" der Zulassungsbescheide ausgesprochene Drohung, den Zulassungsbescheid zurückzuziehen, wenn den Auflagen nicht entsprochen wird, trifft allerdings in erster Linie den Hersteller des Zulassungsgegenstandes. Die Zulassungen werden als Loseblattsammlung herausgegeben [21].
Die rechtliche Bedeutung der allgemein bauaufsichtlichen Zulassungen ist anderer Natur als die der zuvor beschriebenen Regelwerke. Zulassungen betreffen per Definition keine allgemein anerkannten Gegebenheiten, sondern *neue Gegenstände,* und zwar Baustoffe, Bauteile und auch Bauarten. (Jedoch nicht neuartige Verwendungsnachweise, wie z.B. ungewohnte statische Nachweise.)

Für prüfzeichenpflichtige Baustoffe, Bauteile und Bauarten gibt es eine genaue Liste, die mit der Prüfzeichenverordnung zwingend vorschreibt, für welche Gegenstände Prüfzeichen erteilt werden. Es besteht ein Rechtsanspruch auf die Entscheidung über die Erteilung eines Prüfzeichens (im Gegensatz zur Zulassung). Für „Zulassungen“ ist typisch, daß es sich um einen „offenen“ Bereich handelt. – Es gibt keine vollständige Liste der Zulassungsgegenstände. Wenn kein Präsedenzfall vorliegt, muß mit einem Antrag erneut auch die Frage beraten werden, ob man überhaupt eine Zulassungsregelung in Betracht ziehen soll. Nach den Bauordnungen der Länder können neue Gegenstände zugelassen werden, wenn der Brauchbarkeitsnachweis erbracht wird. Für selten vorkommende Anwendungsfälle gibt es die „Zustimmung im Einzelfall“, während „Zulassungen“ eher für Serienprodukte gedacht sind. – Ein Zulassungsfall liegt vor, wenn

entweder eine Norm bereits auf die Notwendigkeit einer solchen Regelung hinweist (typischer Text: „andere ... bedürfen einer besonderen Zulassung“)

oder wenn es sich um bislang im Bauwesen nicht in der beabsichtigten Art verwendete Baustoffe handelt

oder wenn in begründeter Weise von Normenregelungen (die ja *Vereinbarungen,* jedoch keine Gesetze sind) abgewichen werden soll. Oft kann eine solche Abweichung, wenn sie geringfügig ist, im Rahmen einer statischen Typenprüfung toleriert werden, bei Bagatellen natürlich auch im Rahmen eines normalen statischen Nachweises durch den Prüfingenieur. Handelt es sich jedoch um eine Maßnahme aus Gründen der Wirtschaftlichkeit, so sollte besser eine Normenänderung beantragt werden.

Zulassungen und Prüfzeichen werden vom Institut für Bautechnik (IfBt) im Auftrag der Länder und des Bundes erteilt, siehe [10], und auch von den bauenden Verwaltungen verwendet.

Weil hin und wieder darüber Unklarheit zu herrschen scheint, sei noch erwähnt: Die *Bundesbahn* integriert die in den Gremien getroffenen Entscheidungen (FK Baunormung, Institut für Bautechnik) teilweise in ihr Vorschriftenwerk DS 804. Ansonsten verfährt sie wie die übrigen Verwaltungen (Verkehrsministerium, Bundespost, Bundeswehr, Wohnungsbauministerium). Sie verweisen auf die Veröffentlichungen des Instituts für Bautechnik und geben eigene interne Anweisungen – z.B die jedem Stahlbauer geläufigen ARS (Allgemeine Rundschreiben) – für spezielle Belange heraus. Im übrigen gelten dort die allgemein anerkannten Regeln in gleicher Weise (These 15).

Der Begriff „allgemein anerkannte Regel der Technik“ wird und muß so gesehen werden, wie ihn das Reichsgericht in seinem berühmten Urteil von 1910 definiert hat (RGSt 44, Seite 76), nämlich, daß der Kreis der für die Anwendung maßgeblichen und vorgebildeten Techniker diese Regel als richtig und notwendig anerkannt hat. Es ist also unwesentlich, wie diese „Regel“ zustandekam, ob es sich um eine Empfehlung oder um eine verbindlichere Regel handelt. Die behördlichen Stellen bemühen sich, ausschließlich solche Regeln verbindlich zu machen, von denen „vermutet“ werden kann, daß sie allgemein anerkannt sind, es sei denn, Sicherheitsaspekte zwingen offenbar zu einem geänderten Verhalten (These 13).

Für den Verwender einer technischen Regel ist es schwierig, Zusatzbestimmungen zur Kenntnis zu nehmen und zu beachten, die von staatlichen Institutionen in „Verordnungen“ oder „Erlassen“ stehen. Für die Einführungserlasse der Baunormen, die, wie erwähnt, einheitlich für Bund und Länder von der Fachkommission Baunormung der „Ar.Ge.Bau“ beschlossen werden, gilt deshalb schon seit Jahren das Gebot, gravierende technische Sachverhalte nicht mit Einführungserlassen zu ändern. Wenn eine solche Änderung zwingend notwendig erscheint, wird das DIN aufgefordert, einen Normen-Neudruck zu veranlassen (These 12).

8.1.2.3 Bewertung der allgemeinen Anerkennung

Zur Frage, ob ein Regelwerk zur Gruppe allgemein anerkannter bautechnischer Regeln gehört, sind vielleicht folgende Feststellungen hilfreich:

1. Eine *DIN-Norm* hat zwar von allen Regelwerken die „größte Vermutung“ für sich, eine „allgemein anerkannte Regel der Technik“ zu sein, insbesondere wenn sie bauaufsichtlich eingeführt wurde. (Es gibt jedoch keinen zuverlässigen Schutz gegen Fehler in den Normen, es gibt sogar hin und wieder Fehler, deren *Kenntnis* den Rang einer allgemein anerkannten Regel besitzt, vgl. These 18.)

Die „Norm“ entbindet jedoch den Verwender nicht von der Verpflichtung, für seine eigene Fachkompetenz zu sorgen. Ja er hat sogar die Verpflichtung, bei Mängeln und Fehlern das DIN darauf aufmerksam zu machen (diese Verpflichtung ergibt sich aus dem Strafrecht!).

2 Eine *Zulassung* ist – per Definition – keine allgemein anerkannte Regel der Bautechnik. Somit kann man dann bei einem Zulassungsgegenstand z.B. *nicht* davon ausgehen, daß der Hersteller von der Haftung entbunden ist, weil er eine Zulassung vorweisen kann! (Vgl. These 19.)

3. *Andere technische Regelwerke* sind nur dann den Normen hinsichtlich ihres Ranges als allgemein anerkannte Regel vergleichbar, wenn sie von der zuständigen Fachöffentlichkeit mitgestaltet wurde (was durch das Attribut „allgemein“ ausgedrückt wird), wenn also ein der Normung ähnliches „Verfahren“ (Entwurfsvorlage eines Einzelnen – Beratung eines paritätisch besetzten Fachgremiums – Veröffentlichung des Beratungsergebnisses als Entwurf – Einspruchsfrist – endgültige Fassung) verwendet

wurde. – Der Vergleichbarkeit sehr nahe kommen allerdings solche Regelwerke, die über viele Jahre oder Jahrzehnte verwendet wurden und in Abhängigkeit von entsprechenden Anregungen laufend verbessert wurden. Für viele Regeln gilt dies – z. B. für einige DASt-Richtlinien (vgl. *Liste*) – jedoch gehört Fachwissen *und* Erfahrung dazu, um diesen Rang eines Regelwerkes überhaupt wahrzunehmen.
4. Veröffentlichungen eines Autors oder einer kleinen Gruppe von Autoren, Werksnormen oder Regeln eines Industrieverbandes können nicht unmittelbar nach Erscheinen eine allgemein anerkannte Regel sein. Hier spielt wohl am ehesten der „Reifegrad", das Alter eines Werkes eine Rolle. Hier ist die „Erfahrung" wesentliche Voraussetzung, um die Gewißheit zu erlangen, es mit einer allgemein anerkannten Arbeitsunterlage zu tun zu haben.
5. *Nicht* allgemein bekannte Regeln dürfen selbstverständlich auch verwendet werden – wie jedes andere Arbeits-Hilfsmittel auch – vorausgesetzt, sie stehen nicht im *Widerspruch* zu einer „allgemein anerkannten Regel", denn die Forderung, die allgemein anerkannten Regeln zu *beachten,* ist eine *gesetzliche* Vorschrift, eine Forderung der Bauordnung! (Vgl. These 7, 8, 16.)
6. Etwas ganz anderes als die hier behandelten Regelwerke sind „Vorschriften". Unter Vorschriften verstehen wir heute ausschießlich Gesetze (z. B. die Bauordnung) und Verordnungen (z. B. die Arbeitsstättenverordnung), also zwingende, ausnahmslos (von höherer Gewalt abgesehen) zu befolgende Anweisungen. Wenn in einem Regelwerk Widersprüchliches zu einer Vorschrift steht, ist das Regelwerk in diesem Punkt ungültig!

8.1.3 Normen

8.1.3.1 Einteilung

Die Normen, in denen *Stahlbauten* geregelt werden, gehören zu verschiedenen Fachbereichen des Normenausschusses Bauwesen (NA Bau), ebenso die Normen für *Lastannahmen.* Für alle *Bauarten* zu beachtende Normen sind Normen des ETB (vgl. Tabelle 8.1–4). Der ETB wird voraussichtlich demnächst in drei Fachbereiche aufgeteilt. Der Normenausschuß Bauwesen (NA Bau) nimmt mit rund 600 vorhandenen und 200 in der Bearbeitung befindlichen Normen den siebten Platz innerhalb der ca. 120 Normenausschüsse des Deutschen Instituts für Normung (DIN) ein. Grundlage aller Normen ist DIN 820, deren Lektüre jedem, der sich erstmals mit der Materie „Normung" befaßt, empfohlen wird. (Eine Norm des DIN, deren Erfordernis vom Lenkungsausschuß des jeweiligen Fachbereichs festzustellen ist, wird zunächst als Entwurf vom Arbeitsausschuß verabschiedet und – nach Prüfung durch die Normenprüfstelle – als „Gelbdruck" veröffentlicht mit einer Einspruchsfrist für die Fachöffentlichkeit.) Bevor die endgültige Fassung einer Norm herausgegeben wird, hat jeder, der fristgerecht Einsprüche erhoben hat, die Möglichkeit, an einer Einspruchsverhandlung teilzunehmen. Dabei kann natürlich auch die Einstellung der Normungsarbeit vorgeschlagen werden. – Weitere Eingriffsmöglichkeiten sind Schlichtungs- und Schiedsverfahren.
Bei der Erstellung von Normen handelt es sich somit um ein zutiefst demokratisches Verfahren, das im Bereich der Gesetze oder Verordnungen nichts Vergleichbares hat. Man sollte sich dies vergegenwärtigen, wenn man – was wohl unvermeidlich ist – sich hin und wieder über widersprüchliche und auch bisweilen sinnlose Normenregelungen ärgert, und das einzige wirksame Gegenmittel anwenden, nämlich den zuständigen Normenausschuß auf diesen Umstand aufmerksam machen. Auch fertige Normen können noch korrigiert werden, und bei erheblichen Unstimmigkeiten, deren Belassung gefährlich ist, wird eine Norm unverzüglich zurückgezogen.
Auf dem laufenden bezüglich der Normung bleibt man durch regelmäßigen Bezug der Zeitschrift „DIN-Mitteilungen + elektronorm", Beuth Verlag GmbH A 2439 EX.
Das DIN ist auf die Einnahmen aus dem Verkauf der Normblätter angewiesen, es finanziert sich zu ca. 60% von den Einkünften des Beuth-Verlags. Die Alternative wäre ein größerer Zuschuß seitens der Industrie und des Staates. Neuerdings gibt es einen Informationsdienst des DIN, mit dem man sich auf dem laufenden halten kann (Mikrofilm oder 16 mm-Filmkassette).
Für den Bauingenieur sind die Normen des NA Bau vorrangig wichtig, zusätzlich werden für die Bautätigkeit aber bekanntlich noch eine kaum übersehbare Menge von Normen aus anderen Bereichen benötigt, mindestens aber aus den in der *Tabelle 8.1–3* aufgelisteten.
Im Rahmen dieser Abhandlung werden nur die kursiv gesetzten Bereiche noch etwas näher erörtert, da nur sie für den Stahlbauer von unmittelbarem Interesse sind.
Die Normen werden im übrigen nicht für Laien, sondern jeweils für eine bestimmte Fachsparte ausgearbeitet. Je mehr Bauprodukte es gibt und je umfangreicher auch zur Verbilligung Baustoffe geringerer Güte verwendet werden sollen, desto umfangreicher wird die Zahl der Normen und desto größer ist der Inhalt der Einzelnormen.
Die Normen des DIN rangieren bei den Regelwerken an erster Stelle. Es ist daher sicher nützlich, einige wichtige Normenbegriffe zu erläutern.
Eine *Vornorm* ist eine „Norm unter Vorbehalt".

Tabelle 8.1–3 Liste der für das Bauwesen wichtigen Normenbereiche

Normen-ausschuß (abgekürzt)	Normen-bestand ca.	Normungs-vorhaben ca. (mit Wiederbearbeitung)
Anstrich	130	70
Bau	600	320
Eisen und Stahl	140	80
Heizung	95	60
Holz	190	30
Kunststoffe	500	200
Material	1600	1000
Mechan. Verbindung	320	90
Rohre	230	25
Schweißen	150	90
Siebböden	40	10
Stahldraht	50	10
Tankanlagen	30	20

Eine *Auswahlnorm* ist ein Auszug aus einer Norm (früher „Auswahlblatt").
Eine *Übersichtsnorm* enthält eine Zusammenstellung von Festlegungen aus mehreren Normen (früher „Übersichtsblatt").
Teil hieß früher „Blatt".
Kreuzausgaben werden seit 1969 nicht mehr herausgegeben.
Ein *Beiblatt* darf keine Festlegungen enthalten, ist also keine Norm.
(Ein *Norm-Entwurf* ist das Ergebnis der Beratung von einigen wenigen Fachkollegen und kann nach Auffassung des Verfassers schon deshalb nicht für die Anwendung bedenkenlos empfohlen werden, es sei denn, man hat sich von kompetenter Seite nach Ablauf der Einspruchsfrist versichern lassen, daß keine wesentlichen Einsprüche vorliegen und die endgültige, noch nicht gedruckte Fassung im Prinzip genauso aussieht.)
Das *Erscheinungsdatum* kennzeichnet den Verkaufsbeginn.
Vom Beuth-Vertrieb werden Taschenbücher (TAB) herausgegeben, in denen fachgebietsweise Normen zusammengestellt sind. Der Bezug der einzelnen Normen ist wesentlich teurer als ein Taschenbuch mit gleichem Inhalt, so daß schon deshalb bei Bedarf der Erwerb empfohlen werden kann.
Die bauaufsichtlich eingeführten Baubestimmungen werden in einer Sammlung vom IfBt herausgegeben [22].

8.1.3.2 Zur Organisation des DIN (vgl. Tabelle 8.1–4)

Das DIN ist vergleichbar einer technischen Behörde organisiert (vgl. Organisationsplan in [11]), wobei einige Abteilungen nicht in *Berlin* sondern in *Außenstellen* amtieren: Von den hier wichtigen Normenausschüssen sind ansässig

im DIN-Gebäude (Berlin):

NA Bau,
NA Schweißtechnik (NAS),
NA Materialprüfung (NMP);

in der Zweigstelle 5000 Köln 1:

NA Mechanische Verbindungselemente (FMV),
NA Rohre, Rohrverbindungen und (FR) Rohrleitungen,
NA Stahldraht und Stahldrahterzeugnisse (NAD);

in der Zweigstelle 4000 Düsseldorf:

NA Eisen und Stahl (FES).

(Organisationspläne sind erhältlich beim DIN!)

Der NA Bau gliedert sich in insgesamt 13 *Fachbereiche,* von denen der größte der Fachbereich II „Einheitliche technische Baubestimmungen" ist, der die allgemeinen technischen Baunormen, die nicht zu anderen Fachbereichen gehören, umfaßt. Dazu gehören z. B. Lastannahmen, Formelzeichen, Mauerwerk, Kunststoffkonstruktionen, Holzbau, ferner aber auch Lager, fliegende Bauten, Traggerüste, Tragluftbauten, Fassadenverkleidungen und Stahlschornsteine. Es leuchtet ein, daß die beabsichtigte Aufteilung in drei thematisch unabhängige Fachbereiche notwendig ist.
Der *Stahlbau* hat einen eigenen Fachbereich (FB VIII), dessen Lenkungsgremium der DASt ist. Er umfaßt derzeit 29 *Arbeitsausschüsse*; dazu kommen noch 3 Arbeitsausschüsse, die Stahlbrücken betreffen, die aber dem FB XI – Straßen- und Wegbrücken – zugeordnet sind. Berücksichtigt man zusätzlich die Arbeitsausschüsse für Gewächshäuser und für Gärfutterbehälter (FB XIII für landwirtschaftliches Bauwesen), so läßt sich feststellen, daß die Stahlbaunormung von ca. 40 Arbeitsausschüssen bearbeitet wird, von denen allerdings stets mehr als $^{1}/_{4}$ „nicht aktive" Ausschüsse sind.

Tabelle 8.1–4 Übersicht über den *Stahlbau*-relevanten Normenbereich. Zu jedem Fachbereich gehört ein Lenkungsgremium. Für den FB VIII stellt der DASt das Lenkungsgremium.

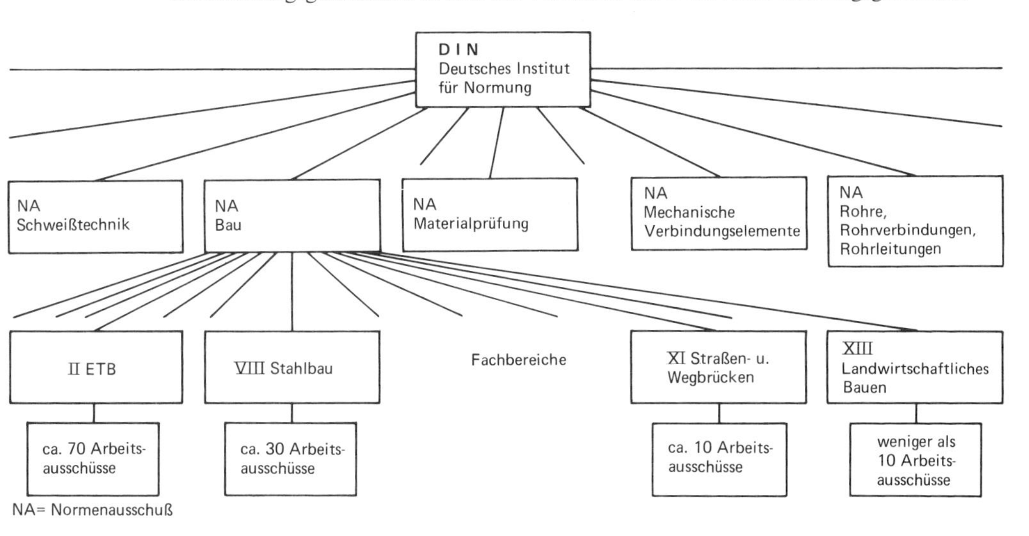

8.1.3.3 Normen für Stahlbauten

Seit einigen Jahren wird an einer Neuordnung des „Normenschemas" gearbeitet (vgl. Tabelle 8.1–5). (Hier wird nur in dem Maße Rücksicht darauf genommen, wie die Entwicklung schon als gesichert gelten kann.)

Tabelle 8.1–5 Das neue Normenkonzept des Stahlbaus hat derzeit folgendes Aussehen: (DIN 18800 = Grundnorm, DIN 188X = Fachnorm)

Neue DIN-Nummer	Inhalt	alte Bezeichnung
18800 Teil 1	Stahlbauten; Bemessung und Konstruktion	DIN 1050, 1073, 4100 DIN 4101; DASt-Ri 010
18800 Teil 2	Stahlbauten; Knicken von Stäben und Stabwerken	DIN 4114 T1, T2
18800 Teil 3	Stahlbauten; Beulen von Platten	DIN 4114; DASt-Ri 012
18800 Teil 4	Stahlbauten; Beulen von Schalen	Sonderfälle in DIN 15018, DIN 4119, DIN 4133, DIN 11622/4
18800 Teil 5	Stahlbauten; Verbundkonstruktionen, Grundlagen	Richtlinien für Stahlverbundträger
18800 Teil 6	Stahlbauten; Bemessung bei nicht vorwiegend ruhender Belastung	DS 804
18800 Teil 7	Stahlbauten; Herstellung	DIN 1000, DIN 4100 Bbl. 1 + 2
18800 Teil 8	Stahlbauten; Erhaltung	für Korrosionsschutz DIN 55928 Teil 1 bis Teil 9
18801	Stahlhochbauten	DIN 1050; DIN 4100
18802	Niedrigdruckgasbehälter und oberirdische Tankbauwerke	DIN 3397; DIN 4119 T1, T2
18803	Türme und Maste	(DIN 4131)
18804	Kranbahnen	DIN 4132
18805	Stahlschornsteine	DIN 4133
18806	Verbundkonstruktionen im Hochbau	Richtlinien für Stahlverbundträger
18807	Stahltrapezprofile	
18808	Hohlprofile im Stahlbau	DIN 4115
18809	Stählerne Straßenbrücken	DIN 1073, DIN 1079, DIN 4101
18810	Verbundträger-Straßenbrücken	Richtlinien für Stahlverbundträger

Nach den Grundsätzen des DIN werden alte Normen zurückgezogen, wenn der gleiche Inhalt in neueren Normen geregelt ist. Zur Zeit der Abfassung des Manuskriptes waren alle „alten" Normen noch gültig und lediglich DIN 18800, Teil 1 erschienen.

Als *Grundnorm* für Stahlbauten galt bislang de facto DIN 1050 (Stahlhochbau) ungeachtet der nominellen Einschränkung auf den Hochbau.

Die Teile dieser Norm, die Grundlagencharakter hatten, zusammen mit entsprechenden Festlegungen aus anderen Regelwerken (hochfeste Schrauben, Schweißverbindungen) wurden Inhalt der neuen Norm DIN 18800 Teil 1, die als erste Grundnorm des Stahlbaus bei Herausgabe dieses Buches im Weißdruck vorliegt. (Sie mußte noch auf das Bemessungskonzept „zulässige Spannungen unter Nutz-

lasten“ abgestellt werden, weil andere gültige Normen für den Stahlbau noch danach ausgerichtet sind.)
Mit der *Umstellung* auf das Bemessungskonzept „zulässige Beanspruchungen unter γfachen Lasten“ wurde begonnen. Die Norm für den *Stabilitätsnachweis* von Stabwerken – DIN 18800, Teil 2 – wird die erste Norm sein, in der dieses neue Konzept berücksichtigt wurde. – In den Einführungserlassen zu den Normen der Reihe DIN 18800 wird das befristete Nebeneinander mit DIN 1050, DIN 4114 usw. geregelt.
Hier sei deshalb nur folgendes angemerkt:
Ein Bauwerk darf im Zweifelsfall vollständig entweder nach der *alten* oder nach der *neuen* Norm bemessen werden.
Die Einführungserlasse haben unter anderem den Zweck, für die Übergangsphasen unzweideutige Regelungen zu treffen.
Die Normen des Stahlbaus sind in den DIN-Taschenbüchern 69 (Hochbau) und 144 (Industriebau; Brückenbau) zusammengestellt.

8.1.3.4 Euro-Normen

Die den Werkstoff Stahl (Lieferbedingungen, mechanische Prüfungen, chemische Analysen) und die Halbzeuge betreffenden Normen sind weitgehend übereinstimmend mit entsprechenden DIN-Normen auch als Euro-Normen erschienen, was auf den jeweiligen DIN-Normen besonders vermerkt ist.
(Euro-Normen werden im Rahmen der Europäischen Montan-Union ausgearbeitet und von der hohen Behörde der EG für Kohle und Stahl, Luxemburg, in den Sprachen Deutsch, Französisch, Italienisch und Niederländisch herausgegeben; Bezug: Beuth-Vertrieb.)
Zur Zeit existieren 145 dieser Normen. Die ersten Euro-Normen sind 1955 erschienen, also 6 Jahre vor Gründung des hiermit nicht zu verwechselnden Europäischen Komitees für Normung (CEN).

8.1.3.5 Eisen und Stahl

Im „Normenausschuß Eisen und Stahl“ – bekannt unter der Abkürzung FES – werden die zwei im Grunde voneinander unabhängigen Normenreihen „Gütenorm“ (DIN-Taschenbuch Nr. 4; ca. 50 Normen abgedruckt) und „Maßnormen“ (DIN-Taschenbuch Nr. 28; ca. 80 Normen abgedruckt) erarbeitet.
In beiden Fällen sind für einen großen Teil der DIN-Normen Euro-Normen und ISO-Empfehlungen mit gleichem Inhalt vorhanden, was den Gegenüberstellungen in den Taschenbüchern entnommen werden kann.
Für den konventionellen Stahlbau sind von den Gütenormen hauptsächlich die von Interesse, die in den Berechnungsnormen erwähnt werden bzw. deren Stähle dort vorausgesetzt werden, also hauptsächlich DIN 17100 – *allgemeine Baustähle* – und DIN 17200 – *Vergütungsstähle.*
Die Maßnormen des FES betreffen, soweit es den Stahlbau betrifft, das sog. „Halbzeug“, also Bleche, Bänder, Flachstahl, Kantstahl, Draht und Profilstahl, nicht aber Schrauben und andere Verbindungselemente, für die ein eigener Normenausschuß vorhanden ist (Abschnitt 8.1.3.7).

8.1.3.6 Materialprüfung für metallische Werkstoffe

Diese Normen des Normenausschusses „Materialprüfung“ sind in den Taschenbüchern 19 (Probenahme und Abnahme, Prüfgeräte, Prüfmaschinen, mechanisch-technologische Prüfverfahren; ca. 90 Normen) und 56 (physikalische Prüfverfahren, Prüfung von Überzügen, Korrosion, Klima, zerstörungsfreie Prüfverfahren; ca. 70 Normen) zusammengestellt.
Der Bauingenieur hat in der Regel nur eine sporadische Kenntnis von dieser Materie, da er mit den meisten Prüfverfahren nicht konfrontiert werden wird. In dem Maße, in dem die Sicherheit eines Bauwerks mehr als bisher ausgenutzt wird durch systematische Anwendung der Wahrscheinlichkeitsrechnung, des Traglastverfahrens und der Möglichkeit, mit automatengesteuerten Anlagen eine Feindosierung der Materialverteilung zwecks „Optimierung“ der Konstruktion vorzunehmen, gewinnt die Kontrolle schlechthin von der Fertigung des Ausgangsmaterials über die Montage bis zur Zustandskontrolle fertiger Bauwerke künftig sicher an Bedeutung. Man sollte die vorhandenen Möglichkeiten kennen. Der Stahlbau hat den großen Vorteil gegenüber anderen Bereichen, daß sowohl zerstörungsfrei als auch durch Entnahme kleiner, für das Bauwerk unschädlicher Proben wesentliche Zustandskontrollen durchgeführt werden können.

8.1.3.7 Mechanische Verbindungselemente

Hierfür gibt es einen speziellen Normenausschuß mit gleichem Namen (FMV) seit 1971.
Vom Beuth-Verlag sind drei Taschenbücher (TAB) herausgegeben worden, in denen mehr als 300 Normen abgedruckt sind:
TAB 10 Maßnormen für Schrauben, Muttern und Zubehör
TAB 43 Bolzen, Stifte, Nieten, Keile, Stellringe, Sicherungsringe
TAB 55 Grundnormen, Gütenormen und Technische Lieferbedingungen für Schrauben, Muttern und Zubehör.

Für den Stahlbauer sind nur einige wenige, in den Berechnungsnormen aufgeführte Normen wichtig, allen voran DIN 267 bzw. DIN-ISO 898: Schrauben, Muttern und ähnliche Gewinde- und Formteile, in der auch die wichtigen nichtrostenden Schrauben (im Teil 11) geregelt werden.
Mehr vielleicht als in anderen der hier angesprochenen Bereiche gibt es für Verbindungselemente ISO-Regelungen (vgl. z. B. Zusammenstellung im TAB 55).

8.1.3.8 Rohre, Rohrverbindungen und Rohrleitungen

Für den Stahlbau von Interesse sind einige der im DIN-Taschenbuch 15 „Normen für Stahlrohrleitungen" abgedruckten Normen, denn anders, als der Titel es ausdrückt, sind hier auch die Normen
DIN 1626 (geschweißte Stahlrohre) und
DIN 1629 (nahtlose Rohre) abgedruckt (beide auch vom FES getragen).
Für Rohre gibt es übrigens auch eine „Übersichtsnorm" DIN 2410, Teil 1:
Rohre, Übersicht über Normen für Stahlrohre.

8.1.3.9 Schweißtechnik

Die Schweißtechnik ist heute die dominierende Verbindungstechnik des Stahlbaus, da sie in ungleich besserem Maße als Schrauben oder gar Nieten einer Automatisierung und einer materialsparenden Anpassung an konstruktive Wünsche zugänglich ist.
Die Folge ist ein umfangreiches Regelwerk, von dem die DIN-Normen nur einen Teil darstellen, vgl. auch Abschnitt 8.1.6.4.
In den DIN-Taschenbüchern 8 (Schweißtechnik 1) und 65 (Schweißtechnik 2) sind mehr als 150 Normen des DIN, die überwiegend im NAS (Normenausschuß Schweißtechnik) erarbeitet wurden, zusammengestellt.
Die Zusammenstellung enthält auch die Regelungen für thermisches Schneiden und Spritzen, für Löten und für Auftragschweißen.
Auch hier liegt ein umfangreiches internationales Regelwerk vor, das in den Taschenbüchern aufgelistet ist.

8.1.3.10 Drahtseile

Über dieses für Sonderzwecke des Stahlbaus (Antennen, Schrägseilbrücken) wichtige Konstruktionselement hat der Stahlbauer in der Regel zu wenig Kenntnisse.
Die Normen werden im Normenausschuß Stahldraht und Stahldrahterzeugnisse erarbeitet und sind im TAB 59 – Normen über Drahtseile – zusammengestellt (ca. 75 Normen). Die Zusammenstellung enthält auch die Normen für das Zubehör (Drahtseilklemmen, Kauschen, Seilhülsen, Spleiße) und über die Prüfung und auch Auszüge aus den relevanten Fachnormen des Stahlbaus.

8.1.4 Zulassungen, Prüfzeichen

Die nachfolgende Übersicht, Tabelle 8.1–6, zeigt zunächst, welche Bereiche aus dem Gesamtkomplex den Stahlbau tangieren.
Die z.Z. vorhandenen Zulassungen für den Bereich Stahlbau sind anschließend aufgelistet mit stichwortartiger Angabe interessanter Merkmale.
Bezugsquelle für die jeweils neuesten Zulassungsbescheide ist *nicht* das Institut für Bautechnik, sondern die Fraunhofergesellschaft in Stuttgart, Silberburgstr. 119a. Außerdem werden Zulassungsbescheide als Lose-Blatt-Sammlung herausgegeben [21].

Tabelle 8.1–6 Institut für Bautechnik (IfBt) Zulassungs- und Prüfzeichenbereiche für den Stahlbau

Sachverständigenausschuß	Zulassungen
Metallbau	Dächer, Decken, Behälter, Verbindungsmittel, Raumtragwerke, Verbundkonstruktionen
Fassaden	Fassadenkonstruktionen
Lager	Lager für Brücken und Hochbauten
Kunststoffe	Sandwichkonstruktionen, Traglufthallen
Treppen	Stahltreppen
Werkstoffe	neue Baustähle
Gerüste	Gerüstbauteile

8.1.4.1 Raumtragwerke

Unter Raumtragwerken verstehen wir solche Fachwerke oder Rahmentragwerke, bei denen die in den Knotenpunkten angreifenden Kräfte nur durch Berücksichtigung aller 3 Koordinaten des Raumes ermittelt werden können. Bevorzugte Anwendung sind Fachwerke als weitgespannte Dächer. Der numerische Aufwand für die Berechnung solcher Tragwerke ist in der Regel sehr hoch. Einfache, mit geringerem Aufwand errechenbare Anwendungen sind Türme und Fußgängerbrücken.
Während die Stäbe – meist Rohre – in herkömmlicher Weise beurteilbar sind, ist die Ausbildung des

Knotenpunktes häufig eine spezielle Erfindung, die sich der Beurteilung aufgrund des Standes der Technik entzieht. In solchen Fällen erfordert die Verwendung in der Bundesrepublik Deutschland eine allgemein bauaufsichtliche Zulassung.
Einige Raumtragwerke sind inzwischen zugelassen.
In den Zulassungsbescheiden wird, soweit möglich, auf bestehende Regeln verwiesen. In der nachfolgenden Tabelle 8.1–7 sind die der Regelung bedürftigen Dinge besonders vermerkt.

Tabelle 8.1–7 Zulassungen für Raumtragwerke

Bezeichnung	Knotenpunktausbildung	Regelungen hauptsächlich für
Mero	massive Kugel mit bis zu 18 Innengewindeanschlüssen	Knotenpunkt (Vollkugel St 52 oder St 60) Bolzen (5.6, 8.8 oder 10.9)
Mannesmann	Hohlkugel mit angeschweißten Rohrstümpfen. Rohranschluß durch Verschraubung	Knotenpunkt, Toleranzen
Waco	plattgedrückte Rohrenden werden zwischen quadratischen Platten mit jeweils 4 Schrauben zusammengehalten	Exzentrizität im Knoten
Myläus	Hohlkugel mit Innengewinde	Knotenpunkt, Bolzen (8.8)

8.1.4.2 **Dächer aus dünnwandigen Blechen** (vgl. Tabelle 8.1–8)

Zu unterscheiden sind die Regelungen, die sich auf das tragende Blech samt Befestigung beschränken, weil der übrige Teil nach technischen Baubestimmungen beurteilt werden kann, und solche, bei denen auch die Unterkonstruktion in die Regelung einbezogen wird (Hallensysteme oder Regelungen für dünnwandige Dachpfetten).
Im ersten Fall sind verschiedene Werkstoffe (Stahl, Aluminium, Kupfer) üblich. Zahlenmäßig sowohl hinsichtlich der Zulassungsbescheide als auch beim Einsatz überwiegt das ebene Faltwerk, z. B. das sog. Trapezblechdach, das meist mit obenliegender Wärmedämmung verwendet wird. Eine Norm für Trapezbleche ist in Vorbereitung. Die Dünnwandigkeit bewirkt theoretisch nur schwer erfaßbare Stabilitätserscheinungen und sonst ungewohnte Probleme bei der Befestigung [12].

8.1.4.3 **Decken aus dünnwandigen Blechen** (vgl. Tabelle 8.1–9)

Zu unterscheiden sind Decken, bei denen rechnerisch nur das Blech trägt (Stahldecken) und Verbunddecken. Für beide Arten gibt es Zulassungen.
Der Einsatz von Blechen als verlorene Schalung (Stahlbetondecken) bedeutet eine Erleichterung gegenüber den anderen beiden Möglichkeiten, weil der Einsatz nur vorübergehend erfolgt und Dauerhaftigkeitsfragen (Korrosion und Brandschutz) dadurch gegenstandslos werden. Besondere Regelungen erfolgen dafür nicht, die Zulassungen für Stahldecken und Verbunddecken sind sinngemäß – evtl. bei Unterschreitung der Mindestblechdicke – zu verwenden. In einigen Bescheiden sind entsprechende Hinweise enthalten.
Interessant ist die Kombination Stahldecke + Stahlbetondecke [13].

Tabelle 8.1–9 Zulassungen für Decken aus dünnwandigem Blech

Bezeichnung	Art	zugelassener Bereich	Besonderheiten
Stahl-Trapezblechdecke (ca. 6 Hersteller)	Trapezblech mit Aufbeton (ohne Verbund) oder anderem lastverteilenden Belag	ab 0,88 mm Blechdicke	Schubfeldverformung nur im Bauzustand wichtig
Holorib / Hoesch	Schwalbenschwanzförmiges Trapezprofil mit Enddübel als *Verbunddecke*	ab 0,88 mm Blechdicke, für verlorene Schalung ab 0,75 mm	„Enddübel" auch durch Blechverformung („Hammerschlag") (statt Bolzen o. ä.)
Reso	Trapezprofil mit Obergurt-Perforierung als Verbunddecke	ab 1 mm Blechdicke	große Stützweiten erfordern im Bauzustand Hilfsstützen. Keine Enddübel erforderlich

Tabelle 8.1–8 Zulassungen für Dächer aus dünnwandigem Blech

Bezeichnung	Art und Material	zugelassener Bereich	Wärme-schutz	Berechnung	Besonder-heiten
Stahl-Trapezblech (ca. 20 Hersteller)	profiliertes verzinktes Stahlblech	ab 0,75 mm Blechdicke, auch als Schubfeld	in der Regel obenliegende Wärmedämmung	Traglastverfahren zugelassen	
Thyssen-Thermodach	profiliertes verzinktes Stahlblech	ab 0,75 mm Blechdicke, auch als Schubfeld	vorfabrizierte obenliegende Wärmedämmung bis 2,24 m^2 K/W	Traglastverfahren zugelassen	Erleichterung in der Untergurtbefestigung
DLW Typ T	profiliertes verzinktes Stahlblech	ab 0,75 mm Blechdicke, auch als Schubfeld zul. Feldmoment bis 15 KNm/m		–	
DLW Typ TR 115	profiliertes verzinktes Stahlblech	ab 0,75 mm Blechdicke, auch als Schubfeld 6,1 KNm/m	vorfabrizierte obenliegende Wärmedämmung bis 1,24 m^2 K/W	–	
Armco-Eurotec –Dach	profiliertes verzinktes Stahlblech mit kaltprofilierten Pfetten	ab 0,65 mm Blechdicke, Stützweite 2,4 m ab 2,5° Dachneigung	untenliegende Wärmedämmung	auch Nachweis der Pfetten geregelt	Klemmverbindung
Commercial-Dachsystem	profiliertes verzinktes Stahlblech	0,55 mm Blechdicke Blech 1,53 m Stützweite, Pfetten bis zul. M = 12,7 KNm	untenliegende Wärmedämmung		für Hallen
Butler	profiliertes Blech	Stahl ab 0,66 mm oder Alu ab 0,9 mm, mind. 2% Dachneigung bis 2 m Stützweite	untenliegende Wärmedämmung		
Rib-Roof	profiliertes Blech	Stahl ab 0,62 mm, Alu 0,7 und 0,8 mm mind. 3% Dachneigung bis 2 m Stützweite	untenliegende Wärmedämmung		Klemmverbindung
Forges	profiliertes Stahlblech	Blechdicke ab 0,75 mm zul. M bis 3,95 KNm/m	obenliegende Wärmedämmung		Kassettentafeln mit Trapezblech-Oberschale
Ross	profiliertes Stahlblech	Blechdicke ab 0,75 mm zul. M bis 4,41 KNm/m	obenliegende Wärmedämmung		Kassettentafeln m. Trapezblech-Oberschale
TI-Metsec	Z-Pfetten	Blechdicke 1,5 mm Pfettenhöhe 262 mm Wy = 93 cm^3			
Multibeam	Σ-Pfetten	Blechdicke 1,5 mm Pfettenhöhe 300 mm Wy = 99 cm^3 und mehr			
Wuppermann	Z-Pfetten	ab 3% Dachneigung bis 7,5 m Stützweite Blechdicke ab 2 mm Pfettenhöhe bis 200 mm			Pfettenhauptachse stets lotrecht
Metal Trim	Z-Pfetten	1,6 mm / 240 mm / 91 cm^3 / 20°			
Alu-Trapezbleche ca. 8 Hersteller	profiliertes Alu-Blech ohne oder mit verschiedener Oberflächenbehandlung	ab 0,6 mm Blechdicke, kein Schubfeld, max. Stützweite 4 m bis 8 m zul. Dachneigung mind. 2% bis 9%	in der Regel untenliegende Wärmedämmung	kein Traglastverfahren	in der Regel Dachneigung abhängig von Stützweite
Kal-Zip	profiliertes Alu-Blech	ab 0,7 mm bis 1,44 KNm/m	untenliegende Wärmedämmung		Lichtbahnen möglich, Falzverbindung
FD-Formfalzdach		ab 0,7 mm bis 1,6 KNm/m ab 2,6% Dachneigung			
Para-Dachschale	doppelt gekrümmte Schale aus Stahlblech	ab Blechdicke 1,5 mm bis 20 m Stützweite			Baubreite mind. 4,9 m Lichtbahnen möglich
TECU	Kupferdach	Blechdicke ab 0,6 mm bis zul. Feldmoment 0,88 KNm/m bis 2 m Stützweite ab 3% Dachneigung	untenliegende Wärmedämmung		mit eingewalzten Rohren als Absorber für Wärmepumpen verwendbar

8.1.4.4 Fassadensysteme

Vom weitergefaßten Begriff sind hier nur solche Fassaden zu betrachten, die entweder eine Blechhaut (Stahl, Aluminium, Kupfer, Edelstahl) aufweisen, oder die mit stahlbaumäßigen Mitteln befestigt werden.
Wird davon ausgegangen, daß im Innern eines Gebäudes unabhängig von der Jahreszeit ein weitgehend konstantes Klima herrscht, so fällt der Fassadenkonstruktion die Aufgabe zu, zwischen diesem konstanten Klima und dem variablen Außenklima den Ausgleich zu bewirken: Wärmedämmung, Hinterlüftung und zwangarme Befestigung sind die dafür notwendigen Maßnahmen.
Das Regelwerk, mit dem die Mehrzahl der konstruktiven Belange erfaßt werden, ist die künftige DIN 18516. Zur Zeit des Redaktionsschlusses galt noch der Vorläufer der Norm, die „Richtlinien für Fassaden mit und ohne Unterkonstruktion".
Es handelt sich hier um eines der wenigen Regelwerke, in denen Versuche als Eignungsnachweis detailliert geregelt sind.
Fassadenkonstruktionen, die nicht nach diesem Regelwerk beurteilbar sind, bedürfen einer Zulassung. Das Regelwerk selbst gibt ausreichend Hinweise, welche Fälle das sind.
Ausgenommen davon sind solche nicht geregelten Fassadenkonstruktionen, die aufgrund alter handwerklicher Regeln seit langem gebräuchlich und bewährt sind und kleinformatige Fassadenteile sowie Fassaden an Gebäuden unter 8 m Höhe bzw. mit weniger als 3 Vollgeschossen. *Wände,* die mit Hilfe von Feinblech gebaut werden, fallen nicht unter den hier behandelten Bereich.
Bisher handelt es sich bei den Zulassungen nur um hinterlüftete Fassadenkonstruktionen mit Aluminiumunterkonstruktionen (seltener: kunststoffbeschichteter verzinkter Stahl). Verwendet werden entweder Fassadenplatten aus Asbestzement (ca. fünf verschiedene Systeme) oder Platten aus organischen Baustoffen: Kunstharzbeton (zwei Systeme), glasfaserverstärkter Kunststoff (ein System) und Polyäthylen (PE; ein System).
Je nach System ist entweder die Bauwerkswand vor der Montage parallel zum Tragprofil herzurichten oder die Unebenheit durch die Unterkonstruktion auszugleichen.
Werden Bauwerkswände mit Blech verkleidet, so ist die Fassadenrichtlinie bzw. nach ihrem Erscheinen DIN 18516 zu beachten.
Es gibt Fassadensysteme mit Hinterlüftung, die für Sanierungen und für Neubauten verwendet werden, bei denen die Fassadenplatten aus den verschiedensten Materialien sind, deren Befestigung an der Bauwerkswand aber mit einer Metall-Unterkonstruktion – in der Regel mit Aluminium – erfolgt. Die Konstruktion muß drei Bedingungen erfüllen: sie muß ausreichenden Zwischenraum für die Wärmedämmung ermöglichen, sie muß standsicher (für alle Zeiten) sein und muß Temperaturdehnungen zwischen den außerhalb der Wärmedämmung liegenden Teilen und der die Fassade tragenden, wärmegedämmten Mauer ermöglichen. Hier hat sich noch kein einheitliches, einer Normung zugängliches Konzept durchgesetzt, so daß zunächst die Verwendung durch Zulassungen – derzeit ca. zehn verschiedene – ermöglicht werden muß. Wegen der Unzugänglichkeit müssen hier übrigens die Verbindungsmittel erheblich konservativ hinsichtlich des Korrosionsschutzes behandelt werden. Derzeit wird nichtrostendes Material verlangt.

8.1.4.5 Verbundtragwerke

8.1.4.5.1 Verbund Stahl–Beton

In den Verbundträgerrichtlinien bzw. in der diese ablösende Norm werden Sonderlösungen nicht erfaßt. Die besonderen Überlegungen eines sachgerechten Tragsicherheitsnachweises erfordern u. a. die Regelung durch Zulassungen. Hier handelt es sich jedoch bisweilen um Grenzfälle der Zulassungsnotwendigkeit (Beispiel: Preflex).
Vorspannungen einer Beton-Zugzone erhöhen die Steifigkeit und ermöglichen damit die Ausnutzung der hohen zulässigen Spannungen hochfester Stähle.
Eine Übersicht über die bei Redaktionsschluß zugelassenen Systeme gibt Tabelle 8.1–10.
Die Regelungen betreffen in erster Linie die Bewertung der Verbundmittel und der evtl. kritischen Bauzustände, weiterhin die zeitabhängigen Spannungsumlagerungen.

8.1.4.5.2 Sandwichbauart (8.1–11)

Zu den Verbundtragwerken gehören auch die Sandwich-Konstruktionen, die hauptsächlich für Wände verwendet werden. Es handelt sich um dünnwandige Bleche – Metallhäute –, zwischen denen sich aufgeschäumter Kunststoff befindet, der schubfest mit den Außenblechen verbunden ist. Vgl. [14].

8.1.4.6 Behälter (vgl. Tabelle 8.1–12)

Behälter wurden bislang als Silos (Schüttgut oder Gärfutter) und als Tanks (Gülle) zugelassen. Sämtliche Behälter sind aus Stahl. Zulassungsgründe sind die Unterschreitung der normenmäßigen Mindest-

Tabelle 8.1–10 Verbundtragwerke

Bezeichnung	Art	zugelassener Bereich	Besonderheiten		
			Anwendung und Konstruktion	Berechnung	Herstellung
Preflex	Doppelverbund-träger	Brücken- und Hochbau		weitgehend Anlehnung an DIN 4227	Vorkrümmung des Stahlträgers
Spanngurt	Doppelverbund-träger	Brücken- und Hochbau	angehängter Beton-Spanngurt	weitgehend Anlehnung an DIN 4227	Vorspannung des Beton-Spanngurtes
Hambro	Rundstahl-Fachwerk	Hochbau	Auflagerschuh und Wellstegobergurt		provisorische Stabilisierung des Obergurtes
Tausky	Klebverbund, Stahllamellen / Stahlbeton	Hochbau	Kombination neuer Stahllamellen mit alten Betonkonstruktionen	Nutzung plastischer Reserven	vorgeschriebene Temperatur- und Feuchte-Bereiche

Tabelle 8.1–11 Sandwichbauteile

Bezeichnung	Art	zugelassener Bereich	Besonderheiten
Laminoir	Dach- und Wandelemente glatt und profiliert	ab 0,63 mm bis Feldmoment 1,7 KNm/m	Bemessung auf Temperaturdifferenzen erforderlich
Monopanel	Dach- und Wandelemente glatt und profiliert	ab 0,60 mm bis Feldmoment 1,6 KNm/m	Bemessung auf Temperaturdifferenzen erforderlich

wanddicke, nicht stahlbaugemäße Verbindungen (Falze, Überlappverschraubungen) und neuartige, nicht elementar beurteilbare Konstruktionen (z. B. Kräfteübertragung von Wellblech auf Profilstahl). Gegenstand der Regelung ist primär die Wandkonstruktion, während das Dach und das Fundament sich nach technischen Baubestimmungen beurteilen lassen. Beides wird jedoch, soweit möglich, in der Zulassung mit abgehandelt.
Zugelassene Silos haben bislang keine Standzargen. Die Überwachung der Werksfertigung ist bei Silos von sekundärer Bedeutung.

Tabelle 8.1–12 Behälter

Bezeichnung	Art	zugelassener Bereich	Bemerkungen
Blechtafel-Behälter für Gärfutter und für Gülle	Emaillierte gekrümmte Blechtafeln werden miteinander verschraubt zu kreiszylindrischen Behältern	für Gärfutter: max. Durchmesser ca. 8 m, max. Silohöhe ca. 25 m; als Güllebehälter: max. Durchmeser 17 m, max. Höhe 4,40 m	Zulassungsgrund u. a.: stahlbauunübliche Schraubverbindungen und Korrosionsschutz, geringe Blechdicken, unübliche Abdichtung
Spiralgefalzter Behälter (System Lipp) für Gärfutter und für Gülle	Kreiszylindersilo, Mantel wird durch Spiralfalzung hergestellt	max. Durchmesser 6 m max. Höhe 15 m	Zulassungsgrund: als Stahlbauverbindung unübliche Falzung
Wellblech-Getreidesilo mit Stützen, ohne Trichter (3 Zulassungen)	Wellblechtafeln werden miteinander und mit C-Stützen zu einem tragfähigen kreiszylindrischen Behälter montiert	max. Durchmesser ca. 15 m max. Höhe ca. 17 m	unübliche Konstruktion mit schwierig zu beurteilender Tragfähigkeit
Wellblech-Kraftfuttersilo mit Trichter (3 Zulassungen)	Wellblechtafeln werden miteinander zu einem kreiszylindrischen Behälter verschraubt und auf / mit einer Stützkonstruktion verbunden	max. Durchmesser ca. 3 m max. Höhe ca. 11 m Schrauben ab M 8 und vorgespannt	unübliche Konstruktion mit schwierig zu beurteilender Tragfähigkeit
Kreiszylindr. Getreidesilo mit oder ohne Trichter (Tornado-Silo)	verschraubte stählerne Blechsegmente; glatte Innenwand	Blechdicke ab 1,5 mm; in den Dimensionen nicht beschränkt	nur in Innenräumen zugelassen
Getreidesilo mit rechteckigen Zellen	ebene Blechtafeln werden zu rechteckigen Zellen montiert	max. Höhe 9,24 m; durch Kombination mehrerer Zellen beliebig großer Grundriß	nur in Innenräumen zugelassen
Getreide-Großsilo mit Verbundstützen	Wände aus gefaltetem Stahlblech, durch Falzung verbunden	durch Zellenkombination beliebige Größe	ungewöhnliche Kombination unterschiedlichster Tragwirkung

8.1.4.7 Gerüste

Es wird normenmäßig unterschieden zwischen Arbeitsgerüsten und Traggerüsten [18]. Hinsichtlich der Regelung war bisher zu unterscheiden zwischen Zulassungen für Gerüste und Prüfzeichen für Gerüstbauteile.
Grundlage ist DIN 4420 (Gerüstordnung) und DIN 4421.
Eine Übersicht über die derzeitige Zulassungssituation gibt die Tabelle. Auf diesem Gebiet ist die Zahl ausländischer Produkte besonders groß.
Eine europäische Norm (CEN) ist in Bearbeitung.

Tabelle 8.1–13 Bereich Gerüste – Zulassungen und Prüfzeichen

Anzahl etwa	Art	Bemerkung
50	Fassadengerüste Zulassungen	fast ausschießlich Stahlprofile; für Kerntechnik und für Fälle, in denen geringe Gewichte ausschlaggebend sind gibt es auch Fassadengerüste aus Aluminium
5	Traggerüste Zulassungen	Zulassung betrifft nur die hier notwendigen leicht lösbaren, nur für Gerüstbauzwecke entwickelten Verbindungen. Ansonsten gelten die Regeln des konventionellen Stahlbaus.
70	Baustützen aus Stahl mit Ausziehvorrichtung	Prüfzeichen gem. Prüfzeichenverordnung
10	Längenverstellbare Schalungsträger	Prüfzeichen gem. Prüfzeichenverordnung
50	Stahlrohrgerüstkupplungen mit Schraub- oder Keilverschluß	Prüfzeichen gem. Prüfzeichenverordnung

8.1.4.8 Baustahl

8.1.4.8.1 Hochfeste Stähle

Bekanntlich führte die Tatsache, daß das Streckgrenzverhältnis zwischen St 52 und St 37 stets merklich größer war als das Preisverhältnis, nicht dazu, daß die Mehrzahl der Stahlbauten aus St 52 errichtet wurde. Im Hochbau und überall dort, wo aus Gründen der Steifigkeit (Mindestblechdicke, Stabilität) der Einfluß des Elastizitätsmoduls ausschlaggebend ist, wird St 37 verwendet, der auch hinsichtlich der Verarbeitung (Schweißen) geringeren Aufwand bedeutet. Die Verwendung von St 52 ist eher eine Ausnahme.
Dies ist auch der Grund, warum aus der größeren Palette der Baustähle nach DIN 17 100 nur diese 2 Sorten im Bauwesen verwendet wurden. Zwischengrößen lohnen sich nicht.
Um in Sonderfällen *Baustähle mit noch höheren Festigkeiten* verfügbar zu haben, wurden Richtlinien für die hochfesten Stähle StE 47 und StE 70 erarbeitet (DASt-Ri 011, siehe Abschnitt 8.1.5), deren bauaufsichtliche Verwendbarkeit durch eine bauaufsichtliche Zulassung ermöglicht wurde.

8.1.4.8.2 Nichtrostende Stähle

Unübersehbar sind die Fälle, in denen einzelne Bauteile aus nichtrostendem Metall gefertigt werden müssen.
Scheidet Aluminium z. B. wegen zu geringer Festigkeit aus, so ist die Verwendung nichtrostenden Stahls naheliegend.
Die Stoffnorm DIN 17 440 – nichtrostende Stähle – enthält eine große Palette von ferritischen und austenitischen Stählen. Vier der austenitischen Stähle wurden davon ausgewählt und allgemein bauaufsichtlich zugelassen. Dabei wurden die Eigenschaftsforderungen so formuliert, daß eine unmittelbare Verwendung der Bestimmungen in den Anwendungsnormen für die Stähle St 37 und St 52 möglich war, d. h. daß je nach Bearbeitungszustand diese vier Stähle einem St 37 oder einem St 52 zugeordnet werden konnten. Dies betrifft jedoch nicht die Stabilität und die Ermittlung von Verformungen. Der E-Modul von nichtrostendem Stahl, dessen Legierungsbestandteile bekanntlich um mehr als eine Zehnerpotenz höher sind als die von anderem Baustahl, ist rund 10% niedriger, der Wärmeausdehnungskoeffizient ist merklich größer und die Spannungs-Dehnungslinie verläuft nicht in der gewohnten Art, so daß eine Neuberechnung von Knickzahlen notwendig war.

8.1.4.8.3 Wetterfeste Stähle

Diese werden nicht durch allgemeine bauaufsichtliche Zulassung geregelt. Es gibt hierfür eine DASt-Richtlinie (DASt-Ri 007), deren Anwendung bei nicht zustandsüberwachten Bauten eine Zustimmung im Einzelfall seitens der obersten Baubehörde voraussetzt.

8.1.4.8.4 Sonderfälle

Während, wie erwähnt, Zwischengüten für die allgemeine Verwendung nicht lohnend sind, ergibt sich für Sonderfälle bisweilen der Wunsch, solche zu verwenden. Wenn eine entsprechende Gütekontrolle erfolgt, kann diesem Wunsch im Rahmen einer Zulassung stattgegeben werden.
Es handelt sich dabei in aller Regel um ausländische Hersteller, die die Zwischengüte St 44 verwenden und kein Verständnis dafür haben können, daß bei uns diese Zwischengüte im Bauwesen nicht allgemein gebräuchlich und bewährt ist.
Zur Zeit der Abfassung dieses Berichtes gab es allerdings nur eine gültige Zulassung in dieser Rubrik, ein Antennentragwerk aus Dänemark.

8.1.4.9 Sonderfälle, sonstige Metallbauzulassungen

Außer den in der Tabelle 8.1–14 angegebenen Zulassungen sind zu den sonstigen Metallbauzulassungen auch einige Zulassungen für Stahltreppen zu zählen, bei denen die ungewöhnliche, Stahlbau-untypische Verbindung zwischen den einzelnen Stufen die Zulassungsursache ist. Diese Verbindungen ergeben sich aus der Forderung der Flexibilität für die Gestaltung und die möglichst rationelle problemlose Montagemöglichkeit – vergleichbar den Problemen bei den Traggerüstzulassungen.
Weiterhin sind hier noch zu erwähnen die Traglufthallen (drei Zulassungen). Sie fallen eigentlich unter die Rubrik Kunststoffbauteile. Nach den bisher erarbeiteten Grundsätzen muß für den „Katastrophenfall" ein stützendes, ausreichend sicheres Stahlgerippe vorhanden sein, während die Membrane nur für begrenzte Zeit haltbar ist. Näheres siehe [15].

Tabelle 8.1–14 Sonstige Zulassungen Metallbau

Bezeichnung	Art	zugelassener Bereich	Besonderheiten
Normatec	Rahmen-Rost aus stranggepreßten Alu-Profilen	ruhende Belastung in geschlossenen Räumen	Stützenabstand 2,30 m (Sechseckraster) oder 2,40 m (Quadratraster)
Alco-Bausystem „Trelement"	Aluminium-Rahmenrostsystem	Hochbau	HV-Verbindung mit M 16 und M 20
Verbindungsmittel	Verbindungs- und Befestigungsmittel für Stahlblech-Dächer, -Decken, -Fassaden: Bohrschrauben, Setzbolzen, Blindniete	Hochbau	wird in absehbarer Zeit durch Norm – DIN 18807/4 – ersetzt
MAN-Schweißnahtanschluß	Schweißverbindung mit Knoten aus flachgedrückten Rohrenden	Hochbau, hauptsächl. Hochregale. Rohr-Außendurchmesser 30–70 mm Wanddicke 3,2 bis 5 mm	Anschlußwinkel mind. 20° Werksfertigung

8.1.4.10 Brückenlager

Eine Norm (DIN 4141) ist in Bearbeitung (Entwurf der Teile 1–3 liegt bei Redaktionsschluß vor).
Brückenlager werden durch Zulassungen geregelt, wenn kleine Reibungszahlen (Rollenlager, Gleitlager) benutzt werden und wenn Kunststoff (PTFE, Elastomer) verwendet wird.
Es gibt Zulassungsbescheide für Rollenlager, Gleitlager, Topflager, Verformungslager, Kalottengleitlager und Verformungsgleitlager (vgl. Tabelle).
Ohne Zulassungen verwendbar sind Rollenlager aus niedrig legiertem Stahl, Führungslager mit der Reibungszahl 1,0 und stählerne Punktkipplager.
In den Zulassungen wird hauptsächlich folgendes geregelt:

1. Rückstelleigenschaften (Reibungszahl, Rückstellmoment)
2. Beanspruchungsgrenzen (Pressung, Verdrehung, Verschiebung, Verformung)
3. geometrische Grenzen (Durchmesser, Verhältnis Durchmesser zur Dicke, Toleranzen)
4. Herstellung und Güteüberwachung
5. Einbau

Im übrigen kann weitgehend auf andere Regelwerke (DIN 1073, DIN 1072, DIN 1075) verwiesen werden.

Tabelle 8.1–15 Brückenlager – Übersicht über den durch Zulassungen geregelten Bereich

Bezeichnung	Art	zugelassener Bereich	Hinweise
Rollenlager (4 Hersteller)	nichtrostender Stahl im Laufflächenbereich durch Auftragschweißung oder massiv	nur für gerade, ausreichend steife Brücken und ähnliche Konstruktionen	Wartung, insbesondere Säuberung unabdingbar, da Voraussetzung für niedrige Rollreibungszahl
Gleitlager (5 Hersteller)	In Stahlplatte eingelassene PTFE-Scheiben gleiten gegen Nirostablech. Verschiedene Lösungen für die Kippung: Stählerne Punktkippung, Kalottenlager oder Topflager	mit allseitiger Kippung gesamter Baubereich üblicher Temperatur; besondere Regelung bei Beweglichkeit in nur einer Richtung	besonderer Gleitflächenschutz und Wartung und Inspektion erforderlich; Normung angestrebt
Topflager (2 Hersteller)	Stahltopf, Elastomerfüllung, Dichtung und eingreifender Deckel	gesamter Baubereich üblicher Temperatur	als festes Lager oder mit Gleitteil zum Gleitlager kombiniert
Kalottenlager (3 Hersteller)	Kippung infolge Gleitung durch gekrümmte Fläche	wie Gleitlager	wie Gleitlager; als Translations-Gleitlager und als festes Lager möglich
bewehrtes Elastomerlager (ca. 6 Hersteller)	in Elastomer einvulkanisierte Stahlplatten tragen das Bauwerk	wie Topflager	keine Wartung; Normung begonnen
Verformungs-Gleitlager (ca. 6 Hersteller)	Kombination eines Gleitteils mit einem bewehrten Elastomerlager	wie Gleitlager	abhängig von der Kombination und der rechnerischen Ausnutzung kann Wartung wie bei Gleitlagern erforderlich sein oder völlig entfallen

8.1.5 DASt-Richtlinien

Die sachliche Erarbeitung der Richtlinien des Deutschen Ausschusses für Stahlbau erfolgt in den Unterausschüssen des DASt, über deren aktuellen Stand einschließlich der personellen Besetzung der Stahlbaukalender informiert.
Soweit die DASt-Ri als Vorläufer oder Ersatz von Normen anzusehen sind, die bauaufsichtlich relevant sind, wurden, wie weiter oben erläutert, DASt-Ri auch bauaufsichtlich eingeführt. Eine wichtige Randbedingung für die Erarbeitung von Normen – die paritätische Besetzung der Beratungsgremien – ist auch beim DASt gegeben.
Die Erstellung von DASt-Ri ist schon wegen der Vermeidung einer Entwurfsveröffentlichung schneller möglich als die Erstellung einer DIN-Norm, so daß bei Regelungsbedürftigkeiten die DASt-Ri eine nützliche Möglichkeit zur Überwindung eines zeitlichen Engpasses sein kann.
In der Tabelle 8.1–16 sind die bisher erarbeiteten DASt-Ri aufgelistet.
Zu den Regelwerken des DASt ist auch das Ringbuch für typisierte Verbindungen zu zählen, dessen Veröffentlichung erst nach sorgfältiger Prüfung erfolgte.
Neueste Entwicklungen siehe auch [19].

Tabelle 8.1–16 DASt-Richtlinien

Nr.	Titel	wesentlicher Inhalt	Bemerkung
001	Richtlinien für Verbindungen mit Schließringbolzen im Anwendungsbereich des Stahlhochbaus mit vorwiegend ruhender Belastung (Februar 1970)	Regelung der Bemessung als Gleitverbindung oder als Scherverbindung von Schließringbolzen der Güte 8.8.	Zu dieser Richtlinie gibt es eine Ergänzung und Erweiterung auf nicht vorwiegend ruhende Beanspruchung in Form einer Zulassung für Huck-Bolzen der Fa. Tiedgemeier/Osnabrück. Dabei wurde auch eine Anpassung an die Bemessungsregeln der DASt-Ri 010 vorgenommen
002	Vorläufige Empfehlungen zur Wahl der Stahlgütegruppen für geschweißte Stahlbauten (1960)		durch DASt-Ri 009 überholt
003	Vorläufige Richtlinien für HV-Verbindungen		durch DASt-Ri 010 überholt
004	Vorläufige Empfehlung für die Anwendung der elektrischen Widerstandspunktschweißung im Stahlbau. Mai 1962		Technisch überholt, der Sachverhalt wird in anderen Normen – z. B. DIN 18 800/1 – geregelt
005	Ergänzung zu den HV-Richtlinien März 1967		durch DASt-Ri 010 überholt

Tabelle 8.1–16 DASt-Richtlinien (Fortsetzung)

Nr.	Titel	wesentlicher Inhalt	Bemerkung
006	Überschweißen von Fertigungsbeschichtungen (FB) im Stahlbau. 1980	Gütesicherung der Fertigungsbeschichtungen; Gütesicherung beim Überschweißen (Betriebsprüfung, Überwachung), Herstellung der Arbeitsproben	keine direkte bauaufsichtl. Einführung; an entsprechend erweiterten großen Eignungsnachweis nach DIN 4100 gekoppelt
007	Lieferung, Verarbeitung und Anwendung wetterfester Baustähle. November 1979	chem. Zusammensetzung, Wärmebehandlung, Prüfung der Abrostung (Wanddickenmessung) und Angaben über den Einfluß auf die Wetterfestigkeit dieser Stähle. Mindestdicke 3 mm	Die neue Richtlinie geht aufgrund neuer Erkenntnisse lediglich von erheblicher Erhöhung des Widerstands gegen atmosphärische Korrosion aus
008	Richtlinien zur Anwendung des Traglastverfahrens im Stahlbau	Traglastverfahren für 1- und 2geschossige unverschiebliche Hochbautragwerke	bauaufsichtlich eingeführt
009	Empfehlungen zur Wahl der Stahlgütegruppen für geschweißte Stahlbauten	abhängig von den Beanspruchungskriterien Temperatur / Ausnutzungsgrad / Bauteilbedeutung wird, nach Blechdicke gestaffelt, die Gütegruppe bestimmt	bauaufsichtlich indirekt (mit DIN 4100 etc.) eingeführt
010	Anwendung hochfester Schrauben im Stahlbau	Bemessungsregeln für vorgespannte und nicht vorgespannte Schrauben der Güte 10.9	bauaufsichtlich eingeführt. Ist durch Fertigstellung der Grundnorm DIN 18800 Teil 1 hinfällig geworden
011	Hochfeste schweißgeeignete Feinkornbaustähle StE 460 und StE 690; Anwendung für Stahlbauten	Lieferbedingungen, Anforderungen, Prüfungen, Kennzeichnung, Berechnung, Verarbeitung und Regelungen für Schweißen, Wärmenachbehandlung und Brennschneiden	Zu dieser Richtlinie gehört eine Zulassung; die hochfesten Stähle sind auch für dynamische Beanspruchung verwendbar
012	Beulsicherheitsnachweise für Platten	Nachweis ausreichender Beulsicherheit für Rechteckplatten mittels Vergleich der Spannungen unter Gebrauchslast mit den Beulspannungen	Mit dieser Richtlinie sind die entsprechenden Regelungen in DIN 4114 hinfällig. Richtlinie gilt bis zur Herausgabe von DIN 18800/3
013	Beulsicherheitsnachweise für Schalen	Bemessungsformeln für unversteifte Kreiszylinderschalen, Kegelschalen und Kugelschalen	Vorläufer für DIN 18800/4
014	Empfehlungen zum Vermeiden von Terrassenbrüchen in geschweißten Konstruktionen aus Baustahl	Es wird empfohlen, diese Richtlinie bei geschweißten stählernen Brücken und vergleichbaren Konstruktionen anzuwenden	

8.1.6 Sonstige technische Regelwerke

Für die Erstellung einer Norm ist nach DIN 820 ein Verfahren vorgesehen, das sicherstellt, daß nur solche Dinge genormt werden, für die eine Normenbedürftigkeit vorliegt. Von der Norm betroffene Gruppen haben, wie schon eingangs erwähnt, durch die Regelung der paritätischen Besetzung unmittelbare Mitwirkungsmöglichkeit bereits beim Entwurf, die Fachöffentlichkeit hat während des Einspruchsverfahrens die Möglichkeit, auf die endgültige Norm Einfluß zu nehmen. Diese als unentbehrlich angesehene Prozedur dauert vom Normungsantrag bis zum Weißdruck der Norm einige Zeit, häufig einige Jahre, ja in manchen Fällen ein ganzes Jahrzehnt.
Solche Zeiträume und auch die sonstigen Randbedingungen können von unmittelbar betroffenen Industriezweigen, die aus Gründen des Wirtschaftsverkehrs Regelungen für Verträge, Garantieleistungen, vergleichbare Arbeitskontrollen etc. benötigen, nicht in allen Fällen hingenommen werden, und es ist daher konsequent (und auch in fernerer Zukunft unabänderbar), daß es neben dem DIN auch andere regelerstellende Gremien gibt, die sozusagen ihren eigenen Bereich regeln, ohne zeitraubende Rücksicht auf die oben dargelegte Mitwirkung.
Natürlich benutzen diese Gremien auch die vorhandenen Normen, doch sind Doppel- oder Mehrfachgleisigkeit dabei unvermeidlich.
Die Nähe am Begriff „allgemein anerkannte Regel der Technik“ ist unterschiedlich, ebenso die Verbindlichkeit.
So werden die VDI-Richtlinien ebenfalls wie Normen zunächst der Fachöffentlichkeit als Entwurf (Gründruck) zwecks Einspruchsmöglichkeit vorgelegt, so daß es sich dabei unstreitig um eine allgemein anerkannte Regel handelt.
Das DVS-Regelwerk entsteht in enger Zusammenarbeit zwischen dem Deutschen Verband für Schweißtechnik bzw. dessen Arbeitsgruppen und den einschlägigen Fachverbänden der Wirtschaft, der Wissenschaft, den Abnahmeorganisationen und dem DIN. Die große Nähe an allgemein anerkannten Regeln drückt sich in der Verankerung dieser Regeln in DIN-Normen, Zulassungen etc. aus.
Weniger „allgemein anerkannte Regel“ als vielmehr Darstellung der momentanen Gegebenheiten bzw.

Möglichkeiten sind dagegen z.B. die Stahl-Eisen-Werkstoffblätter des VdEh. Technische Regeln mit großer Verbindlichkeit (vergleichbar den Zulassungen) sind dagegen *die* Regelwerke, die aufgrund von Gesetzen oder Verordnungen erstellt werden. Die technischen Regelwerke für Behälter und Rohre gehören in diese Rubrik.
Abgesehen von den ca. 20000 DIN-Normen gibt es derzeit ca. 40000 technische Regeln [6]. Eine vollständige Übersicht nur der Regelersteller und deren Regelbereiche füllt ein ganzes Buch [16]. Wir beschränken uns hier auf die unmittelbar den Stahlbau betreffenden nationalen Regeln.
Daß außerdem mittelbar weitere Regeln zu beachten sind (z.B. Bauphysik: Schallschutz, Brandschutz, Wärmeschutz, Feuchteschutz), und daß auch für den Spezialbereich Stahlbau ein Ingenieurleben nicht ausreicht, alles kennenzulernen, alles zu überblicken und sich ständig auf dem laufenden zu halten, dürfte jedem geläufig sein. Die neue Datenbank des DIN soll diesen Zustand künftig etwas mildern.
Für den Stahlbau-Bereich sind unmittelbar 3 Bereiche von Interesse, in denen neben dem DIN-Normenwerk noch andere Regelwerke existieren, und zwar

a) Der Bereich „Rohre und Behälter"
Regelerstellende Gremien:
Deutscher Dampfkesselausschuß (DDA) für TRD (technische Regeln für Dampfkessel)
Arbeitsgemeinschaft Druckbehälter (AD) für AD-Merkblätter
Fachausschuß Druckbehälter (FAD) für TRB (technische Regeln Druckbehälter)
Kerntechnischer Ausschuß (KTA) für KTA-Regeln
Deutscher Ausschuß für brennbare Flüssigkeiten für TRbF (technische Regeln für brennbare Flüssigkeiten)
VdTÜV für VdTÜV-Merkblätter

b) Der Bereich „Stahlsorten"
Regelerstellende Gremien:
Verein deutscher Eisenhüttenleute (VdEh) für Stahl-Eisen-Werkstoffblätter
VdTÜV für Werkstoffblätter
Germanischer Lloyd, Vorschriften für Klassifikation und Bau von stählernen Seeschiffen

c) Der Bereich „Schweißen"
Regelerstellende Gremien:
Technischer Ausschuß des Deutschen Verbandes für Schweißtechnik (DVS)
Germanischer Lloyd, Vorschriften für Klassifikation und Bau von stählernen Seeschiffen
VdTÜV für VdTÜV-Merkblätter Schweißtechnik
Über „andere technische Regelwerke" berichten regelmäßig die DIN-Mitteilungen in ihrem Normen-Anzeiger (gelber Teil in der Mitte der Hefte).
Für den Stahlbau interessant sind hauptsächlich die nachfolgend kurz kommentierten Regeln.
Bezugsquellen sind der Übersicht Tabelle 8.1–1 zu entnehmen.

8.1.6.1 KTA-Regeln

Herausgeber: Kerntechnischer Ausschuß (KTA), Geschäftsstelle bei der Gesellschaft für Reaktorsicherheit (GRS) mbH, Glockengasse 2, 5000 Köln 1
Die KTA-Regeln werden von paritätisch besetzten Ausschüssen in einem mehrstufigen Verfahren einschließlich einer Entwurfsveröffentlichung erarbeitet. Sie können als anerkannte Regel der Technik bezeichnet werden.
Die in einer Arbeitsgruppe verabschiedeten Regeln werden vom KTA, der vom Bundesministerium des Innern errichtet wurde, verabschiedet.
Bauaufsichtliche Einführungen lohnen sich in Anbetracht der noch geringen, überschaubaren Zahl der Bauwerke und des ohnehin komplizierten Genehmigungsverfahrens nicht. Es sind intern zwischen den Ländern und dem Bund feste Vereinbarungen auch über die bauaufsichtliche Behandlung, über die Einschaltung von gutachterlich oder aufsichtlich tätigen Gremien etc. getroffen worden, deren Veröffentlichung, wie gesagt, nicht lohnt.
Zwischen KTA und DIN wurde verabredet, daß verabschiedete kerntechnische Regeln auch als DIN-Normen herausgegeben werden. Hier interessieren eigentlich nur die Regeln für den Bereich Sicherheitshüllen, also die KTA-Regel Nr. 3401. Sie ist eingeteilt in Regeln für die Berechnung, für die zu verwendenden Werkstoffe und für die Ausführung.
Für diese Sicherheitshüllen – Kugelschalen im Durchmesserbereich von derzeit ca. 50 m – sind die normalen Baustähle aufgrund der anzunehmenden Einwirkungen ungeeignet. Man hat sich außerdem auf ein den besonderen Verhältnissen angepaßtes, mit dem sonst Üblichen nicht vergleichbares Bemessungsverfahren geeinigt.
In der KTA-Regel 2201 werden die seismischen Einwirkungen (Erdbeben) geregelt.

8.1.6.2 AD-Merkblätter

Grundlage dieses Druckbehälter-Regelwerks ist die Druckbehälterverordnung (DruckbehV), die aufgrund der EG-Rahmenrichtlinie Art. 13 von 1976 vom Bundesminister für Wirtschaft am 27. 2. 1980 herausgegeben wurde.
Die Arbeitsgemeinschaft Druckbehälter (AD), die dieses Regelwerk erarbeitet, ist ein Zusammenschluß von derzeit 7 Verbänden:
Fachverband Dampfkessel-, Behälter- und Rohrleitungsbau e. V. (FDBR), Düsseldorf
Hauptverband der gewerblichen Berufsgenossenschaften e. V., Bonn
Verband der Chemischen Industrie e. V. (VCI), Frankfurt/Main
Verein Deutscher Eisenhüttenleute (VdEh), Düsseldorf
Verein Deutscher Maschinenbau-Anstalten e. V. (VDMA), Fachgemeinschaft Apparatebau, Frankfurt/Main
VGB Technische Vereinigung der Großkraftwerksbetreiber e. V., Essen
Vereinigung der Technischen Überwachungs-Vereine e. V. (VdTÜV), Essen
Der letztgenannte Verband gilt als Herausgeber.
Die multilaterale Beteiligung und die ständige Anpassung an den „Fortschritt der Technik“ sichern diesem Regelwerk eine große Aktualität, die Verknüpfung mit der DruckbehV verleihen den Merkblättern größere Verbindlichkeit.
Für den Stahlbauer interessant sind hauptsächlich die Reihe B (Berechnung) – derzeit 14 Blätter –, die Reihe HP (Herstellung und Prüfung) – derzeit 15 Blätter – und die Reihe W (Werkstoffe) – derzeit 15 Blätter. Anders als bei den NA-Bau-Normen nehmen die AD-Merkblätter B dem Konstrukteur für den hier leicht überschaubaren Bereich die Wahl statischer Systeme etc. weitgehend ab, die Merkblätter haben den Charakter von statischen Typenprüfungen (fertige Bemessungsformeln und Diagramme). Ob sie im bauaufsichtlichen Bereich ohne weitere Prüfung verwendbar sind, erscheint fraglich, insbesondere wenn der Parameterbereich, für den diese Blätter gedacht sind, verlassen wird.
Die Reihen HP und W stützen sich weitgehend auf DIN-Normen bzw. SEW-Blätter.

8.1.6.3 Stahl-Eisen-Blätter

Herausgeber ist der Verein deutscher Eisenhüttenleute (VdEh). Bei diesem Regelwerk handelt es sich quasi um die Zusammenstellung dessen, was zwar noch nicht normungsreif, von der Hüttenindustrie aber prinzipiell lieferbar ist. Inwieweit die einzelnen Erzeugnisse dem Bedürfnis entsprechen, bleibt so lange offen, bis andere regelerstellende Gremien (DIN, AD) die Erzeugnisse in ihr Regelwerk aufnehmen. Die vielfältigen Querverbindungen – z. B. die Mitgliedschaft des VdEh im AD – sorgen natürlich für eine ständige Anpassung an den Bedarf.
Derzeit sind folgende Blätter lieferbar:
27 Werkstoffblätter (W), 10 Lieferbedingungen (L), 7 Einsatzlisten (E), 47 Prüfblätter.
Ausführliche Informationen über die vorhandenen Stahlsorten sind [7] zu entnehmen.

8.1.6.4 DVS-Richtlinien/DVS-Merkblätter

Dieses Regelwerk des Deutschen Verbandes für Schweißtechnik ist als Ergänzung der das Schweißen betreffenden DIN-Normen und anderer Regeln zu sehen. Es handelt sich um mehr als 100 von paritätisch zusammengesetzten Arbeitsgruppen erarbeiteten Regeln, mit denen auch z.B. die Ausbildung (Lehrgänge) und auch der nichtmetallische Bereich (Thermoplast-Schweißen) erfaßt wird.
In DIN-Normen, Zulassungen, Einführungserlassen und anderen Regelwerken wird auf diese Regeln als mitgeltend verwiesen.
Unmittelbaren Bezug zum Stahlbau haben
Nr. 0501 und 0503 Zusatz- und Hilfsstoffe des Stahlschweißens
Nr. 0701 Gütesicherung von Schweißarbeiten
Nr. 1701 und 1702 Schweißen im Stahlbau
und die beiden Gruppen
Lichtbogenschweißen (0401–0404 und 0901–0912)
und
Widerstandsschweißen (2901–2922)

8.1.6.5 Freileitungsmaste

Einen besonderen Bereich der technischen Regelwerke nehmen die elektrotechnischen Regeln ein, handelt es sich hier doch um einen mangels zugeordnetem Empfindungsorgan des Menschen besonders gefährlichen Bereich. Obwohl mit steigender Stromerzeugung die Zahl der tödlichen Unfälle durch Strom in der Bundesrepublik abnahm, beträgt sie gegenwärtig immer noch ca. 150 im Jahr [1] und liegt damit sicher in der gleichen Größenordnung wie in dem gesamten Bereich Bauwesen, sofern man dort nur an die Einstürze denkt.

Seit 1970 besteht für die Normung auf diesem Gebiet eine dem VDE und DIN zugleich angegliederte Kommission. Die Arbeitsergebnisse sind zugleich DIN-Norm und VDE-Richtlinie.
Hier interessiert in diesem Zusammenhang lediglich die noch vor dieser Zeit entstandene Richtlinie VDE 0210 (Ausgabe Mai 1969), die als „Bestimmungen für den Bau von Starkstrom-Freileitungen über 1 KV" eine Norm für Berechnung und bauliche Durchbildung spezieller Stahlbauten ist.

8.1.6.6 VdTÜV-Merkblätter

Die Vereinigung der Technischen Überwachungs-Vereine hat für ihren Zuständigkeitsbereich Merkblätter herausgegeben, von denen hier folgende interessieren (in Klammern die derzeitige Anzahl):

Reihe 301 – Druckbehälter (21 Merkblätter)
Reihe 801 – Berechnung (3 Merkblätter)
Reihe 1001 – Rohrleitungen (12 Merkblätter)
Reihe 1101 – Schweißtechnik (6 Merkblätter)
Reihe SZW – Kennblätter für Schweißzusätze (2000 Stück!)
Reihe 1501 – Krananlagen und Fördertechnik (8 Merkblätter)
Reihe 1701 – Kerntechnik (1 Merkblatt)

Außerdem ca. 180 Werkstoffblätter (Nr. 351 bis 358 wird demnächst in DIN 17 102 überführt).
Auch dieses Regelwerk ist, wie auf den Verzeichnissen ausdrücklich vermerkt, durch „laufend neue Merkblätter" noch im Wachsen begriffen.
Die VdTÜV ist selbst Mitglied des DIN.
VdTÜV-Merkblätter werden zurückgezogen, wenn sie in das jeweilige Regelwerk (Norm) überführt werden.
Mit den TÜVs ergibt sich bisweilen für den Stahlbauer eine arbeitsmäßige Verbindung, weil der TÜV aufgrund des § 24 der Gewerbeordnung unter anderem auch zuständig sein kann für Prüfungs- und Überwachungsaufgaben bei Aufzugsanlagen, Dampfkesselanlagen, Druckbehältern, Fördertechnik, Seilbahnen, fliegende Bauten und Bergbau, Rohrleitungen und Tankbau. (Ausnahmen in Hamburg und Hessen!)
(Für das Bauwesen im engeren Sinne ist dagegen entweder die Bauaufsicht oder die bauende Verwaltung selbst entsprechend der Bauordnung zuständig.)

8.1.6.7 Bestimmungen über brennbare Flüssigkeiten (TRbF)

Wie bereits erwähnt, handelt es sich hier um ein auf gesetzlichen Grundlagen ruhendes Regelwerk.
(VbF = Verordnung über Anlagen zur Lagerung, Abfüllung und Beförderung brennbarer Flüssigkeiten zu Lande und Allgemeine Verwaltungsvorschrift vom 27. Februar 1980.)
Hier gibt es die (im sonstigen Bauwesen noch schmerzlich vermißten) Gefahrenklassen, von denen es abhängt, welche TRbF maßgebend ist.
Für ortsfeste Tanks aus metallischen Werkstoffen sind für den Stahlbauer folgende Regeln von Belang: TRbF 001, 003, 100, 120, 121, 131, 204–207, 212.

8.1.6.8 Technische Regeln für Dampfkessel (TRD)

Dieses Regelwerk hat als Grundlage die vom Bundeswirtschaftsminister erlassene Dampfkesselverordnung vom 27. 2. 1980 (DampfkV).
Sie enthält die sicherheitstechnischen Anforderungen an die Werkstoffe, Herstellung, Berechnung, Ausrüstung, Aufstellung, Prüfung und Betrieb von Dampfkesselanlagen.
Sie stützen sich weitgehend auf DIN-Normen, sind also keine konkurrierenden sondern diese ergänzenden Regeln.
Errichtung und Betrieb einer Dampfkesselanlage bedürfen der Erlaubnis der zuständigen Behörde.
Sowohl die Dampfkesselverordnung als auch die TRD gehen davon aus, daß es sich bei Dampfkesseln *nicht* um bauliche Anlagen im Sinne der Bauordnung handelt.
Dampfkessel zählen demnach auch nicht zu den Stahlbauten, und es muß auch hier grundsätzlich davor gewarnt werden, Regelungen – insbesondere Berechnungs-Formeln –, die für die Parameterbereiche dieser kleinen, relativ dickwandigen Behälter neben theoretischer Fundierung auch aufgrund der Erfahrung als abgesichert gelten können, auf Bereiche zu übertragen, für die sie nicht gedacht sind.
Die TRD werden vom Deutschen Dampfkesselausschuß (DDA) aufgestellt und von der VdTÜV herausgegeben. Den unmittelbaren Stahlbau betreffen die Regeln
Werkstoffe (TRD 100–110)
Herstellung (TRD 201–203)
Berechnung (TRD 300–320)
(vgl. auch Bemerkungen zu AD-Merkblättern)

8.1.6.9 Technische Regeln Druckbehälter (TRB)

Die Regeln (7 Stück; Ausgabe Juli 1980) sind vorläufige Richtlinien des Fachausschusses „Druckbehälter" bei der Zentralstelle für Unfallverhütung und Arbeitsmedizin des Hauptverbandes der gewerblichen Berufsgenossenschaften.
Es handelt sich um übersichtliche und verbindliche Zusammenstellungen der bei Druckbehältern maßgeblichen Regeln.

8.1.6.10 Schiffsbau

Für Schiffe aus Stahl gibt es seit eh und je ein eigenes komplettes Regelwerk, das in Buch-Form vom Germanischen Lloyd, dem TÜV für Schiffe, herausgegeben wird. Nähere Einzelheiten siehe dort [17].

8.1.6.11 VDI-Richtlinien

Dieses sehr umfangreiche, im Entstehen den DIN-Normen vergleichbare Regelwerk ist für das Bauwesen, insbesondere den Stahlbau, kaum interessant.
Hier sind allenfalls die im VDI-Handbuch Konstruktion zusammengestellten Richtlinien, z.B. die Richtlinie 2230 – systematische Berechnung hochbeanspruchter Schraubenverbindungen – von Interesse.
Wenn nach mehrjähriger Erprobung (mindestens 5 Jahre) VDI-Richtlinien sich als praktisch allgemein benötigte Regel erwiesen hat, wird gemäß einer Vereinbarung zwischen dem VDI und dem DIN die Überführung in eine Norm vorgenommen.

8.1.6.12 Regelwerk der Bundesbahn

Die Ingenieurbauwerke der Bundesbahn richten sich nach einem eigenen Regelwerk, der Druckschrift DS 804, Vorschrift für Eisenbahnbrücken und sonstige Ingenieurbauwerke (VEI). Hier wird also expressis verbis von Vorschrift gesprochen, während, wie dargelegt, andere Regelwerke Vereinbarungen oder Empfehlungen (Normen) oder allenfalls Bestimmungen (Zulassungen) sind. Dieser Unterschied leuchtet unmittelbar ein: Die DS 804 (VEI) ist ein Regelwerk des Bauherrn für seine eigenen Bauwerke. Dennoch verweist dieses Vorschriftenwerk, wo immer es möglich ist, auf bestehende Regelwerke, die dann – weil mitgeltend – für die Bauwerke der Bundesbahn Vorschriftenrang haben.
Ein großer Vorzug gegenüber anderen Regelwerken ist hier der ausdrücklich deklarierte „offene" Zustand durch elementartigen Aufbau. Abhängig von Anregungen, Änderungen anderer Regelwerke und sonstiger Neuerungen findet eine laufende Anpassung und Erneuerung statt, eine Veraltung dieses Vorschriftenwerks ist derzeit nicht vorstellbar. Vgl. auch [3].

8.1.6.13 RAL

Ebenfalls zu den technischen Regelwerken zu zählen sind die Güte- und Prüfbestimmungen, die auf Antrag für Gütegemeinschaften vom RAL herausgegeben werden. RAL war früher die Abkürzung von *R*eichs-*A*usschuß für Qualitätssicherung und *L*ieferbedingungen.
Heute nennt sich der Verein
Deutsches Institut für Gütesicherung und Kennzeichnung e.V. mit Sitz in 5300 Bonn 1, Bornheimer Straße 180.
Das mit diesen Bestimmungen verbundene RAL-Gütezeichen wird in die Warenzeichen-Rolle beim Patentamt eingetragen. Außer der Verleihung von RAL-Gütezeichen werden von diesem Institut auch RAL-Testate (Produktbeschreibung) erteilt. Das Verzeichnis der Gütegemeinschaften wird vom RAL veröffentlicht.

Literatur:

1. Eschweiler, H.T., Die deutsche elektrotechnische Normungs- und Vorschriftenarbeit, DIN-Mitteilungen 59, 1980, S. 500–506.
2. Bub, H., Internationale Harmonisierung im Bauwesen, DIN-Mitteilungen 59, 1979, S. 669–683.
3. Siebke, H., Regeln der Technik, Die Bundesbahn 9/1980.
4. Scheer, J., Normung im Stahlbau. Probleme, Tendenzen und Stand der Entwicklung. Baukalender 1980, XXX. Jahrgang, Werner-Verlag Düsseldorf 1979, S. D48ff.
5. Völkel, G., Gerüstbau, Mitteilungen, Institut für Bautechnik, 4/1977, S. 97–99.
6. Reihlen, H., Die Vielfalt technischer Regelwerke – aus nationaler und internationaler Sicht, DIN-Mitteilungen 58, 1979, S. 543–546.
7. Wellinger, Grimmel, Bodenstein, Werkstofftabellen der Metalle, Alfred Kröner Verlag Stuttgart.
8. Linde, H., Köhnlein, W., Die Technischen Überwachungs-Vereine und ihre Zusammenarbeit mit den Normenausschüssen im DIN, DIN-Mitteilungen 57, 1978, S. 121–126.
9. Budde, E., Die Begriffe „Anerkannte Regel der Technik", „Stand der Technik" und „Stand von Wissenschaft und Technik" und ihre Bedeutung. DIN-Mitteilungen 59/1980, S. 738/739.
10. Das Institut für Bautechnik – IfBt – eine Information über Organisation und Aufgaben, Selbstverlag des IfBt, Berlin
11. DIN-Jahresberichte, Beuth-Verlag GmbH.

12. Eggert, H., und Kanning, W., Feinbleche aus Stahl für ebene Dächer, Der Bauingenieur 1979 (54), S. 165 ff.
13. Eggert, H., und Kanning, W., Feinbleche aus Stahl für Geschoßdecken, Der Bauingenieur 1979 (54), S. 249 ff.
14. Richtlinie zum Nachweis der Standsicherheit von Sandwichkonstruktionen mit Metalldeckschichten im Zulassungsverfahren, Institut für Bautechnik, Berlin.
15. DIN 4134 Tragluftbauten.
16. Verzeichnis Deutscher und Internationaler Technischer Regelwerke (Beuth-Verlag GmbH).
17. Germanischer Lloyd, Vorschriften für Klassifikation und Bau von stählernen Seeschiffen, Selbstverlag des Germanischen Lloyd, Hamburg.
18. Arbeits- und Schutzgerüste. Merkheft Schriftenreihe der Bau-Berufsgenossenschaften.
19. Stahlbau-Nachrichten. Herausgeber: Deutscher Stahlbau-Verband – DSTV, Ebertplatz 1, 5000 Köln 1.
20. Bub, H., und Bub, W.-R., Normung und Baurecht, in: Technische Normung und Recht, DIN-Normungskunde Heft 14, Beuth-Verlag GmbH, Berlin und Köln.
21. BAZ, Sammlung bauaufsichtlicher Zulassungen, Erich Schmidt Verlag, Berlin–Bielefeld–München.
22. STB Sammlungen Bauaufsichtlich eingeführte technische Baubestimmungen, Herausgeber: IfBt, Berlin, Beuth Verlag GmbH, Berlin und Köln.

8.2 Zur Sicherheitsphilosophie in der Bautechnik

Chr. Petersen

8.2.1 Sicherheit in der Technik

8.2.1.1 Von den Verpflichtungen des Ingenieurs und Technikers

Der überwiegende Teil aller menschlichen Anstrengungen ist dem Erhalt der Sicherheit, nach innen und außen, im Rechtlichen, Sozialen und Wirtschaftlichen gewidmet. Das gilt für den einzelnen wie für die Gemeinschaft in all ihren Formen. Antrieb hierfür ist das allem Lebendigen innewohnende Bestreben auf Erhaltung des Lebens und Wahrung der Unversehrtheit. Hierzu hat der Mensch, kraft seiner Ratio, ein weitverzweigtes System auf Gegenseitigkeit mit Gruppenbildungen aller Art zwecks Aufgabenteilung entwickelt. Eine dieser Gruppen sind die in der Technik Tätigen, und hier tragen die Ingenieure eine besondere Verantwortung.
Die Technisierung der Welt hat breiten Schichten der irdischen Bevölkerung einen hohen Lebensstandard mit hoher Lebenserwartung beschert; dort wo sie ausblieb, fristen die Menschen ein „unterentwikkeltes“ Dasein. Neben Gefahren allgemeiner Art, die die ganze Menschheit und insbesondere ihre Zukunft bedrohen (Zerstörung der natürlichen Umwelt, Ausplünderung der Resourcen, Raubbau und Verödung), hat die Technisierung auch das Entstehen vieler Gefahren und Risiken für das einzelne Individuum zur Folge gehabt. Aufgabe des Ingenieurs ist es daher, neben der Fertigung technischer Werke und Entwicklung neuer Technologien (vorrangig auch zur Zukunftssicherung) stets um ein hohes Maß technischer Zuverlässigkeit und Sicherheit bemüht zu sein. Insofern hat Sicherheit in erster Linie etwas mit dem Verantwortungsbewußtsein der in der Technik Tätigen zu tun, sei es in der Forschung und Entwicklung, in der Planung und beim Entwurf, bei der Konstruktion und Berechnung, bei der Ausführung oder beim Betrieb. Die Instanz für dieses Gebot ist für den einzelnen unterschiedlich und abhängig von seinem Grundwertebezug; dieser kann bestehen:
- im Humanistischen („Der Mensch ist das Maß aller Dinge“, Protagoras, 481–411 v. Chr.);
- im Religiösen („Technische, auf Weltveränderung gerichtete Wissenschaft rechtfertigt sich durch ihren Dienst am Menschen und an der Menschheit“, Johannes Paul II., 1980) oder schlicht
- im Zivil- und Strafrechtlichen („Wer bei der Planung, Leitung oder Ausführung eines Baues oder des Abbruchs eines Bauwerks gegen die allgemein anerkannten Regeln der Technik verstößt und dadurch Leib oder Leben eines anderen gefährdet, wird mit Freiheitsstrafe bis zu 5 Jahren oder mit Geldstrafe bestraft“, StGB § 330).

Oft sind es Arbeits- und Termindruck, fachliche Überforderung oder eigene Überschätzung, die für Schäden oder gar folgenreiche Einstürze verantwortlich sind; der Übergang vom Leichtsinn zur Fahrlässigkeit ist fließend. – Es ist wichtig, daß die Regeln der Technik (also die gesicherten technischen Wissensinhalte)
- in gründlicher Ausbildung und Fortbildung vermittelt bzw. erworben,
- in überprüf- und lesbarer Form im Fachschrifttum dokumentiert und
- in überschaubarer und eindeutiger Weise in den Regelwerken verankert werden. (Ein Übermaß an Perfektion ist hier einer sicheren Handhabung eher abträglich.)

Unter diesen Voraussetzungen ist, in Verbindung mit einer sorgfältigen, alle Umstände und Aspekte beachtenden Arbeitsweise, ein hohes Sicherheitsniveau zu erreichen.
Die Einhaltung der genannten Maßstäbe ist im Einzelfall schwierig, sind doch mannigfaltige Ansprüche in der täglichen Praxis bei der Erstellung eines technischen Werkes zu erfüllen, insbesondere führen die Optimierungskriterien
- Maximierung der angestrebten Nutzung, Zuverlässigkeit, Lebensdauer sowie Erfüllung ästhetischer und ökologischer Belange auf der einen und
- Minimierung der Kosten und Bauzeit auf der anderen Seite vielfach in einen Zielkonflikt. In diesem sollte das Sicherheitsgebot grundsätzlich Vorrang haben.

8.2.1.2 Risikobereitschaft der Gesellschaft

Wenn die Sicherheitsforderung einen so hohen Stellenwert hat (und das hatte sie seit jeher unter Technikern; das kann die Gesellschaft auch legitim erwarten), so stellt sich sofort die Frage nach dem Maß, mit dem Sicherheit gemessen werden kann. Gibt es ein solches Maß? Wenn es so etwas gibt, woran ist es zu eichen? Zur Beantwortung dieser Frage ist es zweckmäßig, die technischen Risiken, mit denen die Gesellschaft täglich lebt, zu ordnen. Hinsichtlich des Unsicherheitsgrades erscheint folgende Rangfolge möglich:
a) Am unsichersten sind die auf Fortbewegung, Beförderung ausgelegten mobilen Techniken: Verkehr im weitesten Sinne, zu Lande, zu Wasser, in der Luft. Ein unzuverlässiges Funktionieren bedeutet hier

häufig eine hochgradige Gefährdung der beteiligten Personen und Sachgüter. In gewissem Umfang sind in diese Gruppe auch die maschinellen Produktionstechniken einzubeziehen.
b) Bei allen Techniken, die der Erschließung, Erzeugung, dem Transport, der Lagerung oder Nutzung von Energien dienen, ist das Sicherheitsrisiko ebenfalls beträchtlich, das gilt für alle Energieträger (Elektrizität, Gase, Fluide, Kerntechnik). Da es sich hierbei indes i. a. um stationäre Techniken handelt, sind Fehler und Schadensfälle schneller zu erkennen und zu beheben.
Es wurden und werden große Anstrengungen unternommen, um durch Sicherheitsvorkehrungen aller Art die Risiken solcher Techniken, die bei Ausfall einer der vielen beteiligten, hoher Beanspruchung und Verschleiß ausgesetzten Komponenten entstehen, so gering wie möglich zu halten; Stichworte: Verkehrssicherheit, Eisenbahnsicherungswesen, Flugsicherheit, Betriebssicherheit, Sicherheitsingenieur. Ein Restrisiko bleibt.
c) Die geringste Gefährdung geht von ortsfesten Techniken mit stationärer, energiefreier Nutzung aus. Hierzu gehören die gängigen Bauwerke des Hoch- und Brückenbaues.
Den unter a) und b) zusammengefaßten Techniken – sie gehören überwiegend in das Arbeitsgebiet des Maschinen- und Elektroingenieurs – wohnt deshalb ein so hohes Unsicherheitsmoment inne, weil im Augenblick des Defektes, des Versagens, mehr oder minder große Energien in meist unkontrollierbarer Weise freigesetzt werden und sich deshalb auch andere Ursachen, wie menschliches Versagen, so folgenschwer auswirken können. Von Bauwerken geht dann eine echte Gefährdung aus, wenn sie in Teilen oder als Ganzes einstürzen. Werden als Grund hierfür kriegerische und terroristische Ursachen ausgeschlossen, verbleiben

- menschliche Fehlleistungen aller Art,
- unzureichende Bemessung und Ausbildung des Tragwerkes.

Diese Grobeinteilung bedarf natürlich einer Verfeinerung; vielfach überlagern sich mehrere Ursachen.
Einstürze von Bauwerken bewirken in der Öffentlichkeit große Aufregung und Anteilnahme; gegen die jährliche Todesrate im Straßenverkehr ist sie weitgehend abgestumpft. Hieraus folgt, daß die Risikobereitschaft der Gesellschaft gegenüber den von der Technik ausgehenden Gefahren keine konstante Größe ist. Im Gegenteil, diese Bereitschaft ist sehr differenziert, eher „angepaßt". Die Maßstäbe sind weder übertragbar noch zwischen den verschiedenen Techniken austauschbar. Sie sind abhängig von persönlichen Einsichten und Abwägungen einerseits, von Empfindungen und Erfahrungen andererseits, insofern von rationaler und irrationaler Natur. Um eine willkürliche Auslegung im Einzelfall auszuschließen, regelt der Staat das Sicherheitsniveau und damit den Schutz gegenüber Personen- und Sachgefährdungen im Bauwesen

- durch verbindliche, bauaufsichtliche Vorschriften, welche die Kontrollinstanzen und Bemessungs- und Ausführungsauflagen definieren;
- durch Gesetze, die menschliches Fehlverhalten (Leichtsinn, Fahrlässigkeit, Vorsatz) bei der Ausübung technischen Tuns ahnden.

Die Klammer zwischen Technik und Recht bilden die „Anerkannten Regeln der Technik" und die hierauf basierende Rechtstheorie und -praxis (vgl. Abschnitt 8.1). Die wissenschaftliche Auseinandersetzung mit den Sicherheitsfragen und ihre Aufbereitung für technische Regelwerke ist Inhalt der Sicherheitstheorie (auch Zuverlässigkeits- oder Risikotheorie), eine in der Bautechnik relativ junge Disziplin [1, 2].

8.2.2 Sicherheit in der Bautechnik

8.2.2.1 Tragfähigkeit und Gebrauchsfähigkeit baulicher Anlagen

Die Tragfähigkeit einer baulichen Anlage wird durch das Tragwerk sichergestellt; von diesem wird verlangt, daß es innerhalb einer bestimmten Standdauer gegenüber den voraussehbaren Grenzzuständen tragsicher ist. Als Versagensformen kommen im wesentlichen in Betracht: Überschreiten der Festigkeit oder Verlust der Stabilität infolge hoher (extremer) Lasten, einschließlich Einwirkungen höherer Gewalt (Brand, Explosion, Erdbeben, An- und Aufprall, Hochwasser u.a.).
Die Gebrauchsfähigkeit kennzeichnet Nutzungskriterien wie Einhaltung zulässiger Verformungen, gute Dichtigkeit, langdauernde Beständigkeit der Baustoffe, ausreichende Dämmung gegen Kälte, Hitze, Feuchtigkeit und Schall, Schwingungs- und Erschütterungsfreiheit. Die Verletzung dieser Kriterien kann die Tragsicherheit beeinträchtigen (Alterung, Verrottung) oder zu Gefährdungen führen (Leckagen, Risse, Undichtigkeiten). Unzulängliche Gebrauchseigenschaften erfordern bei baulichen Anlagen i.a. langwierige und kostspielige Reparaturen. Auf die Gewährleistung zuverlässiger Gebrauchseigenschaften hat der Bauherr einen zentralen Anspruch. Hierzu gehören auch die Ansprüche auf Erhalt des Aussehens und eines wirtschaftlichen Unterhalts mit Inspektionszugänglichkeiten. Die Gewährleistung der Tragsicherheit ist für den Bauherrn und die Öffentlichkeit insgesamt quasi eine Selbstverständlichkeit; diese Forderung gilt nicht nur für die Nutzungsphase sondern auch für die Bauphase, gerade diese ist die gefährdetste, wie die Erfahrung lehrt.

8.2.2.2 Gefährdungen durch menschliche Fehlhandlungen und Gegenstrategien

Die Erfahrung und die Schadensstatistiken zeigen auch, daß Bauwerkseinstürze und mangelhafte Nutzungseigenschaften vorwiegend auf menschliche Fehlleistungen zurückgehen. Wirtschaftliche und terminliche Zwänge während des Entwurfs und der Ausführung sind vielfach ursächlich beteiligt. Je komplexer die Bauaufgabe und je größer die Zahl der am Bau Beteiligten sowie deren Einzelleistungen ist, um so eher sind Fehler bei ungenügender Koordination möglich. Bei der Übertragung von Aufgaben ist auf den Ausbildungs- und Erfahrungsstand Rücksicht zu nehmen, sind die Verantwortungsbereiche eindeutig abzugrenzen, sind ausreichende Bearbeitungszeiten einzuräumen und Kontroll- und Überwachungssysteme einzurichten, die Fehler infolge Irrtümer, mangelnder Kenntnisse oder Informationen oder gar infolge ignoranten, leicht- oder fahrlässigen Verhaltens aufdecken. Doch schließt selbst gewissenhaftes Bemühen Irrtümer des einzelnen oder einer Gruppe nicht aus, auch gibt es Ermessensspielräume. Daher müssen die Bauunterlagen in statischer, bauphysikalischer und brandschutztechnischer Hinsicht (und gegebenenfalls im Hinblick auf weitere Auflagen, z. B. Immissionsschutz) geprüft, müssen die Baustoffe, Bauteile (z. B. Verbindungsmittel) und Bauverfahren (Schweißverfahren, Vorspannverfahren usw.) zur Gütesicherung überwacht und die Bauausführung in allen Phasen auf Planmäßigkeit kontrolliert werden. Fallweise sind Baugrund und Bauwerk nach Fertigstellung zu überwachen (z. B. Brückenkontrollen); es werden Eigen- und Fremdkontrollen unterschieden, Einzelheiten regelt die Bauaufsicht (vgl. Abschnitt 8.1); zur Überwachungs- und Kontrollstrategie siehe auch [3, 4].

8.2.2.3 Unsicherheiten bei der statisch-konstruktiven Auslegung – Der wahrscheinlichkeitstheoretische Sicherheitsansatz

Tragfähigkeit und Gebrauchsfähigkeit sind so auszulegen, daß innerhalb der angestrebten Stand- und Nutzungsdauer gegenüber den möglichen Grenzzuständen eine ausreichende Sicherheit eingehalten wird oder (genauer) derart, daß sie bei Tolerierung eines möglichst geringen Restrisikos nicht erreicht werden. Die Festlegung der Belastungsannahmen, Mindestfestigkeiten, zulässigen Toleranzen und Imperfektionen und vor allem des Sicherheitsfaktors oder anderer Sicherheitselemente, setzt die Berechenbarkeit des Versagensrisikos (bei im übrigen planmäßiger, fehlerfreier Ausführung) voraus. Um die Frage nach der Quantifizierbarkeit der Sicherheit zu beantworten, wird ein Vergleich mit der Lebensdauer des Menschen vorangestellt: Die Konstitution des einzelnen Individuums ist sehr unterschiedlich; sie findet ihren Ausdruck in der physischen und psychischen Gesundheit („Widerstandsfähigkeit", „Belastbarkeit"). Betrachtet man die Gesamtheit, folgen diese Merkmale einer Wahrscheinlichkeitsverteilung. Das gilt auch für die im Laufe des Lebens auf das Individuum einwirkenden Belastungen. Alle weiteren Folgerungen liegen auf der Hand: Die Lebensdauer ist nicht vorausberechenbar; von der Geburt aus betrachtet, ist für den einzelnen das Ende seiner irdischen Existenz ein Zufallsereignis. Dieser Schluß wird auf technische Werke übertragen; das bedeutet im hier interessierenden Zusammenhang: Das Versagen oder Unbrauchbarwerden einer baulichen Anlage ist ein Zufallsereignis. Wenn diese Aussage zutrifft, so bedarf es zu ihrer Quantifizierung probabilistischer (wahrscheinlichkeitstheoretischer) Methoden. Vielen Ingenieuren bereitet dieser Denkansatz Schwierigkeiten, da sie von ihrem Studium und ihrer Praxis her eher deterministisch orientiert sind. Zur Verdeutlichung wird ein idealisiertes Elementarproblem betrachtet (Bild 8.2–1 a): Ein zentrisch, durch die Kraft F belasteter Zugstab mit der Querschnittsfläche A, der Festigkeit W und der Länge l. Die Beanspruchbarkeit R (resistance, Tragfähigkeit) ist $R = A \cdot W$. Wird der Zugstab gefertigt, sind weder A noch W Festgrößen: Die Fertigung des Querschnittsprofils ist nur innerhalb gewisser Toleranzen möglich; bezüglich der Materialfestigkeit werden vom Hersteller zwar „Mindestwerte" garantiert, im Einzelfall liegt W i. a. über diesem Wert, in Ausnahmefällen aber auch einmal darunter. Je größer die Stablänge l ist, um so wahrscheinlicher ist das Auftreten einer Schwach- oder Fehlstelle (Ketteneffekt, Größeneinfluß). Insgesamt ist R im aktuellen Falle ein Zufallswert. Die Grundgesamtheit solcher Zufallsgrößen wird durch ihre Verteilung (Dichtefunktion $f(x)$ bzw. Verteilungsfunktion $F(x)$) und deren statistische Parameter beschrieben. Diese Beschreibung setzt eine statistische Erhebung voraus. Wichtigste Parameter einer eindimensionalen Zufallsgröße X sind Mittelwert $\bar{x}$ und Standardabweichung s und der hieraus gebildete Variationskoeffizient r:

$$\bar{x} = \frac{1}{n} \sum_{i=1}^{n} x_i ; \qquad s = \sqrt{\frac{\Sigma (x_i - \bar{x})^2}{n - 1}} ; \qquad r = \frac{s}{\bar{x}}$$

n ist der Umfang der Stichprobe und x_i der Einzelwert. – Neben diesen Parametern gibt es weitere; auch stehen unterschiedliche Verteilungstypen zur Verfügung, um die Auftretenswahrscheinlichkeit einer Zufallsgröße zu kennzeichnen. Wird von der Stichprobe auf die Grundgesamtheit geschlossen ($n \to \infty$), geht $\bar{x}$ in μ, s in σ und r in ϱ über.

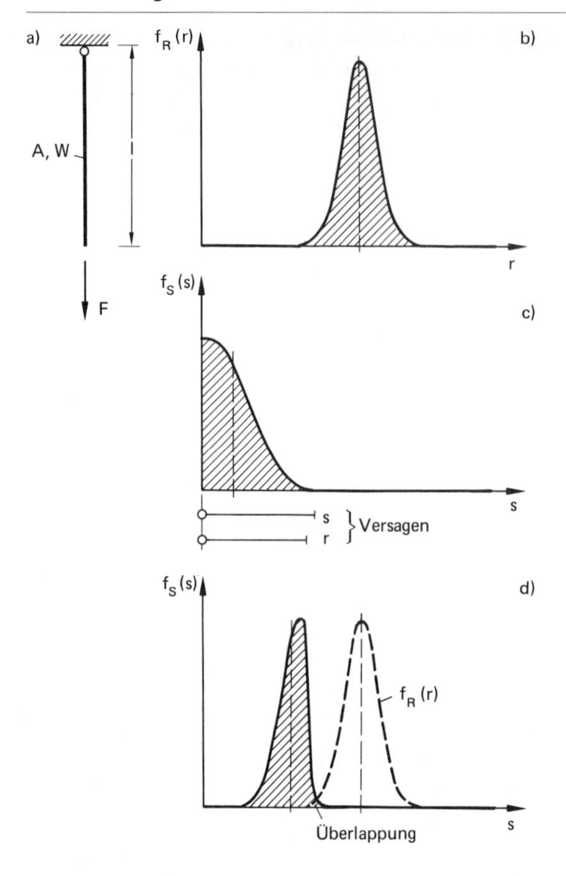

Bild 8.2–1
a) Elementarsystem: Zugstab
b) Dichtefunktion der Belastbarkeit R
c) Dichtefunktion der Belastung S (Grundgesamtheit)
d) Dichtefunktion der Belastung S (Verteilung der Extremwerte, bezogen auf den Zeitraum T)

In Bild 8.2–1b ist eine Normalverteilung (Gauß-Verteilung) für die Tragfähigkeit R unterstellt. Hiernach ist das unbegrenzte Auftreten von Werten beidseitig des Mittelwertes möglich. σ (und ϱ) charakterisieren die Streuung um den Mittelwert. – Die Last F, die auf die Zugstange einwirkt, ist i.a. ebenfalls kein Festwert, sondern auch eine Streugröße. Sie löst eine Beanspruchung S aus (stress, Spannung, Schnittgröße). Es ist möglich, daß in der Stange Eigenspannungen vorhanden sind oder daß sie eine Vorkrümmung aufweist (man spricht von Imperfektionen, die ihrerseits Streugrößen sind), dann überlagern sich der Nennbeanspruchung infolge F weitere, die bei der Sicherheitsanalyse zu berücksichtigen sind. Im Regelfall ist das Bauteil während der Lebensdauer vielen Lastereignissen, auch unterschiedlichen Ursprungs, unterworfen. Die Gesamtheit der hierdurch bewirkten Beanspruchungen S werde durch die in Bild 8.2–1c skizzierte Verteilung beschrieben: Das Gros der Zufallsereignisse S ist von geringer Intensität. Eine Gefährdung des Tragwerkes ist dann gegeben,

- wenn irgendwann das Ereignis $r \leq s$ auftritt[1]), d.h., wenn bei Auftreten einer (i.a. seltenen) Extremlast ein Gewaltbruch eintritt oder
- wenn bei häufigem Auftreten mittlerer bis hoher Lastintensitäten eine Materialermüdung (Zerrüttung, Rißausbreitung, Gewaltrestbruch) möglich ist (Brückenbau, Kranbau).

Der Gewaltbruch kann ein Materialbruch sein oder mit dem Verlust der äußeren oder inneren Stabilität einhergehen. Wird die Versagensform zunächst nur mit derartigen Ursachen in Verbindung gebracht, interessiert bei der Sicherheitsanalyse nicht die Grundgesamtheit aller Lasten sondern nur deren Extremwerte. Auch für diese Extremwerte, z.B. die täglichen oder jährlichen usf., läßt sich eine Verteilung angeben, die mit der Verteilung der Grundgesamtheit in einem funktionalen Zusammenhang steht (Extremwerttheorie).
Bezüglich des Beispieles werde nunmehr S mit dem Auftreten eines auf die Zeitspanne T bezogenen Extremereignisses identifiziert (Bild 8.2–1d). Je größer T angesetzt wird, um so wahrscheinlicher ist das Auftreten eines noch größeren Extremwertes. T steht offensichtlich mit der Lebensdauer des Tragwerkes in direktem Bezug.

[1]) Zufallsgrößen werden durch Großbuchstaben, ihre Realisation durch Kleinbuchstaben beschrieben.

8.2.2.4 Versagenswahrscheinlichkeit p_f – Sicherheitsindex β – Sicherheitsfaktor γ

Werden bei dem elementaren *R*-*S*-Problem Beanspruchbarkeit *R* und Beanspruchung *S* als unabhängige Zufallsgrößen postuliert, deren Dichtefunktionen $f_R(r)$ und $f_S(s)$ sind, ist die Wahrscheinlichkeit für das Ereignis $r \leq s$ durch die Zahl

$$p_f = P(R \leq s) = \int_{-\infty}^{+\infty} f_S(s) \left[\int_{-\infty}^{r=s} f_R(r)\,\mathrm{d}r \right] \mathrm{d}s \tag{8.2–1}$$

gegeben. Die Größe dieser sogenannten Versagenswahrscheinlichkeit wird offensichtlich durch die Überlappungsbereiche der Dichten $f_R(r)$ und $f_S(s)$ bestimmt; diese sind von deren Form und ihren statistischen Parametern, insbesondere deren Streuungen, abhängig.

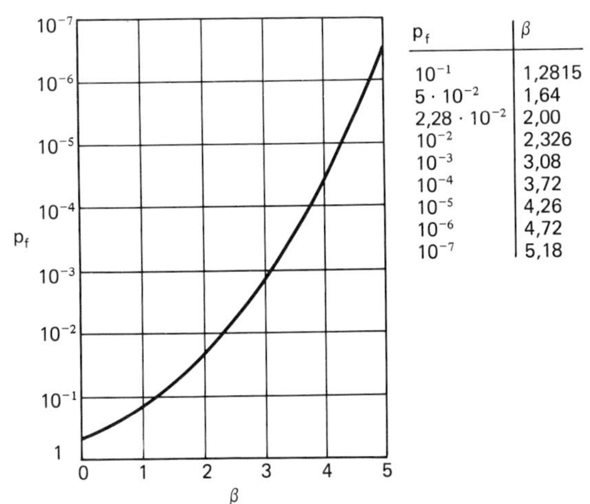

p_f	β
10^{-1}	1,2815
$5 \cdot 10^{-2}$	1,64
$2{,}28 \cdot 10^{-2}$	2,00
10^{-2}	2,326
10^{-3}	3,08
10^{-4}	3,72
10^{-5}	4,26
10^{-6}	4,72
10^{-7}	5,18

Bild 8.2–2
Beziehung zwischen p_f und β (Normalverteilung)

Bezüglich der Verteilung von *R* (Tragfähigkeit) läßt sich wie bei *S* ebenfalls ein Zeitbezug herstellen: Durch Alterung (bei Stahl insbesondere durch Korrosion), aber auch durch Verschleiß, wird die Querschnittsfläche im Laufe der Standzeit abgebaut. Damit verschiebt sich $f_R(r)$ mit fortschreitender Lebensdauer zu kleineren Werten. Die Schnelligkeit, mit der sich diese Verschiebung einstellt, ist von dem Unterhaltungsaufwand abhängig. Bei dürftiger Unterhaltung wächst p_f. Die Bemessung des Tragwerkes muß so erfolgen, daß das tolerierte p_f ein möglichst kleiner Wert ist. Da die Größenordnung dieses Wertes (10^{-6}) wenig anschaulich ist, hat man den Sicherheitsindex β eingeführt, der mit p_f in der gemäß Bild 8.2–2 dargestellten Beziehung steht, sofern *R* und *S* normalverteilt sind. Ein kleines p_f bzw. ein großes β läßt sich immer durch einen größeren Materialaufwand erreichen: Die Verteilungsfunktion $f_R(r)$ rückt dann weiter von $f_S(s)$ ab; die Sicherheitszone wächst. Die Anbindung an die gängige Sicherheitskonzeption, die mit einem einzigen Sicherheitsfaktor auskommt, ist damit möglich: Für $f_R(r)$ wird ein unterer Fraktilenwert r_p („Mindestwert")

$$r_p = \mu_R - k_R \cdot \sigma_R = \mu_R(1 - k_R \varrho_R)$$

und für $f_S(s)$ ein oberer Fraktilenwert s_q („Lastannahme") vereinbart:

$$s_q = \mu_S + k_S \sigma_S = \mu_S(1 + k_S \varrho_S)$$

Der Nennsicherheitsfaktor ist dann:

$$\gamma = \frac{\mu_R (1 - k_R \varrho_R)}{\mu_S (1 + k_S \varrho_S)}$$

μ, σ, ϱ sind Mittelwert, Standardabweichung und Variationskoeffizient der jeweiligen Verteilung. Zwischen p_f und β einerseits und γ andererseits läßt sich in Abhängigkeit von den Verteilungstypen für *R* und *S* ein funktionaler Zusammenhang herstellen. Wären demnach die Verteilungen und ihre Parameter für den Zeitraum *T* gesichert und p_f oder β (in Abhängigkeit von: Schadensfolgen, Art des Versagens, Grenzzustand, Bezugszeitraum *T*) vereinbart, wäre γ tatsächlich quantifizierbar. Real sind die Probleme komplizierter und komplexer, als sie hier am elementaren *R*-*S*-Problem dargestellt werden können: Es fehlen noch in weitem Umfang

- gesicherte statistische Unterlagen für die verschiedensten Einflußgrößen (Festigkeiten, Lasten, Imperfektionen), sowohl bezüglich ihrer Momentan- als auch ihrer Extremwerte (bezogen auf *T*),

- gesicherte Faltungsprozeduren für die Überlagerung der Einflüsse bei Erfassung des physikalisch und geometrisch nichtlinearen Tragwerkverhaltens (gerade vor Erreichen der Versagenszustände wird das Verhalten i.a. ausgeprägt nichtlinear),
- gesicherte Methoden, um die Versagenspfade, die Redundanz und den Größeneinfluß zu erfassen,
- gesicherte Methoden, um bei Erfassung der vorgenannten Probleme die Frage der Lastkombination zu lösen.

Vieles konnte in der Forschung schon geklärt werden, vieles entzog sich bisher einer streng probabilistischen Behandlung, weshalb zunächst semi-probabilistische Methoden entwickelt wurden, die zudem bei unzureichenden Informationen von sinnvollen Schätzungen der statistischen Kennzahlen ausgehen mußten.

8.2.2.5 Anmerkungen zum wahrscheinlichkeitstheoretischen Sicherheitsansatz

Der wahrscheinlichkeitstheoretische Sicherheitsansatz wirft die Frage auf, inwieweit die die Sicherheit beeinflussenden Zufallsgrößen die Voraussetzungen der Wahrscheinlichkeitstheorie erfüllen. Das Charakteristikum des Zufälligen wird noch am ehesten von jenen Einflüssen erfüllt, die in der Geophysik ihre Ursache haben; auf deren zeitliches Auftreten, ihre Wiederholungsphase und Intensität kann kein Einfluß genommen werden: Wind, Schnee, Wasserstand, Wellengang, Erdbeben, Temperatur, Feuchtigkeit. Einflüsse, die auf menschliche Betriebsamkeit zurückgehen (Herstellung und Verarbeitung der Baustoffe, Maßhaltigkeit, Unterhaltung und Wartung, Nutzung der baulichen Anlagen) sind nur bedingt von zufälliger Art: Bei der Realisierung einer Konstruktion sorgen die unterschiedlichen Kontroll- und Überwachungseingriffe (insbesondere die Gütekontrolle) dafür, daß die durch die Liefer- und Gütebedingungen vorgeschriebenen (Mindest-)Anforderungen eingehalten werden; es tritt ein Aussonderungseffekt ein. Die Wahrscheinlichkeitsverteilung von R (Widerstandsseite) wird im Bereich der niedrigen Werte durch den Umfang der Kontrollmaßnahmen beeinflußt, im Extremfall gekappt. Ähnlich verhält es sich mit den die Beanspruchung S auslösenden Nutz- und Verkehrslasten auf Bauwerke. Hier sind es z.B. die Straßen- oder Eisenbahnverkehrsordnungen, Betriebsvorschriften aller Art und letztlich Vernunftsgründe (um sich selbst und andere nicht zu gefährden), die für eine Limitierung sorgen. Offensichtlich gibt es zufällige, quasizufällige und nichtzufällige Einflüsse. Bei Postulierung gekappter Verteilungen tritt eine Überlappung der Dichten nicht ein (Bild 8.2–3); p_f ist Null. Die Kappungsmarke kennzeichnet Umfang und Schärfe der Gütekontrolle (im weitesten Sinne) einerseits und die Überwachung der baulichen Anlage während der Nutzung andererseits. Die Berücksichtigung dieser Umstände wird nur bedingt (und bislang wohl nur unzureichend) über den Verteilungstyp erfaßt. Vor diesem Hintergrund hat die Versagenswahrscheinlichkeit p_f (und alle aus ihr abgeleiteten Sicherheitselemente) keine reale, sondern nur eine operative Bedeutung; gleichwohl vermag die Sicherheitstheorie das Gewicht der verschiedenen Einflußfaktoren über deren Streuungen auf die Sicherheit zu quantifizieren und damit als Hilfsmittel bei der Festlegung von Sicherheitsregeln zu dienen [5–8].

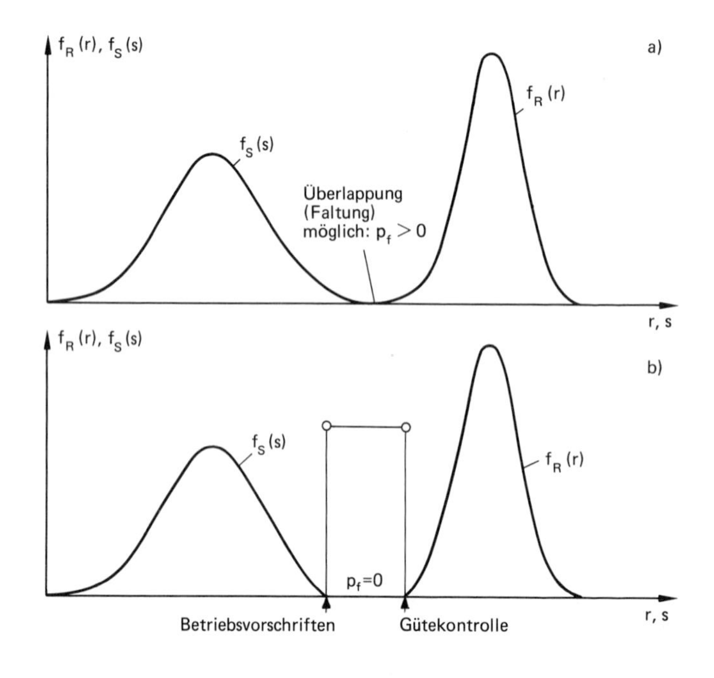

Bild 8.2–3
a) Faltung von $f_S(s)$ und $f_R(r)$
b) „gekappte“ Dichtefunktionen

8.2.3 Sicherheitsanalysen auf Stufe III (Level III)

Gelänge es, für alle die Sicherheit beeinflussenden Größen deren Wahrscheinlichkeitsverteilungen zu bestimmen, wäre die Berechnung der Versagenswahrscheinlichkeit im Sinne von Gleichung (8.2–1) – erweitert auf eine mehrfache Faltung – analytisch möglich, wenn das Systemverhalten linear ist. Die letztgenannte Voraussetzung ist bei Stahlkonstruktionen innerhalb der Gebrauchsbeanspruchung in vielen Fällen gut erfüllt, weshalb z.B. bei der Sicherheitsanalyse der Gebrauchseigenschaften, aber auch in der Ermüdungstheorie (Schädigungs- und Rißfortschritt-Theorie) solche Sicherheitsrechnungen theoretisch möglich sind. Für Tragsicherheitsrechnungen scheitert bislang die analytische Methode, weil mit zunehmender Annäherung an den Versagenszustand ausgeprägte kinematische und stoffphysikalische Nichtlinearitäten auftreten (Verformungstheorie II. Ordnung, Plastizitätstheorie, nichtlineare Statik, z.B. bei Seiltragwerken und Systemen veränderlicher Gliederung). Hier bedarf es numerischer Simulationsrechnungen (Monte Carlo-Methode), bei denen aus den Wahrscheinlichkeitsverteilungen der Einflußgrößen ein Wertesatz gegriffen wird (es wird gedanklich ein Bauteil, eine Verbindung oder gar eine ganze Konstruktion realisiert); hierfür wird (im Computer) nach strengen Methoden und vieltausendfacher Wiederholung die Versagenswahrscheinlichkeit oder die wahrscheinliche Lebensdauer dieses Konstruktionstyps bestimmt. Solche Rechnungen sind bei technischen Serienprodukten (z.B. im Flugzeug- und Kraftfahrzeugbau, ggf. ergänzt durch Großbauteilversuche mit Beanspruchungssimulation) nützlich und sinnvoll. Für Baukonstruktionen scheitert das Konzept an den noch weitgehend ungesicherten Vorgaben (abgesehen von dem immensen Rechenaufwand); auch verbleiben wegen der ungesicherten Stationaritäts- und Ergodizitätsvoraussetzungen Schwierigkeiten bei der Interpretation.
Schließlich wären die Unsicherheiten bei der Systemsimulation, bei der Erfassung des Größeneinflusses, bei den Alterungs-, Zerrüttungs- und Bruchhypothesen mit ihren Wahrscheinlichkeitsverteilungen sowie die Kontroll- und Wartungsmaßnahmen, nach Umfang und zeitlicher Folge, einzubeziehen.
Derartige strenge probabilistische Methoden (Stufe III) scheiden – abgesehen bei der Lösung von Teilaspekten – zur umfassenden Klärung der Sicherheitsfragen, etwa zur Absicherung von Regelwerken, aus.
Im Falle des linearen R-S-Problems lautet die Grenzzustandsgleichung der Tragfähigkeit oder Gebrauchsfähigkeit (Abschnitt 8.2.2.3/4):

$$R - S = 0$$

und die Bemessungsgleichung:

$$R - S \geq 0\,.$$

Im betrachteten Einzelfalle ist $Z = R - S$ der Sicherheitsabstand; Z ist bei der Realisation der Tragstruktur selbst eine Zufallsgröße. Die Wahrscheinlichkeit dafür, daß sowohl R zwischen r und $r + \mathrm{d}r$ als auch S zwischen s und $s + \mathrm{d}s$ liegt, beträgt bei Unabhängigkeit von R und S, gemäß dem Multiplikationssatz der Wahrscheinlichkeitstheorie:

$$P(r < R \leq r + \mathrm{d}r \cap s < S \leq s + \mathrm{d}s) = f_R(r) \cdot f_S(s)\,\mathrm{d}r\,\mathrm{d}s\;.$$

Entsprechend ist die Wahrscheinlichkeit, daß R kleiner/gleich s und daß S zwischen s und $s + \mathrm{d}s$ liegt:

$$P(R \leq s \cap s < S \leq s + \mathrm{d}s) = \left[\int_{-\infty}^{r=s} f_R(r)\,\mathrm{d}r\right] \cdot f_S(s)\,\mathrm{d}s\;.$$

Da das Eintreten des Ereignisses $R \leq s$ bei wenigstens einer Realisation s von S zum Versagen führt, ergibt sich p_f aus einer Summation über s unter der gleichzeitigen Bedingung, daß $R \leq s$ ist, zu

$$p_f = P(R \leq s) = \int_{-\infty}^{+\infty} f_S(s) \left[\int_{-\infty}^{r=s} f_R(r)\,\mathrm{d}r\right] \mathrm{d}s\,,$$

denn es handelt sich bei den Ereignissen des gleichzeitigen Eintretens von $R \leq s$ und $s < S \leq s + \mathrm{d}s$ (wenn s alle Werte von $-\infty$ bis $+\infty$ durchläuft) um voneinander unabhängige Ereignisse; hierfür gilt das Summationsgesetz (vgl. Gleichung (8.2–1)). Bei Unabhängigkeit von R und S folgt für die Verteilung von Z:

$$F_Z(z) = P(Z \leq z) = P(R - S \leq z) = \iint_{r - s \leq z} f_R(r) f_S(s)\,\mathrm{d}r\,\mathrm{d}s$$

$$= \int_{-\infty}^{\infty} f_S(s) \left[\int_{-\infty}^{r=z+s} f_R(r)\,\mathrm{d}r\right] \mathrm{d}s = \int_{-\infty}^{+\infty} f_S(s) \cdot F_R(z + s)\,\mathrm{d}s\;;$$

$$f_Z(z) = \frac{\mathrm{d}F_Z(z)}{\mathrm{d}z} = \int_{-\infty}^{+\infty} f_S(s) \cdot f_R(z+s)\,\mathrm{d}s\,.$$

Es handelt sich bei diesem Problem um die Faltung der Wahrscheinlichkeitsdichten von R und S für $Z = R - S$. Sind R und S normalverteilt, so sind sie durch die Parameter μ_R, σ_R und μ_S, σ_S vollständig beschrieben:

$$f_R(r) = \frac{1}{\sqrt{2\pi}\,\sigma_R} \cdot \mathrm{e}^{-\frac{1}{2}\left(\frac{r-\mu_R}{\sigma_R}\right)^2}; \qquad f_S(s) = \frac{1}{\sqrt{2\pi}\,\sigma_S} \cdot \mathrm{e}^{-\frac{1}{2}\left(\frac{s-\mu_S}{\sigma_S}\right)^2}.$$

Die Auswertung des Faltungsintegrals ergibt: $f_Z(z) = \frac{1}{\sqrt{2\pi}\,\sigma_Z} \cdot \mathrm{e}^{-\frac{1}{2}\left(\frac{z-\mu_Z}{\sigma_Z}\right)^2}$.

Dabei ist: $\mu_Z = \mu_R - \mu_S\,; \qquad \sigma_Z = \sqrt{\sigma_R^2 + \sigma_S^2}\,.$

Nach Transformation auf die Abbildungsfunktion $U = \frac{Z - \mu_Z}{\sigma_Z}$ bzw. $Z = \sigma_Z U + \mu_Z$ gilt:

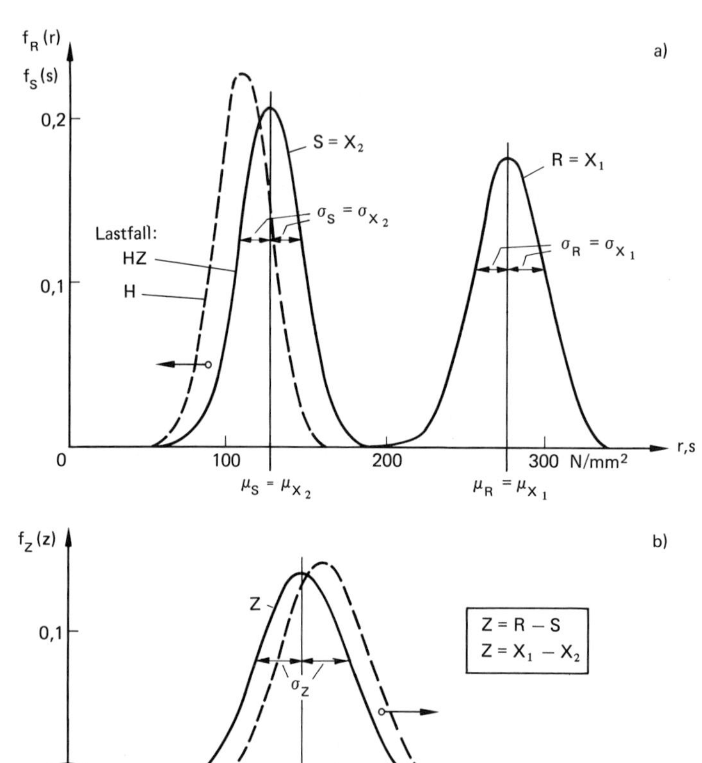

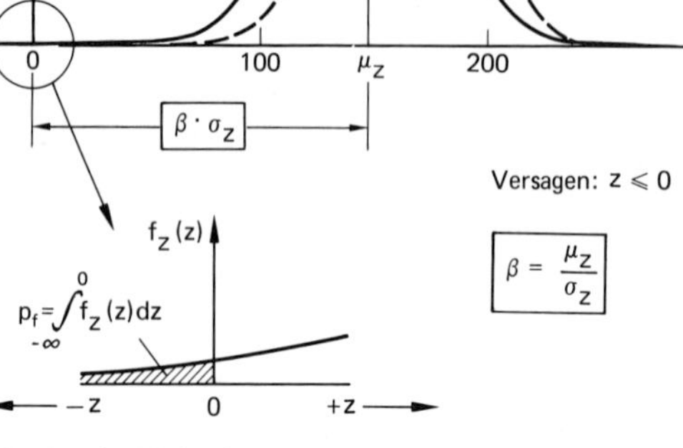

Bild 8.2–4 a) Dichtefunktionen $f_S(s)$ und $f_R(r)$
b) Dichtefunktionen $f_Z(z)$

$$f_U(u) = \frac{1}{\sqrt{2\pi}} \cdot e^{-\frac{1}{2}u^2}.$$

Die Versagenswahrscheinlichkeit ergibt sich damit zu:

$$p_f = P(Z \leq 0) = P\left(U \leq -\frac{\mu_Z}{\sigma_Z}\right) = \frac{1}{\sqrt{2\pi}} \int_{-\infty}^{-\mu_Z/\sigma_Z} e^{-\frac{1}{2}u^2} \, du = \Phi\left(-\frac{\mu_Z}{\sigma_Z}\right). \quad (8.2\text{–}2)$$

In Bild 8.2–4 sind die Zusammenhänge verdeutlicht. Dargestellt sind zwei Dichten für R und S (die in ihrer Lage dem Lastfall HZ im Stahlbau entsprechen; gestrichelt: Lastfall H). In jenen Fällen, in denen Z kleiner Null ist, tritt Versagen ein. Folglich kennzeichnet das Integral über $f_Z(z)$, genommen von $-\infty$ bis 0, die Versagenswahrscheinlichkeit:

$$p_f = \int_{-\infty}^{0} f_Z(z) \, dz.$$

Die obere Grenze des Integrals (8.2–2), das ist $-\mu_Z/\sigma_Z$, ist in einfacher Weise mit den gegebenen Verteilungsparametern von R und S, also mit μ_R, σ_R und μ_S, σ_S verknüpft:

$$\frac{\mu_Z}{\sigma_Z} = \frac{\mu_R - \mu_S}{\sqrt{\sigma_R^2 + \sigma_S^2}}.$$

Der zentrale Sicherheitsfaktor $\gamma_0 = \mu_R/\mu_S$ und der Nennsicherheitsfaktor γ lassen sich wie folgt mit den Variationskoeffizienten von R und S

$$\varrho_R = \frac{\sigma_R}{\mu_R}; \qquad \varrho_S = \frac{\sigma_S}{\mu_S}$$

und den Fraktilen

$$r_p = \mu_R - k_R \sigma_R = \mu_R (1 - k_R \varrho_R)$$
$$s_q = \mu_S + k_S \sigma_S = \mu_S (1 + k_S \varrho_S)$$

verbinden:

$$\gamma = \frac{\mu_R (1 - k_R \varrho_R)}{\mu_S (1 + k_S \varrho_S)} = \frac{1 - k_R \varrho_R}{1 + k_S \varrho_S} \cdot \gamma_0.$$

k_R und k_S kennzeichnen die vereinbarten Fraktilen. Mit (8.2–2) ist auch die Verknüpfung der Versagenswahrscheinlichkeit p_f mit dem Nennsicherheitsfaktor γ (der dem klassischen, globalen Sicherheitsfaktor entspricht) hergestellt:

$$p_f = \frac{1}{\sqrt{2\pi}} \int_{-\infty}^{-\beta} e^{-\frac{1}{2}u^2} \, du = \Phi(-\beta) = 1 - \Phi(\beta)$$

mit

$$\beta = \frac{\mu_Z}{\sigma_Z} = \frac{\mu_R - \mu_S}{\sqrt{\sigma_R^2 + \sigma_S^2}} = \frac{\mu_R - \mu_S}{\sqrt{(\varrho_R \mu_R)^2 + (\varrho_S \mu_S)^2}}.$$

β ist der reziproke Variationskoeffizient von Z. Er trägt den Namen Sicherheitsindex und bestimmt den Mittelwert $\mu_Z = \beta \cdot \sigma_Z$ der $f_Z(z)$-Dichte, siehe Bild 8.2–4. – Die Kurve in Bild 8.2–2 zeigt die funktionale Abhängigkeit zwischen p_f und β. – Bei anderen Verteilungsfunktionen für R und S lassen sich gleichfalls geschlossene Ergebnisse gewinnen [9].
Im Regelfall liegen Grenzzustandsfunktionen mit mehreren Basisvariablen vor, wobei diese i.a. von nichtlinearem Typ sind. Wie oben erläutert, scheitert für diese eine analoge Analyse; hier helfen die Rechenmethoden der Stufe II weiter; sie vermögen Nachweisformate in Regelwerken zu begründen, untereinander zu vergleichen und an bisherigen Regelungen zu eichen.

8.2.4 Sicherheitsanalysen auf Stufe II (Level II)

8.2.4.1 Einführung – *R*-*S*-Problem

Das lineare R-S-Problem wird modifiziert gedeutet und die Lösung bei alleiniger Verwertung der ersten und zweiten Momente entwickelt: μ_R, σ_R; μ_S, σ_S. R und S werden im Rahmen dieser Einführung als normalverteilt unterstellt und gemäß

$$\xi = \frac{r - \mu_R}{\sigma_R}; \qquad \eta = \frac{s - \mu_S}{\sigma_S}$$

normiert. Die gemeinsame Dichtefunktion $f(\xi, \eta)$ liegt mit ihrem Mittelpunkt im Zentrum der ξ-η-Ebene. Die Grenzzustandsgleichung des R-S-Problems $g = r - s = 0$ lautet im normierten System:

$$g(\xi, \eta) = a\xi - b\eta + c = 0 .$$

a, b und c sind positiv definite Konstante:

$$a = \sigma_R; \qquad b = \sigma_S; \qquad c = \mu_R - \mu_S .$$

Als Abschnittsgleichung formuliert, lautet die Grenzzustandsgleichung:

$$\frac{\xi}{-\left(\frac{c}{a}\right)} + \frac{\eta}{\left(\frac{c}{b}\right)} = 1 .$$

Die Gerade schneidet die Ordinate ξ und Abszisse η in den Punkten $-(c/a)$ bzw. (c/b), vgl. Bild 8.2–5a.

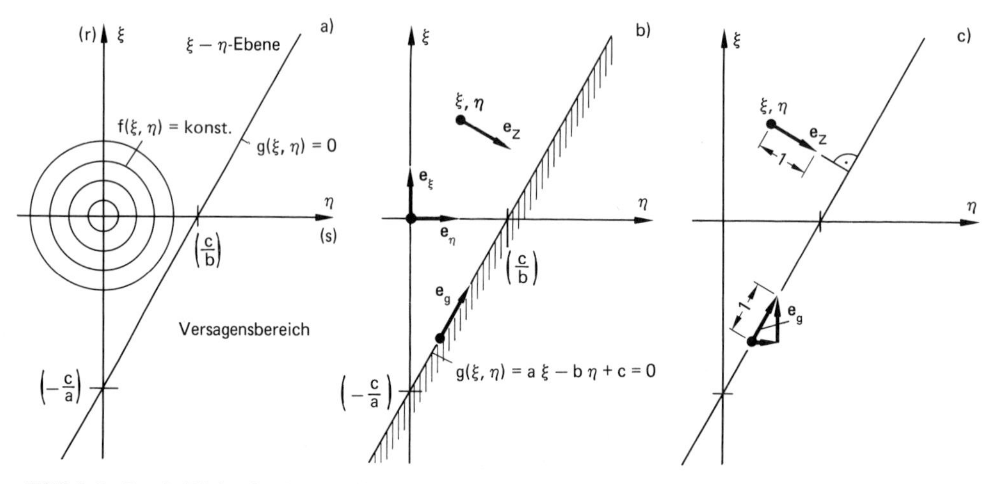

Bild 8.2–5 a) Dichtefunktion $f(\xi, \eta)$ im normierten Koordinatensystem ξ, η
b) Definition der Einheitsvektoren und Versagensgeraden

Zur Prüfung, ob eine Realisation r, s (bzw. ξ, η) zum Versagen führt oder nicht, werden die Elemente Z und α eingeführt. Z hat die Bedeutung des bereits erläuterten Sicherheitsabstandes; d.h., z ist der Abstand des Realisationspunktes ξ, η von der Versagensgeraden; $-\alpha_R$ und α_S sind die Komponenten eines Einsvektors $\boldsymbol{e}_Z$, der im Realisationspunkt ξ, η normal zur Geraden $g(\xi, \eta) = 0$ orientiert ist. Die Richtung dieses Vektors wird durch die Einheitsvektoren $\boldsymbol{e}_\xi$ und $\boldsymbol{e}_\eta$ gekennzeichnet, vgl. Bild 8.2–5b. Der in die Gerade $g(\xi, \eta) = 0$ fallende Einsvektor $\boldsymbol{e}_g$ lautet:

$$\boldsymbol{e}_g = \frac{-\dfrac{\mathrm{d}g}{\mathrm{d}\eta}\boldsymbol{e}_\xi + \dfrac{\mathrm{d}g}{\mathrm{d}\xi}\cdot\boldsymbol{e}_\eta}{\sqrt{\left(\dfrac{\mathrm{d}g}{\mathrm{d}\xi}\right)^2 + \left(\dfrac{\mathrm{d}g}{\mathrm{d}\eta}\right)^2}} = \frac{b\,\boldsymbol{e}_\xi + a\,\boldsymbol{e}_\eta}{\sqrt{a^2 + b^2}} .$$

Definiert man $\boldsymbol{e}_g = \alpha_S\boldsymbol{e}_\xi - \alpha_R\boldsymbol{e}_\eta$, liefert der Vergleich:

$$\alpha_R = \frac{-a}{\sqrt{a^2 + b^2}}; \qquad \alpha_S = \frac{b}{\sqrt{a^2 + b^2}} . \tag{8.2–3}$$

Der Vektor $\boldsymbol{e}_Z$ lautet (Bild 8.2–5c):

$$\boldsymbol{e}_Z = \frac{-\dfrac{\mathrm{d}g}{\mathrm{d}\xi}\boldsymbol{e}_\xi - \dfrac{\mathrm{d}g}{\mathrm{d}\eta}\boldsymbol{e}_\eta}{\sqrt{\left(\dfrac{\mathrm{d}g}{\mathrm{d}\xi}\right)^2 + \left(\dfrac{\mathrm{d}g}{\mathrm{d}\eta}\right)^2}} = \frac{-a\,\boldsymbol{e}_\xi + b\,\boldsymbol{e}_\eta}{\sqrt{a^2 + b^2}} = \alpha_R\boldsymbol{e}_\xi + \alpha_S\boldsymbol{e}_\eta .$$

Der Abstand z zwischen einem Realisationspaar ξ, η und der Grenzzustandsgeraden $g(\xi, \eta) = 0$ ergibt sich zu:

$$z = \frac{a\xi - b\eta + c}{\sqrt{a^2 + b^2}}.$$

Dieses Ergebnis erhält man, indem man für die Gerade g die kartesische Normalform

$$\xi = \frac{b}{a}\eta - \frac{c}{a}$$

mit der durch den Realisationspunkt verlaufenden Geraden, die senkrecht auf g steht, somit die Steigung $-a/b$ hat, zum Schnitt bringt. Der Abstand zwischen Realisationspunkt und Schnittpunkt ist z. Ein anderes Realisationspaar liefert einen anderen Sicherheitsabstand; in diesem Sinne ist Z eine Zufallsvariable. Berechnet man das erste und zweite Moment von Z, folgt:

$$E(z) = \frac{c}{\sqrt{a^2 + b^2}}; \qquad Var(z) = \frac{a^2 + b^2}{a^2 + b^2} = 1.$$

Der Zuverlässigkeitsindex wird nunmehr (verallgemeinert) zu

$$\beta = \frac{E(z)}{Var(z)}$$

definiert; das liefert im vorliegenden Fall für die lineare Grenzzustandsgleichung

$$\beta = \frac{c}{\sqrt{a^2 + b^2}} \tag{8.2–4}$$

und für normal-verteilte Zufallsvariable R und S:

$$r = \sigma_R \xi + \mu_R, \quad s = \sigma_S \eta + \mu_S: \; a = \sigma_R, \quad b = \sigma_S, \quad c = \mu_R - \mu_S:$$

$$\beta = \frac{\mu_R - \mu_S}{\sqrt{\sigma_R^2 + \sigma_S^2}}.$$

Der aktuelle Sicherheitsabstand ist:

$$z = \frac{a\xi - b\eta}{\sqrt{a^2 + b^2}} + \beta.$$

Liegt der Realisationspunkt zufällig im Zentrum des zweidimensionalen Wahrscheinlichkeitshügels, im normierten Falle also an der Stelle $\xi = 0$ und $\eta = 0$, folgt hierfür

$$z = \beta.$$

Somit ist β im normierten Koordinatensystem ξ, η mit dem kürzesten Abstand zwischen Koordinatennullpunkt und der Versagensgeraden identisch (Bild 8.2–6). – Die α-Werte, α_R und α_S, kennzeichnen im normierten Koordinatensystem die Richtung von β, denn:

$$\alpha_R = \cos(\xi, \beta) = \frac{-a}{\sqrt{a^2 + b^2}} = \frac{-\sigma_R}{\sqrt{\sigma_R^2 + \sigma_s^2}},$$

$$\alpha_S = \cos(\eta, \beta) = \frac{b}{\sqrt{a^2 + b^2}} = \frac{\sigma_S}{\sqrt{\sigma_R^2 + \sigma_s^2}}.$$

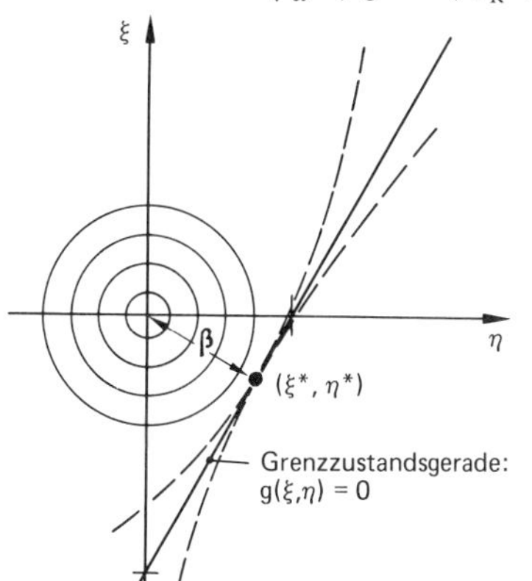

Bild 8.2–6 Zur Deutung von β im normierten System

Sind beispielsweise die Streuungen von R und S gleich groß, also $\sigma_R = \sigma_S = \sigma$, ergibt sich $\alpha_R = -1/\sqrt{2}$, $\alpha_S = 1/\sqrt{2}$. In den Grenzfällen σ_R bzw. $\sigma_S = 0$ gilt:

$$\sigma_R = 0{:}\ \alpha_R = 0,\ \alpha_S = 1; \quad \sigma_S = 0{:}\ \alpha_R = -1,\ \alpha_S = 0.$$

Die α-Werte charakterisieren den Einfluß der Streuungen von R und S; man spricht daher von den Sensitivitätsfaktoren (auch Wichtungs- oder Gewichtsfaktoren); für sie gilt:

$$\alpha_R^2 + \alpha_S^2 = 1.$$

Bezogen auf die Nennwerte s_q, r_p lautet die Nachweisgleichung bei Einführung gesplitteter Sicherheitsfaktoren:

$$\gamma_S \cdot s_q = \frac{r_p}{\gamma_R}.$$

Bei Kennzeichnung der Fraktilwerte durch μ und ϱ gilt:

$$\gamma_S \cdot s_q = \frac{r_p}{\gamma_R} \rightarrow \gamma_S \cdot \mu_S (1 + k_S \varrho_S) = \frac{1}{\gamma_R} \cdot \mu_R (1 - k_R \varrho_R).$$

Der Bemessungspunkt ξ^*, η^* im normierten System kann durch

$$\xi^* = \beta \alpha_R, \quad \eta^* = \beta \alpha_S \tag{8.2–5}$$

und im (rücktransformierten) Ausgangssystem durch

$$r^* = \sigma_R \xi^* + \mu_R = \beta \alpha_R \cdot \sigma_R + \mu_R = \mu_R (1 + \alpha_R \beta \varrho_R)$$

$$s^* = \sigma_S \eta^* + \mu_S = \beta \alpha_S \cdot \sigma_S + \mu_S = \mu_S (1 + \alpha_S \beta \varrho_S)$$

dargestellt werden. Im Bemessungspunkt ist (β bzw. p_f zugeordnet):

$$s^* = r^* \rightarrow \mu_S (1 + \alpha_s \beta \varrho_S) = \mu_R (1 + \alpha_R \beta \varrho_R).$$

Die Splittung gemäß obiger Definition ergibt:

$$\gamma_S = \frac{1 + \alpha_S \beta \varrho_S}{1 + k_S \varrho_S}; \qquad \frac{1}{\gamma_R} = \frac{1 + \alpha_R \beta \varrho_R}{1 - k_R \varrho_R}.$$

Damit sind die gesplitteten Sicherheitsfaktoren mit den Streuungen (über ϱ), den Sensitivitätsfaktoren α und mit β verknüpft.

8.2.4.2 Verallgemeinerung [10]

Gegeben sind n Basisgrößen X_i; es wird zunächst Unabhängigkeit unterstellt. Mittelwert und Standardabweichung sind bekannt: μ_i, σ_i. Die Variablen werden normiert:

$$\xi_i = \frac{X_i - E(x_i)}{Var(x_i)} \equiv \frac{X_i - \mu_i}{\sigma_i}.$$

Die gemeinsame Dichte der Basisgrößen ist $f_{X_1, X_2, \ldots X_n}(x_1, x_2 \ldots x_n)$.

Wird f in das normierte Koordinatensystem transformiert (und sind alle Basisgrößen normal-verteilt[1])), sind Flächen gleicher Auftretenswahrscheinlichkeit n-dimensionale Kugeln um den Ursprung des Koordinatensystems. Die Versagensfunktion wird ebenfalls transformiert. Damit wird der Raum in einen Überlebens- und Versagensbereich unterteilt. Das Sicherheitsmaß β wird als Abstand der Grenzzustandsgleichung $g(\xi_i) = 0$ bis zum Ursprung $\xi_i = 0$ ($i = 1, 2, \ldots, n$) definiert und zwar in Richtung des geringsten Abstandes. Dazu wird das Lot vom Ursprung auf die Versagensfunktion gefällt und der Abstand berechnet. Diese Definition entspricht dem zweidimensionalen Fall. Um die Lotlänge zu bestimmen, wird die Grenzzustandsfunktion $g = 0$ im Durchdringungspunkt des Lotes mit $g = 0$ ($\triangleq$ Bemessungspunkt – Stelle größter Annäherung an die Grenzfläche des Versagensbereiches) durch eine Hyperebene ersetzt, d.h., durch das erste Glied einer Taylor-Entwicklung linearisiert:

$$g(\xi) \approx g(\xi_i^*) + \sum_n \left.\frac{\partial g}{\partial \xi_i}\right|_{\xi_i^*} \cdot (\xi_i - \xi_i^*) = \sum_n \left.\frac{\partial g}{\partial \xi_i}\right|_{\xi_i^*} \cdot \xi_i - \sum_n \left.\frac{\partial g}{\partial \xi_i}\right|_{\xi_i^*} \cdot \xi_i^* + g(\xi_i^*) = 0.$$

[1]) Beliebig verteilte (auch korrelierte) Zufallsgrößen lassen sich im Bemessungspunkt in normal-verteilte, unabhängige Größen transformieren [11].

Abgekürzt:

$$g(\xi) = \sum_n a_i \xi_i + c = 0;$$

$$a_i = \frac{\partial g}{\partial \xi_i}\bigg|_{\xi_i^*}; \qquad c = -\sum_n \frac{\partial g}{\partial \xi_i}\bigg|_{\xi_i^*} \cdot \xi_i^* + g(\xi_i^*).$$

Diese Gleichung wird mit dem zweidimensionalen Fall verglichen:

$$\begin{aligned} g(\xi, \eta) &= a\xi - b\eta + c = \\ &= a_1 \xi_1 + a_2 \xi_2 + c = \\ &= \sum_2 a_i \xi_i + c = 0. \end{aligned}$$

Der Sicherheitsabstand im zweidimensionalen Fall lautet:

$$\begin{aligned} z &= -\alpha_R \xi - \alpha_S \eta + \beta = \\ &= -\alpha_1 \xi_1 - \alpha_2 \xi_2 + \beta = \\ &= -\sum_2 \alpha_i \xi_i + \beta. \end{aligned}$$

Durch Analogieschluß werden α_i und β für den mehrdimensionalen Fall bestimmt:

(8.2–3) $$\alpha_i = \frac{-a_i}{\sqrt{\sum_n a_i^2}} = \frac{-\frac{\partial g}{\partial \xi_i}\Big|_{\xi_i^*}}{\sqrt{\sum_n \left(\frac{\partial g}{\partial \xi_i}\Big|_{\xi_i^*}\right)^2}}; \qquad \sum_n \alpha_i^2 = 1, \tag{8.2–6}$$

(8.2–4) $$\beta = \frac{c}{\sqrt{\sum_n a_i^2}} = \frac{-\sum_n \frac{\partial g}{\partial \xi_i}\Big|_{\xi_i^*} \cdot \xi_i^* + g(\xi_i^*)}{\sqrt{\sum_n \left(\frac{\partial g}{\partial \xi_i}\Big|_{\xi_i^*}\right)^2}}. \tag{8.2–7}$$

Koordinaten des Bemessungspunktes im normierten System:

(8.2–5) $$\xi_i^* = \alpha_i \cdot \beta. \tag{8.2–8}$$

Rücktransformation:

$$x_i^* = \mu_i + \sigma_i \xi_i^* = \mu_i + \alpha_i \beta \sigma_i = \mu_i (1 + \alpha_i \beta \varrho_i). \tag{8.2–9}$$

Wird der Sicherheitsnachweis gemäß

$$\sum_n \gamma_i \cdot x_{ik} = 0 \tag{8.2–10}$$

definiert, ohne daß zwischen einwirkenden und widerstehenden Einflüssen unterschieden wird und ist x_{ik} der Nennwert (die charakteristische Bemessungsfraktile) der Basisgröße X_i,

$$x_{ik} = \mu_i (1 - k_i \varrho_i)$$

d.h.

$$\sum_n \gamma_i \mu_i (1 - k_i \varrho_i) = 0$$

und wird dieser Ausdruck der Bedingung $\sum_n x_i^* = 0$ gegenübergestellt

$$\sum_n \mu_i (1 + \alpha_i \beta \varrho_i) = 0,$$

folgt für die gesplitteten Sicherheitsfaktoren:

$$\gamma_i = \frac{x_i^*}{x_{ik}} = \frac{1 + \alpha_i \beta \varrho_i}{1 - k_i \varrho_i}. \tag{8.2–11}$$

α_i und β sind gemäß (8.2–6/7) zu bestimmen. Die partiellen Ableitungen sind im Bemessungspunkt zu bilden; da dieser i.a. zunächst nicht bekannt ist, bedarf es einer Iteration. Der Sicherheitsnachweis kann natürlich auch in der Weise vereinbart werden, daß die Teilsicherheitsbeiwerte für die Widerstände als Nennergrößen und für die Einwirkungen als Zählergrößen eingeführt werden. So wird z.T. im Schrifttum verfahren; günstiger ist wohl die Definition (8.2–10). Die Theorie kommt in zweifacher Weise zur

Verwertung, wobei in jedem Falle die Grenzzustandsbedingung in den Basisvariablen X_i und deren Parameter (Verteilungstyp, Momente) aufgrund von statistischen Erhebungen oder Abschätzungen bekannt sein müssen:

- Berechnung der Sicherheit (Zuverlässigkeit) einer gegebenen Situation in Form des Sicherheitsindex β und Vergleich mit erf β z.B. anhand Bild 8.2–7. Hierzu werden iterativ die Bemessungswerte x_i^* geschätzt, α_i und β gemäß (8.2–6/7) und schließlich verbesserte x_i^*-Werte bestimmt.
- Bemessung einer vorgelegten Situation für eine geforderte Sicherheit (also für erf β). Hierzu werden iterativ die Wichtungsfaktoren α_i geschätzt, die Bemessungswerte gemäß (8.2–9) und verbesserte α_i-Werte bestimmt. Nach Abschluß der Iteration lassen sich die gesplitteten Sicherheitsfaktoren berechnen (8.2–11).

	Sicherheitsklasse		
Grenzzustand (T = 1 Jahr)	1	2	3
Gebrauchsfähigkeit	2,5	3	3,5
Tragfähigkeit	4,2	4,7	5,2

Bild 8.2–7 Sicherheitsindex β [3]

Die im Bemessungspunkt zu bildenden Differentialquotienten von $g(X_i) = 0$ lassen sich i. a. nicht analytisch-geschlossen herleiten, sie sind dann als Differenzenquotienten zu berechnen. Rechnungen von Hand sind auf Elementarprobleme beschränkt [12]. Die Analysen beziehen sich stets auf bestimmte Zeiträume T (z.B. beabsichtigte Nutzungs- oder Standdauer); der hierfür anzusetzende Sicherheitsindex β_T ist, z.B. aus den Einjahreswerten des Bildes 8.2–7, umzurechnen; das gilt auch für Strukturen, deren Grenzzustand vom Grenzzustand untergliederter Strukturen mittel- oder unmittelbar abhängig ist [3].

8.2.5 Sicherheitsanalysen auf Stufe I (Level I)

Die Elemente dieser Stufe gehen aus Sicherheitsanalysen der Stufe II hervor, sie erlauben eine baupraktische Verwertung auf der Grundlage gesplitteter Sicherheits- und Kombinationsfaktoren. Deren Größe wird mittels der Verfahren der Stufe II bestimmt, wobei der vorab vereinbarte Sicherheitsindex β (bzw. die tolerierte, operative Versagenswahrscheinlichkeit p_f) von der Sicherheitsklasse, von der Art des Grenzzustandes und vom Bezugszeitraum abhängig ist (s. o.).
Für die Einwirkungen und Widerstände werden Nennwerte (charakteristische Werte) als Prozent-Fraktilen in den Bemessungsnormen definiert. Die Bemessungsgleichung lautet in allgemeiner Form (als Forderung):

$$z^* = r^* - s^* = g_R(r_1^*, r_2^*, \ldots, r_n^*) - g_S(s_1^*, s_2^*, \ldots, s_m^*) \geq 0 .$$

r_i^* und s_j^* sind die Bemessungswerte der Basisvariablen R_i und S_j.
s^* hat beispielsweise folgenden Aufbau:

$$s^* = g_S(\gamma_{sys} \cdot \gamma_f^G \cdot G_k,\ \gamma_{sys} \cdot \gamma_f^Q \cdot Q_{k,1},\ \gamma_{sys} \cdot \gamma_f^Q \cdot \psi_{0,2} \cdot Q_{k,2}, \ldots,\ \gamma_f^Q \cdot \psi_{0,n} \cdot Q_{k,n}) . \qquad (8.2\text{–}12)$$

Hierin bedeuten:
γ_{sys}: Teilsicherheitsbeiwert für Ungenauigkeiten bei der Wahl des mechanischen (Rechen-)Modells.
γ_f: Teilsicherheitsbeiwert zur Abdeckung zufälliger Abweichungen von den Belastungsnennwerten; G für ständige und Q für veränderliche Einwirkungen, wobei letztere aus 1, 2, ..., n unterschiedlichen Ursachen resultieren. γ_f *ist* $\gtreqless 1$, je nachdem die Einwirkung sich auf den betrachteten Grenzzustand ungünstig oder günstig auswirkt.
ψ_j: Kombinationsbeiwert für veränderliche Einwirkungen, abhängig vom Rang der Einwirkung und den Merkmalen „kurz- oder langzeitig".
Schließlich können noch additive Sicherheitselemente einbezogen werden, um z.B. Imperfektionen oder Systemempfindlichkeiten abzudecken.
Für den gemäß (8.2–12) definierten γ-fachen Einwirkungszustand wird nachgewiesen, daß die Gebrauchsfähigkeit bzw. Tragfähigkeit nicht verlorengeht, wobei die Beiwerte unterschiedlich und auch davon abhängig sind, ob das Systemverhalten linear oder über- bzw. unterlinear ist.
Ein vereinfachtes Konzept bei Verzicht auf eine Differenzierung der Last- und Kombinationsbeiwerte ist:

$$\frac{r_p}{\gamma_m} - \gamma_{sys} \cdot \gamma_f \cdot \psi(G + \Sigma Q) \geq 0 .$$

γ_m ist der Teilsicherheitsbeiwert zur Abdeckung der Unsicherheiten auf der Festigkeitsseite. Dieser Beiwert kann im Stahlbau etwa zu 1,05 ÷ 1,10 gewählt werden. γ_{sys} liegt im Bereich 1,00 ÷ 1,15 und γ_f im Bereich 0,90 ÷ 1,30. ψ ist zur Berücksichtigung der Unwahrscheinlichkeit des Zusammentreffens der Extrem-Lastnennwerte unterschiedlicher Herkunft anzusetzen, was z. Zt. im Stahlbau durch die

Lastfälle Hauptlasten, Haupt- und Zusatzlasten und fallweise Sonderlasten geschieht. Eine weitere Modifizierung besteht darin, die Sicherheitsfaktoren vom Gefährdungsgrad und vom Kontroll- und Überwachungsaufwand (firmenseitiger Befähigungsnachweis) abhängig zu machen. Es existieren eine Reihe nationaler und übernationaler Empfehlungen zur Regelung der Sicherheitsnachweise auf (semi-)probabilistischer Grundlage [13]; eine Umstellung der deutschen Stahlbau-Normen auf γ-facher Basis steht bevor.

Literatur

1. International Conference on Structural Safety and Reliability (Ed.: Freudenthal, A.M.); Washington 9.–11. April 1969. Oxford: Pergamon Press 1972.
2. 2nd International Conference on Structural Safety and Reliability (Ed.: Kupfer, H., Shinozuka, M. u. Schuëller, G.I.); Munich 19.–21. Sept. 1977. Düsseldorf: Werner-Verlag 1977.
3. NABau-Arbeitsausschuß „Sicherheit von Bauwerken": Grundlagen zur Festlegung von Sicherheitsanforderungen für bauliche Anlagen (1. Auflage 1981).
4. SIA 260 Weisung für die Koordination des Normenwerkes des SIA im Hinblick auf Sicherheit und Gebrauchsfähigkeit von Tragwerken (Entwurf 1980).
5. Basler, E.: Untersuchungen über den Sicherheitsbegriff von Bauwerken. Schweizer Archiv 27 (1961), S. 133–160.
6. Institut für Massivbau der TH Darmstadt (König, G., Heunisch, M., Pottharst, R., Hosser, D. u. a.): Mitteilungen, Heft 16 (1972), 22 (1977), 28 (1978) u. Dissertationen.
7. Sonderforschungsbereich 96: Berichte zur Zuverlässigkeitstheorie der Bauwerke; Techn. Universität München, Laboratorium für den Konstr. Ingenieurbau.
8. Schuëller, G.I.: Einführung in die Sicherheit und Zuverlässigkeit von Tragwerken. Berlin: Verl. W. Ernst und Sohn 1981.
9. Ferry Borges, J. a. Castanheta, M.: Structural Safety. 2nd Ed. Lissabon: Laboratorio Nacional de Engenhario Civil 1971.
10. Hasofer, A.M. a. Lind, N.C.: Exact and Invariant Second-Moment Code Format. Proc. ASCE, Journal of the Eng. Mech. Div. 100 (1974), S. 111–121.
11. Fießler, B.: Das Programmsystem FORM zur Berechnung der Versagenswahrscheinlichkeit von Komponenten von Tragsystemen, Heft 43 (1979); in: [7], vgl. auch Heft 14 (1976).
12. Petersen, C.: Der wahrscheinlichkeitstheoretische Aspekt der Bauwerkssicherheit im Stahlbau; in: Berichte aus Forschung und Entwicklung, Heft 4. Köln: Stahlbau-Verlag 1977.
13. EURO Code Nr. 1 Einheitliche Regeln für verschiedene Bauarten und Baustoffe (Entwurf 1980) – EKS: Europäische Empfehlungen für Stahlbauten (1978) – CEB: Einheitliche Regeln für verschiedene Bauarten und Baustoffe (1978).

9 Verbindungstechnik

9.1 Allgemeine Hinweise

O. Steinhardt

9.1.1 Begriffe

Stahlbaukonstruktionen können je nach Form als Stab- oder Flächentragwerk betrachtet und bemessen werden. Durch Verbindungsmittel werden die Einzelteile zu statisch gemeinsam wirkenden Bauteilen zusammengefügt. Verbindungsmittel können außerdem dazu dienen, Einzelteile eines Querschnittes zu einem Ganzen zu verbinden. Im allgemeinen verwendet man dafür Schrauben und Schweißnähte, in Sonderfällen auch Niete, Schweißpunkte oder Klebefugen. Die gleichzeitige Verwendung verschiedener Verbindungsmittel in einer Verbindung unter Beachtung ihrer unterschiedlichen Nachgiebigkeit ist zulässig.
Verbindungen in den vorgenannten Tragwerksformen werden unterschieden nach Stößen und Anschlüssen, je nachdem, ob ein tragender Querschnitt weiterläuft oder endet.
Die Übertragung der Schnittgrößen (Kräfte, Momente) in einer Verbindung kann punktweise, linien- oder in Sonderfällen auch flächenhaft erfolgen.
Verbindungen bewirken Umlenkungen der Schnittgrößen bzw. Beanspruchungen in den zu verbindenden Bauteilen und bilden damit Störstellen im Spannungsfluß. Besonders deutlich verändert sich z.B. bei normalkraftbeanspruchten Stäben die Spannungsverteilung in Querrichtung; auch die Beanspruchung einer Verbindung in Längsrichtung ist nicht gleichmäßig. Dieses findet entsprechende Berücksichtigung bei den zu führenden Nachweisen im Bauteil (Rechenansätze für den Brutto-, Netto- oder maßgebenden Querschnitt) sowie bei der Festlegung der zulässigen Beanspruchungen in den Verbindungsmitteln, z.B. auf Lochleibungsdruck und Abscheren.
Die Verbindungstechnik im Stahlbau beeinflußt die Werkstatt- und Montagekosten in nicht geringem Maße. Die richtige Auswahl der für den gewünschten Zweck optimalen Verbindungsmittel ist deshalb mitentscheidend für die wirtschaftliche Lösung einer Stahlkonstruktion. Die Anzahl der Verbindungen in einem Bauwerk ist möglichst gering zu halten, wobei die Größe der Bauteile auf die Möglichkeiten der Fertigung, Montage und des Transportes zur Baustelle abzustellen ist. Stöße und Anschlüsse sind möglichst gedrungen auszubilden.

9.1.2 Schrauben- (bzw. Niet-)Verbindungen in Bauteilen bei vorwiegend ruhender Beanspruchung

Statische Zugversuche an relativ kleinen, gelochten Flachstahl-Proben haben ergeben, daß die Spannungsverteilung, z.B. quer über einen normalkraftbeanspruchten Fachwerkstab oder Biegeträgergurt, zwar sehr ungleichmäßig ist ($\max\sigma = \alpha \cdot \sigma_m$ mit $2{,}0 \leq \alpha \leq 2{,}8$ im Regelfall), der Nettoquerschnitt bei üblichen Lochabständen im Bruchzustand aber dennoch über eine mittlere „rechnerische" Zugfestigkeit σ_m verfügt, die derjenigen eines gleichgroßen, ungelochten Vollstabes mit gleicher Querschnittsfläche entspricht. Die Werte σ_m können fallweise sogar bis zu 10% höher liegen, was durch die Mehrachsigkeit der Beanspruchung bedingt ist.
In den sogenannten Scher/Lochleibungsverbindungen werden die Schrauben bzw. Niete quer zu ihrer Achse beansprucht. Für die Berechnung der übertragbaren Kräfte wird ausschließlich die Beanspruchung auf Abscheren in der Schraube bzw. im Niet sowie diejenige auf Lochleibung zwischen der Schraube bzw. dem Niet und der Lochwand des zu verbindenden Querschnittsteils rechnerisch nachgewiesen. Die Auswertungen bisher durchgeführter internationaler Versuche – insbesondere F. Stüssi hat hierzu die charakteristischen Erscheinungen bei den unterschiedlichen Verbindungsmitteln allgemein erörtert [1] – ergaben nämlich, daß, ungeachtet der in Wirklichkeit recht komplizierten Beanspruchungsverhältnisse, die sich natürlich auch auf die Längs-Verteilung der Einzelscherkräfte $Ni\,(i = 1 - n)$ in einer Reihe erstrecken (wobei für genauere rechnerische Nachweise die Federwerte C gemäß Tabelle 9.1–1 verwendet werden können), folgende vereinfachte Nachweise geführt werden dürfen:

- Gemittelte Zugspannung im (maßgebenden) Nettoquerschnitt.
- gemittelte Druckspannung im Bruttoquerschnitt für die zu verbindenden Bauteile
- gemittelte Rechenwerte für die Beanspruchung auf Abscheren für die Verbindungsmittel sowie auf Lochleibungsdruck für die Verbindungsmittel und die zu verbindenden Bauteile.

Tabelle 9.1–1: Örtliche Federwerte C von Paßschrauben und Nieten (in zweischnittigen Anschlüssen)

Loch-∅ [mm]	15	17	19	21	23	25	27
C [kN/cm] (Gebrauchslast)	260	310	400	500	550	600	660
C [kN/cm] (Bemessungslast)	155	185	240	300	325	350	380

Verschiebungsmessungen an kleinen und großen Schrauben- (bzw. Niet-)Verbindungen von Profilstäben unter stetig ansteigender Belastung verdienen neuerdings größere Beachtung im Hinblick auf die vorgesehene Umstellung des bisherigen zul σ-Bemessungskonzeptes auf ein Verfahren, bei dem die aus mit Sicherheitsbeiwerten γ multiplizierten Gebrauchslasten – also aus den sogenannten Bemessungslasten – resultierenden Schnittgrößen den Traglasten eines Systems gegenübergestellt werden sollen [2] (Seiten 15 und 16, 23–28).
Bei den im allgemeinen mehrschnittigen, symmetrischen Laschenverbindungen überschreiten die elastisch-federnden Verschiebungen in der Verbindung nicht diejenigen der Stäbe im Verbindungsbereich, weshalb sie bisher bei dem unter Gebrauchslast zu führenden Nachweis außer Betracht bleiben konnten und das auch in Zukunft dürfen, sofern keine höhere Ausnutzung der Querschnitte angestrebt wird. Bei Steigerung der äußeren Lasten bis zum Bemessungslastniveau gemäß dem vorgesehenen neuen Bemessungskonzept erhöhen sich diese elastischen Verschiebungen in der Verbindung jedoch nichtlinear. Für die in der Praxis gebräuchlicheren Tragsysteme und Belastungen ist dieser Einfluß für die Ermittlung der Schnittgrößen allerdings oft ohne Bedeutung.
Für Schrauben- (bzw. Niet-)Verbindungen bei Konstruktionen unter vorwiegend ruhender Belastung läßt sich hierzu folgendes feststellen: In Stahlkonstruktionen, deren Verbindungen nach der Montage einsinnig wirkende Lochleibungskontakte aufweisen, wie z.B. Fachwerke, Skelettbauten, Deckenträger und -unterzüge ohne Vorzeichenwechsel der Stützmomente, können die Verschiebungen im Stoß bzw. Anschluß sowohl für den Gebrauchszustand als im allgemeinen auch im Traglastzustand außer Betracht bleiben; d.h. neben gleitfesten Verbindungen und Scher/Lochleibungsverbindungen mit Paßschrauben bzw. Nieten können auch solche mit Schrauben mit Lochspiel verwendet werden. In querbelasteten Balken und bei Rahmen mit relativ kleinen Normalkräften bleiben die Schraubenschlupfe bzw. zusätzlichen elastischen Verschiebungen in den Verbindungen im Traglastnachweis, z.B. nach Fließgelenktheorie I. Ordnung, in der Regel ebenfalls ohne Auswirkung. Für die Sicherstellung der Gebrauchsfähigkeit der Konstruktion kann jedoch fallweise die Berücksichtigung der Nachgiebigkeit notwendig werden. Bei stabilitätsgefährdeten Tragwerken, die in der Regel nach Theorie II. Ordnung berechnet werden, aber auch bei solchen Konstruktionen, die überhöht auf Rüstungen oder im Freivorbau erstellt werden sollen, wobei im eigentlichen Tragzustand anschließend Lochleibungsdrücke in umgekehrter Richtung auftreten können, ist im Einzelfall zu untersuchen, ob und in welchem Umfang Verschiebungswerte der Verbindungen in der statischen Berechnung zu berücksichtigen sind.
In der Entwurfsfassung der neuen Stabilitätsnorm DIN E 18800 Teil 2 (Dezember 1980), die bereits auf dem neuen Konzept basiert, wird für Scher/Lochleibungsverbindungen mit rohen Schrauben eine Berücksichtigung des Schraubenschlupfes gefordert.
In Tabelle 9.1–2 werden daher vom Verfasser für die verschiedenen Verbindungsarten Richtwerte für Schlupfe und für zusätzliche elastische Verschiebungen im Bereich der höchstbeanspruchten Schrauben eines Stoßes vorgeschlagen.

9.1.3 Schrauben- (bzw. Niet-)Verbindungen in Bauteilen bei nicht vorwiegend ruhender Beanspruchung

Das Tragverhalten sowohl hochfester Schraubenverbindungen als auch von Nietverbindungen unter nicht vorwiegend ruhender Beanspruchung ist komplexer als dasjenige unter vorwiegend ruhender Beanspruchung, was anhand einiger Ergebnisse von Wöhler-Versuchen verständlich gemacht werden soll (vgl. auch Abschnitt 10.8).
Bei Gegenüberstellung der Prototypen „glatter Stab“ und „Lochstab“ zum „Nietstab“ findet man z.B. anhand der Versuche von O. Graf [3] oder der sogenannten Gemeinschaftsversuche [4] für St 37 die Ursprungsfestigkeit σ_{DU} ($\varkappa = +0{,}1$) mit folgenden mittleren Werten bei einer Lastwechselzahl $N = 2 \cdot 10^6$: $\sigma_{DUS} = 28$ kN/cm^2, $\sigma_{DUL} = 21$ kN/cm^2 und $\sigma_{DUN} = 17$ kN/cm^2 (Bild 9.1–1). Soweit die

Tabelle 9.1–2 Mittlere Rechenwerte für „Stoß“-Schlupf und zusätzliche elastische Verschiebung (bei „Anschlüssen“ gelten jeweils im maßgebenden Lochriß die halben Werte)

	Verbindungsart	Schlupf (je Stoß)	zusätzl. elast. Verschiebung: Gebr.-Last	zusätzl. elast. Verschiebung: Bemess.-Last	Gesamt-Verschiebung: Bemess.-Last	Bemerkungen
		a [mm]	b [mm]	c [mm]	d [mm]	e
1	Paßverschraubung	0,26	0	0,30	0,56	Schlupf bleibt unberücksichtigt
2	„Nietung“ (o. ä.)	0,40 (St 37) 0,60 (St 52)	0,10	0,35	0,75 0,95	Schlupf kann unberücksichtigt bleiben
3	SL- (u. „rohe“) Verschraubung	4,00	0,20	0,40	4,40	Man beachte: Überhöhung, stat. unbest. Systeme
4	GV-Verschraubung	4,00 (bei >1,25 Gebr.-Last)	0,20	0,40	4,40	Für Bemess.-Last: wie unter 3e
5	GVP-Verschraubung	0,26	0	0,30	0,50	Schlupf bleibt unberücksichtigt
6	Paß-Verschraubung	1,00	0,60 (St 37)	1,20	2,20	Zum Teil gilt 3e
7	SL-Verschraubung	5,00	0,70	1,40	6,40	Man beachte: Bemerkung unter 3e
8	Rohe Verschraubung	5,00	0,70	1,40	4,70	Man beachte auch: „Traglast-Nachweise“

Zu Zeile 1–5 gilt: zwei- und mehrschnittig bzw. einschnittig seitlich gestützt.
Zu Zeile 6–8 gilt: einschnittig seitlich nicht gestützt.

Versuchsstäbe ohne Kontaktflächenbehandlung (Anstrich) geprüft wurden, darf man annehmen, daß die größeren Nietschaft-Zugkräfte die Dauerversuchsergebnisse günstig beeinflußt haben. Bei ähnlichen Proben aus Baustahl St52 sind die vergleichbaren Werte im Mittel $\sigma_{DUS} = 33$ kN/cm², $\sigma_{DUL} = 23$ kN/cm² und $\sigma_{DUN} = 19$ kN/cm². Für Kontaktflächen mit Zwischenanstrich fiel insbesondere der Wert für σ_{DUN} bei einigen Proben ab, und zwar bis auf $\sigma_{DUN} \approx 15$ kN/cm². Man könnte eine größere Kerbempfindlichkeit des härteren St52 annehmen; es sind hier jedoch auch Einflüsse der Vorspannkraft im Nietschaft und das Rauhigkeitsmaß der Kontaktflächen der vorhandenen Zugscherverbindung von Bedeutung.

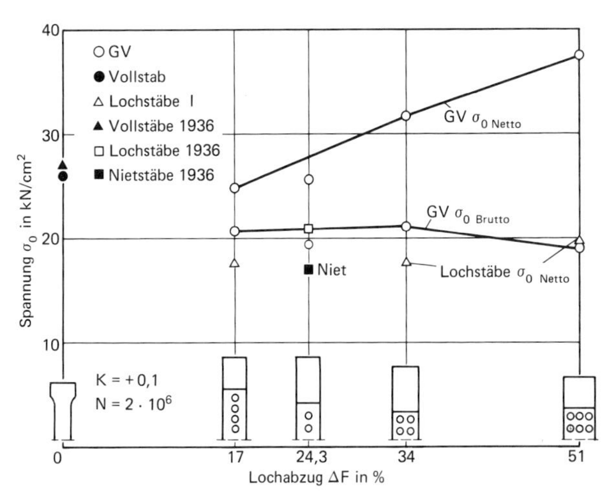

Bild 9.1–1
Dauerschwellzugfestigkeiten von Loch-, Niet- und GV-Stäben aus St 37 bei verschiedener Lochschwächung

Dauerversuche an Nietverbindungen [5] weisen insbesondere auch auf Verhaltensunterschiede zwischen einschnittigen und zweischnittigen größeren Nietverbindungen hin.

Die heute bekannten Wöhlerlinien beruhen auf Dauerversuchen an Proben, bei denen die äußere Stabbeanspruchung mit den Lochleibungsbeanspruchungen gleichgerichtet ist. Bisher wurde nicht geklärt, ob diese Ergebnisse auch auf Beanspruchungsfälle übertragbar sind, bei denen diese Voraussetzungen nicht erfüllt werden, z.B. bei exzentrisch angeschlossenen Fachwerkstäben. In nächster Zeit sind deshalb zur Beantwortung dieser wichtigen Frage entsprechende Untersuchungen durchzuführen.

Die Verbindungstechnik mit hochfesten Schrauben insbesondere als gleitfeste Verbindung hat ab 1952 über die Karlsruher Versuche [7] – sowie über parallel vorgenommene Untersuchungen im Ingenieurlaboratorium in Darmstadt – in Deutschland eine rasche Ausbreitung gefunden. Man erreicht bei derartigen Verbindungen vor allem auch eine deutlich angehobene Dauer-Schwingfestigkeit (vgl. auch Bild 9.1–1). Den dort angegebenen Leitwerten für die Ursprungsfestigkeit σ_{DUS} (Stab), σ_{DUL} (Lochstab) und σ_{DUN} (Nietstab) = 17 kN/cm² schließen sich nun diejenigen für zweischnittige GV-Verbindungen $\sigma_{DU,GV}$ je nach theoretischer Lochschwächung mit σ netto von 25 bis 37 kN/cm² an, so daß sich für die vorliegenden einfachen Probenformen besser der Bruttoquerschnitt als Vergleichsgrundlage anbietet; hier ist nämlich konstant $\sigma_{DU,GV}$ = 20 kN/cm² gegenüber 26 bis 28 kN/cm² im glatten Stab.

9.1.4 Schweißverbindungen unter vorwiegend ruhender Beanspruchung

In der alten Schweißvorschrift DIN 4100 und der Stahlbaugrundnorm für die Berechnung und Konstruktion, DIN 18800 Teil 1, Ausgabe März 1981, die die DIN 4100 weitgehend ersetzt, sind für vorwiegend ruhend beanspruchte Tragwerke sehr einfache und praktische Entwurfs- und Bemessungsregeln enthalten, deren Gültigkeitsschranken überwiegend durch Ergebnisse aus Traglastversuchen abgeleitet wurden. International sind die entsprechenden Vorschriften ähnlich aufgebaut. Abschnitt 9.3 behandelt die Berechnung und Bemessung von Schweißverbindungen im einzelnen.
Bekanntlich unterscheidet sich die Spannungsführung bei Anschlüssen, wo jeweils eine Kraft endet, wesentlich von derjenigen, wo die Schnittgrößen-Zunahme gemäß $M = f(Q)$ über beliebig lange Strecken erfolgen kann, wie z. B. bei Halsnähten an Vollwandträgern. – Bei Anschlüssen wurde vom Verfasser die Problematik sowohl der ausschließlich auf Schub beanspruchten Flankenkehlnähte als auch ihre zusammengesetzte Beanspruchung anhand internationaler Regelungen diskutiert [8].

Tabelle 9.1–3 Örtliche Federwerte von Flanken-Kehlnähten: C_{Fl} (je mm Nahtlänge) allgemein von Stirn-Kehlnähten: C_{St} [kN/mm²] = 70

Nahtdicke a [mm]	3	4	5	6	7	8	10	12	14	16	20
C_{Fl} [kN/mm²] (Gebrauchslast)	70	74	78	81	84	87	91	97	97	100	105

In den vorgenannten DIN-Normen wird bei Flankenkehlnähten deren Länge l in Abhängigkeit von der Dicke a begrenzt, vgl. DIN 18800 Teil 1, Bilder 12 und 13. Um einerseits das Zusammenwirken zwischen Längs- und Stirn-Kehlnähten besser verstehen und andererseits konstruktive „Sonderfälle“ untersuchen zu können, werden vom Verfasser in der Tabelle 9.1–3 elastische Federwerte von Schweißnähten angegeben. Diese C_{Fl}- und C_{St}-Werte können für kompakte, kurze Anschlüsse in der baustatischen Berechnung selbstverständlich außer Betracht bleiben, sie bieten jedoch in ihrer Relation zu anderen konstruktiv bedingten elastischen Dehn- und Schubverzerrungen einen Anhalt, um auch Kehlnähte mit größeren Längen als $100 \cdot a$ bemessen und ausführen zu können. Bei vorwiegend ruhender Beanspruchung sind zwar auch die plastischen Verformungen der Kehlnahtenden für die endgültige Tragfähigkeit relativ „enger“ Anschlüsse als zusätzlich günstig wirkend zu beachten [9]; doch geht man über einfache direkte Anschlüsse hinaus, so wird bei indirekter Spannungsführung, z. B. über Stegaus-

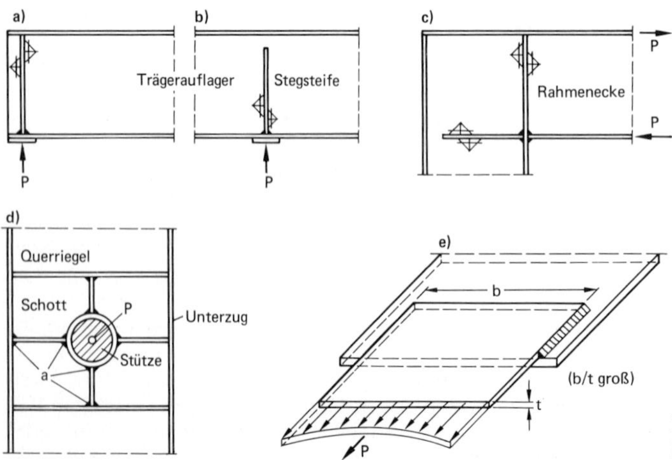

Bild 9.1–2
Flankenkehlnähte mit „Überlängen“

steifungen und Schotte oder bei sehr breiten Laschen, eine günstigere Schubspannungsverteilung in den Flankenkehlnähten nachzuweisen sein, vgl. die Konstruktionsbeispiele des Bildes 9.1–2, sowie z.B. [10]. – In diesen Fällen empfiehlt sich, die elastischen Dehnwege der Bleche, bzw. insbesondere auch ihre Schubverzerrungen, je nach konstruktiver Ausbildung der Zwischenelemente, bei den *c*-Werten der Tabelle 9.1–2 zu berücksichtigen. Auf diese Weise dürfen die Kehlnahtlängen fallweise auch größere Werte als $100 \cdot a$ erreichen, vgl. hierzu [8] (Seite 512ff.) sowie die allgemeine Theorie des elastischen Verbundes.

Biegefeste Stirnplatten-Verbindungen mit hochfesten vorgespannten Schrauben für Walzprofile I und HE nach dem DSTV-Ringbuch „Typisierte Verbindungen im Stahlhochbau" [11] sind charakterisiert durch eine Kombination einer auf Zug und Abscheren beanspruchten hochfesten Schrauben-Verbindung mit einer angeschweißten kraftübertragenden Stirnplatte.

Verbindungen mit überstehenden Stirnplatten verhalten sich bei Bemessung für das volle Trägermoment nur geringfügig weicher (Verdrehung infolge Biegemoment *M*) als direkt miteinander verschweißte Träger. Ein Einfluß der Verformungen in der Verbindung auf die Schnittgrößen, z.B. in statisch unbestimmten Tragwerken, braucht deshalb nicht berücksichtigt zu werden. Verbindungen mit bündigen Stirnplatten sind insbesondere bei mittleren und größeren Trägerhöhen nachgiebiger als solche mit überstehenden Stirnplatten. Die hieraus resultierenden Schnittgrößenumlagerungen im Tragwerk sind in Sonderfällen, z.B. bei der Ermittlung der Gesamtstabilität von seitlich verschieblichen Rahmentragwerken, zu berücksichtigen. Zahlenangaben über die dazu erforderlichen Federwerte C_φ enthält Bild 9.1–3.

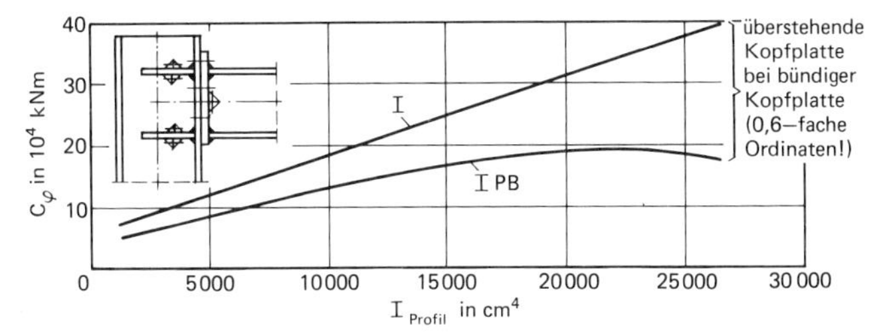

Bild 9.1–3 Federwerte C_φ von HV-Stirnplatten-Anschlüssen (Bem.: Die C_φ-Werte sind nahezu unabhängig von der Belastungshöhe)

9.1.5 Schweißverbindungen unter „nicht vorwiegend ruhender Beanspruchung"

Auf Fragen der Schwingfestigkeit von Schweißverbindungen kann hier nur kurz eingegangen werden, wobei zunächst festzustellen ist, daß zahlreiche international gesammelte und zeitgemäß ausgewertete Versuchsergebnisse – und zwar i.d.R. für Wöhler-Linien zentrisch beanspruchter Klein-Proben – in der DVS-Schriftenreihe 56 [12] fortlaufend erscheinen. Im übrigen wird auf Abschnitt 10.8 verwiesen, wo die Grundlagen für Betriebsfestigkeitsnachweise unter Hinweis auf die heute maßgebenden Veröffentlichungen eingehend erörtert werden. Die Frage der Restlebensdauer für bestehende Bauwerke ist dort mit behandelt. Sie wird anhand eines Rechenbeispiels erläutert.

9.1.6 Vorgespannte Kleb- (VK-)Verbindungen

Abschließend soll zu den flächenhaften, geklebten VK-Verbindungen im Stahlbau – bereits bei vorwiegend ruhender Beanspruchung vorgestellt, vgl. [8] – anhand neuerer Dauerversuche mit vorgespanntgeklebten Verbindungen der Stahlgüten St E 460 und St E 690 folgendes mitgeteilt werden:

Die Versuchskörper wurden bei einer Frequenz von 200 Lastwechseln pro Minute geprüft und mit glatten Stäben bzw. mit Stumpfnähten verglichen (Bild 9.1.4). Diese niedrige Frequenz war erforderlich, um eine Erwärmung der Verbindung und eine damit verbundene Reduzierung der ertragbaren Spannungen des Klebers zu verhindern. Als Kleber wurde ein kalthärtender Zweikomponenten-Epoxidharzkleber (KC 119 Z der Firma Lechler) verwendet. – Die mittlere statische Scherbruchspannung betrug ca. 27 N/mm^2. Die Fügeteilflächen waren durch Sandstrahlen vorbehandelt. Als Schrauben kamen hochfeste Schrauben M 16, Güte 10.9 zur Anwendung. Diese waren im Sinne von DIN 18 800 Teil 1 planmäßig voll vorgespannt. In den Teilbildern a und b sind die Wöhler-Linien (50% Überlebenswahrscheinlichkeit) getrennt nach der jeweiligen Stahlgüte (St E 460 und St E 690) für Vollstab, Stumpfstoß und VK-Verbindungen vergleichend aufgetragen. Daraus geht hervor, daß die Kerbempfindlichkeit einer vorgespannt-geklebten Verbindung aus hochfestem Stahl kleiner ist als die einer vergleichbaren geschweißten Stumpfnahtverbindung. Die Dauerfestigkeitswerte liegen erheblich höher.

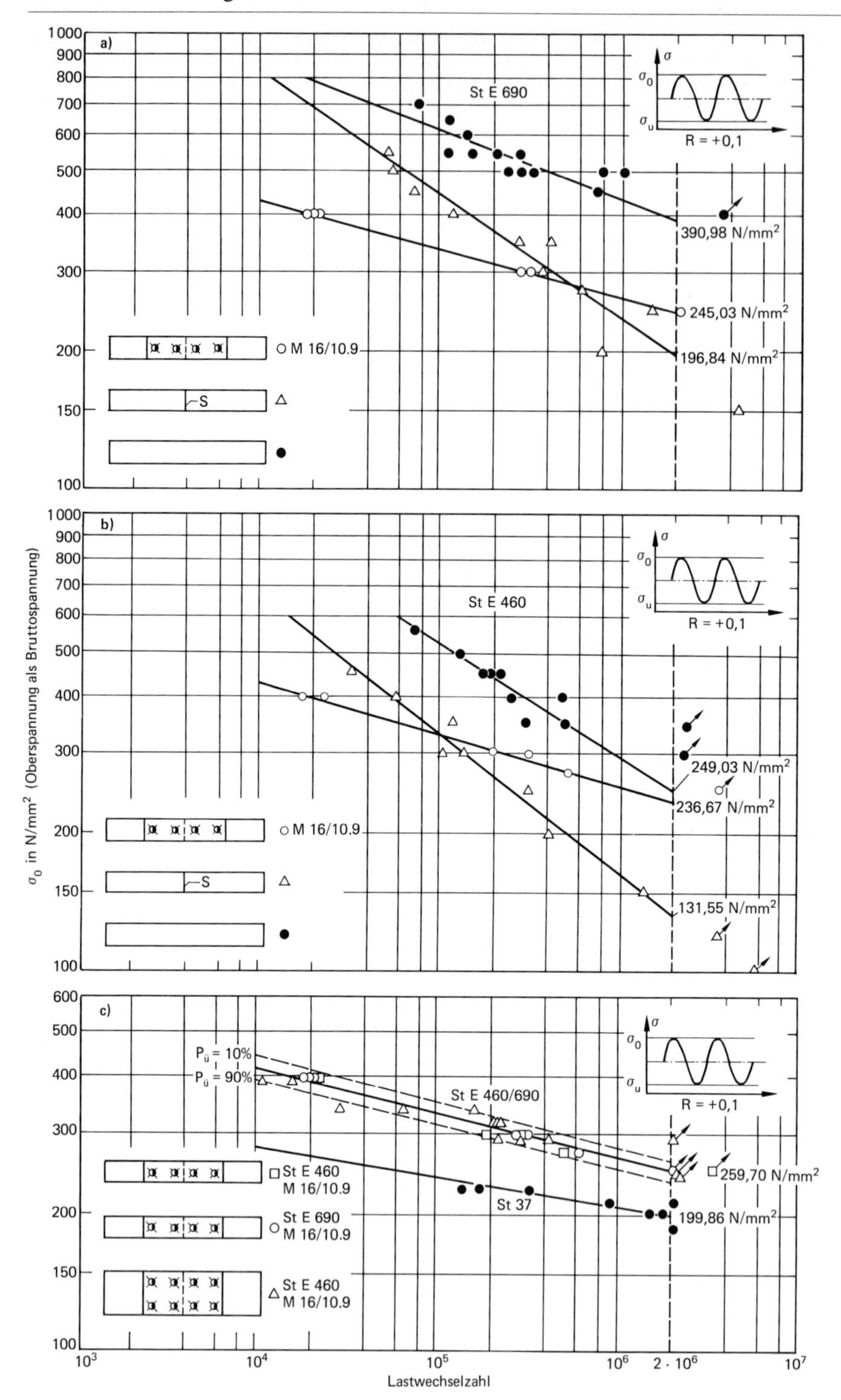

Bild 9.1–4, a u. b Schwingfestigkeiten ($R = +0{,}1$) von glatten, stumpfgeschweißten sowie vorgespannt-geklebten Laschenverbindungen aus St E 460 bzw. St E 690

c Schwingfestigkeiten ($R = +0{,}1$) von ein- und zweireihigen vorgespannt-geklebten Laschenverbindungen aus St E 460 bzw. St E 690

Im Zeitfestigkeitsbereich verhalten sich die vorgespannt-geklebten Probekörper allerdings ungünstiger als eine stumpfgeschweißte Verbindung. Das ist damit zu begründen, daß die Klebung bei hohen Lasten durch Abscheren der Klebeschicht versagt, und der Anschluß dann schließlich ähnlich wie eine geschraubte Verbindung zu beurteilen ist. – Außer den vorgespannt-geklebten Anschlüssen mit einreihiger Schraubenanordnung (siehe Bilder a und b) wurden auch Versuche mit ein- und zweireihiger Schraubenanordnung durchgeführt (siehe Bild 9.1–4.c); es zeigt sich kein maßgebender Unterschied. Zusätzlich zur Wöhler-Linie ($P_{ü}$ = 50%) sind auch hier die zugehörigen Linien für 10% und 90% Überlebenswahrscheinlichkeit aufgetragen. – Im Teilbild c sind zum Vergleich die Ergebnisse von vorgespannt-geklebten Proben aus St37 aufgetragen. Daraus geht hervor, daß bei Anwendung von hochfesten Stählen eine Dauerfestigkeitssteigerung (bei $2 \cdot 10^6$ LW) von ca. 30% erzielt werden kann.

Literatur

1. Stüssi, F.: Entwurf und Berechnung von Stahlbauten. Berlin 1953, S. 89–168; vgl. auch Stahlbau-Handbuch, Bd. 2, Köln 1957, dort weitere Literatur.
2. Vogel, U. und Lindner, J.: Kommentar zu DIN 18800 Teil 2 (Entwurf) – Stabilitätsfälle im Stahlbau – Knicken von Stäben und Stabwerken. DASt-Berichtsheft 11/1981, Stahlbau-Verlags GmbH, Köln.
3. Graf, O.: Berichte des Ausschusses für Versuche im Stahlbau. Berlin 1933.
4. Klöppel, K.: Gemeinschaftsversuche zur Bestimmung der Schwellzugfestigkeit voller, gelochter und genieteter Stäbe aus St37 und St52. Zeitschr. „Der Stahlbau“ 9, Berlin 1936, S. 97–112.
5. Steinhardt, O. und Möhler, K.: Betrachtungen zu Dauerversuchen an größeren Nietverbindungen. Zeitschr. „Die Bautechnik“, Berlin 1949, S. 265–268.
6. Steinhardt, O. und Hawranek, K.: Theorie und Berechnung der Stahlbrücken, Springer-Verlag, Berlin 1958, S. 246–251.
7. Steinhardt, O. und Möhler, K.: Versuche zur Anwendung vorgespannter Schrauben im Stahlbau. Berichte des DASt, H. 18, H. 22, H. 24, Köln 1954–1962.
8. Steinhardt, O.: Stand der Verbindungstechnik im Metallbau. Abb. d. IVBH, Zürich 1966, S. 508–513.
9. Klöppel, K. und Petri, R.: Versuche zur Ermittlung der Tragfähigkeit von Kehlnähten. Der Stahlbau 25, Berlin1966, S. 9–25.
10. Steinhardt, O. und Valtinat, G.: Modelluntersuchungen zur Bestimmung der Schweißnahtscherspannungen ... (Henrichenburg). Bauingenieur, Berlin 1963, H5.
11. DSTV/DASt: Typisierte Verbindungen im Stahlhochbau. 2. Auflage. Stahlbau-Verlags GmbH, Köln, 1978.
12. DVS-Berichte 56, Bd. I bis III (1979–1981, nebst Ergänzungen 1982/83) für Längsstufen, Bolzen etc. sowie Bd. V. (1983) für Halskehlnähte Brennschnitte etc.

9.2 Schraubenverbindungen

G. Valtinat

9.2.1 Allgemeines

Schrauben haben die Aufgabe, Bauteile, seltener Querschnittsteile, miteinander zu verbinden. Schraubenverbindungen sind punktförmige Verbindungen. Mit besonderen Maßnahmen wie z. B. Vorspannen und Aufrauhen der Kontaktflächen können für bestimmte Lastzustände quasi flächenförmige Verbindungen geschaffen werden.
Die Schraubenverbindung hat heute die Nietverbindung fast vollkommen ersetzt; sie wird vornehmlich bei der Montage verwendet.
In Schraubenverbindungen können die Kräfte einmal senkrecht zur Schraubenachse (Scherverbindung), zum anderen in Richtung der Schraubenachse (Zugverbindung) oder in einer Kombination übertragen werden.
Schrauben können nicht planmäßig oder planmäßig vorgespannt sein. Auch eine nicht planmäßig vorgespannte Schraube besitzt aus dem üblichen Einbauvorgang, bei dem im allgemeinen Anziehgeräte verwendet werden, eine Vorspannung, die jedoch nicht in Rechnung gestellt und nicht überprüft wird.
Man unterscheidet heute hinsichtlich der Berechnung bzw. hinsichtlich der in der Berechnung angenommenen Wirkungsweise folgende Typen von Verbindungen [1 bis 7]:

Typ A: SL-Verbindung bzw. SLP-Verbindung, Scher-Lochleibungs-Verbindung mit bzw. ohne Lochspiel mit nicht planmäßiger Vorspannung der Schrauben und ohne Kontaktflächenbehandlung (Festigkeitsklassen der Schrauben: 4.6 bis 10.9).
Typ B: SL-Verbindung bzw. SLP-Verbindung, Scher-Lochleibungs-Verbindung mit bzw. ohne Lochspiel mit planmäßiger Vorspannung der Schrauben nach DIN 1000, Tabelle 1, Spalte 2, und ohne Kontaktflächenbehandlung (Festigkeitsklasse der Schrauben: 10.9).
Typ C: GV-Verbindung bzw. GVP-Verbindung, gleitfeste vorgespannte Verbindung mit bzw. ohne Lochspiel mit planmäßiger Vorspannung der Schrauben nach DIN 1000, Tabelle 1, Spalte 2, und mit Kontaktflächenbehandlung (Festigkeitsklasse der Schrauben: 10.9).
Typ D: GV-Verbindung, wie Typ C, jedoch mit besonderen Restriktionen im Traglastbereich.
Typ E: Z-Verbindung, Schrauben-Verbindung mit Zugbeanspruchung der Schrauben in ihrer Längsrichtung mit nicht planmäßiger Vorspannung der Schrauben (Festigkeitsklassen der Schrauben: 4.6 bis 10.9).
Typ F: ZV-Verbindung, Schrauben-Verbindung mit Zugbeanspruchung der Schrauben in ihrer Längsrichtung mit planmäßiger Vorspannung nach DIN 1000, Tabelle 1, Spalte 2 (Festigkeitsklasse der Schrauben: 10.9).

Die Typen A bis D werden Scherverbindungen, die Typen E und F Zugverbindungen genannt.
Unabhängig von den Typen A bis F können Schrauben mit einem Lochspiel (früher $\Delta d = 1$ mm, ab 1981 $\Delta d = 2$ mm) oder ohne Lochspiel (Paßschraube, Passung H 11/h 11) eingebaut werden.

9.2.2 Schraubenmaterial

Die Werkstoffe von Schrauben, Muttern und Scheiben werden nach DIN ISO 898 in verschiedene Festigkeitsklassen unterteilt (genauere Angaben und Eigenschaften siehe Tabellen 9.2.1 a bis c). Im deutschen Stahlbau sind

Schrauben der Festigkeitsklasse 4.6 (rohe Schrauben)
Schrauben der Festigkeitsklasse 5.6 (rohe oder Paßschrauben)
Schrauben der Festigkeitsklasse 10.9 (hochfeste Schrauben)
gebräuchlich. Die Abmessungen richten sich nach folgenden DIN-Normen:

DIN 7990 Schrauben der Festigkeitsklasse 4.6, 5.6
DIN 7989 zugehörige Scheiben
DIN 555 zugehörige Muttern

DIN 7968 Paßschrauben der Festigkeitsklasse 5.6
DIN 7989 zugehörige Scheiben
DIN 555 zugehörige Muttern

DIN 6914 Hochfeste Schrauben der Festigkeitsklasse 10.9
DIN 6915 Hochfeste Muttern der Festigkeitsklasse 10
DIN 6916 Hochfeste Scheiben der Festigkeitsklasse 10.9
DIN 6917 Hochfeste geneigte Scheiben der Festigkeitsklasse 10.9
DIN 6918 Hochfeste geneigte Scheiben der Festigkeitsklasse 10.9

Daneben kommen im Ausland häufig die Festigkeitsklasse 8.8 und sehr selten die Festigkeitsklassen 3.6 und 12.9 zum Einsatz.

Tabelle 9.2–1a Bezeichnungssystem der Festigkeitsklassen nach DIN ISO 898, Teil 1 (4.79).

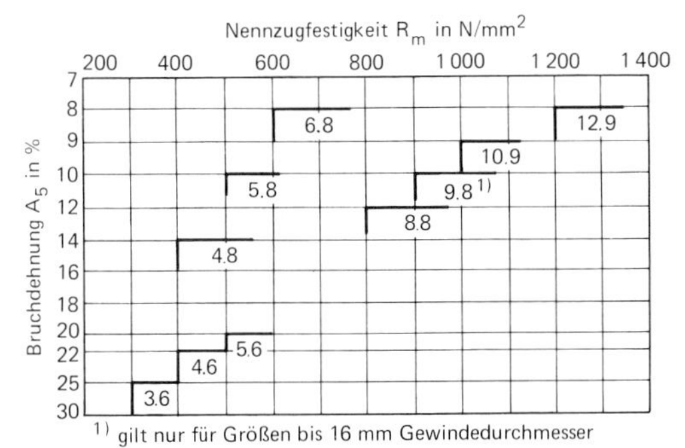

1) gilt nur für Größen bis 16 mm Gewindedurchmesser

Hinweis: Die Mindeststreckgrenze R_{eL} bzw. R_{p02} und die Mindestzugfestigkeit R_m sind gleich oder größer als die Nennwerte.

Hinweis: Die aufgeführten Festigkeitsklassen gelten nicht alle grundsätzlich für alle Arten genormter Schrauben. Für diese ist vielmehr in den einzelnen Produktnormen eine sinnvolle Auswahl getroffen worden. Eine derartige Auswahl wird auch bei Anwendung der Festigkeitsklassen für nicht genormte Schrauben empfohlen.

Verhältnis Nennstreckgrenze (R_{eL} bzw. $R_{p0,2}$) zur Nennzugfestigkeit R_m				
Zweite Zahl des Bezeichnungssystems		0.6	0.8	0.9
$\frac{\text{Nennstreckgrenze } R_{eL} \text{ bzw. } R_{p0,2}}{\text{Nennzugfestigkeit } R_m} \cdot 100$	%	60	80	90

Tabelle 9.2–1b Werkstoffe für Stahlbauschrauben nach DIN ISO 898, Teil 1 (4.79)

Festigkeitsklasse (Kennzeichen)	Werkstoff und Wärmebehandlung	Chemische Zusammensetzung in Gew.-% (Stückanalyse) C min.	C max.	P max.	S max.	Mindest-Anlaßtemperatur °C[1])
3.6[2])	Stahl mit niedrigem Kohlenstoffgehalt	–	0,20	0,05	0,06	–
4.6[2])	Stahl mit niedrigem oder mittlerem Kohlenstoffgehalt	–	0,55	0,05	0,06	–
5.6	Stahl mit niedrigem oder mittlerem Kohlenstoffgehalt	–	0,55	0,05	0,06	–
8.8[6])	Stahl mit niedrigem Kohlenstoffgehalt und Zusätzen (z. B. Bor, Mn oder Cr), abgeschreckt und angelassen	0,15	0,35	0,04	0,05	425
8.8[3])	Stahl mit mittlerem Kohlenstoffgehalt, abgeschreckt und angelassen	0,25	0,55	0,04	0,05	450[7])
10.9[6])	Stahl mit niedrigem Kohlenstoffgehalt und Zusätzen (z. B. Bor, Mn oder Cr), abgeschreckt und angelassen	0,15	0,35	0,04	0,05	340
10.9[5])	Stahl mit mittlerem Kohlenstoffgehalt, abgeschreckt und angelassen	0,25	0,55	0,04	0,05	425
	oder Stahl mit mittlerem Kohlenstoffgehalt mit Zusätzen (z. B. Bor, Mn oder Cr)	0,20[8])	0,55	0,04	0,05	425
	oder legierter Stahl[4])	0,20	0,55	0,035	0,035	425
12.9[5])	legierter Stahl[4])	0,20	0,50	0,035	0,035	380

[1]) Der Mittelwert von drei Härtemessungen an einer Schraube jeweils vor und nach dem Wiederanlassen mit einer Prüf-Temperatur 10 °C unter der Mindest-Anlaßtemperatur nach Tabelle 2 und bei einer Härtezeit von 30 Minuten darf nicht mehr als 20 Vickerseinheiten differieren.

[2]) Für diese Festigkeitsklassen ist Automatenstahl zugelassen, mit folgenden maximalen Phosphor-, Schwefel- und Bleianteilen S = 0,34%; P = 0,11%; Pb = 0,35%

[3]) Für Größen über M 20 kann es notwendig sein, einen für die Festigkeitsklasse 10.9 vorgesehenen Werkstoff zu verwenden, um eine ausreichende Härtbarkeit sicherzustellen.

[4]) Legierter Stahl muß eines oder mehrere der folgenden Legierungselemente enthalten: Chrom, Nickel, Molybdän, Vanadium.

[5]) Der Werkstoff für diese Festigkeitsklassen soll ausreichend härtbar sein, um sicherzustellen, daß im Gefüge des Kernes im Gewindeteil ein Martensitanteil von ungefähr 90% im gehärteten Zustand vor dem Anlassen vorhanden ist.

[6]) Produkte aus den zugeordneten Werkstoffen müssen zusätzlich durch einen Strich unter dem Kennzeichen der Festigkeitsklasse versehen sein (siehe Abschnitt 9).

[7]) Für Größen ab M 20 ist eine Anlaßtemperatur von + 425 °C zugelassen.

[8]) In einigen Ländern gilt dieser Kohlenstoffgehalt als „low carbon steel".

Tabelle 9.2–1c Mechanische Eigenschaften der Schraubenstähle nach DIN ISO 898, Teil 1 (4.79), bei Raumtemperatur

Ab-schnitt	Eigenschaft		Festigkeitsklasse 3.6	4.6	5.6	8.8 ≦M 16	8.8 >M 16[1]	10.9	12.9
5.1 und 5.2	Zugfestigkeit R_m in N/mm²	Nennwert	300	400	500	800	800	1000	1200
		min.	330	400	500	800	830	1040	1220
5.3	Vickershärte[2] HV F≧98 N	min.	95	120	155	230	255	310	372
		max.		220		300	336	382	434
5.4	Brinellhärte[2] HB $F = 30\,D^2$	min.	90	114	147	219	242	295	353
		max.		209		285	319	363	412
5.5	Rockwellhärte[2] HR	min. HRB	52	67	79	–	–	–	–
		min. HRC	–	–	–	20	23	31	38
		max. HRB		95		–	–	–	–
		max. HRC				30	34	39	44
5.6	Oberflächenhärte HV 0,3	max.				320	356	402	454
5.7	Streckgrenze[3] R_{eL} in N/mm²	Nennwert	180	240	300	–	–	–	–
		min.	190	240	300	–	–	–	–
5.8	0,2%-Drehgrenze $R_{p0,2}$ in N/mm²	Nennwert				640	640	900	1080
		min.				640	660	940	1100
5.9	Prüfspannung S_p	S_p/R_{eL} bzw. $R_{p0,2}$	0,94	0,94	0,94	0,91	0,91	0,88	0,88
		N/mm²	180	225	280	580	600	830	970
5.10	Bruchdehnung A_s in %	min.	25	22	20	12	12	9	8
5.11	Festigkeit unter Schrägbelastung		Die Festigkeitswerte unter Schrägbelastung müssen für ganze Schrauben mit den im Abschnitt 5.2 von DIN ISO 898, Teil 1 angegebenen Mindest-Zugfestigkeiten übereinstimmen.						
5.12	Mindest-Kerbschlagarbeit in Joule		–	25	25	30	30	20	15
5.13	Kopfschlagzähigkeit		kein Bruch						
5.14	Mindesthöhe der nicht entkohlten Gewindezone	E		–		$^1/_2\,H_1$		$^2/_3\,H_1$	$^3/_4\,H_1$
	Maximale Tiefe der Auskohlung	G mm		–		0,015			

[1]) Für Stahlbauschrauben ab M 12.
[2]) Härtewerte ermittelt nach dem Dokument ISO/TC 17/SC 6 N 357 (siehe DIN 50150).
[3]) In Fällen, wo die Streckgrenze R_{eL} nicht bestimmt werden kann, gilt die 0,2%-Dehngrenze $R_{p0,2}$.

Die folgenden Schraubentafeln (Tabellen 9.2–2a bis d) geben den derzeitigen Stand der DIN-Normen wieder.

Tabelle 9.2–2a Sechskantschrauben nach DIN 7990 (Ausgabe 1.71)

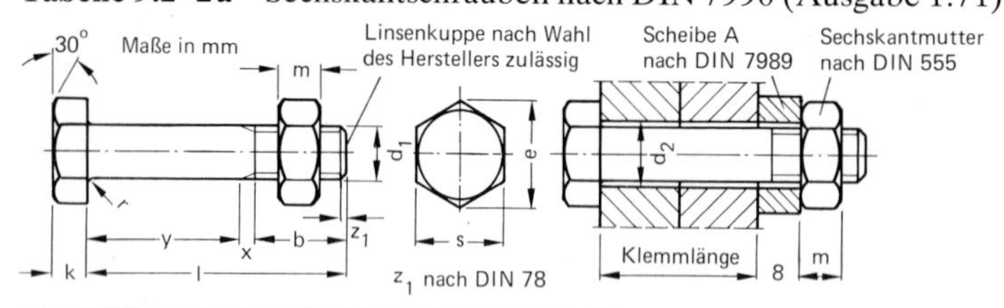

Bezeichnung		M 12	M16	M 20	M 22	M 24	M 27	M 30
Gewindedurchmesser	d_1	12	16	20	22	24	27	30
Gewindelänge	b	19,5	23	26	28	29,5	32,5	35
Auslauf	x	2,5	3	4	4	4,5	4,5	5
Eckenmaß	$e$min.	20,88	26,17	32,95	35,03	39,55	45,20	50,85
Kopfhöhe	k	8	10	13	14	15	17	19
Mutterhöhe	m	10	13	16	18	19	22	24
Ausrundung	r	0,6	0,6	0,8	0,8	0,8	1,0	1,0
Schlüsselweite	s	19	24	30	32	36	41	46
Spannungsquerschnitt	cm²	0,843	1,57	2,45	3,03	3,53	4,59	5,61
Kernquerschnitt	cm²	0,763	1,44	2,25	2,82	3,24	4,27	5,19
Schaftquerschn.	cm²	1,13	2,01	3,14	3,80	4,52	5,73	7,07
Lochdurchmesser der Scheibe A		13,5	17,5	21,5	24	26	29	32

Tabelle 9.2–2b Sechskantpaßschrauben nach DIN 7968 (Ausgabe 1.71)

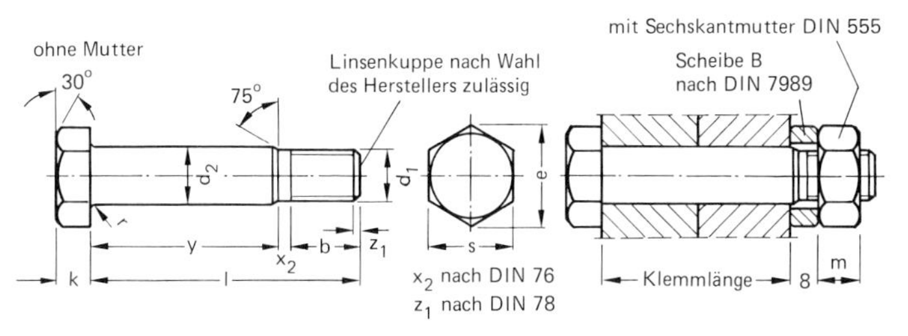

Bezeichnung		M 12	M 16	M 20	M 22	M 24	M 27	M 30
Gewindedurchmesser	d_1	12	16	20	22	24	27	30
Schaftdurchmesser	d_2	13	17	21	23	25	28	31
Gewindelänge	b	18,5	22	26	28	29,5	32,5	35
Eckenmaß	$e$min.	20,88	26,17	32,95	35,03	39,55	45,20	50,85
Kopfhöhe	k	8	10	13	14	15	17	19
Mutterhöhe	m	10	13	16	18	19	22	24
Ausrundung	r	0,6	0,6	0,8	0,8	0,8	1,0	1,0
Schlüsselweite	s	19	24	30	32	36	41	46
Lochdurchmesser der Scheibe B		13,5	17,5	21,5	24	26	29	35

Tabelle 9.2–2c Hochfeste Schrauben mit Muttern und Scheiben nach DIN 6914 bis 6918 (Ausgabe 3.79)

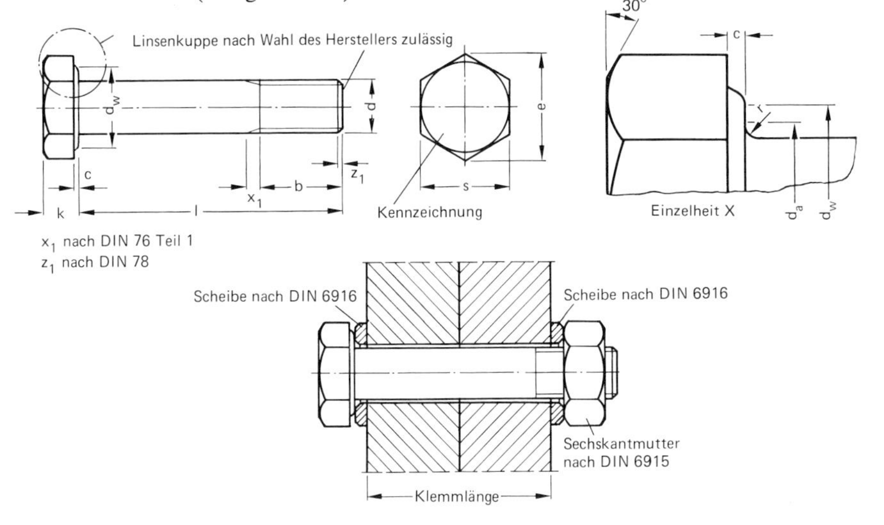

Bezeichnung einer Sechskantschraube mit großer Schlüsselweite, mit Gewinde d = M20 und Nennlänge l = 100 mm:
Sechskantschraube DIN 6914 – M 20 × 100

Gewinde d		M 12	M 16	M 20	M 22	M 24	M 27	M 30	M 36
b	[1])	21	26	31	32	34	37	40	48
	[2])	23	28	33	34	37	39	42	50
c	min.	0,4	0,4	0,4	0,4	0,4	0,4	0,4	0,4
	max.	0,6	0,6	0,8	0,8	0,8	0,8	0,8	0,8
d_a	max.	15,2	19,2	24	26	28	32	35	41
d_w	min.	20	25	30	34	39	43,5	47,5	57
e	min.	23,91	29,56	35,03	39,55	45,20	50,85	55,37	66,44
k		8	10	13	14	15	17	19	23
r	min.	1,2	1,2	1,5	1,5	1,5	2	2	2
s		22	27	32	36	41	46	50	60

[1]), [2]) gilt für Längen über bzw. unter dem Stufensprung.

Tabelle 9.2–2d Hochfeste Sechskant-Paßschrauben mit großen Schlüsselweiten nach DIN 7999

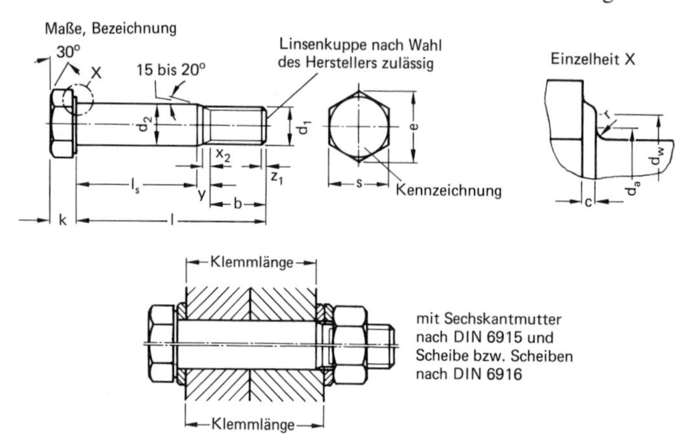

Bezeichnung einer hochfesten Sechskant-Paßschraube mit großer Schlüsselweite, mit Gewinde d_1 = M 20 und Nennlänge l = 100 mm:
Paßschraube DIN 7999 – M 20 × 100

Bezeichnung, Gewindedurchmesser	d_1		M 12	M 16	M 20	M 22	M 24	M 27	M 30
Schaftdurchmesser	d_2	b11	13	17	21	23	25	28	31
Gewindelänge	b		18,5	22	26	28	29,5	32,5	35
Telleransatzhöhe	c	min.	0,4	0,4	0,4	0,4	0,4	0,4	0,4
		max.	0,6	0,6	0,8	0,8	0,8	0,8	0,8
Telleransatzdurchmesser	d_a	max.	15,2	19,2	24	26	28	32	35
Nutzbarer Telleransatzaußendurchmesser	d_w	min.	19/20	25	30/32	34	39	43,5	47,5
Eckenmaß	e	min.	22,78/23,91	29,56	35,03/37,29	39,55	45,2	50,85	55,37
Kopfhöhe	k		8	10	13	14	15	17	19
Ausrundung	r	min.	0,8	0,8	1,2	1,2	1,2	1,5	1,5
Schlüsselweite	s		21/22	27	32/34	36	41	46	50
Übergang	y	max.	6,5	7,5	8,5	8,5	10	10	11,5

Anmerkung: Die beabsichtigte internationale Änderung der Schlüsselweite ist berücksichtigt.

Die ISO hat ein Konzept zur Normung von Stahlbau-Schrauben fertiggestellt, das zur Zeit gedruckt und der Öffentlichkeit vorgestellt werden soll. Es ist noch im Jahr 1982 mit der Vorlage zu rechnen. Wegen der noch nicht endgültigen Abstimmung werden diese neuen Schraubentafeln hier noch nicht abgedruckt.

Schrauben, Muttern und Scheiben können mit feuerverzinkter Oberfläche verwendet werden. Bei der Herstellung der Feuerverzinkung von hochfesten Schrauben ist besonders darauf zu achten, daß sich Ausgangswerkstoff, Vergütungsprozeß und Verzinkungsprozeß nicht gegenseitig nachteilig beeinflussen. Deshalb darf die Feuerverzinkung nur vom Schraubenhersteller im Eigenbetrieb bzw. im Fremdbetrieb unter seiner Verantwortung vorgenommen werden. Es sind ferner nur komplette Garnituren (Schraube, Mutter und Scheiben) von ein und demselben Herstellerwerk zu verwenden. Bei feuerverzinkten hochfesten Schrauben müssen alle Fugen mit gegenseitiger Bewegung der Teile, d.h. also Gewinde und Unterlegscheibe, auf der gedreht bzw. angezogen wird, grundsätzlich mit Molybdändisulfid geschmiert sein. Von den deutschen Herstellern von hochfesten Schrauben werden deshalb schon vor der Auslieferung die Muttern in Molybdändisulfid getaucht.

9.2.3 Grundprinzipien bei der Berechnung von Schraubenverbindungen

9.2.3.1 Kräfte in Schraubenverbindungen

Schraubenverbindungen sollen üblicherweise mit mindestens denjenigen Schnittgrößen bemessen werden, die sich an der Stoß- bzw. Anschlußstelle für die angrenzenden Bauteile aus der statischen Berechnung ergeben.

Wenn zur Ermittlung der Schnittgrößen plastische Berechnungsverfahren angewendet werden oder wenn planmäßig vom Plastizieren Gebrauch gemacht wird, muß dieses insbesondere hinsichtlich der

gegenüber der elastischen Berechnung veränderten Schnittgrößenverteilung bei der Berechnung der Verbindungen berücksichtigt werden.
In Verbindungen von Brückenbauwerken, Kranbahnträgern und Kranträgern und in anderen Konstruktionen mit ähnlichen Anforderungen und Belastungen sollen die Verbindungen grundsätzlich nach der Tragfähigkeit der angrenzenden Querschnitte ausgelegt werden, es sei denn, es handelt sich um untergeordnete Bauteile mit geringen Lasten.
Unter dem Begriff Bemessungslasten werden hier im Abschnitt 9.2 die mit dem Lasterhöhungsfaktor multiplizierten Gebrauchslasten verstanden.

9.2.3.2 Verformungen in Schraubenverbindungen und deren Einfluß

Schraubenverbindungen sind Unstetigkeitsstellen in Konstruktionen, sie besitzen in der Regel nicht die gleichen Last-Verformungs-Eigenschaften wie die angrenzenden Bauteile. Das Last-Verformungs-Verhalten hängt von dem bei den Typen A bis D bzw. E und F getroffenen verschiedenen Maßnahmen und vom Vorhandensein und der Größe des Lochspiels Δd ab. Wenn Last-Verformungen einer Schraubenverbindung nennenswert unterschiedlich von denjenigen der angrenzenden Bauteile sind – wenn z. B. bei einem bestimmten Lastniveau Schlupfwege bis zur Anlage der Schraubenschäfte an den Lochwandungen auftreten können – und diese lokalen Verformungen Auswirkungen auf die Gesamtverformungen sowie Auswirkungen auf die Schnittgrößenverteilung (z. B. aus Theorie II. Ordnung) haben, so sind sie zu berücksichtigen (vgl. hierzu Abschnitt 9.1). Dies gilt insbesondere auch bei plastisch berechneten Konstruktionen in Schraubenverbindungen, die nicht nach der Tragfähigkeit der anschließenden Querschnitte, sondern auf eine geringere Last ausgelegt und bemessen wurden.

9.2.3.3 Schraubenverbindungen mit Kraftübertragung senkrecht zur Schraubenachse (Scherverbindung) im Traglastbereich

Es gibt grundsätzlich 2 verschiedene Anwendungsfälle von Schraubenverbindungen, der Unterschied wird dabei nach der zugrundegelegten Wirkungsweise gemacht:

1. Scher-Lochleibungs-Verbindungen (SL-Verbindungen bzw. SLP-Verbindungen) mit nicht planmäßig vorgespannten Schrauben (Typ A) oder mit planmäßig vorgespannten hochfesten Schrauben (Typ B),
2. gleitfeste vorgespannte Verbindungen (GV-Verbindungen bzw. GVP-Verbindungen) mit planmäßig vorgespannten hochfesten Schrauben (Typ C und Typ D).

Im ersten Fall werden Schrauben nicht planmäßig angezogen oder hochfeste Schrauben planmäßig nach der DIN 1000, Tabelle 1, Spalte 2, vorgespannt. Eine Kontaktflächenvorbereitung zur Erzielung von Reibflächen findet nicht statt. Der Berechnung wird deshalb in allen Laststufen zugrundegelegt, daß die Schnittgrößen von den Schrauben durch Scher- und Lochleibungswirkungen übertragen werden. Deshalb ist in diesen Verbindungen im Tragzustand davon auszugehen, daß ein Schlupfweg aufgetreten ist. Das Bild 9.2–1 zeigt, wie die Lochleibungspressung wirklich verläuft und welche vereinfachte Pressungsverteilung man der Berechnung zugrundelegt.

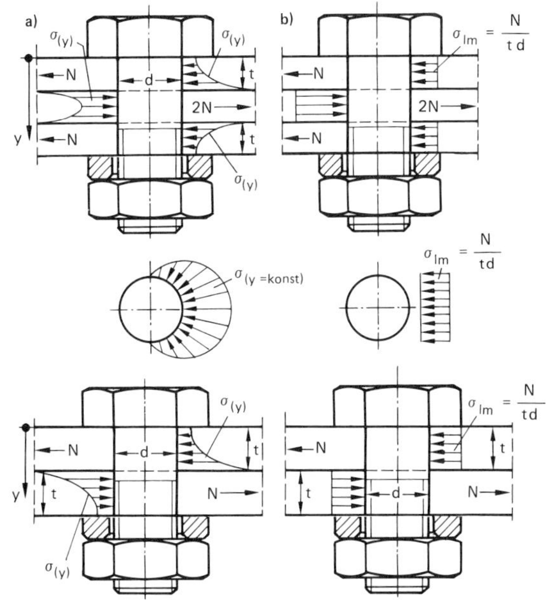

Bild 9.2–1
Lochleibungspressung bei einer SL-Verbindung
a) wirklicher Verlauf
b) rechnerische Annahme

Die übertragenen Schraubenkräfte in einer SL-Verbindung sind ungleichförmig (vgl. Bild 9.2–2), solange sich noch Bereiche elastisch verhalten. Erst bei vollem Plastizieren der Verbindung, sei es durch Langlochbildung oder – bei Schrauben mit größerem plastischem Verformungsvermögen – durch Scherversatz der Schrauben, ist eine gleichmäßige Beteiligung aller Schrauben möglich. In sehr langen Verbindungen tritt dieser Zustand nur begrenzt ein. Aus diesem Grunde ist in Deutschland die Zahl der in Kraftrichtung hintereinander erlaubten Schrauben auf 6, und damit der Abstand von der ersten bis zur letzten Schraube bei üblicherweise 3 d_L Schraubenabstand auf 15 d_L begrenzt. In ausländischen Vorschriften sind mehr Schrauben hintereinander erlaubt oder auch andere Abstände von der ersten bis zur letzten Schraube möglich; in diesem Falle sind die Grenzlasten aller Schrauben entsprechend Bild 9.2–3 zu reduzieren.

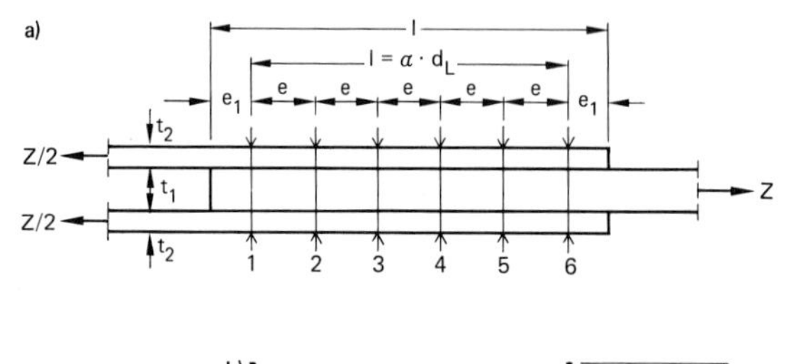

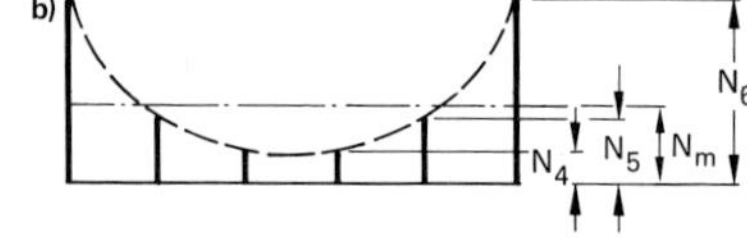

Bild 9.2–2
Doppellaschen-Zugscherverbindung mit 6 Schrauben in Kraftrichtung hintereinander
a) Verbindung
b) Verteilung der Schraubenkräfte im elastischen Zustand
c) Verteilung der Schraubenkräfte im Traglastzustand

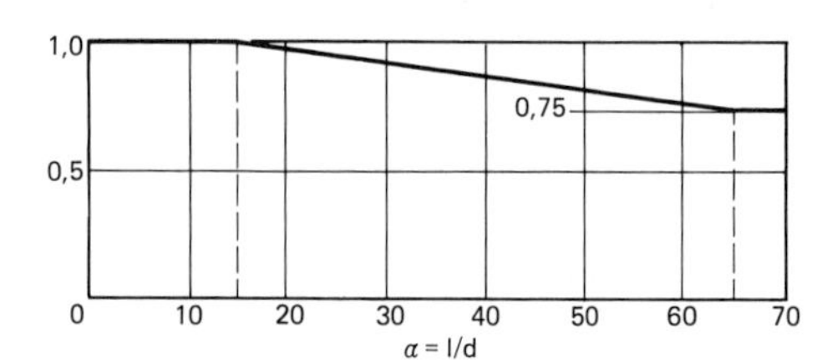

Bild 9.2–3 Abminderung der Tragfähigkeit von Schrauben in Abhängigkeit der Länge des Anschlusses nach [19]

Im zweiten Falle werden hochfeste Schrauben mit planmäßiger Vorspannung in Schraubenlöchern mit Lochspiel oder in Paßlöchern verwendet. Die Kontaktflächen sind zur Erzielung eines bestimmten Reibbeiwertes behandelt. Durch die Vorspannung werden in den Fugen zwischen den Blechen Klemmkräfte aktiviert, die mit dem Reibbeiwert eine Gleitlast errechnen lassen. In GV-Verbindungen werden die Schnittgrößen durch statische Reibung zwischen den Kontaktflächen der Bleche übertragen, während die Schrauben keine Belastung aus den Schnittgrößen sondern lediglich aus ihrer Vorspannung erfahren. Dies gilt solange, bis die Schnittgrößen an der Stelle einer Verbindung die Gleitlasten der GV-Verbindung erreichen. In diesem Zustand tritt ein Gleiten ein, die Schraubenschäfte kommen zur Anlage an den Lochwandungen, und es tritt zusätzlich zur Reibkraftübertragung eine Scher- und Lochleibungswirkung hinzu.
Im Traglastfall muß man davon ausgehen, daß die Verbindungen vom Typ A, B und C zum Anliegen gekommen sind und daß beim Typ C wegen der Plastizierungen im vordersten Lochquerschnitt im wesentlichen nur noch Scher- und Lochleibungswirkungen vorhanden sind. Deshalb werden diese drei Typen im Tragzustand in gleicher Weise als SL-Verbindungen berechnet.
Soll in einer GV-Verbindung das Gleiten bis zur Traglast der Konstruktion verhindert werden, weil z. B. dem Bauwerk keine größeren Verformungen zugemutet werden können oder um einen zusätzlichen

Verformungseinfluß bei der Theorie II. Ordnung zu vermeiden, oder auch bei kombinierter Anwendung zusammen mit der Schweißung, so muß diese GV-Verbindung die Schnittgrößen auch unter der Bemessungslast durch Reibung aufnehmen können, und es müssen Plastizierungen des vordersten Nettoquerschnittes verhindert werden. Diese Verbindung ist vom Typ D. Die Verteilung der auf die einzelnen Schrauben entfallenden Kräfte ist in Bild 9.2–4 dargestellt [8 bis 15].

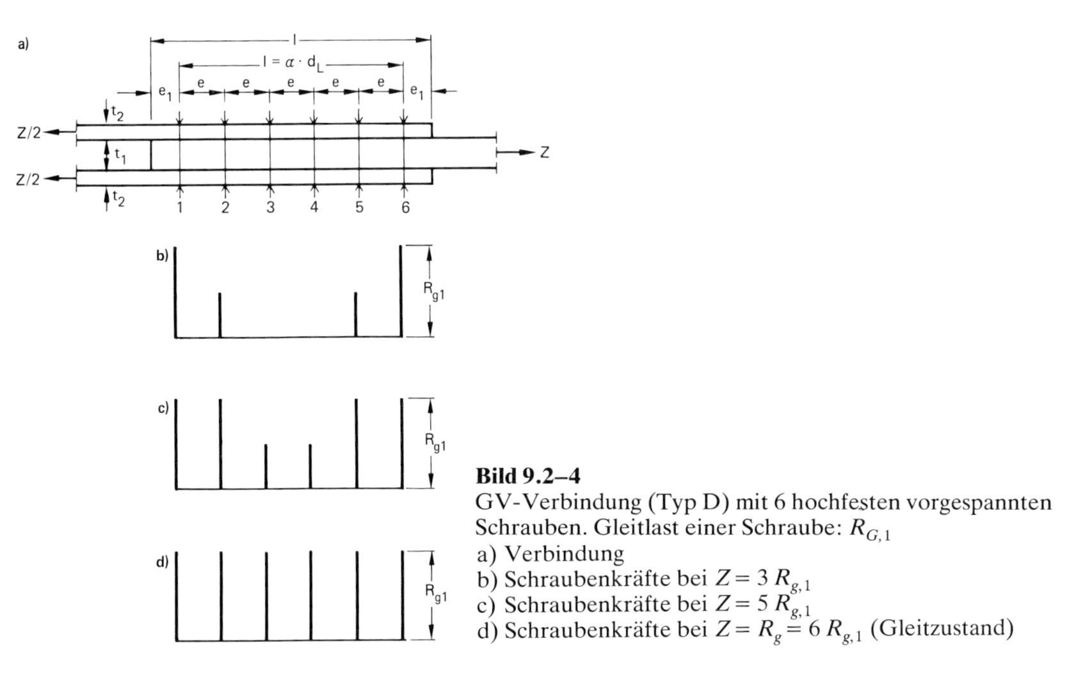

Bild 9.2–4
GV-Verbindung (Typ D) mit 6 hochfesten vorgespannten Schrauben. Gleitlast einer Schraube: $R_{G,1}$
a) Verbindung
b) Schraubenkräfte bei $Z = 3\ R_{g,1}$
c) Schraubenkräfte bei $Z = 5\ R_{g,1}$
d) Schraubenkräfte bei $Z = R_g = 6\ R_{g,1}$ (Gleitzustand)

9.2.3.4 Schraubenverbindungen mit Kraftübertragung in Richtung der Schraubenachse (Zugverbindungen) im Traglastbereich

Bei Schraubenverbindungen mit Kraftübertragung in Achsrichtung der Schrauben unterscheidet man
1. Zugverbindungen mit nicht planmäßiger Schraubenvorspannung (Typ E),
2. Zugverbindungen mit planmäßiger Schraubenvorspannung nach DIN 1000, Tabelle 1, Spalte 2 (Typ F).

Im ersten Fall müssen die Schrauben einer Verbindung mindestens die volle Beanspruchung aus den Schnittgrößen aufnehmen, Vergrößerungen der Schraubenkräfte können z. B. durch Hebelwirkungen auftreten (vgl. hierzu Abschnitt 9.2.8.2). Nach Bild 9.2–5 wird deutlich, daß jede Änderung der Schnittgröße voll der Schraube zugewiesen wird.

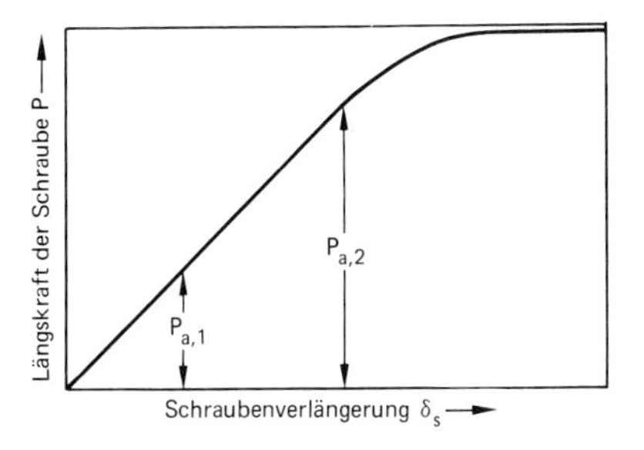

Bild 9.2–5
Arbeitsdiagramm einer nicht vorgespannten Schraubenverbindung unter äußerer Last

Im zweiten Fall müssen die Schrauben die Vorspannkraft ertragen und erhalten aus den Schnittgrößen nur einen gewissen Anteil als zusätzliche Kraft in Achsrichtung. Der Anteil der auf eine Schraubenverbindung entfallenden Zuglast, der die Schraubenlängskraft erhöht, und der Rest, der die Klemmfugen entlastet, hängen von den elastischen Eigenschaften des gesamten vorgespannten Blechpaketes ab. Das Bild 9.2–6 zeigt: Ist zunächst die äußere Betriebslast $P_{a,1}$ kleiner als die Vorspannkraft, dann betragen die zusätzlich auf die Schraube entfallende Kraft

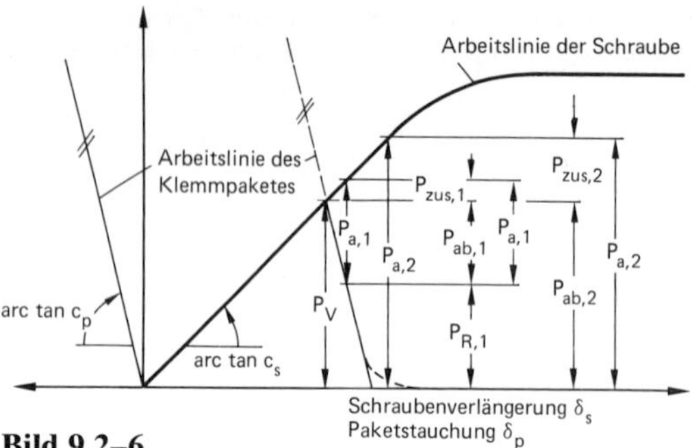

Bild 9.2–6
Arbeitslinie einer vorgespannten Schraubenverbindung unter äußerer Last (Vorspanndreieck oder Verspannungsdreieck)
a) $P_{a,1}$ äußere Betriebslast auf die Schraubenverbindung und zugehörige Schraubenmehrbelastung $P_{\text{zus},1}$, Klemmfugenentlastung $P_{ab,1}$, Restklemmkraft $P_{R,1}$
b) $P_{a,2}$ äußere Betriebslast auf die Schraubenverbindung und zugehörige Schraubenmehrbelastung $P_{\text{zus},2}$, Klemmfugenentlastung $P_{ab,2}$, Restklemmkraft $P_{R,2} = 0$

$$P_{\text{zus},1} = P_{a,1} \frac{c_s}{c_s + c_p} \quad (9.2\text{–}1)$$

und die Klemmfugenentlastung

$$P_{ab,1} = P_{a,1} \frac{c_p}{c_s + c_p}, \quad (9.2\text{–}2)$$

wobei die Federwerte der Schraube $c_s = P/\delta_s$
des Klemmpakets $c_p = P/\delta_p$

mit den gezogenen bzw. den an der Pressung beteiligten Flächen sowie den zugehörigen Längen gekoppelt sind [16, 17]. – Dieser Zustand trifft solange zu, wie das vorgespannte Blechpaket noch Klemmkräfte zwischen den Fugen besitzt. Danach müssen die Schrauben mindestens die volle Beanspruchung aus den Schnittgrößen aufnehmen. Dies zeigt sich im Bild 9.2–6 unter der äußeren Betriebslast $P_{a,2}$, bei der $P_{R,2}$ bis auf null abgebaut ist.
Im Tragzustand haben sich die Fugen des Paketes in der Regel geöffnet, so daß die Tragwirkungen der beiden Typen E und F gleich sind (vgl. die Bilder 9.2–5 und 9.2–6) und diese entsprechend auch in gleicher Weise berechnet werden.

9.2.3.5 Prinzipien bei Ermittlung der Tragfähigkeiten einer Schraubenverbindung

Grundprinzip bei der Ermittlung der einsetzbaren Tragspannungen zur Berechnung der Tragfähigkeiten einer Schraubenverbindung ist, daß eine Verbindung, die auf die Tragfähigkeit der angrenzenden Profile ausgelegt ist, immer stärker sein soll als diese Profile selbst. Diese Forderung verhindert das Entstehen eines plastischen Gelenkes in der Verbindung selbst und verlagert es in den anschließenden Trägerquerschnitt. Dieses Prinzip muß auch dann aufrechterhalten bleiben, wenn die wirkliche Fließgrenze des Bauteilwerkstoffes deutlich über dem garantierten Mindestwert (i.a. gleich Rechenwert) liegt (was z.B. bei St 37 wie folgt der Fall sein kann: Wirkliche Fließgrenze 300 N/mm², garantierter Mindestwert 240 N/mm²) oder und wenn die Trägerquerschnitte mit Plustoleranzen geliefert werden und demzufolge höhere Tragkapazitäten als die Nennwerte besitzen. Die Tatsache, daß die Tragspannungen für die Verbindungsmittel aus den garantierten Mindestfließgrenzen bzw. Mindestfestigkeiten unter Berücksichtigung des Faktors 1/1.25 ermittelt wurden, trägt dem Rechnung.
Wenn durch ausreichende Untersuchung im speziellen Fall sichergestellt ist, daß die Streuung der Fließgrenze geringer ist, kann der oben begründete Wert 1.25 entsprechend verringert werden.
In Verbindungen in Konstruktionen, die mittels der Elastizitätstheorie berechnet wurden, oder in Verbindungen, die nicht auf die Tragfähigkeit der angrenzenden Bauteile ausgelegt, selbst aber ausgenutzt sind, kann, wenn große Verformungen im Grenzzustand keine Rolle spielen, der Wert 1.25 ebenfalls verringert werden. Sollen die Verformungen unter Bemessungslast enger begrenzt bleiben, empfiehlt sich, die rechnerische Tragspannung aus der Nennscherbruchspannung des Schraubenwerkstoffes mit einer Abminderung in der Größenordnung 1/1.25 zu ermitteln.

9.2.3.6 Duktilität der Verbindungen im Traglastbereich

In Scherverbindungen, bei welchen gewollt oder ungewollt von einem plastischen Ausgleich der Verbindung oder zwischen einzelnen Verbindungselementen Gebrauch gemacht wird – z.B. bei langen

Verbindungen oder bei Verbindungen in plastisch berechneten Konstruktionen oder in Verbindungen, deren Tragfähigkeit geringer ist als diejenige der angrenzenden Querschnitte –, ist sicherzustellen, daß eine ausreichende elastisch-plastische Duktilität gegeben ist.
Bei Verbindungen mit Schrauben der Festigkeitsklasse 4.6 und 5.6 und Bauteilwerkstoffen bis St 52 sind üblicherweise sowohl die Schrauben für sich allein als auch das Bauteil im Lochquerschnitt in der Lage, von der bei der Bemessung in Anspruch genommenen Duktilität einen gewissen Anteil bereitzustellen; die Schrauben tun das über eine größere Biegeverformung und mit Hilfe eines größeren plastischen Scherversatzes ohne Bruch, der Bauteilwerkstoff tut das durch seine Fähigkeit, eine größere plastische Lochaufweitung (Ovalisation, Langlochbildung) ohne Bruch zu verkraften.
In Verbindungen mit Schrauben der Festigkeitsklassen 8.8 und 10.9 ist der Beitrag der Schrauben, durch plastischen Scherversatz die elastisch-plastische Duktilität bereitzustellen, wesentlich eingeschränkt, so daß nur noch der Bauteilwerkstoff mit seiner Fähigkeit zur Langlochbildung verbleibt. In solchen Verbindungen sollte deshalb der Ausnutzungsgrad auf Lochleiben höher als derjenige auf Abscheren sein. Diese Überlegungen führen deshalb in solchen Fällen zu der folgenden Bemessungsregel:

$$\frac{\text{Tragfähigkeit auf Lochleibung: } d \cdot (\Sigma t)_{\min} \cdot \sigma_l}{\text{Tragfähigkeit auf Abscheren: } n \cdot A \cdot \tau} \leq 1 \qquad (9.2\text{–}3)$$

Hierin bedeuten d Schraubendurchmesser, $(\Sigma t)_{\min}$ = kleinste Summe der Blechdicken mit gleichgerichteter Lochleibungspressung, σ_l = Grenztragfähigkeit auf Lochleiben, n = Anzahl der Scherfugen, A Abscherquerschnitt der Schrauben (hier ist A_{Sp} einzusetzen, wenn der Gewindequerschnitt der Schrauben in der Scherfuge liegt), τ = Grenztragspannung auf Abscheren.
Prinzipiell gilt für Verbindungen, in welchen Schrauben der Festigkeitsklassen 4.6 bzw. 5.6 und höherfeste Bauteilwerkstoffe mit hohen Streckgrenzverhältnissen kombiniert sind, die umgekehrte Bemessungsregel.
Verbindungen mit Schrauben der Festigkeitsklassen 8.8 und 10.9 und höherfesten Bauteilwerkstoffen besitzen nur beschränkte Fähigkeiten zum plastischen Ausgleich. Ihre Anwendung in Fällen, bei welchen von der plastischen Duktilität Gebrauch gemacht wird, erfordert deshalb besondere Überlegungen.
Wird in Zugverbindungen gewollt oder ungewollt vom plastischen Ausgleich der Verbindung oder zwischen den einzelnen Verbindungselementen Gebrauch gemacht, so ist sicherzustellen, daß dieser in ausreichendem Maße hergegeben wird. Es empfiehlt sich hierbei wegen der i. a. geringen Kapazität der Schrauben und der Klemmplatten, sich plastisch zu verformen, die Verbindung nach der Tragfähigkeit des angrenzenden Querschnittes auszulegen, womit sie geschont, aber dessen plastische Kapazität aktiviert werden kann.
In Zugverbindungen, die nicht auf die Tragkapazität der anzuschließenden Bauteile ausgelegt sind sondern auf geringere Schnittgrößen, wird bei Überlastungen auch zuerst die Tragkapazität der Verbindung, d.h. der Schrauben auf Zug erreicht, Wünschenswert kann auch hier die Fähigkeit sein, eine plastische Verlängerung im Schraubenschaft vorzulegen, bevor der Schraubenbruch im Gewindequerschnitt eintritt. Ein solches Verhalten zeigen Schrauben, für welche gilt

$$A_{Sp} \cdot \beta_Z \geq A \cdot \beta_S$$

bzw.

$$\frac{A_{Sp}}{A} \geq \frac{\beta_S}{\beta_Z}. \qquad (9.2\text{–}4)$$

Da das Verhältnis von Spannungsquerschnitt A_{Sp} zu Schaftquerschnitt A bei Stahlbauschrauben M 16 bis M 30 mit Regelgewinde 0,79 beträgt, erfüllen einschließlich bis etwa zur Festigkeitsklasse 8.8 alle Schrauben von ihren nominellen Festigkeitskennwerten her diese Zielvorstellung. Bei Schrauben der Festigkeitsklasse 10.9 muß damit gerechnet werden, daß der Bruch im Gewindeteil auftritt, bevor der Schaft die 0,2-Grenze erreicht hat.

Unabhängig von den nominellen Festigkeitskennwerten wurden aus werkseigenen Güteüberwachungen bei der Schraubenfertigung folgende Verhältnisse ermittelt:

Festigkeitsklasse der Schrauben	β_S/β_Z bzw. $\beta_{0,2}/\beta_Z$ Mittelwert	Standardabweichung
4.6	0,68	0,044
5.6	0,73	0,071
8.8	0,89	0,038
10.9	0,92	0,017

9.2.3.7 Duktilität der Bauteile mit Schrauben-Verbindungen

Bewußt oder unbewußt wurden Stahlbauwerke so entworfen und konstruiert, daß in der Regel durch plastischen Ausgleich eine Umlagerung von Schnittgrößen möglich ist. Das Traglastverfahren und die Fließgelenktheorie machen hiervon sogar planmäßig Gebrauch. Daß dies möglich ist, liegt im Spannungs-Dehnungs-Gesetz des Baustoffes Stahl begründet, jedoch nur Stähle mit ausgeprägter Fließgrenze erfüllen solche Anforderungen. Bei hochfesten Stählen mit hohem Streckgrenzenverhältnis liegen diese Voraussetzungen nicht vor, deshalb sind hier besondere Überlegungen erforderlich.
Nach dem oben beschriebenen Prinzip ist es deshalb sinnvoll, so zu konstruieren, daß nicht ein plötzlicher Bruch auftritt ohne daß vorher eine größere Deformierung z.B. bei Zugstäben durch plastische Dehnungen oder bei Biegestäben durch plastische Rotation stattgefunden hat.
Bezieht man dies auf den Schraubenanschluß eines Zugstabes, dessen Querschnitt durch die Bemessungslast ausgenutzt ist, so ist zu folgern:

Die Bruchlast im Nettoquerschnitt muß größer sein als die Fließlast im Bruttoquerschnitt.

Damit ist das Verhältnis von Nettoquerschnitt A_N zu Bruttoquerschnitt A festgelegt zu

$$A_N \cdot \beta_Z \geq A \cdot \beta_S.$$

Kennt man das Verhältnis der Streckgrenze β_S zur Bruchgrenze β_Z des Bauteilwerkstoffes, so ergibt sich

$$\frac{A_N}{A} \geq \frac{\beta_S}{\beta_Z}. \qquad (9.2\text{–}5)$$

Für β_S und β_Z sind eigentlich nicht die garantierten Mindestwerte einzusetzen, sondern es ist das Verhältnis β_S/β_Z, wie es in Wirklichkeit mit seiner statistischen Verteilung auftritt, zu berücksichtigen. Man kann es für St 37 und für St 52 mit 1/1,5, bis 1/1,4 ansetzen (vgl. auch die entsprechende Zielvorstellung bei Schrauben im Abschnitt 9.2.3.6).
Beim Biegestab, dessen Querschnitt durch die Bemessungslast ausgenutzt ist, heißt die Forderung analog

Der Bruch im Nettoquerschnitt darf nicht erfolgen, bevor nicht im Bruttoquerschnitt das plastische Moment erreicht ist.

In Formeln ausgedrückt

$$M'_{pl} \cdot \beta_Z \geq M_{pl} \cdot \beta_S, \qquad (9.2\text{–}6)$$

wobei M'_{pl} das plastische Moment im geschwächten Querschnitt ist [18].
Bei Stäben, deren Querschnitte durch die Bemessungslasten nicht ausgenutzt sind, wäre es unwirtschaftlich und ist auch nicht übliche Praxis im Hochbau, den Querschnitt voll anzuschließen; die Verbindung wird in solchen Fällen nur auf die Schnittgröße ausgelegt. Sie hat damit in der Regel eine kleinere Tragkapazität als das angeschlossene Bauteil und würde deshalb bei Überlastung auch als erstes Versagen. In solchen Fällen brauchen die obengenannten Forderungen betreffs der Verhältnisse A_N/A und M'_{pl}/M_{pl} nicht erfüllt zu werden, da das für ihre Begründung herangezogene Prinzip nicht wirksam wird.

9.2.3.8 Schraubenverbindungen mit Kraftübertragung senkrecht zur Schraubenachse (Scherverbindungen) im Gebrauchslastbereich

Die Nachweise unter den normmäßig festgelegten, nicht mit dem Lastfaktor erhöhten Lasten (= Nutzlast oder Gebrauchslast) dienen zur Sicherstellung der Gebrauchsfähigkeit. Sie beschränken sich daher i.w. auf Fragen der Verformungen, des Gleitens, des dynamischen Verhaltens, des Betriebsfestigkeitsverhaltens usw. Diese Nachweise werden deshalb i.a. mit den Nutzlasten bzw. im Falle des dynamischen Verhaltens oder der Betriebsfestigkeit oft auch mit den aktuellen Lasten (≤ Nutzlasten) geführt.
Der Entwurfsingenieur hat zu beachten, daß Verbindungen des Typs A und B auch unter Gebrauchslast Verschiebungen in der Größenordnung des Lochspiels erleiden, da angenommen werden muß, daß die Schraubenschäfte an den Lochwandungen anliegen. Aus diesem Grunde verbietet sich eine Anwendung dieser Verbindungen in Brückenbauwerken, Kranbahnträgern, Kranträgern und Bauwerken mit ähnlichen Anforderungen, es sei denn, es handelt sich um untergeordnete Bauteile. Ferner sollten Typ A und B nicht in Verbindungen angewendet werden, in welchen die Schnittgrößen ihre Richtungen wechseln, eine Ausnahme hiervon kann gemacht werden, wenn diese wechselnden Schnittgrößen aus Windkräften aus wechselnden Windrichtungen resultieren.
In allen Fällen, in welchen auch im Nutzzustand eine Stoßverschiebung vermieden werden soll, müssen Verbindungen der Typen C bzw. D oder der Typen A bis D mit Paßschrauben angewendet werden.

9.2.3.9 Schraubenverbindung mit Kraftübertragung in Richtung der Schraubenachse (Zugverbindungen) im Gebrauchslastbereich

Schrauben in Zugverbindungen von Konstruktionen, die schwingenden Lasteinwirkungen unterliegen, müssen planmäßig nach DIN 1000, Tabelle 1, Spalte 2, vorgespannt werden, weil sich durch diese

Maßnahme das Klemmpaket an der Aufnahme der Zuglasten beteiligt und die Schraube selbst nur einen entsprechend der Steifigkeit i.a. geringeren Anteil als zusätzliche Zugkraft erhält, das Klemmpaket bleibt geschlossen (vgl. Bild 9.2–6). Nur so kann verhindert werden, daß die geringere Schwingfestigkeit des mit Gewinde gekerbten Schraubenschaftes [16 und 17] überschritten wird.
In Fällen, in welchen dies nicht möglich ist, sollte mindestens eine nicht planmäßige Vorspannung aufgebracht werden. Solche Zug-Verbindungen dürfen nur verwendet werden, wenn die Lastwechselzahl eine der folgenden Bedingungen erfüllt:

1. $N \leq 10^4$; dies ist gewöhnlich der Fall bei Beanspruchungen aus Schnee, Temperatur, Verkehrslasten in Wohngebäuden, Bürogebäuden, Bibliotheken, Lagerhäusern usw.
2. $N \leq 10^5$; jedoch darf die Lastwechselzahl von Spannungen, die größer als 25% von $\sigma = Z_{gr}/A$ (s. Gl. 9.2–13 a, b) sind, den Wert 10^4 nicht überschreiten. Dies ist gewöhnlich bei Windlasten erfüllt.
3. $N \leq 2 \cdot 10^6$; falls die größte Schwingspannung unter 12,5% von $\sigma = Z_{gr}/A$ (s. Gl. (9.2–13 a, b) bleibt.

9.2.4 Berechnung von Schraubenverbindungen im Traglastzustand

9.2.4.1 Scherverbindungen Typ A, B und C

Die auf eine Schraube und eine Scherfläche entfallende Abscherkraft N ermittelt sich aus der Schnittkraft S in dem zu stoßenden Bauteil wie folgt:

$$N_a = \frac{S}{m \cdot n}. \qquad (9.2\text{–}7)$$

Hierbei bedeuten
m Schnittigkeit der Verbindung
n Anzahl der Schrauben.
Es ist nachzuweisen, daß

$$N_a \leq R_S \begin{array}{l} = A \cdot \tau_{gr} \text{ wenn der Schaftquerschnitt in der Scherfuge liegt,} \\ = A_{sp} \cdot \tau_{gr} \text{ wenn der Gewindequerschnitt in der Scherfuge liegt.} \end{array} \qquad (9.2\text{–}8\,\text{a, b})$$

Hierin bedeuten:

R_S	rechnerische Abschertraglast einer Schraube und einer Scherfläche
$A = \frac{\pi d^2}{4}$	Fläche im Schraubenschaftquerschnitt
A_{sp}	Fläche im Schraubenspannungsquerschnitt gemäß DIN ISO 898
d	Nenndurchmesser des Schraubenschaftes
$\tau_{gr} = 0{,}625 \cdot \beta_z/1{,}25$	rechnerische Tragspannung auf Abscheren
β_z	garantierte Mindestzugfestigkeit des Schraubenwerkstoffes.

Der Wert 0,625 ergibt sich als untere 5%-Fraktile des Verhältnisses Scherbruchfestigkeit zu Zugfestigkeit aus Schraubenversuchen.
Die Lochleibungskraft N_l, die aus einer Stoßhälfte auf eine Schraube entfällt, ist

$$N_l = \frac{S}{n}. \qquad (9.2\text{–}9)$$

Es ist nachzuweisen, daß

$$N_l \leq R_l = d\,(\Sigma t)_{\min}\, \sigma_{l,gr}. \qquad (9.2\text{–}10)$$

Hierin bedeuten

R_l	rechnerische Tragfähigkeit einer Schraube auf Lochleibung
$(\Sigma t)_{\min}$	kleinste Summe der Blechdicken mit gleichgerichteter Lochleibungsbeanspruchung
$\sigma_{l,gr} = \alpha_i \cdot \beta_s$	rechnerische Tragspannung auf Lochleibung
α_i	Faktor mit $i = 1$ bzw. 2 (vgl. Bild 9.2–7 und Tabellen 9.2–3 a und 9.2–3 b)
β_s	garantierte Mindestfließgrenze des Bauteilwerkstoffes.

Die deutschen DIN-Normen legen für verschiedene Anwendungsfälle unterschiedliche α_i-Werte fest (vgl. Tabelle 9.2–3 a).

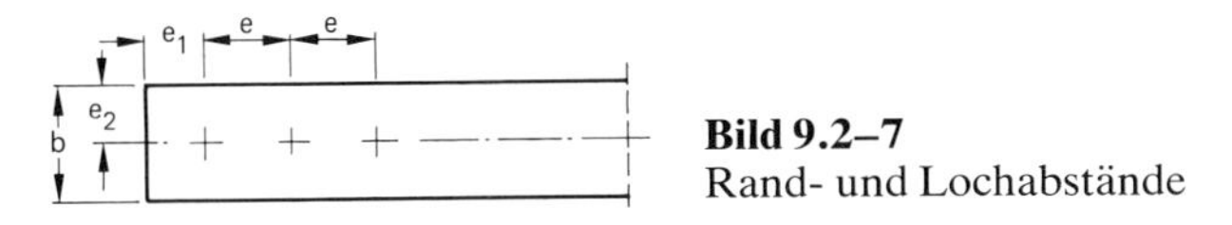

Bild 9.2–7
Rand- und Lochabstände

Tabelle 9.2–3a α_i-Faktor in Anlehnung an die deutsche DIN-Norm 18800, Teil 1, Ausgabe 1981, mit
Mindestrandabstand in Kraftrichtung: $e_1 = 2{,}0\, d_L$;
Mindestrandabstand senkrecht zur Kraftrichtung: $e_2 = 1{,}5\, d_L$
Mindestlochabstand: $e = 3{,}0\, d_L$

Verbindung					
Typ A		Typ B		Typ C = Typ D	
SL	SLP	SL	SLP	GV	GVP
1,75	2,0	2,38	2,63	3,0	3,0

Tabelle 9.2–3b α_i-Faktor zur Ermittlung der Lochleibungsspannungen

Randabstand e_1, in Kraftrichtung	$\geq 3\, d_L$	$2{,}5\, d_L$	$2\, d_L$	$1{,}7\, d_L$	$1{,}5\, d_L$	$1{,}2\, d_L$
α_1	3,0	2,5	2,0	1,6	1,4	1,0
Lochabstand e in Kraftrichtung	$\geq 3{,}5\, d_L$	$3{,}0\, d_L$	$2{,}5\, d_L$	$2{,}2\, d_L$		
α_2	3,0	2,5	2,0	1,6		

Zwischen diesen Werten kann linear interpoliert werden.

Die Anzahl der in Kraftrichtung in einer Rißlinie hintereinanderliegenden Schrauben darf 6 nicht überschreiten, bei GV-Verbindungen vom Typ D ist die Maximalanzahl 7. Diese Begrenzung gilt nicht für die Anschlüsse, bei welchen die zu übertragende Kraft gleichmäßig über die Anschlußlänge verteilt eingetragen wird (z. B. Querkraftanschlüsse von Biegeträgern).
Die European Recommendations for Structural Steelworks [19, 20] haben den Anwendungsbereich erweitert und geben die α_i-Werte in Abhängigkeit der Randabstände und Lochabstände an (vgl. Tabelle 9.2–3b). Die Werte dieser Tabelle gelten bei einem Randabstand senkrecht zur Kraftrichtung $e_2 = 1{,}5\, d_L$, bei $e_2 = 1{,}2\, d_L$ und sind auf $^2/_3$ zu reduzieren, lineare Interpolation für zwischenliegende Randabstände ist erlaubt.
Die Europäischen Empfehlungen [19] schreiben vor, daß bis zu einem Abstand von 15 d_L zwischen der ersten und letzten Schraube in Kraftrichtung keine Abminderung, ab $l = 65\, d_L$ ein Abminderungsfaktor von 0,75 einzuführen ist, Zwischenwerte dürfen geradlinig eingeschaltet werden (vgl. Bild 9.2–3).

9.2.4.2 Gleitfeste vorgespannte Verbindungen (Typ D)

Die auf eine Schraube und eine Reibfläche entfallende Kraft N ermittelt sich aus der Schnittkraft S in dem zustoßenden Bauteil wie folgt:

$$N = \frac{S}{m \cdot n}. \tag{9.2–11}$$

Hierbei bedeuten
m Anzahl der Gleitfugen
n Anzahl der Schrauben.
Es ist nachzuweisen, daß

$$N \leq R_g = \mu \cdot P_v. \tag{9.2–12}$$

Hierin bedeuten
R_g Gleitlast für eine Schraube und eine Gleitfuge
μ Reibbeiwert zwischen den Kontaktflächen (vgl. Tabelle 9.2–4)
P_v planmäßige Vorspannkraft nach DIN 1000, Tabelle 1, Spalte 2 (vgl. Abschnitt 9.2.3.9)

Tabelle 9.2–4 Reibbeiwerte μ der Berührungsflächen

	1	2	
	Reibflächenvorbereitung	Stahlsorte	
		WT St 37 St 37	WT St 52 St 52
1 2 3 4	Stahlgußkiesstrahlen 2× Flammstrahlen Sandstrahlen gleitfeste Anstriche	0,50	

Reibbeiwerte für andere Behandlungen der Kontaktflächen können aus [21 bis 25] entnommen werden.

9.2.4.3 Zugverbindungen ohne und mit Vorspannung (Typ E und F)

Die auf eine Schraube entfallende Zugkraft Z ist unter Berücksichtigung der Konstruktion und der Wirkungsweise der Verbindung zu ermitteln. Hierbei sind Einflüsse wie Hebelwirkungen etc., die kraftvergrößernd sind, zu berücksichtigen.

Die auf eine Schraube entfallende Zugkraft Z darf ihre rechnerische Tragkraft nicht überschreiten.

$$Z \leq Z_{gr} \begin{array}{l} \leq A \cdot \beta_s / 1{,}25 \quad \text{bzw.} \quad A \cdot \beta_{0,2} / 1{,}25 \\ \leq A_{Sp} 0{,}8 \cdot \beta_Z / 1{,}25. \end{array} \qquad (9.2\text{–}13\,\text{a,b})$$

Hierin bedeuten

$A = \dfrac{\pi d^2}{4}$ Schaftquerschnittsfläche der Schraube

A_{Sp} Spannungsquerschnittsfläche der Schraube ($\approx 0{,}79 \cdot A$)

$\beta_s, \beta_{0,2}$ Streck- bzw. 0,2-Grenze des Schraubenwerkstoffes (garantierter Mindestwert)

β_Z Bruchgrenze des Schraubenwerkstoffes (garantierter Mindestwert).

Der Faktor 1/1,25 wurde im Abschnitt 9.2.3.5 begründet.

Bei Gewindestangen ist statt A der Wert A_{Sp} einzusetzen.

Soll sich bei einer Zugverbindung die Klemmfuge im Bemessungslastzustand nicht öffnen, so sind ihre Schrauben auf P_v nach DIN 1000, Tabelle 1, Spalte 2, vorzuspannen, und es ist nachzuweisen, daß

$$Z \leq P_v. \qquad (9.2\text{–}14)$$

9.2.4.4 Kombinierte Beanspruchung

Treten in einer Verbindung Abscherbeanspruchungen und Zugbeanspruchungen der Schrauben auf, so ist wegen der erhöhten Ausnutzbarkeit und wegen der Möglichkeit, den Gewindequerschnitt in die Scherfuge hineinragen zu lassen, zusätzlich zu den Einzelnachweisen nach den Abschnitten 9.2.4.1 und 9.2.4.3 die kombinierte Wirkung F wie folgt nachzuweisen:

$$F = \sqrt{Z^2 + 2N_a^2} \begin{array}{ll} \leq A \cdot \beta / 1{,}25 & \text{glatter Schaft in Scherfuge} \\ \leq A_{Sp} \cdot \beta / 1{,}25 & \text{Gewindeteil in Scherfuge.} \end{array} \qquad (9.2\text{–}15\,\text{a,b})$$

Hierin bedeuten:

Z die auf eine Schraube entfallende Zugkraft (vgl. Abschnitt 9.2.4.3)

N_a die auf eine Schraube und eine Scherfläche entfallende Abscherlast (vgl. Abschnitt 9.2.4.1).

9.2.5 Berechnung der Bauteile im Traglastbereich

Der Abschnitt 9.2.3.7 erläutert die Grundgedanken für die Bauteilberechnungen und Forderungen, die an die Bauteile, insbesondere hinsichtlich des Verhältnisses Nettoquerschnittswert/Bruttoquerschnittswert, zu stellen sind. Darüber hinaus muß man sich im Klaren sein, daß – unter Berücksichtigung der Tatsache, daß die Verformungen im Tragzustand keine Rolle spielen – es unwesentlich ist, ob im Nettoquerschnitt Fließdehnungen auftreten, da ihr Beitrag bei der Gesamtverformung eines Zug- oder Biegestabes verschwindend gering ist. Es macht deshalb nichts aus, wenn im Nettoquerschnitt eine Fließgrenzenüberschreitung erlaubt wird, sofern hier nicht die plastische Duktilität eingeschränkt ist, was z.B. bei gestanzten Löchern der Fall sein kann. Ist ausreichende Fließfähigkeit sichergestellt, so gilt unter Bemessungslast für die Zugkraft Z in einem Querschnitt oder Querschnittsteil

$$Z \leq Z_{gr} \begin{array}{l} \leq A \cdot \beta_s \\ \leq A_N \cdot 0{,}8 \cdot \beta_Z. \end{array} \qquad (9.2\text{–}16\,\text{a,b})$$

Hierin bedeuten:

A Bruttofläche des Stabes

A_N ungünstige Nettofläche des Stabes

β_s garantierte Streckgrenze des Bauteilwerkstoffes

β_Z garantierte Bruchgrenze des Bauteilwerkstoffes.

Bei druckbeanspruchten Bauteilen braucht der Nettoquerschnitt nicht nachgewiesen zu werden.

Bei unsymmetrischen oder unsymmetrisch angeschlossenen Querschnitten oder bei extremen Loch- und Randabstandverhältnissen sind besondere Überlegungen erforderlich. So beruht der holländische Vorschlag für den Nachweis geschraubter L-Anschlüsse auf zahlreichen Versuchen in Delft und in Frankreich [26–28]. Die Zugkraft unter Bemessungslast muß sein

$$Z \leq Z_{gr}, \qquad (9.2\text{–}17\,\text{a})$$

wobei für Z_{gr} gilt

bei einer Schraube $Z_{gr} = 2 A_1 \cdot \beta_s$
bei zwei Schrauben $Z_{gr} = \beta_2 A_N \cdot \beta_s$ (9.2–17 b–d)
bei drei und mehr Schrauben $Z_{gr} = \beta_3 A_N \cdot \beta_s$

Die Querschnittsteilfläche A_1 ist nach Bild 9.2–8 zu berechnen, A_N ist die Nettoquerschnittsfläche, β_s die Nennfließgrenze des Bauteilwerkstoffes (= garantierter Mindestwert); β_2 und β_3 sind aus Tabelle 9.2.5 zu entnehmen.

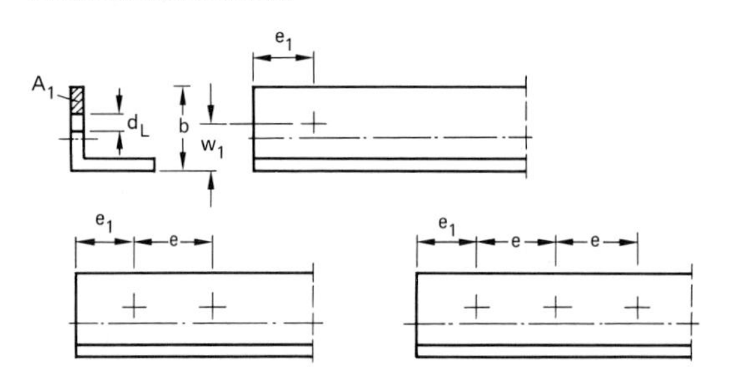

Bild 9.2–8 Geschraubter Anschluß eines gleichschenkligen Winkelprofils

Tabelle 9.2–5 β_2-Faktor für 2-Schrauben-Verbindungen und β_3-Faktor für 3- und Mehr-Schrauben-Verbindungen bei Winkelprofilen

Lochabstand	e	≥2.5 d	≥3 d	≥4 d	≥5 d
2 Schrauben	β_2	0.5	0.6	0.7	0.8
3 Schrauben	β_3	0.75	0.85		

9.2.6 Querkraftanschlüsse

9.2.6.1 Querkraftanschlüsse mit Winkeln

In Stahlbaukonstruktionen geben Biegeträger als Einfeldträger ihre Querkräfte an den Enden oft mittels eines geschraubten Winkelanschlusses nach Bild 9.2–9 in die angrenzenden Bauteile ab. In solchen Anschlüssen werden außer einem Versatzmoment planmäßig keine Biegemomente übertragen. Das Versatzmoment M resultiert aus der Endquerkraft und dem horizontalen Abstand e_T zwischen der Schnittebene $a-a$ und dem Schraubenschwerpunkt S, es wirkt um S und ist von den Schrauben im Steg des anzuschließenden Biegeträgers aufzunehmen. Nach der klassischen Berechnungsweise ergibt sich folgende ungünstigste Schraubenkraft (vgl. Bild 9.2–10).

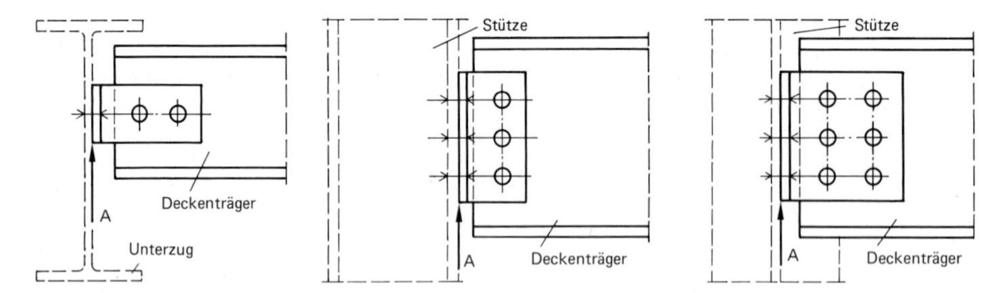

Bild 9.2–9 Geschraubter Anschluß eines Deckenträgers mit Winkelprofilen

Aus der Querkraft A:

$$N_{V,Q} = \frac{A}{n} \tag{9.2–18}$$

aus dem Versatzmoment $M = A \cdot e_T$:

$$N_{V,M} = \frac{M \cdot v}{I_p}, \tag{9.2–19 a, b}$$

$$N_{H,M} = \frac{M \cdot h}{I_p},$$

aus der Normalkraft H:

$$N_{H,H} = \frac{H}{n}. \tag{9.2–20}$$

In diesen Ausdrücken bedeutet

$$I_p = \Sigma\,(x^2 + y^2) \tag{9.2–21}$$

aus allen n Schrauben. Aus den Einzelkräften ergibt sich die resultierende Maximalkraft in der ungünstig beanspruchten Schraube

$$N_R = \sqrt{(N_{V,Q} + N_{V,M})^2 + (N_{H,H} + N_{H,M})^2}. \tag{9.2–22}$$

Diese resultierende Schraubenkraft darf die rechnerische Tragkraft einer Schraube nach Abschnitt 9.2.3 und 9.2.4 nicht überschreiten.

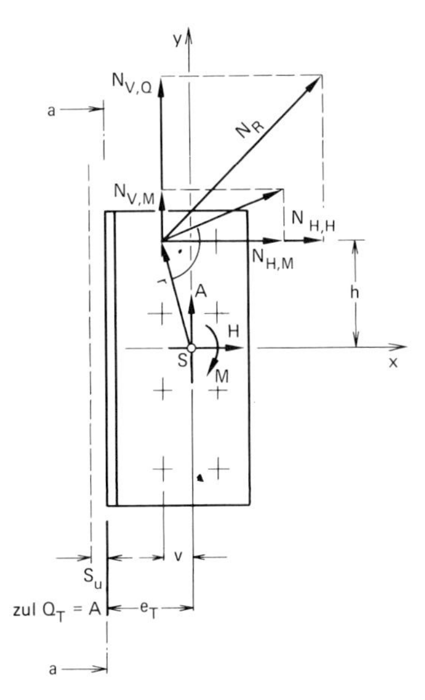

Bild 9.2–10
Querkraftanschluß mit Winkeln.
Resultierende Beanspruchung einer Schraube aus Auflagerkraft, Versatzmoment und Horizontalkraft

Versuche am Otto-Graf-Institut der Universität Stuttgart [29] haben gezeigt, daß bei Anschlüssen mit 4 und mehr Schrauben übereinander in einer Vertikalreihe wegen der plastischen Reserven im Bereich der zunächst geringer beanspruchten inneren Schrauben die Tragfähigkeit des Anschlusses gegenüber dem Rechenwert um 5% erhöht werden kann. Dies wurde in den Tabellen des DStV/DASt-Ringbuches [30] bereits berücksichtigt. Hierzu sollte, insbesondere bei Verwendung von 10.9-Schrauben, die Forderung des Abschnittes 9.2.3.6 eingehalten sein, damit solche Plastizierfähigkeit vornehmlich durch Lochaufweitung und nicht durch Scherversatz der Schrauben erzielt wird. Die vollständige Übertragung des Gedankens vom plastischen Moment eines Querschnittes auf einen geschraubten Querkraftanschluß mit Winkeln, was praktisch die volle Ausnutzung aller Schrauben unabhängig von ihrem Abstand vom Drehpol bedeutet, wird auch von Fisher/Struik [15] abgelehnt, weil dabei das tatsächliche Tragverhalten in Versuchen um 5% bis 14% [31] überschätzt wird.
Versuche am Otto-Graf-Institut der Universität Stuttgart mit drehsteifen Winkelanschlüssen [32] sollten die Frage klären, ob für den Fall, daß die Trägerebene, an die angeschlossen wird (Schnitt a–a in Bild 9.2–10), sich nicht verdrehen, sondern lediglich parallel zu sich selbst bewegen kann, eine Reduktion des anzuschließenden Momentes $M = A \cdot e_T$ in der Schraubengruppe des anzuschließenden Trägers vorgenommen werden darf. Als Ergebnis wird empfohlen, dies nicht zu tun und zusätzlich den Anschluß im Trägersteg des Schnittes a–a mit einem Einspannmoment $M_E = 0{,}5\,A \cdot e_T$ nachzuweisen.
Untersuchungen von Schulte hatten die Ermittlung des Last-Verformungs-Verhaltens und der Traglast des Winkelanschlusses am Trägersteg, an dem angeschlossen wird, zum Ziele [33 und 34].

9.2.7 Biegesteifer Trägerstoß

Biegesteife, geschraubte Stöße von Trägern mit Kraftübertragung senkrecht zur Schraubenachse (Scherverbindungen) sollen nach folgenden Prinzipien konstruiert werden:

1. Die einzelnen Querschnittsteile werden je für sich durch Stoßlaschen gedeckt.
2. In Konstruktionen des Hochbaus werden die Stoßlaschen auf die in den zu stoßenden Querschnittsteilen vorhandenen statischen Größen ausgelegt. In Konstruktionen des Brückenbaus, des Kranbaus und von vergleichbaren Bauwerken werden die Stoßlaschen i.a. auf die zu stoßenden Querschnitte ausgelegt, es sei denn, es handelt sich um untergeordnete Bauteile.
3. Die Stoßlaschen eines Querschnitts sollen möglichst die gleiche Lage der Spannungsnullinie haben wie der zu stoßende Querschnitt.
4. Die Verbindungsmittel sollen analog dem Punkt 3 auf die vorhandenen statischen Größen (Hochbau) bzw. auf die Tragfähigkeiten (Brückenbau, Kranbau u.ä.) der zu stoßenden Querschnittsteile ausgelegt sein.
5. Hinsichtlich der Querschnittswerte im geschwächten Bereich soll der Abschnitt 9.2.3.7 beachtet werden.

Für die genaue Berechnung eines Stoßes eines I-Trägers mit den Schnittgrößen *M, N, Q* können unter Einhaltung der o. g. Prinzipien folgende Regeln gegeben werden (vgl. Bild 9.2–11):

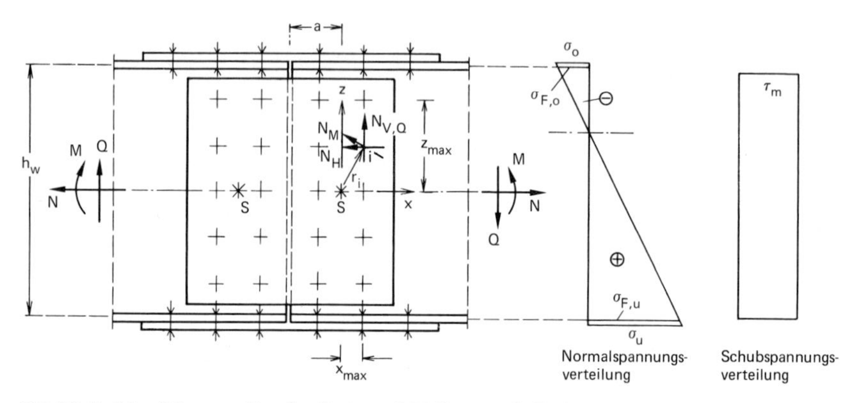

Bild 9.2–11 Biegesteifer Stoß eines I-Trägers mit Belastung durch *M, N* und *Q*

1. Die Normalkraft wird durch den gesamten Querschnitt übertragen. Die einzelnen Anteile sind nach den Teilquerschnittsflächen zu berechnen und anzuschließen.
2. Die Querkraft wird vornehmlich durch Querschnittsteile übertragen, die parallel zu deren Ebene verlaufen. Dies ist bei I-Trägern mit Biegung um die starke Achse der Steg.
3. Das Biegemoment wird durch Flansche und Steg übertragen, die einzelnen Anteile werden nach den Steifigkeitsanteilen berechnet; statt dessen kann die Spannungsverteilung zugrundegelegt werden.

Nach der Elastizitätsrechnung ergeben sich folgende Teilschnittgrößen und Kraftverteilungen (vgl. Bild 9.2–11, es gelten die dort eingetragenen Richtungen der Schnittgrößen):

Oberer Flansch

$N_0 = \sigma_{F,0} \cdot F_0$ auf alle Schrauben einer Stoßhälfte im oberen Flansch (9.2–23 a)

Unterer Flansch

$N_u = \sigma_{F,u} \cdot F_u$ auf alle Schrauben einer Stoßhälfte im unteren Flansch (9.2–23 b)

Steg

$$N_S = N \cdot \frac{F_S}{F_{ges}}$$

$$Q_S = Q$$ auf alle Stegschrauben einer Stoßhälfte (9.2–23 c–e)

$$M_S = M \frac{I_S}{I_{ges}} + Q \cdot a$$

mit der resultierenden maximalen Kraft für die am weitesten entfernte Schraube im Steganschluß

$$R_{res} = \sqrt{\left[\frac{N_s}{n_s} + \frac{M_s \cdot z_{max}}{\Sigma(x_i^2 + z_i^2)}\right]^2 + \left[\frac{Q_s}{n_s} + \frac{M_s \cdot x_{max}}{\Sigma(x_i^2 + z_i^2)}\right]^2} \qquad (9.2–24)$$

Hierin ist n_s die Anzahl der Stegschrauben in einer Stoßhälfte.
Die je Schraube ermittelten Kräfte sind den Werten nach Abschnitt 9.2.4 gegenüberzustellen.
Diese genaue Berechnung geht bei der Verteilung der Schraubenkräfte von der Elastizitätstheorie aus, die allerdings im Tragzustand wegen der Nichtlinearität bei den Last-Verschiebungslinien der Verbindungen nicht mehr voll zutrifft. Mit diesem Nachweis wird aber keine Überschätzung der Tragfähigkeit des Gesamtstoßes vorgenommen.
Neben der genauen Berechnung ist eine wesentlich vereinfachte Berechnung möglich, bei der vom Traglastgedanken und vom plastischen Ausgleich Gebrauch gemacht wird. Danach werden die Schnittgrößen M, N und Q wie folgt aufgeteilt (vgl. Bild 9.2.11, es gelten die dort eingetragenen Richtungen der Schnittgrößen).
Oberer Flansch mit der Querschnittsfläche F_o

$$N_o = -\frac{M_s}{h_w} + \frac{N \cdot F_o}{F_o + F_u} \quad \text{auf alle Schrauben einer Stoßhälfte im oberen Flansch} \qquad (9.2\text{–}25\,\text{a})$$

Unterer Flansch mit der Querschnittsfläche F_u

$$N_u = \frac{M_s}{h_w} + \frac{N \cdot F_u}{F_o + F_u} \quad \text{auf alle Schrauben einer Stoßhälfte im unteren Flansch} \qquad (9.2\text{–}25\,\text{b})$$

Steg

$$Q_s = Q \quad \text{auf alle Stegschrauben einer Stoßhälfte} \qquad (9.2\text{–}25\,\text{c})$$

Hierin bedeutet:

$$M_s = M + Q \cdot a$$

Die je Schraube ermittelten Kräfte sind den Werten nach Abschnitt 9.2.4 gegenüberzustellen.

9.2.8 Biegesteife Stirnplatten-Verbindungen mit hochfesten vorgespannten Schrauben

9.2.8.1 Allgemeines

Biegesteife Stirnplatten-Verbindungen mit hochfesten vorgespannten Schrauben haben in der Stahlbaupraxis einen wichtigen Platz. Ihre Berechnung wurde schon früh in Angriff genommen, und man lehnte sich dabei z.B. an die Arbeiten von Sahmel [35] und Beer [36] an. Diese legen noch ein Gesamtverhalten des Anschlusses in Anlehnung an die Naviertheorie zugrunde, wobei eine Druckzone im gesamten Pressungsbereich und als Zugzone nur die Schraubenquerschnittsflächen – entweder diskret an den jeweiligen Positionen oder über die Trägerhöhe verschmiert – angesetzt wurden. Dieses Modell kann als weitgehend zutreffend angesehen werden, wenn die Anschlußschrauben anteilmäßig nach den Flächen des anzuschließenden Profils aufgeteilt, d.h. also auch im Steg Schrauben angeordnet sind.
Bei den biegesteifen Stirnplatten-Verbindungen mit hochfesten vorgespannten Schrauben, wie sie in [37] behandelt und tabuliert sind, werden nur noch Schrauben im Bereich der Flansche untergebracht, diese sollen den Momentenanteil des Steges mit übernehmen, so daß ein Modell der Aufteilung des Anschlußmomentes in ein Kräftepaar vorliegt, das über Zugschrauben am Zugflansch und über Pressung am Druckflansch weitergeleitet wird. Natürlich trifft dieses Modell nur zu, wenn der Steganteil am Biegemoment klein ist, in [37] wurde er begrenzt auf

$$\frac{I_{\text{Steg}}}{I_{\text{gesamt}}} \leq 0{,}15$$

I_{Steg} = Biegeträgheitsmoment des Steges
I_{gesamt} = Biegeträgheitsmoment des Trägers,

dies ist bei allen Walzträgern eingehalten.
Durch die vorbeschriebene Konstruktion ist eine Abkehr vom Naviermodell erfolgt zu einem Modell, das die Auflösung des Anschlusses in einzelne Elemente vorsieht, diese werden als T-Verbindungen bezeichnet und berechnet (vgl. Bild 9.2–12).
Das Bild 9.2–13 a–c gibt die idealisierten Trag- und Versagensmechanismen einer T-Verbindung wieder, wie sie z.B. in [38, 39] entwickelt wurden. Danach kann man zwei Extremfälle

Bild a) mit starken Schrauben und schwacher Stirnplatte
mit Versagen der Stirnplatte durch Bildung von Fließgelenken in den Horizonten I und II
Bild c) mit schwachen Schrauben und starker Stirnplatte
mit Versagen durch Schraubenbruch

herausstellen. Im dazwischenliegenden Fall b) ist eine gleichmäßigere Ausnutzung der Festigkeiten von Stirnplatte und Schrauben gegeben, wobei jedoch mit dem Abheben der Stirnplatte in Höhe der Schrauben (Horizont II) von diesen zunehmend auch Biegung aufgenommen werden muß.

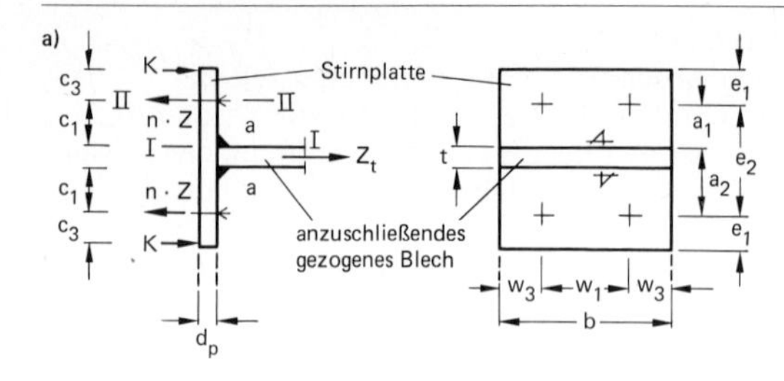

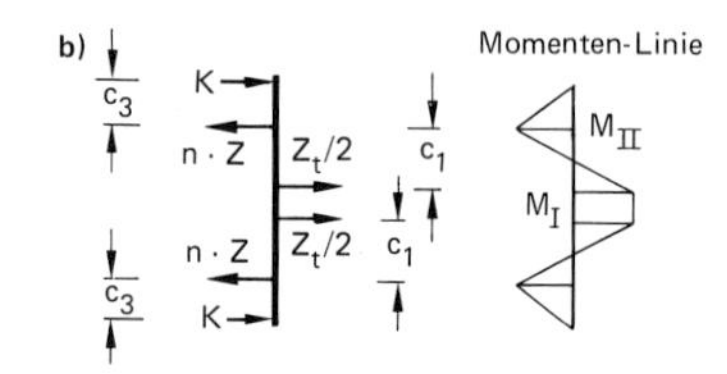

Bild 9.2–12
T-Verbindung mit hochfesten vorgespannten Schrauben
a) Konstruktion und Belastung
b) Statisches System

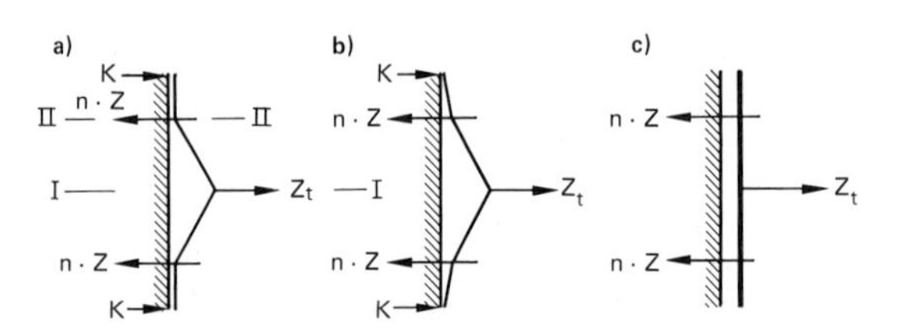

Bild 9.2–13
Idealisierte Trag- und Versagensmechanismen einer T-Verbindung nach [38, 39]
a) Starke Schrauben – schwache Stirnplatte
b) Schrauben und Stirnplatte gleichmäßig ausgenutzt
c) Schwache Schrauben – starke Stirnplatte ($K = 0$)

Biegesteife Stirnplatten-Verbindungen mit hochfesten vorgespannten Schrauben besitzen i.a. keine vergleichbar großen Verformungskapazitäten wie plastische Gelenke in Trägern. Wenn die Verbindung auf die Tragfähigkeit des anzuschließenden Profils ausgelegt wird, können Fließgelenke aus der Verbindung ferngehalten und in das Profil verlagert werden. Bei schwächerer Ausbildung der Verbindung ist die Duktilität ausschließlich durch Stirnplattenverformungen und Schraubenverlängerungen bestimmt, wobei im Fall Bild 9.2–13a ersteres und im Fall Bild 9.2–13c letzteres im Vordergrund steht.
Nicht unerwähnt bleiben darf die Tatsache, daß die Stirnplatten in Blechdickenrichtung beansprucht werden. Es ist dafür Sorge zu tragen, daß eine ausreichende Festigkeit und Verformbarkeit in Dickenrichtung vorhanden ist. Stellvertretend hierfür steht die Brucheinschnürung einer Zugprobe, die in Blechdickenrichtung entnommen wird. Zur Werkstoffauswahl und zur Beurteilung können [40 und 41] herangezogen werden.

9.2.8.2 Berechnung einer T-Verbindung mit hochfesten vorgespannten Schrauben, Tragnachweis und Gebrauchsnachweis

Die nachfolgenden Berechnungen gelten für vorwiegend ruhend belastete Bauwerke. Die im gezogenen anzuschließenden Blech des Bildes 9.2–12 befindliche Schnittgröße Z_t aus der Bemessungslast (z.B. Zugkraft in einem Trägerflansch) wird über zwei Kehlnähte mit jeweils den Nahtdicken a in die Stirnplatte eingeleitet. Die Stirnplatte überträgt diese Kraft per Biegewirkung in die Schrauben und in die abgelegenen Bereiche mit der Kontaktkraft K. Die Abmessungen gehen aus Bild 9.2–12a hervor, das statische System mit den Kräften ist in Bild 9.2–12b dargestellt. Infolge des beidseitigen Überstandes der Stirnplatte liegt Symmetrie vor, die es gestattet, nur eine Hälfte zu berechnen. Die Zugkraft Z_t wird bei Kehlnähten je zur Hälfte in der Oberflächenebene des anzuschließenden Bleches angesetzt und die Schraubenkräfte $n \cdot Z$ in den Schraubenachsen (n = Anzahl der vertikalen Schraubenreihen). Die Gegenkraft K darf praktisch bis an den Rand der überstehenden Stirnplatte, jedoch erfahrungsgemäß nicht weiter als das Maß c_1 hinausgeschoben werden $c_3 \approx e_1 \leq c_1$.
Damit erhält man folgende Gleichgewichtszustände und Tragfähigkeitsforderungen

$$\begin{aligned} 0{,}5\, Z_t + K &= n \cdot Z \leq n \cdot Z_{gr} \\ -n \cdot Z \cdot c_1 + K \cdot (c_1 + c_3) &= M_I \leq M_{I,pl} \\ K \cdot c_3 &= M_{II} \leq M_{II,pl}. \end{aligned} \qquad (9.2\text{–}26\,\text{a–c})$$

Es gelten ferner noch die in der Regel nicht maßgebenden Forderungen bezüglich der Schubtragfähigkeit der Stirnplatte

$$K \leq b \cdot d_p \cdot \tau_{gr}$$
$$0{,}5\ Z_t \leq b \cdot d_p \cdot \tau_{gr}. \qquad (9.2\text{–}26\,\text{d, e})$$

Die Festigkeiten sind für den allgemeinen Fall

Z_{gr} nach Abschnitt 9.2.4.3

$$M_{I,pl} = \frac{b\,d_p^2}{4} \cdot \beta_S$$
$$M_{II,pl} = \frac{(b - n \cdot d_L)\,d_p^2}{4}\,\beta_S\,, \qquad (9.2\text{–}27\,\text{a, b})$$

Hierin bedeuten zusätzlich zu Bild 9.2–12 β_s = Fließgrenze des Stirnplattenwerkstoffes und d_L = Lochdurchmesser.
Im allgemeinen können wegen der behinderten Querbiegung der Platte die o. g. plastischen Momente um 10% vergrößert werden. Der Einfluß der Querkraft 0,5 Z_t bzw. K bei den plastischen Momenten kann nach der Traglastrichtlinie DASt-Richtlinie 008 [42] oder nach [43] berechnet werden; nach letztgenannter Veröffentlichung kann z. B. β_S ersetzt werden durch

$$\beta_{S,\text{red}} = \beta_S \cdot \sqrt{1 - 3 \cdot \tau^2/\beta_S^2}, \qquad (9.2\text{–}28)$$

wobei τ aus 0,5 Z_t bzw. K und der Querschnittsfläche $b \cdot d_p$ im Schnitt I-I bzw. $(b - n \cdot d_L)\ d_p$ im Schnitt II-II zu berechnen ist.
Der Schweißanschluß mit zwei Kehlnähten jeweils der Dicke a kann nach den einschlägigen Normen DIN 4100 bzw. DIN 18800, Teil 1, berechnet werden.
Im Gebrauchszustand wird die Forderung erhoben, daß in Höhe der Schraubenachsen eine Klaffung zwischen Stirnplatte und der Ebene, an die angeschlossen wird, nicht auftritt [37]. Es wird damit erreicht, daß sich im Gebrauchszustand Verformungen in der Größenordnung wie bei einem glatt durchlaufenden Stab einstellen. Diese Forderung kann dadurch erfüllt werden, daß unter den Gebrauchslasten die auf eine Schraube entfallende Kraft den Bereich 0,7 bis 0,8 P_v nicht überschreitet. Eine genaue rechnerische Behandlung dieser Forderung ist sehr schwierig, weil man es mit im Verhältnis zu den Abmessungen dickwandigen Bauteilen zu tun hat sowie ferner die Schraubenbiegung und die elastische Bettung der Stirnplatte im Bereich c_3 erfaßt werden müßten. Diese theoretischen Überlegungen werden aber durch die Praxis mit ihren Schweißverformungen und Eigenspannungen überrollt, so daß hier auf Versuchserfahrungen zurückgegriffen werden muß. Um eine klare Einstufung zu haben, wird deshalb für den Gebrauchszustand empfohlen, für die T-Verbindung in Bild 9.2–12 folgende Bedingungen einzuhalten

$$Z_{t,\text{Gebr}} \leq 2\,n \cdot 0{,}7\ P_v \quad (\text{Lastfall } H)$$
$$Z_{t,\text{Gebr}} \leq 2\,n \cdot 0{,}8\ P_v \quad (\text{Lastfall } HZ). \qquad (9.2\text{–}29\,\text{a, b})$$

9.2.8.3 Berechnung einer biegesteifen Stirnplatten-Verbindung mit hochfesten vorgespannten Schrauben bei Walzträgern

Die Ausführungen in Abschnitt 9.2.8.1 begründen die Übertragbarkeit der Ableitungen für die T-Verbindung auf die biegesteifen Stirnplatten-Verbindungen. Die allgemeinen Ableitungen können jedoch verfeinert werden, weil speziell mit diesen Trägerverbindungen zahlreiche Traglastversuche durchgeführt worden sind [3, 44 bis 58]. Bei der Übertragung sind allerdings auch die Voraussetzungen, die in den Versuchen vorlagen, zu beachten. Diese sind

- vorwiegend ruhende Beanspruchung
- Walzträger nach DIN 1025, Blatt 2, 3 und 5 aus St 37
- Stirnplatten aus St 37-2 bzw. St 37-3 nach DIN 17100 und nach DASt-Richtlinie 014
- hochfeste Schrauben nach DIN 6914–16, Festigkeitsklasse 10.9 mit voller Vorspannung nach DIN 1000, Tabelle 1, Spalte 2.

Die Kontaktflächen müssen nicht vorbereitet sein. Es sind bei Anwendung des Ringbuches andere Loch- und Randabstände nach DIN 1050 und DIN 18800, Teil 1, zulässig, auf ausreichenden Korrosionsschutz auch zwischen den Platten ist bei Bauteilen, die der offenen Witterung oder sonstigen Korrosionseinflüssen ausgesetzt sind, zu achten.
Das Ringbuch des Deutschen Stahlbau-Verbandes [37] berücksichtigt diese Voraussetzungen. Die dort im Kapitel „Biegesteife Stirnplatten-Verbindungen mit hochfesten vorgespannten Schrauben" im Abschnitt 3 für die Verbindungen nach Bild 9.2–14 a, b mitgeteilten Berechnungsverfahren beruhen auf mechanischen Grundprinzipien. Um die in den Versuchen festgestellten Traglasten möglichst genau zu treffen, wurden die unten unter Punkt 1 bis 6 genannten Verfeinerungen berücksichtigt. Sie führen zu

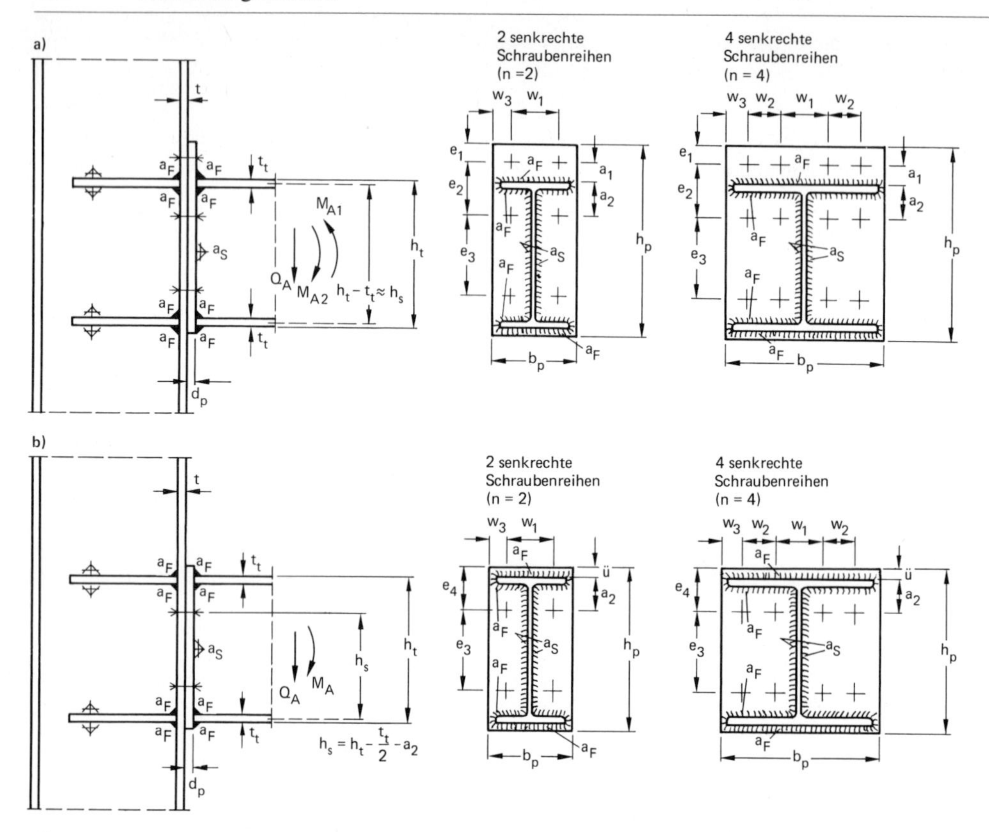

Bild 9.2–14 Biegesteife Stirnplatten-Verbindungen mit hochfesten vorgespannten Schrauben
a) Überstehende Stirnplatte
b) Bündige Stirnplatte

den abgesicherten, höheren errechenbaren Traglasten für diesen speziellen Anschlußtyp und sind im wesentlichen folgende:

1. Aufteilung des Anschlußmomentes in ein Kräftepaar und Ableitung über die Flansche.
2. Erhöhte Ausnutzung der Schrauben im Gebrauchszustand bis
$0{,}8 \cdot P_v$ im Lastfall H
$0{,}9 \cdot P_v$ im Lastfall HZ
und im Tragzustand bis zur Bruchgrenze.
3. Andere Rand- und Lochabstände als nach DIN 1050 und DIN 18 800, Teil 1.
4. Abweichung der Hebelarme c_1 und c_3 von ihren geometrischen Werten, wodurch der Position der Krafteinleitung durch die Kehlnähte und der relativen Dickwandigkeit der Stirnplatte Rechnung getragen wird.
5. Übernahme der Querkraft durch die Schrauben auf der Druckseite des Anschlusses über Scher-Lochleibungs-Wirkung.
6. Querschnittsteile werden mit zwei Kehlnähten mit jeweils der Dicke a angeschweißt, wobei bei einem Vollanschluß $a = t/2$ mit t = Blechdicke des anzuschließenden Bauteils ausgeführt werden darf. Damit ist eine Erhöhung der Schweißnahtscherspannungen $\sigma_\perp$ bzw. $\tau_\perp$ gegenüber dem entsprechenden Wert nach DIN 4100 bzw. DIN 18 800, Teil 1, und zwar von 135 N/mm² auf maximal 160 N/mm² verbunden. Die Schweißnahtscherspannungen $\tau_\parallel$ im Steg bleiben im zulässigen Bereich.

Neben dem Ringbuch gibt es holländische und schweizerische Ausarbeitungen, die im wesentlichen den Grundprinzipien des Abschnittes 9.2.8.2 folgen.

9.2.9 Einfluß der Nachgiebigkeit in Verbindungen auf Bauwerksverformungen

Im Abschnitt 9.1.1 wurden Nachgiebigkeiten in Verbindungen angesprochen. Man unterteilt diese nach lastunabhängigen und nach lastabhängigen Wegen. Zu den ersteren gehört der Schlupf, der bei Über-

windung des Lochspiels bis zur Anlage der Schraubenschäfte an den Lochwandungen – je nach Vorspannung der Verbindung in verschiedener Lasthöhe – auftritt und dessen Größe von der Last unabhängig ist. Zu den letzteren gehören die lastbedingten elastischen und elastisch-plastischen Verschiebungen.
Die Nachgiebigkeiten von Verbindungen beeinflussen die Gesamtverformungen von Bauwerken. Bei statisch unbestimmten Konstruktionen und bei Bauwerken, die aus Stabilitätsgründen nach Theorie II. Ordnung berechnet werden, beeinflussen sie folgerichtig auch die Schnittgrößen und betreffen die Standsicherheit.
Üblicherweise dürfen Nachgiebigkeiten bei

Paßschraubenverbindungen (und Nietverbindungen) in Richtung der Scherbeanspruchungen,
Zugverbindungen mit hochfesten voll vorgespannten Schrauben in Richtung der Zugbeanspruchung,
biegesteifen Stirnplattenverbindungen mit hochfesten vorgespannten Schrauben mit überstehenden Stirnplatten, die auf die volle Trägerkapazität ausgelegt sind, in Richtung der Zugbeanspruchung

vernachlässigt werden. Dagegen sollten bei Scherverbindungen mit Lochspiel und bei biegesteifen Stirnplattenverbindungen mit hochfesten vorgespannten Schrauben mit bündigen Stirnplatten die Nachgiebigkeiten berücksichtigt werden.
Der Einfluß der Nachgiebigkeit eines Stoßes als SL-Verbindung mit rohen Schrauben insgesamt mit 2×2 mm Lochspiel, d.h. einem Knickwinkel von 0.02 und einem Federwert von $c_M = 18{,}1 \cdot 10^6$ kN cm/rad mag anhand des Zweifeldträgers im Bild 9.2–15 erläutert werden. Der Stoß liegt variabel jeweils

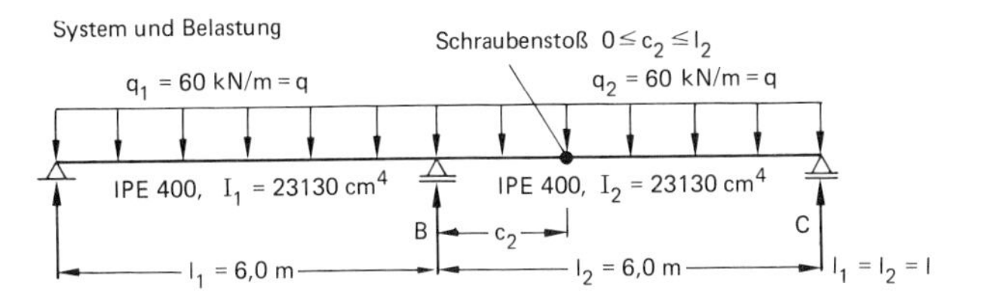

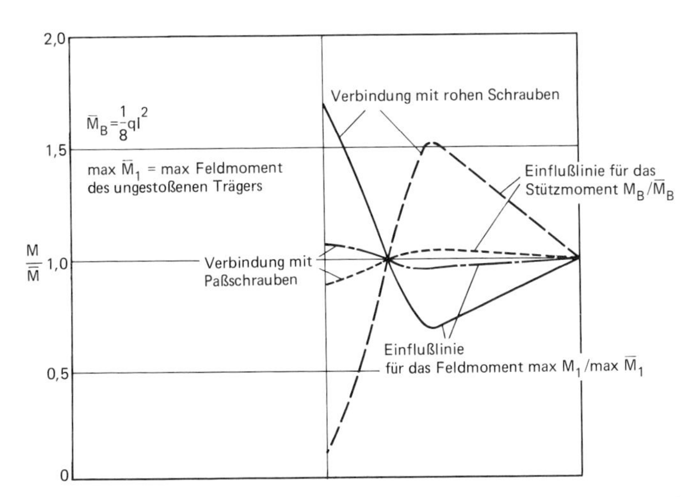

Bild 9.2–15 Durchlaufträger mit Schraubenstoß, Momentenlinie in Abhängigkeit von Schlupf und elastischer Verschiebung

a) Rohe Schrauben:	Schlupf	$2 \times 2{,}00$ mm
	Elastische Verschiebung	0,35 mm
b) Paßschrauben:	Schlupf	$2 \times 0{,}13$ mm
	Elastische Verschiebung	0,35 mm

im Abstand c_2 vom mittleren Auflager im rechten Feld. Die darunter gezeichneten Kurvenverläufe zeigen als Ordinate jeweils das Verhältnis des Stützenmomentes M_B zum Bezugswert $\overline{M}_B = ql^2/8$ bzw. das Verhältnis des maximalen Momentes max M_1 im Feld 1 zum maximalen Feldmoment $\overline{M}_1$ des ungestoßenen Trägers für die jeweilige Lage des Stoßes. Man erkennt für den Fall $c_2 = 0$ ein Absinken von M_B auf 9,3% und für den Fall $c_2 = 2{,}33$ m ein Ansteigen von M_B auf 155% von $ql^2/8$. Entsprechend verändert sich das maximale Feldmoment auf 170% bzw. auf 66,7%. Die entsprechenden Berechnungen für einen Stoß mit Paßschrauben mit $2 \times 0{,}13$ mm Lochspiel, d.h. einem Knickwinkel von

$1{,}3 \cdot 10^{-3}$ und einem Federwert $c_M = 18{,}1 \cdot 10^6$ kNcm/rad führen zu den $M/\overline{M}$-Verhältnissen, die immer näher bei 1.0 liegen. Die Abweichungen bei der SL-Verbindung von den theoretischen Werten des ungestoßen durchlaufenden Biegeträgers (überstrichene Werte) sind gravierend und nicht mehr vernachlässigbar. Für den Traglastfall (Fließgelenktheorie) muß eine derartige Nachgiebigkeit in einer Verbindung nicht unbedingt traglastmindernd sein, jedoch kann sie eine nennenswerte Änderung in der Reihenfolge des Auftretens plastischer Gelenke bewirken und ist auf jeden Fall mit einer Erhöhung der Verformungen im Gebrauchs- und im Tragzustand verbunden.

Literatur

1. Steinhardt, O. und Möhler, K.: Versuche zur Anwendung vorgespannter Schrauben im Stahlbau, Teil I. Berichte des DASt, Heft 18, Köln 1954.
2. Steinhardt, O. und Möhler, K.: Versuche zur Anwendung vorgespannter Schrauben im Stahlbau, Teil II. Berichte des DASt, Heft 22, Köln 1959.
3. Steinhardt, O. und Möhler, K.: Versuche zur Anwendung vorgespannter Schrauben im Stahlbau, Teil III. Berichte des DASt, Heft 24, Köln 1962.
4. Steinhardt, O., Möhler, K. und Valtinat, G.: Versuche zur Anwendung vorgespannter Schrauben im Stahlbau, Teil IV. Berichte des DASt, Heft 25, Köln 1969.
5. Anwendung hochfester Schrauben im Stahlbau. DASt-Richtlinie 010, Juni 1976.
6. DIN 1000. Stahlbauten-Ausführung, Dezember 1973.
7. DIN 18800, Teil 1. Stahlbauten-Bemessung und Konstruktion. März 1981.
8. Arnovlevic, I.: Inanspruchnahme der Anschlußniete elastischer Stäbe. Zeitschrift für Architektur und Ingenieurwesen 14 (1909), H. 2.
9. Volkersen, O.: Die Nietkraftverteilung in zugbeanspruchten Nietverbindungen mit konstanten Laschenquerschnitten. Luftfahrtforschung 15 (1938), H. 1/2.
10. Bleich, F.: Stahlhochbauten. 1. Band, Berlin 1932.
11. Dörnen, K.: Die Untersuchungen der Schubsteifigkeit von Verbindungen mit hochfest vorgespannten (HV-)Schrauben im Stahlbau und die daraus sich ergebenden konstruktiven Maßnahmen. Deutscher Ausschuß für Stahlbau, Köln 1961.
12. Klöppel, K. und Seeger, T.: Sicherheit und Bemessung von HV-Verbindungen aus St 37 und St 52 nach Versuchen unter Dauerbelastung und ruhender Belastung. Institut für Statik und Stahlbau der Technischen Hochschule Darmstadt, Darmstadt 1965.
13. Steinhardt, O.: Gleitfeste Schraubenverbindungen im Stahlbau. 50-Jahre-Festschrift des Deutschen Ausschusses für Stahlbau, Köln 1958.
14. Steinhardt, O.: Stand der Verbindungstechnik im Metallbau. Abhandl. der IVBH, 26. Band, Zürich 1966.
15. Fisher, J.W. und Struik, J.H.A.: Guide to Design Criteria For Bolted and Riveted Joints. Verlag John Wiley + Sons, New York, London, Sidney, Toronto 1974.
16. Wiegand, H. u. Illgner, K.-H.: Berechnung und Gestaltung von Schraubenverbindungen. 3. Aufl., Berlin 1962.
17. Junker, G. u. Blume, D.: Neue Wege einer systematischen Schraubenberechnung. Drahtwelt 50 (1964), H. 8 und 10, Drahtwelt 51 (1965) H. 3.
18. Soetens, F. und van Douwen, A. A.: Steel Characteristics and Structural Design Methods. Doc. ECCS-Com. X-81-189.
19. European Recommendations for Bolted Connections in Steel Constructions.
20. Valtinat, G.: Abschnitt Schraubenverbindungen der zukünftigen DIN 18800, Teil 1, und European Recommendations For Bolted Connections in Steel Constructions (Second Draft of the 4th Edition of the ECCS Recommendations for Steel Constructions). Doc. ECCS-Com. X-81-25.
21. Valtinat, G.: Der Einsatz der Feuerverzinkung im Stahlbau – im Hinblick auf Schraubenverbindungen. Hrsg. Deutscher Ausschuß für Stahlbau, Köln, Deutscher Stahlbauverband, Köln, Gemeinschaftsausschuß Verzinken e.V., Düsseldorf, und Verband Deutscher Feuerverzinkereien, Hagen, 1976.
22. Valtinat, G.: Die Feuerverzinkung im Stahlbau. 25 Jahre Gemeinschaftsausschuß Verzinken e.V., Düsseldorf 1977.
23. Versuche mit feuerverzinkten HV-Verbindungen zur Verbesserung des Reibbeiwertes. Forschungsvorhaben AIF-Nr. 2402. Prüfungsbericht der Amtlichen Forschungs- und Materialprüfungsanstalt für das Bauwesen „Otto-Graf-Institut" an der Universität Stuttgart vom 22.2.1974.
24. Zimmermann, W. und Rostasy, F.S.: Der Reibbeiwert feuerverzinkter HV-Verbindungen in Abhängigkeit von der Nachbehandlung der Zinkschicht. Der Stahlbau 44 (1975) 3, S. 82–84.
25. Probleme der Verbindungen mit hochfesten vorgespannten Schrauben in Stahlbauten (Frage D90). Bericht Nr. 8 (Schlußbericht) des Forschungs- und Versuchsamtes des Internationalen Eisenbahnverbandes, Utrecht 1973.
26. Munter, H.L.N. und Bouwman, L.P.: Onderzoek naar de bezwijksterkten van constructiedelen met 1 bout, en met 2 bouten per verbindingen. Report Nr. 6-75-4. Stevin Laboratory, Delft University of Technology, Delft 1975.
27. Lorin, M., Sahores, R. und Bachet, K.L.: Détermination expérimentale de la résistance des princes longitudinales et transversales des cornières de pylônes tendues. Construction Métallique Nr. 3, 1980, S. 35–43.
28. Munter, H.L.V. und Bouwman, L.P.: Angles connected by bolts in one leg. Report Nr. 6-81-21. Stevin-Laboratory, Delft University of Technology, Delft 1981.
29. Oxfort, J. und Hassler, M.: Traglastversuche an durch Querkraft beanspruchten Winkelanschlüssen mit rohen Schrauben. Der Stahlbau 42 (1973), H. 11, S. 333–338.
30. Querkraftbeanspruchte I-Trägeranschlüsse mit Winkeln. Typisierte Verbindungen im Stahlhochbau (Ringbuch) 2. Auflage. Deutscher Stahlbau-Verband DStV und Deutscher Ausschuß für Stahlbau DASt. Köln 1978.
31. Crawford, S.F. und Kulak, G.L.: Eccentrically Loaded Bolted Connections. Journal of the Structural Division, ASCE, Vol. 97, No. ST 3, March 1971.

32. Harre, W. und Schmidt, H.: Drehsteife Winkelanschlüsse im Stahlhochbau. Prüfbericht II.1-13531 vom 30.9.81 der Forschungs- und Materialprüfungsanstalt Baden-Württemberg, Otto-Graf-Institut, Stuttgart 1981.
33. Schulte, W.: Querkraftbeanspruchte I-Trägeranschlüsse mit Winkeln – Anschluß am Unterzug. Forschungsberichte aus dem Fachbereich Bauwesen, Universität Essen, Gesamthochschule. Heft 18, Essen 1982.
34. Schulte, W.: Querkraftbeanspruchte I-Trägeranschlüsse mit Winkeln – Tragfähigkeit des Anschlusses am Unterzug ohne Endeinspannung. Der Stahlbau (z. Zt. im Druck).
35. Sahmel, P.: Berechnung geschraubter Rahmenecken und Konsolanschlüsse. Der Stahlbau 23 (1954), H. 3, S. 64–66.
36. Beer, H.: Einige Gesichtspunkte zur Anwendung hochfester, vorgespannter Schrauben. Schlußbericht zum 6. Kongreß der IVBH, S. 157–172, Stockholm 1960.
37. Biegesteife Stirnplattenverbindungen mit hochfesten vorgespannten Schrauben. Typisierte Verbindungen im Stahlhochbau (Ringbuch), 2. Auflage. Deutscher Stahlbau-Verband DStV und Deutscher Ausschuß für Stahlbau DASt, Köln 1978.
38. Munter, H.L.N. und Bouwman, L.P.: Onderzoek naar de vermoeiingssterkte van geboute verbindingen die op trek worden belast. Stevin Laboratorium, Technische Hochschule Delft. Rapport 6-77-19, Delft 1977.
39. Granström, A.: The Strength of Bolted End Plate Connections. Report 15:13 des Swedish Institute of Steel Constructions, Stockholm 1979.
40. DASt-Richtlinie 014 – Empfehlungen zum Vermeiden von Terrassenbrüchen in geschweißten Konstruktionen aus Baustahl (Januar 1981).
41. Blech-, Band- und Breitflachstahl mit verbesserten Eigenschaften senkrecht zur Erzeugnisoberfläche. Stahl-Eisen-Lieferbedingungen 096, Mai 1974.
42. DASt-Richtlinie 008, Richtlinien zur Anwendung des Traglastverfahrens im Stahlbau. März 1973.
43. Windels, R.: Traglasten von Balkenquerschnitten bei Angriff von Biegemoment, Längs- und Querkraft. Der Stahlbau 39 (1970), H. 1, S. 10–16.
44. Valtinat, G.: Regelanschlüsse im Stahlbau, Teil 2. Biegesteife HV-Stirnplatten-Verbindungen. Bericht der Versuchsanstalt für Stahl, Holz und Steine der Universität Karlsruhe (TH) vom 30.8.1974.
45. Sherbourne, A.N.: Bolted Beam to Column Connections. The Structural Engineer 91 (1961), No. 6, S. 203–210.
46. Schineis, M.: Vereinfachte Berechnung geschraubter Rahmenecken. Der Bauingenieur 44 (1969), H. 12, S. 439–449.
47. Delesques, R.: Le calcul des assemblages boulonnées par platine d'extrémité. Construction Métallique 4, Dec. 1972.
48. Khalili, D.: Recherche sur l'assemblage par boulonnage d'une plaque d'extrémité. Construction métallique 4, Dec. 1972.
49. Schubert, J.: Rechnerischer Nachweis eines HV-Kopfplattenstoßes und Versuch. Der Stahlbau 41 (1972), H. 1, S. 22–23.
50. Thomson, K. und Agerskov, H.: Versuche zur Ermittlung des Tragverhaltens von Kopfplattenstößen in biegebeanspruchten gewalzten IPE- und HEB-Profil-Trägern. Der Stahlbau 42 (1973), H. 8, S. 236–246.
51. Zoetemeijer, P.: A Design Method for the Tension Side of Statically Loaded, Bolted Beam-to-Column Connections. Heron, Vol. 20, 1974, Nr. 1, Stevin-Laboratorium Delft.
52. Palme, E.: Schraubenkräfte in Kopfplattenstößen. Der Bauingenieur 49 (1974), H. 10, S. 394–396.
53. Konstruktive Richtlinien der Schweizerischen Zentralstelle für Stahlbau. Zürich 1974.
54. Herzog, M.: Die optimale Ausnützung hochfester Schraubenverbindungen nach Versuchen. Der Stahlbau 43 (1974), No. 9, S. 267–276.
55. SIA 161. Stahlbauten. Schweizerischer Ingenieur- und Architekten-Verein Zürich, Norm-Ausgabe 1979.
56. Rothe, L.: Vereinfachte Näherungsmethode zur Berechnung von Kopfplattenverbindungen mit Berücksichtigung der Hebelwirkung. Der Bauingenieur 52 (1977), H. 10, S. 347–349.
57. Witteveen, J., Stark, J.W.B., Bijlaard, F.S.K. und Zoetemeijer, P.: Design Rules for Welded and Bolted Beam-To-Column Connections in Non-Sway Frames. Rapport Nr. BI-80-11/63.1.0410. Stevin Laboratory, Delft University of Technology, Delft 1980.
58. Granström, A.: Bolted End-plate Connections. EHS Steel + Beam-To-Column Application. Report 80:3 des Swedish Institute of Steel Constructions. Stockholm 1980.
59. Witte, H.: Schrauben im Stahlbau. Merkblatt 322 Beratungsstelle für Stahlverwendung Düsseldorf 1982.
60. Dokumente der Kommission 10 „Connections" der Europäischen Konvention für Stahlbau aus den Jahren 1978 bis 1982.

9.3 Schweißen und Schweißverbindungen

F. Mang/P. Knödel

9.3.1 Begriffe und Definitionen

Schweißen ist heute das wichtigste Verfahren zum Herstellen unlösbarer Verbindungen im Metallbau. Dabei wird zwischen den beiden Fügeteilen in weichteigigem oder schmelzflüssigem Zustand mit oder ohne Zusatzwerkstoff, mit oder ohne Anwendung von Druck eine metallische Verbindung erzeugt.
Je nach der Lage der Fügeteile zueinander unterscheidet man verschiedene Stoßarten, wobei die einzelnen Begriffe in DIN 1912 definiert sind.
Eine Stumpfnaht verbindet etwa gleich starke Teile, die in einer Ebene Kante an Kante aneinanderliegen. Dabei spricht man je nach der Gestalt der benachbarten Kanten, durch die sich die Fugenform ergibt, von I-, U-, V- und X-Naht.
Bei der Verbindung von Kante auf Fläche T-förmig zueinander liegenden Teilen entsteht die Kehlnaht, die man je nach ihrer äußeren Form Hohlnaht, Flachnaht oder Wölbnaht nennt. Ihre Tragfähigkeit resultiert aus der Größe des Nahtquerschnittes, wobei man das charakteristische Maß a in der Norm DIN 4100 als die Höhe des größten einschreibbaren gleichschenkligen Dreiecks definiert hat.
Alle anderen Nahtformen ergeben sich als Abwandlungen und Mischformen aus diesen beiden Grundtypen.
Ein weiteres Kriterium zur Unterscheidung von Schweißnähten ist die Position, in der sie ausgeführt werden. Man geht vom Idealzustand aus, bei dem in Wannenlage zwischen den Fugenflanken oder waagerecht auf dem Werkstück geschweißt wird, und bezeichnet alle anderen Lagen als Zwangspositionen. Diese heißen horizontal, quer, steigend, fallend oder überkopf.

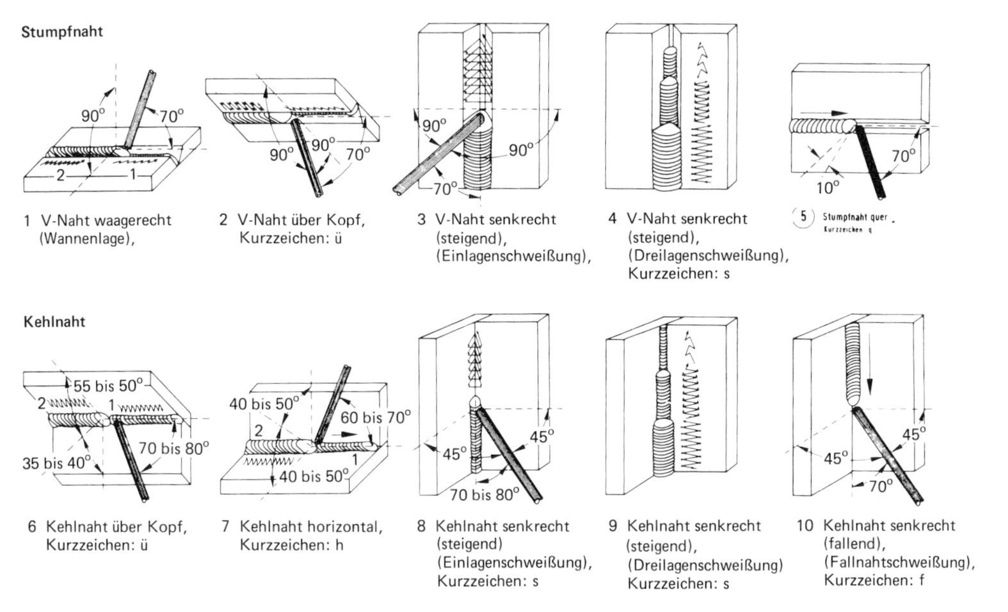

1 V-Naht waagerecht (Wannenlage), 2 V-Naht über Kopf, Kurzzeichen: ü 3 V-Naht senkrecht (steigend), (Einlagenschweißung), 4 V-Naht senkrecht (steigend), (Dreilagenschweißung), Kurzzeichen: s 5 Stumpfnaht quer, Kurzzeichen q

6 Kehlnaht über Kopf, Kurzzeichen: ü 7 Kehlnaht horizontal, Kurzzeichen: h 8 Kehlnaht senkrecht (steigend) (Einlagenschweißung), Kurzzeichen: s 9 Kehlnaht senkrecht (steigend), (Dreilagenschweißung) Kurzzeichen: s 10 Kehlnaht senkrecht (fallend), (Fallnahtschweißung), Kurzzeichen: f

Bild 9.3–1 Schweißpositionen und Elektrodenführung

Dicke Nähte lassen sich oft nicht in einem Arbeitsgang ausführen, sie werden in mehreren Lagen geschweißt. Die unterste oder zuerst geschweißte Raupe nennt man Wurzellage. Die meist breiteren Füllagen werden durch Pendeln mit der Elektrode oder durch Nebeneinanderlegen von Raupen erzielt. Zuletzt wird die Decklage geschweißt.

9.3.2 Tragverhalten von Schweißverbindungen

Jede Schweißnaht stellt eine Störung im Bauteil dar. Man unterscheidet dabei zwischen geometrischen Kerben, die durch die Form des Schweißstoßes eine Ablenkung der gedachten Kraftlinien verursachen und strukturellen Kerben, die durch Wärmeeinflußzone und Eigenspannungen entstehen. Während die letztgenannten Auswirkungen auf den Werkstoff hauptsächlich durch die Wahl des Zusatzwerkstoffes

Tabelle 9.3–1 Stumpfnähte, Fugenform und Ausführung

Bezeichnung der Schweißnähte		Zeichnerische Darstellung			Nahtvorbereitung					Verwendung	Schweißnaht	
Benennung	Sinnbild	bildlich	sinnbildlich		Schweißfuge im Schnitt	Richt-Maße				konstruktive Ausnutzung	Blech-dicke s mm	Nahtgewicht je Meter (ungefähr) kg/m
		Schnitt	Schnitt	Ansicht		Öffnungs-winkel a Grad	Steg-abstand b Grad	Steg-höhe c Grad	Steg-dicke s Grad			
Bördelnaht			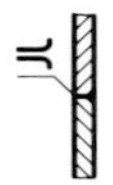	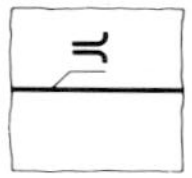		–	–	–	1–2	Die Bördelnaht wird hauptsächlich bei der Gasschmelzschweißung und Schutzgasschweißung verwendet. In der Regel ist kein Schweißzusatzwerkstoff erforderlich. Bei der Schweißung mit Stabelektroden kann nur eine Verbindungsraupe geschweißt werden, wobei oftmals die gebogenen Kanten erhalten bleiben.		
I-Naht	‖		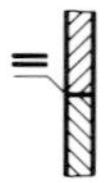	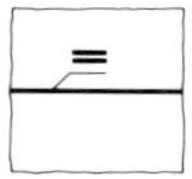	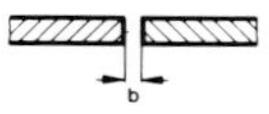	–	≈ 1 · s	–	bis 6	I-Stöße bei Blechdicken bis 2,5 mm werden im allgemeinen einseitig, von 3–6 mm beidseitig geschweißt. Der Abstand b richtet sich nach dem Elektrodentyp und -durchmesser und ist so zu wählen, daß eine vollständige Durchschweißung erfolgt.	2 4 6	0,03 0,13 0,28
V-Naht	V		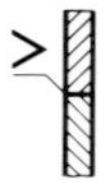	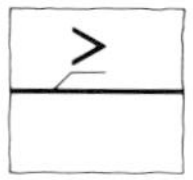	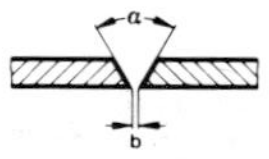	≈ 60	≈ 2	–	3–20	V-Nähte werden ab Blechdicken von 3 mm gewählt. Die Schweißung erfolgt einseitig. Bei beiderseitiger Schweißung wird die Wurzel ausgearbeitet und eine Kapplage geschweißt. Die Längskanten können auch gebrochen werden, so daß ein Steg mit einer Steghöhe von 1–2 mm entsteht.	4 6 8 10 12 14 16 18 20	0,13 0,29 0,49 0,75 1,00 1,29 1,61 1,98 2,24
X-Naht	X		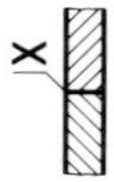	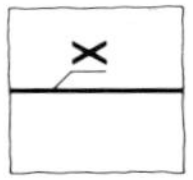	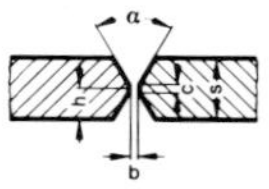	≈ 60	≈ 2	2–4	16–40	Die X-Naht wird vorwiegend für Blechdicken ab 16 mm verwendet. Für die Handschweißung mit wurzelseitigem Ausfugen wird die X-Naht häufig unsymmetrisch ausgeführt, wobei die Flankenhöhe h = 2/3 s gewählt wird. Man bezeichnet sie als 2/3 X-Naht. Die Längskanten können auch gebrochen werden, so daß ein Steg entsteht. Steghöhen ≧ 3 mm werden vorteilhaft beim Unterpulverschweißen (UP) angewendet	16 20 24 28 32 36 40	0,85 1,22 1,73 2,20 2,70 3,15 3,70

Y-Naht			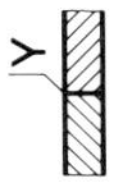	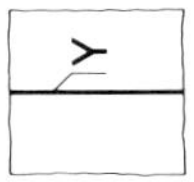	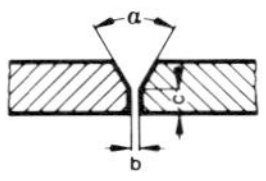	≈60	≈2	2–4	8–20	Die Y-Naht wird vorwiegend bei Blechdicken ≧8 mm verwendet, wenn Schweißverfahren eingesetzt werden, die einen tiefen Einbrand ergeben, z.B.: die UP-Schweißung, das Schutzgasschweißen mit Massiv- oder Fülldrahtelektroden, das Schweißen mit Netzmantel-Drahtelektroden, das Handschweißen mit Tiefeinbrandelektroden. Beim Schweißen der Kapplage mit normalen Stabelektroden ist die Wurzel auszuarbeiten.	8 10 12 16 18 20	0,55 0,80 1,20 1,70 2,05 2,35
U-Naht			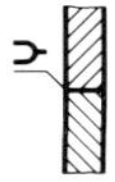	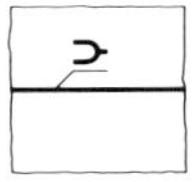	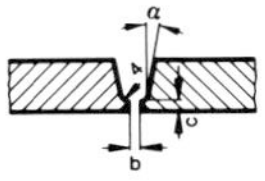	≈10	≈2	≈2–3	≧20	Die U-Naht wird überwiegend bei sehr großen Blechdicken eingesetzt. Aus Gründen der Wirtschaftlichkeit ist die U-Naht der V-Naht (größeres Nahtvolumen) vorzuziehen.	20 30 40 50 60 70	1,98 3,42 5,10 7,08 9,30 11,90
HV-Naht			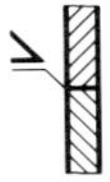	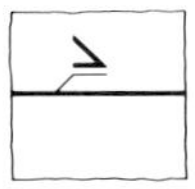	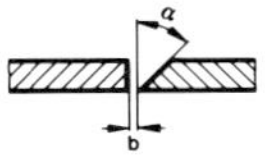	45–60	≦3	–	3–16	Die HV-Naht wird vorwiegend im Großbehälterbau für Quernähte an senkrechter Wand aus Gründen der Wirtschaftlichkeit und des günstigen Absetzens von Schweißgut auf der geraden Kante eingesetzt. Der Flankenwinkel α soll ≧30° gewählt werden und ist abhängig von der Blechdicke und dem Schweißverfahren.	4 6 8 10 12 14 16	0,08 0,16 0,20 0,30 0,40 0,55 0,70
K-Naht			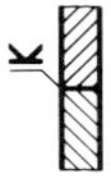		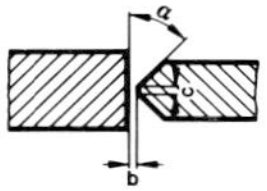	45–60	≦2	2–4	16–40	Die K-Naht wird für Anschlüsse ungleicher Blechdicken und insbesondere im Großbehälterbau (Quernähte an senkrechter Wand) eingesetzt. Die Öffnungswinkel sollen ≧30° und die Steghöhen ≧5 mm gewählt werden. Sie sind abhängig von der Blechdicke und dem Schweißverfahren.	16 20 24 28 32 36 40	0,45 0,65 0,90 1,20 1,40 1,65 1,90

Tabelle 9.3–2 Kehlnähte, Fugenform und Ausführung

Bezeichnung der Schweißnähte		Zeichnerische Darstellung			Nahtvorbereitung		Verwendung	Schweißnaht		
Benennung	Sinnbild	bildlich	sinnbildlich		Schweißfuge im Schnitt	Blechdicke s mm	konstruktive Ausnutzung	Kehlnahtdicke mm	Blechdicke mm	Nahtgewicht je Meter (ungefähr) kg/m
		Schnitt	Schnitt	Ansicht						
Kehlnaht	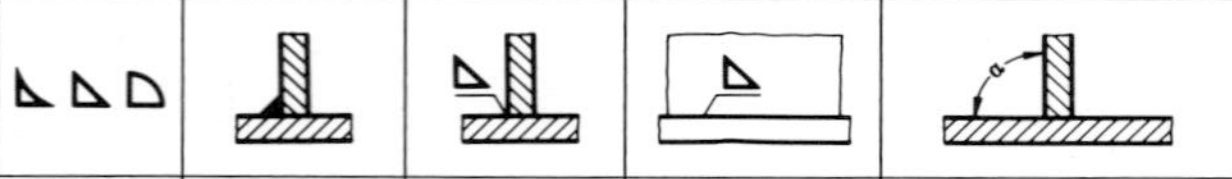					2–8	Die einseitige Kehlnaht ist nur dann anzuwenden, wenn durch Unzugänglichkeit die Doppelkehlnaht nicht anwendbar ist (z. B. geschlossene Kastenträger) und überwiegend nur statische oder geringe dynamische Beanspruchungen auftreten. In allen sonstigen Fällen ist die Doppelkehlnaht anzuwenden. Der Winkel α sollte im allgemeinen 90° betragen, größere Abweichungen erfordern Sondernahtformen, z. B. auf der Seite des stumpfen Winkels eine HV-Naht, auf der des spitzen eine Kehlnaht, wobei die Winkel mindestens 45° betragen sollen.	2 4 6 8 10	– – – – –	einseitig 0,04 0,14 0,33 0,58 0,88
Doppel-Kehlnaht	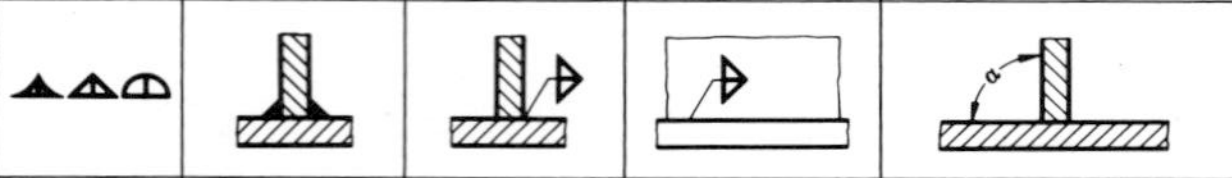					8–20				
K-Naht mit Doppel-Kehlnaht	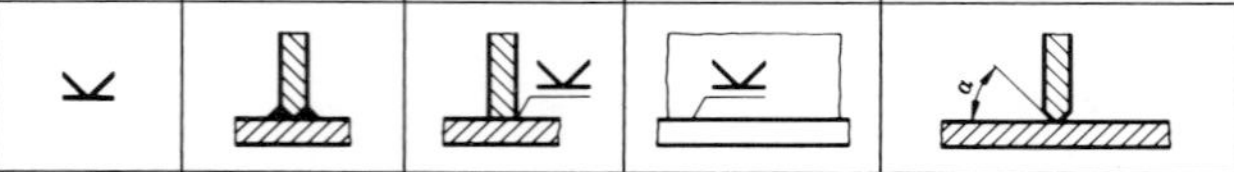					10–25	Die K-Naht mit Doppelkehlnaht hat einen günstigeren Kraftlinienverlauf und sollte bevorzugt bei dynamisch beanspruchten dickwandigen Bauteilen angewendet werden. Der Winkel α sollte mindestens 45° betragen.	4 6 8 10	10 15 20 25	0,75 1,14 2,50 4,50
Ecknaht	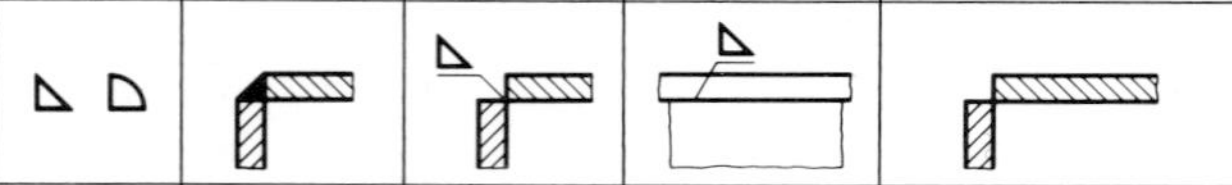					4–10	Die Ecknaht (äußere Kehlnaht) eignet sich nur für Verbindungen mit geringer Beanspruchung. Günstiger ist die Ecknaht mit Gegenlage (Doppel-Ecknaht). Als Sonderform wird bei der Verbindung von Blechen unterschiedlicher Dicke zur Erleichterung des Zusammenbaues die versetzte Ecknaht gewählt. Das Maß f ist $\geqq s$ zu wählen. Bei Blechen gleicher Dicke ist die Anwendung der versetzten Ecknaht im allgemeinen unzulässig, da die Kehlnahtdicke a zu klein wird.		4 6 8 10	0,17 0,36 0,67 1,10
Doppel-Ecknaht	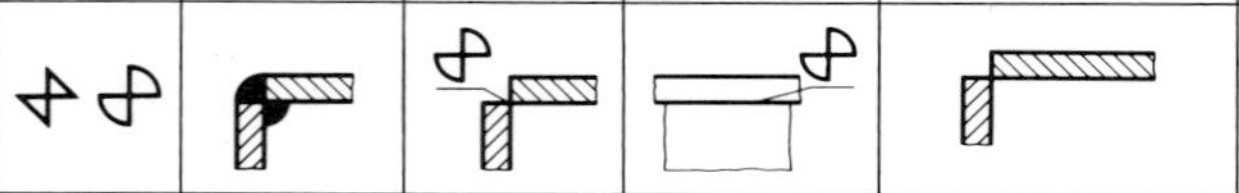					8–20			bei e = 2 10 12 16 20 25	zweiseitig 2,80 4,00 6,50 9,90 15,50
Doppel-Ecknaht versetzt	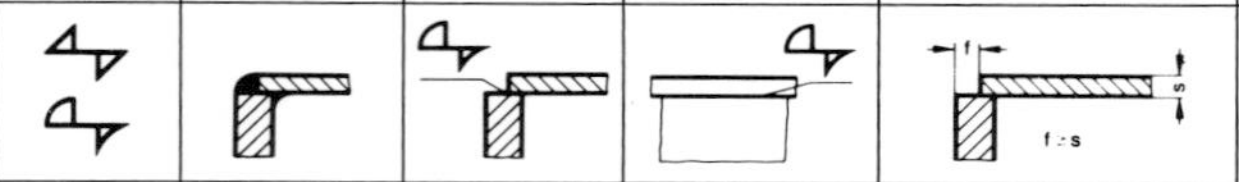				f ≧ s	10–25				
Überlapp-Stoß mit einseitiger Kehlnaht	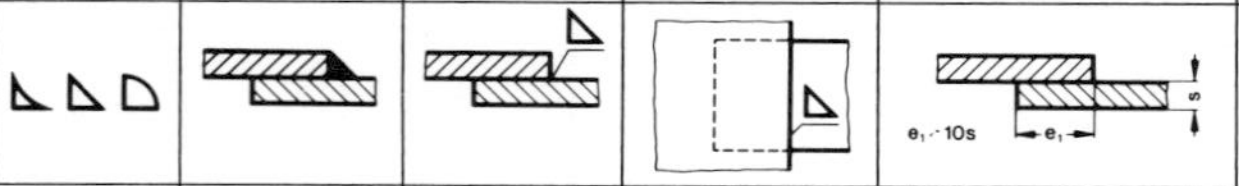				$e_1 \geqq 10s$	2–8	Überlappstöße eignen sich nur für Konstruktionen mit geringen dynamischen Beanspruchungen. Die Dauerfestigkeitswerte bei Zugbeanspruchung quer zur Überlappung sind sehr klein. Der Überlappstoß mit einseitiger Kehlnaht ist wegen der auftretenden Spaltkorrosion am ungünstigsten. Überlapp- und Laschenstöße können zur örtlichen Versteifung ausgenutzt werden. Ein Vorteil ist der geringe Fertigungs- und Montageaufwand gegenüber Stumpfnähten.		2 4 8	0,04 0,14 0,56
Überlapp-Stoß mit Kehlnähten	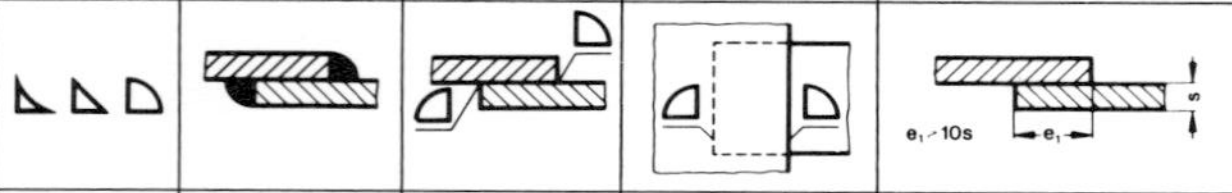				$e_1 \geqq 10s$	6–10			4 8 10	0,26 1,20 1,80
Laschen-Stoß einseitig	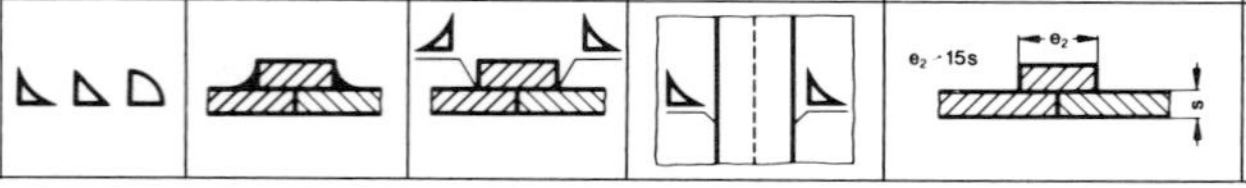				$e_2 \geqq 15s$	4–10				

und die handwerkliche Herstellung der Schweißung beeinflußt werden, hängen die geometrischen Kerben von der Ausbildung der Details ab, und lassen sich daher durch gutes Konstruieren günstig beeinflussen.

9.3.2.1 Tragverhalten von Schweißverbindungen unter vorwiegend ruhender Belastung (statische Beanspruchung)

Stumpfnahtverbindungen werden in der Regel querschnittsdeckend ausgeführt. Die blecheben bearbeitete Naht erlaubt völlig ungestörten Kraftfluß, während sonst durch die Nahtüberhöhung und den Wurzeldurchhang an den Nahträndern eine geringe Kerbwirkung vorhanden ist.
Bei „statischer" Beanspruchung ergibt sich daraus keine Abnahme der Tragfähigkeit, da die Spannungsspitzen durch die Duktilität des Werkstoffes abgebaut werden können. Versuche [1] haben gezeigt, daß selbst durch erhebliche Poren und Schlackeneinschlüsse die Traglast einer Stumpfnaht nicht maßgebend beeinträchtigt wird.

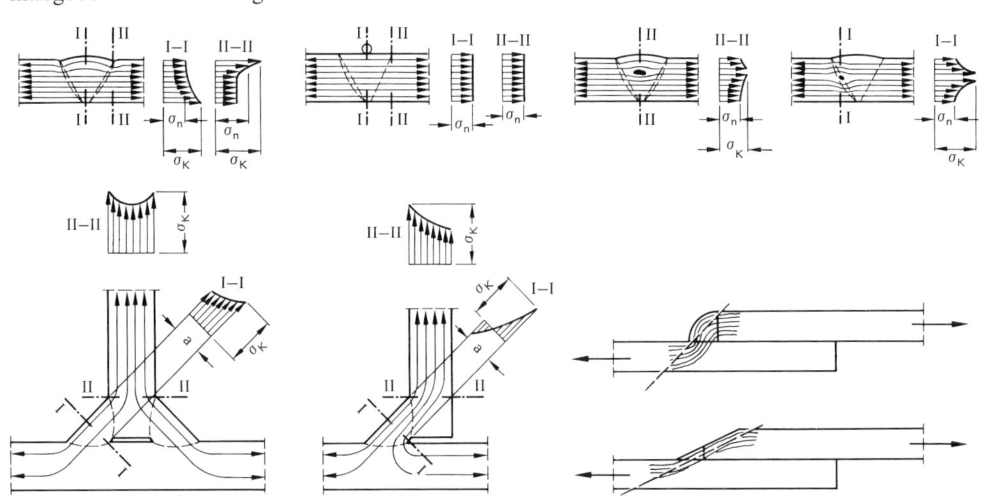

Bild 9.3–2 Kraftfluß und Spannungsverteilung in Stumpfnaht und Kehlnaht

Das Tragverhalten von Kehlnähten ist abhängig von der Belastungsrichtung. Bei der Stirnkehlnaht zum Anschluß einer Lasche oder eines Stabes soll die Stabkraft planmäßig senkrecht zu einer Nahtkathete in die Naht eingetragen und durch Schub in der anderen Nahtkathete wieder abgetragen werden. Momentengleichgewicht ist hierbei nur möglich, wenn zusätzlich ein entsprechendes Kräftepaar am Nahtquerschnitt wirkt (siehe Bild 9.3–3). Die an den Nahtkatheten angreifenden Kräfte können interpretiert werden als Einzellasten in Richtung der Nahtoberfläche. Man erkennt, daß die Tragfähigkeit direkt von der Nahtdicke abhängt.

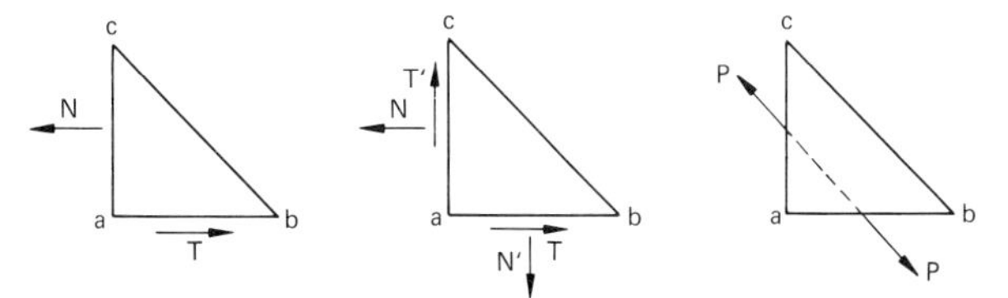

Bild 9.3–3 Kräftespiel an der Stirnkehlnaht (nach [2])

Flankenkehlnähte werden in beiden Nahtkatheten durch Schubkräfte in Nahtlängsrichtung beansprucht. Das komplizierte Tragverhalten veranschaulicht man sich an folgendem Modell (Bild 9.3–4): Die elastischen Körper I und II sind durch eine ebenfalls elastische Flankenkehlnaht verbunden und werden in der dargestellten Weise beansprucht. Während beide Körper an ihren freien Enden spannungs- und dehnungsfrei sein müssen, tragen sie in den Punkten *A* die volle Kraft *F* und unterliegen dort den entsprechenden Dehnungen. Man erkennt hieraus sofort, daß die Schubspannungen nicht gleichmäßig über die Nahtlänge verteilt sind, sondern an den beiden Enden höhere Werte als in der Nahtmitte haben müssen. Je länger die Schweißnaht ist, desto extremer ist der Unterschied zwischen den Schubspannungen in den Nahtenden und der Mitte der Naht (Bild 9.3–5). Die Schubspannungsverteilung ist abhängig vom Nahtlängenverhältnis *l/a,* wobei kurze Flankenkehlnähte in der Regel günsti-

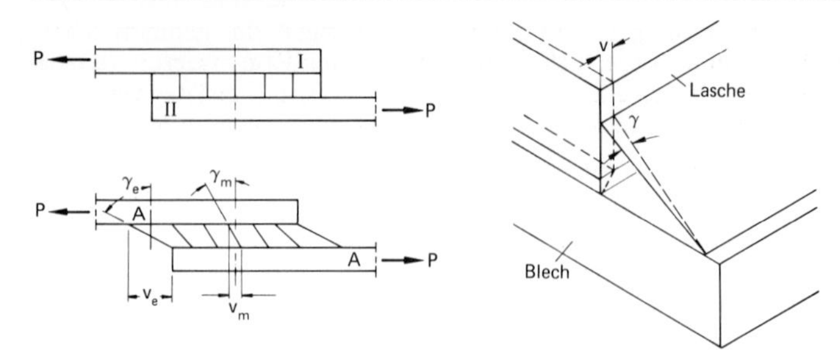

Bild 9.3–4 Tragmodell für Flankenkehlnähte (nach [2] und [3])

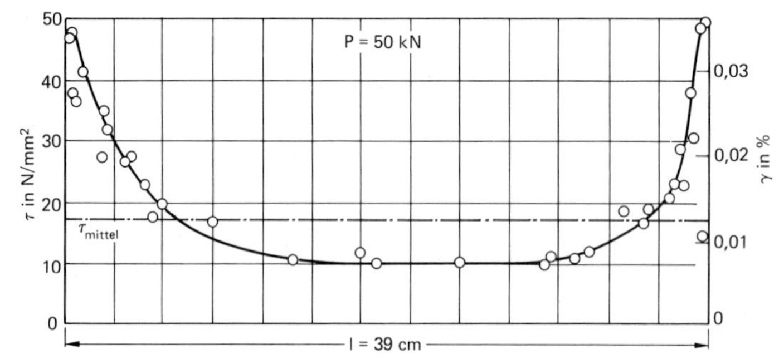

Bild 9.3–5 Verteilung der Schubspannungen für $l/a = 105$, τ_{max}/τ_{mittel} ist hierbei 2,9 (nach [4])

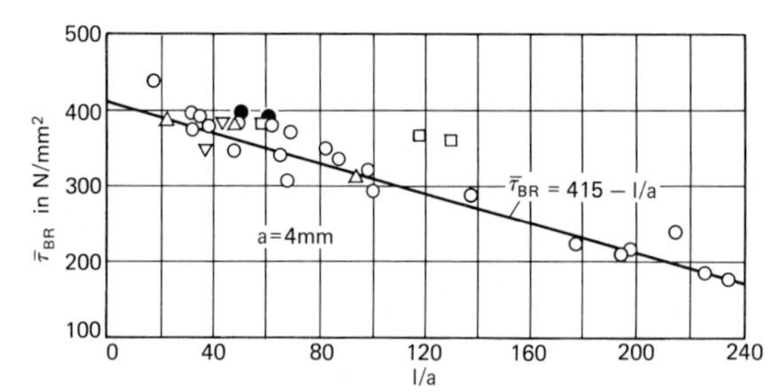

Bild 9.3–6 Bruchspannungen von Flankenkehlnähten (nach [4])

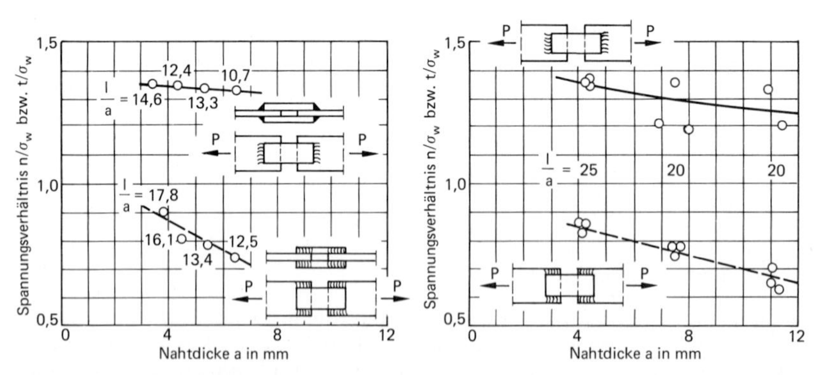

Bild 9.3–7 Bruchspannungen von Kehlnähten, bezogen auf die Bruchfestigkeit des Schweißgutes (nach [2])

ger sind als lange. Anschlüsse mit Flankenkehlnähten weisen noch eine weitere Besonderheit auf. Zur Veranschaulichung betrachte man den Querschnitt des oben beschriebenen Tragmodells (Bild 9.3–4): Die beiden Querschnittsteile werden durch die einwirkende Längskraft um einen gewissen Betrag v gegeneinander verschoben. Die Schweißnaht, die die beiden Teile verbindet, unterliegt dabei einer

Schubverzerrung, die sich durch den Gleitwinkel γ ausdrücken läßt. Es ist offensichtlich, daß bei gegebener Längsverschiebung die kurze Wurzelfaser einem größeren Gleitwinkel unterliegen muß als die längere Deckfaser, effektive „Federungen" sind jedoch nur für die Gesamtnaht anhand von Versuchen ermittelbar (vgl. Abschnitt 9.1.2).
An einem Versuchskörper mit Flankenkehlnähten lassen sich bei steigender Last von den Nahtenden her Plastizierungen feststellen. Bei weiterer Laststeigerung setzen sich diese zur Mitte hin fort, aktivieren somit immer weitere Tragreserven, und erst wenn die gesamte Naht durchplastiziert ist, wachsen die Verschiebungen in der Verbindung stark an und führen schließlich zum Bruch [4], [5].
Die durchgehende Halsnaht eines Biegeträgers wird durch Normalspannungen entsprechend ihrem Schwerpunktsabstand beansprucht. Außerdem unterliegt sie einer Schubbeanspruchung gemäß dem Betrag dM/dx an der jeweiligen Stelle x. Aus dieser Tragwirkung entstehen an den Enden der Halsnaht keine Spannungsspitzen in der Art wie sie anhand des Tragmodells (Bild 9.3–4) erläutert wurden [6], [7] (siehe auch Abschnitt 9.1). Die Tragfähigkeit einer durchgehenden Halsnaht hängt also nicht von ihrem Längenverhältnis l/a ab, sondern nur davon, ob ihr Querschnitt für die Übertragung der Schubkraft ausreichend bemessen ist. Im Traglastzustand plastizieren die Halsnähte durch die kombinierte Beanspruchung aus Längs- und Schubkräften (eine Abschätzung erhält man durch die Ermittlung der Vergleichsspannung nach der Schubspannungshypothese). An den Stellen mit durchplastizierten Halsnähten bildet sich ein veränderter Tragmechanismus aus: Die Querschnitte bleiben nicht mehr eben, und der Träger entwickelt sich bei weiterer Laststeigerung schrittweise zu einem Balken mit endverdübelten Gurten [8].
Für regelmäßig unterbrochene Halsnähte gelten diese Betrachtungen nicht. Hier wird in jedem Nahtabschnitt eine Einzelkraft entsprechend dem Betrag von $\Delta M/\Delta x$ übertragen. Dadurch entstehen an den Enden jedes Nahtabschnittes die am Beispiel der Flankenkehlnähte beschriebenen Spannungsspitzen.
Wirken verschiedene Schweißnähte in einer Verbindung zusammen, zum Beispiel Stirn- und Flankenkehlnähte oder Stumpfnähte und Flankenkehlnähte, so ist zu beachten, daß dabei oft komplizierte Lastverteilungs-Mechanismen auftreten. Die anteiligen Kraftbeträge, die auf die einzelnen Nähte entfallen, sind nicht den Nahtflächen proportional, sondern hängen von den Steifigkeiten der beteiligten Nähte ab (siehe hierzu auch [3]). Hierauf wird im Abschnitt „Berechnung" noch näher eingegangen.

9.3.2.2 Tragverhalten von Schweißverbindungen unter nicht vorwiegend ruhender Belastung (schwingende Beanspruchung)

Im vorigen Abschnitt wurde erläutert, daß geometrische Kerben zu ungleichförmiger Spannungsverteilung führen. Dadurch entstehen örtlich schon bei relativ niedrigen Nennspannungen Spannungsspitzen, die im Bereich der Steckgrenze liegen. Bei statischer Belastung wird dadurch die Tragfähigkeit im allgemeinen nicht vermindert, da die Werkstoffe genügend Duktilität besitzen, um durch Plastizieren und Heranziehen der Nachbarbereiche die örtliche Überlastung auffangen zu können.
Bei dynamischer Belastung ermüdet der Werkstoff und an der Stelle der höchsten Spannungskonzentration entsteht ein Anriß. Da der Anriß die vorhandene Kerbe noch verschärft, kann sich der Riß während der folgenden Lastwechsel weiter ausbreiten, bis schließlich der Querschnitt so geschwächt ist, daß es zu einem Versagen des Bauteils kommt.
Das Maß der Ermüdung wird durch die Schwingbreite und die Höhe der örtlichen Oberspannung beeinflußt. Da in den wenigsten Fällen die Höhe der Spannungsspitze bekannt ist, werden die Versuche zur Bestimmung der Dauerfestigkeit einer Verbindung nach „Kerbfall" und Nenn-Oberspannung ausgewertet.
Nicht nur durch Kerben, sondern auch durch Eigenspannungen kann die Spannung im Bauteil örtlich beträchtlich erhöht werden. Wie in einem der folgenden Abschnitte noch genauer erläutert wird, sind in der Regel in jeder Schweißnaht Zugeigenspannungen in Höhe der Streckgrenze vorhanden. Dies bedeutet – je nach der Richtung der überlagerten Betriebsspannungen –, daß selbst bei sehr niedrigen Nenn-Oberspannungen die Schweißnaht permanent im Streckgrenzenbereich beansprucht wird. Versuche haben aber gezeigt, daß das Ermüdungsverhalten von Verbindungen, die mit recht hoher Mittelspannung beansprucht werden, nur noch von der Spannungsamplitude abhängt [9], [10]. Es ist natürlich auch möglich, daß an der maßgeblichen Kerbe Druckeigenspannungen überlagert werden. In diesem Fall wird die Dauerfestigkeit durch die Schweißeigenspannungen erhöht. Man kann aber davon ausgehen, daß die Probestäbe, die zur Ermittlung von Dauerfestigkeitswerten geprüft wurden, unter wirklichkeitsnahen Bedingungen geschweißt und geprüft wurden. In den Dauerfestigkeitswerten sind also die Einflüsse der Eigenspannungen schon berücksichtigt.
Versuchsserien haben bestätigt, daß die ertragbare Lastwechselzahl bei geschweißten I-Trägern nur von der Spannungsdifferenz $\Delta\sigma = \sigma_{max} - \sigma_{min}$ abhängt. Selbst bei Verwendung von Baustählen mit 700 N/mm^2 Fließgrenze werden keine höheren Dauerfestigkeitswerte erzielt als bei Verwendung von St 37. Bei den im Bauwesen eingesetzten Trägern ist durch den allgemeinen Spannungsnachweis gewährleistet, daß die Nenn-Oberspannung kleiner als $^2/_3$ der Fließgrenze ist. Für diesen Bereich konnte keine Abhängigkeit von der Oberspannung festgestellt werden [11].

Hinsichtlich der konstruktiven Details wurden die Träger in fünf Ermüdungskategorien eingeteilt: Kategorie A umfaßt ungeschweißte Walzprodukte, B geschweißte Träger mit bearbeiteten Stumpfstößen der einzelnen Bleche, C unbearbeitete Quernähte zum Anschluß von Steifen, D kurze, längsliegende Laschen oder ausgerundete Knotenbleche und E lamellenverstärkte Träger. Die zugehörigen Kurven für 95% Überlebenswahrscheinlichkeit sind in Bild 9.3–8 dargestellt. Das Ermüdungsverhalten der Träger zwischen den Grenzfällen B, geschweißter Träger, und E, lamellenverstärkter Träger, kann durch die unterschiedlichen Steifigkeitssprünge erklärt werden, die durch angeschweißte Teile verschiedener Länge entstehen.

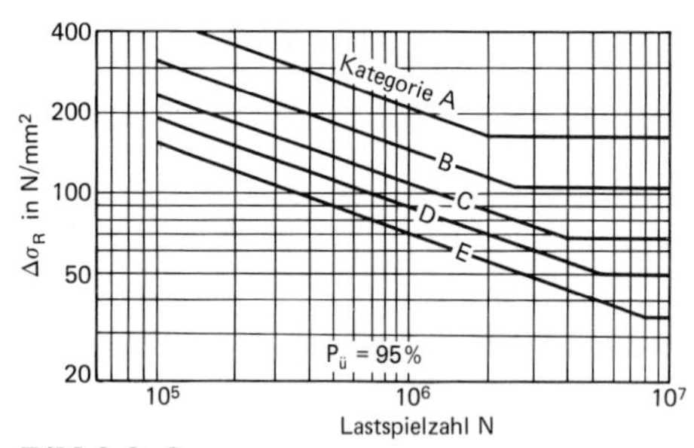

Bild 9.3–8
Ermüdungsverhalten von I-Trägern (nach [11])

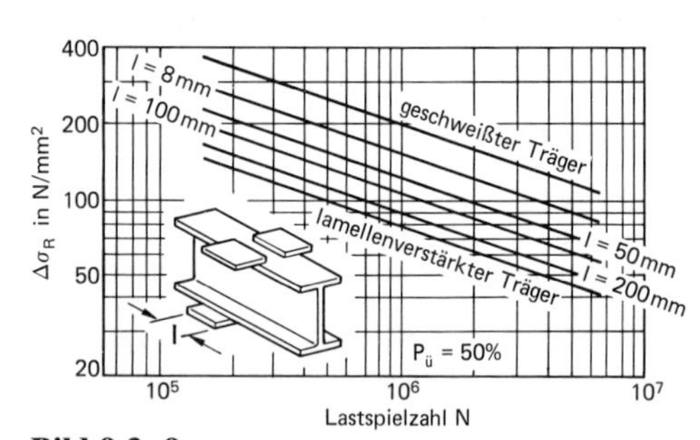

Bild 9.3–9
Einfluß der Länge von Anschweißteilen auf die Ermüdungsfestigkeit von I-Trägern (nach [11])

Bild 9.3–9 zeigt das Ermüdungsverhalten von Trägern mit verschieden langen angeschweißten Teilen bis zum Grenzfall der Quersteife, für die eine Länge von 8 mm angenommen wurde.
Diese Angaben beziehen sich auf einstufige Belastung, d.h. gleichbleibende Spannungsdifferenz $\Delta\sigma$ während aller Lastwechsel. Wird das Bauteil durch ein Kollektiv belastet, das zwar die gleichen Größtwerte $\Delta\sigma$ aufweist, jedoch auch viele Lastspiele mit kleineren Spannungsdifferenzen, so verlängert sich die Lebensdauer des Bauteils entsprechend der Fülligkeit des Kollektivs (siehe Abschnitt 10.8).
Mit Hilfe der bisher genannten Zusammenhänge lassen sich die verschiedenen Schweißverbindungen hinsichtlich ihrer Eignung für schwingende Beanspruchung klassifizieren (eine ausführlichere Übersicht findet man in [12]).
Die Stumpfnaht, insbesondere blecheben bearbeitet, erreicht fast die Werte des ungestoßenen Vollstabes. K-Naht-Verbindungen erreichen noch recht gute Werte, während Kehlnahtverbindungen in Laschenanschlüssen unabhängig davon, ob es sich um Stirn- oder Flankenkehlnähte handelt, für schwingende Beanspruchung recht ungeeignet sind.
Daraus ergeben sich folgende Konstruktionsregeln (siehe auch [13] und [14]): Ausbilden von Anschlüssen möglichst als Stumpfstöße.
Vermeidung von Doppelkehlnähten zugunsten der etwas arbeitsaufwendigeren K-Nähte.
Kehlnähte möglichst als Hohlnähte ausbilden und soweit möglich bearbeiten. Vermeiden von abrupten Querschnittsänderungen und Steifigkeitssprüngen – schon eine aufgeschweißte „nicht-tragende" Lasche kann die Dauerfestigkeit des Bauteils stark beeinträchtigen.

9.3.3 Berechnung von Schweißverbindungen

Die zum Teil komplizierten Beanspruchungsverteilungen in Schweißnähten können mit entsprechendem Aufwand rechnerisch erfaßt werden (siehe z.B. [3] und [15]). Vor allem im Hinblick auf möglichst einfache Handhabung der Berechnungsverfahren in einer Norm ist dieser Aufwand nicht vertretbar. Man rechnet daher in allen nachstehend besprochenen Normen nur mit den mittleren Spannungen

$$\sigma \text{ bzw. } \tau = \frac{F}{\Sigma\, a \cdot l}$$

und berücksichtigt die ungleichförmige Spannungsverteilung durch eine Begrenzung der zulässigen Nahtlänge l oder durch entsprechend niedrige zulässige Spannungen.

Vorwiegend ruhende Belastung: DIN 4100 [16]

Hier wird zunächst eine Mindest-Kehlnahtstärke von 3 mm gefordert. Dünnere Nähte sind für den Bereich des Leichtbaues zugelassen und in DIN 4115 geregelt. Die Naht soll außerdem nicht stärker als 70% der kleineren Dicke der verschweißten Teile sein. Für Flankenkehlnähte wird eine Nahtdicke von $a \geq \sqrt{t} - 0{,}5 \geq 3$ mm empfohlen, wobei t die größere Dicke der zu verschweißenden Teile ist.

Als rechnerische Nahtlänge ist die ausgeführte Nahtlänge anzusetzen. Voraussetzung dafür ist, daß Stumpfnähte mit Auslaufblechen geschweißt werden. Auf diese Weise wird erreicht, daß nicht etwa am Rand der Stumpfnähte durch Ansatzstellen oder Endkrater ungleichförmige Kraftverläufe entstehen.
Bei Laschen- oder Stabanschlüssen ist die rechnerische Länge der *einzelnen* Flankenkehlnähte auf 100 a begrenzt. Dadurch wird auch bei länger ausgeführter Naht die mittlere Spannung so niedrig gehalten, daß die Spannungsspitzen an den Enden der Naht nicht zu groß werden.
Als Mindestlänge ist bei einzelnen Flankenkehlnähten 15 a vorgeschrieben. Dabei brauchen Endkrater nicht mehr abgezogen werden. Liegen Flankenkehlnähte und Stirnkehlnähte unmittelbar aneinander, oder wird ein umlaufender Kehlnahtanschluß geschweißt, dann müssen die einzelnen Flankenkehlnähte nur 10 a betragen. Es muß dann allerdings zügig um die Ecken herumgeschweißt werden, so daß an den Ecken keine Endkrater entstehen.
Werden mehrere Nähte zum Anschluß eines Stabes in Rechnung gestellt, so müssen diese auch tatsächlich in der Lage sein, die anteiligen Kräfte zu übernehmen. Dies ist nur dann der Fall, wenn entsprechend steife Teile miteinander verbunden werden. Die Querkraftübertragung darf also in der Regel nur den Stegnähten zugewiesen werden. Die Übertragung des Biegemoments in einem Riegel-Stützen-Anschluß kann nur dann den Anschlußnähten der Riegelflansche zugewiesen werden, wenn der Stützenflansch z. B. durch Aussteifungen an den entsprechenden Verformungen gehindert wird. Aus diesem Grunde sind bei geschraubten Kopfplattenanschlüssen entsprechende Schraubenanordnungen und Mindest-Plattendicken vorgeschrieben.
Aus Gründen der unterschiedlichen Steifigkeit des Anschlusses ergibt sich auch die Regelung für das Zusammenwirken von Stumpf- und Kehlnähten in einer Verbindung. Wird als Nahtfläche nur die Stumpfnaht in Rechnung gestellt, dürfen die für Stumpfnähte bei Druck etwas günstigeren zulässigen Spannungen ausgenutzt werden. Wird die Summe aller Nähte eingesetzt, so gelten insgesamt die Werte für Kehlnähte.
Der Nachweis einer Schweißnaht, die nur durch eine Längskraft N oder Querkraft Q belastet ist, erfolgt durch Berechnung der mittleren Spannung

$$\left.\begin{matrix}\sigma\\ \tau_{\perp}\\ \tau_{\parallel}\end{matrix}\right\} = \frac{P}{F} = \frac{P}{\Sigma\,(a \cdot l)}$$

Bild 9.3–10 Spannungsrichtungen an Kehlnähten

Ist ein Schweißnahtanschluß nur durch ein Biegemoment beansprucht, so erfolgt die Spannungsermittlung nach der Beziehung

$$\sigma = \frac{M}{I_w}\,y\,,$$

wobei I_w das Trägheitsmoment der Schweißnahtflächen und y der Abstand der untersuchten Stelle von der Schwerachse der Schweißnahtflächen ist.
Für einen Biegeträger, der durch eine Querkraft Q beansprucht ist, ist die Schubspannung nach der „Dübelformel"

$$\tau_{\parallel} = \frac{Q \cdot S}{I \cdot a} \quad \text{zu ermitteln.}$$

Wird eine Schweißnaht durch mehrere dieser Belastungen gleichzeitig beansprucht, so ist der Vergleichswert $\sigma_v = \sqrt{\sigma^2 + \tau^2 + \tau_{\parallel}^2}$ zu ermitteln. Dieser Vergleichswert darf nicht mit einer Vergleichsspannung verwechselt werden. Durch Berechnung einer Vergleichsspannung wird die mehraxiale Beanspruchung eines Bauteils rechnerisch auf eine einaxiale Beanspruchung zurückgeführt. Dies entspricht insofern der Realität, als ein spröder Werkstoff tatsächlich nur in *einer* Ebene bricht, und ein zäher Werkstoff nur in *einer* Ebene gleitet. Die Ermittlung einer Vergleichsspannung entspricht damit der Berechnung einer Spannung, die tatsächlich im Bauteil vorhanden ist. Der Vergleichswert hingegen beschreibt keine realen Beanspruchungsverhältnisse im Bauteil, sondern ist nur ein Rechenwert, der zur Beurteilung der Höhe der Beanspruchung dient. Hier wurde aus Gründen der einfacheren Handhabung sogar die ursprünglich geplante Formel $\sigma_v = \sqrt{\sigma_{\parallel}^2 + \sigma_{\perp}^2 - \sigma_{\parallel} \cdot \sigma_{\perp} + \lambda\,(\tau_{\perp}^2 + \tau_{\parallel}^2)}$ mit $\lambda = 1{,}8$ zur nun vorhandenen Formel $\sigma_v = \sqrt{\sigma^2 + \tau^2 + \tau_{\parallel}^2}$, in der $\sigma_{\parallel}$ und λ nicht mehr aufgeführt sind, weiter vereinfacht. (Siehe hierzu [8], [17], [18] und [19].)

Nicht vorwiegend ruhende Beanspruchung – DIN 15018 Krane

Diese Norm ist auf Bauteile anzuwenden, die im Zeit- oder Dauerfestigkeitsbereich beansprucht werden. Wie im Kapitel „Tragverhalten" bereits erläutert, kann man bei einer derartigen Beanspruchung

nicht mehr davon ausgehen, daß örtliche Überbeanspruchungen durch die Duktilität des Werkstoffes entschärft werden. Vielmehr ist je nach der Höhe des lokalen Spannungszustandes eine starke Verschlechterung des Ermüdungsverhaltens zu erwarten. Hier kommt es also nicht mehr darauf an, für das Bauteil und die Schweißnaht getrennt ausreichende Tragfähigkeit nachzuweisen. Es muß das Konstruktionsdetail insgesamt im Hinblick auf die Eignung für häufig wiederholte Beanspruchung beurteilt werden.
Dementsprechend findet sich in DIN 15018 eine Sammlung von Konstruktionsdetails, die in sogenannte Kerbfälle eingeordnet sind. Am Beispiel von jeweils unbearbeiteten Nähten in Normalgüte wird hier die zunehmende Verschärfung der Kerben dargestellt. Stumpfnaht längs zur Kraftrichtung stellt eine geringe Kerbwirkung (K0) dar. Stumpfnaht quer zur Kraftrichtung oder Kehlnaht längs zur Kraftrichtung wird als mäßige Kerbwirkung (K1) eingestuft. Ein Gurt, an dessen Kante ein ausgerundetes Knotenblech mit Stumpfnaht angeschweißt ist, ist bereits eine mittlere Kerbwirkung (K2). Ein Querschott, mit Doppelkehlnähten an einen Gurt angeschlossen, ist bereits eine starke Kerbwirkung (K3). Wird ein längsliegendes Teil mit Doppelkehlnähten an einen Gurt angeschlossen, liegt besonders starke Kerbwirkung vor (K4). Für jeden dieser Kerbfälle sind für das Grenzspannungsverhältnis $\varkappa = -1$ und eine vorgesehene Betriebsdauer von $2 \cdot 10^6$ LW entsprechende zulässige Oberspannungen angegeben.
Für Beanspruchungsverhältnisse $1 \geq \varkappa \geq -1$ und vorgesehene Lastwechselzahlen $< 2 \cdot 10^6$ können die zulässigen Oberspannungen errechnet werden.
Für zusammengesetzte Beanspruchungen muß der Nachweis

$$\left(\frac{\sigma_x}{\text{zul}\,\sigma_{xD}}\right)^2 + \left(\frac{\sigma_y}{\text{zul}\,\sigma_{yD}}\right)^2 - \left(\frac{\sigma_x \cdot \sigma_y}{|\text{zul}\,\sigma_{xD}| \cdot |\text{zul}\,\sigma_{yD}|}\right) + \left(\frac{\tau}{\text{zul}\,\tau_D}\right)^2 \leqq 1{,}1$$

geführt werden.
Bei dieser Norm ist außerdem zu beachten, daß sich auch der allgemeine Spannungsnachweis von der einfachen Form in DIN 4100 unterscheidet.
Bei zusammengesetzter Beanspruchung ist für die Schweißnähte folgender Vergleichswert zu bilden:

$$\sigma_v = \sqrt{\bar{\sigma}_x^2 + \bar{\sigma}_y^2 - \bar{\sigma}_x \bar{\sigma}_y + 2\tau^2} \leq \text{zul}\,\sigma_z$$

Es bedeuten dabei $\bar{\sigma} = \dfrac{\text{zul}\,\sigma_z \cdot \sigma_{\text{vorh}}}{\text{zul}\,\sigma_w}$

wobei zul σ_z die zulässige Zugspannung im Bauteil ist, σ_{vorh} die rechnerische Spannung in der Schweißnaht in x- bzw. y-Richtung und zul σ_w die zulässige Druck- bzw. Zugspannung in der Schweißnaht.

Vorschrift für Eisenbahnbrücken und sonstige Ingenieurbauwerke der Deutschen Bundesbahn (DV 804)

Die Einteilung der verschiedenen Konstruktionsdetails erfolgt hier in neun Kerbgruppen K II bis K X. Für jede dieser Kerbgruppen sind zulässige Spannungsdoppelamplituden ($\Delta\sigma$) in Abhängigkeit vom Beanspruchungsverhältnis $\varkappa$ gegeben. Dabei ergeben sich für $\varkappa = -1$ etwa die gleichen zulässigen Oberspannungen, wie man sie nach DIN 15018 für die schwerste Beanspruchungsgruppe B6 erhält (siehe hierzu auch [20]). Hier ist bei zusammengesetzter Beanspruchung die Bedingung

$$\left(\frac{\sigma_{x,Be}}{\text{zul}\,\sigma_{x,Be}}\right)^2 + \left(\frac{\sigma_{y,Be}}{\text{zul}\,\sigma_{y,Be}}\right)^2 - \frac{0{,}8\,\sigma_{x,Be} \cdot \sigma_{y,Be}}{|\text{zul}\,\sigma_{x,Be}| \cdot |\text{zul}\,\sigma_{y,Be}|} + \left(\frac{\tau_{Be}}{\text{zul}\,\tau_{Be}}\right)^2 \leq 1$$

zu erfüllen.
Für den allgemeinen Spannungsnachweis wird die Vergleichsspannung

$\sigma_v = \sqrt{\sigma_x^2 + \sigma_y^2 - \sigma_x\sigma_y + 3\tau^2}$ der zulässigen Spannung gegenübergestellt.

9.3.4 Schweißverfahren, Schweißleistung

Von den überraschend vielen bis jetzt entwickelten Schweißverfahren (siehe Übersicht in Bild 9.3–11) werden im Stahlbau fast ausschließlich Schmelzschweißverfahren angewandt.
Das Autogenschweißen mit der Azetylenflamme wird immer mehr durch Elektro-Verfahren ersetzt und ist nur noch im Rohrleitungsbau bei kleinen Nenndurchmessern und entsprechend kleinen Wandstärken wirtschaftlich.
Das wichtigste Verfahren für den Stahlbau ist das E-Hand-Schweißen mit umhüllten Stabelektroden (Bild 9.3–12). Ein Lichtbogen brennt zwischen der abschmelzenden Elektrode und dem Werkstück und dient als Wärmequelle für den Schweißvorgang. Die Umhüllung der Elektrode bildet eine Gasglocke und dünnflüssige Schlacke, die den tropfenförmig übergehenden Zusatzwerkstoff und das Schmelzbad vor dem Zutritt der Luft schützen. Die Schlacke schwimmt auf dem Schmelzbad auf und muß nach dem Erstarren der Naht mit dem Schlackenhammer entfernt werden. Außerdem entstehen durch das Einset-

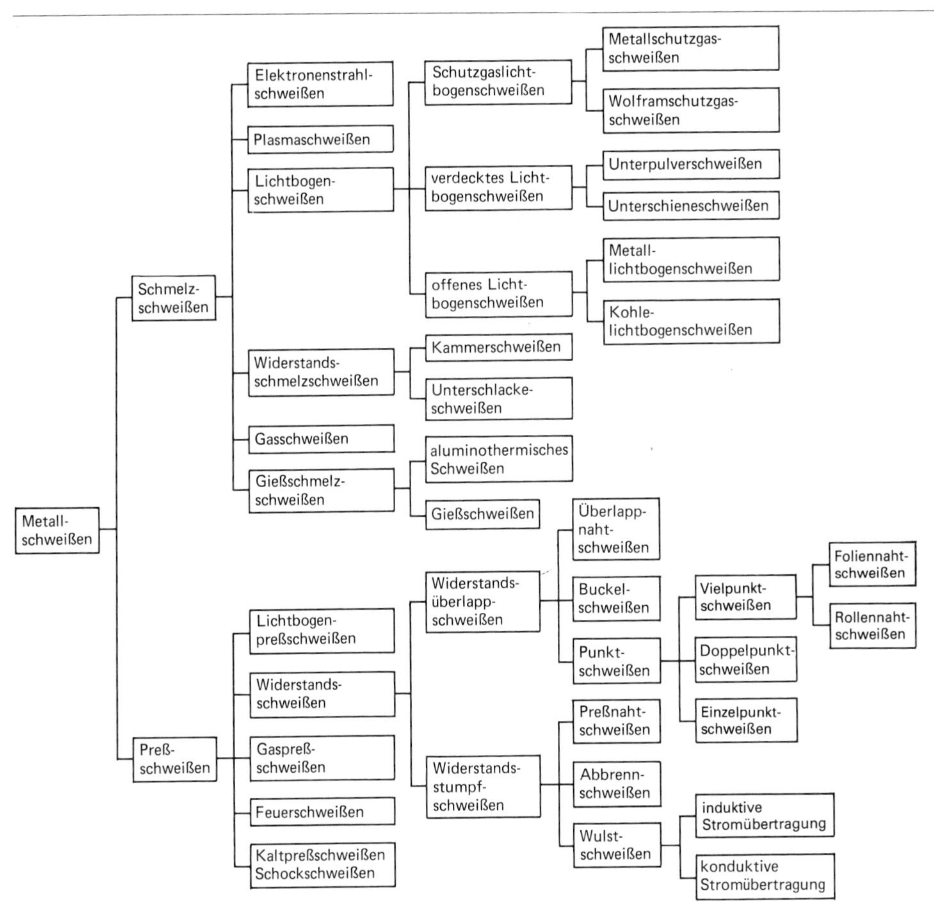

Bild 9.3–11 Einteilung der Schweißverfahren

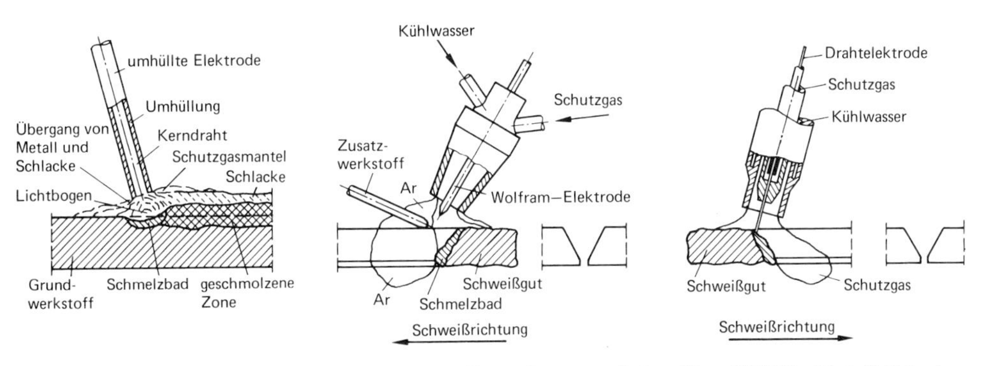

Bild 9.3–12 Elektro-Hand-Schweißen, Wolfram-Inertgas-Schweißen (WIG), Metall-Schutzgas-Schweißen (MIG bzw. MAG) (nach [21])

zen jeder neuen Elektrode in das Griffstück und Wiederansetzen der Naht weitere Nebenzeiten, so daß in der Regel nur etwa 60% der Arbeitszeit auf reine Schweißzeit („Einschaltdauer", ED) entfallen. Je Schweißer werden dabei rund 1 kg/Std. abgeschmolzen. Diese Nachteile werden dadurch ausgeglichen, daß das Verfahren nur geringe Investitionen erfordert und auch zu Montageschweißungen unter Baustellenbedingungen bestens geeignet ist.

Als Werkstattverfahren werden immer häufiger Schutzgasschweißverfahren angewandt. Bei diesem Verfahren strömt Schutzgas aus einem Düsenkranz um die Elektrode und verhindert so das Zutreten von Luft an Lichtbogen und Schweißbad. Da die Bildung von Schlacke auf dem Schmelzbad unterbleibt, entfallen auch die Nebenzeiten für das Entfernen der Schlacke von der fertigen Naht.

Beim WIG-Schweißverfahren brennt der Lichtbogen zwischen einer nichtabschmelzenden Wolfram-Elektrode und dem Werkstück (Bild 9.3–12). Der Zusatzwerkstoff wird wie beim Autogenschweißen getrennt zugeführt. Durch Verwendung eines vollkommen reaktionsunfähigen Schutzgases, meist Argon, sind Oxidationsprozesse an Werkstück und Zusatzwerkstoff ausgeschlossen. Im Stahlbau wird dieses Verfahren zum Schweißen röntgensicherer Wurzelnähte und dünner Bleche eingesetzt.

Das MIG-Schweißen zählt zu den halbautomatischen Schweißverfahren. Unter einer Schutzgasglocke aus inertem Gas brennt ein Lichtbogen zwischen einer abschmelzenden Drahtelektrode und dem Werkstück (Bild 9.3–12). Der Zusatzdraht wird im Schweißgerät abgehaspelt und durch das Schlauchpaket zum Handstück maschinell zugeführt. Drahtvorschub, Lichtbogenspannung und Schweißstrom werden dabei im Regelkreis je nach den eingestellten Kenngrößen aufeinander abgestimmt. Da der Schweißstrom erst im Handstück auf die Elektrode übertragen wird, können dünne Drähte (∅ 0,8 : 1,6 mm) mit relativ hohen Strömen verschweißt werden. Dies bringt einen intensiven Lichtbogen, der hohe Schweißgeschwindigkeiten zuläßt. Durch den kontinuierlich zugeführten Zusatzwerkstoff entfallen auch Elektrodenwechsel und Wiederzünden, so daß beliebig lange Nähte in einem Stück hergestellt werden können.

Besteht das Schutzgas vollständig oder auch zu geringen Teilen aus reaktionsfähigen Gasen, spricht man von MAG-Schweißung. Als aktives Schutzgas wird meistens das preisgünstige CO_2 verwendet. Während die inerten Gase Helium und Argon flachen Einbrand und sprühregenartigen Werkstoffübergang bewirken, erzeugt CO_2 als Schutzgas tiefen Einbrand und grobtropfigen Werkstoffübergang mit ziemlich hohen Spritzverlusten. Man verbindet die Vorteile beider Verfahren, indem man als Schutzgas eine Mischung aus ca. 82% Argon und 18% CO_2 verwendet. Man erzielt dadurch feintropfigen Werkstoffübergang mit tiefem Einbrand bei erträglichen Spritzverlusten. Die Schweißleistung bei MIG und MAG liegt bei etwa 2 bis 6 kg abgeschmolzenem Schweißgut je Stunde und Schweißer. Es wird jedoch darauf hingewiesen, daß sich die Schutzgasschweißverfahren in der Regel nicht für Baustellen- und Montageschweißungen eignen, da schon geringer Wind die Schutzgasglocke zerbläst.

Ein weiteres verbreitetes Schweißverfahren ist das automatische Unterpulver-(UP-)Schweißen (Bild 9.3–13). Vor der Schweißstelle wird eine kräftige Schicht schlackenbildendes Schweißpulver auf den Nahtbereich gestreut. Die eigentliche Schweißung erfolgt durch eine abschmelzende Drahtelektrode, die aus einer Kontaktdüse zugeführt wird und mit verdecktem Lichtbogen unter der Pulverschicht brennt. Hinter der Schweißstelle wird der überschüssige Schlackenbildner wieder abgesaugt. Durch die Anordnung von mehreren Elektroden hintereinander lassen sich besonders hohe Schweißleistungen erzielen. Das UP-Verfahren zeichnet sich durch tiefen Einbrand und sichere Wurzelerfassung aus, allerdings ist seine Anwendung auf die Positionen „Wannenlage" und „horizontal" beschränkt. Das Verfahren eignet sich zum Beispiel zum gleichzeitigen Schweißen der beiden Halsnähte auf einer Trägerseite oder, unter Einsatz von kleineren Maschinen, zum Ausführen von Stumpfstößen an dicken Blechen auf der Baustelle. Mit dem UP-Schweißverfahren lassen sich Abschmelzleistungen von bis zu 60 kg je Stunde erzielen.

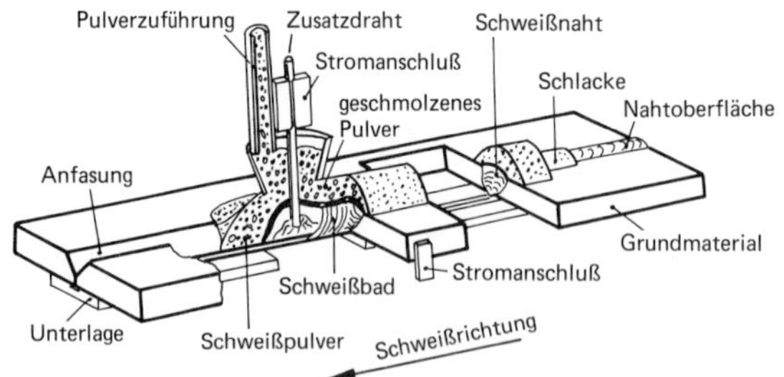

Bild 9.3–13 Unter-Pulver-Schweißen

Bei der Herstellung von Verbundbrücken werden zur Schubkraftübertragung zwischen Stahlträgern und Betonplatte Bolzen aufgeschweißt. Bolzenschweißen ist ein Sonderverfahren des elektrischen Schmelzschweißens. Der Bolzen wird mit einer Handpistole auf das Werkstück aufgesetzt und elektrisch gezündet. Nachdem Bolzenfuß und Grundwerkstoff genügend aufgeschmolzen sind, wird der Lichtbogen abgeschaltet und der Bolzen in das Schmelzbad hineingestoßen. Im manuellen Betrieb werden etwa 6 Bolzen je Minute verschweißt.

Zuletzt sei noch das Schweißen mit Fülldrahtelektrode erwähnt, das in Europa im Stahlbau noch kaum verbreitet ist. Es verbindet die Vorteile des E-Hand-Schweißens und des MAG-Schweißens. Man verschweißt mit einem MAG-Schweißgerät eine kräftige Drahtelektrode, die im Kern zusätzlich schutzgasbildende Hilfsstoffe enthält. Die Schutzgasglocke wird dadurch so stabilisiert, daß sich das Verfahren in den USA auch als Montageverfahren im Hochbau gegen das E-Hand-Schweißen durchzusetzen beginnt. Durch den Einsatz von 600-Ampere-Schweißmaschinen lassen sich entsprechend hohe Abschmelzleistungen erzielen.

9.3.5 Schweißzusatzwerkstoffe und Hilfsstoffe

Zum Auffüllen bzw. Ausgießen des erwünschten Nahtvolumens sind Schweißzusatzwerkstoffe erforderlich, die je nach Schweißverfahren stromführend oder nichtstromführend sind. Dabei bezeichnet man die stromführenden Schweißzusatzwerkstoffe als Stab- bzw. Drahtelektroden und die nichtstromführenden Schweißzusatzwerkstoffe als Schweißstäbe bzw. Schweißdrähte (Bild 9.3–14).
Als Hilfsstoffe bezeichnet man die Umhüllung der E-Hand-Elektroden, das Schweißpulver beim UP-Schweißen oder die verwendeten Schutzgase (siehe auch DIN 8571).

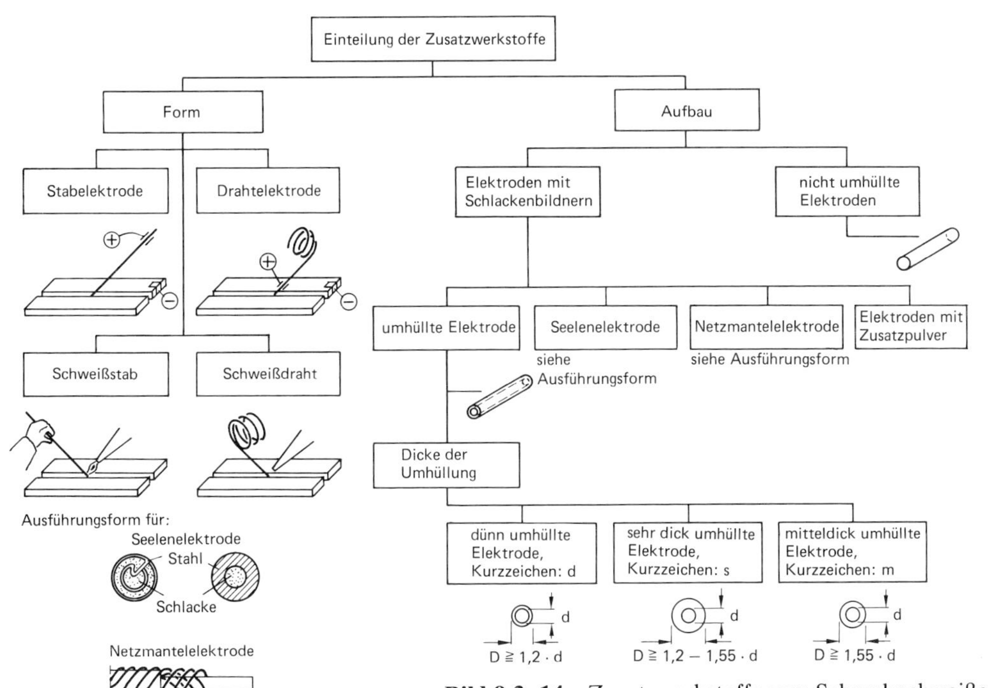

Bild 9.3–14 Zusatzwerkstoffe zum Schmelzschweißen

Stabelektroden zum E-Hand-Schweißen

Als Kerndraht werden Stähle verwendet, deren Legierung auf den zu verschweißenden Grundwerkstoff abgestimmt ist. Darüber hinaus werden besonders niedrige Anteile an den Elementen Phosphor, Stickstoff und Schwefel gefordert. Die Umhüllung enthält vor allem Gasbildner, die dafür sorgen, daß die Tropfen während des Werkstoffübergangs nicht mit Luft in Berührung kommen, und Schlackenbildner, die schädliche Elemente in der Schmelze binden und auch die erkaltende Naht vor Luftzutritt schützen. Durch entsprechende Gehalte an Eisenpulver in der Umhüllung läßt sich die Ausbringung einer Elektrode auf über 200% steigern, und durch Zugabe von Nichteisenmetallen läßt sich der Nahtbereich gezielt höherlegieren, was oft einfacher ist als die chemische Zusammensetzung des Kerndrahtes entsprechend zu verändern. Darüber hinaus gehört es zu den Aufgaben der Umhüllung, die Handhabung der Elektrode zu erleichtern. So wird durch gewisse Stoffe die elektrische Leitfähigkeit der Luft verbessert, so daß der Lichtbogen ruhig und stabil brennt. Durch die Dicke der Umhüllung läßt sich die Größe der übergehenden Tropfen beeinflussen und somit die Spaltüberbrückbarkeit und die Verschweißbarkeit in Zwangspositionen. Schließlich resultieren die mechanischen Gütewerte der fertigen Naht im wesentlichen aus den chemischen Eigenschaften des Hauptbestandteils der Elektrodenumhüllung. Man verwendet heute fast ausschließlich die folgenden vier Elektrodentypen und deren Mischformen.
Die erzsaure Elektrode enthält in der Umhüllung neben hohen Anteilen an Eisen und Mangan vor allem desoxidierendes Silizium. (Der Sauerstoff im Schweißgut wird dadurch zur Kieselsäure gebunden, die als Schlacke auf dem Schmelzbad schwimmt.) Die Schlacke ist sehr leicht entfernbar. Die heißgehende Elektrode bewirkt einen sprühregenartigen Tropfenübergang und ein dünnflüssiges Schweißgut. Die Spaltüberbrückbarkeit ist dadurch allerdings nur mäßig; deshalb läßt sich die Elektrode zum

Schweißen in Zwangspositionen nur schlecht verwenden. Vorteile ergeben sich beim Schweißen dynamisch beanspruchter Kehlnähte, da diese sich als Hohlnähte ausbilden.
Die basischen Elektroden besitzen hohe Gehalte an Kalzium und Alkalikarbonaten. Infolge ihrer kaltgehenden Schweißung ergibt sich ein großtropfiger Werkstoffübergang. Daraus resultiert die Eignung für alle Schweißpositionen bei guter Spaltüberbrückbarkeit und mitteltiefem Einbrand. Nachteilig ist die schlechte Entfernbarkeit der Schlacke sowie die unbedingt erforderliche Trocknung der Elektroden. Dabei ist wichtig, daß auch das gebundene Kristallwasser vollständig ausgetrocknet wird, da sonst mit der Bildung von Wasserstoffrissen und Poren im Schweißgut gerechnet werden muß. Genaue Angaben über Trockentemperatur und Trockendauer findet man auf den Elektrodenpackungen. Bei richtigem Gebrauch der Elektrode ergibt sich eine hervorragende Qualität des Schweißgutes. Vor allem die Zähigkeit des Schweißgutes wird von keiner Elektrode übertroffen. Wurzellagen, die mit basischen Elektroden geschweißt werden, neigen zur Porenbildung. Daher wird in der Regel die Wurzellage mit anderen Elektroden geschweißt, hernach ausgefugt und dann mit basischen Elektroden weitergeschweißt.
Die Rutilelektrode enthält neben Titandioxid Beimengungen von Quarz, Feldspat und Mangan. Sie ist gekennzeichnet durch gute Verschweißbarkeit in allen Positionen, mitteltiefen Einbrand und feinschuppige Nähte. Da sie sich leicht handhaben läßt und auch die Schlacke gut entfernbar ist, eignet sie sich bestens als Allzweckelektrode.
Zellulose-Elektroden enthalten in der Umhüllung hohe Anteile an organischen Stoffen. Der tiefe Einbrand gewährleistet eine sichere Wurzelerfassung. Der mittel- bis großtropfige Werkstoffübergang sorgt für gute Spaltüberbrückbarkeit und Verschweißbarkeit in allen Zwangspositionen. Die beim Verbrennen der organischen Bestandteile entstehende starke Rauchentwicklung ermöglicht es dem Schweißer, vor allem beim Ausführen von Fallnähten, das Schmelzbad sicher zu beherrschen. Aufgrund dieser Eigenschaften ist die Zellulose-Elektrode zur Standardelektrode im Rohrleitungsbau geworden. Nachteilig ist allerdings die Tendenz zu Wasserstoffporen im Schweißgut.

Drahtelektroden zum Schutzgasschweißen

Drahtelektroden zum Schutzgasschweißen werden in Rollen oder Haspeln geliefert. Zum Schutz gegen Korrosion während der Lagerung sind sie mit einem dünnen Kupferüberzug versehen. Um ein einwandfreies Abspulen und eine störungsfreie Zuführung zur Schweißstelle zu gewährleisten, muß der Draht vor allem eine glatte Oberfläche und gleichbleibende Dicke über die ganze Länge aufweisen. Je nach Art des gewählten Schutzgases bestimmen sich die chemischen Eigenschaften der Elektroden. Bei Verwendung der neutralen Edelgase werden an die Legierungsbestandteile des Schweißzusatzes keine besonderen Anforderungen gestellt. Beim Schweißen mit aktiven Gasen findet ein Abbrand der Legierungselemente statt. Daher muß die MAG-Elektrode diese Elemente in erhöhtem Maße enthalten. Um den im Lichtbogen entstehenden freien Sauerstoff zu binden, enthält sie außerden Silizium als Desoxidationsmittel.

9.3.6 Schweißnahtvorbereitung

Je nach gewählter Fugenform ist eine Kantenvorbereitung an den zu verschweißenden Werkstücken erforderlich. Dies kann mechanisch durch Schleifen oder Fräsen geschehen oder durch autogenes Brennschneiden.
Zum Brennschneiden ist dieselbe Ausrüstung wie zum Autogenschweißen erforderlich, nur wird statt dem Schweißbrenner ein Schneidbrenner auf das Handstück aufgeschraubt. Er besteht aus einer zentralen Düse für den Schneidsauerstoff, die von Gasgemisch-Düsen für die Heizflammen umgeben ist.
Beim Beginn des Schneidvorganges brennen nur die Heizflammen mit üblichem Brenngas-Sauerstoff-Gemisch und erwärmen das Werkstück am Schnittansatz auf Entzündungstemperatur. Dann wird das Ventil für den Schneidsauerstoff geöffnet, dieser strömt unter hohem Druck aus, verbrennt den Werkstoff und bläst die flüssige Schlacke aus der Fuge. Dieser Vorgang setzt soviel Wärme frei, daß nach dem Ansetzen zügig weitergeschnitten werden kann.
Die geschnittene Fläche weist Brennriefen auf, deren Ausbildung und Tiefe von der Werkstückdicke, der Schnittgeschwindigkeit und dem Druck des Schneidsauerstoffes abhängig ist. Die Qualität eines Brennschnittes ist außer der Riefentiefe noch durch Unebenheit, Riefennachlauf und Kantenanschmelzung charakterisiert. Die zulässigen Höchstwerte für die entsprechenden Güteklassen sind in DIN 2310 festgelegt.
Autogenes Brennschneiden ist nur bei solchen Werkstoffen möglich, deren Entzündungstemperatur unter der Schmelztemperatur liegt, und deren Wärmeleitfähigkeit nicht zu groß ist. Das ist bei allen unlegierten und niedriglegierten ferritischen Stählen der Fall.
Austenitische Stähle, Aluminium usw. können mit Plasma-Schneidgeräten in gleicher Weise bearbeitet werden. Als Schneidgas verwendet man ein Edelgas, das durch einen Lichtbogen ionisiert mit einer Temperatur um 10000 °C mit hoher Geschwindigkeit aus der Schneiddüse strömt. Das Aufschmelzen

und Ausblasen des Werkstoffes geschieht dabei so abrupt, daß selbst Werkstoffe mit hoher Wärmeleitfähigkeit (Kupfer) geschnitten werden können.
Die Führung von mehreren Brennerköpfen auf Brenn- oder Plasma-Schneidanlagen ermöglicht gleichzeitig mit dem Ausbrennen des Blechteiles eine Kantenvorbereitung (Bild 9.3–15).

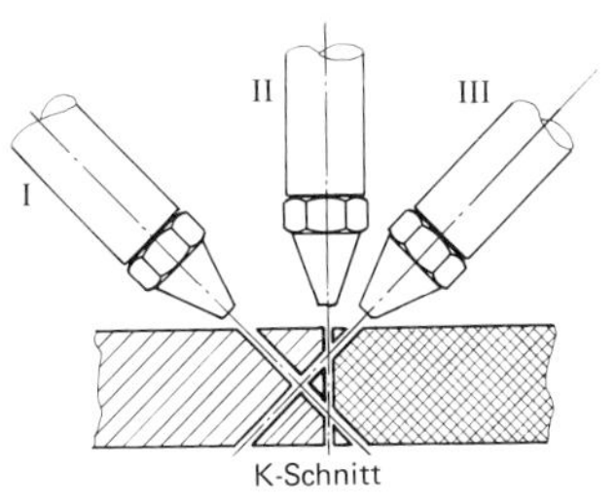

Bild 9.3–15
Brennschneiden mit Kantenvorbereitung

9.3.7 Schrumpfungen, Eigenspannungen

Metallische Werkstoffe dehnen sich bei Temperaturerhöhung um das Maß $\Delta l = l \cdot \alpha_T \cdot \Delta T$ und verkürzen sich bei Temperaturabnahme entsprechend, so daß sie bei Erreichen der Ausgangstemperatur wieder ihre ursprüngliche Größe einnehmen. Bei Stahl verändern sich mit zunehmender Temperatur auch die mechanischen Kenngrößen. Die Bruchdehnung nimmt stark zu, und Festigkeit und Fließgrenze haben bei etwa 700 °C kaum noch nennenswerte Beträge.
Wird ein Werkstück bis in diesen Temperaturbereich erwärmt, während es an entsprechender Ausdehnung gehindert wird, so entsteht infolge der stark abgefallenen Streckgrenze eine plastische Stauchung. Bei der anschließenden Abkühlung verkürzt sich das Werkstück daher auf einen Wert, der geringer ist, als seine ursprüngliche Abmessung war.
Wird das Werkstück während des Abkühlens an der Verkürzung gehindert, so kann der entsprechende Längenausgleich nur unwesentlich durch plastische Dehnungen erfolgen, da die Streckgrenze immer weiter ansteigt. Mit fallenden Temperaturen entstehen also in dem Werkstück immer größere Zugspannungen, deren Größenordnung jeweils der aktuellen Streckgrenze entspricht (Bild 9.3–16).

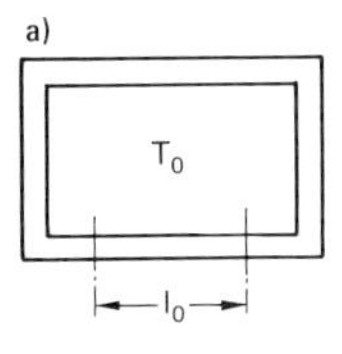

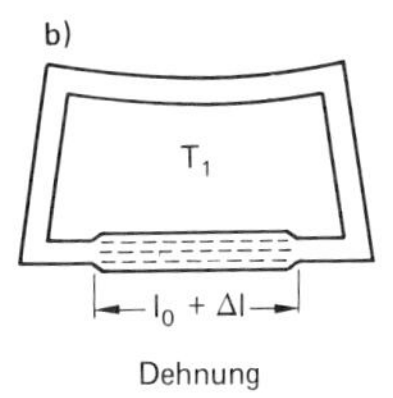

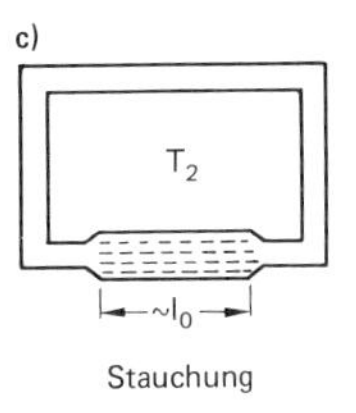

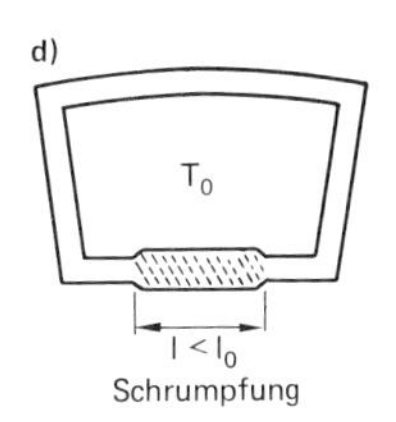

Bild 9.3–16
Entstehung
von Eigenspannungen

Denkt man nun an ein Blech, das nur an einer örtlich begrenzten Stelle stark erwärmt wird, so erkennt man, daß sowohl das Ausdehnen dieses Wärmepunktes als auch dessen Zusammenziehen beim nachfolgenden Abkühlen durch den umgebenden kalten Werkstoff stark behindert ist. Daraus leitet man ab, daß grundsätzlich im Bereich jeder Schweißstelle Zugeigenspannungen im Werkstück vorhanden sein müssen. Da dieser Eigenspannungszustand in der Regel mehraxial ist, tritt hier zusätzlich noch die Gefahr der Spannungsversprödung auf. Schweißgeeignete Werkstoffe müssen also besonders duktil sein, um auch diese mehraxialen Spannungszustände, zu denen sich ja noch die Betriebsspannungen überlagern, abbauen zu können (Bild 9.3–12).

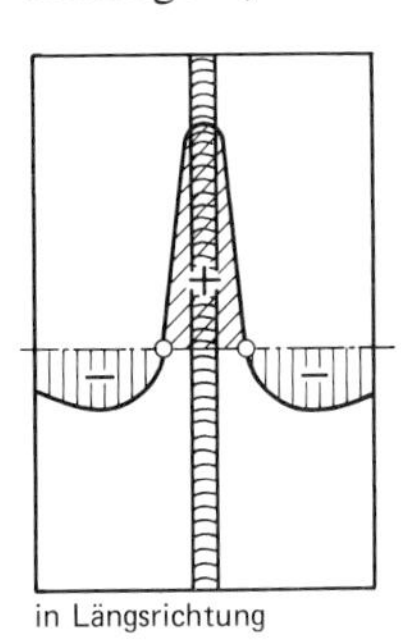

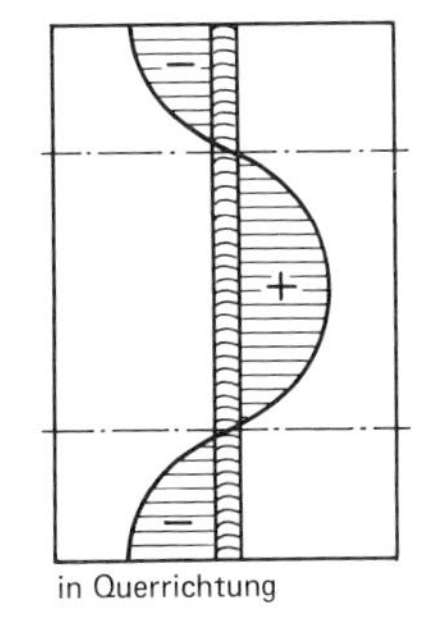

Bild 9.3–17
Eigenspannungen im stumpf-gestoßenen Blech

Während die Längsschrumpfungen der Naht bei stumpf gestoßenen Blechen überwiegend Eigenspannungen erzeugen, führen die Querschrumpfungen der Wärmeeinflußzone zu merklichen Verformungen des Bauteils. Dabei beträgt das Schrumpfmaß quer zur Naht in der Regel mehr als 10% der Blechstärke [22] (siehe hierzu auch [23]).
Neben der Querschrumpfung tritt dabei noch ein weiterer Verformungstypus auf, der Winkelverzug, der volkstümlich oft als „Winkelschrumpfung“ bezeichnet wird. Er entsteht, wenn die Wärmeeinbringung nicht symmetrisch zu den neutralen Fasern der beiden Teile erfolgt ist und bewirkt während des Erkaltens der Naht eine Winkelveränderung zwischen den verschweißten Blechen. Dies ist selbst schon beim Schweißen einer V-Naht in einer Lage der Fall und führt je nach Schweißverfahren zu einem Winkelverzug von bis zu einem Grad. Besonders beim Mehrlagenschweißen von Stumpfnähten, wo mit jeder neuen Lage weitere Schrumpfenergie exzentrisch zum Nahtquerschnitt eingebracht wird, kann der entstandene Winkelverzug bei dicken Blechen mit entsprechend hohen Lagenzahlen schließlich 10° und mehr betragen.
Beim Schweißen von Kehlnähten entstehen naturgemäß immer exzentrische Schrumpfungen, allerdings sind hier die Auswirkungen stark abhängig von der Nahtstärke. Bei kleinem a-Maß sind die Schrumpfkräfte nicht groß genug, um wesentlichen Winkelverzug oder Querschrumpfung hervorzurufen. Bei großem a-Maß werden durch die hohe Wärmeeinbringung die Bleche recht gleichmäßig durchwärmt, so daß zwar mit hohen Querschrumpfungen gerechnet werden muß, aber wiederum nur mit kleinem Winkelverzug. Bei mittleren Nahtstärken muß also mit den größten Verzugswinkeln gerechnet werden.
Ist ein Bauteil nach den daran ausgeführten Schweißarbeiten verzogen, so kann es durch Pressen o. ä. kalt oder mit der Autogenflamme warm gerichtet werden. Beim Kaltrichten wird das Werkstück durch äußere Einwirkung örtlich über die Fließgrenze verformt, wodurch unter Umständen Zähigkeit und Verformbarkeit im späteren Betrieb ungünstig beeinflußt werden. Das Richten mit der Autogenflamme besteht praktisch in gezieltem „Gegenschrumpfen“, d.h. es werden durch örtliches Erwärmen Schrumpfungen erzeugt, die den durch die Schweißarbeiten entstandenen Verzug wieder ausgleichen. Der Eigenspannungszustand der Konstruktion wird aber auch dadurch beträchtlich erhöht. Man sollte daher grundsätzlich nicht mehr als unbedingt erforderlich richten. Es ist meistens günstiger, durch Vorverformungen mit Hilfe von Pressen oder Spreizhölzern den beim Schweißen entstehenden Verzug auszugleichen. In vielen Fällen kann auch durch eine entsprechende Schweißfolge ein Verziehen des Bauteils weitgehend verhindert werden. So bildet man den Stumpfstoß eines dicken Bleches vorteilhaft als X-Naht aus, wobei abwechselnd von jeder Seite eine Lage geschweißt wird. Bei Behälterböden werden zuerst die Quernähte, dann die Längsnähte geschweißt. Dabei arbeitet man von innen nach außen, damit die freien Teile heranschrumpfen können.

9.3.8 Wärmebehandlung

Kühlt man einen kohlenstoffreichen Stahl schnell ab, so findet an der GOS-Linie keine Umwandlung von Austenit in Ferrit statt. Der kubisch-flächenzentrierte Austenit bleibt bis zu einer Temperatur von ca. 400 °C erhalten, dann wandelt er sich plötzlich in Martensit um.

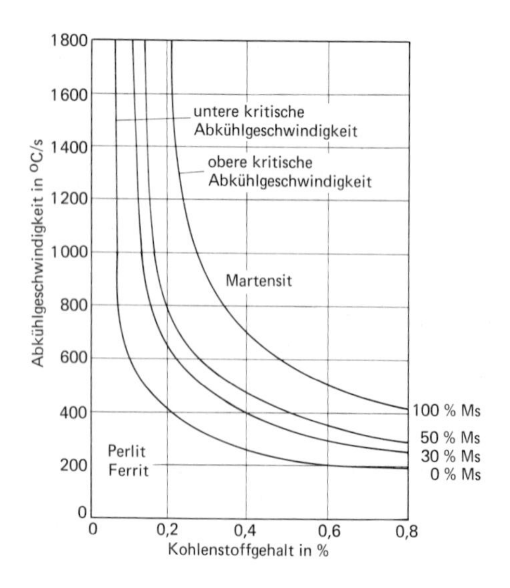

Bild 9.3–18
Anteil des Martensitgehalts in Abhängigkeit von Abkühlgeschwindigkeit und Kohlenstoffgehalt (aus [25])

Mit der Zeitspanne, in der der Werkstoff von 800 °C auf 500 °C abkühlt, definiert man die Abkühlungsgeschwindigkeit: Bei der oberen kritischen Abkühlungsgeschwindigkeit entstehen 100% Martensit, bei der unteren kritischen Abkühlgeschwindigkeit entsteht 1% Martensit (Bild 9.3–18).
Beim Schweißen wird die Nahtflanke aufgeschmolzen, danach wird die Wärme vom benachbarten, kalten Material sehr schnell abgeführt. Beispiel: Bei einem Stumpfstoß zweier 10–12 mm starken Bleche, mit einer ∅4-Elektrode in Wannenlage geschweißt, beträgt die Abkühlgeschwindigkeit ca. 600 °C/s. Der Anteil des entstehenden Martenits kann – in Abhängigkeit vom Kohlenstoffgehalt – aus dem folgenden Diagramm entnommen werden.
Da Martensit sehr spröde und kaum duktil ist, treten bei ca. 50% Martensit-Anteil im Nahtbereich schon während des Abkühlens aufgrund der Schrumpfspannungen Risse auf. Bei Kohlenstoffstählen sollte ein Anteil von 30% Martensit nicht überschritten werden.
Durch gezieltes Vorwärmen des Grundwerkstoffes kann man die Abkühlgeschwindigkeit verringern, so daß sich der Martensit-Anteil auf ein gewünschtes Maß begrenzen läßt. Die erforderliche Vorwärmtemperatur hängt von der Materialstärke, der beim Schweißen eingebrachten Wärmemenge und dem Kohlenstoffgehalt ab.
Der Schweißnahtquerschnitt, der ja durch glutflüssig eingebrachtes Material „ausgegossen“ wurde, zeigt nach dem Erkalten der Naht eine sehr grobe Gußnadel-Struktur (Widmannstättensches Gefüge). Werkstoff mit solch grober Kornausbildung hat sehr schlechte Kerbschlag- und Zähigkeitseigenschaften. Hier kann man durch entsprechende Wärmebehandlung eine Gefügeverbesserung erzielen. Man erwärmt den Nahtbereich etwa 50 °C über die GOS-Linie, hält diese Temperatur 2 min/mm-Wandstärke – mindestens aber 30 min –, und kühlt an ruhender Luft wieder ab. Dadurch werden bisher inaktive Kornkeime aktiviert, so daß eine Kornum- und Kornneubildung stattfindet, und das Gefüge nach der Behandlung im „normalen“ feinkörnigen Zustand des Grundwerkstoffes vorliegt.
Wie bereits im Abschnitt „Eigenspannungen“ erwähnt, herrschen in nahezu jeder Schweißnaht hohe Zugeigenspannungen. Diese bergen besonders bei dickwandigen Bauteilen die Gefahr der mehraxialen Spannungsversprödung und sind bei dynamisch beanspruchten Bauteilen kritisch als Rißauslöser. Die Eigenspannungen lassen sich durch Spannungsarmglühen wesentlich verringern. Man erwärmt das Bauteil oder den Nahtbereich auf 600–650 °C, hält diese Temperatur 2 min/mm Wandstärke, mindestens jedoch eine halbe Stunde. Bei dieser Temperatur ist die Streckgrenze des Werkstoffs so weit abgesunken, daß fast alle Spannungen durch plastische Verformungen abgebaut werden.
Eine weitere Möglichkeit zum Abbau von Eigenspannungen bietet das Niedrig-Temperatur-Entspannen, das vor allem im Großbehälter- und Tankbau angewendet wird. Man erwärmt dabei mit Flammrechen streifenförmig die Nachbarbereiche der Naht auf ca. 200 °C, und schreckt anschließend mit einer Wasserbrause ab. Dadurch werden in der Naht plastische Verformungen erzwungen, die das Eigenspannungsniveau herabsetzen.
Bei Mehrlagenschweißungen hat man schon während des Schweißvorganges die Möglichkeit der Gefügeverbesserung. Beim Schweißen jeder neuen Lage bringt man soviel Wärme ein, daß die darunter liegende Lage normalisiert wird. Voraussetzung dafür ist, daß die zuerst geschweißte Lage bereits auf die erforderliche Zwischenlagentemperatur abgekühlt ist (ca. 180 °C).
Überschweißt man zu früh, so wird die untere Lage so stark aufgeheizt, daß genau der gegenteilige Effekt erreicht wird, der Werkstoff kommt in den Temperaturbereich der Grobkornbildung. Die richtige Zwischenlagertemperatur wird mit Tastthermometern bestimmt, oder, noch einfacher, mit Thermostiften, die bei Überschreiten bestimmter Temperaturgrenzen einen Farbumschlag zeigen.

9.3.9 Schweißplan

Der Schweißplan gehört nach DIN 1000 zusammen mit der Festigkeitsberechnung und den Ausführungsunterlagen zu den bautechnischen Unterlagen, die vorliegen müssen, ehe mit den Ausführungsarbeiten von Stahlbauten begonnen werden darf. Der Schweißplan wird von einem Schweißfachingenieur erstellt und enthält alle prüffähigen Angaben, die zur sachgemäßen Ausführung der Schweißverbindungen erforderlich sind.
Die wichtigsten Bestandteile des Schweißplans sind in DIN 4119 aufgeführt. Im folgenden sind alle Angaben genannt, die ein Schweißplan enthalten sollte: Normbezeichnung des schweißgeeigneten Grundwerkstoffs, des Schweißverfahrens (möglichst mit Schweißparametern), der Zusatzwerkstoffe und Hilfsstoffe mit den entsprechenden Zulassungen; genaue Bezeichnung der Fugenform, des Fugenöffnungswinkels, der Stegtiefe und der Spaltbreite, evtl. auch der verwendeten Schweißunterlagen; Wetterschutz der Schweißstelle, Nahtvorbereitung, d.h. Entfernen oder Überschweißen einer Fertigungsbeschichtung; Schweißposition, Schweißfolge und erforderliche Qualifikation der eingesetzten Schweißer. Vorwärmtemperatur, Zwischenlagentemperatur und Art der Wärmenachbehandlung. Schließlich ist noch der Prüfumfang für die Nähte und den Grundwerkstoff in der Wärmeeinflußzone festzulegen.

Literatur

1. Mang, F.: Ermittlung des Tragverhaltens von Hohlprofilen mit fehlerbehafteten Stumpfnähten. Forschungsprogramm des Landes Nordrhein-Westfalen, Zeichen BV – 72.02 – Nr. 75/76 (unveröffentlicht).
2. Feder, D.: Einfluß der Nahtdicke auf die Statische Festigkeit von Flankenkehlnähten. Schweißen und Schneiden 19 (1967) Heft 7.
3. Valtinat, G.: Die Untersuchung von Schweißverbindungen mittels der Analogie der elastisch-randgelagerten Scheibe. Dissertation Karlsruhe (1966).
4. Klöppel, K., Petri, R.: Versuche zur Ermittlung der Tragfähigkeit von Kehlnähten. Der Stahlbau 1 (1966).
5. Bornscheuer, F. W., Feder, D.: Traglastversuche an Laschenverbindungen aus St 37 mit Flanken- und Stirnkehlnähten. Schweißen und Schneiden 18 (1966) Heft 7.
6. Steinhardt, O., Valtinat, G.: Modelluntersuchungen zur Bestimmung der Schweißnahtspannungen in der Schwimmeranschlußkonstruktion beim „Schiffshebewerk Henrichenburg". Der Bauingenieur 38 (1963) Heft 5.
7. Steinhardt, O.: Über die Konstruktiven Funktionen der Schweißnaht im Metallbau. Schweißen und Schneiden 17 (1965) Heft 1.
8. Steinhardt, O.: Einige Untersuchungen zur wirklichkeitsnahen Berechnung und Bemessung von geschweißten Metallkonstruktionen. Technische Mitteilungen Januar 1968 Heft 1.
9. Haibach, E.: Schwingfestigkeitsverhalten von Schweißverbindungen. VDI-Berichte Nr. 268 (1976).
10. Haibach, E., Olivier, R.: Systematische Schwingfestigkeitsuntersuchungen an hochfesten Feinkornbaustählen in geschweißtem Zustand. Der Maschinenschaden 48 (1975) Heft 3.
11. Hirth, M. A.: Neue Erkenntnisse auf dem Gebiet der Ermüdung und deren Berücksichtigung bei der Bemessung von Eisenbahnbrücken. Bauingenieur 52 (1977).
12. Beckert, M., Neumann, A.: Grundlagen der Schweißtechnik, Gestaltung. Berlin: VEB Verlag 1971.
13. Sahmel, P., Veit, H. J.: Grundlagen der Gestaltung geschweißter Stahlkonstruktionen. Düsseldorf: Deutscher Verlag für Schweißtechnik 1976.
14. Erker, A., Hermsen, H. W., Stoll, A.: Gestaltung und Berechnung von Schweißkonstruktionen. Düsseldorf: Deutscher Verlag für Schweißtechnik 1971.
15. Stüssi, F.: Grundlagen des Stahlbaues. Berlin, Göttingen, Heidelberg: Springer 1958.
16. Einführungserlaß zu DIN 4100, DIN 4100 Beibl. 1, DIN 4100 Beibl. 2 – Geschweißte Stahlbauten mit vorwiegend ruhender Belastung; Berechnung und bauliche Durchbildung – (Ausgabe Dezember 1968) Mitteilungen des Institutes für Bautechnik 3 (1974).
17. Aurnhammer, Müller: Erläuterungen zur DIN 4100. Düsseldorf: Deutscher Verlag für Schweißtechnik
18. Bornscheuer, F. W.: Die Vergleichsspannung bei der Bemessung statisch beanspruchter Kehlnähte. Schweißen und Schneiden 18 (1966) Heft 8
19. Steinhardt, O., Valtinat, G.: Kritische Überlegungen zu vereinfachten Formeln für die Halskehlnahtberechnung bei geschweißten Vollwandträgern. Schweißen und Schneiden 22 (1970) Heft 3.
20. Stier, W.: Gedanken zur Entwicklung der neuen Vorschrift für Eisenbahnbrücken und sonstige Ingenieurbauwerke (DS 804) der Deutschen Bundesbahn. Der Stahlbau 8 (1981).
21. Sahling, B., Latzin, K., Reimers, K.: Die Schweißtechnik des Bauingenieurs. Düsseldorf: Deutscher Verlag für Schweißtechnik 1966.
22. Malisius, R.: Schrumpfungen, Spannungen und Risse beim Schweißen. Düsseldorf: Deutscher Verlag für Schweißtechnik 1977.
23. Schönbach, W.: Zur Ermittlung der Eigenspannungen in stab- und scheibenartigen Bauteilen infolge von Quernähten und punktförmigen Eigenspannungsquellen. Der Stahlbau 12 (1962).
24. Tschentke, G., Killing, R.: Thermische Vorgänge im Übergangsgebiet beim Lichtbogenschweißen von Baustählen. Schweißen und Schneiden 15 (1963) Heft 7.

9.4 Sonderverbindungen

G. Sedlacek/H. Stoverink

9.4.1 Herkömmliche Stahlbauverbindungen

Herkömmliche nicht geschweißte Stahlbauverbindungen sind *Schraubenverbindungen* entsprechend Abschnitt 9.2 mit Gewindedurchmesser bis M36.

Der *Werkstattaufwand* für *Scherverbindungen* kann bei gesteuerten Bohranlagen gering und die Toleranzen können *klein* gehalten werden (praktisch Paßschraubentoleranzen). Bei wechselnder Beanspruchung ist für Scherverbindungen besonders der Verbindungstyp B (SL oder SLP-Verbindung) empfehlenswert, wobei die Schrauben zwecks Muttersicherung vorgespannt werden.

Zugverbindungen erfolgen in der Regel mit Kopfplatten, wobei der *Werkstattaufwand* wegen des Schweißzusammenbaus *größer* ist. Empfehlenswert ist der Typ F mit Vorspannung der Schrauben, wobei bei dynamischer Beanspruchung darauf geachtet werden muß, daß die Vorspannung nicht zum Zusammendrücken der Flächen um die Schraubenlöcher herum, sondern zum Überbrücken und Kontaktfugen auf dem kürzesten Weg des Trägerstoßes verwendet wird. Schweißverzug kann daher günstig sein.

Die *Montagekosten* von Verbindungen rühren in erster Linie von der *Haltezeit der Bauteile am Kran* her. Daher die Notwendigkeit von *Montagehilfen* für die Funktionen „Absetzen der Bauteile", „Ausrichten" und „Befestigen" und das Bestreben, *die Anzahl der Schrauben und Stoßzusatzteile* zu minimieren, indem auf biegesteife Anschlüsse zugunsten quersteifer Anschlüsse verzichtet wird oder kontaktübertragende Elemente in Anspruch genommen werden.

Für den herkömmlichen Stahlbau sind in Bild 9.4–1 Beispiele angegeben.

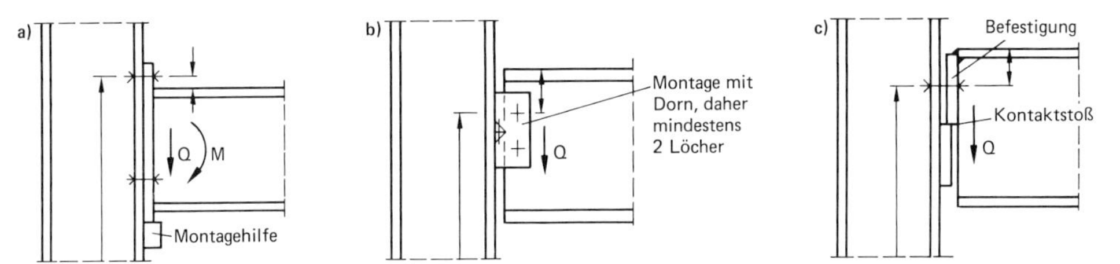

Bild 9.4–1 Beispiele für biegesteife und quersteife Riegelanschlüsse an Stützen; a) Biegesteifer Riegelanschluß, b) und c) Quersteifer Riegelanschluß

9.4.2 Beispiele für besondere Schraubenverbindungen

Um im Brückengerätebau die Schrauben ohne Schädigung der Gewinde als Montagedorn verwenden zu können ist der Schaftdurchmesser größer als der Gewindedurchmesser und der Schaft schräg angezogen. Unterschiedliche Klemmlängen werden durch Hutmuttern aufgefangen. Zur Reduktion der Schraubenanzahl ist der Schraubendurchmesser 42 mm, Bild 9.4–2.

Dieser Schraubentyp eignet sich für Scherverbindungen, weniger für Zugverbindungen, da er auf wechselnde Winkeländerungen zwischen den Kontaktflächen zu Bolzenkopf und Hutmutter empfindlich reagiert (kritisch Gewindeansatz, deshalb evtl. an Mutterseite elastische Scheiben).

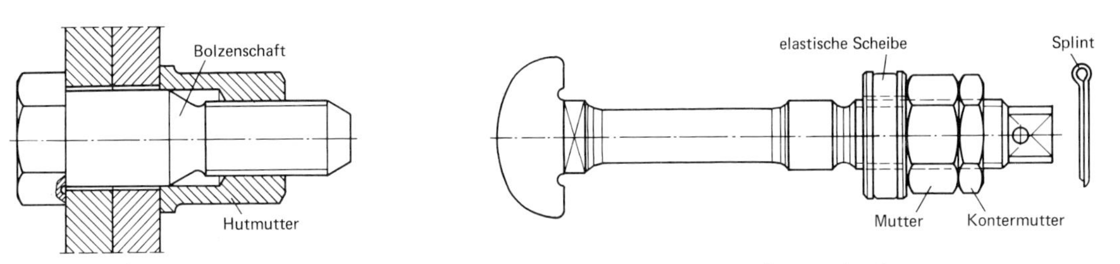

Bild 9.4–2 (links) Spezialschraube, die auch als Montagedorn verwendet werden kann

Bild 9.4–3 (rechts) Spezialschraube für Zugverbindungen mit größerer Dehnfähigkeit und geringerer Empfindlichkeit gegen gegenseitiger Verdrehung der Kontaktflächen

Für wechselnde Zugbeanspruchungen geeigneter ist ein langer biegeweicher Schraubenschaft, z. B. für Hammerkopfschrauben nach Bild 9.4–3. Besondere Verbindungen mit Schrauben sind zug- und druckfeste Stabverbindungen für Raumfachwerke nach dem System Mero oder Rüter, Bild 9.4–4 und 9.4–5, die aufgrund der Einbaubedingung aus in Stabachse bewegbaren Schrauben bestehen, die an jedem Stabende in Knotenelemente mit Gewindelöchern eingezogen werden.

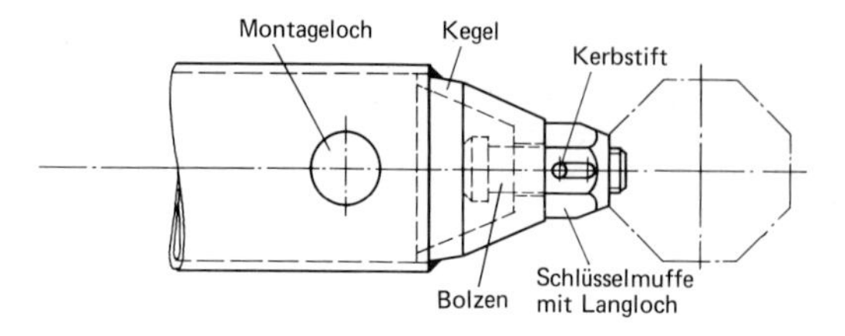

Bild 9.4–4 Ausbildung eines Meroknotens

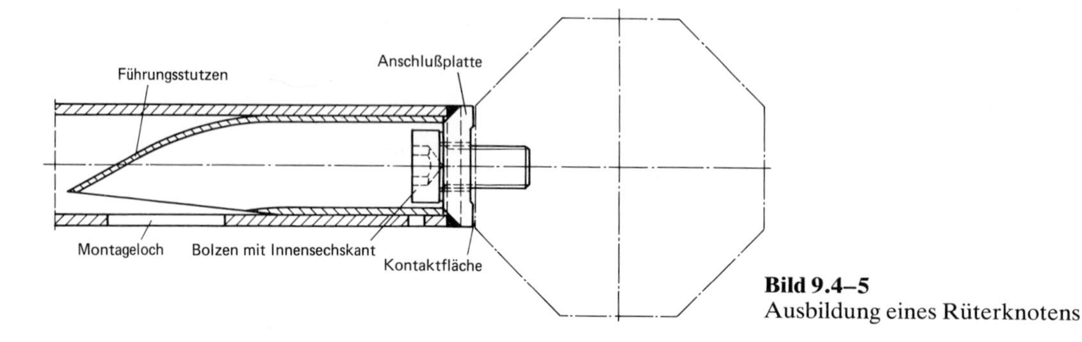

Bild 9.4–5
Ausbildung eines Rüterknotens

9.4.3 Bolzenverbindungen

Für Scherverbindungen mit größeren Lochdurchmessern, für gelenkige Verbindungen (Scharnierkuppelungen) oder temporäre Verbindungen, die schnell auf und abgebaut werden müssen, eignen sich Bolzen, die nicht mit Muttern, sondern andere Sicherungsmaßnahmen wie aufgeschraubte Deckel (z. B. bei Pendellagern) Zapfen, Splinte, Keile, Exzenter oder bajonettartige oder fallenartige Griffverriegelungen oder Endverriegelungen (z. B. bei Brückengeräten) in ihrer Lage gesichert werden müssen, Bild 9.4–6.

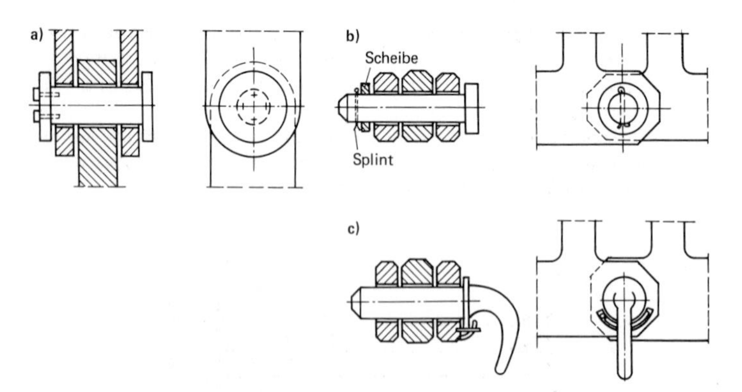

Bild 9.4–6 Bolzenverbindungen und Verriegelungen; a) Deckelverriegelung, b) Splintverriegelung, c) Griffverriegelung mit Sicherung

Montagebedingt sind Bolzen mit größerem Spiel einzubauen, was Durchbiegungen vergrößert und bei dynamischen Beanspruchungen zu Verschleiß führen kann. Aus Korrosionsgründen (Reibrost) sind Bolzen zu fetten und zu warten.

9.4.4 Weitere Verbindungsprinzipien

Fugensymetrische Verbindungen für Zugkräfte (Druckkräfte auf Kontakt) und Biegemomente sind „Doppelbolzen" nach Bild 9.4–7 oder für Zugkräfte und Querkräfte die „Schweineschwänzchen" nach Bild 9.4–8. Nicht fugensymmetrische Verbindungen sind die „Schwalbenschwanzverbindung" für Zug und Druck nach Bild 9.4–9, die „Zahnverbindung" für Querkräfte (anstelle einer Verzahnung auch feststehender Bolzen mit Loch möglich) nach Bild 9.4–10, die „Hakenverbindung" für Zug, Druck, Querkräfte und einsinnige Biegemomente (Rotationsverbindung) nach Bild 9.4–11 oder die „Schrägbolzenverbindung" für Druck, Zug und einsinnige Querkräfte nach Bild 9.4–12.

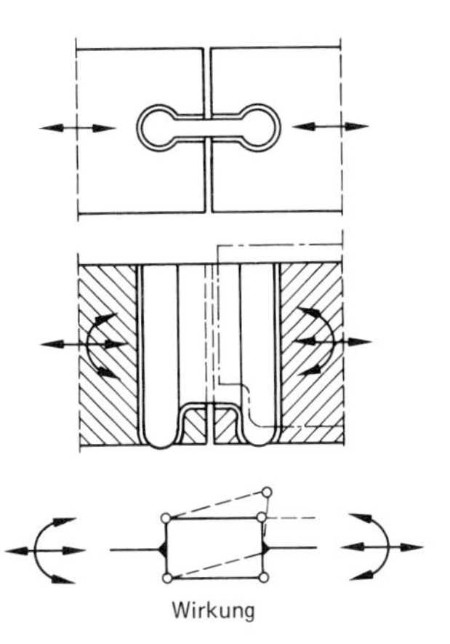

Bild 9.4–7
Doppelbolzen-Verbindung

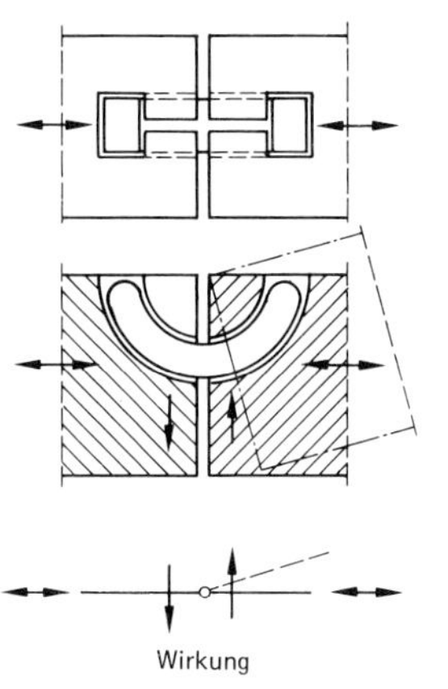

Bild 9.4–8
Schweineschwänzchen-Verbindung

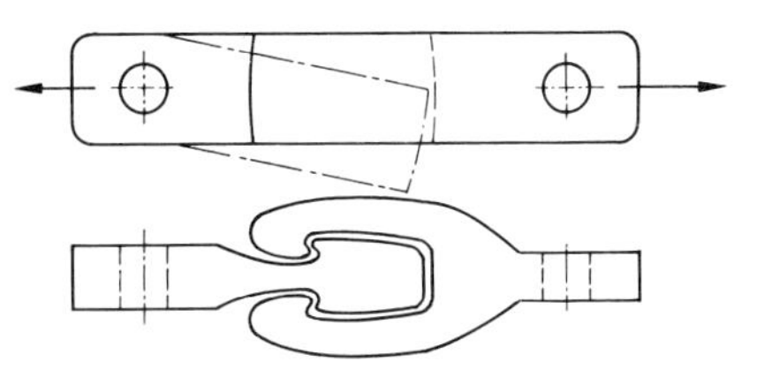

Bild 9.4–9
Schwalbenschwänzchen-Verbindung

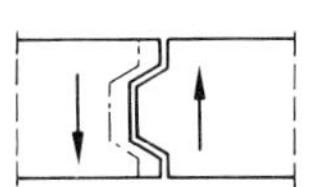

Bild 9.4–10
Verzahnung als Querkraftverbindung

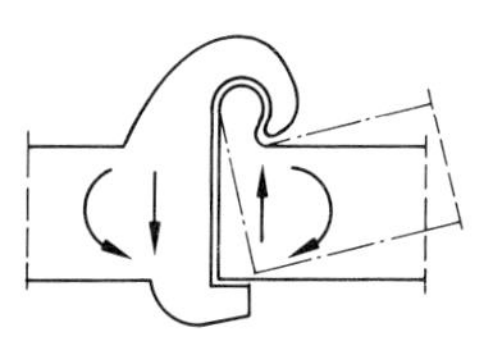

Bild 9.4–11
Rotationshakenverbindung für Querkräfte und einsinnige Biegemomente

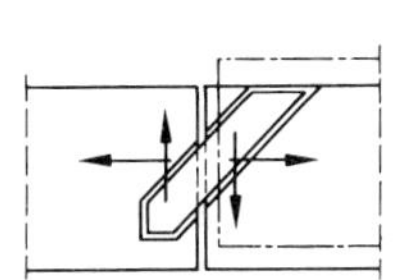

Bild 9.4–12
Schrägbolzenverbindung für einsinnige Querkräfte

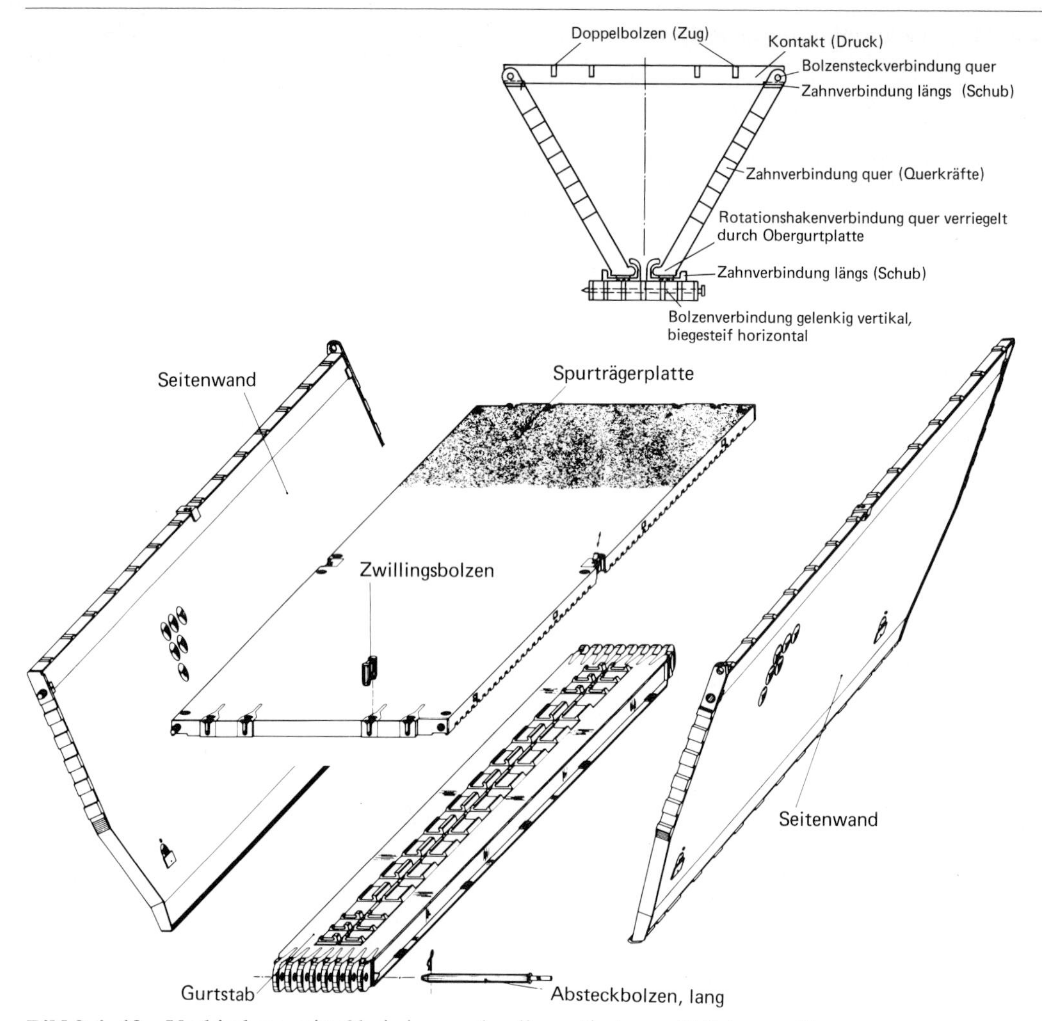

Bild 9.4–13 Verbindungsmittel bei einem schnell montierbaren Brückengerät

Bild 9.4–13 zeigt eine schnellmontierbare Brückenkonstruktion, bei der verschiedene Verbindungselemente kombiniert eingesetzt sind.
Ein weiteres wichtiges Verbindungsprinzip, geeignet für Druck und Querkraft, bei entsprechender Länge auch für Biegemomente ist die „Steckverbindung" auch als „Köcherverbindung" ausgeführt, Bilder 9.4–14, 9.4–15 und 9.4–16.
Das Ausrichten und Befestigen kann mit Keilen erfolgen; der Schlösseraufwand kann durch Betonieren reduziert werden.

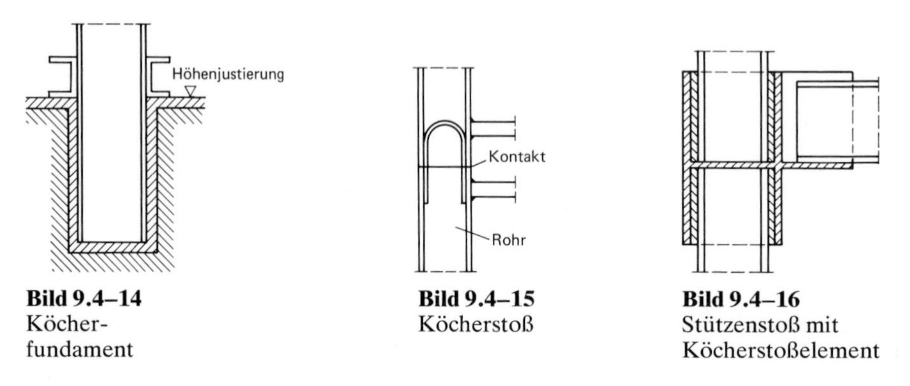

Bild 9.4–14 Köcher-fundament

Bild 9.4–15 Köcherstoß

Bild 9.4–16 Stützenstoß mit Köcherstoßelement

Die vorstehenden Verbindungsprinzipien finden sich in ähnlicher Form und z.T. kombiniert bei einer Reihe von Steck- und Klemmverbindungen wieder, die im Hinblick auf folgende Eigenschaften entwikkelt wurden:

1. weniger Handgriffe für Montage,
2. leicht und rasch durchschaubar,
3. wenige und nicht verlierbar angeordnete Verbindungselemente,
4. möglichst wenig Werkzeug (z.B. Hammer),
5. mit der Verbindung werden Bauteile automatisch zueinander justiert,
6. Arbeitskräfte arbeiten möglichst unabhängig voneinander.

Als Beispiele werden einige Einhakverbindungen, Keilverbindungen und Klemmverbindungen aus verschiedenen Anwendungsbereichen dargestellt.

9.4.5 Beispiele für Einhakverbindungen

Die Einhakverbindung wird vorzugsweise dort eingesetzt, wo die Belastung eindeutig gerichtet ist. Belastungs- und Einhakrichtung stimmen überein. Die Einhaköffnung kann als Bügel, Schlitz oder Schlüssellochbohrung gestaltet sein. In Kombination mit dem Haken wird das Verbindungsspiel ausgeschaltet.

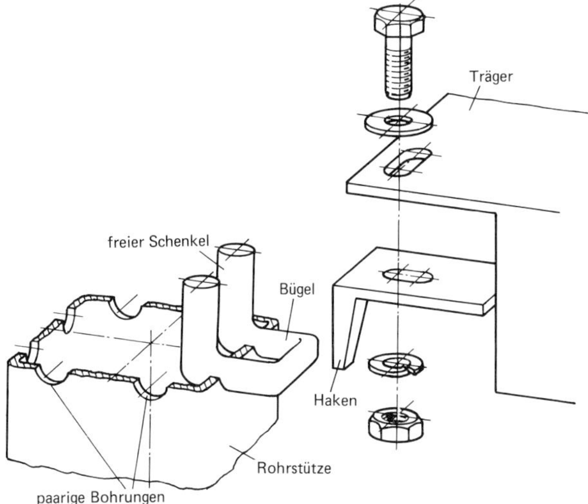

Bild 9.4–17
Steckverbindung mit Haken und Auflager

Bei der Konstruktion nach Bild 9.4–17 wird der Bügel zunächst waagerecht in die paarige Bohrung der Vierkanthohlprofilstütze eingesteckt und anschließend nach unten geklappt. Der keilförmige Haken greift hinter den Bügel und zieht selbsttätig die Verbindung fest.

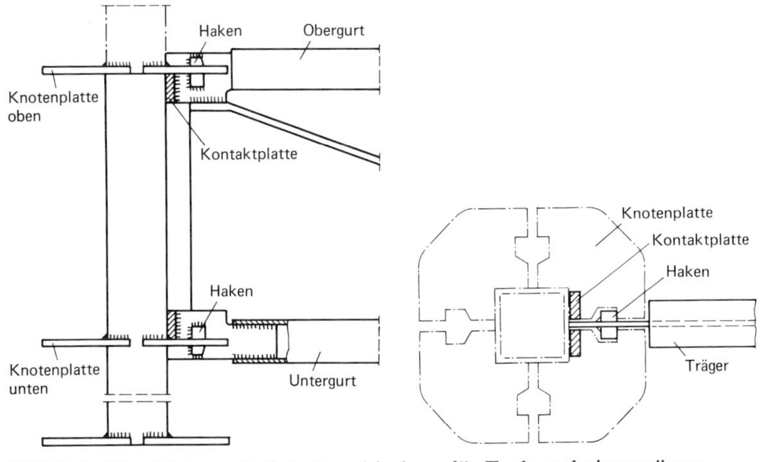

Bild 9.4–18 Lösbare Keilsteckverbindung für Fachwerkgitterträger

Bei dem Anschluß nach Bild 9.4–18 greift ein Haken in die Schlitzaufweitung der Knotenplatte und leitet so die Zugkraft ein. Die Quer- und Druckkraft wird durch die direkt in der Kehle, Knotenplatte/Vierkantprofil, anliegende Kontaktplatte übertragen. Durch die Anordnung einer zweiten Verbindungsebene wird ein Moment als Kräftepaar eingeleitet.

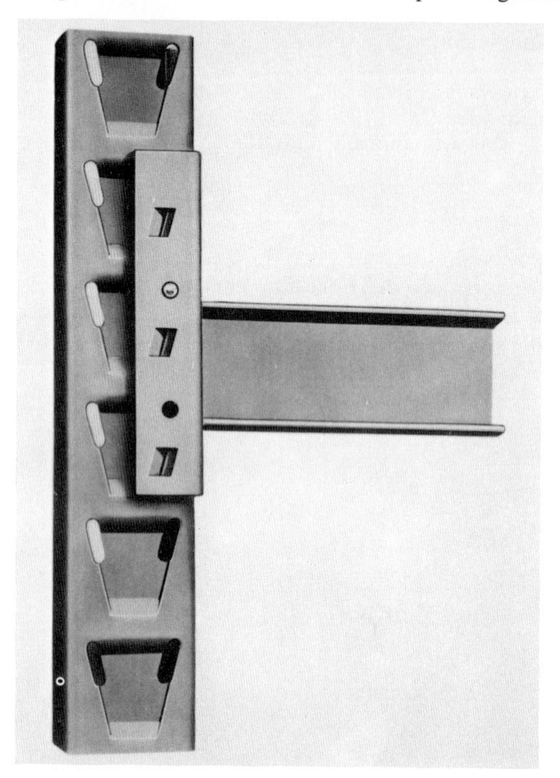

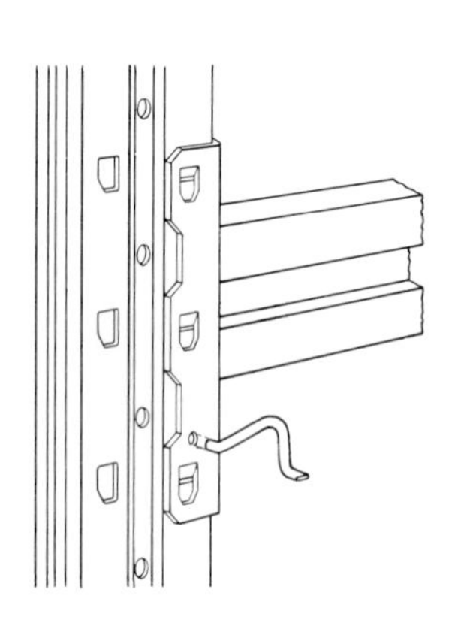

Bild 9.4–19
Hakenlaschenverbindungen der Regaltechnik

Die unter Verwendung der Stanz- und Umformtechnik gefertigten Regalsysteme nach Bild 9.4–19 sind mit Haken und sich konisch verengenden Öffnungen versehen. Durch Anordnung von Mehrfachhaken wird eine Drehsteifigkeit erzielt, die eine Stabilisierung des Regals in Längsrichtung bewirkt.

9.4.6 Beispiele für Keilverbindungen

Keilverbindungen bestehen aus einem Verbindungselement mit Keilen. Die häufigste Keilverbindung ist der Bolzen mit Langloch und Keil, wobei der Hammer das universelle Werkzeug ist.

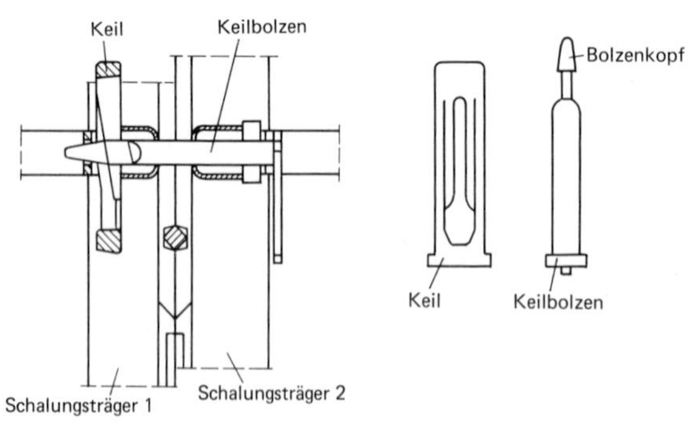

Bild 9.4–20 Steckbolzenverbindung mit Keilsicherung

Die Keilverbindung nach Bild 9.4–20 hat die Aufgabe zwei Schalungsträger gegeneinander zu fixieren. Der Keilbolzen legt die Elemente in ihrer Lage fest. Beim Schlagen des Keils greifen die Flanken der Schlüssellochöffnungen hinter den Bolzenkopf und ziehen den Bolzen fest.

In Bild 9.4–21 sind die oberen Enden der Vertikalstiele mit einem mittig geschlitzten Zapfen versehen. Die Muffe des aufzustockenden Stützenabschnittes wird über den Zapfen gesteckt und sitzt auf dem Teller auf. Der Keil wird durch den hinterschnittenen Schlitz des Zapfens geschlagen und stellt die Zugkraftübertragung sicher.

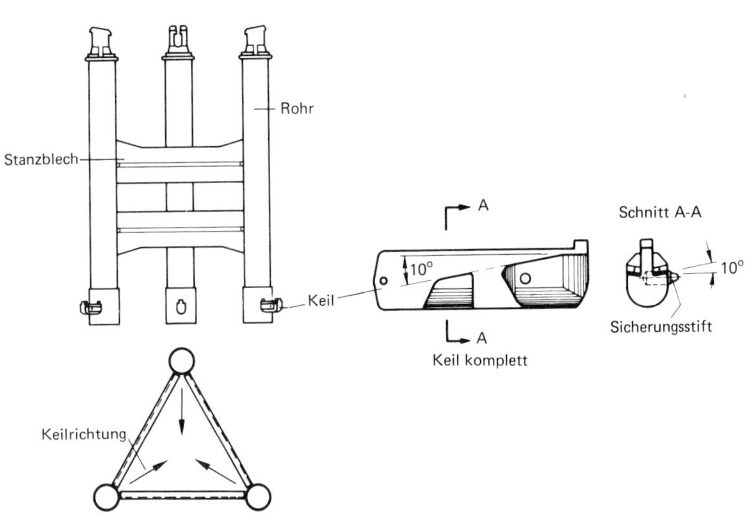

Bild 9.4–21 Keilverriegelung einer Rüststütze

9.4.7 Beispiele für Klemmverbindungen

Durch eine Klemme werden die zu verbindenden Bauteile umgriffen und zusammengespannt. Es kann auf Bohrungen verzichtet werden, daher ist ein erneuter Einsatz der Bauteile möglich (keine Lochschwächung). Man ist nicht an ein durch Bohrungen vorgegebenes Rastermaß gebunden.
Bei der Klemmverbindung nach Bild 9.4–22 wird die aus zwei ineinandergreifenden Winkeln bestehende Klemme durch eine Schraube zusammengespannt. Das durch den Versatz zwischen Preßfläche und Schraubenachse auftretende Moment wird durch die ineinandergeführten Klemmenschenkel übertragen.
Bei dem Anschluß nach Bild 9.4–23 umgreifen die rechtwinklig zueinander angeordneten Hakenschrauben die Flansche der Trägerprofile. Die Träger werden in die Schlitze des Eckverbinders gezogen und dadurch gegeneinander festgesetzt.

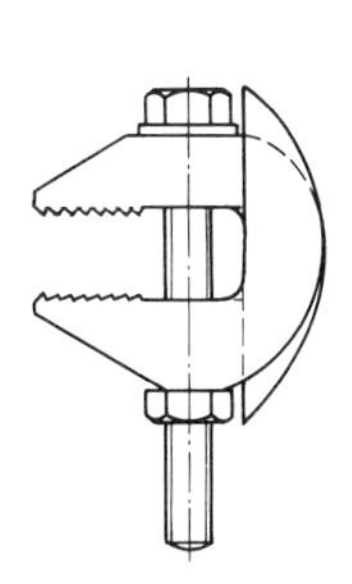

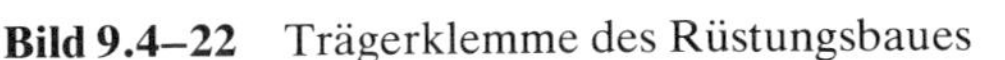

Bild 9.4–22 Trägerklemme des Rüstungsbaues

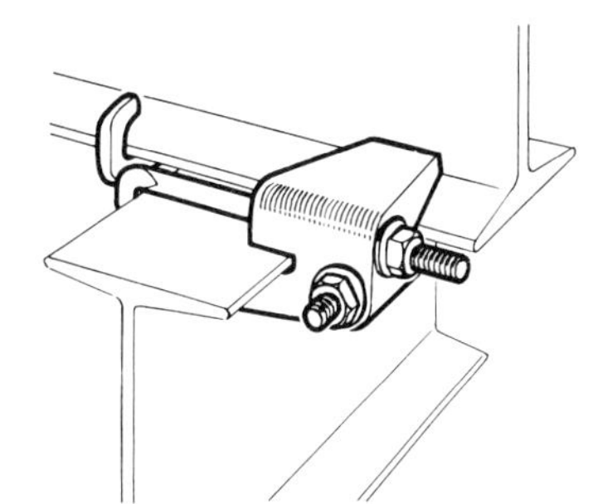

Bild 9.4–23 Trägerklemme des Rüstungsbaues

Bildnachweis
Bild 9.4–2 Krupp, 4100 Duisburg Rheinhausen. Bild 9.4–3 Krupp, 4100 Duisburg Rheinhausen. Bild 9.4–4 Mero, 8700 Würzburg. Bild 9.4–5 E. Rüter, 4600 Dortmund. Bild 9.4–13 H. Sedlacek, G. Sedlacek: Die S-Brücke – ein leistungsfähiges Pionierbrückengerät aus Aluminium. Aluminium 53 (1977) 4, S. 260/264. Bild 9.4–17 DPA Nr. 26 39 987, Int. Cl.: F16 B 7/22. Anm. und Erfinder: Renftle, Hans, 7340 Geislingen; Michel, Manfred, 6785 Münchweiler, (Förderpreis des Deutschen Stahlbaus 1976). Bild 9.4–18 E. Rüter, 4600 Dortmund. Bild 9.4–19 1. Hermann Opitz, 4900 Herford; 2. Thyssen, 5758 Fröndenberg. Bild 9.4–20 Hünnebeck, 4032 Lintorf. Bild 9.4–21 Hünnebeck, 4032 Lintorf. Bild 9.4–23 Noe, 7334 Süssen.

10 Tragsicherheitsnachweise der Konstruktion

10.1 Allgemeine Grundlagen

O. Steinhardt

Geht man davon aus, daß L.M.H. Navier (1785–1836) im Jahre 1826 mit seinem Werk „Résumé des Leçons données à l'Ecole des Ponts et Chaussées" die wesentlichsten Erkenntnisse von R. Hooke (1678) und C.A. Coulomb (1776) über das lineare Spannungs-Dehnungs- und Spannungs-Gleitungs-Verhalten bzw. diejenigen von I. Bernoulli (1694) und L. Euler (1744) über das „Ebenbleiben" von (Stab- bzw. Balken-)Querschnitten beim Biegungstheorem zu einer in sich geschlossenen Lehre zusammenfaßte, so kann er als der Schöpfer desjenigen Zweiges der (technischen) Mechanik angesehen werden, den die Ingenieure heute – in einer Zusammenfassung von Statik und elementarer Elastizitätslehre – als *Baustatik* bezeichnen, wie diese – zunächst für Tragwerke unter vorwiegend ruhenden Lastgruppen – gilt.

Insbesondere bei schlanken, geraden, prismatischen Biegeträgern bzw. allgemein bei „Stäben" mit *gedrungenen* (und durchweg stabilen) *Querschnitten,* wie sie i.d.R. für Balken- und Fachwerkträger sowie für Rahmentragwerke zur Anwendung gelangen, bleibt eine „verallgemeinerte Navier-Theorie" die Grundlage für alle Gleichgewichts- und Verformungsuntersuchungen – und dies sowohl im elastischen als auch (extrapoliert) im plastischen Bereich, falls im letztgenannten Fall nur die „Bernoulli-Hypothese" beibehalten wird. – Betrachtet man zunächst die zeitgemäße Baustatik, soweit sie die weitere Grundannahme „kleine Verschiebungen" (zwecks Ermöglichung der Linearisierung der Differentialgleichungen) beibehält, so genügt sie als *„Theorie I.0."* für alle diejenigen Tragsysteme (Stabwerke, Flächentragwerke und räumliche Strukturen), bei denen sich die jeweilige Gleichgewichtskonfiguration der äußeren und inneren „Kräfte" infolge von Verschiebungen und Verformungen höchstens unmaßgeblich verändert. Als *„Theorie II.0."* beherrscht die *verallgemeinerte Baustatik"* jedoch auch solche Tragsysteme, bei denen – insbesondere unter Normalkraftbeanspruchungen – besagte Gleichgewichtskonfiguration (infolge maßgebend veränderter Systemgeometrie) wesentlich veränderte Schnittgrößen bewirkt. Man denke hier z.B. an exzentrisch belastete einfache Druckstäbe, „geometrisch imperfekte" und/oder querbelastete Skelett- und Rahmentragsysteme, an Bogen- und Hängebrücken; extreme Verzweigungslast-Probleme der Knickung und Beulung seien hierbei ausgelassen, sie werden einer speziellen *„Stabilitätsnorm"* zugewiesen.

Besitzen die Biegeträger bzw. „Stäbe" *dünnwandige* und „geometrisch imperfekte" Querschnitte bzw. Querschnittsteile, wie sie z.B. bei vollwandigen Balkenträgern, Kastenträgern, bei großen Hohlquerschnitten mit *M-, N-, Q-, T*-Beanspruchung fertigungstechnisch bedingt sein können, so wird man genötigt sein, die sonst übliche – und für die große Masse der Stahlkonstruktionen auch sehr brauchbare – „Navier-Theorie" in ihrem Treffsicherheitsbereich einzugrenzen. Dies bedeutet im wesentlichen, daß man die beim Last-Verschiebungsdiagramm auftretende Nichtlinearität – soweit sie nicht für gedrungene Querschnitte und unter Zuhilfenahme des vollständigen (bzw. sinnvoll vereinfachten!) Spannungs-Dehnungsgesetzes exakt beschrieben ist (vgl. Bild 10.2–3) – rechnerisch klarlegt, da jetzt die Begriffe „mittragende Breite b_m" bzw. „wirksame Breite b_w" (infolge von Schubverzerrungen bzw. infolge von Abtriebskräften) in ihrer Lastabhängigkeit eine Rolle spielen. Es ist darüber hinaus sogar möglich, daß ein wesentlicher „Tragsystemwandel" eintritt – dies allerdings bei Stahlkonstruktionen i.d.R. erst oberhalb des Gebrauchszustandes, d.h. oberhalb des Bereichs der Gebrauchs-Lastfälle, nämlich beim Punkt K_u des Bildes 10.1–1. Dabei ändern sich die (gedanklichen) Tragmodellvorstellungen, z.B. vom (Quasi-)Navier-Balken zum (Zugfeld-)„Fachwerk", manchmal so stark, daß die im Bild gestrichelte Kurvenstrecke von K_u bis K_o als ideell anzusehen ist. Punkt K_o kennzeichnet die obere Grenzlast = Bemessungslast, die mehr oder weniger knapp unterhalb der (oft nur empirisch ermittelten) Traglast liegt – er kann oft ausschließlich durch eine Gleichgewichtsbedingung charakterisiert werden.

Im *Abschnitt 10.2* wird nachgewiesen, wie u.a. der Kurvenverlauf $O–K_u–K_o–T$ über die Kurvenabschnitte *c* und *d* zu verstehen ist; es zeigt sich dabei u.a., daß unter den Einflüssen von „baupraktisch unvermeidbaren geometrischen Imperfektionen" und von zusätzlichen elastischen Verformungen (insbesondere bei Wirkung von Normalkräften) der Traglastgedanke dazu führt, daß erstens die *Nicht-*

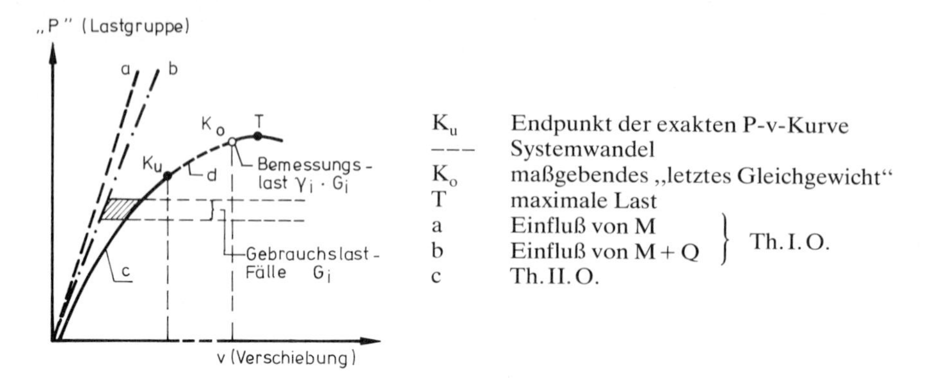

Bild 10.1–1: „P"-v-Diagramm

lineare Baustatik i. d. R. die Stabilitätstheorie miteinschließt, und daß zweitens der Tragsicherheitsnachweis wegen der nichtlinearen Beziehungen zwischen den äußeren Lasten und den Verformungen v stets unter den mit dem Sicherheitsfaktor γ multiplizierten Gebrauchslasten, nämlich den Bemessungslasten zu führen ist. – Solange der Einfluß der Verformungen auf das Lasten–Kräfte-Gleichgewicht vernachlässigt werden darf, d.h. bei vorwiegend querbelasteten Tragwerken, wird bei *dünnwandigen Querschnittsteilen* – im Gegensatz zu Stabwerken mit gedrungenen Querschnitten, wo oft die „plastische Grenzlast" maßgebend sein darf – die *„elastische Grenzlast"* als Bemessungslast gelten müssen. Daher wird das Erreichen der Fließgrenze an kritischen Querschnittsstellen oft ein rechnerisches Maß anbieten; man wird jedoch i. d. R. zweckmäßigerweise das Hookesche Gesetz und auch die Bernoulli-Annahme vom Ebenbleiben der jeweils „tragenden Querschnitte" beibehalten, obwohl – bis hin zum Gleichgewicht bei K_o – die Veränderlichkeit dieser „rechnerischen" Querschnitte infolge der jeweiligen beanspruchungsgemäßen Werte für b_m bzw. b_w zu berücksichtigen ist.

Die Überlegungen für *gedrungene Querschnitte* von Stabwerken gemäß Abschnitt 10.2 können in ein exaktes Lehrengebäude eingebracht werden, für bestimmte dünnwandige Querschnittsteile sind dabei oft Grenzen im Hinblick auf – bauwerksteilbezogene – Stabilitätsnachweise zu kennzeichnen. Für die normalen Stabwerk-Tragsysteme kann dann der Verlauf der Kurve c (bis hin zu K_o und T) exakt anhand der linearen bzw. nichtlinearen Baustatik verfolgt werden. Der schraffierte Bereich im Gebrauchslast-Niveau wird oft vernachlässigbar geringfügig sein.

Bestehen die Stabwerke aus Traggliedern mit (gegliederten) *dünnwandigen* Querschnitten oder sind (z.B. im Brückenbau) Balkenträger in Vollwand- oder Kastenform zu bemessen, so stehen grundsätzlich zwei Berechnungsweisen offen, von denen die eine (vgl. *Abschnitt 10.3* und die DASt-Ri 012) von der linearisierten Plattenbeultheorie ausgeht und dann weiterhin das „überkritische Verhalten" des jeweiligen Tragwerkes über einen variablen rechnerischen „Sicherheitskoeffizienten" erfaßt, die andere dagegen – in enger Anlehnung an empirische Richtwerte – über konstante Sicherheitsspannen von der Bemessungslast her auf den Gebrauchszustand folgert, der dann gesondert nachzuweisen ist. Zu der klassischen Berechnungsweise für einzelne (unversteifte bzw. ausgesteifte) Beulfelder, wie sie im Abschnitt 10.3 in Anlehnung an die frühere DIN 4114 auf der Grundlage von Verzweigungslasten entwickelt wurde – wobei allerdings zahlreiche zwischenzeitliche Versuchsergebnisse, insbesondere auch zur Festlegung einer „Grundbeulkurve", Verwendung fanden – wird im *Abschnitt 10.4* nun weiterhin zunächst als *(Unterabschnitt 10.4.1)* der spezielle Tragmechanismus von gewalzten und geschweißten Leichtprofilen (z.B. HSJ-Trägern) unter Biegebeanspruchung – bei kontrollierter Ausschaltung des „Kippens" – untersucht. Dabei zeigt sich vor allem ein vorteilhaftes Beulverhalten der Stege, falls gewisse konstruktive Maßnahmen (vor allem an den Auflagern) beachtet werden.

Der dann folgende *Unterabschnitt 10.4.2* behandelt weiterhin die (sehr wichtigen) ausschließlich vertikal versteiften Trägertypen, die als „Vollwandbalken" – bis zu einer Stegschlankheit $h/t \leqq 300$, sowie mit kompakten Gurten – in der Stahlbaupraxis sehr verbreitet sind. Die hierbei vollzogene (ganzheitliche) Traglastuntersuchung bringt anhand geeigneter Modellvorstellungen zahlreiche empirische Werte zu einer in sich geschlossenen Berechnungsweise zusammen, bei welcher der γ-Wert für die jeweilige „Bemessungslast" eine stets einsehbare eindeutige Sicherheitsspanne anbietet.

Der *Unterabschnitt 10.4.2* schließlich bringt allgemeine Grenzlastnachweise für überwiegend druckbeanspruchte ausgesteifte Platten nach der nichtlinearen Beultheorie. Diese exakten Überlegungen können sowohl auf Vollwandträger als auch auf „Kastenträger“ angewendet werden; sie behandeln das überkritische Tragverhalten, wie es sich bei schlanken, flächigen Gurten und Stegen – vorwiegend im noch elastischen Bereich – ergibt. Die überkritischen Tragreserven können über die Begriffe „wirksame“ bzw. „mittragende“ Breite erfaßt werden, so daß N- und M-Einflüsse bzw. Schubnachgiebigkeiten (infolge Q bzw. T) in den Rechenansätzen Berücksichtigung finden.

Der *Abschnitt 10.5* wendet sich dem Beulen isotroper Zylinder-, Kegel- und Kugelschalen zu. Es wird der Stand der theoretischen und empirischen Forschung in der Weise verarbeitet (vgl. hierzu auch die DASt-Ri 013, 1980), daß man – mittels der Leitwerte der jeweiligen Verzweigungslasten – die tatsächlichen Versagenslasten geometrisch imperfekter Schalenbauformen über „Abminderungsfaktoren α“ einzufangen versucht, um dann weiterhin einen schlankheitsabhängigen Sicherheitsfaktor im elastischen bzw. im elastisch-plastischen Bereich festzusetzen.

Um nun für allgemeine Schalentragwerke, d.h. gleichzeitig für isotrope und für orthotrope Formen, zu geschlossenen Berechnungskonzeptionen für bestimmte Konstruktionsgruppen zu gelangen, wird im *Abschnitt 10.6* – für die Grundform Kreiszylinderschale – folgendermaßen vorgegangen: Die Höhe des – die Tragfähigkeit bestimmenden – Übergangs vom „rechnerischen Anfangsbeulmuster“, nämlich von rotationssymmetrischen Ringbeulen mit vorgegebener geometrischer Imperfektion, zum zentralsymmetrischen „Schachbrettmuster“ – ist wesentlich abhängig von Verhältnis und Größe des Quotienten Einheits-Ringsteifigkeit/Einheits-Längssteifigkeit; man darf dabei – bei Einhaltung bestimmter Höchstabstände der Ring- bzw. Längsstreifen – eine „Verschmierung“ der Steifigkeiten für die Ermittlung der kritischen Beul- bzw. Knickwellenzahlen n_U und n_L annehmen. – Wird zuletzt zusätzlich die Verwindungssteifigkeit in den einzelnen Blechfeldern vernachlässigbar klein, die Schubfestigkeit jedoch feldweise (u.U. ersatzweise durch ein Rundstahlkreuz) maßgerecht gewählt, so kann – selbst für eine getrennte baustatische Untersuchung von Zylinderhülle (als Membran) und (stabförmigem) Traggerüst aus Stielen bzw. (evtl. polygonförmigen) Ringen – eine exakte Stabilitätsuntersuchung, und dies evtl. auch bei größeren – nur noch an den kritischen Wellenlängen orientierten – Stiel- bzw. Ringabständen, durchgeführt werden; somit sind einer wirtschaftlichen Anordnung neue Wege bereitet.

Bei den – *in Abschnitt 10.7* behandelten – äußeren Standsicherheitsnachweisen geht es vor allem um die jeweils maßgebende Abstimmung der „angreifenden“ Lasten und der „widerstehenden“ Rückhaltekräfte.

Abschnitt 10.8 schließlich beschreibt die grundlegenden Gedanken, die zu brauchbaren Betriebsfestigkeits-Nachweisen führen können. Hier gilt nach wie vor die Überzeugung, daß man mittels bauteilähnlich gekerbter Probestäbe (mit Formzahlen α_k), bei typisierter zufallartiger Last/Zeit-Funktion sowie bei gegebenem Spannungsverhältnis R, für $N = 2 \cdot 10^6$ Spannungszyklen einen wesentlichen „Betriebsfestigkeits-Kennwert“ zuverlässig eingrenzen kann, womit dann (über die mittlere „Neigung k im doppellogarithmischen Diagramm“ fallweise die („vollen“) Wöhlerlinien bzw. die („gemagerten“) Lebensdauerlinien festliegen. Die kerbformabhängigen k-Werte bewegen sich dabei in engen Grenzen. Die deutsche „Normung“ versucht z.Zt., mit fallweisen Betriebsfestigkeits-Kennwerten (bei N [log] = $2 \cdot 10^6$ und zugehörigen k-Werten) in einfacher Weise zu operieren, wobei die eingangs genannten Parameter in Kombination die Maßstäbe setzen. – Schließlich wird im Unterabschnitt 10.8.3 noch über das besondere Vorgehen bei der Ermittlung der „Restlebensdauer“ bestehender Stahlbauwerke berichtet, wie es in der neuen DS 804 der DB seinen Niederschlag fand. Dieses u.a. Verfahren auf semiprobabilistischer Grundlage werden auch künftig der Standardweg zur Bemessung ermündungsbeanspruchter bauteile sein. Sind jedoch Fragen über das gesamte Bauteilverhalten, insbesondere bei komplexer konstruktiver Ausbildung und variablen Belastungs- und Umweltbedingungen, bei alternativer konstruktiver Ausbildung, über die Restnutzungsdauer und Zuverlässigkeit sowie über Ausbesserungsmaßnahmen erwünscht, so glaubt man neuerdings zusätzlich über die Beschreibung des zyklischen Spannungs-Dehnungs-Ablaufs im Kerbgrund sowie über materialabhängige bruchmechanische Kennwerte die Rißentstehungs- und Rißortschrittsphase ausreichend genau erfassen zu können – unter Umgehung kostspieliger Bauteilversuche.

Im letzten *Abschnitt 10.9* werden, im Hinblick auf eine Steigerung die Wirtschaftlichkeit von Stahlkonstruktionen, noch einige fruchtbare, baupraktische Gedanken für die Konstruktionsgestaltung solcher Details für Krafteinleitung, Stöße und Anschlüsse entwickelt, die eine merkbare Einsparung an Fertigungskosten bei einer ausreichenden Tragsicherheit garantieren. Es ist allerdings – im Hinblick auf das „baustatische System“ – sorgfältig auf die fallweise eintretenden Veränderungen nicht nur der örtlichen Widerstände, sondern auch der Steifigkeiten und Nachgiebigkeiten zu achten.

10.2 Tragsicherheitsnachweise für Stabwerke mit gedrungenen Querschnittsteilen

10.2.1 Druck- und Biegedruckfälle

U. Vogel

10.2.1.1 Vorbemerkungen

Für die Tragsicherheitsnachweise im Falle von Druck- und Biegedruck bei Stabwerken aus Baustahl wird häufig die DIN 18800, Teil 2, maßgebend sein. Im Unterabschnitt 10.2.1 wird daher bereits auf den Entwurf [1] zu dieser Norm Bezug genommen, obwohl bei Erscheinen dieser 2. Auflage des vorliegenden Buches voraussichtlich noch die DIN 4114, Ausgabe Juli 1952 XX, mit dem Ergänzungserlaß von 1973 gültig sein wird. Dies erscheint gerechtfertigt, da einerseits bezüglich der Nachweise nach DIN 4114 auf die 1. Auflage dieses Buches zurückgegriffen werden kann, andererseits bei Einführung von DIN 18800, Teil 2, die 2. Auflage dieses Buches nicht sofort durch eine 3. Auflage ersetzt werden wird, so daß sie auf längere Zeit hin gültige Angaben enthalten muß.
Allerdings muß auch darauf hingewiesen werden, daß zum Zeitpunkt des Entstehens dieses Unterabschnittes 10.2.1 der endgültige Text von DIN 18800, Teil 2, noch nicht bekannt ist, da sich der Norm-Entwurf [1] (Gelbdruck) noch in der Einspruchsphase befindet. Die folgenden Hinweise und Erläuterungen bezüglich der Tragsicherheitsnachweise bei Druck und Biegedruck geben daher zwar den derzeitigen – dem wesentlichen Kern der neuen Stabilitätsnorm zugrunde liegenden – Stand der wissenschaftlichen Erkenntnis und der Technik wieder und können somit für die nächsten Jahre als allgemein gültig angesehen werden; jedoch muß bei praktischen Bauaufgaben bezüglich detaillierter Forderungen der Norm – insbesondere hinsichtlich der Zahlenangaben (z.B. über Sicherbeiwerte, Imperfektionen, b/t-Verhältnisse, Zuordnung von Knickspannungslinien, Gültigkeitsgrenzen von Näherungsverfahren usw.) – stets der jeweils gültige Normentext berücksichtigt werden.

10.2.1.2 Einführung

Nach [1], Abschnitt 2.4.4, ist eine Trennung der Tragsicherheitsnachweise für Biegeknicken und Biegedrillknicken in folgender Form zulässig: Zunächst wird der Tragsicherheitsnachweis gegen Biegeknikken erbracht, wobei ggf. die Schnittgrößen am Gesamttragwerk zu ermitteln sind. Anschließend werden für die Einzelstäbe mit den ermittelten Endschnittgrößen – ggf. aus dem Gesamttragwerk herausgelöst gedacht – die Tragsicherheitsnachweise gegen Biegedrillknicken geführt. Diese Trennung der Nachweise stellt für die Praxis eine erhebliche rechnerische Vereinfachung dar. Man muß sich jedoch bewußt sein, daß im Grunde ein räumlicher Stabilitätsnachweis für das Gesamtsystem geführt werden müßte. Nimmt man vereinfachend die o.g. Trennung vor, so ist darauf zu achten, daß die beim Biegedrillknicknachweis getroffenen Voraussetzungen am Einzelstab auch tatsächlich zutreffen oder auf der sicheren Seite liegen. So ist z.B. die übliche Annahme der Gabellagerung an den Enden eines Rahmenriegels beim Biegedrillknicknachweis nur dann zulässig, wenn durch konstruktive Maßnahmen auch sichergestellt ist, daß der Riegel an den Knotenpunkten um die Längsachse nicht verdreht werden kann.
Im folgenden wird von der Zulässigkeit dieser Trennung der Nachweise ausgegangen, so daß im Unterabschnitt 10.2.1 durchgehend die Voraussetzung gilt, daß das Biegedrillknicken entweder nicht maßgebend ist oder getrennt (s. Unterabschnitt 10.2.2) untersucht wird. Es werden also nur die Fälle der planmäßig mittigen Druckbelastung und die der planmäßig *einachsigen* Biegedruckbelastung mit ebenem Versagen *ohne* Biegedrillknickgefahr behandelt. Auch die *zweiachsige* Biegedruckbelastung gehört ihrem Wesen nach in den Unterabschnitt 10.2.2, da hier bei Berücksichtigung von Verformungen (Theorie II. Ordnung) stets auch Verdrehungen der Querschnitte um die Stablängsachse auftreten. (Diese dürfen allerdings unter bestimmten Voraussetzungen (s. [1], Abschnitt 2.2.2) vernachlässigt werden, so daß dann wieder nach diesem Unterabschnitt verfahren werden kann.)
Zum Verständnis des wesentlichen Kerns von DIN 18800, Teil 2, ist es notwendig, zunächst auf einige grundlegende Zusammenhänge des Tragverhaltens von Stabwerken bei Druck und Biegedruck einzugehen und dabei die wichtigsten in der Norm auftretenden Begriffe wie Bemessungslast, Traglast, elastische Grenzlast, Imperfektionen, usw. zu erläutern:
Bereits für Stahlkonstruktionen, bei denen keine Stabilitäts- oder Betriebsfestigkeitsprobleme auftreten, führt die klassische Bemessungsmethode mit Hilfe zulässiger Spannungen weder zu einer Kenntnis des tatsächlichen Spannungszustandes noch zu einer zahlenmäßigen Aussage über die Sicherheit gegenüber der größten von der Konstruktion ertragenen Laststufe, der *Traglast.* Der tatsächliche Spannungszustand kann deshalb nicht berechnet werden, weil z.B. Spannungskonzentrationen im Bereich von Löchern, Kerben und konzentrierten Einzellasten, außerdem Eigenspannungen infolge von Walz-, Schweiß- und Montagevorgängen auftreten, sowie stets weitere baupraktisch unvermeidbare *Imperfektionen* und Abweichungen von dem mathematischen Modell, das der statischen Berechnung zugrunde

liegt, vorhanden sind. Stahlkonstruktionen sind dennoch i. d. R. ausreichend sicher dank der Zähigkeit (plastisches Verformungsvermögen) des verwendeten Werkstoffes Baustahl. Doch selbst wenn der tatsächliche Spannungszustand bekannt wäre, könnte – insbesondere bei statisch unbestimmten Systemen – der Lastsicherheitsfaktor gegenüber der Traglast bei der klassischen („elastischen") Bemessungsmethode nicht bestimmt werden, allenfalls die *elastische Grenzlast,* das ist diejenige Laststufe, unter welcher an der am höchsten beanspruchten Stelle die Fließgrenze des Werkstoffs erreicht wird, bei der das System jedoch noch nicht versagt.

Um das wirkliche Tragverhalten bis zum Versagen zu studieren, muß die Untersuchung auf den unelastischen Bereich oberhalb der elastischen Grenzlast ausgedehnt werden. Solche Methoden nutzen den Vorteil der Zähigkeit des Baustahls nicht nur *qualitativ* sondern auch *quantitativ* aus. Ein vereinfachtes, jedoch das tatsächliche Tragverhalten der Konstruktion mit für die Praxis ausreichender Genauigkeit beschreibendes Verfahren beruht auf der *Fließgelenktheorie* (s. Kapitel 3, Baustatik). Danach versagt das Tragwerk, wenn das statische System durch die Bildung einer genügend großen Anzahl von plastischen Gelenken in einen Mechanismus mit mindestens einem Freiheitsgrad übergeht, unter der sogenannten *plastischen Grenzlast.* Treten – wie oben vorausgesetzt – bis zu dieser Laststufe keine Instabilitäten auf und kann demnach der Einfluß der Verformungen auf das Kräftegleichgewicht vernachlässigt werden, so ist diese Grenzlast unabhängig von allen Arten geometrischer , struktureller und werkstofflicher Imperfektionen und kann als *Traglast* (hier = nach „Fließgelenktheorie I. Ordnung") angesehen werden (s. Bild 10.2–1).

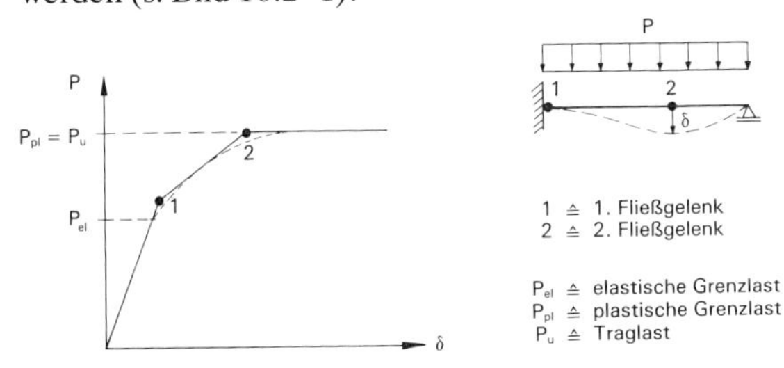

Bild 10.2–1
Last-Verformungs-Verhalten eines statisch unbestimmten Biegeträgers aus Baustahl

Anders verhalten sich Stahlkonstruktionen, deren Tragglieder Längsdruckkräfte erhalten, z. B. der klassische Eulerfall II (s. Bild 10.2–2).

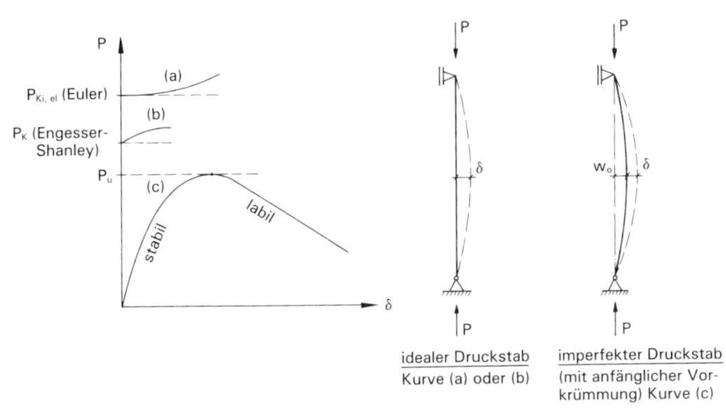

Bild 10.2–2
Last-Verformungs-Verhalten eines Druckstabes aus Baustahl

Die Traglast (hier: Knicklast) kann für das „perfekte" System mit Hilfe der bekannten Verzweigungstheorie ermittelt werden. Je nachdem, ob die *Verzweigungslast* – und damit die Stabilitätsgrenze – im elastischen oder im unelastischen Bereich liegt, gilt Kurve (a) oder (b). Im Gegensatz zum hier vorausgesetzten mathematisch-physikalischen *Modell* eines idealen Druckstabs wird sich jedoch das baupraktische *Konstruktionsglied* (Druckstab oder Stütze) selbst bei planmäßig zentrischer Belastung nie so verhalten. Stets sind geometrische und strukturelle Imperfektionen vorhanden. Der Stab wird daher vom Beginn der Laststeigerung an (entsprechend Kurve (c)) Biegeverformungen zeigen und seine Traglast *ohne Gleichgewichtsverzweigung* an einem Punkt erreichen, an dem ein Gleichgewicht zwischen den äußeren angreifenden und den inneren widerstehenden Kräften wegen abnehmender Festigkeit infolge plastischer Verformungen nicht mehr möglich ist.

Um die das wirkliche Tragverhalten beschreibende nichtlineare Funktion der Kurve (c) korrekt zu berechnen, ist es notwendig, den Einfluß der Verformungen auf das Kräftegleichgewicht zu berücksichtigen, d. h. die Theorie II. Ordnung (s. Kapitel 3, Baustatik) im elastischen und unelastischen Bereich anzuwenden.

Die grundsätzliche Form der Kurve (c) in Bild 10.2–2 ist auch charakteristisch für Tragglieder, die neben Längsdruckkräften Biegemomente planmäßig erhalten – z.B. infolge direkter Querbelastung oder als Tragglied eines Rahmens. Auch bei solchen Systemen liefert die Fließgelenktheorie – hier allerdings als *Fließgelenktheorie II. Ordnung* (s. Kapitel 3, Baustatik) – ausreichend genaue Ergebnisse bei der Bestimmung der Last-Verformungs-Kurve und damit der Traglast (s. Bild 10.2–3). Es ist also i.d.R. *nicht* notwendig, den Einfluß der Ausbreitung plastischer Zonen anstelle örtlich konzentriert gedachter Fließgelenke bei der statischen Berechnung zu berücksichtigen.

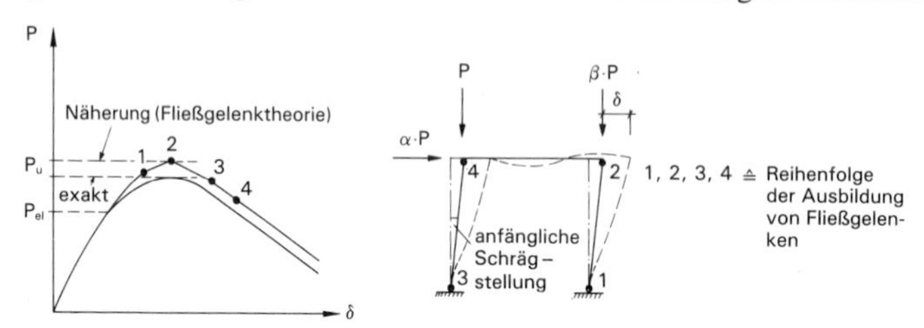

Bild 10.2–3
Last-Verformungs-Verhalten eines Rahmens aus Baustahl

Der wesentliche Unterschied zwischen den Lastverformungskurven der Bilder 10.2–1 und 10.2–3 ist folgender: Ein Stabtragwerk ohne Längsdruckkräfte bildet unter der Traglast immer einen Mechanismus aus, wobei das Gleichgewicht bei und nach Erreichen des Traglastzustandes indifferent ist. Im Falle eines auf Druck und Biegung beanspruchten Stabes oder eines Rahmentragwerkes kann jedoch das System – auch ohne Auftreten örtlicher Instabilitäten wie Beulen oder Biegedrillknicken – in der Tragwerksebene versagen, bevor sich eine kinematische Kette gebildet hat. Das Gleichgewicht ist jenseits des Traglastpunktes stets labil. In beiden Fällen kann jedoch i.d.R. ein ausreichend genauer Näherungswert für die Traglast mit Hilfe der Fließgelenktheorie bestimmt werden. Diese Berechnungsmethode berücksichtigt – wie oben schon erwähnt – *quantitativ* die Zähigkeit des Werkstoffs Stahl. Sie hebt die Belastungsgrenze, gegenüber welcher noch eine bestimmte Tragsicherheit eingehalten werden muß, von der elastischen Grenzlast zur Traglast. Sie ist damit wirtschaftlicher als die auf der Elastizitätstheorie fußende „Zulässig σ-Methode".
Es wird an dieser Stelle noch einmal ausdrücklich darauf hingewiesen, daß außer der ggf. notwendigen (oder aus Gründen der Wirtschaftlichkeit gewünschten) Berücksichtigung plastischer Deformationen grundsätzlich die unabdingbare Notwendigkeit besteht, den Einfluß von Verformungen auf das Kräftegleichgewicht (Theorie II. Ordnung) sowie baupraktisch unvermeidbare Imperfektionen in allen solchen Fällen zu berücksichtigen, in denen die Gefahr einer Instabilität bei Erreichen der Traglast vorhanden ist. Zu diesen Fällen zählen Druckstäbe, auf Druck und Biegung beanspruchte Stäbe und daraus zusammengesetzte Konstruktionen. Stets wird hier die Instabilität unter der Traglast *ohne* Gleichgewichtsverzweigung auftreten. Eine Berechnungsmethode, die Plastizität, Verformungen und Imperfektionen berücksichtigt, ist daher – im Gegensatz zur Verzweigungstheorie – der einzig richtige Weg, um die Tragsicherheit mit einer für die Praxis ausreichenden Genauigkeit unter Berücksichtigung des tatsächlichen Tragverhaltens der Konstruktion zu ermitteln. Dieses Konzept ist grundsätzlich nicht neu.
Auch das ω-Verfahren der DIN 4114, Ausgabe 1952, basiert auf der nach Theorie II. Ordnung ermittelten Traglast eines Druckstabes mit baupraktisch unvermeidbarer Lastexzentrizität und einem Werkstoff mit linearelastisch-idealplastischem Spannungs-Dehnungs-Gesetz [2]. Die Traglastuntersuchung ist hierin lediglich formal zu einem in das „Zulässig σ-Konzept" der Anwendungsnormen passenden Spannungsnachweis zusammengefaßt worden. Während in DIN 4114, Ausgabe 1952, das Traglastkonzept – wenn auch in versteckter Weise – nur für Einzelstäbe und solche Systeme, bei denen man das sogenannte „Ersatzstabverfahren" für anwendbar hielt, im übrigen aber die Verzweigungstheorie, verankert war, liegt der DIN 18800, Teil 2, konsequent in allen Abschnitten der Traglastgedanke zugrunde. Allerdings ist es beim derzeitigen Erkenntnisstand manchmal außerordentlich schwierig oder sogar unmöglich – zumindest in der Praxis – diesem Konzept vollständig zu folgen. Daher werden in DIN 18800, Teil 2, Näherungsmethoden angeboten, die auf der sicheren Seite liegen, z.B. die *Elastizitätstheorie* II. Ordnung, die der bekannten „Spannungstheorie II. Ordnung" nach DIN 4114 entspricht.
Obwohl also die *Traglasttheorie* die Basis der DIN 18800, Teil 2, darstellt, ist es für den praktisch tätigen Ingenieur nicht immer notwendig, eine Berechnung nach Theorie II. Ordnung durchzuführen und alle Einflüsse der Plastizität sowie der Imperfektionen zu berücksichtigen. Zur Erleichterung werden eine ganze Reihe vereinfachter Formeln und Näherungsmethoden angeboten, die in der Praxis verwendet werden können, da sie nahezu die gleichen Ergebnisse liefern wie eine genauere Traglastuntersuchung. So ist auch die lineare elastische Theorie I. Ordnung, d.h. die klassische Baustatik, als ausreichende Näherung in vielen genau definierten Fällen zulässig. Auch muß in diesem Zusammenhang erwähnt werden, daß die Verzweigungstheorie nicht überflüssig geworden ist. In vielen Fällen wird nämlich die Verzweigungslast als ein charakteristischer Parameter bei den Nachweismethoden oder -formeln verwendet.

Allen Ingenieuren muß jedoch klar vor Augen stehen, daß ein „Zulässig σ-Konzept" für Traglast-, bzw. Stabilitätsuntersuchungen, nicht sinnvoll sein kann.
Alle Tragsicherheitsnachweise sind wegen der *nichtlinearen* Beziehungen zwischen den äußeren Lasten einerseits und den Verformungen und Schnittgrößen andererseits stets unter den mit den Sicherheitsfaktoren γ multiplizierten Gebrauchslasten, den sogenannten *Bemessungslasten,* zu führen.
Der Tragfähigkeitsnachweis lautet daher prinzipiell:

Grenzlast $\geq$ *Bemessungslast* (γ-fache Gebrauchslast),

wobei unter der Grenzlast je nach Rechenverfahren oder Anwendungsbereich die Traglast nach der genauen Traglasttheorie bzw. nach der Fließgelenktheorie oder die elastische Grenzlast nach der Elastizitätstheorie zu verstehen ist. Wie in Kapitel 3 (Baustatik) dargelegt, braucht dabei die mühsame Ermittlung der Grenzlast selbst nicht durchgeführt zu werden; sondern es wird nur der *Zustand* des Systems unter den bekannten Bemessungslasten berechnet.
Nach diesen Darlegungen dürfte klar sein, daß die modernen Grenzlasttheorien grundsätzlich keinen Unterschied mehr zwischen Baustatik und Stabilitätstheorie zulassen. Die modernen Verfahren der „Nichtlinearen Baustatik" beinhalten grundsätzlich den Gesamtstabilitätsnachweis einer Baukonstruktion. Nur aus Gründen der Praktikabilität ist es häufig noch notwendig (und in DIN 18800, Teil 2, auch so vorgesehen), zusätzlich zu einer in diesem Sinne durchgeführten statischen Berechnung örtliche Stabilitätsnachweise (z.B. Beul- oder Biegedrillknicksicherheitsnachweise) in Teilbereichen der Konstruktion zu führen.
Aus den Darlegungen folgt ferner, daß der bisherige Begriff „Knicken" im Sinne der klassischen Verzweigungstheorie nicht mehr angewendet werden sollte. DIN 18800, Teil 2, versteht daher unter „Knicken" das instabile Versagen von Stäben oder Stabwerken, sofern dieses Versagen mit einer Ausbiegung der Stäbe in beliebiger Richtung oder mit einer Verdrehung um die Längsachse oder mit beiden Verformungen verbunden ist. Der Begriff *Knicken* schließt damit neben dem Biegeknicken auch die Probleme des Drillknickens, des Kippens und des Biegedrillknickens mit ein.

10.2.1.3 Allgemeine Berechnungsgrundlagen

10.2.1.3.1 Werkstoffkennwerte für Baustähle

In Tabelle 10.2–1 sind für die üblichen Baustähle des Stahlbaus bis zu Dicken von 40 mm – zur Vereinfachung der Stabilitätsnachweise nach [1] – konstante rechnerische Streckgrenzen angegeben, obwohl nach DIN 17100 für die Baustähle St 37 und St 52 für Dicken über 16 mm und nach DAST-Richtlinie 011 für den STE 460 für Dicken über 12 mm bei nahtlosen Rohren, über 16 mm bei den übrigen Erzeugnissen, niedrigere Streckgrenzen garantiert werden. Für Dicken über 40 mm weichen die Mindestwerte von den in Tabelle 10.2–1 angegebenen Werten so weit ab, daß eine Vernachlässigung dieses Einflusses nicht mehr vertretbar ist. Bei dickeren Querschnitten ist daher die rechnerische Streckgrenze – i.d.R. in Absprache mit dem Lieferwerk – abzumindern. Entsprechend ist auch die Bezugsschlankheit

$$\lambda_s = \pi \sqrt{\frac{E}{\beta_s}}$$

als Funktion der Streckgrenze im Einzelfall zu bestimmen (dies gilt auch, wenn ausnahmsweise andere Stähle mit abweichenden Streckgrenzen verwendet werden).

Tabelle 10.2–1
Werkstoffkennwerte für $t \leq 40$ mm beim Tragsicherheitsnachweis nach Norm-Entwurf DIN 18800/2

	1	2	3
	Stahlsorte	Streckgrenze β_S N/mm²	Bezugsschlankheit $\lambda_S = \pi\sqrt{\frac{E}{\beta_S}}$
1	St37	240	92,9
2	St52	360	75,9
3	StE460	460	67,1
4	StE690	690	54,8
5	E = 210000 N/mm², μ = 0,3, G = 81000 N/mm²		

Weiterhin darf zur Vereinfachung der Rechnung anstelle der wirklichen (meist nicht genau bekannten) Spannungs–Dehnungs-Beziehung die linearelastisch-idealplastische σ–ε-Beziehung nach Bild 10.2–4 verwendet werden.

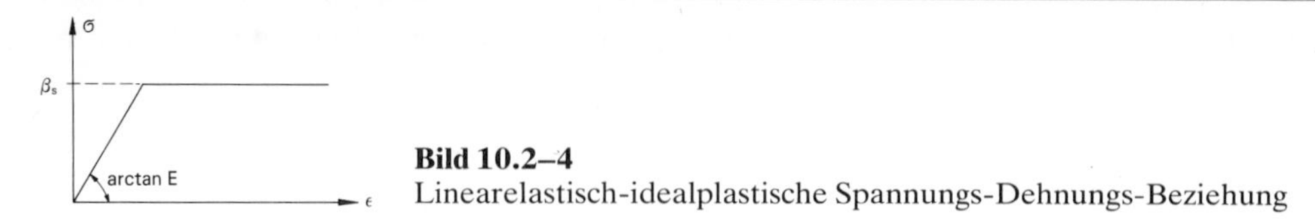

Bild 10.2–4
Linearelastisch-idealplastische Spannungs-Dehnungs-Beziehung

10.2.1.3.2 Bemessungslast – Sicherheitsbeiwerte

Die *Bemessungslast* wurde bereits als die mit dem Sicherheitsbeiwert γ multiplizierte Gebrauchslast definiert. Ggf. sind dabei Vorschriften zu beachten, die eine Erhöhung einzelner Lasten zur Berücksichtigung dynamischer Einflüsse vorschreiben. Unter dem Begriff *Gebrauchslasten* werden die für eine bestimmte Untersuchung zugrunde zu legenden Lasten nach den einschlägigen Belastungsnormen und Bauvorschriften (z.B. DIN 1055 und DIN 1072) verstanden. Da – wie schon im Unterabschnitt 10.2.1.2 ausführlich dargelegt – die Beanspruchungen eines Stabwerks mit Längsdruckkräften nichtlinear – und zwar überproportional – mit den äußeren Lasten anwachsen, ist der Nachweis des Einhaltens bestimmter zulässiger Spannungen im Gebrauchszustand kein ausreichender Tragsicherheitsnachweis. Es muß vielmehr nachgewiesen werden, daß die mit dem entsprechenden Sicherheitsbeiwert γ multiplizierten Gebrauchslasten vom System getragen werden können.
Die in [1] vorläufig festgelegten Sicherheitsbeiwerte $\gamma = 1{,}5$ im Lastfall H und $\gamma = 1{,}3$ im Lastfall HZ entsprechen den in den z.Z. gültigen Anwendungsnormen festgelegten Sicherheitsbeiwerten von zugbeanspruchten Konstruktionen und Bauteilen des Stahlhoch- und -brückenbaus. Ein Zuschlag für druckbeanspruchte, und damit stabilitätsgefährdete Konstruktionen wurde nicht für notwendig erachtet, da die nach den Regeln von [1] durchzuführenden Berechnungen das tatsächliche Tragverhalten – insbesondere wegen der Berücksichtigung des Einflusses der Verformungen und der Imperfektionen – im allgemeinen genauer erfassen als bisher.
Es ist allerdings nicht auszuschließen, daß bei einer Vereinheitlichung des Sicherheitskonzeptes im gesamten Bauwesen andere Sicherheitsbeiwerte festgelegt werden. Der Norm-Entwurf [1] ist jedoch so aufgebaut, daß ohne Schwierigkeiten auch Teilsicherheitsbeiwerte für einzelne voneinander unabhängige Lastanteile, z.B. Eigengewicht, Verkehrslast, Wind, Schnee, berücksichtigt werden können. Die Bemessungslast würde sich dann ganz einfach z.B. als $L = \gamma_1 \times g + \gamma_2 \times p + \gamma_3 \times w + \gamma_4 \times s$ ergeben. (Beim zulässig σ-Konzept wäre ein entsprechender Nachweis, abgesehen von der prinzipiellen Unrichtigkeit, nur wesentlich komplizierter zu formulieren.)
Treten außer äußeren Lasten auch eingeprägte Verformungen (z.B. Temperaturdehnungen, Stützensenkungen) oder Vorspannkräfte auf, so sind diese – da sie einen Einfluß auf die Verformungen des Systems haben – beim Tragsicherheitsnachweis neben den oben definierten Bemessungslasten stets dann zu berücksichtigen, wenn hierfür die Theorie II. Ordnung angewendet werden muß. Hierbei sind die in den einschlägigen Belastungs- oder Anwendungsnormen angegebenen Werte anzusetzen. Es sollte aber auch geprüft werden, ob diese die ungünstigsten zu erwartenden Werte sind. Ggf. sind also im Einzelfall festzulegende größere Werte anzunehmen, wenn ihr Auftreten nicht ausgeschlossen werden kann. So sind z.B. bei Stützensenkungen – wenn sie ungünstig auf die Tragsicherheit einer Konstruktion wirken – die *möglichen* und nicht nur die *wahrscheinlichen* Werte zu verwenden. In ähnlicher Weise könnte es erforderlich sein, eine günstig wirkende Vorspannkraft gegenüber dem planmäßigen Wert beim Tragsicherheitsnachweis zu ermäßigen, falls nicht auszuschließen ist, daß eine Abnahme der Vorspannkraft eintreten kann.
Bei den in den Unterabschnitten 10.2.1.4 bis 10.2.1.9 näher erläuterten Tragsicherheitsnachweisen wird stets vorausgesetzt, daß es sich bei den angegebenen Lasten um *Bemessungslasten* und bei den Schnittgrößen um die unter den Bemessungslasten auftretenden Schnittgrößen handelt. Alle Angaben sind damit unabhängig von den sich möglicherweise ändernden Sicherheitsbeiwerten γ voll gültig.

10.2.1.3.3 Imperfektionsannahmen

Nach [1] dürfen zur Berücksichtigung des Einflusses von geometrischen und strukturellen Imperfektionen geometrische Ersatzimperfektionen angenommen werden. Diese sind grundsätzlich in – für die jeweilige Grenzlast – ungünstiger Richtung anzusetzen.
Wenn eine Berechnung nach Theorie I. Ordnung zulässig ist, brauchen keine Imperfektionen berücksichtigt zu werden.
Die nachfolgend angegebenen Zahlenwerte gelten bei Anwendung der Traglast- und Fließgelenktheorie, sie dürfen bei Anwendung der Elastizitätstheorie auf 75% reduziert werden.

Fall ⓐ

Vorverformungen nach Bild 10.2–5 und Tabelle 10.2–2 für Stäbe von Stabwerken mit unverschieblichen Knotenpunkten.

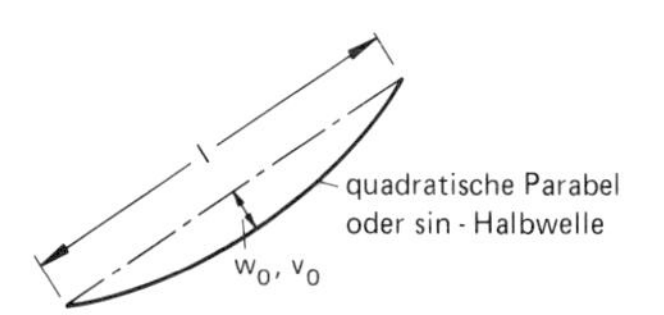

Bild 10.2–5
Vorkrümmung eines Stabes

Tabelle 10.2–2 Stich der Vorkrümmung

	Für Querschnitte, denen folgende Knickspannungslinie gemäß Tabelle 10.2-5 zugeordnet ist 1)	w_0, v_0
1	a	l/500
2	b	l/250
3	c	l/200
4	d	l/140
5	1) Die für hochfeste Stähle in Klammern angegebenen günstigeren Knickspannungslinien dürfen hier nicht angewendet werden	

Fall ⓑ

Vorverformungen nach Bild 10.2–6 für Stäbe, die am verformten Stabwerk (Stab-)Drehwinkel aufweisen können (nicht z. B. für Riegel von Stockwerkrahmen mit horizontal verschieblichen Knoten).

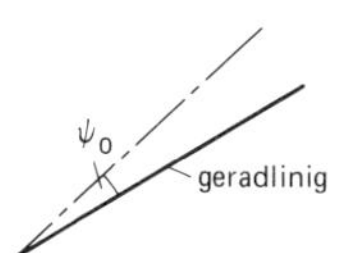

Bild 10.2–6 Vorverdrehung eines Stabes

Die Größe der Vorverdrehung ist im allgemeinen

$$\psi_0 = \frac{1}{150} \tag{10.2–1}$$

In beiden nachfolgend genannten Fällen darf dieser Wert jedoch mit dem Reduktionsfaktor r_1 oder r_2 – ggf. auch mit beiden – multipliziert werden:
Stäbe mit einer Länge $l_i = L > 10$ m, Maste, Türme, Pylone, hohe Stockwerkrahmen, deren Gesamthöhe größer als das 5fache der Gesamtbreite ist, wenn jeweils diese Gesamthöhe $L > 10$ m ist:

$$r_1 = \sqrt{\frac{10}{L\,[\mathrm{m}]}} \tag{10.2–2}$$

Stiele von verschieblichen, orthogonalen Stockwerkrahmen, wenn n-Stiele pro Stockwerk vorhanden sind, wobei Stiele, die keine oder nur eine verhältnismäßig kleine Längskraft übertragen, nicht zählen:

$$r_2 = \frac{1}{2}\left(1 + \frac{1}{n}\right) \tag{10.2–3}$$

Die Reduktion mit r_2 gilt nur für die Vorverformungen in Stockwerksebene.

Kombination von Fall ⓐ *und Fall* ⓑ

Bei Stockwerken mit verschieblichen Knotenpunkten sind für Stäbe mit einer Stabkennzahl $\varepsilon > 1{,}6$ zusätzlich zu den Vorverformungen nach Fall ⓑ auch die Vorverformungen nach Fall ⓐ in ungünstiger Richtung anzusetzen.
Die Vorverformungen sind (bei einachsiger Biegung und Längskraft) in der Stabwerkebene anzusetzen. Bei Stabwerken sind die Vorverformungen so zu kombinieren, daß diese sich der zum niedrigsten Knickeigenwert gehörenden Verformungsfigur möglichst gut anpassen.
Beispiele für die Annahme geometrischer Ersatzimperfektionen findet man im Beiblatt 1 zu [1] und im Kapitel 3 (Baustatik) dieses Handbuches. Dort und in [3] findet man auch nähere Hinweise zur praktischen Berücksichtigung der Vorverformungen bei der statischen Berechnung.
Die anzusetzenden Imperfektionen sind nur zur Vereinfachung der Rechnung als *geometrische Ersatzimperfektionen* angegeben. Das bedeutet, daß sie pauschal auch den Einfluß anderer als geometrischer Imperfektionen (z. B. Eigenspannungen infolge von Walz-, Schweiß- und Richtvorgängen, Werkstoffinhomogenitäten, Querschnittstoleranzen, usw.) in ihrem Einfluß auf die Traglast einer Stahlkonstruktion berücksichtigen sollen. So enthalten z. B. die in Tabelle 10.2–2 angegebenen Werte für w_0 und v_0 einen rein geometrischen Imperfektionsanteil von lediglich l/1000. Der Rest entfällt auf den Einfluß der strukturellen Imperfektionen. Diese sind querschnittsabhängig und herstellungsbedingt und haben bei den Knickspannungskurven *b*, *c* und *d* einen wesentlich größeren Einfluß als die rein geometrischen Abweichungen von der ideal geraden Stabform. Hierauf muß deutlich hingewiesen werden, um zu vermeiden, daß mit zu kleinen Imperfektionen gerechnet wird, mit der Begründung, der Hersteller einer Konstruktion gäbe die Garantie über geringere Fertigungstoleranzen ab. Die in Tabelle 10.2–2 angegebenen Imperfektionswerte sind so festgelegt, daß sie für den Grenzfall des planmäßig mittig belasteten Druckstabes bei Anwendung der Traglasttheorie oder der Fließgelenktheorie II. Ordnung mit ausreichender Genauigkeit zu den gleichen Traglastwerten führen, die sich aus den Europäischen Knickspannungslinien nach Unterabschnitt 10.2.1.4 ergeben [4], [5]. Da bei Anwendung der Elastizi-

tätstheorie wegen der Vernachlässigung der plastischen Reserve noch ein rechnerischer Sicherheitsüberschuß vorhanden ist, dürfen in diesem Fall die Imperfektionswerte auf 75% reduziert werden.
Im Zusammenhang mit den Imperfektionen wird auch noch auf den Einfluß der *Nachgiebigkeit von Verbindungsmitteln,* bzw. Verbindungen hingewiesen.
In [1], Abschnitt 2.4, wird zwischen zwei Gruppen von Verbindungen unterschieden, von denen die erste nur solche Nachgiebigkeiten aufweist, deren Einfluß wegen seiner Geringfügigkeit bei Anwendung der Theorie II. Ordnung für stabilitätsgefährdete Konstruktionen vernachlässigt werden darf (Schweißverbindungen, Nietverbindungen, Paßschraubenverbindungen und GV-Verbindungen, die unter Bemessungslast nicht gleiten), und einer zweiten Gruppe, bei denen der Schlupf zu einer nicht mehr vernachlässigbaren zusätzlichen Verformung führt (rohe Schrauben, SL-Verbindungen, sowie GV-Verbindungen, die unter Bemessungslast wegen ihrer höheren Ausnutzung nicht gleitfest sind). In der statischen Berechnung (bzw. beim Tragsicherheitsnachweis), kann ein Schlupf dieser zuletzt genannten Verbindungsmittel in der Weise berücksichtigt werden, daß z.B. an der Stelle der Verbindung ein zusätzlicher Knickwinkel als Verformungslastfall eingeprägt wird, dessen Vorzeichen allerdings am Ende der Berechnung auf sinnvolle Übereinstimmung mit dem Wirkungssinn des angreifenden Biegemoments überprüft werden muß. Die Größe des anzunehmenden Knickwinkels muß aus der Konstruktion der Verbindung oder des Stoßes durch Einführung eines wirklichkeitsnahen Schlupfmaßes ermittelt werden. Hinweise hierzu kann man aus Kapitel 9 entnehmen.
Liegen für bestimmte Konstruktionsdetails solche Informationen nicht vor, so hat der Ingenieur diese Werte in eigener Verantwortung unter Berücksichtigung der konstruktiven Gegebenheiten (z.B. einschnittige oder zweischnittige Verbindung, Lochspiel, Fertigungsmethode usw.) selbst festzulegen.
Auch elastische Nachgiebigkeiten von Verbindungen – obwohl in [1] nicht erwähnt – können ggf. einen erheblichen traglastmindernden Einfluß haben [6]. Dieser Einfluß läßt sich mit Hilfe von Federwerten (Zahlenangaben findet man in Kapitel 9 und in [6]) in der üblichen Weise bei der statischen Berechnung berücksichtigen (z.B. bei den δ_{ik}-Werten beim Kraftgrößenverfahren oder bei den Steifigkeitswerten beim Drehwinkelverfahren).

10.2.1.3.4 Begrenzung der *b/t*-Verhältnisse von unversteiften Querschnittsteilen

Wird für den Tragsicherheitsnachweis nach [1] bei druck- und schubbeanspruchten Querschnittsteilen die volle Fläche in Rechnung gestellt, so dürfen die max *b/t*-Verhältnisse der Tabelle 10.2–3 bei Stäben ohne Plastizierungen und der Tabelle 10.2–4 bei Stäben mit Plastizierungen nicht überschritten werden. In beiden Tabellen sind die max *b/t*-Verhältnisse in Abhängigkeit von der Lagerungsart und der Stahlsorte angegeben.
Eine Begrenzung der *b/t*-Verhältnisse entsprechend den Tabellen 10.2–3 und 10.2–4 ist erforderlich, um zu verhindern, daß vor Erreichen des beim Tragsicherheitsnachweis zugrunde gelegten Grenzzustandes ein Ausbeulen dieser Querschnittsteile auftritt. Dies führt nämlich in der Regel zu einer Verminderung der aufnehmbaren Schnittgrößen, oder es werden sogar weitere Verformungen des Gesamtsystems – z.B. Biegedrillknickerscheinungen – eingeleitet. Damit wird die wirkliche Tragfähigkeit gegenüber der rechnerischen, die auf diese Erscheinungen keine Rücksicht nimmt, herabgesetzt.
Die Werte der Tabelle 10.2–4, Spalten 4–8, sind darüber hinaus so festgelegt, daß auch im plastischen Bereich – d.h. *nach* Überschreitung der Fließdehnung, wie sie bei der Verdrehung eines Fließgelenks mit ausreichender Rotationskapazität auftritt – kein Beulen der auf Druck oder Schub beanspruchten Querschnittsteile eintritt. Damit weisen alle Walzprofile aus St 37 bei Biegung *ohne* Längskraft (und $Q/Q_{pl} \leq 1/3$), die für die Ausbildung von Fließgelenken notwendigen Mindestdicken auf. Bei Biegung *mit* Längskraft (oder $Q/Q_{pl} \geq 1/3$) können jedoch IPE ≥ 220, HEA ≥ 500 und HEB ≥ 600 nicht ohne Überprüfung der *b/t*-Verhältnisse im Steg verwendet werden. Bei St 52, StE 460 und StE 690 ist immer eine Überprüfung der *b/t*-Verhältnisse – auch in den Flanschen – erforderlich.
Wird ein Tragsicherheitsnachweis nach der Elastizitätstheorie durchgeführt, jedoch an der am höchsten beanspruchten Stelle die plastische Querschnittsreserve voll ausgenutzt (Bildung des 1. Fließgelenks *ohne* Rotation und keine Umlagerung von Schnittgrößen durch Bildung weiterer Fließgelenke), so bestehen keine Bedenken, die Werte von Tabelle 10.2–4 mit dem Faktor 1,2 zu vergrößern. Man erhält dann etwa die *b/t*-Verhältnisse, wie sie in der Schweizer Norm SIA 161 und in einem Entwurf zum Eurocode 3 enthalten sind.
Wenn die angegebenen max *b/t*-Verhältnisse von Tabelle 10.2–3 nicht eingehalten sind, liegen *„dünnwandige Querschnitte"* vor. In diesem Fall sind die Schnittgrößen unter Berücksichtigung des Zusammenwirkens von Knicken und Beulen zu ermitteln. Vereinfachend darf dann das Beulen durch Einführung einer wirksamen Breite gemäß [1], Abschnitt 7, erfaßt werden. Weitere Hinweise findet man in Kapitel 13.

10.2.1.4 Tragsicherheitsnachweise für planmäßig gerade, einteilige, einfeldrige Stäbe

Voraussetzung: Biegedrillknicken nicht maßgebend (s. Unterabschnitt 10.2.2)

Tabelle 10.2–3 max b/t-Verhältnisse für Stabbereiche ohne Plastizierungen

	1	2	3	4	5	6	7	8
	Lagerung	Spannungsverlauf Druck positiv	max $\frac{b}{t}$ allgemein	Beulwerte k_σ bzw. k_τ	max $\frac{b}{t}$ für $\sigma = \beta_S$ bzw. $\tau = \beta_S /\ 3$			
					St 37	St 52	St E 460	St E 690
1	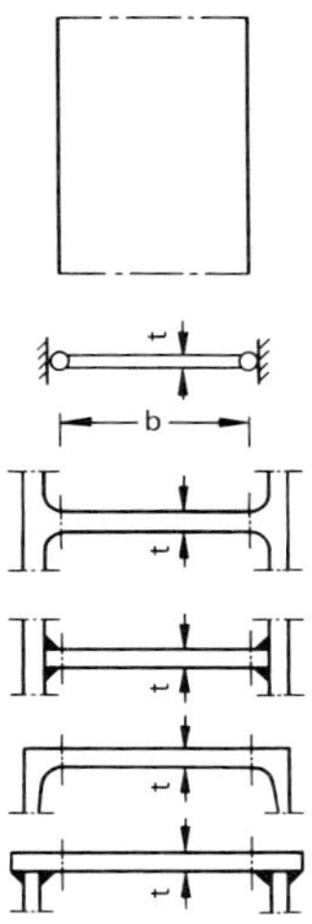	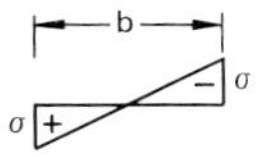	$0{,}665\sqrt{k_\sigma \frac{E}{\sigma}}$	23,9	96	79	69	57
2				7,81	55	45	40	32
3		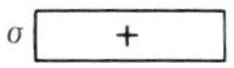		4,00	39	32	28	23
4		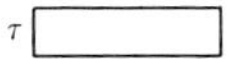	$0{,}506\sqrt{k_\tau \frac{E}{\tau}}$	5,34	46	37	33	27
5	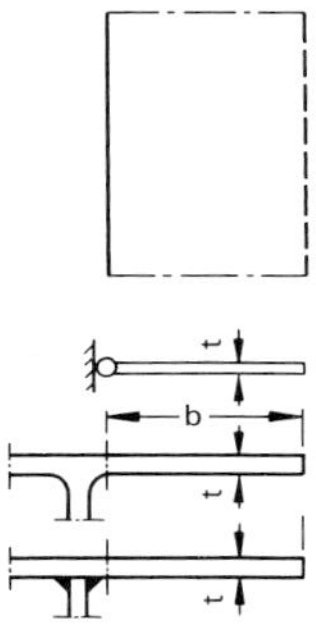	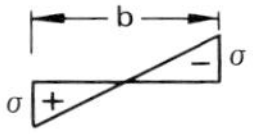	$0{,}665\sqrt{k_\sigma \frac{E}{\sigma}}$	23,8	96	78	69	57
6				1,70	26	21	19	15
7		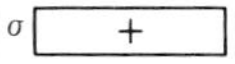		0,43	13	11	9,3	7,6
8				0,57	15	12	11	8,8
9				0,85	18	15	13	11

Tabelle 10.2–4 max b/t-Verhältnisse für Stabbereiche mit Plastizierungen

	1	2	3	4	5	6	7
	Lagerung	Spannungsverlauf (vollplastiziert) Druck positiv	max $\frac{b}{t}$				
			allgemein	St 37	St 52	St E 460	St E 690
1	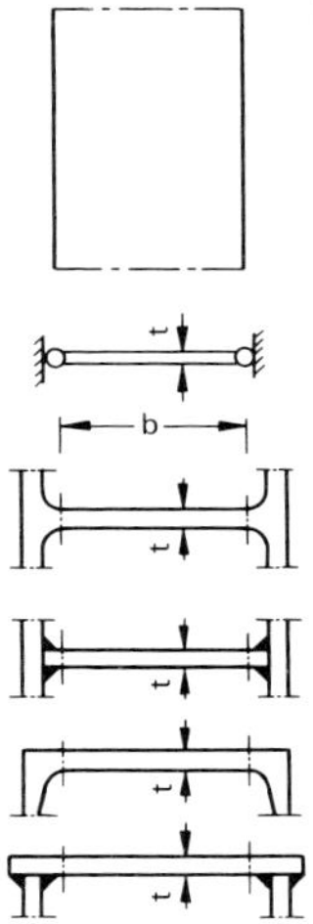	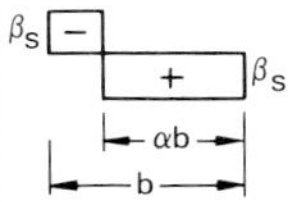	$\frac{1}{\alpha}\sqrt{\frac{E}{\beta_S}}$	$\frac{30}{\alpha}$	$\frac{24}{\alpha}$	$\frac{21}{\alpha}$	$\frac{17}{\alpha}$
2		$\alpha = 1$ 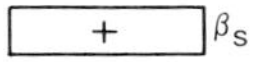	$\sqrt{\frac{E}{\beta_S}}$	30	24	21	17
3		$\alpha = \frac{1}{2}$ 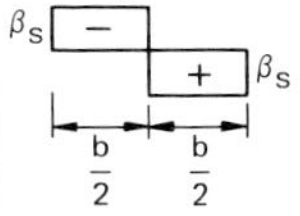	$2\sqrt{\frac{E}{\beta_S}}$	59	48	43	35
4	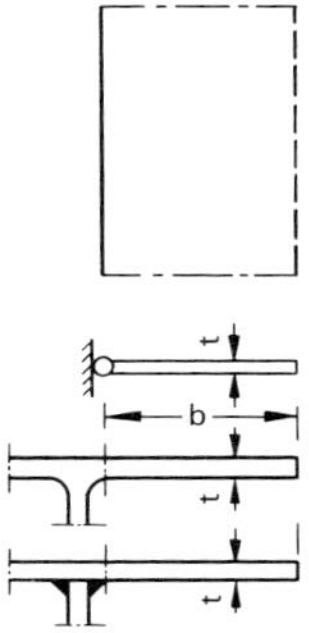	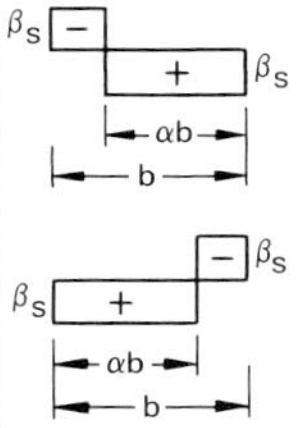	$\frac{0{,}29}{\alpha}\sqrt{\frac{E}{\beta_S}}$	$\frac{8{,}6}{\alpha}$	$\frac{7{,}0}{\alpha}$	$\frac{6{,}2}{\alpha}$	$\frac{5{,}1}{\alpha}$
5		$\alpha = 1$ 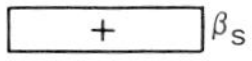	$0{,}29\sqrt{\frac{E}{\beta_S}}$	8,6	7,0	6,2	5,1

10.2.1.4.1 Biegeknicken planmäßig mittig gedrückter Stäbe

Die folgenden Ausführungen gelten für Druckstäbe, die als Einzel-Stützen, Teile *unverschieblicher* Rahmensysteme oder gedrückte Stäbe in Fachwerkkonstruktionen auftreten.
Bei beliebiger, aber unverschieblicher Lagerung der Enden und bei einseitig eingespannten Stäben mit der Knicklänge $s_K \leq 2\,l$*), sowie unveränderlichem Querschnitt und konstanter Längskraft lautet der Tragsicherheitsnachweis:

$$N \leq \varkappa\, N_{pl} \qquad (10.2\text{–}4)$$

Darin bedeuten:

N	Längskraft unter Bemessungslast (γ-fache Gebrauchslast)
$\varkappa$	Abminderungsfaktor in Abhängigkeit von $\bar{\lambda}$ und der Knickspannungslinie aus Bild 10.2–7. Die Zuordnung der Querschnitte zu den Knickspannungslinien *a* bis *d* ist der Tabelle 10.2–5 zu entnehmen
$\bar{\lambda} = \dfrac{\lambda}{\lambda_S} = \sqrt{\dfrac{N_{pl}}{N_{Ki}}}$	bezogener Schlankheitsgrad
$\lambda = \dfrac{s_K}{i}$	Stabschlankheitsgrad (s_K Knicklänge, i Trägheitsradius) (Angaben über Knicklängen findet man z. B. in [1], Abschnitt 5.1, im Beiblatt 1 zu [1] und in [7])
$\lambda_S = \pi \sqrt{\dfrac{E}{\beta_S}}$	Bezugsschlankheit
$N_{pl} = A\,\beta_S$	plastische Längskraft
N_{Ki}	Längskraft im Verzweigungsfall

Der Abminderungsfaktor $\varkappa$ kann auch formelmäßig (insbesondere für den Einsatz programmierbarer Rechner) mit guter Näherung z. B. durch (10.2–5) erfaßt werden:

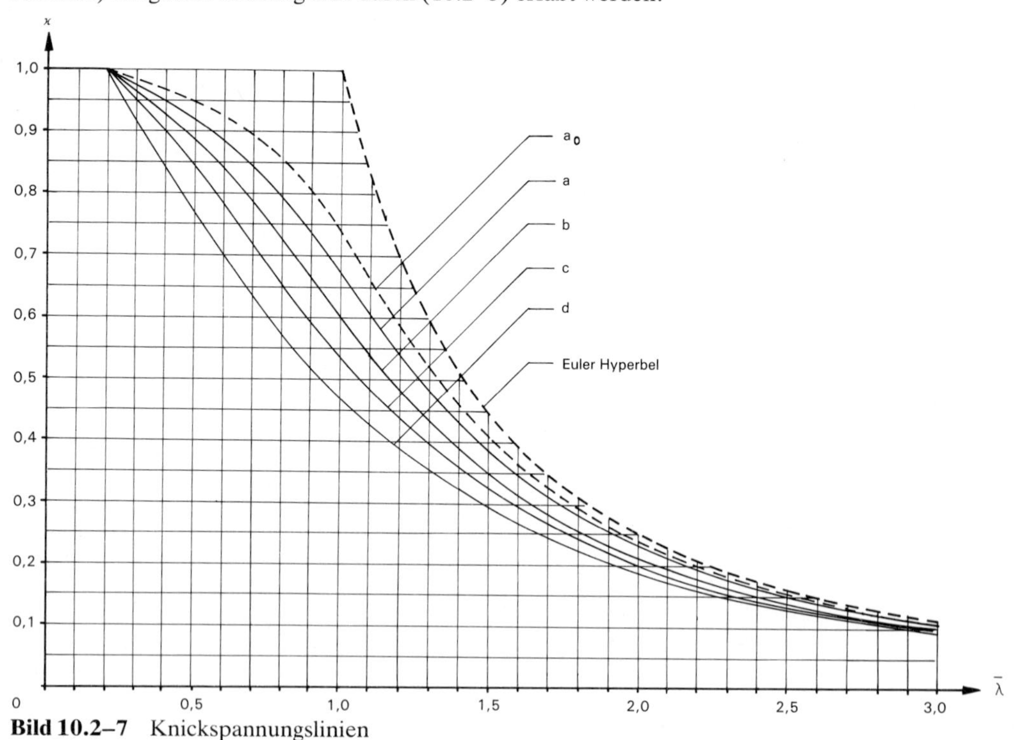

Bild 10.2–7 Knickspannungslinien

*) Eine Beschränkung auf solche Fälle, in denen die Knicklänge kleiner oder höchstens gleich der doppelten Stablänge ist (also eine Beschränkung auf am anderen Stabende freie, gelenkig oder federnd gestützte, sowie starr oder elastisch eingespannte Stäbe) war notwendig, da genauere Traglastuntersuchungen gezeigt haben, daß das übliche Ersatzstabverfahren bei anderen Systemen (z. B. bei eingespannten Stützen mit angehängten oder aufgesetzten Pendelstützen) nicht in allen Fällen zuverlässige Näherungswerte für die Traglast ergibt.

$$\varkappa = \beta - \sqrt{\beta^2 - \frac{1}{\bar{\lambda}^2}} \tag{10.2–5}$$

mit

$$\beta = \frac{1}{2}\left[\frac{1 + \alpha\sqrt{\bar{\lambda}}\,(\bar{\lambda} - 0{,}2)}{\bar{\lambda}^2} + 1\right]$$

$\alpha =$	0,170	0,314	0,412	0,630
für Knickspannungslinie:	*a*	*b*	*c*	*d*

Tabelle 10.2–5 Zuordnung der Querschnitte zu den Knickspannungslinien

	1		2	3
	Querschnitt		Knicken rechtwinklig zur Achse	Knickspannungslinie
1	Hohlprofile 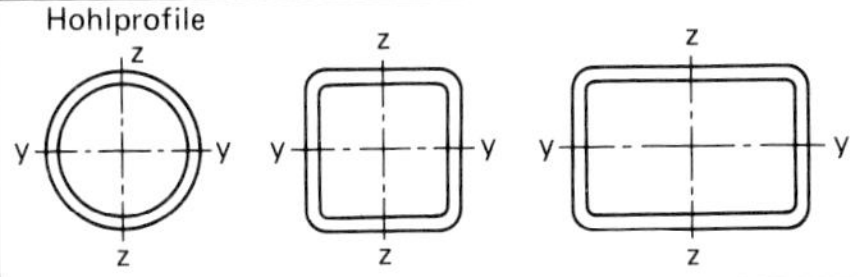		y − y z − z	a
2	geschweißte Kastenquerschnitte 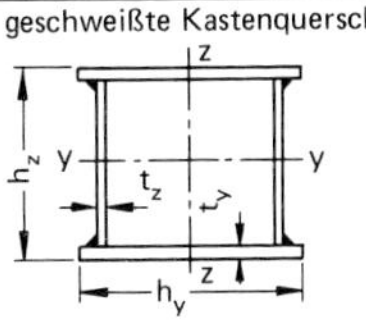		y − y z − z	b
2		dicke Schweißnaht und $h_y/t_y < 30$ $h_z/t_z < 30$	y − y z − z	c
3	gewalzte I-Profile 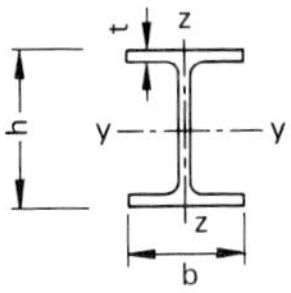	$\frac{h}{b} > 1{,}2$ $t \leq 40$ mm	y − y z − z	a {a_0} b {a}
3		$\frac{h}{b} \leq 1{,}2$ $t \leq 40$ mm	y − y z − z	b (a) c (b)
3		$t > 40$ mm	y − y z − z	d [b] d [c]
4	geschweißte I-Querschnitte 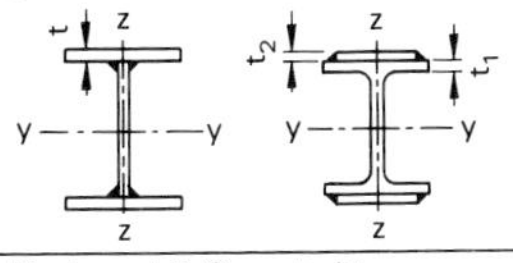	$t_i \leq 40$ mm	y − y z − z	b c
4		$t_i > 40$ mm	y − y z − z	c d
5	U-, L- und T-Querschnitte 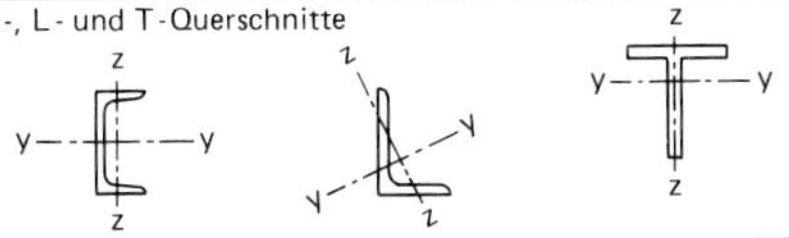		y − y z − z	c
6	Hier nicht aufgeführte Profile sind sinngemäß einzuordnen. Für hochfeste Stähle dürfen die in runden Klammern angegebenen Knickspannungslinien angenommen werden, jedoch nicht für Imperfektionsannahmen nach Tabelle 2.			
7	Nicht im Norm-Entwurf [1] enthaltene Ergänzungen, die jedoch aufgrund neuerer Traglastversuche an der Universität Karlsruhe voraussichtlich in die endgültige Fassung von DIN 18800, Teil 2, aufgenommen werden können: 1. Die Werte in geschweiften Klammern gelten für hochfeste Stähle 2. Die Werte in eckigen Klammern treten anstelle der nebenstehenden			

Die in Bild 10.2–7 dargestellten „Europäischen Knickspannungslinien“ beruhen auf exakten Berechnungen nach der genaueren Traglasttheorie unter Berücksichtigung von geometrischen Imperfektionen mit einem Stich von $l/1000$ sowie zusätzlichen, profilabhängigen Eigenspannungsverteilungen. Sie sind durch statistische Auswertung von mehr als 1000 Knickversuchen der Europäischen Konvention der Stahlbauverbände (EKS – ECCS – CECM) in ihrer Gültigkeit bestätigt worden. Als charakteristischer Versuchswert für den Vergleich mit der theoretischen Traglast für eine bestimmte Stabschlankheit wurde dabei der Mittelwert aus mindestens 20 Versuchen minus der zweifachen Standardabweichung angesehen. Man erhält so experimentell ermittelte Knickspannungslinien, die mit den theoretischen sehr gut übereinstimmen und die statistische Aussage enthalten, daß ihre Werte mit einer 97,75%igen Wahrscheinlichkeit nicht unterschritten werden [8], [9]. Es wird jedoch darauf hingewiesen, daß die in [1] angegebenen Knickspannungslinien sowie Zuordnungsfälle zur Erleichterung der praktischen Anwendung bereits gegenüber den ursprünglichen „Europäischen Empfehlungen für Stahlkonstruktionen" vereinfacht wurden.

Im Prinzip entsprechen die $\varkappa$-Werte den Reziprokwerten der aus der DIN 4114 bekannten ω-Zahlen. Der Traglastnachweis wird jedoch in [1] nicht mehr in Form eines Spannungsnachweises unter Gebrauchslasten verschleiert.

Liegen beim sonst planmäßig mittig gedrückten Stab *kleine Querlasten* gemäß Gl. (10.2–6) vor, so dürfen diese bei Schlankheitsgraden $\lambda \leq 70$ vernachlässigt werden.

$$\frac{q}{g} \leq 1{,}5 \qquad (10.2\text{–}6)$$

mit

g Eigenlast (γ-fach) je Stablängeneinheit

q Querlastkomponente (γ-fach) je Stablängeneinheit rechtwinklig zur Stabachse einschließlich Eigenlastanteil

Für $\lambda > 70$ darf der Einfluß kleiner Querlasten näherungsweise dadurch berücksichtigt werden, daß die Traglast mit dem Faktor

$$k_q = 1 - (0{,}00167 \cdot \lambda - 0{,}11667)\,\frac{i^2}{h}\,[\mathrm{cm}]\,\frac{q}{g} \qquad (10.2\text{–}7)$$

multipliziert wird. Dabei bedeuten

i Trägheitsradius

h Querschnittshöhe

jeweils zur untersuchten Knickrichtung gehörend. Der Tragsicherheitsnachweis lautet demnach:

$$N < k_q \varkappa N_{pl} \qquad (10.2\text{–}8)$$

Bei Stäben mit *beliebiger Lagerung der Enden, veränderlichem Querschnitt und veränderlicher Längskraft* dürfen beim Tragsicherheitsnachweis nach der Elastizitätstheorie und der Fließgelenktheorie, wenn nur bis zum ersten Fließgelenk gerechnet wird, vereinfachend die Biegemomente und Querkräfte aus

$$M = K M^I \qquad Q = K Q^I \qquad (10.2\text{–}9)$$

berechnet werden. Dabei sind M^I und Q^I die infolge der Ersatzimperfektionen gemäß Unterabschnitt 10.2.1.3.3 nach Theorie I. Ordnung ermittelten Schnittgrößen (Gleichgewicht am vorverformten Stab). Der Vergrößerungsfaktor ist aus

$$K = \frac{1}{1 - \dfrac{1}{\eta_{Ki}}} \qquad (10.2\text{–}10)$$

zu bestimmen, wobei η_{Ki} der Quotient aus Verzweigungslast und Bemessungslast (γ-fache Gebrauchslast) ist, wenn die Lasten proportional zueinander gesteigert werden.

Für $\eta_{Ki} \geq 10$ ist hier der Nachweis $N \leq N_{pl}$ für alle Querschnitte ausreichend.

Die Formeln (10.2–9) stellen ein einfaches Näherungsverfahren dar. Werden anstelle der geometrischen Ersatzimperfektionen Ersatzlasten (s. Kap. 3, Baustatik) verwendet, so lassen sich Biegemomente und Querkräfte nach Theorie I. Ordnung leicht mit den üblichen Methoden der Baustatik ermitteln. Der Einfluß der Theorie II. Ordnung wird durch den Vergrößerungsfaktor nach Gleichung (10.2–10) erfaßt. Für dessen Berechnung muß man allerdings die Verzweigungslast für das tatsächliche System mit planmäßig zentrischer Längskraft kennen und ermitteln. Hierfür können z.B. die in Ri 7.6 und Ri 7.7 angegebenen Formeln aus DIN 4114, Blatt 2, sowie andere in der Literatur (z.B. [7]) bekannte Lösungen verwendet werden. Die Anwendung des bekannten Engesser-Vianello-Verfahrens zur Ermittlung der Verzweigungslast ist hier nicht zu empfehlen, da mit dem gleichen Verfahren und Rechenaufwand die Bestimmung der Biegemomente nach Theorie II. Ordnung erfolgen könnte, womit dann der Nachweis in Übereinstimmung mit den Formulierungen des Unterabschnittes 10.2.1.4.2 (bzw. [1], Abschnitt 3.2) geführt würde. Die planmäßige Biegung wäre in diesem Fall durch die anzusetzenden geometrischen Ersatzimperfektionen bzw. Ersatzlasten gegeben.

Zahlenbeispiele

Z 1: Tragsicherheitsnachweis für einen einseitig eingespannten, am anderen Ende gelenkig gelagerten planmäßig mittig gedrückten Stab nach Bild 10.2–8

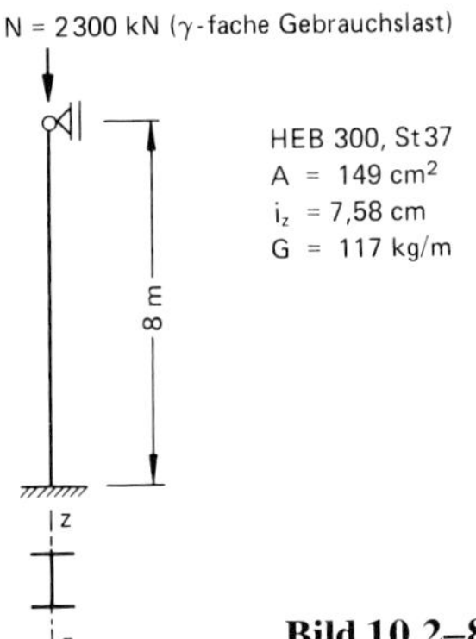

Bild 10.2–8 Stütze, planmäßig mittig gedrückt

$$\lambda = \frac{s_K}{i_z} \simeq \frac{0{,}7 \cdot 800}{7{,}58} = 73{,}9$$

$$\bar{\lambda} = \frac{73{,}9}{92{,}9} = 0{,}80 \quad \text{(s. Tabelle 10.2–1)}$$

Tabelle 10.2–5 ⟶ Knickspannungslinie *c*
Bild 10.2–7 ⟶ $\varkappa = 0{,}654$
Gl. (10.2–4): $\underline{2300\ kN} < 0{,}654 \cdot 149 \cdot 24 = \underline{2339\ kN}$

Z 2: Tragsicherheitsnachweis für einen Druckstab mit kleiner Querlast.
Wie Z 1, jedoch zusätzlich Windlast $w = 2{,}20$ kN/m (mit $\gamma_{HZ} = 1{,}3$).
Mit der Annahme, daß N in Z 1 mit $\gamma_H = 1{,}5$ ermittelt wurde, gilt hier für den Lastfall HZ:

$$N = \frac{1{,}3}{1{,}5} \cdot 2300 = 1993 \text{ kN}$$

$$\frac{q}{g} = \frac{2{,}20}{1{,}3 \cdot 1{,}17} = 1{,}45 < 1{,}5 \quad \text{(Gl. (10.2–6) erfüllt)}$$

$$k_q = 1 - (0{,}00167 \cdot 73{,}9 - 0{,}11667)\,\frac{7{,}58^2}{30} \cdot 1{,}45 = 0{,}981$$

Gl. (10.2–8): $\underline{1993\ kN} < 0{,}981 \cdot 2339 = \underline{2295\ kN}$

10.2.1.4.2 Biegeknicken von Stäben mit planmäßig einachsiger Biegung und Längsdruckkraft
Voraussetzung: Biegedrillknicken nicht maßgebend (s. Unterabschnitt 10.2.2).

Der Fall *planmäßig einachsiger Biegung und Längsdruckkraft* ist neben dem Fall der planmäßig zentrischen Druckkraft der häufigste Bemessungsfall des Stahlbaus. Bevor man einen Tragsicherheitsnachweis führt, sollte man sich die Nachweismöglichkeiten klar vor Augen führen, um für den jeweiligen Fall den Nachweis mit dem kleinstmöglichsten Rechenaufwand (ohne Sicherheitsrisiko) auszuwählen. Scheidet man das genaue Traglastverfahren (mit Ausbreitung der Fließzonen) aus – es sei denn, es liegen hierfür veröffentlichte Ergebnisse oder preiswerte und leicht zugängliche Computerprogramme vor – so bleiben für die praktische Anwendung folgende (nach dem Schwierigkeitsgrad, bzw. Rechenaufwand geordnet) 4 Nachweismöglichkeiten:

1. *Elastizitätstheorie I. Ordnung;* bei unverschieblicher Lagerung der Stabenden zulässig für

$$\varepsilon = l\sqrt{\frac{N}{EI}} \leq 1 \quad \text{bzw.} \quad \eta_{Ki} = \frac{N_{Ki}}{N} \geq 10$$

Nachweis: vorh. $\sigma = \dfrac{N}{A} + \dfrac{M}{W} \leq \beta_S$ (10.2–11)

N und M nach *Theorie I. Ordnung* unter *Bemessungslast* (γ-fache Gebrauchslast *ohne* geometrische Ersatzimperfektionen ermittelt!).
Die Streckgrenze β_S darf örtlich überschritten werden, wenn die Interaktionsbedingungen für die vollplastischen Schnittgrößen eingehalten sind und keine Fließgelenkverdrehungen im Feldbereich auftreten. D.h. die Schnittgrößen werden „elastisch" berechnet. (Daher wird hier dieser Nachweis auch nicht der Fließgelenktheorie zugeordnet.) Es lautet dann z.B. der bei einem Stab mit doppeltsymmetrischem I-Querschnitt und $Q/Q_{Pl} \leq {}^1/_3$ mit Hilfe der vereinfachten linearisierten Interaktionsbedingung (s. Kap. 3, Baustatik; bzw. Beiblatt 1 zu [1], Tabelle 1, dort auch weitere Interaktionsformeln für andere Querschnitte und $Q/Q_{Pl} > {}^1/_3$) zu führende

Nachweis: $$\frac{N}{N_{Pl}} + \frac{M}{1{,}1 \cdot M_{Pl}} \leq 1 \qquad (10.2\text{–}12)$$

2. *Fließgelenktheorie I. Ordnung;* bei unverschieblicher Lagerung der Stabenden zulässig für

$$\varepsilon = l\sqrt{\frac{N}{EI}} \leq 0{,}25$$

Nachweis: Gl. (10.2–12) oder entsprechende Interaktionsbedingung.
N und M nach *Fließgelenktheorie I. Ordnung* unter *Bemessungslast* (γ-fache Gebrauchslast) oder *im Traglastzustand ohne* geometrische Ersatzimperfektionen ermittelt! (S. Kap. 3, Baustatik.)

3. *Elastizitätstheorie II. Ordnung;* stets zulässig
Nachweis: Gl. (10.2–11).
Jedoch N und M nach *Theorie II. Ordnung* unter *Bemessungslast* (γ-fach Gebrauchslast) *mit* geometrischen Ersatzimperfektionen ermittelt! (S. Kap. 3, Baustatik.)
Für die in der Praxis am häufigsten vorkommenden Belastungsfälle findet man geschlossene Lösungen für die Schnittgrößen nach Theorie II. Ordnung z.B. in Kap. 3, Baustatik, in den Tabellen 3 bis 6 des Beiblatts 1 zu [1] und in [7]. Bei ihrer Anwendung ist der Rechenaufwand i.a. nicht größer, als für den nach DIN 4114, Abschnitt 10, geforderten *Doppelnachweis* (bzw. Dreifachnachweis bei einfachsymmetrischen Querschnitten) bei Anwendung des ω-Verfahrens.
Es bestehen bei Einzelstäben auch keine Bedenken, näherungsweise die sogenannten „Dischinger-Formeln" zur Ermittlung der Schnittgrößen zu verwenden, wenn – zumindest näherungsweise – Ort und Vorzeichen für das maximale Moment nach Theorie II. Ordnung mit Ort und Vorzeichen für das maximale Moment nach Theorie I. Ordnung und die zugeordneten Durchbiegungen (auch der Richtung nach) mit der Verformungsfigur des Verzweigungsproblems zusammenfallen. Die gegenüber (10.2–9) und (10.2–10) wegen $\delta \neq 0$ verschärfte Formel für die statische Größe S (z.B. M, Q, w) lautet dann:

$$S = S^I \frac{\eta_{Ki} + \delta}{\eta_{Ki} - 1} \qquad (10.2\text{–}13)$$

Hierbei sind neben den planmäßigen Querlasten auch die geometrischen Ersatzimperfektionen (am besten in Form von Ersatzlasten – s. Kap. 3, Baustatik –) zu berücksichtigen. Auf die Gültigkeit des *linearen Superpositionsgesetzes* auch bei Theorie II. Ordnung, wenn in den Teillastfällen die für den Überlagerungslastfall gültigen Werte für N, ε oder η_{Ki} eingesetzt werden, wird ausdrücklich hingewiesen (s. Kap. 3, Baustatik).

Tabelle 10.2–6 Dischinger-Faktoren δ für Gl. (10.2–13)

		δ (für Biegemoment)
		+0,273
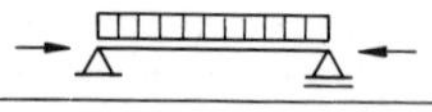		+0,032
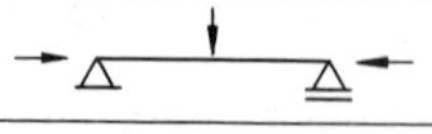		−0,189
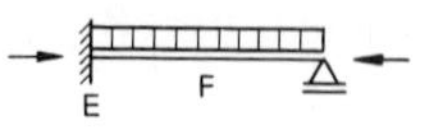 E F	F	+0,121
	E	−0,382
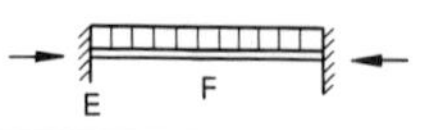 E F	F	+0,216
	E	−0,392
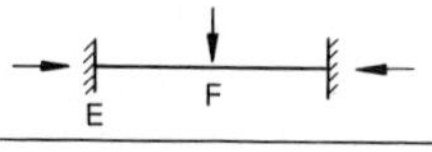 E F	F	−0,189
	E	−0,189

Der Korrekturfaktor δ kann aus Tabelle 10.2–6 entnommen werden.
Auch hier darf β_S örtlich überschritten werden, wenn die Interaktionsbedingungen für die vollplastischen Schnittgrößen eingehalten sind und keine Fließgelenkverdrehungen im Feld auftreten (s. Pkt. 1 Elastizitätstheorie I. Ordnung).
Eine Reduktion der Imperfektionen auf 75% wie bei rein elastischer Beanspruchung ist dann jedoch nicht zulässig.
Nachweis: Gl. (10.2–12) oder entsprechende Interaktionsbedingungen.

4. *Fließgelenktheorie II. Ordnung;* stets zulässig
Nachweis: Gl. (10.2–12) oder entsprechende Interaktionsbedingungen.

Alternativ: Traglast ≥ Bemessungslast (10.2–14)

N und M nach *Fließgelenktheorie II. Ordnung* unter *Bemessungslast* (γ-fache Gebrauchslast) oder im Traglastzustand *mit* geometrischen Imperfektionen ermittelt! (siehe Kap. 3, Baustatik.)
Eine Berechnung nach der Fließgelenktheorie II. Ordnung erfordert vertiefte Kenntnisse in der Baustatik. Ein gründliches Studium von Kapitel 3 sowie der einschlägigen neueren Fachliteratur (z. B. [9], [10], [11]) wird dringend empfohlen.
Einige geschlossene Lösungen für die nach Fließgelenktheorie II. Ordnung ermittelten Schnittgrößen eines Einzelstabes findet man in Tabelle 7 des Beiblattes 1 zu [1].
Im folgenden werden ergänzend – z. T. auch wiederholend – zu Kapitel 3 noch einige wichtige Hinweise im Zusammenhang mit dem Normentwurf gegeben:
Nach der Fließgelenktheorie werden die plastischen Verformungsanteile ausschließlich in Fließgelenken in Form von Knickwinkeln berücksichtigt, d. h. die Stäbe werden außerhalb der Fließgelenke hinsichtlich ihres Verformungsverhaltens als elastisch angenommen.
Ein Fließgelenk kann als ein Gelenk mit Reibung (ähnlich einer Drehrutschkupplung) angesehen werden. Einer Gelenkverdrehung wird also ein konstanter Widerstand von der Größe des aufnehmbaren vollplastischen Momentes (ggf. abgemindert durch den Einfluß von Quer- und Längskraft) entgegengesetzt. Demnach handelt es sich bei der in einem Fließgelenk geleisteten Arbeit (Moment × Knickwinkel) – wie allgemein bei einer Reibungsarbeit – um eine Dissipations-Energie. Diese kann nicht wie eine elastische Formänderungsenergie – z. B. durch Zurückfedern der Konstruktion in die Ausgangslage – nach Entfernen der äußeren Belastung zurückgewonnen werden. Sie wird in Wärme umgesetzt. Daher bleiben in einem Fließgelenk aufgetretene (plastische) Knickwinkel i. d. R. in voller Größe erhalten.

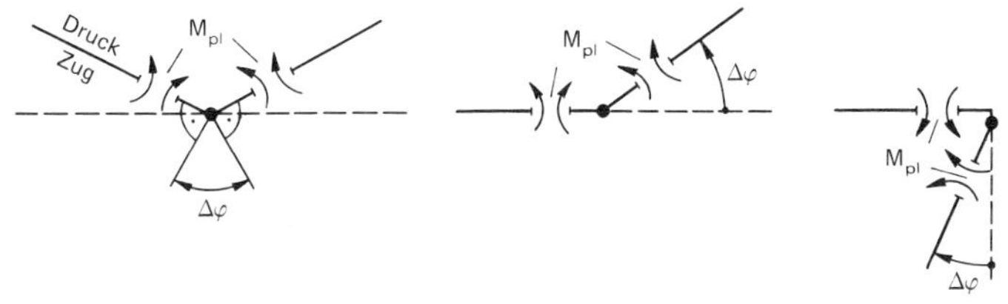

Bild 10.2–9 Richtungssinn von M_{pl} und $\Delta\varphi$ am Fließgelenk

Wenn somit bei einer Gelenkverdrehung $\Delta\varphi$ stets ein innerer Widerstand überwunden werden muß, ist auch anschaulich klar, daß der Wirkungssinn der Gelenkschnittgröße stets Bild 10.2–9 entsprechen muß. Dies ist ein wichtiger Hinweis für die Überprüfung der Richtigkeit einer statischen Untersuchung nach der Fließgelenktheorie.
Das Tragvermögen der Fließgelenke wird durch Interaktionsbedingungen beschrieben. Diese Interaktionsbedingungen sind stets querschnittsbezogen; sie legen alle Schnittgrößenkombinationen fest, für die die Tragfähigkeit des Querschnitts eingehalten ist. Die Interaktionsbedingungen müssen in allen Querschnitten des Tragwerks erfüllt sein. In den Fließgelenken ist der Grenzfall voller Querschnittsplastizierung erreicht, es gilt dann das = -Zeichen in den Interaktionsbedingungen.
Wenn keine Torsionsmomente auftreten, dürfen die auf vereinfachenden Annahmen beruhenden Interaktionsbedingungen in Beiblatt 1 zu [1], Tabelle 1 und 2 sowie Bild 1 und 2, verwendet werden. Liegen an der betreffenden Stelle im Zugbereich Querschnittsschwächungen vor, so müssen diese berücksichtigt werden. Dies kann i. d. R. dadurch erfolgen, daß für die Interaktionsbedingungen die Nettofläche des entsprechenden Querschnittsteils angesetzt wird.
Bei Einzelstäben sind die Längskräfte i. d. R. bekannt oder aus den äußeren Lasten leicht exakt berechenbar. In den meisten anderen Fällen lassen sich die Längskräfte verhältnismäßig leicht über vereinfachte Gleichgewichtsbedingungen abschätzen und als bekannte Größen in die Rechnung einführen, die im übrigen relativ unempfindlich gegen Abschätzungsfehler bei den Längskräften ist. Die Theorie

II. Ordnung wird dann ebenso wie die Theorie I. Ordnung (sowohl beim Weggrößenverfahren als auch beim Kraftgrößenverfahren oder bei gemischten Verfahren) in den einzelnen Berechnungsabschnitten linear. Bei diesem Nachweis muß dann gezeigt werden, daß der errechnete Gleichgewichtszustand unter der Bemessungslast auf dem ansteigenden Ast der Lastverformungskurve liegt, d.h. stabil ist (z.B. Nennerdeterminante positiv).
Wenn der zur betreffenden Biegeachse gehörende Formbeiwert des Querschnitts $\alpha_{pl} = W_{pl}/W \leq 1{,}24$ ist, darf die in Bild 10.2–10 ⓐ dargestellte Beziehung für das Biegemoment M und den Knickwinkel $\Delta\varphi$ im Fließgelenk zugrunde gelegt werden.
Besitzen die Querschnitte eine größere plastische Reserve (z.B. Walzprofile bei Biegung um die schwache Achse), so kann diese Annahme bezüglich der wahren Verformungen des Systems – und damit der Traglast bei Theorie II. Ordnung – zu weit auf der unsicheren Seite liegen. Deshalb ist in solchen Fällen zur Vermeidung größerer Unsicherheiten alternativ wie folgt vorzugehen:
1. Die M-$\Delta\varphi$-Beziehung nach Bild 10.2–10 ⓐ wird beibehalten; die nach der Fließgelenktheorie erhaltene „Traglast" ist um 15% zu ermäßigen oder die Bemessungslast (γ-fache Gebrauchslast) um 18% zu erhöhen.
2. Es wird die modifizierte M-$\Delta\varphi$-Beziehung nach Bild 10.2–10 ⓑ zugrunde gelegt, nach der ein linearer Ast zwischen dem Biegemoment bei Erreichen der Fließgrenze β_S und dem bei voller Querschnittsplastizierung an der Stelle $\Delta\varphi = 0{,}01$ eingeschaltet wird.

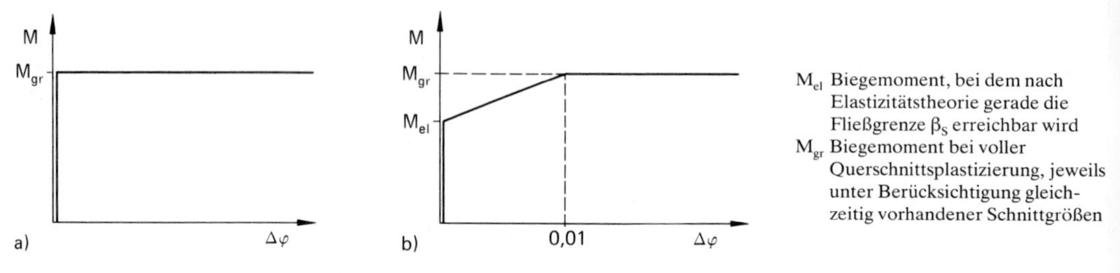

Bild 10.2–10 Beziehung für Biegemoment M und Knickwinkel $\Delta\varphi$ im Fließgelenk

Verwendet man die so modifizierte M-$\Delta\varphi$-Beziehung, so empfiehlt es sich, bei der Berechnung unter Bemessungslast zunächst in allen Fließgelenken das Erreichen von M_{gr} vorauszusetzen. Dann prüft man nach, wie groß die Knickwinkel in den Fließgelenken sind. Treten nur Knickwinkel größer als 0,01 auf, so ist eine Korrektur der Traglastuntersuchung nicht erforderlich. Liegen an einzelnen Stellen die Werte jedoch unter 0,01 (vielfach wird das nur am letzten, allenfalls noch am vorletzten der sich ausbildenden Fließgelenke der Fall sein), so ist das an diesen Fließgelenken vorausgesetzte Grenzmoment unter Bemessungslast noch nicht erreicht, und es wird eine Korrektur notwendig. Eine genauere Berechnung, bei der dann an diesen Fließgelenken, entsprechend Bild 10.2–10 ⓑ, eine zusätzliche Gelenkverdrehung eingeführt werden muß, ist recht aufwendig. Es empfiehlt sich daher, die geringfügig auf der sicheren Seite liegende Annahme zu treffen, daß an diesen Stellen das Grenzmoment gleich M_{el} ist.
In diesem Zusammenhang wird darauf hingewiesen, daß die Formeln in den Tabellen 4, 5 und 6 des Beiblattes 1 zu [1], die auch für die Fließgelenktheorie II. Ordnung in den elastischen Stabbereichen verwendet werden können, u.a. den „Lastfall" Knickwinkel $\Delta\varphi$ enthalten (s.a. Kapitel 3, Baustatik).

Zahlenbeispiele

Tragsicherheitsnachweise für einen Träger mit planmäßiger einachsiger Biegung und Längskraft nach Bild 10.2–11.

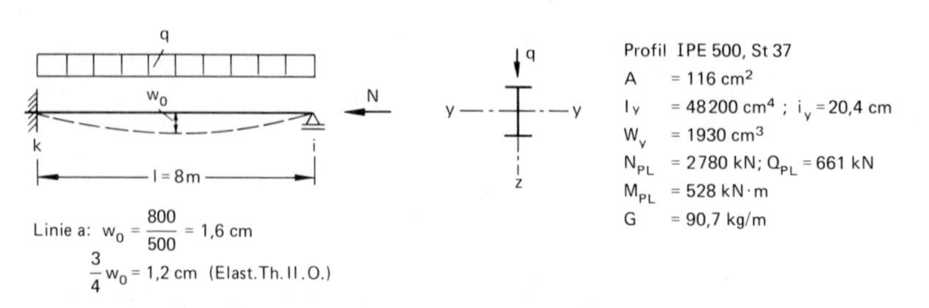

Bild 10.2–11 Seitlich (in y-Richtung) gehaltener Träger mit Querlast, Längskraft und Imperfektion

Biegedrillknicken ist nicht maßgebend, da der Träger seitlich gehalten ist.

Z 3: *q = 40 kN/m; N = 1000 kN* (Bemessungslasten)

$$\varepsilon = 800\sqrt{\frac{1000}{21\,000 \cdot 48\,200}} = 0{,}795 < 1$$

Tragsicherheitsnachweise nach Elastizitätstheorie I. Ordnung ohne Imperfektionen:

$$\max M = M_k = \frac{q\,l^2}{8} = \frac{40 \cdot 8^2}{8} = 320 \text{ kN m}$$

Gl. (10.2–11): vorh. $\sigma = \frac{1000}{116} + \frac{32\,000}{1930} = 25{,}20 \text{ kN/cm}^2 > \beta_S = 24 \text{ kN/cm}^2$

Wegen örtlicher Spannungsüberschreitung wird Gl. (10.2–12) angewendet:

Gl. (10.2–12): $\frac{1000}{2780} + \frac{320}{1,1 \cdot 528} = 0{,}91 < 1 \rightarrow$ <u>*Profil ausreichend*</u>

$(Q/Q_{pl} = 0{,}625 \cdot 40 \cdot 8/661 = 0{,}303 < {}^1/_3)$

Z 4: *q = 80 kN/m; N = 85 kN* (Bemessungslasten)

$$\varepsilon = 800\sqrt{\frac{85}{21\,000 \cdot 48\,200}} = 0{,}232 < 0{,}25$$

Tragsicherheitsnachweis nach Fließgelenktheorie I. Ordnung ohne Imperfektionen:

Beim einseitig eingespannten, am anderen Ende frei aufliegenden Träger gilt für die Traglast $q_T = 11{,}6 \cdot M_{pl}/l^2$. M_{pl} ist ggf. infolge Q und N abzumindern. Max Q an der Stelle k ist wegen Schnittgrößen-Umlagerung nach Bildung des 1. Fließgelenks in k sicher kleiner als nach der Elastizitätstheorie:

$Q < 0{,}625 \cdot 80 \cdot 8 = 400 \text{ kN}$

$$\left.\begin{array}{l} Q/Q_{pl} < 400/661 = 0{,}605 \\ N/N_{pl} = 85/2780 = 0{,}031 < 1/11 \end{array}\right\} \rightarrow \frac{M}{M_{pl}} + 0{,}45\,\frac{Q}{Q_{pl}} \leq 1{,}15 \qquad \text{(Beiblatt 1 zu [1], Tabelle 1)}$$

d.h.: aufnehmbar $M_{pl,Q} = M_{pl}(1{,}15 - 0{,}45\,Q/Q_{pl})$

$= 528\,(1{,}15 - 0{,}45 \cdot 0{,}605) = 463 \text{ kN}$

Nachweis: $q_T = 11{,}62 \cdot 463/8^2 = 84 \text{ kN/m} > 80 \rightarrow$ <u>*Profil ausreichend.*</u>
(Der Nachweis liegt auf der sicheren Seite, da beim 2. Fließgelenk im Feld wegen $Q = 0$ keine Abminderung von M_{pl} erforderlich.)

Z 5: *q = 11 kN/m; N = 2000 kN* (Bemessungslasten)

$$\varepsilon = 800\sqrt{\frac{2000}{21\,000 \cdot 48\,200}} = 1{,}125 > 1$$

Tragsicherheitsnachweis nach Elastizitätstheorie II. Ordnung mit Imperfektionen:

$$q^* = q + \frac{8\,N\,w_0}{l^2} = 11 + 8 \cdot 2000 \cdot 0{,}012/64 = 11 + 3 = 14 \text{ kN/m}$$

Aus Tabelle 7, Zeile 2, im Beiblatt 1 zu [1] erkennt man, daß im Bereich $\varepsilon < \pi = 3{,}14$ im elastischen Bereich max M in k auftreten muß, da sich dort das 1. Fließgelenk bildet. Aus Tabelle 5, Zeile 1, im Beiblatt 1 zu [1] entnimmt man:

$$\max M = q^*\,l^2\,\frac{\frac{\tan \varepsilon/2}{\varepsilon} - \frac{1}{2}}{1 - \frac{\varepsilon}{\tan \varepsilon}} = 14 \cdot 8^2\,\frac{\frac{\tan 1{,}125/2}{1{,}125} - 0{,}5}{1 - \frac{1{,}125}{\tan 1{,}125}} = \frac{14 \cdot 8^2}{7{,}657} = 117 \text{ kN m}$$

Gl. (10.2–11): vorh. $\sigma = \frac{2000}{116} + \frac{11\,700}{1930} = 23{,}30 \text{ kN/cm}^2 < 24 \text{ kN/cm}^2 \rightarrow$ <u>*Profil ausreichend*</u>

(Überprüfung von Q nicht erforderlich, vgl. Z 6).

Z 6: $q = 22\ kN/m;\ N = 2000\ kN$ (Bemessungslasten)

Wegen annähernd zweifacher Querlast q^* gegenüber Z 5 gelingt der Nachweis ausreichender Tragsicherheit nach Gl. (10.2–11) nicht. Es wird daher die
Fließgelenktheorie II. Ordnung mit Imperfektionen angewandt:

$$q^* = 22 + 8 \cdot 2000 \cdot 0{,}016/64 = 22 + 4 = 26\ \text{kN/m}$$

Annahme: $Q/Q_{pl} \leq 1/3$. Damit kann das aufnehmbare $M_{pl,N}$ nach der Interaktionsbeziehung (10.2–12) bestimmt werden:

$$M_{pl,N} = 1{,}1 \cdot M_{pl}(1 - N/N_{pl}) = 1{,}1 \cdot 528\,(1 - 2000/2780) = 163\ \text{kN m}$$

Nach Beiblatt 1, Tabelle 7, Zeile 2, zu [1] ergibt sich für das Biegemoment an den Fließgelenkstellen im Traglastzustand:

$$M_k = \left(\frac{\dfrac{\sin \varepsilon/2}{\varepsilon}}{\sqrt{0{,}5} + \cos \varepsilon/2} \right)^2 q_T^* \cdot l^2$$

Der Tragsicherheitsnachweis ist demnach erfüllt (d.h. $q_T^* > q^*$), wenn für q^* die Beziehung $M_k \leq M_{pl,N}$ erfüllt ist:

$$M_k = \left(\frac{\dfrac{\sin 1{,}125/2}{1{,}125}}{\sqrt{0{,}5} + \cos 1{,}125/2} \right)^2 \cdot 26 \cdot 8^2 = 155\ \text{kN m} < 163\ \text{kN m} \rightarrow \underline{\textit{Profil ausreichend}}$$

Überprüfung von Q/Q_{pl}: Nach Beiblatt 1, Tabelle 7, Zeile 2, zu [1] gilt:

$$Q_k = \frac{\dfrac{\sin 1{,}125/2}{1{,}125/2}}{\sqrt{0{,}5} + \cos 1{,}125/2} \cdot 26 \cdot 8 = 0{,}610 \cdot 26 \cdot 8 = 127\ \text{kN}$$

$$Q/Q_{pl} = 127/661 = 0{,}19 < 1/3$$

10.2.1.5 Tragsicherheitsnachweise für planmäßig gerade, mehrteilige, einfeldrige Stäbe mit unveränderlichem Querschnitt und konstanter Längskraft

10.2.1.5.1 Allgemeines

Mehrteilige Stäbe werden entweder als *Gitterstab* oder als *Rahmenstab* ausgebildet (s. Bild 10.2–12).
Bei den Querschnitten mehrteiliger Stäbe ist zwischen *Stoffachsen* und *stofffreien Achsen* zu unterscheiden. Eine Stoffachse ist eine Hauptachse, die durch sämtliche Einzelstabquerschnitte verläuft, z. B. z-Achse in Tabelle 10.2–7, Zeile 1. Stofffreie Achsen sind Hauptachsen, die rechtwinklig zu Querverbänden verlaufen und i.d.R. keine Einzelstabquerschnitte treffen, z.B. y-Achse in Tabelle 10.2–7, Zeile 1, oder y-, z-Achsen in Tabelle 10.2–7, Zeile 4.

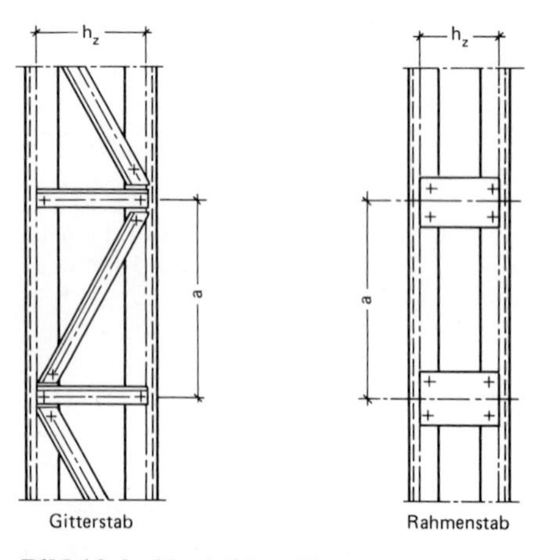

Bild 10.2–12 Mehrteilige Stäbe

Tabelle 10.2–7 Stabgruppen mehrteiliger Stäbe

	1	2	3	4
1	Stabgruppe 1a: Mehrteilige Stäbe, deren Querschnitte mindestens eine Stoffachse haben.	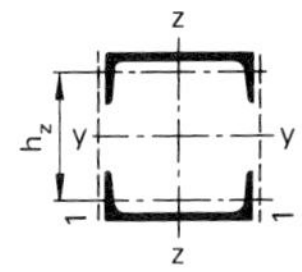 r = 2	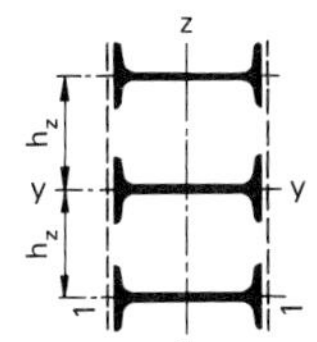 r = 3	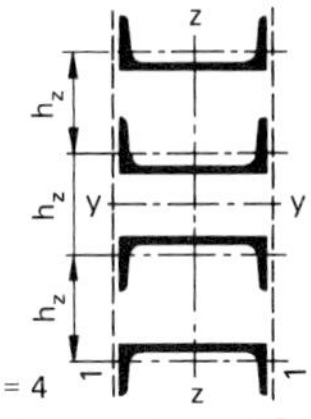 r = 4
2	Stabgruppe 1b: Mehrteilige Stäbe, deren Querschnitte eine Stoffachse haben und bei denen der lichte Abstand der Einzelstäbe nicht oder nur wenig größer ist, als die Dicke des Knotenbleches.	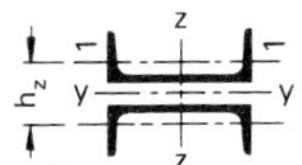 r = 2	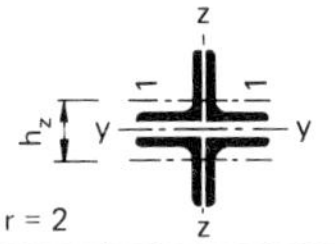 r = 2	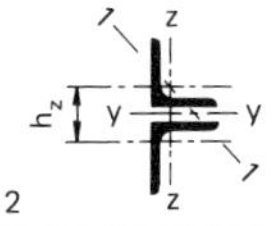 r = 2
3	Stabgruppe 2: Mehrteilige Stäbe aus zwei übereck gestellten Winkelstählen.	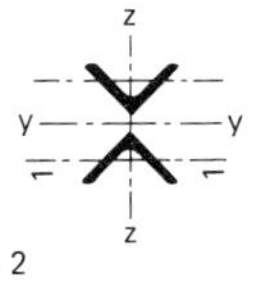 r = 2	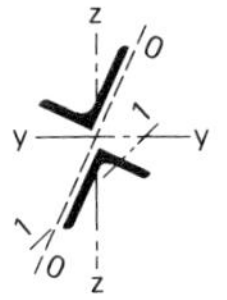 r = 2	
4	Stabgruppe 3: Mehrteilige Stäbe, deren Querschnitte keine Stoffachse haben.	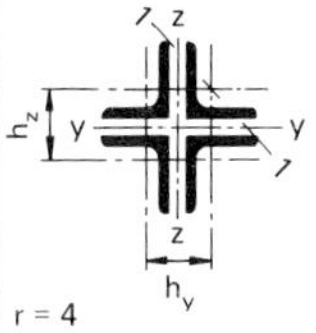 r = 4	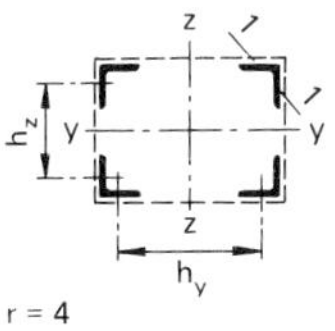 r = 4	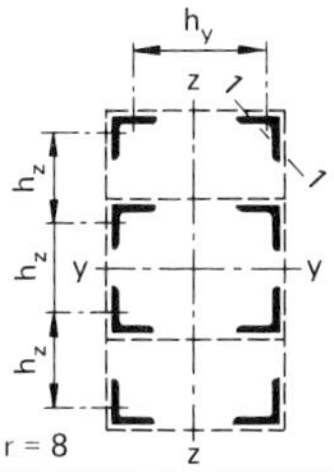 r = 8

10.2.1.5.2 Biegeknicken rechtwinklig zur Stoffachse

Mehrteilige Stäbe sind für das Ausknicken rechtwinklig zur Stoffachse wie einteilige Stäbe nach Unterabschnitt 10.2.1.4 zu berechnen. Diese Forderung scheint selbstverständlich zu sein; verhält sich doch bezüglich des Ausknickens rechtwinklig zur Stoffachse ein Stab mit einem Querschnitt z. B. nach Tabelle 10.2–7, Zeile 1, Spalte 3, augenscheinlich genauso wie drei nebeneinander gestellte, jedoch nicht miteinander verbundene Einzelstäbe, die – von Imperfektionen abgesehen – unter der kritischen Last gleichzeitig und mit gleichen Verformungen ausknicken werden. Dies ist jedoch nicht der Fall bei den Querschnittstypen, deren Einzelstäbe einen nicht doppeltsymmetrischen Querschnitt (z. B. [-Profile) besitzen, da diese Stäbe als Einzelstäbe kein reines Biegeknicken rechtwinklig zur Stoffachse aufweisen können, sondern durch Biegedrillknicken versagen würden. Hier sind also die Vergitterungen oder Bindebleche erforderlich, um beim Gesamtstab den Fall des Biegeknickens zu erzwingen. Aus diesem Grund müssen bei solchen mehrteiligen Stäben die Forderungen nach Unterabschnitt 10.2.1.5.5 über die bauliche Ausbildung auch dann eingehalten werden, wenn wegen entsprechender konstruktiver Gegebenheiten (z. B. Verbände oder Wände) ein Ausknicken rechtwinklig zur stofffreien Achse nicht möglich ist.

10.2.1.5.3 Biegeknicken rechtwinklig zur stofffreien Achse

Für die Ausführungen dieses Unterabschnittes wird angenommen, daß die y-Achse des Gesamtquerschnittes die stofffreie Achse ist. Besitzt der Gesamtquerschnitt zwei stofffreie Achsen y und z, so gelten nachstehende Angaben sinngemäß auch für die z-Achse.

Mehrteilige durch planmäßig mittigen oder außermittigen Druck oder durch Querlasten beanspruchte Stäbe können ersatzweise wie einteilige Stäbe behandelt werden, bei denen zusätzlich die Querkraftverformungen berücksichtigt werden. Diese werden nachstehend als *Ersatzstäbe* bezeichnet. An den Ersatzstäben sind zunächst die Schnittgrößen unter der Bemessungslast (γ-fache Gebrauchslast), nach Theorie II. Ordnung zu ermitteln. Aus diesen sind dann die Schnittgrößen für die Einzelglieder (Gurtstäbe, Füllstäbe, Bindebleche) zu berechnen und damit die erforderlichen Tragsicherheitsnachweise zu führen.

Bezeichnungen

N	Längskraft des mehrteiligen Stabes
r	Anzahl der einzelnen Gurte (vgl. Tabelle 10.2–7)
l	Systemlänge des mehrteiligen Stabes
h_y, h_z	Spreizung der Gurtstäbe, von deren Schwerlinie aus gerechnet (vgl. Tabelle 10.2–7)
a	Länge des Gurtstabes zwischen zwei Knotenpunkten
A_G	ungeschwächte Querschnittsfläche eines Gurtes
$A = \Sigma A_G$	ungeschwächte Querschnittsfläche eines mehrteiligen Stabes
A_D	ungeschwächte Querschnittsfläche *eines* Diagonalstabes aus dem Fachwerkverband
i_1	kleinster Trägheitsradius des Querschnittes eines einzelnen Gurtes
M_y	Biegemoment des Ersatzstabes um die stofffreie Achse y
$I_{y,\,G}$	Trägheitsmoment eines Gurtquerschnittes um seine zur stofffreien y-Achse parallele Schwerachse
z_s	Schwerpunktabstand des einzelnen Gurtquerschnittes von der y-Achse
$I_y = \Sigma\,(A_G z_s^2 + I_{y,\,G})$	Trägheitsmoment des Gesamtquerschnittes ohne rechnerische Abminderung der Gurtträgheitsmomente
s_{Ky}	Knicklänge des Ersatzstabes ohne Berücksichtigung seiner Querkraftverformungen
$\lambda_y = \dfrac{s_{Ky}}{\sqrt{\dfrac{I_y}{A}}}$	Schlankheitsgrad des Ersatzstabes bei Rahmenstäben ohne Berücksichtigung der Querkraftverformungen (u. a. zur Festlegung des η-Wertes)
η	Korrekturwert bei Rahmenstäben $\eta = 1$ für $\lambda_y \leq 75$ $\eta = 2 - \dfrac{\lambda_y}{75}$ für $75 \leq \lambda_y \leq 150$ $\eta = 0$ für $\lambda_y \geq 150$
$I_y^* = \Sigma\,(A_G z_s^2)$	Rechenwert für das Trägheitsmoment des Gesamtquerschnitts bei Gitterstäben
$I_y^* = \Sigma\,(A_G z_s^2 + \eta I_{y,\,G})$	Rechenwert für das Trägheitsmoment des Gesamtquerschnittes bei Rahmenstäben
$W_y^* = \dfrac{I_y^*}{z_s}$	Widerstandsmoment de Gesamtquerschnittes, bezogen auf die Schwerachse des äußersten Gurtes
S_y^*	Schubsteifigkeit des Ersatzstabes = Querkraft, die den Verzerrungswinkel 1 hervorruft. Beispiele für die Schubsteifigkeit von Rahmen- und Gitterstäben werden in Tabelle 10.2–8 angegeben. (Die Schubsteifigkeit ist bei Rahmenstäben mit dem Faktor $\pi^2/12$ zu multiplizieren, um ein reines Schubversagen des Einzelfeldes auszuschließen.)
$\gamma_s = \dfrac{1}{1 - \dfrac{N}{S_y^*}}$	Schubsteifigkeitsfaktor

Schnittgrößenermittlung am Ersatzstab unter Berücksichtigung von Querkraftverformungen und Imperfektionen nach Theorie II. Ordnung:

Für den unverschieblich gelagerten Ersatzstab ist eine geometrische Ersatzimperfektion nach Bild 10.2–5 mit dem Stich $w_0 = l/500$ anzusetzen. (Dieser setzt sich zusammen aus einem rein geometrischen Imperfektionsanteil von $l/1000$, wie er auch für Vollstäbe anzunehmen ist, und einem 2. Anteil von ebenfalls $l/1000$, welcher weitere beim mehrteiligen Stab auftretende traglastmindernde Effekte, insbesondere die Wirkung der an den Knotenpunkten vorhandenen Schweißeigenspannungen, pauschal berücksichtigen soll.)

Für den verschieblich gelagerten Ersatzstab ist eine geometrische Ersatzimperfektion ψ_0 nach Bild 10.2–6 gemäß Gl. (10.2–1/2/3) anzunehmen.

Für den Regelfall des beidseits unverschieblich gelenkig gelagerten Ersatzstabes ergibt sich bei *planmäßig mittigem Druck* und sinusförmiger Vorkrümmung nach Theorie II. Ordnung für das Maximalmoment in Stabmitte:

$$M_y = \frac{N w_0}{1 - \dfrac{N}{N_{Ki}}} \quad \text{mit} \quad N_{Ki} = \frac{1}{\dfrac{l^2}{\pi^2 E I_y^*} + \dfrac{1}{S_y^*}} > N \tag{10.2–15}$$

Tabelle 10.2–8 Knicklängen $s_{K,1}$ und Ersatzschubsteifigkeiten S_y^* von Gitter- und Rahmenstäben

		1	2	3	4	5	6
		Gitterstäbe					Rahmenstäbe
		Stabgruppe 3, Spalte 3, Tab. 10.2-7			Stabgruppe 1a, Sp.2, Tab.10.2-7		Stabgruppe 1a, Sp.2, Tab. 10.2-7
1		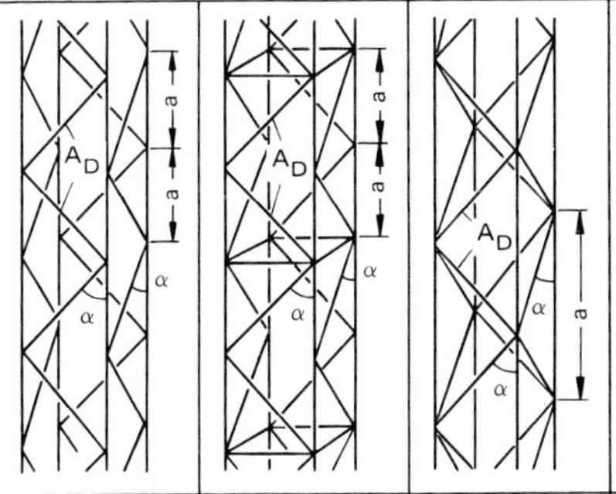 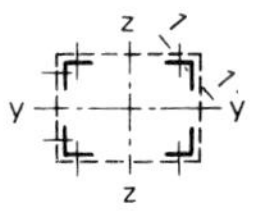			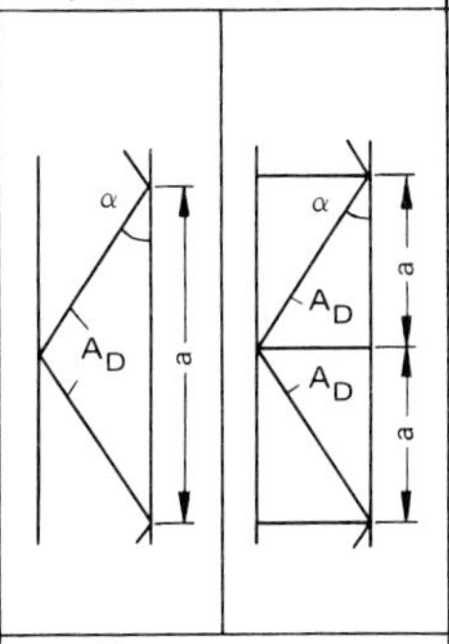 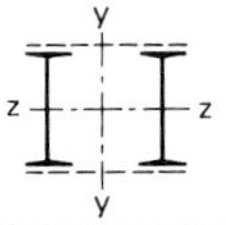		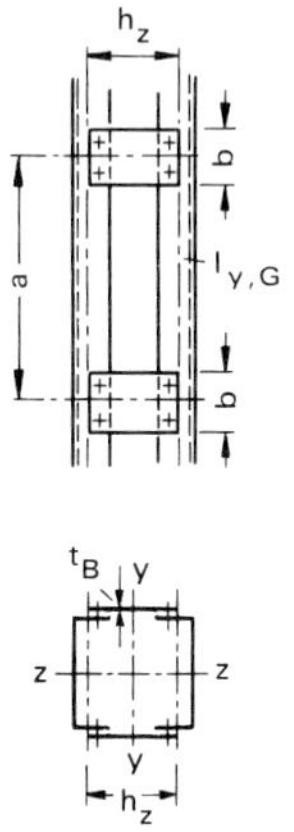
2	$s_{K,1}$	1,52a 1)	1,28a 1)	a	a		a
3	S_y^* 2)	$S_y^* = m E A_D \cos\alpha \sin^2\alpha$ m Anzahl der zur z-Achse parallelen Verbände					$S_y^* = \dfrac{2\pi^2 E}{\dfrac{a^2}{I_{y,G}} + \underbrace{\dfrac{2ah_z}{I_{y,B}n} + \dfrac{48(1+\mu)a}{A_S h_z n}}_{3)}}$ $A_S = \frac{5}{6} b t_B$, $I_{y,B} = b^3 t_B/12$ n Anzahl paralleler Bindebleche pro Knotenpunkt
4		1) Die Knicklänge $s_{K,1}$ gilt nur für Gurte aus Winkelstählen, wenn der Schlankheitsgrad λ_1 mit dem kleinsten Trägheitsradius i_1 gebildet wird. 2) Werden ausnahmsweise Verbindungsmittel mit Schlupf verwendet, so darf dies durch eine entsprechende Erhöhung der geometrischen Ersatzimperfektion berücksichtigt werden. 3) Diese Terme sind i.d.R. vernachlässigbar.					

und für die maximale Querkraft an den Stabenden:

$$Q_z = \frac{\pi M_y}{l} \tag{10.2–16}$$

Aus Gl. (10.2–15) und (10.2–16) ergeben sich Werte für max $Q = N/c$ mit c als Funktion von N/N_{Ki} wie folgt:

N/N_{Ki}	0,10	0,15	0,20	0,25	0,30	0,40	0,50	0,60	0,70
c	143	135	127	119	111	95	80	64	48

Da der im Stahlbau übliche Bereich etwa bis $N/N_{Ki} = 0{,}5$ reicht, ergeben sich i. d. R. geringere Werte als bisher nach DIN 4114, 8.31.
Schnittgrößen für den Fall der *planmäßig einachsigen Biegung mit Längskraft* können aus dem Beiblatt 1 zu [1], Tabellen 3 und 4, oder aus Kap. 3 (Baustatik) entnommen werden.

Bei gleichmäßig verteilter Querlast q und parabelförmiger Vorverformung gilt z. B. beim schubweichen Stab für den Maximalwert in Stabmitte $\left(\text{mit} \quad \varepsilon = l\sqrt{\frac{\gamma_S N}{EI_y^*}}\right)$

$$M_y = \frac{\gamma_S}{\varepsilon^2}\left(\frac{1}{\cos\frac{\varepsilon}{2}} - 1\right)(q l^2 + 8 N w_0) \tag{10.2–17}$$

und für die maximale Querkraft an den Stabenden:

$$Q_z = \frac{\gamma_S \cdot \tan\frac{\varepsilon}{2}}{l\varepsilon}(ql^2 + 8Nw_0) \qquad (10.2\text{–}18)$$

Aus den Schnittgrößen des Ersatzstabes lassen sich die Schnittgrößen für den *Tragsicherheitsnachweis für Einzelglieder* berechnen:

1. *Nachweise* der Gurte

Die Längskraft im meistbeanspruchten Gurt ist

$$N_G = \frac{N}{r} + \frac{M_y}{W_y^*} A_G \qquad (10.2\text{–}19)$$

Mit dieser Längskraft ist für den Gurtabschnitt zwischen zwei Knotenpunkten unter Annahme beidseitig gelenkiger Lagerung der Nachweis wie für den mittig gedrückten Stab nach Unterabschnitt 10.2.1.4.1 zu führen.
Für den Schlankheitsgrad λ_1 eines Druckgurtes gilt

$$\lambda_1 = \frac{s_{K,1}}{i_1} \quad \text{mit } s_{K,1} \text{ Knicklänge des Gurtabschnittes nach Tabelle 10.2–8.} \qquad (10.2\text{–}20)$$

Zusätzlich ist bei Rahmenstäben für das Feld mit der größten Querkraft – in der Regel wird es das Endfeld sein – nachzuweisen, daß es nicht als Zweigelenkrahmen (s. Bild 10.2–13) durch die Ausbildung von 2 weiteren Fließgelenken in den Rahmenecken kinematisch wird und damit das Versagen des Gesamtstabes eingeleitet wird. Bei gelenkig gelagertem Rahmenstab mit max Q und $M_y = 0$ an den Stabenden überprüft man hierzu die Einhaltung der Interaktionsbedingungen (bei i. d. R. vernachlässigbarer Gurtquerkraft) für die vollplastischen Schnittgrößen – z. B. nach Gl. (10.2–12) – im Gurt mit

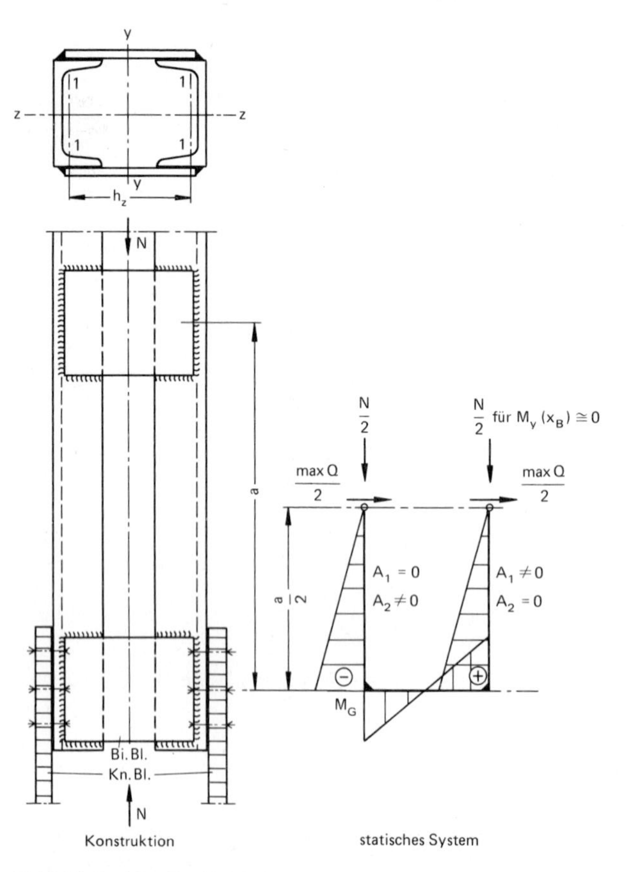

Bild 10.2–13 Endfeld eines Rahmenstabes

dem Stabendmoment $M_G = \frac{\max Q}{r} \cdot \frac{a}{2}$ (10.2–21)

und der Längskraft $N_G = \frac{N}{r}$ (10.2–22)

Bei einfachsymmetrischen Gurtquerschnitten (Interaktionsbedingungen z.B. nach Beiblatt 1 zu [1], Tab. 2, Spalte 1 oder nach Kap. 3 Baustatik) darf das an den Enden eines Gurtabschnittes mit der Längskraft N_G aufnehmbare Moment M aus dem Mittelwert der aus den Interaktionsbedingungen zu entnehmenden Momente $\pm M_{pl,N_G}$ gebildet werden.

2. *Nachweise der Querverbände und ihrer Anschlüsse*

Für *Gitterstäbe* können die Längskräfte in den gedrückten Füllstäben aus den Querkräften des Ersatzstabes mit Hilfe der üblichen Theorie des Gelenkfachwerks berechnet werden. Damit ergeben sich z.B. die Diagonalstabkräfte zu $D = Q/m \sin\alpha$ mit m und α gemäß Tabelle 10.2–8. Für die Kräfte ist unter Annahme planmäßig mittigen Drucks, beidseitig gelenkiger Lagerung, einer Knicklänge gleich der Netzlänge, der Nachweis nach Abschnitt 10.2.1.4.1 zu führen. Die Füllstäbe von Gitterstäben sind an jedem Gurt so anzuschließen, daß die Längskräfte der Füllstäbe übertragen werden.
Bei *Rahmenstäben* sind die Bindebleche und ihre Anschlüsse mit den Schubkräften T aus Zeile 3 und den Biegemomenten aus Zeile 4 der Tabelle 10.2–9 zu bemessen.*)
Bei den Bindeblechen und Flachstahlfutterstücken von Rahmenstäben nach Tabelle 10.2–7, Zeile 2, 3 und 4, Spalte 2, genügt eine Bemessung des Anschlusses für die Schubkraft T nach Tabelle 10.2–9, Zeile 3, da in diesen Fällen wegen des kleinen Hebelarmes die Biegemomente in den Bindeblechen und Flanschstahlfutterstücken vernachlässigbar sind.

Tabelle 10.2–9 Schnittgrößenverteilung der Bindebleche von Rahmenstäben

	1	2	3	4
1	mehrteilige Rahmenstäbe	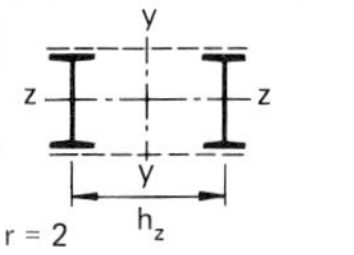 y, z; r = 2; h_z	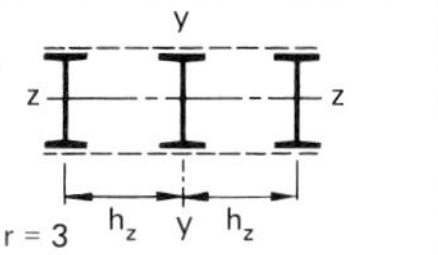 y, z; r = 3; h_z h_z	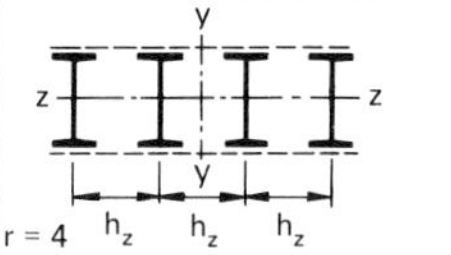 y, z; r = 4; h_z h_z h_z
2	Einzelfeldmitte	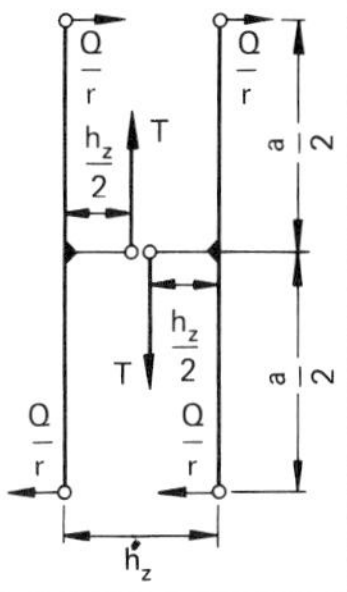 $\frac{Q}{r}$, T, $\frac{h_z}{2}$, $\frac{a}{2}$; h_z	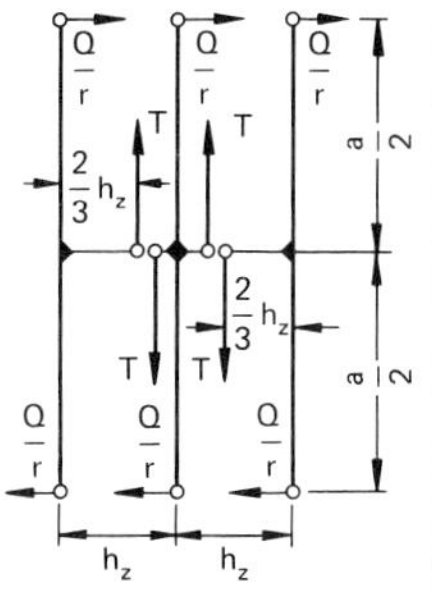 $\frac{Q}{r}$, T, $\frac{2}{3}h_z$, $\frac{a}{2}$; h_z h_z	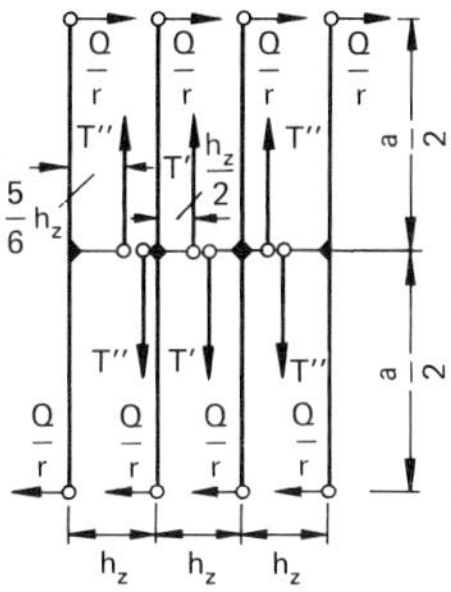 $\frac{Q}{r}$, T', T'', $\frac{5}{6}h_z$, $\frac{h_z}{2}$, $\frac{a}{2}$; h_z h_z h_z
3	Schubkraft T der Querverbindung	$T = \frac{Qa}{h_z}$	$T = \frac{Qa}{2h_z}$	$T' = 0{,}4\,\frac{Qa}{h_z}$ $T'' = 0{,}3\,\frac{Qa}{h_z}$
4	Biegemomentenverteilung der Bindebleche unter den Schubkräften T	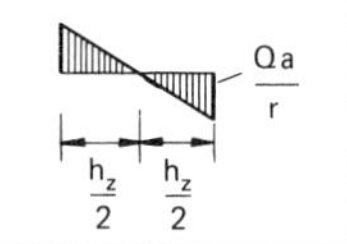 $\frac{Qa}{r}$; $\frac{h_z}{2}$ $\frac{h_z}{2}$	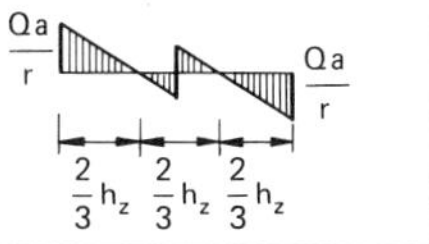 $\frac{Qa}{r}$; $\frac{2}{3}h_z$ $\frac{2}{3}h_z$ $\frac{2}{3}h_z$	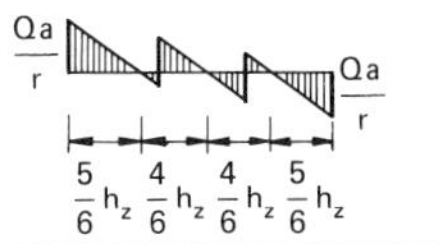 $\frac{Qa}{r}$; $\frac{5}{6}h_z$ $\frac{4}{6}h_z$ $\frac{4}{6}h_z$ $\frac{5}{6}h_z$
5	Q ist die Querkraft des Ersatzstabes an der Stelle des untersuchten Bindebleches.			

*) Die unter Bemessungslast (γ-fache Gebrauchslast) berechneten Anschlußkräfte von Niet-, Schrauben- und Schweißverbindungen sind durch den Sicherheitswert γ zu dividieren, solange die Tragsicherheit der Verbindungsmittel nach den Regeln von Normen (z.B. DIN 1050, DIN 4100, DASt-Ri 010) nachgewiesen wird, die vorläufig auf dem „zul. σ-Konzept" aufbauen.

10.2.1.5.4 Vereinfachte Tragsicherheitsnachweise für Sonderformen von Rahmenstäben

Stabgruppe 1 b und Stabgruppe 3, Spalte 2 (nach Tabelle 10.2–7)
Diese Stäbe, bei denen der lichte Abstand der Einzelstäbe nicht oder nur wenig größer ist als die Dicke des Knotenbleches, dürfen für das Ausknicken rechtwinklig zur stofffreien Achse *y–y* wie einteilige Druckstäbe mit dem Schlankheitsgrad λ_y berechnet werden, wenn nachfolgende Bedingungen erfüllt sind:

- Die Anordnung der Querverbindungen, Bindebleche oder Flachstahl-Futterstücke muß den Vorschriften des Abschnittes 10.2.1.5.5 entsprechen.
- Zwischen den Orten der Querverbindungen müssen unterfütterte Schrauben, bei denen nach Abschnitt 10.2.1.3.3 der Schlupf vernachlässigt werden darf, oder Schweißverbindungen angeordnet werden, deren Abstände in Richtung der Stabachse nicht mehr als $15 i_1$ betragen.

Dabei darf ein durchgehendes Futter bei der Ermittlung des Trägheitsmomentes I_y oder I_z berücksichtigt werden; bei der Ermittlung der Querschnittsfläche A nur, wenn es am Knotenblech ausreichend angeschlossen wird.

Stabgruppe 2 (nach Tabelle 10.2–7)

Stäbe aus zwei übereck gestellten Winkelstählen brauchen nur auf Knicken rechtwinklig zur Stoffachse *z–z* mit $\lambda_z = s_{Kz}/i_z$ berechnet zu werden, wenn $a/i_1 \leq 70$ ist und für s_{Kz} das arithmetische Mittel der beiden Knicklängen gesetzt wird, die für das Knicken in der Stabwerkebene und rechtwinklig zur Stabwerkebene maßgebend sind. (Gegenüber der bisherigen Regelung in DIN 4114, wonach $a/i_1 \leq 50$ sein mußte, stellt diese Forderung eine Erleichterung dar, die auf günstigeren Versuchsergebnissen beruht.)
Bei Stäben mit dem in Tabelle 10.2–7, Zeile 3, Spalte 3, dargestellten Querschnitt darf $i_z \simeq i_0/1{,}15$ gesetzt werden, wobei sich der Trägheitsradius i_0 des Gesamtquerschnittes auf die zum langen Winkelschenkel parallele Schwerachse bezieht.

10.2.1.5.5 Grundsätze für die bauliche Ausbildung

Bei Stäben nach Tabelle 10.2–7, Zeile 4, Spalte 3 und 4, besteht die Gefahr, daß sich beim Ausknicken die Querschnittsform des Gesamtstabes – z. B. durch lokale Knicktendenzen der einzelnen Winkel – ändert und damit das Trägheitsmoment und somit auch die Traglast kleiner werden. Daher muß bei diesen Stäben die Erhaltung der rechtwinkligen Querschnittsform durch Querschotte gesichert sein.
Rahmenstäbe müssen an den Enden Bindebleche erhalten. Die Bindebleche sind so aufzuteilen, daß die Lichtabstände gleich oder angenähert gleich groß werden. Die Felderzahl muß $n \geq 3$ sein.
Die Bindebleche sind an jedem Gurt so anzuschließen, daß die Biegemomente übertragen werden können.
Bei Stäben nach Tabelle 10.2–7, Zeile 2 sowie Zeile 4, Spalte 2, dürfen anstelle der Bindebleche auch Flachstahlfutterstücke verwendet werden.
Bei Stäben nach Tabelle 10.2–7, Zeile 3 sowie Zeile 4, Spalte 2, können die Bindebleche im rechten Winkel versetzt oder gleichlaufend angeordnet werden.

Zahlenbeispiel

Z 7: Tragsicherheitsnachweise für einen Rahmenstab aus St 37 nach Bild 10.2–13.

2 U200, $h_z = 20$ cm, $l = 6{,}00$ m, $N = 950$ kN (Bemessungslast)
$A = 2 \cdot 32{,}2 = 64{,}4\ \text{cm}^2$; $N_{pl} = 64{,}4 \cdot 24 = 1546$ kN
Bindebleche $160 \cdot 10 \cdot 210$, $a \simeq l/6 = 1$ m

Knicken rechtwinklig zur Stoffachse z–z:

$$\lambda_z = \frac{l}{i_z} = \frac{600}{7{,}7} = 78$$

$$\bar{\lambda}_z = \frac{78}{92{,}9} = 0{,}84 \quad \text{(s. Tabelle 10.2–1)}$$

Tabelle 10.2–5 → Linie c; Bild 10.2–7 → $\varkappa = 0{,}625$
Gl. (10.2–4): $\underline{950\ kN} < 0{,}625 \cdot 1546 = \underline{966\ kN}$

Knicken rechtwinklig zur stofffreien Achse y–y:

$I_{y,G} = 148\ \text{cm}^4$, $i_1 = 2{,}14$ cm, $W_y = 27\ \text{cm}^3$

$I_y \;= 2\,(32{,}2 \cdot 10^2 + 148) = 6736\ \text{cm}^4$

$$\lambda_y = \frac{600}{\sqrt{\frac{6736}{64{,}4}}} = 58{,}7 < 75 \quad I_y^* = I_y$$

$$W_y^* = \frac{6736}{10} = 673{,}6 \text{ cm}^3$$

Tabelle 10.2–8 $\rightarrow$ $S_y^* = \frac{2\pi^2 \cdot 2100}{100^2/148} = 6135 \text{ kN}$ (Bindeblechverformung vernachlässigt)

Gl. (10.2–15): $N_{Ki} = \frac{1}{\frac{600^2}{\pi^2 \cdot 21000 \cdot 6736} + \frac{1}{6135}} = 2376 \text{ kN} > 950 \text{ kN}$

$$M_y = \frac{950 \frac{600}{500}}{1 - \frac{950}{2376}} = 1899 \text{ kN cm}$$

Gl. (10.2–16): $Q_z = \frac{\pi \cdot 1899}{600} = 9{,}95 \text{ kN}$

Gl. (10.2–19): $N_G = \frac{950}{2} + \frac{1899}{673{,}6} \cdot 32{,}2 = \mathit{566\ kN}$

$$\bar{\lambda}_1 = \frac{100}{2{,}14 \cdot 92{,}9} = 0{,}50 \rightarrow \varkappa = 0{,}844$$

Gl. (10.2–4): $\underline{\mathit{566\ kN} \leq 0{,}844 \cdot 32{,}2 \cdot 24 = \mathit{652\ kN}}$

Endfeldnachweis:

Gl. (10.2–21): $M_G = \frac{9{,}95}{2} \cdot \frac{100}{2} = 249 \text{ kN cm}$

Gl. (10.2–22): $N_G = \frac{950}{2} = 475 \text{ kN} \quad (= N_{G1} = N_{G2})$

$$\sigma = \frac{475}{32{,}2} + \frac{249}{27} = 23{,}96 \text{ kN/cm}^2 < 24 \text{ kN/cm}^2 = \beta_s,$$

d.h. Interaktionsnachweis nicht erforderlich!

Bindeblechnachweise:

Tabelle 10.2–9 $\rightarrow$ $T = \frac{9{,}95 \cdot 100}{20} = 49{,}75 \text{ kN}$, $M = 49{,}75 \cdot 10 = 497{,}5 \text{ kN cm}$ } für 2 Bindebleche

$$\tau = \frac{1}{2} \cdot \frac{49{,}75}{16 \cdot 1{,}0} = 1{,}55 \text{ kN/cm}^2 < 0{,}3 \cdot 24 = 7{,}2 \text{ kN/cm}^2 \quad \text{(vernachlässigbar)}$$

$$\sigma = \frac{1}{2} \cdot \frac{497{,}5}{\frac{1}{6} \cdot 16^2 \cdot 1{,}0} = 5{,}83 \text{ kN/cm}^2 < \beta_s$$

Schweißnähte ◺ 4 mm, üblicher Näherungsnachweis:

Vertikalnaht: $\tau \simeq \frac{1}{2} \cdot \frac{49{,}75}{16 \cdot 0{,}4} = 3{,}88 \text{ kN/cm}^2$

Horizontalnaht: $\tau \simeq \frac{1}{2} \cdot \frac{497{,}5/16{,}4}{0{,}4 \cdot 5{,}5} = 6{,}89 \text{ kN/cm}^2 < \gamma \cdot 13{,}5 \text{ kN/cm}^2$

10.2.1.6 Tragsicherheitsnachweise für *unverschiebliche* ebene Stockwerkrahmen, Durchlaufträger und Stützen (planmäßig einachsige Biegung und Längsdruckkraft in den Stabachsen)

Voraussetzungen: Biegedrillknicken nicht maßgebend! (s. Unterabschnitt 10.2.2)
Knotenpunkte und Auflager unverschieblich!

Nachweise für das System

Die Tragsicherheitsnachweise können grundsätzlich nach einem der 4 im Unterabschnitt 10.2.1.4.2 für Einzelstäbe erläuterten Verfahren geführt werden. Dabei sind die Schnittgrößen am Gesamtsystem je nach zulässigem Anwendungsbereich nach Elastizitäts- bzw. Fließgelenk-*Theorie I. Ordnung ohne Imperfektionen* oder nach Elastizitäts- bzw. Fließgelenk-*Theorie II. Ordnung mit Imperfektionen* (s. Kap. 3, Baustatik) zu bestimmen.

Prüfung der Unverschieblichkeit

Bei Durchlaufträgern und Durchlaufstützen ist es von der gegebenen Konstruktion her i.a. leicht, zu beurteilen, ob eine unverschiebliche Stützung vorliegt oder nicht. Die Aussteifungen von Stockwerkrahmen hingegen – insbesondere wenn es sich um Verbände aus Einzelstäben handelt – können jedoch sehr nachgiebig sein, so daß von einer Unverschieblichkeit nicht immer gesprochen werden kann. Will man daher die o.a. Regeln anwenden, so ist zunächst nachzuweisen, daß die Knotenpunkte der Stockwerkrahmen als horizontal unverschieblich gelten können. Dies wird als ausreichend gewährleistet angesehen, wenn die Aussteifungselemente mindestens die 5fache Steifigkeit des auszusteifenden Rahmens im betrachteten Stockwerk besitzen:

$$S_{\text{Ausst}} \geq 5\, S_{Ra} \qquad (10.2\text{–}23)$$

Dieses Kriterium darf vereinfachend nur auf das unterste Geschoß angewandt werden, wenn die maßgebenden Steifigkeitsverhältnisse nicht stark von denen der weiteren Stockwerke abweichen. Anderenfalls muß dieses Kriterium auf jedes Stockwerk für sich angewandt werden.
Die Stockwerksteifigkeit ist dabei (für Rahmenstockwerk und aussteifendes Bauteil) wie folgt definiert (s. Bild 10.2–14):

$$S = \frac{Q}{\psi} \qquad (10.2\text{–}24)$$

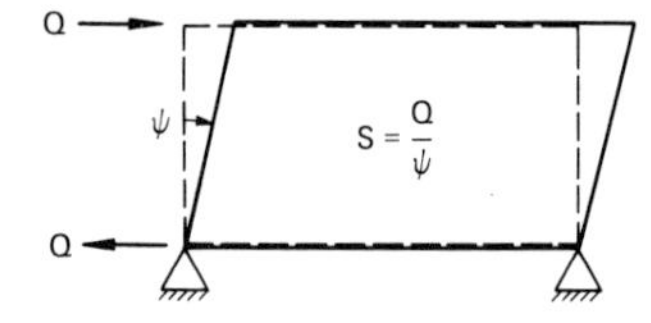

Bild 10.2–14 Definition der Stockwerksteifigkeit

Mit dieser Definition ergeben sich Beispiele für die Steifigkeit S_{Ausst} einzelner Aussteifungselemente gemäß Tabelle 10.2–10.

Tabelle 10.2–10 Steifigkeit S_{Ausst} einzelner Aussteifungselemente

	1	2
		S_{Ausst}
1	Wandscheibe (t, l)	$S_{\text{Ausst}} = G\,t\,l$
2	Verband (Druckdiagonale schlaff) (A, α, A, h, l)	Wenn die Längskraftverformungen von Stielen und Riegeln vernachlässigbar sind $S_{\text{Ausst}} = E\,A \sin\alpha \cos^2\alpha$ (Ist die Druckdiagonale knicksteif, verdoppelt sich S_{Ausst})

Die Steifigkeit eines Rahmenstockwerks kann folgendermaßen abgeschätzt werden (s. Bild 10.2–15).

$$S_{Ra} = \frac{12 \dfrac{E}{h}}{\dfrac{h}{\Sigma I_S} + \dfrac{1}{\sum \dfrac{I_R}{l_R}}} \qquad (10.2\text{–}25)$$

mit

ΣI_S Summe der Trägheitsmomente der Stiele im betrachteten Stockwerk

$\sum \frac{I_R}{l_R}$ Summe der $\frac{1}{l_R}$fachen Trägheitsmomente der Riegel unmittelbar oberhalb des betrachteten Stockwerks

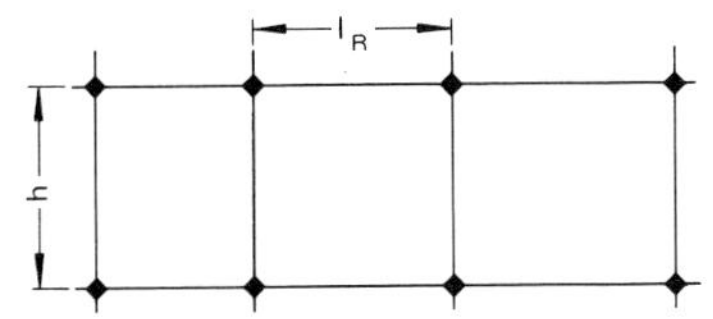

Bild 10.2–15 Steifigkeit eines Rahmenstockwerks

Berechnung der Aussteifungselemente

Da sich die Horizontalkräfte (aus planmäßigen Horizontallasten – z.B. Wind-, Schiefstellung und Imperfektion) im Verhältnis der Steifigkeiten auf Aussteifungselemente und Rahmen verteilen, bedeutet das Kriterium (10.2–23), daß die Aussteifungselemente mindestens 5/6 (d.h. 83%) der Kraft aufnehmen und somit der Rahmen höchstens 1/6 (d.h. rd. 17%) übernehmen muß. Auf diese Aufteilung im Verhältnis der Steifigkeiten wird jedoch in den vereinfachten Regelungen des Norm-Entwurfs [1] verzichtet. Den Aussteifungselementen wird die volle Größe aller Horizontallasten zugewiesen. Der Rahmen kann dann als an den dafür bemessenen Aussteifungselementen unverschieblich gehalten angesehen werden. Es wird darauf hingewiesen, daß diese Näherung nicht für ungewöhnlich schlanke, hohe Gebäuderahmen (Höhe > ~ 5 × Breite) zulässig ist, bei denen der Einfluß der Längskraftverformungen der Stiele nicht mehr vernachlässigbar ist. In solchen Fällen sind genauere Untersuchungen nach Theorie II. Ordnung erforderlich, bei denen auch die Kräfte den Steifigkeiten entsprechend auf die Rahmen und die Aussteifungselemente aufgeteilt werden müssen.

Die Berechnung der Aussteifungselemente erfolgt i.a. nach *Theorie II.Ordnung* unter Ansatz aller horizontalen Lasten sowie unter Berücksichtigung von Imperfektionen für Aussteifungssystem und Rahmen.

Als geometrische Ersatzimperfektion ist eine Schrägstellung ψ_0 aller Stiele von Rahmen und Aussteifung nach Unterabschnitt 10.2.1.3.3, Fall ⓑ, anzunehmen.

Wird die Elastizitätstheorie angewendet und sind die Längskraftverformungen aller Stiele vernachlässigbar, so darf nach *Theorie I. Ordnung* ohne Annahme von Imperfektionen gerechnet werden, wenn für jedes Stockwerk gilt

$$\frac{V}{\Sigma S_{\text{Ausst}}} \leq 0{,}1 \qquad (10.2\text{–}26\,\text{a})$$

mit

V Summe aller Vertikallasten oberhalb des betrachteten Stockwerks

ΣS_{Ausst} Summe der Steifigkeiten aller *aussteifenden* Elemente des betrachteten Stockwerks

Sind keine planmäßigen Querlasten (z.B. Wind) vorhanden, oder ist ihr Einfluß kleiner als das 10fache des Einflusses der Imperfektion ψ_0, so sollten die Abtriebskräfte infolge ψ_0 jedoch bei der Bemessung der Aussteifungselemente nach Theorie I. Ordnung berücksichtigt werden.

Da für einen schubelastischen (biegestarren) Stab die Verzweiflungslast gleich der Schubsteifigkeit ist, läßt sich mit $V_{Ki} = \Sigma S_{\text{Ausst}}$ das Kriterium (10.2–26 a) auch wie folgt schreiben:

$$\frac{V}{V_{Ki}} \leq 0{,}1 \quad \text{bzw.} \quad \eta_{Ki} = \frac{V_{Ki}}{V} = \frac{\text{Verzweigungslast}}{\text{Bemessungslast}} \geq 10 \qquad (10.2\text{–}26\,\text{b})$$

Das Kriterium (10.2–26) läßt sich auch so deuten, daß bei seiner Erfüllung der Einfluß der Abtriebskräfte infolge einer Schiefstellung der Stützen auf die Beanspruchung der Aussteifungselemente geringer als 10% des Einflusses der planmäßigen Querlast ist. Dies läßt sich zeigen, in dem man beispielsweise von nur einem Aussteifungselement ausgeht. Dann entfällt das Summenzeichen in Gleichung (10.2–26) und nach Erweiterung mit dem Stieldrehwinkel ψ wird daraus

$$\frac{V \cdot \psi}{S \cdot \psi} \leq 0{,}1 \qquad \text{bzw. mit Gl. (10.2–24):} \quad \frac{V \cdot \psi}{Q} \leq 0{,}1 \qquad (10.2\text{–}26\,\text{c})$$

Zahlenbeispiel

Z 8: Tragsicherheitsnachweis für einen Aussteifungsrahmen mit Diagonalverband im Industriebau nach Bild 10.2–16.

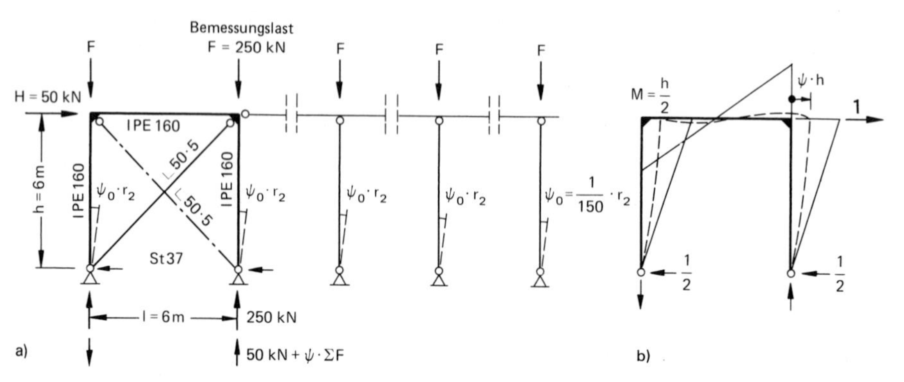

Bild 10.2–16 Aussteifungsrahmen in einer Industrie-Halle (mit Verband)

Voraussetzungen: Rahmenstiele ⊥ Rahmenebene gegen Knicken gesichert, Biegedrillknicken nicht maßgebend.

1. Prüfung der Unverschieblichkeit:

L 50 · 5: $A = 4{,}80\ \text{cm}^2,\ \alpha = 45° \rightarrow \cos\alpha = \sin\alpha = \dfrac{1}{\sqrt{2}}$

Tabelle 10.2–10: $S_{\text{Ausst}} = EA\cos^2\alpha \cdot \sin\alpha = 21\,000 \cdot 4{,}80 \cdot \dfrac{1}{2} \cdot \dfrac{1}{\sqrt{2}} = 35\,638\ \text{kN}$

IPE 160: $A = 20{,}1\ \text{cm}^2,\ I_y = 869\ \text{cm}^4,\ i_y = 6{,}58\ \text{cm}$

Bild 10.2–16b: $\psi \cdot h = 3 \cdot \dfrac{h}{EI} \cdot \dfrac{1}{3}\left(\dfrac{h}{2}\right)^2 = \dfrac{h^3}{4EI} \quad \rightarrow \quad S_{Ra} = \dfrac{1}{\psi} = \dfrac{4EI}{h^2}$

$$S_{Ra} = \frac{4 \cdot 21\,000 \cdot 869}{600^2} = 203\ \text{kN}$$

Gl. (10.2–23): S_{Ausst}: 35638 kN $> 5 \cdot S_{Ra} = 1015$ kN; d.h. Rahmen unverschieblich

2. Nachweis rechter Rahmenstiel:

Gl. (10.2–3) $\psi = \psi_0 \cdot \dfrac{1}{2}\left(1 + \dfrac{1}{n}\right) = \dfrac{1}{150} \cdot \dfrac{1}{2}\left(1 + \dfrac{1}{5}\right) = \dfrac{1}{250}$

$$N = 250 + 50 + \frac{1}{250} \cdot 5 \cdot 250 = 305\ \text{kN}$$

$\varepsilon = 600\sqrt{\dfrac{305}{21\,000 \cdot 869}} = 2{,}45 > 1{,}0 \quad \rightarrow \quad$ Th. II. O. mit Imperfektionen erforderlich

Nachweis erfolgt nach Unterabschnitt 10.2.1.4.1 (Traglastverfahren), Gl. (10.2–4). Die elastische Einspannung des Stiels im Riegel wird vernachlässigt.

$\bar{\lambda} = \dfrac{600}{6{,}58 \cdot 92{,}9} = 0{,}98 \quad \rightarrow \quad \varkappa = 0{,}675$ (Knickspannungslinie *a*)

$\varkappa N_{pl} = 0{,}675 \cdot 20{,}1 \cdot 24 = \underline{326\ kN > 305\ kN} \quad \rightarrow$ *IPE 160 ausreichend!*

3. Nachweis Aussteifungselement:

Gl. (10.2–26 a): $\dfrac{V}{\Sigma S_{\text{Ausst.}}} = \dfrac{5 \cdot 250}{35638} = 0{,}04 < 0{,}1$ Th. I. O. anwendbar

$N_L = (50 + 5)\sqrt{2} = \underline{77{,}8\ kN} < (4{,}80 - 1{,}3 \cdot 0{,}5) \cdot 24 = \underline{99{,}6\ kN} \rightarrow$ *L 50 · 5 ausreichend!*

10.2.1.7 Tragsicherheitsnachweise für *verschiebliche* ebene Stockwerkrahmen (planmäßig einachsige Biegung und Längsdruckkraft in den Stabachsen)

Voraussetzung: Biegedrillknicken nicht maßgebend (s. Unterabschnitt 10.2.2).

Vorbemerkung

In den Erläuterungen zu Unterabschnitt 10.2.1.4.2 wurde bereits erwähnt, daß der Tragsicherheitsnachweis auf der Grundlage der genauen Traglasttheorie im praktischen Fall einer statischen Berechnung wegen seiner Kompliziertheit ausscheidet. So bleiben für den Nachweis in der Praxis nur die Elastizitätstheorie oder die Fließgelenktheorie. In beiden Fällen ist zwar grundsätzlich die Theorie II. Ordnung anzuwenden. Doch sind auch hier – wie bei Einzelstäben – in bestimmten Fällen Erleichterungen zulässig. Aus dem Kap. 3 (Baustatik) geht hervor, daß bei Rahmenstabwerken i.W. folgende zwei Einflüsse der Theorie II. Ordnung von Bedeutung sind:

1. die zwischen den Knotenpunkten infolge der Biegeverformungen vorhandenen Abweichungen der Stabachse von der geraden Sehne und die dadurch entstehenden Zusatzmomente aus den Längskräften (wirkend an Hebelarmen, die gleich den auf die Sehne bezogenen Stabauslenkungen sind);

2. die infolge der Knotenverschiebungen entstehenden Zusatzmomente, in der Fachliteratur häufig auch „P-Δ-Effekt" genannt. Diese P-Δ-Effekt ist bei verschieblichen Systemen i.d.R. wesentlich größer als der häufig für kleine ε-Werte vernachlässigbare „ε-Effekt" nach 1. (Bei unverschieblichen Stockwerkrahmen – d.h. solchen, bei denen die Knoten nur Verdrehungen jedoch keine Verschiebungen erfahren – entfällt der P-Δ-Effekt.)

Tragsicherheitsnachweise nach der Elastizitätstheorie:

Nachweis: $\text{vorh.}\,\sigma = \dfrac{N}{A} + \dfrac{M}{W} \leq \beta_S\,,$ (10.2–11)

bzw. wenn β_S nur an *einer* Stelle (oder an mehreren Stellen *gleichzeitig*) überschritten wird: Einhaltung der Interaktionsbedingung – z.B. Gl. (10.2–12) – an dieser Stelle.

Für Stockwerkrahmen mit beliebiger Stockwerk- und Felderzahl, die die Bedingungen nach Bild 10.2–17 erfüllen (Stiele innerhalb eines Stockwerks gleich lang; Stielträgheitsmomente I_S [ausgenommen Pendelstiele] und Riegelsteifigkeiten I_R/l_R je für sich innerhalb eines Stockwerks sollen gleiche Größenordnung aufweisen), kann vereinfachend zwischen den nachfolgend beschriebenen drei Berechnungsstufen für die Schnittgrößen und ihren Anwendungsgrenzen unterschieden werden:

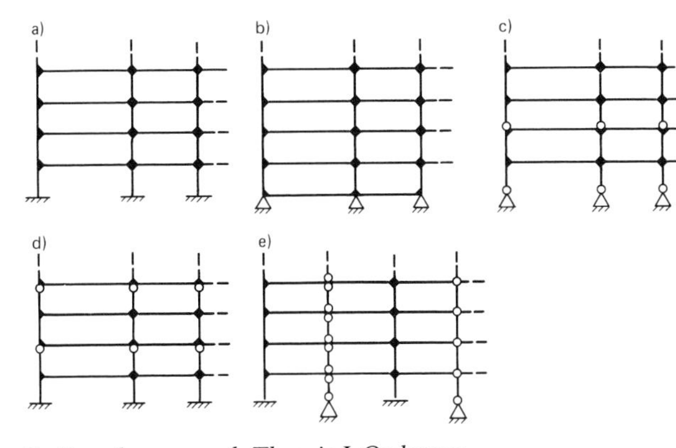

Bild 10.2–17
Stockwerkrahmen, für die die Kriterien (10.2–27) und (10.2–28) angewendet werden dürfen

1. *Berechnung nach Theorie I. Ordnung*

Wenn für alle Stockwerke r der Verhältniswert η_r von Verzweigungslast zu übertragener Vertikallast

$\eta_r \geq 10$ (10.2–27)

ist, so darf nach Theorie I. Ordnung ohne Annahme von Imperfektionen gerechnet werden, da solche Rahmen so steif sind, daß die Ergebnisse der Theorie I. Ordnung nur unwesentlich von denen der Theorie II. Ordnung abweichen.

Dabei ist die Verzweigungslast jeweils auf ein gedachtes Einzelstockwerk bezogen; diese Einzelstockwerke entstehen durch Trennung des Gesamtstabwerks längs der Riegel.

2. *Berechnung nach Theorie I. Ordnung mit vereinfachter Berücksichtigung der Einflüsse II. Ordnung*

Wenn über alle Stockwerke r der Verhältniswert η_r von Verzweigungslast zu übertragener Vertikallast

$4 \leq \eta_r \leq 10$ (10.2–28)

ist, so darf eine vereinfachte Berechnung wie folgt durchgeführt werden:

Die sich aus den Horizontallasten und den Abtriebskräften aus der Schrägstellung (Imperfektion) der Rahmenstiele ergebenden Stockwerksquerkräfte Q_r sind jeweils mit dem Vergrößerungsfaktor

$$K_r = \frac{1}{1 - \frac{1}{\eta_r}} \qquad (10.2\text{–}29)$$

zu multiplizieren. Danach erfolgt die Berechnung wie nach Theorie I. Ordnung.
Die Einflüsse der Theorie II. Ordnung sind hier zwar nicht mehr vernachlässigbar, sie können jedoch mit ausreichender Genauigkeit durch den Vergrößerungsfaktor nach Gleichung (10.2–29) für die Stockwerksquerkräfte erfaßt werden.

3. *Berechnung nach Theorie II. Ordnung*
Für $\eta_r < 4$ muß aus Gründen der Tragsicherheit stets die Theorie II. Ordnung mit Imperfektionen angewendet werden.
Bei Stabkennzahlen $\varepsilon \leq 1{,}0$ in sämtlichen Stielen braucht dabei i. a. zur Erzielung ausreichend genauer Ergebnisse lediglich der „P-Δ-Effekt" als Einfluß der Th. II. O. berücksichtigt zu werden. D. h. für die Ermittlung der Stabsteifigkeiten und der Volleinspannmomente darf die Stabkennzahl $\varepsilon = 0$ gesetzt werden. Der Rechenumfang ist dann kaum größer als nach Theorie I. Ordnung (s. Kap. 3, Baustatik).
Es können auch leicht die bekannten Iterationsverfahren zur schrittweisen Annäherung der Verformungen (z. B. nach Engesser-Vianello) unter Bemessungslast verwendet werden, wobei jede Iterationsstufe nur der Anwendung der Theorie I. Ordnung entspricht [13].
Zur Überprüfung der Kriterien (10.2–27) und (10.2–28), bzw. zur Berechnung des Vergrößerungsfaktors K_r nach (10.2–29) darf der *Verhältniswert* η_r vereinfacht, wie folgt berechnet werden:

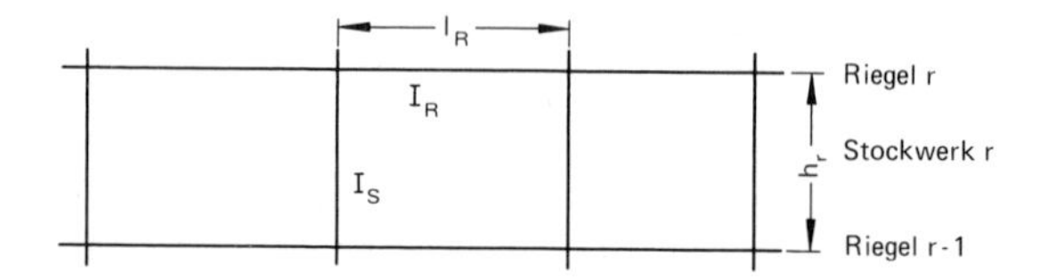

Bild 10.2–18 Bezeichnungen am Stockwerk r

Mit den Beziehungen von Bild 10.2–18 gilt:

a) Summensteifigkeit der Stiele des Stockwerks r

$$S_r = \frac{1}{h_r} \Sigma I_S \qquad (10.2\text{–}30)$$

mit

ΣI_S Summe der Trägheitsmomente der Siele im betrachteten Stockwerk r (ohne Pendelstiele)

b) Summensteifigkeit der Riegel r

$$R_r = 2 \sum \frac{I_R}{l_R} \qquad (10.2\text{–}31)$$

mit

$\sum \frac{I_R}{l_R}$ Summe der $1/l_R$-fachen Trägheitsmomente der Riegel unmittelbar oberhalb des betrachteten Stockwerks r. Liegt ein einzelner Riegel zwischen einem Knoten mit eingespannten Stielen und einem Knoten mit gelenkig angeschlossenen Stielen, z. B. Bild 10.2–17e, so ist für I_R das *halbe* Trägheitsmoment einzusetzen.

c) Steifigkeitsverhältnisse k_r

$$k_r = \frac{S_r + S_{r+1}}{R_r} \qquad (10.2\text{–}32)$$

S_r bzw. S_{r+1} entfällt, wenn die zugehörigen Stiele gelenkig an den Riegel r angeschlossen sind (z. B. Bild 10.2–17c).
Bei starrer Einspannung der Stielfußpunkte ist $k_{r-1} = 0$ zu setzen. Bei gelenkiger Lagerung der Stielfußpunkte gilt $k_{r-1} = \infty$.
Bei gelenkiger Lagerung der Stielköpfe ist $k_r = \infty$. In diesem Fall ist k_{r-1} an die Stelle k_r zu setzen.

d) Stockwerkvertikallasten V_r

V_r Summe aller Vertikallasten oberhalb des betrachteten Stockwerks r.

e) Verhältniswert η_r

Zur Bestimmung von η_r darf das in Bild 10.2–19 dargestellte Nomogramm verwendet werden, in dem der Hilfswert ϱ_r in Abhängigkeit von k_r und k_{r-1} abgelesen wird. Es gilt dann:

$$\eta_r = \varrho_r \frac{ES_r}{V_r h_r} \qquad (10.2\text{–}33)$$

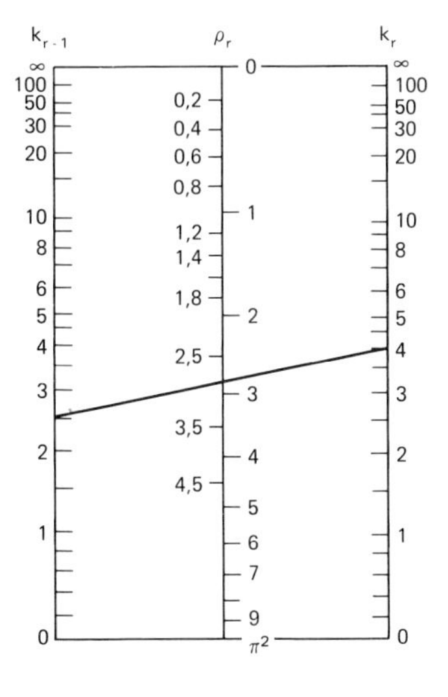

Bild 10.2–19 Nomogramm zur Bestimmung von ϱ_r

Liegt die vorausgesetzte Regelmäßigkeit des zu untersuchenden Rahmens nicht vor, und findet man in der Literatur (z.B. [7] oder DIN 4114, Ri. 14) keine weiteren Lösungen für Verzweigungslasten, bzw. Knicklängenbeiwerte, mit deren Hilfe Verzweigungslasten ermittelt werden können, so empfiehlt es sich im allgemeinen, direkt den Tragsicherheitsnachweis nach Theorie II. Ordnung zu führen. Die Ermittlung der Verzweigungslast ist nämlich rechnerisch mindestens ebenso aufwendig wie ein Nachweis nach Theorie II. Ordnung. Der letztere liefert jedoch gleichzeitig alle interessierenden Schnitt- und Verformungsgrößen.

Tragsicherheitsnachweise nach der Fließgelenktheorie

Tritt nicht mehr als ein Fließgelenk auf (oder bilden sich mit dem ersten mehrere *gleichzeitig*), so ist die Schnittgrößenermittlung nach der Elastizitätstheorie zulässig. Es ist dann lediglich nachzuweisen, daß im Fließgelenk die Interaktionsbedingungen für die Schnittgrößen eingehalten sind.
Bilden sich mehrere Fließgelenke nacheinander, ist die Fließgelenktheorie anzuwenden, wobei eine Berechnung nach Theorie II. Ordnung bei Rahmentragwerken bereits recht kompliziert werden kann. Das einfache Traglastverfahren nach Theorie I. Ordnung ohne Imperfektionen mit Untersuchung von kinematischen Ketten darf jedoch dann angewendet werden, wenn nach Abschluß der Berechnung gezeigt wird, daß das Kriterium (10.2–34) für jedes einzelne Stockwerk r erfüllt ist:

$$|\psi_r| \leq \left| \frac{Q_r}{10\, V_r} \right| \qquad (10.2\text{–}34)$$

mit

Q_r Stockwerkquerkraft aus den äußeren Lasten *und* aus der Schrägstellung (Imperfektion) der Rahmenstiele
V_r Summe aller Vertikallasten oberhalb des betrachteten Stockwerks r
ψ_r Stabdrehwinkel der Stiele im Stockwerk r des nach Theorie I. Ordnung berechneten und der Bemessung zugrunde gelegten Fließgelenkzustandes

In ähnlicher Weise wie das in Unterabschnitt 10.2.1.6 erläuterte Kriterium (10.2–26) sagt auch dieses Kriterium aus, daß die Stockwerksquerkräfte aus Abtriebskräften der Vertikallasten infolge der seitlichen Verformungen des Systems geringer sind als 10% der übrigen Stockwerksquerkräfte aus Horizontallasten und Imperfektionsanteil.
Da die Prüfung, ob das Kriterium (10.2–34) erfüllt ist, erst nach Abschluß einer Berechnung nach Theorie I. Ordnung erfolgen kann (s. Definition von ψ_r), werden für einstöckige Rahmen in Tabelle 10.2–11 Abschätzformeln für den Stabdrehwinkel angegeben. Für mehrstöckige Rahmen lassen sich – zumindest bisher – solch einfache Abschätzformeln nicht angeben.

Tabelle 10.2–11 Stabdrehwinkel ψ der Stiele für eingeschossige, rechteckige Rahmen

	1	2
1	Beispiel	$\psi = \frac{1}{6} \frac{h}{EI_s} M_{pl} \left\{ \eta \left(2 + \frac{l}{h} \frac{I_s}{I_r}\right) - 1 \right\}$ (alle Stiele voll oder zum Teil elastisch eingespannt)
2	Beispiel	$\psi = \frac{1}{6} \frac{h}{EI_s} M_{pl} \cdot \eta \left(2 + \frac{l}{h} \frac{I_s}{I_r}\right)$ (Stiele zum Teil gelenkig gelagert)
3	mit $M_{pl} = W_{pl}\,\beta_S$ — vollplastisches Biegemoment eines Stieles $\eta = 1$ bzw. $\eta = \frac{M_{pl,riegel}}{M_{pl}}$ — der kleinere der beiden Werte ist maßgebend, jedoch muß $\eta \geqq 0{,}5$ sein I_s — Stielträgheitsmoment, für alle Stiele gleich I_r — Riegelträgheitsmoment, für alle Riegel gleich	

Zahlenbeispiel

Z 9: Tragsicherheitsnachweis für einen Aussteifungsrahmen im Industriebau nach Bild 10.2–20 (Diagonalverband aus betrieblichen Gründen nicht möglich).

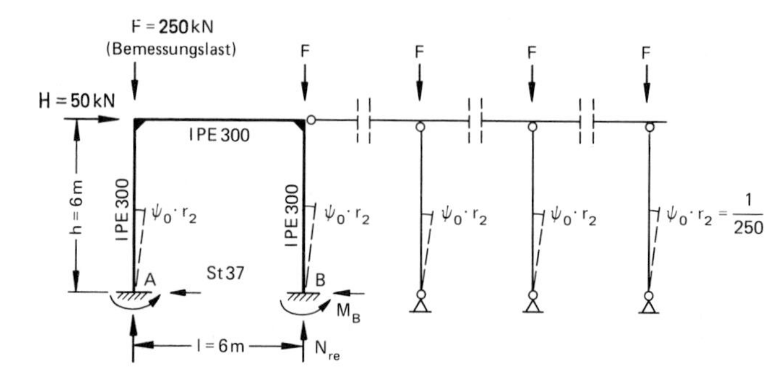

Bild 10.2–20
Aussteifungsrahmen in einer Industrie-Halle (ohne Verband)

Voraussetzungen: Rahmenstiele ⊥ Rahmenebene gegen Knicken gesichert, Biegedrillknicken nicht maßgebend.

IPE 300: $A = 53{,}8\ \text{cm}^2$, $I_y = 8360\ \text{cm}^4$, $W_y = 557\ \text{cm}^3$

1. Berechnung von η_r:

Nach [7], Tafel 5.43 (S. 413): $\gamma = 6$, $\varkappa = \frac{1}{2} \cdot 3 = 1{,}5 \rightarrow \beta = 1{,}75$

$$F_{Ki} = \frac{\pi^2 \cdot 21\,000 \cdot 8360}{(1{,}75 \cdot 600)^2} = 1572\ \text{kN} \qquad \eta_r = \frac{1572}{250} = 6{,}29 \begin{matrix} < 10 \\ > 4 \end{matrix}$$

2. Nachweis des Rahmens nach 2. Berechnungsstufe (Kriterium (10.2–28) erfüllt):

Gl. (10.2–29): $$K_r = \frac{1}{1 - \frac{1}{6{,}29}} = 1{,}19$$

Rechenwert für $H = 1{,}19\,(50 + \frac{1}{250} \cdot 5 \cdot 250) = 65{,}40\ \text{kN}$

Rahmenformeln (z. B. Stahlbaukalender 1981, S. 221):

$$M_B = \frac{65{,}40 \cdot 600}{2} \cdot \frac{4}{7} = 11\,212 \text{ kN cm}; \qquad V_B = 65{,}40 \cdot \frac{3}{7} = 28{,}03 \text{ kN}$$

$$N_{re} = 250 + 28{,}03 = 278{,}03 \text{ kN}$$

$$\text{Gl. (10.2–11):} \quad \sigma = \frac{278{,}03}{53{,}8} + \frac{11\,212}{557} = 5{,}17 + 20{,}13 = 25{,}30 \text{ kN/cm}^2 > \beta_s$$

Es wird sich das 1. Fließgelenk in B bilden, daher Interaktionsnachweis mit $N_{pl} = 1290$ kN, $M_{pl} =$ 15 100 kN cm (aus Profiltafel):

$$\text{Gl. (10.2–12):} \quad \frac{278{,}03}{1290} + \frac{11\,212}{1{,}1 \cdot 15\,100} = 0{,}22 + 0{,}68 = 0{,}90 < 1 \;\rightarrow\; \underline{\textit{IPE 300 ausreichend!}}$$

10.2.1.8 Tragsicherheitsnachweise für Durchlaufträger und durchlaufende Stützen mit elastisch verschieblichen Knotenpunkten (planmäßig einachsige Biegung und Längsdruckkraft)

Im Prinzip unterscheidet sich die Berechnung elastisch gelagerter Durchlaufträger bzw. durchlaufender Stützen nicht von Rahmenberechnungen. Auch bei diesem System wird man daher in der Praxis nicht die genaue Traglasttheorie sondern in der Regel die Elastizitätstheorie II. Ordnung (oder I. Ordnung, wenn $\eta = N_{Ki}/N \geq 10$ ist) – seltener die Fließgelenktheorie – verwenden. Bezüglich der anzunehmenden Ersatzimperfektionen wird auf Unterabschnitt 10.2.1.3.3 und auf Bild 4 des Beiblattes 1 zu [1] verwiesen. Auch bei diesen Systemen kann i. a. bei Anwendung der Elastizitätstheorie mit ausreichender Genauigkeit für die Ermittlung der Stabsteifigkeiten die Stabkennzahl $\varepsilon = 0$ gesetzt werden, wenn sie den Wert 1,0 nicht überschreitet. Zu beachten ist, daß wie bei Rahmenstielen auch hier zusätzlich zu den Stabdrehwinkeln (Federauslenkungen) örtliche Vorkrümmungen zwischen den Stützungspunkten als geometrische Ersatzimperfektionen anzusetzen sind, wenn die Stabkennzahl $\varepsilon > 1{,}6$ wird. Im übrigen empfiehlt es sich, bei der praktischen Berechnung – wie im Kap. 3, Baustatik gezeigt – für die Rechnung anstelle von geometrischen Ersatzimperfektionen Ersatzbelastungen anzusetzen.

Druckgurte von Trogbrücken mit federnder Querstützung können bezüglich des Knickens aus ihrer Ebene als planmäßig mittig gedrückte elastisch gelagerte Durchlaufträger mit Imperfektionen angesehen werden. Zu ihrer Berechnung wird auf [1] mit dem zugehörigen Kommentar [14] sowie auf [7] verwiesen.

10.2.1.9 Tragsicherheitsnachweise für Bogenträger

10.2.1.9.1 Planmäßig mittiger Druck (Stützlinienbelastung)

Voraussetzung: Durchschlagen nicht maßgebend.

Um zu überprüfen, ob diese bei „flachen" Bogen mögliche Art des symmetrischen Versagens ausgeschlossen ist, kann (bei unveränderlichem Querschnitt) das Kriterium (10.2–35) angewendet werden:

$$l \sqrt{\frac{A}{12\,I_y}} > k\,, \tag{10.2–35}$$

wobei der Wert k der Tabelle 10.2–12 zu entnehmen ist. (A Querschnittsfläche, I_y maßgebendes Trägheitsmoment.)

Tabelle 10.2–12 Hilfswert k

	1	2	3	4	5	6	7
1	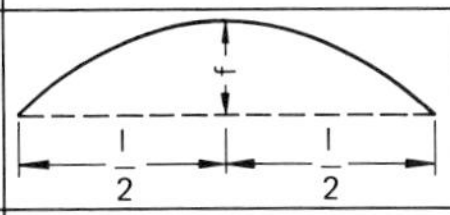	f/l	0,05	0,075	0,10	0,15	0,20
2	Zweigelenkbogen	k	35	23	17	10	8
3	Eingespannter Bogen		319	97	42	13	6

Wenn das Kriterium (10.2–35) nicht erfüllt ist, kann das Durchschlagen maßgebend werden. Man erkennt aus dieser Formel, daß hierfür nicht nur die Biegesteifigkeit sondern auch die Dehnsteifigkeit von Einfluß ist. Im Normentwurf [1] sind keine Hinweise zum Tragsicherheitsnachweis gegen Durchschlagen von solch flachen Bogen gegeben, da nur Regelfälle genormt werden. Ein entsprechender Nachweis ist wegen der anzuwendenden nichtlinearen Theorie außerordentlich kompliziert. Zudem sind Bogen, bei denen er maßgebend wird, i. d. R. sehr unwirtschaftlich dimensioniert. Es empfiehlt sich daher, bei Nichterfüllung des Kriteriums (10.2–35) eine Neudimensionierung so vorzunehmen, daß Durchschlagen nicht maßgebend wird.

Knicken in der Bogenebene, unveränderlicher Querschnitt

Der Nachweis darf wie in Abschnitt 10.2.1.4.1 mit

$$N \leq \varkappa N_{pl} \qquad (10.2\text{–}4)$$

geführt werden, jedoch bedeuten hier

N bzw. N_{Ki} Größtwert der Längskraft unter Bemessungslast (γ-fache Gebrauchslast) bzw. im Verzweigungsfall

D.h. es wird die Anwendung der Europäischen Knickspannungslinien auch für den Tragsicherheitsnachweis gekrümmter, planmäßig mittig gedrückter Stäbe zugelassen, wobei angenommen wird, daß diese sich beim Ausweichen prinzipiell nicht anders verhalten als gerade planmäßig mittig gedrückte Stäbe. Um die Europäischen Knickspannungslinien anwenden zu können, benötigt man jedoch die Knicklänge s_K zur Bestimmung des bezogenen Schlankheitsgrades $\bar{\lambda}$, entsprechend den Bezeichnungen von Abschnitt 10.2.1.4.1. Diese Knicklängen können für die am häufigsten vorkommenden Regelfälle aus Bild 10.2–21 entnommen werden.

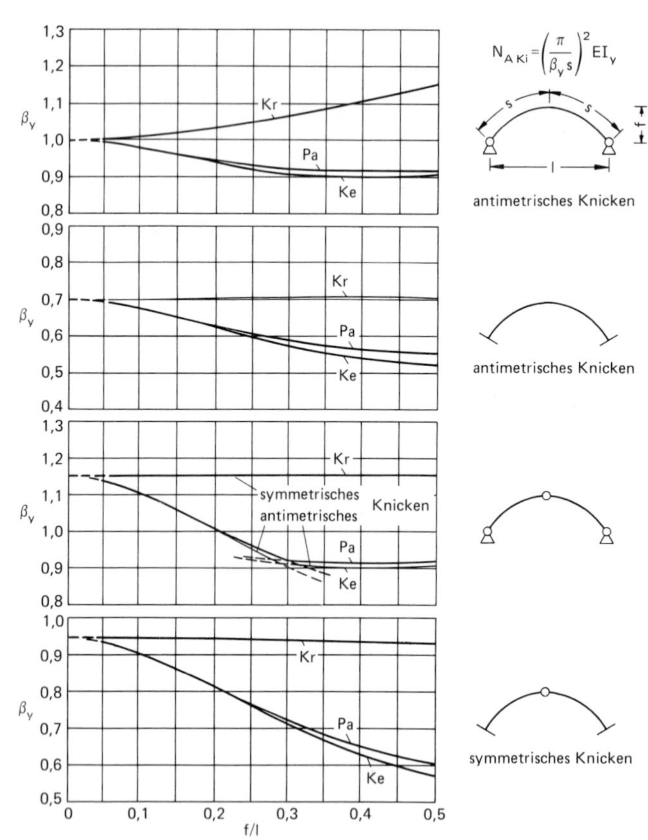

Pa: Parabel
Ke: Kettenlinie
Kr: Kreis

Für den Parabel- und Kettenlinienbogen wird richtungstreue, für den Kreisbogen normalentreue Last vorausgesetzt.

Bild 10.2–21
Knicklängenbeiwerte β_y für Knicken in der Bogenebene

Bei den angegebenen Knicklängenbeiwerten ist vorausgesetzt, daß die Längskraftverformungen vernachlässigbar sind. Dies ist in der Regel dann der Fall, wenn das Pfeilverhältnis $f/l > 0{,}2$ ist und eine Gefahr des Durchschlagens wie bei flachen Bögen (s. o. a. Voraussetzung) nicht existiert.

Bei einem Bogen mit Zugband, welches durch Hänger mit dem Bogen verbunden ist, genügt i. d. R. der Tragsicherheitsnachweis für den Bogenabschnitt zwischen zwei benachbarten Hängern.

Dies ist auf folgende Überlegung zurückzuführen: Beim Ausweichen des gesamten Bogens in der Tragwerksebene entstehen durch die Längsdruckkräfte im Bogen Abtriebskräfte, die das Ausweichen begünstigen. Diesen Abtriebskräften stehen aber über die Hänger das Ausweichen behindernde Rückhaltekräfte des Zugbandes in nahezu gleicher Größe entgegen, da die Längskraft im Zugband gleich der Horizontalkraft im Bogen ist (vertikale Stützlinienbelastung vorausgesetzt). Bei Anwendung dieser Regel ist jedoch Vorsicht geboten [14], so können z. B. bei Bogen mit sehr großer Stützweite (> 100 m) auch die Dehnungen der entsprechend langen Hänger nicht mehr vernachlässigbar sein. Dann stimmen beim Ausweichen die Vertikalverschiebungen der Bogenachse nicht mehr ausreichend genau mit den Vertikalverschiebungen des Zugbandes überein, und die rückhaltenden Umlenkkräfte des Zugbandes sind kleiner als die abtreibenden des Bogens, so daß ein Ausknicken des Gesamtsystems in der Bogenebene – wenn auch mit wesentlich geringerer Knicklänge als beim freien Bogen – möglich ist. Bei solch großen Systemen empfiehlt sich also ein genauerer Nachweis unter Berücksichtigung der Hängerdehnung nach Theorie II. Ordnung mit Ansatz von Imperfektionen nach Tabelle 10.2–15 (s. Unterabschnitt 10.2.1.9.2).

Knicken in der Bogenebene, veränderlicher Querschnitt

Da für die Vielzahl der möglichen Fälle, den Querschnitt des Bogens längs der Achse sowohl hinsichtlich der Querschnittsfläche als auch hinsichtlich des Trägheitsmomentes zu verändern, keine allgemein gültigen Knicklängenbeiwerte angegeben werden können, ist hier i.d.R. der Tragsicherheitsnachweis nach Theorie II. Ordnung zu führen. Die geometrischen Ersatzimperfektionen sind dabei nach Tabelle 10.2–15, Unterabschnitt 10.2.1.9.2, zu wählen, so daß durch die damit gegebenen Abweichungen von der Stützlinienform Biegemomente im Bogen entstehen, die wie planmäßige Biegemomente behandelt werden können. Bei der praktischen Berechnung nach Elastizitätstheorie II. Ordnung kann man z.B. iterativ nach dem bekannten Engesser-Vianello-Verfahren vorgehen (s.a. Unterabschnitt 3.5, Baustatik).

Knicken rechtwinklig zur Bogenebene

Auch für das Ausknicken rechtwinklig zur Bogenebene darf näherungsweise ein Tragsicherheitsnachweis wie für den planmäßig zentrisch gedrückten geraden Stab mit Hilfe der Europäischen Knickspannungslinien nach Gl. (10.2–4) geführt werden. Die zur Ermittlung des $\varkappa$-Wertes erforderliche Knicklänge ist jedoch hier nicht allein von der Bogengeometrie (Pfeilverhältnis f/l, maßgebend für β_1) abhängig, sondern auch von der möglichen Lastrichtungsänderung bei seitlichem Ausweichen (Knicklängenbeiwert β_2). Wird der Bogen – wie z.B. bei einem Dachbinder – lediglich von oben durch Eigengewicht und Schnee (also richtungstreue Gewichte) belastet, so wird die Knicklänge allein durch den Beiwert β_1 nach Tab. 10.2–13 festgelegt und beträgt $s_K = \beta_1 \cdot l$.

Tabelle 10.2–13
Knicklängenbeiwert β_1 für Parabelbogen mit quer zur Bogenebene eingespannten Enden

	1	2	3	4	5	6	7
1	f/l	0,05	0,1	0,2	0,3	0,4	$I_{z,o}$ (im Scheitel), α, f, y, z, $\frac{l}{2}$, $\frac{l}{2}$
2	I_z = konst.	0,50	0,54	0,65	0,82	1,07	
3	$I_z = \frac{I_{z,o}}{\cos\alpha}$	0,50	0,52	0,59	0,71	0,86	

Wird die Belastung jedoch mindestens teilweise über Hänger eingeleitet, so entstehen beim Ausweichen aus der Bogenebene durch die Neigung der auf Zug beanspruchten Hänger Rückhaltekräfte, welche die Knicklänge mit dem Faktor $\beta_2 < 1$ nach Tabelle 10.2–14, Zeile 2, verringern. Bei Einleitung von Lasten über Ständer entstehen jedoch beim Ausweichen infolge der auf Druck beanspruchten Ständer zusätzliche abtreibende Kräfte, welche die Knicklänge mit dem Faktor $\beta_2 > 1$ nach Tabelle 10.2–14, Zeile 3, vergrößern.

Tabelle 10.2–14 Knicklängenbeiwert β_2

	1	2	3
	Belastung	β_2	q Gesamtlast q_H Lastanteil, durch Hänger übertragen q_{St} Lastanteil, durch Ständer übertragen
1	richtungstreu	1	
2	über Hänger	$1 - 0{,}35\,\frac{q_H}{q}$	
3	über Ständer [1]	$1 + 0{,}45\,\frac{q_{St}}{q}$	
4	[1] Die Fahrbahn ist mit dem Bogenscheitel seitlich fest verbunden		

Die Beziehung für $\bar{\lambda}$ zur Ermittlung von κ aus Bild 10.2–7 lautet somit:

$$\bar{\lambda} = \frac{\lambda}{\lambda_S} = \sqrt{\frac{\beta_S}{\sigma_{Ki}}} = \beta_1 \beta_2 \frac{l}{i_z \lambda_S} \qquad (10.2\text{–}36)$$

Liegt der Sonderfall eines gabelgelagerten Kreisbogens mit unveränderlichem doppeltsymmetrischen Querschnitt und konstanter, radialgerichteter, richtungtreuer Belastung vor, so kann die Formel (10.2–37) für die Verzweigungsspannung verwendet werden, um den bezogenen Schlankheitsgrad $\bar{\lambda} = \sqrt{\beta_S/\sigma_{Ki}}$ zu bestimmen

$$\sigma_{ki} = \frac{EI_z}{Ar^2} \cdot \frac{(\pi^2 - \alpha^2)^2}{\alpha^2(\pi^2 + \alpha^2 k)} \qquad (10.2\text{–}37)$$

mit

r Radius des Kreisbogens
α Öffnungswinkel des Kreisbogens, $0 < \alpha < \pi$

$$k = \frac{EI_z}{GI_T}$$

I_T Torsionswiderstand (St. Venant)
I_z Trägheitsmoment bezüglich der z-Achse

10.2.1.9.2 Tragsicherheitsnachweise für Bogenträger bei planmäßig einachsiger Biegung und Längskraft

Voraussetzung: Biegedrillknicken (bzw. Knicken rechtwinklig zur Bogenebene) nicht maßgebend.

1. *Nachweis nach Theorie I. Ordnung*

Bogen mit unveränderlichem Querschnitt, welche die Bedingung

$$\beta_y \cdot s \sqrt{\frac{N}{EI_y}} \leq 1 \qquad (10.2\text{–}38)$$

erfüllen, dürfen *ohne Imperfektionsannahmen* nach Theorie I. Ordnung berechnet werden, wobei β_y, s und N wie in Unterabschnitt 10.2.1.9.1 definiert sind.
Bei vielen im Hochbau vorkommenden Bogen kleinerer Abmessungen (z. B. Hallendachbinder) wird die Bedingung (10.2–38) erfüllt sein. Sie entspricht der in Unterabschnitt 10.2.1.4.2 unter 1. gestellten Forderung $\varepsilon \leq 1$ bei Anwendung der Elastizitätstheorie. Sollte ausnahmsweise einmal die Fließgelenktheorie angewendet werden, so empfiehlt es sich, auch die weiteren hierfür gültigen Forderungen des Unterabschnitts 10.2.1.4.2 zu erfüllen, wobei ε durch $\beta_y s\sqrt{N/EI_y}$ ersetzt wird, falls die Berechnung nach Theorie I. Ordnung erfolgt.

2. *Nachweis nach Theorie II. Ordnung*

Wie bei Rahmentragwerken so wird auch hier wegen der Kompliziertheit des genauen Traglastnachweises in der Regel die Elastizitätstheorie (s. Abschnitt 3.5, Baustatik) – in Ausnahmefällen auch die Fließgelenktheorie – zur Anwendung kommen. Dabei sind geometrische Ersatzimperfektionen nach Tabelle 10.2–15 zusätzlich zu den planmäßigen Beanspruchungen in ungünstiger Richtung anzusetzen.

Tabelle 10.2–15 Geometrische Ersatzimperfektionen in der Bogenebene

	1	2	3			
	s, s; $\frac{l}{2}$, $\frac{l}{2}$	Verlauf der geom. Ersatzimperfektion (sinus- oder parabelförmig)	w_0 für Querschnitte der Knickspannungslinie (vgl. Tab. 10.2-5)			
			a	b	c	d
1	Dreigelenkbogen bei symmetrischem Knicken	w_0, w_0, w_0; $\frac{l}{4}$, $\frac{l}{2}$, $\frac{l}{2}$, $\frac{l}{4}$	$\frac{s}{500}$	$\frac{s}{250}$	$\frac{s}{200}$	$\frac{s}{140}$
2	Zweigelenkbogen, eingespannter Bogen, Dreigelenkbogen bei antimetrischem Knicken	w_0, w_0; $\frac{l}{2}$, $\frac{l}{2}$	$\frac{l}{1000}$	$\frac{l}{500}$	$\frac{l}{400}$	$\frac{l}{280}$
3	[1] Die für hochfeste Stähle in Klammern angegebenen günstigeren Knickspannungslinien dürfen hier nicht angewendet werden					

Die nach Tabelle 10.2–15 zusätzlich zu den planmäßigen Belastungen in ungünstiger Richtung anzusetzenden geometrischen Ersatzimperfektionen mögen für Bogen mit großer Spannweite sehr hoch erscheinen. Es wird daher hier noch einmal daran erinnert, daß diese geometrischen Ersatzimperfektionen nicht nur die rein geometrischen Abweichungen von der planmäßigen Bogenform, sondern auch weitere baupraktisch unvermeidbare Imperfektionen wie Eigenspannungen, Querschnittsabweichungen usw. berücksichtigen sollen. Es wird aber auch auf den letzten Satz des Abschnittes 1 (Allgemeine Angaben) des Norm-Entwurfs [1] hingewiesen, nach welchem von den Regelungen in der Norm abgewichen werden darf, wenn durch andere Untersuchungen eine ausreichende Sicherheit nachgewiesen wird. Dies kann beispielsweise im Einzelfall nach gründlicher Prüfung des Sachverhaltes zu einer Reduzierung der hier angegebenen Größen der Ersatzimperfektionen führen.

Zahlenbeispiel

Z10: Tragsicherheitsnachweis für einen Bogen nach Bild 10.2–22.
Voraussetzung: Der Bogenbinder ist gegen Knicken aus der Tragwerksebene durch Pfetten und Verbände gehalten.

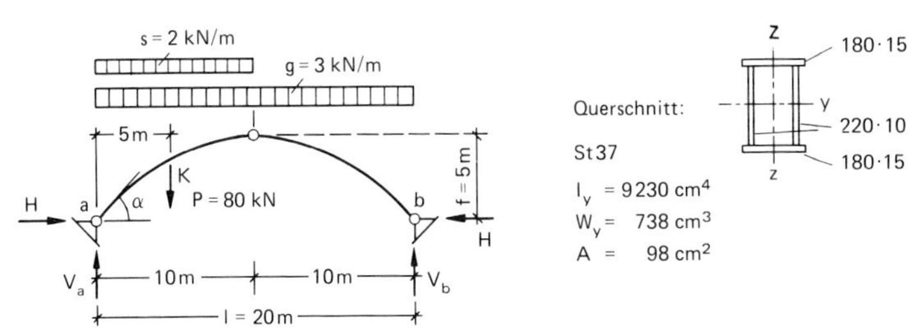

Bild 10.2–22 Parabelförmiger Dreigelenkbogen-Binder unter ständiger Last, halbseitiger Schneelast und Hängekranlast (Bemessungslasten = γ-fache Gebrauchslasten)

Tragsicherheitsnachweis in der Bogenebene:

$$s \simeq \frac{l}{2}\left[1 + \frac{8}{3}\left(\frac{f}{l}\right)^2 - \frac{32}{5}\left(\frac{f}{l}\right)^4\right] = 10\left(1 + \frac{8}{3}\cdot 0{,}25^2 - \frac{32}{5}\cdot 0{,}25^4\right) = 11{,}42\ \text{m}$$

$$H = \frac{1}{f}\cdot M_0 = \frac{1}{5}\left(\frac{3\cdot 20^2}{8} + \frac{1}{2}\cdot\frac{2\cdot 20^2}{8} + \frac{1}{2}\cdot 80\cdot 5\right) = 80\ \text{kN (symmetrische Last)}$$

$$V_a = \frac{3\cdot 20}{2} + \frac{2\cdot 10\cdot 15}{20} + \frac{80\cdot 15}{20} = 105\ \text{kN (Gesamtlast)}$$

$$\tan\alpha = \frac{4f}{l} = 1 \rightarrow \alpha = 45°$$

$$\max N = V_a \sin\alpha + H\cos\alpha = (80 + 105)\frac{1}{\sqrt{2}} = 130{,}81\ \text{kN}$$

Bild 10.2–21: $\beta_y = 0{,}96$

$$\text{Gl. (10.2–38):}\quad 0{,}96\cdot 1142\sqrt{\frac{130{,}81}{21\,000\cdot 9230}} = 0{,}90 < 1$$

Der Nachweis kann nach Theorie I. Ordnung ohne Imperfektionen geführt werden*):

$$\max M = M_k = 105\cdot 5 - 80\cdot\frac{3}{4}\cdot 5 - (2+3)\frac{5^2}{2} = 162{,}50\ \text{kN m}$$

Spannungsnachweis mit $N_k < \max N = 130{,}81$ kN

$$\sigma = \frac{130{,}81}{98} + \frac{16\,250}{738} = 1{,}33 + 22{,}02 = 23{,}35\ \text{kN/cm}^2 < \beta_s \quad\rightarrow$$ <u>Bogenquerschnitt ausreichend!</u>

*) Ein Zahlenbeispiel für die Berechnung eines 330 m weit gespannten Bogens nach Theorie II. Ordnung mit Imperfektionen findet man im Unterabschnitt 3.5, Baustatik.

Literatur

1. DIN 18800, Teil 2, Stahlbauten – Stabilitätsfälle, Knicken von Stäben und Stabwerken, Entwurf Dezember 1980 (Gelbdruck).
2. Klöppel, K.: Zur Einführung der neuen Stabilitätsvorschriften. Abhandlungen aus dem Stahlbau, H. 12, Stahlbautag München 1952, DStV, Köln.
3. Vogel, U.: Praktische Berücksichtigung von Imperfektionen beim Tragsicherheitsnachweis nach DIN 18800, Teil 2 (Knicken von Stäben und Stabwerken). Der Stahlbau 50 (1981), H. 7, S. 201–205.
4. Vogel, U.: Application of the buckling curves of the ECCS to frame columns. International Colloquium On Column Strength, Paris 1972, Proceedings, p. 413–424 (IVBH-Berichte der Arbeitskommissionen, Bd. 23).
5. Lindner, J.: Näherungen für die Europäischen Knickspannungskurven. Die Bautechnik 55 (1978), S. 344–347.
6. Nather, F.: Standsicherheit von Stahlbauten unter Berücksichtigung der Nachgiebigkeit der Verbindungen. Mitteilungen aus dem Lehrstuhl für Stahlbau, TU München, H. 16, 1980.
7. Petersen, C.: Statik und Stabilität der Baukonstruktionen. Vieweg & Sohn, Braunschweig 1980.
8. Beer, H., und Schulz, G.: Die Traglast des planmäßig mittig gedrückten Stabes mit Imperfektionen. VDI-Z. Bd. 111 (1969), Nr. 21, 23 und 24.
9. Sfintesco, D.: Fondement expérimental des courbes européennes de flambement, sowie Beer, H. und Schulz, G.: Bases théoriques des courbes de flambement. Construction Métallique, No. 3, Sept. 1970.
10. Rubin, H.: Das Drehwinkelverfahren zur Berechnung biegesteifer Stabwerke nach Elastizitäts- oder Fließgelenktheorie I. und II. Ordnung unter Berücksichtigung von Vorverformungen. Bauingenieur 55 (1980), S. 81–92, sowie: Beispiele für die Berechnung biegesteifer Stabwerke nach der Fließgelenktheorie II. Ordnung auf der Grundlage des Drehwinkelverfahrens. Bauingenieur 55 (1980), S. 147–155.
11. Oxfort, J.: Anwendung des gemischten Kraft- und Weggrößenverfahrens (M-δ-Verfahren) der Theorie II. Ordnung zur vollständigen Berechnung beliebiger biegesteifer Stahlstabwerke bis zur Traglast und plastischen Grenzlast. Der Stahlbau 47 (1978), S. 139–145.
12. Osterrieder, P., und Ramm, E.: Berechnung von ebenen Stabtragwerken nach der Fließgelenktheorie I. und II. Ordnung unter Verwendung des Weggrößenverfahrens mit Systemveränderung. Der Stahlbau 50 (1981), S. 97–104.
13. Klöppel, K., und Goder, W.: Näherungsweise Berechnung der Biegemomente nach Spannungstheorie II. Ordnung von außermittig gedrückten Stäben nach DIN 4114, Ri. 10.2. Der Stahlbau 26 (1957), S. 188–191.
14. Vogel, U., und Lindner, J.: Kommentar zu DIN 18800, Teil 2 (Gelbdruck) – Stabilitätsfälle im Stahlbau – Knicken von Stäben und Stabwerken. DAST – Berichte aus Forschung und Entwicklung, H. 11, 1981, Stahlbau-Verlag, Köln.
15. Pflüger, A.: Ausknicken des Parabelbogens mit Versteifungsträger. Der Stahlbau 20 (1951), S. 117–120.
16. Beratungsstelle für Stahlverwendung: Merkblatt 502. Berechnungsbeispiele zu DIN 18800, Teil 2 (von H. Rubin).

10.2.2 Biegedrillknicken

J. Lindner

10.2.2.1 Einführung

Beim Entwurf von Baukonstruktionen ist sicherzustellen, daß ein hinreichender Abstand zwischen der Gebrauchslast und der Traglast von Bauteilen und Bauwerken besteht. Für Biegeträger ist die Traglast durch das Moment im vollplastischen Zustand gegeben. Hierbei ist gegebenenfalls die Beeinflussung der Tragfähigkeit durch die verschiedenen Schnittgrößen N, M, Q zu beachten, siehe Abschnitt 10.2.1. Dort wurde vorausgesetzt, daß Verschiebungen nur in der jeweils betrachteten Ebene auftreten. Bei manchen Bauteilen besteht jedoch die Möglichkeit, daß sie sich auch seitlich verformen und verdrehen, wie aus den Bildern 10.2–23 und 10.2–24 zu ersehen ist. In beiden Fällen tritt eine räumliche Verformungskurve auf, die aus vertikalen Durchbiegungen w, horizontalen Durchbiegungen v und Verdrehungen ϑ besteht. Auf Bild 10.2–24 ist auch der Zusammenhang zu den bekannten Knickproblemen zu ersehen. Beim Knicken um die y-Achse tritt nur eine vertikale Durchbiegung w auf, beim Knicken um die z-Achse nur eine horizontale Durchbiegung v. Nur beim allgemeinen Fall des Biegedrillknickens treten alle 3 Verformungen gleichzeitig auf. Aus beiden Bildern ist zu ersehen, daß trotz der unterschiedlichen Belastungen im Verformungszustand kein Unterschied besteht – dieser ist unabhängig von der Art der Belastung. Konsequenterweise wird im Entwurf zu DIN 18800/Teil 2 (Nachfolgenorm zu DIN 4114) deshalb auch nur noch der Begriff „Biegedrillknicken" verwendet; die aus der Literatur bekannten Begriffe „Kippen", „Drehknicken" usw. tauchen nicht mehr auf. In diesem Abschnitt wird daher der Begriff „Biegedrillknicken" allgemein für alle Versagensarten angewendet, bei denen Verdrehungen auftreten – unabhängig von der Art der Belastung. Somit ist z. B. auch der Fall der doppelten Biegung hiernach zu untersuchen. Der Sonderfall der reinen Torsion, der mit den Lösungen dieses Abschnittes nicht erfaßt wird, ist nach Abschnitt 10.1 (Bemessung für Biegung und Torsion) zu behandeln.

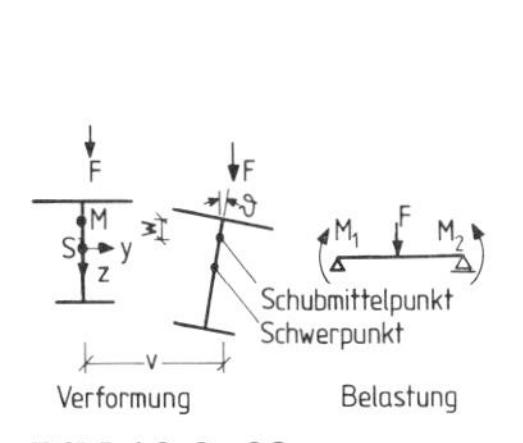

Bild 10.2–23
Biegedrillknicken infolge Querbelastung

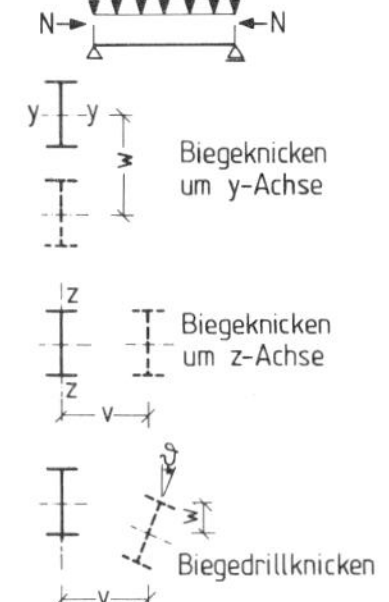

Bild 10.2–24
Mögliche Versagensfälle eines durch Längskräfte beanspruchten Stabes

Aus den vorstehend gegebenen Erläuterungen ist ersichtlich, daß im Prinzip eigentlich immer der allgemeine Fall des Biegedrillknickens untersucht werden müßte. Für die praktische Bemessungsarbeit wäre dies jedoch mit einem großen, nicht unbedingt erforderlichen, Aufwand verbunden. Aus diesem Grunde kann wie folgt vorgegangen werden: Zunächst werden für den Fall des Biegeknickens (also Beanspruchung nur in der betrachteten Ebene, vgl. Bild 10.2–24) die Schnittgrößen am Gesamtbauwerk ermittelt. Das Biegedrillknicken wird anschließend betrachtet. Dabei werden die Einzelstäbe aus dem Gesamtbauwerk herausgelöst gedacht und für jeden Einzelstab das Biegedrillknicken untersucht. Die gegebenenfalls vorhandenen Endschnittgrößen aus der Gesamtberechnung müssen dabei berücksichtigt werden.
Das Biegedrillknicken wird durch eine Anzahl von Parametern beeinflußt, die vorab zusammengestellt werden, um daraus auch auf wirksame Maßnahmen schließen zu können, die die Gefahr des Biegedrillknickens herabsetzen.

a) Werkstoffverhalten

Der Werkstoff Stahl verhält sich nur im Bereich geringer Dehnungen, d.h. bei großen Schlankheiten der Bauteile, unbeschränkt elastisch. Dies bedeutet, daß das Hookesche Gesetz (E = const.) gültig ist. Treten größere Dehnungen auf, so läßt sich das Verhalten des Stahls durch das bekannte linear-elastisch-plastische Werkstoffgesetz beschreiben.

b) Imperfektionen

Bauteile in ausgeführten Konstruktionen weisen stets Imperfektionen auf, wobei diese sowohl aus geometrischen als auch aus Material-Imperfektionen bestehen.
Geometrische Imperfektionen sind Vorverformungen (Durchbiegungen und/oder Verdrehungen) und

Lastaußermittigkeiten. Aufgrund der Herstellungsverfahren sind solche ungewollten geometrischen Imperfektionen unvermeidlich.
Als wichtigste Material-Imperfektion sind die Eigenspannungen anzusehen, die ebenfalls aufgrund der Herstellungsverfahren (Walzen, Schweißen, Abkanten) kaum vermeidbar sind. Sie haben die Tendenz, die Traglast zu vermindern.

c) Lagerungsbedingungen
Die Lagerungsbedingungen beeinflussen stets die Traglast. Dies trifft auch auf das Biegedrillknicken zu (vgl. Abschnitt 10.1.2.5).
Die Parameter a) bis c) sind in ähnlicher Weise auch beim Biegeknicken (vgl. Abschnitt 10.2.1) von Wichtigkeit.

d) Querschnittstyp
Die Art des Querschnitts führt zu unterschiedlichen Steifigkeitswerten, wie z. B. Trägheitsmomente I_y, I_z, Torsionsträgheitsmoment I_T und Wölbwiderstand I_ω (A_{ww}). Diese unterschiedlichen Steifigkeitswerte führen dazu, daß das Biegedrillknicken für hohe Träger mit schmalen Flanschen gefährlicher ist als für niedrige Träger mit breiten Flanschen.

e) Belastung
Die Art der Belastung, wie z. B. Gleichlast, Einzellast, konstantes Biegemoment usw., beeinflußt ebenfalls die Biegedrillknicklast. Bei Querlasten ist der Angriffspunkt der Last von Interesse: Lasten am Druckgurt wirken sich ungünstiger aus als Lasten am Zuggurt. In den Bauwerken hängt der Lastangriffspunkt wesentlich davon ab, wie die Lasten von angrenzenden Bauteilen in den biegedrillknickgefährdeten Träger eingeleitet werden.
In den Nachweismöglichkeiten für Zwecke der Praxis müssen von diesen Parametern so viele wie möglich berücksichtigt werden. Andererseits muß dies auch im Zusammenhang mit einer möglichst einfachen theoretischen Lösung gesehen werden.
Die einfachste Lösung geht von der Elastizitätstheorie aus (unbeschränkte Gültigkeit des Hookeschen Gesetzes). Damit können die Parameter Querschnittstyp, Belastung, Lagerungsbedingungen, Imperfektionen erfaßt werden. Wenn hierbei die Imperfektionen und damit die eigentlich stets vorhandenen räumlichen Schnittgrößen beim direkten Nachweis außer Acht gelassen werden, gelangt man zum Verzweigungsproblem: Es wird diejenige kritische Belastung ermittelt, bei der ein Übergang vom stabilen in den instabilen Gleichgewichtszustand stattfindet, siehe Bild 10.2–25.

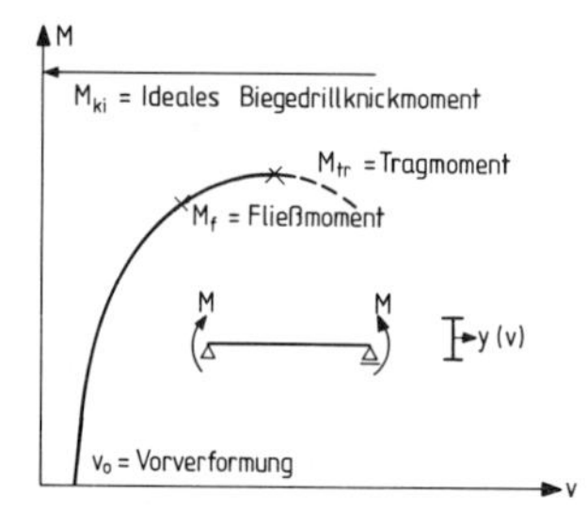

Bild 10.2–25 Nachweisgrenzen beim Biegedrillknicken

Werden dagegen geometrische Imperfektionen berücksichtigt, so ergibt sich ein Spannungsproblem nach Theorie II. Ordnung (d. h. die Ermittlung der Schnittgrößen erfolgt unter Berücksichtigung der Verformungen). Als Bemessungsgrenze wird das Erreichen der Streckgrenze β_s in der ungünstigst beanspruchten Faser angesehen. Da damit in der Regel die Traglast noch nicht erreicht ist, kann die Belastung noch gesteigert werden. Hierbei sind dann auch die übrigen Parameter – tatsächliches Werkstoffverhalten, Material-Imperfektionen – zu berücksichtigen.
Aus Bild 10.2–25 ist ersichtlich, daß die Nachweisgrenze M_{Ki} stets einen zu großen Wert liefert, der insbesondere im Hinblick auf das tatsächliche Werkstoffverhalten des Stahls zu reduzieren ist. Dies geschah in der DIN 4114 dadurch, daß die ideale kritische Spannung σ_{Ki} für den Fall, daß σ_{Ki} die Proportionalitätsgrenze σ_p überschreitet, auf σ_K anhand der Knickspannungskurve nach Engeßer abgemindert wird. Als Ergebnis der seither betriebenen Forschung ergab sich eine spezielle Traglastkurve für das Biegedrillknicken unter alleiniger Momentenbeanspruchung. Diese baut auf theoretischen Traglastberechnungen und einer großen Anzahl von Versuchen auf [18] und benutzt als Eingangsparameter ebenfalls das ideale Biegedrillknickmoment M_{Ki}. Sie ist im Abschnitt 10.2.2.4 noch erläutert.
Sofern in den folgenden Abschnitten nicht anders gekennzeichnet, gelten die angegebenen Nachweismöglichkeiten für gerade Stäbe mit konstantem Querschnitt.

10.2.2.2 Konstruktive Maßnahmen

Der Nachweis des Biegedrillknickens führt in weiten Bereichen zu geringeren zulässigen Lasten als der Nachweis des Biegeknickens bzw. die reine Biegetragfähigkeit ohne Berücksichtigung des Verdrehungseinflusses. Durch konstruktive Maßnahmen kann nun aber in vielen Fällen die Gefahr des Biegedrillknickens soweit vermindert werden, daß ein Nachweis ganz entfallen kann oder in vereinfachter Form geführt werden darf. Von der Querschnittsform her sind Stäbe mit Hohlquerschnitten wegen der großen Torsionssteifigkeit im Verhältnis zur Biegesteifigkeit nicht biegedrillknickgefährdet, weshalb ein Nachweis entfallen kann. Bei freier Gestaltungsmöglichkeit eines Querschnittes ist es sinnvoll, so zu entwerfen, daß die für das Biegedrillknicken maßgebenden Querschnittswerte I_z, I_ω, I_T möglichst groß sind. Damit sind bei I-Querschnitten die Gurte möglichst breit auszubilden, erst in 2. Linie macht sich eine Vergrößerung der Dicke positiv bemerkbar. Da das Biegedrillknicken aus einem Ausweichvorgang besteht, bei dem sowohl Verdrehungen um die Stabachse als auch seitliche Verschiebungen auftreten, ist dieser Instabilitätsfall auch dann ausgeschlossen, wenn eine dieser beiden Verformungsmöglichkeiten ausreichend behindert ist. Die Behinderung der seitlichen Verschiebung bezieht sich allerdings dabei auf die Verschiebung der gedrückten Teile des Querschnittes. Sofern die Lage der Druckzone innerhalb des Querschnittes in Stablängsrichtung veränderlich ist (z. B. durch veränderlichen Momentenverlauf), oder die seitliche Verschiebungsbehinderung nur den Zugbereich betrifft, ist nach wie vor ein Biegedrillknicknachweis erforderlich. Dieser Fall wurde früher in DIN 4114 (1952) und der Literatur als „gebundene Kippung" bezeichnet. In vielen Fällen werden biegedrillknickgefährdete Stäbe durch angrenzende Bauteile abgestützt. Solche abstützende Wirkung wird z. B. bei Pfetten durch die Dachhaut (Wellasbestzement, Trapezbleche, o. ä.) hervorgerufen. Rechnerisch kann dies durch Wegfedern c_y [kN/m^2] und/oder Drehfedern c_ϑ [kNm/m], siehe Bild 10.2–26, berücksichtigt werden. Dabei interessieren zunächst diejenigen Werte, bei deren Vorliegen keine weiteren Nachweise erforderlich sind, die sog. Mindeststeifigkeit. Sofern die abstützende Wirkung angrenzender Bauteile aus einer kontinuierlichen Behinderung der Verdrehung besteht, darf für I-förmige Querschnitte die Mindeststeifigkeit der Drehbettung näherungsweise nach der Gl. (10.2–39) ermittelt werden.

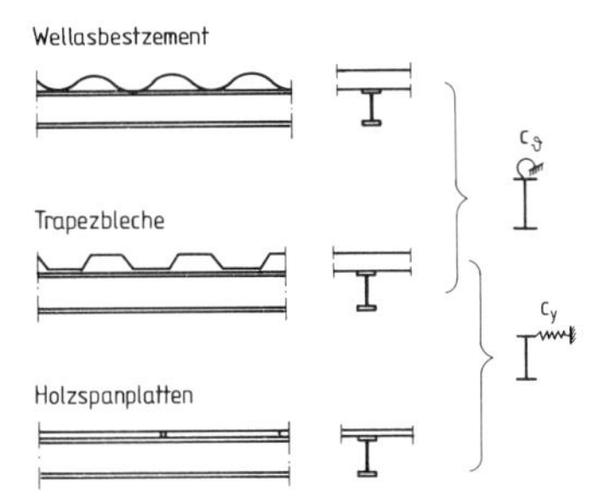

Bild 10.2–26 Stabilisierung durch angrenzende Bauteile

$$\text{erf.}\, c_\vartheta = \frac{M_{pl}^2}{EI_z} \cdot k_\vartheta = \frac{M_{pl}^2}{EI_z} \cdot 5{,}0 \cdot \frac{1}{\zeta^2} \qquad (10.2\text{–}39)$$

mit I_z = Trägheitsmoment um die z-Achse
k_ϑ = Drehbettungsbeiwert, für Sonderfälle zur Ausnutzung des vollplastischen Momentes aus Tab. 10.2–16 zu entnehmen
ζ = Beiwert zur Erfassung der Form der Biegemomentenverteilung beim Biegedrillknicknachweis, z. B. nach DIN 4114 (1952) oder [20]

Tabelle 10.2–16 Drehbettungsbeiwerte bei Ausnutzung des vollplastischen Momentes

Zeile	Momentenverlauf	k_ϑ
1	M	4,0
2a	M M	3,5
2b	M M M	3,5
3	M	2,8
4	M	1,6
5	M <0,3M	1,0

Diese Mindeststeifigkeit ist erforderlich, wenn das vollplastische Moment M_{pl} ausgenutzt werden soll. Sofern nach der Elastizitätstheorie maximal das Fließmoment M_f rechnerisch erreicht wird, so genügen kleinere Werte für k_ϑ nach Gl. (10.2–40).

$$k_{\vartheta[\text{elast.}]} \cong 1{,}0 \tag{10.2–40}$$

Genauere Werte für bestimmte Belastungen können der Literatur, z.B. [21], entnommen werden. Diesen erforderlichen Mindeststeifigkeiten sind die sich aus der vorhandenen Konstruktion ergebenden Werte gegenüberzustellen. Die Größe der in Abhängigkeit von der vorhandenen Konstruktion anzusetzenden Federwerte kann in den meisten Fällen nur in Verbindung mit Versuchen erfolgen. Hierbei ist auch die Belastungsrichtung zu beachten, da sich wegen der Art der Befestigung zwischen Dachhaut und Pfette für Soglasten („Wind von unten") i.d.R. wesentliche kleinere Werte ergeben als für Lasten, die die Dachhaut auf die Pfetten pressen.
Eine Zusammenstellung von in Versuchen ermittelten Drehbettungsbeiwerten zeigt Tab. 10.2–17, [19].

Tabelle 10.2–17 Vorhandene Drehbettungsbeiwerte c_ϑ nach Versuchen

Nr.	Art der Dachdeckung	Belastung	vorh c_ϑ [kNm/m]
1	Aluform 124 (VAW, $s = 0{,}5$ mm) $b = 3$ m	Last auf der Dachhaut	3,8
2	Flachsspanplatten (Unilin) $b = 1{,}5$ m $d = 30$ mm		5,0
3	Aluform 150 (VAW, $s = 1$ mm) $b = 3$ m		19
4	Trapezblech (Hoesch 40/183) $b = 3$ m		48
5	Trapezblech (Thyssen 41/375) $b = 3$ m		50
6	Wellasbestzement (Eternit, Profil 5, $b = 1{,}45$ m)		63
7	Wellasbestzement (Eternit, Profil 5, $b = 1{,}15$ m)		73
8	WAZ-Platten, 177/51, 45 mm Hartpolystyrolplatten zwischen Pfette und Dachhaut		2,0
9	Trapezblech (Fischer 40/183, $e = 2 \cdot b_r$)	Unterwind	0,8
10	Trapezblech (Fischer 40/183, $e = b_r$)		1,2
11	Aluform 124/29 (Schrauben, $e = 2\,b_r$, Positivlage)		0,6
12	Aluform 124/29 (Abdeckkappen, $e = 2\,b_r$)		1,4
13	Aluform 124/29 (Schrauben, $e = 2\,b_r$, Negativlage)		1,9
14	Wellasbestzement		1,2
15	Wellasbestzement (mit 5 cm Styropor)		0,6

Die gleichzeitige Wirkung horizontaler Wegfedern wirkt sich günstig aus, ähnliche Zusammenstellungen wie Tab. 10.2–17 liegen jedoch bisher nicht vor. Falls die Wegfedern c_y sehr steif werden, können sie als starr angesehen werden. Dies ist in der Regel bei stahlbaumäßig angeschlossenen Verbänden der Fall, nicht jedoch bei Rohrkupplungsverbänden im Gerüstbau. Unter der Annahme starrer Horizontaler Stützung liegt dann der Fall des gebundenen Biegedrillknickens vor (frühere Bezeichnung „gebundene Kippung"). Dies ist z.B. der Fall bei Rahmenriegeln, die durch Pfetten im Obergurt oder bei Rahmenstielen, die durch Wandpfetten an der Außenseite unverschieblich gehalten sind. Im Bereich negativer Momente kann der Stab dennoch ausweichen, vgl. Abschnitt 10.2.2.4. Die rechnerische Berücksichtigung von Federwerten c_y bzw. c_ϑ erfolgt bei der Bestimmung des idealen Biegedrillknickmomentes M_{Ki}, vgl. Abschnitt 10.2.2.4.
Das Biegedrillknicken ist auch ausgeschlossen, wenn bei überwiegend biegebeanspruchten Stäben der Druckgurt in Abständen c seitlich gehalten ist. Nach DIN 4114 (1952) galt dafür

$$c \leqq i_{z,G} \cdot 40 \tag{10.2–41 a}$$

nach EDIN 18800, Teil 2

$$\bar{\lambda} = \frac{c}{i_{z,G} \cdot \lambda_s} \leqq 0{,}5$$

woraus nach Umformung Gl. (10.2–41 b) folgt

$$c \leqq \begin{cases} i_{z,G} \cdot 46 & \text{für St 37} \\ i_{z,G} \cdot 38 & \text{für St 52} \end{cases} \tag{10.2–41 b}$$

Sind die vorhandenen Abstände größer, so sind vereinfachte Nachweise möglich.
Der Trägheitsradius $i_{z,G}$ ist dabei über die Querschnittsflächen Gurtes und $^1/_5$ des Steges zu ermitteln.
Weitere konstruktive Maßnahmen, die die Gefahr des Biegedrillknickens vermindern, bestehen in der Anordnung von Kopfplatten an den Lagerstellen von Biegeträgern, da hierdurch eine elastische Wölbeinspannung erreicht wird und die Anordnung von Quersteifen, die sich durch die Drillkopplung ebenfalls in einer Erhöhung der Wölbsteifigkeit bemerkbar macht.

10.2.2.3 Beanspruchung durch Längskräfte allein

Theoretische Untersuchungen haben gezeigt, daß die Traglasten bei zentrischer Belastung im Schwerpunkt in der Regel im Fall des Biegedrillknickens nur wenig von denjenigen im Fall des Biegeknickens um die schwache Achse abweichen. Dies darf bei Stäben mit I-förmigem Querschnitt vernachlässigt werden, der Biegeknicknachweis allein ist ausreichend. Für andere Querschnitte darf nach EDIN 18800, Teil 2 der Nachweis wie beim Biegeknicken geführt werden, wobei der bezogene Schlankheitsgrad $\bar{\lambda}$ aus Gl. (10.2–42) zu berechnen ist.

$$\bar{\lambda} = \sqrt{\frac{N_{pl}}{N_{Ki}}} \qquad (10.2\text{–}42)$$

Mit Gl. (10.2–42) wird ein bezogener Schlankheitsgrad $\bar{\lambda}$ aus der Verzweigungslast N_{Ki} für Drillknicken bzw. das Biegedrillknicken (oder aus den zugehörigen Spannungen) bestimmt. Mit diesem bezogenen Schlankheitsgrad $\bar{\lambda}$ erfolgt dann der Nachweis wie beim Biegeknicken, wobei der Abminderungswert κ für die Knickspannungslinie c zu bestimmen ist.
Ob die kleinste Verzweigungslast für das Drillknicken oder das Biegedrillknicken auftritt, hängt vom zu untersuchenden Profil ab.
Bei punkt- und doppeltsymmetrischen Querschnitten (z. B. ‾L-Profile) ergeben sich 3 unabhängige Verzweigungslasten $N_{Ki,z}$, $N_{Ki,y}$, $N_{Ki,\vartheta}$ für das Ausweichen um die z-Achse, die y-Achse und das Verdrehen um die Stablängsachse x. Es ist dann festzustellen, ob die Drillknicklast $N_{Ki,\vartheta}$ den kleinsten Wert ergibt. Bei unsymmetrischen oder einfachsymmetrischen Querschnitten (z. B. L, L, [, T-Profile) ergibt sich die kleinste Verzweigungslast aus einer Kombination der 3 Verzweigungslasten $N_{Ki,z}$, $N_{Ki,y}$, $N_{Ki,\vartheta}$ [20]. Im allgemeinen ist die Biegedrillknicklast nur bei kleinerem Schlankheitsgrad λ (etwa bis $\lambda = 60$ für St 37, abhängig vom Profil) kleiner als die kleinste Knicklast.

10.2.2.4 Beanspruchung durch Biegemomente M_y allein

Dieser Beanspruchungsfall entspricht dem klassischen früheren „Kippen". Die Biegemomente können dabei durch angreifende Randmomente gegeben sein oder (im Normalfall) durch Querlasten hervorgerufen werden, siehe Bild 10.2–23.
Sowohl beim Nachweis nach DIN 4114 (1952) als auch nach EDIN 18800, Teil 2, wird das ideale Biegedrillknickmoment $M_{Ki,y}$ als Lösung des Verzweigungsproblemes unter der Gültigkeit des Hookeschen Gesetzes benötigt. Dieses Moment $M_{Ki,y}$ wurde bisher in der Literatur als Kippmoment bezeichnet. Es ist selbstverständlich, daß hierbei die im untersuchten Stab vorliegenden Lagerungsbedingungen zu beachten sind. Die Annahme bestimmter Lagerungsbedingungen (z. B. der sogenannten „Gabellagerung") muß in Übereinstimmung mit der konstruktiven Ausführung stehen [17]. Insbesondere ist auf die ungünstige Wirkung der Lagerung an nur einem Gurt bei freier seitlicher Verschiebungsmöglichkeit des anderen Gurtes hinzuweisen. Im Gegensatz zur bisherigen DIN 4114, Ri 15.1, werden in EDIN 18800, Teil 2, keine Angaben mehr zur Berechnung von $M_{Ki,y}$ gemacht. Dafür steht umfangreiche Literatur, z. B. [20], [22], zur Verfügung. Natürlich dürfen auch die Angaben der DIN 4114, Ri 15.12, 15.14, 15.15 benutzt werden. Hierbei ist allerdings zu beachten, daß die Angaben für beidseitig starr eingespannte und wölbbehinderte Einfeldträger ($\beta = \beta_0 = 0{,}5$) nach DIN 4114, Ri 15.15, nicht verwendet werden dürfen, da sie zu Ergebnissen auf der unsicheren Seite führen.
In den Richtlinien zu DIN 4114 (1952) wird zwischen beidseitig gelagerten Trägern und Kragträgern unterschieden. Die folgenden Angaben gelten für doppeltsymmetrische Querschnitte.
Für beidseitig gabelgelagerte Träger gilt Gl. (10.2–43 a)

$$M_{Ki} = \zeta \cdot \frac{EI_z \cdot \pi^2}{l^2}\left[\sqrt{\left(-\frac{5\,z_p}{\pi^2}\right)^2 + c^2} + \frac{5\,z_p}{\pi^2}\right] \qquad (10.2\text{–}43\,a)$$

mit:
I_z Trägheitsmoment um die z-Achse
l Stützweite
z_p Abstand des Angriffspunktes einer Querlast p_z, P_z vom Schubmittelpunkt, positiv in Richtung $+ z$
c^2 Quadrat des „Drehradius"

$$= \frac{I_\omega + 0{,}039 \cdot l^2 \cdot I_T}{I_z}$$

I_ω Wölbwiderstand (nach DIN 1080 A_{ww} und C genannt, C_M nach DIN 4114 (1952))
I_T St. Venantscher Torsionswiderstand
ζ Beiwert zur Erfassung der Form der Biegemomentenverteilung beim Biegedrillknicknachweis

Umfangreiche Angaben zu ζ siehe [20].
Für Kragträger und für gebundenes Biegedrillknicken („gebundene Kippung“) kann Gl. (10.2–43b) verwendet werden

$$M_{Ki} = \frac{k}{l}\sqrt{EI_z \cdot GI_T} \qquad (10.2\text{–}43\,\mathrm{b})$$

mit
k Beiwert zur Erfassung der Form der Biegemomentenverteilung des Lastangriffspunktes bzw. des Abstandes eines aussteifenden Verbandes.
Da in Gl. (10.2–43b) die Verhältnisse zwischen I_ω, I_T und I_z nicht über den Beiwert c^2 erfaßt werden, müssen sie in k erfaßt werden. Daher ist k nicht konstant, sondern stark abhängig von

$\chi = EI_\omega / l^2 \cdot G \cdot I_T$.

Prinzipiell besteht zwischen den Gleichungen (10.2–43a) und (10.2–43b) kein Unterschied, sie sind auch ineinander zu überführen.
Sofern die federnde Stützung von Bauteilen, erfaßbar durch Wegfedern c_y und Drehfedern c_ϑ, berücksichtigt werden sollen, sind die Gl. (10.2–43) entsprechend zu erweitern, siehe z. B. [20].
Für die praktische Anwendung ist es wünschenswert, die Gleichung für M_{Ki} weiter zu vereinfachen. Dies gelingt für I-förmige Walzprofile, weil dafür alle Querschnittswerte festliegen. Weiterhin wird einfache Gabellagerung angenommen. Aus Diagrammen kann dann direkt das kritische Moment M_{Ki} oder die zugehörige kritische Spannung σ_{Ki} entnommen werden, siehe [23].

Die Gl. (10.2–43) sind auch auf einfachsymmetrische Querschnitte zu erweitern, siehe z. B. DIN 4114 bzw. [20]. Da die Auswertung dann etwas umfangreicher wird, ist in EDIN 18800, Teil 2, eine Möglichkeit angegeben, σ_{Ki} und damit $M_{Ki,y}$ aus der idealen Knicklast des Druckgurtes zu bestimmen

$$\sigma_{Ki} = \frac{N_{Ki,G}}{A_G + f \cdot A_s} \qquad (10.2\text{–}44)$$

mit
$N_{Ki,G}$ Ideale Knicklast des Druckgurtes um die z-Achse
A_G Fläche des Druckgurtes
A_s Stegfläche
f Beiwert zur Berücksichtigung des Stegflächenanteils, nach EDIN 18800, Teil 2, oder [24] zu wählen.

Das tatsächliche Werkstoffverhalten wird durch die Abminderung nach der Biegedrillknickkurve berücksichtigt. Diese ist als Abminderungsfaktor $\varkappa_M$ durch Gl. (10.2–45) gegeben

$$\varkappa_M = \frac{M_{u,y}}{M_{pl,y}} = \left(\frac{1}{1 + \bar{\lambda}_M^{2n}}\right)^{\frac{1}{n}} \qquad (10.2\text{–}45)$$

und im Bild 10.2–27 dargestellt.

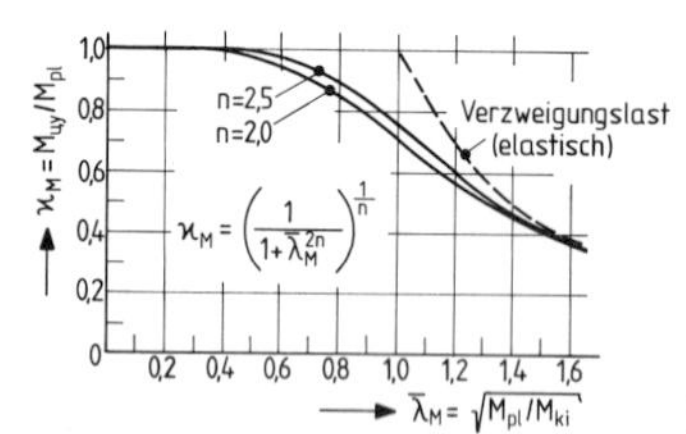

Bild 10.2–27 Biegedrillknickkurve

In (10.2–45) bedeuten:

$\bar{\lambda}_M = \sqrt{M_{pl,y}/M_{Ki,y}}$ bezogener Schlankheitsgrad für Momentenbeanspruchung
$n = 2{,}5$ Systemfaktor Normalfall
$= 2{,}0$ Systemfaktor bei einfachsymmetrischen I-Profilen, wenn der schwächere Gurt Druck erhält
$M_{u,y}$ Tragbiegemoment unter alleiniger Wirkung von Biegemomenten M_y
$M_{pl,y}$ Biegemoment M_y im vollplastischen Zustand

In den Abminderungsfaktor $\varkappa_M$ geht der Hebelarm von Querlasten q_z in bezug auf den Schubmittelpunkt (Höhe des Lastangriffspunktes) nicht direkt ein. Dieser Einfluß wird vielmehr durch den bezogenen Schlankheitsgrad $\bar{\lambda}_M$ erfaßt, da $\bar{\lambda}_M$ von der Größe des idealen Biegedrillknickmomentes $M_{Ki,y}$ abhängt. Der Wert $M_{Ki,y}$ ist abhängig vom Lasthebelarm. Dieser Zusammenhang ist auch aus den Formulierungen der DIN 4114 (1952), Ri 15.12 und 15.15 bekannt. Gl. (10.2–45) liegt in Abhängigkeit von $\bar{\lambda}_M$ auch in Tabellenform vor [19]. Berechnungsbeispiele zur Anwendung von Gl. (10.2–45) siehe [18], [24].

Bei überwiegend biegebeanspruchten Stäben, bei denen $N/N_{u,z} \leqq 0{,}1$ erfüllt ist, darf der Biegedrillknicknachweis in vereinfachter Form in einer erweiterten Form analog zu dem früheren erweiterten c/40-Nachweis (DIN 4114, 15.4) erfolgen, Gl. (10.2–46)

$$\sigma_G \leqq 1{,}185 \cdot \beta_s \cdot \varkappa \tag{10.2–46}$$

mit

σ_G Längsspannung im Schwerpunkt des Druckgurtes

$\varkappa$ Abminderungsfaktor für Knickspannungskurve c in Abhängigkeit von $\bar{\lambda}$, 10.2.1

$\bar{\lambda} = \dfrac{c}{i_{z,G} \cdot \lambda_s}$ vgl. 10.2.2.2

Falls die mit der Anwendung der Gl. (10.2–45) erforderlichen Voraussetzungen (gerader Stab, konstanter Querschnitt) nicht gegeben sind, kann der Nachweis nach der Elastizitätstheorie II. Ordnung unter Ansatz von Vorverformungen erfolgen. Zur Vereinfachung braucht dabei nur eine seitliche Vorverformung v_0 angesetzt werden. Der Verlauf darf dabei parabel- oder sinusförmig gewählt werden, der Maximalwert von v_0 ergibt sich nach EDIN 18800, Teil 2, 2.5. Erforderlich ist die Bestimmung der endgültigen Verdrehung ϑ, da daraus das Querbiegemoment M_z und das Wölbbimoment M_ω zu bestimmen sind.

$$M_z = -M_y \cdot \vartheta \tag{10.2–47 a}$$

$$M_\omega = -EI_\omega \cdot \vartheta'' \tag{10.2–47 b}$$

Der Nachweis lautet dann (Schnittgrößen unter γ-fachen Lasten) für die ungünstigst beanspruchte Stelle

$$\sigma = \frac{M_y}{I_y} \cdot z - \frac{M_z}{I_z} \cdot y + \frac{M_w}{I_\omega} \cdot w \leqq \beta_s \tag{10.2–48}$$

Zur Ermittlung des Schnittgrößen- und Verformungszustandes nach Theorie II. Ordnung stehen die üblichen baustatischen Methoden zur Verfügung. So kann die Verdrehung ϑ iterativ bestimmt werden, z. B. nach [25], oder geschlossen durch die Lösung der zugehörigen Differentialgleichung oder des elastischen Potentials, z. B. nach [20], ermittelt werden. Bei komplizierten Verhältnissen wird man vorteilhaft auf bestehende Rechenprogramme zurückgreifen.

Beispiel 1

Es wird eine Dachpfette als Einfeldträger untersucht, dessen System und Abmessungen im Bild 10.2–28 angegeben sind. Die Dachhaut besteht aus Trapezblechen nach Tab. 10.2–17, Zeile 3. Dafür gilt

vorh $c_\vartheta = 19$ kNm/m

Die erforderliche Mindeststeifigkeit nach Gl. (10.2–39)

erf $c_\vartheta = 4{,}0 \cdot M_{pl}^2/EI_z = 4{,}0 \cdot 29{,}8^2/0{,}00683 \cdot 21000$

erf $c_\vartheta = 25$ kNm/m $>$ vorh c_ϑ

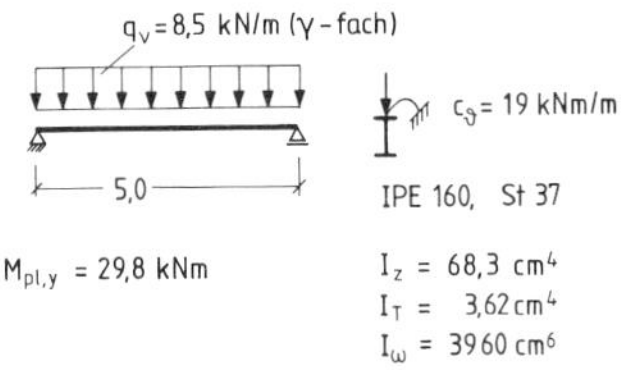

$q_v = 8{,}5$ kN/m (γ-fach)

$c_\vartheta = 19$ kNm/m

5,0

IPE 160, St 37

$M_{pl,y} = 29{,}8$ kNm

$I_z = 68{,}3$ cm^4

$I_T = 3{,}62$ cm^4

$I_\omega = 3960$ cm^6

Bild 10.2–28 System und Abmessungen Beispiel 1

Damit reicht die konstruktive Abstützung durch die Dachhaut ohne weiteren rechnerischen Nachweis nicht aus.

Nach [20]

$I_{T,id} = I_T + c_\vartheta \cdot l^2/\pi^2 \cdot \sigma \cdot G = 3{,}62 + 19 \cdot 500^2/\pi^2 \cdot 8100$

$\phantom{I_{T,id}} = 3{,}6 + 59{,}4 = 63{,}0$ cm^4

$\zeta \sim 1{,}12 \cdot 0{,}9 \sim 1{,}0$

Nach Gl. (10.2–43 a)

$$M_{Ki} = 1{,}0\,\frac{\pi^2 \cdot 21\,000 \cdot 0{,}00683}{5{,}0^2} \cdot \left(\sqrt{\left(\frac{5 \cdot 0{,}08}{\pi^2}\right)^2 + \frac{0{,}396 + 0{,}039 \cdot 5{,}0^2 \cdot 63{,}0}{68{,}3}} - \frac{5 \cdot 0{,}08}{\pi^2}\right)$$

$$= 56{,}6\,(\sqrt{0{,}041^2 + 0{,}905} - 0{,}041)$$

$M_{Ki} = 51{,}5\,\text{kNm}$
$\bar{\lambda}_M = \sqrt{29{,}8/51{,}5} = 0{,}76$
$\varkappa_M = 0{,}914$
$M_{u,y} = 0{,}914 \cdot 29{,}8 = 27{,}2\,\text{kNm}$
vorh $M_y = 8{,}5 \cdot 5{,}0^2/8 = 26{,}6 < 27{,}2\,\text{kNm}$

10.2.2.5 Beanspruchung durch Längskräfte und Biegemomente M_y

Auch hier ist die einfachste Lösung als Lösung des Verzweigungsproblems unter der angenommenen Gültigkeit des Hookeschen Gesetzes gegeben. Um das tatsächliche Werkstoffverhalten zu berücksichtigen, könnte man eine Traglastkurve aus derjenigen für das reine Biegeknicken (siehe 10.2.1) und dem Biegedrillknicken unter alleiniger Momentenbeanspruchung (10.2.2.4) konstruieren. Zweckmäßiger ist jedoch ein Nachweis in der Form der Interaktion der Gl. (10.2–49)

$$\frac{N}{N_{u,z}} + \left(\frac{M_y}{M_{u,y}}\right)^{\beta_{My}} \leqq 1 \qquad (10.2\text{–}49)$$

Zusätzlich zu den Begriffen in Abschnitt 10.2.2.4 sind

$N_{u,z} = \kappa_z \cdot N_{pl}$	Traglast für das Ausweichen senkrecht zu z-Achse unter alleiniger Wirkung der Längskraft, siehe 10.2.1
$\varkappa_z$	Abminderungsfaktor abhängig vom bezogenen Schlankheitsgrad $\bar{\lambda}_z$ für das Ausweichen senkrecht zur z-Achse
$\bar{\lambda}_z = \sqrt{N_{pl}/N_{Ki,z}}$	bezogener Schlankheitsgrad
$N_{Ki,z}$	Verzweigungslast für das Ausweichen rechtwinklig zur z-Achse oder ggf. für das Drillknicken, jeweils unter alleiniger Wirkung der Längskräfte, siehe auch 10.2.2.3
β_{My}	Beiwert zur Erfassung der Form der Biegemomentenverteilung M_y nach Tabelle 10.2–18

Tabelle 10.2–18 Beiwerte β_{My}

	Momentenverlauf	β_{My}
1	M	1,1
2	M	1,3
3	M	1,4
4	M	1,8
5	M + – –M	2,5
6	–M M	1,3
7	–M –M M	1,3

Der Beiwert β_{My} ist eigentlich schlankheitsabhängig, siehe [19]. Für weitere, in Tabelle 10.2–18 nicht dargestellte Momentenverläufe kann β_{My} näherungsweise über die ζ-Werte (Beiwerte zur Berechnung des idealen Biegedrillknickmomentes $M_{Ki,y}$, siehe 10.2.2.4) bestimmt werden

$$\beta_{My} \sim 1{,}05 \cdot \zeta \qquad (10.2\text{–}50)$$

Durch die Berücksichtigung des Momentenanteils in Gl. (10.2–49) unter Ansatz eines Exponenten sollte zur Auswertung ein Taschenrechner vorliegen. Außerdem ist dieser Teil auch in Tabellenform dargestellt [19]. Zur Vereinfachung ist natürlich auch eine Linearisierung von (10.2–49) möglich. Bevor der Biegedrillknicknachweis nach Gl. (10.2–47) erfolgt, muß für das Gesamttragwerk eine statische Berechnung zur Ermittlung der Schnittgrößen vorliegen. Sofern die Steifigkeits- und Lastverhältnisse es erfordern (Kriterien z.B. nach Gl. (10.2–30) und (10.2–31) EDIN 18800, Teil 2), ist dabei das Gesamttragwerk nach Theorie II. Ordnung zu untersuchen. Für die dann herausgelöst gedachten Einzelstäbe werden die Längskräfte und die evtl. vorhandenen Endmomente aus dieser Gesamtberechnung

angesetzt. Die Ermittlung des extremalen Feldmomentes am Einzelstab erfolgt dann nach Theorie I. Ordnung. Der Effekt der Theorie II. Ordnung mit den anzusetzenden Vorverformungen ist bereits in den Momentenwerten β_{My} enthalten. Neben der Möglichkeit des Nachweises nach Gl. (10.2–49) besteht natürlich auch hier die Möglichkeit des Nachweises nach der Spannungstheorie II. Ordnung unter Berücksichtigung von Vorverformungen. Der Lösungsweg entspricht dem in 10.2.2.4 beschriebenen.
Da der Nachweis des Biegedrillknickens aufwendiger ist als der des Biegeknickens, kann es sinnvoll sein, diejenigen Fälle vorab zu ermitteln, für die kein Biegedrillknicknachweis erforderlich ist. Die Abgrenzung gegenüber dem Biegedrillknicken für einachsig außermittig gedrückte Stäbe darf nach Bild 6 von EDIN 18800, Teil 2, und den zugehörigen Formeln für $\overline{m}$, $\overline{\lambda}_{MG}$, $\overline{\lambda}_{MGu}$, $\overline{\lambda}_{MGo}$ vorgenommen werden [24]. Vorausgesetzt ist dabei ein doppeltsymmetrischer I-Querschnitt und als Lagerungsart Gabellagerung. Da andererseits die Auswertung des angegebenen Kriteriums auch einen gewissen Aufwand erfordert, kann ggf. in der gleichen Zeit auch Gl. (10.2–49) ausgewertet werden.

Beispiel 2
Die im Abschnitt 10.2.2.4 untersuchte Dachpfette (Bild 10.2–28) hat aus ihrer Lage innerhalb eines Windverbandes eine zusätzliche Druckkraft von 10 kN (γ-fach) bei gleicher γ-facher Vertikallast aufzunehmen

$N_{Ki,z} = \pi^2 \cdot 21000 \cdot 0{,}00683/5^2 = 56{,}6$ kN
$\overline{\lambda}_z = \sqrt{482/56{,}6} = 2{,}91$
$\varkappa_z = 0{,}104$
$N_{u,z} = 0{,}104 \cdot 482 = 50{,}1$ kN
Nachweis nach Gl. (10.2–49) mit $\beta_{My} = 1{,}3$ nach Tabelle 10.2–18:

$$\frac{10}{50{,}1} + \left(\frac{26{,}6}{27{,}2}\right)^{1,3} = 0{,}200 + 0{,}971 = 1{,}171 > 1{,}0$$

Die Pfette ist nicht ausreichend bemessen.

10.2.2.6 Beanspruchung durch Längskräfte N und Biegemomente M_y und M_z

Sofern Stäbe durch doppelte Biegung M_y und M_z beansprucht werden, treten nach Theorie II. Ordnung stets Verdrehungen ϑ auf, Bild 10.2–29. Diese führen dann zu einer Veränderung der Momente nach Gl. (10.2–51)

$$\overline{M}_y = M_y + M_z \cdot \vartheta \qquad (10.2\text{–}51\,\text{a})$$

$$\overline{M}_z = M_z - M_y \cdot \vartheta \qquad (10.2\text{–}51\,\text{b})$$

worin $\overline{M}_y$, $\overline{M}_z$ die Momente nach Theorie II. Ordnung bedeuten.
Sofern die Verdrehung ϑ gering ist, wirken sich die Änderungen in der Traglast nur gering aus. Nach [19] kann als Grenze, bis zu der Verdrehungen vernachlässigt werden dürfen

$$\vartheta \leqq 0{,}1 \cdot M_{pl,z}/M_{pl,y} \qquad (10.2\text{–}52)$$

angesetzt werden. Anderenfalls ist die Verdrehung auch rechnerisch zu berücksichtigen. Wenn dabei die Rechnung nach der Elastizitätstheorie durchgeführt wird und gegen das Erreichen der Streckgrenze in der am ungünstigsten beanspruchten Faser abgesichert wird, so ist Gl. (10.2–53) als Erweiterung von Gl. (10.2–48) zu erfüllen:

$$\sigma = \frac{N}{A} + \frac{\overline{M}_y}{I_y} \cdot z - \frac{\overline{M}_z}{I_z} \cdot y + \frac{\overline{M}_w}{I_\omega} \cdot w \leqq \beta_s \qquad (10.2\text{–}53)$$

Die Ermittlung der Verdrehung erfolgt nach einer der baustatischen Methoden, z. B. der Anwendung der Energiemethode [20]. Sie kann auch vorteilhaft iterativ erfolgen.
Mit dem Erreichen der Streckgrenze ist die Tragfähigkeit nicht erschöpft. Gerade bei doppelter Biegung können die Schnittgrößen bis Erreichen des vollen Durchplastizierens noch erheblich gesteigert werden, siehe Interaktionsdiagramme in Abschnitt 3.
Bei einer Formel für den Nachweis eines räumlich belasteten Stabes ist anzustreben, die Sonderfälle der ebenen Belastung möglichst gut zu erfassen. Insbesondere bedeutet dies, daß für die 3 Einflußgrößen N, M_y, M_z beim Verschwinden der jeweils beiden anderen, sich die Traglasten für Längskräfte allein, Biegemoment M_y allein und Biegemoment M_z allein, ergeben müssen. Daher bietet es sich an, die Nachweisgleichung aus 3 additiven Gliedern zusammenzusetzen. Nach EDIN 18800, Teil 2, ist daher Gl. (10.2–54) zu erfüllen, die hier für Torsion erweitert ist, ($M_y \triangleq \overline{M}_y$ usw.).

$$\left(\frac{N}{N_{a,z}}\right)^{\eta_z} + \left(\frac{M_y}{M_{a,y}}\right)^{\eta_y} + \frac{M_z}{M_{pl,z}} + \frac{M_w}{M_{pl,w}} \leqq 1 \qquad (10.2\text{–}54)$$

In Ergänzung zu den bereits in den Abschn. 10.2.2.4 und 10.2.2.5 Erläuterungen bedeuten

$$\eta_y = (\beta_{M_y})^{a_y}$$

$$\eta_z = \begin{cases} [\beta_{M_z}(2{,}4 - 2{,}25 \cdot \bar{\lambda}]^{a_z} & \text{für } \bar{\lambda}_z \leqq 0{,}8 \\ [\beta_{M_z} \cdot 0{,}6]^{a_z} & \bar{\lambda}_z > 0{,}8 \end{cases}$$

$$m_y = \frac{M_y}{M_{u,y}}$$

$$m_z = \frac{M_z}{M_{pl,z}}$$

$$a_y = \frac{m_y}{m_y + m_z}$$

$$a_z = \frac{m_z}{m_y + m_z}$$

$M_{pl,z}$ Biegemoment M_z im vollplastischen Zustand
β_{M_z} Beiwert zur Erfassung der Biegemomentenverteilung M_z, nach Tab. 10.2–18 zu wählen
M_w Wölbbimoment
$M_{pl,w}$ Wölbbimoment M_w im vollplastischen Zustand
Diese Gleichung ist wegen der Exponenten, die sich auch aus den relativen Momentenanteilen bestimmen, nicht ganz einfach auszuwerten. Vereinfachungen zur Erleichterung der Bemessungsarbeit in der Praxis werden daher diskutiert. Diese kann z.B. darin bestehen, daß $\eta_z = 1$, $\eta_y = \beta_{M_y}$ gesetzt werden und zusätzlich eine Hochzahl η beim 3. Glied von (10.2–54) eingeführt wird, wobei auch vereinfachend $\eta_y = 1{,}1$, $\eta = 0{,}55$ gesetzt werden darf.
In jedem Fall muß in Ergänzung zu (10.2–54), oder einer entsprechend modifizierten Gleichung, nachgewiesen werden, daß die Schrittgrößen an der ungünstigst beanspruchten Stelle aufgenommen werden können (Erfüllung der Querschnittsinteraktion).

Beispiel 3
Es wird ein durch Doppelbiegung beanspruchter Stab untersucht, siehe Bild 10.2–30.
Die Querschnittwerte betragen:
$I_y = 2140\,\text{cm}^4$, $I_z = 117\,\text{cm}^4$, $I_T = 13{,}5\,\text{cm}^4$, $I_\omega = 10\,500\,\text{cm}^6$
Die Berechnung soll nach der Elastizitätstheorie II. Ordnung iterativ erfolgen. Der Grundgedanke besteht darin, die Torsionsmomente am verformten System zu ermitteln, wobei die Hebelarme der Last aus den Momentenanteilen und der Verdrehung getrennt in Abhängigkeit von ihrem Verlauf in Stablängsrichtung ermittelt werden, siehe Bild 10.2–29.

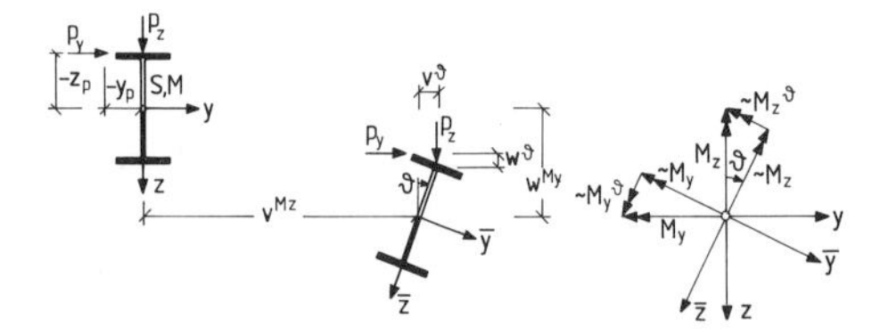

Bild 10.2–29
Biegemomente nach Theorie II. Ordnung am verformten System

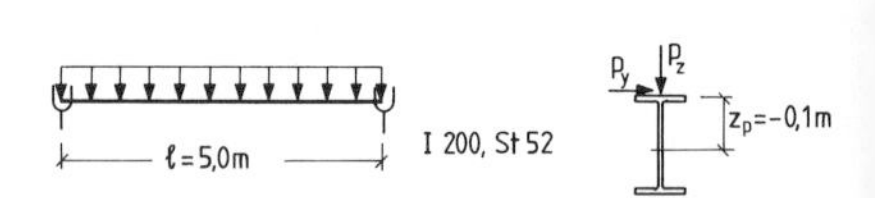

Bild 10.2–30
System und Abmessungen Beispiel 3

Elastische Hebelarme der Lasten p_z und p_y:
aus M_z (Parabel II. Ordnung)

$$v_m^{M_z} = -\frac{l^2}{EI_z} \cdot \frac{5}{48} \cdot M_{zm}$$

aus $-M_y\vartheta$ (~ Parabel IV. Ordnung)

$$v_m^{+M_y\vartheta} = +\frac{l^2}{EI_z} \cdot \frac{11}{120} \cdot M_{ym} \cdot \vartheta_m$$

aus M_y (Parabel II. Ordnung)

$$w_m^{M_y} = \frac{l^2}{EI_y} \cdot \frac{5}{48} \cdot M_{ym}$$

aus $M_z\vartheta$ (~ Parabel IV. Ordnung)

$$w_m^{+M_z\vartheta} = \frac{l^2}{EI_y} \cdot \frac{11}{120} \cdot M_{zm} \cdot \vartheta_m$$

aus der Verdrehung

$v_m^{\vartheta} = -z_p \cdot \vartheta \qquad w_m^{\vartheta} = y_p \cdot \vartheta$

Torsionsmomente: $\overline{m}_{Dm} = p_z(v_m^{Mz} + v_m^{+My\vartheta} + v_m^{\vartheta}) + p_y(w_m^{My} + w_m^{+Mz\vartheta} + w_m^{\vartheta})$

Verdrehung in Stabmitte:

$$\vartheta_m = \frac{m_D^I + m_D^{II}}{\lambda^4 \cdot EI_\omega}\left[\frac{1}{8}(\lambda l)^2 - 1 + 2\,\frac{\sinh\frac{\lambda l}{2}}{\sinh \lambda l}\right]$$

Abkürzung der Iteration:

$\vartheta_m = \vartheta_m^I + \Delta\vartheta_{m1}^{II} + \Delta\vartheta_{m2}^{II} + \cdots$

$$q = \frac{\Delta\vartheta_{m2}^{II}}{\Delta\vartheta_{m1}^{II}} \quad \Rightarrow \quad \vartheta_m = \vartheta_m^I + \Delta\vartheta_{m1}^{II} \cdot \frac{1}{1-q}$$

Für die weitere Rechnung werden einige Faktoren benötigt:

$$\frac{l^2}{EI_z} = 0{,}1018\,\frac{1}{\text{kN}}; \quad \frac{l^2}{EI_y} = 0{,}0056\,\frac{1}{\text{kN}}; \quad EI_\omega = 2{,}2050\ \text{kNm}^4$$

$$\lambda = \sqrt{\frac{GI_T}{EI_\omega}} = 2{,}227\,\frac{1}{m}$$

$$\sinh\frac{\lambda l}{2} = \sinh(5{,}5673) = 131$$

$$\sinh \lambda l = \sinh(11{,}135) = 34\,264$$

$$\vartheta = (m_D^I + m_D^{II})\,\varphi$$

$$\varphi = \frac{1}{\lambda^4 \cdot EI_\omega}\left[\frac{1}{8}(\lambda l)^2 - 1 + 2\,\frac{\sinh\left(\frac{\lambda l}{2}\right)}{\sinh \lambda l}\right] = 0{,}2675\,\frac{1}{\text{kN}}$$

Belastung:

$p_z = \gamma \cdot \overline{p}_z = 4{,}1$ kN/m

$p_y = \gamma \cdot \overline{p}_y = 1{,}5$ kN/m

Schnittgrößen und Verformungen nach Theorie I. Ordnung:

$$M_{zm}^I = -1{,}5 \cdot \frac{25}{8} = -4{,}688\ \text{kNm}$$

$$M_{ym}^I = 4{,}1 \cdot \frac{25}{8} = 12{,}813\ \text{kNm}$$

$$v_m^I = -\frac{5}{48} \cdot 0{,}1018 \cdot (-4{,}688) = 0{,}0497\ \text{m}$$

$$w_m^I = \frac{5}{48} \cdot 0{,}0056 \cdot 12{,}813 = 0{,}0075\ \text{m}$$

$$m_D^I = -(-0{,}1) \cdot 1{,}5 = 0{,}15\ \text{kNm/m}$$

$$\vartheta_m^I = 0{,}15 \cdot 0{,}2675 = 0{,}0401$$

1. Iterationsschritt:

$$\Delta M_{z1m}^{II} = +12{,}813 \cdot 0{,}0401 = 0{,}514\ \text{kNm}$$

$$\Delta M_{y1m}^{II} = -4{,}688 \cdot 0{,}0401 = -0{,}188\ \text{kNm}$$

$$v^{II}_{m1} = \left[0{,}0497 + \frac{11}{120} \cdot 0{,}1018 \cdot 0{,}514 + 0{,}1 \cdot 0{,}0401\right] = 0{,}0585 \text{ m}$$

$$w^{II}_{m1} = \left[0{,}0075 - \frac{11}{120} \cdot 0{,}0056 \cdot 0{,}188\right] = 0{,}0074 \text{ m}$$

$$m^{II}_{D} = \frac{5}{6}\left[+4{,}1 \cdot 0{,}0585 - 1{,}5 \cdot 0{,}0074\right] = 0{,}191 \text{ kNm/m}$$

$$\vartheta^{II}_{M1} = (0{,}15 + 0{,}191) \cdot 0{,}2675 = 0{,}0912$$

2. Iterationsschritt:

$$\Delta M^{II}_{z2m} = +12{,}813 \cdot 0{,}0912 = +1{,}169 \text{ kNm}$$

$$\Delta M^{II}_{y2m} = -\ 4{,}688 \cdot 0{,}0912 = -0{,}428 \text{ kNm}$$

$$v^{II}_{m2} = \left[0{,}0497 + \frac{11}{120} \cdot 0{,}1018 \cdot 1{,}169 + 0{,}1 \cdot 0{,}0912\right] = 0{,}0697 \text{ m}$$

$$w^{II}_{m2} = \left[0{,}0075 - \frac{11}{120} \cdot 0{,}0056 \cdot 0{,}428\right] = 0{,}0073 \text{ m}$$

$$m^{II}_{D} = \frac{5}{6} \cdot \left[4{,}1 \cdot 0{,}0697 - 1{,}5 \cdot 0{,}0073\right] = 0{,}229 \text{ kNm/m}$$

$$\vartheta^{II}_{m2} = (0{,}15 + 0{,}229) \cdot 0{,}2675 = 0{,}1014$$

Abkürzung der Iteration:

$$\Delta\vartheta^{II}_{m1} = 0{,}0912 - 0{,}0401 = 0{,}0511$$

$$\Delta\vartheta^{II}_{m2} = 0{,}1014 - 0{,}0912 = 0{,}0102$$

$$q = \frac{0{,}0102}{0{,}0511} = 0{,}1996$$

$$\vartheta_m = 0{,}0401 + 0{,}0511 \cdot \frac{1}{1 - 0{,}1996} \underline{\underline{= 0{,}1039}}$$

Die Spannungsermittlung erfolgt unter Annahme eines sinusförmigen ϑ-Verlaufs in Stablängsrichtung

$$\vartheta = \vartheta_m \cdot \sin\frac{\pi x}{l}$$

$$\vartheta^{II}_m = -\frac{\pi^2}{l^2}\,\vartheta_m$$

$$\sigma = \left\{\frac{10}{2140} \cdot (1281{,}3 - 468{,}8 \cdot 0{,}1039) - \frac{4{,}5}{117} \cdot (-468{,}8 - 1281{,}3 \cdot 0{,}1039) + \right.$$
$$\left. + 2100 \cdot (-42{,}5) \cdot \left(-\frac{\pi^2}{500^2}\right) \cdot 0{,}1039\right\}$$

$$\sigma = 5{,}76 + 23{,}15 + 3{,}66 = 32{,}6 < 36 \text{ kN/cm}^2$$

Eine genauere Lösung nach der Energiemethode [20] ergibt eine Gesamtspannung von 32,8 kN/cm². Zum Vergleich werden auch noch die Ergebnisse nach Theorie I. Ordnung ermittelt:

$$\vartheta_m = 0{,}0401$$

$$\sigma_{M_y} = \frac{12{,}813}{21{,}4} \cdot 10 = 5{,}99 \text{ kN/cm}^2$$

$$\sigma_{M_z} = \frac{4{,}688}{1{,}17} \cdot 4{,}5 = 18{,}03 \text{ kN/cm}^2$$

$$\sigma_{M_w} = \frac{0{,}0401}{0{,}1039} \cdot 2{,}97 = 1{,}15 \text{ kN/cm}^2$$

$$\sigma = \quad = 25{,}16 \text{ kN/cm}^2$$

Zur näherungsweisen Berücksichtigung der Wölbkrafttorsion wird manchmal vereinfachend zur Aufnahme von p_y nur das Widerstandsmoment des Druckgurtes angesetzt. Daraus ergibt sich

$$\sigma = 5{,}99 + 2 \cdot 18{,}03 = 42{,}05\ \mathrm{kN/cm^2}$$

Literatur

1 bis 16 siehe Seite 492

17. Lindner, J.: Biegedrillknicken in Theorie, Versuch und Praxis. In: Berichte aus Forschung und Entwicklung des Deutschen Ausschusses für Stahlbau, H 9/1980, Stahlbau-Verlag, Köln, 1980.
18. Lindner, J., Gietzelt, R.: Biegedrillknicken, Erläuterungen, Versuche, Beispiele. In: Berichte aus Forschung und Entwicklung des Deutschen Ausschusses für Stahlbau, H 10/1980, Stahlbau-Verlag, Köln, 1980.
19. Vogel, U., Lindner, J.: Kommentar zu DIN 18800, Teil 2 (Gelbdruck) – Stabilitätsfälle im Stahlbau – Knicken von Stäben und Stabwerken. In: Berichte aus Forschung und Entwicklung des Deutschen Ausschusses für Stahlbau, H 11/1980, Stahlbau-Verlag, Köln, 1980.
20. Roik, K., Carl, J., Lindner, J.: Biegetorsionsprobleme gerader dünnwandiger Stäbe. Verlag Wilhelm Ernst & Sohn, Berlin, 1972.
21. Lindner, J.: Mindeststeifigkeiten für den Kippsicherheitsnachweis beim Traglastverfahren. Bauingenieur 47 (1972) 238–240.
22. Petersen, Ch.: Statik und Stabilität der Baukonstruktionen. Verlag F. Vieweg und Sohn, Braunschweig, 1980.
23. Müller, G.: Nomogramme für die Kippuntersuchung frei aufliegender I-Träger. Stahlbau-Verlags-GmbH, Köln.
24. Lindner, J., Wiechert, G.: Zur Bemessung biegedrillknickgefährdeter Träger. In: Jungbluthfestschrift, Technische Hochschule Darmstadt, 1978.
25. Lindner, J.: Vorlesungsskript zur Stahlbau III. Technische Universität Berlin, 1981.

10.3 Flächige, ebene Bauteile: Festigkeit und Stabilität

J. Scheer

10.3.1 Bedeutung, Beispiele, Abgrenzung

Stahlkonstruktionen, deren Form oder Größe die Verwendung von Walzprofilen ausschließt, bestehen weitgehend aus flächigen, ebenen Bauteilen. Die Schweißtechnik erlaubt, die Einzelteile einfach zu Baugliedern zusammenzufügen, deren Form nicht nur von der geforderten Tragfähigkeit, sondern auch von der Nutzung des Tragwerkes bestimmt wird. Der Querschnittsgestaltung sind z. B. durch die Festlegung der Grundform und der Hauptabmessungen, durch die Wahl von Stahlsorten und Blechdicken für die Bauteile und Anordnung von Versteifungen kaum Grenzen gesetzt. Die Beherrschung auch großer, vielgliedriger Querschnitte mit ebenen Einzelteilen bereitet wegen ihrer einfachen geometrischen Beschreibung dem Konstruktionsbüro und der Werkstatt i. a. keine besonderen Probleme. Bild 10.3–1 zeigt den Blick in einen Teil des Fahrbahnträgers der Rheinbrücke Düsseldorf-Flehe als ein Beispiel für den Aufbau großer Querschnitte aus ebenen, flächigen Teilen.

Bild 10.3–1
Blick in den Fahrbahnträger der Schrägseilbrücke Düsseldorf-Flehe

Ebene Bauteile können in einer Konstruktion zwei verschiedene Tragaufgaben – auch beide gleichzeitig – übernehmen:

- als Platten tragen sie normal zur Bauteilebene wirkende Lasten auf Aussteifungen oder andere Unterstützungen ab, und
- als Scheiben leiten sie in der Bauteilebene wirkende Kräfte von Rändern zu Rändern.

Die zweite Aufgabe kann ein ebenes Bauteil nur dann übernehmen, wenn seine Plattensteifigkeit hinreichend groß ist, da es sich als biegeschlaffe Platte der Scheibentragwirkung durch Ausbeulen entziehen würde.

Im Stahlbau spielt die (isotrope) Plattenwirkung – abgesehen von der hinreichend großen Plattensteifigkeit, die zur Realisierung der Scheibentragwirkung erforderlich ist – im Gegensatz zum Betonbau eine untergeordnete Rolle, da die flächigen Bauteile wegen der hohen Festigkeit i. a. sehr dünn ausgeführt werden und daher Plattentragfähigkeit und -steifigkeit keine größeren Spannweiten zur planmäßigen Ableitung von Lasten, die normal zur Plattenebene wirken, zulassen. – Im *Hochbau* nimmt zwar in den letzten Jahren die Mobilisierung einer Plattenwirkung durch den Trend zu steifenlosen oder zumindest steifenarmen Stahltragwerken [1] zu. Beispiele sind Stirnplatten in Trägerstößen oder Fußplatten von Stützen, die im Gegensatz zur Ausführung vor wenigen Jahren nicht mehr dünn mit Ausrippungen, sondern vielfach bis über 100 mm dick und ohne teure Aussteifungen gestaltet werden. Dabei handelt es sich immer um *kleinflächige* Bauteile.

Im Gegensatz dazu werden *großflächige* Bauteile nach wie vor dünn ausgeführt, wenn auch heute nicht mehr das Gewichtsoptimum die Abstimmung von Blechdicken und Aussteifungen aufeinander beherrscht. Beispiele für großflächige, dünne Bauteile sind die Fahrbahnbleche in Stahlfahrbahnen von Brücken und die Wandbleche in Schleusentoren oder Sperrwerken. Die örtlichen Lasten normal zur Blechebene – in den beiden Beispielen die Verkehrslast oder der Wasserdruck – können nur über kurze Spannweiten abgetragen werden. Folglich findet man Unterstützungen der Fahrbahnbleche oder der den Wasserdruck aufnehmenden Bleche in engen Abständen, z. B. von nur 300 mm in Stahlfahrbahnen. Hierbei herrscht i. a. gegenüber der Plattenwirkung die Membranwirkung des durchgebogenen Bleches vor, das sich wie ein Sprungtuch zwischen die Versteifungen spannt [2]. Diese Lastabtragung ist der Grund, daß die Biegespannungen als Nebenspannungen angesehen und daher beim Nachweis der Vergleichsspannungen vernachlässigt werden dürfen, wie es für stählerne Straßenbrücken in DIN 1073 (1974) im Abschnitt 6.3, Absatz 3, erlaubt ist.

Die *Plattentragwirkung* flächiger, ebener Bauteile wird wegen der untergeordneten Bedeutung für den

Stahlbau, wegen der Behandlung im Abschnitt 4.1 und wegen ausreichender Darstellungen in der allgemeinen Literatur hier *nicht* behandelt.
Grundlagen, Verfahren und Ergebnisse der Plattentheorie sind z. B. in [3] und bis zur Aufbereitung von Ergebnissen in praktisch anwendbaren Tabellen oder Kurventafeln, z. B. in [4], [5] und [6], oder in Form von Einflußflächen z. B. in [7] dargestellt. Bei der Benutzung von Tabellenwerken ist zu beachten, daß sie vielfach zur Anwendung im Betonbau erarbeitet wurden und damit von anderen Querdehnungen μ (auch Querkontraktions- oder Poissonsche Zahl genannt) ausgehen. Hilfen für die näherungsweise Umrechnung von Ergebnissen für Betonplatten, gerechnet mit $\mu = 0$ oder $\mu = 1/6$, auf Stahlplatten mit $\mu = 0{,}3$ sind z. B. in [8] angegeben und zu beachten. – Vielfach genügt wegen vorwiegend einachsiger Abtragung von Lasten eine Untersuchung nach der Balkentheorie. Die durch Verhinderung der Querdehnung erhöhte Steifigkeit eines Plattenstreifens der Breite 1 mit $EJ/\{12(1-\mu^2)\}$ als Plattensteifigkeit gegenüber der Biegesteifigkeit des Balkens der Breite 1 mit $EJ/12$ kann ausgenutzt werden, ebenso die günstige Wirkung des mehrachsigen Spannungszustandes beim Nachweis der Fließsicherheit (vgl. hierzu z. B. [9]).
Besonders große Bedeutung für den Stahlbau hat die *Scheibentragwirkung* flächiger, ebener Bauteile. Als Beispiele seien genannt: Stege von Vollwandträgern, breite Gurte von Vollwandträgern, Stege und Gurte von Stahlprofilblechen für leichte Dächer, Decken und Fassaden, die Wände i. a. dünnwandiger Kastenstützen und die Knotenbleche in Fachwerken.
Ziel jeden Entwurfes ist es i. a., die Werkstoffestigkeit aller Bauteile bei Erreichen der Tragfähigkeit des aus den Bauteilen zusammengesetzten Baugliedes weitgehend auszunutzen. Dies gelingt nur bedingt, da zwei Einflüsse bei dünnen, großflächigen, ebenen Bauteilen deren Mittragen beeinträchtigen:

- Schubverformungen bewirken, daß sich Querschnittsteile dem Mitwirken mehr oder weniger entziehen;
- durch Ausbeulen schlanker Bleche kann deren Wirksamkeit reduziert werden.

Beide Effekte sind bei Querschnitten im Bereich der Abmessungen warmgewalzter I-förmiger Profile, die auch aus ebenen Querschnittsteilen zusammengesetzt sind, unbedeutend, so daß sie beim Entwurf nicht beachtet werden müssen. So kann die Technische Biegelehre (nach Navier) unter Ansatz voll mittragender Querschnitte angewandt werden. Die Ergebnisse sind für die Beurteilung ausreichend zuverlässig. Dagegen gilt dies nicht mehr, wenn die Abmessungsverhältnisse diejenigen verlassen, die bei Walzträgerkonstruktionen vorliegen. Maßgebend sind hier vorwiegend zwei Größen (Bild 10.3–2):

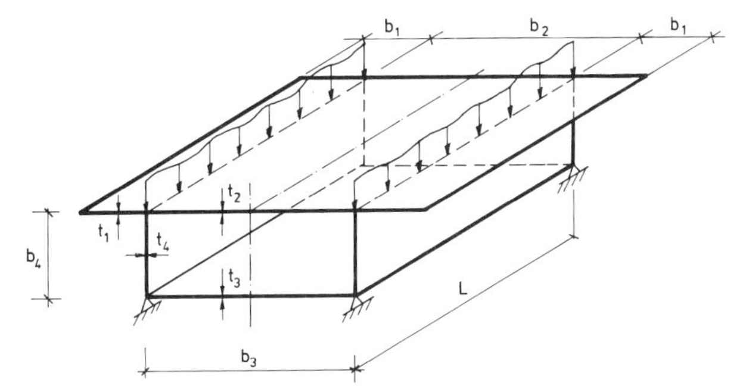

Bild 10.3–2 Zum Einfluß der Verhältnisse von L/b_i oder $L/(b_i/2)$ und b_i/t_i auf die Ausnutzungsmöglichkeit flächiger, ebener Bauteile aus Stahl

- Das Verhältnis von Stützweite L zur Breite des Gurtes oder genauer von Teilbreiten des Gurtes b_1 oder $b_2/2$ oder $b_3/2$ bestimmt u. a. den Einfluß der Schubverformungen auf die Spannungsverteilung in den breiten Gurten.
- Die Verhältnisse der Breiten b_i zu den Blechdicken t_i dünner Bauteile ist Maßstab für mögliche Einschränkungen bei der Ausnutzung der Werkstoffestigkeit dieser Bauteile infolge Ausbeulen.

Allgemein läßt sich feststellen, daß mit Zunahme des Verhältnisses B_i/L oder $(b_i/2)/L$ das Mitwirken der Querschnittsteile in den stegferneren Bereichen der Gurte und mit der Zunahme des Verhältnisses von Blechbreite b_i zur Blechdicke t_i deren Wirksamkeit durch eingeschränkte Ausnutzungsmöglichkeit der Werkstoffestigkeit abnimmt.
Auf die Beeinträchtigung des Mitwirkens von Querschnittsteilen durch Schubverformungen als Problem der Festigkeit und das der Wirksamkeit von Querschnittsteilen durch Ausbeulen wird in den nächsten Unterabschnitten eingegangen. Dabei wird deutlich, daß im Unterabschnitt 10.3.2 für das Problem der Schubverformungen in scheibenartigen Bauteilen Zusammenhänge maßgebend sind, in die i. a. die Lasthöhe linear eingeht: außer der Bauwerksgeometrie ist nur die Lastanordnung von Bedeutung. Der Unterabschnitt erhält daher die Überschrift »Festigkeit«. Im Gegensatz dazu wird im Unter-

abschnitt 10.3.3 deutlich, daß die Lastintensität den Grad der Wirksamkeit von dünnwandigen Bauteilen maßgebend bestimmt. Daher erhält dieser Unterabschnitt die Überschrift »Stabilität«.
Die Bezeichnungen werden den Baubestimmungen angepaßt. So wird bei Einschränkungen des Mittragens infolge Schubverformungen scheibenartiger Bauteile von Mitwirken oder Mitwirkung und spezielle von mitwirkender Breite oder mitwirkender Gurtfläche, auch von voll mitwirkender Gurtfläche gesprochen. Dagegen ist im Zusammenhang mit dem Ausbeulen dünnwandiger Bauteile von Wirksamkeit oder speziell wirksamer Breite die Rede.
Auf Probleme, bei denen das Mittragen von Gurten gleichermaßen durch Schubverformungen dieses scheibenartigen Bauteils als durch Ausbeulen dieses gleichzeitig dünnwandigen Bauteils beeinflußt wird, kann hier nicht eingegangen werden, zumal dies Gebiet bisher weitgehend unerforscht ist. Seine Problematik ist in [10] übersichtlich dargestellt.
Im Unterabschnitt 10.3.3 werden die besonderen Fragen der raumabschließenden Profilblechkonstruktionen aus extrem dünnen Blechen bis unter 1 mm Dicke nicht behandelt (vgl. Kapitel 13). Probleme der Traglasten, vorwiegend durch Querkräfte beanspruchter vollwandiger I-Träger, auch Kastenträger unter Ausnutzung sogenannter überkritischer Reserven, d.h. unter Inkaufnahme größerer u.U. deutlich sichtbarer Beulen werden nur gestreift, da sie Gegenstand des Abschnitts 10.5 sind.

10.3.2 Festigkeit

10.3.2.1 Allgemeines

Der Festigkeitsnachweis für Bauglieder mit Querschnitten aus flächigen, ebenen Bauteilen bereitet mit Ausnahme der Frage nach ihrer Mitwirkung i.a. keine besonderen Probleme. In ihnen herrscht im Regelfall ein zweiachsiger Spannungszustand. Daher ist die Fließsicherheit mit Hilfe der Vergleichsspannung nachzuweisen. Dabei muß entschieden werden, ob der errechneten Vergleichsspannung als zulässiger Wert die für den einachsig beanspruchten Zugstab maßgebende Grenzspannung gegenüberzustellen ist oder in Anlehnung an derzeitige Baubestimmungen wegen eines möglichen Fließausgleichs ein höherer Wert.
Unabhängig davon, ob man die Vergleichsspannung unter Gebrauchslasten oder unter den mit dem Sicherheitsbeiwert vervielfachten Gebrauchslasten ermittelt, kann man lokale Vergleichsspannungsspitzen bezüglich der Möglichkeit eines Spannungsausgleiches am zutreffendsten nach einem Vorschlag von H. Nölke (vgl. [11], dort Abschnitt 6.1, Seite 27–28) werten. Man berechnet in einem Schnitt, in dem ein plastischer Ausgleich der Spannungen möglich ist, an mehreren Punkten die Vergleichsspannungen, z.B. an drei Punkten 1, 2 und 3, die voneinander jeweils gleich weit entfernt sind. Mit der Simpson-Regel berechnet man den Mittelwert aus diesen drei Spannungen σ_{V1}, σ_{V2} und σ_{V3} und stellt diesen die Grenzspannung zul σ oder β_S gegenüber:

$$\frac{1}{6}(\sigma_{V1} + 4 \cdot \sigma_{V2} + \sigma_{V3}) \leqq \text{zul}\,\sigma \qquad \text{oder} \qquad \leqq \beta_S$$

10.3.2.2 Zur Auswirkung von Schubverformungen in breiten Gurten

Es wird vorausgesetzt, daß die einzelnen Querschnittsteile als dünn betrachtet werden können. Ihre Breite zwischen ihren Rändern oder ihren Rändern und randparallelen Versteifungen oder zwischen randparallelen Versteifungen soll also mindestens eine Größenordnung größer als ihre Dicke sein. Damit ist der Spannungszustand in den planmäßig ebenen Bauteilen ein Scheibenspannungszustand, zeichnet sich also durch über die Dicke t konstante Spannungen aus.
Für unsere weiteren Betrachtungen ist damit auch festgelegt, daß Gurte von Querschnitten als biegeschlaffe Scheiben aufgefaßt werden können. Zum Einfluß der Biegesteifigkeit siehe z.B. [2], dort Abschnitt 4.3.1. – Im übrigen gelten für die weiteren Betrachtungen die Voraussetzungen der Elastizitätstheorie I. Ordnung.

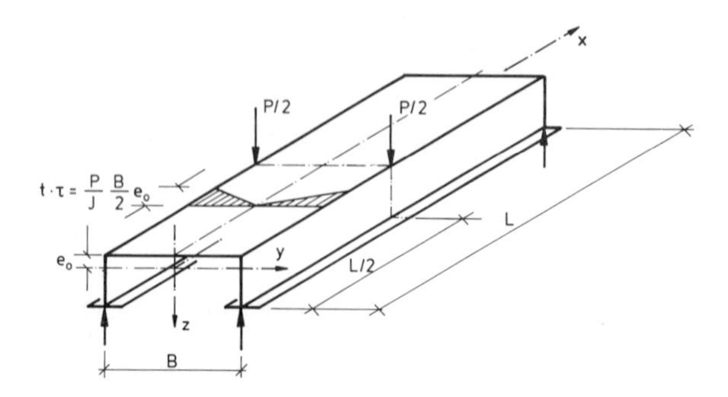

Bild 10.3-3
Beispiel für Beschreibung des Effektes der Schubverformungen bei breiten Gurten

Am Beispiel eines einfeldrigen, zweistegigen Plattenbalkens nach Bild 10.3–3, belastet durch zwei Einzellasten über den beiden Stegen in Feldmitte, soll gezeigt werden, daß die Annahme der Navierschen Spannungsverteilung zu nicht mehr vernachlässigbaren Widersprüchen führt, wenn die Breite B des Trägers nicht hinreichend klein gegenüber der Stützweite L ist. Nach der technischen Biegelehre (Naviertheorie) würden die Normalspannungen σ_x aus dem Biegemoment M in der Faser mit dem Abstand z von der Schwerachse nach

$$\sigma_x = \frac{M}{J} z$$

mit

J Trägheitsmoment des ganzen Trägers bezogen auf die y-Achse
zu berechnen sein.
Insbesondere würden sie im Obergurt im Abstand $z = -e_0$ $\sigma_{x,o} = -\frac{M}{J} e_o$

betragen.

Die Schubspannungen steigen nach der technischen Biegelehre von der Symmetrieachse des Obergurtes von Null linear gegen die Kante Obergurt–Steg auf den Maximalwert

$$\max \tau = \frac{Q}{J} \frac{B}{2} e_o$$

an.
Betrachtet man die Verformungen über dem Auflager an der Mittellinie des Gurtes, indem man für die Normalspannungsverformungen von der Symmetrieebene $x = L/2$ und für die Schubspannungsverformungen von der Kante Obergurt–Steg ausgeht, kommt man zu folgendem Widerspruch:

- Aus den Normalspannungen σ_x folgen für *alle* Längsfasern des Obergurtes Verschiebungen des Trägerendes in Richtung zur Mitte von

$$\Delta L = -\frac{1}{2} \max \sigma_x \cdot \frac{L}{2} \frac{1}{E}$$

und mit

$$\max \sigma_x = \frac{-P \cdot L}{4J} e_o$$

$$\Delta L = \frac{P \cdot L^2}{16 \cdot EJ} e_o .$$

- Aus den Schubspannungen im Obergurt folgen in *allen* Querschnitten Verschiebungen der Fasern in der Mittellinie des Gurtes gegenüber dem Rand Obergurt–Steg von

$$\Delta u = \frac{1}{2} \max \tau \frac{B}{2} \frac{1}{G}$$

und mit

$\max \tau$ und $Q = P$

$$\Delta u = \frac{P}{8} \frac{B^2}{JG} e_o .$$

Das Verhältnis der beiden Verschiebungen gibt uns die Möglichkeit, den Fehler zu beurteilen, den wir beim Berechnen von Biegeträgern mit breiten Gurten nach der technischen Biegelehre begehen, wenn wir uns nicht um die Schubverformungen kümmern:

$$\Delta u / \Delta L = 2\,(E/G) \quad (B/L)^2 = \text{rd. } 5\,(B/L)^2.$$

Bei einem Träger mit dem Querschnitt eines *IPB* mit 300 mm Flanschbreite würde daraus folgen (beim Übertragen der Herleitung von Bild 10.3–2 auf den einsteigigen *I*-Träger muß als B die gesamte Flanschbreite eingesetzt werden):

$$\Delta u / \Delta L = 5 \cdot 0{,}3^2 / L^2 = 0{,}45 / L^2.$$

Schon bei $L =$ rd. 2,1 m wird $\Delta u / \Delta L =$ rd. 0,1 und bei $L = 6{,}7$ m ist $\Delta u / \Delta L = 0{,}01$. Dagegen sind Träger gemäß Bild 10.3–3 mit $B/L = 0{,}5$ im Brückenbau durchaus möglich. Beispiel: (Hauptträgerabstand 20 m, Stützweite 40 m). Hierfür folgt:

$$\Delta u / \Delta L = 5{,}0 \cdot (0{,}5)^2 = 1{,}25.$$

Nun gibt der Wert $\Delta u/\Delta L$ nicht unmittelbar einen Maßstab für den Fehler, denn der ebene Spannungszustand breiter Gurte muß mit Ansätzen erfaßt werden, die dessen Verlauf in Längsrichtung x und Querrichtung y hinreichend genau wiedergeben. Dazu kann man für den Einfeldträger nach Bild 10.3–3 qualitativ folgendes feststellen, wenn man sich um das Einleitungsproblem an den Lagern und den Lastangriffsstellen nicht kümmert:

- In größerem Abstand von der Trägermitte wird der Spannungszustand $\sigma_x(y)$ im Obergurt in guter Näherung mit $\sigma_x(y)$ = const beschrieben. Denn in allen Querschnitten sind die Schubverformungen gleich, da auch die Schubspannungen gleich sind, wenn volles Mittragen unterstellt wird. Es verbleibt also kein Widerspruch: Ebene Querschnitte im lastfreien Zustand bleiben zwar nicht mehr eben, wenn die Last aufgebracht wird. Da aber die Schubverformungen unabhängig vom Ort x sind, sind dennoch die Dehnungsunterschiede aller Fasern des Obergurtes in zwei Schnitten x und $(x + \mathrm{d}x)$ gleich, also auch die Spannungen σ_x unabhängig von der Lage der Fasern im Querschnitt, also unabhängig von y.
- In der Symmetrieachse $x = L/2$, also im Bereich der Lasteinleitung, muß der Querschnitt aus Symmetriegründen eben bleiben. Dieser Forderung widersprechen die Schubverformungen, die in der Achse des Gurtes (Bild 10.3–2) zu den zuvor berechneten Verschiebungen Δu führen würden. Wenn man sich den Gurt unter den Spannungen

$$\sigma_x(y) = \text{const} = \frac{PL}{4EJ} e_o$$

und

$$\tau(y) = \frac{Py}{J} e_o$$

in der Symmetrieachse aufgeschnitten vorstellt, muß die durch die Schubverformungen auftretende Klaffung durch einen Eigenspannungszustand $\bar{\sigma}_x(y)$ rückgängig gemacht werden. Dieser Eigenspannungszustand muß im Bereich der Mittellinie Zugspannungen aufweisen, also dort zu einer Verringerung der Druckspannungen und aus Gleichgewichtsgründen im Bereich des Kanten-Gurt-Steges zu zusätzlichen Druckspannungen führen.

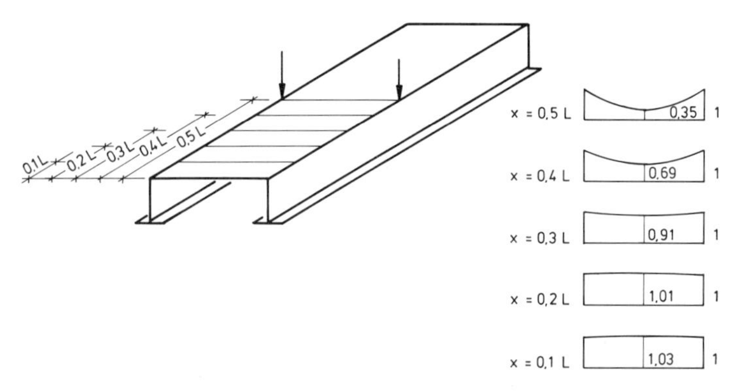

Bild 10.3–4 Verteilung der Normalspannungen σ_x in einem breiten Gurt, Beispiel

Aus genauen Untersuchungen, hier entnommen aus [2], ergeben sich die in Bild 10.3–4 dargestellten Verläufe der Normalspannungen σ_x im Gurt für den hier diskutierten Fall. Die Spannungsverteilungen sind dabei normiert, indem die Spannungen in der Achse der Gurtscheibe auf den Wert 1 an den Kanten Obergurt–Steg bezogen sind. Man erkennt, daß wir das Tragverhalten mit der einfachen Betrachtung qualitativ richtig beurteilt haben.

Die Verhältnisse sind vollständig und qualitativ richtig nicht so einfach zu beschreiben, wie es mit den hier für das allgemeine Verständnis angestellten Betrachtungen geschieht. Es soll auf zwei Erscheinungen hingewiesen werden, ohne daß wir dafür in die analytische Behandlung des Problems des Plattenbalkens eintreten müssen:

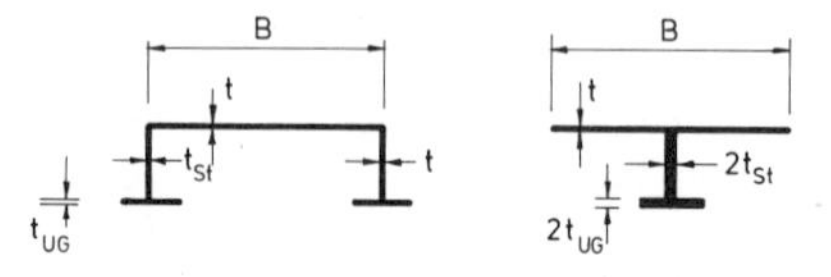

Bild 10.3–5 Vergleich von zwei- und einstegigem Plattenbalkenquerschnitt

- Die vereinfachten Betrachtungen können nicht aufdecken, daß sich die Mitwirkung der breiten Gurte in den beiden Trägern gemäß Bild 10.3–5 voneinander unterscheidet. Dies liegt daran, daß die ebenen Spannungszustände nicht etwa in der linken Hälfte des linken Trägers gleich sind denen in der rechten Hälfte des rechten Trägers. Dies könnte – allerdings fälschlicherweise – u. U. daraus geschlossen werden, daß die vereinfachten Schubspannungsbetrachtungen für diese beiden miteinander verglichenen Teilgurte gleich sind. Daß sich die ebenen Spannungszustände voneinander unterscheiden, wird schon dadurch klar, daß im Fall des zweistegigen Trägers die quergerichteten Normalspannungen σ_y an der Kante Obergurt–Steg verschwinden, dagegen beim einstegigen Träger nicht.
Die Unterschiede sind allerdings für die Praxis ohne große Bedeutung. Daher sind auch die im Unterabschnitt 10.3.2.6 erläuterten Vorschläge unabhängig von diesem Einfluß.
- Die Normalspannungen σ_x an der Kante Obergurt–Steg sind i.a. im Steg und im Gurt nicht gleich. Das liegt an den quergerichteten Spannungen σ_y oder genauer an den quergerichteten Dehnungen ε_y, die sich auf die längsgerichteten Spannungen σ_x in der Gurtscheibe auswirken, dagegen nicht auf die des Steges.
Auch dieser Unterschied ist ohne praktische Bedeutung. Außerhalb des Lasteinleitungsbereiches von Einzellasten können die Spannungen an den Kanten Obergurt–Steg kleiner als im Mittenbereich des Gurtes sein. Die Spannungsverteilung in den Schnitten $\xi = 0{,}1$ und $0{,}2$ im Bild 10.3–5 führt wegen der Definition zu mitwirkenden Gurtflächen, die größer als die vorhandenen sind.

10.3.2.3 Erfassung der Wirkung von Schubverformungen in breiten Gurten über voll mitwirkende Gurtquerschnitte

Wenn Tragwerke mit breiten Gurten zu untersuchen sind, bei denen – wie i.a. gegeben – für die Hauptträger (Steg einschließlich Untergurt) die technische Biegelehre angewandt werden kann, ist es von Vorteil, wenn der Einfluß der Schubverformungen so eingefangen wird, daß trotz der Verletzung der Bernoulli-Hypothese vom Ebenbleiben der Querschnitte die Berechnung nach den einfachen Regeln der technischen Biegelehre vorgenommen werden kann. Dies wird erreicht, indem vom Gurt nur der sogenannte voll mitwirkende Querschnitt in die Ermittlung der Querschnittswerte übernommen wird.

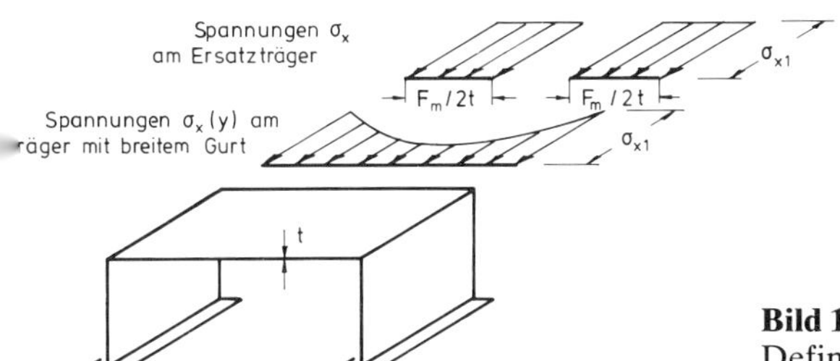

Bild 10.3–6
Definition des voll mitwirkenden Gurtquerschnittes

Dafür definiert man nach Bild 10.3–6 den Ersatzquerschnitt mit dem voll mitwirkend gedachten Querschnittsteil des Gurtes F_m, der mit der Spannung $\sigma_{x,1}$ an der Kante Obergurt–Steg multipliziert die gleiche Gurtkraft liefert wie der ganze Gurt mit der wirklichen Spannungsverteilung $\sigma_x(y)$, die wir hier als bekannt voraussetzen:

$$A_{\text{Gurt}} = F_m \cdot \sigma_{x,1} = \int_{\text{Gurt}} \sigma_x(y)\,\mathrm{d}F.$$

Wenn wir gleiche E-Moduli für Steg mit Untergurt und für den Obergurt voraussetzen, sind damit die Spannungen in dem Ersatzquerträger wie nach der Biegelehre, also proportional zum Abstand z von der Schwerachse verteilt. Der Ersatzträger erhält gleiche Spannungen σ_x im Obergurt an der Kante Steg–Obergurt wie der Träger mit breitem Gurt. Folglich erhält er auch gleiche Krümmungen, so daß auch die Verformungsrechnung am Ersatzträger auf die Verformungen des Trägers mit breiten Gurten führt.
Der Begriff des voll mitwirkenden Gurtes ist durch die Arbeiten in den 70er Jahren [12], [13], [14] und [15] an die Stelle der voll mitwirkenden Breite getreten. Letztere hat nur einen Sinn, wenn der Gurt eine isotrope Scheibe ist. Dies ist aber im Stahlbau i. a. nicht der Fall, da dünne breite Gurte ausgesteift werden müssen. Falls die Steifen in gleicher Richtung orientiert sind wie die Hauptträger – dies ist i. a. der Fall, da man die Steifen mit in die Hauptträgertragwirkung integrieren will –, nimmt die Auswirkung der Schubverformungen zu. Dies kann man leicht einsehen, wenn man die Schubspannungen in einem ausgesteiften Gurt mit denen eines isotropen Gurtes vergleicht. Unter sonst gleichen Parametern (Schwerpunktlage und damit Obergurtabstand von der Schwerachse, Blechdicke, Mitwirkungsgrad) sind die Schubspannungen im versteiften Gurt im Verhältnis von statischem Moment des Obergurtes mit Versteifungen zum Obergurt ohne Versteifungen größer als im unversteiften Gurt. Unter den genannten Voraussetzungen stehen die beiden statischen Momente im Verhältnis von Gurtfläche mit

Versteifung – das sind alle dehnsteifen Querschnittsanteile – zur Gurtfläche ohne Versteifung – das sind die schubsteifen Querschnittsanteile. Da in praktischen Fällen die Querschnittsfläche der Versteifungen – das sind die nur dehnstarren Querschnittsanteile – in der gleichen Größenordnung liegt wie die Querschnittsfläche der versteiften Gurtscheibe selbst, ist der Einfluß der Versteifungen auf die Größe des voll mitwirkenden Gurtes nicht zu vernachlässigen (Zahlenangaben hierzu siehe [12] und [14]).

10.3.2.4 Bedeutung der Schubverformungen in breiten Gurten

Die Diskussionen im Unterabschnitt 10.3.2.2 und der Hinweis auf Ergebnisse von Parameterstudien im Unterabschnitt 10.3.2.5 setzt die Gültigkeit der Elastizitätstheorie voraus, schließt damit die unter vorwiegend ruhenden Lasten im Stahlbau mögliche Plastizierung und den dadurch gegebenen plastischen Ausgleich aus. Die Berücksichtigung der Schubverformungen mit dem Effekt, daß sich Teile der Querschnitte einem „vollen Mitwirken" entziehen und damit die Spannungen in anderen Bereichen – i. a. an den Kanten Gurt–Steg – höher sind als bei Vernachlässigung der Schubverformungen, ist daher dann besonders wichtig, wenn die Spannungen, errechnet unter den Voraussetzungen der Elastizitätstheorie, für die Tragsicherheit Bedeutung haben. Das ist immer dann der Fall, wenn örtliches Versagen durch die örtlich vorhandenen, nach der Elastizitätstheorie ermittelten Spannungen bestimmt wird, wie z. B. in

- Tragwerken aus spröden Baustoffen, z. B. aus Beton, bei
- Versagen durch örtliche Instabilitäten, z. B. Ausbeulen von Plattenteilen oder bei
- Ermüdungsversagen, da das ertragbare Lastkollektiv durch die Spannungsspitzen mit bestimmt wird.

Ausbeulen von Teilen gedrückter Gurte muß allerdings nicht zum Versagen führen, denn auch hier kann eine „Verlagerung" von Spannungen möglich sein.

Die örtlich vorhandenen Spannungen haben auf die Tragfähigkeit keinen Einfluß, wenn ein Spannungsausgleich möglich ist, wie in Zuggurten oder gedrungenen Druckgurten aus zähem Baustahl (vgl. z. B [16] bis [18]). In diesen Fällen können die Schubverformungen im Hinblick auf die Tragfähigkeit unberücksichtigt bleiben. Daher heißt es im Abschnitt 3.1 von DIN 18801 (E) „Stahlhochbau" (Juni 1981):

> Bei Trägern mit breiten Gurten, die vorwiegend durch Biegemomente mit Querkraft beansprucht werden, braucht beim allgemeinen Spannungsnachweis die geometrisch vorhandene Gurtfläche nicht reduziert zu werden, es sei denn, auftretende Spannungsspitzen können durch Plastizierung nicht abgebaut werden (z. B. bei Stabilitätsproblemen). Bei großen Einzellasten kann die verminderte Mitwirkung sehr breiter Gurte bei der Aufnahme der Biegemomente die Formänderungen nennenswert vergrößern, so daß dieser Einfluß ggf. berücksichtigt werden muß.

Auf den Einfluß der Schubverformungen auf die Formänderungen, z. B. die Durchbiegung, wird mit Recht besonders hingewiesen.

Im Widerspruch zu diesen Ausführungen stehen derzeitige Regelungen in DS 804 „Vorschrift für Eisenbahnbrücken und sonstige Ingenieurbauwerke" der Deutschen Bundesbahn. Danach sind Schubverformungen in breiten Gurten von Stahlbrücken grundsätzlich – nicht nur beim Ermüdungsnachweis oder bei stabilitätsgefährdeten Druckgurten – nach den neuesten Erkenntnissen zu berücksichtigen, dagegen bei massiven Brücken über die mitgeltende, bezüglich der Schubverformungen nicht mehr auf dem Stand der Erkenntnisse befindliche DIN 1075 für Betonbrücken. Die vorgesehene Beseitigung dieser wettbewerbsverzerrenden Regelung ist besonders dringend.

10.3.2.5 Ergebnisse von Parameterstudien

Zur Lösung der Aufgabe, den Spannungszustand in breiten Gurten von Balken zu bestimmen, stehen verschiedene Verfahren zur Verfügung. In Sonderfällen gelingen analytische Lösungen, und komplizierteste Fälle sind mit Hilfe finiter Elemente zu erfassen. Zur Gewinnung der Zahlenwerte für die Angaben in [12] sind Ansätze mit trigonometrischen Reihen gewählt worden, mit denen die Airysche Spannungsfunktion $F(x, y)$ zur Bestimmung der Spannungen nach

$$\sigma_x = \frac{1}{t}\frac{\partial^2 F}{\partial y^2} \qquad \sigma_y = \frac{1}{t}\frac{\partial^2 F}{\partial x^2} \qquad \tau_{xy} = -\frac{1}{t}\frac{\partial^2 F}{\partial x\,\partial y}$$

durch einen Produktansatz

$$F(x,y) = \Sigma\, Y_n(y) \cdot \sin\frac{n\pi x}{L}$$

beschrieben wird. Auf Einzelheiten kann hier nicht eingegangen werden. Daher wird auf die Darstellungen in [12] verwiesen, dort insbesondere auf den Abschnitt 3.

Für die Praxis aufbereitete Ergebnisse sind in den Tabellenwerken [12] und [15] mitgeteilt. Danach lassen sich für alle praktisch vorkommenden Fälle von (im Grundriß) geraden Brücken die Verhältnisse von voll mitwirkender Gurtfläche zu vorhandener Gurtfläche und die Spannungsverteilung in den Gurten ausreichend genau bestimmen. Die Tabellen sind so aufbereitet, daß die Gurte in Teilscheiben mit den Breiten b_1 und b_2 (vgl. Bild 10.3–8) eingeteilt werden und die Ergebnisse in Abhängigkeit der Hauptparameter

- Biegemomentenfunktion,
- Verhältnis b_2/b_1 der Teilgurtscheibenbreiten,
- Verhältnis von Stützweite L zu Breite b_1 der Teilgurtscheibe 1 und
- Verhältnis der Lasten auf den beiden Hauptträgern

für verschiedene Querschnitte, orientiert durch die bezogenen Längskoordinaten $\xi = x/L$, angegeben werden.

Zwei Effekte sind hiermit erfaßt, auf die noch kurz eingegangen werden soll:

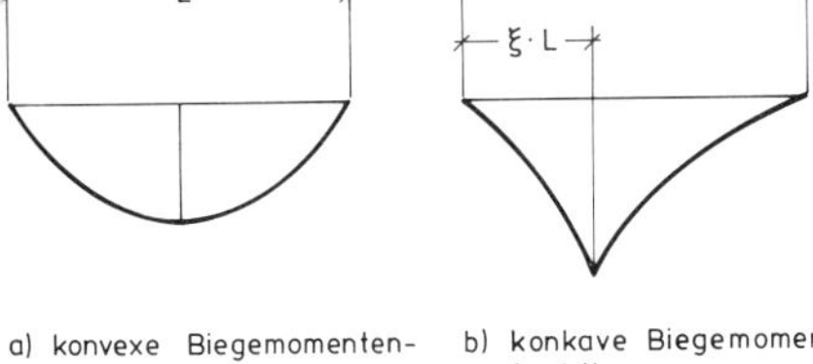

a) konvexe Biegemomentenfunktion b) konkave Biegemomentenfunktion

Bild 10.3–7
Biegemomentenfunktionen

- Die Biegemomentenfunktion (Bild 10.3–7) hat großen Einfluß auf die Ergebnisse, da durch sie das Verhältnis von

Biegemoment, maßgebend für die σ_x-Spannungen zu
Querkraft, maßgebend für die Schubverformungen τ
erfaßt wird. Es ist ohne Erläuterung einsichtig, daß konkave Momentenfunktionen nach Bild 10.3–7b zu einer größeren Reduktion von geometrisch vorhandener auf die voll mitwirkende Gurtfläche führen als konvexe nach Bild 10.3–7a.

Natürlich spielt bei den linearen und konkaven Biegemomentenfunktionen auch die Lage des Maximums eine Rolle. Hierzu siehe weitere Angaben in [12].

- Das Verhältnis der Lasten auf den beiden Hauptträgern hat großen Einfluß auf die Spannungsverteilung und auf die Reduktion der geometrischen auf die voll mitwirkende Breite bei den einzelnen Teilgurtscheiben. Die Zusammenhänge sind mit den vereinfachten Betrachtungen des Unterabschnittes 10.3.2.2 nicht zu erklären. Auch hier muß auf die Literatur, z. B. [12], verwiesen werden.

Neben dem Einfluß der Hauptparameter auf die Größe des voll mittragend gedachten Ersatzquerschnittes können über Korrekturfaktoren Besonderheiten der Querschnitte berücksichtigt werden, wie Verhältnisse von

- Steifigkeiten des Hauptträgers (Steg und Untergurt) zu denen der Gurtscheibe im Obergurt,
- Querschnittsfläche eng angeordneter Rippen zur Gurtquerschnittsfläche und
- Querschnittsfläche einzelner größerer Längsrippen zur Gurtfläche.

Ferner ist der Einfluß der Querdehnung μ des Gurtwerkstoffes zu beachten, da die Tabellenwerte sowohl für Gurte aus Stahl als auch für solche aus Beton aufbereitet sind.

10.3.2.6 Vorschläge für die Praxis

Die Schwierigkeit, für die Praxis einfache, ausreichend sichere, aber nicht gleichzeitig unwirtschaftliche Rechenregeln zu entwickeln, liegt vorwiegend in zwei Tatsachen:

- Im Gegensatz zu veralteten Untersuchungen ist der Effekt der Schubverformungen auch in Bereichen relativ großer Verhältnisse von Stützweite L (bei Durchlaufträgern ist L die „Erstreckungslänge gleichsinniger Biegebeanspruchung", d.h. die Länge der Hauptträgerabschnitte mit Biegemomenten gleichen Vorzeichens) zur Teilgurtbreite b deutlich.

Beispiel: Für den Plattenbalken mit $L/b_1 = 10$ nach Bild 10.3–8 ist das Verhältnis von mitwirkendem Gurt F_m zu geometrisch vorhandenem Gurt F_G für drei Biegemomentenfunktionen aufgetragen. Man erkennt, daß in Feldmitte der Gurt nur zu 96% bei der Gleichstreckenlast, zu 73% bei der Einzellast und noch weniger bei einer Einzellast mit daneben wirkenden, gegengerichteten Gleichstreckenlasten voll mitwirkt.

- Die Größe des mitwirkenden Gurtes am Ort x des Trägers ist vom Lastbild abhängig, also für jeden Lastfall mit anderer Lastcharakteristik neu zu bestimmen. Unter Lastcharakteristik wird hier die Verteilung der Lasten auf die beiden Hauptträger des zweistegigen Plattenbalkens und ihr Verlauf über die Hauptträgerlänge verstanden, so wie er sich in der Biegemomentenfunktion darstellen läßt.

In [19] ist ein Vorschlag für Berechnungsregeln in Baubestimmungen unterbreitet worden, der eine Berücksichtigung der Teilgurtwirkungsgrade beim Momententyp F (vgl. Bild 10.3–8) für L/b kleiner 20 und beim Momententyp S für L/b kleiner 100 vorsieht. Als für die Praxis wichtige Erleichterung wird aufgrund von Parameterstudien unter notwendigen Einschränkungen für die Anwendung erlaubt, daß bei durchlaufenden Balkenbrücken dann, wenn keine Stützweite deutlich größer als das 1,5fache der benachbarten Stützweiten ist, und für Einfeldträger nach einem von der Längskoordinate abhängigen Einheitsbild des Gurtwirkungsgrades $\lambda = F_m/F_G$ – das ist das Verhältnis von mitwirkendem zu geometrisch vorhandenem Teilgurt – gerechnet werden darf. Die Reduktion der so festgelegten mitwirkenden Gurtquerschnittsfläche F_m bei Vorhandensein von Längsrippen ist durch eine einfache, auf der sicheren Seite liegende Umrechnung möglich.

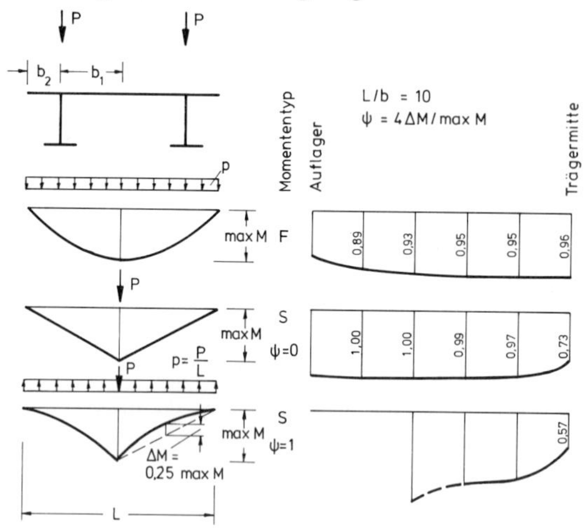

Bild 10.3–8 Beispiele für voll mitwirkende Gurtquerschnitte im Fall $L/b_1 = 10$

Der Vorschlag zeichnet sich dadurch aus, daß er für die Ermittlung der mitwirkenden Gurtfläche außer den für die Definition von Begriffen notwendigen Bildern mit drei Darstellungen auskommt:

- der Festlegung der Teilgurtwirkungsgrade λ in Abhängigkeit vom Verhältnis L/b für die verschiedenen Biegemomentenfunktionen (Bild 10.3–9),
- dem Einheitsbild für den Verlauf des Teilgurtwirkungsgrades λ (Bild 10.3–10) und
- der Angabe eines Korrekturfaktors für die Erfassung des Einflusses von Längsrippen (Bild 10.3–11).

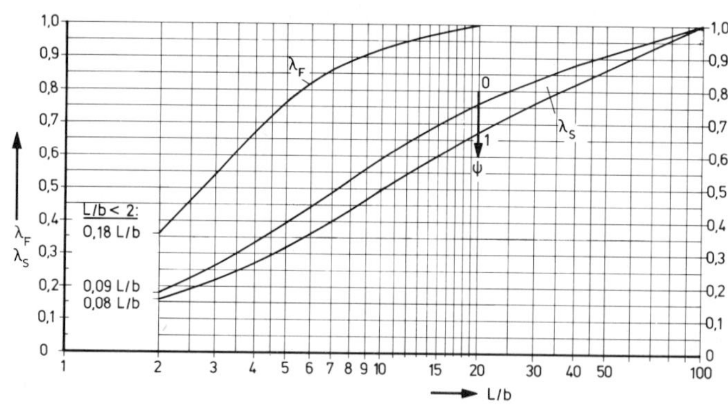

Bild 10.3–9 Teilgurtwirkungsgrade gemäß Vorschlag aus [19]

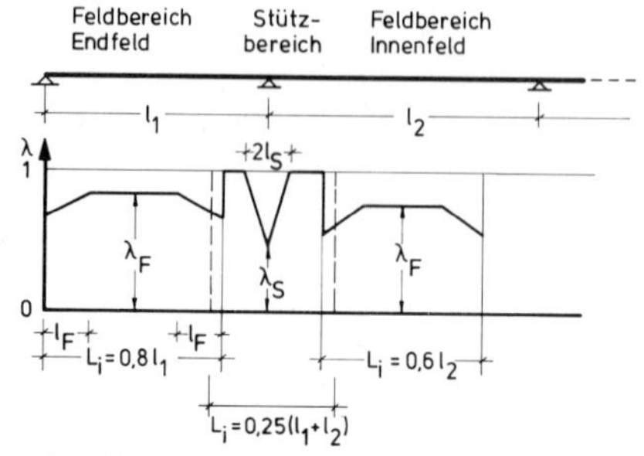

Bild 10.3–10 Verlauf der Teilgurtwirkungsgrade über die Balkenachse gemäß Vorschlag aus [19]

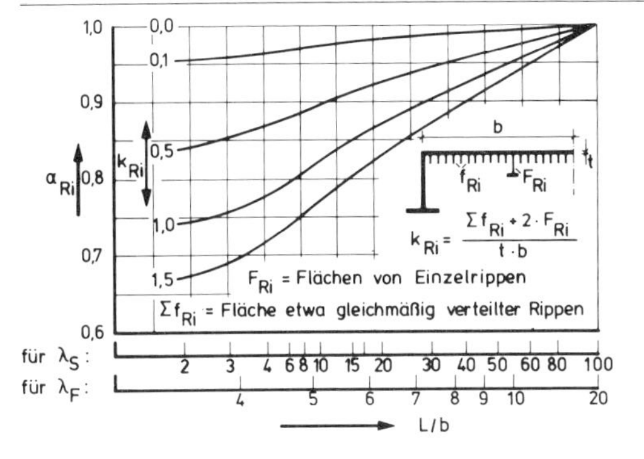

Bild 10.3–11
Korrekturfaktoren für den Einfluß von Längsrippen gemäß Vorschlag aus [19]

Der Vorschlag enthält auch einfache Regeln für die näherungsweise Bestimmung der Spannungsverteilung über die Breite der Gurtscheibe und zur Erfassung des verdrehend wirkenden Anteiles von nicht symmetrisch zur Trägerlängsachse angreifenden Belastungen. Hierzu muß auf die Ausführungen in [19] und auf ihre Begründung in [12] verwiesen werden.
Die Vorschläge aus [19] liegen zunächst weitgehend auf der sicheren Seite. Das Problem erlaubt, damit verbundene Unwirtschaftlichkeiten in den für die Praxis wichtigsten Parameterbereichen zu beseitigen, so daß die schließlich in die Normen aufgenommenen Regeln zur einfachen Erfassung des Einflusses der Schubverformungen in breiten Gurten voraussichtlich geringfügig anders aussehen werden, als es im Bild 10.3–9 festgelegt ist.

10.3.2.7 Grenzen der linearen Betrachtung

Querbelastete scheibenartige Bauteile, wie z. B. die die Fahrbahn bildenden Gurte von plattenbalkenartigen Brückenträgern, können durch die örtlichen Lasten so große Verformungen erhalten, daß die Vernachlässigung von Plattenverformungen bei der Berechnung der Spannungsverteilungen in breiten Gurten und damit bei der Bestimmung des Gurtwirkungsgrades zu nennenswerten Ungenauigkeiten führt. In diesen Fällen muß das Gleichgewicht am verformten Gurt verfolgt werden, da die mit steigender Last zunehmenden Verformungen zu einer Abnahme der Gurtmitwirkung führen.
Ansätze und Lösungen für eine entsprechende Theorie großer Verformungen findet man in [20].

10.3.3 Stabilität

10.3.3.1 Allgemeines

Flächige, ebene Bauteile können sich scheibenartigen Beanspruchungen aus der Wirkung von Randdruck- oder -schubspannungen durch Ausbeulen entziehen. Schadensfälle (Bild 10.3–12) und Experimente in Versuchsanstalten (Bild 10.3–13) haben dies wiederholt deutlich gemacht. Die aufnehmbare Belastung kann bis auf einen Bruchteil der durch die Werkstoffestigkeit bestimmten Grenzlast für die Scheibe abfallen. Um die Werkstoffestigkeit möglichst gut ausnutzen zu können, werden großflächige Konstruktionen aus ebenen Blechen durch Abkantungen, Sicken oder Rippen versteift.

Bild 10.3–12
Beulen beim Schadensfall an der Donaubrücke Wien

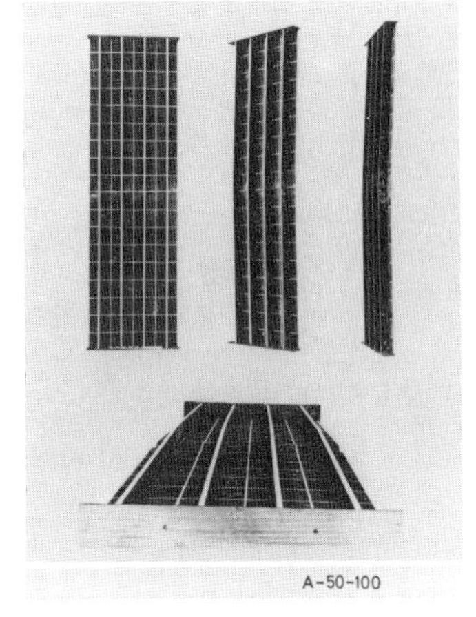

Bild 10.3–13 Beulen bei Versuchen [42]

Die Unterlagen zur wirtschaftlichen Gestaltung flächiger, ebener, weitgehend versteifter Bauteile und zur Beurteilung der Tragfähigkeit sind durch die internationale Forschung seit etwa 1960, besonders aber seit etwa 1970, erheblich verbessert und vervollständigt worden. In der Bundesrepublik Deutschland gibt es mit der Richtlinie 012 des Deutschen Ausschusses für Stahlbau seit 1978 ein Regelwerk, mit dem der größte Teil der vorkommenden Konstruktionen sicher bemessen werden kann.
Die heute möglichen Nachweise bestehen in der einfachsten Form darin, Grenzwerte für die Schlankheit von Platten einzuhalten. Sind die Platten oder Plattenteile hinreichend gedrungen, können sie nicht ausbeulen, so daß die Werkstoffestigkeit ausgenutzt werden kann. In einer höheren Stufe kann durch einen Beulsicherheitsnachweis kontrolliert werden, daß Platten, die die Grenzwerte für die Schlankheit nicht einhalten, eine gegenüber der Werkstoffestigkeitsausnutzung reduzierte Belastung aufnehmen können und u.U. dafür vorgesehene Versteifungen ausreichend bemessen sind. In einer darüber hinausgehenden Stufe können Traglasten von Bauteilen aus dünnen, ebenen Blechen vorausgesagt werden, wobei auf die bei Erreichen der Traglast auftretenden großen Verformungen keine Rücksicht genommen wird. Wenn durch Beulen unter den Gebrauchslasten die Gebrauchsfähigkeit beeinträchtigt werden kann, sind in diesem Fall besondere Nachweise hierfür zu führen.

10.3.3.2 Kurze Hinweise auf die Entwicklung und auf den Stand der Beulforschung

Vor dem Einzug der Schweißtechnik in den Stahlbau waren Beulprobleme bei Stahlkonstruktionen selten. Lediglich die Stegbleche größerer genieteter Träger erreichten Schlankheiten, die einen Nachweis der Beulsicherheit und oft Versteifungen erforderten. Folglich konnte DIN 4114 „Berechnungsgrundlagen für Stabilitätsfälle im Stahlbau" (1952/53) mit wenigen Angaben in den Abschnitten 16 bis 18 den Anforderungen des allgemeinen Stahlbaus gerecht werden. Grundlage dafür waren theoretische Arbeiten, mit denen die Beulgrenzen perfekt ebener, eigenspannungsfreier Konstruktionsteile aus einem Werkstoff mit uneingeschränkter Gültigkeit des Hookeschen Gesetzes ermittelt worden waren. Als Beulgrenze wird dabei die Beanspruchung verstanden, unter der die perfekt ebene Konstruktion in eine nicht mehr ebene ausweicht.
Die theoretischen Arbeiten wurden vorwiegend auf der Grundlage von Forschungen Timoshenkos [21] in den 30er Jahren durch die Schule von Schleicher, z.B. durch Arbeiten von Barbré [22] und Stiffel [23] und später durch Chwalla (z.B. [24]) vorangetrieben. Untersuchungen aus dem Bereich der Mechanik und dem Flugzeugbau, z.B. von Karmann [25], Marguerre [26] und Kromm [27] wurden für die Regelungen in DIN 4114 genauso herangezogen wie die damals durchgeführten wenigen Versuche, z.B. von Wästlund und Bergmann [28], aus denen hervorging, daß bei den damals im Stahlbau vorkommenden Konstruktionen Tragreserven auch nach dem Ausbeulen vorhanden waren, die die Festlegung relativ niedriger erforderlicher Beulsicherheiten erlaubten (hierzu siehe K. Klöppel in [29]).
Mit der Möglichkeit, Ergebnisse theoretischer Arbeiten mit Hilfe von EDV-Anlagen durch Parameterstudien im großen Rahmen zu ergänzen, wurden zwei für die Praxis wegen der Weiterentwicklung der Stahlbauweise notwendige Wege beschritten:

- Für die mit der Größe der Bauwerke und mit der Weiterentwicklung der Schweißtechnik zunehmende Vielfalt flächiger, ebener Konstruktionsteile wurden Beulgrenzen für geometrisch perfekt und eigenspannungsfrei vorausgesetzte Stahlbauteile bestimmt und in praktisch handhabbaren Tafeln mitgeteilt [30], [31]. Gleichzeitig entstanden in Rechenzentren Programme, mit denen Beulgrenzen für Sonderfälle berechnet werden können.
- Die Forschung nahm sich zunehmend des schwierigen Problems von Vorverformungs- und Eigenspannungseinfluß auf der einen Seite und auf der anderen Seite des überkritischen Verhaltens, d.h. des Tragverhaltens nach Überschreiten der Beulgrenze nach der klassischen Beultheorie an.

Dafür waren und sind zur Berücksichtigung des bei großen Verformungen nicht mehr linearen Zusammenhanges zwischen Verformungen und Verzerrungen und wegen des oberhalb der Proportionalitätsgrenze nicht mehr linearen Zusammenhanges zwischen Dehnungen und Spannungen theoretische Aufgaben hohen Ranges zu meistern, Rechentechniken für die somit geometrisch und werkstofflich nichtlinearen Zusammenhänge zu entwickeln und aufwendige iterative Zahlenrechnungen mit großen Systemen durchzuführen. Diese Untersuchungen beherrschen heute die Forschung auf diesem Gebiet. Beispiele verschiedener Schulen sind die Arbeiten von Bilstein [32], Schmidt [33], Kröplin [34] und Vayas [35] oder im Ausland von Criesfield [36] und Yamaki [37]. Ihre Ergebnisse und die umfangreicher internationaler experimenteller Forschung (Beispiele [38] und [39]) sind in die DASt-Richtlinie 012 eingegangen, über Einzelheiten ist in [10] berichtet worden.
Zum besseren Verständnis der theoretischen Entwicklung soll hier am Beispiel der in einer Richtung gestauchten Platte mit allseitig Navierschen Randbedingungen nach Bild 10.3–14 gezeigt werden, welche Möglichkeiten zur Berücksichtigung von Einflüssen auf das Tragverhalten zwischen der klassischen Beultheorie und der Traglasttheorie bestehen. Dabei definiert die klassische Beultheorie die Beulgrenze als Belastung bei Erreichen desjenigen Punktes in der Lastverformungskurve, in dem sie sich in einen stabilen und in einen labilen Ast verzweigt. Zum labilen Ast gehört das Ausweichen von der perfekt ebenen Ausgangslage in eine mit großen Verformungen w. Die Traglasttheorie hat die

Bestimmung des Maximums der Lastverformungskurve zum Ziel, wobei geometrische und physikalische Nichtlinearitäten und Vorverformungen und Eigenspannungen berücksichtigt werden. Bild 10.3–15 zeigt die 5 interessanten Kombinationen von Ansätzen für Geometrie im Ausgangszustand, Berücksichtigung großer Verformungen und Berücksichtigung eines nichtlinearen Werkstoffgesetzes. Die Erfassung von Eigenspannungen spielt selbstverständlich nur bei der Traglasttheorie eine Rolle, da sie im Falle eines linearen Werkstoffgesetzes (Hooke) ohne Einfluß bleiben. – Eine ausführliche Diskussion der verschiedenen Plattentheorien findet man z. B. bei Unger [40].

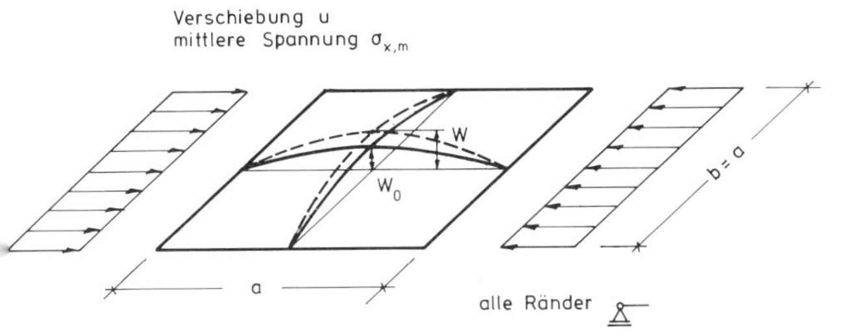

Bild 10.3–14 Unversteifte, gestauchte quadratische Platte

	Theorie II. O. (Verzweigungstheorie)	Theorie II. O.	Theorie III. O.	Theorie III. O.	Traglasttheorie
Geometrie	perfekt	imperfekt	perfekt	imperfekt	imperfekt
Verformungen	klein	klein	groß	groß	groß
Werkstoffgesetz	Hooke	Hooke	Hooke	Hooke	wirklich
Lastverformungsbild	σ_m, σ_{Ki}, w	σ_m, σ_{Ki}, w_0, w	σ_m, σ_{Ki}, w	σ_m, σ_{Ki}, w_0, w	Nachtraglastbereich, σ_m, σ_u, Tragspg., w_0, w

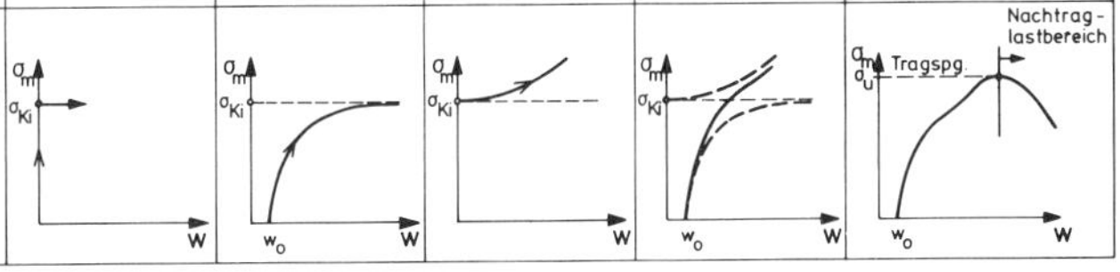

Bild 10.3–15 Übersicht über Beultheorien am Beispiel des Bildes 14

Entscheidend für die Frage, ob die Verzweigungstheorie zur ausreichend sicheren Voraussage der Traglast dienen kann, ist das Verhältnis der Spannungen σ_u/σ_{Ki}. Im Bereich von Konstruktionen, für die DIN 4114 (1952/53) Regelungen brachte, war dies Verhältnis immer größer als 1. Für Konstruktionen, die sich seit dieser Zeit durchsetzten, kann dies nicht mehr gesagt werden, da neben Einflüssen, die zu einer Vergrößerung des Quotienten beitragen, andere vorhanden sind, die das Gegenteil bewirken. Die Gegenläufigkeit der Einflüsse macht es schwierig, einfache Einteilungen vorzunehmen und von Ergebnissen theoretischer oder experimenteller Traglastuntersuchungen, insbesondere versteifter Bauteile, auf andere zu schließen, für die nur Verzweigungslasten bekannt sind. Vereinfacht zusammengefaßt kann man folgendes feststellen:

- Die Traglasten geometrisch imperfekter und i. a. auch schweißeigenspannungsbehafteter Platten sind kleiner als die perfekter und eigenspannungsfreier Platten. Sie können kleiner als die auf der Grundlage der klassischen Beultheorie nach DIN 4114 (1952) berechneten Beullasten sein.
- Umlagerungen durch große Verformungen und durch Plastizieren sind verantwortlich dafür, daß die Tragspannungen größer als die auf der Grundlage der klassischen Beultheorie ermittelten Beulspannungen sein können.

Die die Traglasten erhöhenden und die die Traglast verringernden Einflüsse wirken sich in verschiedenen Bereichen beulgefährdeter Platten verschieden aus. Wieder vereinfachend kann man zusammenfassen:

- Mittelschlanke Platten unter Druck weisen i. a. Traglasten aus, die kleiner als die nach DIN 4114 (1952) erwarteten sind.
- Schlanke Platten unter Druck haben i. a. große überkritische Reserven. Platten unter Schub haben überkritische Reserven. Sie sind bei schlanken Platten i. a. besonders hoch.
- Unabhängig von der Schlankheit können gedrückte Platten mit kleinem Seitenverhältnis keine oder nur sehr kleine überkritische Reserven haben. Sie verhalten sich ähnlich wie nebeneinander liegende Druckstäbe.

Die heutige Situation der Forschung ist dadurch gekennzeichnet, daß es gelingt, mit theoretischen Untersuchungen für fast jeden „Beulfall" die Traglast zu berechnen. Ein „Beulfall" ist dadurch beschrieben, daß für ihn festgelegt werden:

- Geometrie (Abmessungen, Versteifungen) einschließlich Vorverformungen,
- Randbedingungen einschließlich Vorgabe von Verschiebungsbehinderungen in der Plattenebene, z.B. durch Nachbarfelder,
- Belastung durch Vorgabe von Wegen oder Spannungen i.a. an den Rändern und
- Werkstoffgesetz einschließlich Angabe von Eigenspannungen.

Die Traglast kann genausogut mit Hilfe von Versuchen an Modellen bestimmt werden. Deren Nachteile sind u.U. die hohen Lasten, die aufgebracht werden müssen, da eine beliebige Verkleinerung den Einfluß von Eigenspannungen verfälscht. Ein Vorteil ist dagegen die Möglichkeit, das Nachtraglastverhalten zu registrieren, das i.a. bei theoretischen Untersuchungen nicht mehr zu erfassen ist. Bei voller Berechnung der Kosten von Rechenzentren, die zumeist bei Forschungsarbeiten in Universitäten entfällt, müssen Versuche nicht teurer sein als rechnerische Untersuchungen, da die Iteration an großen Systemen sehr aufwendig ist.

Schwieriger als die Bestimmung der Traglast für einzelne Beulfälle ist zunehmend die Vorgabe der Parameter: genauso wie Versuchsergebnisse streuen, da Eigenspannungen, Werkstoffkennwerte, Vorverformungen, Blechdicken u.a. mehr von Fall zu Fall streuen, ergeben verschiedene Vorgaben unterschiedliche Ergebnisse. Die mögliche Genauigkeit fortschrittlicher Berechnungen steht zunehmend in keinem rechten Verhältnis mehr zur notwendigerweise gegebenen Unschärfe der Vorgaben.

10.3.3.3 Grenzwerte für Verhältnisse von Breite *b* zu Dicke *t* unversteifter Platten oder Plattenstreifen

Für unausgesteifte Teile flächiger, ebener Bauteile, wie z.B. der Einzelfelder zwischen Steifen, gibt es Grenzwerte, mit denen zu beurteilen ist, ob Beulen das Tragverhalten bestimmt oder nicht. Es läßt sich leicht einsehen, daß mit zunehmender Dicke t eines Plattenstreifens der Breite b die Ausnutzungsmöglichkeit der Werkstoffestigkeit steigt und bei einem bestimmten Verhältnis b/t die Streckgrenze ausgeschöpft werden kann. Man kann sogar b/t noch weiter steigern, um die Möglichkeit zu sichern, daß sich im Querschnitt ein Fließgelenk bildet, ohne daß mit steigender Rotation das Fließmoment nicht aufrecht gehalten wird.

Die beiden beschriebenen Grenzverhältnisse für Plattenstreifen, die in einer Richtung gedrückt werden, sind in verschiedenen Regelwerken fixiert. Sie betreffen Bauteile wie Gurtstreifen *I*-förmiger Profile, die Gurte von Kastenträgern oder die Stege von Biegeträgern. In der Tabelle 10.3–1 sollen verschiedene Festlegungen miteinander verglichen werden. Dafür werden herangezogen:

Tabelle 10.3–1 Vergleich von Grenzwerten b/t für Rechteckplatten (jeweils erste Zeile für St 37, zweite Zeile für St 52)

Lagerung	Spannungsverlauf	Außerhalb des Bereiches planmäßiger Plastizierungen und ohne Nachweis der Beulsicherheit				Im Bereich planmäßiger Plastizierungen, z.B. im Bereich von Fließmomenten			
		Ri 012	18800	SIA	Eur. Rec.	Ri 008	18800	SIA	Eur. Rec.
t, b (beidseitig gelagert)	σ (konstant)	39,5	39	51	45,0	34	30	36	32,5
		32,4	32	42	36,7	28	24	29	26,5
	σ (linear, Biegung)	143	96	126	–	–	59[1])	45[1])	43[1])
		117	79	102	–	–	48	36	35
t, b (einseitig gelagert)	σ (konstant)	12,9	13	17	18 (14,5)	8,5	8,6	11	8,8
		10,6	11	14	15 (11,8)	7,0	7,0	9	7,1

[1]) Diese Werte gelten für volles Durchplastizieren in den Teilbereichen mit der Breite $b/2$ (beim Spannungsverlauf gestrichelt eingetragen).

- Für Bereiche außerhalb planmäßiger Plastizierungen im Querschnitt und ohne Nachweis der Beulsicherheit

DASt-Richtlinie 012 (1978) „Beulsicherheitsnachweise für Platten". Tabellen 1 und 6, indirekt auch Tabelle 2,
DIN 18800, Teil 2 (1980) E „Stahlbauten – Stabilitätsfälle. Knicken von Stäben und Stabwerken". Tabelle 3,
SIA (Schweizer Ingenieur- und Architekten-Verein)-Norm (1979) „Stahlbauten", Tabelle 12 und
Europäische Empfehlungen für Stahlkonstruktionen (1978). Abschnitt 4.1.5.1 (und in Klammern 4.4).

- Für Bereiche planmäßiger Plastizierungen, z.B. in Fließgelenken

DASt-Richtlinie 008 (1973) „Richtlinien zur Anwendung des Traglastverfahrens im Stahlbau".
Tabelle 1,
DIN 18 800, Teil 2 wie vor: Tabelle 4,
SIA-Norm 161 wie vor: Tabelle 4 und
Europäische Empfehlungen wie vor: Abschnitt 5.4.
Die Festlegungen beruhen auf Beuluntersuchungen, mit denen dasjenige b/t-Verhältnis bestimmt wird, bei dem die Tragspannung gleich der Streckgrenze des Werkstoffes wird. Hierdurch ergibt sich folgendes:

- Die Gremien, die die einzelnen Regelwerke erarbeitet haben, gehen z.T. von unterschiedlichen Beulkurven aus. Als Beulkurve wird dabei einheitlich die Darstellung der auf die Streckgrenze des Werkstoffes bezogenen Tragspannung in Abhängigkeit von einem bezogenen Vergleichsschlankheitsgrad $\bar{\lambda}_V$ verstanden. Der Vergleichsschlankheitsgrad λ_V ergibt sich über die Beulgrenze der klassischen Beultheorie, z.B. σ_{Ki} und die Definitionsgleichung der Eulerschen Knickspannung nach

$$\sigma_{Ki} = E\,\pi^2/\lambda_V^2$$

oder aufgelöst nach λ_V

$$\lambda_V = \pi\sqrt{E/\sigma_{Ki}}.$$

Er wird auf den Vergleichsschlankheitsgrad λ_S bezogen, der zur Tragspannung = Streckgrenze β_S des Werkstoffes gehört:

$$\lambda_S = \pi\sqrt{E/\beta_S}$$

lautet also

$$\bar{\lambda}_V = \sqrt{\beta_S/\sigma_{Ki}}.$$

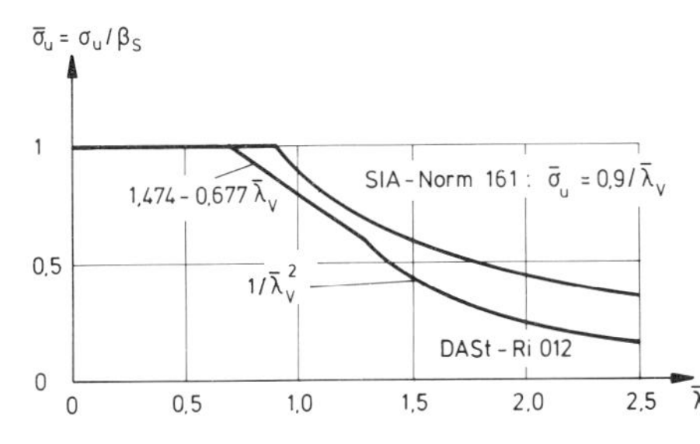

Bild 10.3–16
Beulkurven nach DASt-Richtlinie 012 und SIA-Norm 161

Im Bild 10.3–16 sind die Beulkurven nach der DASt-Richtlinie 012 und der SIA-Norm eingetragen. Da sie sich bezüglich des Erreichens der Streckgrenze, d.h. des Erreichens vom $\bar{\sigma}_u = 1$ hinsichtlich $\bar{\lambda}_V$ unterscheiden, muß auch das im Vergleichsschlankheitsgrad verborgene b/t-Verhältnis unterschiedlich sein. Für die beiderseits gelenkig gelagerte Platte unter gleichmäßigem Druck folgt mit dem Beulwert $k = 4$

$$\sigma_{Ki} = 4 \cdot \sigma_e = 4 \cdot \frac{\pi^2 \cdot E}{12\,(1-\mu^2)} \left(\frac{t}{b}\right)^2 = 7{,}592 \cdot 10^4\,(t/b)^2\ (\mathrm{kN/cm^2}).$$

Daraus folgt mit

$$\bar{\lambda}_V = \sqrt{\beta_S/\sigma_{Ki}} = \frac{\sqrt{\beta_S}}{275{,}5}\,\frac{b}{t}$$

oder

$$\frac{b}{t} = 275{,}5\;\bar{\lambda}_V/\sqrt{\beta_S}.$$

Für $\bar{\lambda}_V = 0{,}7$ nach der DASt-Richtlinie folgt $b/t = 39{,}4$ und für $\bar{\lambda}_V = 0{,}9$ nach SIA-Norm folgt $b/t = 50{,}6$.

- Die Definitionen der Breiten b unterscheiden sich in den einzelnen Baubestimmungen. Einige gehen von Systemmaßen aus, wie DASt-Richtlinien 008 und 012, andere von den Enden von Walzausrundungen oder den Kanten von Kehlnähten wie DIN 18 800, Teil 2.

Wichtigster Unterschied bei dem angestellten Vergleich ist zweifellos die Festlegung der Beulkurve. Einige Arbeitsgremien werten die ungünstigsten Ergebnisse theoretischer Berechnungen oder von Experimenten so, daß auch diese Fälle mit vorgesehener Sicherheit durch die Beulkurve abgedeckt

werden müssen. Andere Gremien beachten das ungewöhnliche Zusammentreffen unwahrscheinlicher Einflüsse, wie Vorverformung, Eigenspannung und Randbedingungen anders, indem sie diese Außergewöhnlichkeit mit vom Sicherheitsabstand abgedeckt sehen. Bei den Diskussionen, wie sie z.B. 1981 für die Festlegung einer Beulkurve für DIN 18800, Teil 3 „Stahlbauten – Stabilitätsfälle. Beulen von Platten“ in dieser Hinsicht geführt werden, zeigt sich deutlich die Tatsache, auf die schon im Unterabschnitt 10.3.3.2 hingewiesen wurde: Die Festlegung der Ausgangswerte für eine Traglastberechnung wird heute problematischer als die Berechnung der Traglast oder ihre Bestimmung durch Versuche.
Besondere Beachtung verlangen die Grenzwerte b/t für den nur an einem Längsrand gestützten Plattenstreifen (Tabelle 10.3–1) unter Druck, der in vielen Querschnitten für Druckstäbe vorkommt. Hier spielen die Winkelquerschnitte nach DIN 1028 und 1029 eine wichtige Rolle, zunehmend aber darüber hinaus Winkelquerschnitte, die aus Blechen zusammengeschweißt werden. Schon bei einigen gleichschenkligen Winkelprofilen nach DIN 1028 wird der Grenzwert b/t für Bereiche außerhalb planmäßiger Plastizierungen nicht mehr eingehalten, wenn St 52 oder sogar ein noch höherfester Stahl verwendet wird. So hat das Profil 200.16 ein b/t-Verhältnis von (200–8) 16 = 12,0, also mehr als 10,6 oder 11 nach DASt-Richtlinie 012 oder DIN 18800, Teil 2 (E); es würde allerdings nach der SIA-Norm noch voll ausnutzbar sein. Dagegen reichen geschweißte Winkelquerschnitte aus St 52 mit Blechen, die z.B. (b/t)-Verhältnisse von 20 haben, nur noch zu einer Ausnutzung von etwa 55% aus. – In diesem Zusammenhang soll auf die besonders ungünstigen ungleichschenkligen Winkelquerschnitte nach DIN 1029 aufmerksam gemacht werden, die z.B. bei Winkel 250 × 90 × 10 ein (b/t)-Verhältnis von (250–5)/10 = 24,5 aufweisen.
Umgekehrt kann natürlich bei geringerer Ausnutzung eines Querschnittes mit Abmessungsverhältnissen konstruiert werden, die über den Grenzwerten liegen. Hierfür gibt z.B. DASt-Richtlinie 012 in Tabelle 6 eine Hilfe in bezug auf Knickstäbe, deren Schlankheitsgrad die Ausnutzungsmöglichkeit der Festigkeit beschränkt.

10.3.3.4 Zur Anwendung der DASt-Richtlinie 012 (1978) „Beulsicherheitsnachweise für Platten“

Die Grundlagen der Richtlinie sind wiederholt vorgetragen und publiziert und ihre Anwendung ist erläutert und durch Beispiele demonstriert worden [11], [39], [41], so daß hier nur auf Fragen grundsätzlicher Bedeutung eingegangen werden soll.
Ziel der Richtlinie ist der Nachweis ausreichender Beulsicherheit aller in der Praxis vorkommender Beulfälle im Sinne der Definition des Unterabschnittes 10.3.3.2. Man benötigt daher einen brauchbaren Vergleichswert, der für alle diese Beulfälle bestimmt werden kann. Genau wie bei den Stabilitätsproblemen der Stäbe im Teil von DIN 18800 (1980) E wird hierfür ein bezogener Vergleichsschlankheitsgrad, hier $\bar{\lambda}_V$, benutzt, da kein anderer Wert bekannt ist, der diesen Vergleich leistet. Damit wird ein Instrument der klassischen Beultheorie herangezogen, um die Traggrenze beulgefährdeter Konstruktionen zu bestimmen. Grundlage hierfür ist die Beulkurve $\bar{\sigma}_u = \sigma_u/\beta_S = f(\bar{\lambda}_V)$, die im Unterabschnitt 10.3.3.3 erläutert wurde.
Es zeigt sich nun, daß die Beulkurve beulfallabhängig korrigiert werden muß, um sowohl ungünstige Beulfälle zu sichern als auch günstige wirtschaftlich besser nutzen zu können. Dafür gibt es verschiedene Möglichkeiten, von denen in der DASt-Richtlinie ein Manipulieren über die Beulsicherheitswerte gewählt wurde. Dies lag an der Situation der übrigen Baubestimmungen zum Zeitpunkt ihrer Erarbeitung. Für DIN 18800, Teil 3, ist vorgesehen, unmittelbar Korrekturen der Beulkurve in Abhängigkeit von charakteristischen Werten der Beulfälle vorzunehmen. Beides ist im Ergebnis völlig gleichwertig, für den zweiten Weg spricht außer einer Einordnung in eine neue Generation von Normen für den Stahlbau die Anbringung der Korrektur unmittelbar am Wert, der zu korrigieren ist.
Die Nachweise der Beulsicherheit nach der DASt-Richtlinie 012 gehen von den Spannungen aus, die unter Gebrauchslasten unter den Voraussetzungen der Elastizitätstheorie ermittelt werden. Nach DIN 18800, Teil 3, werden es Spannungen sein, die zu den mit dem globalen Sicherheitsbeiwert vervielfachten Gebrauchslasten gehören. Daher muß die Frage beantwortet werden, ob die Voraussetzungen der Elastizitätstheorie erfüllt werden, wenn die ausreichenden Beulsicherheiten nachgewiesen sind oder ob mit Umlagerungen zu rechnen ist, also die Spannungen anders verteilt sind, als es für den rechnerischen Nachweis vorausgesetzt wurde. Die Frage ist zu vergleichen mit dem Vorgehen nach DIN 1045 „Beton und Stahlbeton, Bemessung und Ausführung“ (1978), bei dem für elastizitätstheoretisch – bei Stäben und Stabwerken i.a. nach der technischen Biegelehre – berechneten Schnittgrößen ein Querschnittsnachweis nach einer Traglasttheorie geführt wird.
Der *Nachweis der Beulsicherheit* ist nach den Regeln der DASt-Richtlinie 012 und der sie ablösenden DIN 18800, Teil 3, für jeden Teil des Querschnittes getrennt zu führen: Gurte und Stege werden getrennt untersucht, innerhalb dieser Querschnittsteile wird die Beulsicherheit aller Einzelfelder kontrolliert. Durch diese Nachweise wird folgendes, aber auch nur folgendes gesichert: Jeder Querschnittsteil ist in der Lage, die auf ihn unter den Voraussetzungen der Navierschen Spannungsverteilung – diese evtl. bei breiten Gurten näherungsweise durch Berücksichtigung der Schubverformungen korrigiert –

entfallenden Kräfte aufzunehmen, d.h. die Gleichgewichtsbedingungen könnten mit den Reaktionen der einzelnen Querschnittsteile erfüllt werden.
Dies reicht jedoch nicht aus, die gestellte Frage positiv zu beantworten, da dazu auch die Erfüllung der Verträglichkeitsbedingungen garantiert sein muß. Diese werden aber verletzt, da die Stauchung beulgefährdeter Teilquerschnitte bei Erreichen ihrer Traglast i.a. größer als die elastische Stauchung ist. Als Beispiel werden die aus einem Versuchsbericht [40] entnommenen Laststauchungskurven in Bild 10.3–17 wiedergegeben. Je nach Voraussetzungen sind die Stauchungen bei Erreichen der Traglast zwischen rd. 40 und rd. 140% größer als die elastischen Stauchungen. Daraus folgt, daß die Verteilung der Spannungen im Querschnitt i.a. nicht der Navierverteilung entspricht.

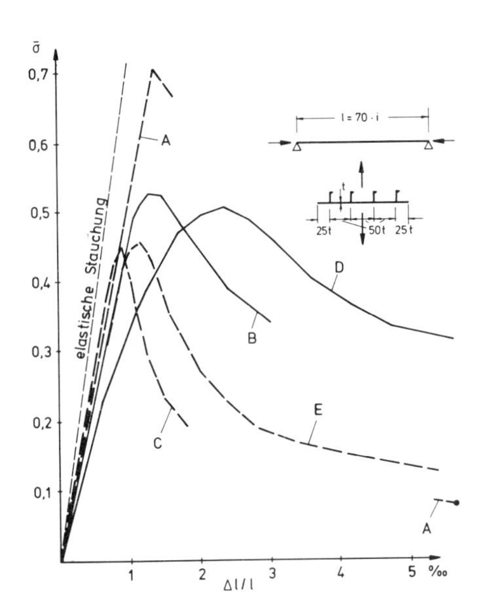

Gruppe	Örtliche Vorverformung	Stich in Richtung	Eigenspng.
A	–	–	–
B	Platte	Steifen	–
C	Steifen	Platte	–
D	Platte	Steifen	vorh.
E	Steifen	Platte	vorh.

Bild 10.3–17
Laststauchungskurven beulgefährdeter Druckstäbe mit dünnwandigen Querschnitten [42]

Trotz der Verletzung der Verträglichkeitsbedingungen ist i.a. das Vorgehen nach der DASt-Richtlinie unbedenklich, da die Fehler bei der Berechnung der Spannungen, die den Beulsicherheitsnachweisen zugrunde gelegt sind, mit durch die Sicherheitsabstände abgedeckt werden und außerdem bei biegebeanspruchten Konstruktionen die Verlagerung vom Druckgurt auf den Steg für die Tragsicherheit unbedeutend und umgekehrt die Verlagerung vom Steg auf den Druckgurt bei normalen Querschnitten im Gurt praktisch vernachlässigbar ist. Bei Normalkraft beanspruchten Querschnitten kann der Einfluß über die Beulknickspannungen der DASt-Richtlinie (dort Bild 10) eingefangen werden. Abschnitt 7.2 der Richtlinie gibt allgemeinere Regeln, und DIN 18800, Teil 2 (1980) E, eröffnet im Abschnitt 7 Wege, die Verhältnisse in einfachen Fällen wirklichkeitsnah zu erfassen.

Literatur

1. Reinitzhuber, F. e.a.: Steifenlose Stahlskeletttragwerke und dünnwandige Vollwandträger. Berechnung und Konstruktion. Europäische Empfehlungen. Berlin, München, Düsseldorf. W. Ernst & Sohn 1977.
2. Klöppel, K.: Über zulässige Spannungen im Stahlbau. Veröffentlichungen des Deutschen Stahlbau-Verbandes, H. 6, 1958, 9–120 (dort 81–109).
3. Girkmann, K.: Flächentragwerke. Wien, Springer 1963.
4. Stiglat, K. und Wippel, H.: Massive Platten. Z.B. Beton-Kalender 1981, Teil 1. Berlin, München, Düsseldorf. W. Ernst & Sohn 1981, 345–438.
5. Hahn, J.: Durchlaufträger, Rahmen, Platten und Balken auf elastischer Bettung. Z.B. 13. Auflage. Düsseldorf, Werner-Verlag 1981.
6. Bares, R.: Berechnungstafeln für Platten und Wandscheiben. Wiesbaden, Bauverlag 1969.
7. Pucher, A.: Einflußfelder für Platten. Wien, New York, Springer 1964.
8. Hawranek, A. und Steinhardt, O.: Theorie und Berechnung der Stahlbrücken. Berlin, Göttingen, Heidelberg. Springer 1958, dort 65/66.
9. Typisierte Verbindungen im Stahlbau. Köln. Stahlbau-Verlag 1978 (2. Auflage).
10. Schmidt, H.: Das Problem der mitwirkenden Gurtbreite im Stahlbrückenbau aus der Sicht neuerer Erkenntnisse. Berichte aus Forschung und Entwicklung des DASt 1979, Heft 6, 30–39.
11. Scheer, J., Nölke, H. und Gentz, E.: Beulsicherheitsnachweise für Platten. DASt-Richtlinie 012 – Grundlagen, Erläuterungen, Beispiele. Köln, Stahlbau-Verlag 1979.
12. Schmidt, H. und Peil, U.: Berechnung von Balken mit breiten Gurten. Berlin, Heidelberg, New York, Springer 1976.
13. Schmidt, H.: Die mittragende Wirkung der Fahrbahnen breiter Plattenbalkenbrücken. Dissertation Braunschweig 1970.

14. Schmackpfeffer, H.: Ermittlung der mittragenden Breite unter Berücksichtigung der Querträgerweichheit und in Längsrichtung veränderlicher Querschnitte. Dissertation Berlin 1972.
15. Schmidt, H. und Born, W.: Die Mitwirkung breiter Gurte in Balkenbrücken mit veränderlichem Querschnitt. Berlin, München, Düsseldorf. W. Ernst & Sohn. 1978.
16. Peil, U.: Berechnung prismatischer Scheibenfaltwerke im elastisch-plastischen Zustand. Dissertation Braunschweig 1976.
17. Albrecht, G.: Beitrag zur mittragenden Breite von Plattenbalken im elastisch-plastischen Zustand. Dissertation Ruhr-Universität Borkum, 1976.
18. Barbré, R., Peil, U. und Bahr, G.: Untersuchungen zum nichtlinearen Tragverhalten stählerner Plattenbalken mit breiten, scheibenartigen Gurten bei einmaliger und wiederholter Belastung bis zum Bruch. Versuchsbericht 6013 des Instituts für Stahlbau der Technischen Universität Braunschweig.
19. Schmidt, H., Peil, U. und Born, W.: Scheibenwirkung breiter Straßenbrückengurte – Verbesserungsvorschlag für Berechnungsvorschriften (mitwirkende Gurtbreite). Bauingenieur 54 (1979) 131–138.
20. Steinhardt, O.: Zur vollständigen Berechnung von „orthotropen Platten" im Stahlbau. In: Stahlbau und Baustatik. Wien, New York. Springer 1965, 58–73.
21. Timoshenko, S.: Über die Stabilität versteifter Platten. Eisenbau 12 (1921) 147–163.
22. Barbré, R.: Stabilität gleichmäßig gedrückter Rechteckplatten mit Längs- und Quersteifen. Ing. Archiv 8 (1937) 403–425.
23. Stiffel, R.: Biegungsbeulung versteifter Rechteckplatten. Bauingenieur 22 (1941) 367–381.
24. Chwalla, E.: Über Biegungsbeulung der längsversteiften Platte und das Problem der Mindeststeifigkeit. Stahlbau 17 (1944) 84–88.
25. v. Kàrmàn, Th., Sechler, E. E. und Donnel, L. H.: The strength of thin plates in compression. Trasactions Amer. Soc. Mech. Eng. Appl. Mech. 1932, H. 2.
26. Marguerre, K.: Die mittragende Breite der gedrückten Platte. Luftfahrtforschung 14 (1937) 121.
27. Kromm, A.: Stabilität homogener Platten und Schalen im elastischen Bereich. Ringbuch A 10 der Luftfahrttechnik.
28. Wästlund, G. und Bergmann, S.: Buckling of Webs in Deep Stell I Girders. Statens Kommitete för Byggnadsforskning, Stockholm. Meddelanden 1947, H. 8.
29. Klöppel, K.: Zur Einführung der neuen Stabilitätsvorschriften. Abh. aus dem Stahlbau, H. 12. Stahlbautagung München 1952, 84–143.
30. Klöppel, K. und Scheer, J.: Beulwerte ausgesteifter Rechteckplatten. Berlin. W. Ernst & Sohn, 1960.
31. Klöppel, K. und Möller: Beulwerte ausgesteifter Rechteckplatten, II. Band. Berlin, München. W. Ernst & Sohn, 1968.
32. Bilstein, W.: Überkritisches Tragverhalten nichtversteifter Platten. TU Hannover, Schriftenreihe des Lehrstuhls für Stahlbau. H. 9 (1975) – Vier Vorträge zum Plattenbeulproblem.
33. Schmidt, B.: Ein geometrisch und physikalisch nichtlineares Finite-Element-Verfahren zur Berechnung von ausgesteiften, vorverformten Rechteckplatten. Der Stahlbau 1 (1979) 13–21.
34. Kröplin, B.: Beulen ausgesteifter Blechfelder mit geometrischer und stofflicher Nichtlinearität. Diss. Braunschweig 1977.
35. Vayas, J.: Traglastberechnungen für Konstruktionen aus plattenartigen Bauteilen. Dissertation Braunschweig 1981.
36. Criesfield, M. A., Pulthli, R. S.: Approximations in the Non-Liner Analysis of Thin Plated Structures. Finite Elements in Nonlinear Mechanics, Tapir (1977).
37. Yamaki, N.: Postbuckling Behaviour of Rectangular Plates with Small Initial Curvature Loaded in Edge Compression, J. of Applied Mechanics, Sept. (1959), 407–414.
38. Barbré, R., Grassl, H., Schmidt, H., Kruppe, J.: Traglastversuche an Ausschnitten gedrückter Gurte mehrerer Hohlkastenbrükken. Braunschweig, Hamburg. Selbstverlag 1976.
39. Scheer, J.: Nachweis der Beulsicherheit von Platten nach DASt-Richtlinie 012 – Erste Ergebnisse des DASt-Gemeinschaftsprogramms „Plattenbeulversuche". Berichte aus Forschung und Entwicklung des DASt 7/1979.
40. Unger, B.: Zur Weiterentwicklung des Tragfähigkeitsnachweises bei beulgefährdeten Platten. Köln, Stahlbauverlag 1979, Bauingenieur 52 (1977) 327–337.
41. Scheer, J.: Stabilität von Platten aus Stahl. Tagungsbericht 2 „Freudenstadt 1978" der Landesvereinigung der Prüfing. f. Baustatik Baden-Württemberg.
42. Barbré, R. und Riemann, S.: Versuche an 18 durch Wulstflachstähle längs versteiften Blechfeldern mit geometrischen Imperfektionen und mit Eigenspannungen. Teil B: Traglastversuche mit axialem, über die Breite konstantem Druck und freien Längsrändern. Bericht Nr. 7201-4 B (1979).

10.4 Tragsicherheitsnachweise für spezielle Trägerformen

10.4.1 Leichte Vollwandträger ohne Zwischensteifen

H. Nölke

10.4.1.1 Einführung

Die Stegbleche von Vollwandträgern ohne Zwischensteifen sind zwischen den Auflagern weder durch Längs- noch durch Quersteifen ausgesteift; lediglich über den Auflagern befinden sich Quersteifen. Bei den üblichen Verhältnissen von Stützweite L zu Gurtabstand ($\approx$ Beulfeldbreite b) entstehen auf diese Weise Stegblech-Beulfelder mit großen Seitenverhältnissen

$$\alpha = L/b \gg 1\,.$$

Auch bei Vollwandträgern ohne Zwischensteifen fällt die Tragschubspannung τ_u nicht mit der idealen Beulschubspannung τ_{Ki} zusammen. Bei kleinen Verhältnissen der Beulfeldbreite b zur Stegdicke t ist wegen des Einflusses der Fließgrenze und der unvermeidbaren Vorbeulen τ_u kleiner als τ_{Ki}; bei großen Verhältnissen b/t sind wegen einer möglichen Zugfeldwirkung überkritische Tragreserven vorhanden, so daß τ_u größer als τ_{Ki} wird.

Erfahrungen mit der Ausnutzung überkritischer Tragreserven bei leichten Vollwandträgern ohne Zwischensteifen liegen in Schweden seit 1961 vor. Diese Vollwandträger werden dort von der Stahlbaufirma Gränges Hedlund hergestellt und als HSI-Balken (Hedlunds Svetsade I-Balk) bezeichnet. Die Ausführung ist geschweißt. Die Mindeststegdicke beträgt $min\,t = 4$ mm. Das Anwendungsgebiet umfaßt Stahlkonstruktionen mit vorwiegend ruhender Belastung. Leichte Vollwandträger bieten nicht nur wegen der Ausnutzung überkritischer Tragreserven wirtschaftliche Vorteile, sondern auch wegen der rationellen Fertigung, die beim Wegfall aller Zwischensteifen erreicht wird. Die b/t-Verhältnisse gehen über das sonst bisher Übliche weit hinaus, vgl. das Ausführungsbeispiel eines Hallenbinders nach Bild 10.4.1–1. Das Beispiel veranschaulicht auch die Vielfalt der Konstruktionsformen: Leichte Vollwandträger ohne Zwischensteifen können durchaus als Durchlaufträger ausgeführt werden. Die Trägerhöhe darf veränderlich sein. Die Stegdicke darf abgestuft werden. Außerdem ist es möglich, für die Gurte und den Steg Stähle unterschiedlicher Festigkeiten zu verwenden. Der Trägerquerschnitt kann doppelsymmetrisch oder einfachsymmetrisch sein. Beulen des Stegbleches unter Gebrauchslast, die als störend empfunden werden könnten, sind auch für den Fachmann nicht erkennbar.

Es ist beabsichtigt, durch eine in Vorbereitung befindliche DASt-Richtlinie 015 Berechnungsgrundlagen für leichte Vollwandträger bereitzustellen.

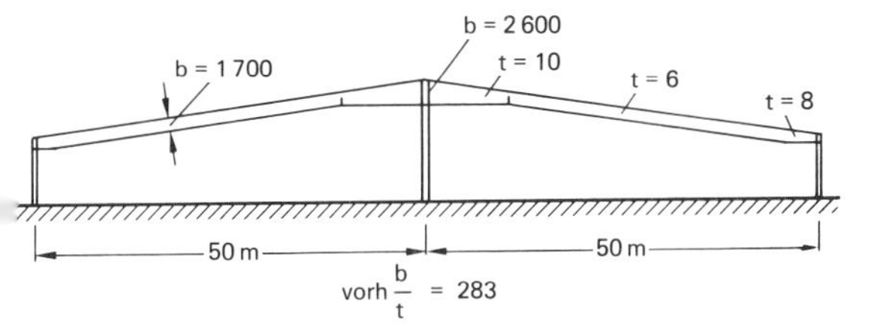

Bild 10.4.1–1
Ausführungsbeispiel eines leichten Vollwandträgers ohne Zwischensteifen

10.4.1.2 Wirkungsweise bei Schubbeanspruchung

Vollwandträgerstege haben vor allem die Aufgabe, die Querkraft Q aufzunehmen. Demzufolge ist für den Tragsicherheitsnachweis die Kenntnis der Tragquerkraft Q_u oder der durch

$$\tau_u = Q_u/(bt)$$

definierten Tragschubspannung wichtig.

Bei einer gedachten, reinen Schubbeanspruchung des Steges mit hinreichend kleinen Schubspannungen τ sind die zugehörigen Hauptspannungen σ_1 und σ_2 entgegengesetzt gleich groß:

$$\sigma_1 = -\sigma_2 = \tau\,.$$

Bei großen b/t-Verhältnissen ändert sich der Spannungszustand dieses Schubfeldes mit zunehmender Belastung grundlegend: Infolge Beulverformungen wächst die Hauptzugspannung σ_1 schneller an als die Hauptdruckspannung σ_2. Dabei drehen sich die Richtungen der Hauptspannungen so, daß σ_1 etwa in die Richtung der sich ausbildenden Falten weist. Das Schubfeld geht in ein Zugfeld über.

Seit Jahrzehnten sind verschiedene Zugfeldtheorien bekannt [2]. Sie unterscheiden sich in den Annahmen hinsichtlich der Größe der Hauptdruckspannung σ_2. Man spricht vom idealen Zugfeld, wenn $\sigma_2 = 0$

gesetzt wird. Beim vollständigen Zugfeld wird unterstellt, daß σ_2 betragsmäßig mit der idealen Beulschubspannung τ_{Ki} übereinstimmt. Das Merkmal des unvollständigen Zugfeldes ist eine variable Hauptdruckspannung σ_2. Im Bild 10.4.1–2 sind anhand der Mohrschen Spannungskreise die genannten Unterschiede veranschaulicht.

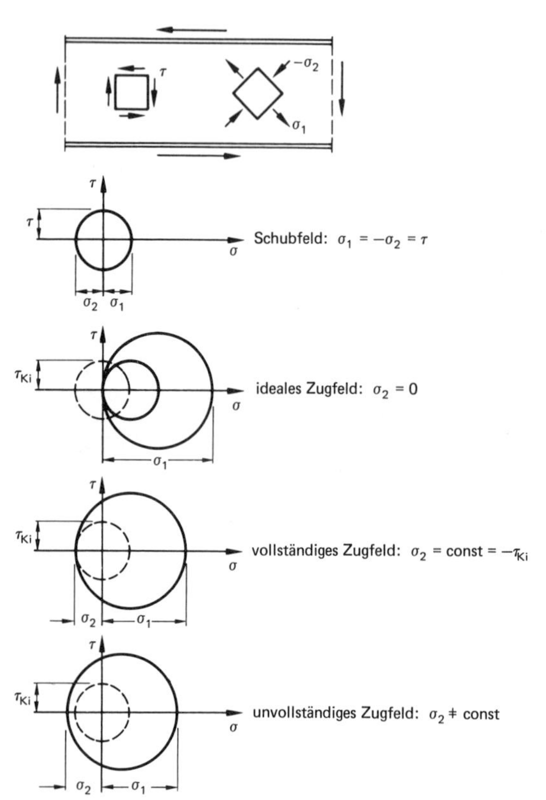

Bild 10.4.1–2
Mohrsche Spannungskreise des Schubfeldes und der Zugfelder

Zur Abschätzung der überkritischen Tragreserven infolge einer Zugfeldwirkung beim leichten Vollwandträger ohne Zwischensteifen ist die Annahme gerechtfertigt, daß Randnormalspannungen in der Stegebene senkrecht zu den Steglängsrändern wegen der geringen Biegesteifigkeit der Gurte vernachlässigbar sind. Verzichtet man außerdem auf die Einhaltung der geometrischen Übergangsbedingung an den Steglängsrändern (Gleichheit der Verschiebungen von Gurt und Steg in Längsrichtung), so folgen die Hauptspannungen im Steg

aus $\sigma_1 = \tau / \tan\varphi$

und $\sigma_2 = -\tau \cdot \tan\varphi$.

Die Hauptspannungsrichtungen sind durch den Winkel φ nach Bild 10.4.1–3 beschrieben.

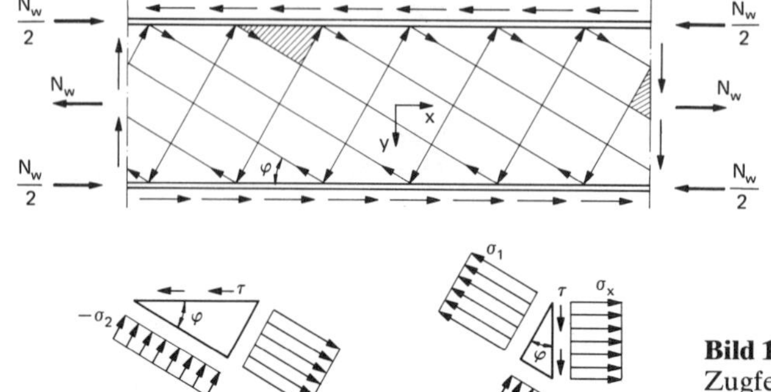

Bild 10.4.1–3
Zugfeldwirkung beim leichten Vollwandträger ohne Zwischensteifen (schematisch)

Dieser Spannungszustand enthält eine in Richtung der Trägerachse wirkende Zugspannungskomponente

$$\sigma_x = \tau \cdot \left(\frac{1}{\tan\varphi} - \tan\varphi\right) = \sigma_1 + \sigma_2$$

im Steg, die auf eine Längszugkraft

$$N_w = \sigma_x \cdot b \cdot t$$

als Teilschnittgröße des Steges und aus Gleichgewichtsgründen auf entsprechende Gurtdruckkräfte $N_w/2$ führt. Die Längskräfte im Steg und in den Gurten bilden nach dieser Überlegung eine Gleichgewichtsgruppe, die an den Trägerenden durch Randglieder aufgenommen werden muß, damit sich überhaupt ein Zugfeld ausbilden kann. Folglich hat die konstruktive Gestaltung der Quersteifen über den Endauflagern entscheidenden Einfluß auf die Tragquerkraft Q_u. Andererseits braucht für das Entstehen einer Zugfeldwirkung in einem rechteckigen Beulfeld nicht auch noch eine Biegesteifigkeit der beiden Längsrandglieder oder die Beachtung einer oberen Schranke für das Seitenverhältnis $\alpha = L/b$ vorausgesetzt zu werden.

Rechnerische Tragschubspannungen τ_u des Steges erhält man durch eine Begrenzung der Hauptspannungen mit Hilfe der von-Mises-Fließbedingung

$$\sigma_1^2 - \sigma_1\sigma_2 + \sigma_2^2 = 3\,\tau_F^2,$$

wobei τ_F die Schubspannung an der Fließgrenze ist. Der zur idealen Beulschubspannung τ_{Ki} (Einzelbeulspannung) des Steges gehörende bezogene Vergleichsschlankheitsgrad lautet

$$\bar{\lambda}_V = \sqrt{\tau_F/\tau_{Ki}}.$$

Hiermit ergibt sich nach kurzer Herleitung die bezogene rechnerische Tragschubspannung $\bar{\tau}_u = \tau_u/\tau_F$ nach der Theorie des idealen Zugfeldes

$$\bar{\tau}_u = \sqrt{3}/2 \qquad \text{für} \qquad \bar{\lambda}_V \geqq 1{,}07\,,$$

und nach der Theorie des vollständigen Zugfeldes

$$\bar{\tau}_u = \frac{\sqrt[4]{3}}{\bar{\lambda}_V}\sqrt{\sqrt{1 - \frac{1}{4\bar{\lambda}_V^4}} - \frac{1}{2\sqrt{3}\,\bar{\lambda}_V^2}} \qquad \text{für } \bar{\lambda}_V \geqq 1\,.$$

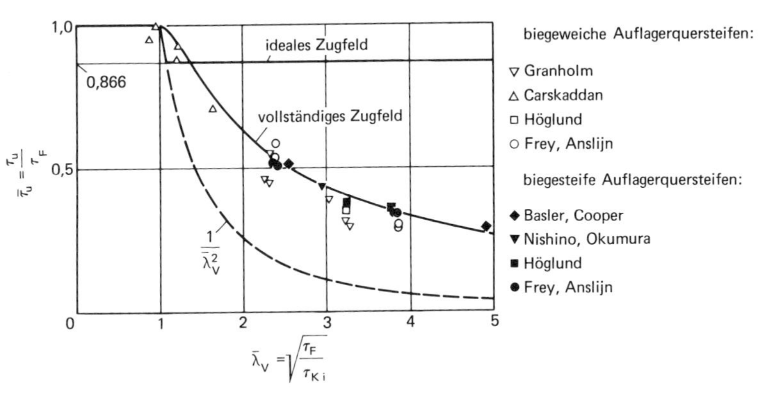

Bild 10.4.1–4 Bezogene Tragschubspannungen nach Versuchen und nach Zugfeldtheorien

Bild 10.4.1–4 ermöglicht einen Vergleich dieser theoretischen Ergebnisse mit bezogenen Tragschubspannungen, die aus Traglastversuchen an Vollwandträgern ohne Zwischensteifen gewonnen worden sind. Daß die Theorie des idealen Zugfeldes hier nicht anwendbar ist, ist wohlbekannt und bedarf keiner weiteren Erörterung. Die Theorie des vollständigen Zugfeldes liefert insbesondere im Falle biegeweicher Auflagerquersteifen – das sind solche, die zur Verankerung der erwähnten Steg-Längszugkraft N_w nicht ausreichen – etwas zu optimistische Ergebnisse. Der Vollständigkeit halber enthält das Bild auch noch die Kurve der bezogenen idealen Beulschubspannungen

$$\tau_{Ki}/\tau_F = 1/\bar{\lambda}_V^2\,.$$

Durch einen Vergleich der idealen Beulschubspannungen mit den experimentell ermittelten Tragschubspannungen, die besonders bei großen Werten $\bar{\lambda}_V$ weit höher liegen, treten die überkritischen Tragreserven klar hervor.
Rechnerische bezogene Tragschubspannungen $\bar{\tau}_u$ lassen sich auch unmittelbar aufgrund empirisch gewonnener Erkenntnisse festlegen. Einen so begründeten Vorschlag für die erwähnte Baubestimmung enthält Bild 10.4.1–5. Wegen des signifikanten Einflusses auf die Tragschubspannungen werden zwei Ausführungsmöglichkeiten des Trägerendes unterschieden. Im Falle „biegesteifer" Auflagerquersteifen kann

$$\bar{\tau}_u = \frac{1}{(0{,}4\bar{\lambda}_V + 0{,}64)^2} \quad \text{für} \quad \bar{\lambda}_V \geqq 0{,}9$$

gesetzt werden und im Falle „biegeweicher" Auflagerquersteifen

$$\bar{\tau}_u = \frac{1}{(0{,}5\bar{\lambda}_V + 0{,}55)^2} \quad \text{für} \quad \bar{\lambda}_V \geqq 0{,}9\,.$$

Die im Bild 10.4.1–5 eingetragenen Versuchsergebnisse sind die gleichen wie im Bild 10.4.1–4 und verdeutlichen, daß der Vorschlag i. allg. auf der sicheren Seite liegt.

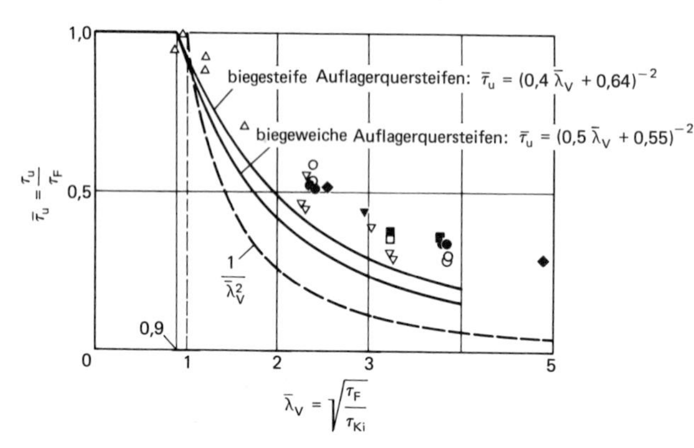

Bild 10.4.1–5
Bezogene Tragschubspannungen nach DASt-Richtlinie 015 (Entwurf)

10.4.1.3 Wirkungsweise bei Biegung

In den Stegen leichter Vollwandträger herrscht bei Biegung oder auch bei Biegung mit Normalkraft keinesfalls eine geradlinige (= Naviersche) Normalspannungsverteilung. Vielmehr entzieht sich als Folge der unvermeidbaren Vorbeulen und der lastabhängigen zusätzlichen Beulverformungen insbesondere der Biegedruckbereich des Steges teilweise der Beanspruchung. Dieser Effekt ist um so ausgeprägter je größer das b/t-Verhältnis des Steges ist. Die in Wirklichkeit nichtlineare Normalspannungsverteilung kann vereinfachend durch die Einführung eines Bemessungsquerschnitts, der an die Stelle des Vollquerschnitts tritt, berücksichtigt werden. Beim Bemessungsquerschnitt wird ein Teil des Steges mit der Breite Δb im Biegedruckbereich als nicht wirksam angenommen. Statt der Breite b_d des Biegedruckbereichs bleiben nur die wirksamen Breiten b' und b'' übrig, vgl. Bild 10.4.1–6. Was deren Berechnung anbelangt, muß auf die DASt-Richtlinie 015 verwiesen werden.

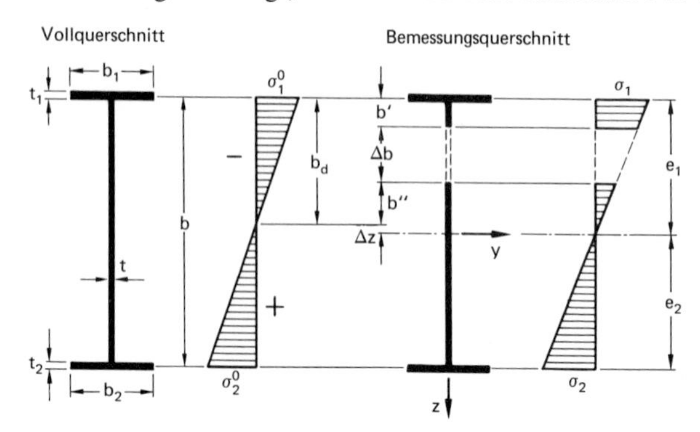

Bild 10.4.1–6
Vollquerschnitt und Bemessungsquerschnitt für Biegung

Die Querschnittswerte des Vollquerschnitts und des Bemessungsquerschnitts sind verschieden. Daher werden folgende Definitionen eingeführt:

W Widerstandsmoment des Vollquerschnitts bei einer gedachten, geradlinigen Spannungsverteilung,
$red\ W$ reduziertes Widerstandsmoment des Bemessungsquerschnitts unter Berücksichtigung der wirksamen Breiten und der Achsverschiebung Δz bei im übrigen geradliniger Spannungsverteilung,
W_{pl} Widerstandsmoment des Vollquerschnitts bei einer gedachten vollen Plastizierung.

Das Widerstandsmoment W wird zur Abschätzung der Breite b_d des Biegedruckbereichs benötigt. Das Widerstandsmoment W_{pl} hat hier nur formale Bedeutung, denn bei dünnwandigen Querschnitten ist eine volle Plastizierung nicht erreichbar.

10.4.1.4 Interaktion bei Biegung und Querkraft

Aus Wirtschaftlichkeitsgründen wird man nicht darauf verzichten, den Steg für die Aufnahme der Biegemomente mit heranzuziehen, falls er hinsichtlich der Schubbeanspruchung noch nicht voll ausgenutzt ist. Die dadurch auftretende gegenseitige Beeinflussung von Tragmomenten M_u^* und Tragquerkräften Q_u^* wird durch das Zusatzzeichen * gekennzeichnet und ist im einzelnen durch das Interaktionsdiagramm nach Bild 10.4.1–7 beschrieben. Die Darstellung ist dimensionslos. Als Bezugsgrößen dienen die Querkraft Q_{pl} und das Biegemoment M_{pl} bei voller Plastizierung des Querschnitts.

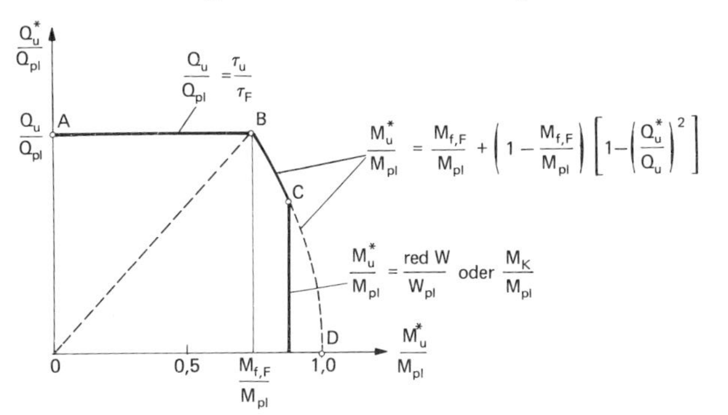

Bild 10.4.1–7
Interaktionsdiagramm für Biegung und Querkraft

Punkt B kennzeichnet das elastische Grenzmoment $M_{f,F}$ eines Zweipunktquerschnitts, bestehend aus den beiden Gurten (Flanschen), d.h. hier wird unter dem Biegemoment gerade die Fließgrenze des Gurtes erreicht und jegliche Mitwirkung des Steges außer Betracht gelassen. Für ein Anwachsen des Tragmomentes über Punkt B hinaus muß der Steg rechnerisch in Anspruch genommen werden. Dadurch verringert sich die Tragquerkraft Q_u^*. Vereinfachend kann zwischen den Punkten B und D eine Parabel zweiter Ordnung eingeschaltet werden. Allerdings erweist es sich als notwendig, das Tragmoment M_u^* näherungsweise durch das elastische Grenzmoment des Bemessungsquerschnittes zu begrenzen oder ggf. durch das Tragmoment M_K, das zu einem Stabilitätsfall des Biegedruckgurtes gehört. Hierdurch ist Punkt C festgelegt. Der Bereich zwischen C und D ist nicht ausnutzbar.

Beim Tragsicherheitsnachweis müssen die vorhandenen Schnittgrößen unter γ-facher Belastung (γ = Sicherheitsbeiwert) berechnet werden und den Tragmomenten und Tragquerkräften gegenübergestellt werden:

$$vorh\ M \leqq M_u^*,$$
$$vorh\ Q \leqq Q_u^*.$$

Wegen der Dünnwandigkeit der Querschnitte können sich bei statisch unbestimmten leichten Vollwandträgern keine Fließgelenke mit Rotationskapazität ausbilden, so daß für die Ermittlung der Schnittgrößenverteilung die Elastizitätstheorie angewandt werden muß. Näherungsweise dürfen dabei die Vollquerschnitte der Berechnung zugrunde gelegt werden. Das gleiche gilt für Durchbiegungsberechnungen unter Gebrauchslast.

Es bereitet keine Schwierigkeiten, diese Bemessungsgrundsätze auch für den Fall einer zusätzlich wirkenden Normalkraft zu verallgemeinern.

10.4.1.5 Weitere Einflüsse auf die Traglast

Der genannte Tragsicherheitsnachweis muß durch die Untersuchung folgender weiterer Einflüsse auf die Traglast ergänzt werden:

- Knicken der Gurte in der Stegebene,
- Knicken des Biegedruckgurtes aus der Stegebene heraus,
- Drillknicken des Biegedruckgurtes,
- Örtliches Beulen des Steges unter konzentrierten Einzellasten.

Annahme: $\epsilon_f \approx 1{,}5\,\epsilon_F = 1{,}5\,\frac{\sigma_F}{E}$

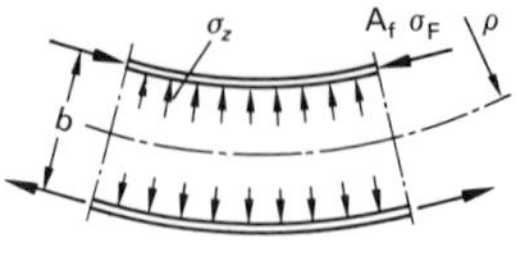

σ_z $A_f\,\sigma_F$ ρ b

$$\sigma_z = 3\,\frac{A_f}{A_w}\cdot\frac{\sigma_F^2}{E}$$

$$\sigma_{zKi} = \frac{\pi^2 E}{12\,(1-\mu^2)}\cdot\left(\frac{t}{b}\right)^2$$

$$\frac{1}{\rho} = \frac{2\epsilon_f}{b}\;;\quad \sigma_z = \frac{A_f\cdot\sigma_F}{\rho\cdot t}$$

$$\frac{b}{t} \leqq \sqrt{\frac{\pi^2}{36\,(1-\mu^2)}\cdot\frac{A_w}{A_f}\cdot\frac{E}{\sigma_F}}$$

Annahme: $\frac{A_w}{A_f} \geqq \frac{1}{2}$

$$\frac{b}{t} \leqq 0{,}4\cdot\frac{E}{\sigma_F} = \begin{matrix}350 \text{ für St 37}\\ 230 \text{ für St 52}\end{matrix}$$

$$\max\bar{\lambda}_V = \sqrt{\frac{\tau_F}{\tau_{Ki}}} = \begin{matrix}4{,}0 \text{ für St 37}\\ 3{,}2 \text{ für St 52}\end{matrix}$$

Bild 10.4.1–8 Knicken der Gurte in der Stegebene

Eine grobe Abschätzung für das Knicken der Gurte in der Stegebene stammt von Basler [3] und ist im Bild 10.4.1–8 wiedergegeben. Unter den Voraussetzungen einer im unbelasteten Zustand geraden Stabachse und eines doppelsymmetrischen Querschnitts ergeben sich bei voller Plastizierung der Gurte als Folge der elastischen Stabkrümmung die im Bild angegebenen, quergerichteten Druckspannungen σ_z im Steg. Die Annahme, daß die Gurtdehnung ε_f bei voller Plastizierung wegen der Schweißeigenspannungen etwa das 1,5fache der Fließdehnung ε_F beträgt, führt bei den üblichen Verhältnissen von Stegfläche A_w zu Gurtfläche A_f auf eine Begrenzung der b/t-Verhältnisse des Steges durch die Forderungen

$b/t \leqq 350$ bei Gurten aus Stahl St 37
und $b/t \leqq 230$ bei Gurten aus Stahl St 52.

Vereinfachend wird hierbei das Erreichen der idealen Knickspannung σ_{zKi} des Steges als maßgebendes Kriterium angesehen.

Das Knicken des Biegedruckgurtes aus der Stegebene heraus kann näherungsweise an dem isoliert gedachten Gurt, der als Druckstab aufgefaßt wird, untersucht werden, falls die Lastangriffspunkte des Trägers seitlich unverschieblich gehalten sind. Die Knicklänge $s_K = \beta\cdot L$ ist unter Berücksichtigung der veränderlichen Gurtnormalkraft zu bestimmen. Knicklängenbeiwerte β hat Petersen [4, S. 710] angegeben.

Der Stabilitätsfall Drillknicken des Biegedruckgurtes wird am einfachsten durch eine Begrenzung der Breiten-Dicken-Verhältnisse des Gurtquerschnitts ausgeschlossen. Ein genauerer Nachweis erübrigt sich, wenn die Verhältnisse

$b_1/t_1 \leqq 26$ bei Gurten aus Stahl St 37
und $b_1/t_1 \leqq 21$ bei Gurten aus Stahl St 52

beachtet werden.

Konzentrierte Einzellasten, z.B. Auflagerdrücke von Pfetten, können ein örtliches Beulen des nicht ausgesteiften Steges verursachen. Zu diesem Lasteinleitungsproblem liegen zahlreiche Versuchsergebnisse vor [5], aus denen sich empirisch begründete Bemessungsformeln entwickeln lassen, vgl. DASt-Richtline 015.

10.4.1.6 Konstruktive Einzelheiten

Leichte Vollwandträger ohne Zwischensteifen weisen in konstruktiver Hinsicht an den Trägerenden Besonderheiten auf, weil hier das erwähnte Zugfeld sicher verankert werden muß. Höglund [6] hat einige Ausführungsmöglichkeiten für die Auflagerquersteifen vorgeschlagen, die im Bild 10.4.1–9 in die Kategorien „biegesteif" und „biegeweich" grob eingeteilt sind.
Im Fall biegesteifer Auflagerquersteifen sind doppelte Steifen vorhanden. Sie bilden am Trägerende einen biegesteifen Pfosten oder umsäumen ein Schubfeld, so daß die Zugfeldbelastung aufgenommen werden kann.
Bei biegeweichen Auflagerquersteifen ist nur eine Steife vorhanden, deren Funktion aber auch eine durchgehende Stütze übernehmen kann, falls der Steg des leichten Vollwandträgers mit GV-Verbindungen angeschlossen ist. An den Zwischenauflagern von Durchlaufträgern genügt eine Quersteife. Sie darf als biegesteif angesehen werden.
Ebenfalls von Höglund [6] stammen Empfehlungen für eine Verstärkung der Kehlnahtdicken a beim leichten Vollwandträger. Sie tragen der Konzentration der Schubspannungen in den Schweißnähten im Bereich der Zugfeldverankerung Rechnung. Regeln für die Kehlnahtdicken beim Einfeldträger mit gleichmäßig verteilter Belastung enthält Bild 10.4.1–10.

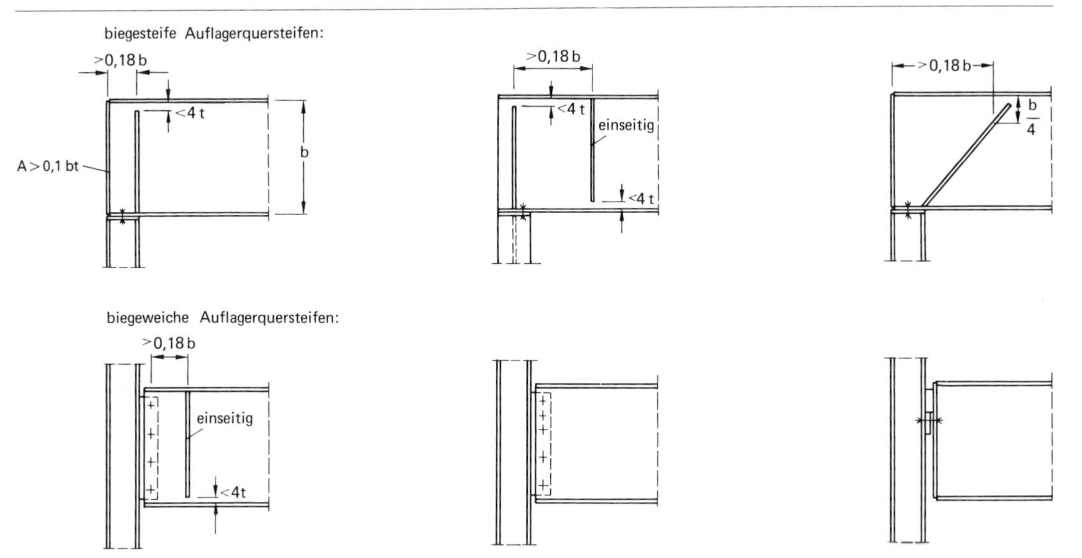

Bild 10.4.1–9 Beispiele für biegesteife und biegeweiche Auflagerquersteifen

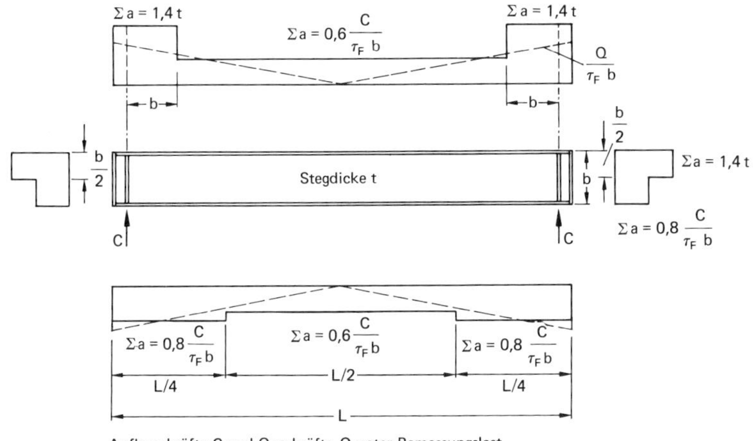

Bild 10.4.1–10 Kehlnahtdicken beim Einfeldträger

10.4.1.7 Montagelastfall

Beim Anheben von leichten Vollwandträgern muß wegen der meist nur geringen Seiten- und Torsionssteifigkeit und wegen der speziellen Randbedingungen dieses Bauzustandes der Stabilitätsfall Biegedrillknicken (ältere, üblichere Bezeichnung: Kippen) beachtet werden. Als Belastung wirkt das gleichmäßig verteilte Eigengewicht q in der Trägerschwerachse S. Im Fall des Anhebens mit senkrecht wirkenden Seilzügen, die im Abstand e oberhalb der Trägerschwerachse befestigt sind, gelten für Träger ohne Längskraft mit doppelsymmetrischem I-Querschnitt näherungsweise folgende kritische Gleichstreckenlasten q_{Ki} [7]:

Beim Anheben an den beiden Enden

$$q_{Ki} = 12\,\frac{e b_1^3 t_1 E}{L^4},$$

beim Anheben in den beiden Viertelspunkten

$$q_{Ki} = 670\,\frac{e b_1^3 t_1 E}{L^4},$$

und beim Anheben in der Mitte

$$q_{Ki} = 50\,\frac{e b_1^3 t_1 E}{L^4}\,.$$

Hierbei sind b_1 und t_1 die Querschnittsabmessungen eines Gurtes, vgl. Bild 10.4.1–11. Mit dem Wert q_{Ki} ergibt sich das ideale Biegedrillknickmoment $M_{Ki,y}$ im maßgebenden Trägerquerschnitt und die zugehörige ideale Knickspannung σ_{Ki} im Druckgurt, die beim Tragsicherheitsnachweis nach der zukünftigen Baubestimmung DIN 18800, Teil 2, benötigt wird.

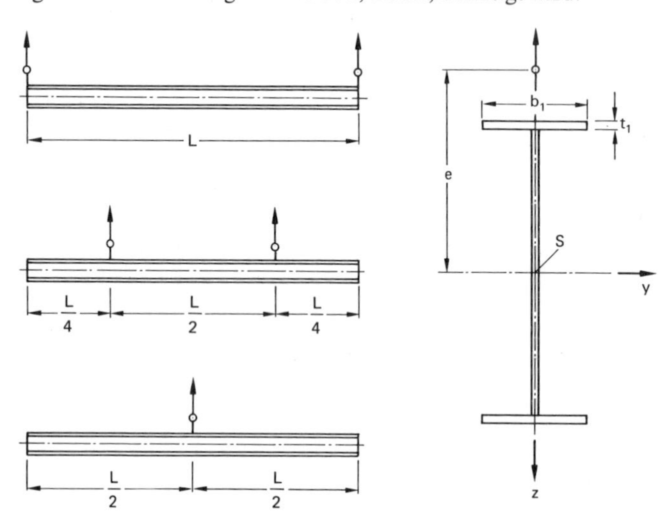

Bild 10.4.1–11 Montagelastfälle

Literatur

1. Bergfelt, A., Hövik, J.: Shear Failure and Local Web Crippling in Thin-Walled Plate Girders. Chalmers University of Technology. Int. skr. S70: 11 b. Göteborg 1970.
2. Schapitz, E.: Festigkeitslehre für den Leichtbau. Düsseldorf, VDI-Verl. 1963.
3. Basler, K.: Vollwandträger, Berechnung im überkritischen Bereich. Zürich 1968.
4. Petersen, Chr.: Statik und Stabilität der Baukonstruktionen. Braunschweig, Wiesbaden: Vieweg 1980.
5. Bergfelt, A.: Patch Loading on a Slender Web. Chalmers University of Technology. Publ. S79: 1. Göteborg 1979.
6. Höglund, T.: Behaviour and Strength of the Web of Thin Plate I-Girders (in Schwedisch). Bulletin Nr. 93 (1971). Div. Building Statics and Structural Energineering. Royal Inst. of Technology, Stockholm.
7. Johansson, B.: Lateral Stability of I-Beams during Lifting (in Schwedisch). Bulletin Nr. 84 (1970). Div. Building Statics and Structural Engineering. Royal Inst. of Technology, Stockholm.

10.4.2 Vollwandträger mit schlanken Stegen und Vertikalsteifen

G. Valtinat

10.4.2.1 Einführung

Die klassische Beultheorie und die auf ihr beruhenden Vorschriften DIN 4114 und DASt-Richtlinie 012 sind, wie weltweite experimentelle Untersuchungen zeigen, nicht in der Lage, das Tragverhalten von Vollwandträgern mit schlanken Stegen und Vertikalsteifen richtig zu erfassen. Sie machen zwar mit Hilfe eines abgeminderten Beulsicherheitsbeiwertes Gebrauch von der Tatsache, daß Biegedruckspannungen aus den Stegen derartiger Träger in die Gurte verlegt werden (load shedding) und Schubkräfte von Blechfeldern mit ausgesteiften Rändern (Gurte und Vertikalsteifen) eine Zugfeldwirkung mit höherer Tragfähigkeit als Beulfelder erzeugen, doch fehlen bisher

a) der Nachweis, daß die Gurte die aus dem Steg auf sie verlagerten Biegebeanspruchungen zusätzlich und mit der geforderten Sicherheit aufzunehmen in der Lage sind,

b) eine zutreffende Theorie, die die Zugfeldwirkung und die damit verbundene Tragmechanismusänderung mit wesentlich erhöhter Kapazität erfaßt.

Beide Mängel werden in der im folgenden dargestellten Traglastberechnung für Vollwandträger mit schlanken Stegen und Vertikalsteifen behoben. Diese Berechnung kehrt sich von der Navier-Auffassung der Biegespannungsverteilung ab und benutzt planmäßig die Schub- und Zugfeldwirkungen der Stegfelder zur Traglastermittlung. Die Ableitungen basieren auf den Arbeiten von Rockey, Evans, Porter, Valtinat, Tang [1] bis [5] und berücksichtigen die in den 70er Jahren weltweit zu diesem Thema bekanntgewordenen Forschungen [6] bis [15]. In dem Komitee 8/3 der Europäischen Konvention für Stahlbau wurde 1978 vereinbart, die von Rockey, Evans, Porter veröffentlichten grundlegenden Theorien als diejenige Referenzmethode zu verwenden, gegen die neben Versuchen andere, einfachere Berechnungsvorschläge für solche Träger abgesichert und geprüft werden sollen. Auch der deutsche NABau-Arbeitsausschuß Stabilität im Stahlbau (DIN 4114) akzeptierte das Berechnungsverfahren von Rockey, Evans, Porter als wichtige Grundlage für eine normfähige Berechnungsweise solcher Träger. Aus dieser Tatsache entsprang die Fortsetzung der Arbeiten, die zur Anwendungsreife führten.

Das von Rockey, Evans, Porter vorgeschlagene Berechnungsverfahren ist infolge seiner doppelten Iterationsschleife recht aufwendig und nicht für den täglichen Gebrauch geeignet, deshalb wurden auf verschiedenen Stufen Vereinfachungen entwickelt (vgl. Abschnitt 10.4.2.4), die zu sicheren Aussagen führen, jedoch in der Regel etwas an Tragkapazität verschenken.

Die Schnittgrößenermittlung erfolgt nach der Elastizitätstheorie, dies gilt, da von „Gelenkketten" (mit mehreren Querkraftgelenken) kein Gebrauch gemacht wird, auch für den Traglastzustand. In Trägern mit Durchlaufwirkung ist derjenige Steifigkeitsverlauf zugrundezulegen, der sich aus den Trägheitsmomenten der Gurte ohne Steganteil errechnet. Damit wird die Kontinuität der Biegeverformungen gewährleistet. Die Schubsteifigkeit braucht i.a. bei der Schnittgrößenermittlung statisch unbestimmter Systeme nicht berücksichtigt zu werden.

10.4.2.2 Geltungsbereich

Das nachfolgend beschriebene Berechnungsverfahren für Vollwandträger mit schlanken Stegen und Vertikalsteifen und auch die vereinfachte Berechnung gelten für folgende Bedingungen:

1. Werkstoff St 37 und St 52
2. Seitenverhältnisse der Stegfelder $0{,}5 \leq \alpha \leq 3{,}0$
3. Steghöhen $b \leq 1500$ mm
4. Stegschlankheiten $b/t \leq 400$
5. Einfeld- und Durchlaufträger
6. Aussteifungen bei lokalen Lasteinleitungen
7. Ausreichende Kippsicherung
8. Vorwiegend ruhende Beanspruchung

10.4.2.3 Zur Traglasttheorie von Vollwandträgern mit schlanken Stegen und Vertikalsteifen

10.4.2.3.1 Ermittlung der Traglast

Zur Ermittlung der Traglast eines Vollwandträgers mit schlankem Steg und Vertikalsteifen wird die Annahme getroffen, daß Beanspruchungen des Trägers aus Biegemoment und (begrenzter) Normalkraft allein von den Gurten aufgenommen werden, während die Querkraft allein dem Steg zugewiesen wird. Diese Annahme liegt auf der sicheren Seite, wie mehr als 150 internationale Versuche gezeigt haben, sie dient ferner der Vereinfachung. Genauere Lösungen können der Literatur [2] bis [15] entnommen werden.

Das Tragvermögen eines schlanken Stegfeldes eines Vollwandträgers, das oben und unten durch die Gurte sowie links und rechts durch Vertikalsteifen mindestens navier-gelagert ist, ist nicht erschöpft, wenn die kritische Schubspannung

$$\tau_{kr} = k_\tau \frac{\pi^2 E}{12(1-\mu^2)} \left(\frac{t}{b}\right)^2 \leq \tau_F = \sigma_F/\sqrt{3} \qquad (10.4.2\text{–}1)$$

mit

$$k_\tau \begin{cases} = 5{,}34 + 4 \cdot (b/a)^2 & \text{für} \quad a \geq b \\ = 4 + 5{,}34 \cdot (b/a)^2 & \text{für} \quad a < b \end{cases} \qquad (10.4.2\text{–}2\text{a,b})$$

erreicht ist, sondern es tritt ein Wandel des Tragmechanismus derart ein, daß sich dem Schubfeld ein räumlich definiertes Zugfeld überlagert. Aus der Anwendung dieser Theorie auf mehr als 150 weltweite Versuchsergebnisse konnte die Annahme, daß das Schubfeld mit τ_{kr} auch beim Aufbau des Zugfeldes und bis zum Erreichen der vollen Traglast wirksam bleibt, bestätigt werden. Deshalb wird die Querkraft-Tragkapazität Q aus den beiden Anteilen kritische Schubfeldquerkraft Q_{kr} und Zugfeldquerkraft Q_z zusammengesetzt (vgl. Bild 10.4.2–1)

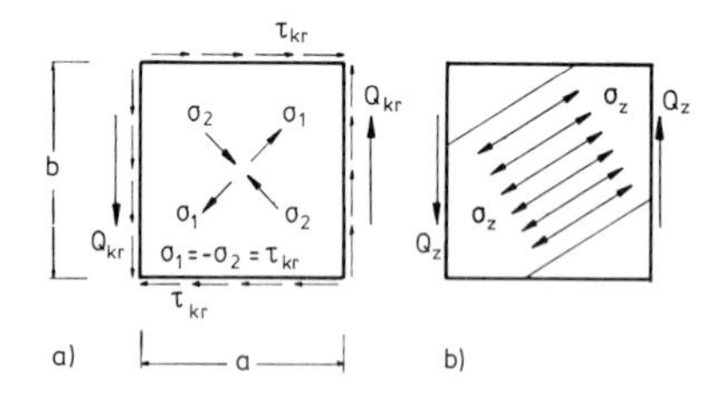

Bild 10.4.2–1
Tragmechanismus eines Stegfeldes eines Vollwandträgers mit schlankem Steg und Vertikalsteifen
a) Schubfeld
b) Zugfeld

$$Q = Q_{kr} + Q_z. \qquad (10.4.2\text{–}3)$$

Hierbei ist

$$Q_{kr} = b \cdot t \cdot \tau_{kr}. \qquad (10.4.2\text{–}4)$$

Die Zugfeldquerkraft Q_z ergibt sich aus einer Kette von Überlegungen:

1. Die aus der Zugfeldquerkraft Q_z herrührende Zugfeldspannung σ_z im Zugfeldbereich bringt zusammen mit τ_{kr} das Stegmaterial nach der Vergleichsspannungshypothese zum Fließen. Da die zu τ_{kr} gehörenden Hauptspannungen σ_1 und σ_2 unter 45° und die Zugfeldspannungen σ_z unter der noch unbekannten Neigung θ verlaufen, kann die Zugfeldspannung σ_z in Abhängigkeit dieses Winkels angeschrieben werden.

$$\sigma_z = -1{,}5\,\tau_{kr} \sin 2\,\theta + \sqrt{\sigma_F^2 + \tau_{kr}^2[(1{,}5 \cdot \sin 2\,\theta)^2 - 3]} \qquad (10.4.2\text{–}5)$$

mit σ_F = Fließgrenze des Stegmaterials.
Die Zugfeldkraft ist (vgl. Bild 10.4.2–2)

$$Z = g \cdot t \cdot \sigma_z \qquad (10.4.2\text{–}6)$$

und die Zugfeldquerkraft

$$Q_z = Z \cdot \sin\theta = g \cdot t \cdot \sigma_z \cdot \sin\theta. \qquad (10.4.2\text{–}7)$$

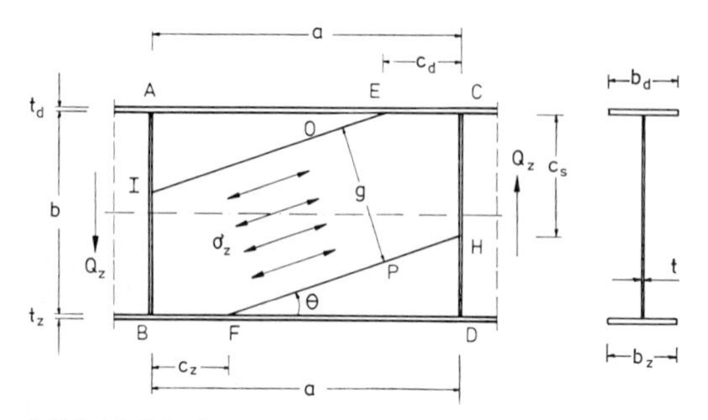

Bild 10.4.2–2
Zugfeld in einem Stegfeld eines Vollwandträgers mit schlankem Steg und Vertikalsteifen. Definition der geometrischen und statischen Größen.

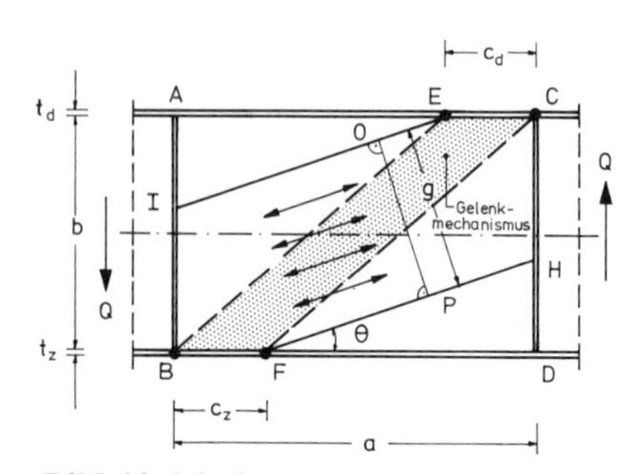

Bild 10.4.2–3
Gelenkmechanismus im Druck- und Zuggurt sowie im Stegfeld zwischen den Punkten *ECFB*

2. Das Maß g hängt von der Lage und der räumlichen Begrenztheit des Zugfeldes *ECHFBI* ab, hierbei sind die Entfernungen $EC = c_d$ bzw. $BF = c_z$ die Abstände der plastischen Gelenke im Druck- bzw. im Zug-Gurt von den Vertikalsteifen (vgl. Bild 10.4.2–3). Es ergibt sich die geometrische Beziehung

$$g = b\cos\theta - a\sin\theta + (c_d + c_z)\sin\theta. \qquad (10.4.2\text{–}8)$$

3. Innerhalb der Abstände c_d und c_z hängt sich das Zugfeld an die Gurte. Die experimentell bestätigte Annahme sieht vor, daß die quer zu diesen verlaufenden Zugfeldkomponenten über Biegung der Gurte in die Vertikalsteifen geleitet werden, dabei wird für den Gurt das folgende System angenommen (Druckgurt-Angaben ohne Klammern, Zuggurt-Angaben mit Klammern):
in $E\,(F)$: Querkraftfreie Einspannung der Gurtstücke $CE\,(BF)$ in $AE\,(DF)$,
in $C\,(B)$: Volle Einspannung.
Die gurtparallelen Zugfeldkomponenten werden in den Bereichen $CE\,(BF)$ durch konstante Schubspannungen übertragen und addieren sich zu den Gurtnormalkräften $N_d(N_z)$ aus Biegung. Die Gurtkapazitäten sind erschöpft, wenn in E und C (F und B) die plastischen Momente $M_{pl,N}$ der Gurtquerschnitte unter Beachtung der Normalkräfte erreicht sind. Mit Hilfe des Prinzips der virtuellen Verrükkungen ergibt sich anhand des Bildes 10.4.2–4

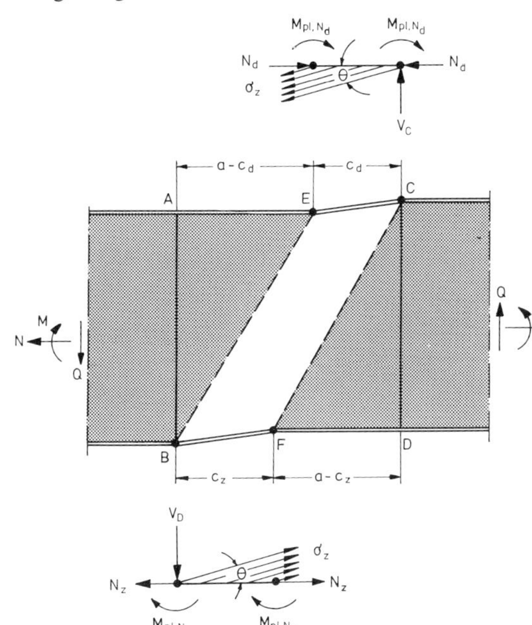

Bild 10.4.2–4
Gelenkmechanismus im verformten Zustand, Statisches System und Beanspruchung der Gurte

$$c_d = \frac{2}{\sin\theta}\sqrt{\frac{M_{pl,N_d}}{t\sigma_z}} \qquad (10.4.2\text{–}9\,a,b)$$

$$c_z = \frac{2}{\sin\theta}\sqrt{\frac{M_{pl,N_z}}{t\sigma_z}}$$

mit

$$M_{pl,N_d} = M_{pl,d}\left[1 - \left(\frac{N_d}{b_d t_d \sigma_{d,F}}\right)^2\right] \qquad (10.4.2\text{–}10\,a,b)$$

$$M_{pl,N_z} = M_{pl,z}\left[1 - \left(\frac{N_z}{b_z t_z \sigma_{z,F}}\right)^2\right]$$

$$M_{pl,d} = \frac{1}{4}\, b_d t_d^2 \sigma_{d,F} \qquad (10.4.2\text{–}11\,a,b)$$

$$M_{pl,z} = \frac{1}{4}\, b_z t_z^2 \sigma_{z,F}$$

und

$b_d, c_d, \sigma_{d,F}$ bzw. $b_z, t_z, \sigma_{z,F}$ als Abmessungen und Fließgrenzen des Druck- und Zuggurtes.

4. Die Gurtnormalkräfte $N_d (N_z)$ hängen von der zu errechnenden Querkrafttraglast Q ab. Man erhält diese Beziehungen aus Gleichgewichtsbetrachtungen am abgeschnittenen Trägerteil des Bildes 10.4.2–5

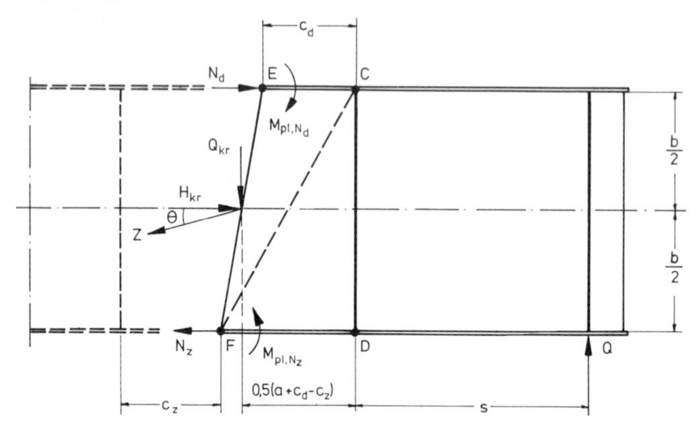

Bild 10.4.2–5 Kräfte und Schnittgrößen am abgeschnittenen Balkenteil im Tragzustand

$$N_d - N_z = Z \cdot \cos\theta - H_{kr}$$

$$N_d + N_z = \frac{2}{b}\left[Q\left(s + \frac{a + c_d - c_z}{2}\right) + M_{pl,N_z} - M_{pl,N_d}\right] \qquad (10.4.2\text{–}12\,\text{a,b})$$

mit

$$H_{kr} = t \cdot (a - c_d - c_z) \cdot \tau_{kr}\,. \qquad (10.4.2\text{–}13)$$

$$\tau_{kr} = k_\tau \frac{\pi^2 E}{12(1-\mu^2)}\left(\frac{t}{b}\right)^2 \quad \text{mit} \quad k_\tau = 5{,}34 + 4\left(\frac{b}{a}\right)^2 \;\text{für}\; a \geq b, \qquad k_\tau = 4 + 5{,}34\left(\frac{b}{a}\right)^2 \;\text{für}\; a < b$$

$$\boxed{Q_{kr} = t b \tau_{kr}} \qquad H_{kr} = t(a - c_d - c_z)\,\tau_{kr}$$

Zugfeldspannung bei Zugfeldneigung θ und Stegfließgrenze σ_{sF}

$$\boxed{\sigma_z = -\frac{3}{2}\tau_{kr}\sin 2\theta + \sqrt{\sigma_{sF}^2 + (\tau_{kr})^2\left[\left(\frac{3}{2}\sin 2\theta\right)^2 - 3\right]}}$$

Zugfeldkraft

$$\boxed{Z = \sigma_z t \sin\theta\,[c_d + c_z + b\,ctg\,\theta - a]}$$

mit

$$c_d = \frac{2}{\sin\theta}\sqrt{\frac{M_{pl,N_d}}{\sigma_z t}}, \qquad c_z = \frac{2}{\sin\theta}\sqrt{\frac{M_{pl,N_z}}{\sigma_z t}}$$

und

$$M_{pl,N_d} = M_{pl,d}\left[1 - \left(\frac{\sigma_{d,d}}{\sigma_{d,F}}\right)^2\right] \qquad M_{pl,N_z} = M_{pl,z}\left[1 - \left(\frac{\sigma_{z,z}}{\sigma_{z,F}}\right)^2\right]$$

wobei

$$M_{pl,d} = \frac{1}{4} b_d t_d^2 \sigma_{d,F}, \qquad M_{pl,z} = \frac{1}{4} b_z t_z^2 \sigma_{z,F}$$

$\sigma_{d,d}$ bzw. $\sigma_{z,z}$ sind die wirklichen Gurtspannungen infolge des äußeren Biegemomentes M und der jeweiligen anteiligen horizontalen Zugfeldkomponente

$$\sigma_{d,d} = \frac{1}{b_d t_d}\left[N_d - \frac{c_d}{2} t(\sigma_z \sin\theta\cos\theta + \tau_{kr})\right]$$

$$\sigma_{z,z} = \frac{1}{b_z t_z}\left[N_z + \frac{c_z}{2} t(\sigma_z \sin\theta\cos\theta + \tau_{kr})\right]$$

Die Gurtkräfte ergeben sich aus den Gleichgewichtsbedingungen für die Horizontalkräfte und die Momente

$$N_d - N_z = Z\cos\theta - H_{kr}$$

$$N_d + N_z = \frac{2}{b}\left[Q\left(s + \frac{a + c_d - c_z}{2}\right) + M_{pl,N_z} - M_{pl,N_d}\right]$$

wobei

s = (Moment am rechten Feldrand)/Q

Grenzlast aus vertikalem Gleichgewicht

$$\boxed{Q = Z \cdot \sin\theta + Q_{kr}}$$

Ablauf der Rechnung

1. Start mit $\theta_1 = \frac{2}{3}\theta_d$,
2. Berechne τ_{kr}, Q_{kr}
3. Anfangswerte $\sigma_{d,d} = \sigma_{z,z} = 0$
4. Berechne c_d und c_z, σ_z, Z
5. Berechne Q
6. Berechne $\sigma_{d,d}$ und $\sigma_{z,z}$ aus Q zurück zu 4. und Wiederholung bis $\Delta Q = Q_{i+1} - Q_i \leq {}^1/_2\%$ von Q_{i+1}
7. Veränderung von θ und Sprung nach 2, wiederholter Durchlauf wie vor, bis max Q ermittelt ist.

Bild 10.4.2–6 Zusammenstellung der Berechnungsformeln für die Iteration der Traglast Q eines Stegfeldes eines Vollwandträgers mit schlankem Steg und Vertikalsteifen

Eine explizite Form für die zu errechnende Querkrafttraglast Q ist nicht möglich, da einerseits der Neigungswinkel θ des Zugfeldes unbekannt ist und andererseits Q, N, M_{pl}, c voneinander abhängen. Daher ist zu einer genauen Bestimmung von Q für einen vorgegebenen Winkel θ eine Iterationsrechnung (innere Iterationsschleife) auszuführen, ferner ist derjenige Winkel θ zu suchen (äußere Iterationsschleife), für den Q ein Maximum wird. Das Bild 10.4.2–6 gibt eine Übersicht über den Berechnungsablauf mit den zugehörigen Formeln.
Der aufgezeigte Berechnungsweg sichert auch in Fällen, in welchen die einzelnen Abmessungen des Steges und der Gurte des Vollwandträgers Grenzwerte erreichen, wie z.B.
1. gedrungener Steg
2. geringe Gurtquerschnitte und demzufolge kleines Tragmoment des Trägers
ab.
Die Bemessung der weiteren Konstruktionselemente wie Endsteifen, Vertikalsteifen, Auflagersteifen erfolgt gesondert, außerdem sind auch getrennt die Stabilitätsnachweise gegen seitliches Ausweichen des gedrückten Gurtes (Kippen) und gegen Einknicken des gedrückten Gurtes in den Steg zu führen [7].
Der hier aufgezeigte, auf mechanischen Grundlagen und experimentell bestätigten Annahmen aufgebaute Berechnungsweg zur Ermittlung der Traglast von Vollwandträgern mit schlanken Stegen und Vertikalsteifen ist wegen seiner zweifachen, ineinandergeschachtelten Iterationsschleifen nicht für die praktische Berechnung geeignet. Daher werden im Abschnitt 10.4.2.4 vereinfachte Wege aufgezeigt.

10.4.2.3.2 Vertikalsteifen

Allgemeines
Vertikalsteifen haben zwei wichtige Aufgaben zu erfüllen, sie müssen
1. die Navier-Randlagerung für das unter τ_{kr} ausbeulende Schubfeld bilden und gerade bleiben und
2. die Reaktionskräfte für die Zugfeldkraft aktivieren (Pfostenwirkung).
Darüber hinaus halten sie die Gurte auf Abstand und leiten lokale äußere Kräfte bzw. Auflagerkräfte in den Träger ein. Aus diesen Aufgaben erhalten die Steifen Biegung und Druck, sie sind also auf die entsprechenden Beanspruchungen und auf Stabilität gegen Ausweichen aus der Stegebene heraus nachzuweisen.

Endsteifen
Endsteifen in Endfeldern haben praktisch die gleichen Aufgaben und analoge Belastungen wie die Druckgurte in Endfeldern (siehe Bild 10.4.2–7). Sie sind deshalb symmetrisch zum Steg auszubilden. So wie sich das Zugfeld mit seinen Spannungen σ_z am Druckgurt im Bereich $EC = c_d$ anhängt, belastet es die Endsteife im Bereich

$$CH = c_s = b - (a - c_z)\,tg\,\theta \qquad (10.4.2\text{–}14)$$

mit der horizontalen Komponente auf Biegung in Stegebene und mit der vertikalen Komponente auf Druck [16].

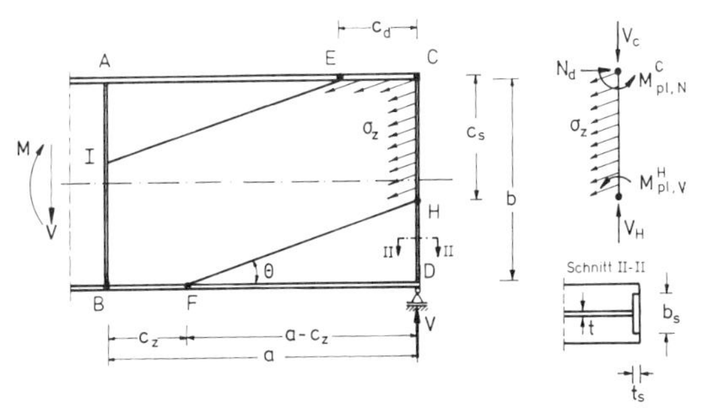

Bild 10.4.2–7
Tragmechanismus der Endsteifen von Vollwandträgern mit schlanken Stegen und Vertikalsteifen. Geometrie und Schnittgrößen

Es sind zwei verschiedene Ausbildungen der Endsteife möglich
1. biegesteife Ausbildung
2. biegeweiche Ausbildung,
demzufolge ergeben sich zwei Berechnungen mit voneinander abweichenden Neigungen θ des Zugfeldes und entsprechend geänderten Zugfeldspannungen und Querkrafttraglasten.
Neben diesen Tragfähigkeitsnachweisen ist gegebenenfalls noch ein Stabilitätsnachweis gegen Knicken aus der Stegebene heraus notwendig. Bei seitlicher Halterung in den Punkten C und D kann dies mit der Kraft Q wie bei einem gelenkig gelagerten Stab erfolgen.
Bei einer derartigen Berechnung ist die Forderung nach einer Doppelsteife, wie sie früher erhoben wurde, nicht mehr aufrechtzuerhalten.

Biegesteife Endsteifen

Zur Aufrechterhaltung der Traglasttheorie des Abschnittes 10.4.2.3.1 muß die Formel (10.4.2–9a) durch folgende ersetzt werden

$$c_d = \frac{2}{\sin\theta}\sqrt{\frac{0{,}5\cdot(M^E_{pl,N_d}+M^C_{pl,N})}{t\sigma_z}} \qquad (10.4.2\text{–}9c)$$

wobei

$$M^E_{pl,N_d} = \frac{1}{4}\, b_d t_d^2 \sigma_{d,F}\left[1-\left(\frac{g\cdot t\cdot\sigma_z\cdot\cos\theta}{b_d t_d \sigma_{d,F}}\right)^2\right] \qquad (10.4.2\text{–}10c)$$

und

$$M^C_{pl,N} = \min\begin{cases}\frac{1}{4}\, b_d t_d^2 \sigma_{d,F}\left[1-\left(\frac{\sigma_z\cdot t\cdot c_s\cdot\cos^2\theta}{b_d t_d \sigma_{d,F}}\right)^2\right]\\[1ex] \frac{1}{4}\, b_s t_s^2 \sigma_{s,F}\left[1-\left(\frac{\sigma_z\cdot t\cdot c_d\cdot\sin^2\theta}{b_s t_s \sigma_{s,F}}\right)^2\right]\end{cases} \qquad (10.4.2\text{–}10d,e)$$

das im Punkt C kleinere der beiden plastischen Momente des Druckgurtes oder der Steife ist. Eine Reduktion des plastischen Momentes infolge Normalkraft in den Punkten E und C kann in der Regel vernachlässigt werden, wenn diese 30% der Gurtfließkraft nicht überschreitet.

Die Endsteife muß in ihren Abmessungen b_s, t_s und in ihrer Fließgrenze $\sigma_{s,F}$ so ausgebildet sein, daß sie dem Horizontalanteil des Zugfeldes zwischen den Punkten C und H

$$H = c_s\cdot t\cdot\sigma_z\cdot\cos^2\theta \qquad (10.4.2\text{–}15)$$

und der Vertikalkraft

$$V^H = Q - \tau_{kr}\cdot(b-c_s)\cdot t \approx Q \qquad (10.4.2\text{–}16)$$

widerstehen kann. Faßt man die Endsteife als Biegestab mit einer querkraftfreien Einspannung in H und einer vollen Einspannung in den Druckgurt in C auf, so folgt aus dem Prinzip der virtuellen Verrückungen

$$H \leqq \frac{2\,(M^C_{pl}+M^H_{pl,V})}{c_s} \qquad (10.4.2\text{–}17)$$

bzw.

$$\frac{1}{2}\, c_s^2\cdot t\cdot\sigma_z\cos^2\theta \leq M^C_{pl}+M^H_{pl,V} \qquad (10.4.2\text{–}18)$$

mit

$$M^H_{pl,V} = \frac{1}{4}\, b_s t_s^2 \sigma_{s,F}\left[1-\left(\frac{V^H}{b_s t_s \sigma_{s,F}}\right)^2\right] \qquad (10.4.2\text{–}19)$$

Biegeweiche Endsteifen

Bei biegeweichen Endsteifen können die Horizontalkomponenten der Zugfeldspannungen σ_z mit der Neigung θ, die sich nach Abschnitt 10.4.2.3.1 ergibt, nicht im Bereich $CH = c_s$ von der Steife mit dem in Abschnitt Biegesteife Endsteifen dargestellten System (Bild 10.4.2–7) aufgenommen werden. Aus diesem Grunde ist die Neigung θ des Zugfeldes zu vergrößern und damit c_s zu verkleinern. Mit diesen neuen Eingangswerten sind die Gleichungen der Abschnitte 10.4.2.3.1 und 10.4.2.3.2 neu durchzurechnen und die entsprechenden Grenzbedingungen einzuhalten.

Zwischensteifen

Zwischensteifen ohne direkte lokale Belastung erhalten Beanspruchungen aus zwei benachbarten Stegfeldern und deren Zugfeldern, daher wirken sie wie Pfosten in einem Fachwerk mit Zugdiagonalen und Pfosten (vgl. Bild 10.4.2–8). Ein Versagen der Zwischensteife würde die beiden Stegfelder zu einem einzigen mit geringerer Tragfähigkeit zusammenschmelzen lassen. Systematische theoretische und experimentelle Untersuchungen (Rockey, Valtinat, Tang, Mele u.a.) [5, 17], die sich eng an die Berechnungen und Ergebnisse des Abschnittes 10.4.2.3.1 anlehnen, haben zu folgenden Belastungen einer Zwischensteife aus den angrenzenden Zugfeldern geführt (vgl. Bilder 10.4.2–9/10):

Punkt C: Einzellast V_C, gleich der Vertikalkomponente des im Bereich EC angreifenden Anteils des Zugfeldes 1

$$V_C = -\,\sigma_{z,1}\cdot t_1\cdot c_{d,1}\cdot\sin^2\theta_1 \qquad (10.4.2\text{–}20)$$

(−Zeichen bedeutet: Last wirkt nach unten)

Die zugehörige Horizontalkomponente belastet die Steife nicht.

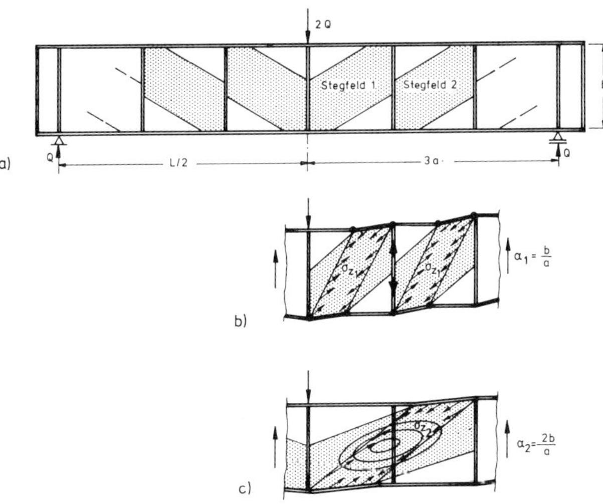

Bild 10.4.2–8
Vollwandträger mit wirksamer und mit unwirksamer Zwischensteife
a) Gesamtansicht des Trägers
b) Stegfelder 1 und 2 mit wirksamer Zwischensteife
c) Stegfelder 1 und 2 mit unwirksamer Zwischensteife, Stegbeule verläuft über die Zwischensteife hinweg und verformt diese mit

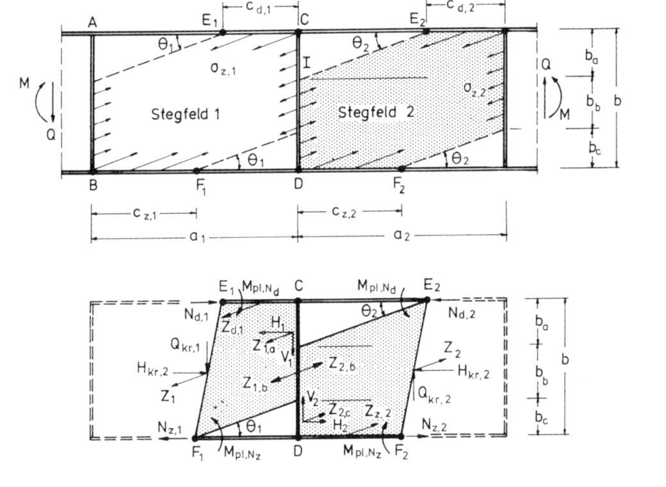

Bild 10.4.2–9
Spannungen und Kräfte, die aus den Zugfeldern zweier benachbarter Stegfelder auf eine Zwischensteife einwirken
a) Zugfeldspannungen und Geometrie
b) Krafteinwirkungen auf die Zwischensteife

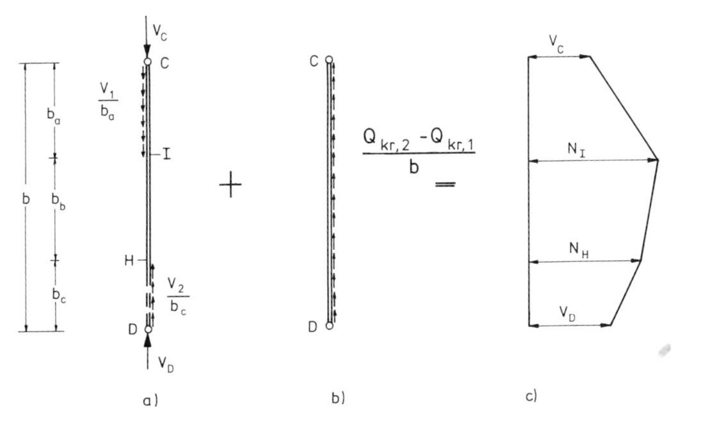

Bild 10.4.2–10
Belastung für die Zwischensteife aus den angrenzenden Stegfeldern
a) aus den Zugfeldern 1 und 2
b) aus den Schubfeldern 1 und 2
c) Normalkraftzustandslinie der Zwischensteife

Von C bis I: Gleichmäßig verteilte Last V_1, gleich der Vertikalkomponente des im Bereich CI angreifenden Anteils des Zugfeldes 1

$$V_1 = -\sigma_{z,1} \cdot t_1 \cdot b_a \cdot \sin\theta_1 \cos\theta_1 . \qquad (10.4.2\text{–}21)$$

Die zugehörige Horizontalkomponente H_1 belastet die Steife nicht.

Von I bis H: In diesem Bereich überdecken sich die Zugfeldkräfte aus den Zugfeldern 1 und 2, und es wird die Annahme getroffen, daß diese sich hier aufheben.

Von H bis D: Gleichmäßig verteilte Last V_2, gleich der Vertikalkomponente des im Bereich DH angreifenden Anteils des Zugfeldes 2

$$V_2 = \sigma_{z,2} \cdot t_2 \cdot b_c \sin\theta_2 \cos\theta_2 \qquad (10.4.2\text{–}22)$$

Die zugehörige Horizontalkomponente H_2 belastet die Steife nicht.

Punkt D: Einzellast V_D, gleich der Vertikalkomponente des im Bereich DF_2 angreifenden Anteils des Zugfeldes 2

$$V_D = \sigma_{z,2} \cdot t_2 \cdot c_{z,2} \sin^2\theta_2 \qquad (10.4.2\text{–}23)$$

Von C bis D: Gleichmäßig über die Höhe b verteilte Differenz zwischen der Beullast $Q_{kr,1}$ des Stegfeldes 1 und der Beullast $Q_{kr,2}$ des Stegfeldes 2, dieser Wert kann i.a. gleich Null gesetzt werden.

Werden an einer Zwischensteife lokal äußere Lasten eingeleitet, die keinen Wechsel des Vorzeichens der Querkraft bewirken, so sind diese Lasten je nach Angriffspunkt und Wirkungsrichtung zu den Werten V_C nach Gl. (10.4.2–20) bzw. V_D nach Gl. (10.4.2–23) hinzuzuzählen.
Die geometrischen Werte ergeben sich zu

$$b_a = (a_2 - c_{d,2}) \operatorname{tg}\theta_2$$
$$b_c = (a_1 - c_{z,1}) \operatorname{tg}\theta_1 . \qquad (10.4.2\text{–}24\,\text{a,b})$$

Damit folgt ein Normalkraft-Zustandsdiagramm in der Zwischensteife nach Bild 10.4.2–10
Der Tragfähigkeitsnachweis für die Steife kann in der folgenden Weise geführt werden.

$$\frac{\max N\,(e + b/500)}{1 - \max N/(\gamma N_E')} \leq M_{pl,\max N} \qquad (10.4.2\text{–}25)$$

wobei

$\max N$ die größte Steifendruckkraft,
e die Exzentrizität (z.B. bei einseitigen Steifen der Abstand zwischen Stegmittelebene und dem Schwerpunkt des Steifenquerschnittes einschließlich einer mitwirkenden Breite des Stegbleches von insgesamt 40 t),
$b/500$ Anfangsexzentrizität,
γ 1,0 bis 2,5 (vergleiche [4]), dieser Wert berücksichtigt den nicht konstanten sondern günstigeren Verlauf der Druckkraft N, $\gamma = 1{,}0$ liegt auf der sicheren Seite,
N_E' Eulerlast der Steife bei Knicken aus der Stegebene heraus, hierbei ist das Trägheitsmoment um denjenigen Wert I_{kr} zu reduzieren, der zur Erzwingung einer geraden Auflagerlinie für die Beulfelder 1 und 2 bereits verbraucht ist. Damit ist

$$N_E' = \frac{\pi^2 E\,(I - I_{kr})}{l_e^2} \qquad (10.4.2\text{–}26)$$

mit

$$I_{kr} = \gamma^* \cdot 12\,(1 - \mu^2) \cdot a \qquad \gamma^* \text{ aus DIN 4114} \qquad (10.4.2\text{–}27)$$

und

$$l_e = b/2 \qquad \text{aus Versuchsbeobachtungen.} \qquad (10.4.2\text{–}28)$$

$M_{pl,\max N}$ ist das unter $\max N$ von dem Steifenquerschnitt aufnehmbare plastische Moment (vgl. zum Beispiel DIN 18800, Teil 2, Anhang).

Vertikalsteifen an Zwischenauflagern
Vertikalsteifen an Zwischenauflagern oder auch Vertikalsteifen unter lokalen Punktlasten leiten äußere Einzellasten in den Träger ein. Die Einzellast steht mit den kritischen Schubbeulkräften und den vertikalen Komponenten der Zugfeldkräfte der angrenzenden Stegfelder im Gleichgewicht.
Aus den vorhergehenden Ableitungen kann für Vertikalsteifen mit äußeren Einzellasten an Stellen mit Querkraftwechsel hinsichtlich Belastung und Tragverhalten folgendes entwickelt werden:
Die Steife wird belastet (vgl. Bild 10.4.2–11)

im Punkt C: Durch die Einzellast V_C, gleich den beiden Vertikalkomponenten der Anteile der Zugfelder 1 und 2, die in den Bereichen E_1C und CE_2 an den Gurten hängen

$$V_c = -\sigma_{z,1} \cdot t_1 c_{d,1} \sin^2\theta_1 - \sigma_{z,2} t_2 c_{d,2} \sin^2\theta_2 . \qquad (10.4.2\text{–}29)$$

Die zugehörigen Horizontalanteile belasten die Steife nicht.

von C bis H_1 bzw. H_2: Durch die gleichmäßig verteilte Kraft $V_{1,2}$ gleich den beiden Vertikalkomponenten der Anteile der Zugfelder 1 und 2, die in den Bereichen CH_1 und CH_2 (in der Regel als gleich groß anzusetzen) an der Zwischensteife hängen.

$$V_{1,2} = -\sigma_{z,1} \cdot t_1 \cdot [b \cdot \cos\theta_1 - (a_1 - c_{z,1}) \sin\theta_1] \cdot \sin\theta_1 \\ - \sigma_{z,2} \cdot t_2 \cdot [b \cdot \cos\theta_2 - (a_2 - c_{z,2}) \sin\theta_2] \cdot \sin\theta_2 \qquad (10.4.2\text{–}30)$$

von C bis D: Durch die gleichmäßig verteilte kritische Schubkraft

$$-Q_{kr,1} - Q_{kr,2} \qquad (10.4.2\text{–}31)$$

In Punkt D: Durch die äußere Kraft W

Die Normalkraft-Zustandslinie ist im Bild 10.4.2–11 dargestellt.

Der Tragfähigkeitsnachweis kann in der gleichen Weise wie zuvor für Zwischensteifen geführt werden, jedoch sollte hier der Wert $l_e = b$ gesetzt werden.

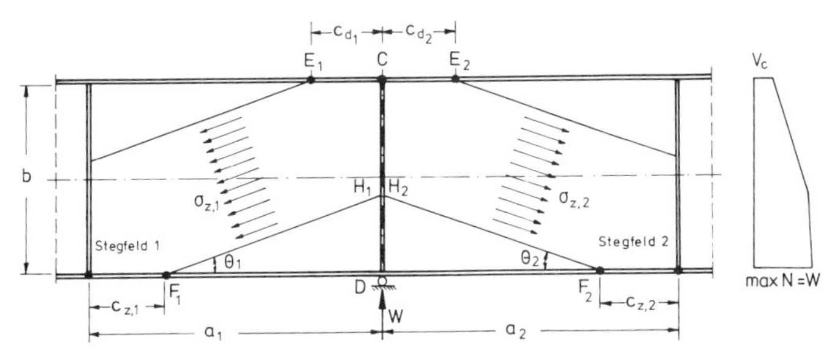

Bild 10.4.2–11 Vertikalsteife an Zwischenauflagern oder analog an Stellen mit örtlicher Lasteinleitung und Vorzeichenwechsel der Querkraftlinie

10.4.2.4 Zur praktischen Berechnung von Vollwandträgern mit schlanken Stegen und Vertikalsteifen

10.2.4.4.1 Allgemeines

Die Bemessungs- bzw. Nachweisaufgabe der Praxis besteht nicht darin, für einen gewählten oder vorgegebenen Querschnitt die rechnerisch größtmögliche Traglast zu ermitteln, sondern darin, nachzuweisen, daß die vorhandene Belastung unterhalb einer Traglast liegt, die – mit welchem Aufwand auch immer errechnet – eine untere Schranke bildet. Durch diese Möglichkeit, die Traglast des Systems gewissermaßen auf einer den Erfordernissen angepaßten, mehr oder weniger aufwendigen Genauigkeitsstufe, aber sicher zu bestimmen, lassen sich nennenswerte Vereinfachungen einführen. Diese bestehen einmal im Vermeiden von Iterationsrechnungen und zum andern in Vereinfachungen bei der Festlegung der Normalkräfte in den Vertikalsteifen.

10.4.2.4.2 Vereinfachter Nachweis der Tragsicherheit von Vollwandträgern mit schlanken Stegen und Vertikalsteifen

Wenn der Schnittgrößenverlauf eines Biegeträgers infolge der äußeren Belastung (ν-fach) mit vorh M, vorh N und vorh Q bekannt ist, können die Kräfte in den Gurten unter Berücksichtigung der oben getroffenen Annahme, daß der schlanke Steg keine Normalspannungen aufnimmt, errechnet werden.

Druckgurt:

$$\text{vorh}\,N_d = -\frac{\text{vorh}\,M}{b + 0{,}5\,(t_d + t_z)} + \frac{\text{vorh}\,N}{2} \overset{!}{<} 0, \qquad (10.4.2\text{–}32\,\text{a})$$

Zuggurt:

$$\text{vorh}\,N_z = \frac{\text{vorh}\,M}{b + 0{,}5\,(t_d + t_z)} + \frac{\text{vorh}\,N}{2} \overset{!}{>} 0. \qquad (10.4.2\text{–}32\,\text{b})$$

Hierbei bedeuten

vorh M das im betrachteten Feld größte Biegemoment des Trägers infolge der ν-fachen äußeren Lasten,

vorh N die im betrachteten Feld größte Normalkraft des Trägers infolge der ν-fachen äußeren Lasten (N als Zugkraft positiv),

$b + 0{,}5\,(t_d + t_z)$ Abstand der Schwerpunkte von Druck- und Zuggurt.

Es wird ferner angenommen, daß Druck- und Zuggurt gleiche Querschnittsflächen haben; ist dies nicht der Fall, muß vorh N entsprechend diesen Querschnittsflächen aufgeteilt werden.
Setzt man vorh N_d und vorh N_z aus den Gln. (10.4.2–32 a, b) in die Gln. (10.4.2–10 a, b) ein, können die unter den gegebenen Schnittlasten reduzierten plastischen Momente der Gurtquerschnitte errechnet werden, womit die Abstände c_d und c_z der plastischen Gelenke E und F von den Punkten C und B nach Gln. (10.4.2–9 a, b) nur noch von θ, dem unbekannten Neigungswinkel des Zugfeldes abhängen.
Parameterstudien an 9200 Trägervarianten haben ergeben, daß die Annahme

$$\theta = \frac{2}{3}\,\theta_d \qquad (10.4.2\text{–}33)$$

mit θ_d = Diagonalenwinkel zu Traglasten führt, die nur wenige Prozent von der jeweils größten errechenbaren Traglast nach dem genauen Verfahren abweichen und immer darunter liegen, d. h. also eine untere Schranke bilden.
Mit Gl. (10.4.2–33) können nun nacheinander die Gl. (10.4.2–5) für σ_z, die Gln. (10.4.2–9 a, b) für c_d und c_z, die Gl. (10.4.2–8) für g, die Gl. (10.4.2–7) für Q_z und schließlich die Gl. (10.4.2–3) für Q gelöst werden. Hierbei ist festzuhalten, daß bei Stegschlankheiten b/t über 350 der Wert Q_{kr} im Verhältnis zu Q_z i. a. so klein ist, daß er ohne nennenswerte Einbuße an Wirtschaftlichkeit vernachlässigt werden kann. Der Nachweis lautet dann

$$\text{vorh}\ Q \leq Q_z. \qquad (10.4.2\text{–}34)$$

Im Falle des Gleichheitszeichens bilden die Schnittgrößen gerade die Traglast. Überschreitungen sind nicht zulässig. Mit diesen Vereinfachungen auf der sicheren Seite konnten die beiden ineinandergeschachtelten Iterationszyklen des genauen Berechnungsverfahrens für die Praxis vermieden werden.

10.4.2.4.3 Vereinfachungen beim Nachweis der Vertikalsteifen

Allgemeines

Generelle Vereinfachungen beim Nachweis der Vertikalsteifen können dadurch getroffen werden, daß die genaue, ungleichmäßige Normalkraftverteilung in der Steife z. B. nach Bild 10.4.2–10/11 durch einen konstanten Größtwert

$$N = \text{vorh}\ Q - Q_{kr} \qquad (10.4.2\text{–}35\,\text{a})$$

mit

$$Q_{kr} = \min\,(Q_{kr,1}, Q_{kr,2}), \qquad (10.4.2\text{–}36)$$

dem kleinsten Wert der benachbarten Felder, ersetzt wird. Bei schlanken Stegen mit $b/t \geq 300$ kann auch ohne Einbuße an Wirtschaftlichkeit

$$N = \text{vorh}\ Q \qquad (10.4.2\text{–}35\,\text{b})$$

wie bei einem Pfostenfachwerk gesetzt werden.

Endsteifen

Die im Abschnitt Endsteifen gemachten Ausführungen bleiben mit den Vereinfachungen nach den Gl. (10.4.2–35 a oder 35 b) bestehen.

Zwischensteifen

Die im Abschnitt 10.4.2.3.2 unter Zwischensteifen gemachten Ausführungen werden, wie oben unter Allgemeines ausgeführt, vereinfacht. Mit Gl. (10.4.2–35 a oder 35 b) entfallen die komplizierten Berechnungen nach den Gl. (10.4.2–20 bis 23).
Weiterhin können im Tragfähigkeitsnachweis Gl. (10.4.2–25) vereinfachend und auf der sicheren Seite

max N durch N = vorh Q
γ durch 1,0 und schließlich
N_E' durch N_E mit $I_{kr} = 0$ und $l_e = b$

ersetzt werden.

Vertikalsteifen an Zwischenauflagern

Die im Abschnitt 10.4.2.3.2 unter Vertikalsteifen an Zwischenauflagern gemachten Ausführungen bleiben mit der Vereinfachung, daß die Längsdruckkraft in der Steife konstant und ungünstigst gleich der Auflagerkraft angenommen werden kann, bestehen. Im Tragfähigkeitsnachweis mit Hilfe der Gl. (10.4.2–25) sind dann

$\max N = W, \gamma = 1{,}0$ und $N'_E = N_E$

mit

$$N_E = \frac{\pi^2 EI}{b^2}$$

einzusetzen.

10.4.2.5 Gebrauchsfähigkeitsnachweis und Verformungen

10.4.2.5.1 Allgemeines
Der Gebrauchsfähigkeitsnachweis erstreckt sich auf die Überprüfung der Verformungen des Trägers und gegebenenfalls auf eine Begrenzung der Stegbeulentiefe mit Hilfe der linearen Beultheorie. Es werden die Nennlasten ohne Erhöhung zugrundegelegt.

10.4.2.5.2 Schnittgrößenverteilung und Verformungen des Vollwandträgers
Die Schnittgrößenverteilung bei durchlaufenden Vollwandträgern unter den Nennlasten wird nach der Elastizitätstheorie ermittelt, als Steifigkeiten werden die aus den Gurtquerschnitten allein sich ergebenden Trägheitsmomente berücksichtigt. Der Einfluß der Verformungen aus Querkräften auf die Schnittgrößenverteilung braucht i. a. nicht verfolgt zu werden.
Die Verformungen des Vollwandträgers im Gebrauchszustand können unter Benutzung der oben ermittelten Schnittgrößenverteilung und unter Zugrundelegung der Trägheitsmomente der Gurtquerschnitte allein für die Biegeverformungen und unter Zugrundelegung der Stegflächen für die Querkraftverformungen berechnet werden.

10.4.2.5.3 Begrenzung der Stegbeulentiefe im Gebrauchszustand
Aus experimentellen Untersuchungen ist bekannt, daß sich die Stegbeulen bis in hohe Lastbereiche relativ klein halten und sich erst etwa bei 95% der Traglast und darüber deutliche Zugfeldfalten entwickeln. Im Gebrauchslastniveau wurden je nach Vorverformung Stegbeulen mit einer Tiefe von etwa 3- bis 4mal der Stegblechdicke beobachtet. Solche können aus optischen Gründen unerwünscht sein. In diesen Fällen ist eine Beschränkung im Gebrauchsfähigkeitsniveau hilfreich, die mit Hilfe der linearen Beullast erreicht werden kann. Je nach Beschränkung der Stegbeulen kann empfohlen werden, daß im Gebrauchszustand die 1,0- bis 1,3fache lineare Beullast des Steges – errechnet für alleiniges Schubbeulen der Stegfelder – nicht überschritten werden soll. Stegbeulen im Biegedruckbereich lassen sich praktisch nicht vermeiden, wenn nicht zusätzliche Maßnahmen, z. B. Längssteifen angeordnet werden. Sofern eine solche Beschränkung aus optischen Gründen nicht erforderlich ist, wird die Gebrauchslast allein über den vorgeschriebenen Lasterhöhungsfaktor (bzw. den Sicherheitsfaktor) bestimmt.
In Fällen mit alternierenden Lasten können Stegbeulen „atmen", dies sollte z. B. durch Verdickung des Steges bzw. durch Anbringen von Längs- und/oder Quersteifen vermieden werden.

Literatur

1. Porter, D.M., K.C. Rockey and H.R. Evans: The Collapse Behaviour of Plate Girders Loaded in Shear. The Structural Engineer, Vol. 53, No. 8, August 1975, pp. 313/325.
2. Rockey, K.C., H.R. Evans and D.M. Porter: A Design Method for Predicting the Collapse Behaviour of Plate Girders. Proc. Instn. Civ. Engrs., Part 2, 1978, 65 March, pp. 85/112.
3. Evans, H.R., D.M. Porter and K.C. Rockey: The Collapse Behaviour of Plate Girders Loaded in Shear and Bending. Memoires IABSE, 4/1978.
4. Rockey, K.C. and G. Valtinat: Zur Traglastberechnung vollwandiger Biegeträger mit Vertikalsteifen. Integration von Maschinen- und Stahlbau. Krausskopf-Verlag 1978.
5. Rockey, K.C., G. Valtinat and K.H. Tang: The Design of Stiffeners on Webs Loaded in Shear – An Ultimate Load Approach. Proc. Inst. Civ. Eng., Part 2, 1981, 71, Dec., 1069–1098.
6. Basler, K.: Strength of Plate Girders in Shear. Journal of the Structural Division. ASCE, Oct. 1961.
7. Basler, K.: Vollwandträger, Berechnung im überkritischen Bereich. Schweiz. Stahlbau-Vereinigung, Zürich 1968.
8. Fujii, T.: On an Improved Theory for Dr. Basler's Theory. Schlußbericht 8. Kongreß der IVBH (New York 1968), Zürich 1969, S. 479.
9. Komatsu, S.: Ultimate Strength of Stiffened Plate Girders Subjected to Shear. IABSE Proceedings, London 1971.
10. Rockey, K.C. and M. Skaloud: The Ultimate Load Behaviour of Plate Girders in Shear. IABSE Proceedings, London 1971.
11. Ostapenko, A. and C. Chern: Ultimate Strength of Longitudinally Stiffened Plate Girders under Combined Loads. IABSE Proceedings, London 1971.
12. Bergfelt, A.: Plate Girders with Slender Webs – Survey and Modified Calculation Method. Summary in English of the Report Nr. II.2.2. to Nordiske Forskningsdager for Stalkonstrukjoner, Oslo 1973.
13. Höglung, T.: Design of Thin Plate I Girders in Shear and Bending with Special Reference to Web Buckling. Institutionen för Byggnadsstatik. Kungl. Tekniska Högskolan, Stockholm 1973, Nr. 94.

14. Dubas, P.: Zur Erschöpfungslast schubbeanspruchter Stehbleche. Festschrift Otto Steinhardt 65 Jahre, Theorie und Berechnung von Tragwerken, Aktuelle Forschungsbeiträge. Berlin, Heidelberg, New York 1974.
15. Design of Webs of Plate and Box Girders. Chapter 6.3 in Second International Colloquium on Stability, Introductory Report. ECCS, Tokyo. Liège, Washington 1977.
16. Huslid, J.M. and K.C. Rockey: The Influence of End Post Rigidity on the Collapse Behaviour of Plate Girders. Proc. Instn. Civ. Engers., Part 2, 1979.
17. Mele, M. und R. Puhali: Optimalisierung der Steifen bei dünnwandigen Blechträgern. ACIER, STAHL, STEEL 3/1980.
18. Steinhardt, O. und W. Schröter: Das überkritische Verhalten von Aluminium-Vollwandträgern mit Quersteifen. IVBH Bericht, Kolloquium London 1971.

10.4.3 Grenzlastnachweise überwiegend druckbeanspruchter ausgesteifter Platten nach der nichtlinearen Beultheorie

K. Morgen

10.4.3.1 Einleitung

Die beiden vorangegangenen Unterabschnitte des Teiles 10.4 behandeln spezielle Tragmechanismen dünnwandiger Querschnitte mit voller Ausnutzung der plastischen Reserven unter Zugrundelegung plausibler, durch Versuche bestätigter Versagensformen. Dies führt zu sehr wirtschaftlichen Bemessungsvorschlägen. Ein ähnlich ausgereiftes Konzept für die längsversteifte, gedrückte Platte, z.B. als Teil eines Kastenträgers, ist zur Zeit noch nicht verfügbar. In diesem Unterabschnitt werden ein Überblick über den derzeitigen Stand der Technik sowie Bemessungshinweise zur Behandlung gedrückter Kastenträgergurte gegeben.

10.4.3.2 Die Differentialgleichungen der nichtlinearen Beultheorie

Nachfolgend sollen in verkürzter Form die wesentlichen Grundlagen und Annahmen der geometrisch nichtlinearen Beultheorie aufgezeigt sowie die Basis für ein tieferes Verständnis der überkritischen Tragwirkung gedrückter Platten geschaffen werden. Für ausführlichere Darstellungen wird auf [1] sowie die Arbeiten [2, 3] verwiesen.

10.4.3.2.1 Kinematische Beziehungen, Verträglichkeitsbedingung

Die kinematischen Beziehungen beschreiben den Zusammenhang zwischen den Verschiebungen und den Verzerrungen des Plattenelements. Sie sind rein *geometrischer* Natur. Die zugehörigen konsistenten Gleichgewichtsaussagen liegen mit der Wahl der kinematischen Beziehungen über das Variationsprinzip fest.

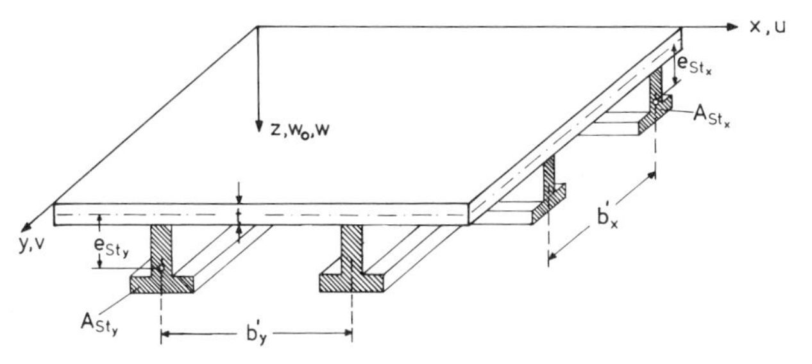

Bild 10.4.3–1 Geometrie der orthotropen Platte

Die *geometrisch nichtlineare Plattentheorie* erfaßt den Einfluß der Plattendurchbiegung w auf die Scheibenverzerrungen. Die Verzerrungen der Blechmittelfläche ε_x^M, ε_y^M und γ_{xy}^M werden durch die Verschiebungen u, v, w der Blechmittelfläche sowie durch die geometrische Imperfektion w_0 aus der Plattenebene heraus eindeutig bestimmt (Bild 10.4.3–1). Sie lauten [4]:

$$\varepsilon_x^M = u' + \frac{1}{2}\left[(w' + w_0')^2 - w_0'^2\right] = u' + \frac{1}{2}\,\psi_2\, w'^2$$

$$\varepsilon_y^M = v^{\cdot} + \frac{1}{2}\left[(w^{\cdot} + w_0^{\cdot})^2 - w_0^{\cdot 2}\right] = v^{\cdot} + \frac{1}{2}\,\psi_2\, w^{\cdot 2}$$

$$\gamma_{xy}^M = u^{\cdot} + v' + \left[(w' + w_0')\,(w^{\cdot} + w_0^{\cdot}) - w_0^{\cdot}\, w_0'\right] = u^{\cdot} + v' + \psi_2\, w'\, w^{\cdot}$$

wobei folgender Operator definiert wurde [2]:

$$\psi_2 fg = (f + f_0)\,(g + g_0) - f_0\, g_0,$$

$$(\;)' = \frac{\partial(\;)}{\partial x}; \quad (\;)^{\cdot} = \frac{\partial(\;)}{\partial y}$$

f und g stehen für w und dessen Ableitungen

Durch weitere Differentiation und Elimination von u und v erhält man die Verträglichkeitsbeziehung der Membran

$$\varepsilon_x^{M\cdot\cdot} + \varepsilon_y^{M\,''} - \gamma_{xy}^{M\,\prime\cdot} = \psi_2\,(w'^{\cdot 2} - w''\,w^{\cdot\cdot})$$

Die hier vorgestellten kinematischen Beziehungen berücksichtigen, daß die Platte in ihrer Ebene (Scheibenwirkung) wesentlich kleinere Verschiebungen erfährt als aus ihrer Ebene heraus, so daß die Quadrate der Verschiebungsableitungen von u und v vernachlässigt werden können [5]. Dies hat zur Folge, daß das Plattenelement keinen zusätzlichen Rotationsfreiheitsgrad um die z-Achse besitzt und somit das Momentengleichgewicht um die z-Achse im Rahmen der geometrischen Näherung identisch erfüllt ist (vgl. auch Zahl der Gleichgewichtsbeziehungen im Abschnitt 10.4.3.2.2).

10.4.3.2.2 Gleichgewichtsbeziehungen

Die Formulierung der Gleichgewichtsaussagen am *verformten* Plattenelement erfolgt mit Hilfe des Prinzips der virtuellen Verrückungen (PVV) unter Beachtung der kinematischen Beziehungen des Systems [6].

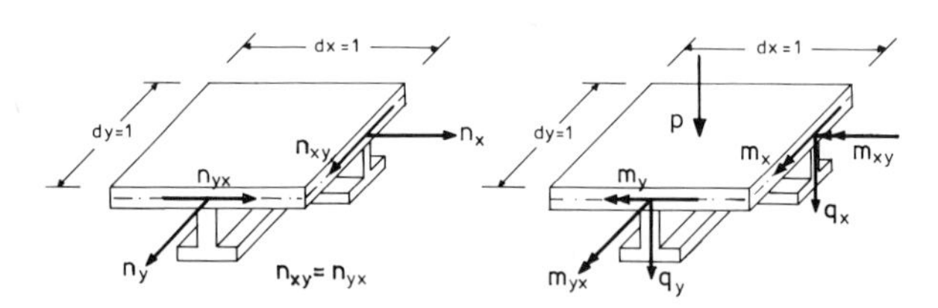

Bild 10.4.3–2 Schnittgrößen am Einheitselement

Die virtuelle Arbeit des vorliegenden gemischten Platten-Scheiben-Problems lautet am Element mit $dx = 1$, $dy = 1$ (Bild 10.4.3–2):

$$\delta a = -n_x \delta\varepsilon_x^M - n_y \delta\varepsilon_y^M - n_{xy}\delta\gamma_{xy}^M + m_x \delta w'' + m_y \delta w^{\cdot\cdot} + m_{xy}\delta w^{\cdot\prime} + m_{yx}\delta w^{\prime\cdot} + p\,\delta w$$

Hierbei sind alle Schnittgrößen auf die *Blechmittelebene* bezogen.
Die virtuellen Verrückungen erhalten wir als 1. Variation der kinematischen Beziehungen [6], [7] (hierbei wird die Vorverformung nicht variiert!):

$$\delta\varepsilon_x^M = \frac{\partial\varepsilon_x^M}{\partial u'}\,\delta u' + \frac{\partial\varepsilon_x^M}{\partial w'}\,\delta w' = \delta u' + (w' + w_0')\,\delta w' = \delta u' + \boldsymbol{\psi_1}\, w'\,\delta w'$$

und analog:

$$\delta\varepsilon_y^M = \delta v^{\cdot} + \boldsymbol{\psi_1}\, w^{\cdot}\,\delta w^{\cdot}$$

$$\delta\gamma_{xy}^M = \delta u^{\cdot} + \delta v' + \boldsymbol{\psi_1}\, w^{\cdot}\,\delta w' + \boldsymbol{\psi_1}\, w'\,\delta w^{\cdot}$$

Es wurde folgender Operator definiert: $\boldsymbol{\psi_1} f = f + f_0$, f steht für w bzw. Ableitungen von w.

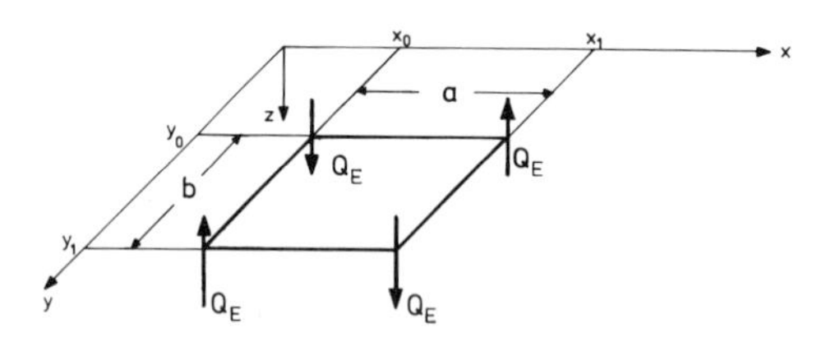

Bild 10.4.3–3 Plattenabmessungen; Definition der Eckkräfte (in Richtung der z-Achse wirkend)

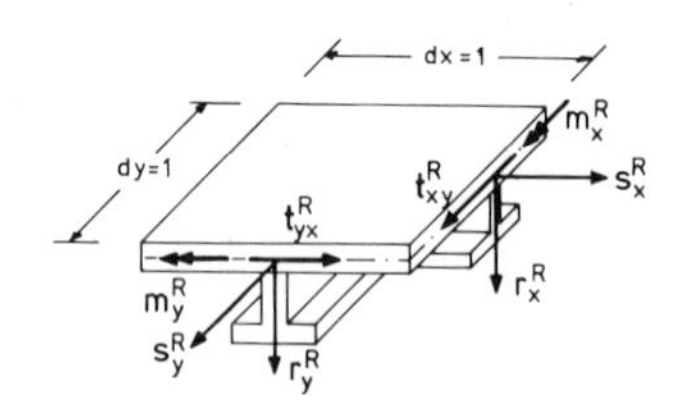

Bild 10.4.3–4 Definition der Randkräfte; alle Randkräfte wirken in Richtung der Koordinatenachsen x, y, z

Durch Integration über die Plattenfläche unter Beachtung der Arbeiten der Randkräfte (Bild 10.4.3–3 und 4) sowie Einführen der oben angegebenen virtuellen Verrückungen erhält man das PVV in der folgenden Form:

$$\delta A = \int_{x_0}^{x_1}\int_{y_0}^{y_1} [m_x \delta w'' + m_y \delta w^{\cdot\cdot} + m_{xy}\delta w^{\cdot\prime} + m_{yx}\delta w^{\prime\cdot} - \boldsymbol{\psi_1}(n_x w'\,\delta w'$$

$$+ n_y w^{\cdot}\,\delta w^{\cdot} + n_{xy} w^{\cdot}\,\delta w' + n_{xy} w'\,\delta w^{\cdot}) + p\,\delta w - (n_x \delta u' + n_y \delta v^{\cdot} + n_{xy}\delta u^{\cdot} + n_{xy}\delta v')]\,dx\,dy$$

$$+ \left[\int_{y_0}^{y_1} (-m_x^R\,\delta w' + r_x^R\,\delta w + s_x^R\,\delta u + t_{xy}^R\,\delta v)\,dy\right]_{x_0}^{x_1}$$

$$+ \left[\int_{x_0}^{x_1} (-m_y^R\,\delta w^{\cdot} + r_y^R\,\delta w + s_y^R\,\delta v + t_{yx}^R\,\delta u)\,dx\right]_{y_0}^{y_1}$$

$$+ \left[\left[Q^E\,\delta w\right]_{x_0}^{x_1}\right]_{y_0}^{y_1} = 0$$

Nach Umformung durch Teilintegration und Ordnen der Glieder erhalten wir durch unabhängige Variation der drei Verschiebungen u, v und w die drei Gleichgewichtsbeziehungen im *Innenbereich:*

$$m_x'' + m_y^{\cdot\cdot} + m_{xy}^{\prime\cdot} + m_{yx}^{\cdot\prime} + \psi_1\,(n_x w'' + n_y w^{\cdot\cdot} + 2n_{xy} w^{\prime\cdot}) = 0$$

$$n_x' + n_{xy}^{\cdot} = 0$$

$$n_y^{\cdot} + n_{xy}' = 0$$

und an den *Rändern:*

$$x = x_0, x_1:\; m_x' + m_{xy}^{\cdot} + m_{yx}^{\cdot} + \psi_1\,(n_x w' + n_{xy} w^{\cdot}) - r_x^R = 0$$

$$m_x - m_x^R = 0$$

$$n_x - s_x^R = 0$$

$$n_{xy} - t_{xy}^R = 0$$

$$y = y_0, y_1:\; m_y^{\cdot} + m_{yx}' + m_{xy}' + \psi_1\,(n_y w^{\cdot} + n_{xy} w') - r_y^R = 0$$

$$m_y - m_y^R = 0$$

$$n_y - s_y^R = 0$$

$$n_{xy} - t_{yx}^R = 0$$

sowie den *Ecken:* $\quad m_{xy} + m_{yx} + Q^E = 0$

Die bisherigen Ableitungen sind *werkstoffunabhängig* und somit für beliebige Werkstoffgesetze unverändert gültig.

10.4.3.2.3 Konstitutive Beziehungen

Die konstitutiven Beziehungen beschreiben den Zusammenhang zwischen den Schnittgrößen und den Verzerrungen. Sie beinhalten damit Aussagen über das Werkstoffgesetz sowie über den Verlauf der Verzerrungen über den Plattenquerschnitt.

Die nachfolgend angegebenen Schnittkraft-Verzerrungs-Beziehungen der strukturell orthotropen, einseitig exzentrisch versteiften Platte (Bild 10.4.3–1) gehen von einem linearen Verzerrungsverlauf über die Plattendicke sowie von der unbeschränkten Gültigkeit des Hookeschen Gesetzes aus. Sie berücksichtigen in der Platte den ebenen, zweiachsigen Spannungszustand, in den Steifen den einachsigen Spannungszustand. Die Ableitung der Verwindungssteifigkeit beschränkt sich auf reine Saint Venantsche Torsion. Alle Schnittgrößen sind auf die Blechmittelfläche bezogen (Bild 10.4.3–2). Einzelheiten sind [2, 3, 8] zu entnehmen. Die Schnittgrößen können in Matrizenschreibweise durch die Verzerrungen und Verkrümmungen der Blechmittelfläche ausgedrückt werden:

$$\begin{bmatrix} n_x \\ n_y \\ n_{xy} \\ m_x \\ m_y \\ m_{xy} \\ m_{yx} \end{bmatrix} = E \begin{bmatrix} t_x & \mu\bar{t} & & e_{Stx}\,t_{Stx} & & & \\ \mu\bar{t} & t_y & & & e_{Sty}\,t_{Sty} & & \\ & & t_{xy} & & & & \\ e_{Stx}\,t_{Stx} & & & I_x & \mu I & & \\ & e_{Sty}\,t_{Sty} & & \mu I & I_y & & \\ & & & & & I_{xy} & \\ & & & & & & I_{yx} \end{bmatrix} \begin{bmatrix} \varepsilon_x^M \\ \varepsilon_y^M \\ \gamma_{xy}^M \\ -w'' \\ -w^{\cdot\cdot} \\ -w^{\prime\cdot} \\ -w^{\cdot\prime} \end{bmatrix}$$

wobei folgende Abkürzungen benutzt werden:

$$t_{St_x} = \frac{A_{Stx}}{b_x'}\,; \qquad t_{St_y} = \frac{A_{Sty}}{b_y'}\,; \qquad \bar{t} = \frac{t}{1-\mu^2}$$

$$t_x = t_{St_x} + \bar{t}\,; \quad t_y = t_{St_y} + \bar{t}\,; \quad t_{xy} = \frac{t}{2(1+\mu)}$$

$$I = \frac{t^3}{12(1-\mu^2)}\,; \quad I_x = I + \frac{I_{Stx}}{b_x'} + t_{St_x} e_{St_x}^2\,;$$

$$I_y = I + \frac{I_{Sty}}{b'_y} + t_{St_y} e^2_{St_y}\ ; \quad I_{xy} = (1-\mu)\, I + \frac{I_{Tox}}{2\,(1+\mu)\, b'_x}$$

$$I_{yx} = (1-\mu)\, I + \frac{I_{Toy}}{2\,(1+\mu)\, b'_y}\ ;$$

I_{Tox}, I_{Toy}: Torsionsflächenmoment 2. Grades der Steife allein

μ = Querdehnzahl

Damit sind die Grundlagen der nichtlinearen Beultheorie zusammengestellt. Durch Einführen einer Schnittkraftfunktion und Elimination der Plattenmittelflächenverzerrungen ε_x^M, ε_y^M und γ_{xy}^M lassen sich die Grundgleichungen zu zwei gekoppelten nichtlinearen partiellen Differentialgleichungen 4. Ordnung zusammenfassen [2]. Aus der Lösung dieser Differentialgleichungen gewonnene Ergebnisse sowie Berechnungshinweise sollen im nächsten Unterabschnitt vorgestellt werden.

10.4.3.3 Das überkritische Tragverhalten, Forschungsergebnisse, „Wirksame Breite"

Durch die Ausbiegung eines ideal ebenen, gedrückten Blechfeldes nach Überschreiten der idealen Beulgrenze entziehen sich die Fasern in der Mitte des Beulfeldes zunehmend der Lastaufnahme (Bild 10.4.3–5). Gleichzeitig bildet sich jedoch in der Platte ein Membranzustand aus. Die Platte wird zur schwach gekrümmten Schale. Dieser Membranzustand beruht auf einem *Systemwandel:* Die Platte trägt Querlasten, bzw. Abtriebslasten aus der Längsbeanspruchung, nicht mehr nur durch Biegetragwirkung, sondern durch eine *sekundär hinzutretende Membrantragwirkung* ab. Dieser Systemwandel („Schläue der Struktur") verhilft der Platte, im Gegensatz zum Stab, zu einer mehr oder weniger ausgeprägten *überkritischen Tragreserve* (Bild 10.4.3–6). Die verminderte Lastaufnahme in Plattenmitte bewirkt eine Umlagerung der Spannungen zum Plattenlängsrand. Für imperfekte, mit Vorverformungen w_0 behaftete Platten treten diese Phänomene bereits unterhalb der Beulgrenze auf. Die Platte verhält sich von Anfang an wie eine schwach gekrümmte Schale.

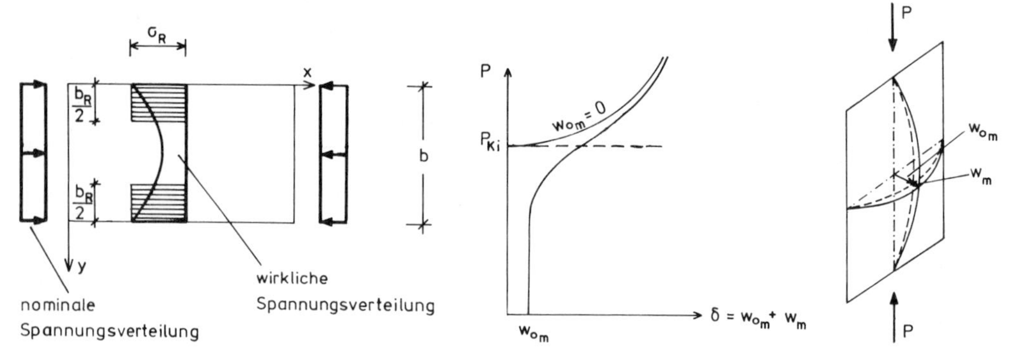

Bild 10.4.3–5 Definition der wirksamen Breite

Bild 10.4.3–6 Qualitative Last-Verschiebungs-Kurve gedrückter Platten

Ein für die praktische Anwendung zweckmäßiges Konzept zur Erfassung oben beschriebener Phänomene ist die Einführung einer „*wirksamen*" Breite b_R. Sie erfaßt den Spannungsabfall vom Rand zur Plattenmitte hin und ist wie folgt definiert (Bild 10.4.3–5):

$$\sigma_R\, b_R = \int_0^b \sigma_x \,\mathrm{d}y$$

σ_R ist die mittlere Spannung an den Längsrändern; sie wird fiktiv über die Breite b_R konstant angenommen [1]. Zur Ermittlung der wirksamen Breite für isotrope Blechfelder sind eine Reihe von Formeln angegeben worden. Gegenüberstellungen finden sich in [9], [10]. Deren bekannteste und im Bauwesen, vor allem im Leichtbau, verbreitetste ist wohl die von Winter [11], die auch als Grundlage der in [22] angegebenen Formeln dient.

In den letzten Jahren wurden verstärkt Forschungen unternommen, das Tragverhalten ausgesteifter Druckgurte zu erfassen. Grundlage bildet die im Abschnitt 10.4.3.2 vorgestellte nichtlineare Beultheorie. In [12] und [2] wurden längsversteifte Platten mit exzentrischen Steifen für den Fall konstanter Zusammendrückung der Platten-Querränder ($\psi = 1$) untersucht. Die Lösung wurde in [3] für den Fall linearer Zusammendrückung ($\psi \neq 1$) sowie für sprunghaft veränderliche Steifenabstände und Blechdikken erweitert. Die genannten Arbeiten gehen von einem eingliedrigen Produktansatz für die Platten-

durchbiegung mit fester, sin-förmiger Biegelinie in Längsrichtung sowie freier Querbiegelinie aus. [13] erfaßt den gleichzeitigen Einfluß von Schub- und Längsbeanspruchung. Die Arbeiten [14] bis [18] untersuchten das elastoplastische Tragverhalten gedrückter Platten mit Hilfe der Methode der finiten Elemente. Daraus gewonnene Erkenntnisse im Hinblick auf Grenzlasten werden in [19] mitgeteilt. Eine weitere Variante ist eine „Fließlinientheorie II. O.", wie sie von [20] und [21] vorgestellt wurde.
Die genannten Arbeiten sollen den Stand der Forschung aufzeigen und anhand der Literaturhinweise dem interessierten Leser eine Orientierungshilfe bieten. Eine direkte Anwendung der nichtlinearen Beultheorie in der Praxis ist gegenwärtig nur durch die in [2] und [25] in Form von Diagrammen mitgeteilten Ergebnisse möglich. Dieser Bemessungsvorschlag sowie weitere Erkenntnisse sollen im nächsten Abschnitt dargestellt werden. Hinweise auf weitere, auf europäischer Ebene diskutierte Bemessungsvorschläge finden sich in [23], eine Gegenüberstellung gegenwärtig verfügbarer Normen bzw. Normentwürfe mehrerer europäischer Länder sowie der USA zur Berechnung breiter Druckgurte findet sich in [24].

10.4.3.4 Praktische Anwendung der nichtlinearen Beultheorie auf plattenartige Gurte kastenförmiger Träger

Zur praktischen Anwendung wurden in [25] für den Fall konstanter Zusammendrückung der Plattenquerränder ($\psi = 1$) insgesamt 18 Diagramme (Bild 10.4.3–8) entwickelt, die es auf einfache Weise ermöglichen, die wirksame Breite gedrückter isotroper oder längsversteifter Platten zu ermitteln sowie einen Festigkeitsnachweis für die Steifen und das Blech zu führen. Die Berechnung der Diagramme beruht auf der im Abschnitt 10.4.3.2 entwickelten nichtlinearen Beultheorie. Die Längsbiegelinie des Beulfeldes ist sinusförmig angenommen, die Querbiegelinie kann sich frei einstellen. Vorverformungen wurden affin zur elastischen Ausbiegung der Platte angenommen. Auf den in [2] behandelten günstigen Einfluß einer elastischen Längslagerung muß i.d.R. aus Sicherheitsgründen verzichtet werden [26]. Stichwortartig sollen die wichtigsten weiteren Annahmen aufgezählt werden [2], [25]: Die Steifen sind so dicht angeordnet, daß sie über die Plattenbreite als „verschmiert" angenommen werden können. Die Längssteifen sind offen, ihre St. Venantsche Torsionssteifigkeit wird berücksichtigt. Biegedrillknicken der Steifen ist bis zum Erreichen der Grenzlast durch konstruktive Maßnahmen auszuschließen. Hierfür ist ggf. ein gesonderter Nachweis zu führen [3], [22], [34].
Die Diagramme in [2], [25] behandeln den Fall des *globalen* Versagens des gesamten Beulfeldes. Jedoch ist es möglich, durch Einführen einer wirksamen Breite je Rippe auch das *lokale* Blechversagen zu erfassen (Bild 10.4.3–7): Für

$$\frac{b'}{t} \leq 1{,}33 \sqrt{\frac{E}{\sigma_{Bl}}} \qquad \sigma_{Bl} = \text{Spannung im Blech}$$

bleibt örtliches Beulen außer Betracht ($b'_w = b'$). Andernfalls ist eine wirksame Breite gemäß

$$b'_w = 1{,}22 \left[1 - \left(1 - 0{,}766 \frac{t}{b'} \sqrt{\frac{E}{\sigma_{Bl}}}\right)^2\right] b'$$

anzusetzen [22]. Dabei ist für die Blechspannung σ_{Bl} als sichere Abschätzung der Wert σ_R einzusetzen. Zur Auswahl des maßgebenden Diagramms sind die beiden Werte

$$A_{Bl}/A_S = \frac{b'_w t}{A_S} \quad \text{und} \quad \alpha^* = \alpha \sqrt{\frac{I_{Bl}}{I_S}}$$

erforderlich. Weiterhin sind zu bestimmen

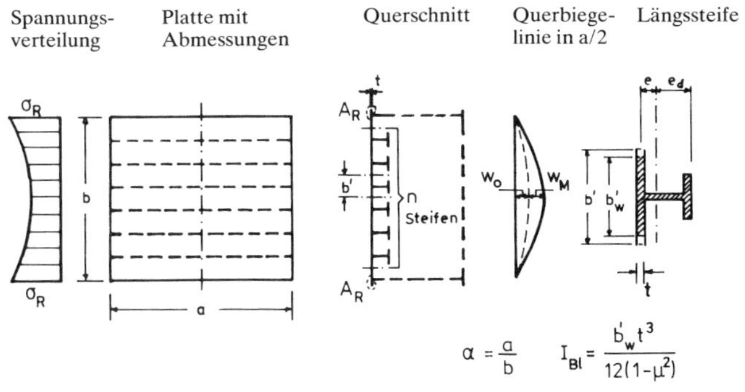

Bild 10.4.3–7 Details zum Berechnungsverfahren

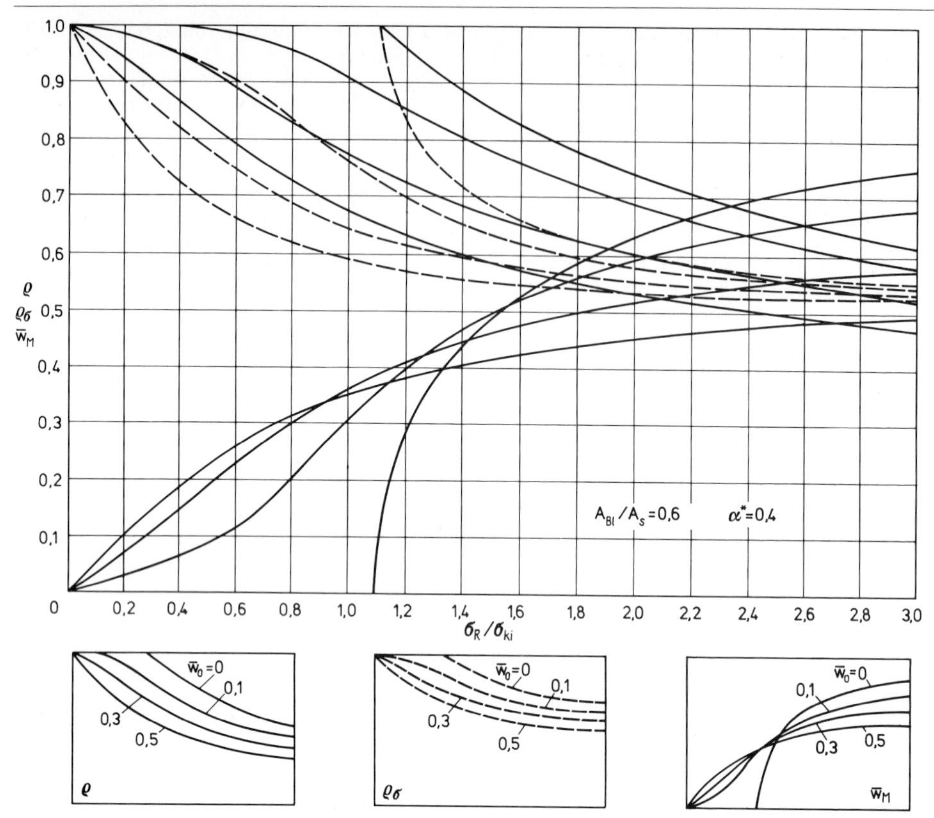

Bild 10.4.3–8 Diagramm: Plattenwirkungsgrad ϱ, Spannungsspitzenfaktor ϱ_σ und bezogene Mittendurchbiegung $\overline{w}_M$

$$\nu_T = 1 + \frac{1}{4(1+\mu)} \frac{I_T}{I_{Bl}}; \quad \sigma_{Ki} = \left[1 + \frac{I_{Bl}}{I_S} \alpha^2 (2\nu_T + \alpha^2)\right] \frac{\pi^2}{a^2} \frac{EI_S}{A_S}$$

Hierbei bedeuten: I_S = Flächenmoment 2. Grades von Steife und wirksamem Blechanteil
A_S = Querschnittsfläche
I_T = Torsionsflächenmoment 2. Grades (St. Venant) der Steife allein

In einem Iterationsprozeß ist dann diejenige Randspannung σ_R zu bestimmen, die gerade einen der beiden *Grenzlastnachweise* mit dem Gleichheitszeichen erfüllt:

1. Interaktionsnachweis für Normal- und Biegebeanspruchung des Steifenquerschnittes in Feldmitte bei Beulung von der Steife weg:

Unter der Annahme, daß die Nullinie im Blech liegt gilt:

$$\frac{n}{n_{Pl}} + \frac{m}{e \cdot n_{Pl}} \leq 1$$

Daraus folgt:

$$[1 + \overline{w}_M (4\beta\overline{e}_d - \overline{w}_M - 2\,\overline{w}_0)] \frac{\sigma_R}{\beta_s} \leq 1$$

Hierbei bedeuten: $f_0 = \frac{2a}{\pi}\sqrt{\frac{\sigma_R}{E}}, \quad \overline{w}_0 = \frac{w_0}{f_0}, \quad \overline{e}_d = \frac{e_d}{f_0}, \quad \overline{w}_M = \frac{w_M}{f_0}$

Faktor zur Berücksichtigung der plastischen Querschnittsreserve: $\beta = \frac{I_s}{e e_d A_s} < 1$

Dieser Nachweis läßt an der höchst beanspruchten Steife volle Querschnittsplastizierung zu. Die Schlankheit der dünnwandigen Teile der Steife sind daher entsprechend den Regelungen in [22] zu begrenzen. (Wird $\beta = 1$ gesetzt, so entspricht der obige Nachweis einem gewöhnlichen Spannungsnachweis mit Begrenzung der Steifenrandspannung durch die Streckgrenze.)

2. Nachweis der maximalen Membrandruckspannung am Längsrand bei Beulen zu den Steifen hin:

$$\frac{1}{\varrho_\sigma} \frac{\sigma_R}{\beta_s} \leq 1$$

Eine plastische Umlagerung der Schnittgrößen nach Überschreiten der Fließgrenze (plastische Systemreserve) wird nicht ausgenutzt, die plastische Querschnittsreserve wird dagegen ausgeschöpft.
Liegt die zur Grenzlast gehörende Randspannung σ_R fest, so errechnet sich die wirksame Querschnittsfläche des Druckgurtes mit Hilfe des Diagrammwertes ϱ zu:

$$A_w = [\varrho(n+1) - 1]\, A_s + 2\, A_R$$

A_R ist gegebenenfalls entsprechend den Regelungen für A_{Bl} abzumindern!
Mit dieser wirksamen Gurtfläche A_w sind dann der Schwerpunkt S_K, das Flächenmoment 2. Grades I_K sowie die Fläche A_K des Kastenträgers zu bestimmen. Der Nachweis des Kastenträgerquerschnitts unter den aus den Bemessungslasten resultierenden Schnittgrößen N_K und M_K ist wie folgt zu führen (Bild 10.4.3–9):

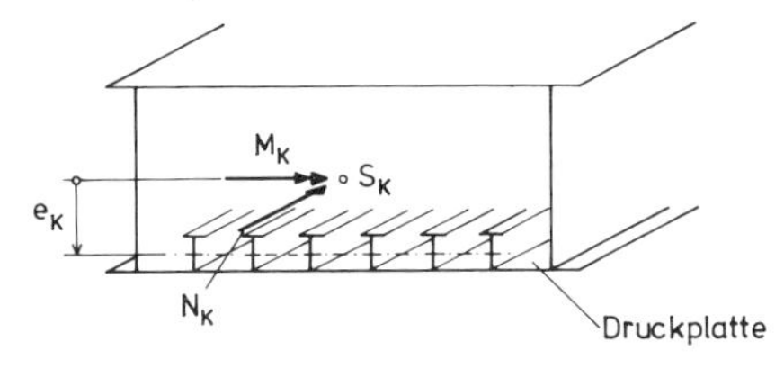

Bild 10.4.3–9 Kastenträgerquerschnitt

$$\frac{N_K}{A_K} + \frac{M_K}{I_K}\, e_K < \sigma_R$$

Das oben beschriebene Verfahren behandelt zunächst die Platte ohne Schubbeanspruchung, jedoch ist es zulässig, das Verfahren auch auf Platten mit Schubbeanspruchungen $\tau \leq 1/3\, \tau_{ki}$ anzuwenden. Sowohl τ als auch τ_{ki} sind hierbei unter der Annahme der voll wirksamen Blechbreite b zu ermitteln. Lediglich der 2. Nachweis ist dann wie folgt zu führen:

$$\frac{1}{\varrho_\sigma} \frac{\sigma_R}{\beta'_s} \leq 1 \quad \text{wobei } \beta'_s = \beta_s \sqrt{1 - 3\left(\frac{\tau}{\beta_s}\right)^2}$$

D.h. der Einfluß der Schubspannung auf den Festigkeitsnachweis ist zu berücksichtigen, jedoch bleibt das überkritische Tragverhalten der Platte durch kleine Schubbeanspruchungen unbeeinflußt. Für Schubspannungen $\tau > 1/3\, \tau_{ki}$ bei gleichzeitiger Längsbeanspruchung stehen für die Praxis verwertbare Bemessungshilfen auf der Basis der nichtlinearen Beultheorie noch aus.
Große Schubbeanspruchungen in Stegen werden im Unterabschnitt 10.4.2 behandelt.
Das oben beschriebene Verfahren ist grundsätzlich auch für Platten mit über die Plattenquerränder linear veränderlicher Zusammendrückung ($\psi \neq 1$) anwendbar. Allerdings müssen dann 2 Wirkungsgrade, ein Wirkungsgrad für die Normalkraftbeanspruchung ϱ_N sowie ein Wirkungsgrad für die Momentenbeanspruchung ϱ_M eingeführt werden [26]. Auch für diesen Fall könnten der Praxis entsprechende Diagramme zur Verfügung gestellt werden, so daß obiger Rechengang auch für den Fall $\psi \neq 1$ anwendbar wäre.
Bei der Berechnung biegebeanspruchter Balkenbrücken mit breiten Gurten ist neben dem durch (nichtlineare) *Beulerscheinungen* bedingten Abfall der „*wirksamen Breite*“ auch die Abminderung der „*mitwirkenden Breite*“ infolge der *Schubnachgiebigkeit* der Platte aufgrund ihrer (linearen) Scheibentragwirkung zwischen den Hauptträgerstegen zu berücksichtigen [27], [28], [30]. Die zweite Erscheinung wird im angelsächsischen Schrifttum mit „shear lag“ bezeichnet. Der Einfluß des „shear lag“ auf das überkritische Tragverhalten der Gurtplatte soll im folgenden näher untersucht werden.
Durch den „shear lag“ wird die Spannungsumlagerung (Systemwandel) zu den Rändern vorzeitig, d.h. bereits im unterkritischen Bereich, eingeleitet. Deshalb wird in [32] für den *elastischen* Bereich empfohlen, den Gesamtwirkungsgrad ϱ_{eff} durch multiplikative Verknüpfung der Teilwirkungsgrade aus dem Beulverhalten ϱ_B sowie dem klassischen „shear lag“ ϱ_s zu ermitteln:

$$\varrho_{eff} = \varrho_B \varrho_s; \qquad b_{eff} = \varrho_{eff}\, b$$

Dieses Vorgehen liegt immer auf der sicheren Seite. Die Teilwirkungsgrade können dann z.B. [25] und [27] entnommen werden. Das Verfahren ist zur Ermittlung der Beanspruchung im *Gebrauchszustand*

zweckmäßig, insbesondere im Hinblick auf Formänderungsnachweise und Betriebsfestigkeitsnachweise sowie zur Beurteilung eines eventuell unerwünschten vorzeitigen lokalen Versagens durch Spannungskonzentration am Plattenlängsrand.
Für eine Grenzlastuntersuchung ist diese Methode allerdings zu unwirtschaftlich, da sie das wirkliche Tragvermögen stark unterschätzt [24, 29, 31, 33]. Deshalb wird vorgeschlagen, den shear-lag-Einfluß auf die *Grenzlast* (Traglast) unter folgenden einschränkenden Voraussetzungen zu vernachlässigen:
Das Verhältnis σmax/σmin der linearen shear-lag-Theorie, z.B. nach [27], darf nicht größer als 2 sein. Die Steifen müssen in der Lage sein, etwa das 2,5fache der Fließdehnung ε_S, die Blechstreifen am Längsrand etwa das 4,0fache der Fließdehnung ohne merklichen Lastabfall zu ertragen. Dies kann durch eine Begrenzung der Blechschlankheiten oder durch Einführen entsprechend reduzierter wirksamer Breiten nach [22] sichergestellt werden. Durch diese Regeln wird erreicht, daß sich die Spannungskonzentration der shear-lag-Theorie durch Plastizieren der Randbereiche abbaut, so daß für die Beuluntersuchung mit einer konstanten Spannungsverteilung gerechnet werden kann.

10.4.3.5 Schlußbemerkung

In diesem Unterabschnitt sollte ein Einblick in die nichtlineare Beultheorie, ihre Grundlagen, derzeitige Anwendungsmöglichkeiten auf Kastenträger sowie ihre Grenzen gegeben werden. Die Weiterentwicklung der nichtlinearen Beultheorie zu normungsgerechten Verfahren ist zu begrüßen und voranzutreiben. Nur so ist eine zutreffende Abschätzung des Tragverhaltens sowie die planmäßige Ausnutzung der teilweise erheblichen überkritischen Tragreserven möglich.
Die oben sowie in den beiden vorangegangenen Unterabschnitten vorgestellten Berechnungsvorschläge bieten für Teilbereiche Lösungen an. (Erste Normentwürfe, die sich mehr an der nichtlinearen Beultheorie und den Traglastgedanken orientieren, sind mit [35] und [36] vorgelegt worden.)

Literatur

1. Petersen, Chr.: Statik und Stabilität der Baukonstruktionen. Braunschweig, Wiesbaden: Vieweg 1980.
2. Rubin, H.: Das Tragverhalten längsversteifter, vorverformter Rechteckplatten unter Axialbelastung nach der nichtlinearen Beultheorie. Heft 1, Institut für Baustatik und Meßtechnik, Uni (TH) Karlsruhe 1976.
3. Lohse, W.: Zur Berechnung von Vollwand- und Kastenträgerstegen mit veränderlicher Orthotropie bei Längskräften und Biegemomenten. Diss. Uni (TH) Karlsruhe 1978.
4. Wolmir, A.S.: Biegsame Platten und Schalen. Berlin: VEB Verlag für Bauwesen 1962.
5. Novozhilov, V.V.: Foundations of the Nonlinear Theory of Elasticity. Rochester, New York: Graylock Press 1953.
6. Washizu, K.: Variational Methods in Elasticity and Plasticity, Second Edition. Oxford, New York, Toronto, Sydney, Paris, Braunschweig: Pergamon Press 1975.
7. Pflüger, A.: Stabilitätsprobleme der Elastostatik, 3. Auflage. Berlin, Heidelberg, New York: Springer Verlag 1975.
8. Klöppel, K., Schardt, R.: Systematische Ableitung der Differentialgleichungen für ebene anisotrope Flächentragwerke. Stahlbau 29 (1960) 33–43.
9. Scheer, J., Nölke, H., Gentz, E.: Beulsicherheitsnachweise für Platten: DASt-Richtlinie 012; Grundlagen – Erläuterungen – Beispiele. Köln: Stahlbau-Verlag 1979.
10. Scheer, J., Nölke, H.: The Background to the Future German Plate Buckling Design Rules. Steel Plated Structures, An International Symposium. London: Crosby Lockwood Staples 1977.
11. Berechnung von Bauteilen aus kaltgeformtem dünnwandigem Stahlblech. Handbuch und Kommentar: Beratungsstelle für Stahlverwendung, Düsseldorf.
12. Bilstein, W.: Anwendung der nichtlinearen Beultheorie auf vorverformte, mit diskreten Längssteifen verstärkte Rechteckplatten unter Längsbelastung. Veröffentlichungen des Instituts für Statik und Stahlbau der Technischen Hochschule Darmstadt, Heft 25, 1974.
13. Hilverling, H.: Nichtlineare Theorie vorverformter, längsversteifter Rechteckplatten unter Längs- und Schubbeanspruchung Diss. Uni (TH) Karlsruhe 1981.
14. Schmidt, B.: Ein Finite-Element-Verfahren zur Berechnung vorverformter, ausgesteifter Rechteckplatten unter Berücksichtigung von geometrischer und Materialnichtlinearität. Diss. TU Berlin 1975.
15. Kröplin, B.: Beulen ausgesteifter Blechfelder mit geometrischer und stofflicher Nichtlinearität, Bericht Nr. 77-22. Institut für Statik der Technischen Universität Braunschweig (1977).
16. Dumont, N.A.: Traglastberechnung beulgefährdeter Rechteckplatten im elastisch-plastischen Bereich nach der geometrisch nichtlinearen Theorie unter Berücksichtigung geometrischer und werkstofflicher Imperfektionen. Dissertation Technische Hochschule Darmstadt 1978.
17. Crisfield, M.A.: Full – range analysis of steel plates and stiffened plating under uniaxial compression. Proc. Instn. Civ. Engrs., Part 2, 59 (1975) 595–624.
18. Wegmuller, A.W.: Full Range Analysis of Eccentrically Stiffened Plates. ASCE J. Struct. Div. 100 (1974) 143–159.
19. Kröplin, B.-H., Meier, F.: Zur Abschätzung der Traglast von axial gedrückten Platten mit Hilfe von Grenzlasten. Bericht Nr. 78-30. Institut für Statik der Technischen Universität Braunschweig (1978) 33–42.
20. Murray, N.W.: Das Stabilitätsverhalten von axial belasteten, in der Längsrichtung ausgesteiften Platten im plastischen Bereich. Stahlbau 42 (1973) 372–379.
21. Nitschke, K.D.: Ein Näherungsverfahren zur Traglastberechnung vorherrschend druckbeanspruchter, ausgesteifter Stahlbleche. Mitteilung Nr. 78-4 (1978). Institut für Konstruktiven Ingenieurbau, Ruhr-Universität Bochum.
22. E-DIN 18800, T2, Gelbdruck Dez. 1980.
23. Dowling, P.J., Chatterjee, S.: Design of box girder compression flanges. Introd. Report, 2nd Int. Coll. on Stability. European Convention for Constructional Steelwork, Brüssel 153–177.

24. Dowling, P.J.: Codified Design Methods for Wide Steel Compression Flanges. Paper 16, Conference at University College Cardiff, März 1980. In: The Design of Steel Bridges. London, Toronto, Sydney, New York: Granada 1981.
25. Steinhardt, O., Rubin, H.: Design and calculation of longitudinally stiffened and isotropic plates under compression. ECCS Com. 8.3, Doc. 4.24, 1976.
26. Morgen, K.: Berechnung längsversteifter, vorverformter Rechteckplatten unter linearer Zusammendrückung der Plattenquerränder mit Hilfe der Energiemethode. Diplomarbeit am Lehrstuhl für Baustatik, Universität (TH) Karlsruhe, 1977.
27. Schmidt, H., Born, W.: Die Mitwirkung breiter Gurte in Balkenbrücken mit veränderlichem Querschnitt. Berlin, München, Düsseldorf: Wilhelm Ernst & Sohn 1978.
28. Schmidt, H., Peil, U.: Berechnung von Balken mit breiten Gurten. Berlin, Heidelberg, New York: Springer 1976.
29. Moffat, K.R., Dowling, P.J.: Shear lag in steel box girder bridges. The Structural Engineer 53 (1975) 439–448 and The Structural Engineer 54 (1976) 285–298.
30. DIN 1073: Stählerne Straßenbrücken, Berechnungsgrundlagen, Ausgabe 7.74.
31. Frieze, P.A., Dowling, P.J.: Testing of a wide girder with slender compression flange stiffeners under pronounced shear lag conditions. CESLIC Report BG49, Engineering Structures Laboratories, Imperial College, Dec. 1979.
32. Maquoi, R., Massonet, Ch.: Interaction between shear lag and post-buckling behaviour in box girders. Steel Plated Structures, An International Symposium. London: Crosby Lockwood Staples 1977.
33. Dowling, P.J., Moolani, F.M., Frieze, P.A.: The effect of shear lag on the ultimate strength of box girders. Wie [32].
34. Roik, K.: Beitrag zum Beulproblem bei stählernen Kastenträgern. In: Theorie und Berechnung von Tragwerken. Berlin, Heidelberg, New York: Springer 1974.
35. British Standard BS 5400: Steel, Concrete and Composite Bridges. Part 3. Code of practice for design of steel bridges (Entwurf).
36. Proposed Design Specifications for Steel Box Girder Bridges. Report No. FHWA-TS-80-205, Federal Highway Administration. Washington, Jan. 1980.

10.5 Flächige, gekrümmte Bauteile – Beulsicherheitsnachweise für isotrope Schalen

F. W. Bornscheuer

10.5.1 Entwicklung und Stand der Normung

Das Schalenbeulen ist das am wenigsten erforschte Stabilitätsproblem des Stahlbaus. In DIN 4114 ‚Stahlbau, Stabilitätsfälle (Knickung, Kippung, Beulung)' [1] aus dem Jahre 1952 wird außer der Stabknickung und Stabkippung das Beulen von ebenen Platten behandelt. Das Schalenbeulen fehlt jedoch, da der Wissensstand auf diesem Fachgebiet damals noch nicht für eine generelle Normung ausreichte. Inzwischen konnten die Kenntnisse auf weiten Teilgebieten der Stabilität von Stahlbauten, so auch beim Schalenbeulen, erweitert werden. Es gibt bereits einige spezielle Bauwerksvorschriften, die das Schalenbeulen mit erfassen. So enthält die für zylindrische, stehende Tankbauwerke geltende DIN 4119 schon seit langem einen Beulnachweis für radialen Außendruck, der auf Axialdruckkräfte erweitert wurde. Weitere spezielle Beulnachweise sind enthalten in DIN 15 018 für Krane, in DIN 11 622 für Gärfutterbehälter und in DIN 4133 für Stahlschornsteine. Diese Nachweise führen zu unterschiedlichen Abmessungen. Ein erster Versuch, für das Schalenbeulen eine einheitliche Vorschrift zu erhalten, erfolgte 1973 durch den Ergänzungserlaß zu DIN 4114 [2]. Hier heißt es in Ziffer 3.2 wörtlich:
„Ist die Traglast bei Schalen im überkritischen Bereich erheblich kleiner als die kritische Beullast – z. B. beim Durchschlagen längsgedrückter, nicht versteifter Kreiszylinderschalen –, so ist die Tragsicherheitszahl H mit 2,2 und im Lastfall HZ mit 1,9 gegen die 10% Fraktile einer ausreichenden Anzahl von Versuchswerten zu bemessen."
Diese Festlegung ist für einige Lastfälle zu streng und kann zu unwirtschaftlichen Konstruktionen führen. Die scharfe Formulierung entstand damals unter Zeitdruck und bedarf einer Modifizierung unter Berücksichtigung der verschiedenen Lastfälle.
Mit der Veröffentlichung der DASt-Richtlinie 013 „Beulsicherheitsnachweise für Schalen", Ausgabe Juli 1980 [3], wurde eine Lücke geschlossen, obwohl sie sich nur mit isotropen Schalen befaßt. Bei ausgesteiften Schalen fehlen noch allgemeingültige Richtlinien. Hierzu wird auf Abschnitt 10.6, auf das Fachschrifttum und auf ausländische Regelwerke verwiesen. So werden ringversteifte Kreiszylinderschalen unter Außendruck sehr ausführlich im British Standard 5500 [4] und in gleicher Weise in den von der „Europäischen Konvention für Stahlbau" (EKS) herausgegebenen ECCS-Recommendations R 4.6 „Buckling of Shells" [5] behandelt. Diese europäischen Empfehlungen entsprechen bei den isotropen Schalen weitgehend der DASt-Richtlinie 013. Längs-, aber auch ringversteifte Kreiszylinderschalen und ausgesteifte Kugelschalen enthält eine Version des ASME Codes [6]. In den vom „Det Norske Veritas" herausgegebenen „Rules 1977" [7] werden ausgesteifte Kreiszylinderschalen behandelt. Empfehlungen für versteifte Kugelschalen enthält der DDR-Standard TGL 19 348 [8]. Einfache Formeln für den ringversteiften Zylinder unter Außendruck findet man in der ÖNORM B 4650 [9].

10.5.2 Vergleich des grundsätzlichen Verhaltens von Stab, Platte und Schale

Wegen der Unkenntnis des Beulverhaltens von Schalen kam es häufig zu katastrophalen Einstürzen, und leider gibt es immer noch schwere Schadensfälle. Besonders gefährdet sind neben außendruckbelasteten Kugelschalen vor allem Kreiszylinderschalen, die unter Längsdruckbelastung stehen.

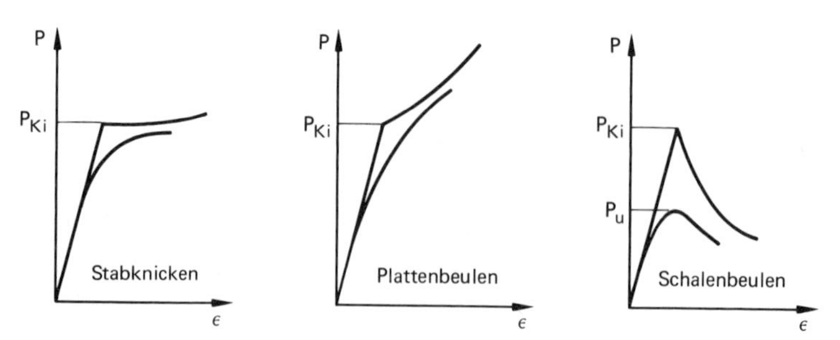

Bild 10.5–1 Unterschiede im Stabilitätsverhalten von Stab, Platte und Schale

Aus Bild 10.5–1 ist zu erkennen, weshalb die Tragsicherheit von Schalenbauwerken häufig falsch eingeschätzt wurde. In diesem Bild ist das grundsätzlich unterschiedliche Stabilitätsverhalten von längsdruckbelasteten Stäben, Platten und Schalen im elastischen Bereich skizziert, wobei auch baupraktisch

unvermeidbare Imperfektionen berücksichtigt sind und der überkritische Bereich eingeschlossen ist. In diesem Bild sind auf der Ordinate die Längsdruckkräfte P und auf der Abszisse die bezogene Stauchung ε der drei Konstruktionstypen stark vereinfacht dargestellt. Links ist das bekannte charakteristische Verhalten beim Stabknicken zu sehen. Im überkritischen Bereich ist praktisch keine Erhöhung der Traglast möglich. Bei der zweiten Bauteilgruppe, den ebenen Platten, liegen die Verhältnisse durch den Anstieg der Last-Stauchungs-Kurven im überkritischen Bereich günstiger als beim Stabknicken. Dieses vorteilhafte Verhalten ist aber nur bei Platten vorhanden, bei denen sich durch geeignete Randbedingungen der traglasterhöhende sekundäre Membranspannungszustand einstellen kann. Im Stahlbau hat man diese Reserven bisher nicht direkt in Anspruch genommen, dafür aber in DIN 4114 für das Plattenbeulen die beim Stabknicken üblichen Sicherheitsfaktoren beträchtlich reduziert, bei Hauptlasten von über 1,71 auf 1,35 und unter gewissen Bedingungen auch noch auf niedrigere Werte.
Anders sieht es beim Schalenbeulen aus. Die rechte Skizze im Bild 10.5–1 zeigt das charakteristische Last-Stauchungs-Verhalten. Hier liegen die Traglasten zum Teil beträchtlich unter dem Verzweigungspunkt der klassischen linearen Schalenbeultheorie. Die theoretische Lasthöhe wird wegen der stets vorhandenen Vorbeulen und der sonstigen geometrischen und physikalisch-strukturellen Imperfektionen nicht erreicht. Die Schale beult vorzeitig aus. Hier sind die Membranspannungen, die bei der Rechteckplatte die Traglast erhöhen, nicht stabil, sondern instabil. Im überkritischen Bereich wird die Beulenergie fast ausschließlich durch die Biegeverformung bestimmt.
Die Abminderung infolge von Imperfektionen gilt im Prinzip bei den meisten Schalen. Zahlenmäßig sind aber beträchtliche Unterschiede vorhanden. Während bei torsionsbeanspruchten Rohren kaum eine Abminderung festzustellen ist, kann bei außendruckbelasteten Kugelschalen und bei axialdruckbelasteten Kreiszylinderschalen die in Bild 10.5–1 dargestellte Abminderung noch erheblich größer sein und durchaus Werte annehmen, die auf 10% der theoretischen Beulspannung zurückgehen. Da man schon vor mehreren Jahrzehnten diesen Tatbestand festgestellt hatte und da früher nichtlineare Beulberechnungen wegen des großen numerischen Aufwandes praktisch nicht möglich waren, hatte man eine große Anzahl von Versuchen mit Modellschalen durchgeführt. Leider streuten die Ergebnisse so beträchtlich, daß man es bisher nur zögernd gewagt hat, aus diesen Messungen verläßliche Empfehlungen für die Baupraxis zu geben.

10.5.3 Berechnungsgrundlagen für das Schalenbeulen im elastischen Bereich

Die Berechnungsverfahren im elastischen Bereich werden nachstehend am Beispiel des axialgedrückten Kreiszylinders dargestellt. Die speziellen Probleme des plastischen Beulens und andere Lastfälle werden in weiteren Abschnitten besprochen. Hierbei wird auf einige formelmäßige Regelungen der DASt-Richtlinie 013 [3] und der ECCS-Recommendations [5] eingegangen.

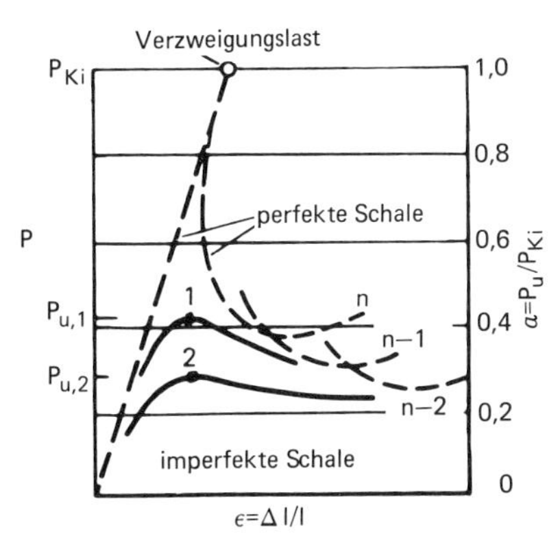

Bild 10.5–2
Last-Stauchungs-Verläufe perfekter und imperfekter axialgedrückter Kreiszylinderschalen

Im Bild 10.5–2 sind für die axialgedrückte mittellange Kreiszylinderschale Last-Stauchungs-Verläufe skizziert [10]. Die gestrichelten Kurven gelten für die perfekte Schale ohne Imperfektionen. Der rechnerische Größtwert ist die mit P_{Ki} bezeichnete Verzweigungslast der linearen Schalentheorie. Im überkritischen Bereich ergibt sich eine Beulgirlande. Mit zunehmender Stauchung wird das Beulmuster mit m Beulen in Umfangsrichtung plötzlich durch ein Muster mit $m-1$ Beulen abgelöst. In diesem Bild sind außerdem für zwei reale Strukturen mit baupraktisch unvermeidbaren Imperfektionen die geglätteten Last-Stauchungs-Kurven skizziert. Die erreichten Höchstlasten, bei denen ein durchschlagen erfolgt, sind die Traglasten P_U. In Bild 10.5–2 weist die Schale 2 größere Imperfektionen auf als die Schale 1.
Im Bild 10.5–3 [10], [11] Fig. 3.73, sind typische rautenförmige Beulmuster zu sehen, wie sie im Nachbeulbereich axialgedrückter mittellanger Zylinderschalen im elastischen Beulbereich auftreten.

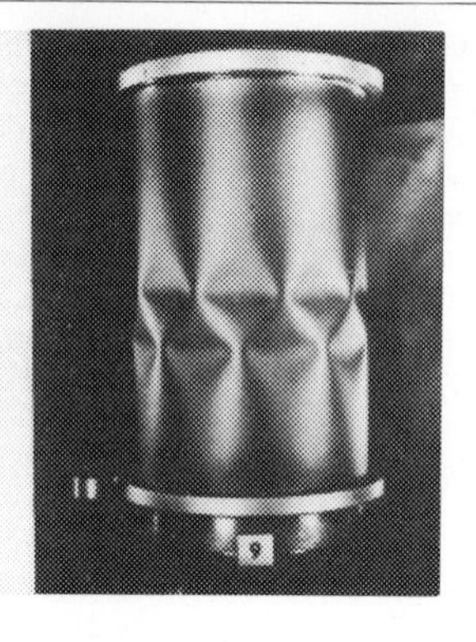

Bild 10.5–3
Nachbeulformen axialgedrückter Kreiszylinderschalen

Der linke Zylinder zeigt am Umfang ein einreihiges Beulmuster, während sich am rechten Zylinder ein zweireihiges Beulmuster ausgebildet hat.
Es ist allgemein üblich, die Traglasten mit den Verzweigungslasten in Beziehung zu setzen. Die gebräuchlichste Darstellungsart ist die mit Hilfe eines *Abminderungsfaktors* α, der das Verhältnis der wirklich auftretenden Traglast P_u zur Verzweigungslast P_{Ki} angibt:

$$\alpha = \frac{P_u}{P_{Ki}}. \tag{10.5–1}$$

Damit erhält man für die Traglast die folgende Formel:

$$P_u = \alpha P_{Ki}. \tag{10.5–2}$$

Im Bild 10.5–2 ist am rechten Rand des Diagramms der auf die Verzweigungslast P_{Ki} *normierte Ordinatenmaßstab eingetragen, der es erlaubt, sofort die Abminderungsfaktoren* $\alpha = P_u/P_{Ki}$ abzulesen. Für die in diesem Bild skizzierten Last-Stauchungs-Verläufe imperfekter Schalen ergeben sich Abminderungsfaktoren α von etwa 0,42 und 0,29.
Es ist durchaus möglich, mit einer nichtlinearen Schalentheorie für vorgegebene großflächige Vorbeulen die zugehörigen Last-Stauchungs-Verläufe und damit die Traglasten zu berechnen. Die zugrunde liegenden numerischen Verfahren konnten sich aber noch nicht in der Praxis durchsetzen, da es bisher nicht gelungen ist, die an Bauwerken vorhandenen Vorbeulen, insbesondere Einzelbeulen mit den gerechneten Werten in Beziehung zu bringen. Da auch der Einfluß der Schweißeigenspannungen zahlenmäßig kaum erfaßt werden kann, bleibt vorerst nichts anderes übrig, als auf die im Laufe der Jahre experimentell gemessenen Traglasten aus einer großen Zahl von Versuchsserien zurückzugreifen. Bevor die zahlreich vorhandenen Versuchsergebnisse kritisch besprochen werden, sollen die für die Darstellung der Abminderungsfaktoren α erforderlichen Verzweigungslasten der linearen Beultheorie er-

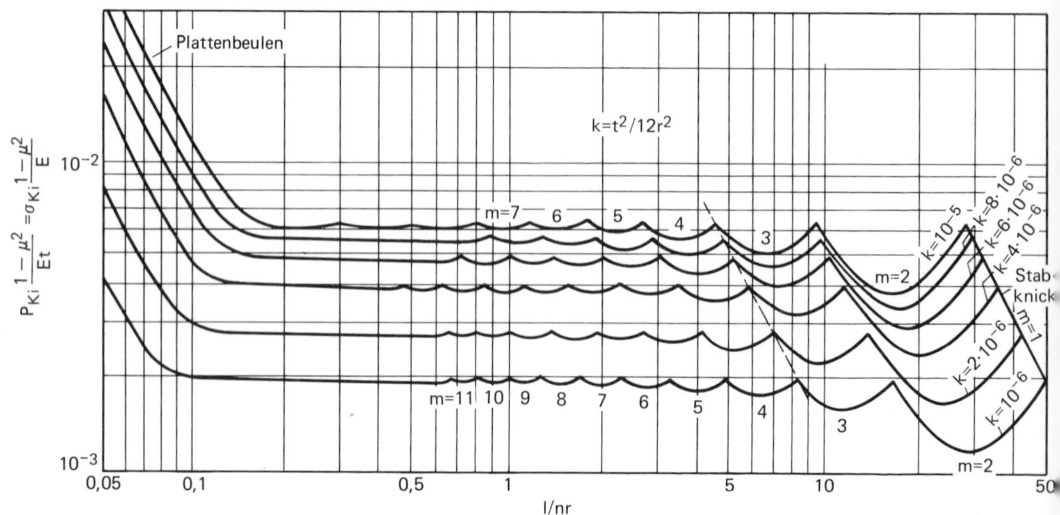

Bild 10.5–4 Verzweigungslasten für die axialgedrückte Kreiszylinderschale nach der Flüggeschen Schalentheorie

läutert werden, und zwar wieder am Beispiel des für die Baupraxis wichtigen Falles der axialdruckbelasteten Kreiszylinderschale.

Im Bild 10.5–4 sind die Verzweigungslasten für die axialgedrückte Kreiszylinderschale in einem Diagramm als Funktion der wichtigsten Parameter dargestellt. Dieses Diagramm nach der Flüggeschen linearen Beultheorie ist [12] bzw. [13] entnommen. Die Bezeichnungen entsprechen der DASt-Richtlinie 013 [3]. Auf der Ordinate sind im wesentlichen bezogene Verzweigungslasten P_{Ki} aufgetragen. Auf der Abszisse ist das Verhältnis der Zylinderlänge l zum Radius r und der Anzahl der sich beim Beulen einstellenden Sinus-Halbwellen n in Längsrichtung dargestellt. Die verschiedenen Beulgirlanden gehören zu verschiedenen Verhältnissen Wanddicke t zum Radius r, wobei der Schalenparameter $k = t^2/12r^2$ ist. Bei der Flüggeschen linearen Beultheorie erhält man die Verzweigungslasten mit einem Doppel-Fourier-Reihenansatz mit der Anzahl der Sinushalbwellen n in Längsrichtung und m in Umfangsrichtung.

In diesem Diagramm lassen sich die folgenden drei Bereiche unterscheiden. Für kurze Zylinder mit kleinem l/nr, links im Bild, geht das Schalenbeulen in das Plattenbeulen über. Auf der rechten Seite enden die Girlandenäste der langen Kreiszylinderschale an der für $m = 1$ geltenden Kurve für das Stabknicken. Der mittlere Bereich gilt mit Ausnahme von Rohren für die meisten Konstruktionen des Behälterbaus. Man erkennt, daß kaum eine Beeinflussung durch das Längenverhältnis l/nr vorliegt. Der Parameter $k = t^2/12r^2$, damit also das Verhältnis Wanddicke t zu Zylinderradius r, ist dagegen von großem Einfluß auf die Höhe der Beullasten. Dem Diagramm ist der Einfluß der Randbedingungen nicht zu entnehmen. Der Flüggeschen Theorie sind die sogenannten klassischen Randbedingungen zugrunde gelegt mit: $n_x = 0$; $v = 0$; $w = 0$ und $m_x = 0$. Diese mit $n_x = 0$ wölbfreie und mit $m_x = 0$ einspannungsfreie Lagerung kann im Bauwerk beim Vorhandensein von Randaussteifungen kaum auftreten. In der Wirklichkeit und im Modellversuch liegt eher eine vollkommene Behinderung der Randverschiebungen vor mit $u = 0$; $v = 0$; $w = 0$ und $\mathrm{d}w/\mathrm{d}x = 0$.

Bei klassischen Randbedingungen erhält man für mittellange Kreiszylinder unter Axialdruckbelastung im elastischen Bereich für die Verbindungslinie der Girlandenspitzen in Bild 10.5–4 eine einfache Formel für die „ideale" Beullast:

$$P_{Ki} = \sigma_{Ki} t = \frac{1}{\sqrt{3(1-\mu^2)}} E \cdot \frac{t^2}{r}. \qquad (10.5\text{–}3\text{a})$$

Für einen Baustahl mit $\mu = 0{,}3$ vereinfacht sich die Formel für die „ideale" Beulspannung zu:

$$\sigma_{Ki} = 0{,}605\, E \frac{t}{r}. \qquad (10.5\text{–}3\text{b})$$

Formel (3b) entspricht Formel (2.1b) der DASt-Richtline 013 [3].

Die ideale Beulspannung σ_{Ki} ist also beim axialgedrückten Kreiszylinder mittlerer Länge nur noch vom Elastizitätsmodul E und vom Verhältnis Wanddicke t zum Radius r abhängig. Der äußerst wichtige Fall des plastischen Beulens ist hierbei noch nicht erfaßt.

Was in dem Diagramm im Bild 10.5–4 natürlich auch nicht enthalten sein kann, ist der Einfluß der geometrischen und physikalisch-strukturellen Imperfektionen. Hierfür muß auf Experimente zurückgegriffen werden. Als Beispiel sind für den axialdruckbelasteten mittellangen Kreiszylinder nach einer Auswahl von Esslinger und Geier ([10], [11] Fig. 3.18) im Bild 10.5–5 mehrere hundert aus Modellversuchen gewonnene Traglasten P_u eingezeichnet. In diesem Bild sind wie im Bild 10.5–2 nicht die Traglasten direkt aufgetragen, sondern die auf die ideellen Beullasten P_{Ki} bezogenen Abminderungsfaktoren $\alpha = P_u/P_{Ki}$, und zwar als Funktion des Verhältnisses Zylinderradius r zu Wanddicke t. Auffallend ist die beträchtliche Bandbreite der Versuchswerte. Eine fallende Tendenz des Punktehaufens mit zunehmender Schlankheit r/t ist deutlich zu erkennen. Die hier dargestellten Versuchsergebnisse gelten nur für den elastischen Bereich. Um den plastischen Beulbereich einbeziehen zu können, ist es zweckmäßig, die Abminderungsfaktoren nicht nur auf die Lasten, sondern auch auf die Spannungen zu beziehen $\alpha = P_u/P_{Ki} = \sigma_u/\sigma_{Ki}$. Die sich aus der Traglast P_u ergebende Membranspannung wird in Anlehnung an [3] im folgenden mit Tragspannung σ_u bezeichnet.

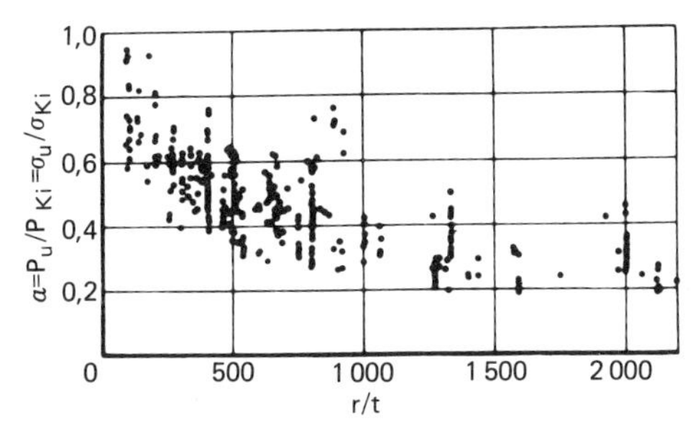

Bild 10.5–5
Experimentell ermittelte bezogene Traglasten der axialgedrückten mittellangen Kreiszylinderschale

Die Hauptschwierigkeit für die Umsetzung der experimentell erhaltenen Tragspannungen in zulässige Spannungen liegt offensichtlich in dem großen Streubereich der Versuchswerte. Die Abminderungsfaktoren α schwanken nach Bild 10.5–5 zwischen $\alpha = 0{,}2$ für sehr dünnwandige Zylinder und $\alpha = 0{,}9$ für dickwandige, wobei der Streubereich bei den dickwandigen bis $\alpha = 0{,}4$ heruntergeht. Dabei ist zu bemerken, daß es sich bei Bild 10.5–5 bereits um eine Darstellung handelt, bei der extreme Versuchswerte eliminiert wurden, deren Glaubwürdigkeit angezweifelt werden muß. Es ist begreiflich, daß ein Teil der Versuche, die vor mehreren Jahrzehnten unter heute nicht mehr überprüfbaren Bedingungen durchgeführt worden sind, nicht mit dem gleichen Gewicht in die Auswertung einbezogen werden können wie neuere, gut dokumentierte Testreihen. Erschwerend kommt noch hinzu, daß bei extrem niedrigen Versuchswerten bei kleinen Schlankheiten r/t nicht sicher ist, inwieweit bereits plastisches Beulen vorliegt. Der Frage der Wichtung der bekannt gewordenen Versuchsreihen wird von Saal in [14] ausführlich nachgegangen. Je nachdem, welche Versuche bei der Auswertung berücksichtigt wurden, ergeben sich recht unterschiedliche Verläufe für die Abminderungsfaktoren α. Beeinflußt wird die Höhe der Traglasten auch durch die Art der Lastaufbringung – kraftschlüssig oder formschlüssig – worauf Pflüger in [15] bereits hinweist.

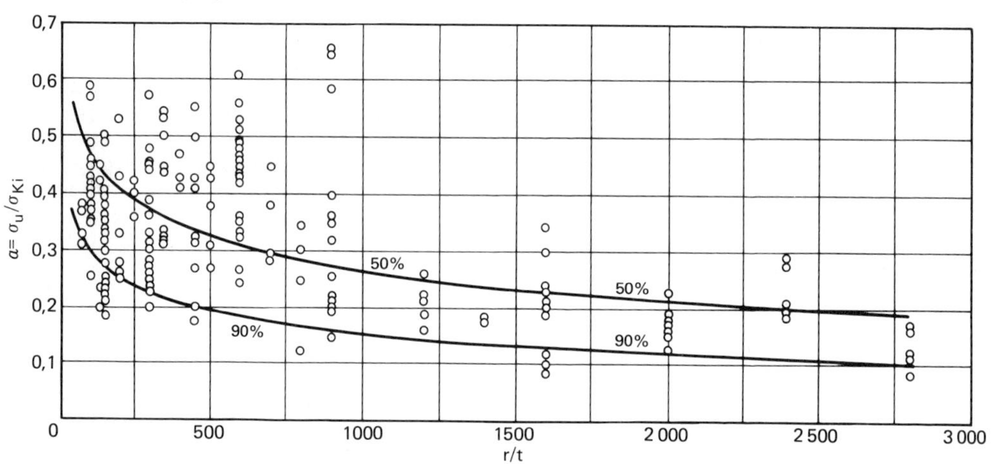

Bild 10.5–6 Kreiszylinderschale unter Axialdruck – statistische Auswertung von Schulz [16]

Bei der großen Zahl von Einzelversuchen – beim axialgedrückten Zylinder sind es weit über tausend – sollte es möglich sein, auf statistischer Basis eine Bemessungsaussage zu erhalten. Unter anderem haben Schulz [16] und Harris [17] derartige Auswertungen versucht. Im Bild 10.5–6 sind in dem von Schulz ausgewählten Punktehaufen von Versuchswerten die Kurven für die 50%- und 90%-Überlebenswahrscheinlichkeit eingetragen. Es fällt auf, daß für $r/t < 250$ im Gegensatz zum Punktehaufen im Bild 10.5–5 viele Einzelpunkte zwischen 0,2 und 0,4 liegen. Nach den Feststellungen in [14] handelt es sich hierbei zum größten Teil aber um Versuche unter extrem ungünstigen Auflagerbedingungen, die nur unter Vorbehalt in die Auswertung einbezogen werden dürfen. Ähnlich problematisch ist die Berücksichtigung der hohen Versuchswerte im mittleren Bereich. Außerdem gibt es „Ausreißer", die bis $\alpha = 0{,}1$ heruntergehen und im Bild 10.5–5 nicht eingetragen sind. Im Bild 10.5–7 sind außer den Kurven für die 50%- und 90%-Überlebenswahrscheinlichkeit nach Schulz die entsprechenden von Harris [17] angegebenen Kurven eingetragen, die teilweise beträchtlich voneinander abweichen.

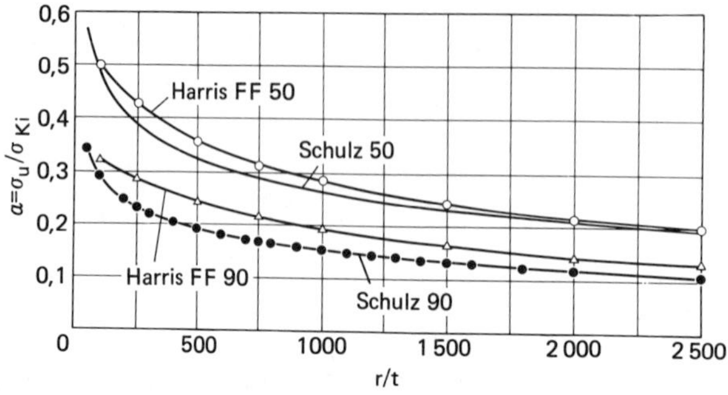

Bild 10.5–7 Kreiszylinderschale unter Axialdruck – statistische Auswertungen von Schulz [16] und Harris [17]

Wegen dieser Schwierigkeiten wurde beim Schalenbeulen weitgehend auf statistische Auswertungen verzichtet. Die Kurvenverläufe des Abminderungsfaktors α orientieren sich an sinnvoll festgelegten unteren Begrenzungen der Versuchswerte.

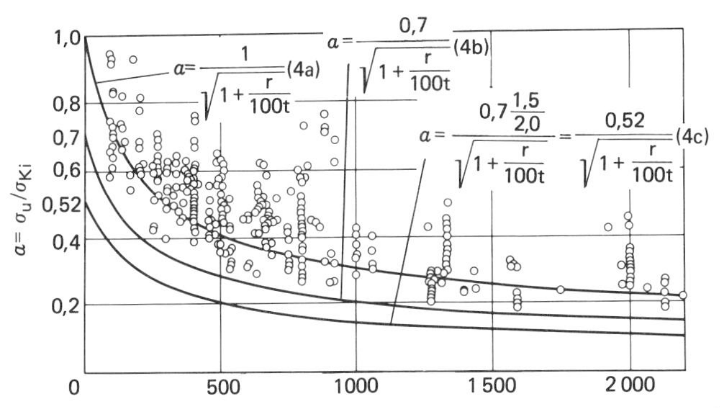

Bild 10.5–8 Kreiszylinderschale unter Axialdruck – Entwicklung des Abminderungsfaktors α der DASt-Richtlinie 013

Im Bild 10.5–8 sind zusätzlich zum Punktehaufen der Versuchswerte des Bildes 10.5–5 drei weitere Verläufe von Abminderungsfaktoren α für den axialgedrückten Zylinder eingetragen. Bei der Kurve (4a) im Bild 10.5–8 handelt es sich um den Verlauf von Mittelwerten. Sie wurde von Pflüger [15] nicht aufgrund von Versuchsergebnissen, sondern aus der Berechnung von Durchschlagslasten für sinnvoll vorgegebene Störamplituden berechnet. Die Formel für den Verlauf ist sehr einfach. Sie lautet:

$$\alpha = \frac{1}{\sqrt{1 + r/100\,t}}. \qquad (10.5\text{–}4\,a)$$

Die Kurve (4b) liegt am unteren Rand der Versuchswerte. Sie ist aus der obigen abgeleitet und lautet:

$$\alpha = \frac{0{,}7}{\sqrt{1 + r/100\,t}}. \qquad (10.5\text{–}4\,b)$$

Diese Kurve wurde vom DASt-Arbeitskreis „Stabilität – Schalen“ als untere Grenzkurve für die DASt-Richtlinie 013 vorgeschlagen. Für den zulässigen Kurvenverlauf zul α muß noch durch die Tragsicherheitszahl v dividiert werden. Mit Rücksicht auf die Imperfektionsanfälligkeit war als Tragsicherheitszahl $v = 2{,}0$ für den Lastfall H vorgesehen. Da die DASt-Richtlinie 013 in ihrer endgültigen Form, wie auch die ECCS-Recommendations, bereits auf Sicherheitsbeiwerte γ mit dem Charakter von globalen Last- und Widerstandsfaktoren abgefaßt wurden, die beim Lastfall H mit $\gamma = 1{,}5$ angesetzt werden, mußte die Kurve (4b) entsprechend dem Verhältnis von $v = 2{,}0$ zu $\gamma = 1{,}5$ reduziert werden. In den ECCS-Recommendations [5] wird dieser Reduktionsfaktor als „additional partial safety factor“ γ_{imp} zur Erfassung der Imperfektionsanfälligkeit bezeichnet. Mit dem Teilsicherheitsfaktor $\gamma_{imp} = v/\gamma = 2{,}0/1{,}5 = 1{,}33$ erhält man die untere Kurve (4c) im Bild 10.5–8 mit dem Verlauf:

$$\alpha = \frac{0{,}7\,\frac{1{,}5}{2{,}0}}{\sqrt{1 + r/100\,t}} = \frac{0{,}52}{\sqrt{1 + r/100\,t}}, \qquad (10.5\text{–}4\,c)$$

die als Formel (2.2) in die DASt-Richtlinie 013 [3] aufgenommen wurde.

Im elastischen Bereich erhält man für den axialgedrückten Kreiszylinder mittlerer Länge aus den Formeln (3b) und (4c) die Tragspannung σ_u zu:

$$\sigma_u = \alpha\,\sigma_{Ki}\,; \qquad (10.5\text{–}5\,a)$$

$$\sigma_u = \frac{0{,}52}{\sqrt{1 + r/100\,t}}\,0{,}605\,E\,\frac{t}{r}. \qquad (10.5\text{–}5\,b)$$

In der DASt-Richtlinie 013 [3] wird die Tragspannung im elastischen Bereich mit σ_e bezeichnet. Formel (5a) entspricht Formel (2.3) der DASt-Richtlinie 013.

Die vorstehenden Betrachtungen beziehen sich ausschließlich auf das rein elastische Beulen. Im elastisch-plastischen Übergangsbereich und im vollplastischen Bereich müssen selbstverständlich wie beim Stabknicken und Plattenbeulen die rechnerischen, elastischen Beulwerte abgemindert werden. In der DASt-Richtlinie 013 [3] beginnt die Abminderung sobald die elastische Tragspannung σ_e 40% der Streckgrenze überschreitet.

10.5.4 Plastisches Beulen

Im Schrifttum findet man verschiedene Vorschläge zur Erfassung des plastischen Beulbereichs. Es wäre wenig sinnvoll, hierfür verfeinerte Berechnungen anzustellen, deren Ergebnisse doch problematisch bleiben müßten. Wie schon erwähnt, ist nicht immer bekannt, in welchem Umfang plastische Verformungen die Versuchsergebnisse beeinflußt haben, die für die Abminderungsfaktoren α im elastischen Bereich benutzt wurden. Für den plastischen Beulbereich gibt es nur wenige ausreichend dokumentierte Versuchsserien.

Eine Methode, bei der die Abminderungsfaktoren des elastischen Bereichs direkt zur Erfassung des plastischen Einflusses verwendet werden, ist der bereits erwähnten Arbeit von Pflüger [15] entnommen. Im Bild 10.5–9 sind einige Versuchswerte im plastischen Bereich für einen hochfesten Stahl und der von Pflüger angegebene mittlere α-Verlauf nach Formel (4a) eingetragen. Gleichzeitig sind die für die Streckgrenze und die Proportionalitätsgrenze des betrachteten hochfesten Stahles geltenden Geraden eingezeichnet, die wegen der jeweils konstanten Spannung durch den Ursprung des Diagrammes gehen müssen. Man erkennt, daß die Versuchswerte erst auf der für die Streckgrenze gültigen Geraden liegen und mit wachsendem r/t zur Geraden für die Proportionalitätsgrenze übergehen. Dieses Verfahren zur Erfassung des plastischen Bereiches hat Nachteile. Der im Bild 10.5–9 eingetragene Verlauf des plastischen Abminderungsfaktors α gilt nur für diesen hochfesten Stahl. Für andere Stähle ergeben sich andere Kurven. Außerdem wird für Schalen mit $r/t \to 0$ die Berechnung der Tragspannung ungenau, da gleichzeitig $\sigma_{Ki} \to \infty$ und $\alpha \to 0$ gehen.

Da für die praktische Berechnung nicht die Abminderungsfaktoren α primär interessieren, sondern die Tragspannungen σ_u bzw. die auf die Streckgrenze normierten, bezogenen Tragspannungen $\overline{\sigma}_u = \sigma_u/\sigma_F$, sind die nachstehend erläuterten Darstellungsformen günstiger.

Eine verbesserte Erfassung des plastischen Bereichs erhält man, wenn die bezogenen Tragspannungen $\overline{\sigma}_u = \sigma_u/\sigma_F$ als Funktion der bezogenen „Schlankheit“

$$\overline{\lambda} = \sqrt{\frac{\sigma_F}{\sigma_{Ki}}} \qquad (10.5\text{–}6)$$

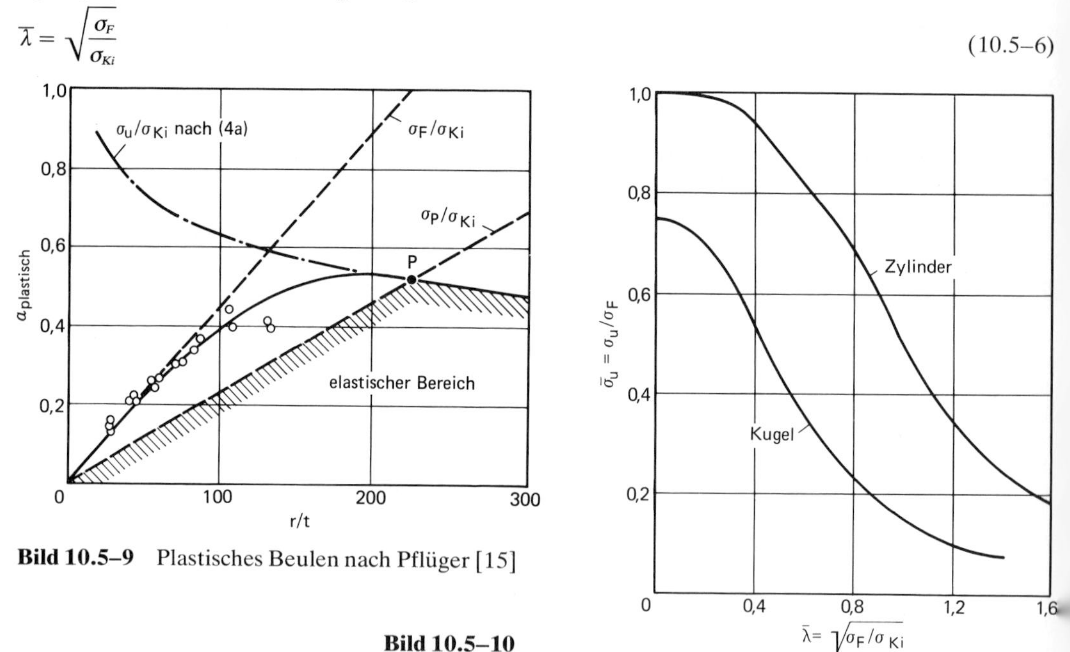

Bild 10.5–9 Plastisches Beulen nach Pflüger [15]

Bild 10.5–10
Bezogene Tragspannungen für die außendruckbelasteten Kreiszylinder- und Kugelschalen der ECCS-Recommendations [5]

nach Bild 10.5–10 aufgetragen werden. Dieses Bild ist den ECCS-Recommendations R 4.6 [5] entnommen und bezieht sich auf die außendruckbelasteten Kreiszylinder- und Kugelschalen. Diese neuerdings beim Stabknicken und Stabkippen sowie beim Plattenbeulen übliche Darstellungsweise hat den Vorteil, daß die Kurven Streckgrenzen-unabhängig sind. Dies gilt auch für das Schalenbeulen, sofern die Abminderungsfaktoren α unabhängig von den Schalenabmessungen sind. Dies ist der Fall bei der Kreiszylinderschale unter Außendruck, aber auch weitgehend bei der außendruckbelasteten Kugelschale. Diese Voraussetzung gilt aber nicht bei der axialgedrückten Kreiszylinderschale. Hier bewirkt der von r/t abhängige Abminderungsfaktor α, daß bei der Auftragung nach Bild 10.5–10 für jeden Streckgrenzwert eine andere Kurve gilt.

Man kommt auch beim Schalenbeulen mit einer für alle Lastfälle und Streckgrenzen gültigen Kurve aus, wenn auf der Abszisse anstelle der bezogenen Schlankheit $\bar{\lambda}_S = \sqrt{\sigma_F/\sigma_{Ki}}$ eine modifizierte, spezielle Schalenschlankheit $\bar{\lambda}_S$ unter Einbeziehung des Abminderungsfaktors α verwendet wird.

$$\bar{\lambda}_s = \sqrt{\frac{\sigma_F}{\alpha\,\sigma_{Ki}}} = \sqrt{\frac{\sigma_F}{\sigma_e}}. \qquad (10.5\text{–}7)$$

Diese Darstellungsweise wurde für die DASt-Richtlinie 013, Ausgabe Juli 1980 [3] gewählt. Bild 10.5–11 ist dieser Richtline entnommen. Die Übergangsgerade (1.2) gilt für die imperfektionsanfälligen Lastfälle, und zwar für die axialdruck- und biegebelasteten Kreiszylinder- und Kegelschalen, aber auch für die außendruckbelastete Kugelschale.

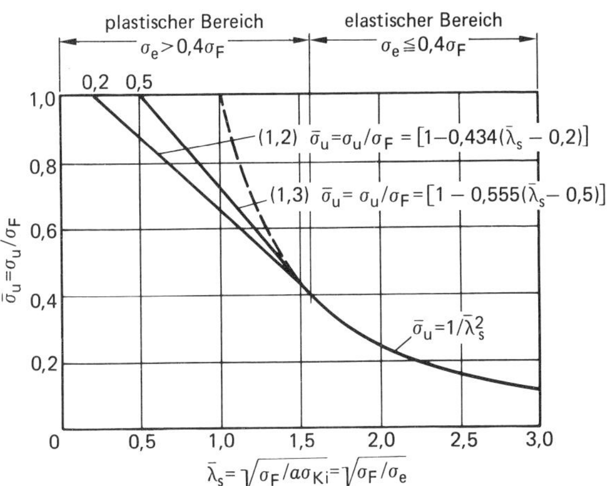

Bild 10.5–11
Bezogene Tragspannungen der DASt-Richtlinie 013 [3]

Die Darstellungsweise mit der speziellen Schalenschlankheit unter Einbeziehung des Abminderungsfaktors α wird in den ECCS-Recommendations für den axialgedrückten und den biegebelasteten Kreiszylinder benützt. Der Kurvenverlauf ist im Bild 10.5–12 dargestellt. Er unterscheidet sich von dem der DASt-Richtlinie 013, da andere Formeln für die Abminderungsfaktoren α und für die plastische Abminderung verwendet werden. Die Bemessung ergibt jedoch nach den Bildern 10.5–11 und 10.5–12 praktisch die gleichen Ergebnisse [18].

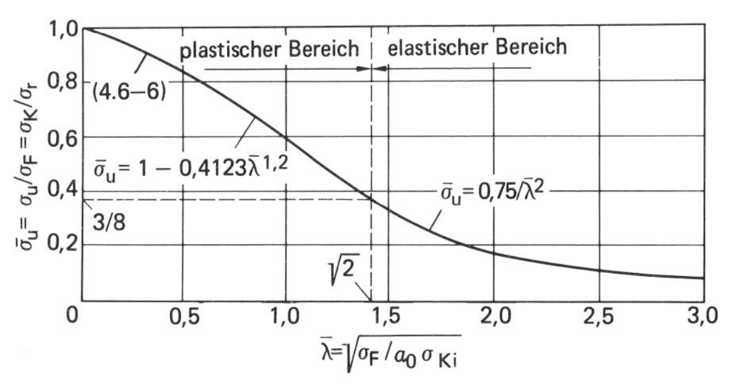

Bild 10.5–12
Bezogene Tragspannungen für den axialgedrückten und den biegebelasteten Kreiszylinder der ECCS-Recommendations [5]

Nach der DASt-Richtlinie 013 [3] erhält man nach Formel (1.2) unter Verwendung des Bildes 10.5–11, sofern $\sigma_e > 0{,}4\,\sigma_F$ ist, für die Tragspannung σ_u im plastischen Bereich:

$$\sigma_u = \sigma_F[1 - 0{,}434(\bar{\lambda}_S - 0{,}20)] \leq \sigma_F. \qquad (10.5\text{–}8)$$

Im Fachschrifttum gibt es noch andere Darstellungen des plastischen Beulbereichs. So verwendet der British Standard 5500 [4] als Abszisse die Größe σ_{Ki}/σ_F, also im wesentlichen eine reziproke Schlankheit. Diese Form der Darstellung wird auch in [19] beim außendruckbelasteten Kreiszylinder benutzt, während beim Axialdruck die modifizierte Form mit $\alpha\,\sigma_{Ki}/\sigma_F$ verwendet wird. In dieser Darstellung wird der plastische Bereich in größerem Maßstab wiedergegeben, während der elastische Bereich verkümmert. Die σ_{Ki}/σ_F-Darstellung war ursprünglich auch für die DASt-Richtlinie 013 und die ECCS-Recommendations vorgesehen. Sie wurde aber zugunsten der dem Bauingenieur geläufigeren Darstellung mit Schlankheiten nach Bild 10.5–10 bis 10.5–12 aufgegeben.

10.5.5 Herstellungstoleranzen

Seit langem ist bekannt, daß die Beullasten bei Schalen sehr stark schwanken, was vor allem auf die besondere Imperfektionsanfälligkeit zurückzuführen ist. Systematische Untersuchungen über den Einfluß von Fertigungsungenauigkeiten auf die Höhe der Traglasten wurden zwar oft unternommen, zufriedenstellende Ergebnisse stehen jedoch noch aus. Beim Stabknicken und Plattenbeulen kann man ungünstige Imperfektionen angeben, die rechnerisch sowie experimentell überprüfbar sind. Beim Schalenbeulen können auch ungünstige Vorverformungen angegeben werden, nur ist es bisher noch nicht gelungen, eine befriedigende Übereinstimmung zwischen Rechnung und Experiment zu erreichen. Zudem kann es vorkommen, daß Einzelbeulen mit sehr großen Amplituden von einem Vielfachen der Wanddicke keinen Einfluß auf die Höhe der erreichten Tragspannung haben. Dagegen können andere Vorbeulformen, deren Amplituden kleiner als die Wanddicke sind, die Tragspannungshöhe ganz entscheidend herabsetzen. Hinzu kommt, daß es bisher noch nicht gelungen ist, den traglastabmindernden Einfluß von Eigenspannungen, insbesondere von Schweißeigenspannungen zahlenmäßig festzulegen und mit geometrischen Imperfektionen in Beziehung zu setzen. Da auch bei den meisten durchgeführten Modelluntersuchungen die Art und die Größe der Vorverformungen unbekannt und außerdem nur sehr schwer zu messen sind, ist es sinnvoll, die Herstellungstoleranzen aufgrund der Erfahrung festzulegen. Zu den baupraktisch unvermeidbaren Fertigungsungenauigkeiten gehören neben Vorverformungen und Eigenspannungen auch Unebenheiten der Auflagerkonstruktion.

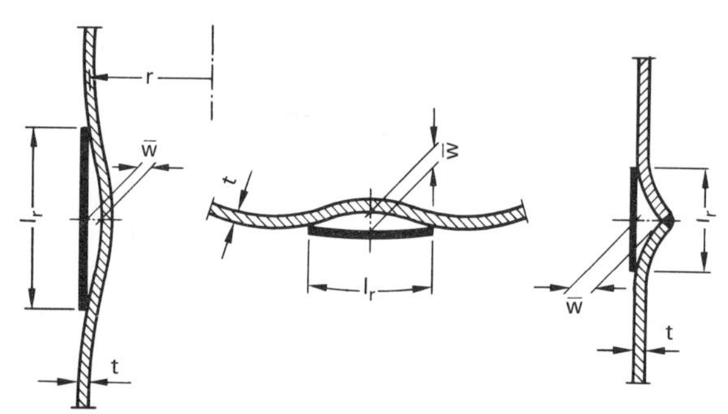

Bild 10.5–13
Herstellungstoleranzen in [3] und [5]

Die in der DASt-Richtlinie 013 [3] und den ECCS-Recommendations [5] angegebenen Toleranzen wurden mehr mit Rücksicht auf gute Formhaltigkeit und Funktionsfähigkeit der Schalenkonstruktionen und weniger aus theoretischen Überlegungen festgelegt. Übertriebene, die Werkstattarbeit unzumutbar verteuernde Genauigkeiten sollten nicht gefordert werden. Zur Vereinfachung wurden nach Bild 10.5–13 in den beiden Regelwerken [3], [5] für alle Schalen unabhängig von der Belastung die Toleranzen nach der Beulenform des axialgedrückten Zylinders festgelegt. Aus Bild 10.5–3 erkennt man, daß sich beim axialgedrückten Zylinder im elastischen Bereich eine relativ kurzwellige Beulform im Versagensfall einstellt. Die Meßlänge l_m für die Herstellungskontrolle wurde in Anlehnung an diese Beulenform mit

$$l_m = 4\sqrt{rt} \tag{10.5–9}$$

angenommen. Die zulässige „Vorbeultiefe" beträgt 1% der Meßlänge l_m, in Ausnahmefällen bis zu 2%. Beim außendruckbelasteten längeren Kreiszylinder ist diese Meßlänge sicher zu ungünstig, da sich hier im wesentlichen eine Sinushalbwelle in Längsrichtung ausbildet. Bei diesem wenig imperfektionsanfälligen Lastfall handelt es sich demnach weitaus mehr um eine Qualitätskontrolle als um eine aus Festigkeitsforderungen bedingte Tolerierung. Es muß eindringlich davor gewarnt werden, unzulässig große Vorverformungen durch Warmrichten zu beseitigen. Die hierdurch eingebrachten Eigenspannungen können für das Gesamttragverhalten der Konstruktion schädlicher sein als größere, aber günstig verteilte Vorverformungen. Außerdem können bei geschweißten Schalen, die exakt ihre Sollform besitzen, die Schweißeigenspannungen ein frühzeitiges Ausbeulen der Schweißnahtbereiche bewirken [20].
Daß Vorverformungen nicht unbedingt gefährlich für den Bestand einer Konstruktion sein müssen, zeigen viele Schalenkonstruktionen, die trotz sichtbarer Beulen seit vielen Jahren im Betrieb sind, ohne daß es zu ernsthaften Folgeschäden kam. Bei Flüssigkeitstanks und Silozellen, die vor allem für die Innendruckbelastung bemessen werden, können kaum kritische Beulzustände entstehen, es sei denn, daß größere Betriebsunterdrücke auftreten. Weitaus stärker gefährdet sind dagegen Silos, bei denen das Schüttgut zur Brückenbildung neigt und Konstruktionen, bei denen durch Sonnenbestrahlung größere Zwängungsspannungen entstehen.
In jedem Einzelfall sollte untersucht werden, ob größere Vorverformungen belassen werden können oder ob die vorgebeulte Konstruktion ersetzt oder ausgesteift werden muß. Unabhängig von der Beur-

teilung der Standsicherheit einer Schalenkonstruktion ist natürlich das optische Erscheinungsbild zu bewerten. Wenn ein Bauherr einen faltenlosen Silo bestellt hat, was der Normalfall sein dürfte, wird er sich kaum mit einer vorverformten Konstruktion zufrieden geben.

10.5.6 Aufbau und Inhalt der DASt-Richtlinie 013 [3]

Die DASt-Richtlinie 013 enthält Beulsicherheitsnachweise für unversteifte Schalen. Es werden nur Rotationsschalen und die wesentlichsten Lastfälle behandelt. Es sind dies die im Bild 10.5–14 dargestellten Kreiszylinder- und Kegelschalen unter Axiallast, Biegung, flächigem Außendruck und Torsion. Lastkombinationen sind möglich. Unter gewissen Bedingungen können auch entlastende Wirkungen berücksichtigt werden. Bei den Kugelschalen wird nur der Lastfall radialer Außendruck behandelt. Beim Kreiszylinder unterscheidet man kurze, mittellange und lange Schalen, ferner werden Zylinder mit abgestuften Wanddicken behandelt, wie sie bei Silos und Tankbauwerken üblich sind. Die Formeln für die abgestuften Zylinder und für außendruckbelastete Zylinder mit verschiedenen Randbedingungen basieren auf der österreichischen Stahlbaunorm für die Beulung von Kreiszylinderschalen [9], [21]. Bei den Kegeln werden nur kurze und mittellange Schalen behandelt, ohne Wanddicken-Abstufung. Für die Schalenformen und Lastfälle nach Bild 10.5–14 sind in der DASt-Richtlinie 013 detaillierte Bemessungsformeln angegeben. Sie enthält außerdem Hinweise, wie die Bemessung für andere Schalenformen, jedoch mit den erhöhten Tragsicherheitszahlen des Ergänzungserlasses zu DIN 4114 [2] durchgeführt werden kann. Für einige wichtige Lastfälle sind im Bild 10.5–15 die für die Bemessung maßgebenden idealen Beulspannungen σ_{Ki} und Abminderungsfaktoren α eingetragen.

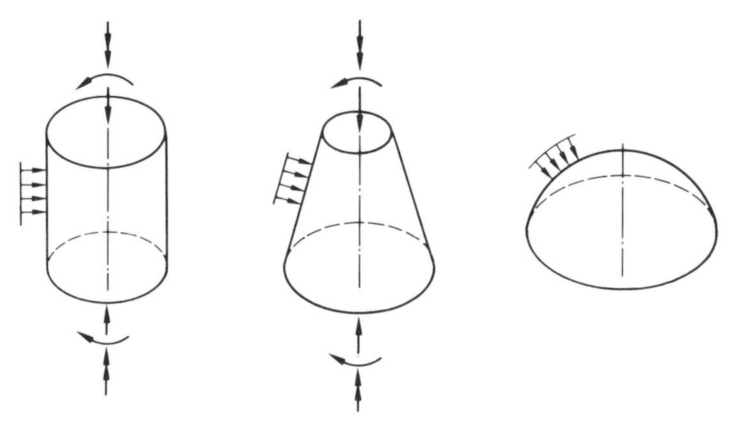

Bild 10.5–14 Lastfälle, die in der DASt-Richtlinie 013 [3] behandelt werden

Die Sicherheitsbeiwerte γ wurden in Anlehnung an das neue europäische Bemessungskonzept festgelegt (Bild 10.5–16). Hierbei ist zu beachten, daß für die imperfektionsanfälligen Lastfälle die effektiven Sicherheitsbeiwerte im Verhältnis 2,0/1,5 höher liegen, wie ausführlich im Abschnitt 10.5.3 und im Bild 10.5–8 erläutert ist.
Das Berechnungsverfahren ist bei allen Schalen und Lastfällen gleichartig. Es ist der folgende Beulsicherheitsnachweis mit den Sicherheitsbeiwerten nach Bild 10.5–16 zu führen:

$$\sigma_u \geq \Sigma \ \gamma\sigma. \qquad (10.5\text{–}10)$$

Die Summe aller mit den jeweiligen Sicherheitsbeiwerten γ multiplizierten Membranspannungen σ aus *Gebrauchs*lasten muß kleiner als die Tragspannung σ_u sein. Die Vorgehensweise beim Beulsicherheitsnachweis im elastischen und plastischen Bereich wird anhand von Zahlenbeispielen im Abschnitt 10.5.7 erläutert. Anschließend werden im Abschnitt 10.5.8 einige Vergleiche der DASt-Richtlinie 013 mit anderen Regelwerken vorgenommen. Diese beschränken sich auf Zylinder- und Kugelschalen, da in den meisten Regelwerken Kegelschalen fehlen. In der DASt-Richtlinie 013 wurden diese Schalen zwar aufgenommen, die Bemessungsformeln wurden aber im wesentlichen aus denen für die Zylinderschale abgeleitet. Teilweise liegen die so gewonnenen Bemessungswerte auf der sicheren Seite, aber nicht immer. Für die flüssigkeitsgefüllte Kegelschale kann die Entlastung aus dem Innendruck nicht ohne weiteres aus den Formeln für den Zylinder übernommen werden, wie Versuche, die in den letzten Jahren durchgeführt worden sind, gezeigt haben [22].

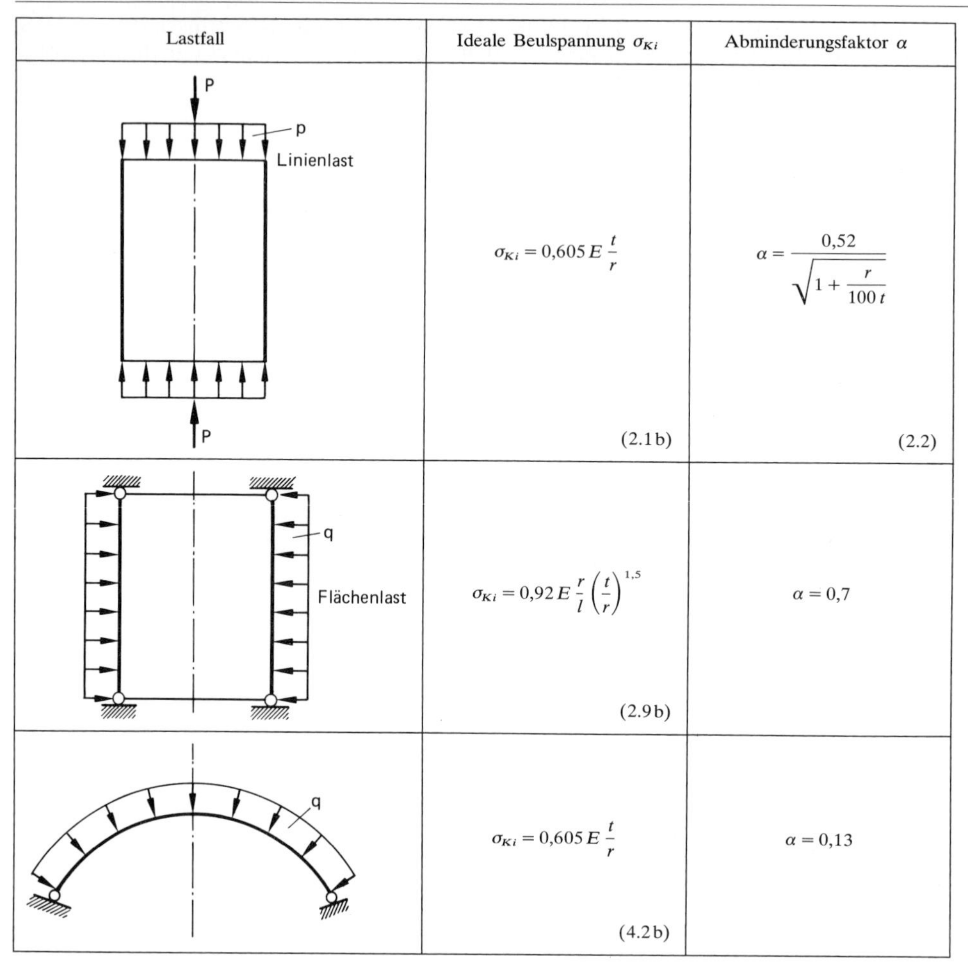

Lastfall	Ideale Beulspannung σ_{Ki}	Abminderungsfaktor α
P, p Linienlast, P	$\sigma_{Ki} = 0{,}605\, E\, \frac{t}{r}$ (2.1b)	$\alpha = \frac{0{,}52}{\sqrt{1 + \frac{r}{100\,t}}}$ (2.2)
q Flächenlast	$\sigma_{Ki} = 0{,}92\, E\, \frac{r}{l} \left(\frac{t}{r}\right)^{1{,}5}$ (2.9b)	$\alpha = 0{,}7$
q	$\sigma_{Ki} = 0{,}605\, E\, \frac{t}{r}$ (4.2b)	$\alpha = 0{,}13$

Bild 10.5–15 Ideale Beulspannungen σ_{Ki} und Abminderungsfaktoren α einiger Lastfälle der DASt-Richtlinie 013 [3]

Lastfall	γ
Hauptlasten (H)	1,50
Haupt- und Zusatzlasten (HZ)	1,30
Sonderlasten (S)	1,15

Bild 10.5–16 Sicherheitsfaktoren

10.5.7 Beispiele

1. Elastischer Bereich

Im Bild 10.5–17 wird eine kreiszylindrische Standzarge eines Silos nachgerechnet, die unter Axialdruck gebeult war [23], [24]. Im Bild 10.5–18 sind die Beulen zu sehen, die ausgeprägte Rautenform besitzen. Die Konstruktion versagte, da der Abminderungsfaktor α bei der Bemessung nicht berücksichtigt worden war. Nach der DASt-Richtlinie 013 ist die Standzarge bei weitem unterbemessen, da nur ein Sicherheitsbeiwert $\gamma = 0{,}3$ vorhanden ist, der bei Hauptlasten $\gamma \geq 1{,}5$ sein sollte.
Der Beulsicherheitsnachweis für andere Lastfälle wird prinzipiell gleichartig ausgeführt.

2. Plastischer Bereich

Nach der DASt-Richtlinie 013 ist der Rechenaufwand im plastischen Bereich nur unwesentlich größer als der im elastischen Bereich, da in jedem Fall $\sigma_e = \alpha\sigma_{Ki}$ berechnet werden muß. Sobald diese rein elastische Tragspannung σ_e in den elastisch-plastischen Übergangsbereich kommt ($\sigma_e \geq 0{,}4\,\sigma_F$ nach der

DASt-Richtlinie 013) muß eine weitere Abminderung erfolgen. Aus dem Diagramm nach Bild 10.5–11 kann aus der bezogenen Schalenschlankheit $\bar{\lambda}_S$ sofort die bezogene plastische Tragspannung $\bar{\sigma}_u$ abgelesen werden. Mit den im Bild 10.5–11 eingetragenen, aus [3] entnommenen Formeln (1.2) und (1.3) lassen sich die Tragspannungen auch sehr einfach berechnen.

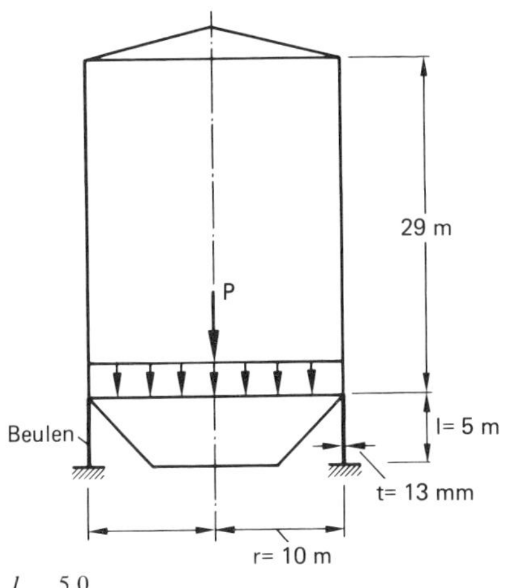

Standzarge St 37; $\sigma_F = 240\ \text{N/mm}^2$

$r = 10{,}0\ \text{m}; \quad t = 13\ \text{mm}; \quad \frac{r}{t} = 769$

$\sigma_{Ki} = 0{,}605 \cdot 200\,000 \cdot \frac{1}{769} = 165{,}2\ \text{N/mm}^2$

$\alpha = \frac{0{,}52}{\sqrt{1 + 7{,}69}} = 0{,}176$

$\sigma_u = \sigma_e = \alpha \cdot \sigma_{Ki} = 0{,}176 \cdot 165{,}2 = 29{,}1\ \text{N/mm}^2$

vorhanden:

$\sigma = \frac{P}{2\pi r t} = 96{,}9\ \text{N/mm}^2$

$\gamma = \frac{\sigma_u}{\sigma} = \frac{29{,}1}{96{,}9} = 0{,}30 \ll 1{,}5$

$\frac{l}{r} = \frac{5{,}0}{10{,}0} = 0{,}5$ (mittellanger Bereich)

Bild 10.5–17 Beulsicherheitsnachweise im elastischen Bereich; Beispiel einer Standzarge

Bild 10.5–18 Gebeulte Standzarge nach Bild 10.5–17 [24]

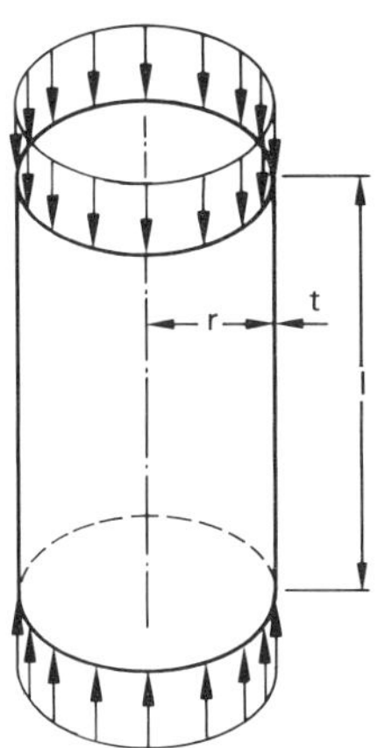

Versuchszylinder $\sigma_F = 207\ \text{N/mm}^2$ $\quad r = 126{,}4\ \text{mm}; \quad t = 0{,}095\ \text{mm}; \quad \frac{r}{t} = 133$

$\sigma_{Ki} = 0{,}605 \cdot 200\,000 \cdot \frac{1}{133} = 909{,}7\ \text{N/mm}^2 \qquad \alpha = \frac{0{,}52}{\sqrt{1 + 1{,}33}} = 0{,}341$

$\sigma_e = \alpha \cdot \sigma_{Ki} = 0{,}341 \cdot 909{,}7 = 310{,}2 > 0{,}4\,\sigma_F = 84\ \text{N/mm}^2$

$\bar{\lambda}_s = \sqrt{\frac{\sigma_F}{\alpha \sigma_{Ki}}} = \sqrt{\frac{207}{310{,}2}} = 0{,}817$

$\bar{\sigma}_u = \frac{\sigma_u}{\sigma_F} = [1{,}0 - 0{,}434\,(\bar{\lambda}_s - 0{,}20)] = [1{,}0 - 0{,}434\,(0{,}817 - 0{,}20)] = 0{,}732$

$\sigma_u = \bar{\sigma}_u \cdot \sigma_F = 0{,}732 \cdot 207 = 151{,}5\ \text{N/mm}^2$

Im Versuch gemessen: $\sigma_u = 166{,}4\ \text{N/mm}^2$

Vorhandene Sicherheit: $\gamma = \frac{166{,}4}{151{,}5} = 1{,}1$

Bild 10.5–19 Beulsicherheitsnachweis im plastischen Bereich; Beispiel eines Modellversuchs

Der Beulsicherheitsnachweis für eine axialgedrückte Kreiszylinderschale im plastischen Bereich wird nach [23] im Bild 10.5–19 für einen Versuchszylinder aus einem 1 mm dicken Stahlblech geführt. Für die bezogene Schalenschlankheit $\bar{\lambda}_S = 0{,}817$ erhält man über die bezogene Tragspannung $\bar{\sigma}_u = 0{,}732$ eine Tragspannung von $\sigma_u = 151{,}5$ N/mm². Die im Versuch gemessene Tragspannung von $\sigma_u = 166{,}4$ N/mm² ergibt eine Sicherheit von $\gamma = 1{,}1$, die für den Lastfall H nicht ausreicht.

10.5.8 Vergleich der DASt-Richtlinie 013 mit anderen Regelwerken

Allgemeingültige Regelwerke für das Schalenbeulen im Stahlbau wurden in den letzten Jahren weltweit von verschiedenen Organisationen ausgearbeitet. Es war bisher noch nicht möglich, diese Regelwerke aufeinander abzustimmen. Es ist deshalb nicht verwunderlich, daß abgesehen von unterschiedlichen Darstellungsformen auch inhaltliche Abweichungen vorkommen. Es soll versucht werden, für einige wichtige Belastungen Vergleiche für den Lastfall H (Hauptlasten) anzustellen. Es werden folgende Regelwerke zu den Vergleichen herangezogen:

- DASt-Richtlinie 013 [3]
- ECCS-Recommendations R 4.6 [5]
- Britisch Standard 5500 [4]
- ASME Code [6]
- ÖNORM B 4650 [9]
- SIA Norm 161 [25]

Die Det Norske Veritas Rules 1977 [7] können bei den Vergleichen nicht berücksichtigt werden, da die Sicherheitsbeiwerte nicht konstant sind.

In fast allen Regelwerken werden im elastischen und plastischen Bereich einheitlich die auf die Streckgrenze bezogenen Tragspannungen angegeben. Nicht einheitlich sind dagegen die bezogenen Schlankheiten. Deshalb können nicht die von der Streckgrenze unabhängigen Darstellungsformen miteinander verglichen werden. Die zahlenmäßigen Vergleiche beschränken sich deshalb nur auf einen Baustahl mit einer Streckgrenze von 235 N/mm² und einem Elastizitätsmodul von $E = 200\,000$ N/mm².

In den verschiedenen Regelwerken werden außerdem für gleiche Lastfälle nicht immer die gleichen Sicherheitsbeiwerte verwendet. So schwanken diese für Hauptlasten zwischen 1,5 und 2,0, manchmal werden noch höhere Werte vorgeschrieben. Wie im Abschnitt 10.5.3 und im Bild 10.5–8 erläutert, mußten die Tragspannungskurven bei der Umstellung auf einheitliche Sicherheitsbeiwerte im Sinne von globalen Last- und Widerstandsfaktoren korrigiert werden. Sinnvolle Vergleiche können deshalb nur angestellt werden, wenn diese Darstellungsunterschiede kompensiert werden. Deshalb werden nur die Tragspannungen bzw. die Abminderungsfaktoren betrachtet, die durch die für Hauptlasten geltenden Tragsicherheitszahlen ν bzw. Sicherheitsbeiwerte γ dividiert sind.

1. Axialgedrückte mittellange Kreiszylinderschale

Im Bild 10.5–20 sind für einen Baustahl mit einer Streckgrenze von 235 N/mm² die im oben beschriebenen Sinn ermittelten „zulässigen“ Spannungen als Funktion von r/t aus sechs Regelwerken aufgetragen. Diese Darstellung ist einer neueren Arbeit [18] entnommen. Es fällt auf, daß für große r/t-Werte, also im elastischen Bereich, die Unterschiede der verschiedenen Kurven nicht sehr groß sind. Im plastischen Bereich treten dagegen beträchtliche Differenzen auf. In [18] wird aufgrund neuerer Versuchsauswertungen empfohlen, im plastischen Bereich, d.h. für $r/t < 300$, die Tragspannungsverläufe in den ECCS-Recommendations und in der DASt-Richtlinie 013 etwas abzumindern.

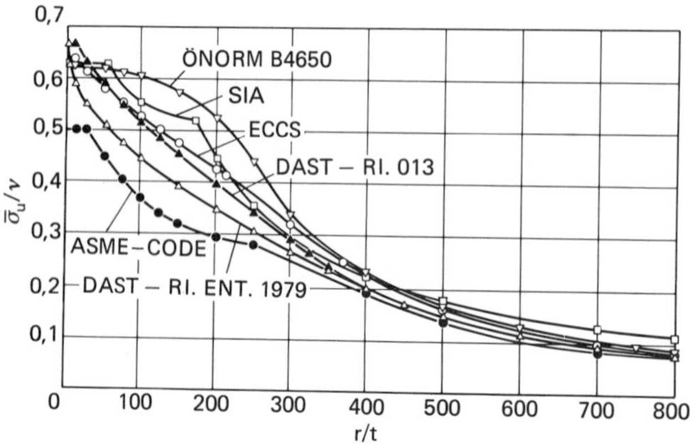

Bild 10.5–20 Vergleich der auf die Streckgrenze bezogenen „zulässigen“ Spannungen aus sechs Regelwerken für den axialgedrückten Kreiszylinder

2. Außendruckbelastete Kreiszylinderschale

Hier gibt es nicht nur Unterschiede bei den Abminderungsfaktoren α, sondern bereits in den Belastungsannahmen. Bei der DASt-Richtlinie 013 und den ECCS-Recommendations wird kein Unterschied zwischen einem Manteldruck und allseitigem Druck einschließlich der Belastung der Böden gemacht. Beim ASME-Code und den DnV-Rules werden diese Lastfälle getrennt behandelt. Während bei den DnV-Rules von den Zylinderabmessungen abhängige α-Verläufe angegeben werden, begnügen sich die anderen Regelwerke mit konstanten Abminderungsfaktoren, wie sie in der Tabelle 10.5–1 für fünf Regelwerke für den elastischen Bereich zusammengestellt sind. Hier sind außerdem die für den Vergleich wichtigen „zulässigen" Abminderungsfaktoren $\alpha/\nu \equiv \alpha/\gamma$ eingetragen. Auffallend niedrig sind die Werte der ECCS-Recommendations und des British Standard 5500.
Bei der DASt-Richtlinie 013 und der ÖNORM B 4650 besteht noch die Möglichkeit, höhere Abminderungsfaktoren zu wählen, wenn die Zylinderränder wölbbehindert gelagert werden.

Tabelle 10.5–1 Außendruckbelastete Kreiszylinderschale

Regelwerk	α	$\nu \equiv \gamma$	$\alpha/\nu \equiv \alpha/\gamma$
DASt-Richtlinie 013 [3]	0,7	1,5	0,47
ECCS-Recommendations [5]	0,5	1,5	0,33
British Standard 5500 [4]	0,5	1,5	0,33
ASME-Code [6]	0,8	2,0	0,40
ÖNORM [9]	0,7	1,6	0,44

Tabelle 10.5–2 Kugelschale

Regelwerk	α	$\nu \equiv \gamma$	$\alpha/\nu \equiv \alpha/\gamma$
DASt-Richtlinie 013 [3]	0,13	1,5	0,087
ECCS-Recommendations [5]	0,18	1,5	0,120
British Standard 5500 [4]	0,18	1,5	0,120
ASME-Code [6]	0,124	2,0	0,062
ÖNORM B 4650 [9]	0,14	1,6	0,088

3. Außendruckbelastete flache Kugelschale

Bei der Kugelschale streuen die Versuchswerte noch stärker als bei der axialdruckbelasteten Kreiszylinderschale. Obwohl auch hier bei einigen Untersuchungen eine leicht abfallende Tendenz des Abminderungsfaktors α als Funktion der Schalenschlankheit r/t zu beobachten ist, werden bei den meisten Regelwerken konstante α-Werte angenommen. In der Tabelle 10.5–2 ist für Kugelkappen mit horizontal unverschieblicher Lagerung der zahlenmäßige Vergleich im elastischen Bereich vorgenommen. Hier liegen die Werte der ECCS-Recommendations und des British Standard 5500 besonders hoch. Im plastischen Bereich verschwindet der Unterschied zur DASt-Richtlinie 013 wieder. Im Grenzfall für $\bar{\lambda} = 0$ liegen die Tragspannungen nach den ECCS-Recommendations sogar erheblich niedriger als nach der DASt-Richtlinie 013, wie aus einem Vergleich der Bilder 10.5–10 und 10.5–11 hervorgeht.
Aus den vorstehenden vergleichenden Betrachtungen kann zusammenfassend folgendes festgestellt werden: Nur bei der axialdruckbelasteten Kreiszylinderschale stimmen die „zulässigen" Abminderungsfaktoren α im elastischen Bereich recht gut überein. Bei den außendruckbelasteten Kreiszylinder- und Kugelschalen erhält man dagegen teilweise beträchtlich unterschiedliche Vergleichswerte. Für den plastischen Bereich ist der breite Streubereich, wie er sich bei der axialgedrückten Kreiszylinderschale nach Bild 10.5–20 ergibt, charakteristisch. Auch bei den beiden anderen Lastfällen, für die der plastische Bereich hier nicht detailliert betrachtet wurde, gibt es ähnlich große Unterschiede.

10.5.9 Schlußbetrachtungen

Obwohl immer noch nicht alle Wissenslücken beim Schalenbeulen ausgefüllt sind, entstanden im letzten Jahrzehnt einige Regelwerke, die nicht nur spezielle Anwendungen enthalten, sondern mehr oder minder den Gesamtkomplex des Beulens isotroper Schalen umfassen. Generell läßt sich feststellen, daß noch von keinem Regelwerk die Forderung der Baupraxis voll erfüllt wird, nämlich möglichst viele Lastfälle zu erfassen, einfach in der Handhabung und damit überschaubar und fehlerunanfällig zu sein und gleichzeitig die optimal wirtschaftlichsten Lösungen zu erreichen. Überall mußten Kompromisse geschlossen werden. Was noch erforderlich ist, ist die verschiedenen Regelwerke miteinander kritisch zu vergleichen, ähnlich wie es im Abschnitt 10.5.8 angedeutet ist. Das Ziel kann aber nicht sein, eine einheitliche international anerkannte Vorschrift zu verfassen, dazu sind die Anwendungsbereiche zu unterschiedlich. Eine Offshore-Konstruktion erfordert andere Maßnahmen wie ein Tank, bei dem nur ein geringer Unterdruck auftreten kann. Ein Reaktorsicherheitsbehälter eines Kernkraftwerkes muß nach anderen Gesichtspunkten, vor allem vom Standpunkt der Sicherheit aus, bemessen werden, wie eine Silozelle.
Bei den Rotationsschalen sollten vordringlich die folgenden Einzelprobleme geklärt werden:

- Die Tragspannungsverläufe im plastischen Bereich bei der axialgedrückten Kreiszylinderschale sollten vor allem auf ihre Sicherheit hin überprüft werden;
- die Abminderungsfaktoren α der außendruckbelasteten Kreiszylinder- und Kugelschalen sollten genauer bestimmt werden; die vorhandenen Differenzen sollten erklärt werden;
- bei der Kugelschale sollte die mögliche Anhebung des Abminderungsfaktors α für kleine r/t-Werte in Verbindung mit den Tragspannungsverläufen im plastischen Bereich überprüft werden;

- das Beulverhalten von Kegelschalen bedarf noch genauer Überprüfung; insbesondere muß untersucht werden, in welchem Umfange bei der flüssigkeitsgefüllten Kegelschale die entlastenden Umfangszugspannungen bei der Bemessung berücksichtigt werden können;
- der Einfluß konzentrierter Lasten sollte auf breiter Basis festgestellt werden;
- weitere Lastfälle sollten untersucht werden, so beispielsweise Windlasten;
- die geometrischen, aber auch die physikalisch-strukturellen Imperfektionen sollten im Hinblick auf mögliche größere Herstellungstoleranzen zahlenmäßig bestimmt werden;
- in die Regelwerke sollten Angaben über konstruktive Details aufgenommen werden;
- das günstige Tragverhalten ausgesteifter Rotationsschalen sollte vertieft studiert werden; insbesondere bei den imperfektionsanfälligen Lastfällen sind wirtschaftliche Vorteile zu erreichen.

Diese Aufzählung ist unvollständig. Sie zeigt aber, daß vor einer generellen Normung eine weitere umfangreiche Sichtung der vorhandenen Unterlagen erforderlich ist, aber auch noch erhebliche Forschungsarbeiten zu leisten sind. Die Normung sollte keineswegs alles erfassen. Eigentlich müßten Hinweise auf die grundsätzliche Behandlung der anstehenden Probleme mit der zahlenmäßigen Erfassung der wichtigsten Lastfälle ausreichen. Dem anwendenden Ingenieur darf keinesfalls das Feld der eigenverantwortlichen Beteiligung am Entwurfsprozeß zu sehr eingeschränkt werden.

„Eine Anfang 1981 erschienene Ausarbeitung von U. Schulz [26] enthält über 2000 Schrifttumshinweise zur Schalen-Stabilität. Den neuesten Stand der Forschung auf dem Gebiet der Schalen-Stabilität findet man in den Proceedings des Schalenbeulkolloquiums [27], das am 6. und 7. Mai 1982 in Stuttgart abgehalten wurde.“

Literatur

1. DIN 4114 – Stahlbau – Stabilitätsfälle (Knickung, Kippung, Beulung). 1952.
2. DIN 4114 – Stahlbau – Stabilitätsfälle (Knickung, Kippung, Beulung). Ergänzungserlaß vom 30.5.73. Der Stahlbau 43 (1974) S. 62–63.
3. Deutscher Ausschuß für Stahlbau: DASt-Richtlinie 013: Beulsicherheitsnachweise für Schalen. Ausgabe Juli 1980, S. 1–16.
4. British Standards Institution (London): BS 5500: 1976. Specification for Unfired Fusion Welded Pressure Vessels.
5. Europäische Konvention für Stahlbau (EKS), European Convention for Constructional Steelwork (ECCS): European Recommendations for Steel Construction (ECCS-Recommendations) R 4. 6: Buckling of Shells. 1979.
6. Cases of ASME Boiler and Pressure Vessel Code, Case N – 284: Metal Containment Shell Buckling Design Methods. Section III, Division 1, Class MC, 1980.
7. Det Norske Veritas: Rules for the Design, Construction and Inspection of Offshore Structures, 1977, Appendix C, Steel Structures. (DnV-Rules).
8. DDR-Standard TGL 19348: Örtliche Stabilität gekrümmter Flächentragwerke. 1965.
9. ÖNORM B 4650: Teil 4, Stahlbau, Beulung von Kreiszylinderschalen, Ausgabe vom 1. Nov. 1977. Teil 5, Stahlbau, Beulung von Kreiszylinderschalen mit abgestufter Wanddicke, Ausgabe vom 1. Aug. 1980. Teil 7, Stahlbau, Beulung von Kugelschalen, Ausgabe vom 1. Dez. 1980.
10. Bornscheuer, F. W.: Zur Berechnung und Konstruktion druckbeanspruchter Schalen aus Stahl. DASt-Berichte aus Forschung und Entwicklung, Heft 4/1977, S. 3–9.
11. Esslinger, M. und B. Geier: Postbuckling Behavior of Structures. CISM Courses and Lectures No. 236. Springer-Verlag, Wien–New York, 1975.
12. Flügge, W.: Statik und Dynamik der Schalen. 2. neubearbeitete Auflage, Springer-Verlag, Berlin–Göttingen–Heidelberg, 1957.
13. Girkmann, K.: Flächentragwerke. 6. Auflage, Springer-Verlag, Wien, 1963.
14. Saal, H.: Buckling of Circular Cylindrical Shells under Combined Axial Compression and Internal Pressure. ECCS Stability of Steel Structures, Preliminary Report, Liège, April 1977.
15. Pflüger, A.: Zur praktischen Berechnung der axial gedrückten Kreiszylinderschale. Stahlbau 32 (1963) S. 161–165.
16. Steinhardt, O. und U. Schulz: Zum Beulverhalten von Kreiszylinderschalen. Schweizerische Bauzeitung 89 (1971) S. 1–14.
17. Harris, L. A., Suer, H. S., Skene, W. T. and R. J. Benjamin: The Stability of Thin-Walled Unstiffened Circular Cylinders under Axial Compression Including the Effects of Internal Pressure. J. Aero. Sci., Vol. 24 (1957) S. 587–596.
18. Bornscheuer, F. W.: Plastisches Beulen von Kreiszylinderschalen unter Axialbelastung. Stahlbau 50 (1981) S. 257–262.
19. Herzog, M.: Die Tragfähigkeit unversteifter und versteifter Kreiszylinderschalen aus Baustahl. Stahlbau 50 (1981) S. 50.
20. Bornscheuer, F. W.: Durch Schweißeigenspannungen ausgelöste Beulerscheinungen. Schweißen und Schneiden 9 (1957) S. 492–494.
21. F. Resinger und R. Greiner: Erläuterungen zur ÖNORM B 4650, Teil 4 „Stahlbau; Beulung von Kreiszylinderschalen“. ÖNORM, Heft 5 und 6 (1978).
22. Vandepitte, D., Rathé, J. und G. Weymeis: Experimentelle Beullasten von Kegelschalen unter hydrostatischer Belastung. Schalenbeultagung Darmstadt. Vorträge und Diskussionsbeiträge, herausgegeben von M. Esslinger, 1979, S. 151–161.
23. Bornscheuer, F. W.: Beulsicherheitsnachweise für Schalen (DASt-Richtlinie 013). Baustatik – Baupraxis, Darmstadt, 1981, Tagungsheft BB 1, S. 237. Die Bautechnik 58 (1981) S. 313–317.
24. Pieper, K.: Beulschäden an Silos. In „Beulen von Schalen“. Vorträge und Diskussionsbeiträge der Schalenbeultagung in Braunschweig am 19. und 20. 6. 75, herausgegeben von M. Esslinger und B. Geier. Sonderheft der DFVLR, S. 143–152.
25. Schweizerischer Ingenieur- und Architekten-Verein: SIA Norm 161. Ausgabe 1979 mit Kommentar.
26. Schulz, U.: Der Stabilitätsnachweis bei Schalen. Berichte der Versuchsanstalt für Stahl, Holz und Steine der Universität Fridericiana in Karlsruhe, 4. Folge, Heft 2, 1981.
27. Ramm, E. (Editor): Buckling of Shells. Proceedings of a State-of-the-Art Colloquium, Universität Stuttgart, Germany, May 6-7, 1982. Springer-Verlag, Berlin–Heidelberg–New York, September 1982.

10.6 Tragsicherheitsnachweise für axialdruckbelastete orthotrope Kreiszylinderschalen

M. Pfeiffer

10.6.1 Einleitung

Der Abschnitt 10.5 befaßte sich mit *isotropen* Zylinder-, Kegel- und Kugelschalen. Durch die große Anzahl der bislang an diesen Schalenformen durchgeführten Versuche konnten nach entsprechender Diskussion Abminderungsfaktoren unter Bezug auf die klassischen Verzweigungslasten festgelegt und so halbempirisch sichere und gleichzeitig wirtschaftlich vertretbare Bemessungsregeln erreicht werden. In diesem Abschnitt werden nun zwei theoretisch entwickelte und durch eine Reihe von Versuchen erhärtete, bei definierten Versteifungsverhältnissen gültige Konzeptionen erläutert, die für orthogonal versteifte, kurz *orthotrope, axialdruckbelastete Kreiszylinderschalen* zu entsprechenden einfachen Regelungen führen können.
Zunächst wird jedoch – nach einer Zusammenstellung der klassischen Beullasten und Beulformen – mit der Darlegung einiger grundlegender, beim Stabilitätsversagen *idealer* axialdruckbelasteter Kreiszylinderschalen auftretender Zusammenhänge versucht, die Basis für ein tieferes Verständnis der wesentlichen Versagensmechanismen zu schaffen. Darauf aufbauend werden dann die Berechnungsmöglichkeiten erläutert, die aus diesen Erkenntnissen für *reale,* d.h. mit geometrischen und strukturellen Imperfektionen behaftete Kreiszylinderschalen entwickelt wurden.

10.6.2 Grundlagen zum Stabilitätsversagen isotroper und orthotroper Kreiszylinderschalen unter Axialdruck

10.6.2.1 Die Beullasten und Beulformen der idealen Kreiszylinderschale

Für die Beurteilung des Tragvermögens von axialdruckbelasteten Kreiszylinderschalen ist die Kenntnis der klassischen (d.h. am idealen Zylinder mit den Randbedingungen $w = v = M_x = 0$ für Gewichtsbelastung ermittelten) Beullasten und kritischen Wellenlängen von wesentlicher Bedeutung, da sie mechanisch sinnvolle Bezugsgrößen für die Festlegung von Grenzlastkurven darstellen und Aufschluß über zu erwartende Beulengrößen geben.
Beim (mittellangen) *isotropen* Zylinder existiert bekanntlich nur eine klassische Verzweigungslast, die sich zu

$$p_{ki} = \frac{1}{\sqrt{3(1-\mu^2)}} \frac{Et^2}{r}$$

mit r = Zylinderradius
t = Blechdicke
E = Elastizitätsmodul
μ = Querdehnungszahl

ergibt.
Die zugehörige Beulenform bleibt, was eine Besonderheit des isotropen Zylinders ist, nach der linearen Beultheorie unbestimmt. Man erhält lediglich mit der Beziehung

$$\frac{\left(\frac{1}{l_x^2} + \frac{1}{l_y^2}\right)^2}{\frac{1}{l_x^2}} = \frac{1}{4\pi^2} \sqrt{12(1-\mu^2)} \frac{1}{rt}$$

mit l_x, l_y: (volle) Wellenlänge in Längs-/Umfangsrichtung

eine Aussage über die Abhängigkeit der beiden Wellenlängen l_x und l_y voneinander. Allen nach dieser Gleichung möglichen Kombinationen von l_x und l_y ist das gleiche p_{ki} zugeordnet. Für die in Versuchen in der Regel beobachteten nahezu quadratischen Beulformen erhält man hieraus:

$$l_x = l_y = \frac{4\pi}{\sqrt[4]{12(1-\mu^2)}} \sqrt{rt}$$

Bei *versteiften* Zylindern liefert die lineare Theorie für den idealen Zylinder in der Regel 2–3 „klassische" Verzweigungslasten, die den 3 Beulmustern Ring-, Schachbrett- und Längsbeule zugeordnet sind (Bild 10.6–1) und deren kritische Wellenlängen sich immer – im Gegensatz zum isotropen Zylinder – eindeutig angeben lassen.
Geht man zu ihrer Ermittlung zunächst von der Annahme der sogenannten „mittigen Orthotropie" aus, d.h. vernachlässigt man die (bei zur Blechmittelebene asymmetrischer Anordnung der Steifen vorhandenen) Einflüsse der Membranschnittgrößen auf die Biegemomente und rechnet man zudem mit verschmierten Steifigkeiten (wozu jeweils mindestens 2 Steifen pro Beulhalbwelle vorhanden sein müssen), so ist es möglich, die klassischen Beullasten in Abhängigkeit von 3 charakteristischen Versteifungsparametern [14] zu formulieren:

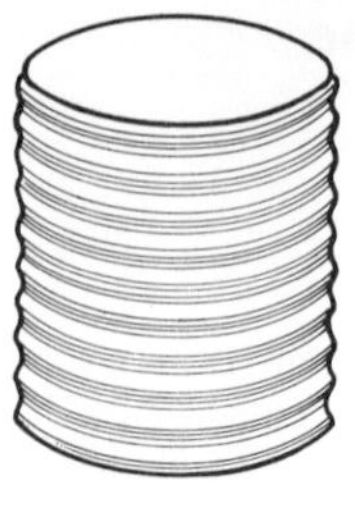

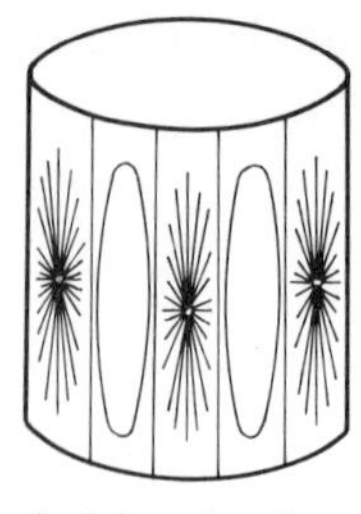

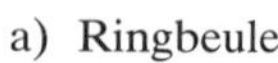

a) Ringbeule b) Schachbrettbeule c) Längsbeule d) Rautenbeule

Bild 10.6–1 Beulformen bei axialdruckbelasteten Kreiszylinderschalen

$$\vartheta_p = \frac{J_{xy}}{2\sqrt{J_x J_y}} \quad \text{Plattenkennwert}$$

$$\vartheta_s = \frac{k_{xy}}{2\sqrt{k_x k_y}} \quad \text{Scheibenkennwert}$$

$$\bar{k} = \sqrt{\frac{J_y k_y}{J_x k_x}} = \frac{i_y}{i_x} \quad \text{Hauptsteifigkeitskennwert}$$

$$i_x = \sqrt{\frac{J_x k_x}{t}}; \; i_y = \sqrt{\frac{J_y k_y}{t}} \quad \text{(Trägheitsradien)}$$

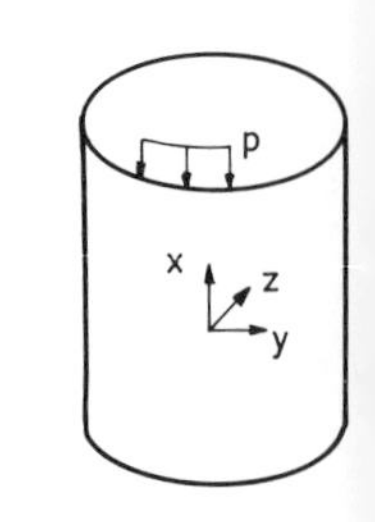

Bild 10.6–2
Koordinatensystem

wobei folgende Abkürzungen benutzt werden (vgl. Bild 10.4.3–1):

$$\bar{t} = \frac{t}{1-\mu^2}; \; \bar{t}_x = \frac{\bar{t}}{\bar{t} + \frac{A_{Stx}}{b'_x}}; \; \bar{t}_y = \frac{\bar{t}}{\bar{t} + \frac{A_{Sty}}{b'_y}}; \; c = \frac{1}{1-\mu^2 \bar{t}_x \bar{t}_y}$$

$$k_x = c\,(1-\mu^2)\,\bar{t}_x; \; k_y = c\,(1-\mu^2)\,\bar{t}_y; \; k_{xy} = 2c\,(1+\mu)\,(1-\mu \bar{t}_x \bar{t}_y)$$

$$J_x = \frac{1}{b'_x} \cdot \frac{b_{mx} \cdot t^3}{12\,(1-\mu^2)} + J_{Stx} + \frac{b_{mx} \cdot \bar{t} \cdot A_{Stx}}{b_{mx} \cdot \bar{t} + A_{Stx}}\, e^2_{Stx}$$

$$J_y = \frac{1}{b'_y} \cdot \frac{b_{my} \cdot t^3}{12\,(1-\mu^2)} + J_{Sty} + \frac{b_{my} \cdot \bar{t} \cdot A_{Sty}}{b_{my} \cdot \bar{t} + A_{Sty}}\, e^2_{Sty}$$

$$J_{xy} = 2\left[\frac{t^3}{12\,(1-\mu^2)} + \frac{1}{4\,(1+\mu)}\left(\frac{J_{Tox}}{b'_x} + \frac{J_{Toy}}{b'_y}\right)\right]$$

b_{m_x}, b_{m_y}: mitwirkende Breiten bei Biegung
J_{Tox}, J_{Toy}: St. Venantsche Trägheitsmomente der Steifen

In Abhängigkeit von diesen 3 Parametern läßt sich das Bild 10.6–3 erstellen [8], das für gegebene Versteifungsverhältnisse jeweils angibt, welche der klassischen Beullasten (bei mittiger Orthotropie) zum niedrigsten Eigenwert gehört. Man erkennt, daß sich alle Bereiche in einem zentralen Punkt treffen, der mit $\vartheta_p = \vartheta_s = \bar{k} = 1$ den isotropen Zylinder beschreibt. Außerdem wird ersichtlich, daß der sogenannten Längsbeule nur bei den überwiegend längsversteiften Zylindern eine wesentliche Rolle zukommt, während die gleichmäßig und überwiegend umfangsversteiften Schalen von der Ringbeule und einer, mit quadratischen bis quergestreckten Beulen sich ergebenden Schachbrettbeulform bestimmt werden.
Die dem Bild 10.6–3 zugrundeliegenden 3 *klassischen Beullasten* lassen sich mit ihren zugehörigen kritischen Wellenlängen l_R bzw. l_x, l_y folgendermaßen formulieren [14] (eine zusätzliche Einbeziehung der Steifenexzentrizität in die Ermittlung der Beullast ist z. B. mit [5] möglich):

Ringbeullast: $$p_{ki,R} = 2\,\frac{E}{r} \cdot \sqrt{\frac{J_x \cdot t}{k_y}}; \; l_R \doteq 2\pi \cdot \sqrt[4]{\frac{J_x \cdot k_y \cdot r^2}{t}}$$

Schachbrettbeullast: $p_{ki,S} = p_{ki,R} \cdot \sqrt{\dfrac{1 + 2\,\vartheta_p \cdot \bar{k} \cdot \bar{\gamma}_S^2 + \bar{k}^2 \cdot \bar{\gamma}_S^4}{1 + 2\,\vartheta_s \cdot \bar{\gamma}_S^2 + \bar{\gamma}_S^4}}$

$$\text{mit: } \bar{\gamma}_S^2 = \frac{1 - \bar{k}^2 + \sqrt{(\bar{k}^2 - 1)^2 + 4\,(\vartheta_s \bar{k}^2 - \vartheta_p \bar{k})(\vartheta_s - \vartheta_p \bar{k})}}{2\,(\vartheta_s \bar{k}^2 - \vartheta_p \bar{k})}$$

$$l_{xS} = l_R \cdot \sqrt[4]{(1 + 2\,\vartheta_p \bar{k} \bar{\gamma}_S^2 + \bar{k}^2 \bar{\gamma}_S^4) \cdot (1 + 2\,\vartheta_s \bar{\gamma}_S^2 + \bar{\gamma}_S^4)}$$

$$l_{yS} = \frac{l_{xS}}{\bar{\gamma}_S} \cdot \sqrt[4]{\frac{k_x}{k_y}}$$

Längsbeullast: $p_{ki,L} = p_{ki,R} \cdot \left[\dfrac{1}{2\,\bar{L}^2}(1 + 2\,\vartheta_p \bar{k} \bar{\gamma}_L^2 + \bar{k}^2 \bar{\gamma}_L^4) + \dfrac{\bar{L}^2}{2} \cdot \dfrac{1}{1 + 2\,\vartheta_s \bar{\gamma}_L^2 + \bar{\gamma}_L^4}\right]$

$$\text{mit: } \bar{L} = \frac{L}{l_R/2} \qquad L = \text{Zylinderlänge}$$

$$l_{xL} = 2\,L\,, \qquad l_{yL} = \frac{2\,L}{\bar{\gamma}_L} \cdot \sqrt[4]{\frac{k_x}{k_y}}$$

($\bar{\gamma}_L$ muß iterativ so bestimmt werden, daß $p_{ki,L}$ minimal wird!)

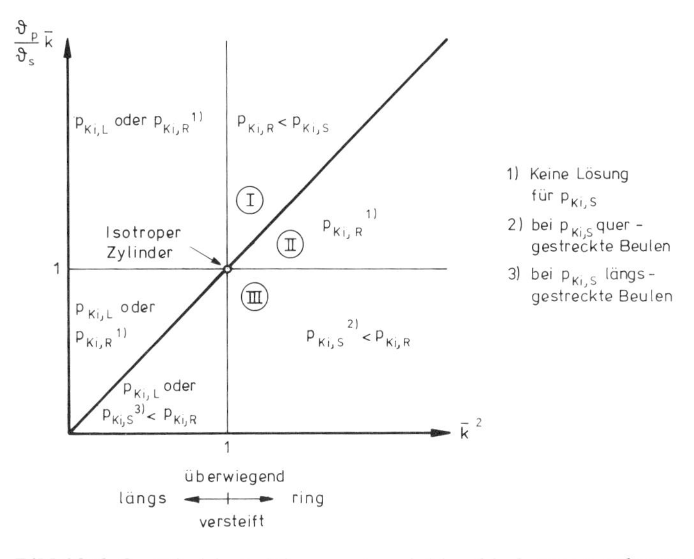

Bild 10.6–3 Niedrigste Eigenwerte axialdruckbelasteter orthotroper Kreiszylinderschalen

In der Untersuchung [15] wird festgestellt, daß diese (mit den bereits genannten Randbedingungen ermittelten) klassischen Beullasten gegenüber einer Berücksichtigung anderer Lagerungsbedingungen immer die ungünstigsten idealen Beulwerte darstellen. Eine Ausnahme hiervon bildet nur der Sonderfall des isotropen Zylinders, wenn am Zylinderrand eine freie Tangentialverschiebung v (Rb: $N_{xy} = 0$) möglich ist, was aber leicht z.B. durch eine Randverstärkung oder durch ein mitunter ohnehin vorhandenes festes Dach konstruktiv verhindert werden kann. Außerdem zeigt die Arbeit [15], daß eine Berechnung mit den klassischen Randbedingungen für isotrope und gleichmäßig oder überwiegend in Umfangsrichtung versteifte Zylinder schon ab Zylinderlängen, die größer sind als die kritische Wellenlänge der Ringbeulform (l_R), sehr brauchbare Ergebnisse liefert (die Maximalabweichung zu anderen Lagerungsbedingungen wird kleiner als 25% auf der sicheren Seite), bei längsversteiften Zylindern hingegen Differenzen von 100% z.B. nur aus der Vernachlässigung der Einspannwirkung auftreten können.

10.6.2.2 Auswirkung der Krümmung der Schale auf das Beulverhalten

Bekanntlich fällt bei idealen isotropen Kreiszylinderschalen – im Gegensatz zu Stäben und Platten – die Last-Verformungskurve nach Erreichen des klassischen Beulwertes auf etwa 10% des Maximalwertes ab. Der Beulwert selbst ist dabei wesentlich höher als bei vergleichbaren Platten bzw. Stäben.

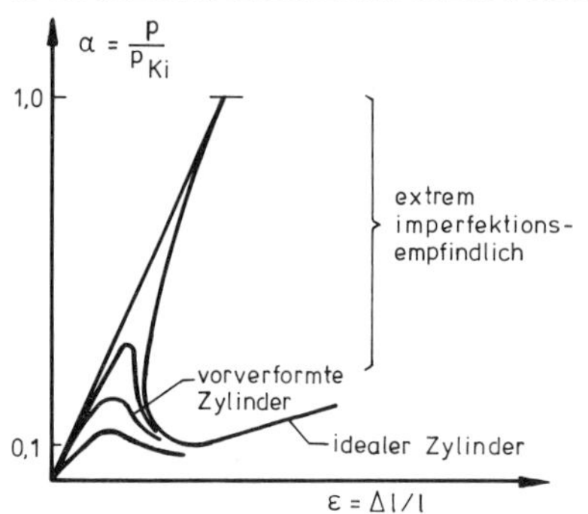

Bild 10.6–4 Last-Stauchungsdiagramm eines axialdruckbelasteten isotropen Kreiszylinders

Sucht man, zunächst für die *Schachbrettbeulform,* nach einer Erklärung für diese Phänomene [3], so zeigt sich, daß der wesentliche Unterschied zu Stab und Platte darin besteht, daß durch die Krümmung der Schale eine Verformung nach außen sofort (auch schon nach der linearen DGL, d.h. bei infinitesimal kleinen Verformungen) Zugkräfte in Umfangsrichtung zur Folge hat, eine Verformung nach innen hingegen entsprechende Druckbeanspruchungen. Sie sind bei infinitesimal kleinen Verformungen (bei denen die Änderung der Krümmung noch vernachlässigt werden kann) jeweils gleich groß. Die durch sie geweckten radialen Umlenkkräfte wirken in Innenbeulen nach außen und in Außenbeulen nach innen, d.h. sie wirken dem Entstehen dieser Beulen entgegen; dadurch erhält man höhere ideale Beullasten als bei entsprechenden Platten. Sind die Verformungen nicht mehr infinitesimal klein, verringert sich die Umfangsdruckkraft (und damit auch die Stützwirkung) in den Innenbeulen, da die Gesamtkrümmung (die sich aus der im unbelasteten Zustand vorhandenen und der hinzukommenden elastischen Krümmung zusammensetzt) kleiner wird; in den Außenbeulen hingegen vergrößern sich aus dem gleichen Grund Umfangszugkraft und Stützwirkung. Die Folge ist, daß die nach innen gerichteten Stützkräfte (die in den Außenbeulen entstehen) überwiegen und sich in der Summe praktisch eine zusätzliche Außendruckbelastung für den Zylinder ergibt. Überkritische Gleichgewichtszustände sind dann nur noch bei entsprechend kleineren Längslastniveaus möglich. Die Wirkung dieser nach innen gerichteten „Zusatzbelastung" wird dabei bei größeren Verformungen so groß, daß die Nachbeulkurve auf Niveaus fällt, die kleiner sind als die schon allein durch den Biegewiderstand einer entsprechenden Platte erreichbaren Werte!

Bei der (rotationssymmetrischen) *Ringbeulform* liegen die Verhältnisse etwas anders [13]. Hier kommen die hohen Beullasten dadurch zustande, daß infolge der Krümmung der Schale die radialen Abtriebskräfte, die nach Theorie II. Ordnung aus der Längsbelastung im Moment des Beulens entstehen, in Innenhalbwellen (über den Umfang konstante) Umfangsdruckkräfte und in Außenhalbwellen entsprechende Zugkräfte hervorrufen. Damit stellt die Umfangsrichtung praktisch für die Längsrichtung eine lineare elastische Bettung dar, weshalb sich die ideale Ringbeullast auch ersatzweise an einem elastisch gebetteten Druckstab berechnen läßt. Es ergibt sich nach Überschreiten des Beulpunktes zunächst ein Spannungsproblem, bei dem sich die elastischen (ringbeulenartigen) Verformungen so lange vergrößern, bis durch eine erneute Gleichgewichtsverzweigung zusätzlich auch Biegeverformungen in Umfangsrichtung (dem Schachbrettbeulmuster vergleichbar) auftreten. Diesen Vorgang kann man sich anschaulich als eine Art *Biegedrillknicken der* – infolge der Abtriebskräfte aus der Längsbelastung – *meist gestauchten Ringzonen* vorstellen. Da beim isotropen Zylinder die klassischen Beullasten für Ringbeul- und Schachbrettbeulform, wie bereits gesagt, identisch sind, wird hier schon unmittelbar nach Auftreten des Ringbeulmusters (bei nicht mehr infinitesimal kleinen Verformungen) diese erneute Gleichgewichtsverzweigung zu der schachbrettbeulenartigen Verformung auftreten. In [9] wird gezeigt, daß sich dieses Muster mit der doppelten Wellenlänge des Ringbeulmusters bildet und so liegt, daß seine Maxima gerade über den Maxima der nach innen gerichteten Verformungen des Ringbeulmusters liegen, während über den Maxima der Außenhalbwellen des Ringbeulmusters die schachbrettartigen Verformungen gerade Null werden. Daraus folgt, daß die Bettungswirkung für die Längsrichtung in den Innenhalbwellen des Ringbeulmusters stark abnimmt, da hier die die Stützwirkung verursachenden Umfangsdruckkräfte durch große Verformungen abgebaut werden. In den Außenhalbwellen hingegen werden die Zugkräfte durch die sehr kleinen Verformungen kaum erhöht, so daß sich auch die Bettungswirkung nur wenig erhöht. Betrachtet man den ganzen Zylinder, nimmt die Bettung also insgesamt ab, so daß Gleichgewichtszustände dann wieder nur noch bei niedrigeren Längslastniveaus möglich sind.

Diese Überlegungen sind selbstverständlich auch für orthotrope Zylinder gültig, nur daß dort – infolge der unterschiedlichen Größe der drei klassischen Beullasten – je nach Versteifungsverhältnis für den idealen Zylinder eine Priorität bezüglich eines der beiden beschriebenen Versagensmechanismen vorliegt.

10.6.2.3 Der Nachbeulbereich

Die Versteifungsverhältnisse beeinflussen nicht nur die *Höhe* der – bereits im Abschnitt 10.6.2.1 angegebenen – klassischen Beullasten, sondern wirken sich auch entscheidend auf den *Verlauf der Nachbeulkurve* des idealen Zylinders aus.

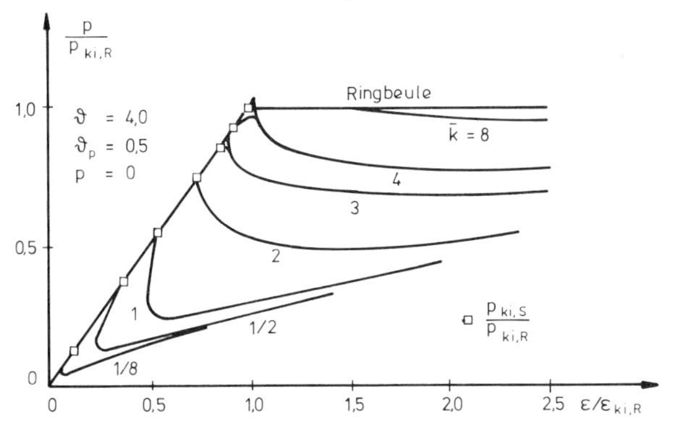

Bild 10.6–5
Last-Stauchungskurven von orthotropen Zylindern bei unterschiedlichen Hauptsteifigkeitsverhältnissen $\bar{k}$ [14]

Das Bild 10.6–5, das aus [14] entnommen ist, zeigt für einen Zylinder mit $\vartheta_p = 0{,}5$, $\vartheta_s = 4{,}0$ den Einfluß des Hauptsteifigkeitsverhältnisses $\bar{k}$. Obwohl die Nachbeulminima infolge des in [14] verwendeten relativ einfachen Verformungsansatzes absolut gesehen zu hoch liegen, kann man in der Tendenz sehr gut erkennen, daß mit zunehmender Umfangsversteifung (größer werdende $\bar{k}$-Werte) das Nachbeulverhalten günstiger wird, da die Nähe von Vor- und Nachbeulkurve dann abgebaut wird.

Bild 10.6–6
Höhenschichtlinienplan einer Überlagerung von Ring-, Schachbrett- und Längsbeulen [12]

Bezüglich der Art der im Nachbeulbereich auftretenden Beulen ist allen gleichmäßig oder überwiegend umfangsversteiften Zylindern (unter Einschluß des isotropen Zylinders) gemeinsam, daß sie in den Versuchen nahezu immer mit der in Bild 10.6–1 dargestellten sogenannten Rautenbeulform versagen (wobei sich nur die Beulenabmessungen je nach Versteifungsverhältnissen unterschiedlich ergeben), während die Beulform bei stark längsversteiften Zylindern oft eher der klassischen Längsbeulform ähnelt. Auf den ersten Blick ist in bezug auf die Rautenbeule kein Zusammenhang mit den bisher besprochenen 3 klassischen Beulformen ersichtlich. Überlagert man diese drei hingegen in der Art, daß die Umfangswellenlänge der Schachbrettbeulform gerade doppelt so groß gewählt wird wie diejenige der Längsbeulform und ihre Längswellenlänge gerade doppelt so groß wie diejenige der Ringbeulform, so zeigt ein Höhenschichtlinienplan, der aus einer Nachbeulberechnung eines isotropen Zylinders mit einem diesbezüglichen Ansatz stammt [12], daß sich in der Tat eine recht gute Näherung für die Rautenbeulform ergibt. Leider hat es sich gezeigt, daß diese Näherung aber noch keineswegs ausreichend ist, das Minimum der Nachbeulkurve korrekt zu bestimmen. Wegen der bis dahin auftretenden sehr großen Verformungen sind zusätzliche Freiheitsgrade im Ansatz erforderlich. In [1] konnte dieses Minimum erst durch Variation nach bis zu 11 Parametern unter großem numerischem Aufwand berechnet werden. Es ergab sich zudem so niedrig (beim isotropen Zylinder zu etwa $0{,}1 \cdot p_{ki}$), daß es als allgemeine Bemessungsgrundlage nicht akzeptiert werden konnte.

10.6.2.4 Konsequenzen für eine sichere Bemessung

Bisher wurde im wesentlichen das Verhalten des *idealen* Zylinders erläutert. Es wurde gezeigt, daß perfekte axialdruckbelastete Kreiszylinderschalen zwar hohe Beullasten erreichen, daß aber nach dem Beulen ihre Last-Verformungskurve schlagartig auf sehr kleine Werte abfällt. Dabei ist der bezüglich einer sicheren Bemessung äußerst unangenehme Aspekt die relative, allerdings von den Versteifungsverhältnissen abhängige Nähe der stabilen Vorbeul- zur labilen Nachbeulkurve schon weit unterhalb der jeweils niedrigsten klassischen Verzweigungslast.
Dadurch wird bei *realen,* d.h. mit strukturellen und geometrischen Imperfektionen behafteten Zylinderschalen ein Überwechseln von der Vor- zur Nachbeulkurve möglich, sobald die durch diese Imperfektionen hervorgerufenen Störeinflüsse die Größenordnung der zu überwindenden Energieschranke erreicht haben. Verlaufen Vor- und Nachbeulkurve sehr dicht, wie z.B. beim isotropen Zylinder, wird die zu überwindende Energieschranke entsprechend niedrig, und damit liegt auch die reale Beullast in der Regel beträchtlich unter der idealen.
Aus diesen Überlegungen ergibt sich als Forderung, daß eine sichere Bemessung bei axialdruckbelasteten Kreiszylinderschalen eine *Untersuchung des imperfekten* Zylinders notwendig macht, die so durchgeführt werden muß, daß sie die *Nähe von Vor- und Nachbeulkurve* zu erfassen vermag.
Im Gegensatz zum Stab wird im allgemeinen eine ausschließliche Untersuchung mit der – üblicherweise mit Theorie II. Ordnung bezeichneten – Genauigkeitsstufe nicht ausreichen, da die Last-Verformungskurve nicht asymptotisch auf den niedrigsten Eigenwert zustrebt, sondern infolge der – im Abschnitt 10.6.2.2 am idealen Zylinder angedeuteten – Auswirkungen der Krümmungsänderung auf den Schnittkraftzustand nach Erreichen eines Gipfelpunktes asymptotisch zur Nachbeulkurve verläuft (Bild 10.6–4). Diesen Gipfelpunkt, bei dem das elastische Durchschlagen des Zylinders beginnt, erhält man nur dann, wenn man die Stabilitätsuntersuchung mit der nichtlinearen Membranspannungsdifferentialgleichung (die auch für endlich große Verformungen gültig ist) [6] führt.
Bei dieser Untersuchung ist eine direkte rechnerische Berücksichtigung der am Bauwerk vorhandenen, in der Regel sehr unregelmäßigen geometrischen Sollabweichungen [2] und der oftmals komplizierten Eigenspannungszustände in einer nichtlinearen Spannungsberechnung für Bemessungen im Stahlbau nicht sinnvoll, da sie einerseits nicht mit vertretbarem Aufwand durchführbar ist und andererseits auch das Sammeln von verläßlichen Vorinformationen über die (von Herstellungsfirma und -verfahren abhängigen) zu erwartenden Imperfektionen sehr schwierig wäre. Für den *Stahlbau* bleibt deshalb auf absehbare Zeit der einzig gangbare Weg, näherungsweise mit *geometrischen Ersatzimperfektionen* zu rechnen.
Die Vielzahl und Komplexität der möglichen „Störeinflüsse" bedingt eine große Streuung bei den bisher bekannt gewordenen Versuchsergebnissen (Bild 10.5–8). Durch die „pauschale Erfassung" mit sogenannten geometrischen Ersatzimperfektionen wird es notwendig, deren Größe so festzulegen, daß die Berechnung eine Art untere Einhüllende (z.B. 5% Fraktile) aller (als gesichert anzusehender) Versuchsergebnisse ergibt, so daß die Wahrscheinlichkeit, daß die Kombination der tatsächlich vorhandenen Imperfektionen sich ungünstiger auswirkt als die geometrische Ersatzimperfektion, auf das übliche Maß reduziert wird.

10.6.3 Rechnerische Erfassung des Tragverhaltens isotroper und orthotroper Kreiszylinderschalen unter Axiallast mit baustatischen Berechnungsmethoden unter Berücksichtigung von Vorverformungen

10.6.3.1 Isotrope und gleichmäßig oder überwiegend umfangsversteifte Kreiszylinderschalen

Ein Berechnungsverfahren, das sich an den im Abschnitt 10.6.2.4 aufgestellten Forderungen orientiert und für *isotrope sowie gleichmäßig oder überwiegend umfangsversteifte* Kreiszylinderschalen auf Anregung von O. Steinhardt (vgl. auch [13]) entwickelt wurde [9], soll im folgenden kurz in seinen Grundzügen dargelegt werden.
Ausgangspunkt ist der im Abschnitt 10.6.2.2 beschriebene, bei der Ringbeulform maßgebliche Versagensmechanismus. Der dabei auftretende 1. theoretische Beulwert, das Entstehen der Ringbeulform, wird dadurch ausgeschaltet, daß für den Zylinder ein zu dieser Beulform affines Vorverformungsmuster

angenommen wird. Man hat dann von Anfang an einen nichtlinearen Verlauf der Last-Verformungskurve und wird infolge der begrenzten Materialfestigkeit keinesfalls mehr die klassische Ringbeullast erreichen. Der Maximalstich der eingeführten geometrischen Ersatzimperfektion wird empirisch so festgelegt, daß die Wirkung von realen, im allgemeinen völlig unregelmäßigen Sollabweichungen und Eigenspannungszuständen auf der sicheren Seite liegend repräsentiert wird.
Im Abschnitt 10.6.2.2 wurde beschrieben, daß am idealen Zylinder nach Auftreten der Ringbeulform noch eine 2. Gleichgewichtsverzweigung zur Schachbrettbeulform hin stattfindet und daß erst nach diesem 2. Indifferenzzustand die eigentliche Bildung der im Versuch zu beobachtenden Rautenbeulen beginnt. Durch die Einführung der der Ringbeulform entsprechenden Vorverformung wird sich die Berechnung des vorverformten Zylinders nun auf die mit der Schachbrettbeule verbundene 2. Gleichgewichtsverzweigung konzentrieren, die als elastische Grenzlast definiert wird. Den Auslösemechanismus für das Auftreten der schachbrettbeulenartigen Verformung kann man – wie bereits im Abschnitt 10.6.2.2 erläutert – als eine Art Biegedrillknicken der meist gestauchten Umfangszonen deuten, wobei die (vor dem Beulen vorhandene) linear elastische Bettungswirkung verlorengeht.
Die gesuchte *Verzweigungslast des rotationssymmetrisch vorverformten Zylinders* kann z.B. mit der nichtlinearen Membranspannungsdifferentialgleichung (unter Berücksichtigung großer Verformungen) und dem Prinzip vom Minimum der Gesamtenergie ermittelt werden. Sie ergibt sich nach Maßgabe des Vorverformungsstiches α_{0R} für orthotrope Zylinder [9] durch Lösung der beiden folgenden Gleichungen unter Elimination von $\overline{w}$:

$$p_{u_{el}} = p_{ki,R} \cdot \left(1 - \frac{\overline{w}_{0R}}{\overline{w}}\right)$$

$$p_{u_{el}} = \frac{p_{ki,R}}{2 + \frac{1}{2}\overline{\gamma}^2 \overline{w}} \cdot \left[\frac{1}{4}(1 + 2\vartheta_p \overline{k}\overline{\gamma}^2 + \overline{k}^2\overline{\gamma}^4) + 4\,\frac{1 - \overline{\gamma}^2\overline{w} + \frac{1}{4}\overline{\gamma}^4\overline{w}^2}{1 + 2\vartheta_s\overline{\gamma}^2 + \overline{\gamma}^4} + \frac{\overline{\gamma}^4\overline{w}^2}{81 + 18\,\vartheta_s\overline{\gamma}^2 + \overline{\gamma}^4}\right]$$

$$\text{mit:}\quad \overline{w}_{0R} = \frac{a_{0R}}{i_x} \qquad \overline{w}_{el} = \frac{a_R}{i_x}$$

$$\overline{\gamma} = \sqrt[4]{\frac{k_x}{k_y}} \cdot \frac{l_x}{l_y}; \quad l_x = 2 \cdot l_R\,; \quad l_R = 2\pi\sqrt[4]{\frac{J_x k_y r^2}{t}}$$

Die 1. Gleichung stellt mit $\overline{w} = \overline{w}_{0R} + \overline{w}_{el}$ die Lastverformungskurve des vorverformten Zylinders bis zum gesuchten Verzweigungspunkt dar. Die 2. Gleichung beinhaltet die Bedingung, die erfüllt sein muß, damit auf der Lastverformungskurve ein indifferenter Gleichgewichtszustand auftritt. Sie ist noch abhängig von $\overline{\gamma}$, dem unbekannten Verhältnis von Längs- zu Umfangswellenlänge. Der Wert $\overline{\gamma}$ muß iterativ jeweils so bestimmt werden, daß die Last $p_{u_{el}}$ minimal wird. Für die Lösung dieser beiden Gleichungen für die 2 Unbekannten $p_{u_{el}}$ und $\overline{w}$ unter Minimierung nach γ finden sich in [9] Hilfsdiagramme in Abhängigkeit von ϑ_s und ϑ_p, von denen eines in Bild 10.6–7 dargestellt ist.

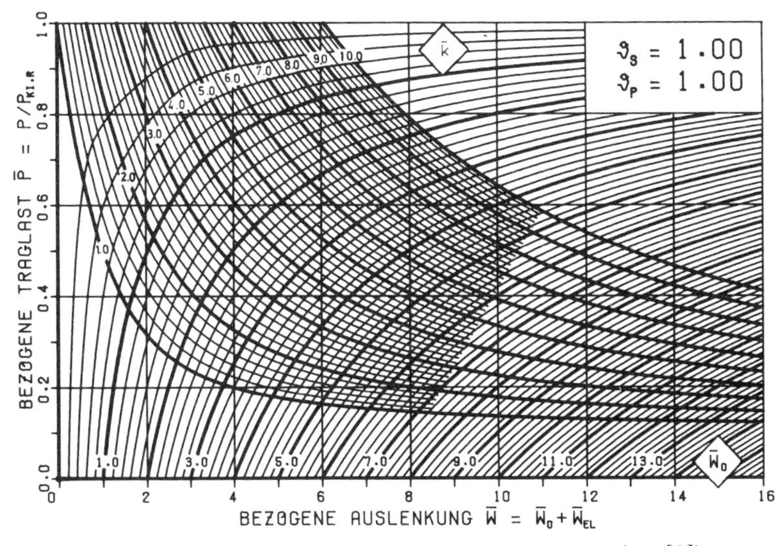

Bild 10.6–7 Bemessungsdiagramm zur Ermittlung von $\overline{p}_{u_{el}}$ (aus [9])

Zusätzlich wird nun die Materialfestigkeit dadurch berücksichtigt, daß man eine *plastische Grenzlast* aus der Bedingung ermittelt, daß in der nach *innen* gerichteten, für das Versagen des Zylinders kritischen Halbwelle des der elastischen Rechnung zugrundeliegenden Spannungsproblems die Randfaser der Zylinderlängsrichtung gerade die Fließgrenze σ_F erreicht. Da sich in der Innenhalbwelle Umfangs- und Längsdruckspannungen überlagern, wird auf eine Berücksichtigung der von Mises-Fließbedingung auf der sicheren Seite liegend verzichtet. Läßt man in der (für die Gleichgewichtsverzweigung) ungefährlichen Außenhalbwelle gerade ein Durchplastizieren des Querschnitts zu, kann allgemein gezeigt werden, daß, obwohl sich hier Umfangszug- und Längsdruckspannungen überlagern, die Randfaserfließlast in der Innenhalbwelle jeweils maßgebend wird.
Sie läßt sich explizit angeben zu:

$$p_{u_{pl,R}} = p_{ki,R} \cdot \left[b - \sqrt{b^2 - \frac{p_{pl}}{p_{ki,R}}} \right]$$

$$\text{mit: } b = \frac{1}{2} \left[1 + \frac{p_{pl}}{p_{ki,R}} + \frac{1}{2\,c_2} \cdot \overline{w}_{0R} \cdot \left(\frac{|e_{RL}|}{i_x} + \mu \cdot c_3 \sqrt{\frac{k_y}{k_x}} \right) \right]$$

$$p_{pl} = \sigma_F \cdot \frac{t}{k_x} \cdot \frac{1}{c_1\,c_2}$$

e_{RL}: Abstand der am weitesten an der Zylinderaußenseite liegenden Längsfaser vom gemeinsamen Schwerpunkt von Steife und mitwirkendem Blechanteil

Die Werte c_1, c_2, c_3 und der später noch benötigte Wert c_4 müssen, je nachdem ob der Nachweis für eine Blech- oder eine Steifenrandfaser geführt wird, folgendermaßen eingesetzt werden:
Längssteifen innen: Nachweis der Blechrandfaser:

$$c_1 = \frac{1}{1-\mu^2}, \quad c_2 = 1 - \mu^2 \bar{t}_y, \quad c_3 = 1 - \bar{t}_x, \quad c_4 = \mu \left(\frac{l_{xs}}{l_{ys}} \right)^2 \cdot \frac{e_{Bl_y}}{e_{Bl_x}}$$

Längssteifen außen: Nachweis der Steifenrandfaser:

$$c_1 = c_2 = 1, \qquad c_3 = -\bar{t}_x, \qquad c_4 = 0$$

e_{Bl_x}, e_{Bl_y}: Abstand der maßgeblichen Blechfaser vom Schwerpunkt (von Blech + Steife) der Längs-/Umfangsrichtung

Für Zylinder, bei denen, wie aus Bild 10.6–3 ersichtlich ist, wegen $(\vartheta_p/\vartheta_s) \cdot \bar{k} < 1$ die Schachbrettbeulform die niedrigste klassische Verzweigungslast darstellt, ist zusätzlich noch eine Spannungsuntersuchung nach Theorie II. Ordnung an einem affin zu diesem Beulmuster vor- und zusatzverformten Zylinder durchzuführen, wobei die Grenzlast wieder mit dem Erreichen der Fließgrenze in der kritischen Randfaser einer Innenbeule definiert ist. Bei der üblicherweise mit Theorie II. Ordnung bezeichneten Genauigkeitsstufe ist hierbei eine Berücksichtigung der linearen Membranzusatzspannungen (vgl. [12], Abschn.: VII, A 2 d) ausreichend.
Die Grenzlast läßt sich dann auch hier explizit angeben zu:

$$p_{u_{pl,S}} = p_{ki,S} \cdot \left[b - \sqrt{b^2 - \frac{p_{pl}}{p_{ki,R}} \cdot \frac{p_{ki,S}}{p_{ki,R}}} \right]$$

$$\text{mit: } b = \frac{1}{2} \left\{ \frac{p_{ki,S}}{p_{ki,R}} + \frac{p_{pl}}{p_{ki,R}} + \frac{1}{2\,c_2} \cdot \frac{a_{0S}}{i_x} \left[\frac{e_{RL}}{i_x} (1 + c_4) \left(\frac{l_R}{l_{xS}} \right)^2 + \frac{\overline{\gamma}_S^2 c_2 + \mu \sqrt{\frac{k_y}{k_x}} \cdot c_3}{1 + 2\,\vartheta_s \overline{\gamma}_S^2 + \overline{\gamma}_S^4} \right] \right\}$$

$$a_{0S} = a_{0R} \cdot \frac{l_{xS}}{l_R}$$

Die Maximalstiche der affin zum Ringbeul- bzw. Schachbrettbeulmuster eingeführten Ersatzimperfektionen werden im Verhältnis der zu den klassischen Beulmustern zugehörigen – im Abschnitt 10.6.2.1 angegebenen – kritischen Längswellenlängen eingeführt.
Der *einzige Freiwert* in der gesamten Untersuchung ist somit das *Maß der geometrischen Ersatzimperfektion* a_{0R}, das aus der Anpassung an die Grenzlastkurve der DASt-Ri 013 festgelegt wurde zu:

$$a_{0R} = \frac{r}{1000}$$

Für die Sicherheitsbeiwerte wird in Anlehnung an die ECCS und die DASt-Ri 013 im elastischen Bereich $\nu = 2{,}0$ und im plastischen Bereich $\nu = 1{,}5$ gefordert. In einem Übergangsbereich, der mit $p_{u_{el}} > p_{u_{pl}} > \frac{1}{2}\, p_{u_{el}}$ festgelegt ist, soll

$$\nu = 2{,}0 - 0{,}707 \cdot \sqrt{1 - \frac{p_{u_{pl}}}{p_{u_{el}}}}$$

eingehalten sein.

Für den Sonderfall des isotropen Zylinders ergibt sich damit über den gesamten Schlankheitsbereich, wie das Bild 10.6–8 zeigt, bei einem Vergleich der Gebrauchslastkurven eine ausgezeichnete Übereinstimmung zu der in der DASt-Ri 013 empirisch festgelegten Beziehung (vgl. Abschnitt 10.5).

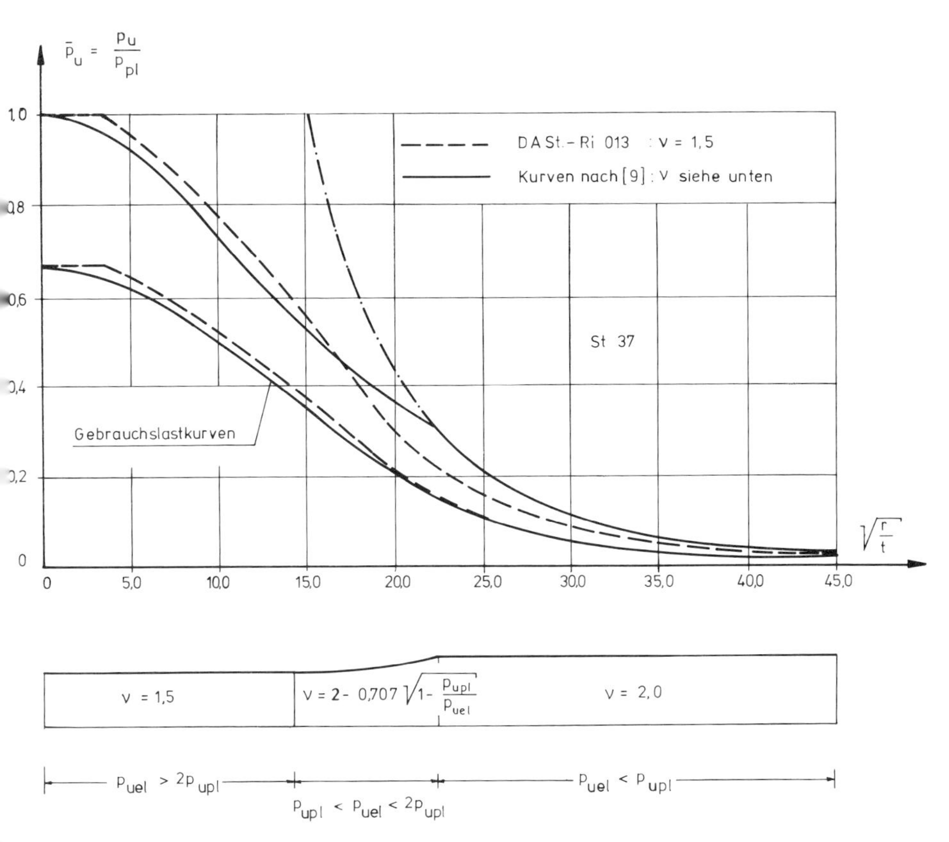

Bild 10.6–8 Vergleich der Kurven nach [9] für den Sonderfall des isotropen Zylinders mit den Regelungen der DASt-Ri 013

Ein *Versuchsprogramm* [11] mit ca. 30 orthotropen, elastisch beulenden Messingzylindern mit 44 cm Durchmesser und 50 cm Länge bestätigte das gewählte Vorgehen und die Übertragbarkeit der für a_{0R} *eingeführten Beziehung auch auf orthotrope Zylinder. Die Versteifungsparameter der (außen versteiften) Versuchszylinder waren in folgenden Größenordnungen:*

$$0{,}15 \leqq \vartheta_p \leqq 0{,}75$$
$$1{,}25 \leqq \vartheta_s \leqq 4{,}00$$
$$1{,}00 \leqq \bar{k} \leqq 2{,}55$$

Weitere Forschungsarbeiten werden noch zur Überprüfung des plastischen Bereiches und zur Klärung des Einflusses einer Innenanordnung der Streifen notwendig. Vorläufig sei zur diesbezüglichen Problematik auf die Arbeiten [7] und [4] verwiesen.

10.6.3.2 Längsversteifte Kreiszylinderschalen

Bei der Berechnung von *längsversteiften Kreiszylindern* kommt – im Gegensatz zu mittellangen isotropen bzw. gleichmäßig oder überwiegend umfangsversteiften Zylindern – der Erfassung der Lagerungsbedingungen des Zylinders eine wesentliche Bedeutung zu, da sich hier im allgemeinen ein Beulmuster (Längsbeule) bilden wird, das in Längsrichtung nur 1 Halbwelle aufweist.
Ein für die Handrechnung geeignetes baustatisches Berechnungsverfahren für überwiegend bis rein längsversteifte Zylinder unter Axialdruck kann bisher noch nicht angeboten werden. Ausgehend von der Offshoretechnik wurde allerdings in England [16] für *relativ gedrungene* ($r/t_{\text{Blech}} \leqq 400$), *eingespannte, rein längsversteifte Zylinder* eine Berechnungsmethode entwickelt, die im folgenden in ihren Grundideen erläutert werden soll, wobei allerdings auf eine Widergabe der – teilweise recht umfangreichen – Formeln weitgehend verzichtet wird.
Die Berechnung beginnt mit der Ermittlung der globalen Beulspannung σ_g und der zugehörigen kritischen Beulenform am idealen Zylinder mit eingespannten Rändern unter Berücksichtigung der Steifenexzentrizität (aber mit verschmierten Steifigkeiten), wobei für die Halbwellenlänge in Längsrichtung die Zylinderlänge eingesetzt wird. Wegen des Rechnens mit verschmierten Steifigkeiten muß auch hier gefordert werden, daß die Steifenabstände kleiner sind als die Hälfte einer Umfangshalbwellenlänge. Außerdem wird die lokale Beulspannung σ_l des Blechs zwischen den Steifen – vereinfachend an einer entsprechenden ebenen Platte – ermittelt.
Für die Zylinder mit $\sigma_g \geqq 2{,}5\,\sigma_l$ läßt sich eine einfache Formel für die mittlere Spannung im (ausgebeulten) Blech zwischen den Steifen angeben und unter der Voraussetzung, daß die Steifen, ohne auszuknicken, die Fließgrenze erreichen, ohne Schwierigkeit die Grenzlast ermitteln:

$$\frac{\sigma_m}{\sigma_F} = \frac{1}{0{,}3\,\frac{\sigma_l}{\sigma_F}} \cdot \left(\sqrt{1 + 0{,}60\,\frac{\sigma_F}{\sigma_l}\left(0{,}43 + 0{,}72\,\frac{\sigma_l}{\sigma_F}\right)} - 1\right)$$

$$\text{mit: } \sigma_l = \frac{\pi^2 \cdot E}{3(1-\mu^2)}\left(\frac{t}{b'_x}\right)^2$$

Für den Bereich von σ_g zwischen 1,5 und $2{,}5 \cdot \sigma_l$, in dem eine wesentliche Interaktion zwischen beiden Beulformen auftritt, wird zur Zeit noch an einer Aussage gearbeitet.
Wird $\sigma_g < 1{,}5 \cdot \sigma_l$, orientiert sich das in [16] vorgeschlagene Verfahren an dem in Abschnitt 10.6.2.2 beschriebenen, bei der Schachbrettbeulform auftretenden, Versagensmechanismus. Bei innenversteiften Zylindern wird (vorausgesetzt, daß die Versteifung einen wesentlichen Beitrag zur Dehn- und Biegesteifigkeit leistet) nach [5] das Nachbeulverhalten dem eines Stabes ähnlich. Deshalb kann für diesen Zylindertyp darauf verzichtet werden, mit einer nichtlinearen Spannungsrechnung den Gipfelpunkt der Last-Verformungskurve des vorverformten Zylinders zu ermitteln. Stattdessen wird in [16] folgende Vorgehensweise gewählt: die Untersuchung wird an einer ebenen Platte (unter Vernachlässigung überkritischer Tragreserven) durchgeführt, die die Abmessungen haben soll, die sich bei der Bestimmung von σ_g als kritische Halbwellenlängen des idealen Zylinders unter Berücksichtigung der Steifenexzentrizität ergeben haben. Die nach der Zylindertheorie aus dem Glied w/r (w = Verschiebung in radialer Richtung, r = Zylinderradius) entstehenden Membrananteile werden demnach bei der Berechnung des Widerstandes nicht in Ansatz gebracht, sie gehen nur noch in die Bestimmung der Plattenbreite (= Umfangshalbwellenlänge) ein. Die Platte wird nun jeweils affin zum kritischen Beulmuster vorverformt angenommen und die Grenzlast dann als erreicht angesehen, wenn bei einer zur Zylinderinnenseite hin gerichteten Verformung in der kritischen Längsfaser gerade die Fließgrenze erreicht wird. Am eingespannten Zylinder wird hierbei in der Regel die Einspannstelle maßgebend. Da das Versagen des Zylinders aber erst eintritt, wenn in Zylindermitte die Materialfestigkeit erschöpft ist, wird in [16] zusätzlich eine Untersuchung des gelenkig gelagerten Zylinders in analoger Weise durchgeführt. Gegen beide erhaltenen Grenzlasten werden dann – entsprechend ihrer Gefahr für einen Zusammenbruch des Zylinders – unterschiedliche Sicherheiten gefordert.
Das gewählte Vorgehen wurde an einer *Versuchsserie* mit 17 (mit jeweils 20 oder 40 Steifen innen verstärkten) Zylindern überprüft und bestätigt. Die Zylinder wiesen r/t-Verhältnisse von 200 bis 360 auf und waren mit Rechtecksteifen (b/t-Verhältnisse von 8 bis 16) versteift. Die Blechdicke betrug allgemein $t = 0{,}81$ mm und die Zylinderlänge in den meisten Fällen etwa $1{,}1 \cdot r$.
In die Nachrechnung wurden die gemessenen Maximalimperfektionen eingeführt. Es ergab sich eine sehr gute Übereinstimmung zwischen Versuch und Rechnung, was wohl auch darauf zurückzuführen ist, daß zusätzliche strukturelle Imperfektionen durch die Vernachlässigung der Membranwiderstände (Untersuchung der Platte!) abgedeckt werden.
Der Vorteil des Verfahrens liegt zweifellos in seiner Übersichtlichkeit und der relativ einfachen, auch einer eventuellen Handrechnung noch zugänglichen Anwendbarkeit. Kritisch muß allerdings bemerkt

werden, daß eine Übertragbarkeit auf kleine Versteifungsgrade und damit der Übergang zum isotropen Zylinder nicht gegeben ist, da hier wegen des dann instabilen Nachbeulverhaltens [9] bei dem eingeführten Vorverformungsmuster eine nichtlineare Spannungsuntersuchung zur Ermittlung des aus Bild 10.6–4 ersichtlichen Gipfelpunktes der Last-Verformungsbeziehung erforderlich würde. Die nach [5] zu erwartende Anwendbarkeit auch auf schlanke, mittel- bis stark längsversteifte Zylinder (große *r/t*-Verhältnisse) sollte noch durch zusätzliche Versuche sichergestellt werden (eine weiterreichende Diskussion ist in [10] zu finden).

10.6.4 Vorteile der orthotropen Bauweise

Mit der im Abschnitt 10.6.3.1 erläuterten baustatischen Berechnungsmethode läßt sich (unter Einführung von $r/1000$ für die geometrische Ersatzimperfektion a_{0R}) das Bild 10.6–9 entwickeln, aus dem deutlich wird, daß eine anzustrebende *vernünftige Ausnutzung* (von ca. 50–70%) *der Fließgrenze* bei schlankeren Zylindern ($r/t_G > 300$) praktisch nur noch durch sinnvolle Versteifungsanordnungen erreichbar wird [11].

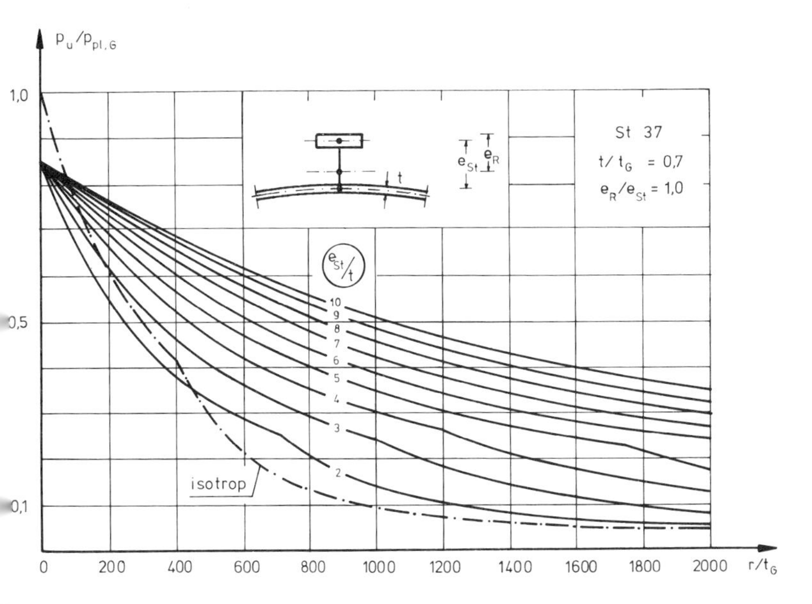

Bild 10.6–9 Vergleich von isotroper und orthotroper Bauweise (für $e_R/e_{St} < 1{,}0$ würde man noch höhere Werte erhalten)

Das Diagramm wurde unter folgenden Voraussetzungen bzw. Einschränkungen erstellt:

1. Es wurden nur gleichmäßig längs- und umfangsversteifte Schalen betrachtet, deren Steifenabstände noch ein Verschmieren der Steifigkeiten zulassen.
2. Es wurde $\mu = 0$ gesetzt.
3. Das Blech wurde als voll mittragend gerechnet.
4. Dafür wurden Eigenträgheits- und Drillmomente der Steifen vernachlässigt (d.h. nur die „Steiner"-glieder berücksichtigt).

Mit diesen Annahmen reduzierte sich das Problem auf die Parameter:

r/t_G:	Radius bezogen auf die dem Gesamtmaterialaufwand entsprechende Wandstärke t_G
t/t_G:	Bezogene Blechstärke
e_{St}/t:	Bezogener Abstand des Eigenschwerpunktes der Steife von der Blechmittelebene
e_R/e_{St}:	Bezogener Abstand der für das Randfaserfließen maßgebenden Faser (in einer Innenbeule) vom gemeinsamen Schwerpunkt von Längssteife und Blech
E/σ_F:	Verhältnis von E-Modul zur Fließgrenze
$p_u/p_{pl,G}$:	Grenzlast bezogen auf die sich mit t_G (≙ Gesamtmaterialaufwand) ergebende Bezugslast $p_{pl,G} = \sigma_F \cdot t_G$

Erstellt man eine Serie solcher Diagramme für verschiedene Werte von t/t_G, zeigt sich, daß $t/t_G \simeq 0{,}7$ die günstigste Aufteilung des Materials auf Blech und Steifen liefert ($t/t_G = 0{,}7$ bedeutet, daß je 15% des Gesamtmaterials zur Längssteifen- bzw. Ringssteifenfläche werden). Außerdem wurde als weiterer fester Parameter $e_R/e_{St} = 1{,}0$ gewählt, da Vergleiche mit realistischen Zylinderkonstruktionen gezeigt haben, daß e_R in der Regel stets kleiner bleibt als e_{St} und somit die getroffene Annahme Werte auf der sicheren Seite liefert. Mit der Beschränkung auf *St* 37 ist auch der dritte Parameter festgelegt, so daß sich die Kurven in Abhängigkeit von r/t_G, e_{St}/t und $p_u/p_{pl,G}$ ergeben.
Die Ausnutzung der aus dem Bild 10.6–9 erkennbaren *großen Traglaststeigerungen bei orthotroper Bauweise* ist mit den im Abschnitt 10.6.2 und 10.6.3 angegebenen Näherungsverfahren mit vernünftigem Rechenaufwand und ohne Einsatz von Großrechnern möglich.
Im Stahlbau wird für Zylinder mit kleinem Radius in der Regel nach wie vor die isotrope Bauform die günstigste sein, während bei mittleren und großen Zylindern zunehmend orthotrope Konstruktionen den unversteiften Zylindern wirtschaftlich überlegen sein werden, da man hier bei einem Verzicht auf eine sinnvolle Versteifung entweder sehr große Schlankheiten r/t und damit sehr niedrige Traglasten erhält oder aber zu große Wanddicken t greifen muß, was dann bei der Verarbeitung eine Reihe von Problemen zur Folge hat. In solchen Fällen wird es sich immer anbieten, eine stahlbaumäßigere, mit „stillen Reserven“ versehene, biegesteife (orthotrope) Konstruktion zu benutzen.

10.6.5 Zusammenfassung

In diesem Abschnitt werden zunächst einige grundlegende Zusammenhänge zum Stabilitätsversagen axialdruckbelasteter Kreiszylinderschalen erläutert. Ausgehend von einer Zusammenstellung der Formeln für die klassischen Beullasten und Beulformen orthotroper Zylinder (unter der Annahme mittiger Orthotropie, d.h. unter Vernachlässigung des Einflusses der Steifenexzentrizität auf die Membranschnittgrößen), wird die Auswirkung der Krümmung der Schale auf das Vor- und Nachbeulverhalten aufgezeigt. Am Beispiel des isotropen Zylinders werden die 2 an idealen Zylindern möglichen Versagensmechanismen diskutiert. Es werden dann aus diesem Verständnis entwickelte baustatische Berechnungsmethoden mitgeteilt, die – in bestimmten Gültigkeitsbereichen – eine relativ einfache Berechnung des Stabilitätsversagens realer, d.h. vorverformter Zylinder erlauben. Zuletzt werden anhand eines – mit der angegebenen Berechnungsmethode erstellten – Diagrammes die Vorteile der orthotropen Bauweise aufgezeigt.

Literatur

1. Almroth, B.O.: Postbuckling Behaviour of Orthotropic Cylinders under Axial Compression. AIAA Journ. Vol. 2, No. 10 (Oct. 1964), S. 1795.
2. Arbocz, J., Babcock, Ch.D.: Prediction of Buckling Loads Based on Experimentally Measured Initial Imperfections. IUTAM Symposium, Cambridge/USA, 1974, Springer-Verlag Berlin, Heidelberg, New York 1976.
3. Eßlinger, M.: Eine Erklärung des Beulmechanismus von dünnwandigen Kreiszylinderschalen. Der Stahlbau 12/1967, S. 366.
4. Garkisch, H.-D.: Experimentelle Untersuchung des Beulverhaltens von Kreiszylinderschalen mit exzentrischen Längsversteifungen. Deutsche Forschungsanstalt für Luft- und Raumfahrt (DFL), Forschungsbericht 67–75.
5. Hutchinson, J.W., Amazigo, J.: Imperfection-Sensitivity of Eccentrically Stiffened Cylindrical Shells. AIAA Journal, Vol. 5, No. 3, March 1967, S. 392.
6. Koiter, W.T.: The Effect of Axisymmetric Imperfections on the Buckling of Cylindrical Shells under Axial Compression. Proc. Roy. Netherl. Acad. Sci. B, 66, 1963, S. 265–279.
7. Kollár, J., Dulácska, E.: Schalenbeulung, Theorie und Ergebnisse der Stabilität gekrümmter Flächentragwerke. Werner-Verlag, Düsseldorf 1975.
8. Milligan, R., Gerard, G., Lakshmikantham, O.: General Instability of Orthotropically Stiffened Cylinders under Axial Compression. AIAA Journal Vol. 4, No. 11, Nov. 1966, S. 1906.
9. Pfeiffer, M.: Ein Berechnungsverfahren für rotationssymmetrische orthotrope Kreiszylinderschalen im Stahlbau. Dissertation Universität Karlsruhe, 1981.
10. Pfeiffer, M.: Beitrag zur angestrebten Regelung der Berechnung längsversteifter Kreiszylinderschalen unter Axialdruck. Der Bauingenieur 56 (1981), S. 137.
11. Pfeiffer, M.: Berichte der Versuchsanstalt für Stahl, Holz und Steine, Universität Karlsruhe 1982, 4. Folge/Heft 5.
12. Pflüger, A.: Stabilitätsprobleme der Elastostatik. Springer-Verlag 1975.
13. Steinhardt, O., Pfeiffer, M.: Über die Traglast axialdruckbelasteter orthotroper Kreiszylinderschalen. Der Bauingenieur 55 (1980), S. 281–284.
14. Thielemann, W.F.: New Development in the Nonlinear Theories of the Buckling of Thin Cylindrical Shells. Aeronautics and Astronautics, pp. 76–119, Oxford, London, New York, Paris: Pegamon 1960.
15. Thielemann, W., Eßlinger, M.: Einfluß der Randbedingungen auf die Beullast von Kreiszylinderschalen. Der Stahlbau 12/1964, S. 353.
16. Walker, A.C., Sridharan, S.: Analysis of the behaviour of axially compressed stringer-stiffened cylindrical shells. Proc. Inst. Civ. Engrs. Part 2, 1980, 69.

10.7 Äußere Standsicherheit

G. Valtinat

10.7.1 Allgemeines

Die äußere Standsicherheit eines Bauwerks gegen

Umkippen
Gleiten
Abheben

muß mit den vorgeschriebenen Sicherheitsabständen nachgewiesen werden. Bei diesen Nachweisen wird der Baukörper bzw. der Teilkörper gewöhnlich als Starrkörper betrachtet, so daß elastische Deformationen desselben in der Regel unberücksichtigt bleiben.
Bei der Ermittlung der äußeren Standsicherheit unterscheidet man zwischen
haltenden Größen und
treibenden Größen.
Es gibt heute zwei verschiedene Berechnungswege für den Nachweis der Standsicherheit

1. Die haltenden und die treibenden Größen werden jeweils aus den normmäßig festgelegten Lasten, wie Eigengewicht, ständige Last, Verkehrslast, Windlast usw. (i.a. Gebrauchslasten) bestimmt; der Quotient von haltenden zu treibenden Größen ist dann die Sicherheit, sie darf in der Regel den Wert 1,5 nicht unterschreiten, die genaueren Angaben sind in den zuständigen Normen enthalten.
2. Lasten mit haltenden Einwirkungen werden mit Beiwerten belegt, die gewährleisten, daß mit Lastwerten gerechnet wird, die mit höchster Wahrscheinlichkeit nicht unterschritten werden. Lasten mit treibenden Einwirkungen werden mit Beiwerten (Erhöhungsfaktoren) belegt, die sicherstellen sollen, daß mit den wahrscheinlich höchsten Größen einschließlich einem lasttypabhängigen Sicherheitszuschlag gerechnet wird (vgl. z.B. Abschnitt 10.7.4.5, DIN 18800, Teil 1, Abschnitt 5.4 oder DIN 1072, Abschnitt 8.2).

In diesem Abschnitt werden die äußeren Standsicherheitsnachweise mit den oben dargelegten Prinzipien anhand einer Fundamentberechnung präzisiert.
Die nachfolgenden Angaben gelten für Fundamente aus Beton oder Stahlbeton. Die Berechnung und Bemessung sowie die Bewehrungsermittlung des Fundamentblockes selbst sind z.B. nach Betonkalender 1982, Bd. II durchzuführen. Die Belastungsgrößen für die Fundamente werden aus der Statik des Stahlbaus entnommen. In diesem Abschnitt werden die Untersuchung der Gleitsicherheit und diejenige der Kippsicherheit (Starrkörperkippen) sowie die Ermittlung der Bodenpressung behandelt.

10.7.2 Abmessungen der Fundamente

Fundamente werden heute in der Regel als Blockfundamente in Quaderform hergestellt. Die Unterkante muß in frostfreier Tiefe, d.h. in üblichen Höhenlagen in Deutschland mindestens 80 cm unterhalb der Erdoberfläche liegen; in extremen Höhenlagen können größere Tiefen erforderlich werden.
Die Abmessungen l (Länge), b (Breite) und h (Höhe) sowie das den folgenden Berechnungen zugrundegelegte Koordinatenkreuz sind in Bild 10.7–1 festgelegt. Gelegentlich finden sich andere Fundamentformen mit Aufsatz o.ä.

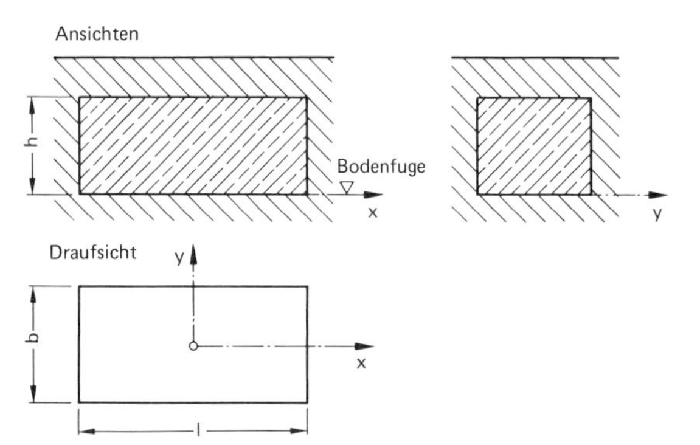

Bild 10.7–1
Abmessungen eines Fundamentblockes

10.7.3 Belastungen der Fundamente

Die Belastung besteht allgemein aus

Vertikalkräften
Horizontalkräften und
Momenten.

Die Vertikalkraft ergibt sich aus

P der vertikalen Auflast aus der Konstruktion
G dem Fundamenteigengewicht und
E der Erdauflast.

Die gesamte Vertikalkraft ist

$V = P + G + E$ (nach unten positiv).

Das Fundamenteigengewicht ermittelt sich nach DIN 1055, Teil 1, d.h. als Raumgewicht werden bei unbewehrtem Beton 23 kN/m^3 und bei bewehrtem Beton 25 kN/m^3 (Stahlbeton) angesetzt. Die Erdauflast, deren Raumgewicht 16 bis 18 kN/m^3 beträgt, wird oft nicht in Rechnung gestellt, weil leicht unkontrolliert der Zustand „Erde abgeräumt" entstehen kann, bei dem möglicherweise dann die erforderliche Sicherheit nicht mehr gewährleistet werden kann.
Positive Horizontalkräfte H_x verlaufen in x-Richtung und H_y in y-Richtung, sie ergeben sich als Belastung aus der Konstruktion. Die Momente ergeben sich ebenfalls als Belastung aus der Konstruktion, M_x dreht um die x-Achse, M_y um die y-Achse und M_z um die z-Achse; letztgenanntes Moment wird bei der Berechnung in der Regel vernachlässigt. Das Vorzeichen eines Momentes richtet sich nach der Richtung des Momentenpfeiles, zeigt er in positiver Achsrichtung, ist das Moment positiv.

10.7.4 Fundamentberechnung und Bodenpressung

Bei der einfachen Fundamentberechnung wird davon ausgegangen, daß der Fundamentkörper selbst starr ist und auf Druckfedern mit linearem Federgesetz gelagert ist. Die Federn können keine Zugkräfte aufnehmen, es kann demnach Abheben des Fundamentes von der Bodenfuge, also „klaffende Bodenfuge" entstehen, was eine reduzierte Lastübertragungsfläche bedeutet.
Die Bodenpressung ist bei

mittigem Druck in der gesamten Fundamentfläche gleich groß
Druck mit einachsiger Biegung an einer Fundamentkante am größten
Druck mit zweiachsiger Biegung an einer Fundamentecke am größten.

Für diese Fälle werden im folgenden die Berechnungsformeln zusammengestellt.
Die vorhandene Bodenpressung darf die zulässigen Werte zul σ_B nach DIN 1054 nicht überschreiten. Werden maximale Bodenpressungen nur an einer Kante oder sogar nur an einer Ecke erreicht, sind bei Einhaltung zulässiger Bodenpressung durch den mittleren Wert $V/(l \cdot b)$ für die Maximalwerte gewisse Überschreitungen erlaubt.
Nach DIN 1054, 4.1.3.1 muß die aus ständigen Lasten Resultierende der Bodenpressung die Sohlfläche in ihrem Kern schneiden, so daß keine klaffende Bodenfuge entsteht. Die aus den Gesamtlasten resultierende Kraft der Bodenpressung darf in begrenztem Umfang ein Klaffen der Bodenfuge verursachen, jedoch höchstens bis zum Schwerpunkt der Sohlfläche.

10.7.4.1 Mittige Druckkraft *P*

Es gilt

Gesamtkraft $V = P + G + E$ (P, G, E nach unten positiv)
Bodenpressung $\sigma = V/(l \cdot b)$
Grenzbedingungen $\sigma \leq \text{zul}\,\sigma_B$

10.7.4.2 Mittiger Zugkraft *Z*

Es gilt

Zugkraft: Z
Grenzbedingung: $Z \leq (G + E)/1{,}5$

10.7.4.3 Druckkraft *P*, Horizontalkraft *H* und einachsige Biegung M_y

Es gilt nach Bild 10.7–2

Druckkraft $V = P + G + E$ (P, G, E nach unten positiv)
Horizontalkraft H_x
Moment M_y.

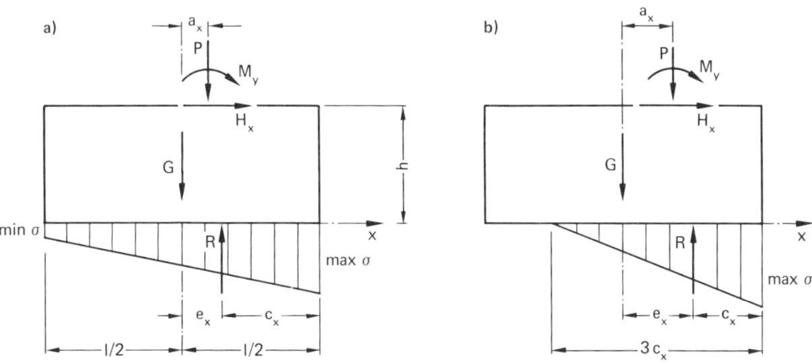

Bild 10.7–2
Blockfundament unter Drucklast, Horizontalkraft und einachsiger Biegung
a) ohne klaffende Bodenfuge $0 \leqq e_x \leqq 1/6$
b) mit klaffender Bodenfuge $1/6 \leqq e_x \leqq 1/3$

Die Wirkungslinie der resultierenden Gegenkraft $R = V$ (nach oben positiv) liegt im Abstand

$$e_x = \frac{P \cdot a_x + H_x \cdot h + M_y}{V}$$

vom Koordinatenursprung auf der x-Achse; hierbei sind P nach unten positiv, a_x positiv, wenn die Wirkungslinie von P in positiver x-Richtung gegen den Koordinatenursprung verschoben ist, sonst negativ, H_x und M_y nach Definition, h positiv und V positiv einzusetzen. Bei positivem e_x ist die Wirkungslinie von R in Richtung der positiven x-Achse gegen den Koordinatenursprung verschoben.
Wenn die Wirkungslinien von G oder E nicht mit dem Koordinatenursprung zusammenfallen, müssen deren Momentenbeiträge um die y-Achse in der Gleichung für e_x berücksichtigt werden.
Im Fall a) des Bildes 10.7–2 ist $e_x \leq l/6$, damit liegt die Resultierende im Kern, und die Bodenpressungen an den beiden Fundamentaußenkanten $\pm l/2$ sind

$$\begin{matrix}\max \\ \min\end{matrix} \sigma = \frac{R}{l \cdot b}\left[1 \pm \frac{6\,e_x}{l}\right].$$

Als Grenzbedingung ist zu erfüllen (siehe auch Abschnitt 10.7.4)

$$\max \sigma \leq \text{zul}\, \sigma_{B,\,\text{Kante}}.$$

Im Fall b) des Bildes 10.7–2 ist $l/6 < e_x \leq l/3$, damit liegt die Resultierende außerhalb des Kernes, und es entsteht eine klaffende Bodenfuge. Die Bodenfuge darf höchstens bis zur Fundamentmitte hin klaffen, d.h. die Forderung

$$e_x \leq l/3$$

muß immer erfüllt sein. In diesem Fall ist die maximale Bodenpressung (Kantenpressung)

$$\max \sigma = \frac{2\,R}{3\,c_x b}$$

mit $c_x = l/2 - e_x$.

Als Grenzbedingung ist zu erfüllen (siehe auch Abschnitt 10.7.4)

$$\max \sigma < \text{zul}\, \sigma_{B,\,\text{Kante}}.$$

Bei Straßenbrücken ist die Sicherheit gegen Umkippen zusätzlich nach DIN 1072, Abschnitt 8.2 nachzuweisen. Hierbei muß die rechnerische Spannung unter der kritischen Last kleiner als der doppelte Tabellenwert der nach DIN 1054 für mittige Belastung zulässigen Bodenpressung sein. Die Annahme einer rechteckigen Spannungsverteilung ist unter Einhaltung der Gleichgewichtsbedingungen zulässig. Als kritische Last gilt die ungünstigste Zusammenstellung der nachstehend aufgeführten, mit den Beiwerten γ_k vervielfachten Lasten. Die Beiwerte betragen für

a) Teile der ständigen Last, die nicht in Kipprichtung über die Aufstandsfläche hinausragen (siehe Erläuterungen, DIN 1072 Beiblatt) $\gamma_k = 0{,}95$

b) Anker (hier kann die der Streckgrenze entsprechende Zugkraft des Ankers eingesetzt werden) $\gamma_k = 1{,}0$

c) Teile der ständigen Last, die in Kipprichtung über die Aufstandsfläche hinausragen $\gamma_k = 1{,}05$

d) in ungünstigster Stellung aufgebrachte Verkehrslasten (mit Schwingbeiwert, aber ohne Seitenstoß) $\gamma_k = 1{,}5$

e) Windlasten $\gamma_k = 1{,}5$

f) ungünstig wirkende Belastungen aus Erddrücken nach DIN 1072, Abschnitt 5.1.2 und 5.3.7 $\gamma_k = 1{,}5$

g) Wärmewirkungen $\gamma_k = 1{,}5$

h) sonstige kippend wirkende Lasten $\gamma_k = 1{,}0$

Die Vorschrift bedeutet für eine möglichst wirtschaftliche Bauweise, daß die Wirkung jeder einzelnen Last am Bauwerk bis auf das Fundament verfolgt werden muß, denn erst hier kann entschieden werden, ob sie am Fundament kippenden oder haltenden Einfluß ausübt, sie ist dann mit dem entsprechenden Beiwert γ_k zu vervielfachen. Es ist selbstverständlich, daß zwei Auflagergrößen am Fundament wie z. B. P und M_y, die aus derselben Last herrühren, auch den gleichen Beiwert erhalten und zwar den Beiwert für kippende Größen, wenn ihre Gesamtwirkung kippend ist, und denjenigen für haltende Größen, wenn sie haltend ist. Der Aufwand für eine solche Berechnung ist enorm; sie wird nahezu unmöglich bei Systemen, deren Auflagergrößen sich aus einer Berechnung nach Theorie II. Ordnung ergeben.

10.7.4.4 Druckkraft P, Horizontalkräfte H_x und H_y und zweiachsige Biegung M_x und M_y

Es gilt nach Bild 10.7–3

Gesamtkraft $V = P + G + E$ (P, G, E nach unten positiv),
Horizontalkräfte H_x und H_y,
Momente M_x und M_y.

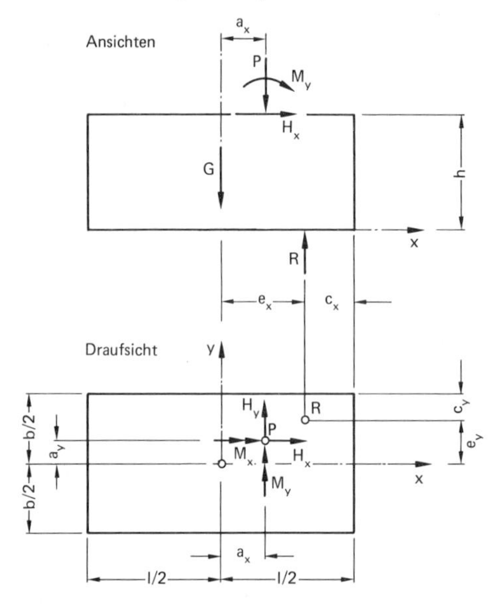

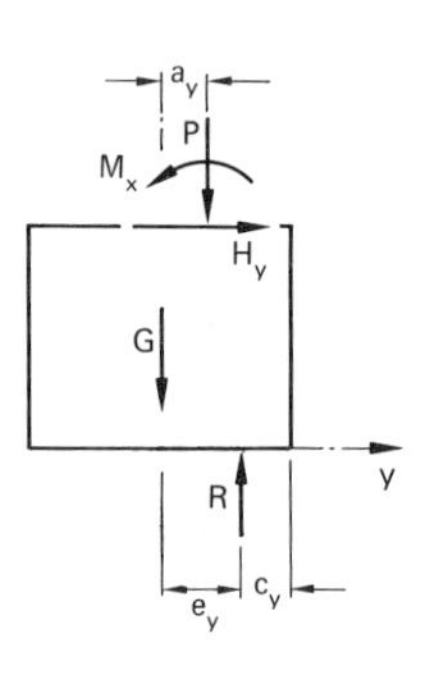

Bild 10.7–3
Blockfundament unter Drucklast, Horizontalkräften und zweiachsiger Biegung

Die Wirkungslinie der resultierenden Gegenkraft $R = V$ (nach oben positiv) liegt im Abstand

$$e_x = \frac{P \cdot a_x + H_x \cdot h + M_y}{V}$$

$$e_y = \frac{-P \cdot a_y - H_y \cdot h + M_x}{V}$$

vom Koordinatenursprung entfernt. Sie geht damit nicht durch eine Achse. In diesen Gleichungen sind P positiv, a_x bzw. a_y positiv, wenn die Wirkungslinie von P in Richtung der positiven x- bzw. positiven y-Achse gegen den Koordinatenursprung verschoben ist, H_x, H_y, M_x, M_y nach Definition, h und V positiv einzusetzen.

Wenn die Wirkungslinien von G oder E nicht mit dem Koordinatenursprung zusammenfallen, müssen deren Momentbeiträge um die x- und um die y-Achse in den Gleichungen für e_x und e_y berücksichtigt werden.

Es können verschiedene Formen der Bodenpressungsverteilung auftreten (vgl. Bild 10.7–4), dies ist abhängig von den Größen e_x und e_y. Liegt die Resultierende im Kernbereich des Rechteckquerschnitts, so ist überall Druck vorhanden (Bild 10.7–4a). Bei größerem e_x und kleinem e_y und R außerhalb des Kernbereichs verändert sich die Pressungsverteilung in ein Viereck gemäß Bild 10.7–4b mit klaffender Fuge über einer Kante. Bei kleinerem e_x und größerem e_y und R außerhalb des Kernbereichs tendiert die Pressungsverteilung zu einem Viereck gemäß Bild 10.7–4c. Liegt die Wirkungslinie der Resultierenden um eine Diagonale und außerhalb des Kernbereichs, so kann die gedrückte Bodenfuge ein Fünfeck gemäß Bild 10.7–4d bilden.

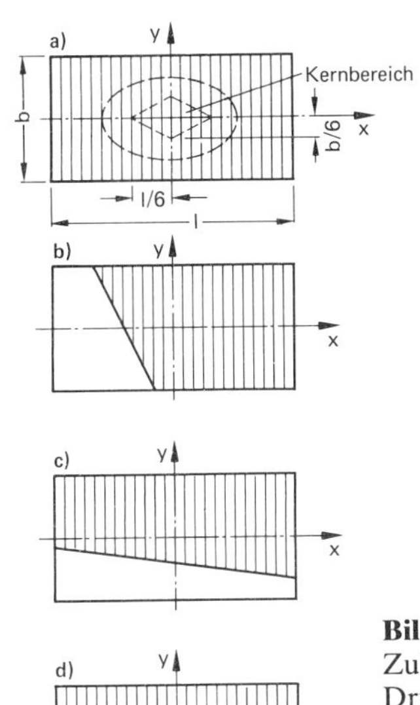

Bild 10.7–4
Zulässige Bodenpressungsverteilungen bei Fundamenten unter Druckbelastung, Horizontalkräften und zweiachsiger Biegung
a) Resultierende im Kernbereich (für ständige Lasten)
b, c und d) Resultierende außerhalb des Kernbereichs, aber innerhalb bzw. auf der Ellipse $(x/l)^2 + (y/b)^2 = 1/9$

Nach DIN 1054, 4.1.3.1 wird für die Gesamtlast gefordert, daß bei einer rechteckigen Sohlfläche die Resultierende innerhalb bzw. höchstens auf dem Rand der Ellipse

$$\left(\frac{x}{l}\right)^2 + \left(\frac{y}{b}\right)^2 = \frac{1}{9}$$

liegt. In diesem Fall überschreitet die klaffende Sohlfuge den Schwerpunkt nicht.
Die maximale Bodenpressung unter einer Ecke beträgt (vergleiche auch Abschnitt 10.7.4)

$$\max \sigma = \mu \frac{R}{l \cdot b}$$

wobei μ in Abhängigkeit der Verhältniswerte e_x/l und e_y/b aus der nachfolgenden Tabelle 10.7–1 entnommen werden kann; e_x und e_y sind hier als Absolutwerte einzusetzen. Die Tafelwerte sind symmetrisch zur Nebendiagonalen. Der Bereich unterhalb und links der kleinen Staffellinie bedeutet, daß die Resultierende im Kern der rechteckigen Sohlfläche liegt (Forderung für ständige Lasten), und es ist $1 \leq \mu \leq 2$. Der Bereich unterhalb und links der großen Staffellinie zeigt an, daß die klaffende Sohlfuge kleiner als die halbe Fundamentfläche ist und somit deren Schwerpunkt nicht erreicht.

10.7.5 Gleitsicherheit

Die Gleitsicherheit wird wie folgt berechnet und muß nach DIN 1054, 2.3.4 und 4.1.3.3

$$\gamma_G = \frac{V \cdot tg\,\delta_s}{H} \geq 1{,}5$$

sein, hierbei ist V die gesamte Vertikallast des untersuchten Lastfalles, H die entsprechende gesamte Horizontallast (bei Horizontallasten in x- und in y-Richtung ist $H = \sqrt{H_x^2 + H_y^2}$) und δ_s der Sohlreibungswinkel an dem zu berechnenden Fundament. Die zusätzliche Inrechnungstellung des Erdwiderstandes darf nur in bestimmten Fällen erfolgen (siehe hierzu DIN 1054, 2.3.4, 4.1.2 und 4.1.3.3).

Tabelle 10.7–1 Werte μ für $e_x/l = 0$ bis 0,50 und $e_y/b = 0$ bis 0,50 nach Pohl

Randlinie der Bausohle

Werte für e_y/b	0,00	0,02	0,04	0,06	0,08	0,10	0,12	0,14	0,16	0,18	0,20	0,22	0,24	0,26	0,28	0,30	0,32	0,34	0,36	0,38	0,40	0,42	0,44	0,46	0,48	0,50
0,50	∞	∞	∞	∞	∞	∞	∞	∞	∞	∞	∞	∞	∞	∞	∞	∞	∞	∞	∞	∞	∞	∞	∞	∞	∞	∞
0,48	33,3	35,4	37,5	39,8	42,3	44,9	47,8	50,9	54,3	58,1	62,3	66,9	72,1	78,1	85,2	93,8	104	117	134	156	188	234	313	469	938	∞
0,46	16,7	17,7	18,8	19,9	21,1	22,5	23,9	25,5	27,2	29,1	31,1	33,4	36,1	39,1	42,6	46,9	52,1	58,6	67,0	78,1	93,8	117	156	234	469	∞
0,44	11,1	11,8	12,5	13,3	14,1	15,0	15,9	17,0	18,1	19,4	20,8	22,3	24,0	26,0	28,4	31,3	34,7	39,1	44,6	52,1	62,5	78,1	104	156	313	∞
0,42	8,33	8,85	9,38	9,96	10,6	11,2	12,0	12,7	13,6	14,5	15,6	16,7	18,0	19,5	21,3	23,4	26,0	29,3	33,5	39,1	46,9	58,6	78,1	117	234	∞
0,40	6,67	7,08	7,51	7,96	8,46	8,99	9,56	10,2	10,9	11,6	12,5	13,4	14,4	15,6	17,0	18,8	20,8	23,4	26,8	31,3	37,5	46,9	62,5	93,8	188	∞
0,38	5,57	5,90	6,26	6,64	7,05	7,49	7,97	8,49	9,06	9,68	10,4	11,2	13,0	14,2	15,6	17,4	19,5	22,3	26,0	31,3	39,1	52,1	78,1	156	∞	
0,36	4,76	5,05	5,36	5,69	6,04	6,42	6,83	7,27	7,76	8,30	8,90	9,55	10,3	11,2	12,2	13,4	14,9	16,7	19,1	22,3	26,8	33,5	44,6	67,0	134	∞
0,34	4,17	4,42	4,69	4,98	5,28	5,62	5,97	6,37	6,79	7,26	7,78	8,36	9,01	9,77	10,7	11,7	13,0	14,7	16,7	19,5	23,4	29,3	39,1	58,6	117	∞
0,32	3,70	3,93	4,17	4,43	4,70	4,99	5,31	5,66	6,04	6,46	6,92	7,43	8,01	8,68	9,47	10,4	11,6	13,0	14,9	17,4	20,8	26,0	34,7	52,1	104	∞
0,30	3,33	3,54	3,75	3,98	4,23	4,49	4,78	5,09	5,43	5,81	6,23	6,69	7,21	7,81	8,52	9,38	10,4	11,7	13,4	15,6	18,8	23,4	31,3	46,9	93,8	∞
0,28	3,03	3,22	3,41	3,62	3,84	4,08	4,35	4,63	4,94	5,28	5,66	6,08	6,56	7,10	7,75	8,52	9,47	10,7	12,2	14,2	17,0	21,3	28,4	42,6	85,2	∞
0,26	2,78	2,95	3,13	3,32	3,52	3,74	3,98	4,24	4,53	4,84	5,19	5,57	6,01	6,51	7,10	7,81	8,68	9,77	11,2	13,0	15,6	19,5	26,0	39,1	78,1	∞
0,24	2,56	2,72	2,89	3,06	3,25	3,46	3,68	3,92	4,18	4,47	4,79	5,15	5,55	6,01	6,56	7,21	8,01	9,01	10,3	12,0	14,4	18,0	24,0	36,1	72,1	∞
0,22	2,38	2,53	2,68	2,84	3,02	3,20	3,41	3,64	3,88	4,15	4,44	4,77	5,15	5,57	6,08	6,69	7,43	8,36	9,55	11,2	13,4	16,7	22,3	33,4	66,9	∞
0,20	2,22	2,36	2,50	2,66	2,82	2,99	3,18	3,39	3,62	3,86	4,14	4,44	4,79	5,19	5,66	6,23	6,92	7,78	8,90	10,4	12,5	15,6	20,8	31,1	62,3	∞
0,18	2,08	2,21	2,35	2,49	2,64	2,80	2,98	3,17	3,38	3,61	3,86	4,15	4,47	4,84	5,28	5,81	6,46	7,26	8,30	9,68	11,6	14,5	19,4	29,1	58,1	∞
0,16	1,96	2,08	2,21	2,34	2,48	2,63	2,80	2,97	3,17	3,38	3,62	3,88	4,18	4,53	4,94	5,43	6,04	6,79	7,76	9,06	10,9	13,6	18,1	27,2	54,3	∞
0,14	1,84	1,96	2,08	2,21	2,34	2,48	2,63	2,79	2,97	3,17	3,39	3,64	3,92	4,24	4,63	5,09	5,66	6,37	7,27	8,49	10,2	12,7	17,0	25,5	50,9	∞
0,12	1,72	1,84	1,96	2,08	2,21	2,34	2,48	2,63	2,80	2,98	3,18	3,41	3,68	3,98	4,35	4,78	5,31	5,97	6,83	7,97	9,56	12,0	15,9	23,9	47,8	∞
0,10	1,60	1,72	1,84	1,96	2,08	2,20	2,34	2,48	2,63	2,80	2,99	3,20	3,46	3,74	4,08	4,49	4,99	5,62	6,42	7,49	8,99	11,2	15,0	22,5	44,9	∞
0,08	1,48	1,60	1,72	1,84	1,96	2,08	2,21	2,34	2,48	2,64	2,82	3,02	3,25	3,52	3,84	4,23	4,70	5,28	6,04	7,05	8,46	10,6	14,1	21,1	42,3	∞
0,06	1,36	1,48	1,60	1,72	1,84	1,96	2,08	2,21	2,34	2,49	2,66	2,84	3,06	3,32	3,62	3,98	4,43	4,98	5,69	6,64	7,96	9,96	13,3	19,9	39,8	∞
0,04	1,24	1,36	1,47	1,60	1,72	1,84	1,96	2,08	2,21	2,35	2,50	2,68	2,88	3,13	3,41	3,75	4,17	4,69	5,36	6,26	7,51	9,38	12,5	18,8	37,5	∞
0,02	1,12	1,24	1,36	1,48	1,60	1,72	1,84	1,96	2,08	2,21	2,36	2,53	2,72	2,95	3,22	3,54	3,93	4,42	5,05	5,90	7,08	8,85	11,8	17,7	35,4	∞
0,00	1,00	1,12	1,24	1,36	1,48	1,60	1,72	1,84	1,96	2,08	2,22	2,38	2,56	2,78	3,03	3,33	3,70	4,17	4,76	5,56	6,67	8,33	11,1	16,7	33,3	∞

Werte für e_x/l (Spaltenköpfe); Randlinie der Bausohle

R im Kern ←

← Nullinie geht mindestens durch die Mitte, d.h. mindestens die halbe Gesamtfläche ist an der Lastübertragung beteiligt

10.8 Grundlagen für Betriebsfestigkeits-Nachweise

D. Kosteas

10.8.1 Die Bedeutung der Ermüdung und der Betriebsfestigkeit der Stahlkonstruktionen

Versagensgründe für das Material unter wiederholter Beanspruchung, die bei einmaligem Auftreten kein Versagen verursachen würde, beschäftigen Konstrukteure und Metallurgen seit langem. Es sind mehr als hundert Jahre vergangen seit Wöhler [1] die grundlegenden Erkenntnisse zum Dauerfestigkeitsverhalten durch seine klassischen Versuche ermittelte und veröffentlichte. In dieser Zeit wurden bis heute zahlreiche Untersuchungen der Eigenschaften von verschiedenen Materialien bei unterschiedlichen Beanspruchungs- und Umweltbedingungen durchgeführt. Schwingfestigkeitsversuche und Messungen an Proben und an Bauteilen, seltener, insbesondere im Stahlbau, an Konstruktionen selbst, in vielen Fällen der Praxis entsprechenden Lastzyklen ausgesetzt, resultierten in eine umfangreiche, ja fast unübersichtliche Fülle von Daten. Trotzdem werden heute noch schwerwiegende Versagensfälle auf eine Erschöpfung der Ermüdungs- bzw. Betriebsfestigkeit des Materials oder eines Konstruktionsdetails zurückgeführt. Der klassische Stahlbau blieb hiervon relativ verschont, jedoch meinen wir, daß es sich künftig durchaus lohnt bzw. erforderlich sein wird, sich mit neuen Entwicklungen und genauer quantifizierbaren Berechnungsmethoden auseinanderzusetzen. Diesen wird besondere Bedeutung zugemessen sobald sich Bauwerke ihrer ursprünglich angenommenen Lebensdauer nähern oder, wenn ihre Betriebscharakteristik (Beanspruchungsgrößen, -folge und -frequenz) geändert wird; weiter bei der Verfeinerung und Vereinheitlichung von Berechnungskonzepten der Ermüdungsfestigkeit, beim zunehmenden Bedarf nach effizienter und wirtschaftlicher Gestaltung der Komponenten bzw. der Gesamtkonstruktion und schließlich auch auf neuen Anwendungsbereichen (z.B. off-shore Konstruktionen, Behälterbau bei wiederholter Beanspruchung, Temperatur- und Korrosionseinwirkung, hohe Beanspruchungsamplituden mit relativ niedriger Häufigkeit – Kurzzeitbeanspruchung –, Leichtbau und Transportwesen etc.).

Ein Versagensfall in der Praxis kann normalerweise heutzutage recht präzis geklärt und auf plausible Ursachen zurückgeführt werden. Oft so plausibel, daß eigentlich das einzige Erstaunliche dabei die Tatsache bleibt, daß diese nicht schon früher erkannt werden konnten [2]. Mehrere Faktoren sind für diesen Zustand verantwortlich. Genaue Kenntnisse über einen Konstruktions- und Betriebsfall sind nicht vorhanden; die Materialkennwerte selbst werden meistens bekannt, jedoch praktisch keine Korrelation zu dem Bauteilverhalten im Betrieb vorhanden sein. Die tatsächliche Beanspruchung ist i.a. unbekannt.

Auch die in der fertigen Konstruktion vorkommenden Imperfektionen, insbesondere an den Fügestellen, sind von Bedeutung. Die quantitative Erfassung der Erkenntnis, daß der Werkstoff in der Konstruktion ein mit Fehlern behaftetes Kontinuum darstellt, daß sein Verhalten unter Beanspruchung nur so rational erfaßt werden kann, ist eine relativ neue Errungenschaft der Bruchmechanik.

Andererseits hat man einen großen Teil der Schwingfestigkeitsdaten aus Laboruntersuchungen und Betriebsstudien gesammelt, noch bevor die Konzepte und Methoden der modernen Bruchmechanik entwickelt werden konnten. Durch das Fehlen einer einheitlichen Interpretationsgrundlage konnten Einzeldatenzusammenstellungen nicht zueinander korreliert werden, und Zusammenhänge blieben unerkannt.

Schließlich muß erwähnt werden, daß bisher eine umfassende Darstellung des Gebiets „Ermüdung der Metallkonstruktionen" auf breiter Basis in den Ingenieurlehranstalten nur sehr selten stattgefunden hat.

Noch vor 25 Jahren war der Ingenieur in der Praxis bei der Berechnung und Gestaltung von Stahlkonstruktionen bei wiederholter Beanspruchung auf die Angaben weniger, keineswegs in allen Fällen ausführlicher, Richtlinien bzw. auf die isolierten Versuchsergebnisse einzelner Versuchsreihen – mit allen bereits erwähnten Interpretationsschwierigkeiten – angewiesen. Die Situation hat sich entscheidend geändert. Nachdem auf dem Gebiet des Stahlbaus grundlegende Untersuchungen als abgeschlossen betrachtet werden konnten, verzeichnete man in den sechziger Jahren

eine intensive Auseinandersetzung mit Verfahren zur optimalen und einheitlichen experimentellen Datenermittlung, wahrscheinlichkeitstheoretischen Untermauerung und anwendungsspezifischen Darlegung, von Versuchsergebnissen,

die punktuelle Erweiterung der Erkenntnisse über das Schwingfestigkeitsverhalten bestimmter Fügeverfahren und Konstruktionen,

gezielte Bemühungen, das Ermüdungsverhalten großer Bauteile zu studieren, wobei hier insbesondere die Untersuchungen an geschweißten Biegeträgern zu erwähnen sind, sowie

das Erscheinen erster umfassender Veröffentlichungen zum Thema Ermüdung und Betriebsfestigkeit,

Versuchsdurchführung, mathematisch-statistischer Standardwerke und Anleitungen sowie Datensammlungen (Dauerfestigkeitskataloge) oder tabellarischer Zusammenstellungen von Dauerfestigkeitswerten für Stahlkonstruktionen mit entsprechenden Verbindungsmethoden und Details.
Unter diesen Voraussetzungen konnten dann in den letzten zehn Jahren
die Grundlagen für eine Bezugsbasis zur Bemessung von Bauwerken auf Betriebsfestigkeit gelegt werden,
die erwähnten Konzepte erweitert und bis zu einem gewissen Grad als Bestandteile neuer Bemessungsrichtlinien standardisiert werden und
weitere beachtenswerte Entwicklungen auf dem Gebiet der angewandten Bruchmechanik erzielt werden.
Es erscheint daher sinnvoll im Rahmen der hier behandelten Grundlagen für Betriebsfestigkeitsnachweise auf allgemeine Beschreibungen des Ermüdungsverhaltens von Stahlkonstruktionen, sogar auf die Wiedergabe von Übersichten mit Versuchsergebnissen einer einzelnen Versuchsserie für eine bestimmte Konstellation von konstruktivem Detail und Beanspruchungs-/Umweltparametern zu verzichten. Einerseits liefert das angegebene Schrifttum ausreichende Information hierüber. Andererseits existieren bereits auf nationaler und internationaler Ebene Normenwerke und Empfehlungen für den Betriebsfestigkeitsnachweis, die die wichtigsten Anwendungsgebiete des Stahlbaus abdecken und hier kurz aufgeführt werden sollen. In speziellen Fällen der Beanspruchung, von neuen Werkstoffen, Konstruktions- oder Verbindungsformen muß es jedoch die Aufgabe des verantwortlichen Ingenieurs bleiben, aus den hier zitierten Quellen einzelner Versuchsergebnisse und den normierten Konzepten zur Datenauswertung bzw. -transformation die für die vorgesehene spezifische Anwendung maßgebenden Entscheidungen zu treffen.
Dieser Vorgang kann fallweise durch die parallele Anwendung bruchmechanischer Überlegungen und Berechnungen sinnvoll unterstützt werden. Überhaupt stellen letztere Methoden auf der Grundlage von Ermüdungsrißbildung und -fortpflanzung die optimale Möglichkeit einer physikalischen Erklärung und quantitativen Erfassung im ingenieurwissenschaftlichen Sinne. Sie beinhalten die Grundlagen des Ermüdungsverhaltens von Metallkonstruktionen. Alles andere folgt hieraus, kann dadurch erklärt werden. Selbst, wenn diese für eine allgemeine Anwendung aus mehreren Gründen sich für den Stahlbau noch nicht eignen, so ist bereits jetzt ihr Nutzen bei Vergleichs- und Schadensanalysen bzw. der Bewertung von Reparaturmaßnahmen und Belastungscharakteristiken vieler Tragwerke zu erkennen. Vor allem in angelsächsischen Normenwerken des Stahlbaus haben bruchmechanische Beurteilungskriterien einen festen Platz erreicht. Sie müssen zusammen mit den traditionellen phänomenologischen Berechnungsverfahren verfolgt werden. Letztere basieren bekanntlich auf der Abhängigkeit Beanspruchung–Lebensdauer, die auf probabilistischer Grundlage ausgedrückt auch eine Zuverlässigkeits- bzw. Sicherheitsaussage erlaubt.
In diesem Sinne und um Wiederholungen zu vermeiden bzw., um ausführlichere Angaben zu den oben angedeuteten neuen Entwicklungen machen zu können, wird schon an dieser Stelle auf die frühere Abhandlung der „Dauerfestigkeit der Stahlbauwerke“ [3] hingewiesen, stellvertretend für den Wissensstand bis ca. 1960 und beinhaltend auch in der dort aufgeführten Literatur, zahlreiche Angaben zu den Grundlagen des Schwingfestigkeitsproblems. Parallel hierzu sind einige ab Mitte der sechziger Jahre erschienenen Bücher mit einer übersichtlichen und umfassenden Übersicht des Ermüdungsproblems [4, 5, 6, 7, 8] zu erwähnen. Eine für die Belange des konstruktiven Ingenieurbaus interessante Behandlung findet man auch in [9, 10]. Wobei zu vermerken ist, daß in allen diesen Werken oft eine weitere, besonders umfangreiche Literatur angegeben wird. – In jedem der in der vorliegenden Zusammenstellung behandelten Abschnitte werden spezielle Veröffentlichungen erwähnt.

10.8.2 Ermittlung und Auswertung von experimentellen Schwingfestigkeitsuntersuchungen

Planung und Durchführung

Für etwa hundert Jahre seit den Versuchen Wöhlers hatte sich nichts wesentliches an der Planung und Durchführung von Schwingfestigkeitsuntersuchungen geändert. Entsprechend war die Aussagefähigkeit der Versuche und deren Eingliederung in Richtlinien (Bild 10.8–1). Vor zwanzig Jahren setzte sich jedoch eine neue Betrachtungsweise ein, basierend auf den Wunsch einer umfassenden, einheitlichen und leichter vergleich- und quantifizierbaren Auswertung.
Dabei werden *Voraussetzungen und vorbereitende Arbeiten* für die Versuchsdurchführung fixiert; Prüfmethoden, Prüfmaschinen, Prüfkörper und Meßeinrichtungen sowie weitere Einflußfaktoren wie Belastungscharakteristik, Frequenz etc. und Umweltfaktoren werden auf das Prüfziel (Kleinversuche, Großbauteile, Betriebszustand) abgestimmt. Auch der Versuchsumfang wird im Hinblick auf die nachfolgende statistische Auswertung entsprechend fixiert. Daraus resultieren, im Zusammenhang mit den in relativ engen Grenzen für Bauteile des konstruktiven Ingenieurbaus zu wählenden Frequenzen, die erforderlichen Prüfzeiten. Heute existiert hierzu für den Ingenieur in der Praxis eine ausreichende Literatur, die klassischen Werke von Weibull [11] und der ASTM [12] sowie [13]. Hieraus ist auch

weitere, sehr umfangreiche Literatur zu entnehmen. Etwas allgemeiner, jedoch mit vielen Hinweisen zur praktischen Durchführung auch [9]. Detailierte Angaben zu *Prüfmaschinen* und -anordnungen in [8, 14] und insbesondere [13, 15] *Ermüdungsmeßstreifen* als Hilfsmittel zur Kontrolle und Registrierung der effektiven Ermüdungsbeanspruchung während der Nutzungsdauer – auch während des tatsächlichen Einsatzes – entsprechen in Form und Aufbau den bekannten Dehnungsmeßstreifen. Folienmaterialänderungen sind jedoch hier permanent und ermöglichen eine Schadensakkumulation. In [16] werden die zwei gängigsten Systeme miteinander in der praktischen Anwendung verglichen, sowie Streuungsangaben zu den Meßwerten gemacht. Bei dem von der Fa. Vishay Micromeasurements / München vertriebenen Meßgitter wird die Widerstandsänderung, bei der Metallfolie der Fa. Dornier / Friedrichshafen die Änderung des Oberflächen-Reflexiongrades in Abhängigkeit von der Lebensdauer bzw. Schadensakkumulation, gebracht.

Mathematische Statistik

Die Bemühungen, Ergebnisse von Schwingfestigkeitsuntersuchungen effektiver bewerten und vergleichen zu können, angesichts der immer vorhandenen relativ großen Streuungen, führte zur Einführung von *Methoden der mathematischen Statistik*. Diese Entwicklung wurde in den sechziger Jahren durch die Veröffentlichung, auch in deutscher Sprache, anwendungsorientierter Bücher zur mathematischen Statistik unterstützt [17, 18, 19, 20], bis dann auch entsprechende Empfehlungen erschienen [21, 22]. Schließlich angefangen mit [11, 12] existieren heute detaillierte Abhandlungen speziell für die statistische Planung und Analyse von Schwingfestigkeitsuntersuchungen [23, 24, 25, 26]. Ein ausführliches Handbuch experimenteller statistischer Methoden stellt auch [27] dar.
Darstellungsmöglichkeiten von Schwingfestigkeitsuntersuchungen sollen weiter unten ausführlicher besprochen werden, es ist jedoch allgemein bekannt, daß die üblichste Ausdrucksmöglichkeit die sog. Wöhlerkurve ist, als Abhängigkeit der ertragenen Beanspruchung (Schwingfestigkeit) von der Lebensdauer (Lastwechselzahl) bis zum Versagen. Entsprechend den dabei drei charakteristischen Bereichen (Bild 10.8–2) – statische Festigkeit, Zeitfestigkeit und „Dauer"festigkeit – wird auch die Versuchsdurchführung sich danach richten müssen. Versuchstechnisch wird im ersten Bereich eine Festigkeitsverteilung zu bestimmen sein. Im zweiten Bereich, in dem normalerweise bei vorgegebener Beanspruchung die Lebensdauer einer Probe registriert wird, geht diese nach einer endlichen Lastwechselzahl zu Bruch. Im dritten Bereich niedrigerer Beanspruchungen aber mehr oder weniger hoher Lebensdauerwerte werden einige Proben nach einer vorgegebenen Lastwechselzahl oder auch überhaupt nicht zu Bruch gehen (sog. Durchläufer). Hier wird also, aus praktischen Gründen so verfahren, daß man wiederum wie im ersten Bereich bei der Versuchsdurchführung die Lastwechselzahl fest hält und dabei beobachtet, ob eine Probe bei Variation der Beanspruchungshöhe vor dem Erreichen dieser Lastwechselzahl zu Bruch geht oder diese Grenze überlebt.

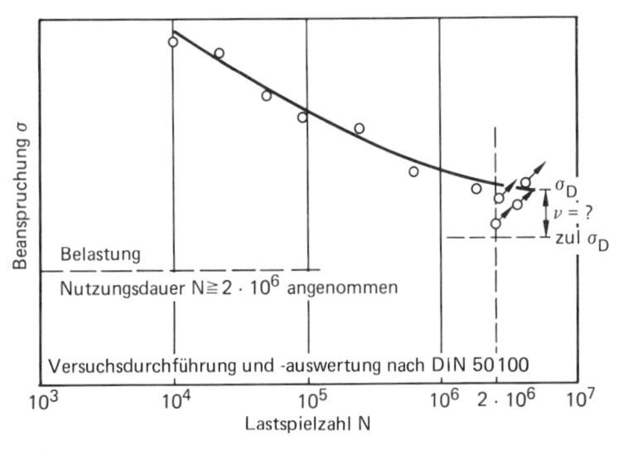

Wöhler-Untersuchungen 1852
Erste Richtlinien um 1885
(z. B. Phoenix Bridge Co,
Bemessung für $\sigma = \sigma_{max} + 0{,}6\ \sigma_{min}$)
Ab 1930 intensive Auseinandersetzung im Versuch und in der Praxis
Geschweißte Konstruktionen
1931 Ri in Deutschland/1936 AWS, später AREA, AAS
Genietete Eisenbahnbrücken (Schadensfälle)
(nach 1940, AREA und AASHO
Bemessung für $\sigma = \sigma_{max} + 0{,}5\ \sigma_{min}$)
Geschweißte Konstruktionen
BWRA 1958/1963
DV 804/DV 848
zul σ-R für verschiedene Kerbfälle

Bild 10.8–1 Konzept der Lebensdauerlinie (Wöhlerlinie) in der Primär-Phase

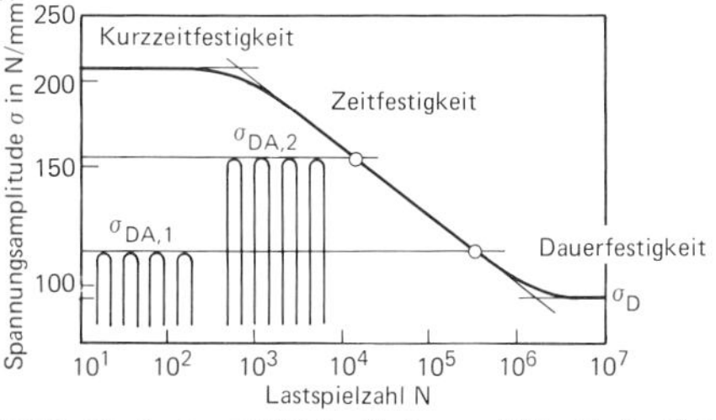

Bild 10.8–2 Wöhlerlinie und Festigkeitsbereiche

Neu ist bei dieser Versuchsdurchführung auf der Grundlage der Statistik die Einführung des Prinzips der Stichprobe, also einer Gruppe von beobachteten Werten aus der Grundgesamtheit aller möglichen Werte, die bei Wiederholung des Versuchs denkbar sind; ihre Anzahl wird als Stichprobenumfang n bezeichnet (hier z.B. die Anzahl der Einzeluntersuchungen auf einem bestimmten Spannungsniveau). Abgesehen von der eigentlichen technischen Planung müssen auch im statistischen Sinne bestimmte Voraussetzungen, wie Zufallsauswahl der Prüfkörper [19], Konzentration auf geeignete Spannungsniveaus etc., erfüllt sein. Auskunft hierüber und entsprechend der gewünschten Zuverlässigkeit der Aussage geben die oben zitierten allgemeinen wie speziellen Veröffentlichungen. Eine stufenweise Behandlung findet sich auch in [28] bzw. in [29] mit Hinweisen aus der praktischen Anwendung an Schwingfestigkeitsuntersuchungen.

Versuchsauswertung

Man versucht durch die statistischen Verfahren aus der zufälligen Unregelmäßigkeit der Einzelerscheinungen eine statistische Gesetzmäßigkeit der Massenerscheinung der Grundgesamtheit zu gewinnen. Die Lebensdauer des Prüfkörpers, ausgedrückt durch die ertragenen Lastwechsel, ist ein mögliches Beobachtungsmerkmal in Abhängigkeit von der untersuchten Eigenschaft, der Schwingfestigkeit. Dies ist die übliche Betrachtungsweise der traditionellen, semi-probabilistischen Verfahren, die heute bis zur Anwendung in Normenwerken ausgereift sind. Es darf jedoch die Tatsache nicht übersehen werden, daß auch andere Formulierungen des Problems denkbar und möglich sind – s. hierzu beispielsweise die weiter unten behandelten Konzepte der Bruchmechanik.
Praktisch geht es bei der Versuchsauswertung um
Berechnung von Maßzahlen. *Mittelwert* $\bar{x}$ *und Varianz* s^2 bzw. *Standardabweichung* s sind die wichtigsten Maßzahlen, die die Stichprobe bezüglich der Grundgesamtheit ordnen und für weitere Vergleichszwecke eindeutig identifizieren.
Schluß von der Stichprobe auf die Grundgesamtheit durch *Konfidenzgrenzen* der beobachteten Ergebnisse. Speziell für Schwingfestigkeitsversuche interessiert die Berechnung von Bruch- bzw. *Überlebenswahrscheinlichkeitsgrenzen.*
Durch vergleichende Beurteilung der Versuchsergebnisse (Varianzanalyse) werden signifikante oder zufallsbedingte Abweichungen ermittelt.
Bestimmung des *funktionalen Zusammenhangs* zwischen zwei Veränderlichen, hier Schwingfestigkeit und Anzahl der Lastwechsel. Anwendung der Verfahren der *Regressions- und Korrelationsrechnung.*
Ausführliche Information für die direkte Anwendung der Rechenverfahren ist insbesondere in [19, 20, 25, 27, 28] wiedergegeben. Statistische und regressionsanalytische Computerprogramme wurden entwickelt und stehen im Rahmen des Aufbaus der „Fatigue Data Bank" für Aluminium am Lehrstuhl für Stahlbau der TU München für Berechnungen und Plotter-Diagramme zur Verfügung. Entsprechend den Bereichen der Zeit- bzw. Dauerfestigkeit kann man spezielle Versuchsauswertungen unterscheiden.

Versuchsauswertung im Bereich der Zeitfestigkeit

Im Bild 10.8–3 ist links unten die Ermittlung der wichtigsten statistischen Parameter zusammengefaßt. Es würde den Rahmen dieser Ausführungen sprengen, wenn man sämtliche hierzu erforderlichen Einzelheiten und statistischen Verteilungstabellen wiedergeben würde. Diese Angaben sind [19, 27] zu entnehmen. In Tabelle 10.8–1 werden zusammengefaßt die verschiedenen statistischen Testverteilungen je nach Ermittlung der Konfidenzintervalle oder Signifikanzentscheidungen der Verteilungsparameter bzw. der Regression.
Das beobachtete Ereignis oder das Element der Stichprobe ist der Logarithmus der Lastwechselzahl bis zum Bruch $\log N$. Für jeden Stichprobenwert $x_1 (= \log N_1) \leqq \ldots x_i (= \log N_i) \leqq \ldots x_n (= \log N_n)$ kann die entsprechende Überlebenswahrscheinlichkeit

$$P_{\ddot{u},i} = 1 - \frac{i}{n+1}$$

bzw. die Bruchwahrscheinlichkeit

$$P_{B,i} = \frac{i}{n+1}$$

definiert werden. Bei Annahme der Normalverteilung für die Logarithmen der Lastwechselzahlen einer Stichprobe würden diese in einem Wahrscheinlichkeitsnetz mit logarithmischer Lastspieleinteilung in der Beziehung Summenhäufigkeit : Lastspielzahl annähernd auf einer Geraden liegen (Bild 10.8–4). Weitere Zusammenhänge für praktische Anwendungen in [29].
Von besonderem Interesse ist bei Schwingfestigkeitsuntersuchungen das Problem der Bestimmung von Funktionswerten mit vorgegebener Überlebenswahrscheinlichkeit, wie diese später bei Zuverlässigkeitsaussagen oder in Richtlinien erforderlich sind. Bei Annahme einer normalverteilten Grundgesamt-

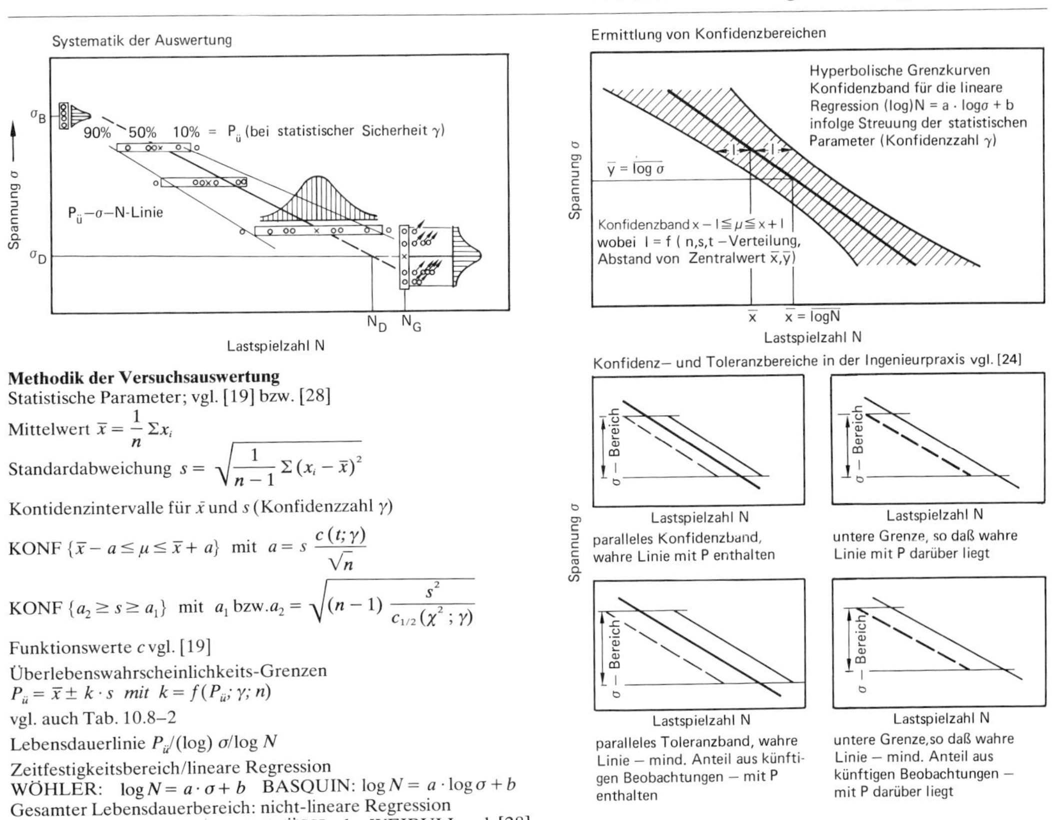

Bild 10.8–3 Versuchsauswertung und -darstellung im Zeitfestigkeitsbereich

Tabelle 10.8–1 Zusammenstellung statistischer Testverteilungen bei der Ermittlung von Konfidenzintervallen für Mittelwert, Varianz oder Regressionsparameter sowie für Vergleiche (Signifikanzentscheidungen). Tabellen mit Verteilungswerten sind z. B. in [19] enthalten.

Verteilungen	Hypothese: $F(x)$ ist die Verteilungsfunktion der Grundgesamtheit χ^2-Verteilung Kolmogoroff-Smirnow-Test Wahrscheinlichkeitsnetz						
Konfidenzintervalle	Verteilungsparameter			Regression			Korrelation
	Mittelwert Varianz bekannt	Varianz unbekannt	Varianz	Regressionskoeffizient	Mittelwert	Linearität	Korrelationskoeffizient
	Normal-Verteilung	t-Verteilung	χ^2-Verteilung	t-Verteilung	t-Verteilung	–	Normal-Verteilung
Entscheidungen (Tests)	Vergleich zweier Stichproben						
	Hypothese: $\mu_1 = \mu_2$ t-Verteilung		Hypothese: $\sigma_1 = \sigma_2$ F-Verteilung	Hypothese: $\beta = \beta_0$ t-Verteilung	–	–	Hypothese: $\varrho = 0$ t-Verteilung
	Prüfung von Hypothesen mit Hilfe der Methode der Varianzanalyse						
	Vergleich mehrerer Stichproben						
	Hypothese: $\mu_1 = \cdots = \mu_n$ F-Verteilung		–	Hypothese: $\beta = 0$ F-Verteilung	–	F-Verteilung	–

heit der Logarithmen der Lastwechselzahlen und bei bekanntem Mittelwert μ bzw. Standardabweichung σ dieser Grundgesamtheit würde es möglich sein, für jede vorgegebene Wahrscheinlichkeit P eine Größe K zu bestimmen, so daß gerade P Prozent $\mu - K\sigma$ Lastwechsel und mehr aufweisen. In Wirklichkeit sind μ und σ unbekannt; man kennt nur ihre Schätzwerte $\bar{x}$ und s aus der Stichprobe. In diesem Fall kann man eine Größe k bestimmen, so daß die Zufallsvariable $\bar{x} - ks$ mit einer bestimmten Konfidenz γ nicht größer als der Wert $\mu - K\sigma$ wird. Der Parameter k ist also eine Funktion der geforderten Überlebenswahrscheinlichkeit $P_{ü}$, der Konfidenzzahl γ und des Stichprobenumfangs n. Darauf kommt es schließlich in der Praxis an: einen Korrekturfaktor für die Streuung der Verteilungsparameter einzuführen. Die praktische Anwendung ist besonders leicht durch die Tabelle 10.8–2, entnommen aus [12] für $3 \leqq n \leqq 25$. Eine ähnliche Tabelle mit n bis 50 und erweitert auch für $\gamma = 0{,}99$ findet man in [41].

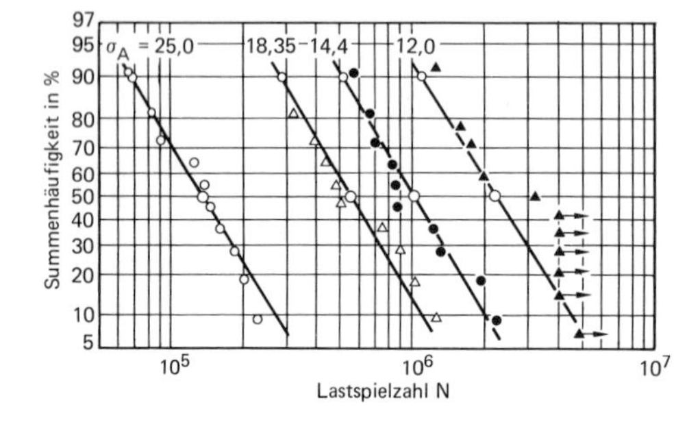

Bild 10.8–4
Überlebenswahrscheinlichkeitslinien für eine auf Biegung wechselnd beanspruchte Kehlnaht

Tabelle 10.8–2 Faktoren k zur Bestimmung von Überlebenswahrscheinlichkeitsgrenzen $P_{ü} = \overline{x} - ks$ mit γ = Konfidenzzahl und n = Stichprobenumfang (Tab. entnommen aus [12]).

n \ $P_{ü}$	75	90	95	99	99,9	75	90	95	99	99,9
	$\gamma = 0{,}50$					$\gamma = 0{,}75$				
3	0,773	1,498	1,939	2,765	3,688	1,464	2,501	3,152	4,396	5,805
4	0,739	1,419	1,830	2,601	3,464	1,256	2,134	2,680	3,726	4,910
5	0,722	1,382	1,780	2,526	3,362	1,152	1,961	2,463	3,421	4,507
6	0,712	1,360	1,750	2,483	3,304	1,087	1,860	2,336	3,243	4,273
7	0,705	1,346	1,732	2,455	3,265	1,043	1,791	2,250	3,126	4,118
8	0,701	1,337	1,719	2,436	3,239	1,010	1,740	2,190	3,042	4,008
9	0,698	1,329	1,709	2,421	3,220	0,984	1,702	2,141	2,977	3,924
10	0,694	1,324	1,702	2,411	3,205	0,964	1,671	2,103	2,927	3,858
11	0,693	1,320	1,696	2,402	3,193	0,947	1,646	2,073	2,885	3,804
12	0,691	1,316	1,691	2,395	3,183	0,933	1,624	2,048	2,851	3,760
13	0,690	1,313	1,687	2,388	3,175	0,919	1,606	2,026	2,822	3,722
14	0,689	1,311	1,648	2,384	3,168	0,909	1,591	2,007	2,796	3,690
15	0,688	1,308	1,680	2,379	3,163	0,899	1,577	1,991	2,776	3,661
16	0,686	1,307	1,678	2,376	3,157	0,891	1,566	1,977	2,756	3,673
17	0,686	1,305	1,676	2,373	3,153	0,883	1,554	1,964	2,739	3,615
18	0,685	1,303	1,674	2,370	3,150	0,876	1,544	1,951	2,723	3,595
19	0,684	1,302	1,672	2,367	3,146	0,870	1,536	1,942	2,710	3,577
20	0,684	1,301	1,671	2,366	3,143	0,865	1,528	1,933	2,697	3,561
21	0,683	1,300	1,670	2,364	3,140	0,859	1,520	1,923	2,686	3,545
22	0,683	1,299	1,668	2,361	3,138	0,854	1,514	1,916	2,675	3,532
23	0,683	1,299	1,668	2,360	3,136	0,849	1,508	1,907	2,665	3,520
24	0,682	1,298	1,667	2,358	3,134	0,845	1,502	1,901	2,656	3,509
25	0,682	1,297	1,666	2,357	3,132	0,842	1,496	1,895	2,647	3,497
	$\gamma = 0{,}90$					$\gamma = 0{,}95$				
3	2,602	4,258	5,310	7,340	9,651	3,804	6,158	7,655	10,552	13,857
4	1,972	3,187	3,957	5,437	7,128	2,619	4,163	5,145	7,042	9,215
5	1,698	2,742	3,400	4,666	6,112	2,149	3,407	4,202	5,741	7,501
6	1,540	2,494	3,091	4,242	5,556	1,895	3,006	3,707	5,062	6,612
7	1,435	2,333	2,894	3,972	5,201	1,732	2,755	3,399	4,641	6,061
8	1,360	2,219	2,755	3,783	4,955	1,617	2,582	3,188	4,353	5,686
9	1,302	2,133	2,649	3,641	4,772	1,532	2,454	3,031	4,143	5,414
10	1,257	2,065	2,568	3,532	4,629	1,465	2,355	2,911	3,981	5,203
11	1,219	2,012	2,503	3,444	4,515	1,411	2,275	2,815	3,852	5,036
12	1,188	1,966	2,448	3,371	4,420	1,366	2,210	2,736	3,747	4,900
13	1,162	1,928	2,403	3,310	4,341	1,329	2,155	2,670	3,659	4,787
14	1,139	1,895	2,363	3,257	4,274	1,296	2,108	2,614	3,585	4,690
15	1,119	1,866	2,329	3,212	4,215	1,268	2,068	2,566	3,520	4,607
16	1,101	1,842	2,299	3,172	4,164	1,242	2,032	2,523	3,463	4,534
17	1,085	1,820	2,272	3,136	4,118	1,220	2,001	2,486	3,415	4,471
18	1,071	1,800	2,249	3,106	4,078	1,200	1,974	2,453	3,370	4,415
19	1,058	1,781	2,228	3,078	4,041	1,183	1,949	2,423	3,331	4,364
20	1,046	1,765	2,208	3,052	4,009	1,167	1,926	2,396	3,295	4,319
21	1,035	1,750	2,190	3,028	3,979	1,152	1,905	2,371	3,262	4,276
22	1,025	1,736	2,174	3,007	3,952	1,138	1,887	2,350	3,233	4,238
23	1,016	1,724	2,159	2,987	3,927	1,126	1,869	2,329	3,206	4,204
24	1,007	1,712	2,145	2,969	3,904	1,114	1,853	2,309	3,181	4,171
25	0,999	1,702	2,132	2,952	3,882	11,103	1,838	2,292	3,158	4,143

Versuchsauswertung im Bereich der Dauerfestigkeit

Auch bei Stahlkonstruktionen wurde gezeigt [42, 43], daß abhängig von den Umweltbedingungen (Beanspruchung, Nachbehandlung, Korrosion) aber auch vom konstruktiven Detail (Schweißverbindungen) die Schwingfestigkeit im Bereich sehr hoher Lastspielzahlen weiter abnehmen kann und nicht unbedingt bei der traditionell oder aus praktischen Gründen in Richtlinien eingeführten Grenzlastspielzahl von $2 \cdot 10^6$ einen asymptotischen Grenzwert, die Dauerfestigkeit, erreicht [3]. Metallphysikalisch ist das Phänomen der Dauerfestigkeit oder des weiteren leichten Abfalls noch nicht schlüssig erklärt. Auch bei bruchmechanischen Untersuchungen des Rißfortschrittverhaltens wurden Grenzspannungsintensitätsfaktoren – K_{th}: threshold limit – gemessen, bei denen kein Rißfortschritt mehr stattfindet (vgl. hierzu Bild 10.8–33). Die Aussagen hängen jedoch stark von Vorbelastungen, Umweltbedingungen etc. ab, so daß sie noch nicht als sehr zuverlässig gelten.
Aus Gründen der Zweckmäßigkeit, und da ein möglicher Abfall der Schwingfestigkeit im technisch noch interessanten Bereich im Vergleich zu den Konfidenzgrenzen gering ist, kann in den meisten dieser Fälle eine Grenzlastspielzahl mit entsprechender Dauerfestigkeit angenommen werden. Die Beschreibung des Materialverhaltens im Dauerfestigkeitsgebiet ist unter der Voraussetzung einer (horizontalen) Grenzspannung ein Problem zwischen einer unabhängigen Zufallsvariablen, der Spannung und der abhängigen Zufallsvariablen, gebrochener Prüfstab oder Durchläufer. Letzteres ist stochastischer Natur und bewirkt eine Schwingfestigkeitsverteilung. Die Größe der Grenzlastspielzahl sollte vorläufig noch in der Praxis entsprechend dem unterschiedlichen Werkstoffverhalten und den bisherigen Erfahrungen gewählt (vgl. hierzu Abs. 10.8.6) bzw. fallweise auch experimentell verifiziert werden [43].
In der Literatur wird eine größere Anzahl von Verfahren zur Durchführung und Auswertung von Dauerfestigkeitsuntersuchungen aufgeführt [11, 12, 23, 24, 25, 27, 30, 31, 32, 33; mit weiteren Literaturangaben]. Anwendungshinweise für die Praxis enthalten insbesondere [12, 23, 24], in [34] wird eine Zusammenstellung der wichtigsten Verfahren mit detaillierten Anwendungsregeln gegeben. Dauerfestigkeitsversuche sind sehr kostenintensiv, vor allem wegen der hohen Maschinenkosten und der langen Prüfzeit. Eine genaue Versuchsplanung ist erforderlich unter Einbeziehung der gewünschten Aussagen und deren Zuverlässigkeit (Mittelwert, Standardabweichung, Konfidenzbänder, Verteilungsfunktion), des vorhandenen und oft begrenzten Prüfmaterials. Versuchstechnisch gibt es nur zwei grundsätzlich verschiedene Verfahren, die sowohl in Versuchsdurchführung und -auswertung differieren: das Probitverfahren und das Treppenstufenverfahren. Aus diesen wurden mit der Zeit durch Vereinfachungen und Kombination der Methoden weitere Verfahren entwickelt. Als besonders oft vorkommende und für praktische Zwecke gut geeignete werden hier vier Verfahren in Bild 10.8–5 zusammengestellt.

10.8.3 Darstellung von experimentellen Schwingfestigkeitsuntersuchungen

Definitionen

Grundlegende Definitionen und Diagramme zur Darstellung der Schwingfestigkeit sind aus [3] zu entnehmen. Außerdem werden in [11, 12, 14] weitere, teils ausführliche Angaben gemacht. Begriffe, Zeichen und Diagramme sind außerdem den entsprechenden DIN-Normen [44] zu entnehmen. In vielen neueren Publikationen über Ermüdung findet man Zusammenstellungen und Erklärungen der Begriffe, auch im ASTM E 206-72 [15]. Ein Verzeichnis der wichtigsten Begriffe zum Schwingversuch in deutsch, englisch, französisch und russisch beinhaltet DIN 50 100 (Beiblatt).
Eine periodische Beanspruchung – als Grundform zur Erforschung des Ermüdungsproblems – zwischen zwei festen Grenzwerten sich abspielend, ist mit den wichtigsten Begriffen und Beziehungen auf Bild 10.8–6 dargestellt.

Schwingfestigkeitsdiagramme

Ergebnisse von Schwingfestigkeitsuntersuchungen können in verschiedenen Diagrammen, je nach Parameterwahl, zusammengestellt werden. Die bekannteste Form ist die der *Wöhlerlinie* nach Bild 10.8–7. Die Kurve stellt die Abhängigkeit der Schwingfestigkeit (mit Oberspannung σ_o) von der Lastwechselzahl N dar. Aus darstellungstechnischen Gründen wurde bis jetzt auf der Abszisse statt der Lastwechselzahl selbst ihr Logarithmus $\log N$ aufgetragen. Entsprechend neuerer Entwicklungen, die mit der statistischen bzw. regressionsanalytischen Auswertung, s. weiter unten, oder auch mit bruchmechanischen Erwägungen in Einklang stehen (vgl. Bild 10.8–33), wird eine doppellogarithmische Darstellung $\log \sigma - \log N$ empfohlen. Für die σ-N-Kurve ist N variabel, dagegen $\varkappa$ (oder σ_m in anderen Darstellungen) konstant.
Das *Smith-Diagramm* ist aus dem Maschinenwesen vor allem bekannt (Bild 10.8–8). Es läßt sich aus einer Schar von Wöhlerlinien mit verschiedenen $\varkappa$-Werten bei konstanter Lebensdauer ermitteln. Es hat den Vorteil, daß man es, hinreichend genau, als Polygonzug über fünf Punkte (statische Festigkeitswerte σ_B und σ_F, Schwingfestigkeitswerte σ_w, σ_{sz}, σ_{sd}) konstruieren kann. Eine weitere Näherungskon-

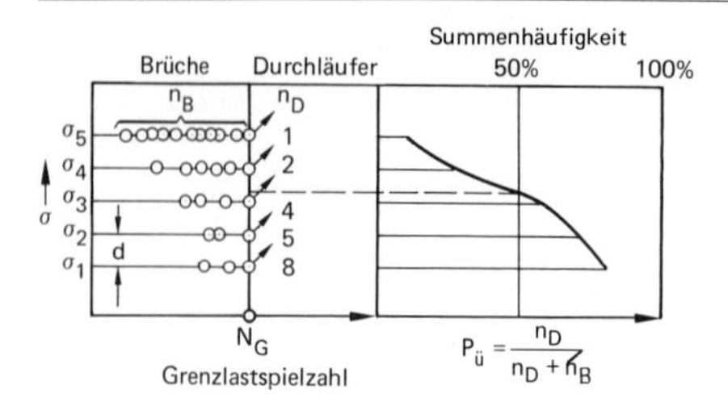

Probit-Methode
Schnelle graphische Ermittlung von σ_D für das gewünschte $P_ü$ (Überlebenswahrscheinlichkeit); erforderlicher Stichprobenumfang ≥ 50

Festlegung N_G; Abschätzung von σ_D und s.

Festlegen der Stufenzahl, des Stufenabstandes und der Probenzahl je Laststufe.

Proben prüfen (evtl. auch simultan auf mehreren Prüfmaschinen jedoch dann Maschineneinfluß durch statistische Kontrollverfahren – Monte Carlo, Lateinquadrate – ausschalten.

Entsprechend Schema auftragen und σ_D bestimmen. Wenn bei σ_D und s größere Differenzen gegenüber Schätzung, Versuchsparameter korrigieren und Versuch wiederholen.

Rechnerische Auswertung: vereinfacht vgl. [34], exakt [34] bzw. [27].

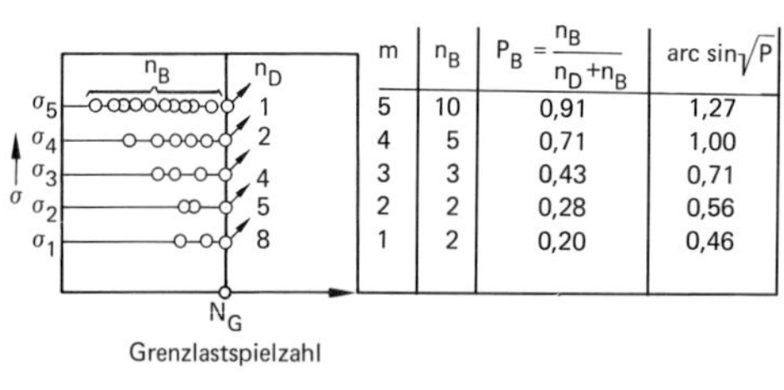

m	n_B	$P_B = \frac{n_B}{n_D + n_B}$	$\arcsin\sqrt{P}$
5	10	0,91	1,27
4	5	0,71	1,00
3	3	0,43	0,71
2	2	0,28	0,56
1	2	0,20	0,46

arc sin $\sqrt{P}$-Methode

$$\sum^m \sigma = A$$
$$\sum^m \arcsin\sqrt{P} = B$$
$$\sum^m (\arcsin\sqrt{P})^2 = C$$
$$\sum^m (\sigma \cdot \arcsin\sqrt{P}) = D$$

$$b = \frac{D - A \cdot B/m}{C \cdot B^2/m}$$
$$a = (A - b \cdot B)/m$$

und daraus die Bestimmungsgleichung für σ_D für beliebiges P (Bruchwahrscheinlichkeit) $\sigma = a + b \cdot \arcsin\sqrt{P}$ erf. Stichprobenumfang ca. 30 (setzt Erfahrung voraus); vgl. [30, 31, 34].

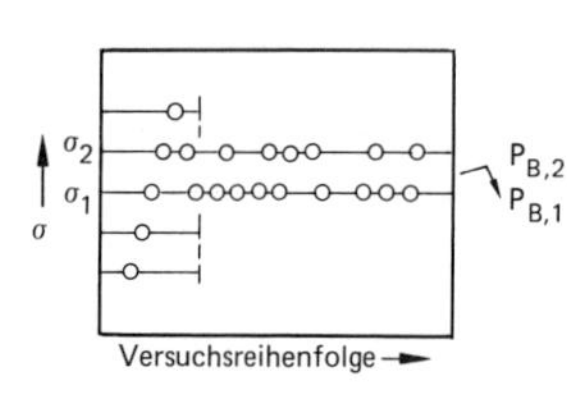

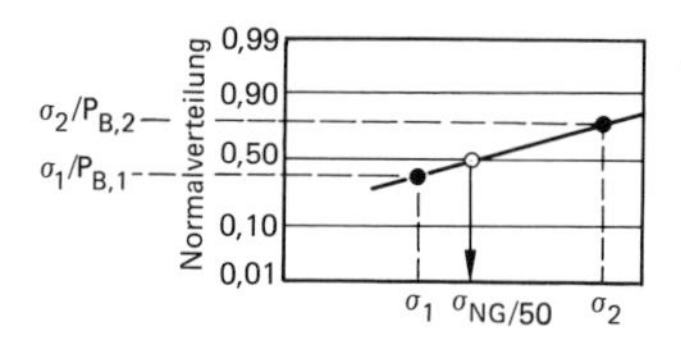

Zwei-Punkt-Methode (Little)
Prüfen wie bei Treppenstufen-Methode, bis zwei σ-Niveaus mit $P_B \neq 0$ oder 1 festgestellt werden. Weitere Probekörper auf diese beiden σ-Niveaus konzentrieren.

σ_D und s aus Eintragung in Wahrscheinlichkeitspapier bzw. nach rechnerischer Ermittlung aus [23] oder [34].

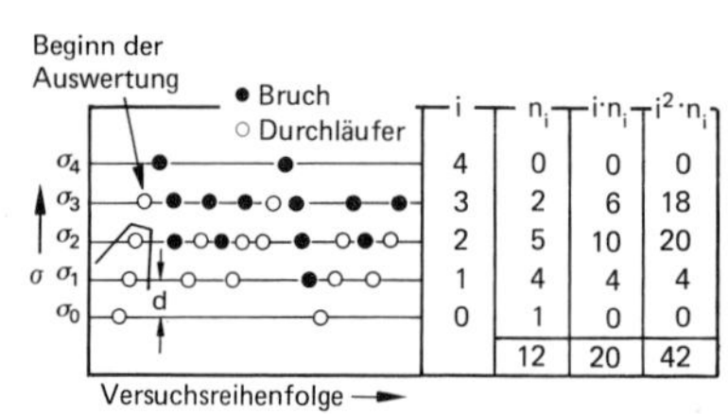

i	n_i	$i \cdot n_i$	$i^2 \cdot n_i$
4	0	0	0
3	2	6	18
2	5	10	20
1	4	4	4
0	1	0	0
	12	20	42

Treppenstufen-Methode
erf. Stichprobenumfang ca. 25
N_G vorgeben; d wählen; Ereignis (Bruch od. Durchläufer) mit niedrigster Häufigkeit auswerten.

$n_B = 13$; $n_D = 12$; „Durchläufer" auszuwerten in diesem Beispiel.

Bestimmung von σ_D für $P_ü = 50\%$ (Mittelwert)

$$\sigma_D = \sigma_0 + \mathrm{d}\left(\frac{\Sigma i \cdot n_i}{\Sigma n_i} \pm \frac{1}{2}\right) \qquad \text{Durchläufer} \measuredangle + \frac{1}{2} \qquad \text{Bruch} \measuredangle - \frac{1}{2}$$

Bestimmung der Standardabweichung s (fragl.)

$$s = 1{,}62 \cdot \mathrm{d}\left(\frac{\Sigma n_i \cdot \Sigma i^2 n_i - (\Sigma i \cdot n_i)^2}{\Sigma n_i^2} + 0{,}029\right); \text{ vgl. [12]}$$

Bild 10.8–5 Zur Bestimmung der Dauerfestigkeit

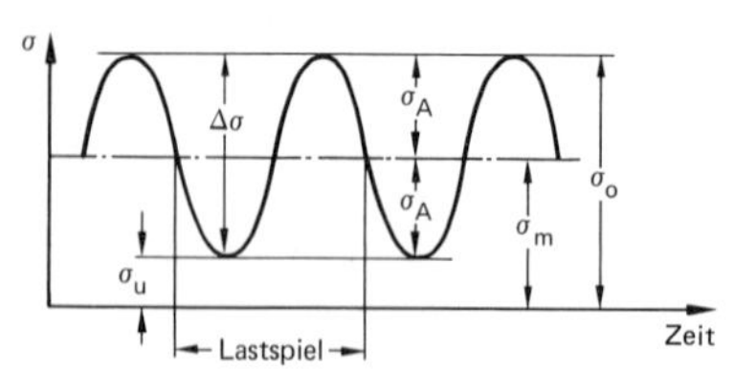

σ_o : Oberspannung (auch mit σ_{max} bezeichnet)
σ_u : Unterspannung (auch mit σ_{min} bezeichnet)
σ_m : Mittelspannung
σ_A : Spannungsausschlag (Amplitude)
$\Delta\sigma$: Schwingbreite: $\Delta\sigma = \sigma_o - \sigma_u = 2\sigma_A$
(wird auch mit Doppelamplitude σ_{DA} bezeichnet)

$$\sigma_m = \frac{\sigma_o + \sigma_u}{2} \qquad \sigma_A = \frac{\sigma_o - \sigma_u}{2}$$

Zugschwellbeanspruchung	$\sigma_o > 0$; $\sigma_u > 0$	
Zugursprungsbeanspruchung σ_{sz}	$\sigma_o > 0$; $\sigma_u = 0$	$(\varkappa = 0)$
Reine Wechselbeanspruchung σ_w	$\sigma_o = -\sigma_u$	$(\varkappa = -1)$
Druckursprungsbeanspruchung σ_{sD}	$\sigma_o = 0$; $\sigma_u < 0$	$(\varkappa = 0)$
Druckschwellbeanspruchung	$\sigma_o < 0$; $\sigma_u < 0$	

Spannungsverhältnis $\varkappa$ (auch mit R bezeichnet, meist im fremden Schrifttum)

$$\varkappa = \frac{\sigma_{min}}{\sigma_{max}}; \qquad -1 \leq \varkappa \leq +1;$$

σ_{min} ist der kleinste, σ_{max} der größte Absolutwert, beide sind jedoch mit ihrem Vorzeichen einzusetzen.

Bild 10.8–6 Periodische Beanspruchung. Definitionen

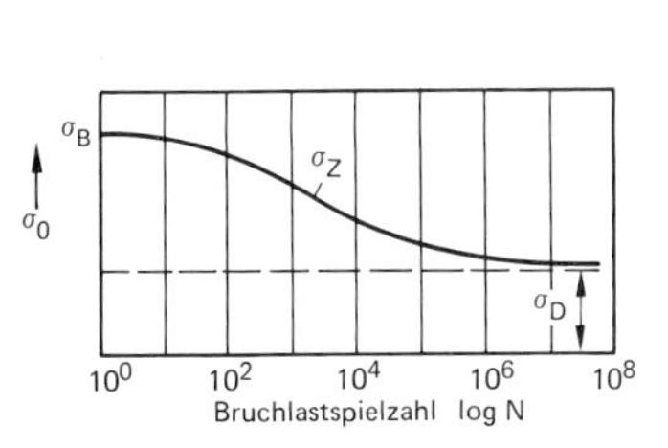

N = Bruchlastspielzahl
σ_Z = Zeitfestigkeit
σ_D = Dauerfestigkeit (für N → ∞)
σ_B = statische Festigkeit

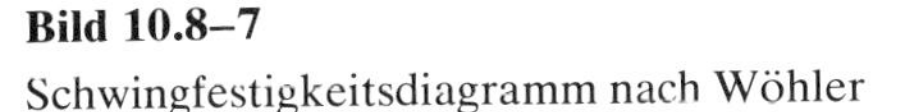

Bild 10.8–7
Schwingfestigkeitsdiagramm nach Wöhler

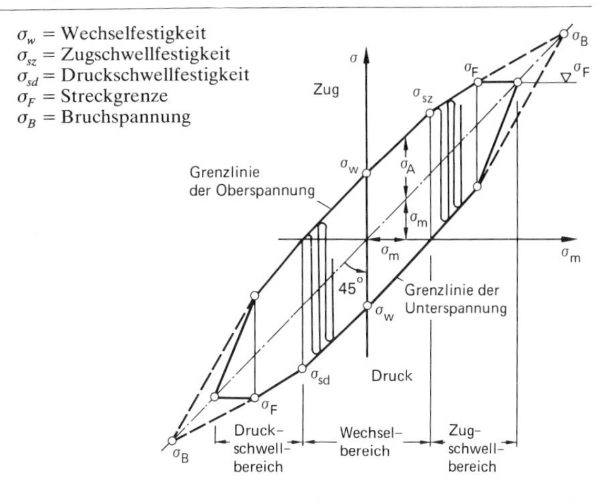

Bild 10.8–8 Schwingfestigkeitsdiagramm nach Smith

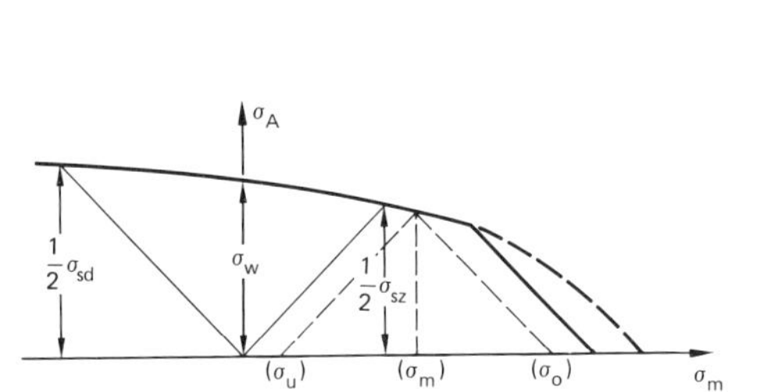

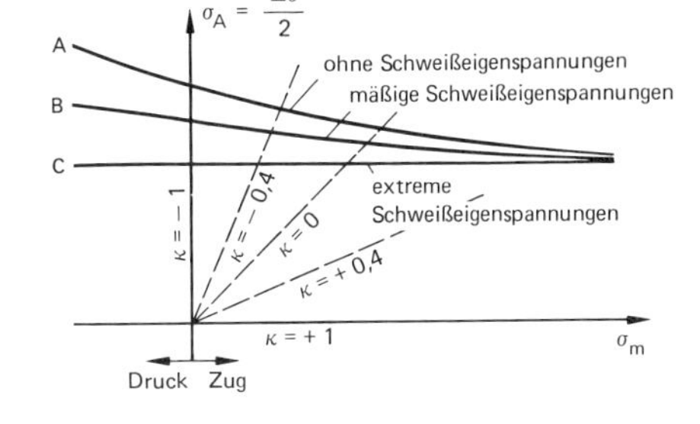

Bild 10.8–9 Schwingfestigkeitsdiagramm nach Haigh

struktion (nur σ_B, σ_F und σ_w erforderlich) wird in [45] angegeben. Die Vorschriften für Krane und Kranbahnen (DIN 15018, DIN 4132) nehmen bei dieser Darstellung $\sigma_{sd} = 2\,\sigma_w$ und $\sigma_{sz} = {}^5/_3\,\sigma_w$ an. Je stärker die Kerbwirkung und die Eigenspannungen eines Bauteils sind, desto mehr nähert sich das Smith-Diagramm zwei parallelen Geraden. Die Spannungsdifferenz $\Delta\sigma = 2\,\sigma_A$ wird nahezu konstant. Für die $\sigma_o/\sigma_u - \sigma_m$-Kurve ist N konstant und σ_m sowie $\varkappa$ variabel. Es gilt $\sigma_o = 2\,\sigma_m/(1+\varkappa)$.
Im *Haigh-Diagramm* wird die Spannungsamplitude σ_A als Funktion der Mittelspannung σ_m aufgetragen. Insofern stellt das Haigh-Diagramm eine transformierte Darstellung des Smith-Diagramms dar (Bild 10.8–9, links). Der Einfluß von Eigenspannungen (z. B. Schweißeigenspannungen bei Bauteilen) läßt sich besonders gut demonstrieren, d. h. bei Annahme elastisch-plastischen Werkstoffverhaltens und Eigenspannungen in Höhe der Fließgrenze wird sich bei wiederholter Beanspruchung herausstellen, daß nur die Schwingbreite der Lastspannungen für die wirksamen Spannungen maßgebend ist, d. h. $\sigma'_o = \sigma_F$ bzw. $\sigma'_u = \sigma_F - 2\,\sigma_A$. Je größer die Schweißeigenspannungen, desto flacher der Kurvenverlauf im Haigh-Diagramm (Bild 10.8–9, rechts). Die meisten Schwingfestigkeitsversuche stammen aus kleinen Proben mit geringen oder gar keinen Eigenspannungen. Durch die Quantifizierung des Überganges von Kurve A zur Kurve C besteht eine Möglichkeit zur Abschätzung des Einflusses der Prüfkörpergröße. Für die $\sigma_A - \sigma_m$-Kurve ist N konstant.
Schließlich wird im *Moore-Kommers-Jasper-Diagramm* die Oberspannung als Funktion der Spannungsverhältnisse $\varkappa$ aufgetragen (Bild 10.8–10). Diese Darstellung ist im konstruktiven Ingenieurbau für Bemessungszwecke besonders geläufig. Für die $\sigma_o - \varkappa$-Kurve ist die Lastwechselzahl N konstant. Die Lage ist vom dargestellten konstruktiven Detail und der Lastwechselzahl abhängig. Der obere Abschluß in Höhe der Fließgrenze ist materialabhängig.
Weitere Darstellungsarten, die entweder Abwandlungen der hier wiedergegebenen Grundformen oder deren Kombinationen sind (Weyrauch-Diagramm, Stüssi-Diagramm) bzw. für die leichtere Anwendbarkeit linearisiert wurden (Weibull) o. ä. können dem Schrifttum entnommen werden [6, 7, 11].

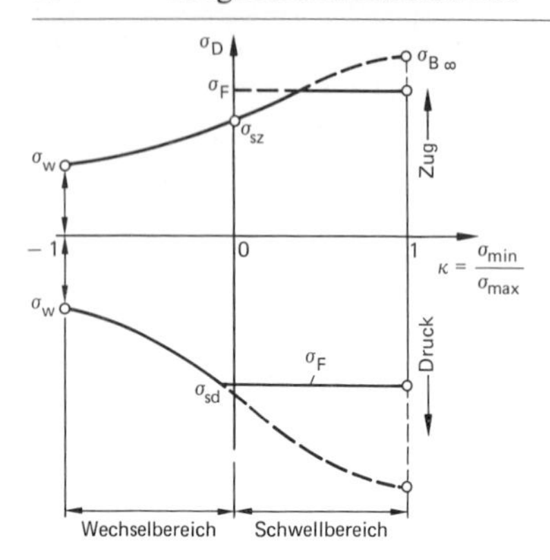

Bild 10.8–10
Schwingfestigkeitsdiagramm nach Moore-Kommers-Jasper

Die Lebensdauerlinie

Der Begriff der Lebensdauerlinie wurde vor 40 Jahren von Gassner vorgeschlagen zur Darstellung des Zusammenhangs zwischen dem Höchstwert eines Spannungs-Amplituden-Kollektivs (vgl. unter 10.8.4 Betriebsfestigkeit) und der dazugehörigen Lebensdauer, nach entsprechender statistischer Datenauswertung doppellogarithmisch aufgetragen. Nachdem die oben beschriebene statistische Auswertung als eine Grundvoraussetzung für die Bewertung der Ergebnisse aus Schwingfestigkeitsuntersuchungen sich durchgesetzt hatte, erweiterte man den Begriff der Lebensdauerlinie, so daß dieser heute die Auswertung auch der Einstufenergebnisse (Wöhlerversuche) umfaßt.
Die funktionale Beziehung zwischen Schwingfestigkeit und Lebensdauer läßt sich durch Anwendung der Verfahren der Regressions- und Korrelationsrechnung ermitteln [11, 19, 27, 28]. Entsprechend den Ausführungen in 10.8.2 wird die Regressionsrechnung in der Praxis auf Ergebnisse im Gebiet der Zeitfestigkeit beschränkt, insbesondere, wenn es sich um zweiparametrige Ansätze der P-σ-N-Linie handelt. Danach versucht man diese Ergebnisse mit den Festigkeitsauswertungen im Dauerfestigkeitsbereich in Einklang zu bringen. Benutzt man dagegen mehrparametrige Ansätze der P-σ-N-Linie, so kann man theoretisch den gesamten Bereich von der statischen Festigkeit über die Zeitfestigkeit bis zur Dauerfestigkeit erfassen [28, 29, 30]. In der Praxis haben sich allerdings solche Verfahren nicht durchsetzen können [29]. Eine Möglichkeit der gleichzeitigen Erfassung des Zeit- und Dauerfestigkeitsbereichs – hierbei können auch Durchläufer berücksichtigt werden – besteht durch Anwendung der maximum-likelihood-Methode; durch Parametervariation (Bezugslebensdauer für Dauerfestigkeit N_G, Dauerfestigkeit σ_D, Neigung k der σ-N-Geraden im Zeitfestigkeitsbereich und Streumaß s des parallelen Streubandes) wird die optimale Position ermittelt [32, 33].
Die Bestimmung statistisch abgesicherter P-σ-N-Lebensdauerlinien erlaubte entsprechende Entwicklungen in Richtlinien (Bild 10.8–11).

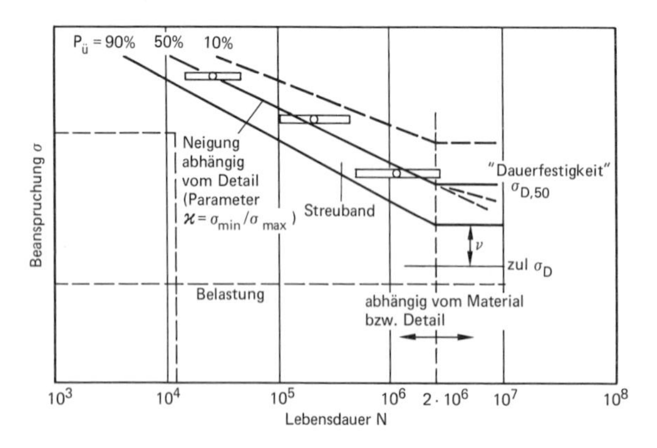

Mathematisch-statistische Versuchsplanung und -auswertung
Definition von $P_ü$-σ-N-Linien
Erste Versuche zur Berücksichtigung von BetriebslastenKollektiven

DIN 15018 / Krane, 1974
Einstufung der Bauwerke in Beanspruchungsgruppen
Relation zwischen Beanspruchungsgruppe – Spannungskollektiv – Spannungsspielbereich (N)
zul $\sigma(\varkappa = -1)$ für verschiedene Kerbfälle / $\nu = 1{,}33$ zu $P_ü = 90\%$

$$\text{zul}\,\sigma_{(\varkappa)} = \frac{k_1 \cdot \text{zul}\,\sigma_{(\varkappa=-1)}}{k_2 - k_3\varkappa}$$

ggf. Schädigungsrechnung
Entsprechende Regelungen in DIN 4132 / Kranbahnen
Entsprechende Regelungen auch in AWS u. AASHO Specifications

$$\text{zul}\,\sigma_{(\varkappa)} = \frac{k_1 \cdot \text{zul}\,\sigma_{\varkappa=0}}{1 - k_2\varkappa}$$

für verschiedene Materialfestigkeiten (k_1) und 3 Lastspielbereiche ($10^5, 5 \cdot 10^5, 2 \cdot 10^6$)

Bemessungsdiagramm $\sigma = f(\varkappa)$
Sicherheitsfaktor $\nu = 1{,}9$ für 10^5 bzw. $1{,}4$ für $2 \cdot 10^6$
BWRA Specifications berücksichtigen Lastkollektive und Schadensakkumulation (Palmgren-Miner)

Bild 10.8–11 Konzept der Lebensdauerlinie P-σ-N in der Sekundär-Phase

Sofern Daten von grundlegendem Charakter über die Schwingfestigkeit eines Materials, Bauteils oder Verbindung etc. erwünscht sind, eignen sich die nachfolgenden allgemeinen Regeln. Handelt es sich um zusätzliche Information, die zu bereits bestehenden früheren Beobachtungen eingegliedert werden sollen bzw. um Gesamtauswertungen mit dem Zweck, Unterlagen für Richtlinien und Bemessungsempfehlungen für die Praxis auszuarbeiten, so würde wahrscheinlich eine Auswertung auf der Basis einer normierten Wöhlerlinie sich besser dafür eignen (s. nächsten Abschnitt). Aus zahlreichen [11] Funktionen zur Darstellung der Schwingfestigkeitsergebnisse eignen sich die zweiparametrigen Ausdrücke von

Wöhler $\log N = a \cdot \sigma + b$ bzw. Basquin $\log N = a \cdot \log \sigma + b$

als Geraden im einfach- bzw. doppel-logarithmischen Koordinatensystem am besten [28, 30]. Wie bereits erwähnt, besitzt die doppellogarithmische Darstellung weitere Vorteile für praktische Anwendungen.
Zur Bestimmung z.B. der Regression $\log N = a \cdot \log \sigma + b$ als Ausgleichsgerade im doppellogarithmischen Koordinatensystem für die aus der statistischen Analyse bestimmten Wertepaare (y: $\log \sigma$; x: $\log N$) – Wertepaare für x mit einem bestimmten Wert der Überlebenswahrscheinlichkeit; die kann beispielsweise der Mittelwert oder irgendeine andere Fraktile sein – bekommt man nach dem Gaußschen Prinzip der kleinsten Quadrate die Bestimmungsgleichungen [19, 24, 27, 28]

$$a = \frac{m \sum^{m} x_i y_i - \sum^{m} x_i \sum^{m} y_i}{m \sum^{m} y_i^2 - \left(\sum^{m} y_i\right)^2}$$

$$b = \frac{\sum^{m} x_i - a \sum^{m} y_i}{m}$$

wobei m die Anzahl der Wertepaare (Spannungsniveaus) darstellt. Vertrauensbereiche für die Regressionsgrade (vgl. Bild 10.8–3) können entsprechend [19, 27, 28] bestimmt werden. Für praktische Anwendungen eignet sich jedoch viel besser die Bestimmung von Vertrauensbereichen parallel zur Regressionsgeraden der Mittelwerte; Rechenverfahren mit entsprechenden statistischen Tabellen nach [24].

Die normierte Wöhlerlinie

Auswertungen von Hunderten von Wöhlerlinien, insbesondere bei Schweißverbindungen des Stahlbaus, die eine größere Anzahl in- und ausländischer Veröffentlichungen umfassen, führten in den sechziger Jahren zu der Erkenntnis, daß sich diese Wöhlerlinien aller betrachteten Schweißverbindungen im Zeit- und Dauerfestigkeitsbereich hinsichtlich ihres Verlaufs und ihres Streubereichs normieren lassen; dabei werden die über die Bruchlastspielzahl aufgetragenen Spannungsamplituden σ_A auf den jeweiligen Mittelwert der dauerfest ertragenen Spannungsamplitude $\sigma_{D\,50\%}$ bezogen. Mit der so bezogenen Spannungsamplitude aufgetragen, wird der Streubereich der Einzelversuche im Zeit- und Dauerfestigkeitsbereich bei allen Wöhlerlinien in einheitlicher Weise und bei Beachtung der zufallsbedingt erklärbaren Abweichungen durch drei Linienzüge mit zugeordneten Überlebenswahrscheinlichkeiten eingegrenzt beziehungsweise ausgemittelt, sofern die Schweißungen innerhalb der einzelnen Wöhlerlinien eine einheitliche Beschaffenheit aufweisen und sofern die Beanspruchung unterhalb des durch das Auftreten starker Wechselplastizierungen gekennzeichneten Kurzzeitfestigkeitsbereichs bleibt [35, 36, 37].
Im doppellogarithmischen Netz werden die Gesetzmäßigkeiten der normierten Wöhlerlinie beschrieben durch die drei Zeitfestigkeitsgeraden für die Überlebenswahrscheinlichkeiten $P_ü = 90$, 50 und 10%, die am Beispiel der Schweißverbindungen aus Baustahl, mit einer Neigung entsprechend $k = 3{,}5$, 3,75 und 4,0 geradlinig bis zur Grenzlastspielzahl $2 \cdot 10^6$ ausgezogen und von dort horizontal als Dauerfestigkeitslinien fortgesetzt sind (Bild 10.8–12); wegen der Darstellung von Untersuchungsergebnissen bei höheren Lastspielzahlen [42, 43, 36]. Für die Gleichungen der Zeitfestigkeitslinien gilt

$$N = C \left(\frac{\sigma_A}{\sigma_{D\,50\%}}\right)^{-k} \qquad \text{für } N \leqq 2 \cdot 10^6$$

$C = 1{,}0 \cdot 10^6$ und $k = 3{,}50$ für $P_ü = 90\%$
$C = 2{,}0 \cdot 10^6$ und $k = 3{,}75$ für $P_ü = 50\%$
$C = 4{,}5 \cdot 10^6$ und $k = 4{,}00$ für $P_ü = 10\%$

Aus der hier normierten Wöhlerlinie leiteten sich Wöhlerlinien für Schweißverbindungen in Bemessungsrichtlinien ab [37]. In abgewandelter Form – mit einem Streuwert für die Festigkeit unabhängig von der Lastspielzahl – wird sie auch bei anderen Vorschlägen eingeführt, vgl. 10.8.4 und 10.8.8.

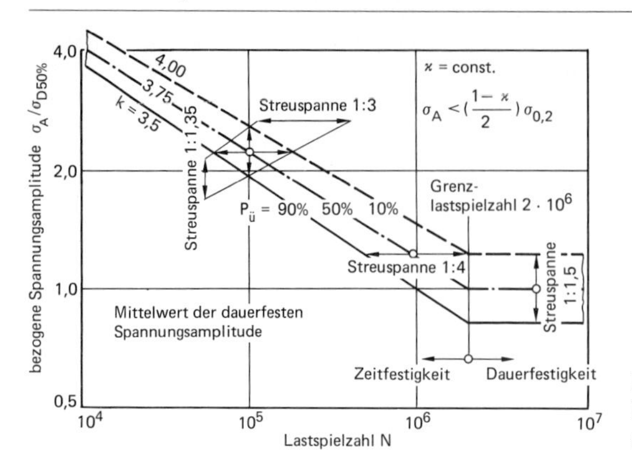

Bild 10.8–12
Normierte Wöhlerlinie für Schweißverbindungen aus Baustahl

10.8.4 Die Betriebsfestigkeit

Schwingbruchgefährdete Bauteile sind im Betrieb einer mehr oder weniger regellosen Folge von Belastungen unterschiedlicher Größe und Häufigkeit ausgesetzt. Selbst, wenn die Höchstwerte dieser veränderlichen Beanspruchung, die das 2- oder 3fache der Dauerfestigkeit erreichen können, relativ selten auftreten, so erreichen knapp darunter liegende Werte im Leben einer Konstruktion schon Häufigkeiten in der Größenordnung von 10^3. Irreversible Verformungszustände und Schädigungen, z. B. Risse, können die ursprüngliche Tragfähigkeit herabsetzen und die Nutzungsdauer begrenzen.
„Ziel der Betriebsfestigkeit ist es, durch ein geeignetes Bemessungsverfahren sicherzustellen, daß Ermüdungsschäden an einer Konstruktion mit bekanntem Lastkollektiv erst bei Erreichen der geforderten Nutzungsdauer eintreten, und nur mit einer sehr kleinen, von Fall zu Fall festzulegenden Wahrscheinlichkeit" [46].
Im Stahlbau wurde die Betriebsfestigkeit bis vor kurzem noch nicht berücksichtigt. Bauteile mit veränderlichen Beanspruchungen wurden entweder auf „Dauerfestigkeit" oder vielfach noch „statisch" bemessen, d. h. gegenüber relativ ungünstigen, meist durch Übereinkunft festgelegten Betriebslasten oder auch gegenüber rechnerisch einfach zu erfassenden Grundlasten und definierten Gefahrengrenzen mit einfach und schnell zu ermittelnden Kennwerten (Streckgrenze, Bruchgrenze) wurden in Vorschriften verankerte oder auf Erfahrung beruhende Sicherheitszahlen eingehalten. Die Einhaltung dieser Sicherheitszahlen gewährleistete eine gewisse, aber zahlenmäßig nicht angebbare Lebensdauer gegenüber wiederholt auftretenden Beanspruchungen. Mit zunehmender Nutzungsdauer, mit höheren Geschwindigkeiten, mit der Verwendung hochfester Werkstoffe und mit neuartigen Konstruktions- und Fertigungsverfahren reicht diese Betrachtungsweise nicht mehr aus [46]. Durch die Tatsache, daß oft die jeweiligen Betriebsverhältnisse wesentlich günstiger sind, als es den Bedingungen des Wöhler (Einstufen-)versuchs entspricht oder, daß diese Betriebsverhältnisse sich mit der Zeit ändern können (Belastungscharakteristik einer Brücke), wurde schließlich die Betriebsfestigkeit auch für gewisse Anwendungsgebiete des Stahlbaus bzw. des Leichtmetallbaus, wie z. B. Tragwerke des Kranbaues und Fördergerätebaues, des Brückenbaues und Transportwesens als Bemessungsgrundlage in Richtlinien integriert.
Es ist unvereinbar, mit dem Grundgedanken des Leichtbaus so zu dimensionieren, daß der Höchstwert eines *Last-* bzw. *Spannungskollektivs*, der nur selten auftritt, beliebig oft ohne Anriß oder Bruch – dauerfest – ertragen wird. Allerdings liegen heute noch die größten Unsicherheiten i. a. im Ansatz zutreffender Last- bzw. Spannungskollektive. Nur, wenn darüber hinaus vollständige Zeit- und Dauerfestigkeitswerte enthaltende Lebensdauerlinien vorliegen, können mit Hilfe einer geeigneten *Schadensakkumulations-Hypothese* Bemessungs-Spannungen für ein gegebenes Lastkollektiv und die hierfür resultierende Lebensdauer berechnet werden. Im Hinblick auf die Streuung, dem Merkmal aller Schwingfestigkeitswerte, und die Sicherheitsanforderung bei der Bemessung sind Angaben über Überlebens- bzw. Ausfallwahrscheinlichkeit unumgänglich.

Das Spannungskollektiv

Für schwingbeanspruchte Bauteile müssen zunächst Lastannahmen geschaffen werden, die alle für eine zutreffende Bemessung erforderlichen Angaben über Größe und Häufigkeit der Betriebslasten und möglichst auch über deren zeitlichen Verlauf enthalten. Das so ermittelte Lastkollektiv bzw. das für das jeweilige Konstruktionsdetail sich daraus ergebende Spannungskollektiv bilden die Grundlagen der Berechnung. Es gibt an wie oft eine bestimmte Merkmalsgröße (Spannungsspitze, Spannungsamplitude) überschritten bzw. erreicht wird. Es wird aus Messungen abgeleitet, die über hinreichend lange Beobachtungszeiten auszudehnen sind. Spannungskollektive können bei bekanntem Häufigkeits-Verteilungsgesetz auch konstruiert werden, wenn der zu erwartende Spannungs-Höchstwert und die Gesamthäufigkeit zuverlässig angenommen werden können (Bild 10.8–13) [46, 47]. Es wurde beispielsweise bei Kranen festgestellt, daß die durch Langzeitbetriebsmessungen ermittelte Spannungswerte-Verteilung durch die Normalverteilung angenähert werden kann. Bei logarithmischem Maßstab und durch Definition eines Kollektivbeiwerts p, der die „Völligkeit" des Spannungskollektivs angibt, läßt sich für praktische Zwecke eine Einteilung in Betriebsgruppen erreichen. Bild 10.8–14 stellt die in der Kranbaunorm DIN 15018 zugrundegelegte Einteilung dar. Der Kollektivbeiwert $p = 1$ entspricht dem Kollektiv S_3 „schwer", d.h. einer Beanspruchung mit konstanten Spannungsamplituden (Wöhlerversuch).

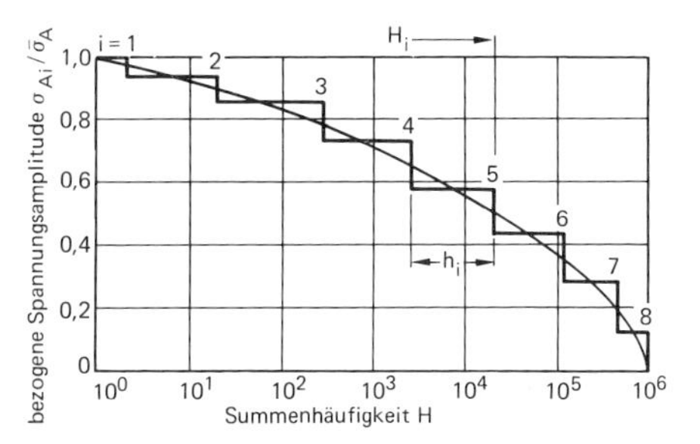

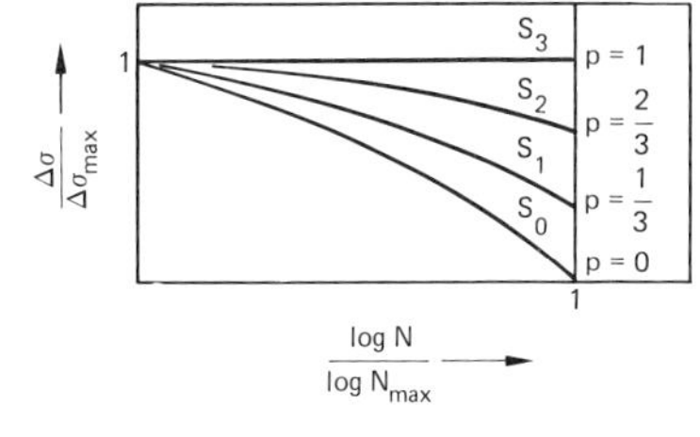

Bild 10.8–14
Bezogene Spannungskollektive mit verschiedenen Kollektivbeiwerten p

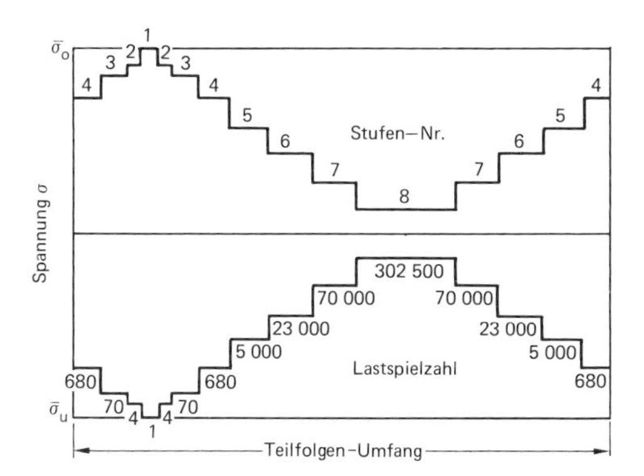

Bild 10.8–13
Amplituden-Kollektiv (Normverteilung) in bezogener Darstellung und Beanspruchungsablauf im entsprechenden Betriebsfestigkeitsversuch (nach [46])

Zyklenzählverfahren

Beliebige Spannungsschwankungen sind durch besondere Zählverfahren auf mehrstufige Kollektive zu transformieren [47 und dort aufgef. Schrifttum bis 53]. Das „rain-flow"-Verfahren basiert auf der Zählung in sich geschlossener Spannungszyklen (Bild 10.8–15). Es werden Schwingamplituden aus den Anteilen zusammengesetzt, die durch über das Spannungs-Zeit-Diagramm ablaufendes „Regenwasser" benetzt wurden. Zum gleichen Ergebnis führt die etwas anschaulichere „Reservoir-Zählmethode" (Bild 10.8–16). Man geht folgendermaßen vor: (a) das Diagramm wird wie ein Reservoir mit Wasser gefüllt; (b) am tiefsten Punkt, hier Punkt 1, wird das Wasser abgelassen, wobei die „Wasserstandshöhe" $\Delta\sigma_1$ beträgt und einem vollen Schwingspiel mit der Spannungsdifferenz $\Delta\sigma_1$ entspricht. Am nächst tieferen Punkt wiederholt sich die Prozedur, bis die restlichen (noch gefüllten) Reservoirkammern entleert und die Größen $\Delta\sigma_2$, $\Delta\sigma_3$ usw. ermittelt werden. Die Spannungsdifferenzen werden zu Stufen zusammengefaßt; letztere ihrer Größe nach im Summenhäufigkeitsdiagramm eingetragen, ergeben das Spannungskollektiv. Nach dieser Zählmethode kann allerdings keine $\varkappa$(Spannungsverhältnis)-Abhängigkeit berücksichtigt werden.

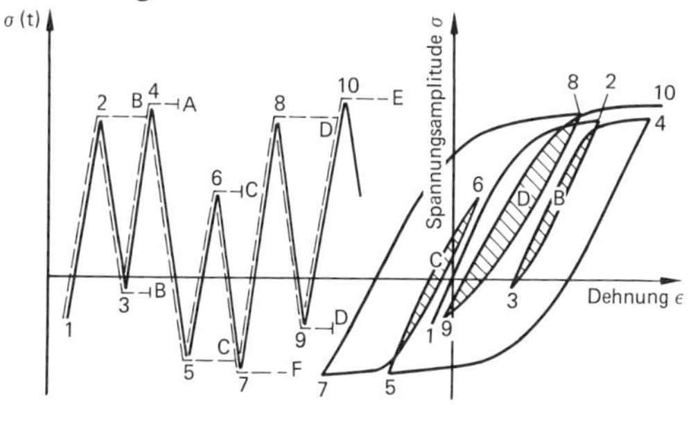

Bild 10.8–15
Darstellung der Spannungszyklen aus dem Spannungs-Zeit-Ablauf

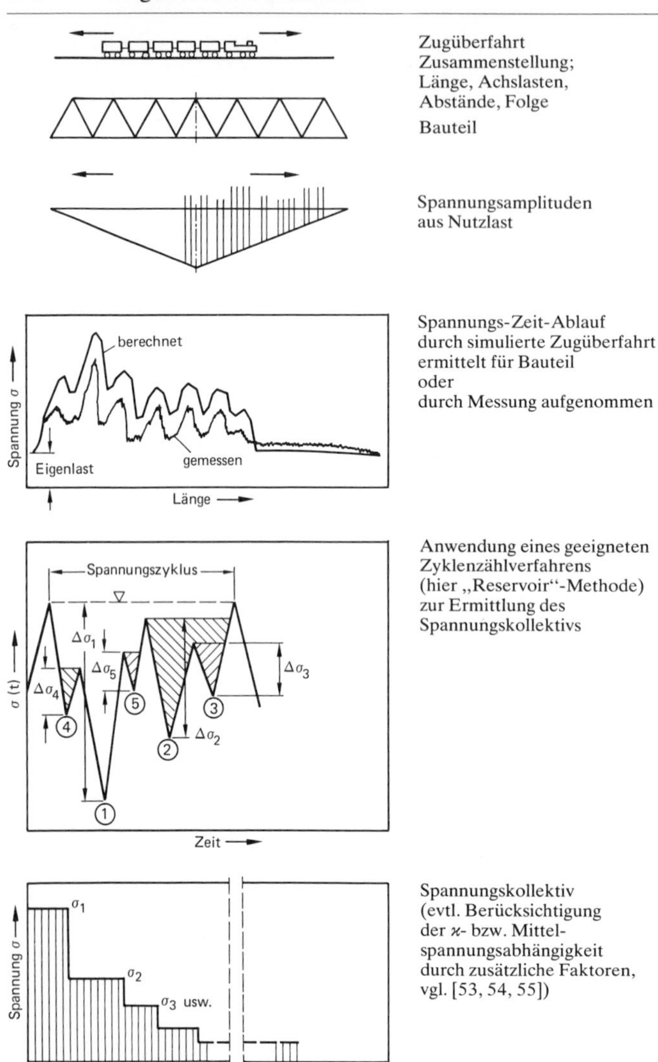

Bild 10.8–16 Ermittlung des Spannungskollektivs am Beispiel eines Eisenbahnbrücken-Bauteils

Betriebsfestigkeitsversuche

Zweck der Betriebsfestigkeitsversuche ist die Ermittlung ertragbarer Spannungen an typischen Konstruktionselementen und Bauteilen zur Aufstellung verallgemeinerungsfähiger Bemessungsunterlagen. Da es sich um eine verhältnismäßig sehr kostspielige und zeitintensive Aufgabe handelt, erscheint diese nur sinnvoll im Fall von Konstruktionsdetails und -elementen, die in großer Zahl gefertigt werden (Bild 10.8–17). Im Fahrzeug- und Flugzeugbau ist dieses Verfahren angebracht, zumal hier die Betriebsbeanspruchung (random oder „regellos") durch vorprogrammierte Prüfmaschinen möglichst genau nachgeahmt wird. In allen anderen Fällen wird durch die Annahme einer Schadensakkumulationshypothese der Bezug zu den Schwingfestigkeitswerten des Einstufen-(Wöhler-)Versuchs gesucht; hierzu die nachfolgenden Ausführungen bzw. Bild 10.8–20.

Die Palmgren-Miner-Regel

Die von Palmgren und später unabhängig auch von Miner aufgestellte Schadensakkumulationshypothese unterstellt eine lineare Zunahme der Teilschädigung mit der aufgebrachten Lastspielzahl (Bild 10.8–18). Versagen tritt ein bei

$$\sum_i \frac{n_i}{N_i} = 1.$$

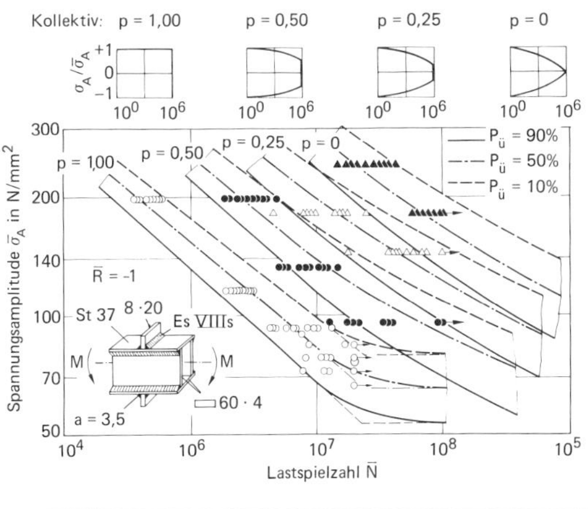

Bild 10.8–17
Ergebnisse aus Betriebsfestigkeitsversuchen mit verschiedenen Kollektivbeiwerten p (für $p = 1{,}00$ Wöhlerlinie) nach [37]

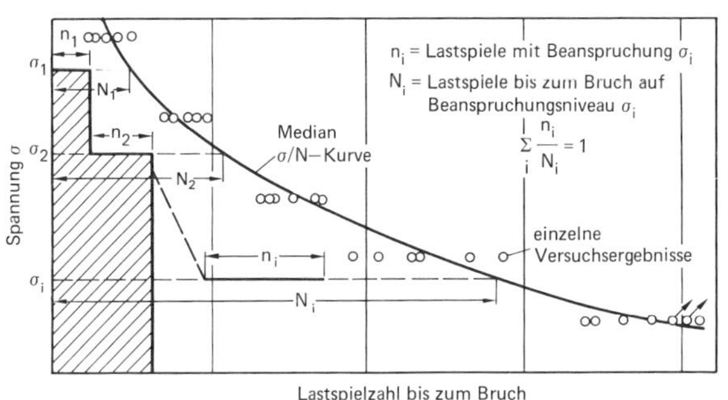

Bild 10.8–18
Darstellung zur linearen Schadensakkumulationshypothese nach Palmgren-Miner

Gegen eine generelle Anwendung der linearen Schadensakkumulationshypothese hatte bereits Miner aufmerksam gemacht. Es ist zu beachten, daß die angenommene Linearität streng nicht gilt, die Reihenfolge der Spannungsbeträge und zusammenhängende örtliche Eigenspannungszustände können nicht berücksichtigt werden, und theoretisch tragen Spannungen unterhalb der im Wöhlerversuch ermittelten Dauerfestigkeit nicht zur Schädigungssumme bei. Für Kollektive mit veränderlicher Mittelspannung [47] liefert die lineare Schadensakkumulationshypothese so weit auf der unsicheren Seite liegende Ergebnisse, daß sie hier selbst für eine grobe Lebensdauerabschätzung nicht angewandt werden sollte [46]. Es hat nicht an Ansätzen gefehlt, durch abgewandelte Hypothesen und neue Vorschläge diese Mängel zu beseitigen [47, 49, 51, 52], jedoch kann man den von zahlreichen Parametern abhängigen wirklichen Schädigungsprozeß hiermit auch nicht allgemeingültig erfassen. Speziell im Stahlbau akzeptiert man die Palmgren-Miner-Regel als brauchbares Modell bei dem Betriebsfestigkeitsnachweis [48, 56].

Die Bemessung auf Betriebsfestigkeit

Viele der Elemente aus der beschriebenen Ermittlung, Auswertung, Bewertung und Darstellung von Schwingfestigkeitsergebnissen für Bauteile unter Betriebsbeanspruchung bilden die Grundlagen einer verallgemeinerungsfähigen Bezugsbasis zur Bemessung von Bauwerken auf Betriebsfestigkeit [47, 50, 53, 55, 56].

Auch eine Reihe von Normenwerken und Richtlinien machen Angaben zur praktischen Durchführung eines Betriebsfestigkeitsnachweises, so daß für manche Anwendungsgebiete bereits mehr oder weniger ausführliche Angaben hierüber existieren (vgl. Abs. 10.8.6).

Ausgehend von den speziellen Erfordernissen des Eisenbahnbrückenbaus hat Siebke [48] exemplarisch den charakteristischen Vorgang, die relevanten Elemente und Beziehungen eines Grundmodells der Betriebsfestigkeitsbemessung dargelegt, das nunmehr Bestandteil der neuen DS 804 „Vorschrift für Eisenbahnbrücken und sonstige Ingenieurbauwerke“ – insbes. Teil 3: Bemessung, sowie Teil 6: Bewertung der Tragfähigkeit bestehender Bauwerke – ist. Bei der Festlegung der Teilmodelle gibt es keine vorbehaltslose Übereinstimmung bei allen Fachleuten und bei allen Anwendungsgebieten. Es erscheint jedoch möglich, dieses Modell verschiedenen Anforderungen und Zielsetzung anzupassen. Zunächst wird ein Teilmodell der Betriebsfestigkeitstheorie zur Bauwerksbemessung sowie eines zur Darstellung von Versuchsergebnissen und der Anforderung an der Versuchsausführung festgelegt. Diese beinhalten die Ausführungen unter 10.8.1 bis 10.8.3, die wahrscheinlichkeitstheoretische Untermauerung der Aussagefähigkeit der funktionalen Zusammenhänge sowie den Begriff der normierten Wöhlerlinie, vgl.

Bild 10.8–12 für Schweißverbindungen. Parameterwerte für normierte Wöhlerlinien für Schraub- und Nietverbindungen sowie für ungestoßene Bauteile sind in einem zweiten Schritt festzulegen. Auch die Anforderungen an die Versuchsdurchführung – auf der Basis statistischer und regressionsanalytischer Beziehungen, vgl. 10.8.2 und 10.8.3 anhand des dort erwähnten Schrifttums –, mit dem Ziel durch Festlegung definierter, statistisch abgesicherter Zuverlässigkeiten nur gleich bewertete Versuchsergebnisse zu berücksichtigen. Eine abgewandelte Form der normierten Wöhlerlinie mit konstantem Festigkeitsstreumaß wird vorgeschlagen und führt zu einer, auch auf anderem Anwendungsgebiet bereits akzeptierten (vgl. Abs. 10.8.8), allgemeinen Definition der Lebensdauerlinie für Bemessungszwecke, s. hierzu Bild 10.8–19. Wichtigste Bestandteile des nachfolgenden Modells der Beanspruchungsbeschreibung aufgrund der Betriebsfestigkeitstheorie sind die Annahmen über Schadensakkumulation, Kollektiv-Transformation, Bezug auf Einstufenversuch und die zugehörige Beanspruchungszyklenzählverfahren, in den vorhergehenden Abschnitten beschrieben. Die Kollektiv-Transformation für Bemessungszwecke auf der Grundlage der linearen Schadensakkumulationshypothese und der Annahme einer linearen log σ-log N-Beziehung ist Bild 10.8–20 zu entnehmen.
Als Teilmodelle zweiter Ordnung werden anwendungsspezifische Festlegungen bezeichnet, die zum Ziel eine Vereinfachung und Verallgemeinerung der Erfassung der Betriebsbeanspruchung und Bemessung verschiedener Bauteile haben. Einzelheiten für den Eisenbahnbrückenbau sowie weitere Erläuterungen zur Festlegung eines Grundnetzes im Normzahlraster, in dem die Bewertung der Auswirkung der einzelnen Bemessungskomponenten und die Zuordnung der Beanspruchbarkeitslinien (entsprechende Kerbfälle) in jeweils um 12% voneinander differierenden Abständen erfolgt, sind [48] zu entnehmen.

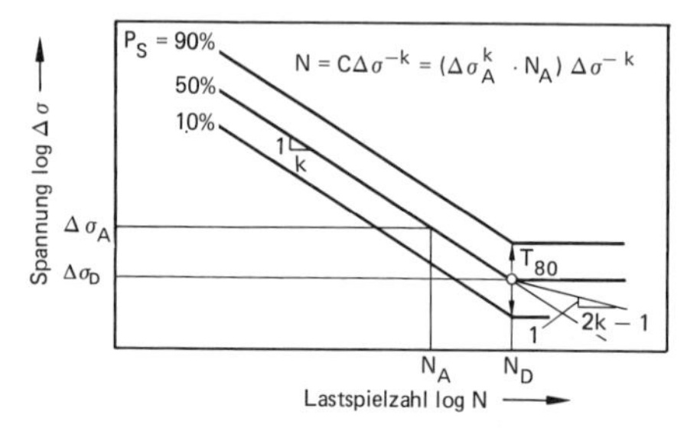

Bild 10.8–19
Elemente zur Bestimmung einer Lebensdauerlinie für den Betriebsfestigkeitsnachweis. Bezugswert der Schwingfestigkeit $\Delta\sigma_A$ bei der Lastspielzahl N_A, „Dauerfestigkeit" $\Delta\sigma_D$ bei N_D, paralleles Streuband mit Streumaß $T_{80} = 1{,}50$ für die Schwingfestigkeit, äquidistante Gradierung der Lebensdauerlinien verschiedener „Kerbfälle", evtl. $\varkappa$- bzw. Mittelspannungsabhängigkeit (vgl. Bild 10.8–12)

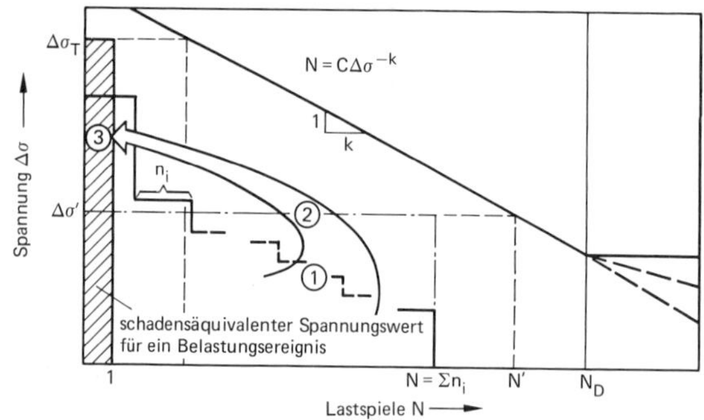

① ursprüngliches, ② bzw. ③ transformiertes Spannungskollektiv

① → ② $\Delta\sigma' = \left(\frac{1}{N}\Sigma\,\Delta\sigma_i^k n_i\right)^{\frac{1}{k}}$

②/① → ③ $\Delta\sigma_T = \Delta\sigma' N^{\frac{1}{k}} = (\Sigma\Delta\sigma_i^k n_i)^{\frac{1}{k}}$

Bild 10.8–20
Kollektiv-Transformation beim Betriebsfestigkeits-Nachweis

Sicherheitsanforderungen

Die Sicherheit eines Bauwerkes wird in neuzeitlicher Sicherheitstheorie mit einer nominellen Versagenswahrscheinlichkeit definiert. Stellvertretend für Ansätze im Bereich der Schwingfestigkeit von Metallkonstruktionen können die Festlegungen verschiedener Normen und Richtlinien (vgl. Abs. 10.8.6) bzw. die zusammenfassende Darlegung für den Eisenbahnbrückenbau in [48] sein. Dabei wird entsprechend der Definition der Lebensdauerlinie (z.B. Bild 10.8–19) die Linie mit $P_ü = 0{,}5$ als Grenzschädigungslinie S_R bezeichnet. Der Abstand zu einer zulässigen Schädigungssummenlinie S_S aus der Belastung wird als Sicherheitsmaß γ, entsprechend bisheriger Gepflogenheit im Maßstab der Spannungen, verstanden. Durch die während der Nutzungszeit sich aufsummierende Schädigung wird der Abstand zwischen Schädigungssummen- und Grenzschädigungslinie kleiner, d.h. die Versagenswahrscheinlichkeit größer. Das für die Bemessung einzuhaltende Sicherheitsmaß muß daher zwangsläufig auf eine bestimmte Nutzungszeit bezogen werden. Letztere wird aus unternehmerischen Gesichtspunkten festgelegt; im Brückenbau soll die Bezugsnutzungszeit zunächst mit fünfzig Jahren angenommen werden. Die Bedeutung der Festlegung einer Bezugsnutzungszeit wird deutlich, sobald man Wöhlerlinien verschiedener Neigung miteinander in Beziehung bringen soll. Das entsprechende Sicherheitsmaß soll auf $\gamma_{50} = 2{,}5$ festgelegt werden. Schließlich kann dieses globale Sicherheitsmaß in Teilsicherheitsmaße aufgeteilt werden, die der Grenz- und der Summenschädigungslinie zugeteilt werden, vgl. Bild 10.8–21. Dabei wird als Bezugslinie die Nenn-Grenzschädigungslinie mit $P_{ü} = 0{,}9$ vorgeschlagen.

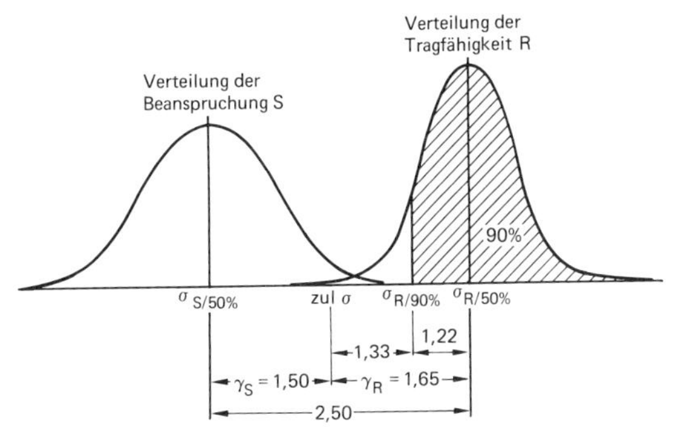

Bild 10.8–21
Festlegung von Sicherheitsfaktoren und Formulierung von zulässigen Beanspruchungen

10.8.5 Allgemeine Zusammenhänge. Ergebnisse von Schwingfestigkeitsuntersuchungen

Die frühere empirische Beschreibung des Ermüdungsvorgangs und die etwas theoretisierende Beschreibung von Zusammenhängen zwischen Ermüdungsfestigkeit und anderen Materialkennwerten sowie von Einflüssen wie Eigenspannungen, Kerbwirkung etc. konnten durch die Dokumentation, vergleichende Auswertung und anwendungsorientierte Darstellung zahlreicher neuer Erkenntnisse viel präziser und detaillierter ausgedrückt werden. Dieser Vorgang setzte in den letzten fünf Jahren ein, insbesondere ab Mitte der siebziger Jahre. Somit kann man heute in fast jedem Textbuch über Ermüdung sowohl allgemeine Zusammenhänge über Materialkennwerte wie auch zahlreiche Beispiele für verschiedene Metalle, Legierungen, Bearbeitungs- und Fabrikationszustände, Umweltbedingungen etc. finden. Als Ausgangspunkt können noch die Angaben in [3] dienen, diese werden jedoch durch die Ausführungen in [4 bis 11] erweitert bzw. durch die quantitative Beschreibung des Werkstoff- und Bauteilverhaltens unter Schwingbeanspruchung in [58 bis 62 und aufgeführte Literatur] beträchtlich ergänzt. Eine übersichtliche Zusammenstellung speziell zur Dauerfestigkeit von Stahl, so wie dieser Werkstoff im Hoch- und Brückenbau vor allem zur Anwendung kommt, findet man in [14]. Es werden hier kurze aber gut dokumentierte Diagramme zur Abhängigkeit der Dauerfestigkeit von der Beanspruchung, Probenform und -beschaffenheit, den Prüfparametern, der Verformung, Wärmebehandlung, chemischen Zusammensetzung und Korrosion gemacht. Außerdem werden quantitative Angaben gemacht zur Dauerfestigkeit verschiedener Stahlerzeugnisse wie Form- und Stabstahl, Achsen und Wellen, Federn, Schienen, Drähte, Seile, Betonstahl und Rohre gemacht. Die Dokumentation schließt mit Angaben zur Dauerfestigkeit verschiedener Verbindungsarten, Niet- und Schrauben- sowie Schweißverbindungen.
Richtungsweisend für die Entwicklung umfangreicher Dokumentationen war die Veröffentlichung des Dauerfestigkeits-Katalogs von Neumann [63]. Diesem folgten zahlreiche, umfangreiche Abhandlungen, teilweise für spezielle Anwendungsgebiete. Vor allem sind hier Arbeiten über Verbindungen des Stahlbaus zu registrieren.
Das Handbuch zur Dimensionierung von Niet- und Schraubenverbindungen nach [64] deckt in übersichtlicher Weise die meisten Verbindungsformen ab und gibt zahlreiche Ergebnisse aus der amerikanischen Literatur, neben der wichtigsten europäischen, an. Dazu noch die spezielle Behandlung vorgespannter, hochfester Schraubenverbindungen in [65, 66].
Zu einem Standard-Nachschlagwerk neuzeitlicher Durchführung des Betriebsfestigkeitsnachweises für geschweißte Verbindungen wird der Wöhlerlinienkatalog [67]. Die sehr umfangreichen Daten für zahlreiche Schweißverbindungen der Praxis werden nach den einheitlichen Gesichtspunkten der normierten Wöhlerlinie präsentiert. Somit sind zum ersten Mal praktisch klare Aussagen über Streubereiche und Bruchwahrscheinlichkeit möglich. Ebenfalls über Zusammenhänge bei geschweißten Verbindungen berichten [68, 69]. Schadensfälle werden in [70] dokumentiert und analysiert. In den siebziger Jahren wurden wichtige Erkenntnisse zum Verhalten großer Bauteile gewonnen, die dann ihren Niederschlag bei entsprechenden Richtlinien, vorwiegend im Stahlbrückenbau, fanden [71 bis 78]. Als einer der wichtigsten Parameter für die Unterschiede im Schwingfestigkeitsverhalten zwischen kleinen, labormäßig untersuchten Proben und großen Bauteilen wurden die bei letzteren vorwiegend vorhandenen Schweißeigenspannungen herausgestellt und quantitativ erfaßt. In sehr übersichtlicher Weise wird über diese Problematik in [79] berichtet.
An dieser Stelle muß man auch allgemein feststellen, daß eine große Zahl von Versuchsergebnissen und quantitativ ausgedrückten Zusammenhängen, von denen vor einigen Jahren noch nur fallweise und bruchstückhaft berichtet werden konnte, heute fester Bestandteil in Berechnungsnormen und Richtli-

nien sind und somit als Grundwerte für die Betriebsfestigkeitsbemessung zur Verfügung stehen. Näheres hierüber im nachfolgenden Absatz 10.8.6 und in den dort aufgeführten Normen.
Daß ein neues Bewußtsein für Probleme der Ermüdung, Betriebsfestigkeit und im Zusammenhang hierzu auch der Bauteilzuverlässigkeit und -sicherheit entstanden ist in den letzten Jahren – hiermit hängen auch Fragen der Restnutzungsdauer bzw. Reparatur bestehender Bauwerke zusammen – wird u.a. auch durch die auf dem letzten IVBH-Kolloquium „Ermüdungsverhalten von Stahl- und Betonbauten" in Lausanne, März 1982, präsentierten neuen Versuchsergebnisse, Schadensfalldokumentationen, Auswirkungen konstruktiver Maßnahmen, Erfassung von Betriebsparametern sowie neuen, einheitlichen Normungskonzepten dokumentiert [123].
Abschließend wird auf ein weiteres Hilfsmittel für den praktizierenden Ingenieur hingewiesen [124]. Wöhlerlinien bilden die Grundlage für die Auslegung von Bauteilen auf Betriebsfestigkeit, insbesondere auch bei Anwendung von Schadensakkumulations-Hypothesen. Häufig sind gerade für den in Frage kommenden Werkstoff keine geeigneten Angaben vorhanden. Dazu besteht das Problem, sie auf das echte Bauteil zu übertragen. Man ist in der Praxis auf eine Abschätzung des Verlaufs der Wöhlerlinie angewiesen. Ausgangspunkt sind die statischen Werkstoff-Kennwerte; daraus läßt sich der Dauerfestigkeitswert abschätzen. Das hier beschriebene Verfahren untersucht zusätzlich auf statistischer Grundlage den Zusammenhang zwischen Neigung und Übergang von der Zeit zur Dauerfestigkeit und bestimmten Einflußgrößen, z.B. Formzahl, Spannungsverhältnis, Bruchfestigkeit, 0,2%-Fließgrenze. Die resultierenden „synthetischen Wöhler-Linien" treffen im Mittel, d.h. sie sind die unter den gegebenen Umständen wahrscheinlichsten Wöhlerlinien. Sie sind solange eine optimale Abschätzung der Wöhlerlinie eines Bauteils, solange nicht wenigstens für den vorliegenden Werkstoff gut belegte Wöhlerlinien vorliegen. Zur Beurteilung der Qualität einer berechneten Wöhlerlinie werden noch Fehlergrenzen angegeben, die sich aus der Gegenüberstellung der Wöhlerlinien aus Datensammlungen und der berechneten Wöhlerlinie ergeben.

10.8.6 Die Durchführung des Betriebsfestigkeits-Nachweises

Traditionell beruhte die Berechnung schwingbeanspruchter Stahlkonstruktionen auf Festlegungen von Vorschriften der Deutschen Bundesbahn – DV 804 (BE) / 1951 Berechnungsgrundlagen für stählerne Eisenbahnbrücken, DV 848/1955 Vorschriften für geschweißte Eisenbahnbrücken, DV 952/1962 Vorschriften für das Schweißen von Fahrzeugen, Maschinen und Geräten. Besonders intensiv war bis Anfang der sechziger Jahre die Auseinandersetzung mit geschweißten Stahlkonstruktionen, die zu einer Reihe von Anwendungsnormen auch auf anderen Anwendungsbereichen, Kranbau, Schiffbau, Transportwesen, führte. Zulässige Beanspruchungen wurden durch Heranziehung von Versuchsergebnissen, die teils eigens für den betreffenden Anwendungsbereich durchgeführt wurden oder aus bereits vorhandenen verschiedenen Untersuchungen stammten, festgelegt. Das Auswertungs- bzw. Sicherheitskonzept war vielfach uneinheitlich bzw. betriebscharakteristische Merkmale wurden nicht direkt berücksichtigt. So wurden, beispielsweise, zulässige Spannungen der DV 848 wertmäßig in andere Normen, die andere Betriebssituationen zu berücksichtigen hatten, übernommen [119]. Durch die Einführung der neuen Vorschrift für Krane DIN 15018 in 1974 wurde ein Betriebsfestigkeitsnachweis eingeführt.

Schließlich haben die unter 10.8.2 und 10.8.3 beschriebenen Auswertungsmethoden zusammen mit den Konzeptionen eines einheitlichen Konzeptes zum Betriebsfestigkeitsnachweis, Abs. 10.8.4, zu neuen ausführlichen Vorschriften im Stahlbau geführt, wie die DASt-Richtlinie 011 für hochfeste Feinkornbaustähle oder die neue Vorschrift der Deutschen Bundesbahn DS 804.
Als wichtige Normen, die den Schwingfestigkeits- bzw. Betriebsfestigkeits-Nachweis für Stahlkonstruktionen, insbesondere im geschweißten Zustand regeln, werden aufgeführt:

DS 804 — Deutsche Bundesbahn. Vorschrift für Eisenbahnbrücken und sonstige Ingenieurbauwerke. Teile 1 bis 5: Vorausgabe 1.1.1979. Teil 6: Bewertung der Tragfähigkeit bestehender Bauwerke.
DIN 18800 — Teil 6: Stahlbauten; Bemessung und Konstruktion bei häufig wiederholter Beanspruchung (Betriebsfestigkeit) – in Bearbeitung.
DIN 1072 — Straßen- und Wegbrücken, Lastannahmen, 1967.
DIN 1073 — Stählerne Straßenbrücken. Berechnungsgrundlagen, 1974.
DIN 1079 — Stählerne Straßenbrücken, Grundsätze für die bauliche Durchbildung, 1970.
DIN 4101 — Geschweißte stählerne Straßenbrücken. Berechnung und bauliche Durchbildung. 1974.
DIN 15018 — Krane. Grundsätze für Stahltragwerke. Berechnung. 1974.
DIN 4132 — Kranbahnen, Stahltragwerke. Grundsätze für Berechnung, bauliche Durchbildung und Ausführung. 1980.
DIN 4133 — Schornsteine aus Stahl. Statische Berechnung und Ausführung. 1973.
DIN 4112 — Fliegende Bauten. Richtlinien für Bemessung und Ausführung. 1980.

DASt-Ri 011 Hochfeste schweißgeeignete Feinkornbaustähle StE 460 und StE 690. Anwendung für Stahlbauten. 1979.

BV 105 Bauvorschrift für Schiffe der Bundeswehr-Marine – 105. Schweißverbindungen, Teil 1, Überwasserschiffe. 1977.

VDI-Richtlinie 2227 Festigkeit bei wiederholter Beanspruchung. Zeit- und Dauerfestigkeit metallischer Werkstoffe, insbesondere von Stählen. 1974.

Die Entwicklung der letzten zwanzig Jahre erlaubte durch verbesserte Erkenntnisse schwingfestigkeitsbestimmender Einflußfaktoren – wie die Lebensdauerlinie selbst, Erfassung des Einflusses und der Relevanz bezüglich der Berücksichtigung in der Praxis verschiedener Stahlsorten, Kerbgruppen, effektiver Beanspruchungen (Mittel- und Eigenspannungseinfluß, mehrachsige Beanspruchungen) sowie des Beanspruchungsablaufs (Kollektive, Betriebsfestigkeit) und der Schadensakkumulation – eine interdisziplinäre und universelle Ausdrucksweise der Grundkonzepte neuer Vorschriften. Dies macht sich vor allem bei internationalen Regelwerken bemerkbar:

FEM Federation Europêene de la Manutention. Sektion I: Krane und schwere Hebezeuge. Berechnungsgrundlagen für Krane. 1970.

Eurocode 3 Chapter 9. Fatigue. Recommendation for Cyclic Loaded Steel Structures. Entwurf 1981.

IIW Design Recommendations for Cyclic Loaded Welded Steel Structures. Entwurf 1981.

Schließlich sollen als Beispiele umfassender Erfassung der Belastungsvorgänge auf probabilistischer Grundlage sowie Ausdrucks der Lebensdauerlinie beruhend auch auf neueste bruchmechanische Erkenntnisse die folgenden Vorschriften erwähnt werden:

AASHO Standard Specifications for Highway Bridges. 1973. Interim Specifications. 1974 (im Zusammenhang mit [74, 75]).

Ontario Highway Bridge Design Code. 1979.

BS 5400 Steel, concrete and composite bridges. Part 10. Code of practice for fatigue. 1980.

ECCS TC6 Recommendations for the Fatigue Design of Structures. Entwurf 1981.

ECCS TC2 European Recommendations for Aluminium Alloy Structures in Fatigue. Entwurf 1981 (vgl. auch unter 10.8.8).

Die *DIN 15018 Krane* sieht den Dauerfestigkeitsnachweis nur als Sonderfall vor. Der Betriebsfestigkeitsnachweis basiert auf typisierte Kollektive und gestufte Lastspielbereiche, die sechs Beanspruchungsgruppen B1 bis B6 ergeben. Die Kollektivform (s. auch Bild 10.8–17) entspricht etwa der Normalverteilung. Amplituden-Kollektive mit konstanter Mittelspannung und einem Kollektivumfang von 10^6 Lastspielen wurden bei der experimentellen Bestimmung der Betriebsfestigkeit verschiedener Schweißverbindungen benutzt. Eine analytische Bestimmung auf der Grundlage der linearen Schadensakkumulationshypothese führte zu übereinstimmenden Ergebnissen. Zahlreiche (70 Einzelpositionen), im Kranbau typische Schweißverbindungen werden in 8 Kerbfällen, W0 bis W2 sowie K0 bis K4, jeweils gleicher Betriebsfestigkeit, eingeordnet. Diese gleichen Betriebsfestigkeitswerte gelten wiederum für eine bestimmte Beanspruchungsgruppe. Die Betriebsfestigkeitswerte werden als zulässige Oberspannungen in Abhängigkeit vom Spannungsverhältnis angegeben – eine Grundwertetabelle gibt die zul σ_0-Werte für $\varkappa = -1$ an, die Werte für $-1 \leqq \varkappa \leqq +1$ können entweder analytisch durch Formeln oder graphisch aus Smith-Diagrammen bestimmt werden. Zusammengesetzte Beanspruchungen können durch Formel, basierend auf der Gestaltänderungsenergiehypothese, ermittelt werden. Zulässige Schubspannungen für Schweißnähte werden berücksichtigt. Als Werkstoffe werden St 37, St 35 und St 52 erfaßt, wobei die zulässigen Oberspannungen im Bereich $-1 < \varkappa < 0$ unabhängig von der Stahlsorte sind. Im Zug- bzw. Druckschwellbereich ist der Betriebsfestigkeitswert insofern von der Stahlsorte abhängig, als sich dieser als linear interpolierter Wert zwischen demjenigen bei $\varkappa = 0$ und der jeweiligen Zugfestigkeit bzw. der 1,2fachen Druckfestigkeit ergibt. Außerdem gilt als absolute obere Grenze die zulässige Spannung für statische Beanspruchung. Bei der Festlegung der Betriebsfestigkeitswerte wurden Lebensdauerlinien mit einer Neigung von 6,6 für nicht geschweißte (bzw. 5,3 für St 52) und 3,3 für geschweißte Bauteile und einer Grenzlastspielzahl $N = 2 \cdot 10^6$ zugrundegelegt. Der Streubereich beträgt im Festigkeitsmaßstab auf der Höhe der Grenzlastspielzahl 1 : 1,5, die zulässigen Spannungen haben gegenüber einer Lebensdauerlinie von $P_{ü} = 90\%$ einen Teilsicherheitsbeiwert von 1,33 (entspricht 1,63 gegenüber $P_{ü} = 50\%$).

Andere Normen, wie *DIN 4132 (Kranbahnen), DIN 4112 (Fliegende Bauten), BV 105 (Schiffe)* haben die Form des Betriebsfestigkeitsnachweises der DIN 15018 übernommen. Die *DIN 4132* enthält auch zusätzliche Tabellen mit zulässigen Spannungswerten für den gesamten $\varkappa$-Bereich. Die *BV 105* enthält Angaben für den Schiffsbaustahl NF (normalfest) und HF 32 bzw. HF 36 (hochfest). Ansonsten entsprechend der DIN 15018 mit einigen Vereinfachungen bezüglich der Form und Anzahl typisierter

Kollektive und Anzahl der Lastspielbereiche. Die *FEM-Berechnungsgrundlage für Krane* sieht geringfügig andere Lastspielzahlbereiche vor und enthält Angaben für St 37, St 42 und St 52.
Auch die *DASt-Richtlinie 011 Hochfeste Baustähle* folgt dem Konzept der DIN 15018. Die Lastspielzahlbereiche und die Beanspruchungsgruppen wurden wegen höherer zulässiger Spannungen der hochfesten Stähle erweitert. Außerdem werden regelmäßige Inspektionen der hochausgenutzten geschweißten Konstruktionen vorgeschrieben. Der Festlegung von zulässigen Spannungen (aus Tabellen für $-1 \leqq \varkappa \leqq +1$ zu entnehmen oder in Abhängigkeit der Grundwerte für $\varkappa = -1$ aus Formeln zu berechnen) ging eine umfangreiche Literaturauswertung von Versuchsergebnissen für hochfeste Stähle voraus. Dabei ergaben sich einige Korrekturen bzw. eine differenziertere Kerbfalleinstufung (auch Einführung einer weiteren Kerbfallgruppe K3/4) gegenüber DIN 15018. Ein Stahlsorteneinfluß, auch bei hohen $\varkappa$-Werten, wurde nicht beibehalten. Im hohen $\varkappa$-Bereich sind die zulässigen Spannungsamplituden auch von $\varkappa$ unabhängig. Die analytische Formulierung der Lebensdauerlinien entspricht derjenigen der DIN 15018 mit anderen Werten, jedoch für die Neigung und die Grenzlastspielzahl:

	W0–W2	K0	K1–K4	
Neigung/$N_G \cdot 10^6$	6,7/1,0	6,7/1,0	3,6/2,0	StE 460
	3,9/0,6	6,7/1,0	3,6/2,0	StE 690

Das Grundkonzept des Betriebsfestigkeitsnachweises nach *DS 804 – Deutsche Bundesbahn. Vorschrift für Eisenbahnbrücken und sonstige Ingenieurbauwerke* ist analog zu dem der DIN 15018 oder DASt-Ri 011 bzw. zu den Ausführungen unter Abs. 10.8.4. Es wird auch hier keine Abhängigkeit von der Stahlsorte, St 37 oder St 52, für die Festlegung der zulässigen Spannungen in den verschiedenen Kerbgruppen angenommen, die Lebensdauerlinien wurden nach den einheitlichen Kriterien der normierten Wöhlerlinie ermittelt. Entsprechend jedoch des detaillierteren Wissens der Betriebsbeanspruchungen hat man stellvertretend für die wirkliche Belastung den „Verkehr S_3" – ein Kollektiv aus unterschiedlichen Zugtypen mit typischen Achslasten, -abständen und -folgen – gewählt. Der Verkehr S_3 mit 120 Zügen täglich und pro Gleis ergibt bei einer Nutzungsdauer von 50 Jahren und 333 Betriebstagen pro Jahr $120 \cdot 333 \cdot 50 = 2 \cdot 10^6$ Züge. Diese Zahl entspricht der Grenzlastspielzahl für die Dauerfestigkeit. Wertet man die Biegemomenten-Einflußlinie des jeweils betrachteten Bauteils für den rollenden Verkehr S_3 aus und zählt mit der rain-flow-Methode die Differenzmomente ΔM_S aus, so erhält man ein für diesen Verkehr maßgebendes Beanspruchungskollektiv (vgl. Bild 10.8–16). Bezieht man die Werte ΔM_S auf die Werte ΔM_{UIC}, wobei die gleiche Einflußlinie mit dem Lastbild UIC 71 ausgewertet wird, so erhält man ein $\lambda (= \Delta M_S / \Delta M_{UIC}) / N$ mehrstufiges bezogenes Doppelamplitudenkollektiv. Dies wird nunmehr durch die lineare Schadensakkumulationsrechnung und nach Maßgabe der Lebensdauerlinie $N = C \cdot \sigma^{-k}$, ohne Berücksichtigung der Dauerfestigkeit, in ein Ersatzeinstufenkollektiv mit $N = 2 \cdot 10^6$ umgerechnet. Der Wert λ wird in der Vorschrift für Einfeld- bzw. Durchlaufträger verschiedener Stützweite für $k = 3{,}75$ (Kerbfälle KII bis KX, geschweißt) bzw. $k = 5{,}0$ (Kerbfälle WI bis WIII, genietet oder geschraubt) angegeben (Bild 10.8–22). Mit diesen Werten λ können die betriebsfestigkeitsrelevanten Einflüsse berücksichtigt

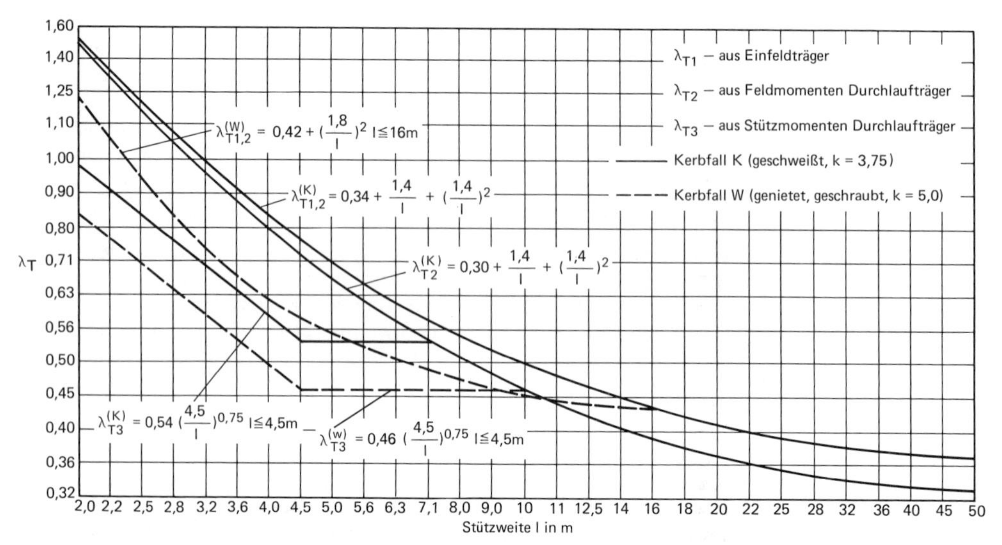

Bild 10.8–22 Zusammenhang zwischen λ und der Stützweite nach DS 804 (1979)

ψ_1 die maßgebende Länge des Tragwerkes
ψ_2 die Begegnungshäufigkeit von Zügen auf mehrgleisigen Tragwerken (eingleisig, $\psi_2 = 1{,}0$)
ψ_3 die als Gesamtzuglast ausgedrückte Streckenbelastung pro Gleis und Jahr. Für den Verkehr S_3 wird eine Gesamtzuglast von 22 Mio. t pro Gleis und Jahr zugrundegelegt. Bei einer hiervon abweichenden Gesamtzuglast kann dies durch den Faktor berücksichtigt werden.

Alle Faktoren können Tabellen entnommen werden. Für die Belastung wird ein Teilsicherheitsfaktor von 1,5 berücksichtigt. Somit kann bei der praktischen Durchführung des Betriebsfestigkeitsnachweises von der aus dem Bemessungslastenzug UIC 71 ermittelten Doppelspannungsamplitude $\Delta\sigma$ ausgegangen werden, die nach Division durch $\psi = \psi_1 \cdot \psi_2 \cdot \psi_3$ der entsprechenden (je nach Kerbfall und $\varkappa$-Wert) zulässigen Doppelspannungsamplitude gegenübergestellt wird. Der Teilsicherheitsfaktor der Festigkeit beträgt 1,65 gegenüber der ertragbaren Spannung für $N = 2 \cdot 10^6$ und der Wöhlerlinie mit $P_{ü} = 50\%$. Das Verhältnis der zulässigen Spannungen bleibt zwischen zwei benachbarten Kerbgruppen entsprechend der Normzahl-Stufung konstant (vgl. Abs. 10.8.4).

Beispiel zur Durchführung des Betriebsfestigkeitsnachweises nach DS 804 nach [120]

Die folgenden Angaben in den Klammern beziehen sich auf die Vorschrift DS 804.

Tragwerk und Querschnitt, statisches System und konstruktives Detail aus Bild 10.8–23.

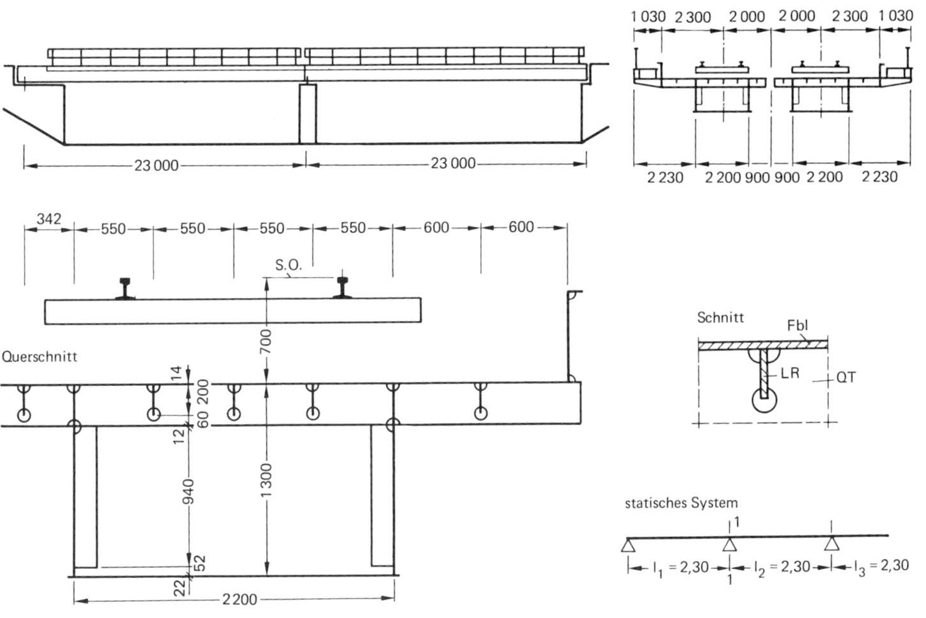

Bild 10.8–23 Tragwerk. Abmessungen und statisches System

Betriebsfestigkeitsnachweis für die durchlaufenden Kehlnähte zwischen Längsrippe und Fahrbahnblech an der ersten Innenstützung (Querträger).

- Beanspruchung in den Kehlnähten

$\sigma_g = 6{,}8$ N/mm²	$\tau_g = 6{,}5$ N/mm²
$\Phi \cdot \max\sigma_{UIC} = 48{,}3$ N/mm²	$\Phi \cdot \max\tau_{UIC} = 41{,}9$ N/mm²
$\Phi \cdot \min\sigma_{UIC} = -5{,}8$ N/mm²	$\Phi \cdot \min\tau_{UIC} = -1{,}0$ N/mm²

- Ermüdungswirksame Beanspruchungshöhe aus dem Zugverkehr

1. Regelverkehr

Maßgebende Länge für $\psi_{1,i}$ (Abs. 238)

$$\text{maßg. } l = \frac{l_1 + l_2}{2} = \frac{2{,}30 + 2{,}30}{2} = 2{,}30 \text{ m}$$

$\psi_{1,3} = 0{,}72$ (Tab. 9, vgl. auch Anl. 6 bzw. Bild 10.8–22)

2. Begegnungshäufigkeit

$\psi_2 = 1{,}0$; eingleisiges Tragwerk (Abs. 234)

3. Streckenbelastung, 22 Mio. t/Jahr

$\psi_3 = 1{,}0$ (Tab. 11)
$\psi = \psi_{1,3} \cdot \psi_2 \cdot \psi_3 = 0{,}72 \cdot 1{,}0 \cdot 1{,}0 = 0{,}72 < \min \psi = 0{,}75$ (Abs. 234)
$\psi = 0{,}75$

• Die Betriebsfestigkeitsnachweise werden getrennt für Biegung und Schub geführt (Abs. 235, Erlaubnis)

1. Nachweis für Beanspruchung aus Biegung

1.1 Vorhandene Spannungsdoppelamplitude

$$\Delta\sigma_{be} = \frac{1}{\psi}(\Phi \cdot \max\sigma_{UIC} - \Phi \cdot \min\sigma_{UIC}) \qquad \text{(Abs. 234)}$$

$$= \frac{1}{0{,}75}[48{,}3 - (-5{,}8)] = \frac{1}{0{,}75} \cdot 54{,}1 = 72{,}1 \text{ N/mm}^2$$

1.2 Spannungsverhältnis (Abs. 236)

$$\varkappa_{Be} = \frac{\sigma_g + \frac{1}{\psi} \cdot \Phi \cdot \min\sigma_{UIC}}{\sigma_g + \frac{1}{\psi} \cdot \Phi \cdot \max\sigma_{UIC}} = \frac{6{,}8 + \frac{1}{0{,}75} \cdot (-5{,}8)}{6{,}8 + \frac{1}{0{,}75} \cdot 48{,}3} = \frac{-0{,}93}{71{,}2} = -0{,}013 \approx 0$$

1.3 Zulässige Spannungsdoppelamplitude

Kerbgruppe: K V/1 (Tab. 32)
$\text{zul}\,\Delta\sigma_{Be} = 97 \text{ N/mm}^2$ (Tab. 30)
oder $\text{zul}\,\Delta\sigma_{Be} = 1{,}12 \cdot 97 = 108{,}6 \approx 109 \text{ N/mm}^2$ (Abs. 234, Erlaubnis)

1.4 Spannungsgegenüberstellung (Abs. 235)

$\Delta\sigma_{Be} = 72{,}1 \text{ N/mm}^2 < \text{zul}\,\Delta\sigma_{Be} = 97 \text{ N/mm}^2$ (109 N/mm^2)

2. Nachweis für Beanspruchung aus Schub

2.1 Vorhandene Spannungsdoppelamplitude

$$\Delta\tau_{Be} = \frac{1}{\psi}(\Phi \cdot \max\tau_{UIC} - \Phi \cdot \min\tau_{UIC}) \qquad \text{(Abs. 234)}$$

$$= \frac{1}{0{,}75}[41{,}9 - (-1{,}0)] = \frac{1}{0{,}75} \cdot 42{,}9 = 57{,}2 \text{ N/mm}^2$$

2.2 Spannungsverhältnis (Abs. 236)

$$\varkappa_{Be} = \frac{\tau_g + \frac{1}{\psi} \cdot \Phi \cdot \min\tau_{UIC}}{\tau_g + \frac{1}{\psi} \cdot \Phi \cdot \max\tau_{UIC}} = \frac{6{,}5 + \frac{1}{0{,}75} \cdot (-1{,}0)}{6{,}5 + \frac{1}{0{,}75} \cdot 41{,}9} = \frac{5{,}17}{62{,}4} = 0{,}08$$

2.3 Zulässige Spannungsdoppelamplitude

Kerbgruppe: Zuordnung entfällt
$\text{zul}\,\Delta\tau_{Be} = 92 \text{ N/mm}^2$ (Tab. 30)
oder $\text{zul}\,\Delta\tau_{Be} = 1{,}12 \cdot 92 = 103 \text{ N/mm}^2$ (Abs. 234, Erlaubnis)

2.4 Spannungsgegenüberstellung (Abs. 235)

$\Delta\tau_{Be} = 57{,}2 \text{ N/mm}^2 < \text{zul}\,\Delta\tau_{Be} = 92 \text{ N/mm}^2$ (103 N/mm^2).

Restnutzungsdauer bestehender Bauwerke

Ausgehend von der Tatsache, daß insbesondere im Eisenbahnbrückenbau manches Tragwerk, das seit 80 oder gar 100 Jahren seinen Dienst tut, vermutlich bald am Ende seiner rechnerischen Nutzungsdauer sein bzw. diese bereits überschritten haben könnte, entstand vor kurzem der Entwurf der *DS 804, Teil 6, Bewertung der Tragfähigkeit bestehender Bauwerke* [83, 84]. Auch jedes in der Zwischenzeit gebaute und auch jedes in Zukunft gebaute Tragwerk, das einer Betriebsbeanspruchung in Form schwingender Lasten ausgesetzt ist, kommt eines Tages an die Grenze der Nutzungsdauer und muß sich eine entsprechende Untersuchung gefallen lassen. Für Brückentragwerke, die in Zukunft nach der DS 804 entworfen und gebaut werden, kann man heute die zu erwartenden Betriebsbelastungen in allen ihren Einzeldaten wesentlich genauer vorhersagen.
Nicht nur in dem genannten Fall der Ausschöpfung der Schwingfestigkeit, auch bei anderen Absichten der Wirtschaftlichkeitssteigerung eines Brückenbauwerks wie z. B.

- Erhöhung der Lok-, Wagen- und Zuglasten,
- Erhöhung der Zuggeschwindigkeiten,
- Erhöhung der Zugfrequenzen,

oder bei anderen Fällen, wie z. B.

- Reparaturen,
- Auswechselungen, z. B. von Fahrbahnteilen,
- Anfahr- oder sonstigen Schäden u. ä.

kommt eine Bewertung des Bauwerks in Betracht, um eine kohärente Sicherheit und eine für alle Teile äquivalente Wirtschaftlichkeit zu erreichen.
Die Lösungskonzeption [83, 121], zusammengefaßt in Bild 10.8–24, sieht wie folgt aus:

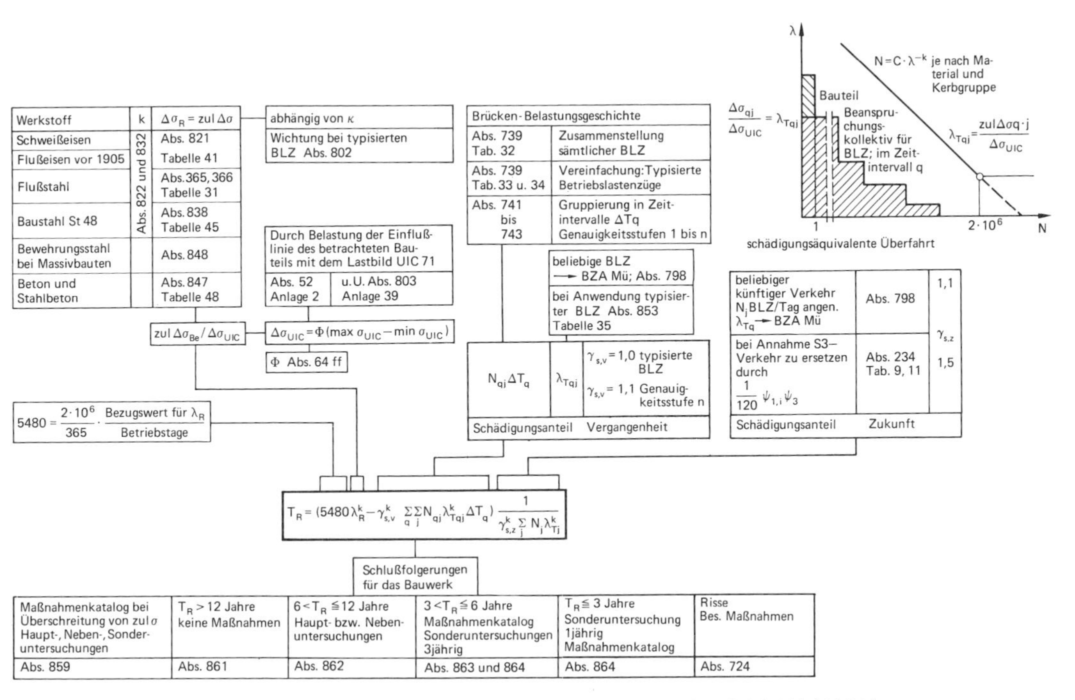

Bild 10.8–24 Schema zur Berechnung der Restnutzungsdauer nach DS 804/6 (1981)

1. Nach einer Bestandsaufnahme des Bauwerks selbst und seiner Umgebungsbedingungen ist eine möglichst genaue Analyse der Betriebsbelastungen der Vergangenheit und der Zukunft hinsichtlich

- Lastkonfiguration mit Loklasten, Wagenlasten, Achslasten, Achsfolgen, Achsabständen,
- Zughäufigkeit,
- Zuggeschwindigkeit,
  aufgeteilt auf die verschiedenen Zeitpunkte und Zeitintervalle der Nutzung, erforderlich.

2. Nach Kenntnis sämtlicher Züge der Vergangenheit – und entsprechend der Zukunft – gelangt man durch Zusammenfügen merkmalspezifischer, aber in der Regel unterschiedlicher Betriebslastenzüge zu schadenswirksamen Betriebslastenzügen oder zu typisierten Betriebslastenzügen, die stellvertretend für alle anderen bei der Durchrechnung des Bauwerks angesetzt werden, je nach gewünschtem Feinheitsgrad der Restnutzungsdauerermittlung.
3. Der Schwingbeiwert bzw. der Schwingfaktor kann je nach Zeitpunkt aus früheren bzw. aus bestehenden Vorschriften entnommen oder aufgrund genauerer Berechnungen oder schließlich aus Messungen ermittelt werden.
4. Mit den wirklichen Querschnittswerten werden die Spannungen nach der Elastizitätstheorie berechnet bzw. wird eine Beurteilung der Tragsicherheit mit Hilfe des β-Wertes möglich.
5. Die für die Lebensdauer maßgebenden Betriebsbeanspruchungen werden entweder aus den schadenswirksamen Betriebslastenzügen nach der Elastizitätstheorie und mit Hilfe von Berechnungsprogrammen des Bundesbahn-Zentralamtes München für individuelle λ_{Tqj}-Werte berechnet, oder es können für die typisierten Betriebslastenzügen direkt die λ_{Tqj}-Werte aus den vom Bundesbahn-Zentralamt München erarbeiteten Tabellen entnommen und in die Schadensakkumulationsberechnung, der die Miner-Regel zugrundeliegt, eingebracht werden. Für die Ermittlung der λ_{Tqj}-Werte sind das Bauteilbeanspruchungskollektiv für den Betriebslastenzug j im Zeitintervall q und die Wöhler-Linie des betreffenden Werkstoffes und Kerbfalles bzw. die Festlegungen der DS 804 bezüglich zul $\Delta\sigma_{Be}$ wichtig.
Die Restnutzungsdauer ergibt sich nach der Formel in Bild 10.8–24.
Zur Festlegung der zulässigen Doppelspannungsamplituden für ältere Eisen- und Stahlsorten wurden neben umfangreichen Auswertungen des bestehenden Schrifttums auch eigene wie fremde experimentelle Untersuchungen mit Prüfkörpern entnommen aus alten Tragwerken durchgeführt [122].
Die Untersuchungen und Rechenergebnisse führen gezielt zu denjenigen Stellen in einem Brückenbauwerk, die eine nicht mehr ausreichende rechnerische Restnutzungsdauer besitzen oder vielleicht ihr Nutzungsende theoretisch schon erreicht haben. Hier können je nach Ergebnis planmäßige Maßnahmen im Sinne des Bildes 10.8–24 getroffen werden.

10.8.7 Das Konzept der Bruchmechanik

Die Grundlagen moderner Bruchmechanik waren bis Mitte der sechziger Jahre etabliert. Ernste Schadensfälle lieferten den Anlaß hierzu in einer Zeit allgemeinen technologischen Fortschritts nach dem zweiten Weltkrieg. Die Erkenntnis, daß Fehlstellen im Material entweder im voraus existieren oder durch Ermüdung entwickelt werden können und, daß progressiver Rißfortschritt zum Versagen führen kann, bedeuteten hier den Durchbruch. Dieses Versagen erfolgt bei Beanspruchungen, die allgemein ausgedrückt, in der Größenordnung der Betriebsbeanspruchungen liegen; jedoch genau betrachtet handelt es sich hier auch um eine Überbeanspruchung, allerdings lokal an der Rißfront begrenzt.
Analytische bruchmechanische Konzepte erlauben uns die Charakterisierung bzw. die Berechnung der Überbeanspruchung an der Rißfront. Experimentelle bruchmechanische Untersuchungen liefern Daten über Rißzähigkeit und Ermüdungsrißverhalten für praktisch relevante Materialien und Zonen von Konstruktionsdetails.
Am 15. Dezember 1967 stürzte die Brücke in Point Pleasant, USA, ein, wobei 46 Menschen starben. Als Schadensursache wurde ein durch Korrosion eingeleiteter und durch Ermüdung bei ungünstiger Materialzähigkeit wachsender Riß an einer Hängestange erkannt. – Es war das auslösende Moment für eine umfassende Auseinandersetzung mit bruchmechanischen Konzepten im Stahlbau [84].
Es wurde bis jetzt stillschweigend angenommen, daß für die üblichen metallischen Konstruktionswerkstoffe unter normalen Betriebstemperaturen und Beanspruchungsgeschwindigkeiten kein Verhalten im Sinne des ebenen Dehnungszustandes, also ungünstiger, maximaler Anstrengung, zu erwarten ist. Jedoch mußte man erkennen, daß die Versagenswahrscheinlichkeit größer wird bei
zunehmender Komplexität der Bauteile (Dehnungsbehinderung)
zunehmender Anwendung hochfester Materialien bei größeren Plattendicken (ebener Dehnungs-Zustand nun möglich bei evtl. gleichzeitig niedriger Zähigkeit); dies trifft bei geschweißten Konstruktionen eher zu, als bei früheren genieteten, dünneren Blechkonstruktionen und
Erhöhung der Betriebsbeanspruchung, z. B. durch Schweißeigenspannungen aber auch Zunahme der in der Bemessung zu berücksichtigenden Lastfälle.
Dadurch und durch Anwendungsfälle mit relativ scharfen Beanspruchungscharakteristiken, durch genauere analytische Methoden und die Anerkennung bzw. Zulassung inelastischen Verhaltens bei der Konstruktionsberechnung dürfte die Wahrscheinlichkeit eines sprödbruchähnlichen Versagens höher sein.

Grundlegende Zusammenhänge

Generell müssen bei einer Konstruktion Nachweise geführt werden gegen Versagen durch Zugbeanspruchung (Fließen oder duktiler Bruch), Instabilität bei Druckbeanspruchung sowie Versagen durch stabiles Rißwachstum (Ermüdung, Spannungskorrosion) oder instabiles Rißwachstum (Sprödbruch). Für die beiden letzteren Fälle bemüht man sich, ein relativ niedriges zulässiges Beanspruchungsniveau festzulegen und gleichzeitig konstruktiv bedingte Kerben, wie Schweißverbindungen, Löcher, Querschnittsänderungen, Imperfektionen etc. zumindest im kritischen Bereich, möglichst zu vermeiden. Die konstruktive Gestaltung größerer Bauteile kann offensichtlich nie von solchen Diskontinuitäten ganz befreit werden, ihre Anzahl und Anfangsgröße sollten jedoch minimiert werden. Die Bruchmechanik korreliert Bruchzähigkeit des Materials und das Rißverhalten und drückt es durch bekannte Größen wie Spannung und Riß- oder Fehlergröße aus [7, 8, 9, 86, 87, 88].

Die Erforschung großer geschweißter Konstruktionen zeigt, daß eine Vielzahl von Faktoren ein Versagen auslösen können. Bruchmechanisch betrachtet sind es jedoch nur drei Primärfaktoren:

1. Materialzähigkeit – definiert als Widerstand gegen instabiles Rißwachstum bei Anwesenheit einer Kerbe.

2. Riß (Fehler-)größe – auch sehr kleine Initialfehler können durch wiederholte Belastung (Ermüdung) sich vergrößern und eine kritische Größe erreichen, wo Sprödbruch eintreten kann.

3. Beanspruchungs(Spannungs-)niveau – Zugbeanspruchungen (äußere Belastung, Eigenspannungen) sind erforderlich.

Alle diese Faktoren sind den Konstrukteuren seit langem bekannt gewesen, qualitativ. Durch die Bruchmechanik erreichte man aber zum ersten Mal auch quantitativ eine Aussage; Zuverlässigkeitsberechnungen sind eher möglich, sowie Aussagen über die relativen Vorteile zwischen Berechnung, Fabrikation und Material.

Das fundamentale Konzept linear-elastischer Bruchmechanik ist die Charakterisierung der Spannungsverteilung vor einem scharfen Riß durch nur einen Parameter, den Spannungsintensitätsfaktor K_I, ausgedrückt in $Nm^{-3/2}$. K_I hängt nur von der Nennspannung σ und der Rißweite a ab. Erreichen σ und a in einer bestimmten Kombination einen kritischen Wert K_I, bezeichnet K_{Ic} oder K_c, so tritt instabiles Rißwachstum, d. h. Versagen ein. Für bestimmte geometrische Verhältnisse sind Korrekturfaktoren für K_I zu verwenden, bzw. gibt es Berechnungen für zahlreiche Konfigurationen im Schrifttum [89, 90], vgl. Bild 10.8–25.

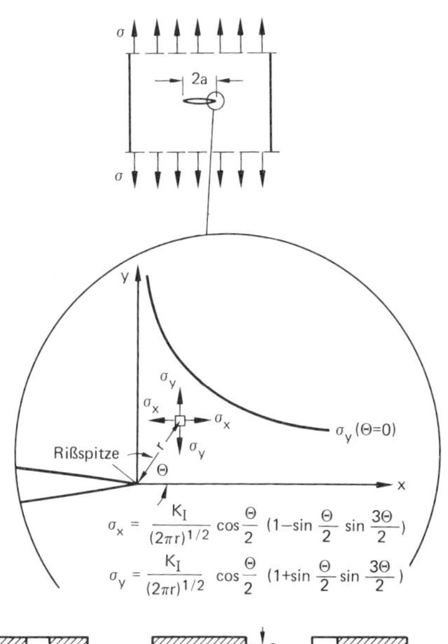

σ Nennspannung [N/mm²]
$\sigma_{0,2}$ Fließgrenze, 0,2%-Grenze [N/mm²]
a Rißlänge [mm]
K_I Spannungs-Intensitätsfaktor [$N/mm^{3/2}$] $f(\sigma; a)$
K_{Ic} Kritischer Spannungs-Intensitätsfaktor, Rißzähigkeit (instabiles Rißwachstum) f(Werkstoff, Temperatur, Beanspruchungsgeschw.)
(K_c); K_{Ic}; $(K_{Id}) = f(g) \cdot \sigma \cdot \sqrt{a}$
$f(g)$ = Riß- bzw. Bauteil-Formfaktor

Ebener Spannungs-Zustand ($\sigma_z = 0$, dünne Bleche)
Ebener Dehnungs-Zustand ($\sigma_z = \mu(\sigma_x + \sigma_y)$, dicke Platten)

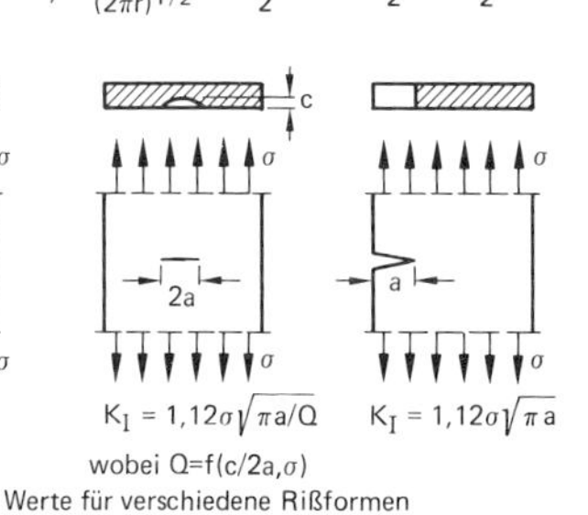

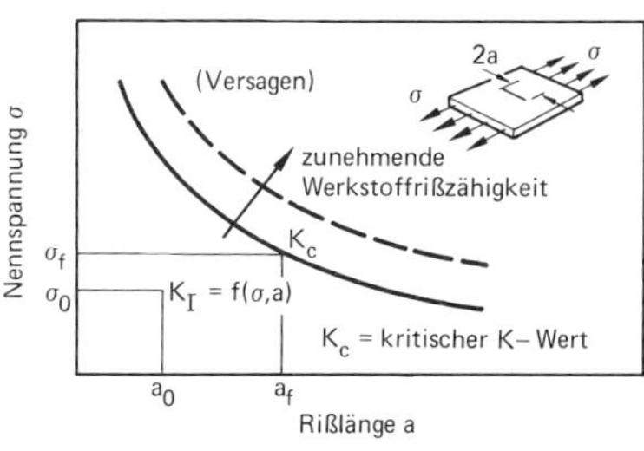

Bild 10.8–25 Zur Abhängigkeit zwischen Beanspruchung, Rißlänge und Rißzähigkeit. Definitionen

Ist der kritische Wert (K_c, K_{Ic} oder K_{Id} für dynamische – stoßartige – Beanspruchung) für ein bestimmtes Material, bestimmter Plattendicke, bei einer bestimmten Temperatur und Beanspruchungsgeschwindigkeit bekannt, so kann man theoretisch die tolerierbare Fehlergröße für eine gewisse Betriebsbeanspruchung in einem Bauteil berechnen (Bild 10.8–26). Umgekehrt kann man für eine evtl. vorhandene Fehlergröße die noch zulässige Spannung festlegen.

Möglichkeit Versagen zu kontrollieren durch folgende Primärfaktoren:

- Materialzähigkeit K_{Ic} oder K_{Id}
- (Gebrauchs-)Nennspannung σ
- vorhandene Fehlergröße a

$$\max a_T = \left[\frac{K_{Ic} \text{ oder } K_{Id}}{f(g) \cdot \sigma}\right]^2$$

Möglichkeit der quantitativen Formulierung einer Sicherheit zwischen jeder Gebrauchsbeanspruchungsstufe und der kritischen (Versagens-)Beanspruchung:

Voraussetzungen

- Diskontinuitäten sind in Bauteilen vorhanden
- hohe Beanspruchungen ($\rightarrow \sigma_{0,2}$) lokal möglich
- ebener Dehnungszustand lokal möglich

Bild 10.8–26 Zur allgemeinen Anwendung des bruchmechanischen Konzepts

Die Analogie des kritischen Spannungsintensitätsfaktors zu anderen Berechnungsgrenzwerten ist offensichtlich. Interessant ist der Vergleich mit der Tragspannungs-Stabilitätskurve im Stahlbau. Genauso verhält sich die Riß-Instabilitätskurve, es ist für einen bestimmten elastisch-plastischen Bereich ein Verlassen der nach linear-elastischen Gesetzen auf der Grundlage des ebenen Dehnungs-Zustandes entwickelten Grenzbeziehung zwischen kritischem Spannungsintensitätsfaktor, Rißlänge und Nennbeanspruchung zu registrieren (Bild 10.8–27).

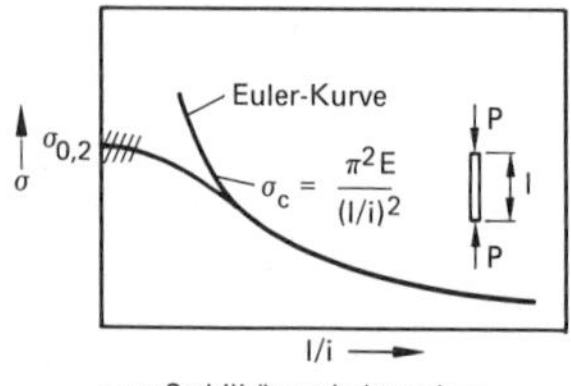

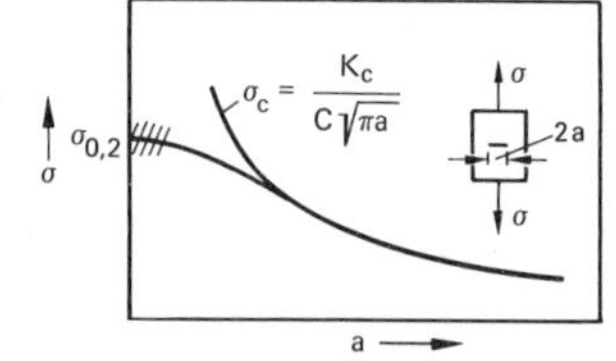

Bild 10.8–27
Relation zwischen Tragspannungs- und Riß-Stabilitätskurve

Diese Tatsache, vom ingenieurmäßigen Standpunkt natürlich sehr zu begrüßen, erschwert oder verbietet gar die Ermittlung gültiger K_I-Werte bei üblichen Bauteildicken, z. B. dünne Platten oder Bleche (Bild 10.8–28). Es gibt zwei Möglichkeiten, diese Schwierigkeiten zu umgehen:

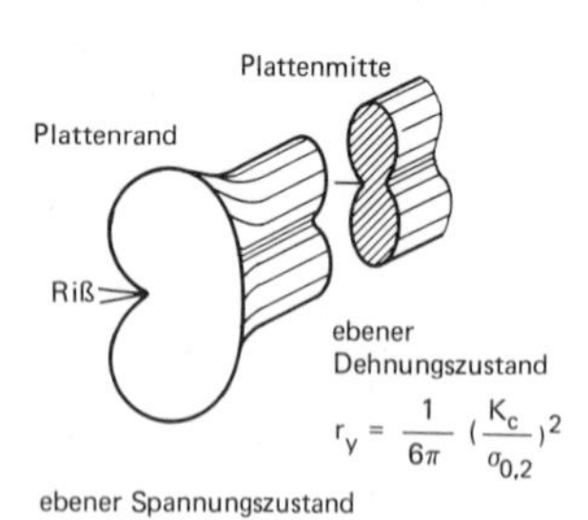

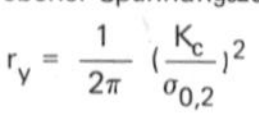

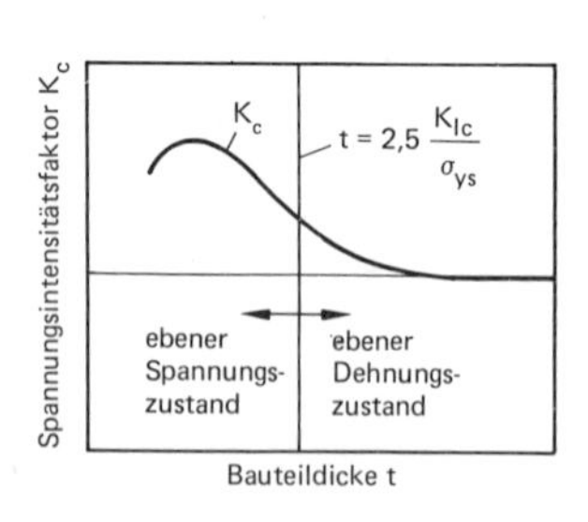

Bild 10.8–28
Abhängigkeit des Spannungsintensitätsfaktors von der Bauteildicke

entweder durch Korrelation von K_I-Werten für ein bestimmtes Material mit Bruchzähigkeitswerten, die aus anderen, evtl. auch in der praktischen Durchführung einfacheren und wirtschaftlicheren Versuchen gewonnen werden, z. B. Charpy-V-Kerbschlagversuche [95]. Die Bestimmung bruchmechanischer Kennwerte wird behandelt in [82, 85, 87, 92, 93] oder durch neue, sich noch in Entwicklung befindlicher Methoden der elastisch-plastischen Bruchmechanik (J-Integral, R-Kurve, COD-Verfahren); speziell das COD-Verfahren wurde schon auf einigen Großprojekten praktisch eingesetzt. Zur Versuchsdurchführung s. [82, 85, 87, 94] bzw. weitere Forschungsergebnisse [96].

Bruchkriterien

Abgesehen von evtl. Spezialanwendungen wird für die Mehrzahl komplexer Stahlkonstruktionen wie Brücken, Hochbauten, Rohrleitungen, off-shore-Konstruktionen etc. ein optimaler Einsatz erreicht, wenn ein gewisses elastisch-plastisches Verhalten zugelassen wird. Momentan läßt sich allerdings diese Grenze noch nicht quantitativ festlegen, auch nicht das entsprechende Bruchkriterium hierzu. Der Vorgang hierzu ist langwierig, zeit- und kostenintensiv, die tatsächlichen Beanspruchungsparameter müssen genau bekannt sein, sowie konstruktive Details, Qualitätsniveau in der Fabrikation, Kontrollen etc. Abgesehen von den noch zu standardisierenden experimentellen Methoden selbst zur Ermittlung der bruchmechanischen Kennwerte [85, 92, 97].

Sub-kritischer Rißfortschritt

Ohne die Schwierigkeiten der Bestimmung bruchmechanischer Grenzwerte können die aufgeführten Gesetzmäßigkeiten mit Erfolg bei der Erfassung des Rißfortschritts unterhalb des unkontrollierten Wachstums, insbesondere bei der hier interessierenden Ermüdung, eingesetzt werden.
Die gesamte Nutzlebensdauer eines Bauteils setzt sich zusammen aus der Rißentstehungs- bzw. der Rißfortschrittsdauer, die erforderlich ist, einen Riß bis zur kritischen Größe zu entwickeln. Die Bauteillebensdauer kann positiv beeinflußt werden durch Verlängerung aller drei Bereiche: Entstehung, kontrolliertes bzw. unkontrolliertes Wachstum. Daraus folgt, daß das Bauteilverhalten in allen drei Phasen analysiert werden muß, wenn man entsprechende Kontroll- und Betriebsempfehlungen aufstellen möchte. Instabiles Rißwachstum, als letzter Abschnitt der Bauteillebensdauer, wird charakterisiert durch die Kombination der schon erwähnten Rißzähigkeit als Materialkennwert (jedoch in Abhängigkeit von den Bauteilabmessungen, Temperatur und Belastungsmodus), der Rißgröße und dem Spannungsniveau. Man kann instabiles Rißwachstum, d.h. Versagen, nicht nur einem relativ geringen Rißzähigkeitswert, einer „Über"beanspruchung oder nur qualitativ niedriger Fabrikation zuschreiben. Erfahrungsgemäß erhöht sich die Bauteilversagenswahrscheinlichkeit, sobald irgendeiner dieser Parameter andere Werte als sonst üblich für einen bestimmten Konstruktionstypus erreicht.

Rißentstehungs-Lebensdauer

Obwohl z.Z. sehr intensive Bemühungen zur Erfassung der Anfangsphase der Rißentstehung auf der Grundlage der Bruchmechanik unternommen werden, sind die Ergebnisse noch nicht befriedigend, bzw. ist die experimentelle Verifizierung äußerst schwierig und kostspielig [9, 87, 98]. Fraktographische Untersuchungen haben sehr zum Verständnis dieser Phänomene beigetragen [99].
Die Weiterentwicklung numerischer Rechenverfahren, vor allem der Finiten-Elementen-Methode, ermöglichen eine schnelle und genaue Analyse örtlicher Spannungen und Verformungen im Bereich von Kerben und Rissen. Andererseits erlauben zerstörungsfreie Prüfmethoden bis zu einem gewissen Grad die Erkennung und Klassifizierung von Imperfektionen, z.B. bei Schweißverbindungen, Poren, Einschlüsse, Risse etc. und eine Einbeziehung dieser in die Lebensdaueranalyse. Bei einfachen Kerbproblemen oder bei Anwendung von Näherungen bei komplizierten Fällen ist auch eine Berechnung nach empirischen Methoden der Kerbspannungslehre möglich [80, 81, 82, 100]. Bezieht man das wirkliche Verformungsverhalten des Werkstoffes bei wiederholter Beanspruchung ein – zyklische Verfestigung oder Entfestigung gegenüber der ursprünglichen statischen oder sog. monotonen σ-ε-Beziehung –, so besteht die Möglichkeit, über Konzepte der Kurzzeitfestigkeit (low-cycle-fatigue) die Rißentstehungslebensdauer N_I aus folgender Grundbeziehung zu berechnen [100, 101, 102, 103]

$$\frac{\Delta\varepsilon}{2} = \frac{\Delta\varepsilon_e}{2} + \frac{\Delta\varepsilon_p}{2} \qquad \text{bzw.}$$

$$\frac{\Delta\varepsilon}{2} = B \cdot N_I^b + C \cdot N_I^c$$

Die Koeffizienten und Exponenten können als charakteristische Materialkennwerte aus empirischen Untersuchungen und den Parametern statischer bzw. zyklisch vorbelasteter Zugversuche gewonnen werden [105]. Zur Verdeutlichung der Beziehung s. Bild 10.8–29.
Trotz der nicht immer sehr scharfen Aussagen durch das Verfahren – was allerdings durch erhöhten rechnerischen und experimentellen Aufwand verbessert werden kann – besitzt der Ingenieur in der Praxis ein einfaches und schnelles Instrument zur Berechnung der Rißentstehungslebensdauer, vgl. Bild 10.8–30 [114].

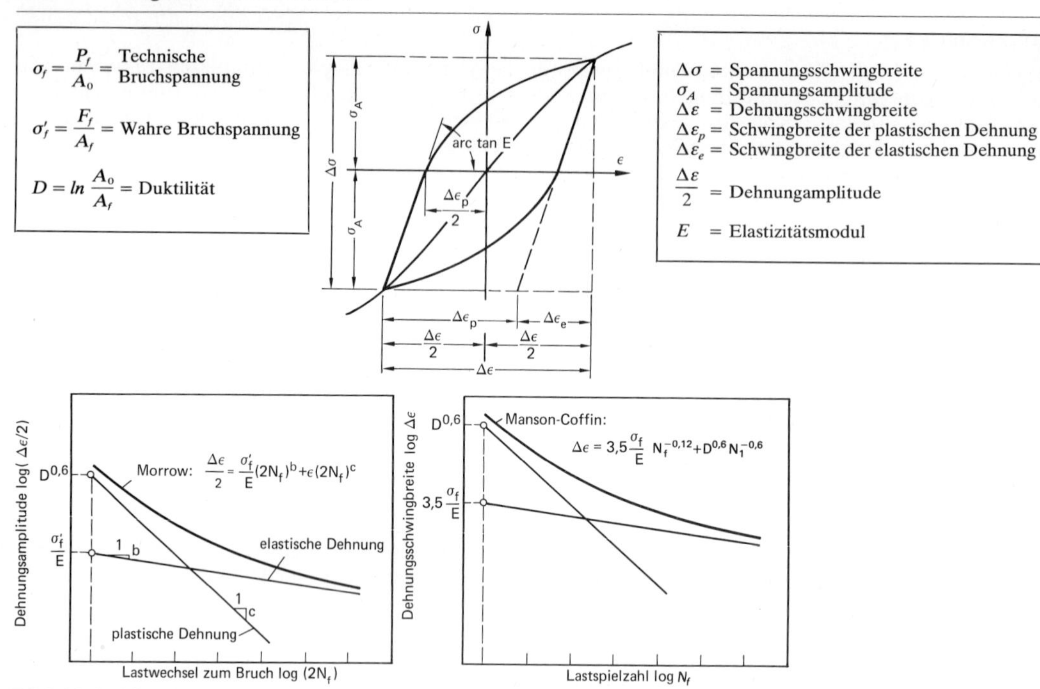

Bild 10.8–29 Dehnungs-Lebensdauer-Abhängigkeit. Definitionen

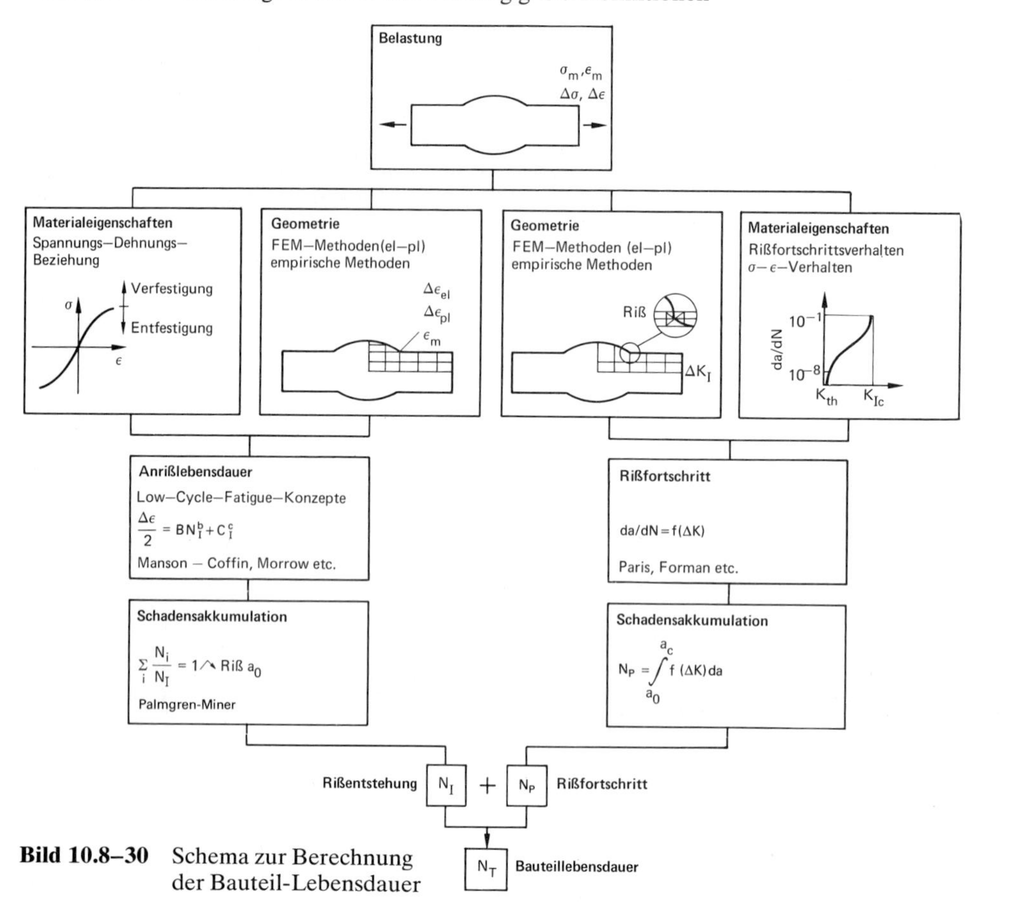

Bild 10.8–30 Schema zur Berechnung der Bauteil-Lebensdauer

Rißfortschritts-Lebensdauer

Bei der Analyse vorhandener Risse oder wahrnehmbarer Imperfektionen – Poren, Einschlüsse, Fehlschweißungen etc. – entfällt praktisch die Rißentstehungszeit. Es wird nur das Rißfortschrittsverhalten untersucht. Für den mit der Lebensdauer wachsenden Riß wird die wirksame Amplitude des Spannungsintensitätsfaktors ΔK, entsprechend den Nennspannungen $\Delta\sigma = \sigma_{max} - \sigma_{min}$, berechnet. Aus ΔK und dem Rißfortschrittsverhalten, experimentell ermittelt als Rißfortschritt in Abhängigkeit von der Lebensdauer, stellt man die Rißgeschwindigkeit $\mathrm{d}a/\mathrm{d}N$ in Abhängigkeit von ΔK dar; eine Grundbeziehung für die weitere Berechnung (Bild 10.8–31). Durch Integration von einer Anfangsrißlänge a_0 bis zur kritischen Rißlänge a_c ermittelt man die Rißfortschritts-Lebensdauer N_P (Bild 10.8–32).

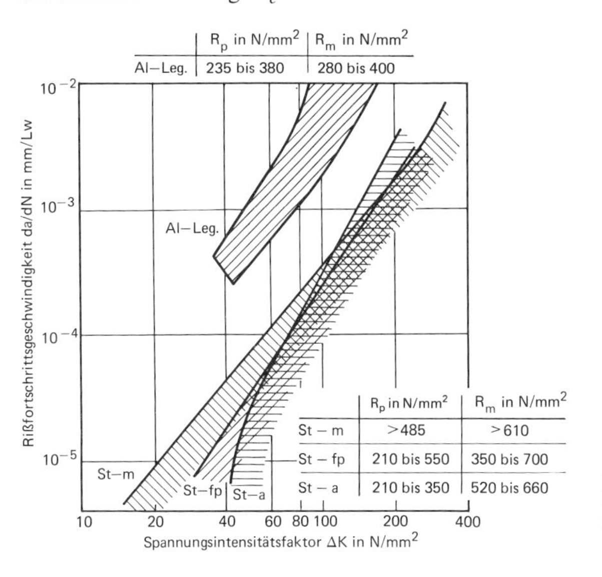

Bild 10.8–31
Rißfortschrittsgeschwindigkeiten metallischer Werkstoffe [85]

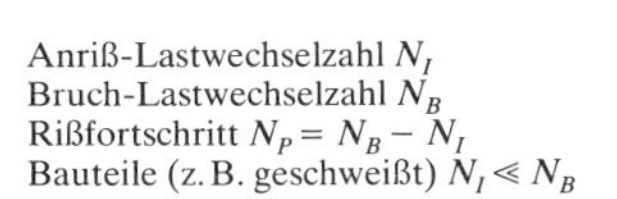

Anriß-Lastwechselzahl N_I
Bruch-Lastwechselzahl N_B
Rißfortschritt N_P = N_B – N_I
Bauteile (z. B. geschweißt) N_I ≪ N_B

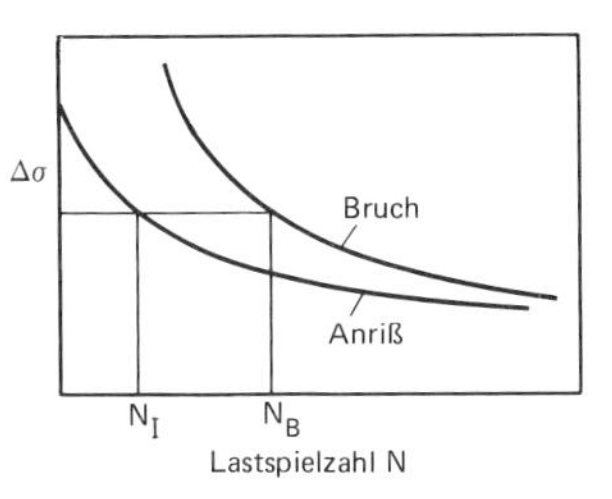

Material-Zähigkeit K_{Ic} (Grundmaterial, Schweißzone) max. Anfangriß a_0 (mit zugehörigem K_I bzw. ΔK_I) kritischer Endriß a_c aus K_{Ic} und max. σ (Gebrauch)

$$\frac{\mathrm{d}a}{\mathrm{d}N} = C \Delta K_I^m f(\varkappa)$$

$$N_P = \int_{N_I}^{N_B} \mathrm{d}N = \int_{a_0}^{a_c} \frac{\mathrm{d}a}{C \Delta K_I^m f(\varkappa)}$$

Bild 10.8–32 Berechnung der Rißausbreitung

Die kritische Rißlänge ergibt sich aus dem bauteilspezifischen Bruchkriterium, i. a. wird hierbei das Erreichen des kritischen Spannungsintensitätsfaktors K_{Ic} bzw. das Erreichen der Bruchspannung im Restquerschnitt verstanden. Als Berechnungsgleichung benutzt man oft die Paris-Gleichung

$$\mathrm{d}a/\mathrm{d}N = C \cdot \Delta K^m$$

Belastungsfrequenz, Spannungszustand an der Rißspitze, Walzrichtung, Wärmebehandlung, Prüftemperatur und Umgebungsmedium können natürlich die Rißfortschrittsgeschwindigkeit $\mathrm{d}a/\mathrm{d}N$ beeinflussen, es ist jedoch von Fall zu Fall zu prüfen, inwiefern dies bei im konstruktiven Ingenieurbau üblichen Bedingungen signifikanten Einfluß haben kann. Oft ist nur der relativ starke Einfluß der Mittelspannung durch eine entsprechende Erweiterung, z. B. Forman-Gleichung, zu berücksichtigen [87].
Abschließend sei noch auf Bild 10.8–33 hingewiesen, das die Parallelitäten zwischen dem bruchmechanischen Konzept und der traditionellen Darstellung der Lebensdauerlinie darstellt.
Die Arbeiten in [106] stellen wichtige Entwicklungsarbeiten und Ergebnisse auf dem Gebiet des Rißfortschritts dar.

Kontrollpläne und konstruktive Hinweise

Bauteilspezifische Empfehlungen, die zum Ziel haben, die Versagenswahrscheinlichkeit niedrig zu halten und die über einen Vergleich effektiver Beanspruchungen mit kritischen Beanspruchungen je

nach Versagensmodus bzw. Wahl entsprechender Kriterien zur Vermeidung dieses Versagensmodus aufgestellt werden, können auch im speziellen Fall der Ermüdung bei komplexen Bauwerken sinnvolle Hilfsmittel für Entwurf, Konstruktion und Betrieb sein.
Wichtige Erkenntnisse in diesem Zusammenhang liefert die Darstellung in Bild 10.8–34, die den Einfluß von (Zug)-Beanspruchungsniveau, Fehlergröße und Materialzähigkeit auf die Lebensdauer eines ermüdungsbeanspruchten Bauteils ausüben. Um die Lebensdauer heraufzusetzen hat man folgende Möglichkeiten:
Herabsetzen der Gebrauchsspannung – die in der Berechnung festgelegte Spannungsdifferenz $\Delta\sigma = \sigma_{max} - \sigma_{min}$ ist der wichtigste Faktor hierbei. Durch eine neue Spannung $\sigma_1 < \sigma_2$ bekommt man einen signifikanten Anstieg in der Lebensdauer ΔN_1, eine Tatsache, die quantitativ aus den da/dN-ΔK-Diagrammen abzuleiten ist.

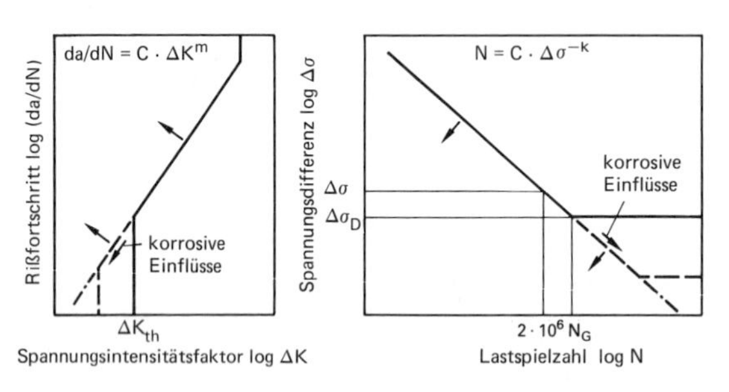

bruchmechanisches Konzept

Paris–Gl. $\frac{da}{dN} = C\Delta K^m$

SIF $\Delta K = 2 \cdot \Delta\sigma \sqrt{\pi a} \cdot f(g)$

Integration $\Rightarrow N = C^* \cdot a_0^{\left(\frac{1-m}{2}\right)} f(g)^{-m} \cdot \Delta\sigma^{-m} \Leftarrow$

σ/N–Lebensdauerlinie

$N = C \cdot \Delta\sigma^{-k}$

oder

„normierte Wöhlerlinie"

$N = N_G \left(\frac{\Delta\sigma}{\Delta\sigma_D}\right)^{-k}$

Analogie zwischen den Exponenten m und k
gültig im Zeitfestigkeit– und Rißfortschritt – Bereich $\Delta\sigma \geqq \Delta\sigma_D$
(Rißfortschritt ≈ gesamte Lebensdauer, z.B. Schweißverbindungen)

Bild 10.8–33
Analogie zwischen da/dN- und σ/N-Linie [36]

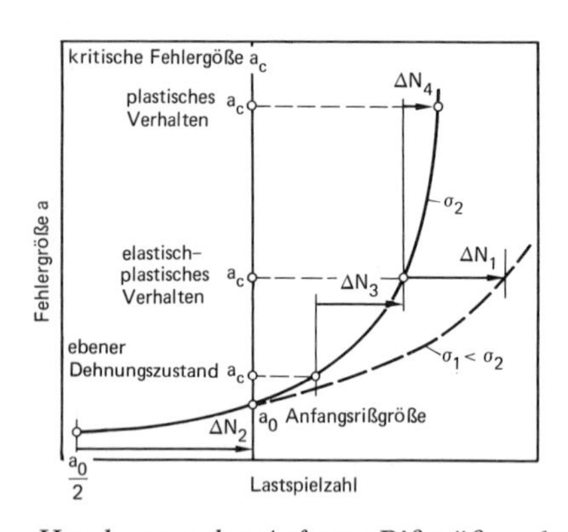

Bild 10.8–34
Schematischer Einfluß von Kerbzähigkeit, Spannungsniveau und Fehlergröße auf Zuwachs der Lebensdauer eines ermüdungsbeanspruchten Bauteils

Herabsetzen der Anfangs-Rißgröße – da die Rißfortschrittsgeschwindigkeit für kleine Risse sehr niedrig ist, wird man hierdurch eine beachtliche Lebensdauersteigerung ΔN_2 bekommen. Voraussetzung ist allerdings, daß sowohl durch den Herstellungsprozeß eine entsprechende Qualität eingehalten wie auch durch Kontrollverfahren dies zuverlässig nachgeprüft werden kann.
Erhöhung der Materialzähigkeit – eine signifikante Erhöhung der Lebensdauer, ΔN_3, kann man durch Zulassen eines Gebrauchszustands im elastisch-plastischen Bereich erreichen. Jüngste amerikanische Empfehlungen für Brückenstähle bewirken genau dies [91]. Dabei werden mittlere Beanspruchungsgeschwindigkeiten vorausgesetzt, daß als Materialgrenzwert wiederum K_{Ic} in Betracht kommt. Da K_{Ic}-Versuche schwierig in ihrer Durchführung und kostspielig sind und offensichtlich eine Korrelation zwischen K_{Ic} und Charpy-V-Kerbe Ergebnissen besteht, sind die Kriterien auf letztere formuliert. – Durch eine weitere Ausweitung des Wirkungsbereichs, im plastischen, wird der entsprechende Lebensdauerzuwachs ΔN_4 nicht mehr so groß sein, da bei der rapiden Zunahme der Rißfortschrittsgeschwindigkeit auch eine signifikante Zunahme der kritischen Rißgröße nicht ausreicht, die niedrigen Werte der Restlebensdauer wettzumachen. Es kann sich allerdings der Versagensmodus ändern.

Zu diesen Maßnahmen zur Lebensdauererhöhung vom theoretischen Standpunkt aus kann man einige konstruktive Hinweise noch erwähnen, die die Versagenswahrscheinlichkeit bzw. die Versagenskonsequenzen niedrig halten helfen: konstruktive Redundanz, so daß Versagen eines einzelnen Bauteils nicht das Versagen der Gesamtkonstruktion zur Folge hat; Maßnahmen, die beim evtl. Auftreten eines Risses nach kurzer Zeit zum Rißstop führen („Entlastungskerben"); relativ niedrige Beanspruchungsgeschwindigkeit.
Die bruchmechanische Betrachtungsweise kann im Fall ermüdungsbeanspruchter Konstruktionen noch keineswegs zur allgemeinen Anwendung im konstruktiven Ingenieurbau oder speziell im Metallbau kommen. Andererseits leistet sie einen wertvollen Beitrag bei der Analyse und Bewertung von Schadensfällen und führt zum besseren Verständnis komplexer Konstruktions- und Beanspruchungsfälle. Sie ist bereits Bestandteil neuer Richtlinien für geschweißte Konstruktionen [114, 115] und bildet die Grundlage für neuentwickelte Lebensdauerlinien und Betriebsfestigkeitsnachweise [36, 37, 48, 74, 75, 118]. Schließlich bietet sich hiermit die Möglichkeit einer besseren Erfassung des Problems der Bauwerkszuverlässigkeit und der optimalen Verteilung von Aufwendungen für sicherheitsrelevante Maßnahmen.

10.8.8 Der Betriebsfestigkeitsnachweis im Leichtmetallbau

Nach etwa drei Jahrzehnten der Auseinandersetzung in der konstruktiven Praxis und der Forschung durchläuft man momentan im Leichtmetall- bzw. Aluminiumbau eine Phase der Konsolidierung des akkumulierten Wissens. Die Analyse, Deutung und Präsentation – in anwendungsbezogener und anwenderfreundlicher Weise – der gemachten Erfahrungen stehen im Vordergrund [107, 109], wobei punktuelle Ergänzungen und Erweiterungen dann vorgenommen werden, wenn es gilt, die Wirtschaftlichkeit der Konstruktionen zu erhöhen oder deren Betriebssicherheit zuverlässiger anzugeben [111].
Auch für die Belange des konstruktiven Ingenieurbaus gibt es im Falle ermüdungsbeanspruchter Aluminiumkonstruktionen eine Reihe von allerdings nicht immer einheitlichen bzw. ausführlichen Richtlinien. Etwa alle zehn Jahre wurden Bemühungen unternommen, die Ermüdungsfestigkeit, insbes. geschweißter, Aluminium-Konstruktionen zu formulieren [108]. Die statistische und regressionsanalytische Auswertung der Lebensdauerlinien für wichtige Standardlegierungen sowie die Konzepte für den Betriebsfestigkeitsnachweis [28, 107, 110] und die bruchmechanische Betrachtung [113, 114] erlauben eine Entwicklung neuer Betriebsfestigkeitsrichtlinien parallel zu denjenigen im Stahlbau. Insbesondere die Festlegungen in den Bildern 10.8–3, 10.8–4, 10.8–19, 10.8–20 und 10.8–30 entsprechen den besonderen Anforderungen bei Aluminiumbauteilen, die aus einer Vielfalt verschiedener Legierungen und durch unterschiedliche Fügeverfahren hergestellt werden. Außerdem sollen diese Richtlinien – die zunächst auf europäischer Ebene aufgestellt werden [118] – auf mehreren Anwendungsgebieten, auch im Behälterbau, Transportwesen und Schiffbau, eingesetzt werden können.
Momentan findet man charakteristische Rechenwerte zur Schwingfestigkeit von Aluminiumkonstruktionen noch in einer Vielfalt von Forschungsberichten mit Versuchsergebnissen, die nicht ohne weiteres miteinander korrelierbar sind. Erste Zusammenstellungen finden sich in [28, 107, 111] und den dort angegebenen Quellen. Außerdem in den bestehenden Richtlinien, wie diese in [108] erwähnt werden. Man bemüht sich z.Z. auf internationaler Ebene innerhalb des „CAFDEE – Committee for Aluminium Fatigue Data Exchange and Evaluation" eine Datenbank mit Schwingfestigkeitswerten für Aluminium aufzustellen. Diese Datenbank wird zunächst in den USA bei der Iowa State University aufgebaut und nach Fertigstellung auch an der Technischen Universität München installiert werden.

Literatur

1. Wöhler, A.Z.: Versuche zur Ermittlung der auf die Eisenbahnwagen-Achsen einwirkenden Kräfte und der Widerstandsfähigkeit der Wagen-Achsen. Z. f. Bauw. 8 (1858) 642; 10 (1860) 583; 13 (1863) 233; 16 (1866) 67; 20 (1870) 74.
2. Field, J.E. and Scott, D.: The diagnosis of service failures. Inst. Mech. Eng. Conf. on Safety and Failure of Components, University of Sussex, 1969.
3. Bierett, G. und Georg, P.: Die Dauerfestigkeit der Stahlbauwerke. Stahlbau – Ein Handbuch für Studium und Praxis, 2. Auflage, Stahlbau-Verlag, Köln, 1964.
4. Hertel, H.: Ermüdungsfestigkeit der Konstruktionen. Springer, 1969.
5. Harris, W.J.: Metallic Fatigue. Pergamon Press, 1963.
6. Forrest, P.G.: Fatigue of Metals. Pergamon Press, 1962.
7. Tetelman, A.S. und Mc Evily, A.J.: Bruchverhalten technischer Werkstoffe. Verlag Stahleisen m.b.H., Düsseldorf, 1971.
8. Munz, D., Schwalbe, K. und Mayr, P.: Dauerschwingverhalten metallischer Werkstoffe. Vieweg, Braunschweig, 1971.
9. Frost, N.E., Marsh, K.J. and Pook, L.P.: Metal Fatigue. Clarendon Press, Oxford, 1974.
10. Mann, J.Y.: Fatigue of Materials – An introductory text. Melbourne University Press, 1967.
11. Weibull, W.: Fatigue Testing and Analysis of Results. Pergamon Press, 1961.
12. A Guide for Fatigue Testing and the Statistical Analysis of Fatigue Data. ASTM, STP 91-A, Philadelphia, 1963.
13. Handbook of Fatigue Testing. ASTM, STP 566, Baltimore, 1974.
14. Dauerfestigkeit von Stahl. Merkblatt 457, Beratungsstelle für Stahlverwendung, 2. Auflage, 1975.
15. ASTM 1980 Book of Standards. Part 10: Metals – Fatigue Testing (Definitions and Practices). ASTM, Easton, 1980.

16. Kosteas, D. und Graf, U.: Überwachung der Beanspruchung ermüdungsgefährdeter Bauteile durch Ermüdungsmeßstreifen. Erscheint demnächst (vorauss. 1982) in „Schweißen und Schneiden".
17. Dixon, W.J. and Massey, F.J.: Introduction to Statistical Analysis. Mc. Graw-Hill, New York, 1957.
18. Fisher, R.A. and Yates, F.: Statistical Tables. Oliver and Boyd, 6. Edition.
19. Kreyszig, E.: Statistische Methoden und ihre Anwendungen. Vandenhoek u. Ruprecht, Göttingen, 1965.
20. Sachs, L.: Statistische Auswertungsverfahren. Springer Verlag, 1968.
21. ISO Standards Handbook 3: Statistical Methods. ISO Information Centre, Genève, 1979.
22. ASTM 1981 Annual Book of Standards. Part 41: General Test Methods – Statistical Methods (Definitions and Recommended Practices). ASTM, Easton, 1981.
23. Little, R.E.: Manual on Statistical Planning and Analysis. ASTM, STP 588, Philadelphia, 1975.
24. Little, R.E. and Jebe, E.H.: Statistical Design of Fatigue Experiments. Appl. Sc. Publ., London, 1975.
25. Johnson, L.G.: The Statistical Treatment of Fatigue Experiments. Elsevier, Amsterdam, 1964.
26. Heller, R.A. (Ed.): Probabilistic Aspects of Fatigue ASTM, STP 511, Philadelphia, 1972.
27. Natrella, M.G.: Experimental Statistics. Nat. Bureau of Stand. Handbook 91, Washington, D.C., 1963.
28. Steinhardt, O. und D. Kosteas: Die Schwingfestigkeit geschweißter Aluminiumverbindungen – Optimierung erweiterter Lebensdauerfunktionen mit Berücksichtigung der Überlebenswahrscheinlichkeit. Ber. Vers.-Anstalt Stahl, Holz und Steine, Universität Karlsruhe, 1971.
29. Kosteas, D.: Einfluß des Stichprobenumfangs bei der statistischen und regressionsanalytischen Auswertung von Schwingfestigkeitsversuchen, insbes. an Schweißverbindungen aus AlZnMg1. Aluminium 50 (1974), 2, 165/70.
30. Dengel, D.: Vergleich einiger Auswertverfahren für dynamische Festigkeitsuntersuchungen mit konstanter und mit steigender Belastung an Stahl in verschiedenen Wärmebehandlungszuständen und unter dem Einfluß schwingender Vorbeanspruchung. Dissertation, TU Berlin, 1967.
31. Maennig, W.-W.: Untersuchungen zur Planung und Auswertung von Dauerschwingversuchen an Stahl in den Bereichen der Zeit- und Dauerfestigkeit. Fortschritt-Ber., VDI-Zt., Reihe 5, Nr. 5, 1967.
32. Spindel, J.E. and Haibach, E.: The method of maximum-likelihood applied to the statistical analysis of fatigue data including run-outs. SEECO 78, Applications of computers in fatigue, Proceed. Int. Conf., Warwick, 1978.
33. Spindel, J.E. and Haibach, E.: Some considerations in the statistical determination of the shape of S-N curves. ASTM, STP 744, Philadelphia, 1981.
34. Kosteas, D. und Graf, U.: Versuchsdurchführung und Auswertung von Dauerfestigkeitsuntersuchungen. Interner Bericht Lehrstuhl für Stahlbau, TU München, 1981. Wird demnächst veröffentlicht in Aluminium.
35. Haibach, E.: Die Schwingfestigkeit von Schweißverbindungen aus der Sicht einer örtlichen Beanspruchung. LBF Ber.-Nr. FB-77, Darmstadt, 1968.
36. Haibach, E.: Fragen der Schwingfestigkeit von Schweißverbindungen in herkömmlicher und in bruchmechanischer Betrachtungsweise. Schweißen und Schneiden 29 (1977), 4, 140/2.
37. Haibach, E.: Grundlagen und Weiterentwicklung des Betriebsfestigkeitsnachweises für Schweißverbindungen im internationalen Regelwerk. DVS Ber. 57, Vorträge Tagung Hamburg 1979. DVS, Düsseldorf, 1979.
38. Stüssi, F.: Die Ermüdung von Eisen und Stahl und anderen Metallen. Nachr. aus der „Eisen Bibliothek" der G. Fischer AG, Nr. 31, Schaffhausen, 1965.
39. Stüssi, F.: On the fatigue of metals with special reference to aluminium. Aluminium in Structural Engineering. Proc. Symp. London, 1963.
40. Neumann, A.: Aluminium-Schweißkonstruktionen. VEB Verlag Technik, Berlin, 1967.
41. Liebermann, G.S.: Tables for One-Sided Statistical Tolerance Limits. Industrial Quality Control, Vol. XIV, No. 10, April 1958.
42. Haibach, E.: Die Dauerfestigkeit von Schweißverbindungen bei Grenzlastspielzahlen größer als $2 \cdot 10^6$. Archiv Eisenhüttenw. 42 (1971), 12, 901/8.
43. Literatur zur ausgewerteten Versuchsreihe zum Problem der Schwingfestigkeit eigenspannungsbehafteter Schweißverbindungen bei hohen Schwingspielzahlen. Interner Ber. FhG-LBF Darmstadt, 1981.
44. DIN-Normen zum Schwingversuch: DIN 50100 = Dauerschwingversuch. DIN 50113 = Umlaufbiegeversuch. DIN 55302 = Statistische Auswertungsverfahren. Häufigkeitsverteilung, Mittelwert und Streuung.
45. Wellinger, K. und Dietmann, H.: Festigkeitsberechnung. Grundlagen und technische Anwendung. A. Kröner Verlage, Stuttgart, 1969.
46. Gassner, E.: Betriebsfestigkeit – aus Lueger Lex. d. Technik, Bd. Fahrzeugtechnik, Deutsche Verlagsanstalt GmbH, Stuttgart, 1968.
47. Leitfaden für eine Betriebsfestigkeitsrechnung. Ber. der AG Betriebsfestigkeit Nr. ABF 01. VDEh, Düsseldorf, 1977.
48. Siebke, H.: Beschreibung einer Bezugsbasis zur Bemessung von Bauwerken auf Betriebsfestigkeit. Schweißen und Schneiden, 32 (1980), 8, S. 304/314.
49. Dowling, N.E.: Fatigue Failure Predictions for Complicated Stress-Strain Histories. Journal of Materials, Vol. 7, No. 1, 1972.
50. Richards, F.D., La Pointe, N.R. and Wetzel, R.M.: A Cycle Counting Algorithm for Fatigue Damage Analysis. Ford Motor Co. Rep. 740278.
51. Zum Stand der Lebensdauervoraussage. TF-694.1: Beurteilung der Verfahren. TF-694.2: Beschreibung der Verfahren. Erarbeitet von W. Schütz und M. Hück. IABG, München-Ottobrunn, 1978.
52. O'Neill, M.J.: A Review of Some Cumulative Damage Theories. Struct. and Mat. Rep. 326. Dept. of Supply, Australian Defeuse Scientific Service, Melbourne, 1970.
53. Wetzel, R.M.: A method of Fatigue Damage Analysis. Ford Co. Scientific Research Staff, Metallurgy Dept., 1971.
54. Wetzel, R.M. (Ed.): Fatigue Under Complex Loading. SAE Advances in Engin. Vol. 6, 1977.
55. SAE Fatigue Design Handbook AE-4, 1979.
56. Hirt, M.: Neue Erkenntnisse auf dem Gebiet der Ermüdung und deren Berücksichtigung bei der Bemessung von Eisenbahnbrücken. Bauingenieur 52 (1977), 255/262.
57. Geidner, T.: Zur Anwendung der Spektralmethode auf Lasten und Beanspruchungen bei Straßen- und Eisenbahnbrücken. Mitt. Lehrstuhl Stahlbau, TU München, H. 15 (Hrsg. F. Nather), München, 1979.
58. Schott, G. (Hrsg.): Werkstoffermüdung – Verhalten metallischer Werkstoffe unter wechselnden mechanischen und thermischen Beanspruchungen. VEB Deutscher Verlag für Grundstoffindustrie, Leipzig, 1977.
59. Hänchen, R. und Deker, K.H.: Neue Festigkeitsberechnung für den Maschinenbau. C. Hanser Verlag, München, 1967.
60. Tauscher, H.: Dauerfestigkeit von Stahl und Gußeisen. VEB Fachbuchverlag, Leipzig, 1969.
61. VDI-Bericht 268: Werkstoff- und Bauteilverhalten unter Schwingbeanspruchung. VDI, 1976.

62. Bibliography of Fatigue Data References for Steel Structures. Project IHR-64, UILU-ENG-73-2026. University of Illinois, Urbana-Champaign-Illinois, June 1973.
63. Neumann, A. (Hrsg.): Dauerfestigkeits-Katalog. Techn.-Wiss. Abhandlungen des Zentralinstituts für Schweißtechnik der DDR, Heft Nr. 6 und 9, Halle (Saale).
64. Fisher, J.W. and Struik, J.H.A.: Guide to design criteria for bolted and riveted joints. John Wiley & Sons, Inc., 1974.
65. Steinhardt, O., Möhler, K. und Valtinat, G.: Versuche zur Anwendung vorgespannter Schrauben im Stahlbau. Ber. des DASt, Heft 25, Stahlbau-Verlag, Köln, 1969.
66. VDI-Bericht 220: Die hochbeanspruchte Schraubenverbindung – eine Herausforderung für den Ingenieur. VDI, 1974.
67. Olivier, R. und Ritter, W.: Wöhlerlinienkatalog für Schweißverbindungen aus Baustählen. DVS-Bericht Nr. 56, Teil 1 – Stumpfstoß (1979), Teil 2 – Quersteife (1980), Teil 3 – Doppel-T-Stoß (1981), Teil 4 – Längssteife (in Vorbereitung). DVS, Düsseldorf.
68. Richards, K.K.: Fatigue Strength of Welded Structures. The Welding Institute, Cambridge, 1969.
69. Gurney, T.R.: Fatigue of Welded Structures. Cambridge Univ. Press, Cambridge, 1968.
70. Fatigue fractures in welded constructions. IIW, Vol. I (1967), Vol. II (1979). Publ. de la soudure autogène, Paris.
71. Proceedings European Offshore Steels Research Seminar, Cambridge, 27–29 Nov. 1978. The Welding Institute, Cambridge, 1980.
72. ASME Boiler and Pressure Vessel Code. Amer. Soc. Mech. Eng., New York.
73. Fisher, J.W., Frank, K.H., Hirt, M.A. and McNamee, B.M.: Effect of Weldments on the Fatigue Strength of Steel Beams. Nat. Coop. Highway Research Progr. Rep. 102, Washington 1970.
74. Fisher, J.W.: Bridge Fatigue Guide – Design and Details. Amer. Inst. of Steel Constr., New York, 1977.
75. Fisher, J.W.: Guide to 1974 AASHTO Fatigue Specifications, Amer. Inst. of Steel Constr., New York, 1974.
76. Fisher, J.W., Albrecht, P.A., Yen, B.T., Klingermann, D.J. and McNamee, B.M.: Fatigue Strength of Steel Beams with Welded Stiffeners and Attachments. Nat. Coop. Highway Research Program Rep. 147, Washington, 1974.
77. Hirt, M.A.: Ermüdungsfestigkeit von geschweißten Stahlbrücken – Zusammenstellung der Problemkreise. Interner Bericht ICOM – EPFL Lausanne, 1973.
78. Großteilversuche mit geschweißten Bauteilstoßen in Blechträgern von Eisenbahnbrücken. BAM Ber. 01207, Berlin, 1979.
79. Residual Stresses. The Welding Institute, Cambridge, 1981.
80. Peterson, R.E.: Stress concentration design factors. J. Wiley, New York, 1953.
81. Peterson, R.E.: Stress concentration factors. J. Wiley, New York, 1973.
82. Radaj, D.: Festigkeitsnachweise. Teil I: Grundverfahren, Teil II: Sonderverfahren. DVS, Fachbuchreihe Schweißtechnik 64, Düsseldorf, 1974.
83. Stier, W., Steinhardt, O., Valtinat, G. und Kosteas, D.: Residual Fatigue Life of Railway Bridges. Proceedings IVBH Colloquium-Fatigue, Lausanne, 1982.
84. Kosteas, D.: Evaluation of Bridges – A Comparative Study on the Basis of National Specifications. Proceedings Intern. Conf. on Short and Medium Span Bridges, Toronto, 1982.
85. Rolfe, S.T. and Barsom, J.M.: Fracture and Fatigue Control in Structures – Applications of Fracture Mechanics. Prentice-Hall, Englewood Cliffs, N.J., 1977.
86. Hahn, H.G.: Bruchmechanik – Einführung in die theoretischen Grundlagen. Teubner, Stuttgart, 1976.
87. Schwalbe, K.-H.: Bruchmechanik metallischer Werkstoffe. C. Hanser, München, 1980.
88. Hertzberg, R.W.: Deformation and Fracture Mechanics of Engineering Materials. J. Wiley, New York, 1976.
89. Tada, H., Paris, P.C. and Irwin, G.R.: The Stress Analysis of Cracks Handbook, 1973.
90. Sih, G.C.: Handbook of Stress-Intensity Factors. Inst. of Fracture and Solid Mechanics, Lehigh Univ., Bethlehem, 1973.
91. Rolfe, S.T.: Fracture and Fatigue Control in Steel Structures. AISC Eng. Journal, 1977.
92. ASTM 1980 Book of Standards. Part 10: Fracture Testing (insbes. E 399 – 78a Plane Strain Fracture Toughness, E 561 – 80 R-Curve, E 616 – 80 Fracture Testing). ASTM, Easton, 1980.
93. Fatigue and Microstructure. Papers at 1978 ASM Mat. Science Sem., St. Louis. Amer. Soc. for Metals, Metals Park, Ohio, 1978.
94. BS 5762: 1979. Methods for COD testing. BSI, 1979.
95. ASTM STP 605. Properties Related to Fracture Toughness 1976.
96. ASTM Veröffentlichungen: Fracture. STP 700 (1980) Fracture Mechanics, STP 677 (1979) Fracture Mechanics, STP 668 (1979) Elastic-Plastic Fracture, STP 591 (1976) Resistance to Plane-Stress Fracture (R-Curve Behavior) of A572 Structural Steel, STP 590 (1976) Mechanics of Crack Growth, STP 527 (1973) Fracture Toughness Evaluation by R-Curve Methods.
97. ASTM Veröffentlichungen: Fracture. STP 632 (1977) Developments in Fracture Mechanics Test Methods Standardization.
98. Fatigue Thresholds. Proceedings Symp. Stockholm 1981. Eng. Mat. Advis. Serv., Cradley Heath, Warley, U.K., 1981.
99. ASTM Veröffentlichungen: STP 645 (1978) Fractography in Failure Analysis. STP 600 (1976) Fractography – Microscopic Cracking Process, STP 415 (1967) Fatigue Crack Propagation.
100. Mazumdar, P.K. and Lawrence, Jr., F.V.: An Analytical Study of the Fatigue Notch Size Effect. FCP Rep. No. 38, Univ. of Illinois, Urbana, 1981.
101. Rie, K.-T. und Haibach, E. (Hrsg.): Vorträge des Intern. Symp. über Kurzzeit-Schwingfestigkeit und elastoplastisches Werkstoffverhalten. DVM, Stuttgart, 1979.
102. Mattos, R.J. and Lawrence, F.V.: Estimation of the Fatigue Crack Initiation Life in Welds Using Low Cycle Fatigue Concepts. Soc. Aut. Eng. SP-424, Warrendale, 1977.
103. Majumdar, S. and Morrow, J.: Correlation Between Fatigue Crack Propagation and Low Cycle Fatigue Properties. T. & A.M. Rep. No. 364, Univ. of Illionois, Urbana, 1973.
104. Majumdar, S.: Low Cycle Fatigue Behavior and Crack Propagation in Some Steels. T. & A.M. Rep. No. 387, Univ. of Illinois, Urbana, 1974.
105. Manson, S.S.: Fatigue: A Complex Subject-Some Simple Approximations. Exper. Mechanics. July 1965, 193/226.
106. ASTM Veröffentlichungen: STP 738 (1981) Fatigue Crack Growth Measurement and Data Analysis, STP 711 (1980) Crack Arrest Methodology and Applications, STP 631 (1977) Flaw Growth and Fracture, STP 601 (1976) Cracks and Fracture, STP 714 (1980), Effect of Load Spectrum Variables on Fatigue Crack Initiation and Propagation.
107. Kosteas, D.: Fatigue Behavior and Analysis of Welded AlZnMg Joints. Welding Journal, Dec. 1980.
108. Sanders, Jr., W.W. and Kosteas, D.: Design for Fatigue-Welded Aluminium Structures. Vortrag auf AWS 61. Jahrestagung, Los Angeles, 1980.
109. Kosteas, D.: Geschweißte Aluminiumkonstruktionen – Konzepte und Tendenzen bei der Entwicklung von Bemessungsvorschriften. Schweißtechnik, 35 (1981), 1 u. 2, 10/12 und 17/20.

110. Kosteas, D.: Basis for Aluminium Design in Fatigue. Proc. IVBH Kolloquium-Fatigue. Lausanne, 1982.
111. Kosteas, D. und Graf, U.: Ermüdungsverhalten von geschweißten Aluminiumträgern – ein Untersuchungsprogramm. Schweißen und Schneiden 34 (1982), 7, 331/5.
112. Trüb, W.: Aluminium – Anwendungen im Verkehr. 7. ILMT Leoben/Wien 1981, Vortragsband, S. 378/379.
113. Jaccard, R.: Gegenüberstellung von Bruchmechanik und Wöhler-Versuchen. 7. ILMT Leoben/Wien 1981, Vortragsband, S. 82/83.
114. Kosteas, D. und Graf, U.: Lebensdauervoraussage von Aluminiumkonstruktionen durch bruchmechanische Konzepte. 7. ILMT Leoben/Wien 1981, Vortragsband, S. 80/81.
115. DVS Merkblatt: Bruchmechanische Bewertung von Fehlern in Schweißverbindungen. 3. Entwurf vom 1. 5. 1980.
116. BS 6493: 1980. Guidance on some methods for the derivation of acceptance levels for defects in fusion welded joints. BSI, 1980.
117. Kosteas, D., Steidl, G. und Strippelmann, W.-D.: Geschweißte Aluminiumkonstruktionen. Vieweg, Braunschweig, 1978.
118. ECCS CT2-TG4: European Recommendations for Aluminium Alloy Structures in Fatigue. Entwurf März 1982.
119. Haibach, E. und Seeger, T.: Übersicht über die in Deutschland geltenden Bemessungsregeln für schwingbeanspruchte Schweißverbindungen. Ausarbeitung des Fraunhofer-Inst. für Betriebsfestigkeit und der Techn. Hoch. Darmstadt zum Vorhaben „Etude des Règles de Calcul en Fatigue", Convention CECA 7210 KD/305. Darmstadt, 1979.
120. Kirstein und Eckstein: Beispiele zum Betriebsfestigkeitsnachweis für stählerne Eisenbahnbrücken. Seminare für Brücken- und konstruktiven Ingenieurbau der Deutschen Bundesbahn, Bundesbahn-Zentralamt München, 1979.
121. Valtinat, G.: Restnutzungsdauer bestehender Brücken. Ber. der Versuchsanst. Stahl, Holz u. Steine der Univ. Karlsruhe, 4. Folge, Heft 3, Versuchsanstalt 60 Jahre – Gegenwärtige und zukünftige Aufgaben in Lehre – Forschung – Praxis, Karlsruhe, 1981.
122. Stier, W., Kosteas, D. und Graf, U.: Ermüdungsverhalten schweißeiserner Brücken. Erscheint in Der Stahlbau, vorauss. 1982.
123. IVBH Kolloquium „Ermüdungsverhalten von Stahl- und Betonbauten", Vortragsband, Lausanne, 1982.
124. Hück, M., Thrainer, L., Schütz, W.: Berechnung von Wöhlerlinien für Bauteile aus Stahl, Stahlguß und Grauguß – Synthetische Wöhlerlinien. Bericht der AG Betriebsfestigkeit Nr. ABF 11 im VDEh, 2. Fassung, Mai 1981.
123. IVBH Kolloquium „Ermüdungsverhalten von Stahl- und Betonbauten", Vortragsband, Lausanne, 1982.
124. Hück, M., Thrainer, L., Schütz, W.: Berechnung von Wöhlerlinien für Bauteile aus Stahl, Stahlguß und Grauguß – Synthetische Wöhlerlinien. Bericht der AG Betriebsfestigkeit Nr. ABF 11 im VDEh, 2. Fassung, Mai 1981.

10.9 Rippenlose Stahlkonstruktionen

G. Valtinat

10.9.1 Allgemeines

In diesem Abschnitt werden spezielle Konstruktionsdetails besprochen, bei welchen lokale Einzellasten in Walzträger mit I-Querschnitt eingeleitet werden, ohne daß Aussteifungsrippen vorhanden sind. Es werden die Berechnungsgrundlagen formuliert, Nebenbedingungen angegeben und die Grenzen abgesteckt [1 bis 5]. Die Formeln sind, wo nicht ausdrücklich vermerkt, im Traglastniveau geschrieben.
Einzellasten können sowohl an den Enden als auch in inneren Bereichen von Profilen eingeleitet werden (vgl. Bild 10.9–1). Im allgemeinen werden hierzu lastverteilende Platten o.ä. benutzt. Sind keine Aussteifungsrippen vorhanden, so ist eine über die Steghöhe verteilte Lasteinleitung nicht gegeben, es treten dagegen lokale Pressungen auf.
Man unterscheidet
1. Rippenlose Lasteinleitung in Biegeträger aus Profilen der IPE-, HEA- und HEB-Reihen und
2. Rippenlose Rahmenecken bei den gleichen Profilreihen.

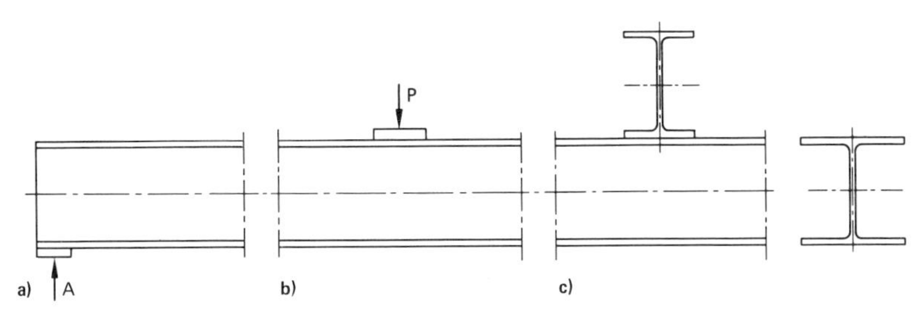

Bild 10.9–1 Einleitung von Einzellasten in Biegeträger
a) Auflager
b) Einzellast
c) Trägerkreuzung

10.9.2 Rippenlose Lasteinleitung in Biegeträger

10.9.2.1 Auflager

Die rippenlosen Lasteinleitungen bei Biegeträgern zergliedern sich in
- Auflagerkrafteinleitungen (vgl. Bild 10.9–2),
- Lasteinleitungen zwischen Trägerenden im inneren Bereich der Träger,
- Lasteinleitungen durch Trägerkreuzungen.

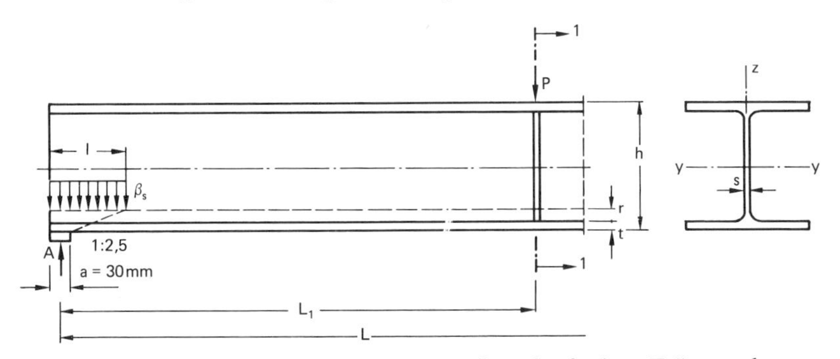

Bild 10.9–2 Rippenlose Einleitung der Auflagerkraft A am Trägerende

Zu den Auflagerkrafteinleitungen zeigt das Bild 10.9–2 die Grundlagen zu der heute üblichen Berechnungsweise. Hierbei wird angenommen, daß sich von der Lasteinleitplatte ausgehend die Kraft unter der Neigung von 1:2,5 über die Flanschdicke t sowie den Ausrundungsradius r ausbreitet und daß die Tragfähigkeit A_{Tr} erreicht ist, wenn in der Stegfaser im Abstand $t+r$ von der Auflagerfläche auf eine Länge l die Fließgrenze erreicht ist:

$$A_{Tr} = l \cdot s \cdot \beta_S = [a + 2{,}5\,(t + r)] \cdot s \cdot \beta_S. \tag{10.9–1}$$

Hierbei wird vorausgesetzt, daß das Maß a in einer vernünftigen Relation zur Flanschdicke t steht (ca. $t \leq a \leq 3\,t$) und daß ein lokales Beulen des Steges nicht auftritt, bevor A_{Tr} erreicht ist. Bei Walzträgern der IPE-, HEA- und HEB-Reihen ist die letztgenannte Voraussetzung wegen der niedrigen Stegschlankheiten h_{Steg}/s stets erfüllt.
Das Versatzmoment zwischen der Auflagerkraft A und der konzentriert gedachten Last in der Faser $t + r$ bei $0{,}5\,l$ wird als Sekundärmoment vernachlässigt, da es, wie sich in Versuchen gezeigt hat, von untergeordnetem Einfluß ist.
Bei dem Nachweis von I-Biegeträgern gegen seitliches Ausweichen des Druckflansches wird im allgemeinen angenommen, daß an den Auflagern eine Gabellagerung vorliegt. Stirnplatten an den Trägerenden bewirken i. a. eine Wölbbehinderung. Nach neueren Erkenntnissen ist diese aber z. B. bei einem IPE 400-Biegeträger und 10 mm dicken voll eingeschweißten Auflagerrippen so gering, daß ein Anstieg der kritischen Traglasten nur um ca. 1% erreicht werden kann. Zur Verminderung der Kippgefahr können Aussteifungsrippen am Auflager praktisch nicht nennenswert beitragen. Die Kippberechnung kann deshalb auch bei rippenlosen Auflagerkrafteinleitungen bei Walzträgern mit I-Querschnitt ohne besondere zusätzliche Nachweise durchgeführt werden.
Das Umkippen des Trägers als Ganzes = Drehen um die Flanschkante im Auflagerbereich (Starrkörperkippen) muß in jedem Fall verhindert werden, dies ist aber unabhängig vom Vorhandensein von Aussteifungsrippen, sofern die Querverbiegung den Flansch nicht überbeansprucht.
Die Tragfähigkeit von Walzträgern mit I-Querschnitt ohne Aussteifungsrippen am Auflager wird durch zwei Grenzen bestimmt:

1. durch das Tragmoment $M_{pl,Q}$ des Profils,
2. durch die Tragkraft A_{Tr} am rippenlosen Auflager.

Bei längeren Trägern wird eher M_{pl}, bei sehr kurzen Trägern dagegen eher A_{Tr} erreicht. Für den Balken unter einer in bzw. zwei symmetrisch zur Mitte angeordneten Einzellasten kann ein Grenzwert der Trägerschlankheit L_1/h (Abstand L_1 zwischen Auflagerkraft und erster Einzellast zur Trägerhöhe h, siehe Bild 10.9–2) ermittelt werden, bei welchem das Erreichen von $M_{pl,Q}$ und A_{Tr} gleichzeitig eintritt. Sie ergibt sich zu

$$\left(\frac{L_1}{h}\right)_{gr} = \frac{M_{pl,A_{Tr}}}{h \cdot A_{Tr}}$$

mit

$$M_{pl} \begin{cases} = M_{pl} & \text{wenn } A_{Tr} \leqq Q_{pl}/3 \\ = \left(1{,}1 - 0{,}3\,\dfrac{A_{Tr}}{Q_{pl}}\right) \cdot M_{pl} & \text{wenn } Q_{pl}/3 < A_{Tr} \leqq 0{,}9\,Q_{pl} \end{cases} \tag{10.9–3a, b}$$

und

$$Q_{pl} = s \cdot (h - t) \cdot \beta_s/\sqrt{3}. \tag{10.9–4}$$

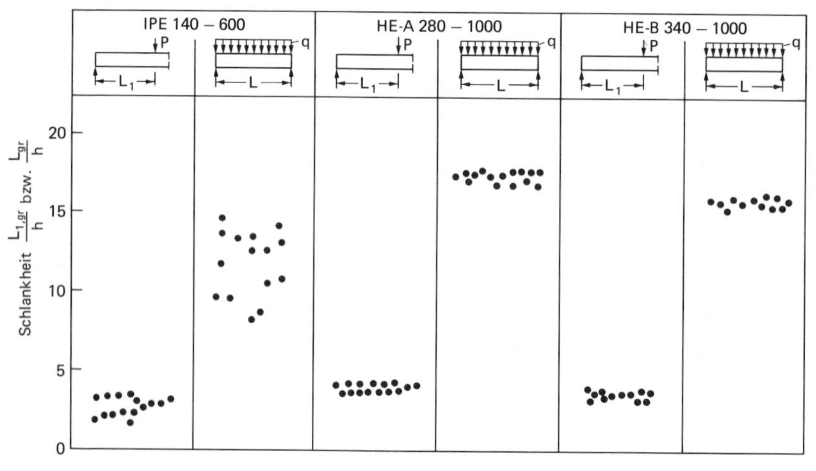

Bild 10.9–3 Grenzschlankheiten von Trägern $\left(\frac{L_1}{h}\right)_{gr}$ bzw. $\left(\frac{L}{h}\right)_{gr}$, oberhalb welcher ein Nachweis der rippenlosen Lasteinleitung am Auflager nicht erforderlich ist ($a = 30$ mm)

Die analoge Ableitung für den Balken auf zwei Stützen mit der Spannweite L und mit gleichmäßig verteilter Last ergibt den Grenzwert der Trägerschlankheit

$$\left(\frac{L}{h}\right)_{gr} = \frac{4\,M_{pl}}{h \cdot A_{Tr}}\,. \tag{10.9–5}$$

Die Grenzschlankheiten $\left(\frac{L_1}{h}\right)_{gr}$ und $\left(\frac{L}{h}\right)_{gr}$ sind für die Walzträger der IPE-, HEA- und HEB-Reihen und für Auflagerbreiten von $a = 30$ mm in Bild 10.9–3 durch Punkte dargestellt. Wie sich erkennen läßt, muß bei Abmessungsverhältnissen, die größere Schlankheiten besitzen, ein Nachweis der rippenlosen Auflagerkrafteinleitung nicht geführt werden.

10.9.2.2 Einzellasteinleitung

Zu den rippenlosen Lasteinleitungen in inneren Bereichen von Trägern zeigt das Bild 10.9–4 das Tragmodell. Hierbei wird angenommen, daß die Kraftausbreitung, ausgehend von den Enden der Lasteinleitungsplatte, mit der Länge a nach beiden Seiten mit der Neigung 1 : 2,5 über die Flanschdicke t und den Ausrundungsradius r in den Träger hinein erfolgt. Die Traglast ist erreicht, wenn in der von der Flanschkante um $t + r$ entfernten Faser Fließen zustande kommt:

$$P_{Tr} = l \cdot s \cdot \beta_S = [a + 5\,(t + r)]\, s\beta_S\,. \tag{10.9–6}$$

Hierbei wird vorausgesetzt, daß das Maß a in einer vernünftigen Relation zur Flanschdicke steht ($a \leq 8\,t$). – Lokales Beulen im Steg tritt bei den oben genannten Walzprofilreihen nachweislich erst auf, nachdem P_{Tr} erreicht ist.

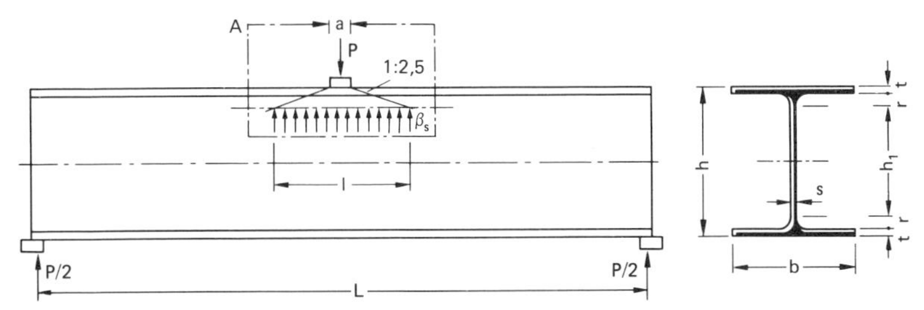

Bild 10.9–4 Rippenlose Einleitung einer Einzellast P

Nach [4] tritt nur bei gleichzeitiger hoher Ausnutzung des Profils unter dem Biegemoment und unter P eine Interaktion auf, die eine Abminderung der Traglast P_{Tr} in der Gleichung 10.9–6 fordert, und zwar auf

$$P_{Tr,\,\mathrm{red}} = P_{Tr} \cdot (1{,}25 - 0{,}5 \cdot \sigma/\beta_S)\,, \tag{10.9–7}$$

wenn

$$0{,}5\,\beta_S \leq \sigma = \frac{|N|}{A} + \frac{|M|}{J} \cdot z \leq \beta_S \tag{10.9–8}$$

mit N = Normalkraft, A = Querschnittsfläche, M = Biegemoment, J = Trägheitsmoment und z = Abstand der betrachteten Faser vom Schwerpunkt an der Stelle der Lasteinleitung.

10.9.2.3 Trägerkreuzung

Bei Kreuzungen von Walzträgern (vgl. Bild 10.9–5) ist die Berechnung für beide Träger mit den jeweils maßgebenden Werten von t und r durchzuführen. Die Bestimmung der Lasteinleitungsbreite a des lasteinleitenden Trägers ist komplizierter. Sie ergibt sich aus dem Modell des Bildes 10.9–5, indem von der Stegmittelachse unter der Neigung 1 : 2,5 zwei Tangenten an die Ausrundungsradien gelegt werden. Der Abstand der Schnittpunkte dieser Tangenten mit der Flanschaußenfläche ist gleich der Lasteinleitungsbreite a. Vereinfacht und auf der sicheren Seite kann in der Gleichung (10.9–6) auch für die o.g. Walzträger $a = 7 \cdot t$ angesetzt werden. Hierbei ist t einmal die Flanschdicke t_1 des oberen Trägers, wenn die lokale Lasteinleitung des unteren Trägers mit t_2, r_2 und s_2 nachgewiesen wird, und zum anderen die Flanschdicke t_2 des unteren Trägers, wenn diejenige des oberen Trägers mit t_1, r_1 und s_1 nachgewiesen wird.
In [5] sind die Tragfähigkeiten von Auflagerkraft- und Einzellasteinleitungen ohne Rippen bei IPE-, HEA- und HEB-Walzprofilen tabuliert.
Für die Berechnung von Lasteinleitungen ohne Rippen bei geschweißten Trägern sind in [4] Angaben enthalten.

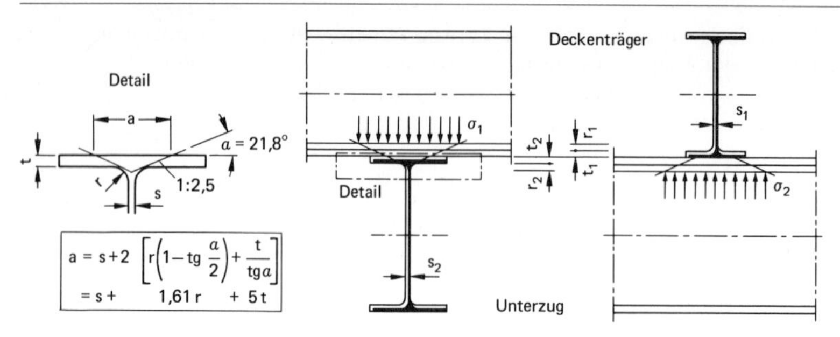

Bild 10.9–5 Rippenlose Einleitung einer Einzellast an einer Trägerkreuzung

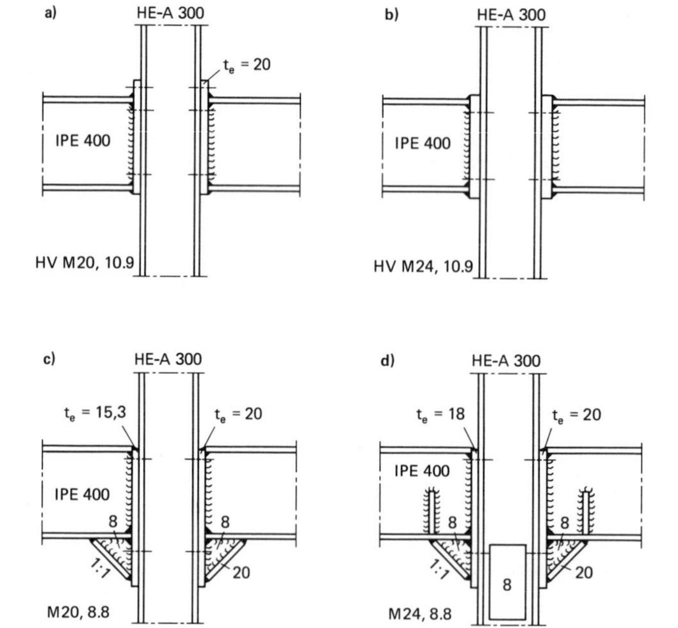

Bild 10.9–6
Rahmenecken ohne Rippen nach [6]
a, b) ohne Vouten
c, d) mit Vouten
d) mit Stegpflaster im Druckbereich

10.9.3 Rippenlose Rahmenecken mit Walzprofilen in nicht seitverschieblichen Rahmen

Beispiele rippenloser Rahmenecken mit geschraubten Anschlüssen zeigt das Bild 10.9–6. Im Bildteil *d* ist der Stützensteg im Druckbereich gegen Ausbeulen bzw. gegen frühzeitiges Fließen verstärkt. Ausbeulen kann bei Walzprofilen dann maßgebend werden, wenn gegenüberliegende Druckkräfte aus beidseitigen Riegeln eingeleitet werden.

Weitere Möglichkeiten, vollständig oder teilweise auf Aussteifungsrippen zu verzichten, aber dennoch Verstärkungen vorzusehen, sind in Bild 10.9–7 dargestellt. Durch derartige Maßnahmen, die natürlich alle aufwendig sind, kann man die Festigkeiten und die Verformungsfähigkeiten beeinflussen. Man muß kostenbezogen abwägen zwischen dem

- vollversteiften Knoten und dem Riegel mit dem geringsten Gewicht,
- dem rippenlosen Knoten und einem erhöhten Riegelgewicht und
- dem gelenkigen Anschluß mit dem größten Riegelgewicht.

Die Beispiele in den Bildern 10.9–6 und 10.9–7 (vgl. [6]) können auch ohne Stirnplatten als direkt geschweißte Anschlüsse ausgeführt sein.

Um die folgenden Möglichkeiten und Forderungen wie

1. die plastische Berechnung ist zugelassen,
2. eine Durchbiegungsbeschränkung für Biegeträger und Rahmenriegel unter Gebrauchslast von $l/250$ ist einzuhalten,
3. eine Durchbiegungsbeschränkung für Biegeträger und Rahmenriegel unter Bemessungslast (= mit dem Lastfaktor multiplizierte Gebrauchslast) von $l/50$ ist einzuhalten,

zu berücksichtigen, fordern holländische Forscher [7, 8, 9], daß der Anschluß

- entweder eine große Steifigkeit und demzufolge ein hohes Tragmoment besitzen muß
- oder weich sein kann und dann eine große Rotationskapazität aufweisen muß, wobei die Verformungssteifigkeit durch den Träger selbst zu liefern wäre.

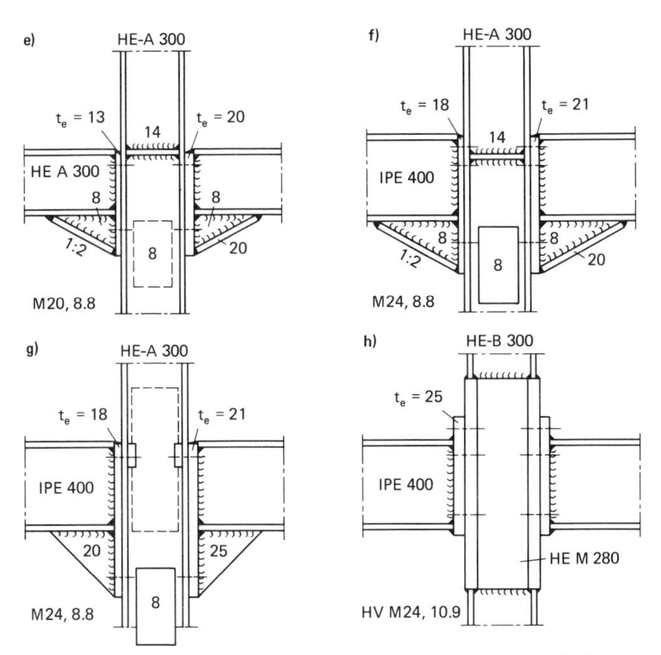

Bild 10.9–7 Rahmenecken mit Verstärkungen nach [6]
e, f) mit Rippen im Zugbereich und Stegpflastern im Druckbereich
g) mit Stegpflastern im Zug- und Druckbereich
h) mit verstärktem Stützenprofil der HEM-Reihe

Dies ist nur zu erfüllen, wenn rippenlose Anschlüsse sowohl eine Mindeststeifigkeit als auch eine Mindestrotationskapazität besitzen. Ihre Momenten-Verdrehungs-Verläufe müssen bekannt sein. Die holländischen Untersuchungen in [7 und 9] beschäftigen sich mit symmetrischen und unsymmetrischen Kreuz-Verbindungen, mit T-Verbindungen und mit Knie-Verbindungen aus der Familie der Rahmenecken.

Es muß davor gewarnt werden, ohne genauere Überlegungen die Berechnung eines Rahmentragwerks unter Zugrundelegung der Träger- und Stützen-Steifigkeiten (bzw. -Kapazitäten) ohne Beachtung der weicheren Anschlüsse durchzuführen und anschließend Riegel für Riegel für sich losgelöst vom Gesamttragwerk und mit Berücksichtigung des rippenlosen Anschlusses zu betrachten.

Bei der Berechnung der rippenlosen Rahmenecken selbst (vgl. Bild 10.9–8, [3]) sind mehrere Kriterien zu beachten

1. Zugbeanspruchung im Stützensteg aus dem Riegelendmoment

$$Z = [t_t + 5\,(t_s + r_s)] \cdot s_s \cdot \sigma_z, \qquad \sigma_z \leq \beta_s. \tag{10.9–9}$$

2. Druckbeanspruchung im Stützensteg aus dem Riegelendmoment

$$D = [t_t + 5\,(t_s + r_s)]\, s_s \cdot \sigma_D, \qquad \sigma_D \leq \beta_s. \tag{10.9–10}$$

3. Schub im Stützensteg aus dem Kräftepaar $Z = -D = M/(h_t - t_t)$

$$Z = -D = (h_s - t_s) \cdot s_s \cdot \tau, \qquad \tau \leq \beta_s/\sqrt{3}. \tag{10.9–11}$$

4. Normalspannung σ_s aus P_s und M_s sowie Schubspannung τ_s im Stützensteg aus Q_s.

5. Vergleichsspannung im Stützensteg aus

σ_z oder σ_D, τ, σ_s und τ_s.

6. Stabilität des Stützensteges gegen Ausbeulen und Krüppeln.

7. Anschluß des Zugflansches.

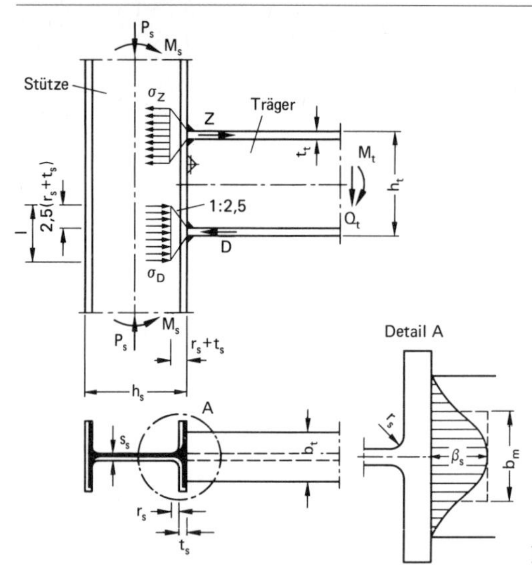

Bild 10.9–8 Rahmenecke ohne Rippen, Tragmodell

Zur Diskussion dieser Kriterien ist zunächst zu sagen, daß für die Aufnahme der Einzellasten Z und D aus den Riegelflanschen in den Stützen das gleiche Tragmodell zugrundegelegt wird wie im Bild 10.9–4 mit einer Ausbreitung der Last unter der Neigung 1 : 2,5 über die Flanschdicke t_s und den Ausrundungsradius r_s der Stütze. – Die Schubbeanspruchung resultiert aus dem Kräftepaar $Z = -D$. – Die Beanspruchungen der Stütze selbst können nicht generell außer acht gelassen werden. Wenn jedoch das Moment M_s und die Normalkraft P_s durch die Stützenflansche allein aufgenommen werden können und die Querkraft Q_s kleine Schubspannungen im Stützensteg erzeugt, dann ist eine Berücksichtigung dieser Größen beim Nachweis der lokalen Anstrengung nicht erforderlich. – Die Stabilität des Stützensteges gegen Ausbeulen kann nach [4 und 9] berechnet werden. – Bei einem geschweißten Anschluß des Riegels ist eine Verteilung der Anschlußspannungen im Zugflansch gemäß Bild 10.9–8 zu erwarten. Die äußeren Bereiche besitzen nur geringe Spannungen, da hier der unausgesteifte Stützenflansch nachgeben kann und sich der Kraftaufnahme entzieht. Holländische Forscher [7, 9] fordern, daß die beidseitig den Riegelflansch anschließenden Kehlnähte zusammen so dick wie der Riegelflansch selbst sein müssen; sie geben dann als mittragende Breite aufgrund experimenteller Untersuchungen

$$b_m = 2\,s_s + 7\,t_s \qquad (10.9\text{–}12)$$

an, jedoch nicht mehr als geometrisch zur Verfügung steht, hierbei sind s_s = Stegdicke und t_s = Flanschdicke des Stützenprofils. Dies gilt nur, wenn das Verhältnis

$$t \leqq 1{,}2\,t_s \qquad (10.9\text{–}13)$$

besteht, da sonst der Stützenflansch vor dem Fließen des Riegelzugflansches versagt; ist dies Verhältnis nicht erfüllt, so ist

$$b_m = s_s + 2\,r_s + 7\,t_s^2/t \qquad (10.9\text{–}14)$$

hierbei sind r_s der Ausrundungsradius beim Stützenprofil und t die Flanschdicke des Riegelprofils.
Die baustatische Berechnung eines Rahmenriegels mit rippenlosen Anschlüssen, also mit Federgelenken, kann mit dem System im Bild 10.9–9 und mit der Federcharakteristik bzw. der $M_v - \varphi$-Beziehung durchgeführt werden. Diese muß ein längeres Plateau haben, um ausreichende Rotationskapazitäten herzugeben. Die wirkliche Kurve wird für die Rechnung durch eine bilineare ersetzt, das Anschlußmoment darf $\widehat{M}_v$ und die Rotation φ_{grenz} nicht übersteigen. Das erforderliche große φ_{grenz} kann nur erreicht werden, wenn sowohl der Zugbereich als auch der Druckbereich sich verformen können und nicht etwa der Druckbereich ausbetoniert oder ähnlich ausgesteift ist, dieser gibt den Hauptanteil an der Rotationskapazität. Wirkliche bilineare $M_v - \varphi$-Beziehungen können z. B. aus Bild 10.9–10 oder auch aus den holländischen Arbeiten [9] abgeleitet werden.
Bei der Berechnung muß man unterscheiden, ob unter den gegebenen Lasten und konstruktiven Ausführungen das horizontale Plateau der $M_v - \varphi$-Beziehung erreicht wird oder nicht. Bild 10.9–11 gibt die daraus folgenden beiden Rechenwege an und auch die Bedingungen, die nach der Dimensionierung der Anschlüsse eingehalten sein müssen.

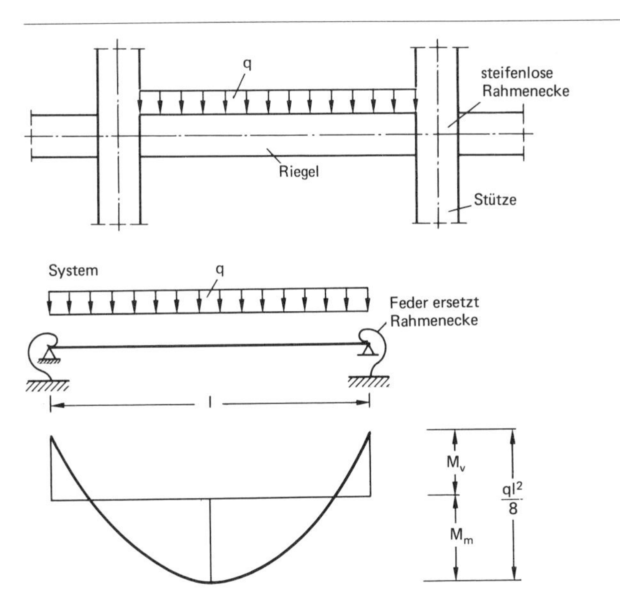

Federcharakteristik ($M_v - \varphi$ – Beziehung)

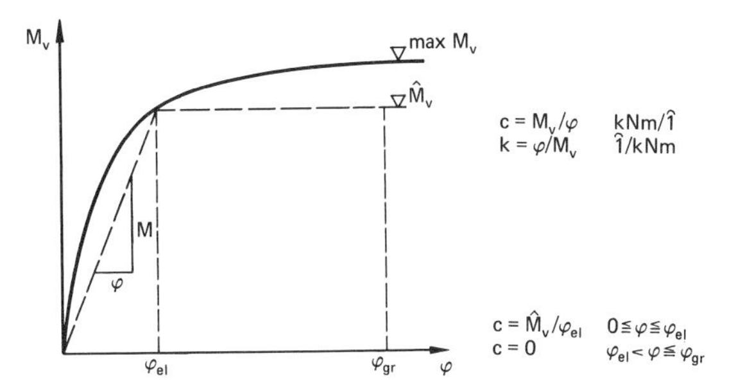

Bild 10.9–9
Rahmenriegel mit rippenlosem Anschluß, statisches Ersatzsystem und Federcharakteristik ($M_v - \varphi$-Beziehung) des Anschlusses

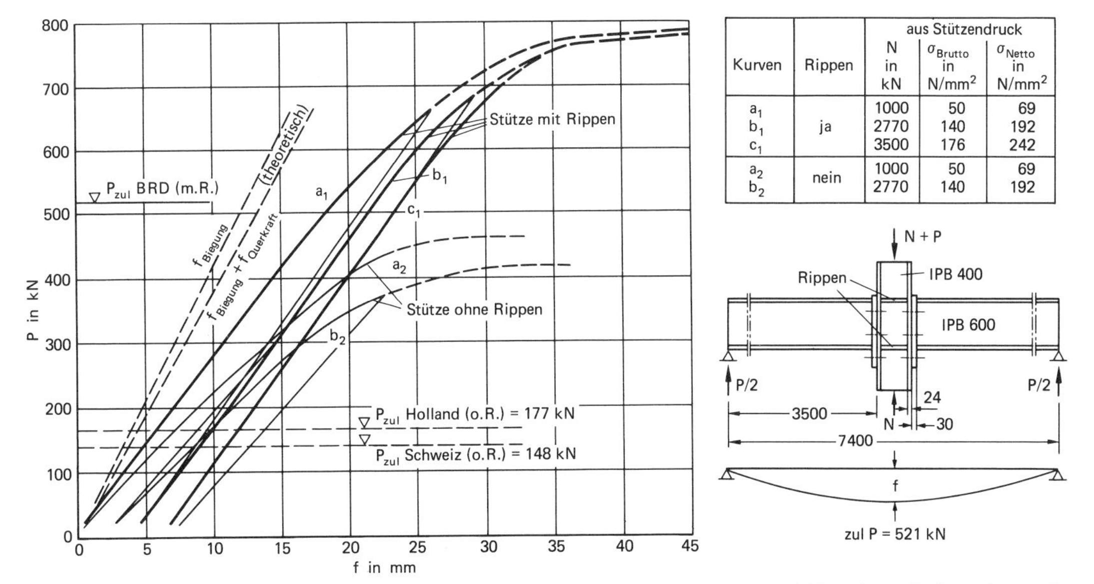

Kurven	Rippen	aus Stützendruck N in kN	σ_{Brutto} in N/mm²	σ_{Netto} in N/mm²
a_1	ja	1000	50	69
b_1		2770	140	192
c_1		3500	176	242
a_2	nein	1000	50	69
b_2		2770	140	192

Bild 10.9–10 Last-Durchbiegungs-Verlauf eines Riegel-Stiel-Riegel-Modells mit und ohne Aussteifungsrippen sowie mit Stützen-Druckkraft

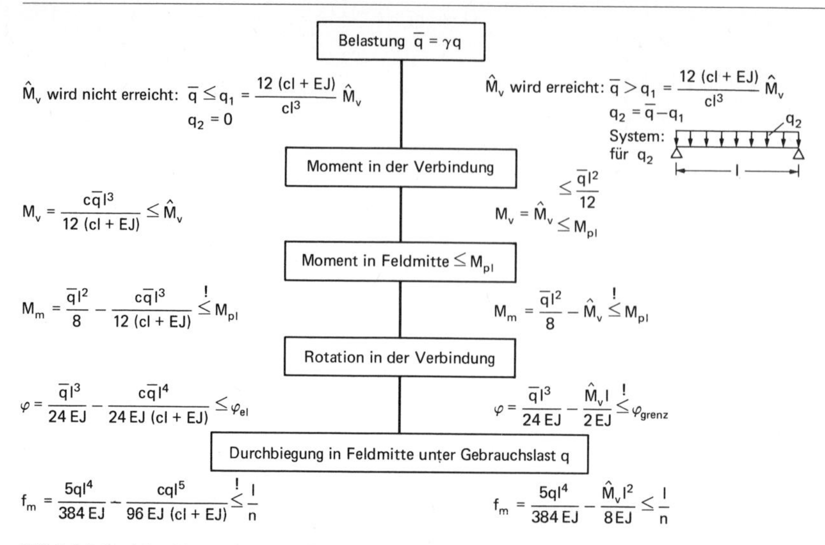

Bild 10.9–11 Berechnungsformeln und Grenzbedingungen für einen Rahmenriegel mit rippenlosem Anschluß nach Bild 10.9–9.

Die Bedingungen für M_v, M_m und φ gelten für den Traglastzustand, die Bedingung für f_m für den Gebrauchszustand.
Nach den holländischen experimentellen Untersuchungen haben sich für die so dimensionierten Rahmenriegel und Anschlüsse ausreichende Traglasten ergeben, wenn die Spannweiten bestimmte Vielfache der Profilhöhe (z.B. $20\,h$, $30\,h$, $40\,h$) nicht überschreiten [7]. Aufgrund dieser Untersuchungen sind fertige Tabellen von Riegel-Stütze-Verbindungen entstanden, die in den Europäischen Empfehlungen [9] veröffentlicht sind.

Literatur

1. Rippenlose Verbindungen im Stahlhochbau. Schweizerische Zentralstelle für Stahlbau, Zürich 1973.
2. Tschemmernegg, F.: Steifenlose Konstruktionen im Stahlhochbau. Das moderne Stahlbauunternehmen. Vorträge aus der Fachsitzung II des Deutschen Stahlbautages Stuttgart 1976, Köln 1977, S. 13–17.
3. Valtinat, G.: Steifenlose Konstruktionen im Stahlhochbau. Das moderne Stahlbauunternehmen. Vorträge aus der Fachsitzung II des Deutschen Stahlbautages Stuttgart 1976, Köln 1977, S. 18–29.
4. Huber, K.M.: Einleitung von Einzelkräften in I-Träger ohne Aussteifungen. Steifenlose Stahlskeletttragwerke und dünnwandige Vollwandträger, Berechnung und Konstruktion. Europäische Empfehlungen der Europäischen Konvention für Stahlbau (EKS). Berlin 1977, S. 3–10.
5. Typisierte Verbindungen im Stahlhochbau. DStV/DASt-Ringbuch, 2. Auflage. Abschnitt: Rippenlose Träger-Verbindungen. Köln 1978.
6. ECCS – Com X, Doc X – 81 – 19.
7. Zoetemeyer, P.: A Design Method for the Tension Side of a Statically Loaded, Bolted Beam-to-Column Connection. Heron volume 20, Delft 1974, Nr. 20.
8. Zoetemeyer, P.: Tables with Ultimate Forces of Hot Rolled Sections, without Stiffeners. Sterin-Laboratory-Report Nr. 6-75-5. Delft 1975.
9. Stark, J.W.B. und Th. v. Bercum: Stützen-Riegel-Verbindungen ohne Aussteifungen. Steifenlose Stahlskeletttragwerke und dünnwandige Vollwandträger, Berechnung und Konstruktion. Europäische Empfehlungen der Europäischen Konvention für Stahlbau (EKS), Berlin 1977, S. 11–83.

11 Verbundkonstruktionen

K. Roik

Als „Verbundkonstruktionen“ werden, wenn keine weiteren Zusatzbezeichnungen verwendet werden, Konstruktionen bezeichnet, die aus folgenden schubfest miteinander verbundenen Komponenten bestehen:

- Stahlkonstruktion (Walzprofile, geschweißte Profile, Fachwerke, Rohre usw.) und
- Stahlbeton oder Spannbeton (wenn zusätzlich Spannglieder im Beton liegen).

Die schubfeste Verbindung wird durch Verbundmittel gewährleistet:

- Dübel (Kopfbolzen, angeschweißte Blockdübel, Ankerschlaufen usw.),
- Reibung (Anpressen des Betonteiles, z. B. mit hochfesten, vorgespannten Schrauben).

In diesem Kapitel 11 werden nur die Probleme behandelt, die mit der Bemessung und Berechnung zusammenhängen. Die Fragen, die mit der konstruktiven Gestaltung und ausgeführten Bauwerken zusammenhängen, werden in Band 2 behandelt.

11.1 Grundlagen

11.1.1 Allgemeines

Die Grundlage der Bemessung bildet das Sicherheitskonzept. Z. Zt. werden in Deutschland noch globale Sicherheitsfaktoren γ verwendet. Eine Änderung dieses Konzeptes zeichnet sich jedoch bereits ab. In naher Zukunft werden als Teilsicherheitsfaktoren verwendet werden:

- Erhöhungsfaktoren γ_f der Lasten (unabhängig vom Baustoff),
- Abminderungsfaktoren γ_m der Materialeigenschaften (unabhängig von den Lasten),
- Systemfaktoren γ_{sys}, die spezielle Eigenschaften, z. B. des statischen Systems berücksichtigen.

Bei entsprechender Festlegung dieser Faktoren werden i. a. zwei Nachweise geführt:

- Nachweis der Tragfähigkeit, und
- Nachweis der Gebrauchsfähigkeit.

Besteht ein linearer Zusammenhang zwischen den Lasten, der Beanspruchung und der Tragfähigkeit, so ist es gleichgültig, ob die „Sicherheits“-Faktoren auf der Lastseite oder der Materialseite in Ansatz gebracht werden. Bisher erfolgte dies i. a. bei der σ_{zul}-Bemessung unter Gebrauchslasten auf der Materialseite.

Bei Verbundkonstruktionen bestehen jedoch fast ausnahmslos nichtlineare Gesamtzusammenhänge u. a. durch folgende Umstände:

- nichtlineares Werkstoffverhalten des Beton und des Stahles,
- Umlagerung der Spannungen und ggf. der Schnittgrößen durch Plastizieren (Fließgelenke),
- Systeme mit veränderlichen Eigenschaften (Einfluß der Belastungsgeschichte, z. B. wirkt ein Teil der Lasten auf den Stahlträger, der Rest auf den Verbundträger),
- Vorspannung (dieser Anteil ist unabhängig von den „Lasten“),
- zeitabhängiges Verhalten des Betons (Kriechen und Schwinden).

Da die für alle Bauweisen angestrebte Vereinheitlichung der Lastfaktoren noch nicht abgeschlossen ist, wird z. Zt. mit globalen γ-Faktoren gearbeitet und die Nachweise unter „Gebrauchslast“ und unter „γ-fachen Lasten“ geführt.

11.1.2 Grenzzustand der Tragfähigkeit

Dieser Grenzzustand unter γ-fachen Lasten ist durch das „Versagen“ der Konstruktion gegenüber weiterer Laststeigerung gekennzeichnet. Die typischen Probleme des Verhaltens von Verbundträgern sollen an einem einfachen Beispiel erläutert werden:

Ein Einfeldträger mit oben liegender Betonplatte wird nach drei unterschiedlichen Bauabläufen (Bild 11.1–1) hergestellt, wobei in allen 3 Fällen die Dimensionierung und Belastung des Trägers gleich sein sollen:

Träger a: Keine Unterstützung des Stahlträgers während des Betonierens (das gesamte Eigengewicht g wird vom Stahlträger aufgenommen).

Träger b: Unterstützung des Stahlträgers in der Weise, daß das gesamte Eigengewicht vom Verbundträger aufgenommen wird (Eigengewichtsverbund);

Träger c: „Vorbelastung“ des Stahlträgers in der Weise, daß „mehr als das Eigengewicht“ vom Verbundträger aufgenommen wird.

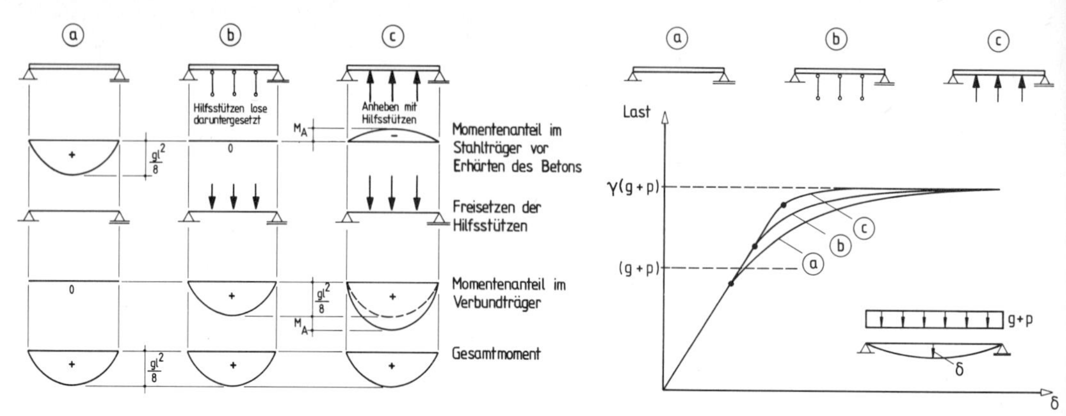

Bild 11.1–1 Unterschiedliche Herstellungsverfahren

Bild 11.1–2 Einfluß des Herstellungsverfahrens bei Belastungssteigerung

In allen drei Fällen stellen sich unter Gebrauchslasten g + p völlig unterschiedliche Spannungszustände ein, die sich durch Kriechen und Schwinden des Betons im Laufe der Zeit noch ändern.
Wie man durch Versuch, Rechnung und „scharfes Nachdenken“ jedoch leicht feststellen kann, besitzen die drei Träger (wenn örtliche Instabilitätserscheinungen ausgeschlossen werden) die gleiche Grenztragfähigkeit, die durch das vollplastische Moment M_{pl} (Fließgelenk) charakterisiert ist. Das Last-Verformungsverhalten der Träger ist in Bild 11.1–2 dargestellt, wobei die unterschiedlichen Durchbiegungen bei der Herstellung weggelassen wurden, da sie durch entsprechende Überhöhungsmaße ausgeglichen werden können.
Für die Berechnung der Querschnittstragfähigkeit ist die Berücksichtigung der Plastizierung des Stahlträgers von entscheidender Bedeutung. Durch Vergleichsrechnungen wurde festgestellt, daß i.a. anstelle der „exakten“ (elastisch-plastischen) Spannungsverteilung nach Bild 11.1–3a mit der vollplastischen Spannungsverteilung (stress-block-Diagramm) nach Bild 11.1–3b gerechnet werden darf.

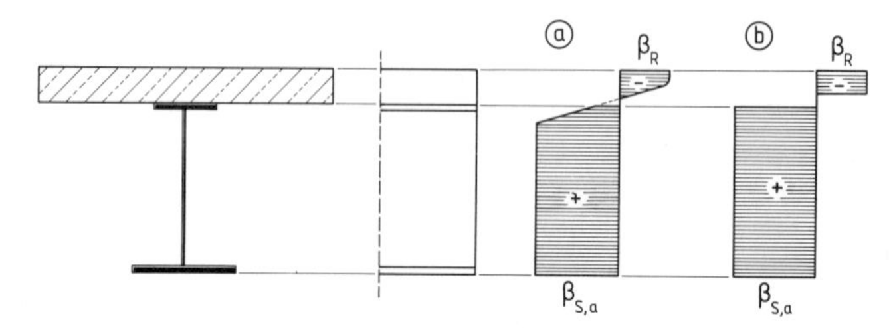

Bild 11.1–3 Spannungsverteilung im Grenzzustand
a) elastisch-plastisch b) vollplastisch

Bei statisch unbestimmten Konstruktionen kann außer den Spannungsumlagerungen im Querschnitt (plastische Querschnittstragfähigkeit M_{pl}, Q_{pl}, N_{pl}) ggf. die Momentenumlagerung im System berücksichtigt werden (Fließgelenkkette, Traglastverfahren).

11.1.3 Grenzzustand der Gebrauchsfähigkeit

Während der Nachweis unter γ-facher Belastung im wesentlichen die Bemessung des Trägers beeinflußt, dient der Nachweis unter Gebrauchslasten nur dazu, die geforderten Eigenschaften des Tragwerkes zu gewährleisten in bezug auf

- Verformungen (Schäden oder Gebrauchseinschränkungen durch zu große Durchbiegungen und Schwingungen),
- Risse im Betonteil (Korrosion),
- Betriebsfestigkeit (Dauerhaftigkeit).

Der neue Nachweis „unter Gebrauchslasten" hat daher nichts zu tun mit dem alten σ_{zul}-Nachweis unter Gebrauchslasten.
Zur Verbesserung der Gebrauchsfähigkeit (Risse im Beton) kann es vorteilhaft sein, den Verbundträger so vorzuspannen, daß in den Betonteil Druckkräfte eingeleitet werden, die die auftretenden Zugspannungen bzw. Rißweiten vermindern. Die Vorspannung dient zwar zur Verbesserung des Gebrauchszustandes, kann aber auch von Einfluß auf den Grenzzustand der Tragfähigkeit sein. Hierauf wird im Abschnitt 11.4.6.3 eingegangen.

11.1.4 Geltende Normen und ihr Einfluß auf den Entwurf

Die wesentlichen Elemente der Verbundkonstruktionen (Stahlbauteile und bewehrter Betonteil) sind in den entsprechenden Normen des Stahlbaues und des „Massivbaues" geregelt. Die Verbundbauweise besitzt jedoch einige charakteristische Merkmale, die es erforderlich machen, z.T. eigene Konstruktions- und Bemessungsregeln zu entwickeln, die sich an die genannten Normen anlehnen. Die wichtigsten Regelwerke für Verbundkonstruktionen sind:

- Richtlinien für die Bemessung und Ausführung von Stahlverbundträgern [1],
- DIN 18806, Teil 1, Tragfähigkeit von Verbundstützen – Berechnung und Bemessung [2],
- DIN 18806, Teil 2, Verbundträger mit unterbrochener Verbundfuge (Trapezprofilkonstruktionen) [3].

Hinzu treten die mitgeltenden Normen, Vorschriften und Richtlinien, die hier nicht im einzelnen aufgeführt sind. Außerdem sind die entsprechenden Einführungserlasse zu beachten.
Es liegt in der Natur der Sache, daß Änderungen in den wichtigsten Normen des Betonbaues (z.B. DIN 4227, Teil 1, Ausgabe Dezember 1979) eine Überarbeitung der Verbundträger-Richtlinie zur Folge haben [1]. Ähnliches gilt, wenn die neuen Stabilitätsnormen für den Stahlbau (DIN 18800) in Kraft treten und wenn die neuen Regelungen über die Teilvorspannung (DIN 4227, Teil 2) erscheinen. Aus diesen Gründen werden nur die wichtigsten Angaben erwähnt, die sich auf die Normen beziehen. Alle detaillierten Festlegungen sind den jeweils gültigen Normen zu entnehmen.

11.1.5 Baustoffe

Die verwendeten Baustoffe und ihre Eigenschaften sind in den einschlägigen Regelwerken festgelegt.
Für den Stahl wird das „elastisch-plastische" Spannungs-Dehnungs-Gesetz nach Bild 11.1–4 zugrundegelegt. Der Verfestigungsbereich wird hierbei i.a. vernachlässigt und als zusätzliche Sicherheit betrachtet. Vergleichsrechnungen mit Versuchen haben jedoch gezeigt, daß das „wirkliche" Verhalten von Verbundkonstruktionen häufig erst durch die Berücksichtigung des Verfestigungsbereiches erklärt wird.

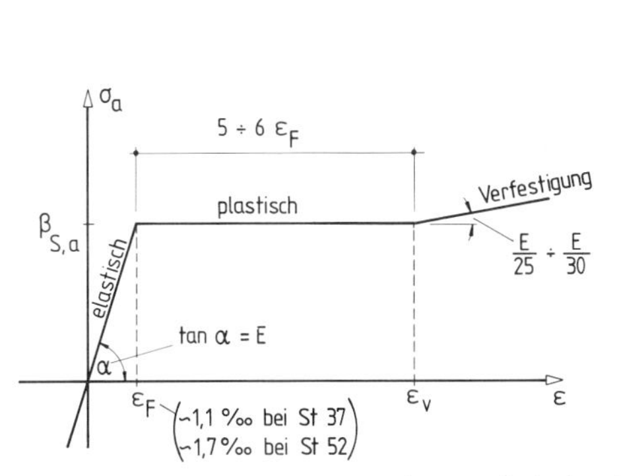

Bild 11.1–4 Spannungs-Dehnungslinie für Stahl

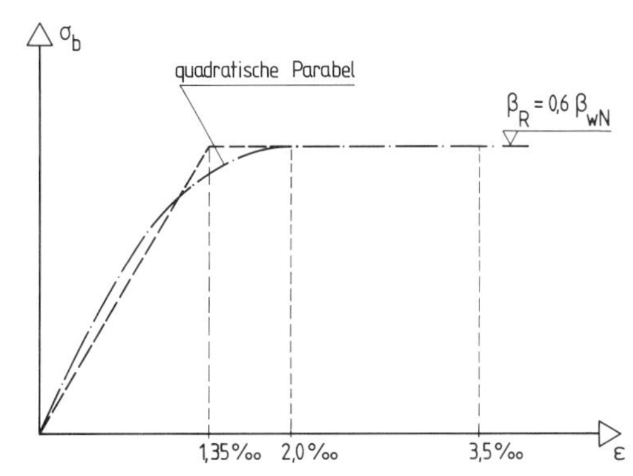

Bild 11.1–5 Spannungs-Dehnungslinie für Beton

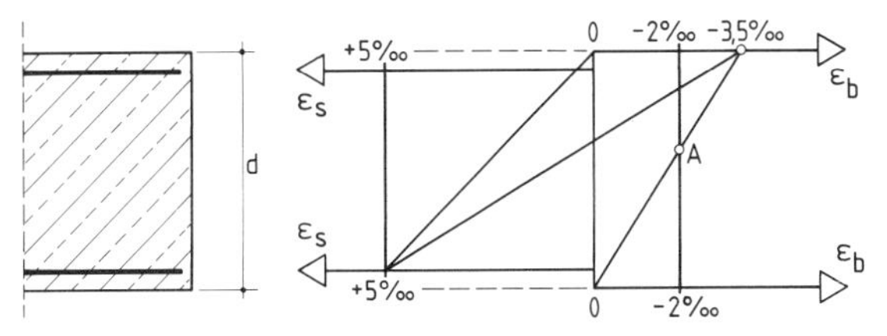

Bild 11.1–6 Dehnungsdiagramme für Betonteil und Bewehrung

Für den Beton unter kurzzeitiger Druckbelastung wird das Verformungs- und Bruchverhalten i. a. durch die Spannungs-Dehnungs-Linie nach Bild 11.1–5 und die Dehnungsdiagramme nach Bild 11.1–6 (vgl. DIN 4227, Teil 1) festgelegt.
Für Vergleichsrechnungen bei Kurzzeitversuchen ist der Rechenwert $\beta_R = 0{,}6 \cdot \beta_{wN}$ durch $\beta_R = 0{,}85\,\beta_{wN}$ zu ersetzen, da sich der Zahlenfaktor 0,6 aus folgenden Anteilen zusammensetzt:

- Reduktionsfaktor Würfelfestigkeit-Bauteil (Prismenfestigkeit)

$$\beta_R \approx 0{,}85\,\beta_{wN} \quad (11.1\text{–}1)$$

- Einfluß der Belastungsdauer auf die Betonfestigkeit (Reduktionsfaktor 0,80) tritt bei Versuchen nicht auf

$$\beta_R \approx 0{,}80 \cdot 0{,}85 \approx 0{,}7\,\beta_{wN} \quad (11.1\text{–}2)$$

- Erhöhtes Sicherheitsbedürfnis gegen unangekündigten Bruch (tritt bei Auswertung von Versuchsergebnissen nicht auf)

$$\beta_R = \frac{1{,}75}{2{,}1} \cdot 0{,}7\,\beta_{wN} \approx 0{,}6\,\beta_{wN} \quad (11.1\text{–}3)$$

Für alle Nachweise im Gebrauchszustand und für die Berechnung der Schnittgrößen oberhalb des Gebrauchszustandes darf für Verbundträger i. a. mit folgendem Elastizitätsmodul E_b gerechnet werden (s. Tab. 11.1–1). Für Verbundstützen gelten bei Anwendung von Näherungsverfahren andere Festlegungen (s. Abschn. 11.6.3.2).

Tab. 11.1–1 Elastizitätsmoduln für Beton nach DIN 1045

Beton	B 15	B 25	B 35	B 45	B 55
Elastizitätsmodul (N/mm²)	26000	30000	34000	37000	39000
$n = E_a/E_b$	8,08	7,00	6,18	5,68	5,38

Für das zeitabhängige Verformungsverhalten des Betons sind die Festlegungen in DIN 4227 zugrundezulegen. Sie gelten für „unbehindertes“ Kriechen und Schwinden. Die Einflüsse, die infolge der Behinderung dieser Verformungen durch die Stahlkonstruktion entstehen, werden bei Verbundkonstruktionen i. a. genauer berücksichtigt als bei Spannbetonkonstruktionen (vgl. Abschn. 11.4.5.3).

11.2 Bezeichnungen

11.2.1 Allgemeines

Außer den Bezeichnungen, die keiner Erläuterung bedürfen, werden bei Verbundkonstruktionen spezielle Ausdrücke gebraucht, die im folgenden kurz behandelt werden.
Die verwendeten Indizes bedeuten:
a für die Stahlkonstruktion
b für den Beton
s für die Bewehrungsstähle (einschl. Spannstähle)
B für die Kopfbolzendübel

11.2.2 Elastische und plastische Ermittlung der Schnittgrößen

Die Ermittlung der Schnittgrößen wird i. a. nach den Regeln der Elastizitätstheorie durchgeführt, da hierfür viele in der Praxis geläufige Berechnungsverfahren entwickelt wurden. Man spricht dann von einer elastischen Ermittlung der Schnittgrößen oder kurz von „elastischen“ Schnittgrößen. Den „elastischen“ Schnittgrößen kann allgemein der „elastische“ oder unter bestimmten Voraussetzungen der „plastische“ Widerstand des Querschnittes gegenübergestellt werden. Hierbei wird nicht die „Umlagerung der Momente“ im System berücksichtigt, es treten also keine „aktiven“ Fließgelenke auf, die eine entsprechende Rotationskapazität aufweisen müssen. Erst wenn durch fortschreitende Fließgelenkbildung (wobei an den ersten Fließgelenken plastische Drehwinkel auftreten) die Umlagerung der Momente berücksichtigt wird, spricht man von einer „plastischen“ Ermittlung der Schnittgrößen. Wird dagegen „exakt“ unter Berücksichtigung von Teilplastizierungszonen und der Belastungsgeschichte gerechnet, so wird dies als „elastisch-plastische“ Berechnung bezeichnet.

11.2.3 Gesamtschnittgrößen – Teilschnittgrößen

Gesamtschnittgrößen wirken auf den Verbundquerschnitt (Gesamtquerschnitt). Als Teilschnittgrößen werden die auf den jeweiligen Partner des Verbundquerschnittes (Stahlprofil, Betonteil) einwirkenden Anteile der Gesamtschnittgrößen bezeichnet. Es gibt Beanspruchungen, bei denen Teilschnittgrößen auftreten, die die resultierende Gesamtschnittgröße „Null“ ergeben, z.B. Schwinden, Kriechen an statisch bestimmten Tragsystemen bzw. der „statisch bestimmte Anteil“ von Kriech- und Schwindumlagerungen. Sie sind daher in ihrer Wirkung mit Eigenspannungszuständen vergleichbar, die keine resultierende (Gesamt)-Schnittgröße ergeben. In Bild 11.2–1 ist als Beispiel dieser Spannungszustand dargestellt.

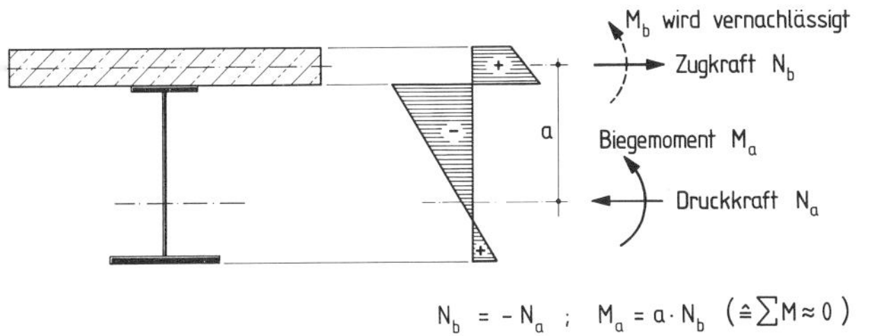

$N_b = -N_a \;;\; M_a = a \cdot N_b \quad (\hat{=} \sum M \approx 0)$

Bild 11.2–1 Eigenspannungszustand; keine resultierende Gesamtschnittgröße

Bei der Beanspruchung infolge Schwinden und Kriechen treten Gesamtschnittgrößen nur durch die „Zwängungen“ bei statisch unbestimmten Systemen auf (Zwangsschnittgrößen), oder ggf. durch entstehende Verformungen bei Einwirkung von Normalkräften (Theorie 2. Ordnung).

11.2.4 Starrer und nachgiebiger Verbund

Bei starrem Verbund wird unterstellt, daß keine Verschiebung (Schlupf) in der Verbundfuge auftritt. In Wirklichkeit tritt stets ein geringer Schlupf ein. Die Bezeichnung „starr“ wird daher so verstanden, daß das Maß der Verschiebung so gering ist, daß seine Auswirkungen vernachlässigt werden können.
Bei nachgiebigem Verbund werden die Verschiebungen in der Verbundfuge berücksichtigt, d.h. es entsteht ein Sprung in der Dehnungsverteilung des Gesamtquerschnittes. Für die Teilschnittgrößen gilt nach wie vor die „Annahme vom Ebenbleiben des Querschnittes“. Die frühere, bisweilen verwendete Bezeichnung „elastischer“ Verbund wird durch die (allgemeinere) Bezeichnung „nachgiebiger“ Verbund ersetzt, um Verwechslungen mit „flexiblen Dübeln“ zu vermeiden.

11.2.5 Vollständige und teilweise Verdübelung

Bei vollständiger Verdübelung bewirkt ein weiteres Hinzufügen von Dübeln keine Erhöhung der (Biege-)Tragfähigkeit eines Verbundträgers.
Teilweise Verdübelung liegt vor, wenn weniger Dübel angeordnet werden, als zur Erzielung der vollständigen Verdübelung notwendig wären.

11.2.6 Steife und flexible Dübel

Zwei wichtige Eigenschaften charakterisieren die Verdübelungskonstruktionen (s. Bild 11.3–3):
- die maximale Tragfähigkeit
- das Verformungsvermögen

Dübel mit geringer Verformbarkeit (bis zum Bruch) werden als steif, solche mit großer Verformbarkeit in den höheren Laststufen als flexibel bezeichnet. Sie sind in der Lage, ohne Einbuße der Tragfähigkeit durch plastische Verformungen die Schubkräfte im traglastnahen Bereich „umzulagern“.
Der Ausdruck „flexibel“ wurde gewählt,
- um Verwechslungen mit „nachgiebigem“ Verbund zu vermeiden, der auch durch konstruktive Maßnahmen mit steifen Dübeln zu erzielen ist (z.B. Einschalten eines schubweichen Verbandes oder bei Trapezprofil-Decken),
- um Übereinstimmung mit den entsprechenden englischen Bezeichnungen zu erhalten.

Als flexibel können Kopfbolzendübel und Reibungsverbund angesehen werden. Alle anderen Dübelarten sind so lange als steif zu betrachten, wie nicht durch Versuche oder Rechnung nachgewiesen wird, daß sie die entsprechenden Bedingungen erfüllen.

11.3 Verbundmittel, Dübel

11.3.1 Allgemeines

Für die Bemessung von Verbundkonstruktionen ist die Ausbildung der Verdübelung von entscheidender Bedeutung. Insbesondere das Verformungsverhalten in der Dübelfuge in Abhängigkeit von den zu übertragenden Schubkräften beeinflußt die Berechnungsmethode des Tragwerkes und dessen Bemessung nachhaltig. Hierbei ist zu unterscheiden:

- ob Verformungen in der Dübelfuge (bereits in niedrigen Laststufen) auftreten, die vor allem durch die konstruktive Ausbildung des Verbundträgers bedingt sind. Man unterscheidet in diesem Sinne Konstruktionen mit „starrem" und „nachgiebigem" Verbund,
- ob Verformungen (im traglastnahen Bereich) auftreten, die durch die Dübel selbst hervorgerufen werden. Man spricht hierbei von „steifen" und „flexiblen" Dübeln.

Zur Erläuterung dieser Zusammenhänge dient Bild 11.3–1.

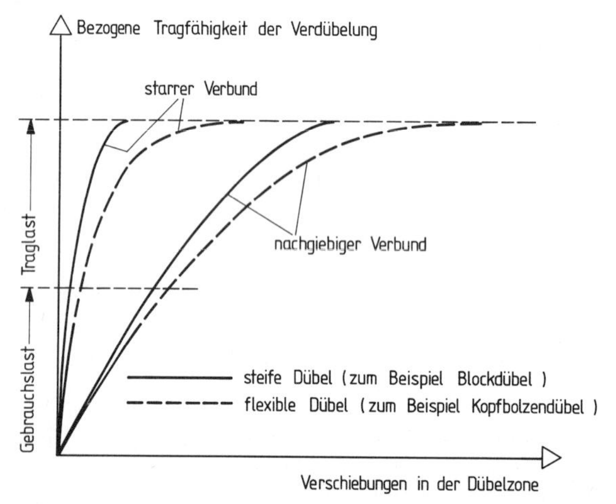

Bild 11.3–1 Kraft-Verformungsdiagramm für unterschiedliche Verdübelungen

Bei „starrem" Verbund treten – gleichgültig ob es sich um steife oder flexible Dübel handelt – derart geringe Verformungen in der Dübelfuge auf, daß sie in der Berechnung vernachlässigt werden können. Bei „nachgiebigem" Verbund müssen sie berücksichtigt werden.

11.3.2 Verdübelungsarten und ihre Eigenschaften

In Bild 11.3–2 sind einige der gebräuchlichen Dübel dargestellt.

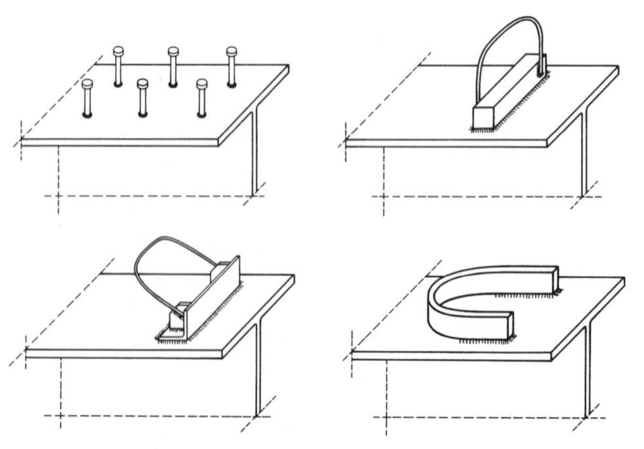

Bild 11.3–2 Dübelformen für starren Verbund

Alle hier dargestellten Dübelformen weisen in Verbindung mit unmittelbar aufliegenden massiven Betonteilen so geringe Verformungen auf, daß die Konstruktion als „starrer" Verbund berechnet werden darf.
Je nach dem Kraft-Verformungsverhalten der Dübel unterscheidet man (s. Bild 11.3–3):

- steife Verdübelung (ohne „Plastizieren" in den hohen Laststufen, z. B. Blockdübel),
- flexible Verdübelung (mit „Plastizieren" im traglastnahen Bereich, z. B. Reibungsverbund und Kopfbolzendübel).

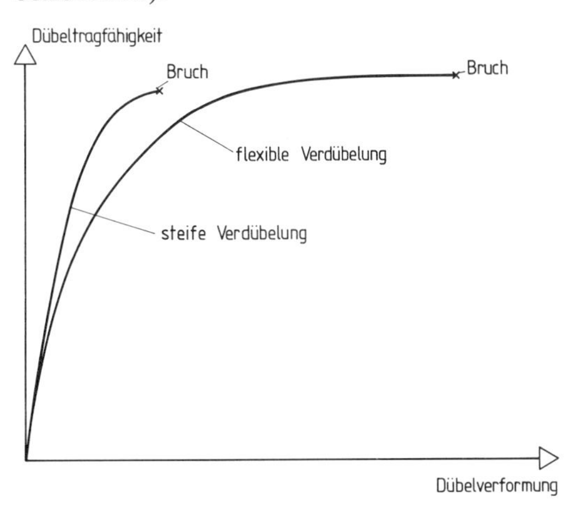

Bild 11.3–3 Verformungsverhalten von Dübeln

Wie in allen Stahlkonstruktionen ist die Fähigkeit, durch „Plastizieren" einen Ausgleich der Beanspruchungsspitzen zu erreichen (Schlauheit des Materials), auch bei den Dübeln von entscheidender Bedeutung für das gesamte Tragverhalten der Konstruktion. Auf diese Zusammenhänge wird im Abschn. 11.4.7 näher eingegangen.
Die Tragfähigkeit von einbetonierten Dübeln ist durch eine Kombination aus Beanspruchungen infolge Schub, Biegung und Zug gekennzeichnet, die sich bisher einer „exakten" Berechnung weitestgehend entzieht. Die Höhe der Beanspruchbarkeit ist vor allem durch das Verhalten des Beton beeinflußt, der in unmittelbarer Umgebung des Dübels mehrachsig beansprucht wird. Daher wurden „einfache" Ingenieurmodelle und Bemessungsformeln entwickelt, die von ähnlichen Tragwirkungen bekannt sind (z. B. Abscheren, Lochleibung, örtliche Flächenpressung, Reibungskoeffizient, Fachwerkmodell usw.). Stets werden die Rechenwerte für die Tragfähigkeit aus Versuchen ermittelt.

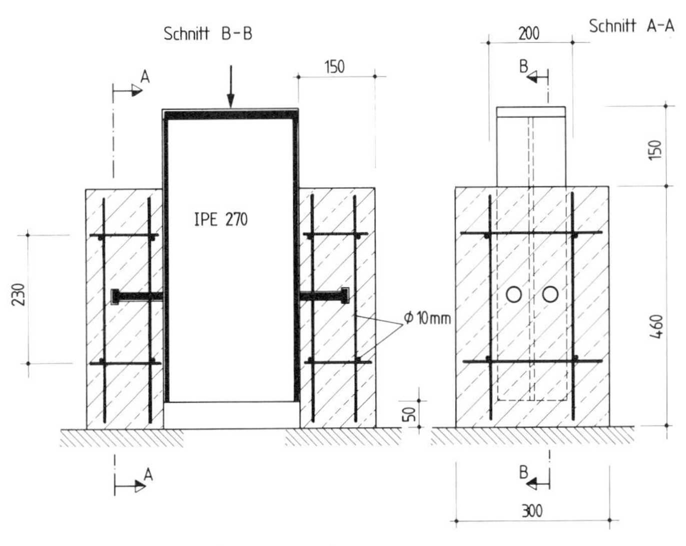

Bild 11.3–4 Push-Out-Versuch

Die Versuche werden (aus Kostengründen) vor allem an relativ kleinen Probekörpern durchgeführt. Bild 11.3–4 zeigt den „push-out-test" für Kopfbolzendübel. Da die Versuchsergebnisse streuen, erfolgt die Auswertung i.a. als 5%-Fraktile unter Berücksichtigung der aktuellen Festigkeiten für Beton und Stahl.
In den Konstruktionsteilen liegen günstigere Bedingungen vor als in den kleinen Probekörpern, da eine große Anzahl von Dübeln mit „Plastizierungsausgleich" die Kräfte überträgt. Es stellt sich daher eher der Mittelwert als die 5%-Fraktile ein. So liefern auch Trägerversuche wesentlich höhere Dübeltragfähigkeiten als push-out-tests. Die zukünftigen Festlegungen für die Dübeltragfähigkeit sollte diese Tatsache durch die Abhängigkeit von der Anzahl (z.B. der Kopfbolzendübel) berücksichtigen.

11.3.3 Rechenwerte der Dübeltragfähigkeit

11.3.3.1 Allgemeines

Für Blockdübel, ausgesteifte Profilstähle, Anker oder Schlaufen aus Rundstahl liefern die bekannten Rechenmodelle (örtliche Betonpressung, Berechnung der Schweißnähte, Fachwerkmodell usw.) eine logische Grundlage, die nicht erläutert zu werden braucht. Diese Dübelarten werden (aus Kostengründen) heute in der Praxis nur noch in Sonderfällen (große Einzelkräfte) ausgeführt.
Die Kopfbolzendübel haben sich bei Verwendung von Ortbeton als die wirtschaftlichste Ausführung erwiesen. Auch bei Verwendung von Betonfertigteilen mit nachträglichem Verbund werden sie meistens eingesetzt. Sie sind sowohl für die Übertragung von Schubkräften als auch von Zugkräften geeignet.
Der Reibungsverbund mit HV-Schrauben wird im wesentlichen zur Verbindung von Betonfertigteilen mit Stahlträgern verwendet. Die Bauweise ist i.a. teurer als die Kopfbolzendübel und wird daher vorzugsweise bei Tragwerken benutzt, die planmäßig demontierbar (und ggf. an anderer Stelle wieder verwendbar) sein sollen.

11.3.3.2 Kopfbolzendübel

11.3.3.2.1 Vorwiegend ruhende Beanspruchung
Die tatsächliche Tragwirkung eines auf Schub beanspruchten Kopfbolzendübels nach Bild 11.3–5 ist recht kompliziert. Sie ähnelt dem Tragverhalten einer Nagelverbindung, bei der mit zunehmender Verformung Zugkräfte im Bolzen entstehen. Die Kraft-Verformungslinie zeigt das typische Verhalten einer flexiblen Verdübelung nach Bild 11.3–6:

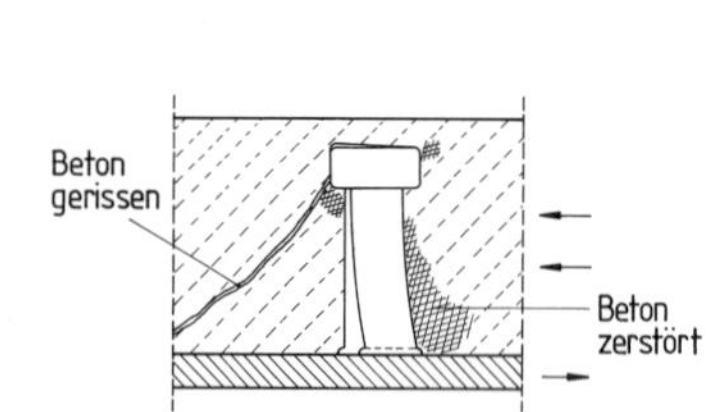

Bild 11.3–5 Kopfbolzendübel im „Bruchzustand"

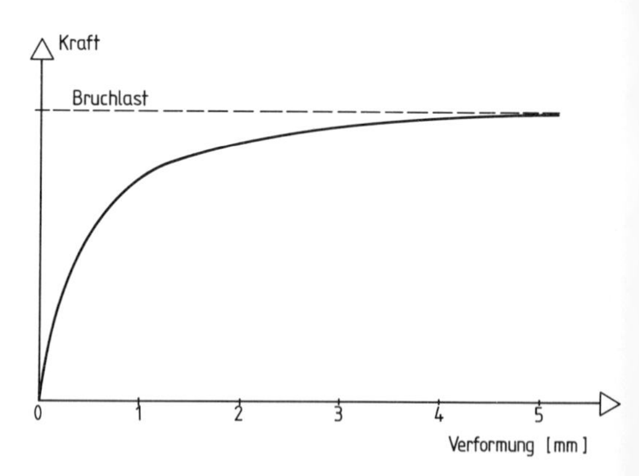

Bild 11.3–6 Kraft-Verformungskurve für Kopfbolzendübel (qualitativ)

Das günstige Verformungsvermögen ist für die Wirkungsweise der Verbundkonstruktionen von entscheidender Bedeutung (s. Abschnitt 11.4.7). Mit steigender Betongüte wird die Verformung beim Bruch geringer, d.h. der Dübel wird „steifer" und kann evtl. nur noch eingeschränkt als „flexibel" angesehen werden.
Aus zahlreichen Versuchen an Prüfkörpern aus Normal- und Leichtbeton wurden folgende Zusammenhänge festgestellt (s. Bild 11.3–7):

- bei niedrigen Betongüten versagt die Verdübelung ähnlich einer Bolzenverbindung, die durch Überschreiten des „Lochleibungsdruckes" im Beton gekennzeichnet ist (abhängig von der Betonfestigkeit), Gleichung 11.3–1,

- bei hohen Betongüten kann als Modellvorstellung das „Abscheren" des Bolzens verwendet werden (nur geringer Einfluß der Betonfestigkeit), Gleichung 11.3–2 bzw. 11.3–3,
- eine Bolzenhöhe $h > 4{,}2\ d$ ruft keine Vergrößerung der Tragfähigkeit hervor. Bei Bolzen, deren Höhe niedriger als $h = 3{,}0\ d$ ist, besteht die Gefahr des Herausreißens. Sie sind daher nicht zulässig.

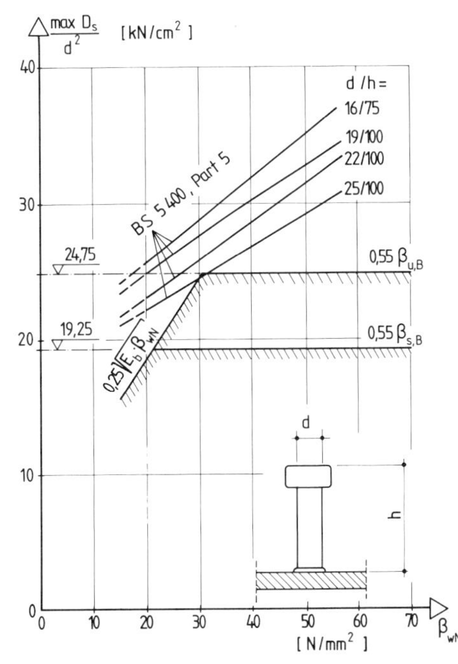

Bild 11.3–7 Tragfähigkeit von Kopfbolzendübeln auf Schub

Bei der Auswertung der Versuchsergebnisse wird i.a. die 5%-Fraktile ermittelt und ein weiterer Reduktionsfaktor von 1,25 eingearbeitet, um eine rechnerische Sicherheit gegen „Bruch" von $1{,}25 \cdot 1{,}7 = 2{,}1$ zu erreichen. Damit ergibt sich für die rechnerische Tragfähigkeit eines Kopfbolzendübels auf Schub max D_s der Doppelnachweis nach den Gleichungen 11.3–1 und 11.3–2.

$$\max D_s = \alpha \cdot 0{,}25 \cdot \mathrm{d}^2 \sqrt{E_b \cdot \beta_{w,N}} \quad \text{(„Lochleibung")} \tag{11.3–1}$$

$$\max D_s = 0{,}7\ \frac{\pi\, \mathrm{d}^2}{4} \cdot \beta_{s,B} = 0{,}55\ d^2 \cdot \beta_{s,B} \quad \text{(„Abscheren")} \tag{11.3–2}$$

mit E_b = Elastizitätsmodul des Beton (nach DIN-Normen)
$\beta_{w,N}$ = Nennfestigkeit des Beton (nach DIN-Normen)
$\beta_{s,B}$ = Streckgrenze des Bolzenmaterials (rechnerisch darf höchstens $\beta_{s,B}$ = 350 N/mm² berücksichtigt werden)
α = 1,0 für $h/d \geq 4{,}2$
α = 0,85 für $h/d = 3{,}0$ } Zwischenwerte linear interpolieren
d = Bolzendurchmesser ≤ 23 mm
h = gesamte Höhe des Kopfbolzens.

Neuere Untersuchungen zeigen, daß für Kopfbolzendübel mit einem Schweißwulst am Fuß bei hohen Betongüten eine bessere Übereinstimmung mit den Versuchsergebnissen erzielt wird, wenn die zweite Gleichung (11.3–2) ersetzt wird durch die Bedingung

$$\max D_s = 0{,}7\ \frac{\pi\, \mathrm{d}^2}{4} \cdot \beta_{u,B} = 0{,}55 \cdot \mathrm{d}^2 \cdot \beta_{u,B} \tag{11.3–3}$$

$\beta_{u,B}$ = Bruchfestigkeit des Bolzenmaterials (rechnerisch darf höchstens $\beta_{u,B}$ = 450 N/mm² berücksichtigt werden)

Erklärbar ist diese Tatsache u. a. dadurch, daß ein Teil der Schubkräfte auf den Schweißwulst wirkt, so daß der „Nettoquerschnitt" des Bolzens (Durchmesser d) nur den Rest der Abscherkraft überträgt.
Zum Vergleich sind in Bild 11.3–7 die Werte der englischen Norm BS 5400, Part 5, eingetragen, bei denen jedoch andere γ-Faktoren verwendet werden.
Weitere Hinweise für die Tragfähigkeit von Kopfbolzendübeln sind:

- in Bereichen mit gerissener Betonzugzone (z. B. Bereiche negativer Momente ohne Vorspannung) erscheint eine Abminderung der max D_s-Werte für „Lochleibung" nach Gl. (11.3–1) um rd. 20% angezeigt [4],
- werden „elastische Nachweise" geführt, so gewinnt die Begrenzung der Dübelverformung an Bedeutung, um die Rechenannahmen zu gewährleisten. Die Schweizer Normen z. B. reduzieren hierfür die Tragfähigkeit auf „Lochleibung" auf 60%, die Werte D_s für „Abscheren" bleiben unverändert,
- die Verwendung von Wendeln, die um die Kopfbolzen als eine Art „Umschnürungsbewehrung" gelegt werden, verbessern zwar den „Lochleibungsdruck" im Beton um rd. 15% (gleichgültig ob die Wendel zentrisch oder exzentrisch liegen), verringern jedoch das (plastische) Verformungsvermögen und beeinflussen das „Abscheren" des Bolzens nicht nennenswert,
- werden Kopfbolzendübel in den „Kammern" von *I*-Profilen nach Bild 11.3–8 angeordnet (z. B. bei Verbundstützen), so wurde eine erhebliche Steigerung der max D_s-Werte festgestellt, die durch die günstige „umschnürende Wirkung" des Stahlprofiles und die Erzeugung von Reibungskräften an den Innenseiten der Flansche zu erklären ist (Aufnahme und Wirkung der Spaltzugkräfte). Ob hierbei eine Verringerung des Verformungsvermögens eintritt, muß noch untersucht werden.

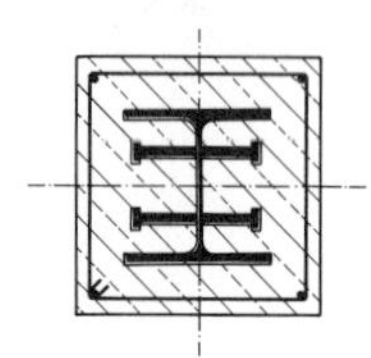

Bild 11.3–8 Kopfbolzendübel in den „Kammern" eines I-Profiles

Ein wesentliches Merkmal der Kopfbolzendübel ist ihre Fähigkeit, auch Zugkräfte D_z in der Verdübelungsfuge aufnehmen zu können. Hierbei muß unterschieden werden:

- örtliches Herausreißen eines (alleinstehenden) Dübels (oder Abreißen des Bolzenschaftes) aus einem (unbewehrten) Betonbereich,
- großflächiges Betonversagen außerhalb der Verdübelung (Abplatzen von Betonschalen).

Das örtliche Versagen eines Kopfbolzendübels zeigt zwei unterschiedliche Erscheinungsformen:

- bei „langen" Kopfbolzendübeln tritt Fließen (bzw. Bruch) im Bolzenschaft auf,
- bei „kurzen" Kopfbolzendübeln wird ein trichterförmiger Krater aus dem (unbewehrten) Beton herausgerissen. Kleinere Gruppen eng stehender Dübel können in einen äquivalenten „Superdübel" umgerechnet werden.

Die Rechenwerte für die Zugtragfähigkeit und die Regelungen für die Dübelabstände untereinander und vom freien Rand wurden in einer Zulassung festgelegt [5].
Die Weiterleitung der durch Dübelgruppen eingeleiteten Zugkräfte muß i. a. durch Bewehrung des Betonteiles sichergestellt werden.
Bei einer gleichzeitigen Beanspruchung aus Schub und Zug wurden für die (örtliche) Tragfähigkeit eines Kopfbolzendübels folgende (einfache) Interaktionsformeln gefunden:

$$\frac{D_s}{\max D_s} + \frac{D_z}{\max D_z} \leq 1{,}2 \qquad (11.3\text{–}4)$$

$$\frac{D_s}{\max D_s} \leq 1 \quad \text{und} \quad \frac{D_z}{\max D_z} \leq 1 \qquad (11.3\text{–}5)\ (11.3\text{–}6)$$

mit D_s und D_z die Schub- bzw. Zugkraft je Dübel bei gleichzeitiger Einwirkung beider Beanspruchungen.

11.3.3.2.2 Nicht vorwiegend ruhende Beanspruchung
Bei häufigen Lastwechseln treten Ermüdungsbrüche auf, die fast ausschließlich von der rechnerischen Spannungsdifferenz $\Delta\tau$ abhängen. Hierbei ist $\Delta\tau$ die Differenz zwischen der maximalen und der minimalen rechnerischen Scherspannung

$$\tau = \frac{D}{A_B} \quad \text{mit } D = \text{Dübelkraft;} \quad A_B = \frac{\pi\,\mathrm{d}^2}{4} \quad \text{(Scherfläche des Dübels)}$$

11.3.3.3 Reibungsverbund

Beim Reibungsverbund wird der Betonteil (Fertigteil) durch HV-Schrauben mit dem Stahlträger (vollwandig oder Fachwerk) verbunden. Eine Detailausbildung der Schraubverbindung ist in Bild 11.3–9 dargestellt.

Der Reibungsverbund wirkt prinzipiell wie eine gleitfeste Schraubverbindung im Stahlbau:
- in den unteren Laststufen werden die Schubkräfte durch Reibung übertragen,
- nach Überschreiten der Gleitgrenze treten Rutschungen (Schlupf) in der Dübelfuge auf, bis die Schraubenschäfte zum Anliegen an die Betonwandung kommen,
- bei weiterer Laststeigerung wirkt die Schraube zusätzlich als eine Art „Kopfbolzendübel".

Das Kraft-Verformungs-Diagramm (Bild 11.3–10) zeigt die günstigen Eigenschaften:
- in den unteren Laststufen (Gebrauchslast) steife Verbindung,
- in den höheren Laststufen (γ-fache Lasten) großes plastisches Verformungsvermögen (flexible Dübel) mit anschließender Laststeigerung.

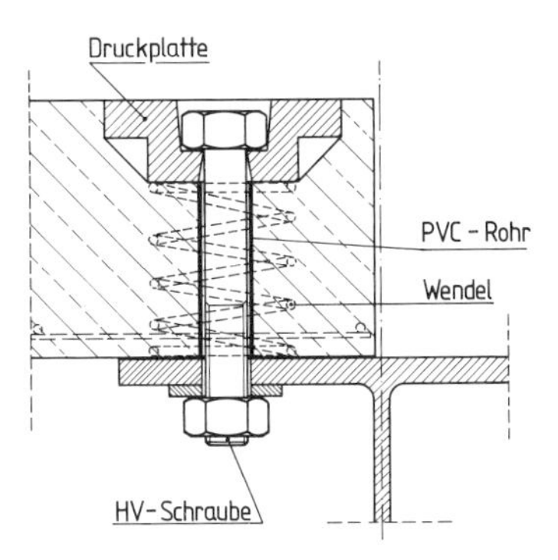

Bild 11.3–9 Reibungsverbund mit HV-Schrauben

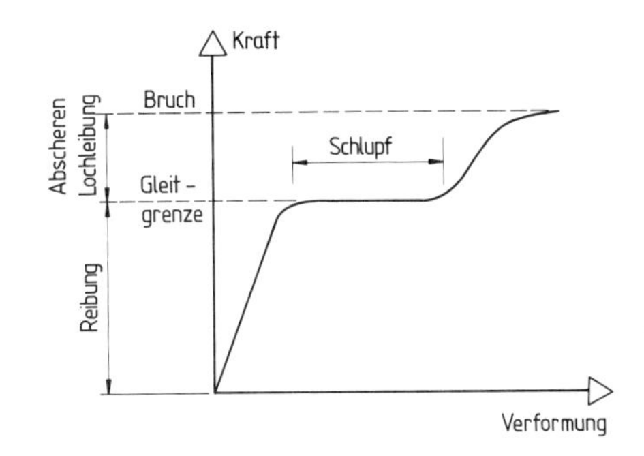

Bild 11.3–10 Kraft-Verformungskurve für Reibungsverbund mit HV-Schrauben

Durch Versuche wurde festgestellt:
- die Reibungsbeiwerte sind unabhängig von der Betongüte,
- sie sind in geringem Maße abhängig von der Dicke des Stahlflansches,
- sie sind stark abhängig von der Oberflächenbehandlung des Stahles.

In Tab. 11.3–1 sind die ermittelten Werte zusammengestellt:

Tab. 11.3–1 Reibbeiwerte Beton auf Stahl

Stahl		Beton	Reibbeiwert	
Dicke (mm)	Behandlung der Oberfläche	Behandlung der Oberfläche	Mittelwert	5% Fraktile
15	walzrauh	ohne Schalöl	0,766	0,748
15	walzrauh	mit Schalöl	0,646	0,627
15	mit Zink-Primer Anstrich	ohne Schalöl	0,618	0,602
10	walzrauh	ohne Schalöl	0,630	0,596
10	walzrauh	mit Schalöl	0,585	0,577
10	mit Zink-Primer Anstrich	ohne Schalöl	0,456	0,437

Die gemeinsame Tragwirkung infolge Reibung und Abscheren ist u.a. abhängig von der Größe des Lochspieles zwischen Schraubenschaft und Betonteil. Hierfür sind systematische Versuche in Vorbereitung. Bis zum Vorliegen dieser Ergebnisse wurde die rechnerische Tragfähigkeit für ungestrichene Stahlträger wie folgt geregelt:
- entweder es wird auch unter γ-fachen Lasten die Gleitgrenze nicht überschritten, dann ist $\mu = 0{,}55$ anzusetzen,

• oder die Reibung wird nur im Gebrauchszustand mit $\mu = 0{,}50$ in Rechnung gestellt; für γ-fache Lasten wird die Schraube wie ein Kopfbolzendübel für „Abscheren" bzw. „Lochleibung" ohne Berücksichtigung der Reibung berechnet.
Durch Schwinden und Kriechen des Beton tritt eine Abminderung der Anpreßkraft um etwa 25 ÷ 30% ein. Sie kann durch nachträgliches Anziehen der Schrauben ausgeglichen werden.

11.4 Verbundträger

11.4.1 Allgemeines

Unter Verbundträgern sollen Konstruktionen verstanden werden, die vorwiegend auf Querkraft-Biegung beansprucht werden und deren Querschnittsausbildung in Bild 11.4–1 dargestellt ist.

Der Nachweis der Tragfähigkeit unter γ-facher Belastung wird durch die Gegenüberstellung erbracht, daß die auftretenden Beanspruchungen geringer sind als die vorhandene Beanspruchbarkeit. Dieser Nachweis des Grenzzustandes der Tragfähigkeit kann auf verschiedenen „Ebenen" durchgeführt werden. Es können verglichen werden:
• Spannungen (Begrenzung durch das Erreichen der Streckgrenze bzw. Betonrechenfestigkeit in der Randfaser eines Querschnittes),
• Schnittgrößen (Begrenzung durch teilweises oder volles Plastizieren eines Querschnittes),
• Lasten (Übergang eines Systems durch Bildung von „Fließgelenken" in eine kinematische Kette, Traglastverfahren).
Größtenteils kann bei den Nachweisen auf die entsprechenden Normen für die Stahlbauweise und die Massivbauweise zurückgegriffen werden. Vor allem für den Nachweis des Grenzzustandes der Tragfähigkeit (γ-fache Lasten) sind jedoch einige zusätzliche Überlegungen notwendig.
Zur Erläuterung der Zusammenhänge sind in Bild 11.4–2 die Schnittführungen eingezeichnet, die zu einem Versagen eines einfeldrigen Verbundträgers führen können:

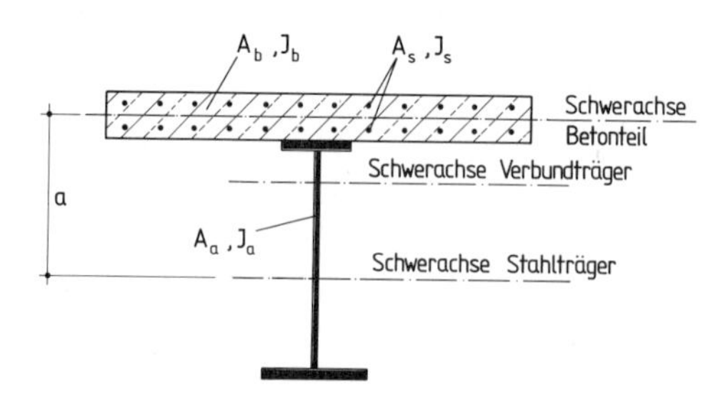

Bild 11.4–1 Querschnitt eines Verbundträgers

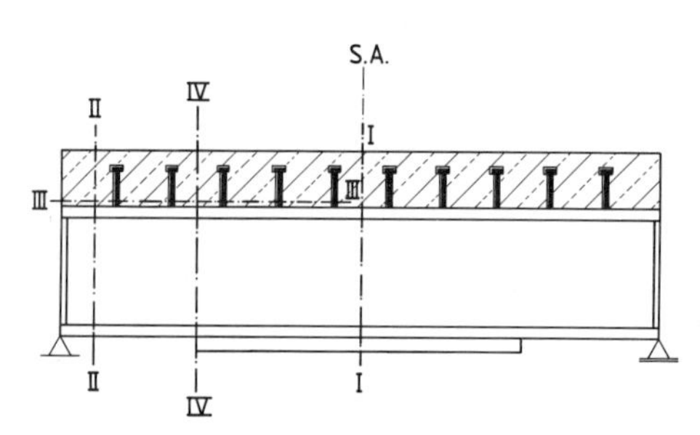

Bild 11.4–2 Schnittführung bei einem Einfeldträger

• Schnitt I–I: Biegetragfähigkeit des Verbundträgers.
  • Entweder wird die zur Erzielung des vollplastischen Momentes M_{pl} erforderliche Normalkraft in den Betonteil eingeleitet (vollständige Verdübelung). Es stellt sich ein Spannungsdiagramm nach Bild 11.4–3a ein,
  • oder es wird „weniger" als die zum vollplastischen Moment gehörende Betonnormalkraft durch die Summe der Dübelkräfte eingeleitet (teilweise Verdübelung). Dann stellt sich ein (vollplastisches) Spannungsdiagramm nach Bild 11.4–3b mit „zwei Nullinien" ein.
• Schnitt II–II: Querkrafttragfähigkeit des Verbundträgers.
• Schnitt III–III: Die Summe der Dübelkräfte liefert die Normalkraft im Betonteil für die Biegetragfähigkeit im Schnitt I–I bzw. IV–IV (vollständige oder teilweise Verdübelung).
• Schnitt IV–IV: Bei abgestuften Trägern ist am Beginn der Verstärkungslamelle die Biegetragfähigkeit des schwächeren Querschnittes unter Berücksichtigung des Querkrafteinflusses (M-Q-Interaktion) zu ermitteln. Hierfür gelten die gleichen Überlegungen wie für Schnitt I–I (vollständige oder teilweise Verdübelung).

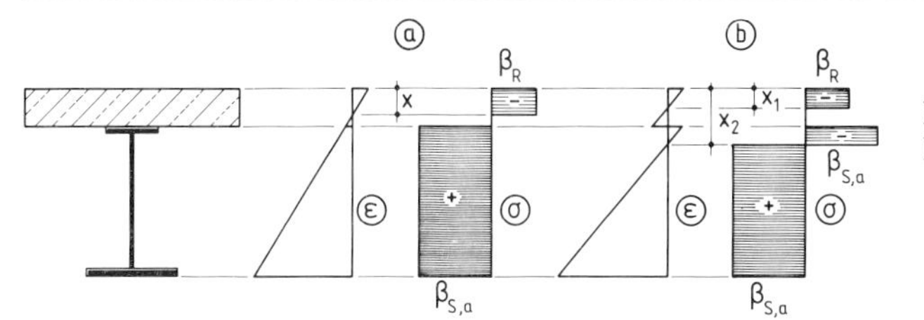

Bild 11.4–3
Dehnungs- und Spannungsverteilung
a) vollständige Verdübelung (eine Nulllinie)
b) teilweise Verdübelung (zwei Nulllinien)

11.4.2 Grenztragfähigkeit des Verbundquerschnittes

11.4.2.1 Allgemeines

Für die Bemessung von Verbundträgern unter γ-fachen Lasten wird die (Biege-)Grenztragfähigkeit des Verbundquerschnittes benötigt. Man unterscheidet:

- elastische Grenztragfähigkeit: die Streckgrenze $\beta_{S,a}$ des Stahlträgers und die Rechenfestigkeit β_R des Betonteiles werden in der Randfaser gerade erreicht,
- plastische Grenztragfähigkeit: die volle Plastizierung aller Querschnittsteile ohne Dehnungsbegrenzung wird der Berechnung zugrunde gelegt,
- elastisch-plastische Grenztragfähigkeit: es werden Dehnungsbegrenzungen berücksichtigt, die ein Versagen des Stahlträgers infolge örtlicher Instabilität oder Bruch des Betonteiles infolge Druck oder Schub ausschließen.

11.4.2.2 Die elastische Grenztragfähigkeit des Querschnittes

Der Nachweis der elastischen Grenztragfähigkeit des Querschnittes geht davon aus, daß die Streckgrenze im Stahlträger oder die Rechenfestigkeit im Betonteil in der Randfaser nicht überschritten werden. Es handelt sich also um eine Art „Spannungsnachweis unter γ-fachen Lasten" (mit β_R bzw. $\beta_{S,a}$ anstelle von σ_{zul}). Hierbei werden i.a. sämtliche Spannungszustände im Verbundträger, z.B. auch die Eigenspannungen infolge Kriechen und Schwinden des Beton, berücksichtigt.
Der Nachweis liegt meist weit auf der sicheren Seite:

- da die „plastische Reserve" des Querschnittes nicht berücksichtigt wird,
- da nicht nur die Gesamtschnittgrößen (Zwängungsschnittgrößen) sondern auch die im Gleichgewicht stehenden Teilschnittgrößen, also die Spannungszustände aus den statisch bestimmten Anteilen der Zwängungen (Eigenspannungen im Querschnitt) berücksichtigt werden. Beim internen (plastischen) Ausgleich dieser Eigenspannungsanteile treten jedoch sehr geringe Dehnungen auf, die i.a. keine „Stabilitätsprobleme" hervorrufen.

Trotzdem wird der elastische Nachweis vor allem bei schlanken Verbundträgern als Ersatz für den in Wirklichkeit zutreffenderen elastisch-plastischen Nachweis geführt, weil er häufig „einfacher" ist.
Die hauptsächliche Aufgabe der Ermittlung des elastischen Grenzzustandes der Tragfähigkeit besteht daher in der Berechnung der Spannungen. Hierauf wird in Abschn. 11.4.3 näher eingegangen.

11.4.2.3 Die plastische Grenztragfähigkeit des Querschnittes

11.4.2.3.1 Allgemeines

Die „vollplastischen" Schnittgrößen M_{pl}, Q_{pl} und N_{pl} führen zur Bildung von „Fließmechanismen" (z.B. Fließgelenke bei Biegemomenten oder „Schubgelenke" bei Querkräften). Sie werden ermittelt unter der Annahme, daß jede Querschnittsfaser ohne Begrenzung der Dehnung plastiziert. Daher stellen sie obere Grenzwerte dar, die asymptotisch erreicht werden, die jedoch durch eine sehr einfache Berechnung gekennzeichnet sind.
Es werden in diesem Abschnitt nur die Formeln für die Berechnung der vollplastischen Schnittgrößen für den Verbundträgerquerschnitt angegeben. Die Ermittlung vollplastischer Schnittgrößen für Verbundstützenquerschnitte sind in Kap. 11.6 angeführt.
Durch Vergleichsrechnungen wurde festgestellt, daß i.a. eine genügende Genauigkeit gegenüber einer „exakten" Berechnung mit Dehnungsbegrenzung gewährleistet ist. Größere Abweichungen (größer als rd. 3%) treten auf, wenn die Querschnittsfläche des Betondruckteiles „zu klein" ist. Es besteht dann die Gefahr des vorzeitigen Versagens des Beton auf Druck. Dies ist bei Verbundträgern dann der Fall, wenn die plastische Nullinie weit in den Steg des Stahlträgers absinkt. Bei Verbundstützen mit ihren relativ geringen Betonflächen ist dies häufig der Fall. Daher ist dort eine „Korrektur" erforderlich, wenn mit der plastischen Querschnittsgrenztragfähigkeit M_{pl} gerechnet wird (vgl. Abschnitt 11.6). Für das vollplastische Moment M_{pl} des Verbundträgers muß außerdem der Grad der Verdübelung beachtet werden (vollständige oder teilweise Verdübelung, vgl. Abschn. 11.4.7). Die zahlenmäßige Ermittlung der „elementaren" Schnittgrößen M_{pl}, Q_{pl} und N_{pl} und die Interaktionsbeziehungen bei gleichzeitiger

Wirkung mehrerer elementarer Größen (z. B. M-Q-Interaktion) geschieht in Übereinstimmung mit den Methoden, die für reine Stahlquerschnitte gelten mit folgenden zusätzlichen Bedingungen:

- Betonteile, die auf Zug beansprucht werden, dürfen nicht in Rechnung gestellt werden; die dort liegende Bewehrung darf berücksichtigt werden, wenn sie ausreichend verankert ist,
- die Bewehrung (Spannglieder oder Betonstahl) wird mit ihren jeweils gültigen Werten der Streckgrenze eingesetzt,
- Betonteile, die auf Druck beansprucht werden, sind mit dem Rechenwert β_R zu berücksichtigen,
- der Verdübelungsgrad ist zu beachten.

11.4.2.3.2 Das vollplastische Moment $M_{PL,Q}$

Die Lage der Nullinie kann bei Verbundträgern nach Bild 11.4–4 bis Bild 11.4–6 (Betonteil in der Druckzone) aus der Gleichgewichtsbedingung $\Sigma H = 0$ sehr schnell ermittelt werden:
Die maximale Normalkraft (Zug) im Stahlprofil beträgt $N_a = \beta_{S,a} \cdot A_a$
die maximale Normalkraft (Druck) im Betonteil ist

- entweder bei vollständiger Verdübelung $N_b = \beta_R \cdot A_b$
- oder bei teilweiser Verdübelung $N_b = \Sigma_{\max} D_s$

	Nullinie liegt
$N_a < N_b$	im Betonteil
$N_a = N_b$	in der Dübelfuge
$N_a > N_b$	im Stahlprofil

Anmerkung: Bei der Berechnung der Druck-Normalkraft im Betonteil wird i. a. der Einfluß der Bewehrung vernachlässigt.

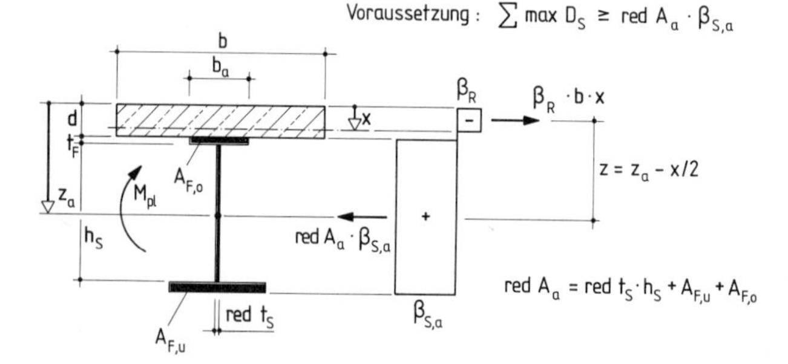

Bild 11.4–4
Das vollplastische Moment $M_{pl,Q}$
Nullinie im Betonteil: $x \leq d$ (Gl. 11.4–1 u. 11.4–2)

$$x = \frac{\text{red}\,A_a \cdot \beta_{S,a}}{0{,}6 \cdot \beta_{wN} \cdot b} \qquad (11.4\text{–}1)$$

$$M_{pl} = \text{red}\,A_a \cdot \beta_{S,a} \cdot \left(z_a - \frac{x}{2}\right) \qquad (11.4\text{–}2)$$

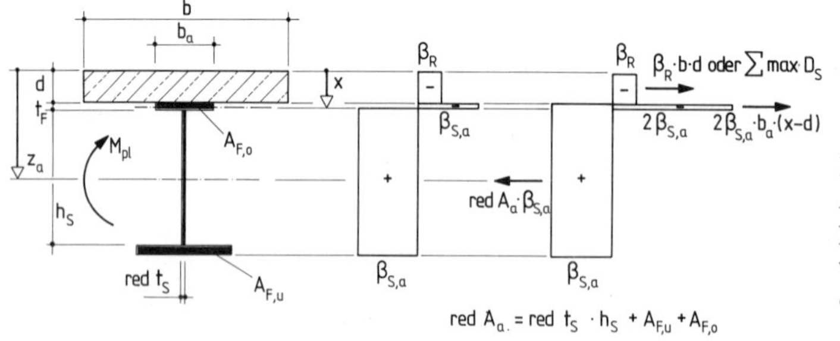

Bild 11.4–5
Das vollplastische Moment $M_{pl,Q}$;
Nullinie im Obergurt des Stahlträgers:
$d < x \leq d + t_F$ (Gl. 11.4–3 u. 11.4–4)

für $0{,}6 \cdot \beta_{wN} \cdot b \cdot \mathrm{d} = \Sigma \max D_s$ gilt:

$$x = \mathrm{d} + \frac{\text{red}\,A_a \cdot \beta_{S,a} - 0{,}6 \cdot \beta_{wN} \cdot b \cdot \mathrm{d}}{2 \cdot b_a \cdot \beta_{S,a}} \qquad (11.4\text{–}3)$$

$$M_{pl} = \text{red}\,A_a \cdot \beta_{S,a} \cdot \left(z_a - \frac{\mathrm{d}}{2}\right) - 2 \cdot b_a \cdot \beta_{S,a} \cdot (x - \mathrm{d}) \cdot \frac{x}{2} \qquad (11.4\text{–}4)$$

für $0{,}6 \cdot \beta_{wN} \cdot b \cdot \mathrm{d} > \Sigma \max D_s$ ist der Wert $0{,}6 \cdot \beta_{wN} \cdot b \cdot \mathrm{d}$ durch $\Sigma \max D_s$ zu ersetzen

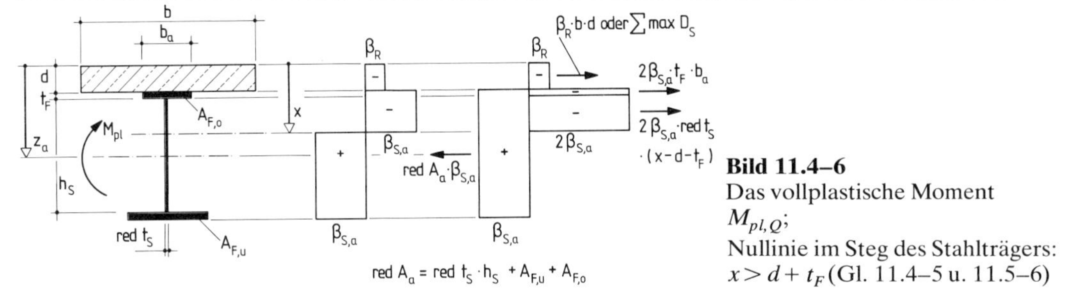

Bild 11.4–6
Das vollplastische Moment $M_{pl,Q}$;
Nullinie im Steg des Stahlträgers: $x > d + t_F$ (Gl. 11.4–5 u. 11.5–6)

für $0{,}6 \cdot \beta_{wN} \cdot b \cdot \mathrm{d} = \Sigma \max D_s$ gilt:

$$x = \mathrm{d} + t_F + \frac{\mathrm{red}\,A_a \cdot \beta_{S,a} - 0{,}6 \cdot \beta_{wN} \cdot b \cdot \mathrm{d} - 2 \cdot t_F \cdot b_a \cdot \beta_{S,a}}{2 \cdot t_S \cdot \beta_{S,Q}} \tag{11.4–5}$$

$$M_{pl} = \mathrm{red}\,A_a \cdot \beta_{S,a} \cdot \left(z_a - \frac{\mathrm{d}}{2}\right) - t_F \cdot b_a \cdot \beta_{S,a} \cdot (\mathrm{d} + t_F) - \mathrm{red}\,t_S \cdot \beta_{S,a} \cdot (x - \mathrm{d} - t_F) \cdot (x + t_F) \tag{11.4–6}$$

für $0{,}6 \cdot \beta_{wN} \cdot b \cdot \mathrm{d} > \Sigma \max D_s$ ist der Wert $0{,}6 \cdot \beta_{wN} \cdot b \cdot \mathrm{d}$ durch $\Sigma \max D_s$ zu ersetzen

In Bild 11.4–7 ist der Fall „Betonteil in der Zugzone“ dargestellt. Hierfür gelten die Gleichungen für reine Stahlkonstruktionen, wobei die Bewehrung als Teil des Stahlträgers betrachtet wird.

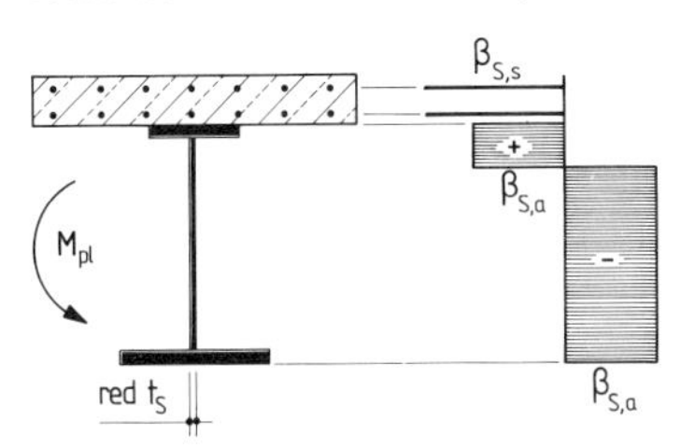

Bild 11.4–7
Skizze zur Berechnung des vollplastischen Momentes $M_{pl,Q}$, wenn der Betonteil in der Zugzone liegt

11.4.2.3.3 Die vollplastische Querkraft Q_{pl}

Die Querkraft wird allein dem Steg des Stahlprofiles zugewiesen, wobei die rechnerische Stegfläche A_Q nach Bild 11.4–8 angesetzt werden kann.

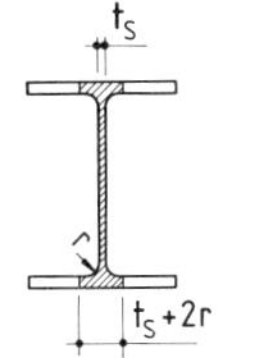

Bild 11.4–8 Rechnerische Stegfläche A_Q

Unter Berücksichtigung der Fließbedingung nach Mises–Huber–Hencky ist

$$Q_{pl} = A_Q \cdot \frac{\beta_{s,a}}{\sqrt{3}} \tag{11.4–7}$$

11.4.2.3.4 Biegung und Querkraft; *M-Q*-Interaktion

Die Berücksichtigung einer zusätzlichen Querkraft Q führt zu dem abgeminderten Wert $M_{pl,Q}$. Unter Berücksichtung der Fließbedingung

$$\sigma^2 + 3\,\tau^2 = \beta_{S,a}^2 \tag{11.4–8}$$

tritt im schubbeanspruchten Querschnittsteil A_Q die „reduzierte Streckgrenze“ $\beta_{S,Q}$ auf.

$$\beta_{S,Q} = \beta_{S,a} \cdot \sqrt{1 - \frac{3\,\tau^2}{\beta_{S,a}^2}} \tag{11.4–9}$$

Mit $\tau = \dfrac{Q}{A_Q}$ und $Q_{pl} = A_Q \cdot \dfrac{\beta_{S,a}}{\sqrt{3}}$ erhält man $\beta_{S,Q} = \beta_{S,a} \sqrt{1 - \left(\dfrac{Q}{Q_{pl}}\right)^2}$ (11.4–10)

Für die weitere Rechnung ist es zweckmäßiger, anstelle der reduzierten Streckgrenze die „reduzierte Stegdicke“ red t (nach Bild 11.4–9) oder die reduzierte Fläche des Stahlträgers red A_a zu verwenden. Die Gleichgewichtsaussage liefert

$$\beta_{S,Q} \cdot t = \beta_{S,a} \cdot \text{red}\, t \qquad (11.4\text{–}11)$$

$$\text{red}\, t = t\sqrt{1 - \left(\frac{Q}{Q_{pl}}\right)^2} \qquad (11.4\text{–}12)$$

$$\text{red}\, A_a = A_{\text{Flansch oben}} + A_{\text{Flansch unten}} + \text{red}\, t_s \cdot h_s \qquad (11.4\text{–}13)$$

Mit dem Hilfswert red t bzw. red A_a kann $M_{pl,Q}$ mit den Formeln für M_{pl} des Abschnittes 11.4.2.3.2 unmittelbar berechnet werden.
Näherungsweise darf mit dem gradlinigen Verlauf nach Bild 11.4–10 gerechnet werden, wobei $M_{pl,\text{Flansch}}$ ohne Berücksichtigung von A_Q ermittelt wird.

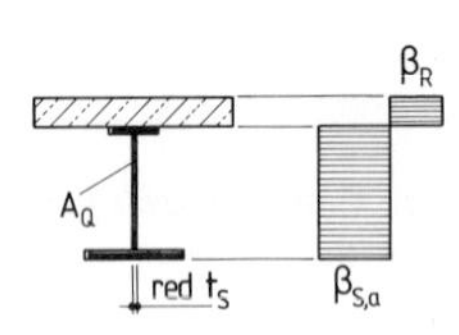

Bild 11.4–9
Berücksichtigung der Querkraft durch Reduzieren der Stegdicke

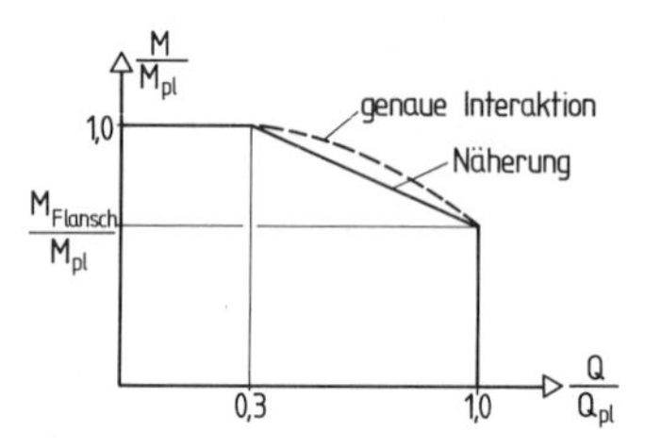

Bild 11.4–10 Näherungsweise Interaktion M-Q

11.4.2.4 Elastisch-plastische Grenztragfähigkeit des Querschnittes

Eine Begrenzung der Dehnung in einzelnen Querschnittsteilen kann notwendig werden, wenn (s. Bild 11.4–11)

- die Druckstauchung des Beton überschritten wird (i.a. 3,5‰), d.h. wenn die Betonfläche „zu klein“ ist,
- die Betondehnungen im Zugbereich zu groß werden, so daß die Übertragung der Schubkräfte nicht mehr gewährleistet ist (5‰),
- örtliche Instabilitäten im Stahlprofil auftreten.

Die Berechnung der vom Querschnitt aufnehmbaren Schnittgrößen (z.B. M) über Dehnungsverläufe, die aus den o.g. Gründen begrenzt sind, ist i.a. nur iterativ möglich (vgl. Bild 11.4–12).

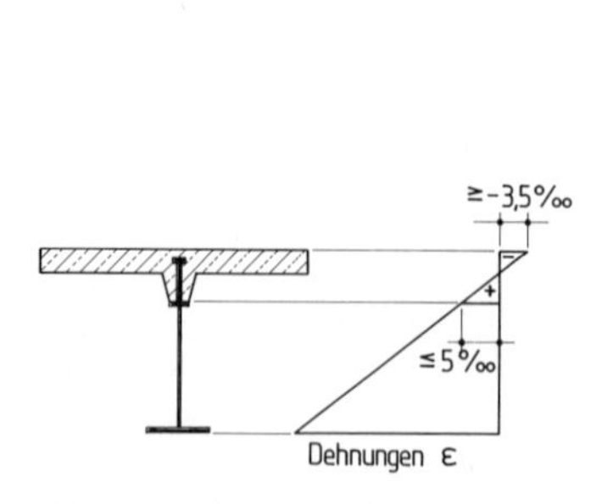

Bild 11.4–11
Begrenzung der Betondehnung in Übereinstimmung mit DIN 1045

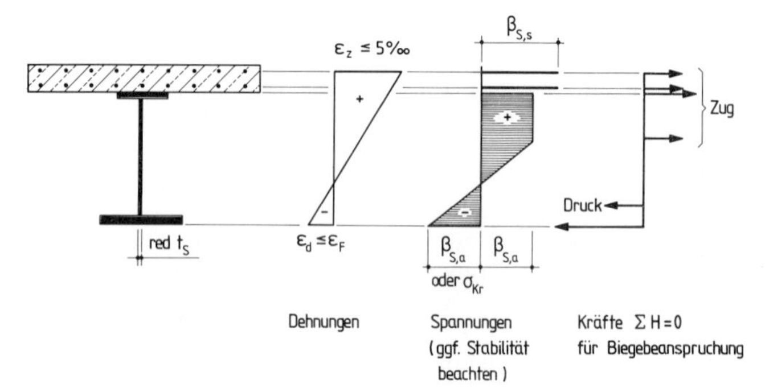

Bild 11.4–12
Skizze zur Berechnung des elastisch-plastischen Grenzmomentes, wenn der Betonteil in der Zugzone liegt

Die Aufnahme zusätzlicher Querkräfte kann am „elastischen Restquerschnitt“ unter Einhaltung der Mises-Fließbedingung erfolgen.

11.4.2.5 Schlanke und kompakte Verbundträger

Unter „kompakten" Verbundträgern werden solche verstanden, die nach der „Fließgelenktheorie" berechnet werden dürfen, d.h. die genügend Rotationskapazität besitzen. Für die „nicht einbetonierten" Teile der Stahlprofile gelten hierbei die gleichen Kriterien wie für reine Stahlkonstruktionen; die einbetonierten Teile sind stets gegen örtliche Instabilität gesichert.
„Schlanke" Verbundträger sind alle übrigen Konstruktionen, die nicht kompakt sind.
Im allgemeinen ist ein Verbundträger mit oben liegender Betonplatte im Bereich positiver Biegemomente „kompakt", während der gleiche Träger im Bereich negativer Biegemomente „schlank" sein kann. Aber auch dort kann im Bereich des auf Zug beanspruchten Obergurtes Teilplastizieren (also ein „Quasi-Fließgelenk") auftreten, wie dies in Bild 11.4–12 dargestellt ist. Es tritt daher praktisch nicht der Fall auf, daß die gesamte Konstruktion „schlank" ist, vielmehr ist sie fast immer mindestens abschnittsweise „kompakt". Ein Verbundträger ist daher stets in der Lage, bis zu einem gewissen Grad durch Teilplastizieren die Eigenspannungen im Querschnitt abzubauen und eine Umlagerung der Momente zu ermöglichen. Aus dieser Tatsache lassen sich einige wichtige Folgerungen herleiten, die durch „exakte" Vergleichsrechnungen geprüft wurden:

- bereichsweise kann mit der plastischen Grenztragfähigkeit des Querschnittes, d.h. mit „Fließgelenken" gerechnet werden,
- es kann daher – z.B. bei elastischer Ermittlung der Schnittgrößen am Gesamtsystem – ein „gemischter" Nachweis der Querschnittstragfähigkeit durchgeführt werden (z.B. im positiven Bereich plastische Grenztragfähigkeit und im negativen Momentenbereich elastische oder elastisch-plastische Grenztragfähigkeit),
- ein erheblicher Teil der „Eigenspannungen" im Querschnitt (z.B. aus Schwinden und Kriechen) plastiziert heraus,
- auch die zugehörigen Zwängungsschnittgrößen (die Gesamtschnittgrößen bei statisch unbestimmten Systemen) werden, wenn sie „ungünstig" wirken, abgebaut,
- selbst bei örtlichen Instabilitätserscheinungen fällt in schlanken Trägerbereichen die Querschnittstragfähigkeit nicht auf Null zurück, sondern kann durch (geringfügige) Umlagerung der Biegemomente in die kompakten Bereiche entlastet werden, so daß das Gesamtsystem nicht versagt, wenn die zugehörigen Deformationen „klein genug" sind.

11.4.3 Nachweis des Grenzzustandes der Tragfähigkeit

11.4.3.1 Allgemeines

Eine „exakte" Ermittlung des Grenzzustandes der Tragfähigkeit müßte stets durch eine elastisch-plastische Berechnung unter Berücksichtigung des Bauvorganges (Belastungsgeschichte) erfolgen. Natürlich kann eine derart komplizierte Berechnung nur mit EDV-Programmen durchgeführt werden und bleibt Sonderfällen und Vergleichsrechnungen vorbehalten.
Wie in Abschn. 11.4.2.5 bereits erläutert, weisen Verbundträger mindestens bereichsweise „kompakte" Querschnitte auf, die mit dem Rechenmodell des Fließgelenkes und den vollplastischen Querschnittswerten verbunden sind.
Als Näherungen kommen folgende Kombinationen für die Ermittlung der Schnittgrößen und der Grenztragfähigkeit in Betracht:

Grenztragfähigkeit des Verbundquerschnittes	Ermittlung der Schnittgrößen	
	elastische Berechnung	plastische Berechnung (Fließgelenktheorie)
elastisch	ja	nein
elastisch-plastisch	ja	eingeschränkt
plastisch	ja	ja

Für die Berechnung des Grenzzustandes der Gebrauchsfähigkeit (alle $\gamma = 1$) wird, soweit dies überhaupt erforderlich ist, stets eine elastische Berechnung einschließlich der Auswirkung aus Kriechen und Schwinden durchgeführt. Der Nachweis sollte eigentlich nur zur Beurteilung der Rissebeschränkung im Beton und der Verformungen sowie bei nicht vorwiegend ruhender Belastung zum Nachweis der Betriebsfestigkeit (oder Dauerfestigkeit) dienen. Er wird jedoch häufig als „Ausgangsbasis" für den Nachweis des Grenzzustandes der Tragfähigkeit benutzt, da er die gesamte Belastungsgeschichte enthält.
Der (neue) Nachweis der Gebrauchsfähigkeit hat mit dem bisherigen „Spannungsnachweis" (σ_{zul}-Nachweis unter Gebrauchslasten) nichts mehr zu tun, da die „Bemessung" unter γ-fachen Lasten durchgeführt wird. Trotzdem wird z.T. (zum mindesten in der Übergangszeit im Brückenbau) der „normale" σ_{zul}-Nachweis noch geführt, allerdings entfällt dafür der Dauerfestigkeitsnachweis bei Straßenbrücken.

11.4.3.2 Elastische Schnittgrößen und elastische Querschnittstragfähigkeit

Diese Näherung liegt meist erheblich auf der sicheren Seite, da unter γ-fachen Lasten sämtliche Spannungen (auch die Umlagerungs- und Eigenspannungen) im Querschnitt aufaddiert und der Streckgrenze bzw. der Betonrechenfestigkeit gegenübergestellt werden. Die praktische Durchführung geschieht in der Weise, daß zunächst unter Berücksichtigung des Bauablaufes (Belastungsgeschichte) der „Spannungsnachweis unter Gebrauchslasten" geführt wird (entweder mit σ_{zul} ohne zusätzlichen Dauerfestigkeitsnachweis oder mit $\beta_{S,a}$ plus zusätzlichem Dauerfestigkeitsnachweis). Anschließend müssen die einzelnen Lastanteile mit den zugehörigen Werten für γ multipliziert (z. B. Eigengewicht mit 1,7) werden. Hierbei wird – insbesondere für Träger, die beim Betonieren nicht unterstützt wurden – häufig so verfahren, daß zu den Spannungen unter Gebrauchslast ($\gamma = 1$ einschl. Belastungsgeschichte) die noch fehlenden Differenzbeträge (also z. B. $1{,}7 - 1{,}0 = 0{,}7$) als zusätzliche Belastungen (also z. B. 0,7faches Eigengewicht) auf das fertiggestellte Verbundtragwerk aufgebracht und den Gebrauchslastspannungen hinzuaddiert werden.
In Bereichen mit gerissener Betonzugzone ändern sich hierbei die (elastischen) Querschnittswerte, da dort die Mitwirkung des Beton ausfällt bzw. stark zurückgeht. Die Steifigkeitsänderung durch die bereichsweise gerissene Betonzugzone führt zu einer „Umlagerung" der Momente in die steiferen (ungerissenen) Bereiche des Verbundträgers, die ohnehin größere Tragreserven besitzen, da sie „kompakte" Querschnitte aufweisen. Eine Vernachlässigung dieser Umlagerung liegt daher i. a. auf der sicheren Seite.

11.4.3.3 Elastische Schnittgrößen und plastische Querschnittstragfähigkeit

In diesem Falle werden die Schnittgrößen nach „elastischen Verfahren" ermittelt (d. h. ohne Momentenumlagerung) und für die Trägerbereiche mit kompakten Querschnitten (z. B. positiver Momentenbereich) der plastischen Grenztragfähigkeit gegenübergestellt. In den übrigen (nicht kompakten) Bereichen des Trägers können sie entweder der elastischen oder der elastisch-plastischen Grenztragfähigkeit gegenübergestellt werden. Hierbei werden die Gesamtschnittgrößen, die unter Berücksichtigung der Belastungsgeschichte für Gebrauchslasten ($\gamma = 1$) berechnet wurden, mit den verschiedenen γ-Faktoren multipliziert und aufaddiert.
Durch „exakte" Vergleichsberechnungen wurde festgestellt, daß bei den z. Zt. gültigen γ-Werten durch diese Art des „gemischten Nachweises" das Tragvermögen des Verbundträgers nicht überschätzt wird.

11.4.3.4 Elastische Schnittgrößen und elastisch-plastische Querschnittstragfähigkeit

Tritt ausnahmsweise der Fall auf, daß über die gesamte Länge des Trägers die Querschnittstragfähigkeit durch Dehnungsbegrenzungen gekennzeichnet ist (also auch bei Betonplatte in der Druckzone), so liegen etwas günstigere Verhältnisse vor als in Abschn. 11.4.3.3, da kein „Fließgelenk" sondern nur partielle Plastizierung in Rechnung gestellt wird. Dieser Nachweis überschätzt daher ebenfalls nicht die reale Tragfähigkeit des Systems.

11.4.3.5 Plastische Schnittgrößen und plastische Querschnittstragfähigkeit

Für Verbundkonstruktionen, die im gesamten Bereich aus Trägern mit kompakten Querschnitten bestehen, kann das Traglastverfahren (plast. Ermittlung der Schnittgrößen nach der Fließgelenk-Methode) angewendet werden. Hierbei plastizieren sämtliche Eigenspannungszustände und Zwängungen heraus.

11.4.3.6 Elastisch-plastische Schnittgrößen und elastisch-plastische Querschnittstragfähigkeit

In den Trägerbereichen mit „schlanken" Querschnitten (z. B. Betonplatte in der Zugzone nach Bild 11.4–12) wird i. a. an der Zugseite des Stahlprofiles (einschließlich Bewehrung) die Streckgrenze überschritten, da die Träger unsymmetrisch ausgebildet sind. Hierdurch treten zwar keine echten Fließgelenke auf, aber es können sich durch die Teilplastizierung im Zugbereich „Quasi-Fließgelenke" ausbilden, deren Wirkungsweise noch unterstützt wird durch die Tatsache, daß die große Querkraft in diesen Bereichen die Mitwirkung des Steges stark reduziert (M-Q-Interaktion). Hinzu kommt noch die Steifigkeitsänderung durch die Nicht-Mitwirkung der Betonplatte im Zugbereich.
Eine Berücksichtigung der Steifigkeitsänderung im Bereich der negativen Momente mit Hilfe des elastischen Restquerschnittes und eine „verbesserte" elastische Berechnung mit dieser Steifigkeitsverteilung (d. h. eine näherungsweise elastisch-plastische Berechnung) liefert relativ einfach die mögliche Umlagerung der Momente.

11.4.4 Nachweis des Grenzzustandes der Gebrauchsfähigkeit

Während die Bemessung der Verbundkonstruktionen im wesentlichen durch den Nachweis unter γ-fachen Lasten beeinflußt wird, dient der Nachweis unter Gebrauchslasten

- der Beurteilung der Rissebeschränkung im Beton (volle oder beschränkte Vorspannung, demnächst auch „teilweise Vorspannung", ohne Vorspannung),
- der Berechnung der Verformungen (einschl. Kriechen und Schwinden),
- der Dauerhaftigkeit (z.B. Betriebsfestigkeit).

Er wird jedoch (einschl. Belastungsgeschichte sowie Kriechen und Schwinden) häufig als Ausgangsbasis für den Tragsicherheitsnachweis benutzt und „ersetzt" diesen für die Bauzustände.
Mit Rücksicht auf das Langzeitverhalten des Betons (Kriechen und Schwinden) ist i.a. eine Berechnung nach Abschn. 11.4.5 zum Zeitpunkt t_0 (Inbetriebnahme) und $t\infty$ (nach Beendigung von Kriechen und Schwinden) erforderlich. Zu keinem Zeitpunkt sollen die Spannungen im Stahlträger die Fließgrenze überschreiten (elastisches Verhalten). Außerdem müssen für den Betonteil die jeweils zutreffenden Regelungen beachtet werden (entweder z.B. zulässige Betonspannungen nach DIN 4227, Teil 1, oder Rissebeschränkung nach DIN 1045).
Für nicht vorgespannte Träger, die nach dem Traglastverfahren bemessen werden dürfen, ist i.a. kein Nachweis unter Gebrauchslasten erforderlich. Der Nachweis der Rißbreitenbeschränkung kann dabei durch ein vereinfachtes Verfahren geführt werden, damit nicht für diese Untersuchung allein eine getrennte „elastische Berechnung" durchgeführt werden muß [19].
Für Bauzustände müssen i.a. elastische Nachweise unter „Gebrauchslasten" (eine Art σ_{zul}-Nachweis) geführt werden.

11.4.5 Einfluß des Verformungsverhaltens des Beton

11.4.5.1 Allgemeines

Belastungen, die zu einer Beanspruchung des Verbundquerschnittes führen, müssen nach ihrer Einwirkungsdauer unterschieden werden, da die Beanspruchung aus ständig wirkenden Lasten dem Betonkriechen unterworfen ist. Weiterhin entstehen im Laufe der Zeit Schwindspannungen, die wiederum durch Kriechen beeinflußt werden, da der Stahlträger dem Schwinden des Betons einen (elastischen) Widerstand entgegensetzt. Alle Spannungsberechnungen unter Gebrauchslasten müssen unter Berücksichtigung des tatsächlichen Bauablaufes (bestimmte Lastanteile wirken z.B. nur auf den Stahlträger) einschließlich der Zwängungs- und Vorspannzustände im Querschnitt (Teilschnittgrößen) und im System (Gesamtschnittgrößen) durchgeführt werden.

11.4.5.2 Kurzzeitige Belastungen

Unter kurzzeitigen Lasten, z.B. Verkehrsbelastung, Wind und Temperatureinwirkungen, verhält sich der Beton im Druckbereich elastisch. Der Elastizitätsmodul E_{b0} ist abhängig von der Betongüte und kann den einschlägigen Bestimmungen entnommen werden (s. Abschn. 11.1.5, Tab. 11.1–1).
Die Berechnung der Spannungen des Verbundquerschnittes erfolgt am einfachsten mit Hilfe eines „Ersatzquerschnittes" aus Stahl, bei dem der Betongurt umgerechnet wird in einen äquivalenten Stahlgurt (vgl. Bild 11.4–13). Unter Beihalten der äußeren Kontur wird die Betonfläche dividiert durch

$$n_0 = \frac{E_a}{E_{b0}}; \qquad {}_{\text{fikt}}A_a = \frac{A_b}{n_0} \tag{11.4–14}$$

Damit der Schwerpunkt der Teilfläche, die Randabstände, das Eigenträgheitsmoment usw. richtig berechnet werden, ist die Vorstellung hilfreich, daß aus dem Betonteil durch gleichmäßig verteilte Löcher ein „Schweizer Käse aus Stahl" gemacht wird oder daß die Breite des Betonteiles b durch n_0 dividiert wird. Mit diesem Ersatzquerschnitt aus Stahl nach Bild 11.4–13 kann die elastische Berechnung des Tragwerkes durchgeführt sowie die Stahlspannungen (des Modellträgers) berechnet werden. Die Betonspannungen erhält man, indem man die Stahlspannung, die in der gleichen Faser wirkt, durch n_0 dividiert (vgl. Bild 11.4–13)

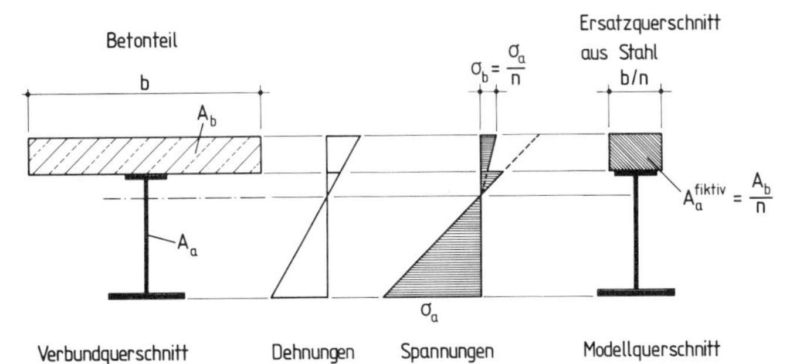

Bild 11.4–13 Modellträger aus Stahl

z.B. $\sigma_a = \frac{M}{W}$; $\sigma_{b0} = \frac{1}{n_0} \cdot \sigma_a = \frac{1}{n_0} \cdot \frac{M}{W}$ (11.4–15)

Es können auch die Teilschnittgrößen des Stahlteiles und des Betonteiles berechnet werden.

11.4.5.3 Einfluß des Betonkriechens

Das Langzeitverhalten eines Betonteiles, das sich ohne Behinderung (d.h. durch Bewehrung und Stahlprofile) verformen kann, ist in DIN 4227, Teil 1, angegeben. Das Stahlprofil und die Bewehrung setzen diesem (plastischen) Verformungsbestreben des Beton einen (elastischen) Widerstand entgegen. Hierdurch entstehen Teilschnittgrößen, die ein Gleichgewichtssystem im Querschnitt bilden (Eigenspannungen), mit zugehörigen Deformationen (z.B. Krümmung des Verbundträgers) sowie Zwängungen (Gesamtschnittgrößen) bei statisch unbestimmten Systemen.
Auf die Berechnung dieser recht komplizierten Zusammenhänge kann nicht näher eingegangen werden. Eine zusammenfassende Darstellung ist in [6] zu finden. Es seien hier nur einige allgemeine Angaben gemacht.
Es wurden drei unterschiedliche Verfahren entwickelt, die zu übereinstimmenden Ergebnissen führen:

- mit Teilschnittgrößen und differentiellen Spannungs-Dehnungsbeziehungen für den Beton (Verfahren nach Sattler [7]),
- mit Teilschnittgrößen und algebraischen Spannungs-Dehnungsbeziehungen für den Beton (Verfahren nach Trost [8],
- mit Gesamtschnittgrößen an einem quasi-elastischen Ersatzquerschnitt mit fiktiven n-Werten für den Betonteil (Verfahren nach Fritz–Wippel [9], [10]).

Jedes der Verfahren weist Vor- und Nachteile bei der Anwendung auf. Generell kann man vielleicht sagen, daß sich die beiden erstgenannten Verfahren besser für EDV-Berechnungen eignen, aber für den ungeübten Anwender etwas unanschaulich sind, während das letztgenannte Verfahren besser für die Handrechnung und Vorbemessung geeignet ist und (zum mindesten für den „Anfänger") bei weitem die größte Anschaulichkeit aufweist. Daher werden hierfür einige Erläuterungen zum Verständnis gegeben.
Es wird das bereits erwähnte Berechnungsmodell „Marke Schweizer Käse" benutzt, wobei für die unterschiedlichen Beanspruchungsarten unterschiedliche n-Werte zur Umrechnung des Betonteiles in einen gleichwertigen Stahlteil verwendet werden. Es entsteht ein „quasi-elastischer" Gesamtquerschnitt, d.h. ein stellvertretender Stahlträger, dessen Biegesteifigkeit, Verformungen, statisch Unbestimmte, usw. nach den geläufigen Methoden der Elastizitätstheorie berechnet werden können. Die Berechnung der Querschnittsfläche, Schwerachse, Trägheitsmomente, Widerstandsmomente, Spannungen usw. erfolgt genau wie die Berechnung infolge kurzzeitigen Belastungen nach Abschn. 11.4.5.2, jedoch mit den jeweils gültigen n-Werten. Wie leicht zu erkennen ist, kann der ganze Schatz an Rechenverfahren und Erfahrungen genutzt werden, den sich jeder entwerfende Ingenieur im Laufe seines Berufslebens für die Bemessung von Stahlträgern und die schnelle, überschlägige Kontrolle der Berechnung erworben hat. Insbesondere im Computer-Zeitalter ist dies ein nicht zu unterschätzender Vorteil dieses Verfahrens.
Es wird stets mit ideellen Elastizitätsmodulen $E_{b,i}$ des Beton bzw. mit Reduktionsfaktoren

$$n_{id} = \frac{E_a}{E_{b,i}} \quad (11.4\text{–}16)$$

gearbeitet. Diese n-Werte können sowohl für die „genauen" Kriechgesetze nach DIN 4227 (Aufteilung in verzögerte elastische Verformung und Fließkriechen) als auch für das angenäherte Kriechgesetz (nur eine Endkriechzahl) angewendet werden. Wird das vereinfachte Kriechgesetz mit φ als Kriechbeiwert verwendet, so gilt

$$n_{id} = n_0(1 + \psi \cdot \varphi) \quad (11.4\text{–}17)$$

Für das „genaue" Kriechgesetz nach DIN 4227, Abschn. 8 mit $\varphi_{f,0}$ als Fließkriechbeiwert gilt nach abgeklungener verzögerter elastischer Verformung (nach 3 Monaten)

$$n_{id} = n_v(1 + \psi \cdot \varphi_{f,v}) \quad (11.4\text{–}18)$$

mit $n_v = 1{,}4\, n_0$ und $\varphi_{f,v} = \frac{\varphi_{f0}(k_{f,t} - k_{f,t0})}{1{,}4}$ (11.4–19)

Die Reduktionsfaktoren n_{id} sind unterschiedlich und hängen von einigen Parametern ab. Daher muß unterschieden werden

$n_{F,L} = n_v(1 + \psi_{F,L} \cdot \varphi_{f,v})$ für die Betonfläche (11.4–20)

$n_{J,L} = n_v(1 + \psi_{J,L} \cdot \varphi_{f,v})$ für das Betonträgheitsmoment (11.4–21)

Der erste Index gibt an, ob die Querschnittsfläche A (früher F) oder das Eigenträgheitsmoment J des Betonteiles reduziert wird. Meist wird näherungsweise (auf der sicheren Seite liegend) $\psi_{J,L} = \psi_{F,L}$ gesetzt.
Der zweite Index L (Last) deutet an, daß die Beiwerte ψ auch vom zeitlichen Verlauf der Belastung, d.h. der auf den Gesamtquerschnitt einwirkenden Schnittgröße abhängt. Es müssen folgende Arten der äußeren Einwirkung unterschieden werden:

$\psi_{F,B}$: Beiwert für zeitlich konstant auf den Querschnitt einwirkende Schnittgrößen aus äußerer Belastung (z.B. Eigengewicht)

$\psi_{F,BX}$: Beiwert für zeitlich veränderliche Beanspruchungen (z.B. durch Kriechen hervorgerufene [statisch unbestimmte] Zwängungen sowie für sämtliche Einflüsse, die durch Schwinden einschl. zugehöriges Kriechen hervorgerufen werden).

$\psi_{F,A}$: Beiwert für eingeprägte Verformungen, die sich im Laufe der Zeit nicht verändern (z.B. Vorspannen des Verbundträgers durch Absenken an den Auflagerpunkten).
In Tabelle 11.4–1 sind Zahlenwerte für die wichtigsten ψ-Beiwerte angegeben.

Tab. 11.4–1 Beiwerte $\psi_{F,L}$ zur Ermittlung des ideellen Reduktionsfaktors n_{id}

$\alpha \cdot \varphi_{f,v}$	$\psi_{F,B}$; $\psi_{F,A}$	$\psi_{F,BX}$	$\alpha \cdot \varphi_{f,v}$	$\psi_{F,B}$; $\psi_{F,A}$	$\psi_{F,BX}$	$\alpha \cdot \varphi_{f,v}$	$\psi_{F,B}$; $\psi_{F,A}$	$\psi_{F,BX}$
0,00	1,0000	0,5000	0,34	1,1910	0,5282	0,68	1,4321	0,5562
0,02	1,0100	0,5016	0,36	1,2036	0,5299	0,70	1,4482	0,5578
0,04	1,0202	0,5033	0,38	1,2165	0,5315	0,72	1,4644	0,5594
0,06	1,0306	0,5049	0,40	1,2295	0,5332	0,74	1,4809	0,5611
0,08	1,0410	0,5066	0,42	1,2427	0,5348	0,76	1,4977	0,5627
0,10	1,0517	0,5083	0,44	1,2561	0,5365	0,78	1,5147	0,5643
0,12	1,0624	0,5099	0,46	1,2697	0,5381	0,80	1,5319	0,5659
0,14	1,0733	0,5116	0,48	1,2834	0,5398	0,82	1,5493	0,5675
0,16	1,0844	0,5133	0,50	1,2974	0,5414	0,84	1,5671	0,5691
0,18	1,0956	0,5149	0,52	1,3115	0,5431	0,86	1,5850	0,5707
0,20	1,1070	0,5166	0,54	1,3259	0,5447	0,88	1,6032	0,5724
0,22	1,1185	0,5183	0,56	1,3404	0,5464	0,90	1,6217	0,5740
0,24	1,1302	0,5199	0,58	1,3552	0,5480	0,92	1,6405	0,5756
0,26	1,1420	0,5216	0,60	1,3701	0,5497	0,94	1,6595	0,5772
0,28	1,1540	0,5233	0,62	1,3853	0,5513	0,96	1,6788	0,5787
0,30	1,1661	0,5249	0,64	1,4007	0,5529	0,98	1,6984	0,5803
0,32	1,1785	0,5266	0,66	1,4163	0,5546	1,00	1,7182	0,5819

Ermittlung von $\psi_{F,B}$ und $\psi_{F,BX}$ mit

$$\alpha = \alpha_v = \frac{A_{st} \cdot J_{st}}{A_{i,v} \cdot J_{i,v}}$$

Ermittlung von $\psi_{F,A}$ mit

$$\alpha = \alpha_{N,v} = \frac{A_{st}}{A_{i,v}}$$

A_{st}, J_{st} = Fläche bzw. Trägheitsmoment des Stahlquerschnitts

$A_{i,v}$, $J_{i,v}$ = ideelle Fläche bzw. ideelles Trägheitsmoment des Verbundquerschnitts mit n_0 bzw. n_v unter Vernachlässigung des Betoneigenträgheitsmomentes bei der Berechnung von $J_{i,v}$

(Nähere Erläuterungen siehe [6])

Ein besonderer Vorteil dieses Verfahrens besteht darin, daß mit Hilfe der n-Werte zu jeder Belastungsart die „Biegesteifigkeit" des Verbundträgers ermittelt werden kann (was bei den anderen Verfahren nicht möglich ist). Hierdurch ist z.B. sehr leicht zu erkennen,

- daß sich bei Durchlaufträgern (mit konstanten Querschnittsabmessungen) die Biegemomente aus Eigengewicht infolge Kriechen des Betons nicht verändern, da die statisch Unbestimmten nicht von der absoluten Größe der Steifigkeit abhängen, sondern nur von ihrer Verteilung,
- daß sich bei eingeprägten Verformungen die Biegemomente infolge Betonkriechens im Verhältnis der Steifigkeiten (Zeitpunkt t_0 und t_∞) ändern. Die Vorspannung durch Montagemaßnahmen (Absenken) wird durch das Kriechen im Laufe der Zeit reduziert.

Ein weiterer Vorteil besteht darin, daß es nur einen n-Wert für alle Einflüsse gibt, die mit dem Schwinden einschließlich zugehörigen Kriechumlagerungen zusammenhängen. Dies führt zu folgendem Berechnungsmodell, das in Bild 11.4–14 für einen Durchlaufträger dargestellt ist:

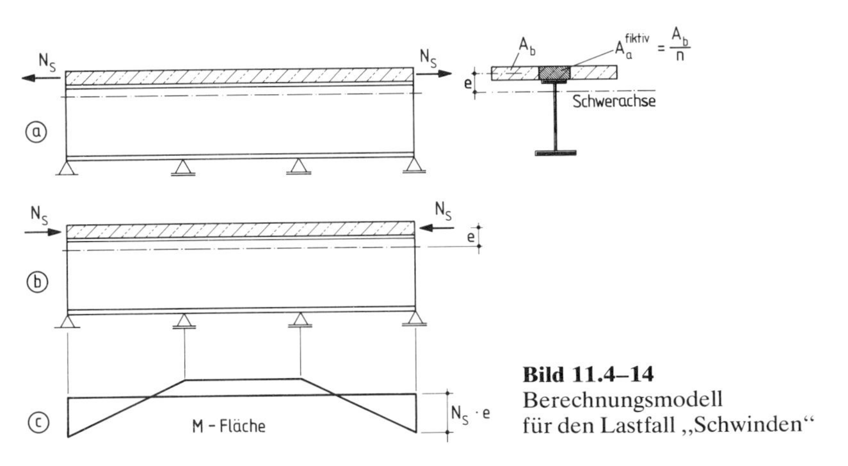

Bild 11.4–14
Berechnungsmodell
für den Lastfall „Schwinden"

• mit dem n-Wert entsteht ein stählerner Modellträger, dessen Obergut (umgerechnete Betonfläche) sich um das Schwindmaß (ε_s) verkürzen will,

• im ersten Rechenschritt wird diese Verkürzung vollständig verhindert. Die hierfür erforderliche Kraft N_s ist in Bild 11.4–14a eingetragen. Es entstehen nur Zugspannungen in der Betonfläche von der Größe

$$\sigma_b = + \frac{N_s}{A_b} \tag{11.4–22}$$

• im zweiten Rechenschritt wird die (in Wirklichkeit nicht vorhandene) Kraft N_s mit umgekehrtem Vorzeichen als äußere Kraft auf das Verbundsystem aufgebracht. Es entsteht im Modellträger Druck plus Biegung. Die Größe und der Verlauf der Biegemomente ist am statisch unbestimmten (elastischen) System einfach zu ermitteln.

11.4.6 Vorspannung

11.4.6.1 Allgemeines

Im Gegensatz zu anderen Ländern wurde in Deutschland bisher für Verbundbrücken fast ausnahmslos beschränkte, selten volle Vorspannung gefordert. Es waren hierzu die gleichen Überlegungen maßgebend, wie sie für Spannbetonkonstruktionen galten:
• durch die Vorspannung tritt eine „Qualitätsverbesserung“ ein,
• die Rissegefahr ist „kleiner“
Folgerichtig wurden die Nachweise der Spannbetonbauweise gefordert (z.B. Einhaltung bestimmter Grenzen bei den Betonzugspannungen).
Inzwischen hat sich durch Schadensfälle bei Spannbetonkonstruktionen herausgestellt, daß durch diese Art der Bemessung keineswegs Risse und damit das Eindringen von Feuchtigkeit und Umwelteinflüssen bis zu den Spanngliedern verhindert werden. Bei korrosionsfördernden Einflüssen (Tausalz oder Industrieatmosphäre) sind die korrosionsempfindlichen Spannstähle besonders gefährdet (Spannungsrißkorrosion). Hinzu kommt die Tatsache, daß die Dauerfestigkeit dieser Stähle unter ständiger Einwirkung korrosionsfördernder Umgebung stark, ja im Grenzfall auf Null, absinkt. In Bild 11.4–15 ist dieser Zusammenhang dargestellt. Die doppeltnormierte Wöhlerlinie zeigt unter „normalen Bedingungen“ die bekannte bilineare Form; unter korrosionsfördernder Umgebung kann die Dauerfestigkeit σ_D, die unendlich oft ertragen wird, bis auf Null zurückgehen. Es addieren sich dann die Schädigungen aus den sonst ungefährlichen „kleinen Spannungsausschlägen“ (Miner-Regel) auf und es tritt ein (unangekündigter) Bruch als eine Kombination von Spannungsriß-Dauerfestigkeits-Korrosion auf.

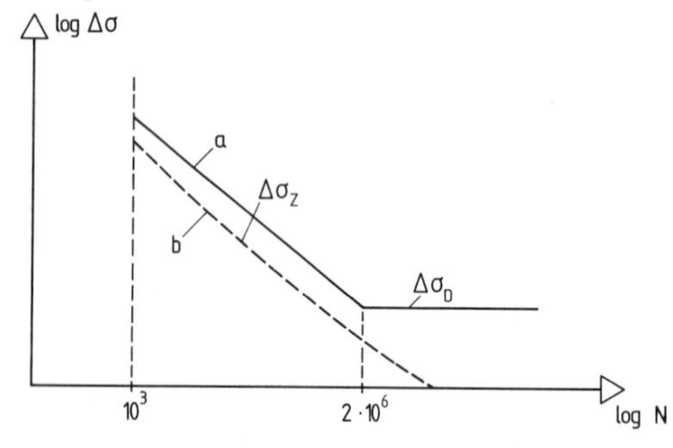

Bild 11.4–15
Wöhlerlinien
a) normale Bedingungen
b) korrosionsfördernde Bedingungen

Außerdem wurde in der Vergangenheit der Einfluß von Temperatureinwirkungen auf Massivbrücken unterschätzt, was sich vor allem bei statisch unbestimmten Konstruktionen im Bereich der Momenten-Nullpunkte und dort ganz besonders an Koppelfugen der Spannglieder bemerkbar machte.
Dies alles hat dazu geführt, daß in neuester Zeit auch bei uns in Deutschland nicht mehr die Forderung nach beschränkter Vorspannung (die meist nur durch Spannglieder zu erreichen war) gestellt wird. Vielmehr werden die Maßnahmen zur Verminderung der Rißbreiten durch Einlegen von zweckmäßiger (schlaffer) Bewehrung stärker betont als die Reduktion der (rechnerischen) Betonzugspannungen. In der überarbeiteten Ausgabe 1981 der Verbundträger-Richtlinien wurden diese Erkenntnisse eingearbeitet.
Das Ergebnis dieser Überlegungen kann folgendermaßen zusammengefaßt werden:
• möglichst keine Vorspannung der Verbundträger durch Spannglieder,
• Rißbreitenbeschränkung durch (schlaffe) Bewehrung,
• ggf. Verbesserung des Gebrauchszustandes durch Vorspannung durch Montagemaßnahmen (eingeprägte Verformungen).

11.4.6.2 Arten der Vorspannung

Man kann zwei unterschiedliche Methoden unterscheiden, um Druckspannungen in den Betonteil einzuleiten:

- Vorspannung durch Zugglieder (i.a. Spannglieder),
- Vorspannung durch Montagemaßnahmen (eingeprägte Lasten oder Verformungen).

Die Spannglieder liegen normalerweise in der Betonplatte und werden wie bei der Spannbetonbauweise in Hüllrohren verlegt, die nach dem Anspannen mit Mörtel verpreßt werden (Bild 11.4–16a). Sie können aber auch (z.B. als Unterspannung ohne Verbundwirkung) außerhalb des Betonteiles angeordnet sein (s. Bild 11.4–16b).

Die Vorspannung durch Montagemaßnahmen ist bei der Spannbetonbauweise nicht möglich, da sie nahezu vollständig „herauskriechen" würde; sie ist ein typisches Merkmal der Verbundbauweise und entsteht durch eine gezielte elastische Verformung des Stahlträgers vor Herstellen des Verbundes und/oder des Verbundträgers nach Herstellen des Verbundes (z.B. Anheben eines Durchlaufträgers vor dem Betonieren und Absenken nach dem Erhärten). In Bild 11.4–17 ist dies schematisch dargestellt.

Durch eine zweckmäßige Betonierungsreihenfolge (z.B. nach Bild 11.4–18) kann ebenfalls die Größe der Betonzugspannungen entscheidend beeinflußt, also eine Art Vorspannung erzielt werden.

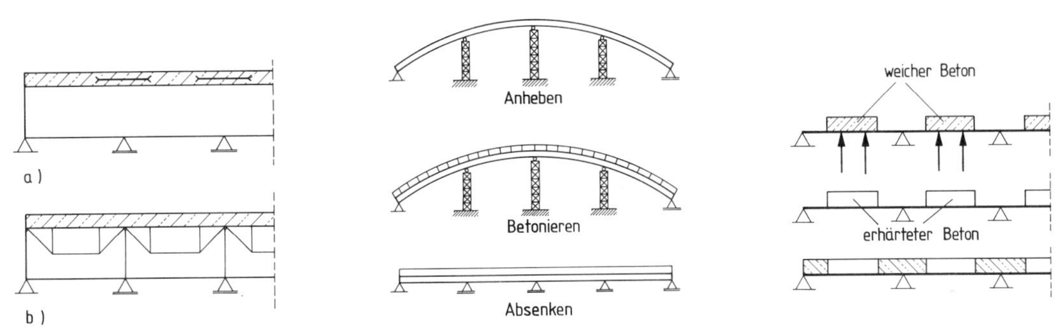

Bild 11.4–16 (links) Vorspannung durch Zugglieder (unmaßstäbliche Skizze)
a) Spannglieder in der Betonplatte mit nachträglichem Verbund
b) Vorgespannte Zugglieder (z.B. Seile) außerhalb des Betonteiles als Unterspannung

Bild 11.4–17 (Mitte) Vorspannung durch Montagemaßnahmen

Bild 11.4–18 (rechts) Beispiel für einen Bauablauf

Häufig wird eine Kombination der verschiedenen Verfahren angewendet:

- Stahlträger in überhöhter Lage mit Hilfsstützen montieren,
- Platte abschnittsweise betonieren: zunächst die Feldbereiche, nach Erhärten werden die Hilfsstützen entfernt (Eigengewichtsverbund nur im Feldbereich), anschließend werden die Stützenbereiche betoniert (ohne Eigengewichtsverbund),
- zum Abschluß wird der Verbundträger abgesenkt und, wenn nötig, mit Spanngliedern in den Stützenbereichen vorgespannt.

Die Vorspannmaßnahmen dienen ausschließlich der Verbesserung des Gebrauchszustandes (Rißbreiten), sie haben aber bis zu einem gewissen Grad auch Einfluß auf die Grenztragfähigkeit der Konstruktion.

11.4.6.3 Einfluß der Vorspannung auf die Grenztragfähigkeit

Für die Vorspannung mit Spanngliedern gilt folgendes: die Spannglieder mit (nachträglichem) Verbund erfahren bei der Lasterhöhung (γ-fache Lasten) eine Steigerung der Dehnung, die i.a. durch die Vordehnung beim Anspannen zum Fließen führt. Diese Tatsache wird bei der Berechnung der Querschnittstragfähigkeit dadurch berücksichtigt, daß die Spannglieder als Bewehrung mitgerechnet werden. Als „äußere Belastung" aus der Spanngliedvorspannung verbleiben dann nur die statisch unbestimmten Zwängungsschnittgrößen (Gesamtschnittgrößen). Liegen die Spannglieder dagegen ohne Verbundwirkung innerhalb oder außerhalb des Betonteiles, so werden sie nicht bei der Querschnittstragfähigkeit sondern als äußere Kraftwirkung (N und M) auf den „Netto-Gesamtquerschnitt wirkend" berücksichtigt. Hierbei erfahren die Spannglieder unter γ-facher Belastung je nach dem statischen System Laststeigerungen, die i.a. nicht die Streckgrenze erreichen.

Für die Zwängungsschnittgrößen in statisch unbestimmten Systemen (Gesamtschnittgrößen aus Vorspannung durch Montagemaßnahmen und aus Spanngliedvorspannung) gilt folgende Überlegung: Bilden sich unter γ-fachen Lasten Fließgelenke, so „plastizieren die Zwängungsmomente heraus". Wird (bei elastischer Bemessung) die Streckgrenze jedoch nicht erreicht, so bleiben sie wirksam. Dazwischen liegt bei Teilplastizierung ein entsprechender Übergangsbereich.
Wenn man berücksichtigt, daß die „elastische Bemessung" nur ein Hilfsmittel zur einfacheren Berechnung ist, und daß fast ausnahmslos im positiven Momentenbereich (Beton in der Druckzone) mit voller Querschnittsplastizierung (M_{pl}) gerechnet werden darf, so erkennt man, daß der Einfluß der Vorspannung (Gesamtschnittgrößen) im wesentlichen aus den vereinfachten (elastischen) Rechenannahmen resultiert, das tatsächliche Tragverhalten aber wesentlich „gutmütiger" ist, da sich in Wirklichkeit eine Umlagerung der Momente in Richtung auf den tragfähigsten Zustand einstellt (vgl. Abschn. 11.4.3).
Verbleibt noch die Frage: Welchen Einfluß haben die (statisch bestimmten) auf den Querschnitt wirkenden „Eigenspannungen", die im Gleichgewicht stehen und nur Teilschnittgrößen hervorrufen? Bei Plastizierungen im betrachteten Querschnitt verschwinden sie selbstverständlich (vgl. Abschn. 11.1.2), aber auch bei „elastischer Bemessung" schlanker Verbundträger ist ihr Einfluß auf die Grenztragfähigkeit i.a. sehr gering. Der Grund hierfür ist in folgender Tatsache zu suchen: selbst bei örtlichen Instabilitätserscheinungen sind die notwendigen Dehnungen, die zum Abklingen führen, so gering, daß keine nennenswerte Abminderung der (i.a. weit auf der sicheren Seite liegenden) elastischen Grenztragfähigkeit sowohl des Querschnittes als (erst recht) des Gesamtsystems eintritt. Insbesondere gilt dies für Verbundträger, die bereichsweise kompakt sind.
Zusammenfassung:
Bei Berücksichtigung des tatsächlichen Tragverhaltens von „normalen" Verbundträgern (d.h. wenn sie bereichsweise kompakt sind) ist der Einfluß der Vorspannung auf den Grenzzustand der Tragfähigkeit nicht von so großem Einfluß, daß eine „perfekte" Berechnung mit streuenden Einflußgrößen (zwei Grenzwerte) gerechtfertigt erscheint. Dagegen besteht die Gefahr, daß sich der entwerfende Ingenieur „totrechnet" oder den wichtigsten Fragen nach einer „vernünftigen Konstruktion und Herstellung" aus Angst vor einem zu komplizierten Nachweisverfahren ausweicht. Die vornehmste Aufgabe bei der Neufassung von Normen ist daher nicht die Sucht nach Perfektionierung sondern die vernünftige Regelung des „Normalfalles". Für komplizierte Sonderfälle, die man ohnehin nicht alle vorweg „erfinden" kann, sollte ein ausreichender Spielraum für die Eigenverantwortung des Ingenieurs belassen werden.

11.4.7 Verbundsicherung

11.4.7.1 Allgemeines

Aufgrund ihrer Wirtschaftlichkeit werden für Verbundträger fast ausschließlich Kopfbolzendübel, in selteneren Fällen Reibungsverbund zur Übertragung der Schubkräfte zwischen Stahlträger und Betonteil verwendet. Beide Verdübelungsarten gelten als „flexibel" (s. Abschn. 11.3.2).

11.4.7.2 Vollständige Verdübelung

Wird im Grenzzustand der Tragfähigkeit gefordert, daß das volle plastische Moment des Verbundträgers M_{pl} im maßgebenden Querschnitt „erzeugt" werden kann, so ist hierzu eine bestimmte Anzahl von Dübeln zum Einleiten der zugehörigen Längskräfte in den Betongurt erforderlich. Bezeichnet man diese Anzahl mit n_{pl} (oder mit 100%), so ist damit gemeint, daß ein weiteres Hinzufügen von Dübeln keine Erhöhung der Tragfähigkeit (über M_{pl} hinaus) bewirkt. Man nennt dies vollständige Verdübelung (oder 100%ige Verdübelung).
Häufig tritt jedoch der Fall ein, daß nicht das volle M_{pl} zum Nachweis des Grenzzustandes der Tragfähigkeit benötigt wird, da durch Profilabstufungen usw. eine gewisse „Überdimensionierung" eintritt. Es kann auch der Fall eintreten, daß man (aus Platzmangel) nicht genügend (n_{pl}) Dübel anordnen kann. Dann spricht man von teilweiser Verdübelung.

11.4.7.3 Teilweise Verdübelung

Wird der Tragfähigkeitsnachweis nicht mit n_{pl} sondern mit weniger Dübeln (n_{erf}) geführt, so sind zwei Fälle zu unterscheiden:

- der allgemeine Fall (der auch bei steifen Dübeln angewendet werden darf), wonach im Verhältnis der auftretenden Momente M zum plastischen Moment M_{pl} die Anzahl der Dübel reduziert werden kann:

$$n_{\text{erf}} = n_{pl} \cdot \frac{M}{M_{pl}} \geq \frac{1}{2}\, n_{pl} \qquad (11.4\text{–}23)$$

- für flexible Dübel bei vorwiegend ruhender Belastung (Hochbaukonstruktionen) gilt unter bestimmten Voraussetzungen, die im einzelnen in den Verbundträger-Richtlinien angegeben sind,

$$n_{erf} = n_{pl}\left(\frac{M - M_{pl,a}}{M_{pl} - M_{pl,a}}\right) \geq \frac{1}{2}\, n_{pl} \tag{11.4–24}$$

mit $M_{pl,a}$ = plastisches Moment des Stahlträgers allein.
Der Zusammenhang ist in Bild 11.4–19 dargestellt. Nur bei vollständiger Verdübelung entsteht das Spannungsdiagramm mit einer (plastischen) Nullinie.

Bei „flexiblen" Dübeln kann durch „planmäßigen Schlupf" in der Dübelfuge erreicht werden, daß das $M_{pl,a}$ des Stahlträgers allein als Grenzwert der Tragfähigkeit realisierbar ist.
Bei teilweiser Verdübelung entsteht stets eine (zweite) plastische Nullinie im Stahlträger, da die Betondruckkraft kleiner ist als die Zugkraft des gesamten Stahlprofiles (vgl. Abschnitt 11.4.1, Bild 11.4–3b). Bei „steifen" Dübeln ist dies nicht der Fall, sie würden vorher „brechen". Aus diesen Zusammenhängen ist zu erkennen, daß ein günstiges Verformungsvermögen der Verdübelung sehr wichtig für die Tragfähigkeit des Verbundträgers ist. Damit jedoch nicht bereits unter Gebrauchslast ein zu großer „Schlupf" oder Versagen eintritt, darf die Anzahl der Dübel $1/2 \cdot n_{pl}$ nicht unterschreiten.

11.4.7.4 Verteilung der Dübel

Steife Dübel besitzen nur geringe „Umlagerungsfähigkeit". Sie müssen daher bei elastischer Berechnung entsprechend dem Schubkraftverlauf (bei konstanten Trägerquerschnitten entsprechend dem Querkraftverlauf) in Trägerlängsrichtung verteilt werden. Durch den Einfluß der Plastizierungszonen tritt jedoch auch bei vollständiger Verdübelung mit steifen Dübeln eine „gleichmäßigere" Verteilung der Dübelkräfte nach Bild 11.4–20 ein.

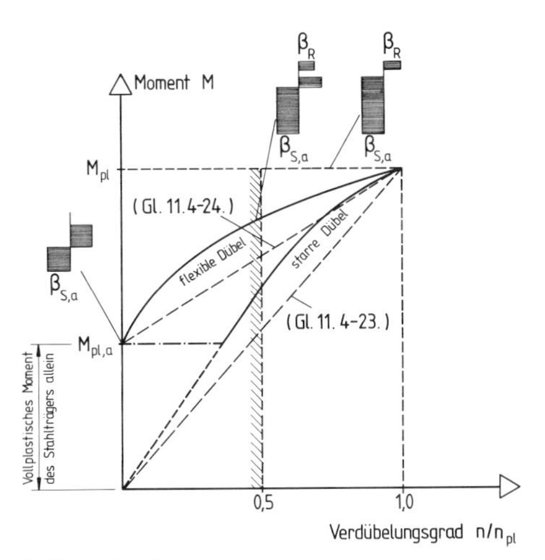

Bild 11.4–19
Einfluß des Verdübelungsgrades

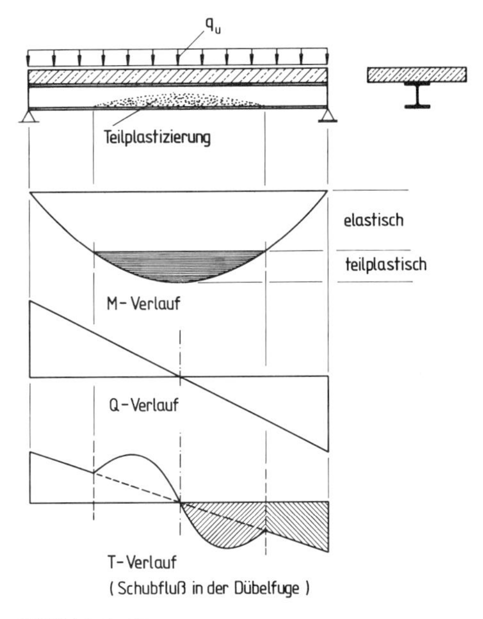

Bild 11.4–20
Einfluß der Plastizierungszonen auf die Verteilung der Dübelkräfte aus [22]

Flexible Dübel können durch Umlagerung einen Ausgleich der Schubkräfte herbeiführen. Die Gesamtzahl der Dübel zwischen „kritischen Schnitten" ist daher wichtig, nicht aber ihre Verteilung innerhalb dieser kritischen Länge l_k nach Bild 11.4–21. Kritische Schnitte sind durch plötzliche Änderung oder Vorzeichenwechsel der Schubkräfte gekennzeichnet, z. B.: Auflagerpunkte, Angriffspunkte von Einzellasten, Stellen extremaler Biegemomente, Querschnittssprünge.

An den „kritischen Schnitten" darf bei kompakten Querschnitten für die Querschnittstragfähigkeit eine vollplastische Spannungsverteilung mit 2 Nullinien nach Bild 11.4–3b zugrunde gelegt werden, wobei die Differenz der Normalkräfte im Betonteil mit der Summe der Dübelkräfte zwischen zwei benachbarten kritischen Schnitten in Übereinstimmung stehen muß.

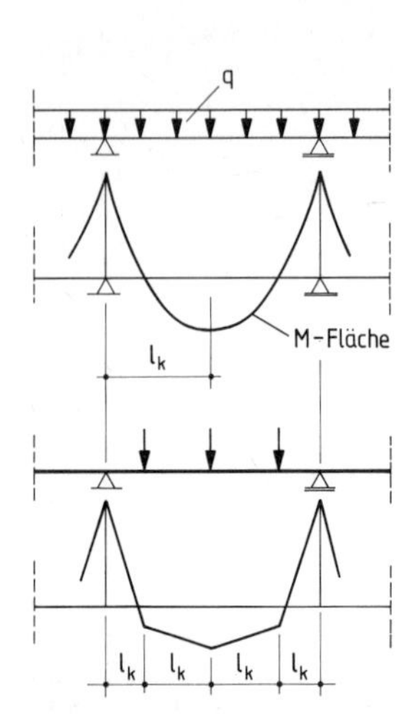

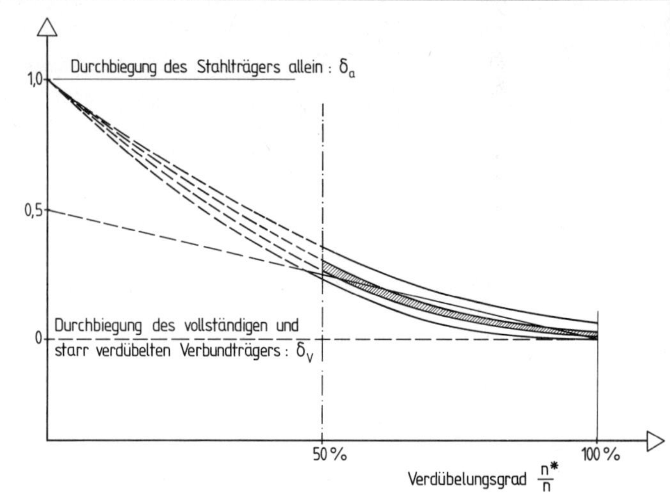

Bild 11.4–21 (links) Beispiele für kritische Längen l_K für Verteilung flexibler Dübel

Bild 11.4–22 (rechts) Näherungsberechnung für Durchbiegungen von unvollständig verdübelten Verbundträgern aus [11]

11.4.7.5 Verformungen unter Gebrauchslast

Die genauen Verformungsberechnungen von teilweise verdübelten Verbundträgern erfordern einen sehr hohen Rechenaufwand. Eine Näherungsberechnung ist in [11] angegeben:
Die wirkliche Durchbiegung liegt (linear angenähert) zwischen der Durchbiegung δ_v des vollständig verdübelten und der Durchbiegung δ_a des Stahlträgers (Verdübelungsgrad Null). Der Zusammenhang ist in Bild 11.4–22 dargestellt. Mit dem Verdübelungsgrad n^*/n ist danach die Durchbiegung δ_v^* des teilverdübelten Einfeld-Verbundträgers

$$\delta_v^* = \delta_v + \frac{1}{2}(\delta_a - \delta_v)\left(1 - \frac{n^*}{n}\right) \qquad (11.4\text{–}25)$$

11.4.7.6 Weiterleitung der Schubkräfte

Die Schubkräfte, die durch die Dübel in den Betongurt übertragen werden, müssen dort weitergeleitet werden. Hierfür sind folgende Untersuchungen zu führen (vgl. Bild 11.4–23):

- für die maßgebende Dübelumrißfläche der Nachweis gegen „Durchstanzen",
- für die maßgebenden Schnitte des „Schulterschubes" der Nachweis der Querbewehrung des Betongurtes.

Hierfür sind stets die Dübelkräfte und deren Verteilung zu berücksichtigen, wie sie in den Abschnitten 11.4.7.2 bis 4 behandelt wurden.

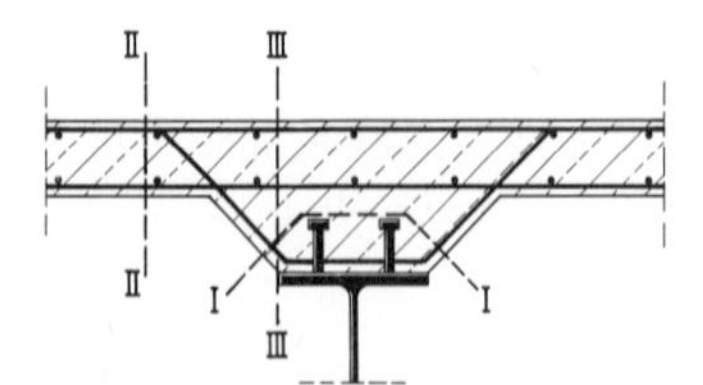

Bild 11.4–23
Weiterleitung der Schubkräfte
Schnitt I–I: Durchstanzen der Dübelumrißfläche
Schnitt II–II und Schnitt III–III: Schubbewehrung des Betonteiles

11.4.7.7 Unterbrochener Betongurt

Zur Verminderung der Zugdehnungen im Betongurt über den inneren Auflagern von Durchlaufträgern kann

- entweder der Betongurt durchlaufend, aber auf eine gewisse Länge ohne Dübel ausgebildet werden („Abschneiden der Momentenspitze")
- oder der Betongurt (einschl. der Bewehrung) durch Anordnung von Fugen unterbrochen werden.

11.4.8 Einbetonierter Stahlträger

Bisweilen werden vollständig einbetonierte Stahlträger verwendet, die vornehmlich auf Querkraft-Biegung beansprucht werden (Erhöhung der Steifigkeit, Brandschutz usw.). Insbesondere die Deutsche Bundesbahn setzt diese Träger seit langer Zeit mit bestem Erfolg ein, obwohl keine Dübel zur Übertragung von Schubkräften angeordnet werden. Die Gesamtwirkung gleicht daher eher einer Addition der Tragfähigkeiten eines Stahlprofiles und eines Stahlbetonträgers (vergleichbar mit zwei „nebeneinanderliegenden“ Trägern, die die gleiche Durchbiegung erfahren). Für diese spezielle Bauweise hat die DB gesonderte Bemessungsregeln entwickelt [12].

11.4.9 Träger mit unterbrochener Verbundfuge

In neuester Zeit wurde ein Deckensystem für den Hochbau entwickelt, das sich durch besondere Wirtschaftlichkeit auszeichnet. Hierbei werden Trapezprofilbleche aus verzinktem, dünnwandigen Stahlblech verwendet. Die Besonderheiten, die hiermit zusammenhängen, werden wegen ihrer Bedeutung ausführlicher in Kapitel 11.5 behandelt.

11.5 Verbundkonstruktionen unter Verwendung von Stahlprofilblechen

11.5.1 Einleitung

Seit Ende der 60er Jahre werden profilierte Stahlbleche als Verbundkonstruktionen im Hochbau angewendet. Die Entwicklung hat in Nordamerika begonnen, ist auch in Europa (z.B. England, Holland, Belgien, Frankreich, Schweiz, Tschechoslowakei) seit geraumer Zeit zu finden, hat jedoch in Deutschland erst seit wenigen Jahren Fuß gefaßt, was vor allem auf das Fehlen von allgemeinen Regelwerken für diese Bauart bzw. auf den hohen Zeit- und Kostenaufwand zur Erlangung der bauaufsichtlichen Zulassung zurückzuführen ist.
Stahlprofilbleche werden seit langer Zeit als Dächer oder Wandelemente verwendet. Das Blech ist mindestens rd. 0,8 mm dick und beidseitig verzinkt. Als Decken wurden sie zunächst entweder selbsttragend oder als verlorene Schalung eingesetzt. Die konsequente Weiterentwicklung als Verbunddecke führte dazu, das Profilblech als „Bewehrung“ der Decke heranzuziehen. Eine beispielhafte Ausbildung eines solchen Deckensystems ist in Bild 11.5–1 dargestellt. Eine leichte Bewehrung aus Baustahlgewebe wird i.a. unmittelbar auf die Profilbleche gelegt. Sie dient zur Querverteilung der Lasten und verbessert die Risseverteilung und die Feuerwiderstandsdauer.

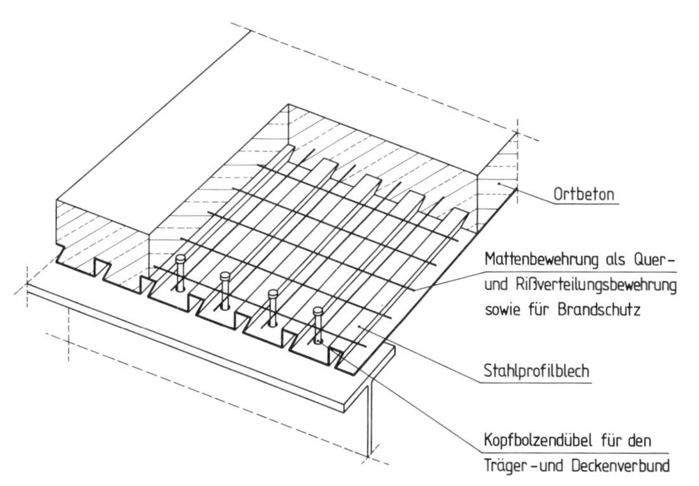

Bild 11.5–1
Stahlprofilblech-Verbunddecke

Die Verbunddecken weisen wirtschaftliche Vorteile auf, die zur schnellen Verbreitung dieser Bauweise beigetragen haben:

- die Blechtafeln sind schnell (von Hand) verlegbar,
- sie stehen sofort als Arbeitsbühne zur Verfügung,
- sie können zur Stabilisierung herangezogen werden (Kippsicherung der Träger, ggf. Ersatz für Verbände),

- sie dienen als selbsttragende Schalung der Ortbetonplatte,
- sie dienen als „Bewehrung der Stahlbetonplatte“,
- die nicht mit Beton gefüllten Zellen der „Rippenplatte“ erlauben eine ungestörte Führung der Installationsleitungen rechtwinklig zu den Unterzügen.

Die „Verbunddecke“ liegt i.a. auf stählernen Unterzügen und wirkt bei entsprechender Verdübelung als Obergurt eines Verbundträgers (Trägerverbund, s. Abschn. 11.5.4).
Die Forschung auf dem Gebiet der Stahlprofil-Verbundkonstruktionen hat inzwischen einen Stand erreicht, daß „Europäische Empfehlungen für die Ausbildung und Berechnung“ [13], [14] herausgegeben werden konnten. Die Aufnahme des Trägerverbundes in die DIN-Normen ist in Vorbereitung [3]. Die Regelung der Verbunddecken ist z.Zt. nur über entsprechende Zulassungsverfahren möglich [24].
Die Tragwirkung der Konstruktion ist wesentlich beeinflußt von folgenden Problemen:

- Montagezustand,
- Verbundsicherung bei dem Deckenverbundsystem,
- Trägerverbund (die Verbunddecke wirkt als Obergurt der Deckenträger).

11.5.2 Montagezustand

Vor Erhärten der Ortbetonplatte wirkt das Profilblech als Schalung und Arbeitsbühne. Es können hierbei Hilfsunterstützungen eingesetzt werden, um größere Deckenstützweiten zu ermöglichen. Die theoretische Ermittlung der Grenztragfähigkeit ist wegen der Instabilitätsprobleme (Druckbeulen, Schubbeulen, Krüppeln unter Einzellasten) bisher noch nicht zufriedenstellend gelungen. Es müssen daher (genormte) Zulassungsversuche für die entsprechenden Profilbleche durchgeführt werden. Die Bemessung erfolgt durch Vergleich der nach der Elastizitätstheorie ermittelten maßgebenden Schnittgrößen (Auflagerkräfte, max. Biegemomente) mit entsprechenden zulässigen Werten, die aus den Versuchen ermittelt werden.
Als Belastung während des Bauvorganges sind außer dem Eigengewicht des Frischbetons Verkehrslasten anzusetzen, die zusätzliche Belastungen durch Betonanhäufungen, Baugeräte usw. berücksichtigen.

11.5.3 Stahlprofilblech-Verbunddecken

11.5.3.1 Allgemeines

Das zentrale Problem der Stahlprofilblech-Verbunddecken besteht in der Erzeugung und Sicherung eines dauerhaften Verbundes zwischen dem Stahlprofilblech und dem Ortbeton. Der Verbund kann hergestellt werden

- durch Haftung,
- durch Reibung,
- durch Kontiverdübelung; dies sind Verdübelungsmittel, die kontinuierlich über die Profilblechlänge verteilt sind, entweder in Form von eingestanzten Aussparungen oder Vertiefungen, wie Rippen, Noppen o.ä. (s. Bild 11.5–2) oder durch punktförmig angeschweißte Betonstahlmatten,
- durch Endverankerungen in Form von Kopfbolzen, Bügeln, Winkeln oder anderen mechanischen „Dübeln“ (z.B. Hammerschlagdübel).

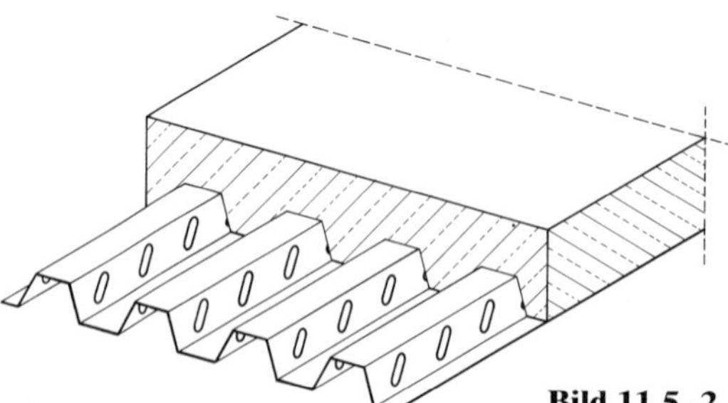

Bild 11.5–2 Kontiverdübelung durch eingeprägte Vertiefungen

Der Haftverbund ist in den niedrigen Lastbereichen bis zum ersten Auftreten von Rissen im Beton (Zustand I) voll wirksam. Mit fortschreitender Rißbildung entstehen an den Rißufern jedoch hohe Haftspannungsspitzen (s. Bild 11.5–3), die zu einer, von Feldmitte zu den Endauflagern fortschreitenden Zerstörung des Haftverbundes führen. Bei der Einfeldplatte bleiben die Auflagerbereiche rissefrei und wirken als „Schubkraftgebiete“, so daß ein Tragsystem „Bogen mit Zugband“ nach Bild 11.5–4 entsteht. Bei weiterer Laststeigerung werden die Endverankerungsbereiche schlagartig als Blöcke weggeschoben und es tritt Versagen ohne nennenswerte plastische Vorankündigung ein. Da nicht eindeutig geklärt ist, ob eine definierte Biegezugfestigkeit des Beton dauerhaft erhalten bleibt oder ob diese schon durch Schwindspannungen, Temperaturwechsel oder durch Erschütterungen überschritten wird, sind Decken, deren Verbundwirkung nur auf Haftung beruht, in den meisten Ländern nicht zulässig.

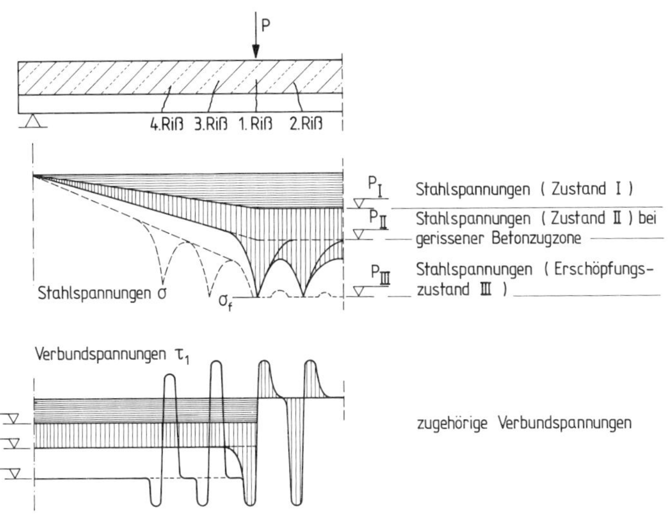

Bild 11.5–3 Stahl- und Verbundspannungsverlauf bei Laststeigerung

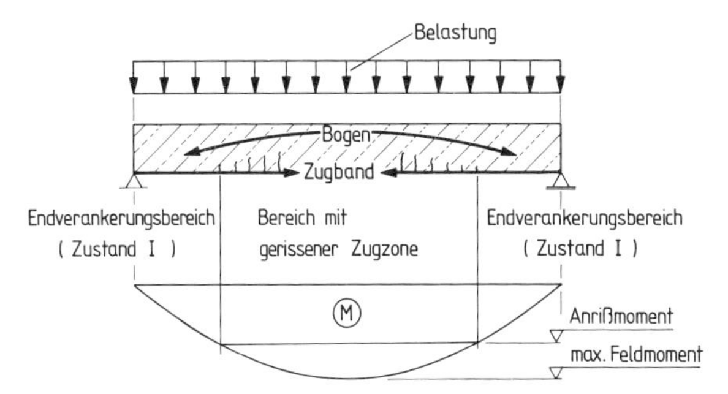

Bild 11.5–4 Tragmodell einer Verbunddecke „Bogen mit Zugband"

Der Reibungsverbund wird durch eine entsprechende Profilierung der Bleche erzeugt. Während bei „offener Profilblechgeometrie" nach Bild 11.5–5a eine Zugbeanspruchung des Bleches in Längsrichtung und die damit verbundene Querkontraktion ein Ablösen des Bleches vom Beton fördert, wird bei „hinterschnittener Profilblechgeometrie" (schwalbenschwanzförmige Verbundfuge) nach Bild 11.5–5b durch die Querkontraktion des Bleches eine Klemmwirkung hervorgerufen, die Reibungskräfte aktiviert und Schubkräfte überträgt. Es stellt sich daher nicht das Tragmodell Bogen mit Zugband ein, sondern ein gewisser Anteil an Schubkräften wird auch im gerissenen Betonteil übertragen. Dabei muß jedoch sichergestellt sein, daß die „Endverankerungsblöcke" nicht schlagartig versagen (dort sind nur geringe Reibungskräfte vorhanden, da die entsprechenden Zugspannungen im Blech fehlen). Eine Mitwirkung des Bleches als „Bewehrung" im Sinne des Stahlbetonbaues kann daher ohne zusätzliche mechanische Endverdübelung i. a. nicht erreicht werden.

Mechanische „Kontiverdübelungen" werden meist bei der Herstellung (Kaltwalzen) der Profilbleche durch Einprägen von Vertiefungen (Rippen, Noppen) oder Einstanzen von Löchern erzeugt. Die Wirkungsweise ist stark abhängig von der Profilgeometrie, der Form der Vertiefungen und dem Verhältnis des Stahlblechquerschnittes zum Betonquerschnitt (Bewehrungsgrad). Die übertragbaren Schubkräfte müssen daher stets durch experimentelle Untersuchungen ermittelt werden. Im Gegensatz zu ausländischen Auffassungen wird in Deutschland i. a. gefordert, daß der Verbund bis zum Erreichen der Traglast erhalten bleibt, d. h. daß die Grenztragfähigkeit der Verbunddecke nicht durch (plötzliches) Versagen der Verdübelung, sondern durch Erreichen der plastischen Grenzwerte für die Biege-

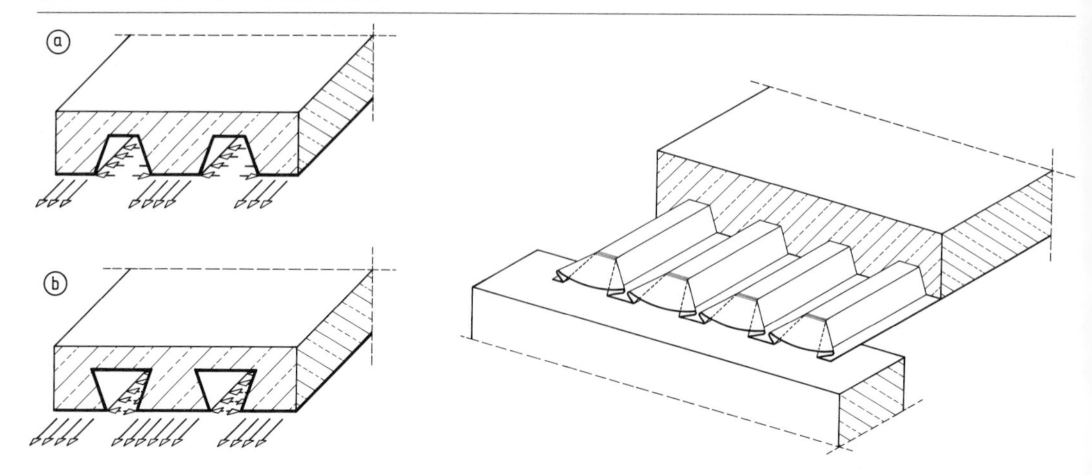

Bild 11.5–5 (links) Auswirkung der Querkontraktion bei unterschiedlicher Blechgeometrie

Bild 11.5–6 (rechts) Endverankerung durch „Hammerschlagdübel" aus [18]

momente hervorgerufen wird. Dadurch wird erreicht, daß die Bemessungsregeln dem sehr genau bekannten Trag-, Verformungs- und Versagensverhalten von Stahlbeton- und Verbundkonstruktionen angepaßt werden können. Andererseits könnte ein Versagen der „kontiverdübelten" Verbundfuge, das zu einem unangekündigten Bruch führt, mit einem höheren Sicherheitsfaktor abgedeckt und trotzdem „sichere" Deckenkonstruktionen bemessen werden. Da jedoch aus anderen Gründen (s. Abschn. 11.5.4.1) meist ohnehin Endverankerungen angeordnet werden, ist dieses Problem i. a. nicht so gravierend.

Endverankerungen bestehen i. a. aus Kopfbolzendübeln, die auf die Obergurte des die Decke unterstützenden Stahlträgers geschweißt werden (s. Bild 11.5–1). Sie können entweder im Durchschweißverfahren durch das (verzinkte!) Stahlprofilblech hindurchgeschweißt werden, oder sie werden vorher (in der Werkstatt) auf die Stahlträger geschweißt; die Profilbleche erhalten dabei entsprechende Löcher und werden auf der Baustelle über die Dübel gestülpt. Um eine kraftschlüssige Verbindung zwischen Blech und Unterzug bereits während der Montage zu erzielen, werden i. a. zusätzliche Verbindungselemente wie Schrauben, Setzbolzen, Nägel o. a. angeordnet. Für Stahlbeton- oder Mauerwerkskonstruktionen empfehlen sich Endverankerungsformen, bei denen die Profilbleche an ihren Enden verformt werden („Hammerschlagdübel" nach Bild 11.5–6).

11.5.3.2 Verbundsicherung

11.5.3.2.1 Allgemeines

In Deutschland wurde bei den bisherigen Zulassungen von dem Grundsatz ausgegangen, daß „ähnliche Verhältnisse" vorliegen müssen wie bei Stahlbetondecken im Sinne eines Tragverhaltens nach Zustand II, d. h.

- fein verteilte Risse in der Biegezugzone des Betons,
- keine „großen" Relativverschiebungen zwischen Profilblech und Beton.

Dies kann erreicht werden durch Verbunddecken mit „beschränkter" (kontinuierlicher) Schubkraftübertragung und Endverankerung oder „voller" Verbundwirkung (ohne Endverankerung). Die Tragwirkung ist vergleichbar mit derjenigen einer Massivplatte, die mit ungeripptem (oder schwach geripptem) Betonstahl und Endhaken bewehrt ist oder mit geripptem Betonstahl (ohne Endhaken).

11.5.3.2.2 Nachweis der Verbundsicherung ohne Endverankerung

Ist die (kontinuierliche) Verbundwirkung so stark, daß das volle plastische Moment der Decke erzeugt werden kann (z. B. aufgeschweißtes Baustahlgewebe oder „vollständige" Verzahnung zwischen Profilblech und Beton), so ist ein „normaler" Querkraftnachweis unter Gebrauchslasten zu führen. Die Höhe der zulässigen rechnerischen Schubspannungen und das Rechenverfahren (elastisch oder plastisch) wird in der Zulassung festgelegt. Hierzu sind Angaben über die Begrenzung der Blechdicke, Betondicke usw. erforderlich.

11.5.3.2.3 Nachweis der Verbundsicherung mit Endverankerung
Auch hierfür sind Zulassungsverfahren und die damit verbundenen experimentellen Untersuchungen erforderlich. Die Hauptaufgabe der Endverankerung ist die Verhinderung größerer Relativverschiebungen zwischen Profilblech und Beton; dann genügt eine relativ „schwache" kontinuierliche Schubkraftübertragung (z.B. durch Reibung bei hinterschnittener Profilgeometrie), um eine Feinverteilung der Risse im Betonzugbereich und das volle Durchplastizieren des Querschnittes zu bewirken.
Liegen entsprechende Versuchsergebnisse vor, so kann die Tragfähigkeit entsprechend dem in Bild 11.5–7 skizzenhaft dargestellten Verfahren nachgewiesen werden.

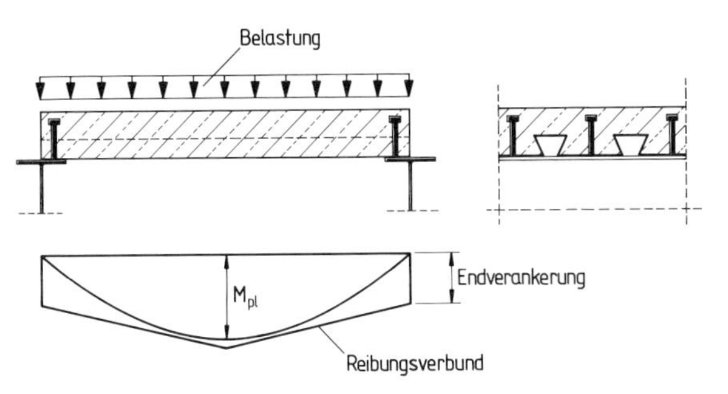

Bild 11.5–7
Verbundsicherung mit Endverankerung und Reibungsverbund

Der Nachweis für die Endverankerungen ist für alle Blechtafelenden (also Endauflager und Zwischenauflager mit Profilblechstößen) zu führen; bei stark unterschiedlichen Feldweiten ($l_1/l_2 < 0{,}8$) auch an allen anderen Zwischenauflagern.

11.5.3.2.4 Nachweis der Grenztragfähigkeit bei Verbunddecken
Neben den Nachweisen der Verbundsicherung sind die übrigen Nachweise der Verbunddecken in Analogie zu den betonstahlbewehrten Stahlbetonplatten zu führen. Sie sind in Bild 11.5–8 skizzenhaft angegeben.

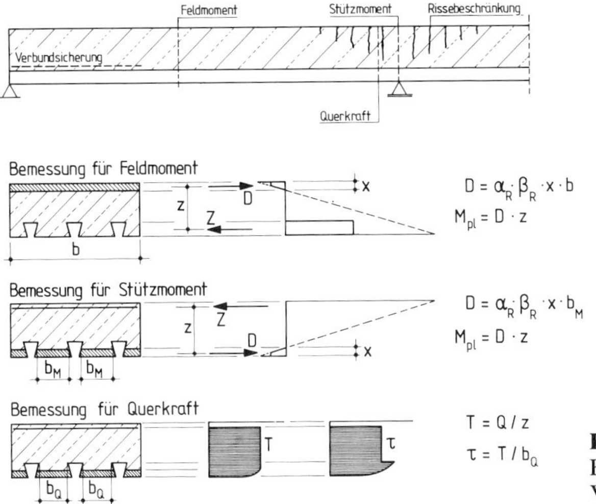

Bild 11.5–8
Baustatische Nachweise bei Stahlprofilblech-Verbunddecken

11.5.3.3 Die Auswertung von Versuchsergebnissen

Um die Übertragbarkeit von Versuchsergebnissen zu erleichtern, wurden internationale Bemühungen eingeleitet, einheitliche Versuchsmethoden festzulegen. Es sind drei Typen von Versuchen vorgesehen:

- Versuche zur Entwicklung halb-empirischer Entwurfsgrundlagen,
- Versuche zur Bestimmung der Tragfähigkeit bestimmter Konstruktionen unter festgelegten Standard-Versuchsbedingungen. Die Ergebnisse können für andere Fälle nicht interpoliert oder extrapoliert werden,
- Versuche für Sonderfälle (z.B. Gabelstapler-Betrieb).

Die Versuchsbedingungen und die Definitionen für die Festlegung der Tragfähigkeit usw. sind [14] zu entnehmen. Auch für vorwiegend ruhend belastete Konstruktionen werden Versuche mit 10000 Lastwechseln im Bereich von etwa der 0,3- bis 1,5fachen Gebrauchslast durchgeführt, um das Langzeitverhalten des Beton zu simulieren und die Rißbildung zu beschleunigen.

11.5.3.4 Feuerwiderstandsdauer

In Brandversuchen wurde festgestellt, daß bestimmte Arten der Profilblech-Verbunddecken ohne weiteren Brandschutz eine hohe Feuerwiderstandsdauer besitzen. Bei „hinterschnittener Profilgeometrie" z.B. sind die in die Betonplatte eingelassenen, schwalbenschwanzförmigen Teile der Bleche von der direkten Einwirkung der Hitze so stark abgeschirmt, so daß bei einer Zusatzbewehrung aus Baustahlmatten mit mindestens Q 131 eine Feuerwiderstandsklasse von F 90 erreicht wird.

11.5.4 Trägerverbund

11.5.4.1 Allgemeines

Die Unterzüge, auf die sich die Profilblech-Verbunddecken abstützen, werden i.a. als Verbundträger bemessen, wobei die Kopfbolzendübel, die als Endverankerungen für die Verbunddecken angeordnet werden, auch zur Verdübelung des Trägers herangezogen werden. Laufen die Rippen der Profilbleche parallel zum Deckenträger (Bild 11.5–9a), so entsteht ein Voutenträger, der nach den entsprechenden Normen bemessen werden kann. Verlaufen die Rippen jedoch senkrecht zum Träger (Bild 11.5–9b), so können wesentliche Unterschiede zu den „normalen" Verbundträgern auftreten:

- die Verbundfuge kann durch die rahmenartige Wirkung der Rippen die Schubkräfte nicht mehr ohne Relativverschiebungen zwischen Stahlträger und Betonplatte übertragen; es entsteht nachgiebiger Verbund (s. Abschn. 11.2.4),
- die Zahl der Dübel, die in den Blechzellen untergebracht werden können, reicht häufig nicht aus, um die volle (plastische) Biegetragfähigkeit des Verbundträgers zu aktivieren; es entsteht teilweise Verdübelung (s. Abschn. 11.2.5),
- die Tragfähigkeit der Dübel in den z.T. schmalen Rippen der Profilblechdecken ist niedriger als in einer massiven Betonplatte.

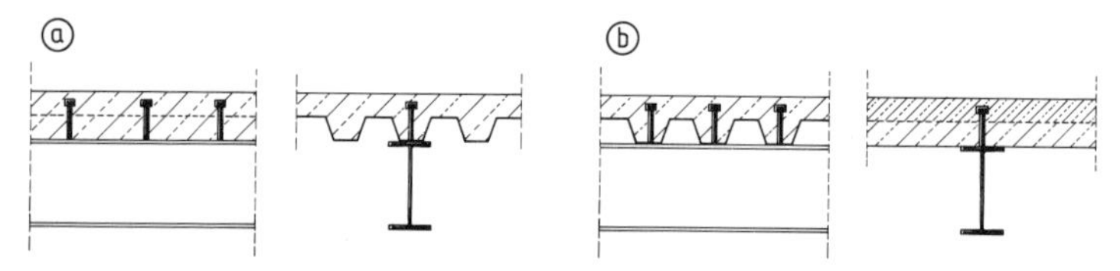

Bild 11.5–9 Trägerverbund mit Profilblechdecken
a) Rippen parallel zum Deckenträger b) Rippen senkrecht zum Deckenträger

11.5.4.2 Grenztragfähigkeit des Verbundträgers

Die exakte Berechnung der Grenztragfähigkeit eines Verbundträgers mit nachgiebigem Verbund ist nur mit EDV möglich, gleichgültig, ob es sich um vollständige oder teilweise Verdübelung handelt. Die Problematik des nachgiebigen Verbundes und der teilweisen Verdübelung ist sehr ähnlich; in beiden Fällen tritt eine Relativverschiebung in der Dübelfuge, d.h. ein Sprung in der Dehnungsverteilung, auf.

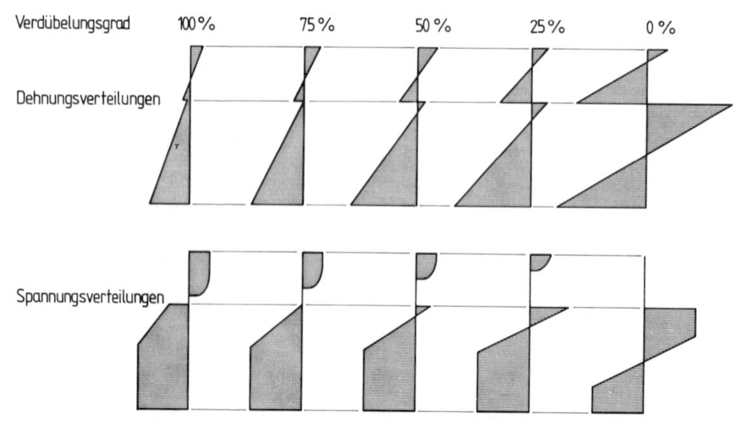

Bild 11.5–10 Dehnungs- und Spannungsverteilungen im traglastnahen Bereich in Abhängigkeit vom Verdübelungsgrad der Verbundträger aus [22]

Prinzipiell gelten daher für den nachgiebigen Verbund die gleichen Überlegungen wie sie in Abschn. 11.4.7.3 erläutert werden. In Bild 11.5–10 sind die Dehnungs- und Spannungsverteilungen für unterschiedliche Verdübelungsgrade angegeben. Setzt man in Gedanken anstelle des Verdübelungsgrades ein Maß für die „Steifigkeit" der Verbundfuge ein, so erhält man die gleichen Zusammenhänge.

Zahlreiche Versuche und Vergleichsrechnungen haben ergeben, daß – wenn die Verdübelung eine ausreichende Verformungskapazität aufweist – die rechnerische Grenztragfähigkeit nach dem vollplastischen Zustand bestimmt werden kann, wobei meistens die Summe der Dübelkräfte für die Mitwirkung des Betonteiles maßgebend wird (plastisches Moment mit 2 Nullinien nach Bild 11.4–3b in Abschn. 11.4.1).
Die Nachgiebigkeit der Verbundfuge ist i.a. größer als die Flexibilität eines Kopfbolzendübels in einer massiven Platte; dadurch wird die Verformungskapazität größer, vorausgesetzt, es entsteht kein vorzeitiges Versagen in den Betonrippen (s. auch Abschn. 11.5.4.4).
Die Grenztragfähigkeit des nachgiebigen (und ggf. teilweise verdübelten) Verbundträgers kann daher i.a. nach den gleichen Überlegungen mit zwei Nullinien ermittelt werden, wie sie in Abschn. 11.4.2.3.2 für die teilweise Verdübelung angegeben sind.
Anstelle der Kopfbolzendübel-Tragfähigkeit max D_s in einer massiven Betonplatte tritt jedoch die abgeminderte Dübeltragfähigkeit red D_s, die wesentlich von der Rippengeometrie der verwendeten Profilbleche abhängt.

11.5.4.3 Abgeminderte Dübeltragfähigkeit

Aufgrund zahlreicher Versuche wurde für die reduzierte Tragfähigkeit red D_s bei Anordnung nur eines Kopfbolzendübels je Rippe, deren Abmessungen in Bild 11.5–11 angegeben sind, Gleichung (11.5–1) ermittelt:

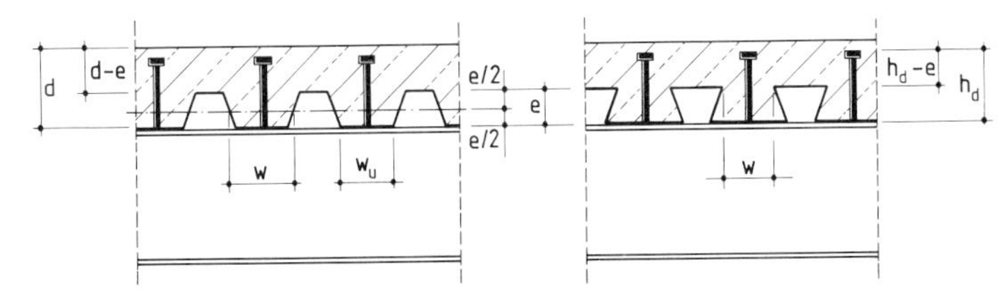

Bild 11.5–11 Charakteristische Abmessungen

$$\text{red}\, D_s = 0{,}6\,\frac{w}{e}\cdot\frac{h_d - e}{e}\cdot \max D_s \leqq \max D_s \qquad (11.5\text{–}1)$$

Für zwei Kopfbolzendübel je Rippe darf nur der 1,5fache Wert der Tragfähigkeit eines Kopfbolzendübels in Rechnung gestellt werden.
Der Wert max D_s ist nach Gleichung (11.3–1 und 11.3–2) in Abschn. 11.3.3.2.1 einzusetzen.
Es ist gleichgültig, ob die Dübel genau in der Mitte der Zelle oder exzentrisch stehen [32].
Die Gültigkeit der Gleichung (11.5–1) setzt voraus, daß mindestens eine Bewehrungslage unmittelbar auf den Profilblechen liegend angeordnet wird. Der wichtige Einfluß der Lage der Bewehrung wurde bisher noch nicht systematisch untersucht.

11.5.4.4 Verteilung der Dübel in Trägerlängsrichtung

Durch die Nachgiebigkeit des Verbundes treten im traglastnahen Bereich Spannungsumlagerungen im Querschnitt und Umverteilung (Vergleichmäßigung) der Dübelkräfte auf. Die Dübelverteilung braucht daher nicht dem Querkraftverlauf zu entsprechen. Infolge der in Feldmitte beginnenden Plastizierung ist es bei Einfeldträgern sogar günstiger, mehr Dübel im mittleren Trägerbereich anzuordnen als es dem Querkraftverlauf entspricht (vgl. Abschn. 11.4.7.4). Dies ist von besonderem Vorteil für die Rippendecken, da eine gleichmäßige Verteilung der Dübel sozusagen vorgegeben ist. Die Grenze zur Erzielung der vollen Biegetragfähigkeit bei völlig gleichmäßiger Dübelverteilung dürfte mit Rücksicht auf die Verformungskapazität der Dübelfuge für Einfeldträger unter Gleichstreckenlast bei rd. 12 m liegen.
Die Durchbiegungen unter Gebrauchslast sind naturgemäß abhängig von der Nachgiebigkeit der Verdübelung, d.h. vor allem von der Rippengeometrie.
Bisher wurde bei voller Verdübelung für niedrige Profilblechhöhen (bis etwa 50 mm) mit gedrungener Rippengeometrie ($w/e > 2$) kein verformungserhöhender Einfluß durch die Rippen festgestellt. Für teilweise Verdübelung können die Angaben im Abschn. 11.4.7.5 verwendet werden.

11.6 Verbundstützen

11.6.1 Allgemeines

Verbundstützen unterscheiden sich von Verbundträgern sowohl durch die Gestaltung (sie sind i.a. als einbetonierte Stahlprofile oder betongefüllte Hohlprofile ausgebildet, wobei das Stahlprofil und der Betonteil die gleiche Lage der Schwerachse aufweisen) als auch durch die Belastung (sie erhalten vorwiegend Druckkräfte). Beispiele für die Querschnittsgestaltung von Verbundstützen sind in Bild 11.6–1 dargestellt. Eine aus Gründen des Brandschutzes häufig ausgeführte Betonummantelung von Stahlstützen wurde bisher fast nie zum Tragen mit herangezogen. Der Grund hierfür ist vor allem in dem Fehlen einer bauaufsichtlich eingeführten Bemessungsgrundlage zu suchen. Die jetzt als Gelbdruck vorliegende DIN 18806, Teil 1, „Tragfähigkeit von Verbundstützen-Berechnung und Bemessung" schließt diese Lücke. Damit wird die Möglichkeit eröffnet, die Vorteile der Verbundstützen zu nutzen, die etwa folgendermaßen charakterisiert werden können:

- die Verbundstützen haben z.T. erheblich größere Tragfähigkeit und daher geringere Querschnittsabmessungen als reine Stahl- oder Stahlbetonstützen (weniger Platzbedarf),
- der Betonteil übernimmt den Brand-, Anprall- und Korrosionsschutz,
- die Steifigkeit der Verbundstütze ist wesentlich größer als die der Stahlstütze,
- die Anschlüsse können mit den bewährten Verbindungsmitteln des Stahlbaues ausgeführt werden,
- die Stützen können entweder als komplettes Fertigteil oder als Stahlskelett mit späterer Ortbetonummantelung schnell montiert werden,
- bei Erdbebeneinwirkung oder anderen dynamischen Beanspruchungen ergeben sich günstige Eigenschaften.

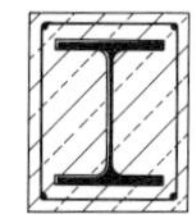
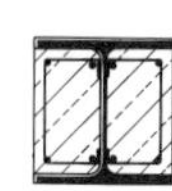
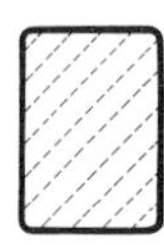
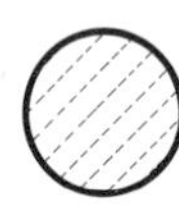

Bild 11.6–1 Beispiele für Querschnitte von Verbundstützen

Die Verwendung der Verbundstützen ist vor allem im Geschoßbau und Hallenbau gegeben. Häufig sind dies ausgesteifte Tragsysteme (z.B. Kernbauweise), bei denen Knicklänge und Geschoßhöhe übereinstimmen, so daß es sich i.a. um gedrungene, überwiegend auf Druck (und ggf. Biegung) beanspruchte Stützen mit niedrigem Schlankheitsgrad handelt (d.h. mit geringer Knickgefahr). Daher ist die reine Querschnittstragfähigkeit bei Beanspruchung infolge Druck und ein- oder zweiachsiger Biegung von besonderer Bedeutung. Der Einfluß der Theorie 2. Ordnung (Knickgefahr, Einfluß der Imperfektionen) soll mit möglichst einfachen, auf der sicheren Seite liegenden Berechnungsmethoden berücksichtigt werden können, wenn nicht eine aufwendige „exakte" Berechnung durchgeführt wird.
Für die Regelungen von Verbundstützen muß außerdem berücksichtigt werden, daß sowohl für den Stahl- als auch für den Betonteil die jeweils zutreffenden Normen gültig sind, und daß für die Grenzwerte (reine Stahlstütze bzw. reine Stahlbetonstütze) widerspruchsfreie Ergebnisse entstehen.

11.6.2 Grenztragfähigkeit des Querschnittes

11.6.2.1 Allgemeines

Durch die Verbundmittel wird ein vollständiges Zusammenwirken des Stahlprofiles mit dem Betonteil sichergestellt. Die Dehnungen verlaufen dann linear im Querschnitt (Ebenbleiben des Gesamtquerschnittes) und werden für den Betonteil in Übereinstimmung mit DIN 1045 (vgl. Abb. 11.1–6 in Abschn. 11.1.5) begrenzt. Eine Mitwirkung des Beton auf Zug darf nicht in Rechnung gestellt werden. Ein gleitender Sicherheitsbeiwert entsprechend dem Dehnungsverlauf, wie dies in DIN 1045, Abschn. 17.2, festgelegt ist, wird jedoch nicht verwendet, sondern der Rechenwert der Betondruckfestigkeit wird für einbetonierte Profile auf $\beta_R = 0{,}6 \cdot \beta_{wN}$ in Übereinstimmung mit DIN 4227 mit einem konstanten Sicherheitsbeiwert festgelegt. Für betongefüllte Hohlprofile (Umschnürungseffekt, duktiles Verhalten des Beton) wird mit $\beta_R = 0{,}7 \cdot \beta_{wN}$ gerechnet.
Mit einem EDV-Programm können für beliebige Querschnittsformen Interaktionsdiagramme für die Grenztragfähigkeit des Querschnittes unter Beanspruchungen infolge Druckkraft und ein- oder zweiachsiger Biegung unter Einhaltung der genannten Dehnungsbegrenzungen im Beton ermittelt werden. Beispiele hierfür sind in Bild 11.6–2 dargestellt. Für die tägliche Praxis ist dieser Weg natürlich viel zu kompliziert. Es werden daher für bestimmte Querschnittsformen einfachere Methoden entwickelt, die mit der plastischen Grenztragfähigkeit des Querschnittes rechnen.

Eine sehr einfache Methode, die in Bild 11.6–3 dargestellt ist und recht gute Ergebnisse liefert, beruht auf der Superposition der plastischen Grenztragfähigkeiten der beiden Teile

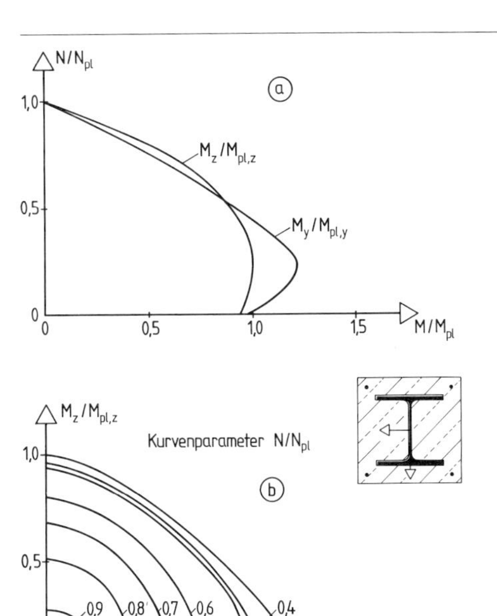

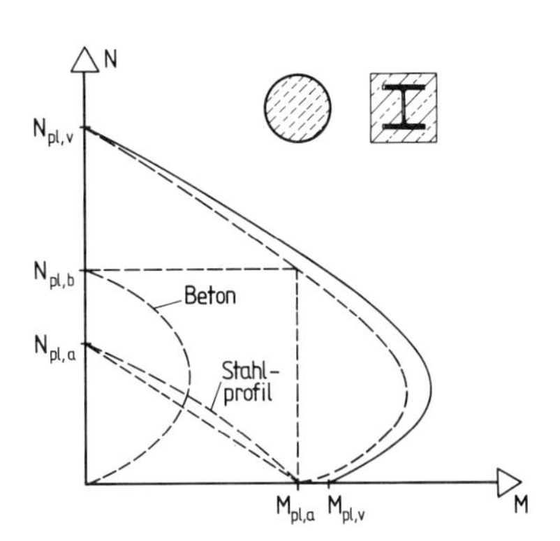

Bild 11.6–2 Beispiele für Interaktionsdiagramme
a) Druck und einachsige Biegung
b) Druck und zweiachsige Biegung

Bild 11.6–3
Querschnittsgrenztragfähigkeit für Druck und einachsige Biegung

- reiner Betonquerschnitt und
- reiner Stahlquerschnitt ggf. einschl. Bewehrung.

Hierbei werden allerdings die Kontinuitätsbeziehungen verletzt (die beiden plastischen Nullinien der Einzelteile stimmen nicht überein).
Bessere Übereinstimmung erhält man, wenn das plastische Moment des Verbundquerschnittes M_{pl}, in Bild 11.6–3 berücksichtigt wird, wobei der Einfluß der Querkraftwirkung durch Reduktion der Dicke der schubbeanspruchten Querschnittsteile berücksichtigt werden kann.

11.6.2.2 Das vollplastische Moment $M_{pl,Q}$

In Abhängigkeit von der Lage der plastischen Nullinie kann das vollplastische Moment $M_{pl,Q}$ nach Gleichung (11.6–1) bis (11.6–10) einschließlich der Auswirkung einer gleichzeitig wirkenden Querkraft Q (M-Q-Interaktion) berechnet werden (Bilder 11.6–4 bis 11.6–8). Die Bewehrungsstäbe sind bei den Formeln für die Lage der Nullinie vernachlässigt worden (da ihr Einfluß i. a. gering ist). Bei der Berechnung des vollplastischen Momentes sollte der Anteil der Bewehrung dagegen berücksichtigt werden.
Eine gleichzeitig wirkende Querkraft Q kann in Analogie zu den Angaben in Abschn. 11.4.2.3.4 durch Berechnung der reduzierten Fläche des Stahlprofiles red A_a berücksichtigt werden. Hierbei ist die Richtung der Querkraft zu beachten. Sie ruft entweder im Steg oder in den Flanschen des Profils eine Reduktion hervor.

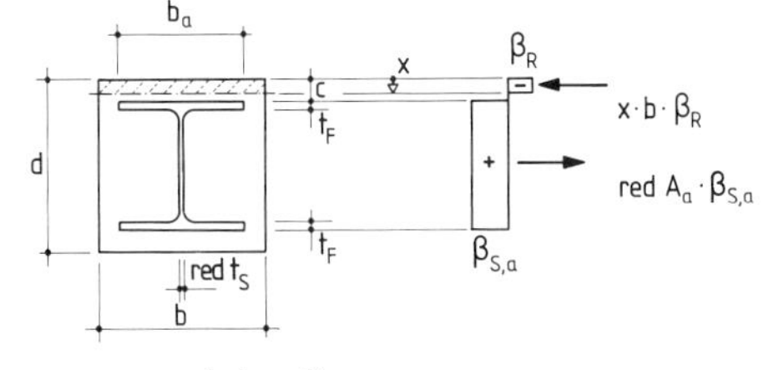

Bild 11.6–4
Das vollplastische Moment $M_{pl,Q}$ um die starke Achse; Nullinie außerhalb des Stahlprofiles ($x \leq c$) (Gl. 11.6–1 u. 11.6–2)

$$x = \frac{\text{red}\, A_a \cdot \beta_{S,a}}{b \cdot \beta_R} \tag{11.6–1}$$

$$M_{pl,Q} = 0{,}5 \cdot \text{red}\, A_a \cdot \beta_{S,a}\, (\text{d} - x) \tag{11.6–2}$$

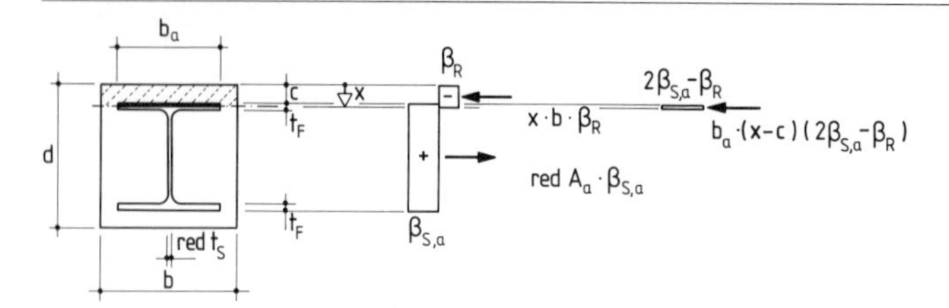

Bild 11.6–5 Das vollplastische Moment $M_{pl,Q}$ um die starke Achse; Nullinie im Flansch des Stahlprofiles ($c < x \leq t_F + c$) (Gl. 11.6–3 u. 11.6–4)

$$x = \frac{\text{red}\,A_a \cdot \beta_{S,a} + b_a \cdot c\,(2\beta_{S,a} - \beta_R)}{b \cdot \beta_R + b_a(2\beta_{S,a} - \beta_R)} \tag{11.6–3}$$

$$M_{pl,Q} = 0{,}5 \cdot \text{red}\,A_a \cdot \beta_{S,a}(\text{d} - x) - 0{,}5 \cdot b_a \cdot c\,(x - c)\,(2\beta_{S,a} - \beta_R) \tag{11.6–4}$$

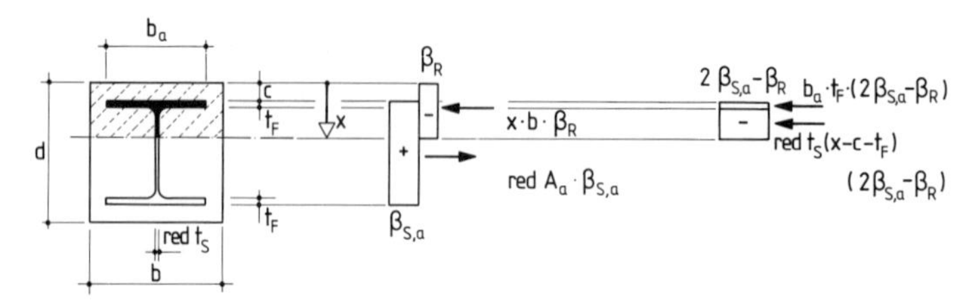

Bild 11.6–6 Das vollplastische Moment $M_{pl,Q}$ um die starke Achse; Nullinie im Steg des Stahlprofiles ($x > c + t_F$) (Gl. 11.6–5 u. 11.6–6)

$$x = \frac{\text{red}\,A_a \cdot \beta_{S,a} - b_a \cdot t_F(2\beta_{S,a} - \beta_R) + \text{red}\,t_S\,(c + t_F)\,(2\beta_{S,a} - \beta_R)}{b \cdot \beta_R + \text{red}\,t_S\,(2\beta_{S,a} - \beta_R)} \tag{11.6–5}$$

$$M_{pl,Q} = 0{,}5 \cdot \text{red}\,A_a \cdot \beta_{S,a}(d - x) + 0{,}5 \cdot b_a \cdot t_F\,(2\beta_{S,a} - \beta_R)\,(x - 2 \cdot c - t_F) - \\ - 0{,}5 \cdot \text{red}\,t_S\,(x - c - t_F)\,(2\beta_{S,a} - \beta_R)\,(c + t_F) \tag{11.6–6}$$

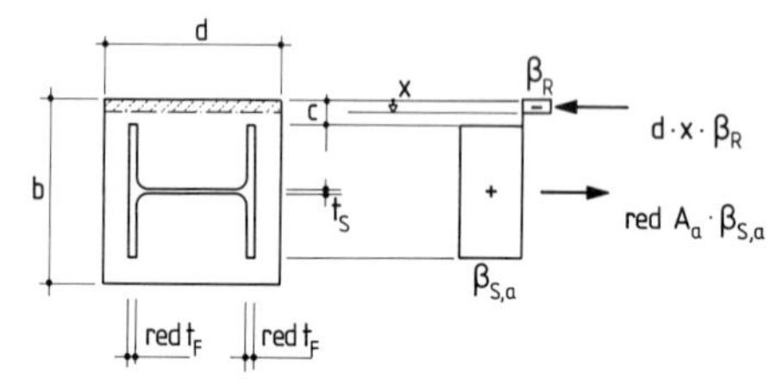

Bild 11.6–7 Das vollplastische Moment $M_{pl,Q}$ um die schwache Achse; Nullinie außerhalb des Stahlprofiles ($x \leq c$) (Gl. 11.6–7 u. 11.6–8)

$$x = \frac{\text{red}\,A_a \cdot \beta_{S,a}}{d \cdot \beta_R} \tag{11.6–7}$$

$$M_{pl,Q} = 0{,}5 \cdot \text{red}\,A_a \cdot \beta_{S,a}(b - x) \tag{11.6–8}$$

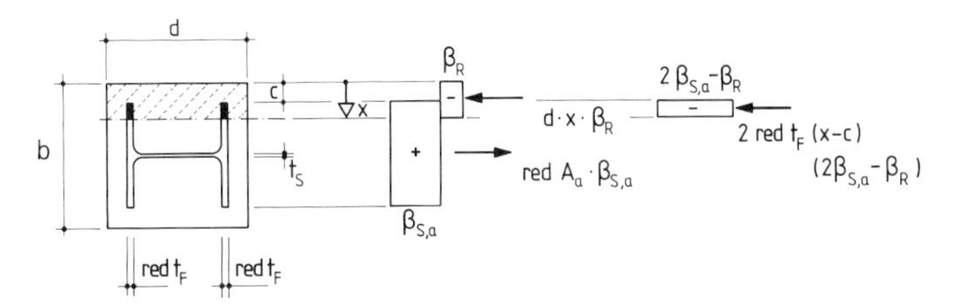

Bild 11.6–8 Das vollplastische Moment $M_{pl,Q}$ um die schwache Achse; Nullinie innerhalb des Stahlprofiles ($x > c$) (Gl. 11.6–9 u. 11.6–10)

$$x = \frac{\text{red}\,A_a \cdot \beta_{S,a} + 2 \cdot \text{red}\,t_F \cdot c\,(2 \cdot \beta_{S,a} - \beta_R)}{d \cdot \beta_R + 2 \cdot \text{red}\,t_F\,(2\beta_{S,a} - \beta_R)} \qquad (11.6\text{–}9)$$

$$M_{pl,Q} = 0{,}5 \cdot \text{red}\,A_a \cdot \beta_{S,a}\,(b - x) - \text{red}\,t_F\,(x - c)\,(2 \cdot \beta_{S,a} - \beta_R) \cdot c \qquad (11.6\text{–}10)$$

Die Berechnung des Wertes M_{pl} für betongefüllte Rund- und Rechteckrohre kann mit den Gleichungen 11.6–11 bis 11.6–13 und den Tabellen 11.6–1 bis 11.6–7 erfolgen.

Tab. 11.6–1 Berechnung von M_{pl} für betongefüllte Rundrohre

Rundrohre

Nullinie: $x = k_x \cdot d$ (11.6–11)

$$M_{pl} = \bar{m} \cdot \frac{1}{6} \cdot [d^3 - (d - 2t)^3] \cdot \beta_{S,a} \qquad (11.6\text{–}12)$$

	St 37:				$\beta_{S,a} = 240$ N/mm²			
	B 25		B 35		B 45		B 55	
d/t	$\bar{m}$	k_x	$\bar{m}$	k_x	$\bar{m}$	k_x	$\bar{m}$	k_x
10	1,0337	0,460	1,0452	0,447	1,0556	0,435	1,0653	0,424
15	1,0560	0,435	1,0733	0,415	1,0886	0,399	1,1022	0,384
20	1,0757	0,413	1,0974	0,389	1,1160	0,369	1,1322	0,352
25	1,0933	0,394	1,1182	0,367	1,1391	0,345	1,1569	0,327
30	1,1091	0,377	1,1365	0,348	1,1590	0,325	1,1779	0,306
40	1,1363	0,348	1,1671	0,316	1,1915	0,292	1,2117	0,273
50	1,1591	0,324	1,1919	0,292	1,2174	0,267	1,2380	0,248
60	1,1785	0,305	1,2126	0,272	1,2385	0,248	1,2593	0,229
80	1,2103	0,274	1,2454	0,241	1,2715	0,218	1,2921	0,200
100	1,2353	0,250	1,2706	0,219	1,2964	0,196	1,3164	0,179

	St 52				$\beta_{S,a} = 360$ N/mm²			
	B 25		B 35		B 45		B 55	
d/t	$\bar{m}$	k_x	$\bar{m}$	k_x	$\bar{m}$	k_x	$\bar{m}$	k_x
10	1,0234	0,472	1,0317	0,462	1,0396	0,453	1,0470	0,445
15	1,0396	0,454	1,0528	0,438	1,0649	0,425	1,0760	0,412
20	1,0545	0,437	1,0717	0,417	1,0870	0,400	1,1007	0,386
25	1,0683	0,421	1,0886	0,399	1,1063	0,379	1,1220	0,363
30	1,0809	0,407	1,1039	0,382	1,1235	0,361	1,1405	0,343
40	1,1035	0,383	1,1303	0,354	1,1526	0,331	1,1715	0,312
50	1,1231	0,362	1,1527	0,331	1,1766	0,307	1,1966	0,287
60	1,1403	0,344	1,1718	0,312	1,1968	0,287	1,2173	0,267
80	1,1694	0,314	1,2031	0,281	1,2293	0,256	1,2502	0,237
100	1,1931	0,290	1,2280	0,257	1,2545	0,233	1,2754	0,214

Tab. 11.6–2 Berechnung von M_{pl} für betongefüllte Rechteckrohre $d/b = 0{,}5$

Rechteckrohre $d/b = 0{,}5$

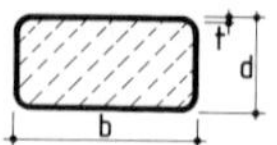

Nullinie: $x = k_x \cdot d$ (11.6–11)

$$M_{pl} = \overline{m} \cdot \frac{1}{4} \cdot [d^2 \cdot b^2 - (d-2t)^2 \cdot (b-t)] \cdot \beta_{S,a} \quad (11.6\text{–}13)$$

	St 37:				$\beta_{S,a} = 240$ N/mm²			
	B 25		B 35		B 45		B 55	
d/t	$\overline{m}$	k_x	$\overline{m}$	k_x	$\overline{m}$	k_x	$\overline{m}$	k_x
10	0,9784	0,402	0,9885	0,375	0,9970	0,352	1,0041	0,333
15	1,0190	0,354	1,0322	0,320	1,0425	0,293	1,0509	0,271
20	1,0443	0,316	1,0589	0,279	1,0699	0,251	1,0784	0,229
25	1,0625	0,285	1,0776	0,247	1,0887	0,219	1,0971	0,198
30	1,0765	0,260	1,0917	0,222	1,1025	0,194	1,1106	0,174
40	1,0970	0,221	1,1117	0,184	1,1218	0,159	1,1290	0,140
50	1,1114	0,192	1,1254	0,157	1,1346	0,134	1,1411	0,117
60	1,1223	0,170	1,1353	0,137	1,1438	0,116	1,1497	0,101
80	1,1374	0,138	1,1489	0,109	1,1560	0,091	1,1610	0,079
100	1,1476	0,116	1,1577	0,091	1,1639	0,075	1,1681	0,065

	St 52:				$\beta_{S,a} = 360$ n/mm²			
	B 25		B 35		B 45		B 55	
d/t	$\overline{m}$	k_x	$\overline{m}$	k_x	$\overline{m}$	k_x	$\overline{m}$	k_x
10	0,9683	0,429	0,9765	0,407	0,9837	0,388	0,9900	0,371
15	1,0050	0,390	1,0165	0,361	1,0260	0,336	1,0341	0,315
20	1,0280	0,358	1,0414	0,324	1,0522	0,296	1,0609	0,273
25	1,0448	0,331	1,0594	0,293	1,0707	0,265	1,0797	0,242
30	1,0580	0,307	1,0733	0,268	1,0848	0,239	1,0938	0,216
40	1,0781	0,269	1,0938	0,229	1,1051	0,201	1,1137	0,179
50	1,0929	0,239	1,1084	0,200	1,1192	0,173	1,1272	0,153
60	1,1043	0,215	1,1193	0,177	1,1296	0,152	1,1370	0,133
80	1,1210	0,179	1,1349	0,145	1,1439	0,122	1,1503	0,106
100	1,1327	0,154	1,1453	0,122	1,1533	0,102	1,1590	0,088

Tab. 11.6–3 Berechnung von M_{pl} für betongefüllte Rechteckrohre $d/b = 1{,}0$

Rechteckrohre $d/b = 1{,}0$

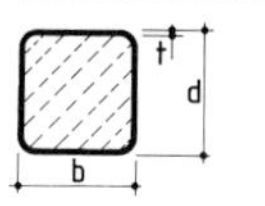

Nullinie: $x = k_x \cdot d$ (11.6–11)

$$M_{pl} = \overline{m} \cdot \frac{1}{4} \cdot [d^2 \cdot b^2 - (d-2t)^2 \cdot (b-t)] \cdot \beta_{S,a} \quad (11.6\text{–}13)$$

	St 37:				$\beta_{S,a} = 240$ N/mm²			
	B 25		B 35		B 45		B 55	
d/t	$\overline{m}$	k_x	$\overline{m}$	k_x	$\overline{m}$	k_x	$\overline{m}$	k_x
10	0,9310	0,450	0,9418	0,433	0,9516	0,418	0,9605	0,404
15	0,9905	0,417	1,0068	0,393	1,0210	0,371	1,0334	0,352
20	1,0268	0,389	1,0470	0,359	1,0638	0,333	1,0781	0,312
25	1,0534	0,364	1,0761	0,330	1,0945	0,302	1,1097	0,280
30	1,0745	0,342	1,0990	0,306	1,1182	0,277	1,1337	0,253
40	1,1070	0,306	1,1332	0,266	1,1530	0,237	1,1684	0,213
50	1,1314	0,276	1,1582	0,236	1,1777	0,207	1,1926	0,184
60	1,1507	0,252	1,1774	0,212	1,1963	0,183	1,2105	0,162
80	1,1798	0,214	1,2053	0,176	1,2226	0,150	1,2352	0,131
100	1,2007	0,186	1,2246	0,150	1,2404	0,126	1,2516	0,109

	St 52:				$\beta_{S,a} = 360$ N/mm²			
	B 25		B 35		B 45		B 55	
d/t	$\overline{m}$	k_x	$\overline{m}$	k_x	$\overline{m}$	k_x	$\overline{m}$	k_x
10	0,9211	0,465	0,9291	0,453	0,9365	0,441	0,9435	0,430
15	0,9748	0,441	0,9875	0,422	0,9990	0,405	1,0093	0,389
20	1,0068	0,419	1,0231	0,395	1,0374	0,373	1,0500	0,354
25	1,0299	0,400	1,0491	0,371	1,0654	0,346	1,0795	0,325
30	1,0485	0,382	1,0698	0,350	1,0875	0,323	1,1025	0,300
40	1,0775	0,350	1,1017	0,314	1,1211	0,285	1,1369	0,261
50	1,1000	0,323	1,1259	0,284	1,1460	0,254	1,1619	0,230
60	1,1184	0,300	1,1452	0,260	1,1653	0,230	1,1810	0,206
80	1,1471	0,263	1,1743	0,222	1,1939	0,193	1,2086	0,171
100	1,1688	0,234	1,1954	0,194	1,2140	0,166	1,2276	0,145

Tab. 11.6–4 Berechnung von M_{pl} für betongefüllte Rechteckrohre $d/b = 2{,}0$

Rechteckrohre $d/b = 2{,}0$

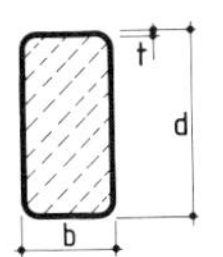

Nullinie: $x = k_x \cdot d$ (11.6–11)

$$M_{pl} = \bar{m} \cdot \frac{1}{4} \cdot [d^2 \cdot b^2 - (d - 2t)^2 \cdot (b - t)] \cdot \beta_{S,a} \quad (11.6\text{–}13)$$

	St 37:				$\beta_{S,a} = 240$ N/mm²			
	B 25		B 35		B 45		B 55	
d/t	$\bar{m}$	k_x	$\bar{m}$	k_x	$\bar{m}$	k_x	$\bar{m}$	k_x
10	0,8592	0,480	0,8666	0,473	0,8738	0,465	0,8807	0,459
15	0,9403	0,461	0,9542	0,447	0,9672	0,435	0,9794	0,423
20	0,9861	0,443	1,0053	0,424	1,0228	0,407	1,0387	0,391
25	1,0186	0,426	1,0422	0,403	1,0631	0,383	1,0817	0,364
30	1,0443	0,411	1,0714	0,384	1,0950	0,361	1,1156	0,340
40	1,0845	0,383	1,1170	0,351	1,1441	0,324	1,1671	0,301
50	1,1161	0,358	1,1521	0,323	1,1812	0,294	1,2053	0,270
60	1,1422	0,337	1,1806	0,299	1,2108	0,269	1,2352	0,244
80	1,1841	0,301	1,2248	0,260	1,2555	0,230	1,2795	0,206
100	1,2166	0,271	1,2578	0,230	1,2879	0,200	1,3108	0,178

	St 52:				$\beta_{S,a} = 360$ N/mm²			
	B 25		B 35		B 45		B 55	
d/t	$\bar{m}$	k_x	$\bar{m}$	k_x	$\bar{m}$	k_x	$\bar{m}$	k_x
10	0,8527	0,486	0,8579	0,481	0,8629	0,476	0,8678	0,471
15	0,9279	0,473	0,9379	0,463	0,9474	0,454	0,9565	0,445
20	0,9685	0,460	0,9827	0,446	0,9960	0,433	1,0084	0,421
25	0,9965	0,448	1,0144	0,431	1,0307	0,414	1,0458	0,400
30	1,0182	0,436	1,0393	0,416	1,0583	0,397	1,0756	0,380
40	1,0521	0,415	1,0785	0,389	1,1015	0,366	1,1218	0,346
50	1,0788	0,395	1,1092	0,365	1,1351	0,339	1,1574	0,317
60	1,1013	0,377	1,1348	0,344	1,1626	0,316	1,1861	0,293
80	1,1383	0,346	1,1760	0,309	1,2060	0,279	1,2305	0,254
100	1,1682	0,320	1,2081	0,280	1,2390	0,249	1,2635	0,225

11.6.2.3 Die vollplastische Normalkraft N_{pl}

Für die vollplastische Normalkraft N_{pl} (Quetschlast) gilt:

$$N_{pl} = A_a \cdot \beta_{S,a} + \Sigma A_s \cdot \beta_{S,s} + A_b \cdot \beta_R = N_{pl,a} + N_{pl,s} + N_{pl,b} \quad (11.6\text{–}14)$$

A_a = Querschnittsfläche des Stahlprofiles
A_s = Querschnittsfläche des Bewehrungsstahles
A_b = Betonquerschnittsfläche

Mit Rücksicht auf die Bruchdehnung des Beton von −2‰ bei mittiger Druckkraft darf die (rechnerische) Streckgrenze des Stahlprofiles $\beta_{S,a} = 21\,000 \cdot 0{,}002 = 42$ kN/cm² = 420 N/mm² nicht überschreiten. Bei der Superposition der Einzelwerte darf daher höchstens dieser Wert für die Streckgrenze eingesetzt werden.

11.6.2.4 Die Querschnitts-Grenztragfähigkeit für Druck und einachsige Biegung (*M*-*N*-Interaktion)

Mit den Eckwerten N_{pl} und M_{pl} des Verbundquerschnittes können für die einzelnen Querschnittstypen nach Bild 11.6–1 Interaktionsdiagramme nach Bild 11.6–9 ausgewertet werden, welche die Grenztragfähigkeit der Querschnitte bei Druck und einachsiger Biegung liefern. In diesen Kurven ist der Anteil der Bewehrung aus Betonstahl nicht enthalten. Er kann leicht durch das Zusatzglied nach Gl. (11.6–15) berücksichtigt werden:

$$M_{pl,s} = \Sigma A_s \cdot \beta_{S,s} \cdot a_s, \quad (11.6\text{–}15)$$

wobei a_s der Abstand der Bewehrung von der Mittellinie ist.

11.6.2.5 Näherungsberechnung für die *M*-*N*-Interaktion

Die Interaktionskurven *M*-*N* lassen sich nach Bild 11.6–10 durch zwei Stützwerte C und D ausreichend genau durch einen Polygonzug annähern.
Die Methode wird für einen Querschnitt mit einbetoniertem I-Profil erläutert, wobei angenommen wird, daß die Nullinie für die Berechnung von M_{pl} im Steg des Stahlprofiles liegt.

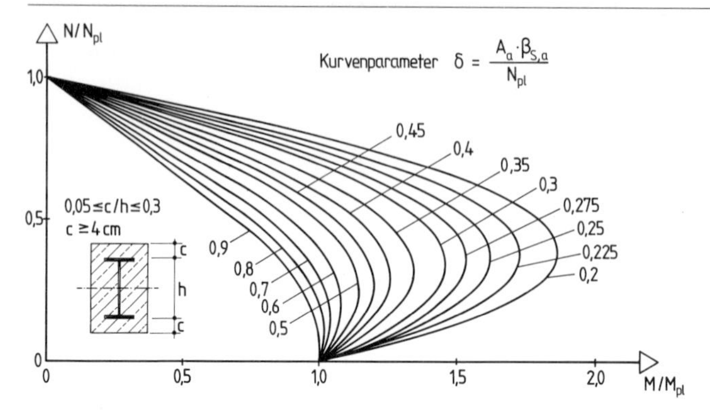

Bild 11.6–9
Interaktionsdiagramm nach [2]

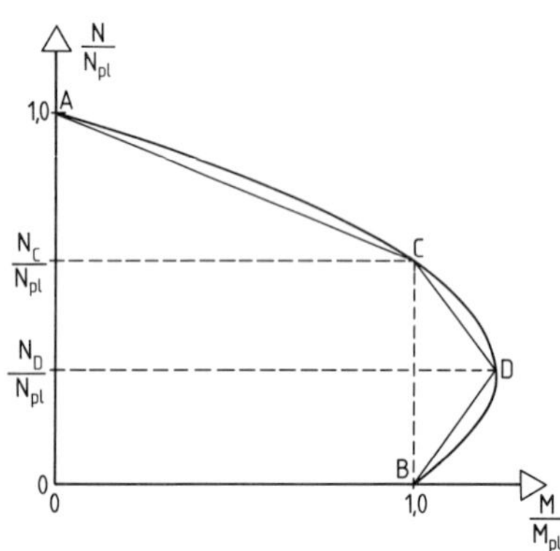

Bild 11.6–10 Näherung für die *M-N*-Interaktion

Diese Annahme, die bei Verbundstützenquerschnitten meist zutrifft, kann für den hier gewählten Querschnitt leicht mit Gl. 11.6–16 kontrolliert werden:

$$A_{\text{Steg}} \frac{\beta_{S,a}}{\beta_R} > b \cdot (c + t_F) - A_{\text{Flansch}} - A_{S,\text{oben}} \qquad (11.6\text{–}16)$$

Die Punkte *A, B, C* und *D* in Bild 11.6–10 ergeben sich aus folgenden Überlegungen:

- Punkt A: erhält man aus den plastischen Normalkräften N_A nach Bild 11.6–11 a

$$N_A = N_{pl} \qquad (11.6\text{–}17)$$

$$M_A = 0 \qquad (11.6\text{–}18)$$

- Punkt B: ist durch das plastische Moment M_{pl} gegeben (Bild 11.6–11 b).

$$N_B = 0 \qquad (11.6\text{–}19)$$

$$M_B = M_{pl,Q} + A_S \left(\frac{d}{2} - e\right) (2 \cdot \beta_{S,s} - \beta_R) \qquad (11.6\text{–}20)$$

mit $M_{pl,Q}$ nach Gl. (11.6–6)

- Punkt C: Dieser Punkt ist dadurch gekennzeichnet, daß ebenfalls M_{pl}, aber gleichzeitig eine Normalkraft auftritt. Spiegelt man die plastische Nullinie zur Mittellinie des Querschnittes (Bild 11.6–11 c), so liefert die Differenz der Spannungen zwischen Bild 11.6–11 b und Bild 11.6–11 c keinen Beitrag zum Moment, da dieser Anteil symmetrisch zur Querschnittsmitte verteilt ist. Dieser Anteil ist daher die „zugehörige" Normalkraft N_C, wobei die vorher gezogenen Stahlteile jetzt gedrückt werden und somit zweifach in die Gleichung 11.6–21 (Bild 11.6–11 c) eingehen.

$$N_C = (d - 2x_B)[(b - s) \cdot \beta_R + 2 \cdot s \cdot \beta_{S,a}] \qquad (11.6\text{–}21)$$

$$M_C = M_B = M_{pl} \qquad (11.6\text{–}22)$$

- Punkt D: Dieser Punkt ist durch das maximale Moment M_D gekennzeichnet. Hierfür liegt die Spannungs-Nullinie – wie sich leicht erkennen läßt – in Querschnittsmitte (Bild 11.6–11 d)

$$N_D = \frac{N_C}{2} \tag{11.6–23}$$

$$M_D = \frac{\frac{d}{2} - x_B}{2} N_D + M_{pl} \tag{11.6–24}$$

Die „zugehörige" Normalkraft ist $N_C/2$, vgl. Bild 11.6–10, das Moment M_D kann nach Gl. 11.6–24, Bild 11.6–11 d, schnell aus M_{pl} und N_D ermittelt werden.

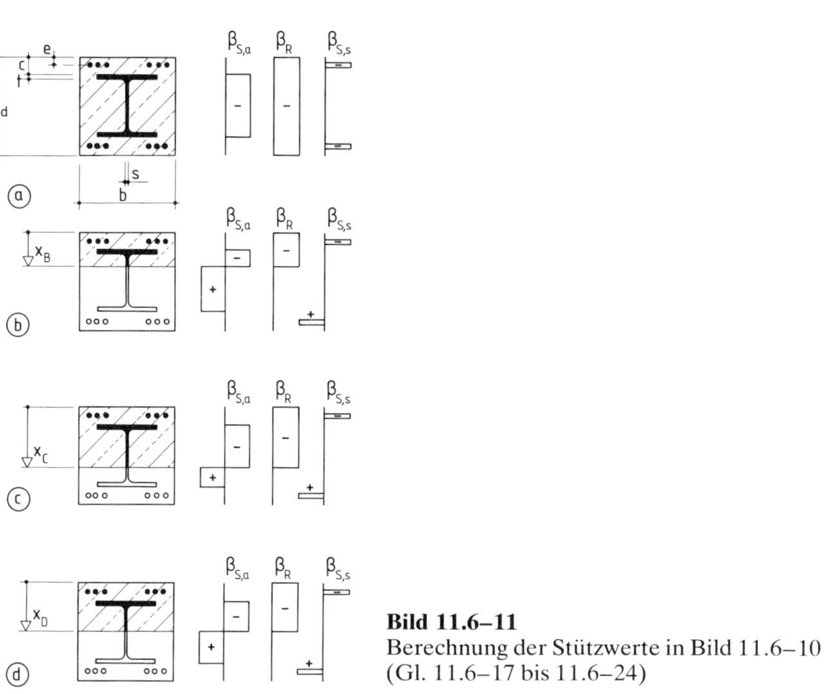

Bild 11.6–11
Berechnung der Stützwerte in Bild 11.6–10
(Gl. 11.6–17 bis 11.6–24)

Diese Überlegungen lassen sich sinngemäß auf andere Querschnittsformen übertragen. Für die Rund- und Rechteckrohre ist deshalb in den Tabellen 11.6–1 bis 11.6–4 auch die Lage der Nullinie angegeben.

11.6.3 Grenztragfähigkeit der knickgefährdeten (schlanken) Stütze

11.6.3.1 Allgemeines

Die „exakte" Berechnung der Traglast einer Verbundstütze ist sehr aufwendig. Unter Berücksichtigung von geometrischen und strukturellen Imperfektionen darf unter γ-facher Belastung an keiner Stelle des Tragwerkes die Grenztragfähigkeit des Querschnittes überschritten werden oder instabiles Gleichgewicht auftreten. Bei der Ermittlung der Schnittgrößen ist der Einfluß der Theorie 2. Ordnung zu berücksichtigen. Hierbei sind die Verformungen unter Berücksichtigung ausgebreiteter Plastizierungsbereiche und gerissener Betonzugzonen sowie des Langzeitverhaltens des Beton (Kriechen und Schwinden) zu berechnen.
In Anlehnung an die Festlegungen in DIN 18800, Teil 2, darf der Einfluß der Theorie 2. Ordnung vernachlässigt werden, wenn die dort angegebenen Voraussetzungen vorliegen.
Ein „rein elastisches" Bemessungsverfahren, bei dem das erste Erreichen der Fließgrenze im Stahlquerschnitt als (elastische) Grenzlast berechnet wird, ist für Verbundstützen nicht sinnvoll anwendbar.
Eine Bemessungsmethode, die in Anlehnung an entsprechende Verfahren für reine Stahlstützen die Fließgelenkkette als Versagensmechanismus verwendet, ist in allgemeiner Form noch nicht mit befriedigender Genauigkeit und Einfachheit aufbereitet worden.
Bisher liegen nur für Stützen mit bestimmter Querschnittsgestaltung, die an den Stabenden unverschieblich gelagert sind, „einfache" Näherungsverfahren vor für planmäßig mittigen Druck sowie Druck und ein- oder zweiachsige Biegung.

11.6.3.2 Planmäßig mittige Druckbeanspruchung

Für Stützenquerschnitte nach Bild 11.6–1 wurde unter Verwendung der europäischen Knickspannungslinien (Abminderungswerte $\varkappa$) anhand vieler Vergleichsberechnungen folgende (auf der sicheren Seite liegende) Bemessung entwickelt:

$$N_{Kr} = \varkappa \cdot N_{pl} \quad (11.6\text{–}25)$$

$$N_{pl} = N_{pl,a} + N_{pl,b} + N_{pl,s} \text{ nach Gleichung } (11.6\text{–}14)$$

$$\varkappa = f(\bar{\lambda}, \text{Knickspannungskurve})$$

$$\bar{\lambda} = \sqrt{\frac{N_{pl}}{N_{Ki}}} \quad (11.6\text{–}26)$$

$$N_{Ki} = \frac{\pi^2}{s_K^2}(EJ)_w \quad (11.6\text{–}27)$$

$$(EJ)_w = E_a \cdot J_a + E_s \cdot J_s + E_{bi} \cdot J_b \quad (11.6\text{–}28)$$

$$E_{bi} = 500\,\beta_{wN} \text{ für kurzzeitig wirkende Lasten} \quad (11.6\text{–}29)$$

J_b = Trägheitsmoment des gesamten Betonquerschnittes (Zustand I)

Für langzeitig wirkende Lasten kann der Kriecheinfluß durch Halbieren des E_{bi}-Moduls erfaßt werden. Bei „gemischten" Lasten kann E_{bi} entsprechend den Lastanteilen durch lineare Interpolation ermittelt werden.

In Abhängigkeit vom bezogenen Schlankheitsgrad $\bar{\lambda}$ wird aus den „zugeordneten" europäischen Knickspannungskurven der Abminderungsfaktor $\varkappa$ ermittelt, der die Quetschlast N_{pl} des Querschnittes zur Traglast N_{Kr} der Stütze reduziert.

N_{Ki} ist die Verzweigungslast der Stütze, s_K die zugehörige Knicklänge und $(EJ)_w$ die wirksame Biegesteifigkeit. Der Rechenwert für $(EJ)_w$ wurde durch Vergleich mit zahlreichen Versuchen und „exakten" Berechnungen festgelegt. Es werden die Einzelanteile addiert, wobei der ideelle E-Modul des Beton E_{bi} für den gesamten Betonquerschnitt in Rechnung gestellt wird.

Der ideelle E-Modul E_{bi} stimmt nicht mit dem E-Modul für Beton nach DIN 1045 überein (s. Abschn. 11.1.5, Tab. 11.1–1).

Die Zuordnung des Verbundquerschnittes zu den Knickspannungskurven erfolgt nach dem verwendeten Stahlprofil (Bild 11.6–12):

- Knickspannungskurve A: betongefüllte Rundrohre und Rechteckprofile
- Knickspannungskurve B: einbetonierte doppeltsymmetrische Stahlprofile bei Biegeknicken um die „starke" Achse
- Knickspannungskurve C: einbetonierte doppeltsymmetrische Stahlprofile bei Biegeknicken um die „schwache" Achse.

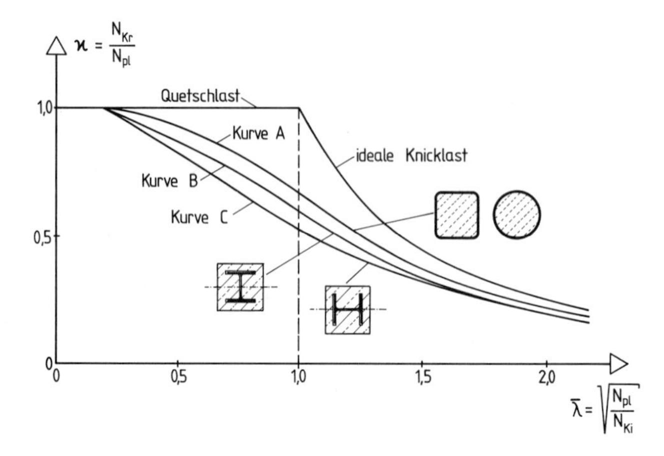

Bild 11.6–12
Die Europäischen Knickspannungskurven

11.6.3.3 Beanspruchung durch Druck und einachsige Biegung

Der Nachweis der Grenztragfähigkeit der Stütze bei Druck und einachsiger Biegung geht vom Versagenszustand des Querschnittes unter γ-facher Belastung aus, wobei der Einfluß der Schlankheit (Knickgefahr) und der Theorie 2. Ordnung (Erhöhungsfaktor der Biegebeanspruchung) berücksichtigt wird. Bild 11.6–13 zeigt das Prinzip dieses Nachweises, der mit Hilfe des *M-N*-Interaktionsdiagrammes für den entsprechenden Querschnitt geführt wird.

Zunächst wird N_{Kr} nach Abschn. 11.6.3.2 berechnet und auf der Ordinate eingetragen. Die Strecke *AB* kann als das Biegemoment gedeutet werden, das bei planmäßig mittiger Druckbeanspruchung durch die Wirkung der Imperfektionen entsteht. Für jede Druckkraft $N < N_{Kr}$ verringert sich dieser „Imperfektionsanteil" (z.B. die Strecke *CD*) und liefert den noch für planmäßige Momente freien Anteil (Strecke *s*). „Exakte" Vergleichsrechnungen haben ergeben, daß diese Strecke *s* um 10% reduziert werden muß,

- wenn die Querschnittsinteraktion ohne Dehnungsbegrenzung mit dem vereinfachten (starr-plastischen) Dehnungsgesetz für den Betonteil berechnet wird (stress-block-diagramm),
- wenn die wirksame Biegesteifigkeit $(EJ)_w$ nach Abschn. 11.6.3.2 auch für die Auswirkung der Theorie 2. Ordnung verwendet wird.

Der Nachweis unter γ-fachen Lasten wird dann nach Gl. (11.6–30) geführt:

$$M^{II} = M^{I} \cdot \frac{1}{1 - \dfrac{N}{N_{Ki}}} \leq 0{,}9 \cdot s \cdot M_{pl} \qquad (11.6\text{–}30)$$

wobei M^I das Biegemoment nach Theorie 1. Ordnung ist.
Dieser Nachweis geht davon aus, daß das planmäßige Moment nach Theorie 2. Ordnung immer zum Imperfektionsmoment hinzuaddiert wird. Dies ist jedoch nur zutreffend bei affinem Verlauf von Momentenfläche aus äußerer Belastung und Imperfektion (Säbelkrümmung), d.h. wenn das Versagen in Stabmitte eintritt.
Neue Untersuchungen [15] zeigen, daß dieser Nachweis z.T. sehr auf der sicheren Seite liegt. Tritt das maximale Moment nach Theorie 2. Ordnung aus der äußeren Belastung nicht in der Stabmitte auf (z.B. bei der durchschlagenden Momentenfläche), so erfolgt das Versagen bei „kleinen" Normalkräften an den Stabenden, wobei ein Einfluß der Imperfektion nicht spürbar ist. Für höhere Normalkräfte oder andere Momentenverläufe treten Mischformen auf (die Stelle der kombinierten, maximalen Beanspruchung liegt zwischen Stabende und Stabmitte). Das Verfahren soll daher dadurch erweitert werden, daß nach Bild 11.6–14 der durch das Imperfektionsmoment gekennzeichnete Punkt *B* der Interaktionskurve nicht mit dem Koordinatenursprung 0 sondern mit einem Punkt $\varkappa_{grenz}$ auf der Ordinate verbunden wird. Der Nachweis wird dann mit der im schraffierten Bereich abgegriffenen Strecke *s* nach Gl. 11.6–30 geführt.

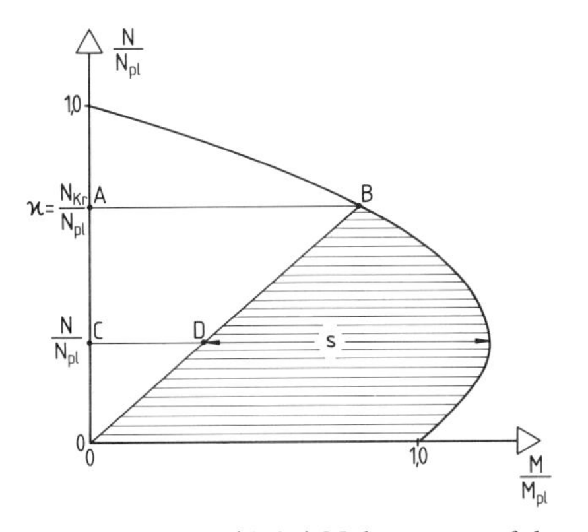

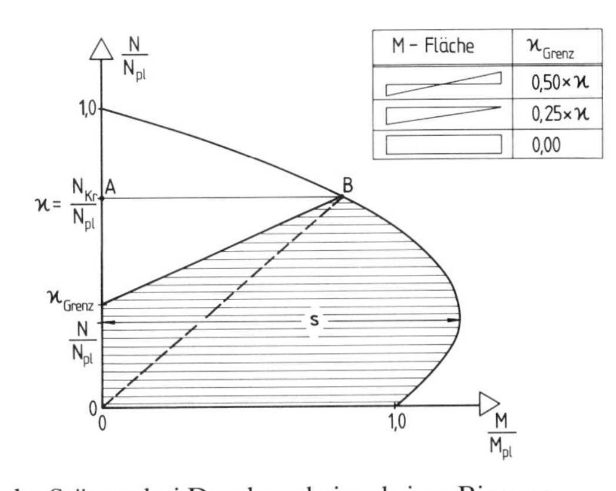

Bild 11.6–13 (links) Näherungsverfahren für schlanke Stützen bei Druck und einachsiger Biegung

Bild 11.6–14 (rechts) Verbesserte Näherungsverfahren für schlanke Stützen bei Druck und einachsiger Biegung

Die Werte für $\varkappa_{grenz}$ sind in Bild 11.6–14 angegeben. Zwischenwerte dürfen gradlinig interpoliert werden.

11.6.3.4 Beanspruchung durch Druck und zweiachsige Biegung

Die prinzipiellen Zusammenhänge für die Grenztragfähigkeit des Querschnittes sind in Bild 11.6–15 dargestellt. Für den Nachweis der Grenztragfähigkeit für die (knickgefährdete) schlanke Stütze wird zunächst die gleiche Untersuchung wie in Abschnitt 11.6.3.3 für jede der beiden Querschnittshauptachsen durchgeführt. Die räumliche Interaktionskurve wird durch eine Gerade angenähert, so daß der Nachweis nach Bild 11.6–16 und Gleichung 11.6–31 entsteht:

$$\frac{M_y^{II}}{0{,}9\, s_y \cdot M_{pl,y}} + \frac{M_z^{II}}{0{,}9\, s_z \cdot M_{pl,z}} = 1 \qquad (11.6\text{–}31)$$

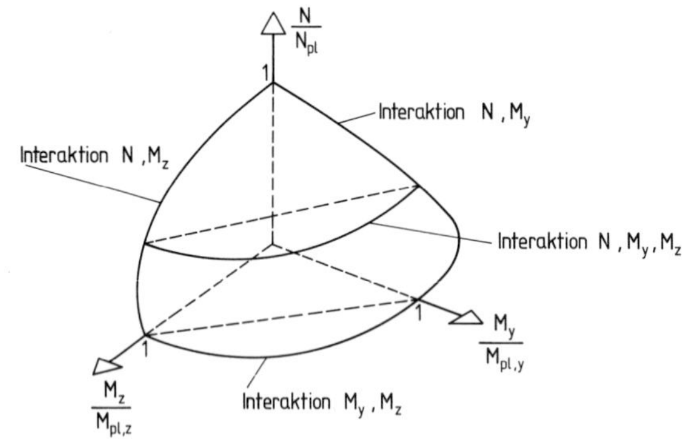

Bild 11.6–15
Grenztragfähigkeit des Querschnittes bei Druck und zweiachsiger Biegung

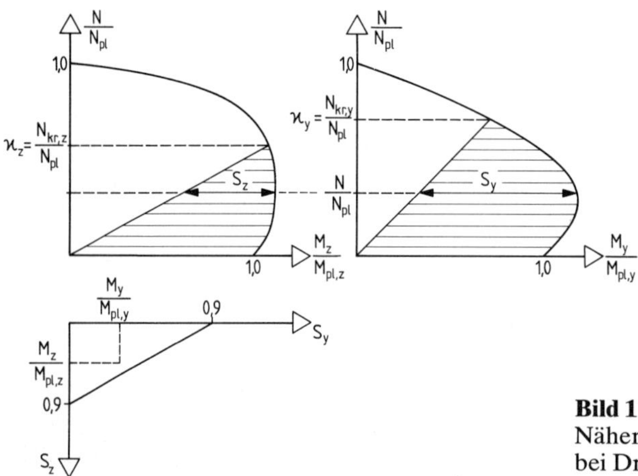

Bild 11.6–16
Näherungsverfahren für schlanke Stützen bei Druck und zweiachsiger Biegung

Dieser Nachweis liegt aus mehreren Gründen sehr weit auf der sicheren Seite:

- jeder der beiden „einachsigen" Werte kann entsprechend der Form der Momentenfläche verbessert werden (vgl. Abschn. 11.6.3.3),
- für jede der beiden Achsen wurde eine Imperfektion berücksichtigt; nach DIN 18800, Teil 2, braucht jedoch nur *eine* Imperfektion für die maßgebende Achse berücksichtigt zu werden,
- die gradlinige Annäherung der räumlichen Interaktion ist zu ungünstig.

Aus diesen Gründen wird aufgrund neuerer Untersuchungen eine Ergänzung notwendig, die in Bild 11.6–17 dargestellt ist, bei der die o.g. Gründe für die Ungenauigkeiten wie folgt berücksichtigt werden:

- nur eine der Achsenrichtungen wird durch „Imperfektionen" abgemindert (z.B. die „schwache" Hauptachse),
- die Form der Momentenfläche wird durch $\varkappa_{\text{grenz}}$ eingearbeitet,
- die räumliche Interaktion wird dem wirklichen Verlauf durch einen Polygonzug angenähert.

Der Nachweis erhält dann folgende Form:

$$\frac{M_y^{II}}{s_y \cdot M_{pl,y}} + \frac{M_z^{II}}{s_z \cdot M_{pl,z}} \leq 1 \qquad (11.6\text{–}32)$$

wobei jeder der beiden Summanden allein nicht größer als 0,9 sein darf.

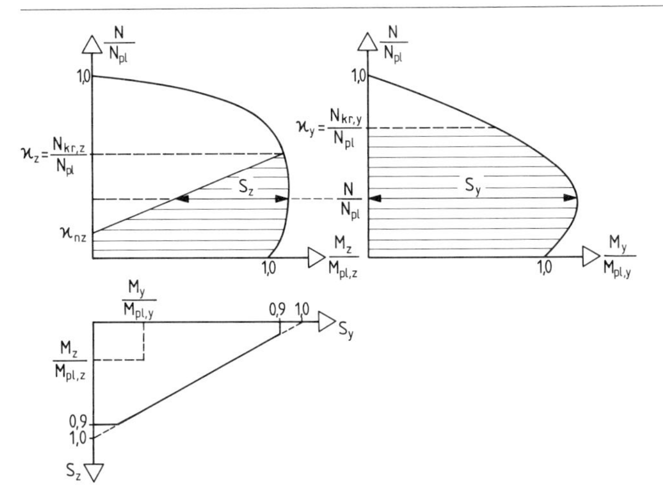

Bild 11.6–17
Verbessertes Näherungsverfahren für schlanke Stützen bei Druck und zweiachsiger Biegung

Bei überwiegender Momentenbeanspruchung um eine Achse ist ggf. zusätzlich der Nachweis der einachsigen Biegung mit Imperfektion in Richtung der Ausbiegung zu führen (z.B. für die „starke" Hauptachse).

Literatur

Die mit * gekennzeichneten Literaturstellen enthalten weitere umfangreiche Literaturangaben

1. Richtlinien für die Bemessung und Ausführung von Stahlverbundträgern, Ausgabe März 1981.
2. DIN 18 806, Teil 1, Tragfähigkeit von Verbundstützen – Berechnung und Bemessung, Gelbdruck, Ausgabe 1981.
3. DIN 18 806, Teil 2, Verbundträger mit unterbrochener Verbundfuge (Trapezprofilkonstruktionen), Gelbdruck, Ausgabe 1981.
4. Johnson, R.P., Greenwood, R.D., van Dalen, K.: Stud shear-connections in hogging moment regions of composite beams. The structural engineer, 47 (1969) 345–350.
5. Zulassungsbescheid für Kopfbolzendübel auf Zug der Fa. Nelson.
6. Haensel, J.: Praktische Berechnungsverfahren für Stahlträger-Verbundkonstruktionen unter Berücksichtigung neuerer Erkenntnisse zum Betonzeitverhalten. TWM-Heft 75-2, Institut für Konstr. Ingenieurbau, Ruhr-Universität Bochum, 1975.
7. Sattler, K.: Theorie der Verbundkonstruktionen, Verlag Wilh. Ernst & Sohn, Berlin, 1959.
8. Trost, H.: Zur Berechnung von Stahlverbundträgern im Gebrauchszustand aufgrund neuerer Erkenntnissse des viskoelastischen Verhaltens des Betons. Der Stahlbau 37 (1968).
9. Fritz, B.: Verbundträger. Berlin/Göttingen/Heidelberg, Springer, 1961.
10. Wippel, H.: Berechnung von Verbundkonstruktionen aus Stahl und Beton. Berlin/Göttingen/Heidelberg, Springer, 1963.
11. Johnson, R.P.: Composite Structures of Steel and Concrete, Vol. 1, London Crosby Lockwood Staples, 1975.
12. Deutsche Bundesbahn, Vorschrift für Eisenbahnbrücken und sonstige Ingenieurbauwerke (VEI), Vorausgabe (DS 804), 1979.
13. Europäische Konvention für Stahlbau: Europäische Empfehlungen für die Ausbildung und Berechnung von Stahlprofilblech-Verbunddecken. Stahlbau-Verlags-GmbH., Köln, 1975.
14. Draft Model Code for Composite Structures-Recommendations of the CEB-ECCS-FIP-IABSE-Joint Committee on Composite Structures – in Vorbereitung.
15. Bergmann, R.: Traglastberechnung von Verbundstützen, TWM-Heft 81-2, Institut für Konstr. Ingenieurbau, Ruhr-Universität Bochum, 1981.
16. Stark, J.: Staalplaat Betonvioeren, Bouwen met staal 36, Juli 1976.
17. Richtlinien für die Ausbildung und Berechnung von Stahlprofilblechdecken mit und ohne Verbund (Ausgabe Jänner 80) Österreichischer Stahlbauverband, Wien.
18. Beiträge zum Verbundbau; Versuche, Bemessung und Ausführung. Konstr. Ing.-Bau-Berichte, Heft 32, Vulkan-Verlag Essen, 1978.
19. Kupfer, H., Förster, W., Haensel, J.: Beschränkung der Rißbreiten im Stützenbereich durchlaufender Verbundträger. Der Bauingenieur 53 (1978).
20. Muess, H.: Verbundträger im Stahlhochbau. Verlag Wilh. Ernst und Sohn, Berlin/München/Düsseldorf, 1973.
21. Muess, H.: Plastische Momente für Verbundträger. Stahlbau-Verlag GmbH., Köln, 1976.
22. Statisch bepaalde Staal-Beton Liggers, Theorie en Richtlinignen. Uitgeverij Waltmann, Delft, 1975.
23. DVS-Merkblatt 0905, Sicherung der Güte von Bolzenschweißverbindungen.
24. Zulassungsbescheid Reso-Verbunddecke, Berlin 1975. Gleichlautende Zulassungsbescheide für die Hoesch- und Holorib-Verbunddecken, Berlin 1975.
25. Ollgaard, J.C., Slutter, R.G., Fisher, J.W.: Shear Strength of Stud Connectors in Light-weight and Normal-weight Concrete. AISC Engineering Journal, April 1971.
26. Verbundträger im Hochbau. Merkblatt 267, Beratungsstelle für Stahlverwendung, Düsseldorf, 1980.
27. Fortschritte in der Verbundtechnik, Fortschritt-Berichte, Reihe 4, Nr. 33, Düsseldorf, VDI-Verlag, 1977.

28. Roik, K.: Verbundstützen in Forschung und Anwendung, Deutscher Ausschuß für Stahlbau, Berichte aus Forschung und Entwicklung 9 (1980), 21–31.
29. Slutter, R. G., Fisher, J. W.: Fatigue Strength of Shear Connectors Highway Research Record No. 147, 1966, 65–88.
*30. Johnson, R. P., Buckby, R. J.: Composite Structures of Steel and Concrete, Vol. 2 Bridges, London, Crosby Lockwood Staples, 1979.
*31. Structural Design of Tall Steel Buildings, Chapter SB-9 Mixed Construction, Monograph on Planning and Design of Tall Buildings, ASCE. 1979.
32. Roik, K., Bürkner, K.-E.: Beitrag zur Tragfähigkeit von Kopfbolzendübeln in Verbundträgern mit Stahlprofilblechen, Bauingenieur 56 (1981), Springer-Verlag 1981.

12 Hohlprofilkonstruktionen

F. Mang / Ö. Bucak

12.1 Allgemeines

12.1.1 Eigenschaften von Hohlprofilen

Hohlprofile mit Rund- und Rechteckquerschnitt sind Halbzeuge bzw. Profilformen des allgemeinen Stahlbaues. Durch die spezielle Art der Herstellung der Hohlprofile sind die einschränkenden Bestimmungen, wie sie z.B. beim Schweißen von Stumpfstößen an konventionellen Profilen in DIN 4100 vorgesehen sind, hier nicht immer zutreffend. Dabei ist zu berücksichtigen, daß alle Hohlprofile mit Rechteckquerschnitt aus Rundrohren hergestellt werden. Nach der Temperatur, bei welcher die endgültige Formgebung zum Rechteckrohr erfolgt, unterscheidet man „warm" hergestellte ($T >$ ca. 650 °C) und „kalt" hergestellte Hohlprofile. Bei der Anwendung von „kalt" hergestellten Profilen muß aus schweißtechnischen Gründen die Größe der Eckradien beachtet werden. Beim Schweißen von scharfkantigen Hohlprofilen kann u.U. eine metallurgisch bedingte Alterung eintreten. Um derartige Versprödungserscheinungen auszuschließen, dürfen bestimmte Kaltverformungsgrade, ausgedrückt im Verhältnis Radius/Wanddicke nicht unterschritten werden. Diese Verhältnisse sind aus DIN 18800, Teil 1, Ausgabe März 1981, Tabelle 14 zu entnehmen. „Kalt" hergestellte Profile deutscher Hersteller erfüllen i.d. Regel diese Mindestanforderungen bezüglich der Radius/Wanddicken-Verhältnisse.
Die nachfolgend beschriebenen Bemessungsverfahren gelten sowohl für „kalt" als auch für „warm" hergestellte Hohlprofile, wenn diese die Bedingungen der DIN 2448, DIN 2458, DIN 59410 und DIN 59411 erfüllen. Als Werkstoffe kamen St 37 und St 52 entsprechend den Normen DIN 17100, DIN 17119, DIN 17120 und DIN 17121 und die Feinkornbaustähle StE 460 und StE 690 nach der DASt-Ri 011, Ausgabe Februar 1979, zur Anwendung. Die Maßtoleranzen der Hohlprofile sind in DIN 59410 geregelt.
Die Verteilung der Werkstoffkenngrößen über den Umfang der Hohlprofile ist nicht gleichbleibend. Einen Eindruck hierzu vermitteln beispielsweise Härtemessungen an „warm" und „kalt" hergestellten Hohlprofilen. Die Bilder 12.1–1/2 zeigen typische Härteverteilungen (HB 30/2,5-10 in den Ecken HV 10) über dem Querschnitt.
Aus diesen Bildern geht hervor, daß bei den „warm" hergestellten Hohlprofilen eine gleichbleibende Härteverteilung (auch im Eckbereich und im Bereich der Längsschweißnaht) vorliegt, wobei bei den „kalt" hergestellten Hohlprofilen in den Ecken und im Bereich der Längsschweißnaht eine Zunahme der Härte festzustellen ist.
Die mittels Kleinzugproben gewonnenen Verteilungen der Werkstoff-Streckgrenze-Bruchfestigkeit und -Bruchdehnung sind im Bild 12.1–3 für ein „kalt" hergestelltes und im Bild 12.1–4 für ein „warm" hergestelltes Hohlprofil dargestellt. Die Verläufe dieser Werkstoffkenndaten bestätigen die bereits bei den Härteverteilungen gefundenen Zusammenhänge.
Bei der praktischen Herstellung von geschweißten Konstruktionen aus Hohlprofilen wird der zuvor genannte Eigenspannungszustand des einzelnen Profiles einerseits durch die Schweißwärme verändert, andererseits wird zusätzlich ein sehr komplexer Eigenspannungszustand in den einzelnen Elementen des Knotenbereiches erzeugt. Da sowohl die Ermittlung dieses neuen Eigenspannungszustandes im Knotenbereich, als auch die Festlegung der daraus erwachsenden Konsequenzen sehr aufwendig ist und vor allem die in der Fertigungspraxis anfallenden vielzähligen Parameter eine starke Ausweitung der Problematik bedeuten, wurde auf eine ausführliche Messung von Eigenspannungen zunächst verzichtet.
Der Einfluß von Eigenspannungen auf das statische Tragvermögen von Hohlprofilkonstruktionen ist nicht gleichermaßen kritisch zu sehen wie unter schwingender Beanspruchung. Bei den Konstruktionen unter vorwiegend ruhender Beanspruchung werden die Eigenspannungen durch Plastizieren des Werkstoffes nach der ersten Belastung abgebaut. Die nachfolgend im Abschnitt 12.2 und 12.4 beschriebenen Bemessungsmethoden zugrunde liegende Versuche sind an Bauteilen durchgeführt, deren Eigenspannungszustände der Praxis entsprechen. Im Rahmen eines AIF-Forschungsprogrammes wird z. Zeit der Einfluß der Eigenspannungen auf die dynamische Tragfähigkeit (Schwingfestigkeit) des Hohlprofilknotens ermittelt. Die ersten Ergebnisse zeigen, daß der Einfluß bei kleineren Hohlprofilabmessungen sehr gering ist bzw., daß kein Einfluß besteht.

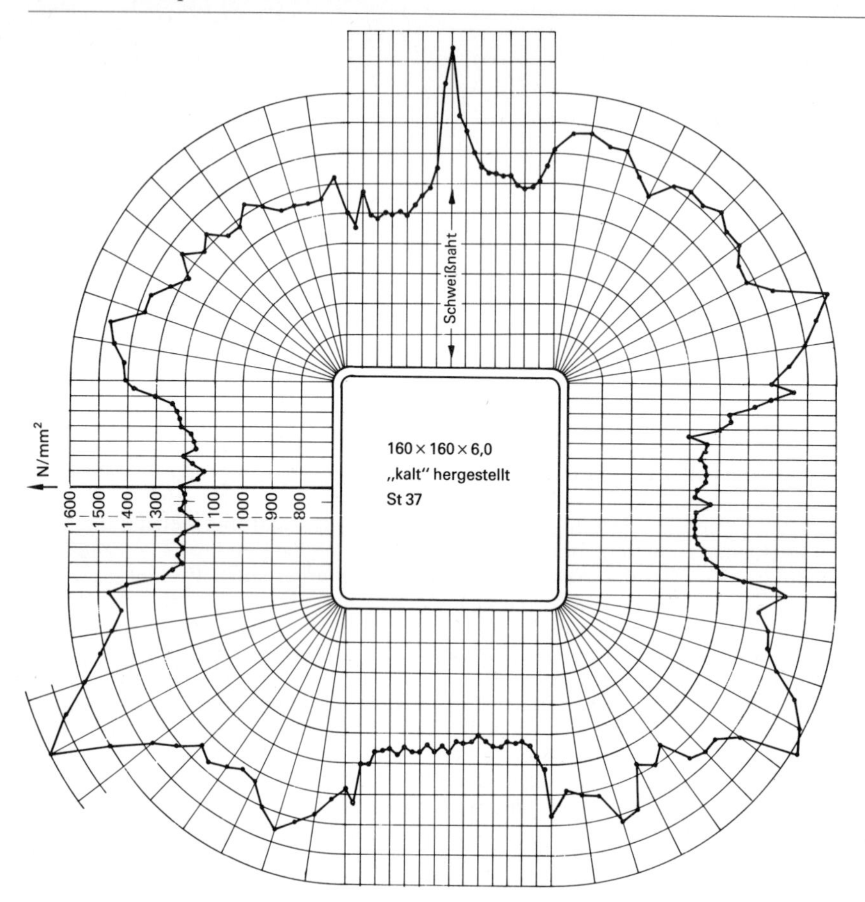

Bild 12.1–1 Härteverteilung über den Querschnitt eines kalt geformten Hohlprofils

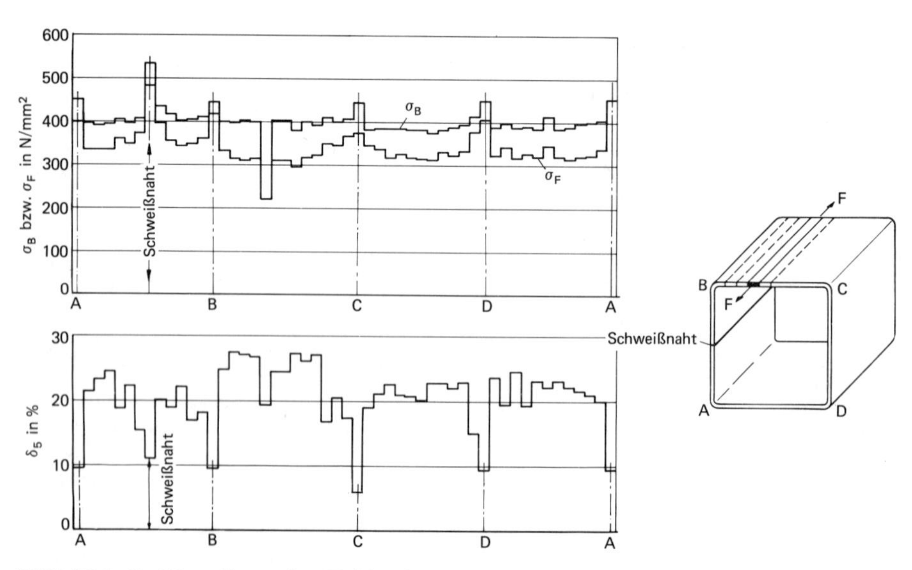

Bild 12.1–3 Verteilung der Zugfestigkeit, Streckgrenze und Bruchdehnung über den Querschnitt eines kalt geformten Hohlprofils

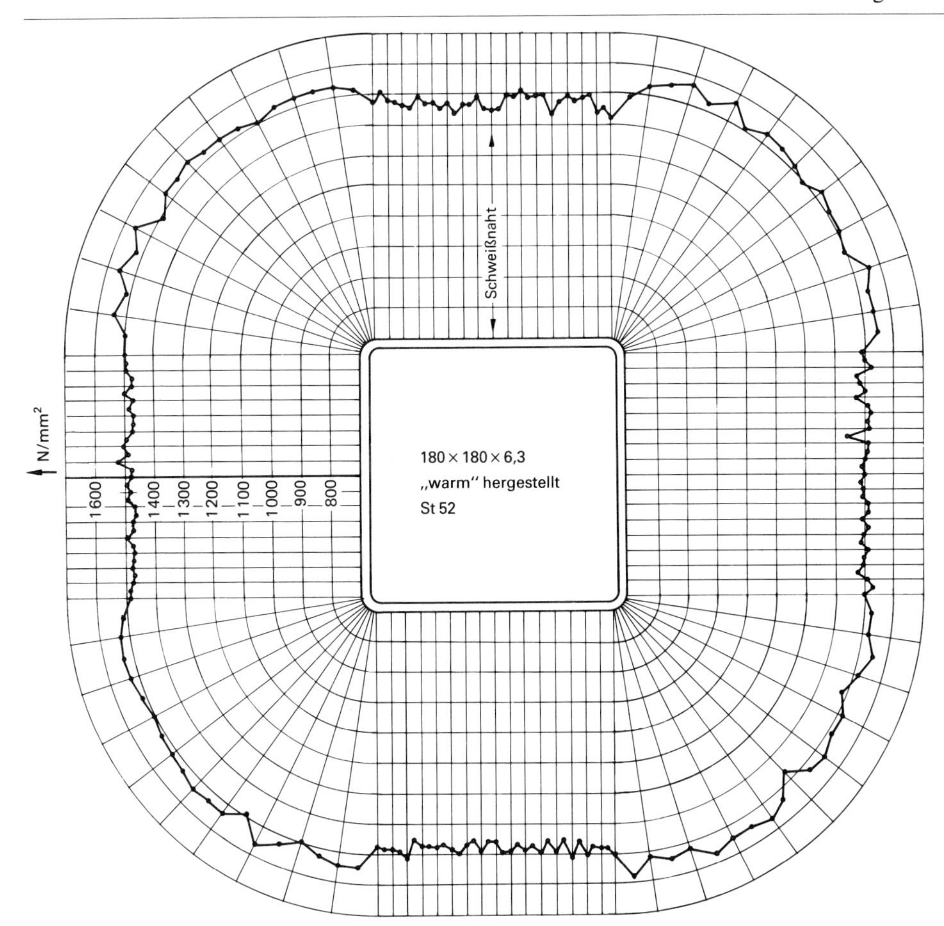

Bild 12.1–2 Härteverteilung über den Querschnitt eines warm hergestellten Hohlprofils

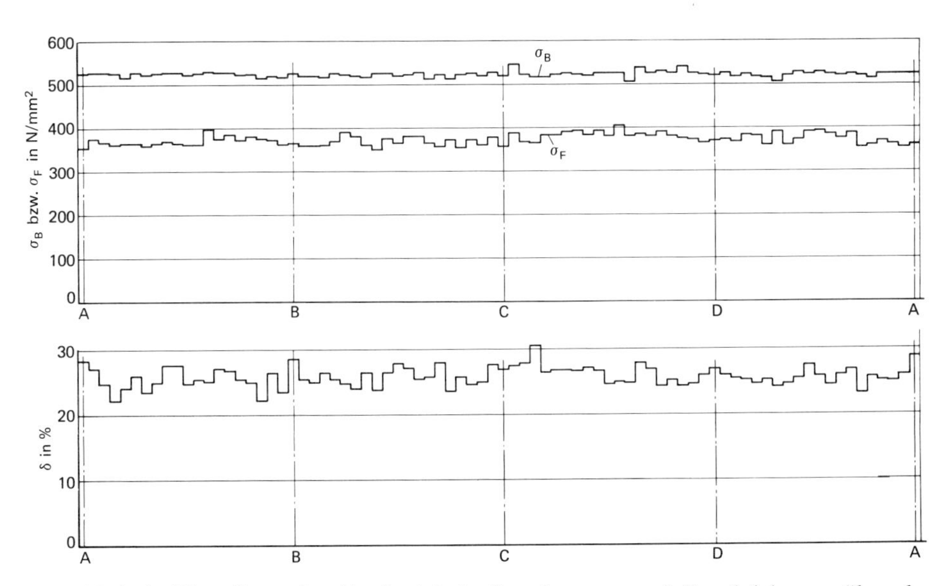

Bild 12.1–4 Verteilung der Zugfestigkeit, Streckgrenze und Bruchdehnung über den Querschnitt eines warm hergestellten Hohlprofils

In Bild 12.1–5 sind Längseigenspannungen für ein „warm" und „kalt" hergestelltes Profil ausgezeichnet. Die Ermittlung dieser Eigenspannung erfolgte nach der Zerlegemethode. Dazu wurden in einem Querschnitt eines Profiles (in der Mitte eines 1200 mm langen Rohrabschnittes) zunächst Meßmarken (Kugeln) im Abstand von 20 mm zur Nullablesung angebracht. Nach dem schrittweisen Ausarbeiten kleiner quadratischer Werkstoffbereiche, die jeweils vier Meßmarken enthielten, wurde deren Rückfederung gemessen. Aus diesen Dehnwerten sind unter Berücksichtigung des zweiachsigen Spannungszustandes (Längseigenspannungen und Quereigenspannungen) die zugehörigen Eigenspannungen ermittelt worden.

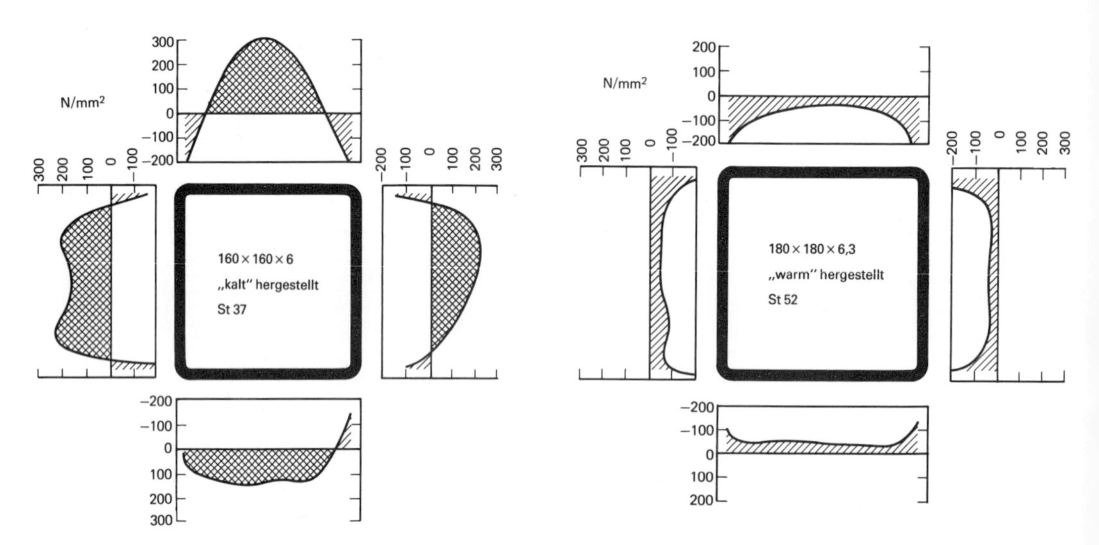

Bild 12.1–5 Verteilung der Längseigenspannungen auf der äußeren Oberfläche von Hohlprofilen

12.1.2 Definitionen zu Hohlprofilknotenpunkten

Im Kran-, Brücken-, Off-Shore- und Hochbau sowie bei Fördereinrichtungen werden Stahltragwerke häufig als ebene oder räumliche Fachwerke ausgeführt. Die Stäbe sind in den Knotenpunkten miteinander verbunden und sollen zunächst nur planmäßige Zug- oder Druckkräfte übertragen. Bei den rechnerischen Nachweisen werden diese Knotenpunkte i. a. als ideale Gelenke vorausgesetzt. Diese Annahme stimmt mit der praxisgegebenen Wirkungsweise nicht überein, da in diesen Knotenpunkten zusätzlich Querkräfte und Biegemomente wirken.
Je nach System der Fachwerke treten verschiedene Knotenformen auf, welche in Bild 12.1–6 schematisch angegeben sind. Hier werden zunächst ebene Fachwerke behandelt. Diese sind für die Praxis von primärem Interesse. Die Ergebnisse von Untersuchungen an ebenen Knotenpunkten können mit Einschränkungen auch auf räumliche Knotenpunkte übertragen werden.
Treffen in Fachwerkknotenpunkten ein zugbeanspruchter und ein druckbeanspruchter Füllstab (im vorliegenden Fall Hohlprofile) unter gleichem Öffnungswinkel θ auf einer Seite des Gurtrohres auf, dann liegt ein „K-Knoten" vor (siehe Bild 12.1–6 a).
Legt man den Öffnungswinkel nur eines Füllstabes mit $\theta_{grenz} = 90°$ fest, dann liegt eine weitere häufig angewandte Knotenform, der „N-Knoten" (siehe Bild 12.1–6 b) vor. Biegesteife Knotenpunkte mit nur einem Vertikalstab, wie sie z. B. bei Vierendeelträgern vorkommen, werden hier als „T-Knoten" (siehe Bild 12.1–6 c) bezeichnet. Wenn der Vertikalstab des T-Knotens auf der anderen Gurtrohrseite in gleicher Richtung fortgesetzt ist, liegt ein „X-Knoten" oder „Kreuzknoten" vor (siehe Bild 12.1–6 d).
T-Knoten mit Öffnungswinkeln $\theta < 90°$ sind als „Y-Knoten" (siehe Bild 12.1–6 e) gekennzeichnet. Kreuzknoten mit Öffnungswinkeln $\theta < 90°$ werden als „Kreuzknoten mit θ Grad" benannt.
Eine Kombination der Knotenformen K und T (siehe Bild 12.1–6 f) wird in der Fachliteratur unterschiedlich bezeichnet:

a) K-T-Knoten (meistens angewendet)
b) M-Knoten (Mehrfach-Knoten)
c) M-Knoten (Mischknoten).

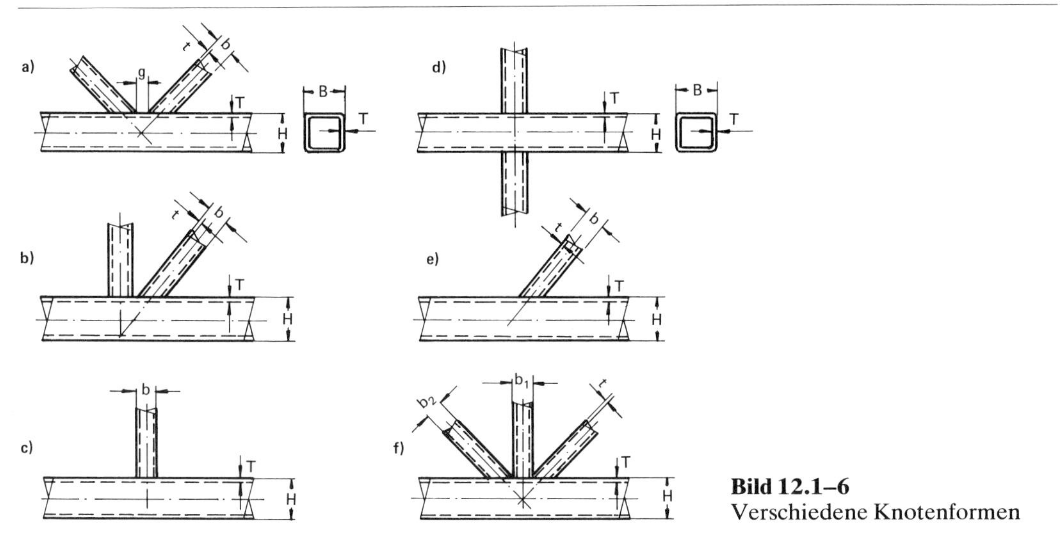

Bild 12.1–6
Verschiedene Knotenformen

Aus Bild 12.1–7 sind die für die Tragfähigkeit eines Knotenpunktes aus Hohlprofilen maßgebenden Parameter zu entnehmen.

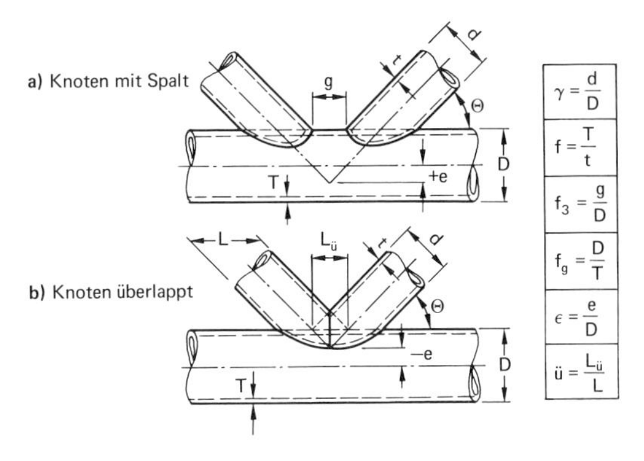

Bild 12.1–7
Definitionen zu einem Hohlprofil-Knoten

Es bedeuten:

Breitenverhältnis $\frac{b}{B}$ bzw. $\frac{d}{D}$

Wanddickenverhältnis $\frac{T}{t}$

Breiten-Wanddicken-Verhältnis des Gurtstabes $\frac{B}{T}$; $\frac{D}{T}$

Spalt g bzw. Überlappung $\ddot{u}$

ausgedrückt im Verhältnis $\frac{g}{b}$ bzw. $\frac{\ddot{u}}{b}$ oder $\ddot{u}$ in %

Öffnungswinkel = Anschlußwinkel θ

Breiten-Höhen-Verhältnis $\frac{B}{H}$ bei Rechteck-Hohlprofilen

Ein weiterer Parameter ist der Fehlhebel (Exzentrizität) e. Schneiden sich die Mittelachsen der Gurt- und Füllstäbe in einem Punkt, so ergibt sich ein Knoten ohne Fehlhebel ($e = 0$). Wenn dies nicht der Fall ist, unterscheidet man 2 Arten von Fehlhebeln.

a) positiver Fehlhebel $e > 0$ (siehe Bild 12.1–7a)
b) negativer Fehlhebel $e < 0$ (siehe Bild 12.1–7b)

12.1.3 Besonderheiten von Hohlprofilkonstruktionen

Die Problematik tragender Hohlprofilkonstruktionen liegt hauptsächlich im Bereich der zuvor beschriebenen Knoten und Verbindungen. Ihr Einsatz bedarf deshalb vorheriger eingehender Analysen zur Beschreibung ihres Tragverhaltens unter vorwiegend ruhender und schwingender Beanspruchung.
Bauwerke unter vorwiegend ruhender Beanspruchung werden nach DIN 4115 „Stahlleichtbau und Stahlrohrbau im Hochbau" bzw. nach den Erlassen von Innenministerien, wie z. B. des Landes Nordrhein-Westfalen vom 15. 3. 1974 oder Baden-Württemberg zu DIN 4115, bemessen. Darin sind Gültigkeitsgrenzen für Hohlprofile und Abminderungsfaktoren für zulässige Spannungen angegeben. Diese Regelungen entsprachen nicht mehr dem aktuellen Wissensstand. Deshalb wurde DIN 18808[1]) (vormals DIN 4116) „Stahlbauten, Tragwerke aus Hohlprofilen unter vorwiegend ruhender Beanspruchung" neu erarbeitet. Diese Norm beinhaltet Bemessungsregeln für *K*- und *N*-Knotenpunkte verschiedener Konfigurationen sowie deren Verstärkungsarten. Außerdem sind Bemessungsregeln für biegesteife Rahmenecken (*L*-Knoten) mit und ohne Versteifung sowie Hinweise zur Gestaltung und zum Schweißen von Hohlprofilen enthalten. In den genannten Bemessungsrichtlinien sind allerdings keine Regelungen für baurechtlich eingeführte hochfeste Feinkornbaustähle StE 460 und StE 690 enthalten.
Bauwerke unter schwingender Beanspruchung werden in der Bundesrepublik z. Z. nach DIN 15018 und DIN 4132 berechnet. Nach diesen Normen werden die Betriebs- und Dauerfestigkeitsnachweise für geschweißte Stahltragwerke, z. B. des Kranbaus, geführt, welche die Beanspruchungsart, -höhe und -häufigkeit sowie das Grenzspannungsverhältnis (R), die Werkstoffgüte und die Kerbwirkung berücksichtigen. Danach werden Rohrknotenpunkte mit einer Kehlnaht in Sondergüte (Nahtübergang bearbeitet) dem Kerbfall $K3$, d. h. starke Kerbwirkung, und mit einer Kehlnaht in Normalgüte (Naht unbearbeitet) dem Kerbfall $K4$, d. h. besonders starke Kerbwirkung, zugeordnet. Diese Pauschalisierung führt teilweise zu unwirtschaftlicher und teilweise zu nicht ausreichend sicherer Bemessung. Diese Feststellung gilt ebenfalls für die ausländischen Berechnungsvorschriften wie BS (British Standards), AWS D 1.1-79 (American Welding Society) usw.
Für Rohrkonstruktionen aus Feinkornbaustählen sind in der DASt-Richtlinie 011 (Ausgabe Februar 1979) keine Kerbfälle angegeben. Bisherige Konstruktionen sind ausgehend von den „Grund-Kerbfällen" berechnet worden.
Die im Knotenbereich vorliegenden inhomogenen Spannungszustände (siehe Bild 12.1–8) können durch die einfachen Methoden der elementaren Festigkeitslehre nicht erfaßt werden, d. h. der komplizierte Lastabtragungsmechanismus läßt in der Regel keine allgemeingültigen Lösungen zu. Die bisher zur theoretischen Spannungsanalyse angewandten Rechenverfahren (auch nach der Finite-Element-Methode) führten zu keinen befriedigenden Ergebnissen, zumal sie bei vertretbarem Aufwand nur den linear-elastischen Spannungszustand beschreiben können.

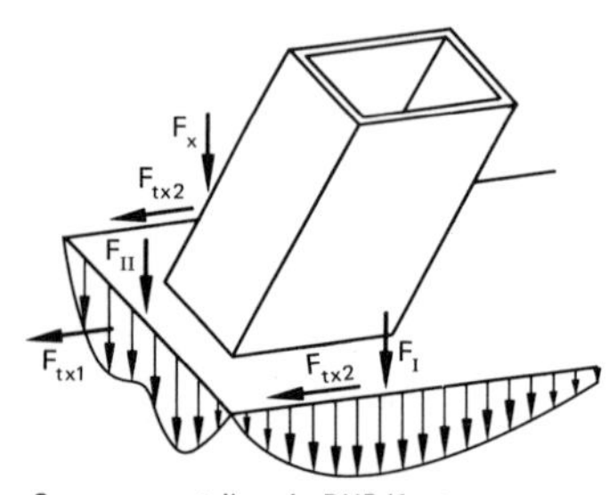

Bild 12.1–8 Spannungsverteilungen in einem Knotenbereich

Die Abmessungen der Hohlprofile spielen eine ausgeprägte Rolle beim Schwingverhalten von Hohlprofilverbindungen. Bei relativ geringen Abmessungsbereichen bis ca. 180 mm Durchmesser bzw. Kantenlänge sind nämlich die Zeit- und die Dauerfestigkeit höher als bei einem Knoten mit größeren Abmessungen wie z. B. 400 mm oder 900 mm. Deshalb gelten die Angaben über das Schwingverhalten nur bis zu einer Abmessung von 200 mm.

[1]) DIN 18808 ist im September 1981 als Gelbdruck erschienen.

12.2 Bemessung ebener Fachwerke nach DIN 18 808

12.2.1 Allgemeines

Grundlage für die Bemessungsregeln der DIN 18 808 lieferten international abgestimmte Forschungsprogramme, welche in den letzten Jahren verstärkt in Karlsruhe durchgeführt wurden und andere ausländische Untersuchungen. Die gewonnenen Erkenntnisse erlauben es, für Fachwerkkonstruktionen aus Rund- und Rechteckhohlprofilen einheitliche Bemessungsvorschriften aufzustellen, welche einerseits der komplexen Problematik der hier maßgebenden Gestaltfestigkeit gerecht werden, andererseits auch den Wunsch der Praxis nach praktikablen Regelungen berücksichtigt. Außerdem wurde durch diese Versuche die Grundlage zur Berechnung von biegesteifen Rahmenecken aus Rechteck-Hohlprofilen, wie sie häufig auch im Stahltreppenbau angewandt wird, geschaffen.
Da der Gelbdruck zu DIN 18 808 erschienen ist, erschien es sinnvoll, die vorliegende Zusammenfassung zu erstellen.
Hohlprofile im Sinne dieser Norm sind Stäbe mit geschlossenem, kreisförmigem, quadratischem oder rechteckigem Hohlquerschnitt, bei dem die Wanddicke ringsum konstant ist und in der Längsrichtung des Stabes gleich bleibt. Stäbe, bei denen ein geschlossener Hohlquerschnitt aus mehreren, miteinander verbundenen Einzelteilen zusammengesetzt ist, (wie z. B. aus 2 Winkelprofilen oder aus 2 U-Profilen) gelten strenggenommen nicht als Hohlprofile.

12.2.2 Die Bemessung von Fachwerken

Die Fachwerkstäbe können gemäß der stahlbauüblichen Bemessungspraxis dimensioniert werden. Es ist jedoch sinnvoll, bei der Wahl der Stabquerschnitte die besonderen Bedürfnisse im Knotenbereich solcher Systeme zu berücksichtigen, da die spezielle Problematik tragender Hohlprofile vorzugsweise im Bereich ihrer Anschlüsse und Verbindungen liegt. Dies gilt insbesondere bei der Festlegung der Breitenverhältnisse zwischen den Füllstäben und Gurtstäben sowie bei der Wahl der Breiten/Wanddikkenverhältnisse für die Profile.
Für die Wahl der Profilabmessungen gelten gemäß DIN 18 808 – Entwurf – die Grenzen gemäß Tabelle 12.2–1 (Tabelle 3 der DIN 18 808). Die Bereiche außerhalb der angegebenen Grenzen nach Zeile 1 und Zeile 2 dieses Bildes wurden versuchstechnisch nicht abgesichert. Diese Abmessungsbereiche sind jedoch derzeit noch nicht allgemein praxisüblich. Die Grenzen der Zeile 3 dieser Tabelle werden durch verarbeitungs- und werkstofftechnische Gegebenheiten bestimmt. Ein Sprödbruchnachweis kann für Rechteck-Hohlprofile in Form von Aufschweißbiegeversuchen durchgeführt werden. Für Rundhohlprofile gibt es keine verbindliche Regelung.

Tabelle 12.2–1 Grenzen und Regelungen für Stabquerschnitte in Fachwerken

Zeile	Parameter		Gültigkeitsbereich		Falls Parameter außerhalb des Gültigkeitsbereichs
1	d		$d \leqq 500$ mm		gesonderte Nachweise
	h		$h \leqq 400$ mm		
	b		$b \leqq 400$ mm		
2	h/b		$0{,}5 \leqq h/b \leqq 2{,}0$		–
3	t		$t \geqq 1{,}5$ mm		–
			St 37	$t \leqq 30$ mm	gesonderter Sprödbruchnachweis*)
			St 52	$t \leqq 25$ mm	
4	d/t	Bei Druckstäben	St 37	$d/t \leqq 100$	Bruchsicherheitsnachweise nach DASt-Ri 013
			St 52	$d/t \leqq 67$	
	b/t		St 37	$b/t \leqq 43$	Bruchsicherheitsnachweise nach DIN 4114 oder DASt-Ri 012
			St 52	$b/t \leqq 36$	
5	Für die Gurtstäbe bei Knoten nachweisen		$d/t \leq 3{,}5$ $b/t \leq 3{,}5$		gesonderte Nachweise

*) Für den Sprödbruchnachweis von dickwandigen Rundrohren gibt es bisher keine verbindlichen Regelungen (vgl. auch DIN 4100)

Definitionen und Parameter für die Knotentragfähigkeit sind in Abschnitt 12.1.2 aufgeführt.
Die Exzentrizitäten e im Knotensystem (vergleiche Bild 12.1–7) brauchen bei Werten $\leq \pm 0{,}25 \cdot h$ bzw. d nicht berücksichtigt zu werden. Diese Grenze kann aufgrund von Traglastüberlegungen an den durchlaufenden Gurtstäben nachgewiesen werden. Die so theoretisch zu formulierende Regelung deckt sich mit den bereits früher bewährten Praktiken. Die Grenze für eine Vernachlässigung hängt naturgemäß von der Gurt-Querschnittsform ab. Das hier genannte Grenzmaß von $\pm 0{,}25 \cdot h$ kann als untere Begrenzung für alle Fälle gelten.

Ausreichende Gestaltfestigkeit und damit ausreichende Tragfähigkeit des Knotens wird erreicht, wenn für zwei unmittelbar miteinander verbundene Hohlprofile das vorhandene Wanddickenverhältnis vorh (T/t) größer oder gleich dem erforderlichen Wanddickenverhältnis erf (T/t) ist.

$$\text{vorh}\left(\frac{T}{t}\right) \geq \text{erf}\left(\frac{T}{t}\right)$$

Das vorhandene Wanddickenverhältnis $\left(\text{vorh}\left(\frac{T}{t}\right)\right)$ ist das Verhältnis der Wanddicke des untergesetzten Profils zu der des aufgesetzten. Bild 12.2–3 gibt hierfür notwendige Definitionen. Es ist grundsätzlich darauf zu achten, daß der Nachweis nur bei Knoten mit D/T bzw. $B/T \leq 35$ gültig ist. Eine Übersicht über die Ermittlung des Verhältnisses erf $\left(\frac{T}{t}\right)$ bei Druckbeanspruchung im untergesetzten Stab liefert Bild 12.2–1.

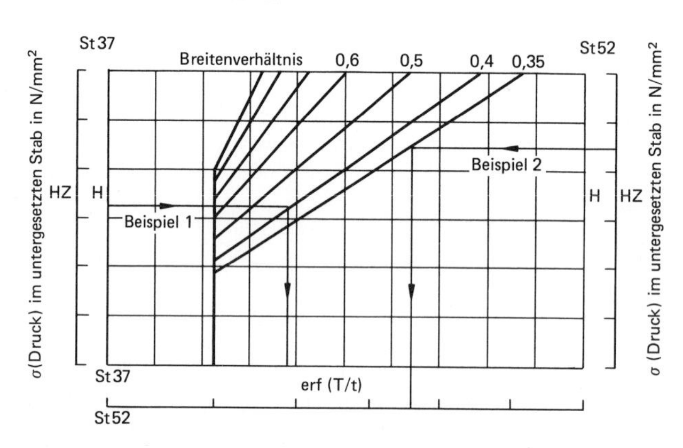

Bild 12.2–1
Prinzipieller Diagrammaufbau zur Ermittlung von erf $\left(\frac{T}{t}\right)$

Die Bestimmung des erf (T/t) im Falle einer Druckbeanspruchung im untergesetzten Stab erfolgt über Bemessungsdiagramme.
In der DIN 18808 werden 6 Diagramme angegeben. Zwischenwerte können interpoliert werden.

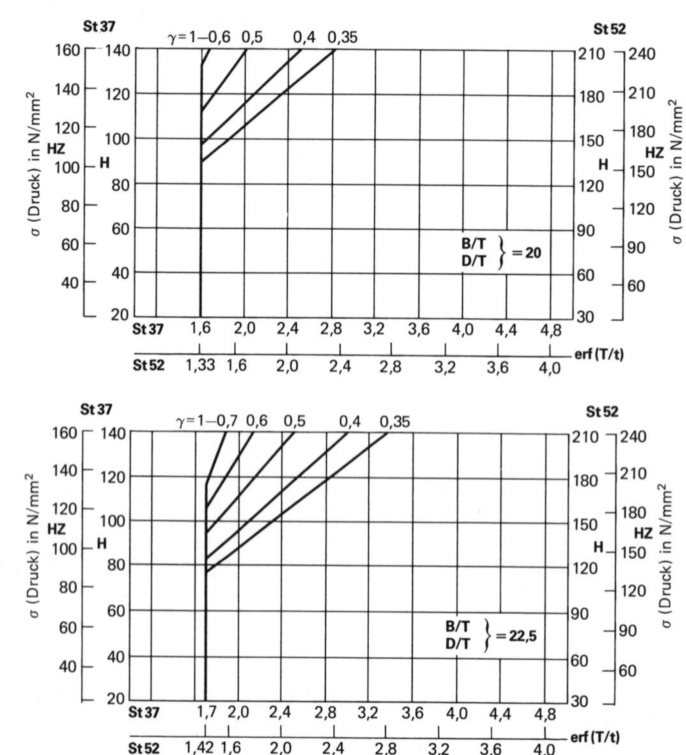

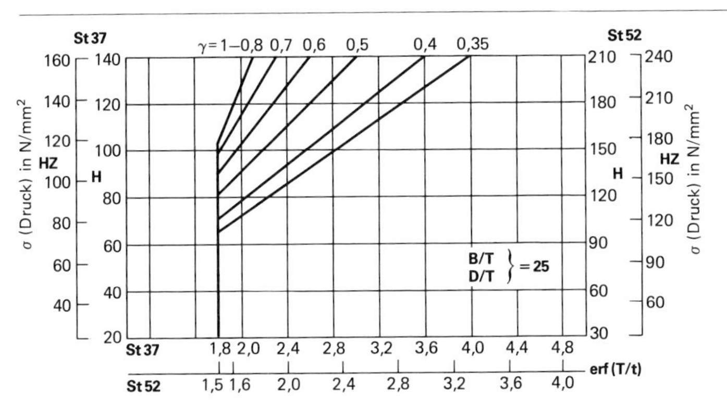

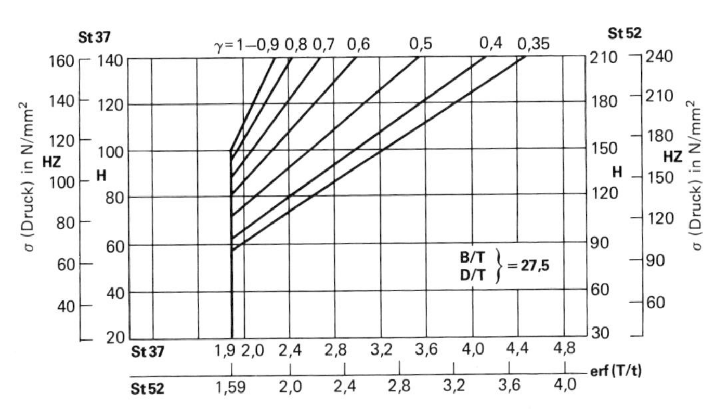

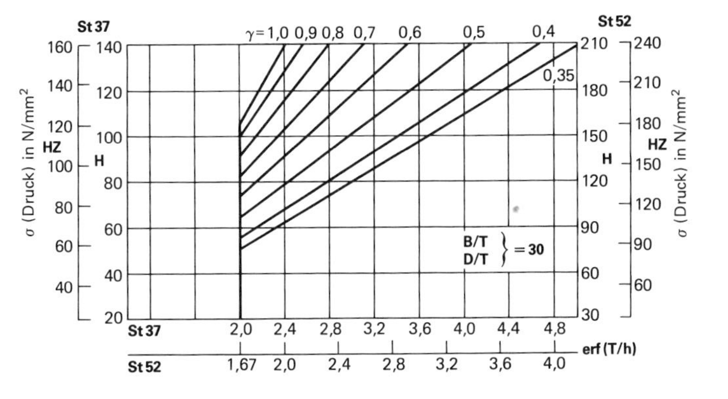

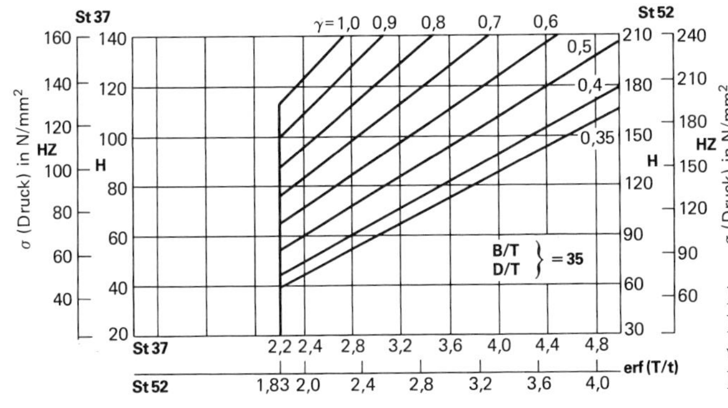

Bild 12.2–2
Diagramme zur Ermittlung von erf $\left(\frac{T}{t}\right)$, wenn im untergesetzten Stab Druckbeanspruchung vorliegt

Diese Diagramme sind nur für Knoten mit Spalt und Druckbeanspruchung im untergesetzten Stab gültig. Für Knoten mit Überlappung sowie für Knoten mit Spalt und Zugbeanspruchung im untergesetzten Stab sind die erf(T/t) in der Tabelle 4 (siehe Tabelle 12.2–2) der Norm angegeben.

Tabelle 12.2–2 Übersicht zur Ermittlung von erf $\left(\frac{T}{t}\right)$

1	2	3	4							
			4a							4b
Stahl	Knoten mit Überlappung $g \leqq 0$	Knoten mit Spalt $0 < \frac{g}{b_0} < 0{,}2$	Knoten mit Spalt $g/b_0 \geqq 0{,}2$							
			Beanspruchung im untergesetzten Hohlprofil	$\theta \leqq 60°$ B/T bzw. $D/T =$ 20	22,5	25	27,5	30	35	$60° < \theta \leqq 90°$
				siehe Diagramm						Die Werte der Spalte 4a sind mit dem Faktor $f_\theta = 0{,}6 + \frac{\theta}{150}$ zu vervielfachen
St 37	1,6	$1{,}6 + \frac{g}{b_0}\; 5 \cdot \mathrm{erf}\left(\frac{T}{t}\right)_{\textcircled{4}} - 8$	Druck	1a	1b	1c	1d	1e	1f	
			Zug	1,6	1,7	1,8	1,9	2,0	2,2	
				siehe Diagramm						
St 52	1,33	$1{,}33 + \frac{g}{b_0}\; 5 \cdot \mathrm{erf}\left(\frac{T}{t}\right)_{\textcircled{4}} - 6{,}65$	Druck	1a	1b	1c	1d	1e	1f	
			Zug	1,33	1,42	1,5	1,59	1,67	1,83	

Hinweise: Bei am Knoten durchlaufenden Rundrohren ist der Parameter g/b_0 durch g/d_0 zu ersetzen.
In Spalte 3 wird zwischen den Spalten 2 und 4 linear interpoliert.
erf $\left(\frac{T}{t}\right)$ ist das erforderliche Wanddickenverhältnis nach Spalte 4.
Bei Knoten mit Spalt $g > 2c$ und gleichzeitig $\gamma > 0{,}7$ sind die zulässige Beanspruchung für das aufgesetzte Hohlprofil abzumindern (siehe dazu S. 683).

Für Knotenpunkte mit Öffnungswinkeln der Füllstäbe $\theta > 60°$ müssen die aus den Diagrammen bzw. aus der Tabelle 4 der Norm ermittelten erforderlichen Wanddickenverhältnisse (erf(T/t)) mit dem Faktor gemäß Spalte 4b der Tabelle 4 der DIN 18808 (Tabelle 12.2–2) erhöht werden. Dies bedeutet für einen K-Knoten mit $\theta = 90°$ d.h. N-Knoten, eine Erhöhung um 20% ($f_\theta = 1{,}2$).
Die zuvor genannten Knotennachweise (erf(T/t)) sind für alle Anschlußbereiche zu führen.
Nach der DIN 18808 wird zwischen aufgesetzten und untergesetzten Stäben unterschieden. Diese Definitionen sind für die Knoten mit Spalt und solche mit Überlappung aus Bild 12.2–3 ersichtlich. Im Bild 12.2–4 sind die für einen KT-Knoten erforderliche Knotennachweise tabellarisch angegeben. Es müssen an den Stellen u, v, w, x, und y die erforderlichen Wanddickenverhältnisse vorliegen.

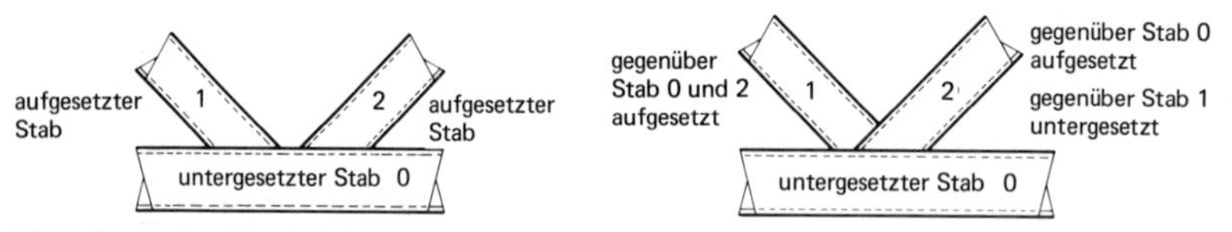

Bild 12.2–3 Definitionen zu Fachwerkknoten

Wenn im aufgesetzten Hohlprofil die zulässige Spannung zul σ nach DIN 18800 Teil 1, Ausgabe März 1981, Tabelle 11, Zeile 4 bis 6 nicht ausgenutzt ist, darf die geometrisch vorhandene Dicke t durch eine im Ausnutzungsverhältnis reduzierte fiktive Wanddicke

$$\mathrm{red}\, t = t \cdot \frac{\mathrm{vorh}\,\sigma_t}{\mathrm{zul}\,\sigma_t}$$

ersetzt werden. Damit ergeben sich günstigere $\frac{T}{t}$-Verhältnisse.

Werden für aufgesetzte und untergesetzte Hohlprofile Stähle mit unterschiedlichen Streckgrenzen verwendet, dann wird das geometrische Wanddickenverhältnis im Verhältnis der Streckgrenzen variiert angesetzt.

$$\frac{T}{t} \cdot \frac{\beta_{sT}}{\beta_{st}}$$

Naht	für den Nachweis maßgebliche Parameter				
	Dicke				
	T untergesetztes Hohlprofil	t aufgesetztes Hohlprofil	Anschlußwinkel Θ	Breitenverhältnis Y	Überlappung ü
u	t_0	t_1			$ü_1 = \frac{L_{ü1}}{h_2}$
v	t_0	t_3			
w	t_0	t_2			$ü_2 = \frac{L_{ü2}}{h_2}$
x	t_3	t_2			
y	t_1	t_2			

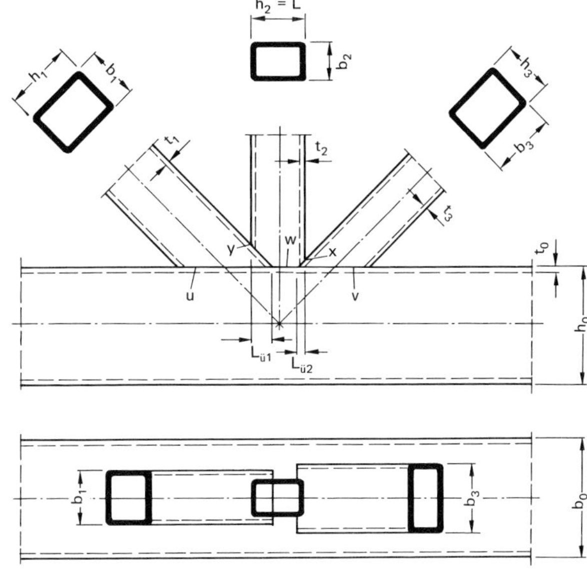

Bild 12.2–4 Beispiel für Nachweisbereiche

DIN 4115 bzw. die Einführungserlasse der Innenministerien erlaubten ein Breitenverhältnis (b/B bzw. d/D) von mindestens 0,4.

Bei relativ dickwandigen untergesetzten Hohlprofilen mit D/t bzw. $B/T = 20$ kann das nach unten üblicherweise auf $\gamma = b/B$ bzw. d/D mit 0,35 begrenzte Breitenverhältnis (nach DIN 18808) noch weiter unterschritten werden, wenn die Relation vorh T/t größer als $1 : \gamma$ bleibt.

$$\text{vorh}\left(\frac{T}{t}\right) \geq \frac{1}{\gamma} \qquad \text{oder} \qquad \text{erf}\left(\frac{T}{t}\right) = \frac{1}{\gamma}$$

Eine Sonderregelung gilt für den Fall, daß ein großer Spalt $g \geq 2 \cdot c$ (2× Flankenabstand) (siehe Bild 12.2–6) und gleichzeitig ein großes Breitenverhältnis $b/B > 0{,}7$ vorliegt. Hier muß die zulässige Beanspruchung für das aufgesetzte Hohlprofil entsprechend der Beziehung

$$k = 1 - 3 \cdot \frac{g - 2c}{b_0} \cdot \frac{bi}{bi + hi}; \qquad i = 1,\, 2 \,\ldots$$

bzw. nach Bild 12.2–5 abgemindert werden. Ergibt sich $k < 0{,}7$, so ist für $k = 0{,}7$ einzusetzen.

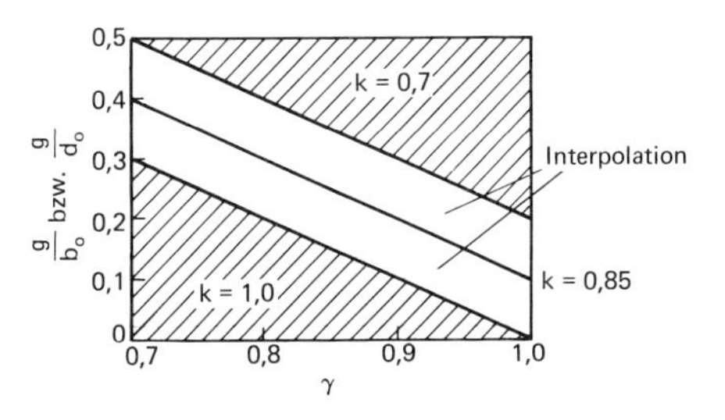

Bild 12.2–5 k-Werte für quadratische und runde Füllstäbe

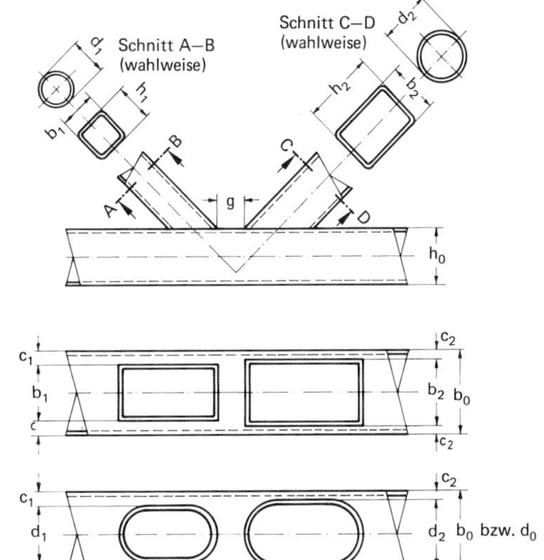

Bild 12.2–6 Definition von Flankenabstand c

Für runde und quadratische Füllstäbe und rechteckige Gurte vereinfacht sich die obige Gleichung wie folgt:

$$k = 1 - 1{,}5 \cdot \frac{g - 2c}{b_0}$$

Bei Knotenpunkten aus Rund-Hohlprofilen ist in diesen Formeln die Gurtbreite b_0 durch den Durchmesser des Gurthohlprofils d_0 zu ersetzen.

12.3 Die Schweißverbindungen bei Fachwerkknoten

Im Knotenbereich von Rundrohrfachwerken ergeben sich Verschneidungen. Die aus solchen Raumkurven abzuleitenden Schweißnahtlängen sind in Bild 12.3–1 behandelt. Die Angaben erlauben die Berücksichtigung verschiedener Neigungswinkel der zu verschneidenden Rohre und ferner die Erfassung des Wanddickeneinflusses aus dem aufgesetzten Profil. Zwischenwerte der Wanddicken des aufgesetzten Profiles können interpoliert werden.

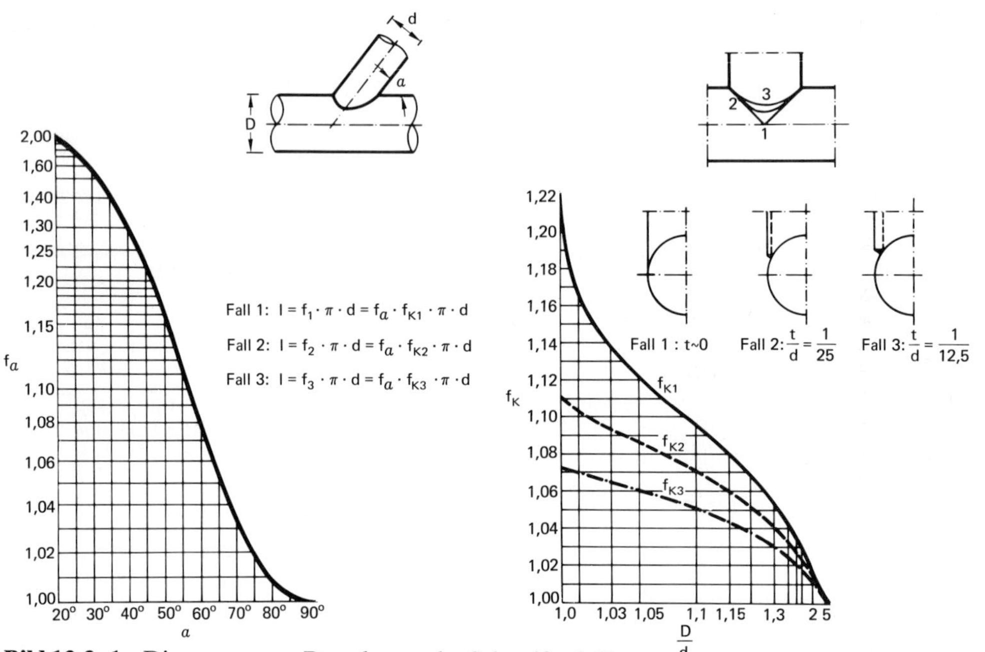

Bild 12.3–1 Diagramme zur Berechnung der Schweißnahtlänge

Typische Schweißnahtformen in den verschiedenen Knotenbereichen von Rundrohr-Fachwerken zeigt Bild 12.3–2.
Im Falle des Einsatzes einer koordinatengesteuerten Brennschneidmaschine sind die a-Maße nicht identisch mit denen aus gefräßten Rundhohlprofilen. Dies ist aus Bild 12.3–3 zu entnehmen. Bei Rechteck-Hohlprofilen ergeben sich ebene Schnitte. Die Schweißnahtlänge ist in diesen Fällen einfacher zu ermitteln. Bild 12.3–4 gibt typische Schweißnahtausbildungen für solche Rechteck-Hohlprofilknoten.
Die rechnerischen Schweißnahtdicken können im Hinblick auf die getroffenen Abmessungsbegrenzungen für die Hohlprofile gleich der Profil-Wanddicke ausgeführt werden. In diesen Fällen ist bei Fachwerkkonstruktionen kein gesonderter Nachweis des Tragvermögens erforderlich, falls folgende Bedingungen eingehalten sind.
Bei Hohlprofilen mit Wanddicken $t \leq 3$ mm muß die Schweißnahtdicke gleich der Wanddicke des anzuschließenden Profiles sein.
$a = t$.
Bei Hohlprofilen mit Wanddicken $t > 3$ mm muß die Schweißnahtdicke gleich der reduzierten Wanddicke des anzuschließenden Profiles sein.
$a \geq \text{red} \cdot t$.
Die Nullstäbe bilden dabei eine Ausnahme.

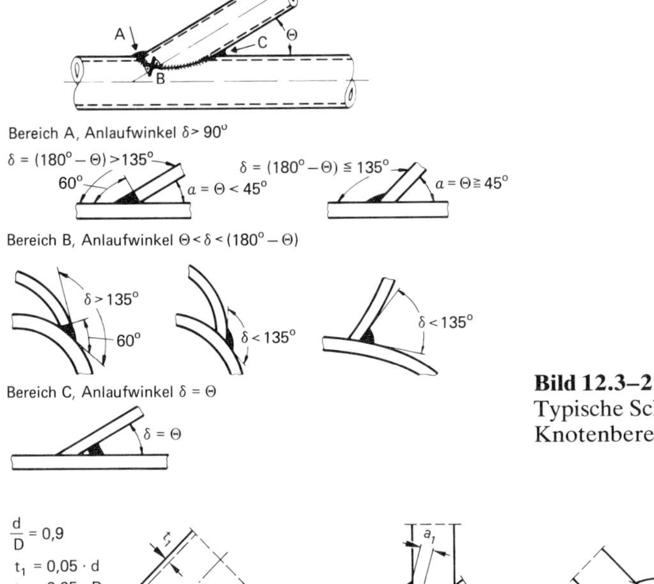

Bild 12.3–2
Typische Schweißnahtformen in den verschiedenen Knotenbereichen

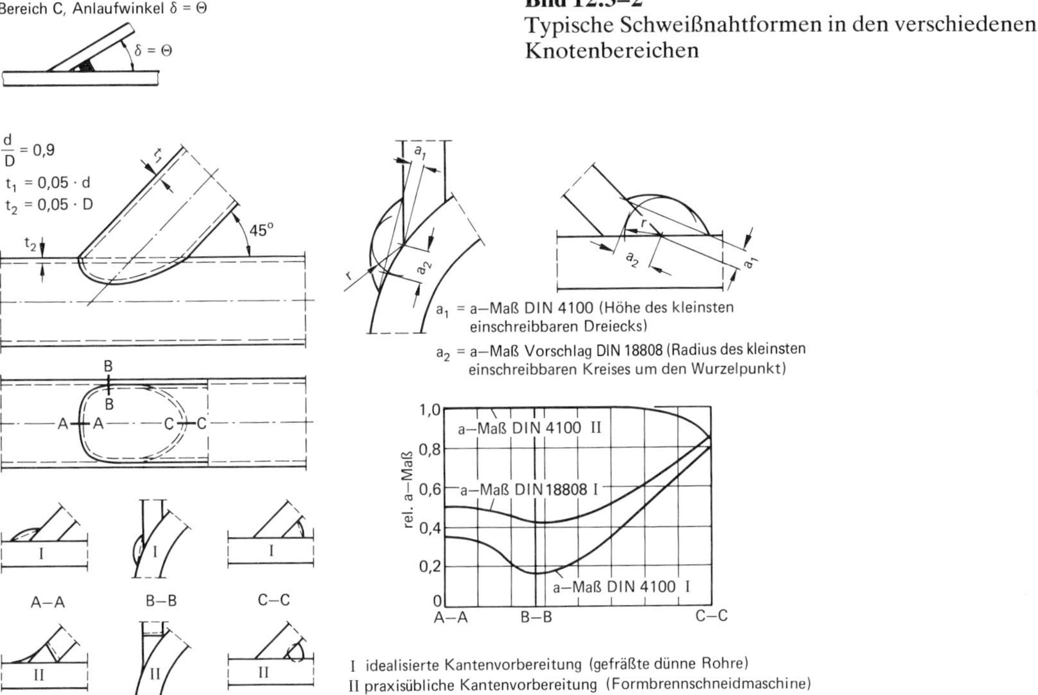

Bild 12.3–3 Schweißnahtdicken bei Rundrohranschlüssen

Bei Anschlüssen von Hohlprofilen untereinander sind gemäß Bild 12.3–4 die Bereiche *A, B* und *C* zu unterscheiden.

- Im Bereich *A* soll die Schweißnaht bei Anschlußwinkeln $<45°$ (Bild 12.3–4b) als HV-Naht und bei Anschlußwinkeln $\geq 45°$ (Bild 12.3–4c) als Kehlnaht ausgebildet werden.
- Bei Flankennähten im Bereich *B* ist zu beachten:
  für $\gamma \leq 0{,}8$ (Bild 12.3–4) dürfen sie als Kehlnähte ausgeführt werden.
  Für $\gamma > 0{,}8$ kann bei kleinen Eckradien *r* einwandfreies Schweißen nicht sichergestellt sein, so ist die Naht gemäß Bild 12.3–4e vorzubereiten. Bei großen Eckradien *r* (Bild 12.3–4f) ist zu überprüfen, ob ein Schweißen möglich ist.

Ist das gewählte Füllstabprofil nicht voll ausgenutzt, so kann eine Reduktion der rechnerischen Schweißnahtdicke auf das Maß $a = t_{red}$ vorgenommen werden. Die Reduzierung erfolgt im Verhältnis des Ausnutzungsgrades.

Stumpfstöße an Hohlprofilen werden vorwiegend in den meist hochbeanspruchten Gurtstäben von

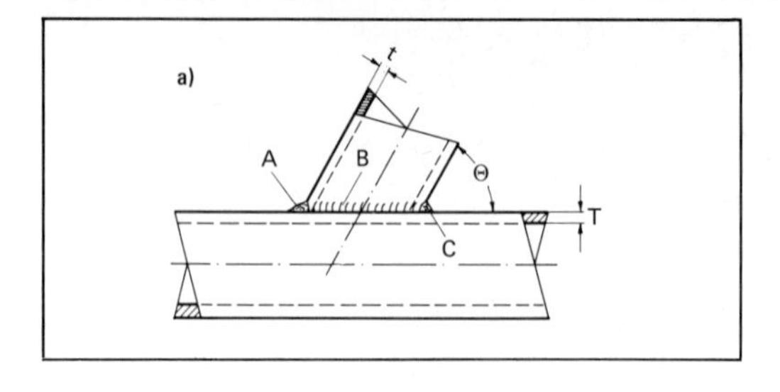

Bild 12.3–4
Schweißnahtausbildung bei Anschlüssen von Rechteck-Hohlprofil-Verbindungen

Fachwerkkonstruktionen erforderlich. Die Höhe der zulässigen Zugspannungen für diese Schweißnähte bestimmt die Abmessungen der i.d. Regel am Gewicht der Gesamtkonstruktion wesentlich beteiligten Zuggurte. Eine Anordnung der Stumpfstöße in denjenigen Bereichen, die geringe Stabkräfte aufweisen, ist oft auch aus montagetechnischen Gründen nicht möglich.
Die Gründe für die einschränkenden Regelungen der DIN 4100 zu stumpfgeschweißten Universalstößen von konventionellen Walzstahlprofilen gelten nicht für Hohlprofile. Diesem Sachverhalt wird in der Praxis bei Rundrohren bereits seit dem Erscheinen der heute noch gültigen DIN 4115 Rechnung getragen. In Abschnitt 4.5.3 der DIN 4115 ist die Möglichkeit offengehalten, erhöhte zulässige Spannungen, und zwar bis zum 0,9fachen der Bauteilspannungen, für Stumpfnähte zuzulassen, wenn durch zusätzliche Schweißnahtprüfungen unter den vorgesehenen Fertigungsbedingungen ausreichende Festigkeitswerte nachgewiesen wurden.
Bei der Erarbeitung der Norm DIN 18808 wurde erforderlich, ausführliche Untersuchungen über das Tragverhalten von stumpfgeschweißten Rund- und Rechteck-Hohlprofilen durchzuführen und die Stumpfstöße neu zu regeln bzw. neue zulässige Spannungen zu bestimmen. Da Hohlprofile, wie auch bei anderen geschlossenen Profilen, mit nur außen zugänglicher Schweißnaht zu verbinden sind, so daß die Nahtwurzel weder gegengeschweißt noch besichtigt werden kann, waren für die Festlegung der zulässigen Schweißnahtspannungen eingehende Untersuchungen anzustellen.
Die Schweißnahtgüte beeinträchtigenden Inhomogenitäten, wie Steigerungszonen in den Ecken und Kehlen von gewalztem Form- und Stabstahl, treten bei Rund- und Rechteck-Hohlprofilen wegen des gleichmäßigen Walz- und Verformungsvorganges bzw. gleichmäßigen Wandstärken, nicht auf.
Querschnittsschwächungen durch lokale Fehler wirken sich bei Hohlprofilen nicht in gleichem Maße festigkeitsmindernd aus wie bei Blechen oder Flanschteilen mit ungestützten Rändern, da sich ein Störeinfluß günstiger verteilt und das dadurch hervorgerufene örtliche Moment zu kleineren Zusatzbeanspruchungen führt.
Die Stumpfstöße sind bei Hohlprofilen in den meisten Fällen als I-Naht (Wanddicke ≤ 3 mm) oder als V-Naht mit einem Öffnungswinkel von 60° ausgeführt. Um eine Aussage über das Festigkeitsverhalten von Stumpfnähten an Hohlprofilen machen zu können, wurden mit definierten Fehlern hergestellte Stumpfstöße unter statischer und schwingender Beanspruchung geprüft. Zuvor wurden die Probekörper mit Röntgenverfahren geprüft und die Filme nach dem IIW-Katalog (International Institut of Welding) bewertet (pro Versuch 2 Elipsen-Aufnahmen). Als Fehler wurden die gängigsten und wichtigsten Formen gewählt und zwar umlaufende Bindefehler, Schlackeneinschlüsse, ungenügende Durchschweißung und Ansatzfehler. Prozentuale Fehlergröße betrug bis zu 25% des Profilquerschnittes. In den Bildern 12.3–5 und 12.3–6 sind Makroschliffe von fehlerbehafteten Nähten ausgewiesen, die im statischen Zugversuch im Grundwerkstoff brachen.
Eine Gegenüberstellung der erreichten Festigkeitswerte mit den Bewertungsklassen des IIW-Kataloges sind aus den Bildern 12.3–7 und 12.3–8 für Rund- und Rechteck-Hohlprofile zu entnehmen.
Aus diesen beiden Bildern geht hervor, daß eine Stumpfnaht mit der Güte „blau“ nach IIW-Katalog 100% die σ-0,2-Grenze bzw. die Zugfestigkeit erreicht. Die vereinzelten Punkte bei der Güteklasse „grün“ mit geringerer Tragfähigkeit ist die Wirklichkeit nicht zu stark zu bewerten, da in diesen Fällen die versagensauslösenden Fehler sich auf dem zweiten Röntgenfilm mit der Güte „braun“ bzw. „rot“ nach IIW-Katalog befand.

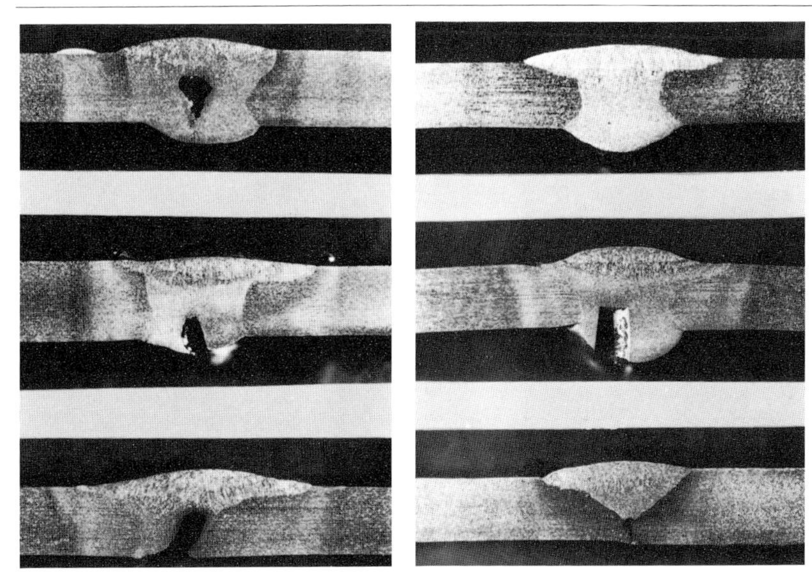

Bild 12.3–5 Makroschliffe von Schweißnahtfehlern

Bild 12.3–6 Makroschliffe von fehlerfreier Schweißnaht und solche mit Schweißnahtfehlern

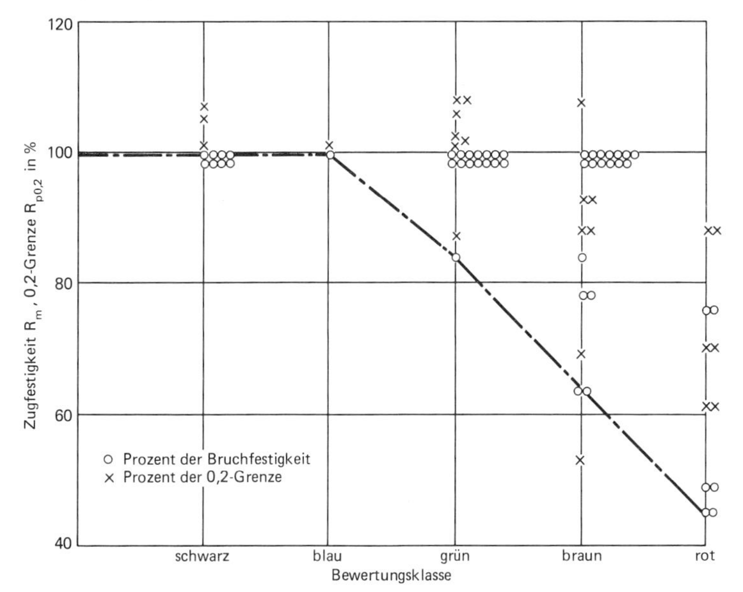

Bild 12.3–7 Abhängigkeit der Festigkeit bei statischer Belastung von der Nahtgüte nach IIW bei Rundrohren

Um die denkbar ungünstigen Verhältnisse für vorwiegend ruhend beanspruchte Bauteile zu untersuchen, sind Schwingversuche bei einem Grenzspannungsverhältnis von $R = +0{,}1$ durchgeführt worden. Die gewonnenen Ergebnisse sind in Bild 12.3–9 zusammengefaßt. Daraus sind auch die Sicherheiten gegenüber der Last bzw. der Lastwechsel zu sehen, obwohl die Grenzwerte mit $R = +0{,}1$ und 100000 Lastwechsel sehr hoch sind.

Aus diesen Versuchswerten sind anschließend für die DIN 18808 Schlußfolgerungen gezogen, die sich in tabellarischer Form (Tabelle 12.3–1) zusammenfassen lassen.

Dabei wurde bei nicht zerstörungsfrei geprüften Schweißnähten folgende Zuordnung festgelegt.

a) Schweißer der Gruppe BI bzw. RI nach DIN 8560 erreichen die Mindestnahtqualität „braun“ bis „grün“ nach IIW-Katalog.

b) Schweißer der Gruppe BII bzw. RII nach DIN 8360 erreichen die Mindestnahtgüte „grün“ nach IIW-Katalog.

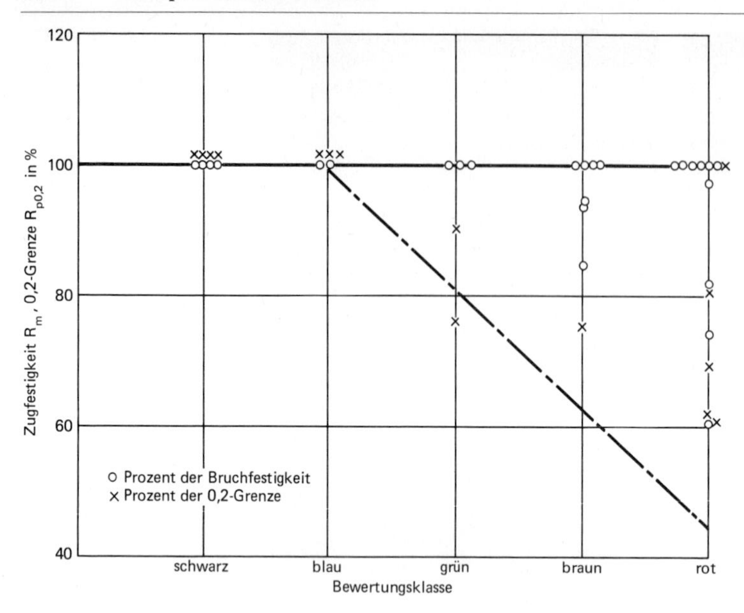

Bild 12.3–8 Abhängigkeit der Festigkeit bei statischer Belastung von der Nahtgüte nach IIW bei Hohlprofilen mit Rechteck-Querschnitt

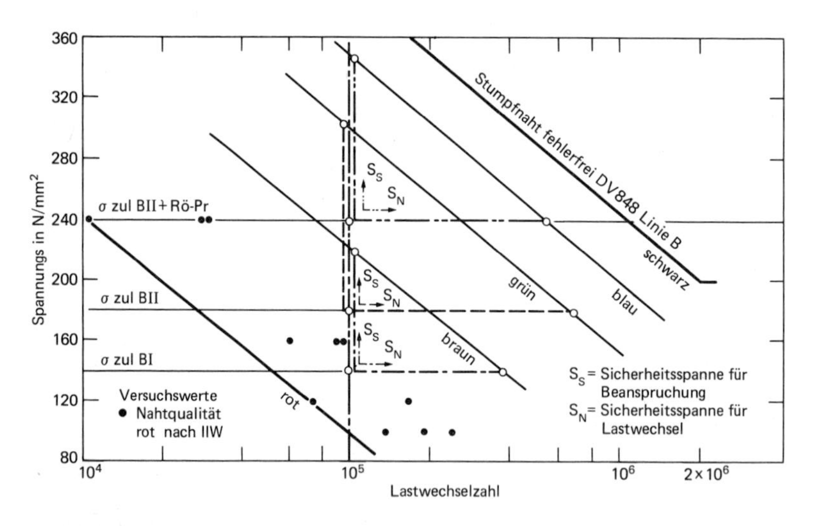

Bild 12.3–9 Schwingfestigkeitsergebnisse an fehlerbehafteten Stumpfnähten

Tabelle 12.3–1 Zulässige Spannungen für Stumpfnähte unter Zugbeanspruchung

Bedingungen	zul σ[N/mm²]				SFI bzw. SFM
	St 37		St 52		
	H	HZ	H	HZ	
RII, BII nach DIN 8560 + 100% durchstrahlen und mind. Güte „blau" (IIW-Kat.)	160	180	240	270	Herstellung von Stumpfstößen ist vom SFI bzw. SFM besonders zu überwachen
RII, BII nach DIN 8560	135	150	170	190	
RI, BI nach DIN 8560	119	132	150	167	

Diese Zuordnungen gingen aus eigenen Untersuchungen an verschiedenen Stahlbaufirmen hervor.
Stumpfstöße unter *Druckbelastung* brauchen nicht nachgewiesen zu werden.
Geschweißte tragende Stahlrohrbauteile dürfen nur von Betrieben hergestellt werden, die den Eingangsnachweis zum Schweißen nach DIN 4100, Beiblatt 1 oder 2, erbracht haben. Die in dem Beiblatt 2 der DIN 4100 angegebenen Begrenzungen des „Kleinen Eignungsnachweises" gelten sinngemäß.
Hinsichtlich der Anforderungen an den Betrieb gelten die Bestimmungen der Normen DIN 4100, Beiblatt 1 bzw. 2 (DIN 18800, Teil 7) und DIN 8563, Blatt 2. Insbesondere muß der Betrieb über geeignete Einrichtungen zur Anpassung der zu verschweißenden Hohlprofile verfügen.
Die zum Einsatz kommenden Schweißer müssen im Besitz von gültigen Schweißerprüfungen nach DIN 8560 sein. Die Art der Prüfung muß bezüglich des Schweißverfahrens, der Halbzeuge (Blech oder Rohr) und der Blechdicke den Fertigungsbedingungen angepaßt sein.
Schweißarbeiten an Kehlnähten von Verschneidungskurven bei Knotenpunkten aus Rundrohren dürfen nur von Schweißern ausgeführt werden, die eine zusätzliche Schweißerprüfung abgelegt haben. Die Form und Abmessungen der Probekörper für Zweckschweißerprüfungen sind aus Bild 12.3–10 zu entnehmen.

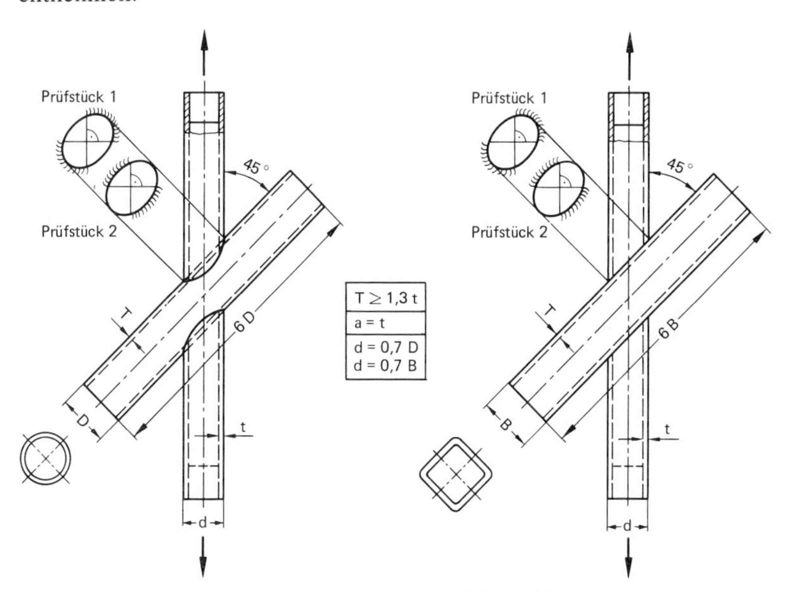

Bild 12.3–10 Probekörper für Zusatzschweißerprüfung

Es sind zwei Prüfstücke anzufertigen. Die Herstellung hat in der Schweißposition zu erfolgen, die den Verhältnissen bei der Fertigung im Betrieb entspricht. Die Abmessungen sind den in der Fertigung vorliegenden Verhältnissen anzupassen. Die Prüfung ist in Anlehnung an DIN 8560 durchzuführen.
Bei Wiederholungsprüfungen kann die Zusatzprüfung gegebenenfalls entsprechend DIN 8560, Abschnitt 10.6 angewendet werden. (Einzweckschweißer nur für diesen Arbeitsbereich, in der am schwierigsten zu schweißenden Position, z.B. Kehlnahtschweißer → Prüfstücke mit Kehlnähten; Füllagenschweißer → Prüfstücke als Mittel- und Decklage (Stumpfstöße).
Die Zusatzprüfung ist nicht erforderlich für rechtwinklige Schweißanschlüsse von Rundrohren an ebenflächigen Bauteilen.
Werden in einem Knotenpunkt sowohl Rundrohre als auch Vierkantrohre verschweißt, so genügt die Schweißerprüfung B I (DIN 8560) mit sinngemäßer Zusatzprüfung.
Als „Ebene Stahlbauteile" gemäß Zeile 6 des Bildes 12.3–11 gelten z.B. Bleche bzw. die Flanschen und die Stege von gewalzten Profilen.
Die Höhe der zulässigen Spannungen bei Stumpfstößen gemäß Zeile 1 und 3 des Bildes 12.3–11 hängt von der Güte der Schweißnahtausführung ab, wie bereits zuvor ausführlich erläutert wurde.

	Art der Verbindung	Erforderliche Schweißerprüfung
1	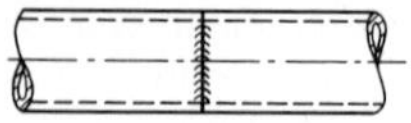	R I, R II*
2	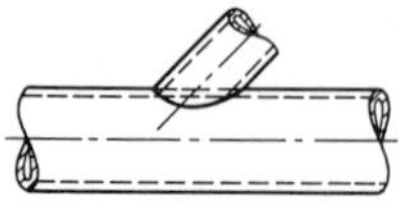	R I und Zusatzprüfung n. Bild 12.3–10
3	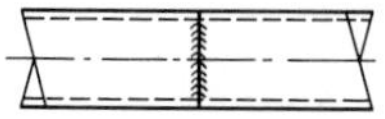	B I, B II*

*Die zulässige Zugspannung hängt von der Güte der Schweinahtausführung ab (vgl. Tabelle 12.3–1)

	Art der Verbindung	Erforderliche Schweißerprüfung
4	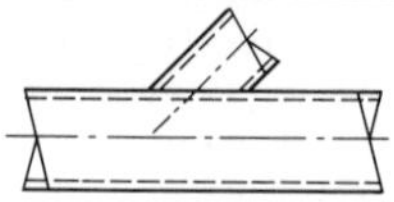	B I
5	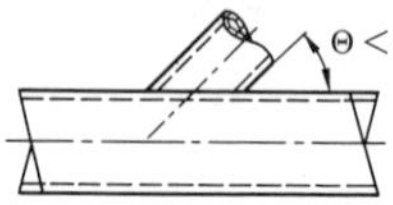 Θ < 90°	B I und Zusatzprüfung nach Bild 12.3–10
6	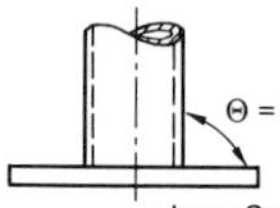 Θ = 90° ebene Stahlbauteile	B I

Bild 12.3–11 Erforderliche Schweißerprüfungen nach DIN 18 808

12.4 Biegesteife Rahmenecken aus Rechteck-Hohlprofilen

12.4.1 Das Tragverhalten von versteiften und unversteiften Rahmenecken

Das Tragverhalten von versteiften und unversteiften Rahmenecken wurde systematisch versuchstechnisch untersucht. Daneben wurden theoretische Überlegungen angestellt.

Die gewonnenen Erkenntnisse erlaubten es, Bemessungs- und Entwurfsgrundlagen zu formulieren, welche der hier maßgebenden Gestaltfestigkeit Rechnung tragen. Der nachfolgende Bemessungsvorschlag wurde in DIN 18 808 aufgenommen.

Die besondere Charakteristik von biegesteifen Rahmenecken ergibt sich aus der Wirkung von Abtriebskräften im Eckbereich. Diese führen zu Flanschbeanspruchungen, die bei unausgesteiften Querschnitten nur unvollständig aufgenommen werden können. Aus diesem Grunde ergibt sich eine Kraftumlagerung zu steiferen Querschnittsbereichen, nämlich zu den Stegen. Das auftretende Moment wird also hauptsächlich durch die Stege und nur in geringem Umfang durch die Flansche übertragen. Die Aufteilung der Flanschkräfte ist in erster Linie von der Plattensteifigkeit der Flansche, also dem Ver-

Bild 12.4–1 Unversteifte Rahmenecke im Versagenszustand

Bild 12.4–2 Versteifte Rahmenecke im Versagenszustand

hältnis b/t, abhängig. Von geringerem Einfluß ist die Rahmensteifigkeit b/h, die den seitlichen Einspannungsgrad der Flansche bestimmt.
Durch den Einbau einer Versteifungsplatte im Gehrungsschnitt wird eine querschnittserhaltende Wirkung erzeugt. Zur Aufnahme eines Biegemomentes steht dabei nahezu der volle Hohlprofilquerschnitt zur Verfügung.
Bild 12.4–1 zeigt eine unversteifte und Bild 12.4–2 eine versteifte Rahmenecke im Versagenszustand.
Zur Charakterisierung typischer Beanspruchungszustände ist außerdem in den Bildern 12.4–3/4/5/6 für ein spezielles Belastungsniveau die gemessene Spannungsverteilung über den Querschnitt eines Rahmenriegels aufgetragen.

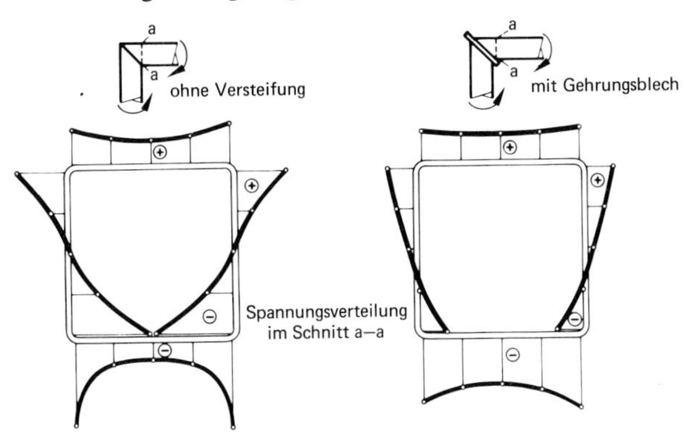

Bild 12.4–3 Spannungsverteilung über ein Hohlprofil 100 × 100 × 4,0 unter negativem Moment

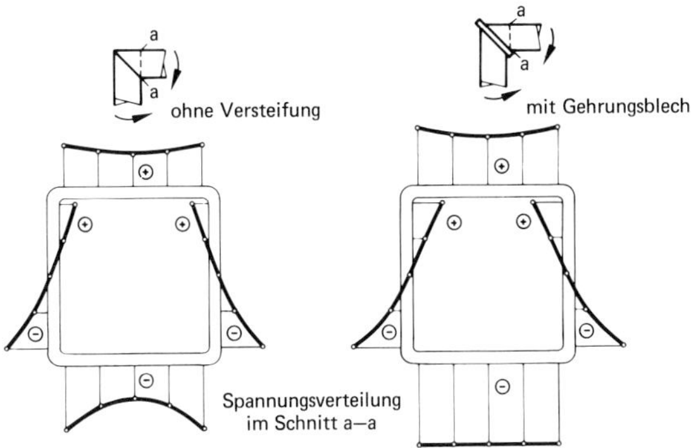

Bild 12.4–4 Spannungsverteilung über ein Hohlprofil 100 × 100 × 7,1 unter negativem Moment

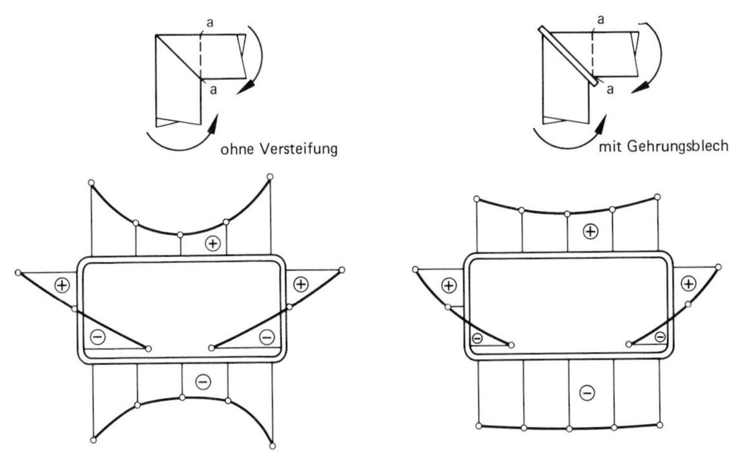

Bild 12.4–5 Spannungsverteilung über ein flachliegendes Hohlprofil 140 × 70 × 4,0 unter negativem Moment

Die Bilder 12.4–3/4 zeigen den Spannungsverlauf für ein quadratisches Hohlprofil 100 × 100 × 4,0 und 100 × 100 × 7,1 sowie für ein flachliegendes rechteckiges Hohlprofil mit und ohne der Versteifungsplatte unter einem negativen Biegemoment (Bild 12.4–5).
Die Spannungsverteilung über den Querschnitt eines quadratischen Hohlprofiles 100 × 100 × 4,0 unter einem positiven Moment ist aus Bild 12.4–6 ersichtlich. Daraus geht hervor, daß die Spannungsverteilung bei einer Beanspruchung unter einem positiven Moment günstiger ist als eine Beanspruchung unter einem negativen Moment.

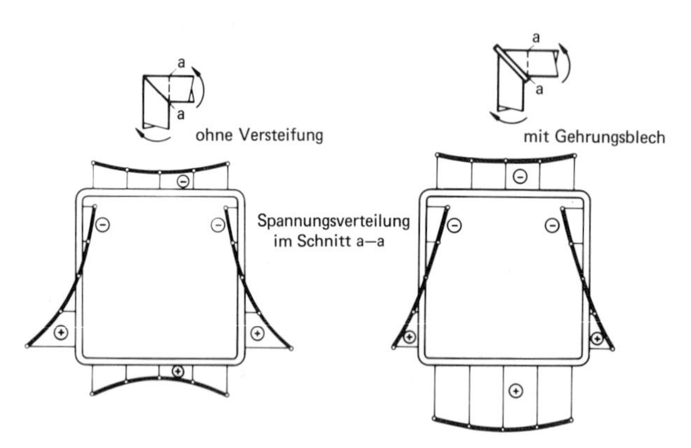

Bild 12.4–6
Spannungsverteilung über ein Hohlprofil 100 × 100 × 4,0 unter positivem Moment

12.4.2 Die Bemessung von Rahmenecken

Für die Profile von biegesteifen Rahmenecken sind bestimmte Abmessungsgrenzen einzuhalten. Diese Grenzen sind in der Tabelle 12.4–1 (Tabelle 7 der DIN 18 808) zusammengestellt. Die Werte von Zeile 1 und 2 dieser Tabelle sind mangels Versuchen mit größeren Abmessungen festgesetzt. Die Zeile 3 wird durch verarbeitungs- und werkstofftechnische Gegebenheiten bestimmt. Die Werte der Zeile 4 ergeben sich aus dem Stabilitätsverhalten der Rechteckhohlprofile.

Tabelle 12.4–1 Grenzen und Regelungen für Stabquerschnitte bei biegesteifen Rahmenecken aus Rechteck-Hohlprofilen

Zeile	Parameter	Gültigkeitsbereich biegesteife Rahmenecken mit Gehrstoß mit Versteifungsplatte	ohne Versteifungsplatte	Falls Parameter außerhalb des Gültigkeitsbereichs
1	b	$b \leqq 400$ mm	$b \leqq 300$ mm	gesonderte Nachweise
	h	$h \leqq 400$ mm	$h \leqq 300$ mm	
2	h/b	$0.3 \leqq h/b \leqq 3{,}0$		–
3	t	$t \leqq 3{,}0$ mm		–
		St 37	$t \leq 30$ mm	gesonderter Sprödbruchnachweis
		St 52	$t \leq 25$ mm	
4	b/t	St 37	$b/t \leqq 43$	Beulnachweis nach DIN 4114 (DIN 18 800) DASt-Ri 012
		St 52	$b/t \leqq 36$	

Für die Tragfähigkeit von maßgebendem Einfluß sind die geometrischen Verhältnisse Flanschbreite/Wanddicke (b/t-Verhältnis) und Profilhöhe/Flanschbreite (h/b-Verhältnis). Um einen einfachen Nachweis, wie bei den Fachwerkknoten, zu ermöglichen, wurden Abminderungsfaktoren in Abhängigkeit der o.g. maßgebenden geometrischen Parameter in Form von Diagrammen angegeben.
Diese Diagramme sind anzuwenden wenn die Schweißnahtausführungen gemäß Bild 12.4–7 eingehalten sind.
DIN 18 808 sieht für unversteifte Rahmenecken einen Spannungs- bzw. Gestaltsfestigkeitsnachweis und den Nachweis der Querkraftaufnahme vor. Für den Spannungsnachweis gelten folgende Beziehungen:

$$\text{vorh}\,\sigma = \frac{N}{A} \pm \frac{M}{W} \leq \alpha \cdot \text{zul}\,\sigma$$

Hierin bedeuten:

N	Normalkraft	im betrachteten Hohlprofil im Systempunkt Rahmenecke
M	Biegemoment	
A	Querschnittsfläche des betrachteten Hohlprofils	
W	Widerstandsmoment des betrachteten Hohlprofils	
zul σ	zulässige Spannung, gemäß DIN 18 808, Teil 1, Tabelle 7	
α	Formfaktor	

Der Formfaktor α ist in Abhängigkeit vom b/t- und b/h- bzw. h/b-Verhältnis dem Bild 12.4–8/9 zu entnehmen.

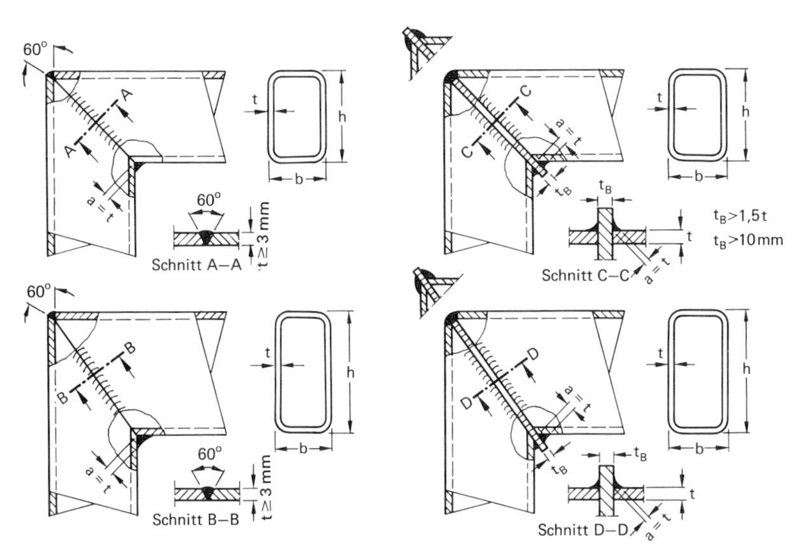

Bild 12.4–7 Schweißdetails für biegesteife Rahmenecken

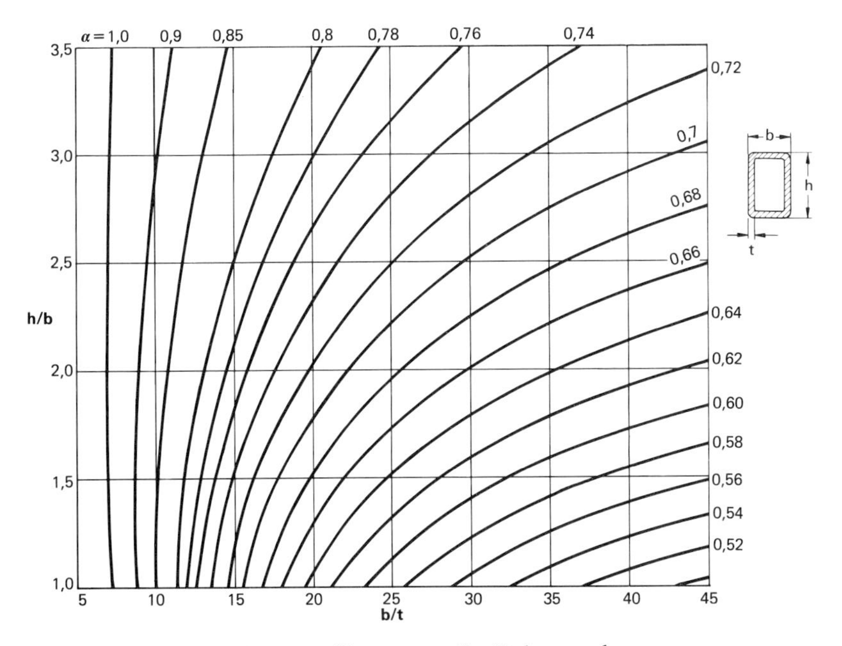

Bild 12.4–8 Formfaktoren α für unversteifte Rahmenecken

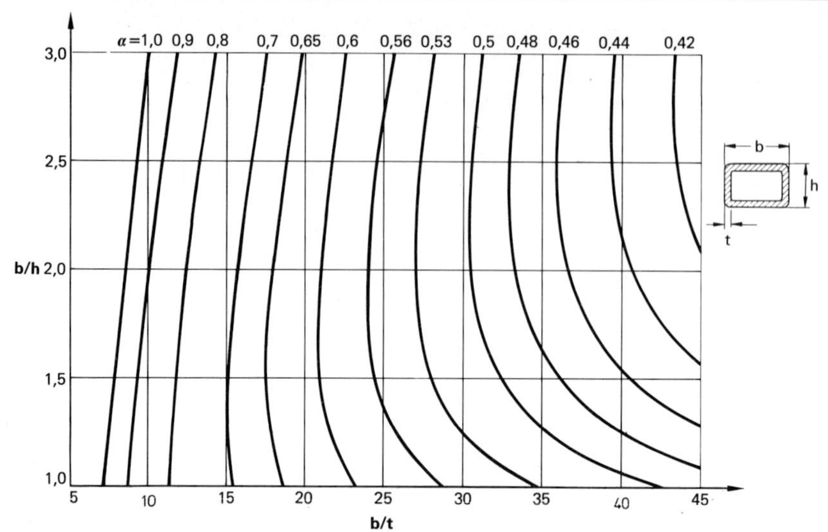

Bild 12.4–9 Formfaktoren α für unversteifte Rahmenecken

Für den Nachweis der Querkraftaufnahme gelten folgende Zusammenhänge:

$$\frac{\nu \cdot Q}{Q_{pl}} \leq \frac{1}{3}$$

wobei

$$Q_{pl} = A_s \cdot \frac{\beta_s}{\sqrt{3}}$$

A_s $\approx 2 \cdot h \cdot t$, Querschnittsfläche der Hohlprofilstege
Q Querkraft im betrachteten Hohlprofil im Systempunkt Rahmenecke
β_s Streckgrenze des Hohlprofilwerkstoffes
ν Sicherheitsbeiwert
$\nu = 1{,}7$ im Lastfall H
$\nu = 1{,}5$ im Lastfall HZ

Falls diese Bedingung nicht erfüllt wird, muß ein Vergleichsspannungsnachweis mit $\frac{1}{\alpha}$-facher Normalspannung geführt werden.
Für die Schweißnähte sind die Nachweise nach DIN 18 800, Teil 1, zu führen.
Als Schweißnahtfläche ist die Gehrungsfläche mit $a = t$ einzusetzen.
Für Formfaktoren

$\alpha \leq 0{,}84$ bei St 37

$\alpha \leq 0{,}71$ bei St 52

darf auf den Schweißnahtnachweis verzichtet werden.
Für biegesteife Rahmenecken mit Versteifungsplatte gilt als Formfaktor (d. h. Abminderungsfaktor)

$\alpha = 1{,}0$

Die Dicke der Versteifungsplatte muß betragen

$$t_B \geq \begin{cases} 1{,}5 \cdot t \\ \text{mind } 10 \text{ mm} \end{cases}$$

Außerdem gilt, für die Zugbeanspruchung in Richtung der Werkstoffdicke der Versteifungsplatte, DIN 4100, Abs. 6.2.3.
Für biegesteife Rahmenecken, die durch höhere Normalkraftanteile belastet sind, kann ein weiterer Nachweisart von großer Bedeutung sein, und zwar die Durchführung des Spannungsnachweises mit dem Abminderungsfaktor α für den Momentenanteil und mit dem Abminderungsfaktor $\varkappa$ für den Normalkraftanteil. Mit dem Abminderungsfaktor wird vor allem eine Anpassung des Widerstandsmomentes an die wirklichen Verhältnisse erreicht. Diese war erforderlich durch den teilweisen Ausfall des Hohlprofil-Über- und -Untergurtes. Gerade diese ausweichenden Teile liefern aber zum Widerstandsmoment einen größeren prozentualen Anteil als zur Querschnittsfläche.

Wenn man den Abminderungsfaktor der Fläche mit $\varkappa$ bezeichnet, und in die Näherungsformel für W_{pl} die Restfläche $A_\varkappa = \varkappa \cdot A$ einführt, so folgt:

$$\varkappa = \alpha \left(1 - \frac{h \cdot t}{A}\right) + \frac{h \cdot t}{A}$$

In Abhängigkeit von b/h und b/t kann $\varkappa$ aus diesen Diagrammen direkt entnommen werden. Aus b/h und b/t wird $\varkappa$ aus den Diagrammen der Bilder 12.4–10/11 bestimmt und das Widerstandsmoment mit α, die Fläche mit $\varkappa$ abgemindert.

$$\sigma = \frac{M}{\alpha \cdot W} + \frac{N}{\varkappa \cdot A} \leq \text{zul}\,\sigma$$

Dieser Nachweis bringt Vorteile bei Rahmenecken, die durch höhere Normalkraftanteile belastet sind.

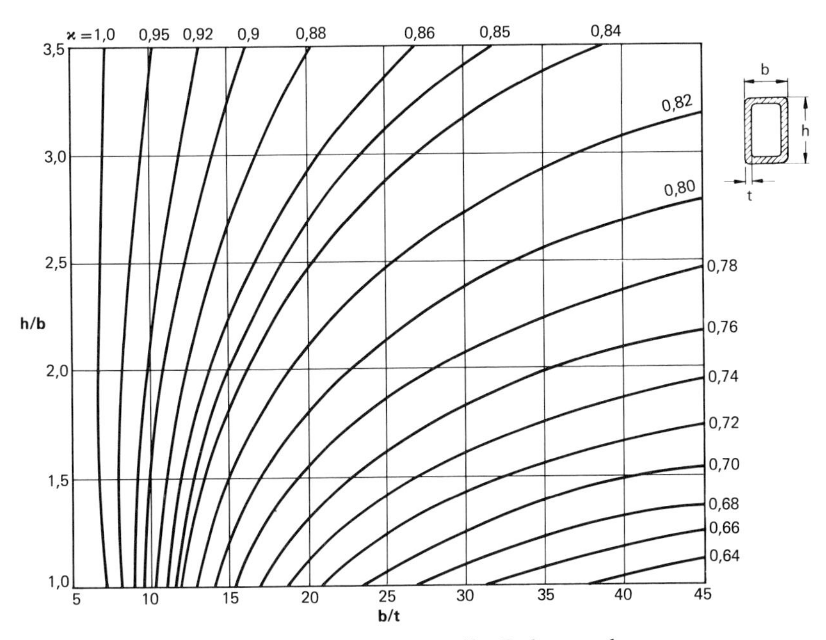

Bild 12.4–10 Formfaktoren $\varkappa$ für unversteifte Rahmenecken

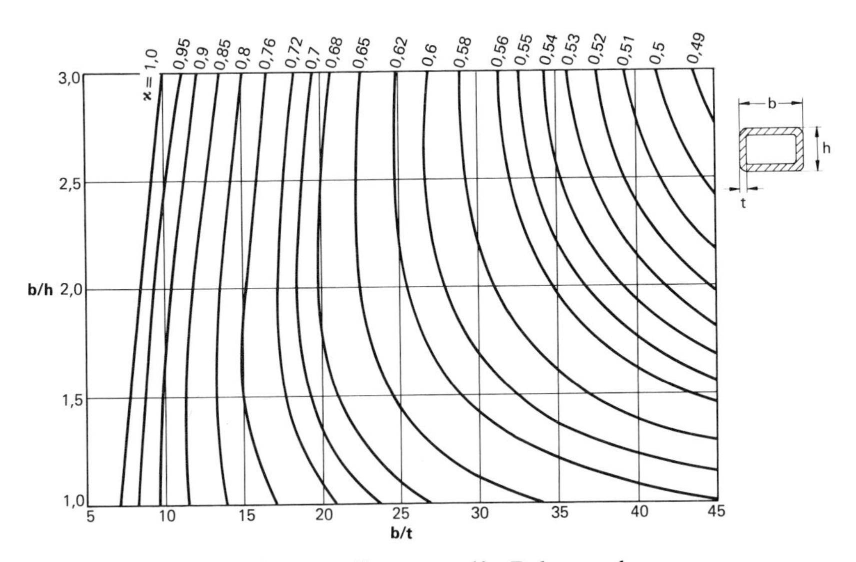

Bild 12.4–11 Formfaktoren $\varkappa$ für unversteifte Rahmenecken

Biegesteife Rahmenecken mit Systemwinkeln $\theta > 90°$ kommen in der Praxis in verschiedenen Fällen, wie z.B. bei Hallensystemen mit geneigten Dächern bzw. Treppen (siehe Bild 12.4–12) vor. Solche Anschlüsse können sich günstiger verhalten als solche mit einem Öffnungswinkel von 90°. Die Umlenkkräfte, die ein vorzeitiges Versagen unversteifter Rahmenecken hervorrufen, sind bei größeren Öffnungswinkeln nicht mehr in gleichem Maße wirksam wie bei denen mit 90° Öffnungswinkeln. Der Grenzfall des maximalen Öffnungswinkels könnte der einfache Biegeträger ($\theta = 180°$) sein. Aus Untersuchungen in der „Versuchsanstalt für Stahl, Holz und Steine" der Universität Karlsruhe, Forschungsprogramm des Landes Nordrhein-Westfalen (Zeichen VB 1-72.02 – Nr. 49/74), ist hierzu bereits bekannt, daß solche Biegeträger ohne jegliche Abminderung nach den bekannten Regeln des Stahlbaus bemessen werden können. Dieser Sachverhalt wurde bei der Erstellung der DIN 18 808 berücksichtigt. Versuche an Biegeträgern aus Rechteckhohlprofilen (im Rahmen des o.g. Forschungsprogrammes) haben gezeigt, daß Teile der Flansche im druckbeanspruchten Querschnittsbereich sich zwar einer vollständigen Lastabtragung entziehen. Wie die durchgeführten Spannungsmessungen an Versuchskörpern gezeigt haben, werden dabei sogenannte „Sackbildungen" erkennbar, d.h. die Spannungen im Druckflansch sinken vom Rand zur Mitte des Flansches hin ab. Aus den genannten Versuchen (ca. 40 Versuche an verschiedenen Hohlprofilabmessungen) geht jedoch hervor, daß die maximale Abweichung von der rechnerischen Mittelspannung ca. 4% betrug. Dieser geringe Spannungsabfall ist vernachlässigbar.

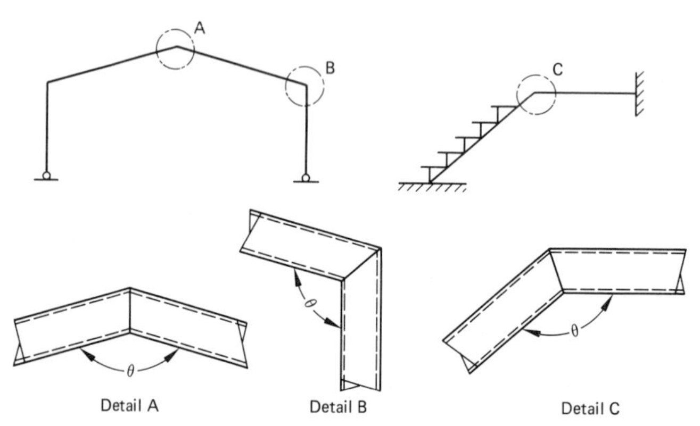

Bild 12.4–12
Anwendung biegesteifer Rahmenecken mit Öffnungswinkel $\theta > 90°$

Versuchstechnische Untersuchungen an biegesteifen Rahmenecken mit Öffnungswinkeln $\theta > 90°$ liegen bis jetzt nicht vor. Aus diesem Grunde wurden theoretische Überlegungen angestellt.

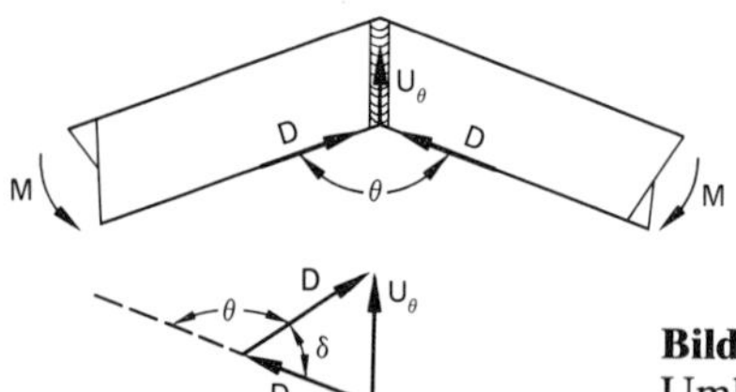

Bild 12.4–13
Umlenkkräfte im Biegedruckbereich einer biegesteifen Rahmenecke

Die am kritischen Querschnitt (Gehrungsschnitt) vorhandene Umlenkkraft U_θ ergibt sich zu:

$$U_\theta = 2 \cdot D \cdot \sin\frac{\delta}{2} \quad \text{bzw.}$$

$$= 2 \cdot D \cdot \cos\frac{\theta}{2}$$

Führt man einen Verhältniswert $f_\theta = \dfrac{U_\theta}{U_{90°}}$ ein, so ergibt sich:

$$f = \frac{2 \cdot D \cdot \cos\frac{\theta}{2}}{2 \cdot D \cdot \cos 45°}$$

$$f = \sqrt{2} \cdot \cos\frac{\theta}{2}$$

Daraus ergibt sich der Formbeiwert

$d_\theta = 1 - f_\theta(1 - \alpha_{90°})$

Die Überprüfung dieser Formbeiwerte kann man für die Grenzfälle 90° (biegesteife Rahmenecke mit $\theta = 90°$) und 180° (Biegeträger) durchführen.

$\theta = 90° \Rightarrow f_\theta = 1{,}0 \Rightarrow \alpha_\theta = \alpha_{90°}$

$\theta = 180° \Rightarrow f_\theta = 0 \quad \Rightarrow \alpha_\theta = 1$

Somit sind die Randbedingungen eingehalten.
Der größte prozentuale Gewinn an Tragfähigkeit ist bei den kleineren Abminderungsfaktoren zu verzeichnen. Dies ist auch aus dem Diagramm (Bild 12.4–14) ersichtlich.

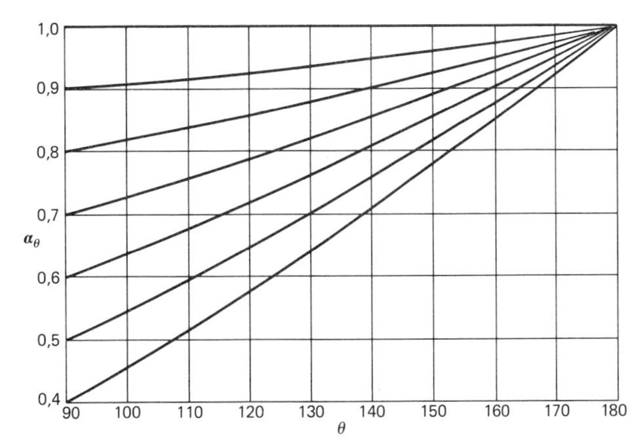

Bild 12.4–14 Formbeiwert α_θ

Berechnet man die Verformungen eines Bauteils, so geht man im allgemeinen vom Ebenbleiben der Querschnitte aus. Wie bereits weiter oben dargestellt, sind die Spannungen jedoch keineswegs linear über den Querschnitt verteilt. Insbesondere bei den unversteiften Rahmenecken ergeben sich gravierende Unterschiede in der Auslastung der einzelnen Querschnittsteile. Daher treten tatsächlich größere Querschnittsverdrehungen auf, als man unter Zugrundelegen der Bernoulli-Hypothese errechnet.
Man kann die im Eckbereich zusätzlich auftretenden Verdrehungen durch rechnerischen Ansatz einer Drehfeder berücksichtigen, wobei die Federsteifigkeit natürlich von den Profilkenngrößen und dem *E*-Modul abhängt. Dabei zeigen hochkant eingesetzte Profile ein relativ günstigeres Verformungsverhalten als flachliegende.
Da die Forschungsarbeiten auf diesem Gebiet noch nicht abgeschlossen sind, können die entsprechenden Federsteifigkeiten nur überschlägig angegeben werden.

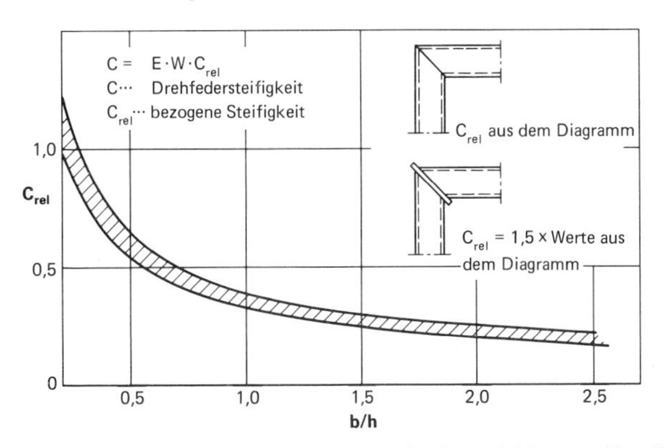

Bild 12.4–15 Bezogene Steifigkeit C_{rel} bei biegesteifen Rahmenecken

Im Einzelnen geht man bei einer Verformungsberechnung wie folgt vor: Man entnimmt aus dem Diagramm (Bild 12.4–15) die dimensionslose, bezogene Steifigkeit C_{rel}. Liegt eine versteifte Rahmenecke vor, ist der Wert mit dem Faktor 1,5 zu vergrößern. Durch Multiplikation mit dem Widerstandsmoment des verwendeten Profils und dem E-Modul ergibt sich die dimensionsbehaftete Drehfedersteifigkeit für einen Rahmenschenkel.

$$C = E \cdot W \cdot C_{rel}$$

Für die gesammte Ecke ist die Steifigkeit

$$\frac{1}{C_{ges}} = \frac{1}{C_1} + \frac{1}{C_2}$$

Für die ganze Ecke beträgt die Steifigkeit bei gleichen Hohlprofil-Abmessungen von Stiel und Riegel somit die Hälfte.
Diese ist bei der Verformungsberechnung im Systempunkt der Ecke anzusetzen.

12.5 T-Knoten aus Rechteckhohlprofilen

12.5.1 Allgemeines

T-Knoten aus Rechteck-Hohlprofilen treten vor allem in Rahmenkonstruktionen bzw. Rahmenträgern (Vierendeelträgern) auf. In Fachwerken können sich T-Knoten auch über Lagern und in statisch unbestimmten Konstruktionen ergeben. Die maßgebenden Schnittgrößen sind bei Rahmensystemen naturgemäß Knotenmomente, bei Fachwerken Normalkräfte.
Wie zuvor beschrieben, besteht die Problematik der Hohlprofilknoten darin, daß in den Flanschen des aufgesetzten Profils ungleichmäßige Spannungsverteilungen (Spannungsabfälle) vorliegen, so daß der Querschnitt des aufgesetzten Hohlprofils nicht voll ausgenutzt werden kann. Auf dieser Erfahrung basieren Bemessungsdiagramme, die den Auslastungsgrad des Vertikalstabs über den geometrischen Parametern darstellen.
Ein weiteres Problem liegt in der verminderten Knotensteifigkeit, die aus der elastischen Verformbarkeit des Gurtflansches resultiert. Die Schnittgrößenverteilung bei Rahmensystemen kann dadurch erheblich beeinflußt werden.

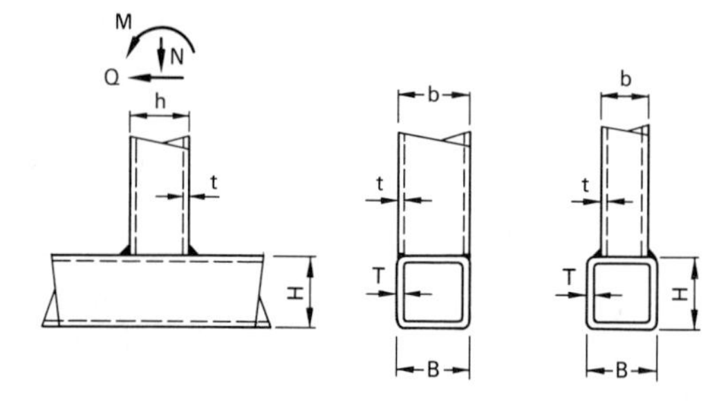

Bild 12.5–1
Unversteifte T-Knoten aus Rechteck-Hohlprofilen

12.5.2 Unversteifte T-Knoten aus Rechteck-Hohlprofilen

Stäbe selbst sind nach DIN 18800 Teil 1, DIN 4114 und gegebenenfalls nach DASt-Ri 012 nachzuweisen. Für die Stababmessungen sind die Grenzen und Regelungen der Tabelle 12.5–1 zu beachten.
Ausreichende Gestaltfestigkeit und damit ausreichende Tragfähigkeit des Knotens wird erreicht, wenn für zwei unmittelbar miteinander verbundene Hohlprofile das vorhandene Wanddickenverhältnis vorh (T/t) größer oder gleich dem erforderlichen Wanddickenverhältnis erf (T/t) ist:

$$\text{vorh}\left(\frac{T}{t}\right) \geq \text{erf}\left(\frac{T}{t}\right)$$

Das vorhandene Wanddickenverhältnis vorh (T/t) ist auch hier das Verhältnis der Wanddicke des untergesetzten Profils zu der des aufgesetzten.
Das erforderliche Wanddickenverhältnis erf (T/t) ist vom Auslastungsgrad μ des aufgesetzten Stabes abhängig.
Bei Momentenbelastung (in der Tragwerksebene) ist

$$\mu_M = \frac{\gamma \cdot \text{vorh}\, M}{M_{pl}}$$

bei Normalkraftbelastung

$$\mu_N = \frac{\gamma \cdot \text{vorh}\, N}{N_{pl}}$$

Es bedeuten:

vorh M, vorh N vorh Q	vorhandene Schnittgrößen im aufgesetzten Stab im Systempunkt des Knotens
M_{pl}, N_{pl}, Q_{pl}	plastische Schnittgrößen des aufgesetzten Stabes
γ	vom Lastfall abhängige Sicherheitsbeiwerte (s. z. B. DIN 18 800 T. 2)

Tabelle 12.5–1 Grenzen und Regelungen für Stabquerschnitte bei T-Knoten aus Rechteck-Hohlprofilen

Zeile	Parameter	Gültigkeitsbereich		Falls Parameter außerhalb des Gültigkeitsbereiches
1	b h		$b \leqq 300$ mm $h \leqq 300$ mm	gesonderte Nachweise
2	b/h		$0{,}4 \leqq b/h \leqq 2{,}0$	
3	t		$t \geqq 3{,}0$ mm	
		St 37	$t \leqq 30$ mm	gesonderter Sprödbruchnachweis
		St 52	$t \leqq 25$ mm	
4	b/t bei Druckstäben	St 37	$b/t \leqq 43$	Beulsicherheitsnachweise nach DIN 4114 bzw. DASt-Ri 012
		St 52	$b/t \leqq 36$	
5	B/T-Knoten	St 37 St 52	$B/T \leqq 35$	gesonderte Nachweise
6	b/B	St 37 St 52	$\geqq 0{,}35$	gesonderte Nachweise

Aus den Diagrammen Bild 12.5–2 und Bild 12.5–3 können in Abhängigkeit von den Auslastungsgraden μ_M und μ_N sowie vom Breitenverhältnis b/B bzw. b'/B' die Parameter $\varkappa_M$ und $\varkappa_N$ bestimmt werden.

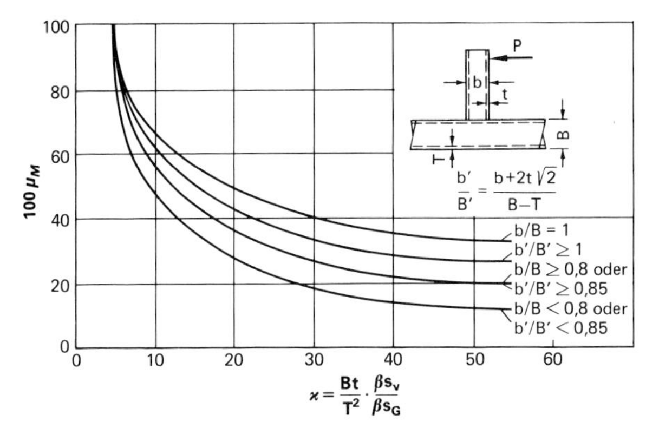

Bild 12.5–2
Auslastungsgrade bei T-Knoten unter Momentenbelastung

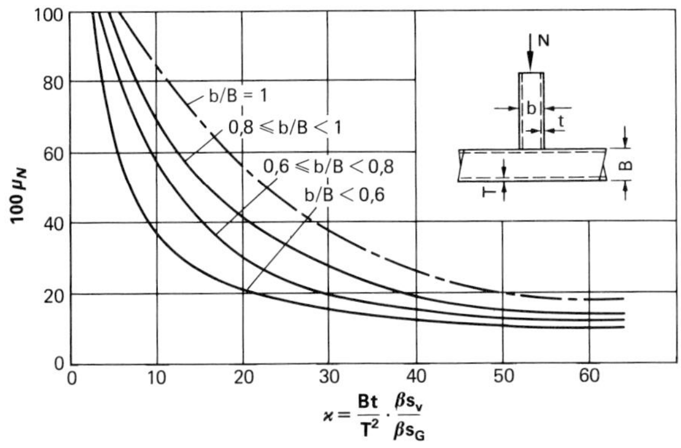

Bild 12.5–3
Auslastungsgrade bei T-Knoten unter Normalkraftbelastung

Damit ergeben sich die erforderlichen Wanddickenverhältnisse bei Momentenbelastung zu

$$\text{erf}\,(T/t) = \frac{1}{\varkappa_M} \cdot \frac{B}{T} \cdot \frac{\beta_{St}}{\beta_{ST}},$$

bei Normalkraftbelastung zu

$$\text{erf}\,(T/t) = \frac{1}{\varkappa_N} \cdot \frac{B}{T} \cdot \frac{\beta_{St}}{\beta_{ST}}.$$

Bei gleichzeitiger Wirkung von Moment (in der Tragwerksebene) und Normalkraft ist der größere Wert erf (T/t) maßgebend und zusätzlich die Interaktionsbedingung der Tabelle 12.5–2 einzuhalten.

Tabelle 12.5–2 Interaktionsbedingungen bei gleichzeitiger Wirkung von Biegemoment, Normalkraft und Querkraft

	$\dfrac{\gamma \cdot \text{vorh}\, Q}{Q_{pl}} \leqq \dfrac{1}{3}$
$\dfrac{\gamma \cdot \text{vorh}\, N}{N_{\text{zul}}} \leq \dfrac{1}{11}$	$\dfrac{\gamma \cdot \text{vorh}\, M}{M_{\text{zul}}} \leqq 1$
$\dfrac{1}{11} < \dfrac{\gamma \cdot \text{vorh}\, N}{N_{\text{zul}}} \leqq 1$	$\dfrac{\gamma \cdot \text{vorh}\, M}{1{,}1\, M_{\text{zul}}} + \dfrac{\gamma \cdot \text{vorh}\, N}{N_{\text{zul}}} \leqq 1$

Bei gegebenen Knotenabmessungen darf anstelle des Wanddickennachweises auch nachgewiesen werden, daß die vorhandenen Schnittgrößen kleiner sind als die zulässigen:

vorh $M \leq$ zul M

vorh $N \leq$ zul N

Sind die vorhandenen Schnittgrößen im Vertikalstab

vorh $M \leq M_{pl}/11$

vorh N $\leq N_{pl}/11$

kann der Knotennachweis entfallen.
Die zulässigen Schnittgrößen werden mit Hilfe der Parameter

$$\varkappa = \frac{(B/T)}{(T/t)} \cdot \frac{\beta_{St}}{\beta_{ST}} = \frac{B \cdot t}{T^2} \cdot \frac{\beta_{St}}{\beta_{ST}}$$

und des Breitenverhältnisses b/B bzw. b'/B' über die zulässigen Ausnutzungsgrade

zul $\mu_M = \mu_M(\varkappa)$ nach Bild 12.5–2

bzw.

zul $\mu_N = \mu_N(\varkappa)$ nach Bild 12.5–3

bestimmt zu

$$\text{zul}\, M = \frac{1}{\gamma} \cdot \text{zul}\, \mu_M \cdot M_{pl}$$

$$\text{zul}\, N = \frac{1}{\gamma} \cdot \text{zul}\, \mu_N \cdot N_{pl}.$$

Bei gleichzeitiger Wirkung von Biegemomenten und Normalkräften ist außerdem die Interaktionsbedingung nach Tabelle 12.5–2 einzuhalten.
Die Untersuchungen an T-Knoten mit zusätzlicher Gurtkraft sind z. Z. noch nicht abgeschlossen. Anhand der bereits abgeschlossenen Versuche kann jedoch folgendes als gesichert angesehen werden:

- es besteht kein Einfluß der Gurtkraft auf die gemäß des Normentwurfs zulässige Knotenbelastung bei Breitenverhältnissen $b/B = 1$,
- es besteht ein zunehmender Einfluß der Gurtkraft bei abnehmendem b/B,

- die Abminderung der zulässigen Knotenbelastung mit dem aus verschiedenen internationalen Bemessungsverfahren für Hohlprofilknoten bekannten Faktoren $\mu_v = 1{,}2 - 0{,}5 \cdot \frac{\text{vorh}\,\sigma}{\text{zul}\,\sigma}$; $(\mu_{max} = 1)$ führt zu einer sicheren Bemessung.

Rechnerische Schweißnahtnachweise brauchen nicht geführt zu werden, wenn nachfolgende Regelungen eingehalten werden.
Die Schweißnahtdicke a muß i. a. gleich der Wanddicke des aufgesetzten Profils sein:

$a = t$.

Wenn bei Profilen mit Wanddicken $t > 3$ mm die maximal vorhandene Spannung

$$\max \text{vorh}\,\sigma \leq \frac{1}{2} \cdot \text{zul}\,\sigma$$

darf die erforderliche Schweißnahtdicke auf

$$a = 2 \cdot \frac{\max \text{vorh}\,\sigma}{\text{zul}\,\sigma} \cdot t$$

abgemindert werden. Aus konstruktiven Gründen kann eine größere Schweißnahtdicke erforderlich sein. Schweißkantenvorbereitung siehe Abschnitt 12.3.

12.5.3 Vierendeelträger aus Rechteckhohlprofilen

Rahmensysteme und Vierendeelträger sind naturgemäß statisch unbestimmt aufgebaut, so daß die Berechnung von Hand problematisch ist. Solche Rahmentragwerke werden daher meist mit Computerprogrammen berechnet. Die wenigen Näherungsverfahren, die von Hand gerechnet werden können, gehen von hohen Knotensteifigkeiten aus, die bei Hohlprofilknoten in der Regel nicht vorhanden sind. Die so ermittelten Schnittgrößen weichen daher erheblich von der Realität ab. Eine Ausnahme bildet das anschließend erläuterte Handrechnungsverfahren für die Durchbiegung eines Vierendeelträgers.
Die maßgebenden Schnittgrößen ergeben sich für die Gurte des Vierendeelsystems in Trägermitte (Biegemomente und große Normalkräfte) und für die Pfosten im Außenbereich (größte Momente für die beiden äußeren Pfosten). Bei Vierendeelträgern ergeben sich in der Regel keine nennenswerte Normalkräfte in den Pfosten mit Ausnahme über den Lagern.
Bei vollständig steifen Knoten ergibt sich ein relativ gleichförmiger Verlauf der Momentenverteilung über dem Träger. Die Gurtnormalkräfte und Pfostenendmomente sind dabei am größten. Die Durchbiegung des Trägers ist gering. Bei biegeweichen Knoten treten in Feldmitte keine Vorzeichenwechsel der Gurtmomente mehr auf; sie erreichen hier einen Maximalwert, während die Gurtnormalkräfte kleiner werden. Auch die Pfostenendmomente werden kleiner. Je weicher die Knoten sind, desto maßgebender wird die Gesamtdurchbiegung des Trägers für die Bemessung.

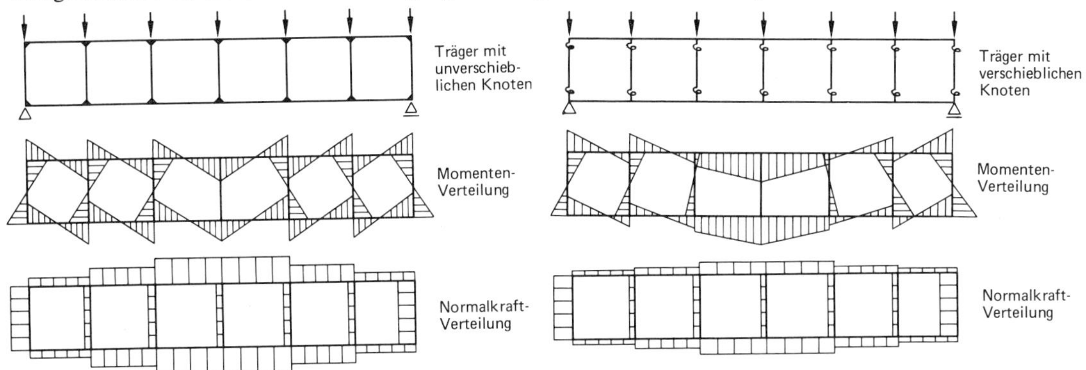

Bild 12.5–4 Schnittgrößenverteilung bei verschieden steifen Trägern

Wie biegeweich die Knoten sein dürfen, ist eine Frage der zulässigen Durchbiegung. Diese kann näherungsweise nach dem nachfolgend darzustellenden Handrechnungsverfahren ermittelt werden. Ist die Durchbiegung zu groß, sind die Knoten bzw. der Träger durch geeignete Maßnahmen zu versteifen:

- Vergrößerung von b/B (die Querschnittsfläche braucht sich dabei nicht zu ändern),
- größere Anzahl von Pfosten,
- Ausführung mit biegesteiferen Rahmenecken (Aussteifung mit Platte nach DIN 18808), siehe Abschnitt 12.4.

- Vergrößerung der Gurtabstände (Trägerhöhe),
- Vergrößerung der Wandstärke des Gurtrohres,
- Versteifung des Gurtflansches durch Aufschweißen von Blechen

Die zur Berechnung erforderlichen Knotenbeiwerte C^* wurden anhand einer Versuchsreihe als Funktion der geometrischen Parameter b/B, B/T, T/t errechnet und in Diagrammen über diesen Parametern dargestellt. Aus diesem Knotenbeiwert C^* kann dann die Knotensteifigkeit C berechnet werden (Bild 12.5–5).

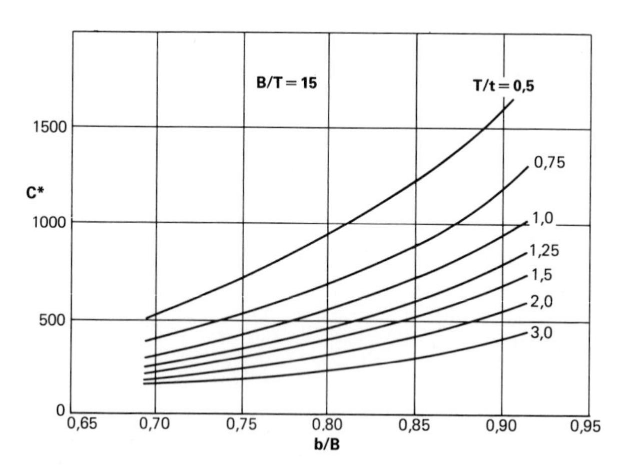

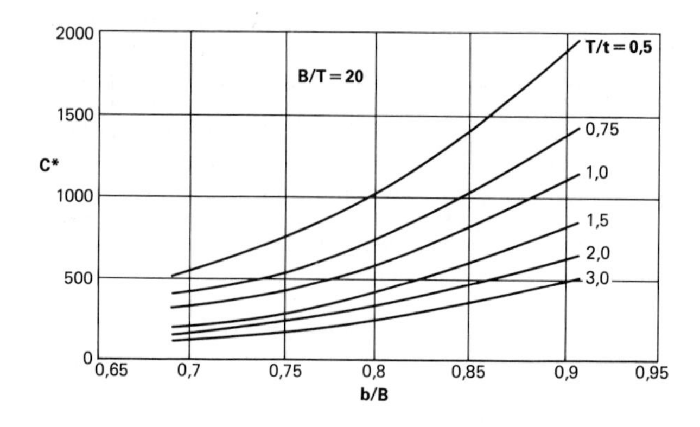

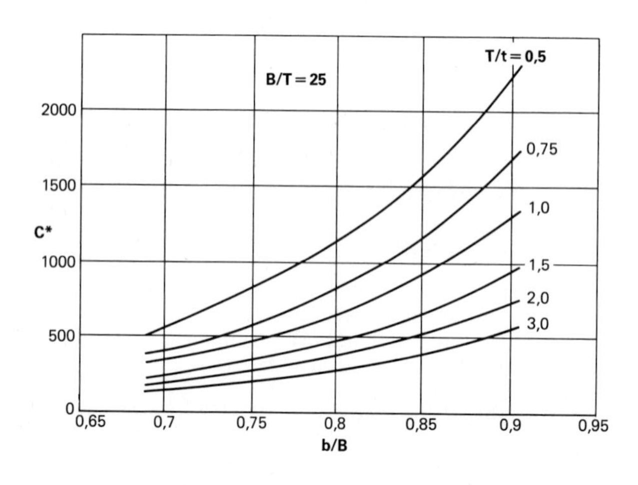

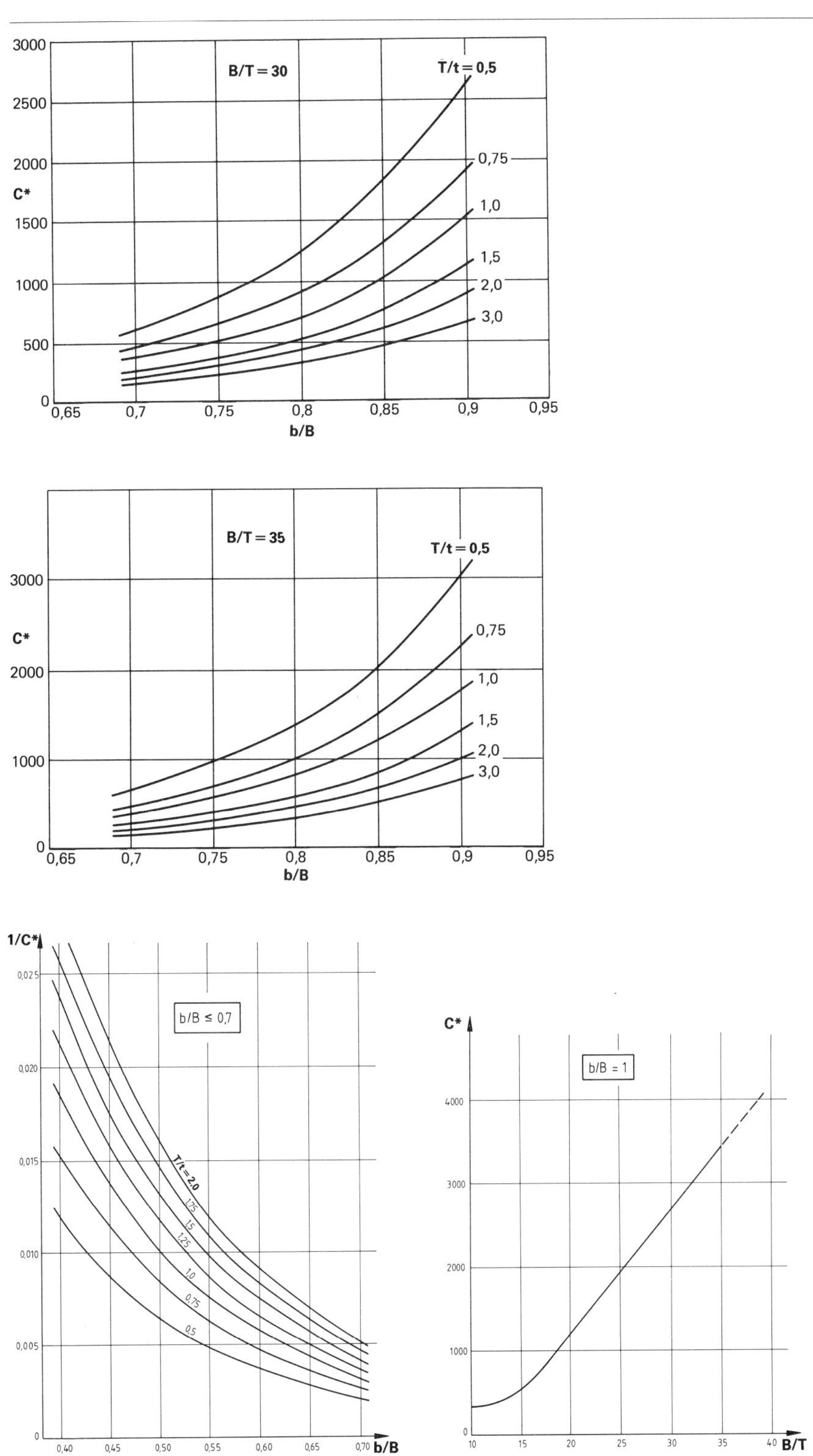

Bild 12.5–5 Knotenbeiwerte C^* für verschiedene Knotenparameter

Die Knotenfedersteifigkeit C ergibt sich zu:

$$C = \frac{ET^3 \cdot C^*}{12\,(1-\mu^2)}$$

mit $\mu = 0{,}3$ und $E = 21\,000$ kN/cm^2 erhält man daraus:

$$C = \frac{C^*\,T^3}{52} \quad [\text{kNm}]; \qquad T \quad (\text{mm})$$

Die elastischen Verformungen erhält man aus der Arbeitsgleichung und der Knotenverdrehung φ_c:

$$\varphi_c = \frac{M}{C}$$

$f_c = \varphi_c \cdot l'$

l' = Systemlänge

Verformungen und Lastgrößen sind dabei auf den Schnittpunkt der Systemlinie zu beziehen.

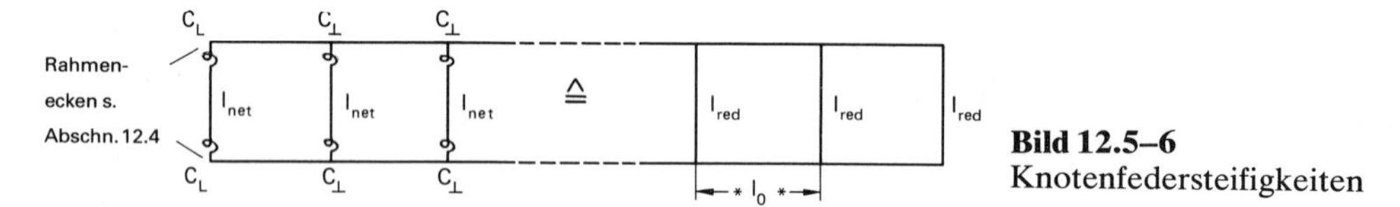

Bild 12.5–6
Knotenfedersteifigkeiten

Die Eingabe von Knotenfedersteifigkeiten ist bei vielen Computerprogrammen nicht vorgesehen. Die Knotenfedersteifigkeit kann jedoch auch bei solchen Programmen berücksichtigt werden, indem man für die Pfosten ein reduziertes Trägheitsmoment I_{red} eingibt:

$$I_{\text{red}} = \frac{I_{\text{netto}} \cdot C^* \cdot T^3 \cdot l_0}{65{,}52 \cdot I_{\text{netto}} + C^* \cdot T^3 \cdot l_0}$$

l_0 = Feldbreite

Zur näherungsweisen Berechnung der Durchbiegung von Hand kann ein Ersatzträger mit reduziertem Trägheitsmoment nach K. Möhler [28] herangezogen werden. Das reduzierte Trägheitsmoment I_W errechnet sich nach der Formel

$$I_W = \Sigma\, I_{\text{Gurt}} + \gamma \cdot \Sigma \cdot F_{\text{Gurt}} \cdot a^2$$

a = Abstand der Gurtachse von der Rahmenachse

$$\gamma = \frac{1}{1+k} \text{ – Abminderungsbeiwert}$$

$$k = \frac{\pi^2}{l_{\text{ges}}^2}\,\frac{E \cdot F_G \cdot l_1}{C_v}$$

l_1 = Feldlänge
h_s = Abstand der Gurtachsen

In Anlehnung an K. Möhler [28] gilt:

$$\frac{1}{C_v} = \frac{(h_s/2)^2}{12 \cdot E}\left(\frac{l_1}{I_{\text{Gurt}}} + \frac{2\,h_s}{I_v}\right) + \frac{(h_s/2)^2}{C}$$

Dabei ist:
C = Knotensteifigkeit

$$\frac{1}{C} = \frac{12\,(1-\mu^2)}{E \cdot T^3}\,\frac{1}{C^*}$$

T = Gurtwandstärke

C^* = Knotenbeiwert

12.6 Stirnplattenanschlüsse bei Hohlprofilen

Aus Montage- und Transportgründen sind geschraubte Stöße unumgänglich. Um die ersten Erkenntnisse über die Tragfähigkeit geschraubter Stöße an Hohlprofilen zu erhalten, wurde in der „Versuchsanstalt für Stahl, Holz und Steine" der Universität Karlsruhe mit finanzieller Unterstützung der AIF ein Forschungsprogramm abgewickelt. Bild 12.6–1 zeigt mögliche Stirnplattenanschlüsse für Rechteck-Hohlprofile unter Biegebeanspruchung.

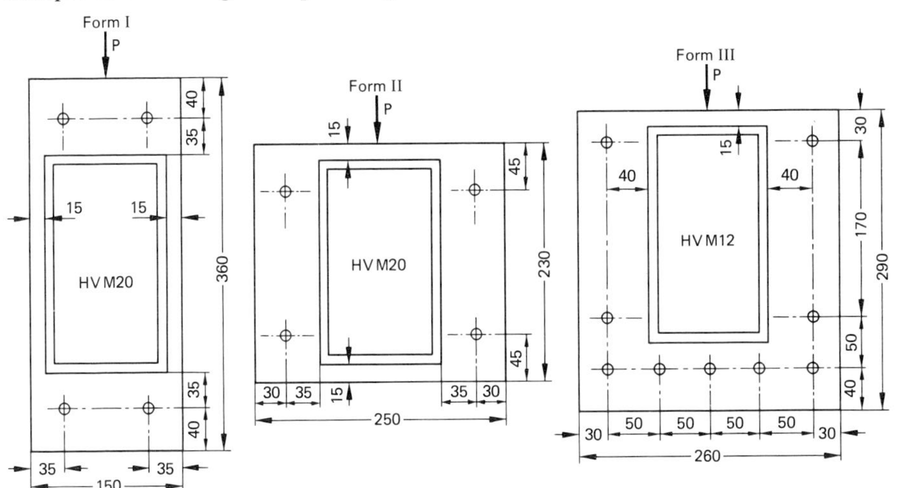

Bild 12.6–1 Formen der Stirnplatten-Anschlüsse

- Form I: Platten mit Überständen und Schrauben oben und unten, Platten seitlich bündig.
- Form II: Platten mit seitlichen Überständen, oben und unten bündig; Schrauben nur seitlich angeordnet.
- Form III: Platten mit dreiseitigen Überständen, oben (Druckbereich) bündig; Schrauben dreiseitig angeordnet.

Bei Stirnplattenanschlüssen unter Zugbeanspruchung werden die Schrauben um das Hohlprofil gleichmäßig verteilt.
Aus den Versuchsergebnissen geht hervor, daß die Stirnplatten, wenn keine genaueren Nachweise geführt werden, eine Stärke vom 1,5fachen Schraubendurchmesser erhalten sollten.
Der Anschluß der Hohlprofile an die Platte erfolgt grundsätzlich mit Kehlnähten. Damit wird einer wirtschaftlichen Ausbildung solcher Stöße Rechnung getragen.
Die Dicke der Kehlnähte darf im Druckbereich $0{,}4 \cdot t$ betragen. Im Zugbereich und an den Stegen ist das Profil mit $a = t$, wobei t die Wandstärke des Hohlprofils darstellt, anzuschließen. Dieser Wert entspricht dem Maximalmaß für Schweißnähte nach Entwurf zu DIN 18808, Ausgabe September 1981, „Hohlprofile im Stahlbau". Auf einen gesonderten Schweißnachweis solcher Konstruktionen unter statischer Belastung kann damit verzichtet werden. Bei den Probekörpern mit der Wanddicke $t \geq 8{,}0$ mm wurde kein reiner Bruch durch die Schweißnaht festgestellt.
Bei „bündig anschließenden" Platten ist ein Überstand einzuhalten, um eine sichere Schweißung der Kehlnaht durchführen zu können. Zur Einbrandbreite der Schweißnaht sollte ein Zuschlag von 5 mm hinzugefügt werden.
Die größte Steifigkeit geschraubter Anschlüsse wird erzielt, wenn die Schrauben so nahe wie möglich am Hohlprofil angeordnet werden.
Der erforderliche Mindestabstand zwischen Profil und Schraubenachse ergibt sich nach Bild 12.6–2 zu:

$$\text{erf } W = \sqrt{2}\, a + \frac{\varnothing N}{2} - t_u$$

Hierin bedeuten:

a — a-Maß der Kehlnaht zwischen Hohlprofil und Platte
$\varnothing N$ — Außendurchmesser des benötigten Steckschlüsseleinsatzes (DIN 3112 und DIN 3129)
t_u — Dicke der zugehörigen Unterlegscheibe.

Dieses Maß soll auf volle 5 mm aufgerundet werden.
Die Rand- und Zwischenabstände der Schrauben richten sich nach DIN18800, Tab. 10, bzw. DASt-Ri 010.

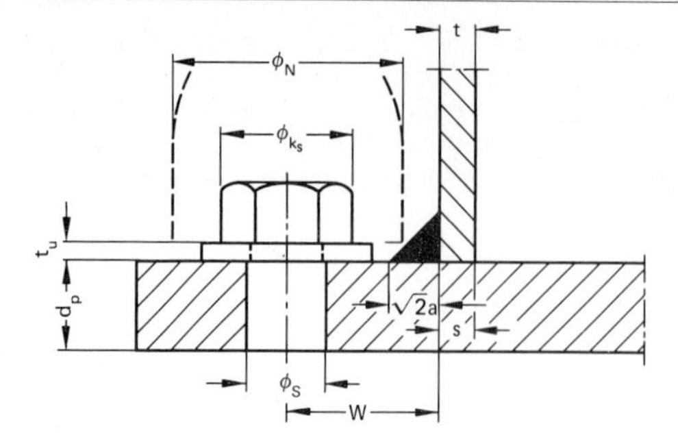

Bild 12.6–2
Mindestabstand zwischen Profil und Schraubenachse

Die erforderliche Schraubenanzahl und der Schraubendurchmesser werden unter Beachtung des nachfolgenden Teiles nach üblichen baustatischen Rechenverfahren bestimmt.
Maßgebend für die Tragfähigkeit der Verbindung ist die Gestaltung der Stirnplatten und der Schraubenanordnung. Für die in Bild 12.6–1 gezeigten Varianten liegen Versuchsergebnisse vor. Es ergaben sich hierzu folgende Beobachtungen:
Die höchsten Traglasten erreichen die Platten mit dreiseitiger Schraubenanordnung (Form III). Die Schrauben in der Mitte des Zugflansches werden am stärksten beansprucht, während die seitlichen Schrauben nur etwa 60% der maximalen Schraubenkräfte erhalten, entsprechend ihrem geringeren Abstand zur Spannungsnullinie. Sie erzwingen aber eine räumliche Verformung der Platte, die wesentlich zur hohen Tragfähigkeit dieser Verbindung beiträgt.
Die Schrauben in den Eckbereichen der Zugseite des Anschlusses werden nur gering beansprucht (Bild 12.6–3). Hier scheint es sinnvoll, auf solche Schrauben ganz zu verzichten.

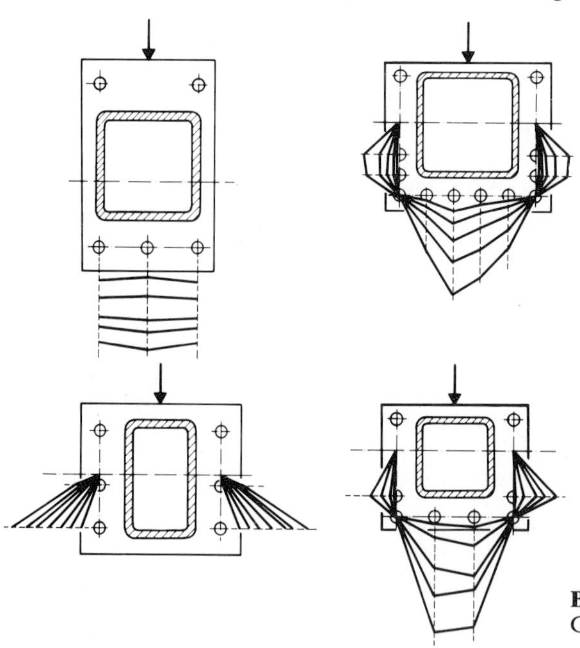

Bild 12.6–3
Gemessene Dehnungen an den Meßschrauben

Anschlüsse mit seitlich überstehenden Stirnplatten (Form II) geben die Kräfte in Höhe des Zugflansches nur seitlich ab. Obwohl auch hier die Stirnplatten räumlich verformt werden, sind, entsprechend dem geringeren Abstand der Schrauben zur Spannungsnullinie, dickere Stirnplatten erforderlich, um die gleiche Tragfähigkeit wie mit der Vorgenannten Anschlußform (Form III) zu erzielen.
Je nach Größe des Hohlprofiles (und damit der Platte) bietet sich die Anordnung von zwei oder mehr Schrauben am Zugbereich an. Kleine Schraubendurchmesser haben dabei den Vorteil, daß sie sich näher zum Zugflansch hin konzentrieren lassen und damit gemeinsam zur Lastabtragung beitragen.
Grundsätzlich sollten die Schrauben so dicht wie möglich am Hohlprofil angeordnet sein und möglichst auch konzentriert in Zugflanschhöhe angeordnet werden. Die Verwendung kleiner Schraubendurchmesser hat dabei den Vorteil, daß die Hebelarme von Schraubenachse zu Zugflansch gleichfalls klein gehalten werden. Die nachteilige Plattenbiegung wird damit reduziert.

Bei Verwendung größerer Schraubendurchmesser wird der wesentliche Lastanteil zwangsläufig nur über das am weitesten entfernte Schraubenpaar abgetragen. Das andere ist nur unwesentlich beteiligt. Anschlüsse mit Stirnplattenüberständen oben und unten (Form I) erfordern die größte Plattendicke, da die Platte wie ein Biegebalken einachsig beansprucht wird. Allerdings sind die Schraubenkräfte entsprechend der großen Hebelarme zwischen Schraubenlinie und Spannungsnullinie geringer als in den vorstehenden Fällen.
Sinnvoll ist eine gleichmäßige Anordnung der Schrauben über den gesamten Zugbereich.

12.7 Ermüdungsverhalten von Hohlprofil-Fachwerkkonstruktionen

Als Ergebnis einer umfassenden Literaturanalyse, welche sämtliche verfügbaren Versuchsdaten sowie eigene versuchstechnische Untersuchungen erfaßte, wurden die Brucharten von Fachwerkknoten aus Rundhohlprofilen gemäß Bild 12.7–1 gefunden. Ihre Abhängigkeit von den maßgebenden Parametern ist in diesem Bild (feldweise) dargestellt. Auf dieser Basis wurde in Karlsruhe die „Bruch-Kriterien-Methode" entwickelt.

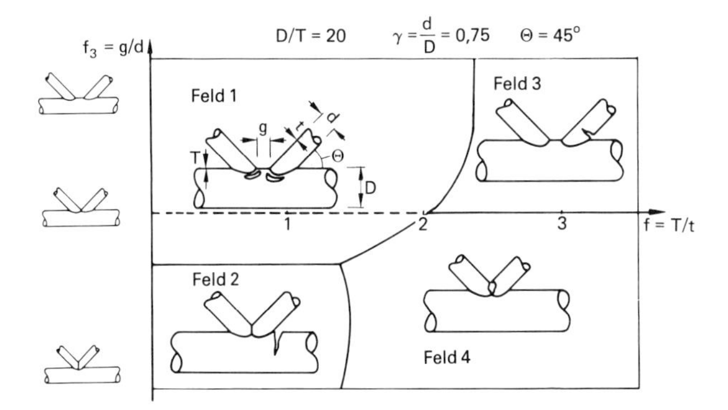

Bild 12.7–1 Brucharten bei Hohlprofilknotenpunkten

Bei Knotenpunkten mit Spalt bzw. geringen Überlappungsmaßen und relativ kleinen Wanddicken-Verhältnissen treten die Brüche in der Übergangszone der Kehlnahtverbindung am Gurtstab auf (Feld 1). Werden an dem gleichen Knoten alle Maße, mit Ausnahme der Wanddicke des Gurtrohres, konstant gehalten, tritt der Bruch bei größerem *T/t*-Verhältnis an der Zugdiagonale auf, ausgehend von der Schweißkerbe (Feld 3). Dabei ist die Bruchspannung (wie später erkennbar wird) in der Diagonalen bei verschiedenen *T/t*-Verhältnissen konstant.
Für größere Überlappungen und kleine *T/t*-Verhältnisse bricht der Gurtstab quer zur Längsachse des Gurtrohres (Feld 2). Wird an dem gleichen Knoten die Wanddicke des Gurtstabes vergrößert, tritt der Bruch für den Fall gleicher Diagonalstababmessungen im Überlappungsbereich der Diagonale auf (Feld 4). In den Grenzbereichen der Bruchfelder sind Kombinationen dieser Brucharten möglich. Außer den hier kurz erläuterten Knotennachweisen muß für die Bruchfelder 1, 3 und 4 ein Nachweis zum Gurtstab unter Berücksichtigung der Schweißnahtkerbe durchgeführt werden.
Auf der Basis der zuvorgenannten Analysen werden zur praktischen Anwendung Diagramme für Rund- und Rechteck-Hohlprofilknoten angeboten. Bild 12.7–2 zeigt die Diagramme für Rund- und Bild 12.7–3 für Rechteck-Hohlprofilknoten; weitere Diagramme können aus [1, 2] entnommen werden. (Als Bezugswert wird hier die Maximalspannung im Diagonalstab angegeben). Aus diesen und ähnlichen Diagrammen können (für bestimmte Durchmesser- bzw. Breitenverhältnisse) in Abhängigkeit vom Wanddicken-Verhältnis und vom Spalt- bzw. Überlappungs-Verhältnis (ausgedrückt als *g/b* bzw. *g/d*) die ertragbaren Oberspannungen bei $2 \cdot 10^6$ Lastwechseln abgelesen werden. (Die für Rund-Hohlprofilknoten aus diesen Diagrammen ablesbaren Werte gelten für eine 95%ige Überlebenswahrscheinlichkeit und die für Rechteck-Hohlprofile für eine 50%ige Überlebenswahrscheinlichkeit. Diese Werte müssen je nach Anwendungsfall mit einem Sicherheitsfaktor vermindert werden, welcher z.B. zwischen 1,2 und 1,5 liegen könnte.

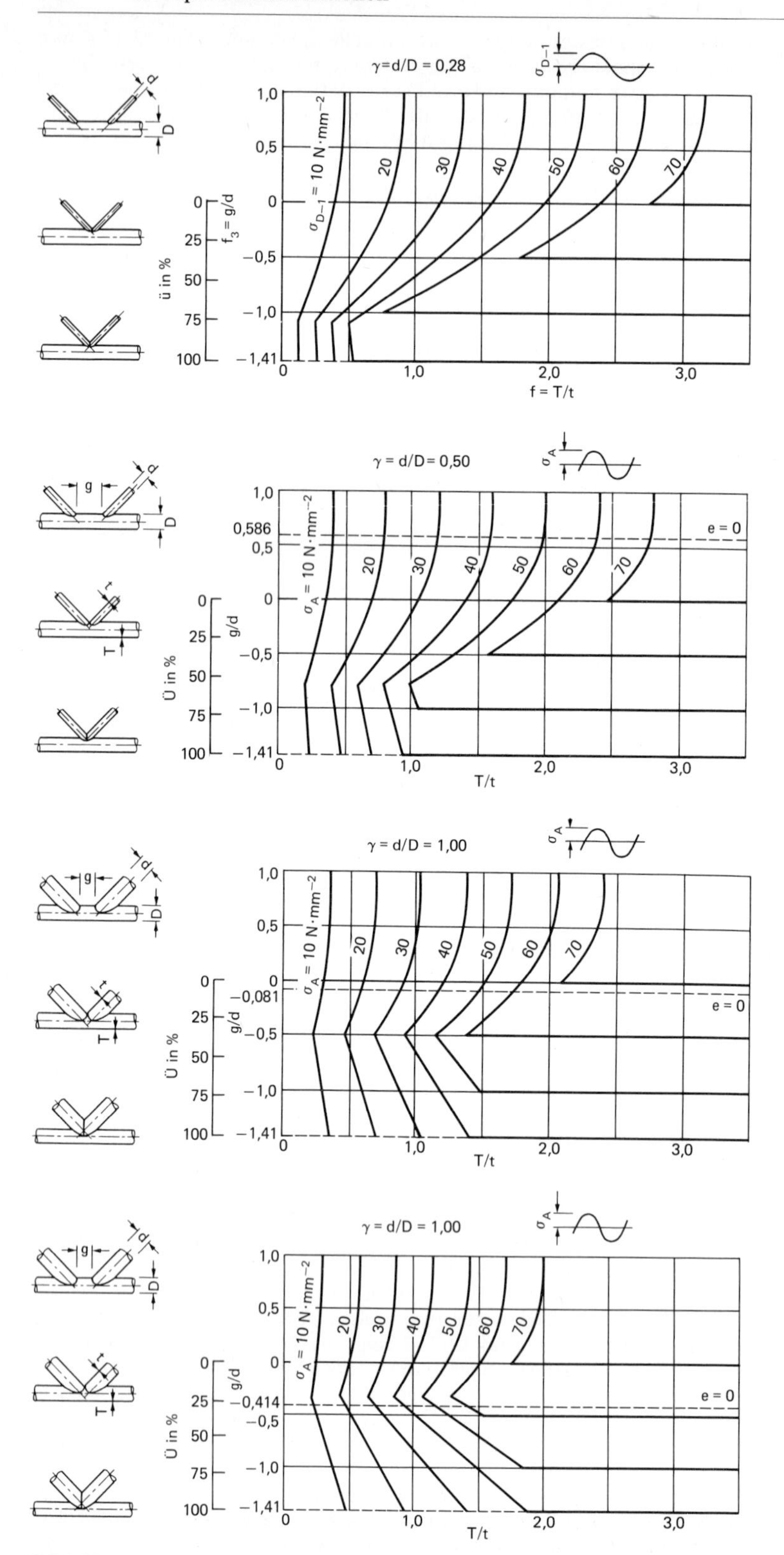

Bild 12.7–2 Bemessungsdiagramme für K-Knoten aus Rundhohlprofilen

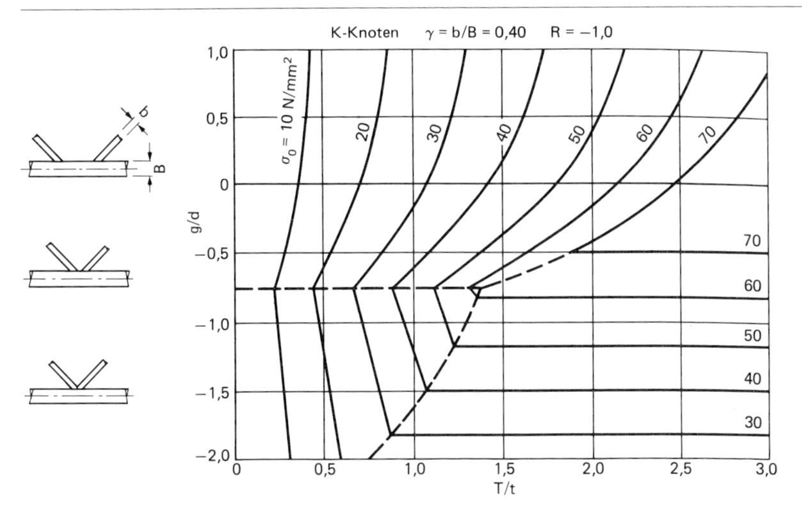

Bild 12.7–3 Bemessungsdiagramme für K-Knoten aus Rechteck-Hohlprofilen

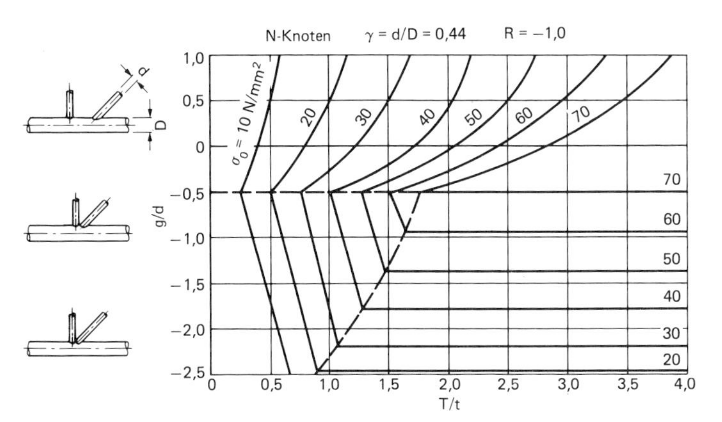

Bild 12.7–4 Bemessungsdiagramm für N-Knoten aus Rundhohlprofilen

Für andere Grenzspannungsverhältnisse als $R = -1$ sowie für den Zeitfestigkeitsbereich muß die Diagonalspannung mit Hilfe dimensionsloser Faktoren umgerechnet werden. Hierzu können z. B. die Formeln der DIN 15018 angewendet werden. Die Abweichungen betrugen beim Vergleich mit den Versuchswerten maximal 12%.
Die Umrechnung für den Zeitfestigkeitsbereich erfolgt über die unten angegebene Formel:

$$\log \sigma_{\text{max,nenn}} = \frac{6{,}3 + K \cdot \log \sigma_{\text{Diagr}} - \log N_B}{K}$$

Darin bedeuten:

K Maß für die Steigerung der Wöhlerlinie
σ_{Diagr} Oberspannung aus dem Bemessungsdiagramm für $2 \cdot 10^6$ Lastwechsel bei $R = -1{,}0$
N_B erwartete Lastspielzahl
$\sigma_{\text{max,nenn}}$ maximal zulässige Nennspannung für die Lastwechselzahl N_B

Die K-Faktoren können in Abhängigkeit von der Geometrie und vom Werkstoff aus der Tabelle 12.7–1 entnommen werden.
Die Grenzen der einzelnen Brucharten verlagern sich in Abhängigkeit vom Durchmesserverhältnis d/D. Außerdem ist damit die Höhe der ertragbaren Dauerschwingspannung unterschiedlich.
Die vorgestellten Bemessungsdiagramme für Rund- und Rechteck-Hohlprofile sind nur zutreffend für unmittelbar miteinander verschweißte Rohre.

Tabelle 12.7–1 Angaben zur Wöhlerliniensteigung „*k*"

Werkstoff	*K*-Faktoren			
	Rund-Hohlprofile		Rechteck-Hohlprofile	
	Spalt	überlappt	Spalt	überlappt
St 37	5,0	6,5	5,0	4,0
St 52	4,5	6,0	5,0	4,0
St E 690	4,0	5,5	–	–

Zur Steigerung der Zeit- und Dauerfestigkeit von Rechteck-Hohlprofil-Knotenpunkten kommen verschiedene Versteifungsarten in Betracht (siehe Bild 12.7–5).

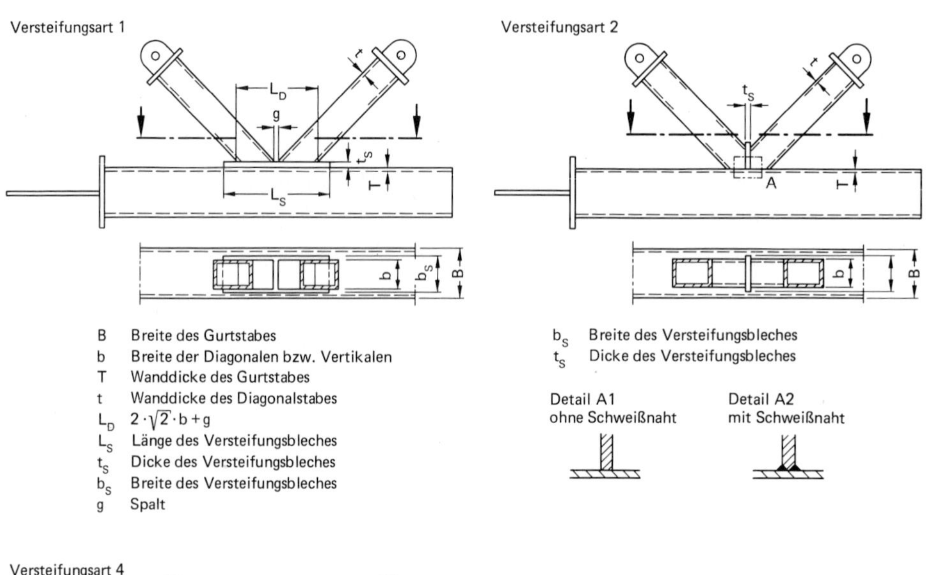

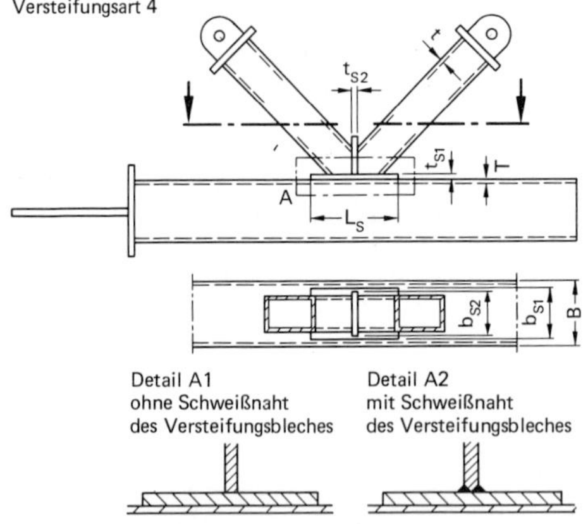

Erläuterung der Bezeichnungen siehe Versteifungsart 1 und 2
t_{S1} Dicke des horizontalen Versteifungsbleches
t_{S2} Dicke des vertikalen Versteifungsbleches
b_{S1} Breite des horizontalen Versteifungsbleches
b_{S2} Breite des vertikalen Versteifungsbleches

Bild 12.7–5
Versteifungsarten mit zugehörigen Parametern

Von diesen Versteifungsarten wurde die Form 1 bis jetzt ausführlich untersucht. Die Bilder 12.7–6/7 geben entsprechende Wöhlerlinien vergleichend wieder.
Die Steigerung der Zeit- und Dauerfestigkeit für die Versteifungsart 1 ist in den Bildern 12.7–6/7 in Abhängigkeit von der Dicke des Versteifungsbleches im Vergleich mit einem unausgesteiften Knotenpunkt zu entnehmen.

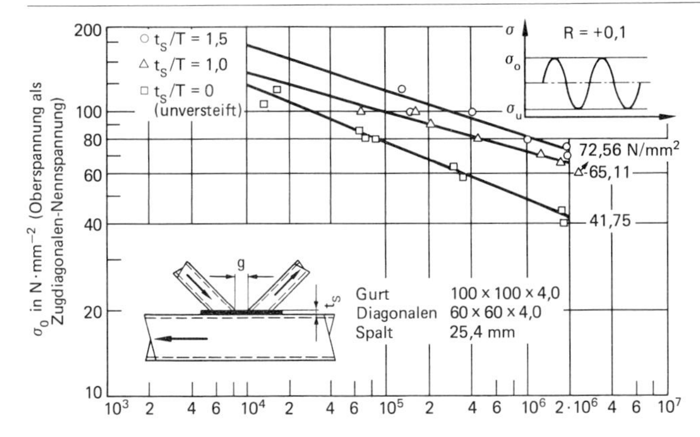

Bild 12.7–6 Steigerung der Zeit- und Dauerfestigkeit mit zunehmender Verstärkungsblechdicke

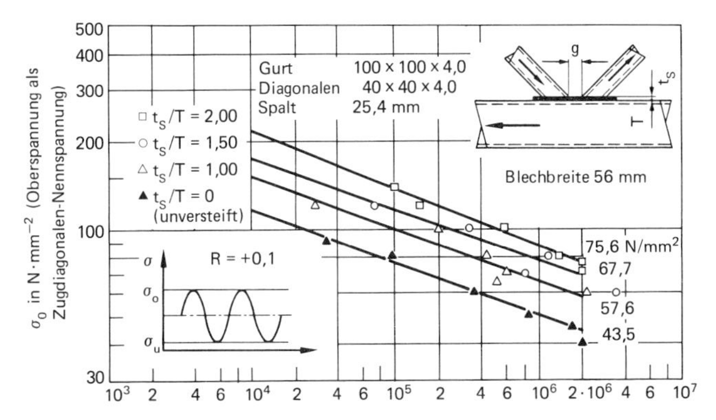

Bild 12.7–7 Steigerung der Zeit- und Dauerfestigkeit mit zunehmender Verstärkungsblechdicke

Solche Versteifungsarten werden insbesondere im Bereich der Auflager angewandt, wo aus statischen Gründen größere Diagonalkräfte und kleinere Gurtkräfte auftreten. Dies führt zu einer wirtschaftlichen Bemessung solcher Fachwerke.
Die Wahl der optimalen Verstärkungsblech-Länge und Breite wird z. Z. untersucht. Aus Bild 12.7–8 geht z.B. hervor, daß bei einem Breitenverhältnis $b/B = 0{,}4$ eine Verstärkungsblechbreite von 56 mm höhere Zeit- und Dauerfestigkeitswerte liefert als jene mit 80 mm. Dies ist auf die wachsende „Weichheit" des Aussteifungsbleches mit zunehmender Breite zurückzuführen. Es werden nämlich die Zusatzbiegungen infolge der Verformungen des Aussteifungsbleches größer.

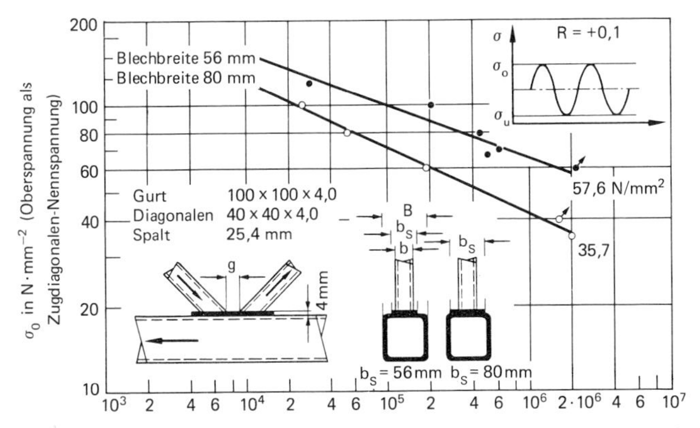

Bild 12.7–8 Einfluß der Blechbreite auf die Zeit- und Dauerfestigkeit

Eine kurze Versteifungsblechlänge ist gemäß Bild 12.7–9 im Falle des Knotens mit Spalt vorteilhaft. Ab einem bestimmten Längenmaß für das Versteifungsblech ist kein Einfluß mehr feststellbar. Bei überlappten Knotenpunkten, die in unversteifter Ausführung durch Gurtbrüche (Bruchart 2 gem. Bild 12.7–1) quer zur Gurtlängsachse versagen, wird sich durch diese Versteifungsart und größere Blechlängen eine Zeit- und Dauerfestigkeitssteigerung erreichen lassen. Dabei wird nämlich im kritischen Bereich anstelle einer Quernaht eine durchlaufende Längsnaht vorliegen und die im Knotenbereich maßgebenden Beanspruchungen durch die zusätzliche Versteifungsplatte abgemindert werden.
Die zusätzliche Erhöhung der Zeit- und Dauerfestigkeit durch die Versteifungsart 4 ist im Vergleich mit den Daten zur Versteifungsform 1 in Bild 12.7–10 erkennbar.
Daß die gleichen Tendenzen bei den verstärkten Knotenpunkten wie bei den unverstärkten Knoten bezüglich der Auswirkung von Überlappungen gelten (g/b-Verhältnis), ist aus dem Bild 12.7–11 erkennbar. Eine 70%-Überlappung ist nicht günstiger als jene mit 37% Überlappung.

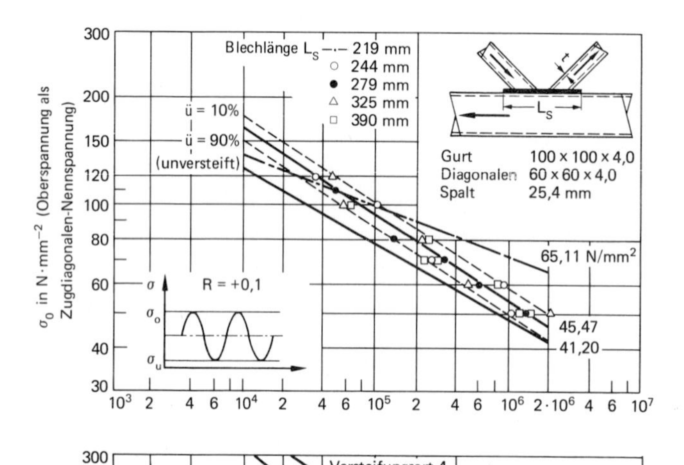

Bild 12.7–9
Einfluß der Blechlänge auf die Zeit- und Dauerfestigkeit

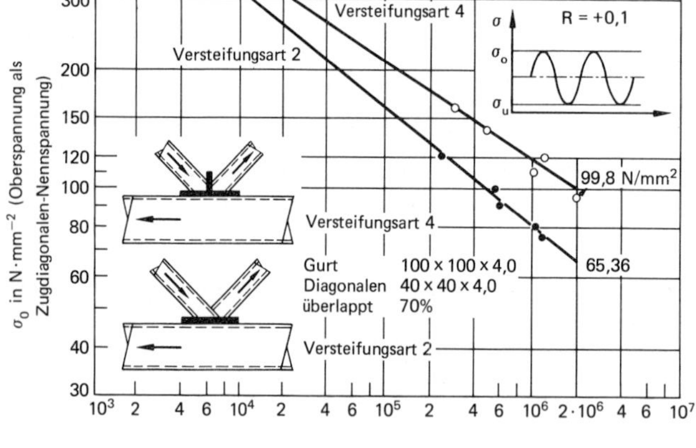

Bild 12.7–10
Vergleich verschiedener Versteifungsarten

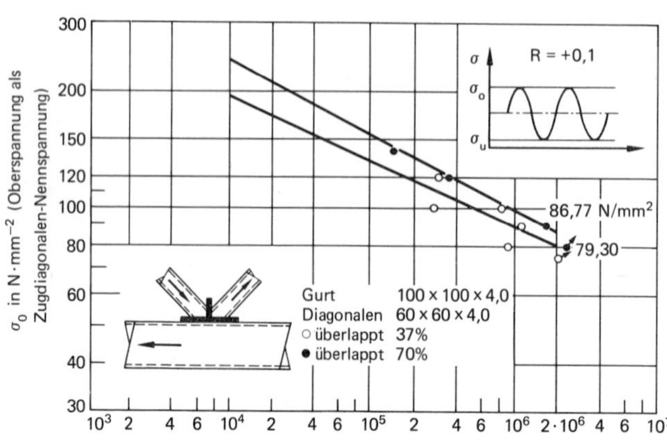

Bild 12.7–11
Auswirkungen von Überlappungsverhältnissen auf die Zeit- und Dauerfestigkeit von Knotenpunkten, verstärkt gemäß Form 4

Literatur

1. F. Mang; J. Wardenier; Ö. Bucak; D. Dutta: „Zeit- und Dauerfestigkeit von einfachen geschweißten Fachwerkknoten aus Rundhohlprofilen“. Herausgeber: Studiengesellschaft für Anwendungstechnik von Eisen und Stahl e.V., Düsseldorf. November 1980.
2. D. Dutta; F. Mang; J. Wardenier: „Schwingfestigkeitsverhalten geschweißter Hohlprofilverbindungen“. Herausgeber: Beratungsstelle für Stahlverwendung in Düsseldorf. Dezember 1981, ca. 400 Seiten.
3. F. Mang, Ö. Bucak: „Ermüdungsverhalten geschweißter Hohlprofil-Fachwerkknoten aus Stahl“. Vortragsmanuskript für IABSE (IVBH) Colloquium „Fatigue of Steel and Concrete Structures“. Lausanne 1982.
4. R. Zirn: „Schwingfestigkeitsverhalten geschweißter Rohrknotenpunkte und Rohrlaschenverbindungen“. Techn.-Wiss.-Bericht MPA Stuttgart (1975) Heft 75-01.
5. F. Mang: „Untersuchungen an ruhend und schwingend beanspruchten Hohlprofil-Konstruktionen“. Integration von Maschinen- und Stahlbau. Herausgeber: Institut für Fördertechnik, Universität Karlsruhe, 1978.
6. F. Mang: „Fatigue strength of welded HSS joints“. Paper presented to International Symposium on Hollow Structural Sections, Toronto 1977.
7. F. Mang: „Zum Einfluß von Eigenspannungen in Hohlprofilkonstruktionen“. Berichte eines Symposiums in Bad Nauheim 1979. Deutsche Gesellschaft für Metallkunde e.V.
8. G. Steidl; Ö. Bucak: „Mechanisch-technologische Eigenschaften, Hohlprofile aus Stahl mit Rechteckquerschnitten“. Bänder, Bleche, Rohre, Heft 6, 1979.
9. Entwurf DIN 18800: „Stahlbauten – Tragwerke aus Hohlprofilen unter vorwiegend ruhender Beanspruchung“. September 1981.
10. F. Mang; G. Steidl: „Einfluß von Schweißnahtfehlern auf das Festigkeitsverhalten von Rundnähten an Rohren“. Schweißen und Schneiden 28, 1976.
11. F. Mang; G. Steidl: „Geschweißte Stumpfstöße von Rohren und MSH-Hohlprofilen im Stahlbau unter vorwiegend ruhender Belastung“. Mannesmann-Stahlbau-Hochprofile, Techn. Informationen 3, 1979.
12. F. Mang; Ö. Bucak; K.G. Würker: „Biegesteife rechtwinklige Rahmenecken aus MSH-Profilen unter vorwiegend ruhender Belastung“. Mannesmann-Stahlbau-Hochprofile, Techn. Informationen 3, 1979.
13. F. Mang; K. Bremer: „Stabilitäts- und Tragverhalten druck- und biegebeanspruchter MSH-Profile“. Mannesmann-Stahlbau-Hohlprofile, Techn. Informationen 4, 1979.
14. G. Steidl; Ö. Bucak: „Mechanisch-technologische Eigenschaften warm und kalt eingeformter Hohlprofile“. Hoesch Röhrenwerke, Hohlprofil-Information Nr. 4, 1979.
15. F. Mang; H.J. Schundelmeier; K.G. Würker: „Wassergekühlte MSH-Profile, ein neues Brandschutzsystem im Stahlbau“. Mannesmann-Stahlbau-Hohlprofile, Techn. Informationen 7, 1979.
16. F. Mang; K. Bremer; Kötter: „Das Rechteck-Hohlprofil als Biegeträger“. Hoesch Röhrenwerke, Hohlprofil-Information Nr. 2, 1979.
17. Ö. Bucak: „Entwurf DIN 4116 (DIN 18808) – Biegesteife Verbindungen“. Vortragsveranstaltung im „Haus der Technik“, Essen, Dezember 1979.
18. F. Mang: „Entwurf DIN 4116 (DIN 18808) – Bemessung von Fachwerkknoten“. Vortragsveranstaltung im „Haus der Technik“, Essen, Dezember 1979.
19. G. Steidl: „Entwurf DIN 4116 (DIN 18808) – Schweißtechnische Besonderheiten“. Vortragsveranstaltung im „Haus der Technik“, Essen, Dezember 1979.
20. F. Mang; T. Hummel; K.G. Würker: „Bemessung vorwiegend ruhend beanspruchter Fachwerke aus MSH-Profilen“. Technische Informationen 2 der Mannesmannröhrenwerke AG, Februar 1980.
21. F. Mang; H.J. Schundelmeier: „Untersuchungen an geschraubten Stirnplatten-Regelanschlüssen für Rechteck- und Rund-Hohlprofile“. Forschungsbericht Projekt Nr. 38 der Studiengesellschaft für Anwendungstechnik von Eisen und Stahl e.V., Düsseldorf, April 1981.
22. F. Mang; Ö. Bucak; F. Wolfmüller: „Bemessungsverfahren für *T*-Knoten aus Rechteck-Hohlprofilen“. Forschungsbericht Projekt Nr. 82 der Studiengesellschaft für Anwendungstechnik von Eisen und Stahl e.V., Düsseldorf, Mai 1981.
23. F. Mang: „Le profil creux dans la construction“. Palais de Congrès, Nancy, Juni 1981.
24. F. Mang; Ö. Bucak; P. Knödel: „Ermittlung des Tragverhaltens von biegesteifen Rahmenecken aus Rechteck-Hohlprofilen (St 37, St 52) unter statischer Belastung“. Forschungsbericht Projekt Nr. 70 der Studiengesellschaft für Anwendungstechnik von Eisen und Stahl e.V., Düsseldorf, Juni 1981.
25. F. Mang; Ö. Bucak; G. Steidl: „Untersuchungen an Verbindungen von geschlossenen und offenen Profilen aus hochfesten Stählen“. Forschungsbericht Projekt Nr. 71 der Studiengesellschaft für Anwendungstechnik von Eisen und Stahl e.V., Düsseldorf, Juni 1981.
26. J. Wardenier: „Hollow Section Joints“. Delft University Press 1982.
27. F. Mang: Abschlußbericht zum Forschungsvorhaben „Untersuchungen an Knotenpunkten aus Rechteck-Hohlprofilen mit örtlichen Verstärkungen“ (unveröffentlicht). AIF-Nr. 4133, DVS-Nr. 9.078, März 1981.
28. K. Möhler: „Über das Tragverhalten von Biegeträgern und Druckstäben mit zusammengesetzten Querschnitten und nachgiebigen Verbindungsmitteln“. Karlsruhe, 1956.
29. T. Maeda; K. Uchino; H. Sakurai: „Experimental study on the fatigue strength of welded tubular K-Joints“. IIW-Doc. XV-260-69.
30. J. Mouty: „Ultimate Load Calculations for welded Joints Comprising Rectangular and Square Hollow Sections.“ Construction Metallique No. 2, Juin 1976.
31. J.G. Kuang; A.B. Potvin; R.D. Leick: „Stress Concentrations in tubular joints“. Preprint OTC 2205, Offshore Technology Conference, Houston Texas, 1975.
32. O.D. Dijkstra; J. Hartog; J. Wardenier: „Study of literature regarding the fatigue behaviour of unstiffened tubular joints, Part III. Stress concentration factors in tubular joints, Interim report, CECA-Convention No. 6210-KD-1-103, May 1977.
33. M. Gibstein: Parametrical stress analysis of T-joints, Select Seminar, European Offshore Steels Research, Preprints. Vol. 2, At the Welding Institute, Abington Hall, Cambridge, U.K. 27 – 29 Nov. 1978.
34. Y. Kurobane; M. Natarajan; A.A. Toprac: Fatigue tests of tubular T-joints, Structures Fatigue Research Laboratory, University of Texas, Austin, Texas November 1967.
35. A.C. Woodsworth; G.P. Smedley: Stress Concentrations at unstiffened tubular joints, Select Seminar European Offshore Steels, Research, Preprints Vol. 2, At the Welding Institute, Abington Hall, Cambridge, U.K. 27-29, Nov. 1978.

13 Berechnungsgrundlagen für dünnwandige Bauteile

R. Schardt

13.1 Der Begriff „dünnwandig“

Die Eigenschaft „dünnwandig“ kann tragenden Bauteilen in verschiedenem Zusammenhang zugeordnet werden. *Absolute* Dünnwandigkeit wird im Zusammenhang mit Korrosionserscheinungen betrachtet. Hier kann die Dickenminderung unmittelbar auf die Wanddicke selbst bezogen und damit ihr Einfluß auf die Tragfähigkeit über die Lebensdauer des Tragwerks beurteilt werden. Die Festlegung von absoluten Mindestdicken findet hierin ihre Begründung.
Im Zusammenhang mit Stabilitätsuntersuchungen ist die *relative* Dünnwandigkeit von Bedeutung. Sie wird durch Bezug der Dicke auf eine charakteristische Querschnittsabmessung gebildet. Der Kehrwert dieses Verhältnisses, den man auch als Querschnittsschlankheit bezeichnet, dient als Parameter in den Bemessungsformeln, und bestimmte Grenzwerte dienen zur Abgrenzung des Geltungsbereichs der Formeln. Bei polygonalen Querschnitten wird in der Regel die Breite b der ebenen Teile, bei zylindrischen Querschnitten der Radius als Bezugsgröße gewählt.
Mit zunehmender Querschnittsschlankheit nehmen die Verformungsmöglichkeiten zu. Stäbe mit gedrungenem Querschnitt folgen in Spannungsverteilung und Verformung den Regeln der klassischen technischen Biegetheorie. Instabilität tritt bei zunehmender Stabschlankheit durch Biegeknicken ein. Mit zunehmender Querschnittsschlankheit kommen bei offenen Querschnitten zunächst Torsionsverformungen und bei allen Querschnittsformen örtliche Querschnittsverformungen hinzu. Eine Übersicht über die notwendigen Berechnungsgrundlagen und Versagenserscheinungen ist in der Tabelle 13.1–1 in Abhängigkeit von Stab- und Querschnittsschlankheit qualitativ dargestellt.

Tabelle 13.1–1 Qualitative Darstellung der erforderlichen Berechnungsmethode und der Versagensform in Abhängigkeit von der Querschnitts- und Stabschlankheit

Querschnitts-schlankheit	Stabschlankheit klein	mittel	groß
klein	Theorie I. Ordnung einfache Traglastverfahren Fließen	Theorie II. Ordnung elast.-plast. Knicken	Theorie II. oder III. Ordnung große Verformungen
mittel	Lineare Beultheorie plastisches Beulen	bei offenen Querschnitten Wölbkrafttorsion Biegedrillknicken, Kippen	„als tragendes Bauteil ungeeignet“
groß	nichtlineare Beultheorie mittragende Breite Zylinderbeulen, überkr. Reserve	Verallgemeinerte technische Biegetheorie Querschnittsverformung, Beulknicken	„als tragendes Bauteil ungeeignet“

13.1.1 Versagensformen dünnwandiger Bauteile

Bei dünnwandigen Bauteilen treten in der Umgebung der Verzweigungslast zwei gegensätzliche Verhaltensweisen auf. Ebene Querschnittsteile, die an beiden Längsrändern gegen Verschieben aus ihrer Ebene gehalten sind, erfahren bei Annäherung an die Beullast plötzlich starke Verformungen, die mit günstigen Spannungsumlagerungen zu den unverschieblichen Rändern hin verbunden sind. Die ideelle Beullast, die zu dieser neuen Spannungsverteilung gehört, liegt höher und eröffnet daher einen zusätzlichen Tragbereich oberhalb der zu der ursprünglichen Spannungsverteilung gehörenden Beullast (Bild 13.1–1a). Formabweichungen haben auf die Tragfähigkeit keinen bedeutenden Einfluß. Ebene Teile, deren einer Längsrand frei ist, und die durch eine Längsdruckkraft belastet werden, deren Wirkungslinie erhalten bleibt (constant load eccentricity), sind zu keiner nennenswerten Spannungsumlagerung fähig und ähneln in ihrem Tragverhalten dem Knickstab (Bild 13.1–1b). Stetig gekrümmte Teile haben eine sehr hohe Verzweigungslast. Praktisch wird diese aber nicht annähernd erreicht, weil Gleichgewichtszustände mit Verformungen nur bei Lasten weit unterhalb der Verzweigungslast möglich sind. Formabweichungen haben daher auf das Tragvermögen einen entscheidenden Einfluß (Bild 13.1–1c).

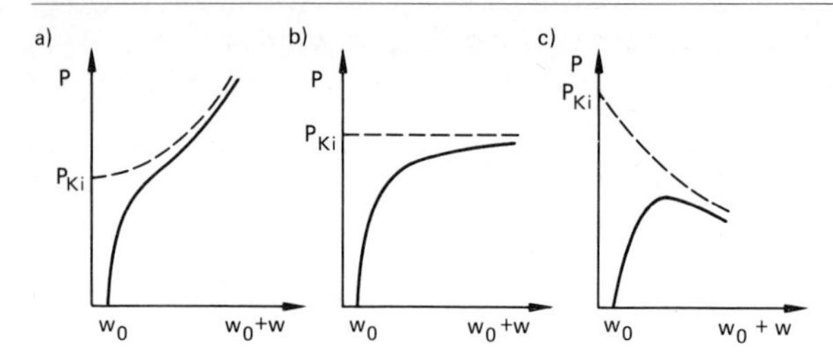

Bild 13.1–1 Unterschiedliches Tragverhalten dünnwandiger Bauteile

In welchen Bereichen der Querschnittsschlankheit die genannten Versagensweisen auftreten, wird in 13.1.2 und 13.1.3 an den Beispielen von Kreisrohr- und Quadratrohrquerschnitt gezeigt. Hierbei wird als Kurvenparameter ein Wert L benutzt, der die Tragintensität beschreiben soll. Er entsteht, indem man aus der auf σ_F bezogenen Knickspannung den formabhängigen Teil herauszieht.

$$\frac{\sigma_{Ki}}{\sigma_F} = \frac{E\pi^2}{\lambda^2 \cdot \sigma_F} = \frac{E\pi^2 \cdot i^2}{l^2 \cdot \sigma_F} = \frac{E\pi^2 \cdot A}{l^2 \cdot \sigma_F} \cdot k(\delta) = L \cdot k(\delta)$$

k ist damit eine Funktion der Querschnittsschlankheit, die z. B. für das Kreisrohr durch $\delta = t/r$ beschrieben wird

$$i^2 = A \cdot \frac{1}{4\pi} \frac{1 + (1-\delta)^2}{1 - (1-\delta)^2}$$

Für das Quadrahtrohr gilt

$$i^2 = A \cdot \frac{1}{12} \frac{1 + (1-\delta)^2}{1 - (1-\delta)^2}$$

Hohe Tragintensität L führt zu guter Materialausnutzung.

13.1.2 Das Rundrohr unter Axialdruck

Im Bild 13.1–2 sind die auf σ_F bezogenen Tragspannungen σ_u nach DIN 18800, Teil 2, in Abhängigkeit vom Kehrwert der Querschnittsschlankheit $\delta = t/r$ dargestellt. Die Abszisse reicht vom Vollquerschnitt $\delta = 1$ rechts bis zum extrem dünnwandigen Zylinder mit $\delta = 0{,}001$. Der Bereich der handelsüblichen Rohre liegt zwischen $\delta = 0{,}025$ und $\delta = 0{,}15$. Im rechten Teil (kleine Querschnittsschlankheit) ist das Knicken maßgebend. Nur bei größerer Tragintensität L, einem anzustrebenden Entwurfsziel, ist der Querschnitt einigermaßen ausnutzbar. Im linken Teil bestimmt das Zylinderbeulen die Ausnutzbarkeit.

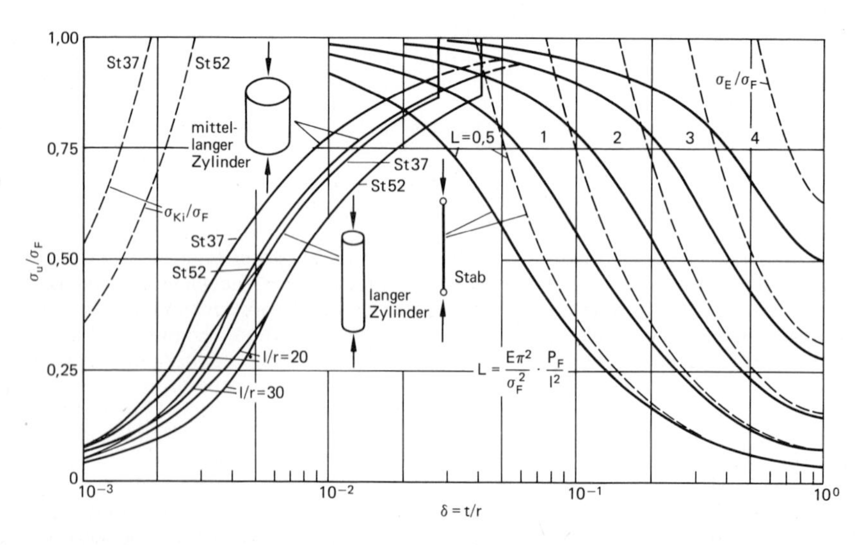

Bild 13.1–2 Ausnutzungsgrad des Rundrohrquerschnittes

Die Werte für σ_u sind nach der DASt-Richtlinie 013 gerechnet. Für die langen Zylinder, also den Übergangsbereich zum Stab, sind nur bei kleinen σ_u/σ_F-Werten Abminderungen vorgesehen. Der Interaktionsbereich, der um $\delta = 0{,}02$ liegt, ist noch nicht geregelt. Gestrichelt sind die ideellen Knick- σ_E und Beulspannungen σ_{ki} eingezeichnet. Von diesen geht beim Zylinderbeulen wegen der Imperfektionsempfindlichkeit weit mehr verloren als beim Knicken.

13.1.3 Das Quadratrohr unter Axialdruck

In Bild 13.1–3 wird in gleicher Weise das Quadratrohr untersucht. Zum besseren Vergleich mit dem Rundrohr werden im Knickbereich $\delta = 2\,t/b$ (wegen des Übergangs zum Vollstab) und im Beulbereich $\delta = \frac{\pi}{2} \cdot \frac{t}{b}$ (Flächen- und Umfangsgleichheit) gesetzt. Im Knickbereich ist das Verhalten gleichartig, dagegen weicht es im Beulbereich sehr stark von dem des Zylinders ab. Einerseits liegen die ideellen Beulspannungen σ_{ki} schon in einem δ-Bereich, der eine Zehnerpotenz größer ist, unterhalb der Streckgrenze. Andererseits ist die Empfindlichkeit gegen Imperfektionen sehr gering und wird teilweise durch überkritische Tragreserven mehr als ausgeglichen, so daß das zunächst so negative Bild für die Bemessungsspannung wieder etwas vorteilhafter aussieht.

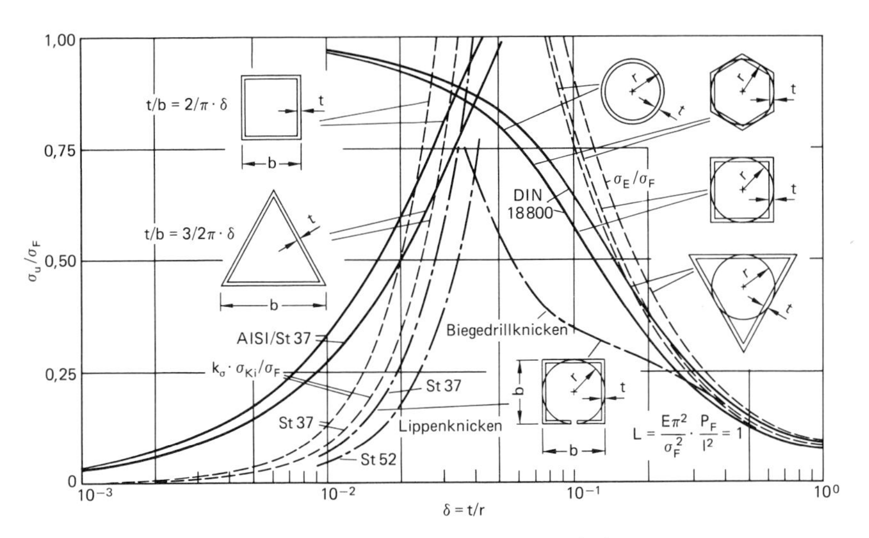

Bild 13.1–3 Ausnutzungsgrad des Quadratrohrquerschnittes

Im Knickbereich tritt eine weitere Versagensform auf, wenn das Rohr an einer Seitenmitte geschlitzt wird und so ein offenes Profil entsteht. Die nun maßgebende Biegedrillknickspannung liegt beträchtlich unterhalb der Knickspannung und wird mit abnehmendem δ durch die hinzukommende Profilverformung (Lippenknicken) weiter vermindert.

Damit sind nun die für die Bemessung wesentlichen Versagensformen in ihrer Beziehung dargestellt. An den Stellen δ in den Bildern, an denen die Versagensformen Biegeknicken von anderen Ausweicherscheinungen negativ beeinflußt oder abgelöst werden, beginnt die „Dünnwandigkeit". Diese Grenze kann bei sehr unterschiedlichen Werten liegen. Die Bemessungsverfahren, die die Vorgänge unterhalb dieser Grenze berücksichtigen müssen, kennzeichnen den Leichtbau.

Für Tragglieder, deren Tragfunktion überwiegend durch Biegung bestimmt ist, lassen sich ähnliche Darstellungen gewinnen, wobei an die Stelle des Knickens das Kippen tritt und die örtlichen Ausweicherscheinungen der dünnwandigen Teile sich auf die Biegedruckbereiche des Querschnittes beschränken.

Vom Entwurf her sollte auf möglichst hohe Tragintensität geachtet werden, um gute Materialausnutzung zu erzielen. Der Leichtbau kann dieses Ziel nur mit Einschränkungen verfolgen, da er sich mit den Bauteilen befaßt, die eher Lastsammelaufgaben und meist auch noch Raumabschlußfunktion haben.

13.2 Allgemeine Beschreibung der Querschnittswerte und der Umlenkkräfte nach Theorie II. Ordnung

13.2.1 Querschnittswerte für dünnwandige offene Profile

Für Spannungs- und Verformungsberechnungen an Profilen, bei denen die Verdrehung des Querschnitts berücksichtigt werden muß, werden Querschnittsfunktionen und -konstanten gebraucht, für deren numerische Ermittlung programmierfertige Formeln angegeben werden sollen. Zur Vereinheitlichung der Darstellung und zur Vereinfachung des Rechenprogramms werden in Anlehnung an die Verallgemeinerte technische Biegetheorie [1, 2, 3] die Starrkörperbewegungen des Querschnitts u, v, w, ϑ durch das gemeinsame Symbol V und den links oben angeführten Zeiger k bezeichnet. Ändert sich ${}^kV$ in Richtung der Stabachse x, so gehört hierzu jeweils eine Wölbfunktion. Die Basis ${}^k\varphi(s)$ dieser Wölbfunktionen wird aus den Verschiebungen der Querschnittspunkte in x-Richtung für ${}^kV' = \mathrm{d}^kV/\mathrm{d}x = 1$ gefunden. Die Einheitswölbfunktionen ${}^k\varphi(s)$ bilden die Grundlage der meisten Querschnittswerte und -funktionen.
In der konventionellen Bedeutung ist:

${}^1\varphi = -1$ die konstante Verschiebung 1 in negativer x-Richtung
${}^2\varphi = -\zeta(s)$ der negative Abstand der Querschnittspunkte von der η-Achse
${}^3\varphi = -\eta(s)$ der negative Abstand der Querschnittspunkte von der ζ-Achse
${}^4\varphi = \varphi_M$ die Wölbordinaten infolge einer Einheitsverdrillung $\vartheta' = 1$ um den Schubmittelpunkt.

In der verallgemeinerten Schreibweise werden definiert:

${}^kC = \int {}^k\varphi^2\,\mathrm{d}A$ der Wölbwiderstand

${}^kW = \int {}^k\varphi\sigma\,\mathrm{d}A$ die Schnittgröße (Wölbmoment)

$${}^k\sigma(s) = \frac{-{}^kW \cdot {}^k\varphi(s)}{{}^kC} \quad \text{die Längsspannung} \tag{13.2–1}$$

$${}^k\tau(s) = \frac{{}^kW' \cdot \int_0^s {}^k\varphi\,\mathrm{d}A}{t(s) \cdot {}^kC} \quad \text{die Schubspannung} \tag{13.2–2}$$

Für die Berechnung des Wölbwiderstandes gilt mit den Bezeichnungen nach Bild 13.2–1

$${}^{ik}C = \sum_{j=1}^{n} \frac{1}{6}\, b_j \cdot t_j \left[{}^i\varphi_j \cdot (2 \cdot {}^k\varphi_j + {}^k\varphi_{j+1}) + {}^i\varphi_{j+1} \cdot ({}^k\varphi_j + 2 \cdot {}^k\varphi_{j+1})\right] \tag{13.2–3}$$

$${}^kC \triangleq {}^{kk}C$$

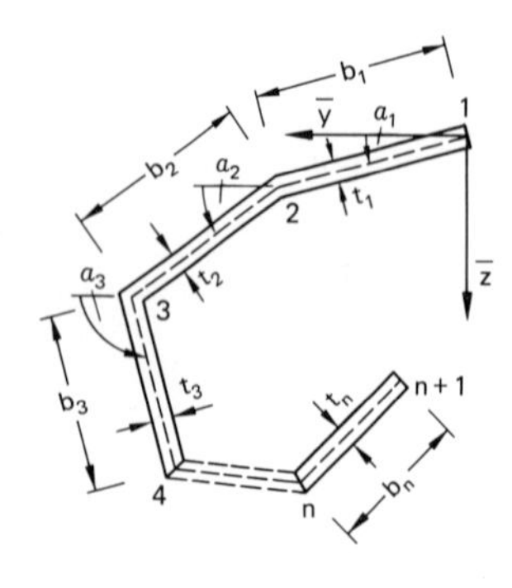

b_i = Länge der Scheibe i
t_i = Dicke der Scheibe i
α_i = Neigung der Scheibe i gegen die y-Achse positiv im entgegengesetzten Uhrzeigersinn.

Bild 13.2–1 Geometrie des Querschnittes

Für die Berechnung der Scheibenschubkraft ${}^kS_i$ der Scheibe i im Zustand k gilt:

$$ {}^kS_i = \frac{b_i}{{}^kC}\left[\sum_{j=1}^{i-1} b_j \cdot t_j \cdot ({}^k\varphi_j + {}^k\varphi_{j+1})/2 + b_i \cdot t_i \cdot (2 \cdot {}^k\varphi_i + {}^k\varphi_{i+1})/6\right] \qquad i = 1 \ldots n \qquad (13.2\text{–}4) $$

Zwischen der Schnittgröße ${}^kW$ und der Verformung ${}^kV$ besteht die Beziehung

$$ E^kC^kV'' = -{}^kW \qquad (13.2\text{–}5) $$

Einen Vergleich der konventionellen mit der verallgemeinerten Darstellung zeigt die Tabelle 13.2–1. Das Differentialgleichungssystem nach Theorie I. Ordnung schreibt sich

$$ E^kC^kV^{\mathrm{IV}} - G^kD^kV'' + {}^kB^kV = {}^kq \qquad k = 1 \ldots 4 \qquad (13.2\text{–}6) $$

Die vorgestellte Bezeichnungsweise ist geeignet für die Erweiterung zur Berechnung von Stäben mit nicht mehr formtreuem Querschnitt.

Tabelle 13.2–1 Vergleich der konventionellen mit der verallgemeinerten Darstellung der technischen Biegelehre

Zustand		1	2	3	4	k
Verformung		$\int u\,dx$	v	w	ϑ	
		${}^1V$	${}^2V$	${}^3V$	${}^4V$	${}^kV$
Verwölbung		-1	$-\eta$	$-\zeta$	φ_M	
		${}^1\varphi$	${}^2\varphi$	${}^3\varphi$	${}^4\varphi$	${}^k\varphi$
Schnittgröße		N	M_ζ	M_η	W	
		${}^1W$	${}^2W$	${}^3W$	${}^4W$	${}^kW$
Widerstände,	mit V''	A	I_ζ	I_η	C_M	
Steifigkeiten		${}^1C$	${}^2C$	${}^3C$	${}^4C$	${}^kC$
	mit V'	k_x	N^*	N^*	I_D	
			${}^{i22}\varkappa$	${}^{i33}\varkappa$	${}^4D,\ {}^{i44}\varkappa$	${}^kD$
	mit V		k_η	k_ζ	k_D	
			${}^2B$	${}^3B$	${}^4B$	${}^kB$
Belastung	im Sinne von V		q_η	q_ζ	m_D	
			${}^2q$	${}^3q$	${}^4q$	${}^kq$
	im Sinne von V'	n_x	m_ζ	m_η		

* Anteile Theorie II. Ordnung

1. Eingabe des Querschnittes

Für die Eingabe der Querschnittsabmessungen bieten sich entweder die Abmessungen und Richtungen der Scheiben oder die Koordinaten der Knotenpunkte an. Nach Bild 13.2–1 wird eingegeben:

a) $b_i,\ t_i,\ \alpha_i$

oder: $\qquad i = 1 \ldots n$

b) $\bar{y}_{i+1},\ \bar{z}_{i+1},\ t_i$

$\bar{y}_1 = 0$ und $\bar{z}_1 = 0$

Nach der Eingabe gemäß a) oder b) werden die Daten vervollständigt.

1 a) Berechnung der Knotenkoordinaten y und z aus den Abmessungen

$$ \bar{y}_1 = 0; \quad \bar{z}_1 = 0 $$

$$ \left.\begin{aligned} \bar{y}_i &= \bar{y}_{i-1} + b_{i-1} \cdot \cos\alpha_{i-1} \\ \bar{z}_1 &= \bar{z}_{i-1} + b_{i-1} \cdot \sin\alpha_{i-1} \end{aligned}\right] \quad i = 2 \ldots n+1 $$

1 b) Berechnung der Abmessungen und der Richtung aus den Knotenkoordinaten

$$ \left.\begin{aligned} \alpha_i &= \operatorname{arctg}((\bar{z}_{i+1} - \bar{z}_i)/(\bar{y}_{i+1} - \bar{y}_i)) \\ b_i &= \sqrt{(\bar{y}_{i+1} - \bar{y}_i)^2 + (\bar{z}_{i+1} - \bar{z}_i)^2} \end{aligned}\right] \quad i = 1 \ldots n $$

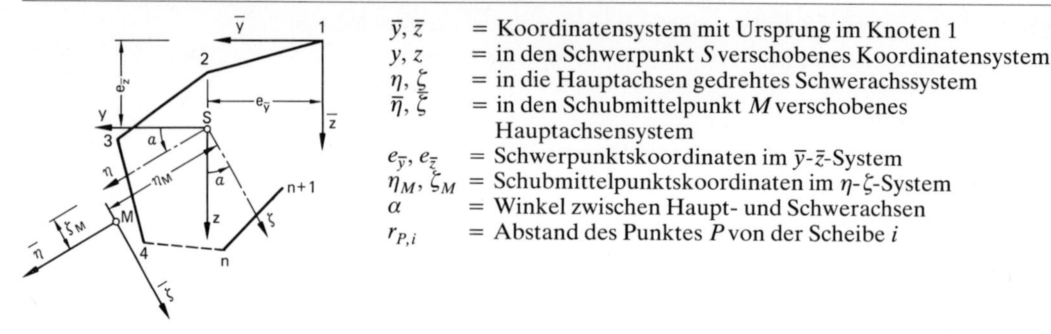

Bild 13.2–2 Bezeichnungen von Koordinatenachsen im Querschnitt

2. Berechnung der Wölbwiderstände ^{11}C, ^{12}C, ^{13}C
Nach (13.2–3) werden berechnet:
$^{11}C = A$
$^{12}C = S_y$
$^{13}C = S_z$
Die Wölbordinaten $^2\varphi$ und $^3\varphi$ sind auf die $\bar{y}$-$\bar{z}$-Achsen bezogen.

3. Schwerpunktskoordinaten $e_{\bar{y}}$ und $e_{\bar{z}}$
(siehe Bild 13.2–2)
$e_{\bar{y}} = {}^{13}C/{}^{11}C; \quad e_{\bar{z}} = {}^{12}C/{}^{11}C$

4. Koordinatentransformation auf die y-z-Achsen
$y_i = -{}^3\varphi = \bar{y}_i - e_{\bar{y}}; \quad z_i = -{}^2\varphi = \bar{z}_i - e_{\bar{z}} \qquad i = 1 \ldots n+1$

5. Berechnung der Wölbwiderstände ^{22}C, ^{33}C, ^{23}C
Nach (13.2–3) werden berechnet:
$^{22}C = I_y$
$^{33}C = I_z$
$^{23}C = I_{yz}$
Die Wölbordinaten $^2\varphi$ und $^3\varphi$ sind auf die y-z-Achsen bezogen (Bild 13.2–2).

6. Hauptachsen η und ζ
$\alpha = \arctan(2 \cdot {}^{23}C/({}^{33}C - {}^{22}C))/2$

$$\eta_i = -{}^3\varphi = y_i \cos\alpha_i + z_i \sin\alpha_i \qquad i = 1 \ldots n+1$$
$$\zeta_i = -{}^2\varphi = -y_i \sin\alpha_i + z_i \cos\alpha_i$$

7. Berechnung der Wölbwiderstände ^{22}C, ^{33}C
Nach (13.2–3)
$^{22}C = I_\eta$
$^{33}C = I_\zeta$
Die Wölbordinaten $^2\varphi$ und $^3\varphi$ sind auf die η-ζ-Achsen bezogen.

8. Berechnung der Schubkräfte ^2S_i und ^3S_i nach (13.2–4).

9. Berechnung der Schubmittelpunktskoordinaten η_M, ζ_M
Der Abstand r_i der Scheibe i vom Schwerpunkt S beträgt:

$$r_{S,i} = \frac{1}{b_i} \cdot [({}^2\varphi_{i+1} - {}^2\varphi_i) \cdot {}^3\varphi_i - ({}^3\varphi_{i+1} - {}^3\varphi_i) \cdot {}^2\varphi_i] \qquad i = 1 \ldots n \qquad (13.2\text{–}7)$$

Die Wölbordinaten sind auf den Schwerpunkt bezogen.

$$\eta_M = \sum_{i=1}^{n} r_{S,i} \cdot {}^2S_i \qquad \zeta_M = \sum_{i=1}^{n} r_{S,i} \cdot {}^3S_i$$

10. Koordinatentransformation auf den Schubmittelpunkt

$$\bar{\eta}_i = -{}^3\bar{\varphi}_i = \eta_i - \eta_M; \quad \bar{\zeta}_i = -{}^2\bar{\varphi}_i = \zeta_i - \zeta_M \qquad i = 1 \ldots n+1$$

11. Berechnung der Wölbordinaten ${}^4\varphi_i$
Mit auf den Schubmittelpunkt bezogenen Wölbordinaten ${}^2\overline{\varphi}$ und ${}^3\overline{\varphi}$ ergibt sich nach (13.2–7) der Abstand $r_{M,i}$ der Scheibe i vom Schubmittelpunkt.

$$
\begin{aligned}
&{}^4\varphi_1 = 0; \quad K_\varphi = 0 \\
&\left.\begin{aligned}
&{}^4\varphi_{i+1} = {}^4\varphi_i + r_{M,i} \cdot b_i \\
&K_\varphi := K_\varphi + b_i \cdot t_i \cdot ({}^4\varphi_{i+1} + {}^4\varphi_i)/2
\end{aligned}\right] \quad i = 1 \ldots n \\
&{}^4\varphi_i := {}^4\varphi_i - K_\varphi / {}^{11}C \qquad i = 1 \ldots n+1
\end{aligned}
$$

12. Berechnung des Wölbwiderstandes ${}^{44}C$
Nach (13.2–3):

$${}^{44}C = C_M$$

13. Berechnung der Scheibenschubkräfte ${}^4S_i$ nach (13.2–4).

14. Berechnung des Drillwiderstandes I_D

$$I_D = \sum_{i=1}^{n} b_i \cdot t_i^3/3$$

13.2.2 Die Umlenkkräfte aus Normalspannungen

Nach Theorie II. Ordnung wird das Gleichgewicht im verformten Zustand verlangt. Das in dem Differentialgleichungssystem (13.2–6) formulierte Gleichgewicht ist die virtuelle Arbeit der Spannungen und Lasten an der virtuellen Verrückung ${}^kV = 1$. Die Arbeit wird stellvertretend für eine Faser $t \cdot ds$ des Stabelementes angegeben.
Die Spannungen sämtlicher im Querschnitt wirkenden Schnittgrößen sind nach (13.2–1):

$$\sigma_x(s) = -\sum_{i=1}^{4} \frac{{}^iW\,{}^i\varphi(s)}{{}^iC}$$

Die Neigung der Faser gegen die x-Achse aus einer Verformung ${}^iV'(x)$ ist:

in der x-s-Ebene $\quad {}^if'_L = {}^iV' \cdot {}^i\tilde{f}_L$
in der x-$\overline{s}$-Ebene $\quad {}^if' = {}^iV' \cdot {}^i\tilde{f}$

entsprechend wird die Krümmung

in der x-s-Ebene $\quad {}^if''_L = {}^iV'' \cdot {}^i\tilde{f}_L$
in der x-$\overline{s}$-Ebene $\quad {}^if'' = {}^iV'' \cdot {}^i\tilde{f}$

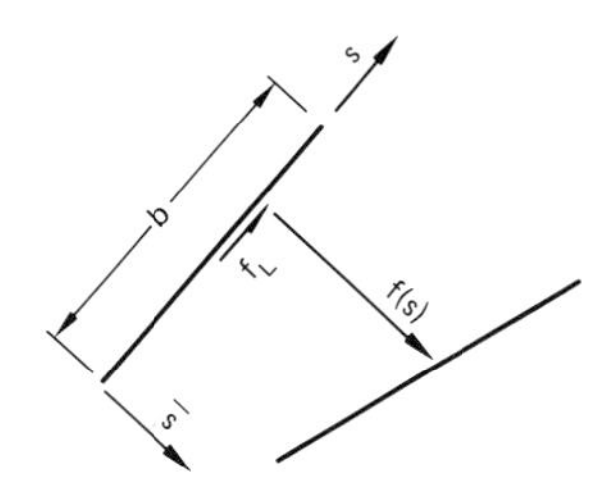

Bild 13.2–3 Verformungszustand einer Scheibe

Die Umlenkkräfte q^{II} der Spannungen $\sigma_x({}^iW)$ an den Verformungen ${}^jV(x)$ sind nach Bild 13.2–4 in s-Richtung:

$$dq_L^{II} = (\sigma \cdot f''_L + d\sigma \cdot f'_L)\,t\,ds = -\sum_{i=1}^{4} ({}^iW\,{}^jV'' + {}^iW'\,{}^jV')\,\frac{1}{{}^iC}\,{}^i\varphi \tilde{f}_L\,t\,ds$$

in $\overline{s}$-Richtung:

$$dq^{II} = -\sum_{i=1}^{4} ({}^iW\,{}^jV'' + {}^iW'\,{}^jV')\,\frac{1}{{}^iC}\,{}^i\varphi \tilde{f}\,t\,ds$$

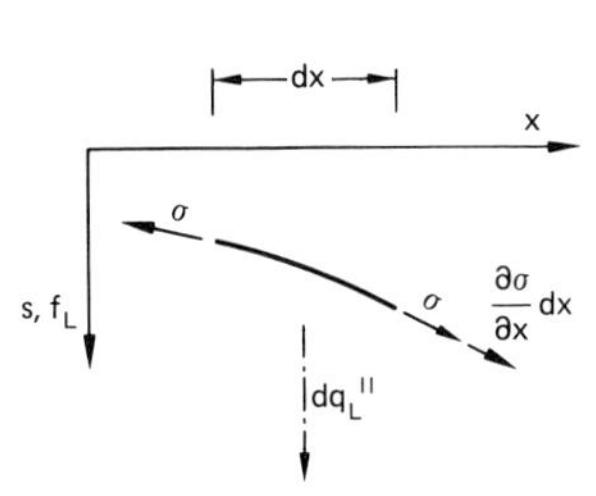

Bild 13.2–4 Zur Berechnung der Umlenkkräfte

Die virtuelle Arbeit der Umlenkkräfte an den Wegen ${}^k\bar{f}_L$ und ${}^k\bar{f}$

$$q_i^{\mathrm{II}}\,{}^kf_i + q^{\mathrm{II}} f = -\sum_{i=1}^{4} ({}^iW'\,{}^jV')' \frac{1}{{}^iC} \int {}^i\varphi\,({}^j\bar{f}_L{}^k\bar{f}_L + {}^j\bar{f}\,{}^k\bar{f})\,t\,\mathrm{d}s \tag{13.2–8}$$

kann nun unmittelbar in das Differentialgleichungssystem (13.2–6) eingesetzt werden. Die Integrale sind für die laufenden Indizes $1 \leq i \leq 4$, $2 \leq j \leq 4$ und $2 < k < 4$ auszuwerten. Sie werden mit ${}^{ijk}\varkappa$ bezeichnet.
Das Differentialgleichungssystem mit den Anteilen der Theorie II. Ordnung aus σ_x lautet dann:

$$E\,{}^kC\,{}^kV'''' - G\,{}^kD\,{}^kV'' + {}^kB\,{}^kV + \sum_{i=1}^{4}\sum_{j=2}^{4} ({}^iW'\,{}^jV')'\,{}^{ijk}\varkappa = {}^kq\,, \qquad 2 \leq k \leq 4 \tag{13.2–9}$$

Auswertung der Integrale ${}^{ijk}\varkappa$
Zur schematischen Auswertung werden die Einheitsverwölbungen $\varphi(s)$ durch $\bar{\varphi}$ und $\hat{\varphi}$ und die Einheitsverschiebungen $\bar{f}_L$, $\bar{f}$ durch $\bar{f}_L$, $\bar{f}_Q$ und ϑ gemäß Bild 13.2–5 dargestellt.

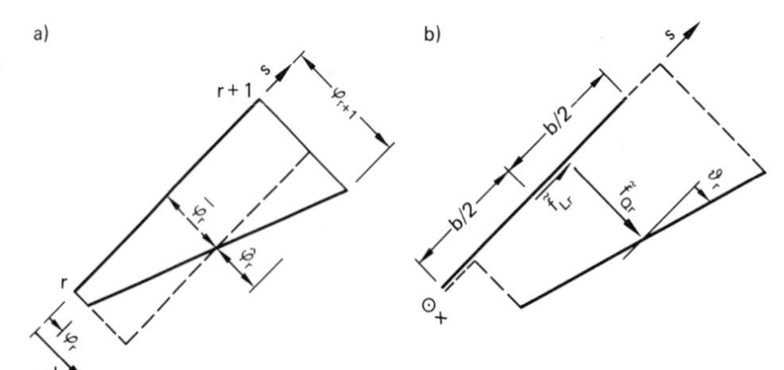

Bild 13.2–5 Einheitsverformungsgrößen der Scheibe r zur Berechnung der Integrale ${}^{ijk}\varkappa$

Damit ist:

$$\begin{aligned}{}^{ijk}\varkappa = \sum_{r=1}^{n} \Bigg\{ & \frac{{}^i\bar{\varphi}_r}{{}^iC}\, t_r b_r \left[{}^j\bar{f}_{Lr}{}^k\bar{f}_{Lr} + {}^j\bar{f}_{Qr}{}^k\bar{f}_{Qr} + \frac{b_r^2}{12}\,{}^j\vartheta_r{}^k\vartheta_r\right] + \\ & + \frac{{}^i\hat{\varphi}_r}{{}^iC}\, t_r \frac{b_r^2}{6} \left[{}^j\bar{f}_{Qr}{}^k\vartheta_r + {}^j\vartheta_r{}^k\bar{f}_{Qr}\right]\Bigg\} \qquad r = 1 \ldots n\end{aligned} \tag{13.2–10}$$

Nach der konventionellen Darstellung der technischen Biegelehre können folgende ${}^{ijk}\varkappa$-Werte identifiziert werden:

$^{122}\varkappa = -1$ $\quad$ $^{234}\varkappa = -1$ $\quad$ $^{324}\varkappa = -1$ $\quad$ $^{444}\varkappa = r_{\varphi M}$
$^{133}\varkappa = -1$ $\quad$ $^{244}\varkappa = r_{\eta M}$ $\quad$ $^{344}\varkappa = r_{\zeta M}$
$^{144}\varkappa = -i_M^2$
$^{124}\varkappa = -\eta_M$
$^{134}\varkappa = -\zeta_M$

Die Matrix der ${}^{ijk}\varkappa$-Werte ist für den Zustand i symmetrisch. Ausführliches hierzu sowie die Anteile II. Ordnung aus den Schubspannungen und Lasten finden sich in [3].

13.3 Grundlagen der geometrisch nichtlinearen Rechnung

13.3.1 Kinematische Verschiebungsanteile aus der Faserkrümmung

Verschiebung aus der geraden Ausgangslage

Die relative Verschiebung $\mathrm{d}u$ eines Faserelementes der Länge $\mathrm{d}s$ infolge der Neigung $\varphi \approx \mathrm{d}w/\mathrm{d}x$ beträgt bei quadratischer Näherung

$$\mathrm{d}u = -\frac{1}{2}\,w'^2\,\mathrm{d}x$$

Der Fehler gegen den genauen Wert $\mathrm{d}u = -(1-\cos\varphi)\,\mathrm{d}x$ ist für $\varphi < 6°$, das entspricht einer Steigung w' von 10%, wie Bild 13.3–1 zeigt, noch sehr klein. Für eine Faser der Länge l, deren Enden rechtwinklig zur x-Achse unverschieblich gehalten sind, ergibt sich bei einem Verformungsansatz von

$$w(x) = w_m \cdot \sin\frac{\pi x}{l} \qquad \text{(s. Bild 13.3–2a)}$$

die Neigung

$$w'(x) = w_m \cdot \frac{\pi}{l}\cos\frac{\pi x}{l}$$

und die Endverschiebung (Sehnenverkürzung)

$$-u(l) = \frac{1}{2}\int_0^l (w'(x))^2\,\mathrm{d}x = \frac{1}{2}\,w_m^2\left(\frac{\pi}{l}\right)^2 \cdot \frac{1}{2} = \frac{\pi^2 w_m^2}{4l^2}\cdot l$$

$$-\frac{u(l)}{l} = \frac{\pi^2}{4}\left(\frac{w_m}{l}\right)^2 \qquad (13.3\text{–}1)$$

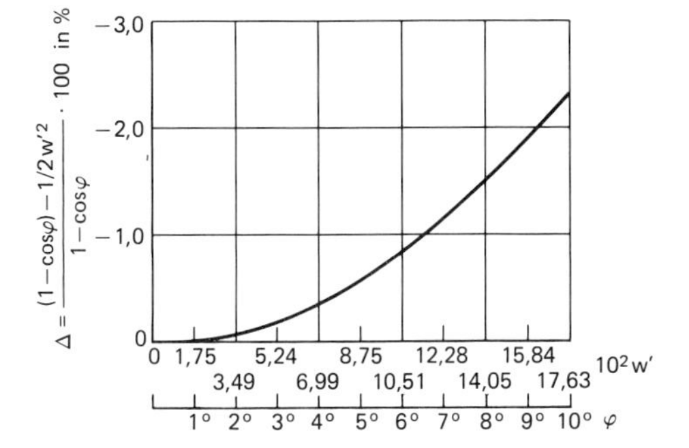

Bild 13.3–1
Abweichung der Näherung für u gegenüber der exakten Lösung

13.3.2 Berücksichtigung von Formabweichungen

Verschiebung aus einer vorverformten Lage

Die Ausgangslage kann eine spannungsfreie Formabweichung darstellen oder aus einem anderen Lastfall herrühren (z. B. bei Iterationen). Es wird die gleiche Form angenommen mit der Amplitude w_{m0}

$$w_0(x) = w_{m0} \cdot \sin\frac{\pi x}{l} \qquad \text{(s. Bild 13.3–2b)}$$

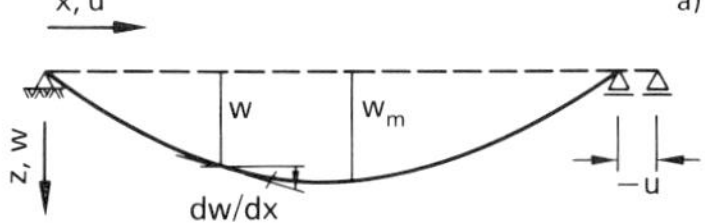

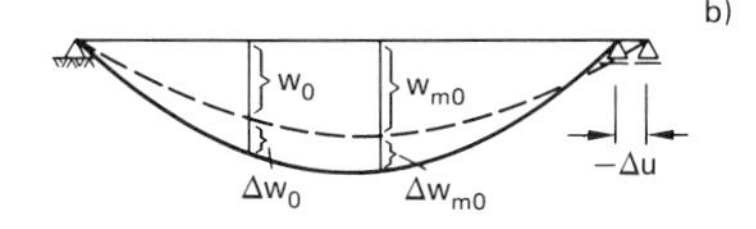

Bild 13.3–2
Ansätze für die Verformungen w
a) Verschiebung aus der unverformten Lage
b) Verschiebung aus der verformten Lage

Die aus Δw resultierende Endverschiebung $\Delta u(l)$ beträgt

$$-\Delta u(l) = \frac{1}{2}\int_0^l |(w_0' + \Delta w')^2 - w_0'^2|\,\mathrm{d}x$$

$$= \frac{1}{2}\int_0^l (w_m^2 + 2\,\Delta w_m \cdot w_{m0})\,\frac{\pi^2}{l^2}\cos^2\frac{\pi x}{l}\,\mathrm{d}x$$

$$\frac{\Delta u(l)}{l} = -\frac{\pi^2}{4}\left(\left(\frac{w_m}{l}\right)^2 + 2\frac{\Delta w_m}{l}\cdot\frac{w_{m0}}{l}\right) \qquad (13.3\text{–}2)$$

oder mit $w_{ges} = w_0 + \Delta w$

$$\frac{\Delta u(l)}{l} = -\frac{\pi^2}{4}\left(\left(\frac{w_{ges}}{l}\right)^2 - \left(\frac{\Delta w}{l}\right)^2\right)$$

13.3.3 Vergleich verschiedener Ansätze

Für Näherungsrechnungen dienen neben dem sin-Ansatz für die Verformung auch einfache Polynome. Die quadratische Parabel als Ansatz liefert mit

$$w(x) = 4\,w_m\left(\frac{x}{l} - \frac{x^2}{l^2}\right)$$

aus der geraden Ausgangslage die auf l bezogene Verschiebung

$$\frac{u(l)}{l} = -\frac{8}{3}\left(\frac{w_m}{l}\right)^2$$

und von der Vorverformung w_0 aus

$$\frac{u(l)}{l} = -\frac{8}{3}\left[\left(\frac{\Delta w_m}{l}\right)^2 + 2\frac{\Delta w_m}{l}\cdot\frac{w_{m0}}{l}\right] \qquad (13.3\text{–}3)$$

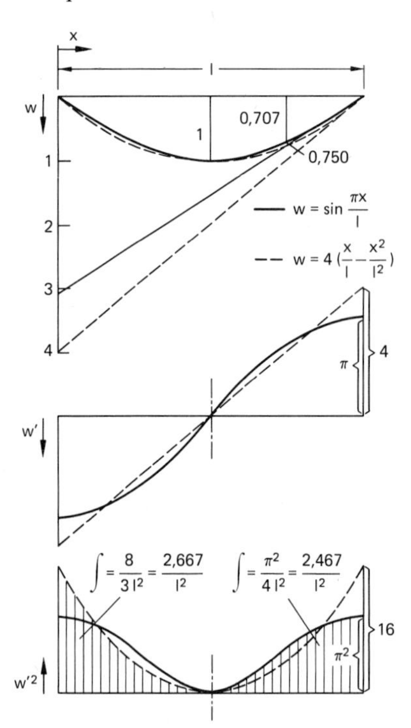

Bild 13.3–3 Auswirkungen verschiedener Näherungsansätze für w auf die Verformungen $u(x)$

13.4 Das überkritische Verhalten

13.4.1 Die Rechteckplatte mit Normalkraft

13.4.1.1 Die Rechteckplatte mit konstanter Längsspannung

Die Differentialgleichung, die das Gleichgewicht der Platte mit Längsbelastung im verformten Zustand beschreibt, erhält man aus der bekannten Platten-Dgl. nach Theorie I. Ordnung, indem man die Querlast q durch die Umlenkkräfte ersetzt, die die Längsspannungen σ_x (Zugspannungen sind positiv) an der Krümmung in x-Richtung erzeugen. Wenn im unbelasteten Falle Formabweichungen w_0 vorhanden sind, so ist für die elastischen Rückstellkräfte auf der linken Seite die entstehende Verschiebung w, für die Umlenkkräfte auf der rechten Seite die gesamte Krümmung w''_{ges} mit $w_{ges} = w + w_0$ einzusetzen.

$$\frac{\partial^4 w}{\partial x^4} + 2\frac{\partial^4 w}{\partial x^2 \partial y^2} + \frac{\partial^4 w}{\partial y^4} = \frac{\sigma_x \cdot t}{K}\cdot\frac{\partial^2 w_{ges}}{\partial x^2} \qquad (13.4\text{–}1)$$

Für den Fall, daß die vier Ränder gelenkig und nur in der Plattenebene verschieblich gelagert (Bild 13.4–1) und die Spannungen σ_x konstant in x- und y-Richtung verteilt sind ($\sigma_x \equiv \sigma_N$), läßt sich mit den Ansätzen (13.4–2) für w und w_0

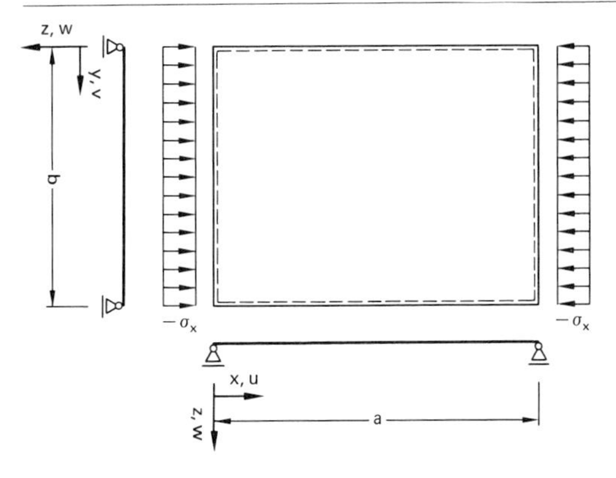

Bild 13.4–1
Rechteckplatte unter konstanten Spannungen σ_x

$$w\,(x,y) = w_m \cdot \sin\frac{\pi x}{a} \cdot \sin\frac{\pi y}{b} \tag{13.4–2a}$$

$$w_0(x,y) = w_{m0} \cdot \sin\frac{\pi x}{a} \cdot \sin\frac{\pi y}{b} \tag{13.4–2b}$$

die Dgl. (13.4–1) lösen:

$$w_m \left(\frac{\pi^4}{a^4} + 2\,\frac{\pi^4}{a^2 \cdot b^2} + \frac{\pi^4}{b^4}\right) = -\,\frac{\sigma_x \cdot t}{K} \cdot \frac{\pi^2}{a^2}\,(w_m + w_{m0}) \tag{13.4–3}$$

für $w_{m0} = 0$ erhält man daraus die Beulspannung

$$\sigma_x = \sigma_{ki} = -\,\frac{\left(\frac{1}{\alpha^2} + 2 + \alpha^2\right) \cdot K \cdot \pi^2}{b^2 \cdot t} = -\,\frac{k \cdot K \cdot \pi^2}{b^2 \cdot t} = k \cdot \sigma_e \tag{13.4–4}$$

mit

$$\alpha = \frac{a}{b},\; k = \frac{1}{\alpha^2} + 2 + \alpha^2$$

und der Bezugsspannung

$$\sigma_e = -\,\frac{K \cdot \pi^2}{b^2 t} = -\,\frac{E \cdot \pi^2 \cdot t^2}{12\,(1-\mu^2)\,b^2}$$

und dem Minimum der Beulspannung bei $\alpha = 1$, d.h. $k = 4$.
Nach Umformung von (13.4–3) und Einsetzen von (13.4–4) ergibt sich

$$w_m = -\,\frac{\sigma_x \cdot t \cdot b^2}{k \cdot K \cdot \pi^2}\,(w_m{}' + w_{m0}) = \frac{\sigma_x}{\sigma_{ki}}\,(w_m + w_{m0})$$

Damit kann die Abhängigkeit der Verschiebung w von der Vorbeulamplitude w_{m0} und dem Verhältnis der Längsspannung σ_x zur Beulspannung σ_{ki} ausgedrückt werden.

$$w_m = w_{m0} \cdot \frac{1}{\frac{\sigma_{ki}}{\sigma_x} - 1} \tag{13.4–5}$$

Die Formel (13.4–5) gilt, solange σ_x durch die Verschiebung w in seiner konstanten Verteilung nicht verändert wird und die Verschiebung w klein gegenüber der Dicke t ist. Erreicht σ_x die Beulspannung, so wird w nach (13.4–5) unendlich groß. Der Verlauf von σ_x/σ_{ki} in Abhängigkeit von $w + w_0$ ist in Bild 13.4–5 durch die gestrichelten Linien angegeben. Kurvenparameter ist das Verhältnis $\omega_0 = w_{m0}/t$. Unter den genannten Voraussetzungen verhält sich die Platte wie der Knickstab (Bild 13.1–1b).
Am Querrand $x = a$ treten Verschiebungen $u(y)$ auf, die sich bei Berücksichtigung der quadratischen Anteile in den Dehnungs-Verschiebungsbeziehungen (13.3–2) mit

$$\frac{\mathrm{d}u}{\mathrm{d}x} = \frac{\sigma_x}{E} - \frac{1}{2}\,(w'^2_{\text{ges}} - w'^2_0) = \frac{\sigma_x}{E} - \frac{1}{2}\,(w'^2 + 2\,w' \cdot w'_0), \tag{13.4–6}$$

mit Verwendung des Ansatzes (13.4–2) und nach Integration über x zu

$$u(a,y) = \frac{a}{E}\left[\sigma_x + \sigma_{ki}\,\frac{3(1-\mu^2)}{k\cdot\alpha^2}\,(\omega^2 + 2\,\omega\,\omega_0)\cdot\sin^2\frac{\pi y}{b}\right]$$

mit

$$\omega = \frac{w_m}{t} \quad \text{und} \quad \omega_0 = \frac{w_{m0}}{t}$$

ergeben.

13.4.1.2 Die Rechteckplatte mit konstanter Querrandverschiebung *u*

Ist die Rechteckplatte sehr viel länger als breit ($\alpha \gg 1$), so stellen sich in x-Richtung mehrwellige Beulformen ein, die zu Halbwellenlängen in der Größe b tendieren. An den Knotenlinien ($w = 0$) müßten nach der vorhergehenden Untersuchung Klaffungen von der Größe und Verteilung des 2. Anteils der in (13.4–7) beschriebenen Verschiebung u auftreten, was aus Kontinuitätsgründen nicht möglich ist. Die Beseitigung der Klaffung erfordert einen zusätzlichen Spannungsanteil $\sigma_w(y)$, der $\sin^2 \pi y/b$-förmige Verteilung haben muß und von der Druckspannung $-\sigma_x$ abzuziehen ist, womit die Drucknormalkraft des Streifens kleiner würde (Bild 13.4–2). Da der Zusatzanteil aus der Integration über x entsteht, bleibt die Verteilung über die Länge a unbestimmt. Die Forderung, daß jede Linie $x = \text{const.}$ nur konstante Verschiebungen hat, führt zu $\cos^2 \pi x/a$-förmigen Zusatzspannungen in x-Richtung (Bild 13.4–3). Tatsächlich gilt diese Forderung aber nur für die Knotenlinie ($x = 0$) und die Feldmitte ($x = a/2$). Dazwischen hat die Beulform selbst Verschiebungen u zur Folge, die die Verteilung der Zusatzspannungen über x eher umkehren [4]. An der Knotenlinie sind sie kleiner und in der Feldmitte größer (Bild 13.4–3). Als gute Näherung genügt es, konstanten Verlauf über x anzunehmen.

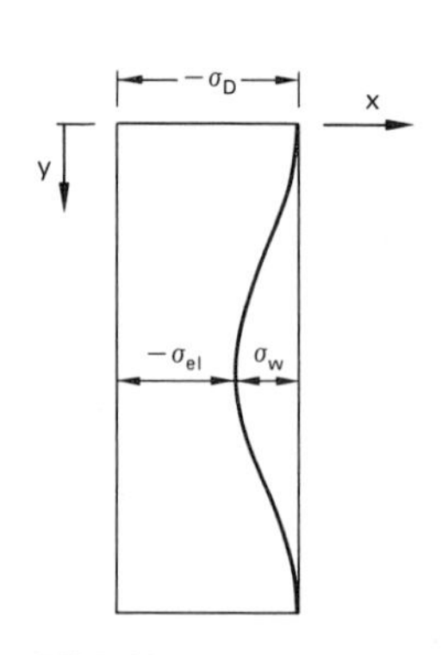

Bild 13.4–2 Verteilung der Längsspannungen über y

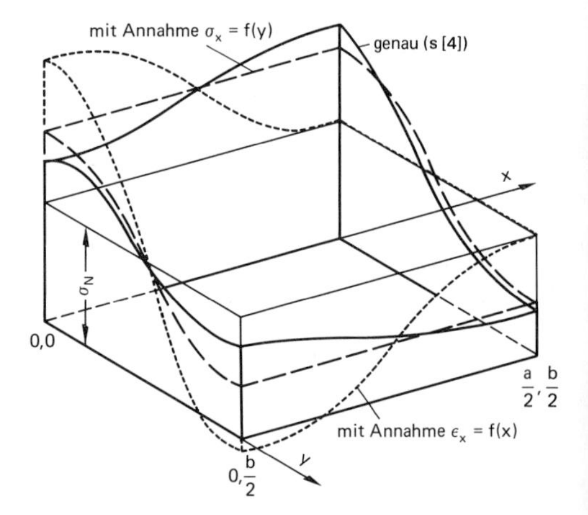

Bild 13.4–3 Verteilung der Längsspannungen über x und y

Die größte Druckspannung σ_D tritt an den Längsrändern auf und läßt sich, da dort $w' = 0$, allein aus u bestimmen:

$$\sigma_D(x,0) = \sigma_D(x,b) = \frac{E\cdot u}{a}$$

Für die Längsspannung ergibt sich dann die Verteilung

$$\sigma_x(y) = \sigma_D + \sigma_w = \sigma_D - \sigma_{ki}\cdot c\,(\omega^2 + 2\,\omega\,\omega_0)\sin^2\frac{\pi y}{b} \qquad (13.4\text{–}7)$$

mit

$$c = \frac{3(1-\mu^2)}{\alpha^2\cdot k}$$

Die Nennspannung σ_N gewinnt man durch Integration von σ_x über y

$$\sigma_N = \frac{1}{b}\int_0^b \sigma_x(y)\,\mathrm{d}y = \sigma_D - \frac{c}{2}\cdot\sigma_{ki}(\omega^2 + 2\,\omega\,\omega_0) \tag{13.4–8}$$

Damit ergibt sich die Spannungsverteilung zu

$$\sigma_x(y) = \sigma_N - c\cdot\sigma_{ki}(\omega^2 + 2\,\omega\,\omega_0)\left(\frac{1}{2} - \sin^2\frac{\pi y}{b}\right) \tag{13.4–9}$$

Zur Beseitigung der Funktion $\sin^2 \pi y/b$ in (13.4–9) wird eine äquivalente konstante Ersatzspannung $\bar{\sigma}_N$ bestimmt, deren Abtriebskräfte aus der Krümmung w'' an der Verschiebung w dieselbe Arbeit leisten wie der Spannungsanteil σ_w (Bild 13.4–4).

$$\int_0^b \bar{\sigma}_N\cdot w''\cdot\sin\frac{\pi y}{b}\,t\cdot\mathrm{d}y = \int_0^b \sigma_w(y)\cdot\sin\frac{\pi y}{b}\cdot t\cdot\mathrm{d}y$$

Daraus ergibt sich $\bar{\sigma}_N$ als das 0,75fache der Maximalamplitude von σ_w, und die Formel (13.4–9) kann nun für die Verwendung in der Dgl. (13.4–1) von y unabhängig gemacht werden. Das heißt, die nach $\sigma_x(y) = -\sin^2 \pi y/b$ verteilte Spannung hat dieselbe Abtriebswirkung wie eine konstante Spannung $\sigma_x = -0{,}75$ oder die kritische Normalkraft in $-\sigma_N$ ist 1,5mal so groß wie die in $-\sigma_W$.
In (13.4–9) eingesetzt und mit (13.4–5) ergibt sich für die Nennspannung σ_N

$$\frac{\sigma_N}{\sigma_{ki}} = \frac{\omega}{\omega + \omega_0} + \frac{c}{4}(\omega^2 + 2\,\omega\,\omega_0) \tag{13.4–10}$$

und für die Kantenspannung σ_D aus (13.4–9)

$$\frac{\sigma_D}{\sigma_{ki}} = \frac{\sigma_N}{\sigma_{ki}} + \frac{c}{2}(\omega^2 + 2\,\omega\,\omega_0) \tag{13.4–10 a}$$

und im Sonderfall $\alpha = 1$, $(k = 4)$, $\omega_0 = 0$

$$\frac{\sigma_N}{\sigma_{ki}} = 1 + \frac{3(1-\mu^2)}{16}\cdot\omega^2 \tag{13.4–11}$$

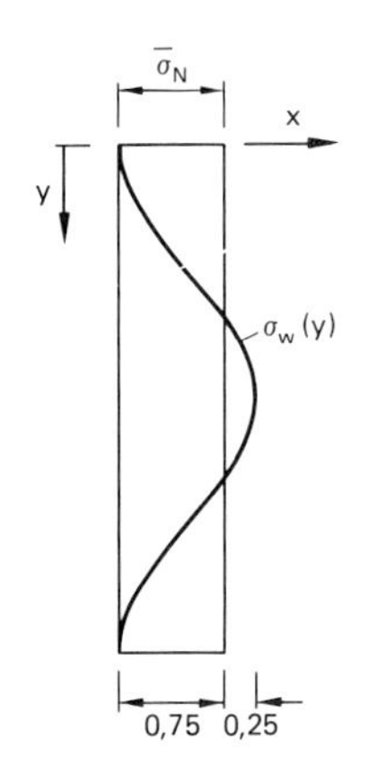

Bild 13.4–4 Zur Berechnung der konstanten Ersatzspannung $\bar{\sigma}_N$

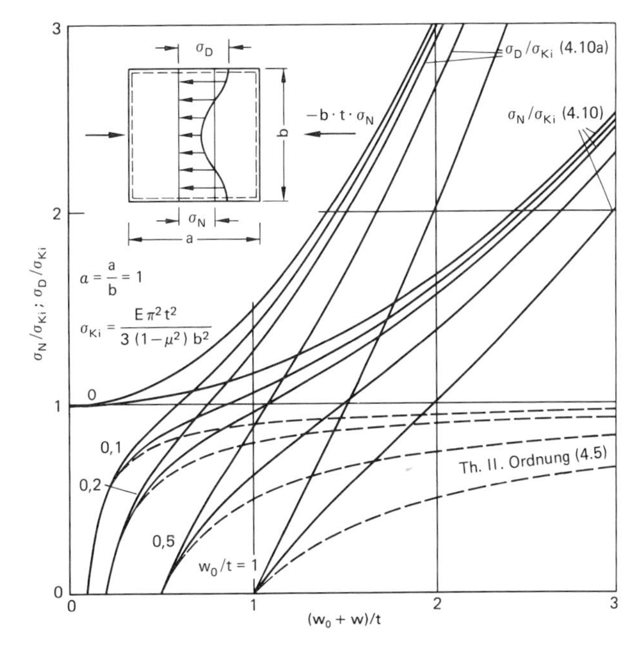

Bild 13.4–5
Verlauf der Randspannungen σ_D und der Nennspannungen σ_N über der bezogenen Verschiebung w_{ges}

Die Abhängigkeit von $\omega + \omega_0$ ist im Bild (13.4–5) mit ω_0 als Kurvenparameter dargestellt. Bei fehlender oder kleiner Vorbeule ist das Verhalten in den Bereichen unterhalb und oberhalb der ideellen Beulspannung σ_{ki} sehr unterschiedlich. Mit zunehmender Vorbeule nimmt dieser Unterschied ab. Die Spannung σ_m in Streifenmitte ($y = b/2$) ist ebensoviel kleiner als σ_N wie σ_D größer ist. Bild 13.4–6 zeigt den Verlauf nach Elimination von ω. Vom Verzweigungspunkt ab nimmt σ_D schneller zu, während σ_m wieder abfällt.

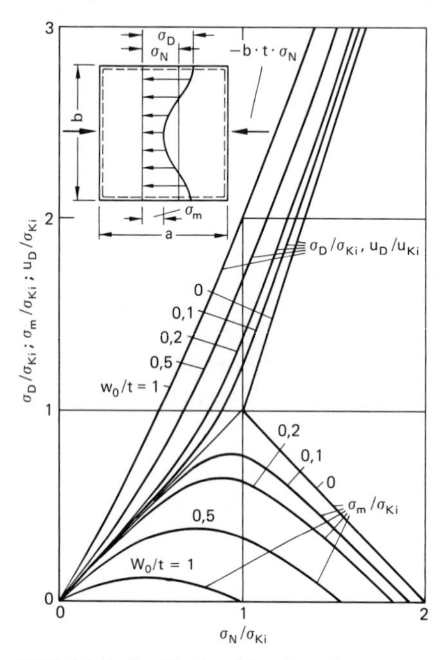

Bild 13.4–6 Verlauf der Randspannungen σ_D und der Mittenspannung σ_m über der auf σ_{Ki} bezogenen Belastung σ_N

Als Versagenskriterium wird in der Regel das Erreichen der Fließgrenze durch die Membranspannung am Längsrand benutzt. Daß dabei scheinbar eine beträchtliche Reserve im Streifeninnern ungenutzt bleibt, wird durch Versuche nicht bestätigt. Der Grund dafür ist, daß in den schon gekrümmten Bereichen durch Biegeplastizierungen ein Ansteigen der Membranspannungen an die Streckgrenze nicht mehr möglich ist und daß durch Krüppeln an den Kanten des Querschnitts die erreichte Spannung wieder abfällt. Eingehende Überlegungen zur Definition der Traglast finden sich z. B. in [4] und [5].
Der Verlauf von σ_D gibt auch unmittelbar den Verlauf der über y konstanten Querrandverschiebung $u(a)$ wieder. An der Änderung der Verschiebung in Abhängigkeit von der Normalkraft kann ein Steifigkeitsabfall abgelesen werden. Die Steifigkeit ist in Form des Tangentenmoduls in Bild 13.4–7 dargestellt. Der Tangentenmodul E_T ist der Kehrwert der Steigung der σ_D-σ_N-Linie in Bild 13.4–6. Wenn die Belastung die Höhe der Beulspannung erreicht, ist die Dehnsteifigkeit E_T schon um mehr als die Hälfte abgefallen.

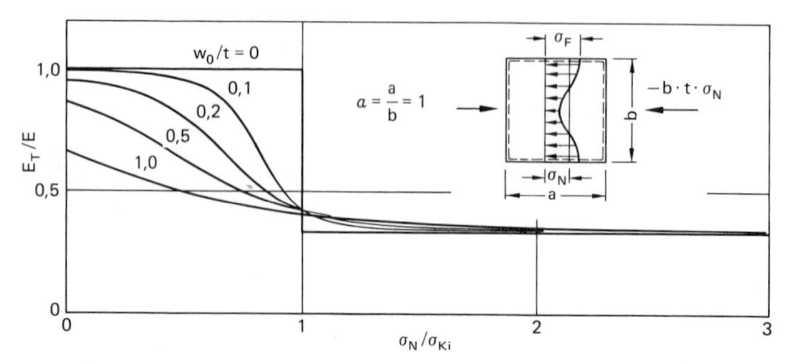

Bild 13.4–7 Bezogener Tangentenmodul E_T in Abhängigkeit von der auf die Beulspannung σ_{Ki} bezogenen Nennspannung σ_N

Die Ermittlung der Verformungen mit dem veränderlichen Tangentenmodul ist aufwendig. Einfacher ist es, den zur Gebrauchs- oder Bemessungsspannung gehörenden Sehnenmodul E_S zu benutzen. Sein ebenfalls belastungsabhängiger Verlauf ist mit dem Kurvenparameter ω_0 in Bild 13.4–8 dargestellt.
Es soll nochmals darauf hingewiesen werden, daß die vorgestellten Ableitungen auf einem sehr einfachen Verformungsansatz beruhen und weitere einschränkende Voraussetzungen wie die Vernachlässigung der Dehnung ε_y und der Schubverzerrung γ_{xy} getroffen wurden. Sie können aber in geschlossener Darstellung alle wesentlichen überkritischen Vorgänge klären und Hinweise für die Behandlung von Fragen geben, die bei komplizierteren Bedingungen auftreten. Genauere Untersuchungen mit erweiterten Ansätzen sind z. B. in [4] oder mit der FEM in [6] zu finden.

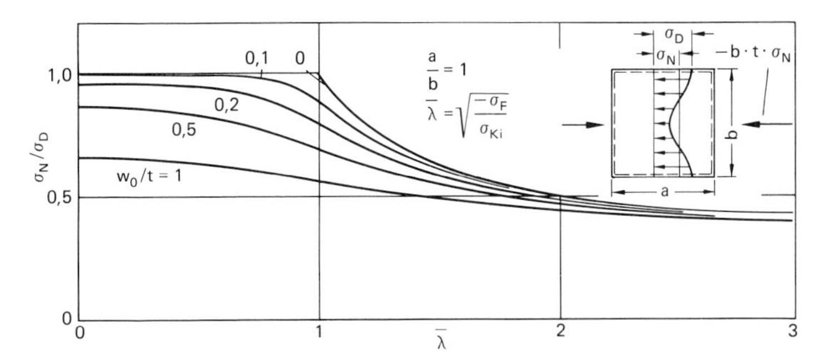

Bild 13.4–8
Auf σ_D bezogene Nennspannung σ_N in Abhängigkeit von der auf die Beulspannung σ_{Ki} bezogenen Nennspannung σ_N

13.4.2 Die Rechteckplatte mit Normalkraft und Biegemoment

Der Spannungszustand enthält jetzt die Spannungen σ_N und $\sigma_M(y)$ der im Querschnitt wirkenden Schnittgrößen N und M sowie den Eigenspannungszustand $\Delta\sigma(y)$ (Bild 13.4–9 a).

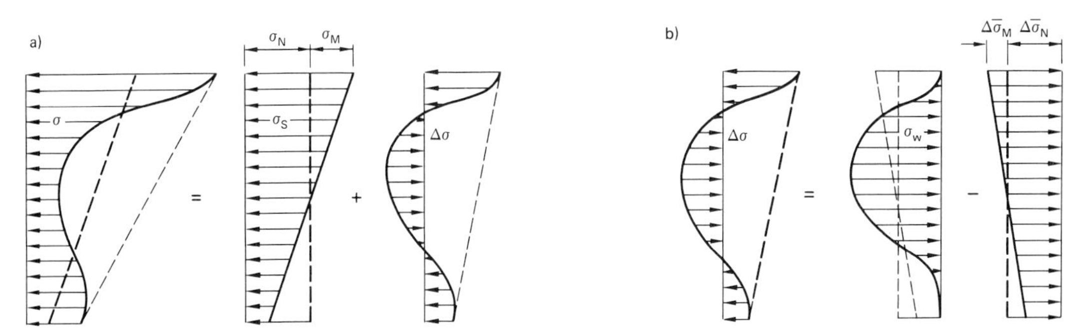

Bild 13.4–9 Die Verteilung der Spannungen $\sigma_{x(y)}$ im Belastungsfall Normalkraft und Biegemoment

$$\sigma(y) = \sigma_N + \sigma_M + \Delta\sigma \tag{13.4–12}$$

$\Delta\sigma$ läßt sich aus den infolge der kinematischen Dehnungen anfallenden Spannungen σ_w und den darin enthaltenen fiktiven Schnittgrößen $\Delta\overline{N}$ und $\Delta\overline{M}$ ausdrücken (Bild 13.4–9 b).

$$\Delta\sigma = \sigma_w - \Delta\bar{\sigma}_N - \Delta\bar{\sigma}_M$$

mit

$$\Delta\overline{N} = \int_0^b \sigma_w \cdot 1 \cdot t \cdot \mathrm{d}y$$

$$\Delta\overline{M} = \int_0^b \sigma_w \left(y - \frac{b}{2}\right) t \cdot \mathrm{d}y$$

$$\Delta\bar{\sigma}_N = \Delta\overline{N}/t \cdot b = \Delta\overline{N}/A$$

$$\Delta\bar{\sigma}_M = -\Delta\overline{M}\,\frac{(y - b/2) \cdot 12}{b^3 t} = -\Delta\overline{M}\,\frac{\left(y - \frac{b}{2}\right)}{J}$$

Die Verschiebung u ist nach den getroffenen Voraussetzungen über y linear verteilt. Da an den Längsrändern σ_w Null ist, kann die Spannung dort durch die wirklichen und fiktiven Schnittgrößen allein ausgedrückt werden. Damit ist auch die Randdehnung bekannt. Für den linearen Verschiebungsverlauf erhält man

$$u(y) = u_N + u_M(y) - \Delta u_N - \Delta u_M(y) \qquad (13.4\text{–}13)$$

Es ist zu beachten, daß die zu den fiktiven Schnittgrößen gehörenden Verformungen wirklich an jeder Stelle y auftreten. Auch die resultierenden Verformungen des Querschnitts können durch die Schnittgrößen ausgedrückt werden. Die Längenänderung des Beulfeldes beträgt

$$\Delta a = \frac{N}{EA} + \frac{\Delta \overline{N}}{EA} = \frac{N}{EA^*}$$

mit der wirksamen Fläche

$$A^* = A \frac{1}{1 + \dfrac{\Delta \overline{N}}{N}} \qquad (13.4\text{–}14)$$

Die „Krümmung“ v'' des Beulfeldes in der x-y-Ebene beträgt

$$v'' = -\frac{M}{EI} - \frac{\Delta M}{EI} = -\frac{M}{EI^*}$$

mit dem wirksamen Trägheitsmoment

$$I^* = I \frac{1}{1 + \dfrac{\Delta \overline{M}}{M}} \qquad (13.4\text{–}15)$$

Wenn keine der Schnittgrößen Null ist, können mit den wirksamen Steifigkeiten EA^* und EI^* sowohl die Verschiebungen $u(y)$ der Platte als auch die Spannungen an den Längsrändern ermittelt werden. Im Sonderfall $M = 0$ ist I^* ohne Bedeutung. Für $N = 0$ tritt allerdings eine Längenänderung Δa auf, die aus $\Delta \overline{N}/A$ zu ermitteln ist.
Wenn die betrachtete Platte Teil eines Querschnitts ist, so steht nicht fest, daß die Schnittgrößen N und M bei Laststeigerung ihr Verhältnis unverändert beibehalten. Das wirkliche Verhalten liegt zwischen den beiden Grenzfällen.

1. Statisch bestimmte Belastung der Platte:

$M/N = e = \text{const.}$ (constant load eccentricity)

Dieser Fall bringt bei Platten, bei denen ein Längsrand mit Druckspannungen nicht unverschieblich gelagert ist, kaum überkritische Reserven.

2. Geometrisch betimmte Belastung der Platte:

$u_M/u_N = \varrho_0 = \text{const.}$ (constant strain)

In diesem Fall kann man sich die Plattenquerränder in der Entfernung ϱ_0 von der Plattenlängsachse ($y = b/2$) durch eine dehnstarre Faser verbunden denken (Bild 13.4–10).

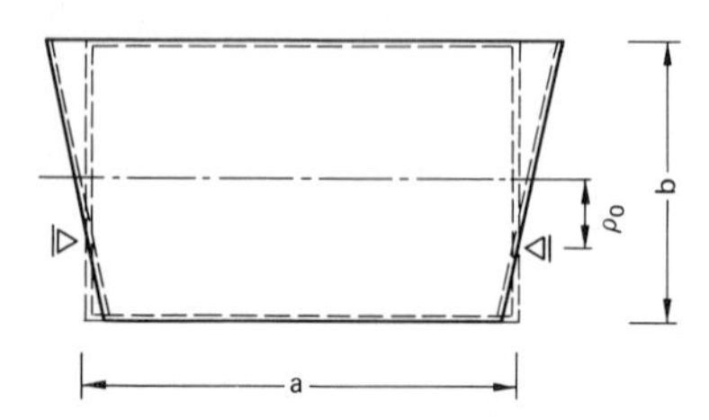

Bild 13.4–10 Geometrisch bestimmte Belastung der Platte

13.4.3 Einfluß und Festlegung der Imperfektionen

Als Imperfektionen werden Formabweichungen vorgesehen, die so gewählt werden, daß sie die Einflüsse von Streckgrenzunterschieden oder Eigenspannungen mit erfassen. Wie schon aus den Bildern 13.4–5 bis 8 ersichtlich, spielt die Formabweichung nicht die große Rolle wie beim Zylinderbeulen. Daher sind die bisherigen Bemessungsformeln auch nicht auf bestimmte Formabweichungen gegründet, sondern empirisch den zahlreichen Versuchsergebnissen angepaßt. Nach stärkerer theoretischer Fundierung des überkritischen Verhaltens kann den Formeln aber nachträglich eine Außermittigkeitsannahme w_0/t zugeordnet werden.

Die Formabweichung kann an verschiedene Abmessungswerte gebunden werden.

a) Führt man w_0/t als festes Verhältnis ein (z.B. 0,2 im Bild 13.4–8), so erhält man als Flächenabminderung eine Kurve, die auch für $\bar{\lambda} = 0$ nicht den Wert 1 erreicht, was sicher zu ungünstig ist.

b) Wird die Vorbeulamplitude w_0 auf die Breite b bezogen, so ist sie in folgender Weise von $\bar{\lambda}$ abhängig:

$$\bar{\lambda} = \sqrt{\frac{\sigma_F}{\sigma_{ki}}} = \frac{\sqrt{\sigma_F}}{137{,}77\sqrt{k}} \cdot \frac{b}{t}$$

Mit $w_0 = b/250$ nach DIN 18800, Teil 2.11, wird daraus

$$w_0/t = 0{,}55\,(\sqrt{k}/\sqrt{\sigma_F}) \cdot \bar{\lambda}$$

für St 37 mit $\sigma_F = 24$ kN/cm² und $k = 4$ wird

$$w_0/t = 0{,}224 \cdot \bar{\lambda}$$

Die Kurve b stimmt in der Umgebung $\bar{\lambda} = 1$ mit der Kurve a gut überein. Für kleine Schlankheiten $\bar{\lambda}$ gibt sie günstigere Werte für große ungünstigere.

c) Für die Rechnung vorteilhaft ist der Bezug von w_0 auf die zu σ_D gehörende elastische Verschiebung w

$$w_0 = \varphi \cdot w$$

Der inhomogene Ausdruck $(w + w_0)$ in den Umlenkkräften kann durch $w(1 + \varphi)$ homogen gemacht werden, wodurch wieder ein Verzweigungsproblem entsteht. Der Eigenwert liegt um $1/(1 + \varphi)$ niedriger als der zu $w_0 = 0$ und dem gleichen Spannungsbild gehörende. Von dieser Vorgehensweise wurde in [3] Gebrauch gemacht. Die Ermittlung der „kinematischen Dehnung" ergibt

$$\frac{u}{l} = \frac{E\pi^2}{4l^2}(1 + 2\varphi) \cdot w^2 \tag{13.4–16}$$

Aus (13.4–10) wird dann

$$\frac{\sigma_N}{\sigma_{ki}} = -\frac{1}{1+\varphi} - \frac{c}{4}\,\omega^2(1 + 2\varphi) \tag{13.4–17}$$

und aus (13.4–11)

$$\frac{\sigma_D}{\sigma_{ki}} = \frac{\sigma_N}{\sigma_{ki}} - \frac{c}{2}\,\omega^2 \cdot (1 + 2\varphi) = \frac{1}{1+\varphi} - \frac{3c}{4}\,\omega^2(1 + 2\varphi) \tag{13.4–18}$$

Beide Kurven beginnen für $w = 0$ bei $1/(1 + \varphi)$. Die Kurve $\varphi = 0{,}25$ im Bild 13.4–11 zeigt, daß erst ab $\bar{\lambda} = \sqrt{1/(1 + \varphi)}$ die Breite abgemindert wird. In [7] wird gezeigt, daß sich mit φ auch die Beullänge zu $\min \sigma_{ki}$ ändert, auf die abgeminderten Steifigkeiten in Abhängigkeit von λ hat das aber keinen Einfluß.

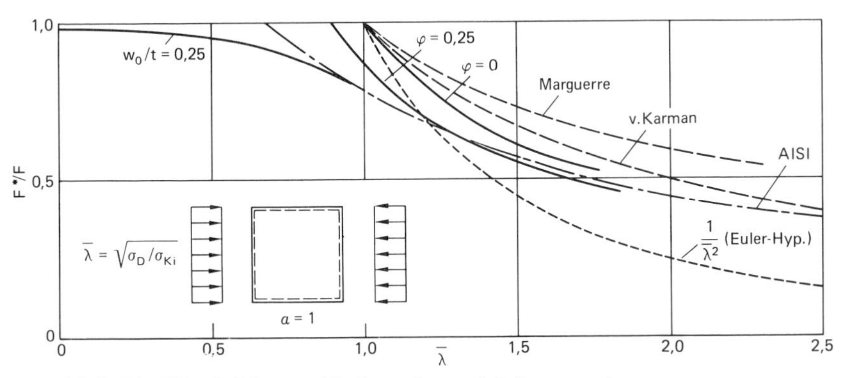

Bild 13.4–11 Vergleich verschiedener Imperfektionsannahmen

In Bild 13.4–11 sind die verschiedenen Imperfektionsannahmen verglichen, außerdem sind die von-Karman-Formel, die AISI-Formel und das Ergebnis der linearen Beulrechnung (Euler-Hyperbel) angegeben. Ausführliche Angaben hierzu finden sich in [8].

13.4.4 Die Definitionen der mitwirkenden Breite

Die Verwendung der mitwirkenden Breite soll den Spannungs- und Verformungsnachweis für die vorhandenen Schnittgrößen mit einem Querschnitt ermöglichen, bei dem die tatsächlichen Breiten b_i der ebenen Teile im Bereich von Druckspannungen durch abgeminderte Breiten b_{ief} ersetzt sind.
Im Falle der vierseitig gelagerten Platte mit reiner Normalkraft ist das ohne Schwierigkeiten möglich. Aus dem Verhältnis σ_N/σ_D ergibt sich unmittelbar der Faktor, mit dem die Fläche reduziert werden muß, damit der Spannungsnachweis mit der Nennspannung σ_N geführt werden kann.

$$\sigma_D = \frac{N}{A^*} \qquad (13.4\text{–}19)$$

Die Flächenreduktion kann an der Dicke t oder der Breite b vorgenommen werden. Im Hinblick auf die weiteren Wirkungen des Querschnitts, z. B. für das Biegemoment, führt die 2. Möglichkeit auf eine bessere Beschreibung des Tragverhaltens, weil man den verminderten Querschnitt dort anordnen kann, wohin sich die Spannungen umlagern, also an den gelagerten Längsrändern.
Die Bedingung

$$\sigma_D \cdot b_{ef} \cdot t = \sigma_N \cdot b \cdot t$$

liefert die Definition der mitwirkenden Breite b_{ef}

$$b_{ef} = \frac{\sigma_N}{\sigma_D}$$

Der Verlauf von σ_N/σ_D ist im Bild 13.4–8 angegeben. Die Abszisse $\sqrt{\sigma_D/\sigma_{Ki}}$ stellt die bezogene Schlankheit $\bar{\lambda}$ des Systems dar. Für die Verschiebung $u(b)$ der Knotenlinie, also die Verkürzung des Beulfeldes, gilt die gleiche mitwirkende Breite.
Schwieriger ist es bei der Momentenbelastung. Das Verhältnis σ_M/σ_D liefert zunächst nur ein reduziertes Widerstandsmoment

$$W_D^* = W_D \cdot \sigma_M/\sigma_D$$

mit dem die maximale Druckspannung σ_D ermittelt werden kann

$$\sigma_D = \frac{M}{W_D^*}$$

Dieses Widerstandsmoment kann auf vielfältige Weise erzeugt werden, je nachdem, wo der Querschnittsausfall angeordnet wird. Entsprechend unterschiedlich sind auch die hierfür vorgeschlagenen Näherungen. Soll der reduzierte Querschnitt gleichzeitig auch die Steifigkeitsänderung beschreiben, so muß er die Bedingungen (13.4–20) einhalten. Damit wird die Bestimmung eindeutig. Die Breite b_0 des wegzulassenden Querschnittsanteils ergibt sich aus (13.4–20 a), Die Anordnung e_0 aus (13.4–20 b).

$$b_0 = b\left(1 - \frac{A^*}{A}\right) \qquad (13.4\text{–}20\,\text{a})$$

$$e_0 = \sqrt{(I - I^* - I_0)/A_0} \qquad (13.4\text{–}20\,\text{b})$$

mit

$$A_0 = b_0 \cdot t$$
$$I_0 = b_0^3\, t/12$$

und b_0 und e_0 gemäß Bild 13.4–12.

Die Verwendung der mitwirkenden Breite bietet sich dort an, wo die betrachtete Platte nur Teil eines Gesamtquerschnitts ist, z. B. als Steg eines Kastenquerschnitts oder Trapezbleches.
Für die praktische Verwendung wird die mitwirkende Breite als Funktion der bezogenen Schlankheit $\bar{\lambda}$ dargestellt. Als die gebräuchlichste Annäherung hat sich die Formel der AISI [9] herausgestellt. Für den Fall der vierseitig gelagerten Platte mit mittiger Normalkraft wird

$$b_{ef} = b\left(1 - 0{,}22\,\frac{1}{\bar{\lambda}}\right)\frac{1}{\bar{\lambda}} \qquad (13.4\text{–}21)$$

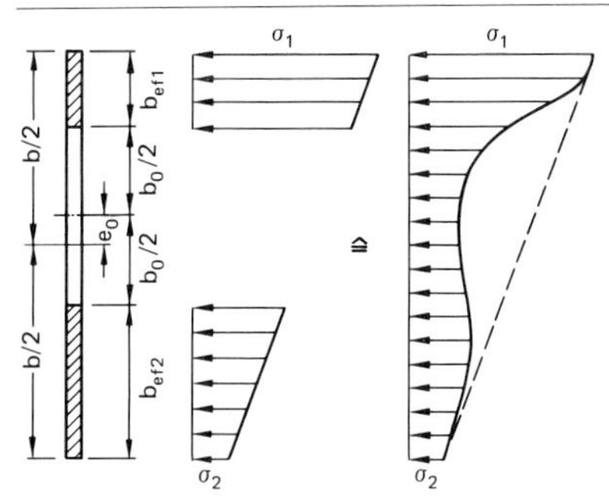

Bild 13.4–12 Mitwirkende Breite

Für den Fall unterschiedlicher Randspannungen $\sigma_1 > \sigma_2$ machen die Eur. Rec [10] folgenden Vorschlag

$$\left.\begin{aligned} b_{ef1} &= 0{,}76\, t\sqrt{E/\sigma_1} \\ b_{ef2} &= (1{,}5 - 0{,}5\, \sigma_2/\sigma_1)\cdot b_{ef1} \end{aligned}\right] \qquad (13.4\text{–}22)$$

Für $b_{ef1} + b_{ef2} \geqq b$ ist der Querschnitt voll wirksam.
Wenn am Rand 2 Zugspannungen vorliegen, wird

$$b_{ef2} = 1{,}5\, b_{ef1} \qquad (13.4\text{–}23)$$

und sie wird von der Spannungsnullinie ab gezählt.

13.4.5 Beispiel: Quadratrohr unter außermittigem Druck

13.4.5.1 Anwendung der „mitwirkenden Breite“

Als Anwendungsfall wird ein Quadratrohrquerschnitt 100 · 100 · 1 gewählt. Für den Bruttoquerschnitt gilt

$A = \ 4 \quad cm^2$
$I \ = 66{,}67\ cm^4$
$W = 13{,}33\ cm^3$

Zwischen dem Randspannungsverhältnis $\psi = \sigma_2/\sigma_1$ und der Außermittigkeit e der Längskraft besteht bei linearem Spannungsverlauf für symmetrische Querschnitte die Beziehung

$$e = \frac{W}{A} \cdot \frac{1-\psi}{1+\psi}$$

Als Beispiel wird $\psi = 0{,}5$ ($e = 1{,}11$ cm) gewählt. Die Beulspannung σ_{Ki} kann mit $k = 4$ angenähert werden (genau für $\psi = 1$). Der genaue Verlauf von k über ψ ist in Bild 13.4–13 dargestellt.

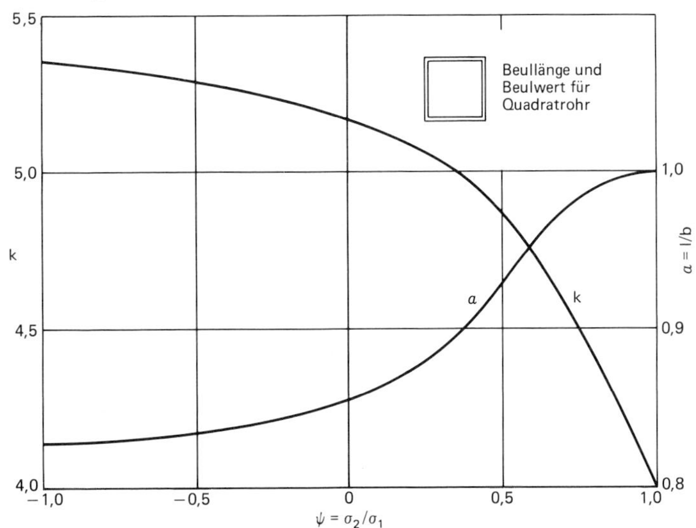

Bild 13.4–13 Abhängigkeit des Beulwertes k und des Beullängenverhältnisses α vom Spannungsverhältnis ψ beim dünnwandigen Quadratrohr

$$\sigma_{ki} = \frac{k \cdot E\pi^2 t^2}{12\,(1-\nu^2)\,b^2} = 7{,}6 \text{ kN/cm}^2$$

Mit den Formeln 13.4–21 bis 23 lassen sich die mitwirkenden Breiten $b_{i,ef}$ der einzelnen Querschnittsteile, die Schwerpunktslage e_s, das wirksame Trägheitsmoment I_{ef} und die Randspannungen σ_1 und σ_2 ermitteln. Für die Bemessungsgrößen N_u und M_u wird dabei $\sigma_1 = \sigma_F$ angenommen. Da nach der ersten Durchrechnung das Randspannungsverhältnis nicht mehr gleich dem vorgegebenen ist, die auf den alten Schwerpunkt bezogene Außermittigkeit aber bleiben soll, muß die Zahlenrechnung für Steg und Untergurt wiederholt werden. Die Ausgangswerte und Ergebnisse von 3 Rechenschritten sind in Tabelle 13.4–1 zusammengestellt.

Tabelle 13.4–1 Zwischen- und Endergebnisse für 3 Rechenschritte

$\bar{\lambda}_u$	$b_{u,ef}$	$b_{1,ef}$	$b_{2,ef}$	A_{ef}	e_s	J_{ef}	M_u	σ_1	σ_2
1,257	3,281	2,248	2,810	2,161	0,507	42,75	35,76	24	10,48
1,175	3,459	2,248	2,881	2,211	0,590	43,49	35,78	24	10,02
1,149	3,519	2,248	2,903	2,227	0,616	43,73	35,78	24	9,87

Die Ergebnisse zeigen, daß das Bemessungsmoment M_u schon im 1. Schritt sehr gut angenähert ist. Wegen der unveränderten Wirkungslinie der Längskraft ist $N_u = M_u/e$.
Im Bild 13.4–14 sind die nach diesem Vorschlag ermittelten Bemessungsschnittgrößen *Nu* und M_u in Abhängigkeit von ψ und für die Querschnittsschlankheiten $b/t = 60$, 80 und 100 dargestellt.

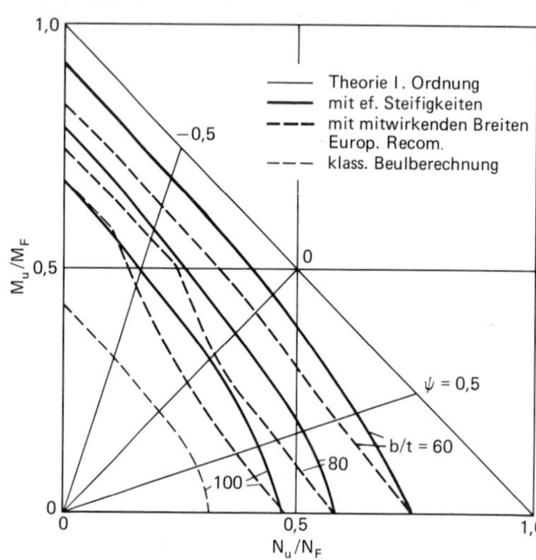

Bild 13.4–14
Interaktionskurven der Schnittgrößen N_u und M_u für das dünnwandige Quadratrohr

13.4.5.2 Beispiel für die Anwendung der wirksamen Steifigkeiten

Bei diesem Nachweis liegt der Aufwand mehr im allgemeinen Teil, d.h. in der Aufbereitung der verschiedenen Querschnittsformen gemäß den Betrachtungen in 13.4–2. Er kann derzeit nur für den Quadratrohrquerschnitt vorgestellt werden zeigt aber deutlich die Vereinfachung für die praktische Anwendung.
Im Bild 13.4–15 ist für 3 Querschnittsschlankheiten b/t der Verlauf von $a^* = A^*/A$ und $i^* = I^*/I$ in Abh. von ψ angegeben. Für $b/t = 100$ und $\psi = 0{,}5$ (s. 13.5–1) liest man $a^* = 0{,}60$ und $i^* = 0{,}45$ ab.

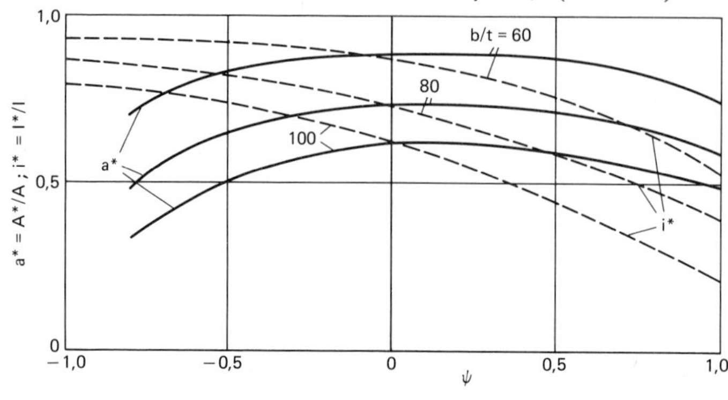

Bild 13.4–15
Bezogene wirksame Steifigkeit a^* und i^* in Abhängigkeit vom Spannungsverhältnis ψ für das dünnwandige Quadratrohr

Damit ergeben sich aus dem Spannungsnachweis

$$\sigma_{1,2} = \frac{N}{A^*} \pm \frac{M \cdot 5}{I^*}$$

und $\sigma_1 = \sigma_F = 24$, $M = N \cdot 1{,}11$ die Bemessungsgrößen

$$N_u = \frac{F}{\dfrac{1}{A^*} + \dfrac{1{,}11 \cdot 5}{I^*}} = \underline{39{,}9 \text{ kN}}$$

$$M_u = 1{,}11 \cdot 39{,}9 \quad = \underline{44{,}3 \text{ kN}}$$

Die Randspannung σ_2 beträgt

$$\sigma_2 = \frac{39{,}9}{0{,}6 \cdot 4} - \frac{44{,}3}{0{,}45 \cdot 66{,}67} = 15{,}15 \text{ kN/cm}^2$$

Die Bemessungsgrößen N_u und M_u sind für den Bereich $-1 \leq \psi \leq 1$ und für $b/t = 80$ und 100 ebenfalls im Bild 13.4–14 dargestellt.
Der Vergleich der beiden Bemessungskonzepte ergibt:
Mit der mitwirkenden Breite sind beliebige Querschnittsformen erfaßbar. Die Ergebnisse liegen, was die Bemessungsgrößen betrifft, auf der sicheren Seite. Abgesehen von der maximalen Randdruckspannung σ_1 werden die übrigen Spannungsordinaten im Querschnitt nur ungenau dargestellt (vgl. σ_2). Der Nachweis wird erschwert dadurch, daß die Schnittgrößen auf die Schwerpunktslage des mitwirkenden Querschnitts umgerechnet werden müssen.
Das Konzept der wirksamen Steifigkeiten ist derzeit noch nicht soweit ausgearbeitet, daß allgemeine Angaben für beliebige Querschnitte vorliegen. Es zeigt aber in der Anwendung eine stärkere Vereinfachung und eine bessere Beschreibung der Bemessungsgrößen und des Spannungsbildes, so daß es in Zukunft stärkere Bedeutung erhalten wird.

13.5 Längssteifen

13.5.1 Allgemeines

Die niedrige Knickspannung σ_{Ki} ist eine Folge der großen Querschnittsschlankheit. Sie kann erhöht werden durch die Anordnung von Längssteifen. Diese können als besondere Querschnittsteile hinzugefügt werden z.B. durch Anschweißen von Streifen, Winkeln, Wulst- oder anderen Profilen. Auf deren Erfassung wird im Unterabschnitt 10.4.3 eingegangen.
Eine andere Möglichkeit ist die Ausbildung von Sicken, die schon bei der Profilherstellung eingebracht werden. Sie erfordern keinen besonderen Arbeitsgang, unterbrechen aber die ebene Fläche.

13.5.2 Schrägsicken

Die Schrägsicke erzwingt beim Ausbeulen des Gesamtfeldes der Breite B und der Länge L Membranschnittgrößen und hebt dadurch die Beulspannung. Im Bild 13.5–1 ist der Verlauf der Beulspannung in Abhängigkeit vom Verhältnis L/B für verschiedene Sickenhöhen s aufgetragen. Das Breiten-Dicken-

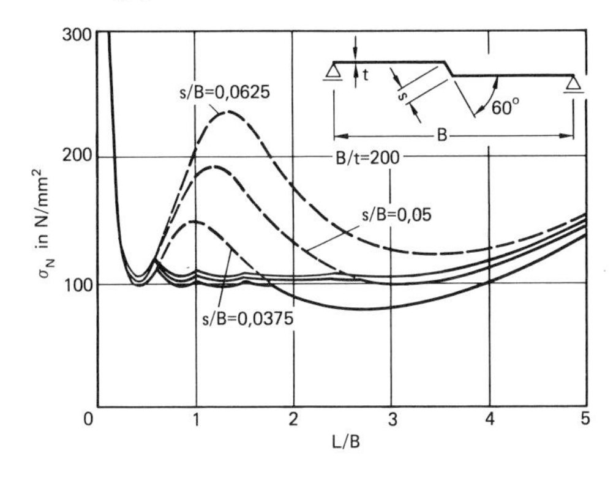

Bild 13.5–1
Beulspannungen der Platte mit Schrägsicke

Verhältnis beträgt $B/t = 200$. Bei einem bestimmten Verhältnis s/B (hier etwa 0,05) wird das Gesamtbeulen durch das Teilfeldbeulen abgelöst, so daß das weitere Vergrößern der Sicke unwirksam wird. Die Ermittlung dieser Mindesthöhe ist im Bild 13.5–2a für B/t-Werte zwischen 100 und 266,7 vorgenommen. Als Ergebnis erhält man die in Bild 13.5–2b dargestellte optimale Sickenhöhe in Abhängigkeit von B/s. Schrägsicken werden vielfach für die Aussteifung der Stege in Trapezblechen angewandt.

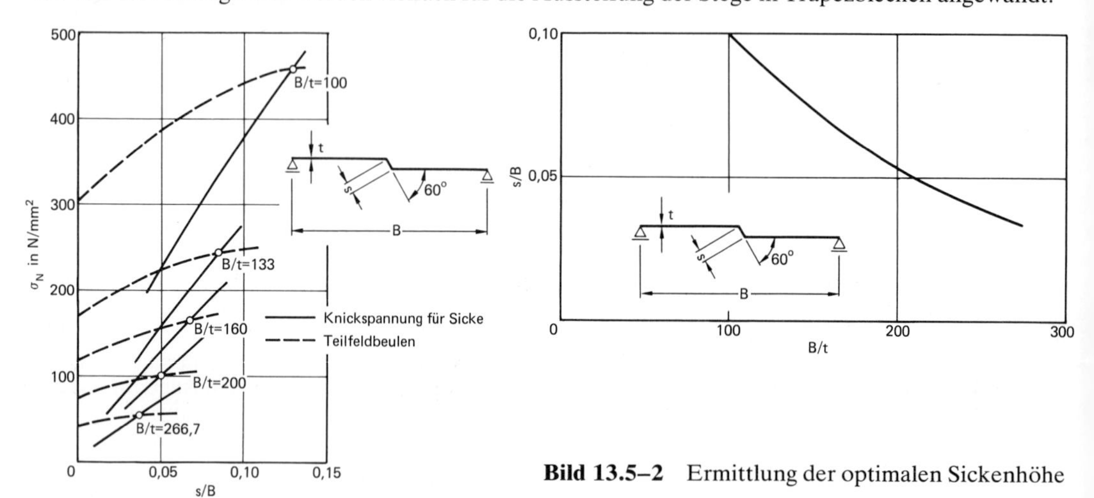

Bild 13.5–2 Ermittlung der optimalen Sickenhöhe

13.5.3 V-Sicken

V-Sicken unterbrechen zwar auch die Platte, halten aber die Teilfelder in einer Ebene, was z. B. für das Aufkleben von Dämmaterial notwendig ist. Die Querdehnsteifigkeit wird bei V-Sicken stärker als bei Schrägsicken abgemindert und das kann bei gekrümmten Flächen nachteilige Wirkung haben [11].
Die Vermehrung der Sickenzahl innerhalb eines Gesamtfeldes hat nur eine begrenzte Wirkung. Die Beulspannung der Teilfelder steigt zwar sehr stark, aber die Stabilität des Gesamtfeldes kaum noch an – wie Bild 13.5–3 zeigt. Die Sicken müssen sich die Plattenfläche als Obergurt teilen und können sich auch nur auf die gleiche Querbiegesteifigkeit abstützen. In [8] findet sich ein Vorschlag, wie die Wirkung der Sicken durch das Modell des elastisch gebetteten Balkens beschrieben werden kann. Die Längsspannungsverteilung im Verzweigungszustand ohne den konstanten Lastspannungsanteil zeigt Bild 13.5–4 [11]. Bei der Aussteifung durch V-Sicken bleibt der zusätzliche Membranspannungsanteil in der Platte gering. Die stärkere Wirkung der Schrägsicke wird auch durch den Vergleich der Spannungszustände verdeutlicht.

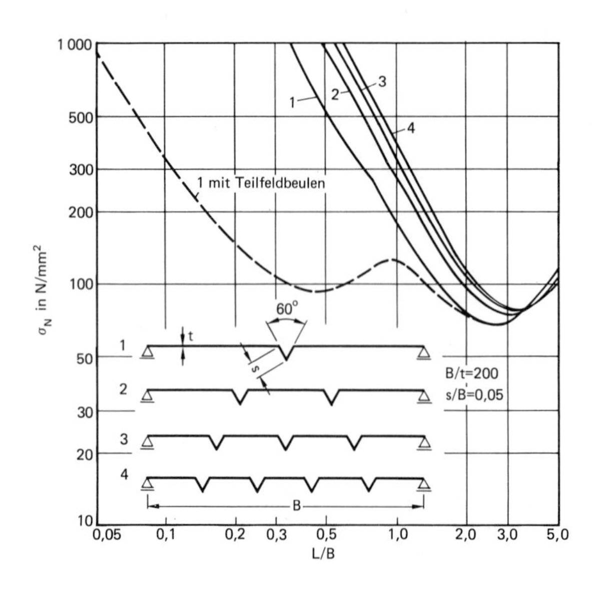

Bild 13.5–3
Beulspannung der Platte mit V-Sicken

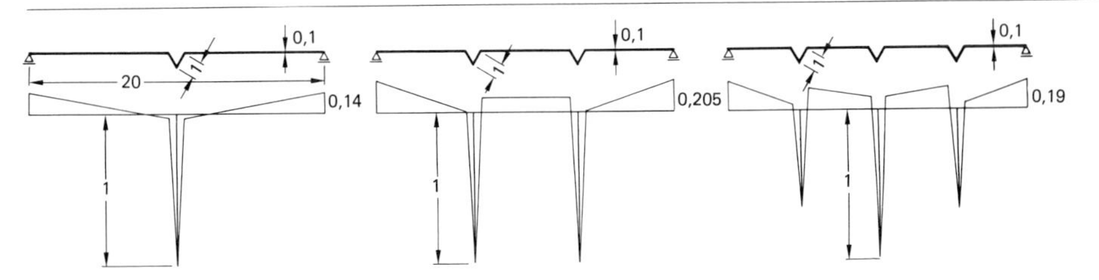

Bild 13.5–4 Spannungsverteilung in Platten mit Sicken

13.6 Zusammenwirken von Knicken und Beulen

Wie in Abschnitt 13.4 gezeigt wurde, steht bei einem Querschnitt, dessen Schlankheit b/t ein kritisches Maß übersteigt, nicht mehr die gesamte Biegesteifigkeit des Querschnitts zur Verfügung. Dies muß – im Falle, daß der Stab auch knickgefährdet ist – beim Knicknachweis berücksichtigt werden. Wie der Kurvenverlauf der wirksamen Steifigkeiten im Bereich positiver ψ-Werte zeigt (Bild 13.4–15), liegt man mit der Berechnung des wirksamen Querschnitts mit der Annahme $\psi = 1$ für die ganze Stablänge auf der sicheren Seite (die Werte steigen zu $\psi = 0$ hin an). Das liegt daran, daß für $\bar{\lambda} > 1$ bei der Überlagerung eines Biegemomentes auf der Druckseite weniger mitwirkende Fläche verloren geht als auf der Zugseite wiedergewonnen wird.
Am Beispiel des Knickstabes mit dem schon in 13.4–5 untersuchten Quadratrohrquerschnitt ergibt sich hierfür die im Bild 13.6–1 angegebene Kurve im Übergangsbereich zwischen Beulen und Knicken. Für das angegebene Beispiel ($L = 1$) liegt er zwischen $t/r = 0{,}02$ und $t/r = 0{,}1$. Der größte Abfall der Tragspannung beträgt etwa 20%.
Weitergehende Untersuchungen zu diesem Problem sind noch notwendig.

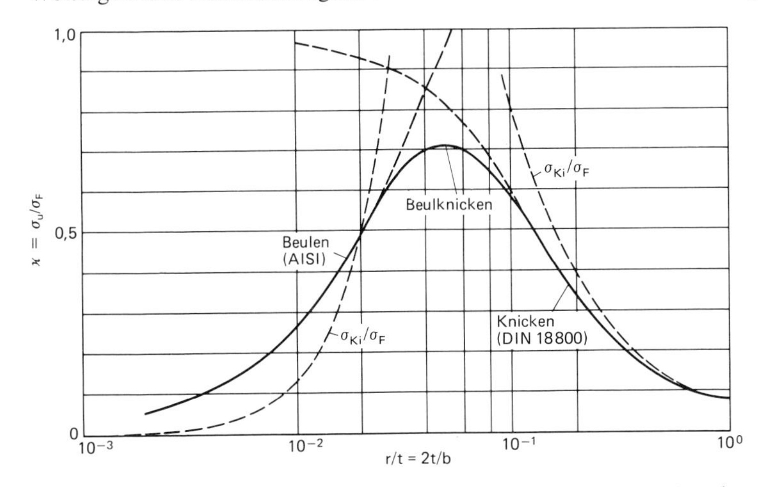

Bild 13.6–1 Zusammenwirken von Knicken und Beulen beim Quadratrohr

Literatur

1. Schardt, R.: Eine Erweiterung der Technischen Biegelehre für die Berechnung biegesteifer prismatischer Faltwerke. Der Stahlbau 35 (1966), Heft 6, S. 161 und Heft 12, S. 384.
2. Sedlacek, G.: Systematische Darstellung des Biege- und Verdrehvorganges für Stäbe mit dünnwandigem, prismatischem Querschnitt unter Berücksichtigung der Profilverformung. Dissertation TU Berlin 1968 in Fortschritt-Berichte, VDI-Zeitschrift, Reihe 4, Nr. 8.
3. Miosga, G.: Vorwiegend längsbeanspruchte dünnwandige prismatische Stäbe und Platten mit endlichen elastischen Verformungen. Dissertation TH Darmstadt 1976, D 17.
4. Klöppel, K., Schmied, R., Schubert, J.: Die Traglast mittig und außermittig gedrückter dünnwandiger Kastenträger unter Verwendung der nichtlinearen Beultheorie. Teil I, Der Stahlbau 35 (1966), S. 321, Teil II, Der Stahlbau 38 (1969), S. 9.
5. Bilstein, W.: Beitrag zur Berechnung vorverformter, mit diskreten Längssteifen ausgesteifter, ausschließlich in Längsrichtung belasteter Rechteckplatten nach der nichtlinearen Beultheorie. Der Stahlbau 43 (1974), Heft 7, S. 193 und Heft 9, S. 276.
6. Kröplin, B.H.: Beulen ausgesteifter Blechfelder mit geometrischer und stofflicher Nichtlinearität. Dissertation Braunschweig 1977.

7. Dimitrov, N. S.: Nichtlineare Baustatik. Forschungsberichte 2 aus dem Institut für Tragkonstruktionen und Konstruktives Entwerfen. Universität Stuttgart 1979.
8. Thomasson, P. O.: Thinwalled C-shaped Panels in axial Compression. Swedish Council for Building Research D1: 1978.
9. AISI: Specification for the design of coldformed steel structural members. 1980. American Iron and Steel Institute, Washington.
10. European recommendations for the design of profiled sheeting and sections. Herausgeber: Europäische Konvention für Stahlbau 1980.
11. Schardt, R.: Einfluß von Längssicken auf die Stabilität prismatischer Schalen. Schalenbeultagung Darmstadt 1979, Tagungsheft S. 114–124.
12. Handbuch für die Berechnung kaltgeformter Stahlbauteile, Band A. Herausgeber: Beratungsstelle für Stahlverwendung, Düsseldorf. Verlag Stahleisen m. b. H., Düsseldorf 1976.
13. Walker, A. C.: Design and Analysis of Cold-Formed Sections. Intertext Books, London, 1975.
14. Wei-Wen Yu, Ph. D.: Cold-formed Steel Structures. Robert E. Krieger Publishing Company Huntington, New York, 1979.
15. Desmond, T. P., Peköz, T., Winter, G.: Intermediate Stiffeners for Thin-Walled Members. Journal of the Structural Division. ASCE, Vol. 107, No. ST4, April 1981.
16. Desmond, T. P., Peköz, T., Winter, G.: Edge Stiffeners for Thin-Walled Members. Journal of the Structural Division. ASCE, Vol. 107, No. ST2, Februar 1981.
17. Klöppel, K., Schubert, J.: Die Berechnung der Traglast mittig und außermittig gedrückter, dünnwandiger Stützen mit kastenförmigem Querschnitt im überkritischen Bereich. Veröffentlichung des Institutes für Statik und Stahlbau der TH Darmstadt, Heft 13 (1971).
18. Höglund, T.: Design of trapezoidal sheeting provided with stiffeners in the flanges and webs. Swedish Council for Building Research D28: 1980, Stockholm.
19. Petersen, C.: Statik und Stabilität der Baukonstruktionen. Elasto- und plasto-statische Berechnungsverfahren druckbeanspruchter Tragwerke: Nachweisformen gegen Knicken, Kippen, Beulen. Verlag Friedrich Vieweg & Sohn, Braunschweig/Wiesbaden (1980).
20. Kaltprofile. Herausgegeben von der Beratungsstelle für Stahlverwendung in Zusammenarbeit mit dem Verein Deutscher Eisenhüttenleute. 2. Auflage (1969). Verlag Stahleisen m. b. H., Düsseldorf.

14 Bauphysik

14.1 Wärmeschutz

H. Casselmann/G. Dahmen

14.1.1 Bedeutung des Wärmeschutzes

Der Wärmeschutz von Gebäuden hat drei Aufgaben zu erfüllen:
1. Durch den *Wärmeschutz der Außenbauteile* von Aufenthaltsräumen muß ein für die Bewohner und Benutzer *behagliches Raumklima* gewährleistet werden.
Die vom Menschen aufgrund seiner Körpertemperatur als behaglich empfundenen Raumtemperaturen schwanken abhängig von seiner persönlichen Konstitution und der in diesem Raum ausgeübten Tätigkeit zwischen 18–24 °C. Durch wesentlich niedrigere Temperaturen als etwa 18 °C wird dem menschlichen Körper von seiner Umgebung so viel Wärme entzogen, daß er zum Frieren neigt. Im Vergleich zu den Raumtemperaturen zu niedrige Innenoberflächentemperaturen der Außenwände führen zu ähnlichen Erscheinungen. Wesentlich höhere Temperaturen als etwa 24 °C reduzieren diesen Wärmeentzug so stark, daß er ins Schwitzen gerät.
Es ist deshalb notwendig, Raumlufttemperaturen zu erzeugen bzw. zu erhalten, die in diesem Behaglichkeitsbereich liegen. Dies führt dazu, daß aufgrund der in Deutschland im Verlaufe eines Jahres vorherrschenden Außentemperaturen an etwa 250 Tagen dem Raum Wärme durch Heizen zugeführt werden muß, um die während dieser Zeit durch die Außenbauteile hindurch bestehenden Wärmeverluste auszugleichen. Die Größe der Wärmeverluste wird daher wesentlich von der Qualität des Wärmeschutzes der Außenbauteile bestimmt.
2. Je schlechter die Wärmedämmfähigkeit der Außenbauteile ist, um so größer sind diese Wärmeverluste, um so größer ist aber auch der zu ihrem Ausgleich notwendige Energiebedarf. Damit ist die direkte Abhängigkeit zwischen dem *Wärmeschutz* von Außenbauteilen und dem *Energieverbrauch* zum Heizen von Gebäuden aufgezeigt. Durch einen verbesserten Wärmeschutz können Energie und damit Betriebskosten eingespart werden.
Während man noch Anfang der 70er Jahre glaubte, die Beachtung dieser Zusammenhänge vernachlässigen zu dürfen, sind durch die in den letzten Jahren aufgetretenen weltweiten Energieprobleme und den dadurch bedingten explosionsartigen Preisanstieg sowie in dem Bewußtsein, daß die fossilen Brennstoffe und hier besonders das Erdöl nur noch in begrenztem Umfang vorhanden sind, neben der verstärkten Suche und Erforschung neuer Energiequellen die Probleme der Energieeinsparung beim Beheizen und Kühlen von Gebäuden in den Mittelpunkt der Überlegungen gerückt. Dies hat seinen Niederschlag in dem „*Gesetz zur Einsparung von Energie in Gebäuden*" (Energieeinsparungsgesetz – EnEG) vom 22. Juli 1976 gefunden, in dem es im § 1 „Energiesparender Wärmeschutz bei zu errichtenden Gebäuden" heißt:
„Wer ein Gebäude errichtet, das seiner Zweckbestimmung nach beheizt oder gekühlt werden muß, hat, um Energie zu sparen, den Wärmeschutz nach Maßgabe der nach Absatz 2 zu erlassenden Rechtsverordnung so zu entwerfen und auszuführen, daß beim Heizen und Kühlen vermeidbare Energieverluste unterbleiben."
3. Neben diesen beiden Aufgaben der Erhaltung eines künstlich erzeugten, für den Benutzer behaglichen Raumklimas, und der Einschränkung der hierzu notwendigen Energie auf ein hinsichtlich der allgemeinen Energieversorgung und der aufzuwendenden Energiekosten vertretbares Maß hat der *Wärmeschutz* der Außenbauteile den *Bestand des Gebäudes und seiner Bausubstanz* zu sichern.
Eine zu geringe oder an falscher Stelle eingebaute Wärmedämmung führt häufig zu Bauschäden. Diese können durch Tauwasserbildungen im Querschnitt der Außenbauteile oder durch Ausfall von Tauwasser auf der Innenseite von Außenbauteilen durch eine zu geringe Oberflächentemperatur entstehen (s. Seite 776). Außerdem ist die Ursache für Risse in Außenbauteilen nicht selten in einer fehlerhaften Wärmedämmung zu suchen.
Solche Schäden müssen neben anderen Maßnahmen, wie z. B. durch Anlegen von Dehnungsfugen bei großen Bauteillängen, durch einen ausreichenden Wärmeschutz der Außenbauteile vermieden werden.

14.1.2 Entwicklung des Wärmeschutzes

Mindestwärmeschutz

Schon im Juli 1952 erschien das Normblatt *DIN 4108 „Wärmeschutz im Hochbau"*, das sich mit der angesprochenen Problematik befaßte. Dieses Normblatt wurde mit geringen Änderungen in der Fassung August 1969 bauaufsichtlich eingeführt. In dieser Norm wurden für drei verschiedene Wärmedämmgebiete *Mindestwerte des Wärmeschutzes* für die nicht transparenten Außenbauteile von Aufenthaltsräumen festgelegt, die erfüllt werden mußten, um ein hygienisch einwandfreies Innenraumklima zu gewährleisten und Bauschäden infolge Tauwasserbildung zu vermeiden. Forderungen an die Behaglichkeit des Innenraumklimas besonders in bezug auf die inneren Oberflächentemperaturen wurden hierdurch jedoch nicht erfüllt. Bei leichten Bauteilen wurden zum Ausgleich der geringeren Wärmespeicherfähigkeit diese Mindestwerte stark angehoben.
Zur Frage des Einflusses der Größe und Ausführung von Fenstern auf die Höhe der Wärmeverluste wurden nur allgemeine Angaben gemacht. Auf die Möglichkeit, daß durch einen deutlich über diesen Mindestwerten liegenden Wärmeschutz die Betriebskosten (Heizkosten) und u.U. auch die Baukosten gesenkt werden können, wurde zwar hingewiesen, es wurden aber keine Vorschriften in diese Richtung gemacht. Der Wärmeschutz nach DIN 4108 trug daher der Einsparung der zum Beheizen von Gebäuden aufzuwendenden Energie nicht in ausreichendem Maße Rechnung.
Erst die *„Ergänzenden Bestimmungen zu DIN 4108"* von Oktober 1974 – in Nordrhein-Westfalen durch Runderlaß des Innenministers vom 30.1.1975 als Richtlinie bauaufsichtlich eingeführt – konnten als erster Schritt zu einem behördlich verordneten besseren Wärmeschutz angesehen werden. Die wichtigsten gegenüber der DIN 4108 schärferen neuen Vorschriften und Forderungen waren:

- Das Wärmedämmgebiet I entfiel. Für dieses Gebiet galten die dem Wärmedämmgebiet II zugeordneten Anforderungen.
- Für Decken unter nicht ausgebauten Dachgeschossen, Kellerdecken und Decken, die Aufenthaltsräume nach unten (z.B. bei Durchfahrten) bzw. nach oben (z.B. bei Dächern) gegen die Außenluft abgrenzen, wurden die Mindestwärmedämmwerte erhöht.
- In Aufenthaltsräumen durften nur noch Fenster und Fenstertüren mit mindestens doppelter Verglasung (Verbundfenster, Doppelfenster oder Isolierverglasungen) mit einem Wärmedurchgangskoeffizienten $k_F \leqq 3{,}0\,\text{kcal/m}^2\,\text{h°C}$ ($3{,}5\,\text{W/m}^2\,\text{K}$) zur Ausführung kommen. Darüber hinaus wurde die Fugendurchlässigkeit der Fenster auf bestimmte Höchstwerte begrenzt.
- Bei Außenwänden (einschließlich der Fenster und Türen) von Gebäuden und Aufenthaltsräumen durfte geschoßweise ein mittlerer Wärmedurchgangskoeffizient $k_{m(W+F)}$ von $1{,}6\,\text{kcal/m}^2\,\text{h°C}$ ($1{,}86\,\text{W/m}^2\,\text{K}$) nicht überschritten werden.

Der aufgezeigten Entwicklung des Wärmeschutzes wird in der Neufassung der DIN 4108 „Wärmeschutz im Hochbau" von August 1981 dadurch Rechnung getragen, daß die Transmissionswärmeverluste, bezogen auf das Gesamtgebäude, und die Wärmeverluste von Außenbauteilen, Fenstern und Außentüren infolge Undichtheiten generell begrenzt werden. Zur Festlegung der im einzelnen einzuhaltenden Grenzwerte und der entsprechenden Berechnungsverfahren wird auf die Wärmeschutz-V verwiesen. Darüber hinaus wurden in bezug auf den Mindestwärmeschutz die Angaben zum Wärmedämmgebiet II gestrichen – es gelten jetzt für das gesamte Bundesgebiet die dem bisherigen Wärmedämmgebiet III zugeordneten Anforderungen.

Erhöhter Wärmeschutz

Bereits im November 1975 erschien das *Beiblatt zu DIN 4108 „Wärmeschutz im Hochbau"*, das Erläuterungen und Beispiele für einen erhöhten Wärmeschutz beinhaltete. Der *erhöhte Wärmeschutz* wurde darin als die *Begrenzung des Heizenergiebedarfs* durch Verminderung der Transmissions- und Lüftungswärmeverluste definiert. Zur Begrenzung der Transmissionswärmeverluste wurden für den *mittleren Wärmedurchgangskoeffizienten* k_m in Abhängigkeit vom Verhältnis der *Umfassungsfläche F* eines Gebäudes zum hierdurch eingeschlossenen *Volumen V* Höchstwerte festgelegt. Dadurch fand der Einfluß der Gebäudeform auf den Wärmeverlust – Gebäude mit kleinen F/V-Werten (z.B. kompakte mehrgeschossige Gebäude) haben einen erheblich kleineren Volumen- bzw. flächenbezogenen Wärmeverlust als Gebäude mit großen F/V-Werten (z.B. freistehende eingeschossige Einfamilienhäuser) – erstmals Berücksichtigung bei der Festlegung von Anforderungen an den baulichen Wärmeschutz. Die verbindlichen Mindestanforderungen der DIN 4108 sowie der „Ergänzenden Bestimmungen" hatten aber auch weiterhin Gültigkeit und mußten bei Anwendung dieses Beiblattes, das nur als Empfehlung gedacht war, beachtet werden.
Zur Größe der bei Einhaltung der für $k_{m,\max}$ festgelegten Höchstwerte erreichbaren Reduzierungen der Transmissionswärmeverluste sagte das Beiblatt folgendes:
Die Verminderung der Transmissionswärmeverluste gegenüber DIN 4108, Ausgabe August 1969, betragen je nach Wärmedämmgebiet und Fensterflächenanteil gegenüber einer Ausführung mit Dop-

pelverglasung rund 20% bis 35% und gegenüber einer Einfachverglasung rund 20% bis 45%. Die Verminderungen der Transmissionswärmeverluste gegenüber den Ergänzenden Bestimmungen zu DIN 4108 Ausgabe Oktober 1974, betragen, bezogen auf den Transmissionswärmeverlust bei Anwendung der Ergänzenden Bestimmungen bis rd. 20%. Wird ein höherer Wärmeschutz gegenüber den zulässigen Höchstwerten gewählt, so kann die Verringerung der Transmissionswärmeverluste bzw. die hierdurch erreichte weitere Heizenergieeinsparung unmittelbar durch einen Vergleich der k_m-Werte ($k_{m,\max}$ und $k_{m,\text{vorh.}}$) näherungsweise angegeben werden.
Auf der Grundlage der in dem Beiblatt zu DIN 4108 gemachten Festlegungen und Empfehlungen wurde aufgrund des Energieeinsparungsgesetzes vom 22. Juli 1976 am 11. August 1977 die *„Verordnung über einen energiesparenden Wärmeschutz bei Gebäuden“* (Wärmeschutzverordnung – Wärmeschutz-V) erlassen, die am 1. November 1977 in Kraft trat.
Die Wärmeschutzverordnung bezieht sich auf alle Hochbauten, wobei diese in 4 Gruppen unterschieden werden:

1. Gebäude mit normalen Innentemperaturen (≧19 °C)
2. Gebäude mit niedrigen Innentemperaturen (>12 °C <19 °C)
3. Gebäude für Sport- und Versammlungszwecke (≧15 °C)
4. Gebäude mit gemischter Nutzung, d. h. Gebäude, in denen in einzelnen Gebäudeabschnitten Nutzungen nach 1–3 stattfinden.

Sinn und Aufgabe der *Wärmeschutz-V* ist die *Einsparung von Energie beim Beheizen* von Gebäuden. Zu diesem Zweck begrenzt sie die Transmissionswärmeverluste durch die Außenbauteile bzw. die Wärmeverluste infolge Undichtheiten auf bestimmte Höchstwerte.
Da jedoch beim Nachweis des erhöhten Wärmeschutzes nach der Wärmeschutz-V die Möglichkeit besteht, schlecht dämmende Bauteile gegen andere Bauteile mit höherer Wärmedämmung aufzurechnen, ist der Nachweis des Mindestwärmeschutzes nach DIN 4108 für jedes Außenbauteil nach wie vor erforderlich.
Im Februar 1982 wurde die novellierte Wärmeschutz-Verordnung verkündet. Sie enthält unter Beibehaltung der Nachweisverfahren i. w. verschärfte Anforderungen an die Begrenzung der Transmissionswärmeverluste. Darüber hinaus werden erstmals Anforderungen an einen erhöhten Wärmeschutz bei baulichen Veränderungen bestehender Gebäude gestellt. Da diese novellierte Wärmeschutz-V jedoch erst am 1. Januar 1984 in Kraft tritt, wird auf eine weitergehendere Darstellung der neuen Werte und Vorschriften verzichtet.

Wirtschaftlich optimaler Wärmeschutz

Unter Umständen kann es *wirtschaftlich günstig* sein, die geforderten Dämmwerte des erhöhten Wärmeschutzes im ganzen oder in Einzelbereichen zu überschreiten, besonders da, wo es konstruktiv leicht und kostengünstig (z. B. beim Flachdach) zu bewerkstelligen ist. Die Entscheidung hierüber kann nur durch eine Gegenüberstellung der hierzu notwendigen Kosten und der möglichen Einsparungen bei den Bau- und Betriebskosten für die Heizungsanlage gefällt werden [vgl. 18] und ist der Eigeninitiative eines jeden Bauherrn überlassen. Er leistet damit, durch wirtschaftliche Eigeninteressen veranlaßt, gleichzeitig einen wichtigen Beitrag zur Energieeinsparung und zur Entschärfung unserer prekären Energiesituation. Weitere Vorteile eines wirtschaftlich optimalen Wärmeschutzes liegen in dem dadurch erzielten *hohen Maß an Behaglichkeit* und bei bauphysikalisch und baukonstruktiv richtiger Anwendung in der großen *Sicherheit gegen Bauschäden* infolge Wärmespannungen und Tauwasserbildungen.

Vollwärmeschutz

Der Begriff *Vollwärmeschutz* wird allgemein über eine höchstzulässige *Temperaturdifferenz* zwischen *Innenoberfläche* und *Raumluft* definiert. Dabei ist die Forderung nach einer möglichst hohen Innenoberflächentemperatur nicht nur unter physiologischen Aspekten von Interesse, sondern sie wirkt sich auch vorteilhaft bei der Vermeidung von Tauwasser an den Innenoberflächen aus (s. Seite 776).
Zur Größe dieser zulässigen Temperaturdifferenz werden in der Fachliteratur unterschiedliche Angaben gemacht. Nach Eichler [4] darf die innere Oberflächentemperatur höchstens 3 °C unter der Raumlufttemperatur liegen, d. h. die innere Oberflächentemperatur muß, bezogen auf eine Raumlufttemperatur von 20 °C, mindestens 17 °C betragen. Dieser Wert ist – im Vergleich zu anderen Vorschlägen – als Minimalanforderung anzusehen. Es muß festgestellt werden, daß die Forderungen des Vollwärmeschutzes lediglich Empfehlungen darstellen.

14.1.3 Grundlagen

Der *Wärmeschutz* eines Raumes ist abhängig von dem *Wärmedurchlaßwiderstand* (Wärmedämmwert) der umschließenden Bauteile (Wände, Decken), der *Luftdurchlässigkeit* dieser Bauteile (Fugen, Spalten etc.) vor allem derjenigen, die den Raum gegen die Außenluft abgrenzen, und der *Wärmespeicherfähigkeit* dieser Bauteile, besonders der Innenbauteile.

Im folgenden werden die zur Anwendung der Berechnungsverfahren notwendigen Begriffe und Einflußgrößen erläutert.
Ursächlich für die Wärmeverluste aus Innenräumen ist das Temperaturgefälle zwischen der wärmeren Innenluft und der kälteren Außenluft. Je größer diese Temperaturdifferenz ist, um so größer ist der Wärmedurchgang durch ein Bauteil. Die *Temperatur T* ist daher bei wärmeschutztechnischen Berechnungen als klimatische Randbedingung (Außentemperatur T_a, Innentemperatur T_i) eine der notwendigen Berechnungsgrundlagen. Ihre Maßeinheit ist Kelvin [K], wobei jedoch im Bereich des Bauwesens in der Regel die bisherige Einheit °C verwendet wird. 0 °C entsprechen 273,16 K, die Temperaturintervalle 1 °C und 1 K sind identisch.

Drei Arten der *Wärmeübertragung,* die für den Wärmedurchgang durch ein Bauteil von Bedeutung sind, werden unterschieden:

- *Wärmeleitung*

Hierunter versteht man die Wärmeübertragung zwischen sich unmittelbar berührenden Körpern unterschiedlicher Temperatur. Die Wärmeenergie wandert stets vom Körper höherer Temperatur zum Körper mit niedrigerer Temperatur.

- *Wärmemitführung (Konvektion)*

Die Wärmeübertragung durch Konvektion erfolgt durch Ortsänderung (z. B. Umwälzung von Luft) von leicht beweglichen, flüssigen oder gasförmigen Stoffteilchen, die die von ihnen aufgenommene Wärmeenergie mit sich führen und an einer anderen (kälteren) Stelle wieder abgeben.

- *Wärmestrahlung*

Zwischen zwei Körpern unterschiedlicher Temperatur, die durch ein strahlungsdurchlässiges Medium getrennt sind, findet die Wärmeübertragung durch Wärmestrahlung statt. Hierbei wird die Wärme durch elektromagnetische Wellen übertragen. Die Wärmestrahlung ist nicht an materielle Wärmeträger gebunden, sie erfolgt daher auch im luftleeren Raum.

Die beim Wärmedurchgang durch ein homogenes Bauteil aufgrund der Temperaturdifferenz zwischen seinen Oberflächen transportierte *Wärmemenge Q* ist ein Maß für den Wärmeverlust und wird in der Maßeinheit Wattstunde [Wh] oder Kilo-Joule [kJ] angegeben [1 Wh = 3,6 kJ].
Sie berechnet sich bei konstanter Temperaturdifferenz ΔT nach

$$Q = \lambda \cdot \frac{t \cdot F \cdot \Delta T}{d} \text{ [Wh]} \quad (14.1\text{–}1)$$

Hierin bedeuten:

t die Dauer des Wärmedurchgangs in Stunden [h]
F die Fläche des Bauteils in m^2
ΔT die Temperaturdifferenz zwischen den Oberflächen des Bauteils in K
d die Dicke in m
λ die Wärmeleitzahl.

Die *Wärmeleitzahl* λ kennzeichnet die materialspezifische Wärmeleitfähigkeit eines Baustoffes. Diese ist bei festen Brennstoffen im wesentlichen abhängig

- vom Anteil der in ihren Poren eingeschlossenen Luft am Gesamtvolumen, weil die Wärmeleitfähigkeit ruhender Luft sehr gering ist (die Wärmeleitzahl λ beträgt für Luft bei einem Druck von 100 000 Pa = 1 bar und einer Temperatur von 0 °C 0,0242 W/mK. Die Wärmeleitfähigkeit eines Stoffes sinkt demnach im allgemeinen mit steigendem Porenanteil, d. h. mit abnehmender Rohdichte.
- von der Größe und der Verteilung der Luftporen. Viele kleine und gleichmäßig verteilte Poren in einem Baustoff ergeben eine geringere Wärmeleitfähigkeit als wenige große Poren gleichen Gesamtporenvolumens.
- von der Wärmeleitfähigkeit der Grundstoffe. Die Wärmeleitfähigkeit der festen Grundstoffe wird durch ihre Herkunft (steinig oder pflanzlich) und durch ihr Gefüge beeinflußt. Ein Vergleich der Wärmeleitfähigkeit verschiedener Baustoffe allein aufgrund ihrer Rohdichte ist deshalb nicht immer möglich.
- vom Feuchtigkeitsgehalt des Baustoffes. Da die Wärmeleitfähigkeit von Wasser etwa 25mal größer ist als die von Luft, führt die Verdrängung der in den Poren eingeschlossenen Luft durch Wasser infolge Niederschlagsdurchfeuchtungen oder Kondensatausfall zu einer Erhöhung der Wärmeleitfähigkeit des betroffenen Baustoffes (s. Tabelle 14.2–15). Diese schädlichen Auswirkungen des Feuchtigkeitsgehaltes auf die Wärmeleitfähigkeit eines Baustoffes müssen durch geeignete konstruktive Maßnahmen verhindert werden.

Die Wärmeleitzahl λ gibt die Wärmemenge in Wh an, die im Beharrungszustand während einer Stunde [h] durch 1 m^2 einer 1 m dicken Stoffschicht bei einem Temperaturunterschied von 1 K zwischen den Schichtoberflächen hindurchgeht:

$$\lambda \text{ in } \frac{\text{Wh} \cdot \text{m}}{\text{h} \cdot \text{m}^2 \cdot \text{K}} = \frac{\text{W}}{\text{mK}}.$$

Die Wärmeleitzahl λ ist also eine Stoffkonstante. Stellt man die tatsächlich vorhandene Dicke d einer Stoffschicht in Rechnung, so erhält man die Wärmedurchlaßzahl.
Die *Wärmedurchlaßzahl* Λ kennzeichnet demnach die Wärmeübertragung (Wärmedurchlässigkeit) einer Stoffschicht (z.B. bei Bauteilen, Wand, Decke) von der Dicke d. Sie gibt die Wärmemenge in Wh an, die im Beharrungszustand in einer Stunde [h] durch 1 m^2 einer Stoffschicht von der Dicke d [m] hindurchgeht, wenn zwischen den Oberflächen dieser Schicht ein Temperaturunterschied von 1 K besteht. Ihre Maßeinheit ist $W/m^2 K$.
Λ wird berechnet als Quotient aus Wärmeleitzahl λ und der Dicke d der betreffenden Schicht.

$$\Lambda = \frac{\lambda}{d} \left[\frac{W}{m^2 K}\right] \qquad (14.1\text{–}2)$$

Nun werden bei der Festlegung des Mindestwärmeschutzes nicht die Wärmedurchlaßzahlen von Bauteilen begrenzt, sondern es werden Mindestwerte für die Wärmedämmfähigkeit der Bauteile gefordert. Als Kennzeichen für die Wärmedämmfähigkeit einer Stoff- oder Bauteilschicht wurde der Begriff *Wärmedurchlaßwiderstand* $1/\Lambda$ als reziproker Wert der Wärmedurchlaßzahl Λ eingeführt.

$$\frac{1}{\Lambda} = \frac{d}{\lambda} \left[\frac{m^2 K}{W}\right] \qquad (14.1\text{–}3)$$

Je dicker eine Bauteilschicht und/oder je kleiner ihre Wärmeleitzahl ist, je größer also der Quotient d/λ ist, um so besser sind die wärmedämmenden Eigenschaften dieser Schicht, d.h. um so geringer ist die sie durchdringende Wärmemenge Q.
Ist ein Bauteil aus mehreren Schichten mit unterschiedlichen Teildurchlaßwiderständen $\frac{d_1}{\lambda_1}, \frac{d_2}{\lambda_2} \dots \frac{d_n}{\lambda_n}$ zusammengesetzt, so gilt

$$\frac{1}{\Lambda} = \Sigma \frac{d_n}{\lambda_n} \left[\frac{m^2 K}{W}\right]. \qquad (14.1\text{–}4)$$

In DIN 4108 „Wärmeschutz im Hochbau“, Ausgabe August 1981, werden hierfür Mindestwerte gefordert, die immer und unter allen Umständen eingehalten werden müssen (s. Tabelle 14.1–3). Bei leichten Bauteilen (Flächengewicht < 300 kg/m^2) sind wegen der geringen Wärmespeicherfähigkeit höhere Wärmedurchlaßwiderstände zu erfüllen (s. Tabelle 14.1–4). Der *Wärmedurchlaßwiderstand* stellt also eine *bauteilspezifische Beurteilungsgröße* für den Wärmeschutz eines Bauteils ohne Berücksichtigung seiner Lage im eingebauten Zustand dar, d.h. man geht davon aus, daß die zu beiden Seiten des Bauteils unterschiedlichen Temperaturen T_i und T_a unmittelbar auf den Oberflächen des Bauteils wirksam werden. Dies ist in Wirklichkeit jedoch nicht der Fall.
Sowohl die Luft im Innenraum als auch die Außenluft befinden sich infolge thermischer Konvektion bzw. Wind ständig in Bewegung. Unmittelbar vor den Bauteiloberflächen werden diese Luftströmungen jedoch gebremst. Weil aber geringer bewegte Luft eine höhere Wärmedämmfähigkeit als stärker bewegte Luft besitzt, wirken die Zonen geringerer Luftbewegung unmittelbar vor den Bauteiloberflächen als zusätzliche wärmedämmende Polster.
Diese Zusammenhänge werden durch die Einführung des Begriffes *Wärmeübergangswiderstand* $1/\alpha$ als reziprokem Wert der Wärmeübergangszahl α berücksichtigt. Während die Wärmeübergangszahl α die Wärmeübertragung zwischen der Oberfläche eines Bauteils und der angrenzenden Luft infolge Wärmeleitung, Wärmemitführung und Wärmestrahlung beschreibt, kennzeichnet der Wärmeübergangswiderstand $1/\alpha$ die Wärmedämmfähigkeit der unmittelbar an die Oberfläche eines Bauteils angrenzenden Luftschichten. Seine Einheit ist $m^2 K/W$.
Der Wärmeübergangswiderstand $1/\alpha$ ist ebenso wie die Wärmeübergangszahl vom Ausmaß der an der Oberfläche des jeweiligen Bauteils vorhandenen Luftbewegung abhängig. Man unterscheidet daher in

- Wärmeübergangswiderstand $1/\alpha_i$ an der Innenseite geschlossener Räume bei natürlicher Luftbewegung. Hierbei ist zu beachten, daß die Werte für den Wärmeübergangswiderstand $1/\alpha_i$ bei horizontalen Bauteilen sich je nach Richtung des Wärmestromes verändern (Tabelle 14.1–2).
- Wärmeübergangswiderstand $1/\alpha_a$ an der Außenseite von Bauteilen bei einer Windgeschwindigkeit von 2 m/sec. Bei ans Erdreich angrenzenden Bauteilen wird der Wärmeübergangswiderstand $1/\alpha_a$ zu Null [24].

Die *Wärmedämmfähigkeit eines Bauteils im eingebauten Zustand,* d.h. unter Berücksichtigung der Wärmedämmfähigkeit der unmittelbar an die Oberflächen des Bauteils angrenzenden Luftschichten, wird durch den *Wärmedurchlaßwiderstand* $1/k$ gekennzeichnet. Er wird bestimmt als Summe aus dem Wärmedurchlaßwiderstand $1/\Lambda = \Sigma\, d_n/\lambda_n$ und den beiden Wärmeübergangswiderständen $1/\alpha_i$ und $1/\alpha_a$. Seine Maßeinheit ist $m^2 K/W$.

$$\frac{1}{k} = \frac{1}{\alpha_a} + \frac{1}{\Lambda} + \frac{1}{\alpha_i} \left[\frac{m^2 K}{W}\right]. \qquad (14.1\text{–}5)$$

Die Berechnung des Wärmedurchgangswiderstandes dient der Ermittlung der Schichtgrenztemperaturen, insbesondere der Innenoberflächentemperatur T_{io} (s. Seite 771) und des Wärmedurchgangskoeffizienten k.

Der *Wärmedurchgangskoeffizient k,* auch Wärmedurchgangszahl k oder k-Wert genannt, gibt die Wärmemenge in Wh an, die in einer Stunde [h] durch 1 m^2 eines Bauteils hindurchgeht, wenn zwischen der Luft zu beiden Seiten des Bauteils ein Temperaturunterschied von 1 K besteht.

Seine Maßeinheit ist W/m^2 K.

Der Wärmedurchgangskoeffizient k berücksichtigt dadurch, das als antreibende Kraft für den Wärmedurchgang der Temperaturunterschied zwischen der beiderseits des Bauteils angrenzenden Luft angenommen wird, die Lage des Bauteils im eingebauten Zustand und ist demnach unmittelbar ein Maß für den Wärmeverlust durch ein Bauteil. Der Wärmedurchgangskoeffizient hat daher eine große Bedeutung bei der Wärmebedarfsberechnung und bei der Ermittlung des mittleren Wärmedurchgangskoeffizienten k_m.

Der *mittlere Wärmedurchgangskoeffizient* k_m beschreibt im Gegensatz zum Wärmedurchgangskoeffizienten k als bauteilspezifische Kenngröße (z. B. für die geschlossene Außenwand, für das Dach oder für das Fenster) den *mittleren Wärmeverlust eines Gebäudes* oder *Bauteils* mit Flächen unterschiedlicher Wärmedämmfähigkeit (z. B. Außenwand einschl. der Fenster). Der mittlere Wärmedurchgangskoeffizient

$$k_m = \frac{Q_T}{F \cdot \Delta T} \qquad (14.1\text{–}6)$$

gibt die Transmissionswärmeverluste in Watt an, die je m^2 wärmeübertragender Umfassungsfläche F des Gebäudes oder eines Gebäudeteiles und je K Temperaturdifferenz ΔT zwischen Innen- und Außenluft aus dem Gebäudeinneren abfließen. Unter Berücksichtigung der Einzelflächen F_1, F_2, $F_3 \ldots F_n$, aus denen sich die gesamte wärmeübertragende Umfassungsfläche F_{ges} eines Gebäudes zusammensetzt, und der diesen Flächen zugehörigen Wärmedurchgangskoeffizienten k_1, k_2, $k_3 \ldots k_n$ berechnet sich der *mittlere Wärmedurchgangskoeffizient* k_m

$$k_m = \frac{k_1 \cdot F_1 + k_2 \cdot F_2 k_3 \cdot F_3 + \cdots + k_n \cdot F_n}{F_{ges}} \left[\frac{\mathrm{W}}{\mathrm{m^2 K}}\right]. \qquad (14.1\text{–}7)$$

Zur Abschätzung des tatsächlichen Wärmeverlustes eines Gebäudes wäre diese Formel nur dann geeignet, wenn alle Einzelflächen F_n dem gleichen Temperaturunterschied $\Delta T = T_i - T_a$ unterliegen würden. Da jedoch der winterliche Wärmeverlust bei Dächern (k_D) infolge Sonneneinstrahlung sowie bei an das Erdreich grenzenden Flächen (k_G) infolge der gegenüber der Außentemperatur höheren Erdreichtemperatur geringer ist, gilt für k_m für die praktische Anwendung

$$k_m = \frac{k_W \cdot F_W + k_F \cdot F_F + 0{,}8\, k_D \cdot F_D + 0{,}5\, k_G \cdot F_G + k_{DL} \cdot F_{DL} + 0{,}5\, k_{AB} \cdot F_{AB}}{F_{ges}} \left[\frac{\mathrm{W}}{\mathrm{m^2 K}}\right] \qquad (14.1\text{–}8)$$

wobei k_W, k_F, k_D, k_G, k_{DL} und k_{AB} die den im folgenden erläuterten Flächenanteilen zugehörigen Wärmedurchgangskoeffizienten bedeuten.

- F_W die Fläche der an die Außenluft grenzenden Außenwände. Es gelten die Gebäudeaußenmaße. Gerechnet wird von Oberkante Gelände oder, falls die unterste Decke über Oberkante Gelände liegt, von Oberkante dieser Decke bis Oberkante der obersten Decke oder Oberkante der wirksamen Dämmschicht.
- F_F die Fensterfläche (Fenster, Fenstertüren), sie wird aus den lichten Rohbaumaßen ermittelt.
- F_G die Grundfläche des Gebäudes, sofern sie nicht an die Außenluft grenzt; sie wird aus den Gebäudeaußenmaßen bestimmt. Gerechnet wird die Bodenfläche auf Erdreich oder bei unbeheizten Kellern die Kellerdecke. Werden Keller beheizt, sind in der Gebäudegrundfläche F_G neben den Kellergrundflächen auch die erdberührten Wandflächenanteile zu berücksichtigen.
- F_D die wärmegedämmte Dach- oder Dachdeckenfläche.
- F_{DL} die Deckenfläche, die das Gebäude nach unten gegen die Außenluft abgrenzt.
- F_{AB} Flächen, die an Gebäudeteile mit wesentlich niedrigerer Raumtemperatur (z. B. außenliegende Treppenräume, Lagerräume) grenzen.
- F_{ges} die Summe aller genannten Flächen, soweit sie bei dem zu berechnenden Gebäude vorkommen, d. h. die gesamte wärmeübertragende Umfassungsfläche des Gebäudes.

Die k-Werte der einzelnen Teilflächen werden nach Formel (14.1–5) berechnet, wobei die Rechenwerte für die Wärmeleitzahlen λ der Tabelle 14.1–1 entnommen werden. Hierbei ist zu beachten, daß bei an das Erdreich grenzenden Bauteilen für den Wärmeübergangswiderstand $1/\alpha_a$ kein Wert eingesetzt werden darf. Werte für die Wärmedurchgangskoeffizienten k_F für verschiedene Fensterbauarten sind der Tabelle 14.1–5 zu entnehmen.

Die Berechnung des mittleren Wärmedurchgangskoeffizienten k_m nach der angegebenen Formel läßt jedoch noch keine genaue Aussage über den Gesamtwärmeverlust eines Gebäudes zu, da sie die Abhängigkeit des Wärmeverlustes von der Gebäudeform nicht berücksichtigt. Entscheidend ist hierbei das Verhältnis der wärmeübertragenden Umfassungsfläche F_{ges} zu dem hierdurch eingeschlossenen Gebäudevolumen V. Ist das *Verhältnis F/V* groß, nimmt auch der Wärmeverlust höhere Werte an. Dieser Zusammenhang wurde bei der Festlegung der Maximalwerte für die Wärmedurchgangskoeffizienten k_m in der Wärmeschutz-V (Verfahren 1) berücksichtigt (s. Tabelle 14.1–6).
In der Regel ist der Wärmeverlust durch die Außenwände einschl. der Fenster schon aufgrund ihres gegenüber Dach und Boden größeren Flächenanteils (besonders bei mehrgeschossigen Gebäuden) am größten. Hinzu kommt, daß durch die Abminderungsfaktoren (0,8 bzw. 0,5) für die Wärmedurchgangskoeffizienten k_D, k_G und k_{AB} die Wärmedämmfähigkeit dieser Außenbauteile weniger stark bei der Berechnung von k_m eingeht. Aus diesen Gründen kommt der gesonderten *Betrachtung des Wärmeverlustes durch die Außenwände und Fenster* eine erhöhte Bedeutung zu.
Der *mittlere Wärmedurchgangskoeffizient* $k_{m,\,W+F}$ der Außenwände kann berechnet werden nach

$$k_{m,\,W+F} = \frac{k_W \cdot F_W + k_F \cdot F_F}{F_W + F_F} \left[\frac{\text{W}}{\text{m}^2\,\text{K}}\right] \tag{14.1–9}$$

Die Bedeutung der Indizes wird im Zusammenhang mit Formel (14.1–8) erläutert.
Sind innerhalb der Außenwandflächen Flächen unterschiedlicher Wärmedurchlässigkeit oder Fenster unterschiedlicher Bauart vorhanden, so sind diese ihrem Flächenanteil entsprechend in die Berechnung einzubeziehen.

$$k_{m,\,W+F} = \frac{k_{W1} \cdot F_{W1} + k_{W2} \cdot F_{W2} + \cdots + k_{Wn} \cdot F_{Wn} + k_{F1} \cdot F_{F1} + k_{F2} \cdot F_{F2} + \cdots + k_{Fn} \cdot F_{Fn}}{F_{W\,ges} + F_{F\,ges}} \left[\frac{\text{W}}{\text{m}^2\,\text{K}}\right] \tag{14.1–10}$$

Nach Wärmeschutz-V (Verfahren 2) dürfen die so ermittelten Wärmedurchgangskoeffizienten $k_{m,\,W+F}$ bestimmte, von der Größe des Grundrisses abhängige, Maximalwerte nicht überschreiten (s. Tabelle 14.1–7).

14.1.4 Anforderungen an den Wärmeschutz im Winter

Seit dem 1. November 1977 müssen bei der Errichtung von Neubauten, die Räume zum dauernden Aufenthalt von Menschen enthalten, grundsätzlich zwei Nachweise eines ausreichenden Wärmeschutzes für die Außenbauteile geführt werden:
1. Nachweis der Erfüllung des Mindestwärmeschutzes nach DIN 4108 „Wärmeschutz im Hochbau", Ausgabe August 1981.
2. Nachweis der Einhaltung der „Verordnung über einen energiesparenden Wärmeschutz bei Gebäuden" (Wärmeschutzverordnung) vom 1. November 1977 zur Erreichung eines erhöhten Wärmeschutzes.
Im folgenden werden die wesentlichen Forderungen dieser beiden Regelwerke dargestellt.

1. Mindestwärmeschutz

In DIN 4108 sind bestimmte *einzuhaltende Mindestwerte für die Wärmedurchlaßwiderstände* $1/\Lambda$ für die verschiedenen Einzelbauteile festgelegt, die Aufenthaltsräume gegen die Außenluft, gegen das Erdreich, gegen wenig beheizte oder unbeheizte Räume und gegen fremde Wohn- und Arbeitsräume abgrenzen. Tabelle 14.1–3 faßt diese Werte zusammen.
Bei Anwendung der Tabelle 14.1–3 ist zu beachten:

- Bei leichten Außenwänden, Decken unter nicht ausgebauten Dachgeschossen und Decken, die Aufenthaltsräume nach oben gegen die Außenluft abgrenzen (Dächer), mit einer flächenbezogenen Gesamtmasse <300 kg/m^2 sind die erhöhten Werte für $1/\Lambda_{erf.}$ nach Tabelle 14.1–4 einzuhalten.
- Bei leichten Außenwänden und Decken mit belüfteten Zwischenschichten darf der Wärmedämmwert der Außenschale und der Luftschicht bei der Berechnung des vorhandenen Wärmedurchlaßwiderstandes nicht berücksichtigt werden.
- Bei zweischaligem Mauerwerk mit belüfteter Luftschicht darf die äußere Mauerwerksschale und die Luftschicht auf den Wärmedurchlaßwiderstand der Wand angerechnet werden, wenn die Belüftungsöffnungen gemäß DIN 1053 ausgeführt werden.
- In Außenwänden, Treppenraumwänden, Wänden und Decken zwischen fremden Wohnungen und fremden Arbeitsräumen sowie bei an das Erdreich grenzenden Bauteilen nicht unterkellerter Aufenthaltsräume sind konstruktive Wärmebrücken unzulässig, d. h. die Werte für $1/\Lambda_{erf.}$ nach Tabelle 14.1–3 müssen an jeder Stelle dieser Bauteile eingehalten werden, also auch bei Heizkörpernischen, Fensterstürzen, Ringankern, Stützen etc.

• Bei Decken unter nicht ausgebauten Dachgeschossen, Kellerdecken und Decken, die Aufenthaltsräume nach unten und oben gegen die Außenluft abgrenzen, gelten für den Bereich von Wärmebrücken niedrigere Werte für $1/\Lambda_{erf.}$ (Tabelle 14.1–3).

Der Wärmedurchlaßwiderstand $1/\Lambda$ beträgt demzufolge im Bereich der Wärmebrücken bei

• Kellerdecken
$1/\Lambda \geqq 0{,}45\ m^2\,K/W$,

• Decken unter nicht ausgebauten Dachgeschossen:
$1/\Lambda \geqq 0{,}45\ m^2\,K/W$,

• Decken, die Aufenthaltsräume nach oben gegen die Außenluft abschließen:
$1/\Lambda \geqq 0{,}80\ m^2\,K/W$.

• Bei der Berechnung des Wärmedurchlaßwiderstandes für an das Erdreich grenzende Bauteile nicht unterkellerter Aufenthaltsräume sind nur die Schichten zu berücksichtigen, die innerhalb der Feuchtigkeitssperre liegen, es sei denn, es werden Schichten aus Wärmedämmaterial an der Außenseite eingebaut, das für einen solchen Einbau eine allgemeine bauaufsichtliche Zulassung hat.

2. Erhöhter Wärmeschutz

Der erhöhte Wärmeschutz auf der Grundlage der Wärmeschutz-V bezieht sich auf die gesamte Außenhülle eines Gebäudes und begrenzt sowohl die Transmissionswärmeverluste als auch die Wärmeverluste infolge Undichtheiten durch die Festlegung von *Maximalwerten für die Wärmedurchgangskoeffizienten* k_m *und* $k_{m,W+F}$ sowie für die *Fugendurchlaßkoeffizienten a für Fenster und Fenstertüren.*
Die Wärmeschutz-V gilt für alle neu zu errichtenden beheizten Gebäude, wobei diese in 4 Gruppen unterschieden werden:
1. Gebäude mit normalen Innentemperaturen (≧19 °C)
Dazu zählen:
Wohngebäude, Büro- und Verwaltungsgebäude, Schulen, Bibliotheken, Krankenhäuser, Heime aller Art, Gebäude des Gaststättengewerbes, Waren- und sonstige Geschäftshäuser, sowie alle Gebäude, die auf Innentemperaturen von mindestens 19 °C beheizt werden.
2. Betriebsgebäude mit niedrigen Innentemperaturen (>12 °C <19 °C).
3. Gebäude für Sport- und Versammlungszwecke (≧15 °C)
4. Gebäude mit gemischter Nutzung, d.h. Gebäude, in denen in einzelnen Gebäudeabschnitten Nutzungen nach 1–3 stattfinden.
Ausnahmen hierzu sind der Wärmeschutz-V zu entnehmen.
Grundsätzlich müssen bei der Planung eines Gebäudes dieser Gebäudegruppen folgende Forderungen beachtet werden:
• *Außenfenster und Fenstertüren* müssen mit Isolier- oder Doppelverglasung ausgeführt werden, deren Wärmedurchgangskoeffizient k_F nicht größer als 3,5 $W/m^2\,K$ sein darf.
Für Gebäude der Gebäudegruppen 2+3 mit Ausnahme von Hallenbädern – hierfür gilt $k_F \leqq 3{,}5\ W/m^2\,K$ – dürfen Einfachverglasungen mit einem Wärmedurchgangskoeffizienten $k_F \geqq 5{,}2\ W/m^2\,K$ vorgesehen werden.
Bei Einbau von Klimaanlagen in solchen Gebäuden müssen jedoch Isolier- oder Doppelverglasungen zur Ausführung kommen.
• Für die Berechnung des mittleren Wärmedurchgangskoeffizienten k_m bzw. $k_{m,W+F}$ sind bei Verwendung der in Tabelle 14.1–5 angegebenen Fensterbauarten die dort genannten k_F-Werte einzusetzen. Für andere Fensterbauarten müssen die k_F-Werte durch Prüfzeugnis nachgewiesen werden.
Für großflächige Verglasungen sind Ausnahmen zugelassen.
• Außenwände müssen im Bereich von *Heizkörpernischen* den k_W-Wert des wärmedämmtechnisch ungeschwächten Querschnitts aufweisen. Werden Heizkörper vor außenliegenden Fenstern angeordnet, sind zur Verringerung der Wärmeverluste geeignete Abdeckungen an der Heizkörperrückseite vorzusehen.
• Bei der Berechnung der Wärmedurchgangskoeffizienten für an das *Erdreich grenzende Bauteile* nicht unterkellerter Aufenthaltsräume oder im Keller liegender beheizter Räume sind nur der innere Wärmeübergangswiderstand $1/\alpha_i$ und die Schichten zu berücksichtigen, die innerhalb der Feuchtigkeitssperre liegen, es sei denn, es werden Wärmedämmschichten auf der Außenseite eingebaut, die für einen solchen Einbau eine allgemeine bauaufsichtliche Zulassung haben.
• Bei *aneinandergereihten Gebäuden* ist der Nachweis der Begrenzung der Transmissionswärmeverluste für jedes Gebäude zu führen.
• Um die Wärmeverluste infolge Undichtheiten zu begrenzen, dürfen die *Fugendurchlaßkoeffizienten a der Fenster und Fenstertüren* – abhängig von der Gebäudehöhe – die Werte der Tabelle 14.1–8 nicht

überschreiten. Der Nachweis dieser Fugendurchlaßkoeffizienten erfolgt durch Prüfzeugnis einer anerkannten Prüfanstalt. Ausnahmen hierzu werden in der Wärmeschutz-V genannt.
- Fenster ohne Öffnungsmöglichkeiten und feste Verglasungen sowie sonstige Fugen in der wärmeübertragenden Umfassungsfläche müssen dauerhaft und praktisch luftundurchlässig abgedichtet sein.
- *Lüftungseinrichtungen* müssen in geschlossenem Zustand den Anforderungen der Tabelle 14.1–8 genügen.

Die Begrenzung der Transmissionswärmeverluste kann grundsätzlich nach zwei verschiedenen Verfahren nachgewiesen werden:

Verfahren 1: Der vorhandene *mittlere Wärmedurchgangskoeffizient* k_m der gesamten wärmeübertragenden Umfassungsfläche *F* wird nach Formel 14.1–8 ermittelt. Dieser Wert darf für Gebäude nach 1+3 den Wert $k_{m,\max}$ nach Tabelle 14.1–6a nicht überschreiten. Für Gebäude nach 2 gilt Tabelle 14.1–6b entsprechend. Die Werte $k_{m,\max}$ sind zwecks Berücksichtigung des Einflusses der Formkompaktheit des Gebäudes auf die Wärmeverluste in Abhängigkeit vom *Verhältnis der Umfassungsfläche F* des Gebäudes zum hierdurch eingeschlossenen *Volumen V* angegeben.
Für *Hallenbäder* sind die Wärmedurchgangskoeffizienten nach Tabelle 14.1–9 einzuhalten.
Zusätzlich ist bei Gebäuden der Gruppe 1 geschoßweise nachzuweisen, daß der mittlere Wärmedurchgangskoeffizient $k_{m,\,W+F}$ für Außenwände einschließlich Fenster und Fenstertüren (berechnet nach Formel 14.1–10) den *Wert 1,85* $W/m^2\,K$ nicht überschreitet.

Bei aneinandergereihten Gebäuden werden die Gebäudetrennwände bei der Berechnung von k_m und $k_{m,\,W+F}$ sowie F/V nicht berücksichtigt. Dies gilt sinngemäß auch für Trennflächen zwischen beheizten Gebäudeteilen, die getrennt berechnet werden (z.B. Anbauten).
Ist die Nachbarbebauung nicht gesichert, müssen die Trennwände unbeschadet der o.g. Berechnung mindestens den Mindestwärmeschutz für Außenwände nach Tabelle 14.1–3 aufweisen.
Verfahren 2: Hier ist bei Gebäude der Gruppe 1 nachzuweisen, daß der vorhandene *mittlere Wärmedurchgangskoeffizient* $k_{m,\,W+F}$ für *Außenwände einschließlich Fenster und Fenstertüren* die in Tabelle 14.1–7 festgelegten Maximalwerte nicht überschreitet. Der Gebäudeform, d.h. dem Verhältnis von wärmeübertragender Gebäudeumfassungsfläche zu Gebäudevolumen, wird dabei insofern Rechnung getragen, daß auf den einzelnen Vollgeschoßgrundriß ein gedachtes Quadrat von 15 m Seitenlänge projiziert und $k_{m,\,W+F\max.}$ davon abhängig gemacht wird, ob dieser Grundriß in das Quadrat paßt, es teilweise oder sogar vollständig bedeckt. Dem ungünstigen F/V-Wert des Winkelgrundrisses nach Abb. 1 Tabelle 14.1–7 z.B. ist ein kleinerer einzuhaltender $k_{m,\,W+F}$-Wert zugeordnet als dem nach Abb. 3 Tabelle 14.1–7 kompakteren Grundriß mit dem günstigeren F/V-Wert. Bei geschoßweise unterschiedlichen äußeren Grundrißabmessungen darf geschoßweise verfahren werden.
Außerdem müssen für *alle anderen Bauteile,* die Aufenthaltsräume gegen die Außenluft, gegen das Erdreich oder gegen unbeheizte Räume abgrenzen, die Einhaltung bestimmter, in Tabelle 14.1–7 festgelegter *Maximalwerte für den Wärmedurchgangskoeffizienten k* nachgewiesen werden.
Bei aneinandergereihten Gebäuden bleiben auch hier die Gebäudetrennwände unberücksichtigt. Ihr Mindestwärmeschutz nach Tabelle 14.1–3 muß jedoch gewährleistet sein, wenn die Nachbarbebauung nicht gesichert ist.
Sonderbestimmungen hinsichtlich gegeneinander versetzter Gebäude, Gebäude mit geschoßweise unterschiedlichen Grundrißabmessungen, hochgedämmten Dachdecken und Fußböden sowie großen Grundflächen sind der Wärmeschutz-V zu entnehmen.

14.1.5 Sommerlicher Wärmeschutz

Die bisher dargestellten Einflußgrößen, Berechnungsverfahren und Forderungen beziehen sich nur auf den stationären Wärmeschutz von Gebäuden im Winter. Dabei werden der Berechnung konstante Randbedingungen zu beiden Seiten des Bauteils zugrundegelegt, d.h. man nimmt die tiefste Außentemperatur T_a als ungünstigsten Fall als konstant an und stellt dieser eine konstante Innentemperatur $T_i = +20\,°C$ gegenüber. Man erhält auf diese Weise bei Einhaltung bestimmter Sollwerte einen ausreichenden Wärmeschutz im Winter.
Unberücksichtigt bleiben bei diesem Verfahren sowohl die immer wiederkehrenden täglichen Temperaturschwankungen der Außenluft besonders im Sommer und die daraus resultierenden Temperaturschwankungen der Innenluft wie auch die zu schnelle Auskühlung der Räume bei intermittierendem Heizbetrieb und in besonderem Maße die zu starke Erwärmung der Räume bei sommerlicher Sonneneinstrahlung.
Es ist einleuchtend, daß die vollkommene Temperaturstabilität eines Raumes letztendlich nur durch den Einsatz einer Klimaanlage gewährleistet werden kann. Da diese Voraussetzung aber im allgemeinen bei Wohngebäuden und Gebäuden mit ähnlicher Nutzung nicht gegeben ist und auch unter dem

Aspekt der Energieeinsparung nicht anzustreben ist, sollen hier bauliche Maßnahmen vorgestellt werden, die geeignet sind, die oben beschriebenen Temperaturschwankungen der Innenluft auszugleichen bzw. zu verringern. Hierbei werden in erster Linie die sommerlichen Verhältnisse als dem stärkeren Belastungsfall betrachtet.

Folgende Eigenschaften sind für die Verringerung der Temperaturmaxima der Innenluft im Sommer von großer Bedeutung

- die Orientierung der Fenster
- die Größe und Energiedurchlässigkeit der Fenster unter Berücksichtigung von Sonnenschutzmaßnahmen
- die Wärmespeicherfähigkeit besonders der Innenbauteile
- die instationären Wärmeleiteigenschaften der nicht transparenten Außenbauteile
- die Lüftung.

Untersucht man den Einfluß der *Orientierung von Fenstern* auf die Temperaturverhältnisse von Räumen, wie in den Bildern 14.1–1 und 14.1–2 beispielhaft dargestellt, so ist auffällig, daß im Sommer (21. Juni) die Lufttemperaturzunahme bei *Südorientierung* des Raumes relativ gering im Vergleich zu *ost- oder westorientierten Räumen* ist, wobei die Werte für westorientierte Räume trotz tatsächlich gleicher Summe der Sonneneinstrahlung während eines Tages über denen für ostorientierte Räume liegen.

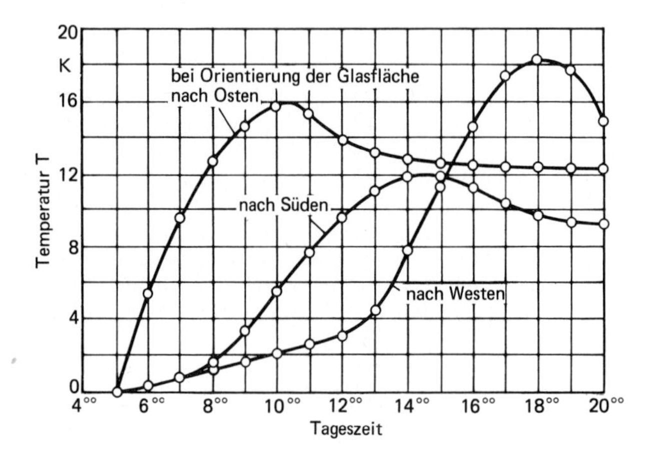

bei Orientierung der Glasfläche
① nach Osten
② nach Süden
③ nach Westen
Raumgröße: 4 m × 4 m × 2,5 m
Bauart: Gasbeton
Glasfläche: 4 m²
Glasart: Isolierglas
nach Gertis [39]

Bild 14.1–1 Zeitlicher Verlauf der Lufttemperaturzunahme in einem Raum am 21. Juni

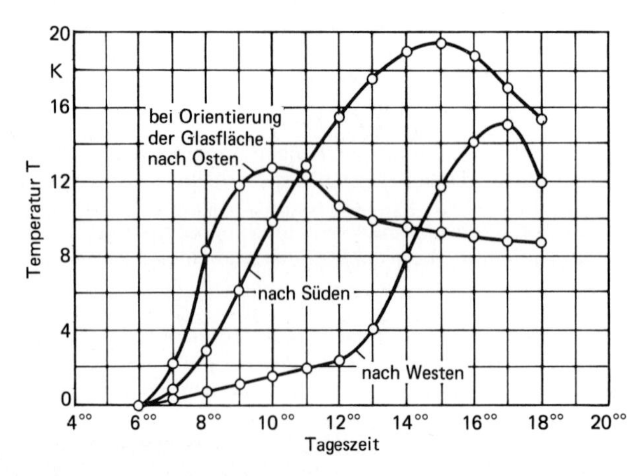

bei Orientierung der Glasfläche
① nach Osten
② nach Süden
③ nach Westen
Raumgröße: 4 m × 4 m × 2,5 m
Bauart: Gasbeton
Glasfläche: 4 m²
Glasart: Isolierglas
nach Gertis [39]

Bild 14.1–2 Zeitlicher Verlauf der Lufttemperaturzunahme in einem Raum am 21. März/September

Im Frühjahr (21. März) und Herbst (21. September) dagegen ist die Lufttemperaturzunahme bei südorientierten Räumen am größten. Dies ist im Frühjahr durchaus als wünschenswert anzusehen, während im Herbst diese Temperaturzunahme aufgrund der dann noch höheren Außentemparaturen das Innenklima negativ beeinflussen kann.
Nach *Norden* ausgerichtete Räume können hier außer Acht gelassen werden, da sie keine direkte Sonneneinstrahlung erhalten. Ebenso brauchen die Verhältnisse im *Winter* nicht betrachtet zu werden, da ein Wärmegewinn durch Sonneneinstrahlung in diesem Zeitraum auf jeden Fall von Nutzen ist.
Da es sich bei den geschilderten Zusammenhängen um *Lufttemperaturzunahmen* handelt, die den jeweiligen Raumtemperaturen am Morgen überlagert werden müssen, ist es leicht einzusehen, daß es am Nachmittag zu Raumtemperaturen kommt, die weit über den für den Menschen als noch behaglich zu bezeichnenden Werten liegen.
Es bleibt festzustellen, daß eine Ausrichtung der Räume nach Süden neben anderen hier nicht zu diskutierenden Gründen wegen der geringeren Raumaufheizung am günstigsten ist.

Sehr viel entscheidender für die Verringerung der sommerlichen Raumaufheizung und für den Planer leichter zu beeinflussen ist die *Größe und Energiedurchlässigkeit der Fenster.*
Durch ein Fenster in einen Raum eingestrahltes kurzwelliges Sonnenlicht (Wellenlänge 0,4–3,0 μm) wird beim Auftreffen auf Wände, Fußboden und Einrichtungsgegenstände in langwellige Wärmestrahlung (> 3,0 μm) umgewandelt, für die Fensterglas aufgrund seines strahlungstechnischen Verhaltens undurchlässiger ist. Dem Raum wird also durch die *Sonneneinstrahlung mehr Energie zugeführt* als nach außen *abgegeben* werden kann. Dieser Vorgang führt unweigerlich zu einer *Aufheizung der Innenluft,* die proportional mit der Vergrößerung der Fensterfläche und/oder der Energiedurchlässigkeit der Fenster steigt.

In der DIN 4108, Ausgabe August 1981, wird die Energiedurchlässigkeit der transparenten Außenbauteile (Fenster und Fenstertüren, feststehende Verglasungen) durch den Gesamtenergiedurchlaßgrad g_F gekennzeichnet, der denjenigen Anteil der Sonnenenergie beschreibt, der – bezogen auf die Außenstrahlung – unter vorgegebenen Randbedingungen durch das transparente Bauteil unter Berücksichtigung des Sonnenschutzes in den Raum gelangt. Für die näherungsweise Ermittlung des Gesamtenergiedurchlaßgrades g_F in Abhängigkeit von der Verglasung und den zusätzlichen Sonnenschutzeinrichtungen gilt:

$$g_F = g \cdot z \qquad (14.1\text{–}11)$$

Hierin bedeuten:

g Gesamtenergiedurchlaßgrade von Verglasungen. Sie reichen von 0,8 für Doppelverglasungen aus Klarglas bis zu 0,2 für hochwertige Sonnenschutzgläser.

z Abminderungsfaktoren für Sonnenschutzvorrichtungen. Die Werte hierfür liegen zwischen 1,0 für den Fall, daß keine zusätzlichen Sonnenschutzvorrichtungen vorhanden sind, und 0,25 im Fall des Einbaus von außenliegenden, hinterlüfteten, regelbaren Sonnenschutzvorrichtungen (Jalousien, drehbare Lamellen).

An gleicher Stelle werden Empfehlungen für den Wärmeschutz im Sommer für Gebäude, für die raumlufttechnische Anlagen nicht erforderlich sind, gegeben. Dies geschieht in der Form, daß in Abhängigkeit von der Innenbauart, den Lüftungsmöglichkeiten im Sommer sowie der Gebäude- oder Raumorientierung raumweise Höchstwerte für das Produkt aus Gesamtenergiedurchlaßgrad g_F und Fensterflächenanteil f – bezogen auf die Fenster enthaltende Außenwandfläche – zur Einhaltung empfohlen werden. Auf eine weitergehende Erläuterung dieses arbeitsaufwendigen Nachweisverfahrens wird hier verzichtet.
Fazit dieser Überlegungen ist, daß die sommerliche Raumaufheizung am einfachsten durch eine Reduzierung der Fenstergröße verringert werden kann. Nun soll und kann dieser Zusammenhang nicht zur Forderung erhoben werden. Für den Planer ist wichtig, daß er bei entsprechend großen Fensterflächen besonders bei Gebäuden in Leichtbauweise behagliche Raumtemperaturen im Sommer dadurch gewährleistet, daß er durch den Einbau geeigneter Sonnenschutzmaßnahmen die Energiedurchlässigkeit der Fenster verringert. Besonders wirkungsvoll sind außenliegende, regelbare Sonnenschutzvorrichtungen und reflektierende Sonnenschutzgläser.
Eine weitere bedeutende Einflußgröße auf das Raumklima im Sommer ist die *Wärmespeicherfähigkeit der Bauteile.* Bereits in der DIN 4108, Ausgabe 1969, wie auch in den Ergänzenden Bestimmungen hierzu wird auf die Bedeutung des Wärmespeichervermögens besonders der innenliegenden Bauteile und das Verhältnis der Fensterflächen zu den speicherfähigen Innenbauteilen zur Erhaltung eines ausreichend behaglichen Wohn- und Arbeitsklimas im Sommer hingewiesen. In DIN 4108, Ausgabe August 1981, Teil 2, heißt es zu dem gleichen Problem: Die Erwärmung der Räume eines Gebäudes infolge Sonneneinstrahlung und interner Wärmequellen (z. B. Beleuchtung, Personen) ist um so geringer, je speicherfähiger (schwerer) die Bauteile, insbesondere die Innenteile, sind.

Diese Überlegung beruht auf der Tatsache, daß ein Körper oder Bauteil aus der umgebenden Luft Wärme aufnimmt, wenn die Lufttemperatur höher als seine eigene Temperatur ist. Je größer dieser Temperaturunterschied ist, um so größer ist die Wärmemenge, die aufgenommen und gespeichert werden kann. Der Vorgang dauert so lange an, bis sich beide Temperaturen einander angeglichen haben. Umgekehrt gibt dieser Körper oder Bauteil bei Abkühlung der ihn umgebenden Luft unter seine eigene Temperatur Wärme an die Luft ab, bis sich das ganze System wieder im Gleichgewicht befindet.
Aufgrund der Aufheizung der Raumluft infolge Sonneneinstrahlung durch ein Fenster entsteht zwischen der wärmeren Raumluft und den kälteren Oberflächen der raumumschließenden Wände und Decken ein Temperaturgefälle. Das führt dazu, daß die raumumschließenden Bauteile Wärme aus der Raumluft aufnehmen, die dadurch nicht mehr zu ihrer Aufheizung beitragen kann.
Die Temperaturzunahme der Raumluft ist um so geringer, je größer die von den raumumschließenden Bauteilen aufgenommene und gespeicherte Wärmemenge Q_W ist.

Für die Wärmemenge Q_W gilt:

$$Q_W = b \cdot F \cdot \sqrt{t} \cdot \Delta T \text{ [Wh]} \qquad (14.1\text{–}12)$$

Sie hängt ab von
- dem Material der raumumschließenden Bauteile gekennzeichnet durch die Wärmeeindringzahl b
- der Fläche F der raumumschließenden Bauteile
- der Dauer t der Wärmeaufnahme
- der Temperaturdifferenz ΔT zwischen der Raumluft und der Oberfläche der raumumschließenden Bauteile.

Werden in der oben angegebenen Gleichung die Bauteilfläche F, der Zeitraum t und die Temperaturdifferenz ΔT als konstant angenommen, wird die von dem Bauteil aufnehmbare Wärmemenge Q_W allein abhängig von der einzigen in der Gleichung vorhandenen auf das Material bezogenen Größe b, der *Wärmeeindringzahl.*

$$Q_W \sim b$$

Die Wärmeeindringzahl kennzeichnet die Geschwindigkeit, mit der Wärme aus der umgebenden Luft in einen Baustoff eindringt bzw. von ihm an die umgebende Luft abgegeben wird. Je größer die Wärmeeindringzahl ist, um so schneller nimmt der Baustoff Wärme auf. Unter der Annahme eines konstanten Zeitraumes für diesen Wärmeaustausch nimmt ein Baustoff mit großer Wärmeeindringzahl mehr Wärme auf als ein Baustoff mit einer kleineren Wärmeeindringzahl.
Aus der Gleichung für die Wärmeeindringzahl

$$b = \sqrt{\varrho \cdot c \cdot \lambda} \text{ [W}\sqrt{\text{h}}/\text{m}^2\text{K]}$$

geht hervor, daß b seinerseits abhängig ist von
- der Rohdichte ϱ [kg/m^3]
- der spezifischen Wärmekapazität c [Wh/kgK]
- der Wärmeleitzahl λ [W/mK]

Der Einfluß der spezifischen Wärmekapazität c ist vergleichsweise gering, da ihre Werte für die verschiedenen Baustoffe in verhältnismäßig engen Grenzen schwanken. Da die Wärmeleitzahl in zulässiger Vereinfachung mit steigender Rohdichte zunimmt, wird die Wärmeeindringzahl b um so größer, je größer die Rohdichte wird.
Daraus folgt, daß die von einem Baustoff aufnehmbare Wärmemenge um so größer ist, je schwerer er ist.
Das gilt aber nur für einen Körper mit unendlicher Dicke. Bei Bauteilen haben wir es jedoch immer mit sehr begrenzten Dicken zu tun. Durch die Berücksichtigung der Dicke eines Bauteils oder einer Bauteilschicht wird das Flächengewicht als Produkt aus Dicke und Rohdichte des Baustoffes zur maßgebenden Beurteilungsgröße der Wärmespeicherfähigkeit von Bauteilen. Je größer das Flächengewicht eines Bauteils ist, um so größer ist seine Wärmespeicherfähigkeit.
Die Aufheizung der Raumluft nimmt mit steigendem Flächengewicht und mit größer werdender Fläche der raumumschließenden Bauteile ab.
Einschränkend muß jedoch festgestellt werden, daß mit zunehmender Dicke deren Einfluß geringer wird (s. Bild 14.1–3).
Den raumumschließenden Innenbauteilen kommt in diesem Zusammenhang eine besondere Bedeutung zu, weil die Außenbauteile durch die hohen äußeren Lufttemperaturen und je nach Himmelsrichtung durch direkte Sonneneinstrahlung ohnehin schon hoch belastet sind.
Bei mehrschichtigen Konstruktionen spielt die Schichtenfolge der einzelnen Schichten eine große Rolle. Leicht wärmedämmende Schichten auf der Innenseite des Raumes verhindern weitgehend das Wirksamwerden der dahinter vorhandenen speicherfähigen Schichten und sollten daher vermieden werden.

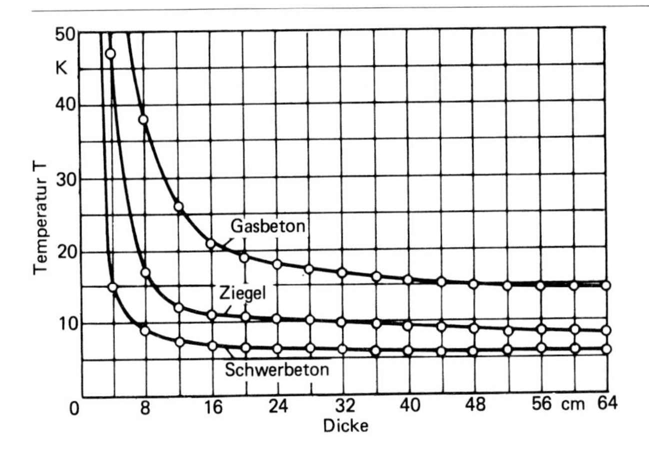

① für Gasbeton
② für Ziegel
③ für Schwerbeton
Raumgröße: 4 m × 4 m × 2,5 m
Glasfläche: 4 m² (Südorientierung)
Glasart: Isolierglas
nach Gertis [39]

Bild 14.1–3 Maximale Lufttemperaturzunahme in einem Raum in Abhängigkeit von der Dicke der raumumschließenden Bauteile

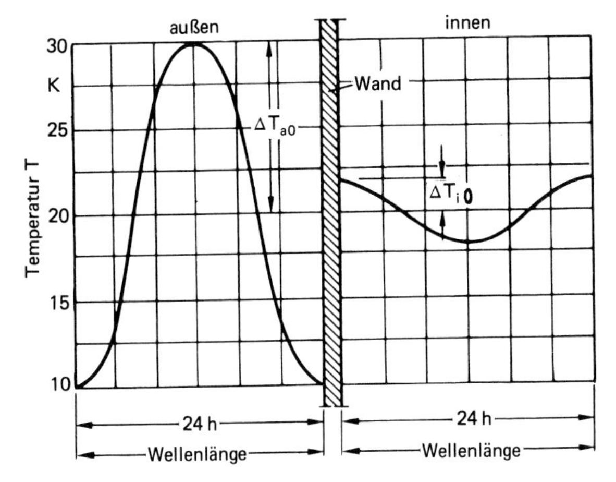

Bild 14.1–4 Temperaturamplitudendämpfung

Der geringeren Wärmespeicherfähigkeit von leichten Außenbauteilen begegnet die DIN 4108 durch die Erhöhung der Mindestwärmedurchlaßwiderstände (s. Tabelle 14.1–4).
Die *instationären Wärmeleiteigenschaften der nicht transparenten Außenbauteile* als einer weiteren Beurteilungsgröße für den sommerlichen Wärmeschutz werden durch die *Temperaturamplitudendämpfung* gekennzeichnet.
Durch die täglichen Temperaturschwankungen auf der äußeren Oberfläche von Bauteilen kommt es zeitlich verzögert zu Schwankungen der Innenoberflächentemperaturen. Diese Temperaturschwankungen folgen vereinfacht Sinuskurven mit gleichen Wellenlängen, aber unterschiedlichen Amplituden ΔT_{ao} und ΔT_{io} (s. Bild 14.1–4). Das Temperaturverhältnis – das Verhältnis von äußerer Amplitude ΔT_{ao} zu innerer Amplitude ΔT_{io} – kennzeichnet die Amplitudendämpfung. Sein Kehrwert wird als *Amplitudendämpfungsfaktor* $TAV = \Delta T_{io}/\Delta T_{ao}$ bezeichnet. Die Werte hierfür liegen zwischen 0 und 1. Je kleiner der Amplitudendämpfungsfaktor ist, um so günstiger ist das Bauteil in Hinblick auf den sommerlichen Wärmeschutz einzustufen.
Zur Berechnung des Amplitudendämpfungsfaktors wird auf das Verfahren von Gertis [41] hingewiesen. In Tabelle 14.1–10 sind die Werte für einige im Stahlbau häufig verwandte Wand- und Dachkonstruktionen angegeben.

14.1.6 Beispiel

Nachweis des Mindestwärmeschutzes und der Einhaltung der Wärmeschutz-V.

Gegeben ist ein Wohnhaus am Hang. Die Stahlkonstruktion ist auf einem Raster 3,75 m × 3,75 m aufgebaut. Das Erdgeschoß ist gegenüber dem Obergeschoß zurückgesetzt. Die Geschoßhöhe beträgt im Erdgeschoß 2,75 m, im Obergeschoß 3,00 m (Bild 14.1–5 und 14.1–6).

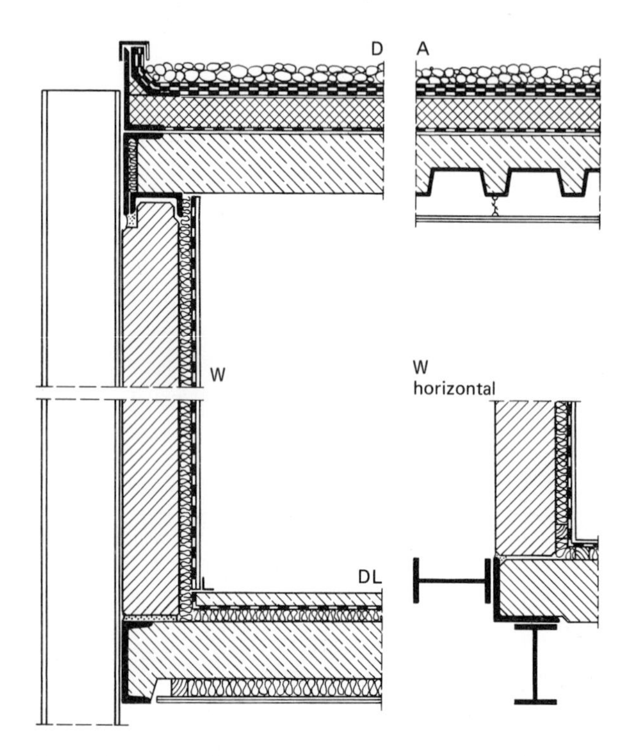

Bild 14.1–5 Aufbau der Dachdecke (D), der Außenwand (W) und des Fußbodens (DL) im Bereich der Auskragung.

Der Dachaufbau (A) stellt eine Alternative (Dachaufbau auf Trapezblech und Aufbeton) dar. Diese Alternative wird im Abschnitt 14.2.4 diffusionstechnisch analysiert. Der Schichtaufbau ist den folgenden Beispielen (Abschnitt 14.2.4) zu entnehmen.
Konstruktive Wärmebrücken im Bereich der Bauteilanschlüsse wurden konsequent vermieden.

A. Nachweis des Mindestwärmeschutzes

1. Außenwände, W

Schichtenfolge	d	ϱ	Flächengewicht	λ	$d/\lambda/1/\Lambda$
	[m]	$\left[\frac{kg}{m^3}\right]$	$\left[\frac{kg}{m^2}\right]$	$\left[\frac{W}{mK}\right]$	$\left[\frac{m^2K}{W}\right]$
1 Gasbeton mit diffusionsoffenem Anstrich	0,15	500	75,0	0,22	0,68
2 Mineralfaserplatten zwischen Holzlattung	0,03	80	2,4	0,04	0,75
3 Polyäthylenfolie	–	–	–	–	–
4 Gipskartonplatten	0,0125	900	11,3	0,21	0,06
			88,7		1,49

$\frac{1}{\Lambda_{erf}}$ in Abhängigkeit vom Flächengewicht nach Tabelle 14.1–4

$$\frac{1}{\Lambda_{erf}} = 0{,}87\,\frac{m^2K}{W} < \frac{1}{\Lambda_{vorh}} = 1{,}49\,\frac{m^2K}{W}$$

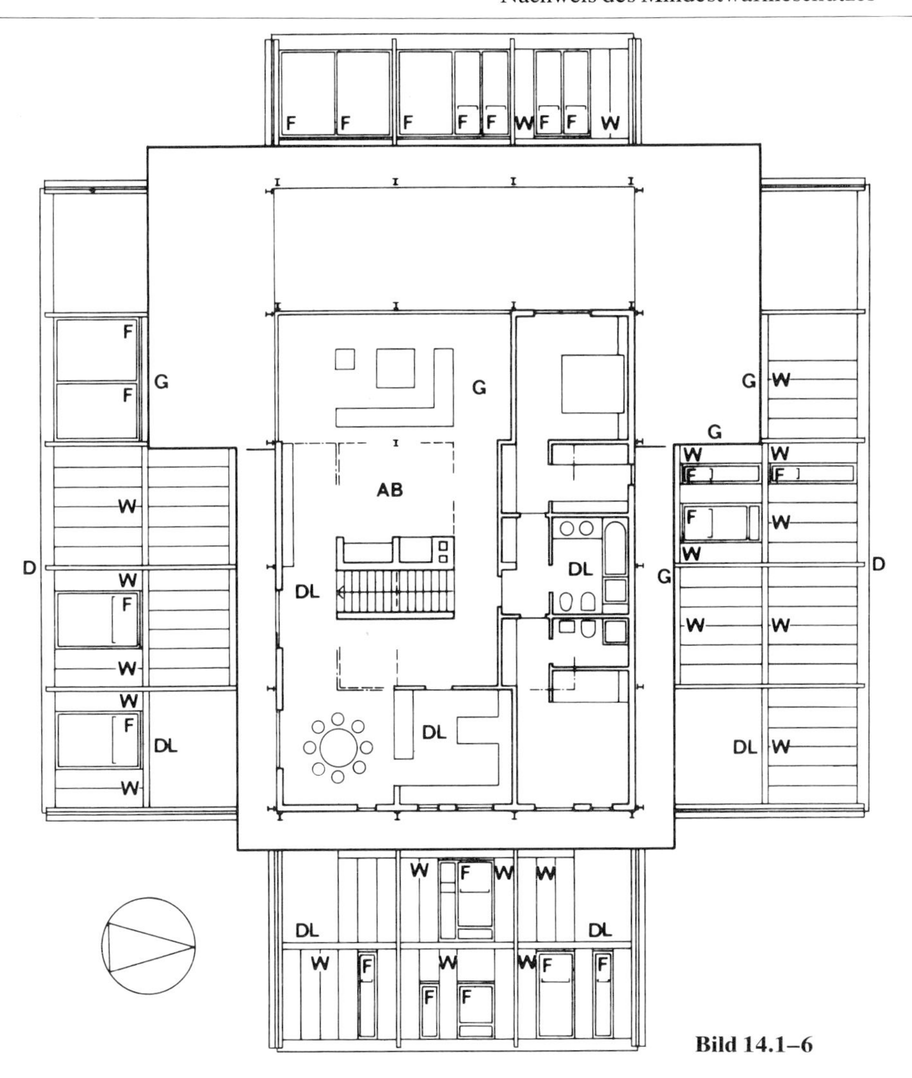

Bild 14.1–6

2. Dach, D

Schichtenfolge	d [m]	ϱ $\left[\frac{kg}{m^3}\right]$	Flächengewicht $\left[\frac{kg}{m^2}\right]$	λ $\left[\frac{W}{m\,K}\right]$	$d/\lambda/1/\Lambda$ $\left[\frac{m^2K}{W}\right]$
Kiesschüttung	–	–	–	–	–
1 3 Lagen Glasvliesbitumendachbahn V 13, 1. Lage punktweise geklebt	–	–	–	–	–
2 Polystyrol-Hartschaum granuliert, beidseitig kaschiert	0,08	20	1,6	0,04	2,00
3 1 Lage Bitumenschweißbahn G 200 S 5 + 1 Lage Lochglasvliesbitumendachbahn + 1 Voranstrich	–	–	–	–	–
4 Betondecke	0,14	2400	336,0	2,10	0,07
			337,6		2,07

$\frac{1}{\Lambda_{erf}}$ nach Tabelle 14.1–3

$$\frac{1}{\Lambda_{erf}} = 1{,}10\ \frac{m^2K}{W} < \frac{1}{\Lambda_{vorh}} = 2{,}07\ \frac{m^2K}{W}$$

3. Fußboden des Obergeschosses gegen Außenluft, DL

Schichtenfolge	d [m]	ϱ $\left[\frac{kg}{m^3}\right]$	Flächengewicht $\left[\frac{kg}{m^2}\right]$	λ $\left[\frac{W}{mK}\right]$	$d/\lambda/1/\Lambda$ $\left[\frac{m^2K}{W}\right]$
1 Estrich auf Ölpapier	0,05	2000	100,0	1,40	0,04
2 Glasfasermatten	0,04	75	3,0	0,04	1,00
3 Betondecke	0,14	2400	336,0	2,10	0,07
5 Glasfasermatten zwischen Holzlattung	0,04	75	3,0	0,04	1,00
6 Holzschalung	0,0125	600	7,5	0,13	0,09
			449,5		2,21

$\frac{1}{\Lambda_{erf}}$ nach Tabelle 14.1–3

$$\frac{1}{\Lambda_{erf}} = 1{,}75\,\frac{m^2K}{W} < \frac{1}{\Lambda_{vorh}} = 2{,}21\,\frac{m^2K}{W}$$

4. Fußboden des Obergeschosses über unbeheizten Räumen, AB

Schichtenfolge	d [m]	λ $\left[\frac{W}{mK}\right]$	$d/\lambda/1/\Lambda$ $\left[\frac{m^2K}{W}\right]$
1 Estrich auf Ölpapier	0,05	1,40	0,04
2 Glasfasermatten	0,04	0,04	1,00
3 Betondecke	0,14	2,10	0,07
			1,11

$\frac{1}{\Lambda_{erf}}$ nach Tabelle 14.1–3

$$\frac{1}{\Lambda_{erf}} = 0{,}90\,\frac{m^2K}{W} < \frac{1}{\Lambda_{vorh}} = 1{,}11\,\frac{m^2K}{W}$$

5. Fußboden über Erdreich, G

Schichtenfolge	d [m]	λ $\left[\frac{W}{mK}\right]$	$d/\lambda/1/\Lambda$ $\left[\frac{m^2K}{W}\right]$
1 Estrich auf Ölpapier	0,05	1,40	0,04
2 Glasfasermatten	0,04	0,04	1,00
3 Bodenabdichtung	–	–	–
4 Betonbodenplatte	0,14	–	–
5 Sauberkeitsschicht	0,05	–	–
			1,04

$\frac{1}{\Lambda_{erf}}$ nach Tabelle 14.1–3

$$\frac{1}{\Lambda_{erf}} = 0{,}90\,\frac{m^2K}{W} < \frac{1}{\Lambda_{vorh}} = 1{,}04\,\frac{m^2K}{W}$$

6. Außenwand ans Erdreich grenzend, *G*

Schichtenfolge	d [m]	λ $\left[\frac{W}{mK}\right]$	$d/\lambda/1/\Lambda$ $\left[\frac{m^2K}{W}\right]$
1 Polystyrolschaum extrudiert	0,04	0,04	1,00
2 Wandabdichtung	–	–	–
3 Beton	0,25	2,10	0,12
4 Innenputz	0,015	0,87	0,02
			1,14

$\frac{1}{\Lambda_{erf}}$ nach Tabelle 14.1–3

$$\frac{1}{\Lambda_{erf}} = 0{,}55\,\frac{m^2K}{W} < \frac{1}{\Lambda_{vorh}} = 1{,}14\,\frac{m^2K}{W}$$

Kommentar:

Kiesschüttungen, Dacheindeckungen, Dampfbremsen und Abdichtungen werden bei der Ermittlung des Wärmedurchlaßwiderstandes *nicht berücksichtigt,* da ihre Wärmedämmfähigkeit vernachlässigbar gering ist.
Die Anforderungen des Mindestwärmeschutzes werden von allen nach DIN 4108 zu prüfenden Bauteilen *erfüllt* und z.T. weit überschritten.
Bei der Ermittlung des Mindestwärmedurchlaßwiderstandes $1/\Lambda_{erf}$ für Außenwände wurde deren *geringes Flächengewicht* berücksichtigt. Für Außenwände von Aufenthaltsräumen, die an das Erdreich grenzen, gilt der Mindestwärmedurchlaßwiderstand für Außenwände nach Tabelle 14.1–3, Zeile 1.
Bei der Berechnung des Wärmedurchlaßwiderstandes werden bei an das Erdreich grenzenden Fußböden nur die Schichten oberhalb, bei an das Erdreich grenzenden Wänden nur die Schichten innenseits der Feuchtigkeitssperre berücksichtigt.
Da jedoch extrudierte Polystyrolschäume für eine außenseitige Anordnung der Wärmedämmschicht im Erdreich eine allgemeine bauaufsichtliche Zulassung besitzen, wurde diese in die Berechnung des Wärmedurchlaßwiderstandes der an das Erdreich grenzenden Außenwand mit einbezogen.

B. Nachweis der Einhaltung der Wärmeschutz *V*

Ermittlung der Flächen und *k*-Werte aller Bauteile

1. Außenwände, *W*

Erdgeschoß: $F_W = 9{,}38 \cdot 2{,}75 \qquad = 25{,}80$
Obergeschoß: $F_W = 30{,}63 \cdot 3{,}0 + 1{,}88 \cdot 1{,}00 \qquad = 93{,}77$
$F_W \qquad = 119{,}57\ \text{m}^2$

$$k_W = 1 : \left(\frac{1}{\alpha_a} + \frac{1}{\Lambda} + \frac{1}{\alpha_i}\right) = 1 : (0{,}04 + 1{,}49 + 0{,}13)$$

$k_W = 0{,}60\ \text{W/m}^2\,\text{K}$

Fenster, *F*

Erdgeschoß: $F_F = 3{,}75 \cdot 2{,}55 \qquad = 9{,}56$
Obergeschoß: $F_F = 20{,}0 \cdot 2{,}80 + 1{,}88 \cdot 1{,}80 \qquad = 59{,}38$
$F_F \qquad = 68{,}94\ \text{m}^2$

Wärmegedämmte Aluminiumverbundprofile Doppelverglasung, Luftzwischenraum $1\ \text{cm} < s \leqq 1{,}6\ \text{cm}$ (Tabelle 14.1–5, Zeile 1.4)

$k_F = 2{,}9\ \text{W/m}^2\,\text{K}$

2. Dach, *D*

$F_D = 15{,}0 \cdot 11{,}25 \qquad = 168{,}75\ \text{m}^2$

$$k_D = 1 : \left(\frac{1}{\alpha_a} + \frac{1}{\Lambda} + \frac{1}{\alpha_i}\right) = 1 : (0{,}04 + 2{,}07 + 0{,}13)$$

$$k_D = 0{,}45\ \frac{\text{W}}{\text{m}^2\,\text{K}}$$

3. Fußboden des Obergeschosses gegen Außenluft, *DL*

$F_{DL} = 3{,}75 \cdot 11{,}25 + 1{,}88 \cdot 7{,}50 \cdot 2 \qquad = 70{,}39\ \text{m}^2$

$$k_{DL} = 1 : \left(\frac{1}{\alpha_a} + \frac{1}{\Lambda} + \frac{1}{\alpha_i}\right) = 1 : (0{,}04 + 2{,}21 + 0{,}17)$$

$k_{DL} = 0{,}41\ \text{W/m}^2\,\text{K}$

4. Fußboden des Obergeschosses über unbeheizten Räumen und Wände gegen unbeheizte Räume, *AB*

Fußboden

$F_{AB} = 3{,}75 \cdot 3{,}75 + 1{,}88 \cdot 3{,}75 \qquad = 21{,}11\ \text{m}^2$

$$k_{AB} = 1 : \left(\frac{1}{\alpha_i} + \frac{1}{\Lambda} + \frac{1}{\alpha_i}\right) = 1 : (0{,}17 + 1{,}11 + 0{,}17)$$

$$k_{AB} = 0{,}69\ \frac{\text{W}}{\text{m}^2\,\text{K}}$$

Wand (15 cm Gasbeton)

$F_{AB} = 9{,}38 \cdot 2{,}75$ $= 25{,}80\,\text{m}^2$

$$k_{AB} = 1 : \left(\frac{1}{\alpha_i} + \frac{1}{\Lambda} + \frac{1}{\alpha_i}\right) = 1 : (0{,}13 + 0{,}68 + 0{,}13)$$

$$k_{AB} = 1{,}06 \,\frac{\text{W}}{\text{m}^2\,\text{K}}$$

5. Fußboden über Erdreich, *G*

$F_G = 3{,}75 \cdot 11{,}25 + 3{,}75 \cdot 3{,}75 + 3{,}75 \cdot 5{,}63$ $= 77{,}36\,\text{m}^2$

$$k_G = 1 : \left(\frac{1}{\alpha_i} + \frac{1}{\Lambda}\right) = 1 : (0{,}17 + 1{,}04)$$

$$k_G = 0{,}83 \,\frac{\text{W}}{\text{m}^2\,\text{K}}$$

6. Außenwand ans Erdreich grenzend, *G*

$F_G = 3{,}75 \cdot 2{,}75$ $= 10{,}31\,\text{m}^2$

$$k_G = 1 : \left(\frac{1}{\alpha_i} + \frac{1}{\Lambda}\right) = 1 : (0{,}13 + 1{,}14)$$

$$k_G = 0{,}79 \,\frac{\text{W}}{\text{m}^2\,\text{K}}$$

Gesamtfläche F_{ges} $= 562{,}23\,\text{m}^2$

Verfahren 1
Ermittlung der vorhandenen Wärmedurchgangskoeffizienten k_m und $k_{m,W+F}$.

$$k_m = \frac{k_W \cdot F_W + k_F \cdot F_F + 0{,}8\,k_D \cdot F_D + k_{DL} \cdot F_{DL} + 0{,}5\,k_{AB} \cdot F_{AB} + 0{,}5\,k_G \cdot F_G}{F_{ges}} \left[\frac{\text{W}}{\text{m}^2\,\text{K}}\right]$$

$$k_m = \frac{0{,}60 \cdot 119{,}57 + 2{,}9 \cdot 68{,}94 + 0{,}8 \cdot 0{,}45 \cdot 168{,}75 + 0{,}41 \cdot 70{,}39 + 0{,}5 \cdot 0{,}69 \cdot 21{,}11 +}{562{,}23}$$

$$\frac{+\,0{,}5 \cdot 1{,}06 \cdot 25{,}80 + 0{,}5 \cdot 0{,}83 \cdot 77{,}36 + 0{,}5 \cdot 0{,}79 \cdot 10{,}31}{562{,}23}$$

$$k_m = \frac{71{,}74 + 199{,}93 + 60{,}75 + 28{,}86 + 7{,}28 + 13{,}67 + 32{,}10 + 4{,}07}{562{,}23}$$

$$k_m = 0{,}74 \,\frac{\text{W}}{\text{m}^2\,\text{K}}$$

$$k_{m,W+F} = \frac{k_W \cdot F_W + k_F \cdot F_F}{F_W + F_F} \left[\frac{\text{W}}{\text{m}^2\,\text{K}}\right]$$

Erdgeschoß

$$k_{m,W+F} = \frac{0{,}60 \cdot 25{,}80 + 2{,}9 \cdot 9{,}56}{25{,}80 + 9{,}56} = \frac{15{,}48 + 27{,}72}{35{,}36}$$

$$k_{m,W+F} = 1{,}22 \,\frac{\text{W}}{\text{m}^2\,\text{K}}$$

Obergeschoß

$$k_{m,W+F} = \frac{0{,}60 \cdot 93{,}77 + 2{,}9 \cdot 59{,}38}{93{,}77 + 59{,}38} = \frac{56{,}26 + 172{,}20}{153{,}15}$$

$$k_{m,W+F} = 1{,}49 \,\frac{\text{W}}{\text{m}^2\,\text{K}}$$

Ermittlung der zulässigen Wärmedurchgangskoeffizienten $k_{m\,\max}$ und $k_{m,W+F\max}$.

Volumen V

$V = 15{,}0 \cdot 11{,}25 \cdot 3{,}0 + (3{,}75 \cdot 5{,}63 + 3{,}75 \cdot 3{,}75) \cdot 2{,}75 = 602{,}97\ \mathrm{m}^3$

Verhältnis F/V

$$\frac{F}{V} = \frac{562{,}23}{602{,}97} = 0{,}93\ \frac{\mathrm{m}^2}{\mathrm{m}^3}$$

$k_{m\,\max}$ nach Tabelle 14.1–6a

$$k_{m\,\max} = 0{,}61 + 0{,}19 \cdot \frac{1}{F/V}\ \left[\frac{\mathrm{W}}{\mathrm{m}^2\,\mathrm{K}}\right]$$

$$k_{m\,\max} = 0{,}61 + 0{,}19 \cdot \frac{1}{0{,}93}$$

$$k_{m\,\max} = 0{,}81\ \frac{\mathrm{W}}{\mathrm{m}^2\,\mathrm{K}}$$

$$k_{m,W+F\,\max} = 1{,}85\ \frac{\mathrm{W}}{\mathrm{m}^2\,\mathrm{K}}$$ (s. Seite 747)

Vergleich der vorhandenen und der zulässigen Wärmedurchgangskoeffizienten k_m und $k_{m,W+F}$

$$k_{m\,\mathrm{vorh}} = 0{,}74\ \frac{\mathrm{W}}{\mathrm{m}^2\,\mathrm{K}} < k_{m\,\max} = 0{,}81\ \frac{\mathrm{W}}{\mathrm{m}^2\,\mathrm{K}}$$

Erdgeschoß

$$k_{m,W+F\,\mathrm{vorh}} = 1{,}22\ \frac{\mathrm{W}}{\mathrm{m}^2\,\mathrm{K}} < k_{m,W+F\,\max} = 1{,}85\ \frac{\mathrm{W}}{\mathrm{m}^2\,\mathrm{K}}$$

Obergeschoß

$$k_{m,W+F\,\mathrm{vorh}} = 1{,}49\ \frac{\mathrm{W}}{\mathrm{m}^2\,\mathrm{K}} < k_{m,W+F\,\max} = 1{,}85\ \frac{\mathrm{W}}{\mathrm{m}^2\,\mathrm{K}}$$

Verfahren 2

Ermittlung des vorhandenen Wärmedurchgangskoeffizienten $k_{m,W+F}$

$$k_{m,W+F} = \frac{k_W \cdot F_W + k_F \cdot F_F}{F_W + F_F}\ \left[\frac{\mathrm{W}}{\mathrm{m}^2\,\mathrm{K}}\right]$$

$$k_{m,W+F} = \frac{0{,}60 \cdot 119{,}57 + 2{,}9 \cdot 68{,}94}{119{,}57 + 68{,}94} = \frac{71{,}74 + 199{,}93}{188{,}51}$$

$$k_{m,W+F} = 1{,}44\ \frac{\mathrm{W}}{\mathrm{m}^2\,\mathrm{K}}$$

Vergleich der vorhandenen und der zulässigen Wärmedurchgangskoeffizienten

Da der Grundriß vollständig von einem Quadrat von 15 m Seitenlänge umschrieben wird, ergibt sich nach Tabelle 14.1–7 ein

$$k_{m,W+F\,\max} = 1{,}45\ \frac{\mathrm{W}}{\mathrm{m}^2\,\mathrm{K}}.$$

$$k_{m,W+F\,\mathrm{vorh}} = 1{,}44\ \frac{\mathrm{W}}{\mathrm{m}^2\,\mathrm{K}} < k_{m,W+F\,\max} = 1{,}45\ \frac{\mathrm{W}}{\mathrm{m}^2\,\mathrm{K}}$$

Die maximalen Wärmedurchgangskoeffizienten für die anderen Bauteile werden ebenfalls Tabelle 14.1–7 entnommen.

$$k_{D\,\mathrm{vorh}} = 0{,}45\ \frac{\mathrm{W}}{\mathrm{m}^2\,\mathrm{K}} = k_{D\,\max}$$

$$k_{DL\,\mathrm{vorh}} = 0{,}41\ \frac{\mathrm{W}}{\mathrm{m}^2\,\mathrm{K}} < k_{DL\,\max} = 0{,}45\ \frac{\mathrm{W}}{\mathrm{m}^2\,\mathrm{K}}$$

$$k_{AB\,\text{vorh}}\,(\text{Fußboden}) = 0{,}69\,\frac{\text{W}}{\text{m}^2\,\text{K}} < k_{AB\,\max} = 0{,}80\,\frac{\text{W}}{\text{m}^2\,\text{K}}$$

$$k_{AB\,\text{vorh}}\,(\text{Wand}) = 1{,}06\,\frac{\text{W}}{\text{m}^2\,\text{K}} > k_{AB\,\max} = 0{,}80\,\frac{\text{W}}{\text{m}^2\,\text{K}}$$

$$k_{G\,\text{vorh}}\,(\text{Fußboden}) = 0{,}83\,\frac{\text{W}}{\text{m}^2\,\text{K}} < k_{G\,\max} = 0{,}90\,\frac{\text{W}}{\text{m}^2\,\text{K}}$$

$$k_{G\,\text{vorh}}\,(\text{Wand}) = 0{,}79\,\frac{\text{W}}{\text{m}^2\,\text{K}} < k_{G\,\max} = 0{,}90\,\frac{\text{W}}{\text{m}^2\,\text{K}}$$

Kommentar:
Die Anforderungen des erhöhten Wärmeschutzes nach Wärmeschutz *V* werden *erfüllt.* Lediglich der nach Verfahren 2 erforderliche Einzelnachweis für die Trennwand gegen unbeheizte Räume ergibt eine Überschreitung des zulässigen Wärmedurchgangskoeffizienten. Dieser geringfügige Fehler tritt im Nachweisverfahren 1 nicht zutage, da er hier durch die bessere Wärmedämmfähigkeit anderer Bauteile ausgeglichen wird.
Da aber sowohl Verfahren 1 als auch Verfahren 2 zum Nachweis der Einhaltung der Wärmeschutz *V* angewendet werden dürfen, braucht die angesprochene Wandkonstruktion nicht geändert zu werden.

Tabelle 14.1–1 Rechenwerte der Wärmeleitfähigkeit und Richtwerte der Wasserdampf-Diffusionswiderstandszahlen aus [61]

Zeile	Stoff	Rohdichte oder Rohdichteklassen[1] [2]) kg/m³	Rechenwert der Wärmeleitfähigkeit λ_R[3]) W/(m · K)	Richtwert der Wasserdampf-Diffusionswiderstandszahl μ[4])
1	**Putze, Estriche und andere Mörtelschichten**			
1.1	Kalkmörtel, Kalkzementmörtel, Mörtel aus hydraulischem Kalk	(1800)	0,87	15/35
1.2	Zementmörtel	(2000)	1,4	15/35
1.3	Kalkgipsmörtel, Gipsmörtel, Anhydritmörtel, Kalkanhydritmörtel	(1400)	0,70	10
1.4	Gipsputz ohne Zuschlag	(1200)	0,35	10
1.5	Anhydritestrich	(2100)	1,2	
1.6	Zementestrich	(2000)	1,4	15/35
1.7	Magnesiaestrich nach DIN 272			
1.7.1	Unterböden und Unterschichten von zweilagigen Böden	(1400)	0,47	
1.7.2	Industrieböden und Gehschicht	(2300)	0,70	
1.8	Gußasphaltestrich, Dicke ≥15 mm	(2300)	0,90	[5])
2	**Großformatige Bauteile**			
2.1	Normalbeton nach DIN 1045 (Kies- oder Splittbeton mit geschlossenem Gefüge; auch bewehrt)	(2400)	2,1	70/150
2.2	Leichtbeton und Stahlleichtbeton mit geschlossenem Gefüge nach DIN 4219 Teil 1 und Teil 2 hergestellt:			
2.2.1	unter Verwendung von Zuschlägen mit porigem Gefüge nach DIN 4226 Teil 2	1000 1200 1400 1600 1800 2000	0,47 0,59 0,72 0,87 0,99 1,2	70/150
2.2.2	Ausschließlich unter Verwendung von Blähton, Blähschiefer, Naturbims und Schaumlava nach DIN 4226 Teil 2 ohne Quarzsandzusatz. Herstellung des Betons güteüberwacht gemäß DIN 4219 Teil 1	800 900 1000 1100 1200 1300 1400 1500 1600	0,30 0,35 0,38 0,44 0,50 0,56 0,62 0,67 0,73	70/150
2.3	Dampfgehärteter Gasbeton nach DIN 4223 (z. Z. noch Entwurf)	400 500 600 700 800	0,14 0,16 0,19 0,21 0,23	5/10

Fußnoten siehe Seite 764

Tabelle 14.1–1 (Fortsetzung)

Zeile	Stoff	Rohdichte oder Rohdichteklassen[1] [2]) kg/m³	Rechenwert der Wärmeleitfähigkeit λ_R[3]) W/(m · K)	Richtwert der Wasserdampf-Diffusionswiderstandszahl μ[4])
2.4	Leichtbeton mit haufwerksporigem Gefüge, z. B. nach DIN 4232			
2.4.1	mit nichtporigen Zuschlägen nach DIN 4226 Teil 1, z. B. Kies	1600 1800 2000	0,81 1,1 1,4	3/10 5/10
2.4.2	mit porigen Zuschlägen nach DIN 4226 Teil 2, ohne Quarzsandzusatz	600 700 800 1000 1200 1400 1600 1800 2000	0,22 0,26 0,28 0,36 0,46 0,57 0,75 0,92 1,2	5/15
2.4.2.1	ausschließlich unter Verwendung von Naturbims	500 600 700 800 900 1000 1200	0,15 0,18 0,20 0,24 0,27 0,32 0,44	5/15
2.4.2.2	ausschließlich unter Verwendung von Blähbeton	500 600 700 800 900 1000 1200	0,18 0,20 0,23 0,26 0,30 0,35 0,46	5/15
3	**Bauplatten**			
3.1	Asbestzementplatten nach DIN 274 Teil 1 bis Teil 4	(2000)	0,56	20/50
3.2	Gasbeton-Bauplatten, unbewehrt, nach DIN 4166			
3.2.1	mit normaler Fugendicke und Mauermörtel nach DIN 1053 Teil 1 verlegt	500 600 700 800	0,22 0,24 0,27 0,29	5/10
3.2.2	dünnfugig verlegt	500 600 700 800	0,19 0,22 0,24 0,27	5/10
3.3	Wandbauplatten aus Leichtbeton nach DIN 18162	800 900 1000 1200 1400	0,29 0,32 0,37 0,47 0,58	5/10
3.4	Wandbauplatten aus Gips, nach DIN 18163, auch mit Poren, Hohlräumen, Füllstoffen oder Zuschlägen	600 750 900 1000 1200	0,29 0,35 0,41 0,47 0,58	5/10
3.5	Gipskartonplatten nach DIN 18180	(900)	0,21	8
4	**Mauerwerk einschließlich Mörtelungen**			
4.1	Mauerwerk aus Mauerziegeln nach DIN 105			
4.1.1	Vollklinker	(2000)	0,96	50/100
4.1.2	Hochlochklinker	(1800)	0,81	50/100
4.1.3	Vollziegel, Lochziegel, hochfeste Ziegel	1200 1400 1600 1800 2000	0,50 0,58 0,68 0,81 0,96	5/10
4.1.4	Leichthochlochziegel nach DIN 105 Teil 2*), Typ A und B	700 800 900 1000	0,36 0,39 0,42 0,45	5/10

Fußnoten siehe Seite 764 *) Folgeausgabe z. Z. noch Entwurf

Tabelle 14.1–1 (Fortsetzung)

Zeile	Stoff	Rohdichte oder Rohdichteklassen[1] [2]) kg/m³	Rechenwert der Wärmeleitfähigkeit λ_R [3]) W/(m · K)	Richtwert der Wasserdampf-Diffusionswiderstandszahl μ[4])
4.1.5	Leichthochlochziegel nach DIN 105 Teil 2*), Typ W_1	700	0,30	5/10
		800	0,33	
		900	0,36	
		1000	0,39	
4.2	Mauerwerk aus Kalksandsteinen nach DIN 106 Teil 1 und Teil 2	1000	0,50	5/10
		1200	0,56	
		1400	0,70	
		1600	0,79	15/25
		1800	0,99	
		2000	1,1	
		2200	1,3	
4.3	Mauerwerk aus Hüttensteinen nach DIN 398	1000	0,47	70/100
		1200	0,52	
		1400	0,58	
		1600	0,64	
		1800	0,70	
		2000	0,76	
4.4	Mauerwerk aus Gasbeton-Blocksteinen nach DIN 4165*)	500	0,22	5/10
		600	0,24	
		700	0,27	
		800	0,29	
4.5	Mauerwerk aus Betonsteinen			
4.5.1	Lochsteine aus Leichtbeton nach DIN 18 149	600	0,35	5/10
		700	0,40	
		800	0,47	
		900	0,56	
		1000	0,65	
		1200	0,77	
		1400	0,91	
		1600	1,0	10/15
4.5.2	Hohlblocksteine aus Leichtbeton nach DIN 18 151 mit porigen Zuschlägen nach DIN 4226 Teil 2 ohne Quarzsandzusatz[7])			
4.5.2.1	2-K-Steine, Breite ≤ 240 mm 3-K-Steine, Breite ≤ 300 mm 4-K-Steine, Breite ≤ 365 mm	500	0,29	5/10
		600	0,32	
		700	0,35	
		800	0,39	
		900	0,44	
		1000	0,49	
		1200	0,60	
		1400	0,73	
4.5.2.2	2-K-Steine, Breite = 300 mm 3-K-Steine, Breite = 365 mm	500	0,29	5/10
		600	0,34	
		700	0,39	
		800	0,46	
		900	0,55	
		1000	0,64	
		1200	0,76	
		1400	0,90	
4.5.3	Vollsteine und Vollblöcke aus Leichtbeton nach DIN 18 152.			
4.5.3.1	Vollsteine (V)	500	0,32	5/10
		600	0,34	
		700	0,37	
		800	0,40	
		900	0,43	
		1000	0,46	
		1200	0,54	
		1400	0,63	
		1600	0,74	10/15
		1800	0,87	
		2000	0,99	
4.5.3.2	Vollblöcke (Vbl) (außer Vollblöcken S-W aus Bims nach Zeile 4.5.3.3 und aus Blähbeton nach Zeile 4.5.3.4)	500	0,29	5/10
		600	0,32	
		700	0,35	
		800	0,39	
		900	0,43	
		1000	0,46	

Fußnoten siehe Seite 764 *) Folgeausgabe z. Z. noch Entwurf

Tabelle 14.1–1 (Fortsetzung)

Zeile	Stoff	Rohdichte oder Rohdichteklassen[1]) [2]) kg/m³	Rechenwert der Wärmeleitfähigkeit λ_R[3]) W/(m · K)	Richtwert der Wasserdampf-Diffusionswiderstandszahl μ[4])
4.5.3.2		1200 1400 1600 1800 2000	0,54 0,63 0,74 0,87 0,99	 10/15
4.5.3.3	Vollblöcke S-W aus Bims Bis zur Regelung in DIN 18 152*) dürfen Vollblöcke aus Bims mit Schlitzen (S) mit dem Zusatzbuchstaben W bezeichnet werden, wenn sie folgende Bedingungen erfüllen: a) Zuschläge Als Zuschlag ist ausschließlich Naturbims zu verwenden. Zumischungen von anderen Zuschlägen nach DIN 18 152, Ausgabe Dezember 1978, Abschnitt 4.2, 2. Absatz, und Abschnitt 6.1, 2. Absatz, sind nicht zulässig. b) Form Die Schlitze der Vollblöcke müssen stets mit einem Deckel abgeschlossen sein. Griffhilfen sind nicht zulässig. Es sind stets Stirnseitennuten anzuordnen. c) Maße Es dürfen nur Vollblöcke der Zeilen 9 bis 12 der Tabelle 2 aus DIN 18 152, Ausgabe Dezember 1978, verwendet werden. d) Kennzeichnung Die Kennzeichnung nach DIN 18 152 muß durch den Buchstaben W ergänzt werden.	500 600 700 800	0,20 0,22 0,25 0,28	5/10
4.5.3.4	Vollblöcke S-W aus Blähbeton Bis zur Regelung in DIN 18 152 dürfen Vollblöcke aus Blähbeton mit Schlitzen (S) mit dem Zusatzbuchstaben W bezeichnet werden, wenn sie die folgenden Bedingungen erfüllen: a) Zuschläge Als Zuschlag ist ausschließlich Blähbeton zu verwenden. Zumischungen von anderen Zuschlägen nach DIN 18 152, Ausgabe Dezember 1978, Abschnitt 4.2, 2. Absatz, und Abschnitt 6.1, 2. Absatz, sind nicht zulässig. b) Form Die Schlitze der Vollblöcke müssen stets mit einem Deckel abgeschlossen sein. Griffhilfen sind nicht zulässig. Es sind stets Stirnseitennuten anzuordnen. c) Maße Es dürfen nur Vollblöcke der Zeilen 9 bis 12 der Tabelle 2 aus DIN 18 152, Ausgabe Dezember 1978, verwendet werden. d) Kennzeichnung Die Kennzeichnung nach DIN 18 152 muß durch den Buchstaben W ergänzt werden.	500 600 700 800	0,22 0,24 0,27 0,31	5/10
4.5.4	Hohlblocksteine und T-Hohlsteine aus Normalbeton mit geschlossenem Gefüge nach DIN 18 153			
4.5.4.1	2-K-Steine, Breite ≤ 240 mm 3-K-Steine, Breite ≤ 300 mm 4-K-Steine, Breite ≤ 365 mm	(≤1800)	0,92	
4.5.4.2	2-K-Steine, Breite = 300 mm 3-K-Steine, Breite = 365 mm	(≤1800)	1,3	
5 Wärmedämmstoffe				
5.1	Holzwolle-Leichtbauplatten nach DIN 1101[8]) Plattendicke ≤ 25 mm = 15 mm	 (360 bis 480) (570)	 0,093 0,15	 2/5
5.2	Mehrschicht-Leichtbauplatten nach DIN 1104 Teil 1 aus Schaumkunststoffplatten nach DIN 18 164 Teil 1 mit Beschichtungen aus mineralisch gebundener Holzwolle Schaumkunststoffplatte Holzwolleschichten (Einzelschichten) Dicke ≥ 10 bis < 25 mm ≥ 25 mm Holzwolleschichten (Einzelschichten) mit Dicken < 10 mm dürfen zur Berechnung des wärmedurchlaßwiderstandes 1/Λ nicht berücksichtigt werden (siehe DIN 1104 Teil 1)	 (≥15) (460 bis 650) (360 bis 460) (800)	 0,040 0,15 0,093	 20/70

Fußnoten siehe Seite 764

*) Eine Ergänzung A 1 zu DIN 18 152, Ausgabe Dezember 1978, ist z. Z. noch Entwurf.

Tabelle 14.1–1 (Fortsetzung)

Zeile	Stoff	Rohdichte oder Rohdichte-klassen[1]) [2]) kg/m³	Rechenwert der Wärme-leitfähigkeit λ_R[3]) W/(m · K)	Richtwert der Wasserdampf-Diffusions-widerstands-zahl μ[4])
5.3	Schaumkunststoffe nach DIN 18 159 Teil 1 und Teil 2 an der Baustelle hergestellt			
5.3.1	Polyurethan(PUR)-Ortschaum nach DIN 18 159 Teil 1	(≥37)	0,030	30/100
5.3.2	Harnstoff-Formaldehydharz(UF)-Ortschaum nach DIN 18 159 Teil 2	(≥10)	0,041	1/3
5.4	Korkdämmstoffe Korkplatten nach DIN 18 161 Teil 1 Wärmeleitfähigkeitsgruppe 025 050 055	(80 bis 500)	0,045 0,050 0,055	5/10
5.5	Schaumkunststoffe nach DIN 18 164 Teil 1[9])			
5.5.1	Polystyrol(PS)-Hartschaum Wärmeleitfähigkeitsgruppe 025 030 035 040		0,025 0,030 0,035 0,040	
	Polystyrol-Partikelschaum	(≥15) (≥20) (≥30)		20/50 30/70 40/100
	Polystyrol-Extruderschaum	(≥25)		80/300
5.5.2	Polyurethan(PUR)-Hartschaum Wärmeleitfähigkeitsgruppe 020 025 030 035	(≥30)	0,020 0,025 0,030 0,035	30/100
5.5.3	Phenolharz(PF)-Hartschaum Wärmeleitfähigkeitsgruppe 030 035 040 045	(≥30)	0,030 0,035 0,040 0,045	30/50
5.6	Mineralische und pflanzliche Faserdämmstoffe nach DIN 18 165 Teil 1[9]) Wärmeleitfähigkeitsgruppe 035 040 045 050	(8 bis 500)	0,035 0,040 0,045 0,050	1
5.7	Schaumglas nach DIN 18 174 Wärmeleitfähigkeitsgruppe 045 050 055 060	(100 bis 150)	0,045 0,050 0,055 0,060	[5])
6 Holz und Holzwerkstoffe[10])				
6.1	Holz			
6.1.1	Fichte, Kiefer, Tanne	(600)	0,13	40
6.1.2	Buche, Eiche	(800)	0,20	
6.2	Holzwerkstoffe			
6.2.1	Sperrholz nach DIN 68 705 Teil 2 bis Teil 4	(800)	0,15	50/400
6.2.2	Spanplatten			
6.2.2.1	Flachpreßplatten nach DIN 68 761 und DIN 68 763	(700)	0,13	50/100
6.2.2.2	Strangpreßplatten nach DIN 68 764 Teil 1 (Vollplatte ohne Beplankung)	(700)	0,17	20
6.2.3	Holzfaserplatten			
6.2.3.1	Harte Holzfaserplatten nach DIN 68 750 und DIN 68 754 Teil 1	(1000)	0,17	70
6.2.3.2	Poröse Holzfaserplatten nach DIN 68 750 und Bitumen-Holzfaserplatten nach DIN 68 752	≤200 ≤300	0,045 0,056	5

Fußnoten siehe Seite 764

Tabelle 14.1–1 (Fortsetzung)

Zeile	Stoff	Rohdichte oder Rohdichteklassen[1]) [2]) kg/m³	Rechenwert der Wärmeleitfähigkeit λ_R [3]) W/(m · K)	Richtwert der Wasserdampf-Diffusionswiderstandszahl μ [4])
7 Beläge, Abdichtstoffe und Abdichtungsbahnen				
7.1	Fußbodenbeläge			
7.1.1	Linoleum nach DIN 18171	(1000)	0,17	
7.1.2	Korklinoleum	(700)	0,081	
7.1.3	Linoleum-Verbundbeläge nach DIN 18173	(100)	0,12	
7.1.4	Kunststoffbeläge, z. B. auch PVC	(1500)	0,23	
7.2.	Abdichtstoffe, Abdichtungsbahnen			
7.2.1	Asphaltmastix, Dicke ≥7 mm	(2000)	0,70	[5])
7.2.2	Bitumen	(1100)	0,17	
7.2.3	Dachbahnen, Dachdichtungsbahnen			
7.2.3.1	Bitumendachbahnen nach DIN 52128	(1200)	0,17	10000/80000
7.2.3.2	nackte Bitumendachbahnen nach DIN 52129	(1200)	0,17	2000/20000
7.2.3.3	Glasvlies-Bitumendachbahnen nach DIN 52143			20000/60000
7.2.4	Kunststoff-Dachbahnen			
7.2.4.1	Nach DIN 16730 (PVC weich)			10000/25000
7.2.4.2	nach DIN 16731 (PIB)			400000/1750000
7.2.4.3	nach DIN 16732 Teil 1 (ECB) 2,0 K			50000/75000
7.2.4.4	nach DIN 16732 Teil 2 (ECB) 2,0			70000/100000
7.2.5	Folien			
7.2.5.1	PVC-Folien, Dicke ≥0,1 mm	20000/50000		
7.2.5.2	Polyethylen-Folien, Dicke ≥0,1 mm			100000
7.2.5.3	Aluminium-Folie, Dicke ≥0,05 mm			[5])
7.2.5.4	Andere Metallfolien, Dicke ≥0,1 mm			[5])
8 Sonstige gebräuchliche Stoffe[11])				
8.1	Lose Schüttungen[12]), abgedeckt			
8.1.1	aus porigen Stoffen: Blähperlit Blähglimmer Korkschrot, expandiert Hüttenbims Blähton, Blähschiefer Bimskies Schaumlava	 (≤100) (≤100) (≤200) (≤600) (≤400) (≤1000) ≤1200 ≤1500	 0,060 0,070 0,050 0,13 0,16 0,19 0,22 0,27	
8.1.2	aus Polystyrolschaumstoff-Partikeln	(15)	0,045	
8.1.3	aus Sand, Kies, Splitt (trocken)	(1800)	0,70	
8.2	Fliesen	(2000)	1,0	
8.3	Glas	(2500)	0,80	
8.4	Natursteine			
8.4.1	Kristalline metamorphe Gesteine (Granit, Basalt, Marmor)	(2800)	3,5	
8.4.2	Sedimentsteine (Sandstein, Muschelkalk, Nagelfluh)	(2600)	2,3	
8.4.3	Vulkanische porige Natursteine	(1600)	0,55	
8.5	Böden (naturfeucht)			
8.5.1	Sand, Kiessand		1,4	
8.5.2	Bindige Böden		2,1	
8.6	Keramik und Glasmosaik	(2000)	1,2	100/300
8.7	Wärmedämmender Putz	(600)	0,20	5/20
8.8	Kunstharzputz	(1100)	0,70	50/200
8.9	Metalle			
8.9.1	Stahl		60	
8.9.2	Kupfer		380	
8.9.3	Aluminium		200	
8.10	Gummi (kompakt)	(1000)	0,20	

Fußnoten siehe Seite 764

Fußnoten zur Tabelle 14.1–1

[1]) Die in Klammern angegebenen Rohdichtewerte dienen nur zur Ermittlung der flächenbezogenen Masse, z. B. für den Nachweis des sommerlichen Wärmeschutzes.
[2]) Die bei den Steinen genannten Rohdichten sind Klassenbezeichnungen nach den entsprechenden Stoffnormen.
[3]) Die angegebenen Rechenwerte der Wärmeleitfähigkeit λ_R von Mauerwerk dürfen bei Verwendung von werksmäßig hergestellten Leichtmauermörteln aus Zuschlägen mit porigem Gefüge nach DIN 4226 Teil 2 ohne Quarzsandzusatz – bei einer Festmörtelrohdichte ≤ 1000 kg/m^3 – um 0,06 W/(m · K) verringert werden, jedoch dürfen die verringerten Werte bei Vollblöcken S-W aus Bims und Blähton nach den Zeilen 4.5.3.3 und 4.5.3.4 sowie bei Gasbeton-Blocksteinen nach Zeile 4.4 die Werte der entsprechenden Zeilen 2.4.2.1, 2.4.2.2 und 2.3 nicht unterschreiten.
[4]) Es ist jeweils der für die Baukonstruktion ungünstigere Wert einzusetzen. Bezüglich der Anwendung der μ-Werte siehe DIN 4108 Teil 3 und Beispiele in DIN 4108 Teil 5.
[5]) Praktisch dampfdicht. Nach DIN 52615 Teil 1: $s_d \geq 1500$ m.
[6]) Bei Quarzsandzusatz erhöhen sich die Rechenwerte der Wärmeleitfähigkeit um 20%.
[7]) Die Rechenwerte der Wärmeleitfähigkeit sind bei Hohlblocksteinen mit Quarzsandzusatz für 2-K-Steine um 20% und für 3-K-Steine und 4-K-Steine um 15% zu erhöhen.
[8]) Platten der Dicken < 15 mm dürfen wärmeschutztechnisch nicht berücksichtigt werden (siehe DIN 1101).
[9]) Bei Trittschalldämmplatten aus Schaumkunststoffen oder aus Faserdämmstoffen wird bei sämtlichen Erzeugnissen der Wärmedurchlaßwiderstand $1/\Lambda$ auf der Verpackung angegeben (siehe DIN 18164 Teil 2 und DIN 18165 Teil 2).
[10]) Die angegebenen Rechenwerte der Wärmeleitfähigkeit λ_R gelten für Holz quer zur Faser, für Holzwerkstoffe senkrecht zur Plattenebene. Für Holz in Faserrichtung sowie für Holzwerkstoffe in Plattenebene ist näherungsweise der 2,2fache Wert einzusetzen, wenn kein genauerer Nachweis erfolgt.
[11]) Diese Stoffe sind hinsichtlich ihrer wärmeschutztechnischen Eigenschaften nicht genormt. Die angegebenen Wärmeleitfähigkeitswerte stellen obere Grenzwerte dar.
[12]) Die Dichte wird bei losen Schüttungen als Schüttdichte angegeben.

Tabelle 14.1–2 Wärmeübergangswiderstände und Wärmedurchlaßwiderstände von Luftschichten aus [61]

Rechenwerte der Wärmeübergangswiderstände [1]) [2])

Zeile	Bauteil[3])	Wärmeübergangs widerstand $\frac{1}{\alpha_i}$ m^2 · K/W	$\frac{1}{\alpha_a}$ m^2 · K/W
1	Außenwand (ausgenommen solche nach Zeile 2)	0,13	0,04
2	Außenwand mit hinterlüfteter Außenhaut[4]), Abseitenwand zum nicht wärmegedämmten Dachraum		0,08[5])
3	Wohnungstrennwand, Treppenraumwand, Wand zwischen fremden Arbeitsräumen, Trennwand zu dauernd unbeheiztem Raum, Abseitenwand zum wärmegedämmten Dachraum		[6])
4	An das Erdreich grenzende Wand		0
5	Decke oder Dachschräge, die Aufenthaltsräume nach oben gegen die Außenluft abgrenzt (nicht belüftet)	0,13	0,04
6	Decke unter nicht ausgebautem Dachraum, unter Spitzboden oder unter belüftetem Raum (z. B. belüftete Dachschräge)		0,08[5])
7	Wohnungstrenndecke und Decke zwischen fremden Arbeitsräumen		
7.1	Wärmestrom von unten nach oben	0,13	[6])
7.2	Wärmestrom von oben nach unten	0,17	[6])
8	Kellerdecke	0,17	
9	Decke, die Aufenthaltsraum nach unten gegen die Außenluft abgrenzt		0,04
10	Unterer Abschluß eines nicht unterkellerten Aufenthaltsraumes (an das Erdreich grenzend)		0

[1]) Vereinfachend kann man in allen Fällen mit $1/\alpha_i = 0{,}13$ m^2 · K/W sowie – die Zeilen 4 und 10 ausgenommen – mit $1/\alpha_a = 0{,}04$ m^2 · K/W gerechnet werden.
[2]) Für die Überprüfung eines Bauteils auf Tauwasserbildung auf Oberflächen siehe besondere Festlegung in DIN 4108 Teil 3.
[3]) Zur Lage der Bauteile im Bauwerk siehe Bild 1.
[4]) Für zweischaliges Mauerwerk mit Luftschicht nach DIN 1053 Teil 1 gilt Zeile 1.
[5]) Diese Werte sind auch bei der Berechnung des Wärmedurchgangswiderstandes $1/k$ von Rippen neben belüfteten Gefachen nach DIN 4108 Teil 2, Ausgabe August 1981, Abschnitt 5.2.6, anzuwenden.
[6]) Bei innenliegendem Bauteil ist zu beiden Seiten mit demselben Wärmeübergangswiderstand zu rechnen.

Rechenwerte der Wärmedurchlaßwiderstände von Luftschichten[1])

Lage der Luftschicht	Dicke der Luftschicht mm	Wärmedurchlaßwiderstand $1/\Lambda$ m^2 · K/W
lotrecht	10 bis 20	0,14
	über 20 bis 500	0,17
waagerecht	10 bis 500	0,17

[1]) Die Werte gelten für Luftschichten, die nicht mit der Außenluft in Verbindung stehen, und für Luftschichten bei mehrschaligem Mauerwerk nach DIN 1053 Teil 1.

Tabelle 14.1–3 Mindestwerte der Wärmedurchlaßwiderstände $1/\Lambda$ und Maximalwerte der Wärmedurchgangskoeffizienten k von Bauteilen
(mit Ausnahme leichter Bauteile nach Tabelle 14.1–4) aus [61]

Spalte		1		2		3	
				2.1	2.2	3.1	3.2
Zeile		Bauteile		Wärmedurchlaßwiderstand $1/\Lambda$		Wärmedurchgangskoeffizient k	
				im Mittel	an der ungünstigsten Stelle	im Mittel	an der ungünstigsten Stelle
				$m^2 \cdot K/W$		$W/(m^2 \cdot K)$	
1	1.1	Außenwände[1])	allgemein	0,55		1,39; 1,32[2])	
	1.2		für kleinflächige Einbauteile (z. B. Pfeiler) bei Gebäuden mit einer Höhe des Erdgeschoßfußbodens (1. Nutzgeschoß) ≤500 m über NN	0,47		1,56; 1,47[2])	
2	2.1	Wohnungstrennwände[3]) und Wände zwischen fremden Arbeitsräumen	in nicht zentralbeheizten Gebäuden	0,25		1,96	
	2.2		in zentralbeheizten Gebäuden[4])	0,07		3,03	
3		Treppenraumwände[5])		0,25		1,96	
4	4.1	Wohnungstrenndecken[3]) und Decken zwischen fremden Arbeitsräumen[6]) [7])	allgemein	0,35		1,64[8]); 1,45[9])	
	4.2		in zentralbeheizten Bürogebäuden[4])	0,17		2,33[8]); 1,96[9])	
5	5.1	Unterer Abschluß nicht unterkellerter Aufenthaltsräume[6])	unmittelbar an das Erdreich grenzend	0,90		0,93	
	5.2		über einen nicht belüfteten Hohlraum an das Erdreich grenzend			0,81 0,81	
6		Decken unter nicht ausgebauten Dachräumen[6]) [10])		0,90	0,45	0,90	1,52
7		Kellerdecken[6]) [11])		0,90	0,45	0,81	1,27
8	8.1	Decken, die Aufenthaltsräume gegen die Außenluft abgrenzen[6])	nach unten[12])	1,75	1,30	0,51; 0,50[2])	0,66; 0,65[2])
	8.2		nach oben[13]) [14])	1,10	0,80	0,79	1,03

[1]) Die Zeile 1 gilt auch für Wände, die Aufenthaltsräume gegen Bodenräume, Durchfahrten, offene Hausflure, Garagen (auch beheizte) oder dergleichen abschließen oder an das Erdreich angrenzen. Zeile 1 gilt nicht für Außenwände, wenn die Dachschräge bis zum Dachfuß gedämmt ist.

[2]) Dieser Wert gilt für Bauteile mit hinterlüfteter Außenhaut.

[3]) Wohnungstrennwände und -trenndecken sind Bauteile, die Wohnungen voneinander oder von fremden Arbeitsräumen trennen.

[4]) Als zentralbeheizt im Sinne dieser Norm gelten Gebäude, deren Räume an eine gemeinsame Heizzentrale angeschlossen sind, von der ihnen die Wärme mittels Wasser, Dampf oder Luft unmittelbar zugeführt wird.

[5]) Die Zeile 3 gilt auch für Wände, die Aufenthaltsräume von fremden, dauernd unbeheizten Räumen trennen, wie abgeschlossenen Hausfluren, Kellerräumen, Ställen, Lagerräumen usw. Die Anforderung nach Zeile 3 gilt nur für geschlossene, eingebaute Treppenräume; sonst gilt Zeile 1.

[6]) Bei schwimmenden Estrichen ist für den rechnerischen Nachweis der Wärmedämmung die Dicke der Dämmschicht im belasteten Zustand anzusetzen.
Bei Fußboden- oder Deckenheizungen müssen die Mindestanforderungen an den Wärmedurchlaßwiderstand durch die Deckenkonstruktion unter- bzw. oberhalb der Ebenen der Heizfläche (Unter- bzw. Oberkante Heizrohr) eingehalten werden. Es wird empfohlen, die Wärmedurchlaßwiderstände $1/\Lambda$ über diese Mindestanforderungen hinaus zu erhöhen.

[7]) Die Zeile 4 gilt auch für Decken unter Räumen zwischen gedämmten Dachschrägen und Abseitenwänden bei ausgebauten Dachräumen.

[8]) Für Wärmestromverlauf von unten nach oben.

[9]) Für Wärmestromverlauf von oben nach unten.

[10]) Die Zeile 6 gilt auch für Decken, die unter einem belüfteten Raum liegen, der nur bekriechbar oder noch niedriger ist, sowie für Decken unter belüfteten Räumen zwischen Dachschrägen und Abseitenwänden bei ausgebauten Dachräumen (bezüglich der erforderlichen Belüftung siehe DIN 4108 Teil 3).

[11]) Die Zeile 7 gilt auch für Decken, die Aufenthaltsräume gegen abgeschlossene, unbeheizte Hausflure o. ä. abschließen.

[12]) Die Zeile 8.1 gilt auch für Decken, die Aufenthaltsräume gegen Garagen (auch beheizte), Durchfahrten (auch verschließbare) und belüftete Kriechkeller abgrenzen.

[13]) Siehe auch DIN 18 530 (Vornorm).

[14]) Zum Beispiel Dächer und Decken unter Terrassen.

Tabelle 14.1–4 Mindestwerte der Wärmedurchlaßwiderstände $1/\Lambda$ und Maximalwerte der Wärmedurchgangskoeffizienten k für Außenwände, Decken unter nicht ausgebauten Dachräumen und Dächer mit einer flächenbezogenen Gesamtmasse unter 300 kg/m² (leichte Bauteile) aus [61].

Flächenbezogene Masse der raumseitigen Bauteilschichten¹) ²) kg/m²	Wärmedurchlaßwiderstand des Bauteils $1/\Lambda$¹) ²) m² · K/W	Wärmedurchgangskoeffizient des Bauteils k¹) ²) W/(m² · K) Bauteile mit nicht hinterlüfteter Außenhaut	Bauteile mit hinterlüfteter Außenhaut
0	1,75	0,52	0,51
20	1,40	0,64	0,62
50	1,10	0,79	0,76
100	0,80	1,03	0,99
150	0,65	1,22	1,16
200	0,60	1,30	1,23
300	0,55	1,39	1,32

¹) Als flächenbezogene Masse sind in Rechnung zu stellen:
- bei Bauteilen mit Dämmschicht die Masse derjenigen Schichten, die zwischen der raumseitigen Bauteiloberfläche und der Dämmschicht angeordnet sind. Als Dämmschicht gilt hier eine Schicht mit $\lambda_R \leq 0{,}1$ W/(m · K) und $1/\Lambda \geq 0{,}25$ m² · K/W.
- bei Bauteilen ohne Dämmschicht (z.B. Mauerwerk) die Gesamtmasse des Bauteils.

Werden die Anforderungen nach Tabelle 2 bereits von einer oder mehreren Schichten des Bauteils – und zwar unabhängig von ihrer Lage – (z.B. bei Vernachlässigung der Masse und des Wärmedurchlaßwiderstandes einer Dämmschicht erfüllt, so braucht kein weiterer Nachweis geführt zu werden.
Holz und Holzwerkstoffe dürfen näherungsweise mit dem 2fachen Wert ihrer Masse in Rechnung gestellt werden.

²) Zwischenwerte dürfen geradlinig interpoliert werden.

Tabelle 14.1–5 Rechenwerte der Wärmedurchgangskoeffizienten für Verglasungen (k_V) und für Fenster und Fenstertüren einschließlich Rahmen (k_F) [nach 61, Auszug].

Spalte	1	2	3	4	5	6	7
Zeile	Beschreibung der Verglasung	Verglasung¹) k_V W/(m² · K)	Fenster und Fenstertüren einschließlich Rahmen k_F für Rahmenmaterialgruppe²) W/(m² · K)				
			1	2.1	2.2	2.3	3
1	**Unter Verwendung von Normalglas**						
1.1	Einfachverglasung	5,8	5,2				
1.2	Isolierglas mit ≥6 bis ≤8 mm Luftzwischenraum	3,4	2,9	3,2	3,3	3,6	4,1
1.3	Isolierglas mit >8 bis ≤10 mm Luftzwischenraum	3,2	2,8	3,0	3,2	3,4	4,0
1.4	Isolierglas mit >10 bis ≤16 mm Luftzwischenraum	3,0	2,6	2,9	3,1	3,3	3,8
1.5	Isolierglas mit zweimal ≥6 bis ≤8 mm Luftzwischenraum	2,4	2,2	2,5	2,6	2,9	3,4
1.6	Isolierglas mit zweimal >8 bis ≤10 mm Luftzwischenraum	2,2	2,1	2,3	2,5	2,7	3,3
1.7	Isolierglas mit zweimal >10 bis ≤16 mm Luftzwischenraum	2,1	2,0	2,3	2,4	2,7	3,2
1.8	Doppelverglasung mit 20 bis 100 mm Scheibenabstand	2,8	2,5	2,7	2,9	3,2	3,7
1.9	Doppelverglasung aus Einfachglas und Isolierglas (Luftzwischenraum 10 bis 16 mm) mit 20 bis 100 mm Scheibenabstand	2,0	1,9	2,2	2,4	2,6	3,1
1.10	Doppelverglasung aus zwei Isolierglaseinheiten (Luftzwischenraum 10 bis 16 mm) mit 20 bis 100 mm Scheibenabstand	1,4	1,5	1,8	1,9	2,2	2,7

¹) Bei Fenstern mit einem Rahmenanteil von nicht mehr als 5% (z.B. Schaufensteranlagen) kann für den Wärmedurchgangskoeffizienten k_F der Wärmedurchgangskoeffizient k_V der Verglasung gesetzt werden.

²) Die Einstufung von Fensterrahmen in die Rahmenmaterialgruppen 1 bis 3 ist wie folgt vorzunehmen:

Gruppe 1: Fenster mit Rahmen aus Holz, Kunststoff (siehe Anmerkung) und Holzkombinationen (z.B. Holzrahmen mit Aluminiumbekleidung) ohne besonderen Nachweis oder wenn der Wärmedurchgangskoeffizient des Rahmens mit $k_R \leq 2{,}0$ W/(m² · K) aufgrund von Prüfzeugnissen nachgewiesen worden ist
Anmerkung: In die Gruppe 1 sind Profile für Kunststoff-Fenster nur dann einzuordnen, wenn die Profilausbildung vom Kunststoff bestimmt wird und eventuell vorhandene Metalleinlagen nur der Aussteifung dienen.

Gruppe 2.1: Fenster mit Rahmen aus wärmegedämmten Metall- oder Betonprofilen, wenn der Wärmedurchgangskoeffizient des Rahmens mit $k_R < 2{,}8$ W/(m² · K) aufgrund von Prüfzeugnissen nachgewiesen worden ist

Gruppe 2.2: Fenster mit Rahmen aus wärmegedämmtem Metall- oder Betonprofilen, wenn der Wärmedurchgangskoeffizient des Rahmens mit $3{,}5 \geq k_R \geq 2{,}8$ W/(m² · K) aufgrund von Prüfzeugnissen nachgewiesen worden ist

Gruppe 2.3: Fenster mit Rahmen aus wärmegedämmten Metall- oder Betonprofilen, wenn der Wärmedurchgangskoeffizient des Rahmens mit $4{,}5 \geq k_R \geq 3{,}5$ W/(m² · K) aufgrund von Prüfzeugnissen nachgewiesen worden ist

Gruppe 3: Fenster mit Rahmen aus Beton, Stahl und Aluminium sowie wärmegedämmten Metallprofilen, die nicht in die Rahmenmaterialgruppen 2.1 bis 2.3 eingestuft werden können, ohne besonderen Nachweis.

Tabelle 14.1–6 Maximale mittlere Wärmedurchgangskoeffizienten $k_{m,\max}$ in Abhängigkeit vom Verhältnis F/V [nach 68]

Für Gebäude mit Innentemperaturen > 19 °C		Für Gebäude mit Innentemperaturen > 12 °C < 19 °C	
F/V[1]) in m^{-1}	$k_{m,\max}$[1]) in $W/m^2 \cdot K$	F/V[2]) in m^{-1}	$k_{m,\max}$[2]) in $W/m^2 \cdot K$
≦ 0,24	1,40	≦ 0,24	1,40
0,30	1,24	0,30	1,27
0,40	1,09	0,40	1,14
0,50	0,99	0,50	1,06
0,60	0,93	0,60	1,01
0,70	0,88	0,70	0,97
0,80	0,85	0,80	0,94
0,90	0,82	0,90	0,92
1,00	0,80	≧ 1,00	0,91
1,10	0,78		
≧ 1,20	0,77		

[1]) Zwischenwerte sind nach folgender Gleichung zu ermitteln $k_{m\,\max} = 0{,}61 + 0{,}19 \cdot \frac{1}{F/V}$ in $W/m^2 \cdot K$

[2]) Zwischenwerte sind nach folgender Gleichung zu ermitteln $k_{m\,\max} = 0{,}75 + 0{,}155 \cdot \frac{1}{F/V}$ in $W/m^2 \cdot K$

Tabelle 14.1–7 Wärmedurchgangskoeffizienten für einzelne Außenbauteile [nach 68]

Zeile		Bauteile			max. Wärmedurchgangskoeffizient in $W/m^2 \cdot K$
1	1.1	Außenwände einschl. Fenster und Fenstertüren	Gebäude, deren Grundriß[1]) von einem Quadrat mit einer Seitenlänge von 15 m umschrieben werden kann.	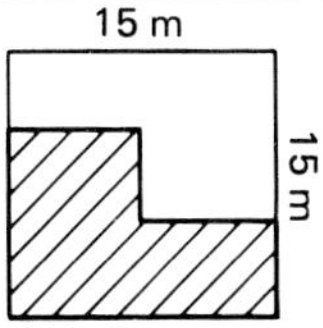 15 m, 15 m, Abb. 1	$k_{m,W+F} \leqq 1{,}45$[2])
	1.2		Gebäude, deren Grundriß[1]) nicht vollständig von einem Quadrat mit 15 m Seitenlänge umschrieben werden kann.	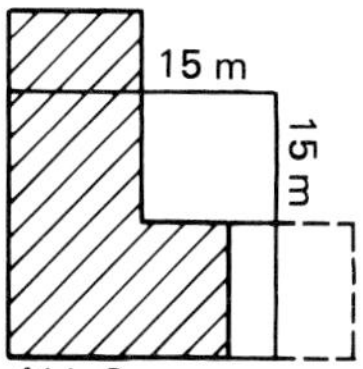 15 m, 15 m, Abb. 2	$k_{m,W+F} \leqq 1{,}55$
	1.3		Gebäude, deren Grundriß[1]) ein Quadrat mit einer Seitenlänge von 15 m umschreibt.	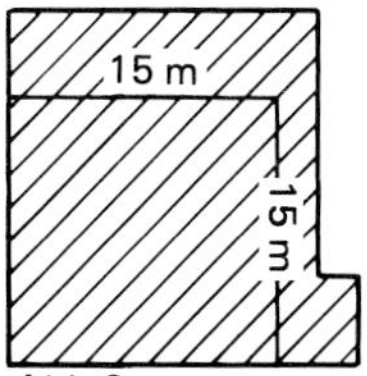 15 m, 15 m, Abb. 3	$k_{m,W+F} \leqq 1{,}75$
2		Decken unter nicht ausgebauten Dachräumen und Decken, die Räume nach oben und unten gegen die Außenluft abgrenzen			$k_D \leqq 0{,}45$
3		Kellerdecken sowie Wände und Decken gegen unbeheizte Räume			$k_{AB} \leqq 0{,}80$
4		Decken und Wände, die an das Erdreich grenzen			$k_G \leqq 0{,}90$

[1]) Für die Einordnung in die Zeilen 1.1 bis 1.3 ist das Vollgeschoß zugrunde zu legen, das den kleinsten Wert k_{W+F} ergibt. Bei geschoßweise unterschiedlichen äußeren Grundrißabmessungen darf geschoßweise verfahren werden.

[2]) Wird für die Gebäude nach Zeile 1.1 bis zu 3 Vollgeschossen in Zeile 2 $k_D \leqq 0{,}38$ $W/m^2 \cdot K$ und in Zeile 3 oder 4 $K_G \leqq 0{,}70$ $W/m^2 \cdot K$ gewählt, darf in Zeile 1.1 $k_{m,W+F} \leqq 1{,}55$ $W/m^2 \cdot K$ gesetzt werden.

Tabelle 14.1–8 Fugendurchlaßkoeffizient a für Fenster und Fenstertüren [nach 68]

Zeile	Gebäudehöhe	Fugendurchlaßkoeffizient a Beanspruchungsgruppe nach DIN 18055 Teil 2[1])[3]) A		B und C	
		$\frac{m^3}{h \cdot m \cdot \left(\frac{kN}{m^2}\right)^n}$ [2])	$\left(\frac{m^3}{h \cdot m \cdot \left(\frac{kp}{m^2}\right)^n}\right)$ [2])	$\frac{m^3}{h \cdot m \cdot \left(\frac{kN}{m^2}\right)^n}$ [2])	$\left(\frac{m^3}{h \cdot m \cdot \left(\frac{kp}{m^2}\right)^n}\right)$ [2])
1	Gebäude bis zu 2 Vollgeschossen	$2{,}0 \cdot 100^n$	(2,0)	–	–
2	Gebäude mit mehr als 2 Vollgeschossen	–	–	$1{,}0 \cdot 100^n$	(1,0)

[1]) Beanspruchungsgruppe A: Gebäudehöhe bis 8 m
B: Gebäudehöhe bis 20 m
C: Gebäudehöhe bis 100 m

[2]) Siehe DIN 18055 Teil 2: n darf mit ²/₃ angenommen werden.

[3]) Das Normblatt DIN 18055 Teil 2, Ausgabe August 1973, ist bekanntgemacht in der Beilage zum Bundesanzeiger Nr. 85 vom 5. Mai 1977.

Tabelle 14.1–9 Maximale Wärmedurchgangskoeffizienten bei Hallenbädern [nach 68]

Bauteil		max. Wärmedurchgangskoeffizienten in $W/m^2 \cdot K$
Umfassungsfläche des Gebäudes	k_m	0,85
Wand	k_W	0,70
Dach	k_D	0,45

Tabelle 14.1–10 Temperaturamplitudendämpfungsfaktoren TAV für verschiedene Wand- und Dachkonstruktionen

	Wandkonstruktion			$\frac{1}{\Lambda}\left[\frac{m^2 K}{W}\right]$	TAV
1	Gasbeton	d = 15,0 cm d = 17,5 cm d = 20,0 cm		0,65 0,76 0,87	0,47 0,36 0,28
2	Gasbeton + Innendämmung innen Gipskartonplatten	d = 15,0 cm, d = 15,0 cm, d = 17,5 cm, d = 17,5 cm, d = 20,0 cm, d = 20,0 cm,	d_{WD} = 2,0 cm d_{WD} = 4,0 cm d_{WD} = 2,0 cm d_{WD} = 4,0 cm d_{WD} = 2,0 cm d_{WD} = 4,0 cm	1,21 1,71 1,32 1,82 1,43 1,93	0,34 0,27 0,26 0,21 0,20 0,16
3	Metallpaneel Kerndämmung zwischen Aluminiumblechen		d_{WD} = 6,0 cm d_{WD} = 8,0 cm d_{WD} = 10,0 cm	1,50 2,00 2,50	0,87 0,78 0,68
4	Holzelement Kerndämmung zwischen Spanplatten, außen und innen – Holzschalung		d_{WD} = 6,0 cm d_{WD} = 8,0 cm d_{WD} = 10,0 cm	2,31 2,81 3,31	0,19 0,15 0,12
5	Fertigelement Kerndämmung zwischen Asbestzementplatten, innen Gipskartonplatten		d_{WD} = 4,0 cm d_{WD} = 6,0 cm d_{WD} = 8,0 cm	1,17 1,67 2,17	0,24 0,17 0,13
6	Zum Vergleich: Stahlbeton mit Kerndämmung Außenschale 7 cm Innenschale 14 cm		d_{WD} = 6,0 cm	1,61	0,03
	Dachkonstruktion				
7	Warmdach auf Betondecke		d_{WD} = 8,0 cm d_{WD} = 10,0 cm	2,07 2,57	0,02 0,017
8	Warmdach auf Trapezblech		d_{WD} = 8,0 cm d_{WD} = 10,0 cm	2,00 2,50	0,87 0,80
9	Warmdach auf Spanplatte über Trapezblech		d_{WD} = 8,0 cm d_{WD} = 10,0 cm	2,31 2,81	0,28 0,23

14.2 Klimabedingter Feuchtigkeitsschutz

H. Casselmann/G. Dahmen

14.2.1 Grundlagen

Das Thema „Feuchtigkeitsschutz", insbesondere der „klimabedingte Feuchtigkeitsschutz", spielt – beobachtet man die laufende Entwicklung – eine zunehmend wichtigere Rolle. Nicht von ungefähr wurden erst 1959 die grundlegenden bauphysikalischen Zusammenhänge der Wasserdampfdiffusion erfaßt [43], auch bis heute noch ist der Vorgang der kapillaren Wasseraufsaugung bzw. Wiederaustrocknung nur sehr unzureichend erforscht – jedenfalls, was bautechnisch verwertbare Verfahren angeht.
Feuchtigkeitsschutz war solange kein großes Problem, wie der Großteil der Bauten mit massiven, einschaligen Außenwänden und gut belüfteten Ziegeldachkonstruktionen errichtet wurde. Erst die fortschreitende Entwicklung z.B. des Leichtbaus, die Reduzierung der Bauteildicken, verbunden mit der Notwendigkeit, jeder Teilschicht eines Außenaufbaus eine bestimmte bauphysikalische Funktion zuzuweisen, machte weitergehende Überlegungen in dieser Richtung notwendig. Leider stieg mit fortschreitender Differenzierung auch die Zahl der möglichen Fehler an, wie die Bauschadensstatistik eindeutig ausweist.
Klimabedingter Feuchtigkeitsschutz bedeutet die Verhinderung von Tauwasserausfall auf den Innenoberflächen oder im Bauteil selbst. Um die hierfür notwendigen Berechnungen zu verstehen, bedarf es zunächst einiger Aussagen über das Wesen des Wasserdampfes.
Wasserdampf – Wasser in gasförmigem Zustand – befindet sich als Bestandteil des Luftgemisches in der Atmosphäre. In Innenräumen wird er zusätzlich angereichert durch alle Formen der Nutzung – im einfachsten Fall durch Verdunsten an der Oberfläche des menschlichen Körpers, durch Waschen, Kochen usw.
Hieraus geht hervor, daß i.a. immer mehr Wasserdampf in genutzten Innenräumen vorhanden ist als in der Außenluft.
Der pro Volumeneinheit vorhandenen Wasserdampfmenge entspricht unmittelbar der vorhandene Wasserdampfdruck P [Pa]. Aus dem oben Gesagten geht hervor, daß der *im Inneren vorhandene Wasserdampfdruck* P_i [Pa] i.a. höher ist als der *in der Außenluft vorhandene Wasserdampfdruck* P_a [Pa]. Besonders im Winter ist die Bewegung der Wasserdampfmoleküle daher von innen nach außen gerichtet (Dampfdruckausgleich), die Form, in der sich dieser Ausgleich vollzieht, ist die *Diffusion.*
Überträgt man diesen Vorgang auf ein Bauteil, so bedeutet dies, daß im Bauteilquerschnitt (von innen nach außen) die vorhandenen Wasserdampfdrücke abnehmen, bis – ausgehend von P_i – auf der Außenseite der Angleich an P_a erfolgt ist. Kann sich dieser Ausgleich ungestört vollziehen, bleibt also an jeder Stelle im Bauteilquerschnitt bzw. an jeder Schichtgrenze das Wasser in gasförmiger Form erhalten, so tritt auch kein Tauwasserausfall auf – gleichgültig wie hoch P_i bzw. wie groß die Druckdifferenz $\Delta P = P_i - P_a$ auch sein mag. Diese Anmerkung erscheint wichtig, weil oft die irrige Meinung geäußert wird, daß bei Feuchträumen mit hohen Dampfgehalten innen unbedingt Tauwasser ausfallen müsse – was bei geeigneten Konstruktionen aber keineswegs der Fall ist.
Der Wasserdampf besitzt Eigengesetzlichkeiten, die ihn von einem idealen Gas unterscheiden. Die Wasserdampfkonzentration (Menge/Volumeneinheit und damit der vorh. Dampfdruck) kann nicht beliebig erhöht werden: es gibt eine bestimmte Grenze für die maximal mögliche Wasserdampfkonzentration, als einen maximal möglichen Wasserdampfdruck, den *Sättigungsdampfdruck* P_s [Pa]. Der Sättigungsdampfdruck P_s ist *abhängig von der Temperatur* des Mediums, in dem sich der Wasserdampf gerade befindet (Bild 14.2–7).
Das prozentuale Verhältnis von vorhandenem Dampfdruck zum Sättigungsdampfdruck ist der *Sättigungsgrad* φ des Wasserdampfes. Im Medium Luft wird dieser als die *relative Luftfeuchte r.F.* [%] gekennzeichnet:

$$r.F. = \frac{P}{P_s} \cdot 100\ [\%] \qquad (14.2\text{–}14)$$

Bei der Abgabe klimatischer Randbedingungen werden zumeist die Temperatur und relative Luftfeuchte genannt. Es ist zunächst der zu dieser Temperatur zugehörige Sättigungsdampfdruck P_s zu suchen. Der *vorhandene Dampfdruck P* beträgt dann:

$$P = P_s \cdot r.F. : 100\ [\text{Pa}] \qquad (14.2\text{–}15)$$

Kondensation (Tauwasserbildung) tritt auf, wenn infolge Temperaturabsenkung oder Wasserdampfanreicherung der sinkende Sättigungsdampfdruck den vorhandenen Dampfdruck bzw. der ansteigende vorhandene Dampfdruck den Sättigungsdampfdruck erreicht. Wird (theoretisch) $P > P_s$, so bleibt der Sättigungsgrad konstant bei 100% und die überschüssige Wasserdampfmenge (also das, was einem Dampfdruck P oberhalb von P_s entsprechen würde), wird verflüssigt. *Daher kann es keinen höheren*

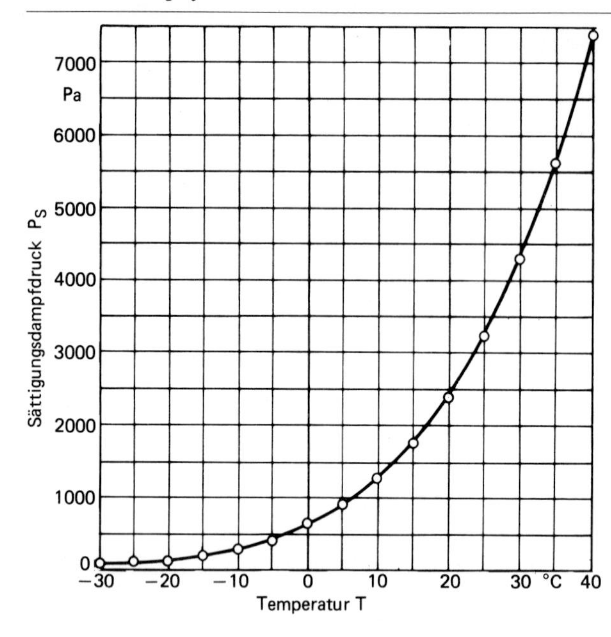

Bild 14.2–7
Sättigungsdampfdrücke in Abhängigkeit von der Temperatur

vorhandenen Dampfdruck P geben als den der jeweiligen Temperatur entsprechenden Sättigungsdampfdruck P_s.
Grundsätzlich folgt hieraus, daß bei der Betrachtung diffusionstechnischer Vorgänge im und am Bauteil an jeder Stelle der vorhandene Dampfdruck mit dem Sättigungsdampfdruck verglichen werden muß. Daher ist an erster Stelle die Kenntnis der Temperaturverhältnisse im Bauteilquerschnitt notwendig. Des Weiteren läßt sich schon jetzt ableiten, daß für diffusionstechnisch sichere Konstruktionen eine einfache *Grundregel* aufgestellt werden kann: die Abkühlung, also die Verminderung des Sättigungsdampfdruckes des durch ein Bauteil diffundierten Wasserdampfes sollte soweit als möglich in den Bereich niedrigerer vorhandener Dampfdrücke – also nach außen hin – verschoben werden: *wärmedämmende Schichten nach außen.* Dichte, den Dampfdurchgang behindernde Schichten, vor denen der Dampfdruck erhöht bleiben muß, sollten soweit wie möglich nach innen verschoben werden, um den Dampfdruck in den äußeren Bereichen des Bauteils niedriger zu halten: *dampfbremsende Schichten nach innen.*
Inhalt jeder Überprüfung des klimabedingten Feuchtigkeitsschutzes ist die Berechnung der ausfallenden und wiederaustrockenbaren Tauwassermengen. Hierbei ist es selbstverständlich nicht gleichgültig, welche Annahmen bezüglich der Temperatur bzw. relativen Feuchte der Innen- bzw. Außenluft getroffen werden. Niedrigere Außenlufttemperaturen oder höhere Luftfeuchten innen haben z. B. höhere ausfallende Tauwassermengen zur Folge.
Die physikalischen Regeln und Gesetzmäßigkeiten zur Ermittlung der ausfallenden Tauwassermengen bestehen seit 1959; wenn man heute von „unterschiedlichen Berechnungsverfahren" spricht, so sind damit gewöhnlich verschiedene Vereinbarungen über die Annahme klimatischer Randbedingungen bzw. deren Zeitdauer gemeint.
Ein Verfahren, das den Anspruch erhebt, mit seinen Randbedingungen immer auf der „sicheren Seite" zu liegen, ist das vom „Ländersachverständigenausschuß für neue Baustoffe und Bauarten" vorgeschlagene *„Fertigteilverfahren"*, das inzwischen mit geringfügigen Änderungen Bestandteil der DIN 4108 geworden ist. Z. Zt. stellt das „Fertigteilverfahren" eine – auch in der Rechtsprechung – allgemein anerkannte Beurteilungsgrundlage für die Planung von Außenbauteilen dar und wird demzufolge auch hier dargestellt.
Bei diesem Verfahren wird z. B. angenommen, daß die Durchfeuchtungsperiode (Winter) 2 Monate dauert, mit einer Außenlufttemperatur von $T_a = -10\,°C$. Diese Annahme erscheint zunächst sehr streng, trotzdem ist es möglich, daß bei Standorten mit ungünstigen klimatischen Randbedingungen die Berechnungsergebnisse nach dem „Fertigteilverfahren" zu günstig ausfallen können, was unter anderem auf die Beschränkung des „Winters" auf nur 2 Monate zurückgeführt werden kann. Eine genauere Feststellung der Dauer der Durchfeuchtungsperiode bzw. der ausfallenden und wiederaustrockenbaren Feuchtigkeitsmengen ist u. a. durch *monatsweise Berechnung* unter Heranziehung der standortbedingten Monatsmitteltemperaturen der Außenluft möglich. Entsprechende Hinweise sind bereits in der Neufassung der DIN 4108 von August 1981 aufgenommen (vgl. auch Abschnitt „Anforderungen" 14.2.3).

14.2.2 Berechnungsverfahren

Die für eine diffusionstechnische Berechnung notwendigen klimatischen Randbedingungen können für eine bestimmte Dauer t [h] als konstant angenommen werden. Die während dieses Zeitraums sich ergebenden Temperatur- und Dampfdruckverhältnisse im Bauteil werden den Berechnungen zugrundegelegt: eine Änderung der klimatischen Randbedingungen nach Ende des jeweiligen Betrachtungsabschnittes wird als sprunghafte Änderung verstanden und führt unmittelbar zu neuen konstanten Temperaturen und Drücken. Über das Jahr verteilt ergibt sich demnach eine Folge von aneinandergereihten sog. *stationären Zuständen* – jeweils für die Dauer der Annahme bestimmter klimatischer Randbedingungen.

Temperaturverhältnisse im Bauteilquerschnitt

Die *Temperaturdifferenz* $\Delta T = T_i - T_a$ [K] zwischen Innen- und Außenluft zu beiden Seiten des Bauteils sei während eines bestimmten Zeitabschnittes konstant. Die Folge ist, daß sich durch das Bauteil hindurch ein kontinuierliches Temperaturgefälle einstellt.
Gleichgültig, ob das Bauteil aus einer oder mehreren Schichten besteht, gilt, daß die stündlich durch 1 m^2 Bauteilfläche transportierte Wärmemenge (*Wärmestromdichte* q [W/m^2]) unter den oben beschriebenen Bedingungen an jeder Stelle im Bauteil konstant ist; vorausgesetzt, es wird an keiner Stelle im Bauteilquerschnitt Wärme zu- oder abgeführt.
Der Widerstand, den der Wärmestrom auf seinem Weg von der warmen zur kalten Seite überwinden muß, ist der bereits bekannte *Wärmedurchgangswiderstand* $1/k$ [m^2 K/W].
Die Beziehung zwischen Wärmestromdichte, Temperatur und Wärmedurchgangswiderstand läßt sich grafisch einfach darstellen, indem man ein *Diagramm* erstellt, auf dessen X-Achse der *Wärmedurchgangswiderstand* $1/k$ und auf dessen Y-Achse die *Temperatur* T in °C aufgetragen werden. Verbindet man die Innenlufttemperatur T_i mit der Außenlufttemperatur T_a, so erhält man eine Gerade, deren Steigung den Wert der Wärmestromdichte q ergibt.
Unterteilt man auf der X-Achse den Wärmedurchgangswiderstand $1/k$ in seine Bestandteile, nämlich die Wärmeübergangswiderstände $1/_{\alpha a}$ und $1/_{\alpha i}$ sowie die Teildurchlaßwiderstände d_n/λ_n der einzelnen Schichten, so lassen sich die *Schichtgrenztemperaturen* $T_{(n/n+1)}$ unmittelbar auf der Y-Achse ablesen (Bild 14.2–8).

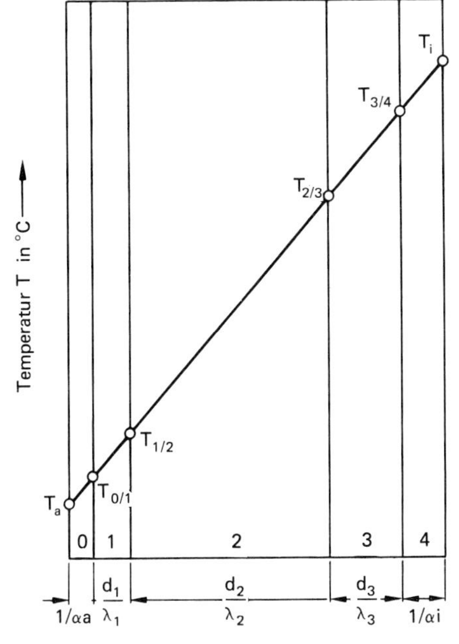

Bild 14.2–8
$1/k$-T-Diagramm zur Feststellung der Schichtgrenztemperaturen

Auch die rechnerische Bestimmung der Schichtgrenztemperaturen $T_{(n/n+1)}$ wird jetzt leicht möglich (Strahlensatz). Es gilt:

$$q = \Delta T : 1/k = \text{const.}\ [\text{W/m}^2] \tag{14.2–16}$$

$$T_{(n/n+1)} = T_{(n-1/n)} + \frac{d_n}{\lambda_n} \cdot q\ [°\text{C}]\ \text{bei fortlaufender Berechnung oder} \tag{14.2–17}$$

$$T_{(n/n+1)} = T_a + \sum_{n=0}^{n} \left(\frac{d_n}{\lambda_n}\right) \cdot q \text{ [°C] für beliebige } T_{(n/n+1)} \tag{14.2–18}$$

Eine Anmerkung zu den oben beschriebenen Rechengängen:
Die angegebenen Formeln gelten in dieser Form nur dann, wenn man die Außenseite des Bauteils links, also zum Ursprung des Diagramms hin, annimmt, anderenfalls müssen sie umformuliert werden. Die Oberflächentemperaturen lassen sich genauso wie die Schichtgrenztemperaturen $T_{(n/n+1)}$ berechnen, wenn man z.B. den äußeren Wärmeübergangswiderstand $1/_{\alpha a}$ $(n=0)$ wie d_0/λ_0 und (z.B. bei einem dreischichtigen Bauteil) den inneren Wärmeübergangswiderstand $1/\alpha_i$ wie die d_4/λ_4 behandelt. T_{ao}, die Außenoberflächentemperatur entspräche im Beispiel der Schichtgrenztemperatur $T_{(0/1)}$; die Innenoberflächentemperatur T_{io} wäre gleich $T_{(3/4)}$.

Dampfdruckverhältnisse im Bauteilquerschnitt, Tauwasserbildung

Bezüglich der Dampfdrücke P [Pa] gilt zunächst das gleiche wie bereits bei den Temperaturverhältnissen beschrieben. Die *Dampfstromdichte* g [mg/m²h] bezeichnet die stündlich durch 1 m² Bauteilfläche transportierte Wasserdampfmenge; der Widerstand, der dem Diffusionsvorgang entgegengesetzt wird, ist der *Dampfdurchlaßwiderstand* $1/\Delta$ [m²hPa/mg]. Zur grafischen Darstellung kann man ebenso wie bei der Feststellung der Temperaturverhältnisse ein *Diagramm* verwenden, auf dessen Y-Achse die Dampfdrücke P aufgetragen werden. Verbindet man den vorhandenen Dampfdruck innen *(P_i)* mit dem vorhandenen Dampfdruck außen *(P_a)*, so erhält man eine Gerade, deren Steigung den Wert der Diffusionsstromdichte g ergibt. Die Werte für P_i und P_a werden aus den Angaben über Temperatur und rel. Feuchte innen bzw. außen gewonnen (s. S.769).
Der Dampfdurchlaßwiderstand $1/\Delta_n$ von Bauteilschichten wird jedoch anders ermittelt als deren Wärmedurchlaßwiderstand d_n/λ_n. Die entscheidende materialspezifische Größe ist hier der *Diffusionswiderstandsfaktor* μ, der angibt, um wieviel dampfdichter eine Materialschicht bestimmter Dichte ist als eine Luftschicht gleicher Dicke. Multipliziert man μ mit der tatsächlichen vorhandenen Schichtdicke d [m], so erhält man die *diffusionsäquivalente Luftschichtdicke* $\mu \cdot d$ [m], die angibt, wie dick eine Luftschicht sein müßte, um den gleichen Dampfdurchlaßwiderstand zu erreichen, wie die betrachtete Materialschicht. Will man den (für Mengenberechnungen notwendigen) *Dampfdurchlaßwiderstand* $1/\Delta$ einer Materialschicht erhalten, so ist $\mu \cdot d$ durch die vernachlässigbar temperaturabhängige Dampfleitzahl der Luft zu dividieren. Als Ergebnis erhält man mit hinreichender Genauigkeit den Dampfdurchlaßwiderstand einer Einzelschicht bei konstanter Dampfleitzahl für Luft:

$$1/\Delta = \mu_n \cdot d_n \cdot 1{,}5 \text{ [m}^2\text{hPa/mg].} \tag{14.2–19}$$

Der Dampfdurchlaßwiderstand des gesamten Bauteilquerschnitts ist demnach:

$$1/\Delta = \Sigma\,(\mu_n \cdot d_n) \cdot 1{,}5 \text{ [m}^2\text{hPa/mg].} \tag{14.2–20}$$

Dampfübergangswiderstände $1/_\beta$ sind zwar ebenso wie $1/_\alpha$ bei der Feststellung der Temperaturverhältnisse vorhanden, jedoch gegenüber den Dampfdurchlaßwiderständen von Bauteilschichten so klein, daß sie vernachlässigt werden können. Daher können die vorhandenen Dampfdrücke innen und außen, P_i und P_a, im $1/\Delta$-P-Diagramm unmittelbar auf den Oberflächen aufgetragen werden.
Trägt man jetzt die *Dampfdurchlaßwiderstände* $1/\Delta_n$ der einzelnen Teilschichten (X-Achse) gegen die *Dampfdrücke P* (Y-Achse) auf und verbindet man P_a mit P_i, so erhält man eine Übersicht über die vorhandenen Dampfdrücke $P_{n/n+1}$ an den jeweiligen Schichtgrenzen.
Der Dampfdruckverlauf durch ein Bauteil stellt sich im $1/\Delta$-P-Diagramm allerdings nur bei unveränderter Diffusionsstromdichte g als Gerade dar. Die Voraussetzung hierfür ist ein ungestörter Wasserdampftransport – also keine Zu- oder Abfuhr von Feuchtigkeit im Bauteilquerschnitt. Die (im gesamten Querschnitt herrschende) *Diffusionsstromdichte* errechnet sich aus

$$g = \Delta P : 1/\Delta \text{ (mg/m}^2\text{h).} \tag{14.2–21}$$

Parallel zur Wasserdampfdiffusion findet bei einer Temperaturdifferenz zwischen den Bauteiloberflächen ein Wärmedurchgang durch das Bauteil statt. Die dann im Bauteilquerschnitt herrschenden Temperaturen bestimmen die Sättigungsdampfdrücke an den einzelnen Schichtgrenzen (s. S.770).
Der Temperaturverlauf im Bauteil wird mit Hilfe des $1/k$-T-*Diagramms* bestimmt (s. S.771). Zu den so erhaltenden Schichtgrenztemperaturen $T_{(n/n+1)}$ werden die dazugehörigen Sättigungsdampfdrücke $P_{s(n/n+1)}$ aus Tabelle 14.2–14 abgelesen bzw. aus der dort angegebenen Formel berechnet. Die Sättigungsdampfdrücke werden im $1/\Delta$-P-Diagramm an den dazugehörigen Schichtgrenzen eingetragen. Die Sättigungsdampfdrücke an den Schichtgrenzen können bei mehrschichtigen Bauteilen i.a. linear miteinander verbunden werden.
Der vorhandene Dampfdruck P kann an keiner Stelle im Bauteilquerschnitt höher sein als der Sättigungsdampfdruck P_s. Anderenfalls ist der Linienzug des vorhandenen Dampfdruckverlaufs wie ein Seilzug unter die Kurve des Sättigungsdampfdruckverlaufs zu legen (Bild 14.2–9).

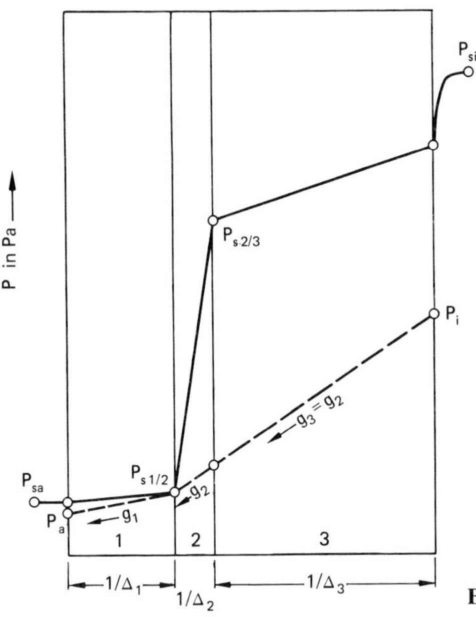

Bild 14.2–9 1/Δ-P-Diagramm (Winter)

Der nunmehr entstandene Verlauf der Kurve des vorhandenen Dampfdrucks gibt Aufschluß über die Tauwassersituation im Bauteilquerschnitt: An allen den Stellen, wo sich die Steigung des Linienzuges des vorhandenen Dampfdruckes ändert, fällt Tauwasser aus. Dies wird sofort verständlich, wenn man sich daran erinnert, daß die Steigung der Kurve des vorhandenen Dampdrucks ein Maß für die Diffusionsstromdichte g, also die stündlich durch 1 m² Bauteilfläche transportierte Wasserdampfmenge ist. Ändert sich diese Diffusionsstromdichte an einer Schichtgrenze $n/n+1$, so ist die Differenz der Diffusionsstromdichten genau die an dieser Stelle $n/n+1$ *stündlich ausfallende Tauwassermenge* $w_{t(n/n+1)}$.

$$w_{t(n/n+1)} = g_{n+1} - g_n \, [\text{mg/m}^2\text{h}]. \tag{14.2–22}$$

Im vorliegenden Beispiel ist g_2 die Diffusionsstromdichte vor der Kondensationsebene 1/2 (von innen her betrachtet); g_1 die Diffusionsstromdichte nach außen hin. Die stündlich ausfallende Tauwassermenge $w_{t(1/2)}$ beträgt hier:

$$w_{t\,(1/2)} = g_2 - g_1 = \frac{P_i - P_{s\,(1/2)}}{1/\Delta_2 + 1/\Delta_3} - \frac{P_{s\,(1/2)} - P_a}{1/\Delta_1} \, [\text{mg/m}^2\,\text{h}] \tag{14.2–23}$$

Die während des Befeuchtungszeitraumes t_t [h] ausfallende Tauwassermenge W_t beträgt demnach:

$$W_{t\,(1/2)} = w_{t\,(1/2)} \cdot t_t \, [\text{mg/m}^2]. \tag{14.2–24}$$

Die Dampfdurchlaßwiderstände $1/\Delta_2 + 1/\Delta_3$ bzw. $1/\Delta_1$ sind jeweils die Teildampfdurchlaßwiderstände vor und hinter der Kondensationsebene. $P_{s(1/2)}$ ist der Sättigungsdampfdruck an der Kondensationsebene 1/2.

Die Werte w_t bzw. W_t werden positiv, wenn eine Feuchtigkeitsanreicherung stattfindet.

Ergibt sich der Fall, daß innerhalb eines Bauteilquerschnitts an mehr als einer Stelle Tauwasser ausfällt, so sind die jeweils ausfallenden Mengen $w_{t(n/n+1)}$ analog aus den Differenzen der Diffusionsstromdichten vor und hinter den Kondensationsebenen $n/n+1$ zu bestimmen. Bezüglich der an den einzelnen Kondensationsebenen während eines bestimmten Betrachtungszeitraums anfallenden Menge $W_{t(n/n+1)}$ ist wie oben zu verfahren. Die Werte für die einzelnen $W_{t(n/n+1)}$ sind gesondert zu bestimmen. Dann beträgt die insgesamt im Bauteilquerschnitt ausfallende Menge

$$W_{t\,(\text{ges}).} = \Sigma \, W_{t\,(n/n+1)} \cdot [\text{mg/m}^2]. \tag{14.2–25}$$

Trocknung

Das Ansteigen der Temperaturen im Bauteilquerschnitt hat das Ansteigen der Sättigungsdampfdrücke $P_{s(n/n+1)}$ an den einzelnen Schichtgrenzen zur Folge.

Ist im Bauteilquerschnitt während der Durchfeuchtungsperiode (Winter) Tauwasser ausgefallen, so steht im Bereich der durchfeuchteten Zonen (Kondensationsebenen) Feuchtigkeit in flüssiger Form zur Verdunstung zur Verfügung.

Dies bedeutet, daß an den Stellen vorangegangener Kondensation der vorhandene Dampfdruck $P_{(n/n+1)}$ dem Sättigungsdampfdruck $P_{s(n/n+1)}$ gleich sein muß – solange jedenfalls, wie dort alle durch Tauwasserbildung entstandene Feuchtigkeit $W_{t(n/n+1)}$ ausdiffundiert ist (Abb. 14.2–10).

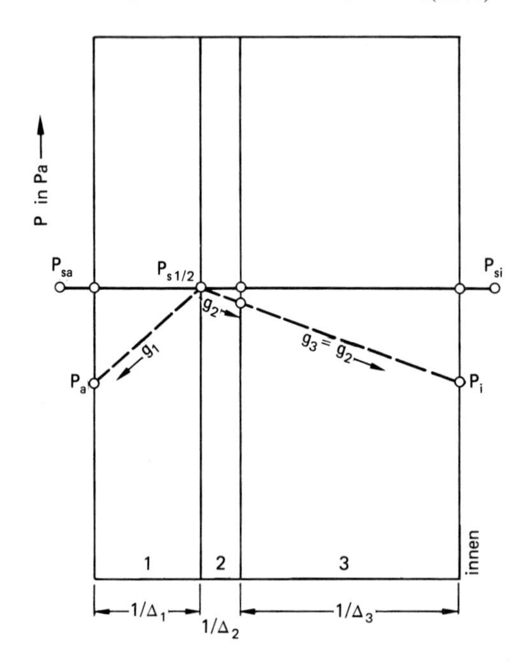

Bild 14.2–10
1/Δ-P-Diagramm (Sommer) bei unbehinderter Trocknung

Die Schichtgrenztemperaturen $T_{(n/n+1)}$ werden auf die bereits bekannte Weise ermittelt, die dazugehörigen Sättigungsdampfdrücke $P_{s(n/n+1)}$ werden in das $1/\Delta$-P-Diagramm übertragen. Unter Beachtung der Gleichsetzung von $P = P_s$ an Stellen vorangegangenen Tauwasserausfalls läßt sich nunmehr die Kurve des vorhandenen Dampfdruckes einzeichnen. Die austrockenbare Menge läßt sich aus den jetzt vorhandenen Diffusionsstromdichten errechnen. Genauso wie bei der Tauwasserbildung ist an der Stelle $n/n+1$ die Diffusionsstromänderung die *stündlich austrockenbare Menge:*

$$w_{v(n/n+1)} = g_{(n/n+1)} - g_n \, [\text{mg/m}^2\text{h}]. \tag{14.2–26}$$

Nach innen gerichtete Diffusionsströme erhalten bei dieser Berechnungsart einen negativen Wert, die nach außen gerichteten werden positiv.
Im vorliegenden Beispiel ist

$$w_{v(1/2)} = g_2 - g_1 = \frac{P_i - P_{s(1/2)}}{1/\Delta_2 + 1/\Delta_3} - \frac{P_{s(1/2)} - P_a}{1/\Delta_1} \, [\text{mg/m}^2\text{h}]. \tag{14.2–27}$$

g_2 ist negativ, weil $P_i < P_{s1/2}$, damit wird $w_{v(1/2)}$ auch negativ. g_2 sowohl wie g_1 tragen beide zur Entfeuchtung der Kondensationsebene bei: negatives Vorzeichen für w_v bedeutet Trocknung.
Die während des Trocknungszeitraumes t_v [h] austrockenbare Tauwassermenge W_v beträgt demnach:

$$W_{v(1/2)} = w_{v(1/2)} \cdot t_v \, [\text{mg/m}^2] \tag{14.2–28}$$

Gab es während der Durchfeuchtungsperiode (Winter) im Bauteilquerschnitt mehrere Kondensationsebenen, so reicht es nur in einzelnen Fällen aus, jeweils die unmittelbar an die Oberflächen des Bauteils gelangenden Diffusionsströme zur Trocknungsberechnung heranzuziehen. Eine ähnliche Situation entsteht, wenn während der Trocknungsperiode die Außenlufttemperatur T_a sehr viel höher angenommen wird als die Innenlufttemperatur T_i.
Im vorliegenden Beispiel (Bild 14.2–11) würde die geradlinige Verbindung $P_{s(1/2)} - P_i$ an der Schichtgrenze 2/3 zu einer Überschreitung des Sättigungsdampfdruckes $P_{s(2/3)}$ führen – ein Zustand, der physikalisch nicht zulässig ist. Die Folge ist eine teilweise Tauwasserverlagerung zur Schichtgrenze 2/3 ($|g_2|$ ist größer als $|g_3|$).
Unter Mißachtung der oben beschriebenen Gesetzmäßigkeiten der Wasserdampfdiffusion wird die Trocknung nach DIN 4108, Ausgabe August 1981, wie folgt ermittelt:

$$w_{v(1/2)} = \frac{P_i - P_{s(1/2)}}{1/\Delta_2 + 1/\Delta_3} - \frac{P_{s(1/2)} - P_a}{1/\Delta_1} \, [\text{mg/m}^2\text{h}] \tag{14.2–29}$$

Damit wird die erneute Tauwasserbildung während der Trocknung an der Schichtgrenze 2/3 vernachlässigt. Im Sinne einer Vereinfachung der Berechnung wäre gegen dieses Verfahren grundsätzlich nichts einzuwenden, wenn als Ergebnis der Vergleich zwischen ausgefallener und austrockenbarer Tauwassermenge immer noch als Kriterium für die Brauchbarkeit einer bestimmten Konstruktion herangezogen werden könnte.
Die Vereinfachung der Trocknungsberechnung nach DIN 4108 führt jedoch bei Dächern unter der Annahme der klimatischen Randbedingungen des Fertigteilverfahrens (bzw. der DIN 4108) zu einem Automatismus, nach dem die austrockenbare Tauwassermenge grundsätzlich mindestens 2,24fach größer wird als die ausgefallene Menge.

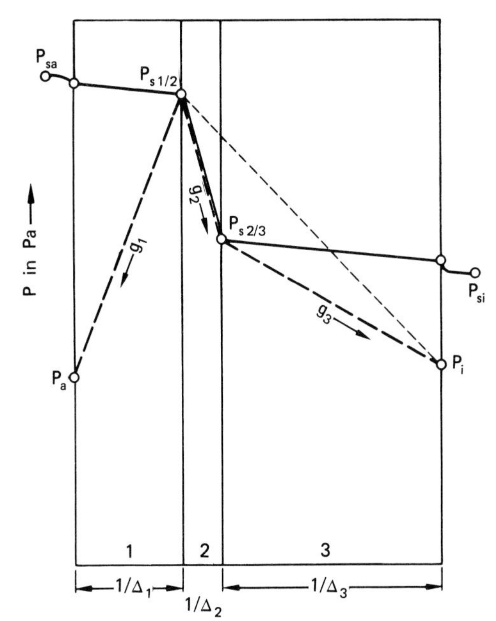

Bild 14.2–11
1/Δ-P-Diagramm (Sommer) bei Verlagerung der Tauwasserebene (1. Trocknungsphase)

Auch wird nach dem Entstehen mehrerer Kondensationsebenen das oben beschriebene Verfahren unbefriedigend bleiben. So kann bereits im obigen Beispiel nicht übersehen werden, daß – wenn die Diffusionsstromdichte g_2 infolge geringen $1/\Delta_2$ sehr hohe Werte annimmt – nach kurzer Zeit fast die gesamte bei 1/2 ausgefallene Feuchtigkeit zur Schichtgrenze 2/3 wandert. Demnach wäre dann $P_{s(2/3)}$ als Ausgangspunkt der Trocknung auch nach außen hin zu betrachten.
Die Folge ist, daß die Trocknung sehr viel langsamer fortschreitet als vereinfacht berechnet.
Wie bereits oben erläutert, treten nach dem Abtrocknen der ersten nassen Zonen veränderte Dampfdruckverhältnisse und damit veränderte Diffusionsströme auf. Diese Vorgänge werden sich während der Trocknung mindestens so oft wiederholen, wie Kondensationsebenen vorhanden waren. *Die Trocknung findet also phasenweise statt.*
Diese Überlegungen führen zu einem *veränderten Ansatz für die Trocknungsberechnung*. War vorher t_v die Zeitdauer, die die maximal austrockenbare Menge W_v bestimmte ($W_v = w_v \cdot t_v$), so wird nunmehr t_v als der Zeitraum zu betrachten sein, während dessen die komplette Austrocknung des Bauteils stattgefunden haben muß. Um dies festzustellen, sind die Trockenphasen einzeln zu ermitteln. Hierbei soll wieder auf Bild 14.2–11 zurückgegriffen werden.

1. Trocknungsphase

Der in Abbildung 14.2–11 dargestellte Zustand zeigt, daß an der Schichtgrenze 1/2 Wasser abgeführt, an der Schichtgrenze 2/3 Feuchtigkeit zugeführt wird. Zweifellos wird die Schichtgrenze 1/2 zuerst austrocknen. An 1/2 ist die Menge $W_{T(1/2)}$ ausgefallen; während der 1. Trocknungsphase wird hier stündlich $w_{v(1/2)} = g_2 - g_1$ abtrocknen. Die Zeitdauer der 1. Trocknungsphase beträgt dann:

$$t_{v1} = W_{t(1/2)} : -w_{v(1/2)} \text{ [h]}. \quad (14.2\text{–}30)$$

Besteht bei mehreren Kondensationsebenen Zweifel darüber, welche Schichtgrenze zuerst abtrocknet, so ist die Berechnung von $t_{v1} = W_{t(n/n+1)} : -w_{v(n/n+1)}$ für jede Kondensationsebene durchzuführen. Das kleinste t_{v1} bestimmt dann die Dauer der 1. Trocknungsphase.

Nach Ende der 1. Phase ist 1/2 tauwasserfrei, jedoch hat 2/3 eine Tauwasseranreicherung erfahren. Die sich dort befindliche Menge $W_{t(2/3)}$ berechnet sich aus

$$W_{t(2/3)} = (g_3 - g_2) \cdot t_{v1} \text{ [mg/m}^2\text{]}. \qquad (14.2\text{–}31)$$

Beide g sind nach innen gerichtet, also negativ; außerdem ist $g_2 > g_3$, so daß $W_{t(2/3)}$ deutlich mit positivem Vorzeichen als Tauwasserausfall gekennzeichnet wird.

2. Trocknungsphase

Zu Beginn der 2. Phase ergibt sich das Dampfdruckdiagramm wie in Bild 14.2–12.
Die stündliche Abtrocknung der Schichtgrenze 2/3 beträgt jetzt:

$$w_{v(2/3)} = g_3 - g_2 \text{ [g/m}^2\text{h]}, \qquad (14.2\text{–}32)$$

wobei g_3 gegenüber Phase 1 unverändert bleibt, g_2 aber nach außen gerichtet wird. Die Dauer t_{v2} der 2. Phase läßt sich aus der an 2/3 während der 1. Phase ausgefallenen Menge $W_{t(2/3)}$ und der jetzt stündlich abführbaren Menge $w_{v(2/3)}$ errechnen:

$$t_{v2} = W_{t(2/3)} : -w_{v(2/3)} \text{ [h]}. \qquad (14.2\text{–}33)$$

Danach ist das Bauteil trocken. Die gesamte Trocknungszeit beträgt im vorliegenden Beispiel $t_{v1} + t_{v2}$ und muß kleiner sein als die vorgegebene max. Trocknungsdauer t_v.
Soweit der Ansatz zur Ermittlung komplizierter Trocknungsverhältnisse. In den folgenden Beispielen wird darauf noch näher eingegangen werden. Man mag einwenden, daß die Zerlegung der Trocknung in einzelne Phasen zu aufwendig und ineffektiv sei; bei der Analyse einzelner, konkreter Schadensfälle hat sich diese Betrachtungsweise dort, wo die vereinfachte Berechnung keine schlüssigen Erklärungen mehr liefern konnte, als äußerst hilfreich erwiesen.

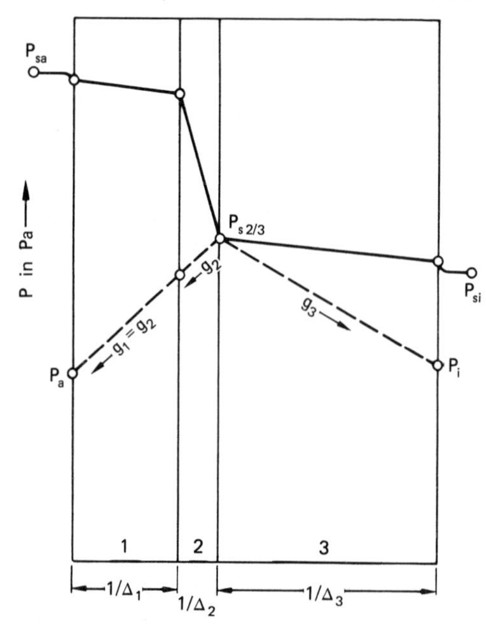

Bild 14.2–12
1/Δ-P-Diagramm (Sommer) bei Verlagerung der Tauwasserebene (2. Trocknungsphase)

Oberflächentauwasser

Die Feststellung von Oberflächentauwasser beschränkt sich auf den Vergleich zwischen dem an der Innenoberfläche vorhandenen Sättigungsdampfdruck P_{sio} mit dem vorhandenen Dampfdruck innen P_i. Zunächst ist die Innenoberflächentemperatur festzustellen. Die Berechnung erfolgt nach Formel 14.2–16 ff.

$$q = \Delta T : 1/k \text{ [W/m}^2\text{]} \qquad (14.2\text{–}34)$$

$$T_{io} = T_a + (1/k - 1/\alpha_i) \cdot q \text{ [°C]} \qquad (14.2\text{–}35)$$

Ist $P_{sio} < P_i$, so fällt Tauwasser auf der Innenoberfläche aus.
Im Bereich einer Gebäudeecke steht im Winter einer relativ kleinen wärmeaufnehmenden inneren Fläche eine sehr viel größere äußere Abstrahlfläche gegenüber. Darüber hinaus ist vor der Innenecke eine geringere Luftströmung als unmittelbar vor dem Regelquerschnitt zu erwarten.

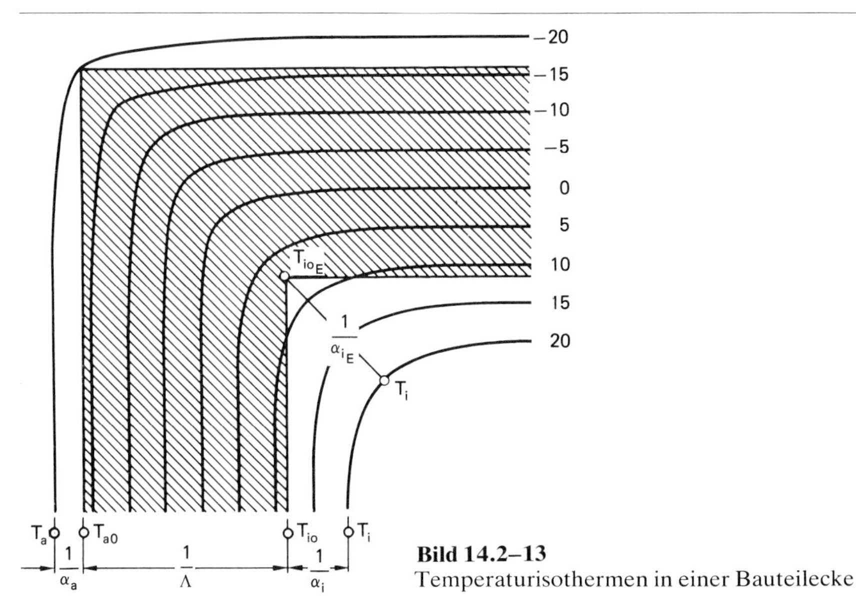

Bild 14.2–13
Temperaturisothermen in einer Bauteilecke

Beide Erscheinungen führen praktisch zu einem etwa 2,5fach erhöhten Wärmeübergangswiderstand $1/\alpha_i$ unmittelbar vor der Innenecke; der äußere Wärmeübergangswiderstand entfällt (Bild 14.2–13).
Die Berechnung der Innenoberflächentemperatur T_{iE} in Gebäudeecken ist daher etwas anders als für T_{io} durchzuführen.
Zunächst ändert sich die Wärmestromdichte q:

$$q_E = \Delta T : (1/\Lambda + 2{,}5 \cdot 1/\alpha_i)\ [\mathrm{W/m^2}], \text{ dann ist:} \tag{14.2–36}$$

$$T_{iE} = T_a + 1/\Lambda \cdot q_E\ [°\mathrm{C}]. \tag{14.2–37}$$

Die Innenoberflächentemperatur T_{iE} wird damit immer niedriger als T_{io} vor dem Regelquerschnitt ausfallen. Damit ist in den Ecken eine höhere Tauwassergefährdung gegeben, da $P_{siE} < P_{sio}$ wird.
Ausfallende Oberflächentauwassermengen sind i. a. immer sehr hoch, da die Diffusionsstromdichte g_{io} unmittelbar vor dem Bauteil durch den sehr geringen Dampfübergangswiderstand $1/\beta_i$ bestimmt wird.
Für den Fall der Tauwasserbildung gilt:

$$g_{io} = \frac{P_i - P_{sio}}{1/\beta_i}\ [\mathrm{mg/m^2\,h}]. \tag{14.2–38}$$

Auf die Berechnung ausfallender Oberflächentauwassermengen soll im weiteren verzichtet werden, weil die Bestimmung von $1/\beta_i$ von einer Vielzahl von Parametern abhängt, deren Ermittlung die genaue Kenntnis der örtlichen Situation voraussetzt.

14.2.3 Anforderungen

Am Anfang jeder diffusionstechnischen Berechnung steht das $1/\Delta$-P-Diagramm. Zur Erstellung dieses Diagramms ist die Kenntnis der materialtechnischen und klimatischen Randbedingungen wichtig.
Die *materialtechnischen Randbedingungen,* insbesondere λ und μ werden den Materialdatentabellen 14.1–1 und 14.1–2 entnommen. Die richtige Auswahl der einzelnen Werte ist selbst schon ein Beitrag zur *Sicherheit der Berechnung.*
Sehr oft lassen sich eindeutige Zahlen nicht angeben – verständlich, wenn man bedenkt, unter welchen idealisierten Bedingungen diese Werte gemessen werden und welche Abweichungen in der Praxis auftreten (man denke nur an die z. T. sehr große Abhängigkeit von λ und μ vom Feuchtigkeitsgehalt der Stoffe, die Temperaturabhängigkeit von $1/\Delta$ usw. ...). Ferner wird man auch in den ausführlichsten Materialdatentabellen nicht immer den Baustoff finden, der u. a. Bestandteil des gerade zu berechnenden Bauteils ist. Oft sind Schätzungen erforderlich.
Beim Entwurf ist es Ziel, die Berechnungsergebnisse möglichst auf der sicheren Seite zu haben; das Ergebnis sollte ungünstiger ausfallen als die Realität unter den denkbar widrigsten Umständen.
Im Abschnitt „Grundlagen" (s. Seite 770) wurde bereits abgeleitet, daß Tauwassersicherheit dann besteht, wenn die stärker wärmedämmenden Schichten außen und die dampfdichteren Schichten innen liegen. Umgekehrt verschlechtert sich das Berechnungsergebnis (bei höherer Sicherheit), wenn man für

die Schichten innerhalb der zu erwartenden Tauwasserebene im Rahmen der angegebenen Daten möglichst niedrige μ- und λ-Werte wählt: außerhalb der Kondensationsebene sollte umgekehrt verfahren werden.
Die *klimatischen Randbedingungen* sind Teile einer Bewertung der zu berechnenden Konstruktion. Hierzu sind im Abschnitt „Grundlagen" (s. Seite 770) bereits einige Ausführungen gemacht worden. Ein relativ einfaches Verfahren mit geringerem Rechenaufwand ist das bereits erwähnte *„Fertigteilverfahren"*. Die dazugehörigen Randbedingungen sind der folgenden Tabelle 14.2–11 zu entnehmen.

Tabelle 14.2–11 Klimatische Randbedingungen des Fertigteilverfahrens

Tauwasserbildung im Winter Dauer 1440 Stunden

außen	T_a[°C]	r.F.$_a$[%]	$1/\alpha$[m²K/W]
Dach	−10	80	0,04
Wand	−10	80	0,04
innen	T_i[°C]	r.F.$_i$[%]	$1/\alpha$[m²K/W]
Dach	+20	50	0,13
Wand	+20	50	0,13

Trocknung im Sommer Dauer 2160 Stunden

außen	T_a[°C]	r.F.$_a$[%]	$1/\alpha$[m²K/W]
Dach	+20	40	0,00
Wand	+12	70	0,04
innen	T_i[°C]	r.F.$_i$[%]	$1/\alpha$[m²K/W]
Dach	+12	70	0,17
Wand	+12	70	0,13

Werden nach diesen Bedingungen die ausfallenden bzw. austrockenbaren Tauwassermengen berechnet, so ist zusätzlich noch folgendes zu beachten:
1. Die nach der Durchfeuchtungsperiode (Winter) im Querschnitt ausgefallene Tauwassermenge W_t darf 500 g/m² nicht überschreiten.
2. Bei Warmdächern (einschalige, nichtbelüftete Dachkonstruktionen) darf nach dem Winter nicht mehr als $W_t = 10$ g/m² zwischen Wärmedämmschicht und Dachhaut ausgefallen sein.
3. Kommen Holzwerkstoffe mit Tauwasser in Berührung, so darf die Tauwassermenge W_t nicht größer als 3 Gew.-% des Holzwerkstoffes werden.
4. Allgemein sind alle Baustoffe, die mit Tauwasserausfall in Berührung kommen können, gegen Feuchtigkeit zu schützen. Gegebenenfalls sind feuchtigkeitsunempfindliche Materialien zu verwenden.
5. Die im Sommer austrockenbare Tauwassermenge muß größer sein als die im Winter ausgefallene Tauwassermenge bzw. die Zeitdauer des Austrocknungsvorganges darf 2160 Stunden nicht überschreiten.
Es muß erwähnt werden, daß bezüglich der Punkte 1 bis 3 in der DIN 4108, Ausgabe August 1981, höhere ausgefallene Tauwassermengen zugelassen werden. Allgemein wird hier die in Dächern oder Wänden insgesamt ausgefallene Menge auf 1,0 kg/m² begrenzt; eine Reduzierung auf 500 g/m² wird nur vorgenommen, wenn Tauwasser an Berührflächen von kapillar nicht leitfähigen Schichten (z.B. Mineralwolle und Luft oder zwischen Dichtungsbahnen und Beton o.ä.) auftritt. Bei Holz selbst wird eine Feuchtigkeitszunahme von 5 Gew.-% zugelassen. Erfahrungen aus Schadensfällen haben jedoch gezeigt, daß insbesondere bei einer einschaligen, nichtbelüfteten Dachkonstruktion (Warmdach) Tauwassermengen von 1 kg/m² bzw. 500 g/m² i.a. nicht zugelassen werden können. Die wesentlichen Gründe hierfür werden in den Kommentaren zu den Dachbeispielen näher aufgeführt.
Auf die Ungenauigkeiten und stark pauschalierenden Randbedingungen des „Fertigteilverfahrens" ist an anderer Stelle schon eingegangen worden. Bei der Betrachtung der klimatischen Randbedingungen für Dächer im Sommer fällt auf, daß T_a größer als T_i angenommen wird. Die dadurch entstehenden Besonderheiten bezüglich der Dampfdruckverläufe bei der Trocknung werden auf S.775 beschrieben.
Das „Fertigteilverfahren" eignet sich i.a. hinreichend genau als Dimensionierungsverfahren in der Phase der Planung, wobei allerdings auch die oben dargelegten Sicherheitserwägungen in bezug auf die Wahl der materialtechnischen Randbedingungen beachtet werden sollten.
Eine andere Lösung stellt die *monatliche Berechnung* der diffusionstechnischen Verhältnisse innerhalb eines Bauteilquerschnittes mit Hilfe der Daten des jeweiligen Standorts der Tab. 14.2–12 dar:
Die relative Luftfeuchte r.F.$_a$ kann in allen Fällen mit 80% angenommen werden. Sofern spezielle Nutzungen nicht vorliegen, kann mit $T_i = 20$ °C und r.F.$_i$ = 50% gerechnet werden.
Ein Nachteil dieses Berechnungsverfahrens liegt darin, daß insgesamt 12 Berechnungen mit außen ständig wechselnden Randbedingungen anzustellen sind. Zweckmäßigerweise wird man wie folgt verfahren:
Man beginnt mit der Januar-Berechnung ($T_{a(\min)}$) und erhält damit bereits eine Aussage darüber, ob

Tabelle 14.2–12 Monatsmittelwerte der Außenlufttemperatur T_a (°C) für verschiedene Standorte. Die relative Luftfeuchte der Außenluft kann für alle Fälle mit r.F.$_a$ = 80% angenommen werden

Ort	H. ü. NN	Jan.	Febr.	März	April	Mai	Juni	Juli	Aug.	Sept.	Okt.	Nov.	Dez.	Jahr
Aachen	204 m	1,9	2,6	4,8	8,0	12,6	15,2	16,9	16,4	13,8	9,6	5,2	2,8	9,2
Augsburg	502 m	−1,4	0,1	3,8	7,8	13,0	16,1	17,9	17,0	13,5	8,2	3,1	−0,1	8,2
Berlin	57 m	−0,6	0,1	3,4	7,9	13,2	16,2	18,0	16,7	13,5	8,4	3,5	0,7	8,4
Braunschweig	83 m	0,2	1,1	4,0	7,9	13,2	16,1	17,6	16,6	13,5	2,9	4,2	1,6	8,8
Bremen	9 m	1,0	1,7	4,8	7,8	12,8	15,8	17,4	15,6	13,8	9,3	4,7	2,2	8,9
Clausthal	585 m	−2,0	−1,5	0,9	4,6	9,8	12,6	14,3	13,5	10,7	6,2	1,7	−1,1	5,8
Dresden	112 m	0,3	1,0	4,5	8,6	14,0	17,0	18,6	17,8	14,5	9,5	4,6	1,5	9,3
Essen	108 m	1,7	2,5	4,9	8,3	13,1	15,7	17,2	16,5	13,9	9,6	5,1	2,7	9,3
Erfurt	218 m	−1,1	0,1	3,4	7,4	12,5	15,4	17,0	16,2	12,9	8,2	3,3	0,5	8,0
Frankfurt/Main	103 m	0,7	2,2	5,3	9,3	14,3	17,2	18,7	17,7	14,4	9,4	4,7	1,9	9,6
Freiburg	290 m	0,7	2,2	5,3	9,0	13,6	16,7	18,5	17,7	14,4	9,5	4,8	1,9	9,5
Halle	94 m	0,0	1,1	4,3	8,4	13,7	16,7	18,4	17,4	14,1	9,1	4,1	1,4	9,1
Hamburg	29 m	0,3	1,0	3,5	7,5	13,3	15,4	17,1	16,2	13,6	6,8	4,2	1,6	8,5
Hannover	57 m	0,7	1,3	4,0	7,8	12,8	15,7	17,2	16,4	13,5	8,9	4,5	1,9	8,7
Kaiserslautern	244 m	0,4	1,6	4,4	8,2	13,1	16,2	17,8	16,8	13,4	8,7	4,3	1,5	8,9
Karlsruhe	125 m	1,0	2,4	5,6	9,6	14,3	17,4	19,1	18,1	14,5	9,6	5,0	2,2	9,9
Kassel	200 m	−0,2	1,0	3,9	7,8	12,6	15,4	16,9	16,1	13,1	8,6	3,9	1,1	8,4
Kiel	47 m	0,0	0,3	2,4	6,0	10,8	14,3	16,3	15,3	12,7	8,2	3,9	1,3	7,6
Köln	46 m	1,6	2,6	5,1	8,5	13,4	16,2	17,7	16,9	13,9	9,7	5,3	2,6	9,5
Magdeburg	58 m	0,1	1,0	4,2	8,4	13,8	16,8	18,4	17,4	14,1	9,1	4,1	1,4	9,1
München	538 m	−2,3	−0,8	2,9	6,9	12,0	15,1	17,0	16,1	12,6	7,6	2,4	−0,9	7,4
Nürnberg	320 m	−0,8	0,6	4,0	8,2	13,5	16,6	18,3	17,3	13,7	8,4	3,6	0,6	8,7
Oberstdorf	818 m	−3,4	−2,0	1,3	5,4	10,3	13,4	15,1	14,4	11,4	6,5	1,6	−2,2	6,0
Plauen	381 m	−1,8	−0,7	2,5	6,3	11,6	14,8	16,6	15,6	12,3	7,5	2,6	−0,4	7,2
Regensburg	343 m	−2,4	−0,6	3,3	7,6	12,9	15,9	17,6	16,6	13,0	7,5	2,4	−1,0	7,7
Rostock	27 m	−0,4	0,1	2,6	6,4	11,6	14,8	16,8	15,8	12,9	8,2	3,8	1,0	7,8
Stuttgart	267 m	1,0	2,4	5,7	9,6	14,3	17,3	19,1	18,3	14,8	9,9	5,2	2,4	10,0
Zugspitze	2962 m	−11,2	−11,2	−9,9	−7,2	−2,9	−0,3	1,8	1,6	−0,2	−3,8	−7,2	−8,9	−5,0

Tauwasser ausfällt oder nicht. Oft entsteht bei Tauwasserausfall nur eine Kondensationebene, so daß für alle folgenden Monate jeweils P_a, P_s (an der Stelle des Tauwasserausfalls) und W_t bzw. W_v (für 720 h) berechnet werden müssen. Das Problem der zweiten Kondensationsebene während der Trocknung (s. S. 775) kann hier ohnehin nicht auftreten, da während des ganzen Jahres (bei $T_i = +20\,°C$ = const.) T_a immer kleiner bleibt als T_i.
Anforderungen bezüglich max. ausfallender Tauwassermengen können hier nicht angegeben werden. Im Unterschied zum „Fertigteilverfahren" beinhalten die Ergebnisse keinerlei Sicherheit: die den klimatischen Randbedingungen entsprechenden langjährigen Monatsmittelwerte der Außenlufttemperatur können innerhalb eines Monats (oder Jahres) genausooft unter – wie überschritten werden. Daher kennzeichnet das Berechnungsergebnis das tatsächliche längerfristige diffusionstechnische Verhalten von Bauteilen.
Versucht man, Sicherheitskriterien abzuschätzen, so müssen diese selbstverständlich viel strenger abgefaßt werden als beim „Fertigteilverfahren". Mit Sicherheit muß die austrockenbare Menge ein Mehrfaches der ausfallenden Menge betragen (2–3fach), die max. zulässigen ausfallenden Mengen könnten allgemein (mit Ausnahme des Warmdaches) etwa mit 100 g/m^2 zugelassen werden. Diese Werte sind allerdings nur als ganz grobe Empfehlungen zu verstehen.
Oberflächentauwasser ist wegen der damit verbundenen relativ großen Feuchtigkeitsmengen eine sehr unangenehme Erscheinung. Darüber hinaus gefährdet Tauwasser die Wandverkleidungen, die Einrichtungsgegenstände und sogar die Gesundheit der Bewohner selbst (Pilzbildungen). Oberflächentauwasser ist daher in jedem Fall zu vermeiden. Dies bedeutet, daß selbst bei extrem niedrigen Temperaturen T_a der Außenluft kein Tauwasser auftreten darf. Somit sind bei der Ermittlung evtl. vorhandenen Oberflächentauwasserausfalls die Temperaturen T_a nach der Klimazonenkarte aus DIN 4701 einzusetzen ($T_a = -12$, -15 oder $-18\,°C$ je nach Zone).
Bei anderer als Wohnnutzung sind die Werte für T_i und r.F.$_i$ der Nutzung entsprechend zu wählen.
Falls Oberflächentauwasser ausfällt, ist der Wärmeschutz der Außenkonstruktion solange zu erhöhen, bis die Konstruktion oberflächentauwasserfrei bleibt. Zu unterscheiden ist dabei zwischen dem Tauwasserausfall am Bauteilquerschnitt und dem Ausfall an einer Außenkonstruktionsecke.
Das Auftreten von Oberflächentauwasser ist unmittelbar eine Funktion der Wärmedämmfähigkeit $1/\Lambda$ der Außenhülle. Daher kann man für bestimmte klimatische Randbedingungen (T_a, T_i, r.F.$_i$) den zur Vermeidung von Oberflächentauwasser erforderlichen Wärmedurchlaßwiderstand $1/\Lambda_{erf.}$ der Außenkonstruktion angeben. Es ist zu berücksichtigen, daß durch die Einhaltung des Mindestwärmeschutzes (S. 765) am Bauteilquerschnitt Tauwasserbildung bis zu einer relativen Luftfeuchte innen r.F.$_i$ = 65% vermieden wird. Für höhere Luftfeuchten und Außenecken gilt Tabelle 14.2–13.

Tabelle 14.2–13 Notwendige Wärmedurchlaßwiderstände $1/\Lambda_{erf}$ für Normalquerschnitt (norm.) und Außenbauteilecke (Ecke) zur Vermeidung von Oberflächentauwasser in den 3 Klimazonen lt. DIN 4701

	r. F.	$T_i = +16°C$ norm.	Ecke	$T_i = +18°C$ norm.	Ecke	$T_i = +20°C$ norm.	Ecke	$T_i = +22°C$ norm.	Ecke
T_a −12°	50	0,16	0,51	0,18	0,55	0,20	0,59	0,21	0,63
	55	0,21	0,63	0,23	0,68	0,25	0,73	0,27	0,78
	60	0,27	0,78	0,30	0,84	0,32	0,90	0,34	0,95
	65	0,35	0,98	0,38	1,05	0,41	1,11	0,43	1,18
	70	0,45	1,24	0,49	1,32	0,52	1,40	0,55	1,48
	75	0,60	1,60	0,64	1,70	0,68	1,80	0,72	1,90
	80	0,81	2,13	0,87	2,27	0,92	2,40	0,97	2,52
T_a −15°	50	0,20	0,59	0,21	0,64	0,23	0,68	0,25	0,72
	55	0,25	0,73	0,27	0,78	0,29	0,83	0,31	0,87
	60	0,32	0,90	0,34	0,96	0,36	1,01	0,39	1,06
	65	0,41	1,11	0,43	1,18	0,46	1,25	0,48	1,31
	70	0,52	1,40	0,55	1,48	0,58	1,56	0,61	1,64
	75	0,68	1,80	0,72	1,90	0,76	2,00	0,80	2,09
	80	0,92	2,39	0,97	2,52	1,02	2,65	1,07	2,77
T_a −18°	50	0,23	0,68	0,25	0,72	0,26	0,76	0,28	0,80
	55	0,29	0,83	0,31	0,88	0,33	0,92	0,35	0,97
	60	0,37	1,01	0,39	1,07	0,41	1,12	0,43	1,18
	65	0,46	1,25	0,49	1,32	0,51	1,38	0,54	1,44
	70	0,59	1,56	0,62	1,64	0,65	1,72	0,68	1,79
	75	0,76	2,00	0,80	2,10	0,84	2,19	0,87	2,28
	80	1,02	2,65	1,07	2,78	1,12	2,90	1,17	3,02

14.2.4 Beispiele klimabedingter Feuchtigkeitsschutz

Die Rechnungen gliedern sich in folgende Abschnitte:
a) Aufstellung der Materialdaten
b) Übersicht über die Temperaturen, Dampfdrücke, Diffusionsströme und bewegten Tauwassermengen in den Schichten bzw. an den Schichtgrenzen.
Dampfdruckdiagramm
c) Kommentar
Die Punkte b und c wiederholen sich je Durchfeuchtungs- bzw. Trocknungsperiode.
Die Berechnung der Sättigungsdampfdrücke P_s aus den Schichtgrenztemperaturen erfolgte durch Anwendung der im Entwurf DIN 4108 angegebenen Rechenformeln; zum Nachrechnen genügt die Anwendung der Tabelle 14.2–14. Sämtliche in den Beispielen angegebenen Daten wurden durch EDV ermittelt.

1. Außenwand W

Als Beispiel für den Nachweis der Tauwasserunschädlichkeit nach „Fertigteilverfahren" soll als erstes der in Bild 14.1–6 (W) beschriebene und dem Nachweis des Wärmeschutzes zugrundegelegte Wandaufbau berechnet werden.

1a Materialdaten

Außenwand W

Beschreibung des Schichtaufbaus [von außen nach innen]

1 Gasbetonplatte 500 kg/m³
2 Mineralfaserplatte W 040
3 Polyaethylenfolie 0,1 mm
4 Gipskartonplatte

S	d [cm]	λ [W/mK]	d/λ [m² K/W]	μ [−]	$\mu \cdot d$ [m]	$1/\Delta$ [m²h Pa/mg]
			0,040			
1	15,000	0,220	0,682	10,0	1,500	2,250
2	3,000	0,040	0,750	1,0	0,030	0,045
3	0,010	∞	0,000	100000,0	10,000	15,000
4	1,250	0,210	0,060	8,0	0,100	0,150
			0,130			

1b) Diffusionstechnische Daten während der Durchfeuchtungsperiode

Fertigteilverfahren	Winterfall	Dauer	1440 Stunden
	Temp. außen	− 10 °C	innen 20 °C
	r. F. außen	80%	innen 50%

S	T[°C]	P_s[Pa]	P[Pa]	g[mg/m²h]	w[mg/m²h]	W[g/m²]
	− 10,00	259,88	207,90		0,000	0,000
1	− 9,28	277,03	207,90	+ 55,098	0,000	0,000
2	+ 3,03	760,32	331,87	+ 55,098	0,000	0,000
3	+ 16,58	1887,17	334,35	+ 55,098	0,000	0,000
4	+ 16,58	1887,17	1160,83	+ 55,098	0,000	0,000
	+ 17,65	2019,81	1169,09		0,000	0,000
	+ 20,00	2338,19	1169,09		0,000	0,000

g = Diffusionsstromdichte
w = stündlich ausfallende Tauwassermenge
W = die an den Schichtgrenzen ausgefallene Menge nach 1440 h

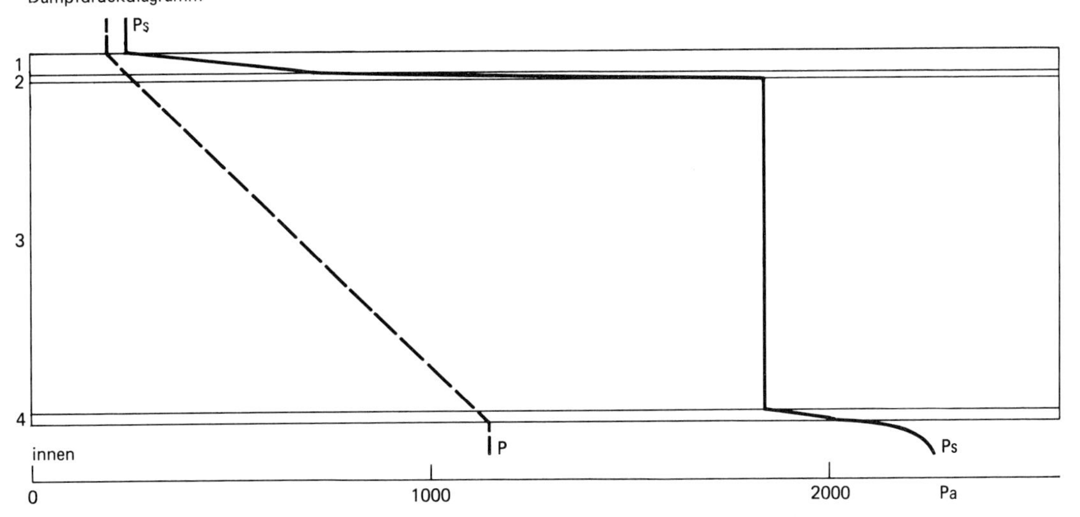

1c) Kommentar zu Berechnung 1.

Bedingt durch den Einbau einer einfachen Dampfbremse (Schicht 3) wird der Sättigungsdampfdruck im gesamten diffusionstechnisch wirksamen Querschnitt (Maßstab 1/Δ) so günstig beeinflußt, daß der Wandaufbau auch bei höherer innenklimatischer Beanspruchung noch lange tauwasserfrei bleibt.
Die Dampfbremse (Polyäthylenfolie) wird nicht zur Wärmedämmung herangezogen.

2. Dach D

Der Dachaufbau wird in Bild 14.1–6 (D) dargestellt. Es handelt sich hier um ein konventionelles Warmdach auf Betondecke entsprechend den Richtlinien für die Ausführung von Flachdächern.
Es fällt auf, daß einige Schichten nicht berechnet bzw. zusammengefaßt werden. Genauso wie zur

2a) Materialdaten

Dach D

Beschreibung des Schichtaufbaus [von außen nach innen]

1 3 Lagen Glasvlies-Bitumendachbahn V13, punktweise verklebt
2 PS Partikelschaum W 040 20 kg/m³, beidseitig kaschiert
3 Bitumenschweißbahn G200 S5 (mit Glasgewebe) auf Außgleichsschicht
4 Normalbeton DIN 1045

S	d[cm]	λ[W/mK]	d/λ[m²K/W]	μ[−]	$\mu \cdot d$[m]	1/Δ [m²hPa/mg]
			0,040			
1	1,200	∞	0,000	60000,0	720,000	1080,000
2	8,000	0,040	2,000	30,0	2.400	3,600
3	0,500	∞	0,000	20000,0	100,000	150,000
4	14,000	2,100	0,067	70,0	9,800	14,700
			0,130			

2b$_1$) Diffusionstechnische Daten während der Durchfeuchtungsperiode

Fertigteilverfahren	Winterfall	Dauer	1440 Stunden
	Temp. außen	− 10 °C	innen 20 °C
	r. F. außen	80%	innen 50%

S	T[°C]	p_s[Pa]	P[Pa]	g[mg/m²h]	w[mg/m²h]	W[g/m²]
	− 10,00	259,88	207,90		0,000	0,000
	− 9,46	272,52	207,90	+ 0,060	0,000	0,000
1	− 9,46	272,52	272,52	+ 5,327	+ 5,267	+ 7,585
2	+ 17,36	1983,20	291,70	+ 5,327	0,000	0,000
3	+ 17,36	1983,20	1090,78	+ 5,327	0,000	0,000
4	+ 18,26	2097,84	1169,09		0,000	0,000
	+ 20,00	2338,19	1169,09		0,000	0,000

g = Diffusionsstromdichte
w = stündlich ausfallende Tauwassermenge
W = die an den Schichtgrenzen ausgefallene Menge nach 1440 h

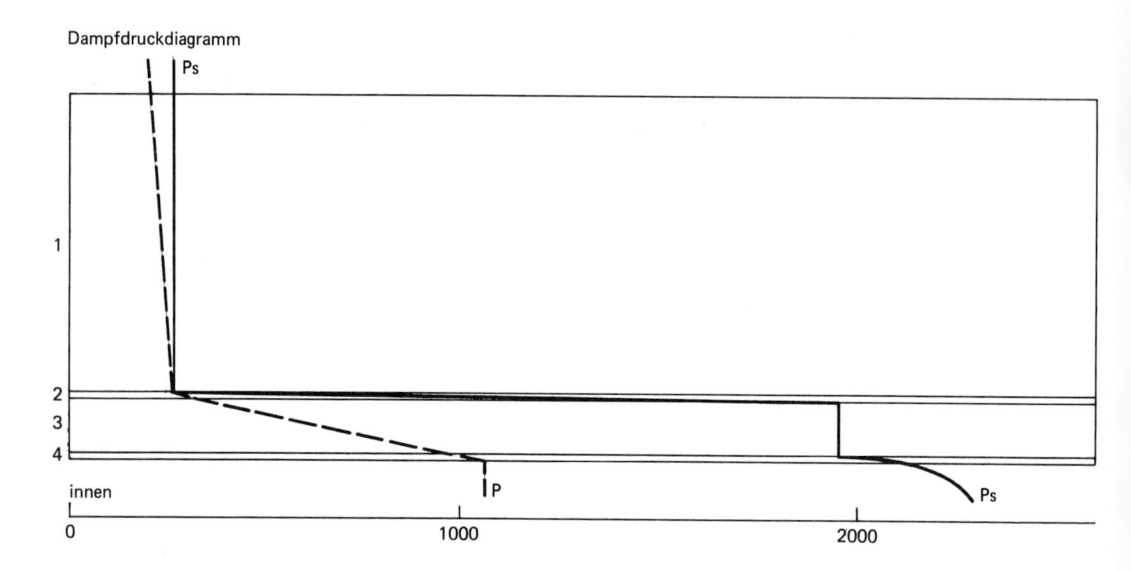

Feststellung des Wärmeschutzes werden Pappen, Folien und die Kiesschüttung wärmedämmtechnisch nicht berücksichtigt. Diffusionstechnisch gehen Schicht 1 und 3 natürlich in die Berechnung ein.
Die Dachhaut und die Dampfsperre werden auf ihrer jeweiligen Unterlage (Dämmschicht bzw. Rohdecke mit Voranstrich) entweder punkt- oder streifenweise oder auch unter Zuhilfenahme einer Lochglasvliesbitumendachbahn (LV) verklebt. Bei nur punkt- oder streifenweiser Verklebung wird gemäß DIN 4108, Teil 3, die Verklebung weder unter der Dachhaut noch unter der Dampfsperre diffusionstechnisch einberechnet. Anders sollte die rechnerische Behandlung evtl. vorhandener Lochglasvliesbitumendachbahnen erfolgen. Im Sinne der auf Seite 777 genannten Sicherheitsregel ist die untere Ausgleichsschicht, da sie innenseitig der zu erwartenden Tauwasserebene liegt, nicht zu berücksichtigen (wie im vorliegenden Beispiel geschehen). Allerdings sollte – sofern vorhanden – eine unter der Dachhaut liegende LV als zusätzliche Lage mitberechnet werden, da diese Schicht im geschlossenen Bereich wie eine zusätzliche Dachdichtungsbahn wirkt und die Löcher i. a. vollständig mit Bitumen gefüllt sind. Im vorliegenden Fall ist die Dachhaut nur punktweise mit der Wärmedämmung verklebt.
Bei der Aufstellung der Materialdaten, besonders der μ-Werte, wurde gemäß DIN 4108 darauf geachtet, daß die der jeweiligen Situation entsprechenden ungünstigsten Angaben verwendet wurden, also innerhalb der zu erwartenden Tauwasserebene die niedrigeren Daten, außerhalb die höheren Daten aus Tabelle 14.1–1.

2c$_1$) Kommentar

Unter der Dachhaut fallen 7,6 g/m² Tauwasser aus. Diese Menge bleibt unter dem zulässigen Wert von 10 g/m² (für Warmdächer). Die Begrenzung der unter der Dachhaut ausfallenden Tauwassermenge auf 10 g/m² ist notwendig, um die sog. *Dampfblasenbildung* zu verhindern. Ergeben sich nämlich höhere Wassermengen unter der Dachhaut, so tritt im Frühjahr bei Erwärmung der Dachhaut durch beschleunigte Verdunstung (1 m³ Wasser ergibt ca. 1000 m³ Dampf) ein erheblicher Überdruck zwischen Dach-

haut und den heute zumeist sehr dichten Kunststoffschäumen der Wärmedämmung auf, der zur Ablösung und Aufblähung der Dachhaut mit folgender Rißbildung führt. Ab Mengen deutlich oberhalb 10 g/m² ist nach Erfahrungen aus Schadensfällen auch die Pufferwirkung der Ausgleichsschicht nicht mehr gesichert.
Aus diesem Grunde schreibt die DIN 4108 bei nichtbelüfteten Dächern (Warmdächern) auch eine *Dampfbremse mit* $1/\Delta \geqq 150\ m^2\,hPa/mg$ vor. Die Wasseraufnahme des angrenzenden Wärmedämmstoffes ist sehr gering; eine nennenswerte Veränderung der Wärmeleitzahl der Dämmung ist nicht zu befürchten (vgl. Tabelle 14.2–15). Will man λ_2 neu berechnen, so gilt:
$\varrho_2 = 20\ kg/m^3$;
Flächengewicht $M_2 = 20 \cdot 0{,}08 = 1{,}6\ kg/m^2 = 1600\ g/m^2$
Feuchtigkeitszunahme = 7,6 : 1600 · 100 = 0,47 Gew.%

$$\lambda_{2(\text{neu})} = \lambda_{2(\text{alt})} \cdot \left(1 + \frac{0{,}47 \cdot 2^{1)}}{100}\right) = 0{,}0404\ \frac{W}{mK}$$

2 b₂) Diffusionstechnische Daten während der 1. Trocknungsperiode

Trocknung FV mod.			1. Trocknungsphase Temp. außen 20°C r. F. außen 40%		31,8 Stunden innen 12°C innen 70%	
S	*T*[°C]	P_s[Pa]	*P*[Pa]	*g*[mg/m²h]	*w* [mg/m²h]	*W*[g/m²]
	+20,00	2338,19	935,28		0,000	0,000
	+20,00	2338,19	935,28		0,000	0,000
1				+ 1,299		
	+20,00	2338,19	2338,19		−238,577	0,000
2				−237,278		
	+12,85	1483,99	1483,99		+234,234	+7,447
3				− 3,044		
	+12,85	1483,99	1027,41		0,000	0,000
4				− 3,044		
	+12,61	1461,01	982,67		0,000	0,000
	+12,00	1403,81	982,67		0,000	0,000

g = Diffusionsstromdichte: [nach innen: −] [nach außen: +]
w = Feuchtigkeitsmenge/h: [Trocknung: −] [Tauwasser: +]
g und *w* gelten für die Dauer der 1. Phase: 31,8 Stunden
W = an den Schichtgrenzen verbliebene Menge nach: 31,8 Stunden

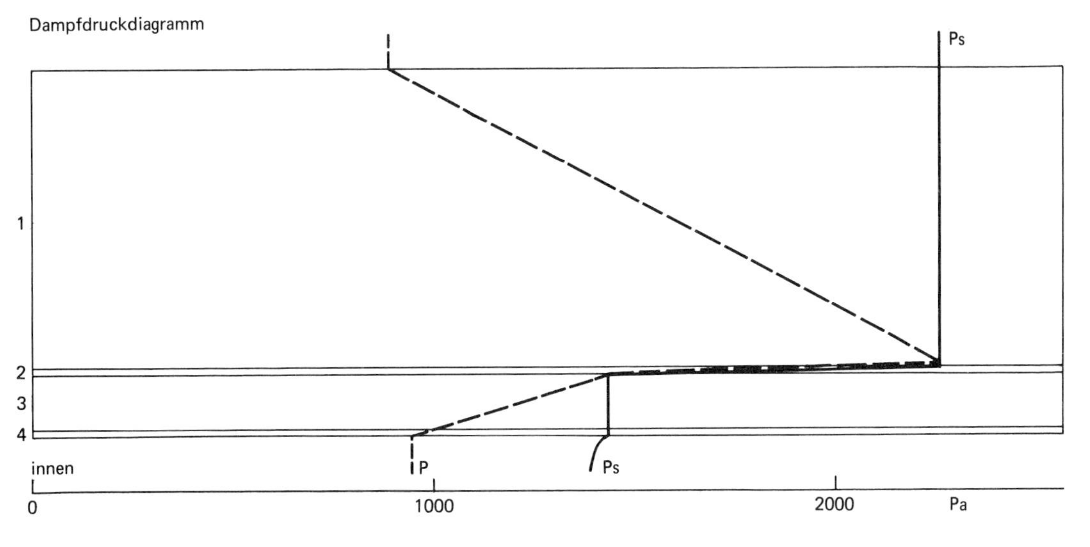

2 c₂) Kommentar

Aus dem Dampfdruckdiagramm läßt sich erkennen, daß – bedingt durch die erhöhte Außenoberflächentemperatur ($1/\alpha_a = 0$, $T_a = T_{ao} = +20\,°C$) – sowohl eine schnelle Entfeuchtung der ehemaligen Tauwasserebene ($w_{1/2} = -238{,}6\ mg/m^2h$) als auch eine Tauwasseranreicherung an der Unterseite der Wärmedämmung ($w_{2/3} = +234{,}2\ mg/m^2h$) stattfindet (vgl. hierzu die Überlegungen auf S. 775 ff.). Die Dauer bis zum Abtrocknen von $W_{1/2}$ beträgt 31,8 Stunden; dann befinden sich noch $W_{2/3} = 7{,}4\ g/m^2$ im Bauteil.

[1]) 2 ist die Erhöhung der Wärmeleitfähigkeit lt. Tab. 14.2–15, Seite 787, Spalte 3.

2 b_3) Diffusionstechnische Daten während der 2. Trocknungsperiode

Trocknung FV mod.			2. Trocknungsphase Temp. außen 20 °C r. F. außen 40%		2097,6 Stunden innen 12 °C innen 70%	
S	T [°C]	P_s [Pa]	P [Pa]	g [mg/m²h]	w [mg/m²h]	W [g/m²]
	+20,00	2338,19	935,28		0,000	0,000
	+20,00	2338,19	935,28		0,000	0,000
1				+0,506		
	+20,00	2338,19	1482,17		0,000	0,000
2				+0,506		
	+12,85	1483,99	1483,99		−3,550	0,000
3				−3,044		
	+12,85	1483,99	1027,41		0,000	0,000
4				−3,044		
	+12,61	1461,01	982,67		0,000	0,000
	+12,00	1403,81	982,67		0,000	0,000

g = Diffusionsstromdichte: [nach innen: −] [nach außen: +]
w = Feuchtigkeitsmenge/h: [Trocknung: −] [Tauwasser: +]
g und w gelten für die Dauer der 2. Phase: 2097,6 Stunden
W = an den Schichtgrenzen verbliebene Menge nach: 2129,4 Stunden

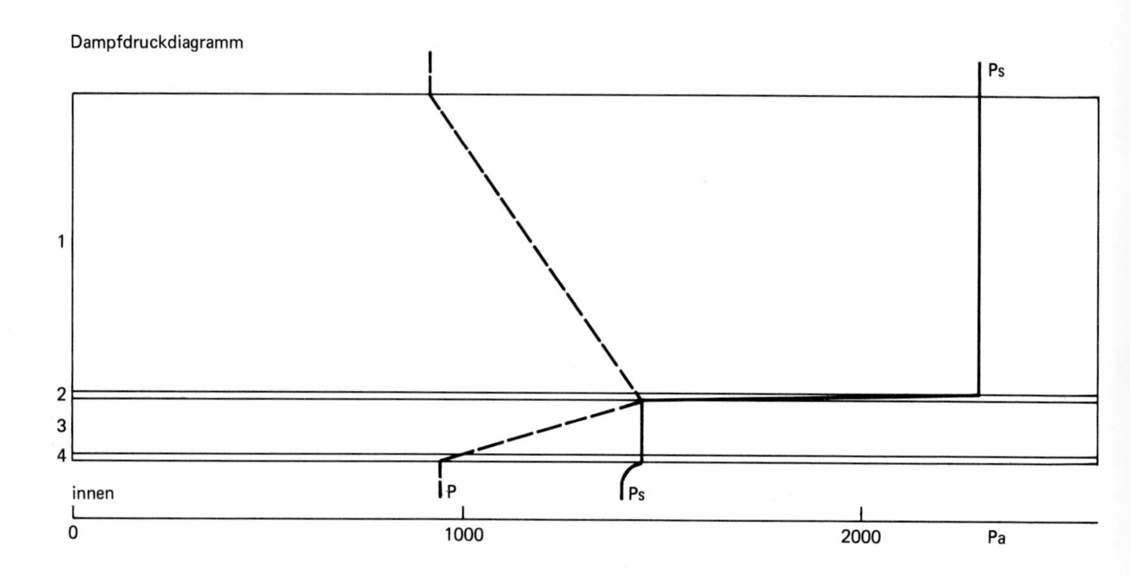

2 c_3) Kommentar

Nach Ende der 1. Phase ist Schichtgrenze 1/2 tauwasserfrei. Die Trocknung verlangsamt sich jetzt erheblich (vgl. Werte für g), so daß die gesamte Trocknungsdauer 2129,4 Stunden beträgt. Die Trocknung darf max. 2160 Stunden dauern; so daß auch diese Forderung des Fertighausverfahrens erfüllt ist. Für den Fall einer Überschreitung der Trocknungsdauer von 2160 Stunden könnte mit einer Stärkeren Dampfbremse (z. B. Alufolie) die ausfallende Tauwassermenge begrenzt werden; alternativ ist eine dampfdurchlässige Dacheindeckung (z. B. Kunststoffbahnen, 2lagig $d = 4$ mm, $1/\Delta \approx 600\ m^2h\,Pa/mg$) zu verwenden.

Vor dem Verlegen allzu dichter Dampfsperren bei gleichzeitiger Anordnung einer sehr dichten Dachhaut (bituminöse 3lagige Eindeckung) muß allerdings gewarnt werden, da dann eine evtl. während des Verlegevorganges eingeschlossene Feuchtigkeitsmenge (Niederschlagswasser) zwischen Dachhaut und Dampfsperre eingeschlossen wird und nur sehr langsam (Trocknungsdauer mehrere Jahre) wieder ausdiffundieren kann. Auch diese Feuchtigkeit kann zur Dampfblasenbildung führen; ebenfalls ein Grund für die Beschränkung der zusätzlich ausfallenden Tauwassermenge auf 10 g/m².

3. Dach Alternative (Aufbau auf Stahltrapezblech)

Der Dachaufbau wird in Bild 14.1–6 (A) dargestellt. Die Konstruktion unterscheidet sich von Dach D (Beispiel 2) grundsätzlich dadurch, daß sich auf der Unterseite der Betondecke ein *Trapezblech* und darunter eine abgehängte Decke befindet. Abweichend von Bild 14.1–6 wird das Dach hier zunächst ohne Dampfsperre auf dem Aufbeton gerechnet. Auf die Zweckmäßigkeit einer *Dampfsperre* wird im Kommentar ausführlicher eingegangen.

3a) Materialdaten

Dach Alternative

Beschreibung des Schichtaufbaus [von außen nach innen]

1 3 Lagen Glasvlies-Bitumendachbahn V13, punktweise verklebt
2 PS Partikelschaum W 040 20 kg/m³, beidseitig kaschiert
3 Normalbeton DIN 1045
4 Stahltrapezblech
5 Luftschicht, ruhend
6 Fichtenholzverschalung

S	d [cm]	λ [W/mK]	d/λ [m²K/W]	μ [−]	$\mu \cdot d$ [m]	1/Δ [m²hPa/mg]
			0,040			
1	1,200	∞	0,000	60000,0	720,000	1080,000
2	8,000	0,040	2,000	30,0	2,400	3,600
3	8,000	2,100	0,038	70,0	5,600	8,400
4	0,100	∞	0,000	∞	∞	∞
5	15,000	0,882	0,170	1,0	0,150	0,225
6	1,250	0,130	0,096	40,0	0,500	0,750
			0,130			

3b) Diffusionstechnische Daten während der Durchfeuchtungsperiode

Fertigteilverfahren		Winterfall	Dauer		1440 Stunden
		Temp. außen	−10°C		innen 20°C
		r. F. außen	80%		innen 50%

S	T [°C]	P_s [Pa]	P [Pa]	g [mg/m²h]	w [mg/m²h]	W [g/m²h]
	−10,00	259,88	207,90		0,000	0,000
	−9,52	271,29	207,90		0,000	0,000
1				0,000		
	−9,52	271,29	207,90		0,000	0,000
2				0,000		
	+14,73	1677,44	207,90		0,000	0,000
3				0,000		
	+15,20	1727,99	207,90		0,000	0,000
4				0,000		
	+15,20	1727,99	1169,09		0,000	0,000
5				0,000		
	+17,26	1970,20	1169,09		0,000	0,000
6				0,000		
	+18,42	2119,94	1169,09		0,000	0,000
	+20,00	2338,19	1169,09		0,000	0,000

g = Diffusionsstromdichte in den einzelnen Schichten
w = an den Schichtgrenzen stündlich ausfallende Tauwassermenge
W = die an den Schichtgrenzen ausgefallene Menge nach 1440 h

3c) Kommentar

Da das Trapezblech unendlich dampfdicht ist, läßt sich ein Dampfdruckdiagramm praktisch nicht mehr erstellen. Das Ergebnis ist jedoch ohne weiteres auch oben ablesbar.

Das Bauteil bleibt tauwasserfrei. Trotzdem ist darauf zu verweisen, daß an der Unterseite des Trapezbleches der vorhandene Dampfdruck ($P_{(4/5)}$ = 1169,1 Pa) recht nahe an dem Sättigungsdampfdruck ($P_{s(4/5)}$ = 1727,99 Pa) heranrückt. Dies bedeutet, daß bei weiterer Zunahme der wärmedämmenden Wirkung der unter dem Trapezblech liegenden Schichten es bald zu einer Tauwasserbildung an diese Stelle kommen kann.

Bei *untergehängten Decken* (unter Dachdecken) sollte daher allgemein darauf geachtet werden, daß durch geeignete Maßnahmen (geringe Luftraumhöhen, Verwendung wärmeleitfähiger Materialien bzw. gute Hinterlüftung, wenn sich letzteres aus schalltechnischen Gründen nicht vermeiden läßt) eine zu starke unterseitige Dämmung vermieden wird.

In Bild 14.1–6 (A) ist über der Betonauflage eine *Dampfbremse* eingezeichnet. Nach dem Ergebnis der Berechnung wäre diese Dampfsperre unnötig; tatsächlich jedoch ist zu berücksichtigen, daß auch eine frisch betonierte und allmählich austrocknende Betonrohdecke als Wasserdampferzeuger wirkt und demzufolge die besonders tauwassergefährdete Unterseite der Dachhaut (Beispiel 2) geschützt werden muß.

Fällt der Aufbeton weg und wird die Dachhaut unmittelbar auf dem Trapezblech verlegt, so kann i.a. die Dampfbremse entfallen, da das Stahlblech praktisch unendlich dampfdicht ist.

Eine Dampfsperre muß jedoch angeordnet werden, wenn

1. der Innenraum künstlich klimatisiert ist oder
2. die Innenraumtemperatur T_i größer als +20 °C ist und
3. die relative Luftfeuchte innen r. F.$_i$ größer als 60% ist.

Da beim Verlegen der Dampfsperre über den „Tälern" der Trapezbleche die Gefahr der mechanischen Beschädigung sehr groß ist, sollten in solchen Fällen unbedingt Dichtungsbahnen (z.B. 4 mm Schweißbahn) mit Gewebeeinlage verwendet werden. Die Dampfsperre ist mit den Oberguten der Bleche fest zu verbinden.

Tabelle 14.2–14 Sättigungsdrücke des Wasserdampfes [Pa] in Abhängigkeit von der Temperatur T
für $T \geqq 0\,°C$ gilt: $P_s = 288{,}68 \cdot (1{,}098 + T/100)^{8{,}02}$
für $T < 0\,°C$ gilt: $P_s = 4{,}689 \cdot (1{,}486 + T/100)^{12{,}3}$

T	0	1	2	3	4	5	6	7	8	9
30	4240,2	4264,6	4289,1	4313,7	4338,5	4363,3	4388,3	4413,5	4438,7	4464,1
29	4003,0	4026,1	4049,4	4072,9	4096,4	4120,1	4143,9	4167,8	4191,8	4215,9
28	3777,4	3799,5	3821,6	3843,9	3866,3	3888,8	3911,4	3934,1	3956,9	3979,9
27	3563,1	3584,0	3605,1	3626,2	3647,5	3668,9	3690,4	3712,0	3733,7	3755,5
26	3359,5	3379,4	3399,4	3419,5	3439,7	3460,0	3480,4	3500,9	3521,5	3542,3
25	3166,1	3185,0	3204,0	3223,1	3242,3	3261,6	3280,9	3300,4	3320,0	3339,7
24	2982,6	3000,5	3018,5	3036,7	3054,9	3073,2	3091,6	3110,1	3128,7	3147,3
23	2808,4	2825,4	2842,5	2859,7	2877,0	2894,4	2911,8	2929,4	2947,0	2964,8
22	2643,3	2659,4	2675,6	2691,9	2708,3	2724,7	2741,3	2758,0	2774,7	2791,5
21	2486,6	2501,9	2517,3	2532,7	2548,3	2563,9	2579,6	2595,4	2611,3	2627,2
20	2338,2	2357,2	2367,2	2381,9	2396,6	2411,4	2426,3	2441,3	2456,3	2471,4
19	2197,6	2211,3	2225,1	2239,0	2252,9	2266,9	2281,0	2295,2	2309,5	2323,8
18	2064,4	2077,4	2090,5	2103,6	2116,8	2130,1	2143,4	2156,8	2170,3	2183,9
17	1938,4	1950,6	1963,0	1975,4	1987,9	2000,5	2013,1	2025,9	2038,6	2051,5
16	1819,1	1830,7	1842,4	1854,2	1866,0	1877,9	1889,9	1901,9	1914,0	1926,1
15	1706,3	1717,3	1728,4	1739,5	1750,7	1761,9	1773,2	1784,6	1796,0	1807,6
14	1599,7	1610,1	1620,5	1631,0	1641,6	1652,2	1662,9	1673,7	1684,5	1695,4
13	1499,0	1508,8	1518,6	1528,6	1538,6	1548,6	1558,7	1568,9	1579,1	1589,4
12	1403,8	1413,1	1422,4	1431,8	1441,2	1450,7	1460,2	1469,8	1479,5	1489,2
11	1314,0	1322,7	1331,5	1340,4	1349,3	1358,3	1367,3	1376,3	1385,4	1394,6
10	1229,3	1237,5	1245,8	1254,2	1262,6	1271,0	1279,5	1288,1	1296,6	1305,3
9	1149,3	1157,1	1164,9	1172,8	1180,7	1188,7	1196,7	1204,8	1212,9	1221,0
8	1074,0	1081,3	1088,7	1096,1	1103,6	1111,1	1118,7	1126,3	1133,9	1141,6
7	1003,0	1009,9	1016,9	1023,9	1030,9	1038,0	1045,1	1052,3	1059,5	1066,7
6	936,2	942,7	949,2	955,8	962,4	969,1	975,8	982,5	989,3	996,1
5	873,3	879,4	885,6	891,7	898,0	904,2	910,6	916,9	923,3	929,7
4	814,1	819,9	825,6	831,5	837,3	843,2	849,2	855,1	861,1	867,2
3	758,5	763,9	769,3	774,8	780,3	785,9	791,4	797,0	802,7	808,4
2	706,2	711,3	716,4	721,5	726,7	731,9	737,2	742,4	747,7	753,1
1	657,1	661,9	666,7	671,5	676,4	681,3	686,2	691,1	696,1	701,1
+ 0	611,0	615,5	620,0	624,5	629,1	633,7	638,3	643,0	647,6	652,3
− 0	611,0	607,2	602,3	597,2	592,3	587,4	582,5	577,7	572,9	568,1
− 1	563,4	558,8	554,1	549,5	544,9	540,4	535,9	531,4	527,0	522,6
− 2	518,2	513,9	509,6	505,3	501,1	496,9	492,7	488,6	484,5	480,4
− 3	476,4	472,4	468,4	464,5	460,5	456,7	452,8	449,0	445,2	441,4
− 4	437,7	434,0	430,3	426,6	423,0	419,4	415,9	412,3	408,8	405,3
− 5	401,9	398,4	395,0	391,7	388,3	385,0	381,7	378,4	375,2	372,0
− 6	368,8	365,6	362,5	359,3	356,2	353,2	350,1	347,1	344,1	341,1
− 7	338,2	335,3	332,4	329,5	326,6	323,8	321,0	318,2	315,4	312,7
− 8	310,0	307,3	304,6	301,9	299,3	296,7	294,1	291,5	288,9	286,4
− 9	283,9	281,4	278,9	276,5	274,1	271,6	269,3	266,9	264,5	262,2
− 10	259,9	257,6	255,3	253,0	250,8	248,6	246,4	244,2	242,0	239,9
− 11	237,7	235,6	233,5	231,4	229,4	227,3	225,3	223,3	221,3	219,3
− 12	217,3	215,4	213,5	211,5	209,6	207,7	205,9	204,0	202,2	200,4
− 13	198,6	196,8	195,0	193,2	191,5	189,7	188,0	186,3	184,6	182,9
− 14	181,3	179,6	178,0	176,4	174,8	173,2	171,6	170,0	168,5	166,9
− 15	165,4	163,9	162,4	160,9	159,4	157,9	156,5	155,0	153,6	152,2
− 16	150,8	149,4	148,0	146,6	145,3	143,9	142,6	141,3	140,0	138,7
− 17	137,4	136,1	134,8	133,6	132,3	131,1	129,9	128,7	127,5	126,3
− 18	125,1	123,9	122,7	121,6	120,4	119,3	118,2	117,1	116,0	114,9
− 19	113,8	112,7	111,7	110,6	109,5	108,5	107,5	106,5	105,5	104,5
− 20	103,5	102,5	101,5	100,5	99,6	98,6	97,7	96,7	95,8	94,9

Tabelle 14.2–15 Erhöhung der Wärmeleitfähigkeit mit dem Feuchtigkeitsgehalt (maßgebend ist Spalte 3)

1	2		3
Stoff	Praktischer Feuchtigkeitsgehalt		Erhöhung der Wärmeleitfähigkeit des trockenen Zustandes X [% / Vol.- bzw. Gew.-%]
	Uv, prakt. [Vol.-%]	Ug, prakt. [Gew.-%]	
Ziegel voll gelocht	 1 2		 20 12,5
Haufwerkporiger Kies- und Schüttbeton Beton mit geschlossenem Gefüge, Kalksandsteine, Schlacken- und Bimsbaustoffe, Hüttensteine, Ziegelsplittbeton, Gas- und Schaumbeton, Steinholz,	4		10
lose Schüttungen Gipsplatten Asphalt	5 2 < 0,5		12 12,5 20[2])
Faserdämmstoffe nach DIN 18165: mineralische pflanzliche		 5 15	 2[2]) 0,7[2])
Holzspanplatten nach DIN 68761, Holzfaserplatten nach DIN 68750, Holzwolleleichtbauplatten nach DIN 1101, Schilfrohrplatten und Matten		20	1
Korkerzeugnisse Schaumkunststoffe nach DIN 7726 vorwiegend geschlossenzellig		10 5	1[2]) 2[2])

[1]) Nach DIN 52612, Blatt 2: Bestimmung der Wärmeleitfähigkeit mit dem Plattengerät; Rechenwerte der Wärmeleitfähigkeit für die Anwendung im Bauwesen.
[2]) Auch mit Rücksicht auf unvermeidbare Beschädigungen beim praktischen Einbau.

Literatur

1. Balkowski, F. D.: Funktionsgerechte Wandkonstruktionen, Verlagsgesellschaft Rudolf Müller, Köln 1971.
2. Bobran, H. W.: Handbuch der Bauphysik, 3. Auflage, Friedrich Vieweg & Sohn Verlagsgesellschaft mbH, Braunschweig 1976.
3. Buch, W.: Das Flachdach, Dissertation, Darmstadt 1961.
4. Eichler, F.: Bauphysikalische Entwurfslehre, Band 1, Verlagsgesellschaft Rudolf Müller, Köln 1968.
5. Eichler, F.: Bauphysikalische Entwurfslehre, Band 2, Verlagsgesellschaft Rudolf Müller, Köln 1972.
6. Grandjean, E.: Wohnphysiologie, Verlag für Architektur, Artemis Zürich 1973.
7. Gruber, W.: Wärmedurchgang an Ecken und vorspringenden Bauteilen, Dissertation, Braunschweig 1969.
8. Haferland, F.: Das diffusionstechnische Verhalten mehrschichtiger Außenwände, Bauverlag Wiesbaden 1967.
9. Haferland, F.: Das wärmetechnische Verhalten mehrschichtiger Außenwände, Bauverlag Wiesbaden 1970.
10. Hebgen, H.: Neuer baulicher Wärmeschutz, Friedrich Vieweg & Sohn Verlagsgesellschaft mbH, Braunschweig 1978.
11. Hebgen, H., Heck, F.: Außenwandkonstruktion mit optimalem Wärmeschutz, Bertelsmann Fachverlag, Düsseldorf 1973.
12. Hebgen, H., Heck, F.: Dächer, Decken, Fußböden mit optimalem Wärmeschutz, Bertelsmann Fachverlag, Düsseldorf 1975.
13. Henn, W.: Außenwände, Verlag Georg D. W. Callwey, München 1975.
14. Hoch, E.: Flachdächer, Flachdachschäden, Verlagsgesellschaft Rudolf Müller, Köln 1971.
15. Hoch, E.: Kommentar Flachdächer, Verlagsgesellschaft Rudolf Müller, Köln 1971.
16. Klopfer, H.: Wassertransport durch Diffusion in Feststoffen, Bauverlag Wiesbaden 1974.
17. Krause, C.: Außenwandsysteme, Verlagsgesellschaft Rudolf Müller, Köln 1970.
18. Meinert, S.: Normengerechter und wirtschaftlicher Wärmeschutz, Verlagsgesellschaft Rudolf Müller, Köln 1978.
19. Moritz, K.: Flachdachhandbuch, Bauverlag Wiesbaden 1975.
20. Recknagel und Sprenger: Taschenbuch für Heizung und Klimatechnik, 58. Ausgabe, R. Oldenbourg, München und Wien 1974.
21. Schaupp, W.: Die Außenwand, 2. Auflage, Verlag Georg D. W. Callwey, München 1965.
22. Schild, E., Oswald, R., Rogier, D., Schweikert, H., Schnapauff, V.: Schwachstellen, Band 1, Dächer, Dachterrassen und Balkone, Bauverlag Wiesbaden 1976.
23. Schild, E., Oswald, R., Rogier, D., Schweikert, H., Schnapauff, V.: Schwachstellen, Band II, Außenwände und Öffnungsanschlüsse, Bauverlag Wiesbaden 1977.
24. Schild, E., Casselmann, H., Dahmen, G., Pohlenz, R.: Bauphysik – Planung und Anwendung, 3. Auflage, Friedrich Vieweg & Sohn Verlagsgesellschaft mbH, Braunschweig 1982.
25. Seiffert, K.: Richtig belüftete Flachdächer ohne Feuchtluftprobleme, Bauverlag GmbH Wiesbaden und Berlin 1973.
26. Seiffert, K.: Wasserdampfdiffusion im Bauwesen, 2. Auflage, Bauverlag GmbH, Wiesbaden und Berlin.

Aufsätze, Broschüren u.ä.

27. Brandes, K.: Dächer mit massiven Deckenkonstruktionen, Berichte aus der Bauforschung, Heft 87, Verlag Ernst & Sohn, Berlin 1973.
28. Buch, W.: Grundlegende bauphysikalische Fragen des Flachdaches unter besonderer Berücksichtigung des Wasserdampfproblems, Bitumen, Teere, Asphalte, Peche, Heft 10, 1971.
29. Caemmerer, W.: Berechnung der Wasserdampfdurchlässigkeit und Bemessung des Feuchtigkeitsschutzes von Bauteilen, Berichte aus der Bauforschung, Heft 51, Verlag Ernst & Sohn, Berlin 1968.
30. Cammerer, J.S.: Tabellarium aller wichtigen Größen für den Wärme-Kälte-Schallschutz, Technisch-wissenschaftliche Abteilung der Rheinold und Mahla GmbH, 11. Auflage.
31. Cziesielski, E.: Konstruktion und Dichtung bei Außenwandfugen im Beton- und Leichtbetontafelbau, Bauingenieur-Praxis, Heft 56, Verlag Ernst & Sohn, Berlin 1970.
32. Cziesielski, E.: Mehrschichtige Außenwandelemente, Fugenschäden, Bauschädensammlung, Band 1, Forum-Verlag, Stuttgart.
33. Ehm, H.: Erhöhter Wärmeschutz im Hochbau – Einfluß auf Heizkosteneinsparung, Baukonstruktion und Baukosten, Sonderdruck aus Styropor-Report 31, 1975.
34. Ehm, H.: Erhöhter Wärmeschutz verordnet? – Erhöhter Wärmeschutz im Hochbau: Einfluß auf Energieeinsparung, Baukonstruktion und Baukosten, Styropor-Report, 1975.
35. Eichler, F.: Die umgekehrte Dachdeckung aus bauphysikalischer Sicht, Wärme, Kälte, Schall, Heft 4, 1973.
36. Feher, J.: Jahresbilanz der Kondensationsfeuchtigkeit in mehrschichtigen unbelüfteten Außenwänden, Gesundheits-Ingenieur, Heft 4, 1969.
37. Frank, Gertis, Künzel, Snatzke: Sonneneinstrahlung – Fenster – Raumklima, Berichte aus der Bauforschung, Heft 66, 1970.
38. Gertis, K.: Dampfsperre auch beim belüfteten Dach? Mitteilungen des Instituts für Bauphysik der Fraunhofer Gesellschaft Nr. 16.
39. Gertis, K.: Die Erwärmung von Räumen infolge Sonneneinstrahlung durch Fenster, Berichte aus der Bauforschung, Heft 66, 1970.
40. Gertis, K.: Fenster und Sonnenschutz, Sonderdruck aus Glaswelt, Heft 4, 1972.
41. Gertis, K., Hauser, G.: Instationärer Wärmeschutz, Berichte aus der Bauforschung, Heft 103, 1975.
42. Gertis, Kießl: Temperaturverhalten des Umkehrdaches beim Unterströmen der Dämmplatten, Mitteilungen des Instituts für Bauphysik der Fraunhofer-Gesellschaft Nr. 14.
43. Glaser: Graphisches Verfahren zur Untersuchung von Diffusionsvorgängen, Kältetechnik, Heft 10, 1959.
44. Haferland, Fr., Heindl, W., Fuchs, H.: Ein Verfahren zur Ermittlung des wärmetechnischen Verhaltens ganzer Gebäude unter periodisch wechselnder Wärmeeinwirkung, Berichte aus der Bauforschung, Heft 99, 1975.
45. Institut für Bautechnik, Berlin: Richtlinien für Fassadenbekleidungen mit und ohne Unterkonstruktion, Das Dachdeckerhandwerk, Heft 6, 1975.
46. Jenisch: Austrocknung nichtbelüfteter Flachdächer, Berichte aus der Bauforschung, Heft 102, Verlag W. Ernst & Sohn, Berlin 1975.
47. Jenisch: Berechnung der Feuchtigkeitskondensation in Außenbauteilen abhängig vom Außenklima, Gesundheits-Ingenieur, Heft 9, 1971.
48. Jenisch, Schüle: Untersuchung verschiedener Verfahren zur Beurteilung des klimabedingten Feuchtigkeitsschutzes, Berichte aus der Bauforschung, Heft 102, 1975, Verlag W. Ernst & Sohn, Berlin.
49. Künzel, H.: Der Wärmeschutz beim umgekehrten Dach, Mitteilungen des Instituts für Bauphysik der Fraunhofer-Gesellschaft Nr. 12.
50. Schwarz: Wärme- und Stoffübertragung an Außenwandoberflächen, Berichte aus der Bauforschung, Heft 79, 1972, Verlag W. Ernst & Sohn, Berlin.
51. Werner, H., Gertis, K.: Wirtschaftlich optimaler Wärmeschutz von Einfamilienhäusern, kritische Gedanken zu Optimierungsrechnung, Sonderdruck, Gesundheits-Ingenieur, Heft 1–2, 1976.
52. Zentralverband des Dachdeckerhandwerks: Richtlinien für die Ausführung von Flachdächern, H. Gros Fachverlag, Berlin 1973.
53. Zentralverband des Dachdeckerhandwerks: Richtlinien für die Ausführung von Flachdächern, Januar 1982.

Normen und Richtlinien

54. DIN 1102: Holzwolleleichtbauplatten nach DIN 1101, Richtlinien für die Verarbeitung, April 1970.
55. DIN 1104: Mehrschicht-Leichtbauplatten aus Schaumkunststoffen und Holzwolle, Richtlinien für die Verarbeitung, April 1970.
56. DIN 1045: Beton- und Stahlbetonbau, Bemessung und Ausführung, Januar 1972.
57. DIN 1053: Mauerwerk, Berechnung und Ausführung, November 1974.
58. DIN 4108: Wärmeschutz im Hochbau, August 1969.
59. DIN 4108: Ergänzende Bestimmungen, Ministerialblatt 1974.
60. DIN 4108: Beiblatt: Erläuterungen und Beispiele für einen erhöhten Wärmeschutz, November 1960.
61. DIN 4108: Wärmeschutz im Hochbau, Teil 1–5, August 1981.
62. DIN 4232: Wände aus Leichtbeton mit haufwerksporigem Gefüge, Ausführung und Bemessung, Januar 1972.
63. DIN 4701: Regeln für die Berechnung des Wärmebedarfs von Gebäuden, Januar 1959.
64. DIN 4701: Entwurf: Regeln für die Berechnung des Wärmebedarfs von Gebäuden, März 1978.
65. DIN 18055, Blatt 2: Fenster, Fugendurchlässigkeit und Schlagregensicherheit, August 1973.
66. DIN 18530 (Vornorm): Massive Deckenkonstruktionen für Dächer, Dezember 1974.
67. VDI-Richtlinie 2078: Kühllastregeln.
68. Verordnung über einen energiesparenden Wärmeschutz (Wärmeschutzverordnung) vom 11. August 1977.

14.3 Schallschutz

K. Gösele

14.3.1 Allgemeines

Der nötige Schallschutz in Bauten richtet sich nach dem Verwendungszweck der Bauten. Es gibt dabei nur wenige schalltechnische Probleme, die typisch nur für den Stahlbau sind und nicht auch bei anderen Bauten auftreten würden. So ist die lange Zeit gefühlsmäßig bestehende Meinung, wonach Stahlskelettbauten schalltechnisch besonders ungünstig seien, bedingt durch die geringe Materialdämpfung des Stahls, in aller Regel nicht berechtigt. Dies haben Untersuchungen über die Schallausbreitung in verschiedenen Bauten ergeben [11]. Wohl aber zeigen Skelettbauten allgemein, ob nun mit Stahlbeton- oder Stahlskelett, in ihren schalltechnischen Problemen Besonderheiten gegenüber Bauten mit massiven, tragenden Wänden, sofern sie mit einem leichten Ausbau versehen werden. Die Unterschiede beruhen in erster Linie darauf, daß die sogen. Schall-Längsleitung entlang flankierender Bauteile in Skelettbauten größer ist als in Massivbauten mit tragenden Wänden. Dies ist lange Zeit nicht beachtet worden und hat dazu geführt, daß die Schalldämmung in Skelettbauten nach der Fertigstellung meist wesentlich schlechter war als nach den Ergebnissen von Prüfungen in Prüfständen im Laboratorium an den jeweiligen Trennwänden zu erwarten war. Diese Abweichung zwischen Prüfung im Laboratorium und am Bau ist in Bild 14.3–1 in Form einer Summenhäufigkeitskurve dargestellt. Es ist daraus zu entnehmen, daß bei der Hälfte aller Bauten die Differenz der Dämmwerte der Trennwände im Laboratorium und am Bau mehr als 7 dB betragen hat. Es handelte sich dabei um Schulen, Hochschulinstitute, Verwaltungsbauten und Krankenhäuser. Mit der Vermeidung dieser Schwierigkeiten von Skelettbauten mit leichtem Ausbau werden sich die folgenden Ausführungen vor allem befassen.
Diese Probleme ergeben sich nur bei *neben*einander liegenden Räumen, nicht dagegen bei *über*einander liegenden Räumen, wo der Schallschutz durchweg gut ist.

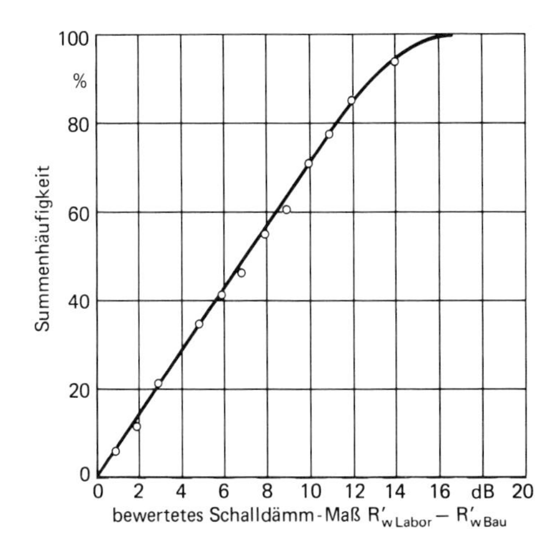

Bild 14.3–1
Summenhäufigkeit der Abweichung der Schalldämmung von verschiedenen, leichten Trennwänden, bei der Messung im Laboratorium und in Skelettbauten

$R'_{w\,\mathrm{Labor}}$: bewertetes Schalldämm-Maß, gemessen im Laboratorium
$R'_{w\,\mathrm{Bau}}$: bewertetes Schalldämm-Maß derselben Wand, gemessen in einem Skelettbau

14.3.2 Berechnungsgrundlagen

14.3.2.1 Luftschallschutz

14.3.2.1.1 Kennzeichnung
Man versteht darunter den Schutz vor der Übertragung des in einem Raum erzeugten Luftschalls z. B. Sprache, Schreibmaschinengeräusche in einen Nachbarraum. Diese Übertragung erfolgt nach Bild 14.3–2 teils über die Trennfläche (Weg 1), zum andern über die verschiedenen flankierenden Bauteile, Weg 2. Man spricht im letztgenannten Fall von Schall-Längsleitung, siehe DIN 52217 [9].
Zur Kennzeichnung des Luftschallschutzes einer Trennwand oder Trenndecke zwischen zwei Räumen dient das Schalldämm-Maß R nach DIN 52210, Teil 1 [7]:

$$R = L_1 - L_2 + 10 \lg S/A$$

L_1: Schallpegel im Senderaum
L_2: Schallpegel im Empfangsraum
S: Trennwandfläche
A: äquivalente Schallabsorptionsfläche des Empfangsraumes

Das Glied $10 \lg S/A$ ist in der Regel wenig verschieden von 0, so daß das Schalldämm-Maß R in grober Näherung die Differenz der Schallpegelwerte in den beiden betrachteten Räumen darstellt. Werden bei einer Messung und der eben besprochenen Auswertung nicht nur die Übertragung auf dem Weg 1, sondern auch über die Nebenwege 2 nach Bild 14.3–2 erfaßt, dann spricht man von dem Bau-Schalldämm-Maß R'. Der Beistrich drückt somit das Vorliegen einer gewissen Schall-Längsleitung aus. Das Schalldämm-Maß wird in Abhängigkeit von der Frequenz des Schalls (in Hz) gemessen und dargestellt, siehe z.B. Bild 14.3–11. Für die Zwecke der Baupraxis benötigt man einen über die Frequenzen gemittelten Wert, der als *Ein*zahlangabe den Luftschallschutz einer Trennwand o.ä. kennzeichnet. Dafür sind im Laufe der Zeit drei Formen benutzt worden, siehe DIN 52210, Teil 4 [7], die in der Tabelle 1 zusammengestellt sind.

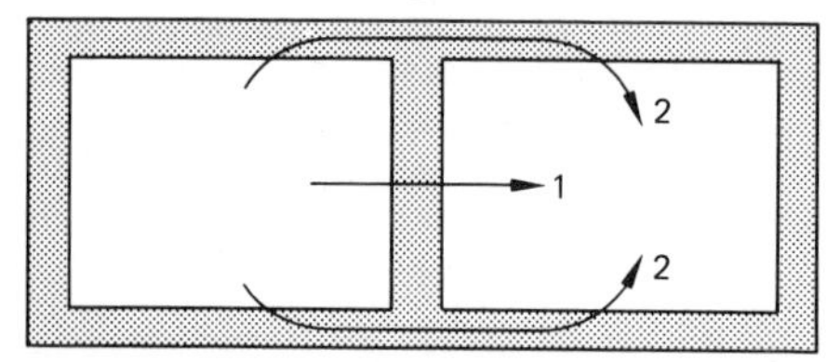

Bild 14.3–2
Im Skelettbau zu unterscheidende Wege der Luftschallübertragung 1 und 2 zwischen zwei Räumen

Tabelle 14.3–1
Mittelwerte zur Kennzeichnung der Luftschalldämmung von Bauteilen und deren gegenseitige Umrechnung

Bezeichnung	Formelzeichen	Umrechnung
mittleres Schalldämm-Maß	R'_m	$R'_m \approx R'_w - 2$ dB
Luftschallschutzmaß	LSM	LSM $= R'_w - 52$ dB $\approx R'_m - 50$ dB
bewertetes Schalldämm-Maß	R'_w	$R'_w =$ LSM $+ 52$ dB $R'_w \approx R'_m + 2$ dB

In Zukunft soll nur noch das bewertete Schalldämm-Maß verwendet werden.
Die Übertragung auf dem Weg 2 wird mittelbar durch das Längsdämm-Maß R_L gekennzeichnet:

$$R_L = L_1 - L'_2 + 10 \lg S/A$$

L'_2 bedeutet dabei jenen Schallpegel im Nachbarraum, der sich ergibt, wenn allein über einen der vier flankierenden Bauteile auf dem Weg 2 übertragen wird.

14.3.2.1.2 Vorherberechnung
Das bewertete Schalldämm-Maß R'_w zwischen zwei nebeneinander liegenden Räumen eines Skelettbaus errechnet sich nach [12] in folgender Weise

$$R'_w = -10 \lg \left(10^{-0,1\,R_w} + 10^{-0,1\,R_{Lw1}} + 10^{-0,1\,R_{Lw2}} + 10^{-0,1\,R_{Lw3}} + \cdots\right)$$

wobei bedeuten:
R_w: bewertetes Schalldämm-Maß der Trennwand (ohne Längsleitung)
R_{Lw1}: bewertetes Schall-Längsdämm-Maß der oberen Decke oder Deckenverkleidung
R_{Lw2}: bewertetes Schall-Längsdämm-Maß der unteren Decke bzw. des Fußbodens
R_{Lw3}: bewertetes Schall-Längsdämm-Maß der Fassade

Die obige Beziehung drückt mittelbar aus, daß die auf verschiedenen Wegen in den Nachbarraum übertragenen Schall-Leistungen addiert werden müssen, damit man die sich daraus ergebende resultierende Dämmung erhält. Die Beziehung ist anstatt auf das bewertete Schalldämm-Maß auch auf das Schalldämm-Maß R, R_{L1} usw. in Abhängigkeit von der Frequenz anwendbar. In Bild 14.3–3 ist dafür ein Rechenbeispiel für die Luftschalldämmung zwischen zwei Krankenräumen dargestellt. Das hier geschilderte Verfahren wird in absehbarer Zeit in einem Normenentwurf von DIN 4109 [6] enthalten sein.

Vereinfachte Berechnung
Bei der Planung eines Gebäudes vor der Ausschreibung sind die für die Rechnung nötigen Werte noch nicht bekannt. Bekannt ist nur wie groß das bewertete Schalldämm-Maß R'_w zwischen den Räumen im fertigen Zustand werden soll, siehe dazu Abschnitt 14.3.3. Dann kann man aufgrund vereinfachender Annahmen angeben, wie groß die Schalldämmung der einzelnen Bauteile mindestens sein sollte. Diese Werte können dann der Ausschreibung zugrunde gelegt werden. Dafür ergibt sich folgende Dimensionierungs-Regel: Wenn das bewertete Schalldämm-Maß zwischen den fertigen Räumen $= R'_w$ sein soll, müssen die Einzelelemente der Räume folgenden Bedingungen genügen:

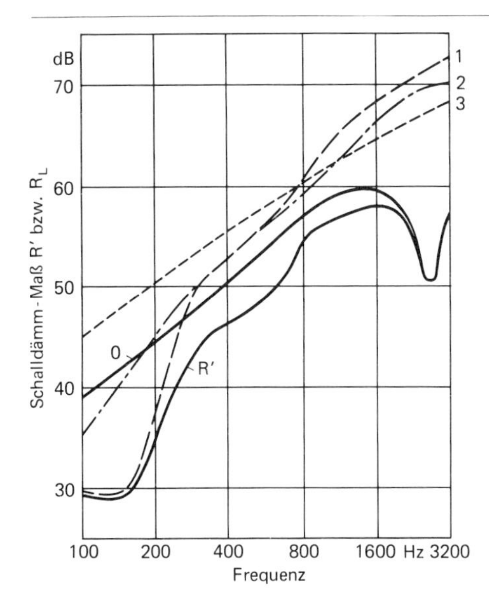

Bild 14.3–3
Beispiel der Berechnung des Bauschalldämm-Maßes R' einer Trennwand für Bettenräume eines Krankenhauses in Skelettbauart

0: R von Trennwand (doppelschalige Wand mit zwei Lagen Gipskartonplatten bei Messung im Prüfstand)
1: R_L von Deckenverkleidung (20 mm Mineralfaserplatten, Rückseite dicht, 60 mm Mineralfaserfilz, 450 mm Abhängehöhe, Messung im Prüfstand)
2: R_L von unterer Decke mit Verbundestrich (180 mm Beton)
3: R_L von Fassade (Holz, Messung im Prüfstand)
R': berechnetes Bauschalldämm-Maß R' zwischen den Räumen

Trennwand-Dämmung (ohne Längsleitung)	$R_w \geqq R'_w + 6\,\text{dB}$
Längsdämmung der oberen Decke bzw. der Deckenverkleidung	$R_{Lw1} = R'_w + 6\,\text{dB}$
Längsdämmung der unteren Decke bzw. des Fußbodens	$R_{Lw2} \geqq R'_w + 6\,\text{dB}$
Längsdämmung der Fassade	$R_{Lw3} \geqq R'_w + 6\,\text{dB}$

Die Dämmwerte der Trennwände wie der flankierenden Bauteile müssen somit um mindestens 6 dB größer sein als die angestrebte Dämmung (R'_w) zwischen den Räumen. In der Vergangenheit ist dies nicht berücksichtigt worden, worauf die in Bild 14.3–1 dargestellten starken Abweichungen zurückzuführen sind.*)

14.3.2.1.3 Gesetzmäßigkeiten
Für *ein*-schalige Wände, Decken u. ä. ist das bewertete Schalldämm-Maß R_w nur von der flächenbezogenen Masse m' abhängig, siehe Kurve a in Bild 14.3–4. Dabei ist vorausgesetzt, daß sie dicht sind. Bei *doppel*-schaligen Wänden kann eine genügend genaue Aussage nur gemacht werden, wenn die beiden Wandschalen keine festen Verbindungen miteinander haben und der Hohlraum mit einem geeigneten Material (in der Regel Mineralfasern) gefüllt ist. Dann gilt nach [13] für das Schalldämm-Maß R der Doppelwand bei der Frequenz f:

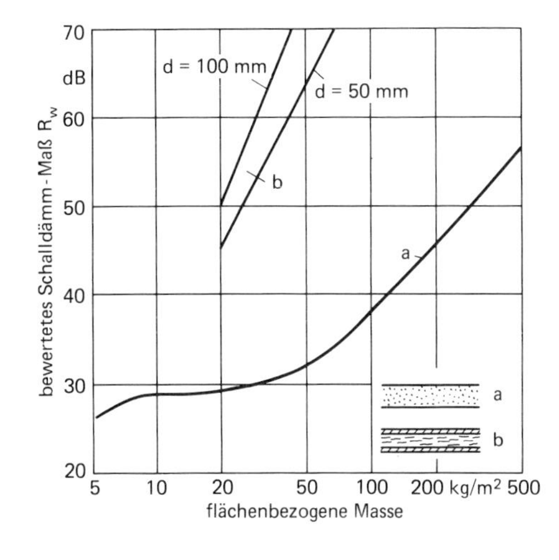

Bild 14.3–4
Bewertetes Schalldämm-Maß R_w für ein- und zweischalige Bauteile
a: einschalige Bauteile
b: zweischalige Bauteile, *ohne* Verbindung zwischen den Schalen für Schalenabstand d von 50 und 100 mm

*) soweit nicht auch noch Fugenundichtheiten eine Rolle spielen.

$$R = 2R_1 + 20 \lg \frac{4\pi f \cdot d}{c}$$

R_1: Schalldämm-Maß der Einzelschale
d: Dicke der Luftschicht zwischen den Schalen
c: Schallgeschwindigkeit

bezüglich der Grenzen der Gültigkeit, siehe [13].
Eine gute Schalldämmung bei Doppelwänden ist nur zu erwarten, wenn folgender Mindestabstand d_{min} zwischen den Schalen ungefähr eingehalten wird

$$d_{min} = \frac{800}{m'_1} \text{ mm}$$

wobei m'_1 die flächenbezogene Masse einer Schale in kg/m^2 darstellt. Für doppelschalige Wände sind die zu erreichenden Werte des bewerteten Schalldämm-Maßes R_w als Gerade b in Bild 14.3–4 eingetragen, gültig für 50 und 100 mm Schalenabstand. Sie sind erstaunlich hoch. Bei praktisch ausgeführten Wänden sind jedoch die beiden Wandschalen meist über Ständer o. ä. miteinander verbunden. Diese wirken als sog. Schallbrücken und verringern die oben berechnete Dämmung. Die Wirkung der Schallbrücken hängt von verschiedenen Einflußgrößen ab. Linienförmige Schallbrücken sind nach M. Heckl [14] ungünstiger als punktförmige. Holzständer ergeben eine stärkere Übertragung als C-Profilständer [15]. Eng beieinander liegende Ständer sind besonders ungünstig. Die Übertragung über Schallbrücken kann quantitativ für den Einzelfall nicht vorherberechnet werden. Sie muß durch Messungen bestimmt werden. Erfahrungswerte sind in Bild 14.3–7 zusammengestellt.

14.3.2.2 Trittschallschutz

14.3.2.2.1 Kennzeichnung
Man betreibt dazu auf der Decke ein in seinen Abmessungen genormtes Hammerwerk, siehe DIN 52210, Teil 1 [7], und mißt den im Raum unter der Decke auftretenden Schallpegel L, getrennt für einzelne Frequenzbereiche von Oktavbandbreite. Daraus errechnet sich dann der sogen. Normtrittschallpegel L_n:

$$L_n = L + 10 \lg \frac{A}{A_0}$$

A: äquivalente Schallabsorptionsfläche des unteren Raumes
A_0: 10 m^2 (Bezugswert)
L_n wird in Abhängigkeit von der Frequenz in einem Diagramm dargestellt. Nach DIN 52210, Teil 4 [7] wird daraus anhand einer Sollkurve das Trittschallschutzmaß TSM berechnet. Die TSM-Werte bewegen sich zwischen etwa −20 dB (ungünstige Rohdecke) bis etwa +20 dB (sehr gute Decken mit schwimmendem Estrich). Die Verbesserung des Trittschallschutzes einer Decke durch einen Fußboden oder Gehbelag wird nach DIN 52210, Teil 4, durch das Trittschall-Verbesserungsmaß VM gekennzeichnet. Für schwimmende Estriche ist VM vorherzusagen, wenn die dynamische Steifigkeit s' der untergelegten Dämmschicht bekannt ist, siehe Bild 14.3–5. Die Steifigkeit s' ist für übliche Dämmschichten vom Hersteller zu erhalten, siehe auch [16]; außerdem kann sie an kleinen Proben experimentell bestimmt werden, siehe [8].

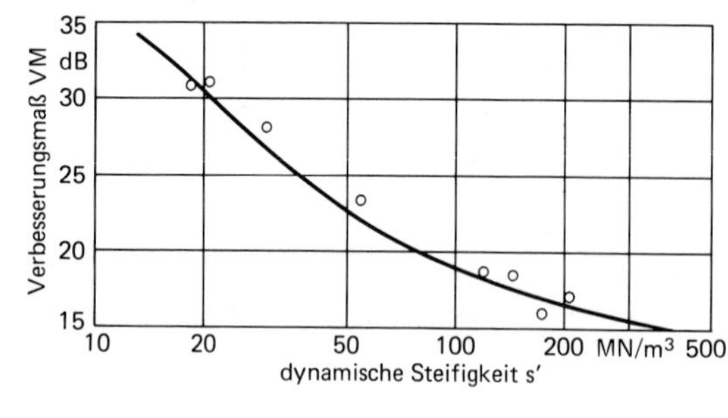

Bild 14.3–5
Trittschall-Verbesserungsmaß VM eines schwimmenden Estrichs, abhängig von der dynamischen Steifigkeit s' der unter dem Estrich verlegten Dämmschicht

14.3.2.2.2 Vorherberechnung
Das Trittschallschutzmaß TSM einer fertigen Decke läßt sich folgendermaßen näherungsweise berechnen, wenn das sogen. äquivalente Trittschallschutzmaß TSM_{eq} und das Verbesserungsmaß VM durch den Fußboden bekannt sind:

$$TSM = TSM_{eq} + VM$$

das äquivalente Trittschallschutzmaß TSM_{eq} kann für einschalige Massivdecken auf Grund der flächenbezogenen Masse rechnerisch angegeben werden, siehe Bild 14.3–6, Gerade *a*. Für Decken mit einer unterseitigen Verkleidung ergibt sich eine Erhöhung des TSM_{eq}, die aus Bild 14.3–6, Bereiche *b* und *c* zu entnehmen ist. Sie hängt davon ab, ob die Wände des unteren Raumes massiv ausgebildet sind und damit mit der Decke verbunden sind oder nicht.
Im erstgenannten Fall tritt eine wesentliche Verbesserung nur bei sehr leichten Decken auf, Bereich *b*. Die Begrenzung bei schwereren Decken ergibt sich durch die unmittelbare Übertragung des Trittschalls von der Decke auf die seitlichen Wände.
Im zweitgenannten Fall, der bei Stahlskelettbauten in der Regel vorliegt, fällt die Übertragung von der Decke auf die Wände weitgehend weg, weshalb geeignete Verkleidungen voll wirksam sind, siehe Bereich *c* in Bild 14.3–6. Die Verbesserung beträgt, je nach Art der Verkleidung und Hohlraumdämpfung etwa 10–15 dB, im Einzelfall eventuell auch noch mehr.

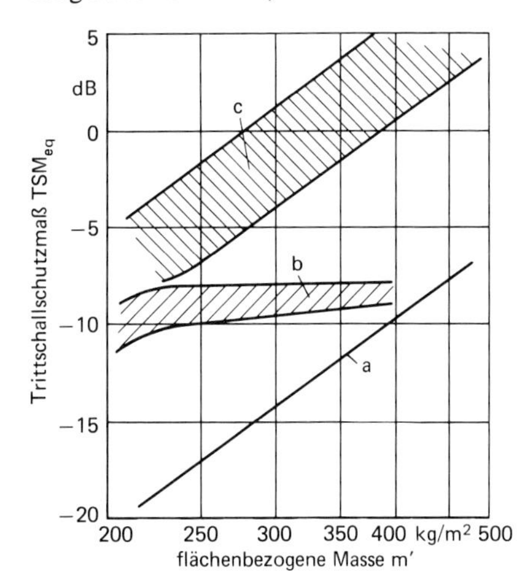

Bild 14.3–6
Äquivalentes Trittschallschutzmaß TSM_{eq} von Massivdecken (ohne Fußboden), abhängig von ihrer flächenbezogenen Masse *m′*
a: einschalige Decken
b: zweischalige Decken in Bauten mit massiven Wänden
c: zweischalige Decken in Skelettbauten mit leichtem Aufbau (Streubereich: je nach Ausbildung der unterseitigen Verkleidung)

14.3.3 Anforderungen

Baurechtlich verbindliche Anforderungen sowie Empfehlungen für die Höhe des Schallschutzes in Bauten, sind abhängig von der Art der Nutzung, in DIN 4109 „Schallschutz im Hochbau“ [1] enthalten. Die im Augenblick der Drucklegung des Handbuchs noch gültige Fassung von 1962 soll durch eine Neufassung ersetzt werden, die voraussichtlich 1982 erscheinen wird. Im folgenden werden die *zukünftig* voraussichtlich zu erwartenden Anforderungen und Empfehlungen anhand des vorliegenden Entwurfs 1979 [2] besprochen.*) Für Mehrfamilienhäuser, Schulen, Krankenhäuser und Hotels sind baurechtlich verbindliche Mindestanforderungen sowie Empfehlungen für einen erhöhten Schallschutz in Tabelle 14.3–2 angegeben. Empfehlungen für einen „normalen“ Schallschutz (sogen. Richtwerte) und einen „erhöhten“ Schallschutz für Büro- und Verwaltungsgebäude sowie innerhalb von Wohnungen sind in Tabelle 14.3–3 enthalten. Zusammengefaßt werden für Büro- und Verwaltungsgebäude folgende Werte der Luftschalldämmung bei nebeneinander liegenden Räumen empfohlen

Raumart	R'_w in dB Richtwerte	erhöhter Schallschutz
zwischen Räumen mit normaler Bürotätigkeit	37	42
bei Räumen mit konzentrierter geistiger Tätigkeit	47	52

Es ist wichtig, schon bei der Planung klarzustellen, welche Dämmwerte für die einzelnen Wände, einschließlich der flankierenden Bauteile zwischen den Räumen, angestrebt werden.

Geräusche aus haustechnischen Gemeinschaftsanlagen
Für sie ist in der derzeitig gültigen Fassung von DIN 4109, Ausgabe 1962, vorgeschrieben, daß Geräusch aus haustechnischen Anlagen wie z.B. Heizanlagen, Wasserleitungen, Abwasseranlagen, Lüftungs- und Klimaanlagen folgende Werte nicht überschreiten sollen:

nachts: 30 dB (A)
sofern nur tags betrieben: 40 dB (A).

*) es ist allerdings zu beachten, daß diese Werte bei der Endfassung sich noch etwas ändern können

In der Neufassung von DIN 4109, Teil 5 (voraussichtlich 1982), werden diese Anforderungen etwas modifiziert werden, wie aus DIN 4109, Teil 5, E 1979 [4] hervorgeht.

Tabelle 14.3–2
Anforderungen zur Luft- und Trittschalldämmung von Bauteilen zum Schutz gegen Schallübertragung aus einem fremden Wohn- und Arbeitsbereich
(Tabelle 1 aus DIN 4109, Teil 2, Entwurf 1979)

Spalte		a	b		c	d		e
Zeile		Bauteile	Mindestanforderungen			Vorschläge für einen erhöhten Schallschutz		
			R'_w[1]) dB	(LSM)	TSM dB	R'_w[1]) dB	(LSM)	TSM dB
1 Geschoßhäuser mit Wohnungen und Arbeitsräumen[2])								
1	Decken	Decken unter nutzbaren Dachräumen, z. B. unter Trockenböden, Bodenkammern und ihren Zugängen	55[3])	(3[3]))	10	≧57	(≧5)	≧17
2		Wohnungstrenndecken[4]) (auch -treppen) und Decken zwischen fremden Arbeitsräumen	53[3])	(3[3]))	10[5])	≧57	(≧5)	≧17[5])
3		Decken über Kellern, Hausfluren, Treppenräumen unter Aufenthaltsräumen	55[3])	(3[3]))	10[6])	≧57	(≧5)	≧17[6])
4		Decken über Durchfahrten, Einfahrten von Sammelgaragen u. ä. unter Aufenthaltsräumen	55	(3)	10[6])	≧57	(≧5)	≧17[6])
5		Decken unter Terrassen, Loggien und Laubengängen	–[7])	(–[7]))	10	–[7])	(–[7]))	≧17
6		Decken innerhalb zweigeschossiger Wohneinheiten	–	(–)	10[6])	–	(–)	≧17[6])
7	Treppen	Treppen, Treppenpodeste und Fußböden von Hausfluren	–	(–)	10[6])	–	(–)	≧17[6])
8	Wände	Wohnungstrennwände[4]) und Wände zwischen fremden Arbeitsräumen	55[3])	(3[3]))	–	≧57	(≧5)	–
9		Treppenraumwände[8]) und Wände neben Hausfluren	55[3])	(3[3]))	–	≧57	(≧5)	–
10		Wände neben Durchfahrten, Einfahrten von Sammelgaragen u. ä.	55	(3)	–	≧57	(≧5)	–
11	Türen	Türen[9]), die von Hausfluren oder Treppenräumen unmittelbar in Aufenthaltsräume – außer Flure und Dielen – von Wohnungen und Wohnheimen oder in Arbeitsräume führen	42	(–10)	–	≧52	(≧0)	–
12		Türen[9]), die von Hausfluren oder Treppenräumen in Flure und Dielen von Wohnungen und Wohnheimen oder von Arbeitsräumen führen	27	(–25)	–	≧37	(≧–15)	–
2 Einfamilien-Doppelhäuser und Einfamilien-Reihenhäuser								
13		Decken	–	(–)	15[6])	–	(–)	≧25[6])
14		Treppen, Treppenpodeste und Fußböden von Fluren	–	(–)	10[6])	–	(–)	≧20[6])
15		Haustrennwände (Wohnungstrennwände)	57	(5)	–	≧67	(≧15)	–
3 Beherbergungsstätten, Krankenanstalten, Sanatorien[2])								
16		Decken[10])	55[3])	(3[3]))	10	≧57	(≧5)	≧17
17		Treppen, Treppenpodeste und Fußböden von Fluren	–	(–)	10[6])	–	(–)	≧17[6])
18		Wände zwischen Übernachtungs- bzw. Krankenräumen[10])	49	(–3)	–	≧52	(≧0)	–
19		Wände[8]) zwischen Fluren und Übernachtungs- bzw. Krankenräumen	49	(–3)	–	≧52	(≧0)	–
20		Türen[9]) zwischen Fluren und Übernachtungs- bzw. Krankenräumen	32	(–20)	–	≧42	(≧–10)	–
4 Schulen und vergleichbare Unterrichtsstätten								
21		Decken zwischen Unterrichtsräumen und dergleichen	55	(3)	10	–	(–)	–
22		Wände zwischen Unterrichtsräumen und dergleichen	47[11])	(–5[11]))	–	–	(–)	–
23		Wände[8]) zwischen Unterrichtsräumen und dergleichen und Fluren	47[11])	(–5[11]))	–	–	(–)	–
24		Wände zwischen Unterrichtsräumen und dergleichen und Treppenräumen	55[3])	(3[3]))	–	–	(–)	–
25		Türen[9]) zwischen Fluren und Unterrichtsräumen und dergleichen	27	(–25)	–	–	(–)	–
26		Wände zwischen Unterrichtsräumen und dergleichen und „lauten Räumen" (z. B. Sporthallen, Musikräume, Werkräume)	[11]) 55[12])	[11]) (3[12]))	–	–	(–)	–
27		Treppen, Treppenpodeste und Fußböden von Fluren	–	(–)	10[6])	–	(–)	–

Fußnoten 1) bis 12) auf folgender Seite

[1]) Bei Türen gilt statt R'_w (bewertetes Bau-Schalldämm-Maß) der Wert R_w (bewertetes Schalldämm-Maß) (siehe DIN 4109 Teil 1 (z. Z. noch Entwurf), Abschnitte 2.5.3 und 2.7).
[2]) Sind z.B. in Kellern oder Bodenräumen Schwimmbäder, Spielräume o.ä. vorgesehen, dann gelten die Vorschläge für einen erhöhten Schallschutz in den Spalten d und e als Mindestanforderungen.
[3]) Bei der Güteprüfung am Bau dürfen diese Werte wegen des Einflusses der unterschiedlichen Schall-Längsleitungen um 1 dB unterschritten werden.
[4]) Wohnungstrenndecken und -wände sind Bauteile, die Wohnungen voneinander oder von fremden Arbeitsräumen trennen.
[5]) Bei Decken zwischen Fluren, Wasch- und Aborträumen als Schutz nur gegen Trittschallübertragung in fremde Aufenthaltsräume.
[6]) Nur wegen der waagerechten und schrägen Trittschallübertragung in fremde Aufenthaltsräume; Prüfung dementsprechend in waagerechter oder schräger Richtung.
[7]) Bezüglich der Luftschalldämmung gegen Außenlärm siehe aber DIN 4109 Teil 6 (z. Z. noch Entwurf).
[8]) Die Werte der Spalten b und d für die Luftschalldämmung solcher Wände gelten bei Vorhandensein von Türen für die Wand allein; Prüfung von R'_w in einem Prüfstand mit bauähnlichen Nebenwegen oder am Bau nach Ausschluß der Schallübertragung über die Tür.
[9]) Die Werte der Spalten b und d für die Luftschalldämmung von Türen gelten für die Direktübertragung. Prüfung von R_w (statt R'_w) in einem Prüfstand ohne Nebenwege.
[10]) Grenzen Decken oder Wände von Übernachtungs- bzw. Krankenräumen an laute Räume (z.B. Gasträume, Küchen), dann ist DIN 4109, Teil 5 (z. Z. noch Entwurf), anzuwenden.
[11]) Neben der Direktübertragung ist die Übertragung des Schalls über Nebenwege (z.B. bei leichten Wänden über die Hohlräume von untergehängten Decken oder aufgeständerten Fußböden oder über durchgehende schwimmende Estriche) zu beachten. Dies bedingt in der Regel ein höheres bewertetes Schalldämm-Maß R'_w für die Wand bei der Eignungsprüfung Teil I (siehe Abschnitt 5.1.2).
[12]) Es ist darauf zu achten, daß dieser Wert durch eine Nebenwegübertragung über Flurwände und -türen nicht verschlechtert wird. Etwa vorhandene Türen vom „lauten“ und vom Unterrichtsraum zum Flur sollen möglichst weit voneinander entfernt angeordnet werden oder so ausgebildet sein, daß eine Schallübertragung über diesen Weg so weit wie möglich vermindert wird.

Tabelle 14.3–3
Empfehlungen für die Luft- und Trittschalldämmung von Bauteilen zum Schutz gegen Schallübertragung aus dem eigenen Wohn- oder Arbeitsbereich
(Tabelle 2 aus DIN 4109, Teil 2, Entwurf 1979)

Spalte	a	b		c	d		e
Zeile	Bauteile	Richtwerte			Vorschläge für einen erhöhten Schallschutz		
		R'_w[1]) dB	(LSM)	TSM dB	R'_w[1]) dB	(LSM)	TSM dB
1 Wohngebäude							
1	Decken zwischen Aufenthaltsräumen in Einfamilienhäusern	52	(0)	7[2])	≧55	(≧3)	≧17[2])
2	Treppen, Treppenpodeste und Fußböden von Fluren in Einfamilienhäusern	–	(–)	7[3])	–	(–)	≧17[3])
3	Wände ohne Türen zwischen Räumen unterschiedlicher Nutzung, z. B. zwischen Wohnzimmer und Kinderschlafzimmer	42	(–10)	–	≧47	(≧ –5)	–
2 Büro- und Verwaltungsgebäude							
4	Decken, Treppen und Treppenraumwände	Hierfür gelten die Werte der Tabelle 14.3–2, Zeilen 2, 7 und 9 entsprechend als Richtwerte bzw. Vorschläge für einen erhöhten Schallschutz					
5	Wände[4]) zwischen Räumen mit üblicher Bürotätigkeit	37	(–15)	–	≧42	(≧ –10)	–
6	Wände[4]) zwischen Fluren und Räumen nach Zeile 5	37	(–15)	–	≧42	(≧ –10)	–
7	Wände[4]) von Räumen für konzentrierte geistige Tätigkeit oder zur Behandlung vertraulicher Angelegenheiten, z. B. zwischen Direktions- und Vorzimmer	47	(–5)	–	≧52	(≧0)	–
8	Wände[4]) zwischen Fluren und Räumen nach Zeile 7	47	(–5)	–	≧52	(≧0)	–
9	Türen[5]) in Wänden nach Zeile 5 und 6	27	(–25)	–	≧32	(≧ –20)	–
10	Türen[5]) in Wänden nach Zeile 7 und 8	32	(–20)	–	≧42	(≧ –10)	–

[1]) Siehe Tabelle 14.3–2, Fußnote 1.
[2]) Bei Decken zwischen Fluren, Wasch- und Aborträumen als Schutz nur gegen Trittschallübertragung in Aufenthaltsräume.
[3]) Nur wegen der waagerechten und schrägen Trittschallübertragung in Aufenthaltsräume.
[4]) Siehe Tabelle 14.3–2, Fußnote 8.
[5]) Siehe Tabelle 14.3–2, Fußnote 9.

14.3.4 Praktisches Verhalten von Bauteilen

14.3.4.1 Trennwände

Für die meisten Trennwände liegen Meßwerte R'_w aus Prüfständen vor, die mit einer bestimmten, in DIN 52210, Teil 2 [7], festgelegten Längsleitung versehen sind, die etwa der in massiven Wohnbauten entspricht. Für die Berechnung der zu erwartenden Dämmung in Skelettbauten sind jedoch R_w-Werte ohne Längsleitung nötig, die andererseits nur in wenigen Fällen gemessen worden sind. Man kann sich dadurch helfen, daß man zu den gemessenen R'_w-Werten aus dem Laboratorium einen Zuschlag ΔR_w hinzuzählt und dadurch das R_w der Trennwand näherungsweise erhält. ΔR_w ist in Tabelle 14.3–4 angegeben.

Tabelle 14.3–4 Näherungsweise Umrechnung von $R'_{w\text{Labor}}$ in R_w für leichte Trennwände

R'_w dB	ΔR_w dB
≧48	1
≧50	2
≧52	3
≧54	4

Im folgenden wird eine Übersicht über die R'_w-Werte verschiedener handelsüblicher Trennwände, abhängig von ihrer flächenbezogenen Masse gegeben. Dabei ist in den Bildern 14.3–7a–d jeweils als Bereich r eingetragen, was für eine Trennwand aus zwei völlig getrennten Schalen bei 50 mm bzw. 70 mm Schalenabstand ohne eine Verbindung theoretisch zu erwarten wäre. In Bild 14.3–7c sind die

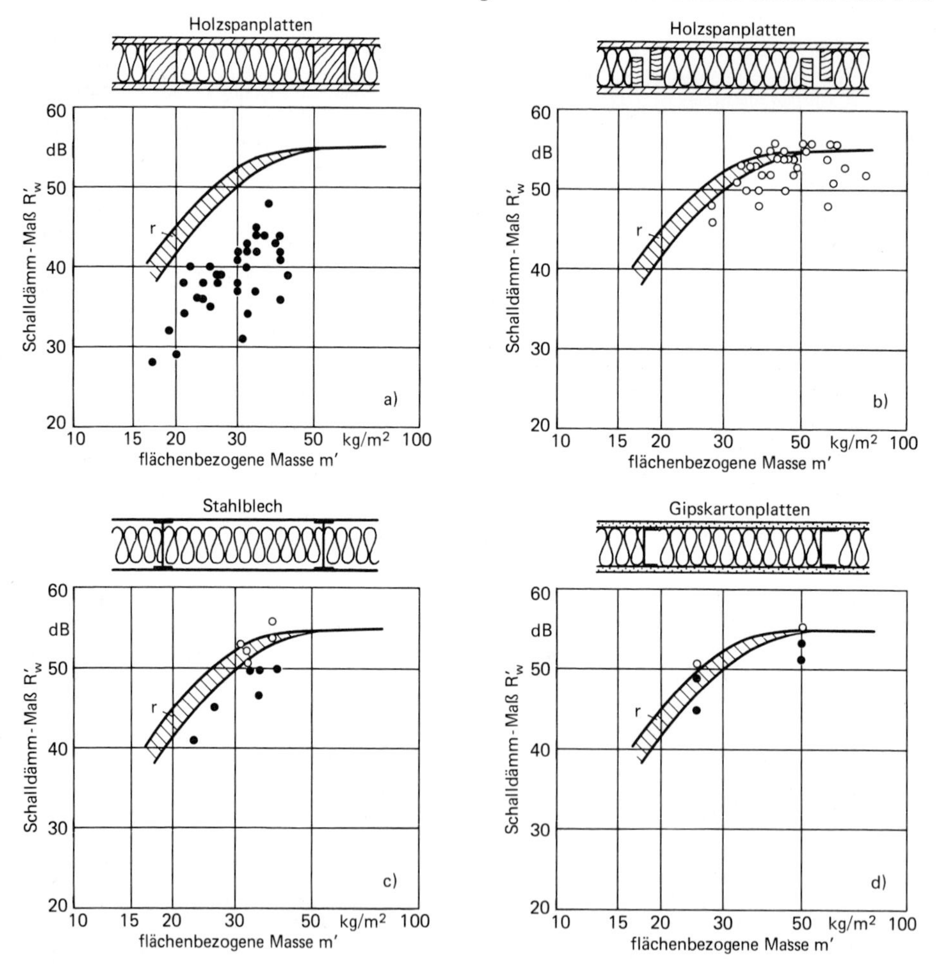

Bild 14.3–7a–d

Bewertetes Schalldämm-Maß R'_w von leichten Trennwänden verschiedener Hersteller aus Holzspanplatten, Stahlblech und Gipskartonplatten, abhängig von ihrer flächenbezogenen Masse m', untersucht in einem Prüfstand nach DIN 52210, Teil 2

- • Schalen miteinander verbunden
- o Schalen getrennt

r: rechnerisch zu erwarten für getrennte Wandschalen, bei 50–70 mm Schalenabstand (schraffiert)
Querschnitts-Skizze nur schematisch dargestellt

Werte für Stahlblechwände dargestellt, sowohl für miteinander verbundene als auch für getrennte Schalen. Die Dämmwerte nehmen mit zunehmender flächenbezogener Masse zu. Bei getrennten Schalen werden die theoretischen Werte etwa erreicht. Bei fest verbundenen Schalen sind die Dämmwerte um etwa 3–5 dB geringer. Die Stahlblechverbindungen zwischen den Schalen sind danach nicht allzu störend, wichtig ist jedoch eine ausreichend hohe flächenbezogene Masse, die in der Regel durch eine hohlraumseitige Beschwerung der Stahlblechschalen z.B. mit Gipskartonplatten erreicht wird.
Etwa ähnlich verhalten sich Doppelwände aus Gipskartonplatten mit gemeinsamen C-Profilständern, siehe Bild 14.3–7d. Je nachdem ob eine einfache oder eine doppelte Beplankung der Ständer verwendet wird, sind R'_w-Werte von 45 bzw. 50 dB zu erreichen. Sobald allerdings Holzständer verwendet werden (in Bild 14.3–7 nicht dargestellt) ist die Schalldämmung um 5–10 dB niedriger. Dieses ungünstigere Verhalten von Holzständern, bedingt durch ihre größere Steife, ist auch bei Wänden aus Holzspanplatten deutlich ausgeprägt, siehe Bild 14.3–7a.
Zusammenfassend ist festzustellen, daß Leichtwände, je nach Material und Verbindung der Schalen R_w-Werte von ungefähr 30 bis 60 dB aufweisen können. Für die grobe Auswahl kann Bild 14.3–7a bis d herangezogen werden. Für die endgültige Beurteilung sollte auf Meßwerte an der vorgesehenen Trennwandausführung im Prüfstand zurückgegriffen werden, die bei den Herstellern jeweils vorliegen.

Anschlußprobleme

Von besonderer Bedeutung ist ein dichter Anschluß der Trennwände an die flankierenden Bauteile. So ergeben sich Undichtheiten, wenn Trennwände auf Teppichböden gestellt werden, die über mehrere Räume durchgezogen sind. Auf mögliche Abhilfe durch eine gelochte Ausbildung der Schienen der Wandunterkante wird in [15] hingewiesen. Anschlußfugen, die mit dauerplastischer Masse gedichtet werden können, sind stets in schalltechnischer Hinsicht ausreichend dicht. Dagegen ist das Dichten mit Schaumstoffstreifen nur dann brauchbar, wenn die Streifen stark komprimiert sind, siehe [15].
Schließlich müssen Anschlußelemente, die z.B. zwischen Stützen und Fassade zur Schließung einer schmalen Lücke verwendet werden, eine ausreichende Schalldämmung besitzen.

14.3.4.2 Längsdämmung von Bauteilen

14.3.4.2.1 Deckenverkleidungen

Die hauptsächliche Längsleitung erfolgt in Skelettbauten in der Regel über untergehängte Deckenverkleidungen. Durch verschiedene Untersuchungen [17], [18], [19] ist im wesentlichen klargestellt, wovon das bewertete Längsdämm-Maß R_{Lw} abhängt. Die üblichen Werte von R_{Lw} liegen zwischen etwa 30 und 55 dB. Die Übertragung erfolgt in den meisten Fällen über den Deckenhohlraum, siehe Bild 14.3–8 und nicht in Form von Körperschall entlang der Platten. Erst bei R_{Lw}-Werten oberhalb 50–55 dB spielt auch die Körperschall-Übertragung eine Rolle. Für R_{Lw} gilt für einigermaßen dichte Deckenplatten mit Mineralfaserauflage näherungsweise:

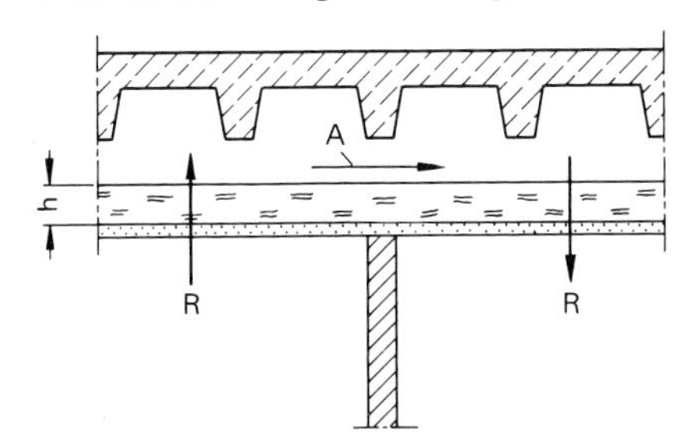

Bild 14.3–8
Zur Schall-Längsdämmung von abgehängten Deckenverkleidungen. Die Schallübertragung erfolgt über den Deckenhohlraum auf dem Weg A

$$R_{Lw} = 2\,R_{1w} + 2{,}5 \cdot d/d_0 + 10\,\lg \frac{h_0}{h} - 15\ \text{dB}$$

R_{1w}: bewertetes Schalldämm-Maß der Deckenverkleidung bei direktem Schalldurchgang, einschließlich Undichtheiten
d: Dicke der aufgelagerten Mineralfaserschicht
d_0: 0,01 m (Bezugsdicke)
h: Abhängehöhe
h_0: 0,5 m (Bezugshöhe)

R_{Lw} hängt somit in erster Linie von der Schalldämmung der Deckenplatten und diese wieder von ihrer flächenbezogenen Masse sowie ihrer mehr oder weniger großen Undichtheit ab, siehe z.B. Bild 14.3–9. Bei dicht gepreßten Mineralfaserplatten und leichten Holzspanplatten erfolgt eine gewisse Übertragung über Undichtheiten im Gefüge der Platten. Diese kann unterdrückt werden durch einen Anstrich oder

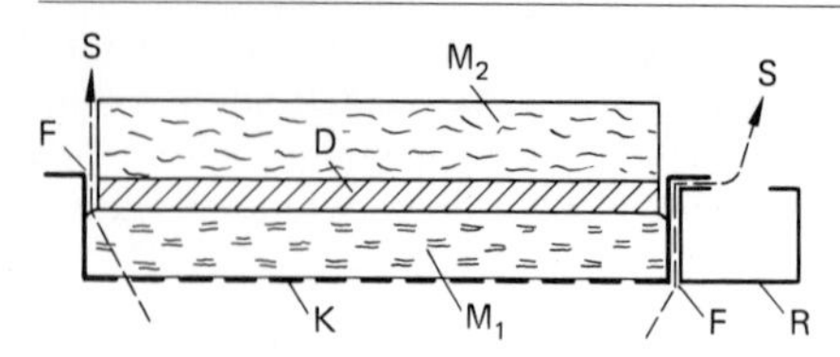

Bild 14.3–9
Aufbau schalldämmender Metallkassetten für Deckenverkleidungen

K: Blechkassette, gelocht
M_1: Mineralwolle (zur Schallabsorption)
D: „Schalldämmplatte", z.B. Bleche, Gipskartonplatten
R: Rasterschiene
M_2: Schallabsorbierende Schicht auf der Oberseite

Die erreichbare Schalldämmung der Deckenverkleidung wird durch die Undichtheiten (Schallübertragungswege *S*) begrenzt.

das Aufkleben einer Folie o.ä. auf der Oberseite der Platten, siehe [17]. Der Aufbau von Stahlblech-Kassetten zur Verkleidung von Decken ist in Bild 14.3–9 dargestellt. Die Kassette K ist unterseitig gelocht, damit der Schall in die darüber – hinter einem Rieselschutz befindliche – Mineralfasermatte eindringen kann. Dadurch wird eine entsprechende Schallabsorption für den darunter befindlichen Raum hervorgerufen (zur Geräuschminderung und zur besseren Hörsamkeit). Damit eine ausreichende Schalldämmung gegenüber dem Deckenhohlraum erreicht wird, ist auf der Oberseite eine genügend schwere, dichte Platte D aus Gipskartonplatten oder ein Blech angeordnet. Die Schalldämmung derartiger Kassetten wird meist durch undichte Fugen, siehe die Schallübertragungswege S in Bild 14.3–9 begrenzt.
Das Längsdämm-Maß von Deckenverkleidungen hängt, wie die obige Beziehung zeigt, stark von der Dicke der Mineralfaserauflage auf den Verkleidungsplatten ab, siehe auch Bild 14.3–10. Für höhere Dämmwerte sind Auflagen von 50–100 mm Dicke nötig.

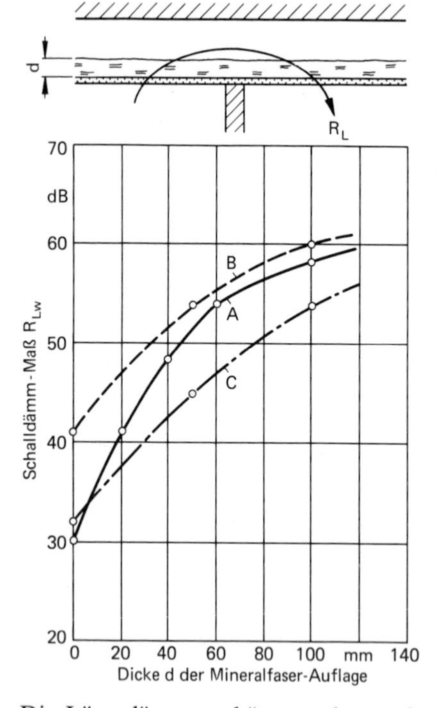

Bild 14.3–10
Bewertetes Schalldämm-Maß R_{Lw} von Deckenverkleidungen, abhängig von der Dicke der auf die Verkleidung aufgelegten Mineralfaserschicht
A, B, C: Deckenverkleidungen aus verschiedenen Materialien

Die Längsdämmung hängt auch von der Abhängehöhe *h* ab. Sie nimmt, wenn die Verkleidung eine Mineralwolle-Auflage besitzt, mit zunehmender Abhängehöhe ab. Die bisherigen Meßergebnisse darüber sind allerdings noch nicht eindeutig, siehe [17]. Aufgrund von Modellversuchen beträgt die Abnahme von R_{Lw} etwa 3 dB bei einer Verdoppelung der Abhängehöhe. Die in Prüfberichten u.ä. angegebenen R_{Lw}-Werte beziehen sich in der Regel auf eine Abhängehöhe von 0,45 m. Wenn z.B. eine Abhängehöhe von 1,8 m verwendet wird, ist dann mit einer Abnahme von R_{Lw} um 6 dB zu rechnen. Derartige Deckenverkleidungen sind bei der Untersuchung im Laboratorium, in der Regel ohne eingebauten Leuchten, bei der praktischen Ausführung mit Leuchten versehen. Leuchten sollten, gemessen im Laboratorium, bei unmittelbarem Schalldurchgang kein wesentlich geringeres (bewertetes) Schalldämm-Maß aufweisen als die Deckenverkleidung selbst (je nach Art der Verkleidung 20–30 dB).

Abschottungen
Zur Verbesserung der Längsdämmung werden auch Abschottungen des Deckenhohlraumes oberhalb der Trennwände vorgenommen, vor allem dann, wenn die Deckenverkleidungen nicht dicht sind, z.B. bei gelochten Stahlblech-Kassetten ohne die in Bild 14.3–9 dargestellte Einlage D, bei schallschluckenden streifenförmigen Paneelen u.ä. In diesem Fall muß vor allem auf ausreichende Dichtheit der Abschottung an den Anschlußfugen z.B. an die Rohdecke gesorgt werden.
Eine abgewandelte Form dieser Abschottung kann durch das Einlegen eines Pfropfes aus Mineralfasern in den Deckenhohlraum erreicht werden [17], [20]. Die dadurch erreichbare zusätzliche Verbesserung ΔR_{Lw} des bewerteten Schalldämm-Maßes beträgt bei etwa 0,5 m Schottbreite 20 dB.

14.3.4.2.2 Untere Decken, Fußböden
Dabei sind im wesentlichen drei Fälle zu unterscheiden, je nach der Art des Fußbodens.

a. *mit Verbundestrich*
Dabei ist die flächenbezogene Masse m' der Rohdecke einschließlich Verbundestrich für das erreichbare R_{Lw} maßgeblich. Je höher die Masse, um so größer R_{Lw}. Richtwerte sind in Tabelle 14.3–5 angegeben.

Tabelle 14.3–5
Bewertetes Längsdämm-Maß R_{Lw} von Massivdecken mit Verbundestrich

flächenbezogene Masse m' kg/m²	R_{Lw} dB
200	50
300	54
350	56
400	58

b. *mit schwimmendem Estrich*
In der Regel werden in Skelettbauten schwimmende Estriche über mehrere Räume durchgezogen, damit ein später gewünschtes Versetzen einer Trennwand keine Schwierigkeiten macht. Dann werden die in einem Raum angeregten Schwingungen entlang der Estrichplatte nahezu ungeschwächt in den Nachbarraum weitergeleitet. Die erreichbaren R_{Lw}-Werte sind dann nur:

	R_{Lw}
bei Zementestrichen, Anhydrithestrichen u.ä.	40 dB
bei Asphaltestrichen	46 dB
schwimmende Zementestriche mit Trennfuge auf der Höhe der Trennwand	55 dB

Insgesamt sollte von der Verwendung schwimmender Estriche die über mehrere Räume durchlaufen abgesehen werden. Sie stellen öfters die Ursache eines „akustischen" Schadenfalls dar.

c. *Doppelböden*
Wegen der beliebigen Verlegung von elektrischen Leitungen, vor allem für EDV, werden sogen. Doppelböden verwendet. Das sind etwa 30–40 mm dicke herausnehmbare Fußbodenplatten, die auf Metallstützen auf der Rohdecke in ungefähr 40–400 mm Abstand angeordnet sind. Ihre Längsdämmung hängt von der Hohlraumhöhe h ab. Näherungsweise gilt [21]:

$$R_{Lw} = 40\,\text{dB} + 10\,\lg \frac{h}{h_0}$$
$h_0 = 0{,}2$ m.

Zur Verbesserung der Dämmung werden Absorberschotts im Hohlraum auf der Höhe der Trennwände, in besonderen Fällen auch Schalldämpfer angebracht. Näheres siehe [21], [23].

14.3.4.2.3 Fassaden
Die Werte von R_{Lw} von Holz- und Metallfassaden liegen zwischen etwa 48–55 dB, wobei allerdings bisher nur wenige Ergebnisse vorliegen. Von großer Bedeutung ist eine etwaige Fuge auf der Höhe der Trennwand. Massive durchlaufende Brüstungen sind wie Massivdecken zu behandeln, siehe Tabelle 14.3–5, wobei jedoch durch Addition eines Gliedes $10\,\lg \frac{3\,m}{h_B}$ die geringere Höhe h_B der Brüstung berücksichtigt werden muß. Das Anbringen von wärmedämmenden Verkleidungen auf der Innenseite derartiger Brüstungen, z.B. in Form von dünnen Platten oder Putz auf Hartschaumplatten und ähnlich steifen Platten kann zu einer im Mittel um etwa 10 dB erhöhten Schallübertragung führen. Dies ist auf einem Resonanzeffekt zurückzuführen. Näheres [16].

14.3.4.2.4 Sonstige Übertragungswege
Neben der hier besprochenen Längsübertragung über obere und untere Decke sowie über Fassaden können noch andere Wege von Bedeutung sein. Vor allem können dies Lüfungsanlagen sein. Es müssen dort gegebenenfalls in die Anschlüsse zu den Zu- bzw. Abluftleitungen sogen. „Telefonie“-Schalldämpfer eingebaut werden. Schließlich können auch über mehrere Räume durchlaufende Kabelkanäle zu einer zu berücksichtigenden Übertragung führen. Auch Stützenverkleidungen, die von einem Raum zum andern durchlaufen, können dann eine störende Längsleitung besitzen, wenn hohe Dämmwerte zwischen den Räumen (z. B. $R'_w = 50$ dB) angestrebt werden.

14.3.4.3 Schallschutz von Decken
Es ist schon in Abschnitt 14.3.1 darauf hingewiesen worden, daß der Schallschutz zwischen übereinander liegenden Räumen bei neueren Skelettbauten in den meisten Fällen gut ist. Die Ursache liegt darin, daß die Längsleitung über die leichten Wände wegen der Stoßstellen zwischen den leichten Wänden und schweren Decken gering ist. Lediglich bei der Fassade kann in manchen Fällen eine störende Übertragung auftreten. Die Decken sind im akustischen Sinn meist zweischalig aufgebaut wegen der verwendeten unterseitigen Deckenverkleidung. Dadurch wird sowohl der Luft- als auch der Trittschallschutz um 10–15 dB verbessert. Lediglich zur Verbesserung des Trittschallschutzes bei hohen Frequenzen ist noch zusätzlich ein (etwas) trittschalldämmender Gehbelag wünschenswert. Dann ergeben sich Schalldämmwerte der folgenden Größe:

R'_w: 60–65 dB
TSM: 20–25 dB.

Es ist somit in Skelettbauten im Regelfall keineswegs nötig, daß aus schalltechnischen Gründen ein schwimmender Estrich verwendet wird, der wegen seiner starken Längsleitung in horizontaler Richtung große schalltechnische Schwierigkeiten ergeben würde. Die schalltechnische Funktion von schwimmenden Estrichen wird im wesentlichen durch die untergehängte Deckenverkleidung übernommen. In diesem Zusammenhang sollen noch Stahltrapezblech-Decken kurz angesprochen werden. In Bild 14.3–11 ist das Verhalten der Luftschalldämmung dargestellt. Einfache Trapezbleche haben nur eine

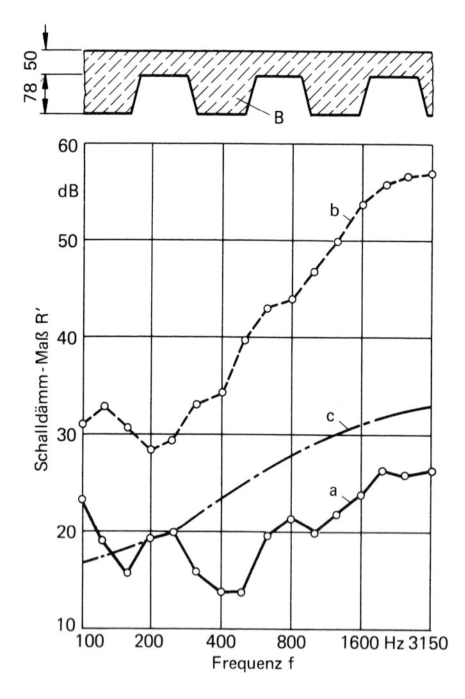

Bild 14.3–11
Der Einfluß einer Betonfüllung B bei einer Stahl-Trapezblechdecke auf die Luftschalldämmung (in Abhängigkeit von der Frequenz)
a: Trapezblech ohne Betonfüllung ($R'_w = 21$ dB)
b: mit Betonfüllung ($R'_w = 42$ dB)
c: zum Vergleich zu a 1 mm Stahlblech, eben

geringe Schalldämmung, die noch kleiner ist als die eines ebenen, gleichschweren Bleches (Kurve c). Durch eine Beschwerung mit Beton nimmt die Schalldämmung erheblich zu. Allerdings erreichen auch derartig beschwerte Decken eine gute Luftschalldämmung erst zusammen mit einer untergehängten Verkleidung. Bei allen Decken ist darauf zu achten, daß der Anschluß an die Fassade genügend dicht ist. In Bild 14.3–12 ist an einem Beispiel gezeigt, daß eine Schaumstoffdichtung dazu nicht ausreicht, jedoch eine Dichtung mit dauerplastischer Masse.

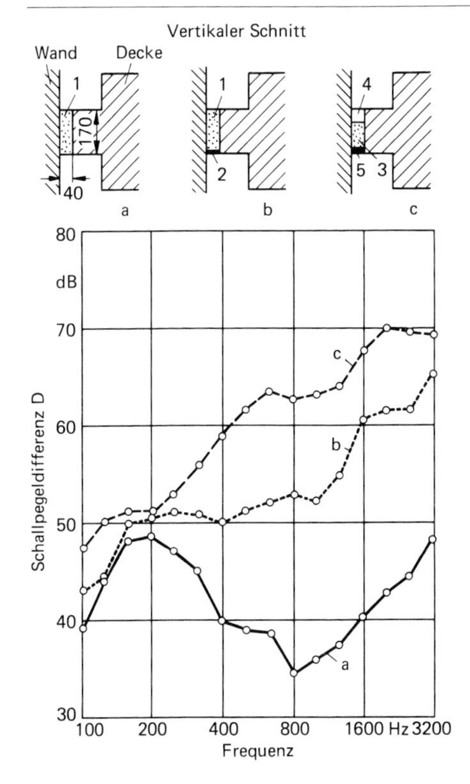

Bild 14.3–12
Zur Dichtung des Anschlusses einer Decke an eine Außenwand
(Modellversuch an Ausführung im Laboratorium)
a: Dichtung mit geschlossenzelligem Kunststoff-Schaum (1)
b: wie a, jedoch zusätzlich 5 mm Kitt (2)
c: Moltoprene, 50 mm (4) und Steinwolle (3) darauf 30 mm Kitt (5)

Tabelle 14.3–6
Mindestwerte der Luftschalldämmung von Außenbauteilen (Wand, Fenster, erforderlichenfalls Dach) (Tabelle 2 aus DIN 4109, Teil 6, Entwurf 1979)

Spalte	1	2	3	4	5	6	7
		Raumarten					
Zeile	Maßgebliche Außenlärm-pegel[1]) in dB (A)	Bettenräume in Kranken-anstalten und Sanatorien		Aufenthaltsräume in Wohnungen, Übernachtungsräume in Beherbergungsstätten, Unterrichtsräume		Büroräume[1])	
		Bewertetes Schalldämm-Maß R'_w (für Außenwände) bzw. R_w (für Fenster) in dB[2])					
		Außenwand[3])	Fenster[4])	Außenwand[3])	Fenster[4])	Außenwand[3])	Fenster[4])
1	≤50	30	25	30	25	30	25
2	51 bis 55	35	30	30	25	30	25
3	56 bis 60	40	35	35	30	30	25
4	61 bis 65	45	40	40	35	30	30
5	66 bis 70	50	45	45	40	35	35
6	>70	55	50	50	45	40	40

[1]) In Einzelfällen kann es wegen der unterschiedlichen Raumgrößen, Tätigkeiten und Innenraumpegel bei Büroräumen zweckmäßig oder notwendig sein, die Schalldämmung der Außenwände und Fenster gesondert festzulegen.
[2]) Die Mindestwerte der Schalldämmung gelten für Außenbauteile, nachgewiesen nach Abschnitt 5. Beim Gütenachweis am Bau nach Abschnitt 6 dürfen die sich aus der Tabelle für die Außenwand einschließlich Fenster ergebenden Mindestwerte der Gesamtschalldämmung unter anderem wegen anderer Meßverfahren um 2 dB unterschritten werden. Bei der Beurteilung des bewerteten Schalldämm-Maßes von Außenwand einschließlich Fenster ist der Mindestwert der Gesamtschalldämmung nach DIN 4109, Teil 2 (z. Z. noch Entwurf), Abschnitt 6.4, aus den Anforderungen an die Einzelbauteile zu ermitteln (siehe aber Fußnote 4).
[3]) Für Decken von Aufenthaltsräumen, die zugleich den oberen Gebäudeabschluß bilden, sowie für Dächer und Dachschrägen von ausgebauten Dachgeschossen gelten die Mindestwerte für Außenwände. Bei Decken unter nicht ausgebautem Dachgeschoß und bei Kriechböden sind die Anforderungen durch Dach und Decke gemeinsam zu erfüllen. Die Anforderungen gelten als erfüllt, wenn das Schalldämm-Maß der Decke allein um nicht mehr als 10 dB unter dem geforderten Wert liegt.
[4]) Wenn die Fensterfläche in der zu betrachtenden Außenwand eines Raumes mehr als 60% der Außenwandfläche beträgt, sind an die Fenster die gleichen Anforderungen wie an Außenwände zu stellen.

14.3.5 Schallschutz gegen Verkehrslärm

Der erforderliche Schallschutz bei Fenstern und Außenwänden gegen Verkehrslärm ist in DIN 4109 Teil 6 [5] festgelegt. Er hängt von der Höhe des Außenlärms ab, der durch den bei Tag auftretenden Mittelungspegel nach DIN 45641 (= über die Zeit energetisch gemittelter A-Schallpegel) gekennzeichnet wird. Die für verschiedene Lärmpegelbereiche erforderliche Schalldämmwerte für Fenster und Außenwände sind in Tabelle 14.3–6 enthalten.
Bezüglich der Ausbildung von Fenstern sei auf DIN 4109 Teil 6 E 1979 [5], VDI-Richtlinie 2719 [10] und [22] verwiesen. Bezüglich der Fassadenelemente sei darauf aufmerksam gemacht, daß Sandwich-Elemente mit Hartschaumkern etwa eine Schalldämmung aufweisen, die der von relativ leichten Verglasungen entspricht. Wird als Dämmschicht dagegen Mineralwolle verwendet, ist die Schalldämmung etwa 10 dB höher, siehe Bild 14.3–13.

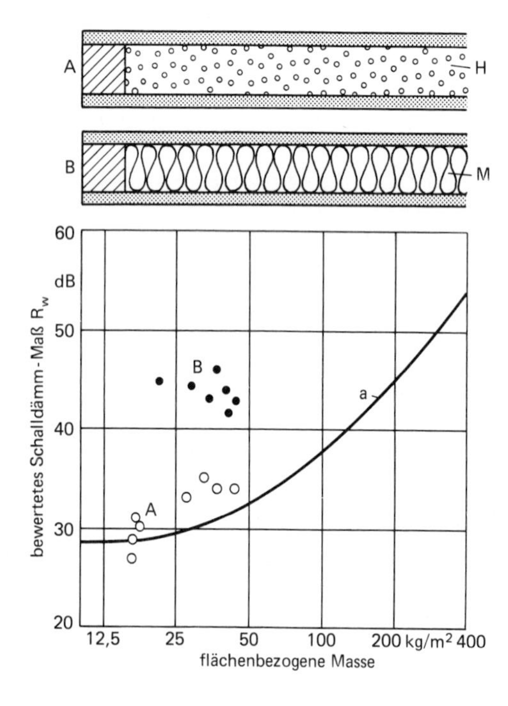

Bild 14.3–13
Bewertetes Schalldämm-Maß R_w von Fassaden-Elementen, abhängig von ihrer flächenbezogenen Masse

A: mit Hartschaum-Kern H
B: mit Mineralfaser-Einlage M
a: zum Vergleich Werte für einschalige Platten

14.3.6 Schallabsorption

Bestimmte Materialien haben die Eigenschaft, daß sie einer auf die Materialoberfläche auffallenden Schallwelle beim Reflexionsvorgang einen Teil der Schallenergie entziehen. Man kennzeichnet diesen Vorgang quantitativ durch den Schallabsorptionsgrad α_s

$$\alpha_s = \frac{\text{nicht wieder reflektierte Schallenergie}}{\text{auffallende Schallenergie}}$$

Ein Schallabsorptionsgrad $\alpha_s = 0{,}8$ bedeutet beispielsweise, daß 80% der auffallenden Schallenergie absorbiert, d.h. in Wärme umgewandelt wird.
Die Schallabsorption erfolgt in den wichtigsten Fällen durch Reibung der Schallströmung an den Wänden enger Kanäle oder Schlitze von offenporösen Stoffen. Solche Stoffe sind z.B. Mineralwolle, Holzwolle, Textilfaser, auch ein unverputzter Bimsbeton. Geschlossenporöse Stoffe, z.B. Gasbeton oder bestimmte Hartschäume zeigen dagegen keine wesentliche Schallabsorption.
Die hochwirksamen Schallschluckstoffe haben meist eine für Raumverkleidungen wenig geeignete Oberfläche. Man kann sie dann mit einer optischen Verkleidung versehen, die trotzdem den Schall zum Schallschluckstoff noch durchläßt. Solche Verkleidungen sind Bleche, Sperrholz o.ä., die gelocht oder geschlitzt sind; auch Holzriemen, die mit offenen Fugen verlegt sind, wirken schalldurchlässig.
Schallabsorbierende Raumoberflächen dienen zur Lärmminderung in Räumen. Wenn in einem Raum durch eine Schallquelle eine bestimmte Schall-Leistung L_P erzeugt wird, dann hängt der im Raum erzeugte Schallpegel L von der Schallabsorption der Raumoberfläche ab.

Sie wird zahlenmäßig gekennzeichnet durch die sogen. „äquivalente Schallabsorptionsfläche A" (in m²) des Raumes. Diese (gedachte) Fläche A mit dem Schallabsorptionsgrad $\alpha_s = 1$ hat die gleiche akustische Wirkung wie die im Raum vorhandenen Absorptionsflächen. Der Schallpegel L im Raum ergibt sich zu

$$L = L_P - 10 \lg A/1\,\mathrm{m}^2 + 6\,\mathrm{dB}$$

Je größer A ist, um so kleiner ist der Schallpegel L. Durch eine schallabsorbierende Auskleidung kann A vergrößert und der Schallpegel vermindert werden. Der Lärmminderungs-Effekt ist allerdings auf eine Größenordnung von etwa 10 dB beschränkt, meist ist er kleiner.
Durch die Erhöhung der Schallabsorption eines Raumes wird auch der Nachhallvorgang, der beim Aufhören eines Schallereignisses auftritt, beeinflußt. Je höher die Schallabsorptionsfläche, um so geringer die Nachhallzeit. Dieser Einfluß ist vor allem bei Vortragsräumen, Konzert- und Theatersälen von großer Bedeutung [24].

Literatur

1. DIN 4109 „Schallschutz im Hochbau" Blatt 1–5, Ausgabe 1962.
2. DIN 4109 „Schallschutz im Hochbau" Teil 2 Anforderungen und Nachweise; Hinweise für Planung und Ausführung, Entwurf 1979.
3. DIN 4109 „Schallschutz im Hochbau" Teil 3 Ausführungsbeispiele für Massivbauarten, Entwurf 1979.
4. DIN 4109 „Schallschutz im Hochbau" Teil 5 Schallschutz gegenüber Geräuschen aus haustechnischen Anlagen und Betrieben, Anforderungen und Nachweise, Entwurf 1979.
5. DIN 4109 „Schallschutz im Hochbau" Teil 6 „Bauliche Maßnahmen zum Schutz gegen Außenlärm", Entwurf 1979.
6. DIN 4109 „Schallschutz im Hochbau" Teil 7 „Entwurfsgrundlagen für Skelettbauten" (zum Zeitpunkt der Korrektur – 1981 – nur als Manuskript vorliegend).
7. DIN 52 210, Bauakustische Prüfungen Luft- und Trittschalldämmung
   Teil 1 Meßverfahren 1, 1975
   Teil 2 Prüfstände für Schalldämm-Messungen an Bauteilen, 1981
   Teil 3 Eignungs-, Güte- und Musterprüfungen, 1981
   Teil 4 Ermittlung von *Ein*zahlangaben, 1975.
8. DIN 52 214 „Bestimmung der dynamischen Steifigkeit von Dämmschichten für schwimmende Estriche", 1976.
9. DIN 52 217 „Bauakustische Prüfungen" Flankenübertragung, Begriffe 1971.
10. VDI-Richtlinie 2719 „Schalldämmung von Fenstern", 1982.
11. Gösele, K.: „Über das schalltechnische Verhalten von Skelettbauten" in „Körperschall in Gebäuden" 1960, 55 W. Ernst und Sohn Berlin.
12. Gösele, K.: „Schall-Längsleitung in Skelettbauten mit leichten Trennwänden". Forschungsbericht BS 17/75 des Instituts für Bauphysik, zu beziehen durch Informationszentrum Raum und Bau Stuttgart, Silberburgstraße 119 A.
13. Gösele, K.: „Zur Berechnung der Luftschalldämmung von doppelschaligen Bauteilen" Acustica 45, 1980, S. 218.
14. Heckl, M.: „Untersuchungen über die Luftschalldämmung von Doppelwänden mit Schallbrücken" Congress-Report III of the IIIrd ICA Congress 1959, S. 1010.
15. Gösele, K.: „Schalldämmung von Montagewänden" Bundesbaublatt 1972, S. 236.
16. Gösele, K. u. Schüle, W.: „Schall Wärme Feuchte" 6. A. 1980, Bauverlag Wiesbaden.
17. Gösele, K., Stumm, F. und Kühn, B.: „Schalldämmung von untergehängten Deckenverkleidungen" Bundesbaublatt 1976, 132.
18. Mechel, F.: „Die Schall-Längsdämmung abgehängter Decken" in wksb 21, 1976, 31.
19. Mechel, F.: „Schall-Längsdämmung von Unterdecken" wksb 1980, 16.
20. Mechel, F. und Royar, J.: „Das Absorberschott für abgehängte Decken" wksb 22, 1977, 25.
21. Gösele, K.: „Der Schallschutz von Doppelböden" Bundesbaublatt 1980, 368.
22. Gösele, K. und Lakatos, B.: „Schalldämmung von Fenstern und Verglasungen" FBW-Blätter 4, 1977, Forumverlag, Stuttgart.
23. Sälzer, E., Moll, W. und Wilhelm, H. U.: „Schallschutz elementierter Bauteile" 1979, Bauverlag GmbH Wiesbaden.
24. Cremer, L. und Müller, H. A.: „Die wissenschaftlichen Grundlagen der Raumakustik" Band 1–3, Hirzel-Verlag Stuttgart.

15 Korrosionsschutz von Stahlbauten

H. Klopfer

15.1 Grundlegendes zur Korrosion der Baumetalle

15.1.1 Varianten des Korrosionsvorganges

Unter dem Namen „Korrosion" faßt man verschiedene Varianten des zersetzenden Abbaus bei einer ganzen Reihe von Werkstoffen, insbesondere aber bei den Metallen, zusammen. Die Metallkorrosion wird von äußeren Einflüssen bewirkt und beginnt daher an der Metalloberfläche. Sie ist in der Regel eine unerwünschte Erscheinung, die beträchtliche Schäden zur Folge haben kann. Beteiligt sind immer chemische, gelegentlich auch mechanische Vorgänge, meist handelt es sich aber um elektrochemische Prozesse. Alle Maßnahmen, welche dazu dienen, Korrosion zu verhindern oder einzuschränken, faßt man unter dem Sammelbegriff Korrosionsschutz zusammen.
Der Ablauf von Korrosionsvorgängen und die entstehenden Korrosionsprodukte können beim gleichen Metall sehr unterschiedlich sein, entsprechend den Ursachen, welche die Korrosion hervorrufen. Generell kann man sagen, daß alle Baumetalle (also im wesentlichen Eisen, Aluminium, Zink, Kupfer, Blei und die entsprechenden Legierungen) unter den natürlichen Bedingungen auf der Erdoberfläche korrodieren, wenn nichts dagegen unternommen wird. Liegen vergleichsweise harmlose Umweltbedingungen vor, kann das entsprechende Baumetall auch ungeschützt eingesetzt werden, weil es dann zwar planmäßig, jedoch genügend langsam korrodiert. Z. B. sind in manchen Freiluft-Klimaten Aluminium, Blei und Kupfer für den Zeitbegriff des Bauwesens ausreichend dauerhaft. Stahl und Eisen als die wichtigsten Baumetalle müssen jedoch unter nahezu allen natürlichen und künstlichen Umgebungsbedingungen gegen Korrosion geschützt werden, weil sie sonst zu rasch korrodieren würden.
Für die Belange des Bauwesens genügt es, folgende Arten der Metallkorrosion zu unterscheiden:

a) Oxidschichtbildung

Bei Temperaturen von mehr als einige hundert Grad Celsius bildet sich auf Eisen und Stahl eine in ihrer Dicke anfangs schnell, später immer langsamer wachsende, relativ fest haftende, meist blaugraue, harte Oxidschicht. Diese heißt man Glühhaut, Zunderschicht oder Walzhaut, je nach den Begleitumständen ihrer Entstehung. Der Baufachmann begegnet ihr hauptsächlich als natürlichem Oberflächenbelag auf neuen Walzprofilen, Blechen usw. aus warmgewalztem Stahl. Für eine gewisse Zeit gibt diese Oxidschicht dem Stahl einen gewissen Korrosionsschutz. Sie wittert jedoch bei Wettereinwirkung im Laufe von etwa 1 Jahr ab. Vor dem Aufbringen von Korrosionsschutzschichten muß man die Walzhaut entfernen, da sie sich wegen ihrer Sprödigkeit allmählich lockert und demzufolge eine langfristig sichere Verankerung von Schutzschichten darauf nicht gewährleistet ist.
Oxidschichten, welche sich bei normalen Temperaturen, aber in sehr trockener Luft, auf Eisen und Stahl bilden, hemmen eine weitere Korrosion. Aluminium bildet nicht nur in trockener Luft, sondern auch in Landatmosphäre eine unsichtbare und recht beständige Oxidschicht, die man künstlich verstärken kann (Eloxal), um die Korrosionsbeständigkeit des Aluminiums weiter zu verbessern. Auf Eisen und Stahl kann man durch Hitze und oxidierende Stoffe, wie z. B. heiße Salpetersäure, eine künstliche Oxidschicht von fast schwarzer Farbe erzeugen, die für leichte Beanspruchungen Schutz bietet. Das Anlaufen von Silber und Kupfer unter dem Einwirken aggressiver Gase zeigt die Bildung von speziellen Oxidschichten an.

b) Wasserstoffbildende Korrosion

In sehr aggressiven, elektrisch leitfähigen, wäßrigen Flüssigkeiten, wie Säuren und Salzlösungen genügend starker Konzentration erfolgt ein intensiver Abbau von Eisen und Stahl unter Bildung von gasförmigem Wasserstoff. Daß hier die Korrosionsgeschwindigkeit so groß ist, erklärt sich dadurch, daß die Oxidationsprodukte löslich sind und deshalb keine haftende Schutzschicht bilden können. Kennzeichnend für diese Art von Korrosionsablauf ist der Mangel an Sauerstoff, weshalb der Vorgang mehr den Charakter einer chemischen Umsetzung zwischen angreifender Flüssigkeit und Metall hat und weniger dem elektrochemischen Vorgang zwischen Metall, Wasser und Sauerstoff entspricht, den man gemeinhin Korrosion, besser jedoch Sauerstoffkorrosion, nennt (siehe folgende Seite). Der Schichtabtrag erfolgt sehr gleichförmig, geschwindigkeitsbestimmend sind die Art des aggressiven Stoffes, die Temperatur und der pH-Wert des Elektrolyten. Auf der Metalloberfläche bilden sich dabei mikroskopisch

kleine Korrosionselemente, die jeweils aus einem anodischen und einem kathodischen Bezirk bestehen (Bild 15.1–1). Der Ort der Eisenauflösung heißt Anode, dort geht das Metall als Ion in Lösung und Elektronen werden frei. Diese wandern zur sog. Kathode, wo sie sich durch Reaktion mit Wasserstoffionen aus dem Elektrolyten entladen und dabei Wasserstoff bilden.
Man wird bei der Konzeption eines Bauwerkes stets bemüht sein, durch geeignete Wahl des Werkstoffes zumindest der tragenden Teile zu erreichen, daß eine so große Unbeständigkeit, wie sie der wasserstoffbildenden Korrosion entspricht, auch im ungeschützten Zustand gar nicht gegeben ist. Beispielsweise wird man bei Behältern für starke Säuren, auch wenn diese innen beschichtet werden, normalen Baustahl in der Regel nicht als Hauptwerkstoff einsetzen.

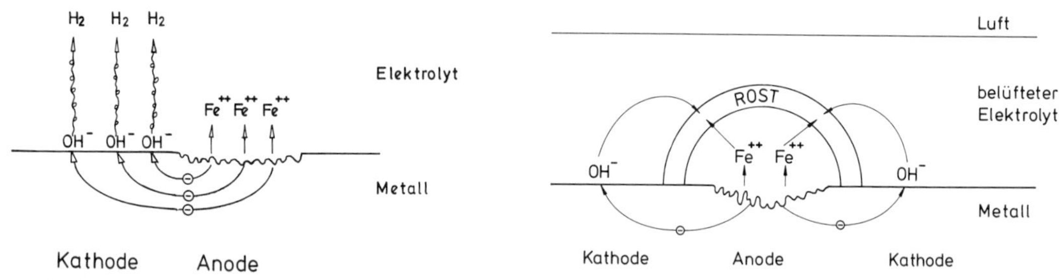

Bild 15.1–1 Korrosionselement bei der wasserstoffbildenden Korrosion

Bild 15.1–2 Korrosionselement bei der Sauerstoff-Korrosion

c) Sauerstoffkorrosion

Sauerstoffkorrosion ist die für den Stahlbau sicher wichtigste Korrosionsart, vor allem die weiter unten beschriebene Variante der atmosphärischen Korrosion. In näherungsweise neutralem, leitfähigem und Sauerstoff enthaltendem Wasser (Elektrolyt) korrodieren Eisen und Stahl nach folgendem Mechanismus (Bild 15.1–2): An der Anode geht das Metall in Lösung, analog dem Geschehen bei der wasserstoffbildenden Korrosion. An der Kathode bildet sich jedoch kein Wasserstoff, sondern die von der Anode zuwandernden Elektronen reagieren mit Wasser und Sauerstoff zu Hydroxylionen. Da Hydroxylionen ein alkalisches Milieu erzeugen, das schützend wirkt, sind die Kathoden gegen Korrosion geschützt. Der Rost bildet sich an einer dritten Stelle, nämlich dort, wo die Eisenionen mit den Hydroxylionen zusammentreffen und mit Sauerstoff aus dem Elektrolyten zum Rost aufoxidieren können. Daß der Korrosionsprozeß an drei Orten in Teilstufen abläuft, ist ein typisches Kennzeichen für seinen elektrochemischen Charakter.
Weitgehend geschwindigkeitsbestimmend bei der Sauerstoffkorrosion von Eisen und Stahl ist die Belüftung, d.h. die Menge an Sauerstoff, die an der Kathode zur Verfügung steht. Der pH-Wert des Wassers ist hier ohne Belang. Doch beschleunigen Salze und andere Verunreinigungen des Wassers die Korrosion unter Umständen erheblich. Umgekehrt beobachtet man aber auch bei der Sauerstoffkorrosion häufig eine Selbsthemmung des Korrosionsvorganges durch schützende Deckschichten. Beispielsweise überziehen sich die Wandungen von Wasserleitungsrohren, wenn das Wasser in der Regel strömt und im Kalk-Kohlensäuregleichgewicht ist, mit einer schützenden Kalk-Rost-Schicht, welche einen sehr guten Korrosionsschutz bildet.

d) Atmosphärische Korrosion

Bei der atmosphärischen Korrosion werden in trockenen Perioden die in Feuchtigkeitsperioden gebildeten Oxidschichten verdichtet und der Korrosionsvorgang kommt nicht selten zum Stillstand, während in feuchten Perioden Mechanismen im Sinne der Sauerstoffkorrosion ablaufen. Dieser Wechsel von Korrosion und Stabilisierung ist das Kennzeichen der atmosphärischen Korrosion.
Eine Atmosphäre ist also desto korrosiver, je feuchter sie ist und je aggressiver das korrosive Medium in den Feuchtperioden ist. Nachstehende Klimate sind in der Reihenfolge von oben nach unten zunehmend korrosiv:

Überdachte Freiflächen
Landklima
Stadtklima
Industrieklima
Meeresklima.

Die Geschwindigkeit des Metallabtrags bei der atmosphärischen Korrosion wäre sehr gering, wenn das Baumetall der Einwirkung von reinem Wasser mit Sauerstoff ausgesetzt wäre, d.h., wenn die Atmosphäre nicht verunreinigt wäre. Die nennenswerten, oft sogar sehr großen Korrosionsgeschwindigkeiten unter praktischen Bedingungen treten deswegen auf, weil wasserlösliche Stoffe als Stimulatoren in den Korrosionsprozeß eingreifen und ihn beschleunigen. Die wichtigsten Stimulatoren sind das Sulfation, das sich aus den schwefelhaltigen Verbrennungsprodukten der Kamine, Automobile usw. in der Atmosphäre bildet, und das Chloridion, das in Meeresnähe aus dem Meerwasser, im Landinneren vorzugsweise aus Tausalzen und Düngemitteln in die Atmosphäre gelangt. Der Wirkungsmechanismus dieser Katalysatoren ist die Bildung von Rostpusteln mit einem Eisensulfatnest bzw. einem Chloridnest im Kern, siehe Bild 15.1–3. Die Folge ist ein narbiger Abtrag des Eisens. Eisenchlorid und Eisensulfat sind hygroskopische Salze, welche Luftfeuchtigkeit anziehen und damit den Korrosionsprozeß auch dann noch aufrechterhalten, wenn reiner Rost schon ausgetrocknet wäre. Erst die Untersuchungen von Schikorr [19] und Schwarz [34] und [35], veröffentlicht vor etwa 15 Jahren, haben diesen Mechanismus aufgeklärt.

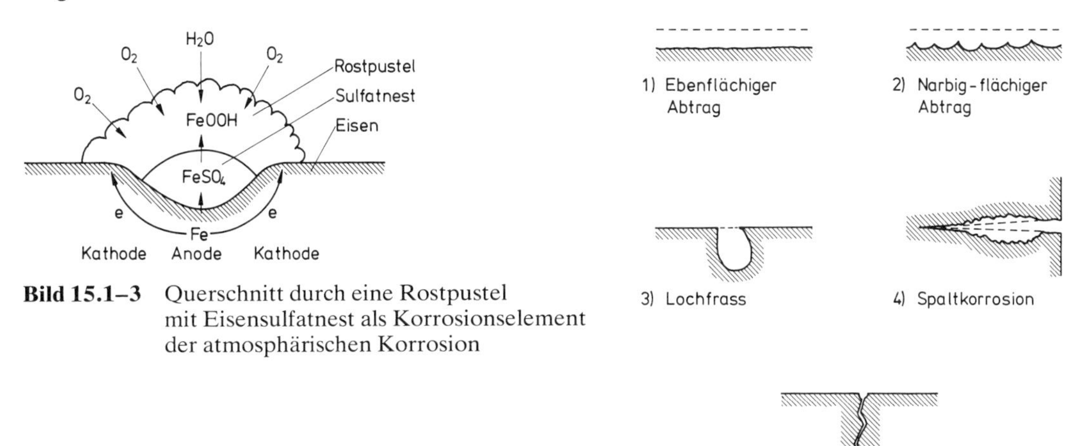

Bild 15.1–3 Querschnitt durch eine Rostpustel mit Eisensulfatnest als Korrosionselement der atmosphärischen Korrosion

Bild 15.1–4 Makroskopische Erscheinungsformen von Korrosion

e) Rißkorrosion

Bestimmte dafür empfindliche Metalle können unter gleichzeitiger Einwirkung starker mechanischer Spannungen – die nicht unbedingt aus äußeren Lasten herrühren müssen – und besonderer Stoffe bei Anwesenheit von Wasser Rißkorrosion erleiden. Dabei kann schon eine ganz geringe Konzentration dieser besonderen Stoffe im Wasser rißkorrosionserzeugend sein, eine Konzentration, die bei Fehlen der mechanischen Spannung unbedenklich wäre. Beispielsweise werden manche Aluminiumlegierungen und manche nichtrostende Stähle bei Wettereinwirkung (und infolge von Eigenspannungen) in der oberflächennahen Zone durch feinmaschige Rißbildung zersetzt. Bei hochfesten, niedriglegierten Drähten, wie sie im Bauwesen bei Spannbeton, bei Seilnetzen, bei Seilverspannungen großer Brücken und bei Hängebrücken Anwendung finden, kann Rißkorrosion z.B. nach Chlorideinwirkung, nach Wasserstoffeinwirkung, nach vorausgegangener geringster Oberflächenkorrosion oder an mechanisch erzeugten Kerben eintreten, wenn die Stähle unter sehr hoher, dauernder Spannung stehen. Kennzeichnend für Rißkorrosion ist ein verformungsarmer Bruch, der meist von kleinen Narben, Kerben usw. ausgeht. Dabei entstehen keine merklichen Mengen an Korrosionsprodukten, weshalb diese Brüche oft unerwartet auftreten.

Nach dem äußeren Erscheinungsbild kann man die in Bild 15.1–4 dargestellten Korrosionsformen unterscheiden: Ebenflächiger Abtrag ist typisch für wasserstoffbildende Korrosion, narbigflächiger Abtrag für atmosphärische Korrosion. Lochfraß tritt auf, wenn relativ beständige Deckschichten lokal versagen, z.B. unter Chlorideinwirkung, durch eine Pore oder eine Verletzung. Spaltkorrosion ist gekennzeichnet durch einen starken Abtrag in der Tiefe von Spalten, wohin wenig Sauerstoff gelangt und wo deshalb die anodischen Bereiche der Korrosionselemente liegen. Rißkorrosion bewirkt Bruchflächen senkrecht zur Hauptzugrichtung und ist vom Nichtfachmann als Korosionserscheinung nicht zu identifizieren, d.h. von einem mechanisch bedingten Sprödbruch nicht zu unterscheiden.

15.1.2 Möglichkeiten des Eingriffs in den Korrosionsvorgang

Zur Verhinderung von Korrosion sind folgende Eingriffe in den Korrosionsablauf denkbar und möglich:

a) Fernhalten von Wasser

Fehlt Wasser, sind alle Korrosionsarten außer der bei erhöhter Temperatur ablaufenden Oxidschichtbildung nicht mehr möglich. Weil Wasser aber auch in der Luft als Wasserdampf vorkommt und dieser auf Oberflächen z.B. wegen Temperaturunterschieden oder wegen hygroskopischer Salze (z.B. die Reaktionsprodukte aus Metall und Stimulator) auch unterhalb der Sättigungsgrenze von 100% rel. Luftfeuchte kondensieren kann, bedeutet Fernhalten von Wasser bei ungeschützter Oberfläche eine niedere Luftfeuchte aufrechtzuerhalten. Baustähle korrodieren dementsprechend erfahrungsgemäß nur dann, wenn die relative Luftfeuchte größer als etwa 65% ist.
Anstatt aus der Umgebung das Wasser zu entfernen, kann man auch auf die Oberfläche des Metalles eine feuchtigkeitsdichte Barriere aufbringen. Beispielsweise sind eine ordnungsgemäße Feuerverzinkung und eine Emaillierung (nicht jedoch eine Polymerbeschichtung oder Zementmörtel, die auf andere Weise schützen) so dicht, daß der darunterliegende Stahl vor dem Zutritt von Wasser geschützt ist.
Bei der atmosphärischen Korrosion hängt die Korrosionsgeschwindigkeit in hohem Maße von der Länge der Feuchtperioden ab. Diese können aber durch eine zweckmäßige Gestaltung des Bauwerkes oft sehr beeinflußt werden, worauf in Abschnitt 15.2.2 näher eingegangen wird.

b) Fernhalten von Sauerstoff

Sauerstoff kann durch dichte Erdschichten, durch große Wassertiefen bei ruhendem Wasser und z.B. durch allseitig geschlossene Hohlbauteile oder geschlossene Kreisläufe bei Rohrsystemen vom Metall abgehalten werden. Auch gibt es sauerstoffdichte Oberflächenschichten, wie eine Feuerverzinkung oder eine Emailschicht. Gegen Sauerstoffdiffusion nicht ausreichend dicht für einen Langzeitschutz wären Polymerbeschichtungen, viel zu durchlässig wären mineralische Mörtel und Betone, doch schützen diese auf andere Weise vor Korrosion.

c) Chemischer Korrosionsschutz

In entsprechender Umgebung korrodieren auch unedle Metalle nicht, weil sie dort passiv sind, d.h. korrosionshemmende Deckschichten bilden. Als Schutzmaßnahme gegen Korrosion kann man daher künstlich solche Umgebungsbedingungen schaffen, welche Passivität zur Folge haben.
Beispielsweise rosten Bewehrungsstähle, die in alkalischen Zementmörtel eingebettet sind, wegen des alkalischen Milieus im Zementstein nicht, obwohl Wasser und Sauerstoff reichlich vorhanden sind. Grundbeschichtungen für Metalle versieht man in diesem Sinn häufig mit sogenannten Aktivpigmenten, welche ein chemisches Milieu auf der Metalloberfläche erzeugen, das eine Korrosion unterbindet oder extrem verlangsamt. So passiviert Zinkchromat-Pigment in Polymerbeschichtungen den damit beschichteten Stahl, indem sich in hinzutretendem Wasser ein Anteil des Zinkchromates löst und diese Lösung auf der Stahloberfläche die Deckschichtbildung sehr fördert.
Bleimennige vermag (neben anderen Wirkungen) Chloride und Sulfate chemisch zu binden und damit diese Korrosionsstimulatoren unschädlich zu machen. Dabei ist es gleichgültig, ob diese Stimulatoren aus der Umgebung in die Beschichtung eindringen oder ob sie auf der nicht genügend gereinigten Stahloberfläche in Nestern vorhanden sind. Bleimennige als Pigment ist also besonders wichtig, wenn die Stahloberfläche vor dem Beschichten nicht völlig von Korrosionsprodukten befreit werden konnte.
Weitere Maßnahmen des chemischen Korrosionsschutzes sind die Zugabe von Inhibitoren zum korrosiven Medium und die Wasseraufbereitung. Inhibitoren gibt man dem angreifenden Medium bei, wodurch es seine Korrosivität verliert, wie das mit Heizöl und mit dem Wasser in Zentralheizungen praktiziert wird. Durch Wasseraufbereitung wirkt man der Korrosion von Wasserleitungen, Wasserbehältern usw. entgegen.

d) Verhinderung der Bildung von Korrosionselementen

Polymerbeschichtungen sind zwar nach dem Mechanismus der Diffusion von einzelnen Molekülen, z.B. Wasser und Sauerstoff, und von positiv geladenen Ionen durchdringbar. Nicht oder fast nicht wanderungsfähig in fehlstellenfreien Polymerschichten sind negativ geladene Ionen wie Chlorid und Sulfat, was man mit ihrem relativ großen Teilchendurchmesser erklären könnte. Wird also eine sehr reine Metalloberfläche mit einer Polymerbeschichtung ohne Salzanteile und mit so ausreichender Alterungsbeständigkeit, daß sich keine aggressiven Spaltprodukte bilden, bedeckt, so ist erfahrungsgemäß langfristiger Korrosionsschutz möglich. Auf der Metalloberfläche fehlen nämlich die Bestandteile, welche mit dem immer als vorhanden anzunehmenden Wasser den Elektrolyten bilden. Da Wasser und Sauerstoff wenigstens in geringer Menge an die Metalloberfläche gelangen können, ist eine geringe, praktisch bedeutungslose Korrosion (Deckschichtenbildung) unter den oben genannten Bedingungen jedoch anzunehmen.
Unter den praktischen Bedingungen des heutigen Stahlbaus sind eine völlig reine Metalloberfläche zum Zeitpunkt des Beschichtens und eine Beschichtung frei von elektrolytbildenden Stoffen nicht machbar. Daher müssen die Grundbeschichtungen Aktivpigmente erhalten und die Metalloberfläche muß so gut

wie möglich mit dem Beschichtungsstoff benetzt werden, daß sich nach den Regeln der Wahrscheinlichkeit nie eine Anode und eine Kathode zu einem Korrosionselement vereinigen können.
Der angedeutete Schutzmechanismus von Polymerbeschichtungen, der durch den chemischen oder elektrochemischen Schutz von Aktivpigmenten gegebenenfalls ergänzt wird, ist noch nicht zufriedenstellend aufgeklärt. Viele Hinweise zu diesem Thema findet man in dem Buch von J. Ruf [24] und in den Aufsätzen [53] und [54] von G. Lincke.

e) Beschicken mit Elektronen

Beim Inlösunggehen eines Metalls in Form positiv geladener Ionen werden Elektronen frei, welche im Metall dorthin wandern, wo sie durch Reaktion mit Wasserstoffionen oder durch Bildung von Hydroxylionen sich entladen können. Beschickt man nun ein Metallteil mit einem so kräftigen Zufluß an Elektronen, daß an potentiellen Anoden kein Elektronenabfluß eintreten kann, so ist Metallauflösung unmöglich. Das ist das Prinzip des kathodischen Korrosionsschutzes, bei welchem der notwendige Elektronenzufluß zum zu schützenden Metall entweder von einer künstlichen Stromquelle oder von einer kräftig korrodierenden Opferanode geliefert wird. Näheres siehe Abschnitt 15.7. Jedoch wirken auch Überzüge aus Zink sowie Zinkstaubbeschichtungen als elektronenspendende Opferanode und schützen dadurch.

Nun noch eine Bemerkung zur einschlägigen Literatur:
Die Korrosion ungeschützter Metalle in Flüssigkeiten ist eingehend wissenschaftlich untersucht und in einer Fülle von Abhandlungen niedergelegt worden. Das ist erstaunlich, weil ja bekanntlich Eisen und Stahl fast nie ungeschützt und mindestens so häufig in Freiluftklimaten wie in Flüssigkeiten verwendet werden. Nur ein kleiner Teil der Literatur über Metallkorrosion ist daher für den Praktiker brauchbar. Davon können für eine allererste Einarbeitung in das Gebiet des Korrosionsschutzes die Bücher bzw. Broschüren [6], [7] und [14] empfohlen werden, zur vertieften Einarbeitung die Bücher (Broschüren) [4], [8], [12], [15], [18], [19] und [25], sowie die Fachaufsätze [34], [39], [40], [44], [48], [49], [51], [52] und [54]. Bei der Realisierung von Korrosionsschutzmaßnahmen machen Auftraggeber, Planer und Ausführende in großem Umfang von der DIN 55928, Korrosionsschutz von Stahlbauten durch Beschichtungen und Überzüge [27], Gebrauch, weshalb auch diese Norm zur Einarbeitung und zur Vertiefung herangezogen werden sollte.

15.2 Konstruktive Möglichkeiten des Korrosionsschutzes

15.2.1 Zweckmäßige Werkstoffwahl

Grundsätzlich sollte man Stahlbauten möglichst ausschließlich aus dem gleichen Werkstoff, z. B. den beiden Stählen St 37 und St 52 herstellen. Doch kann es aus Gründen des Korrosionsschutzes zweckmäßig sein, manche Stahlbauten in Teilen aus einem anderen Werkstoff zu fertigen. Dann ist allerdings die Möglichkeit der Kontaktkorrosion zu berücksichtigen.
Beispielsweise stehen nichtrostende Stähle (Chrom-Nickel-Stähle) unterschiedlicher Güte zur Verfügung. Diese bilden auf der Oberfläche schützende Deckschichten, im wesentlichen aus den Legierungsbestandteilen Chrom und Nickel. Es ist darauf zu achten, ob der gewählte nichtrostende Stahl nur bei atmosphärischer Belastung nichtrostend ist oder ob er auch unter anderen Einwirkungen noch die schützenden Deckschichten bildet.
Ferner kann man bestimmte Konstruktionsteile aus wetterfestem Baustahl bauen, der in praktisch den gleichen Festigkeitseigenschaften wie die beiden oben genannten Baustähle zur Verfügung steht. Der wesentliche Unterschied zwischen beiden Stahlarten ist das Verhalten bei der atmosphärischen Korrosion: Auf ungeschützter Oberfläche unter Wettereinwirkung korrodiert der wetterfeste Stahl etwa viermal langsamer als normaler Baustahl. Dies ist auf eine Deckschichtbildung zurückzuführen, das heißt, die dunkelbraune Rostschicht von wetterfestem Baustahl ist relativ dicht, haftet recht gut und bildet so eine Barriere für die korrosiven Belastungen. Auch die schützende Rostschicht des wetterfesten Stahls erneuert sich laufend, das heißt, sie gibt Korrosionsprodukte ab, welche unter Umständen verschmutzend wirken können. Ganz wesentlich für die Anwendung von wetterfestem Stahl ist jedoch, daß die korrosionsbremsende Deckschicht sich nur bei reichlichem Luftzutritt bildet. Gelegentliche Durchfeuchtungen schaden nicht, wenn ihnen bald wieder eine Trockenperiode folgt. Unter Dauerfeuchte jedoch, zum Beispiel in Höhe der Geländeoberfläche, bei regelmäßiger Schwitzwassereinwirkung, im Unterwasserbereich oder in schmalen Spalten auf bewitterten Flächen, verhält sich wetterfester Stahl beim Korrodieren nicht günstiger als normaler Baustahl. Wegen schlechter Erfahrungen muß nunmehr für Bauwerke, in denen wetterfester Stahl ohne Korrosionsschutzmaßnahmen für tragende Bauteile eingesetzt wird, eine bauaufsichtliche Zustimmung im Einzelfall eingeholt und eine regelmäßige Überwachung durchgeführt werden [31.1].

Das relativ günstige Korrosionsverhalten bei atmosphärischer Belastung zeigt wetterfester Stahl nicht nur an der frei zutage tretenden, sondern auch an der polymerbeschichteten Metalloberfläche. Das bedeutet, daß es auch bei einer durch Polymerbeschichtungen gegen Korrosion geschützten Stahlkonstruktion oftmals sinnvoll ist, Bauteile mit besonders starker korrosiver Beanspruchung in wetterfestem Stahl auszuführen. Die Haftung von Anstrichen auf Dauer und ihre Resistenz gegen Unterrostung an Fehlstellen sind auf wetterfestem Stahl unter atmosphärischer Belastung nämlich deutlich besser als auf normalem Stahl.
Gelegentlich ist es auch zweckmäßig, bestimmte Stahlteile mit anderen Metallen in Form von Kappen, Streifen, Schilden oder ähnlichem abzuschirmen oder zu umkapseln. Der zu wählende Werkstoff für diese Schutzmaßnahmen bestimmt sich zunächst einmal aus der Resistenz gegen die abzuhaltende Einwirkung. Um hier dem Konstrukteur eine Hilfe zu geben, ist in Tabelle 15.2–1 eine Zusammenstellung der Verhaltensweisen der wichtigsten Baumetalle im ungeschützten Zustand wiedergegeben. Die angegebenen Informationen beruhen auf Erfahrungen. Bemerkenswert ist die an verschiedenen Stellen in Tabelle 15.2–1 angegebene Streubreite in dem zu erwartenden Verhalten. Hier kommt zum Ausdruck, daß Korrosionsvorgänge bei Metallen in deutlichem Ausmaß von in geringer Menge zufällig anwesenden Stoffen mit stimulierender Wirkung (z.B. Streusalze, Düngesalze, Schwefelwasserstoff, Schwefeldioxid, Metallstäubchen) auf den Korrosionsprozeß und von der Möglichkeit bzw. Unmöglichkeit zur Ausbildung korrosionshemmender Deckschichten abhängen. Diese beiden Einflüsse machen es so schwer, quantitative Angaben über das Korrosionsverhalten von Metallen zu liefern, z.B. Abtragungsraten mit den Begriffen Industrieklima, Meeresklima, Stadtklima und Landklima zu verbinden. Bei dem in Tabelle 15.2–1 beschriebenen Verhalten gegen Säuren und Laugen ist nicht nur an flüssige Chemikalien dieser Art, sondern auch an Kalk und Zement (Laugen) sowie an Gips, Magnesit und Zersetzungsprodukte von Pflanzen (Säuren) gedacht.

Tabelle 15.2–1 Korrosionsintensität ungeschützter Metalle unter verschiedenen Einwirkungen

	Korrosionsintensität ungeschützter Metalle					
	in Säuren	in Laugen	in Süßwasser	in Meerwasser	in Atmosphäre ländlich	aggressiv
Aluminium	stark	stark	sehr gering bis mäßig	mäßig–stark	sehr gering bis gering	mäßig
Blei	gering	gering–stark	gering–mäßig	mäßig	gering	gering
Eisen	sehr stark	keine–gering	mäßig	mäßig–stark	mäßig–stark	stark
Kupfer	gering–stark	gering	sehr gering	mäßig	sehr gering	gering
Messing	gering–stark	mäßig	sehr gering	gering–mäßig	gering	mäßig
Nickel	mäßig	sehr gering	sehr gering	gering	sehr gering	sehr gering
Zink	stark	gering–mäßig	gering–mäßig	mäßig–stark	gering–mäßig	mäßig
Zinn	mäßig	mäßig	gering	sehr gering	gering	gering–mäßig

Beim Zusammenbau verschiedener Metalle in einer Konstruktion ist darauf zu achten, daß keine Kontaktkorrosion auftritt. Wie allgemein bekannt ist, kann aus zwei verschiedenen, leitend miteinander verbundenen Metallen, die sich im gleichen Elektrolyten befinden, ein elektrochemisches Element erzeugt werden. Bei dieser Elementbildung wird immer das edlere Metall vor Korrosion geschützt und das unedlere Metall zersetzt, wie dies aus Tabelle 15.2–2 entnommen werden kann. Welches der beiden Metalle das edlere ist, kann man aus sogenannten Spannungsreihen entnehmen. Tabelle 15.2–3 enthält zwei solcher Spannungsreihen, wovon die eine bei Süßwasser, die andere bei Meereswasser anzuwenden ist. Genaugenommen gibt es für jede korrosive Umgebung eine eigene Spannungsreihe. Ausdrücklich gewarnt wird vor der Anwendung der Spannungsreihe, welche die sog. Normalpotentiale enthält,

Tabelle 15.2–2 Korrosion von Eisen und einem zweiten Metall bei elektrischem Kontakt in 1prozentiger Kochsalzlösung (nach K. Krenkler [8])

Zweites Metall	Korrodierte Eisenmenge in mg	Korrodierte Menge des zweiten Metalles in mg
Magnesium	0,0	3104,3
Zink	0,4	688,0
Cadmium	0,4	307,9
Aluminium	9,8	105,9
Antimon	153,1	13,8
Wolfram	176,0	5,2
Blei	183,2	3,6
Zinn	171,1	2,5
Nickel	181,1	0,2
Kupfer	183,1	0,0

da diese Spannungsreihe für einen Elektrolyten aufgestellt wurde, der bei theoretischen Betrachtungen von Bedeutung ist, der aber wohl nie in der Praxis vorliegen wird. Mit den beiden angegebenen Reihen arbeitet man wie folgt:

Tabelle 15.2–3 Elektrochemische Spannungsreihen der Metalle für Süßwasser und Meerwasser (Elektrolyt belüftet, Temperatur 25 °C) (nach Orth [11])

Metall	Potential in mV Süßwasser (pH = 6)	Meerwasser (pH = 7,5)	
Gold	+ 306	+ 243	↑ zunehmende Beständigkeit
Silber	+ 195	+ 149	
Kupfer	+ 140	+ 10	
Nickel	+ 118	+ 46	
Wasserstoff	± 0	± 0	
V2A-Stahl	− 84	− 45	
Al Cu Mg	+ 21	− 339	
Al Mg Si	− 124	− 785	
Rein-Aluminium	− 169	− 667	
Zinn	− 175	− 809	
Blei	− 283	− 259	
Stahl	− 350	− 335	
Cadmium	− 574	− 519	
Zink	− 823	− 284	
Magnesium	− 1460	− 1355	↓ abnehmende Beständigkeit

1. Je weiter die Metalle in der Spannungsreihe voneinander entfernt sind, um so stärker arbeitet das Element, d. h. desto größer ist die Korrosionsgefahr.
2. Je näher die beiden Metalle in der Spannungsreihe beieinanderliegen, um so geringer ist der Effekt der Kontaktkorrosion. Als Grenzwert dafür, daß die Elementbildung nicht mehr schädlich sein wird, kann ein Potentialunterschied zwischen den elementbildenden Metallen von weniger als etwa 250 mV gelten.
3. Die Gefahr der Kontaktkorrosion ist um so größer, je länger die Einwirkzeit des Elektrolyten ist. Die Gefahr ist also bei dauernder Flüssigkeitseinwirkung am größten, am geringsten ist sie bei langdauernder oder ständiger Trockenheit.
4. Die Flächenregel ist zu beachten. Diese besagt, daß das unedle Metall um so stärker angegriffen wird, je kleiner dessen (anodische) Oberfläche im Vergleich zur (kathodischen) Oberfläche des edleren Metalls ist. Dies beruht darauf, daß sich, gesteuert von der Kathodenfläche, an welcher der Sauerstoff die Elektronen aufnimmt, ein bestimmter Elektronenfluß (Korrosionsstrom) im Element einstellt. Sind eine vergleichsweise große Kathode und eine vergleichsweise kleine Anode gekoppelt, so konzentriert sich der Korrosionsstrom an der Anode auf die kleine Fläche, was dort große Abtragungdicken zur Folge hat. Es ist also besonders gefährlich, wenn das unedlere Metall eine kleine Oberfläche, das edlere Metall eine große Oberfläche hat. Beispielsweise bilden kupferne Schrauben in einem Stahlblechdach ebenso ein Element wie eiserne Schrauben in einem Kupferdach. In beiden Fällen ist das Kupfer die Kathode, während der Stahl zur Anode wird. Wenn etwa die gleiche Menge Eisen in beiden Fällen abgetragen wird, so bedeutet das beim Eisen als Dachfläche einen geringen Dickenverlust, bei den eisernen Schrauben hat das deren raschen Funktionsverlust zur Folge.
Zur Vermeidung von Kontaktkorrosion können die betreffenden Metalle auch gegeneinander isoliert werden, wobei die Isolierung der Verbindungsmittel mitbeachtet werden muß, siehe Bild 15.2–1. Die Wirksamkeit derartiger Isolierungen bei Unter-Wasser-Lage und bei Feuchte ist kritisch zu prüfen.

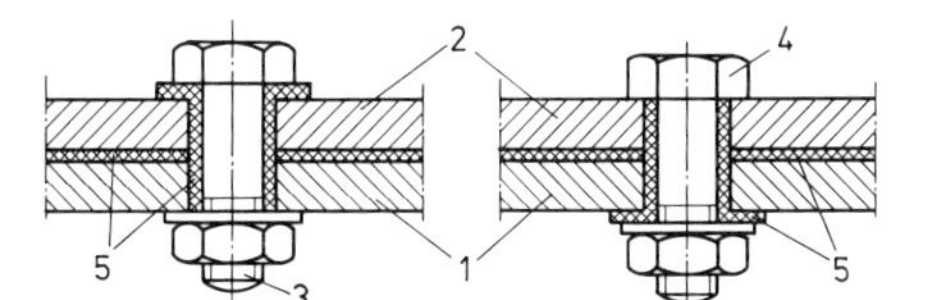

1 Bauteile aus Stahl
2 Bauteile aus Aluminium
3 Verbindungsmittel aus Stahl
4 Verbindungsmittel aus Aluminium
5 Isolierende Zwischenschichten

Bild 15.2–1 Isolierung der Verbindung zwischen zwei verschiedenen Metallen (nach DIN 55 928, Teil 2)

Sehr unangenehm können Spannungsrißkorrosionen an Teilen des Tragsystems eines Bauwerks sein, weil vorher meist nur eine minimale korrosive Metallabtragung auftritt, die nicht sichtbar wird, und weil demzufolge die Brüche ohne Vorankündigung schlagartig erfolgen. Beim Einsatz von hochfesten Drähten in Drahtbündeln und Seilen von Brücken bzw. Seilnetzbauwerken ist daher ein überaus sorgfältiger

Korrosionsschutz angebracht, wenn für Rißkorrosion anfällige Drähte eingesetzt werden. Hierbei kommt zu der Forderung des besonders sorgfältigen Korrosionsschutzes oft die Schwierigkeit hinzu, daß es sich um Bauteile handelt, bei denen beachtliche Relativbewegungen zwischen den Litzen und Drähten möglich sind, und sich ein zuverlässiger Korrosionsschutz deshalb relativ schwierig gestaltet. Eine Reihe spektakulärer Schadensfälle in den letzten Jahren sollte Anlaß sein, den Korrosionsschutz bei spannungsrißkorrosionsempfindlichen Stählen künftig wesentlich sorgfältiger zu betreiben als bisher bzw., sofern das unwirtschaftlich erscheint, den Einsatz unempfindlicher Stähle mit etwas kleinerer zulässiger Spannung, aber auch mit entsprechend geringeren Aufwendungen für den Korrosionsschutz, in Betracht zu ziehen.

15.2.2 Zweckmäßige Gestaltung der Bauteile

Gemäß einer bekannten Formulierung beginnt der Korrosionsschutz bereits beim Konstruieren am Reißbrett. Schon dort kann man nämlich einerseits die spätere korrosive Belastung vermindern und andererseits gute Bedingungen für das Aufbringen und das Funktionieren der vorgesehenen Schutzmaßnahme sowie für deren einfache Instandhaltung und Erneuerung schaffen. Im folgenden sind die wichtigsten Aspekte für den Konstrukteur im Sinne einer Checkliste aufgeführt:

- Eine möglichst kleine Oberfläche schaffen.
- Möglichst glatte, ebene Flächen ohne Unterbrechungen durch vor- oder rückspringende Teile usw. erzeugen.
- Ecken und Kanten vermeiden oder mit möglichst großem Radius ausrunden.
- Horizontale Flächen ersetzen durch geneigte. Mindestneigung etwa 3%.
- Tropfkanten und Abtropftüllen (siehe Bild 15.2–2) vorsehen.
- Sogenannte Wassersäcke (Flächenbereiche mit Tieflage ohne Wasserabflußmöglichkeit) durch Abflußöffnungen entwässern oder abdecken.

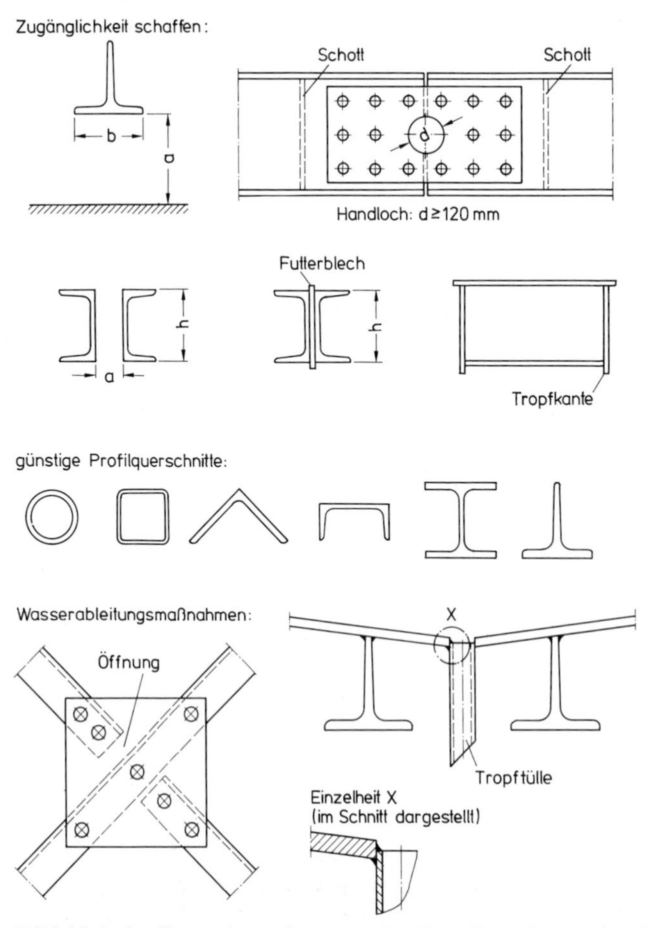

Bild 15.2–2 Korrosionsschutzgerechte Detailausbildung (nach DIN 55928, Teil 2)

- Spalte mit Weiten kleiner als etwa 15 mm durch Futterbleche oder ähnliches vollständig füllen, da sie unzugänglich sind und daher auf Dauer nicht geschützt werden können.
- Hohlräume mit Weiten größer als 15 mm, jedoch kleiner als 500 mm, so ausbilden, daß sie überall eingesehen und von einem Arm an jeder Stelle erreicht werden können.
- Hohlbauteile mit Weiten größer als 500 mm entweder völlig luftdicht schließen oder aber als offene Hohlbauteile zugänglich ausbilden. Ein luftdichter Verschluß ist streng genommen nur durch lückenlose Schweißnähte oder besondere Abdichtungsmaßnahmen erreichbar. Schraub- und Nietverbindungen sowie Punktschweißungen und unterbrochene Schweißnähte können nicht als luftdicht angesehen werden. In offenen Hohlbauteilen sollte möglichst jede Stelle von zwei Seiten her erreicht werden können. Das dient sowohl der Logistik bei Schutzarbeiten als auch der Sicherheit des Arbeitspersonals. Die Zugangsöffnungen, z.B. Mannlöcher, sind mit Türen zu versehen. Öffnungen zur Durchlüftung und zum Wasserablauf an Tiefpunkten reichlich bemessen und durch Maschendraht oder ähnliches für Tiere unpassierbar machen.
- Besonders stark beanspruchte oder empfindliche Teile entweder in besonders resistentem Werkstoff ausführen (siehe Abschnitt 15.2.1) oder reichlich dimensionieren (Abrostungszuschlag) oder leicht auswechselbar in das Bauwerk einbauen. Die letztgenannte Möglichkeit ist bei der Konzeption des Tragsystems zu beachten!
- Bestimmte Beanspruchungen können durch Schilde, Schirme, Schutzdächer, Einbetonieren usw. vom Bauwerk abgehalten werden.
- Tauwasser kann oft durch Wärmedämmen oder gezieltes Belüften vermieden werden, andernfalls ist es durch Gefälle sicher abzuleiten.

Die oben genannten Regeln werden durch Bild 15.2–2 erläutert, dessen Einzelheiten der DIN 55928, Teil 2 [27.2] entnommen wurden. Das die Zugänglichkeit beschreibende Maß a in Bild 15.2–2 ist in [27.2] in Abhängigkeit von h bzw. b quantitativ angegeben. Dieses Normblatt wird zum weiteren Vertiefen empfohlen.
Aspekte der Gestaltung von Bauteilen, welche zum Feuerverzinken vorgesehen sind, werden in Abschnitt 15.4.3 angeführt. Hinweise auf die Gestaltung von Bauteilen, welche emailliert werden sollen, werden in Abschnitt 15.4.9 gegeben.

15.2.3 Bauwerksausstattung zur leichten Instandhaltung

Korrosionsschutzmaßnahmen bedürfen der Kontrolle, der Wartung und gelegentlich einer Erneuerung. Dieses zu erleichtern ist der Sinn der nachfolgenden Hinweise auf entsprechende Ausstattungsmöglichkeiten für Stahlbauten:

- Fest installierte Steigeisen, Leitern, Plattformen usw. mit den zugehörigen Schutzgeländern erleichtern die Zugänglichkeit. Konsolen oder Nischen zur Auflage von Gerüsten usw. können ästhetisch und konstruktiv befriedigend in das Bauwerk eingefügt sein.
- Gerüsthaken und Ösen aus nichtrostenden Stählen dienen der Befestigung von Gerüsten, Materialaufzügen usw. Die Ausführung in nichtrostendem Werkstoff ist notwendig, weil die Wandungen dieser Haken, Ösen usw. bei der Nutzung mechanisch so stark belastet werden, daß jede Korrosionsschutzbeschichtung beschädigt würde.
- Offene Hohlbauteile sind durch verschließbare Zugänge einerseits so zu erschließen, daß jeder Punkt im Hohlraum möglichst auf zwei Wegen erreicht werden kann, wie schon in Abschnitt 15.2.2 begründet. Andererseits sind die Zugänge möglichst dort anzulegen, wo der Zu- und Abtransport von Personen und Material sich einfach gestaltet.
- Befahranlagen, wie Hängekörbe für Fassaden, Besichtigungswagen für Brückenuntersichten, Lifte an Türmen, Kaminen usw. sind möglichst komplett zu installieren und so auszubilden, daß die Reinhaltung des Bauwerks, die notwendigen Inspektionen und die Erneuerung bzw. Instandsetzung des Korrosionsschutzes damit vorgenommen werden können. Wenigstens sollten Laufschienen u.ä. fest und so eingebaut werden, daß die Befahranlagen leicht angebracht werden können. Ein lückenloses Befahren ohne Umsetzen der Anlage ist wünschenswert.

15.3 Vorbereitung der Metalloberfläche

Ein ganz wesentlicher Faktor für die Haltbarkeit von Korrosionsschutz gebenden Überzügen und Beschichtungen ist die Qualität der Vorbereitung des zu schützenden Metalles unmittelbar vor dem Aufbringen dieser Schutzschichten. Entscheidend ist die Reinheit der Metalloberfläche, erwünscht ist eine gewisse Feinrauhigkeit zur guten Verankerung, notwendig ist ein kurzer zeitlicher Abstand zwischen Vorbereitung des Metalls und Aufbringen der ersten Schicht der Beschichtung.
Bezüglich der erzielbaren Reinheit optimal als Vorbereitungsverfahren ist das trockene Strahlen mit Quarz, Korund, Hüttenschlacke, Stahlguß usw. Der Druckluft-Sandstrahl kann in Nischen, Mulden, Ecken usw. ohne Probleme hineingelenkt werden und unmittelbar nach dem Strahlen ist der Reinheits-

grad der Metalloberfläche sofort zu erkennen. Im Freien ist das Strahlen jedoch oft nicht möglich wegen der damit stets verbundenen Umweltbelästigung, es sei denn, Zelte oder ähnliche Verkleidungen werden um den Ort des Strahlens herumgebaut. Auch ist die Silikosegefahr für das Arbeitspersonal bei der Verwendung von bestimmten Strahlmitteln zu bedenken. Strahlen mit Wasser, mit Wasser-Sand-Gemisch oder mit nassem Sand hat eine schlechtere Reinigungswirkung und befeuchtet den Untergrund, reduziert jedoch die Staubbelästigung.
Beim Flammstrahlen werden Rost und Verunreinigungen teils abgesprengt, teils in Staub verwandelt und getrocknet. Deshalb gehört zum Flammstrahlen unbedingt eine anschließend erfolgende kräftige Reinigung, z.B. mittels rotierender Drahtbürsten, welche auch entstandenen Ruß entfernen müssen. Die Metalloberflächen sind nicht so rein wie nach dem Strahlen. Besonders problematisch sind unebene, verwinkelte Flächen, welche weder sauber mit der Flamme noch mit den Bürsten bearbeitet werden können. Bevorzugtes Anwendungsgebiet des Flammstrahlens sind demgemäß ebene Flächen, z.B. Schiffsrümpfe, orthotrope Fahrbahnplatten usw. Außerdem kann beim Strahlen die erzielte Reinheit nicht sofort richtig beurteilt werden, sondern erst nach dem Bürsten. Bei dicken Rost-Schichten auf dem Stahl ist eine Vorreinigung vor dem Flammstrahlen zu empfehlen [56].
Handmaschinelles Reinigen des Untergrundes mit Topfbürsten, Nadelpistolen, Winkelschleifern usw. bringt keine große Flächenleistung, muß besonders sorgfältig überwacht werden und ergibt nicht die gute Reinigungswirkung der trockenen Strahlenentrostung. Die Entrostung von Hand mit der Drahtbürste, dem Schwedenschaber usw. bringt bezüglich Reinheit und Flächenleistung die am wenigsten zufriedenstellenden Ergebnisse, kann jedoch bei geringer korrosiver Belastung und bei Verwendung langsam trocknender Beschichtungsstoffe (z.B. Leinölbleimennige) noch ausreichend sein.
Die Entrostung mit Chemikalien bzw. die Erzeugung von chemischen Umwandlungsschichten (siehe auch Abschnitt 15.5) auf dem Stahl sind nur bei genügend kleinen Teilen und nur in Werksanlagen durchführbar und werden daher im Stahlbau praktisch nicht angewendet. Die Reinheit der Oberfläche und die Feinrauhigkeit sind jedoch als gut anzusehen. Rostumwandler, Roststabilisatoren und Penetriermittel sind in DIN 55928 verboten.

Bild 15.3–1
Freistrahlen mit körnigem Strahlmittel. Der Ausführende trägt Schutzkleidung (Helm, Handschuhe, Sicherheitsschuhe)

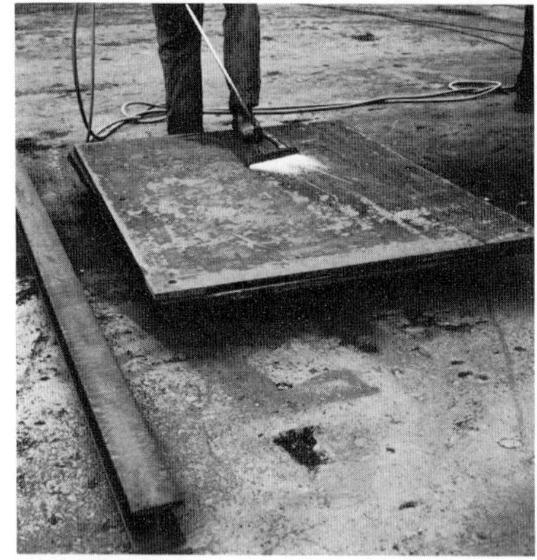

Bild 15.3–2
Flammstrahlen mit breitem Handbrenner

In den Bildern 15.3–1/2/3 sind die wichtigsten Maschinen und Werkzeuge dargestellt, welche zum Entrosten von Stahl eingesetzt werden.[1])
Es ist damit zu rechnen, daß in den kommenden Jahren neue, umweltfreundliche und gut wirksame Vorbehandlungsverfahren für die Baustelle sich einführen, da bei den oben genannten Verfahren bei der Vorbereitung der Metalloberfläche auf der Baustelle entweder der Umweltschutz oder der Reinigungseffekt unbefriedigend sind.
In DIN 55928, Teil 4 [27.4] (Vorbereitung und Prüfung der Oberflächen), sind eingehend Entrostungsverfahren, Reinigungsmethoden (für artfremde Verunreinigungen), die zu erzielenden Reinheitsgrade und die Kontrolle der Reinheit beschrieben. Dazu nachstehende Erläuterungen:
Folgende Angaben müssen vom vorzubereitenden Metall bekannt sein, damit die richtigen Vorberei-

---

[1]) Die Fotos wurden freundlicherweise von der Fa. Peiniger GmbH, Essen, zur Verfügung gestellt.

1 Drahtbürste

2 Schwedenschaber

3 Topfbürste

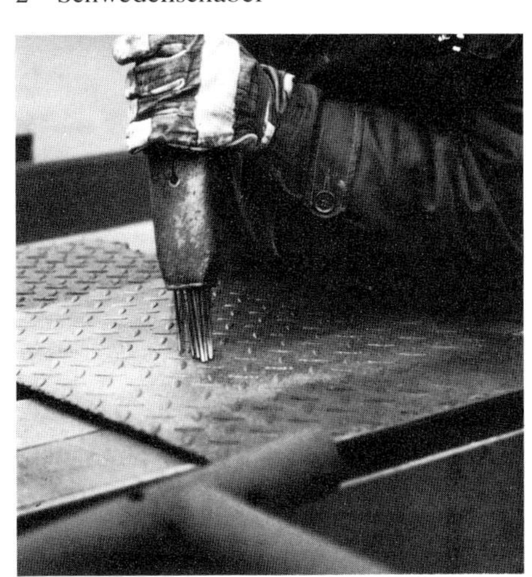

4 Nadelpistole

Bild 15.3–3 Die vier wichtigsten der einfachen Entrostungswerkzeuge

tungsmaßnahmen ausgewählt werden können: Bei Stählen wird der Zustand durch die vier Rostgrade A, B, C und D und Angaben zum Stahl beschrieben, wobei die Rostgrade aus einer in Fachkreisen schon lange bekannten schwedischen Norm unverändert übernommen wurden. Bei beschichteten Untergründen sind Angaben zur Beschichtung, zum Rostgrad der beschichteten Oberfläche (nach DIN 23210), zum Blasengrad und ergänzende Hinweise erforderlich.
In Abschnitt 4 der Norm werden 9 verschiedene Reinheitsgrade unterschieden, welche durch zwei oder drei Buchstaben als Hinweis auf die angewandte Reinigungsmethode und durch eine nachfolgende Zahl als Hinweis auf die Intensität der angewandten Reinigung gekennzeichnet sind. Die geringste Reinigungsintensität wird durch die Zahl 1, die höchste durch die Zahl 3 angezeigt. Ist eine bestimmte Intensität der Reinigung nicht möglich oder nicht sinnvoll, bleibt es bei der Angabe des Kennzeichens. Die Methoden, ihre Kennzeichen und die dabei möglichen Reinigungsintensitäten sind:

Methoden	Kennzeichen	Intensitäten			
Strahlen	Sa	1	2	$2^1/_2$	3
Partielles Strahlen	PSa	–	–	$2^1/_2$	–
Handmaschinelles Reinigen	St	–	2	–	3
Flammstrahlen	Fl	–	–	–	–
Beizen	Be	–	–	–	–

Damit lautet ein Norm-Reinigungsgrad beispielsweise Sa $2^1/_2$.
Er kennzeichnet einen besonders häufig anzustrebenden Untergrundszustand, bei dem durch Strahlen Zunder, Rost und Beschichtungen (evtl.) so weit entfernt sind, daß Reste auf der Stahloberfläche lediglich als leichte Schattierungen infolge Tönung von Poren sichtbar bleiben.
Mit einer bestimmten Intensität und der gleichen Reinigungsmethode vorbereitete Stahlflächen sind unterschiedlich rein, wenn der Ausgangszustand der Stahloberfläche vor der Reinigung, gekennzeichnet durch den Rostgrad, unterschiedlich war. Im Prinzip muß also für jeden der vier Ausgangszustände (Rostgrade A bis D) und jeden der 9 Normreinheitsgrade der zu erreichende Endzustand der Stahloberfläche genau definiert werden.
Da eine exakte Beschreibung einer rostigen oder einer mehr oder weniger entrosteten Stahloberfläche allein durch Worte nicht möglich ist, gehört zu Teil 4 von DIN 55928 ein Beiblatt mit 37 farbigen Bildern, welche die Beschaffenheit von Stahloberflächen verschiedener Ausgangszustände nach Behandlung in verschiedenen Bearbeitungsintensitäten mit verschiedenen Methoden wiedergeben. Dieses Beiblatt dient zum visuellen Vergleich mit dem auf der Baustelle erreichten Zustand, wobei der Vergleich mit unbewaffnetem Auge vorgenommen werden muß. Bauüberwachung und ausführende Firma werden bei Korrosionsschutzarbeiten also das Beiblatt „Photografische Vergleichsmuster" künftig regelmäßig benützen müssen. Einschränkend muß zur Anwendbarkeit der Vergleichsmuster gesagt werden, daß alle Bilder des Beiblattes über den Zustand nach dem Strahlen nur für Quarzsand als Strahlmittel gelten und daß andere Strahlmittel deutlich andere Oberflächenzustände (meist dunklere Tönung) erzeugen.
Insbesondere wegen der Übertragbarkeit der oben genannten Aspekte auf Aluminium- und Zink-Oberflächen sowie auf überarbeitungsreife Beschichtungen mußten auch Reinigungsverfahren in der Norm behandelt werden, die allein bei rostigen Flächen nicht von Interesse wären. Eine Zusammenstellung dieser Reinigungsverfahren ist in Tabelle 2 von DIN 55928, Teil 4, erfolgt.

15.4 Werkstoffe zum langfristigen Korrosionsschutz

15.4.1 Polymerbeschichtungen zum Streichen, Spritzen usw.

Die Beschichtung auf Basis von organischen Polymeren ist die bei weitem am häufigsten gewählte Korrosionsschutzmaßnahme, nicht nur im Stahlbau. Diese Vorrangstellung verdankt die Polymerbeschichtung verschiedenen Eigenschaften, insbesondere aber folgenden:

Wirtschaftlichkeit im Vergleich zu den Alternativen
Gute Anpassungsfähigkeit an die Verarbeitungsmöglichkeiten
Gute Anpassungsfähigkeit an korrosive Beanspruchungen
Gestaltungsmöglichkeiten durch Glanz- und Farbwahl
Geringe Dicke der Schutzschicht.

Beschichtungsstoffe zum Erzeugen von Polymerbeschichtungen sind aus organischen Polymeren als Bindemittel, aus Pigmenten, Füllstoffen, Lösemitteln bzw. Dispergiermitteln und Hilfsstoffen zusammengesetzt. Zu diesen Komponenten kann folgendes gesagt werden [23]:
Organische Polymere haben sehr große Moleküle, die vorzugsweise linear gestaltet sind und aus Kohlenstoffketten mit angelagerten Wasserstoffatomen und vielerlei reaktiven Gruppen bestehen, in denen Sauerstoff, Stickstoff, Chlor und gelegentlich weitere Atome vorkommen können. Früher fanden ausschließlich natürliche organische Polymere wie Naturharze, trocknende Öle, Kautschuk und Bitumen für Polymerbeschichtungen (damals bezeichnet als Anstrich, Farbe, Lack usw.) Verwendung. Heute werden fast nur noch künstliche Polymere, die man zu den Kunststoffen rechnen könnte, zumindest diesen sehr nahe stehen, eingesetzt. In zunehmendem Umfang werden auch chemische Vorstufen von Polymeren, welche zunächst noch flüssig sind, dann aber bei der Härtung in Polymere übergehen, als Bindemittel eingesetzt, wie z.B. Epoxid, Polyurethan usw. Einen Überblick über die am meisten verwendeten Polymerbindemittel, deren Eigenschaften und Anwendungen gibt Tabelle 15.4–1.
Pigmente sind Teilchen in der Größenordnung von 1 μm. Sie dienen vorzugsweise der Farbgebung, dem Schutz des Bindemittels vor Lichteinwirkung und dem chemischen Korrosionsschutz, den die Beschichtung ausübt. Farbgebende Pigmente werden demzufolge vor allem in den Deckschichten eingesetzt, Korrosionsschutzpigmente finden nur in den Grundschichten Anwendung.
Füllstoffe sind Festkörperteilchen in der Größenordnung von 10 Mikrometer, welche hauptsächlich zur Sicherung des Haftvermögens am Untergrund, zur Erhöhung der mechanischen Widerstandsfähigkeit, zur Senkung der Stoffkosten, zur Unterstützung des Lichtschutzes der Pigmente und zur Erzeugung eines für die Verarbeitung der Beschichtungsstoffe günstigen rheologischen Verhaltens dienen.

Tabelle 15.4–1
Die wichtigsten Polymerbindemittel, ihre Eigenschaften und Anwendungen bei Beschichtungen

Polymer-Bindemittel	Eigenschaften, Anwendungen
Bitumen, Naturasphalt Teer, Teerpech	sehr preiswert, nur dunkle Farben möglich, thermoplastisch, leicht auszubessern, sehr wasserbeständig, für wasser- oder erdberührte Bauteile, z. B. Rohre, Stahlwasserbauten, Klärbecken, Zinkblechdächer Bitumen mit Öl kombiniert bei Wetterbeanspruchung, z. B. Masten oder Dächer aus feuerverzinktem Stahl
Chlorkautschuk Cyclokautschuk Vinylchlorid-Misch-Polymerisate	chemisch beständig, thermoplastisch, auch später leicht auszubessern, wasserbeständig und wetterbeständig. Cyclokautschuk nur für innen. Stahlkonstruktionen in aggressiver und feuchter bis nasser Umgebung
Trocknende Öle Alkyde (Phthalatharze)	angenehme Verarbeitung, wirtschaftlich, gute Optik, Anwendung geht generell zurück, nur bei normaler Witterungsbeanspruchung und für innen, verspröden allmählich. Kombination mit Chlorkautschuk erhöht Wasserbeständigkeit und Chemikalienbeständigkeit
Polyurethane	beachtliche chemische und mechanische Beständigkeit, Verarbeitung erfordert trockene Verhältnisse, für weichelastische Seilbeschichtungen und für sehr wetterbeständige Deckbeschichtungen
Epoxide	hohe chemische und mechanische Beständigkeit, gute Haftfestigkeit auf Metallen, günstige Aushärtetemperaturen erforderlich. Tankinnenbeschichtung, Stahlbauteile in Chemieanlagen, Schiffsanstriche, Bodenbeläge, generell für Grundbeschichtungen auf Metall, Kombination mit Teerpech bei Wasserbelastung oder im Erdreich günstig
Sonderbindemittel	Silikonharze für hitzebeständige Anstriche, Alkali- und Äthylsilikate für Zinkstaubbeschichtungen, insbesondere bei hoher Temperatur

Die erwähnten Hilfsstoffe werden in nur ganz geringer Menge zugegeben und sollen die Herstellung des Beschichtungsstoffes erleichtern, den Verlauf, die Viskosität, die Benetzungsfähigkeit, die Trockenzeit und weitere Eigenschaften günstig beeinflussen.
Der Beschichtungsstoff muß nach dem Aufbringen auf den metallischen Untergrund über den flüssigen Zustand in einen Festkörper, die Beschichtung, übergehen. Denn nur in flüssigem Zustand entsteht der für die Haftung notwendige enge Kontakt, und nur im festen Zustand ist eine langfristige Korrosionsschutzwirkung möglich. Der Übergang von flüssig nach fest wird als Trocknung, Filmbildung oder Härtung bezeichnet. So trocknen manche Polymerbeschichtungsstoffe physikalisch dadurch, daß die Lösemittel, in denen das Polymer ursprünglich gelöst war, verdampfen. Andere Beschichtungsstoffe erhärten chemisch dadurch, daß das Polymerbindemittel mit dem Wasserdampf der Luft reagiert, oder daß es Sauerstoff aus der Luft aufnimmt oder daß zwei flüssige Polymere, die man in getrennten Beschichtungsstoff-Komponenten anliefert und vor dem Verarbeiten vermischt, miteinander chemisch reagieren. Meist wirken mehrere dieser Verfestigungmechanismen gleichzeitig.
Die Feinstruktur von organischen Polymeren kann mit einer eingefrorenen Flüssigkeit oder mit einem Gel verglichen werden. Daher sind pigmentfreie Polymerschichten in der Regel klar durchscheinend. Auch sind sie nach dem Mechanismus der Diffusion von Substanzen kleiner Molekülgröße durchdringbar. So ist die Durchlässigkeit für Wassermoleküle beachtlich groß, weil diese das Gel anquellen können. Die Durchlässigkeit für Kohlendioxid, Sauerstoff, Schwefeldioxid und Chlorid ist vergleichsweise klein, aber doch nicht ganz unbeachtlich.
Zur Korrosionsschutzwirkung von Beschichtungen auf Basis von organischen Polymeren tragen der Diffusionswiderstand des Polymerbindemittels für aggressive Substanzen, die chemische Schutzwirkung der Pigmente und die Haftung des Polymerbindemittels auf der Metalloberfläche gemeinsam bei.
Die Schutzdauer von Polymerbeschichtungen wird von verschiedenen Faktoren bestimmt. Da es sich beim Bindemittel um eine organische Substanz handelt, wird es vor allem durch den ultravioletten Anteil des Lichtes an der Oberfläche chemisch langsam abgebaut, was man kreiden nennt, und was eine Abtragungsrate von größenordnungsmäßig 0,5–5 Mikrometer pro Jahr zur Folge hat. Des weiteren erfolgt im Laufe der Jahre eine Alterung des Polymerbindemittels, die sich in einer Zunahme der Härte, einer Abnahme der Festigkeit, in erhöhten Eigenspannungen und in erhöhter Durchlässigkeit auswirken kann. Sowohl die jährliche Kreidungsrate als auch das Ausmaß des Alterns sind sehr von der Art des Polymeren abhängig. Die Korrosionsschutzpigmente reagieren mit eindiffundierenden Aggressivstoffen und verbrauchen sich dabei. Die Dauer der Schutzwirkung einer Polymerbeschichtung ergibt sich nun dadurch, daß nach entsprechendem Kreidungsabtrag, nach entsprechendem Altern und wenn die Wirkung der Korrosionsschutzpigmente nachgelassen hat, an einzelnen Schwachstellen, die durch mechanische Verletzungen, durch lokale Porositäten oder durch lokal schlechten Verbund mit dem Stahl infolge verbliebener Verunreinigungen entstanden sind, sich kleine Korrosionselemente bilden, die sich allmählich ausdehnen. Schließlich korrodiert ein so großer Flächenanteil, daß man eine Überarbeitung für erforderlich hält.
Polymerbeschichtungen bestehen in der Regel aus mehreren Einzelschichten, man spricht dann von einem Schichtsystem. Zum Beispiel sind bis vor etwa 25 Jahren freibewitterte Stahlkonstuktionen vorzugsweise mit einem vierlagigen Beschichtungssytem auf Leinölbasis geschützt worden: Auf den

sandgestrahlten Untergrund wurden zwei Schichten Leinölbleimennige aufgebracht, welche Bleimennige als Korrosionsschutzpigment und Leinöl als Polymerbildner enthielten. Die folgenden beiden Deckschichten bestanden wiederum aus Leinöl als Vorstufe des Bindemittels, versehen mit farbgebenden Pigmenten und dem Füllstoff Eisenglimmer. Die Eisenglimmerteilchen besitzen eine Schuppenstruktur und lagern sich in der Polymerschicht parallel zu deren Oberfläche, so daß sie wie Schutzschilde gegen das Eindringen des Lichtes und schädliche Substanzen wirken (Prinzip des Ziegeldaches).
Da bei einem Stahlbauwerk die korrosive Belastung an verschiedenen Stellen sehr unterschiedlich sein kann, ist es üblich, zumindest bei größeren Bauwerken mit verschiedenen Beschichtungssystemen zu arbeiten. Auf Bild 15.4–1 ist als Extrembeispiel eine seilverspannte Stahlbrücke über einem größeren Fluß schematisch dargestellt. Die verschiedenen Polymerbeschichtungen sind mit Zahlen bezeichnet und im Begleittext zum Bild näher beschrieben.

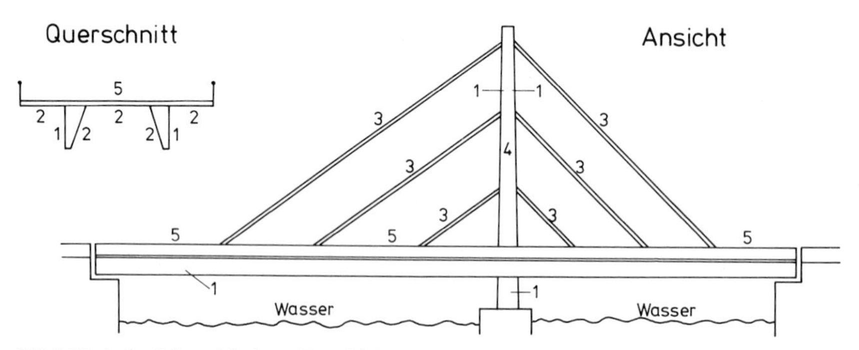

Bild 15.4–1 Verschiedene Beschichtungssysteme an einem Brückenbauwerk
1 Epoxid-Beschichtung mit PUR-Deckschicht
2 Epoxid-Beschichtung
3 Polyurethan-Elastomer-Beschichtung
4 Vinylchlorid-Mischpolymerisat-Beschichtung
5 Epoxid-Mennige als Korrosionsschutz-Haftbrücke, darüber Gußasphalt

Bei der Auswahl der bestgeeigneten Polymerbeschichtung für ein Bauwerk sind naturgemäß zunächst die korrosive Beanspruchung des Bauwerks und die erwartete Schutzdauer, dann dessen Konstruktion, ferner die Möglichkeiten der Vorbereitung der Stahloberfläche und der Verarbeitung des Beschichtungsstoffes und schließlich die zu erwartenden Wetterbedingungen bei der Verarbeitung zu berücksichtigen. Ist danach noch keine Entscheidung für ein bestimmtes Schutzsystem gefallen, so können für die verschiedenen Alternativen aus den Stoffkosten, der erwarteten Schutzdauer und den Verarbeitungskosten die für eine Wirtschaftlichkeitsberechnung maßgeblichen Kosten pro Jahr Schutzdauer errechnet werden. Dickschichtsysteme aus hochwertigen Beschichtungsstoffen mit großer Schutzdauer ergeben in der Regel die geringsten Kosten pro Jahr.
Aber auch eine Beratung durch die Verarbeiter-Firmen, in der Regel Bautenschutzbetriebe, und durch die Hersteller der Beschichtungsstoffe ist sehr zu empfehlen. Insbesondere können die Hersteller der Beschichtungsstoffe auch nachweisen, seit welcher Zeit sie mit welchen Polymerbeschichtungen bei welchen Objekten welche Erfolge erzielt haben.
Die wichtigste Hilfe bei der Auswahl der Beschichtung ist jedoch DIN 55928, Teil 5 [27.5], in der bewährte Beschichtungsstoffe und Beschichtungssysteme beschrieben werden:
Mit einem Umfang von 25 Seiten ist Teil 5 der DIN 55928 der umfangreichste Teil dieser Norm. Der Stil der Darstellung könnte als Mittelding zwischen Lehrbuch und knapper Arbeitsanweisung angesehen werden.
Zunächst werden allgemeine Angaben zu den Beschichtungsstoffen, eingeteilt in Grundbeschichtungen, Kantenschutz und Deckbeschichtungen, gemacht. Dann werden die Pigmente und Füllstoffe, danach die Bindemittel aufgezählt und charakterisiert. Dazu dienen auch Tabellen, welche die gebräuchlichen Kombinationen zwischen Bindemitteln und Korrosionsschutzpigmenten einerseits und wesentliche Eigenschaften typischer Beschichtungssysteme andererseits vorstellen.
Das eigentliche Kernstück dieses Normblattes ist aber der Abschnitt 5, der die Korrosionsschutzsysteme behandelt. Zunächst wird der Begriff „Sollschichtdicke" erklärt: Das ist diejenige Dicke des gesamten Beschichtungssystemes, die vom Verarbeiter „erreicht" werden muß (bei statistischer Schichtdickenkontrolle), d.h. die nur von 5% der Meßwerte unterschritten werden darf, wobei die Unterschreitung höchstens 20% des Wertes der Sollschichtdicke betragen darf. In zwei Tabellen folgen dann die entscheidenden Aussagen zu den Beschichtungssystemen:

Beide Tabellen liefern Angaben zur Anzahl und Dicke der Einzelschichten, zur erforderlichen Reinheit der Metalloberfläche und zur ertragbaren Beanspruchung im Freien und in geschlossenen Räumen. Ganz analog ist Tabelle 7 aufgebaut, welche jedoch Duplex-Systeme beschreibt (siehe Abschnitt 15.4.4). Auf 3 Besonderheiten in Tabelle 8 sei noch hingewiesen:

a) Die ertragbare Belastung als Kriterium entfällt in Tabelle 8, da diese durch den Verwendungszweck „Stahlwasserbau" festgelegt ist.

b) Als Grundanstriche dienen grundsätzlich Zinkstaubabstriche auf Epoxidbasis.

c) Die Systeme sind so ausgewählt, daß sie, nicht zuletzt durch reichliche Schichtdicken, eine gute mechanische Belastbarkeit aufweisen.

Im letzten Abschnitt wird auf Prüfmethoden eingegangen, welche auf Beschichtungsstoffe bzw. auf Beschichtungen anwendbar sind. Mit den aufgezählten Methoden sollen bzw. können Eignungsprüfungen, Überwachungsprüfungen an Materiallieferungen, Identitätsprüfungen und Kontrollen am Objekt durchgeführt werden.

Auf Tabelle 15.4–2 sind einige typische Stahlbauwerke und die zu deren Korrosionsschutz tatsächlich eingesetzten Polymerbeschichtungen einschließlich der Verarbeitungsweise und der Entscheidungsgründe für die Wahl der angegebenen Beschichtung nach Angaben des Herstellers der Beschichtungsstoffe[1]) zusammengestellt.

Tabelle 15.4–2
Sechs Beispiele von Polymerbeschichtungen auf Stahlbauten mit allen wichtigen Einzelheiten

Beispiel 1: Brücke über die Elbe bei Hamburg
Vorgeschichte:
Baujahr 1963. Der erste Korrosionsschutz mit dem bis dahin üblichen Öl-Phthalatharz-Eisenglimmer-Anstrich, 4schichtig, war nach etwa 15 Jahren so schadhaft, daß er vollständig entfernt werden mußte.

Anforderungen an die Neubeschichtung:
1. Beständigkeit gegen alle zu erwartenden Einwirkungen. Die Brücke führt über die Norderelbe, in deren Nähe die Norddeutsche Raffinerie liegt. Daraus resultieren die Einwirkung aggressiver Industrie- und Meeresatmosphäre in Verbindung mit starker Kondenswasserbildung an der Brückenunterseite.
2. Lange Lebensdauer, um die hohen Kosten der Neukonservierung wirtschaftlich vertretbar machen zu können.
3. Hohe Farbtonbeständigkeit, da die farbliche Gestaltung mit in die ästhetische Konzeption des Architekten integriert war.
4. Baustellengerechte Verarbeitung, da sich die Arbeiten über mehr als 1 Jahr hinziehen (Sept. 1977–Dez. 1978).

Ausführung:
1. Vollständige Entfernung des Altanstrichs und Strahlentrostung im Reinheitsgrad SA $2^1/_2$.
2. 1 Grundbeschichtung mit ICOSIT EG-Mennige-DS, Schichtdicke ca. 80 µm (lösemittelhaltiges 2-Komponenten-Epoxid mit Bleimennige).
3. 2 Zwischenbeschichtungen mit ICOSIT EG 1 DS im Farbtonwechsel, Schichtdicke jeweils ca. 80 µm (lösemittelhaltiges 2-Komponenten-Epoxid mit Eisenglimmer).
4. 1 Deckanstrich mit ICOSIT EG 5 RAL 5003 blau, Schichtdicke ca. 60 µm (neuartiges 2-Komponenten-Polyurethan).

Applikation:
Streichen, Rollen und Airless-Spritzen.

[1]) Der Fa. Lechler Chemie GmbH, Fellbach bei Stuttgart und Gelsenkirchen, wird für die Überlassung der Unterlagen zu den Beispielen 1 bis 3, der Fa. MC-Bauchemie in Bottrop für die Unterlagen zu den Beispielen 4 bis 6 gedankt.

Beispiel 2: Schiffsentlader bei Bremen
Vorgeschichte:
Ältere Konstruktion mit einem geschädigten, aber noch so guten Anstrich, daß 1979 beschlossen wurde, den Altanstrich auf Öl-Phthalatharz-Eisenglimmer-Basis auszubessern und mit einer Neubeschichtung zu überdecken.

Anforderungen an die Neubeschichtung:
1. Hohe Witterungs- und Farbtonbeständigkeit im Seeklima: Beständigkeit gegen Erzstaub und die daraus resultierende chemische + mechanische Beanspruchung.
2. Verträglichkeit mit den verbleibenden Altanstrichen (kein Hochziehen, gute Haftung).
3. Kurze Trocknungszeiten und schnelle Unempfindlichkeit gegen Witterungseinflüsse, da bei schwierigen Witterungsverhältnissen und während kurzer Arbeitszeitunterbrechungen beschichtet werden mußte.
4. Hohe Schichtdicken in wenigen Arbeitsgängen.
5. Bewährung im Seeklima.

Ausführung:
1. Reinigung der Altanstriche mit Hochdruckwasserstrahlgerät. Anschließend punktuelle Entrostung mit Hochdruckwasserstrahlgerät mit Sandzugabe.
2. Ausflecken der entrosteten Stellen mit PASSIVOL UNIVERSALGRUND, Schichtdicke ca. 40 μm (lösemittelhaltige Zinkchromat-Kunstharz-Grundierung).
3. 1 Anstrich mit ICOSIT-DICKSCHICHTGRUND, Schichtdicke ca. 80 μm (lösemittelhaltige 1-Komponenten-Kunstharz-Grundierung, dickschichtig).
4. 1 Deckbeschichtung mit ICOSIT-DICKSCHICHT, Schichtdicke ca. 100 μm (lösemittelhaltiger 1-Komponenten-Dickschicht-Anstrich auf Basis PVC-Acryl-Kombination).

Applikation:
Streichen und Rollen. Airless-Verarbeitung war wegen starker Windbewegung nicht ratsam.

Beispiel 3: Anlegebrücke für Hochseeschiffe an der Nordsee
Vorgeschichte:
Beim Neubau mußten Stahlpfähle von 70 cm Durchmesser vor dem Einrammen korrosionsgeschützt werden.

Anforderungen an die Beschichtung:
Hohe mechanische Festigkeit gegen Abrieb, Stoß- und Schlagbeanspruchung, die durch den Rammvorgang, durch die Strömung mit Geschiebe, Treibgut usw. verursacht werden. Außerdem waren gefordert Seewasserfestigkeit (Hauptbeanspruchung im Wasserwechselbereich durch Tide) und Seepockenfestigkeit.

Ausführung:
1. Metallisch blank Strahlen.
2. 2 Grundbeschichtungen mit Friazinc, Schichtdicke ca. 2×50 μm (2-Komponenten-Epoxid-Zinkstaub-Grundierung).
3. 2 Deckbeschichtungen mit Inertol-Poxitar, Schichtdicke ca. 2×150 μm (2-Komponenten-Teer-Epoxid-Kombination).

Applikation:
Spritzen im Airless-Verfahren.

Beispiel 4: Förderturm über einem Schacht eines Kohlebergwerks
Vorgeschichte:
Der ältere Förderturm mußte wegen Korrosionsschäden am alten Anstrich völlig neu beschichtet werden, nachdem zuvor der Altanstrich zu entfernen war. Der Betrieb der Schachtanlage mußte weiterlaufen.

Anforderungen an die Neubeschichtung:
Gegen die Witterungsbeanspruchung kombiniert mit Kondensatbildungen durch die aus dem Schacht austretende Warmluft mit aggressiven Gasbestandteilen und eine gewisse mechanische Beanspruchung am unteren Teil des Förderturmes und an den Treppenläufen war die Beschichtung für viele Jahre zu bemessen.

Ausführung:
1. Sandstrahlen bis zum Reinheitsgrad Sa $2^1/_2$.
2. 1 Grundbeschichtung mit Colusal-Metallgrund ZM, Schichtdicke ca. 50 µm (Epoxid-Zinkchromatgrundierung, 2komponentig, lösemittelhaltig).
3. 2 Deckbeschichtungen mit MC-Dur ZKE, Schichtdicke ca. 2×50 µm (Epoxid-Eisenglimmer, 2komponentig, lösemittelhaltig).

Applikation:
Grundierung + 1. Deckbeschichtung gerollt, 2. Deckbeschichtung Airless-gespritzt.

Beispiel 5: Abgaskamin an einem Hochofen im Ruhrgebiet
Vorgeschichte:
Der Neubau eines großen Hochofens erforderte einen Abgaskamin, der in der Stahlbauwerkstätte vorzufertigen, zu entrosten und grundieren war. Die Deckbeschichtungen mußten nach der Montage und nach dem Ausflecken vom Hängegerüst aus aufgebracht werden.

Anforderungen an die Beschichtung:
Die Abluft erwärmt die Kaminwandung bis zu etwa 120 °C. Diese Erwärmung und die aggressive Industrieatmosphäre an dem Hochofen mußte ertragen und auf lange Zeit Korrosionsschutz erreicht werden.

Ausführung:
In der Stahlbauanstalt:
1. Sandstrahlen bis zum Reinheitsgrad Sa $2^1/_2$.
2. 1 Grundbeschichtung mit Colusal-80 M, Schichtdicke ca. 90 µm (Epoxidester-Zinkstaub-Dickbeschichtung, 1komponentig, lösemittelhaltig).

Nach der Montage:
3. Ausflecken der Schadstellen mit Colusal-Metallgrund AK, (Alkyd-Zinkchromat-Grundierung, 1komponentig, lösemittelhaltig).
4. 3 Deckbeschichtungen mit Colusal-V 90, Schichtdicke ca. 3×40 Mikrometer (Alkyd-Eisenglimmer-Deckbeschichtung, 1komponentig, lösemittelhaltig).

Applikation:
Airless-Spritzen der Beschichtungen, Ausflecken mit Pinsel.

Beispiel 6: Rohrbrücke in einem Werk der Großchemie am Rhein
Vorgeschichte:
Beim Neubau eines Werkteiles mußte auch eine Rohrbrücke aus Baustahl erstellt werden. Diese war in der Stahlbauwerkstatt vorzufertigen und mit dem Ablieferungsanstrich zu versehen. Nach der Montage waren der Ablieferungsanstrich auszubessern und die restlichen 3 Schichten aufzutragen.

Anforderungen an die Beschichtung:
Gute Korrosionsschutzwirkung, insbesondere unter dem Einfluß verschiedener saurer Gase in der dort herrschenden Industrie-Atmosphäre und bei der dort häufigen Nebelbildung. Die erste Grundbeschichtung mußte den Transport und die Montage sowie die Zeit bis zum Aufbringen der Deckschichten (bis zu 6 Monaten) gut überstehen.

Ausführung:
1. Sandstrahlen bis zum Reinheitsgrad Sa $2^1/_2$.
2. 1 Grundbeschichtung mit Colusal-Sondergrund S, Schichtdicke ca. 55 µm (Alkyd-Mennige, lösemittelhaltig).

Nach der Montage:
3. Ausflecken mit dem gleichen Beschichtungsstoff.
4. Grundbeschichtung mit dem gleichen Beschichtungsstoff, jedoch abgetönt, Schichtdicke ca. 55 µm.
5. 2 Deckbeschichtungen mit MC-Color-A, Schichtdicke ca. 2 × 50 µm (Chlorkautschuk-Alkyd-Ölkombination).

Applikation:
1. Grundbeschichtung Airleß-gespritzt. Alle weiteren Schichten gestrichen.

Das Verarbeiten der hier behandelten Beschichtungsstoffe kann in einfacher Weise mit Pinsel und Rolle durchgeführt werden. Wesentlich größer sind die Flächenleistungen beim Auftragen durch Luftdruckspritzen, noch besser bei Airlesspritzen, die demzufolge immer angewendet werden, wenn der Beschichtungsstoff, die Geometrie der zu beschichtenden Fläche und die Belange des Umweltschutzes nicht dagegen sprechen. Elektrostatisches Spritzen, Tauchen, Fluten, Wirbelsintern usw. werden nur bei Werksfertigung eingesetzt, worauf im nächsten Abschnitt noch näher eingegangen wird.
An Polymerbeschichtungen werden auch ästhetische Forderungen gestellt, insbesondere bezüglich des Glanzgrades und des Farbtones. Die beiden obersten Polymerbeschichtungen müssen unter Beachtung dieser Forderungen formuliert werden, bei den darunterliegenden Schichten braucht keine Rücksicht darauf genommen zu werden. Beim heutigen Stand der Technik können auf lange Zeit hochglänzende Schichten am besten mit Polymeren auf Basis von Polyurethan mit aliphatischem Härter und mit Bindemitteln auf Acrylatbasis hergestellt werden. Ferner können zwar alle Farbtonwünsche zunächst befriedigt werden. Auf lange Sicht sind aber nicht alle Farbtöne beständig, so daß es sich empfiehlt, nicht auf einem bestimmten Farbton zu beharren, wenn der Hersteller des Beschichtungsstoffes abrät. Oft wird es besser sein, in Abstimmung mit dem Hersteller einen sehr ähnlichen Farbton der obersten Deckschicht festzulegen, als auf dem ursprünglichen zu bestehen, der sich dann doch verändert. Zudem wird in der Regel durch Verschmutzung und anderes der Farbton eines Stahlbauwerks in der Praxis langfristig nicht genauso in Erscheinung treten wie im sauberen, neuen Zustand.

15.4.2 Industriell applizierte Polymerbeschichtungen

Im Stahlbau werden industriell applizierte Polymerbeschichtungen nicht auf den eigentlichen Stahlbauteilen, sondern auf zugelieferten Teilen eingesetzt, z.B. auf Kleinteilen, auf Türen und Toren, an Fassadenplatten und z.B. auf kunststoffbeschichtetem Blech. Damit der Unterschied und die Gemeinsamkeiten zwischen den beiden Arten von Polymerbeschichtung klar werden, seien die nachstehenden Ausführungen gemacht.
Die zum Streichen und Spritzen vorgesehenen Polymerbeschichtungen müssen oft mit einfachsten technischen Hilfsmitteln und teilweise unter schwierigsten Arbeits- und Klimabedingungen auf die zu schützende Konstruktion aufgebracht werden. Daß unter solchen Voraussetzungen noch eine vernünf-

tige Schutzwirkung errreicht wird, ist der besonderen Formulierung dieser Stoffe, den relativ langen Trockenzeiten, den Korrosionsschutzpigmenten in den Grundschichten, den mindestens drei Einzelschichten, den relativ großen Schichtdicken und anderem zu verdanken.
Entsprechende Polymerbeschichtungen, jedoch für Werksfertigung konzipiert, können von anderen Gegebenheiten ausgehen. So kann ein sauberer und gleichmäßiger Untergrund, ein konstantes und definiertes Klima während der Verarbeitung und der Trocknung, eine gleichmäßige Verarbeitung mit konstanten Schichtdicken sowie eine gründliche Kontrolle der Arbeiten vorausgesetzt werden. Andererseits will man bei Werksfertigungen schnelle Trockenzeiten haben und eine große Leistungsfähigkeit des Beschichtungsverfahrens ausnützen können. Demzufolge bestehen industrielle Polymerbeschichtungen im Prinzip aus möglichst wenigen Einzelschichten, Aktivpigmente werden selten verwendet, und bei der Erhärtung sollen so wenig Stoffe wie möglich abgegeben werden. Für eine schnelle Trocknung auf dem Metall, möglichst ohne die Umwelt belastende Stoffe, werden nachstehende Mechanismen bevorzugt, die in Verbindung mit den in Klammern angegebenen Polymerarten eingesetzt werden:

- Aufschmelzen (Bitumen, Polyäthylen, Polypropylen, PVC).
- Chemische Erhärtung (Acrylat, Polyurethan, Alkyd-Melamin).
- Verschweißung durch Weichmacherwanderung (Plastisole).
- Trocknung bei erhöhter Temperatur (Epoxidester, Vinylpolymere).

Während die Vorbehandlung von Stählen in der Stahlbauwerkstatt und auf Baustellen in erster Linie durch Strahlen erfolgt, werden industrielle Polymerbeschichtungen sowohl auf chemisch vorbehandelte Metalloberflächen (bei Stahl meist Phosphatieren, bei Leichtmetallen meist Chromatieren) als auch auf gestrahlte, auf sendzimirverzinkte und auf galvanisch verzinkte Oberflächen aufgebracht.
Grundsätzlich schützen werksmäßig aufgebrachte Kunststoffbeschichtungen nach den gleichen Mechanismen und haben im Prinzip die gleichen Eigenschaften wie die analogen spritz- und streichbaren Polymerbeschichtungen.

15.4.3 Metallische Überzüge

Unter dem Oberbegriff „Feuerverzinken" faßt man das „Stückverzinken" und das „Bandverzinken" zusammen, weil beide Arten des Verzinkens das Eintauchen in geschmolzenes Zink als kennzeichnendes Merkmal haben.
Die Stückverzinkung ist unter den metallischen Überzügen der weitaus am häufigsten benützte. Der Ablauf des Stückverzinkens (Bild 15.4–2) ist im Prinzip folgender: Die Stahlteile werden zunächst in einem Säurebad entrostet, gereinigt und entzundert, dann mit Wasser gespült und anschließend in einem weiteren Tauchbad mit Flußmittel-Lösung benetzt. Nach dem Auftrocknen des Flußmittels wird das Bauteil in einer mit flüssigem Zink gefüllten Wanne untergetaucht. Dieser Vorgang ist mit starken Temperaturänderungen im getauchten Bauteil und mit Gasentwicklungen verbunden. Nach entsprechender Wartezeit (maximal wenige Minuten) wird das Bauteil aus dem Bad herausgezogen und dabei so gewendet, daß alles überschüssige Zink abläuft. Erforderlichenfalls wird in einem Wasserbad beschleunigt abgekühlt (Abschreckwirkung evtl. beachten!) oder auch die Zinkschicht nachbehandelt.

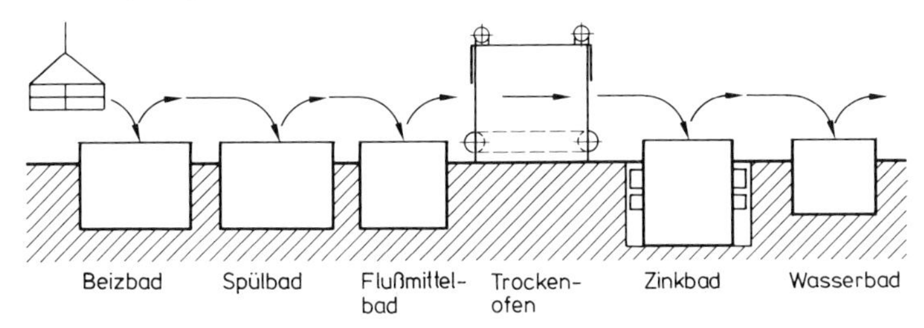

Bild 15.4–2 Ablaufplan einer Stückverzinkung

Durch die beschriebene Prozedur wird auf dem Stahl eine fest haftende, dichte Schicht aus Eisen-Zink-Legierungen verschiedener Zusammensetzung bis hin zum reinen Zink abgelagert. Die Dicke der anhaftenden Zinkschicht hängt vorzugsweise von der Dicke des Stahlteils, der Stahlsorte und der Tauchzeit ab. Auf siliciumberuhigten Stählen und auf wetterfestem Stahl ist die Zinkdicke relativ groß, ebenso steigt sie mit zunehmender Bauteildicke und zunehmender Tauchzeit. Normalerweise schwankt die Zink-Dicke zwischen 50 und 100 Mikrometer, der am meisten anzutreffende Wert ist etwa 75 Mikrometer. Die Oberflächenbeschaffenheit der Zinkschicht variiert von leuchtend metallischem Glanz bis zu dunkelgrauem, mattem Aussehen, was aber für die Korrosionsschutzwirkung sekundär ist. Metallischen Glanz haben duktile Reinzinkschichten, dunkelgrau und matt sind Eisen-Zink-Legierungsschichten, die zwar spröde sind, auf denen Polymerbeschichtungen aber besser haften.
Die zu verzinkende Stahlkonstruktion muß folgenden Aspekten genügen:

- Der Zutritt der Beize, des Flußmittels und des flüssigen Zinks zu allen inneren und äußeren Stahloberflächen muß möglich sein. Ein Hohlraum wird vom schmelzflüssigen Zink dann optimal durchdrungen, wenn dieses beim Tauchen an einem Tiefpunkt eintreten und die im Hohlraum befindliche und sich stark erhitzende Luft an einem Hochpunkt restlos entweichen kann. Ein- und Austrittsöffnungen sollten Durchmesser von mindestens 10 mm bei kleineren Hohlräumen, und wesentlich größere Durchmesser bei großen Hohlräumen haben. Enge Spalten, wie sie bei geschraubten und genieteten Konstruktionen auftreten, sind generell ungünstig.
- Beim Ausfahren aus dem Zinkbad muß das gleichmäßige Ablaufen des überschüssigen Zinks gewährleistet sein, da nur dann eine gleichmäßige Schichtdicke erreicht wird.
- Die Konstruktion sollte so gestaltet sein, daß sie beim Erwärmen im Zinkbad (etwa 450 °C) die zugehörigen Temperaturverformungen möglichst zwängungsfrei ausführen kann. Daher symmetrische Konstruktionen bevorzugen und einheitliche Werkstoffdicken anstreben. Z.B. sind dünne, ebene Blechflächen größerer Abmessungen zu meiden, weil diese beulen würden.
- Eigenspannungen in geschweißten Konstruktionen, in Walzprofilen und in Abkantprofilen führen im Zinkbad zu entsprechenden Verformungen, weil beim Erwärmen im Zinkbad die Eigenspannungen abgebaut werden.
- Unterschiedliche Stahlsorten in der gleichen Konstruktion ergeben Zinküberzüge verschiedener Dicke und verschiedenen Aussehens.
- In einer verzinkten Konstruktion sollten alle Teile verzinkt sein, also auch Schrauben, Befestigungsmittel usw.
- Teilflächen, die unverzinkt bleiben sollen, sind zu meiden, da sie die Kosten erhöhen. Verzinkter Stahl haftet an Beton so gut wie unverzinkter und wird nicht vom Beton angegriffen.

Welche konstruktiven Details nach dem Gesagten günstig sind, geht aus Bild 15.4–3 hervor, welches der DIN 55928, Teil 2, entnommen ist. Weitere Hinweise enthält die Broschüre [4].

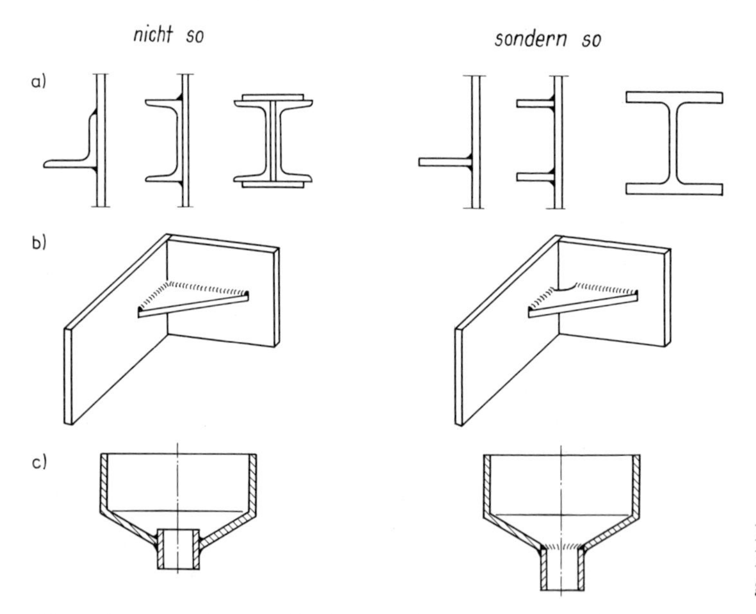

Bild 15.4–3
Für das Feuerverzinken günstige Detailausbildung

Eine Stückverzinkung stellt einen hochwertigen Korrosionsschutz dar. Die Zinkschicht wird, wenn sie nicht geschützt ist, im Laufe der Jahre durch korrosionsbedingten Abtrag immer dünner, was langfristig zum Verlust der Korrosionsschutzwirkung führt. Welche Schutzdauer man von einer Feuerverzinkung erwarten darf, hängt also wesentlich von der Zinkschichtdicke ab und kann mit Bild 15.4–4 abgeschätzt werden, die auf umfangreichen Erhebungen beruht. Daß die Zinkschicht an Ecken und Kanten eine besonders große Schichtdicke annimmt, erweist sich bei aufgelösten Konstruktionen, die mit anderen Schutzmaßnahmen vergleichsweise schwer zu schützen sind, als besonders günstig.

Während das Stückverzinken voraussetzt, daß die Länge der zu schützenden Teile maximal doppelt so groß ist wie die entsprechende Abmessung des Tauchbeckens (so daß durch zweimaliges Tauchen das gesamte Teil verzinkt werden kann), fällt diese Beschränkung beim Spritzverzinken weg. Daher verwendet man das Spritzverzinken bei nicht oder nur schwer zerlegbaren Bauwerken als hochwertige Korrosionsschutzmaßnahme. Wegen der hohen Lohnkosten und weil Fachpersonal benötigt wird, ist die Spritzverzinkung wesentlich seltener als die Feuerverzinkung und ist auch in ihrer Bedeutung in den vergangenen Jahren sehr zurückgefallen. Der Verfahrensablauf ist folgender:

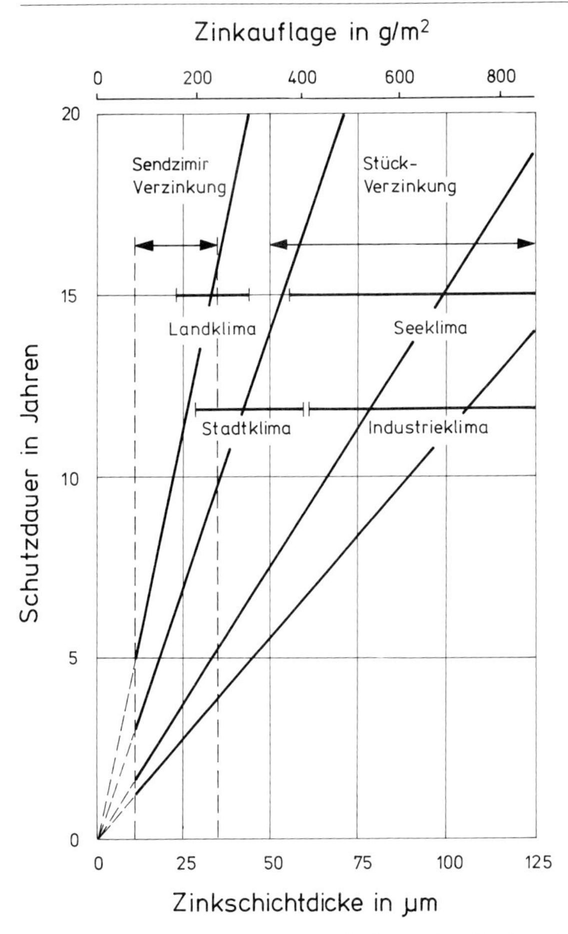

Bild 15.4–4 Schutzdauer der Feuerverzinkung

Metallisches Zink in Form von Pulver oder Draht wird in einer Spezialpistole erhitzt, bis es schmilzt. Dann wird das schmelzflüssige Zink von der Pistole mittels Druckluft auf die vorher bis zum Reinheitsgrad Sa 3 entrostete Stahloberfläche aufgespritzt. Auf dem Stahl bildet sich so eine Schicht aus neben- und übereinanderliegenden Zinktropfen, die naturgemäß eine ungleichmäßige Schichtdicke und eine porige Struktur hat. Deswegen ist eine Spritzverzinkungsschicht stets mit einer nachfolgenden Polymerschicht zu versiegeln. Dem kommt entgegen, daß eine Zinkspritzschicht als ein guter Haftgrund für sehr viele Polymerbeschichtungen anzusehen ist. Die Dicke der aufgespritzten Zinkschicht ist durch die Anzahl der Spritzgänge weitgehend beliebig einstellbar (siehe Tabelle 15.4–4). Ein weiterer Vorteil der Spritzverzinkung gegenüber der Feuerverzinkung ist, daß beim Spritzverzinken ein temperaturbedingtes Verziehen der Konstruktionsteile nicht befürchtet zu werden braucht. Typische Anwendungen sind der Stahlwasserbau (nicht mehr in der Bundesrepublik) sowie Geländer, Schrammborde und Standspuren von Straßenbrücken.

Beachtliche Mengen kaltgewalzter Blechbänder werden heute kontinuierlich schmelztauchverzinkt nach einem Verfahren, das nach seinem Erfinder Sendzimir-Verzinkung heißt. Die Dicke der dabei aufgebrachten Zinkschicht kann in den Grenzen von etwa 10 bis zu 40 Mikrometer gewählt werden, was z. B. für die Schweißbarkeit der Bleche wichtig ist. Die Zinkdicke ist also wesentlich geringer als bei einer Stückverzinkung. Außerdem besteht die Zinkauflage im wesentlichen aus reinem Zink, das viel duktiler ist als Zinklegierungsschichten. Sendzimir-verzinkte Bleche sind deshalb gut formbar. Demgemäß werden sie weniger im eigentlichen Stahlbau, sondern mehr im Stahlleichtbau oder beim Ausbau von Bauwerken z. B. für Garagentore, Türzargen, Fassadenverkleidungen usw. angewendet. Wegen der relativ dünnen Zinkschicht ist die Schutzwirkung bei atmosphärischer Belastung zeitlich sehr begrenzt, so daß man von einem Langzeitkorrosionsschutz nicht sprechen kann (siehe Bild 15.4–4). Sendzimir-verzinkte Bleche müssen daher in der Regel durch weitere Maßnahmen gegen Korrosion geschützt werden, z. B. durch Polymerbeschichtungen (siehe Tabelle 15.4–3).

Unter galvanischer Verzinkung versteht man das Aufbringen einer wenige Mikrometer dicken Zinkschicht im Naß-Tauchverfahren mittels elektrischem Gleichstrom. Die galvanische Verzinkung ist höchstens als temporärer Korrosionsschutz (siehe Abschnitt 15.5) bzw. als Untergrundvorbehandlung für werkseitig mit Polymerbeschichtungen zu versehende Teile anzusehen. Ein Langzeitschutz wird ohne weitere Schichten nicht erreicht. Hauptanwendungsgebiet ist der temporäre Schutz von Kleinteilen, wie Schrauben, Nägel, Verbindungsmittel usw.

Tabelle 15.4–3 Beispiel eines Duplex-Systems mit allen wichtigen Einzelheiten

Stahltrapezbleche als Siloverkleidung bei Ulm
Vorgeschichte:
Die Fassadenverkleidung aus neuen, feuerverzinkten Stahltrapezblechen war aus Gründen des Korrosionsschutzes und der farblichen Gestaltung zu beschichten.

Anforderungen an die Beschichtung:
Im Vordergrund stand bei diesem in einem Industriegebiet stehenden Objekt die farbliche Gestaltung des Siloturmes. Grundanforderungen an das Beschichtungsmaterial waren gute Haftung auf den neuen, feuerverzinkten Blechen und der Schutz der Verzinkung gegen Industrieatmosphäre. Die Haftung der Beschichtung sollte ohne haftungsvermittelnden Primer erzielt werden, weil ein solcher Primer einen weiteren Arbeitsgang erfordert ohne eine nennenswerte Schutzwirkung zu haben.

Ausführung:
1. Entfettung und Reinigung durch Dampfstrahlen.
2. 2 Deckbeschichtungen mit Icosit-Dickschicht, Schichtdicke 2×80 µm (lösemittelhaltiges 1-Komponenten-Dickschicht-Material auf Basis PVC-Acryl-Kombination).

Applikation:
Streichen.

Vergleichsweise selten angewendet wird das Aluminieren von Stahloberflächen, wobei das thermische Spritzen mit ähnlicher Methodik wie das Spritzverzinken die größere Verbreitung hat.
Weniger gebräuchlich ist das Beschichten von Drähten mit Aluminium in einem Verfahren, bei dem Aluminiumpulver auf den Draht aufgesprüht, dann gesintert und schließlich durch Ziehen über enge Düsen verdichtet wird.
Ferner können durch thermisches Spritzen auch Bleischichten auf Stahl aufgetragen werden. Schließlich kann man auch Metallfolien auf Stahlbleche durch Aufwalzen aufbringen, was man als Plattieren bezeichnet und vorzugsweise im chemischen Apparatebau anwendet.
„Kaltverzinkung“ ist ein überholter und irreführender Begriff. Man versteht darunter eine Beschichtung mit polymergebundenem Zinkstaub (Zinkstaubanstrich), d.h. eine Beschichtung im Sinne von Abschnitt 15.4.1 und nicht einen Metallüberzug im Sinne des vorliegenden Abschnittes. Angewendet werden Zinkstaubbeschichtungen beispielsweise zum Nachbessern von Fehlstellen und Schweißnähten an Bauteilen aus feuerverzinktem Halbzeug, im wesentlichen aber als Grundierung für folgende Polymerbeschichtungen, vorzugsweise im Stahlwasserbau und für hitzebeständige Beschichtungen auf Kaminen usw. Ohne weitere Deckschichten kann eine Zinkstaubbeschichtung meist nur als temporärer Korrosionsschutz angesehen werden.
Metallische Überzüge sind in DIN 55928, Teil 5 [27.5], Abschnitt 4, behandelt. Dort werden die Normen bzw. Vorschriften, welche die Qualität der Überzüge festlegen, die üblichen Schichtdicken und allgemeine Hinweise angegeben. Beispielsweise wird dort empfohlen, in Industrie- und Meeresatmosphäre feuerverzinkte Oberflächen stets zusätzlich mit einer Polymerbeschichtung zu versehen.

15.4.4 Duplex-Systeme

Als Duplex-System bezeichnet man die Kombination aus Metallüberzug und anschließender Polymerbeschichtung. Der Metallüberzug übernimmt dabei die Rolle der Grundschicht mit aktiver Korrosionsschutzwirkung, und zwar mit ganz besonders gutem Effekt. Die Deckschichten auf Polymerbasis schützen das Überzugsmetall vor Korrosion und versiegeln bei thermisch gespritzten Metallüberzügen die Poren. Die Deckschichten müssen spezielle Eigenschaften haben, damit sie ihre Schutzfunktion erfüllen, z. B. ein gutes Haftvermögen auf Schmelztauchüberzügen besitzen, kriechfähig sein bei Anwendung auf thermisch gespritzten Überzügen usw.
Oft wird betont, der besondere Vorteil eines Duplexsystems sei, daß die Schutzdauer größer ist als die Summe der Schutzzeiten für den Metallüberzug allein und für die Polymerbeschichtung allein. Das ist richtig und dennoch kein charakteristischer Vorteil eines Duplex-Systems. Denn die Schutzdauer einer aus mehreren Schichten bestehenden Polymerbeschichtung ist ebenfalls größer als die Summe der Schutzzeiten, die sich für die Einzelschichten allein ergeben würden. Ursache dieser zunächst überraschenden Verhaltensweise der Einzelschichten ist, daß wegen der statistisch streuenden Dicke von Mehrschichtsystemen die Wahrscheinlichkeit, daß Stellen geringster Dicke direkt aufeinander zu liegen kommen, sehr klein ist. Die überlineare Zunahme der Schutzdauer bei Addition von Einzelschichten läßt sich im übrigen mathematisch berechnen.
Die Feuerverzinkung als gebräuchlichster Metallüberzug in einem Duplex-System kann aus folgenden Gründen bzw. in folgenden Situationen besonders vorteilhaft sein:

A) Als Ablieferungsbeschichtung

Eine Feuerverzinkung erfüllt die Funktion eines Ablieferungsanstrichs und ist dabei so widerstandsfähig und schützt so gut, daß der Transport zur Baustelle und die Montage zum Bauwerk in der Regel schadlos überstanden werden. Auf der Baustelle aber läßt sich das Zink meist auf relativ einfache Weise so reinigen bzw. vorbereiten, daß die Polymerdeckschichten eine verläßliche Haftung darauf finden. Man vermeidet also bei diesem Duplex-System die immer schwierigen Entrostungsarbeiten auf der Baustelle bzw. das meist unterschätzte Nacharbeiten der Beschädigungen am Ablieferungsanstrich aus Transport und Montage.

B) Bei der Erneuerung der Polymerbeschichtung

Manche Polymerdeckschichten in Duplexsystemen können auf relativ einfache Weise dann, wenn eine Überarbeitung oder Erneuerung ansteht, vom Zink entfernt und das Zink wieder so vorbereitet werden, daß ein Neuanstrich möglich ist. Würden in solchen Fällen statt der Zinkschicht zwei Grundbeschichtungen auf Polymerbasis vorliegen, so müßten diese in der Regel mitentfernt werden und das nicht einfache Vorbereiten der Stahloberfläche zur Neubeschichtung wäre unvermeidbar. Beispiel: Abnehmbare Metallgeländer, deren Altanstrich im Tauchbad abgebeizt wird.

C) Als später leicht aufzustockender Langzeitschutz

Man kann Bauteile zunächst im feuerverzinkten Zustand in Betrieb nehmen und erst nach Jahren, wenn die Verzinkung schon nennenswert abgetragen ist, oder wenn Geldmittel günstig verfügbar sind, oder wenn andere Aspekte es für günstig erachten lassen, mit nicht oder nur wenig größerem Aufwand das Duplex-System vollenden (verglichen mit den Kosten bei sofortigem Aufbringen der Polymerdeckschichten).

Die Anwendung von Duplex-Systemen empfiehlt sich also besonders bei:
- Bauobjekten, die einen besonders hochwertigen Schutz erhalten sollen (z. B. Bauteile, die später nicht mehr zugänglich sind, Stahlbauteile an stark befahrenen Straßen, schwer zugängliche Teile, wie Hochspannungsmasten).
- Bauobjekten, deren Polymerbeschichtung in relativ kurzen Abständen ausgebessert oder überarbeitet werden muß (z. B. bewegliches Gerät, wie Festhallen, Hilfsbrücken usw.).
- Bauobjekten, bei denen man sich die Art der Deckbeschichtung oder die Wahl des Farbtons zunächst noch offen halten will (z. B. Hallen, die auf Lager gefertigt werden, Fassadenverkleidungen).
- Bauobjekten, deren Finanzierung eine Verlagerung von Erstellungskosten auf Unterhaltungskosten zweckmäßig erscheinen läßt.

Auf welche Weise man einen Metallüberzug vorbereiten muß, damit er einen guten Haftgrund für Polymerbeschichtung darstellt, kann aus DIN 55928, Teil 4 [27.4], entnommen werden.
Den Schichtaufbau (Metallüberzug, Beschichtung, Einzeldicken, Gesamtdicken) und die Anwendungsgebiete von Duplex-Systemen enthält Teil 5 von DIN 55928 [27.5] in Tabelle 7. Der begleitende Text dazu gibt viele wichtige Hinweise.
Auf Tabelle 15.4–3 sind die Einzelheiten der Fassadenverkleidung eines Bauobjektes, korrosionsgeschützt mit einem Duplexsystem, nach Angaben des Lieferanten der Beschichtungsstoffe, der Lechler-Chemie, beschrieben.

Tabelle 15.4–4
Übliche Schichtdicken von organischen und anorganischen Beschichtungen für den Korrosionsschutz

Art der Beschichtung/Überzug	Schichtdicke in µm
Polymerbeschichtungen (1 Lage)	
Fertigungsbeschichtung	15 ... 25
Dünnbeschichtung	25 ... 50
Dickbeschichtung	60 ... 120
Spachtelbeschichtung	250 ... 750
Fließmörtel	1000 ... 3000
Gummierung	2000 ... 20000
Anorganische Schichten auf Stahl	
Elektrolytisches Aufbringen	
Stückgut (Zn, Cd)	5 ... 25
Band (Zn)	2,5
Schmelztauchen	
Stückgut (Zn)	50 ... 100
Bänder (Zn)	20 ... 70
Bänder (Al)	20 ... 50
Thermisches Spritzen (2 Lagen)	
Zink	100
Aluminium	120
Emaillierung	
Einschicht-Emaillierung	40 ... 80
Zweischicht-Emaillierung	150 ... 300
Phosphatierung	0,5 ... 10
Umwandlungsschichten auf Aluminium	
Chromatierung	0,5 ... 1
Phosphatierung	0,5 ... 1
Eloxalschicht	15 ... 20

15.4.5 Polymergebundene Spachtelmassen, Fließmörtel usw.

Polymerbindemittel, die als Folge chemischer Reaktion zweier Komponenten und ohne Abgabe nennenswerter Mengen flüchtiger Stoffe härten, d.h. die ein besonders geringes Erhärtungsschwindmaß haben, kann man durch Zugabe feiner und gröberer Füllstoffe so formulieren, daß sie in beliebig dicken Schichten verarbeitet werden können. In der Praxis unterscheidet man zwischen Spachtelmassen, Verlaufmörtel und Estrichmörtel. Der Vorteil solcher polymergebundenen Massen im Vergleich zu entsprechenden Massen auf Zementbasis ist die sehr viel schnellere Erhärtung, die höhere Festigkeit, insbesondere die hohe Zugfestigkeit und hohe Haftfestigkeit, ein sehr viel dichteres Gefüge mit entsprechend besserer Schutzwirkung und eine wesentlich bessere chemische Beständigkeit. Der wichtigste Nachteil ist der viel höhere Preis, ungünstig sind auch die Klebrigkeit und die hohe Viskosität im unausgehärteten Zustand, welche die Verarbeitung erschweren.
Spachtelmassen mit Polymerbindung werden insbesondere dort eingesetzt, wo die Korrosionsschutzwirkung einer Polymerbeschichtung mit einer erhöhten mechanischen Widerstandsfähigkeit aufgrund der höheren Schichtdicke ausgenützt werden soll. Derartige Spachtelmassen sollten beim Auftragen an senkrechten Flächen bis zu einer Schichtdicke von etwa 3 mm in einem Arbeitsgang standfest bleiben. Typische Anwendungsfälle sind Schrammborde und Standspuren an Straßenbrücken, Laufflächen an Stahlbauten, Kränen usw. Bei entsprechender Formulierung mit Korrosionsschutzpigmenten kann die erste Spachtelschicht auf dem Stahl den Korrosionsschutz übernehmen, während die zweite Lage Spachtelmasse mit besonders verschleißfesten Füllstoffen den Witterungsschutz und den mechanischen Schutz der ersten Lage übernimmt.
Relativ bindemittelreiche und so fließfähige Mörtel, daß sie nach grober Verteilung auf der zu belegenden Fläche von selbst zu einer ebenflächigen Schicht verlaufen, heißt man *Fließmörtel oder Verlaufmörtel.* Man kann damit auf waagerechte Flächen mit geringem Arbeitsaufwand maximal etwa 5 mm dicke Polymerschichten mit glatter, horizontaler Oberfläche erzeugen. Fließmörtel dienen ebenso wie Spachtelbeläge in erster Linie zur Herstellung von verschleißfesten und vor Korrosion schützenden Belägen auf metallischem Untergrund, wozu eine Grundbeschichtung geringer Dicke mit Korrosionsschutzeigenschaften unter dem Fließmörtel empfohlen wird. Gegenüber Spachtelbelägen besteht der Vorteil der einfacheren Verarbeitung.
Durch noch gröbere und höhere Füllung eines Polymerbindemittels kommt man schließlich zu den *Kunststoffestrichen,* deren Dicke normalerweise 1 cm nicht übersteigt. Sie finden dort Einsatz, wo die mechanische Belastung, insbesondere unter Punktlasten, von einem Fließmörtel oder einer Spachtelmasse nicht mehr ertragen werden kann. Polymerestriche haben also eine lastverteilende Wirkung. Unter Kunststoffestrichen sind grundsätzlich Korrosionsschutzhaftbrücken auf das Metall aufzubrin-

gen, welche den Korrosionsschutz und den Haftverbund sicherstellen, wobei diese Haftbrücken ihrer Rheologie nach den Spachtelmassen oder den Fließmörteln zugerechnet werden können. Hauptsächlichstes Anwendungsgebiet sind Beläge mit hoher mechanischer Beanspruchung, z.B. Fahrbahnbeläge auf Brücken, Fährschiffen, Rampen usw.
Die relativ große Schichtdicke der in diesem Abschnitt beschriebenen Art von Beschichtungen könnte beim Erhärtungsschwund zu entsprechenden Eigenspannungen führen, welchen die Haftfläche standhalten müßte. Demgemäß ist eine sorgfältige Vorbereitung des Metalls vor dem Aufbringen der Haftbrücke erforderlich, und es sind Maßnahmen zur Sicherstellung des Verbundes Haftbrücke–Estrich zu ergreifen. Ferner sind nur solche Polymerbindemittel einsetzbar, deren Reaktionsschwund genügend klein oder auf andere Weise (hohe Füllung, erniedrigter Elastizitätsmodul) unschädlich gemacht ist. Daher finden hauptsächlich Zwei-Komponentenprodukte auf Epoxidbasis Anwendung, in geringerem Umfang kommen Ungesättigte Polyester, Polyurethane und Polyacrylate zum Einsatz.
Bituminöse Bindemittel werden ebenfalls zu Spachtelmassen und Estrichen eingesetzt, z.B. als Schmelzbeläge und Spachtelmassen zur Außenbeschichtung von eingeerdeten Rohren, zu verkehrsbeanspruchten Belägen über Korrosionsschutzhaftbrücken auf Epoxidbasis [42] auf orthotropen Fahrbahnplatten usw.
In Bild 15.4–5 ist der vor Korrosion schützende und als Gehbelag dienende Schichtaufbau auf einer Fußgängerbrücke über den Neckar dargestellt. Auf dem sandgestrahlten Stahlblech liegt eine zweischichtige Korrosionsschutzhaftbrücke auf Epoxidbasis mit Bleimennige-Pigmentierung. Die zweite Lage wurde in noch unausgehärtetem Zustand zur Haftungsvermittlung mit grobem Sand abgestreut. Der eigentliche Gehbelag ist eine etwa 10 mm dicke, zementgebundene und mit Kunstkautschuk modifizierte Estrichschicht (Verbundestrich).

1 10 mm kunststoffmodifizierter Zementestrich
2 Sandabstreuung
3 Zweischichtige Epoxid-Bleimennige-Korrosionsschutzhaftbrücke
4 Gestrahlte Oberfläche
5 Stahlblech

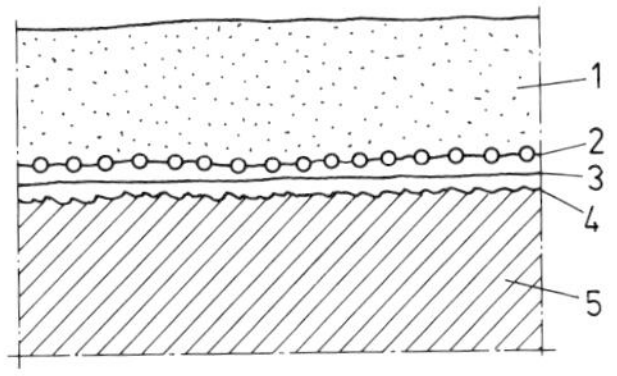

Bild 15.4–5 Schichtaufbau eines Korrosionsschutz- und Gehbelages auf einer Fußgängerbrücke

Eine Normung von Fließmörteln, Spachtelschichten und Kunststoff-Estrichen als Bestandteile von Korrosionsschutzmaßnahmen ist noch nicht erfolgt. Bei mechanischer und bei starker mechanischer Beanspruchung empfiehlt DIN 55928, Teil 5 [27.5], für Stahlbauten (Tabelle 6) zwei- und dreilagige Expoxidbeschichtungen mit Quarzsandeinstreuung zwischen den einzelnen Schichten auf Bindemittelbasis Epoxid und Teerepoxid.

15.4.6 Zementgebundene Mörtel und Betone

Das Bindemittel Zement kann durch seine Alkalität Eisen und Stahl vor Korrosion schützen, wenn die Umhüllung mit zementgebundenem Mörtel bzw. Beton genügend dicht und genügend dick ist. Für Korrosionsschutzzwecke wird das Zementbindemittel in vielen Fällen mit Zusätzen modifiziert, wobei Polymerdispersionen zur Senkung des Elastizitätsmoduls und zur Verbesserung der Klebefähigkeit, ferner wasserrückhaltende, verflüssigende und die Erhärtung des Zements beschleunigende Stoffe gebräuchlich sind. Beim Einsatz als Langzeitschutz ist bei zementgebundenen Schichten die Carbonatisation zu berücksichtigen, welche im Laufe der Zeit zur Aufhebung der Alkalität und damit zum Verlust der aktiven Korrosionsschutzwirkung führt [46].
Selbstverständlich sind zementgebundene Massen als Schutzschichten nur dort einsetzbar, wo sie selbst gegen die korrosive Beanspruchung genügend beständig sind.
Folgende Anwendungen zementgebundener Massen zum Korrosionsschutz seien herausgestellt:
Spritzbeton, mit Drahtgewebe bewehrt, wird gelegentlich als kombinierter Korrosions- und Brandschutz auf Stahlkonstruktionen eingesetzt, vor allem im Inneren von Hochbauten, wo die Korrosionsschutzwirkung von Spritzbeton für die meist geringe Beanspruchung ausreicht.
Injektionsmörtel auf Zementbasis wird zum Injizieren von Hüllrohren bei seilverspannten Brücken, bei Seilnetzen und bei Erdankern benützt. Bei der Beurteilung des Korrosionsschutzes ist stets das ganze System aus Hüllrohr, Injektionsmörtel und ggf. der Vorbehandlungsschicht auf dem Stahl zu betrachten. Bei relativ beweglichen Teilen, wie Abspannseilen und Seilnetzen, ist zu überlegen, ob der Injektionsmörtel mit Zusätzen zu versehen ist, welche die Rißanfälligkeit des Mörtels reduzieren, der Entmischungsgefahr entgegenwirken und den Verbund zum Stahl und zum Hüllrohr verbessern.

Bei stählernen und bei gußeisernen Rohrleitungen zum Transport von Trinkwasser hat sich die Innenauskleidung mit Zementmörtel praktisch durchgesetzt [16]. Die durch besondere Zusätze veredelten und durch das Aufbringen im Schleuderverfahren besonders gut verdichteten Zementmörtelauskleidungen von größenordnungsmäßig 1 cm Dicke sind physiologisch unbedenklich, erzeugen einen geringen Strömungswiderstand für das Wasser und bieten einen hervorragenden Korrosionsschutz. Das durch die Rohre fließende Wasser darf allerdings nicht zementaggressiv sein.
Das gute Verhalten von Zementmörtelauskleidungen in Rohren hat neuerdings zu Bemühungen geführt, mit Zusätzen modifizierte und mit Fasern bzw. Geweben armierte Zementmörtel auch für den Außenschutz von Rohrleitungen einzusetzen. Die Erzeugung eines solchen Außenschutzes bietet größere Probleme als der Innenschutz, so daß heute noch nicht gesagt werden kann, ob ein solcher Außenschutz in der notwendigen Qualität und Wirtschaftlichkeit hergestellt werden kann.
Zementgebundene, kunststoffmodifizierte Estriche werden auch als Verschleißbeläge für Gehbeanspruchung auf Brücken, Schiffen usw. eingesetzt, wobei hier ebenso wie bei den Kunststoffestrichen eine Korrosionsschutzhaftbrücke unter dem Estrich notwendig ist (siehe Bild 15.4–5).
Die korrosionsschützende Wirkung von Zement wird auch bei dessen Anwendung als aktives Pigment in polymergebundenen Beschichtungen ausgenützt. Noch besser ist die Anwendung von Portlandzementklinkermehl anstelle von Zement, die allerdings patentrechtlich geschützt ist.

15.4.7 Korrosionsschutzbinden, Gummierungen

Korrosionsschutzbinden sind polymergebundene Folienbänder (auf Bitumen-, Teerpech- und PVC-Basis) mit oder ohne Pigmentierung, jedoch mit mäßigem bis gar keinem Füllstoffanteil und evtl. einer Gewebeeinlage. Dadurch haben diese Schichten einen weichelastischen bis plastischen Charakter mit guter Verformbarkeit. Die Dicke liegt in der Größenordnung von etwa 4 mm. Die Schutzwirkung der Binden beruht auf der Dichtigkeit gegen Diffusion und der Eigenschaft, elektrischer Nichtleiter und Ionensperre zu sein. Anforderungen an solche Binden können dem DVGW-Arbeitsblatt GW 7 [30.2] entnommen werden.
Korrosionsschutzbinden finden Einsatz bei umwickelbaren Teilen und zwar sowohl für deren kompletten Außenschutz als auch für lokal begrenzte Flächen, ferner dort, wo in kurzer Zeit ein hochwertiger Korrosionsschutz erzeugt werden muß. Typische Anwendungsgebiete sind daher der Außenschutz von Rohrleitungen, die Schweißverbindungen bei Rohrleitungen, die Übergangszonen zwischen Erdreich und Atmosphäre bei Masten, die Wasserwechselzone bei Dalben usw. Vor dem Auftragen der Binden wird das zu schützende Metall zunächst entrostet, dann evtl. mit einer Korrosionsschutzgrundierung gestrichen und (erforderlichenfalls nach einer ausreichenden Trockenzeit der Grundierung) mit der Korrosionsschutzbinde umwickelt.
Bei Masten und ähnlichem werden Korrosionsschutzbinden vorzugsweise zur lokalen Verstärkung der normalen Korrosionsschutzbeschichtung in Bereichen besonders starker Beanspruchung verwendet (siehe Bild 15.4–6). Bei der Anwendung von Korrosionsschutzbinden zum lokalen Schutz ist die Verträglichkeit der gewählten Binde mit der Korrosionsschutzmaßnahme der zu verstärkenden Flächen zu beachten.

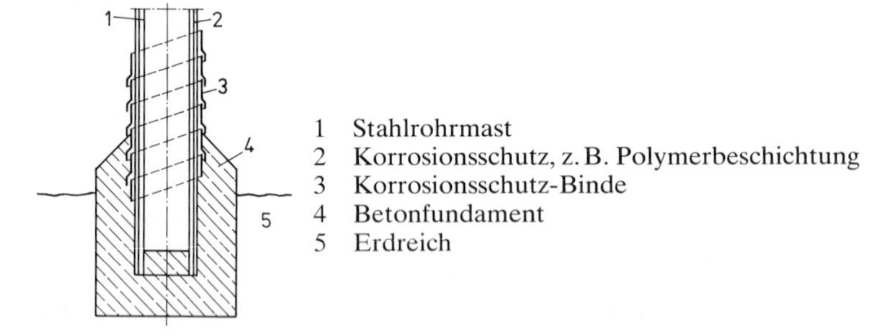

Bild 15.4–6 Mastfuß, mit Korrosionsschutzbinde zusätzlich geschützt

Gummierungen auf Basis von Naturkautschuk oder Synthesekautschuk verwendet man oft für Rohre und Behälter zur Lagerung von Säuren, Laugen und Salzlösungen [21]. Die hohe Schichtdicke einer Gummierung zwischen etwa 3 und 20 mm bildet einen enormen Diffusionswiderstand, bedingt aber auch entsprechende Ausrundungen an allen Ecken und Kanten der zu schützenden Fläche. Weichelastische Gummierungsschichten werden vorzugsweise gegen mechanische Einwirkungen, etwas härtere Schichten vorzugsweise gegen chemische Belastungen verwendet. Der generell weichelastische Charakter von Gummi wirkt günstig bei thermischer Belastung, da er Eigenspannungen in der Gummierung vermeidet. Auch stoßartigen Punktbelastungen ist eine Gummierung generell gut gewachsen, was ihren

Einsatz als Verschleißschutz in Behältern für stückiges Lagergut, z. B. in Kohlebunkern, verständlich macht.
Bei Gummierungen gibt es zwei verschiedene Härtungsmechanismen [43]: Kaltvulkanisierende Folien werden in noch plastischem Zustand in Kühlbehältern angeliefert. Sobald die Folien verarbeitet und dabei normalen Temperaturen ausgesetzt werden, beginnt die Vernetzung, welche schließlich zum elastischen Endprodukt führt. Bei der heißhärtenden Gummierung werden die unvernetzten Folien bei Normaltemperatur gelagert und verarbeitet, die Vernetzung erfolgt erst dann, wenn der ausgekleidete Behälter mit genügend heißem Wasser oder überhitztem Wasserdampf beaufschlagt wird.
Vor dem Gummieren muß der Stahl metallisch blank entrostet werden, am besten durch Strahlen. Dann wird der Kleber, eine langsam vernetzende Gummilösung, dünnschichtig auf die Folienunterseite und auf das Metall aufgetragen. Nachdem die Lösemittel des Klebers weitgehend abgedampft sind, wird die Gummierungsfolie in einem dem Tapezieren analogen Verfahren auf das vorgestrichene Metall aufgebracht (Prinzip der Kontaktkleber).
Nicht selten werden Gummierungen mehrlagig mit Hilfe weiterer Kleberschichten verlegt. Ebenfalls gebräuchlich sind Zweitschichtfolien [43], bei denen die obere Lage optimal vulkanisiert ist, damit die Beständigkeit gegeben ist, während die untere Lage teilvulkanisiert ist, um das Verkleben optimal zu ermöglichen.

15.4.8 Erhärtende, dauerplastische und weichelastische Kitte

Kitte sind streich- und spachtelfähige Substanzen, welche zur Füllung von Hohlräumen aller Art (Risse, Spalte, Fugen, Vertiefungen usw.) verwendet werden. Sie sollen an den Wandungen der Hohlräume gut haften, keine Feuchtigkeit aufnehmen, nicht altern und nicht korrosiv wirken. Nach dem Verformungsverhalten unterscheidet man erhärtende, dauerplastische und weichelastische Kitte.
Der bekannteste Kitt ist der Leinölkitt, der aus Leinöl und reichlich Kreide zusammengesetzt ist. Im Laufe der Zeit wird der anfangs weichplastische Leinölkitt hart, wenn durch Aufnahme von Luftsauerstoff das Leinöl oxidativ härten kann. Die Anwendung von Leinölkitt geht zugunsten der dauerplastischen und der weichelastischen Kitte ständig zurück, weil das Erhärten zu Ablösungen führt, wenn die Ränder des verfüllten Hohlraums Relativbewegungen ausführen. Schnellhärtende Kitte auf Basis von Ungesättigten Polyesterharzen sind neben Leinölkitten für Vertiefungen mit starren Wandungen recht gebräuchlich.
Eine früher übliche Anwendung von Leinölkitt sei mit Hilfe von Bild 15.4–7 erläutert: Dargestellt ist das Hauptkabel einer Hängebrücke klassischer Bauart, das aus einem Bündel von Seilen besteht. Die einzelnen Seile sind mit Leinölmennige verseilt worden, die äußeren Drahtlagen der Seile sind verzinkt. Auf dem Seiläußeren befindet sich eine Leinölbleimennigebeschichtung. Nach dem Zusammenfügen der Seile zum Bündel auf der Brücke in der endgültigen Position wurden die Außenflächen des Bündels nochmals mit Ölbleimennige beschichtet. Danach sind die oberen und die seitlichen Begrenzungsflächen des Bündels bis zur Ebenflächigkeit mit Leinölkitt verspachtelt worden. Danach wurden alle Außenflächen des Bündels mit zwei Eisenglimmer-Leinöl-Beschichtungen versehen. Die Zwickel zwischen den Seilen im Inneren des Bündels sind nicht verfüllt, sie sollen sich gegebenenfalls nach unten entwässern.

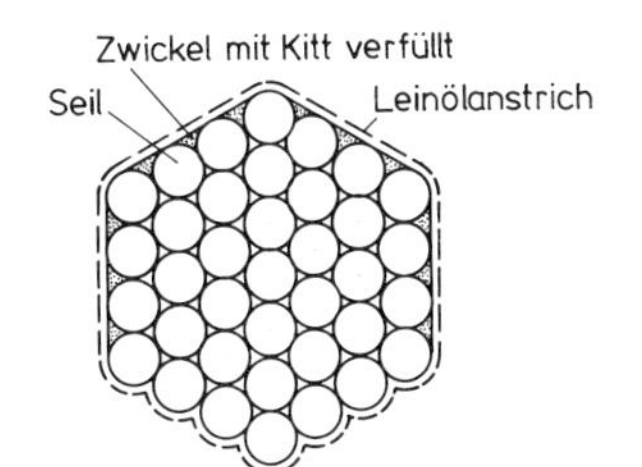

Bild 15.4–7
Querschnitt eines Seilbündels (Hauptkabel einer Hängebrücke) mit kittverfüllten Zwickeln an den oberen und seitlichen Wandungen

Dauerplastische Kitte dienen zum Verfüllen sich verformender Hohlräume, z. B. zum Korrosionsschutz im Inneren von Litzen, Seilen und Drahtbündeln, zum Verschließen von Bewegungsfugen gegen Schlagregen, zum Dichten von Spalten, Punktschweißverbindungen usw. gegen Luft und Wasser. Der dauerplastische Charakter erlaubt relativ große Verformungen bei kleinen Rückstellkräften und einer geringen Beanspruchung der Haftfläche.
Weichelastische und nicht-plastische Kitte werden dort eingesetzt, wo zwar auch eine Hohlraumfüllung bei beweglichen Wandungen erreicht werden muß, der Hohlraum jedoch nicht allseitig geschlossen ist, so daß bei Verwendung von dauerplastischen Kitten die Gefahr des Abfließens, des Auswaschens, der Verschmutzung und Abwischens besteht. Auch bei (geringen) mechanischen Einwirkungen sind elastische Kitte plastischen in der Regel vorzuziehen.

Gebräuchliche Bindemittel für plastische Kitte sind nieder- bis mittelmolekulare Thermoplaste, z.B. auf Acryl- und Polysulfidbasis sowie angedickte Öle und Fette. Gebräuchliche Bindemittel für weichelastische Kitte sind Polyurethan-Elastomer, Polysulfid und Silikonkautschuk, also weitmaschig vernetzte Polymere, sog. Elastomere. Bei Bedarf werden solche Kitte mit aktiv korrosionsschützenden Pigmenten oder farbgebenden Pigmenten versetzt. Wenn die durch das Bindemittel vorgegebene Verformbarkeit nicht ausreichend groß ist, werden solche Kitte mit einer Eigenporigkeit ausgestattet, z.B. durch porige Zuschlagstoffe mit geringem Verformungswiderstand oder durch ein genau dosiertes Schäumen. Eine solche Porigkeit wirkt spannungsabbauend (sie senkt sowohl den Elastizitätsmodul wie die Querkontraktionszahl) und entlastet damit die Haftflächen.
Folgender Vorschlag möge die Anwendbarkeit von weichelastischen Kitten verdeutlichen:
Auf Bild 15.4–8 ist links schematisch die Hängerdurchführung durch den Versteifungsträger einer klassischen Seilbrücke in der herkömmlichen Ausführung mit der Abdichtung durch eine Gummimanschette dargestellt. Im Bereich der Hängerdurchführung ist der Hänger praktisch nicht einsehbar und nicht nachbesserbar, der Hänger muß dazu ausgebaut werden. Ferner ist die obere Abdichtung durch eine Gummihaube problematisch, da die Abdichtung lückenhaft ist, der Gummi mechanisch gefährdet ist und die Befestigung der Haube am Seil aus der Sicht des Korrosionsschutzes bedenklich ist. Als hiermit vorgeschlagene Alternative ist die Verwendung eines dauerelastischen Kittes zum kompletten Verfüllen des Durchführungskanales rechts dargestellt, wobei der Kitt so weich eingestellt sein muß, daß das durchgeführte Seil praktisch widerstandsfrei seine Bewegungen ausführen kann. Auf diese Weise scheint die Abdichtung zu gelingen, der Korrosionsschutz des Hängers kann durch die Ausstattung des Kittes mit Aktivpigmenten gesichert werden und der Punkt, wo der Hänger und das obere Ende der Kittfüllung sich berühren, ist durch die kegelförmige Geometrie hinsichtlich des Korrosionsschutzes des Hängers unproblematisch.

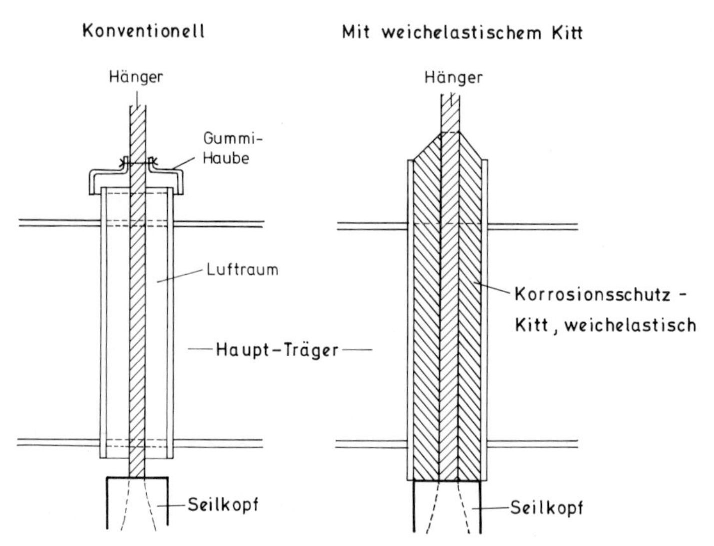

Bild 15.4–8 Hängerdurchführung an klassischer Seilbrücke: Konventionelle Bauweise und Variante mit Korrosionsschutz-Kitt

15.4.9 Email

Emaillierungen werden zwar nicht zum Korrosionsschutz der Tragkonstruktion von Stahlbauwerken herangezogen, doch werden emaillierte Teile zum Ausbau, z.B. für Fassadenverkleidungen und anderes, verwendet. Die folgenden kurzen Ausführungen über Email mögen daher genügen.
Email ist die auf einem Metall infolge chemischen Verbundes festhaftende Schicht auf Glasbasis, welche mit Pigmenten farbig und mit Trübungsstoffen undurchsichtig gemacht ist. Der Beschichtungsstoff Email wird in feuchtem Zustand als Pulver auf die blanke oder speziell vorbehandelte Metalloberfläche nach verschiedenen Verfahren aufgetragen, dann getrocknet und anschließend gebrannt. Bei den recht hohen Einbrenntemperaturen zwischen etwa 500°C und etwa 1000°C, je nach Email und Metall, schmilzt das Pulver zu einer Glasschicht zusammen und bildet dabei einen sprödharten, diffusionsdichten und chemisch sehr beständigen sowie wetterfesten Schutzüberzug. Die Korrosionsschutzwirkung ist generell hervorragend.
Man unterscheidet die 1-Schicht-Emaillierung mit besonders guter mechanischer Resistenz von der

2-Schicht-Emaillierung. Die letztere besteht aus einer zähen, festhaftenden Grundschicht und einer chemisch widerstandsfähigen Deckschicht. Die 2-Schicht-Emaillierung ist chemisch und korrosiv höher belastbar, nicht zuletzt deshalb, weil sie auch wesentlich dicker ist als die 1-Schicht-Emaillierung (siehe Tabelle 15.4–4).
Besondere Aspekte der Formgebung von Stahlteilen mit geplanter Emaillierung sind in dem aus [6] entnommenen Bild 15.4–9 wiedergegeben. Danach sind zu enge Ausrundungen, ungünstige Schraubverbindungen, ungünstig angebrachte Bohrungen und ein Mißverhältnis zwischen Emaildicke und Blechdicke die häufigsten konstruktiven Fehler. Zu beachten ist ferner, daß nicht jeder Stahl emaillierbar ist (siehe [6] und [9]), daß ausgefallene Farbwünsche oder besonders matte Oberflächen nicht immer genügend dauerhafte Emails ermöglichen und daß es schwierig zu sein scheint, bei größeren Serien von Teilen bzw. bei Nachbestellungen immer das genau gleiche Aussehen (Farbe und Glanz) zu erreichen. Wegen einer evtl. vorhandenen Porigkeit des Emails sollen emaillierte Stahlteile nicht mit edleren Metallen in Verbindung gebracht werden.
Es sei noch darauf hingewiesen, daß auch Aluminium, Kupfer und Messing emailliert werden können.

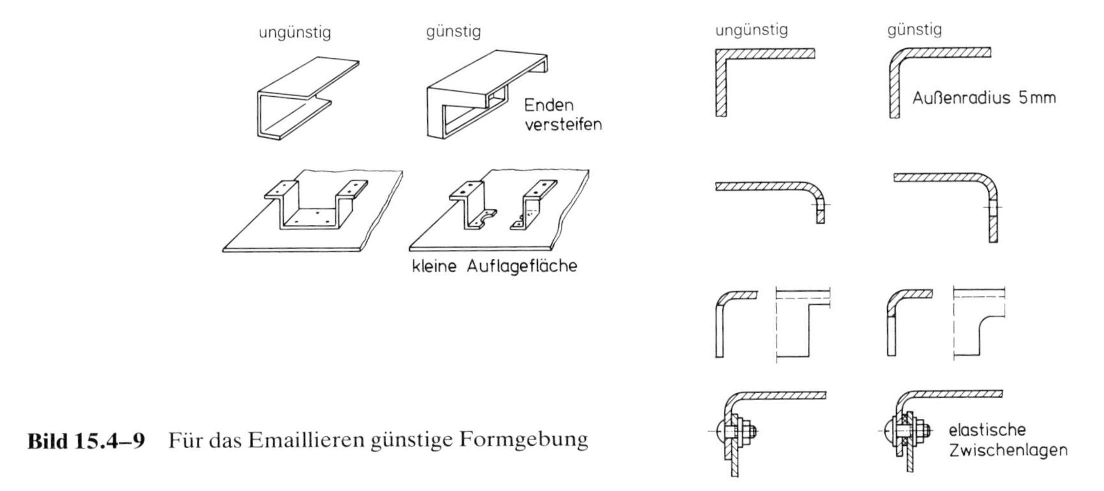

Bild 15.4–9 Für das Emaillieren günstige Formgebung

15.5 Werkstoffe zum temporären Korrosionsschutz

Temporäre Korrosionsschutzmaßnahmen können aus verschiedenen Gründen erforderlich sein:
Manche Teile werden nur für einen kurzfristigen Einsatz benötigt, wie zum Beispiel Verstrebungen, die nur während eines Transportes oder für einen Montagezustand gebraucht werden. Häufiger ist ein temporärer Korrosionsschutz notwendig, um die Verarbeitung in der Werkstatt, den Transport der endgültigen Konstruktion vom Herstellerwerk bis zum Einbauort und evtl. eine Zwischenlagerung zu überbrücken, wenn auf der Baustelle erst der endgültige Korrosionsschutz aufgebracht wird. Schließlich produzieren manche Hersteller auf Lager und müssen dort bestimmte Konstruktionsteile längere Zeit lagern, ohne daß aus anderen Gründen der gesamte Korrosionsschutz schon aufgebracht werden kann.
Temporäre Korrosionsschutzmaßnahmen sollte sich zweckmäßig als Bestandteil in den endgültigen Korrosionsschutz einfügen und nicht wieder entfernt werden müssen. Wie das praktiziert werden kann, soll anhand von Bild 15.5–1 erläutert werden: Dort sind vier verschiedene zeitliche Abläufe von Korrosionsschutzarbeiten (dargestellt am Beispiel einer vierschichtigen Polymerbeschichtung) beschrieben, wobei die Arbeitsbereiche „Stahlbauwerkstatt" und „Baustelle" unterschieden und die ablaufenden Arbeiten in chronologischer Reihenfolge von links nach rechts aufgelistet sind. Die Vorbehandlung des Metalls ist durch das Symbol „Strahlen" dargestellt, das Aufbringen einer der jeweils insgesamt 4 Polymerschichten ist durch einen symbolischen Pinsel dargestellt. Der temporäre Schutz der Profile während der Bearbeitung in der Stahlbauwerkstatt hat die Bezeichnung FB als Abkürzung des Wortes Fertigungsbeschichtung.
Beim Arbeitsablauf 1, der im Stahlbau zusammen mit dem Ablauf 2 bis zum Ende des Zweiten Weltkrieges nahezu ausschließlich angewandt wurde, werden die Stahlkonstruktionsteile nach der Montage auf der Baustelle entrostet und dann durch einen vierschichtigen Anstrich gegen Korrosion geschützt. Eine Maßnahme für temporären Schutz ist hier nicht erforderlich.
Beim Arbeitsablauf 2 wird in der Stahlbauwerkstatt ebenfalls noch kein Korrosionsschutz betrieben. Damit entfallen Schädigungen durch den Transport zur Einbaustelle. Die Einzelteile werden jedoch vor der Montage gestrahlt und erhalten den Erstanstrich, der die Funktion eines temporären Korrosionsschutzes hat. Nach der Montage werden die restlichen Beschichtungen aufgebracht.

Bild 15.5–1
Eingliederung des temporären Korrosionsschutzes in den Ablauf der Korrosionsschutzarbeiten

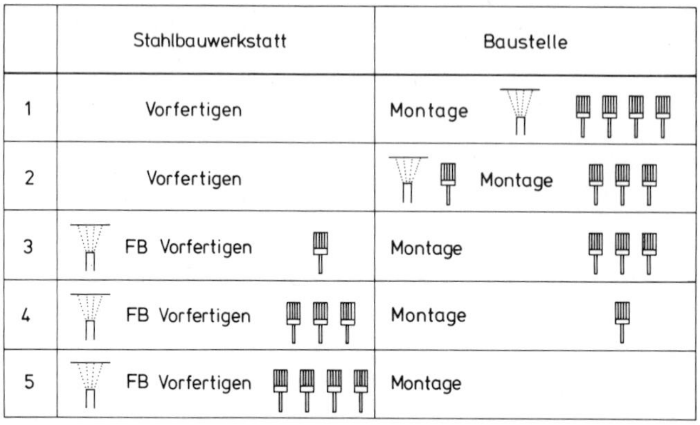

	Stahlbauwerkstatt	Baustelle
1	Vorfertigen	Montage
2	Vorfertigen	Montage
3	FB Vorfertigen	Montage
4	FB Vorfertigen	Montage
5	FB Vorfertigen	Montage

Der Arbeitsablauf 3 wird heute noch viel verwendet: In der Stahlbauwerkstatt wird das Halbzeug zuallererst gestrahlt und gleich anschließend mit der sog. Fertigungsbeschichtung als temporäre Korrosionsschutzmaßnahme versehen. Dies erfolgt in Durchlaufanlagen mit den Stufen Trocknen, Strahlen, Beschichten. Dadurch ist ein sauberes und genaues Bearbeiten möglich. Außerdem ist das Strahlen und Beschichten des Halbzeugs statt der vorgefertigten Konstruktion besonders einfach und deshalb kostengünstig. Nach der Bearbeitung des Halbzeugs und dem Zusammenfügen zum transportablen Konstruktionsteil in der Stahlbauwerkstatt wird die erste Schicht der eigentlichen Beschichtung auf die Fertigungsbeschichtung aufgetragen. Nun erfolgt der Transport zur Baustelle und die Montage, dann werden der beschädigte Grundanstrich ausgebessert und die weiteren drei Schichten der Polymerbeschichtung aufgebracht. Zu beachten ist, daß die Fertigungsbeschichtung nicht als Schicht der Gesamtbeschichtung angerechnet werden darf, ihr Beitrag zur Gesamtschichtdicke wird jedoch beachtet. Die Schichtfolge aus Fertigungsbeschichtung und 1. Grundanstrich heißt Ablieferungsanstrich, weil in diesem Zustand die Teile die Stahlbauwerkstatt verlassen.
Teilweise schon gebräuchlich ist der wahrscheinlich auch in naher Zukunft noch am häufigsten zur Verwendung gelangende Arbeitsablauf 4. Zunächst wird hier das Halbzeug in der Werkstatt gestrahlt und mit der Fertigungsbeschichtung versehen. Nach der Vorfertigung werden noch im Werk die drei nächsten Schichten aufgebracht. Nach der Montage werden die Beschädigungen ausgebessert und zum Schluß die letzte Deckschicht aufgebracht, welche wieder ein gleichmäßiges Aussehen der Konstruktion gewährleistet.
Als ideal anzusehen ist der Arbeitsablauf 5: Alle Einzelschichten des Korrosionsschutzes werden in der Stahlbauwerkstatt aufgebracht, die Fertigungsbeschichtung verbleibt im Schichtaufbau. Daß dieser Ablauf sich bisher nicht hat durchsetzen können, liegt daran, daß beim Transport zur Baustelle und bei der Montage Beschädigungen an der Beschichtung auftreten, welche ausgebessert werden müssen. Die Ausfleckung ergibt aber in der Regel ein so unschönes Bild, daß eine vollflächige weitere Deckschicht meist unvermeidbar ist, wodurch dann gegenüber dem Ablauf 4 kein Vorteil, jedoch der Nachteil einer zusätzlichen Einzelschicht gegeben ist. Wollte man den hier geschilderten Arbeitsablauf praktizieren, so müßten m. E. mechanisch besonders resistente Beschichtungen, besondere Transportverpackungen sowie spezielle Transport- und Montageverfahren entwickelt werden, daß Beschädigungen künftig entfallen.
Eine naheliegende Aufteilung der Korrosionsschutzmaßnahmen in einen temporären und einen definitiven Zustand bietet sich bei Duplex-Systemen an. Vor Beginn oder besser nach Beendigung der Arbeiten in der Stahlbauwerkstatt werden die Teile stückverzinkt. Dann erfolgen Transport und Montage und anschließend werden die Polymerdeckschichten aufgebracht. Die besondere Zweckmäßigkeit beruht auf den hier so vorteilhaften Eigenschaften eines Zinküberzuges: Eine Verzinkung ist mechanisch so widerstandsfähig und hat einen so großen Schutzwert, daß man mit Beschädigungen oder Korrosion des Stahls bis zum Aufbringen der Polymerbeschichtungen nicht zu rechnen braucht.
Die Fertigungsbeschichtung ist zweifellos die wichtigste temporäre Korrosionsschutzmaßnahme. Der Deutsche Ausschuß für Stahlbau hat daher Richtlinien [31.2] aufgestellt, welche Anforderungen diese Beschichtungen erfüllen sollten. Dazu ist zu sagen: Die gebräuchlichen Fertigungsbeschichtungen sind Polymerbeschichtungen besonderer Art: schnelle Trocknung, gute Korrosionsschutzwirkung, geringe Schichtdicke (etwa 20 μm), keine Beeinträchtigung der Qualität von Schweißnähten, keine giftigen Dämpfe beim Schweißen, kleine Brennzone, gute Verträglichkeit mit Beschichtungen. Die Forderung

einer geringen Schichtdicke ergibt sich indirekt aus der erforderlichen Eigenschaft, daß das Schweißen nicht nachteilig beeinflußt werden darf und daß die Trockenzeit kurz ist. Die Forderung, daß eine gute Korrosionsschutzwirkung auch bei geringer Schichtdicke erzielt wird, bedeutet, daß der Beschichtungsstoff ein hohes Qualitätsniveau haben muß. Eine gewisse Problematik besteht darin, daß verschiedenste Beschichtungssysteme auf der Fertigungsbeschichtung Haftung finden müssen, weil Stahlbauwerkstätten möglichst nur eine Fertigungsbeschichtung, die Abnehmer aber ganz unterschiedliche Polymerbeschichtungssysteme wünschen.
Temporärer Korrosionsschutz kann auch durch Chromatieren, Phosphatieren und Galvanisches Verzinken von Stahlteilen erreicht werden. Die Schutzwirkung aller dieser Maßnahmen ist jedoch recht gering, nicht zuletzt deswegen, weil auch die Schichtdicken recht gering sind (Tabelle 15.4–4). Eine Witterungsbeanspruchung wird nur ganz kurze Zeit ertragen. Einölen der Oberfläche hat ebenfalls eine ganz geringe Schutzwirkung, deutlich besser sind Fettschichten und Wachsschichten. Eine Kombination von chemischer Vorbehandlung (Chromatieren, Phosphatieren) mit Ölen und Fetten stellt eine Steigerung dar, ist aber Witterungsbeanspruchungen von mehr als einigen Wochen Dauer auch nicht gewachsen. Für kleine Flächen, insbesondere wenn diese später nicht mehr geschützt werden sollen, haben sich Abziehfilme, Haftpapiere usw. als temporärer Schutz gut bewährt. Kleberreste dürfen nicht auf der Metalloberfläche verbleiben.
Für Stahlteile, welche verpackt werden, kann als temporärer Schutz in die Verpackung hinein entweder eine Trockenpatrone oder ein Dampfphaseninhibitor gegeben werden. Die dann notwendigerweise recht dichte Verpackung dient der Abschirmung gegen das Außenklima, während das Klima innerhalb der Verpackung entweder durch die Trockenpatrone mit sehr niederer Luftfeuchte ausgestattet wird bzw. der Inhibitor auf den Metalloberflächen eine antikorrosive Schicht erzeugt.
Die Maßnahmen zum temporären Korrosionsschutz sind in DIN 55928, Teil 5 [27.5], Abschnitt 3, besprochen. Dort ist z.B. gesagt, daß Polymerbeschichtungen von mindestens 35 μm Dicke wenigstens 3 Monate, von mindestens 70 μm Dicke wenigstens 10 Monate Korrosionsschutz geben müssen. Temporäre Schutzschichten für Stahlwasserbauteile müssen zinkstaubreiche Epoxidbeschichtungen sein.
Welche Möglichkeiten zur Entfernung von Ölen, Fetten, Haftpapieren usw. bestehen, wird von Tabelle 15.5–1 angegeben, welche aus DIN 55928, Teil 5, entnommen ist.

Tabelle 15.5–1
Entfernungsmöglichkeiten für Öle, Fette, Haftpapiere, Abziehfilm usw. nach DIN 55928, Teil 5

Lfd. Nr.	Bindemittel/Stoffe	Entfernungsmöglichkeiten			
		Dampfstrahlen	Saure oder alkalische Reinigungsmittel	Organische Lösungsmittel	Abziehen
1	PVC-Folie				×
2	Polyäthylen-Folie				×
3	Haftpapiere				×
4	Öle, Fette und Wachse	×	×	×	
5	Naturharze	×	×	×	
6	Acrylharze			×	×
7	Äthylcellulose			×	×
8	Vinylchlorid(VC)-Homo- und Copolymerisate			×	×
9	Butadien-Styrol-Copolymerisate				×

15.6 Korrosionsschutz bei Seilen, Seilbündeln und Drahtbündeln

Seile, Seilbündel und Drahtbündel können als zugbeanspruchte Bauteile sehr wirtschaftlich durch Anwendung hochfester Drähte hergestellt werden. Diese hochfesten Drähte sind aber gegen mechanische Einwirkungen (Kerben) und Materialabtrag (Reibung, Korrosion) sehr empfindlich. Eine Schädigung durch Korrosion ist nicht reparabel, so daß man entweder so gut schützen muß, daß keine Korrosion möglich ist oder aber man muß die Zugglieder auswechselbar einbauen [29.5].
Bezüglich der zu ergreifenden Korrosionsschutzmaßnahmen verlangt nicht nur der empfindliche Stahl Außergewöhnliches, auch die Geometrie und die Dynamik von Seilen, Seilbündeln und Drahtbündeln erfordern andere Lösungen als die sonst im Stahlbau üblichen. Zunächst ist einmal zu unterscheiden zwischen dem Schutz des Inneren des Zuggliedes und dem Außenschutz.
Der Innenschutz muß beim Herstellen der Seile und Bündel in das Innere miteingearbeitet werden, wo er hohlraumfüllend, möglichst dauerplastisch oder wenigstens weichelastisch, spannungsarm oder spannungsfrei, oft kriechfähig, wasserabstoßend, aktiv korrosionsschützend und nicht druckaufbauend, d.h. entsprechend thixotrop, sein muß. Selbstverständlich muß auch sichergestellt sein, daß eine Verträglichkeit zwischen dem Kitt im Inneren und der äußeren Korrosionsschutzbeschichtung gegeben ist, wobei im wesentlichen darauf geachtet werden muß, daß keine Weichmacherwanderung von dem Kitt in die Außenbeschichtung erfolgt.

Bei weitem am häufigsten erfüllt man diese Forderungen durch die Kombination von Leinöl mit reichlicher Menge Bleimennige. Unter den gegen die Außenluft abgeschlossenen Bedingungen im Seil trocknet die Leinölbleimennige nicht, bleibt also plastisch. Eine gewisse Problematik bieten die gegensätzlichen Forderungen nach Kriechfähigkeit und nach der Vermeidung eines Druckaufbaus. Kriechfähigkeit ist dann erforderlich, wenn durch die Hitze beim Vergießen der Seilköpfe dort der Kitt lokal zerstört wird. Dann muß aus der freien Weglänge des Seiles neuer Kitt in Richtung Seilkopf zurückwandern. Der Aufbau eine „hydrostatischen Druckes" muß vermieden werden, damit der Kitt bei den oft beachtlichen Höhendifferenzen nicht die Außenbeschichtung sprengt und ausläuft.
Außer Leinölbleimennige finden auch stark thixotropierte Mineralöle, Zinkstaubpasten und Polyurethan-Zinkchromat-Elastomer als Seil- bzw. Bündel-Verfüllmasse Anwendung. Der letztgenannte Stoff ist erstmalig bei der Rheinbrücke „Nordbrücke Mannheim–Ludwigshafen" [45] eingesetzt worden, der Aufbau des Bündels ist in Tabelle 15.6–1, Beispiel 1[1]), dargestellt. Zwischenzeitlich ist Polyurethan-Zinkchromat-Elastomer ein an vielen Objekten bewährter Werkstoff, der eine weitverbreitete Anwendung beim Neubau und bei der nachträglichen Umhüllung bzw. Verfüllung von Seilen und Seilbündeln zwecks sicherem Korrosionsschutz findet (siehe Tabelle 15.6–1, Beispiel 2[1])).

Tabelle 15.6–1
Zwei Beispiele des Korrosionsschutzes von Kabeln/Drahtbündeln mit allen wichtigen Eizelheiten

Beispiel 1: Nordbrücke Mannheim–Ludwigshafen, Abspannseile
Vorgeschichte:
In den Jahren 1969 bis 1973 wurde die stählerne Straßenbrücke im Raum Mannheim–Ludwigshafen über Hafenanlagen und den Rhein hinweg gebaut. Zahlreiche Paralleldrahtbündel, oben an einem Pylon, unten an dem Brückenbauwerk verankert, wurden auf der Brücke vorgefertigt, dann montiert und mit zwei Deckbeschichtungen versehen.

Anforderungen an die innere Verfüllung:
1. Hochwertiger Korrosionsschutz für die empfindlichen, hochfesten Drähte.
2. Kein Aufbau eines hydrostatischen Druckes.
3. Gute Verformbarkeit bei der Montage der Bündel.

Anforderungen an den Außenschutz:
1. Beständigkeit gegen die aggressive Industrieluft.
2. Zusammenhalt des Bündels bei Montage und später.
3. Verträglichkeit mit innerer Verfüllung.
4. Abschirmung des Bündels gegen aggressive Stoffe.
5. Möglichkeit einer Neubeschichtung auf der gealterten Außenbeschichtung.

Ausführung:
1. Verfüllen der Zwickel zwischen Einzeldrähten mit Folic-Injiziermaterial (Polyurethan-Zinkchromat-Elastomer).
2. Umwickeln des Bündels mit 2 Lagen Polyester-Gitter-Gewebe. Dabei tritt überschüssiges Folic-Injiziermaterial aus dem Inneren des Bündels aus und durchdringt das Gittergewebe.
3. Aufbringen von Folic ENA im Gießverfahren, Dicke ca. 4 mm (Zweikomponenten-Polyurethan-Eisenglimmer).

Nach der Montage:
4. Aufbringen von 2 Lagen Deckbeschichtung HY, Gesamtdicke 40 μm, im Streichverfahren (Hypalonbasis).

Beispiel 2: Rheinbrücke Emmerich, Hauptkabel
Vorgeschichte:
Baujahr der Brücke etwa 1965. Damals wurden die Hauptkabel als Bündel parallel verlaufender Seile ausgeführt. Jedes Seil hat feuerverzinkte äußere Drahtlagen, innen eine Seilmennigefüllung und außen eine Beschichtung von Leinölbleimennige. Die Außenflächen des im Querschnitt sechseckigen Bündels tragen eine weitere Öl-Bleimennigeschicht, die Zwickel an den oberen und seitlichen Flächen sind verkittet (sinngemäß wie Abb. 15.4–7), dann folgen zwei Schichten Öl-Eisenglimmer-Beschichtung, Dicke etwa 80 μm. Nunmehr ist dieser Korrosionsschutz in einen so schlechten Zustand geraten, daß eine Neukonservierung erforderlich wurde.

Forderung an die Neukonservierung:
1. Beständigkeit gegen die recht feuchte Atmosphäre am Niederrhein, die mit aggressiven Gasen angereichert ist.
2. Beständigkeit gegen die Salznebel im Sprühbereich der stark befahrenen Straße.
3. Hochwertiger und dauerhafter Korrosionsschutz auch in den Zwickeln im Inneren des Seilbündels.

[1]) Die beiden Bilder in Tabelle 15.6–1 wurden mir freundlicherweise von der Fa. Hein, Lehmann AG, Düsseldorf, überlassen. Die Produktbezeichnungen der Beschichtungsstoffe sind Bezeichnungen der Fa. Unitecta Oberflächenschutz GmbH, Werk Düsseldorf.

Ausführung:
1. Strahlen der Außenflächen des Hauptkabels mit Hochofenschlacke zur Entfernung von Kitt und Anstrich bis zum Reinheitsgrad Sa $2^1/_2$.
2. Aufbringen eines temporären Korrosionsschutzes aus Folic-PCR, Dicke etwa 150 μm (Polyurethan-Zinkchromat-Elastomer).
3. Einschalen des Hauptkabels.
4. Injektion mit Folic-Injiziermaterial bis zur völligen Ausfüllung aller Hohlräume und mit einer äußeren Schicht von mindestens 1 mm Dicke.
5. Nach dem Ausschalen Nachspachteln aller Unebenheiten mit angedicktem Folic-Injiziermaterial.
6. Auftragen von Folic ENA im Streichverfahren, Dicke etwa 200 μm (Polyurethan-Eisenglimmer-Elastomer).
7. Auftragen von Bicompon 1432 im Streichverfahren, Dicke ca. 80 μm (Aliphatisches Polyurethan).

Zum Außenschutz hat man früher die patentverschlossenen Seile und die Seilbündel, bei denen die Außenlagen der Seile in der Regel verzinkt waren, mit einem vierfachen Anstrich auf Ölbasis geschützt, wobei erforderlichenfalls eine Einebnung der Oberfläche mit Kitten (Bild 15.4–7) erfolgte. Diese Arbeitsweise erscheint heute nicht mehr ausreichend.
Ein Außenschutz muß nach heutiger Auffassung dichtschichtig sein, gewisse Relativbewegungen von Seilen oder einzelner Drähte eines Seiles mitmachen, beachtliche Biegungen der Zugglieder bei der Montage schadensfrei ertragen, hoch beständig sein auch gegen aggressive Umweltbedingungen, langfristig wartungsfrei sein und guten Korrosionsschutz gewähren. Aus diesen Forderungen ergibt sich, daß elastomere Kunststoffe in entsprechender Formulierung optimal sein dürften. Schichtdicken von 2 mm und mehr, evtl. Gewebeeinlagen zur Verstärkung, vor allem im Spritzbereich der Straßen, und hochlichtbeständige, dünne Deckschichten auf Acryl- oder alipathischer Polyurethanbasis sind die Kennzeichen der Außenbeschichtung in der Bundesrepublik. Einzelheiten können aus Tabelle 15.6–1 entnommen werden.

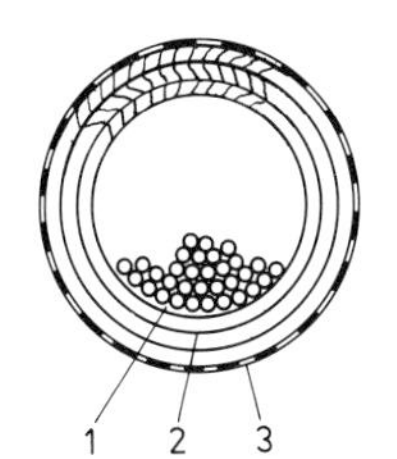

Klassisches Hauptkabel von Seilbrücken
Korrosionsschutz:
① Zwickel im Inneren: mit Öl-Blei-mennige-Paste verfüllt.
② Äußere Drahtlagen: profiliert und feuerverzinkt.
③ Außenflächen: vierfacher Anstrich, ca. 200 μm dick, meist Ölbasis.

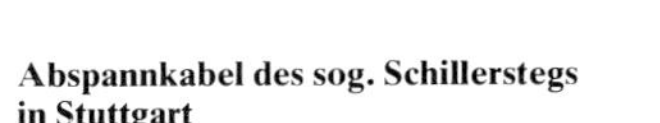

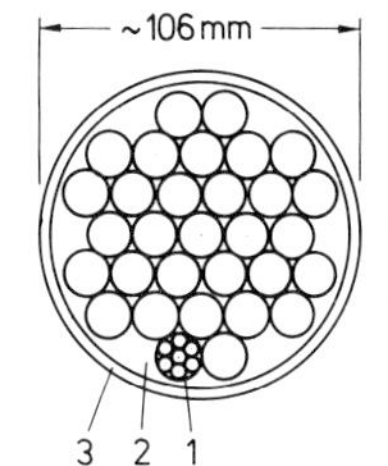

Hauptseile Olympiastadion München
Litzenbündel aus:
31 Litzen zu 7 Drähten, ∅ 5,2 mm,
β_N = 160 kp/mm.
Korrosionsschutz:
① Feuerverzinkung der Drähte, Dicke ~75 μm.
② Zinkchromat-PUR-Verfüllung.
③ Polyäthylen-Hüllrohr.

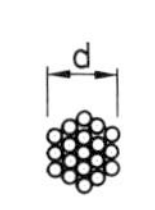

Netzseile Olympiastadion München
Litzen aus 1 + 6 + 12 = 19 Drähten.
Drahtdurchmesser ~ 2,3 bzw. 3,3 mm.
Litzendurchmesser d ~ 11,5 bzw. 16,5 mm.
Korrosionsschutz:
① Feuerverzinkung der Drähte, Dicke ~ 75 μm.

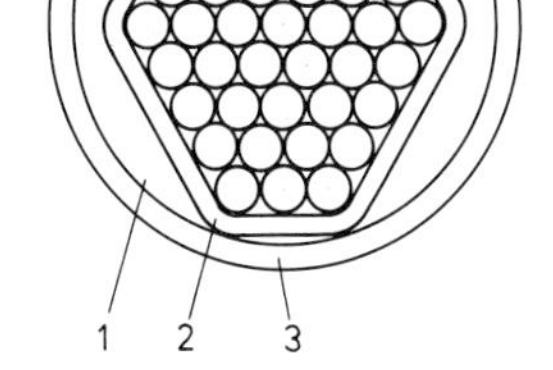

Abspannkabel des sog. Schillerstegs in Stuttgart
Paralleldrahtbündel aus 44–90 Drähten ∅ 6 mm, St 150/170
Korrosionsschutz:
① Zwickel im Innern: Injektionszementmörtel.
② Abstandshalterung: Drahtumwicklung des Bündels.
③ Polyäthylenrohr, schwarz pigmentiert.

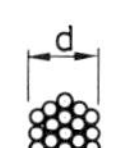

Netzseile Kühlturm KKW Schmehausen
Litzen aus 1 + 6 + 12 = 19 Drähten.
Drahtdurchmesser ~ 3,6 bzw. 4,0 mm.
Litzendurchmesser d ~ 18 bzw. 20 mm.
Korrosionsschutz:
① Rein-Aluminium-Schicht auf den Drähten, Dicke ~ 250 μm.

Bild 15.6–1 Weitere Ausführungsarten des Korrosionsschutzes bei Seilen, Seil- und Drahtbündeln (in Ergänzung zu Tabelle 15.6–1)

Auf Bild 15.6–1 sind sowohl der früher übliche Korrosionsschutz als auch zwei Alternativen zu der auf Tabelle 15.6–1 beschriebenen Art des Schutzes dargestellt.
Gedanken über die Möglichkeiten eines langzeitigen Korrosionsschutzes bei Litzen, Seilen, Seil- und Drahtbündeln findet man in [15] niedergelegt, ein Normblatt über Seil- und Bündelschutz als Bestandteil der DIN 55928 ist in Vorbereitung. Vielfältige Angaben zu ebenen Seiltragwerken findet man in dem Merkblatt [29.5] der Beratungsstelle für Stahlverwendung.

15.7 Kathodischer Korrosionsschutz

Beim kathodischen Korrosionsschutz wird das zu schützende Objekt zur Kathode gemacht, was zur Folge hat, daß kein korrosiver Materialabtrag erfolgt, weil dieser ja immer nur an der Anode auftreten kann. Dies wird erreicht, indem das zu schützende Metall mit dem negativen Pol einer Gleichstromquelle, der korrosiv wirkende Elektrolyt mit dem positiven Pol verbunden wird. Die Elektronen des negativen Pols stammen entweder von einer Fremdstromquelle oder aber von Opferanoden aus Zink, Aluminium oder Magnesium, teilweise mit bestimmten Legierungszusätzen. Kathodischer Korrosionsschutz ist nur möglich bei Teilen, welche in einen Elektrolyten eintauchen, der hinreichend leitfähig ist, dessen pH-Wert nicht zu weit vom Neutralbereich abweicht, wenn die von den Anoden abgegebenen Metallionen (bei Opferanoden) und die Alkalisierung an der Kathode nicht stören. Der Einsatz ist also meist beschränkt auf Stahlteile unter Wasser (See- und Süßwasser) und in Erdreich genügend großer Leitfähigkeit. Bei atmosphärischer Belastung ist kathodischer Korrosionsschutz also nicht möglich. In aller Regel ist kathodischer Korrosionsschutz dann besonders wirtschaftlich, wenn das zu schützende Teil eine Polymerbeschichtung trägt, weil dann die Anlage kleiner konzipiert und die laufenden Stromkosten kleiner gehalten werden können bzw. die Einsatzzeiten von Opferanoden länger sind. Der Schutzstrom konzentriert sich dann auf die Fehlstellen der Beschichtung.
Bei einer mit Fremdstrom arbeitenden Anlage werden hochbeständige Elektroden in der Nähe des zu schützenden Teiles im Elektrolyten verlegt und die Stromquelle sowohl mit den Elektroden als auch mit dem zu schützenden Teil über ein isoliertes Kabel verbunden. Opferanoden werden über Kabel oder durch direkten Kontakt metallisch leitend mit dem Schutzobjekt verbunden.
Die Erklärung der kathodischen Schutzwirkung an einem Korrosionselement ist auf Bild 15.7–1 gegeben, die einem Aufsatz von Eberius [39] entnommen ist. Im links dargestellten Diagramm ist ein Korrosionselement wiedergegeben, das im Bereich einer Fehlstelle in der Beschichtung seine Wirkung entfaltet. Das mittlere Diagramm zeigt die entsprechende Situation, aber nachdem auf die Fehlstelle eine Opferanode aus Zink aufgebracht ist, welche jetzt korrodiert und alle benachbarten Oberflächen zur Kathode gemacht hat. Das rechte Diagramm zeigt schließlich die Verhältnisse, wenn mittels einer Elektrode im Elektrolyten kathodischer Korrosionsschutz erzeugt wird. Die korrosionsgefährdete Me-

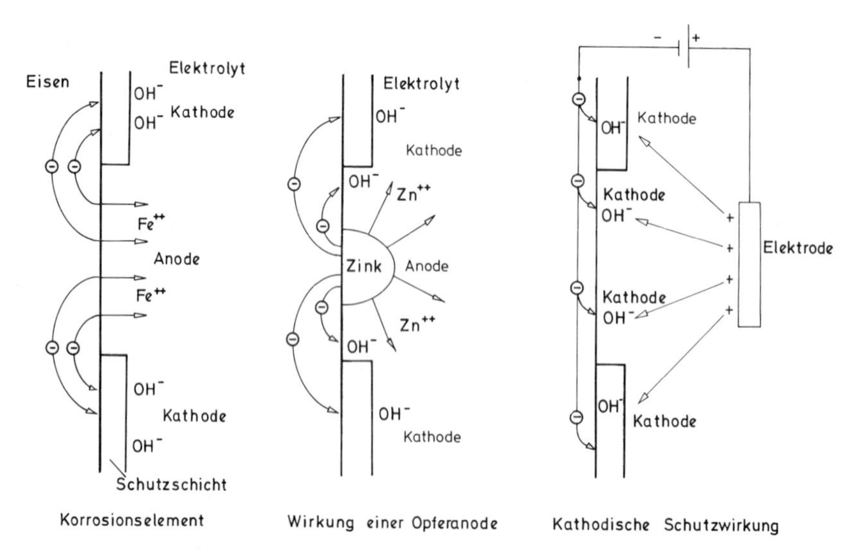

Bild 15.7–1 Vorgänge an einer Fehlstelle bei elektrolytischer Korrosion, bei Anwesenheit einer Opferanode und bei Kathodenschutz

talloberfläche wird mit Elektronen beschickt, welche beim Kontakt mit dem Elektrolyten kathodisches Alkali bilden und mit positiven Ionen aus dem Elektrolyten schützende Deckbeläge aufbauen, welche bei eingeerdeten Bauteilen erfahrungsgemäß neben Eisen vor allem Calcium und Silicium enthalten.
Polymerbeschichtungen zusammen mit kathodischem Schutz stellen die wirksamste großtechnisch nutzbare Korrosionsschutzmaßnahme dar, welche es heute gibt. Die Polymerbeschichtung muß geeignet sein für die Kombination mit kathodischem Schutz [51], insbesondere muß sie gegen das an der Kathode entstehende Alkali beständig sein und eine gute Haftfestigkeit besitzen. Ist die Polymerbeschichtung qualitativ hochwertig, dann konzentriert sich die kathodische Schutzwirkung auf Fehlstellen in der Polymerbeschichtung. Bei richtigem Betrieb einer Kathodenschutzanlage (richtige Spannung!) verheilen solche Fehlstellen sogar wieder durch Bildung von Belägen.
Ebenfalls dem bereits erwähnten, und jedem Interessierten zu empfehlenden Aufsatz von Eberius [39] ist Bild 15.7–2 entnommen, aus dem man entnehmen kann, welche Folgen sich bei kathodischem Schutz in Abhängigkeit von der Spannungsdifferenz (Potential) zwischen Kathode und Anode ergeben. Das natürliche Potential (gemessen mit der sog. Normalwasserstoffelektrode) von technischem Eisen in üblichen Elektrolyten beträgt −0,3 ... −0,4 Volt. Wird dieses Potential um weitere etwa 0,2 Volt erniedrigt, liegt kathodischer Schutz vor, wird es um weitere 0,1 Volt gesenkt, sind die Voraussetzungen für die erwünschte Ablagerung von Schutzschichten auf dem zu schützenden Metall erfüllt. Bei weiterer Erniedrigung des Potentials werden die Kathodenflächen nennenswert alkalisiert, schließlich kommt es zur Zersetzung des Elektrolyten unter Gasbildung. Starke Alkalisierung und Elektrolytzersetzung sind unerwünscht, da sie eine Gefahr für Polymerbeschichtungen darstellen und unnötig Energie verbrauchen. Die sich bei Opferanoden aus Zink einstellende Spannung von −0,75 V ist oft optimal, da negative Effekte weitgehend vermieden und die positiven genützt werden. Daher ist in vielen Fällen Zink der gewählte Werkstoff von Opferanoden.

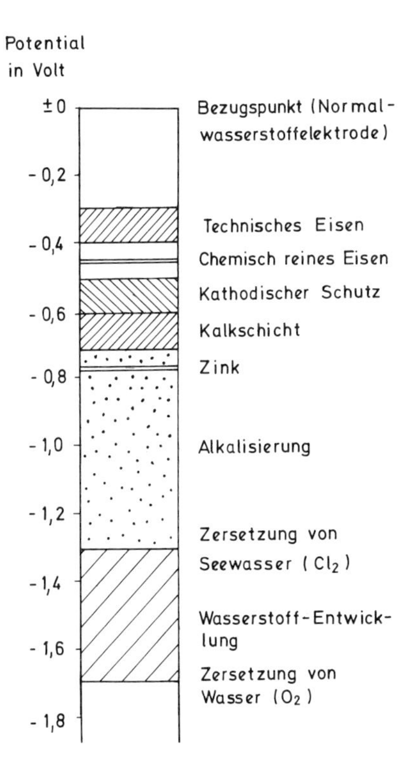

Bild 15.7–2
Einfluß der Größe der Potentialdifferenz bei kathodischem Korrosionsschutz

Bevorzugtes Anwendungsgebiet des kathodischen Korrosionsschutzes sind Kaianlagen, Schleusen, Spundwände [49], [50] , schwimmendes Gerät wie Schiffe, Off-Shore-Bauwerke, Anlegebrücken usw. [48], in Wasser oder in Erdreich verlegte Rohrleitungen [37], [55] sowie Tanklager, Behälter und stählerne Fundamente. Auch stählerne Rohrleitungen oder Maschinen, welche mit der Stahlbewehrung in Stahlbeton Kontakt haben, müssen unter Umständen kathodisch geschützt werden, da Stahl in Beton sich wie ein edleres Metall verhält und die Korrosion von Stahl in Wasser oder in Erdreich beschleunigt.

15.8 Sonderfälle des Korrosionsschutzes

Der Stahlleichtbau, bei dem dünnwandige Bauteile (≤3 mm) für tragende Funktionen herangezogen werden, erfordert naturgemäß einen besonders gründlichen Korrosionsschutz, da bei dünnen Teilen ein kleiner Korrosionsverlust die Tragfähigkeit relativ stark beeinträchtigt. Daher ist in DIN 55928, Teil 8 [27.8], der Stahlleichtbau besonders behandelt. Es sind drei Korrosionsschutzklassen zu unterscheiden, wobei die Stärke der korrosiven Beanspruchung und die Zugänglichkeit des Bauteils zu beachten sind. Entsprechend der Korrosionsschutzklasse, in welche das Bauteil eingruppiert wurde, sind die Schutzmaßnahmen (Duplex-Systeme und Beschichtungssysteme auf Polymerbasis) aus Tabellen zu entnehmen. Bemerkenswert ist, daß das Normblatt bei Wanddicken bis 1,5 mm fordert, daß das gesamte Schutzsystem im Werk aufzubringen ist. Für den Schutz durch Einbetonieren wird eine Betondeckung von mindestens 35 mm (bei atmosphärischer Beanspruchung) bzw. mindestens 25 mm (in geschlossenen Räumen) gefordert.
Erdanker werden verwendet, um Bauteile in tieferen Erdschichten zu verankern. Nach der Bohrung eines entsprechenden Loches werden die vorgefertigten Anker in den Hohlraum eingeschoben und auf verschiedene Weise darin verankert. Der Korrosionsschutz der aus Rundstäben bestehenden Zugglieder wird in einem Werk aufgebracht und dort vorgeschriebenen Überwachungsprüfungen unterzogen. Man unterscheidet Anker für kurzfristigen (mehrjährigen) und langfristigen Einsatz.
Zu beachten ist, daß Erdanker einschließlich des zugehörigen Korrosionsschutzes zulassungspflichtig sind. Beispiele für den zur Zeit üblichen Korrosionsschutz gibt Bild 15.8–1.

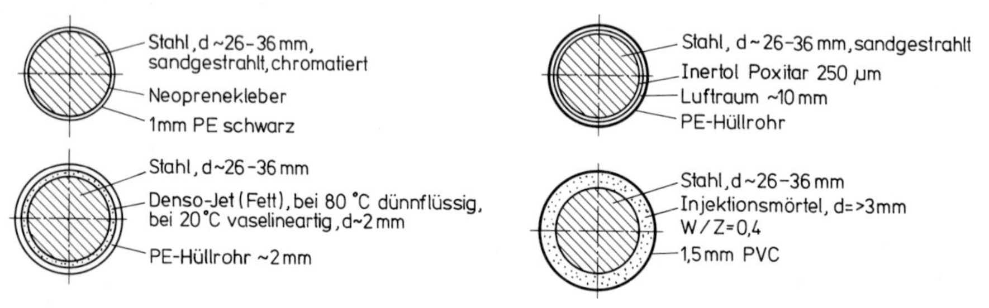

Bild 15.8–1 Beispiele dür Korrosionsschutzmaßnahmen bei Erdankern

Behälter und Rohrleitungen für sehr aggressive Chemikalien müssen bei entsprechender Aggressivität, z.B. infolge erhöhter Temperatur oder starker Konzentration dieser Stoffe, nach den Grundsätzen des Säureschutzbaus geschützt werden. Näheres darüber kann man dem von K. Falcke herausgegebenen Buch [21] entnehmen. Hier sei nur angedeutet, daß der Säureschutzbau speziellen Regeln folgt und besondere Werkstoffe verwendet und mit dem hier behandelten Gebiet des Korrosionsschutzes nur gewisse Grundlagen gemeinsam hat.
Besondere Untersuchungen sind erforderlich, um die lokale Aggressivität eines Bodens beurteilen zu können [30.1]. So wirken meist Kalk- und Sandanteile positiv, Ton-, Humus- und Torf-Anteile korrosiv. Als weitere ungünstige Faktoren seien kleine spezifische Bodenwiderstände, Grundwasser, Kohle- und Koksanteile, Schwefelwasserstoff und Sulfide sowie Sulfate genannt. Noch schwieriger ist aber die Beurteilung der Aggressivität eines größeren Bodenbereichs, z.B. der Trasse einer geplanten Rohrleitung, da Bodenzonen unterschiedlicher Beschaffenheit, die jeweils für sich allein nicht korrosiv wären, korrosiv sein können, wenn sie von einem Stahlbauteil nacheinander durchlaufen werden. Es kann dann zu Makroelementen [37] kommen, deren Anoden und Kathoden oft recht weit voneinander entfernt sind.

Literatur

Bücher, Broschüren

1. Emails. Herausgegeben von der Deutschen Borax-Gesellschaft mbH, Frankfurt, Borax Consolidated Limited, London 1965.
2. Altenpohl, D.: Aluminium von innen betrachtet. Aluminium-Verlag GmbH, Düsseldorf 1972.
3. Blei im Bauwesen. Herausgegeben von der Bleiberatung e.V. Düsseldorf, Verlag Fachtechnik GmbH, Duisburg 1964.
4. Zink als Korrosionsschutz. Herausgegeben von der Zinkberatung e.V. Düsseldorf, Zinkberatung e.V. Düsseldorf 1978.
5. Korrosion und Korrosionsschutz. Herausgegeben von Fritz Tödt, Walter de Gruyter u. Co., Berlin 1955.

6. Korrosion und Korrosionsschutz metallischer Werkstoffe im Hoch- und Ingenieurbau. 2. Korrosonium. Herausgegeben von Grimme, van Oeteren, Pötzschke und Schwenk, Verlag Stahleisen mbH, Düsseldorf 1976.
7. Evans, U. R.: Einführung in die Korrosion der Metalle. Verlag Chemie GmbH, Weinheim/Bergstraße 1965.
8. Krenkler, K.: Chemie des Bauwesens. Band 1: Anorganische Chemie. Springer Verlag Berlin, Heidelberg, New York 1980.
9. Herbsleb, G.: Korrosionsschutz von Stahl. Eine Einführung. Verlag Stahleisen mbH, Düsseldorf 1977.
10. Rausch, W.: Der Schutz metallischer Oberflächen. In: Winnacker/Küchler, Chemische Technologie, Band 6, Carl Hanser Verlag, München 1973.
11. Orth, H.: Korrosion und Korrosionsschutz. Wissenschaftliche Verlagsgesellschaft mbH, Stuttgart 1974.
12. Wiederholt, W., und Sonntag, J.: Korrosion von Metallen im Bauwesen. Berichte aus der Bauforschung, Heft 44. Vertrieb durch Wilhelm Ernst und Sohn, Berlin 1965.
13. Groß, H.: Wirkungen von Luftverunreinigungen auf Anstriche und ähnliche Beschichtungen. In: Berichte 3/79 des Umweltbundesamtes. Erich Schmidt Verlag, Berlin 1979.
14. Wirtschaftlicher Korrosionsschutz für Stahl und Zink. Arbeitsunterlagen für Planung und Ausführung. Herausgegeben von der Lechler Chemie GmbH, Stuttgart 1979.
15. Klopfer, H.: Der Langzeitschutz von Zuggliedern. Vortragsveranstaltung Seile und Bündel in Bauwesen. Essen, 24./25. September 1981. Berichtsband. Beratungsstelle für Stahlverwendung, Düsseldorf.
16. Tessendorf, H.: Zementmörtelauskleidungen für Guß- und Stahlrohre, DVGW-Schriftenreihe Wasser, Nr. 3, Frankfurt 1974.
17. Verdunsten, Trocknen, Schwitzen. Herausgegeben von der Lechler Chemie GmbH, Stuttgart–Gelsenkirchen.
18. Hömig, H. E.: Metall + Wasser. Eine Einführung in die Korrosionskunde. Vulkan-Verlag. Haus der Technik, Essen, 4. Aufl. 1978.
19. Schikorr, G.: Häufige Korrosionsschäden an Metallen und ihre Vermeidung. Verlag K. Wittwer, Stuttgart 1959.
20. Korrosion 11: Kathodischer Korrosionsschutz. Herausgegeben von W. Wiederholt und H. Kaesche, Verlag Chemie GmbH, Weinheim/Bergstraße 1959.
21. Kleines Handbuch des Säureschutzbaues. Herausgegeben von Karl Falcke, Verlag Chemie GmbH, Weinheim/Bergstraße 1966.
22. Machu, W.: Nichtmetallische Anorganische Überzüge. Springer Verlag, Wien 1952.
23. Nylen, P., und Sunderland, E.: Modern Surface Coatings. Interscience Publishers, London, New York, Sydney 1965.
24. Ruf, J.: Korrosion, Schutz durch Lacke + Pigmente. Verlag W. A. Colomb, Stuttgart–Berlin 1972.
25. von Oeteren, K. A.: Korrosionsschutz durch Beschichtungsstoffe. Grundlagen, Verfahren, Anwendungen, Bd. 1 und Bd. 2. Carl Hanser Verlag, München 1980.

Normen, Richtlinien usw.

26. Richtlinien für das Flammstrahlen (STG 4302, 6. Ausgabe 1976). Schiffsbautechnische Gesellschaft e.V. Hamburg 1976.
27. DIN 55928: Korrosionsschutz von Stahlbauten durch Beschichtungen und Überzüge.
27.1 Teil 1: Allgemeines. Nov. 1976.
27.2 Teil 2: Korrosionsschutzgerechte Gestaltung. Oktober 1979.
27.3 Teil 3: Planung von Korrosionsschutzarbeiten. Nov. 1978.
27.4 Teil 4: Vorbereitung und Prüfung der Oberflächen. Jan 1977. Beiblatt zu Teil 4: Photografische Vergleichsmuster. Aug. 1978.
27.5 Teil 5: Beschichtungsstoffe und Schutzsysteme. März 1980.
27.6 Teil 6: Ausführung und Überwachung der Korrosionsschutzarbeiten. Nov. 1978.
27.7 Teil 7: Technische Regeln für Kontrollflächen. Februar 1980.
27.8 Teil 8: Korrosionsschutz von tragenden, dünnwandigen Bauteilen (Stahlleichtbau). März 1980.
27.9 Teil 9: Bindemittel und Pigmente für Beschichtungsstoffe. Dez. 1979, Entwurf.
28. Schutzanstrich von Stahlkonstruktionen in der Industrie, Richtlinien und technische Vorschriften. Herausgegeben von K. Meyer, Verlag Stahleisen mbH, Düsseldorf und C. R. Vincentz-Verlag, Hannover 1971.
29. Beratungsstelle für Stahlverwendung, Düsseldorf.
29.1 Merkblatt 101: Überzüge zum Schutz und Dekor von Stahl.
29.2 Merkblatt 325: Kunststoffbeschichtetes Stahlblech und -band.
29.3 Merkblatt 400: Die Korrosionsbeständigkeit feuerverzinkten Stahles.
29.4 Merkblatt 424: Korrosionsschutz erdverlegter Stahlrohrleitungen.
29.5 Merkblatt 496: Ebene Seiltragwerke.
30. Deutscher Verein von Gas- und Wasserfachmännern, Frankfurt.
30.1 Arbeitsblatt GW 9: Merkblatt für die Beurteilung der Korrosionsgefährdung von Eisen und Stahl im Erdboden.
30.2 Arbeitsblatt GW 7: Korrosionsschutzbinden für erdverlegte Rohrleitungen und unterirdische Behälter.
31. Deutscher Ausschuß für Stahlbau (DASt). Stahlbau-Verlags-GmbH, Ebertplatz 1, 5000 Köln 1.
31.1 Richtlinie 007: Lieferung, Verarbeitung und Anwendung wetterfester Baustähle. November 1979.
31.2 Richtlinie 1000: Überschweißen von Fertigungsbeschichtungen (FB) in Stahlbau. Januar 1980.
32. Aluminium-Merkblätter. Herausgegeben von der Aluminium-Zentrale e.V. Düsseldorf, Aluminium Verlag GmbH, Düsseldorf.
32.1 Merkblatt K 3: Konstruieren mit Aluminium-Profilen.
32.2 Merkblatt K 4: Zusammenbau von Aluminium mit anderen Werkstoffen.
32.3 Merkblatt W 10: Reinaluminium.

Zeitschriftenaufsätze

33. Schwarz, H.: Hochwertige Schutzanstriche für umweltsichere Kläranlagen. Betriebstechnik, Heft 8 (1980), S. 30–33.
34. Schwarz, H.: Untersuchungen über die Wirkung des Eisen(II)sulfates beim atmosphärischen Rosten und beim Unterrosten von Anstrichen. Teil 1. Werkstoffe und Korrosion, H. 2 (1965), S. 93–103.
35. Schwarz, H.: Die theoretische Deutung der Eisen(II)sulfat-Nester im atmosphärischen Rost. Teil II. Werkstoffe und Korrosion, H. 3 (1965), S. 208–212.
36. Schwarz, H.: Über die Wirkung des Magnetits beim atmosphärischen Rosten und beim Unterrosten von Anstrichen. Werkstoffe und Korrosion, H. 8 (1972), S. 648–663.
37. Baeckmann, W. v., und Klein, K.: Kathodischer Korrosionsschutz für Rohrleitungen in Industrieanlagen. Industrieanzeiger, 98. Jg. Nr. 80 vom 6. 10. 1976, S. 1419–1423.
38. Kügler, A., Lennartz, G., und Bock, H. E.: Natur – Korrosionsversuche mit nichtrostenden Stählen auf Helgoland. Stahl und Eisen, H. 1 (1976), S. 21–27.

39. Eberius, E.: Grundbegriffe und Grundzüge des elektrochemischen Korrosionsschutzes. Metalloberfläche, Angew. Elektrochemie, H. 10 (1972), S. 369–373.
40. Kruse, C.L.: Korrosionsschäden an Rohrleitungen durch Einwirkung von Baustoffen und Isoliermaterialien. Sanitär- und Heizungstechnik, H. 6 (1974), S. 384–388.
41. Becker, H.: Der Korrosionsschutz von Heizöllagerbehältern. Seifen – Öle – Fette – Wachse, H. 24 (1969), S. 1001–1009.
42. Koldewitz, W.: Korrosionsschutz-Haftbrücke auf orthotropen Fahrbahnplatten. Straßenbau-Technik, H. 17 (1972), S. 17–22.
43. Schacht, E.: Gummiauskleidung ohne Druck und hohe Temperatur. Maschinenmarkt, H. 101 (1972), S. 1–5.
44. Zimmermann, G.: Zum Korrosionsverhalten einiger Metalle im Hochbau. db, H. 11 (1969), S. 830–844.
45. Borelly, W.: Nordbrücke Mannheim–Ludwigshafen. Der Bauingenieur, H. 8 und 9 (1972).
46. Klopfer, H.: Die Carbonatisation von Sichtbeton und ihre Bekämpfung. Bautenschutz und Bausanierung, H. 3 (1978), S. 86–97.
47. Schröder, H.Th.: Erfahrungen mit Schutzbeschichtungen an Stahlwasserbauten der Wasser- und Schiffahrtsverwaltung im Bereich der Nord- und Ostsee. Werkstoffe und Korrosion, H. 11 (1972), S. 993–1002.
48. Eberius, E., und Locke, J.: Kathodischer Korrosionsschutz am und im Schiff. In: Jahrbuch der Schiffbautechnischen Gesellschaft (1968).
49. Hauptmann, W.: Korrosionsschutz für die Hafenanlage an der Elbe vor dem Bützflether Sand. Hansa, Schiffahrt, Schiffbau, Hafen, H. 4 (1972) S. 307–309.
50. Nogatz, M.: Elektrische Korrosionsschutzanlage für den neuen Seehafen Acajutla, El Salvador, Zentralamerika. Die Bautechnik, H. 6 (1962), S. 181–186.
51. Eberius, E.: Über die gegenseitige Beeinflussung von Anstrich und kathodischem Schutz. Sonderheft „Korrosionstagung 1960“. Herausgegeben von der Schiffbautechnischen Gesellschaft e.V. Hamburg.
52. Koehler, E.L.: Korrosionsprozesse durch und unter organischen Überzügen. Werkstoffe und Korrosion. H. 7 (1970), S. 554–558.
53. Lincke, G., und Immenroth, R.: Wechselwirkungen von Farben-Zinkstaub mit blankem Eisenblech bei 20°C in Gegenwart von N/10 Salzlösungen. farbe + lack, H. 9 (1979), S. 733–744.
54. Lincke, G.: Neue Erkenntnisse zum Verhalten bleihaltiger Korrosionsschutzpigmente, insbesondere der Bleimennige. Vulkan-Verlag, Haus der Technik, Essen, Vortragsveröffentlichungen 336.
55. Schmid, H., und Bierer, S.: 220 km neue Fernleitungen der Landeswasserversorgung gwf, wasser/abwasser, H. 10 (1977), S. 449–462.
56. Kraft, K. und Sczyslo, S.: Anwendung der Flammstrahlentrostung als Oberflächenvorbereitung im stählernen Straßenbrückenbau. Straße und Autobahn, H. 6 (1978), S. 238–247.

16 Brandschutz im Stahlbau

W. Bongard

16.1 Vorbeugender Brandschutz

16.1.1 Die Brandschutzaufgabe

Der Brandschutz umfaßt alle Maßnahmen zur Verhütung und Bekämpfung von Brandgefahren. Die Bauordnungen bestimmen, daß bauliche Anlagen so anzuordnen, zu errichten und zu unterhalten sind, daß der
- Entstehung und
- Ausbreitung von Schadenfeuer vorgebeugt wird

und bei einem Brand
- wirksame Löscharbeiten und
- die Rettung von Menschen und Tieren möglich sind.

Dem *Entstehen* von Schadenfeuern wird durch Vorschriften über das Umgehen mit möglichen Zündquellen, wie Heizungsanlagen, elektrischen Anlagen und ähnliches, vorgebeugt. Die Intensität eines Brandes läßt sich durch Verringerung der Brandbelastung, d.h. durch Einschränken der Benutzung brennbarer Stoffe, vermindern.
Zur *Verhinderung der Brandausbreitung* unterscheidet man Maßnahmen, die
- das Überspringen eines Brandes auf andere Gebäude und
- die Ausbreitung eines Brandes innerhalb eines Gebäudes verhindern.

Um die Ausbreitung eines Brandes von einem Gebäude auf Nachbargebäude zu verhindern, müssen diese entweder einen bestimmten Abstand voneinander haben oder durch (äußere) Brandwände voneinander getrennt sein.
Der Ausbreitung von Bränden innerhalb von Gebäuden wird durch Abtrennung und Unterteilung, insbesondere durch die Aufteilung eines Gebäudes in Brandabschnitte, begegnet. Die Ausbreitung von Bränden kann auch durch zweckentsprechende Wahl der Baustoffe (schwer entflammbar oder nichtbrennbar) bzw. durch brandschutztechnisch vernünftige Detaillösungen für Durchbrüche und Abschlüsse und dgl., schließlich auch durch Anordnung von selbsttätigen Feuerlöschanlagen (Sprinkleranlagen), verhindert werden.
Um *wirksame Löscharbeiten* zu ermöglichen, sind Zufahrten bestimmter Breite, Durchfahrtshöhe und Tragfähigkeit erforderlich. Löschmannschaften müssen einen möglichst ungefährdeten Zugang zum Brandherd innerhalb von Gebäuden haben. Wasseranschlüsse definierter Größe und Leistungsfähigkeit sind vorzusehen.
Zum *Schutz* bzw. zur *Rettung von Personen* sind vor allem gesicherte Rettungswege erforderlich. Diese Maßnahme ist immer notwendig und kann durch keine andere ersetzt werden.

Vorbeugender Brandschutz = baulicher + betrieblicher Brandschutz

Beim *vorbeugenden Brandschutz* unterscheidet man Maßnahmen
- des baulichen Brandschutzes und
- des betrieblichen Brandschutzes.

Sie ergänzen einander und können sich gegenseitig ganz oder teilweise ersetzen.
Zum *baulichen Brandschutz* gehören insbesondere:
- Maßnahmen zur Erhaltung der Standsicherheit von Gebäuden,
- Unterteilung in Brandabschnitte,
- Sicherung der Fluchtwege.

Dem *betrieblichen Brandschutz* dienen u.a.
- Alarmanlagen als Rauch- und Feuermelder,
- selbsttätige Feuerlöschanlagen.

Umfang des vorbeugenden Brandschutzes

Die Maßnahmen des vorbeugenden Brandschutzes dienen:
- dem Schutz von Personen und
- der Abwehr materiellen Schadens am Gebäude und an fremdem Eigentum (Nachbarschaft)

Der *Schutz von Personen* hat eindeutig und immer den Vorrang bei allen zu treffenden Maßnahmen. Der erforderliche Umfang dieser Maßnahmen ist nicht mit wirtschaftlichen Maßstäben meßbar, sondern nur an der möglichen Gefährdung. Sind Menschen nicht gefährdet, so sind keine Maßnahmen zum Schutz von Personen notwendig.
Bei der *Abwehr materiellen Schadens* sind Maßnahmen unverzichtbar, die das Ausbreiten von Bränden, den Einsturz hoher Gebäude und Schäden an fremdem Eigentum verhüten.
Materielle Schäden am Gebäude selbst kann man finanziell abschätzen. Das Risiko im Falle eines Brandes hängt u.a. von den getroffenen Maßnahmen des baulichen Brandschutzes ab und kann von Versicherern erfaßt und in Prämien umgerechnet werden. Hierdurch entsteht ein wirtschaftlicher Zusammenhang zwischen dem möglichen Schaden (oder der Versicherungsprämie) und den Kosten der Brandschutzmaßnahme. Aus volkswirtschaftlichen Gründen sollte die Summe aus Schadenrisiko (oder dadurch bedingter Prämie) und Aufwand für den Brandschutz ein Minimum sein.
Bauliche Brandschutzmaßnahmen brauchen nur beschränkte Zeit wirksam zu sein, z.B. müssen

- Rettungswege intakt bleiben, bis alle Personen in Sicherheit sind,
- Abschlüsse von Brandabschnitten und wichtige tragende Bauteile im Brandraum funktionsfähig bleiben, so lange das Feuer brennt,
- sonstige tragende Bauteile ihre Tragfähigkeit für die Dauer der Rettungs- und Löschmaßnahmen behalten.

Das *Ziel von Brandschutzmaßnahmen* kann also nicht der „totale" Brandschutz sein. Diesen gibt es nicht. Schutz gegen einen Brand ist immer nur in beschränktem Umfang und/oder für eine beschränkte Zeit erforderlich: *Brandschutz nach Maß*. Werden diese Grenzen zu hoch eingeschätzt, werden nutzlose Anstrengungen unternommen und – volkswirtschaftlich gesehen – Mittel vergeudet. Werden sie zu niedrig angesetzt, besteht gegebenenfalls Gefahr für Leib und Leben oder für schutzwürdiges Eigentum. In der Beurteilung der im Einzelfall notwendigen Maßnahmen haben die Bauordnungen einen großen Ermessensspielraum.

Kriterien für den Umfang von Brandschutzmaßnahmen

Die Anforderungen des vorbeugenden Brandschutzes und damit der Umfang der zu treffenden Maßnahmen hängen also von vielen Faktoren ab. Grundsätzlich gilt: Wo nichts brennen kann, ist nichts zu schützen. Wo sich keine Personen aufhalten, ist niemand zu retten. Einflüsse sind z.B.:

- Die Zahl der Menschen, die sich in einem Gebäude aufhalten: hohe Anforderungen für Versammlungsräume oder Kaufhäuser; niedrige für Industriehallen oder Parkhäuser.
- Die Beweglichkeit der Menschen in Gebäuden: hohe Anforderungen in Krankenhäusern, Altersheimen, Kindergärten; niedrige in Schulen oder Sportstätten.
- Die Brandbelastung des Gebäudes: hohe Anforderungen in Kaufhäusern und Wohnungen; niedrige in Schulen und Parkhäusern.
- Die Größe und Gestaltung des Gebäudegrundrisses: hohe Anforderungen für ausgedehnte und unübersichtliche Gebäudekomplexe; niedrige für kleine Gebäudekomplexe.
- Die Höhe des Gebäudes: besondere Anforderungen für Hochhäuser; geringe Anforderungen für ein- und zweigeschossige Bauten.
- Erleichterungen bei Industrieanlagen mit eigener Werkfeuerwehr.

16.1.2 Standsicherheit von Gebäuden

Die geforderte Standsicherheit eines Gebäudes soll die Rettungs- und Löschmaßnahmen ermöglichen und materiellen Schaden begrenzen.

Mehrgeschossige Gebäude

Bei mehrgeschossigen Gebäuden muß das Tragwerk das Ausbrennen eines – oder auch mehrerer – Brandabschnitte überstehen, ohne zu versagen.

Eingeschossige Gebäude

Bei eingeschossigen Gebäuden ist es für den Personenschutz ausreichend, die Standsicherheit nur relativ kurze Zeit (z.B. 30 Minuten) zu gewährleisten. Häufig genügt der Feuerwiderstand der unverkleideten Stahlkonstruktion, um Flucht und Rettung der Menschen zu gewährleisten. Wenn in dieser Zeit der Brand nicht gelöscht ist, entsteht am Ausbau ein so großer Schaden, daß es unnötig erscheint, für die unversehrte Erhaltung des Tragwerkes besondere Aufwendungen zu machen.

Unterschiedliche Anforderungen

Die Erhaltung der Standsicherheit eines Gebäudes verlangt keineswegs immer eine feuerbeständige Ausführung der tragenden Bauteile. Viel zu häufig wird diese Grundforderung der Bauordnungen kritiklos übernommen, obwohl heute die Zusammenhänge zwischen Brandbelastung und Brandbeanspruchung der Bauteile genügend bekannt sind.

Ebenso sind die Bauteile eines Gebäudes differenziert zu betrachten. Für Bauglieder, die nach ihrer Funktion eine ungleiche Bedeutung für den Bestand des Bauwerkes haben, gelten unterschiedliche Anforderungen.

Kosten des Brandschutzes von Stahlbauteilen

Der Schutz der tragenden Konstruktion ist nur ein kleiner Teil der insgesamt für den vorbeugenden Brandschutz notwendigen Maßnahmen. Hier unterscheiden sich Stahlbauten nicht von Bauten, deren Tragwerke aus anderen Baustoffen bestehen. Der unmittelbare Schutz der stählernen Bauteile – soweit er nicht von anderen Elementen mit übernommen wird – erfordert nur einen verschwindend kleinen Prozentsatz der gesamten Baukosten.

16.1.3 Fluchtwege

Die Rettung von Menschen und der Schutz der Retter und Löschmannschaften erfordert vor allem die Sicherung von Fluchtwegen. Es ist festzustellen, daß der Tod von Menschen bei Bränden fast nie durch den Einsturz von tragenden Bauteilen verursacht wird, sondern fast ausschließlich dadurch, daß die Rettungswege nicht ausreichen oder nicht passierbar sind. Die Menschen kommen dann durch die Flammen oder erstickenden Qualm ums Leben. Bei Hochhäusern ist es nicht immer möglich, das Gebäude beim Brand völlig zu evakuieren. Es muß daher möglich sein, sichere Bereiche zu finden und aufzusuchen.

Alarmanlagen

Damit sich die Benutzer eines Gebäudes bei einem Brand rechtzeitig in Sicherheit bringen können, müssen sie so schnell wie möglich vom Brand Kenntnis erhalten. Größere Gebäude mit vielen Menschen sollten daher eine akustische oder optische Alarmanlage haben [1].

Bezeichnung von Fluchtwegen

Die Fluchtwege sollten bezeichnet sein. Die Bezeichnung soll tief angebracht sein, weil der Rauch aufsteigt und in verqualmten Gängen die Sicht oben zuerst beeinträchtigt ist.

Flure

Fluchtwege in Fluren müssen eine definierte Zeit benutzbar bleiben, ihre Wände also eine bestimmte Feuerwiderstandsdauer haben. Die Gänge sind stets freizuhalten, insbesondere darf dort kein brennbares Material gelagert werden. Die Verwendung brennbarer Baustoffe sollte in den Fluren sorgfältig im Hinblick auf Verqualmung und Brandausbreitung geprüft werden.

Brandwände

Liegen Brandwände im Zuge von Fluchtwegen, so müssen sie selbstschließende, in Fluchtrichtung öffnende Türen definierter Feuerwiderstandsdauer haben.

Treppen

In allen Geschossen muß eine Treppe von jedem Punkt aus in einer bestimmten Entfernung erreichbar sein. In den Bauordnungen ist vorgeschrieben, daß der Abstand höchstens 35 m beträgt und daß sich die Treppe in einem Treppenraum mit Wänden definierter Festigkeit und entsprechenden Türen befindet (notwendige Treppe).

Rauchabzugsanlagen

Von großer Wichtigkeit ist der Rauchabzug.
Rauchabzugsanlagen dienen vorrangig dazu,

- die Rettungs- und Angriffswege möglichst rauchfrei zu halten,
- die Brandbekämpfung zu erleichtern und
- die Bildung explosibler Rauchgas-Luftgemische zu vermeiden.

Die Öffnungen für den Rauchabzug müssen im oberen Bereich eines Raumes liegen; sie können sowohl in den Außenwänden als auch im Dach angeordnet werden. Für Räume, die keinen Rauchabzug durch Öffnungen, die direkt ins Freie führen, erhalten können (z.B. innenliegende Räume) müssen maschinelle Rauchabzugsanlagen vorgesehen werden [1].

16.1.4 Brandabschnitte

Die Brandabschnitte innerhalb eines Gebäudes werden durch Brandwände begrenzt. Anstelle innerer Brandwände oder auch zusätzlich zu diesen können horizontale Unterteilungen durch feuerbeständige Decken verlangt werden.

Außenwände

Ein anderer Weg, den das Feuer von Geschoß zu Geschoß nehmen kann, führt über die Außenwände. Wenn die Fensterscheiben zerstört sind, können die Flammen aus dem Fenster herausschlagen und das darüberliegende Geschoß in Brand setzen. Dieser Gefahr kann dadurch begegnet werden, daß der Feuerüberschlagsweg eine bestimmte Länge hat.

Schächte

Vertikale Erschließungsschächte – Aufzugsschächte, Treppenräume, Versorgungsschächte – werden meist als gesonderte Brandabschnitte betrachtet. Die Gefahr der Ausbreitung eines Feuers durch die Vertikalschächte, besonders die Versorgungsschächte, ist sehr groß. Die Durchführung von Leitungen durch Brandabschlüsse von einem Brandabschnitt zu einem anderen bedarf besonderer Beachtung. Luftleitungen von Klima- und Lüftungsanlagen müssen selbsttätig schließende Verschlüsse (Brandklappen) haben. Abluftleitungen, die zugleich zum Absaugen von Rauch dienen sollen, müssen selbst dicht und feuerbeständig ausgebildet sein.

16.1.5 Löschhilfeanlagen

Löschhilfeanlagen verhindern das Entstehen und die Ausbreitung großer Brände durch manuell oder automatisch ausgelöste Abgabe geeigneter Löschmittel (meist Wasser). Diese betriebliche Brandschutzmaßnahme führt oft zu Erleichterungen bei baulichen Brandschutzanforderungen:
- durch Zulassen größerer Brandabschnitte
- durch geringere Anforderungen an die Feuerwiderstandsdauer von Bauteilen.

Die Vergrößerung von Brandabschnitten kann im Geschoßbau bei Warenhäusern, Versammlungsstätten und Großraumbüros Bedeutung haben. Dies ist in den Versammlungsstätten- und Warenhausverordnungen festgelegt.
Folgende Bauweisen sind üblich:
- von Hand auslösbare Sprühwasser-Löschanlagen
- selbsttätige Sprühwasser-Löschanlagen
- Sprinkleranlagen [1].

Wirkungsweise von Sprühwasser-Löschanlagen

Sprühwasser-Löschanlagen haben den großen Vorteil, daß sie über eine große Fläche gleichzeitig Löschwasser verteilen und damit eine gute Chance besteht, den Brand bis zum Eintreffen der Feuerwehr niederzuhalten. Allerdings muß darauf geachtet werden, daß in dem zu schützenden Raum ein ausreichender Wasseranschluß eingebaut wird und eine entsprechende Löschwasserversorgung sichergestellt ist. Von Hand auszulösende Sprühwasser-Löschanlagen setzen eine Überwachung voraus und sind daher nur bedingt anzuwenden, z. B. im Bühnenbereich von Versammlungsstätten.
Als Auslösevorrichtung für die selbsttätigen Anlagen dienen im allgemeinen die Detektoren der automatischen Brandmelder.

Wirkungsweise von Sprinkleranlagen

Sprinkleranlagen sind meist mit Melde- und Alarmanlagen verbunden. Da sie schon bei einer niedrigeren Temperatur (i. a. 70 °C) in Aktion treten, melden und bekämpfen sie den Brand in der Entstehung. Da nur die Düsen über dem Brandherd ausgelöst werden, ist der Wasserschaden örtlich begrenzt.
Die Kosten einer Sprinkleranlage sind nicht sehr hoch und machen sich durch Rabatte bei der Feuerversicherung bezahlt.

Feuerlöschanlagen mit Löschpulver und CO_2, bzw. Halon

Löschpulver, CO_2 oder Halon als Löschmittel kommen aus Kostengründen und den damit verbundenen Gefahren (Erstickung) nur für bestimmte Anwendungsgebiete (Farbspritzräume, elektrische Betriebsräume, Rechenzentren) in Betracht [1].

16.2 Standsicherheit von Gebäuden beim Brand

16.2.1 Lastfall Brand – Brandschutz nach Maß

Aus Gründen des Personenschutzes oder der öffentlichen Sicherheit ist es bei Geschoßbauten in der Regel notwendig, das Tragwerk auch für Brandeinwirkung standsicher zu machen. Mit Rücksicht auf den Sachschutz kann es sinnvoll sein, noch einen Schritt weiterzugehen und die Gebrauchsfähigkeit der baulichen Anlage nach dem Brand anzustreben. Dafür fehlen noch geeignete Kriterien; deshalb wird im folgenden nur die Standsicherheit behandelt.

Die Anforderungen an den baulichen Brandschutz sind durch gesetzliche Vorschriften mehr oder weniger starr geregelt.
Diese Vorschriften basieren auf Erfahrungen, weil der Fall eines Brandes einer rechnerischen Bemessung bisher nicht zugängig schien. In Grenzbereichen haben die Vorschriften vielfach einen großen Ermessensspielraum.
Neuere Forschungen ermöglichen die rechnerische Verfolgung der Auswirkung eines Brandes. Der Brand wird zum Lastfall.
Mit der DIN 18230 Baulicher Brandschutz im Industriebau (z.Z. im Stadium einer Vornorm), ist ein Verfahren zur Ermittlung der erforderlichen Feuerwiderstandsdauer entwickelt und erprobt worden, das von der tatsächlichen Brandbeanspruchung der Bauteile ausgeht und die Wirkungen der Brandbelastung und der Ventilationsbedingungen erfaßt. Geschoßbauten der Industrie, in denen Güter verarbeitet, hergestellt oder gelagert werden, werden je nach ihrer Brandgefährdung in sogenannte Brandschutzklassen eingeteilt, denen bestimmte Anforderungen an die Feuerwiderstandsdauer der tragenden und abschließenden Bauteile zugeordnet sind. Das Ergebnis dieses Rechenverfahrens ist ein differenzierter „Brandschutz nach Maß", der dem Bauherrn unnötige Aufwendungen erspart und doch die gebotene Brandsicherheit nicht zu kurz kommen läßt.
Eine Anwendung der DIN 18230 auf andere Bereiche ist im Grundsatz möglich, wird aber heute noch nicht praktiziert, wenn man von Sonderbauten, wie z.B. Garagen und Parkhäuser, absieht, wo wegen der geringen Brandgefahren behördlicherseits Erleichterungen festgeschrieben sind.

16.2.2 Anforderungen des baulichen Brandschutzes

Bauteile werden nach der Zeit, die sie im Brandversuch einem Normenbrand Widerstand leisten (Feuerwiderstandsdauer) in Feuerwiderstandsklassen eingestuft. Die Normbrandkurve (Einheits-Temperaturzeitkurve) legt die Temperatur im Versuchsstand in Abhängigkeit von der Zeit fest, Bild 16.2–1. Sie ist international einheitlich genormt. Die Feuerwiderstandsdauer wird in Sprüngen von 30 Minuten abgestuft, F 30, F 60, F 90, F 120, F 180 (Tabelle 16.2–1).
Bauteile bestehen aus Baustoffen. Diese werden nach dem Grad ihrer Brennbarkeit gemäß DIN 4102 eingestuft (Tabelle 16.2–2).
Bauteile einer bestimmten Feuerwiderstandsklasse werden durch Zusatz der Buchstaben A, AB und B entsprechend dem Verwendungsgrad brennbarer Baustoffe charakterisiert [2].
Die Anforderungen, die die Bauteile bei der Brandprüfung zu erfüllen haben, sind in der DIN 4102 enthalten [2].

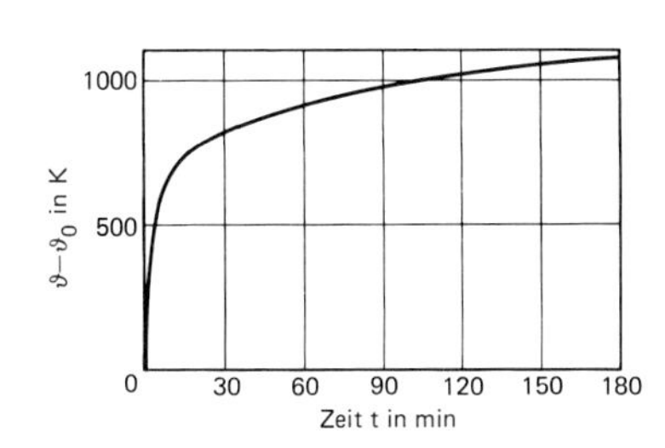

Bild 16.2–1 Einheits-Temperaturzeitkurve (ETK)

Tabelle 16.2–1 Feuerwiderstandsklassen F

Feuerwiderstandsklasse	Feuerwiderstandsdauer in Minuten
F 30	$\geqq$ 30
F 60	$\geqq$ 60
F 90	$\geqq$ 90
F 120	$\geqq$ 120
F 180	$\geqq$ 180

Tabelle 16.2–2 Baustoffklassen

Baustoffklasse	Bauaufsichtliche Benennung
A	nichtbrennbare Baustoffe
A 1	
A 2	
B	brennbare Baustoffe
B 1	schwerentflammbare Baustoffe
B 2	normalentflammbare Baustoffe
B 3	leichtentflammbare Baustoffe

Bauaufsichtliche Anforderungen an Bauteile

Während sich die Bauordnungen mit der allgemeinen Forderung nach ausreichender Standsicherheit begnügen, legen sie für den Brandschutz – zwar nach bestimmten Kriterien differenziert, aber im wesentlichen doch pauschaliert – konkrete Anforderungen an Bauteile fest. Sie beruhen auf Erfahrungen im Wohnungsbau herkömmlicher Bauart. Für Gebäude besonderer Art oder Nutzung kann mehr verlangt werden. Es können auch Erleichterungen von den Vorschriften der Bauordnung gewährt werden, wenn dies in Sonderverordnungen im einzelnen geregelt ist. Es gibt z. Z. Rechtsverordnungen für Waren- und Geschäftshäuser, Versammlungsstätten, Krankenhäuser, Garagen, außerdem eine Richtlinie für Schulen. In Vorbereitung ist eine Regelung für den Industriebau.
In anderen Bereichen kann nur von Fall zu Fall im Befreiungswege von den zwingenden Vorschriften der Bauordnungen abgewichen werden. Bei eingeschossigen Gebäuden sind allerdings ohne formale Schwierigkeiten Ausnahmen möglich, wenn „wegen des Brandschutzes Bedenken nicht bestehen".
Die wichtigsten Anforderungen der Bauordnungen sind in Tabelle 16.2–3 aufgeführt.
Wirklichkeitsnahe Brandversuche haben bewiesen, daß die Brandgefahr in Garagen und Parkhäusern gering ist. Daher sind in den Garagenverordnungen unter bestimmten Voraussetzungen Erleichterungen vorgesehen [4].

Tabelle 16.2–3 Brandschutzanforderungen der Bauordnungen

1	Bauteile	Wohn- und Bürogebäude			
		bis 2 Vollgeschosse	bis 5 Vollgeschosse	bis Hochhausgrenze	Hochhäuser
	1	2	3	4	5
2	Tragende und aussteifende Wände sowie Unterstützungen	fh (F 30-B) Ausnahmen Klasse B 2	fb (F90-AB)		
3	Nichttragende Außenwände	br Klasse B 2	nbr (Klasse A) oder fh (F 30-B) Ausnahmen (W 30-B oder W 60-B)		nbr (Klasse A) Ausnahmen (W90-AB)
4	Wohnungstrennwände u. dgl.	fb (F90-AB) Ausnahmen	fb (F90-AB)		
5	Nichttragende Trennwände	br (Klasse B 2)	br (Klasse B 2)	br (Klasse B 2)	nbr (Klasse A) Ausnahmen
6	Decken	F 30-B Ausnahmen	F 30-AB	F90-AB	
7	Ausgebauter Dachraum, Wände und Decken zum nicht ausgebauten Teil (soweit nicht Zeile 2)	fh (F 30-B) Ausnahmen			
8	Wände von Treppenräumen	fb (F90-AB) Ausnahmen	fb (F90-AB) in Brandwanddicke		
9	Treppen	br (Klasse B 2)	nbr (Klasse A)	fb (F90-AB)	
10	Rettungswege, Umfassung (soweit nicht Zeile 2)	br (Klasse B 2)	fh (F 30-B)		

16.3 Brandverhalten von Stahlbauteilen

16.3.1 Einflußgrößen und Methoden zur Bestimmung des Brandwiderstandes von Stahlbauteilen

Das Brandverhalten von Bauteilen wird durch die Feuerwiderstandsdauer gekennzeichnet. Die Feuerwiderstandsdauer ist die Mindestdauer in Minuten, während der das Bauteil unter vorgegebener Brandbeanspruchung seine Funktion erfüllt.
Hinsichtlich ihrer Funktion unterscheidet man raumabschließende und tragende Funktion; manche Bauteile, wie Wände, erfüllen beide Funktionen. In diesem Kapitel werden nur Bauteile in tragender Funktion behandelt.
Tragende Bauteile dürfen unter ihrer Gebrauchslast ihre Standsicherheit nicht verlieren. Außerdem darf eine bestimmte Verformung nicht überschritten werden.

Der Nachweis eines ausreichenden Brandverhaltens wird in der Regel durch einen Brandversuch geführt. In den letzten Jahren sind auch rein analytische Nachweisverfahren entwickelt worden, die in manchen Ländern – entweder allein oder in Verbindung mit einem Versuch ohne Belastung – schon angewendet werden. Man wird das Experiment nicht ganz entbehren können, es ist immer wertvoll zur Überprüfung, z.B. von Eckwerten oder anderer besonders wichtiger Daten, jedoch kann der Versuchsaufwand durch Zuhilfenahme der analytischen Rechnung wesentlich verringert werden.
In diesem Abschnitt werden analytische Methoden zur Bestimmung des Brandwiderstandes vorgestellt. Sowohl im Brandversuch als auch in der Rechnung könnte man die Temperaturbeanspruchung dem jeweils zu erwartenden Brand anpassen – der Brand als definierter, auf den Einzelfall zugeschnittener Lastfall. Zur Vereinfachung und zur besseren „Sprachregelung" hat man sich international seit vielen Jahren darauf geeinigt, in Brandversuchen die Einheits-Temperaturkurve – abgekürzt: ETK – nach Bild 16.2–1 zugrunde zu legen. Die Temperaturdifferenz zur Außentemperatur soll dem Gesetz

$$\vartheta_t - \vartheta_0 = 345 \lg (8\,t + 1) \qquad (16.3\text{–}1)$$

folgen.
In der älteren Literatur wird die ETK vielfach als Hüllkurve möglicher Temperaturzeitkurven natürlicher Brände bezeichnet. Diese Betrachtungsweise läßt sich jedoch nicht halten, da durchaus ungünstigere, d.h. schneller ansteigende Verläufe vorkommen. Nichtsdestoweniger deckt die international eingeführte Einheits-Temperaturzeitkurve die meisten Brandverläufe ab, sie hat darüber hinaus ihre unbestrittene Bedeutung als Maßstab für die Klassifizierung von Bauteilen und als Bezugsbasis für den Vergleich von Brandprüfungen.
Für die Reproduzierbarkeit von Brandprüfungen ist allerdings die Übereinstimmung der sonstigen Prüfbedingungen (Art der Feuerung und der Temperaturmessung, Größe und Ausbildung der Brandkammern, Lagerungs- und Belastungsbedingungen) Voraussetzung. Hier setzt die Kritik an dem „genormten" Brandversuch an. Weil die Prüfanstalten Unterschiede aufweisen, sind die verschiedenen Orts erhaltenen Ergebnisse nur bedingt vergleichbar. Eine theoretische Erfassung mit vereinheitlichten Annahmen könnte diesem Übelstand abhelfen oder zumindest zur Deutung von Abweichungen beitragen.
Mit der sogenannten „äquivalenten Branddauer", siehe unter 16.3.2, kann man natürliche Brände unter Berücksichtigung der charakteristischen Daten, wie Art und Menge der brennbaren Stoffe, Ventilation, Geometrie, auf den Normenbrand nach der ETK umrechnen und damit den Anschluß an das umfassende Erfahrungsgut aus Forschung, Materialprüfung und analytischer Berechnung finden.

Die *Europäischen Empfehlungen für die Brandsicherheit von Stahlkonstruktionen* [5] unterscheiden bezüglich der analytischen Nachweismethoden im vorgenannten Sinne 3 Stufen:
Stufe 1: Die Feuerwiderstandsdauer unter den Bedingungen des Normenbrandes wird rechnerisch ermittelt. Sie wird gegenübergestellt der Feuerwiderstandsdauer, wie sie in Vorschriften gefordert wird.
Stufe 2: Die Feuerwiderstandsdauer unter den Bedingungen des Normenbrandes wird rechnerisch ermittelt. Sie wird einer Feuerwiderstandsdauer gegenübergestellt, die über die „äquivalente Branddauer" aus den Daten eines Nicht-Standard- oder Naturbrandes abgeleitet worden ist.
Stufe 3: Es wird unmittelbar das Brandverhalten im Nicht-Standard- oder Naturbrand untersucht und der Nachweis der Standsicherheit erbracht.
Das in den Empfehlungen [5] gebrachte und hier wiedergegebene Verfahren zur Ermittlung des Feuerwiderstandes an Bauteilen und Baukonstruktionen unter den Bedingungen des Normenbrandes ist gleichermaßen für die *Stufen 1* und *2* zugeschnitten. Es ist als vollständige oder teilweise Alternative zu den Normbrandprüfungen anzusehen. Ein teilweiser Ersatz ist gegeben, wenn einer der beiden Schritte der brandschutztechnischen Bemessung, die Erfassung des Aufwärmungsverhaltens oder des Versagensverhaltens, analytisch, der andere aber experimentell erfolgt. So kann es z.B. vorkommen, daß ein Bauteil wegen der begrenzten Kapazität der Prüfeinrichtung nicht unter Last geprüft werden kann. Der Brandversuch liefert dann nur den zeitlichen Verlauf der Stahltemperatur. Die Versagungstemperatur muß man in diesem Fall analytisch ermitteln, z.B. nach Unterabschnitt 16.3.5 oder nach DIN 4102 Teil 4, wo dieser Weg ausdrücklich vorgesehen ist.
Das Vorgehen nach *Stufe 1* (siehe Bild 16.3–1) ist z.Z. noch die Regel in den meisten Ländern, auch in der Bundesrepublik Deutschland, wo die bauaufsichtlichen Vorschriften den Anforderungsgrad in Feuerwiderstandszeiten angeben.
Verschiedentlich findet auch *Stufe 2* schon Anwendung, z.B. nach der Vornorm DIN 18230 Baulicher Brandschutz im Industriebau, siehe hierzu Unterabschnitt 16.3.2.
Das Verfahren der *Stufe 3* wird vereinzelt praktiziert, ist aber mit Ausnahme von Schweden derzeit wohl in keinem Land von den zuständigen Behörden als Nachweisverfahren akzeptiert.
Sehr konventionell ist in dieser Hinsicht DIN 4102 orientiert. Sie stützt sich bei der Einstufung der Bauteile in die Feuerwiderstandsklassen auf Brandversuche mit und ohne Last. Serienversuche mit unterschiedlichen Querschnitten erlauben, den Einfluß des Profilfaktors, siehe hierzu Unterabschnitt

16.3.4, herauszuarbeiten, und dadurch mit einer begrenzten Zahl von Prüfungen zu Gesetzmäßigkeiten über ein breites Band von Querschnitten zu gelangen.
Die Ergebnisse solcher Untersuchungen liegen in gutachterlichen Stellungnahmen der Materialprüfanstalten vor und sind für praxisübliche, meist herstellergebundene Bekleidungsmaterialien in [6] und [7] aufgelistet.

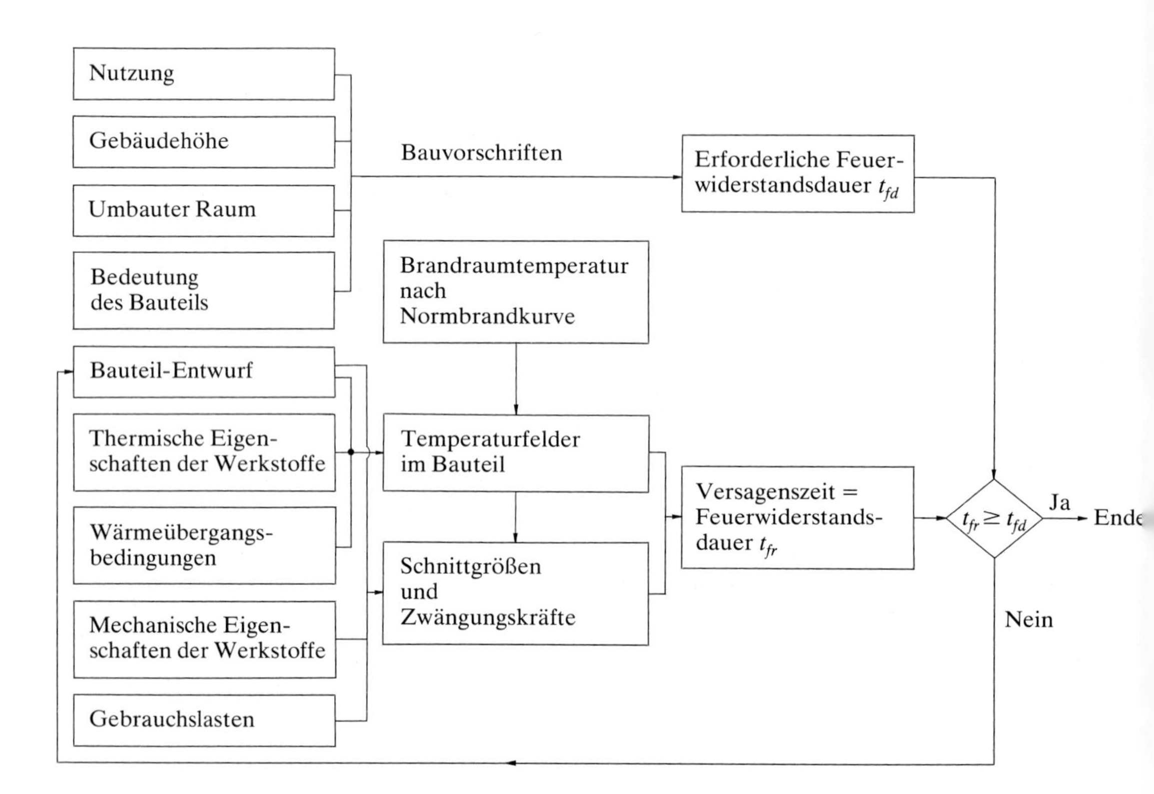

Bild 16.3–1 Brandschutztechnische Bemessung von Bauteilen und Baukonstruktionen nach Stufe 1 nach [5]

16.3.2 Brandlast und äquivalente Branddauer

Der Brandverlauf von der Entstehung über die Ausbreitung, den „Flash-over" und den Vollbrand bis zur Abkühlung ist in Bild 16.3–2 schematisch dargestellt. Die wesentlichen Faktoren, die den Brandverlauf beeinflussen, und ihre gegenseitige Vernetzung gibt Bild 16.3–3 an.
Die Höhe der Brandlast mit ihrer Lagerungsart und ihrem Abbrandverhalten, die Größe und Lage der Öffnungen in den Umfassungsbauteilen des Brandraumes und die Wärmedämmung dieser Bauteile sind – ebenso wie die Geometrie des Brandabschnittes – von ausschlaggebender Bedeutung für die Auswirkungen des Brandes auf Bauteile und Gesamtkonstruktionen.
Jeder der Faktoren beeinflußt das Brandrisiko, wobei, wie Bild 16.3–4 zeigt, die Höhe der Brandlast und Art und Umfang der Ventilation Haupteinflüsse darstellen. Natürliche Brände laufen also anders ab, als die in DIN 4102 vereinbarte Einheitstemperaturzeitkurve (ETK) beschreibt.
Das Ziel der Bemessung im baulichen Brandschutz muß es sein, die Gebäude und ihre Teile so zu bemessen, daß die Gesamtkonstruktion und die Einzelbauteile den Einwirkungen des Brandes für eine genügend lange Zeit widerstehen und bei lokalem Versagen ein Zusammenbruch des Gebäudes oder von Gebäudeteilen verhindert wird.
Es konnte ein Bemessungsverfahren entwickelt werden, das für den Industriebau die Grundlagen zur Ermittlung der erforderlichen Feuerwiderstandsdauer der Bauteile liefert, die DIN 18230 Baulicher

Brandschutz im Industriebau (z. Z. im Stadium einer Vornorm). Dieses Brandschutzkonzept konnte mit einem Sicherheitskonzept auf probabilistischer Ebene verbunden werden, das auf dem deutschen Entwurf der Grundlagen zur Festlegung von Sicherheitsanforderungen für bauliche Anlagen und dem entsprechenden internationalen Entwurf für den Model-Code 1 [8] aufbaut.

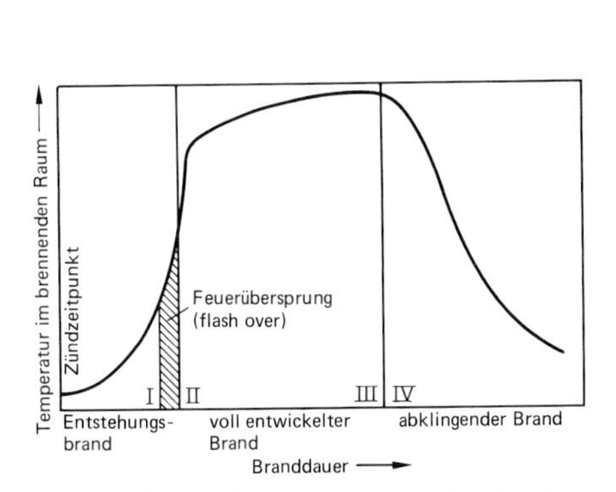

Bild 16.3–2 Phasen des Brandverlaufs

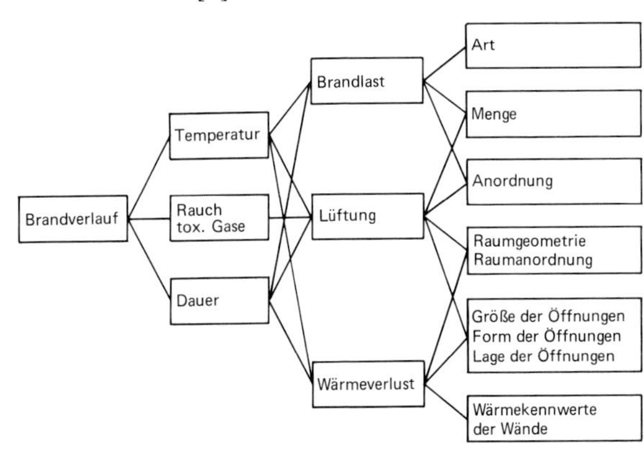

Bild 16.3–3 Einflußgrößen des Brandverlaufs nach [3]

Als Maßstab für die Brandschutzanforderungen wird die erforderliche Feuerwiderstandsdauer erf F eingeführt, um auf einen aufwendigeren Nachweis über eine Wärmebilanzrechnung verzichten zu können. Wie in Bild 16.3–4 dargestellt, weichen die Temperaturzeitkurven und andere thermische Randbedingungen natürlicher Brände erheblich von denen eines Normenbrandes nach der Einheitstemperaturkurve (ETK) ab. Die besonderen Probleme für ein einfaches Umrechnungsverfahren liegen dabei in einem unmittelbaren Vergleich der Reaktionen eines Bauteiles auf Einwirkungen aus natürlichen Bränden mit denjenigen aufgrund des Normenbrandes. Man sollte sich immer auf den Normenbrand beziehen, weil hierfür aus Forschung und Materialprüfung in aller Welt eine Fülle von Ergebnissen vorliegt.
Der Nachweis wird dabei über die sogenannte äquivalente Branddauer $t_ä$ geführt. Das ist die Branddauer nach der ETK, die im Bauteil dieselbe Brandwirkung erzielt, wie sie maximal auch durch die Temperaturzeitkurve eines bestimmten natürlichen Brandes, Bild 16.3–5, entsteht. Bei dieser Berechnung spielen Brandlast, Wärmeabzug, Abbrandverhalten der Stoffe und Wärmedämmung der Umfassungsbauteile eine ausschlaggebende Rolle.

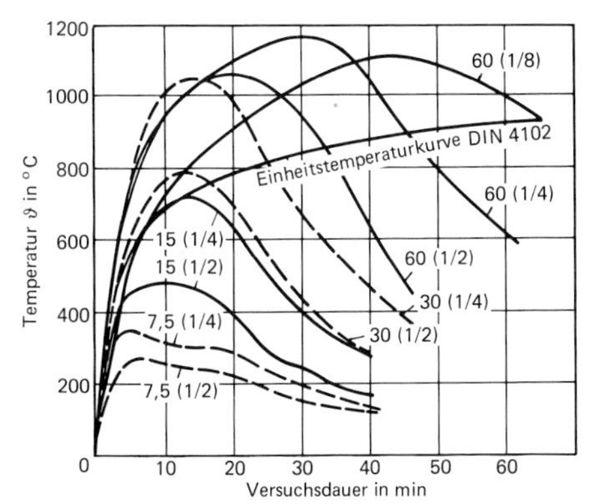

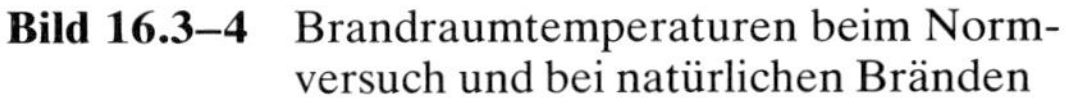

Bild 16.3–4 Brandraumtemperaturen beim Normversuch und bei natürlichen Bränden

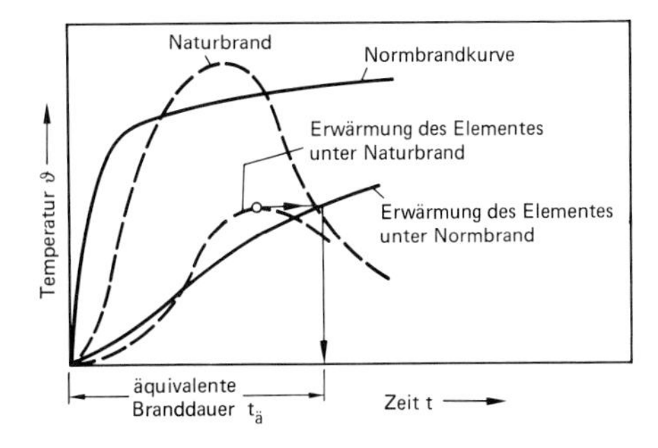

Bild 16.3–5
Ermittlung der äquivalenten Branddauer

Die so aus dem natürlichen Brand ermittelte äquivalente Branddauer wird mit Sicherheitsbeiwerten multipliziert, die die Verteilungen der Beanspruchung und der Beanspruchbarkeit (Feuerwiderstandsdauer), aber auch Ungewißheiten im Bemessungsmodell berücksichtigen. So ergibt sich über die daraus gewonnene erforderliche Feuerwiderstandsdauer die Einstufungsbedingung des Bemessungskonzeptes erf $F \leqq F_u$.
Nach dem Verfahren der DIN 18 230 ermittelt man zunächst die Brandbelastung nach der Formel

$$q = \frac{\Sigma M_i \cdot H_{u_i}}{A} = \frac{\Sigma Q_i}{A} \qquad (16.3–2)$$

Hierbei ist M_i die Masse der brennbaren Stoffe in kg, H_{u_i} der Heizwert der brennbaren Stoffe in kWh/kg, ΣQ_i die Summe aller Wärmemengen des Brandbekämpfungsabschnittes in kWh, A die rechnerische Brandabschnittsfläche in m^2.
Aus der Brandlast q, dem Abbrandfaktor m und dem Wärmeabzugsfaktor w wird die rechnerische Brandbelastung q_R ermittelt. Nach Multiplikation mit einem Umrechnungsfaktor c kommt man zur äquivalenten Branddauer:

$$t_ä = c \cdot q_R = c \cdot q \cdot w \cdot m. \qquad (16.3\text{–}3)$$

Diese wird anschließend mit einem aus dem erforderlichen Zuverlässigkeitsmaß ermittelten Faktor γ, der die Lage und den Umfang des Brandabschnittes und die Funktion des Bauteiles bewertet, sowie einem Korrekturfaktor, der z. B. vorhandene Feuerlöschanlagen oder eine anerkannte Werksfeuerwehr berücksichtigt, vervielfältigt. Das Ergebnis ist die erforderliche Feuerwiderstandsdauer

$$\text{erf}\,F = t_ä \cdot \gamma \cdot \gamma_{nb}. \qquad (16.3\text{–}4)$$

Die erforderliche Feuerwiderstandsdauer erf F wird der aus Versuchen nach DIN 4102 oder analytisch ermittelten Feuerwiderstandsklasse (F_u) gegenübergestellt.

16.3.3 Eigenschaften des Stahles bei erhöhter Temperatur, Spannungs-Dehnungslinien

Mit steigender Temperatur sinkt der Elastizitätsmodul des Stahles; das gleiche gilt auch für Elastizitätsgrenze und Streckgrenze. Das hat eine temperaturabhängige Veränderung der Spannungs-Dehnungslinien zur Folge.
In Bild 16.3–6 werden die idealisierten Spannungs-Dehnungs-Beziehungen für St 37 für den Temperaturbereich bis 600 °C angegeben; die zugehörigen Zahlenwerte und die Transformationsgleichungen für andere Baustahlsorten sind in [5] zu finden.

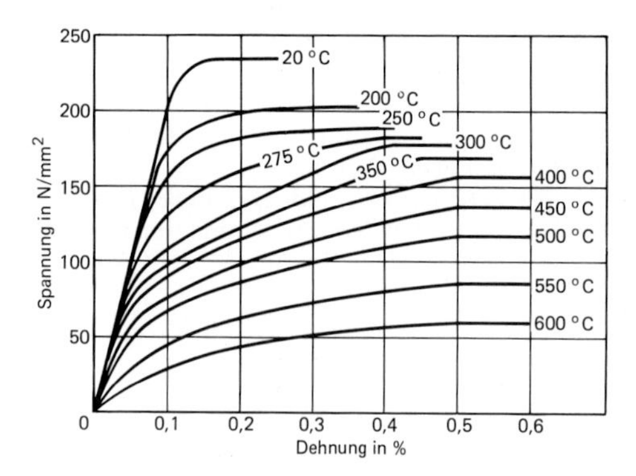

Bild 16.3–6
Spannungsdehnungs-Beziehungen für St 37 bei erhöhten Temperaturen nach [5]

Kriecheinflüsse, die sich bei Temperaturen oberhalb 450 °C bemerkbar machen, sind in diesen Kurven näherungsweise berücksichtigt. Es ist daher i. a. nicht notwendig, bei Verformungs- oder Traglastuntersuchungen die Beanspruchungs- und Erwärmungsgeschichte des Stahles genau zu erfassen. Für den Bereich oberhalb 600 °C liegen noch keine ausreichenden Erfahrungen über das Verhalten des Stahles unter länger dauernder Belastung vor. Deshalb sind hierfür keine Kurven angegeben. Man weiß aber, daß die Streckgrenze erst bei Temperaturen um 1000 °C auf Null zurückgeht. Diese Erfahrung ist für die Beurteilung von sehr niedrig beanspruchten Bauteilen wichtig.

Streckgrenze

Aus den Spannungs-Dehnungslinien in Bild 16.3–6 läßt sich der Verlauf der temperaturabhängigen Streckgrenze ableiten. Die Kurve in Bild 16.3–7 stellt die bezogene Streckgrenze

$$\frac{\sigma y \vartheta}{\sigma y_{20}}$$

in Abhängigkeit von der Temperatur ϑ dar; das Verhältnis soll mit ψ bezeichnet werden.
Näherungsweise kann ψ aus folgender Formel berechnet werden:

$$\psi = \frac{\sigma y \vartheta}{\sigma y_{20}} = 1 + \frac{\vartheta_s}{767 \cdot \ln \dfrac{\vartheta_s}{1750}} \qquad (16.3\text{–}5)$$

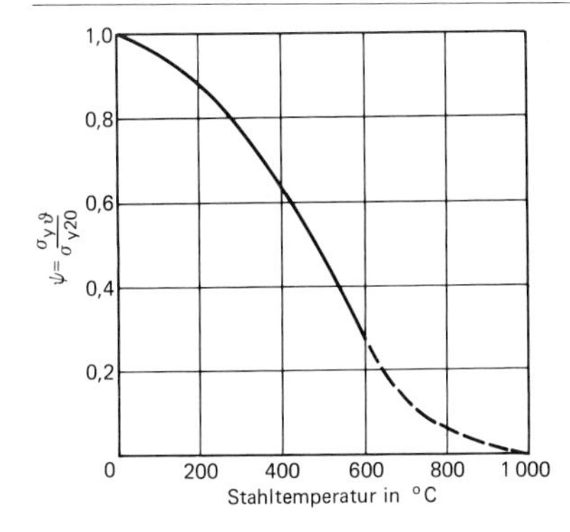

Bild 16.3–7 Bezogene Streckgrenze nach [5]

Thermische Ausdehnung

Der Wärmeausdehnungskoeffizient kann näherungsweise als unabhängig von der Temperatur mit

$\alpha_{\vartheta} = 1{,}4 \cdot 10^{-5}$

angesetzt werden.

Spezifische Wärme

Die spezifische Wärme kann näherungsweise mit dem konstanten Wert von

$c_s = 520 \quad [\mathrm{J/kg°C}]$

angesetzt werden. Eine genauere Formel ist in [5] angegeben.

Dichte

Die Dichte kann für alle Temperaturbereiche mit $\varrho_s = 7850\ \mathrm{kg/m^3}$ eingesetzt werden.

16.3.4 Aufwärmung von bekleideten und unbekleideten Stahlbauteilen bei Brandbeanspruchung

Die Kenntnis der zeitabhängigen Aufwärmung von Stahlbauteilen ist wichtig für die Beurteilung des Versagensverhaltens. Dabei ist die Gruppe der mit Dämmschichten bekleideten und der unbekleideten Bauteile relativ leicht zu behandeln; der Aufheizvorgang läßt sich auf ein eindimensionales Problem zurückführen. Dabei werden folgende vereinfachende Annahmen getroffen:

- Der Stahl setzt der Erwärmung keinen Widerstand entgegen; er hat zu jedem Zeitpunkt eine einheitliche Temperatur über den ganzen Querschnitt.
- Das Bekleidungsmaterial hat eine zu vernachlässigende Wärmekapazität, so daß der Temperaturgradient innerhalb der Bekleidungsdicke linear angenommen werden kann.
- Der Wärmeübergangswiderstand zwischen Bekleidung und Stahl wird vernachlässigt.

Wärmeübergangsbedingungen

Die Wärmestromdichte je Zeiteinheit kann wie folgt ausgedrückt werden:

$$Q' = K \cdot U \cdot (\vartheta_t - \vartheta_s) \qquad [\mathrm{W/m}] \tag{16.3–6}$$

Dabei bedeuten:

K Gesamtwärmeübergangszahl [W/m² °C]
U beflammte Oberfläche je Längeneinheit [m²/m] oder Umfang des Profiles
ϑ_t Brandraumtemperatur z. Z. t
ϑ_s Stahltemperatur.

Mit der Gesamtwärmeübergangszahl werden drei Komponenten erfaßt: Die Konvektion, die Strahlung und der Wärmedurchgang durch die Bekleidung. Es gilt

$$K = \frac{1}{\dfrac{1}{\alpha_c + \alpha_r} + \dfrac{d_i}{\lambda_i}} \qquad [\mathrm{W/m^2\,°C}] \tag{16.3–7}$$

Darin sind

α_c Wärmeübergangszahl für den Konvektionsanteil [W/m² °C]
α_r Wärmeübergangszahl für den Strahlungsanteil [W/m² °C]

λ_i Wärmeleitfähigkeit des Bekleidungsmaterials [W/m °C]
d_i Dicke der Bekleidung [m]

Querschnittseinfluß und Profilfaktoren

Wie zu erkennen ist, verhält sich die je Längeneinheit des Stahlbauteils übertragene Wärme direkt proportional zur beflammten Oberfläche. Sie führt zur Aufheizung des zugehörigen Stahlvolumens. Die Temperatur im Stahl muß demnach um so schneller ansteigen, je größer die dem Feuer ausgesetzte Oberfläche im Verhältnis zum Stahlvolumen ist. Wichtige Einflußgröße ist daher der Profilfaktor U/A, d.h. das Verhältnis von beflammtem Umfang zur Querschnittsfläche. Der Profilfaktor ist unterschiedlich, je nachdem, ob eine profilfolgende oder eine kastenförmige Bekleidung vorhanden ist und ob die Brandbeanspruchung von allen 4 oder nur von 3 Seiten erfolgt.
Im einfachsten Fall einer *profilfolgenden* Bekleidung und *vierseitiger* Beflammung gilt

$$U/A = \frac{\text{Umfang}}{\text{Querschnittsfläche}} \cdot 10^4 \quad \left[\frac{1}{\text{m}}\right], \tag{16.3–8}$$

wobei der Umfang nach den Profiltafeln in m^2/m und die Querschnittsfläche in cm^2 einzusetzen sind.
Bei *kastenförmiger* Bekleidung und *vierseitiger* Beflammung ist

$$U/A = \frac{2b + 2h}{A} \cdot 10^2 \quad \left[\frac{1}{m}\right], \tag{16.3–9}$$

wobei b und h die Querschnittsbreite und -höhe in cm sind.
Das typische Beispiel für eine *dreiseitige* Beflammung ist der Stahlträger mit aufgelegter Stahlbetonplatte. Bei *profilfolgender* Bekleidung gilt

$$U/A = 10^4 \cdot \frac{U - b/100}{A} \cdot 10^2 \quad \left[\frac{1}{\text{m}}\right]. \tag{16.3–10}$$

Hierbei wird der dem Feuer zugekehrte Flansch am meisten erhitzt. Weil dieser einen wesentlichen Anteil am Biegemoment übernimmt, ist für den Trägerflansch ein modifizierter U/A-Wert zu berechnen, der sich z.B. für I-Profile vereinfachend ergibt zu

$$(U/A)_{\text{mod}} = \frac{200}{t} \quad \left[\frac{1}{\text{m}}\right], \tag{16.3–11}$$

wobei t die Dicke des Flansches in cm ist. Für das Versagen des Trägers ist der größere Wert – U/A oder $(U/A)_{\text{mod}}$ – maßgebend.
Wird *kastenförmig* ummantelt, so lautet die allein maßgebende Formel

$$U/A = 10^2 \cdot \frac{2h + b}{A} \quad \left[\frac{1}{\text{m}}\right]. \tag{16.3–12}$$

Ein wichtiger Sonderfall ist das *Hohlprofil* mit über den Umfang gleichbleibender Wanddicke t (cm) in Rund-, Quadrat- oder Rechteckform, sei es nun nahtlos hergestellt oder (spiral- bzw. längs-)geschweißt. Der zugehörige Profilfaktor kann mit ausreichender Genauigkeit aus

$$U/A = \frac{100}{t} \quad \left[\frac{1}{\text{m}}\right]. \tag{16.3–13}$$

errechnet werden.
Beispielhaft werden in der Tabelle 16.3–1 die Profilfaktoren für ausgewählte Wanddicken gebracht.

Tabelle 16.3–1 Profilfaktoren für Hohlprofile

Wanddicke t [cm]	0,8	1,0	1,25	1,6	2,0	2,5	3,0	3,5	4,0
Profilfaktor U/A [1/m]	125	100	80	62,5	50	40	33	28,5	25

Einige charakteristische U/A-Werte für IPB-Profile sind in Tabelle 16.3–2 gebracht

Tabelle 16.3–2 Profilfaktoren für IPB-Profile

Nennhöhe mm	dreiseitige Beflammung profilfolgend	dreiseitige Beflammung kastenförmig	vierseitige Beflammung profilfolgend	vierseitige Beflammung kastenförmig
240	118	68	130	91
260	114	66	127	88
280	111	64	124	85
300	105	60	116	81

Formeln für weitere Fälle und U/A-Tabellen finden sich in [2, 6 und 7].

Aufwärmung von unbekleideten Stahlbauteilen

Die Gleichung 16.3–6 für die Wärmestromdichte reduziert sich für unbekleidete Stahlbauteile ($d_i = 0$) zu

$$Q^{\cdot} = (\alpha_c + \alpha_r) \cdot U \cdot (\vartheta_t - \vartheta_s) \,. \qquad (16.3\text{–}14)$$

Dabei sind die Wärmeübergangszahlen wie folgt einzusetzen:

$\alpha_c = 25$ [W/m² °C]

$$\alpha_r = \frac{5{,}77 \cdot \varepsilon_r}{\vartheta_t - \vartheta_s} \left[\left(\frac{\vartheta_t + 273}{100} \right)^4 - \left(\frac{\vartheta_s + 273}{100} \right)^4 \right] \quad [\mathrm{W/m^2\,°C}] \qquad (16.3\text{–}15)$$

ε_r resultierendes Emissionsverhältnis von Flammen, Brandgasen und Oberflächen, abhängig von der Art des Feuers und der Anordnung des beflammten Bauteils, näherungsweise = 0,5.

Da die Temperaturerhöhung $\Delta\vartheta_s$ des Stahles im Zeitintervall Δt über die Beziehung

$$\Delta\vartheta_s \cdot c_s \cdot \varrho_s \cdot A = Q^{\cdot} \cdot \Delta t \qquad (16.3\text{–}16)$$

von der Wärmestromdichte abhängt, ergibt sich

$$\Delta\vartheta_s = \frac{(\alpha_c + \alpha_r)}{c_s \cdot \varrho_s} \cdot \frac{U}{A} \cdot (\vartheta_t - \vartheta_s) \cdot \Delta t \qquad (16.3\text{–}17)$$

c_s ist die spezifische Wärme [J/kg °C],
ϱ_s die Dichte [kg/m³],
A das Volumen je Längeneinheit [m³/m].

Die numerische Berechnung des Temperaturanstieges erfolgt schrittweise. In [5] ist als Konvergenzbedingung eine obere Grenze für das Zeitintervall angegeben:

$$\Delta t < \frac{2{,}5 \cdot 10^4}{U/A} \quad [\mathrm{sec}] \qquad (16.3\text{–}18)$$

In [9] wird vorgeschlagen, die Temperaturabhängigkeit der Größen α_c, α_r und c_s durch den Ansatz einer Rechenfunktion $\alpha' = f(\vartheta_s)$ zu berücksichtigen

$$\Delta\vartheta_s = \frac{\alpha'}{c_s \cdot \varrho_s} \cdot \frac{U}{A} \cdot (\vartheta_t - \vartheta_s) \cdot \Delta t \,, \qquad (16.3\text{–}19)$$

wobei c_s als Konstantwert einzusetzen ist mit

$c_s = 0{,}114$ kcal/kg °C
$\quad = 477$ J/kg °C.

Die Rechenfunktion wurde durch Regressionsrechnungen aus Versuchsergebnissen gewonnen.

In Tabelle 16.3–3 sind die so ermittelten Stahltemperaturen für zwei verschiedene Stahlprofile unter genormter Brandbeanspruchung gegenübergestellt. Man erkennt deutlich die größere Temperaturempfindlichkeit des dünnwandigen IPE-Profiles.

Tabelle 16.3–3 Rechnerisch ermittelter Temperaturanstieg in zwei unbekleideten Stahlprofilen

Zeit min	Brandraumtemperatur ϑ_t °C	Stahltemperatur ϑ_s [°C] IPB$_V$ 300 $U/A = 60$	IPE 400 $U/A = 174$
0	20	20	20
2,5	476	36	64
5	577	81	183
7,5	636	139	303
10	678	203	415
12,5	712	271	511
15	740	343	594
17,5	762	413	657
20	782	480	707
22,5	799	542	745
25	815	599	775

Aufwärmung von bekleideten Stahlbauteilen

Weil der Beitrag der Wärmeübergangszahlen α in Gleichung 16.3–7 gegenüber dem Quotienten d_i/λ_i vernachlässigbar klein ist, reduziert sich Gleichung (16.3–6) zu

$$Q^{\cdot} = \frac{\lambda_i}{d_i} \cdot U(\vartheta_t - \vartheta_s). \qquad (16.3\text{–}20)$$

Die Wärmeleitzahl λ_i ist abhängig von der Temperatur der Bekleidung; sie wird aber auch vom mechanischen Verhalten der Bekleidung unter Brandbeanspruchung beeinflußt. Für genauere Berechnungen wird man die effektiven Werte von λ_i aus Brandversuchen ableiten, wobei zur Erfassung der Temperaturabhängigkeit Modellversuche an unbelasteten Profilabschnitten genügen. Für praktische Zwecke ist es jedoch ausreichend, auf der sicheren Seite liegende Mittelwerte für den gesamten in Betracht kommenden Temperaturbereich zu verwenden, siehe dazu [5]. Als Anhaltspunkte seien die Mittelwerte λ_i für einige häufig vorkommende Materialien aufgelistet.

Tabelle 16.3–4 Mittelwerte für die Wärmeleitzahlen verschiedener Bekleidungsmaterialien unter Brandbeanspruchung

Material	Dichte ϱ_i kg/m^3	Wärmeleitzahl λ_i W/m^2°C
Mineralfaser, gespritzt	250–300	0,10
Perlite- und Vermiculite-Platten	300–800 800	0,15 0,15
Asbestsilikat-Platten	450–900	0,15
Fibersilikat-Platten	800	0,20
Mineralfaser-Platten	120–150	0,25
Gipsplatten	600	0,30
Normalbeton	2200	1,30

Die Formel für die Temperaturerhöhung im Zeitintervall Δt lautet

$$\Delta\vartheta_s = \frac{\frac{d_i}{\lambda_i}}{c_s \cdot \varrho_s} \cdot \frac{U}{A}(\vartheta_t - \vartheta_s) \cdot \Delta t. \qquad (16.3\text{–}21)$$

Sie gilt unter der Voraussetzung, daß die Wärmekapazität der Bekleidung zu gering ist, um den Wärmedurchgang zum Bauteil nennenswert zu beeinflussen. In [5] ist ein Kriterium für die Abgrenzung solcher leichter Bekleidungen gegenüber den als schwer zu bezeichnenden angegeben.
Aus [5] ist beispielhaft der für ein Stahlbauteil mit $U/A = 100$ errechnete Temperaturanstieg in Abhängigkeit von d_i/λ_i aufgelistet.

Tabelle 16.3–5 Rechnerisch ermittelter Temperaturanstieg in einem Stahlprofil mit unterschiedlicher Bekleidung

Zeit	Brandraumtemperatur ϑ_t	Stahltemperatur ϑ_t [°C] für d_i/λ_i			
min	°C	0,05	0,10	0,20	0,30
0	20	20	20	20	20
15	740	193	126	80	62
30	842	368	247	154	115
45	902	505	353	225	168
60	945	611	445	292	220
75	979	694	523	354	270
90	1006	762	591	410	316

Man erkennt die Tendenz zu langsamerer Erwärmung bei zunehmendem d_i/λ_i.
Bei Bekleidungsmaterialien, die Wasser in freier oder gebundener Form enthalten, stellt sich der zeitliche Verlauf der Bauteilaufwärmung nach Bild 16.3–8 dar. Etwa bei 100°C hält der weitere Temperaturanstieg während einer Verzögerungszeit t_v an. In dieser Zeitspanne wird die zugeführte Energie fast allein dazu verwendet, um das vorhandene Wasser zum Verdampfen zu bringen. Die Verzögerungszeit muß also vom Feuchtigkeitsgehalt abhängen [5].
Wenn die Wärmekapazität „schwerer" Bekleidungen ins Gewicht fällt, ist der Temperaturanstieg insgesamt geringer. Unter Verzicht auf genauere Rechnungen, [5], kann man diesen Einfluß erfassen, indem man in Gleichung 16.3–21 die Wärmekapazität des Stahles ($c_s \cdot \varrho_s \cdot A$) um die Hälfte der Wärmekapazität der Bekleidung

$$\frac{c_i \cdot \varrho_i \cdot d_i \cdot U}{2}$$

vergrößert. Das ist gleichbedeutend mit einer Modifikation des Profilfaktors U/A um den Faktor

$$\frac{c_s \cdot \varrho_s}{c_s \cdot \varrho_s + \frac{c_i \cdot \varrho_i \cdot d_i \cdot U}{2A}} \,. \qquad (16.3\text{–}22)$$

Damit kann man die Tabellen für leichte Bekleidungen verwenden.

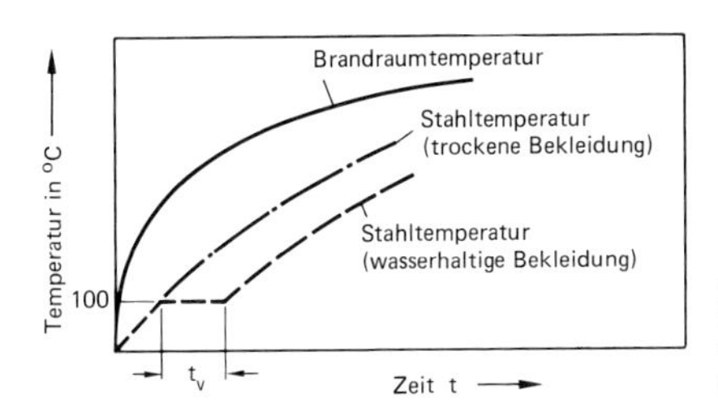

Bild 16.3–8
Bauteilerwärmung bei wasserhaltigen Bekleidungsmaterialien nach [5]

Aufwärmung von wassergefüllten Stahlbauteilen

Beim Brandschutz durch Wasserkühlung stehen wassergefüllte Bauteile über eine wärmegedämmte Falleitung mit einem Vorrats-Hochbehälter in Verbindung, Bild 16.3–9. Mehrere Stützen werden zu einem Kühlsystem zusammengefaßt, wobei die gemeinsame Falleitung durch eine Verteilerleitung an die Stützenfüße angeschlossen wird. An den Stützköpfen werden jeweils Dampfabführungsleitungen vorgesehen, zu einer Dampfsammelleitung zusammengefaßt und in die Vorratsbehälter eingeführt. Im Brandfall wird infolge Dichteunterschiede von erwärmten und kälteren Bereichen des Kühlmittels das gesamte System in Umlauf gesetzt.
Die Betrachtung des Aufwärmungsvorganges wird hier auf das System mit einer Stütze beschränkt.
Nach Bild 16.3–10 ist der Übergang a) vom Brandraum zum Bauteil, b) innerhalb der Bauteildicke und schließlich c) vom Bauteil zum Wasser zu betrachten.

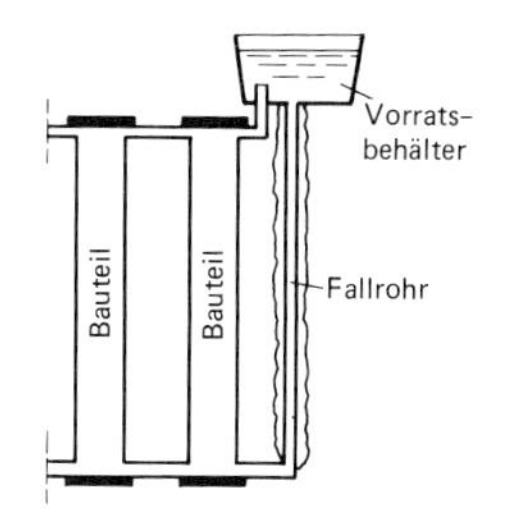

Bild 16.3–9
Schema einer Wasserkühlung

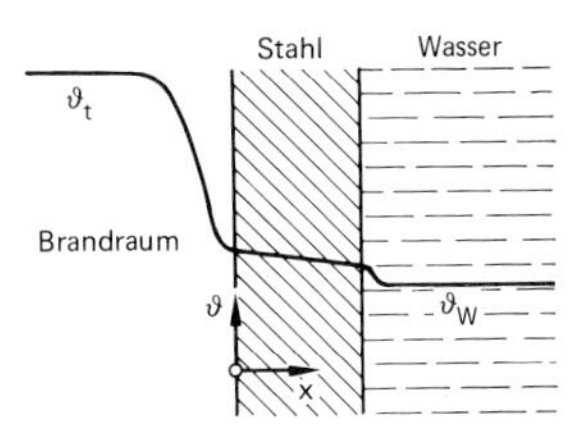

Bild 16.3–10
Wärmeübertragung am wassergekühlten Stahlprofil

Für den Übergang a) gelten die Gleichungen 16.3–14 bis 17 sinngemäß. Die weiteren Überlegungen können dadurch vereinfacht werden, daß näherungsweise der Temperaturgradient im Stahl Null gesetzt und die Stahltemperatur der Wassertemperatur gleichgesetzt wird. Die Begründung für diese Vereinfachung ist in [11] gegeben. Das bedeutet, daß die übertragene Wärme Stahl- und Wasservolumen gleichzeitig aufheizt, solange bis Verdampfung eintritt.
Es gilt in dieser ersten Phase für die mittlere Temperaturerhöhung

$$\Delta\vartheta_s = \frac{\alpha}{c_s \cdot \varrho_s \cdot \frac{A}{F_w} + c_w \cdot \varrho_w} \cdot \frac{U}{F_w}\,(\vartheta_t - \vartheta_s) \cdot \Delta t \qquad [°\mathrm{C}], \qquad (16.3\text{–}23)$$

wobei
F_W das Wasservolumen für die Längeneinheit in m^3/m,
c_w die spezifische Wärme des Wassers und
ϱ_w die Dichte des Wassers in kg/m^3 ist.
Für die zweite (Verdampfungs-)Phase oberhalb der Verdampfungstemperatur $\vartheta_{\bar{s}}$ gelten folgende Beziehungen unter der Voraussetzung, daß sich eine Blasenverdampfung einstellt.

$$\Delta Q_i = \alpha_i\,(\vartheta_{t_i} - \vartheta_{\bar{s}}) \cdot U \cdot \Delta t_i \qquad \left[\frac{\mathrm{W\,sec}}{\mathrm{m}}\right]. \qquad (16.3\text{–}24)$$

Diese Wärme wird als Verdampfungswärme r verbraucht. Die verdampfte Wassermenge ist

$$\frac{\Delta Q_i}{r} = \Delta W_i . \qquad (16.3\text{–}25)$$

Für einen beliebigen Zeitschritt i erhält man mit ϑ_{0w} als Ausgangstemperatur der zur Konstanthaltung des Wasserspiegels nachzufüllenden im Zeitschritt $i-1$ verdampfenden Wassermenge ΔW_{i-1}

$$\Delta W_i = \frac{\Delta Q_i - (\vartheta_{\bar{s}} - \vartheta_{0w}) \cdot \Delta W_{i-1}}{r} . \qquad (16.3\text{–}26)$$

Das ergänzte Wasser muß zunächst auf die Verdampfungstemperatur erwärmt werden.
Wird die Wasserzufuhr begrenzt, tritt nach Absenkung des Wasserspiegels im nicht vom Wasser benetzten Bereich eine rasche Aufwärmung des Stahles ein.
Die nach dem vereinfachten Verfahren errechnete Stahltemperatur bedarf noch einer Feinkorrektur, wenn man zur Ermittlung der auftretenden Zwängungsspannungen den Temperaturgradienten über die Wanddicke t erfassen will:

$$\Delta \vartheta_s = \alpha_i (\vartheta_t - \vartheta_s) \cdot U \cdot \frac{t}{\lambda_s} \qquad (16.3\text{–}27)$$

Je nach den Strömungsverhältnissen und damit der Art der Verdampfung muß noch ein Temperatursprung an der Bauteilinnenseite einkalkuliert werden [11].

16.3.5 Versagensverhalten von bekleideten und unbekleideten Stahlbauteilen bei Brandbeanspruchung

Nach allgemeinem Verständnis ist ein Versagen dann eingetreten, wenn bestimmte, wohl definierte Funktionen von einem Bauteil oder einer Baukonstruktion nicht mehr erfüllt werden können. Die wichtigste Funktion ist sicherlich die Tragfunktion, d.h. die Abtragung einer bestimmten Last. Eng damit verbunden ist die Fähigkeit, die Funktion der Lastabtragung unter begrenzten Verformungen zu erfüllen. Man hat demnach zwei Grenzzustände zu beachten, den der Tragfähigkeit und den der Verformung.
Der Grenzzustand der Verformung hat keine praktische Bedeutung, solange nicht aus Gründen der Gebrauchsfähigkeit einer Baukonstruktion nach dem Brand Verformungsbeschränkungen erforderlich sind. Die verschiedentlich vorgeschlagene Verformungsgrenze von $^1/_{30}$ der Stützweite mag als Anhaltspunkt für die Beurteilung des Verformungsverhaltens dienen.
Die Festlegung eines Verformungskriteriums kann aber auch aus einem anderen Grunde sinnvoll sein, nämlich um im Brandversuch unter Last den Zeitpunkt zu fixieren, an dem die Tragfähigkeit überschritten wird.
DIN 4102 schreibt dazu eine höchstzulässige Durchbiegungsgeschwindigkeit von

$$\Delta f / \Delta t = \frac{l^2}{9000 \cdot h} \quad [\text{cm/min}] \qquad (16.3\text{–}28)$$

als Versagenskriterium vor. Dabei bedeuten l die Stützweite und h die statische Höhe in cm.
Für die analytische Bestimmung des Feuerwiderstandes von Bauteilen wird der Grenzzustand der Tragfähigkeit als der Zeitpunkt definiert, wo die Grenztragfähigkeit auf die Gebrauchslast im Brandfalle absinkt.
Bei reinen Stahlprofilen, bekleidet oder unbekleidet, nennt man die zu diesem Zeitpunkt erreichte Temperatur die „kritische Temperatur“. Die kritische Temperatur eines Bauteiles ist abhängig von

- der Stahlsorte und der temperaturabhängigen Streckgrenze,
- der Art der Beanspruchung und
- dem statischen Ausnutzungsgrad.

Mit der Kenntnis der kritischen Temperatur und des zeitlichen Verlaufes der Erwärmung läßt sich der Versagenszeitpunkt und damit die Feuerwiderstandsdauer angeben.

Kritische Temperatur von Trägern

In Bild 16.3–7 wurde die Temperaturabhängigkeit der bezogenen Streckgrenze $\psi = \frac{\sigma y \vartheta}{\sigma y_{20}}$ dargestellt.
Das Verhältnis ψ kann man auch als Verhältnis der Grenztragfähigkeit bei einer Temperatur ϑ zur Tragfähigkeit unter Normaltemperatur verstehen. Ein Gleichsetzen mit dem Ausnutzungsgrad unter Gebrauchslast führt über Bild 16.3–7 zur kritischen Temperatur. Wenn die *Bemessung nach der Elastizitätstheorie* erfolgt ist, kann der Ausnutzungsgrad wie folgt angegeben werden:

$$\psi = \frac{1}{\varkappa_s \cdot f} \cdot \frac{k \cdot q^*}{q_l} \left(= \frac{\sigma y \vartheta}{\sigma y_{20}} \right). \qquad (16.3\text{–}29)$$

Dabei bedeuten:

$\varkappa_s$ Systembeiwert, mit dem die plastische Reserve aus der Momentenumlagerung berücksichtigt wird und der bei statisch unbestimmten Systemen Werte >1 annehmen kann.

f Formfaktor $= \dfrac{W_{pl}}{W_e}$ (siehe [2], Teil 4)

q^* einwirkende Last im Brandfall

q_e elastische Grenzlast bei Normaltemperatur

k Korrekturfaktor zum Ausgleich der Abweichungen zwischen theoretischer Bestimmung und versuchstechnischer Ermittlung der Versagenstemperatur nach [5].

Ist die *Bemessung nach dem Traglastverfahren* erfolgt, vereinfacht sich die Formel zu

$$\psi = \frac{k \cdot q^*}{q_p} \left(= \frac{\sigma y \vartheta}{\sigma y_{20}} \right). \tag{16.3–30}$$

Hierbei ist q_p die plastische Grenzlast bei Normaltemperatur.

In [2], Teil 4, wird im Prinzip der gleiche Weg zur Bestimmung der kritischen Temperatur beschrieben, allerdings wird dort der temperaturabhängige Abfall der bezogenen Streckgrenze unmittelbar aus Brandversuchen hergeleitet, so daß der Korrekturfaktor k entfallen kann.

Tabelle 16.3–6 enthält die Systembeiwerte $\varkappa_s$ und die kritischen Temperaturen für einige Lastfälle und statische Systeme mit dem Formfaktor $f = 1{,}15$.

Tabelle 16.3–6 Kritische Temperaturen von Trägern nach [5]

			Faktor $\frac{k_{q^*}}{q_e}$ bzw. $\frac{k_{q^*}}{q_p}$				
		statisches System	0,3	0,4	0,5	0,6	0,7
Bemessung bei Raumtemperatur nach	Plastizitätstheorie	statisch bestimmt statisch unbestimmt	585	540	490	430	360
	Elastizitätstheorie	statisch bestimmt	605	565	525	475	425
		statisch unbestimmt					
		$\kappa_s = 1{,}33$	640	605	575	545	510
		$\kappa_s = 1{,}00$	605	565	525	475	425
		$\kappa_s = 1{,}47$	650	615	590	560	535
		$\kappa_s = 1{,}12$	615	580	545	505	465
		$\kappa_s = 1{,}47$	650	615	590	560	535

Kritische Temperatur von Stützen

Das Brandverhalten von Stützen wird in der Regel auf die Bedingungen des Normenbrandes bezogen. Daher wird in diesem Abschnitt die kritische Temperatur für die Stütze unter mittigem Druck mit unverschieblich gelagerten Enden abgeleitet.

Das Versagen einer Stütze tritt ein, wenn die Grenztragfähigkeit (Traglast) auf die vorhandene Last absinkt.

In [5] ist gezeigt, daß der Ausnutzungsgrad mit

$$\psi = \frac{k \cdot N^*}{\varkappa \cdot A \cdot \sigma y_{20}} \left(= \frac{\sigma y \vartheta}{\sigma y_{20}} \right) \tag{16.3–31}$$

angegeben werden kann. Darin ist

$\varkappa$ der Abminderungsfaktor für die Linie *c* der Europäischen Knickspannungslinien [5].
Nach [5] kann der Korrekturfaktor *k* näherungsweise mit 0,85 angesetzt werden.
Dort ist nachgewiesen, daß für Stützen unter den Bedingungen des Normenversuches mit ausreichender Näherung die Traglast bei erhöhter Temperatur im gleichen Verhältnis ψ wie die Streckgrenze gegenüber der Traglast unter Normaltemperatur absinkt:

$$N_\vartheta = \psi \cdot \varkappa \cdot N_{pl}. \qquad (16.3\text{–}32)$$

Eine Bestimmung der Traglast für abweichende Belastungs- und Lagerungsbedingungen mit Hilfe der Spannungs-Dehnungsbeziehungen bei erhöhter Temperatur ist nach dem derzeitigen Erkenntnisstand nicht möglich.
Für Stützen in nicht seitverschieblichen Rahmen wird jedoch in [5] empfohlen, die kritische Temperatur vereinfachend wie in diesem Abschnitt angegeben zu bestimmen. Um jedoch bei überwiegendem Biegemomenteneinfluß Fehler im Ansatz von ψ zu vermeiden, soll die kritische Temperatur auf 550 °C nach oben begrenzt werden.
Das gilt auch für seitverschiebliche Rahmen mit nicht mehr als zwei Geschossen. Bei höheren Rahmen ist eine genauere Analyse erforderlich, weil Verformungseinflüsse zweiter Ordnung das Tragverhalten bei erhöhter Temperatur nachhaltig beeinflussen können.

16.3.6 Versagensverhalten von Stahlverbundbauteilen

Die Ursache für das Versagen von Bauteilen aus nicht brennbaren Baustoffen im Brand ist die Erwärmung der Querschnittsteile und die dadurch bedingte Veränderung der mechanischen Werkstoffeigenschaften. Für das reine Stahlprofil ist das Versagensverhalten wegen der annähernd gleichen Temperatur im Querschnitt verhältnismäßig leicht zu erfassen. Wie in Unterabschnitt 16.3.5 gezeigt wurde, können je nach Ausnutzungsgrad des Bauteiles sogenannte „kritische Temperaturen" angegeben werden, bei deren Erreichen mit dem Versagen des Bauteils zu rechnen ist.
Bei Stahlverbundbauteilen ist das Erwärmungsverhalten der einzelnen Querschnittsteile bzw. -bereiche unterschiedlich; unterschiedlich ist auch der temperaturabhängige Abfall der Festigkeit für die Verbundwerkstoffe.
Bild 16.3–11 veranschaulicht den Temperaturverlauf für eine Walzprofil-Verbundstütze unter Standardbrandbedingungen. Der Temperaturunterschied zwischen der randnahen Bewehrung (Punkt 1) und dem im geschützten Kernbereich liegenden Steg des Walzprofils (Punkt 4) ist deutlich sichtbar. Der Betonkern und das Walzprofil bleiben relativ lange kalt, während sich die Randbereiche des Betonquerschnittes und die Stahlbewehrung stärker erwärmen.
Eine andere Erwärmungscharakteristik haben Verbundprofil-Stützen bzw. -Träger nach Bild 16.3–12; hier sind nur die Kammern des Walzprofils ausbetoniert. Während die Flansche der unmittelbaren Flammeneinwirkung ausgesetzt sind und sich rasch erwärmen, wird der Temperaturanstieg des eingelegten Bewehrungsstahles und des Trägersteges durch die Isolier- und Speicherwirkung des Betons verzögert.

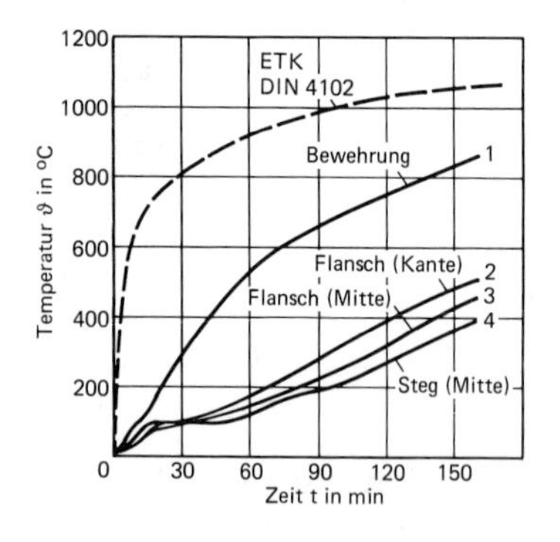

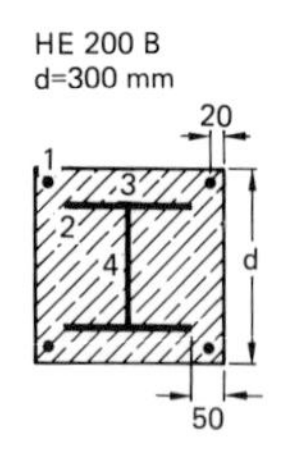

Bild 16.3–11
Temperaturverlauf für eine Walzprofil-Verbundstütze nach [12]

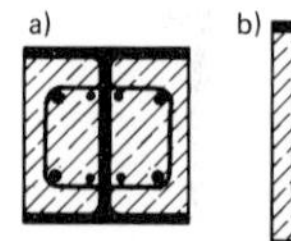

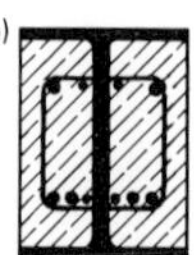

Bild 16.3–12 Verbundprofilquerschnitte

Bei Hohlprofilstützen eilen die Temperaturen im Stahlhohlprofil den Temperaturen im Betonkern und – soweit vorhanden – in der Bewehrung voraus.
Die Tragfähigkeit von Verbundstützen basiert auf der Addition der Einzeltragfähigkeitsanteile der Komponenten Profilstahl (*a*), Beton (*b*) und ggf. Bewehrung (*s*). Die plastische Querschnitts-Grenztragfähigkeit des Verbundquerschnittes $N_{pl,v}$ errechnet sich nach [14] zu

$$N_{pl,v} = N_{pl,a} + N_{pl,b} + N_{pl,s} = A_a \cdot \beta_a + A_b \cdot \beta_b + A_s \cdot \beta_s \qquad (16.3\text{–}33)$$

Hierbei sind A und β die jeweiligen Querschnittsflächen und Festigkeiten der Einzelkomponenten. Durch die geometrische Bauteilschlankheit λ, bzw. die bezogene Schlankheit $\bar{\lambda}$ und die jeweilige Schnittkraftkombination aus Normalkraft N und Biegemoment M wird die Querschnittsgrenztragfähigkeit $N_{pl,v}$ vermindert zur System-Tragfähigkeit

$$N_{u,v} = N(N_{pl,v}, \bar{\lambda}, M/N). \qquad (16.3\text{–}34)$$

Die maximal zulässige Gebrauchsbelastbarkeit N_{zul} ergibt sich dann mit dem Sicherheitsfaktor γ zu

$$N_{\text{zul}} = \frac{N_{u,v}}{\gamma}. \qquad (16.3\text{–}35)$$

Für den zentrisch gedrückten Stab ist z. B.

$$N_{u,v} = N_{Kr} = \varkappa \cdot N_{pl,v}. \qquad (16.3\text{–}36)$$

Der Wert $\varkappa$ ergibt sich aus den Europäischen Knickspannungslinien.

Bei Brandeinwirkung verringert sich kontinuierlich die Grenztragfähigkeit infolge zunehmender Erwärmung des Verbundquerschnittes. Das Bauteilversagen tritt ein, wenn die von der Brandeinwirkungsdauer t abhängige System-Tragfähigkeit $N_{u,v(t)}$ den Wert der einwirkenden Last unterschreitet. Der zugehörige Zeitraum, die Feuerwiderstandsdauer, wird somit auch vom Ausnutzungsgrad abhängig sein.

Wenngleich diese Versagens-Charakteristik für alle Verbundstützentypen qualitativ gleichermaßen gilt, so ergeben sich doch erhebliche quantitative Unterschiede für die verschiedenen Querschnittsausbildungen [12 und 14].

Für einen Querschnitt nach Bild 16.3–11 bewirkt zum Zeitpunkt t_1, Bild 16.3–13, die mittlere Temperatur bei dem einbetonierten Walzprofil einen Tragfähigkeitsverlust von etwa 10%, während der Mittelwert der Betonentfestigung bereits 50% erreichen kann; die in der Außenzone liegende Stahlbewehrung weist hingegen nur noch eine geringe Tragfähigkeitsreserve auf.

Ist der Stahl wie bei einer Hohlprofilverbundstütze ungeschützt an der Querschnittsoberfläche angeordnet und somit unmittelbar dem Brand ausgesetzt, verliert er schnell seine Festigkeit, etwa nach der unteren Kurve in Bild 16.3–13. Die entsprechend dem Bemessungskonzept diesem Stahl zugewiesenen Lastanteile können nur begrenzte Zeit getragen werden und müssen sich aus Gleichgewichtsgründen zunehmend auf die weniger entfestigten und damit steiferen Komponenten des Verbundquerschnittes umlagern, wodurch dieser zunehmend überlastet wird und schließlich selbst in seiner Tragfähigkeit erschöpft ist.

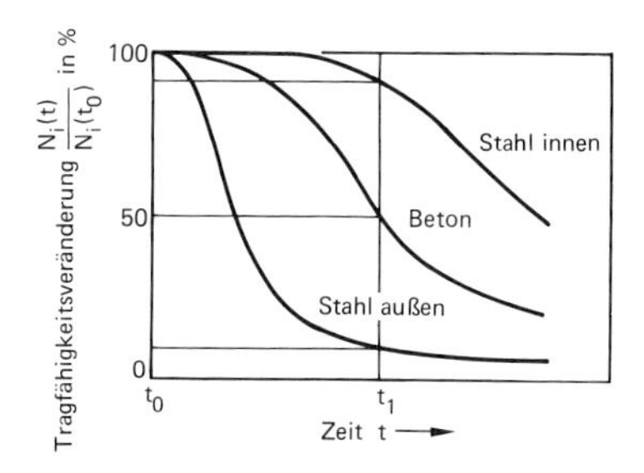

Bild 16.3–13
Tragfähigkeitsabbau der Komponenten einer Verbundstütze nach [14]

d, c

η = 100%
d = 300 mm
c = 50 mm

Profil	HE 200 B	HE 180 M
$\frac{N_{b+s}}{N_0}$	0,58	0,52
$\frac{N_a}{N_0}$	0,42	0,48
t_u in min	134	180

Bild 16.3–14
Einfluß der Profilvariation auf das Brandverhalten von Walzprofil-Verbundstützen nach [14]

Liegt der Stahl im Querschnittsinnern, dominiert im Brandfall die thermisch bedingte Entfestigung des umgebenden Betons. Es werden Lastanteile vom Beton zum Walzprofil umgelagert, und es ist zu erwarten, daß eine Vergrößerung des Betonquerschnittes oder die Wahl eines hochwertigen Betons eine zunehmende Überlastung des Walzprofils und damit ein Versagen bei niedrigeren Stahltemperaturen bewirkt. Im Sinne einer Optimierung wesentlich günstiger kann hingegen die Vergrößerung der Walzstahl-Komponente bezeichnet werden, wie Bild 16.3–14 zeigt. Bei praktisch gleichen Querschnittsaußenabmessungen, d. h. bei gleicher Wärmezufuhr, kann aus dem Übergang von dem IPB- auf das IPB_v-Profil der Gewinn einer Feuerwiderstandsklasse resultieren, wozu nicht zuletzt auch die größere Massigkeit des verstärkten Profils beiträgt.

Bei der Hohlprofil-Verbundstütze kehren sich die Verhältnisse um. Ein dickwandiges Hohlprofil trägt im Gebrauchszustand einen hohen Anteil zur Gesamttraglast bei, während der Betonkern eine nachgeordnete Bedeutung hat. Im Brandfall wird jedoch der Tragfähigkeitsanteil des Stahles sehr schnell abgebaut und auf den Betonkern umgelagert. Ein vorzeitiges Versagen ist die Folge. Ein dünnwandiges

Rohr lagert hingegen entsprechend geringere Lastanteile auf den Betonkern um, die Überlastung fällt geringer aus und der Querschnitt bleibt länger tragfähig. Dieses Verhalten wird aus Bild 16.3–15 deutlich. Hier sind die kennzeichnenden Betontemperaturen zum Zeitpunkt des Versagens aufgetragen. Beim Querschnitt mit dem dünnen Hohlprofil kann die Betontemperatur höher ansteigen, was eine höhere Feuerwiderstandsdauer bedeutet. Eine Steigerung der Feuerwiderstandsdauer ist nicht nur durch eine Vergrößerung des Betonanteils, sondern auch durch eine höhere Betongüte oder durch eine zusätzliche Bewehrung zu erreichen.
Der Stahl sollte nach diesen Überlegungen dann und nur dann eine dominierende Tragkomponente darstellen, wenn er thermisch geschützt im Kernbereich liegt.
Die geschilderte Möglichkeit der Beeinflussung des Brandverhaltens von Verbundstützen durch gezielte Ausnutzung der Komponenten-Interaktionen ist eine neuartige Vorgehensweise der brandschutztechnischen Bemessung tragender Bauteile [12 und 14]. Besondere Bedeutung erhält diese Möglichkeit dadurch, daß die jeweilige Komponenten-Veränderung voll im Bemessungskonzept berücksichtigt wird und sich somit gleichzeitig als tragfähigkeitssteigernd auswirken kann.
Bei den im Geschoßbau normalerweise vorkommenden Stützenlängen von bis zu 4,50 m beeinträchtigen Lastexzentrizitäten und Schlankheitseinflüsse nicht die Feuerwiderstandsdauer, wenn sie bei der Bemessung für den Zustand unter Normaltemperatur berücksichtigt worden sind.
Bei der Ermittlung der Feuerwiderstandsdauer von Verbundprofil-Stützen, bzw. -Trägern mit ausbetonierten Kammern nach Bild 16.3–12 geht man in ähnlicher Weise vor. Abhängig von der Zeitdauer der Brandbeanspruchung wird ein reduzierter „Brand"querschnitt nach Bild 16.3–16 der Traglastberechnung zugrundegelegt [13]. Den Einzelkomponenten werden reduzierte Festigkeiten zugewiesen, die den gemessenen oder errechneten Mitteltemperaturen entsprechen.
In Brandversuchen wurde mit Stützen von 3,80 m Länge und einem Querschnitt nach Bild 16.3–17 bei einer Last, die 145% der zulässigen Last des Stahlprofils entspricht, eine Feuerwiderstandsdauer von 112 Minuten erreicht.

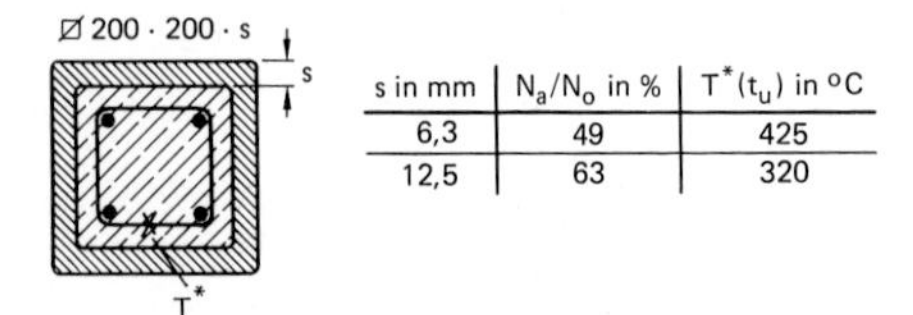

s in mm	N_a/N_o in %	$T^*(t_u)$ in °C
6,3	49	425
12,5	63	320

Bild 16.3–15
Versagenstemperaturen bei Hohlprofil-Verbundstützen unterschiedlicher Wanddicke nach [14]

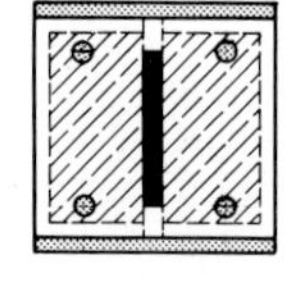

Bild 16.3–16
Reduzierter Brandquerschnitt einer Verbundprofilstütze nach [13]

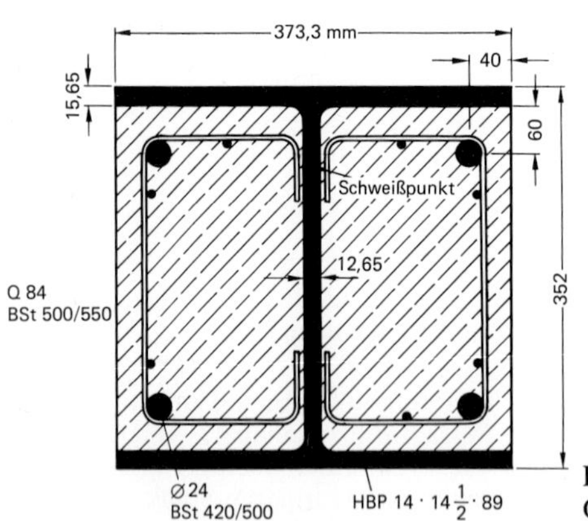

Bild 16.3–17
Querschnitt einer geprüften Verbundprofilstütze nach [13]

Verbundträger haben wegen der langsameren Erwärmung der Betondruckplatte ein günstigeres Brandverhalten als Stahlträger gleicher Abmessungen. Der Feuerwiderstand läßt sich geringfügig steigern, wenn der Stahlobergurt durch eine Bekleidung geschützt, die Betonplatte aufgestelzt und in die Voute eine Zulagebewehrung eingelegt wird. Die Feuerwiderstandsklassen F 30 und höher sind allerdings nur durch Schutz von Obergurt *und* Steg des Stahlträgers zu erreichen. Eine ebenso wirtschaftliche wie brandschutztechnisch wirksame Methode hierzu ist das seitliche Ausbetonieren der Kammern (ohne Aufstelzung der Betonplatte), wobei der Untergurt zur Anbringung von Installationen etc. freibleibt. Auch hier empfiehlt sich eine Zulagebewehrung im Kammerbeton.

Die theoretische Ermittlung der Feuerwiderstandsdauer geschieht in ähnlicher Weise wie bei den Verbundstützen, wobei nur für die Querschnittsteile des Stahlträgers, nicht aber für die Betondruckzone die temperaturbedingte Festigkeitsminderung berücksichtigt werden muß.
Bis zum Vorliegen von Normenregelungen wird man sich bei der Anwendung auf Versuche und Gutachten abstützen.

16.4 Maßnahmen des baulichen Brandschutzes

Wie schon dargelegt, hängt die Feuerwiderstandsfähigkeit eines Stahlbauteiles von der Erwärmung einerseits und dem dadurch bedingten Abfall der materialabhängigen Festigkeitseigenschaften andererseits ab. Die Aufgabe des baulichen Brandschutzes liegt also darin, die Erwärmung – wenn notwendig – durch geeignete Maßnahmen soweit zu verlangsamen, daß die Versagenstemperatur erst nach der Zeit eintritt, die als Feuerwiderstandsdauer angestrebt wird. Im Prinzip läßt sich jede gewünschte Feuerwiderstandsdauer erreichen.
Schutzmaßnahmen sind dämmender, abschirmender oder wärmeabführender Art.
Grundsätzlich ist zwischen direktem und indirektem Schutz zu unterscheiden.
Der direkte Schutz kann erfolgen durch:

- Ummantelungen und Verkleidungen,
- dämmschichtbildende Beschichtungen,
- Kernfüllung.

Ein indirekter Schutz ist zu erreichen durch:

- Abschirmungen, wie z. B. Unterdecken und Schürzen.

16.4.1 Ummantelungen und Verkleidungen

Es lassen sich unterscheiden örtlich hergestellte und vorgefertigte Ummantelungen und Verkleidungen in profilfolgender und kastenförmiger Art (siehe Tabelle 16.4–1).
Bei den örtlich hergestellten Bekleidungen sind zementgebundene Spritzputze aus Vermiculite oder Mineralfasern die häufigste Ausführungsart, insbesondere für Träger. Sie eignen sich auch für Stützen, wenn die spritzrauhen Oberflächen anschließend mit einem Hartmantelputz oder einer Metallverkleidung (gleichzeitig als mechanischer Schutz) versehen werden. Asbesthaltige Putze werden heute wegen ihrer Gesundheitsgefährdung nicht mehr verwendet. Geeignete Spritzputze, ggf. mit Haftmittelzusätzen, haften ohne Putzträger auf der Stahloberfläche. Besonderes Augenmerk ist der Verträglichkeit mit der vorhandenen Korrosionsschutzbeschichtung zu schenken. Die Hersteller weisen geeignete Grundbeschichtungen nach, bei denen keine Gefahr der Verseifung und Minderung der Haftfestigkeit nachfolgender Grundbeschichtungen besteht. Einige Fabrikate besitzen ausreichende Korrosionsschutzwirkung und können unmittelbar auf die gestrahlte Stahloberfläche aufgebracht werden.

Tabelle 16.4–1 Gebräuchliche Ummantelungen nach [15]

● Geeignet ○ Beschränkt geeignet für ▼	Gebräuchliche Ummantelungen für Stützen, Träger und Fachwerke				
Stützen	●	○	●	●	●
Träger	○	●	○		●
Fachwerke		●		●	
Herstellung	Örtlich hergestellt		Vorgefertigt		
	Gegossen	Gespritzt	Platten	Formteile	Matten
Form	Profilfolgend		Profilfolgend oder kastenförmig	Kastenförmig	
Baustoffe	Gips[1]	Torkret-Beton[2]	Gips[1]	Gips[1]	Mineralfasern[2][3]
[1] Genormt in DIN 4102, Teil 4	Beton[1][3]	Vermiculite[2][3]	Gipskarton[1]	Gipsperlite[2]	
[2] Herstellergebunden, Prüfzeugnis			Asbest-Silikat[2][3]	Calcium-Silikat[2][3]	
[3] Häufiger benutzte Baustoffe		Mineralfasern[2][3]	Fiber-Silikat[2][3]		
		Perlite[2]	Vermiculite-Zement[2][3]		
		Vermiculite-Perlite[2][3]	Faser-Calcium-Silikat[2]		

Als Material für Ummantelungen kommt ferner Beton in folgenden Verarbeitungsformen in Frage:
- Einbetonieren von Deckenträgern zusammen mit dem Betonieren von Ortbetondecken
- Aufsprühen von Beton im Torkretverfahren, meist mit Einlage von Maschendraht
- Umgießen von Betonteilen in Formen auf der Baustelle oder im Werk.

Dieses Verfahren wird sowohl für Träger wie für Stützen angewendet.
Vorgefertigte Bekleidungen sind häufig kastenförmig. Die Stahlteile benötigen einen Korrosionsschutz. Meist genügt ein Grundanstrich. Platten werden durch Ankleben an die Stahlprofile oder durch Nageln oder Schrauben, Formteile je nach ihrer Eigenart befestigt. Die Befestigungsart sowie die Fugen und Stoßausbildung müssen dem Prüfzeugnis der Hersteller entsprechen. Eine Verkleidung oder Beschichtung ist, abgesehen von der Sicherung gegen mechanische Beschädigung, aus optischen Gründen zu empfehlen. Die Platten haben eine hohe Festigkeit und sind in der Regel mit Holzbearbeitungswerkzeugen einfach zu bearbeiten. Sie sind die am häufigsten verwendete Bekleidungsart bei Stützen.
Rechteckige Formteile haben den Vorteil, daß sie unabhängig vom Stützenquerschnitt sind, so daß im ganzen Gebäude die gleichen Bekleidungen angebracht werden können, unbeschadet der Größe der darin befindlichen Stütze. Für Rundrohre und Winkel werden auch profilfolgende Formteile verwendet.
Über den Feuerwiderstand von Stahlbauteilen mit Ummantelungen und Verkleidungen sind Angaben in [6 und 7] enthalten. Ausführungen mit genormten Brandschutzmaterialien sind in DIN 4102 Teil 4 klassifiziert.

16.4.2 Dämmschichtbildende Beschichtungen

Dämmschichtbildende Beläge werden als Anstriche oder Folien aufgebracht. Sie sind im Bereitschaftszustand nicht erkennbar (daher besonders stahlbaugerecht) und erhalten ihre schützende Schichtdicke erst durch die Wärme des Brandes. Sie bestehen im allgemeinen aus folgenden Schichten, an die jeweils spezielle Anforderungen gestellt werden:
- die Korrosionsschutzgrundierung muß mit den nachfolgenden Anstrichen verträglich sein und darf bei Wärmewirkung nicht ablaufen
- der dämmschichtbildende Anstrich wird üblicherweise in mehreren Arbeitsgängen aufgebracht. Die Auftragsmengen sind dabei von der gewünschten Schutzwirkung und der Art der zu schützenden Bauteile abhängig
- die Deckschicht soll die Oberfläche des dämmschichtbildenden Anstrichs vor Feuchtigkeit und sonstigen Umwelteinflüssen schützen. Sie darf jedoch den Aufschäumvorgang der darunterliegenden Anstriche nicht behindern.

Die Brandschutzwirkung tritt durch den Aufschäumvorgang ein, der durch den Brand selbst ausgelöst wird. Beginnend bei Temperaturen von 200–300 °C bildet sich ein relativ stabiles Schaumgerüst mit einer Vielzahl in sich geschlossener Poren. Die mehrere Zentimeter dicke Schicht schützt wie jede gebräuchliche Ummantelung durch Verhindern des Flammenkontaktes und durch ihre Dämmwirkung. Mit steigenden Temperaturen und mit zunehmender Branddauer wird die Schicht von der Oberfläche her abgebaut und verliert ihren Zusammenhalt. Durch Abfallen veraschter Teile und Rißbildung nimmt die Wirksamkeit der Dämmschicht in dieser Phase rasch ab.
Man unterscheidet Dämmschichtbildner mit organischer und solche mit anorganischer Zusammensetzung. Organische Dämmschichtbildner bilden Kohlenstoffschaumgerüste, während das Schaumgerüst bei Dämmschichtbildnern mit anorganischen Bindemitteln keramischer Natur ist.
Die mit Hilfe derartiger Dämmschichtbildner erreichbare Feuerwiderstandsdauer wird bestimmt durch den Profilfaktor des zu schützenden Bauteiles, die Auftragsmenge und die zu erwartende Dicke des Schaumes im Feuer. Nach dem derzeitigen Erkenntnisstand ist bei Profilen mit Profilfaktoren $\leqq 300\,m^{-1}$ allgemein die Feuerwiderstandsklasse F 30 zu erreichen, die Klasse F 60 dagegen nur bei wesentlich geringeren Profilfaktoren. Da man die Auftragsmenge nicht beliebig vergrößern kann, ohne die Wirksamkeit des Systems zu gefährden, hat man sich bei der Einführung der Dämmschichtbildner zunächst auf die Anwendungsbereiche bis zu Profilfaktoren von 300 beschränkt.
Wegen ihrer Eigenart kann die Brauchbarkeit von Dämmschichtbildnern nicht allein aufgrund von Brandversuchen nach DIN 4102 beurteilt werden. Es sind im Rahmen des Zulassungsverfahrens weitere Nachweise beizubringen. Diese Nachweise beziehen sich auf das Brandverhalten unter Schwelfeuerbeanspruchung, auf die Alterungsbeständigkeit und die Korrosionsschutzwirkung unter harten klimatischen Bedingungen, auf die Verträglichkeit und Haftung des Dämmschichtbildners auf der Grundierung und die Verträglichkeit des Deckanstriches mit dem Dämmschichtsystem.
Einige Beschichtungssysteme sind auch für Tragwerke geeignet, die der Witterung oder sehr hoher Luftfeuchtigkeit ausgesetzt sind.
Anwendungsbereich, Verarbeitungsrichtlinien und praktische Hinweise sind den Zulassungsbescheiden zu entnehmen. Im übrigen siehe auch [6].
Die Entwicklung auf dem Gebiet der Dämmschichtbildner zielt auf Systeme, die eine Feuerwider-

standsdauer von F60 bei Stahlbauteilen mit einem Profilfaktor von etwa 150–200 m^{-1} oder gar bis zur Gültigkeitsgrenze der bisherigen F30-Zulassungen, d.h. also bis Profilfaktoren von 300 m^{-1}, erbringen. Die Forderung F60 erscheint in unseren heutigen bauaufsichtlichen Vorschriften noch nicht, sie ist aber in DIN 4102 bereits seit langem vorgesehen und ist eine der Feuerwiderstandsklassen, die sich nach dem differenzierten System der DIN 18230 Baulicher Brandschutz im Industriebau für unterschiedliche Brandgefährdungen ergeben können.
Wenn insbesondere Hallenkonstruktionen die Schutzstufen F30 oder F60 haben müssen, bieten Dämmschichtbildner eine stahlbaugerechte Lösung. Bei ihrer geringen Auftragsdicke lassen sie die typische Struktur der Stahlbauteile praktisch unverändert. Sie bieten gleichzeitig den Korrosionsschutz und gestatten zudem eine farbliche Gestaltung der Konstruktion.

16.4.3 Abschirmungen

Unter Abschirmen wird das Einbeziehen sonst ungeschützter Stahlprofile in hohle Bauteile verstanden, deren raumabschließende Bestandteile zusammen mit den tragenden Stahlprofilen feuergeschützte Systeme bilden. Von dieser Möglichkeit wird bei Decken und Wänden häufig Gebrauch gemacht. Sie ist meist die wirtschaftlichste Weise des Brandschutzes, da die raumabschließenden Elemente aus anderen Gründen ohnehin gebraucht werden und ohne oder mit nur geringen Mehrkosten so ausgebildet werden können, daß das ganze System die erforderliche Feuerwiderstandsfähigkeit erhält.
Deckensysteme bestehen aus den Stahlträgern, der Deckenplatte darüber, der Unterdecke darunter und geeigneten seitlichen Abschlüssen an den Außenwänden und an Durchbrüchen [16].
Bei Wandsystemen schließen die beiden Wandschalen die dazwischenstehenden stählernen Bauteile – Stützen, Deckenträger und Elemente vertikaler Fachwerkverbände – ein.

16.4.4 Wasserfüllung

Die Wasserfüllung von hohlen Stahlprofilen ist der denkbar wirksamste Brandschutz durch Wärmeabführung, da die Profile je nach dem gewählten System auch bei beliebiger Branddauer voll gebrauchsfähig bleiben.
Die Wärme, welche die Tragfähigkeit des Bauteils herabsetzen kann, soll abgeführt werden, und zwar durch Wasser oder wässerige Lösungen. Dies kann auf dreierlei Art erfolgen, wobei auch Kombinationen möglich sind:

- Übernahme von Wärme. Ein ungeschütztes Stahlprofil nimmt sehr schnell die Brandtemperatur an. Verwendet man ein Hohlprofil und füllt es mit Wasser, so erhöht sich die Wärmekapazität, das Wasser nimmt Wärme auf und verzögert so den zeitlichen Temperaturanstieg.
- Abführen von Wärme durch Strömung. Wird ein Hohlprofil im Brandfall mit kühler Flüssigkeit durchströmt, nimmt die strömende Flüssigkeit die Wärme fort.
- Ausnutzen der Latentwärme bei der Verdampfung. Zur Überführung des Wassers vom flüssigen in den dampfförmigen Aggregatzustand wird Verdampfungswärme verbraucht.

Die Wasserkühlung kann auf verschiedenen Wegen erfolgen:

- Durch Wasserfüllung einer hohlen Tragkonstruktion.
- Durch Besprühen mit Wasser von außen (hierbei kann gleichzeitig das brennende Material gekühlt oder gelöscht werden).

Die Wasserfüllung kann dauernd oder auch nur temporär vorgesehen werden:

- Ständige Wasserfüllung,
- Einfüllen nur im Brandfall.

Die Wasserfüllung kann in sich abgeschlossen sein oder fremd zugespeist werden:

- Wasserfüllung „gebäude-autark",
- Hohlprofilkonstruktion an das Wasserversorgungsnetz und an eine Abwasserleitung (öffentliches Netz oder Fluß) angeschlossen,
- Wasserfüllung durch Anschluß an Feuerwehrpumpen oder Hydrantenleitung.

Die Wasserfüllung kann im Gebäude in verschiedenen Baugliedern vorgesehen werden:

- Füllung der Stützen (vertikale Bauglieder),
- Füllung von horizontalen Trägern in geneigten Stäben (Fachwerkdiagonalen),
- Füllung von Flächenbauteilen.

Die Wasserfüllung kann allein zu Brandschutzzwecken dienen oder auch im Normalbetrieb als Heizungs- und Kühlsystem dienen.

- Wasserfüllung nur zum Brand-(= Katastrophen)Schutz
- Wasserfüllung zum Brandschutz und zur Heizung im Winter und Kühlung im Sommer.

Diese Übersicht zeigt die Vielfalt der Systeme [17].

In den letzten Jahren sind in aller Welt über 20 Gebäude aus Stahlkonstruktionen mit Wasserkühlung ausgeführt worden. Die bekanntesten sind das Verwaltungsgebäude der US-Steel Corporation in Pittsburgh mit 64 m Höhe und das Gebäude des Betriebsforschungsinstitutes des VDEh in Düsseldorf (siehe auch [18]).
In diesen Gebäuden sind nur die Stützen mit Wasser gefüllt. Durch ein entsprechendes Leitungssystem entsteht im Brandfall eine Wasserzirkulation. Das verdampfende Wasser wird über Vorratsbehälter ersetzt.
Bei einem Gebäude in Paris [19] sind die Erdgeschoßstützen mit Wasserfüllung versehen. Über Ventile ist diese Wasserfüllung an das öffentliche Wassernetz angeschlossen. Auf diese Weise kann eine unbegrenzte Feuerwiderstandsdauer erreicht werden.
In Belgien ist ein System entwickelt worden [20], bei dem durch Ventile, die über Brandmeldeanlagen gesteuert werden, die Hohlprofilkonstruktionen nur im Brandfall mit Wasser beschickt werden.
Wird eine ständige Wasserfüllung an ein Heizungssystem angeschlossen, so kann die Stahlkonstruktion in das Heizungssystem integriert werden.
In der Schweiz ist ein Hochregallagersystem mit Wasserfüllung entwickelt worden [21]. Hier dient die Wasserfüllung als Brandschutz, Heizung und als Zuleitung für die Sprinkleranlage, die in einem Hochregallager meistens notwendig ist. Die Wasserfüllung ist an die Sprinklerwasserversorgung angeschlossen.

Literatur

1. Zwingmann, R., Schubert, K.-H.: Brandschutzeinrichtungen im Gebäude. Brandschutz/Deutsche Feuerwehr-Zeitung 3 (1980) Seite 76–82.
2. DIN 4102 Brandverhalten von Baustoffen und Bauteilen.
3. Bub, H.: Gesamtkonzept des Entwurfs DIN 18230 Baulicher Brandschutz im Industriebau aus: Baulicher Brandschutz, Bemessung im Industriebau (1. Brandschutz-Seminar des Instituts für Bautechnik) Berlin 1979.
4. Bauaufsichtliche Brandschutzanforderungen an Bauteile aus Stahl, Köln: Stahlbau-Verlags GmbH 1974.
5. European Recommendations for the Fire Safety of Steel Structures (Juli 1981). Unveröffentlichter Entwurf der Europäischen Konvention für Stahlbau (EKS), Brüssel 1981.
6. Muess, H.: Brandverhalten von bekleideten Stahlbauteilen. Köln: Stahlbau-Verlags GmbH 1978.
7. Stahlbaukalender. Köln: Stahlbau-Verlags GmbH.
8. CEB Band I, Einheitliche Regeln für verschiedene Bauarten und Baustoffe (November 1976).
9. Knublauch, E., Rudolphi, R., Stanke, J.: Theoretische Ermittlung der Feuerwiderstandsklasse von Stahlstützen; Bericht der Bundesanstalt für Materialprüfung (BAM), Berlin 1971.
10. Bongard, W.: Unverkleidete Stahlkonstruktionen, Brandverhalten und Verwendungsbereich. Teil V der EKS-Reihe Brandsicherheit im Stahlbau. Köln: Stahlbau-Verlags GmbH 1974.
11. Ehm, H. und Bongard, W.: Feuerwiderstandsfähigkeit von wassergefüllten Stützen. Der Stahlbau 37 (1968) Seite 161–164.
12. Klingsch, W.: Tragverhalten von Verbundstützen aus einbetonierten Walzprofilen im Brandfall. Technische Information: Verbundstützen aus einbetonierten Walzprofilen. Duisburg: Thyssen AG 1980.
13. Jungbluth, O., Feyereisen, H. und Oberegge, O.: Verbundprofilkonstruktionen mit erhöhter Feuerwiderstandsdauer. Bauingenieur 55 (1980) Seite 371–376.
14. Klingsch, W.: Grundlagen der brandschutztechnischen Auslegung und Beurteilung von Verbundstützen. Bauphysik 4 (1981) Seite 129–133.
15. Brandschutz für Stützen und Träger. Stahlbau-Arbeitshilfe 2.1. Deutscher Stahlbau-Verband, Köln.
16. Brandschutz für Decken. Stahlbau-Arbeitshilfe 2.4. Deutscher Stahlbau-Verband, Köln.
17. Witte, H.: Stahlkonstruktionen mit Wasserkühlung; Studie über Lösungsmöglichkeiten. Zwischenbericht zu Teilprogramm 4.4 des Forschungsvorhabens P 86 der Studiengesellschaft für Anwendungstechnik von Eisen und Stahl, Düsseldorf.
18. Polthier, K.: Wassergefüllte Stützen im Stahlbau. Merkblatt 467 der Beratungsstelle für Stahlverwendung, Düsseldorf 1973.
19. –: Erste Anwendung einer Stahlkonstruktion mit wassergefüllten Konstruktionselementen in Frankreich. Acier Stahl Steel 34 (1970) Seite 544–546.
20. Bassem, R. und Teleman, P.: Belgisches Patent Nr. 852.952 vom 18.7.1977.
21. Maurer, A.: Wenn alles brennt, das Lager steht. Materialfluß (1980) Seite 48–53.

17 Raumabschließende Bauelemente

R. Baehre

17.1 Einführung

Das Grundelement der Stahlbautechnik ist das Walzprofil, das in einer breiten Palette industrieller Fertigung angeboten und der erforderlichen Tragfähigkeit entsprechend als Teil eines Tragsystems eingesetzt werden kann. Im Geschoß- und Hallenbau besteht traditionell das Stahlskelett aus einer Zuordnung von Tragelementen mit „linearer" Tragfunktion, das durch raumabschließende Elemente ergänzt wird. Die Standsicherheit des Bauwerks wird hierbei durch das Stahltragwerk gewährleistet, die Raumfunktion durch flächenhafte Bauteile aus artfremdem Material.
Stellt man die funktionellen Belange eines Gebäudes in den Vordergrund – wie beispielsweise die Raumgestaltung unter Berücksichtigung bestimmter Milieuanforderungen – so ist offenbar die traditionelle Stahlkonstruktion nicht geeignet, die gewünschten Schutzfunktionen zu erfüllen.
Dennoch existiert – seit der Entwicklung industrieller Fertigungsmethoden gegen Ende des vorigen Jahrhunderts – ein flächenhaftes Bauelement mit zugleich tragender und schützender Funktion: das Wellblech, das als ein Vorläufer moderner Leichtbautechnik betrachtet werden kann.
Um 1930 wurde kaltgewalztes Feinblech in Coils zugänglich und gegen Ende der 30er Jahre bandverzinktes Material. Verbesserte Fertigungstechnologien bezüglich der kontinuierlichen Kaltumformung und die damit verbundene Möglichkeit der Massenproduktion bereiten etwa gleichzeitig den Weg für flächenhafte Bauelemente mit hoher Produktqualität in bezug auf Tragfähigkeit, Maßgenauigkeit und Beständigkeit.
Durch geeignete Formgebung von Profilblechen oder durch die Aneinanderreihung von funktionsabgestimmten Kaltprofilen lassen sich nun flächenhafte Bauelemente mit für raumabschließende Elemente erforderlicher Tragfähigkeit und Steifigkeit entwickeln, die in vielen Anwendungsbereichen das Stahlskelett überflüssig werden lassen oder – zusammen mit dem Skelett – die Tragfunktion übernehmen können. Wenn aber diese Funktion durch ein flächenhaftes Bauteil übernommen wird, können zur Erfüllung der übrigen Funktionsanforderungen wie z.B. Klima-, Schall- und Feuerschutz Werkstoffe eingesetzt werden, die ohne besondere Anforderungen bezüglich der Tragfähigkeit die gewünschten Funktionen optimal erfüllen können.
Das wesentliche Merkmal der Leichtbautechnik ist somit die sinnvolle – auf das Endprodukt bezogene – Zuordnung von Baumaterialien, wobei im folgenden vorausgesetzt wird, daß die eigentliche Tragfunktion dem kaltgeformten Stahlblech zugeordnet wird – wenn möglich unter Einbeziehung artfremder Werkstoffe in ein Verbundsystem.
Die folgende Darstellung behandelt *Funktionskriterien* und *Bemessungsansätze* für raumabschließende Bauelemente – Decken, Wände und Dächer – in Leichtbauweise. Ausgangspunkt für die Betrachtungen ist das „Technische System" eines Gebäudes, das sich aus den Teilsystemen *Tragwerk – Raumbildung* und *Ver- und Entsorgung* konstituiert. Die hier behandelten Bauelemente stellen Subsysteme mit übergreifenden Funktionen dar (Bild 17.1–1) [1].
Aufbauend auf den allgemeingültigen Bemessungsgrundlagen für dünnwandige kaltgeformte Bauteile (vgl. Kap. 13) werden Bemessungsaspekte vorgestellt, die für die optimale konstruktive Gestaltung der entsprechenden Bauteile von Bedeutung sind. Generelle Bemessungsregeln lassen sich nur für einfache, serienmäßig hergestellte Blechprofile und Profilbleche angeben; bei anwendungsspezifisch optimierten Produkten läßt sich das Tragverhalten zwar analytisch abschätzen, aber es wird in vielen Fällen notwendig – und vorteilhaft – sein, das Tragverhalten und die Versagensform experimentell zu verifizieren.
Die folgenden Betrachtungen werden unter dem Gesichtswinkel der Suboptimierung von raumabschließenden Bauelementen stehen. Eine solche Suboptimierung ist notwendig, sie darf aber nicht die weitere Perspektive der Totaloptimierung im Hinblick auf den Wert des Endproduktes verdecken, die das eigentliche Ziel der Planungsaufgabe darstellt und sich aus den Jahreskosten und dem Gebrauchswert konstituiert (Bild 17.1–2).

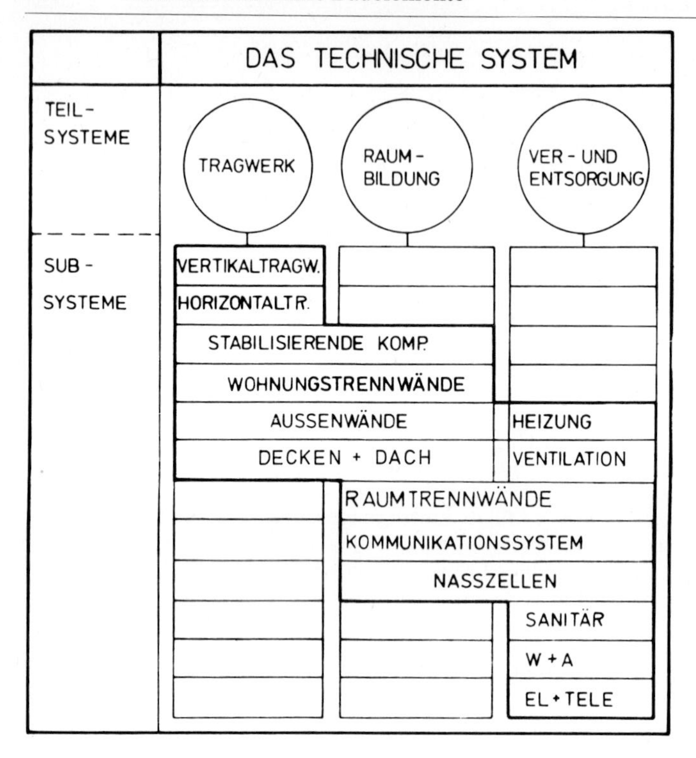

Bild 17.1–1 Das technische System eines Gebäudes

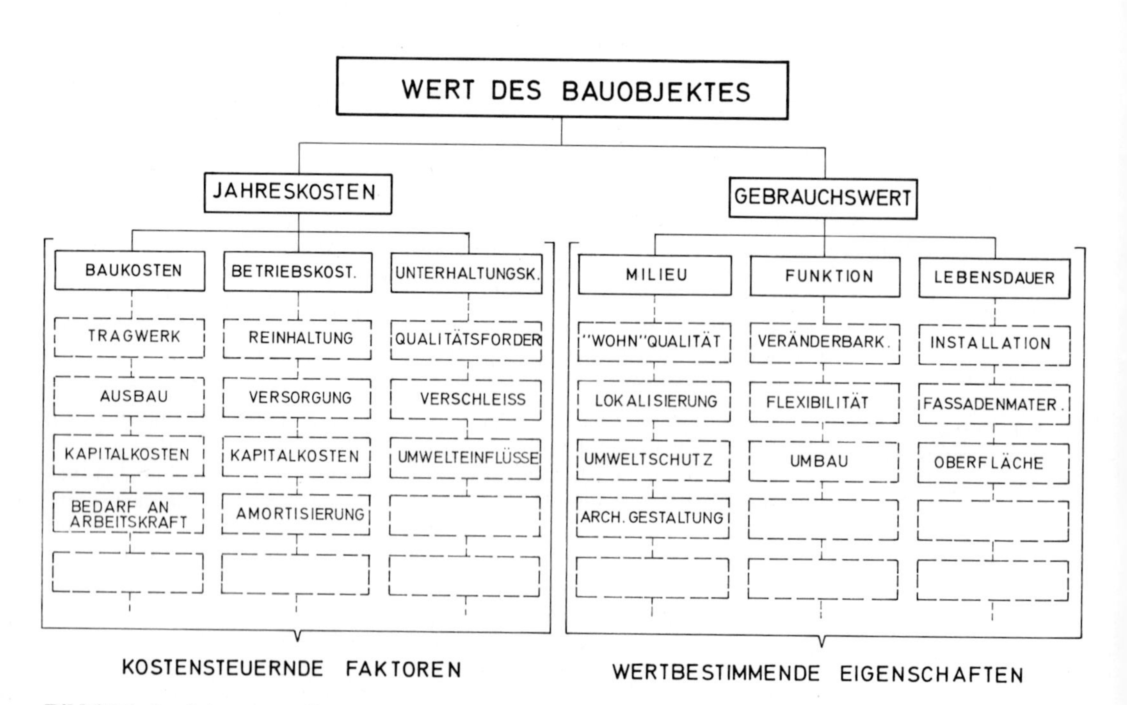

Bild 17.1–2 Schema zur Bewertung von Gebäuden

17.2 Funktionsanforderungen bei raumabschließenden Bauelementen [2]

Die Beurteilung der Qualität raumabschließender Bauelemente mit zugleich tragender und schützender Funktion gründet sich auf Funktionsanforderungen. Die Erfüllung der Funktionsansprüche ist ein wesentlicher Teil der Planungsaufgabe, die übergeordnete und durch die technischen Baubestimmungen geregelte Funktionsanforderungen sowie spezielle Nutzungsanforderungen und wirtschaftliche Belange einschließt. Die Kopplung unabdingbarer und qualitätsbezogener Anforderungen bedingt eine sorgfältige Optimierung des Systems unter Einbeziehung der versorgungstechnischen Belange.
Als „generelle Funktionsanforderungen" seien im folgenden Anforderungen bezeichnet, die seitens der Baubehörde, der Nutzer oder des Bauherrn an die Ausführung der Bauelemente gestellt werden. Diese Funktionsanforderungen können übersichtlich in die folgenden sieben Bereiche aufgeteilt werden:
I) Tragvermögen
II) Steifigkeit
III) Beständigkeit
IV) Feuerschutz
V) Schallschutz
VI) Klimaschutz
VII) Raummilieu
Die Forderungen I–III sind hierbei übergeordnet und unabhängig von Gebäudeart und Nutzung, während die übrigen Anforderungen bauwerksbezogen und gleichzeitig – über eine Mindestanforderung hinaus – qualitätsbezogen sind. Die Mindestanforderungen sind weitgehend im Regelwerk festgelegt; qualitätsbezogene Erhöhungen der Anforderungen – entsprechend den Ansprüchen der Nutzer oder des Bauherrn – können als werterhöhende Maßnahmen bezeichnet werden und sind den Aspekten der Wirtschaftlichkeit unterworfen.
Die angeführten sieben Anforderungsbereiche sind technisch nicht unabhängig voneinander; die formale Aufteilung soll hier lediglich eine Analyse geeigneter Maßnahmen zur Erfüllung der Funktionsansprüche erleichtern.

17.2.1 Anforderungen seitens der Baubehörden

Die Anforderungen seitens der Baubehörden stellen in der Regel Mindestanforderungen dar. Im einzelnen beinhalten die Anforderungen folgende Nachweise:

I) Tragvermögen: Nachweis der Standsicherheit und der Gebrauchsfähigkeit unter vorgegebenen Einwirkungen oder nutzungsbezogenen Nennlasten

II) Steifigkeit: Einhaltung von Durchbiegungsbeschränkungen oder anderen Steifigkeitskriterien (z. B. gegenüber Schwingungen, Vibration usw.)

III) Beständigkeit: Erhaltung der Funktionssicherheit (I + II) unter Berücksichtigung des Langzeitverhaltens der Materialkomponenten und der zu erwartenden Belastungsmerkmale

IV) Feuerschutz: Einhaltung der Feuerwiderstandsklasse mit Bezug auf Bauwerkstyp und brandtechnische Funktion des Bauteils sowie unter Berücksichtigung der Materialeigenschaften wie Entflammbarkeit, Brennbarkeit, Rauchgasentwicklung und Toxität der Rauchgase

V) Schallschutz: Einhaltung der Schalldämmaße mit Bezug auf Bauwerkstyp und schalltechnische Schutzfunktionen (Luftschall, Trittschall, Flankentransmission, Schallabsorption, Lärmbelästigung)

VI) Klimaschutz: Einhaltung der Wärmeschutzforderungen mit Bezug auf die klimatischen Bedingungen und Nutzung des umbauten Raumes. Insbesondere bei Bauelementen, die den umbauten Raum gegenüber dem Außenklima abschirmen, sind die Probleme der Kältebrücken, Dampfdiffusion, Luftdurchlässigkeit, Konvektionsströmungen und der Wärmekapazität zu beachten.

VII) Raummilieu: Die Einhaltung der Mindestanforderungen nach II, V und VI befriedigt in der Regel die grundlegenden physiologisch begründeten Ansprüche.
Neben wahrnehmbaren Effekten bei Innenflächen sind Fragen zur mechanischen Widerstandsfähigkeit, Oberflächenbehandlung und zukünftige Unterhaltungskosten zu beachten.

17.2.2 Anforderungen seitens der Nutzer

Die Mindestanforderungen seitens der Nutzer werden stellvertretend durch die Anforderungen der Baubehörde abgedeckt. Erhöhte Anforderungen können sich aus den speziellen Nutzungsanforderungen ergeben und sind dann Teil einer vertraglichen Regelung mit dem Bauherrn. Es kann sich hierbei um Verbesserungen oder Sonderlösungen gegenüber den Mindestanforderungen in bezug auf Steifigkeit (II), Schallschutz (V), Klimaschutz (VI) oder Raummilieu (VII) handeln. Es kann sich aber auch um einen erhöhten Aufwand bezüglich der Installationen im Bereich der Bauelemente und um damit verbundene Eingriffe in die Konstruktion handeln. Ein sorgfältig gestaltetes raumabschließendes Bauelement soll derartige Funktionsverbesserungen oder Veränderungen in vertretbarem Rahmen zulassen.

17.2.3 Anforderungen seitens des Bauherrn

Es handelt sich hierbei im Wesentlichen um qualitäts- und werterhöhende Ansprüche des Bauherrn, die über den Rahmen der Mindestanforderungen nach 17.2.1 hinausgehen und die Anforderungen nach 17.2.2 einschließen. Derartige Qualitätsmerkmale sind wiederum gesteigerte Funktionsanforderungen in einzelnen Bereichen oder aber Maßnahmen, die eine zukünftige Veränderbarkeit bezüglich der Nutzung oder des Ausrüstungsstandards ermöglichen sollen, z. B. erhöhte Tragfähigkeit der Decke, veränderter Innenausbau, dem jeweiligen Stand der Technik angepaßte Wärmeversorgung usw. Auch im Hinblick auf derartige Änderungen sollten raumabschließende Bauelemente eine vertretbare Flexibilität aufweisen.

17.2.4 Konsequenzen und Folgerungen

Die Summe der Anforderungen an raumabschließende Bauelemente setzt sich zusammen aus

Mindestforderungen, die teils generelle Gültigkeit haben, teils bauwerksspezifisch ausgelegt sind und in den technischen Baubestimmungen verankert sind,

Zusatzforderungen, die spezielle Wünsche des Nutzers oder Bauherrn in bezug auf qualitäts- oder werterhöhende Maßnahmen darstellen.

Wegweisend für hier aktuelle Bauelemente ist damit, daß ein Grundsystem existiert, das die Mindestanforderungen erfüllt und durch geeignete Ergänzungen zusätzliche Qualitätsforderungen befriedigen kann.
Da nun auch die Mindestforderungen nach Art und Umfang teilweise bauwerks- und bauteilbezogen sind, empfiehlt es sich, Qualitätsprofile in Abhängigkeit vom Nutzungsbereich aufzustellen, die Mindest- bzw. Zusatzforderungen qualitativ und quantitativ zu beschreiben und als Grundlage für die Produktgestaltung zu verwenden.

17.2.5 Spezielle Funktionsanforderungen (Qualitätsprofile)

Beispielhaft werden mit den Bildern 17.2–1/2/3 für Decken, Wände und Dächer – der Nutzung des umschlossenen Raumes entsprechend – verschiedene Qualitätsprofile vorgestellt. Die hier dargestellten Qualitätsprofile haben nur Modellcharakter, da die Planungsgrundlagen nicht im einzelnen spezifiziert sind. Sie illustrieren jedoch das breite Spektrum der möglichen Qualitätsforderungen. Zur Vermeidung einer Vielzahl von Varianten der konstruktiven Gestaltung der Bauelemente sollte eine Grundlösung „mäßige" Anforderungen erfüllen und auf „hohe" Ansprüche erweiterungsfähig sein.
Die Variation der Qualitätsansprüche ist durch eine sechsgradige Stufenskala dargestellt, die qualitativ etwa wie folgt gedeutet werden kann:

0 = keine Anforderungen
1 = geringe Anforderungen
3 = mäßige Anforderungen
5 = hohe Anforderungen

Entsprechend den einschlägigen Bestimmungen lassen sich dann diese Wertigkeiten quantifizieren (z. B. verschiedene Zeitforderungen bezüglich des Feuerwiderstandes oder verschiedene Wärmewiderstandsforderungen). Da innerhalb der angegebenen Funktionsbereiche (I–VII) verschiedene Teilforderungen mehr oder weniger Einfluß auf die Produktgestaltung haben werden, ist in den Beispielen eine weitere Unterteilung gewählt. Es wird von Fall zu Fall beurteilt werden müssen, welche Einflußgrößen besonderes Gewicht haben und zu berücksichtigen sind. Es wird unterschieden zwischen „Mindestforderungen" entsprechend den Bestimmungen und „Zusatzforderungen" seitens des Bauherrn oder Nutzers.

Die wesentliche Aussage dieser Qualitätsprofile ist, daß zur Erfüllung der Funktionsansprüche bei raumabschließenden Bauelementen verschiedene Werkstoffe mit spezifischen physikalischen Merkmalen eingesetzt werden müssen. Für die eigentliche Produktentwicklung empfiehlt es sich, dem Qualitätsprofil ein entsprechendes Eigenschaftsprofil der gewählten Lösung gegenüberzustellen. Hierdurch können eventuelle Schwachpunkte der konstruktiven Gestaltung direkt aufgedeckt werden.

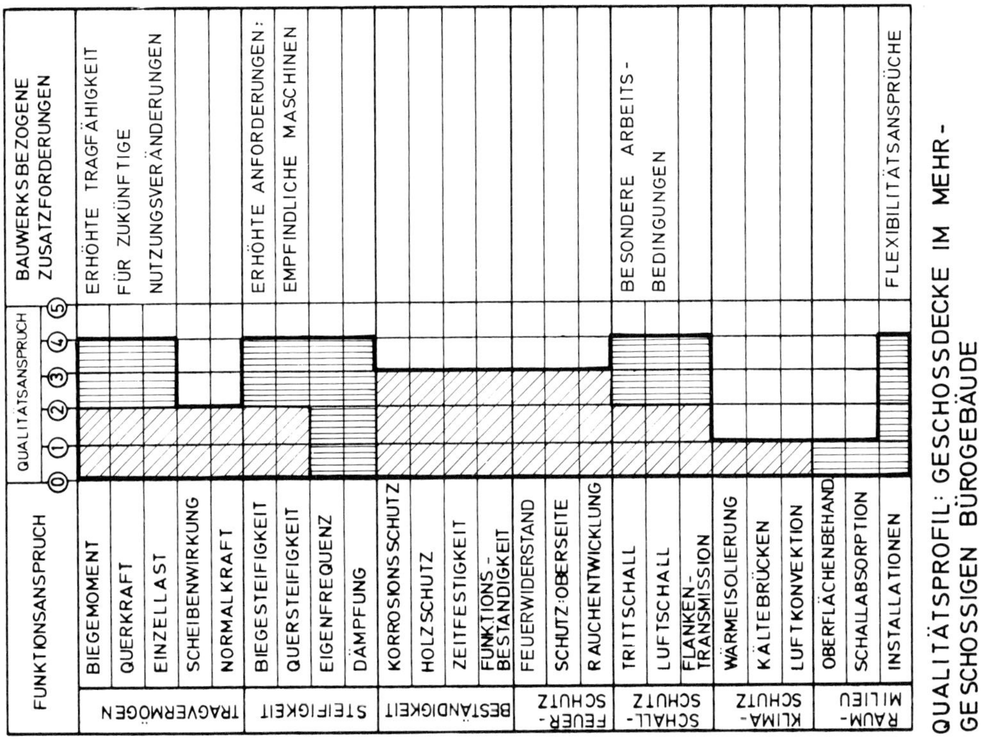

FUNKTIONSANSPRUCH		QUALITÄTSANSPRUCH ⓪ ① ② ③ ④ ⑤	BAUWERKSBEZOGENE ZUSATZFORDERUNGEN
TRAGVERMÖGEN	BIEGEMOMENT		ERHÖHTE TRAGFÄHIGKEIT
	QUERKRAFT		FÜR ZUKÜNFTIGE
	EINZELLAST		NUTZUNGSVERÄNDERUNGEN
	SCHEIBENWIRKUNG		
	NORMALKRAFT		
STEIFIGKEIT	BIEGESTEIFIGKEIT		ERHÖHTE ANFORDERUNGEN:
	QUERSTEIFIGKEIT		EMPFINDLICHE MASCHINEN
	EIGENFREQUENZ		
	DÄMPFUNG		
BESTÄNDIGKEIT	KORROSIONSSCHUTZ		
	HOLZSCHUTZ		
	ZEITFESTIGKEIT		
	FUNKTIONS-BESTÄNDIGKEIT		
FEUER-SCHUTZ	FEUERWIDERSTAND		
	SCHUTZ:OBERSEITE		
	RAUCHENTWICKLUNG		
SCHALL-SCHUTZ	TRITTSCHALL		BESONDERE ARBEITS-
	LUFTSCHALL		BEDINGUNGEN
	FLANKEN-TRANSMISSION		
KLIMA-SCHUTZ	WÄRMEISOLIERUNG		
	KÄLTEBRÜCKEN		
	LUFTKONVEKTION		
RAUM-MILIEU	OBERFLÄCHENBEHAND		
	SCHALLABSORPTION		
	INSTALLATIONEN		FLEXIBILITÄTSANSPRÜCHE

QUALITÄTSPROFIL: GESCHOSSDECKE IM MEHR-GESCHOSSIGEN BÜROGEBÄUDE

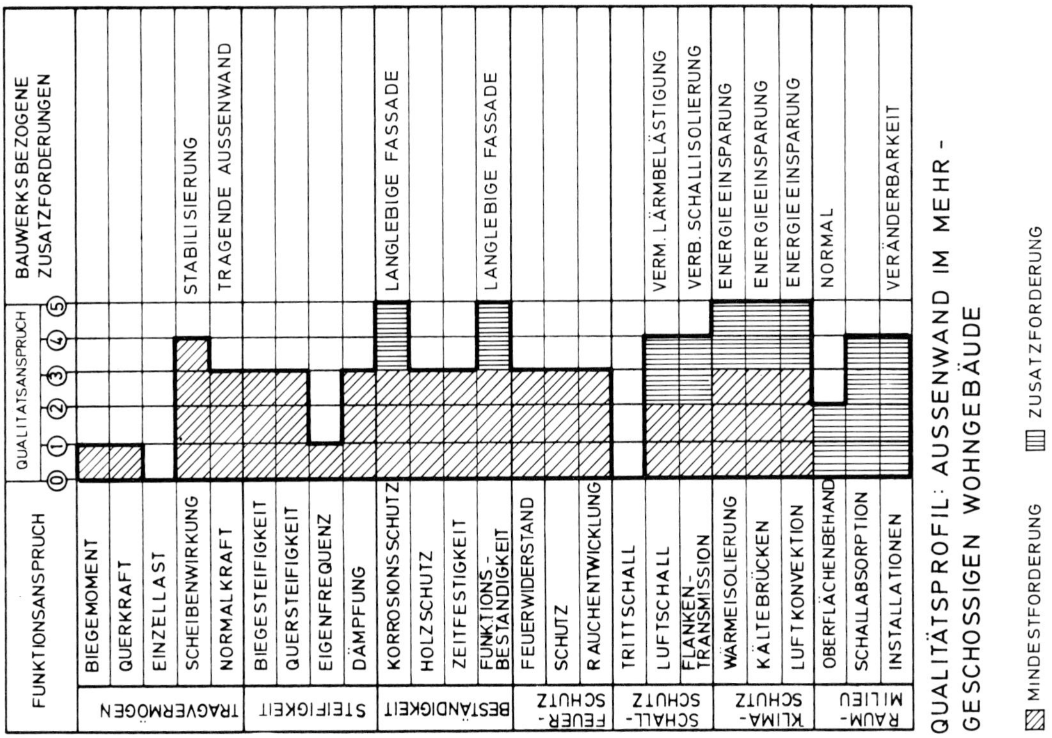

FUNKTIONSANSPRUCH		QUALITÄTSANSPRUCH ⓪ ① ② ③ ④ ⑤	BAUWERKSBEZOGENE ZUSATZFORDERUNGEN
TRAGVERMÖGEN	BIEGEMOMENT		
	QUERKRAFT		
	EINZELLAST		
	SCHEIBENWIRKUNG		STABILISIERUNG
	NORMALKRAFT		TRAGENDE AUSSENWAND
STEIFIGKEIT	BIEGESTEIFIGKEIT		
	QUERSTEIFIGKEIT		
	EIGENFREQUENZ		
	DÄMPFUNG		
BESTÄNDIGKEIT	KORROSIONSSCHUTZ		LANGLEBIGE FASSADE
	HOLZSCHUTZ		
	ZEITFESTIGKEIT		
	FUNKTIONS-BESTÄNDIGKEIT		LANGLEBIGE FASSADE
FEUER-SCHUTZ	FEUERWIDERSTAND		
	SCHUTZ		
	RAUCHENTWICKLUNG		
SCHALL-SCHUTZ	TRITTSCHALL		
	LUFTSCHALL		VERM. LÄRMBELÄSTIGUNG
	FLANKEN-TRANSMISSION		VERB. SCHALLISOLIERUNG
KLIMA-SCHUTZ	WÄRMEISOLIERUNG		ENERGIEEINSPARUNG
	KÄLTEBRÜCKEN		ENERGIEEINSPARUNG
	LUFTKONVEKTION		ENERGIEEINSPARUNG
RAUM-MILIEU	OBERFLÄCHENBEHAND		NORMAL
	SCHALLABSORPTION		
	INSTALLATIONEN		VERÄNDERBARKEIT

QUALITÄTSPROFIL: AUSSENWAND IM MEHR-GESCHOSSIGEN WOHNGEBÄUDE

MINDESTFORDERUNG ZUSATZFORDERUNG

Bild 17.2–3/4 Qualitätsprofile (Decke – Wand)

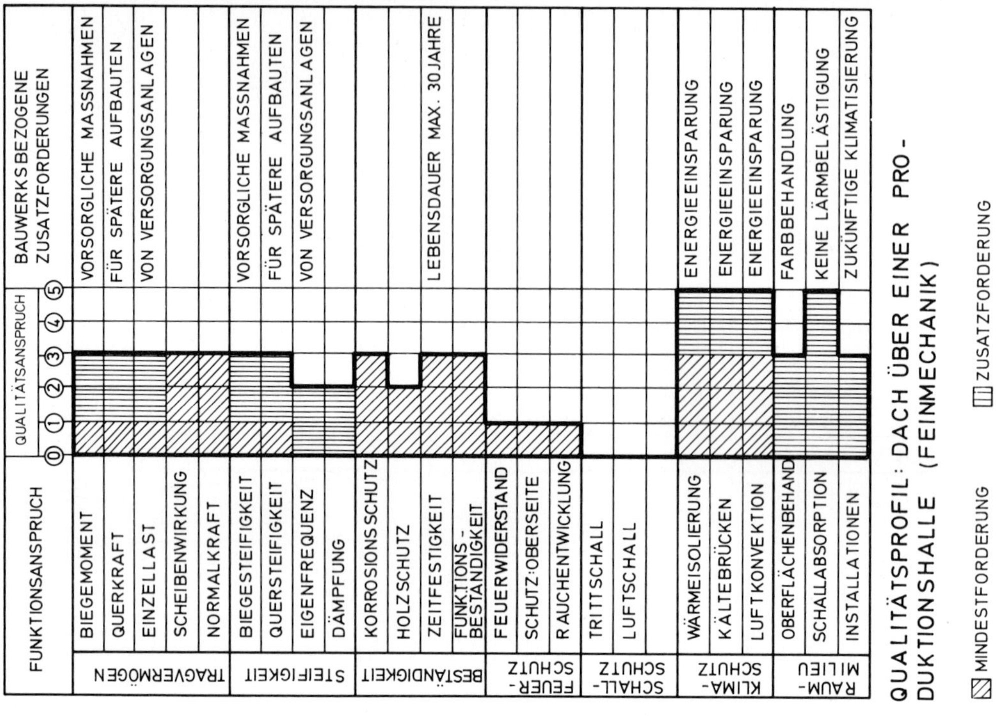

QUALITÄTSPROFIL: DACH ÜBER EINER PRODUKTIONSHALLE (FEINMECHANIK)

MINDESTFORDERUNG — ZUSATZFORDERUNG

Bild 17.2–5 Qualitätsprofile (Dach)

17.2.6 Geeignete Baumaterialien und Komponenten

Die nach Art und Umfang variierenden Funktionsanforderungen sollen durch einen entsprechenden Elementaufbau optimal erfüllt werden. Da es kein Idealmaterial gibt, das alle Funktionen gleichzeitig erfüllt, besteht die Aufgabe darin, durch geschickte Wahl der Komponenten verschiedene Einzelforderungen gleichzeitig zu befriedigen. Das aber führt zu „Verbundsystemen" im weitesten Sinn des Begriffes, wobei die Verträglichkeit der verschiedenen Materialkombinationen sowie die Verbundwirkung eine zentrale Bedeutung haben.
Im folgenden werden zunächst die Eigenschaften verschiedener Baumaterialien mit Bezug auf die Einzelfunktionen und abschließend geeignete und mögliche Materialkombinationen dargestellt.
Es sei betont, daß hier vornehmlich auf plattenförmige Produkttypen zurückgegriffen wird, die auf dem Baumaterialmarkt angeboten werden. Die weitere Produktentwicklung sollte darauf hinzielen, Produkttypen zu finden, die eine verbesserte Eignung für *komplexe* Qualitätsforderungen aufweisen (z. B. die gleichzeitige Erfüllung von Schutzforderungen).

17.3 Werkstoffe und Produkte

Zur Erfüllung der Funktionsanforderungen I–III (Tragvermögen, Steifigkeit, Beständigkeit) gemäß Bildern 17.2–1/2/3 stehen als Basisprodukte dünnwandige kaltgeformte Profile aus verzinktem Feinblech zur Verfügung – falls erforderlich unter Einbeziehung eines verstärkten Korrosionsschutzes durch Farbbeschichtung. Die Funktionsanforderungen IV–VII (Feuerschutz, Schallschutz, Klimaschutz, Raummilieu) dagegen lassen sich nur durch Verwendung artfremder Materialien erfüllen. Eine übersichtliche Darstellung qualitativer Schutzeigenschaften zeigt das Bild 17.3–1, wobei im wesentlichen Plattenwerkstoffe aufgeführt sind, die auf dem Baumarkt erhältlich sind.

17.3.1 Stahlkomponenten

Für kaltgeformte Bauteile wird vornehmlich kaltgewalztes verzinktes Bandmaterial nach DIN 1762, Teil 2, mit den Streckgrenzen R_{eH} = 280 – 320 – 350 N/mm^2 (Kurznamen St E 280-3Z, St E 320-3Z, St E 350-3Z) verwendet. Die Bruchdehnungen betragen etwa 18–16%.

	BAUSTOFF / PRODUKTTYP (BEISPIELE)	FUNKTIONSANFORDERUNG						
		I	II	III	IV	V	VI	VII
	■ Geeignet bei hohen Ansprüchen □ Geeignet bei mässigen Ansprüchen (leer) Geeignet bei geringen Ansprüchen – Ungeeignet	Tragvermögen	Steifigkeit	Beständigkeit	Feuerschutz	Schallschutz	Klimaschutz	Raummilieu
1	Unversteifte Blechpaneele, fvz	□	□	□	–	–	–	–
2	wie 1, fvz + Farbbeschichtung	□	□	■	–	–	–	–
3	Versteifte Blechpaneele, fvz	■	■	□	–	–	–	–
4	wie 3, fvz + Farbbeschichtung	■	■	■	–	–	–	–
5	20 mm Faserbeton	□	□	■			–	
6	13 mm Gipsplatten			□	□		–	□
7	26 mm Gipsplatten	□	□	□	■	□	–	■
8	13 mm Sperrholz	□	□	□			–	□
9	Holzfaserplatten					–	–	■
10	Holzspanplatten	–	–		–			□
11	Spanplatten, mineral. gebunden	□	□	□	■		–	■
12	Mineralwolle-(Glaswolle) Platten	–	–	□	■	■	■	–
13	Schaumstoffe			□		□	■	–

Bild 17.3–1 Übersichtliche Darstellung der Schutzeigenschaften von Verbundwerkstoffen

Unter normalen Korrosionsbedingungen bietet eine Zinkauflage von 275 g/m^2 (Güteklasse Z 275) pro Oberfläche einen ausreichenden Korrosionsschutz. In korrosivem Milieu kann ein verstärkter Korrosionsschutz erforderlich werden, der mit Vorteil durch Verwendung von bandbeschichtetem Material erzielt wird. Für die Auswahl der Beschichtung ist der jeweilige Anwendungszweck bzw. das Korrosionsmilieu maßgebend. Folgende Beschichtungsstoffe und zugehörige Schichtdecken (µm) haben z. Zt. Aktualität:

Flüssigkeitsbeschichtung
Alkyde 5–25
Polyester 5–25
Acrylate 6–25
Siliconsysteme 20–25
Epoxide 5–15
Polyurethane 10–25 (PUR)
Polyvinylidenfluorid 20–25 (PVDF)
Vinylchlorid 5–25
Organosol 30–60 (PVC)
Plastisol 80–400 (PVC)
Zinkstaubsysteme 5–20

Folienbeschichtung
Acrylatfolien 75
PVC-Folien 100–500
PVDF-Folien 40

Die Gestaltung der Tragglieder ist abhängig vom geforderten Tragvermögen und der erforderlichen Steifigkeit unter Berücksichtigung der zu erwartenden Verbundwirkung (s. Abschn. 17.5).
Grundsätzlich bietet die Umformungstechnik einen breiten Spielraum für die funktionsgerechte Produktgestaltung. Als Tragglieder kommen lineare und flächenhafte Stahlkomponenten zur Anwendung. Beispiele für lineare Stahlkomponenten zeigt Bild 17.3–2 für flächenhafte Komponenten Bild 17.3–3.

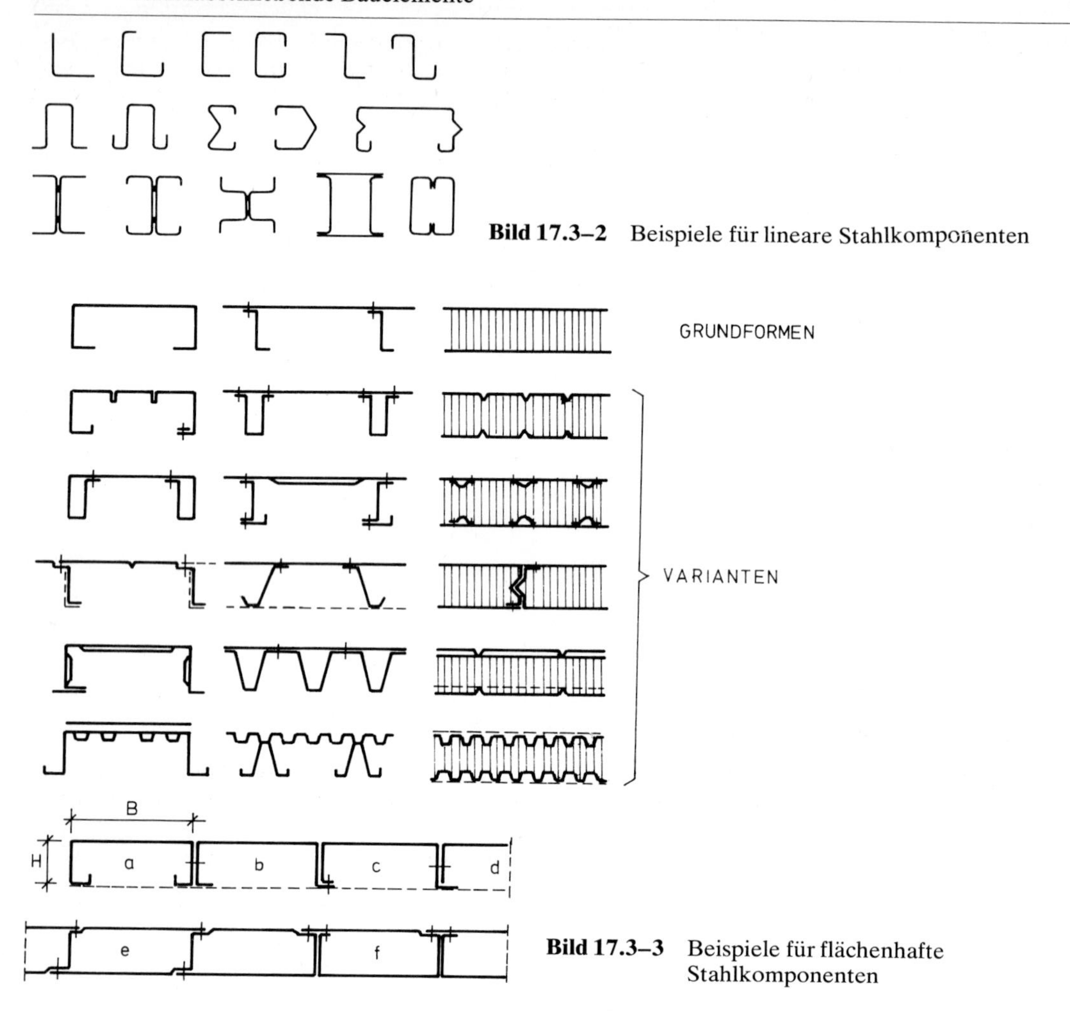

Bild 17.3–2 Beispiele für lineare Stahlkomponenten

Bild 17.3–3 Beispiele für flächenhafte Stahlkomponenten

Für den Umformungsprozeß wird empfohlen, die in Tabelle 17.3–1 angegebenen Richtwerte der Biegeradien einzuhalten.

Tabelle 17.3–1 Richtwerte für Mindestbiegeradien bei kaltgeformten Bauteilen

Material	Fließgrenze β_s [N/mm²]	Blechdicke t [mm] $t \leq 1{,}5$	$1{,}5 < t \leq 2{,}5$	$2{,}5 < t \leq 3{,}0$
	–260	1,5	2,5	3,0
walzblank	(260)–280	2,0	3,0	4,0
	(280)–360	2,5	4,0	5,0
verzinkt Z 275	280 –350	3,0	5,0	6,0
			R_{min} [mm]	

17.3.2 Kompositwerkstoffe

Zur Erzeugung flächenhafter Bauelemente in industrieller Fertigung werden vorzugsweise Plattenwerkstoffe zur Erfüllung der Funktionsanforderungen (IV–VII) zur Anwendung kommen. Im derzeitigen Marktangebot können gemäß Bild 17.3–1 in der Regel nur Einzelanforderungen befriedigend erfüllt werden; bei geeigneter Kombination von Kompositwerkstoffen dagegen können optimale Gesamtlösungen erzielt werden. Neben Faserbetonplatten geringer Dicke kommen vor allem mineralische und holzbasierte Plattenwerkstoffe als Kompositmaterialien zur Anwendung. Für derartige Plattenwerkstoffe liegen jedoch zur Zeit nur wenige gesicherte Aussagen über das Langzeitverhalten der physikalischen Kennwerte unter Berücksichtigung der Beanspruchungen vor.

In der Tabelle 17.3–2 sind Richtwerte für mechanische Eigenschaften im Hinblick auf eine mögliche Verbundwirkung mit Stahlkomponenten angegeben. Die Eigenschaften der aufgeführten Plattenwerkstoffe bezüglich der Funktionsanforderungen III–VI sind weitgehend produktgebunden und vielfach im Rahmen von Zulassungen definiert.

Tabelle 17.3–2 Beispiel für mechanische Eigenschaften von Verbundwerkstoffen und Äquivalentwerte der Plattendicken (d) in bezug auf Stahlblech ($t_{si} = d/n$)

Werkstoff Produkttyp	Plattendicke d (mm)	Flächengewicht (kg/m^2)	Kenngröße der Festigkeit (N/mm^2)	E-Modul (Druck) (N/mm^2)	$n = E_S/E_V$ (–)	Äquivalente Plattendicke t_{si} (mm)	Hinweis auf DIN –
1 Stahlblech	1,0	8	$\beta_s \simeq 280–350$	210000	1,0	1,0	17162
2 Gipskarton-Bauplatten (F)	12,5	13	$\beta_{B\perp} \simeq 7$	2000	105	0,12	18180
3 Gipskarton-Bauplatten (F)	18,0	18	$\beta_{B\perp} \simeq 5$	2000	105	0,17	18180
4 Faserbeton/Stahlfaser	20	50	$\beta_D \simeq 600$	21000	10	2	–
5 Asbestzementplatten	4	7	$\beta_B \simeq 26$	18000	12	0,33	247
6 Sperrholzplatten AW 100	13	8	$\beta_B \simeq 20$	7000	30	0,43	68705
7 Sperrholzplatten AW 100	22	15	$\beta_B \simeq 20$	7000	30	0,73	68705
8 Holzfaserplatten (hart)	10	8	$\beta_B \simeq 35$	2000	105	0,1	68754
9 Holzspanplatten	32	20	$\beta_B \simeq 12$	2000	105	0,3	68761
10 Spanplatten (mineral. gebunden)	12	15	$\beta_D \simeq 15$	3000	70	0,17	–
11 Mineralfaserplatten (mineral. gebunden)	12	11	$\beta_D \simeq 11$	3500	60	0,2	–

Bei der Produktgestaltung ist zu berücksichtigen, daß die angegebenen Eigenschaften nur Indikationen zum Verhalten des Bauelementes geben können, aber keine quantitative Aussage über die Erfüllung der Qualitätsansprüche erlauben. Es wird in der Regel notwendig sein, die entsprechende Qualität des Bauelementes durch Versuche zu verifizieren.

17.3.3 Verbindungen und Verbindungsmittel [3]–[6]

Im folgenden werden übersichtlich die zur Verbindung von dünnwandigen Stahlbauteilen untereinander, mit dickwandigen Stahlbauteilen oder mit Verbundwerkstoffen geeigneten Verbindungsmittel dargestellt.

BEANSPRUCHUNG	VERBINDUNGSTYP: DÜNN (BLECH) AUF DÜNN (BLECH)	VERBINDUNGSTYP: DÜNN (BLECH) AUF DICK (STAHLKONSTRUKT.)	BEFESTIGUNSTYP	VERSAGENSFÄLLE: ZULÄSSIG	VERSAGENSFÄLLE: UNERWÜNSCHT
QUERKRAFT	X		BLINDNIETE	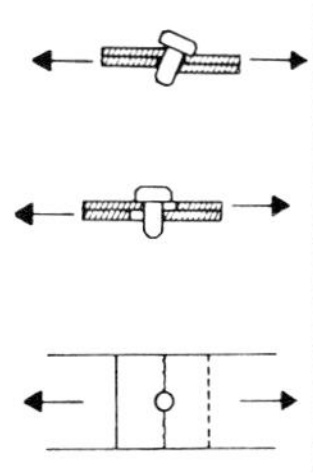	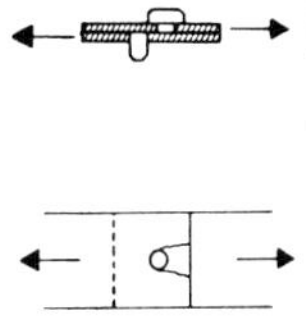
	X		BOHRSCHRAUBEN		
	X	X	GEWINDEFURCHENDE SCHRAUBEN		
	X	X	PUNKTSCHWEISSEN		
		X	SETZBOLZEN		
		(X)	SCHRAUBEN		
	(X)	(X)	HV-SCHRAUBEN		
	(X)	(X)	KLEBEN		
ZUG	X		BLINDNIETE	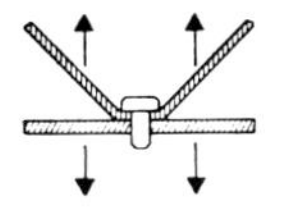	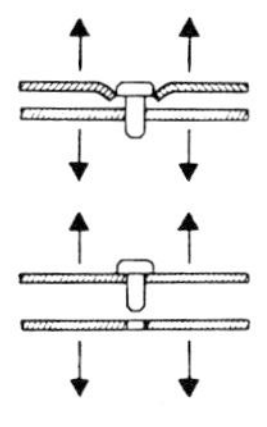
	(X)		BOHRSCHRAUBEN		
	X	X	GEWINDEFURCHENDE SCHRAUBEN		
		X	SETZBOLZEN		
	(X)	(X)	SCHRAUBEN		
	(X)	X	HV-SCHRAUBEN		

Bild 17.3–4 Verbindungstypen und Versagensfälle bei dünnwandigen Bauteilen

Allgemein gilt für die Verbindung von Stahlbauteilen, daß Versagenszustände, die ein schlagartiges Versagen beinhalten, vermieden werden sollen. Lokale Überbelastungen sollen durch große Verformungen erkennbar sein und – wenn möglich – durch Lastüberführung zu benachbarten Verbindungsmitteln abgebaut werden. Das Bild 17.3–4 illustriert „zulässige“ und „unerwünschte“ Versagensformen bei den gewöhnlichen Verbindungsmitteln und Beanspruchungen.

In Abhängigkeit von Dicke und Art der zu verbindenden Bauteile sowie den aktuellen Beanspruchungen kommen folgende Verbindungsmittel zum Einsatz:

für Blech auf Blech:
- Blindniete (3.3.1)
- Gewindefurchende Schrauben (3.3.2)
- Blechtreibschrauben (3.3.2)
- Punktschweißung (3.3.6)

für Blech auf Stahl:
- Gewindefurchende Schrauben (3.3.2)
- Bohrschrauben (3.3.3)
- Gewindeschneidschrauben (3.3.4)
- Setzbolzen (3.3.5)
- Punktschweißung (3.3.6)

für Blech auf Holz:
- Holzschrauben (3.3.7)
- Klebstoffe (3.3.8)

für Plattenwerkstoffe auf Stahl:
- Bohrschrauben (3.3.3)
- Gewindefurchende Schrauben (3.3.2)
- Klebstoffe (3.3.8)

Neben diesen für dünnwandige Bauteile besonders geeigneten Verbindungsmitteln kommen gelegentlich konventionelle Schraubenverbindungen als SL- oder HVP-Verbindungen zur Anwendung, letztere, wenn konzentrierte Kräfte auf geringem Raum übertragen werden sollen. Hierbei auftretende Probleme wie lokale Blechverformungen unter Anpreßdruck oder der Einfluß geringer Klemmdicken auf die Vorspannung der Schrauben sind zu beachten.
Ein wichtiges Kriterium für den Einsatz von Verbindungsmitteln ist die Korrosionsgefahr. Grundsätzlich soll für die Wahl der Verbindungsmittel gelten, daß Verbindungsmittel mindestens gleich edel oder edler als das Grundmaterial sind. Unterlegscheiben aus nicht-leitendem Material sind zur Vermeidung von galvanischer Korrosion empfohlen.
Im Hinblick auf das aktuelle Korrosionsmilieu werden die in Tabelle 17.3–3 angegebenen Materialgüten für Verbindungsmittel empfohlen.

Tabelle 17.3–3 Empfehlungen zur Materialwahl für Verbindungselemente in Abhängigkeit vom Korrosionsmilieu

Milieu-klasse	Konstr.-Material	Material für Verbindungsmittel					
		Aluminium	Stahl	Stahl	Stahl	Stahl	Monel
			verzinkt vercadmet verchromt (≥ 7 µm)	fvz (≥ 45 µm)	rostfrei Typ[1]) A2	rostfrei Typ[2]) A4	
M_0	A	×	×	×	×	×	×
M_1	B, C	×	×	×	×	×	×
M_2	C	×	–	×	×	×	×
M_3	C	(×)	–	×	×	×	×
M_4	C	–	–	–	–	×	–

Klassifizierung: (Beispiele)
M_0: keine Korrosionsbeanspruchung; Innenklima mit trockener Luft
M_1: geringe Korrosionsbeanspruchung; Innenklima mit wechselnder Temperatur und Feuchtigkeit (z. B. Industriebauten, Kaltlager)
M_2: mäßige Korrosionsbeanspruchung; Innenklima bei Feuchtigkeitseinwirkung und Tauwasserbildung, Außenklima ohne Industrie, Stadt- oder Meeresatmosphäre
M_3: starke Korrosionsbeanspruchung; Industrie-, Stadt- oder Meeresklima
M_4: sehr starke Korrosionsbeanspruchung; Konstruktionen im Wasser oder Erdreich, Sonderbeanspruchungen (z. B. chemische Industrie)

A = Unbehandeltes Stahlblech
B = Verzinktes Stahlblech
C = Verzinktes (Z 275) und beschichtetes Stahlblech
[1]) Werkstoff Nr. 1.4301 oder 1.4541 (18/10) [2]) Werkstoff Nr. 1.4401 oder 1.4571 (18/12)

Die zulässigen Quer- und Längskräfte für Verbindungsmittel sind z.Zt. im Rahmen bauaufsichtlicher Zulassungen für Trapezprofilbleche vorgegeben. Zur Abschätzung der Tragfähigkeit werden in den Abschnitten 3.3.1–3.3.7 Richtwerte angegeben. Für die Beanspruchung unter Gebrauchslast gelten die Sicherheitsbeiwerte nach [3].

17.3.3.1 Blindniete

Blindniete mit Durchmessern ∅ 4,0, ∅ 4,8–5,0, ∅ 6,0 sind bevorzugte Verbindungsmittel für die Verbindungen zwischen dünnwandigen Bauteilen. Als Werkstoffe für die Niethülsen stehen Monel (Kupfer-Nickel-Legierungen), Aluminium-Legierungen und Edelstahl (rostfrei) zur Verfügung.
Richtwerte für die charakteristische Schubkraft S [kN] in Abhängigkeit von Materialgüte und Durchmessern können der Tabelle 17.3–4 entnommen werden. Die zugehörige Zugbruchkraft kann zu $Z = 1{,}25\ S$ angenommen werden.

Tabelle 17.3–4 Richtwerte der Schubbruchkraft S [kN] für Blindniete (Zugbruchkraft $Z = 1{,}25\ S$)

Durchmesser	Materialgüte der Niethülse			
∅ mm	$AlMg_2$	$AlMg_5$	Edelstahl	Monel
4,0	0,8	1,1	2,8	2,4
4,8	1,1	1,6	4,2	3,5
5,0		1,7	4,6	
6,4	2,0	3,1		6,2
Schubbruchkraft	S [kN]			

17.3.3.2 Gewindefurchende Schrauben und Blechtreibschrauben

Gewindefurchende Schrauben und Blechtreibschrauben formen ihre Gewinde spanlos im vorgebohrten Loch. Als Materialgüten kommen Einsatzstähle (vercadmet oder verzinkt) sowie Edelstähle zur Anwendung. Die Schraubendurchmesser betragen ∅ 4,8 – 5,5 – 6,3 – 8,0 mm. Unterlegscheiben (≥ ∅ 16 mm) sind in der Regel mit anvulkanisierter Neopren-Dichtung versehen.
Gewindefurchende Schrauben dienen zur Befestigung von Blechen auf Stahlteilen (dünn auf dick), Blechtreibschrauben zur Verbindung dünnwandiger Bauteile untereinander (DIN 7976).
Charakteristische Werte der Zugbrechkraft Z [kN] können der Tabelle 17.3–5 entnommen werden. Die zugehörige Schubbruchkraft S beträgt etwa 0,65 Z.

Tabelle 17.3–5 Richtwerte der Zugbruchkraft Z [kN] für Schrauben (Schubbruchkraft $S = 0{,}65\ Z$)

Durchmesser	Materialgüte der Schraube	
∅ mm	Einsatzstahl	Edelstahl
4,8	8	7
5,5	11	10
6,3	15	13
8,0	25	22
Zugbruchkraft	Z [kN]	

17.3.3.3 Bohrschrauben (selbstbohrende Schrauben)

Bohrschrauben können infolge der speziellen Spitzenausbildung das Kernblech selbst bohren; das Gewinde wird bei Blechtreibschrauben durch Materialverdrängung geformt. Sie gelangen zum Einsatz für Verbindungen dünnwandiger Bauteile sowie zur Befestigung von Blechen auf Stahlbauteilen geringer Dicke (≤ 6 mm).
Als Materialgüte kommt Einsatzstahl (verzinkt) zur Anwendung; derzeit lieferbare Durchmesser sind ∅ 4,22 – 4,8 – 5,5 – 6,3 mm. Die Tragfähigkeiten können nach Tabelle 17.3–5 abgeschätzt werden.

17.3.3.4 Gewindeschneidschrauben

Gewindeschneidschrauben (DIN 7513) formen ihr Gewinde spanabhebend. Das Gewinde ist metrisch M8; als Schraubmaterial kommt Einsatzstahl zur Anwendung. Mit Unterlegscheibe ≥ ∅ 16 mm kommen Gewindeschneidschrauben hauptsächlich bei Schubfeldern zur Befestigung von Trapezprofilblechen auf der Unterkonstruktion zur Anwendung (vgl. Tabelle 17.3–5).

17.3.3.5 Setzbolzen

Setzbolzen aus verzinktem Einsatzstahl ($\beta_Z = 1200\ N/mm^2$) werden mit Bolzensetzgeräten eingebracht und dienen zur Verbindung von Blechen mit Stahlbauteilen (≥ 6 mm). Der Schaftdurchmesser beträgt $3{,}7 \leq \varnothing \leq 6$ mm; der Durchmesser der Rondellen (Unterlegscheiben) beträgt bei 1 mm Dicke 12 bzw. 15 mm.

17.3.3.6 Punktschweißung

Punktschweißung zur Verbindung dünnwandiger Bauteile wird als *Widerstands-* oder *Schmelzpunktschweißung* ausgeführt; für die Verbindung von Blechen mit dickwandigen Stahlbauteilen kommt die letztgenannte Methode zur Anwendung. Das Grundmaterial kann walzblank oder verzinkt sein. Widerstandspunktschweißung für kraftschlüssige Verbindungen ist ein rationelles Fügeverfahren für die Werkstattsfertigung; unter kontrollierten Bedingungen kann Schmelzpunktschweißung auch auf der Baustelle eingesetzt werden. Bei Schmelzpunktschweißung braucht nur eines der zu verbindenden Bauteile zugänglich zu sein. Schweißgeräte sollten grundsätzlich mit Zeitregulierung ausgerüstet sein.
Da Güte und Festigkeit der Verbindung abhängig sind von der Einstellung und Handhabung des Schweißgerätes, ist ein besonderer Befähigungsnachweis erforderlich. Planmäßige Beanspruchungen winkelrecht zur Verbindungsebene sind nach Möglichkeit auszuschließen.
Als Richtwerte für geeignete Schweißlinsendurchmesser gelten bei Widerstandspunktschweißung $d \simeq 5\sqrt{t}$ [mm] und bei Schmelzpunktschweißung $d \simeq 4\text{–}5$ mm.

17.3.3.7 Holzschrauben

Für die Verbindung von dünnwandigen Bauteilen mit Holzbauteilen kommen Holzschrauben nach DIN 571 aus Stahl der Festigkeitsklasse 3.6 bzw. 4.4 (vercadmet oder verzinkt) zur Anwendung. In der Regel werden Sechskantschrauben ∅ 6 mm mit 1 mm Unterlegscheibe ≥ ∅ 16 mm eingesetzt.

17.3.3.8 Klebstoffe

Für die Verbindung von Blechen miteinander oder mit Holzkonstruktionen können bei industrieller Fertigung mit Vorteil Kleber eingesetzt werden. Abhängig vom Grundmaterial der zu verbindenden Teile, vom Einsatzbereich und von der Beanspruchungsart stehen verschiedene Klebstofftypen zur Verfügung. Es empfiehlt sich, die Wahl geeigneter Klebstoffe im Kontakt mit Herstellern vorzunehmen. Planmäßige Beanspruchungen winkelrecht zur Klebeverbindung sind nach Möglichkeit auszuschließen.

17.3.3.9 Hinweise zur Tragfähigkeit von Verbindungen

Für die Abschätzung der Tragfähigkeit von Verbindungen bzw. der zu erwartenden Versagensformen können die im folgenden angegebenen Bemessungsansätze Verwendung finden. Die angegebenen *Bemessungswerte* für das Tragvermögen entsprechen Traglasten, die den γ-fachen Gebrauchslasten gegenüberzustellen sind. Für die serienmäßige Anwendung von bestimmten Verbindungstypen wird eine experimentelle Verifikation der Traglastwerte empfohlen.
Besondere Beachtung verdienen die Formänderungen der Verbindungen, die in der Nähe der Traglast stark anwachsen wenn – wie zu empfehlen – Schubbruch der Verbindungsmittel vermieden wird. Der Versagenszustand ist dann durch Lochrandfließen und – bei dünnwandigen Bauteilen – Schrägstellung der Verbindungsmittel gefolgt vom Ausknöpfen des Bleches gekennzeichnet.
Die Verformungen bei schubbeanspruchten Verbindungen, die in dieser Weise bemessen sind, betragen bei etwa 70% der Versagenslast

$$v = \frac{F_{//}}{k \cdot d \cdot \sqrt{t} \cdot 10^3} \quad \text{[mm]}$$

mit
$F_{//}$ = Schubkraft pro Verbindungsmittel [N]
d = Durchmesser des Verbindungsmittels [mm]
t = geringste Blechdicke in der Verbindung [mm]
k = Koeffizient in Abhängigkeit von Blechdicke und Verbindungsmittel gemäß Tabelle 17.3–6

Tabelle 17.3–6 Richtwerte für den Koeffizienten k zur Abschätzung der Verformungen bei 70% der Traglast

Verbindungsmittel	Verhältnis der Blechdicken		
	$t_1 = t$	$t_1 = 2t$	$t_1 \geq 2{,}5\,t$
Schrauben	1	1,3	1,5
Hohlniete	1	1,3	1,5
Setzbolzen	–	3	5
Schweißpunkt	5	8	12
	k [–]		

In der folgenden Darstellung der Traglastrichtwerte bezeichnen:
F_{SB} = Bemessungswert für Schubbruch des Verbindungsmittels
F_{ZB} = Bemessungswert für Zugbruch des Verbindungsmittels
F_{LB} = Bemessungswert für Lochleibungsbruch

F_{AB} = Bemessungswert für Ausreißen des Bleches bei Zugbeanspruchung
F_{UB} = Bemessungswert für Ausreißen des Verbindungsmittels aus der Unterkonstruktion bei Zugbeanspruchung
β_s = Fließgrenzspannung des Grundmaterials [N/mm²]
t = geringste Blechdicke in der Verbindung [mm]
t_1 = größere Blechdicke in der Verbindung [mm]

Bemessungswerte der Traglast bei Schraubenverbindungen
$F_{SB} = 520\ Z\,[\mathrm{N}]$ (Z [kN] gemäß Tabelle 17.3–5)

$F_{LB} = 2{,}8\sqrt{t^3 \cdot d}\,\beta_s\,[\mathrm{N}]$ ($\leq 1{,}6 \cdot t \cdot d \cdot \beta_s$ für $t = t_1$)
$= 1{,}6 \cdot t \cdot d \cdot \beta_s\,[\mathrm{N}]$ für $2{,}5\,t \leq t_1$

(für $1 < t_1/t < 2{,}5$ ist lineare Interpolation erlaubt)

$F_{AB} = 15 \cdot t \cdot \beta_s\,[\mathrm{N}]$
$F_{UB} = 0{,}65\,t_1 \cdot d \cdot \beta_s\,[\mathrm{N}]$ bei gewindefurchenden Schrauben und $t_1 > 0{,}9$ mm

$F_{UB} = 1{,}5 \cdot \beta_s \sqrt{t_1^3 \cdot d}\,[\mathrm{N}]$ bei Bohrschrauben und $t_1 \geq 0{,}5$ mm

Bei F_{UB} gilt für β_s die Festigkeit des Materials der Unterkonstruktion.

$F_{ZB} = 800\ Z\,[\mathrm{N}]$ (Z [kN] gemäß Tabelle 17.3–5)

Bei gleichzeitiger Beanspruchung durch Kräfte parallel und winkelrecht zur Verbindungsebene sind außerdem die folgenden Bedingungen einzuhalten.

$$\frac{F_{//}}{F_{LB}} + \frac{F_{\perp}}{F_{AB}} \leq 1{,}0$$

$$\frac{F_{//}}{F_{SB}} + \frac{F_{\perp}}{F_{ZB}} \leq 1{,}0$$

Bemessungswerte der Traglast bei Nietverbindungen
$F_{SB} = 800\ S\,[\mathrm{N}]$ (S [kN] gemäß Tabelle 17.3–4)

$F_{LB} = 2{,}8\sqrt{t^3 \cdot d}\,\beta_s\,[\mathrm{N}]$ ($\leq 1{,}6 \cdot t \cdot d \cdot \beta_s$ für $t = t_1$)
$= 1{,}6 \cdot t \cdot d \cdot \beta_s\,[\mathrm{N}]$ für $2{,}5\,t \leq t_1$

(für $1 < t_1/t < 2{,}5$ ist lineare Interpolation erlaubt)

$F_{AB} = 6 \cdot t \cdot \beta_s\,[\mathrm{N}]$ (t und β_s für das Blech am Setzkopf)
$F_{UB} = 0{,}5 \cdot t_1 \cdot d \cdot \beta_s\,[\mathrm{N}]$ (t_1 und β_s für das Blech am Stauchkopf)
$F_{ZB} = 10^3 \cdot S\,[\mathrm{N}]$ (S [kN] gemäß Tabelle 17.3–4)
(Kombinierte Beanspruchungen wie oben)

Bemessungswerte der Traglast bei Setzbolzenverbindungen
$F_{LB} = 3{,}2 \cdot t \cdot d \cdot \beta_s\,[\mathrm{N}]$
F_{AB} und kombinierte Belastungen wie bei Schrauben.

Bemessungswerte der Traglast bei Punktschweißverbindungen
Für die angegebenen Bemessungswerte gelten folgende Randbedingungen:
Blechdicke $t \leq 3{,}1$ mm; $t \geq 1{,}5$ mm bei Schmelzpunktschweißung; Zinkschichtdicke $\leq 40\,\mu$m

$F_{SB} = 0{,}5 \cdot k \cdot d^2 \cdot \beta_s\,[\mathrm{N}]$

$F_{LB} = 2{,}5 \cdot k \cdot d \cdot t \cdot \beta_s\,[\mathrm{N}]$

mit
$k = 1{,}0$ bei genauer Kontrolle der Schweißparameter und Festigkeit
$k = 0{,}6$ wenn die Kontrolle nicht gewährleistet ist oder ungünstige Fertigungsbedingungen vorliegen.

Bemessungswerte der Traglast bei anderen Verbindungen
Für die Bemessung von Blech-Holzverbindungen gelten die Bestimmungen der DIN 1052.
Für andere Verbindungstypen sind entsprechende Bemessungswerte durch Versuche festzulegen.

17.4 Grundsätzliches zur Verbundwirkung

Die folgenden Darlegungen beschränken sich auf Verbundsysteme aus kaltgeformten dünnwandigen Bauteilen mit „trockenem" Aufbau aus artfremden Plattenwerkstoffen (Verbundsysteme mit Beton sind im Kapitel 11 behandelt).
Die Entwicklung der Leichtbautechnik führt zu komplexen Bauelementen, bei denen aus funktionstechnischen Gründen eine Addition von Materialschichten mit grundsätzlich verschiedenen physikalischen Kennwerten erforderlich ist (s. Bild 17.3–1 sowie Tab. 17.3–2). In vielen Fällen kann die Kombination verschiedener Materialtypen auch in statischer Hinsicht ausgenutzt werden.
Die Verbundwirkung läßt sich nun mit Bezug auf Bild 17.4–1 in verschiedener Weise definieren:
1. Verbund zur Erzielung erhöhter Momentkapazität des Tragwerkes (Teilfigur b, c, d)
2. Verbund zur Erzielung erhöhter Biegesteifigkeit des Tragwerkes (Teilfigur b, c, d)
3. Verbund zur Erzielung von beulungsfreien Druckzonen (Teilfigur c)
4. Verbund zur Vermeidung von örtlichen Flattererscheinungen bei sehr dünnen Blechpartien (Teilfigur a, c, e)
5. Verbund zur Veränderung von störenden Schwingungsfrequenzen oder zur Schwingungsdämpfung (Teilfigur c, e, f)
6. Verbund zur Vermeidung von lokalen Knickerscheinungen bei unausgesteiften Profilteilen (Teilfigur b, d, f).

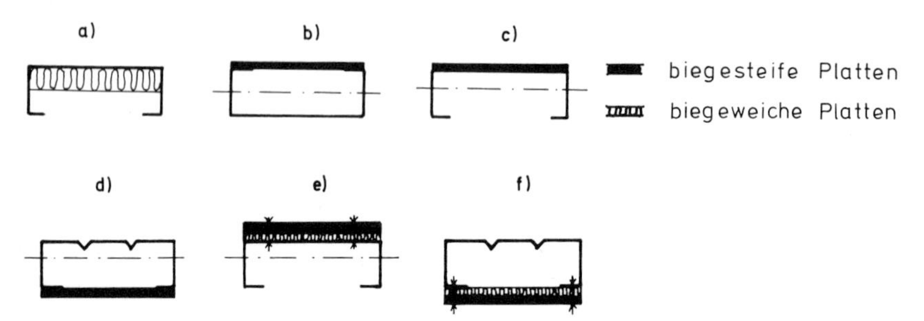

Bild 17.4–1 Beispiele zur Verbundwirkung von Kaltprofilen und Plattenwerkstoffen

Die Verbundwirkung kann somit zur Produktverbesserung im Gebrauchszustand wie auch zur Erhöhung der Traglast oder zur Vermeidung unerwünschter Versagensformen ausgenutzt werden.
Die mögliche Erhöhung der Biegemomentkapazität und der Steifigkeit ist aus Bild 17.4–2 zu ersehen, wo der Einfluß verschiedener Verbundmaterialien (Platten aus Gips, Sperrholz und Mineralwolle) auf die Tragfähigkeit eines Biegeträgers aus kaltgeformtem Stahlblech dargestellt ist. Der überraschend große Effekt der Mineralwolleplatten ist darauf zurückzuführen, daß die Querbettung der Längssicken im Obergurt des Kaltprofils erheblich steifer wird [7].
Im Bild 17.4–3 ist der Einfluß verschiedener Verbundwerkstoffe auf das Trägheitsmoment von kaltgeformten C-Profilen ohne Flanschaussteifungen illustriert.
Ähnlich günstige Verbundeffekte wurden bei Schubfeldern aus aneinandergereihten C-Profilen beobachtet. Das Bild 17.4–4 zeigt Last-Verformungskurven von Scheiben mit verschiedenen Verbundwerkstoffen (Gips-, Sperrholz- und Holzspanplatten) sowie Befestigungsarten [8].
Der Verbund zwischen den Stahlkomponenten und dem ergänzenden Verbundwerkstoff kann nachgiebig oder steif, mit mechanischen Verbindungsmitteln oder durch Kleben ausgeführt sein.
Als Verbundmittel kommen die in Abschnitt 17.3 genannten mechanischen Verbindungselemente wie gewindefurchende Schrauben, Bohrschrauben, Niete, Nägel oder Setzbolzen in Frage, bei Vorfertigung auch geeignete Kleber (z.B. auf Polyurethanbasis) eventuell in Kombination mit Schrauben oder Nägeln (Nagelpreßleimung). Zur Bestimmung der Verbundwirkung, der Tragfähigkeit und der Nachgiebigkeit der Verbindungen sind experimentelle Untersuchungen erforderlich. Es sei darauf hingewiesen, daß eine gewisse Nachgiebigkeit der Verbindungen oft einen günstigen Dämpfungseffekt bei schwingenden oder stoßartigen Belastungen mit sich führt.
Die Bemessungsgrundlage bildet die allgemeine Verbundtheorie, wobei die geometrischen Größen des Verbundquerschnittes wie üblich auf den Elastizitätsmodul des Stahlquerschnittes bezogen werden. Hierbei sind die zeit- und beanspruchungsabhängigen physikalischen Kennwerte des Verbundwerkstoffes in Rechnung zu stellen. Die relativ geringen Werte der Elastizitätsmodule lassen es notwendig erscheinen, besondere Formen für Verbundsysteme zu konzipieren. Da die Plattendicken bei den genannten Werkstoffen relativ gering sind, ist auch die mitwirkende Breite eines Druckquerschnittes entsprechend begrenzt ($b_e \simeq 200$–400 mm).

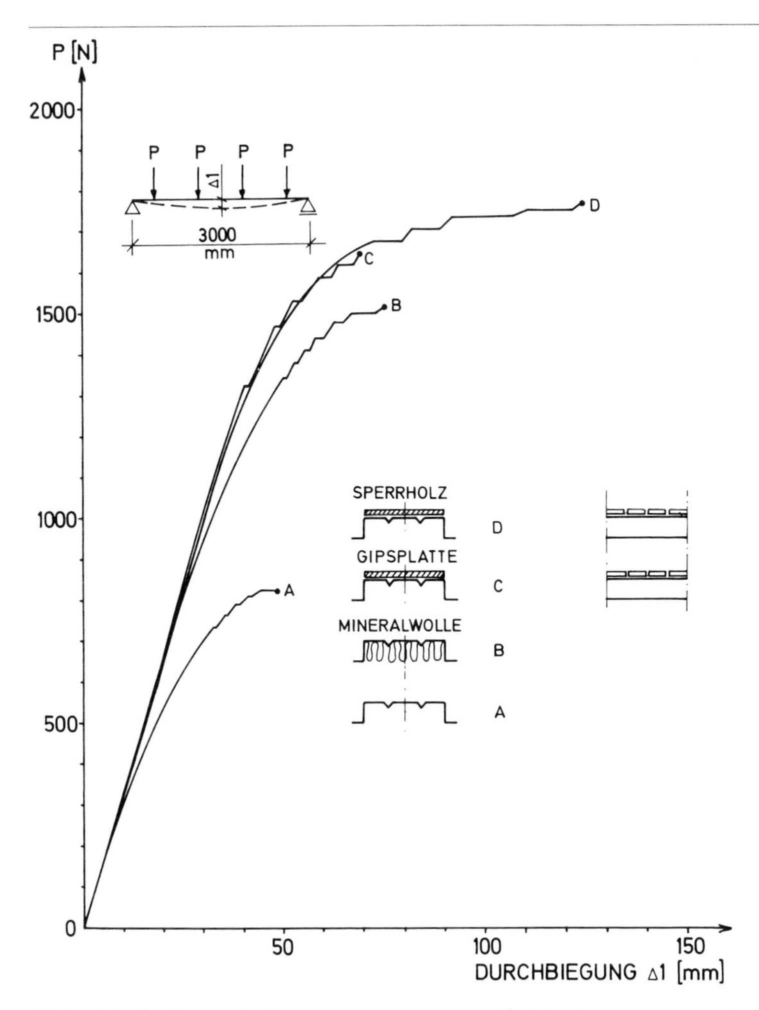

Bild 17.4–2 Last-Verformungsbeziehungen für biegebeanspruchte C-Profile als Verbundquerschnitte

	QUERSCHNITT	EFFEKTIVER QUERSCHNITT	IDEELLE FLANSCHDICKE t_F (mm)	VERHÄLTNIS: I / I^{*}_{St}
1	b, 60	t_F, $b_e = b$	0,7	2,3
2		$1/2\, b_e$	0,7	1,0
3	12 mm SPERRHOLZ	$b_e = b$, 0,7, 1,1	0,7 + 0,4 = 1,1	2,6
4	13 mm GIPSKARTON	$b_e = b$, 0,7, 0,82	0,7 + 0,12 = 0,82	2,4
5	12 mm SPERRHOLZ	$t_F = 2,7$, 0,7, 0,7	0,7 + 2,0 = 2,7	4,7

Bild 17.4–3 Vergleichswerte der Trägheitsmomente von Verbundkonstruktionen

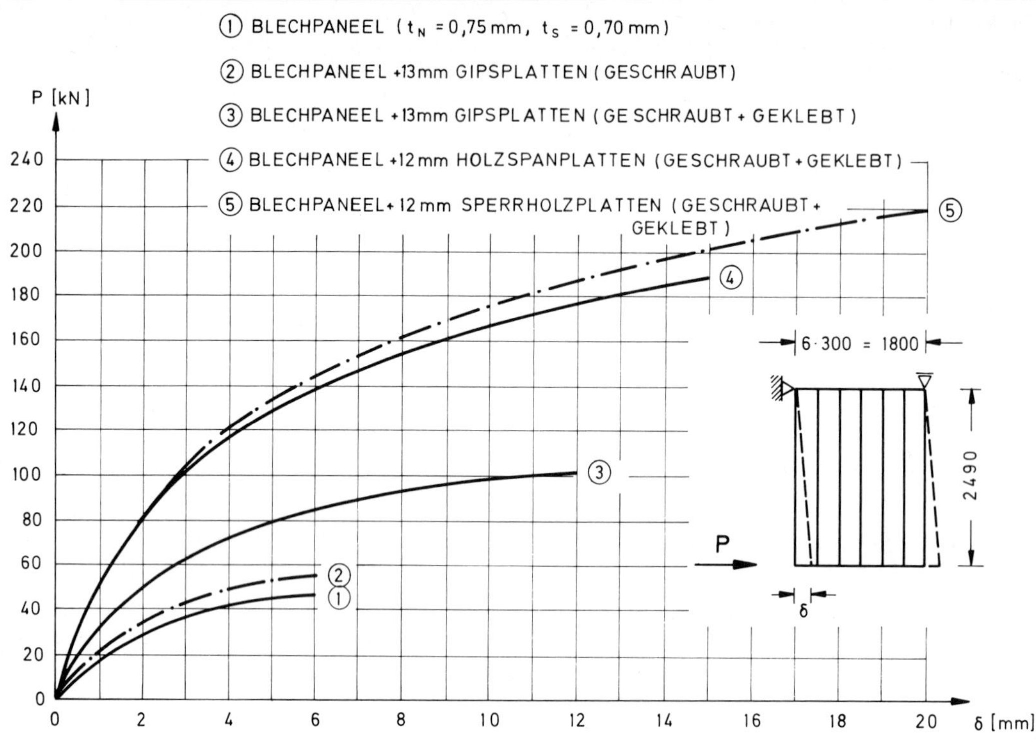

Bild 17.4–4 Last-Verschiebungskurven für Scheiben mit Blechpaneelen

Die Ausnutzung der Verbundwirkung ist daher vor allem sinnvoll als
a) Flächenverbund mit dünnwandigen Profilblechen oder Paneelen,
b) Aussteifung von beulgefährdeten dünnwandigen Blechquerschnitten,
c) Trägerverbund (d.h. linienhafte Kraftüberführung) bei eng liegenden linearen Traggliedern.

Der Effekt eines *Flächenverbundes* (a) läßt sich über den Äquivalentwert der Stahldicke t_{si} bei verschiedenen Plattenwerkstoffen und -dicken nach Tabelle 17.3–2 illustrieren, wo insbesondere bei Werkstoffen mit relativ großem Elastizitätsmodul der Wert t_{si} von der Größenordnung der aktuellen Blechdicke ist.

Auch der Effekt von weicheren Werkstoffen ist nicht zu unterschätzen, wenn es sich darum handelt, beulgefährdete Druckbereiche auszusteifen (b), da hierdurch die mitwirkende Breite des Stahlquerschnitts angehoben wird. Für den Fall biegebeanspruchter C-Profile bzw. flächenhafter Bauteile unter Schubbeanspruchung sind diese Verhältnisse aus Bild 17.4–2 und 17.4–4 ersichtlich.

Beim *Trägerverbund* (c) ist neben der Funktion der Plattenwerkstoffe als Druckgurt des Verbundsystems noch die Lastabtragung in Querrichtung zu beachten. Im Hinblick darauf sowie auf die begrenzte mitwirkende Breite des Plattenwerkstoffes ist der Abstand der linearen Tragglieder begrenzt und sollte bei Deckenkonstruktionen mit Holzwerkstoffplatten ca. 400 mm nicht überschreiten. Der Trägerverbund eignet sich daher besonders bei der Verwendung kaltgeformter Profile. Der Effekt eines solchen Verbundsystems ist in Bild 17.4–3 am Beispiel eines „umgedrehten“ C-Profils dargestellt.

Die wesentliche Aussage dieser Untersuchungen ist, daß

1. die Steifigkeit eines beulgefährdeten dünnwandigen Stahlquerschnittes durch die Verwendung von Holzwerkstoff- oder Gipsplatten im *Flächenverbund* auf einen Wert angehoben werden kann, der mindestens der Steifigkeit eines unausgebeulten Querschnitts entspricht, und daß

2. beim *Trägerverbund* unter Berücksichtigung der Tragfähigkeit des Verbundwerkstoffes sowie geeigneter Querschnittsgeometrie eine erhebliche Steifigkeitserhöhung möglich ist.

Entsprechendes gilt auch für das Tragvermögen unter der Voraussetzung, daß die Verbundwirkung bis zum Eintreten des Grenzzustandes (Bemessungslast) gewährleistet ist.

Im Hinblick darauf, daß im Gebrauchszustand die Beanspruchungen im Verbundquerschnitt relativ gering sind und andererseits gerade die Steifigkeit von raumabschließenden Bauelementen von erheblicher Bedeutung ist, erscheint es sinnvoll, hier die steifigkeitserhöhende Wirkung des Verbundes aktiv auszunutzen.

Hinweise zur Produktentwicklung
Die Tragfähigkeit von Verbundkonstruktionen mit „trockenem Aufbau" läßt sich mit Hilfe der Verbundtheorie auf der Grundlage produktbezogener mechanischer Eigenschaften ermitteln; eine experimentelle Bestätigung des Tragverhaltens ist in der Regel notwendig. Das Sicherheitskonzept muß der Tatsache Rechnung tragen, daß die zur Anwendung kommenden Werkstoffe und Plattenprodukte bezüglich ihrer mechanischen Eigenschaften über die Lebensdauer des Tragwerks durch äußere Einflüsse (z. B. Feuchtigkeit, Relaxation, chemische Reaktionen usw.) veränderbar sind.
Hierbei erscheint es angebracht, das Konzept der Teilsicherheiten (Partialkoeffizienten) anzuwenden, wobei die Bedingung $\gamma_F \cdot F \leq R/\gamma_m$ einzuhalten ist, mit

F = Gebrauchslast; γ_F = Lastfaktor
$\gamma_F \cdot F$ = Bemessungslast
R = charakteristische Tragfähigkeit
γ_m = Widerstandsbeiwert ($\geq 1{,}0$)
R/γ_m = Bemessungswert für das Tragvermögen

Die charakteristische Tragfähigkeit der Verbundkonstruktion läßt sich aufspalten in die Größen

R_B für Blechprofile
R_K für Kompositmaterialien (Verbundwerkstoffe)
R_V für Verbindungen zwischen Blechprofilen und Kompositmaterialien

Diese Werte können – unter Berücksichtigung der möglichen zeitabhängigen d. h. chemischen, physikalischen oder umweltbedingten Veränderungen – als Eingangsgrößen für die Festigkeitsberechnung Verwendung finden.
Für die auf diese Weise bestimmte charakteristische Tragfähigkeit der Verbundkonstruktion (R^*) ist nun über den Widerstandsbeiwert $\gamma_m{}^*$ der Bemessungswert für das Tragvermögen ($R^*/\gamma_m{}^*$) zu bestimmen, wobei

$\gamma_m{}^* = \gamma_{m_1} \cdot \gamma_{m_2} \cdot \gamma_{m_3}$ ist.

γ_{m_1} = Beiwert zur Deckung von Fertigungsmängeln
γ_{m_2} = Beiwert zur Berücksichtigung der Versagensform (z. B. zähes oder plötzliches Versagen, statisch bestimmtes oder unbestimmtes System)
γ_{m_3} = Beiwert zur Berücksichtigung von voraussehbaren zeitbedingten Veränderungen der mechanischen Eigenschaften.
Die Beiwerte γ_m werden bei dem derzeitigen Wissensstand in der Regel auf dem Wege der bauaufsichtlichen Zulassung festzulegen sein. Als Richtwerte für Verbundkonstruktionen können erfahrungsgemäß angenommen werden

$1{,}0 \leq \gamma_{m_1} \leq 1{,}2; \quad 1{,}2 \leq \gamma_{m_2} \leq 1{,}4; \quad 1{,}0 \leq \gamma_{m_3} \leq 1{,}2$

womit $1{,}2 \leq \gamma_m{}^* \leq 2{,}0$

Daraus ergibt sich

$$\gamma_F \cdot F \leq \begin{cases} \dfrac{R^*}{1{,}2} & \text{(max)} \\[2ex] \dfrac{R^*}{2{,}0} & \text{(min)} \end{cases}$$

Wird beispielsweise $\gamma_F = 1{,}5$ angesetzt, so ergibt sich die zulässige Gebrauchslast für die Verbundkonstruktion zu:

$$R^*/1{,}8 \leq \text{zul } F \leq R^*/3{,0} \qquad \text{a)}$$

Bei *Ausfall der Verbundwirkung* sollte grundsätzlich noch eine Tragsicherheitsreserve gegenüber der Gebrauchslast F bezüglich der Blechprofile vorhanden sein. Mit der Annahme, daß für die Blechprofile allein der Widerstandsbeiwert $\gamma_m = \gamma_{m_2}$ wird ($\gamma_{m_1} = \gamma_{m_3} = 1{,}0$), ergibt sich somit die ergänzende Forderung, daß

$$\gamma_F \cdot F \leq \begin{cases} \dfrac{R^*}{1{,}2} & \text{(max)} \\[2ex] \dfrac{R^*}{1{,}4} & \text{(min)} \end{cases}$$

einzuhalten ist. Hierbei erscheint es angemessen, mit einem abgeminderten Lastfaktor γ_F ($\simeq 1{,}1$) zu arbeiten und es ergibt sich

$$R_B/1{,}3 \leq \text{zul } F \leq R_B/1{,}5 \qquad \text{b)}$$

Die Konsequenz aus den Forderungen a) und b) ist dann, daß die Tragfähigkeit der Blechprofile *allein* etwa 50–70% der Gesamttragfähigkeit betragen sollte, oder, daß unter der Gebrauchslast F noch eine etwa 1,3–1,5fache Sicherheit gegen Versagen vorhanden ist.
Die Sicherheitsbeiwerte für Verbindungen zwischen Blechprofilen und Plattenwerkstoffen sollten so gewählt werden, daß die charakteristische Tragfähigkeit generell größer ist als die des Verbundquerschnittes ($R_V > R^*$).
Neben dem Tragsicherheitsnachweis ist noch der Nachweis für den Gebrauchszustand im Hinblick auf die Gebrauchsfähigkeit, z.B. Formänderungen, Winkeländerungen, Schwingungen, zu erbringen ($\gamma_F = 1{,}0$). Hierbei darf der Verbundquerschnitt voll in Rechnung gestellt werden.
Das hier skizzierte Sicherheitskonzept ist z.Z. noch nicht im Regelwerk verankert und ist somit nur als Bemessungshilfe zu betrachten. Mit den beispielhaft dargestellten Sicherheitsbeiwerten liegt der Vorteil bei der Ausführung von Verbundkonstruktionen im wesentlichen in der Verbesserung der Gebrauchsfähigkeit des Bauteils.

17.5 Profilbleche und Kaltprofile als Tragwerkskomponenten

Dünnwandige kaltgeformte Profilbleche und Kaltprofile übernehmen primär die Tragfunktionen raumabschließender Bauelemente – eventuell in Kombination mit artfremden Verbundwerkstoffen. Das Sicherheitskonzept nach Abschnitt 17.4 beinhaltet die Forderung auf eine ausreichende Traglastkapazität dieser Komponenten. Die Grundlagen für die Bemessung dünnwandiger Stahlquerschnitte sind in Kapitel 13 dargestellt. Die sich aus den Bemessungsgrundlagen ergebenden Folgerungen für die Produktgestaltung werden im folgenden im Hinblick auf verschiedene Beanspruchungsformen beispielhaft erläutert.

17.5.1 Bemessungsgrundlagen

Das Tragverhalten von dünnwandigen kaltgeformten Querschnitten ist durch Ausweicherscheinungen (lokale Beulen) in *druckbeanspruchten* unausgesteiften Querschnittsteilen gekennzeichnet. Bei geeigneter Querschnittsgestaltung existiert nach dem Ausbeulen ein neuer Gleichgewichtszustand, der eine weitere Laststeigerung erlaubt, gefolgt von einer Vergrößerung der Beulamplitude und einer Verminderung der Steifigkeit. Dieser sogenannte überkritische Bereich (Nachbeulbereich) ist bezüglich der möglichen Laststeigerung nach dem Ausbeulen abhängig von den Auflagerbedingungen des gedrückten Querschnittsteils, von der Schlankheitszahl (b/t-Verhältnis) und von der Materialfestigkeit (σ_F). Sofern nicht primär ein globales Versagen des Bauteils auftritt, ist die Tragfähigkeit durch das Erreichen der Fließgrenze des Materials im Bereich der Auflager oder Aussteifungen des druckbeanspruchten Querschnittsteils nach oben begrenzt.
Der Zustand des lokalen Ausbeulens läßt sich angenähert durch die idealkritische Beulspannung erfassen. So gilt beispielsweise für den zweiseitig gelenkig und in Längsrichtung verschieblich aufgelagerten Plattenstreifen unter Normalkraftbelastung

$$\sigma_{ki} = k_\sigma \cdot \frac{\pi^2 \cdot E}{12 \cdot (1-\mu^2)} \cdot \left(\frac{t}{b}\right)^2 \qquad (17.5\text{–}1)$$

mit $k_\sigma = 4{,}0$

Da bei dünnwandigen Querschnitten relativ große b/t-Verhältnisse vorliegen, wird einerseits die kritische Beulspannung entsprechend gering sein und andererseits aufgrund der relativ großen Vorverformungen kein Verzweigungsproblem, sondern eine progressive Zunahme der Verformungen auftreten (s. Bild 17.5–1).
Wenn auch die idealkritische Beulspannung kein geeignetes Bemessungskriterium darstellt, so ist sie doch als Referenzwert für die Beanspruchungen geeignet, bei denen die Verformungen stärker zunehmen.
Ausgehend von dem Formänderungsverhalten und der Spannungsverteilung beim ausgebeulten Plattenstreifen (Bild 17.5–2) entwickelte v. Karman 1930 das Berechnungsmodell der mitwirkenden Breite (b_e), wobei für den Plattenstreifen mit der Breite b_e die entsprechende kritische Beullast $P = \sigma_e \cdot b_e \cdot t$ ermittelt wird. Für die zugehörige Randspannung σ_e gilt

$$\sigma_e = \frac{\pi^2 \cdot E}{3(1-\mu^2)} \cdot \left(\frac{t}{b_e}\right)^2 \qquad (17.5\text{–}2)$$

Aus der Gleichsetzung der Gleichungen (17.5–1) und (17.5–2) ergibt sich die mitwirkende Breite zu

$$\frac{b_e}{b} = \sqrt{\frac{\sigma_{ki}}{\sigma_e}} \qquad (17.5\text{–}3)$$

wobei die Randspannung $\sigma_e \leq \sigma_F$ ist.

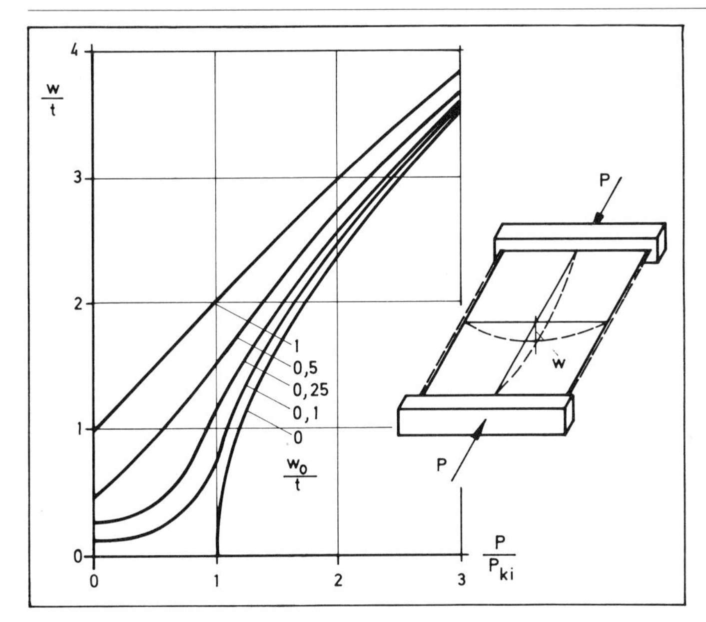

Bild 17.5–1 Verformungen w/t in Abhängigkeit vom Verhältnis P/P_{ki} bei verschiedenen Vorverformungen w_0/t

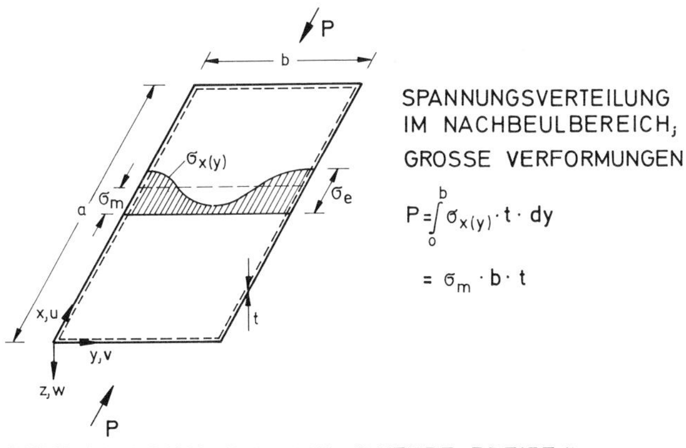

BERECHNUNGSMODELL "MITWIRKENDE BREITE"

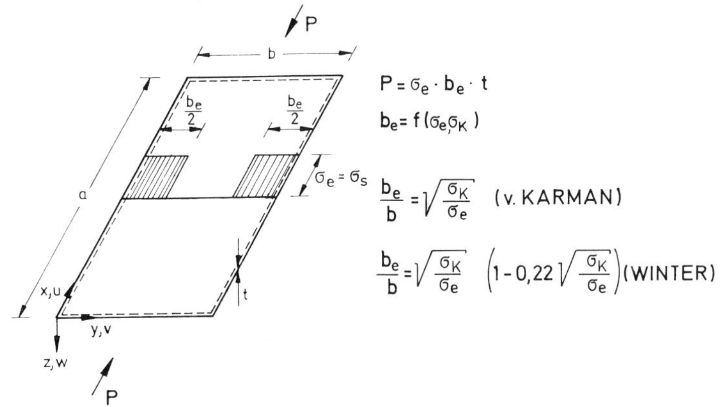

Bild 17.5–2 Spannungsverteilung im Nachbeulbereich und Berechnungsmodell der mitwirkenden Breite

Bei dünnwandigen kaltgeformten Bauteilen sind Imperfektionen in Form von Vorverformungen und Eigenspannungen unvermeidbar. Auf der Grundlage von Versuchen ist der von G. Winter (Cornell University) vorgeschlagene modifizierte Ansatz

$$\frac{b_e}{b} = \sqrt{\frac{\sigma_{ki}}{\sigma_e}} \left(1 - 0{,}22\sqrt{\frac{\sigma_{ki}}{\sigma_e}}\right) \qquad (17.5\text{–}4)$$

heute als Berechnungsgrundlage für die mitwirkende Breite bei Kaltprofilen mit den für bautechnische Belange aktuellen b/t-Verhältnissen allgemein gebräuchlich. Der Versagenszustand ist dadurch gekennzeichnet, daß die Randspannung σ_e die Fließspannung σ_F erreicht. Der Ansatz (17.5–4), seit 1968 in der AISI-Norm enthalten und durch umfassende experimentelle Untersuchungen bestätigt, bildet auch die Bemessungsgrundlage für Stahltrapezprofile im Hochbau nach DIN 18807. Mit den nach Formel (17.5–4) ermittelten b_e-Werten ist die Geometrie des Querschnitts (A_{eff}, W_{eff}, I_{eff}) beschrieben. Der Bemessungswert für das Tragvermögen ist damit

$$M_d = W_{eff} \cdot \beta_s \qquad (17.5\text{–}5)$$

Das Vorhandensein eines überkritischen Bereiches und die Möglichkeit, diesen Bereich im Sinne einer Traglastbemessung aktiv zu nutzen, sind unabdingbare Voraussetzungen für den wirtschaftlichen Einsatz von Trapez- und Kaltprofilen. Andererseits beinhaltet aber eine gegenüber b reduzierte mitwirkende Breite b_e neben einer geringeren Materialausnutzung auch eine verminderte Steifigkeit (s. Kap. 13).

Zwangsläufig ergibt sich damit aber für den Einsatz solcher Bauelemente die Forderung, den Nachweis der Gebrauchsfähigkeit zu erbringen. Das Ausbeulen des druckbeanspruchten Querschnittsteils führt zu einer Verminderung der Steifigkeit, die sich mit Hilfe von Gleichung (17.5–4) abschätzen läßt. Im Gebrauchszustand ist dann für σ_e die aktuelle Spannung unter Gebrauchslast einzusetzen.

Auch bei *flächenhaften* Traggliedern wie Profilblechen oder aus Kaltprofilen zusammengesetzten Scheiben mit *Schubbeanspruchungen* in der Scheibenebene existiert in der Regel nach dem Ausbeulen ein stabiler Gleichgewichtszustand, der bei ausreichender Befestigung der Bleche untereinander sowie auf der Unterkonstruktion eine Traglastreserve darstellt (s. Bild 17.5–3).

Bild 17.5–3 Wandscheibe aus C-Profilen im ausgebeulten Zustand (Schubbeulen)

Die zu erwartende Beullast läßt sich bei ebenen Blechfeldern wieder mit Hilfe der idealkritischen Beulspannung (z.B. Gl. 17.5–1 mit dem Beulwert k_τ) abschätzen, bei ausgesteiften oder profilierten Blechen unter Berücksichtigung der Profilgeometrie nach dem Ansatz von Easley für den Schubfluß:

$$T_B = 36 \frac{D_y^{1/4} \cdot D_x^{3/4}}{a^2 \cdot t} \text{ [N/mm]} \qquad (17.5\text{–}6)$$

wobei D_x, D_y = Plattensteifigkeiten in x- bzw. y-Richtung [N mm^2]
a = Seitenlänge der Platte parallel zu den Aussteifungen [mm]
t = Blechdicke [mm]

Das globale Schubbeulen ist als primäre Versagensursache dann zu erwarten, wenn das Produkt der Plattensteifigkeiten gering oder die Spannweite a groß ist und gleichzeitig die Plattenränder einschließlich der Aussteifungen seitlich unverschieblich gelagert sind (s. Abschnitt 17.5.2).

Bild 17.5–4 zeigt die Last-Verschiebungskurve bei einem Schubfeld mit und ohne Transversallast. Im Bereich der Schubbeullast T_B tritt eine Steifigkeitsverminderung ein, gefolgt von nichtlinearem Verformungszuwachs und einem breiten Nachbeulbereich.

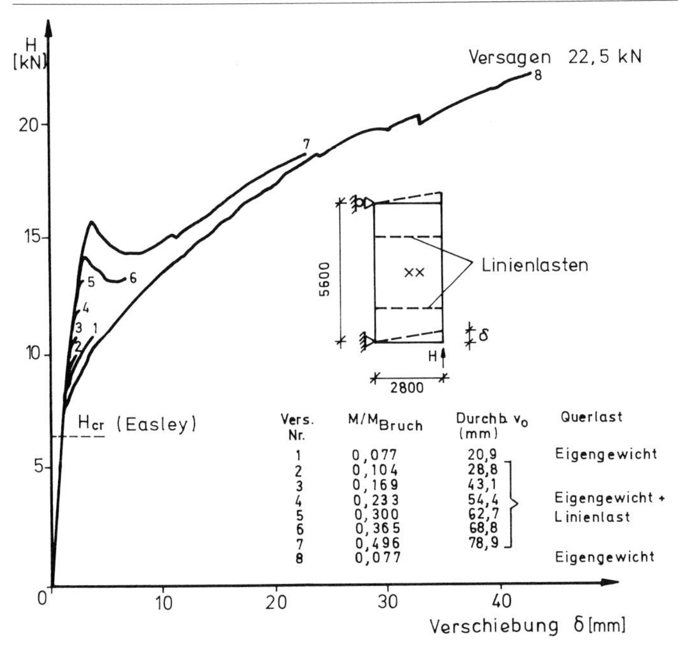

Bild 17.5–4 Beispiel für das Formänderungsverhalten von Trapezblechscheiben unter Schubbeanspruchung

17.5.2 Hinweise zur konstruktiven Gestaltung der Tragwerkskomponenten

Die Besonderheiten des Tragverhaltens dünnwandiger kaltgeformter Bauteile sind durch Ausweicherscheinungen ebener unausgesteifter Querschnittsteile gekennzeichnet, die Einfluß auf Steifigkeit, Tragvermögen und Versagensform des Bauteils haben. Mit Hilfe geeigneter Abkantungen und Aussteifungen kann das Tragverhalten beeinflußt und die Querschnittsform im Hinblick auf die gewünschte Funktion und Beanspruchung optimiert werden.
Im Rahmen üblicher Berechnungsverfahren gelten als obere Grenzwerte für die Schlankheitsverhältnisse (b/t bzw. s/t) die Angaben nach Bild 17.5–5. Ist für den Gebrauchszustand Beulfreiheit gefordert, sollten b/t bzw. s/t auf die Hälfte verringert werden.

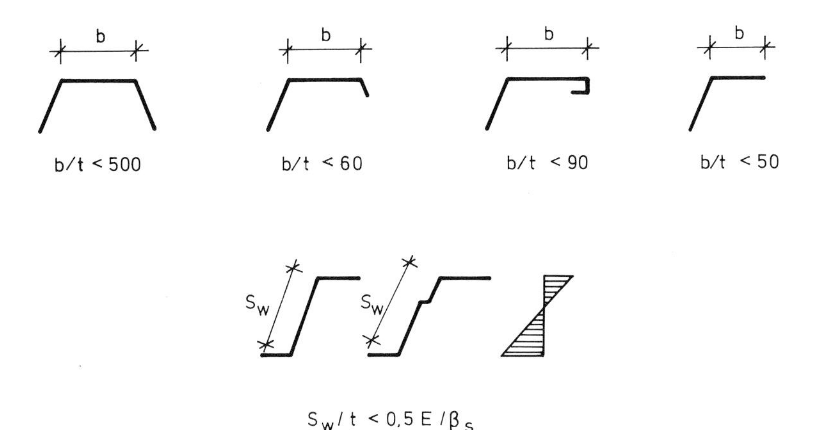

Bild 17.5–5 Empfohlene Grenzwerte für die Schlankheit druck- und biegedruckbeanspruchter Querschnittsteile

17.5.2.1 Druck- und biegebeanspruchte Querschnitte [7], [9]–[11]

Bei schlanken druckbeanspruchten Querschnitten werden zur Vergrößerung der mitwirkenden Breite des Druckbereichs Längssicken angeordnet, die in einfacher Weise in den Formungsprozeß integriert werden können. Der Effekt solcher Querschnittsaussteifungen ist in Bild 17.5–6 am Tragverhalten von normalkraftbelasteten C-Profilen ohne und mit Aussteifungen dargestellt.

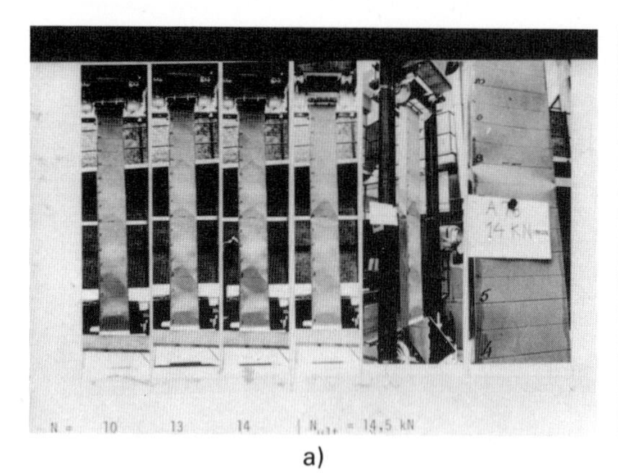

a)

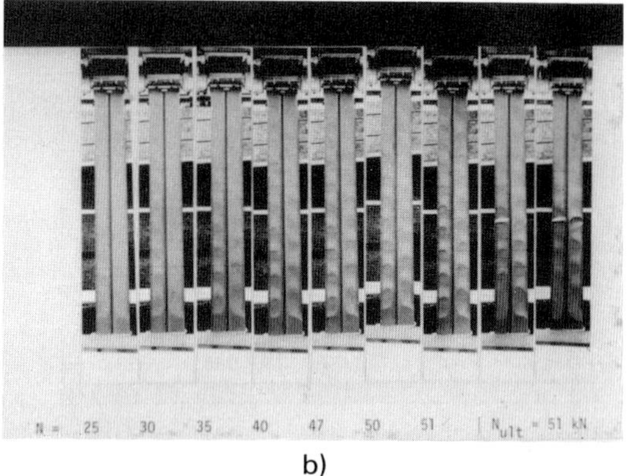

b)

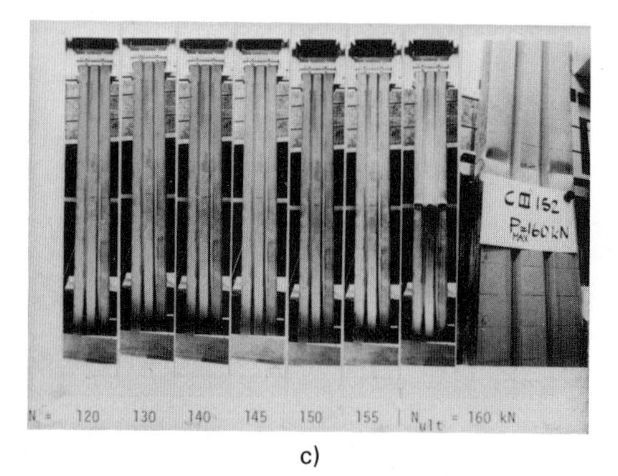

c)

Bild 17.5–6 Das Tragverhalten von druckbeanspruchten C-Profilen ohne und mit Längssicken im breiten Flansch

Ergänzend hierzu sind in Bild 17.5–7 experimentell erhaltene Spannungsverteilungen und zugehörige mitwirkende Breiten b_e bei biegebeanspruchten C-Profilen dargestellt.

Durch geeignete Wahl von Aussteifungen – in bezug auf Lage und Eigensteifigkeit – kann somit die Beulspannung der Teilfelder und damit das Tragvermögen des Gesamtquerschnittes angehoben werden. Die mögliche Erhöhung der Traglast sowie die Veränderungen des Tragverhaltens durch Längssicken sind in Bild 17.5–8 am Beispiel von druckbeanspruchten C-Profilen dargestellt.

Das Tragverhalten von sickenversteiften Querschnitten unter Druckbeanspruchung ist abhängig von der Eigensteifigkeit der Sicke, den Auflagerbedingungen des Randfeldes und dem b/t-Verhältnis der Teilfelder. In Bild 17.5–9 sind mögliche Beulfigurationen dargestellt. Abgesehen von dem möglichen Fall des Versagens der Teilfelder durch Fließen in den Auflagerbereichen wird in der Regel das Versagen des Flansches durch Ausknicken der Sicke eingeleitet – bei hoher Eigensteifigkeit der Sicke durch Knicken in einer Halbwelle (s. Bild 17.5–10), bei geringer Eigensteifigkeit durch Knicken in einer Anzahl von Halbwellen (s. Bild 17.5–11). Für die analytische Behandlung des Problems steht die Theorie des elastisch gebetteten Druckstabes zur Verfügung, wobei die elastische Bettung durch die Quersteifigkeit des Profils repräsentiert ist.

Die Knicklast der Sicke ist unter Berücksichtigung der ideellen Federsteifigkeit (Bettung) zu ermitteln, wobei Trägheitsmoment und Fläche des Knickstabes mit Hilfe der mitwirkenden Breite (s. Bild 17.5–12) abgeschätzt werden können (Lit.: [7]).

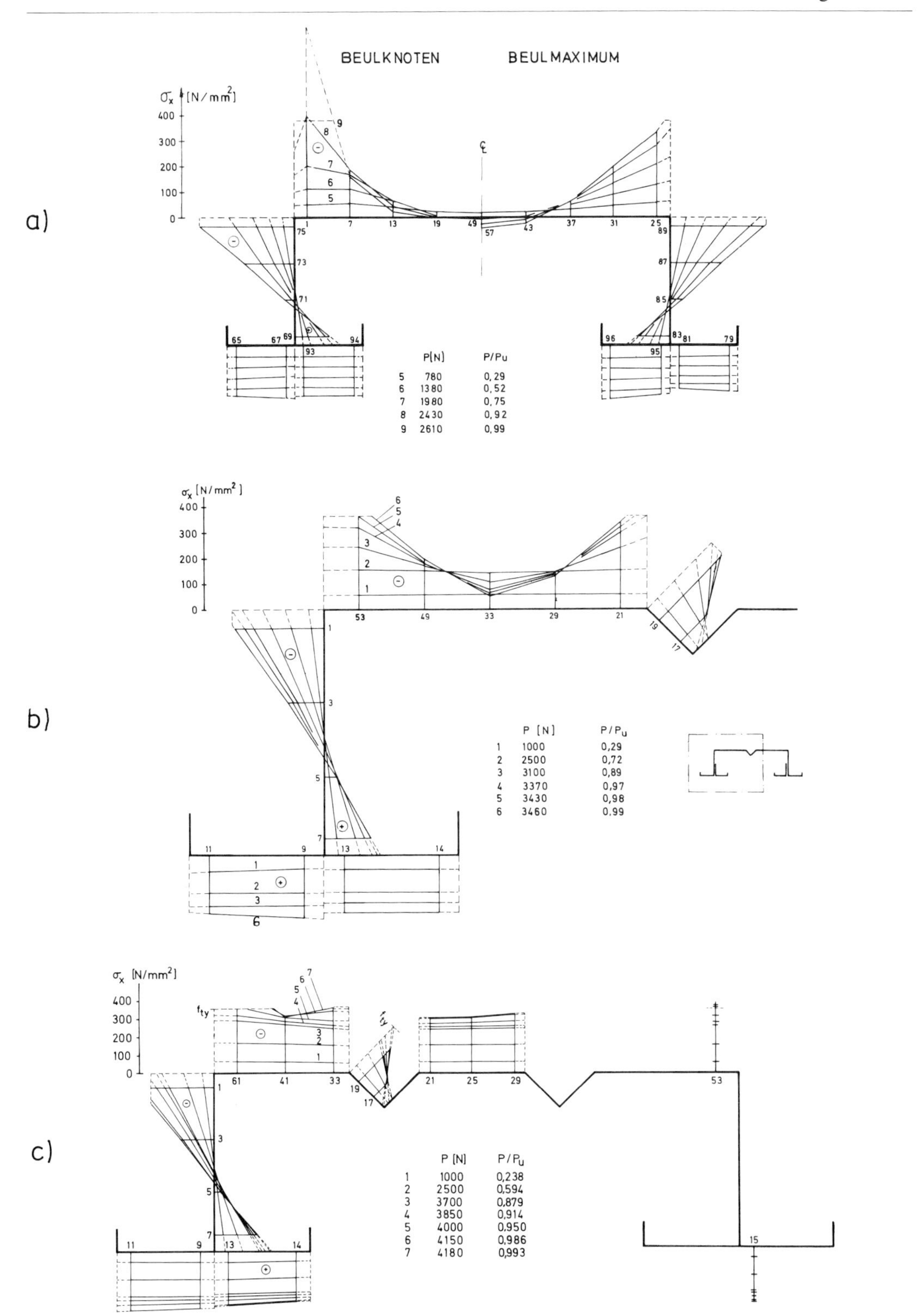

Bild 17.5–7 Spannungsverteilungen bei biegebeanspruchten C-Profilen ohne und mit Längssicken im Druckflansch

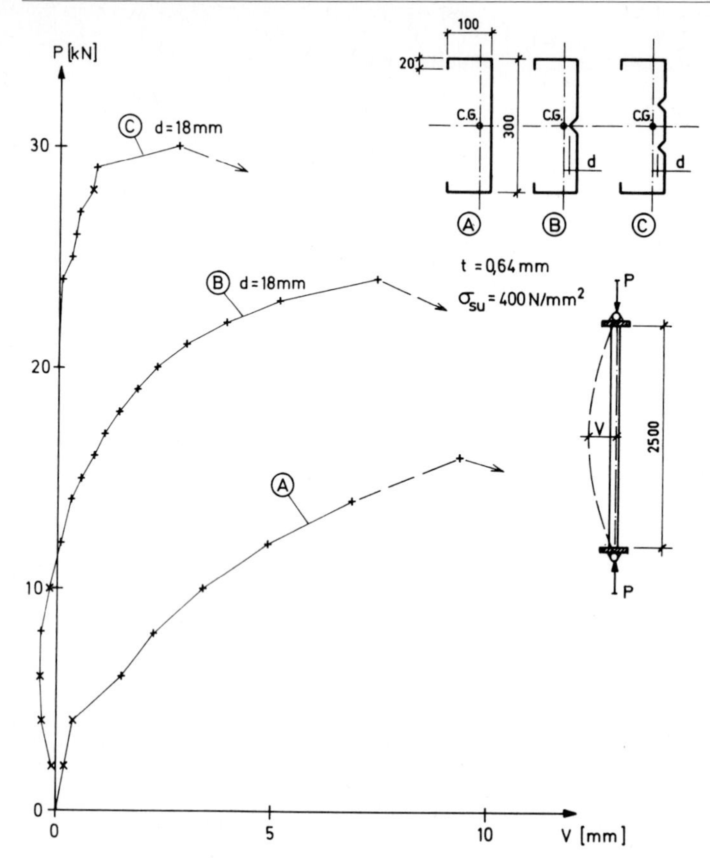

Bild 17.5–8 Der Einfluß von Aussteifungen auf das Tragverhalten von C-Profilen

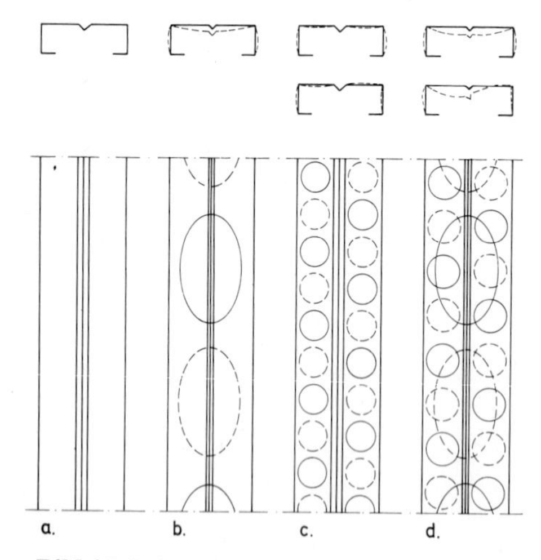

Bild 17.5–9 Mögliche Beulformen bei C-Profilen mit Flanschaussteifungen durch Längssicken

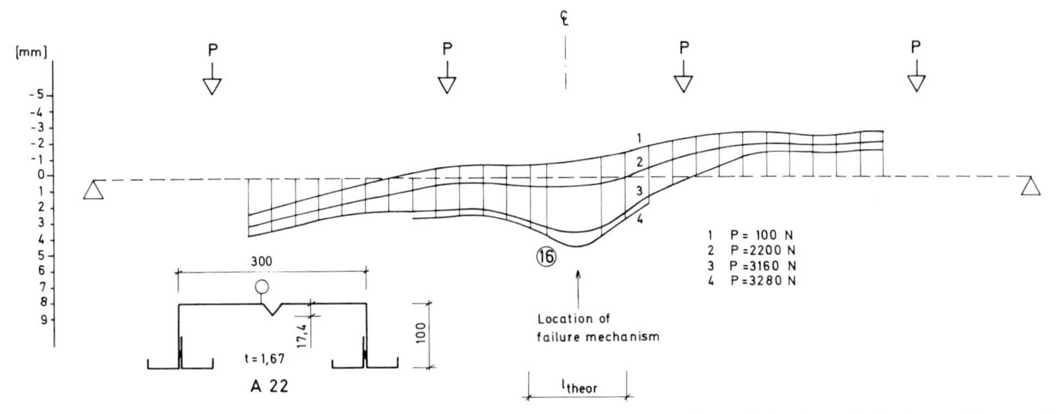

Bild 17.5–10 Verformungen der Längssicke gegenüber den Flanschrändern bei Aussteifung mit großer Eigensteifigkeit

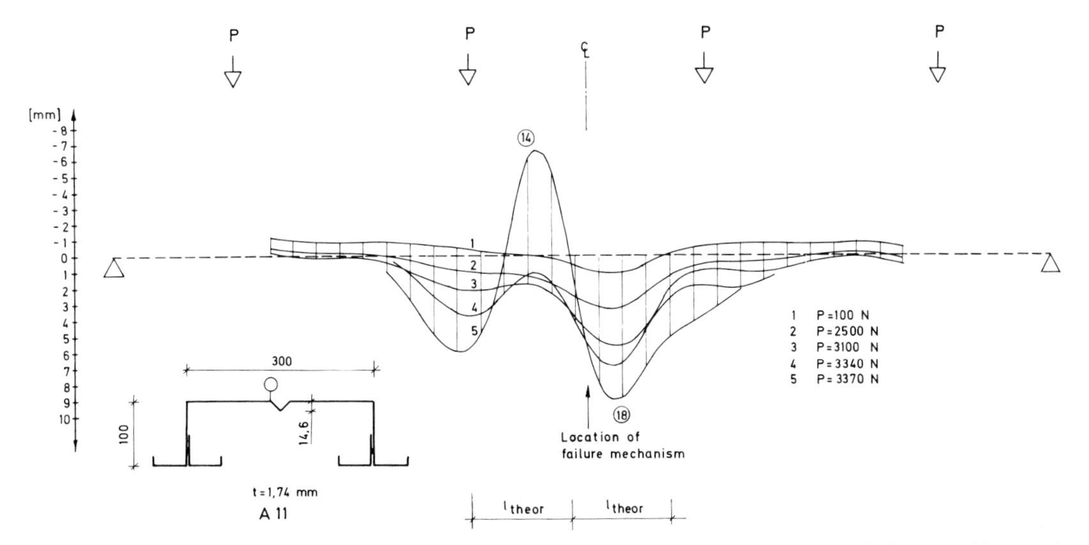

Bild 17.5–11 Verformungen der Längsränder gegenüber den Flanschrändern bei Aussteifung mit geringer Eigensteifigkeit

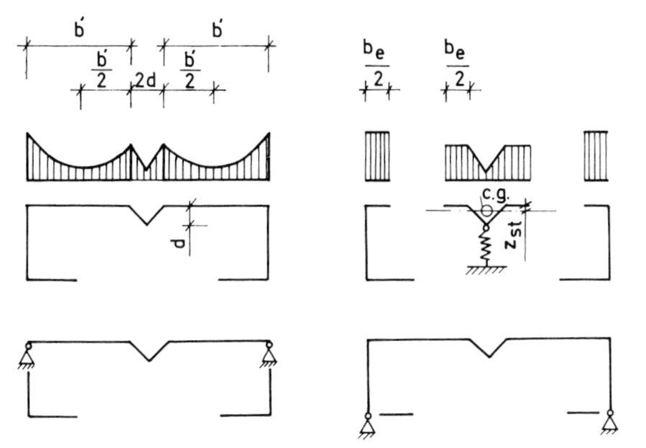

Bild 17.5–12 Membranspannungsverteilung über dem sickenversteiften Flansch und mitwirkende Breite beim Knickstab mit elastischer Bettung

Bei biegebeanspruchten *flächenhaften Tragwerkskomponenten* wie etwa Trapezprofilen oder miteinander verbundenen C-Profilen erlauben diese Grundlagen eine zuverlässige Abschätzung der aufnehmbaren Biegemomente. Auch bei schlanken Stegquerschnitten im Biegedruckbereich treten Beulerscheinungen auf, die durch das Modell der mitwirkenden Breite abgeschätzt werden können. Durch geeignete Stegsicken kann auch hier der Einfluß des Ausbeulens auf das Tragvermögen abgemindert oder eliminiert werden. Diese Möglichkeit wird bei hohen Trapezprofilen weitgehend ausgenutzt. Bild 17.5–13 zeigt schematisch die mitwirkenden Bereiche von unausgesteiften und sickenversteiften Trapezprofilen sowie den Einfluß der Aussteifungen auf die aufnehmbaren Biegemomente.

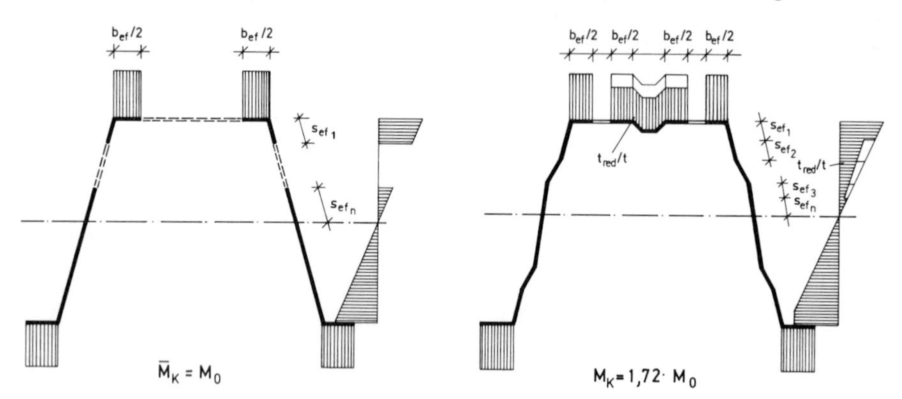

Bild 17.5–13 Mitwirkende Querschnittsteile und Spannungsverteilung bei unausgesteiften und ausgesteiften Trapezblechen (Beispiel)

Bei *biegebeanspruchten Kaltprofilen* wird die Beurteilung des Tragverhaltens dann erschwert, wenn aufgrund der Profilgeometrie, der Lasteinteilung oder der Randbedingungen Ausweicherscheinungen zu erwarten sind, die entweder eine Instabilität durch Kippen oder ein Ausknicken von druckbeanspruchten Querschnittsteilen mit freien Rändern hervorrufen. Ein Beispiel hierfür sind C- und Z-Profile als Pfetten oder Wandriegel. Die Bemessung solcher Bauteile gründet sich heute in der Regel auf Traglastversuche, wobei der Einfluß von anschließenden und aussteifenden Konstruktionselementen erfaßt ist. Die Kombination von theoretischen Überlegungen und Versuchserfahrungen führte zu Berechnungsmodellen, die bei Einhaltung normaler geometrischer Begrenzungen eine zuverlässige Abschätzung des Tragvermögens erlauben.
Bei *überwiegend druckbeanspruchten Kaltprofilen* treten diese Probleme verstärkt auf, wenn ein Zusammenwirken von lokalen Beulerscheinungen und globalen Instabilitätsproblemen erfolgt, insbesondere beim Biegedrillknicken. Hier ist es heute noch vielfach notwendig, die Theorie durch experimentelle Untersuchungen zu untermauern.

17.5.2.2 Querkraftbeanspruchte Querschnitte [10]

Die Bemessung von Stegblechen im Hinblick auf Schubbeanspruchungen erfolgt in ähnlicher Weise wie bei dünnwandigen Stegblechen geschweißter Träger d.h. gegenüber Schubbeulen unter Berücksichtigung der Existenz eines Nachbeulbereiches, mit einem oberen Grenzwert für das Tragvermögen bei Schubfließen von $\tau_g \simeq 0{,}67\ \beta_s$. In Abhängigkeit von der bezogenen Schlankheit des Steges

$$\lambda_w = \frac{s_w}{t} \cdot \sqrt{\frac{\beta_s}{E}} \qquad (s_w \text{ nach Bild 17.5–5}) \qquad (17.5\text{–}7)$$

kann der Bemessungswert für die kritische Schubspannung τ_d der Tabelle 17.5–1 entnommen werden.

Tabelle 17.5–1 Bemessungswerte für die Schubspannung

$\lambda_w = \frac{s_w}{t} \sqrt{\frac{\beta_s}{E}}$	τ_d (ohne Auflager-verstärkung)	τ_d (mit Auflager-verstärkung)
$\lambda_w \leq 2{,}1$	0,67	0,67
$2{,}1 < \lambda_w \leq 4{,}0$	$1{,}4/\lambda_w$	$1{,}4/\lambda_w$
$4{,}0 < \lambda_w$	$5{,}0/\lambda_w^2$	$1{,}4/\lambda_w$

Der γ-fache Wert der aktuellen Querkraft (V) ist dem Bemessungswert

$$V_d = \tau_d \cdot s_w \cdot t \qquad (17.5\text{–}8)$$

gegenüberzustellen, wobei die Bedingung $V \geq V_d$ einzuhalten ist. Als Auflagerverstärkungen im Sinne der Tabelle 17.5–1 gelten konstruktive Maßnahmen, die ein Stegbeulen am Auflager verhindern. Sickenversteifungen im Steg haben einen günstigen Einfluß auf das Tragvermögen.
Bei Einleitung konzentrierter Belastungen in den Steg (Auflager, Einzellasten) ist neben dem Schubbeulen das Stegkrüppeln ein Bemessungskriterium. Der Bemessungswert für das Tragvermögen des Steges R_d kann mit Hilfe der Formel (17.5–9) abgeschätzt werden.

$$R_d = 0{,}15\, t^2 \sqrt{E \cdot \beta_s}\,(1 - 0{,}1\sqrt{r/t})\,(0{,}5 + \sqrt{0{,}02\, l_s/t}) \cdot (2{,}4 + (\Theta/90)^2) \qquad (17.5\text{–}9)$$

wobei
r = Biegeradius zwischen Steg und Flansch ($\leq 10\,t$)
l_s = Breite des Auflagers
Θ = Winkel zwischen Steg und Auflagerfläche ($50° \leq \Theta \leq 90°$)

Der Wert R_d ist in *halber Größe* anzusetzen, wenn die konzentrierte Belastung in einem Abstand $\leq 1{,}5\, s_w$ vom freien Ende des Profils eingeleitet wird (s_w = Steglänge, s. Bild 17.5–5).
Für die Interaktion von Biegemoment und Auflagerreaktion (oder konzentrierter Belastung) gelten angenähert die Beziehungen (17.5–10).

$$M/M_d \leq 1{,}0 \quad \text{bei} \quad R/R_d \leq 0{,}25$$
$$M/M_d + R/R_d \leq 1{,}25 \quad \text{bei} \quad 0{,}25 < R/R_d \leq 1{,}0 \qquad (17.5\text{–}10)$$

Bei Stegen mit Auflagerverstärkung (Tabelle 17.5–1) gilt die Beziehung (17.5–11)

$$M/M_d + V/V_d < 1{,}3 \qquad (17.5\text{–}11)$$

Hierbei sind
M, V, R = γ-fache Werte der Gebrauchslast für Biegemoment, Querkraft oder konzentrierte Last
M_d, V_d, R_d = zugehörige Bemessungswerte nach den Ansätzen (17.5–5), (17.5–8), (17.5–9).

17.5.2.3 Scheibenwirkung von profilierten oder ausgesteiften ebenen Blechtafeln [12]–[14]

Dächer, Wände und Decken mit flächenhaften Tragwerkskomponenten (Profilbleche, ausgesteifte ebene Blechtafeln) können neben der primären Ausnutzung als Tragwerk unter Transversalbelastung stabilisierende Funktionen in der Plattenebene übernehmen. Tragvermögen und Formänderungsverhalten der schubbeanspruchten Profilblechscheiben sind abhängig von der konstruktiven Gestaltung des Gesamttragwerkes sowie von der Steifigkeit der Komponenten und Verbindungen.
Der prinzipielle Aufbau von Profilblechscheiben geht aus Bild 17.5–14 hervor. Bei weitgespannten Trapezblechen erfolgt die Auflagerung oft ohne Zwischenschaltung von Pfetten direkt auf den Hauptträgern.

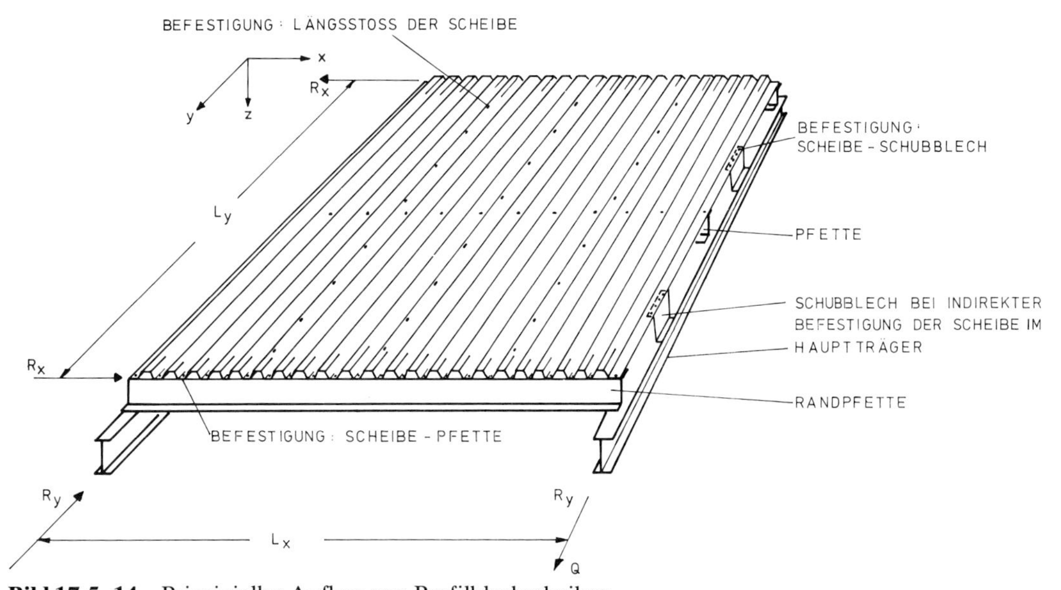

Bild 17.5–14 Prinzipieller Aufbau von Profilblechscheiben

Die aus den äußeren Lasten resultierenden Biegemomente und Querkräfte werden bei Dachkonstruktionen durch Balkenwirkung zu den Auflagern (Windverbände oder Vertikalscheiben) abgetragen (Bild 17.5–15). Bei Wandscheiben ist das entsprechende Tragwerk eine vertikale Konsolscheibe.
Bei Dächern mit gebrochenen Dachflächen wird die Scheibenwirkung noch durch einen Faltwerkseffekt überlagert (Bild 17.5–16), wobei neben Windlasten auch Transversallasten über die Scheibe abgetragen werden können.

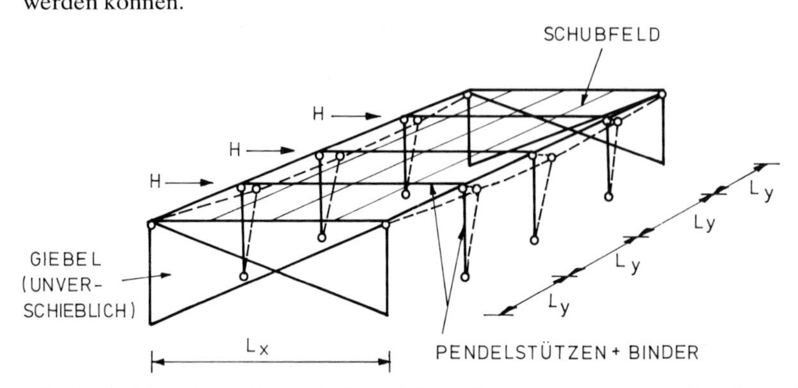

Bild 17.5–15 Ebene Dachscheibe mit Lastabtragung in ausgesteiften Giebeln

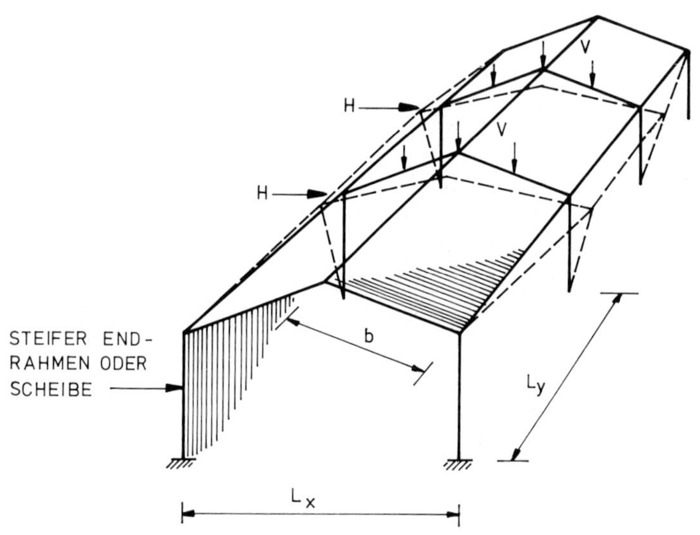

Bild 17.5–16 Scheibenwirkung bei gebrochenen Dachflächen in Kombination mit biegesteifen Rahmen

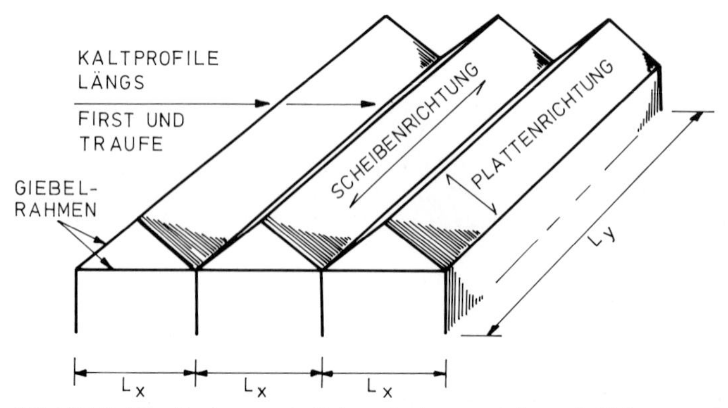

Bild 17.5–17 Freitragende Faltwerkskonstruktion mit Träger- und Scheibenfunktion

Bei ausreichender Neigung von aneinander grenzenden Dachflächen kann die Rahmenkonstruktion nach Bild 17.5–16 durch eine reine Faltwerkskonstruktion mit Lastabtragung durch Trägerwirkung in Längsrichtung ersetzt werden (Bild 17.5–17).
Die Bestimmung der Schnitt- und Verformungsgrößen darf mit Hilfe von vereinfachten Berechnungsmodellen erfolgen, wenn eine statisch bestimmte Lagerung der Scheibe vorhanden ist oder ein System vorliegt, bei dem – mit der Annahme elastischen Verhaltens – die Scheibenkräfte zufriedenstellend abgeschätzt werden können. Auf eine Ausnutzung der Scheibenwirkung sollte verzichtet werden, wenn durch große Temperaturvariationen unkontrollierbare Zwängungsspannungen erzeugt werden; bei Profilblechen im Innern von erwärmten Gebäuden und außen liegender Wärmeisolierung können Temperaturspannungen vernachlässigt werden.
Für die Bestimmung des Schubflusses in der Scheibe und des Kräftespiels in der Unterkonstruktion dürfen unter Beachtung der eingehenden Steifigkeit vereinfachte Fachwerk- oder Trägermodelle zugrunde gelegt werden, wie an Beispielen in Bild 17.5–18 dargestellt. Die Fläche gedachter Diagonalstäbe ist so zu wählen, daß die Stabverformungen den Schubverformungen der Teilscheiben entsprechen.

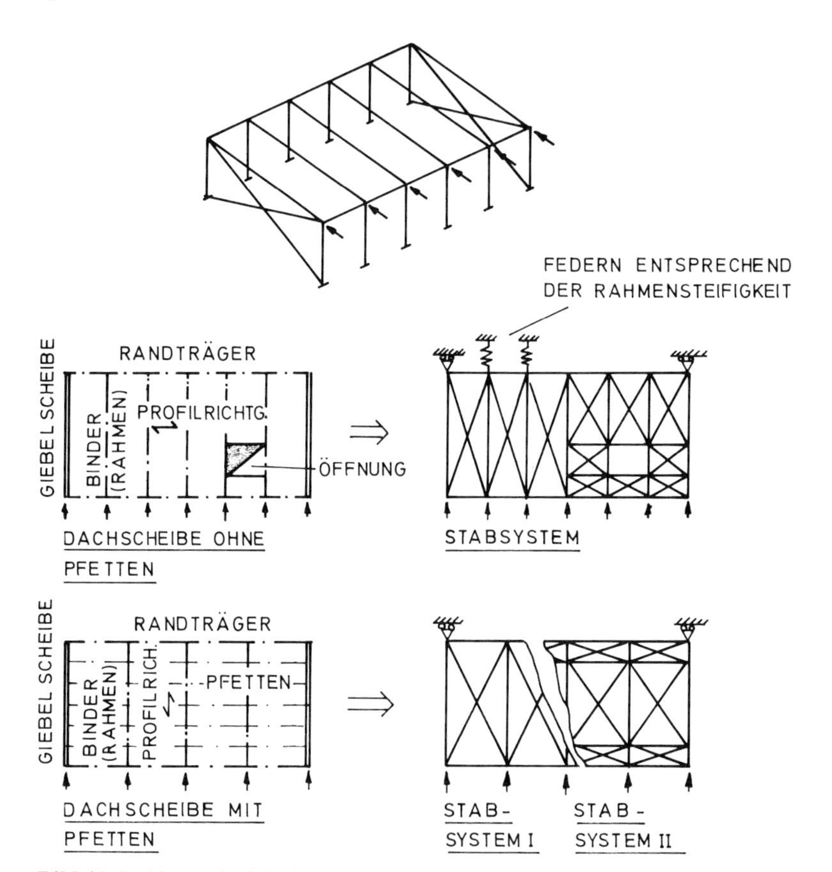

Bild 17.5–18 Beispiele für Fachwerkmodelle bei Dachscheiben ohne und mit Pfetten

Äußere Kräfte sollen so in die Scheibe eingeführt werden, daß lokale Lastkonzentrationen vermieden werden. Die Profilbleche und deren Befestigungen werden so bemessen, daß im Grenzzustand ein zähes Bruchverhalten vorliegt; es wird empfohlen, das Risiko plötzlichen Versagens (z.B. Scherbruch von Befestigungsmitteln) durch eine diesbezügliche Erhöhung der Versagenslast um 25% abzudecken.
Als zähe Versagenstypen bei Profilblechscheiben gelten neben dem globalen Schubbeulen (s. oben)

- Profilverdrehung und Stegknicken (Krüppeln) am Endauflager (s. Bild 17.5–19)
- Lochrandfließen an Befestigungen (Überlappungsstöße und Auflagerbefestigungen) (s. Bild 17.5–20).

Die *Tragfähigkeitsnachweise* beinhalten die Kontrolle der Einzelwirkungen der Kräfte in bzw. senkrecht zur Scheibenebene sowie die Überlagerungen der genannten Beanspruchungen. Interaktionen von

Bild 17.5–19
Profilverdrehung und Stegknicken (Krüppeln) am Endauflager

Bild 17.5–20
Lochrandfließen an Befestigungen (Überlappungsstöße und Auflagerbefestigungen)

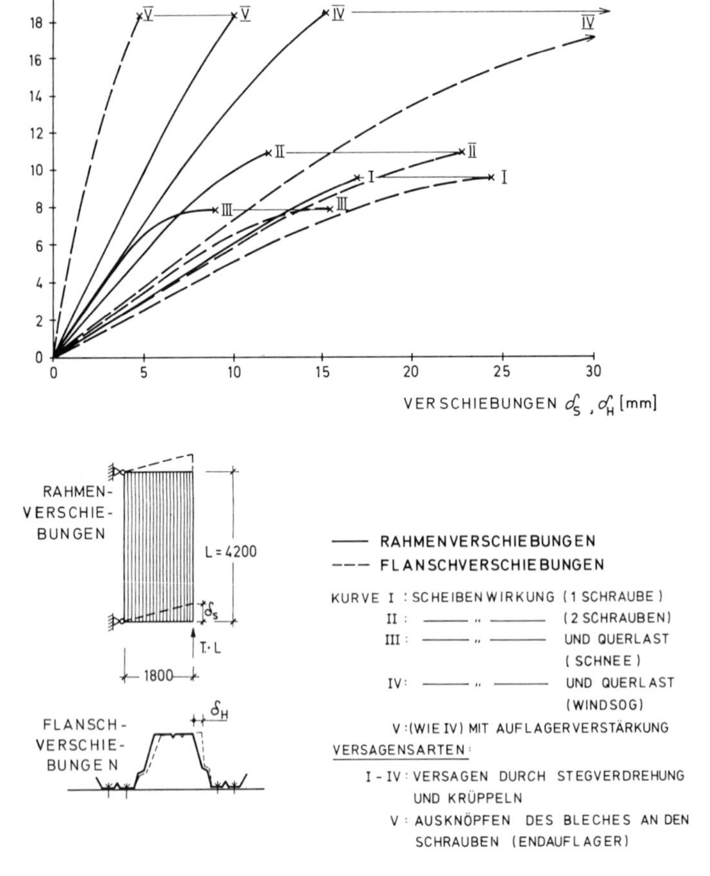

Bild 17.5–21 Formänderungen einer Scheibe aus Profilblechen TRP 110/0,65 in Abhängigkeit vom Schubfluß T

Beanspruchungen können im allgemeinen durch einen Ansatz $R_1/R_{1_d} + R_2/R_{2_d} \leq k$ beurteilt werden, wobei $k > 1{,}0$ ist und abhängig von Versagensform und Wahrscheinlichkeit der betrachteten Beanspruchungen.

Im einzelnen haben folgende Nachweise Aktualität:

a) Lokales Beulen der Flansche bzw. Stege von Profilblechen unter Scheibenbeanspruchung
b) Globales Beulen der Scheiben bzw. Teilfelder
c) Lokales Stegbeulen unter Scheibenwirkung und Querlast
d) Lokales Flanschbeulen unter Scheibenwirkung und Querlast
e) Beanspruchungen durch Biegemoment und Normalkraft
f) Biegespannungen aus der Rahmenwirkung der Profilierung (bei vollständiger Plastizierung)
g) Stegkrüppeln durch Querlast und Auflagerkräfte aus Scheibenwirkung (Bild 17.5–19).

In der Regel ist das Tragvermögen der Scheibe durch den Versagensfall g) begrenzt.

Die Verformungen der Scheibe können nach dem Verfahren der Addition von Teilverformungen unter Berücksichtigung der Nachgiebigkeit von Verbindungen und der Profilverdrehungen am Endauflager [12] zuverlässig abgeschätzt werden.

In der Regel sind die größten Verformungsbeiträge der Scheibe durch die Nachgiebigkeit der Verbindung in den Längsüberlappungen der Profilbleche und – insbesondere bei hohen Profilen – durch die Profilverdrehungen an den Endauflagern zu erwarten. Die Bedeutung der Profilverdrehungen geht aus Bild 17.5–21 hervor.

Bemessungskriterien für Scheiben aus Trapezprofilblechen sind in DIN 18807 angegeben.

17.5.3 Hinweise zur Profiloptimierung

Die im Rahmen der Formungsmöglichkeiten kaltgeformter Tragwerkskomponenten mögliche Produktoptimierung sollte unter Berücksichtigung folgender Parameter durchgeführt werden:

a) Funktion der Tragwerkskomponenten
b) Beanspruchungsarten und Versagensform
c) Materialfestigkeit
d) Eingangsbreite des Bandmaterials
e) Art der Kaltumformung (Kantpresse, Schwenkbiegemaschine, kontinuierliche Rollformung)
f) Korrosionsschutz (bandverzinktes Material $t \leq 3$ mm)
g) Art der Verbindungsmittel
h) Stapelbarkeit von Komponenten
i) Kombination von Komponenten (s. Bild 17.5–22)

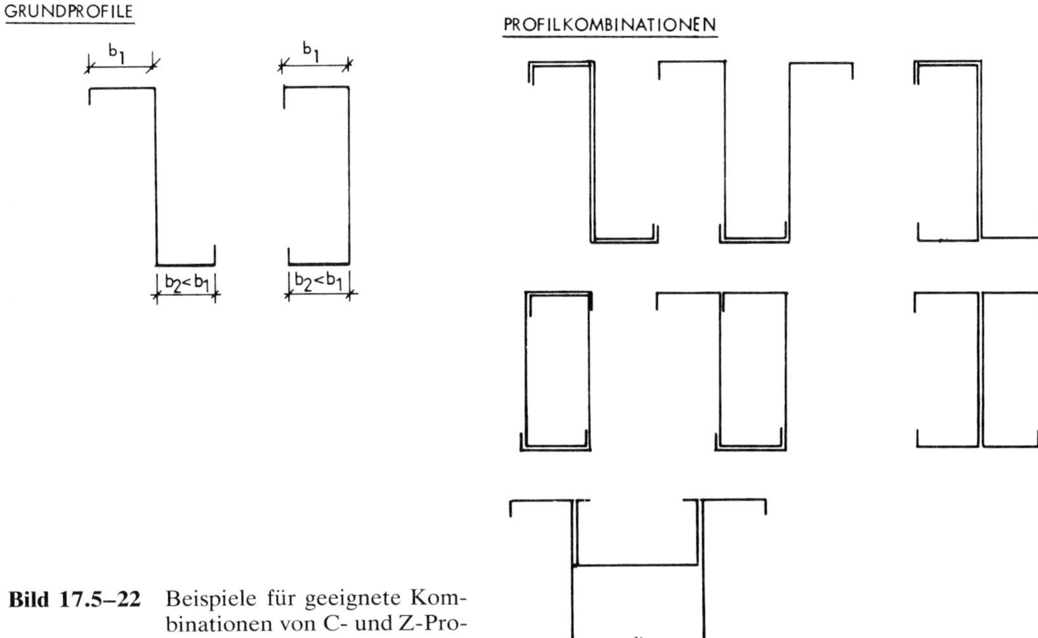

Bild 17.5–22 Beispiele für geeignete Kombinationen von C- und Z-Profilen

17.6 Konstruktive Gestaltung von raumabschließenden Bauelementen

Ausgangspunkte für die konstruktive Gestaltung der raumabschließenden Bauelemente sind
a) aktuelle Funktionsanforderungen (Abschnitt 17.2)
b) statische Voraussetzungen im Hinblick auf die vorhandene Unterkonstruktion (Spannweiten der Tragwerkskomponenten, Stabilisierungsmaßnahmen)
c) montagetechnische Anforderungen, wie z.B. Verlegerichtung und -folge, Regenschutz für die Isolierung, Stabilisierung während der Montage.
Für Dach- und Wandkonstruktionen im Hallenbau werden auf der Grundlage langjähriger Erfahrungen eine Vielzahl von bewährten Konstruktionslösungen angeboten. Erhöhte Funktionsansprüche in bezug auf Feuer-, Schall- und Klimaschutz bei Decken und Wänden im Geschoßbau bedingen besondere konstruktive Maßnahmen (z.B. Verwendung von schwer entflammbaren oder nichtbrennbaren Plattenwerkstoffen, Schallisolierung, Vermeiden von Kältebrücken).
In den folgenden Abschnitten werden grundlegende Aspekte zur konstruktiven Gestaltung von Dächern, Wänden und Decken dargestellt und Hinweise auf die einschlägige Literatur gegeben.

17.6.1 Dächer [15], [16]

Die Tabelle 17.6–1 zeigt übersichtlich die wichtigsten Gestaltungsmerkmale von Dachkonstruktionen im Hinblick auf Konstruktionstypen und Dachaufbauten usw. Bezüglich der Detailausführung wird auf die Literatur [15] sowie die Empfehlungen der Profilblechhersteller verwiesen.

Tabelle 17.6–1 Gestaltungsmerkmale von Dachkonstruktionen im Hallen- und Geschoßbau

Dachtyp	Konstruktionsmerkmale	Dachaufbau			
		Unterkonstruktion	Profilbleche	Isolierung	Außenhaut
Kaltdach	Profilbleche ∥ Fallrichtung	Walzprofile (IPE, HEA)	stark profilierte Trapezbleche ($L \geq 3$ m)		Trapezbleche mit geeignetem Korrosionsschutz (Negativlage)
		Kaltprofile (*Z*-, *C*-Typ)	schwach profil. Trapezbleche ($L \leq 3$ m)		
Kaltdach mit unterseitiger Wärmedämmung				Hartschaumplatten oder Faserdämmstoffe entsprechend den Anforderungen	
Warmdach	Profilbleche ⊥ oder ∥ Fallrichtung	Dachbinder oder Pfetten	stark profilierte sickenversteifte Trapezbleche (Positivlage) Geeignet als Schubfelder für die Horizontalstabilisierung	(evtl. Dampfsperre) Befestigung durch Verklebung oder mit mechanischen Befestigungsmitteln	Banddeckung mit Doppelfalz ∥ Fallrichtung
					Profilbleche ∥ Fallrichtung
					Bituminöse Dachabdeckungen oder Kunststoffbahnen

Neben den genannten Konstruktionsformen, die noch einen wesentlichen Arbeitseinsatz auf der Baustelle bedingen, werden in steigendem Ausmaß vorgefertigte Bauteile angeboten wie beispielsweise
- Sandwichelemente mit wärmedämmendem Hartschaum als Schubmedium und profilierten oder ebenen Blechen als Außenschichten, wobei die Tragfunktion dem Gesamtsystem zugeordnet ist.
- Zweischalige Trapezblechelemente mit zwischenliegender Wärmedämmung aus Mineralfaserstoffen, wobei die Verbundwirkung zwischen den Außenschichten durch spezielle Stegprofile übernommen wird.
- Trapezbleche mit aufgeschäumtem Hartschaum, die auf der Baustelle mit beliebigen Außenschichten versehen werden können.

Derartige Maßnahmen zielen auf eine Rationalisierung des Bauprozesses und auf eine erhöhte Qualität durch industrielle Fertigung hin.
Für die *Bemessung der Trapezbleche* stehen in der Regel Tragfähigkeitstabellen der Profilblechhersteller zur Verfügung. Anzahl, Art und Lokalisierung der Verbindungsmittel sind in den Ausführungsanweisungen angegeben. Ein besonderer Nachweis ist nur erforderlich, wenn die Schubfeldwirkung berücksichtigt wird.
Die erforderliche Wärmedämmung ergibt sich aus den Anforderungen nach DIN 4108, sofern nicht erhöhte Wärmedämmwerte vorgegeben sind.

17.6.2 Wände [15], [16]

Die Gestaltung von *Außenwänden im Hallenbau* beinhaltet sowohl architektonische als auch technische Aspekte. Die Fassade kann mit vertikaler oder horizontaler Profilierungsrichtung ausgeführt werden. Als Unterkonstruktion dienen dann entweder Wandriegel (Kaltprofile vom Typ C oder Z) oder Wandstiele (z. B. Rahmenstützen, evtl. ergänzt durch Zwischenstützen zwischen Traufe und Sockel). Ähnlich wie bei Dächern kann die Trapezprofilwand einschalig ungedämmt, mit innenliegender Wärmedämmung, oder zweischalig wärmegedämmt zur Ausführung kommen. Als Innenschicht kommen Trapezbleche oder Kassettenprofile in Frage. Gelochte Bleche können erheblich zur Verbesserung der Schallabsorption beitragen. Als Sonderform vorgefertigter Bauelemente finden wieder Sandwichelemente mit Stahlblech-Außenschalen und einem schubkraftüberführenden Kern aus Hartschaum Anwendung. Bezüglich der Detailausführung von Wandkonstruktionen sei wieder auf [15] bzw. die Anweisungen der Hersteller verwiesen.

Bei *Außenwänden im Geschoßbau* sind die besonderen, in der Regel verschärften Funktionsanforderungen in bezug auf Feuer-, Klima- und Schallschutz zu beachten. Beispiele für Außenwände im Geschoßbau sind in Bild 17.6–1 und 17.6–2 dargestellt. Die Wandkonstruktion nach Bild 17.6–2 kann in Geschoßbauten als tragende und stabilisierende Wandscheibe eingesetzt werden.

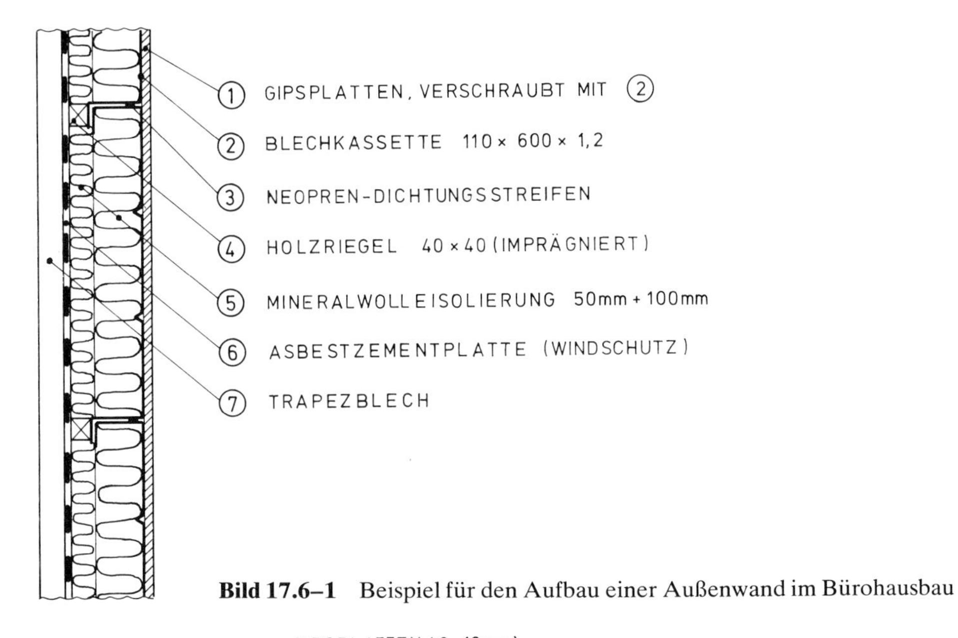

Bild 17.6–1 Beispiel für den Aufbau einer Außenwand im Bürohausbau

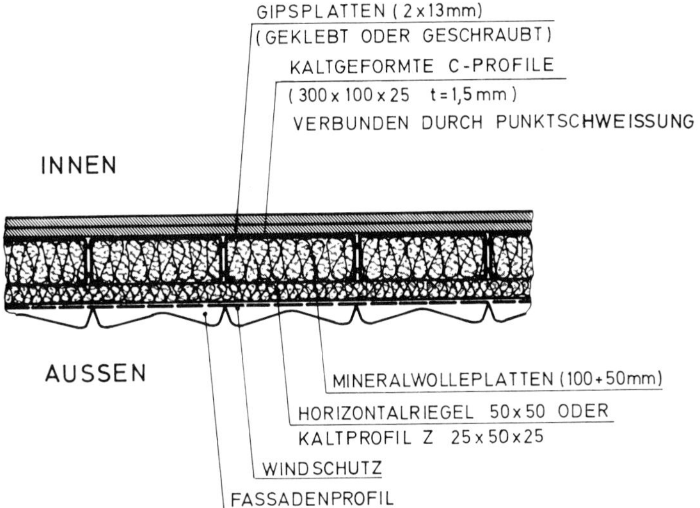

Bild 17.6–2
Beispiel für eine stabilisierende Giebelscheibe aus C-Profilen mit Gipsplatten als Verbundsystem

In modifizierter Form können derartige Konstruktionsformen auch als tragende Innenwände im Geschoßbau eingesetzt werden. Das Bild 17.6–3 zeigt den Aufbau einer zweischaligen tragenden und stabilisierenden *Innenwand* (Wohnungstrennwand) mit erhöhten Funktionsanforderungen bezüglich Feuer- und Schallschutz.

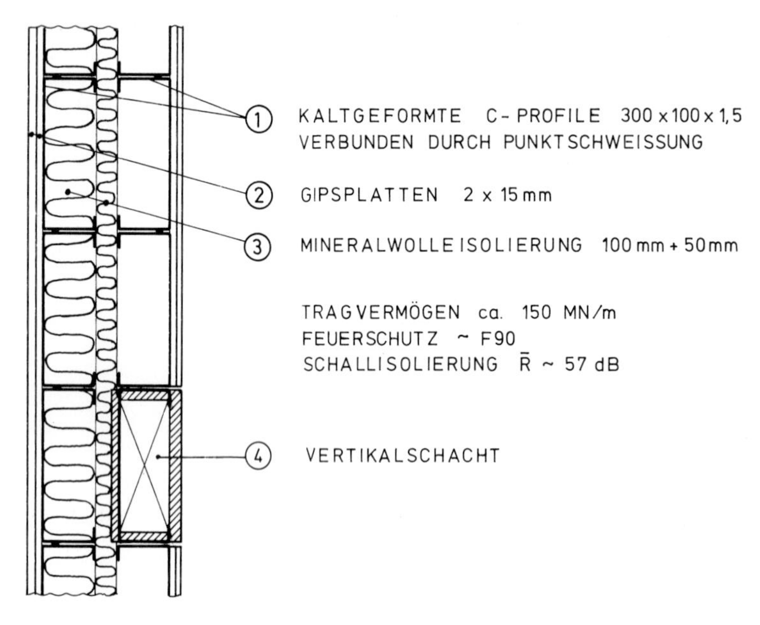

Bild 17.6–3 Beispiel für eine zweischalige Wohnungstrennwand im Geschoßbau

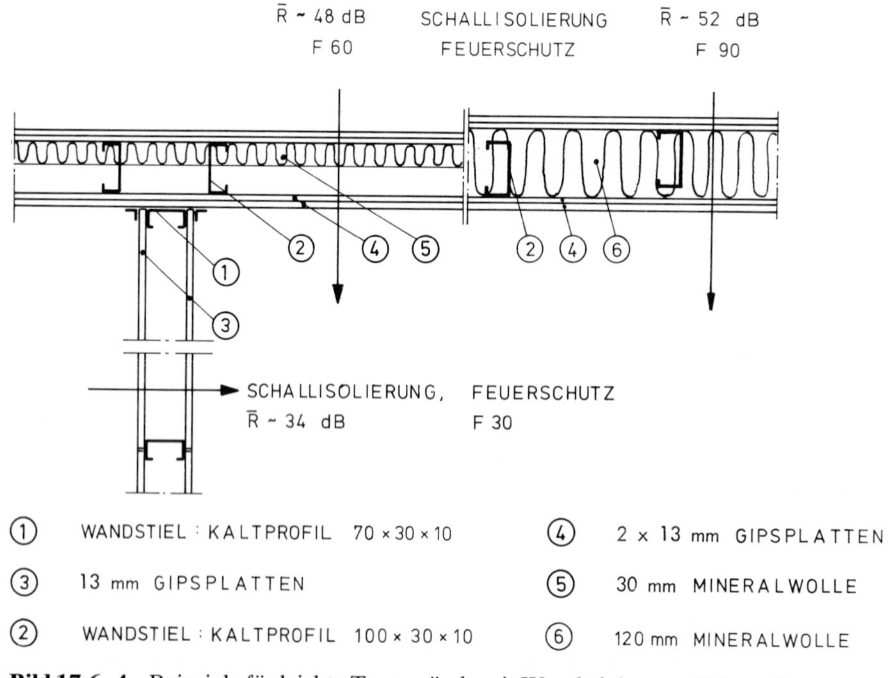

Bild 17.6–4 Beispiele für leichte Trennwände mit Wandstielen aus Kaltprofilen

Bei *Trennwänden im Geschoßbau* werden vorzugsweise Kaltprofile als Wandstiele verwendet. Die aktuellen Anforderungen bezüglich Feuerwiderstand und Schallschutz können durch die Kombination von geeigneten Plattenwerkstoffen und Isoliermaterialien erfüllt werden. Beispiele für leichte Trennwände im Geschoßbau sind in Bild 17.6–4 dargestellt. Bei geeigneter Wahl von Befestigungsmitteln (z. B. Bohrschrauben) können – unter Berücksichtigung der mitwirkenden Breite der Plattenwerkstoffe – Tragvermögen und Steifigkeit der Verbundkonstruktion in Rechnung gestellt werden.

17.6.3 Decken

Bei der Anwendung von leichten *Deckenkonstruktionen* im Geschoßbau stehen neben dem Feuerschutz die Probleme der Schallisolierung im Vordergrund. Die erforderliche Feuerwiderstandsklasse kann – ähnlich wie bei Wänden – durch geeignete Isoliermaßnahmen (z. B. Gips- oder Mineralfaserplatten) eingehalten werden. Wegen des verhältnismäßig geringen Flächengewichtes des trockenen Deckenaufbaus läßt sich bei erhöhten Funktionsanforderungen der erforderliche Schallschutz in der Regel nur durch zweischalige Deckenkonstruktionen erzielen. Einen weiteren Problemkomplex stellt die in physiologischer Hinsicht erforderliche Steifigkeit der Deckenkonstruktion dar.
Für die konstruktive Gestaltung von Leichtdecken ergeben sich folgende Möglichkeiten zur Erfüllung der Funktionsansprüche:

Feuerschutz
Die Mindestanforderung für die Feuerwiderstandsdauer bei Geschoßdecken beträgt im Regelfall F-30, bei Gebäuden mit mehr als 5 Vollgeschossen F-90. Unter welchen Voraussetzungen auch brennbare Baustoffe eingesetzt werden können, ist in den Vorschriften geregelt. Als Schutzmaterialien stehen vor allem Plattenwerkstoffe aus Gips, Mineralfasern, Vermiculite, Perlite und Asbest zur Verfügung. Die erforderliche Feuerwiderstandsdauer kann durch geeignete Plattendicken und Materialkombinationen erzielt werden.
Für Bauteile, die hinsichtlich der Wirkungsweise der Brandschutzmaßnahmen nicht anhand bestehender Regeln beurteilt werden können, ist eine beaufsichtliche Zulassung erforderlich.

Schallschutz
Die Mindestanforderungen für den Schallschutz sind bauteil- und anwendungsbezogen in DIN 4109 „Schallschutz im Hochbau" geregelt.
Die *Luftschalldämmung* ist abhängig von der trägen Masse des Bauteils und – bei mehrschaligen Konstruktionen – von der Biegesteifigkeit bzw. Dämmfähigkeit der einzelnen Aufbauschichten.
Die *Körperschalldämmung* wird erzielt durch Verhinderung der Schallanregung (z. B. weichfedernde Gehbeläge oder Zwischenschichten), Verhinderung der Abstrahlung (z. B. durch biegeweiche, dämmfähige Unterdecken) oder durch Unterbrechung der Schallweiterleitung (z. B. durch schwingungsmäßig voneinander unabhängige Deckenschalen).
Von besonderer Bedeutung für die Schalldämmwirkung ist die Vermeidung von Schallbrücken bei Deckenauflagern, Wandanschlüssen und Installationen sowie die Luftdichtigkeit der Konstruktion bzw. der Aufbauschichten.
Die Einhaltung erforderlicher Schalldämmaße wird in der Regel durch Versuche nachzuweisen sein. Zur Erfüllung der Schallschutzforderungen stehen wieder die genannten Schutzmaterialien sowie die Ausführung mehrschaliger Konstruktionen zur Verfügung.

Steifigkeit
Leichtdecken sind schwingungsfähige Systeme, die beim Begehen angeregt werden können und unter ungünstigen Kombinationen von Schwingungsmerkmalen wie Amplitude, Eigenfrequenz, Beschleunigung und Dämpfung als unangenehm „federnd" empfunden werden.
Untersuchungen an Decken mit verschiedenen Schwingungsmerkmalen geben keine eindeutigen Kriterien über die Wahrnehmbarkeit von Unbehaglichkeitsempfindungen.
In der Regel ersetzen derzeit Steifigkeitskriterien eine genauere Analyse der genannten Schwingungsparameter. Als Richtwerte für Leichtdecken werden auf der Grundlage ausgeführter und als physiologisch befriedigend empfundener Deckenkonstruktionen empfohlen:

Durchbiegung unter Nutzlast $f \leq L/400$
Durchbiegung unter Eigengewicht und Einzellast 1 kN: $f \leq 2{,}5$ mm
Eigenfrequenz $f \geq 10$ Hz

Es wird empfohlen, die Eignung leichter Deckenkonstruktionen in bezug auf das Federungsverhalten durch repräsentative Begehversuche zu prüfen.
Bezüglich ausreichender Lastverteilung winkelrecht zur Tragrichtung wird empfohlen, daß die Durchbiegung f_R unter einer Einzellast von 1 kN, bezogen auf den Abstand R vom Belastungspunkt, den Wert $f_R = R/150$ nicht überschreitet.

Eine geeignete Maßnahme zur Erfüllung der genannten Steifigkeitsansprüche ist die Ausnutzung der Plattenwerkstoffe als Teil von Verbundkonstruktionen mit elastischem oder starrem Verbund.
Die in Bild 17.6–5/6/7 dargestellten Beispiele von Leichtdecken repräsentieren variierende Ansprüche bezüglich Feuer- und Schallschutz und zeigen einige Möglichkeiten für Kombinationen von Kaltprofilen, Profilblechen und Plattenwerkstoffen.

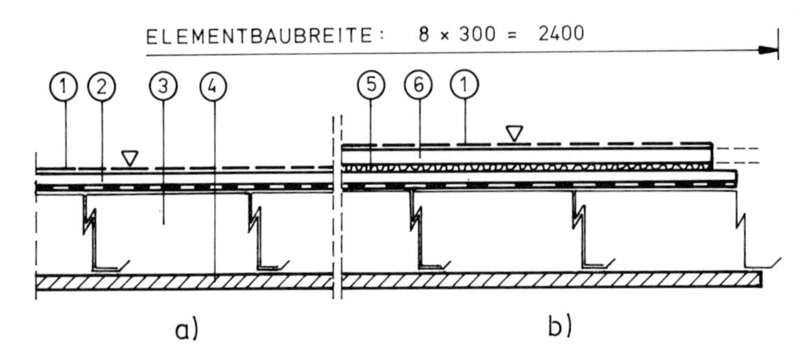

① FUSSBODENBELAG

② SPERRHOLZ- ODER FLACHPRESSPLATTEN (NAGELPRESSLEIMUNG MIT ③)

③ KALTPROFILE (z.B. 50/150/300, t = 1,0) ODER PROFILBLECHE

④ GIPSPLATTEN

⑤ MINERALFASERPLATTEN (VERKLEBT)

⑥ HOLZSPANPLATTEN MIT NUT UND FEDER (EVENTUELL HARTGIPSPLATTEN)

Bild 17.6–5 Beispiel für den Aufbau von leichten Verbunddecken ohne (Teilfigur a) bzw. mit geringen (Teilfigur b) Schallschutzmaßnahmen

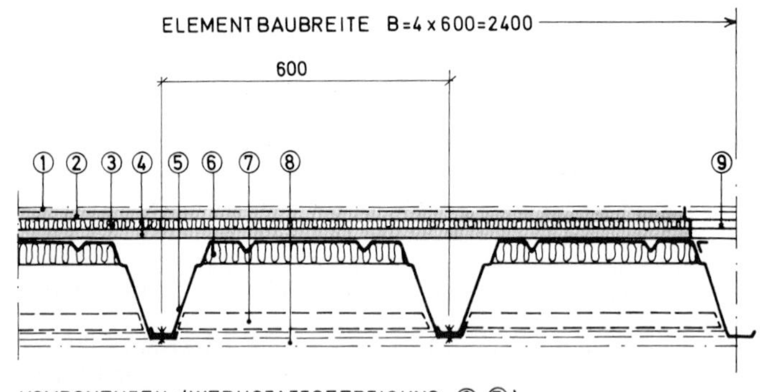

KOMPONENTEN: (WERKSTATTSFERTIGUNG ②-⑦)
① TEPPICHBODEN
② HARTFASERPLATTE
③ 13 MM MINERALFIBERPLATTE
④ 13 MM SPERRHOLZPLATTE (VERBUND MIT ⑤ DURCH BOHRSCHRAUBEN UND KLEBER)
⑤ STAHLBLECH-DECKENPROFIL
⑥ 50 MM MINERALWOLLEPLATTEN
⑦ QUERAUSSTEIFUNGEN
⑧ 13 MM GIPSPLATTEN
⑨ AUSGLEICHSELEMENT AUF STÜTZWINKEL (BAUSTELLENMONTAGE)

Bild 17.6–6 Beispiel für eine Deckenkonstruktion bei erhöhten Schallschutzanforderungen (z. B. Bürogebäude)

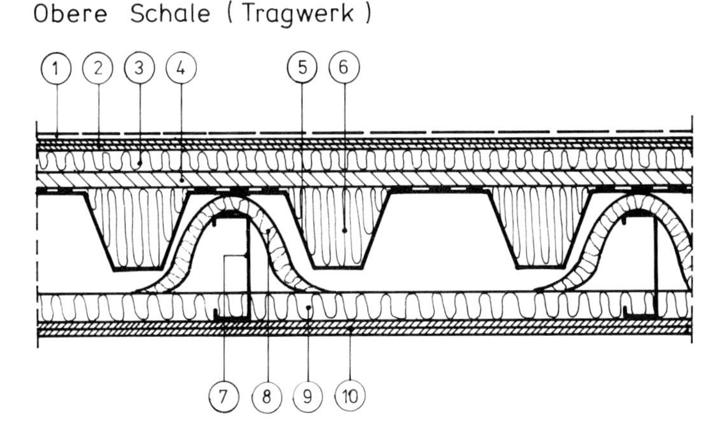

Untere Schale (Unterdecke)

(1) Fußbodenbelag (2) Holzspanplatten (Zementgebunden)
(3) Trittschalldämmplatte (4) Holzspanplatte (Zementgebunden)
(eventuell (2)-(4) als vorgefertigtes Sandwichsystem)
(5) Profilbleche (im Verbund mit (4)), (6) Mineralwolle
(7) Kaltprofil (8) Mineralwollematten
(9) Mineralwolleplatten (10) Gipskartonplatten

Bild 17.6–7 Beispiel für eine zweischalige Deckenkonstruktion bei hohen Schall- und Feuerschutzanforderungen (z. B. Wohngebäude)

17.7 Entwicklungstendenzen im Leichtbau

Für die Entwicklung im Leichtbau lassen sich Rahmenbedingungen angeben, die gewisse Aussagen über das zukünftige Produktangebot sowie die Anwendungsbereiche für dünnwandige kaltverformte Bauteile erlauben:

- Die rationelle Ausführung der „linearen" Kaltverformung durch Abkanten oder kontinuierliche Rollprofilierung führt zu Bauelementen mit einer ausgeprägten Tragrichtung.
- Der Fertigungsaufwand ist abhängig von Blechdicke, Verformbarkeit des Materials und Profilform.
- Die Profilabwicklung ist begrenzt durch die Bandbreite.
- Die Verwendung von bandverzinktem Material ist z. Zt. beschränkt auf Dicken bis ≤ 3 mm.
- Die Profilschlankheit unausgesteifter druckbeanspruchter Querschnitte ist begrenzt durch das Auftreten von Beulerscheinungen.

Unter Berücksichtigung dieser Rahmenbedingungen ergeben sich vorwiegend folgende Anwendungsbereiche:

- lineare Tragglieder hauptsächlich als gedrungene Querschnitte im oberen Dickenbereich, d. h. als Träger für relativ geringe Belastungen und Spannweiten (Pfetten und Riegel), als Stützen und Wandstiele sowie als Fachwerkstäbe (s. Bild 17.7–1),
- flächenhafte Tragglieder im unteren Dickenbereich und mit linearer Tragwirkung dort, wo vornehmlich eine raumbildende Funktion bei mäßigen Flächenlasten zu erwarten ist, z. B. Decken, Wände, Dächer.

Dünnwandige kaltgeformte Bauteile kommen somit in erster Linie für den Geschoßbau und den leichten Hallenbau mit mäßigen Spannweiten in Frage, wobei mit Vorteil Kombinationen von Kaltprofilen und Trapezprofilen verwendet werden können. Im *Hallenbau* lassen sich für einen Spannweitenbereich von etwa 10–25 m mit Trapez- und Kaltprofilen leistungsfähige Tragwerksformen entwickeln (s. Bild 17.7–2). Für die Gestaltung des Haupttragwerks verdienen ebene und räumliche Fachwerke, Rahmen und Faltwerke besondere Aufmerksamkeit. Bezüglich der raumabschließenden Bauteile wird sich das Interesse auf verbesserte bautechnische und bauphysikalische Lösungen konzentrieren, wie z. B. Verminderung der Unterhaltungskosten, Erhöhung der Produktqualität, Verbesserung des Energiehaushaltes.

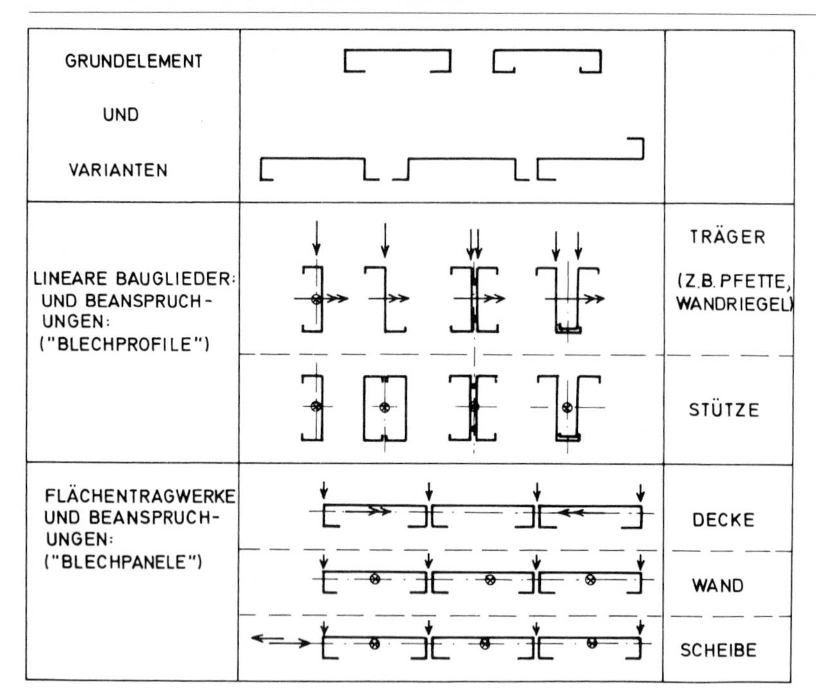

Bild 17.7–1 Kaltgeformte Blechprofile: Profilvarianten – Beanspruchungen – Anwendungsbereiche

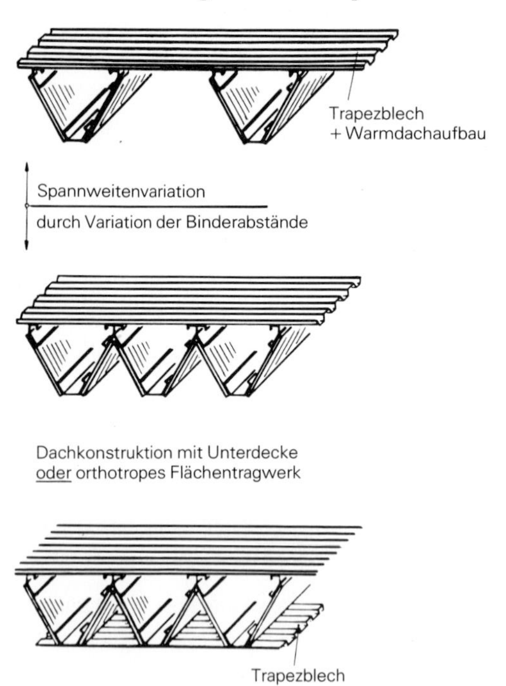

Bild 17.7–2 Ausführungsbeispiel für Dachkonstruktionen aus Profilblechen und Kaltprofilen

Von besonderer Bedeutung ist die Möglichkeit für den Stahlbau, mit flächenhaften Bauelementen im *Geschoßbau* einen neuen Marktbereich zu erschließen. Hier verdient auch das C-Profil mit seinen Varianten nach Bild 17.7–1 besondere Aufmerksamkeit. Das flächenhafte Bauelement läßt sich hier durch die Aneinanderreihung modulisierter Blechprofile mit beispielsweise 300 mm Breite erzeugen. Die möglichen Vorteile derartiger „Anbauelemente" sind:

- Einsatz verhältnismäßig einfacher Werkzeuge für die Kaltverformung im normalen Längenbereich für Bauelemente im Hausbau (ca. 3–12 m),
- Herstellung von modulgerechten Blechprofilen mit Abmessungen, die Standardmaßen von Bauelementen entsprechen und als multiples Grundelement für großflächige Elemente dienen können,
- geometrische Anpassung zur optimalen Profilgestaltung im Hinblick auf Tragvermögen, Verwendungszweck und Produktveredelung,
- erhöhte Wirtschaftlichkeit bei der Fertigung kleiner Serien von Spezialprofilen für besondere Anwendungsbereiche (flexible Fertigung),
- verschiedenartige Einsatzmöglichkeiten für Blechprofile als lineare Bauglieder und für Flächentragwerke in geeigneten Kombinationen,
- Blechprofile mit den beschriebenen Merkmalen sind geeignet, die tragende Funktion in Leichtbausystemen für ein- und mehrgeschossigen Haus- und Hallenbau zu übernehmen.

In statischer Hinsicht sind die anfallenden Probleme sicher verhältnismäßig einfach in den Griff zu bekommen. Der Einstieg in den Geschoßbau aber stellt die Erfüllung der Funktionsanforderungen an das Endprodukt in das Zentrum der Diskussion, und ein Markterfolg ist nur zu erwarten, wenn es gelingt, technische Systeme zu konzipieren, die den Anforderungen des Nutzers entsprechen. Die Komplexität eines solchen technischen Systems ist dabei abhängig vom Ausmaß der Funktionsanforderungen.

Eine andere Problemstellung ergibt sich aus dem Miteinander grundsätzlich artfremder Materialien im eigentlichen Fertigungs- und Bauprozeß. Es ist offenkundig, daß eine industrielle Fertigung und zugehörige Werkstatt- und Maschinenausrüstung vorzusehen ist, um einen rationellen Fertigungsprozeß zu erzielen und um erforderliche Qualitätsansprüche für die Ausführung zu erfüllen.Von Bedeutung ist hierbei auch die Lokalisierung der Fertigung, da sowohl die Produktfertigung als auch der Veredlungsgrad der Bauelemente auf die aktuellen Transportbedingungen abgestimmt werden müssen. Es sei darauf hingewiesen, daß die zur Verwendung kommenden Materialkomponenten vielfach geringe mechanische Widerstandsfähigkeit gegenüber Stoßbelastungen aufweisen. Der Veredlungsgrad bei der Werkstattfertigung steht somit in einem engen Zusammenhang mit den Transport- und Montagebedingungen sowie der konstruktiven Ausführung der Elementränder und den gewählten Schutzmaßnahmen für Transport und Montage. Im übrigen entsprechen die Konsequenzen der Produktionsplanung den allgemeinen Bedingungen der Elementbauweisen.

Literatur

1. Baehre, R.: Building systems in housing construction – perspectives of development of housing industrialization, Stockholm, Swedish Council for Building Research, 1973.
2. Baehre, R.: Entwicklungsmerkmale der Leichtbautechnik, Aussteifungen – Komponenten – Verbund, Document D8 – 1978, Stockholm, Swedish Council for Building Research, 1978.
3. Klee, S. und Seeger, T.: Vorschlag zur vereinfachten Ermittlung von zulässigen Kräften für Befestigungen von Stahltrapezblechen, Heft 33, Institut für Statik und Stahlbau, TH Darmstadt, 1979.
4. Nissfolk, B.: Fatigue Strength of Joints in Sheet Metal Panels 1, Riveted Connections, Document D5 – 1977, Stockholm, Swedish Council for Building Research, 1977.
5. Nissfolk, B.: Fatigue Strength of Joints in Sheet Metal Panels 2, Screwed and Riveted Connections, Document D15 – 1979, Stockholm, Swedish Council for Building Research, 1979.
6. European Recommendations for the design of connections in in thin-walled structural elements, ECCS T7 – 1981 (in Vorbereitung).
7. König, J.: Transversally loaded thin-walled C-shaped panels with intermediate stiffeners, Document D7 – 1978, Stockholm. Swedish Council for Building Research, 1978 und The composite beam action of cold-formed sections and boards, Document D 14 – 1981, Stockholm, Swedish Council for Building Research, 1981.
8. Balasz, P.: Stressed skin action in composite panels comprising steel sheetings and boards, Document D40 – 1980, Stockholm, Swedish Council for Building Research, 1980.
9. Thomasson, P.O.: Thin-walled C-shaped panels in axial compression, Document D1 – 1978, Stockholm, Swedish Council for Building Research, 1978.
10. European Recommendations for the Design of Profiled Sheeting and Sections, Part 1, Profiled Sheeting, ECCS – T7 – 1981 (Draft for Comment) Part 2, Sections (in Vorbereitung).
11. Rhodes, J. und Walker, A.C.: Thin-walled structures (International Conference at the University of Strathclyde, Glasgow, 1979), Granada 1980.
12. European Recommendations for the Stressed Skin Design, ECCS – XVII – 77 – IE, Heft 19, 1977.
13. Nyberg, G.: Diaphragm action of assembled C-shaped panels, Document D9 – 1976, Stockholm, Swedish Council for Building Research, 1976.
14. Schardt, R. und Strehl, C.: Theoretische Grundlagen für die Bestimmung der Schubfestigkeit von Trapezblechscheiben – Vergleich mit anderen Berechnungsansätzen und Versuchsergebnissen, Der Stahlbau 45 (1976), 97–108.
15. Stahltrapezprofile im Hochbau, Stuttgart, Karl Krämer Verlag, 1980.
16. Jungbluth, O.: Zur Entwicklung integrierter Flächentragwerke. Konstruktiver Ingenieurbau in Forschung und Praxis, Festschrift W. Zerna und Institut KIB, Ruhr Universität Bochum, Werner Verlag, 1976–77.

18 Optimierte Verbundbauteile

O. Jungbluth

18.1 Die Bedeutung des Werkstoffverbundes

Im Rahmen einer bautechnischen Entwurfsaufgabe ist es praktisch unmöglich, alle denkbaren Zusammenhänge zu erfassen und ein absolutes Optimum zu definieren. Man muß sich also von vornherein mit einem relativen Optimum begnügen. In diesem Sinn wird unter einem „optimierten Verbundbauteil" das bestmögliche Zusammenwirken verschiedener Werkstoffe zum Erzielen statischer, feuerwiderstandsfähiger, bauphysikalischer und gegebenenfalls raumabschließender Eigenschaften in einem einheitlichen, integrierten Tragsystem verstanden und zwar auch unter Beachtung rationeller Fertigungsbedingungen.
Die herkömmliche konstruktive Bauweise besteht darin, mit den leistungsfähigen Werkstoffen Stahl, Stahlbeton und Holz die Lasten sicher und möglichst verformungssteif abzutragen und durch nachträgliches Hinzufügen von Dämm- und Dichtschichten die erforderlichen brandschutztechnischen und bauphysikalischen Eigenschaften zu erreichen. Im Gegensatz zu diesem additiven Aufbau von Konstruktionen, bei dem jedem Teil seine Aufgabe getrennt zugewiesen wird, kommt es bei einem „integrierten" Verbundtragwerk darauf an, das Optimum für das Gesamtsystem zu ermitteln, auch wenn die eine oder andere bemessene Eigenschaft nur eben hinreichend erreicht werden kann.

18.1.1 Traglasterhöhung und Steifigkeitsverbesserung

Das Verbundsystem Stahlbeton verdankt seine Erfindung dem Bemühen, die Tragfähigkeit des Werkstoffs Beton durch Verbund mit dem Werkstoff Stahl zu verbessern. In gleicher Weise ist es Aufgabe der Stahlverbundtechnik, durch die statische Mitwirkung anderer Werkstoffpartner die Tragfähigkeit von Stahlprofilen und Stahlprofilblechen zu erhöhen.
Für Stahlskelettbauteile wie Stützen und Träger ist als Verbundpartner Stahlbeton im Platten- und Profilverbund (Bild 18.2–1) besonders geeignet mit dem zusätzlichen Vorteil, daß dadurch gleichzeitig die Feuerwiderstandsfähigkeit entscheidend verbessert werden kann.

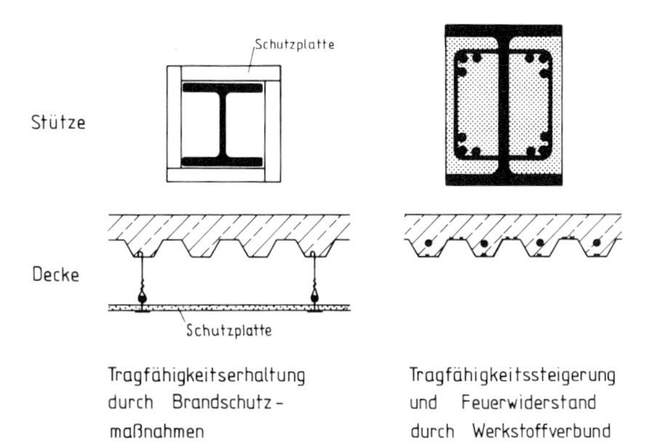

Bild 18.1–1 Brandschutz und Feuerwiderstand

Bei Stahlprofilblech-Geschoßdecken im tragenden Verbund mit Stahlbeton kann nicht nur bei Einordnung in die Feuerwiderstandsklassen F 90 und F 120 die Tragfähigkeit gesteigert sondern auch die Schalldämmung auf das erforderliche Maß angehoben werden.
Für Dach- und Wandbauteile sind wegen der hohen Wärmedämmanforderungen im Verbund mit Stahlblechen besonders organische und anorganische Leichtbaustoffe wie Polyurethan und Perlitbeton im Rohdichtebereich zwischen 40 und 400 kg/m^3 geeignet. Auch für diese Verbundflächentragwerke wird neben der Tragfähigkeit der Feuerwiderstand verbessert, wenn auch für die organischen Verbundpartner die Einordnung in eine Feuerwiderstandsklasse nicht erreicht werden kann.

Eine wichtige Voraussetzung für die statische Verbundwirkung ist die kraftschlüssige Verbindung der Werkstoffpartner in der Verbundfläche. Nur der organische Dämmstoff Polyurethanhartschaum verfügt über eine hinreichend treffsichere Eigenklebwirkung zur Verbundsicherung. Bei den zementgebundenen Werkstoffen ist dagegen eine mechanische Verdübelung erforderlich, deren Problematik in der wirtschaftlichen Herstellung liegt und deren konstruktive Ausbildung von der Konstruktionsform des Verbundbauteils abhängig ist. Die Tabellen 18.1–1 bis 18.1–4 geben einen ungefähren Anhalt über die möglichen Tragfähigkeitssteigerungen von Stahlprofilträgern und Stahlprofilblechen durch statische Verbundwirkungen mit anderen Werkstoffen. Hierbei besteht die Überlegung bezüglich der Wirtschaftlichkeit darin, den Aufwand für die Verbundwirkung durch das zusätzliche Erreichen brandschutztechnischer und bauphysikalischer Anforderungen abzugelten.

Tabelle 18.1–1 (links) Tragfähigkeits- und Steifigkeitsverbesserung eines Stahlprofils durch Beton im Profil- und Plattenverbund

Tabelle 18.1–2 (rechts) Tragfähigkeits- und Steifigkeitsverbesserung eines Stahlprofilblechs durch Verbund mit Normalbeton

Profil: HE 260 AA St 37, B 35 4 Φ 25 Platte: d=16 cm, b=4 m	M_{pl} [kNm]	$\frac{M_{pl}}{M_{pl,a}}$	$\frac{J^{II}}{0,9}$ [cm⁴]	$\frac{J^{II}}{0,9 J_a}$
	168	1	7981	1
	258	1,5	11711	1,5
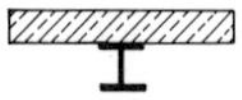	442	2,6	42651	5,3
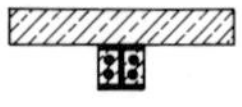	705	4,2	45496	5,7

	M_u [kNm/m]	$\frac{M_u}{M_{u,a}}$	J_{eff} [cm⁴/m]	$\frac{J_{eff}}{J_{eff,a}}$
Fi 120/190 t=0,75 	13,0	1	~ 245	1
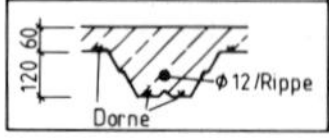 120 60 Φ12/Rippe Dorne	96,6	7,43	1915	7,8

Tabelle 18.1–3 (links) Tragfähigkeits- und Steifigkeitsverbesserung von Stahlprofilblechen durch Verbund mit Perlitbeton

Tabelle 18.1–4 (rechts) Tragfähigkeits- und Steifigkeitsverbesserung (Kurzzeit) von Stahlprofilblechen durch Verbund mit PUR-Hartschaum

	M_u [kNm/m]	$\frac{M_u}{M_{u,a}}$	J_{eff} [cm⁴/m]	$\frac{J_{eff}}{J_{eff,a}}$
Hoe 40/183 S / 0,75 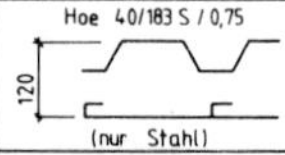 120 (nur Stahl)	5,49	1	43,9	1
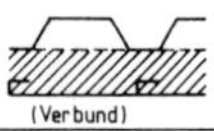 (Verbund)	12,53	2,28	236	5,40

	M_{pl} [kNm/m]	$\frac{M_{pl}}{M_{u,a}}$	J_{eff} [cm⁴/m]	$\frac{J_{eff}}{J_{eff,a}}$
Hoe 40/183 / 0,75 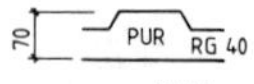 70 PUR RG 40 nur Stahl	3,60	1	21,6	1
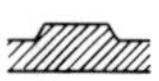 PUR Sandw.	5,67	1,58	99,3	4,6

Durch die zusätzliche Aussteifung im Platten- und Profilverbund wird bei erhöhter Tragfähigkeit auch eine verbesserte Steifigkeit erreicht. Die Tabellen 18.1–1 bis 18.1–4 zeigen ferner, daß durch den Verbund mit verschiedenen Werkstoffpartnern die Steifigkeit gegenüber der Tragfähigkeit überproportional gesteigert werden kann, so daß die volle Ausnutzung der Tragfähigkeitserhöhung ohne Verformungsbeschränkung möglich wird.
In den Tabellen entsprechen der Wert $M_{pl}/M_{pl,a}$ dem rechnerischen und $M_u/M_{u,a}$ dem experimentellen Steigerungsfaktor für die Tragfähigkeit sowie der Wert $J_{eff}/J_{eff,a}$ bzw. $J^{II}/0,9\,J_a$ dem rechnerischen Steigerungsfaktor für die Steifigkeit infolge der Verbundwirkungen.

18.1.2 Feuerwiderstand durch Werkstoffverbund

Der Feuerwiderstand und der Brandschutz tragender Bauteile gehören mit Recht zu den wichtigsten sicherheitstechnischen Anforderungen. Ungeschützte Stahlkonstruktionen versagen im Normbrandversuch in der Regel schon nach 12 bis 14 Minuten. Während durch Brandschutzmaßnahmen z.B. mit Hilfe umhüllender Dämmplatten, Dämmputze oder Dämmanstriche nur die Feuerwiderstandsdauer und naturgemäß nicht die Tragfähigkeit von Stahlprofilen erhöht werden kann, ist es durch Werkstoffverbund mit geeigneten mineralischen Werkstoffpartnern möglich, sowohl den Feuerwiderstand als auch die Tragfähigkeit bei Raum- und Brandtemperatur gegenüber dem nur brandgeschützten Stahlprofil in entscheidender Weise zu verbessern (Bild 18.1–1). Hierbei kommt es nicht nur darauf an, daß die thermischen Festigkeitsänderungen der mitwirkenden Werkstoffe bekannt sind sondern auch, daß sie eine wesentlich geringere Temperaturleitfähigkeit als Stahl besitzen (Bilder 18.1–2 und 18.1–3), so daß sie durch ihre Dämmwirkung die Erwärmung des Stahls mindern und ihre eigene thermische Resttragfähigkeit im Verbundsystem mitwirken kann.

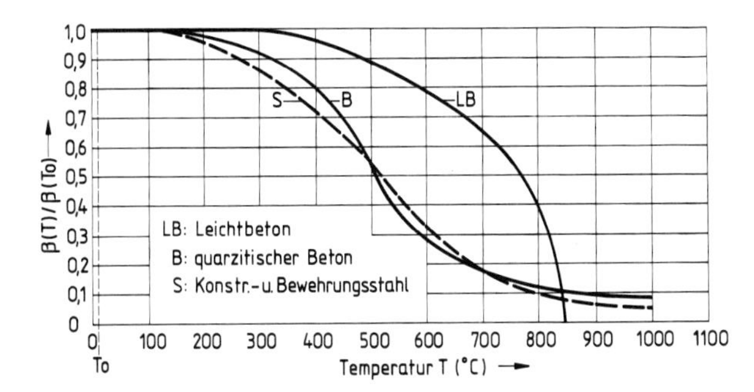

Bild 18.1–2 Thermische Festigkeitsänderungen von Stahl und Beton (nach [1])

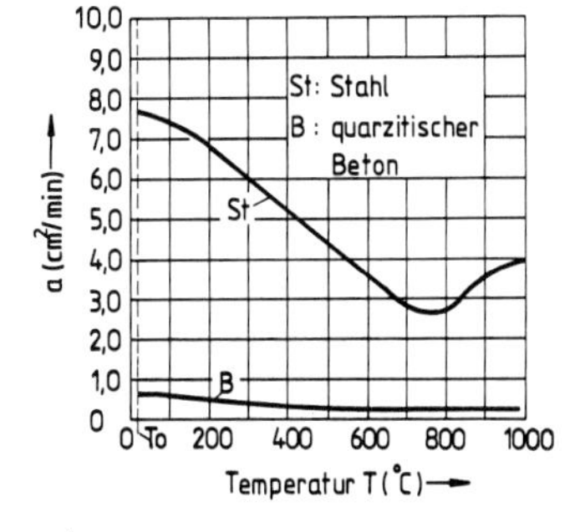

Bild 18.1–3 Temperaturleitzahlen von Stahl und Beton (nach [1])

Ein weiteres wichtiges Konstruktionsprinzip ist das Einbetten eines Teiles des Stahlquerschnittes in den dämmenden Verbundwerkstoff, z.B. durch Bilden abstehender Teile mit Hilfe der Kaltprofil- und Strangpreßtechnik oder durch Einlegen von Bewehrungsstahl. Schließlich kommt der Erhaltung der Verbundsicherung auch unter Brandeinwirkung wesentliche Bedeutung zu.
Beim Entwurf feuerwiderstandsfähiger Konstruktionen sind also werkstoffliche und konstruktive Maßnahmen zu beachten, und der entwerfende Ingenieur darf sich nicht nur vom bestmöglichen Tragverhalten unter Lasten bei Raumtemperatur leiten lassen sondern muß auch gleichzeitig die zweckmäßige Querschnittsgestaltung für die mögliche Brandeinwirkung beachten. Daraus folgt, daß der Nachweis des Feuerwiderstandes von Verbundbauteilen, d.h. der Traglastnachweis mit Hochtemperatureinfluß zukünftig nicht nur experimentell sondern unter Beachtung eines angemessenen Sicherheitsabstandes auch rechnerisch für die erforderliche Feuerwiderstandsklasse erbracht werden sollte.

18.1.3 Bauphysikalische Eigenschaften

Optimierte Verbundtechnik bedeutet nicht nur die Aktivierung der Werkstoffpartner durch schubsteifen Verbund zur Steigerung der Tragfähigkeit von Stahlprofilblechen sondern auch deren gleichzeitige Nutzung als Dämmstoffe zum Erzielen bauphysikalischer Eigenschaften. Es eignen sich

Beton	für die Schalldämmung,
Polyurethanhartschaum	für die Wärmedämmung,
Mineralbeton	für die Wärmedämmung und begrenzt für die Schalldämmung.

Da alle diese Dämmstoffe mehr oder weniger Wasser aufnehmen, sind sie andererseits auf den Feuchteschutz und die Dampfsperrwirkung verzinkter und kunststoffbeschichteter Stahlbleche angewiesen. Eine solche Symbiose wird wirtschaftlich am besten genutzt, wenn mit dem Ziel integrierten Bauens die Bündelung von Bauteileigenschaften durch Werkstoffverbund im wahrsten Sinne des Wortes „zum Tragen“ kommt. Die wirtschaftliche Bandbreite der Dämmwirkungen ist etwa folgende:

Beton d = 150–300 mm:	Trittschalldämmung TSM	−10	bis 0
	Luftschalldämmung R_w	52	bis 59
PU-Hartschaum d = 40–80 mm:	Wärmedämmung $1/\Lambda$	1,3	bis 1,7
Perlitbeton d = 80–150 mm:	Wärmedämmung $1/\Lambda$	1,1	bis 2,0
	Luftschalldämmung R_w	30	bis 34

Bei Sandwich- und Verbunddach- oder Wandplatten ist es vielfach zweckmäßig, zuerst über die bauphysikalische Bemessung die erforderliche Dicke und damit das wichtigste Maß für die Bauhöhe festzulegen und dann erst auf Grund der erforderlichen Lasteinwirkungen die maximale Spannweite zu berechnen. Die Rastereinteilung von Pfetten und Deckenträgern sollte also mit der bauphysikalischen Bemessung beginnen.

18.2 Verbundprofilkonstruktionen

18.2.1 Der Profilverbund

Eine neuartige werkstofflich-konstruktive Ausgestaltung der Stahlverbundtechnik ist der Profilverbund als Ergänzung zum traditionellen Plattenverbund (Bild 18.2–1). Für Verbundprofile eignen sich Walz-, Strangpreß- und Kaltprofile, aber auch geschweißte Querschnitte, deren offene oder geschlossene Hohlräume mit Beton vergossen sind, der bei offenen Querschnitten mit dem Stahlprofil zu verdübeln ist. Durch diesen „Profilverbund" wird die Tragfähigkeit des Stahlprofils wesentlich erhöht, und zwar sowohl bei Raumtemperatur als auch unter Brandeinwirkung. Für den Entwurf von Verbundprofilen ist es deshalb vorteilhaft, eine hinreichend große Querschnittsteilfläche im betongeschützten Inneren anzuordnen. Bei HE-Walzprofilen geschieht dies zusätzlich zur Stegfläche auch durch widerstandsgeschweißte, typisierte Bewehrungskörbe, die entsprechend der Bauteilart – Träger, Stütze, Plattenbalken, Rahmen – und im Hinblick auf die erforderliche Feuerwiderstandsklasse gezielt dimensioniert sind. Bei Strangpreßprofilen, deren Querschnittsumfang z. Zt. von einem 220 mm großen Kreisdurchmesser begrenzt ist, kann die Bewehrung und die Verdübelung durch anprofilierte Wulststege mit hinterschnittener Geometrie in einem Stück mit dem Kammerprofil hergestellt werden. Die Vorteile des Profilverbundes können wie folgt beschrieben werden:

1. Nutzung des Stahlprofils als *tragende* Schalung
2. Erhebliche Tragfähigkeitssteigerung bei Raumtemperatur
3. Lastübertragung mit geringstmöglichem Querschnitt
4. Erhöhte Steifigkeit bei Biege- und Rahmenträgern
5. Einordnung in die Feuerwiderstandsklassen nach DIN 4102 durch gezielte Dimensionierung
6. Sofortige Übernahme aller Montagelasten
7. Vorfertigung der Bewehrungskörbe
8. Beibehaltung der Stahlbau-Verbindungstechnik
9. Herstellung im Werk oder auf der Baustelle
10. Fertiges Oberflächendessin durch Strukturbeton.

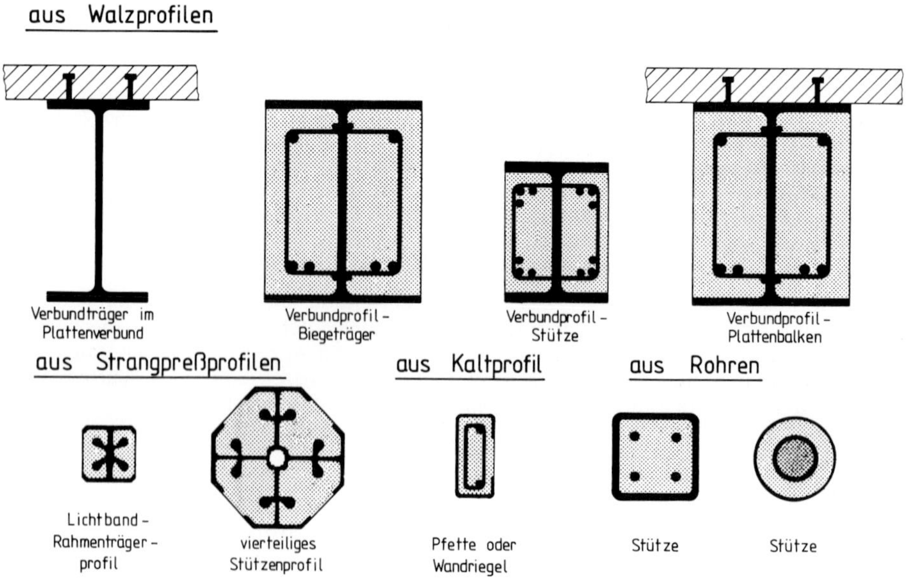

Bild 18.2–1 Verbundprofile

18.2.2 Verbundprofil-Biegeträger

18.2.2.1 Bemessung für Raumtemperatur

Die rechnerische Spannungsverteilung unter dem plastischen Grenzmoment ist aus Bild 18.2–2 ersichtlich. Die Nullinie liegt bei *Trägern mit gleichem Ober- und Unterflansch* und symmetrischer Bewehrung im allgemeinen zwischen den Bewehrungslagen, sie kann aber auch eine der Bewehrungslagen schneiden. Aus $\Sigma H = 0$ erhält man den Nullinienabstand x' von der Innenkante des Flansches.
Im Fall der Lage der Nullinie zwischen den Bewehrungen ist

$$x' = \frac{s \cdot h' \cdot \beta_{S,a}}{2\,s \cdot \beta_{S,a} + b' \cdot \beta_R} \quad \begin{matrix} \geq z'_{e0} + \dfrac{d_e}{2} \\ \leq z'_{eu} - \dfrac{d_e}{2} \end{matrix}$$

und damit das plastische Moment

$$M_{pl} = (h' + t) \cdot t \cdot \beta_{S,a} + \frac{h'^2}{2} \cdot s \cdot \beta_{S,a} + F_e \cdot \beta_{S,e} \cdot \left(z'_{eu} \frac{h'}{2}\right) - x'^2 \cdot \left(s \cdot \beta_{S,a} + \frac{b'}{2} \cdot \beta_R\right)$$

Für die Lage der Nullinie innerhalb einer Bewehrung gilt:

$$x' = \frac{s \cdot h' \cdot \beta_{S,a} + \frac{F_e}{2} \cdot \beta_{S,e}}{2\,s \cdot \beta_{S,a} + b' \cdot \beta_R} \quad \begin{matrix} \geq z'_{e0} - \dfrac{d_e}{2} \\ \leq z'_{e0} + \dfrac{d_e}{2} \end{matrix}$$

und

$$M_{pl} = (h' + t) \cdot t \cdot \beta_{S,a} + \frac{h'^2}{2} \cdot s \cdot \beta_{S,a} + \frac{F_e}{2} \cdot \beta_{S,e} \cdot z'_{eu} - x'^2 \cdot \left(s \cdot \beta_{S,a} + \frac{b'}{2} \cdot \beta_R\right)$$

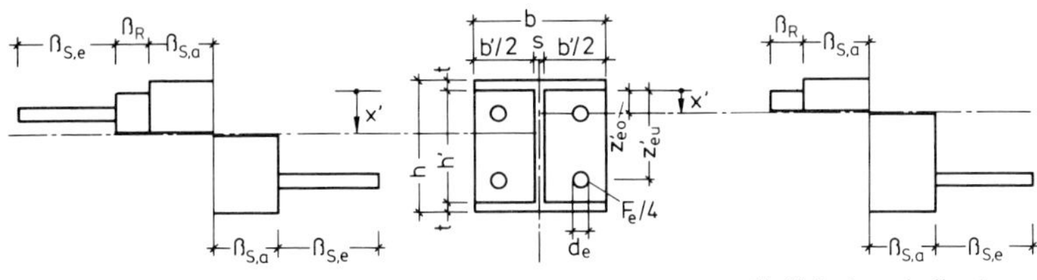

Bild 18.2–2 Rechnerische Spannungsverteilung unter dem plastischen Grenzmoment M_{pl} für Verbundprofil-Biegeträger

Werden Verbundprofil-Träger im Hochbau mit der aufliegenden Betonplatte verdübelt, so können derartige *Verbundprofil-Plattenbalken* nach den Verbundträger-Richtlinien berechnet werden. Die plastische Nullinie liegt dann in der Regel für positive Biegemomente in der Platte oder im Stahlträgerobergurt. Hierfür kann das plastische Moment aus der jeweiligen rechnerischen Spannungsverteilung nach Bild 18.2–3 berechnet werden.

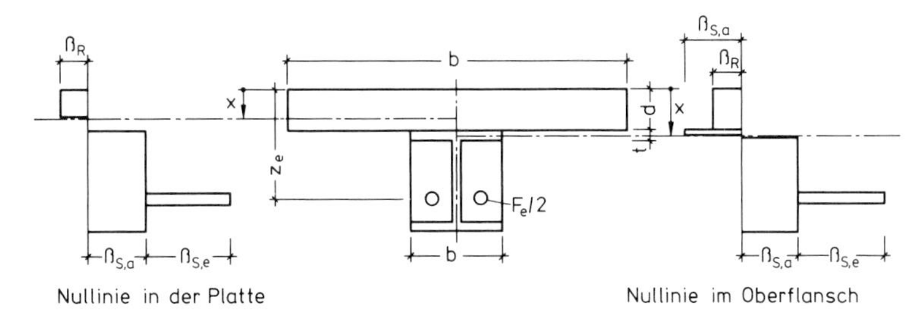

Bild 18.2–3 Rechnerische Spannungsverteilung unter dem plastischen Grenzmoment M_{pl} für Verbundprofil-Plattenbalken

Für die Lage der Nullinie in der Platte wird:

$$x = \frac{F_a \cdot \beta_{S,a} + F_e \cdot \beta_{S,e}}{\beta_R \cdot b} \leq d \quad \text{und}$$

$$M_{pl} = F_a \cdot \beta_{S,a} \cdot \left(z_a - \frac{x}{2}\right) + F_e \cdot \beta_{S,e} \cdot \left(z_e - \frac{x}{2}\right)$$

Für die Lage der Nullinie im Stahlträgerobergurt gilt:

$$x = d + \frac{F_a \cdot \beta_{S,a} + F_e \cdot \beta_{S,e} - \beta_R \cdot b \cdot d}{2 \cdot b \cdot \beta_{S,a}} \qquad \begin{matrix} \geq d \\ \leq d + t \end{matrix}$$

und

$$M_{pl} = F_a \cdot \beta_{S,a} \cdot \left(z_a - \frac{d}{2}\right) + F_e \cdot \beta_{S,e} \cdot \left(z_e - \frac{d}{2}\right) - x \cdot (x - d) \cdot b \cdot \beta_{S,a}$$

Für unsymmetrische Verbundprofile und Verbundprofil-Plattenbalken mit negativer Biegung (Platte im Zugbereich) oder bei gleichzeitigem Normalkrafteinfluß werden geschlossene Lösungen für die Ermittlung des plastischen Momentes sehr umfangreich. Bei Berücksichtigung der Plattenbewehrung, der Profilbewehrung und eventuell der Stegausrundungen des Stahlträgerprofils sind so viele Lagen der Nullinie möglich, daß eine iterative Berechnung der Nullinienlage zweckmäßig ist. Hierfür ist ein geeignetes Rechenprogramm erforderlich.

Querkraft-Einfluß

Bei Verbundprofilen ist der bewehrte Beton zwischen den Flanschen des Stahlträgers wesentlich an der Querkraftübertragung beteiligt. Legt man bei der Bemessung von Stahlbetonbalken für die Querkraftbemessung schiefe Hauptdruckspannungen im Winkel von 45° zur Trägerachse zugrunde, so erhält man für einen Profilverbund-Trägerabschnitt das Kräftegleichgewicht infolge Querkraft gemäß Bild 18.2–4. Die Zugspannungen werden vom Stahlträgersteg mit der Fläche

$$F_Z = \frac{s \cdot h_s}{\sqrt{2}}$$

und die Druckspannungen vom Beton mit der Fläche

$$F_D = \frac{b' \cdot h_s}{\sqrt{2}}$$

aufgenommen.

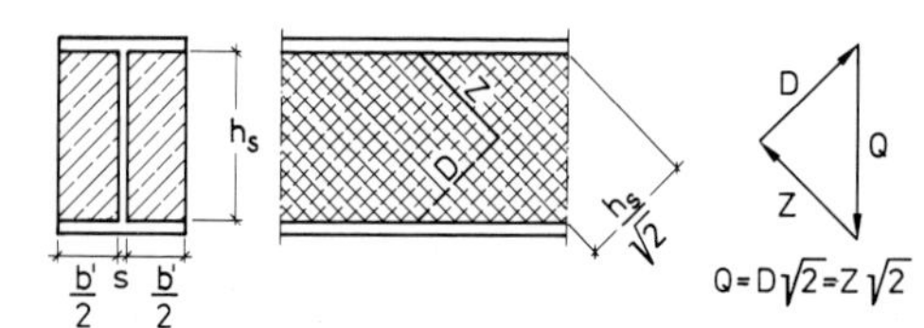

Bild 18.2–4
Schiefe Hauptspannungen infolge Querkraft

Die aufnehmbaren schiefen Zug- und Druckkräfte im Traglastzustand betragen:

$$Z_{pl} = \beta_{S,a} \cdot F_Z = \frac{s \cdot h_s \cdot \beta_{S,a}}{\sqrt{2}}$$

$$D_{pl} = \beta_R \cdot F_D = \frac{b' \cdot h_s \cdot \beta_R}{\sqrt{2}}$$

und damit die plastische Querkraft

$$Q_{pl} = s \cdot h_s \cdot \beta_{S,a} = F_{St} \cdot \beta_{S,a}$$

$$Q_{pl} = b' \cdot h_s \cdot \beta_R$$

Der kleinere Wert ist maßgebend.

Für Betongüten zwischen B 25 und B 45 und Profilstahl St 37 liegt das Verhältnis $\beta_{S,a}/\beta_R$ zwischen 9 und 16. Das Verhältnis s/b' liegt bei Walzprofilen, die für die Profilverbundtechnik in Frage kommen, zwischen 0,03 und 0,06. Daraus erhält man Werte von $s \cdot \beta_{S,a}/b' \cdot \beta_R$ zwischen 0,27 und 0,96, so daß in der Regel die erste Gleichung maßgebend ist. Die plastische Querkraft von Verbundprofilen ist also um den Faktor $\sqrt{3}$ größer als die plastische Querkraft des reinen Stahlprofils.

Die „plastische" Bemessung erfolgt analog zu den Verbundrichtlinien (1981) Abschnitt 6.3.

Normalkraft-Einfluß

Wegen der starken Gliederung eines Verbundprofilquerschnitts mit möglicherweise zwei Bewehrungslagen in der Platte und zwei Bewehrungslagen im Profilbeton empfiehlt sich zur iterativen Berechnung die Aufstellung eines Rechenprogramms.

18.2.2.2 Bemessung für Feuerwiderstand

Brandtraglastberechnung für Verbundprofile

Bisher wird der Feuerwiderstand tragender Konstruktionen ausschließlich experimentell ermittelt und für klassifizierte Bauteile nach DIN 4102, Teil 4, oder für nicht genormte Bauteile durch Ausstellen eines Prüfzeugnisses nachgewiesen. Intensive Anstrengungen in Forschung und Entwicklung auf dem Gebiet des baulichen Brandschutzes werden es in absehbarer Zeit erlauben, *die Feuerwiderstandstragfähigkeit* von Bauteilen – gestützt auf ausreichende Versuchsergebnisse – auch rechnerisch nachzuweisen.

Eine genauere Traglastberechnung bei Brandtemperatureinwirkung geht von der thermischen Analyse zur Bestimmung der Temperaturverteilung im Querschnitt aus unter Berücksichtigung der nichtlinearen Stoffgesetze unterschiedlicher Werkstoffe. Für die Praxis bietet sich auch für den Brandfall das vollplastische Bemessungsverfahren an, aber mit Hilfe eines reduzierten „Brand"querschnitts, der zum vorgesehenen Versagenszeitpunkt (F 30, F 60, F 90 ...) gerade noch tragfähig ist. Hierbei werden für

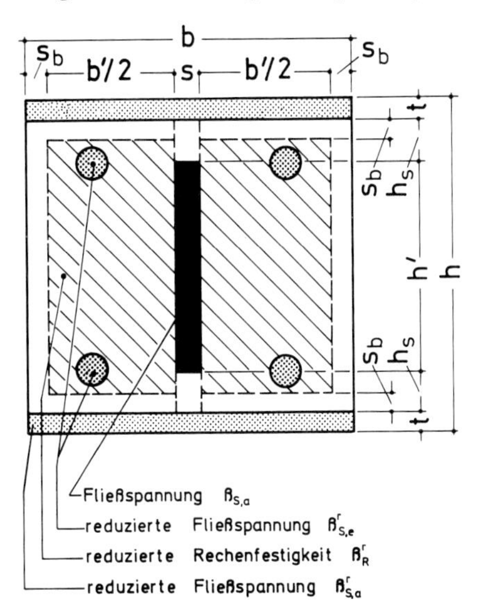

Bild 18.2–5 Reduzierter „Brand-Querschnitt", abhängig von der Feuerwiderstandsklasse (geometrische und werkstoffliche Werte siehe Tab. 18.2–1 und 18.2–2)

Tabelle 18.2–1 Ausfallender Stegbereich und reduzierte Streckgrenze der Flansche abhängig von der Feuerwiderstandsklasse

	F 30		F 60		F 90	
t [mm]	h_s [cm]	$\beta^r_{S,a}/\beta_{S,a}$	h_s [cm]	$\beta^r_{S,a}/\beta_{S,a}$	h_s [cm]	$\beta^r_{S,a}/\beta_{S,a}$
6	1,5	–	4,0	–	5,5	–
8	0,5	0,35	3,5	–	5,0	–
10	–	0,45	3,0	–	4,5	–
12	–	0,55	2,5	–	4,5	–
14	–	0,60	2,0	–	4,0	–
16	–	0,60	1,5	–	3,5	–
18	–	0,65	1,0	–	3,0	–
20	–	0,65	1,0	0,25	3,0	–
22	–	0,65	0,5	0,35	2,5	–
24	–	0,65	0,5	0,40	2,0	–
26	–	0,70	–	0,45	2,0	–
28	–	0,70	–	0,45	1,5	–
30	–	0,70	–	0,50	1,5	–
32	–	0,70	–	0,50	1,0	–
34	–	0,70	–	0,55	1,0	–
36	–	0,70	–	0,55	1,0	0,20
38	–	0,70	–	0,60	0,5	0,25
40	–	0,70	–	0,60	0,5	0,30

Tabelle 18.2–2 Ausfallender Randbereich und reduzierte Festigkeiten des Stahlbetonanteils abhängig von der Feuerwiderstandsklasse

	F30	F60	F90
s_b [cm]	1,0	2,0	2,5
β_R^r/β_R	0,95	0,90	0,85
$\beta_{S,e}^r/\beta_{S,e}$	0,95	0,80	0,60

den Traglastzustand den einzelnen Querschnittsteilen reduzierte Festigkeiten und veränderte Geometrien zugeordnet (Bild 18.2–5 mit Tabellen 18.2–1 und 18.2–2).

Unter der Voraussetzung eines vollplastischen Spannungszustandes können auf Grund von Temperaturmessungen bei Brandversuchen folgende Annahmen in Abhängigkeit der Feuerwiderstandsklassen getroffen werden:

Für die *Flansche* wird eine reduzierte Streckgrenze $\beta_{S,a}^r$ angesetzt, die unter Zugrundelegung der Einheitstemperaturkurve aus der Flanschtemperatur ermittelt wurde und sich bei längerer Branddauer und dünnen Flanschen auf null reduziert.

Vom *Steg* fallen die äußeren Bereiche der Länge h_s aus, entsprechend dem Stegteil, in dem Temperaturen höher als 500 °C gemessen wurden. Ausgehend von der Flanschtemperatur werden die Stegtemperaturen unter Annahme eines konstanten Temperaturgefälles von 90 °C/cm ermittelt, was etwa den tatsächlichen Versuchswerten entspricht.

Vom *Beton* fällt ein Querschnittsteil der Dicke s_b sowohl an den Außenseiten als auch an den Flanschinnenseiten aus. Für den Restquerschnitt wird eine reduzierte Rechenfestigkeit β_R^r angesetzt, die wie das Maß s_b von der Feuerwiderstandsklasse abhängt.

Für die *Bewehrung,* die einen Mindestabstand von 6 cm von den Außenseiten und 5 cm von der Flanschinnenseite haben sollte, wird die Temperaturabhängigkeit mit einer reduzierten Streckgrenze $\beta_{S,e}^r$ für den vollen Querschnitt berücksichtigt.

Unter Zugrundelegung dieses reduzierten „Brand"querschnitts erhält man z. B. für *Verbundprofil-Plattenbalken* die Lage der Nullinie und die plastischen Momente mit den Gleichungen für Raumtemperatur, wenn man F_a durch

$$F_a^B = bt \cdot \left(1 + \frac{\beta_{S,a}^r}{\beta_{S,a}}\right) + s \cdot (h' - h_s)$$

und z_a durch

$$z_a^B = d + \frac{bt^2 \cdot \left(1 + \left[\frac{2h}{t} - 1\right] \cdot \frac{\beta_{S,a}^r}{\beta_{S,a}}\right) + s \cdot ([h' - h_s + t]^2 - t^2)}{2F_a^B}$$

ersetzt.

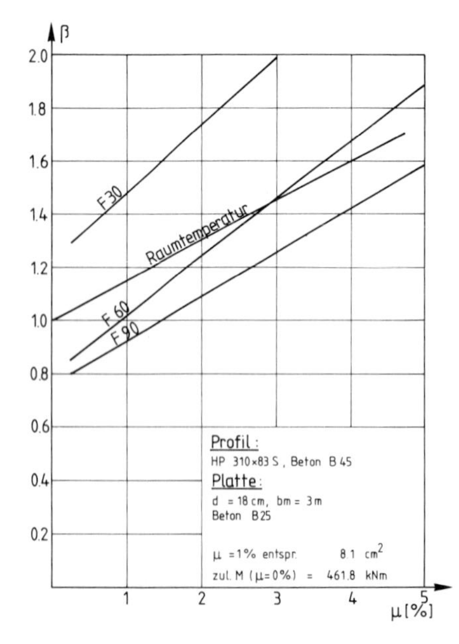

Bild 18.2–6
Einfluß des Profilverbundes auf einen Verbundplattenbalken

Die Ergebnisse der plastischen Bemessung für Raumtemperatur und Brandeinwirkung kann man für eine Reihe besonders geeigneter Verbundprofile auswerten und in einfach zu handhabenden Bemessungsdiagrammen oder Tabellen darstellen. Den Einfluß des Profilverbundes z. B. auf einen Verbundplattenbalken aus dem Profil HP 310 × 83 zeigt Bild 18.2–6. Der Berechnung liegen folgende Werkstoff-Festigkeiten zugrunde: Profilstahl St 37, Bewehrungsstahl BSt 420/500, Beton B 45 (im Profil). Auf der Abszisse ist der Bewehrungsgrad des Verbundprofils $\mu = F_e/F_b$, auf der Ordinate das Verhältnis β des zulässigen Momentes mit Profilverbund zum zulässigen Moment ohne Profilverbund aufgetragen. Anzustreben ist ein Verhältnis β für den Brandfall größer 1 und möglichst nahe dem für Raumtemperatur. Man erkennt, daß für diesen Plattenbalkenquerschnitt mit dem Bewehrungsgrad $\mu = 3\% = 24{,}3\,\text{cm}^2$ d.h. z.B. mit 4 ∅ 28 der Profilverbund die Tragfähigkeit bei Raumtemperatur um ca. 45% verbessert und diese Tragfähigkeitserhöhung für die Feuerwiderstandsklasse F 60 sichert. Für die Feuerwiderstandsklasse F 90 ist die Tragfähigkeitssteigerung durch den Profilverbund geringer, beträgt aber immerhin noch ca. 25% gegenüber der Tragfähigkeit des Verbundträgers ohne Profilverbund bei Raumtemperatur.
Bild 18.2–7 zeigt das Ergebnis zweier gleicher Brandversuche an einem Verbundprofil-Plattenbalken, bei dem eine Feuerwiderstandsdauer von 114 Minuten erreicht wurde.

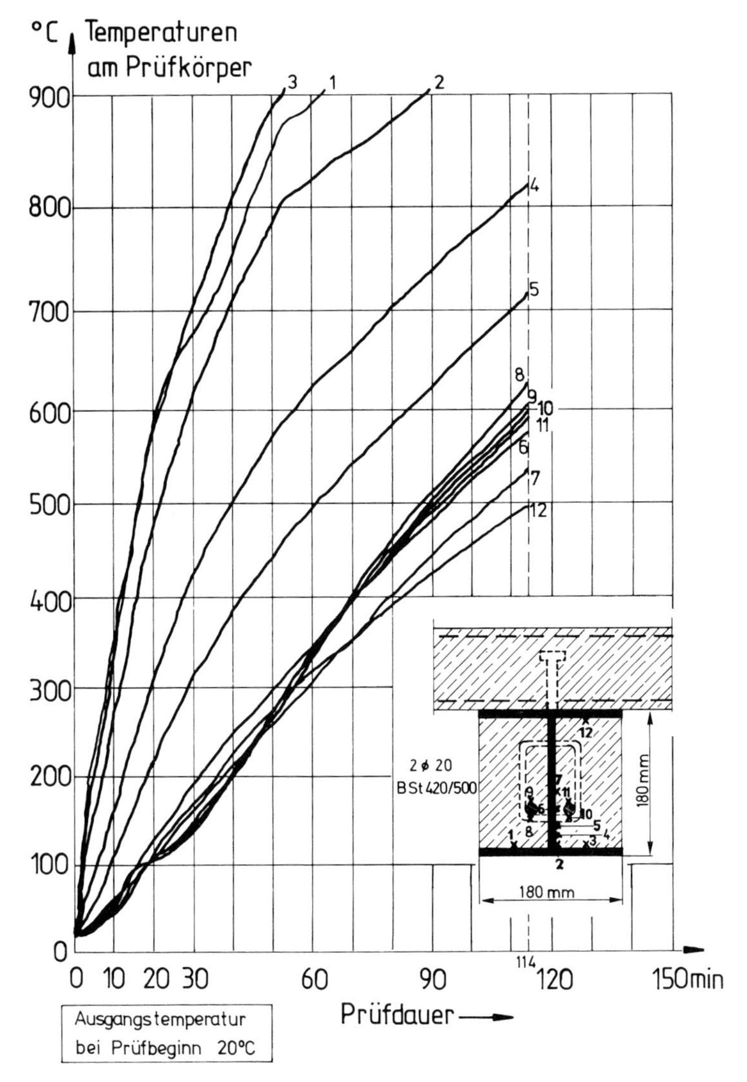

Bild 18.2–7 Querschnitt und Temperatur/Zeit-Kurven eines Verbundprofil-Plattenbalkens unter Brandbeanspruchung

18.2.3 Verbundprofil-Stützen

18.2.3.1 Bemessung für Raumtemperatur

Die Traglastberechnung der Verbundprofil-Stützen kann mit dem in DIN 18806, Teil 1, vorgeschlagenen Näherungsverfahren durchgeführt werden. Dieses benutzt die einfach zu ermittelnden „vollplastischen“ Querschnittswerte, und durch die Bindung an die Europäischen Knickspannungslinien sind die Einflüsse aus Theorie II. Ordnung einschließlich der geometrischen Imperfektionen pauschal abgegolten.
Für Verbundprofil-Stützen ist in der Regel die Knickspannungslinie c für die Ermittlung des traglastmindernden Beiwerts $\varkappa$ maßgebend. Neuere Versuche haben gezeigt, daß auch für dickflanschige H-Profile nicht die d-Linie sondern die günstigere c-Linie ausreichend sicher ist.
Die Begrenzung des Tragfähigkeitsanteils des Stahlprofils

$$a = \frac{N_{pl,a}}{N_{pl}}$$

von $0{,}2 \leq a \leq 0{,}9$ ist für Verbundprofil-Stützen ohne weiteres gegeben.

Ihr Anwendungsbereich liegt i. a. bei

$0{,}4 \leq a \leq 0{,}6$.

Auch der Bewehrungsgrad

$$\mu = \frac{A_e}{A_b} \leq 3\%$$

kann in der Regel eingehalten werden.
Der Nachweis für *mittigen Druck* wird analog zu DIN 18800, Teil 2, wie für Stahlstützen durchgeführt: Die Bemessungslast d. h. die γ-fache Gebrauchslast muß kleiner oder gleich der rechnerischen Traglast sein.
Bei Verbundprofil-Stützen setzen sich aber im Gegensatz zu reinen Stahlstützen die plastische Normalkraft (Quetschlast) N_{pl} und die ideelle Knicklast (Verzweigungslast) N_{ki} aus den 3 Anteilen von Beton, Stahlprofil und Bewehrung zusammen.
Das zeitabhängige Verformungsverhalten des Betons auf die Tragfähigkeit darf näherungsweise durch Abminderung des ideellen E-Moduls E_{bi} berücksichtigt werden. Es gilt

$$E_{bi,\infty} = E_{bi}\left(1 - 0{,}5\,\frac{N_{\text{ständig}}}{N}\right).$$

Der Nachweis für *Druck und Biegung* kann mit Hilfe von Interaktionsdiagrammen z. B. nach Bild 18.2–8 durchgeführt werden. Außerdem muß folgende Interaktionsbedingung eingehalten werden:

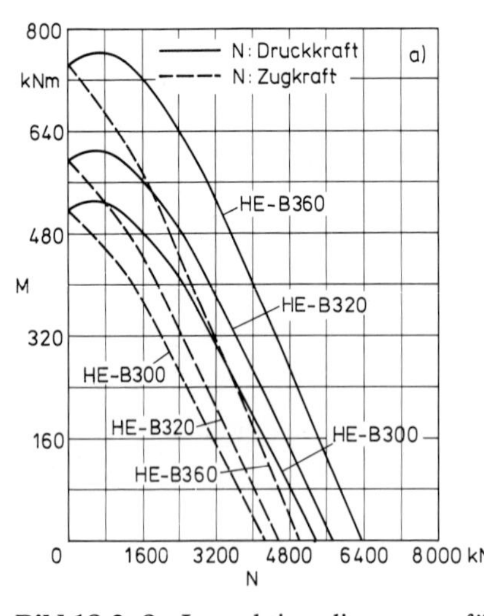

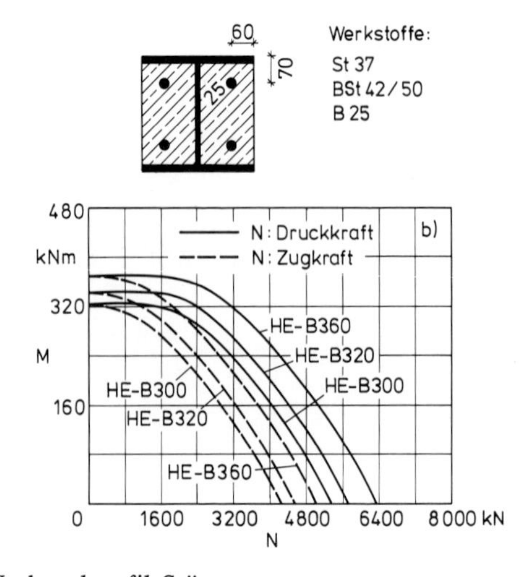

Bild 18.2–8 Interaktionsdiagramme für Verbundprofil-Stützen
a) Biegung um starke Achse, Schnittgrößen unter γ-fachen Lasten.
b) Biegung um schwache Achse, Schnittgrößen unter γ-fachen Lasten

$$\frac{M_{\gamma,z}}{M_{pl,N,z}} + \frac{M_{\gamma,y}}{M_{pl,N,y}} \leq 0{,}9$$

mit

$M_{\gamma,z}$; $M_{\gamma,y}$: Biegemomente unter γ-fachen Lasten berechnet nach Theorie II. Ordnung

$M_{pl,N,z}$; $M_{pl,N,y}$: vollplastische Momente in Abhängigkeit von der Normalkraft

Der sich aus Vergleichsberechnungen ergebende Abminderungsfaktor $0{,}9 < 1{,}0$ ist die Folge vereinfachender Annahmen wie vollplastisches anstelle dehnungsbegrenztes Moment und Fließgelenk anstelle von Fließbereich.
Bei Biegung nur um die starke Hauptachse der Verbundprofil-Stütze muß außerdem gewährleistet sein, daß bei alleiniger Wirkung der Normalkraft N die Traglast N_{kr} für die schwache Achse nicht überschritten wird.

18.2.3.2 Bemessung für Feuerwiderstand

Für die genaue Berechnung der Feuerwiderstandsdauer von Verbundprofil-Stützen unter Berücksichtigung der thermisch/werkstofflichen Nichtlinearität ist zusätzlich zur zweidimensionalen Querschnittsdiskretisierung wegen des Verformungseinflusses auf das Gleichgewicht (Theorie II. Ordnung) auch noch eine Diskretisierung in der Bauteillängsachse erforderlich. Solche umfangreichen iterativen Berechnungen zur Ermittlung der genauen Versagenszeit lassen sich nur auf Großrechenanlagen durchführen. Für die Praxis geeigneter ist auch hier das Näherungsverfahren nach DIN 18 806, Teil 1, aber unter Zugrundelegung des reduzierten „Brand"querschnitts nach Abschnitt 18.2.2.2.
Selbstverständlich lassen sich auch für Verbundprofilstützen geeignete Bemessungshilfen in Form von Diagrammen und Tabellen aufstellen. Beispielhaft zeigen die Bilder 18.2–9 und 18.2–10 die geplotteten Ergebnisse eines Rechenprogramms für die Gebrauchslasten bei Raumtemperatur und für Feuerwiderstandsklassen.

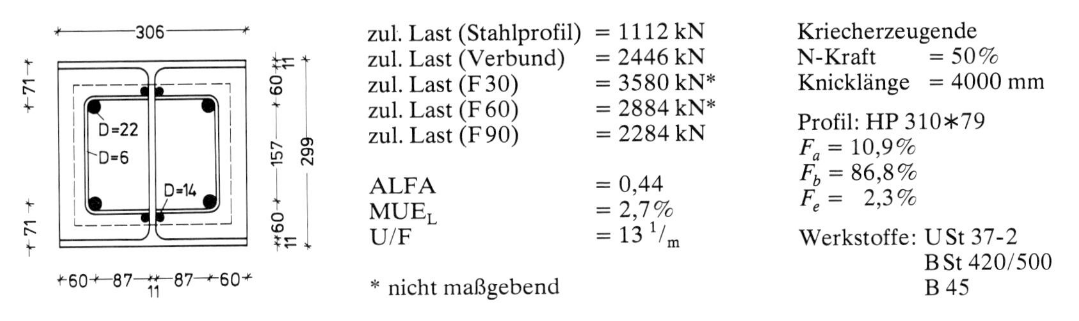

Bild 18.2–9 Zulässige Lasten einer Verbundprofil-Stütze aus HP 310 · 79 für Raumtemperatur und Feuerwiderstandsklassen

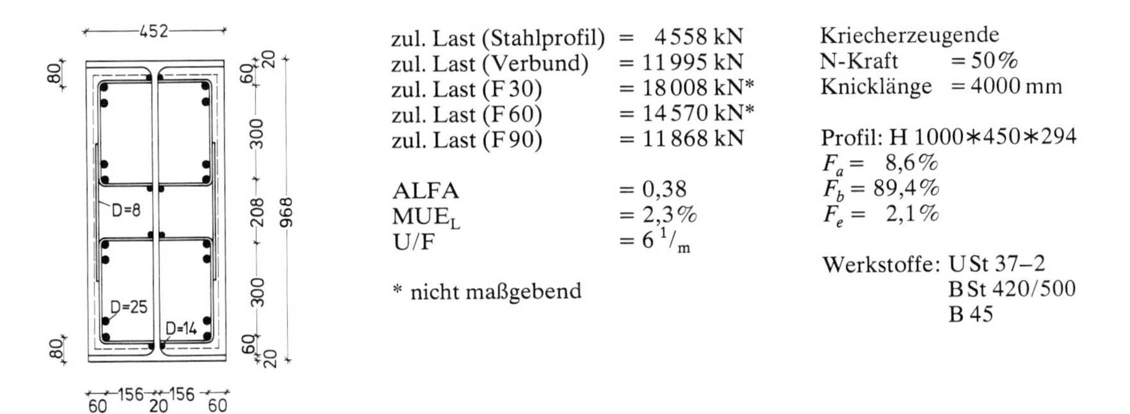

Bild 18.2–10 Zulässige Lasten einer Verbundprofil-Stütze aus H 1000 · 450 · 294 für Raumtemperatur und Feuerwiderstandsklassen

Für das ungünstige Verhältnis Umfang/Fläche = 13 des Verbundprofils HP 310 · 79 (Bild 18.2–9) beträgt die zulässige F60-Last 75% und die zulässige F90-Last 62% der zulässigen Verbundlast bei Raumtemperatur. Immerhin wird aber die zulässige Last des reinen Stahlprofils bei Raumtemperatur um 66% für F60 und um 36% für F90 übertroffen. Bei dem Profil *H* 1000 · 450 · 294 (Bild 18.2–10) mit dem günstigeren Verhältnis *U*/*F* = 6 entspricht die zulässige F90-Last von 11868 kN praktisch der Raumtemperatur-Verbundlast von 11995 kN. Das sind dank des Profilverbundes 260% der Gebrauchslast des reinen Stahlprofils.
Wie das letzte Beispiel zeigt, kann bei günstigem *U*/*F*-Verhältnis die Gebrauchslast eines *H*-Profils durch die Profilverbundtechnik um ca. das zweieinhalbfache gesteigert und gleichzeitig die Feuerwiderstandsklasse F90 erreicht werden. Aber auch im Falle kleiner Profile mit ungünstigen *U*/*F*-Verhältnissen läßt sich durch Anordnung von Brandschutzplatten auf den Flanschen nahezu die volle Verbundlast für F90 d.h. die doppelte Knicklast des Stahlprofils erreichen (Bild 18.2–11). Diese Ausführung liefert durch die Befestigung der Brandschutzplatte mit Hilfe eines Edelstahlbleches gleich den Korrosionsschutz mit, wobei zu bemerken ist, daß die Materialkosten für diese Art der Ausführung von Brand- und Korrosionsschutz weniger als 50% der Materialkosten der Verbundprofilstütze ausmachen.

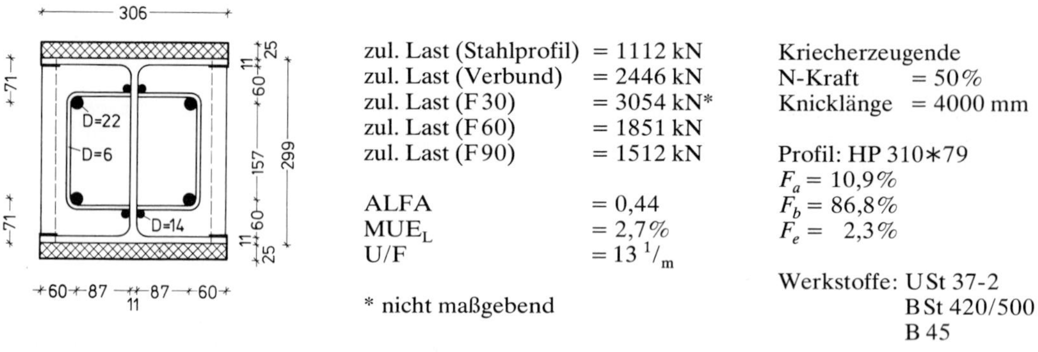

Bild 18.2–11 Erhöhung der Gebrauchslasten für Feuerwiderstandsklassen durch Brandschutzplatten auf den Flanschen

Brandversuche an Verbundprofil-Stützen (Tabelle 18.2–3) bestätigen die hohe Feuerwiderstandsdauer dieser Bauweise, zeigen aber auch, daß die theoretischen Ergebnisse bei größeren Profilen noch etwas zu weit auf der sicheren Seite liegen, was durch eine Berücksichtigung des *U*/*F*-Faktors noch korrigiert werden könnte.

Tabelle 18.2–3 Brandversuche an Verbundprofilstützen. Vergleich experimenteller und theoretischer Ergebnisse

Vers.-Nr.	Stahlprofil St 37	*h*/*b*	*t*/*s*	Stahlbeton BSt 420/500	*U*/*F* [1/m]	N^{exp} [kN]	N^{th}_{F90} [kN]	N^{th}_{F60} [kN]	Feuerwiderstandsdauer [min]
8	HBP 14 × 14,5 × 117	361/378	21/21	4 ∅ 25 B 30	10,8	2800	2340	–	91
1	HBP 14 × 14,5 × 89	352/373	16/16	4 ∅ 25 B 45	11,0	2200	2640	–	141
2	HBP 14 × 14,5 × 89	352/373	16/16	4 ∅ 25 B 45	11,0	3000	2640	–	112
5	HP 300 × 86	286/301	12/12	4 ∅ 25 B 30	13,6	1600	–	1520	68
6	HP 300 × 86	286/301	12/12	4 ∅ 25 B 30	13,6	1250	1210	–	87
3	HP 240 × 57	226/240	10/10	4 ∅ 25 B 30	17,2	700	650	–	81
4	HP 240 × 57	226/240	10/10	4 ∅ 25 B 30	17,2	600	650	–	99

18.2.4 Verbundprofil-Rahmentragwerke

18.2.4.1 Grenztragfähigkeit von Verbundprofilknoten

Die Traglastberechnung von Rahmentragwerken ist nicht nur von der Grenztragfähigkeit der Stäbe, sondern auch von der der Knotenverbindungen abhängig.

Eck-Verbindungen

Die Verformungsfigur und das statische System sind in Bild 18.2–12 dargestellt. Aus den Dehnungen und Stauchungen von Steg, Knotenblech und Beton ergeben sich Streckenkräfte q, die von der Konstruktionsart und der Momentenrichtung abhängen. Um die Fälle ohne und mit Knotenblech sowie ohne und mit Profilbeton zu erfassen, werden die Streckenkräfte q_i nur auf den Steg des nicht ausgesteiften Stahlprofils bezogen: $q_i = \kappa_i \cdot s \cdot \beta_{S_a}$.
Der Einfluß der Konstruktion und der Momentenrichtung wird durch den Beiwert κ_i abgedeckt (Bild 18.2–13). Mit diesem Modell kann über die Arbeitsgleichungen und Gleichgewichtsbedingungen das Anschlußmoment bestimmt werden. Man erhält:

$$M_{\text{gr}}^{\text{Anschl.}} = \frac{s \cdot \beta_{S,a}}{2} = \left[\kappa_1 de + \kappa_2 d^2 + \kappa_3 z^2 + \frac{bt^2}{2s}\left(1 + \frac{2d}{e}\right) + \frac{2F_e}{s}(z - Z_{pl,e})\right]$$

mit

$$e = t \cdot \sqrt{\frac{b}{s\kappa_1}},$$

$$z = \frac{h' \cdot \kappa_2 + e \cdot \kappa_1 - F_e/s}{\kappa_2 + \kappa_3}$$

$$d = \frac{h' \cdot \kappa_3 - e \cdot \kappa_1 + F_e/s}{\kappa_2 + \kappa_3}$$

und

$Z_{pl,e} = F_e \cdot \beta_{S,e}$ für die Verbundprofilbewehrung

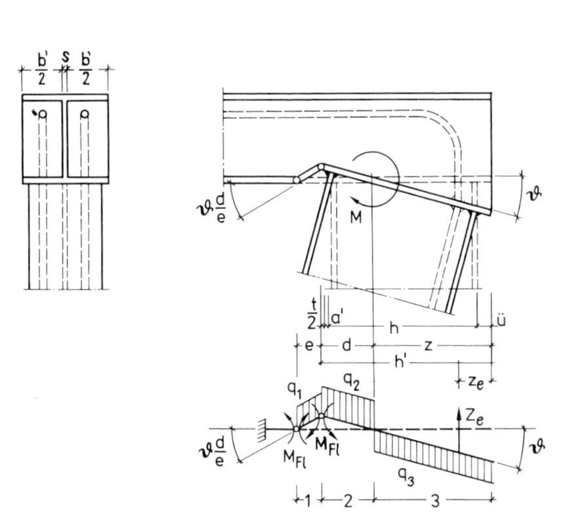

Bild 18.2–12 Verformungsfigur und statisches System für Eck-Verbindungen (nach [2])

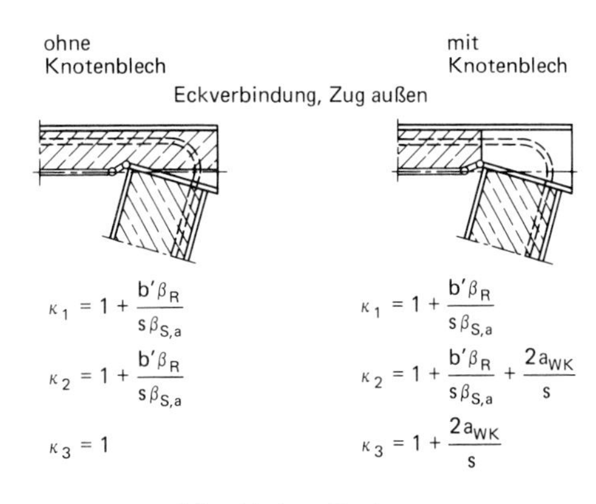

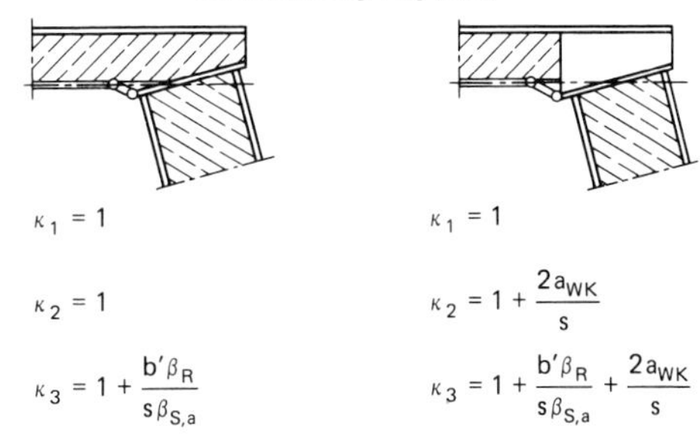

Bild 18.2–13 $\varkappa$-Werte für Verbundprofilknoten

Als Beispiel wird eine Rahmenecke aus einem durchlaufenden Verbundprofil HE 160 A und einem angeschlossenen Verbundprofil IPE 300 berechnet (Bild 18.2–14). Die Fläche der Bewehrung F_e = 8,54 cm² ist für beide Profile gleich, der Abstand der Bewehrung von den Außenkanten der Flansche jeweils 50 mm. Die Werkstoffe sind St 37, BSt 420/500 und B 25.

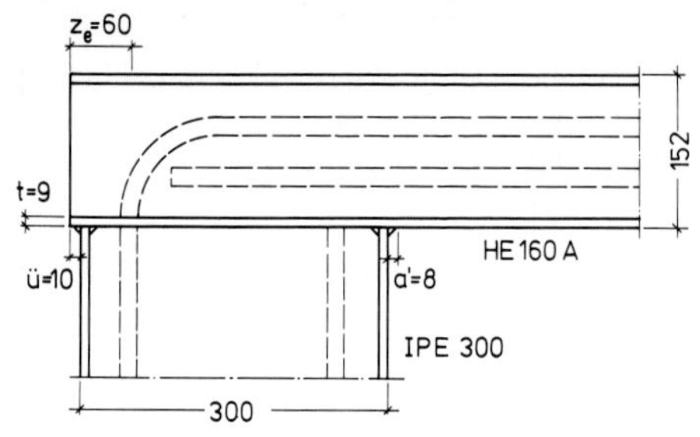

Bild 18.2–14
Verbundprofil-Rahmenecke mit abgebogener Bewehrung

$h' = 300 + 10 + 8 + 4{,}5 = 322{,}5$

Aus Bild 18.2–13 ist abzulesen:

$$\kappa_1 = \kappa_2 = 1 + \frac{154 \cdot 2{,}6 \cdot 25}{6 \cdot 240} = 2{,}604$$

$$\kappa_3 = 1$$

Der Abstand e der Fließlinien ist

$$e = 9 \cdot \sqrt{\frac{160}{6 \cdot 2{,}604}} = 28{,}8 \text{ mm}$$

und damit

$$z = \frac{322{,}5 \cdot 2{,}604 + 28 \cdot 2{,}604 - 628/6}{2{,}604 + 1} = 224{,}8 \text{ mm}$$

$$d = \frac{322{,}5 \cdot 1 - 28{,}8 \cdot 2{,}604 + 628/6}{2{,}604 + 1} = 97{,}7 \text{ mm}$$

Das aufnehmbare Moment M beträgt

$$M = \frac{6 \cdot 240}{2} \cdot \left[2{,}604 \cdot 97{,}7 \cdot 28{,}8 + 2{,}604 \cdot 97{,}7^2 + 1 \cdot 224{,}8^2 + \frac{160 \cdot 9^2}{2 \cdot 6} \cdot \left(1 + \frac{2 \cdot 97{,}7}{28{,}8}\right) + \frac{2 \cdot 628}{6} \cdot (224{,}8 - 60)\right] \cdot 10^{-6} = \underline{90{,}5 \text{ kNm}}$$

und kann im Anschlußquerschnitt übertragen werden.

T-Verbindungen

In analoger Weise kann man das Anschlußgrenzmoment für T-Verbindungen (Bild 18.2–15) ermitteln. Man erhält

$$M_{gr}^{\text{Anschl.}} = \frac{s\beta_{S,a}}{2} \cdot \left[\kappa_1 d e_1 + \kappa_2 d^2 + \kappa_3 z^2 + \kappa_4 z e_2 + \frac{bt^2}{s}\left(1 + \frac{d}{e_1} + \frac{z}{e_2}\right)\right]$$

mit

$$e_1 = t \cdot \sqrt{\frac{b}{\kappa_1 \cdot s}},$$

$$e_2 = t \cdot \sqrt{\frac{b}{\kappa_4 \cdot s}},$$

$$z = \frac{\kappa_1 \cdot e_1 + \kappa_2 \cdot h' - \kappa_4 \cdot e_2}{\kappa_2 + \kappa_3}$$

und

$$d = \frac{-\kappa_1 \cdot e_1 + \kappa_3 \cdot h' + \kappa_4 \cdot e_2}{\kappa_2 + \kappa_3}$$

Die κ-Werte für T-Verbindungen können in derselben Weise wie die für Eck-Verbindungen ermittelt werden.

Berechnet man das Beispiel nach Bild 18.2–14 analog für eine T-Verbindung mit durchlaufendem Obergurt und nicht abgebogener Bewehrung, so erhält man als Anschlußgrenzmoment den Wert $M_{gr} = 83{,}3$ kNm. Dieses ist kleiner als das Eck-Anschlußmoment von 90,5 kNm, da die abgebogene Bewehrung nach Bild 18.2–14 am Pfostenprofil angeschlossen ist.

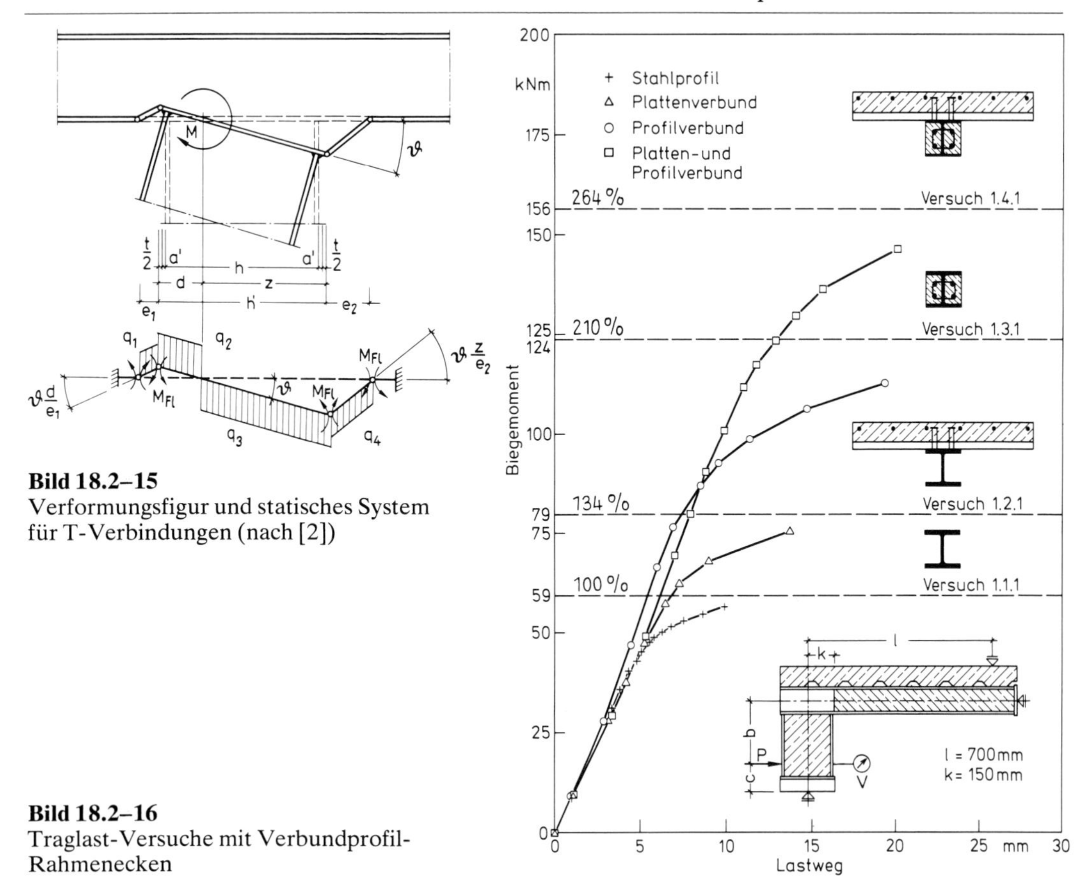

Bild 18.2–15
Verformungsfigur und statisches System für T-Verbindungen (nach [2])

Bild 18.2–16
Traglast-Versuche mit Verbundprofil-Rahmenecken

Zahlreiche Versuche an Eck- und T-Knoten, bei denen die wichtigsten Parameter variiert wurden, zeigten

1. die erhebliche Tragfähigkeitssteigerung durch den Profilverbund (Bild 18.2–16)

2. eine befriedigende Übereinstimmung zwischen theoretischen und experimentellen Werten.

Die relativ geringe Tragfähigkeitssteigerung durch den Plattenverbund bei diesem Beispiel ist auf die Belastungsart (negative Biegung) zurückzuführen.

18.2.4.2 Verbundprofil-Rostwerk

Als geeignete Konstruktionen für biegesteife Verbundprofiltragwerke bieten sich Rahmenträger und Rostwerke an. Wegen der zahlreichen Einflüsse auf die möglichen Versagensmechanismen ist die Traglast- und Verformungsermittlung von Verbundprofilrahmentragwerken nur mit speziellen Rechenprogrammen möglich. Bild 18.2–17 zeigt einen der Grundtypen von Versagensmechanismen nach der Fließgelenktheorie I. Ordnung bei Rostwerken. Zur Vordimensionierung eignen sich auch Bemessungsdiagramme (Bild 18.2–18). Die Diagramme gelten jeweils für feste Feldzahlen *N* und *M*, für konstante Verhältnisse zwischen den Feldweiten *LX* und *LY* der beiden Trägerrichtungen und wegen der zweiachsigen Beanspruchung der Pfosten für einen bestimmten Pfostentyp.

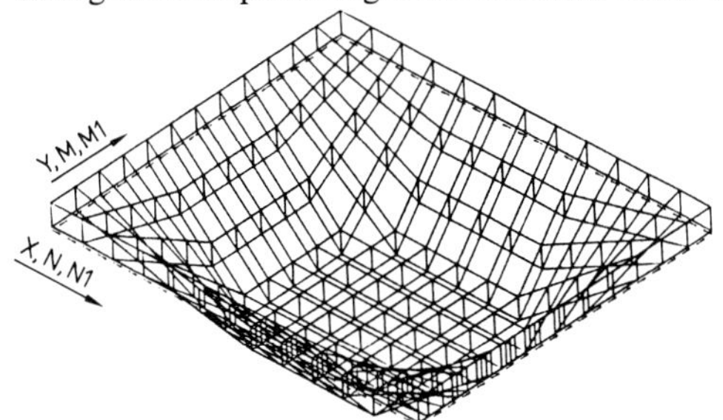

Bild 18.2–17 Allgemeiner Versagensmechanismus

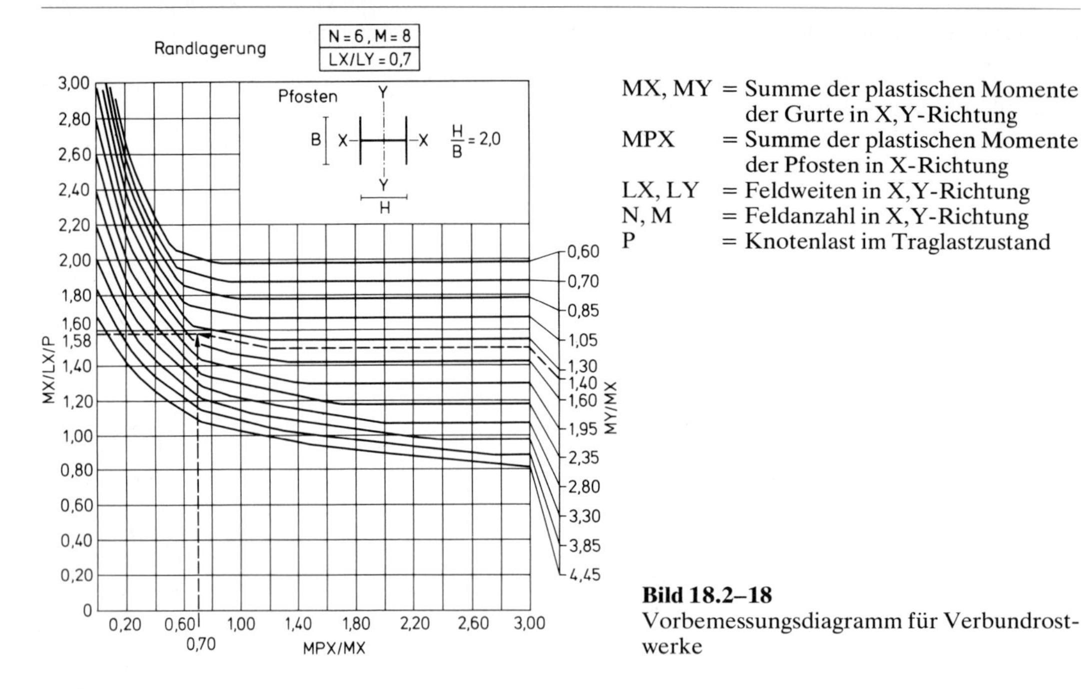

Bild 18.2–18
Vorbemessungsdiagramm für Verbundrostwerke

Am rechten Rand ist als Kurvenparameter das Verhältnis der Gurttragfähigkeiten der Träger in y-Richtung und x-Richtung angegeben. Dieses Verhältnis kann geschätzt oder bei vorher gewählten Profilen berechnet werden, z. B. zu $MY/MX = 1{,}40$.
Die Werte MY und MX sind dabei jeweils die Summe der plastischen Momente von Obergurt und Untergurt für positive und negative Biegung.
Auf der Abszisse des Diagramms ist das Verhältnis der Pfostentragfähigkeit MPX zur Gurttragfähigkeit MX der Träger in x-Richtung aufgetragen. Die Pfostentragfähigkeit MPX ist die Summe der plastischen Momente der Pfosten an den oberen und unteren Knoten. Das Verhältnis MPX/MX wird zweckmäßigerweise möglichst weit links im Diagramm, aber noch im horizontalen oder nur flach ansteigenden Teil der Kurven gewählt, z. B. $MPX/MX = 0{,}7$. Für diesen Wert erhält man mit der Kurve für $MY/MX = 1{,}40$ auf der Ordinate den dimensionslosen Wert $MX/LX/P = 1{,}58$, aus dem jeweils für zwei bekannte Werte der dritte berechnet werden kann. Ist z. B. die Feldweite LX und die Knotenlast P vorgegeben, dann erhält man die erforderliche Gurttragfähigkeit zu $MX = 1{,}58 \cdot LX \cdot P$.
Die Werte LY, MY und MPX können aus den festen Parametern des Diagramms bzw. aus den gewählten Größen berechnet werden:

Die Feldweite in y-Richtung: $LY = 0{,}7 \cdot LX$
Die Gurttragfähigkeit in y-Richtung: $MY = 1{,}4 \cdot MX$
Die Pfostentragfähigkeit: $MPX = 0{,}7 \cdot MX$.

Die *Feuerwiderstandsfähigkeit* von Verbundprofilrahmentragwerken wird in ähnlich günstiger Weise erwartet wie bei Biegeträgern. Die praktische Bemessung, die noch durch Versuche zu bestätigen ist, kann in analoger Weise mit reduziertem Brandquerschnitt wie nach Abschnitt 18.2.2.2 durchgeführt werden.

18.3 Verbunddecken

18.3.1 Der Flächenverbund

18.3.1.1 Verbundwirkungen

Beim Geschoßbautragskelett kann man 3 Arten von Verbundsystemen unterscheiden:
1. *den Trägerverbund,* d. h. die schubfeste Verdübelung des Flansches eines Stahlprofils mit einer Betonplatte (siehe Verbundrichtlinie)
2. *den Profilverbund,* d. h. die schubfeste Verdübelung des Steges eines Stahlprofils mit dem Kammerbeton (siehe Kap. 18.2)

3. *den Flächenverbund,* d.h. die schubfeste Verdübelung eines Stahlprofilblechs mit der Betonauflage (Bild 18.3–1).
In allen drei Fällen reicht der Haftverbund zwischen Beton- und Stahloberfläche nicht aus, um eine kraftschlüssige Verbindung beider Werkstoffpartner bis zur plastischen Grenztragfähigkeit des Gesamtverbundquerschnitts zu sichern. Daher müssen je nach Verbundtyp unterschiedliche Verdübelungssysteme die Scherkräfte übertragen.

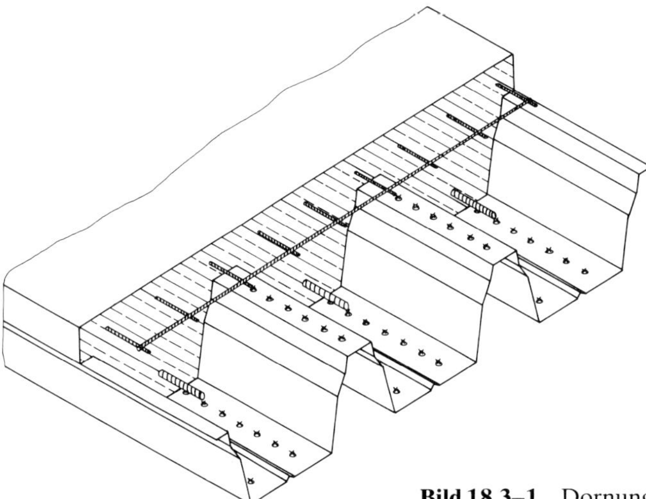

Bild 18.3–1 Dornung und Bewehrung als Verbundsicherung

18.3.1.2 Haftverbund

Die Haftverbundwirkung der Adhäsionskräfte und die Verzahnung der Kristalloberflächen von Zink und Zementstein lassen in Schubversuchen nur sehr geringe Relativverschiebungen von weniger als $^1/_{100}$ mm bis zum Haftversagen zu, so daß man beim Haftverbund von einem praktisch starren Verbund sprechen kann. Leider ist der Haftverbund wenig treffsicher, und in Versuchen streuen die Haftspannungswerte zwischen $\tau = 0{,}08$ und $0{,}18\,\mathrm{N/mm^2}$. Besonders problematisch ist auch der nur einseitige Haftanschluß der ebenen Stahlblechteile an den Beton in Verbindung mit seiner geringen Zugfestigkeit, so daß frühzeitig Risse auftreten, die nicht fein verteilt sind. An den Rißstellen wachsen die Spannungen sprunghaft zu ausgeprägten Spannungsspitzen, die nach Überschreiten der Haftfestigkeit zum schlagartigen Versagen der Verbundwirkung führen.
Stahlprofilblech-Geschoßdecken mit Betonauflage ohne Flächenverdübelung sind deshalb als Verbundsystem i.a. nicht geeignet. Wenn allerdings eine hinterschnittene z.B. schwalbenschwanzförmige Profilgeometrie zu einer Klemmwirkung zwischen Stahlblech und Beton führt und dadurch zusätzliche Reibungskräfte geweckt werden, kann bei hinreichender Endverankerung das Tragverhalten bei noch vorhandenem Haftverbund im Endverankerungsbereich als Bogenzugbandmodell beschrieben werden.

18.3.1.3 Flächiger Dübelverbund

Werden durch örtliche Formgebung im Stahlprofilblech oder durch zusätzliche Verankerungselemente punktweise Lasteinleitungsstellen geschaffen, so daß örtliche Schnittkräfte durch Leibungspressungen im Beton übertragen werden können, so kann man diese Verbundsicherung in Anlehnung an die Trägerverbundtechnik auch bei der Verbundplatte als flächigen *Dübelverbund* bezeichnen.
Kennzeichnend für diese Flächenverdübelung ist je nach der Steifigkeit der Dübelelemente und infolge örtlicher Kriecherscheinungen das Auftreten von Relativverschiebungen. Tritt bei überproportional wachsendem Schlupf zwischen Stahlprofilblech und Beton noch vor dem Durchplastizieren des Stahlquerschnitts oder dem Bruch der Betondruckzone ein Versagen des Dübelverbundes auf, so liegt eine „unvollständige Verbundsicherung" vor.
Der Vorteil der quasi-starren Verbundverdübelung ist, daß das Verformungs- und Versagensverhalten, wie die Versuche in Abschnitt 18.3.2.2 zeigen, mit dem genormten Bemessungsverfahren der Trägerverbund- und der Stahlbetontechnik beschrieben werden können. Folgende Anforderungen sind an die konstruktive Gestaltung von Flächenverdübelungsmechanismen zu stellen:
1. geringe Relativverschiebungen
2. kostengünstige Fertigungsmöglichkeit
3. Wirksamkeit auch für den Brandfall.

Besonders der letzte Punkt ist sehr wichtig, wenn für die Verwendung der Stahlprofilblech/Betonverbundplatten als Geschoßdecken die Feuerwiderstandsklasse F 90 und höher ohne zusätzliche Brandschutzmaßnahmen angestrebt wird.
Flächenverdübelungsmittel, die natürlich in unterschiedlicher Weise den obigen Anforderungen gerecht werden, kann man etwa in folgende Arten unterteilen (Bild 18.3–2):

1. Haftverbesserung durch Aufrauhen der Blechoberfläche, z. B. durch Aufsintern von Metallspänen
2. Einprägen von Sicken und Noppen
3. Ausstanzen von Blechstreifen mit Materialverlust
4. Ausstanzen und Auswölben von Blechstreifen oder kraterartiger Dorne ohne Materialverlust
5. Einpressen gerippter Nägel ohne oder mit Vorlochung
6. Anschweißen von Betonstahlmatten (Widerstandsschweißen) oder von Bolzen (Kondensatorentladeschweißen).

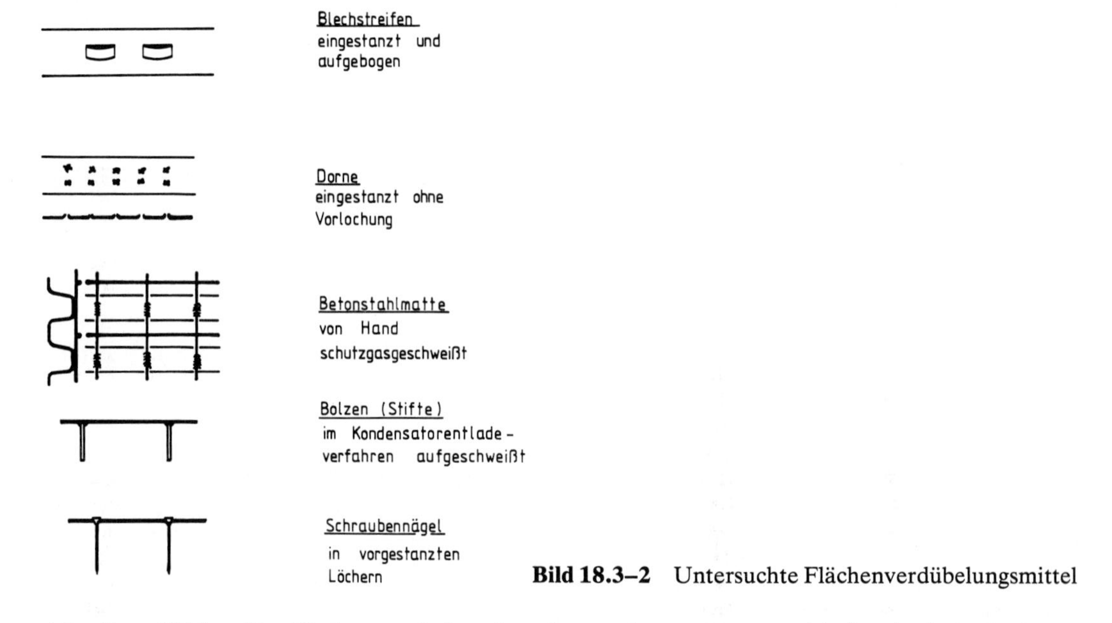

Bild 18.3–2 Untersuchte Flächenverdübelungsmittel

Alle diese Flächen-Verdübelungen sind mehr oder weniger gut automatisierbar in Serienfertigung herzustellen. Hinsichtlich ihrer Qualifikation zur Erzielung eines quasi-starren Verbundes sind sie natürlich unterschiedlich zu bewerten. Vor allem die beiden ersten Verfahren sind wegen unzulänglicher Verbundsicherung oder zu großer Verformungsnachgiebigkeit in der Verbundfuge wenig geeignet. Das Verfahren 3 ermöglicht die Ausbildung von Betondübeln mit quasi-starrem Verbund, allerdings sind zusätzliche Maßnahmen zur Abdichtung erforderlich, um ein Durchfließen des Frischbetons zu verhindern. Das Verfahren nach 4 läßt sich gut mit zusätzlicher Rundstahlbewehrung kombinieren. Beim Einpressen gerippter Nägel nach 5 ist ohne Vorlochung eine bessere Kraftschlüssigkeit zwischen Blech und Nagel zu erwarten. Das Anschweißen von Verdübelungsmitteln auf verzinktem Blech nach 6 ist hinsichtlich der Schweißnahtgüte problematisch. Doch können, wie Versuche zeigten, wenn auch nicht optimale, so doch hinreichend gute Ergebnisse erwartet werden. Da Zink und Eisen in der Spannungsreihe nahe beieinanderliegen, scheinen elektrolytische Vorgänge keinen erkennbaren Einfluß zu haben. Verkupferte oder Buntmetallstifte scheiden allerdings aus.

18.3.2 Bemessung für Raumtemperatur

Um den Anforderungen der Sicherheit und der Gebrauchsfähigkeit zu genügen, sind für Stahlprofilblech/Beton-Verbundplatten folgende Nachweise in Betracht zu ziehen:

- Biegetragfähigkeit unter rechnerischer Versagenslast
- Verbundsicherung
- Querkraftaufnahme
- Verformung unter Gebrauchslast
- Rissebeschränkung unter Gebrauchslast
- Montagelastfall
- Zwängungsbeanspruchung aus Kriechen, Schwinden und Temperatur.

18.3.2.1 Plastische Grenztragfähigkeit

Die Biegebemessung kann – wie durch Versuche bestätigt wurde – mit Hilfe des vollplastischen Momentes (Bild 18.3–3) erfolgen. Die Druckkraftresultierende ist mit 0,95 β_R und 0,8 x für den gestützten Spannungsblock.

$D_{b,pl} = 0{,}76\, x b \beta_R \quad \text{mit} \quad \beta_R = 0{,}6\, \beta_{WN}$.

Mit $a_b = 0{,}40\, x$ und $D_{b,pl} = Z_{e,pl}$ erhält man die Lage der Nullinie

$$x = \frac{Z_{e,pl}}{0{,}76\, b \beta_R}$$

und das plastische Grenzmoment

$$M_{pl} = D_{b,pl} \cdot z = Z_{e,pl} \cdot z$$

Der innere Hebelarm z ist der Abstand der Zug- und Druckspannungsresultierenden.

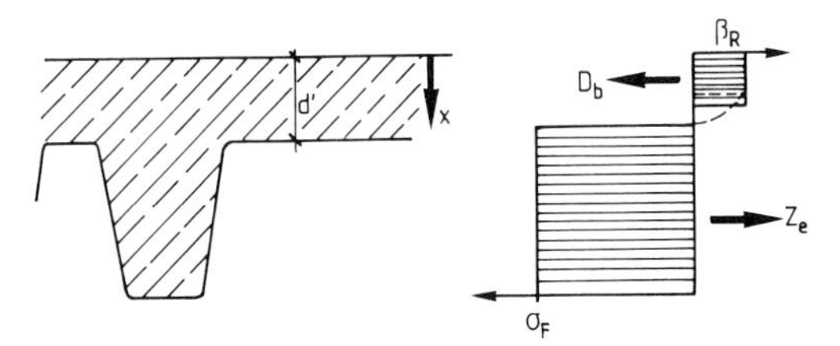

Bild 18.3–3
Vollplastischer Spannungszustand für Stahlprofilblech/Beton-Verbundplatten (nach [3])

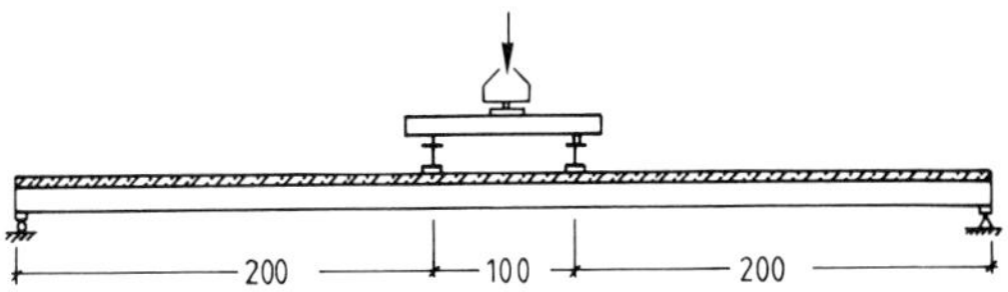

Bild 18.3–4
Versuchsanordnung der Biegeversuche

Traglastversuche mit 5 m langen Platten (Bild 18.3–4) zeigten, daß ohne Flächenverdübelung das experimentelle Tragmoment M_u weit unter dem rechnerischen Grenzmoment M_{pl} lag (Tabelle 18.3–1, Versuche C1 bis C6). Auch mit Zusatzbewehrungen wurden nur 60 bis 70% des rechnerischen Grenzmomentes erreicht. Die sehr einfach durch eine Stachelwalze einzustanzenden Dorne verbesserten das Ergebnis auf 88%, und mit einer Zusatzbewehrung wurden experimentell 98% der rechnerischen Grenztragfähigkeit erreicht. Mit einer möglichen konstruktiven Verbesserung der Dorne und mit zusätzlicher Endverdübelung ist im Versuch ein höheres Tragmoment als das rechnerische Grenzmoment zu erwarten. Die drei anderen Flächenverdübelungsmittel, die aber aufwendiger und nur mit Zusatzwerkstoffen herzustellen sind, zeigten alle eine vollständige Verdübelung und eine höhere Lastaufnahme, als sie der rechnerischen Grenztragfähigkeit entsprechen würde.

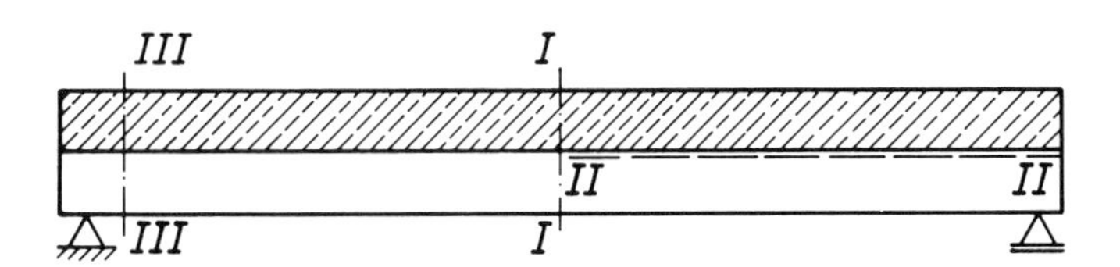

Bild 18.3–5 Maßgebende Schnitte für das Versagensverhalten von Verbundplatten

Bild 18.3–6 Stahlprofilblech/Beton-Verbundplatte mit Zusatzbewehrung

Beispiel:

Werkstoffe:	Profilblech St 37	$\beta_{S,a} = 260\,\text{N/mm}^2$
	Beton B 25	$\beta_R = 15\,\text{N/mm}^2$
	Betonstahl BSt 420/500	$\beta_{S,e} = 420\,\text{N/mm}^2$
Spannweite:		$l = 5\,\text{m}$

Tabelle 18.3–1 Ergebnisse der Biegetraglastversuche (C) und Gegenüberstellung mit den Rechenwerten der Tragfähigkeit

Nr.	Stahlprofilblech		Blechstärke [mm]	Abmessungen der Platte [cm]	Verdübelung	Zusatzbewehrung	Querschnittsfläche [cm²/m]	P_{max} [kN]	$P_{\Delta l} = 0$ [kN]	$M_u^{exp.}$ [kNm/m]	$q_u^{exp.}$ [kN/m²]	$\tau^*(M_u)$ [N/cm²]	Versagensart s. Bild 18.3–5	$M_{pl}^{theor.}$ [kNm/m]	M_u/M_{pl}
C1, a, b	HOE	70/167	1,0	90 × 500	keine	keine	16,58 + 0	10,5/9,0	10,5/9,0	19,3	6,2	11,7	II	46,7	0,41
C2	HOE	70/167	1,0	90 × 500	keine	Matte N 94	16,58 + 0,94	9	9	18,4	5,9	11,2	II	48,2	0,38
C3, a, b	HOE	70/167	1,0	90 × 500	keine	5 Stäbe ∅ 12	16,58 + 6,28	35/38	20/15	48,4	15,5	[29,4]	II/I	69,0	0,70
C4	Fi	70/200	1,5	85 × 500	keine	4 Stäbe ∅ 12	21,6 + 5,32	35	30	49,7	15,9	[28,9]	II/I	81,5	0,61
C5	Fi	70/200	1,5	85 × 500	keine, mit Gleitschicht	4 Stäbe ∅ 12	21,6 + 5,32	33	–	47,5	15,2	–	II/I	81,5	0,58
C6	Fi	120/190	1,5	63 × 500	keine	3 Stäbe ∅ 12	21,6 + 5,38	45	30	81,4	26,0	[38,0]	II/I	116,8	0,70
C7, a, b	Fi	120/190	0,75	63 × 500	Dorne	keine	14,1 + 0	29/26	29/26	54,0	17,3	25,2	II	61,3	0,88
C8, a, b	Fi	120/190	0,75	63 × 500	Dorne	3 Stäbe ∅ 12	14,1 + 5,38	55/55	55/55	96,6	30,9	[45,1]	II/I	98,8	0,98
C9	Fi	120/190	1,0	63 × 500	Bolzen 6 × 40	keine	18,8 + 0	42	30	76,5	24,5	35,7	I	72,8	1,05
C10	Fi	120/190	1,0	63 × 500	Schraubennägel 4 × 40	keine	18,8 + 0	45	15	81,3	26,0	38,0	II	72,8	1,12
C11	Fi	120/190u	1,5	38 × 500	Blechstreifen	keine	18,8 + 0	29	>29	85,2	27,3	45,5	I	82,8	1,03
C12	Fi	120/190	1,5	63 × 500	Matte Q 188 angeschweißt	keine	18,8 + 0	54	35	95,5	30,6	44,6	I	89,3	1,07

a) Ohne Zusatzbewehrung

$$Z_{pl,a} = F_a \cdot \beta_{S,a} = 16{,}6 \cdot 26 = 432\,\text{kN}$$

Höhe der Druckzone:

$$x = \frac{Z_{pl,a}}{b \cdot 0{,}76 \cdot \beta_R} = \frac{432}{100 \cdot 0{,}76 \cdot 1{,}5} = 3{,}79\,\text{cm}$$

innerer Hebelarm:

$$z = e_0 + d - 0{,}4\,x = 3{,}6 + 7{,}0 - 1{,}6 = 9{,}0\,\text{cm}$$

$$M_{pl,a} = z \cdot Z_{pl,a} = 0{,}090 \cdot 432 = 38{,}9\,\text{kNm/m}$$

$$M_{zul} = \frac{M_{pl,a}}{1{,}75} = 22{,}9\,\text{kNm/m}$$

$$q_{zul} = \frac{8\,M_{zul}}{l^2} = 7{,}1\,\text{kN/m}^2$$

$$\max Q = 17{,}8\,\text{kN/m}$$

b) Mit Zusatzbewehrung

5 ∅ 12/m

Schwerpunktabstand:

$$a = \frac{3{,}6 \cdot 16{,}6 \cdot 260 + 5{,}0 \cdot 5{,}65 \cdot 420}{16{,}6 \cdot 260 + 5{,}65 \cdot 420}$$

$$= \frac{27\,403}{6689} = 4{,}1\,\text{cm}$$

$$Z_{pl} = 432 + 5{,}65 \cdot 42 = 669\,\text{kN}$$

$$x = \frac{669}{100 \cdot 0{,}76 \cdot \beta_R} = 5{,}9\,\text{cm}$$

mit

$$z = a + d - 0{,}4\,x = 4{,}1 + 7{,}0 - 2{,}4 = 8{,}7\,\text{cm}$$

$$M_{pl} = 668 \cdot 0{,}087 = 58{,}1\,\text{kNm/m}$$

$$M_{zul} = 33{,}2\,\text{kNm/m}$$

$$q_{zul} = \frac{8\,M_{zul}}{l^2} = 10{,}6\,\text{kN/m}^2$$

$$\max Q = 26{,}6\,\text{kN/m}$$

Rechenwert:

$$\tau_0 = \frac{Q}{b \cdot z} = \frac{26\,600}{100 \cdot 8{,}7} = 31 < 50\,\text{N/cm}^2 = \tau_{011}$$

(DIN 1045, Tabelle 14)

Für die Verdübelung wird nur der Anteil aus dem Profilblech angesetzt, also:

$$\frac{Z_{pl,a}}{F_{Scher}} = \frac{Z_{pl,a}}{l/2 \cdot b} = \frac{432\,000}{250 \cdot 100} = 17{,}3\,\text{N/cm}^2$$

$$< 20 - 25\,\text{N/cm}^2$$

(Schubtragfähigkeit der Dornverdübelung)

18.3.2.2 Verbundsicherung

Die tatsächliche Schubflußverteilung kann nicht in allgemeiner Form angegeben werden, da sie von folgenden konstruktiven Einflüssen abhängig ist:

- Höhenlage der Flächenverdübelung innerhalb des Profilquerschnittes
- Ausbildung, Steifigkeit und Abstand der Verdübelungselemente
- eventuell vorhandene Endverdübelung
- eventuell vorhandene Zusatzbewehrung
- Form des Stahlprofilblechs
- Schubfestigkeit des Profilblechs im Verhältnis zu der des Betonsteges.

Zur Beschreibung der Scherfestigkeit der Verdübelung ist es zweckmäßig, nicht einen Mittelwert entlang der Profilabwicklung anzugeben, sondern eine ideelle Scherfestigkeit bezogen auf die Plattengrundfläche, hergeleitet aus Versuchen, festzulegen. Dadurch kann dieser Wert direkt mit dem Rechenwert τ_0 der Schubspannung im vertikalen Schnitt verglichen werden. Wie die Tabelle 18.3–2 zeigt, liegen die bezogenen Schubtragfähigkeiten für verschiedene Verdübelungsarten zwischen 20 und 50 mit zum Teil erheblichen Streubreiten. Diese Werte reichen aus, die plastische Grenztragfähigkeit zu übertragen, vor allem, wenn zusätzlich eine Endverdübelung z.B. durch Kopfbolzendübel und eine Rippenstahlbewehrung zum Erreichen gleichzeitiger Feuerwiderstandsfähigkeit vorhanden ist.

Tabelle 18.3–2 Vergleich der Schubtragfähigkeit τ^* [N/cm^2] verschiedener Verdübelungsarten aus Scher- (A), Querkraft- (B) und Biegeversuchen (C)

Nr.	Verdübelung	A	B	C
1	glattes Blech	15–29	nicht geprüft	ca. 12
2	Dorne	18	nicht geprüft	25
3	Nägel	24	nicht geprüft	38
4	Dübel	43	32	36
5	Blechstreifen	20	25	45
6	Betonstahlmatte	50	53	45

Die Werte dieser Tabelle beruhen nicht immer auf exakt gleichen Voraussetzungen, siehe [3], geben aber Hinweise auf die erreichbaren Werte von τ^*.

Bei Profilblechen mit ausgestanzten Öffnungen als Flächenverdübelung, bei denen Betondübel in das Blech eingreifen, wird auch eine vollständige Verdübelung erreicht. Allerdings sind zusätzliche Maßnahmen zur Abdichtung erforderlich, um ein Durchfließen des Frischbetons zu verhindern.

Während die Verbundmittel: Nägel, Dübel und Betonstahlmatte (Tabelle 18.3–1, Zeile 9, 10 und 12) eine gewisse Verformungsnachgiebigkeit zeigten (Vergleich Spalte 8 mit 9), wird mit der Dornverdübelung praktisch ein starrer Verbund erreicht. Deshalb ist letztere besonders geeignet in Kombination mit einer Zusatzbewehrung.

18.3.2.3 Querkraftaufnahme

Die Querkraftaufnahmefähigkeit eines Stahlbetonquerschnittes ohne Schubbewehrung ist abhängig von der Belastungsart, der Schlankheit, der Längsbewehrung, der Betongüte, der Querschnittsform, der Balkenhöhe und dem statischen System. Allerdings liegen bei Stahlprofilblech/Beton-Verbundplatten noch keine experimentell gesicherten Erkenntnisse vor. Vereinfachend sind in Anlehnung an die Regelung im Stahlbetonbau deshalb zwei Nachweise unter Gebrauchslast für den Rechenwert $\tau_0 = Q/b \cdot z$ zu führen: Erstens bezogen auf die Plattenbreite für den Gesamtstahlquerschnitt $F_{a,e}$, zweitens bezogen auf die Stegbreite für den Betonstahlanteil F_e (Bild 18.3–7, Schnitt a–a).

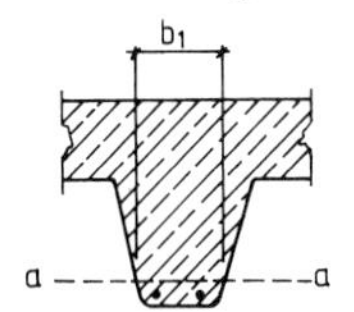

Bild 18.3–7 Maßgebender Schnitt für den Schubnachweis bei Stabstahlbewehrung

18.3.2.4 Verformungen

Im Geschoßbau sind i.a. Höchstwerte der Durchbiegungen von $^l/_{300}$ infolge $g + q$ oder $^l/_{500}$ infolge p einzuhalten. Da man bei gut ausgebildeter, d.h. bei vollständiger Flächenverdübelung von der Voraussetzung starren Verbundes ausgehen kann, darf die Steifigkeitsermittlung mit Hilfe ideeller Querschnittswerte erfolgen. In Tabelle 18.3–3 sind die Rechenwerte für den ungerissenen Verbundquerschnitt (f_{I}) und für den gerissenen Querschnitt (f_{II}) im Vergleich mit gemessenen Werten angegeben. Da aber tatsächlich die Platte in Richtung der Spannweite bereichsweise gerissen und ungerissen ist, müssen die tatsächlichen Durchbiegungswerte f zwischen f_{I} und f_{II} liegen. Die im Stahlbetonbau übliche Durchbiegungsbemessung: $f = 0{,}9\, f_{\mathrm{II}}$ liefert eine brauchbare Näherung im Vergleich mit den Meßwerten.

Tabelle 18.3–3 Vergleich von rechnerischen und gemessenen Durchbiegungen im Bereich elastischer Verformungen

	Durchbiegungen in mm/10 kN			
	1	2	3	4
Versuch	f_I	$f_{gemessen}$	f_{II}	$0{,}9\,f_{II}$
C7	3,2	8,2	11,0	9,9
C8	3,1	5,8	7,3	6,5
C9	3,1	7,8	8,9	8,0
C10	3,1	7,8	8,9	8,0
C11	6,1	12,0	13,2	11,9
C12	3,0	5,0	6,6	5,9

Rechenwert f_I: ideeller Querschnitt mit Zugzone
Rechenwert f_{II}: ideeller Querschnitt ohne Zugzone

18.3.3 Bemessung für Feuerwiderstand

Ebenso wie Verbundprofilkonstruktionen (Abschnitt 18.2.2.2) können auch Stahlprofilblech/Beton-Verbundplatten unter Verzicht auf besondere Brandschutzmaßnahmen, z.B. durch Unterdecken, feuerwiderstandsfähig dimensioniert werden, insbesondere für die Feuerwiderstandsklassen F90 und F120. Für das günstige Tragverhalten auch unter Brandeinwirkung sind folgende Gründe maßgebend:
a) Die *Betonstahlbewehrung* mit einer zweckmäßigen Querschnittsfläche F_e = ca. $^1/_3$ bis $^1/_2$ der Profilblechquerschnittsfläche F_a, geschützt durch eine Betonüberdeckung von ca. 40 mm;
b) der *starre Flächenverbund* z.B. durch Dornverdübelung, wirksam als Rissesicherung auch im Hochtemperaturbereich;
c) die *Zugbandwirkung des Stahlprofilblechs* im Rahmen seiner temperaturabhängigen Restfestigkeit in Verbindung mit der Endverdübelung.
Der hohe Feuerwiderstand von Verbundplatten wurde durch zwei Brandversuche bestätigt, deren wesentliche Ergebnisse in Tabelle 18.3–4 und Bild 18.3–8 wiedergegeben sind.
Aus den Temperaturmessungen dieser Versuche und analog Bild 18.1–3 kann man mit Hilfe des *reduzierten „Brand"querschnitts* von Profilblech/Beton-Verbundplatten z.B. für die Feuerwiderstandsklassen F90 und F120 thermische Restfestigkeiten der einzelnen Querschnittsteile ermitteln und über die plastischen Momente M_{pl}^{F90} bzw. M_{pl}^{F120} die Feuerwiderstands-Traglasten bestimmen. Weitere Brandversuche und genauere theoretische Untersuchungen werden hierzu aber noch erforderlich sein.

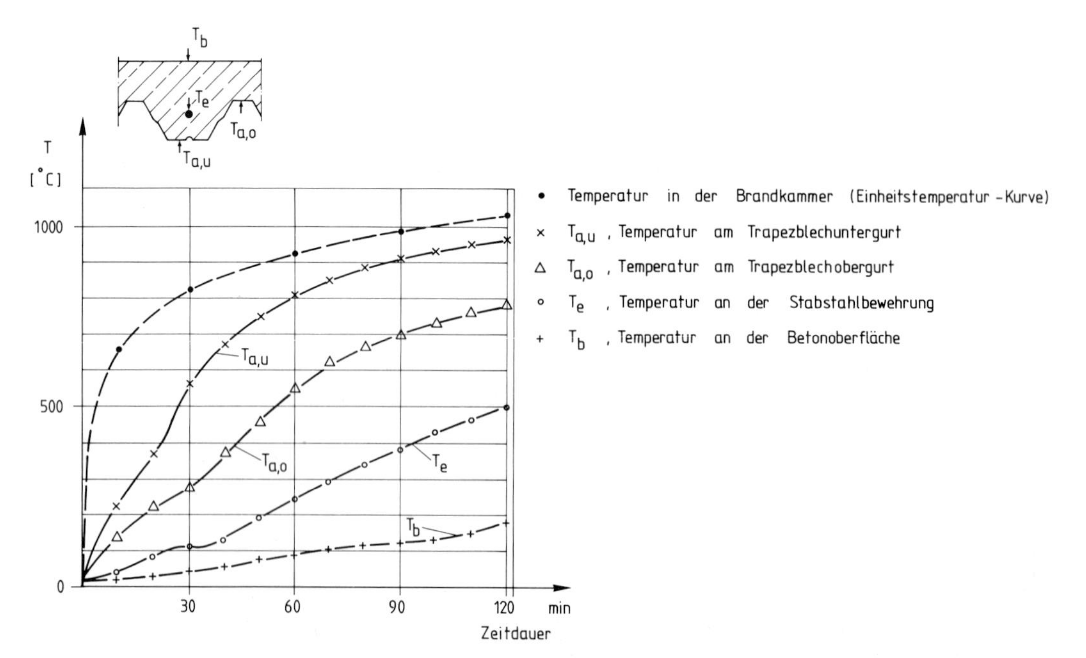

Bild 18.3–8 Zeit/Temperaturverläufe in Stahlprofilblech-Verbundplatten bei Brandversuchen

Tabelle 18.3–4 Ergebnisse der Brandversuche von Stahlprofilblech/Beton-Verbundplatten

Vers.-Nr.	Stahlprofilblech [cm²/m]	Bewehrung [cm²/m]	Belastung in Versuch [kN]	entspr. Nutzlast Din 1055 + Putz, Belag usw. + Eigengewicht [kN/m²]	$M^{theo.}_{Gebrauch}$ [kNm/m]	$M^{exp.}_{Brand}$ [kNm/m]	Feuerwiderstandsdauer [min]
1	Fi 70/200 $t = 0{,}75$ mm $F_a = 10{,}8$	5 ∅ 10 BSt 420/500 $F_e = 3{,}93$	4 × P = 12,4	$p = 3{,}25$ $g = 3{,}19$	18,85	18,71	93
2	Fi 70/200 $t = 0{,}75$ $F_a = 10{,}8$	5 ∅ 12 BSt 420/500 $F_e = 5{,}65$	4 × P = 14,4	$p = 3{,}75$ $g = 3{,}19$	20,32	20,23	122

Versuchskörperlänge $l' = 5$ m; Spannweite $l = 4{,}84$ m; Stahlprofilblech St 37; Beton B 25

18.3.4 Bauphysikalische Bemessung

Daß nicht selten die bauphysikalische Bemessung und weniger die statische den Entwurf bestimmen, wird an einer rechnergestützt bemessenen Stahlprofilblech-Verbundplatte mit 5 mm dicker Korklinoleumauflage als Geschoßdecke gezeigt. Hierbei werden folgende Voraussetzungen getroffen:

Statisches System	Zweifeldplatte
Stahlprofilblech	SAG 1061
Bewehrung	1 ∅ 14
Betondeckung u der Bewehrungszulage	40 mm

Belastung:	
Verkehrslast einschließlich Trennwandzuschlag	7,5 kN/m²
Bauphysikalische Anforderung:	
Brandschutz	F 90
Wärmedurchlaßwiderstand ($1/\Lambda$)	0,17 m² K/W
Luftschall (R'_w)	55 dB
Trittschall (TSM)	10 + 3* = 13 dB
Schubtragfähigkeit	$\tau = 25$ N/cm² für Dornverdübelung

* Sicherheitszuschlag für Fertigungstoleranzen.

Beispiel 1:

Die Plattendicke d wird so gewählt, daß statische und konstruktive Randbedingungen, wie Biegeschlankheit, Tragfähigkeit oder Betondeckung über Profilblech, eingehalten sind.

Statischer Nachweis

Trapezblechverbunddecke: d = 180,0 mm

Profil 106/250 T	=	0,88 mm
Zulagen pro Sicke		1 ∅ 14,0
Beton		B 25
Ständige Last	=	3,85 kN/m²
Feld 1		
Spannweite	=	6,000 m
Verkehrslast	=	7,500 kN/m²
Vorh. Moment	=	35,419 kNm/m
Zul. Moment	=	41,788 kNm/m
Stütze 1		
Vorh. Moment	=	−42,720 kNm/m
Bewehrung	=	10,964 cm²/m

Feld 2		
Spannweite	=	6,000 m
Verkehrslast	=	7,500 kN/m²
Vorh. Moment	=	35,419 kNm/m
Zul. Moment	=	41,788 kNm/m
Max. Querkraft	=	40,99 kN/m
Schubspannung	=	36,42 N/cm²
Keine Schubbewehrung erforderlich		

Für die Flächenverdübelung ist eine Schubspannung = 9,85 N/cm² nachzuweisen

Bauphysikalischer Nachweis

Trapezblechverbunddecke: d = 180,0 mm

Schichtangabe von unten nach oben:

Nr.	Mat.-Nr.	Dicke in m	Materialbezeichnung
1	131	0,001	Stahl
2	7	0,148	Normalbeton
3	113	0,005	Korklinoleum

Für Feuerwiderstandsdauer		= 90 min
Erforderliche Brandbewehrung		= 6,21 cm^2/m
Vorhandene Brandbewehrung		= 6,16 cm^2/m

Erreichte bauphysikalische Werte:

Wärmedurchl.-Widerstand		= 0,13 m^2 K/W
Luftschall	R_w	= 62 dB
Trittschall	TSM	= 6 dB

Der bauphysikalische Nachweis zeigt, daß keine der gestellten Anforderungen erfüllt ist. Dies könnte nur durch zusätzliche Maßnahmen, wie schwimmender Estrich und/oder Unterdecke und Erhöhung der Zulagebewehrung erreicht werden.

Beispiel 2:

Hier wird gezeigt, daß durch Vergrößerung der Plattendicke d nicht nur die Tragfähigkeit erheblich zu steigern ist, sondern auch die bauphysikalischen Anforderungen eingehalten sind.

Statischer Nachweis

Trapezblechverbunddecke: d = 270,0 mm

Profil 106/250 T	=	0,88 mm
Zulagen pro Sicke		1 ∅ 14,0 mm
Beton		B 25
Ständige Last	=	6,10 kN/m^2

Feld 1

Spannweite	=	6,000 m
Verkehrslast	=	7,500 kN/m^2
Vorh. Moment	=	41,056 kNm/m
Zul. Moment	=	73,205 kNm/m

Stütze 1

Vorh. Moment	=	−51,115 kNm/m
Bewehrung	=	7,807 cm^2/m

Feld 2

Spannweite	=	6,000 m
Verkehrslast	=	7,500 kN/m^2
Vorh. Moment	=	41,056 kNm/m
Zul. Moment	=	73,205 kNm/m
Max. Querkraft	=	48,50 kN/m
Schubspannung	=	27,05 N/cm^2

Keine Schubbewehrung erforderlich

Für die Flächenverdübelung ist eine Schubspannung = 6,52 N/cm^2 nachzuweisen

Bauphysikalischer Nachweis

Trapezblechverbunddecke: d = 270,0 mm

Schichtangabe von unten nach oben:

Nr.	Mat.-Nr.	Dicke in m	Materialbezeichnung
1	131	0,001	Stahl
2	7	0,238	Normalbeton
3	113	0,005	Korklinoleum

Für Feuerwiderstandsdauer		= 90 min
Erforderliche Brandbewehrung		= 4,14 cm^2/m
Vorhandene Brandbewehrung		= 6,16 cm^2/m

Erreichte bauphysikalische Werte:

Wärmedurchl.-Widerstand		= 0,18 m^2 K/W
Luftschall	R_w	= 57 dB
Trittschall	TSM	= 13 dB

Das zulässige Feldmoment von 73,2 kNm/m erlaubt eine größere Spannweite für die Deckenkonstruktion. Wie der nachfolgende Nachweis zeigt, kann man die Spannweite bis 8,0 m vergrößern. Um hierfür einen Feuerwiderstand F90 zu gewährleisten, muß die Zulagebewehrung um ca. 1,2 cm^2/m erhöht werden.

Trapezblechverbunddecke: d = 270,0 mm

Profil 106/250 T	=	0,88 mm
Zulagen pro Sicke		1 ∅ 14,0 mm
Beton		B 25
Ständige Last	=	6,10 kN/m^2
Feld 1		
Spannweite	=	8,000 m
Verkehrslast	=	7,500 kN/m^2
Vorh. Moment	=	72,989 kNm/m
Zul. Moment	=	73,205 kNm/m
Stütze 1		
Vorh. Moment	=	−91,282 kNm/m
Bewehrung	=	14,542 cm^2/m

Feld 2		
Spannweite	=	8,000 m
Verkehrslast	=	7,500 kN/m^2
Vorh. Moment	=	72,989 kNm/m
Zul. Moment	=	73,205 kNm/m
Max. Querkraft	=	65,51 kN/m
Schubspannung	=	35,30 N/cm^2
Keine Schubbewehrung erforderlich		
Für die Flächenverdübelung ist eine		
Schubspannung	=	8,72 N/cm^2
nachzuweisen		

Beispiel 3:

Hier erfolgt der Nachweis der Decke aus Beispiel 1 versehen mit einem schwimmenden Estrich. Für diesen wird bei dem statischen Nachweis ein Zusatzeigengewicht $\Delta g = 1{,}0$ kN/m^2 angesetzt.

Statischer Nachweis

Trapezblechverbunddecke: d = 180,0 mm

Profil 106/250 T	=	0,88 mm
Zulagen pro Sicke		1 ∅ 14,0 mm
Beton		B 25
Ständige Last	=	4,85 kN/m^2
Feld 1		
Spannweite	=	6,000 m
Verkehrslast	=	7,500 kN/m^2
Vorh. Moment	=	37,922 kNm/m
Zul. Moment	=	41,788 kNm/m
Stütze 1		
Vorh. Moment	=	−46,451 kNm/m
Bewehrung	=	12,037 cm^2/m
Feld 2		
Spannweite	=	6,000 m
Verkehrslast	=	7,500 kN/m^2
Vorh. Moment	=	37,922 kNm/m
Zul. Moment	=	41,788 kNm/m
Max. Querkraft	=	44,60 kN/m
Schubspannung	=	39,59 N/cm^2
Keine Schubbewehrung erforderlich		
Für die Flächenverdübelung ist eine		
Schubspannung	=	10,54 N/cm^2
nachzuweisen		

Bauphysikalischer Nachweis

Trapezblechverbunddecke: d = 180,0 mm
Schichtangabe von unten nach oben:

Nr.	Mat.-Nr.	Dicke in m	Materialbezeichnung
1	131	0,001	Stahl
2	7	0,148	Normalbeton
3	97	0,020	Polyurethan-HS (RHO = 40)
4	6	0,040	Zementestrich
5	113	0,005	Korklinoleum

Für Feuerwiderstandsdauer	=	90 min
Erforderliche Brandbewehrung	=	6,58 cm^2/m
Vorhandene Brandbewehrung	=	6,16 cm^2/m

Erreichte bauphysikalische Werte:

Wärmedurchl.-Widerstand		=	0,73 m^2 K/W
Luftschall	R_w	=	55 dB
Trittschall	TSM	=	20 dB

Um eine Feuerwiderstandsdauer von 90 Minuten zu gewährleisten, müßte die Zulagebewehrung vergrößert werden, und zwar auf:

∅ 16/pro Sicke ≙ 8,04 cm^2/m

Diskussion

Die Deckenkonstruktion von Beispiel 1 eignet sich für Bauaufgaben, bei denen die bauphysikalischen Eigenschaften eine untergeordnete Rolle spielen.
Bei den Beispielen 2 und 3 werden die statischen und bauphysikalischen Anforderungen erfüllt. Die Entscheidung für eine der beiden Konstruktionen ist von folgenden Überlegungen abhängig:
Es muß bedacht werden, daß bei Ausführung von Deckenkonstruktion 2 (d = 270 mm) durch das hohe Eigengewicht die Belastung für die lastweiterleitenden Bauteile (Unterzug, Stütze, Fundament) bei mehrgeschossigen Bauwerken erheblich ansteigt. Nachfolgend wird für ein 20geschossiges Bauwerk die Belastung der untersten Stütze bzw. des Fundamentes angegeben. Die Lastangaben beziehen sich auf eine Einzugsfläche von 6 · 6 m (aus [6]).

Beispiel	g [kN]	p [kN]	$g+p$ [kN]
1	2772	3240	6012
2	4392	3240	7632
3	3492	3240	6732

(Die Verkehrslast ist nach DIN 1055 abgemindert)

Der Vorteil der Konstruktion 2 ist die einfache Herstellung und bei Ausnutzung des zulässigen Feldmomentes von 73,2 kNm/m eine Vergrößerung der Spannweite auf 8,0 m.
Bei der Deckenkonstruktion nach Beispiel 3 ist als Nachteil die aufwendige und teuere Aufbringung des schwimmenden Estriches zu nennen. Ein Vorteil ist die um 900 kN geringere Fundamentbelastung gegenüber Beispiel 2 bei einer doch schon sehr geringen Einzugsfläche von 6 · 6 m.

18.4 Verbunddach- und Wandbauteile

18.4.1 Allgemeines

Das Nutzungsfeld der Dachtragwerke unterscheidet sich von dem der Deckentragwerke durch geringere Lasten, höhere zulässige Verformungen, geringere Schallschutzanforderungen, differenziertere Brandschutzbestimmungen und durch die Notwendigkeit erhöhten Wärmeschutzes.
Daraus folgt, daß für Dachverbundtragwerke in erster Linie Leichtbaustoffe mit guter Wärmedämmung in Frage kommen, die als Werkstoffpartner mit den steiferen Deckschichten, z.B. Stahlprofilblechen, im Verbund mitwirken. Als organische Leichtbaustoffe eignen sich Kunststoffhartschäume und als anorganische Verbundpartner besondere Leichtbetone, z.B. Perlitbeton oder als Mischsystem Mineralfaserdämmschichten mit faserbewehrten Silikatdeckschichten.

18.4.2 Entwurf und Konstruktion

18.4.2.1 Sandwichplatten mit organischer Kernschicht

Ein besonders geeignetes Verbundsystem ist die Kombination Stahlfeinblech/Polyurethanhartschaum, die sich weltweit für Wände und Dächer im Hallenbau durchgesetzt hat. Stahlfeinblech/Polyurethanhartschaum oder kurz Stahl/PUR-Sandwichplatten bestehen im allgemeinen aus einer oberen und einer unteren Deckschicht aus Stahlfeinblech mit Blechdicken zwischen 0,5 und 1,0 mm und einem Kern aus Polyurethan-Hartschaum mit einer Dichte zwischen 40 und 80 kg/m^3. Bei ausreichend schubfester Verbindung der einzelnen Schichten wird eine gemeinsame Verbundwirkung erreicht. Dieses Zusammenfügen mehrerer Schichten wird als Sandwichtechnik bezeichnet. Sandwichbauteile bedürfen keiner zusätzlichen punktförmigen Verbundmittel wie z.B. Dübel; die Schichten sind vielmehr untereinander voll- oder teilflächig verbunden, z.B. bei den Sandwichtragwerken des Werkstoffsystems Stahlfeinblech/Polyurethanhartschaum.
Durch Kombinieren von Deckblechen verschiedener Geometrien können Querschnitte für ebene und profilierte Sandwichbauteile (Bild 18.4–1) entsprechend den statischen, geometrischen und bauphysikalischen Anforderungen entworfen werden. Stahl/PUR-Sandwichtragwerke werden als Wand- und Dachbauteile vor allem im Industriehallenbau eingesetzt. Dächer und Wände solcher Bauten sind wesentliche Kostenfaktoren, die sich bei den wachsenden Anforderungen hinsichtlich der bauphysikalischen Eigenschaften eher noch erhöhen werden. Andererseits ist eine Kostensenkung zu erwarten, wenn die nacheinander folgenden Arbeitsvorgänge der herkömmlichen Dacheindeckung mit Stahltrapezprofilblechen – das Aufbringen der Wärmedämmung und das meist mehrschichtige Aufkleben der

Dachhaut – nicht mehr auf der Baustelle durchgeführt, sondern in einem Fertigbauteil, der Sandwichplatte, zusammengefaßt werden.

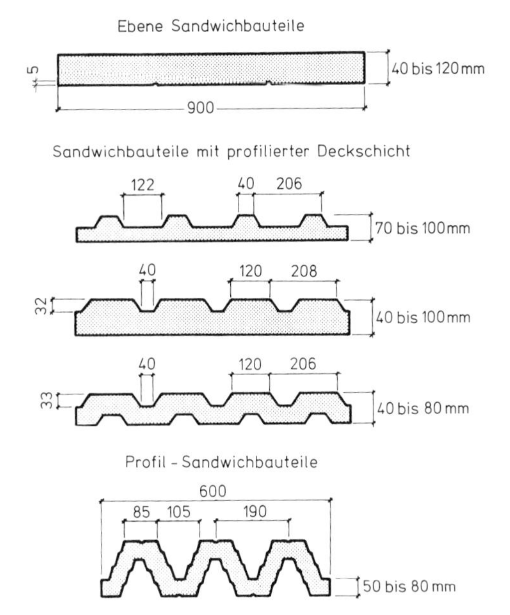

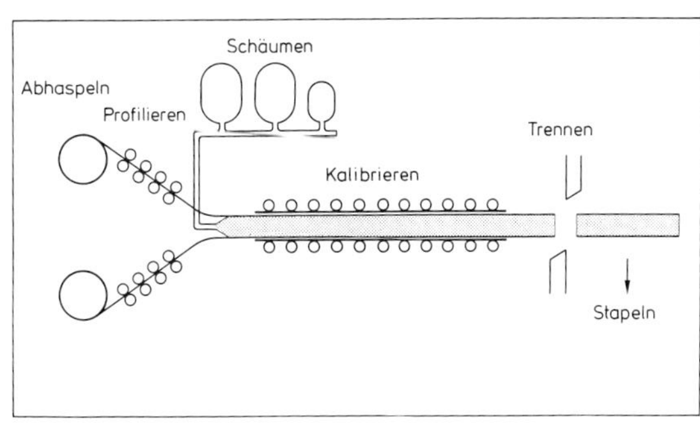

Bild 18.4–2
Kontinuierliche Fertigungsanlage für Stahl/PUR-Sandwichplatten

Bild 18.4–1 Stahl/PUR-Sandwichplatten für Dach und Wand

Stahl/PUR-Sandwichbauteile sind einfach zu montieren und können in der Fabrik vorgefertigt werden. Im Sinne des *„integrierten Bauens"* besitzen sie auch bauphysikalische Eigenschaften. Insbesondere sind die Wärmedämmung durch die PUR-Hartschaumkernschicht und der Feuchteschutz durch die Stahlbleche in das Bauteil integriert. Die Verbundwirkung zwischen den Stahlblechdeckschichten und der PUR-Kernschicht bewirkt eine wesentliche Tragfähigkeitssteigerung gegenüber dem Tragvermögen der Einzelbleche. Darüber hinaus ist auch ein erheblicher Vorteil darin zu sehen, daß bei Verwendung von Polyurethan die für den Verbund zwischen den Deckblechen und der Kernschicht erforderliche Haftung durch Selbstklebung automatisch bei der Herstellung erreicht wird.
Großtechnisch werden Stahl/PUR-Sandwichbauteile meist in kontinuierlichen Fertigungslinien hergestellt (Bild 18.4–2). Eine Haspelanlage nimmt die beiden Blechcoils für die Stahldeckschichten auf. Nach dem Abhaspeln laufen die Bleche durch Profiliereinheiten, in denen sie die vorgesehene Profilgeometrie erhalten. Beim Einlauf in die Kalibriereinheit – ein mitlaufendes Doppel-Plattenband oder eine Doppelwalzenanlage – wird das flüssige Reaktionsgemisch aus Polyisocyanat, Polyol, Treibmittel, Aktivator und gegebenenfalls weiteren Zusatzstoffen in den Zwischenraum eingebracht. Das Reaktionsgemisch schäumt auf und füllt den Raum zwischen der unteren und oberen Deckschicht aus. Die Kalibrieranlage nimmt den Schäumdruck auf, so daß die jeweils vorgesehene Kernschichtdicke bei beendeter Aushärtung des Schaums gewährleistet wird. Anschließend wird das Sandwichband in den geforderten Längen mittels einer synchron mitlaufenden Säge getrennt. Die Einzelteile können mit Hilfe einer Stapelanlage anschließend montagefertig in Paletten verpackt werden. Die Fertigungsgeschwindigkeit kontinuierlicher Sandwichanlagen kann 10 m pro Minute erreichen.
In Bild 18.4–3 ist das Nutzungsfeld der wichtigsten Eigenschaften einer Stahlprofilblech/Polyurethan-Sandwichplatte angegeben. Obwohl unter bestimmten Voraussetzungen mit hochstegig profilierten Sandwichbauteilen und einem Polyisocyanurat-Schaum unter einer Belastung, die der halben Schneebelastung entspricht, immerhin eine Feuerwiderstandsdauer gegen Versagen von ca. 30 Minuten erreicht wird, ist eine Einordnung in die Feuerwiderstandsklasse F 30 auch wegen der unvermeidbaren entzündlichen Rauchgase nicht möglich. Im übrigen sind die Forderungen einer harten Bedachung und der Widerstandsfähigkeit gegen Flugfeuer und strahlende Wärme nach DIN 4102 durch das außenliegende Stahlblech allemal erfüllt.
Hervorzuheben ist aber, daß Sandwichbauteile mit beidseitigen unbrennbaren Deckschichten und ohne innere Hohlräume insofern zur Verbesserung des Brandschutzes beitragen, als die interne fortleitende Wirkung entzündlicher Rauchgase nicht möglich ist und somit die rasche Ausbreitung von Flächenbränden vermieden wird.

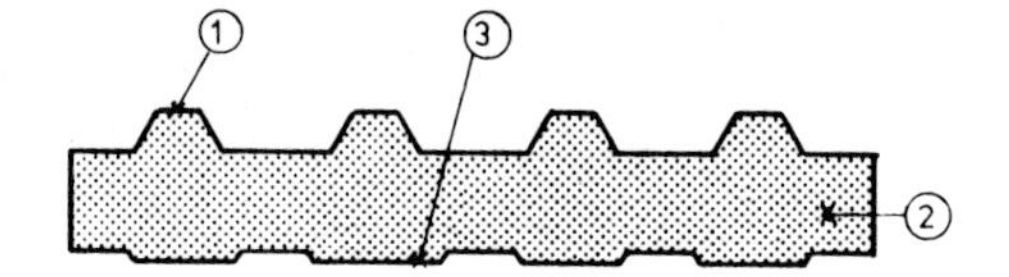

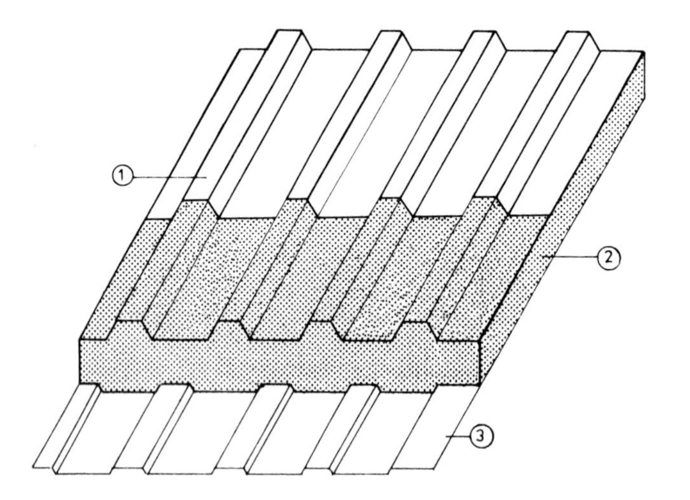

Eigenschaft	Nutzungsfeld
Eigengewicht	0,10 bis 0,15 kN/m^2
Nutzlast	0,75 bis 2,00 kN/m^2
Spannweite	4,0 bis 6,0 m
Brandschutz	keine Brandschutzklasse, aber besseres Brandverhalten als Stahltrapezblech-Warmdach
Bauphysikalische Eigenschaften	Wärmeschutz k = 0,65 bis 0,28 W/m^{2}K Schallschutz R_w = 33 bis 25 dB

Bild 18.4–3 Stahlprofilblech/Polyurethan-Sandwichplatte

18.4.2.2 Verbundplatten mit anorganischer Kernschicht

Während organische Werkstoffpartner (PUR-Hartschäume) zwar sehr gute Wärmedämmeigenschaften besitzen, aber nicht hochtemperaturbeständig sind, kann mit anorganischen Kernwerkstoffen aus zementgebundenem geblähtem Silikatmaterial, sofern es eine ausreichende Schubfestigkeit besitzt, sowohl eine ausreichende Wärmedämmung erreicht als auch die Feuerwiderstandsfähigkeit von Stahltrapezblech-Verbundplatten nachhaltig verbessert werden. Solche unbrennbaren Dachverbundplatten, die ein sehr gutes Tragverhalten aufweisen mit gleichzeitiger Integration der Wärme- und Schalldämmung, des Feuchteschutzes und der Feuerwiderstandsfähigkeit (Bild 18.4–4 und 18.4–5), können ohne Querstoß vom First zur Traufe über eine oder zwei Mittelpfetten durchlaufend als Fertigteile ohne Nacharbeiten verlegt werden. Gegenüber den Stahl/PUR-Sandwichtragwerken, bei denen die für die Verbundwirkung erforderliche schubfeste Verbindung der Kernschicht mit den Deckschichten durch Selbstklebung erreicht wird, müssen bei den Verbundplatten mit anorganischer Kernschicht die Deck- und Kernschichten punktuell miteinander durch Verschraubung verbunden werden, da mit hochtemperaturbeständigen Klebern bisher keine ausreichenden Erfahrungen vorliegen. Auch für diese Verbundplatten sind zum vergleichenden Überblick in Bild 18.4–4 und 18.4–5 für die einzelnen Eigenschaften Nutzungsfelder angegeben.

18.4.2.3 Sandwichfaltwerke

Das Werkstoffsystem Stahl/Polyurethan gestattet es sogar, Faltwerke mit Spannweiten von mehr als 20 m zu entwerfen, bei denen neben den bauphysikalischen Eigenschaften des Wärme- und Feuchteschutzes auch die gesamten Dachtrageigenschaften der Dachbinder, Pfetten, Dachplatten und Verbände integriert sind (Bild 18.4–6).

① Stahltrapezblech
② Perlitbeton
③ Fasersilikatstreifen
④ Stahlprofilblech
⑤ Rostfreie, selbstfurchende Schrauben

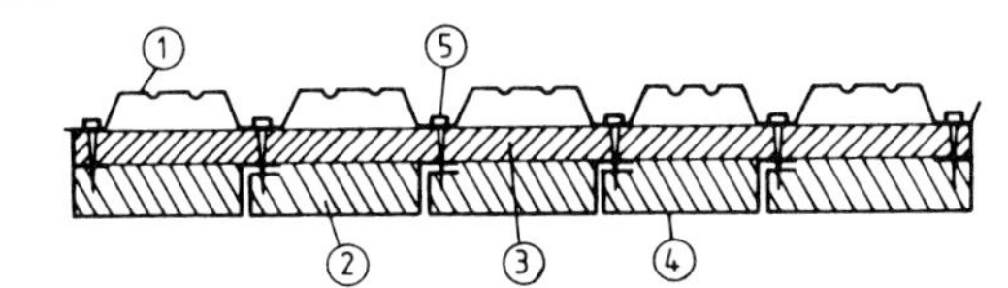

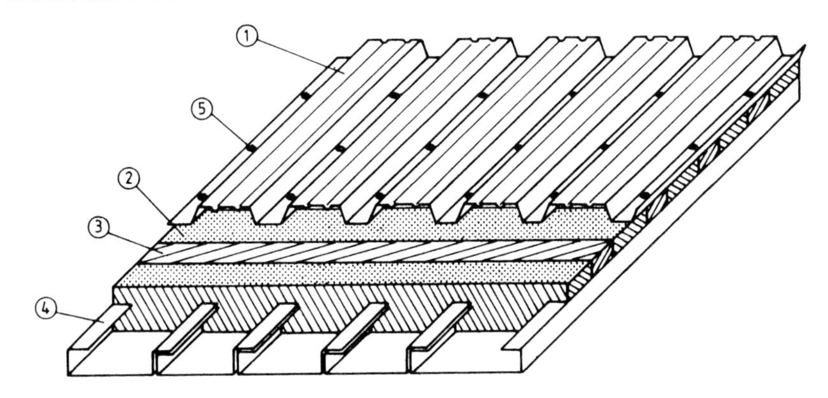

Eigenschaft	Nutzungsfeld
Eigengewicht	0,60 kN/m²
Nutzlast	0,75 bis 2,00 kN/m²
Spannweite	4,0 bis 6,0 m
Brandschutz	F 30, F 60
Bauphysikalische Eigenschaften	Wärmeschutz k = 0,8 bis 0,6 W/m² K Schallschutz R_w = 35 bis 30 dB

Bild 18.4–4
Stahlprofilblech/Perlitbeton-Verbundplatte

① Stahltrapezblech
② Mineralfaserdämmschicht
③ Dampfsperre
④ Faserbewehrtes Silikat
⑤ Stahlblech
⑥ Rostfreie Schrauben

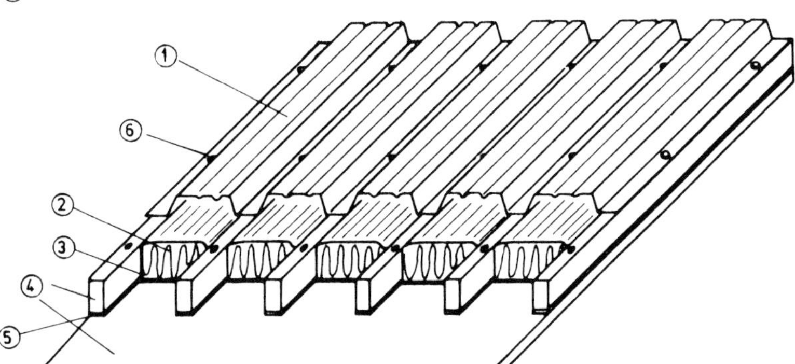

Eigenschaft	Nutzungsfeld
Eigengewicht	0,25 kN/m²
Nutzlast	0,75 bis 2,00 kN/m²
Spannweite	4,0 bis 6,0 m
Brandschutz	F 30, F 60
Bauphysikalische Eigenschaften	Wärmeschutz k = 0,8 bis 0,5 W/m² K Schallschutz R_w = 30 bis 25 dB

Bild 18.4–5
Stahlprofilblech/Fasersilikat-Stegverbundplatte

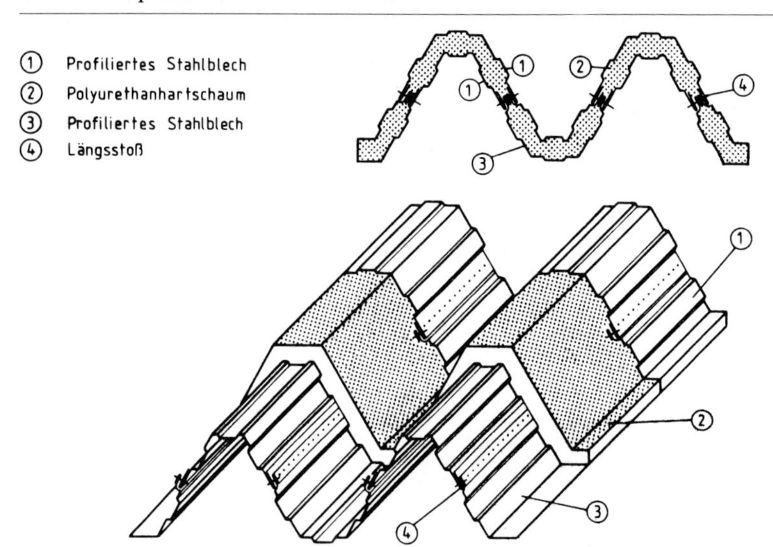

Eigenschaft	Nutzungsfeld
Eigengewicht	0,20 bis 0,30 kN/m²
Nutzlast	0,75 bis 2,00 kN/m²
Spannweite	15,0 bis 25,0 m
Brandschutz	keine Feuerwiderstandsklasse
Bauphysikalische Eigenschaften	Wärmeschutz k = 0,65 bis 0,28 W/m²K Schallschutz R_w = 33 bis 25 dB

Bild 18.4–6
Stahlblech/Polyurethan-Sandwichfaltwerk

18.4.3 Bemessung für Sandwichplatten

18.4.3.1 Belastungsannahmen

Für Verbunddach- und Wandtragwerke sind neben dem Eigengewicht als Belastung die atmosphärischen Einwirkungen aus Schnee, Wind und Temperatur anzusetzen. Bei kriechenden Werkstoffen, z. B. Kunststoff-Hartschäumen als Kernschichten von Sandwichplatten, ist insbesondere auch der Langzeiteinfluß dieser Einwirkungen zu berücksichtigen. Würde man die *atmosphärischen Langzeiteinwirkungen* aus Schnee, Wind und Temperaturen entgegen den wirklichen Verhältnissen über die gesamte Lebensdauer konstant ansetzen, d. h. z. B. mit ständig vorhandener Schneelast rechnen, würde dies zu unwirtschaftlichen Konstruktionen führen. Es ist deshalb von großer Bedeutung, auch die entlastend wirkenden Phasen zu berücksichtigen, damit die werkstoff- und systembedingten Auswirkungen der Erholung (z. B. durch die elastischen Rückstellkräfte der profilierten Deckbleche) erfaßt werden.
Da profilierte oder durchlaufende Sandwichbauteile statisch unbestimmte Tragwerke sind, erzeugen unterschiedliche Deckblechtemperaturen – außen z. B. bei Sonneneinstrahlung bis zu 80 °C, innen wegen der guten Wärmedämmung aber nur 20 °C – zusätzliche Beanspruchungen, die bei der Bemessung zu beachten sind. In erster Näherung kann – zur Berücksichtigung der genannten Einflüsse – für Sandwichbauteile aufgrund statistischer Auswertung von Schneemessungen und von Untersuchungen des wärmetechnischen Verhaltens ein vereinfachtes Jahres-Lastkollektiv aus Schnee- und Temperatureinwirkung (Bild 18.4–7) angegeben werden, das eine wichtige Grundlage für die Bemessung von Verbunddachtragwerken bildet.

18.4.3.2 Werkstoffkenngrößen

Für die Berechnung von Sandwichtragwerken ist die genaue Kenntnis der Werkstoffeigenschaften vor allem der Kernschicht unter Temperatureinwirkung und mit Berücksichtigung des Langzeiteinflusses erforderlich. Bei Stahl/PUR-Sandwichplatten insbesondere mit profilierten Deckschichten ist ein isotroper, homogener Hartschaumkern fertigungstechnisch nicht herstellbar. Die genaue Ermittlung der Spannungen im Kern, bei dem jedes Kernelement einem dreiachsialen Spannungszustand ausgesetzt ist, wäre äußerst aufwendig. Näherungsweise kann jedoch die Lösung durch eine Analogiebetrachtung zwischen Schubfluß und Grundwasserströmung mit einem graphischen Verfahren ermittelt werden (Bild 18.4–8). Damit läßt sich für eine beliebige orthotrope, inhomogene Kernschicht, wie sie fertigungstechnisch unvermeidbar ist, ein Vergleichsschubmodul bestimmen, der einem gedachten isotropen, homogenen Kern mit gleicher Schubfestigkeit entsprechen würde.

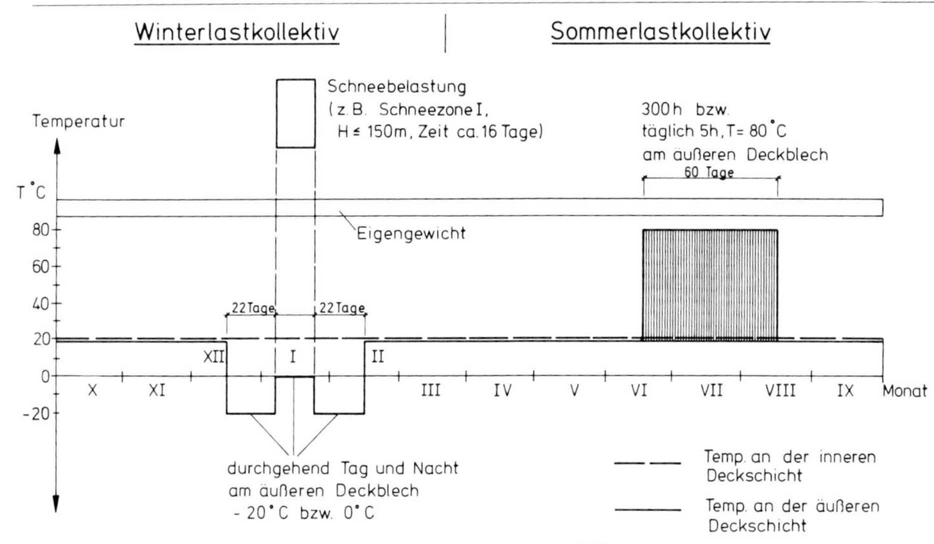

Bild 18.4–7 Vereinfachtes Jahres-Lastkollektiv (nach [7])

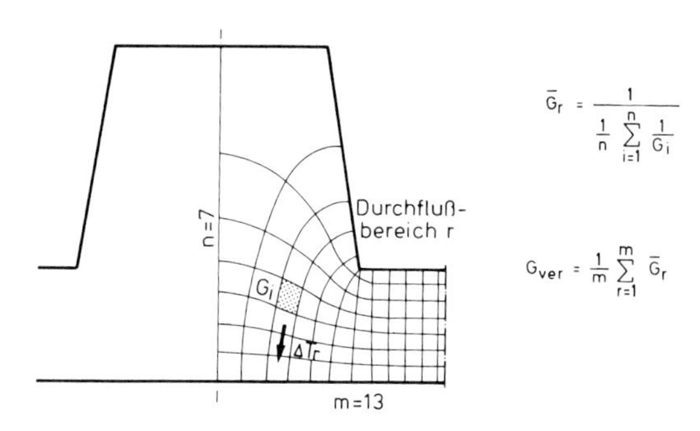

$$\bar{G}_r = \frac{1}{\frac{1}{n}\sum_{i=1}^{n}\frac{1}{G_i}}$$

$$G_{ver} = \frac{1}{m}\sum_{r=1}^{m}\bar{G}_r$$

Beispiel: Vergleichsschubmodul „G_{ver}" für ein Profilsandwich

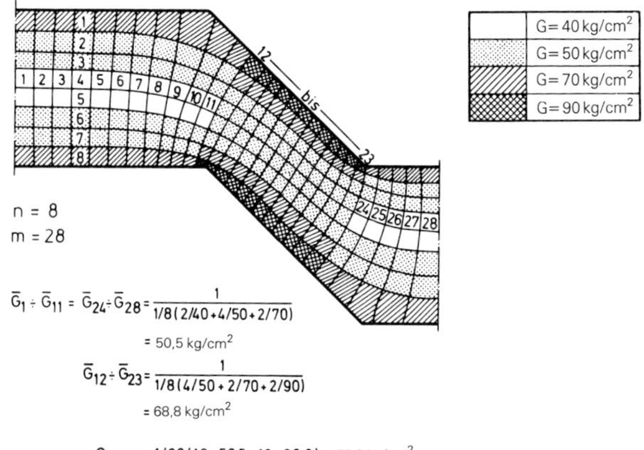

	G= 40 kg/cm²
	G= 50 kg/cm²
	G= 70 kg/cm²
	G= 90 kg/cm²

$$\bar{G}_1 \div \bar{G}_{11} = \bar{G}_{24} \div \bar{G}_{28} = \frac{1}{1/8(2/40+4/50+2/70)} = 50{,}5\ \mathrm{kg/cm^2}$$

$$\bar{G}_{12} \div \bar{G}_{23} = \frac{1}{1/8(4/50+2/70+2/90)} = 68{,}8\ \mathrm{kg/cm^2}$$

$$G_{ver} = 1/28(16 \times 50{,}5 + 12 \times 68{,}8) = 58{,}3\ \mathrm{kg/cm^2}$$

Bild 18.4–8 Bestimmung des Vergleichsschubmoduls einer inhomogenen Kernschicht (nach [8])

Polyurethan-Hartschäume sind hochpolymere Kunststoffe, die ihrem mechanischen Verhalten nach den viskoelastischen Werkstoffen zugeordnet werden können. Ihr Trag- und Verformungsverhalten wird deshalb durch eine ausgeprägte Zeitabhängigkeit bestimmt. Zur Berechnung und Bemessung von Sandwichbauteilen mit viskoelastischem Kern ist es zur Erfassung des Langzeitverhaltens erforderlich, ein Kriechgesetz für den Kernwerkstoff aufzustellen, das die Werkstoffeigenschaften ausreichend genau beschreibt. Ein hierfür geeignetes Modell besteht aus mehreren elastischen und viskosen Elementen.

18.4.3.3 Schnittgrößen

Bei der Ermittlung der Schnittgrößen muß für Sandwichbauteile, die aus der Kombination zweier dehnsteifer Deckschichten und eines leichten Kernwerkstoffes bestehen, die gegenseitige Verschiebung der Deckbleche infolge Schubverformung der Kernschicht berücksichtigt werden. Im Rahmen der Elastizitätstheorie bedeutet dies, daß die Hypothese von Bernoulli vom Ebenbleiben des gesamten Verbundquerschnittes nicht mehr gilt und die Theorie des elastischen Verbundes anzuwenden ist. Wenn die Schubfedersteifigkeit der Kernschicht bekannt ist, gibt es zur Berechnung der Spannungen und Formänderungen im elastischen Bereich verschiedene Möglichkeiten, die Gleichungen des elastischen Verbundes für Sandwichplatten zu praktikablen Berechnungsverfahren aufzubereiten.

a) Für beliebige Belastungen und statische Systeme enthalten die allgemeinen Lösungen, die z.B. mit Hilfe der Operatorenmethode abgeleitet werden können, relativ aufwendige hyperbolische Funktionen.

b) Für Vorbemessungen bietet sich eine Näherungslösung für sinusförmige Belastung an, die der im Holzbau üblichen Berechnungsmethode für Biegeträger mit verschieblichen Verbindungsmitteln entspricht (Bild 18.4–9).

c) Praktikabel ist ein numerisches Verfahren (Bild 18.4–10), mit dem ein- oder mehrfeldrige Sandwichplatten unter beliebiger Belastung berechnet werden können. Die Differentialgleichung des elastischen Verbundes wird dadurch gelöst, daß die Platte in gleiche Abschnitte unterteilt und für die unbekannte Normalkraft N_i ein Gleichungssystem aufgestellt wird.

Differentialgleichungen des elastischen Verbundes

$$\delta''(x) - \left(\frac{k}{i}\right)^2 \cdot \delta(x) = -\frac{e \cdot Q(x)}{i^2 \cdot B_i}$$

$$w''(x) - \frac{1-i^2}{e} \cdot \delta'(x) = -\frac{M(x)}{B_i}$$

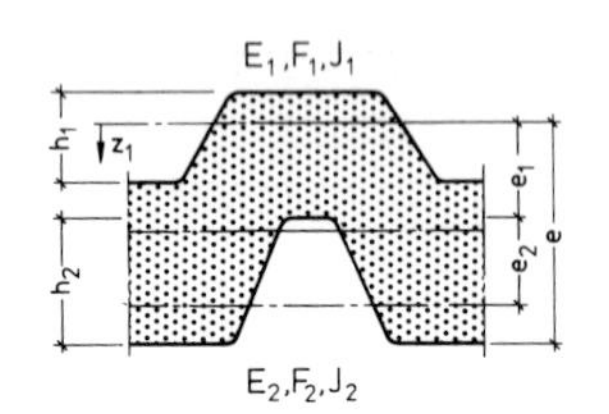

Näherungslösung für sinusförmige Belastung

$$q_{(x)} = q_0 \sin \frac{\pi \cdot x}{L}$$

$$B_w = E_1 \cdot J_1 + E_2 \cdot J_2 + \gamma \cdot e^2 \cdot \frac{E_1 \cdot F_1 \cdot E_2 \cdot F_2}{E_1 \cdot F_1 + E_2 \cdot F_2}; \quad \gamma = \frac{1}{K+1}$$

$$K = \frac{\pi^2 \cdot E_1 \cdot F_1 \cdot E_2 \cdot F_2}{L^2 \cdot \frac{m}{n} \cdot G\,(E_1 \cdot F_1 + E_2 \cdot F_2)}; \quad \frac{m}{n} \cdot G \quad \text{Kernfedersteifigkeit}$$

z.B.: Spannung im oberen Deckblech

$$\sigma = \frac{M(x)}{B_w / E_1} \cdot (\gamma \cdot e_1 + z_1)$$

Bild 18.4–9 Elastischer Verbund – Näherungslösung

18.4.3.4 Tragspannungen

Neben der Ermittlung der Schnittgrößen unter realistischen Belastungen bei Berücksichtigung der Temperaturzwängung und des Langzeiteinflusses ist vor allem die Kenntnis der möglichen Versagensursachen und der Tragspannungen im Versagensfall erforderlich. Maßgebend ist fast immer das Versagen der gedrückten, gebetteten Deckschichten. Bestehen diese Deckschichten aus Stahltrapezblechen, ist Knittern, d.h. kurzwelliges Beulen, die Versagensursache. Die Tragspannungen können experimentell oder rechnerisch ermittelt werden. Für den Sonderfall des ebenen gedrückten Plattenstreifens, der auf einer Kernschicht gebettet ist, also für ebene Wandelemente, können aus der Lösung der Verzweigungstheorie, abgemindert durch einen Korrekturbeiwert, die Tragspannungen hinreichend genau ermittelt werden (Bild 18.4–11).

Bei Profilsandwichplatten wirken nicht nur die Kernbettung, sondern auch die aussteifenden Profilkanten und Sicken dem Ausbeulen der Deckschichten entgegen. Die Tragspannungen sind dann mit Hilfe der nichtlinearen Beultheorie bei Berücksichtigung plausibler Vorverformungen zu berechnen.

Differentialgleichungen des elastischen Verbundes

$$\frac{d^2 N(x)}{dx^2} - N(x) \cdot \beta^2 = - M(x) \cdot \alpha$$

mit den Abkürzungen

$$\beta^2 = \left(\frac{k}{i}\right)^2; \quad \alpha = \frac{m}{n} \cdot G \cdot \frac{e}{E_1 \cdot I_1 + E_2 \cdot I_2}$$

Gleichungssystem:

$$- N_{i-1} + (2 + \beta_i^2 \cdot \Delta x^2) \cdot N_i - N_{i+1} = \alpha_i \cdot \Delta x^2 \cdot M_i$$

Bild 18.4–10
Elastischer Verbund – Numerisches Verfahren

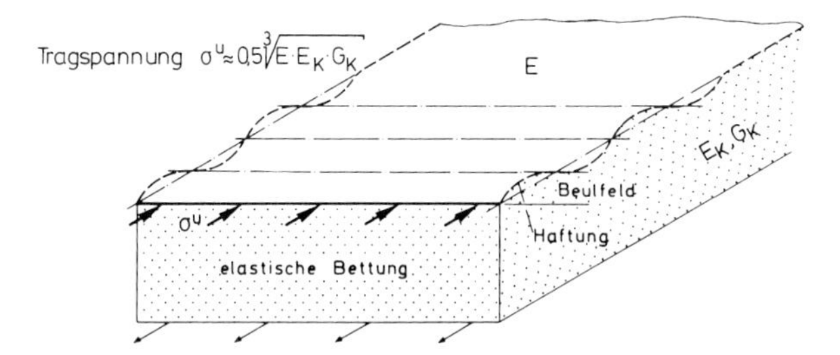

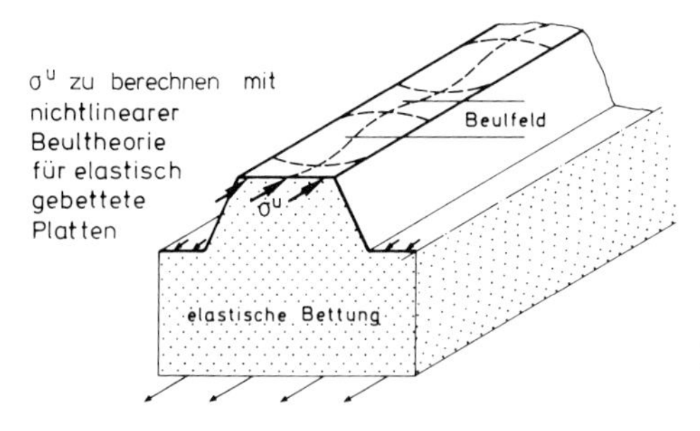

Bild 18.4–11 Kurzwelliges Beulen (Knittern) elastisch gestützter Blechfelder

18.4.3.5 Sicherheitsnachweise

Bei der Bemessung von Sandwichplatten ist sowohl der Gebrauchsfähigkeitsnachweis als auch der Tragsicherheitsnachweis zu führen. Die Gebrauchsfähigkeitsgrenze wird unter Beachtung eines relativ geringen Sicherheitsabstandes für Durchlaufplatten definiert bei
a) Erreichen der Fließspannung im Zugbereich oder bei
b) Eintreten von Beulen oder Knittern im Druckbereich.
Für den *Gebrauchsfähigkeitsnachweis* wird ein globaler Sicherheitsbeiwert von $\gamma = 1{,}1$ als ausreichend angesehen, so daß gilt

$$1{,}1\,(S_L + S_T + S_K) \leqq R$$

Es bedeuten
S_L Schnittgrößen aus äußeren Lasten (z. B. Schnee und Eigengewicht)
S_T Schnittgrößen aus Zwängungen infolge Temperatur
S_K Langzeiteinfluß auf die Teilschnittgrößen
R Widerstandsgröße, z. B. ausgedrückt in Trag- oder Knitterspannungen.

Für den *Tragsicherheitsnachweis* ist die Grenztragfähigkeit als erreicht anzusehen, wenn im Feld die Knitter- oder Beulspannung im gedrückten Blech bzw. Fließen im zugbeanspruchten Blech auftritt. Vorausgesetzt wird hierbei, daß Versagen der Haftung und Schubbruch bei der Kernschicht nicht maßgebend sind. Bei Mehrfeldsystemen tritt Versagen im Feld bei Ausbildung von Fließbereichen mit Resttragmomenten über den Innenstützen ein.
Bei *Wandelementen* ist der Nachweis

$$\gamma_L \cdot S_L + \gamma_T \cdot S_T \leqq R$$

mit einem Sicherheitsbeiwert $\gamma_L = 1{,}85$ für Schnittgrößen aus äußeren Lasten L_S bei statisch unbestimmten Systemen und $\gamma_L = 2{,}0$ bei statisch bestimmten Systemen zu führen.
Als Sicherheitsbeiwert für Temperaturbeanspruchung S_T kann $\gamma_T = 1{,}3$ als ausreichend angenommen werden.
Bei *Dachelementen* ist zusätzlich der Langzeiteinfluß aus äußeren Lasten auf die Teilschnittgrößen zu berücksichtigen. Der Nachweis ist deshalb zu erweitern, wobei S_K die Schnittkraft aus der Kriechbeanspruchung erfaßt. Deshalb gilt

$$\gamma_L \cdot S_L + \gamma_T \cdot S_T + \gamma_K \cdot S_K \leqq R$$

Am Ende des Bemessungszeitraums wird ein Kurzzeitnachweis unter Beachtung der Schnittgrößenumlagerungen aus Kriechen durchgeführt. Der Teilsicherheitsbeiwert für Eigenspannungen aus Kriechen wird bei Stahl/PUR-Sandwichplatten mit $\gamma_K = 1{,}15$ angesetzt. Die Umlagerung der Schnittgrößen infolge Kriechen wird unter Ansatz eines Zeitraums von 50 Jahren berechnet.
Diese Sicherheitsbeiwerte wurden im Rahmen der allgemeinen beaufsichtlichen Zulassung, die zur Zeit noch für tragende Sandwichbauteile für erforderlich gehalten wird, festgelegt. Im Zulassungsbescheid werden jedoch nur spezifische Kennwerte – z. B. der Schubmodul der Kernschicht oder die Tragspannungen der Bleche angegeben, die durch experimentelle Untersuchungen punktuell bestätigt werden müssen. Mit diesen Werten kann nach den voran dargestellten Berechnungs- und Bemessungsverfahren die Sicherheit von Sandwichbauteilen mit beliebigen Belastungen und statischen Systemen nachgewiesen werden.

18.4.4 Feuerwiderstand anorganischer Verbundplatten

Da für Sandwichplatten mit organischen Kernschichten eine Feuerwiderstandsklasse nicht erreicht werden kann, werden bei neueren Entwicklungen auch unbrennbare, mineralische Kernwerkstoffe verwendet (Bild 18.4–4 und 18.4–5). Allerdings ist bei solchen zementgebundenen Kernschichten wegen der Unzuverlässigkeit der Haftung zur Verbundsicherung eine Flächenverdübelung z. B. durch selbstfurchende Schrauben erforderlich. Das Entwurfskonzept für anorganische Verbundplatten geht davon aus, daß die Tragfähigkeit des oberen Stahlprofilblechs und die Verbundwirkung der Verdübelungsmittel im Brandfall erhalten bleiben. Bei der Mineralbeton-Verbundplatte nach Bild 18.4–4 bleibt eine gewisse Tragfähigkeit auch des unteren Stahlprofilblechs dank der temperaturabhängigen Restfestigkeiten seiner in den Mineralbeton eingebetteten Stege und Flansche erhalten. Bei der Fasersilikat-Stegverbundplatte schützt die Dämmwirkung des äußeren Querschnittsteils der hinreichend dick gewählten Fasersilikatschicht den inneren Querschnittsteil, so daß auch hier eine Resttragfähigkeit erhalten bleibt. Es wird daher erwartet, daß über die volle Tragfähigkeit des oberen Stahlprofilblechs hinaus im Brandfall auch noch eine gewisse Verbundtragwirkung zum Zuge kommt, um die Feuerwiderstandsklassen F30 und F60, die für den Industriebau nach Inkrafttreten der Norm DIN 18230 wichtig werden, zu erreichen. Erste Ergebnisse aus Detail-Vorversuchen im Kleinbrandofen (Bild 18.4–12) stützen dieses Entwurfskonzept.

18.4.5 Bauphysikalische Nachweise

Die bauphysikalische Bemessung von Verbunddach- und Wandbauteilen kann in Anlehnung an DIN 4108 und DIN 4109 durchgeführt werden. Nicht selten aber bestimmen die bauphysikalischen Erfordernisse die geometrisch/werkstofflichen Entwurfsparameter. Bild 18.4–13 zeigt drei bauphysikalisch ausgelegte Entwurfsbeispiele für Stahl/PUR-Dachsandwichplatten. Beim Beispiel 2 erfordert das höhere Raumgewicht die doppelte Menge Polyurethan, was sich gegenüber Beispiel 1 zwar in einer Vergrößerung der Spannweite auf 7,4 m, aber gleichzeitig in einer Verschlechterung des Wärmedurchlaßwiderstandes um ca. 15% auswirkt. Beim Beispiel 3 ist die Querschnittshöhe so gewählt, daß die gleiche PUR-Rohstoffmenge wie beim Beispiel 2 benötigt wird. Dadurch verbessert sich der Wärmedurchlaßwiderstand beim Beispiel 3 entscheidend. Durch die größere Querschnittshöhe und die dadurch bedingten geringeren Spannungen im unteren Blech können bei Durchlaufplatten etwa gleich große Spannweiten wie im Beispiel 2 erreicht werden. Der bauphysikalische Kennwert „Wärmedurch-

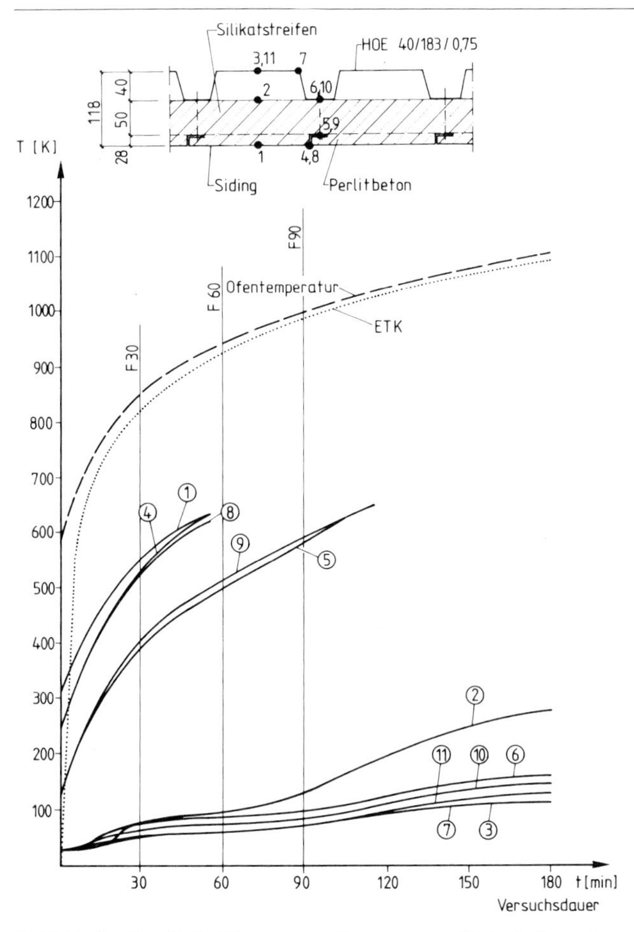

Bild 18.4–12 Zeit-Temperaturkurven von Detail-Brandversuchen an einem Perlitbeton-Verbundelement

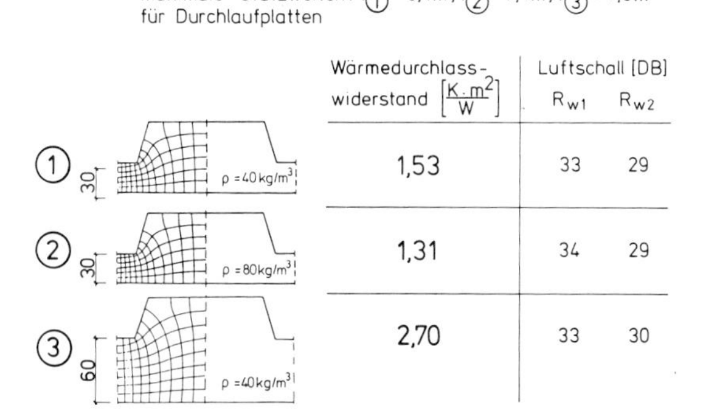
maximale Stützweiten: $l_{①}$ = 6,4 m; $l_{②}$ = 7,4 m; $l_{③}$ = 7,5 m für Durchlaufplatten

	Wärmedurchlasswiderstand $\left[\frac{K \cdot m^2}{W}\right]$	Luftschall [DB] R_{w1}	R_{w2}
① 30, ρ = 40 kg/m³	1,53	33	29
② 30, ρ = 80 kg/m³	1,31	34	29
③ 60, ρ = 40 kg/m³	2,70	33	30

Bild 18.4–13 Bauphysikalische Nachweise verschiedener Stahl/PUR-Sandwichplatten

laßwiderstand“ ist aber für sich allein noch kein Maß für eine Kostenbewertung. Die Tabelle 18.4–1 zeigt die rechnergestützte Ermittlung des Energieverbrauchs und den Kostenvergleich bezogen auf Bild 18.4–3 und liefert damit ein Beispiel dafür, daß der bauphysikalische und energieoptimierte Nachweis ein besseres Verkaufsargument darstellen kann als der statisch-sicherheitstechnische, der natürlich nichtsdestoweniger wichtig und notwendig ist.

Tabelle 18.4–1 Energieverbrauch und Kostenvergleich auf Grund bauphysikalischer Nachweise

Wärmeverlust und Energieverbrauch

Beispiele nach Bild 18.4–13	*GP* [N/m²]	*k* [W/m² K]	*Q* [W]	*E* [kWh/J]	*EK* [DM]	*DK* [DM]
①	23,4	0,588	17650	30000	2400,–	9250,–
②	46,9	0,675	20270	34460	3220,–	18500,–
③	35,4	0,348	10440	17750	1420,–	14000,–

mit

GP Gewicht des eingesetzten PUR-Schaumes
k Wärmedurchgangszahl
Q Wärmebedarf
E Energieverbrauch
EK Kosten für verbrauchte Energie
DK Kosten für PUR-Schaum

Der Berechnung liegen folgende Randbedingungen zugrunde:

Dachfläche (20 × 50 m)	1000 m²
Temperaturdifferenz	30 K
Brennstoff	Öl (0,60 DM/l)
Vollbenutzungsstunden	1700 Std./Jahr
Kosten für PUR-Schaum	3,95 DM/N

Kostenvergleich (Beispiel ① und ③ aus Bild 18.4–13)

Folgende Annahmen liegen der Vergleichsberechnung zugrunde:

Energieverteuerungsrate	8%
Bankeinlagezins	3%
Zinsen und Tilgung	10%
Rückzahlungsdauer	10 Jahre

Die zusätzliche Investition von 4750,– DM bei Beispiel ③ gegenüber Beispiel ① hat sich nach
4,4 Jahren (Eigenmittel)
bzw.
8,2 Jahren (Fremdmittel)
amortisiert.

Literatur

1. Klingsch, W.: Traglastanalyse brandbeanspruchter tragender Bauteile. Kordina Festschrift, Forschungsbeiträge für die Baupraxis. Berlin, München, Düsseldorf. Ernst & Sohn 1979.
2. Hahn, J.: Berechnung von ebenen und räumlichen Verbund-Rahmentragwerken. Dissertation, Darmstadt 1981.
3. Gräfe, R.: Verdübelung und Tragverhalten von Stahlprofilblech/Beton-Verbundplatten. Dissertation, Darmstadt 1976.
4. DIN 1045, Beton und Stahlbetonbau, Bemessung und Ausführung. Ausgabe 1972.
5. Jungbluth, O. und Berner, K.: Untersuchungen zum Tragverhalten von durchlaufenden Stahlprofilblech/Beton-Verbundplatten mit Stahlprofil/Beton-Verbundunterzügen und zum Brandverhalten von einfeldrigen Stahlprofilblech/Beton-Verbundplatten. Forschungsbericht Projekt 42, Studiengesellschaft für Anwendungstechnik von Eisen und Stahl e. V., März 1979.
6. Schauerte, G.: Rechnerunterstütztes Entwerfen und bauphysikalisches Bemessen von Verbundtragwerken. Dissertation, Darmstadt 1980.
7. Berner, K.: Stahl/Polyurethan-Sandwichtragwerke unter Temperatur- und Brandbeanspruchung. Dissertation, Darmstadt 1978.
8. Linke, K.-P.: Zum Tragverhalten von Profilsandwichplatten mit Stahldeckschichten und einem Polyurethan-Hartschaum-Kern bei kurz- und langzeitiger Belastung. Dissertation, Darmstadt 1978.

Sachregister

Autorenverzeichnis

o. Prof. Tekn. Dr. Rolf Baehre
Lehrstuhl für Stahl- und Leichtmetallbau
Universität Karlsruhe
Kaiserstraße 12
7500 Karlsruhe

Prof. Dr.-Ing. D. Bamm
Fachgebiet Stahlbau, Sekr. B 1
Technische Universität Berlin
Straße des 17. Juni 135
1000 Berlin 12

Dr.-Ing. Werner Bongard
Geschäftsführer Deutscher Stahlbau-Verband
Ebertplatz 1
5000 Köln 1

o. Prof. Dr.-Ing. Friedrich Wilhelm Bornscheuer
Institut für Baustatik
Universität Stuttgart
Pfaffenwaldring 7
7000 Stuttgart 80

Dipl.-Ing. Ö. Bucak
Versuchsanstalt für Stahl, Holz und Steine
Universität Karlsruhe
Kaiserstraße 12
7500 Karlsruhe

Dipl.-Ing. H. F. Casselmann
wiss. Mitarbeiter am Lehrstuhl für
Baukonstruktion III, Bauphysik und
Bauschadensfragen an der RWTH Aachen
Schinkelstraße 1
5100 Aachen

Dipl.-Ing. G. Dahmen
Oberingenieur am Lehrstuhl für
Baukonstruktion III, Bauphysik und
Bauschadensfragen an der RWTH Aachen
Schinkelstraße 1
5100 Aachen

Dr. rer. nat. Joachim Degenkolbe
Thyssen AG
Postfach 110561
4100 Duisburg 11

Dr.-Ing. Helmut Eggert
Institut für Bautechnik
Reichpietschufer 72/76
1000 Berlin 30

Prof. Dr.-Ing. habil. Karl Gösele
Grundstraße 32
7022 Leinfelden-Echterdingen 3

Dr.-Ing. Max Haneke
Hoesch Hüttenwerke AG
Postfach 902
4600 Dortmund 30

Prof. Dipl.-Ing. Franz Georg Herschel
FH Rheinland-Pfalz, Abt. Mainz I
Holzstraße 36
6500 Mainz

Prof. Dr.-Ing. Otto Jungbluth
Institut für Stahlbau und Werkstoffmechanik
Technische Hochschule Darmstadt
Alexanderstraße 7
6100 Darmstadt

Prof. Dr.-Ing. Heinz Klopfer
Universität Dortmund
Abteilung Bauwesen
Postfach 500500
4600 Dortmund-Eichlinghofen

Dipl.-Ing. Peter Knödel
Versuchsanstalt für Stahl, Holz und Steine
Universität Karlsruhe
Kaiserstraße 12
7500 Karlsruhe

Prof. Dr.-Ing. Dimitris Kosteas
Lehrstuhl für Stahlbau
Technische Universität München
Arcisstraße 21
8000 München 2

o. Prof. Dr.-Ing. Joachim Lindner
Fachgebiet Stahlbau, Sekr. B 1
Technische Universität Berlin
Straße des 17. Juni 135
1000 Berlin 12

Prof. Dr.-Ing. Friedrich Mang
Versuchsanstalt für Stahl, Holz und Steine
Universität Karlsruhe
Kaiserstraße 12
7500 Karlsruhe

Dipl.-Ing. Karl Morgen
Institut für Baustatik und Meßtechnik
Universität Karlsruhe
Kaiserstraße 12
7500 Karlsruhe

Dr.-Ing. Heinz Nölke
Institut für Stahlbau
Universität Hannover
Alpershof 4 A
3000 Hannover 91

Prof. Dr.-Ing. Christian Petersen
Lehrstuhl und Laboratorium für Stahlbau
Hochschule der Bundeswehr München
Werner-Heisenberg-Weg 39
8014 Neubiberg

Dipl.-Ing. Michael Pfeiffer
Stahl- und Leichtmetallbau
Universität Karlsruhe
Kaiserstraße 12
7500 Karlsruhe

o. Prof. Dr.-Ing. Karlheinz Roik
Ruhr-Universität Bochum
Lehrstuhl II für Konstruktiven Ingenieurbau
Universitätsstraße 150
4630 Bochum 1

o. Prof. Dr.-Ing. Helmut Rubin
Institut für Baustatik und Festigkeitslehre
Technische Universität
Karlsplatz 13
A-1040 Wien

Prof. Dr.-Ing. R. Schardt
Institut für Statik, FB 14,
Konstruktiver Ingenieurbau
Technische Hochschule Darmstadt
Alexanderstraße 7
6100 Darmstadt

o. Prof. Dr.-Ing. Joachim Scheer
Institut für Stahlbau
Technische Universität Braunschweig
Beethovenstraße 51
3300 Braunschweig

Dr. rer. nat. Wilhelm Schlüter
Dückerstraße 11
4005 Meerbusch 1

Dr.-Ing. Wolfgang Schönherr, Ltd. Reg.-Dir.
Wehrwissenschaftliches Institut für
Materialuntersuchungen (WIM)
Gruppe Metallische Werkstoffe
Landshuter Straße 70/900
8058 Erding

o. Prof. Dr.-Ing. Gerhard Sedlacek
Lehrstuhl für Stahlbau
RWTH Aachen
Mies-van-der-Rohe-Straße 1
5100 Aachen

Prof. Dr.-Ing. Dr. SC. Techn. H.c. (ETH)
O. Steinhardt
Universität Karlsruhe
Kaiserstraße 12
7500 Karlsruhe

Dipl.-Ing. Heinz Stoverink
Lehrstuhl für Stahlbau
RWTH Aachen
Mies-van-der-Rohe-Straße 1
5100 Aachen

Prof. Dr.-Ing. Günther Valtinat
Versuchsanstalt für Stahl, Holz und Steine
Universität Karlsruhe
Kaiserstraße 12
7500 Karlsruhe

o. Prof. Dr.-Ing. Udo Vogel
Abteilung Baustatik
Universität Karlsruhe
Kaiserstraße 12
7500 Karlsruhe

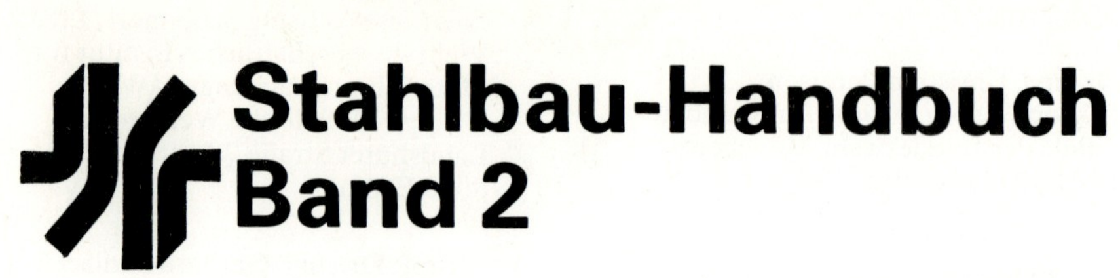

Stahlbau-Handbuch Band 2

Neuauflage erscheint Herbst 1983

Inhalt:

Bauausführung
Kalkulation
Rechnergestütztes Entwickeln, Konstruieren und Fertigen
Industrie- und Lagerhallen
Sportbauten und Versammlungshallen
Apparategerüste, Rohrbrücken
Kesselgerüste
Hochofengerüste
Stahlfundamente
Geschoßbauten
Maste und Türme
Parabolantennen
Stahlschornsteine
Stahlbrücken
Stahlwasserbauten
Behälterbauten
Off-shore-Technik
Tunnelbau, Stollenbau, Schachtbau
Gerüstbau
Sicherheitshüllen für Kernkraftwerke